Jürgen Fritze ▮ Friedrich Mehrhoff ▮ (Hrsg.) ▮ **Die ärztliche Begutachtung**

Herausgegeben von Jürgen Fritze und Friedrich Mehrhoff

Mit Beiträgen von

I. Adamietz
K.H. Bernsmann
P. Bielefeld
W.W. Bolten
G. Bönner
T. Brechmann
J.C. Bruck
W. Cibis
R. Dertwinkel
U. Diedrich
W. Diederichs
A. Encke
A. Erdogan
J. Friemann
D. Fritze
E. Fritze
J. Fritze
M. Gastpar
A. Grabosch
A. Hager
J. Harenberg
A. Hedtmann
C. Hegelmaier
S. Heringlake
H. Henke
H. Hildmann
B.H. Holmer
A. Jensen
S.M. John
Th. Katzorke
F.B. Kolodziej
S. Kotterba
J. Krämer
M. Krieg
J. Lautermann
M. Link
E. Lodemann
A. Matzdorff
B. May
F. Mehrhoff
R. Merget
A. Minne
Ch. Mölleken
G. Muhr
K.-M. Müller
N. Nedopil
G. Neeck
V. Nicolas
M. Nowak
A. Nusche
G.-M. Ostendorf
M. Pfau
C. Pox
G. Raddatz
K. Rasche
S. Reinert
M. Reiser
M. Rickert-Föhring
F. Rubenthaler
O.J. Russe
H.-E. Schaller
H. Schatz
E. Schifferdecker
W. Schmiegel
G. Schultze-Werninghaus
U. Schwegler
E. Sindern
A. Stachon
R. Steffen
A. Stevens
M. Tegenthoff
M. Tepel
H. Tillmanns
G. Triebig
G.-E. Trott
H.D. Utzelmann
M. Vorgerd
F. Weber
W. Wehrmann
H. Weisser
H.J.C. Wenisch
M. Wiese
Th. Wiethege
M. Zenz
W. Zidek

J. Fritze F. Mehrhoff (Hrsg.)

Die ärztliche Begutachtung

- Rechtsfragen
- Funktionsprüfungen
- Beurteilungen

Begründet von E. Fritze

Siebte, vollständig überarbeitete Auflage
mit 90 Abbildungen, 208 Tabellen und 17 Bildtafeln

STEINKOPFF
VERLAG

Prof. Dr. med. JÜRGEN FRITZE
Universität Frankfurt am Main
und
Verband der privaten Krankenversicherung e. V.
Bayenthalgürtel 26
50968 Köln

Dr. iur. FRIEDRICH MEHRHOFF
Deutsche Gesetzliche Unfallversicherung (DGUV)
Stabsbereich für Rehabilitationsstrategien und -grundsätze
Mittelstraße 51–55
10117 Berlin

ISBN 978-3-7985-1563-5 Steinkopff Verlag

Die Deutsche Nationalbibliothek verzeichnet diese Publikation in der Deutschen Nationalbibliografie; detaillierte bibliografische Daten sind im Internet über http://dnb.d-nb.de abrufbar.

Steinkopff Verlag
ein Unternehmen von Springer Science+Business Media

www.steinkopff.com

Redaktion: Dr. Annette Gasser Herstellung: Klemens Schwind
Umschlaggestaltung: Erich Kirchner, Heidelberg
Satz: K+V Fotosatz, Beerfelden
Druck und Bindung: Stürtz GmbH, Würzburg

SPIN 10871908 85/7231-5 4 3 2 1 0 – Gedruckt auf säurefreiem Papier

Vorwort zur 7. Auflage

Seit dem Erscheinen der 1. Auflage von „Die ärztliche Begutachtung" sind 25 Jahre vergangen und alle sechs bisher publizierten Auflagen wurden von den Lesern stark nachgefragt. Dies ist eine kaum zu überschätzende Anerkennung des Begründers und Herausgebers Eugen Fritze sowie der Beitragsautoren und es beweist den anhaltenden Bedarf an diesem Buch. Dem fühlte sich der Begründer E. Fritze, der mit seinem Buch nicht nur gereift, sondern inzwischen auch gealtert ist, nicht mehr vollkommen gewachsen. Deshalb entschloss sich der Verlag, den Staffelstab – quasi einer Erbschaftsregel folgend – weiter zu geben.

Damit ist keine Revolution verbunden, sondern fortgesetzte Evolution aus bewährter Tradition. Dazu gehört der Anspruch, weiterhin nahezu alle Gebiete der Medizin in diesem Werk zu erfassen – sehr wohl im Bewusstsein der damit verbundenen Risiken. Die Rechtfertigung für diesen umfassenden Ansatz wurde im Vorwort zur 6. Auflage treffend dargelegt: Fast jedes Gutachten entsteht heute durch Zusammenarbeit mehrerer Gutachter, wobei der Hauptgutachter die Beurteilungen auf den Spezialgebieten zusammenführen muss. Jeder Gutachter muss daher letztlich die Grundsätze jedes Fachgebietes verstehen. Dazu will dieses Buch auch in seiner 7. Auflage beitragen, nicht zuletzt durch viele Stichwörter im Sachverzeichnis.

Um diesem Anspruch gerecht zu werden, bedurfte es einer Modernisierung des Werkes. Dazu gehören eine gewisse Umfangsreduktion durch Fokussierung, die Anordnung der medizinischen Kapitel nach Organsystemen sowie die Strukturierung nach Epidemiologie, Kernsymptomen, Ätiopathogenese, Therapieoptionen und Prognose. Das Buch wurde umfassend aktualisiert – auch bezüglich der jüngsten Gesetzgebung. Wo immer möglich, wurden die Evidenz und die Leistungsfähigkeit von Menschen gemäß der Internationalen Klassifikation der Funktionen (ICF) berücksichtigt.

Den bisherigen und den zahlreichen neu gewonnenen Autoren gebührt große Anerkennung und Dank dafür, dass sie sich den Herausforderungen gestellt und reichlich Energie und Geduld in das Werk eingebracht haben.

Besonderer Dank gilt dem Verlag, hier insbesondere Frau Sabine Ibkendanz und Frau Dr. Annette Gasser und der Lektorin Frau Heidrun Schoeler, die wesentliche Beiträge zur Umsetzung der neuen Akzente im Konzept des Buches geleistet hat, und der Geduld aller Mitarbeiter des Verlages mit den Autoren und Herausgebern.

Köln und Berlin, im Winter 2007

Jürgen Fritze
Friedrich Mehrhoff

Vorwort zur 1. Auflage

Die „ärztliche Beurteilung Beschädigter", herausgegeben von Georg Schöneberg, ist 1951 in der 1. Auflage und 1967 in der 4. Auflage erschienen. Die Thematik dieses Buches war der gutachtlichen Beurteilung der Opfer der Kriege und der durch Unfälle, Krankheiten und ähnliche Ereignisse im Dienste beschädigten Angehörigen der Bundeswehr nach dem 1950 vom Bundestag verabschiedeten Bundesversorgungsgesetz gewidmet, welches in den folgenden Jahren durch das Häftlingshilfegesetz, das Soldatengesetz und das Ersatzdienstgesetz mit den gleichen rechtlichen Regelungen ergänzt wurde. Der Inhalt des Buches beschränkte sich also auf diesen Bereich der bundesdeutschen Sozialversicherung. Der Tod von Georg Schöneberg verhinderte weitere Auflagen.

Mit zunehmendem Ausbau des Sozialrechts und der Sozialversicherung in der Bundesrepublik verlagerten sich indessen die Schwerpunkte der gesetzlichen Sozialversicherung. Mit zunehmendem zeitlichen Abstand vom letzten Weltkrieg und seinen Auswirkungen durch Gefangenschaft und Vertreibung und besonders mit der zunehmenden Bedeutung der gesetzlichen Unfallversicherung als wesentlichstem Zweig der sozialen Sicherung des berufstätigen und arbeitenden Menschen, der sich gewissermaßen den Risiken neuer Technologien an vorderster Front zu stellen hat, verlagerte und verbreiterte sich der Aufgabenbereich des Arztes als Gutachter. Heute ist der Arzt für Allgemeinmedizin, der Arbeitsmediziner, der niedergelassene Internist, Neurologe und Chirurg, aber auch der Spezialist in anderen Bereichen, schließlich und besonders aber auch der durch eigene wissenschaftliche Tätigkeit erfahrene Klinik- und Krankenhausarzt mit einem großen Teil seines Aufgabenbereiches zugleich als Gutachter tätig.

Obwohl der Umfang versicherungsmedizinischer Entscheidungen oder auch nur sozialmedizinischer Ratschläge im ärztlichen Alltag beträchtlich ist, kommt dieser Bereich ärztlicher Arbeit in der Ausbildung bei weitem zu kurz. Weder im Studium noch in der späteren Ausbildung oder Weiterbildung wird die ärztliche Begutachtung im eigentlichen Sinne gelehrt und gelernt. Hier soll dieses Buch helfen und den jungen Assistenten in die Probleme der ärztlichen Begutachtung im Bereich aller Zweige der Sozialversicherung einführen und ihm außerdem die notwendigen versicherungsrechtlichen Grundlagen und die Anwendung des medizinischen Wissens im Sozialrecht vermitteln. Aber auch dem erfahrenen Gutachter soll dieses Buch Hilfe bei der Beantwortung schwieriger Fragen sein.

Um dieser Aufgabe gerecht zu werden, war naturgemäß eine völlige Umgestaltung und Neubearbeitung des Buches von Schöneberg notwendig. Es mußte die Thematik auf die gesamte Sozialversicherung verbreitert und der Kreis der Mitarbeiter stark erweitert werden.

Autoren und Herausgeber, durchweg Mitglieder der Abteilung für theoretische und klinische Medizin der Ruhr-Universität Bochum, sehen ihre Arbeit hinreichend belohnt, wenn es ihnen gelungen wäre, diese „Ärztliche Begutachtung" als Orientierungshilfe für den Gutachter und gerecht für die Begutachteten zu gestalten. Besonderer Dank gilt Herrn Jürgen Steinkopff, der noch vor seinem zu frühen Tode den Anstoß zur Neubearbeitung dieses Buches gab.

Zu danken habe ich auch meiner lieben Frau – Ilse Fritze –, die die wichtige Aufgabe übernahm, das Stichwortverzeichnis zu gestalten.

Bochum, im Sommer 1982 EUGEN FRITZE

Inhaltsverzeichnis

1 Allgemeine Grundlagen 1

1.1 Aufgaben und Bedeutung der ärztlichen Begutachtung (E. Fritze, J. Fritze) 1

1.2 Der Arzt als Gutachter – Pflichten und Rechte (E. Fritze, J. Fritze) . . . 4

1.3 Das ärztliche Gutachten – Form und Inhalt (E. Fritze, J. Fritze) 7

1.4 Qualitätssicherung (E. Fritze, J. Fritze) 10

2 Rechtsgrundlagen – Struktur des sozialen Sicherungssystems . . . 13

2.1 Soziale Sicherung in Deutschland (F. Mehrhoff) 13
2.1.1 Grundzüge des gegliederten Systems 13
2.1.2 Sozialleistungen 13
2.1.3 Sozialgesetzbuch, Empfehlungen, Richtlinien 14

2.2 Gesetzliche Krankenversicherung (F. Mehrhoff) 14
2.2.1 Versicherungspflicht 15
2.2.2 Freiwillige Versicherung 16
2.2.3 Versicherungsfreiheit 16
2.2.4 Familienversicherung 16
2.2.5 Leistungen 17
2.2.6 Organisation 22
2.2.7 Zusammenwirken zwischen Krankenkassen und Leistungserbringern 23
2.2.8 Medizinischer Dienst der Krankenversicherungen 25

2.3 Gesetzliche Unfallversicherung (F. Mehrhoff) 26
2.3.1 Aufgaben 26
2.3.2 Geschützter Personenkreis 28
2.3.3 Arbeitsunfall und Berufskrankheiten 29
2.3.4 Gesundheitsschutz am Arbeitsplatz 33
2.3.5 Informationsaustausch zwischen Ärzten und Unfallversicherung 34
2.3.6 Berufliche Verursachung 40
2.3.7 Beweismaßstab 41
2.3.8 Leistungen zur Wiederherstellung der Erwerbsfähigkeit 42
2.3.9 Renten 43
2.3.10 Minderung der Erwerbsfähigkeit 44

2.4 Gesetzliche Rentenversicherung (W. Cibis) 45
2.4.1 Leistungen 45
2.4.2 Versicherte Personen 46
2.4.3 Finanzierung 48
2.4.4 Leistungen zur Teilhabe (Rehabilitation) 49
2.4.5 Rentenarten 51
2.4.6 Versicherungsträger 55

2.5 Gesetzliche (soziale und private) Pflegeversicherung (U. Diedrich) 57
2.5.1 Grundsätze 57
2.5.2 Leistungsberechtigte 57
2.5.3 Leistungen 58

2.5.4 Pflegerische Infrastruktur ... 59
2.5.5 Begutachtung der Pflegebedürftigkeit ... 60

2.6 Soziales Entschädigungsrecht (G. Raddatz) ... 64

2.7 Entschädigung wegen Verfolgung (E. Fritze, J. Fritze) ... 67

2.8 Schwerbehindertenrecht (G. Raddatz) ... 68

2.9 Betreuungsrecht (N. Nedopil) ... 71

2.10 Sozialhilfe (M. Nowak) ... 73

2.11 Privates Versicherungsrecht (G.-M. Ostendorf, M. Link) ... 77
2.11.1 Die private Krankenversicherung (G.-M. Ostendorf) ... 77
2.11.2 Private Unfallversicherung (M. Link) ... 81
2.11.3 Lebensversicherung und Berufsunfähigkeitsversicherung (G.-M. Ostendorf) ... 83
2.11.4 Haftpflichtversicherung (M. Link) ... 86

3 Arztrecht ... 89

3.1 Einwilligungsfähigkeit des Patienten (N. Nedopil) ... 89

3.2 Ärztliche Schweigepflicht (A. Minne) ... 91

3.3 Arzthaftung (J. Fritze) ... 95

3.4 Feststellung des Hirntodes (E. Fritze, J. Fritze) ... 104

3.5 Bedeutung der Obduktion im Versicherungsrecht (K.-M. Müller) ... 104

4 Funktionsprüfungen und Diagnostik als Grundlagen der Begutachtung ... 109

4.1 Funktionsprüfungen (E. Fritze) ... 109

4.2 Labordiagnostik (A. Stachon, M. Krieg) ... 109

4.3 Nervensystem (M. Tegenthoff) ... 114

4.4 Augen (A. Hager) ... 119

4.5 Hals, Nase und Ohren (J. Lautermann, H. Hildmann) ... 122
4.5.1 Untersuchungen des Ohres ... 122
4.5.2 Untersuchungen der Nase und der Nasennebenhöhlen ... 125
4.5.3 Untersuchungen von Mundhöhle und Oropharynx ... 126
4.5.4 Untersuchungen des Kehlkopfes, der Stimme und der Sprache ... 126

4.6 Atmungsorgane ... 127
4.6.1 Bronchopulmonales System (R. Merget) ... 127
4.6.2 Schlafapnoe (K. Rasche, G. Schultze-Werninghaus) ... 134
4.6.3 Allergische Atemwegs- und Lungenkrankheiten (G. Schultze-Werninghaus) ... 135

4.7 Herz (H. Tillmanns) ... 144

4.8 Gefäße (G. Bönner) ... 157

4.9 Verdauungsorgane (Magen-Darm-Trakt, Bauchspeicheldrüse) (T. Brechmann, W. Schmiegel) ... 162

4.10 Leber und Galle (T. Brechmann, W. Schmiegel) ... 167

4.11 Haut ... 169
4.11.1 Allergietests (W. Wehrmann, S.M. John) ... 169
4.11.2 Hautfunktionstests (S.M. John, W. Wehrmann) ... 179

4.12 Stoffwechsel und Endokrinium (E. Schifferdecker, H. Schatz) ... 184

4.13 Niere (M. Tepel, W. Zidek) ... 191

4.14	**Blut**	195
4.14.1	Blut und Blutbildung (A. Matzdorff, D. Fritze)	195
4.14.2	Blutgerinnung (J. Harenberg)	197
5	**Berufskrankheiten durch chemische Einwirkungen** (G. Triebig)	199
5.1	**Metalle und Metalloide**	199
5.2	**Erstickungsgase**	204
5.3	**Lösemittel, Schädlingsbekämpfungsmittel (Pestizide) und sonstige chemische Stoffe**	205
5.4	**Entschädigung nach § 9 Absatz 2 Sozialgesetzbuch VII**	212
6	**Krankheiten des Nervensystems**	213
6.1	**Traumatische Schädigungen des Nervensystems** (M. Tegenthoff)	213
6.1.1	Die ärztliche Begutachtung in der Neurotraumatologie	213
6.1.2	Traumatische Hirnschäden	214
6.1.3	Traumatische Rückenmarkschäden	219
6.1.4	Traumatische Schäden peripherer Nerven	220
6.2	**Entzündliche Erkrankungen** (E. Sindern)	222
6.2.1	Akute Entzündungen (Meningitis, Encephalitis)	222
6.2.2	Multiple Sklerose	223
6.2.3	Neuroborreliose	225
6.2.4	Schutzimpfungen und ihre Folgen	227
6.3	**Neurodegenerative Systemerkrankungen/ extrapyramidale Syndrome** (M. Vorgerd)	228
6.4	**Neuromuskuläre Erkrankungen** (M. Vorgerd)	229
6.5	**Hirngefäßerkrankungen** (S. Kotterba)	231
6.6	**Epilepsien/Dyssomnien** (S. Kotterba)	233
7	**Krankheiten der Augen** (A. Hager)	239
7.1	**Unfallversicherung**	239
7.2	**Eignungsbegutachtung, Tauglichkeit**	245
7.3	**Schwerbehindertenrecht (Teil 2, SGB IX)**	249
7.4	**Haftpflichtverfahren**	250
7.5	**Arbeitsmedizin**	251
8	**Krankheiten von Hals, Nase und Ohren** (H. Hildmann, J. Lautermann)	253
8.1	**Erkrankungen und Verletzungen des Ohrs**	253
8.1.1	Erkrankungen und Verletzungen des äußeren Ohrs	253
8.1.2	Erkrankungen, Verletzungen und Missbildungen des Mittelohrs	253
8.1.3	Erkrankungen des Innenohrs	254
8.1.4	Ohrgeräusch (Tinnitus)	255
8.1.5	Hörgeräteversorgung	257
8.1.6	Schwindelbeschwerden	257
8.2	**Gesichtsverletzungen**	258
8.3	**Nase, Nasennebenhöhlen**	258
8.3.1	Atmungsbehinderungen	258
8.3.2	Berufsbedingte Schäden	258
8.3.3	Allergische Erkrankungen	259

8.3.4 Riech- und Geschmacksstörungen 259

8.4 Mundhöhle und Rachen (ohne Zähne und Zahnhalteapparat) 259

8.5 Kehlkopf 259

8.6 Tumoren im Rachen- und Kehlkopfbereich 260

8.7 Trachealstenosen 260

8.8 Speiseröhrenerkrankungen 260

8.9 Stimm-, Sprech- und Sprachstörungen 261

9 Krankheiten auf dem Gebiet der Mund-, Kiefer- und Gesichtschirurgie (S. Reinert) 263

9.1 Traumatische Schäden und ihre Folgen 263

9.2 Lippen-Kiefer-Gaumenspalten 266

9.3 Dysgnathien 267

9.4 Geschwulstkranke, Tumorchirurgie 268

10 Krankheiten der Atmungsorgane 271

10.1 Berufskrankheiten der Atemwege und der Lungen, des Rippenfells und Bauchfells (R. Merget) 271
10.1.1 Erkrankungen durch anorganische Stäube 272
10.1.1.1 Quarzstaublungenerkrankung (Silikose) 272
10.1.1.2 Silikotuberkulose 277
10.1.1.3 Asbestinduzierte Krankheiten 278
10.1.1.4 Pneumokoniosen durch wenig fibrogene Substanzen 282
10.1.1.5 Bronchialkarzinom 284
10.1.1.6 Chronische obstruktive Bronchitis oder Emphysem 285
10.1.1.7 Berufskrankheit durch künstlich hergestellte Mineralfasern (KMF)? 288
10.1.2 Erkrankungen durch organische Stäube 288
10.1.2.1 Asthma, „Asthma-like syndrome“, COPD 289
10.1.2.2 Allergische bronchopulmonale Aspergillose (ABPA) 289
10.1.2.3 „Organic Dust Toxic Syndrome“ (ODTS) 289
10.1.2.4 Byssinose 289
10.1.2.5 Exogen allergische Alveolitis 290
10.1.2.6 Adenokarzinome der Nasenhaupt- und -nebenhöhlen 291
10.1.3 Obstruktive Atemwegserkrankungen 292
10.1.3.1 Durch allergisierende Stoffe verursachte obstruktive Atemwegserkrankungen (G. Schultze-Werninghaus) 292
10.1.3.2 Durch chemisch-irritativ oder toxisch wirkende Stoffe verursachte obstruktive Atemwegserkrankungen (G. Triebig) 294
10.1.4 Durch Isocyanate verursachte bronchopulmonale Erkrankungen (G. Schultze-Werninghaus) 297

10.2 Schlafapnoesyndrom (K. Rasche, G. Schultze-Werninghaus) 298

10.3 Unfall- und Operationsfolgen im Bereich der Atmungsorgane (R. Merget) 302

10.4 Spontanpneumothorax (R. Merget) 305

10.5 Lungenembolie (R. Merget) 305

10.6 Bronchitis, COPD, Bronchiektasen, Emphysen (R. Merget) 306

11 Krankheiten des Herzens (H. Tillmanns) 311

11.1 Die koronare Herzkrankheit 311

11.2 Erworbene und angeborene Herzvitien 331

11.2.1 Aortenstenose . . . 331
11.2.2 Aorteninsuffizienz . . . 333
11.2.3 Mitralstenose . . . 335
11.2.4 Mitralinsuffizienz . . . 336
11.2.5 Pulmonalstenose . . . 337
11.2.6 Pumonalinsuffizienz . . . 338
11.2.7 Vorhofseptumdefekt . . . 339
11.2.8 Ventrikelseptumdefekt . . . 340
11.2.9 Kongenitale Vitien mit Rechts-Links-Shunt . . . 341
11.2.10 Versicherungsmedizische Aspekte nach Herzoperationen wegen Herzklappenfehlern . . . 341

11.3 Kardiomyopathien . . . 342

11.4 Perikarditis . . . 349

11.5 Chronisches Cor pulmonale . . . 353

11.6 Reizbildungs- und Reizleitungsstörungen (A. ERDOGAN, H. TILLMANNS) . 359

11.7 Die traumatische Herzschädigung (H. TILLMANNS) . . . 362

12 Krankheiten des Kreislaufsystems . . . 375

12.1 Arterielle Hypertonie (F. WEBER) . . . 375

12.2 Arterielle Hypotonie (F. WEBER) . . . 380

12.3 Arterielle Durchblutungsstörungen (G. BÖNNER) . . . 384
12.3.1 Periphere arterielle Verschlusskrankheit (pAVK) und arteriosklerotisches Aneurysma . . . 384
12.3.2 Angiitiden . . . 388
12.3.3 Vasospastische Durchblutungsstörungen . . . 389
12.3.4 Gefäßtrauma . . . 390

12.4 Venenkrankheiten (G. BÖNNER) . . . 393
12.4.1 Primäre Varikosis . . . 393
12.4.2 Phlebothrombose . . . 394
12.4.3 Venenverletzung . . . 396
12.4.4 Chronisch-venöse Insuffizienz . . . 397

12.5 Lymphödem (G. BÖNNER) . . . 398

13 Krankheiten des Magen-Darm-Traktes und der Bauchspeicheldrüse . . . 401

13.1 Traumatische Schädigungen (M. REISER, S. HERINGLAKE) . . . 401

13.2 Krankheiten von Speiseröhre und Magen (H. HENKE, W. SCHMIEGEL) . . . 402

13.3 Entzündliche Darmkrankheiten (T. BRECHMANN, W. SCHMIEGEL) . . . 404

13.4 Akute und chronische Pankreatitis (S. HERINGLAKE, W. SCHMIEGEL) . . . 406

14 Krankheiten der Leber und Gallenwege . . . 409

14.1 Traumatische Schädigungen (M. REISER, S. HERINGLAKE) . . . 409

14.2 Akute und chronische Virushepatitis (M. REISER, W. SCHMIEGEL) . . . 410

14.3 Toxische Leberschädigung (CH. MÖLLEKEN, W. SCHMIEGEL) . . . 417

15 Krankheiten der Wirbelsäule (J. KRÄMER, K. BERNSMANN, A. HEDTMANN, R. STEFFEN, F. RUBENTHALER, M. WIESE) . . . 421

15.1 Degenerative Wirbelsäulenerkrankungen . . . 421

15.2 Beschleunigungsverletzung der Halswirbelsäule (sog. Schleudertrauma) . 422

15.3 Bandscheibenvorfall und Trauma ... 424

15.4 Wirbelbrüche und degenerative Wirbelsäulenerkrankungen ... 425

15.5 Behinderung durch degenerative Wirbelsäulenerkrankungen ... 427

15.6 Begutachtung der Berufs- und Erwerbsfähigkeit ... 428

15.7 Wirbelsäulenschäden als Berufskrankheit ... 429

15.8 Spondylolyse, Spondylolisthese ... 433

15.9 Scheuermann-Krankheit (Adoleszentenkyphose) ...

15.10 Skoliose ... 435

15.11 Sekundärschäden der Skelettstatik nach Verlust oder schwerer funktioneller Beeinträchtigung von Gliedmaßen ... 436

16 Rheumatische Krankheiten (W. W. Bolten) ... 441

16.1 Rheumatoide Arthritis (chronische Polyarthritis, cP) ... 441

16.2 Juvenile chronische Arthritis (JCA) ... 444

16.3 Morbus Still des Erwachsenenalters ... 445

16.4 Felty-Syndrom ... 445

16.5 Rheumaknoten ... 445

16.6 Sjögren-Syndrom ... 445

16.7 Spondyloarthropathie ... 446

16.8 Psoriasisarthritis ... 446

16.9 Fibromyalgie ... 447

16.10 Gichtarthritis ... 447

16.11 Sternokostoklavikulare Hyperostose ... 448

16.12 Arthrose ... 448

16.13 Morbus Forestier ... 449

16.14 Polymyalgia rheumatica ... 449

16.15 Arthritis nach akutem rheumatischem Fieber ... 449

16.16 Schmerztherapie mit NSAR ... 449

16.17 Chronisches Müdigkeits- oder Erschöpfungssyndrom (Chronic-Fatigue-Syndrom, CFS) und multiple Chemikalienunverträglichkeit (Multiple-Chemical-Sensitivity, MCS) (G. Neeck) ... 450

17 Hautkrankheiten (S. M. John, W. Wehrmann) ... 453

17.1 Schwere oder wiederholt rückfällige Hauterkrankungen ... 453

17.2 Hautkrebs (BK 5102) oder zu Hautkrebsbildung neigende Hautveränderungen durch Ruß, Rohparaffin, Teer, Anthrazen, Pech oder ähnliche Stoffe ... 474

18 Endokrine, Ernährungs- und Stoffwechselkrankheiten (E. Schifferdecker, H. Schatz) ... 479

18.1 Diabetes mellitus ... 479

18.2 Schilddrüsenkrankheiten ... 488

18.3 Störungen des Körpergewichts ... 490

18.4 Hyperurikämie und Gicht ... 492
18.5 Hypoparathyreoidismus ... 493
18.6 Hyperparathyreoidismus ... 493
18.7 Akromegalie und Gigantismus ... 494
18.8 Hypophysenvorderlappen-Insuffizienz ... 494
18.9 Diabetes insipidus ... 495
18.10 Nebennierenfunktionsstörungen ... 495
18.11 Männlicher Hypogonadismus ... 497

19 Vaskuläre und parenchymatöse Nierenkrankheiten
(M. Tepel, W. Zidek) ... 501
19.1 Nephropathie bei Diabetes mellitus und arterieller Hypertonie ... 503
19.2 Glomerulonephritis ... 503
19.3 Pyelonephritis und tubulointerstitielle Nephritis einschließlich Analgetikanephropathie ... 506
19.4 Toxische Nierenschädigung ... 507
19.5 Akutes Nierenversagen ... 508
19.6 Chronische Niereninsuffizienz und Nierenersatztherapie (Dialyse und Nierentransplantation) ... 509
19.7 Lebendnierenspende ... 511

20 Krankheiten der Harnorgane sowie der männlichen Geschlechtsorgane (W. Diederichs) ... 515
20.1 Unspezifische entzündliche Erkrankungen ... 516
20.2 Urolithiasis ... 516
20.3 Tumoren ... 517
20.3.1 Nierentumoren ... 517
20.3.2 Karzinome der Harnwege ... 517
20.3.3 Prostatakarzinom ... 517
20.3.4 Hodenkarzinom ... 518
20.4 Angeborene Missbildungen ... 518
20.5 Traumatologische Schäden ... 518
20.5.1 Nieren- und Harnleiterverletzungen ... 518
20.5.2 Harnblasenverletzungen ... 519
20.5.3 Verletzungen der Harnröhre ... 519
20.6 Neurogene Blasenfunktionsstörungen ... 519
20.7 Nichtneurogene Blasenfunktionsstörungen ... 520
20.8 Andrologie ... 520
20.8.1 Erektile Dysfunktion ... 520
20.8.2 Infertilität des Mannes ... 520

21 Krankheiten der weiblichen Geschlechtsorgane
(B.H. Holmer, A. Jensen) ... 523
21.1 Maligne Erkrankungen ... 523
21.2 Senkungszustände des inneren Genitale ... 525

21.3 **Folgezustände nach gynäkologischen Operationen** ... 526

21.4 **Spezifische und unspezifische Entzündungen des Genitale, Endometriose** 526

21.5 **Beurteilung der medizinischen Notwendigkeit von plastischen Operationen** ... 527

22 Begutachtung bei Verdacht auf Sexualdelikte
(B.H. Holmer, A. Jensen) ... 529

23 Weibliche und männliche Fertilitätsstörungen und Risiken der assistierten Fertilisation
(Th. Katzorke, M. Rickert-Föhring, P. Bielfeld, F.B. Kolodziej) .. 533

23.1 **Weibliche Fertilität** ... 533
23.1.1 Normale weibliche Fertilität ... 533
23.1.2 Weibliche Fertilitätsstörungen ... 533
23.1.3 Ovarfunktion nach Malignomtherapie ... 537
23.1.4 Fertilitätsprophylaxe vor onkologischer Therapie ... 538
23.1.5 Komplikationen in der assistierten Fortpflanzung ... 539

23.2 **Männliche Fertilität** ... 542
23.2.1 Normale männliche Fertilität ... 542
23.2.2 Männliche Fertilitässtörungen ... 543
23.2.3 Folgen einer Tumortherapie auf den Hoden ... 547

24 Geburtshilfe (B.H. Holmer, A. Jensen) ... 553

24.1 **Schwangerschaftsvorsorge** ... 554

24.2 **Geburt** ... 560

24.3 **Dokumentation** ... 561

24.4 **Bedeutung von Leitlinien** ... 562

24.5 **Vertikale Arbeitsteilung** ... 563

24.6 **Horizontale Arbeitsteilung** ... 563

25 Krankheiten des Blutes und der blutbildenden Organe
(A. Matzdorff, D. Fritze) ... 565

25.1 **Erythrozyten, Hämoglobin, Hämatokrit** ... 566
25.1.1 Krankheiten mit Verminderung der Erythrozyten und des Hämoglobins (Anämien) ... 567
25.1.2 Krankheiten mit Vermehrung der Erythrozytenzahl und des Hämoglobins ... 569
25.1.3 Versicherungsrechtliche Beurteilung von Störungen der Erythrozytopoese ... 571

25.2 **Leukozyten** ... 572
25.2.1 Reaktive Veränderungen der Leukozyten ... 572
25.2.2 Leukämien und myelodysplastische Syndrome ... 574
25.2.3 Myeloproliferative Syndrome (MPS) ... 578

25.3 **Thrombozyten** ... 579
25.3.1 Thrombozytosen ... 579
25.3.2 Thrombozytopenie ... 580

25.4 **Hämostase** (J. Harenberg) ... 582
25.4.1 Blutungsneigungen durch Störungen der primären und sekundären Hämostase aufgrund von Berufskrankheiten, Unfällen, Giften oder Chemikalien 582

25.4.2 Störungen der Hämostase durch Medikamente: Blutungsneigung 584
25.4.3 Störungen der Hämostase durch Medikamente: Thromboseneigung 587
25.4.4 Medikamentöse Interaktionen im Hämostasesystem 587

25.5 Traumatische Schädigung der Milz, Milzverlust (A. Matzdorff, D. Fritze) 588

26 Krebskrankheiten (A. Matzdorff, D. Fritze) 591

26.1 Maßstäbe der sozialmedizinischen Beurteilung 594

26.2 Leukämien und myelodysplastische Syndrome 596

26.3 Lymphome 597

26.4 Karzinome und Sarkome 602

26.5 Tumoren durch ionisierende Strahlen im Uranerzbergbau bei ehemaligen Beschäftigten der WISMUT (Th. Wiethege, K.-M. Müller) 603
26.5.1 Lungentumoren 603
26.5.2 Kombinationseffekte bei der Entstehung bösartiger Lungentumoren 604
26.5.3 Extrapulmonale Tumoren 605

26.6 Rehabilitation, Berentung, Aufnahme in eine Kranken- oder Lebensversicherung von Krebskranken (A. Matzdorff, D. Fritze) 606

26.7 Einsatz und Bewertung humoraler Tumormarker (H. Weisser, M. Krieg) 609

26.8 Berufskrankheiten und Unfallfolgen in der Tumorgenese (K.-M. Müller) 614

27 Infektionskrankheiten 625

27.1 Viren (U. Schwegler) 625
27.1.1 HIV-Infektionen (*A*cquired *I*mmuno *D*eficiency *S*yndrome – AIDS) 625
27.1.2 Tollwut (Rabies, Lyssa) 630
27.1.3 Pocken (Variola) 632
27.1.4 Arboviruskrankheiten 633
27.1.5 Frühsommer-Meningoenzephalitis (FSME) 636
27.1.6 Rift-Valley-Fieber 637
27.1.7 Gelbfieber 637
27.1.8 Maul- und Klauenseuche (MKS) 640
27.1.9 Masern 641
27.1.10 Poliomyelitis 642
27.1.11 Bovine spongyforme Enzephalopathie (BSE) 643
27.1.12 Weitere Virusinfektionen 644

27.2 Pilze (E. Fritze, J. Fritze) 647

27.3 Protozoen (C. Pox, W. Schmiegel) 648
27.3.1 Malaria 649
27.3.2 Schlafkrankheit 650
27.3.3 Chagas-Krankheit 651
27.3.4 Toxoplasmose 651
27.3.5 Leishmaniosen 652
27.3.6 Amöbiasis 652
27.3.7 Meningoenzephalitis durch Amöben 653
27.3.8 Balantidiose 653
27.3.9 Giardiasis 653

27.4 Helminthen (E. Fritze, J. Fritze, B. May) 654
27.4.1 Filariasis 656
27.4.2 Askaridiasis 657
27.4.3 Trichuriasis 657

27.4.4 Ankylostomiasis ... 657
27.4.5 Strongyloidiasis ... 658
27.4.6 Schistosomiasis, Bilharziose ... 658
27.4.7 Fasziolíasis ... 659
27.4.8 Chlonorchiasis ... 659
27.4.9 Fasziolopsiasis ... 660
27.4.10 Paragonimiasis ... 660
27.4.11 Taeniasis (Bandwürmer) ... 660
27.4.12 Trichinose ... 661

27.5 Bakterien (C. Pox, W. Schmiegel) ... 662
27.5.1 Typhus abdominalis und Paratyphus ... 662
27.5.2 Tonsillitis, Pharyngitis ... 663
27.5.3 Diphtherie ... 663
27.5.4 Tularämie ... 663
27.5.5 Listeriose ... 663
27.5.6 Erysipel ... 664
27.5.7 Erysipeloid (Schweinerotlauf) ... 664
27.5.8 Cholera ... 664
27.5.9 Milzbrand (Anthrax) ... 665
27.5.10 Brucellose (undulierendes Fieber, Malta-Fieber, M. Bang) ... 665
27.5.11 Pest ... 665
27.5.12 Reisediarrhö ... 666
27.5.13 Pseudomembranöse Kolitis ... 666
27.5.14 Spirochätosen ... 667
27.5.15 Rickettsiosen und Ehrlichiosen ... 668
27.5.16 Ornithose (U. Schwegler) ... 669
27.5.17 Tuberkulose (R. Merget) ... 670

27.6 Infektionsprävention (C. Pox, W. Schmiegel) ... 674
27.6.1 Schutzimpfungen, medikamentöse Prophylaxe, passive Immunisierung ... 674
27.6.2 Meldepflicht von Infektionskrankheiten ... 676
27.6.3 Tropentauglichkeit ... 676

28 Psychische Krankheiten und Störungen ... 677

28.1 Psychische Krankheiten im Erwachsenenalter (N. Nedopil) ... 677
28.1.1 Besonderheiten psychiatrischer Begutachtung ... 677
28.1.2 Psychopathologie und psychiatrische Diagnostik ... 679
28.1.3 Die häufigsten Krankheitsbilder bei der sozialrechtlichen Begutachtung ... 685
28.1.4 Abgrenzungsprobleme bei der sozialrechtlichen Begutachtung auf dem Gebiet der Psychiatrie ... 691
28.1.5 Besondere Fragestellungen der forensischen Psychiatrie ... 695

28.2 Psychische Krankheiten im Kindes- und Jugendalter (G.E. Trott) ... 701
28.2.1 Untersuchungsverfahren ... 702
28.2.2 Gutachterliche Beurteilung bei organischen, geistigen oder psychischen Störungen ... 704
28.2.3 Das Opferentschädigungsgesetz (OEG) ... 707
28.2.4 Sozialgesetze ... 708

28.3 „Selbstverschuldete Krankheiten", artifizielle Störungen, Pseudologie, Konversionssyndrome, Simulation und Aggravation (N. Nedopil) ... 710

28.4 Störungen durch psychotrope Substanzen: Intoxikation und Sucht (E. Lodemann, M. Gastpar) ... 712
28.4.1 Klinisch-diagnostische Grundlagen ... 712
28.4.2 Strafrecht ... 714
28.4.3 Straßenverkehrsrecht ... 718
28.4.4 Zivilrechtliche Fragen (Auswahl) ... 719
28.4.5 Sozialrecht (Auswahl) ... 721
28.4.6 Privatversicherung ... 724

29 Verletzungen und Verletzungsfolgen ... 727

29.1 Organ- und Gewebeverletzungen (C. HEGELMAIER) ... 727
29.1.1 Haut ... 727
29.1.2 Wundinfektionen ... 728

29.2 Verletzungen und Erkrankungen des Bewegungsapparates (C. HEGELMAIER) ... 730
29.2.1 Skelettmuskulatur ... 730
29.2.2 Sehnen und Sehnenscheiden ... 733
29.2.3 Erkrankungen der Schleimbeutel ... 735
29.2.4 Knochen und Periost ... 736
29.2.5 Sudeck-Syndrom ... 738
29.2.6 Gelenke ... 738
29.2.7 Osteomyelitis ... 742
29.2.8 Gliedmaßenverlust, Gliedertaxe ... 743

29.3 Verletzungen der Hand (H.-E. SCHALLER, A. NUSCHE, M. PFAU) ... 745

29.4 Verletzungen im Bauchraum (A. ENCKE, H. J. C. WENISCH) ... 768
29.4.1 Allgemeine Folgeschäden ... 770
29.4.2 Leberverletzungen ... 770
29.4.3 Milztrauma ... 773
29.4.4 Pankreastrauma ... 774
29.4.5 Magen-Darm-Trakt ... 774
29.4.6 Nieren und Retroperitoneum ... 775
29.4.7 Zwerchfell und Bauchdecken ... 775

29.5 Folgekrankheiten nach Verletzungen (Infektion, Malignom) (G. MUHR, O. J. RUSSE) ... 776
29.5.1 Trauma und Infektion ... 776
29.5.2 Trauma und Geschwulstleiden ... 778

30 Anästhesie und Schmerztherapie (M. ZENZ, R. DERTWINKEL) ... 781

30.1 Anästhesie ... 781
30.1.1 Prämedikationsvisite ... 781
30.1.2 Lagerung des Patienten und Anästhesievorbereitung ... 782
30.1.3 Einleitung der Anästhesie ... 782
30.1.4 Intraoperative Überwachung ... 784
30.1.5 Postoperative Überwachung ... 785
30.1.6 Bluttransfusion ... 785

30.2 Schmerztherapie ... 787
30.2.1 Spezielle ausgewählte Schmerzsyndrome ... 789
30.2.2 Medikamentöse Schmerztherapie ... 791
30.2.3 Strafrechtliche Problematik ... 792

31 Arzneimittel- und Medizinprodukteschäden (J. FRITZE) ... 793

32 Ionisierende Strahlung (I. A. ADAMIETZ, V. NICOLAS) ... 799

32.1 Biologische Wirkung, Expositionsformen, Dosiseinheiten und Dosishöhen ... 799

32.2 Anlass und Häufigkeit gutachtlicher Fragen aus der Radiologie ... 801

32.3 Systematik der Strahlenwirkungen ... 803
32.3.1 Akute und chronische nichtstochastische Strahlenwirkungen auf Gewebe und Organe ... 803
32.3.2 Strahlenwirkungen ^{232}Thorium-haltiger Kontrastmittel ... 805
32.3.3 Die akute Strahlenkrankheit ... 805
32.3.4 Entwicklungsstörungen durch Bestrahlung im Kindesalter und pränatale Strahleneffekte ... 806

32.3.5 Stochastische Strahlenwirkungen: Induktion von Malignomen und genetisch vererbbaren Defekten ... 806

32.4 Besonderheiten der ärztlichen Begutachtung in der Radiologie ... 807

32.5 Diagnostische Strahlenexposition, Zumutbarkeit radiologischer und nuklearmedizinischer Untersuchungen, Kontrastmittelreaktionen ... 811

▮ 33 Schädigungen durch andere physikalische Einflüsse ... 815

33.1 Allgemeine Überwärmung (E. Fritze, J. Fritze) ... 815

33.2 Verbrennungen ... 816

33.2.1 Somatische Folgen (J.C. Bruck, A. Grabosch) ... 816

33.2.2 Psychische Folgen (A. Stevens) ... 820

33.3 Kälte- und Erfrierungsschäden (E. Fritze, J. Fritze) ... 825

33.4 Nichtionisierende Strahlung, elektromagnetische Felder und statische Magnetfelder (E. Fritze, J. Fritze) ... 827

33.5 Atmosphärischer Unter- oder Überdruck (E. Fritze, J. Fritze) ... 830

33.6 Elektrounfall (E. Fritze) ... 832

▮ 34 Iatrogene Schäden (J. Friemann, K.-M. Müller) ... 837

▮ 35 Komplementäre und alternative Medizin (G.-M. Ostendorf) ... 845

▮ 36 Fahreignung (H.D. Utzelmann) ... 849

36.1 Zum Begriff der Eignung zum Führen von Kraftfahrzeugen ... 849

36.2 Allgemeine Verfahrensregeln der Fahrerlaubnis-Verordnung (FeV) und zuständige Gutachter ... 850

36.3 Regeln zur Untersuchung des Sehvermögens ... 851

36.4 Regeln zur Untersuchung von Eignungszweifeln nach Alkoholauffälligkeiten ... 852

36.5 Regeln zu Betäubungs- und Arzneimitteln ... 853

36.6 Untersuchungen von Lkw-, Bus- und Taxifahrern bei der Erteilung der Fahrerlaubnis ... 853

36.7 Grenzwerte und Beurteilungskriterien zu Sehmängeln sowie anderen Krankheiten und Eignungsmängeln gemäß FeV ... 855

36.8 Allgemeine Beurteilungshinweise ... 864

36.9 Qualifikationsanforderungen an ärztliche Gutachter ... 865

36.10 Grundsätze ... 866

36.11 Gebühren/Honorare ... 867

36.12 Wiederherstellung der Eignung und präventive Maßnahmen ... 867

▮ 37 Gutachterhonorar (F. Mehrhoff, J. Fritze) ... 869

37.1 Justizvergütungs- und -entschädigungsgesetz (JVEG) ... 870

37.2 Gebührenordnung für Ärzte (GOÄ) ... 873

37.3 Besondere Honorarverträge mit Versicherern ... 874

▮ Sachverzeichnis ... 877

Autorenverzeichnis

Prof. Dr. med. I. Adamietz
Ruhr-Universität Bochum
Klinik für Strahlentherapie
und Radio-Onkologie
Höltgeskampring 40
44625 Herne

Prof. Dr. med. K. H. Bernsmann
Klinik ViaSana
Hoogveldseweg 1
NL-5451 Mill en Sint

Prof. Dr. med. P. Bielefeld
Novum Zentrum für Reproduktionsmedizin
Akazienallee 8–12
45127 Essen

Dr. med. W. W. Bolten
Klaus-Miehlke-Klinik
Innere Medizin · Rheumatologie
Leibnizstraße 23
65191 Wiesbaden

Prof. Dr. med. G. Bönner
Reha-Kliniken Lazariterhof
Herbert-Heilmann-Allee 38
79189 Bad Krozingen

Dr. med. T. Brechmann
BG-Universitätsklinikum Bergmannsheil
Abteilung für Gastroenterologie
und Hepatologie
Bürkle-de-la-Camp-Platz 1
44789 Bochum

Doc. Dr. med. Dr. med. habil. J. C. Bruck
Facharzt für Plastische
und Ästhetische Chirurgie
Martin-Luther-Krankenhaus
Caspar-Theyß-Straße 27–31
14193 Berlin

Dr. med. W. Cibis
Bundesarbeitsgemeinschaft
für Rehabilitation
Walter-Kolb-Straße 9–11
60594 Frankfurt/Main

Dr. med. R. Dertwinkel
St. Joseph-Hospital
Wienerstraße 1
27568 Bremerhaven

Dr. med. U. Diedrich
Medicproof GmbH
Leitung Ärztlicher Dienst
Bonner Straße 324
50968 Köln

Priv.-Doz. Dr. med. W. Diederichs
Unfallkrankenhaus Berlin
Klinik für Urologie und Neurologie
Warener Straße 7
12683 Berlin

Prof. Dr. med. A. Encke
Universitätsklinikum Frankfurt am Main
Theodor-Stern-Kai 7
60590 Frankfurt/Main

Dr. med. A. Erdogan
Universitätsklinikum Gießen
Leiter der Elektrophysiologie, Med. Klinik I,
Abt. Kardiologie/Angiologie
Klinikstraße 36
35385 Gießen

Prof. Dr. med. J. Friemann
Direktor des Instituts für Pathologie
Märkische Kliniken
Paulmannshöher Straße 14
58515 Lüdenscheid

Prof. Dr. med. D. Fritze
Städtische Klinik Darmstadt
Medizinische Klinik V
Grafenstraße 9
64276 Darmstadt

Prof. em. Dr. med. E. Fritze
Chefarzt
der Medizinischen Universitätsklinik a. D.
Bergmannsheil
Löwenzahnweg 38
44797 Bochum

Prof. Dr. med. J. Fritze
Universität Frankfurt am Main
und
Verband der privaten
Krankenversicherung e. V.
Bayenthalgürtel 26
50968 Köln

Prof. Dr. med. M. Gastpar
Fliedner Klinik Berlin
Chefarzt der Ambulanz und Tagesklinik
für psychologische Medizin
Charlottenstraße 65
10117 Berlin

Dr. med. A. Grabosch
Mauerstraße 65
10117 Berlin

Dr. med. A. Hager
Goldbekufer 28
22303 Hamburg

Prof. Dr. med. J. Harenberg
Universitätsklinik Mannheim
IV. Medizinische Klinik
Theodor-Kutzer-Ufer
68167 Mannheim

Priv.-Doz. Dr. med. A. Hedtmann
Klinik Fleetinsel in Hamburg
Orthopädische Abteilung
Admiralitätsstraße 3
20459 Hamburg

Prof. Dr. med. C. Hegelmaier
Klinikum Schaumburg-Stadthagen
Chefarzt Chirurgie
Am Krankenhaus 1
31655 Stadthagen

Dr. med. S. Heringlake
Knappschaftskrankenhaus
Medizinische Universitätsklinik
In der Schornau 23–25
44892 Bochum

Dr. med. H. Henke
St. Josef Krankenhaus Haan
Chefarzt der Inneren Abteilung
Robert-Koch-Straße 16
42781 Haan

Prof. Dr. med. Dr. h.c. H. Hildmann
Gabelsbergerstraße 62
44789 Bochum

Dr. med. B.H. Holmer
St.-Willehad-Hospital
Chefarzt der Frauenklinik
Ansgaristraße 12
26382 Wilhelmshaven

Prof. Dr. med. A. Jensen
Knappschafts-Krankenhaus
Klinikum der Ruhr-Universität
Direktor der Universitätsfrauenklinik
In der Schornau 23–25
44892 Bochum

Prof. Dr. med. S.M. John
Universität Osnabrück
Dermatologie, Umweltmedizin,
Gesundheitstheorie
Sedanstraße 115
49069 Osnabrück

Prof. Dr. med. Th. Katzorke
Novum Zentrum für Reproduktionsmedizin
Akazienallee 8–12
45127 Essen

F.B. Kolodziej
Novum Zentrum für Reproduktionsmedizin
Akazienallee 8–12
45127 Essen

Prof. Dr. med. S. Kotterba
BG-Universitätsklinikum Bergmannsheil
Neurologische Klinik und Poliklinik
Bürkle-de-la-Camp-Platz 1
44789 Bochum

Prof. Dr. med. J. Krämer
Baumhofstraße 39
44799 Bochum

Prof. Dr. med. M. Krieg
BG-Universitätsklinikum Bergmannsheil
Institut für Klinische Chemie
Bürkle-de-la-Camp-Platz 1
44789 Bochum

Prof. Dr. med. J. Lautermann
Krankenhaus Martha-Maria
Chefarzt der Klinik für HNO-Krankheiten,
Kopf- und Halschirurgie
Röntgenstraße 1
06120 Halle (Saale)

Dr. M. Link
Allianz Versicherung AG
Königinstraße 28
80802 München

Dipl. Psych. E. Lodemann
Rheinische Kliniken Essen
Klinik für Psychiatrie und Psychotherapie
Virchowstraße 174
45147 Essen

Prof. Dr. med. A. Matzdorff
Caritas Klinik St. Theresia
Rheinstraße 2
66113 Saarbrücken

Prof. Dr. med. B. May
BG-Universitätsklinikum Bergmannsheil
Ltd. Arzt der Abt. für Gastroenterologie a. D.
Bürkle-de-la-Camp-Platz 1
44789 Bochum

Dr. iur. F. Mehrhoff
Deutsche Gesetzliche Unfallversicherung (DGUV)
Stabsbereich für Rehabilitationsstrategien und -grundsätze
Mittelstraße 51–55
10117 Berlin

Prof. Dr. med. R. Merget
Berufsgenossenschaftliches Forschungsinstitut für Arbeitsmedizin (BGFA)
Medizinische Abteilung
Bürkle-de-la-Camp-Platz 1
44789 Bochum

A. Minne
Rechtsanwältin
Autunstraße 10 a
55218 Ingelheim

Dr. med. Ch. Mölleken
BG-Universitätsklinikum Bergmannsheil
Medizinische Klinik I
Bürkle-de-la-Camp-Platz 1
44789 Bochum

Prof. Dr. med. G. Muhr
BG-Kliniken Bergmannsheil
Chirurgische Klinik und Poliklinik
Bürkle-de-la-Camp-Platz 1
44789 Bochum

Prof. Dr. med. K.-M. Müller
Direktor des BG-Universitätsklinikum Bergmannsheil a. D.
Institut für Pathologie
Bürkle-de-la-Camp-Platz 1
44789 Bochum

Prof. Dr. med. N. Nedopil
Klinikum Innenstadt der Universität München
Abteilung Forensische Psychiatrie
Nußbaumstraße 7
80336 München

Prof. Dr. med. G. Neeck
Klinikum Südstadt
Chefarzt der Klinik f. Innere Medizin und des regionalen Rheumazentrums
Südring 81
18059 Rostock

Prof. Dr. med. V. Nicolas
BG-Universitätsklinikum Bergmannsheil
Bürkle-de-la-Camp-Platz 1
44789 Bochum

Stadtrat M. Nowak
Büro Dezernat IV
Kirchhofstraße 5
44623 Herne

Dr. med. A. Nusche
BG-Unfallklinik Tübingen
Oberarzt, Klinik für Hand-, Plastische-, Rekonstruktive und Verbrennungschirurgie
Schnarrenbergerstraße 95
72076 Tübingen

Dr. med. G.-M. Ostendorf
R+V Versicherung
Ärztlicher Direktor
Taunusstraße 1
65193 Wiesbaden

Dr. med. M. Pfau
BG-Unfallklinik Tübingen
Klinik für Hand-, Plastische, Rekonstruktive und Verbrennungschirurgie
Schnarrenbergerstraße 95
72076 Tübingen

Dr. med. C. Pox
Knappschaftskrankenhaus
Oberarzt Gastroenterologie/Hepatologie
Medizinische Universitätsklinik
In der Schornau 23–25
44892 Bochum

Dr. med. G. Raddatz
Rochusstraße 1
53123 Bonn

Prof. Dr. med. K. Rasche
Klinik Vogelsangstraße
Zentrum für Innere Medizin
Pneumologie/Allergologie
Schlaf- u. Beatmungsmedizin
Vogelsangstraße 106
42109 Wuppertal

Prof. Dr. Dr. med. S. Reinert
Universitätsklinik Tübingen
Klinik und Poliklinik für Mund-, Kiefer- und Gesichtschirurgie
Osianderstraße 2–8
72076 Tübingen

Priv.-Doz. Dr. med. M. Reiser
Paracelsus-Klinik der Stadt Marl
Chefarzt Abteilung für Innere Medizin
Lipper Weg 11
45770 Marl

Dr. rer. nat. M. Rickert-Föhring
Novum Zentrum für Reproduktionsmedizin
Akazienallee 8–12
45127 Essen

Priv.-Doz. Dr. med. F. Rubenthaler
St. Marien-Hospital Borken
Chefarzt der Orthopädischen Abteilung
Am Boltenhof 7
46322 Borken

Dr. med. O. J. Russe
BG-Universitätsklinikum Bergmannsheil
Chirurgische Klinik und Poliklinik
Bürkle-de-la-Camp-Platz 1
44789 Bochum

Prof. Dr. med. H.-E. Schaller
BG-Unfallklinik Tübingen
Abteilung für Plastische-
und Handchirurgie
Schnarrenbergerstraße 95
72076 Tübingen

Prof. Dr. med. H. Schatz
Direktor des
BG-Univeritätsklinikum Bergmannsheil
Medizinische Klinik a. D.
Bürkle-de-la-Camp-Platz 1
44789 Bochum

Prof. Dr. med. E. Schifferdecker
Elisabeth-Krankenhaus Kassel
Abteilung für Innere Medizin
Weinbergstraße 7
34117 Kassel

Prof. Dr. med. W. Schmiegel
Knappschaftskrankenhaus
Medizinische Universitätsklinik
Direktor der Abteilung
Gastroenterologie/Hepatologie
In der Schornau 23–25
44892 Bochum

Prof. Dr. med. G. Schultze-Werninghaus
BG-Universitätsklinikum Bergmannsheil
Med. Klinik III – Pneumologie,
Allergologie, Schlaf- u. Beatmungsmedizin
Bürkle-de-la-Camp-Platz 1
44789 Bochum

Dr. med. U. Schwegler
Martin-Luther-Krankenhaus
Innere Medizin
Voedestraße 79
44866 Bochum

Priv.-Doz. Dr. med. E. Sindern
Diakoniekrankenhaus Friederikenstift
Neurologische Klinik
Humboldtstraße 5
30169 Hannover

Dr. med. A. Stachon
BG-Universitätsklinikum Bergmannsheil
Institut für Klinische Chemie,
Transfusions- und Laboratoriumsmedizin
Bürkle-de-la-Camp-Platz 1
44789 Bochum

Priv.-Doz. Dr. med. R. Steffen
St. Josefs-Krankenhaus
Orthopädische Klinik
Gudrunstraße 56
44791 Bochum

Prof. Dr. med. A. Stevens
Klinik für Psychiatrie und Psychotherapie
Abteilung forensische Psychiatrie
Osianderstraße 22
72076 Tübingen

Prof. Dr. med. M. Tegenthoff
BG-Universitätsklinikum Bergmannsheil
Abteilung für Neurologische Traumatologie
und Neurorehabilitation
Bürkle-de-la-Camp-Platz 1
44789 Bochum

Prof. Dr. med. M. Tepel
Charité, Campus Benjamin Franklin
Medizinische Klinik IV Nephrologie
Hindenburgdamm 30
12200 Berlin

Prof. Dr. med. H. Tillmanns
Zentrum für Innere Medizin
Medizinische Klinik I, Abteilung Kardiologie
Klinikstraße 36
35385 Gießen

Prof. Dr. med. Dipl.-Chem. G. Triebig
Institut und Poliklinik
für Arbeits- und Sozialmedizin
Abt. Arbeits- und Sozialmedizin
Voßstraße 2
69115 Heidelberg

Prof. Dr. med. G.-E. Trott
Facharzt für Kinder- und Jugendpsychiatrie
Luitpoldstraße 2–4
63739 Aschaffenburg

Dr. Dipl.-Psych. H. D. Utzelmann
Fliederweg 125
51143 Köln

Priv.-Doz. Dr. med. M. Vorgerd
BG-Universitätsklinikum Bergmannsheil
Neurologische Klinik und Poliklinik
Bürkle-de-la-Camp-Platz 1
44789 Bochum

Prof. Dr. med. F. WEBER
Nephrologische Abteilung
St.-Walburga-Krankenhaus GmbH
Medizinische Fakultät Essen
Schederweg 12
59870 Meschede

Prof. Dr. med. W. WEHRMANN
Universität Münster/Westfalen
Hautklinik
Warendorfer Straße 183
46145 Münster

Priv.-Doz. Dr. med. H. WEISSER
Klinikum Fulda gAG
Direktorin des Instituts
für Laboratoriumsmedizin
Parcelliallee 4
36043 Fulda

Prof. Dr. med. H. J. C. WENISCH
Klinikum Ernst von Bergmann
Chefarzt der Abteilung
für Allgemein- und Viszeralchirurgie
Charlottenstraße 72
14467 Potsdam

Priv.-Doz. Dr. med. M. WIESE
Viktoria Klinik Bochum
Private Fachklinik für Orthopädie
und Orthopädische Chirurgie
Viktoriastraße 66–70
44787 Bochum

Dr. rer. medic. TH. WIETHEGE
Berufsgenossenschaftliches Forschungsinstitut für Arbeitsmedizin (BGFA)
Institut der Ruhr-Universität Bochum
Bürkle-de-la-Camp-Platz 1
44789 Bochum

Prof. Dr. med. M. ZENZ
BG-Universitätsklinikum Bergmannsheil
Klinik für Anästhesiologie,
Intensiv- und Schmerztherapie
Bürkle-de-la-Camp-Platz 1
44789 Bochum

Prof. Dr. med. W. ZIDEK
Charité, Campus Benjamin Franklin
Medizinische Klinik IV
Endokrinologie und Nephrologie
Hindenburgdamm 30
12200 Berlin

1 Allgemeine Grundlagen

Gewiß, Gebote gibt's, die uns, so scheint es, binden, doch weiß ein kluger Kopf sich damit abzufinden. Sehr dehnbar ist zum Glück das menschliche Gewissen, drum findet sich auch stets ein Weg zu Kompromissen.

MOLIÈRE, 1622

1.1 Aufgaben und Bedeutung der ärztlichen Begutachtung

E. FRITZE und J. FRITZE

Der ärztliche Gutachter ist der sachverständige Berater der Träger der gesetzlichen Sozialversicherungen, der Gerichte und der privaten Versicherungen. Er ordnet medizinische Sachverhalte unparteiisch in die rechtlichen Voraussetzungen des Sozialversicherungsrechts und des privaten Versicherungsrechts ein. Die gesetzlichen Sozialversicherungen sind Pflichtversicherungen, deren Leistungen durch die Sozialgesetzbücher geregelt sind und durch den Gesetzgeber geändert werden. Über die Konformität mit dem Gesetz wacht das Bundesversicherungsamt. Die privaten Versicherungen schließen mit den Versicherungsnehmern grundsätzlich freie, auch individualisierte Verträge ab, denen das Bürgerliche Gesetzbuch (BGB) und das Versicherungsvertragsgesetz (VVG) den Rahmen gibt. Über die Konformität mit dem Gesetz wacht das Bundesaufsichtsamt für Finanzdienstleistungen.

Es gibt somit gesetzliche und private Krankenversicherungen und Pflegeversicherungen, gesetzliche Rentenversicherungen und private Renten- und Lebensversicherungen, gesetzliche und private Unfallversicherungen und andere durch Gesetz geregelte Sozialversicherungen wie z.B. die Versorgung nach dem Schwerbehindertenrecht und im sozialen Entschädigungsrecht, die Arbeitslosenversicherung und die Sozialhilfe sowie als einen gewissen Spezialfall die Entschädigung wegen Verfolgung.

Grundlage eines privaten Versicherungsvertrages sind „allgemeine Bedingungen", zum Beispiel bei der privaten Krankenversicherung (PKV) die Musterbedingungen (MB/KK94, MB/KT94, etc.) des Verbandes der privaten Krankenversicherung e.V. (▶ www.pkv.de), auf denen die Allgemeinen Versicherungsbedingungen (AVB) des einzelnen Versicherungsunternehmens aufsetzen, und bei der privaten Unfallversicherung (▶ www.gdv.de) die „allgemeinen Unfallversicherungsbedingungen" (AUB 97) mit besonderen Bewertungskriterien. Abweichend von der gesetzlichen Unfallversicherung ist der Deckungsschutz der privaten Unfallversicherung in der Höhe vertraglich begrenzt.

Die gesetzliche Sozialversicherung finanziert sich nach dem Prinzip des Umlageverfahrens, d.h. die Ausgaben werden gleichmäßig auf die Beitragszahler umgelegt. Die privaten Versicherungen finanzieren sich dagegen nach dem Kapitaldeckungsverfahren, d.h. die Beitragshöhe des einzelnen Versicherten bestimmt sich aus seinen Risiken, künftig Versicherungsleistungen in Anspruch zu nehmen, zum Zeitpunkt des Vertragsabschlusses (Äquivalenzprinzip). Folglich kennt die gesetzliche Sozialversicherung als Pflichtversicherung für die Aufnahme eines Versicherten keine Risikobeurteilung, wie sie die Versicherungsunternehmen vor Abschluss eines privaten Versicherungsvertrages vom ärztlichen Gutachter erwarten. Bei der Leistungsprüfung nach eingetretenem Versicherungsfall, also Krankheit, Unfall, Invalidität oder Tod des Versicherten, bedürfen aber gesetzliche wie private Versicherung gleichermaßen des gutachtlichen Rates. Medizinisch-wissenschaftliche Objektivität und strikte Neutralität bei der Einordnung medizinischer Befunde in die gegebenen rechtlichen Voraussetzungen bestimmen das Handeln des ärztlichen Gutachters.

Sozialpolitik – die Organisation und Regelung der Finanzierung der sozialen Sicherungssysteme – umfasst auch Maßnahmen mit dem Ziel der Prävention, das bedeutet Lebensbedingungen und Arbeitsverhältnisse bestmöglich zu gestalten. Die Anfänge der Knappschaftsversicherung reichen bis ins Mittelalter zurück. Umfassenderes sozialpolitisches Handeln begann in Deutschland, dem Vorbild Englands folgend, zunächst in Preußen 1839 mit dem Kinderschutz, dem 1848 Regelungen der täglichen Arbeitszeit folgten, die bis heute neben der Lohnpolitik und dem Erhalt des Arbeitsplatzes Inhalt der gewerkschaftlichen Arbeit sind. 1878 führte das Deutsche Reich die Fabrikinspektion ein. Bismarck etablierte 1891 das Arbeiterschutzgesetz, 1883 die Krankenversicherung, 1884 die Unfallversicherung und 1889 die Invaliden- und Altersversicherung.

Das erreichte hohe Maß an sozialer Sicherung in einem modernen Sozialstaat wie der Bundesrepublik

Deutschland weist dem Arzt als Sachverständigem nicht nur für Kranke eine zentrale Rolle zu, sondern auch für Gesunde. Zwar stehen Diagnostik und Therapie von Krankheiten im Mittelpunkt der Ausbildung, um den Arzt auf seine kurativen Aufgaben vorzubereiten. Die Industrialisierung mit ihren gesteigerten oder zumindest veränderten Unfallrisiken und das in den letzten 100 Jahren entstandene und indessen nahezu perfekte Netz der sozialen Sicherung zur Vermeidung, Verringerung oder zum Ausgleich der Risiken des technischen Zeitalters und der Gefahren des Daseins überhaupt haben das Tätigkeitsfeld des Arztes erweitert. Die Erhaltung und Förderung der Gesundheit und die Verhütung von Krankheiten werden dabei immer wichtigere ärztliche Aufgaben. Hier kommt dem ärztlichen Gutachter auch für die gesetzlichen Instanzen der Selbstverwaltung der sozialen Sicherungssysteme eine zentrale, gleichermaßen ärztliche und soziale Rolle zu. Seine ärztliche Entscheidung betrifft den einzelnen wie das Gemeinwesen. Schon die Bescheinigung einer Arbeitsunfähigkeit hat erhebliche Folgen nicht nur für den einzelnen Kranken, sondern auch für das Gemeinwesen. Der Arzt ist also immer auch sozialmedizinisch tätig.

Als Gutachter trifft der Arzt keine Entscheidungen, sondern gibt dem Auftraggeber, einer Sozialversicherung, einer privaten Versicherung oder einem Sozialgericht, sachverständige Antworten auf die gestellten Fragen. Die Antworten bilden die Grundlage für die Entscheidungen des Auftraggebers. Diese Antworten können immer nur so gut und richtig wie die Fragestellung sein. Der Arzt als Gutachter muss also darauf dringen, dass die an ihn gerichteten Fragen klar formuliert sind. Erfahrungsgemäß ist das nicht immer der Fall. Dann muss der Gutachter ihre Präzisierung verlangen. Vorgelegte Fragen hat der Gutachter nach dem Wortsinn eindeutig zu beantworten. Das ist um so wichtiger, weil der Gutachter für eine fahrlässig falsche Beurteilung haftbar gemacht werden kann. Ist eine Frage nach medizinisch-wissenschaftlichen Kriterien nicht beantwortbar, so muss dies die gutachtliche Antwort sein. Nicht gestellte Fragen hat der Gutachter nicht zu beantworten. Sachaufklärung ist nicht Aufgabe des ärztlichen Gutachters, sondern des Gerichts bzw. des Auftraggebers eines Gutachtens. Keinesfalls darf sich der Gutachter vom Gefühl leiten lassen, dem Begutachteten helfen zu wollen („in dubio pro reo“) und dadurch den Boden der wissenschaftlichen Evidenz verlassen und sich dem Vorwurf der Befangenheit aussetzen. Um dies zu vermeiden, ist dem behandelnden Arzt eines Kranken von gutachtlichen Stellungnahmen abzuraten, denn als guter Arzt muss er als auf der Seite seines Kranken stehend, also in gewisser Hinsicht als befangen angesehen werden. Die ärztliche Schweigepflicht verlangt von ihm, nichts zu äußern, was der von ihm betreute Kranke nicht wünscht und was der Kranke in seinem rechtlichen Verfahren nicht offenbart wissen möchte. Das bedeutet auch, dass der behandelnde Arzt Informationen, die er außerhalb der Begutachtungssituation erhalten hat, im Gutachten niemals verarbeiten darf, es sei denn, es liegt das ausdrückliche Einverständnis des Betroffenen vor.

Im einfachsten Falle sind Fragen nach dem Vorhandensein von Gesundheitsstörungen und ihrer sozialmedizinischen Bedeutung zu beantworten. In der Regel gelten die Fragen aber auch den Ursachen und Zusammenhängen von Krankheitszuständen oder Krankheitsfolgen. Der Gutachter stützt sich bei seinen Antworten auf sein ärztlich-medizinisches Wissen, hat aber zu bedenken, dass nur allgemein als gesichert geltende oder zumindest doch wahrscheinlich gesicherte medizinische Erkenntnisse bei seiner Urteilsbildung zur Anwendung kommen dürfen. Medizinische Hypothesen oder kontroverse Ansichten über ein medizinisches Problem dürfen nicht die Grundlage seines gutachtlichen Urteils sein oder müssen, wenn sie heranzuziehen unumgänglich ist, als solche in der Argumentation zu erkennen sein.

Wann sind aber medizinische Erkenntnisse als gesichert anzusehen?

- Wenn sie methodisch erforscht wurden, ihr gedanklicher Hintergrund plausibel ist und ihre Aussage als zutreffend ermittelt wurde.
- Wenn sie mit gesicherten Methoden im Ergebnis reproduzierbar sind.
- Wenn sie in der Wissenschaft Allgemeingültigkeit besitzen.

Alle drei Kriterien müssen zutreffen.

Es liegt im Wesen biologischer Zusammenhänge und so auch der Definition dessen, was wir erfahrungsgemäß als Gesundheit oder Krankheit bezeichnen, dass sie niemals mit letzter Sicherheit erkennbar sind. Diagnosen oder Krankheiten, ihre Ursachen und pathogenetischen Mechanismen sind selten als solche „gesichert“. Der Umgang mit den Rechtsbegriffen der Wahrscheinlichkeit oder gar die an Sicherheit grenzende Wahrscheinlichkeit aber wird vom Arzt als Gutachter bei der Erläuterung seines Urteils über gesundheitliche oder medizinische Zusammenhänge als Grundlage erwartet. Keinesfalls reicht die bloße „Möglichkeit“ aus, solche Zusammenhänge oder gutachtlichen Beurteilungen zu begründen.

Die von der Weltgesundheitsorganisation gewählte Definition der Gesundheit als „Zustand vollkommenen körperlichen, seelischen und sozialen Wohlbefindens“ ist vor allem hinsichtlich des sozialen Anteils an diesem Wohlbefinden für die praktische Arbeit als Arzt und Gutachter wenig nützlich. R. Gross definiert Krankheit sinnvoller als „Erscheinungen, die eine Abweichung vom physiologischen Gleichgewicht anzeigen und durch definierte endogene oder exogene Noxen verursacht werden. Sie können durch den Schaden selbst, durch Abwehr- oder Kompensationsmechanismen bedingt sein" (*Dtsch. Ärztebl. 77, 1980*). Im Sinne der Kranken- und Unfallversicherung ist Krankheit als regelwidriger körperlicher, geistiger oder seelischer Zustand meist mit der Folge von Behandlungsbedürftigkeit und/oder Arbeitsunfähigkeit definiert.

Der ökonomische, soziale und auch medizinische Fortschritt hat je Dekade die Lebenserwartung um ca. 18 Monate steigen lassen, wobei der Anteil des Lebens in Krankheit abgenommen hat („compression of morbidity"). Die technische Entwicklung in allen Lebensbereichen konfrontiert den Menschen aber auch mit neuen, auch höheren Belastungen bei der Arbeit, im Straßenverkehr, in der Freizeit, im Alltagsleben generell. Die Verwendung komplizierter technischer Geräte in allen Berufszweigen, im Haushalt, aber auch als Freizeitbeschäftigung, die Automatisierung in allen Lebensbereichen, übergroße Geschwindigkeiten und das Bedürfnis der Menschheit, immer mehr oder gründlichere Erkenntnisse vor allem im naturwissenschaftlichen Bereich zu gewinnen, stellen den menschlichen Organismus vor Bedingungen, die seinen natürlichen biologischen Voraussetzungen fremd sind. Durch Ermüdung, Überforderung oder unmittelbare schädliche Einwirkung werden Gefahren und Unfallvoraussetzungen geschaffen. Andererseits haben die durch diese Entwicklung veränderten Lebensgewohnheiten, die Art der Ernährung, der Mangel an körperlicher Bewegung, die Intensität der Reizbeanspruchung, aber auch die größere Lebenserwartung selbst (z. B. bei ererbter Krankheitsbelastung) zur Zunahme der so genannten degenerativen oder altersabhängigen Leiden insbesondere des Herzens und der Gefäße geführt. Ihre Abgrenzung von den Folgen äußerer Einwirkungen bedeutet eine schwierige ärztliche und so auch gutachtliche Aufgabe.

Fragen eines *Kausalzusammenhanges* etwa zwischen einem Unfall und einem Gesundheitsschaden werden im Rahmen der privaten und der gesetzlichen Unfallversicherung gestellt, auch bei der Entschädigung von Verfolgungs-, Kriegs- und Wehrdienstfolgen nach dem Bundesversorgungsgesetz. Dabei kann ein enger oder, z. B. als Inkubationszeit von Infektionskrankheiten, auch passender zeitlicher Zusammenhang gegeben oder nicht gegeben sein. Ein enger *zeitlicher* Zusammenhang ist *ein* Argument für die Annahme auch eines *kausalen* Zusammenhanges, aber eben nur ein Argument, das selten allein geeignet ist, eine Kausalität zu begründen.

Der gutachtende Arzt muss profunde *Kenntnisse und Erfahrungen* in seinem medizinischen Arbeitsbereich haben. Er ist verpflichtet und muss es verstehen, dieses Wissen ständig zu aktualisieren. Bisweilen wird aber sein Kenntnisstand durch eine gutachtliche Fragestellung überfordert sein. Dann muss er dies dem Auftraggeber eines Gutachtens offenbaren und einen kompetenteren Gutachter vorschlagen, oder er wird erläutern müssen, dass das betreffende medizinische Problem wissenschaftlich noch ungeklärt und deshalb eine gutachtliche Beantwortung unmöglich ist.

Es ist aber nicht sinnvoll, die gutachtliche Argumentation durch umfangreiche *Literaturhinweise* zu überfrachten. Der Auftraggeber eines Gutachtens kann in der Regel ihre Validität ohnehin nicht beurteilen. Denn hätte er diese Sachkenntnisse, bestünde keine Notwendigkeit, einen ärztlichen Gutachter beizuziehen. Er erwartet in erster Linie die begründete Bewertung des Einzelfalls durch den Gutachter, nicht die Darlegung von für den Einzelfall nur fraglich gültigen Literaturstellen. Der Gutachter kann zwar seine Bewertung eines Problems durch Literaturhinweise absichern, er darf sich aber dadurch nicht seiner Verantwortung für die gutachtliche Beurteilung gewissermaßen entziehen wollen.

Ärztliche Gutachten genießen den *Schutz des Urheberrechtsgesetzes* (§§ 1, 2, 11, 15 UrhG vom 9. 9. 1965, Stand 10. 11. 2006). Sie dürfen deshalb nur für den Zweck verwendet werden, für den sie erstellt worden sind. Das gilt insbesondere für die Weitergabe einer Kopie an andere Versicherungen, die dies oft wünschen, aber auch für die Weitergabe an den Untersuchten selbst, an seine Ärzte oder an dritte Stellen. Die Weitergabe eines Gutachtens bedarf also der Zustimmung des ärztlichen Gutachters, des Begutachteten und des Auftraggebers des Gutachtens.

Die *Qualität* ärztlicher Gutachten ist sehr unterschiedlich. Es ist unumgänglich, dass alle Träger der verschiedenen Sparten unseres sozialen Netzes ihre Aufgaben wirtschaftlich erfüllen. Daraus ergibt sich, dass die Auftraggeber eine bessere Qualität ärztlicher Gutachten anmahnen, um mehrfache Gutachten auch wegen der damit verbundenen Kosten zu vermeiden. Das gilt für die Vermeidung von Doppeluntersuchungen, wie sie im § 96 SGB X angemahnt wird: „Es sollen die Untersuchungen in der Art und Weise vorgenommen und deren Ergebnisse so festgehalten werden, dass sie auch bei der Prüfung der Voraussetzungen anderer Sozialleistungen verwendet werden können", sowie „die Leistungsträger haben sicherzustellen, dass Untersuchungen unterbleiben, soweit bereits verwertbare Untersuchungsergebnisse vorliegen." Der zuständige Sachbearbeiter eines Versicherungsträgers hat aber kaum einmal das Wissen und die Erfahrung, um beurteilen zu können, welche Untersuchungsergebnisse „verwertbar" sind. Es wird gefordert, dass „Untersuchungen nach einheitlichen und vergleichbaren Grundlagen, Maßstäben und Verfahren vorgenommen und die Ergebnisse der Untersuchungen festgehalten werden."

So notwendig und zwingend die Dokumentation ärztlicher Befunddaten ist, so nachteilig können sich aber auch Reglementierungen der Versicherungsträger z. B. durch entsprechende Formulare auswirken. Schon in den sechziger Jahren hat der Herausgeber mit der damaligen „Deutschen Gesellschaft für medizinische Dokumentation und Statistik" einen Erhebungsbogen für den körperlichen Untersuchungsbefund entwickelt, der sich bewährt und durchgesetzt hat und dessen grundlegendes Prinzip heute in nahezu allen Kliniken, Krankenhäusern und Rehabilitationseinrichtungen – variabel für alle medizinischen Fachrichtungen – in Deutschland verwendet wird.

Ärztliche Begutachtung ist bisher nicht Inhalt des Medizinstudiums. Die Musterweiterbildungsordnung der Bundesärztekammer und die Weiterbildungsordnungen der Landesärztekammern schreiben Begutachtung als Weiterbildungsinhalt vor. Offen ist aber, inwieweit Begutachtung dabei tatsächlich gelehrt wird oder gutachtliche Expertise autodidaktisch wächst. Die Gutachten lehren, dass die Kenntnisse der Gutachter über die Systematik der Versicherungszweige und die rechtlichen Grundlagen der Begutachtung Optimierungspotentiale aufweisen.

Der langjährige Herausgeber, dem sein klinischer Lehrer Rudolf Schoen in Göttingen wegen seiner Fronterfahrung im Kriege die Begutachtung zu Fragen der Wehrdienstbeschädigung übertrug in der Annahme, dass damit zumindest Verständnis für die Betroffenen verbunden sein sollte, entwickelte seine Expertise als Autodidakt. Um ärztliche Begutachtung zu lehren für alle Bereiche der Medizin, aber auch um Verständnis zu wecken bei Juristen und Richtern für die Schwierigkeiten ärztlicher Begutachtung, entstand dieses Buch. Um Lücken an Wissen und Erfahrung zu ergänzen, werden Lehrgänge und Fortbildungsveranstaltungen im Begutachtungsbereich angeboten und besonders von den Trägern der gesetzlichen Sozialversicherungen, aber auch von den medizinischen und sozialrechtlichen Fakultäten der Universitäten gefördert. Manche Träger der Sozialversicherungen verfolgen das Ziel, sich „hauseigene" Gutachter zu schaffen. Dies birgt das Risiko, dass ein solcher Gutachter im Rechtsstreit als befangen diskreditiert werden kann.

Seit dem Jahr 1997 werden, für alle Träger der gesetzlichen Sozialversicherung obligatorisch, jedem zu Begutachtenden drei Gutachter zur Auswahl vorgeschlagen. Dieses Vorgehen soll bewirken, dass schon die Auswahl eines Gutachters neutral erfolgt, um dem Argument zu begegnen, schon die Auswahl eines Gutachters könne das Ergebnis präjudizieren.

So können Qualitätsverbesserung, Ausbildung und Fortbildung im Begutachtungswesen nur auf neutraler Ebene erfolgen, z. B. durch die Ärztekammern oder durch Veranstalter aus mehreren Bereichen – etwa als Interessengemeinschaft von medizinischer und rechtswissenschaftlicher Fakultät mit einer Berufsgenossenschaft. Eine zumindest europäische Harmonisierung ärztlicher Begutachtungen wäre wünschenswert, dies aber ohne weitere Bürokratisierung!

1.2 Der Arzt als Gutachter – Pflichten und Rechte

E. Fritze und J. Fritze

Mit seiner Approbation hat der Arzt das Recht zur Ausübung ärztlicher Tätigkeit. Er hat aber auch und allein durch Aufforderung eines Gerichtes die Pflicht, als medizinischer Sachverständiger zu wirken. Der von einem Gericht zum Sachverständigen bestellte Arzt ist gesetzlich verpflichtet, sein Urteil in Form eines Gutachtens persönlich zu erstatten. Ein Gericht kann zur Erstattung eines schriftlichen Gutachtens eine Frist setzen und bei Fristversäumnis ein Ordnungsgeld zunächst androhen, schließlich auch auferlegen. Dieser Pflicht zur Tätigkeit als Sachverständiger bzw. zur Begutachtung kann der Arzt sich lediglich aus den gleichen Gründen wie ein Zeuge entziehen, dann nämlich, wenn er sich durch verwandtschaftliche Beziehungen oder aus anderen Gründen befangen fühlt. Befangenheit kann sich auch ergeben, wenn der beauftragte Arzt auch behandelnder Arzt des zu Begutachtenden ist. Bei Befangenheit kann und muss der Gutachtenauftrag zurückgewiesen werden. Der Gutachter kann beantragen, von seiner Begutachtungspflicht entbunden zu werden, wenn er wegen seiner beruflichen Tätigkeit zeitlich dazu nicht in der Lage ist. Ein gerichtlicher Gutachtenauftrag kann nicht ohne Mitwirkung des auftraggebenden Gerichts von dem zuerst beauftragten auf einen anderen Gutachter übertragen werden (Urteil des Bundessozialgerichts vom 25. 10. 1989 – RU 38/89; Baur 1990). Der Gutachtenauftrag sollte in angemessener Zeit, das heißt innerhalb von 4 bis 8 Wochen erledigt sein. Kann der Gutachter dies nicht gewährleisten, muss er den Auftrag ablehnen, zumindest aber dem Auftraggeber einen verlässlichen Zeithorizont nennen.

Gutachtenaufträge durch Sozialversicherungsträger kann der Arzt ohne Angabe von Gründen ablehnen. Allerdings ist die Tätigkeit als Gutachter eine echte ärztliche Aufgabe, weil sie einerseits einem Menschen, andererseits dem Gemeinwesen gegenüber Verpflichtung zum Helfen ist.

Betroffene bedrückt die lange *Dauer der Verfahren*, besonders, wenn sie durch Widerspruch und Klage die Sozialgerichte beschäftigen. Ein Klageverfahren vor einem Sozialgericht dauert bis zu einem Jahr, ebenso lange dauert ein Berufungsverfahren vor einem Landessozialgericht. Es ist verständlich, dass eine solche Zeitdauer für sozial schwache Personen, die etwa um eine Rente streiten, nicht zumutbar ist. Ein Grund solcher Verfahrensdauer in Versicherungs- und Gerichtsverfahren ist häufig die Zeit, die bis zur Erstellung des ärztlichen Gutachtens vergeht, das die Versicherung oder der Richter als Entscheidungshilfe braucht.

Der als Gutachter tätige Arzt erhält für diese Tätigkeit eine *Vergütung*, die für den Fall gerichtlicher

Gutachtenaufträge mit dem Justizvergütungs- und -entschädigungsgesetz (JVEG, 2004) geregelt ist, im Fall von Begutachtungen für Versicherungsträger durch die mit den ärztlichen Berufsorganisationen vereinbarten Honorare (▶ Kap. 37).

Wie bei der Behandlung eines Kranken ist die *diagnostische Erkennung* vorliegender Gesundheitsstörungen Voraussetzung ihrer gutachtlichen Beurteilung. Der begutachtende Arzt bedient sich dabei der gleichen diagnostischen Methoden. Anamneseerhebung und körperliche Untersuchung sind die grundlegenden und ausschlaggebenden Verfahren der Diagnostik, die durch technische Untersuchungsmethoden ergänzt werden. Wie bei der diagnostischen und therapeutischen Tätigkeit des Arztes ist aber die Voraussetzung der Anwendung technischer Untersuchungsmethoden wie Blutanalysen, röntgenologischer Untersuchungen, Endoskopien usw., dass der davon Betroffene sie ausdrücklich duldet, dass er also über ein bestehendes Risiko ihrer Anwendung zuvor aufgeklärt wird. Zur Beantwortung der gutachtlichen Fragestellung erforderliche und zumutbare Untersuchungen können von dem zu Begutachtenden nicht ohne potentielle persönliche Nachteile in dem anstehenden Verfahren abgelehnt werden. Risikoarme Untersuchungsmethoden wie z. B. Blutentnahmen sind duldungspflichtig, mit größerem Risiko belastete Untersuchungen brauchen von dem Begutachteten nicht geduldet zu werden. Auch ein HIV-Test bedarf der Zustimmung des Betroffenen. Wenn von abgelehnten Untersuchungen die gutachtliche Beurteilung abhängt, hat der Gutachter dies im Gutachten zu erläutern.

Auch als Gutachter bleibt der Arzt selbstverständlich der Ethik seines Berufes verpflichtet. Indem der zu Begutachtende sich der Begutachtung unterzieht, entbindet er den Gutachter von der ärztlichen Schweigepflicht. Darauf ist der zu Begutachtende vom Gutachter ausdrücklich hinzuweisen. Die gutachtlichen Erhebungen müssen sich aber auf Fakten beschränken, die zur Beantwortung der Fragestellung notwendig sind.

Die bei der gutachtlichen Untersuchung gewonnenen Erkenntnisse können für den Untersuchten als potentiellem Kranken oder aus präventiven Gründen von Bedeutung sein. Sie müssen dann ihm und seinen Ärzten zur Verfügung stehen. Dagegen gehört die gutachtliche Beurteilung allein dem Auftraggeber. Dieser ist in seinem rechtlichen Urteil nicht an die gutachtliche Beurteilung gebunden und kann weitere Gutachter hinzuziehen. Der Auftraggeber darf das Gutachten nicht ohne Einverständnis an Dritte weitergeben. Der Gutachter sollte im Gutachten dem Auftraggeber einen Hinweis geben, ob das Gutachten dem Begutachteten offenbart werden kann oder ggf. warum nicht.

Der gutachtende Arzt aber sollte immer eine umfassende diagnostische Abklärung der Situation des Betroffenen anstreben, auch wenn die Fragestellung begrenzt ist und durch ein begrenztes Untersuchungsprogramm exakt beantwortet werden könnte. Vernünftigerweise kennen und berücksichtigen die Auftraggeber in der Regel die durch ein begrenztes Untersuchungsprogramm verursachte Fehlermöglichkeit und fragen deshalb zum Beispiel ausdrücklich auch nach vorliegenden „unfallunabhängigen Gesundheitsstörungen“, wenn es sich um die gutachtliche Äußerung zu Unfallfolgen handelt. Formulargutachten engen im Vergleich zu „Gutachten in freier Form“ die sachgerechte Beantwortung versicherungsrechtlicher Fragestellungen ein. Der technisch-diagnostische Aufwand muss in einem auch ökonomisch vernünftigen Verhältnis zur Fragestellung und den Möglichkeiten ihrer exakten Beantwortung stehen. Werden technische Untersuchungen gutachtlich für unerlässlich gehalten, sollte im Vorfeld die Zustimmung des Auftraggebers eingeholt werden. Dasselbe gilt für ggf. notwendige Zusatzgutachten anderer Fachgebiete.

Die Aussagekraft der sich aus Anamnese und körperlichem Untersuchungsbefund ergebenden diagnostischen Daten ist um ein vielfaches größer als ein noch so umfangreiches, ungezielt eingesetztes technisches Analyseprogramm. Bei der Interpretation technischer, chemischer, hämatologischer, immunologischer und anderer Untersuchungsbefunde muss der Gutachter sich der Streubreite der sogenannten Normalwerte, ihrer Abhängigkeit von zirkadianer Rhythmik und methodischer Fehlerquellen bewusst sein.

Der Gutachter sollte in seiner Argumentation niemals von „glaubhaften Beschwerden“ ausgehen oder „wohlwollend beurteilen“. Wie als behandelnder Arzt hat er geschilderte Symptome als gegeben zu unterstellen oder muss ihr Nichtvorhandensein beweisen. Seine Beurteilung hat nicht „wohlwollend“ zu sein, sondern richtig, sie muss dem medizinischen Wissensstand und den rechtlichen Voraussetzungen entsprechen. Aus falsch verstandener Gefälligkeit oder in Unkenntnis der Auswirkungen ausgestellte, wissentlich oder fahrlässig nicht sachgerechte Atteste untergraben nicht nur das Ansehen des Arztes und des ganzen Berufsstandes, sondern gefährden zugleich die Funktionsfähigkeit des sozialen Sicherungssystems. Es versteht sich, dass ein ärztliches Zeugnis niemals ohne zumindest körperliche Untersuchung und/oder ohne persönliches Gespräch mit dem Kranken, also etwa auf Grund einer telefonischen Krankmeldung, abgegeben werden darf.

Fahrlässig *fehlerhafte gutachtliche Beurteilungen* bergen Haftungsrisiken. Allerdings hat der Bundesgerichtshof in einem Urteil vom 18. 12. 1973 festgestellt, dass der gerichtliche Sachverständige „in der Regel nicht von dem Verfahrensbeteiligten, zu dessen Nachteil sich das Gutachten ausgewirkt hat, mit der Behauptung der fahrlässig falschen gutachtlichen Beurteilung auf Ersatz in Anspruch genommen werden“ kann. Eine Haftung des Gutachters kann nur bei grober Fahrlässigkeit in Frage kommen. Dann müsste der Gutachter allerdings eine Rechtsverletzung oder sonstige Schädigung von vornherein in Kauf genommen haben. Andererseits gilt auch für den ärztlichen Gutachter § 278 des Strafgesetzbuches: Ärzte oder andere approbierte Medizinalpersonen, welche ein unrichtiges Zeugnis über den Gesundheitszustand eines Menschen zum Gebrauch bei einer Behörde oder Versicherungsgesellschaft wider besseres Wissen ausstellen, werden mit Freiheitsstrafen bis zu 2 Jahren oder mit Geldstrafe bestraft.

Um seine *Unabhängigkeit als Gutachter* zu wahren, sollte der Arzt niemals gutachtliche Urteile auf Wunsch eines von ihm behandelten Kranken oder auf Verlangen einer ihn deswegen aufsuchenden Privatperson abgeben, auch wenn es um ein Gutachten etwa nach § 109 Sozialgerichtsgesetz geht, das ein Versicherter selbst bezahlen muss. Er sollte sich auf eine objektive Befunddarstellung beschränken und im Übrigen den dieses Ansinnen stellenden auf die Möglichkeit verweisen, von der entsprechenden Sozialversicherung oder Rechtsinstanz die Einholung eines solchen Gutachtens zu erwirken.

Zwar ist vom Gutachter ein gewisses *Verständnis für Rechtsbegriffe* und rechtliche Definitionen zu erwarten. Ist ihm die Fragestellung aber nicht abschließend verständlich, sollte er im Vorfeld der Begutachtung unbedingt beim Auftraggeber rückfragen, auch um zu vermeiden, dass am Ende alle drei, Jurist, Versicherer und Arzt, mit ihrer berufseigentümlichen Sprache aneinander vorbeireden. Für den Gutachter aber gilt, dass er seine sachverständige Beurteilung und ihre Gründe in einer dem medizinischen Laien – also dem Versicherten, dem Träger der Sozialversicherung oder dem Richter – verständlichen Sprache formuliert. Dabei ist allerdings nicht zu verlangen, jeden medizinischen Fachbegriff zu übersetzen oder gar im Detail zu erklären. Jedenfalls sollte auf Abkürzungen verzichtet werden.

Nimmt der Gutachter *Bezug auf andere*, z.B. sozialgerichtliche, höherinstanzliche *Entscheidungen* zu ähnlichen Sachverhalten, dann kann dies für den Auftraggeber hilfreich sein, wenn der medizinische Sachverhalt wirklich identisch ist. Dabei muss sich der Gutachter aber auf die medizinische Ebene beschränken, z.B. auf die Anerkennung eines Kausalzusammenhangs zwischen einer Schädigung und einem Gesundheitsschaden. Rechtliche Argumentation hat er zu meiden. Ist andererseits der Gutachter im anstehenden Verfahren bei vergleichbarer Fragestellung mit guten Gründen anderer Meinung als es der herangezogenen früheren rechtlichen Entscheidung entspricht und auch anderer Meinung als die früheren Gutachter, so gilt, dass ein falsch interpretierter medizinischer Sachverhalt oder Zusammenhang auch durch ein darauf gegründetes rechtswirksames Gerichtsurteil medizinisch-wissenschaftlich nicht richtiger wird. Widersinnig wäre eine Bezugnahme, wenn der Gerichtsentscheidung ein *gerichtlicher Vergleich* zugrunde lag. Gerichtliche Vergleiche können ihrer Natur nach medizinisch niemals sachlich richtig sein. Ein medizinisches Gutachten ist die eine Seite, die rechtswirksame Entscheidung aber eine andere Seite sozialmedizinischer Rechtsprobleme.

Die Zivilprozessordnung (ZPO) macht in § 407a konkrete *Vorgaben*, wie der Gutachter mit einem Gutachterauftrag umzugehen hat:

(1) Der Sachverständige hat unverzüglich zu prüfen, ob der Auftrag in sein Fachgebiet fällt und ohne die Hinzuziehung weiterer Sachverständiger erledigt werden kann. Ist das nicht der Fall, so hat der Sachverständige das Gericht unverzüglich zu verständigen.

(2) Der Sachverständige ist nicht befugt, den Auftrag auf einen anderen zu übertragen. Soweit er sich der Mitarbeit einer anderen Person bedient, hat er diese namhaft zu machen und den Umfang ihrer Tätigkeit anzugeben, falls es sich nicht um Hilfsdienste von untergeordneter Bedeutung handelt.

(3) Hat der Sachverständige Zweifel an Inhalt und Umfang des Auftrages, so hat er unverzüglich eine Klärung durch das Gericht herbeizuführen. Erwachsen voraussichtlich Kosten, die erkennbar außer Verhältnis zum Wert des Streitgegenstandes stehen oder einen angeforderten Kostenvorschuss erheblich übersteigen, so hat der Sachverständige rechtzeitig hierauf hinzuweisen.

(4) Der Sachverständige hat auf Verlangen des Gerichts die Akten und sonstige für die Begutachtung beigezogenen Unterlagen sowie Untersuchungsergebnisse unverzüglich herauszugeben oder mitzuteilen. Kommt er dieser Pflicht nicht nach, so ordnet das Gericht die Herausgabe an.

(5) Das Gericht soll den Sachverständigen auf seine Pflichten hinweisen.

Es ist selbstverständlich, dass der Gutachter die erhobenen anamnestischen, körperlichen und anderen Befunddaten sorgfältig zu dokumentieren hat, um seine gutachtliche Beurteilung auch späterhin jederzeit belegen zu können. Diese *Befunddokumentation* ist für den Arzt nicht nur Gedächtnisstütze, sondern auch Dokument im rechtlichen Sinne.

1.3 Das ärztliche Gutachten – Form und Inhalt

E. Fritze und J. Fritze

Rechtlich wirksame Aussagen werden vom Arzt als ärztliches *Attest*, in so genannten *Formulargutachten* und in den in *freier Form* gestalteten Gutachten abgegeben. Ihre Aussagen haben objektiv wahrhaftig und richtig zu sein.

Der einen Kranken betreuende Allgemeinarzt oder Spezialist bestätigt durch sein *Attest* der Krankenversicherung Krankheit und Arbeitsunfähigkeit seines Kranken, der Rentenversicherung durch seinen Befundbericht den nach seinem Urteil vorliegenden Zustand verminderter Erwerbsfähigkeit, einem Versorgungsamt das Bestehen einer Behinderung, der zuständigen Unfallversicherung oder dem Versorgungsamt den Zusammenhang eines Leidens mit beruflichen Einwirkungen oder mit Einflüssen des Wehrdienstes, der Gefangenschaft, Haft oder Internierung. Sein Attest ist eine Urkunde, die von ihm aus eigener Initiative oder auf Anforderung durch die entsprechenden Institutionen der Sozialversicherung oder ein Gericht ausgefertigt wird. Dieses Attest kann sich allein auf sozialrechtliche Feststellungen wie das Vorliegen von Krankheit, Arbeitsunfähigkeit, Unfallfolgen usw. beschränken, oder, und dann nur mit ausdrücklicher Zustimmung des Kranken, über den Untersuchungsbefund berichten. Der Arzt hat sich also dabei stets der Grenzen bewusst zu sein, die die ärztliche Schweigepflicht ihm auferlegt. Im rechtlichen Sinne entspricht ein solches Attest einer schriftlichen Zeugenaussage.

Die – uneinheitlichen – Vorschriften zur Leichenschau fallen in die konkurrierende Kompetenz der Bundesländer. *Todesbescheinigung* und *Leichenschauschein* sind Urkunden. Sie dienen nicht nur der amtlichen Todesursachenstatistik und Erbschaftsregelungen. Sie haben in der gesetzlichen Unfallversicherung, nach dem Versorgungsrecht und in der Lebensversicherungsmedizin erhebliche Bedeutung und fast Beweiswert. Wird z. B. eine unnatürliche Todesursache ausgeschlossen, so unterbleiben – bei der Möglichkeit eines Tötungsdeliktes gebotene – staatsanwaltliche Ermittlungen. Die dem Arzt zugänglichen Informationen und Befunde jenseits der Ergebnisse der Leichenschau sind oft begrenzt und auch fehlerhaft. Entsprechend fraglich ist die Validität der angegebenen Todesursache: Leichenschau- und Obduktionsdiagnose stimmen in weniger als 50% überein (Madea u. Dettmeyer 2003). Die häufig angegebene Todesursache „Herz-Kreislauf-Versagen" hat keinen diagnostischen Wert, weil jeder Tod auf diese Weise eintritt. Zumindest die Identität des Toten sollte man anhand amtlicher Dokumente objektivieren.

H. Löwel et al. (1991) fordern auf der Grundlage der im Rahmen des MONICA-Augsburg-Herzinfarktregisters ausgewerteten 1759 Todesfälle an ischämischer Herzkrankheit eine gesetzliche Regelung zur *Obduktion* von Verstorbenen mit ungeklärter Todesursache. 20% der außerhalb einer Klinik Verstorbenen hätten als Todesfälle mit ungeklärter Todesursache eingeordnet werden müssen. Außerhalb einer Klinik Verstorbene wurden nur zu 0,2%, am 1. Krankenhaustag Verstorbene zu 12,8% und später im Krankenhaus Verstorbene zu 25% obduziert.

Deshalb sollten die Träger der gesetzlichen Sozialversicherungen und auch die privater Lebensversicherungen von der Möglichkeit einer Aufklärung der Todesursache durch eine Leichenöffnung Gebrauch machen. Zumindest ist es Aufgabe der Träger der Sozialversicherung, die Angehörigen auf die Notwendigkeit einer Obduktion hinzuweisen. Diese kann bei widerstrebenden Angehörigen im Beweissicherungsverfahren auch erzwungen werden (Drescher 1988, Leithoff et al. 1984). Im Streitverfahren um die Hinterbliebenenrente wirkt sich eine fehlende Obduktion in der Regel nachteilig für den Versicherungsträger aus, denn den Hinterbliebenen ist nicht die Verantwortung und die Einsicht aufzubürden, von sich aus auf eine Obduktion des Verstorbenen zu drängen. Das ist vielmehr Aufgabe des Versicherungsträgers, der in der Regel auch rechtzeitig durch den behandelnden Arzt über den eingetretenen Tod des zu Lebzeiten wegen eines Arbeitsunfalls oder einer Berufskrankheit entschädigten Versicherten unterrichtet wird.

Die gutachtliche bzw. rechtliche Beurteilung z. B. eines *Koronartodes* – dem sogenannten akuten Herztod durch Herzrhythmusstörungen, Herzinfarkt – im Rahmen der gesetzlichen Unfallversicherung wirft Fragen auf nach der körperlichen und/oder psychischen Belastung durch die Berufstätigkeit, nach der Bedeutung des Todes als Arbeits- oder Wegeunfall oder auch nach einem natürlichen, d. h. unfallunabhängigen Tod. Diese gutachtliche Beurteilung hat davon auszugehen, dass einem Koronartod stets eine koronararteriosklerotische Herzkrankheit zugrunde liegt. Bei behaupteter körperlicher und/oder psychischer Belastung als Auslösung des Herzereignisses ist entscheidend, ob diese Belastung betriebs- oder arbeitsüblich war oder ob sie das arbeitsübliche Ausmaß erheblich überschritt. Oft ist die koronararteriosklerotische Grundkrankheit ohne Obduktion nicht nachzuweisen. Wird die Zustimmung zur Leichenöffnung oder zur Exhumierung von den Angehörigen verweigert, so geht die dadurch entstehende Unmöglichkeit, den ursächlichen Zusammenhang zwischen Tod und Arbeitsunfall oder beruflicher Tätigkeit festzustellen, zu deren Lasten (Hess. LSG, Urteil v. 17. 4. 1956). Es ist rechtlich strittig, ob die Unterlassung eines Unfallversicherungsträgers, eine Leichenöffnung zu veranlassen oder vorzuschlagen, im umgekehrten Falle auch zu Lasten des Versicherungsträgers zu werten ist. Allerdings ist der von dem Unfallversicherungsträger verschuldete Beweisnotstand von einem Richter im Rahmen seines Rechts der freien richterlichen Überzeugungsbildung zu berücksichtigen.

Formulargutachten sind in der Regel von dem betreuenden Arzt des Kranken abzugeben. Vor allem private Unfall- und Lebensversicherungen stützen sich bei der Annahme oder Ablehnung eines Versicherungsantrags häufig auf Formulargutachten. Sie enthalten Fragen nach durchgemachten Krankheiten und nach aktuellen Untersuchungsbefunden. Formulargutachten können in ihrer Aussagesicherheit problematisch sein. Der Arzt hat die Fragen solcher Formulargutachten, die zu einem wesentlichen Teil im anamnestischen Bereich liegen, exakt zu beantworten. Er ist aber nicht gehalten, darüber hinausgehende Aussagen zu machen.

Das so genannte freie, das heißt in *freier Form* erstattete und *wissenschaftlich begründete Gutachten* stützt sich neben der eingehenden Untersuchung des zu Begutachtenden auf den Inhalt der von dem Auftraggeber zur Verfügung gestellten Akten oder bei so genannten *„Aktengutachten"* allein auf den Akteninhalt.

Im Grundsatz ist ein freies Gutachten nach dem Ermessen des Gutachters gegliedert. Vielleicht auf der Grundlage einer preußischen Verwaltungsvorschrift aus dem Jahre 1924, sicher aber aus Gründen der Zweckmäßigkeit und nach rechtlichen Anforderungen hat sich für die Form und den Inhalt eines solchen freien Gutachtens eine bestimmte Regelhaftigkeit entwickelt. Sie ist umrissen durch die Einhaltung folgender Gesichtspunkte.

Aufbau des Gutachtens

1. Ort und Zeitpunkt der Gutachtenerstattung.
2. Auftraggeber des Gutachtens, Name des Begutachteten, identifiziert z.B. durch den Personalausweis, sein Geburtsdatum und die Adresse, Aktenzeichen des Auftraggebers.
3. Fragestellung des Gutachtens mit in der Regel wörtlicher Wiederholung der im Anschreiben des Auftraggebers formulierten Fragen.
4. Angaben über die zur Verfügung stehenden Aktenunterlagen.
5. Zeitpunkt der gutachtlichen Untersuchung.
6. Auszüge aus dem für die Beurteilung relevanten Akteninhalt, in der Regel beschränkt auf solchen medizinischer Art.
7. Vorgeschichte nach Angaben des Begutachteten und seine Beschwerden.
8. Untersuchungsbefunde:
   - körperliche, neurologische und psychopathologische Untersuchung,
   - technische Untersuchungen jeweils mit einer interpretierenden Beurteilung der Befunddaten,
   - Befunde aus fachbegrenzten Zusatzgutachten.
9. Beurteilung, die eine Zusammenfassung der für die Beantwortung der Fragestellung relevanten Daten aus Vorgeschichte und Untersuchungsbefunden ist mit argumentativer Beantwortung der gutachtlichen Fragestellung auf der Grundlage der gestellten Diagnosen. Die gutachtliche Beurteilung wird mit medizinischen und rechtlichen Argumenten begründet.
10. Zusammenfassung und Beantwortung der gutachtlich gestellten Fragen bzw. jeder einzelnen Frage.

Eine beispielhafte Gutachtensammlung findet sich bei Fritze und Viefhues (1984).

Entscheidend und unverzichtbar ist die Darstellung aller Befunddaten und ihre Interpretation, die Diskussion ihrer Bedeutung für die Fragestellung in der gutachtlichen Beurteilung und schließlich die genaue Beantwortung der gutachtlich gestellten Fragen. Die Befunde der körperlichen und neurologischen Untersuchung können in einem Befunderhebungsformular oder einer entsprechenden elektronischen Maske nach dem Prinzip „ausfüllen oder Zutreffendes anhaken" dokumentiert werden (Fritze 1961, 1975). Dabei bieten die vom Autor entwickelten „Empfehlungen zur Krankenblattdokumentation" und auch der von den Berufsgenossenschaften zusammen mit der Deutschen Dermatologischen Gesellschaft empfohlene „Erhebungsbogen Arzt" Beispiele. Um aber auch dem nichtärztlichen Leser eines Gutachtens das Verständnis zu erleichtern, ist zusätzlich in freier Form geschildert, welche Untersuchungsbefunde der verschiedenen Körperregionen unauffällig oder normal sind und welche krankhaften Abweichungen sich ergeben haben.

Auch die Darstellung der eigenen Krankheitsvorgeschichte des zu Begutachtenden, seine Beschwerden und etwa der Ablauf eines als Unfall angeschuldigten Ereignisses ist mit Vorteil durch einen entsprechend gestalteten Fragebogen zu erfassen. Allerdings müssen immer darüber hinausgehende Informationen, die sich aus dem persönlichen Gespräch mit dem zu Begutachtenden ergeben, ergänzend dokumentiert werden.

Die *Beurteilung* ist für den Auftraggeber des Gutachtens der wichtigste, für den Gutachter aber auch der schwierigste Teil seiner Arbeit. Es ist zweckmäßig, nach Darstellung des Untersuchungsbefundes bzw. der festgestellten Krankheiten oder krankhaften Störungen, also der Diagnosen, diese zu den wesentlichen Kriterien des Akteninhaltes und insbesondere zu den gutachtlich gestellten Fragen in Beziehung zu setzen. Die zur gutachtlichen Beurteilung führende Argumentation muss logisch und sprachlich verständlich sein, zumal die entsprechenden Formulierungen häufig in Rentenbescheide der Versicherungsträger oder in gerichtliche Urteile übernommen werden.

Es ist wenig sinnvoll, als Diagnosen alle möglichen früher durchgemachten Krankheiten oder erlebten Operationen als z.B. „Zustand nach Appendektomie“ usw. aufzunehmen; es ist richtiger, sich auf die Befunde und aktuelle Gesundheitsstörungen zu beschränken, insbesondere soweit sie zur Beantwortung der gutachtlich gestellten Fragen von Bedeutung sind.

Gutachten für Rentenversicherungen haben im Allgemeinen keine *Zusammenhangsfragen* zu behandeln. Ihr gutachtliches Urteil beschränkt sich auf den bestehenden Gesundheits- oder Krankheitszustand und seine Bedeutung für die Arbeitseinsatzfähigkeit, ob sie z.B. vollschichtig oder nur halbschichtig, unter Ausschluss von klimatischen oder Witterungsbelastungen oder nur mit anderen Einschränkungen möglich ist. Gutachten in der Unfallversicherung und im Versorgungswesen verlangen dagegen in der Regel eine ausführliche Erörterung des Zusammenhanges bestehender Gesundheitsstörungen mit angeschuldigten Ursachen, etwa mit einem im Arbeitsleben erlittenen Unfall oder im Falle der Berufskrankheiten mit besonderer beruflicher Exposition gegenüber Schadstoffen, Infektionen oder dergleichen, wie sie in der Liste der Berufskrankheiten aufgeführt sind (▶ Kap. 2.4).

Die *Verantwortung* für ein erstattetes Gutachten trägt allein der von dem Auftraggeber beauftragte Gutachter. Hat dieser bei der Durchführung der Begutachtung Mitarbeiter herangezogen, etwa einen Assistenzarzt, so wird zwar auch dieser das Gutachten durch seine Unterschrift bestätigen, rechtsverbindlich ist aber allein die Unterschrift des beauftragten Gutachters. Wenn der ärztliche Mitarbeiter die Begutachtung weitgehend allein vorgenommen hat, der beauftragte Gutachter das ausgefertigte Gutachten mit dem Zusatz „nach eigener Untersuchung und Urteilsbildung“ mit unterschreibt, dann setzt dieses Vorgehen voraus, dass der beauftragte Gutachter tatsächlich den zu Begutachtenden selbst untersucht hat und die gutachtliche Beurteilung formuliert hat bzw. mit der von seinem Mitarbeiter vorgeschlagenen Beurteilung einverstanden ist.

Aktengutachten

Aktengutachten, also Gutachten ohne persönliche Untersuchung, stützen sich mit ihrer Beurteilung allein auf die in den Akten enthaltenen Angaben und medizinischen Daten. Da diese richtig oder falsch sein können oder auch nur unterschiedlich interpretierbar, ist die Bearbeitung solcher Gutachten besonders schwierig. Bisweilen sind die in den Akten enthaltenen objektiven Daten und Fakten so gering, dass eine fundierte gutachtliche Beurteilung nicht möglich ist. Das hat der Gutachter zu erklären und zu begründen, damit seiner gutachtlichen Beurteilung schließlich kein größeres Gewicht zukommt, als es nach dem Inhalt der Akten überhaupt möglich ist.

Aktengutachten werden insbesondere dann angefordert, wenn im Rahmen der Unfallversicherung oder des Versorgungswesens der Tod eines Versicherten durch ein versichertes Ereignis verursacht sein soll. Häufig geht es dabei um sehr schwierige Zusammenhangsfragen, bei denen auch weit zurückliegende angebliche oder tatsächlich eingetretene gesundheitliche Schädigungen oder ein Unfall als Todesursache verantwortlich gemacht wird. Dabei hat der Gutachter auch ärztliche Befundberichte zu berücksichtigen, deren Inhalt einer sachlichen medizinischen Objektivität nicht standhält. Er muss also bei der Gewinnung seiner gutachtlichen Beurteilung diese Befunddarstellungen gewichten, was er mit ausgewogener Kritik tun und in seiner Argumentation begründen sollte.

So wurde ein deutschstämmiger Sowjetbürger nach der Besetzung seines Wohnortes durch russische Truppen in ein Internierungslager im Ural gebracht. Nach einer Zeugenaussage, die die ebenfalls verschleppte Ehefrau beibrachte, erlitt er bei Zwangsarbeiten eine Verletzung der Hand durch einen rostigen Nagel. Es sei zu einer so genannten „Blutvergiftung“ gekommen, die zum Tode führte. In der einzigen objektiven Unterlage, der Sterbeurkunde, war als Todesursache „Gangrän“ angegeben. Die Ehefrau schildert in ihrem Antrag auf Witwenrente, dass „erst die Hand abgenommen werden sollte, dann der Arm. Auf einmal war es zu spät. Die ärztliche Betreuung war schlecht.“ Der Gutachter erläuterte, dass die beschriebene Todesursache „Gangrän“ möglicherweise nicht einmal von einem Arzt angegeben wurde und eventuell lediglich ausdrücken sollte, dass die verletzte Hand durch eine Lymphangitis stark verändert war. Er kam zu dem Ergebnis: „Wegen mangelnder Angaben über das zum Tode führende Krankheitsgeschehen kann zwar die Wahrscheinlichkeit eines Zusammenhanges zwischen der Verletzung, der dann eingetretenen ‚Blutvergiftung‘ und dem schließlich eingetretenen Tod nicht begründet werden. Es ist aber auch keineswegs unwahrscheinlich, einen solchen Zusammenhang anzunehmen, weil wahrscheinlich in einem derartigen Arbeitslager zur damaligen Zeit in der UdSSR eine ärztliche Versorgung nicht gegeben und vielleicht überhaupt nur eine Art Sanitätsposten vorhanden war, dessen medizinisches Niveau nach eigener Erfahrung etwa dem eines Krankenpflegers oder einer Krankenschwester entsprach. Aus medizinischer Sicht ist aber mit Wahrscheinlichkeit zu bestätigen, dass es durch eine infizierte Verletzung über eine Lymphbahnentzündung zu einer Sepsis kommen kann, die damals ihrerseits innerhalb weniger Tage zum Tode führen konnte, zumal die Lebensbedingungen in einem Arbeitslager der UdSSR im Hinblick auf die Ernährung und die hygienischen Verhältnisse in den Jahren unmittelbar nach dem Krieg wahrscheinlich sehr schlecht waren.“ Der Gutachter kam zu dem Urteil: „Wenn kein Anlass zu Zweifeln an der Darstellung des Ablaufs der Ereignisse besteht, würde ich den Zusammenhang zwischen Tod und Verletzung für wahrscheinlich halten.“

Er überlässt damit dem Versorgungsträger die Entscheidung, gibt ihm aber auch seinen sachverständigen Rat.

1.4 Qualitätssicherung

E. Fritze und J. Fritze

Wer häufig ärztliche Gutachten zu lesen hat, weil er der zweite oder dritte hinzugezogene Gutachter ist oder weil ein Versicherungsträger oder ein Gericht ihm die Frage vorlegt, ob ein erstattetes ärztliches Gutachten schlüssig und überzeugend sei, weiß, dass die Qualität ärztlicher Gutachten sehr unterschiedlich und bisweilen mangelhaft ist.

Förmliche Anforderungsprofile an die Qualifikation der Gutachter und die Strukturqualität des Gutachtens werden bisher nicht vorgegeben. Es gilt die allgemeine Regel, dass der Gutachter nach bestem Wissen und Gewissen dem Stand der Wissenschaft und ggf. den gesetzlichen und sonstigen Vorschriften (z.B. bei gebührenrechtlichen Fragen) entsprechend zu urteilen hat. Wahrscheinlich erfolgt die Auswahl des Gutachters mehr oder weniger auf der Grundlage von Erfahrungen der Auftraggeber. Die gutachterliche Kompetenz wird nicht durch Prüfungen belegt. Der Erfahrungsschatz eines ärztlichen Gutachters durch die Erstattung einer großen Zahl schwieriger Gutachten mit der Beantwortung von Zusammenhangsfragen und mit medizinisch-wissenschaftlicher und rechtlicher Begründung im Einzelfall wird unterschiedlich groß sein.

- Die erhobene *Vorgeschichte* muss selbstverständlich vollständig sein, also aktuelle Beschwerden, frühere Beschwerden und Krankheiten, vegetative Funktionen (auch einschließlich Sexualanamnese), Familienanamnese, Genussmittelkonsum, Medikamenteneinnahme, jetzige Lebenslage, Lebenslauf, soziale Verhältnisse einbeziehen. Eine qualitativ hochwertige Anamnese sollte schon zu gewissen differentialdiagnostischen Vorstellungen führen.
- Die *Befunde* der körperlichen, neurologischen und psychopathologischen Untersuchung und die technischen Untersuchungen müssen vollständig und optimal durchgeführt und dokumentiert sein.
- Die *Beurteilung und Beantwortung der* vom Auftraggeber vorgelegten *Fragen* muss alle Daten aus der Anamnese und der Untersuchung zusammenfassen, die zur begründeten Feststellung einer Gesundheitsstörung, des Ausmaßes der gesundheitlichen Beeinträchtigung oder zur Begründung eines ursächlichen Zusammenhanges führen, also insbesondere die krankhaften. In der gutachtlichen Beurteilung ist eingehend zu erläutern, welche und warum die festgestellten Gesundheitsstörungen vorliegen, ob sie schicksalhaft bestehen oder abhängig von einer Berufskrankheit, ob sie im Zusammenhang mit einem Unfall oder einer anderen Ursache entstanden sind.
- Eine gegebene oder bestehende *Minderung der Erwerbsfähigkeit* oder ein *Behinderungsgrad* muss mit den aus Vorgeschichte und Untersuchungsbefunden sich ergebenden Argumenten begründet sein.

Alle diese Gesichtspunkte müssen in einer auch für medizinische Laien verständlichen Sprache formuliert sein, möglichst ohne Verwendung medizinischer Fachbegriffe und ohne Abkürzungen. Andere – spätere – ärztliche Gutachter oder zwar mit der Materie vertraute, aber doch medizinische Laien müssen den argumentativen Weg der Beurteilung nachvollziehen können. Schließlich müssen die dem Gutachter vorgelegten Fragen inhaltsgetreu beantwortet sein.

Eine systematische, explizite Qualitätssicherung der Begutachtungen existiert bisher nicht. Implizit stellt die Frequenz vermiedener gerichtlicher Auseinandersetzungen bzw. erfolgreicher Revisionen einen indirekten Qualitätsindikator dar. Das Gericht wird ggf. seinen Gutachterstamm, der im Wesentlichen auf der Basis subjektiver Erfahrung und Wertschätzung rekrutiert wird, entsprechend bereinigen, da erfolgreiche Revisionen nicht gefallen.

Anzustreben ist der Erwerb der Befähigung zum Gutachter durch Ausbildung und Fortbildung und vielleicht auch durch entsprechende Zertifikate oder Prüfungen. Als Modell könnte das Zertifikat „forensische Psychiatrie" der Deutschen Gesellschaft für Psychiatrie, Psychotherapie und Nervenheilkunde (DGPPN) dienen. Damit wird zumindest eine gewisse Strukturqualität gewährleistet. Das ließe sich ähnlich auch in der Musterweiterbildungsordnung der Bundesärztekammer und in den Weiterbildungsordnungen der Länder verankern, wie mit dem Schwerpunkt „forensische Psychiatrie" geschehen.

Strukturqualität – widergespiegelt in einem Zertifikat – ist aber nur ein Versprechen, am Ende entscheidend ist die Ergebnisqualität. Um diese zu befördern, könnten sich Gutachter zu Qualitätsinitiativen zusammenschließen (was für sie auch werbewirksam wäre). In diesen Initiativen könnte ein auch systematisiertes Peer-review-Verfahren etabliert sein, in das – aus Gründen der Effizienz vorzugsweise in Zufallsstichproben – pseudonymisierte konkrete Einzelgutachten einzubringen wären. Die Ergebnisse einschließlich des Qualitätssicherungszyklus (PDCA-Zyklus, Plan-do-act-check) wären auch öffentlich darzulegen. Diese Idee ist nicht neu; schon vor Jahrzehnten existierte ein Peer-review-Verfahren zumindest bei einzelnen Landesärztekammern, wenn auch nicht in elaborierter Form. Gutachter, die sich einer solchen Qualitätssicherungsinitiative anschließen, würden sich zweifellos zumindest einer steigenden Nachfrage erfreuen können.

Literatur

Baur U (1990) Gerichtlicher Gutachtenauftrag kann nicht auf Kollegen übertragen werden. Arzt und Krankenhaus 62:89–90

Drescher EP (1988) Ursachen der Verfälschung von Todesursachenstatistiken. Versicherungsmedizin 5:134

Fritze E (1961) Empfehlungen zur Krankenblattdokumentation. Verh dtsch Ges Inn Med 67:745

Fritze E (1975) Die Krankenblattdokumentation in der Inneren Medizin. In: Handbuch der medizinischen Dokumentation und Datenverarbeitung. Schattauer, Stuttgart

Fritze E, Viefhues H (1984) Das ärztliche Gutachten. Steinkopff, Darmstadt

Leithoff H, Endris R, Kleiber J (1984) Die Verwertung von Leichenschauscheinen in der Lebensversicherungsmedizin. Lebensversicherungsmedizin 36:202- 205

Löwel H, Lewis M, Hörmann A, Gostomcyk J, Keil U (1991) Todesursachenstatistik „Wie sicher ist die Angabe ischämischer Herzerkrankung?" Dt Ärztebl 88:A-2646–2651

Madea B, Dettmeyer R (2003) Ärztliche Leichenschau und Todesbescheinigung. Kompetente Durchführung trotz unterschiedlicher Gesetzgebung der Länder. Dtsch Ärztebl 100:A3161–3179 [Heft 48]

Mehrhoff F (1988) Dokumentation von Patientendaten im Krankenhaus. Krankenhausumschau 57:892–896

Schriefers KH (1993) Der Arzt als Sachverständiger. Arzt und Krankenhaus 2:70–72

Trube-Becker E (1991) Leichenschauschein und Todesursachenstatistik. Versicherungsmedizin 43:37–41

Wagner H-J (1990) Ärztliche Leichenschau. Dt Ärztebl 87:A-3428–3430

2 Rechtsgrundlagen – Struktur des sozialen Sicherungssystems

2.1 Soziale Sicherung in Deutschland

F. MEHRHOFF

2.1.1 Grundzüge des gegliederten Systems

In Deutschland sichert der Staat durch gesetzlich verankerte Versicherungen seine Bürger gegen existentielle Risiken. Dazu gehören die Krankheit (Krankenversicherung), der Einkommensverlust im Alter (Rentenversicherung), das Gesundheitsrisiko durch einen Arbeitsunfall oder eine Berufskrankheit (Unfallversicherung), die Arbeitslosigkeit (Arbeitslosenversicherung) und die Pflegebedürftigkeit (Pflegeversicherung). Die Bürger brauchen sich gegen diese Risiken also nicht freiwillig, z. B. durch Privatversicherungen, abzusichern. Auch werden die Risiken nicht der Familie (Familienunterhalt) überlassen. Vielmehr übernimmt der Staat die Verantwortung durch Vorgaben und Kontrolle, überlässt die Durchführung hingegen mehreren öffentlich-rechtlichen Institutionen, deren Ausgestaltung im Wesentlichen von den Sozialpartnern (Arbeitgeber und Arbeitnehmervertretern) bestimmt wird. Dieses gegliederte System geht auf die Bismarckschen Ideen vor über 110 Jahren zurück. Es ist zwischen Versicherung, Versorgung und Fürsorge (Sozialhilfe) zu unterscheiden.

Versicherung

Versicherung bedeutet: Zusammenschluss gleichartig Bedrohter zu einer Solidargemeinschaft zum Zweck des Risikoausgleichs. Der bei dem einen Versicherten eingetretene Schaden wird durch die von der Gesamtheit der Versicherten aufzubringenden Mittel (Beiträge) gedeckt. Die Höhe der umgelegten Beiträge bzw. Prämien richtet sich nach der Höhe des Risikos, mit dem der einzelne Versicherte die Versichertengemeinschaft belastet. Leistung und Gegenleistung müssen also in einem ausgewogenen Verhältnis zueinander stehen, ein Prinzip, das sich am deutlichsten in der Privatversicherung ausdrückt, aber auch aus der Sozialversicherung nicht wegzudenken ist. Der entscheidende Unterschied zwischen privater Versicherung, also einem freiwillig abgeschlossenen Vertrag des einzelnen mit einem Versicherungsunternehmen, und der gesetzlichen Sozialversicherung ist die Pflichtmitgliedschaft in der Sozialversicherung, die bei Versicherungsbeginn keine Gesundheitsprüfung vorsieht, also das jeweilige Risiko für die Sozialversicherung vernachlässigt. In der Privatversicherung werden demgegenüber die Beiträge risikogerecht kalkuliert (Äquivalenzprinzip), also abhängig von Alter und bei Versicherungsbeginn bestehenden Krankheiten.

Versorgung

Bei der Versorgung ist versicherungsmäßig Gegenseitigkeit nicht gegeben. Hier gewährt der Staat aus Steuermitteln (nicht über Beiträge) seine Ausgleichszahlungen. Diese werden als Entschädigung für ein erbrachtes Opfer oder eine sonstige Benachteiligung gewährt. Es ist zwischen Allgemeinversorgung (Staatsbürgerversorgung) und Sonderversorgung (Ausgleichsversorgung) zu unterscheiden. Bei der Allgemeinversorgung hat jeder Staatsbürger durch Nachweis bestimmter Bedürfnisse allein oder final Anspruch auf die Leistungen des Staates, z. B. Kindergeld, Wohngeld u. ä. Die Sonderversorgung ist eine Entschädigung für ein der Allgemeinheit erbrachtes oder von ihr verursachtes Opfer. Hier werden nach den Prinzipien der Kausalität Leistungen an bestimmte Bevölkerungsgruppen gewährt, deren Grund und Ursache in der Vergangenheit liegt, z. B. Kriegsopferversorgung.

Sozialhilfe

Die Sozialhilfe, früher Fürsorge genannt, ist eine Hilfeleistung des Staates zur Deckung eines individuellen Bedarfs ohne Gegenleistung. Sie tritt nur ein, wenn der Bedürftige sich nicht selbst helfen und auch keinen finanziellen Unterhalt von Seiten seiner Familie durchsetzen kann (Subsidiaritätsprinzip). Die Leistungen werden aus Steuermitteln finanziert und in der Regel durch kommunale und überörtliche Leistungsträger organisiert.

2.1.2 Sozialleistungen

Die zu gewährenden Leistungen werden in Geld-, Dienst- und Sachleistungen eingeteilt.

Geldleistungen sind Sozialleistungen, die durch Zahlung eines Geldbetrages an den Sozialleistungsberechtigten erbracht werden und im Allgemeinen dazu bestimmt sind, einen Verdienstausfall auszugleichen (z. B. Krankengeld, Übergangsgeld, Renten).

Dienstleistungen sind alle Formen persönlicher Betreuung und Hilfe. Sie bestehen in der Zurverfügungstellung von durch Menschen geleisteten Diensten. Diese Dienste können von Personen mit besonderer Fach- und Sachkunde erbracht werden (z. B. ärztliche und zahnärztliche Behandlung, erzieherische Hilfe usw.). Sie können, müssen aber nicht, beruflich erbracht werden, wie es z. B. die Hilfen im Haushalt oder in der Form häuslicher Pflege zeigen.

Sachleistungen sind solche Leistungen, die durch Zurverfügungstellen von Gegenständen oder Einrichtungen erbracht werden. Sie werden „in Natur" als „Naturalleistungen" gewährt, z. B. Arzneien, Brillen, Körperersatzstücke, aber auch als Gewährung von Unterhalt und Unterkunft in einem Krankenhaus, Kurheim usw.

Ohne Bedeutung ist für alle Leistungen, außer den Geldleistungen, ob die Sozialleistungsträger diese Leistungen selbst erbringen oder ihre Leistungsverpflichtungen durch andere Institutionen, Organisationen oder Personen erfüllen lassen. Bei vielen Sozialleistungen ist eine Abgrenzung zwischen Dienst- und Sachleistungen kaum möglich und wenig sinnvoll, da die gewährten Leistungen sich aus Dienst- und Sachleistungen zusammensetzen, z. B. Unterbringung in einem Krankenhaus. Daher wird im Sozialversicherungsrecht häufig die Dienstleistung als Sachleistung im weiteren Sinne aufgefasst und nur zwischen Sach- und Geldleistungen unterschieden.

2.1.3 Sozialgesetzbuch, Empfehlungen, Richtlinien

In dieses Leistungsgeflecht werden die ärztlichen Gutachter von den Sozialleistungsträgern und den Privatversicherern im Vorfeld ihrer Entscheidungen eingeschaltet. Dabei sind die Fragen und Probleme vielschichtig. Im Rahmen eines Gutachtenauftrags bedarf der Gutachter der Kenntnisse über Grundzüge des gegliederten sozialen Sicherungssystems ebenso wie über die Rechte des speziellen Sicherungszweiges. Nicht zuletzt geht es bei der Begutachtung auch um den harmonischen Übergang an den Zuständigkeitsgrenzen der einzelnen Sozialversicherungsträger.

Die Kodifikation eines einheitlichen Sozialgesetzbuches mit dem Ziel, das Sozialrecht zu vereinfachen und durchsichtiger zu machen, ist bereits weit fortgeschritten. Früher gab es eine Reichsversicherungsordnung mit über 1000 Paragraphen. Heute fasst der Allgemeine Teil des Sozialgesetzbuches (SGB I) ebenso wie das SGB IV und SGB X (Verwaltungsverfahren) wesentliche Grundsätze für alle Zweige zusammen. Dazu gehören die sozialrechtlichen Grundpositionen des Bürgers, seine Mitwirkungspflichten (§§ 60 f. SGB I) und die Auskunftspflicht der Ärzte (§ 100 SGB X etc.). Daneben existieren spezielle Kodifikationen des Rechts der gesetzlichen Krankenversicherung (SGB V), der gesetzlichen Rentenversicherung (SGB VI) und der gesetzlichen Unfallversicherung (SGB VII). Seit dem 01. 07. 2001 ist das SGB IX (Rehabilitationsrecht) in Kraft.

Die Sozialversicherungszweige haben sich freiwillig zu einer Bundesarbeitsgemeinschaft für Rehabilitation (BAR) zusammengeschlossen. Sie hat ihren Sitz in 60594 Frankfurt, Walter-Kolb-Str. 9–11 (▶ www.bar-frankfurt.de, Tel.: 069/605018-0, Fax: 069/605018-29). In dieser Bundeseinrichtung vollzieht sich auch ein Meinungsbildungsprozess mit den Verbänden der Behinderten und der Leistungserbringer. Ein ärztlicher Beirat etwa erörtert alle wesentlichen medizinischen Belange.

Sowohl die Bundesarbeitsgemeinschaft für Rehabilitation als auch jeder der Sozialversicherungsträger geben – zumeist über ihre Spitzenverbände – Empfehlungen und Richtlinien heraus, an denen sich auch die Leistungserbringer orientieren sollten. Diese Regeln gehören als Rechtsquellen zum Handwerkszeug der ärztlichen Gutachter. In den nachfolgenden Darstellungen werden gerade diese für die Gutachter besonders wichtigen Leitlinien entweder abgedruckt oder die Bezugsquelle angegeben.

2.2 Gesetzliche Krankenversicherung

F. Mehrhoff

Durch Krankheit entstehen Kosten u. a. für Arzt, Arzneien und Krankenhausaufenthalt, deren Höhe in vielen Fällen die finanziellen Möglichkeiten des privaten Haushaltes übersteigt. Wenn die Krankheit zudem Arbeitsunfähigkeit verursacht, fehlt in der Familie laufendes Einkommen, auf das sie im Regelfall angewiesen ist. Zweck der gesetzlichen Krankenversicherung (*GKV*) ist es, die Kosten der Krankheit zu decken und den Einkommensausfall auszugleichen.

In der Bundesrepublik Deutschland besteht ab dem 1. 1. 2009 für die gesamte Bevölkerung die Pflicht, eine Krankenversicherung abzuschließen, wenn kein ausreichender anderer Schutz besteht. Die Gesundheitsreform 2007 hat den Weg zu dieser Gesundheitsversicherung geebnet.

Unter dem Begriff „Krankenversicherung" verbergen sich zwei grundsätzlich verschiedene Leistungssysteme. Einerseits gibt es die *private Krankenversicherung (PKV)*. Bei ihr herrscht der Grundsatz des Gleichgewichts von Leistung und Beitrag („Äquivalenzprinzip"). Die Leistungen der PKV und die zu zahlenden Beiträge richten sich nach der individuellen Ausgestaltung des Versicherungsvertrages. Regelfall ist eine Gesundheitsprüfung vor Vertragsabschluss.

Im Gegensatz dazu ist die *gesetzliche Krankenversicherung* (GKV) nach sozialen Gesichtspunkten ausgerichtet. Jeder Versicherte ist Zwangsmitglied, und die Leistungen bestimmt der Gesetzgeber oder in seinem Auftrag der Gemeinsame Bundesausschuss (§ 91 ff SGB V). Der Beitrag hängt bis zur Beitragsbemessungsgrenze vom Einkommen und nicht vom Krankheitsrisiko ab. Er entspricht also der relativen finanziellen Leistungskraft in der Gemeinschaft aller Versicherten („Solidaritätsprinzip"). So werden die Beiträge jüngerer, im Durchschnitt daher weniger krankheitsanfälliger Mitglieder dazu verwandt, die überdurchschnittlich hohen Krankheitskosten älterer Mitglieder der Solidargemeinschaft zu tragen: *vertikale Umverteilung*. Die Beiträge von Mitgliedern ohne mitversicherte Familienangehörige finanzieren auch die Leistungen für Familienangehörige anderer Mitglieder mit: *horizontale Umverteilung*. Die Krankheitskosten werden im Umlageverfahren finanziert, also – im Gegensatz zur privaten Versicherung – ohne Kapitaldeckung.

Die GKV wirkt durch ihre Preis-, Honorar- und Gebührenpolitik auf die Struktur und Leistungsfähigkeit der medizinischen und pharmazeutischen Versorgung ein. Infolge ihrer relativ großen Zahl und ihrer Dezentralisierung haben die Krankenkassen der GKV einen engen Kontakt zu den Versicherten. Hierdurch haben sie die Möglichkeit, das Gesundheitsbewusstsein der Versicherten durch Information und Beratung zu verändern. Andererseits wird der Leistungskatalog auch durch den medizinischen Fortschritt und durch ein verändertes, wachsendes Gesundheitsbewusstsein beeinflusst. Die Leistungen selbst werden vornehmlich von den Heil- und Heilhilfsberufen und den öffentlichen sowie freigemeinnützigen oder privaten Einrichtungen erbracht.

Das System der GKV baut auf der Arzt-Patienten-Beziehung auf, wobei der niedergelassene Vertragsarzt in eigener Praxis und das Krankenhaus Schlüsselfunktionen innehaben. Die GKV bietet ärztliche Dienste, Medikamente, Heil- und Hilfsmittel in eigenen Einrichtungen im Allgemeinen nicht an. Einen bedeutenden Einfluss auf die Ausgestaltung der Krankenversicherung haben schließlich die pharmazeutische Industrie, das Apothekenwesen und Wirtschaft und Handel, soweit sie sich mit der Herstellung und dem Vertrieb von Heil- und Hilfsmitteln befassen. Diese vielfältigen, interdependenten Beziehungen mit korrelierenden und konkurrierenden Interessenlagen werfen fortwährend die Frage nach dem Gleichgewicht der Kräfte im Wettbewerb des Gesundheitswesens auf, welches Voraussetzung für die Funktionsfähigkeit des Systems zugunsten der Patienten ist. Die GKV zieht die Beiträge zur Rentenversicherung und zur Arbeitslosenversicherung bei den Arbeitgebern ein und führt für andere Sozialleistungszweige Auftragsangelegenheiten durch.

2.2.1 Versicherungspflicht

Versicherungspflichtig sind u. a.:

- Arbeiter und Angestellte, deren regelmäßiges Jahresarbeitsentgelt die Versicherungspflichtgrenze (im Jahr 2006 47 250 € jährlich bzw. rund 3 937,50 € monatlich) nicht übersteigt.

  Die Versicherungspflichtgrenze entsprach über Jahrzehnte der Beitragsbemessungsgrenze in der GKV. Ab 01. 01. 2003 wurde sie davon entkoppelt und liegt nun darüber. Die Beitragsbemessungsgrenze in der GKV, d. h. der maximal einkommensproportional zu zahlende Beitrag, betrug bis 2002 75% der Beitragsbemessungsgrenze in der Rentenversicherung. Die Beitragsbemessungsgrenzen werden jährlich von der Bundesregierung für die Renten-/Arbeitslosenversicherung und die Kranken-/Pflegeversicherung durch Rechtsverordnung angepasst. Die Anpassung erfolgt in dem Verhältnis, in dem die Bruttolohn- und -gehaltssumme je durchschnittlich beschäftigten Arbeitnehmer im vergangenen Kalenderjahr zur entsprechenden Bruttolohn- und -gehaltssumme im vorvergangenen Kalenderjahr steht.
- Auszubildende, auch solche, die ohne Entgelt beschäftigt werden.
- Land- und forstwirtschaftliche Unternehmer einschließlich ihrer mitarbeitenden Familienangehörigen.
- Rentner, die eine Versicherten- oder Hinterbliebenenrente aus der Rentenversicherung beziehen, sind versichert, wenn sie seit der erstmaligen Aufnahme einer Erwerbstätigkeit bis zur Stellung des Rentenantrages mindestens 9/10 der zweiten Hälfte dieses Zeitraums als Versicherungspflichtige oder als Familienangehörige eines Pflichtversicherten bei einer gesetzlichen Krankenkasse versichert waren.
- Bezieher von Vorruhestandsgeld, die unmittelbar vor Bezug des Vorruhestandsgeldes versicherungspflichtig waren und deren monatliches Vorruhestandsgeld mindestens 65% des in den letzten 6 Monaten vor Beginn des Vorruhestandes durchschnittlich erzielten monatlichen Arbeitsentgelts beträgt.
- Behinderte, die in geschützten Einrichtungen arbeiten, sind auch dann wie die übrigen Arbeitnehmer versichert, wenn sie manchmal auch nur ein niedriges oder gar kein Entgelt erhalten. Versichert sind z. B. körperlich, geistig oder seelisch Behinderte, die in den anerkannten Werkstätten

oder als Heimarbeiter von diesen Werkstätten beschäftigt werden.
- Jugendliche in Einrichtungen der Jugendhilfe.
- Studenten und Praktikanten, soweit sie nicht anderweitig versichert sind.
- Teilnehmer an Maßnahmen zur beruflichen Teilhabe.

2.2.2 Freiwillige Versicherung

Bestimmte Personen können der gesetzlichen Krankenversicherung freiwillig beitreten:
- Personen, die aus der Versicherungspflicht ausgeschieden sind und in den letzten fünf Jahren vor dem Ausscheiden mindestens 24 Monate oder unmittelbar vor dem Ausscheiden ununterbrochen mindestens 12 Monate versichert waren.
- Personen, deren Familienversicherung erlischt (z. B. durch Ehescheidung oder Überschreitung der für Kinder bestimmten Altersgrenzen).
- Erstmals beschäftigte Arbeitnehmer, die nur deshalb nicht krankenversicherungspflichtig sind, weil ihr Arbeitsentgelt die Jahresarbeitsentgeltgrenze überschreitet.
- Nach dem SGB IX anerkannte Schwerbehinderte, wenn sie oder ein Elternteil bzw. ihr Ehegatte in den letzten fünf Jahren vor dem Beitritt mindestens drei Jahre versichert oder ausschließlich wegen ihrer Behinderung nicht versichert waren.
- Arbeitnehmer, deren Mitgliedschaft durch Beschäftigung im Ausland endete, wenn sie innerhalb von zwei Monaten nach Rückkehr in Deutschland wieder eine Beschäftigung aufnehmen.

2.2.3 Versicherungsfreiheit

Von der allgemein bestehenden Versicherungspflicht sind besondere Gruppen entweder durch Gesetz oder durch die Möglichkeit eines Befreiungsantrages ausgenommen. Kraft Gesetzes sind im Wesentlichen versicherungsfrei:
- Arbeitnehmer in geringfügiger Beschäftigung.
- Beamte, Richter und Personen in beamtenähnlicher Stellung.
- Mitglieder geistlicher Genossenschaften.

Auf Antrag können von der Versicherungspflicht befreit werden:
- Arbeitnehmer, die versicherungsfrei waren und nur wegen Erhöhung der Jahresarbeitsentgeltgrenze versicherungspflichtig werden.
- Arbeitnehmer, die durch Aufnahme einer zulässigen Erwerbstätigkeit während des Erziehungsurlaubs oder durch Herabsetzung ihrer Arbeitszeit auf weniger als die Hälfte der regelmäßigen Wochenarbeitszeit vergleichbarer Vollzeitbeschäftigter im selben Betrieb versicherungspflichtig werden.
- Rentner und Teilnehmer an berufsfördernden Maßnahmen zur beruflichen Teilhabe.
- Studenten und Praktikanten.
- Behinderte, die in geschützten Einrichtungen arbeiten.

Der Befreiungsantrag ist innerhalb von drei Monaten nach Eintritt der Versicherungspflicht zu stellen. Er wirkt im Allgemeinen vom Beginn der Versicherungspflicht an. Sind bis zur Antragstellung bereits Leistungen bezogen worden, tritt die Versicherungsfreiheit erst mit dem Beginn des auf den Antrag folgenden Monats ein. Die Befreiung kann nicht widerrufen werden.

2.2.4 Familienversicherung

Die gesetzlichen Krankenkassen bieten nicht nur den beitragszahlenden Mitgliedern, sondern im Rahmen der Familienversicherung ohne zusätzlichen Beitrag auch deren Ehegatten und Kindern Schutz. Die Familienversicherung ist zwar an das Mitgliedschaftsverhältnis des Mitglieds gebunden, stellt aber eine eigenständige Versicherung dar. Familienversicherte haben daher eigene Leistungsansprüche und können, soweit sie das 15. Lebensjahr vollendet haben, Leistungsanträge selbst stellen oder zurücknehmen und Leistungen entgegennehmen. Für Kinder, die das 15. Lebensjahr noch nicht vollendet haben, hat der gesetzliche Vertreter die Rechte aus der Familienversicherung geltend zu machen.

Ehegatten und Kinder sind familienversichert, wenn sie
- ihren Wohnsitz oder gewöhnlichen Aufenthalt in Deutschland haben,
- nicht selbst versicherungspflichtig oder freiwillig gesetzlich versichert sind,
- nicht versicherungsfrei oder von der Versicherungspflicht befreit sind,
- nicht hauptberuflich selbständig erwerbstätig sind und
- kein Gesamteinkommen haben, das laut gesetzlicher Vorgaben einen monatlichen Betrag überschreitet.

Die Familienversicherung besteht für Kinder in der Regel bis zur Vollendung des 18. Lebensjahres. Kinder, die arbeitslos sind, sind bis zur Vollendung des 23. Lebensjahres familienversichert und Kinder, die sich in Schul- oder Berufsausbildung befinden oder ein freiwilliges soziales Jahr ableisten, bis zur Vollendung des 25. Lebensjahres. Bei darüber hinausgehender Schul- oder Berufsausbildung wird die Familienversicherung ggf. um den Zeitraum, um den die Schul- oder Berufsausbildung durch gesetzlichen Wehr- oder Zivildienst unterbrochen war, verlängert. Für körperlich, geistig oder seelisch behinderte Kinder, die sich wegen ihrer Behinderung nicht selbst unterhalten können, gelten die Altersgrenzen nicht.

Als Kinder zählen neben den leiblichen und den an Kindes Statt angenommenen Kindern auch Stiefkinder und Enkel, die vom Mitglied überwiegend unterhalten werden, sowie Pflegekinder und mit dem Ziel der Annahme in die Obhut des Mitglieds aufgenommene Kinder (Adoptivpflegekinder).

Sind die Voraussetzungen der Familienversicherung für Kinder gleichzeitig gegenüber mehreren Krankenkassen erfüllt, weil z. B. beide Elternteile als versicherungspflichtige Arbeitnehmer bei verschiedenen Krankenkassen pflichtversichert sind, ist zu wählen, welche Krankenkasse die Familienversicherung durchführen soll.

2.2.5 Leistungen

Die gesetzliche Krankenversicherung beruht auf dem Sachleistungsprinzip. Sie beschafft dem Versicherten unmittelbar die Dienste und Güter für den Krankheitsfall. Im Gegensatz dazu ist die private Krankenversicherung vom Kostenerstattungsprinzip bestimmt. Aufgrund des Sachleistungsprinzips nimmt der Versicherte die Dienste von Ärzten, Medikamente, Krankenhausbehandlung usw. in Anspruch, ohne dass ihm die Vergütung berechnet wird. Die Sachleistungen müssen ausreichend, zweckmäßig und wirtschaftlich sein; sie dürfen das Maß des Notwendigen nicht überschreiten. Leistungen, die nicht notwendig oder unwirtschaftlich sind, können Versicherte nicht beanspruchen, dürfen die Leistungserbringer nicht einleiten und die Krankenkassen nicht bewilligen. Die gesetzlichen Krankenkassen erbringen die Sachleistungen nicht selbst durch eigene Krankenhäuser oder angestellte Ärzte, sondern sie schließen Verträge über die Durchführung der Leistungen mit Ärzten, Zahnärzten, Krankenhäusern, Apothekern, Optikern usw. Ausnahmen von diesem Sachleistungsprinzip gelten nur für einige wenige besondere Fälle.

Neben den Sachleistungen gewährt die Krankenkasse Geldleistungen, wie z. B. Krankengeld bei Arbeitsunfähigkeit oder Mutterschaftsgeld.

Versicherte können gemäß § 13 SGB V anstelle der Sach- oder Dienstleistungen Kostenerstattung wählen. Eine Beschränkung der Wahl auf den Bereich der ambulanten Behandlung ist möglich. Anspruch auf Erstattung besteht höchstens in Höhe der Vergütung, die die Krankenkasse bei Erbringung als Sachleistung zu tragen hätte. Die Satzung hat ausreichende Abschläge vom Erstattungsbetrag für Verwaltungskosten und fehlende Wirtschaftlichkeitsprüfungen vorzusehen sowie vorgesehene Zuzahlungen in Abzug zu bringen. Die Versicherten sind an ihre Wahl der Kostenerstattung mindestens ein Jahr gebunden.

Die Leistungen der gesetzlichen Krankenversicherung sind entsprechend ihrer Rechtsgrundlage in Regel- und Mehrleistungen und nach ihrer Rechtsnatur in Rechtsanspruchs- und Ermessensleistungen einzuteilen. *Regelleistungen* sind die gesetzlich vorgesehenen (Mindest-)Leistungen. Wird der Umfang gewisser Leistungen durch die Satzung der einzelnen Krankenkasse im Rahmen der gesetzlich vorgesehenen Grenzen erweitert, so spricht man von einer *Mehrleistung*. Von einer *Rechtsanspruchsleistung* wird gesprochen, wenn sich der Anspruch auf die Leistung bei Vorliegen der jeweiligen Voraussetzungen als direkte Rechtsfolge aus der Gesetzes- bzw. Satzungsvorschrift ergibt. Bei *Ermessensleistungen* dagegen kann der Versicherte seinen Anspruch nicht unmittelbar aus einer Gesetzes- oder Satzungsvorschrift herleiten. Er hat „nur" einen Anspruch auf rechtsfehlerfreies Ermessen; die Rechtsvorschrift bestimmt lediglich, dass die Krankenkassen eine Leistung unter bestimmten Voraussetzungen gewähren „kann" oder „soll".

Der Leistungskatalog der gesetzlichen Krankenversicherung umfasst Leistungen

- zur Verhütung von Krankheiten,
- zur Früherkennung von Krankheiten,
- zur Behandlung von Krankheiten,
- zur Empfängnisverhütung sowie bei Schwangerschaft und Sterilisation.

Die Eigenverantwortung der Versicherten wird gestärkt und soll von den Kassen, etwa bei Vorsorgeuntersuchungen oder bei Beteiligung an Modellversuchen, belohnt werden.

■ Was die *Krankheitsverhütung* betrifft, so arbeiten die Krankenkassen zur Verhütung arbeitsbedingter Gesundheitsgefahren mit den Unfallversicherungsträgern zusammen und unterrichten diese über die Erkenntnisse, die sie über Zusammenhänge zwischen Erkrankungen und Arbeitsbedingungen gewonnen haben. Ferner haben die Krankenkassen Selbsthilfegruppen und -kontaktstellen, die sich die Prävention oder Rehabilitation bestimmter Krankheiten zum Ziel gesetzt haben, durch Zuschüsse zu fördern. Als unmittelbar dem einzelnen Versicherten zugute kommende Maßnahmen können die Krankenkassen in ihren Satzungen Schutzimpfungen vorsehen. Zur Verhütung von Zahnerkrankungen fördern die Krankenkassen für Versicherte, die das 12. Lebensjahr noch nicht vollendet haben, im Zusammenwirken mit Zahnärzten und den für die Gesundheitspflege in den Ländern zuständigen Stellen die Durchführung zahnärztlicher Gruppenuntersuchungen insbesondere in Kindergärten und Schulen (Gruppenprophylaxe). Als Individualprophylaxe haben Versicherte ab dem 6. bis zur Vollendung des 20. Lebensjahres einmal in jedem Kalenderhalbjahr Anspruch auf eine zahnärztliche Untersuchung.

Als weitere Vorsorgeleistung sind die *Präventionskuren* zu nennen. Diese werden gewährt, um eine Schwächung der Gesundheit zu beseitigen, einer Gefährdung der gesundheitlichen Entwicklung eines Kindes entgegenzuwirken oder Pflegebedürftigkeit zu vermeiden und wenn entsprechende ambulante Maßnahmen am Wohnort nicht ausreichen. Bei einer ambulanten Vorsorgekur beteiligt sich die Krankenkasse neben den medizinischen Leistungen (ärztliche Behandlung, Arznei- und Heilmittel usw.) an den übrigen Kosten der Kur (insbesondere Unterkunft und Verpflegung) – je nach Satzungsbestimmung – mit einem Zuschuss je Tag. Reicht eine ambulante Vorsorgekur nicht aus, kann die Kur stationär in einer entsprechenden Einrichtung durchgeführt werden. Die Krankenkasse übernimmt hier auch die Kosten für Unterkunft und Verpflegung. Allerdings hat der Versicherte je Kalendertag der Kur eine Zuzahlung zu leisten. Vorsorgekuren können auch in Einrichtungen des Müttergenesungswerks oder ähnlichen Einrichtungen durchgeführt werden, wobei in der Satzung zu regeln ist, ob lediglich ein Zuschuss gezahlt wird oder die Kosten in voller Höhe übernommen werden.

▮ *Maßnahmen zur Früherkennung von Krankheiten* sollen vor allem dazu dienen, möglichst frühzeitig entstandenen Krankheiten entgegenwirken zu können, um die Chancen einer Therapie zu erhöhen und entsprechende Heilmaßnahmen einzuleiten. Für Versicherte, die das 35. Lebensjahr vollendet haben, besteht in jedem 2. Jahr ein Anspruch auf eine ärztliche Gesundheitsuntersuchung („Check-up"), insbesondere zur Früherkennung von Herz-, Kreislauf- und Nierenerkrankungen sowie der Zuckerkrankheit. Frauen haben vom Beginn des 20. (Gebärmutter) und Männer vom Beginn des 45. Lebensjahres an (Prostata) außerdem einen Anspruch auf eine jährliche Untersuchung zur Krebsfrüherkennung. Die Jahrgänge 1987 bzw. 1962, die keine solche Früherkennung nachweisen können, werden mit 2% Zuzahlung bestraft. Für Kinder bis zur Vollendung des 6. Lebensjahres werden Untersuchungen zur Früherkennung von Krankheiten, die ihre körperliche oder geistige Entwicklung in nicht geringfügigem Maße gefährden, gewährt. Zwischen dem vollendeten 13. und vollendeten 14. Lebensjahr besteht Anspruch auf eine Jugendgesundheitsuntersuchung. Sie soll insbesondere dazu dienen, frühzeitig psychische und psychosoziale Risikofaktoren, die zu Fehlentwicklungen in der Pubertät führen können, sowie gesundheitsgefährdende Verhaltensweisen zu erkennen. Einzelheiten über die Art der jeweiligen Untersuchungen sind in den entsprechenden Richtlinien des Gemeinsamen Bundesausschusses (▶ www.g-ba.de) enthalten.

▮ Die *Leistungen bei Krankheit* sind die zentralen und kostenträchtigsten Leistungen der gesetzlichen Krankenversicherung. Sie sind unterteilt in Krankenbehandlung und Krankengeld.

Die Leistungen der *Krankenbehandlung* werden gewährt, wenn sie notwendig sind, um eine Krankheit zu erkennen, zu heilen, ihre Verschlimmerung zu verhüten oder Krankheitsbeschwerden zu lindern. Die Krankenbehandlung beinhaltet

- ärztliche Behandlung einschließlich Psychotherapie auch durch psychologische Psychotherapeuten und Kinder- und Jugendlichenpsychotherapeuten,
- zahnärztliche Behandlung einschließlich der Versorgung mit Zahnersatz,
- Versorgung mit Arznei-, Verband-, Heil- und Hilfsmitteln,
- häusliche Krankenpflege und Haushaltshilfe,
- Krankenhausbehandlung,
- medizinische und ergänzende Leistungen zur Rehabilitation sowie Belastungserprobung und Arbeitstherapie.

Die *ärztliche und zahnärztliche Behandlung* umfasst die Tätigkeit des Arztes, die zur Verhütung, Früherkennung und Behandlung von Krankheiten nach den Regeln der ärztlichen Kunst ausreichend und zweckmäßig ist. Sie wird, von Notfällen abgesehen, von den zur Kassenpraxis zugelassenen Ärzten, Zahnärzten und deren Hilfspersonen unter ärztlicher Leitung ausgeführt. Zu dieser vertragsärztlichen Behandlung gehören auch alle Maßnahmen, die unmittelbar mit ihr in Verbindung stehen, wie z. B. die Verordnung von Arznei-, Verband-, Heil- und Hilfsmitteln, die Überweisung in Krankenhausbehandlung, die Ausstellung von Bescheinigungen und Berichten, die für die Krankenkassen und den Medizinischen Dienst zur Durchführung von gesetzlichen Aufgaben und zur Inanspruchnahme der Entgeltfortzahlung durch den Arbeitgeber benötigt werden. Die Anspruchsberechtigung weist der Versicherte durch Vorlage seiner Krankenversichertenkarte nach sowie durch Zahlung von 10 € pro Quartal Praxisgebühr, die die Vertragsärzte für die Krankenkassen einziehen.

Zum Umfang der zahnärztlichen Behandlung gehört auch die *kieferorthopädische Behandlung* sowie die Versorgung mit *Zahnersatz*. Kieferorthopädische Behandlung wird in der Regel nur Versicherten gewährt, die das 18. Lebensjahr noch nicht vollendet haben. Während der Dauer der kieferorthopädischen Behandlung übernehmen die Krankenkassen 80% (bzw. 90% bei gleichzeitiger kieferorthopädischer Behandlung eines zweiten oder weiteren Kindes) der kalendervierteljährlich entstehenden Kosten. Der zunächst vom Versicherten zu tragende Differenzbetrag in Höhe von 20% bzw. 10% der Kosten wird ihm erstattet, wenn die Behandlung in dem zuvor geplanten medizinischen Umfang abgeschlossen worden ist. Bei der Versorgung mit Zahnersatz leisten die Krankenkassen einen Zuschuss in Höhe von 50%. Der Zuschuss erhöht sich auf 60%, wenn der Versicherte während der letzten 5 Jahre vor Beginn der Behandlung die für Versicherte bis zur Vollendung des 20. Lebensjahres vorgesehenen halbjährlichen Vorsorgeuntersuchungen in Anspruch genommen hat bzw. in späterem Lebensalter sich zumindest einmal in jedem Kalenderjahr zahnärztlich hat untersuchen lassen. Sind diese Untersuchungen in den letzten 10 Jahren vor Behandlungsbeginn regelmäßig durchgeführt worden, erhöht sich der Zuschuss der Krankenkasse um weitere 5% auf 65%. Bestimmte aufwändige Versorgungsformen sind von der Gewährung zu Kassenlasten ausgeschlossen.

Bei *Arznei- und Verbandmitteln* hat der Versicherte ab Vollendung des 18. Lebensjahres eine je nach Packungsgröße unterschiedliche Zuzahlung zu leisten. Sie hängt von der Packungsgröße ab, betragen 10 vom Hundert des Abgabepreises, mindestens jedoch 5 Euro und höchstens 10 Euro; allerdings jeweils nicht mehr als die Kosten des Mittels. Ist für ein Arzneimittel ein Festbetrag bestimmt und wird ein Arzneimittel gewählt, dessen Preis über dem Festbetrag liegt, muss der Versicherte neben dieser Zuzahlung auch die Differenzkosten zwischen Festbetrag und tatsächlichem Preis tragen.

Heilmittel sind Dienstleistungen nichtärztlicher Therapeuten, die auf Anordnung eines Arztes erbracht werden, wie z. B. Bäder, Massagen, Krankengymnastik usw. Hier beträgt die Zuzahlung für Versicherte ab Vollendung des 18. Lebensjahres 10 vom Hundert der Kosten sowie 10 Euro je Verordnung. Die Zuzahlung bei Massagen, Bädern und Krankengymnastik ist auch zu entrichten, wenn diese Leistungen in der ärztlichen Praxis oder im Rahmen der ambulanten Behandlung in Krankenhäusern, Rehabilitations- oder anderen Einrichtungen erbracht werden.

Im Gegensatz zu Heilmitteln sind *Hilfsmittel* sächliche Mittel. Zu ihnen gehören insbesondere Seh- und Hörhilfen, Körperersatzstücke sowie orthopädische und andere Hilfsmittel. Der Anspruch auf Versorgung mit Hilfsmitteln umfasst auch die notwendige Änderung, Instandsetzung und Ersatzbeschaffung sowie die Ausbildung im Gebrauch der Hilfsmittel. Die Krankenkasse übernimmt die Kosten für Hilfsmittel in Höhe der vertraglich vereinbarten Preise bzw. in Höhe ggf. bestimmter Festbeträge. Zuzahlungen, die Versicherte zu leisten haben, betragen 10 vom Hundert des Abgabepreises, mindestens jedoch 5 Euro und höchstens 10 Euro. Die Zuzahlung bei zum Verbrauch bestimmten Hilfsmitteln beträgt 10 vom Hundert je Packung, höchstens jedoch 10 Euro für den Monatsbedarf je Indikation. Die Kosten für Brillengestelle werden nicht von der Krankenkasse übernommen. Die Krankenkasse kann die erforderlichen Hilfsmittel auch leihweise überlassen und die Bewilligung davon abhängig machen, dass die Versicherten sich das Hilfsmittel anpassen oder sich in seinem Gebrauch ausbilden lassen.

Von der Versorgung zu Kassenlasten sind gemäß § 34 SGB V für Versicherte ab Vollendung des 18. Lebensjahres *Bagatellarzneimittel* (sog. Negativliste, insbesondere Arzneimittel zur Anwendung bei Erkältungskrankheiten, Abführmittel, Arzneimittel gegen Reisekrankheit) ausgenommen. Darüber hinaus kann das Bundesgesundheitsministerium durch Rechtsverordnungen unwirtschaftliche Arzneimittel (insbesondere Mittel, die wegen der Vielzahl der enthaltenen Wirkstoffe nicht mit ausreichender Sicherheit beurteilt werden können oder deren therapeutischer Nutzen nicht nachgewiesen ist) sowie Heil- und Hilfsmittel von geringem oder umstrittenem therapeutischen Nutzen oder geringem Abgabepreis (z. B. Leibbinden, Augenklappen, Badestrümpfe) aus der Versorgung zu Kassenlasten ausschließen.

Häusliche Krankenhilfe wird gewährt, wenn dadurch Krankenhausbehandlung vermieden oder verkürzt werden kann oder die häusliche Krankenpflege zur Sicherung des Ziels der ambulanten ärztlichen Behandlung erforderlich wird. *Haushaltshilfe* erhalten Versicherte, wenn ihnen insbesondere wegen einer stationären Behandlungsmaßnahme oder während häuslicher Krankenpflege die Weiterführung ihres Haushalts nicht möglich ist. Voraussetzung ist ferner, dass im Haushalt ein Kind lebt, das das 12. Lebensjahr noch nicht vollendet hat oder das behindert und auf Hilfe angewiesen ist. Der Anspruch auf häusliche Krankenpflege und Haushaltshilfe besteht im Übrigen nur, soweit eine im Haushalt lebende Person die Pflege und Versorgung des Kranken bzw. die Weiterführung des Haushalts nicht sicherstellen kann. Zur Durchführung der häuslichen Krankenpflege und Haushaltshilfe ist von der Krankenkasse eine entsprechende Fachkraft zu stellen. Ist dies nicht möglich oder besteht Grund, davon abzusehen, sind dem Versicherten die Kosten für eine selbstbeschaffte Kraft in angemessener Höhe zu erstatten. Seit der Gesundheitsreform werden ältere Menschen, die etwa in Wohngemeinschaften leben, Patienten in normalen Privathaushalten gleichgestellt.

Die *Krankenhausbehandlung* ist eine weitere wichtige – von ihrer finanziellen Bedeutung her die wichtigste – Untergruppe der Krankenbehandlung. Ca. 1/3 der jährlichen Leistungsausgaben der Krankenkassen werden für Krankenhausbehandlung aufgewandt. Krankenhausbehandlung wird vollstationär, teilstationär, vor- und nachstationär sowie in besonderen Fällen ambulant erbracht. Vollstationäre Behandlung ist zu gewähren, wenn sie nach Prüfung durch das Krankenhaus erforderlich ist, weil das Behandlungsziel nicht durch teilstationäre, vor- und nachstationäre oder ambulante Behandlung einschließlich häuslicher Krankenpflege erreicht werden kann. Bei vollstationärer Behandlung im Krankenhaus haben Versicherte ab Beginn des 18. Lebensjahres für längstens 28 Tage innerhalb eines Kalenderjahres einen Betrag (derzeit 10 €) zuzuzahlen. Teilstationäre Behandlung kommt vor allem bei psychisch Kranken in Betracht, gewinnt aber zunehmende Bedeutung z.B. auch in der Onkologie. Vor- und nachstationäre Behandlung kann durchgeführt werden, um die Erforderlichkeit einer vollstationären Krankenhausbehandlung zu klären oder die vollstationäre Krankenhausbehandlung vorzubereiten bzw. im Anschluss an eine vollstationäre Krankenhausbehandlung den Behandlungserfolg zu sichern oder zu festigen. Die vorstationäre Behandlung ist auf längstens drei Behandlungstage innerhalb von fünf Tagen vor Beginn der stationären Behandlung begrenzt. Die nachstationäre Behandlung darf in der Regel 7 Behandlungstage innerhalb von 14 Tagen nach Beendigung der vollstationären Behandlung nicht überschreiten. Die ambulante Behandlung im Krankenhaus umfasst im Wesentlichen ambulante Operationen entsprechend spezifischen Verträgen mit der GKV gemäß § 115b SGB V oder für Disease-Management-Programme und hochspezialisierte Leistungen gemäß § 116b SGB V. Im Falle der Unterversorgung (d.h. die Kassenärztliche Vereinigung kann ihren Sicherstellungsauftrag nicht erfüllen) kann der Zulassungsausschuss Krankenhäuser gemäß § 116a SGB V zur ambulanten vertragsärztlichen Versorgung ermächtigen. Für Menschen mit schweren oder seltenen Erkrankungen werden seit der Gesundheitsreform die Krankenhäuser für die ambulante Behandlung geöffnet.

Reichen ambulante Maßnahmen der Krankenbehandlung nicht aus, um das Ziel der Behandlung zu erreichen, kann die Krankenkasse ambulante oder stationäre *Rehabilitationsmaßnahmen* gewähren. Seit der Gesundheitsreform besteht ein Rechtsanspruch auf Rehabilitation. Vor allem älteren Menschen soll damit das Pflegeheim erspart werden. Bei ambulanten Rehabilitationsmaßnahmen in Kurorten übernimmt die Krankenkasse die medizinischen Leistungen (insbesondere ärztliche Behandlung, Arznei- und Heilmittel) und zahlt einen Zuschuss zu den sonstigen Kosten (insbesondere für Unterkunft und Verpflegung). Die Höhe des Zuschusses wird in der Satzung bestimmt. Reicht auch eine ambulante Rehabilitationsmaßnahme nicht aus, kann die Krankenkasse stationäre Rehabilitationsmaßnahmen mit Unterkunft und Verpflegung in einer Rehabilitationseinrichtung erbringen. Hierbei haben Versicherte ab Vollendung des 18. Lebensjahres je Kalendertag einen Betrag zuzuzahlen. Bei spätestens innerhalb von 14 Tagen nach einer Krankenhausbehandlung beginnenden stationären Rehabilitationsmaßnahmen (Anschlussheilbehandlung) sowie bei bestimmten Indikationen liegt die Zuzahlung kalendertäglich für längstens 14 Tage je Kalenderjahr niedriger. Stationäre Rehabilitationsmaßnahmen können von der gesetzlichen Krankenversicherung im Übrigen nur gewährt werden, wenn kein entsprechender Anspruch gegenüber anderen Trägern der Sozialversicherung besteht.

Als weitere spezielle Leistungen zur Rehabilitation haben Versicherte Anspruch auf *Belastungserprobung* und *Arbeitstherapie*, allerdings nur, wenn solche Leistungen nach dem für andere Sozialleistungsträger geltenden Recht nicht gewährt werden können. Darüber hinaus können die Krankenkassen als ergänzende Leistungen zur Rehabilitation den Rehabilitationssport fördern und sonstige Leistungen erbringen, die unter Berücksichtigung von Art oder Schwere der Behinderung erforderlich sind, um das Ziel der Rehabilitation zu erreichen oder zu sichern. Leistungen zur beruflichen und sozialen Teilhabe dürfen von den Krankenkassen nicht erbracht werden.

Zur Krankenbehandlung zählt das *Krankengeld*, das die wirtschaftliche Versorgung des Versicherten und seiner Familie während krankheitsbedingter Arbeitsunfähigkeit oder während einer stationären Behandlung zu Lasten der Krankenkasse sicherstellt. Krankengeld wird nach Ablauf der – in der Regel sechswöchigen – Entgeltfortzahlung durch den Arbeitgeber gezahlt. Das Krankengeld beträgt 70% des Bruttoarbeitsentgelts, höchstens aber 90% des Nettoarbeitsentgelts, das zuletzt vor Beginn der Arbeitsunfähigkeit bezogen wurde. Allerdings sind auch vom Krankengeld Beiträge zur Renten- und Arbeitslosenversicherung zu zahlen. Diese Beiträge sind vom Versicherten und von der Krankenkasse zu tragen. Berechnungsgrundlage für die Beiträge sind 80 v.H. des der Krankengeldberechnung zugrundegelegten Bruttoarbeitsentgelts. Der Versicherungsanteil wird allerdings nur aus der Hälfte des Krankengeldes berechnet. Er wird von der Krankenkasse bei Auszahlung des Krankengeldes einbehalten und an die zuständigen Träger abgeführt.

Arbeitsunfähigkeit liegt vor, wenn der Versicherte nicht oder nur unter Gefahr der Verschlimmerung seiner Krankheit in der Lage ist, seine zuletzt ausgeübte Tätigkeit weiterzuverrichten. Auch Rentner können, wenn sie noch eine Erwerbstätigkeit ausüben, durch Krankheit im Rechtssinne arbeitsunfähig werden. Arbeitsunfähigkeit besteht auch bei Arbeitsverhinderung infolge medizinischer Maßnahmen zur Herbeiführung einer Schwangerschaft, bei einer nicht rechtswidrigen Sterilisation sowie bei einem entweder nicht rechtswidrigen oder straffreien

(Beratungsregelung) Schwangerschaftsabbruch, schließlich auch bei Dialysebehandlung oder während der Reparaturzeit eines defekt gewordenen Körperersatzstückes.

Bei der Feststellung von Arbeitsunfähigkeit sind körperlicher, geistiger und seelischer Gesundheitszustand gleichermaßen zu berücksichtigen. Deshalb darf die Feststellung von Arbeitsunfähigkeit nur aufgrund ärztlicher Untersuchungen erfolgen. Die Bescheinigung von Arbeits- oder – z.B. bei Beamten – Dienstunfähigkeit sind gutachterliche Aussagen, die der Arzt auf der Grundlage seines medizinischen Wissens, seiner Erfahrung und seines Einfühlungsvermögens in die besondere Situation des Kranken unter Berücksichtigung der Anforderungen des jeweiligen Berufs treffen muss. Der Arzt hat den Versicherten über Art und Umfang der durch die berufliche Tätigkeit bedingten Anforderungen und Belastungen zu befragen und das Ergebnis der Befragung bei der Beurteilung von Grund und Dauer der Arbeitsunfähigkeit zu berücksichtigen. Der Arzt haftet bei Ausstellung einer Arbeitsunfähigkeitsbescheinigung für deren Richtigkeit. Seit 2004 hat der MDK gemeinsam mit den Krankenkassen eine Anleitung zur sozialmedizinischen Beratung und Begutachtung bei Arbeitsunfähigkeit (ABBA 2004) gemäß § 282 SGB V verabschiedet (▶ www.mds-ev.de).

Bei wochen- oder monatelang fortbestehender Arbeitsunfähigkeit kann auch bei weiterhin notwendiger Behandlung eine *stufenweise Wiedereingliederung* in den Arbeitsprozess sinnvoll sein. Ziel ist es, insbesondere Langzeitkranke schrittweise wieder an die volle Arbeitsbelastung heranzuführen und dadurch die dauerhafte Wiedereingliederung in das Erwerbsleben – möglichst am alten Arbeitsplatz – sicherzustellen. Die Wiedereingliederungsphase soll in der Regel einen Zeitraum von 6 Monaten nicht überschreiten. Während der stufenweisen Wiedereingliederung besteht Arbeitsunfähigkeit im Rechtssinne fort. Dem Versicherten wird also für die Dauer der Wiedereingliederungsmaßnahme weiterhin Krankengeld gezahlt, das ggf. um das vom Arbeitgeber während der stufenweisen Wiedereingliederung gezahlte Arbeitsentgelt gekürzt wird. Die stufenweise Wiedereingliederung erfordert die intensive Zusammenarbeit zwischen dem Versicherten, dem Arzt, dem Arbeitgeber, der Arbeitnehmervertretung, dem Betriebsarzt, der Krankenkasse und auch dem Medizinischen Dienst der Krankenversicherung. Ohne die Zustimmung des Arbeitnehmers und des Arbeitgebers ist eine stufenweise Wiedereingliederung nicht durchführbar. Einzelheiten bei der Beurteilung der Arbeitsunfähigkeit und von Maßnahmen zur stufenweisen Wiedereingliederung sind den vom Bundesausschuss der Ärzte und Krankenkassen erlassenen Richtlinien zu entnehmen.

▮ Zur Krankenbehandlung gehören auch Leistungen zur *Herstellung der Zeugungs- oder Empfängnisfähigkeit*. Anspruch besteht nur für Versicherte, die das 25. Lebensjahr vollendet haben; der Anspruch besteht nicht für weibliche Versicherte, die das 40. und für männliche Versicherte, die das 50. Lebensjahr vollendet haben. Vor Beginn der Behandlung ist der Krankenkasse ein Behandlungsplan zur Genehmigung vorzulegen. Die Krankenkasse übernimmt 50 vom Hundert der mit dem Behandlungsplan genehmigten Kosten der Maßnahmen, die bei ihrem Versicherten durchgeführt werden.

▮ Die Leistungen bei *Schwangerschaft und Mutterschaft* bestehen aus der ärztlichen Betreuung und Hilfe sowie der Hebammenhilfe, in der Versorgung mit aus Anlass der Schwangerschaft notwendigen Arznei-, Verband-, Heil- und Hilfsmitteln (ohne Zuzahlungen), in der Aufnahme in ein Krankenhaus zur Entbindung und, für die Zeit nach der Entbindung (ohne pathologische Komplikationen längstens für 6 Tage), in der häuslichen Pflege und Haushaltshilfe. Dazu gehören die ausreichende und zweckmäßige Betreuung während der Schwangerschaft und während der Entbindung sowie die nach der Entbindung notwendigen Untersuchungen. Die einzelnen Leistungen sind also: ärztliche Untersuchungen zur Feststellung der Schwangerschaft, vorbeugende Maßnahmen und Vorsorgeuntersuchung einschließlich laborärztlicher Untersuchungen und Beratungen während der Schwangerschaft gemäß der Mutterschaftsrichtlinien des Gemeinsamen Bundesausschusses, auch über Ernährung und Hygiene, Untersuchungen der Mutter während des Wochenbetts und etwa 6 Wochen nach der Entbindung, vorbeugende medikamentöse Maßnahmen, Erstellung eines Mutterpasses, ärztliche Hilfe bei der Entbindung, Erstellung von Unterlagen und Bescheinigungen im Zusammenhang mit der Geburt, Untersuchungen und Behandlungen des neugeborenen Kindes im Rahmen der Vorsorge.

Frauen, die als Arbeitnehmerinnen krankenversichert sind, erhalten für die letzten 6 Wochen und für die ersten 8 Wochen, bei Mehrlings- oder Frühgeburten für die ersten 12 Wochen nach der Entbindung kalendertäglich Mutterschaftsgeld. Die Differenz zum ggf. höheren Arbeitsentgelt ist als Zuschuss zum Mutterschaftsgeld vom Arbeitgeber zu zahlen. Arbeitslosen Frauen wird Mutterschaftsgeld in Höhe des zuletzt bezogenen Arbeitslosengeldes bzw. der Arbeitslosenhilfe gezahlt. Versicherte Frauen, die keinen Anspruch auf Mutterschaftsgeld haben, erhalten ein einmaliges Entbindungsgeld.

▮ Leistungen zur *Empfängnisverhütung* umfassen ärztliche Beratung über Fragen der Empfängnisregelung sowie die erforderlichen Untersuchungen und die Verordnung von empfängnisregelnden Mitteln. Kosten für empfängnisregelnde Mittel werden von den gesetzlichen Krankenkassen nur für versicherte Frauen bis zum 20. Lebensjahr übernommen, sofern diese ärztlich verordnet wurden; die Zuzahlungsregelungen für Arzneimittel gelten auch hier.

Die Leistungen bei *Schwangerschaftsabbruch* und *Sterilisation* beinhalten Sachleistungen (ärztliche Beratung und Behandlung, Arzneien, Krankenhausbehandlung usw.) sowie Krankengeld, soweit diese Leistungen im Zusammenhang mit einer nicht rechtswidrigen Sterilisation oder einem nicht rechtswidrigen (medizinische oder kriminologische Indikation) Schwangerschaftsabbruch erforderlich werden. Bei einem nach § 218a Abs. 1 StGB rechtswidrigen, aber straffreien Schwangerschaftsabbruch (Beratungsregelung) ist die Leistungspflicht der Krankenkassen auf die vor oder nach dem Abbruch erforderlichen Leistungen eingeschränkt; die Vornahme des Abbruchs selbst wird von den Krankenkassen nicht finanziert.

- Bei stationären Leistungen, Rettungsfahrten zum Krankenhaus und Transporten in Krankenkraftwagen übernehmen die Krankenkassen die notwendigen *Fahrkosten*. Allerdings ist vom Versicherten ein Eigenanteil je Fahrt zu zahlen. Dies gilt auch für ambulante Leistungen, die anstelle einer an sich gebotenen Krankenhausbehandlung oder im Rahmen vor- oder nachstationärer Krankenhausbehandlung bzw. ambulanter Operationen im Krankenhaus gewährt werden. Darüber hinaus können Fahrkosten zur ambulanten Behandlung nur im Rahmen der nachfolgend beschriebenen Härtefallregelungen von den Krankenkassen getragen werden.

Die *Härtefallregelungen* sehen eine vollständige oder teilweise Befreiung der Versicherten von diversen Zuzahlungen bzw. die vollständige oder teilweise Übernahme von Fahrkosten zur ambulanten Behandlung vor. Eine vollständige Kostenübernahme von Fahrkosten bzw. eine vollständige Befreiung von den Zuzahlungen zu Arznei-, Verband- und Heilmitteln, zum Zahnersatz sowie zu stationären Vorsorge- und Rehabilitationskuren ist für Versicherte vorgesehen, deren monatliche Einnahmen zum Lebensunterhalt einen gesetzlich bestimmten Betrag nicht überschreiten oder die Hilfe zum Lebensunterhalt etwa aus der Sozialhilfe erhalten (Sozialklausel). Die Einkommensgrenzen erhöhen sich je nach Zahl der Familienangehörigen. Für andere Versicherte hat die Krankenkasse die Zuzahlungen zu Arznei-, Verband- und Heilmitteln sowie die Fahrkosten insoweit zu übernehmen, als diese im Laufe eines Jahres 2% der – je nach Zahl der Familienangehörigen zu vermindernden – jährlichen Einnahmen zum Lebensunterhalt übersteigen; für chronisch Kranke, die in einem Kalenderjahr Zuzahlungen in Höhe von mindestens 1% der jährlichen Einnahmen zum Lebensunterhalt geleistet haben, fällt die Zuzahlungspflicht für die weitere Dauer der Behandlung ihrer Erkrankung vollständig weg (Überforderungsklausel). Eine ähnliche, auf die individuellen Einkommens- und Familienverhältnisse abzielende Regelung, gilt auch für die teilweise Befreiung von dem bei Versorgung mit Zahnersatz vom Versicherten zu tragenden Eigenanteil.

Mit dem Ziel der Verbesserung der Qualität und der Wirtschaftlichkeit der Versorgung können die Krankenkassen im Übrigen Modellvorhaben gemäß § 63 SGB V zur Weiterentwicklung der Verfahrens-, Organisations-, Finanzierungs- und Vergütungsformen der Leistungserbringung durchführen bzw. mit den Leistungserbringern vereinbaren. Wichtig und erfolgreich sind die zur „integrierten Versorgung" (§ 140a ff SGB V) und die Disease-Management-Programme (§ 137f SGB V), bei denen die Krankenkassen – außerhalb der KBV-Verträge – eigene Verträge mit den Leistungserbringern schließen. Ebenso sind Modellvorhaben zu Leistungen der Verhütung und Früherkennung von Krankheiten sowie zu noch nicht als Kassenleistung anerkannten Leistungen der Krankenbehandlung möglich. Die Modellvorhaben sind wissenschaftlich zu begleiten und auszuwerten. Ein von unabhängigen Sachverständigen zu erstellender Bericht über die Ergebnisse der Auswertung muss veröffentlicht werden.

2.2.6 Organisation

Die Versicherten der gesetzlichen Krankenversicherung verteilen sich auf die gesetzlichen Krankenkassenarten nicht gleichmäßig. Die Orts- und Ersatzkrankenkassen haben die meisten Versicherten. Insbesondere die Zahl der Orts- und Betriebskrankenkassen ist durch Fusionen stark zurückgegangen. Hintergrund für diese Entwicklung ist insbesondere der zuletzt wieder durch die Gesundheitsreform 2007 verstärkte Wettbewerb innerhalb der gesetzlichen Krankenversicherung. Durch die Vereinigung zu größeren Einheiten erhoffen die Krankenkassen, bessere Chancen in diesem Wettbewerb zu haben, obwohl der Leistungsrahmen nahezu vollständig vom Gesetz vorgegeben ist.

Die unterschiedlichen Beitragssätze lassen sich sowohl durch die verschiedenartigen Risikostrukturen der Versichertengemeinschaften als auch durch Strukturbesonderheiten des Standortes der Krankenkasse (z. B. Stadt-Land-Gefälle) erklären. Durch den Wettbewerb der Krankenkassen untereinander soll die Suche nach Innovationen gefördert und damit die gesetzliche Krankenversicherung insgesamt weiterentwickelt werden. Tatsächlich haben in der Vergangenheit einige Leistungsangebote, die zunächst nur im Bereich einzelner Krankenkassenarten entwickelt wurden, Eingang in gesetzliche Regelungen gefunden. Als Beispiel sei die stufenweise

Wiedereingliederung Langzeitkranker in den Arbeitsprozess genannt.

Die Gesamtausgaben aller Kassen werden ab 01. 01. 2009 durch einen Gesundheitsfonds gedeckt, der wie bisher aus Versicherten- und Arbeitgeberbeiträgen ebenso wie aus Steuermitteln (Bundeszuschuss) gespeist wird. Daraus erhalten die Kassen eine an dem unterschiedlichen Risiko orientierte Versichertenpauschale. Vereinfacht gesagt, erhält im Rahmen des Risikostrukturausgleichs jede Krankenkasse durch Einzahlung in den Ausgleich bzw. Auszahlung aus dem Ausgleich in Relation zu ihrer Versichertenstruktur gleich hohe Beitragseinnahmen. Einnahmen- und Ausgabenunterschiede zwischen den Krankenkassen, die nicht auf den erwähnten Faktoren beruhen (z. B. branchenspezifische Morbidität, unterschiedliches Inanspruchnahmeverhalten der Versicherten, unterschiedliche Honorare der Leistungserbringer usw.) werden nicht ausgeglichen.

Die Versicherten können zwischen der Ortskrankenkasse ihres Beschäftigungs- oder Wohnorts, jeder Ersatzkasse oder – wenn sie in einem Betrieb beschäftigt sind, für den eine Betriebs- oder Innungskrankenkasse besteht – dieser Betriebs- oder Innungskrankenkasse wählen. Betriebs- und Innungskrankenkassen haben darüber hinaus die Möglichkeit, durch entsprechende Satzungsbestimmungen ihren Zuständigkeitsbereich auszudehnen, so dass auch sie von allen Versicherten gewählt werden können, unabhängig davon, in welchem Unternehmen die Beschäftigung ausgeübt wird.

Ein entscheidendes Element der gesetzlichen Krankenversicherung ist wie bei den anderen sozialen Versicherungen die von Arbeitgeber- und Arbeitnehmervertretern gestaltete Selbstverwaltung. Dies bedeutet, dass, abgesehen von gesetzlichen Regelungen, die Satzungen und die laufende Geschäftsführung der gesetzlichen Krankenkassen ihre gesetzlichen Verpflichtungen unter Einflussnahme der sie finanzierenden Sozialpartner – und nicht durch den Staat – gestalten.

Die Selbstverwaltung sowie die Verwaltung der einzelnen Krankenkassen haben die Aufgabe, die Finanzierung der laufenden Ausgaben eines jeden Haushaltsjahres zu sichern. Hierzu müssen die Beiträge und Leistungen so festgesetzt werden, dass Ausgaben und Einnahmen sich ausgleichen. Die Krankenkassen müssen also im Wesentlichen die laufenden Ausgaben unmittelbar durch ihre laufenden Einnahmen decken, wenn sie nicht auf die gesetzlich vorgeschriebenen Rücklagen zurückgreifen wollen.

Seit dem 01. 01. 1996 wird die Selbstverwaltung bei den Orts-, Betriebs- und Innungskrankenkassen sowie bei den Ersatzkassen vom Verwaltungsrat wahrgenommen. Die Zahl der – ehrenamtlichen – Mitglieder des Verwaltungsrats ist in der Satzung der Krankenkasse zu bestimmen, darf aber 30 nicht überschreiten. Der Verwaltungsrat ist je zur Hälfte von Versicherten- und Arbeitgebervertretern zu besetzen, lediglich bei den Ersatzkassen besteht der Verwaltungsrat ausschließlich aus Versichertenvertretern. Der Verwaltungsrat ist in freier und geheimer Wahl aufgrund von Vorschlagslisten von Arbeitnehmer- und Arbeitgeberorganisationen zu wählen. Er bestimmt im Gesetzesrahmen über die Satzung der Krankenkasse und damit nicht nur über die Höhe der Beiträge, sondern auch über die Ausgestaltung der Leistungen, insbesondere der Mehrleistungen. Weitere Aufgaben des Verwaltungsrats sind vor allem die Feststellung des Haushaltsplans, die Abnahme der Jahresrechnung sowie Entscheidungen über grundsätzliche Angelegenheiten der Krankenkasse.

Der Verwaltungsrat verdeutlicht die Eigenständigkeit jeder einzelnen Krankenkasse. Wenn auch der bei weitem überwiegende Teil der Leistungen vom Gesetzgeber vorgeschrieben ist, so sind doch bei der Ausgestaltung der hierüber hinausgehenden Leistungen und der Art der Erbringung von Leistungen durchaus Möglichkeiten zu spezifischen, das Profil der einzelnen Krankenkasse prägenden Wegen gegeben. Mit seinen Befugnissen kann der Verwaltungsrat daher die Geschicke der Krankenkasse maßgeblich beeinflussen.

Die Leitung der Verwaltung der Orts-, Betriebs- und Innungskrankenkassen sowie der Ersatzkassen obliegt einem hauptamtlichen Vorstand, der je nach Zahl der Kassenmitglieder aus bis zu drei Personen besteht. Die Mitglieder des Vorstands werden vom Verwaltungsrat gewählt. Die Amtszeit der Vorstandsmitglieder ist auf 6 Jahre beschränkt; Wiederwahl ist möglich. Der Vorstand ist dem Verwaltungsrat gegenüber berichtspflichtig. Er besorgt die Ausführung der Beschlüsse des Verwaltungsrats, vertritt die Krankenkasse gerichtlich und außergerichtlich, insbesondere auch bei Verträgen mit Ärzten, Zahnärzten, Krankenhäusern sowie anderen Leistungserbringern, und stellt die Durchführung der laufenden Geschäfte sicher.

2.2.7 Zusammenwirken zwischen Krankenkassen und Leistungserbringern

Die Versicherten können ihre Bedürfnisse im Krankheitsfall als Sachleistungen decken, d.h. sie können Arzt oder Krankenhaus aufsuchen und Heilmittel erwerben, ohne unmittelbar für die dabei entstehenden Kosten aufkommen zu müssen. Dies wird nur möglich durch ein umfangreiches System von Rechtsbeziehungen zwischen den Krankenkassen als Leistungsträgern mit den verschiedenen Leistungserbringern.

Zur Wahrnehmung überregionaler und gemeinsamer Interessen sind die Krankenkassen zu Verbänden auf Landes- und Bundesebene zusammengeschlossen. Da die Krankenkassen verpflichtet sind,

Sachleistungen zu erbringen, schließen sie Verträge ab, um ihren Versicherten den freien Zugang zur Inanspruchnahme der Versicherungsleistungen zu eröffnen. Verträge mit Apothekern, Krankenhäusern, selbständigen Masseuren, Krankengymnasten, Hebammen usw. sind privatrechtlicher Natur. Die vertragsärztliche und -zahnärztliche Versorgung dagegen ist öffentlich-rechtlich geregelt. Ärzte, Zahnärzte und Krankenkassen wirken zur Sicherstellung der ärztlichen Versorgung der Versicherten und ihrer Angehörigen zusammen. Unmittelbare Rechtsbeziehungen zwischen Krankenkasse und Arzt bestehen nicht mit Ausnahme von zur „integrierter Versorgung" (§ 140 a ff SGB V), hausarztzentrierter Versorgung (§ 73 a SGB V) und den Disease-Management-Programmen (§ 137 f SGB V). Grundlage ihrer Beziehungen sind öffentlich-rechtliche Mitgliedschaftsverhältnisse und zwar einerseits des Versicherten zur Krankenkasse und andererseits des Vertragsarztes zu seiner kassenärztlichen Vereinigung.

Kassenärztliche Vereinigungen werden grundsätzlich für den Bereich eines Bundeslandes durch die Vertragsärzte gebildet und sind Körperschaften des öffentlichen Rechtes. Die Kassenärztlichen Vereinigungen der Länder bilden die Kassenärztliche Bundesvereinigung, ebenfalls Körperschaft des öffentlichen Rechtes, die, wie die Kassenärztlichen Vereinigungen der Länder, in der äußeren Organisation der Staatsaufsicht unterstehen. Die innere Organisation ist durch Selbstverwaltung geprägt: Vertreterversammlung, auf vier Jahre gewählte Organe, durch die Vertreterversammlung beschlossene Satzung, Sanktionsmöglichkeiten gegenüber ihren Mitgliedern bei Pflichtverletzung sowie Fortbildungsmaßnahmen der Ärzte. Die Kassenärztliche Bundesvereinigung und die Kassenärztlichen Vereinigungen haben die den Krankenkassen obliegende ärztliche Versorgung der Versicherten und ihrer Familienangehörigen sicherzustellen (Sicherstellungsauftrag). Sie haben für eine bedarfsgerechte und gleichmäßige sowie ausreichende, Not- und Bereitschaftsdienste umfassende, moderne und wirtschaftliche ärztliche Versorgung in zumutbarer Entfernung zu sorgen. Um es noch einmal zu verdeutlichen: Die Kassenärztlichen Vereinigungen und nicht einzelne Vertragsärzte sind den Kassen gegenüber verpflichtet, die von der Krankenversicherung geschuldeten, vorgenannten ärztlichen Leistungen bereitzustellen.

Durchgeführt wird die vertragsärztliche Versorgung von:

- zugelassenen Ärzten und Psychotherapeuten,
- ermächtigten Ärzten,
- ärztlich geleiteten Einrichtungen.

Vertragsärztliche Tätigkeit setzt also eine *Zulassung* voraus. Um Zulassung kann sich jeder Arzt bzw. Psychotherapeut mit einem entsprechenden Antrag bewerben, wenn er die Voraussetzungen für die Eintragung in das Arztregister der Kassenärztlichen Vereinigung (KV) des Zulassungsbezirkes besitzt, wie sie in der Zulassungsverordnung für Ärzte niedergelegt sind. Über die Zulassung entscheidet gemäß den Voraussetzungen ein Zulassungsausschuss, der paritätisch aus Vertretern der Ärzte und der Krankenkassen gebildet wird. Gegen die Entscheidung dieses Ausschusses besteht eine Widerspruchsmöglichkeit bei einem Berufungsausschuss. Gegen diesen ist der Rechtsweg zur Sozialgerichtsbarkeit gegeben.

Durch die Zulassung wird der Vertragsarzt ordentliches Mitglied der für seinen Kassenarztsitz zuständigen Kassenärztlichen Vereinigung und erwirbt Pflicht und Recht zur Teilnahme an der vertragsärztlichen Versorgung. Die Pflichten veranlassen ihn, am Vertragsarztsitz Sprechstunden zu halten und seine Wohnung entsprechend zu wählen.

Ermächtigte Ärzte sind Krankenhausärzte, die an der vertragsärztlichen Versorgung teilnehmen. Grund sind u. a. besondere Fähigkeiten und Fertigkeiten, die von niedergelassenen Ärzten nicht erbracht werden können.

Darüber hinaus können auch andere Ärzte zur Teilhabe an der vertragsärztlichen Versorgung ermächtigt werden, um einen definierten Personenkreis zu versorgen oder eine allgemeine Unterversorgung abzuwenden. Das gleiche gilt für *ärztlich geleitete Einrichtungen*. Psychiatrische Krankenhäuser und Krankenhäuser mit selbständigen psychiatrischen Abteilungen (einschließlich der psychotherapeutischen Versorgung) sind durch Gesetz (§ 118 SGB V) ermächtigt, psychisch Kranke durch Institutsambulanzen zu versorgen, die wegen der Art, Schwere oder Dauer ihrer Erkrankung der ambulanten Behandlung durch diese Einrichtungen bedürfen.

Bei der Ermächtigung ist also zu unterscheiden zwischen ermächtigten Ärzten und ermächtigten ärztlich geleiteten Einrichtungen (Institutsvertrag). In der Ermächtigungspraxis hat die personelle Ermächtigung Vorrang vor der institutionellen.

Die vorgenannte gleichmäßige, ausreichende, zweckmäßige, angemessene und wirtschaftliche Versorgung der Kranken wird geregelt durch Gesamtverträge zwischen den Krankenkassen und den Kassenärztlichen Vereinigungen. Den allgemeinen Inhalt der Gesamtverträge vereinbart die Kassenärztliche Bundesvereinigung mit dem Spitzenverband der Krankenkassen in so genannten Bundesmantelverträgen. Gegenstand dieser Verträge sind hauptsächlich die Rechte und Pflichten der Vertragsärzte gegenüber den Versicherten und den Krankenkassen sowie die Vergütung der ärztlichen Leistung. Kommen Verträge auf Landes- oder Bundesebene nur teilweise oder gar nicht zustande, sind Schlichtungsstellen paritätisch aus Vertretern der Ärzte und der

Krankenkassen sowie unparteiischen Mitgliedern zusammengesetzte Schiedsämter berechtigt, den verweigerten Vertragsinhalt festzulegen.

Landesausschüsse, gebildet von den Kassenärztlichen Vereinigungen und den Landesverbänden der Krankenkassen, sowie ein gleichartig gebildeter Gemeinsamer Bundesausschuss sind für die inhaltliche Ausgestaltung der Verträge zur Sicherstellung der ärztlichen Versorgung von erheblicher Bedeutung. Der Bundesausschuss beschließt die zur Sicherung der vertragsärztlichen Versorgung erforderlichen Richtlinien für die Gewährung der im Leistungskatalog aufgeführten Leistungen, so insbesondere für die Verordnung von Arznei- und Heilmitteln sowie für ausreichende Maßnahmen zur Früherkennung und zur Durchführung der Bedarfsplanung der vertragsärztlichen Versorgung. Einzelne Bestimmungen des Bundesmantelvertrags sind Gegenstand besonderer Vereinbarungen (Anlagen zum Bundesmantelvertrag). Hierzu gehören Röntgenrichtlinien, der Vertrag über die Ausübung der Psychotherapie und die Vordruckvereinbarung sowie der Kurarztvertrag.

Besondere Aufmerksamkeit ist im Rahmen der vertragsärztlichen Versorgung den Menschen mit Behinderungen gewidmet. Die vertragsschließenden Verbände haben sicherzustellen, dass sie über die Möglichkeiten der medizinischen Leistungen zur Rehabilitation und Teilhabe entsprechend beraten und die gebotenen Maßnahmen von den Rehabilitationsträgern rechtzeitig eingeleitet werden (siehe Reha-Richtlinien des Bundesausschusses).

Gegenstand der genannten Verträge ist auch die angemessene Vergütung der ärztlichen Leistung. Die Krankenkassen entrichten für die gesamte vertragsärztliche Versorgung eine Gesamtvergütung an die Kassenärztliche Vereinigung. Aufgrund eines Honorarverteilungsmaßstabes hat dann die Kassenärztliche Vereinigung die Gesamtvergütung an die Vertragsärzte weiterzuverteilen. Auf die Festsetzung und Berechnung der Vergütung für die ärztlichen Tätigkeiten kann hier nicht näher eingegangen werden. Ausdrücklich vermerkt werden soll aber die Überwachung der Wirtschaftlichkeit der vertragsärztlichen Versorgung durch die von der Kassenärztlichen Vereinigung gemeinsam mit den Landesverbänden der Krankenkassen eingerichteten *Prüfungs-* und *Beschwerdeausschüsse*. Dies bezieht sich auf die gesamte Tätigkeit eines Vertragsarztes, also die ärztliche Behandlungsweise einschließlich der Verordnungs- und Bescheinigungsweise. Hierbei werden einerseits Stichproben durchgeführt (Zufälligkeitsprüfung); andererseits im Falle der Überschreitung von Durchschnittswerten der jeweiligen Arztgruppe oder von Arztgruppen-spezifisch vorgegebenen Richtwerten für verordnete Leistungen gezielte Überprüfungen vorgenommen (Auffälligkeitsprüfung). Bei nachgewiesener Unwirtschaftlichkeit erteilt der Prüfungsausschuss dem Arzt entsprechende Hinweise oder setzt, bei nicht als geringfügig anzusehenden Überschreitungen, Honorarkürzungen fest.

Verbände der Krankenkassen auf Bundesebene

Seit der Gesundheitsreform 2007 gibt es nur noch einen einheitlichen Spitzenverband Bund als Körperschaft des öffentlichen Rechts, der die Rahmenbedingungen für einen intensiveren Wettbewerb um Qualität und Wirtschaftlichkeit der Versorgung regelt. Kassenartenspezifische Dachverbände bleiben möglich, so etwa:

- AOK-Bundesverband, Bonn-Bad Godesberg, (▶ www.aok-bv.de)
- Bundesverband der Betriebskrankenkassen, Essen,
- IKK-Bundesverband, Bergisch Gladbach,
- Bundesverband der landwirtschaftlichen Krankenkassen, Kassel,
- Verband der Angestellten-Krankenkassen, Siegburg (▶ www.vdak.de),
- AEV – Arbeiter-Ersatzkassen-Verband, Siegburg,
- Bundesknappschaft, Bochum,
- See-Krankenkasse, Hamburg.

Die meisten Verbände, die nicht automatisch zum 01. 01. 2009 aufgelöst werden, haben entschieden, ihren Sitz nach Berlin zu verlegen.

Zusammenschluss der Kassenärztlichen Vereinigungen

- Kassenärztliche Bundesvereinigung, Berlin (▶ www.kbv.de),
- Kassenzahnärztliche Bundesvereinigung, Berlin (▶ www.kzbv.de).

2.2.8 Medizinischer Dienst der Krankenversicherungen

Im Spannungsfeld zwischen Krankenkassen, Vertragsärzten und Versicherten steht der früher Vertrauensärztlicher Dienst genannte Medizinische Dienst der Krankenversicherung (*MDK*). Träger sind die Landesverbände der Krankenkassen. Die Aufgaben des MDK sind vielfältig. Zum einen soll er die Krankenkassen beraten, und zwar insbesondere in allgemeinmedizinischen Fragen der gesundheitlichen Versorgung und Beratung der Versicherten, in Fragen der Qualitätssicherung sowie in Bezug auf Vertragsverhandlungen mit den Leistungserbringern und Beratungen der gemeinsamen Ausschüsse von Ärzten und Krankenkassen, vor allem der Prüfungsausschüsse. Zum anderen soll er für die Krankenkassen einzelfallbezogen gutachterlich tätig werden. Seine Funktion besteht heute nicht mehr in erster Linie in der Kontrolle der vom behandelnden Arzt vorgenommenen Verordnung oder der Begutachtung der von ihm attestierten Arbeitsunfähigkeit (s.o. ABBA 2004), sondern in der sozialmedizinischen Beratung von Arzt, Krankenkasse und Patient. Er ist zwar immer noch auch eine unabhängige ärztliche Instanz zur Nachprüfung der Verordnung von Versicherungsleistungen und der Begutachtung der Arbeitsunfähigkeit. Bei seinen Begutachtungen ist aber immer der Aspekt der Beratung über mögliche Maßnahmen zur Wiederherstellung der Gesundheit oder zum Ausgleich bestehender Behinderungsfolgen einzubeziehen. Das geht oft nur durch die Zusammenarbeit mit den Betriebs- und Werksärzten. Vor Bewilligung bestimmter Leistungen, wie z.B. Kuren, sind die Krankenkassen im Übrigen verpflichtet, eine gutachterliche Stellungnahme des Medizinischen Dienstes einzuholen. Die Ärzte des Medizinischen Dienstes sind bei der Wahrnehmung ihrer medizinischen Aufgaben nur ihrem ärztlichen Gewissen unterworfen. Sie sind nicht berechtigt, in die ärztliche Behandlung einzugreifen.

Die Bundesverbände der Krankenkassen (künftig der Spitzenverband) haben die wirksame Durchführung der Aufgaben und die Zusammenarbeit der Medizinischen Dienste zu fördern und zu koordinieren. Zu diesem Zweck ist als Arbeitsgemeinschaft der Medizinische Dienst der Spitzenverbände der Krankenkassen gebildet worden. Auf Ebene des Medizinischen Dienstes der Spitzenverbände der Krankenkassen (*MDS*) sind eine Reihe von Begutachtungsanleitungen, wie z.B. die Begutachtungsanleitungen bei Kuren, bei Stimm-, Sprech- und Sprachstörungen sowie bei Schwerhörigkeit und Hörgeräteversorgung, bei Schwerpflegebedürftigkeit und zur Arbeitsunfähigkeit (ABBA 2004) herausgegeben worden (▶ www.mds-ev.de). Ziel dieser Begutachtungsanleitungen ist es, eine einheitliche Begutachtungspraxis sicherzustellen. Im Übrigen hat der Medizinische Dienst der Bundesverbände der Krankenkassen diese in allen für ihre Aufgaben relevanten medizinischen Fragen zu beraten.

Mitglieder des Medizinischen Dienstes der Spitzenverbände (MDS) – und damit seine Träger – sind derzeit noch die Bundesverbände (BV) der Orts-, Betriebs-, Innungs- und der landwirtschaftlichen Krankenkassen, die See-Krankenkasse, die Bundesknappschaft und die Verbände der Ersatzkassen (Verband der Angestellten-Krankenkassen und Verband der Arbeiter-Ersatzkassen e.V.). Die Rechtsform des MDS ist der eingetragene Verein mit Sitz in Essen. Seine Finanzierung erfolgt durch eine Umlage der Mitglieder, die sich nach der Versichertenzahl des jeweiligen Verbandes richtet.

2.3 Gesetzliche Unfallversicherung

F. MEHRHOFF

2.3.1 Aufgaben

Über 200 000 Gutachten im Jahr werden nach grober Schätzung allein von den Trägern der gesetzlichen Unfallversicherung (*UV*) entweder in freier Form oder über Vordrucke (70–80%) eingeholt. Sie dienen als Beweismittel gemäß § 21 Abs. 1 SGB X für die Verwaltungsentscheidung, die letztlich beim UV-Träger liegt, also bei den mit den Sozialpartnern paritätisch besetzten Rentenausschüssen. Die UV-Träger greifen nicht auf bei ihnen selbst angestellte Ärzte oder auf übergreifende ärztliche Gutachterdienste zurück, wie etwa die gesetzliche Krankenversicherung auf den Medizinischen Dienst. Vielmehr bedienen sie sich der klinisch und frei praktizierenden Ärzte, selbstverständlich auch der Ärzte in den BG-Kliniken oder anderen BG-Einrichtungen, deren Hauptaufgabe es aber nicht ist, Gutachten zu erstellen, sondern zu behandeln und zu forschen.

Seit dem Inkrafttreten des SGB VII (01.01.1997) wird das Auswahlrecht der UV-Träger durch § 200 Abs. 2 eingeschränkt. Danach soll der UV-Träger den Versicherten vor Erteilung eines Gutachtenauftrags mehrere Gutachter zur Auswahl benennen. Die Deutsche Gesetzliche Unfallversicherung (▶ www.dguv.de) hat für Berufskrankheiten Empfehlungen für die Vergabe von Gutachten und die Auswahl von Gutachtern verabschiedet. Regeln zum Gutachtenwesen bieten auch das Abkommen Ärzte/UV-Träger (*Ärzteabkommen*). Dort werden in den Leitnummern 63–70 und 82 Rahmenbedingungen zur Gutachtenerstattung einschließlich der Vergütung aufgeführt. Im Berufskrankheiten-Verfahren wirkt der staatliche Gewerbearzt mit. Er hat gemäß § 7 BKV (Berufskrankheiten-Verordnung) das Recht, Gutachten für die UV-Träger in Auftrag zu geben, wenn er es für erforderlich hält.

Die Ärzte, die in die Begutachtung nach Arbeitsunfällen und bei Berufskrankheiten eingeschaltet werden, sollten folgende Strukturprinzipien und Gestaltungsformen der gesetzlichen Unfallversicherung beachten:

- Die UV-Träger kümmern sich neben der Prävention und der Gewährung von Renten um die medizinische Versorgung und die Rehabilitation/Teilhabe. Dieser Auftrag „aus einer Hand" vermeidet Intervalle in der Behandlungskette und ermöglicht den gesetzlichen Auftrag „Rehabilitation vor Rente" (§ 26

Tabelle 2.1. Die deutsche gesetzliche Unfallversicherung

Deutsche Gesetzliche Unfallversicherung (DGUV)	Alte Heerstraße 111 53757 Sankt Augustin künftig: Berlin	Tel.: 92241/231-01 Fax: 02241/231-333 E-Mail: info@dguv.de
Bundesverband der landwirtschaftlichen Berufsgenossenschaften (BLB)	Weißensteinstraße 70–72 34131 Kassel	Tel.: 0561/9359-202 Fax: 0561/9359-414
Landesverband Rheinland-Westfalen	Kreuzstraße 45 40210 Düsseldorf	Tel.: 0211/8224-637 Fax: 0211/8224-644 E-Mail: service@duesseldorf.lvbg.de
Landesverband Nordwestdeutschland	Hildesheimer Straße 309 30519 Hannover	Tel.: 0511/987-2277 Fax: 0511/987-2266 E-Mail: service@hannover.lvbg.de
Landesverband Nordostdeutschland	Fregestraße 44 12161 Berlin	Tel.: 030/85105-5220 Fax: 030/85105-5225 E-Mail: service@berlin.lvbg.de
Landesverband Hessen – Mittelrhein und Thüringen	Wilehlm-Theodor-Römheld-Straße 15 55130 Mainz-Wiesbaden	Tel.: 06131/60053-0 Fax: 06131/60053-20 E-Mail: service@mainz.lvbg.de
Landesverband Südwestdeutschland	Kurfürsten-Anlage 62 69115 Heidelberg	Tel.: 06221/523-0 Fax: 06221/523-399 E-Mail: service@heidelberg.lvbg.de
Landesverband Bayern und Sachsen	*regional zuständig für Bayern:* Am Knie 8 81241 München	Tel.: 089/82003-500 Fax: 089/82003-599 E-Mail: service@muenchen.lvbg.de
	regional zuständig für Sachsen: Königsbrücker Landstraße 2 01109 Dresden	Tel.: 0351/457-2100 Fax: 0351/457-2105 E-Mail: service-dresden@muenchen.lvbg.de

Abs. 3 SGB VII). Die Begutachtung bezieht sich also nicht nur auf den Kausalfaktor Arbeit und die Unfallrente, sondern auch auf die effizienten Maßnahmen zur Heilbehandlung und Teilhabe.

- „Zurück in den Beruf“ und damit der Arbeitsplatzbezug gehört zu den obersten Triebfedern der UV-Träger. Deswegen sind sie im gewerblichen Bereich nach Branchen organisiert, um sich zielgenauer um die Wiedereingliederung – und um die Prävention von Gesundheitsrisiken – im Betrieb zu kümmern. Die Reha-Manager/Berufshelfer halten Kontakt zu den Arbeitgebern, um eine erfolgreiche berufliche Wiedereingliederung zu organisieren (▶ www.disability-manager.de). Die Gutachter sollten sich diesem Vorteil für die Patienten/Versicherten bewusst sein.

- Die UV-Träger sind Nonprofit-Organisationen. Sie lösen die Unternehmerhaftung ab und kümmern sich um die sozialen Schutzbelange der Versicherten. Gleichwohl: Die Vielfalt der über 40 UV-Träger (Tendenz abnehmend) bildet die Basis für betriebs- und versichertennahe Maßnahmen in kleinen Einheiten. Die Deutsche Gesetzliche Unfallversicherung in Berlin, in der alle UV-Träger Mitglied sind, bieten den Gutachtern Ansprechstationen (Tabelle 2.1).

- Erfolge in der medizinischen Versorgung und der Rehabilitation gelingen nach Auffassung der UV-Träger nur in enger Zusammenarbeit mit den Leistungserbringern und damit auch mit den Gutachtern. Entsprechend des D-Arzt-Systems werden Qualitätsmaßstäbe bei der Auswahl der Gutachter und der Durchführung von Gutachten angewendet. Hinzu kommt ein gezielter Informationsaustausch (Berichtssystem) auf interdisziplinärer Basis, der auf einen Dialog angelegt ist.

- Auch bei der Begutachtung bedarf es stets der Orientierung am „sozialen Kunden“. Ein Mehr an Transparenz durch die Gutachter sichert auch das Ansehen eines Versicherungszweiges. Gerade das Sondersystem der gesetzlichen Unfallversicherung, das oft unbekannt ist, bedarf guter Beziehungen zu den Beteiligten, die wertvolle Stabilisatoren eines Versicherungszweigs sind.

- Die gesetzliche Unfallversicherung ist, wie die anderen sozialen Versicherungen in Deutschland, im Wesentlichen vom Staat unabhängig – bis auf die Kontrolle durch das Bundesversicherungsamt. Sie wird paritätisch von Arbeitgeber- und Arbeitnehmervertretern selbst verwaltet und durch Beiträge nur der Arbeitgeber finanziert. Denn nur sie werden für die Arbeitsunfälle und die Berufskrankheiten verantwortlich gemacht, also für die Ereignisse, die im Zusammenhang mit der Erwerbstätigkeit am Arbeitsplatz und auf dem Arbeitsweg entstanden sind. Den Gesundheitsschaden, den ein Arbeitnehmer durch einen Versicherungsfall erleidet, soll der Arbeitgeber aufgrund seiner zivilrechtlichen Verpflichtung aus dem Arbeitsverhältnis ersetzen. Seine rechtliche Verantwortung im Sinne dieses Schadensersatzes ist auf die gesetzlichen Unfallversicherungsträger übertragen. Allein für die gewerbliche Wirtschaft gibt es derzeit noch über 20 solcher Versicherungen in Deutschland, die nach den Gewerbezweigen geordnet sind. Dem liegt ein über den einzelnen Arbeitgeber hinausgehender Solidaritätsgedanke zugrunde.

Zu den Aufgaben der UV-Träger gehören die Prävention, Rehabilitation und Kompensation in der Verantwortung jeweils eines Versicherers. Dieser Gedanke „Alles aus einer Hand“ unterstützt die Strukturverantwortung und den gesetzlichen Auftrag, „mit allen geeigneten Mitteln“ Unfälle und Berufskrankheiten zu verhüten, bei Eintritt derselben sich um die Heilbehandlung, die Rehabilitation/Teilhabe und die Pflege zu kümmern und letztlich bleibende Gesundheitsschäden zu entschädigen. Jedem UV-Träger obliegt für seine Versicherten die Fürsorge von Anfang bis zum Ende, also von der Akutphase (Erste Hilfe) bis hin zur Wiedereingliederung ins Erwerbs- und Gesellschaftsleben. Zuständigkeitsabgrenzungen zwischen medizinischer, beruflicher oder sozialer Teilhabe sind in der gesetzlichen Unfallversicherung unbekannt. Bereits im Frühstadium wird auf die berufliche und soziale Wiedereingliederung Wert gelegt. Die UV-Träger sind die zentrale Versicherungsinstanz, die die Versicherten – falls erforderlich – ein Leben lang betreut.

Die UV-Träger erstatten nicht nur die Kosten, sondern – im Wesentlichen zusammen mit den Ärzten – organisieren auch die medizinische Versorgung und Teilhabe. Prinzipien wie das so genannte *D-Arzt-Verfahren* sollen den Rehabilitationserfolg sicherstellen. Die UV-Träger haben die rechtliche Verantwortung gemäß § 26 SGB VII, das Heilverfahren „mit allen geeigneten Mitteln“ zu managen. Ein Katalog festgelegter Kriterien zur fachlichen Befähigung, zu personellen und sächlichen Anforderungen bietet die Grundlage dafür, spezielle Fachärzte und qualifizierte Krankenhäuser zur Behandlung von schweren Verletzungen zuzulassen. Bei Versicherungsfällen, für die wegen ihrer Art oder Schwere besondere unfallmedizinische Behandlung angezeigt ist, wird gemäß dem sog. Ärzteabkommen jeder deutsche Arzt verpflichtet, die verletzten Unfallversicherten an eine dieser zugelassenen Stellen zu überweisen. So hat der D-Arzt das Heilverfahren zu planen und verantwortlich zu kontrollieren, in besonderen Fällen auch selbst zu behandeln. Spezialisten kann er in jedem Einzelfall zu Rate und zur Behandlung hinzuziehen. Er ist praktisch der „Lotse“ für die Heilbehandlung, aber auch für die berufliche und soziale Wiedereingliederung Unfallversicherter.

Sein Controlling wird eng abgestimmt mit den Sachbearbeitern der UV-Träger. Die Versicherung erhält über den Behandlungsverlauf von Beginn an und in Abständen Berichte. Sie ist damit Partner der Leistungserbringer. Über diese Koordination der Heilbehandlung wird zwar die freie Arztwahl der Versicherten gemäß § 28 Abs. 4 Satz 2 SGB VII eingeschränkt. Die Erfahrungen und die Qualität werden aber seit Jahrzehnten so akzeptiert, dass ein proaktives Management nach einem plötzlichen Ereignis wie einem Unfall eher als Wohltat und als Errungenschaft empfunden wird.

Flankierend zur ärztlichen Betreuung haben die UV-Träger jeweils so genannte *Berufshelfer* (▶ www.disability-manager.de) in ihren Verwaltungen. Solche „Case Manager“ sind besonders dazu ausgebildete Mitarbeiter, die sich unverzüglich nach einem schweren Unfall oder bei besonderen Berufskrankheiten um die Versicherten kümmern. Diese werden am Krankenbett besucht, der Kontakt zu den Angehörigen wird aufgenommen, und im Team mit den behandelnden Ärzten wird die Wiedereingliederung in das Arbeitsleben geplant. Die Berufshelfer sind die zentralen Koordinatoren für die Versicherten, oft entsteht eine lebenslange persönliche Betreuung und Verbundenheit. Sie stellen häufig die Kontakte zum Arbeitgeber oder zu den Agenturen für Arbeit her und initiieren eine stufenweise Wiedereingliederung in den Arbeitsprozess.

Die Deutsche Gesetzliche Unfallversicherung fördert und sammelt Erfahrungssätze in der Medizin, um Richtlinien für die Diagnose, die Therapie und die Begutachtung zusammen mit den Ärzten zu erarbeiten. Dabei geht es stets um konsensfähige Aussagen auf Bundesebene. Die jeweiligen Bundesverbände der Ärzteschaft werden einbezogen. Bei dieser nicht immer einfachen Suche nach Gemeinsamkeiten versteht sich die gesetzliche Unfallversicherung als Moderator. Jede neue Empfehlung bei Verletzungen oder Erkrankungen fördert die Gleichbehandlung der Versicherten und kommt ihnen zugute.

2.3.2 Geschützter Personenkreis

In der gesetzlichen Unfallversicherung sind über 60 Millionen Personen (inkl. Schülerunfallversicherung) versichert. Sie wissen es häufig gar nicht, weil sie selbst keine Beiträge zahlen. Bei dem versicherten Personenkreis unterscheidet man zwischen den Versicherten kraft Gesetz und denen kraft Satzung sowie den kraft Beitritts freiwillig versicherten Personen. Die weitaus größte Gruppe bilden die über

40 Mio. Arbeitnehmer und die ihnen gleichgestellten Personen, die kraft Gesetzes versichert sind. Es sind dies alle aufgrund eines Arbeits-, Dienst- oder Lehrverhältnisses Beschäftigten ohne Rücksicht auf die Höhe ihres Einkommens, ferner Heimarbeiter, Zwischenmeister, Hausgewerbetreibende, ihre im Unternehmen tätigen Ehegatten sowie die sonstigen mitarbeitenden Personen. Ferner unterliegen der Versicherung Künstler und Artisten, die zur Schaustellung oder Vorführung vertraglich verpflichtet sind, und Arbeitslose, soweit sie ihren gesetzlichen oder den ihnen von der Arbeitsverwaltung auferlegten Pflichten nachkommen. Zum versicherten Personenkreis gehören auch die landwirtschaftlichen Unternehmer, die Unternehmer gewerblicher Kleinbetriebe, der Küstenschifffahrt und Küstenfischerei sowie die in diesen Unternehmen tätigen Ehegatten.

Die Unfallversicherung schützt des Weiteren Personen, die im Interesse des Gemeinwohls tätig werden. Dieses sind Entwicklungshelfer, auch während ihrer Vorbereitungszeit, sowie im Gesundheits- oder Veterinärwesen oder in der Wohlfahrtspflege ehrenamtlich oder selbständig Tätige. Tätige, Übende und Lehrende in Organisationen zur Hilfe bei Unglücksfällen (z. B. Bergwacht, Deutsches Rotes Kreuz, DLRG, Zivilschutz, Katastrophenschutz) sowie die sogenannten „Nothelfer“, nämlich Lebensretter und Personen, die einem Bediensteten des Staates, von dem sie zur Unterstützung bei einer Diensthandlung zugezogen werden, Hilfe leisten, z. B. auch bei der Verfolgung oder Festnahme einer Person oder zum Schutze eines widerrechtlich Angegriffenen. In den Unfallversicherungsschutz eingeschlossen sind weiter noch Blutspender und Spender körpereigener Gewebe sowie Personen, die aufgrund von Arbeitsschutz- oder Unfallverhütungsvorschriften ärztlich untersucht oder behandelt werden. Überdies sind Kinder während des Besuches von Kindergärten, Schüler, Lernende während der beruflichen Aus- und Fortbildung, ehrenamtlich Lehrende, Studierende, Eigenheimbauer bei der Selbsthilfe im öffentlich geförderten Wohnungsbau versichert. Auch Strafgefangene sind versichert, sofern sie während einer Freiheitsentziehung aufgrund strafrichterlicher Anordnung arbeiten, d. h. „wie ein Versicherter tätig werden“. Wer auf Kosten einer Krankenkasse oder eines Rentenversicherungsträgers behandelt wird oder an Rehabilitationsmaßnahmen teilnimmt, ist ebenfalls versichert.

Gesondert abgesichert sind insbesondere Beamte und andere Personen, für die beamtenrechtliche Unfallfürsorgevorschriften oder entsprechende Grundsätze hinsichtlich der Unfälle im Rahmen eines Dienst- oder Arbeitsverhältnisses gelten. Frei sind ferner diejenigen, die bei Arbeitsunfällen Versorgung nach dem Bundesversorgungsgesetz erhalten, ferner Mitglieder geistlicher Genossenschaften, Diakonissen, Schwestern vom Roten Kreuz und Angehörige ähnlicher Gemeinschaften, die eine lebenslange Versorgung gewährleisten. Bei ihrer freiberuflichen Tätigkeit sind Ärzte, Heilpraktiker, Zahnärzte und Apotheker nicht versicherungspflichtig. Die Satzung des Versicherungsträgers kann den Versicherungsschutz auf betriebsfremde Personen, z. B. Besucher von Betrieben, ausdehnen. Die Möglichkeit, der Unfallversicherung freiwillig beizutreten, haben Unternehmer, auch selbständige Ärzte und deren im Unternehmen mittätige Ehegatten.

2.3.3 Arbeitsunfall und Berufskrankheiten

Leistungen der UV-Träger sind nicht auf Entschädigungen im Sinne von dauernden Geldleistungen beschränkt. Die Präventionsleistungen nehmen einen wesentlichen Stellenwert ein. Die Ärzte werden aber in den meisten Fällen erst dann als Gutachter eingeschaltet, wenn es um die Klärung der beruflichen Ursache der Krankheit und damit um die Zuständigkeit eines UV-Trägers im Verhältnis zu einem anderen Sozialversicherer oder den Umfang von Geld- bzw. Rentenleistungen im Sinne der MdE geht. Deswegen legen die nachfolgenden Ausführungen auf die Entschädigung der UV-Träger das Schwergewicht, ohne die Bedeutung der Gutachter für die frühzeitige und nachhaltige Einleitung von Maßnahmen zur Teilhabe gem. dem SGB IX (Rehabilitationsrecht) zu vernachlässigen.

Die Unfallversicherung ersetzt den Gesundheitsschaden, der durch einen Arbeitsunfall oder eine Berufskrankheit entstanden ist. Grundsätzlich kommt es nicht darauf an, ob die Versicherten fahrlässig gehandelt haben. So führt die Missachtung von Regeln des Arbeits- und Gesundheitsschutzes nicht zu einem Leistungsausschluss, es sei denn, die Versicherten haben den Gesundheitsschaden absichtlich herbeigeführt. Die Unfallversicherung leistet an die Geschädigten unabhängig davon, ob ein Dritter Schuld hat. Der Unfallversicherung bleibt indes die Möglichkeit, von Dritten die aufgewendeten Leistungen wieder zurückzuerhalten (Rückgriff). Betriebsfremde Gesundheitsrisiken, die dem privaten Bereich der Versicherten zuzuordnen sind, werden grundsätzlich nicht von der Unfallversicherung abgedeckt. Bei der Bewertung der Krankheitsursachen sollten ‚Arbeitsunfälle‘ und ‚Berufskrankheiten‘ unterschieden werden.

Arbeitsunfall

Ein Arbeitsunfall ist definiert als ein

- auf äußeren Einwirkungen beruhendes,
- körperlich schädigendes,
- zeitlich begrenztes Ereignis,

das mit einer versicherten Tätigkeit ursächlich zusammenhängt.

Als „zeitlich begrenzt" gilt ein Ereignis, das sich längstens innerhalb einer Arbeitsschicht zugetragen hat. Aber auch ein Unfall beim Besuch eines Kindergartens, einer Schule, einer Ausbildungsstätte oder einer Hochschule ist ein Arbeitsunfall. Wer bei einer Tätigkeit in Zusammenhang mit Verwahrung, Beförderung, Instandhaltung oder Erneuerung von Arbeitsgerät, sei es auch vom Versicherten gestellt, einen Unfall erleidet, ist versichert. Zum „Körper" im rechtlichen Sinne gehört auch z.B. die posttraumatische Belastungsstörung, nicht indes das Mitansehen von Leid durch Dritte.

Zu den Arbeitsunfällen zählt auch der so genannte „Wegeunfall" sowie Unfälle auf Geschäftsreisen, Betriebsfesten oder während des Betriebssports. Ein Wegeunfall liegt dann vor, wenn er auf dem unmittelbaren Weg zu oder von der Tätigkeit passiert. Dagegen fällt ein Unfall auf einem erheblichen Umweg von oder zur Arbeit sowie die Unterbrechung des Weges aus privaten Gründen, z.B. Gaststättenbesuch, nicht unter den Unfallversicherungsschutz. Dagegen werden Umwege, die Versicherte machen, weil etwa ein Kind wegen seiner oder seines Ehegatten beruflichen Tätigkeit fremder Obhut anvertraut wird oder weil Versicherte auf dem Wege vom oder zum Betrieb mit anderen Personen eine Fahrgemeinschaft bilden, in den Versicherungsschutz eingeschlossen.

Zwar ist davon auszugehen, dass Unfallversicherungsschutz unabhängig vom jeweiligen Gesundheitszustand der Versicherten besteht. Bisweilen wird an den Gutachter aber die Frage gerichtet, ob eine vorher bestehende Gesundheitsstörung oder ein privates Unfallereignis wesentliche Ursache eines Gesundheitsschadens ist, weil nur im Wesentlichen *berufliche* Ursachen für die Entstehung oder Verschlimmerung eines Körperschadens gesetzlich versichert sind. Kommt es z.B. bei einem Versicherten, der zur Rezidivprophylaxe nach abgelaufener Venenthrombose und Lungenembolie unter Dicumarol-Medikation ist, im Büro durch ein Bagatelltrauma zu einem Kniegelenkserguss, so ist abzuwägen, ob die berufsunabhängige Dicumarol-Medikation unwesentliche Ursache der Blutung ins Kniegelenk war oder ob dem Minimaltrauma am Arbeitsplatz das Gewicht eines Arbeitsunfalls im rechtlichen Sinne zukommt mit der Folge, dass die gesetzliche Unfallversicherung leistungsverpflichtet ist.

Berufskrankheiten

Berufskrankheiten (*BK*) sind grundsätzlich nur solche Krankheiten, die in der *Berufskrankheiten-Liste* der Berufskrankheiten-Verordnung (*BKV*) aufgezählt sind (Tabelle 2.2). Zur Änderung dieser Liste ist gemäß § 9 Abs. 1 SGB VII die Bundesregierung ermächtigt. Zur Ermittlung der „neuen medizinischen Erkenntnisse" bedient sich das Bundesministerium für Gesundheit und Soziale Sicherung eines Ärztlichen Sachverständigenbeirats, „Sektion Berufskrankheiten", in dem fast ausschließlich Arbeitsmediziner, entweder Lehrstuhlinhaber oder Leiter großer Werksärztlicher Dienste, Mitglied sind. Dieser Beirat erstellt Merkblätter für die BK-Anzeigen.

Der Definition der Berufskrankheiten liegt die arbeitsmedizinische Beurteilung von Ursache und Wirkung, also die berufliche Kausalität, zugrunde. Die Aufnahme derartiger Krankheiten in die Liste der entschädigungspflichtigen Berufskrankheiten erfolgt erst dann, wenn der Zusammenhang im Sinne der „generellen Geeignetheit" als gesichert, wenn nicht sogar als unbestritten, von der Wissenschaft angesehen wird.

Wichtig sind die Gutachter bei der Einzelfallbeurteilung gemäß § 9 Abs. 2 SGB VII. Danach soll der Träger der Unfallversicherung ein Krankheitsbild *„wie eine Berufskrankheit"* anerkennen, wenn zwar die BK-Liste dieses nicht abdeckt, gleichwohl aber „medizinische Erkenntnisse" *nach* der letzten Änderungsverordnung so gesichert sind, dass der Maßstab der „generellen Geeignetheit", also die wesentliche Überhäufung eines Risikos einer Berufsgruppe gegenüber der allgemeinen Bevölkerung, anzunehmen ist. Man spricht von der sog. *Öffnungsklausel.*

Nach § 9 Abs. 2 SGB VII gelten folgende Voraussetzungen:

- Eine bestimmte Personengruppe muss bei ihrer Arbeit in erheblich höherem Maße als die übrige Bevölkerung den angeschuldigten Einwirkungen ausgesetzt sein.
- Diese Einwirkungen müssen nach den Erkenntnissen der medizinischen Wissenschaft geeignet sein, solche Krankheiten zu verursachen.
- Diese medizinischen Erkenntnisse dürfen bei der letzten Ergänzung der BK-Liste noch nicht in ausreichendem Maße vorgelegen haben, oder sie müssen ungeprüft geblieben sein.
- Der ursächliche Zusammenhang der Krankheit mit der gefährdenden Arbeit muss hinreichend wahrscheinlich sein.

Bei der Entscheidung über eine Entschädigung „wie eine Berufskrankheit" nach § 9 Abs. 2 SGB VII genügt es für die Feststellung, ob neue Erkenntnisse vorliegen, nicht, dass der ursächliche Zusammenhang zwischen der Einwirkung eines gefährdenden Stoffes und der Krankheit hinreichend wahrscheinlich ist. Vielmehr muss die generelle Geeignetheit der gefährdenden Stoffe für die Verursachung oder Verschlimmerung der Krankheit in der medizinischen Wissenschaft allgemein anerkannt sein.

Ob eine Krankheit in einer bestimmten Personengruppe im Rahmen der entsprechenden Tätigkeit häufiger auftritt als bei der übrigen Bevölkerung, muss durch eine Fülle gleichartiger Gesundheitsbeeinträchtigungen und durch längerfristige Überwachung derartiger Krankheitsbilder nach-

Tabelle 2.2. Liste der Berufskrankheiten nach der Berufskrankheiten-Verordnung in der Fassung vom 5. September 2002

Nr.	Krankheiten
1	**Durch chemische Einwirkungen verursachte Krankheiten**
11	**Metalle und Metalloide**
1101	Erkrankungen durch Blei oder seine Verbindungen
1102	Erkrankungen durch Quecksilber oder seine Verbindungen
1103	Erkrankungen durch Chrom oder seine Verbindungen
1104	Erkrankungen durch Cadmium oder seine Verbindungen
1105	Erkrankungen durch Mangan oder seine Verbindungen
1106	Erkrankungen durch Thallium oder seine Verbindungen
1107	Erkrankungen durch Vanadium oder seine Verbindungen
1108	Erkrankungen durch Arsen oder seine Verbindungen
1109	Erkrankungen durch Phosphor oder seine anorganischen Verbindungen
1110	Erkrankungen durch Beryllium oder seine Verbindungen
12	**Erstickungsgase**
1201	Erkrankungen durch Kohlenmonoxid
1202	Erkrankungen durch Schwefelwasserstoff
13	**Lösemittel, Schädlingsbekämpfungsmittel (Pestizide) und sonstige chemische Stoffe**
1301	Schleimhautveränderungen, Krebs oder andere Neubildungen der Harnwege durch aromatische Amine
1302	Erkrankungen durch Halogenkohlenwasserstoffe
1303	Erkrankungen durch Benzol, seine Homologe oder durch Styrol
1304	Erkrankungen durch Nitro- oder Aminoverbindungen des Benzols oder seiner Homologe oder ihrer Abkömmlinge
1305	Erkrankungen durch Schwefelkohlenstoff
1306	Erkrankungen durch Methylalkohol (Methanol)
1307	Erkrankungen durch organische Phosphorverbindungen
1308	Erkrankungen durch Fluor oder seine Verbindungen
1309	Erkrankungen durch Salpetersäureester
1310	Erkrankungen durch halogenierte Alkyl-, Aryl- oder Alkylaryloxide
1311	Erkrankungen durch halogenierte Alkyl-, Aryl- oder Alkylarylsulfide
1312	Erkrankungen der Zähne durch Säuren
1313	Hornhautschädigungen des Auges durch Benzochinon
1314	Erkrankungen durch para-tertiär-Butylphenol
1315	Erkrankungen durch Isocyanate, die zur Unterlassung aller Tätigkeiten gezwungen haben, die für die Entstehung, die Verschlimmerung oder das Wiederaufleben der Krankheit ursächlich waren oder sein können
1316	Erkrankungen der Leber durch Dimethylformamid
1317	Polyneuropathie oder Enzephalopathie durch organische Lösungsmittel oder deren Gemische
Zu den Nummern 1101 bis 1110, 1201 und 1202, 1303 bis 1309 und 1315: Ausgenommen sind Hauterkrankungen. Diese gelten als Krankheiten im Sinne dieser Anlage nur insoweit, als sie Erscheinungen einer Allgemeinerkrankung sind, die durch Aufnahme der schädigenden Stoffe in den Körper verursacht werden, oder gemäß Nummer 5101 zu entschädigen sind.	
2	**Durch physikalische Einwirkungen verursachte Krankheiten**
21	**Mechanische Einwirkungen**
2101	Erkrankungen der Sehnenscheiden oder des Sehnengleitgewebes sowie der Sehnen- oder Muskelansätze, die zur Unterlassung aller Tätigkeiten gezwungen haben, die für die Entstehung, die Verschlimmerung oder das Wiederaufleben der Krankheit ursächlich waren oder sein können
2102	Meniskusschäden nach mehrjährigen andauernden oder häufig wiederkehrenden, die Kniegelenke überdurchschnittlich belastenden Tätigkeiten
2103	Erkrankungen durch Erschütterung bei Arbeit mit Druckluftwerkzeugen oder gleichartig wirkenden Werkzeugen oder Maschinen

Tabelle 2.2. Liste der Berufskrankheiten nach der Berufskrankheiten-Verordnung in der Fassung vom 5. September 2002 (Fortsetzung)

Nr.	Krankheiten
2104	Vibrationsbedingte Durchblutungsstörungen an den Händen, die zur Unterlassung aller Tätigkeiten gezwungen haben, die für die Entstehung, die Verschlimmerung oder das Wiederaufleben der Krankheit ursächlich waren oder sein können
2105	Chronische Erkrankungen der Schleimbeutel durch ständigen Druck
2106	Drucklähmungen der Nerven
2107	Abrißbrüche der Wirbelfortsätze
2108	Bandscheibenbedingte Erkrankungen der Lendenwirbelsäule durch langjähriges Heben oder Tragen schwerer Lasten oder durch langjährige Tätigkeiten in extremer Rumpfbeugehaltung, die zur Unterlassung aller Tätigkeiten gezwungen haben, die für die Entstehung, die Verschlimmerung oder das Wiederaufleben der Krankheit ursächlich waren oder sein können
2109	Bandscheibenbedingte Erkrankungen der Halswirbelsäule durch langjähriges Tragen schwerer Lasten auf der Schulter, die zur Unterlassung aller Tätigkeiten gezwungen haben, die für die Entstehung, die Verschlimmerung oder das Wiederaufleben der Krankheit ursächlich waren oder sein können
2110	Bandscheibenbedingte Erkrankungen der Lendenwirbelsäule durch langjährige, vorwiegend vertikale Einwirkung von Ganzkörperschwingungen im Sitzen, die zur Unterlassung aller Tätigkeiten gezwungen haben, die für die Entstehung, die Verschlimmerung oder das Wiederaufleben der Krankheit ursächlich waren oder sein können
2111	Erhöhte Zahnabrasionen durch mehrjährige quarzstaubbelastende Tätigkeit
22	**Druckluft**
2201	Erkrankungen durch Arbeit in Druckluft
23	**Lärm**
2301	Lärmschwerhörigkeit
24	**Strahlen**
2401	Grauer Star durch Wärmestrahlung
2402	Erkrankungen durch ionisierende Strahlen
3	**Durch Infektionserreger oder Parasiten verursachte Krankheiten sowie Tropenkrankheiten**
3101	Infektionskrankheiten, wenn der Versicherte im Gesundheitsdienst, in der Wohlfahrtspflege oder in einem Laboratorium tätig oder durch eine andere Tätigkeit der Infektionsgefahr in ähnlichem Maße besonders ausgesetzt war
3102	Von Tieren auf Menschen übertragbare Krankheiten
3103	Wurmkrankheit der Bergleute, verursacht durch Ankylostoma duodenale oder Strongyloides stercoralis
3104	Tropenkrankheiten, Fleckfieber
4	**Erkrankungen der Atemwege und der Lungen, des Rippenfells und Bauchfells**
41	**Erkrankungen durch anorganische Stäube**
4101	Quarzstaublungenerkrankung (Silikose)
4102	Quarzstaublungenerkrankung in Verbindung mit aktiver Lungentuberkulose (Siliko-Tuberkulose)
4103	Asbeststaublungenerkrankung (Asbestose) oder durch Asbeststaub verursachte Erkrankung der Pleura
4104	Lungenkrebs oder Kehlkopfkrebs – in Verbindung mit Asbeststaublungenerkrankung (Asbestose), – in Verbindung mit durch Asbeststaub verursachter Erkrankung der Pleura oder – bei Nachweis der Einwirkung einer kumulativen Asbestfaserstaub-Dosis am Arbeitsplatz von mindestens 25 Faserjahren (25×10^6 [(Fasern/m^3) × Jahre])
4105	Durch Asbest verursachtes Mesotheliom des Rippenfells, des Bauchfells oder des Perikards
4106	Erkrankungen der tieferen Atemwege und der Lungen durch Aluminium oder seine Verbindungen
4107	Erkrankungen an Lungenfibrose durch Metallstäube bei der Herstellung oder Verarbeitung von Hartmetallen
4108	Erkrankungen der tieferen Atemwege und der Lungen durch Thomasmehl (Thomasphosphat)
4109	Bösartige Neubildungen der Atemwege und der Lungen durch Nickel oder seine Verbindungen
4110	Bösartige Neubildungen der Atemwege und der Lungen durch Kokereirohgase
4111	Chronisch obstruktive Bronchitis oder Emphysem von Bergleuten unter Tage im Steinkohlenbergbau bei Nachweis der Einwirkung einer kumulativen Dosis von in der Regel 100 Feinstaubjahren [(mg/m^3) × Jahre]
4112	Lungenkrebs durch die Einwirkung von kristallinem Siliziumdioxid (SiO_2) bei nachgewiesener Quarzstaublungenerkrankung (Silikose oder siliko-Tuberkulose)

Tabelle 2.2 (Fortsetzung)

Nr.	Krankheiten
42	**Erkrankungen durch organische Stäube**
4201	Exogen-allergische Alveolitis
4202	Erkrankungen der tieferen Atemwege und der Lungen durch Rohbaumwoll-, Rohflachs- oder Rohhanfstaub (Byssinose)
4203	Adenokarzinome der Nasenhaupt- und Nasennebenhöhlen durch Stäube von Eichen- oder Buchenholz
43	**Obstruktive Atemwegserkrankungen**
4301	Durch allergisierende Stoffe verursachte obstruktive Atemwegserkrankungen (einschließlich Rhinopathie), die zur Unterlassung aller Tätigkeiten gezwungen haben, die für die Entstehung, die Verschlimmerung oder das Wiederaufleben der Krankheit ursächlich waren oder sein können
4302	Durch chemisch-irritativ oder toxisch wirkende Stoffe verursachte obstruktive Atemwegserkrankungen, die zur Unterlassung aller Tätigkeiten gezwungen haben, die für die Entstehung, die Verschlimmerung oder das Wiederaufleben der Krankheit ursächlich waren oder sein können
5	**Hautkrankheiten**
5101	Schwere oder wiederholt rückfällige Hauterkrankungen, die zur Unterlassung aller Tätigkeiten gezwungen haben, die für die Entstehung, die Verschlimmerung oder das Wiederaufleben der Krankheit ursächlich waren oder sein können
5102	Hautkrebs oder zu Krebsbildung neigende Hautveränderungen durch Ruß, Rohparaffin, Teer, Anthracen, Pech oder ähnliche Stoffe
6	**Krankheiten sonstiger Ursache**
6101	Augenzittern der Bergleute

gewiesen sein, um mit Sicherheit folgern zu können, dass die wesentliche Ursache für die Krankheit in einer arbeitsbedingten Schädigung liegt. Der ärztliche Sachverständige muss daher den aktuellen Stand der wissenschaftlichen Erkenntnisse im Gutachten berücksichtigen und seine Gutachten jeweils wissenschaftlich begründen.

2.3.4 Gesundheitsschutz am Arbeitsplatz

Die Träger der Unfallversicherung sollen alle geeigneten Mittel einsetzen, um Arbeitsunfälle, Berufskrankheiten und arbeitsbedingte Gesundheitsgefahren (also noch keine Berufskrankheiten-Reife im Sinne des § 9 SGB VII) zu verhüten. Sie sollen die Betriebe technisch beaufsichtigen, nach Ursachen von Arbeitsunfällen und Berufskrankheiten forschen und über den Gesundheitsschutz am Arbeitsplatz beraten. Die rechtliche Verantwortung für den Gesundheitsschutz am Arbeitsplatz liegt indes in erster Linie bei den Arbeitgebern, die bei der Erfüllung dieser Aufgabe sowohl berufsgenossenschaftliche als auch staatliche Vorschriften zu beachten haben. Darin sind auch Ärzte einbezogen.

Die Rechtspflicht, für die allgemeine arbeitsmedizinische Betreuung der Arbeitnehmer zu sorgen, ergibt sich schon aus der allgemeinen Fürsorgepflicht der Arbeitgeber (§§ 618 BGB, 62 HGB, 120 a GewO, § 2 Unfallverhütungsvorschrift „Allgemeine Vorschriften" [VBG 1]). Die Arbeitgeber haben sicherzustellen, dass der Arbeitnehmer bei seiner Tätigkeit keine gesundheitlichen Schäden erleidet. Einzelheiten sind dem „Gesetz über Betriebsärzte, Sicherheitsingenieure und andere Fachkräfte für Arbeitssicherheit" (Arbeitssicherheitsgesetz) und der Unfallverhütungsvorschrift „Betriebsärzte" (VBG 123) zu entnehmen.

Die Durchführung und Organisation sowie die Verantwortlichkeit für die arbeitsmedizinische Vorsorge vollziehen sich in einer Wechselbeziehung zwischen Ärzten, Unfallversicherung und Unternehmern unter Einbeziehung staatlicher Stellen – insbesondere der staatlichen Gewerbeärzte. Arbeitssicherheitsgesetz und Betriebsverfassungsgesetz bzw. Personalvertretungsgesetz regeln die Mitarbeit des Betriebs- bzw. Personalrates bei Fragen der arbeitsmedizinischen Vorsorge.

Arbeitsmedizinische Vorsorgeuntersuchungen werden in der „Verordnung zum Schutz vor gefährlichen Stoffen" (*GefStoffV*) vom 26. Oktober 1993, geändert durch Verordnung zur Änderung der Gefahrstoffverordnung zum 10. November 1993, mit der Liste der gefährlichen Stoffe und Zubereitungen nach § 4 a GefStoffV in den §§ 28 bis 34 geregelt.

Vorsorgeuntersuchungen sind arbeitsmedizinische Erstuntersuchungen vor Aufnahme der Beschäftigung und arbeitsmedizinische Nachuntersuchungen während dieser Beschäftigung durch die dazu ermächtigten Ärzte. Die zeitlichen Abstände der Untersuchungen sind in der Liste der Vorsorgeuntersuchungen festgelegt. In der Anlage 1 der Unfallverhütungsvorschrift „Arbeitsmedizinische Vorsorge" (VBG 100) sind im Gegensatz zur Gefahrstoffverordnung auch gefährdende Tätigkeiten aufgeführt (Tabelle 2.3).

Die Durchführung der Unfallverhütung und die Beratung der Betriebe werden durch einen technischen Aufsichtsdienst der UV-Träger überwacht. Sie sind befugt, bei Gefahr im Verzuge sofort vollziehbare Anordnungen zur Beseitigung von Unfallgefahren zu treffen. Daneben wacht die Gewerbeaufsicht der Bundesländer (Gewerbeaufsichtsämter) darüber, dass die Arbeitsschutzbestimmungen eingehalten werden.

Für die arbeitsmedizinischen Vorsorgeuntersuchungen, für die der Unternehmer nach der Unfallverhütungsvorschrift (*UVV*) „Arbeitsmedizinische Vorsorge" zu sorgen hat, sind „Berufsgenossenschaftliche Grundsätze für arbeitsmedizinische Vorsorgeuntersuchungen" zur Unterstützung entwickelt worden. Die UVV „Arbeitsmedizinische Vorsorge" vom 1. 10. 1993 in der Fassung vom 1. 1. 1997 (VBG 100) regelt die Durchführung der arbeitsmedizinischen Vorsorgeuntersuchungen, der Erstuntersuchung und der Nachuntersuchungen bei Kontakten mit bestimmten Gefahrstoffen und bei gefährdenden Tätigkeiten. Die derzeit 44 stoff- bzw. tätigkeitsbezogenen Grundsätze entsprechen den allgemein anerkannten Regeln der Arbeitsmedizin. So werden jährlich über 3 Millionen Vorsorgeuntersuchungen nach den Grundsätzen der Unfallversicherung durchgeführt.

2.3.5 Informationsaustausch zwischen Ärzten und Unfallversicherung

Die Leistungen der Unfallversicherung werden „von Amts wegen" proaktiv erbracht. Es bedarf also keines Antrages der Versicherten oder ihrer Angehörigen. Deswegen existieren Anzeigepflichten nach Arbeitsunfällen und Berufskrankheiten, die die Unfallversicherungsträger in die Lage versetzen, in jedem Einzelfall früh, vernetzt und nachhaltig zu agieren. Gerade mit der Ärzteschaft werden zahlreiche Informationen ausgetauscht mit dem Ziel, die Gesundheit der Unfallversicherten wieder herzustellen und sie möglichst an ihren alten Arbeitsplatz zurückzuführen. Sämtliche Pflichten zur Information heben die ärztliche Schweigepflicht auf, weil sie die Weitergabe von Informationen rechtfertigen.

▌ Unfallanzeigen und Berichte

Um in einem frühen Stadium rasch die Folgen eines Arbeitsunfalls durch geeignete Maßnahmen zu verbessern, bedarf es eines Informationsaustauschs mit den UV-Trägern und einer Betreuung durch die Ärzteschaft selbst. Auf der Grundlage des Abkommens zwischen der Deutschen Gesetzlichen Unfallversicherung und der Kassenärztlichen Bundesvereinigung (sog. *Ärzteabkommen*) gemäß § 34 SGB VII ist jeder behandelnde Arzt verpflichtet, am Tage der ersten Inanspruchnahme durch die Unfallverletzten, spätestens am Tage darauf, dem UV-Träger eine ärztliche Unfallmeldung (Arztvordruck 13) zu erstatten (Ltnr. 10). Diese Erstinformation entfällt u.a. nur, wenn der behandelnde Arzt seiner Verpflichtung nachkommt, die Unfallverletzten anzuhalten, sich unverzüglich einem *Durchgangsarzt (D-Arzt)* vorzustellen, der seinerseits einen D-Arzt-Bericht zu erstatten hat. Dies ist erforderlich, wenn die Unfallverletzung zur Arbeitsunfähigkeit führt oder die Behandlungsbedürftigkeit voraussichtlich mehr als eine Woche beträgt (Ltnr. 29). Die D-Ärzte sind ihrerseits gemäß § 201 Abs. 1 SGB VII – auf der Grundlage des Zulassungsvertrags mit der Unfallversicherung – sodann verpflichtet, den zuständigen UV-Trägern die benötigten Informationen – in der Regel über Vordrucke – zu übermitteln. Über die elektronischen Übermittlung durch DALE-UV informiert ▶ www.dguv.de. Der Durchgangsarztbericht enthält die wichtigsten ersten Informationen. Die Versicherten können indes vom UV-Träger verlangen, über die von den Ärzten übermittelten Daten unterrichtet zu werden.

Sämtliche Informationen werden auf der Grundlage des o.g. Ärzteabkommens vergütet. Ziel der Informationspflichten ist es, die UV-Träger in die Lage zu versetzen, ein frühes und vernetztes Unfallmanagement zu gewährleisten. Diesem Ziel dient auch die Auskunftspflicht von Ärzten gemäß § 203 Abs. 1 SGB VII. Danach sind (vorbehandelnde) Ärzte und Zahnärzte verpflichtet, dem UV-Träger auf Verlangen Auskunft über die Behandlung, den Zustand sowie über Erkrankungen und frühere Erkrankungen der Versicherten zu erteilen, soweit dies für die Heilbehandlung und die Erbringung sonstiger Leistungen erforderlich ist. Die UV-Träger haben dieses Auskunftsrecht auf Erkrankungen zu beschränken, die mit dem Versicherungsfall in einem unmittelbaren und mittelbaren ursächlichen Zusammenhang stehen können.

▌ Berufskrankheiten-Anzeigen

Jeder Arzt oder Zahnarzt in Deutschland ist gesetzlich verpflichtet, den begründeten Verdacht der Entstehung einer Berufskrankheit den UV-Trägern oder der für den medizinischen Arbeitsschutz zuständigen Stelle in den Bundesländern unverzüglich anzuzeigen. Über den Inhalt der Anzeige haben die Ärzte die Patienten/Versicherten zu unterrichten und ihnen den Adressaten der Anzeige zu nennen (§ 202 SGB VII). Ziel dieser Informationspflicht ist es wiederum, die UV-Träger in die Lage zu versetzen, geeignete Maßnahmen zur konkreten Prävention ein-

Tabelle 2.3. Arbeitsmedizinische Vorsorgeuntersuchungen nach der Unfallverhütungsvorschrift VBG 100

Gefahrstoffe und gefährdende Tätigkeiten	Nachuntersuchungsfristen (in Monaten)		Nachgehende Untersuchungen (in Monaten)
	erste Nachuntersuchung	**weitere Nachuntersuchungen**	
Acrylamid	≤60	≤60	≤60
Acrylnitril	12–24	12–24	≤60
o-Aminoazotoluol	≤60	≤60	≤60
4-Aminobiphenyl	6–9	6–12	≤60
Salze von 4-Aminobiphenyl	6–9	6–12	≤60
2-Amino-4-Nitrotoluol	6–9	6–12	≤60
Antifouling Farben	6	12	–
Antimontrioxid[2]	≤60	≤60	≤60
aromatische Nitro- und Aminoverbindungen	6–9	6–12	–
Arsenpentoxid, arsenige Säure, Arsensäure und deren Salze (Arsenite, Arsenate)[2]	6	12	≤60
Arsentrioxid		siehe Diarsentrioxid	
Asbest[2]	12–36	12–36	≤60
Chrysotil, Amphibol-Asbeste (Aktinolith, Amosit, Anthophyllit, Krokydolith, Tremolit)			
Tragen von ATEMSCHUTZGERÄTEN[9]			
– Personen bis 50 Jahre	36	36	–
– Personen über 50 Jahre			
Gerätegewicht bis 5 kg	24	24	–
Gerätegewicht über 5 kg	12	12	–
ARBEITSAUFENTHALT IM AUSLAND unter besonderen klimatischen und gesundheitlichen Belastungen	24–36	24–36	–
Auramin, techn.	≤60	≤60	≤60
Azofarbstoffe, mit krebserzeugender Aminkomponente	≤60	≤60	≤60
Benzidin (4,4'-Diaminobiphenyl)	6–9	6–12	≤60
Salze von Benzidin	6–9	6–12	≤60
Benzol	2	3–6	≤60
Benzo(a)pyren[4]	24–36	24–36	≤60
Beryllium[2]	≤60	≤60	≤60
Berylliumverbindungen[2]	≤60	≤60	≤60
Arbeiten im Bereich der BIOTECHNOLOGIE	12	12	–
Bis(chlormethyl)ether	≤60	≤60	≤60

Gefahrstoffe und gefährdende Tätigkeiten	erste Nachuntersuchung: ärztliche	erste Nachuntersuchung: biologische	weitere Nachuntersuchungen: ärztliche	weitere Nachuntersuchungen: biologische	Nachgehende Untersuchungen
Blei oder seine Verbindungen (ausgenommen sind Bleitetraethyl, Bleitetramethyl)	ärztliche	biologische	ärztliche	biologische	
– Bleikonzentration in der Luft über 75 µg/m³ oder Bleikonzentration im Blut zwischen 50 und 60 µg/100 ml	12	6	12	6	
– Bleikonzentration in der Luft zwischen 75 und 100 µg/m³ und Bleikonzentration im Blut bis zu 50 µg/100 ml	12	12	12	12	
– Bleikonzentration im Blut über 60 µg/100 ml bis 70 µg/100 ml	unverzüglich[5]	6	12	6	
Bleialkyle: – Bleitetraethyl – Bleitetramethyl	3–6		12–24		–

Fußnoten 1–10 zu Tabelle 2.3, siehe S. 39 u. 40

Tabelle 2.3. Arbeitsmedizinische Vorsorgeuntersuchungen nach der Unfallverhütungsvorschrift VBG 100 (Fortsetzung)

Gefahrstoffe und gefährdende Tätigkeiten	Nachuntersuchungsfristen (in Monaten)		Nachgehende Untersuchungen (in Monaten)
	erste Nachuntersuchung	weitere Nachuntersuchungen	
Buchenholzstaub	≤60	≤60	≤60
1,3-Butadien	≤60	≤60	≤60
2,4-Butansulton	≤60	≤60	≤60
Cadmium und seine Verbindungen[10]	12–18	12–24	≤60
Cadmiumchlorid[2]	12–18	12–24	≤60
Cadmiumoxid[10]	12–18	12–24	≤60
Cadmiumsulfat[10]	12–18	12–24	≤60
Calciumchromat[2]	6–9	12–24	≤60
Chlordimethylether	siehe *Chlormethyl-methylether*		
p-Chloranilin	≤60	≤60	≤60
1-Chlor-2,3-epoxypropan (***Epichlorhydrin***)	≤60	≤60	≤60
Chlorfluormethan	≤60	≤60	≤60
N-Chlorformylmorpholin	≤60	≤60	≤60
Chlormethyl-methylether[1] (***Chlordimethylether***)	≤60	≤60	≤60
4-Chlor-o-toluidin	6–9	6–12	≤60
Chrom(III)-Chromate[2]	6–9	12–24	≤60
Chrom(VI)-Verbindungen, ausgenommen: Calciumchromat, Chrom(III)-Chromate, Strontiumchromat, Zinkchromat	6–9	12–24	≤60
Cobalt und seine Verbindungen[10]	≤60	≤60	≤60
Cobalt[2,3] ***(als Cobaltmetall, Cobaltoxid und Cobaltsulfid)***	≤60	≤60	≤60
2,4-Diaminoanisol	≤60	≤60	≤60
4,4′-Diaminobiphenyl	siehe *Benzidin*		
4,4′-Diaminodiphenylmethan und -dihydrochlorid	≤60	≤60	≤60
2,4-Diaminotoluol (2,4-Toluylendiamin)	≤60	≤60	≤60
o-Dianisidin	siehe 3,3′-*Dimethoxybenzidin*		
Diarsentrioxid (Arsentrioxid)	6	12	≤60
Diazomethan	≤60	≤60	≤60
1,2-Dibrom-3-chlorpropan	≤60	≤60	≤60
1,2-Dibromethan (Ethylendibromid)	≤60	≤60	≤60
Dichloracetylen	≤60	≤60	≤60
3,3′-Dichlorbenzidin	6–9	6–12	≤60
Salze von 3,3′-Dichlorbenzidin	6–9	6–12	≤60
1,4-Dichlorbuten-2	≤60	≤60	≤60
2,2′-Dichlordiethylsulfid	≤60	≤60	≤60
1,2-Dichlorethan (Ethylenchlorid)	≤60	≤60	≤60
2,2′-Dichlor-4,4′-methylendianilin (4,4′-Methylen-bis[2-chloranilin])	6–9	6–12	≤60
Salze von 2,2′-Dichlor-4,4′-methylendianilin (Salze von 4,4′-Methylen-bis[2-chloranilin])	6–9	6–12	≤60
1,3-Dichlor-2-propanol[10]	≤60	≤60	≤60
1,3-Dichlorpropen (cis- und trans-)	≤60	≤60	≤60
Dieselmotor-Emissionen	≤60	≤60	≤60
Diethylsulfat	≤60	≤60	≤60

Tabelle 2.3 (Fortsetzung)

Gefahrstoffe und gefährdende Tätigkeiten	Nachuntersuchungsfristen (in Monaten)		Nachgehende Untersuchungen (in Monaten)
	erste Nachuntersuchung	weitere Nachuntersuchungen	
3,3'Dimethoxybenzidin (o-Dianisidin)	≤60	≤60	≤60
Salze von 3,3'-Dimethoxybenzidin (Salze von o-Dianisidin)	≤60	≤60	≤60
3,3'-Dimethylbenzidin (o-Tolidin)	≤60	≤60	≤60
Salze von 3,3'-Dimethylbenzidin (Salze von o-Tolidin)	≤60	≤60	≤60
Dimethylcarbamoylchlorid	≤60	≤60	≤60
3,3'-Dimethyl-4,4'-diaminodiphenylmethan	6–9	6–12	≤60
N,N-Dimethylhydrazin	≤60	≤60	≤60
1,2-Dimethylhydrazin	≤60	≤60	≤60
Dimethylnitrosamin (N-Nitrosodimethylamin)	≤60	≤60	≤60
Dimethylsulfamoylchlorid	≤60	≤60	≤60
Dimethylsulfat	≤60	≤60	≤60
2,6-Dinitrotoluol	6–9	9–12	≤60
Eichenholzstaub	≤60	≤60	≤60
Epichlorhydrin		siehe *1-Chlor-2,3-epoxipropan*	
1,2-Epoxybutan [10] (1,2-Butylenoxid)	≤60	≤60	≤60
1,2-Epoxypropan (1,2-Propylenoxid)	≤60	≤60	≤60
Ethylcarbamat	≤60	≤60	≤60
Ethylendibromid		siehe *1,2-Dibromethan*	
Ethylenchlorid		siehe *1,2-Dichlorethan*	
Ethylenimin	≤60	≤60	≤60
Ethylenoxid	≤60	≤60	≤60
Fluor und seine anorganischen Verbindungen	12	12	–
Hexamethylphosphorsäuretriamid	≤60	≤60	≤60
HITZEARBEITEN			
– Personen bis 50 Jahre	60	60	–
– Personen über 50 Jahre	24	24	–
Hydrazin	≤60	≤60	≤60
Tätigkeiten mit INFEKTIONSGEFÄHRDUNG	12	36	–
Iodmethan (Methyliodid)	≤60	≤60	–
IONISIERENDE STRAHLUNG			Nachgehende Untersuchungen sind nur auf Verlangen der Berufsgenossenschaft erforderlich: ≤60
Isocyanate	3–6	12–24	–
KÄLTEARBEITEN			
– Temperaturen –25 °C bis –45 °C	6	12	–
– Temperaturen kälter als –45 °C	3	6	–
Kohlenmonoxid	Nachuntersuchungen sind nur in den Fällen des § 5 Abs. 3 notwendig		

Tabelle 2.3. Arbeitsmedizinische Vorsorgeuntersuchungen nach der Unfallverhütungsvorschrift VBG 100 (Fortsetzung)

Gefahrstoffe und gefährdende Tätigkeiten	Nachuntersuchungsfristen (in Monaten)		Nachgehende Untersuchungen (in Monaten)
	erste Nachuntersuchung	weitere Nachuntersuchungen	
Tätigkeiten im LÄRM[7, 9]			
– 90 dB>L_{Ar}≥85 dB	12	60	–
– L_{Ar}≥90 dB	12	36	–
	Die Durchführung des audiometrischen Siebtests als Bestandteil der arbeitsmedizinischen Vorsorgeuntersuchung kann außer vom ermächtigten Arzt auch von hierfür besonders ausgebildeten Hilfskräften unter Leitung und Aufsicht des ermächtigten Arztes vorgenommen werden		
Methanol	12–18	12–24	–
2-Methylaziridin (Propylenimin)	≤60	≤60	≤60
N-Methyl-bis(2-chlorethyl)amin	≤60	≤60	≤60
Methylchlorid		siehe *Monochlormethan*	
4,4'-Methylen-bis(2-chloranilin)		siehe *2,2'-Dichlor-4,4'-methylendianilin*	
4,4'-Methyl-bis(N,N-dimethylanilin)	≤60	≤60	≤60
Monochlormethan (Methylchlorid)	3–6	12–18	–
2-Naphthylamin	6–9	6–12	≤60
Salze von 2-Naphthylamin	6–9	6–12	≤60
Nickel[2, 3] **(als Nickelmetall, Nickelsulfid und sulfidische Erze, Nickeloxid und Nickelcarbonat)** sowie	36–60	36–60	≤60
Nickelverbindungen in Form atembarer Tröpfchen	12–24	12–24	≤60
Nickeltetracarbonyl	12–24	12–60	≤60
5-Nitroacenaphthen	6–9	6–12	≤60
4-Nitrodiphenyl	≤60	≤60	≤60
Nitroglycerin oder Nitroglykol	3–6	6–18	–
2-Nitronaphthalin	6–9	6–12	≤60
2-Nitropropan	≤60	≤60	≤60
N-Nitrosodiethanolamin	≤60	≤60	≤60
N-Nitrosodiethylamin	≤60	≤60	≤60
N-Nitrosodimethylamin		siehe *Dimethylnitrosamin*	
N-Nitrosodi-i-propylamin	≤60	≤60	≤60
N-Nitrosodi-n-butylamin	≤60	≤60	≤60
N-Nitrosodi-n-propylamin	≤60	≤60	≤60
N-Nitrosoethylphenylamin	≤60	≤60	≤60
N-Nitrosomethylethylamin	≤60	≤60	≤60
N-Nitrosomethylphenylamin	≤60	≤60	≤60
N-Nitrosomorpholin	≤60	≤60	≤60
N-Nitrosopiperidin	≤60	≤60	≤60
N-Nitrosopyrrolidin	≤60	≤60	≤60
Oberflächenbehandlung in Räumen und Behältern		Fisteln werden vom ermächtigten Arzt festgelegt	
4,4'-Oxidianilin (ODA)	6–9	6–12	≤60
Peche		siehe *Benzo(a)pyren*	
Pentachlorethan	3–6	6	–
Pentachlorphenol[10]	≤60	≤60	≤60

Tabelle 2.3 (Fortsetzung)

Gefahrstoffe und gefährdende Tätigkeiten	Nachuntersuchungsfristen (in Monaten)		Nachgehende Untersuchungen (in Monaten)
	erste Nachuntersuchung	weitere Nachuntersuchungen	
Perchlorethylen	siehe *Tetrachlorethen*		
Phosphor, weißer	6–9	12–18	–
3-Propanolid (1,3-Propiolacton)	≤60	≤60	≤60
1,3-Propansulton	≤60	≤60	≤60
1,3-Propiolacton	siehe *3-Propanolid*		
Propylenimin	siehe *2-Methylaziridin*		
1,2-Propylenoxid	siehe *1,2-Epoxypropan*		
Quecksilber			
– *Alkyl-Quecksilberverbindungen*	3–6	6–12	–
– *Quecksilbermetall und sonstige Quecksilberverbindungen*	6–9	6–12	–
RÖNTGENSTRAHLUNG	siehe IONISIERENDE STRAHLUNG		
Schwefelkohlenstoff	3–6	6–18	–
Schwefelwasserstoff	6–12	12–24	–
SCHWEISSRAUCHE	36	36	–
Silikogener Staub	36	36	–
Strahlmittel	36	36	–
Strotiumchromat [2]	6–9	12–14	≤60
TAUCHERARBEITEN	12	12	–
2,3,7,8-Tetrachlordibenzo-p-dioxin	≤60	≤60	≤60
Tetrachlorethan	3–6	6	–
Tetrachlorethan (Tetrachlorethylen, Perchlorethylen)	12–18	12–24	–
Tetrachlorethylen	siehe *Tetrachlorethen*		
Tetrachlorkohlenstoff	3–6	6	–
Tetrachlormethan	siehe *Tetrachlorkohlenstoff*		
4,4'-Thiodianilin (THDA)	6–9	6–12	≤60
Thomasphosphat	2	2. und 3. Nachuntersuchung: 2 weitere Nachuntersuchen: 12	
o-Tolidin	siehe *3,3'-Dimethylbenzidin*		
o-Toluidin	6–9	6–12	≤60
Toluol [8]	12–18	12–24	–
2,4-Toluylendiamin	siehe *2,4-Diaminotoluol*		
2,3,4-Trichlorbuten-1	≤60	≤60	≤60
Trichlorethen (Trichlorethylen)	12–18	12–24	–
Trichlorethylen	siehe *Trichlorethenl*		
2,4,5-Trimethylanilin	6–9	6–12	≤60
Vinylchlorid	6–12	12–24	≤60
4-Vinyl-1,2-cyclohexendiepoxid	≤60	≤60	≤60
Xylole	12–18	12–24	–
Zinkchromate (einschl. Zinkkaliumchromat) [2]	6–9	12–24	≤60
Sonstige krebserzeugende Gefahrstoffe [6]	≤60	≤60	≤60

[1] Die Einstufung bezieht sich auf den technischen Chlormethyl-methylether, der nach vorliegenden Erfahrungen bis zu 7 vom Hundert Bis(chlormethyl)ether als Verunreinigung enthalten kann.

[2] Wenn beim Umgang der Stoff in atembarer Form (bei Asbest als Feinstaub) auftreten kann.

[3] Legierungen sind hierbei nicht erfasst.

[4] Als Bezugssubstanz für krebserzeugende polyzyklische aromatische Kohlenwasserstoffe (PAH) in Pyrolyseprodukten aus organischem Material.

[5] Die ärztliche Untersuchung kann so lange zurückgestellt werden, bis sich im Anschluss an eine erneute Bestimmung des Blutbleispiegels, die innerhalb eines Monats erfolgt, zeigt, dass der Wert von 60 μg/100 ml Blut weiterhin überschritten wird.

[6] Der Begriff „sonstige krebserzeugende Gefahrstoffe“ (mit einer einheitlichen Nachuntersuchungsfrist von ≤ 60 Monaten) steht im Anhang V der Gefahrstoffverordnung stellvertretend für alle krebserzeugenden Gefahrstoffe des Anhang II, die in Anhang V nicht als Einzelsubstanz genannt werden.

[7] Bei der Berufsgenossenschaft Druck und Papierverarbeitung lautet bei einem Beurteilungspegel $L_{Ar} \geq 85$ dB die Frist für alle weiteren Nachuntersuchungen 36 Monate.

Fortsetzung der Tabellenfußnoten siehe S. 40

zuleiten, etwa aufgrund des § 3 der Berufskrankheiten-Verordnung (BKV). Hierin ist den UV-Trägern erlaubt, mit allen geeigneten Mitteln das Auftreten einer Berufskrankheit zu verhindern oder einer Verschlimmerung vorzubeugen. Ein besonderes Verfahren zur Früherkennung beruflich bedingter Hauterkrankungen wird im o. g. Ärzteabkommen geregelt (Ltnr. 59). Berufskrankheiten-Verdachtsfälle aus der Sicht der Ärzte ergeben sich auch aus den arbeitsmedizinischen Vorsorgeuntersuchungen (▶ Kap. 2.3.4). Die Formblätter für die Anzeige einer Berufskrankheit und die Merkblätter zu den einzelnen Berufskrankheiten werden vom Bundesministerium für Arbeit und Soziales (▶ www.bmas.de) herausgegeben. Diese Merkblätter enthalten Meldekriterien, die als „Merkblätter zur ärztlichen Verdachtsanzeige“ jeweils im Bundesanzeiger oder im Bundesarbeitsblatt veröffentlicht werden. Diese Merkblätter werden regelmäßig überarbeitet und aktualisiert und sind direkt über das BMAS oder über die Deutsche Gesetzliche Unfallversicherung (▶ www.dguv.de) zu beziehen. Über diese Merkblätter sollten alle Ärzte verfügen, und sie sollten mit den Grundzügen – zumindest der wesentlichen Berufskrankheiten – vertraut sein. Eine Berufskrankheiten-Anzeige wird gemäß dem o. g. Ärzteabkommen vergütet (Ltnr. 82). Nahezu die Hälfte aller Anzeigen geht aus der Ärzteschaft ein, weil dort in der Regel medizinische Kenntnisse über den Ursachenzusammenhang zwischen beruflichen Einwirkungen und Erkrankungen vorausgesetzt werden. Parallel bestehen Anzeigepflichten für die Unternehmer (§ 193 Abs. 2 SGB VII), Mitteilungen etwa der Krankenkassen (§ 20 Abs. 1 Satz 2 SGB V) und die Anzeigemöglichkeit durch die Versicherten selbst, deren Bevollmächtigte sowie den Familienangehörigen von verstorbenen Versicherten. Die UV-Träger werden in allen Fällen von Amts wegen tätig. Das gilt auch bei eigenen Erkenntnissen über einen Verdacht im Einzelfall.

Sanktionen

Im Regelfall gehen die UV-Träger davon aus, dass die deutsche Ärzteschaft den genannten Informationspflichten nach bestem Wissen und Gewissen nachkommt. Als Ausgleich für besondere Aufwendungen und als Anreiz zugleich dient die Vergütung, die für die Informationen auf der Grundlage des o. g. Ärzteabkommens gezahlt wird. Daneben sieht das SGB VII keine Ahndung als Ordnungswidrigkeit und damit auch keine Bußgelder vor. Gleichwohl kann für die betroffenen Unfallversicherten, oder nach deren Tod für die Rechtsnachfolger in Einzelfällen, ein sozialrechtlicher Herstellungsanspruch entstehen, wenn ein Arzt gegen seine Anzeigepflicht verstößt. Auf jeden Fall gehören die Informationspflichten auch zu den Standespflichten der Ärzte, die nach den in jedem Rechtsgebiet geregelten Maßstäben geahndet werden. Sollte ein Patient/Versicherter den Arzt davon abhalten wollen, eine Unfall- oder Berufskrankheiten-Anzeige zu erstatten, weil er etwa um seinen Arbeitsplatz fürchtet, so liegt darin kein Rechtfertigungsgrund für eine unterlassene Anzeige durch die Ärzte. Denn die gesetzlichen Pflichten stehen nicht in der Disposition der Ärzte oder der von der Anzeige Betroffenen. In solchen Fällen hilft eine zusätzliche Information der Ärzte an die UV-Träger, die ihrerseits die Hinweise z. B. auf den drohenden Arbeitsplatzverlust angemessen berücksichtigen werden.

2.3.6 Berufliche Verursachung

Jeder Gutachter, der von dem UV-Träger zur Frage, ob die Unfallversicherung in einem Einzelfall leisten muss, herangezogen wird, entscheidet letztlich auch über die Zuständigkeit innerhalb des gegliederten Systems der sozialen Sicherheit. Liegt die Ursache der Erkrankung wesentlich im Beruf, so zahlt die

Tabelle 2.3 (Fortsetzung der Tabellenfußnoten von S. 39)

[8] Bei der Berufsgenossenschaft Druck und Papierverarbeitung lauten die Fristen für die erste, zweite und dritte Nachuntersuchung jeweils 12 Monate, für alle weiteren Nachuntersuchungen 12–24 Monate.

[9] Im Geltungsbereich der Gesundheitsschutz-Bergverordnung (GesBergV) werden andere Fristen für Nachuntersuchungen genannt.

[10] Nach Anlage 1 zur TRGS 500 „Schutzmaßnahmen beim Umgang mit krebserzeugenden Gefahrstoffen, die nicht in Anhang II der GefStoffV aufgeführt sind – Zuordnung zu den Gefährdungsgruppen –“.

Erläuterungen zur Schriftart:
Normalschrift = Gefahrstoffe;
Kursivdruck = Gefahrstoffe, die in Anhang V Gefahrstoffverordnung aufgeführt sind;
Kursiver Fettdruck = krebserzeugende Gefahrstoffe, die in Anhang II Nr. 1.1 (Abs. 1 und 2) Gefahrstoffverordnung aufgeführt sind;
Fettdruck = krebserzeugende Gefahrstoffe, die in Anhang V und in Anhang II Nr. 1.1 (Abs. 1 und 2) Gefahrstoffverordnung aufgeführt sind;
Schrift in GROSSBUCHSTABEN = gefährdende Tätigkeiten.

Die Unfallverhütungsvorschriften VBG 122 und VBG 123 mit dem Gesetz über Betriebsärzte, Sicherheitsingenieure und andere Fachkräfte für Arbeitssicherheit (Arbeitssicherheitsgesetz – ASiG) regeln die Einstellung bzw. den Einsatz von Betriebsärzten, Sicherheitsingenieuren und anderen Fachkräften für Arbeitssicherheit.

gesetzliche Unfallversicherung für alle Maßnahmen der medizinischen Versorgung und zur Teilhabe sowie für die Renten, wenn ein dauerhafter Schaden verbleibt. Liegt die wesentliche Ursache der Verletzung oder Erkrankung hingegen außerhalb des Risikos der Arbeitswelt, des Arbeitsweges oder der sonstigen beruflich bezogenen Versicherungstatbestände, so leistet die gesetzliche Krankenversicherung bzw. die gesetzliche Rentenversicherung oder, etwa bei einer Umschulung, die Bundesagentur für Arbeit. Jeder ärztliche Gutachter stellt in diesen Begutachtungen Weichen für den Versicherungszweig und damit den Kostenträger. Neben der Bedeutung für das Einzelschicksal bewirkt also die Begutachtung stets in einem gewissen Maße auch Kostenverlagerungen innerhalb der sozialen Versicherungen. Rechtliche Voraussetzung zur Anerkennung eines Schadensfalles in der gesetzlichen Unfallversicherung ist das Vorliegen eines *zweifachen ursächlichen Zusammenhanges*, nämlich einerseits zwischen der versicherten Tätigkeit und dem Unfall bzw. der Berufskrankheit, andererseits zwischen dem schädigenden Ereignis und der eingetretenen Gesundheitsschädigung. Man spricht von *haftungsbegründender* und von *haftungsausfüllender Kausalität*.

Im Bereich der gesetzlichen Unfallversicherung spielt der Begriff der *„wesentlich mitwirkenden Ursache"* eine große Rolle. Gemeint ist damit die Ursache eines Körperschadens, welche für seine Entstehung eine wesentliche Bedingung ist, also zu diesem eine besondere und nicht nur lose oder entfernt kausale Beziehung hat. In diesem letzteren Falle läge lediglich eine rechtlich unwesentliche *„Gelegenheitsursache"* vor.

Von rechtlicher Bedeutung ist schließlich die Frage, ob ein Unfall oder eine Berufskrankheit als *wesentlich mitwirkende Ursache im Sinne der Verschlimmerung* bestehender gesundheitlicher Störungen anzusehen ist. Im Falle der Verschlimmerung muss zwischen der *vorübergehenden* und einer *dauernden* Verschlimmerung unterschieden werden. Da nur der bestehende ursächliche Anteil einer Verschlimmerung rechtlich durch die Unfallversicherung zu entschädigen ist, ist eine möglichst genaue Abgrenzung zwischen dem Ausmaß dieser Verschlimmerung und der unabhängig davon, also schicksalhaft, bestehenden gesundheitlichen Störung erforderlich. Ein noch so auffälliges zeitliches Zusammentreffen zwischen einem als Unfall angeschuldigten Ereignis und dem Eintritt des Todes reicht aber nicht aus, einen ursächlichen Zusammenhang zu begründen. Ein Ereignis ist dann nicht wesentlich, wenn es nur den Anlass gab für das Hervortreten einer bereits vorhandenen Erkrankung, die nach menschlichem Ermessen in naher Zeit bei jedem anderen Anlass oder ohne besondere Veranlassung ebenfalls zum Ausbruch gekommen wäre.

Dabei ist bei einer dauernden Verschlimmerung zweckmäßigerweise zwischen einer *abgrenzbaren* und einer *richtunggebenden* Verschlimmerung zu unterscheiden. Im ersten Fall lässt sich das Ausmaß der durch den Unfall oder die Berufskrankheit verursachten Gesundheitsstörung genau abgrenzen und für sich allein und unabhängig von der vorherbestehenden Gesundheitsstörung beurteilen. Eine richtunggebende Verschlimmerung liegt dann vor, wenn die Fortentwicklung des vorher bestehenden Leidens insgesamt durch die Verschlimmerung nachhaltig beschleunigt oder gefördert wird oder wurde. Nach der in der gesetzlichen Unfallversicherung geltenden Kausalitätsnorm ist ein ursächlicher Zusammenhang dann anzunehmen und damit rechtserheblich, wenn nach der Auffassung des täglichen Lebens unter Berücksichtigung des medizinischen Erkenntnisstandes der Unfall die Gesundheitsschädigung wesentlich mitverursacht hat. Der Unfall oder die schädigende Tätigkeit brauchen nicht die alleinige wesentliche mitwirkende Ursache oder Teilursache zu sein. Ist die Schädigung nur bei Gelegenheit der beruflichen Tätigkeit oder eines Unfalls hervorgetreten, wäre sie aber mit Wahrscheinlichkeit auch bei jedem anderen Anlass außerhalb der Tätigkeit oder ohne besonderen Anlass zum Ausbruch gekommen, so handelt es sich um eine sogenannte Gelegenheitsursache.

2.3.7 Beweismaßstab

Alle Tatsachen, die zur Bewertung eines Arbeitsunfalls und einer Berufskrankheit herangezogen werden, müssen mit *an Sicherheit grenzender Wahrscheinlichkeit* erfüllt sein. Das gilt für das Vorliegen eines Unfallereignisses, einer Exposition im Betrieb, einer Krankheit mit entsprechenden Diagnosen/Befunden etc. Bei der Bewertung eines *ursächlichen Zusammenhanges*, ist hingegen kein Beweis im Sinne einer solchen Sicherheit erforderlich. Rechtlich gefordert ist lediglich ein solches Maß von *Wahrscheinlichkeit*, dass sich darauf vernünftigerweise eine medizinisch-wissenschaftliche und rechtliche Überzeugung gründen kann. In der Gesamtschau muss dann mehr für als gegen eine berufliche Kausalität sprechen. Eine solche Abwägung wird von den Gutachtern verlangt. Die *Möglichkeit* eines ursächlichen Zusammenhanges ist dagegen rechtlich nicht ausreichend für seine Annahme. In der gesetzlichen Unfallversicherung gibt es keinen dem Strafrecht vergleichbaren Grundsatz „im Zweifel für die Versicherten" (in dubio pro reo).

Indes existieren zugunsten der Unfallversicherten zahlreiche Beweiserleichterungen. So wird eine berufliche Verursachung vermutet, wenn Versicherte infolge der besonderen Bedingungen ihrer versicherten Tätigkeit in erhöhtem Maße der Gefahr einer Erkrankung entsprechend der BK-Liste ausgesetzt waren und Anhaltspunkte für eine Verursachung außerhalb der versicherten Tätigkeit nicht festgestellt werden können (§ 9 Abs. 3 SGB VII). In den Fällen der BK 4101–4104 (Silikose/Tuberkulose/Asbestose) besteht eine Beweiserleichterung im Falle des Todes der Versicherten, wenn deren Erwerbstätigkeit um 50% oder mehr gemindert war.

2.3.8 Leistungen zur Wiederherstellung der Erwerbsfähigkeit

Zu den Leistungen der gesetzlichen Unfallversicherung gehören Maßnahmen zur Heilbehandlung, zur medizinischen, beruflichen und sozialen Teilhabe, Leistungen bei Pflegebedürftigkeit sowie Geldleistungen. Damit ist die Unfallversicherung als einziger Sozialleistungszweig von der Erstversorgung über die Rehabilitationsphasen hinweg bis zur beruflichen und sozialen Teilhabe ihrer Versicherten „aus einer Hand" verantwortlich (zum Leistungsspektrum und zu Details ▶ www.dguv.de).

Heilbehandlung und medizinische Rehabilitation

Die Heilbehandlung wird als Sachleistung vom Unfallversicherungsträger ohne Zuzahlung der Versicherten und ohne Budgetierung zur Verfügung gestellt. Die Unfallversicherungsträger bestimmen im Einzelfall Art, Umfang und Durchführung der Heilbehandlung sowie die Einrichtungen, die diese Leistungen erbringen, nach pflichtgemäßem Ermessen. Das dient der Qualität. Im Gegensatz zur Krankenversicherung, wo die Krankenpflege ausreichend und zweckmäßig zu sein hat und das Maß des Notwendigen nicht überschreiten darf, haben die Unfallversicherungsträger *alle geeigneten* Maßnahmen zu treffen, damit durch eine möglichst bald nach dem Unfall einsetzende Heilbehandlung – soweit wegen ihrer Art oder Schwere angezeigt auch besondere unfallmedizinische Behandlung – der Gesundheitsschaden beseitigt oder gebessert, seine Verschlimmerung verhütet und seine Folgen gemildert werden. Ziel ist die Vermeidung von Rentenleistungen durch Leistungen zur Heilbehandlung und Rehabilitation. Die UV-Träger lassen deswegen nur qualifizierte Spezialärzte zu und haben ein besonderes ärztliches Heilverfahren entwickelt, das so genannte Durchgangsarztverfahren. Jeder Arzt hält einen Unfallverletzten an, sich unverzüglich einem D-Arzt vorzustellen, wenn die Unfallverletzung zur Arbeitsunfähigkeit führt oder die Behandlungsbedürftigkeit voraussichtlich mehr als eine Woche beträgt. Dazu sind die Ärzte gemäß dem sog. Ärzteabkommen ebenso verpflichtet wie zur Unfallmeldung an den UV-Träger (▶ Kap. 2.3.5). Bei bestimmten schweren Verletzungen ist für eine unverzügliche Einweisung des Unfallverletzten in von der Unfallversicherung besonders hierfür zugelassene Krankenhäuser zu sorgen (sog. *Verletzungsartenverfahren*). Außer den zugelassenen Unfallkrankenhäusern unterhalten die UV-Träger 11 eigene Kliniken in Hamburg, Berlin, Duisburg, Bochum, Frankfurt, Ludwigshafen, Tübingen, Murnau, Halle, Bad Reichenhall und Falkenstein, die auch Patienten der Krankenversicherung offen stehen. Die Heilbehandlung wird vom Unfalltag an gewährt, über ein Berichtssystem mit den Ärzten von den UV-Trägern gemanaged und dauert so lange, bis sie entweder eine Besserung der Unfallfolgen oder eine Steigerung der Erwerbsfähigkeit erwarten lässt. Ziel ist die rasche Wiedereingliederung in den Arbeitsprozess. Durch dieses weitgesteckte Ziel kann in der Unfallversicherung die freie Arztwahl grundsätzlich eingeschränkt werden (§ 28 Abs. 4 Satz 2 SGB VII).

Berufliche und soziale Teilhabe

Falls infolge der durch einen Arbeitsunfall oder eine Berufskrankheit eingetretenen gesundheitlichen Schädigung mit dem Wiedereintritt der Arbeitsfähigkeit nicht zu rechnen ist, also davon ausgegangen werden muss, dass die Versicherten die bis zum Unfall oder bis zum Beginn der Berufskrankheit ausgeübte berufliche Tätigkeit nicht oder nur unter der Gefahr einer Verschlimmerung wieder aufnehmen können, müssen die behandelnden Ärzte diese Situation in ihren Berichten und Gutachten an die UV-Träger darstellen. Dabei soll nach Möglichkeit auch dazu Stellung genommen werden, zu welchen anderen beruflichen Tätigkeiten der durch Unfall oder Berufskrankheit beeinträchtigte Versicherte noch fähig ist oder wieder fähig werden wird, oder auch welche beruflichen Tätigkeiten nicht mehr möglich sein werden. Es wird also eine *„Prognose zum positiven und/oder negativen Leistungsbild"* gefordert. Diese Information ist für den UV-Träger zur rechtzeitigen Einleitung von Maßnahmen zur Erhaltung des Arbeitsplatzes von besonderer Bedeutung. Ebenso wichtig ist die Information für ihn, wenn nach ärztlichem Urteil abzusehen ist, dass der Versicherte wegen der Art oder Schwere der Verletzung auch durch weitere Maßnahmen der Heilbehandlung beruflich nicht wieder eingegliedert werden kann. Grundsätzlich ist die berufliche Teilhabe der Rente vorzuziehen (▶ www.disability-manager.de).

Die berufliche Teilhabe umfasst alle berufsfördernden Leistungen zur Rehabilitation. Es sind Hilfen zur Erhaltung oder Erlangung eines Arbeitsplatzes, wobei Leistungen zur Förderung der Arbeitsaufnahme, Kosten für die Berufsfindung und Arbeitserprobung, zur Berufsvorbereitung, für die berufliche Anpassung, Fortbildung, Ausbildung und Umschulung zur Verhütung einer Berufskrankheit oder ihrer Verschlimmerung eingeschlossen sind. Außerdem werden Hilfen gegeben, um eine Berufs-

oder Erwerbstätigkeit auf dem allgemeinen Arbeitsmarkt oder in einer Werkstätte für Behinderte zu ermöglichen. Hierzu gehört auch die Übernahme der Reisekosten, etwa für die auswärtige Unterbringung der Unfallversicherten, oder Erholungsaufenthalte in besonderen Fällen. Bei unfallverletzten Kindern, Schülern und Studenten ist das Ziel der Berufshilfe, dass sie in den Stand gesetzt werden, ihren Ausbildungsgang fortzusetzen. Auch Kosten für solche Ausbildungsziele, die eine Höherqualifikation und damit einen sozialen Aufstieg ermöglichen, werden zum Teil übernommen (sog. *Teilförderung*).

Neben den *berufsfördernden* Leistungen (§§ 35 ff SGB VII) sieht das SGB VII i.V.m. dem SGB IX (Rehabilitationsrecht) Leistungen zur *sozialen* Teilhabe und ergänzende Leistungen vor, wie etwa Kfz-Hilfe, Wohnungshilfe oder Rehabilitationssport in Gruppen. Zu diesen Leistungen stehen gemeinsame Richtlinien der Verbände der UV-Träger zur Verfügung, ebenso wie zu Hilfsmitteln, zur häuslichen Krankenpflege und zu Reisekosten (▶ www.dguv.de).

Geldleistungen

Verletztengeld. Während der Maßnahmen zur Heilbehandlung und medizinischen Rehabilitation wird ein Verletztengeld gezahlt. Dieses Verletztengeld hat Entgeltersatzfunktion. Nach § 45 SGB VII erhält der Unfallversicherte, solange er etwa infolge des Arbeitsunfalls arbeitsunfähig i. S. der Krankenversicherung ist und keinen Anspruch auf Übergangsgeld hat, Verletztengeld. Der Anspruch auf Verletztengeld ruht, soweit der Verletzte Arbeitsentgelt oder Arbeitseinkommen erhält (z. B. Entgeltfortzahlung des Arbeitgebers nach dem Entgeltfortzahlungsgesetz). Das Verletztengeld wird von dem Tage an gewährt, an dem die Arbeitsunfähigkeit ärztlich festgestellt wird. Werden in einer Einrichtung der medizinisch-beruflichen Rehabilitation gleichzeitig Maßnahmen der Heilbehandlung und Berufshilfe für Unfallversicherte erbracht, erhalten diese Verletztengeld, wenn zusätzliche Voraussetzungen vorliegen (§ 45 Abs. 3 SGB VII). Hinsichtlich der Berechnung des Verletztengeldes wird im Wesentlichen auf den Bereich der gesetzlichen Krankenversicherung (Krankengeldberechnung) verwiesen. Danach beträgt das Verletztengeld rund 80 v. H. des erzielten regelmäßigen Arbeitsentgelts und Arbeitseinkommens, soweit es der Beitragsberechnung unterliegt (Regelentgelt). Das aus dem Arbeitsentgelt berechnete Verletztengeld darf das Nettoarbeitsentgelt der Versicherten nicht übersteigen. Das Verletztengeld endet mit dem letzten Tag der Arbeitsunfähigkeit oder mit dem Beginn des Anspruchs auf Übergangsgeld, ansonsten mit Ablauf der 78. Woche seit Beginn der Arbeitsunfähigkeit.

Übergangsgeld. Während der Leistungen zur beruflichen Teilhabe wird ein Übergangsgeld gezahlt. Im Unterschied zur Unfallrente, die den Lohn nicht ersetzt, sondern die Verletzten für den verbliebenen Körperschaden entschädigen sollen, hat das Übergangsgeld Entgeltersatzfunktion. Es wird daher an Personen gezahlt, die wegen einer berufsfördernden Maßnahme nur zeitweise und ganztätig aus der Erwerbstätigkeit ausscheiden. Bestimmte Einkommensarten werden deswegen auf das Übergangsgeld ebenso wie auf das Verletztengeld angerechnet. Ist vor der Heilbehandlung kein Arbeitsentgelt erzielt worden (Kindergartenkinder, Schüler und Studenten), wird Übergangsgeld ebenso wie Verletztengeld grundsätzlich nicht gezahlt. Die Höhe des Übergangsgeldes bestimmt sich bei Arbeitnehmern nach den Vorschriften der Krankenversicherung und beträgt im Regelfall 70% des entgangenen regelmäßigen Entgelts des letzten Lohnabrechnungszeitraums. Es darf aber nicht höher sein als das entgangene regelmäßige Nettoarbeitsentgelt. Das Übergangsgeld wird laufend an die wirtschaftliche Entwicklung angepasst.

2.3.9 Renten

Versichertenrente

Die Rente zu Lebzeiten der Versicherten dient dem Ausgleich der durch einen Unfall verbliebenen Beeinträchtigung der Erwerbsfähigkeit und damit dem Lebensunterhalt. Die Rente hat einen zivilrechtlichen Entschädigungscharakter - im Gegensatz zur gesetzlichen Rentenversicherung. Ob die Vorstellung der Bundesregierung im Entwurf einer Unfallversicherungsneuordnung, die Renten künftig in einen Erwerbs- u. Gesundheitsbezug zu teilen, realisiert wird, stand zum Redaktionsschluss (7/07) noch nicht fest. Deswegen wird hier die bestehende Rechtslage beschrieben. In der Unfallversicherung werden verschiedene Stufen einer Leistungsminderung berücksichtigt: Der Verlust der Erwerbsfähigkeit führt zur Vollrente, eine Minderung der Erwerbsfähigkeit (*MdE*) von mindestens 20% zur Teilrente. Ist die Erwerbstätigkeit durch mehrere Versicherungsfälle von jeweils 10% gemindert, so erhält eine versicherte Person eine Rente auch, wenn addiert eine MdE von 20% besteht. Bei Verlust der Erwerbsfähigkeit (Vollrente) wird zwei Drittel des Jahresarbeitsverdienstes zugrunde gelegt, bei einer Teilrente, etwa von 20%, wird eine entsprechend niedrigere Rente ausgezahlt. Die durch den Arbeitsunfall oder eine Berufskrankheit bedingte Beeinträchtigung des körperlichen und geistigen Leistungsvermögens wird im Regelfall durch Ärzte begutachtet.

Die Minderung der Erwerbsfähigkeit ist die Beeinträchtigung der Fähigkeit, sich eine Arbeitsmöglichkeit zu verschaffen. Sie ist abstrakt nach den

Verhältnissen auf dem allgemeinen Arbeitsmarkt zu berechnen (Grundsatz der abstrakten Schadensbemessung). Es kommt also nicht darauf an, ob und in welcher Höhe der Verletzte tatsächlich einen Ausfall in seinem Erwerbseinkommen an einem konkreten Arbeitsplatz hat. Die Rente wird regelmäßig zunächst als vorläufige Rente für die Dauer von drei Jahren gewährt und danach in eine Dauerrente umgewandelt, wenn zu diesem Zeitpunkt noch ein bleibender Gesundheitsschaden festgestellt wird. Hierzu ist wiederum eine ärztliche Begutachtung erforderlich, die den Grad der MdE für die erstmalige Feststellung der Rente neu einschätzt.

Diese Grundsätze gelten sinngemäß auch für unfallverletzte Kinder und Jugendliche, wobei die Rente weniger ein Ausgleich für augenblicklich entfallende Arbeitsmöglichkeiten als für künftige wirtschaftliche Existenzsicherungen von Bedeutung ist. Die in der Begutachtungsliteratur und von den Bundesverbänden der Unfallversicherer empfohlenen Richtwerte zur MdE („Gliedertaxe") haben die Bedeutung von Orientierungshilfen bzw. dienen als antizipierte Sachverständigenhilfe, um gleiche Sachverhalte möglichst gleich zu bewerten (Gerechtigkeitsaspekt). Dort werden für bestimmte Gesundheitsschädigungen, so wie auch in den folgenden Kapiteln dieses Buches, Prozentsätze genannt. Aber stets kommt es bei der Bemessung der MdE entscheidend auf den Einzelfall an.

■ Hinterbliebenenrente

Sterben Versicherte infolge eines Arbeitsunfalls oder einer Berufskrankheit, so erhalten die Hinterbliebenen eine Rente. Auf die Witwen- oder Witwerrente wird das eigene Einkommen zu 40% angerechnet, wenn ein bestimmter Freibetrag überschritten wird. Der UV-Träger muss Hinterbliebenenrente bis zum Tode oder zur Wiederverheiratung der Hinterbliebenen gewähren. Die Waisen erhalten nur bis zum 18. oder, wenn sie noch in der Ausbildung sind, bei zusätzlichen Voraussetzungen, bis zum 27. Lebensjahr Hinterbliebenenrente. Die Witwen- und Witwerrente beträgt 30 v.H. des Jahresarbeitsverdienstes des Verstorbenen, in besonderen Fällen, etwa während der Erziehung von minderjährigen Kindern, 40 v.H. Die Waisen erhalten zusätzlich 20 v.H. (Halbwaise) oder 30 v.H. (Vollwaise). In besonderen Fällen erhalten auch Eltern der Verstorbenen eine Rente in entsprechender Höhe (§ 69 SGB VII). Hinterbliebenenrenten werden nur auf Antrag geleistet.

Eine Besonderheit ist zu beachten, wenn der ärztliche Gutachter zu der Überzeugung kommt, dass der an einer anderen Todesursache Verstorbene infolge der Auswirkungen des Arbeitsunfalls oder der Berufskrankheit mindestens ein Jahr früher gestorben ist. Die von der Rechtsprechung bestimmte 1-Jahres-Grenze erlaubt dem ärztlichen Gutachter eine einigermaßen sichere Beurteilung der Fälle, in denen der Arbeitsunfall oder die Berufskrankheit entweder ohne oder nur von unwesentlichem Einfluss auf das zum Tode führende Krankheitsgeschehen war. Der Gutachter kann in der Regel mit ausreichender Wahrscheinlichkeit beurteilen, ob die Lebenserwartung eines von einer todbringenden Krankheit bedrohten Menschen ein Jahr oder weniger beträgt. Nur wenn ein Unfall mehr ist als die Gelegenheitsursache für den Eintritt des Todes und wenn zweifelhaft ist, ob dieses Ereignis im medizinischen Sinne wenigstens in erheblichem Maße den Tod mitverursacht hat, stellt sich die Frage nach der Lebensverkürzung um ein Jahr.

Im Falle des Todes durch die Folgen einer als Berufskrankheit anerkannten Asbestose, Asbestose in Verbindung etwa mit Lungenkrebs, Silikose oder Silikotuberkulose gilt nach § 63 Abs. 2 SGB VII die *„Vermutung"*, dass der Tod durch diese Berufskrankheit verursacht wurde, wenn die anerkannte Berufskrankheit eine Minderung der Erwerbsfähigkeit von 50% oder mehr bedingt hatte. Diese Vermutung gilt nur dann nicht, wenn *„offenkundig"* ist, dass der Tod mit der Berufskrankheit nicht in ursächlichem Zusammenhang stand. Der Unfallversicherungsträger darf zwecks Feststellung dieser Offenkundigkeit keine Obduktion fordern. Die Obduktion/Exhumierung ist aber möglich, wenn die Hinterbliebenen sie von sich aus verlangen.

Die Beweislast für die Offenkundigkeit trägt der UV-Träger. Mangelnde Offenkundigkeit geht zu Lasten des UV-Trägers. Sie ist nicht schon dann anzunehmen, wenn der ursächliche Zusammenhang unklar ist. Die „Offenkundigkeit" kann nur dann angenommen werden, wenn zum Beispiel die Silikose oder Asbestose mit einer *„jeden ernsthaften Zweifel ausschließenden Wahrscheinlichkeit"* den Tod des Versicherten *nicht* erheblich mitverursacht und auch nicht um mindestens ein Jahr beschleunigt hat.

2.3.10 Minderung der Erwerbsfähigkeit

Für die Rentengewährung im Unfall- und Berufskrankheitenrecht ist die Feststellung der Minderung der Erwerbsfähigkeit (MdE) von großer Bedeutung. Die MdE wird in Prozentsätzen angegeben, die im Regelfall durch den Faktor 10 dividierbar sind. Auch eine Änderung der MdE ist nur dann wesentlich (§ 48 Abs. 1 SGB X), wenn sie mehr als 5% beträgt, also 10% (§ 73 Abs. 3 SGB VII). Da hinsichtlich der Minderung der Erwerbsfähigkeit auf die Verhältnisse des „allgemeinen Arbeitsmarktes", also eine abstrakte Beurteilung abzustellen ist, muss die MdE für die Zeit der Arbeitsunfähigkeit nicht unbedingt und immer 100% betragen. Für die Zeit stationärer Behandlung ist aber die Annahme einer MdE von 100% in jedem Falle berechtigt. Im Übrigen gelten die MdE-Regeln in ▶ Kapitel 2.3.9.

War der Versicherte schon *vor dem Arbeitsunfall völlig erwerbsunfähig*, so kann eine Minderung der

Erwerbsfähigkeit nicht mehr eintreten. Dasselbe gilt auch dann, wenn vor Eintritt einer durch eine Berufskrankheit hervorgerufenen rentenberechtigten Minderung der Erwerbsfähigkeit infolge eines zwischenzeitlich eingetretenen unfallunabhängigen Ereignisses bereits dauernde völlige Erwerbsunfähigkeit vorgelegen hat. Es kann dann keine Berufskrankheitenrente mehr gewährt werden. *Völlige Erwerbsunfähigkeit* bedeutet, dass der Unfallversicherte dauernd die Fähigkeit verloren hat, einen irgendwie nennenswerten Verdienst zu erlangen, d.h. er muss aus gesundheitlichen Gründen unfähig sein, sich unter Ausnutzung der Arbeitsgelegenheiten, die sich nach seinen gesamten Kenntnissen sowie körperlichen und geistigen Fähigkeiten im ganzen Bereich des wirtschaftlichen Lebens bieten, noch einen Erwerb zu verschaffen. Ein Verletzter zum Beispiel, der trotz Erwerbsunfähigkeit und Bezugs der entsprechenden Rente aus der Rentenversicherung auf dem Gebiet des allgemeinen Erwerbslebens noch einen Arbeitsplatz ausfüllt und ausfüllen kann, ist im hier gemeinten Sinne nicht als völlig erwerbsunfähig anzusehen. Auch bei einem 70- oder 75-jährigen Silikose- oder Asbestose-Kranken kann man nicht unbedingt unterstellen, dass wegen altersbedingter Hinfälligkeit völlige Erwerbsunfähigkeit im Sinne der Unfallversicherung vorliegt. Er erhält gegebenenfalls eine Unfallrente, wenn er z.B. im Betrieb eines Angehörigen noch gearbeitet und einen Unfall erlitten hat. Dabei sind also an den Begriff der Erwerbsunfähigkeit weit strengere Maßstäbe anzulegen als im Recht der gesetzlichen Rentenversicherung.

War durch ein vorheriges, nicht unfallbedingtes oder durch eine Berufskrankheit hervorgerufenes Leiden die Erwerbsfähigkeit bereits messbar gemindert, so ist nicht die Gesamteinwirkung auf die Erwerbsfähigkeit, sondern nur die durch die Verschlimmerung verursachte Steigerung des Grades der Erwerbsunfähigkeit, also der *Verschlimmerungsanteil*, an dem Gesamtzustand zu bemessen. Dabei muss allerdings davon ausgegangen werden, dass man bei der Schätzung der berufsbedingten MdE von der Erwerbsfähigkeit der Versicherten ausgehen muss, die zum Zeitpunkt des Arbeitsunfalls oder beim Eintritt der Berufskrankheit vorgelegen hat. Es kommt darauf an, welchen Teil seiner eigenen (individuellen) Erwerbsfähigkeit die Unfallversicherten durch die Berufskrankheit bzw. den Unfall verloren haben. Ist ein Versicherter zum Zeitpunkt des Beginns der Berufskrankheit bereits teilgeschädigt, so können sich die Berufskrankheitenfolgen schwerer auswirken und die Erwerbsfähigkeit stärker beeinträchtigen als es bei einem vorher noch im Wesentlichen gesunden Menschen der Fall war (*Vorschaden*). Eine Gesundheitsschädigung, die nach dem Unfall bzw. der Berufskrankheit eingetreten ist und nicht mit ihr in ursächlichem Zusammenhang steht, kann bei der Feststellung der MdE nicht berücksichtigt werden, auch dann nicht, wenn sie zusammen mit den Berufskrankheitenfolgen zu besonderen Auswirkungen führt (*Nachschaden*).

Als Berechnungsgrundlage für die Rente dient der Jahresarbeitsverdienst der Unfallversicherten. Das ist der Gesamtbetrag aller Arbeitsentgelte und Arbeitseinkommen der Versicherten in den zwölf Kalendermonaten vor dem Monat, in dem der Versicherungsfall eingetreten ist. Die Höhe legen die Satzungen des UV-Trägers fest ebenso wie die Bezugsgröße, die sich jährlich anpasst. Die Höchstbeträge bewegen sich um 70000 €, der Mindestbetrag ist 40 v.H. der o.g. Bezugsgröße. Eine Unfallrente kann gemäß §§ 75ff SGB VII durch eine *Abfindung* kapitalisiert werden, wobei zu differenzieren ist zwischen Renten bis einschließlich 30 v.H. und darüber hinaus. In jedem Fall ist ein Antrag der Versicherten erforderlich.

Literatur

Bereiter-Hahn W, Mehrtens G (2005) Gesetzliche Unfallversicherung. Loseblattsammlung, 5. Auflage. Erich Schmidt, Berlin

Mehrhoff F, Meindl RC, Muhr G (2005) Unfallbegutachtung, 11. Aufl. de Gruyter, Berlin New York

Schönberger A, Mehrtens G, Valentin H (2003) Arbeitsunfall und Berufskrankheit, 7. Aufl. Erich Schmidt, Berlin

2.4 Gesetzliche Rentenversicherung

W. Cibis

Die gesetzliche Rentenversicherung (*GRV*) ist das größte Sozialversicherungssystem in der Bundesrepublik Deutschland (Stichtag 31. 12. 2004: über 51 Mio. Versicherte ohne Rentenbezug). Die gesetzlichen Renten sind in aller Regel die wichtigste und für viele sogar die einzige Einnahmequelle im Alter (2005: rd. 24 Mio. Renten an rd. 20 Mio. Rentner). Durch die Größe der Versichertengemeinschaft, einen einheitlichen Beitragssatz, der nicht nach Risiken und Geschlecht unterscheidet, und Maßnahmen des sozialen Ausgleichs bietet die GRV solidarischen Versichertenschutz (2005: Ausgaben insgesamt 228 Mrd. EUR, geschätzt, ohne Knappschaft). Die gesetzliche Grundlage ist das sechste und neunte Sozialgesetzbuch (SGB VI u. IX).

2.4.1 Leistungen

Die GRV schützt ihre Versicherten bei Gefährdung oder Minderung der Erwerbsfähigkeit, im Alter sowie bei Tod deren Hinterbliebene und hat folgende Aufgaben:

- Leistungen zur Teilhabe (Rehabilitation),

- Zahlung von Renten und Zusatzleistungen,
- Zahlung von Beiträgen bzw. Zuschüssen zur Krankenversicherung der Rentner,
- Aufklärung und Beratung der Versicherten und Rentner.

2.4.2 Versicherte Personen

Das SGB VI unterscheidet die versicherten Personen in

- kraft Gesetzes versicherungspflichtige Personen,
- auf Antrag pflichtversicherte Personen,
- freiwillig Versicherte,
- Nachversicherte und
- Personen mit Anwartschaften aus einem
  - Versorgungsausgleich nach Ehescheidung oder
  - Rentensplitting unter Ehegatten.

Kraft Gesetzes versicherungspflichtige Personen

Unterschieden werden hier Beschäftigte, selbständig Tätige und sonstige Versicherte. Zudem gibt es verschiedene Ausnahmen von der Versicherungspflicht.

Beschäftigte

In der gesetzlichen Rentenversicherung pflichtversichert werden alle Personen, die gegen Arbeitsentgelt oder zu ihrer Berufsausbildung beschäftigt sind.
Auszubildende sind immer versicherungspflichtig, es kommt nicht darauf an, dass sie ein Arbeitsentgelt erzielen. Ebenfalls pflichtversichert sind behinderte Menschen, die in Werkstätten für behinderte Menschen arbeiten, sowie Personen, die in solchen Werkstätten oder ähnlichen Einrichtungen für eine Erwerbstätigkeit befähigt werden sollen.

Selbständig Tätige

In der gesetzlichen Rentenversicherung sind nur wenige selbständig Tätige pflichtversichert. Dabei handelt es sich um

- Lehrer und Erzieher, die im Zusammenhang mit ihrer selbständigen Tätigkeit keinen versicherungspflichtigen Arbeitnehmer beschäftigen,
- Pflegepersonen, die in der Kranken-, Wochen-, Säuglings- oder Kinderpflege tätig sind und im Zusammenhang mit ihrer selbständigen Tätigkeit keinen versicherungspflichtigen Arbeitnehmer beschäftigen,
- Hebammen und Entbindungspfleger,
- Künstler und Publizisten,
- Hausgewerbetreibende,
- Küstenschiffer und Küstenfischer, die regelmäßig nicht mehr als vier versicherungspflichtige Arbeitnehmer beschäftigen,
- Handwerker, die in die Handwerksrolle eingetragen sind,
- Arbeitnehmerähnliche Selbständige (das sind Selbständige, die im Zusammenhang mit ihrer selbständigen Tätigkeit keinen versicherungspflichtigen Arbeitnehmer beschäftigen und auf Dauer und im Wesentlichen nur für einen Auftraggeber tätig sind),
- Personen, die einen Existenzgründungszuschuss von der Arbeitsagentur erhalten und
- Selbständige, die ihre jeweilige Tätigkeit in den neuen Bundesländern über den 31. Dezember 1991 hinaus ausüben, zu diesem Zeitpunkt auf der Grundlage der damaligen Rechtslage in den neuen Bundesländern versicherungspflichtig waren und nicht zu den oben genannten kraft Gesetz versicherungspflichtigen Selbständigen gehören.

Sonstige Versicherte

- Zu den sonstigen Versicherten gehören Mütter oder Väter während der Zeiten der Kindererziehung. Bei Geburten seit dem 1. Januar 1992 werden bis zu drei Jahren der Kindererziehung als Pflichtbeitragszeiten angerechnet, bei Geburten vor dem 1. Januar 1992 bis zu einem Jahr. Die Erziehungszeit wird bei dem Elternteil angerechnet, der das Kind überwiegend erzogen hat. Bei gemeinsamer Erziehung können die Eltern die Erziehungszeit untereinander aufteilen.
- Seit dem 1. April 1995 sind Pflegepersonen rentenversicherungspflichtig, wenn sie einen Pflegebedürftigen nicht erwerbsmäßig an wenigstens 14 Stunden in der Woche pflegen. Daneben darf eine Erwerbstätigkeit von nicht mehr als 30 Stunden wöchentlich ausgeübt werden.
- Zu den sonstigen Versicherten gehören auch Personen, die Wehr- oder Zivildienst leisten.
- Ebenfalls pflichtversichert sind Bezieher von so genannten Entgeltersatzleistungen (z.B. Krankengeld, Verletztengeld, Versorgungskrankengeld, Übergangsgeld, Unterhaltsgeld, Arbeitslosengeld). Voraussetzung ist, dass sie im letzten Jahr vor Beginn der Leistung zuletzt rentenversicherungspflichtig waren. Wird diese Voraussetzung nicht erfüllt, besteht die Möglichkeit, die Pflichtversicherung zu beantragen. Sonstige Versicherte sind schließlich Bezieher von Vorruhestandsgeld, wenn sie unmittelbar vor Beginn der Leistung versicherungspflichtig waren.

Ausnahmen von der Versicherungspflicht

Bei den Ausnahmen von der Versicherungspflicht ist zwischen den Personen zu unterscheiden, die überhaupt nicht versicherungspflichtig werden (versicherungsfrei sind), und denen, die erst auf einen Antrag hin aus der Versicherungspflicht ausscheiden können.

Nach dem Gesetz sind Personen versicherungsfrei, die Anwartschaften in einem anderen Sicherungssystem erwerben, insbesondere Beamte und beamtenähnliche Personen. Versicherungsfrei sind auch Personen, die eine geringfügige Beschäftigung oder geringfügige selbstständige Tätigkeit ausüben.

Eine geringfügige Beschäftigung oder selbständige Tätigkeit liegt zum einen dann vor, wenn das Arbeitsentgelt/Arbeitseinkommen regelmäßig 400 Euro nicht übersteigt (geringfügig entlohnte Beschäftigung). Bei geringfügig entlohnten Beschäftigungen muss der Arbeitgeber pauschal elf Prozent des Arbeitsentgelts an die Renten- und grundsätzlich pauschal zehn Prozent an die Krankenversicherung als Beiträge bezahlen. In der GRV werden diese Beiträge auch – in einem anteiligen Verhältnis – berücksichtigt. Der Versicherte hat auch die Möglichkeit, durch die Ergänzung des pauschalen Arbeitgeberbeitrages von zwölf Prozent zum vollwertigen Pflichtbeitrag Ansprüche auf das volle Leistungsspektrum der Rentenversicherung zu erwerben.

Zum anderen ist eine Beschäftigung oder selbstständige Tätigkeit auch dann geringfügig, wenn sie innerhalb eines Kalenderjahres seit ihrem Beginn auf längstens zwei Monate oder 50 Tage begrenzt ist (kurzfristige Beschäftigung). Dies gilt seit dem 1. Oktober 1996 auch für beschäftigte Studenten. In allen anderen Zweigen der Sozialversicherung (Kranken-, Pflege- und Arbeitslosenversicherung) gelten für beschäftigte Studenten nach wie vor folgende besondere Regelungen: Während des Semesters darf die Beschäftigung das Studium nicht überwiegen. Dies ist grundsätzlich dann der Fall, wenn die Beschäftigung nicht über 20 Stunden wöchentlich ausgeübt wird.

Versicherungsfrei sind auch beschäftigte Altersvollrentner und Pensionäre.

Arbeitnehmer oder Selbstständige, die aufgrund gesetzlicher Verpflichtung Mitglieder berufsständiger Versorgungseinrichtungen (z. B. Architektenkammer, Landesärztekammer) sind, können auf Antrag von der Versicherungspflicht in der gesetzlichen Rentenversicherung befreit werden. Bedingung ist u. a., dass für ihre Berufsgruppe bereits vor dem 1. Januar 1995 eine gesetzliche Verpflichtung zur Mitgliedschaft in einer berufsständischen Kammer bestand. Die Möglichkeit der Befreiung von der Versicherungspflicht haben auch beschäftige Lehrer oder Erzieher an nicht öffentlichen Schulen, wenn sie Anwartschaften auf lebenslängliche Versorgung erworben haben, sowie nichtdeutsche Besatzungsmitglieder deutscher Seeschiffe, wenn sie keinen Wohnsitz im Inland haben. Selbstständige Handwerker (mit Ausnahme der Bezirksschornsteinfegermeister) können sich von der Versicherungspflicht befreien lassen, wenn sie mindestens 18 Jahre lang Pflichtbeiträge gezahlt haben. Nach der Befreiung kann der Handwerker freiwillige Beiträge zur Rentenversicherung zahlen.

Möglichkeiten der Befreiung bestehen auch für versicherungspflichtige Selbstständige mit einem Auftraggeber. Sie können sich z. B. für einen Zeitraum von bis zu drei Jahren nach erstmaliger sowie bei Aufnahme einer zweiten selbstständigen Tätigkeit befreien lassen.

Selbständige mit einem Auftraggeber, die bereits am 31. Dezember 1998 eine selbstständige Tätigkeit ausgeübt haben und ab 1. Januar 1999 oder danach versicherungspflichtig werden, können unter bestimmten Voraussetzungen auf Antrag von dieser Versicherungspflicht befreit werden.

Auf Antrag pflichtversicherte Personen

Bestimmte Personengruppen, die nicht versicherungspflichtig sind, haben die Möglichkeit, die Pflichtversicherung zu beantragen. Es handelt sich hier z. B. um Entwicklungshelfer, für die von der jeweiligen Stelle, die diesen Dienst durchführt, ein Antrag gestellt werden muss, sowie selbstständig Tätige, sofern diese nicht schon kraft Gesetzes versicherungspflichtig sind. Die selbstständig Tätigen müssen den Antrag innerhalb von fünf Jahren nach Aufnahme ihrer selbstständigen Erwerbstätigkeit selber stellen.

Freiwillig versicherte Personen

Zur freiwilligen Versicherung sind Deutsche und Ausländer ab Vollendung des 16. Lebensjahres berechtigt, wenn sie nicht versicherungspflichtig sind und ihren Wohnsitz in Deutschland haben. Deutsche sowie ihnen gleichgestellte Personen (z. B. EU-Ausländer) können auch bei gewöhnlichem Aufenthalt im Ausland freiwillige Beiträge zahlen. Beamte und ihnen gleichgestellte Personen sind nur dann zur freiwilligen Versicherung zugelassen, wenn sie bereits für fünf Jahre Beiträge (Pflichtbeiträge oder freiwillige Beiträge) gezahlt haben. Bei der Beitragshöhe kann der Versicherte zwischen einem Mindest- und Höchstbeitrag jeden beliebigen Betrag wählen.

Nachversicherte Personen

Wer als Beamter, Richter, Berufssoldat oder aus einer ähnlich versicherungsfreien Beschäftigung ausscheidet, ohne von seinem früheren Dienstherren eine Versorgung zu erhalten, wird in der gesetzlichen Rentenversicherung nachversichert. Dies bedeutet, er wird so gestellt, als ob er von Anfang an versicherungspflichtig gewesen wäre. Die erforderlichen Beiträge muss der frühere Dienstherr in voller Höhe (also auch den Arbeitnehmeranteil) an die Rentenversicherung zahlen.

Personen mit Anwartschaften aus einem Versorgungsausgleich

Versichert sind auch solche Personen, für die bei Ehescheidung aufgrund eines vom Familiengericht durchgeführten Versorgungsausgleichs Rentenanwartschaften übertragen oder begründet worden sind. Der Versorgungsausgleich hat den Zweck, den Ehegatten, der während der Ehe keine oder weniger Anwartschaften zur Altersversorgung aufbauen konnte, an den Versorgungsanwartschaften des anderen Ehegatten zu beteiligen. Dabei wird die Differenz zwischen beiden in der Ehezeit erworbenen Anwartschaften geteilt, so dass jeder für die Ehezeit die gleiche Anwartschaft hat.

Personen mit Anwartschaften aus einem Rentensplitting unter Ehegatten

Ehegatten können gemeinsam bestimmen, dass die von ihnen in der Ehe erworbenen Rentenansprüche zwischen ihnen gleichmäßig aufgeteilt werden (Rentensplitting unter Ehegatten). Die Aufteilung der Rentenansprüche erfolgt durch Übertragung von Entgeltpunkten. Diese Entgeltpunkte werden dem jeweiligen Ehegatten im Versicherungskonto entweder als Zuschlag oder als Abschlag gespeichert.

Eine Voraussetzung für das Rentensplitting ist jedoch, dass beide Ehegatten jeweils 25 Jahre an rentenrechtlichen Zeiten zurückgelegt haben. Die Möglichkeit zum Rentensplitting unter Ehegatten besteht jedoch nur für Ehepartner, deren Ehe nach dem 31. Dezember 2001 geschlossen worden ist sowie für Ehepartner, deren Ehe am 31. Dezember 2001 bereits bestand und beide nach dem 1. Januar 1962 geboren worden sind.

Mit der verbindlichen Wahl des Rentensplittings unter Ehegatten schließen die Ehepartner jedoch die spätere Zahlung einer Witwen- oder Witwerrente aus.

2.4.3 Finanzierung

Die GRV wird im Wesentlichen durch Beiträge der Versicherten und ihrer Arbeitgeber, im Übrigen durch den Bundeszuschuss und durch sonstige Einnahmen finanziert. Besonderes Merkmal der Finanzierung ist – seit 1957 wieder – das *Umlageverfahren*, d.h. die Aufwendungen für die aktuellen Renten werden aus den aktuellen Einnahmen bestritten. Wie die junge Generation die ältere finanziert, so hat sie gegenüber der ihr nachfolgenden Generation einen verfassungsrechtlich anerkannten Anspruch, ebenfalls eine Rente zu erhalten (sog. *Generationenvertrag*).

Beiträge

Die Beiträge sind Hauptfinanzierungsquelle der Rentenversicherung. Sie werden nach einem Beitragssatz bis zu einer bestimmten Höhe vom beitragspflichtigen Einkommen des Versicherten (= Beitragsbemessungsgrenze) erhoben. Als beitragspflichtiges Einkommen gelten alle Einkünfte aus abhängiger Beschäftigung, bei freiwillig Versicherten jeder Betrag zwischen der „Mindestbeitragsbemessungsgrundlage“ (das sind 400 € seit 1. April 2003) und der Beitragsbemessungsgrenze.

▮ Die Beiträge der Beschäftigten sind aus dem Arbeitsentgelt zu berechnen und werden von den Beschäftigten und ihrem Arbeitgeber grundsätzlich je zur Hälfte getragen. Bei knappschaftlich Rentenversicherten und Personen, deren Arbeitsentgelt unter der Geringfügigkeitsgrenze (bis 400 €) oder in der Gleitzone (von 400,01 bis 800 €) liegt, gelten Ausnahmen.

▮ Die Selbständigen tragen ihre Beiträge allein. Eine Ausnahme bilden zum einen Künstler und Publizisten, die nur den halben Betrag zahlen, während die andere Hälfte von sog. Vermarktern der künstlerisch-publizistischen Produktionen (z.B. Verlage) im Rahmen einer Künstlersozialabgabe aufgebracht wird, und zum anderen die Hausgewerbetreibenden, bei denen die andere Hälfte vom Arbeitgeber übernommen wird.

▮ Die Beiträge sind grundsätzlich von demjenigen, der die Beiträge zu tragen hat, unmittelbar an die Rentenversicherung zu zahlen. Die Beiträge für die Bezieher von Arbeitslosenhilfe zahlt die Bundesagentur für Arbeit; getragen werden die Beiträge allerdings vom Bund. Für die Zahlung von Beiträgen Versicherungspflichtiger aus dem Arbeitsentgelt gelten aber die Regeln für die Entrichtung des „Gesamtsozialversicherungsbeitrages“, d.h. der Arbeitgeber hat seinen Beitragsanteil des Versicherten über die Einzugsstellen (Krankenkassen) an die Rentenversicherungsträger zu zahlen.

▮ Die Rentenversicherungsbeiträge bei rentenversicherungspflichtigen Pflegepersonen, die einen Pflegebedürftigen nicht erwerbsmäßig an wenigstens 14 Stunden in der Woche pflegen, werden grundsätzlich in voller Höhe von den sozialen oder privaten Pflegekassen getragen. Hat die gepflegte Person allerdings beispielsweise als Beamter einen Beihilfeanspruch, trägt die Festsetzungsstelle für die Beihilfe einen Teil der Beiträge. Die Pflegepersonen selbst brauchen in keinem Fall etwas zu zahlen.

▮ Für Personen, die Wehr- oder Zivildienst leisten, trägt der Bund die Beiträge.

- Bezieher von Vorruhestandsgeld tragen als Versicherte die eine Hälfte der Beiträge und die Vorruhestandsgeld zahlende Stelle die andere Hälfte.

- Für Zeiten der Kindererziehung zahlt der Bund seit 1. Juni 1999 echte Beiträge zur Rentenversicherung aus Steuermitteln.

Bundeszuschuss, Finanzausgleich

Die der Rentenversicherung übertragenen zahlreichen gesamtgesellschaftlichen Aufgaben, die an sich von der Allgemeinheit zu tragen wären (z. B. Kriegsfolgelasten, beitragsfreie Zeiten, Fremdrentenleistungen) werden durch den allgemeinen Bundeszuschuss finanziert. Dieser wird nicht nur an die Entwicklung der Bruttolohn- und Bruttogehaltsumme je durchschnittlich beschäftigten Arbeitnehmer gebunden, sondern zusätzlich an die Dynamik des Beitragssatzes. Steigende Beitragssätze erhöhen zusammen mit dem daran gekoppelten Bundeszuschuss die Einnahmen der Rentenversicherung.

Der allgemeine Bundeszuschuss zur Rentenversicherung der Arbeiter und der Angestellten wurde zum 1. April 1998 um einen zusätzlichen Bundeszuschuss ergänzt. Er richtet sich nach dem Aufkommen eines Mehrwertsteuerpunktes.

Mit dem Gesetz zur Fortführung der ökologischen Steuerreform wurde ein Erhöhungsbetrag zum zusätzlichen Bundeszuschuss eingeführt. Die ursprüngliche Bindung des Erhöhungsbetrages an die Ökosteuer wurde durch das Gesetz zur Reform der Renten wegen verminderter Erwerbsfähigkeit aufgelöst.

Die allgemeine Umlagefinanzierung der Rentenversicherung wird durch Regelungen zur Finanzausstattung der einzelnen Rentenversicherungsträger unterstützt, die der unterschiedlichen Finanzkraft und deren Veränderung – z. B. durch den Wandel der Versichertenstruktur – Rechnung tragen.

Sonstige Einnahmen

Zu den sonstigen Einnahmen der GRV gehören in erster Linie Vermögenserträge. Seit dem Rentenreformgesetz 1992 sind den verschiedenen Anlagemöglichkeiten enge Grenzen gesetzt, weil der Liquidität (Schwankungsreserve) der Träger höchste Priorität einzuräumen ist.

2.4.4 Leistungen zur Teilhabe (Rehabilitation)

Mit dem SGB IX wurde der neue Begriff der „Leistungen zur Teilhabe" eingeführt, die sich unterteilen in
- Leistungen zur medizinischen Rehabilitation,
- Leistungen zur Teilhabe am Arbeitsleben,
- Unterhaltssichernde und andere ergänzende Leistungen,
- Leistungen zur Teilhabe am Leben in der Gemeinschaft.

Zu den grundlegenden Aufgaben der gesetzlichen Rentenversicherung gehört es, durch Leistungen zur Teilhabe einer Beeinträchtigung der Erwerbsfähigkeit und damit einem vorzeitigen Ausscheiden der Versicherten aus dem Erwerbsleben entgegenzuwirken. Voraussetzungen, Art und Umfang der Leistungen zur Teilhabe durch die GRV sind im SGB VI bzw. – als Vorschriften für alle Rehabilitationsträger – im SGB IX geregelt.

Vor jeder Entscheidung über einen Rentenantrag wegen Minderung der Erwerbsfähigkeit ist stets zu prüfen, ob Leistungen zur Teilhabe voraussichtlich erfolgreich sind und somit die Zahlung einer Rente vermieden oder hinausgeschoben werden kann. Der Vorrang der Leistungen zur Teilhabe vor Rentenleistungen („Rehabilitation vor Rente") ist im SGB VI ausdrücklich betont (§ 9 Abs. 1 Satz 2 SGB VI) und jetzt auch für alle Leistungsträger in § 8 Abs. 2 SGB IX festgelegt.

Persönliche Voraussetzungen

Leistungen zur Teilhabe erhalten Versicherte, deren Erwerbsfähigkeit wegen Krankheit oder körperlicher, geistiger oder seelischer Behinderung erheblich gefährdet oder gemindert ist und bei denen voraussichtlich durch die Leistungen zur Teilhabe
- bei erheblich gefährdeter Erwerbsfähigkeit eine Minderung der Erwerbsfähigkeit abgewendet werden kann oder
- bei bereits geminderter Erwerbsfähigkeit diese wesentlich gebessert oder wieder hergestellt oder hierdurch deren wesentliche Verschlechterung abgewendet werden kann oder
- bei teilweiser Erwerbsminderung ohne Aussicht auf eine wesentliche Besserung der Erwerbsfähigkeit der Arbeitsplatz durch Leistungen zur Teilhabe am Arbeitsleben erhalten werden kann.

Das Vorliegen von Krankheit und Behinderung sowie deren aktuelle und zu erwartende Auswirkungen auf die Leistungsfähigkeit des Versicherten im Erwerbsleben sind Gegenstand ärztlicher/sozialmedizinischer Feststellungen und Beurteilungen unter Berücksichtigung aller im Einzelfall relevanten Aspekte.

Die Entscheidung, ob eine erhebliche Gefährdung oder bereits eine Minderung der Erwerbsfähigkeit vorliegt und auch die anderen Leistungsvoraussetzungen vorliegen, trifft auf der Grundlage der ärztlichen Angaben die Verwaltung.

Versicherungsrechtliche Voraussetzungen

Neben den persönlichen Voraussetzungen müssen bestimmte versicherungsrechtliche Voraussetzungen erfüllt werden, um Leistungen zur Teilhabe zu erhalten. So müssen Versicherte für Leistungen zur Teilhabe bei Antragstellung

- die Wartezeit von 15 Jahren aus Beitragszeiten erfüllt haben oder
- eine Rente wegen verminderter Erwerbsfähigkeit beziehen oder
- als überlebender Ehegatte Anspruch auf große Witwen- oder Witwerrente wegen verminderter Erwerbsfähigkeit haben.

Für Leistungen zur medizinischen Rehabilitation reicht es aus, wenn Versicherte

- in den letzten zwei Jahren vor der Antragstellung für sechs Kalendermonate Pflichtbeiträge gezahlt haben,
- innerhalb von zwei Jahren nach Beendigung einer Ausbildung eine versicherungspflichtige Beschäftigung oder selbstständige Tätigkeit aufgenommen und bis zum Antrag ausgeübt haben oder nach einer solchen Beschäftigung oder Tätigkeit bis zum Antrag arbeitsunfähig oder arbeitslos gewesen sind oder
- vermindert erwerbsfähig sind oder bei denen dies in absehbarer Zeit zu erwarten ist, wenn sie die allgemeine Wartezeit erfüllt haben.

Die versicherungsrechtlichen Voraussetzungen für Leistungen zur Teilhabe am Arbeitsleben sind auch erfüllt, wenn

- ohne diese Leistungen Rente wegen verminderter Erwerbsfähigkeit zu leisten wäre oder
- die Leistungen im unmittelbaren Anschluss an Leistungen zur medizinischen Rehabilitation durch die Rentenversicherung erforderlich sind.

Art und Umfang der Leistungen

Leistungen zur medizinischen Rehabilitation werden in Kliniken und Spezialeinrichtungen erbracht und umfassen vor allem ärztliche Behandlung sowie die Versorgung mit Arznei- und Heilmitteln (einschließlich Krankengymnastik, Bewegungstherapie usw.) und ggf. Hilfsmitteln. Die Leistungen erfolgen noch in der Mehrzahl (>90%) stationär, also einschließlich der erforderlichen Unterkunft und Verpflegung. Sie können jedoch auch ambulant erbracht werden.

Durch die Neuregelung des § 28 SGB IX und die Ergänzung durch § 51 Abs. 5 SGB IX ist auch für die RV-Träger die Möglichkeit der stufenweise Wiedereingliederung gesetzlich vorgesehen. Damit können Leistungsberechtigte bei fortdauernder Arbeitsunfähigkeit im Anschluss an eine Rehabilitationsleistung, aber erkennbarer Teilarbeitsfähigkeit, wieder schonend an die Belastung ihres bisherigen Arbeitsplatzes herangeführt werden. Die RV-Träger erbringen dann lebensunterhaltssichernde Entgeltersatzleistungen zur schrittweisen Wiederaufnahme der bisherigen Tätigkeit in Form von Übergangsgeld, wenn die stufenweise Wiedereingliederung im unmittelbaren Anschluss an eine Leistung zur medizinischen Rehabilitation erforderlich ist, wobei eine Frist von 14 Tagen zwischen Beendigung der Rehabilitationsleistung und dem Beginn der stufenweisen Wiedereingliederung nicht überschritten werden darf. Ansonsten ist die Krankenkasse des Versicherten für die stufenweise Wiedereingliederung zuständig und der Versicherte erhält Krankengeld.

Leistungen zur Teilhabe am Arbeitsleben umfassen eine breite Palette von Maßnahmen, um Versicherte möglichst dauerhaft in das Erwerbsleben (wieder-)einzugliedern, darunter insbesondere

- Leistungen zur Erhaltung oder Erlangung eines Arbeitsplatzes einschließlich Leistungen zur Förderung der Arbeitsaufnahme,
- Berufsvorbereitung einschließlich der wegen einer Behinderung erforderlichen Grundausbildung,
- berufliche Anpassung, Fortbildung, Ausbildung und Umschulung (also auch das Erlernen eines neuen Berufes, dessen Ausübung dem Versicherten trotz seiner Behinderung möglich ist), einschließlich eines hierfür erforderlichen schulischen Abschlusses,
- Überbrückungsgeld zur Sicherung des Lebensunterhalts und der sozialen Absicherung in den ersten sechs Monaten nach der Gründung einer selbstständigen Existenz,
- Arbeits- und Berufsförderung im Eingangsverfahren und im Berufsbildungsbereich einer anerkannten Werkstatt für behinderte Menschen.

Eine Kombination mehrerer Leistungen oder die Gewährung anderer geeigneter Leistungen ist grundsätzlich möglich. Neben diesen Leistungen, die Versicherte unmittelbar erhalten, besteht auch die Möglichkeit, Zuschüsse an Arbeitgeber zu gewähren, und zwar insbesondere für

- eine dauerhafte berufliche Eingliederung,
- eine befristete Probebeschäftigung und
- eine Ausbildung oder Umschulung des Versicherten in seinem Betrieb.

Die Zuschüsse können von Auflagen oder Bedingungen abhängig gemacht werden, beispielsweise von der Zusage des Arbeitgebers, den Versicherten nach erfolgreicher Probebeschäftigung in ein festes Anstellungsverhältnis zu übernehmen.

Leistungen zur Teilhabe am Arbeitsleben können auch im grenznahen Ausland erbracht werden, wenn sie für die Ausübung einer Beschäftigung oder selbstständigen Tätigkeit erforderlich sind.

Sonstige Leistungen

Neben Leistungen zur medizinischen Rehabilitation und zur Teilhabe am Arbeitsleben kann der RV-Träger als „sonstige Leistungen" u. a. nachgehende Leistungen zur Sicherung des Rehabilitationserfolges oder auch z. B. Nach- und Festigungskuren wegen Geschwulsterkrankungen (Krebs) sowie Kinderheilbehandlungen erbringen.

Übergangsgeld und andere ergänzende Leistungen

Versicherte, die von einem RV-Träger Leistungen zur Rehabilitation oder Leistungen zur Teilhabe am Arbeitsleben erhalten, haben grundsätzlich Anspruch auf Entgeltfortzahlung. Soweit dies nicht (mehr) der Fall ist, besteht grundsätzlich ein Anspruch auf Übergangsgeld, das sich i.d.R. nach dem letzten Arbeitsverdienst richtet. Voraussetzung hierfür ist jedoch, dass vor der Leistung Beiträge zur Rentenversicherung gezahlt wurden.

In engem Zusammenhang mit Leistungen zur Teilhabe stehen „ergänzende Leistungen", z. B.:

- Haushaltshilfe, wenn im Haushalt des Rehabilitanden ein bis zu zwölf Jahre altes oder ein behindertes Kind lebt. Anstelle einer Haushaltshilfe werden auf Antrag die Kosten für die Mitnahme oder anderweitige Unterbringung des Kindes übernommen;
- Reisekosten sowie im Regelfall die Kosten für zwei Familienheimfahrten im Monat, bei Leistungen zur medizinischen Rehabilitation jedoch nur dann, wenn die Leistung länger als acht Wochen dauert. Anstelle der Familienheimfahrt können auch die Fahrtkosten für Angehörige des Rehabilitanden zu dessen Aufenthaltsort übernommen werden;
- ärztlich verordneter Rehabilitationssport in Gruppen;
- Kinderbetreuungskosten.

2.4.5 Rentenarten

Renten aus der gesetzlichen Rentenversicherung werden geleistet wegen Alters, verminderter Erwerbsfähigkeit und wegen Todes.

- Die Zahlung von *Altersrenten* gehört seit dem Bestehen der gesetzlichen Rentenversicherung zu ihren zentralen Aufgaben. Dieser Leistung liegt die Vorstellung zugrunde, dass sich der Versicherte bei Erreichen eines bestimmten Alters vom aktiven Erwerbsleben zurückzieht und eine Rente erhält. Durch die mit der Rentenreform 1992 eingeführten Altersteilrenten wird dem Versicherten aber auch ein gleitender Übergang vom Erwerbsleben in den Ruhestand ermöglicht. Danach kann er einen Teil der Altersrente beziehen und daneben über diese Rente hinaus weiter aktiv am Erwerbsleben teilnehmen und in gewissen Grenzen – abhängig von der gewählten Teilrente – hinzuverdienen.

- *Renten wegen verminderter Erwerbsfähigkeit* werden als Rente wegen teilweiser Erwerbsminderung und als Rente wegen voller Erwerbsminderung geleistet. Dabei wird die Rente wegen teilweiser Erwerbsminderung lediglich als Zuschuss zum Erwerbseinkommen angesehen, weil der Erwerbsgeminderte noch in der Lage ist, mit der ihm verbliebenen Leistungsfähigkeit Arbeitsverdienst zu erzielen. Dagegen kommt der Rente wegen voller Erwerbsminderung die Funktion zu, das Einkommen zu ersetzen.

  Die *Rente für Bergleute* gibt es zudem in der knappschaftlichen Rentenversicherung als Sonderleistung, die Einkommenseinbußen kompensieren soll, wenn der Versicherte entweder seiner knappschaftlichen Beschäftigung aus Gesundheitsgründen nicht mehr nachgehen kann oder sie ihm nach langjähriger Untertagearbeit nicht mehr zuzumuten ist.

- *Renten wegen Todes* sollen den Unterhaltsverlust ausgleichen, der den unterhaltsberechtigten Angehörigen durch den Tod eines Versicherten oder Rentners entsteht.

Rente wegen verminderter Erwerbsfähigkeit

Zum 1. Januar 2001 wurde das bisherige System der Renten wegen Berufsunfähigkeit bzw. Erwerbsunfähigkeit durch ein einheitliches und abgestuftes System einer Erwerbsminderungsrente abgelöst. Bei der Feststellung der Minderung der Erwerbsfähigkeit kommt es auf das zeitliche Leistungsvermögen des Versicherten unter den üblichen Bedingungen des allgemeinen Arbeitsmarktes an. Wer auf dem allgemeinen Arbeitsmarkt aufgrund seiner gesundheitlichen Einschränkung

- nur noch unter drei Stunden täglich arbeiten kann, erhält eine Rente wegen voller Erwerbsminderung,
- noch drei Stunden bis unter sechs Stunden täglich arbeiten kann, erhält eine Rente wegen teilweiser Erwerbsminderung.

Wer noch sechs Stunden und länger arbeiten kann, hat keinen Rentenanspruch.

Voraussetzung für den Rentenanspruch ist ferner, dass die allgemeine Wartezeit von 5 Jahren vor Eintritt der Erwerbsminderung erfüllt und in den letzten 5 Jahren 3 Jahre Pflichtbeiträge entrichtet wurden.

Selbstständige werden bei der Prüfung, ob ihnen eine Erwerbsminderungsrente zusteht, wie Arbeitnehmer behandelt.

Erwerbsminderungsrenten werden grundsätzlich als Zeitrenten gezahlt. Die Befristung erfolgt für längstens drei Jahre nach Rentenbeginn und kann wiederholt werden. Nur dann, wenn unwahrscheinlich ist, dass die Minderung der Erwerbsfähigkeit behoben werden kann, wird eine unbefristete Rente bewilligt. Hiervon ist auszugehen, wenn aus ärztlicher Sicht, bei Betrachtung des bisherigen Verlaufes, nach medizinischen Erkenntnissen und auch unter Berücksichtigung noch vorhandener therapeutischer Möglichkeiten eine Besserung nicht anzunehmen ist, durch die sich eine rentenrelevante Steigerung der qualitativen und/oder quantitativen Leistungsfähigkeit ergeben würde. Zeitrenten können verlängert werden, allerdings ist dann der Gesundheitszustand zu überprüfen. Liegt auch nach insgesamt neun Jahren Rentenbezug die Erwerbsminderung weiterhin vor, wird daraus eine unbefristete Rente.

Eine Zeitrente beginnt erst mit dem siebten Monat nach dem Eintritt der Erwerbsminderung. Für die Zeit davor gibt es aus der Rentenversicherung kein Geld. Der Versicherte kann für diese Zeit möglicherweise Krankengeld oder andere Lohnersatzleistungen in Anspruch nehmen.

Die frühere gesetzliche Berufsunfähigkeitsrente gibt es nicht mehr. Aus Vertrauensschutzgründen genießen allerdings Versicherte, die vor dem 2. Januar 1961 geboren sind, weiter Berufsschutz. Sie erhalten eine Rente wegen teilweiser Erwerbsminderung, wenn sie auf dem allgemeinen Arbeitsmarkt zwar voll, also mindestens sechs Stunden täglich, in ihrem bisherigen Beruf aber nur noch unter sechs Stunden täglich arbeiten können. Berufsschutz wird damit übergangsweise in das neue System der zweistufigen Erwerbsminderungsrente eingebunden.

Auch nach der Neuregelung können leistungseingeschränkte Versicherte wegen der ungünstigen Arbeitsmarktsituation – wie bisher – eine volle arbeitsmarktbedingte Erwerbsminderungsrente erhalten, wenn ihnen kein entsprechender Teilzeit-Arbeitsplatz nachgewiesen werden kann.

Die *Rente für Bergleute* unterscheidet zwei Personenkreise: Versicherte, die im Bergbau vermindert berufsfähig sind, sowie Versicherte, die das 50. Lebensjahr vollendet haben, eine Beitragszeit von 25 Jahren mit ständigen Arbeiten unter Tage erfüllen und im Vergleich zu der von ihnen bisher ausgeübten knappschaftlichen Beschäftigung eine wirtschaftlich gleichwertige Beschäftigung oder selbstständige Tätigkeit nicht mehr ausüben.

Rente wegen Alters

Renten wegen Alters werden geleistet als
- Regelaltersrente,
- Altersrente für langjährig Versicherte,
- Altersrente für schwerbehinderte Menschen,
- Altersrente wegen Arbeitslosigkeit oder nach Altersteilzeitarbeit,
- Altersrente für Frauen.

Die Zahlung einer Altersrente setzt voraus, dass der Versicherte das für die jeweilige Altersrente maßgebende Lebensalter vollendet und die erforderliche Wartezeit als Mindestversicherungszeit erfüllt hat. Daneben müssen die jeweiligen persönlichen und besonderen versicherungsrechtlichen Voraussetzungen vorliegen. Altersrentner, die noch nicht das 65. Lebensjahr vollendet haben, haben außerdem Hinzuverdienstgrenzen einzuhalten, wenn sie noch eine Beschäftigung oder eine selbstständige Erwerbstätigkeit ausüben. Bei Überschreiten der so genannten allgemeinen Hinzuverdienstgrenze muss die Altersrente allerdings nicht vollständig entfallen. Vielmehr ist eine Altersrente als Teilrente in Höhe von einem Drittel, der Hälfte oder zwei Drittel der Vollrente zu leisten, wenn die jeweiligen individuellen Hinzuverdienstgrenzen eingehalten werden.

- Auf die *Regelaltersrente* haben alle Versicherten Anspruch, die das 65. Lebensjahr vollendet haben. Zudem muss die allgemeine Wartezeit von fünf Jahren erfüllt sein.

- Die *Altersrente für langjährig Versicherte* können Versicherte beanspruchen, die das 65. Lebensjahr vollendet und die Wartezeit von 35 Jahren erfüllt haben. Die Rente kann ab Vollendung des 63. Lebensjahres vorzeitig in Anspruch genommen werden. Bei einem solchen vorzeitigen Bezug vermindert sich die Altersrente für jeden Monat, den die Renten vorzeitig in Anspruch genommen wird, um 0,3%, maximal also um $24 \times 0{,}3\% = 7{,}2\%$.

Die Altersgrenze für die vorzeitige Inanspruchnahme der Altersrente für langjährig Versicherte wird langfristig von 63 stufenweise auf 62 Jahre abgesenkt. Für bestimmte Geburtsjahrgänge gibt es Spezialregelungen.

Durch die vorgesehene Gesetzesänderung zur Heraufsetzung der Regelaltersgrenze auf 67 Jahre werden sich allerdings auch die Grenzen für langjährig Versicherte und auch für schwerbehinderte Menschen (s. u.) verändern (▶ www.deutsche-rentenversicherung-bund.de).

- Anspruch auf *Altersrente für schwerbehinderte Menschen* haben Versicherte, die das 63. Lebensjahr vollendet und die Wartezeit von 35 Jahren erfüllt haben, wenn sie bei Rentenbeginn als schwerbehinderte Menschen mit einem Grad der Behinderung von mindestens 50 Prozent anerkannt sind. Die frühere Altersgrenze von 60 Jahren wurde seit 1. Januar 2001 stufenweise auf das 63. Lebensjahr angehoben. Die Inanspruchnahme der Rente ist ab Vollendung des 60. Lebensjahres gegen entsprechende Rentenabschläge (hier maximal 10,8%) möglich.

Für bestimmte Geburtsjahrgänge u. a. schwerbehinderter Menschen gibt es Spezialregelungen auch im Sinne des Vertrauensschutzes.

Anspruch auf *Altersrente wegen Arbeitslosigkeit oder nach Altersteilzeitarbeit* haben Versicherte, die vor 1952 geboren sind, das 60. Lebensjahr vollendet haben und

- nach Vollendung eines Lebensalters von 58 Jahren und sechs Monaten insgesamt 52 Wochen lang arbeitslos waren oder
- mindestens 24 Kalendermonate Altersteilzeitarbeit geleistet haben.

Weiter müssen in den letzten zehn Jahren vor Beginn der Rente acht Jahre Pflichtbeiträge für eine versicherte Beschäftigung oder Tätigkeit gezahlt sein. Außerdem muss die Wartezeit von 15 Jahren erfüllt sein.

Für diese Altersrente wurde die frühere Altersgrenze von 60 Jahren beginnend 1997, also mit dem Geburtsjahrgang 1937, in monatlichen Schritten bis Ende 2001 auf 65 Jahre angehoben. Auch bei dieser Rente bleibt die vorzeitige Inanspruchnahme nach Vollendung des 60. Lebensjahres möglich. Die Rente wird dann aber um 0,3% je Monat des vorzeitigen Rentenbeginns gekürzt, maximal also um $60 \times 0{,}3\% = 18\%$.

Auch für diese Altersrente gibt es Vertrauensschutzregelungen für ältere Arbeitnehmer bestimmter Jahrgänge, die es ermöglichen, die Altersrente bereits nach Vollendung des 60. Lebensjahres noch ungekürzt in Anspruch zu nehmen.

Für bestimmte Arbeitnehmer in der Montanindustrie gelten besondere Übergangsregelungen.

- *Altersrente für Frauen* steht ab dem vollendeten 60. Lebensjahr allen Frauen offen, die vor 1952 geboren sind, die Wartezeit von 15 Jahren erfüllt und nach ihrem 40. Lebensjahr mindestens zehn Jahre und einen Monat Pflichtbeiträge für eine versicherte Beschäftigung oder Tätigkeit zur gesetzlichen Rentenversicherung gezahlt haben. Seit Anfang 2000 wird die Altersgrenze für diese Altersrente in Monatsschritten bis Ende 2004 auf 65 Jahre angehoben. Diese stufenweise Anhebung gilt somit für die von Januar 1940 bis Dezember 1944 geborenen Frauen. Ab Geburtsjahrgang 1945 kann damit diese Altersrente ungekürzt erst mit dem 65. Lebensjahr beansprucht werden.

Für ältere Frauen gibt es eine Vertrauensschutzregelung. Danach gilt eine langsamere Anhebung der Altergrenze um bis zu maximal 11 Monate für Frauen, die vor dem 1. Januar 1942 geboren sind und 45 Jahre mit Pflichtbeitragszeiten für eine versicherte Beschäftigung oder Tätigkeit haben, wobei Zeiten des Bezuges von Arbeitslosengeld oder Arbeitslosenhilfe nicht mitzählen.

Rente wegen Todes

Bei Renten wegen Todes handelt es sich um
- die Witwen- oder Witwerrente,
- die Witwen- oder Witwerrente nach dem vorletzten Ehegatten
- die Erziehungsrente,
- die Waisenrente,
- die Witwen- und Witwerrente an vor dem 1. Juli 1977 geschiedene Ehegatten.

Gemeinsame Voraussetzung der Renten wegen Todes ist der Tod eines versicherten Angehörigen bzw. früheren Ehegatten. Die Todesursache ist rechtlich ohne Bedeutung, allerdings besteht für Personen, die den Tod des Versicherten vorsätzlich herbeigeführt haben, kein Anspruch auf eine Rente wegen Todes. Eine Rente wegen Todes wird auch dann gewährt, wenn der Versicherte verschollen ist, d.h. wenn die Umstände den Tod wahrscheinlich machen und seit einem Jahr Nachrichten über sein Leben nicht eingegangen sind.

Bei den Renten wegen Todes aus abgeleitetem Recht (Witwen-, Witwer-, Waisenrente) muss der verstorbene Ehegatte bzw. Elternteil die allgemeine Wartezeit von fünf Jahren erfüllt haben oder bis zu seinem Tod selbst eine Rente bezogen haben.

Witwen- und Witwerrente

Nach dem Tod des Versicherten hat der überlebende Ehegatte, der nicht wieder geheiratet hat, Anspruch auf Witwen- oder Witwerrente, wenn er bis zu dessen Tod mit ihm verheiratet war.
Witwen und Witwer haben Anspruch auf die große Witwen- oder Witwerrente, wenn sie
- ein eigenes Kind oder ein Kind des verstorbenen Versicherten unter 18 Jahren erziehen,
- das 45. Lebensjahr vollendet haben oder
- erwerbsgemindert sind.

Bei den Kindern werden alle eigenen Kinder und Kinder des Verstorbenen berücksichtigt. Dazu gehören auch Kinder aus früheren Ehen, Adoptivkinder und unter bestimmten Voraussetzungen auch Stiefkinder, Pflegekinder oder Enkelkinder. Ist ein Kind behindert und wird es deshalb zu Hause versorgt, besteht der Anspruch auf große Witwen- oder Witwerrente unabhängig vom Alter des Kindes.

Die große Witwen- bzw. Witwerrente beträgt 60 Prozent der Versichertenrente des Verstorbenen.

Ist keine dieser Voraussetzungen erfüllt, besteht nur Anspruch auf die kleine Witwen- oder Witwerrente. Die kleine Witwen- oder Witwerrente beträgt 25 Prozent der Versichertenrente des Verstorbenen.

Hat der überlebende Ehegatte wieder geheiratet, fällt die Witwer-/Witwenrente weg. Verstirbt auch der (zweite) Ehegatte oder wird die (zweite) Ehe geschieden, hat der überlebende Ehegatte unter denselben Voraussetzungen wie bei der Witwen- und Witwerrente Anspruch auf die Witwen- oder Witwerrente nach dem vorletzten Ehegatten. Um Doppelleistungen zu vermeiden, werden allerdings die von dem letzten Ehegatten erworbenen Renten- oder Unterhaltsansprüche auf diese Rente angerechnet.

Im Falle der ersten Wiederheirat einer Witwe bzw. eines Witwers besteht auch die Möglichkeit einer Rentenabfindung. Diese ist in Höhe des 24fachen Monatsbeitrages der Rente zu leisten.

Neuregelungen seit 1. Januar 2002. Für Ehepaare, die nach dem 31. Dezember 2001 geheiratet haben oder bei denen beide Partner nach dem 1. Januar 1962 geboren sind:

Die große Witwen- bzw. Witwerrente beträgt nur noch 55 Prozent der Rente des/der verstorbenen Versicherten. Zum Ausgleich dafür erhalten Hinterbliebene, die Kinder erzogen haben, einen Zuschlag an persönlichen Entgeltpunkten, der zur Witwen- bzw. Witwerrente geleistet wird. Dieser Zuschlag beträgt bei durchgehender mindestens dreijähriger Erziehung eines Kindes einen Entgeltpunkt, für das erste Kind allerdings zwei Entgeltpunkte.

Die kleine Witwen- bzw. Witwerrente wird nur noch für 24 Monate nach Ablauf des Todesmonats gezahlt. Eine Rentenabfindung wird um die Anzahl der Monate, für die eine kleine Witwen- bzw. Witwerrente bereits geleistet wurden, gekürzt.

Seit 1. 1. 2005 haben auch die Hinterbliebenen aus einer eingetragenen Lebenspartnerschaft Anspruch auf Witwen- oder Witwerrente. Für sie gelten dieselben Voraussetzungen wie für Witwen oder Witwer.

Anstelle der Witwen- bzw. Witwerrente können Ehegatten sich auch für das neu eingeführte Rentensplitting unter Ehegatten entscheiden. Durch eine übereinstimmende Erklärung beider Ehegatten wird dann eine gleichmäßige Aufteilung der gemeinsam in der Splittingzeit erworbenen Rentenanwartschaften erreicht.

Für Ehepaare, die nach dem 31. Dezember 2001 geheiratet haben, gilt darüber hinaus: Es besteht kein Anspruch auf Witwen- bzw. Witwerrente, wenn die Ehe nicht mindestens ein Jahr gedauert hat, es sei denn, der alleinige oder überwiegende Zweck der Heirat war es nicht, einen Anspruch auf Hinterbliebenenrente zu begründen.

Waisenrente

Nach dem Tod des/der Versicherten haben seine/ihre Kinder Anspruch auf Waisenrente. Zu den Kindern zählen die leiblichen Kinder und Adoptivkinder. Darüber hinaus werden Stiefkinder und Pflegekinder, die im Hauhalt des/der Verstorbenen gelebt haben, und unter bestimmten Voraussetzungen auch Enkel und Geschwister berücksichtigt.

Lebt nach dem Tod eines Elternteils noch der andere Elternteil, wird Halbwaisenrente geleistet. Ist kein Elternteil mehr vorhanden, wird Vollwaisenrente gewährt. Der Anspruch besteht grundsätzlich bis zur Vollendung des 18. Lebensjahres, darüber hinaus bis zum 27. Lebensjahr, wenn die Waise sich in Schul- oder Berufsausbildung befindet oder ein freiwilliges soziales bzw. ökonomisches Jahr leistet oder wegen körperlicher, geistiger oder seelischer Behinderung außerstande ist, sich selbst zu unterhalten. Die Rentenlaufzeit kann noch einmal um die Dauer von Wehr- oder Zivildienst verlängert werden, wenn eine Schul- oder Berufsausbildung dadurch unterbrochen oder aufgeschoben worden ist.

Erziehungsrente

Ein Sonderfall der Renten wegen Todes ist die Erziehungsrente. Anders als bei der Witwen- oder Witwerrente und Waisenrente müssen die Anspruchsvoraussetzungen dieser Rente vom Rentenberechtigten selbst erfüllt werden.

Die Einführung des Versorgungsausgleichs ab 1. Juli 1977 im Falle der Scheidung führt dazu, dass frühere Ehegatten, deren Ehe nach dem 30. Juni 1977 geschieden worden ist, nach dem Tod des geschiedenen Ehegatten keinen Anspruch auf Witwen- oder Witwerrente haben. Problematisch ist dies, wenn ein überlebender (geschiedener) Ehegatte nicht selbst erwerbstätig sein kann, weil er durch Kindererziehung daran gehindert ist. Für diese Fälle ist die Erziehungsrente vorgesehen. Anspruchsvoraussetzung dafür ist neben dem Tod eines nach dem 30. Juni 1977 geschiedenen Ehegatten deshalb, dass der Überlebende ein eigenes Kind oder ein Kind des geschiedenen Ehegatten erzieht, nicht wieder geheiratet hat und bis zum Todesfall des geschiedenen Ehegatten die allgemeine Wartezeit von fünf Jahren selbst erfüllt hat. Anspruch auf Erziehungsrente hat unter den entsprechenden Voraussetzungen auch ein verwitweter Ehegatte, wenn ein Rentensplitting unter Ehegatten durchgeführt worden ist.

Wartezeit

Wenn die für die beantragte Rente erforderliche Mindestversicherungszeit (Wartezeit) erfüllt ist und die jeweiligen besonderen versicherungsrechtlichen und persönlichen Voraussetzungen vorliegen, besteht für die Versicherten oder ihre Hinterbliebenen Anspruch auf Rente. Die Wartezeit für die Renten wegen Erwerbsminderung, für die Regelaltersrente bei Alter 65 und für die Renten wegen Todes beträgt fünf Jahre („allgemeine Wartezeit"). Wartezeiten von 15, 20, 25 oder 35 Jahren sind erforderlich (§ 50 SGB VI) für vorgezogene Altersrenten, die vor dem 65. Lebensjahr in Anspruch genommen werden können, und für spezielle Erwerbsminderungsrenten.

Auf die allgemeine Wartezeit von 5 Jahren sowie die Wartezeit von 15 und 20 Jahren werden Beitragszeiten und Ersatzzeiten angerechnet. Darüber hinaus wirken sich Zuschläge aus einem nach Scheidung durchgeführten Versorgungsausgleich oder aus einem Rentensplitting unter Ehegatten wartezeiterhöhend aus, indem aus der zugeteilten Rentenanwartschaft Monate für die Wartezeit errechnet werden (§ 52 SGB VI).

2Beitragszeiten sind Zeiten mit Pflichtbeiträgen aufgrund einer versicherten Beschäftigung oder Tätigkeit sowie Zeiten mit freiwilligen Beiträgen. Zu den Pflichtbeitragszeiten gehören auch Zeiten der Kindererziehung im Umfang von 3 Jahren (bei Geburten ab 1992; bei früheren Geburten: ein Jahr) und ab 01. 04. 1995 Zeiten der nicht erwerbsmäßigen Pflege eines Pflegebedürftigen. Als Ersatzzeiten werden z. B. Zeiten des Kriegsdienstes und der Kriegsgefangenschaft, Zeiten politischer Haft in der DDR, außerdem Vertreibungszeiten und ähnliche Tatbestände, die sich vor 1992 ereignet haben (§ 250 SGB VI), anerkannt. Für die Wartezeit von 35 Jahren, die für die Altersrenten für langjährig Versicherte und für schwerbehinderte Menschen gefordert wird, zählen neben den Beitrags- und Ersatzzeiten auch alle anderen rentenrechtlichen Zeiten mit, insbesondere die Anrechnungszeiten (z. B. Zeiten der schulischen Ausbildung, Arbeitsunfähigkeit oder Arbeitslosigkeit) und die Berücksichtigungszeiten wegen Kindererziehung bis zum 10. Lebensjahres des Kindes (§ 51 SGB VI).

Die allgemeine Wartezeit wird in besonderen Fällen bereits vor Ablauf von 5 Jahren vorzeitig als erfüllt angesehen, wenn Versicherte z. B. wegen eines Arbeitsunfalls oder einer Wehrdienst- oder Zivildienstbeschädigung vermindert erwerbsfähig geworden oder gestorben sind. Sie ist auch vorzeitig erfüllt, wenn Versicherte vor Ablauf von 6 Jahren nach Beendigung einer Ausbildung voll erwerbsgemindert geworden oder gestorben sind und in den letzten 2 Jahren vorher mindestens 1 Jahr Pflichtbeiträge für eine versicherte Beschäftigung oder Tätigkeit nachweisen (§ 53 SGB VI).

2.4.6 Versicherungsträger

Die gesetzliche Rentenversicherung wird von besonderen öffentlich-rechtlichen Körperschaften, den Rentenversicherungsträgern (RV-Trägern), durchgeführt, also nicht durch private Unternehmungen. Sie verwalten sich selbst durch eigene Organe (Vertreterversammlung, Vorstand). Diese Organe der Selbstverwaltung setzen sich grundsätzlich je zur Hälfte aus ehrenamtlichen Vertretern der Versicherten und der Arbeitgeber zusammen.

Bis zur Organisationsreform der Deutschen Rentenversicherung am 01. Oktober 2005 waren als RV-Träger zu nennen die Bundesversicherungsanstalt für Angestellte (BfA), die Landesversicherungsanstalten (LVA) für Arbeiter und als Sonderanstalten die Bundesknappschaft (bundesweit zuständig für alle Personen, die entweder in einem Bergwerksbetrieb oder bei der Bundesknappschaft selbst beschäftigt sind), die Bahnversicherungsanstalt (zuständig für Arbeiter und Angestellte der Bundes- und Reichsbahn) und die Seekasse (zuständig für Personen, die in einem der Seefahrt dienenden Un-

Tabelle 2.4. Anschriften der Rentenversicherungsträger

Deutsche Rentenversicherung Baden-Württemberg (ehemals LVA Baden-Württemberg) *Sitz Stuttgart:* Adalbert-Stifter-Straße 103 70437 Stuttgart Telefon 0711/848-1 Fax 0711/848-4702 *Sitz Karlsruhe:* Gartenstraße 105 76135 Karlsruhe Telefon 0721/825-0 Fax 0721/825-21229 *Verbindungsstelle für Griechenland, Liechtenstein, Schweiz, Zypern*	**Deutsche Rentenversicherung Berlin-Brandenburg (ehemals LVA Berlin und LVA Brandenburg)** Knobelsdorffstraße 92 14059 Berlin Telefon 030/3002-0 Fax 030/3002-1009 *Sitz Frankfurt/Oder* Bertha-von-Suttner-Straße 1 15236 Frankfurt/Oder Telefon 0335/551-0 Fax 0335/551-1295 *Verbindungsstelle für Polen*
Deutsche Rentenversicherung Bayern Süd (ehemals LVA Niederbayern-Oberpflaz und Deutsche Rentenversicherung Oberbayern) Am Alten Viehmarkt 2 84024 Landshut Telefon 0871/81-0 Fax 0871/81-2140 *Verbindungsstelle für Bosnien-Herzegowina, Serbien und Montenegro, Kroatien, Mazedonien, Slowenien, Slowakei, Tschechien* Thomas-Dehler-Straße 3 81737 München Telefon 089/6781-0 Fax 089/6781-2345 *Verbindungsstelle für Österreich*	**Deutsche Rentenversicherung Braunschweig-Hannover (ehemals LVA Braunschweig und LVA Hannover)** Lange Weihe 2 30880 Laatzen Telefon 0511/829-0 Fax 0511/829-2635 Kurt-Schumacher-Straße 20 38102 Braunschweig Telefon 0531/7006-0 Fax 0531/7006-425 *Verbindungsstelle für Japan, Korea* **Deutsche Rentenversicherung Bund (ehemals BfA (Bundesversicherungsanstalt für Angestellte) und VDR (Verband Deutscher Rentenversicherungsträger)** 10704 Berlin Telefon 030/865-1

Tabelle 2.4. Anschriften der Rentenversicherungsträger (Fortsetzung)

Fax 030/865-27240
Verbindungsstelle für alle EU- und Vertragsstaaten, sofern Beiträge zum Versicherungsträger gezahlt worden sind

Deutsche Rentenversicherung Hessen (ehemals LVA Hessen)
Städelstraße 28
60596 Frankfurt/Main
Telefon 069/6052-0
Fax 069/6052-1600

Deutsche Rentenversicherung Knappschaft-Bahn-See (ehemals Bundesknappschaft, Bahnversicherungsanstalt und Seekasse)
Hauptverwaltung
Pieperstraße 14–28
44789 Bochum
Telefon 0234/304-0
Fax 0234/304-53050
Verbindungsstelle für alle EU- und Vertragsstaaten, sofern Beiträge zum Versicherungsträger gezahlt worden sind

Deutsche Rentenversicherung Mitteldeutschland (ehemals LVA Thürigen, LVA Sachsen-Anhalt und LVA Sachsen)
Sitz Leipzig
Georg-Schumann-Straße 146
04159 Leipzig
Telefon 0341/550-55
Fax 0341/550-5900

Standort Erfurt
Kranichfelder Straße 3
99097 Erfurt
Telefon 0361/482-0
Fax 0361/482-2299

Standort Halle
Paracelsusstraße 21
06114 Halle
Telefon 0345/213-0
Fax 0345/202-3314
Verbindungsstelle für Nachfolgestaaten der UdSSR (ohne Estland, Lettland, Litauen) bei Anwendung des DDR-UdSSR-Vertrages, Ungarn, Bulgarien

Deutsche Rentenversicherung Nord (ehemals LVA Schleswig-Holstein, LVA Mecklenburg-Vorpommern und LVA Freie und Hansestadt Hamburg)
Sitz Lübeck
Ziegelstraße 150
23556 Lübeck
Telefon 0451/485-0
Fax 0451/485-1777
Verbindungsstelle für Dänemark, Finnland, Norwegen, Schweden

Standort Neubrandenburg
Platanenstraße 43
17033 Neubrandenburg
Telefon 0395/370-0
Fax 0395/370-4444
Verbindungsstelle für Estland, Lettland und Litauen

Standort Hamburg
Friedrich-Ebert-Damm 245
22159 Hamburg
Telefon 040/5300-0
Fax 040/5300-2999
Verbindungsstelle für Großbritannien, Irland, Kanada und USA

Deutsche Rentenversicherung Ober- und Mittelfranken (ehemals LVA Ober- und Mittelfranken)
Wittelsbacherring 11
95444 Bayreuth
Telefon 0921/607-0
Fax 0921/607-398
Verbindungsstelle für Türkei

Deutsche Rentenversicherung Oldenburg-Bremen (ehemals LVA Oldenburg-Bremen)
Huntestraße 11
26135 Oldenburg
Telefon 0441/927-0
Fax 0441/927-2563
Verbindungsstelle für Australien

Deutsche Rentenversicherung Rheinland (ehemals LVA Rheinprovinz)
Königsallee 71
40215 Düsseldorf
Telefon 0211/937-0
Fax 0211/937-3096
Verbindungsstelle für Belgien, Chile, Israel, Spanien, Rheinschifffahrtsabkommen

Deutsche Rentenversicherung Rheinland-Pfalz (ehemals LVA Rheinland-Pfalz)
Eichendorffstraße 4–6
67346 Speyer
Telefon 06232/17-0
Fax 06232/17-2589
Verbindungsstelle für Frankreich, Luxemburg

Deutsche Rentenversicherung Saarland (ehemals LVA für das Saarland)
Martin-Luther-Straße 2–4
66111 Saarbrücken
Telefon 0681/3093-0
Fax 0681/3093-199

Deutsche Rentenversicherung Schwaben (ehemals LVA Schwaben)
Dieselstraße 9
86154 Augsburg
Telefon 0821/500-0
Fax 0821/500-1000
Verbindungsstelle für Italien, Marokko, Tunesien, Malta

Deutsche Rentenversicherung Unterfranken (ehemals LVA Unterfranken)
Friedenstraße 12/14
97072 Würzburg
Telefon 0931/802-0
Fax 0931/802-243
Verbindungsstelle für Portugal, Rumänien

Deutsche Rentenversicherung Westfalen (ehemals LVA Westfalen)
Gartenstraße 194
48125 Münster
Telefon 0251/238-0
Fax 0251/238-2960
Verbindungsstelle für Island, Niederlande

ternehmen tätig sind, für selbständige Küstenschiffer und Küstenfischer, für seemännische Angestellte sowie Lotsen) (Tabelle 2.4).

Die BfA führte die Rentenversicherung der Angestellten für das gesamte Bundesgebiet durch und war zudem zuständig für selbstständig Tätige, die als Lehrer, Erzieher, Pflegepersonen, Hebammen, Entbindungspfleger, Seelotsen, Künstler oder Publizisten versicherungspflichtig sind. In der Seefahrt beschäftigte Angestellte und Seelotsen wurden jedoch von der Seekasse, Angestellte der Deutschen Bahn von der Bahnversicherungsanstalt betreut. Über versicherungsrechtliche und beitragsrechtliche Fragen der selbstständigen Künstler und Publizisten entschied die Künstlersozialkasse, die auch den Beitragseinzug durchführt.

Arbeiter- und Angestelltenrentenversicherung wurden am 01. 10. 2005 unter dem Namen „Deutsche Rentenversicherung" zur allgemeinen Rentenversicherung zusammengefasst. Die Namen der RV-Träger setzen sich aus der Bezeichnung „Deutsche Rentenversicherung" sowie einer angefügten Regionalbezeichnung für den jeweiligen Zuständigkeitsbereich zusammen. Die Sonderanstalten sind zu einem Bundesträger fusioniert („Deutsche Rentenversicherung Knappschaft-Bahn-See").

Die BfA und der Verband Deutscher Rentenversicherungsträger (VDR) wurden im Oktober 2005 zusammengeschlossen und haben als neuer Bundesträger („Deutsche Rentenversicherung Bund") ihren Sitz in Berlin. Hier werden wichtige Grundsatz- und Querschnittsaufgaben mit verbindlicher Entscheidungskompetenz gegenüber den Trägern gebündelt. Weitere Fusionen der Regionalträger sind zu erwarten.

Die Zuständigkeit der RV-Träger für neu versicherte Arbeitnehmer wird seit 2005 im Rahmen der Vergabe der Versicherungsnummer nach einer Quote von 55 Prozent (Regionalträger) zu 40 Prozent (Deutsche Rentenversicherung Bund) zu 5 Prozent (Deutsche Rentenversicherung Knappschaft-Bahn-See) festgelegt. Für die vor 2005 Versicherten ändert sich nichts, der bisherige RV-Träger bleibt weiterhin für sie zuständig.

2.5 Gesetzliche (soziale und private) Pflegeversicherung

U. Diedrich

Die stetig sich verändernde Altersstruktur der Bevölkerung Deutschlands und die sich wandelnden familiären Strukturen sowie die immer effektiver werdenden therapeutischen Möglichkeiten der modernen Medizin bringen es mit sich, dass mehr und mehr Menschen im Alter nicht mehr ohne fremde Hilfe und häufig nicht mehr ohne Pflege auskommen. Das Gesetz zur sozialen Absicherung des Risikos der Pflegebedürftigkeit (Pflegeversicherungsgesetz – *PflegeVG*) trat am 1. Januar 1995 als Elftes Sozialgesetzbuch (SGB XI) in Kraft. Erstmals wurde damit ein Versicherungsschutz für nahezu die gesamte Bevölkerung der Bundesrepublik eingeführt. Alle gesetzlich und freiwillig versicherten Personen fallen unter den Schutz der sozialen Pflegeversicherung, wer privat krankenversichert ist, muss entsprechend dem Grundsatz „Pflegeversicherung folgt Krankenversicherung" der privaten Pflegepflichtversicherung beitreten. Beide Zweige gelten als selbstständige Teile der gesetzlichen Pflegeversicherung. Leistungsrahmen und Leistungsvoraussetzungen sind jeweils identisch. Unabhängig von seiner wirtschaftlichen Lage hat jeder Versicherte einen Rechtsanspruch auf Hilfe bei Pflegebedürftigkeit. Die Pflegeversicherung hat allerdings nicht das Ziel, die gesamten Kosten des Pflegebedarfs sicherzustellen. Über die gesetzliche Pflegeversicherung hinaus besteht die Möglichkeit, das Pflegerisiko im Rahmen privater Vorsorge zusätzlich abzusichern.

2.5.1 Grundsätze

Um Pflegebedürftigkeit zu mindern oder ihre Verschlimmerung zu verhindern, sind die Möglichkeiten der medizinischen Rehabilitation, aber auch aktivierende und rehabilitative Elemente der Pflege gezielt einzusetzen. Als Grundsatz gilt: Vorrang von Prävention und Rehabilitation vor der Inanspruchnahme von Pflegeleistungen. Es besteht in jedem Einzelfall die Verpflichtung zur Prüfung und Durchführung der notwendigen und zumutbaren Maßnahmen zur Rehabilitation.

2.5.2 Leistungsberechtigte

Pflegebedürftig im Sinne des Gesetzes sind Personen, die wegen einer körperlichen, geistigen oder seelischen Krankheit oder Behinderung *für die gewöhnlichen und regelmäßig wiederkehrenden Verrichtungen* im Ablauf des täglichen Lebens im Bereich

- der Körperpflege (Waschen, Duschen, Baden, Zahnpflege, Rasieren, Kämmen, Blasen- oder Darmentleerung),
- der Ernährung (mundgerechte Zubereitung und Aufnahme der Nahrung)
- der Mobilität (Aufstehen und Zu-Bett-Gehen, An- und Auskleiden, Gehen, Stehen, Treppensteigen, Verlassen und Wiederaufsuchen der Wohnung), und
- der hauswirtschaftlichen Versorgung (Einkaufen, Kochen, Reinigen der Wohnung, Spülen, Wechseln und Waschen der Wäsche und Kleidung oder Beheizen der Wohnung)

auf Dauer – voraussichtlich für mindestens sechs Monate – im erheblichen oder höheren Maße der Hilfe bedürfen. Pflegebedürftigkeit *auf Dauer* ist auch gegeben, wenn der Hilfebedarf nur deshalb nicht über sechs Monate hinaus gegeben ist, weil die Lebenserwartung voraussichtlich weniger als sechs Monate beträgt. Die *Hilfe* kann sowohl in der Unterstützung, in der teilweisen oder vollständigen Übernahme der Verrichtungen im Ablauf des täglichen Lebens bestehen, aber auch in einer Beaufsichtigung oder Anleitung mit dem Ziel der eigenständigen Übernahme dieser Verrichtungen.

Entsprechend der Art, der Häufigkeit und des zeitlichen Umfangs des Hilfebedarfs wird der Pflegebedürftige einer von drei Pflegestufen zugeordnet:

- *Pflegestufe I*: Als erheblich pflegebedürftig gelten Personen, die mindestens einmal täglich Hilfe benötigen bei mindestens zwei Verrichtungen aus dem Bereich der Körperpflege, Ernährung oder Mobilität und zusätzlich mehrfach in der Woche bei hauswirtschaftlichen Versorgungsleistungen. Der Zeitaufwand, den eine nicht als Pflegekraft ausgebildete Person für die erforderlichen Leistungen benötigt, muss durchschnittlich 90 Minuten pro Tag umfassen, davon müssen mehr als 45 Minuten auf die Grundpflege (Körperpflege, Ernährung und Mobilität) entfallen.
- *Pflegestufe II*: Als schwerpflegebedürftig gelten Personen mit einem mindestens dreimal täglich zu verschiedenen Tageszeiten anfallenden Hilfebedarf in der Grundpflege und zusätzlich mehrfach in der Woche anfallendem hauswirtschaftlichen Versorgungsbedarf. Der erforderliche Zeitaufwand liegt bei durchschnittlich mindestens drei Stunden täglich, davon mindestens zwei Stunden in der Grundpflege.
- *Pflegestufe III:* Schwerstpflegebedürftig sind Personen mit einem regelmäßigen Hilfebedarf „rund um die Uhr", d. h. auch nachts in der Zeit zwischen 22 und 6 Uhr. Vom zeitlichen Mindestaufwand von durchschnittlich fünf Stunden täglich müssen mindestens vier Stunden auf die Grundpflege entfallen.
- Darüber hinaus können Versicherte mit einem außergewöhnlich hohen Pflegeaufwand als so genannter „*Härtefall*" anerkannt werden, wenn die Grundpflege auch des Nachts nur von mehreren Pflegekräften gemeinsam (zeitgleich) erbracht werden kann oder die Hilfe bei den grundpflegerischen Verrichtungen mindestens sechs Stunden täglich, davon mindestens dreimal in der Nacht in Anspruch nimmt. Bei Pflegebedürftigen in vollstationären Pflegeeinrichtungen ist auch die auf Dauer bestehende medizinische Behandlungspflege zu berücksichtigen.

Für die Anerkennung von Pflegebedürftigkeit und die Zuordnung zu einer der Pflegestufen ist allein der Hilfebedarf bei den gewöhnlichen und regelmäßig wiederkehrenden Verrichtungen ausschlaggebend. Im Pflegeversicherungsgesetz werden die Voraussetzungen definiert, nach denen Versicherungsleistungen gewährt werden, wobei der tatsächliche Hilfe- und Pflege*bedarf* durchaus umfassender ausfallen kann. Ein Beaufsichtigungsbedarf, der nicht unmittelbar in Zusammenhang mit einer der grundpflegerischen Verrichtungen steht, kann bei der Pflegezeitermittlung z. B. nicht berücksichtigt werden, selbst dann nicht, wenn er der Vermeidung von Eigen- oder Fremdgefährdung dient. Des Weiteren sind Hilfeleistungen bei der Kommunikation und eine allgemeine psychosoziale Betreuung nicht als Leistungsvoraussetzung der Pflegeversicherung zu werten. Das gilt auch für Maßnahmen der Behandlungspflege wie die Verabreichung von Medikamenten, Blutdruckmessung, Einreibungen, Verbandwechsel etc., der medizinischen Rehabilitation und der beruflichen oder sozialen (Wieder-)Eingliederung. Für diese letztgenannten Bereiche stehen andere Kostenträger (gesetzliche Kranken- und Rentenversicherung, Eingliederungshilfe nach dem Bundessozialhilfegesetz – BSHG) zur Verfügung.

2.5.3 Leistungen

Das Pflegeversicherungsgesetz unterscheidet zwischen *häuslicher* und *vollstationärer* Pflege. Diese Unterscheidung ist für die Versicherten von besonderer Bedeutung, denn sie beinhaltet erhebliche Unterschiede in den Leistungsansprüchen.

- Grundsätzlich hat die *häusliche Pflege*, insbesondere die durch Angehörige oder sonstige dem Pflegebedürftigen nahe stehenden Personen erbrachte Pflege Vorrang vor der vollstationären Pflege. Es handelt sich auch um häusliche Pflege, wenn die pflegebedürftige Person tagsüber oder nachts in einer Pflegeeinrichtung gepflegt wird (*Tages-/Nachtpflege*) oder vorübergehend – bis zu vier Wochen im Jahr – stationäre Pflege in Anspruch genommen wird, wenn die häusliche Pflege noch nicht oder zeitweise nicht im erforderlichen Umfang erbracht werden kann (*Kurzzeitpflege*) oder die Pflegeperson aufgrund von Erholungsurlaub, Krankheit oder aus anderen Gründen verhindert ist (*Verhinderungspflege*). Die Leistungen der häuslichen Pflege können auch Pflegebedürftige erhalten, die in einem Seniorenwohnheim ein Appartement oder eine Wohnung gemietet haben.

- Lebt die pflegebedürftige Person in einem zugelassenen Pflegeheim, mit dem die Kostenträger einen entsprechenden Versorgungsvertrag abgeschlossen haben, können Leistungen der *vollstationären Pflege* gewährt werden. Die Notwendigkeit einer vollstationären Unterbringung wird bei Pflegestufe III vorausgesetzt. Bei Pflegestufe I und II muss einer

der folgenden Gründe für die Pflege in einer vollstationären Einrichtung erfüllt sein:
- eine Pflegeperson steht nicht zur Verfügung,
- es fehlt an entsprechenden Räumlichkeiten oder Umgestaltungsmöglichkeiten,
- es besteht Eigen- oder Fremdgefährdung,
- es droht Verwahrlosung, oder diese ist bereits eingetreten.

Die Leistungen in der häuslichen und vollstationären Pflege sind nach dem Grad der Pflegebedürftigkeit gestaffelt. In der häuslichen Pflege sind Geldleistungen vorgesehen, wenn der Pflegebedürftige ausschließlich die Hilfe von ehrenamtlich tätigen Pflegepersonen in Anspruch nimmt. Ist ein ambulanter Pflegedienst eingeschaltet, rechnet die Pflegekasse die erbrachten Leistungen direkt mit diesem ab (*Sachleistungsprinzip*) oder der Pflegebedürftige reicht die Rechnungen des Pflegedienstes bei seiner – privaten – Pflegeversicherung ein (*Erstattungsprinzip*). Pflegegeld und Pflegesach-/Erstattungsleistungen können auch kombiniert in Anspruch genommen werden. Bei vollstationärer Pflege kommen ausschließlich Sach- oder Erstattungsleistungen zum Tragen.

Bei Verhinderung der Pflegeperson oder bei notwendiger Unterbringung in einer (Kurzzeit-)Pflegeeinrichtung können im häuslichen Bereich Sach- oder Erstattungsleistungen in Höhe von bis zu 1432 € pro Jahr gewährt werden.

Die Pflegeversicherung hat das Ziel, die häusliche Pflege zu fördern und ehrenamtliche Tätigkeiten zu unterstützen. Die Pflegeversicherung übernimmt Beitragszahlungen zur Rentenversicherung ehrenamtlich tätiger Pflegepersonen. Die Höhe der Beiträge ist von der Stufe der Pflegebedürftigkeit und dem Umfang der Pflegetätigkeit abhängig.

Werden ausschließlich Geldleistungen in Anspruch genommen, sind die pflegebedürftige Person bzw. ihre Angehörigen verpflichtet, bei Pflegestufe I und II mindestens einmal halbjährlich und bei Pflegestufe III mindestens einmal vierteljährlich einen Pflegeeinsatz zur Beratung durch eine zugelassene Pflegeeinrichtung abzurufen.

Daneben können Pflegepersonen auf Kosten der zuständigen Pflegeversicherung an Pflegekursen oder Schulungen teilnehmen, die Fertigkeiten für eine eigenständige Durchführung der Pflege vermitteln. Diese Schulung soll auch in der häuslichen Umgebung des Pflegebedürftigen stattfinden.

Seit dem 1. Januar 2002 haben Pflegebedürftige mit demenzbedingten Fähigkeitsstörungen, geistigen Behinderungen und psychischen Erkrankungen, die auf Dauer einen erheblichen Bedarf an allgemeiner Beaufsichtigung und Betreuung aufweisen, Anspruch auf die Erstattung von Aufwendungen für zusätzliche Betreuungsleistungen in Höhe von 460 € pro Jahr. Dieser Betrag dient der Entlastung pflegender Angehöriger und steht ausschließlich im Bereich häuslicher Pflege zur Verfügung.

Tabelle 2.5. Leistungsrahmen in der gesetzlichen Pflegeversicherung

Pflegestufe	Häusliche Pflege		Vollstationäre Pflege
	Geldleistungen in €	Sachleistungen bzw. Erstattung in €*	Sachleistungen bzw. Erstattung in €
I	205	384	1023
II	410	921	1279
III	665	1432	1432
Härtefälle	–	1918	1688

* auch für Tages-/Nachtpflege

Darüber hinaus werden Pflegebedürftigen Pflegehilfsmittel und technische Hilfen zur Verfügung gestellt sowie Maßnahmen zur Verbesserung des individuellen Wohnumfeldes – bis zu einer Höhe von 2557 € – erstattet, wenn diese der Erleichterung der Pflege oder der Linderung von Beschwerden dienen oder dem Pflegebedürftigen eine selbständigere Lebensführung ermöglichen.

Im vollstationären Bereich werden mit den pflegestufenabhängigen Pauschalen der Pflegeversicherung (Tabelle 2.5) auch die Aufwendungen für die soziale Betreuung sowie die Aufwendungen für medizinische Behandlungspflege der pflegebedürftigen Bewohner übernommen. Die Kosten für Unterkunft und Verpflegung werden den Bewohnern der Pflegeeinrichtungen in Rechnung gestellt.

In vollstationären Einrichtungen der Hilfe für behinderte Menschen, in denen die berufliche und soziale Eingliederung oder die Ausbildung und Erziehung behinderter Kinder und Jugendlicher im Vordergrund stehen, werden von der Pflegeversicherung 10% des Heimentgeltes, maximal jedoch 256 € je Kalendermonat als Anteil für Pflegeaufwendungen übernommen.

2.5.4 Pflegerische Infrastruktur

Länder, Kommunen, ambulante und stationäre Pflegeeinrichtungen und Kostenträger wirken eng zusammen, um eine leistungsfähige, regional gegliederte, ortsnahe und aufeinander abgestimmte ambulante und stationäre pflegerische Versorgung der Bevölkerung zu gewährleisten. Auf Landesebene erhalten die Pflegekassen den Auftrag, durch Versorgungsverträge und Vergütungsvereinbarungen mit Pflegeheimen, Sozialstationen und ambulanten Pflegediensten die pflegerische Versorgung der Versicherten zu gewährleisten.

2.5.5 Begutachtung der Pflegebedürftigkeit

Die Feststellung, ob und in welchem Umfang Pflegebedürftigkeit vorliegt, erfolgt im Rahmen der sozialen Pflegeversicherung durch den Medizinischen Dienst der Krankenversicherung e. V. (*MDK*). Mit dieser Aufgabe werden überwiegend fest angestellte Ärzte und Ärztinnen, in zunehmendem Maße aber auch Pflegefachkräfte beauftragt.

Die Unternehmen, die die private Pflegepflichtversicherung betreiben, haben 1995 mit der Medicproof GmbH, Gesellschaft für medizinische Begutachtung, eine eigene Sachverständigenorganisation ins Leben gerufen. Sie wurde 1996 in die Trägerschaft des Verbandes der privaten Krankenversicherung e. V. übernommen und beschäftigt im gesamten Bundesgebiet etwa 700 Ärzte und 80 Pflegefachkräfte als freie Mitarbeiter. Es handelt sich dabei sowohl um niedergelassene Ärzte als auch um Angestellte in Krankenhäusern, Reha-Einrichtungen und Gesundheitsämtern sowie um Beamte und Ruheständler.

Die Medicproof GmbH arbeitet mit dem Medizinischen Dienst der Spitzenverbände der Krankenversicherung e. V. (*MDS*) zusammen, um die vom Gesetzgeber geforderte Gleichwertigkeit der Begutachtung von Pflegebedürftigkeit bundesweit zu gewährleisten.

Die Begutachtung von Pflegebedürftigkeit im Sinne des Pflegeversicherungsgesetzes wird bestimmt durch die im elften Buch des Sozialgesetzbuches (SGB XI) vorgegebenen Definitionen und Begriffe. Diese wurden im Sinne einer bundesweit einheitlichen Begutachtungspraxis verbindlich in den „Richtlinien der Spitzenverbände der Pflegekassen über die Abgrenzung der Merkmale der Pflegebedürftigkeit und der Pflegestufen sowie zum Verfahren der Feststellung der Pflegebedürftigkeit" (Pflegebedürftigkeitsrichtlinien – PflRi – vom 07. 11. 1994, geändert durch Beschlüsse vom 21. 12. 1995 und 22. 08. 2001 und 11. 05. 2006) verbindlich konkretisiert. Die am 01. 06. 1997 in Kraft getretenen „Richtlinien der Spitzenverbände zur Begutachtung von Pflegebedürftigkeit nach dem XI. Buch des Sozialgesetzbuches (Begutachtungsrichtlinien – BRi) sollten auf der Basis der bis dahin gesammelten Erfahrung eine noch einheitlichere Begutachtung durch Einführung der so genannten Orientierungswerte für die Pflegezeitbemessung gewährleisten. Erweitert wurden die Begutachtungsrichtlinien am 22. 08. 2001 um das Verfahren zur Feststellung des Personenkreises mit eingeschränkter Alltagskompetenz. Einer geänderten Fassung vom 11. 05. 2006 hat das Bundesministerium für Gesundheit mit Schreiben vom 21. 06. 2006 die Genehmigung erteilt. Sie findet mit Wirkung vom 01. 09. 2006 Anwendung.

Bei allen einer vereinheitlichten Begutachtungspraxis dienenden Vorgaben ist der Gutachter dennoch aufgefordert, Antragsteller hinsichtlich des Ausmaßes ihres Pflegebedarfs individuell zu beurteilen. Zur Dokumentation bedient er sich dabei eines einheitlichen Formulars. Dieses findet sich für die Begutachtung im Rahmen der sozialen Pflegeversicherung im Anhang der Begutachtungsrichtlinien. Für die Private Pflegepflichtversicherung wurde es unter Berücksichtigung deren Belange entsprechend angepasst; die Begutachtungsrichtlinien gelten hier aber gleichermaßen.

Das Formulargutachten enthält Angaben über pflegerelevante Aspekte der Versorgungssituation, über die medizinischen Voraussetzungen und pflegebegründenden Befunde, zum zeitlichen Umfang des Pflegebedarfs bei den einzelnen Verrichtungen der Grundpflege und eines in der Regel pauschalierten hauswirtschaftlichen Versorgungsbedarfs, zur Pflegestufe und zum Beginn der Pflegebedürftigkeit, zum Umfang der Pflegetätigkeit der Pflegepersonen, auch unter Berücksichtigung eines ggf. gleichzeitig tätigen Pflegedienstes, Prognosen über die weitere Entwicklung der Pflegebedürftigkeit und Vorschläge über Maßnahmen zur Verbesserung der Pflegebedürftigkeit einschließlich Aussagen über notwendige (Pflege-)Hilfsmittel oder Maßnahmen zur Verbesserung des individuellen Wohnumfeldes. Angaben zu den pflegerelevanten Aspekten der ambulanten Versorgungssituation beziehen sich auf die Wohnsituation, die insbesondere als räumliche Erschwernis die Pflege beeinflussen kann (Größe der Wohnung, Türbreite, Lage von Bad und Toilette, Stockwerk, Fahrstuhl, etc.).

Zu beschreiben ist außerdem die derzeitige Versorgungs- und Betreuungssituation aus der Sicht des Antragstellers bzw. seiner Angehörigen. Dabei sind die ärztliche Betreuungssituation, die Art der Heilmittelversorgung, die Versorgung mit Hilfsmitteln und technischen Hilfen sowie der Umfang der bisherigen pflegerischen Versorgung zu berücksichtigen.

In der pflegebegründenden Vorgeschichte sind in erster Linie Beginn und Verlauf der Krankheit oder Behinderung zu schildern, die ursächlich für den bestehenden Hilfebedarf sind. Vorerkrankungen, die sich nicht auf den Hilfebedarf auswirken, sind nur dann anzugeben, wenn sie für die Gesamteinschätzung der Situation von Bedeutung sind, z. B. bezogen auf ein ggf. bestehendes Rehabilitationspotential. Eventuell vorhandene längerfristige Aufzeichnungen über den Pflegeverlauf (Pflegetagebücher, Entwicklungsberichte von Rehaträgern) sollten erwähnt und gewürdigt werden. Zudem sind – soweit vorliegend – Fremdbefunde einzubeziehen, insbesondere, wenn sie pflegeverursachende Funktionsstörungen sowie die Art und den Umfang des Pflegebedarfs beschreiben. Bei Folgegutachten ist auf die Entwicklung seit der letzten Begutachtung besonders einzugehen.

Für die Bestimmung von Pflegebedürftigkeit sind nicht Art und Schwere einer Krankheit oder Behinderung ausschlaggebend, sondern allein der sich aus konkreten Funktionseinschränkungen oder Fähigkeitsstörungen ergebende Hilfebedarf in Bezug auf die gesetzlich definierten Verrichtungen. Auch sagt der Grad der Behinderung eines Menschen nichts über das Vorliegen von Pflegebedürftigkeit aus. Aus Gründen der Übersicht und der Vereinheitlichung werden die pflegebegründenden Befunde im Gutachtenformular bestimmten Organsystemen zugeordnet und zusammengefasst unter

- Stütz- und Bewegungsapparat,
- innere Organe,
- Sinnesorgane,
- Zentralnervensystem und Psyche.

Dabei kommt es ganz wesentlich auf die jeweiligen Funktionsbeschreibungen und auf die Dokumentation von Beeinträchtigungen im Alltagsleben (Fähigkeitsstörungen) an, die einen unmittelbaren Hilfebedarf bei den gewöhnlichen und regelmäßig wiederkehrenden Verrichtungen im Ablauf des täglichen Lebens nach sich ziehen. Hilfebedarf ist auch dann gegeben, wenn die Verrichtung zwar motorisch ausgeübt, jedoch deren Notwendigkeit nicht erkannt oder nicht in sinnvolles Handeln umgesetzt werden kann. Neben der Dokumentation vorhandener Fähigkeitsstörungen auf dem Boden einer bestimmten Funktionseinschränkung kommt es auch auf die Darstellung noch selbständiger Bewegungs- und Handlungsabläufe an.

Folglich erfordert die Beurteilung eines krankheits- oder behinderungsbedingten Hilfebedarfs die Betrachtung der vorliegenden Erkrankung oder Behinderung auf mehreren Ebenen:

- *Diagnose*: Welche Schädigung liegt vor?
- *Befund*: Welche Funktionseinschränkung ist darauf zurückzuführen?
- *Fähigkeitsstörung:* Welche Aktivitäten des täglichen Lebens kann der Betroffene in diesem Zusammenhang nicht (mehr) so ausführen wie es üblicherweise als normal angesehen wird? Besteht – zumindest in Bezug auf einige Verrichtungen – eine Ausgleichsmöglichkeit durch adäquaten Hilfsmitteleinsatz?

Die Diagnose „apoplektischer Insult“ mit dem Befund „armbetonte spastische Halbseitenlähmung rechts“ führt beispielsweise bei verschiednen Personen nicht zwangsläufig zum selben Umfang an Hilfebedarf bei den grundpflegerischen Verrichtungen. Das Ausmaß der Fähigkeitsstörung ist u. a. davon abhängig, ob der Betroffene Rechts- oder Linkshänder ist. Die Fähigkeitsstörung bei der Fortbewegung kann je nach Wohnverhältnissen anders ausfallen. Die Fähigkeitsstörungen im Bereich der Körperpflege können ggf. durch einen geeigneten Badumbau positiv beeinflusst werden. Eine Fähigkeitsstörung kann auch durch Adaptation an bestehende Verhältnisse zum Teil deutlich gemindert werden.

Ein nachvollziehbares Gesamtbild des Betroffenen erhält man durch die

- Feststellung und Dokumentation vorliegender Schädigungen, Funktionseinschränkungen und der sich daraus ergebenden Fähigkeitsstörungen (*Negativa*),
- Feststellung und Dokumentation der vorhandenen Ressourcen, der eingetretenen Adaptationen oder des Hilfsmittelausgleichs und der sich ergebenden Fähigkeiten (*Positiva*),
- kritische Wertung und Abschätzung der Auswirkungen auf das zeitliche Ausmaß des Hilfebedarfs bei den gewöhnlichen und regelmäßig wiederkehrenden Verrichtungen im Ablauf des täglichen Lebens.

Für jedes der vier vorgenannten Organsysteme wird im Hinblick auf diese Fragestellung das Schädigungsmuster festgehalten.

Beim *Stütz- und Bewegungsapparat* gilt es, den Verlust einer oder mehrerer Gliedmaßen, Lähmungen (schlaff, spastisch, mit oder ohne Gefühlsstörungen) der Extremitäten, Deformierungen und/oder Versteifungen von Gelenken zu beschreiben, vor allem aber auch die Phänomene, die zu einer Gebrauchsminderung der Arme und Hände oder zu einer eingeschränkten Geh- und Stehfähigkeit führen, wie Zittern, Schmerzen, Kraftverlust oder Gefühlsstörungen (*Polyneuropathie*). Die einzelnen Behinderungen können, abhängig von Alter, Kräftezustand, Rehabilitations-, bzw. Trainingserfolg und Motivation des Betroffenen unterschiedliche Beeinträchtigungen zur Folge haben. Darum sollten die folgenden Punkte ausführlich dokumentiert werden:

- Fortbewegungsfähigkeit (selbständig, mit oder ohne Gehhilfe oder Rollstuhl, mit oder ohne Begleitung oder Unterstützung durch die Pflegeperson,
- Gangbild, einschließlich Fähigkeit des Treppensteigens,
- Fähigkeit des Aufstehens aus dem Sitzen und Liegen sowie des Hinsetzens oder Hinlegens,
- Gebrauchsfähigkeit der oberen Extremität mit Beurteilung der groben Kraft, Faustschluss und Pinzettengriff, Nacken- und Schürzengriff, Ruhe- oder Intentionstremor,
- Rumpfbeweglichkeit/-stabilität, insbesondere die Fähigkeit des An- und Ausziehens von Schuhen und Strümpfen sowie die Beurteilung von Sitzhaltung/-stabilität,
- Bettlägerigkeit (vollständig/überwiegend/zeitweilig, mit oder ohne Fähigkeit zum selbständigen Lagewechsel und daraus resultierenden Komplikationen wie Dekubitalgeschwüre und Kontrakturen).

Obwohl *innere Organe* und internistische Diagnosen vergleichsweise wenig direkte pflegerelevante Ausfälle mit sich bringen, können ihre Funktionseinschränkungen doch im Zusammenhang mit anderen Behinderungen und Fähigkeitsstörungen als „pflegeerschwerende Faktoren“ den zeitlichen Aufwand notwendiger Hilfeleistungen erhöhen.

Funktionseinschränkungen des Kreislauf- und Gefäßsystems, der Atmungsorgane, der Luftwege, der Verdauungsorgane sowie der Nieren und ableitenden Harnwege sind in Art, Intensität und Ausprägung zu beschreiben, soweit sie Auswirkungen auf den Hilfebedarf haben. Insbesondere ist einzugehen auf

- Zeichen einer Herzleistungsschwäche (Dyspnoe, Ödeme, Nykturie),
- Atemstörungen,
- Harn- und Stuhlinkontinenz, aber auch eindeutige Verdauungsprobleme (rezidivierende Diarrhöen, schwere Obstipation).

Vor allem die letztgenannten Funktionseinschränkungen haben Auswirkungen auf den Pflegebedarf, und eine notwendige Versorgung mit Vorlagen, Windeln, Kathetern oder Stomabeutel muss Erwähnung finden. Hautveränderungen, soweit sie pflegerelevant sind, sollten der Vollständigkeit halber genannt werden, auch wenn die meisten dabei anfallenden Pflegeleistungen Maßnahmen der Behandlungspflege darstellen.

- Dekubitalulzera/Ulcera cruris,
- chronisch nekrotisierende Veränderungen,
- juckende, schuppende Dermatosen.

Alle drei genannten Erkrankungen können als spezielle pflegeerschwerende Faktoren angesehen werden.

- Die Funktionsbeschreibungen der *Sinnesorgane* betreffen das Sehen und Hören und sollen Aufschluss geben über eine wesentliche Voraussetzung zur Kommunikationsfähigkeit des Pflegebedürftigen. Hilfeleistungen in Form von Anleitung oder Aufforderung zur selbständigen Durchführung einer Verrichtung („aktivierende" Pflegeleistungen) werden durch ein eingeschränktes Hör- und/oder Sehvermögen deutlich erschwert.

- Unter der Rubrik des *zentralen Nervensystems* und der *Psyche* werden funktionelle Einschränkungen der Bewusstseinslage festgehalten, pflegererelevante neurologische Funktionen einschließlich des Sprechvermögens und des Sprachverständnisses beschrieben und daraus resultierende Fähigkeitsstörungen und Pflegeerschwernisse dargestellt. Seit der Einführung des Pflege-Leistungsergänzungsgesetzes (PfLEG) am 01. 04. 2002 ist das „Verfahren zur Feststellung des Personenkreises mit erheblich eingeschränkter Alltagskompetenz" an die Beurteilung folgender psychomentaler Fähigkeiten geknüpft:

- Orientierung,
- Antrieb/Beschäftigung,
- Stimmung,
- Gedächtnis,
- Tag-/Nachtrhythmus,
- Wahrnehmung und Denken,
- Kommunikation/Sprache,
- Wahrnehmung sozialer Bereiche des Lebens.

Bei mindestens einer Auffälligkeit in den vorgenannten Bereichen, die einen regelmäßig und auf Dauer – voraussichtlich mindestens sechs Monate – bestehenden Beaufsichtigungs- und Betreuungsbedarf bedingt nach sich zieht, wird ein 13 Punkte umfassendes *Assessment* zur Feststellung von Personen mit erheblich eingeschränkter Alltagskompetenz durchgeführt. Dazu werden krankheits- oder behinderungsbedingte kognitive Störungen sowie Störungen des Affektes und des Verhaltens erfasst. Werden bei einem Pflegebedürftigen zwei der nachfolgend aufgeführten Sachverhalte festgestellt, wovon mindestens einer den ersten neun Punkten entsprechen muss, sind die Voraussetzungen für „zusätzliche Betreuungsleistungen" erfüllt:

- unkontrolliertes Verlassen des Wohnbereiches (Weglauftendenz),
- Verkennen oder Verursachen gefährdender Situationen,
- unsachgemäßer Umgang mit gefährlichen Gegenständen oder potenziell gefährdenden Substanzen,
- tätlich oder verbal aggressives Verhalten in Verkennung der Situation,
- im situativen Kontext inadäquates Verhalten,
- Unfähigkeit, die eigenen körperlichen und seelischen Gefühle oder Bedürfnisse wahrzunehmen,
- Unfähigkeit zu einer erforderlichen Kooperation bei therapeutischen oder schützenden Maßnahmen als Folge einer therapieresistenten Depression oder Angststörung,
- Störungen der höheren Hirnfunktionen (Beeinträchtigungen des Gedächtnisses, herabgesetztes Urteilsvermögen), die zu Problemen bei der Bewältigung von sozialen Alltagsleistungen geführt haben,
- Störung des Tag-Nacht-Rhythmus,
- Unfähigkeit, eigenständig den Tagesablauf zu planen und zu strukturieren,
- Verkennen von Alltagssituationen und inadäquates Reagieren in Alltagssituationen,
- ausgeprägt labiles oder unkontrolliert emotionales Verhalten,
- zeitlich überwiegend Niedergeschlagenheit, Verzagtheit, Hilflosigkeit oder Hoffnungslosigkeit aufgrund einer therapieresistenten Depression.

Zur Feststellung des Hilfebedarfs sind neben der Beschreibung funktioneller Einschränkungen vor allem die Fähigkeiten in Bezug auf die *Aktivitäten des täglichen Lebens (ATL)* ausschlaggebend. Sie werden von allen Beteiligten als das Instrument anerkannt, mit dem der Hilfebedarf und die Ressourcen des Versicherten unabhängig vom klinischen Krankheitsbild umfassend und ganzheitlich abgebildet werden können. Die ATL sind das in Deutschland am meisten verbreitete Pflegemodell im Rahmen der Pflegeprozessplanung. Mit den einzelnen ATL

- vitale Funktionen aufrechterhalten,
- sich situativ anpassen können,

- für Sicherheit sorgen können,
- sich bewegen können,
- sich sauberhalten und kleiden können,
- essen und trinken können,
- ausscheiden können,
- sich beschäftigen können,
- kommunizieren können,
- ruhen und schlafen können,
- soziale Bereiche des Lebens sichern können.

soll eingeschätzt werden, bei welchen Aktivitäten des täglichen Lebens die Selbständigkeit des Antragstellers erhalten geblieben ist und wie sich Fähigkeitsstörungen auf den zu ermittelnden Hilfebedarf aber auch auf die Gesamtsituation auswirken. Da sie in ihrer Gesamtheit nicht der Zuordnung einer Pflegestufe dienen, sind sie eher geeignet, die Nachvollziehbarkeit und Vollständigkeit der gutachterlichen Wertung zu untermauern.

Zusammenfassend ergibt sich der *maßgebliche Hilfebedarf* des Pflegebedürftigen aus der individuellen Ausprägung von funktionellen Einschränkungen durch Krankheit oder Behinderung (Befund und Anamnese), der individuellen Lebenssituation (Wohnverhältnisse, soziales Umfeld), der individuellen Pflegesituation und der Individualität des Pflegebedürftigen. Der individuelle Hilfebedarf bei den Verrichtungen orientiert sich am pflegerischen und medizinisch Notwendigen. Dabei werden die erbrachte Hilfeleistung und der individuelle Hilfebedarf in ein Verhältnis gesetzt und zusammenfassend bewertet, d.h. es wird ermittelt, ob die erbrachte Hilfeleistung dem individuellen Hilfebedarf entspricht. Die tatsächlich erbrachte Hilfeleistung kann sich im Rahmen des medizinisch und pflegerisch Notwendigen bewegen. Wenn sie den Rahmen des Notwendigen übersteigt, so kann dies in der Pflegeversicherung nicht berücksichtigt werden. Weder kann der von einem Antragsteller geltend gemachte Anspruch auf besonders aufwendige pflegerische Betreuung noch eine tatsächlich über das Maß des Notwendigen hinaus erbrachte Pflege berücksichtigt werden (*Überversorgung*). Ebenso wenig entspricht aber eine unzureichende Pflege (*Unterversorgung*) dem Maß des Notwendigen. Soweit die Pflege ggf. auch auf Wunsch des Pflegebedürftigen tatsächlich unzureichend erbracht wird, hat der Gutachter auf das Maß des Notwendigen abzustellen.

Neben Art und Häufigkeit des Hilfebedarfs bei den definierten Verrichtungen hat der Gutachter für die Zuordnung zu einer Pflegestufe den Zeitaufwand zu erheben, den eine nicht als Pflegekraft ausgebildete Person für die erforderliche Hilfeleistung der grundpflegerischen und hauswirtschaftlichen Versorgung benötigt. Hierfür wurden in den Begutachtungsrichtlinien die so genannten Orientierungswerte für die Pflegezeitbemessung der einzelnen Verrichtungen als Anhaltsgröße genannt. Ausgehend von der Hilfeleistung der „vollständigen Übernahme“ wird für nahezu alle Teilverrichtungen ein Zeitkorridor angegeben (z.B. Duschen 15–20 Minuten, Teilwaschen des Oberkörpers 8–10 Minuten, Zahnpflege 5 Minuten, Rasieren 5–10 Minuten, Wechseln von Windeln nach dem Wasserlassen 4–6 Minuten, Wechseln des Stomabeutels 3–4 Minuten, Essen von Hauptmahlzeiten 15–20 Minuten, einfache Hilfe zum Aufstehen/zu Bett gehen je 1–2 Minuten, Umlagern 2–3 Minuten, Ankleiden gesamt 8–10 Minuten, Entkleiden Oberkörper/Unterkörper 2–3 Minuten, Transfer auf den Rollstuhl je 1 Minute). Die erforderliche Vor- und Nachbereitung zu den Verrichtungen ist hier berücksichtigt.

Beim Vorliegen allgemeiner oder spezieller Erschwernisfaktoren, die die Durchführung der Pflegemaßnahme verlängern (wie z.B. Hemiplegien, schwere kardiopulmonale Dekompensation, Fehlstellungen der Extremitäten, stark eingeschränkte Sinneswahrnehmungen, starke therapieresistente Schmerzen, pflegebehindernde räumliche Verhältnisse, zeitaufwendiger Hilfsmitteleinsatz), können – mit entsprechender Begründung – die Orientierungswerte verlassen werden. Handelt es sich bei der Hilfeleistung nicht um „vollständige Übernahme“ der Verrichtung, sondern eher um „Unterstützung“ oder „teilweise Übernahme“, ist ein Zeitaufwand zu dokumentieren, der nachvollziehbar von dem Orientierungsrahmen abweicht. Wird die Pflege „aktivierend“ durchgeführt, wo die Hilfeformen „Anleitung“ und „Beaufsichtigung“ dem Ziel der selbständigen Durchführung der Verrichtung dienen, kann der Zeitaufwand den Umfang für die „vollständige Übernahme“ erreichen oder sogar überschreiten. Die Orientierungswerte entbinden die Gutachter nicht davon, in jedem Einzelfall den Zeitaufwand für den Hilfebedarf bei der Grundpflege entsprechend der individuellen Pflegesituation festzustellen.

Der Zeitaufwand ist in der Grundpflege für jede Einzelverrichtung und für die hauswirtschaftliche Versorgung insgesamt anzugeben. Auch nicht täglich erbrachte Hilfeleistungen werden bei der Feststellung des Zeitaufwandes berücksichtigt (z.B. ist das wöchentliche Duschen/Baden ist auf den Durchschnittswert pro Tag umzurechnen). Bei unvermeidbarem zeitgleichen Einsatz zweier Pflegekräfte ist der Zeitaufwand, den eine Pflegeperson benötigt, doppelt zu rechnen. Bei Personen mit wechselndem Hilfebedarf ist der durchschnittliche Hilfebedarf über einen längeren Zeitraum zu berücksichtigen. Angaben in Pflegetagebüchern und der Pflegedokumentation sind dabei hilfreich.

Bei pflegebedürftigen Kindern ist nur der krankheitsbedingte Mehraufwand im Vergleich zu altersentsprechend entwickelten gesunden Kindern zeitlich zu berücksichtigen.

Ergeben sich Hinweise auf *pflegerische Defizite* oder auf eine nicht sicher gestellte Pflege (z.B. Hinweise auf mögliche Gewaltanwendungen, nicht ärztlich verordnete Sedierung, kachektischer und/oder exsikkotischer Allgemeinzustand, Vernachlässigung der Körperhygiene, unterlassene Hilfeleistungen nach Einkoten und Einnässen, Dekubitalgeschwüre, verschmutzte Wäsche, Vernachlässigung des Haushaltes), sollten der Pflegeversicherung entsprechende Interventionsmaßnahmen und eine kurzfristige Wiederholungsbegutachtung vorgeschlagen werden.

Weitere Empfehlungen, die über die derzeitige Pflege- und Versorgungssituation hinausgehen, sollten im Rahmen des individuellen Pflegeplans gemacht werden, sofern sie erforderlich sind und die Pflegesituation verbessern können. Das bezieht sich z. B. auf notwendige technische Hilfen und bauliche Maßnahmen zur Verbesserung des individuellen Wohnumfeldes (z. B. Verbreiterung von Türen, Versetzen von Türgriffen, behindertengerechter Umbau der Dusche oder Wanne, Beseitigung von Stolperquellen wie Teppichläufer), auf Beratung zu Entlastungsmöglichkeiten für pflegende Angehörige (z. B. Verhinderungspflege, Tages-/Nachtpflege) sowie auf Vorschläge über Art und Umfang der bei der pflegerischen Versorgung erforderlichen Hilfen. Auch Maßnahmen zur Rehabilitation sind zu berücksichtigen. Hierbei ist im Einzelfall zu prüfen, ob mit den Zielen der Rehabilitation die Wiedergewinnung, Verbesserung oder der Erhalt einer möglichst weitgehenden Selbständigkeit des Versicherten bei den Verrichtungen des täglichen Lebens erreicht werden kann.

Literatur

Besche A (2003) Die Pflegeversicherung, 4. Aufl. Bundesanzeiger Verlag, Köln

Bundesministerium für Gesundheit (Hrsg) (2002) Pflegeversicherungsgesetz – Textausgabe

Juchlie L (1994) Pflege: Praxis und Theorie der Gesundheits- und Krankenpflege, 7. Aufl. Thieme, Stuttgart New York

Klie Th (2005) Pflegeversicherung, 7. Aufl. Vincentz-Verlag, Hannover

Richtlinien der Spitzenverbände der Pflegekassen zur Begutachtung von Pflegebedürftigkeit nach dem IX. Buch des Sozialgesetzbuches vom 01. 06. 1997 in der Fassung vom 11. 05. 2006

Roper N, Logan WW et al (1997) Die Elemente der Krankenpflege, 4. Aufl. Recom, Baunatal

Schulin B (1997) Handb. des Sozialversicherungsrechts, Bd 4: Pflegeversicherungsrecht. C. H. Beck, München

Udsching P (2000) SGB XI, Soziale Pflegeversicherung, Kommentar, 2. Aufl. C. H. Beck, München

2.6 Soziales Entschädigungsrecht

G. Raddatz

Das soziale Entschädigungsrecht (*SER*) gewährt Personen, die eine gesundheitliche Schädigung aufgrund eines der Gemeinschaft geleisteten Sonderopfers oder aufgrund bestimmten staatlichen Handelns erlitten haben, wegen der gesundheitlichen und wirtschaftlichen Folgen dieser Schädigung Versorgung.

Kernstück des sozialen Entschädigungsrechts ist das „Gesetz über die Versorgung der Opfer des Krieges" (Bundesversorgungsgesetz – *BVG*) von 1950 (zur Zeit gültige Fassung von 1982), für die Entschädigung von Kriegsopfern. Versorgung nach dem BVG können Deutsche sowie Ausländer mit Wohnsitz oder gewöhnlichem Aufenthalt in der Bundesrepublik Deutschland erhalten. Gesundheitliche Schädigung oder Tod, die einen Anspruch auf Versorgung nach dem BVG auslösen, müssen insbesondere durch militärische oder militärähnliche Dienstverrichtungen, durch einen Unfall während der Ausübung des militärischen oder militärähnlichen Dienstes oder durch die diesem Dienst eigentümlichen Verhältnisse, ferner durch unmittelbare Kriegseinwirkung, Kriegsgefangenschaft oder Internierung eingetreten sein. Die Zahl der Versorgungsberechtigten ist von 4,4 Mio. (1952) auf unter 1 Mio. (Mitte 1998) gesunken. Der altersbedingte Rückgang der Zahl der Versorgungsberechtigten nach dem BVG wird nur zum Teil durch die steigende Zahl der Versorgungsberechtigten nach den übrigen Gesetzen des sozialen Entschädigungsrechts kompensiert.

Die wichtigsten Gesetze, die eine entsprechende Anwendung der Vorschriften des Bundesversorgungsgesetzes vorsehen, sind:

- „Gesetz über die Versorgung für die ehemaligen Soldaten der Bundeswehr und ihrer Hinterbliebenen" (Soldatenversorgungsgesetz – *SVG*), Fassung von 1999; für beschädigte Soldaten der Bundeswehr;
- „Gesetz über den Zivildienst der Kriegsdienstverweigerer" (Zivildienstgesetz – *ZDG*), Fassung von 1994; für beschädigte Zivildienstpflichtige;
- „Gesetz über Hilfsmaßnahmen für Personen, die aus politischen Gründen außerhalb der Bundesrepublik Deutschland in Gewahrsam genommen wurden" (Häftlingshilfegesetz – *HHG*), Fassung von 1993; für aus politischen Gründen in der DDR, in Berlin (Ost) oder in den im Bundesvertriebenengesetz genannten Vertreibungsgebieten Inhaftierte;
- „Gesetz zur Verhütung und Bekämpfung übertragbarer Krankheiten beim Menschen" (Bundesseuchengesetz – *BSeuchG*), seit 1. 1. 2001 „Gesetz zur Verhütung und Bekämpfung von Infektionskrankheiten beim Menschen" (Infektionsschutz-

gesetz - *IfSG*), Fassung von 2000; für die Entschädigung von Impfschäden;
- „Gesetz über die Entschädigung für Opfer von Gewalttaten" (Opferentschädigungsgesetz - *OEG*), Fassung von 1985; für die Entschädigung von Opfern von rechtswidrigen Gewalttaten;
- „Gesetz über die Rehabilitation und Entschädigung von Opfern rechtsstaatswidriger Strafverfolgungsmaßnahmen im Beitrittsgebiet" (Strafrechtliches Rehabilitierungsgesetz - *StrRehaG*), Fassung von 1999; für Personen, die infolge einer Freiheitsentziehung in der DDR eine gesundheitliche Schädigung erlitten haben;
- „Gesetz über die Aufhebung rechtsstaatswidriger Verwaltungsentscheidungen im Beitrittsgebiet und die daran anknüpfenden Folgeansprüche" (Verwaltungsrechtliches Rehabilitierungsgesetz - *VwRehaG*), Fassung von 1997 für Personen, die infolge einer Verwaltungsentscheidung in der DDR eine gesundheitliche Schädigung erlitten haben.

In anderen Rechtsbereichen wird auf die „Minderung der Erwerbsfähigkeit (MdE)" des § 30 BVG Bezug genommen, z. B.:
- „Sozialgesetzbuch (*SGB*) Neuntes Buch (IX) - Rehabilitation und Teilhabe behinderter Menschen", früher „Gesetz zur Sicherung der Eingliederung Schwerbehinderter in Arbeit, Beruf und Gesellschaft" (Schwerbehindertengesetz - SchwbG) ▶ Kap. 2.8;
- „Gesetz über den Abschluss von Unterstützungen der Bürger der ehemaligen Deutschen Demokratischen Republik bei Gesundheitsschäden infolge medizinischer Maßnahmen" (Unterstützungsabschlussgesetz - *UntAbschlG*);
- „Gesetz über die Hilfe für durch Anti-D-Immunprophylaxe mit dem Hepatitis-C-Virus infizierte Personen" (Anti-D-Hilfegesetz - *AntiDHG*);
- „Bundesentschädigungsgesetz" (*BEG*) sowie beamtenrechtliche Vorschriften.

Die Durchführung der Gesetze des sozialen Entschädigungsrechtes obliegt den für die Kriegsopferversorgung zuständigen Behörden der Länder (Versorgungsämter), die seit der Wiedervereinigung zum Teil (auch unter Verlust des Namens „Versorgungsamt") in die allgemeine Sozialverwaltung integriert wurden. Die derzeitig gültige Bezeichnung dieser Ämter in den Ländern zeigt Tabelle 2.6.

Der Rechtsweg liegt bei den Gerichten der Sozialgerichtsbarkeit.

Die Versorgung umfasst: Heilbehandlung, Versehrtenleibesübung, Krankenbehandlung, Fürsorgeleistungen (Kriegsopferfürsorge), Beschädigtenrente, Pflegezulage, Bestattungsgeld, Sterbegeld, Hinterbliebenenrente, Bestattungsgeld nach Tod von Hinterbliebenen.

Heil- und Krankenbehandlung entsprechen in Art und Umfang weitgehend den Leistungen der gesetzlichen Krankenversicherung (SGB V) und werden in der Regel von deren Trägern im Auftrag des zuständigen Kostenträgers erbracht.

Tabelle 2.6. Für die Durchführung des Bundesversorgungsgesetzes zuständige Behörden

▮ Baden-Württemberg	Landratsamt - Versorgungsamt
▮ Bayern	Zentrum Bayern Familie und Soziales
▮ Berlin	Versorgungsamt Berlin
▮ Brandenburg	Amt für Soziales und Versorgung
▮ Bremen	Versorgungsamt Bremen
▮ Hamburg	Behörde für Soziales und Familie Abteilung Soziale Entschädigung (Versorgungsamt)
▮ Hessen	Hessisches Amt für Versorgung und Soziales
▮ Mecklenburg-Vorpommern	Versorgungsamt
▮ Niedersachsen	Versorgungsamt
▮ Nordrhein-Westfalen	Versorgungsamt
▮ Rheinland-Pfalz	Amt für soziale Angelegenheiten
▮ Saarland	Landesamt für Jugend, Soziales und Versorgung
▮ Sachsen	Amt für Familie und Soziales
▮ Sachsen-Anhalt	Amt für Versorgung und Soziales
▮ Schleswig-Holstein	Landesamt für soziale Dienste Schleswig-Holstein, Außenstelle
▮ Thüringen	Versorgungsamt

Heilbehandlung erhalten Beschädigte für als Schädigungsfolge anerkannte Gesundheitsstörungen und Schwerbeschädigte. Krankenbehandlung erhalten unter bestimmten Voraussetzungen Angehörige und Hinterbliebene von Beschädigten.

Versehrtenleibesübungen werden als Gruppenbehandlung unter ärztlicher Aufsicht durchgeführt. Sie dienen der Wiedergewinnung und Erhaltung der körperlichen Leistungsfähigkeit und sollen den Leistungswillen und die Leistungsbereitschaft der Beschädigten festigen.

Gutachtlich bedeutsame Rechtsbegriffe des sozialen Entschädigungsrechtes

Im sozialen Entschädigungsrecht sind gutachtlich vor allem folgende zwei Fragen zu beantworten:
1. Besteht zwischen schädigendem Ereignis und geltend gemachter Gesundheitsstörung ein Zusammenhang? → Frage der Kausalität.
2. Welche Folgen gesundheitlicher und wirtschaftlicher Art ergeben sich aus der Gesundheitsstörung? → Frage nach den Auswirkungen, nach der „Minderung der Erwerbsfähigkeit" (*MdE*).

Grundlage der Beantwortung dieser Fragen sind die vom Bundesministerium für Gesundheit und Soziale Sicherung (bis 2002 und wieder ab 2006 vom Bundesministerium für Arbeit und Soziales; ▶ www.bmas.bund.de) herausgegebenen „Anhaltspunkte für die ärztliche Gutachtertätigkeit im sozialen Entschädigungsrecht und nach dem Schwerbehindertenrecht (Teil 2 SGB IX)" („*Anhaltspunkte*").

Kausalität

Als *Schädigungsfolge* wird im sozialen Entschädigungsrecht jede Gesundheitsstörung bezeichnet, die mit der – je nach Gesetz unterschiedlichen – zu berücksichtigenden Schädigung in ursächlichen Zusammenhang steht.

Der *Ursachenbegriff* im Sinne des sozialen Entschädigungsrechts entspricht dabei dem in der gesetzlichen Unfallversicherung. Ursache ist die Bedingung, die wegen ihrer besonderen Beziehung zum Erfolg zu dessen Eintritt wesentlich mitgewirkt hat. Nebeneinander stehende Mitursachen sind solche, die für den Eintritt des Erfolges annähernd gleichwertig sind. Hat eine Ursache gegenüber der anderen überragende Bedeutung, so ist diese alleinige Ursache im Sinne des Versorgungsrechts.

Der Ursachenbegriff ist von Bedeutung bei der Beurteilung des ursächlichen Zusammenhangs zwischen einem schädigendem Vorgang und einer Gesundheitsstörung oder dem Tod, aber auch bei der Beurteilung eines besonderen beruflichen Betroffenseins oder von Hilflosigkeit im SER.

Zu den Fakten, die vor der Beurteilung eines ursächlichen Zusammenhangs geklärt („voll bewiesen") sein müssen, gehören der schädigende Vorgang, die gesundheitliche Schädigung und die zu beurteilende Gesundheitsstörung. Nach dem Gesetz über das Verwaltungsverfahren in der Kriegsopferversorgung genügt als Vollbeweis in bestimmten Fällen die Glaubhaftmachung.

Zwischen dem schädigenden Vorgang und der zu beurteilenden Gesundheitsstörung muss eine kausale Beziehung bestehen, die mit dem medizinischen Wissensstand und dem ärztlichen Erfahrungsstand übereinstimmt. Brückensymptome können helfen, eine solche Kausalkette zu begründen.

Für die Annahme, dass eine Gesundheitsstörung Folge einer Schädigung ist, genügt versorgungsrechtlich die *Wahrscheinlichkeit* des ursächlichen Zusammenhangs. Sie ist dann gegeben, wenn nach der geltenden medizinisch-wissenschaftlichen Lehrmeinung mehr für als gegen einen ursächlichen Zusammenhang spricht. Eine wissenschaftliche Hypothese, die nicht der medizinischen Lehrmeinung entspricht, kann also einen ursächlichen Zusammenhang nicht begründen. Eine passende zeitliche Verbindung ist zwar eine Voraussetzung für die Wahrscheinlichkeit eines ursächlichen Zusammenhangs, kann aber den ursächlichen Zusammenhang allein nicht begründen. Der Zusammenhang ist auch dann nicht wahrscheinlich, wenn er aus wissenschaftlicher Sicht lediglich nicht ausgeschlossen werden kann. Die „Möglichkeit" des ursächlichen Zusammenhangs reicht also nicht aus, ihn anzunehmen.

Eine Gesundheitsstörung kann im sozialen Entschädigungsrecht unter bestimmten Voraussetzungen trotz Fehlen der geforderten Wahrscheinlichkeit als Schädigungsfolge anerkannt werden, wenn die geforderte Wahrscheinlichkeit nur deshalb nicht gegeben ist, weil über die Ursache der festgestellten Gesundheitsstörung in der medizinischen Wissenschaft Ungewissheit besteht (§ 1 Abs. 3 Satz 2 BVG). Diese „*Kannversorgung*" setzt aber voraus, dass ein ursächlicher Einfluss der im Einzelfall vorliegenden Umstände in den wissenschaftlichen Arbeitshypothesen theoretisch begründet ist. Ungewissheiten im Sachverhalt rechtfertigen keine „Kannversorgung". Das Bundesministerium für Arbeit und Soziales, das einer „Kannversorgung" zustimmen muss, hat für eine Reihe von Gesundheitsstörungen diese Zustimmung allgemein erteilt (z.B. bei arteriosklerotischen Komplikationen, einigen Nervenkrankheiten, Autoimmunkrankheiten, bösartigen Geschwülsten oder bestimmten Krankheiten aus dem rheumatischen Formenkreis). Einzelheiten zu diesen, für den Gutachter nicht einfachen Regelungen sind in den „Anhaltspunkten" aufgeführt.

So genannte *mittelbare Schädigungsfolgen*, die schädigungsbedingt herbeigeführt wurden, werden versorgungsrechtlich wie unmittelbare Schädigungsfolgen behandelt.

Bei einem bestehenden schädigungsunabhängigen *Vorschaden* muss die MdE diesen Vorschaden berücksichtigen. Ein Nachschaden, der zeitlich nach der Schädigung und schädigungsunabhängig eintritt, bleibt bei der Beurteilung der MdE unberücksichtigt. Ein Folgeschaden im Zusammenhang mit einer Schädigung ist naturgemäß Schädigungsfolge.

Eine Gesundheitsstörung kann im Sinne der Entstehung oder Verschlimmerung als Schädigungsfolge anerkannt werden. Bei der Anerkennung im Sinne der Verschlimmerung wird nur ein Teil des Leidens als Schädigungsfolge beurteilt und bei der MdE-Bewertung berücksichtigt.

Der eingetretene Tod ist Schädigungsfolge, wenn er durch sie verursacht wurde. Der Tod durch eine rechtsverbindlich anerkannte Schädigung gilt stets als Schädigungsfolge. Diese Rechtsvermutung bewirkt, dass der ursächliche Zusammenhang zwischen Dienst und anerkannter Schädigungsfolge nicht noch einmal geprüft werden muss, es sei denn, dass Umstände bekannt werden, die darauf schließen lassen, das die bisherige Anerkennung der Schädigungsfolge zweifelsfrei unrichtig war. Haben zum Tode auch schädigungsunabhängige Leiden beigetragen, so ist gutachtlich zu beurteilen, ob die Schädigungsfolgen eine zumindest gleichwertige Bedeutung für den Eintritt des Todes hatten. Der Tod gilt auch dann als Schädigungsfolge, wenn der Beschädigte ohne die Schädigungsfolgen wahrscheinlich mindestens ein Jahr länger gelebt hätte. Oft kann der ursächliche Zusammenhang zwischen Schädigungsfolgen und Tod nur durch eine innere Leichenschau geklärt werden. Dazu ist die Zustimmung der Hinterbliebenen erforderlich.

Minderung der Erwerbsfähigkeit (MdE)

Die Schädigungsfolge wird nach dem Grad der *Minderung der Erwerbsfähigkeit* (MdE) in Hundertteilen beurteilt. Die MdE hat – entgegen ihrem Wortsinn – die Auswirkungen von schädigungsbedingten Gesundheitsstörungen in allen Lebensbereichen und nicht nur die Einschränkungen im allgemeinen Erwerbsleben zum Inhalt. Sie ist ein Maß für die Auswirkungen von Funktionsbeeinträchtigungen aufgrund von Abweichungen der körperlichen Funktion, geistigen Fähigkeit oder seelischen Gesundheit von dem für das Lebensalter typischen Zustand (▶ „GdB", Kap. 2.8). Aus der Minderung der Erwerbsfähigkeit ist nicht auf die noch vorhandene Leistungsfähigkeit rückzuschließen, sie wird unabhängig vom Beruf beurteilt.

Die MdE setzt stets eine Regelwidrigkeit gegenüber dem für das Lebensalter typischen Zustand voraus. Dies gilt für alle Lebensalter, auch für Kinder oder alte Menschen. Physiologische Veränderungen im Alter bleiben bei der Feststellung der MdE unberücksichtigt. Es handelt sich dabei zwar um Einschränkungen der körperlichen und psychischen Leistungsfähigkeit, sie sind jedoch für das Alter typisch. Die „Anhaltspunkte" bieten in der GdB/MdE-Tabelle Richtwerte für die Beurteilung der MdE bei zahlreichen Gesundheitsstörungen.

Weitere, an die MdE-Bewertung anknüpfende Begriffe. Im Zusammenhang mit bestimmten Krankheiten, die zu Rezidiven neigen, ist bei der Beurteilung der MdE eine sogenannte Heilungsbewährung zu berücksichtigen (▶ Kap. 2.8).

Die MdE erhöht sich nach § 30 Abs. 2 BVG, wenn der Beschädigte durch die Art der Schädigungsfolgen in seinem vor der Schädigung ausgeübten, begonnenen oder nachweisbar angestrebten Beruf oder in einem Beruf, den er nach Schädigungseintritt ausübt, besonders betroffen ist. Dies ist unter anderem der Fall, wenn er durch die Schädigung nur noch einen sozial minderen Beruf ausüben kann oder an einem beruflichen Aufstieg gehindert ist.

Gesundheitlich außergewöhnlich schwer betroffene Beschädigte, die allein auf Grund der Beurteilung nach § 30 Abs. 1 BVG erwerbsunfähig sind, können eine Schwerstbeschädigtenzulage bekommen. Die Schwerstbeschädigtenzulage wird nach einem auf der MdE aufbauenden Punktesystem in sechs Stufen bewertet. Näheres ergibt sich aus der VO zu § 31 Abs. 5 BVG bzw. den „Anhaltspunkten".

Solange der Beschädigte infolge der Schädigung hilflos ist (▶ Kap. 2.8), wird eine Pflegezulage gezahlt. Diese ist ebenfalls sechsstufig. Für dauerndes Krankenlager oder dauernd außergewöhnliche Pflege sind die Stufen II bis VI vorgesehen. Zum Beispiel wird die Pflegezulage nach Stufe V gewährt, wenn ein außerordentlicher Leidenszustand mit besonders hohen Anforderungen an die Pflege vorliegt, wie etwa bei Querschnittsgelähmten mit Blasen- und Mastdarmlähmung oder beidseits oberschenkelamputierten Blinden.

Weitere gutachtliche Fragestellungen im SER

Beschädigte und Witwen können die Rente in eine Kapitalabfindung umwandeln lassen, wenn nicht zu erwarten ist, dass die Rente innerhalb des Abfindungszeitraums – z. B. durch Tod oder Gesundheitsbesserung – wegfallen wird. Gutachtlich ist dann z. B. die voraussichtliche Lebenserwartung zu beurteilen.

Die Begutachtung der Notwendigkeit von Kuren, Heil- und Hilfsmitteln entspricht weitgehend der nach dem SGB V (Fünftets Buch SGB – Gesetzliche Krankenversicherung).

Literatur

▶ S. 71

2.7 Entschädigung wegen Verfolgung

E. Fritze und J. Fritze

Opfer nationalsozialistischer Gewalt

Der ärztliche Sachverständige im Entschädigungsverfahren wegen nationalsozialistischer Verfolgung hat spezifische Regelungen zur Beweiserleichterung zu beachten, die vom übrigen bürgerlichen oder Sozialversicherungsrecht abweichen (Bundesentschädigungsgesetz 1953, 1965, Stand 31. 10. 2006). Verfolgung und Schädigung von Zivilpersonen durch sowjetrussisches Militär, durch Einrichtungen der DDR oder den Staatssicherheitsdienst fallen nicht unter diese Sonderregelungen.

Der Verfolgte hat Anspruch auf Entschädigung, wenn er an seinem Körper oder an seiner Gesundheit *nicht unerheblich* und *nachhaltig* geschädigt ist. Als unerheblich gilt eine Schädigung, die weder die geistige noch die körperliche Leistungsfähigkeit nachhaltig beeinträchtigt hat und voraussichtlich auch nicht beeinträchtigen wird. Nachhaltig ist eine Beeinträchtigung, wenn sie wahrscheinlich nicht nur vorübergehend bestehen bleiben wird.

Konzentrationslagerhaft hat nicht nur körperliche Schäden hinterlassen, sondern insbesondere psychische und psychosomatische Folgen und dies vor allem bei Kindern. Das Überlebenden-Syndrom ist geprägt von Schuldgefühlen, sozialem Rückzug, sozialer Unsicherheit und reduziertem Selbstwertgefühl bis hin zum Vollbild einer Depression (Eggers 1990). Betroffen sind auch nicht selbst verfolgte Nachkommen der Überlebenden.

Die durch nationalsozialistische Gewalt verursachte „Verschlimmerung früherer Leiden" ist in dem ihr entsprechenden Umfang ein Verfolgungsschaden. Wurde ein früheres Leiden richtunggebend verschlimmert, so gilt es in vollem Umfang als Verfolgungsschaden. Auch ein anlagebedingtes Leiden gilt als Folgeschaden, wenn es durch die Gewalt wesentlich mitverursacht wurde. Eine wesentliche Mitverursachung liegt bereits dann vor, wenn der verfolgungsbedingte Anteil an dem Anlageleiden mindestens 25% beträgt.

Ist der Tod oder ein Gesundheitsschaden während der Deportation oder während einer Freiheitsentziehung oder innerhalb von 8 Monaten nach Beendigung der Deportation oder Freiheitsentziehung eingetreten, so wird der ursächliche Zusammenhang zwischen der Verfolgung und dem Tod bzw. dem Gesundheitsschaden grundsätzlich vermutet. Er ist anzunehmen, wenn die Vermutung nicht einwandfrei widerlegt werden kann. Die Vermutung erstreckt sich aber nur auf den Zusammenhang zwischen der damals eingetretenen Schädigung und der Verfolgung, nicht auf den Zusammenhang zwischen dieser Schädigung und dem derzeitigen Gesundheitszustand des Verfolgten.

Die Vermutung ist widerlegt, wenn das Leiden, welches während oder innerhalb von 8 Monaten nach Beendigung der Deportation oder der Freiheitsentziehung entstanden ist, ein anlagebedingtes Leiden ist. Wenn keine Vermutung zu Gunsten des Verfolgten spricht, genügt es, dass der ursächliche Zusammenhang zwischen dem Schaden und der Verfolgung „wahrscheinlich" ist. Die Wahrscheinlichkeit des Zusammenhanges liegt vor, wenn mehr dafür als dagegen spricht. Das gilt jedoch nicht bei der Beurteilung, ob festgestellte anlagebedingte Leiden durch die Verfolgung wesentlich mitverursacht, einmalig oder richtunggebend verschlimmert worden sind. In diesem Falle ist ein so hoher Grad der Wahrscheinlichkeit erforderlich, dass er nach aller Lebenserfahrung praktisch der Gewissheit gleichkommt.

Der Grad der MdE ergibt sich nur aus der durch die verfolgungsbedingte Schädigung herbeigeführten Beeinträchtigung der Erwerbsfähigkeit. Dabei ist der vor der Verfolgung ausgeübte Beruf oder eine begonnene bzw. nachweisbar angestrebte Berufsausbildung zugrunde zu legen.

Bezüglich der Ansprüche auf Hinterbliebenenrente ist die Beweisführung dahingehend erleichtert, dass der in der Zeit der Verfolgung eingetretene Tod bis zum klaren Beweis des Gegenteils als verfolgungsbedingt gilt.

Gesundheitsschäden durch politisch bedingte Haft

Die Wiedergutmachung für in politischer Haft der ehemaligen DDR oder der früheren UdSSR erlittene Gesundheitsschäden ist nicht im sozialen Entschädigungsrecht geregelt, sondern im Häftlingshilfegesetz aus dem Jahre 1955 und im strafrechtlichen Rehabilitierungsgesetz von 1992. Sie gilt Personen, die Haftbedingungen ausgesetzt waren, die den Kriterien psychischer oder physischer Folter entsprechen. Dazu gehören neben den Unterbringungsbedingungen (Überbelegung, Kälte, Ungeziefer, usw.) körperliche Misshandlungen, Schlaf- und Essensentzug, Dauerverhöre, Einzelhaft, Steh- und Wasserkarzer. Folgeschäden sind auch posttraumatische Belastungsstörungen. Wenn der ursächliche Zusammenhang nicht mit Wahrscheinlichkeit festzustellen ist, trägt der Betroffene die Beweislast. Er muss also Zeugen oder andere objektive Beweismittel für die Haftbedingungen beibringen. Gutachtlich sind insbesondere psychische Folgeschäden von anlagebedingten Störungen abzugrenzen.

Detaillierte Schilderungen der Bedingungen in Kriegsgefangenschaft und Zwangsarbeitslagern der UdSSR, der Internierung durch das Ministerium für Staatssicherheit und Verurteilung durch Sonderstrafkammern in der DDR finden sich bei Möllhoff (1994).

Literatur

Eggers C (1990) Psychische Folgeschäden nach Lagerhaft bis in die 3. Generation. Dt Ärztebl 87:A680–683

Möllhoff G (1994) Begutachtungsprobleme bei Gesundheitsschäden durch Haft. Versicherungsmedizin 46: 91–96

2.8 Schwerbehindertenrecht

G. Raddatz

Das „Neunte Buch Sozialgesetzbuch" (*SGB IX*) – Rehabilitation und Teilhabe behinderter Menschen – vom 19. Juni 2001 definiert den Begriff Schwerbehinderung, regelt die Feststellung der Behinderung, des Grades der Behinderung (*GdB*) und der gesundheitlichen Merkmale für die Inanspruchnahme von Nachteilsausgleichen. Das SGB IX hat das seit 1974 geltende „Gesetz zur Sicherung der Eingliederung Schwerbehinderter in Arbeit, Beruf und Gesellschaft" (*SchwbG*) abgelöst. Dieses hatte erstmals behinderten Menschen unabhängig von der Ursache der Behinderung Recht auf Eingliederung und Nachteilsausgleich gewährt (finale Ausrichtung). Davor hatten nur schwerbeschädigte Kriegs- und Arbeitsopfer einen derartigen Anspruch.

Das SGB IX ist in zwei Teile gegliedert. Teil 1 (§§ 1–67) beinhaltet Regelungen für behinderte und von Behinderung bedrohte Menschen und enthält vor allem Grundsätze der Rehabilitation. Teil 2 (§§ 68–160) enthält „Besondere Regelungen zur Teilhabe schwerbehinderter Menschen (Schwerbehindertenrecht)“ und entspricht inhaltlich dem alten SchwbG.

Definition der Behinderung nach Teil 1 SGB IX

Nach § 2 SGB IX sind Menschen behindert, wenn ihre körperliche Funktion, geistige Fähigkeit oder seelische Gesundheit mit hoher Wahrscheinlichkeit länger als sechs Monate von dem für das Lebensalter typischen Zustand abweichet und daher ihre Teilhabe am Leben in der Gesellschaft beeinträchtigt ist. Behinderte Menschen sind schwerbehindert, wenn bei ihnen ein Grad der Behinderung (GdB) von wenigstens 50 vorliegt. Schwerbehinderten Menschen gleichgestellt werden sollen behinderte Menschen mit einem GdB von weniger als 50, aber wenigstens 30, wenn sie infolge ihrer Behinderung ohne die Gleichstellung einen geeigneten Arbeitsplatz nicht erlangen oder nicht behalten können (*gleichgestellte behinderte Menschen*).

Die Auswirkungen auf die Teilhabe am Leben in der Gesellschaft wird mit dem Grad der Behinderung (GdB) bemessen und entspricht den Auswirkungen der Funktionsbeeinträchtigungen in allen Lebensbereichen. Der GdB wird nach Zehnergraden abgestuft von 20 bis 100 festgestellt. Für den GdB gelten die im Rahmen des § 30 Abs. 1 Bundesversorgungsgesetz (*BVG*) festgelegten Maßstäbe entsprechend. Mithin gelten für den GdB die gleichen Maßstäbe wie für die in Kapitel 2.6 genannte MdE-Beurteilung im sozialen Entschädigungsrecht, also auch die „Anhaltspunkte für die ärztliche Gutachtertätigkeit im sozialen Entschädigungsrecht und nach dem Schwerbehindertenrecht“. MdE und GdB sind inhaltlich gleich, sie geben – MdE kausal, GdB final – die Auswirkungen der Beeinträchtigungen durch Funktionseinschränkungen aufgrund einer Gesundheitsstörung in allen Lebensbereichen wieder.

Feststellungsverfahren und Nachteilsausgleiche nach 2. Teil SGB IX und Schwerbehinderten-Ausweisverordnung (SchwbAwV)

Nach § 69 SGB IX stellen die für die Durchführung des Bundesversorgungsgesetzes zuständigen Behörden (▶ Kap. 2.6) auf Antrag des behinderten Menschen das Vorliegen einer Behinderung und den Grad der Behinderung fest. Liegen mehrere Beeinträchtigungen der Teilhabe am Leben in der Gesellschaft vor, so wird der Grad der Behinderung nach den Auswirkungen der Beeinträchtigungen in ihrer Gesamtheit unter Berücksichtigung ihrer wechselseitigen Beziehungen festgestellt.

Bei der Beurteilung des Gesamt-GdB ist in der Regel von der Funktionsbeeinträchtigung des zu Begutachtenden auszugehen, die den höchsten Einzel-GdB bedingt, und dann im Hinblick auf alle weiteren Funktionsbeeinträchtigungen zu prüfen, ob und inwieweit sich hierdurch das Ausmaß der Behinderung ändert, wobei Änderungen nur zu berücksichtigen sind, wenn sie ein Mehr (oder Weniger) des ursprünglichen GdB von mindestens 10 rechtfertigen.

Die Versorgungsbehörde ermittelt nach Antrag auf Feststellung einer Behinderung von Amts wegen, das heißt, sie bedient sich nach § 21 SGB X der Beweismittel, die sie nach pflichtgemäßen Ermessen zur Ermittlung des Sachverhalts für erforderlich hält. Grundlage der Beurteilung einer Behinderung ist in der Regel ein vom behandelnden Arzt eingeholter Befundbericht. Die Befundschilderung des Arztes soll die von ihm bereits erhobenen Befunde darstellen, und zwar nicht als Diagnosen, sondern in Form der körperlichen, geistigen oder seelischen Leistungseinbußen in funktioneller wie morphologisch-anatomischer Hinsicht unter Angabe des Ausmaßes dieses Leistungsverlustes. Dazu wird in der Regel ein entsprechend gestaltetes Formblatt benutzt. Der Befundbericht kann aber auch in freier Form erstattet werden. Der Befundbericht stellt kein Gutachten dar, der Arzt erhält für diesen Befundbericht kein Honorar, sondern eine in den gerichtlichen Kostengesetzen geregelte Entschädigung. Die Behörde kann als weitere Beweismittel insbesondere Auskünfte jeder Art einholen, Zeugen und Sachverständige hören, Urkunden und Akten beiziehen sowie den Augenschein einnehmen. Die Behörde ist dabei jedoch an das Sozialgeheimnis nach SGB X (– Sozialverwaltungsverfahren und Sozialdatenschutz –) und die Bestimmungen der ärztlichen Schweigepflicht gebunden. In § 69 SGB IX wird dazu auch auf das Gesetz über das Verwaltungsverfahren in der Kriegsopferversorgung verwiesen. Danach kann die Verwaltungsbehörde mit Einverständnis oder auf Wunsch des Antragstellers oder Versorgungsberechtigten von öffentlichen, freien gemeinnützigen und privaten Krankenanstalten sowie Krankenanstalten öffentlich-rechtlicher Körperschaften und Trägern der Sozialversicherung Krankenpapiere, Aufzeichnungen, Krankengeschichten, Sektions- und Untersuchungsbefunde sowie Röntgenbilder zur Einsicht einfordern. Die Verwaltungsbehörde hat für die Wahrung des ärztlichen Berufsgeheimnisses Sorge zu tragen. Unter denselben Voraussetzungen kann die Verwaltungsbehörde von privaten Ärzten, die den Antragsteller oder Versorgungsberechtigten behandeln oder behandelt haben, Auskünfte einholen und Untersuchungsunterlagen zur Einsicht einfordern. Durch die Einverständniserklärung des Antragstellers gegenüber dem Versorgungsamt ist der Arzt von der Schweigepflicht entbunden. Ärzte sind demnach verpflichtet, auf Veranlassung des Versorgungsamtes die oben genannten Befundberichte über vorliegende Gesundheitsstörungen zu erstatten und auch Befundunterlagen wie Röntgenbilder, Elektrokardiogramme usw. zur Einsicht zur Verfügung zu stellen.

Gesundheitliche Merkmale wichtiger Nachteilsausgleiche

Die gesundheitlichen Merkmale von Nachteilsausgleichen werden unabhängig vom GdB beurteilt.

Im SGB IX geregelt ist nur der Nachteilsausgleich „Unentgeltliche Beförderung schwerbehinderter Menschen im öffentlichen Personenverkehr". Danach werden schwerbehinderte Menschen, die infolge ihrer Behinderung in ihrer Bewegungsfähigkeit im Straßenverkehr erheblich beeinträchtigt oder hilflos oder gehörlos sind, im öffentlichen Personennahverkehr gegen Vorzeigen eines entsprechend gekennzeichneten Ausweises unentgeltlich befördert.

- In seiner Bewegungsfähigkeit im Straßenverkehr erheblich beeinträchtigt (*Merkzeichen „G"* im Schwerbehindertenausweis) ist, wer infolge einer Einschränkung des Gehvermögens (auch durch innere Leiden oder infolge von Anfällen oder von Störungen der Orientierungsfähigkeit) nicht ohne erhebliche Schwierigkeiten oder nicht ohne Gefahren für sich oder andere Wegstrecken im Ortsverkehr zurückzulegen vermag, die üblicherweise noch zu Fuß zurückgelegt werden.
- Ständige Begleitung (*Merkzeichen „B"* im Schwerbehindertenausweis) ist bei schwerbehinderten Menschen notwendig, die bei Benutzung von öffentlichen Verkehrsmitteln infolge ihrer Behinderung zur Vermeidung von Gefahren für sich oder andere regelmäßig auf fremde Hilfe angewiesen sind.
- Gehörlos (*Merkzeichen „Gl"* im Schwerbehindertenausweis) sind nicht nur Menschen, bei denen Taubheit beiderseits vorliegt, sondern auch Hörbehinderte mit einer an Taubheit grenzenden Schwerhörigkeit, wenn daneben schwere Sprachstörungen (schwer verständliche Lautsprache, geringer Wortschatz) vorliegen.
- Blinde (*Merkzeichen „Bl"* im Schwerbehindertenausweis) sind auch immer hilflos. Blind ist der, dem das Augenlicht vollständig fehlt. Blind ist nach § 76 Bundessozialhilfegesetz (BSHG) auch der, dessen Sehschärfe auf keinem Auge – auch bei beidäugiger Prüfung – mehr als 0,02 (1/50) beträgt, oder wenn andere Störungen des Sehvermögens von einem solchen Schweregrad vorliegen, dass sie dieser Beeinträchtigung der Sehschärfe gleichzuachten sind.
- Hilflosigkeit (*Merkzeichen „H"* im Schwerbehindertenausweis) ist bei einem behinderten Menschen anzunehmen, wenn er infolge der Behinderung nicht nur vorübergehend für eine Reihe von häufig und regelmäßig wiederkehrenden Verrichtungen zur Sicherung der persönlichen Existenz im Ablauf eines jeden Tages fremder Hilfe dauernd bedarf. Ob Hilflosigkeit vorliegt, ist nicht allein nach medizinischen Befunden zu beurteilen, sondern hat alle Umstände des Falles zu berücksichtigen, zum Beispiel auch, welche Belastungen dem behinderten Menschen im täglichen Leben noch zugemutet werden können. Die Ursache einer bestehenden Hilflosigkeit spielt im Schwerbehindertenrecht keine Rolle. Bei der Beurteilung der Hilflosigkeit von Kindern und Jugendlichen gelten die gleichen Grundsätze wie bei Erwachsenen. Allerdings sind nicht nur die genannten Verrichtungen zu berücksichtigen, auch die Anleitung zu diesen Verrichtungen und die Förderung der körperlichen und geistigen Entwicklung sowie die notwendige Überwachung gehören zu den Hilfeleistungen, die für die Frage der Hilflosigkeit von Bedeutung sein können. Stets ist allerdings nur der Teil der Hilfsbedürftigkeit zu berücksichtigen, der wegen der Behinderung den Umfang der Hilfsbedürftigkeit eines gesunden Gleichaltrigen überschreitet. Der Umfang der wegen der Behinderung notwendigen zusätzlichen Hilfeleistungen muss erheblich sein. Die „Anhaltspunkte für die ärztliche Gutachtertätigkeit im sozialen Entschädigungsrecht und nach dem Schwerbehindertenrecht" enthalten im allgemeinen Teil dazu detaillierte Hinweise.

Weitere, im SGB IX nicht genannte Nachteilsausgleiche

- Außergewöhnlich gehbehindert (*Merkzeichen „aG"* im Schwerbehindertenausweis) sind schwerbehinderte Menschen, die sich wegen der Schwere ihres Leidens dauernd nur mit fremder Hilfe oder nur mit großer Anstrengung außerhalb ihres Kraftfahrzeugs bewegen können. Diesen Personen wird nach dem Straßenverkehrsgesetz in Verbindung mit der Allgemeinen Verwaltungsvorschrift zur Straßenverkehrsordnung Parkerleichterungen für Schwerbehinderte gewährt.
- Die Befreiung von der Rundfunkgebührenpflicht (*Merkzeichen „RF"* im Schwerbehindertenausweis) für schwerbehinderte Menschen richtet sich nach landesrechtlich festgelegten Voraussetzungen.

In Zusammenhang mit bestimmten Krankheiten, die zu Rezidiven neigen, ist bei der Beurteilung des GdB (ebenso der MdE nach Kap. 2.6) eine sogenannte *Heilungsbewährung* zu berücksichtigen. Dieser von der Rechtsprechung entwickelte Begriff beinhaltet vor allem die sozialen Auswirkungen einer besonderen Krankheitsbewältigung. Dies gilt insbesondere bei bösartigen Geschwulstkrankheiten. Der Zeitraum der Heilungsbewährung beträgt in der Regel fünf Jahre, bei bestimmten Geschwulstformen auch nur 2 oder 3 Jahre. Während der Heilungsbewährung wird der GdB höher bewertet als sich nach den „Anhaltspunkten für die ärztliche Gutachtertätigkeit im sozialen Entschädigungsrecht und nach dem Schwerbehindertenrecht" allein aus dem Organschaden ergeben würde, in der Regel mit mindestens 50 (Schwerbehinderung!). Heilungsbewährung kann nur einsetzen, wenn die zugrundeliegende Gesundheitsstörung (Malignom) klinisch „beseitigt" ist.

Literatur

Bundesministerium für Arbeit und Sozialordnung (Hrsg) (2000) Bundesversorgungsgesetz 2000

Bundesministerium für Gesundheit und soziale Sicherung (Hrsg) (2004) Anhaltspunkte für die ärztliche Gutachtertätigkeit im sozialen Entschädigungsrecht und nach dem Schwerbehindertenrecht (Teil 2 SGB IX)

Bundesministerium für Gesundheit und soziale Sicherung (Hrsg) (2003) Ratgeber für behinderte Menschen

2.9 Betreuungsrecht

N. Nedopil

Das seit 1992 bestehende Gesetz regelt den Schutz und die Fürsorge für psychisch Kranke und Gestörte, die sich nicht mehr (in vollem Umfang) um ihre eigenen Angelegenheiten kümmern können.

Das Betreuungsrecht sollte umfassend den Umgang mit jenem Personenkreis regeln, der zwar volljährig, aber „aufgrund einer psychischen Krankheit oder einer körperlichen, geistigen oder seelischen Behinderung seine Angelegenheiten nicht ganz oder teilweise zu besorgen" vermag (§ 1896 BGB). Die Verfahrensregeln für den Umgang mit diesen Personen wurden vereinheitlicht. Die rechtlichen Bestimmungen für diese Personen sind weitgehend im Bürgerlichen Gesetzbuch (*BGB*), die Verfahrensvorschriften im Gesetz über die Freiwillige Gerichtsbarkeit (*FGG*) zusammengefasst; die Ländergesetze, welche die Unterbringung selbst- oder fremdgefährlicher psychisch Kranker nach Landesrecht regeln (*PsychKG* oder Unterbringungsgesetze) wurden den Vorschriften des FGG angepasst; die Zuständigkeit für die rechtliche Behandlung derartiger Fälle wurde einheitlich auf das Vormundschaftsgericht übertragen.

Das Gesetz setzt zudem eine Hierarchie von Befugnissen und Entscheidungswegen fest, die ein abgestuftes und den jeweiligen Bedürfnissen angepasstes Reagieren ermöglichen sollen. Im Prinzip wurde versucht, dem Ausmaß der jeweiligen Behinderung des Betroffenen Rechnung zu tragen und die Rechte des Betroffenen bei jeder Entscheidung weit möglichst zu berücksichtigen.

Wie schwierig diese Materie ist und wie wenig die Folgen der Gesetzesnovellierung abzuschätzen waren, zeigt sich unter anderem daran, dass bereits am 1. 1. 1999 ein Betreuungsrechtsänderungsgesetz in Kraft getreten ist. Allerdings hat sich aus Sicht der Behörden auch diese Ergänzung als unzureichend erwiesen, so dass von den Justizministerien umfangreiche Änderungen geplant sind (Nedopil et al. 2004). Derzeit gelten jedoch noch folgende Regelungen, die im Betreuungsrecht sowohl für die rechtlichen Verfahren als auch für die erforderlichen Begutachtungen detailliert und umfassend ausgeführt werden.

Definitionen

Eine Betreuung nach § 1896 BGB kann bei einem Volljährigen dann ausgesprochen werden, wenn eine „psychische Krankheit" oder eine „körperliche, geistige oder seelische Behinderung" vorliegt (1. Stufe) und der Betroffene deswegen nicht in der Lage ist, seine Angelegenheiten ganz oder teilweise zu regeln (2. Stufe). Bei körperlicher Behinderung kann eine Betreuung nur auf Antrag des Betroffenen errichtet werden. Unter *psychischer Krankheit* i. S. des § 1896 BGB sind körperlich begründbare und endogene Psychosen, Abhängigkeitserkrankungen, Neurosen und Persönlichkeitsstörungen zu verstehen, unter *geistiger Behinderung* angeborene und frühzeitig erworbene Intelligenzdefekte und unter *seelischer Behinderung* alle psychischen Beeinträchtigungen, die als Folgen psychischer Krankheiten auftreten. Nach der Absicht des Gesetzgebers sollten die rechtlichen Einschränkungen möglichst gering gehalten werden. So wird einer Vollmacht, die der Patient für bestimmte Bereiche aus eigenem Interesse gibt, der Vorrang vor einer Betreuung eingeräumt (§ 1896 Abs. 2 BGB).

Einwilligungsvorbehalt

Die Einrichtung einer Betreuung hat keine Auswirkungen auf die Geschäftsfähigkeit eines Betreuten. Allerdings kann unter besonderen Umständen ein Einwilligungsvorbehalt für bestimmte Bereiche ausgesprochen werden (§ 1903 BGB). Dies bedeutet, dass der Betreute Geschäfte, die unter Einwilligungsvorbehalt stehen, nicht ohne Zustimmung des Betreuers tätigen darf. Ein solcher Einwilligungsvorbehalt darf jedoch nur bei erheblicher Gefahr für die betreute Person oder deren Vermögen, nicht aber bei einer Gefahr für Dritte ausgesprochen werden. In solchen Fällen bleiben lediglich die landesrechtlichen Unterbringungsmöglichkeiten (Unterbringungsgesetze und Gesetze zum Schutz und zur Hilfe bei psychischen Krankheiten). Der Einwilligungsvorbehalt kann sich nicht auf den Bedarf des täglichen Lebens, auf das Eingehen einer Ehe oder auf die Errichtung eines Testaments erstrecken. Die Aufgaben, für die eine Betreuung erforderlich ist, müssen vom Gericht genau festgelegt werden. Trotz der Intention des Gesetzgebers, dem Betreuten möglichst viele Entscheidungsmöglichkeiten zu belassen, hat die Praxis gezeigt, dass es sinnvoller ist, die Bereiche für eine Betreuung oder für einen Einwilligungsvorbehalt pauschal zu benennen (z.B. Gesundheitsfürsorge, Vermögenssorge, Aufenthaltsbestimmung) und Ausnahmen von diesen pauschalen Betreuungsbereichen festzulegen (z.B. Geldausgaben bis 500,– €) als nur ganz spezifische Aufgaben einem Betreuer zu übertragen (z.B. Autokauf).

Beschränkungen des Betreuten beim Empfang und Versand von Briefen und bei der Teilnahme am Fernmeldeverkehr müssen im Betreuungsbeschluss bestimmt werden. Nach der Rechtsprechung kann ein Einwilligungsvorbehalt nur dann eingerichtet werden, wenn der Betreute aufgrund seiner Störung nicht mehr über seinen eigenen Willen bestimmen kann (Beschl. d. BayObLG v. 16. 12. 1994, Recht u. Psychiatrie 13, S. 145).

Ärztliche Eingriffe

Bei gesundheitsgefährdenden ärztlichen Eingriffen (§ 1904 BGB), Sterilisation (§ 1905), Unterbringung in einer geschlossenen Abteilung oder einer vergleichbaren Einrichtung, bei unterbringungsähnlichen Maßnahmen, z.B. Fixierung durch Sitzgurt (§ 1906 BGB) und Kündigung eines Mietverhältnisses oder Wohnungsauflösung bedarf es zusätzlich zur Zustimmung des Betreuers einer gesonderten Genehmigung des Gerichtes. Eine Sterilisation ohne Zustimmung des Betreuten ist nicht möglich. Bei einem gefährlichen ärztlichen Eingriff oder bei einer Unterbringung in einer geschlossenen Einrichtung ist eine erneute Untersuchung erforderlich, wobei Sachverständiger und behandelnder Arzt nicht identisch sein dürfen (§ 69d FGG).

Bei psychiatrischen Behandlungen muss nach der Rechtsprechung dann eine vormundschaftsrichterliche Genehmigung eingeholt werden, wenn Langzeitprophylaxen über die Dauer der ursprünglichen Erkrankung hinaus fortgeführt werden sollen. Dies dürfte sowohl für eine Lithiumtherapie wie auch für die Langzeitbehandlungen mit Neuroleptika und Antikonvulsiva der Fall sein.

Eine Genehmigungspflicht ist allerdings dann nicht erforderlich, wenn es sich um einen Notfall handelt, das heißt, dass ohne den Eingriff Lebensgefahr oder erhebliche Gesundheitsgefahr angenommen werden muss.

Keine Betreuung ohne Gutachten

Ein Betreuer darf erst bestellt werden, wenn ein Gutachten durch einen Arzt für Psychiatrie die Notwendigkeit einer Betreuung bescheinigt. Dabei muss der Arzt den Betroffenen persönlich untersuchen. In dem Gutachten sind die Erkenntnisquellen (mit Datum), der medizinische Sachverhalt, die klinischen Diagnosen und ihre Subsumption unter die Begriffe des § 1896, die Auswirkung der Diagnosen auf die Funktionsfähigkeit des Betroffenen, soweit sie rechtlich relevant ist, darzulegen. Es ist zum Umfang des Aufgabenkreises und zur voraussichtlichen Dauer der Betreuungsbedürftigkeit Stellung zu nehmen (§ 68b FGG). Die Begutachtung erfordert eine Auseinandersetzung mit der Prognose der Erkrankung und deren Auswirkung auf die soziale Kompetenz des Untersuchten. Außerdem hat der Gutachter zur Notwendigkeit eines Einwilligungsvorbehaltes Stellung zu nehmen und die Bereiche anzugeben, für die eine solche Maßnahme erforderlich ist. Weiter muss er sich dazu äußern, ob eine Anhörung durch den Richter und eine Bekanntgabe des Betreuungsbeschlusses gesundheitliche Nachteile haben könnten.

In allen diesen Fällen muss sich das Gericht ein unabhängiges Urteil bilden. Es hat dazu den Betreuten anzuhören.

Die bisherigen Erfahrungen mit dem Betreuungsgesetz hinterlassen auch aus psychiatrischer Sicht eine gewisse Ambivalenz: Einerseits sind die guten Intentionen des Gesetzgebers und ihrer Berater anzuerkennen, und es ist in gewissen Einzelfällen – vor allem bei alten Menschen – durchaus zu Verbesserungen gekommen; insbesondere wenn es diesen Menschen gelungen ist, ihre Betreuung selbst zu organisieren. Diesbezüglich hat sich auch die Ausweitung der Möglichkeiten, Vollmachten und Vorsorgevollmachten einzurichten, wie sie im Betreuungsrechtsänderungsgesetz von 1999 vorgesehen wurden, in begrenztem Umfang bewährt. Größere Schwierigkeiten hat das Gesetz demgegenüber für den Umgang mit psychisch Kranken und auch für diese Kranken mit sich gebracht. Bei Patienten, bei denen sich die Symptomatik und die soziale Kompetenz sehr schnell ändern, behindern die Schwerfälligkeit der rechtlichen Maßnahmen ein rasches Reagieren. Prophylaktische Maßnahmen sind schwieriger einzuleiten und durchzuhalten.

Auch bezüglich der Begutachtung bestehen Ambivalenzen. Einerseits sollen möglichst umfassende Begutachtungen erfolgen, in denen nicht nur die medizinischen, sondern auch die psychologischen und sozialen Einschränkungen des Betroffenen berücksichtigt und die Auswirkungen der Betreuungsmaßnahme erwogen werden sollen. Darüber hinaus sollen die Schlussfolgerungen für den Laien nachvollziehbar dargestellt werden; sie sollen nicht nur vom Richter verstanden, sondern auch von ihm dem Betroffenen verständlich erklärt werden können. Andererseits wird der zeitliche und personelle Aufwand, der für eine derartige Begutachtung erforderlich ist, kaum berücksichtigt. Die Gutachten sind in aller Regel eilbedürftig. Die Möglichkeit zur Einholung der nötigen Informationen ist begrenzt. Statistische Analysen legen den Verdacht nahe, dass sich durch die Einführung des neuen Gesetzes in der Praxis des Umgangs mit Betreuungsbedürftigen kaum etwas geändert hat (v. Oefele 1994). Die Zahl der Betreuungen hat in den letzten Jahren allerdings erheblich zugenommen und die Bereitschaft der Menschen, ehrenamtliche Betreuungen zu übernehmen, ist eher zurückgegangen. Die beabsichtigten Gesetzesänderungen werden auf der einen Seite mit der Schwerfälligkeit bei der Einrichtung von Betreuungen und der Zunahme von Betreuungsfällen, andererseits mit den unerwartet hohen Kosten, welche mit den Betreuungen verbunden sind, begründet. Sie stellen aber die Fürsorge für die Betroffenen in den Hintergrund und den Sicherheits- und Kostenaspekt in den Vordergrund, ohne die praktischen Rahmenbedingungen zu berücksichtigen (Nedopil et al. 2004).

Literatur

Nedopil N, Aldenhoff J, Fritze J (2004) Entwurf eines Gesetzes zur Änderung des Betreuungsgesetzes. Der Nervenarzt 75:526–528

Oefele K v (1994) Erfahrungen in der Begutachtung mit dem Betreuungsrecht aus forensisch-psychiatrischer Sicht. Das Gesundheitswesen 56:193–196

2.10 Sozialhilfe

M. Nowak

Immer mehr Bürgerinnen und Bürger sind angesichts der in den vergangenen Jahren eingetretenen Verschlechterung wirtschaftlicher und sozialer Rahmenbedingungen auf soziale Hilfen angewiesen. Die Sozialhilfe hat sich dabei immer stärker zu einem umfassenden Transfersystem sozialer Grundsicherung bei Arbeitslosigkeit, zu geringer Rente oder unzulänglichem Familienlastenausgleich entwickelt, weil andere Sozialleistungssysteme zur Beseitigung bestimmter Notlagen keine oder nicht ausreichende Leistungen vorsehen oder bestimmte Personenkreise aussparen. Die Sozialhilfe wurde und wird dabei entgegen ihrem ursprünglichen Charakter in einem immer stärkeren Maße zu einer Regelleistung.

Als das Bundessozialhilfegesetz (*BSHG*) im Jahr 1962 in Kraft trat, zielte es darauf ab, vorübergehend einzelne Personengruppen in Notlagen zu unterstützen, z. B. Ältere mit geringen Renten. Zwar ging die Altersarmut in den Folgejahren deutlich zurück, zugleich nahm aber das Gewicht anderer Problemlagen zu:

- Langzeitarbeitslose und jüngere Arbeitslose ohne Sozialleistungsansprüche benötigen Hilfe zum Lebensunterhalt;
- bei vielen allein Erziehenden kompensiert die Hilfe zum Lebensunterhalt unzureichende Unterhaltszahlungen;
- Migranten: Asylbewerber, Bürgerkriegsflüchtlinge, (Spät-)Aussiedler, arbeitslose Ausländer;
- demografischer Wandel: Pflegebedürftige, die auf Leistungen der Hilfe zur Pflege angewiesen sind;
- Menschen mit Behinderung.

Auf diesen Wandel der Notlagen, die Leistungen der Sozialhilfe erforderten, reagierte der Gesetzgeber einerseits mit mehreren Novellierungen, um das BSHG auf die veränderte gesellschaftliche Situation abzustimmen, und andererseits mit einer Reihe von Gesetzen, die die Leistungen für besondere Personengruppen bzw. besondere Belastungen aus der Sozialhilfe ausgliederten. Das Asylbewerberleistungsgesetz trat 1993 in Kraft, das Pflegeversicherungsgesetz 1995. Mit dem SGB IX wurden die Träger der Sozialhilfe im Jahr 2001 ausdrücklich in den Kreis der Rehabilitationsträger aufgenommen, das Gesetz zielte aber nicht auf ein eigenständiges Leistungsgesetz und auf Entlastungen für die Sozialhilfe. Das Gesetz über eine bedarfsorientierte Grundsicherung im Alter und bei Erwerbsminderung (*GSiG*) für Ältere ab 65 Jahren und dauerhaft voll erwerbsgeminderte Personen zwischen 18 und 64 Jahren wurde ab Januar 2003 als vorrangige Leistung geschaffen und nun als viertes Kapitel in die Sozialhilfe integriert.

Parallel zur Eingliederung der Sozialhilfe als Zwölftes Buch in das Sozialgesetzbuch wurde für *erwerbsfähige Arbeitsuchende im Alter von 15 bis 64 Jahren* das SGB II geschaffen, die nun Leistungen der neu eingeführten *Grundsicherung für Arbeitsuchende* erhalten. *Dieser Personenkreis ist von Leistungen der Hilfe zum Lebensunterhalt nach dem Dritten Kapitel des SGB XII ausgeschlossen (§ 21 SGB XII).*

Wie die Sozialhilfe umfasst auch die Grundsicherung für Arbeitsuchende Dienst-, Geld- und Sachleistungen. Ihre Leistungen berücksichtigen ebenfalls die individuelle Lebenslage des Leistungsberechtigten. Im Vordergrund steht dort der Grundsatz der Überwindung dieser Situation durch eine Eingliederung in den Arbeitsmarkt (unter Einsatz der Instrumente der Arbeitsförderung) oder eine Beschäftigungsmaßnahme mit Mehraufwandsentschädigung. Wenn sie anderweitig nicht abgesichert sind, erhalten erwerbsfähige Hilfebedürftige zwischen 15 und 64 Jahren „Arbeitslosengeld II“ zur Sicherung des Lebensunterhalts (§ 19 SGB II); sofern in deren Haushalt auch nicht erwerbsfähige

Personen leben, haben diese einen Anspruch auf Sozialgeld (§ 28 SGB II). Beide Leistungsarten entsprechen nach Höhe und Struktur der Hilfe zum Lebensunterhalt nach SGB XII, werden aber nur auf Antrag geleistet (§ 37 SGB II).

Zum 01. 01. 2005 erfolgte die o.g. Zusammenlegung der Arbeitslosen- und Sozialhilfe für erwerbsfähige Hilfeempfänger zum Arbeitslosengeld II. Zeitgleich trat ebenfalls das neue Sozialhilferecht in Kraft. Das bisherige BSHG wurde durch das Sozialgesetzbuch XII abgelöst und in weiten Teilen neu gestaltet.

Mit dem neuen SGB XII treten einige Strukturveränderungen im Bereich der Sozialhilfe ein. So wurde die Gliederung des BSHG in Hilfe zum Lebensunterhalt und Hilfe in besonderen Lebenslagen aufgegeben. Zugleich wurden die Grundsicherungsleistungen nach dem GSiG in das SGB XII eingearbeitet. Die neue Sozialhilfe ist nur noch Existenzsicherung für nicht erwerbsfähige Hilfeempfänger. Sehr viele Leistungen sind stärker pauschaliert und der Verwaltungsaufwand bei der Bewilligung für den Sozialhilfeträger geringer. Neue, das Leistungsrecht bestimmende Grundsätze traten neben die bewährten sozialhilferechtlichen Grundsätze.

Es ist weiterhin die Aufgabe der Sozialhilfe, „den Leistungsberechtigten die Führung eines Lebens zu ermöglichen, das der Würde des Menschen entspricht“ (§ 1 Satz 1 SGB XII). Im Falle unzureichenden Einkommens und Vermögens deckt die Sozialhilfe den soziokulturellen Mindestbedarf, um eine Lebensführung auf gesellschaftlich akzeptablem Niveau zu ermöglichen. Andere Belastungen wie Behinderung, Pflegebedürftigkeit oder besondere soziale Schwierigkeiten versucht die Sozialhilfe im Bedarfsfall auszugleichen mit dem Ziel, dass die betroffenen Personen möglichst unbeeinträchtigt am gesellschaftlichen Leben teilhaben können. Die bereits im BSHG gültigen Prinzipien der Nachrangigkeit und der Bedarfsdeckung behalten ihre Gültigkeit. Die Zweiteilung der bisher unterschiedlichen Aktionsweisen der Sozialhilfe in „Hilfe zum Lebensunterhalt“ und „Hilfe in besonderen Lebenslagen“ wurde aber aufgehoben zugunsten einer Differenzierung in sieben Kapitel, die Leistungen für jeweils näher bestimmte Lebenslagen regeln.

Ein zentrales Ziel der Sozialhilfe ist es, die Selbsthilfekräfte zu stärken: Die Leistung soll „so weit wie möglich befähigen, unabhängig von ihr zu leben; darauf haben auch die Leistungsberechtigten nach ihren Kräften hinzuarbeiten“ (§ 1 Satz 2 SGB XII). Weiterhin wird erwartet, dass Leistungsberechtigte und Träger der Sozialhilfe zur Erreichung dieser Ziele zusammen arbeiten.

Diese Zielsetzungen und grundlegende Merkmale der Leistungserbringung – sind im Wesentlichen aus dem BSHG übernommen worden. Diese „grundlegenden Merkmale der Leistungserbringung“ stellen sich nach dem SGB XII wie folgt dar:

- Die Leistungen werden auf den individuellen Bedarf abgestimmt und berücksichtigen dabei die Lebenslage, die Wünsche und die Fähigkeiten der Leistungsberechtigten (§ 9 SGB XII).
- Die Sozialhilfe ist eine nachrangige Leistung und wird daher in der Regel erst dann erbracht, wenn alle anderen Möglichkeiten ausgeschöpft sind, so etwa das Einkommen und Vermögen des Leistungsberechtigten und ggf. der zu seinem Unterhalt verpflichteten Personen, seine eigene Arbeitskraft, seine Ansprüche gegenüber vorrangigen Sicherungssystemen (§ 2 SGB XII).
- Die Sozialhilfe muss nicht beantragt werden, sondern setzt unmittelbar ein, sobald dem Träger der Sozialhilfe bekannt wird, dass die Leistungsvoraussetzungen gegeben sind. Eine Ausnahme bilden lediglich die Leistungen der Grundsicherung im Alter und bei Erwerbsminderung nach dem vierten Kapitel (§ 18 SGB XII).
- Die Leistungen werden als Dienstleistung, Geldleistung oder Sachleistung erbracht, wobei Geldleistungen grundsätzlich Vorrang gegenüber Sachleistungen haben (§ 10 SGB XII). Die Leistungserbringung beschränkt sich aber nicht auf finanzielle Unterstützung, sondern umfasst immer auch Beratung, Aktivierung und weitere Unterstützungsformen, die auf eine Unabhängigkeit von der Sozialhilfe hinwirken (§ 11 SGB XII).
- Der Vorrang ambulanter vor stationärer Hilfe wird durch verschiedene Regelungen verstärkt, so etwa dadurch, dass die Leistung stationärer Hilfe erst nach Prüfung von Bedarf, möglichen Alternativen (insbesondere ambulanter Hilfemöglichkeiten) und Kosten erfolgt, dass ferner die Vermutung der Bedarfsdeckung in § 36 SGB XII ausdrücklich Ausnahmen für Schwangere und behinderte sowie pflegebedürftige Personen vorsieht, sowie durch weitere Regelungen wie die Streichung des Zusatzbarbetrages, die eine Gleichstellung der Bezieher ambulanter und stationärer Leistungen garantieren.
- Mit den durch die Reduzierung einzelner Leistungen erzielten Einsparungen wird es den Trägern der Sozialhilfe ermöglicht, zusätzliche Leistungen u. a. zur Stärkung der Selbsthilfekräfte und Aktivierung einzusetzen.

Die neu strukturierte Sozialhilfe umfasst neben der Beratung und Unterstützung von Hilfesuchenden die folgenden Hilfebereiche:

- Hilfe zum Lebensunterhalt (§§ 27–40),
- Grundsicherung im Alter und bei Erwerbsminderung (§§ 41–46),
- Hilfen zur Gesundheit (§§ 47–52),
- Eingliederungshilfe für behinderte Menschen (§§ 53–60),
- Hilfe zur Pflege (§§ 61–66),
- Hilfe zur Überwindung besonderer sozialer Schwierigkeiten (§§ 67–69),
- Hilfe in anderen Lebenslagen (§§ 70–74).

Hilfe zum Lebensunterhalt

Die Hilfe zum Lebensunterhalt beziehen überwiegend in Privathaushalten lebende Personen, wobei zusammen wohnende Partner sowie im Haushalt lebende minderjährige Kinder als sog. Bedarfsgemeinschaft oder Einstandsgemeinschaft betrachtet werden. Der notwendige Lebensunterhalt umfasst nach § 27 SGB XII „insbesondere Ernährung, Unterkunft, Kleidung, Körperpflege, Hausrat, Heizung und persönliche Bedürfnisse des täglichen Lebens". Zu letzteren gehören „in vertretbarem Umfang auch Beziehungen zur Umwelt und eine Teilnahme am kulturellen Leben". Diese übertragene Definition macht deutlich, dass die Sozialhilfe nicht nur ein physisches Existenzminimum leistet, sondern einen soziokulturellen Mindeststandard, der die Teilnahme am gesellschaftlichen Leben einschließt.

Die Hilfe zum Lebensunterhalt wird vorrangig als Geldleistung erbracht. Zunächst wird der Bedarf bestimmt, dann werden Einkommen und Vermögen (nach dem elften Kapitel) angerechnet. Der Bedarf an Hilfe zum Lebensunterhalt setzt sich zusammen aus den Komponenten:

- Die *Regelsätze* differieren (noch) zwischen alten und neuen Bundesländern (345 € Bundesländern bzw. 331 €). Die Länder können abweichende Regelsätze bestimmen (§ 28 SGB XII). Der Regelsatz für den Haushaltsvorstand beträgt 100% des Eckregelsatzes, für Kinder unter 14 Jahren 60% und für die übrigen Haushaltsangehörigen 80% des Eckregelsatzes.
- *Unterkunft* in Höhe der tatsächlichen Mietkosten; werden diese als „unangemessen hoch" betrachtet, sind sie so lange zu erbringen, wie ein Wechsel in eine günstigere Wohnung nicht möglich oder zumutbar ist (maximal 6 Monate).
- *Heizkosten* in Höhe der tatsächlichen Aufwendungen, soweit sie angemessen sind (§ 29 SGB XII).
- Bestimmten Personengruppen (z. B. allein Erziehende) wird als prozentualer Zuschlag ein *Mehrbedarf* zugestanden (§ 30 SGB XII).
- *Einmalige Leistungen* werden für Erstausstattung des Haushalts, für Bekleidung (einschließlich Sonderbedarf bei Schwangerschaft und Geburt) sowie mehrtägige Klassenfahrten erbracht. Vom Regelsatz nicht umfasster, jedoch im Einzelfall unabweisbar gebotener Sonderbedarf soll als Darlehen gewährt werden (§ 37 SGB XII).
- Weiterhin können Beiträge für die *Kranken- und Pflegeversicherung* übernommen werden sowie Beiträge für die *Altersvorsorge* (§§ 32 und 33 SGB XII).
- Zur Vermeidung von Wohnungsnotfällen sollen darüber hinaus *Mietschulden* übernommen werden (§ 34 SGB XII).

Die Regelsätze und die Leistungen für einmaligen Bedarf sind als pauschale Leistungen konzipiert. Die übrigen Komponenten werden in der Regel in der Höhe übernommen, in der sie tatsächlich anfallen.

Die Hilfe zum Lebensunterhalt wird auch für Bewohner von Einrichtungen geleistet. Sie umfasst dann neben den Sachleistungen der Einrichtung in der Regel Kleidung und einen Barbetrag zur persönlichen Verwendung.

Gegenüber dem BSHG wurden folgende Veränderungen vorgenommen:

- Die einmaligen Leistungen der Hilfe zum Lebensunterhalt werden bis auf wenige Ausnahmen in den Regelsatz einbezogen (viele Sozialhilfeträger hatten dies auch vorher schon so gehandhabt). Dadurch erhöht sich das Niveau des Eckregelsatzes.
- Einmalige Leistungen werden nur noch in drei Fällen erbracht: für Erstausstattung des Haushalts, Erstausstattung für Bekleidung und mehrtägige Klassenfahrten.
- Bei den prozentualen Anteilen für weitere Haushaltsmitglieder werden nur noch zwei statt vier Gruppen unterschieden. Kinder unter sieben Jahre erhalten nun einen höheren Anteil, Leistungsberechtigte zwischen 7 und 17 Jahren einen geringeren Anteil als vorher.
- Die Mehrbedarfspauschalen betragen zukünftig nur noch bis zu 36%, beziehen sich aber jetzt auf den höheren Regelsatz, der die einmaligen Leistungen weitgehend enthält. Die Zuschläge fallen für allein Erziehende etwas günstiger aus. Für die übrigen Personengruppen ergeben sie den gleichen Beträge wie bisher. Auch allein Erziehende mit einem Kind ab 7 Jahren erhalten nun einen Zuschlag (in Höhe von 12%).
- Die Übernahme unangemessen hoher Mietkosten in den Fällen, in denen ein Wohnungswechsel nicht zumutbar oder nicht möglich ist, wird auf 6 Monate begrenzt.
- Pauschalierungen der Unterkunfts- und Heizkosten werden den Sozialhilfeträgern unter bestimmten Voraussetzungen ermöglicht.
- Weiterer, vom Regelsatz umfasster, jedoch unabweisbar gebotener Sonderbedarf kann nicht mehr als „einmalige Leistung", sondern nur in Form eines Darlehens gewährt werden, das auch während des Bezugs von Hilfe zum Lebensunterhalt zurück zu zahlen ist.
- Der Barbetrag für Bewohner in stationären Einrichtungen (für Erwachsene 26% des Eckregelsatzes (§ 35 SGB XII)) entspricht dem Niveau des derzeitigen Mindestbarbetrags.
- Die Leistungsberechtigung für im Ausland lebende Deutsche wird weiter eingeschränkt und auf wenige Notfälle (§ 24 SGB XII) reduziert.

Grundsicherung im Alter und bei Erwerbsminderung

Personen ab 65 Jahren sowie dauerhaft, allein aus medizinischen Gründen voll erwerbsgeminderte Personen ab 18 Jahren mit gewöhnlichem Aufenthalt in der Bundesrepublik Deutschland haben, wenn sie bedürftig sind, einen Anspruch auf Leistungen der Grundsicherung. Die Leistungen werden in gleicher Höhe bemessen wie bei der Hilfe zum Lebensunterhalt außerhalb von Einrichtungen (Hilfe zum Lebensunterhalt), sind aber – im Unterschied zu diesen – zu beantragen. Die Leistungen werden regelmäßig für ein Jahr bewilligt. Einkommen wie z. B. Rentenbezüge oder Vermögen des Leistungsberechtigten, des nicht getrennt lebenden Ehegatten oder Lebenspartners sowie des Partners einer eheähnlichen Gemeinschaft werden wie in der Sozialhilfe angerechnet, jedoch wird gegenüber unterhaltsverpflichteten Kindern bzw. Eltern mit einem Jahreseinkommen unterhalb von 100 000 € kein Unterhaltsrückgriff vorgenommen.

Die Rentenversicherungsträger sind verpflichtet, antragsberechtigte Personen über die Grundsicherung zu informieren, zu beraten und bei der Antragstellung, auch durch Weiterleitung von Anträgen an den zuständigen Träger, zu unterstützen.

Die zum Januar 2003 als vorrangige Leistung eingeführte Grundsicherung wird nun als viertes Kapitel in das SGB XII integriert. Die Sonderregelung bezüglich der Nichtheranziehung von Unterhaltsverpflichteten bleibt bestehen, ebenso wie der Verzicht auf den Rückgriff bei den Erben des Leistungsberechtigten. Darüber hinaus gilt die Vermutung nicht, dass Berechtigte, die mit Verwandten oder Verschwägerten in Haushaltsgemeinschaft leben, von diesen auch Leistungen zum Lebensunterhalt erhalten. Tatsächliche Leistungen sind wie bei der Hilfe zum Lebensunterhalt auf den Bedarf anzurechnen. Ansonsten gelten im Wesentlichen gleiche Regelungen wie für die Hilfe zum Lebensunterhalt.

Hilfen zur Gesundheit

Durch das Gesetz zur Modernisierung der gesetzlichen Krankenversicherung (GKV-Modernisierungsgesetz – *GMG*) sind grundsätzlich alle nicht krankenversicherten Sozialhilfeempfänger leistungsrechtlich den gesetzlich Krankenversicherten mit Wirkung vom 1. Januar 2004 gleichgestellt worden und werden nunmehr wie „Kassenpatienten" behandelt. Alle Sozialhilfeempfänger werden im Rahmen der Belastungsgrenzen nunmehr zu Zuzahlungen herangezogen. Die übrigen nicht krankenversicherten (kurzfristigen) Sozialhilfeempfänger können weiterhin Hilfen zur Gesundheit erhalten.

Eingliederungshilfe für behinderte Menschen

Die Eingliederungshilfe für behinderte Menschen wirkt präventiv, rehabilitativ und integrativ: Es ist ihre Aufgabe, „eine drohende Behinderung zu verhüten oder eine Behinderung oder deren Folgen zu beseitigen oder zu mildern und die behinderten Menschen in die Gesellschaft einzugliedern" (§ 53 Abs. 3 SGB XII). Leistungsberechtigt sind alle Personen, die nicht nur vorübergehend körperlich, geistig oder seelisch wesentlich behindert oder von einer Behinderung bedroht sind.

Die Leistungen der Eingliederungshilfe für behinderte Menschen wurden im Wesentlichen so in das SGB XII übernommen, wie sie bisher schon im BSHG und im SGB IX geregelt waren. Die eingeschränkte Anrechnung von Einkommen und Vermögen bei behinderten Menschen wird in § 92 SGB XII geregelt. Neben den bisher üblichen Formen können die Leistungen der Eingliederungshilfe auch als Teil eines trägerübergreifenden persönlichen Budgets erfolgen.

Hilfe zur Pflege

Die Sozialhilfe unterstützt auch weiterhin pflegebedürftige Personen, indem sie die mit der Pflege verbundenen Kosten ganz oder teilweise übernimmt.

Seit Einführung der Pflegeversicherung ist die Sozialhilfe vor allem zuständig für Pflegebedürftige, die das Kriterium der „erheblichen Pflegebedürftigkeit" (Stufe I nach § 15 SGB XI) nicht erfüllen, in Fällen kostenintensiver (Schwerst-)Pflege, für die die nach oben hin begrenzten Leistungen der Pflegeversicherung nicht ausreichend sind, für die Finanzierung der nicht von der Pflegeversicherung übernommenen Kosten für Unterkunft, Verpflegung und Investitionskosten bei der Pflege in Einrichtungen sowie für nicht pflegeversicherte Personen.

Die Hilfe zur Pflege kann als Teil eines trägerübergreifenden persönlichen Budgets bezogen werden.

Hilfe zur Überwindung besonderer sozialer Schwierigkeiten

Die Hilfe zur Überwindung besonderer sozialer Schwierigkeiten richtet sich an Personen, die besonders belastenden Lebensverhältnissen ausgesetzt sind, z. B. Obdachlosigkeit.

Diese Regelung mit den §§ 67–69 übernimmt die Bestimmungen des § 72 BSHG inhaltlich unverändert.

Hilfe in anderen Lebenslagen

Die §§ 70 bis 74 SGB XII regeln Hilfen zur Weiterführung des Haushalts (§ 70), die Altenhilfe (§ 71), Blindenhilfe (§ 72), Bestattungskosten (§ 74) und, als Auffangnorm, die Hilfe in sonstigen Lebenslagen

(§ 73 SGB XII). Damit werden die bisherigen §§ 15 und 27 Abs. 2, §§ 67, 70, 71 und 75 BSHG inhaltlich unverändert übernommen.

Weitere SGB-XII-Regelungen

Die weiteren Teile des SGB XII enthalten – weitgehend mit dem BSHG übereinstimmende – Regelungen zu:

- Einrichtungen und Diensten (§§ 75–81 SGB XII),
- Einsatz des Einkommens und Vermögens; Übergang von Ansprüchen (§§ 82–96 SGB XII),
- Zuständigkeitsregelung (§§ 97–101 SGB XII),
- Kostenersatz und Kostenerstattung (§§ 102–115 SGB XII),
- Verfahrensbestimmungen (§§ 116–120 SGB XII),
- Statistik (§§ 121–129 SGB XII),
- verschiedene Übergangs- und Schlussbestimmungen.

Maßgebliche Veränderungen gegenüber BSHG betreffen insbesondere die Einkommensanrechnung. Leistungsberechtigte können von dem aus Erwerbstätigkeit erzielten Einkommen 30% für sich behalten, wobei davon ausgegangen wird, dass eine Erwerbstätigkeit von Leistungsberechtigten nach SGB XII einen geringeren Umfang als 3 Stunden pro Tag hat, denn bei höherer Leistungsfähigkeit würden sie in den Leistungsbereich des SGB II übergehen (abweichend bleibt für Beschäftigte in Werkstätten für behinderte Menschen der anrechnungsfreie Betrag wie bisher ein Achtel des Eckregelsatzes zuzüglich 25% des übersteigenden Entgelts).

Das Arbeitsförderungsgeld nach § 43 Satz 4 SGB IX bleibt generell anrechnungsfrei, nicht nur im Falle der stationären Eingliederungshilfe.

Weiterhin werden die Einkommensgrenzen bei Leistungen nach dem fünften bis neunten Kapitel verändert: Statt der allgemeinen (§ 79 BSHG) und der besonderen Einkommensgrenzen (§ 81 BSHG) kennt das SGB XII nur eine Einkommensgrenze in Höhe des zweifachen Eckregelsatzes zuzüglich 70% des Eckregelsatzes für weitere Familienmitglieder und der Kosten der Unterkunft.

Unterhaltsansprüche eines erwachsenen behinderten oder pflegebedürftigen Menschen gehen (abgesehen von wenigen Ausnahmen) in pauschalierter Form auf den Sozialhilfeträger über, und zwar in Höhe von bis zu 26 € für Leistungen der Eingliederungshilfe für behinderte Menschen und der Hilfe zur Pflege und in Höhe von bis zu 20 € für Leistungen zum Lebensunterhalt. Für Leistungen der Grundsicherung im Alter und bei Erwerbsminderung erfolgt kein Rückgriff.

2.11 Privates Versicherungsrecht

G.-M. Ostendorf und M. Link

Im Grundsatz unterscheidet sich ärztliche Begutachtung in der privaten Kranken-, Unfall-, Lebens- oder Berufsunfähigkeitsversicherung nicht von der im Sozialversicherungsrecht. Der Arzt wird hier als sachverständiger Zeuge, als Sachverständiger und seltener auch als Arzt einer Versicherungsgesellschaft tätig, die ihn in beratender Funktion beauftragt hat. Außerdem werden ärztliche Gutachter zunehmend vom Versicherungsunternehmen selbst beauftragt, vor allem im Bereich der Haftpflichtversicherung, der Unfallversicherung und der Berufsunfähigkeitsversicherung. Dabei werden von ihm spezifische Kenntnisse der jeweiligen Vertragsbedingungen erwartet. Wenn ein medizinisches Problem die Grenzen seiner medizinischen Fachkompetenz überschreitet, ist er gehalten, einen auf dem speziellen Gebiet sachkundigeren Gutachter vorzuschlagen.

2.11.1 Die private Krankenversicherung

G.-M. Ostendorf

Begutachtungsanlässe in der privaten Krankenversicherung (*PKV*) betreffen i.w. Fragen

- der prognostischen Beurteilung von Antragstellern mit Vorerkrankungen (Risikokalkulation),
- der medizinischen Notwendigkeit diagnostischer und therapeutischer Maßnahmen,
- der Abgrenzung von nicht unter den Versicherungsschutz fallenden Leistungen,
- der Beurteilung von Arbeitsunfähigkeit oder der Pflegebedürftigkeit sowie
- der Rechnungslegung gemäß GOÄ und Krankenhausentgeltsystem.

Die private Krankenversicherung bietet einerseits als Vollversicherung Schutz substitutiv zur gesetzlichen Krankenversicherung, andererseits als Zusatzversicherung i.w. eine spezielle Unterbringung (das sind Komfortleistungen) bzw. Chefarztbehandlung. Der Zugang zur substitutiven Vollversicherung wird – abgesehen von Beamten und Selbständigen – durch die Versicherungspflichtgrenze eingeschränkt: Erst oberhalb eines Monatseinkommens von (2007) 3975 € besteht Wahlfreiheit zwischen gesetzlicher und privater Krankenversicherung. Um in die klassische substitutive Vollversicherung eintreten zu können, muss das regelmäßige Jahresarbeitsentgelt abhängig Beschäftigter in drei aufeinander folgenden Kalenderjahren die Versicherungspflichtgrenze überstiegen haben (§ 6 Abs. 1 Nr. 1 SGB V). Interessent und privater Krankenversicherer handeln als gleichberechtigte Partner einen Versicherungsvertrag aus, der dem Privatrecht unterliegt. Beide Partner sind nicht zum Vertragsabschluss gezwungen. Kommt es nicht zu einem Vertragsabschluss, bleibt dem Antragsteller der Schutz der gesetzlichen Krankenversicherung erhalten. Die Zusatzversicherungen sind uneingeschränkt zugänglich.

Private Krankenversicherungen sind im – Unterschied zur gesetzlichen Krankenversicherung (*GKV*) – Individualversicherungen, d.h. es gibt keine beitragsfreie Mitversicherung von Familienangehörigen. Die Beiträge der privaten Krankenversicherung werden nach dem Prinzip der individuellen Risikoäquivalenz kalkuliert (im Gegensatz zur Einkommensproportionalität in der GKV). Die Risikoäquivalenz ist ein verfassungsrechtliches Gebot: Die Beiträge sollen in einem vernünftigen Verhältnis zu den Leistungen stehen. Risikoäquivalenz bedeutet, dass grundsätzlich die Summe der über die Vertragslaufzeit zu entrichtenden Beiträge des Versichertenkollektivs der Summe der für die verbleibende Lebenserwartung zu erwartenden individuellen Krankheitskosten zu entsprechen hat (diesem Gebot wird in der GKV mit der Beitragsbemessungsgrenze entsprochen).

Die zu erwartenden Krankheitskosten müssen also vor Vertragsabschluss vorausgeschätzt werden, um den Beitrag sachgerecht kalkulieren zu können. Da mit steigendem Alter die Krankheitskosten steigen, sind die Beiträge desto höher, je höher das Eintrittsalter ist. Um Versicherte vor untragbar hohen Beiträgen im Alter zu schützen, wird durch einen Alterungszuschlag auf den Beitrag in jungen Jahren eine Rückstellung gebildet, also quasi ein Sparguthaben, aus dem die höheren Krankheitskosten im Alter finanziert werden. Dank dieser Rückstellungen (und der daraus erzielten Zinsgewinne) steigen die Beiträge mit dem Alter also nicht im gleichen Maße wie die Krankheitskosten. Das ermöglicht, dass künftige Generationen nicht mit den Krankheitskosten der älteren Generationen belastet werden. In dieser Generationengerechtigkeit unterscheidet sich die private Krankenversicherung von der gesetzlichen, die – jedenfalls bisher – nach dem Umlageprinzip finanziert wird.

Versicherbar sind grundsätzlich nur unvorhersehbare, zufällige Risiken. Wenn zum Zeitpunkt des Eintritts eine Krankheit besteht, wird dieses Prinzip verletzt, indem unmittelbar medizinische Leistungen in Anspruch genommen werden. Die damit verbundenen Kosten müssen also als Zuschlag im Beitrag berücksichtigt werden. Alternativ können – für eindeutig vollkommen ausheilende Krankheiten – Karenzzeiten vereinbart werden.

Wenn der Antragsteller in der Vergangenheit Krankheiten erlitten hat, so können diese mit einem erhöhten Risiko von Folgekrankheiten oder Wiedererkrankungen (und entsprechenden Kosten) verbunden sein. Hierfür sind Risikozuschläge zu kalkulieren. Also werden dem Antragsteller Fragen zu aktuellen und früheren Krankheiten gestellt, welche dieser wahrheitsgemäß beantworten muss. Wird diese vorvertragliche Anzeigepflicht verletzt, kann der Versicherer vom Vertrag zurücktreten. Ansonsten bleibt der private Krankenversicherer – anders als in anderen Versicherungssparten – lebenslang an den Vertrag gebunden. Nur dem Versicherten steht das Recht zur Kündung oder Vertragsänderung zu.

Die Höhe eines Risikozuschlages kann die finanziellen Möglichkeiten eines Antragstellers überschreiten. Im Einzelfall verzichtet ein Versicherer darauf, den Antragsteller mit einem sachgerecht kalkulierten – hohen – Risikozuschlag zu konfrontieren und teilt ihm stattdessen mit, er sei nicht versicherbar.

In Deutschland haben 8,476 Millionen Menschen (31. 12. 2006) bei der privaten Krankenversicherung (PKV) eine Vollversicherung, weitere 16 Millionen eine Zusatzversicherung, z.B. für Wahlleistungen im Krankenhaus. Knapp 50% der Vollversicherten sind Beihilfeberechtigte im öffentlichen Dienst, die ihren Beihilfeschutz mit der privaten Krankenversicherung zur Abdeckung der restlichen Kosten ergänzen.

Leistungsausschlüsse sind bei einer Vollversicherung (mit Ausnahmen, z.B. für fehlende Zähne oder eine Unfallfolge, für die ein anderer Träger leistungspflichtig ist) ungewöhnlich, da sie den Versicherungsgedanken aushöhlen würden, und können eher bei einer Zusatzversicherung, etwa für eine stationäre Behandlung, vereinbart werden.

Die Prüfung dieses individuellen Risikos erfolgt vor allem anhand der Selbstauskunft im Antrag sowie ggf. anhand vorgelegter ärztlicher Befunde. Die Falschbeantwortung der Antragsfragen, die sich typischerweise auf die zurückliegenden 5–10 Jahre beziehen, durch den Antragsteller oder das Verschweigen von Vorerkrankungen, Beschwerden etc. können rechtliche Konsequenzen haben, da der Versicherer berechtigt ist, innerhalb der ersten drei Jahre von einem Vertrag zurückzutreten, wenn ihm solche so genannten erheblichen Gefahrenumstände bekannt werden. Auch nach dem Ablauf von drei Jahren kann der Versicherungsvertrag angefochten werden, wenn vom Versicherungsnehmer arglistig falsche Angaben im Versicherungsvertrag gemacht wurden, bei deren Kenntnis der Versicherer den Vertrag nicht bzw. nicht zu den angegebenen Bedingungen abgeschlossen hätte.

Für den Umfang der Versicherungsleistungen sind die allgemeinen Versicherungsbedingungen für die Krankheitskosten- und Krankenhaustagegeldversicherung entscheidend. Diese setzen sich zusammen aus den Musterbedingungen 1994 des Verbandes der privaten Krankenversicherung (MB/KK 94), die für alle Versicherungsunternehmen gleich sind, sowie aus evtl. Ergänzungen einzelner Unternehmen, in der Regel zu Gunsten des Versicherungsnehmers. Zwar sind nach der Deregulierung des

Versicherungsmarktes die einzelnen privaten Krankenversicherer frei, andere allgemeine Vertragsbedingungen oder geänderte Musterbedingungen zu verwenden. Von dieser Freiheit wird aber nur in geringem Umfang Gebrauch gemacht.

Mit dem GKV-Wettbewerbsstärkungsgesetz (GKV-WSG) wird ab 01. 01. 2009 eine generelle Pflicht zur Krankenversicherung eingeführt. Bisher galt nur eine Pflicht zur Krankenversicherung in der GKV für abhängig Beschäftigte. Dabei haben GKV bzw. PKV die ihr jeweils zugehörigen Unversicherten aufzunehmen. Um diese Option bereits ab 01. 07. 2007 zu ermöglichen, haben die privaten Krankenversicherer den sog. Standardtarif zu öffnen, der bisher als ein Sozialtarif bei einem Beitrag nicht höher als der aktuelle Höchstsatz der GKV (bei der GKV vergleichbaren Leistungen) Personen ab vollendeten 65. Lebensjahr bzw. ab dem 55. Lebensjahr bei Einkommen unter der aktuellen Versicherungspflicht-Grenze bzw. Erwerbsunfähigen offen stand.

Ab 01. 01. 2009 haben die privaten Krankenversicherer, „welche die substitutive Krankenversicherung betreiben, [...] einen branchenweit einheitlichen Basistarif anzubieten, dessen Vertragsleistungen in Art, Umfang und Höhe den Leistungen nach dem 3. Kapitel des Fünften Buches Sozialgesetzbuch, auf die ein Anspruch besteht, jeweils vergleichbar sind“ (§ 12 Versicherungsaufsichtsgesetz, VAG), in den Standardtarifversicherte wechseln können. Bestandsversicherte der substitutiven Vollversicherung können in der Zeit 01. 01.–30. 06. 2009 unter Mitnahme der Alterungsrückstellungen („Portabilität“) im Umfang des Basistarifs zu einem anderen Privatversicherer wechseln.

Den Verband der privaten Krankenversicherung e.V. beleiht das GKV-WSG mit der Definition des Leistungsumfangs entsprechend „Art, Umfang und Höhe“ der GKV-Leistungen. Für den Basistarif besteht Kontrahierungszwang ohne Risikoprüfung und ohne Risikozuschläge oder -ausschlüsse, aber mit Alterszuschlägen. Bestimmte Selbstbehalte können vereinbart werden. Der Beitrag ist auf den durchschnittlichen Höchstbeitrag der GKV begrenzt.

Für die Basistarifversicherten hat der Verband der privaten Krankenversicherung e.V. mit der Kassen(zahn)ärztlichen Bundesvereinigung einen Sicherstellungsvertrag zu schließen. Der Multiplikator gemäß GOÄ/GOZ ist im Basistarif gesetzlich begrenzt (z.B. für persönliche ärztliche bzw. zahnärztliche Leistungen auf 1,8 bzw. 2,0), solange der Sicherstellungsvertrag nichts anderes vorsieht. Die Krankenversicherer haben untereinander einen Risikoausgleich für die Basistarifversicherten durchzuführen.

Versicherungsfall ist nach § 1 Abs. 2 der MB/KK 94 „die medizinisch notwendige Heilbehandlung einer versicherten Person wegen Krankheit oder Unfallfolgen“. Eine ähnliche Einschränkung auf die medizinisch notwendige Heilbehandlung findet sich im Übrigen auch in § 1 Abs. 2 der Gebührenordnung für Ärzte (GOÄ), die ja für die privatärztliche Abrechnung maßgeblich ist. Allerdings ist die Frage, welche Behandlung jeweils als medizinisch notwendig anzusehen und damit vom Versicherer zu erstatten ist, zuweilen zwischen dem behandelnden Arzt, dem Patienten bzw. Versicherungsnehmer und dem PKV-Unternehmen streitig. Probleme ergeben sich hier vor allem auch dadurch, dass in der Medizin die Therapie einer bestimmten Krankheit bzw. die Frage, ob diese Behandlung ambulant oder stationär durchgeführt werden muss, umstritten sein kann.

Der Bundesgerichtshof hat zu dieser Problematik 1978 in einem Grundsatzurteil festgehalten, dass vom Versicherungsnehmer nach Treu und Glauben nicht mehr verlangt werden kann als der Nachweis, dass es zum Zeitpunkt der Behandlung nach den damaligen medizinischen Befunden und Erkenntnissen vertretbar war, diese als notwendig anzusehen. Die ärztliche Entscheidung hat sich aber an den objektiven medizinischen Befunden und Erkenntnissen zu dem Zeitpunkt, in dem sie getroffen wurde, zu orientieren. Im Streitfall müssen diese medizinischen Erkenntnisse durch einen neutralen Sachverständigen beurteilt werden können.

Nach einem Urteil des Bundesgerichtshofs aus dem Jahre 1993 können sich die privaten Krankenversicherer nicht mehr auf die so genannte „Wissenschaftlichkeitsklausel“ berufen, wonach keine Leistungspflicht besteht für wissenschaftlich nicht allgemein anerkannte Untersuchungs- oder Behandlungsmethoden und Arzneimittel. Von den PKV-Unternehmen wurde daher in die MB/KK 94 neu § 4 Abs. 6 aufgenommen, wonach der Krankenversicherer über die schulmedizinische Behandlung hinaus Erstattung leistet „für Methoden und Arzneimittel, die sich in der Praxis als ebenso Erfolg versprechend bewährt haben oder die angewandt werden, weil keine schulmedizinischen Methoden oder Arzneimittel zur Verfügung stehen“. Jedoch kann das Versicherungsunternehmen „seine Leistungen auf den Betrag herabsetzen, der bei der Anwendung vorhandener schulmedizinischer Methoden oder Arzneimittel angefallen wäre“. Die Beurteilung, ob bzw. inwieweit diese Voraussetzungen im konkreten Fall zutreffen, ist allerdings oft schwierig (▶ Kap. 3.5).

Ebenfalls zu Problemen führt gelegentlich die Leistungseinschränkung nach § 5 Abs. 1d der MB/KK 94, wonach keine Leistungspflicht besteht „für Kur- und Sanatoriumsbehandlung sowie Rehabilitationsmaßnahmen der gesetzlichen Rehabilitationsträger, wenn der Tarif nichts anderes vorsieht“. Außerdem besteht nach § 4 Abs. 5 der MB/KK 94 nur dann eine Leistungspflicht für eine medizinisch notwendige stationäre Heilbehandlung in Krankenanstalten, die auch Kuren bzw. Sanatoriumsbehandlungen durchführen oder Rekonvaleszenten aufnehmen, wenn der Versicherer die tariflichen Leistungen vor Beginn der Behandlung schriftlich zugesagt hat. Aus versicherungsrechtlicher Sicht ausschlaggebend ist dabei die Unterscheidung zwischen einer stationären Heilbehandlung in einem (Akut-)Krankenhaus einerseits, welche der intensiven Behandlung einer meist akuten schweren Gesundheitsstörung dient, und andererseits der Behandlung in einer Kurklinik bzw. in einem Rehabilitationskrankenhaus zur Wiederherstellung bzw. Festigung der Gesundheit andererseits.

Klarheit brachten dazu Grundsatzurteile des Bundesgerichtshofes aus den Jahren 1983 und 1995: Danach kann zwar eine medizinische Rehabilitationsmaßnahme einer Sanatoriums- und Kurbehandlung nicht völlig gleichgestellt werden; dennoch unterscheiden sich diese Behandlungsformen deutlich von einer Krankenhausbehandlung im eigentlichen Sinne. Maßgebliches Kriterium ist nicht der Zweck der Unterbringung, nämlich die Wiederherstellung der (vollen) Gesundheit des Patienten, sondern vielmehr die Ausgestaltung der Behandlung, insbesondere der äußere Rahmen, in der sie stattfindet und der sich deutlich von der Krankenhausbehandlung (mit ständiger ärztlicher Präsenz) unterscheidet.

∎ Der Begriff der *Arbeitsunfähigkeit* ist bei der privaten Krankenversicherung anders auszulegen als im Rahmen der gesetzlichen Krankenversicherung: Nach jahrzehntelanger Rechtsprechung liegt Arbeitsunfähigkeit im Rahmen der GKV vor, wenn der Versicherte wegen seiner Krankheit nicht oder nur mit der Gefahr, seinen Zustand zu verschlimmern, fähig ist, seiner bisher ausgeübten Erwerbstätigkeit nachzugehen. Bei der PKV ist dagegen der Begriff der Arbeitsunfähigkeit in den Musterbedingungen 1978 des Verbandes der privaten Krankenversicherung für die Krankentagegeldversicherung (MB/KT 78 § 1 Abs. 3) folgendermaßen definiert: „Arbeitsunfähigkeit im Sinne dieser Bedingungen liegt vor, wenn die versicherte Person ihre berufliche Tätigkeit nach medizinischem Befund vorübergehend in keiner Weise ausüben kann, sie auch nicht ausübt und keiner anderweitigen Erwerbstätigkeit nachgeht.“

Während im Rahmen der GKV medizinisch gesehen teilweise arbeitsfähige Patienten arbeitsrechtlich als weiterhin arbeitsunfähig gelten, gilt im Rahmen der privaten Krankenversicherung, dass ein Anspruch auf Krankentagegeld nur bei 100%iger Arbeitsunfähigkeit besteht. Unterhalb dieser Marke wird nicht etwa ein anteilmäßiges Tagegeld ausgezahlt, sondern es gilt das Prinzip des Alles oder Nichts. Dieser Grundsatz ist gewollt und begründet, da bei einer Teil-Arbeitsunfähigkeit der Einkommensausfall kaum dem Grad der Arbeitsunfähigkeit entsprechen würde und auf keinen Fall messbar wäre.

So liegt völlige Arbeitsunfähigkeit insbesondere dann nicht vor, wenn der Erkrankte eine aufsichtführende, leitende oder mitarbeitende Tätigkeit ausführen kann, eine Tätigkeit auf anderen Teilgebieten oder auch eine zeitlich begrenzte berufliche Tätigkeit. Probleme ergeben sich diesbezüglich in der Praxis weit weniger bei Arbeitnehmern, sondern sehr viel häufiger bei Selbständigen, zumal bei dieser Personengruppe oft nur schwer überprüfbar ist, ob nicht doch eine Erwerbstätigkeit ausgeübt wird.

∎ Wichtig ist der Begriff der *Berufsunfähigkeit*, da mit Eintritt der Berufsunfähigkeit die Krankentagegeldversicherung endet. Nach § 15 Teil I b der MB/KT 78 liegt Berufsunfähigkeit vor, wenn die versicherte Person nach medizinischem Befund im bisher ausgeübten Beruf auf nicht absehbare Zeit zu mehr als 50% erwerbsunfähig ist.

Eine nicht absehbare Dauer der Erwerbsunfähigkeit liegt vor, wenn mit einer Arbeitsfähigkeit entweder überhaupt nicht zu rechnen ist oder die Heilungschancen so schlecht sind, dass ungewiss bleibt, ob der Versicherungsnehmer wieder erwerbsfähig wird. Die Therapierbarkeit des Krankheitsbildes schließt demnach eine Berufsunfähigkeit nicht von vorneherein aus, und der Zustand muss nicht endgültig sein. Mehr als 50%ige Erwerbsunfähigkeit bedeutet nach der herrschenden Rechtsprechung, dass der Versicherungsnehmer nicht mehr in der Lage ist, seinen durchschnittlichen Arbeitsanfall zu wenigstens 50% zu bewältigen, und zwar in der zuletzt konkret ausgeübten beruflichen Tätigkeit. Alternativ kann darauf abgestellt werden, ob er in der Lage ist, seine verbliebene Arbeitskraft so einzusetzen, dass er wenigstens 50% seiner früheren durchschnittlichen Einkünfte erzielt.

Diese Definition der Berufsunfähigkeit in der privaten Krankenversicherung unterscheidet sich somit von der Definition der Berufsunfähigkeit im Rahmen der Lebensversicherung (▶ Kap. 2.11.3).

∎ Auch die privaten Krankenversicherer bieten eine eigene *Pflegeversicherung* an. Diese umfasst dieselben Leistungen und richtet sich nach denselben Kriterien wie die gesetzliche Pflegeversicherung (▶ Kap. 2.5).

∎ Die *Gebührenordnung für Ärzte (GOÄ)* dient dem Schutz des Bürgers vor willkürlicher Rechnungslegung, weshalb ihre Anwendung durch den Arzt zwingend ist, soweit nicht durch Bundesgesetz etwas anderes bestimmt ist. Leistungen, die über das Maß einer medizinisch notwendigen ärztlichen Versorgung hinausgehen, darf der Arzt nur berechnen, wenn sie auf Verlangen des Zahlungspflichtigen erbracht worden sind (§ 1 GOÄ). Gebührenrechtliche Fragen an den ärztlichen Gutachter betreffen im Wesentlichen das Zielleistungsprinzip und die Angemessenheit einer sog. Analogabrechnung, seltener die Angemessenheit des gewählten Multiplikators.

Das Zielleistungsprinzip ist in § 4 Abs. 2 a GOÄ definiert: „Für eine Leistung, die Bestandteil oder eine besondere Ausführung einer anderen Leistung nach Gebührenverzeichnis ist, kann der Arzt eine Gebühr nicht berechnen, wenn er für die andere Leistung eine Gebühr berechnet. Dies gilt auch für die zur Erbringung der im Gebührenverzeichnis aufgeführten operativen Leistungen methodisch notwendigen operativen Einzelschritte." Der Gutachter hat also zu prüfen, ob einzelne in Rechnung gestellte Leistungen bereits durch andere Gebührenpositionen entgolten sind. Gutachtlich ist ggf. des weiteren zu prüfen, ob tatsächlich „innerhalb des Gebührenrahmens die Gebühren unter Berücksichtigung der Schwierigkeit und des Zeitaufwandes der einzelnen Leistung sowie der Umstände bei der Ausführung nach billigem Ermessen bestimmt" (§ 5 Abs. 2 GOÄ) wurden. „Selbständige ärztliche Leistungen, die in das Gebührenverzeichnis nicht aufgenommen sind, können entsprechend einer nach Art, Kosten und Zeitaufwand gleichwertigen Leistung des Gebührenverzeichnisses berechnet werden" (§ 6 Abs. 2 GOÄ). Gutachtlich ist also zu prüfen, ob die analog in Rechnung gestellte Leistung tatsächlich im Leistungskatalog der GOÄ nicht enthalten ist bzw. ob tatsächlich eine nach Art, Kosten- und Zeitaufwand gleichwertige Leistung für den Analogabgriff herangezogen wurde.

2.11.2 Private Unfallversicherung

M. Link

Die private Unfallversicherung (*PUV*) bietet Schutz bei einer *unfallbedingten Gesundheitsschädigung*, wobei aufgrund der Vertrags- und Rechtsgrundlage erhebliche Unterschiede zur gesetzlichen Unfallversicherung bestehen, die ein Gutachter beachten muss.

Die Vertragsgrundlagen der privaten Unfallversicherung in Deutschland sind die jeweils gültigen Allgemeinen Unfallversicherungsbedingungen (*AUB*). Der Gutachter sollte vor Annahme eines Gutachtenauftrags für die private Unfallversicherung die wesentlichen Vertragsbedingungen der AUB (▶ www.gdv.de) aus den Jahren 1961 (AUB 61) und 1988 (AUB 88) kennen, um Fehler bei der Begutachtung zu vermeiden. Spätere Überarbeitungen (AUB 99, AUB 99plus) dieser Bedingungen haben aus gutachterlicher Sicht zu keinen bedeutenden Änderungen gegenüber den AUB 88 geführt.

Der Versicherungsschutz gilt weltweit für alle Unfälle des täglichen Lebens, eine Beschränkung auf Arbeits- und Wegeunfälle, wie in der gesetzlichen Unfallversicherung, entfällt (Tabelle 2.7).

> „Ein Unfall liegt vor, wenn der Versicherte durch ein *plötzlich von außen* auf seinen Körper wirkendes Ereignis (Unfallereignis) *unfreiwillig* eine *Gesundheitsschädigung* erleidet."
>
> (AUB 88, § 1 III)

Aus dieser Definition ergibt sich, dass Krankheiten, wie z.B. auch Berufskrankheiten, nicht unter den Versicherungsschutz der PUV fallen. Auch vorsätzlich herbeigeführte Verletzungen, wie z.B. Verletzungen in suizidaler Absicht oder Selbstverstümmelung, sind nicht versichert.

Sowohl die Gesundheitsschädigung selbst, d.h. die Primärverletzung, als auch der Ursachenzusammenhang zwischen dem Unfallereignis und der Gesundheitsschädigung müssen entsprechend den Anforderungen des Zivilrechts im Vollbeweis, d.h. mit an Sicherheit grenzender Wahrscheinlichkeit, nachgewiesen werden. Verdachtsdiagnosen ohne sicheren Nachweis einer strukturellen Verletzung sind grundsätzlich nicht ausreichend, eine Versicherungsleistung zu begründen.

Durch Aufnahme des Begriffes der *„erhöhten Kraftanstrengung"* in die AUB 88 bzw. *„Kraftan-*

Tabelle 2.7. Merkmale der privaten und gesetzlichen Unfallversicherung

Private Unfallversicherung	Gesetzliche Unfallversicherung
▮ Freiwillige Versicherung	▮ Pflichtversicherung
▮ Alle Unfallarten sind versichert, für Berufskrankheiten besteht kein Versicherungsschutz	▮ Nur Arbeits- und Wegeunfälle bzw. Berufskrankheiten sind versichert
▮ Versicherungsnehmer zahlt Beiträge, vertraglicher Versicherungsschutz auch für Selbständige, Hausfrauen, Schüler u.a. möglich	▮ Unternehmer zahlt Beiträge, alle im Betrieb Beschäftigten haben Versicherungsschutz
▮ Leistungen – nach Vertragssumme – nach Invaliditätseinschätzung – Zusatzversicherungen möglich	▮ Leistungen – nach Jahresarbeitsverdienst – nach MdE-Einschätzung – keine Zusatzversicherung möglich
▮ Kausalitätsbeurteilung nach der Adäquanztheorie	▮ Kausalitätsbeurteilung nach der „rechtlich wesentlichen Bedingung"
▮ Rechtliche Grundlagen: BGB (Bürgerliches Gesetzbuch), AUB (Allgemeine Unfallversicherungsbedingungen)	▮ Rechtliche Grundlagen: Sozialgesetzgebung

strengung" in die AUB 61 wurde die Definition des Unfallbegriffes in der PUV erweitert:

> „Als Unfall gilt auch, wenn durch eine *erhöhte Kraftanstrengung* an Gliedmaßen oder Wirbelsäule
> 1) ein Gelenk verrenkt wird oder
> 2) Muskeln, Sehnen, Bänder oder Kapseln gezerrt oder zerrissen werden."
>
> AUB 88, § 1 IV

Unter einer erhöhten Kraftanstrengung wird eine erheblich über das normale Maß hinausgehende Belastung verstanden. Werden Schäden an der Bandscheibe oder am Meniskus auf eine erhöhte Kraftanstrengung zurückgeführt, fallen diese bedingungsgemäß nicht unter den Versicherungsschutz.

Seit den AUB 88 fallen auch unfallbedingte Bandscheibenschäden ebenso wie Blutungen aus inneren Organen und Gehirnblutungen nicht unter den Versicherungsschutz, es sei denn, das Unfallereignis wäre die überwiegende Ursache (AUB 88, § 2 III (2)). Da man aus unfallanalytischen, experimentellen und histologischen Untersuchungen weiß, dass ein isolierter traumatischer Bandscheibenschaden ohne zusätzliche Schädigung ligamentärer oder knöcherner Strukturen im praktischen Leben nicht vorkommt, wird eine gutachterliche Überprüfung eines isolierten Bandscheibenvorfalls nach einem Unfall in der Regel immer zu dem Ergebnis kommen, dass die unfallfremden Faktoren, d. h. die degenerativen Strukturveränderungen der Bandscheibe, die überwiegende Ursache der Bandscheibenschädigung und ihrer Folgen gewesen sind.

Die private Unfallversicherung bietet nur für eine unfallbedingte Gesundheitsschädigung eine finanzielle Leistung. Unfallunabhängige Vorschäden, in der PUV *Vorinvalidität* genannt, müssen deshalb bedingungsgemäß bei der Bewertung der Versicherungsleistung berücksichtigt werden:

> „Wird durch den Unfall eine körperliche oder geistige Funktion betroffen, die schon vorher dauernd beeinträchtigt war, so wird ein Abzug in Höhe dieser *Vorinvalidität* vorgenommen."
>
> AUB 88, § 7 I (3)

Nach Einschätzung einer organbezogenen Gesamtinvalidität durch den Gutachter muss somit ggf. eine organbezogene Vorinvalidität (unfallfremder Vorschaden) in Abzug gebracht werden.

Da nach den AUB Leistungen nur für den rein unfallbedingten Anteil der Gesundheitsschädigung erbracht werden, muss zusätzlich geprüft werden, ob eine *unfallfremde Mitwirkung* von Krankheiten oder Gebrechen am Ausmaß der Gesundheitsschädigung oder deren Folgen vorliegt. In einem solchen Fall wird der Leistungsanspruch entsprechend reduziert, wenn die unfallfremde Mitwirkung mindestens 25% beträgt (AUB 88, § 8).

Diese Beurteilung im Sinne der Adäquanzlehre unterscheidet sich völlig von der der gesetzlichen Unfallversicherung, die den Kausalzusammenhang nach der „rechtlich wesentlichen Bedingung" beurteilt. Beim Vorliegen von unfallfremden Erkrankungen, z. B. erheblichen degenerativen Strukturveränderungen einer Sehne, muss der Gutachter somit prüfen, ob diese an der Gesundheitsschädigung selbst oder deren Folgen, d. h. an der Sehnenruptur oder am Ausheilungsergebnis, mitgewirkt haben. Diesen unfallfremden Mitwirkungsfaktor muss der Gutachter im Sinne einer Partialkausalität prozentual einschätzen.

Die private Unfallversicherung bietet verschiedenste Versicherungsleistungen, die der Versicherungsnehmer unter Berücksichtigung seines persönlichen Risikos und im Hinblick auf die gewünschten Summen individuell wählen kann. Als Beispiele seien hier nur das Krankenhaustagegeld, die Übergangsleistung, die Todesfallleistung und als wichtigste die Renten- oder Kapitalzahlung bei Dauerinvalidität, d. h. die Invaliditätsleistung, genannt.

Invalidität bezeichnet die dauernde Beeinträchtigung der körperlichen oder geistigen Leistungsfähigkeit. Sind Gliedmaßen, Augen, Gehör, Geruch oder Geschmack betroffen, gilt die sog. *Gliedertaxe* (AUB 88, § 7) (Tabelle 2.8). Diese Taxe sieht feste Invaliditätsgrade für den Verlust oder die Funktionsunfähigkeit von Gliedmaßen oder Sinnesorganen vor. Dabei orientiert sich die Gliedertaxe an einem rein abstrakten Maßstab und ermöglicht dadurch ein hohes Maß an Gleichbehandlung aller

Tabelle 2.8. Gliedertaxe nach AUB 88, § 7

Als feste Invaliditätsgrade gelten – unter Ausschluss des Nachweises einer höheren oder geringeren Invalidität – bei Verlust oder Funktionsunfähigkeit	
▪ eines Armes im Schulterbereich:	70 Prozent
▪ eines Armes bis oberhalb des Ellenbogengelenks:	65 Prozent
▪ eines Armes unterhalb des Ellenbogengelenks:	60 Prozent
▪ einer Hand im Handgelenk:	55 Prozent
▪ eines Daumens:	20 Prozent
▪ eines Zeigefingers:	10 Prozent
▪ eines anderen Fingers:	5 Prozent
▪ eines Beines über der Mitte des Oberschenkels:	70 Prozent
▪ eines Beines bis zur Mitte des Oberschenkels:	60 Prozent
▪ eines Beines bis unterhalb des Knies:	50 Prozent
▪ eines Beines bis zur Mitte des Unterschenkels:	45 Prozent
▪ eines Fußes im Fußgelenk:	40 Prozent
▪ einer großen Zehe:	5 Prozent
▪ einer anderen Zehe:	2 Prozent
▪ eines Auges:	50 Prozent
▪ des Gehörs auf einem Ohr:	30 Prozent
▪ des Geruchs:	10 Prozent
▪ des Geschmacks:	5 Prozent

Versicherter. Die durch die Gliedertaxe aufgestellten Bewertungsmaßstäbe sind unabhängig von der Berufstätigkeit oder den persönlichen Fähigkeiten des Versicherten. Verschiedene Versicherer bieten daher besondere Gliedertaxen an, in denen erhöhte Invaliditätsgrade bei Finger- oder Handverlusten festgelegt werden (z. B. für Ärzte oder Berufsmusiker). Bei der Begutachtung nach der Gliedertaxe ist die Funktionsbeeinträchtigung zu prüfen, wobei in der privaten Unfallversicherung als Vergleichsmaßstab die unbeeinträchtigte Normalfunktion einer gesunden Gliedmaße oder eines Sinnesorgans herangezogen wird. Bei einem vollständigen Verlust oder Funktionsunfähigkeit einer Gliedmaße können die Gliedertaxwerte direkt angewendet werden, bei Teilverlusten oder Teilfunktionsstörungen muss der Gutachter eine entsprechende Wertung in Bruchteilen vornehmen (z. B. 1/10, 2/10, 3/10).

In allen anderen Fällen, in denen die Gliedertaxe nicht angewendet werden kann, muss der Gutachter prüfen, inwieweit die normale körperliche oder geistige Leistungsfähigkeit unter ausschließlicher Berücksichtigung medizinischer Gesichtspunkte beeinträchtigt ist. Besondere berufliche oder außerberufliche Fähigkeiten (z. B. Spitzensportler) bleiben hier unberücksichtigt.

Auch krankhafte Störungen infolge *psychischer Reaktionen* dürfen bedingungsgemäß nicht bei der Einschätzung der Invalidität berücksichtigt werden, gleichgültig wodurch diese verursacht sind (AUB 88, § 2 IV). Dieser wichtige Ausschluss ist vielen Gutachtern nicht bekannt, er zeigt aber wiederum die erheblichen Unterschiede in den Beurteilungsgrundlagen der privaten und gesetzlichen Unfallversicherung auf.

Im Leistungsfall ist es für eine schnelle Bearbeitung wichtig, dass der Versicherungsnehmer den Schaden umgehend unter Beachtung seiner vertraglichen Obliegenheiten (§ 9 AUB 88) meldet und die notwendigen Erklärungen abgibt. Um die Höhe der Leistung bestimmen zu können, werden auf Kosten des Versicherers niedergelassene Fachärzte, spezialisierte Kliniken oder unabhängige Gutachterinstitute beauftragt, die erforderlichen Gutachten zu erstellen.

Auf spezielle Zusatzversicherungen, wie die Invaliditätszusatzversicherung für Kinder und Jugendliche oder die Seniorenversicherung, kann hier nicht eingegangen werden, da je nach Gesellschaft unterschiedliche Vertragsbedingungen zu Grunde liegen. In Einzelfällen kann es bei solchen Spezialversicherungen durchaus sinnvoll sein, dass der beauftragte Gutachter vom Versicherer die jeweils gültigen Vertragsbedingungen anfordert.

Literatur

Konen J, Lehmann R (1990) Allgemeine Unfallversicherungs-Bedingungen (AUB 88). Verlag Versicherungswirtschaft, Karlsruhe

Ludolph E, Lehmann R, Schürmann J (1998) Kursbuch der ärztlichen Begutachtung. ecomed Verlagsgesellschaft, Augsburg

Reichenbach M (1993) Die private Unfallversicherung. In: Mollowitz G (Hrsg) Der Unfallmann, 11. Aufl. Springer, Berlin Heidelberg

Rompe G, Erlenkämper A (Hrsg) (2003) Begutachtung der Haltungs- und Bewegungsorgane, 4. Aufl. Thieme, Stuttgart

Tändler P, Schröter F (2003) Besonderheiten der gutachterlichen Beurteilung für die private Unfallversicherung. Med Sach 99:115–121

2.11.3 Lebensversicherung und Berufsunfähigkeitsversicherung

G.-M. Ostendorf

Lebensversicherung

Das Leistungsspektrum der Lebensversicherung in Deutschland umfasst die Risiken Tod, Berufsunfähigkeit und Pflegefall, aber auch Heirat bei der Aussteuerversicherung und das Langlebigkeitsrisiko bei der Rentenversicherung. Seit 1991 wird die Dread-Disease-Versicherung angeboten; dort werden Leistungen erbracht bei bestimmten schweren Erkrankungen, wie z. B. Herzinfarkt, Schlaganfall, Krebs oder Lähmung. Eine Sonderform der Lebensversicherung stellt die Restkreditversicherung dar, die der Kreditabsicherung dient und in deren Rahmen auch eine Krankentagegeld- oder Arbeitsunfähigkeitsversicherung abgeschlossen werden kann. In jedem Fall handelt es sich um fest definierte Kapitalleistungen (Summenversicherung) und nicht um Kostenerstattungen wie z. B. bei der Krankenversicherung (Kostenversicherung).

Bei der Beitragskalkulation sind normale Risikoverhältnisse, insbesondere normale Gesundheitsverhältnisse, unterstellt. Um eine Gegenauslese zu vermeiden, wird von den Versicherungsunternehmen vor Vertragsabschluss grundsätzlich das Risiko geprüft. Von der zu versichernden Person sind daher Fragen nach Lebensversicherungen bei anderen Unternehmen, zu gefährlichen Sportarten, zu Auslandsaufenthalten, zum Beruf und besonders zum Gesundheitszustand bzw. zu behandelnden Ärzten zu beantworten.

Bei bestimmten Summengrenzen (die von den einzelnen Gesellschaften individuell festgelegt werden) werden zusätzliche ärztliche Untersuchungen erforderlich, die altersabhängig sein können. Im Regelfall wird ein ärztliches Zeugnis mit HIV-Test angefordert; bei höheren Versicherungsleistungen kommen Laboruntersuchungen, ein Ruhe- und ggf.

ein Belastungs-EKG hinzu. Unabhängig hiervon können weitere Untersuchungen in Frage kommen, wenn sie medizinisch indiziert sind und vom Versicherungsunternehmen angefordert werden.

Dabei ist zu berücksichtigen, dass nur solche Untersuchungstechniken gefordert werden, die dem Antragsteller zuzumuten sind. Invasive Untersuchungen oder solche mit psychischer Belastung können nicht verlangt werden. Darüber hinaus müssen die Untersuchungskosten in einem vernünftigen Verhältnis zur Beitragshöhe des zu Versichernden stehen. Für bestimmte Krankheiten wie für Herz-Kreislauf-Erkrankungen, Leberkrankheiten, Nierenleiden, für Krankheiten der Atmungsorgane und für Diabetes mellitus werden von den Lebensversicherungsgesellschaften ggf. spezielle Untersuchungsformulare bzw. Fragebögen verwendet.

Summenunabhängig wird – bei Hinweisen auf gesundheitliche Störungen – beim vom Versicherungsnehmer genannten behandelnden Arzt ein so genannter Hausarztbericht angefordert, der nach persönlicher Kenntnis bzw. anhand der Karteikarte zu erstellen ist; eine Untersuchung ist dafür nicht erforderlich und nicht erwünscht. Ausdrücklich sei darauf hingewiesen, dass schon aus kartellrechtlichen Gründen jedes Versicherungsunternehmen selbst entscheiden muss, welche Fragen es etwa im Hausarztbericht oder im ärztlichen Zeugnis stellt, welche Untersuchungen es bei welchen Summengrenzen anfordert und welche Fragebögen bzw. Untersuchungsformulare es zusätzlich einsetzt.

Das Recht auf Geheimhaltung seiner persönlichen Daten wird dem Versicherten durch die ärztliche Schweigepflicht und durch die Vorschrift des § 203 StGB garantiert. Ärzte dürfen der Versicherung aber Auskunft geben, weil der Versicherte diese anlässlich der Antragstellung ausdrücklich von der Schweigepflicht entbunden hat.

Für das Versicherungsunternehmen gilt es, beim Todesfallrisiko eine etwa bestehende Übersterblichkeit zu ermitteln, die sich aus statistischen Sterbetafeln ergibt. Bei manchen Personen mit erfahrungsgemäß stark verminderter Lebenserwartung, z.B. nach durchgemachtem Herzinfarkt, bei Zuckerkranken oder Krebskranken, muss die erwähnte Übersterblichkeit errechnet werden. Dabei wird die durchschnittliche Sterblichkeit des entsprechenden Lebensalters zugrunde gelegt. Für nahezu alle Krankheiten sind solche Übersterblichkeitssätze ermittelt worden. Schwierig ist die Festlegung der Übersterblichkeit, wenn mehrere Gesundheitsstörungen zusammentreffen oder Komplikationen vorliegen. Die Errechnung einer individuellen Prognose hinsichtlich der Lebenserwartung ist grundsätzlich unmöglich.

Der Risikoausgleich für solche bei Vertragsabschluss bestehenden Gesundheitsstörungen wird in der Regel durch entsprechende Zuschläge zum Beitrag gewährleistet. Wenn Beitragszuschläge im Erlebensfall zurückgezahlt werden sollen, muss diese Rückgewährung der Zuschläge mitversichert werden, wodurch naturgemäß der gesamte Zuschlag höher wird. Es gibt auch die Regelung zeitlich begrenzter Risikozuschläge für Krankheiten, bei denen die erhöhte Sterblichkeit nach relativ kurzer Zeit wieder zurückgeht, vor allem bei bösartigen Erkrankungen. Bei Gesundheitsstörungen mit zunächst mäßigem Risiko, das aber im weiteren Lebensverlauf zunehmen kann, ist auch eine Verkürzung der Laufzeit eines Versicherungsvertrages bzw. die Festlegung eines bestimmten Endalters vorgesehen. Auch die Staffelung der Versicherungsleistung im zeitlichen Ablauf ist möglich. Bei zu großer Übersterblichkeit kann das Versicherungsunternehmen den Abschluss einer Lebensversicherung überhaupt ablehnen oder zurückstellen.

Analoges gilt für die anderen Risikoarten, wie z.B. Berufsunfähigkeit (s.u.). Hier sind auch so genannte Ausschlussklauseln möglich. Die somit ausgeschlossenen Erkrankungen und deren nachweisbare Folgen begründen keinen Leistungsanspruch. Sie bleiben darüber hinaus bei der Festlegung des Grades der Berufsunfähigkeit (beim Vorliegen weiterer Erkrankungen) unberücksichtigt. Der Text einer solchen Ausschlussklausel kann beispielsweise lauten: „Es gilt als vereinbart, dass Erkrankungen der Wirbelsäule sowie die damit ursächlich zusammenhängenden Folgen einen Leistungsanspruch aus der Berufsunfähigkeitsversicherung nicht bedingen".

Grundsätzlich muss die versicherungsmedizinische Einschätzung des Risikos durch die Risikoprüfer der einzelnen Versicherungsunternehmen und ggf. die beratenden Ärzte erfolgen. Diese orientieren sich in aller Regel anhand von Einschätzungsmanualen, die von den Rückversicherern zur Verfügung gestellt werden und die auf jahrzehntelange Beobachtungen großer Zahlen von Versicherungsnehmern beruhen.

Bei Tod des Versicherten bedarf es grundsätzlich der Vorlage eines ärztlichen Todesfallberichtes. Ergibt sich daraus, dass das zum Tode führende Leiden beim Vertragsabschluss verschwiegen wurde, kann die Versicherung in der Regel innerhalb der ersten drei Jahre nach Vertragsabschluss (je nach Vertragsbedingungen; maximal 10 Jahre) vom Vertrag zurücktreten. Muss von arglistiger Täuschung bei Antragstellung ausgegangen werden, kann der Vertrag vom Versicherer jederzeit angefochten werden. Analoges gilt für Versicherungsfälle in den übrigen Risikoarten, wobei die Rücktrittsfrist dort bis zu 10 Jahren betragen kann. Nach dem Entwurf des neuen Versicherungsvertragsgesetzes, das voraussichtlich zum 01. 01. 2008 in Kraft treten wird, erlischt das Rücktrittsrecht nach Ablauf von 5 Jahren nach Vertragsabschluss. Liegt eine vorsätzliche oder arglistige Anzeigepflichtverletzung vor, beläuft sich die Frist auf 10 Jahre.

Ein Lebensversicherungsvertrag kann auch eine Unfall-Zusatzversicherung einschließen, wobei sich im Falle eines Unfalltodes die Versicherungssumme aus der Lebensversicherung meist verdoppelt. Ähnlich wie in der reinen Unfallversicherung besteht auch in der Unfall-Zusatzversicherung keine Leistungspflicht bei Unfällen durch Geistes- oder Bewusstseinsstörungen, auch soweit diese auf Trunkenheit beruhen, sowie durch Schlaganfälle oder Krampfanfälle.

Bei einem Suizid während der sog. Karenzzeit – meist ein bis zwei Jahre – besteht nur dann Leistungspflicht, wenn die Selbsttötung in einem die freie Willensbestimmung ausschließenden Zustand krankhafter Störung der Geistestätigkeit erfolgt ist. Die entsprechende Beweispflicht liegt bei demjenigen, der die Versicherungsleistung beansprucht. Aus Statistiken der Lebensversicherungsunternehmen ergibt sich, dass nur etwa 10% bis 20% der Suizide auf eine Geisteskrankheit zurückzuführen sind. Depressive Verstimmungen stellen in der Regel keine krankhafte Störung der Geistestätigkeit dar.

So führte das Oberlandesgericht Jena 1999 aus, dass Suizid einen psychischen Ausnahmezustand darstellt, den Laien und Ärzte per se für krankhaft halten. Störungen aus dem Spektrum „der kleinen Psychiatriediagnosen“ können dann nur bei extrem schwerer, einer Psychose nahe kommenden Ausprägung – ähnlich wie bei der Geschäftsunfähigkeit und Schuldunfähigkeit – zur Feststellung des Ausschlusses der freien Willensbestimmung aufgrund krankhafter Störungen der Geistestätigkeit führen.

Berufsunfähigkeitsversicherung

Bei der Berufsunfähigkeitsversicherung handelt es sich in aller Regel um eine Zusatzversicherung zu einer Lebensversicherung. Durch die Deregulation des Deutschen Versicherungsmarktes entwickelte sich eine Angebotsfülle von Berufsunfähigkeits-(BU-)Produkten sowohl zwischen den einzelnen Unternehmen als auch teilweise bei der selben Gesellschaft. Die Entscheidung darüber, ob im jeweiligen Eintrittsfall eine Leistungspflicht des Versicherers besteht, ist – neben dem Krankheitsbild bzw. den Verletzungsfolgen – abhängig von der jeweiligen Vertragsgestaltung.

Die überwiegend verwendete Definition der Berufsunfähigkeit in der privaten Lebensversicherung lautet: „Berufsunfähigkeit liegt vor, wenn die versicherte Person infolge Krankheit, Körperverletzung oder Kräfteverfalls, die ärztlicherseits nachzuweisen sind, voraussichtlich 6 Monate ununterbrochen außerstande ist, ihren Beruf oder eine andere Tätigkeit auszuüben, die aufgrund ihrer Ausbildung und Erfahrung ausgeübt werden kann und ihrer bisherigen Lebensstellung entspricht.“ Ein Berufsunfähigkeitsgrad von mindestens 50% wird als Leistungskriterium für 100% Leistung vorausgesetzt.

Dieser Begriff der Berufsunfähigkeit umfasst also drei Komponenten:

- die gesundheitliche Komponente (Krankheit, Körperverletzung oder Kräfteverfall, die ärztlich nachzuweisen sind),
- die berufliche Komponente (Beruf oder eine andere Tätigkeit, die aufgrund der Ausbildung und Erfahrung ausgeübt werden kann und der bisherigen Lebensstellung entspricht),
- die zeitliche Komponente (voraussichtlich 6 Monate ununterbrochen).

Berufsunfähigkeit liegt nach dieser Definition erst vor, wenn alle drei Komponenten erfüllt sind.

Neuerdings gibt es auch private Versicherungen, welche die Erwerbsunfähigkeit (*EU*) gemäß den gesetzlichen – oder auch selbst definierten – Bedingungen absichern. Sie können sich auf die alten oder auf die neueren, seit 2001 geltenden, Bedingungen der gesetzlichen Rentenversicherung beziehen.

Bei der Beurteilung der Berufsunfähigkeit ist die letzte konkrete Berufsausübung der versicherten Person zu dem Zeitpunkt, ab dem Berufsunfähigkeit behauptet wird, entscheidend. Dies gilt völlig unabhängig davon, welchen Beruf die versicherte Person zum Zeitpunkt der Antragstellung ausgeübt hat: Besteht erst einmal ein Vertrag mit einer Berufsunfähigkeitsversicherung, dann gilt diese auch bei Wechsel des Berufs unverändert weiter. Eine Berufsunfähigkeit kann somit sehr schnell auch bei einem ansonsten völlig gesunden Menschen eintreten, etwa bei einem Dachdecker, der unter gelegentlichen Schwindelanfällen leidet. Eine Beurteilung der Einschränkung der Berufstätigkeit kann somit nur dann richtig erfolgen, wenn das genaue Berufsbild des Versicherten bekannt ist.

Die entsprechenden Informationen zur Arbeitsanamnese, zum beruflichen Werdegang und vor allem zur zuletzt ausgeübten beruflichen Tätigkeit sollen dem ärztlichen Gutachter, der die Frage der Berufsunfähigkeit zu beurteilen hat, möglichst ausführlich vorgegeben werden. Das gilt gerade auch dann, wenn es sich um einen Rechtsstreit handelt. So betonte der Bundesgerichtshof in einem Urteil aus dem Jahre 1996, dass das Gericht dem medizinischen Sachverständigen als außermedizinischen Sachverhalt vorgeben muss, wie das Arbeitsumfeld des zu begutachtenden Versicherten tatsächlich beschaffen ist und welche Anforderungen es an ihn stellt.

Zusätzlich ist aber eine eigene, ausführliche Arbeitsanamnese durch den Gutachter unverzichtbar, um eventuelle Widersprüche zu der Darstellung des beruflichen Sachverhalts im Gutachtenauftrag beurteilen zu können. Sollten sich Widersprüche zwischen den Angaben des Versicherungsunternehmens und des Probanden selbst zur beruflichen Tätigkeit und den dabei auftretenden Belastungen ergeben, hat der Gutachter darauf hinzuweisen. Gegebenenfalls ist dann eine weitere Klärung durch das Versicherungsunternehmen bzw. das Gericht erforderlich, eventuell unter Beauftragung spezieller berufskundlicher Berater.

Die Einschränkungen im konkret ausgeübten Beruf sollten durch den Gutachter quantitativ und qualitativ so genau wie möglich definiert werden (z. B. tägliche Arbeitszeit über 6 Stunden nicht möglich, kein Heben und Tragen von Lasten über 20 kg, keine Arbeit von über einer halben Stunde im Stehen bzw. über Kopf, kein Umgang mit bestimmten Allergenen/Arbeitsstoffen).

Ausgehend von der Beurteilung insgesamt sollte abgeleitet werden, zu welchem Prozentsatz der ausgeübte Beruf eingeschränkt ist. Grundlagen der prozentualen Beurteilung sind dabei sowohl – und in erster Linie – die zeitliche Einschätzung (z. B. Tätigkeit von 4 bis 6 Stunden pro Tag möglich) als auch die Auswirkung der Erkrankung auf die für den Beruf essentiellen Fähigkeiten (etwa eine Einschränkung der Reisefähigkeit bei einem Außendienstmitarbeiter oder ein Verbot von Tätigkeiten mit Absturzgefahr bei einem Zimmermann). Falls sich die Beeinträchtigungen nur auf bestimmte Teilgebiete des Berufes erstrecken, sollte ebenfalls möglichst genau festgelegt werden, wodurch und zu wie viel Prozent diese Tätigkeiten eingeschränkt ist.

Zur Beurteilung eventueller beruflicher Umorganisationsmöglichkeiten (bei Selbständigen) bzw. Wiedereingliederungsmaßnahmen und ggf. – je nach Vertragsbedingungen – auch Verweisungstätigkeiten muss ausführlich angegeben werden, welche Tätigkeiten bzw. Beanspruchungen für den Versicherten möglich sind (z. B. halbschichtige Arbeitszeit, Arbeit in sitzender Körperhaltung über einen bestimmten Zeitraum), d. h. es sollte auch ein positives Leistungsbild erstellt werden.

Besonders schwierig ist oft die Beurteilung psychiatrischer oder psychosomatischer Beschwerden, bei denen so genannte objektive Untersuchungsbefunde zur Quantifizierung nicht zur Verfügung stehen. Hier kann nach der geltenden Rechtsprechung der ärztliche Nachweis der Erkrankung auch dadurch geführt werden, dass ein Arzt die Diagnose auf die nachvollziehbare Beschwerdeschilderung des Patienten stützt, wobei hierfür natürlich besonderer fachärztlicher Sachverstand erforderlich ist. Bei einer Einschränkung der geistigen Leistungsfähigkeit sind psychometrische Tests oft wichtige Entscheidungshilfen.

Falls Erkrankungen vorliegen, die durch Ärzte verschiedener Fachgebiete beurteilt werden müssen, sind in der Regel mehrere einzelne Fachgutachten nötig. In diesem Fall obliegt es dem Hauptgutachter, einen „Gesamtberufsunfähigkeitsgrad" festzulegen. Dieser sollte gut und nachvollziehbar begründet werden, wobei eventuell vorhandene Überschneidungen hinsichtlich der Auswirkungen der jeweils von den einzelnen Fachgutachtern beschriebenen Erkrankung zu berücksichtigen sind. Aufgrund möglicher Überschneidungen zwischen den zugrunde liegenden Beeinträchtigungen ist eine einfache Addition der Berufsunfähigkeitsgrade der einzelnen Fachgutachten in aller Regel nicht möglich ist.

Literatur

Ausschuss für Ärztefragen und Versicherungsmedizin (2001) Berufsunfähigkeit in der Privatversicherung. Gesamtverband der Deutschen Versicherungswirtschaft e. V., Berlin; www.gdv.de

2.11.4 Haftpflichtversicherung

M. Link

Die Beurteilungskriterien zur Kausalität, zum Schadensausmaß und zum Verschulden unterscheiden sich bei einem Haftpflichtschaden wesentlich von denen des Sozialversicherungsrechts, wie z. B. der gesetzlichen Unfallversicherung. Ein medizinischer Gutachter muss diese Unterschiede kennen, um Fehler bei der Begutachtung zu vermeiden.

Unter *Haftpflicht* versteht man die gesetzliche Verpflichtung, den einem anderen widerrechtlich zugefügten Schaden zu ersetzen (§ 823 BGB).

Haftpflichtansprüche können sich z. B. auf Vertragsverletzungen, unerlaubte Handlungen oder auch auf eine Gefährdungshaftung stützen.

Gegen diese Risiken kann man sich i. d. R. mit einer Haftpflichtversicherung schützen. In einem Schadensfall hat nicht der Geschädigte, sondern der Schädiger ein Vertragsverhältnis zur Versicherungsgesellschaft. Die Haftpflichtversicherung wird vertragsgemäß die Ansprüche eines Geschädigten gegen den Schädiger prüfen, berechtigte Ansprüche anerkennen, unberechtigte ablehnen.

Bei der Prüfung von Schadensersatzansprüchen aufgrund von Personenschäden sind die Versicherungsgesellschaften und die Gerichte auf die sachverständige Beratung durch ärztliche Gutachter angewiesen.

Kausalzusammenhang

Bei der Klärung von Haftpflichtansprüchen steht für den medizinischen Gutachter die Beantwortung der Frage nach dem ursächlichen Zusammenhang (Kausalzusammenhang) und bei Arzthaftpflichtfällen auch nach dem Verschulden im Vordergrund.

Der *ursächliche Zusammenhang* wird im Haftpflichtschaden nicht nach den Kriterien der gesetzlichen Unfallversicherung (Theorie der „wesentlichen Bedingung"), sondern nach der zivilrechtlichen *Adäquanztheorie* beurteilt (Erlenkämper 2003). Adäquat kausal ist eine Bedingung nach der Adäquanztheorie, wenn sie im Allgemeinen und nicht nur unter besonders eigenartigen, unwahrscheinlichen Umständen geeignet ist, einen eingetretenen Schaden herbeizuführen (Rixecker 2004).

Beim Bestehen eines natürlichen oder logischen Kausalzusammenhangs zwischen Schadensereignis und Verletzungsfolgen ist in der Regel auch ein adäquater ursächlicher Zusammenhang anzunehmen.

Für Haftpflichtschäden kann bei einem adäquaten Kausalzusammenhang nicht geltend gemacht werden, dass ein Schadensereignis nur auslösend gewirkt habe oder nur eine *Gelegenheitsursache* war, ein Rechtsbegriff, den es nur im Bereich der gesetzlichen Unfallversicherung gibt.

Schadenshöhe

Für die Beurteilung der Schadenshöhe gelten die Bestimmungen des Bürgerlichen Gesetzbuches.

Nach der Grundsatznorm des § 249 Abs. 1 BGB hat der zum Schadensersatz Verpflichtete den Zustand wieder herzustellen, der bestehen würde, wenn der zum Ersatz verpflichtende Umstand (schädigendes Ereignis) nicht eingetreten wäre. Bei Personenschäden kann statt der „Herstellung" Geldersatz verlangt werden.

- Im Haftpflichtrecht steht der Grundsatz der Naturalrestitution im Vordergrund. Der Geschädigte hat in erster Linie Anspruch auf *Ersatz der Kosten für die notwendige Heilbehandlung* einschließlich medizinischer und ggf. beruflicher Rehabilitation. Ziel ist es, die körperliche Unversehrtheit soweit als möglich wieder herzustellen.
- In zweiter Linie hat der Geschädigte *Anspruch wegen Vermögensnachteilen*, die z. B. durch eine konkrete Minderung des Erwerbseinkommens (§ 842 BGB) oder durch eine schadensbedingte Vermehrung der Bedürfnissen (§ 843 BGB) entstanden sind (*materieller Schaden*).
- Darüber hinaus kann der Geschädigte *Schmerzensgeld* verlangen, wenn eine Beeinträchtigung des körperlichen oder seelischen Wohlbefindens (*immaterieller Schaden*) vorliegt (§ 253 BGB) (Ongert 2000).

Zur Feststellung des materiellen Schadens (z. B. Minderung des Erwerbseinkommens, Unterhaltsschaden, Haushaltsführungsschaden u. a.), aber auch zur Beurteilung des Ausmaßes des immateriellen Schadens für die Festsetzung des Schmerzensgeldes wird der medizinische Gutachter nach den *Auswirkungen eines Körperschadens* gefragt. Hier muss der Gutachter die entscheidenden Unterschiede der begrifflichen Definition im Sozialversicherungsrecht gegenüber dem Haftpflichtrecht beachten. Die sozialversicherungsrechtlichen Begriffe der Berufsunfähigkeit, Erwerbsunfähigkeit, aber auch der Minderung der Erwerbsfähigkeit haben im Haftpflichtrecht keine direkte Relevanz (Klose u. Kortmann 2000). Schadensersatz wird im Haftpflichtrecht nur für einen konkreten, individuell zu ermittelnden Schaden geleistet und nicht für eine abstrakte Minderung der Erwerbsfähigkeit auf dem allgemeinen Arbeitsmarkt.

Übt ein Geschädigter z. B. vorwiegend eine sitzende berufliche Tätigkeit aus, so kann auch bei einem schweren Körperschaden, wie z. B. nach einer Unterschenkelamputation, zwar eine hohe Minderung der Erwerbsfähigkeit (abstrakte Bewertung in der gesetzlichen Unfallversicherung) bestehen, es muss sich hieraus aber kein konkreter Erwerbsschaden ergeben, wenn der Geschädigte nach erfolgreicher Behandlung und Rehabilitation seinen Beruf wieder aufgenommen hat. Dagegen kann der Verlust eines Fingers mit einer sehr gering abstrakten MdE für einen Konzertpianisten tatsächlich einen erheblichen konkreten Erwerbsschaden bedeuten.

Entscheidend ist also für einen Haftpflichtschaden nicht die abstrakte Minderung der Erwerbsfähigkeit, sondern die konkret bestehende Erwerbsminderung, d. h. der tatsächlich nachgewiesene Erwerbsschaden.

Der medizinische Gutachter sollte in einem Haftpflichtschadensfall die sozialversicherungsrechtlichen Begriffe wie Berufsunfähigkeit, Erwerbsunfähigkeit, aber auch MdE vermeiden, da sie im Haftpflichtrecht nicht relevant sind und falsche Beurteilungen hieraus abgeleitet werden könnten. Sollte der Gutachter ausdrücklich nach der Höhe der MdE gefragt werden, so kann er diese Frage natürlich beantworten. Gerichte und Versicherungsgesellschaften verwenden die abstrakte MdE-Einschätzung gelegentlich, um einen Anhaltswert für die Schwere einer Körperverletzung zu haben.

Der ärztliche Gutachter sollte bei einem Haftpflichtschaden die Beeinträchtigung der körperlichen und geistigen Fähigkeiten darstellen, soweit diese für die Beurteilung relevant sind. Er sollte angeben, wie sich die verletzungsbedingten krankhaften Veränderungen bei dem Geschädigten auswirken. Sehr hilfreich kann es sein, wenn der Gutachter ein negatives und ein positives Leistungsbild aufzeigt. Er sollte ausführen, welche Verrichtungen und Tätigkeiten infolge der Verletzungsfolgen zur Zeit und auf Dauer nicht mehr möglich sind, aber auch welche Leistungsfähigkeiten dem Geschädigten noch verblieben sind. Nach dieser Darstellung wird die Versicherungsgesellschaft oder das Gericht den konkreten Schaden und damit den Schadensersatz zu beurteilen haben. Dabei müssen ggf. vorbestehende Erkrankungen oder Leistungseinschränkungen, gelegentlich auch ein Mitverschulden des Geschädigten berücksichtigt werden.

Bei der Begutachtung in einem Haftpflichtfall steht der medizinische Gutachter vor der schwierigen Aufgabe, nicht nur die schadensbedingte Leistungsbeeinträchtigung und die konkreten Auswirkungen aufzuzeigen, die sich hieraus ergeben, sondern er muss ggf. auch andere Faktoren, die das Schadensausmaß beeinflusst haben, wie z. B. schadensunabhängige Vorerkrankungen, eine vorbestehende Leistungsminderung oder auch ein Mitverschulden des Geschädigten, darstellen. Der Gutachter muss der Versicherungsgesellschaft und ggf. auch dem Gericht aufzeigen, inwieweit sich diese Faktoren auf das Schadensausmaß ausgewirkt haben.

War durch eine schwere Vorerkrankung die Erwerbsfähigkeit bereits aufgehoben, so führt ein Haftpflichtschaden zu keinem konkreten Erwerbsschaden („*Sowieso-Schaden*"). Lag zum Schadenszeitpunkt bereits eine schadensunabhängige, fortschreitende Erkrankung vor, die auch ohne das Schadensereignis zu einer Leistungsbeeinträchtigung oder gar zu einer konkreten Minderung des Erwerbseinkommens – z.B. zu einer Berentung – geführt hätte, dann besteht nur für den schadensbedingten Anteil, evtl. auch nur zeitlich begrenzt, aber nicht für den schicksalsbedingten Anteil ein Schadensersatzanspruch (*überholende Kausalität*). Schreitet dagegen ein vorbestehendes Krankheitsgeschehen wegen eines Haftpflichtschadens weiter fort, dann war das Schadensereignis ursächlich adäquat, und der sich ergebende Schadensanteil ist schadensersatzpflichtig.

Da in einem Haftpflichtschaden im Gegensatz zum Sozialversicherungsrecht Schadensersatzanspruch in der Regel nur bei einem Verschulden des Schädigers besteht, kann ein *Mitverschulden* des Geschädigten diese Ansprüche mindern, z.B. wenn der Schadensumfang durch das Mitverschulden vergrößert wurde. Als Beispiel sei aus der Arzthaftpflicht der Patient genannt, der sich beim Vorliegen einer schuldhaftbedingten Wundinfektion wider besseres Wissen verspätet bei seinem Arzt zur Behandlung vorstellt.

Alle Tatsachen, auf die sich Schadensersatzansprüche gründen, müssen nach den Regeln des Zivilrechts im Vollbeweis, d.h. mit an „*Sicherheit grenzender Wahrscheinlichkeit*" bewiesen werden. Die Beweislast für alle Tatsachen, die einen Schadensersatzanspruch begründen, trägt in der Regel der Geschädigte (Anspruchsteller), für Gründe, welche die Ansprüche reduzieren oder widerlegen, der Schädiger.

In einem Haftpflichtfall ist es Aufgabe des medizinischen Gutachters, die Haftpflichtversicherung oder das Gericht neutral sachverständig zu beraten, die juristische Wertungen des Haftpflichtschadens gehören nicht zu seinen Aufgaben; vielmehr muss er sie vermeiden, auch um sich nicht dem Vorwurf der Befangenheit auszusetzen.

Literatur

Erlenkämper A (2003) Rechtliche Aspekte zur Begutachtung in einzelnen Rechtsgebieten. In: Rompe G, Erlenkämper A (Hrsg) Begutachtung der Haltungs- und Bewegungsorgane. Thieme, Stuttgart, S 236–238

Klose R, Kortmann H-R (2000) Besonderheiten der Begutachtung aus ärztlicher Sicht im Rahmen der Haftpflichtversicherung. In: Hierholzer G, Kortmann H-R, Kunze G, Peters D (Hrsg) Gutachterkolloquium 15. Springer, Berlin, S 67–72

Ongert J (2000) Juristische Grundlagen zur Begutachtung im Rahmen der Haftpflicht: Verursachung und Entschädigung. In: Hierholzer G, Kortmann H-R, Kunze G, Peters D (Hrsg) Gutachterkolloquium 15. Springer, Berlin, S 62–66

Rixecker R (2004) Grundlagen der Haftung. In: Geigel, Schlegelmilch G (Hrsg) Der Haftpflichtprozess. Beck, München, S 2–14

3 Arztrecht

3.1 Einwilligungsfähigkeit des Patienten

N. Nedopil

Ärztliche Eingriffe, d.h. Untersuchungen und Behandlungen, auch psychotherapeutische Eingriffe, sind Rechtsverletzungen und somit prinzipiell strafbare Handlungen. Sie sind Körperverletzungen oder Eingriffe in das Persönlichkeitsrecht der Selbstbestimmung, bei der Behandlung in einer geschlossenen Abteilung Freiheitsberaubung, bei Sedierungen oder beim Anbringen von Bettgurten auch Freiheitsbeschränkungen. Sie sind nur gerechtfertigt durch die Einwilligung des Betroffenen, nachdem dieser aufgeklärt ist. Diese Grundsätze haben in der internationalen arztethischen Diskussion und auch in den zuständigen politischen Gremien zunehmend an Gewicht gewonnen, wie an verschiedenen Entschließungen der Vereinten Nationen oder der Organe der Europäischen Konvention für Menschenrechte abzulesen ist.

Der Patient muss rechtzeitig (Hoppe 1998) über folgende Punkte aufgeklärt werden, um eine rechtswirksame Einwilligung abgeben zu können:

- Vorgehen bei Diagnostik und Therapie,
- Folgen einer Behandlung samt den Folgen von Behandlungsalternativen,
- Risiken einer Behandlung,
- Folgen einer Nichtbehandlung.

Eine ganz oder teilweise fehlerhafte Aufklärung macht die Einwilligung unwirksam und den Eingriff rechtswidrig (BGH 1989, Versmed. 49, 1997:1–2).

Ein Patient kann einer Behandlung nur rechtswirksam zustimmen, wenn er einwilligungsfähig ist. Auch die Frage der Einwilligungsfähigkeit hat in den letzten Jahren international zunehmend an Bedeutung gewonnen. Einwilligungsfähigkeit unterscheidet sich von Geschäftsfähigkeit (▶ Kap. 28.1.5.2) dadurch, dass erstere relativ zu dem Eingriff und dessen Konsequenzen betrachtet werden muss, während letztere nicht relativiert werden kann. Geschäftsfähigkeit ist entweder vorhanden oder nicht, also nicht von der Komplexität eines Rechtsgeschäftes abhängig. Einwilligungsfähigkeit ist hingegen relativ zu betrachten. Sie wird in verschiedenen Gesetzen (z.B. Arzneimittelgesetz, Unterbringungsgesetze bzw. PsychKGs, Kastrationsgesetz, Transsexuellengesetz) unterschiedlich aufgefasst und in der Rechtsprechung uneinheitlich ausgelegt. Dabei ist jedoch eine gewisse einheitliche Tendenz erkennbar:

1. Je komplexer der Eingriff ist, in den eingewilligt werden soll, desto höher sind die juristischen Anforderungen, die an die Einwilligungsfähigkeit gestellt werden. In ärztliche Behandlungen, die keine gravierenden Eingriffe bedeuten und keine gravierenden Folgen nach sich ziehen, können auch schon 14-Jährige einwilligen. 18-Jährige können in Arzneimittelversuche einwilligen und auch in eine Sterilisation. In eine Kastration zur Dämpfung des Geschlechtstriebes können aber erst 25-Jährige einwilligen.
2. Auch bei Erwachsenen gilt: Je schwerwiegender ein Eingriff, je nachhaltiger die Folgen, desto höher sind die Anforderungen, die an die Einwilligungsfähigkeit des Patienten gestellt werden müssen.
3. Die Einwilligung ist widerrufbar. Während Rechtsgeschäfte in aller Regel allenfalls innerhalb bestimmter Fristen rückgängig gemacht werden können, kann eine Einwilligung jederzeit zurückgezogen werden. Einwilligungsfähigkeit setzt somit auch Widerspruchsfähigkeit voraus.
4. Es gibt ein „Vetorecht“, das bestimmte Eingriffe auch bei Einwilligungsunfähigen verbietet, wenn diese sich dagegen aussprechen. Dieses Vetorecht ist im Kastrationsgesetz festgeschrieben und gilt für die Sterilisationen, für die Durchführung medizinischer Experimente, für Organspenden und für Schwangerschaftsabbrüche. Entscheidend ist hier nicht die Einwilligungsfähigkeit, sondern der natürliche Wille eines Menschen, der eigentlich jedem Menschen ab seiner Geburt zugebilligt wird, da es hier auf Urteilsvermögen und Verstandesreife nicht ankommt. Auch Eltern oder ein Betreuer können sich in den genannten Fällen nicht über den natürlichen Willen der ihnen anvertrauten Kinder oder Betreuten hinwegsetzen.

Um die Voraussetzungen der Einwilligungsfähigkeit zu begründen, können folgende Überlegungen angestellt werden (Amelung 1992a, b):

1. Einwilligung bedeutet die Zustimmung zu einem persönlichen Opfer: Der Einwilligende opfert aus juristischer Sicht ein Rechtsgut und stimmt einer möglichen Beschädigung seines Körpers zu. Dieses Opfer wird erbracht, um einem Nachteil zu

entgehen oder einen Vorteil zu erhalten. Der Einwilligende muss also ein subjektives Wertsystem besitzen, anhand dessen er solche Entscheidungen vornimmt. Er muss somit die Fähigkeit zur autonomen Wertung besitzen.
2. Einwilligung bedeutet auch eine prognostische Entscheidung: Der Einwilligende muss die Frage beantworten, welcher Eingriff in der Zukunft Vorteile bringen oder Nachteile verhindern wird. Er muss somit entweder über Informationen verfügen, die derartige prognostische Entscheidungen ermöglichen, oder er muss der Aufklärung über Tatsachen, die für seine Entscheidung erforderlich sind, folgen können. Darüber hinaus muss er eine Vorstellung über Kausalzusammenhänge entwickeln können.
3. Letztendlich muss der Einwilligende nicht nur Alternativen erkennen können und einen subjektiven Wertmaßstab für die darin enthaltende Konfliktlösungsstrategie besitzen, sondern auch jene Alternative wählen können, von der er sich den meisten Nutzen verspricht.

Die genannten Voraussetzungen sind nicht nur die Grundbedingungen für eine vernünftige, autonome Einwilligung eines Patienten in eine Behandlung, sie sind auch von großer Bedeutung für jeden Arzt, der im Notfall handeln muss, ohne den Patienten fragen zu können. Er beruft sich dann auf die mutmaßliche Einwilligung des Patienten und muss dabei die subjektiven Wertmaßstäbe des Betroffenen – soweit sie ihm bekannt sind – berücksichtigen, nicht etwa nur seine eigenen.

Nicht nur psychisch Kranke und alte Menschen mit dementiellen Erkrankungen, sondern auch Kinder, Patienten in Grenzsituationen und Menschen, die unter massiven Belastungen stehen, können in ihrer Einwilligungsfähigkeit beschränkt sein (Vollmann 2000). In der Psychiatrie stellt sich die Frage nach der Einwilligungsunfähigkeit besonders bei der Unterbringung und der psychopharmakologischen Behandlung. Eine interdisziplinär zusammengesetzte Arbeitsgruppe der Arbeitsgemeinschaft für Neuropsychopharmakologie und Pharmakopsychiatrie (AGNP) hat sich sehr ausführlich mit der Prüfung der Einwilligungsfähigkeit bei psychisch Kranken befasst (Nedopil et al. 1999). Sie hielt es für sinnvoll, die in Gesetz und Rechtsprechung gängigen Prinzipien (z. B. Geschäftsfähigkeit, Testierfähigkeit, Schuldfähigkeit) auch bei der Definition der Einwilligungsfähigkeit zu übernehmen, nämlich:
1. Dem erwachsenen Menschen ist zunächst Einwilligungsfähigkeit zu unterstellen.
2. Einwilligungs*un*fähigkeit ist zu definieren und Einwilligungsfähigkeit anzunehmen, falls Einwilligungsunfähigkeit nicht besteht.
3. Die Zweistufigkeit, die dem Gesetz nach beinahe bei jeder vergleichbaren Beurteilung erforderlich wird, ist auch in die Definition der Einwilligungsunfähigkeit aufzunehmen. Damit wird verhindert, dass jede nach außen unsinnig erscheinende Willensäußerung als Indikator für Einwilligungsunfähigkeit angesehen wird.

Die Definition lautet (Nedopil et al. 1999):

„Einwilligungsunfähig ist derjenige, der wegen Minderjährigkeit, psychischer Krankheit oder geistiger Behinderung (1. Stufe) unfähig ist,
- den für die Entscheidung relevanten Sachverhalt zu verstehen (Verständnis)
- ihn im Hinblick auf seine gegenwärtige Situation und die sich daraus ergebenden Folgen und Risiken zu verarbeiten (Verarbeitung)
- zu erfassen, welchen Wert die betroffenen Interessen für ihn haben und zwischen welchen Möglichkeiten er wählen kann (wichtig ist die Bezugnahme auf die – nicht durch Krankheit verzerrte – Werthaltung des Betroffenen) (Bewertung)
- den eigenen Willen auf der Grundlage von Verständnis, Verarbeitung und Bewertung der Situation zu bestimmen (Bestimmbarkeit des Willens) (2. Stufe)

In der Praxis kann man in der Regel davon ausgehen, dass die Zustimmung eines aufgeklärten Patienten, bei dem psychotische oder dementielle Symptome nicht erkennbar sind, einer rechtskräftigen Einwilligung entspricht. Hier stimmen die subjektiven Wertentscheidungen des Patienten mit den sachlich vernünftigen überein, so dass Zweifel an der Einwilligungsfähigkeit nicht aufkommen. Andererseits ist die Ablehnung einer Behandlung allein noch kein Hinweis für Einwilligungsunfähigkeit, kann aber ein erstes Indiz dafür sein, die Einwilligungsfähigkeit zu prüfen.

Die Fähigkeit zur Einwilligung ist in jedem Einzelfall zu prüfen und zu dokumentieren. Bei einwilligungsunfähigen Patienten bedürfen ärztliche Behandlungen der Ersatzeinwilligung des Bevollmächtigten oder Betreuers. Rechtsverbindlich kann auch eine Patientenverfügung sein, in welcher der Patient seine Behandlungswünsche schriftlich niederlegt, oder eine Behandlungsvereinbarung, die zwischen Arzt und Patienten zu einem Zeitpunkt abgeschlossen wird, in welcher der Patient mit Sicherheit einwilligungsfähig ist (Fritze u. Saß 2003). Derartige Festlegungen finden jedoch dort ihre Grenzen, wo sie mit Zwang durchgesetzt werden müssten. Darüber hinaus ist eine vormundschaftsrichterliche Zustimmung erforderlich, wenn bei einem einwilligungsunfähigen Patienten durch die Untersuchung, die Heilbehandlung oder den ärztlichen Eingriff die Gefahr besteht, daran zu sterben oder einen schweren oder länger dauernden Schaden zu erleiden (§ 1904 BGB). Mittlerweile konnte weitgehende Übereinstimmung erzielt werden, welche ärztlichen Handlungen eine vormundschaftsrichterliche Zustimmung erfordern. In der Psychiatrie ist eine vormundschaftsrichterliche Genehmigung wohl dann einzuholen, wenn Langzeitbehandlungen über die Dauer der ursprünglichen Erkrankung hinaus fortgeführt werden sollen. Dies dürfte sowohl für eine Lithium-Therapie wie auch für eine Langzeitbehandlung mit Neuroleptika oder Antikonvulsiva der Fall sein. Zu den genehmigungspflichtigen Behandlungsformen in der Psychiatrie gehört auch die bilaterale Elektrokrampftherapie (Zinkler u. Schneeweiß 2000).

Literatur

Amelung K (1992) Über die Einwilligungsfähigkeit (Teil II). ZStW 104:821–833

Amelung K (1992) Über die Einwilligungsfähigkeit (Teil I). ZStW 104:525–558

Fritze J, Saß H (2003) Patientenrechte, Patientenverfügung, Vorsorgevollmacht. Der Nervenarzt 74:629–631

Hoppe JF (1998) Der Zeitpunkt der Aufklärung des Patienten – Konsequenzen der neuen Rechtsprechung. Neue Jur Wochensch 18:782–787

Nedopil N, Aldenhoff J, Amelung K, Eich FX, Fritze J, Maier W et al. (1999) Einwilligungsfähigkeit bei klinischen Prüfungen – Stellungnahme der Arbeitsgruppe „Ethische und Rechtliche Fragen" der Arbeitsgemeinschaft für Neuropsychopharmakologie und Pharmakopsychiatrie (AGNP). Pharmakopsychiatry 32:I–IV

Vollmann J (2000) Aufklärung und Einwilligung in der Psychiatrie. Steinkopff, Darmstadt

Zinkler M, Schneeweiß B (2000) Zur vormundschaftsgerichtlichen Genehmigungspflicht der Elektrokrampftherapie nach § 1904 BGB. Recht und Psychiatrie 18:12–16

3.2 Ärztliche Schweigepflicht

A. Minne

Ein Verstoß gegen die ärztliche Schweigepflicht kann strafrechtlich und berufsrechtlich sanktioniert werden und zivilrechtlich Schadenersatzansprüche auslösen. Inhaltlich unterliegen der Schweigepflicht alle Geheimnisse, d.h. Tatsachen, die nur einem einzelnen oder einem beschränkten Personenkreis bekannt oder zugänglich sind und an deren Geheimhaltung ein schutzwürdiges Interesse besteht. Eine Befugnis zur Weitergabe eines Geheimnisses besteht dann, wenn der Betroffene damit einverstanden ist, seine Einwilligung vermutet werden kann, der Arzt zur Wahrnehmung eigener berechtigter Interessen handelt oder wenn dies zum Schutze eines höherrangigen Rechtsgutes erforderlich ist. Gesetzgeberische Ausnahmen gelten bei bestimmten Formen ärztlicher Tätigkeiten, wie z.B. beim Medizinischen Sachverständigen, Kassenarzt, Amtsarzt oder Betriebsarzt.

Rechtliche Grundlagen

Verfassungsrechtliche Grundlage ist Art. 2 Abs. 1 in Verbindung mit Art. 1 Abs. 1 im Grundgesetz. Das Bundesverfassungsgericht (*BVerfG* 32, 373, 379, 380) hat in seiner Entscheidung vom 8. 3. 1972 ausdrücklich festgestellt, dass derjenige, der sich in ärztliche Behandlung begibt, erwarten muss und darf, dass alles, was der Arzt im Rahmen seiner Berufsausübung über seine gesundheitliche Verfassung erfährt, geheim bleibt und nicht Unbefugte davon Kenntnis erhalten.

Im *Strafrecht* hat die ärztliche Schweigepflicht ihren Niederschlag in § 203 Abs. 1 Strafgesetzbuch (*StGB*) gefunden. Dort ist normiert, dass derjenige, der unbefugt ein fremdes Geheimnis, namentlich ein zum persönlichen Lebensbereich gehörendes Geheimnis oder ein Betriebs- oder Geschäftsgeheimnis, offenbart, das ihm als Arzt, Zahnarzt, Tierarzt, Apotheker oder Angehöriger eines anderen Heilberufs, der für die Berufsausübung oder die Führung der Berufsbezeichnung eine staatlich geregelte Ausbildung erfordert, anvertraut worden oder sonst bekannt geworden ist, mit Freiheitsstrafe oder mit Geldstrafe bestraft werden kann. Das Gleiche gilt für ihre berufsmäßig tätigen Gehilfen und die Personen, die bei ihnen zur Vorbereitung auf den Beruf tätig sind.

Zivilrechtlich handelt es sich um eine nebenvertragliche schuldrechtliche Verpflichtung aus dem Dienstvertrag. Bei einer Pflichtverletzung kommen Schadenersatzansprüche in Betracht.

Nach der *Berufsordnung* – § 9 (Muster) Berufsordnung – ist der Arzt zur Verschwiegenheit verpflichtet über das, was ihm in seiner Eigenschaft als Arzt anvertraut oder sonst bekannt geworden ist. Wer dagegen verstößt, kann standes- und berufsrechtlich belangt werden.

Inhalt der ärztlichen Schweigepflicht

Der ärztlichen Schweigepflicht unterliegen fremde Geheimnisse. *Geheimnisse* sind Tatsachen, die nur einem einzelnen oder einem beschränkten Personenkreis bekannt oder zugänglich sind und an deren Geheimhaltung der Betroffene ein schutzwürdiges Interesse hat. Hierzu gehört alles, was im weiteren Sinne mit der Behandlung des Patienten zusammenhängt. So können schon der Name eines Patienten und die Tatsache seiner Behandlung ein Geheimnis sein, insbesondere wenn daraus für den Patienten unangenehme Rückschlüsse gezogen werden könnten. Ein Beispiel dafür bildet das Aufsuchen eines Facharztes für Haut- und Geschlechtskrankheiten. Andererseits ist das Interesse des Patienten an der Geheimhaltung seines Namens objektiv nicht schutzwürdig, wenn er sich dem dringenden Verdacht ausgesetzt hat, die ärztliche Vertrauenssphäre zum Nachteil anderer Patienten, z.B. zur Begehung einer Straftat, missbraucht zu haben. Tatsachen, die für jedermann offenkundig sind, wie z.B. sichtbare Gebrechen etc., fallen nicht unter den Geheimnisschutz.

Die betreffende Tatsache muss vom Geheimhaltungswillen des Betroffenen umfasst sein. Auch Minderjährige oder Geisteskranke können den Willen haben, Geheimnisse nicht zur Kenntnis unbefugter Dritter gelangen zu lassen. Hat der Betroffene einen gesetzlichen Vertreter, der berechtigt ist, über das Geheimnis zu verfügen, ist dessen Wille vorrangig.

Das Geheimnis muss dem Schweigepflichtigen in seiner Eigenschaft als Arzt etc. anvertraut oder bekannt geworden sein, nicht also als Privatperson. Er hat es in beruflicher Eigenschaft erlangt, wenn ihm das Geheimnis in Ausübung oder bei Gelegenheit seiner Berufstätigkeit, aber in innerem Zusammenhang mit dieser bekannt geworden ist.

Offenbaren des Geheimnisses

Das Offenbaren des Geheimnisses bedeutet das Mitteilen eines bestehenden Geheimnisses und der Identität seines Trägers an einen Dritten, dem die Tatsache noch nicht bekannt war. Dies trifft auch zu bei Weitergabe an Personen, die ihrerseits selbst der Schweigepflicht unterliegen, es sei denn, dass der Empfänger der Mitteilung zum Kreis der zum Wissen Berufenen gehört - z. B. eine Arzthelferin - und die Mitteilung im Rahmen des Berufes geboten und mit der Billigung des Betroffenen zu rechnen ist. Die Schweigepflicht gilt daher grundsätzlich auch im Verhältnis von Ärzten untereinander. Diese sind nur befreit, soweit das Einverständnis des Patienten vorliegt oder anzunehmen ist.

Ein Offenbaren ist auch durch Unterlassen möglich, so wenn der Arzt seine Helferin, die unbefugt über den Gesundheitszustand eines Patienten spricht, gewähren lässt, anstatt sie zum Schweigen zu ermahnen.

Entbindung von der Schweigepflicht

Die Offenbarung des Geheimnisses ist gestattet, wenn der Betroffene mit dessen Weitergabe ausdrücklich einverstanden ist. *Betroffener* ist derjenige, um dessen Geheimnis es geht, in der Regel der Patient selbst. Nicht zuständig ist, wer als Dritter ein Interesse an dem Geheimnis hat oder mittelbar davon betroffen ist.

Daher steht weder den Eltern, die wegen einer möglichen nichtehelichen Schwangerschaft ihrer Tochter besorgt sind, noch dem Kind, das eine erbliche Belastung durch seine Eltern klären möchte, eine Einflussnahme auf die Geheimnisse anderer zu. Ist das Geheimnis untrennbar mehreren Personen zugeordnet, müssen alle Beteiligten einverstanden sein. Umstritten ist, ob die Zustimmung des Betroffenen bereits tatbestandsausschließend wirkt oder einen allgemeinen Rechtfertigungsgrund darstellt. Praktische Auswirkungen hat der Streit allerdings kaum.

Umstritten ist auch, wer das Einverständnis in die Offenbarung von *Drittgeheimnissen* zu erteilen hat. Lässt sich z. B. der Mann zur Abklärung seiner Zeugungsfähigkeit untersuchen, darf der Arzt ihm und bei entsprechender Entbindung von der Schweigepflicht ebenso Dritten ein negatives Ergebnis auch dann mitteilen, wenn die Ehefrau schwanger ist und auf diese Weise ein Ehebruch offenbar wird. Bringt dagegen der Mann Harn der Ehefrau zur Abklärung eines Diabetes-Verdachts in die Arztpraxis, so hat allein die Ehefrau als Dritter das Einverständnis zur Geheimnisoffenbarung zu erteilen.

Die Erklärung zur Entbindung von der Schweigepflicht ist formfrei und kann auch durch schlüssiges Handeln erfolgen. Der Betroffene kann seine Erklärung auch persönlich und inhaltlich beschränken, z. B. auf einen bestimmten Personenkreis. Der Widerruf ist jederzeit möglich.

Die Entbindung von der Schweigepflicht muss wirksam erklärt werden. Das bedeutet nicht, dass der Erklärende geschäftsfähig sein muss. Es reicht aus, dass der Betroffene in der Lage ist, die Tragweite seiner Erklärung zu erfassen. Somit kann ein Minderjähriger ab einem gewissen Alter und Reifegrad, der etwa bei einem 15-Jährigen erwartet werden darf, den Arzt wirksam von der Schweigepflicht entbinden. In den Fällen, in denen nicht zu erwarten ist, dass der Geheimnisgeschützte die Tragweite seiner Erklärung zu erfassen vermag, steht dem gesetzlichen Vertreter die Befugnis zu, die Erklärung abzugeben. Dies muss auf fehlerfreier Willensbildung beruhen. Ein aufgrund Irrtum, Täuschung und Drohung abgegebenes Einverständnis ist unwirksam. Die Erklärung muss nicht notwendig gegenüber dem Schweigepflichtigen erfolgen, sondern kann auch durch Vertretung in der Erklärung und durch Boten abgegeben werden. Eine Vertretung im Willen ist bei vermögenswerten Geheimnissen möglich. Das Einverständnis erfasst regelmäßig auch die Weitergabe von für den Betroffenen unbekannten Geheimnissen, wenn mit solchen gerechnet werden kann und kein Vorbehalt erklärt ist, z. B. die Bekanntgabe der noch ausstehenden Diagnose an den weiterbehandelnden Arzt. Dabei ist aber stets eine sorgfältige Prüfung vorzunehmen.

Offenbarungspflichten

Gesetzliche Meldepflichten. Die Offenbarung des Patientengeheimnisses ist auch dann zulässig, wenn sie zur Erfüllung gesetzlicher Melde- und Auskunftspflichten geschieht, z. B. § 6 ff Infektionsschutzgesetz. Schon die Anzeigepflicht der Ärzte bei Verdacht des Vorliegens einer Berufskrankheit, der der Betroffene nicht widersprechen kann, aber auch die Mitteilung von Vorkrankheiten an andere Ärzte oder der Informationsaustausch zur Heilbehandlung und Rehabilitation mit mehr als 200 Vordrucken der Berufsgenossenschaften bedeuten für den Arzt und für den Gutachter hinsichtlich seiner Schweigepflicht Probleme, gegen die er sich absichern muss. Zur ärztlichen Schweigepflicht gehört auch das Bedenken der datenschutzrechtlichen Situation.

▮ **Aussagegenehmigung bei Zeugnisverweigerungsrecht.** Bei einer Vernehmung des Arztes oder seiner Hilfspersonen als Zeuge im Straf- oder Zivilprozess ermöglicht das Zeugnisverweigerungsrecht nach § 53 Abs. 1, § 53 a Abs. 1 StPO und § 383 ZPO dem Schweigepflichtigen die Wahrung des Geheimnisses auch vor Gericht. Macht er von diesem Recht keinen Gebrauch, so ist die Preisgabe des Geheimnisses nicht schon deshalb rechtmäßig, weil sie im Rahmen einer Zeugenaussage erfolgt ist. Die Offenbarung bedarf vielmehr eines Rechtfertigungsgrundes. Das Zeugnisverweigerungsrecht entfällt gemäß § 53 Abs. 2, § 53 a Abs. 2 StPO und § 385 Abs. 2 ZPO mit der Entbindung des Zeugen von seiner Verpflichtung zur Verschwiegenheit. Ihre Erteilung ist grundsätzlich Sache dessen, auf den sich das Geheimnis bezieht. Für Amtsträger, z. B. den Amtsarzt, gilt zusätzlich § 54 StPO. Der Absicherung der Schweigepflicht dient auch das Beschlagnahmeverbot des § 97 StPO.

▮ **Medizinischer Sachverständiger.** Der gerichtlich bestellte medizinische Sachverständige bleibt in dieser Eigenschaft zugleich Arzt und fällt auch als Gehilfe des Richters unter die Strafrechtsnorm des § 203 StGB. Bei Untersuchungen, die der zu Untersuchende kraft Gesetzes oder gerichtlicher Anordnung dulden muss, zieht die Duldungspflicht die Befugnis des Sachverständigen nach sich, die bei der Untersuchung im Rahmen des Gutachtenauftrages gewonnenen Erkenntnisse berechtigten Stellen mitzuteilen. Angaben, die der Untersuchte dem Sachverständigen freiwillig ohne Zusammenhang mit dem Gutachtenthema gemacht hat, unterliegen dagegen der Schweigepflicht, ebenso das Wissen, welches der Sachverständige aus einer früheren Behandlung des Betroffenen erlangt hat. Das im Allgemeinen jederzeit widerrufliche Einverständnis zur Offenbarung ist beim Sachverständigenbeweis ausgeschlossen. Hat der Proband, ohne dazu verpflichtet zu sein, sich untersuchen lassen und auf diese Weise ein Beweismittel geschaffen, kann er dieses nicht mehr durch Widerruf beseitigen. Wird der Sachverständige in der mündlichen Verhandlung als Zeuge gehört, gelten materiell-rechtlich die für Zeugen bestehenden Regeln.

▮ **Kassenarzt.** Der Kassenarzt ist im Rahmen der Prüfung und Begutachtung durch die zuständigen Organe der Sozialversicherung zur Offenbarung der Patientendaten verpflichtet. Die in besonderen Gesetzesvorschriften (§§ 202, 203, SGB VII, §§ 276, 277, 284, 295–298 SGB V, § 100 SGB X) festgelegten Pflichten des Kassenarztes, den Sozialversicherungsträgern bzw. dem MDK die notwendigen Auskünfte zu erteilen, wirken nach herrschender Meinung unmittelbar als Offenbarungsbefugnis und bedürfen nicht erst des Einverständnisses durch den Patienten.

▮ Offenbarungsbefugnisse

▮ **Mutmaßliche Einwilligung.** Eine mutmaßliche Einwilligung ist anzunehmen, wenn das Einverständnis nicht oder nicht mehr rechtzeitig eingeholt werden kann, bei objektiver Beurteilung der Umstände aber davon ausgegangen werden darf, dass der Betroffene im Falle seiner Befragung mit der Geheimnisoffenbarung einverstanden wäre. Beispiel: Benachrichtigung der nächsten Angehörigen über die Einlieferung des bewusstlosen Unfallopfers.

▮ **Wahrnehmung berechtigter Interessen.** Der Anspruch des Patienten auf Geheimhaltung tritt zurück, wenn der Arzt zur Wahrung eigener berechtigter Interessen handelt. Das ist namentlich dann der Fall, wenn er sich in einem Strafverfahren zur Wehr setzen oder zivilgerichtlich Schadensersatzansprüchen begegnen muss. Auch als Opfer von Gerüchten oder Presseäußerungen ist der Arzt zur Abwehr rechtswidriger Angriffe auf sein Vermögen oder seinen persönlichen Ruf im Rahmen des Erforderlichen berechtigt, das Geheimnis zu offenbaren.

▮ **Rechtfertigender Notstand.** Zur Offenbarung des Geheimnisses ist der Arzt auch dann berechtigt, aber nicht verpflichtet, wenn dies zum Schutze eines höherrangigen Rechtsgutes erforderlich ist. Beispiele dafür sind die Unterrichtung der Verkehrsbehörde oder Polizei über Drogensucht, Epilepsie oder Suizidneigung bei Gefährdung durch einen Kraftfahrer. Das Offenbaren eines Geheimnisses Dritten gegenüber ist aber nur dann ein angemessenes Mittel, wenn der Arzt zunächst ernsthaft und bestimmt den Patienten über die Krankheit informiert und ihm unmissverständlich dargelegt hat, welche erheblichen Gefahren für Kontaktpersonen bestehen. Erst wenn sich der Patient uneinsichtig zeigt und sein Verhalten offenkundig nicht entsprechend ausrichten will, ist der Arzt berechtigt, Dritte zu informieren. Die Offenbarung kann auch zur Erhaltung von Rechtsgütern des Betroffenen selbst gerechtfertigt sein, etwa gegenüber Angehörigen bei Suizidneigung. Sie ist aber nicht zulässig gegen den fehlerfrei gebildeten Willen des Betroffenen.

Unter bestimmten Voraussetzungen soll die Offenbarungsbefugnis zu einer Offenbarungspflicht werden. Zu diesem Ergebnis kam das Oberlandesgericht Frankfurt in seiner Entscheidung vom 5. 10. 1999. Dieser lag folgender Sachverhalt zugrunde: Dem beklagten Arzt war von seinem HIV-infizierten Patienten strikt verboten worden, dessen Lebenspartnerin von seiner Infektion zu informieren. Die Lebenspartnerin, Klägerin in dem Prozess, war ebenfalls Patientin des Arztes. Erst nach dem Tode des Mannes erfuhr die Klägerin von der Infektion. Bei einer Blutuntersuchung wurde festgestellt, dass bei ihr ebenfalls ein positiver HIV-Befund vorlag. Das Gericht begründete seine Entscheidung damit, dass der Beklagte auch gegenüber der in seiner Behandlung befindlichen Klägerin die Pflicht gehabt hätte, diese vor Gefahren für ihre Gesundheit durch den uneinsichtigen Patienten zu schützen. Bei einer solchen Pflichtenkollision, einerseits gegenüber dem infizierten Patienten andererseits gegenüber der gesunden Partnerin, müsse der Arzt im Interesse des Lebens- und Gesundheitsschutzes der Partnerin die Ansteckungsgefahr mitteilen. Die Berufung war letztlich erfolglos, weil der Kausalitätsnachweis nicht erbracht werden konnte, dass die Information durch den Arzt die Infektion der Klägerin hätte verhindern können.

Tod des Schweigepflichtigen oder des Betroffenen

Die Schweigepflicht des Arztes endet nicht mit der Beendigung der Berufstätigkeit, sondern besteht bis zum Tod des Geheimnisträgers weiter. Die zum persönlichen Lebensbereich zählenden Geheimnisse sind als Nachwirkungen des Persönlichkeitsrechts geschützt. Dies gilt in der Regel nicht für vermögenswerte Geheimnisse, da diese mit dem Erbfall als Bestandteil des Vermögens auf den Erben übergehen. Demnach hat nach dem Tode des Betroffenen das Einverständnis zur Geheimnisoffenbarung der Erbe zu erklären. Schwierigkeiten können entstehen, wenn zum persönlichen Geheimnisbereich gehörende Geheimnisse offenbart werden sollen oder Erbstreitigkeiten bestehen. Dann hängt die Verpflichtung zur Verschwiegenheit vorrangig vom zu Lebzeiten geäußerten Willen des Verstorbenen ab. Lässt sich dieser nicht ermitteln, so ist es auch zulässig, auf den mutmaßlichen Willen abzustellen. Einen solchen Willen wird man annehmen dürfen, wenn wirtschaftliche Interessen, z. B. Geltendmachung von Rentenansprüchen naher Angehöriger, höher zu bewerten sind als das Interesse des Verstorbenen an der Geheimhaltung. Hierbei ist jeweils auf den Einzelfall abzustellen und der Arzt ist zu einer gewissenhaften Güterabwägung verpflichtet.

Sonderformen ärztlicher Tätigkeit

Amtsarzt. Der Amtsarzt fällt unter die Norm des § 203 Abs. 1 StGB. Wird er als Sachverständiger in Verwaltungsverfahren tätig, in denen er anderen Behörden medizinische Entscheidungsgrundlagen liefert, etwa die Feststellung der Dienstunfähigkeit von Beamten oder die Prüfung von Sozialleistungsansprüchen wegen körperlicher Hilflosigkeit, so leitet er seine Offenbarungsbefugnisse aus der Natur des jeweiligen Verfahrens ab. Muss der Betroffene die Untersuchung aus Rechtsgründen dulden, darf der Amtsarzt deren Ergebnis der berechtigt anfragenden Stelle mitteilen.

Betriebsarzt. Der Betriebsarzt ist Angestellter des Unternehmens und soll dieses in arbeitsmedizinischen Fragen unterstützen. Offenbarungsbefugnisse lassen sich daraus aber nicht herleiten. Der Betriebsarzt und seine Hilfspersonen unterliegen gemäß § 8 Abs. 1 Satz 3 Arbeitssicherheitsgesetz (*ASiG*) der ärztlichen Schweigepflicht gegenüber dem Unternehmen. Demzufolge ist die Prüfung der Krankmeldungen von Arbeitnehmern seinem Aufgabengebiet entzogen (§ 3 Abs. 3 ASiG). Von der Rechtsordnung vorgesehene freiwillige oder obligatorische Untersuchungen sowie Einstellungsuntersuchungen darf der Betriebsarzt vornehmen. Erscheint der Arbeitnehmer zu solchen Untersuchungen, erklärt er nach überwiegender Ansicht stillschweigend sein Einverständnis mit der Weiterleitung des Ergebnisses – nicht aber der Diagnose –, wenn dieses arbeitsmedizinisch von Bedeutung ist. Dies gilt nicht ohne weiteres für die Erstellung allgemeiner Eignungsprofile. Sucht der Arbeitnehmer den Betriebsarzt außerhalb dieser Voraussetzung auf, um Rat einzuholen oder sich untersuchen zu lassen, gilt die Schweigepflicht uneingeschränkt. Stellt der Arbeitnehmer für sich oder andere eine Gefahr dar, darf der Betriebsarzt nach den allgemeinen Grundsätzen das Notwendige veranlassen. Der Pflicht zur Verschwiegenheit steht auch die Akteneinsicht durch Dritte entgegen; ebenso, Gesundheitsdaten im allgemeinen Personalinformationssystem des Betriebes zu speichern oder Daten an die Betriebskrankenkasse weiterzuleiten.

Rechtsfolgen

Strafrechtlich wird die Verletzung von Privatgeheimnissen mit Freiheitsstrafe bis zu einem Jahr oder Geldstrafe bestraft. Handelt der Täter gegen Entgelt oder in der Absicht, sich oder einen anderen zu bereichern oder einen anderen zu schädigen, so ist die Strafe gemäß § 203 Abs. 5 StGB Freiheitsstrafe bis zu zwei Jahren oder Geldstrafe.

Zivilrecht. Zu den zivilrechtlich ersatzfähigen Schäden gehören z. B. Einkommenseinbußen, wenn der Betroffene durch die Indiskretion des Schweigepflichtigen Beeinträchtigungen im beruflichen Fortkommen erleidet.

Versicherungsgesellschaften. Privaten Krankenversicherungen, privaten Unfallversicherungen und privaten Lebensversicherungen hat der Versicherte in der Regel eine Erklärung über die Entbindung aller behandelnden Ärzte von der Schweigepflicht abgegeben. Diskutiert wird, ob diese pauschale Entbindungserklärung lebenslangen Bestand haben kann. Die Versicherungsgesellschaften müssen die Erklärung dem Arzt vorlegen, damit dieser prüfen kann, ob die Anfrage von der Erklärung des Patienten gedeckt ist.

Literatur

Budde J, Witting U (1987) Die Schweigepflicht des Betriebsarztes. MedR S 23
Hackl W (1969) Drittgeheimnisse innerhalb der ärztlichen Schweigepflicht. NJW II:2257
Heberer J (2001) Das ärztliche Berufs- und Standesrecht. 2. Aufl. ecomed, Landsberg
Kühne HH (1981) Die begrenzte Aussagepflicht des ärztlichen Sachverständigen vor Gericht nach §§ 53 I Nr. 3 StPO , 203 I Nr. 1 StGB. JZ 647
Laufs A, Uhlenbruck W (2002) Handbuch des Arztrechts, 3. Aufl. Beck, München
Lenckner T (1965) Aussagepflicht, Schweigepflicht und Zeugnisverweigerungsrecht. NJW I:321
Ostendorf H (1981) Der strafrechtliche Schutz von Drittgeheimnissen. JR S 444
Rein D (1977) Der Schutz der Geheimnisse Verstorbener und Dritter in der Privaten Personenversicherung. VersR S 121
Schönke A, Schröder H (2006) Kommentar zum Strafgesetzbuch § 203, 27. Aufl. Beck, München
Tröndle H, Fischer T (2007) Strafgesetzbuch und Nebengesetze § 203, 54. Aufl. Beck, München

3.3 Arzthaftung

J. Fritze

Eine umfassende Statistik über vermutete oder tatsächliche Schadensersatzfälle, die ärztliche Haftung auslösen könnten oder ausgelöst haben, gibt es in Deutschland nicht. Grundsätzlich drängt sich jedem Patienten, bei dem das angestrebte Behandlungsresultat nicht oder nicht vollständig erreicht wurde, die Frage nach einem Behandlungsfehler auf, der vertragliche und deliktische Haftung auslösen könnte. Dem Patienten stehen zur Klärung grundsätzlich fünf Verfahrenswege offen: Zivilgericht, Polizei oder die ihr vorgesetzte Staatsanwaltschaft, der Haftpflichtversicherer des Arztes, die Gutachterkommissionen und Schlichtungsstellen der Landesärztekammern, und – für gesetzlich Versicherte – die medizinischen Dienste der Krankenkassen (MDK) gemäß § 66 SGB V. Die meisten Landgerichte haben Spezialkammern für Arzthaftungsangelegenheiten gebildet. Rechtsanwälte können die Zusatzqualifikation „Fachanwalt für Medizinrecht" erwerben.

Gemäß der Gesundheitsberichterstattung des Bundes (*GBE* 04/01, ▶ www.rki.de) wurden im Jahr 1999 bei den Gutachterkommissionen und Schlichtungsstellen der Landesärztekammern ca. 9800 Anträge gestellt und 6300 Verfahren abgeschlossen, wobei in 30% der Fälle ein Behandlungsfehler anerkannt wurde. Die Zahl der Anträge steigt kontinuierlich (Beispiel der Norddeutschen Schlichtungsstelle Abb. 3.1) bei stabilem Anteil der anerkannten Behandlungsfehler (Abb. 3.2). Krankenhausärzte sind deutlich häufiger als niedergelassene Ärzte betroffen. Nach Fachgebieten führen die operativen Disziplinen (Beispiel aus dem Tätigkeitsbericht der Ärztekammer Nordrhein: Abb. 3.3). Das kann zumindest partiell einen der besseren Wahrnehmbarkeit operativer Fehler geschuldeten Artefakt darstellen. Laut Tätigkeitsbericht der Bundesärztekammer wurden im Jahr 2004 11 144 Anträge gestellt und 11 211 Verfahren abgeschlossen, 7744 zur Sachentscheidung angenommen, hiervon zu 66% Behandlungsfehler verneint. Die MDK der Bundesländer führten im Jahr 1999 9678 Begutachtungen durch, wobei in 24% der Fälle ein Behandlungsfehler anerkannt wurde. Die Zahl der Verfahren vor den Zivilkammern der Landgerichte wird nicht systematisch erfasst; eine Umfrage erbrachte anscheinend keine belastbaren Daten. Laut DBV Winterthur, mit 108 000 versicherten Ärzten einem der größten Arzthaftpflichtversicherer, seien dort im Jahr 1999 4500 Schadensmeldungen eingegangen, von denen 30% im Schlichtungsverfahren (so dass Doppelzählung

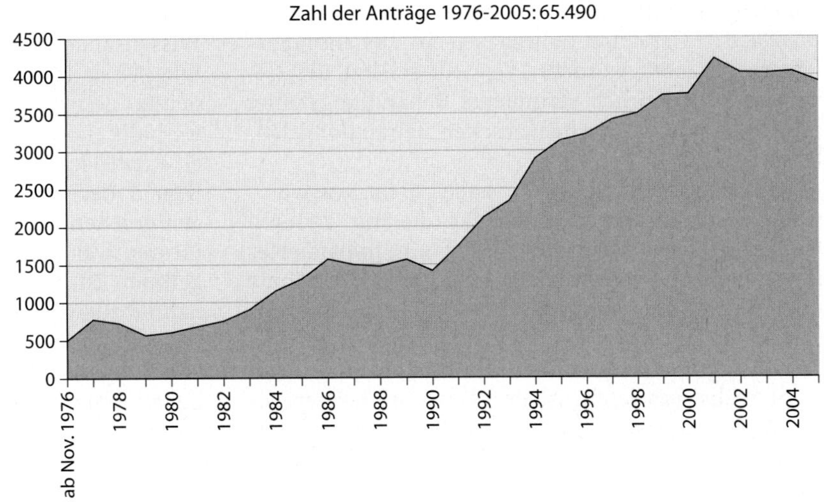

Abb. 3.1. Anträge bei der Norddeutschen Schlichtungsstelle in den Jahren 1976–2005 (▶ www.schlichtungsstelle.de, Juni 2006)

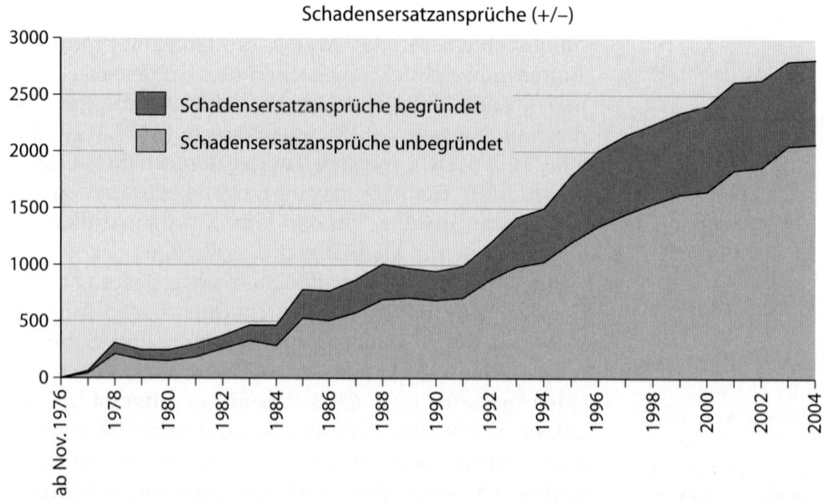

Abb. 3.2. Gemeldete Schadensfälle bei der Norddeutschen Schlichtungsstelle (▶ www.schlichtungsstelle.de, Juni 2006)

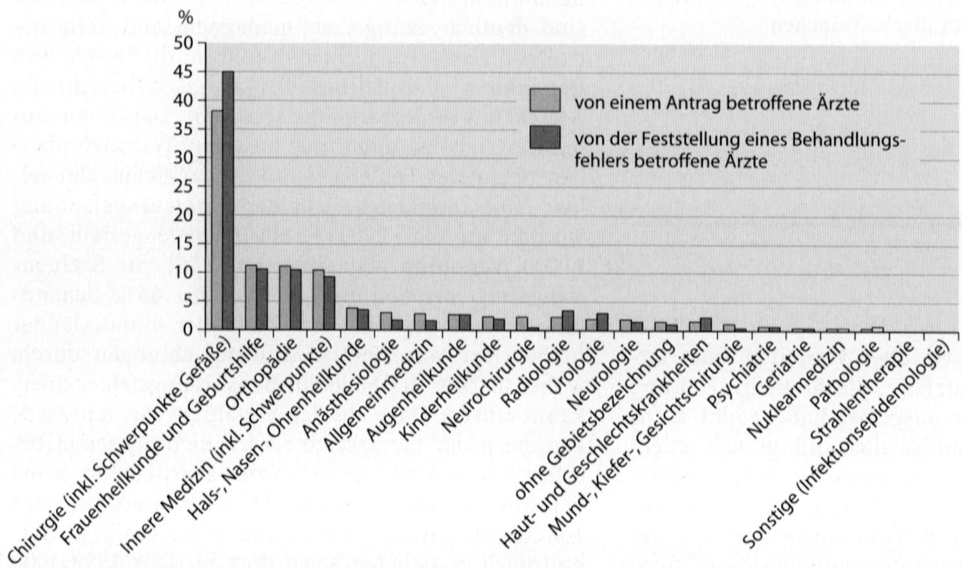

Abb. 3.3. Behandlungsfehlerverfahren der Ärztekammer Nordrhein (Daten aus dem Tätigkeitsbericht der Ärztekammer Nordrhein; ▶ www.aekno.de)

möglich ist) und 10% vor Gericht geklärt wurden. In 4% der Gerichtsverfahren sei ein Behandlungsfehler anerkannt worden. Die GBE schätzt die Gesamtzahl der jährlich vermuteten Behandlungsfehler auf 40 000, die der nachgewiesenen Behandlungsfehler auf < 12 000.

Ärztliche Maßnahmen – auch nichtinvasive – stellen eine Körperverletzung dar, die nur dadurch legitimiert wird, dass der Patient ein informiertes Einverständnis gegeben hat und die Maßnahme dem Stand der medizinischen Erkenntnisse entspricht. Damit der Patient ein informiertes Einverständnis geben und damit sein Selbstbestimmungsrecht realisieren kann, ist der Arzt zur sachgerechten Aufklärung verpflichtet. Erst die wirksame Einwilligung des Patienten rechtfertigt die rechtswidrige Körperverletzung. Entspricht die Maßnahme nach Art und Durchführung nicht dem Stand der Wissenschaft, so handelt es sich um einen *Behandlungsfehler* (der Begriff „*Kunstfehler*" ist nicht eindeutig definiert und findet sich im Gesetz nicht, weshalb er zu vermeiden ist; Virchow definierte ihn als „fahrlässige Verletzung allgemein anerkannter Regeln der ärztlichen Wissenschaft"). Haftungsfolgen ergeben sich also, wenn die Aufklärung unangemessen war oder ein gesundheitlicher Schaden eingetreten ist, der ursächlich einer fehlerhaften Maßnahme zuzuschreiben ist.

Grundlage der ärztlichen Behandlung ist der Behandlungsvertrag zwischen Patient und Arzt. Der Behandlungsvertrag wird bereits dadurch wirksam, dass sich der Patient in die Praxis des niedergelassenen Arztes oder in eine Klinik begibt. Haftung ergibt sich einerseits aus Vertragsverletzung mit resultierendem *zivilrechtlichem* Anspruch auf Schadensersatz, andererseits aber auch *strafrechtlich* (Körperverletzung) als Delikthaftung. Der Umfang der Haftung lässt sich kaum durch individuelle Gestaltung des Behandlungsvertrages einschränken, denn gesetzes- (§§ 134, 138 BGB) und sittenwidrige Abreden sind verboten. Der Patient kann auch bei Verlangensleistungen in aller Regel nicht rechtswirksam auf Haftungsansprüche verzichten. Eine seltene Ausnahme kann vorliegen, wenn der Patient über medizinische Kenntnisse verfügt und auf der Durchführung des Eingriffes, dessen Folgen er allein tragen will, besteht. Grundsätzlich haftet aber der Arzt für die Folgen einer kontraindizierten Maßnahme, auch wenn der Patient auf dieser Maßnahme bestanden hat. Die deliktische Haftung greift auch dann, wenn – z.B. bei einem angestellten Arzt – gar kein Behandlungsvertrag bestand und ergibt sich daraus, dass die fehlerhafte ärztliche Behandlung eine unerlaubte Handlung darstellt.

Es liegt im Wesen biologischer Prozesse, dass – soweit es sich um medizinisch notwendige Heilbehandlung handelt – der diagnostische und therapeutische Erfolg, den der Patient wünscht und der Arzt anstrebt, nur mit Wahrscheinlichkeit (auch im Sinne der Evidenz-basierten Medizin) tatsächlich eintreten kann. Deshalb stellt der Behandlungsvertrag – mit Ausnahme kosmetischer (medizinisch nicht notwendiger) Maßnahmen – keinen Werkvertrag (Gewährleistungspflicht) dar, sondern einen Dienstvertrag (§ 611 BGB). Im Sinne des Dienstvertrages schuldet der Arzt die gebotene Sorgfalt, den zum Zeitpunkt der Maßnahme gültigen medizinischen Standard.

Damit der Patient Schadensersatzansprüche realisieren kann, ist der Arzt verpflichtet (§ 21 Musterberufsordnung), eine Arzthaftpflichtversicherung in ausreichender Höhe abzuschließen. Eine Haftpflichtversicherung für freiberufliche Tätigkeit gilt dann als ausreichend, wenn – je nach Fachgebiet – Deckungssummen von 3 000 000,– € oder 5 000 000,– € für Personen- und Sachschäden sowie 300 000,– € für Vermögensschäden abgeschlossen wurden.

Es gibt keine spezialgesetzliche Regelung für die zivilrechtliche Arzthaftung, vielmehr hat die Rechtsprechung vor dem Hintergrund der generellen Vertragspflichten Grundsätze entwickelt. Der Unterschied zwischen zivil- und strafrechtlicher Haftung bestand bis zur Schuldrechts- und Schadensrechtsmodernisierung im Jahr 2002 vor allem in divergierenden Verjährungsfristen, abweichenden Regelungen im Hinblick auf die Haftung für das Verhalten von Hilfspersonen (§ 278, § 831 BGB), in unterschiedlich weit reichenden Einstandspflichten für Schäden, insbesondere im Bereich des Schmerzensgeldes (§ 847 BGB a.F.), und möglicherweise in der Verteilung der Beweislast. Die Schuldrechtsmodernisierung und das zweite Schadensrechtsänderungsgesetz im Jahre 2002 haben die Unterschiede weitgehend aufgehoben, vor allem indem ein allgemeiner Schmerzensgeldanspruch eingeführt wurde (§ 253 Abs. 2 BGB). Bis zu dieser Gesetzesnovelle erhielt ein Verletzter nur dann ein Schmerzensgeld, wenn der Schädiger vorsätzlich oder fahrlässig, also schuldhaft handelte. Mit dem nun geltenden allgemeinen, verschuldensunabhängigen Anspruch auf Schmerzensgeld wegen der Verletzung von Körper und Gesundheit (§ 253(2)) kann es zu einer Ausweitung der Ansprüche auf Schmerzensgeld kommen, indem jetzt eine Gefährdungshaftung gilt.

Gegen einen gerichtlich bestellten Sachverständigen, also auch den ärztlichen Gutachter, haben die Parteien eines Rechtsstreits oder sonstige davon Betroffene keine Ansprüche. Auch eine Haftung aus Amtspflichtverletzung scheidet aus, weil der gerichtlich bestellte Sachverständige keine hoheitlichen Aufgaben erfüllt. Die Schadensersatzpflicht des Sachverständigen nach § 839a BGB wurde aber insoweit geändert, als der Unterschied in der Haftung zwischen dem beeidigten und dem nichtbeeidigten gerichtlichen Sachverständigen aufgehoben wurde. Sofern es zu einer gerichtlichen Entscheidung kommt, scheidet eine Haftung des beeidigten Sachverständigen bei einfacher Fahrlässigkeit weiterhin aus. Neu ist, dass nun auch der nichtbeeidigte Sachverständige bei grober Fahrlässigkeit für jeden Vermögensschaden und nicht nur bei Verletzungen der in § 823 Abs. 1 BGB genannten Rechtsgüter haftet.

Die Vertragspflichten des Arztes umfassen im Wesentlichen die Aufklärungspflicht, die Behandlung entsprechend des medizinischen Standards, der gesicherten medizinischen Erkenntnisse zum Zeitpunkt der Behandlungsmaßnahme, die Dokumentationspflicht, die Organisations- und Kontrollpflicht und die Fortbildungspflicht. Einen Spezialfall stellt die Haftung des Krankenhausträgers dar. In Deutschland versuchten die Krankenhäuser ihre vertragliche Haftung zu begrenzen, indem sie bei der Aufnahme von Patienten zwei Verträge abschlossen: einen Behandlungsvertrag mit den behandelnden Ärzten und einen Pflegevertrag mit dem Krankenhaus. Die Haftung für Behandlungsfehler sollte auf die Haftpflichtversicherer der Ärzte verlagert werden. Dies wurde von den Gerichten abgewiesen, indem sie den Behandlungsvertrag als einheitlichen Vertrag interpretieren, der das Krankenhaus auch für das Handeln der Ärzte verantwortlich macht. Anderenfalls wäre der Patient mit einer für ihn nicht zu bewältigenden Beweislast konfrontiert, ob der Behandlungsfehler allein dem Krankenhaus oder allein dem Arzt anzulasten wäre. Wird ein privater Behandlungsvertrag zwischen Arzt und Patient (als Selbstzahler) abgeschlossen, so gilt aber die geteilte Haftungsverantwortung. Im Binnenverhältnis zwischen Arzt und Krankenhaus kann sich das Krankenhaus vertraglich von der Haftung für ärztliche Behandlungsfehler freihalten. Das Krankenhaus hat als zusätzliche Vertragspflicht eine angemessene Infrastruktur und materielle Ausstattung vorzuhalten.

▌ Aufklärungspflicht und wirksame Einwilligung

Die Aufklärungspflicht bezieht sich auf den Nutzen, die Nebenwirkungen und die Risiken und deren Verlauf (vorübergehend, anhaltend) gleichermaßen diagnostischer wie therapeutischer Maßnahmen. Diese Aufklärung zielt auf die Realisierung des unveräußerlichen Selbstbestimmungsrechts (Art. 2 Grundgesetz) des Patienten. Auch eine fehlerfreie Behandlung ist ohne Aufklärung und damit ohne wirksame Einwilligung widerrechtlich. Der Arzt verfügt nicht über ein „therapeutisches Privileg". Seine Therapiefreiheit ist immer nur Freiheit zum Nutzen des Patienten unter der Voraussetzung dessen wirksamer Einwilligung. Die Wahrscheinlichkeiten von Nutzen (Heilungschancen) und Risiken sind so konkret darzulegen, dass dem Patienten eine echte Abwägung gelingen kann. Soll ein Behandlungsverfahren eingesetzt werden, das sich noch in der Erprobung befindet oder auch ansonsten noch nicht dem allgemeinen Standard entspricht, so ist der Patient darüber zu informieren und die Aufklärung besonders detailliert, insbesondere bezüglich unbekannter, aber möglicher Risiken durchzuführen. Immer sind nicht nur häufige, sondern auch typische Nebenwirkungen und Risiken unabhängig von ihrer Häufigkeit zu benennen. Existieren Behandlungsalternativen (z. B. operative versus konservative Therapie), so ist über diese gleichermaßen aufzuklären, um dem Patienten eine echte Auswahl („shared decision making") zu ermöglichen. Der Arzt haftet für einen Transfusionszwischenfall, wenn er über die Möglichkeit der Eigenblutspende nicht aufgeklärt hat und diese tatsächlich (bei elektivem Eingriff) eine Alternative dargestellt hätte. Die Aufklärung über Alternativen ist auch dann zwingend, wenn damit die Überweisung an einen anderen Arzt oder ein anderes Krankenhaus verbunden wäre. Bei diagnostischen Eingriffen sind selbst entfernt liegende, gesundheitlich aber relevante Komplikationsmöglichkeiten mitzuteilen. Sofern die Möglichkeit besteht, dass die Kosten einer medizinische Maßnahme nicht oder nicht vollständig vom jeweiligen Kostenträger übernommen wird, ist auch über die wirtschaftlichen Implikationen aufzuklären. Dies gilt bei Krankenhausbehandlung regelhaft für Selbstzahler (also auch für Privatversicherte).

Die Aufklärung muss darüber hinausgehend sicherstellen, dass sich der Patient in einer Weise verhält (z. B. nach einer Operation nicht aktiv am Straßenverkehr teilnimmt), die den Erfolg der ärztlichen Maßnahme nicht gefährdet. Dazu gehört auch die Sicherstellung der Nachbeobachtung und ggf. die Wiedervorstellung des Patienten zwecks Durchführung von Kontrolluntersuchungen. Bei Behandlungen, an denen mehrere Ärzte mitwirken (z. B. Chirurg und Anästhesist), indem sie selbständige Behandlungsschritte vornehmen, hat jeder Arzt getrennt für sein Gebiet aufzuklären.

Die Aufklärung hat vor Durchführung der Maßnahme zu erfolgen. Dem Patienten muss – jedenfalls bei elektiven Eingriffen – soviel Zeit und Ruhe verbleiben, dass er eine eigenständige Entscheidung ohne psychischen Druck fällen kann. Der Patient hat im Großen und Ganzen zu erfahren, welche Krankheit vorliegt, welcher Eingriff geplant ist, wie dringlich dieser ist, wie er abläuft und welche Nebenwirkungen und Risiken damit verbunden sind. Der Eingriff ist in einer auf die Verständnismöglichkeiten des Patienten angepassten Form darzustellen. Dabei ist zu prüfen, ob der Patient auch tatsächlich verstanden hat, worin er einwilligt. Der Patient kann auf diese Aufklärung allerdings ausdrücklich verzichten.

Wenn Art und Umfang der Aufklärung sich dem Verständnisvermögen des Patienten anzupassen haben, so bedeutet dies auch, dass der Patient dabei nicht überfordert werden darf. Dem Patienten darf durch Art und Umfang der Aufklärung kein zusätzlicher Schaden zugefügt werden. Ein solcher Schaden wäre im Extremfall, dass der Patient eine medizinisch gebotene Maßnahme wegen fehlerhafter eigener Abwägung ablehnt und dadurch weiteren Schaden erleidet. Ein haftungspflichtiger Schaden ist es auch, wenn ohne gute Gründe der Patient das gesundheitliche Problem aufgrund der Aufklärung als schwerwiegender erlebt als es tatsächlich ist (z. B. darf die Verdachtsdiagnose des Vorliegens eines Malignoms nicht als Gewissheit dargestellt werden).

Bei einem Minderjährigen muss der Arzt vor Durchführung einer Operation die Einwilligung beider Elternteile einholen. Hat nur ein Elternteil zugestimmt, so ist der Eingriff auch dann rechtswidrig, wenn er erfolgreich verlaufen ist. Von Kindern und insbesondere Jugendlichen ist zusätzlich die wirksame Einwilligung insoweit einzuholen, wie das individuelle Verständnisvermögen dies erlaubt. Bestehen zum Beispiel bei Migranten Verständnisprobleme infolge von Sprachbarrieren, so ist ein Dolmetscher beizuziehen.

Im Falle eines bewusstlosen oder einwilligungsunfähigen Patienten greift der Grundsatz der Geschäftsführung ohne Auftrag gemäß § 683 BGB. Dabei ist unter Berücksichtigung der individuellen Wertvorstellungen des Patienten – soweit diese zum Beispiel durch Einvernahme von Angehörigen bekannt sein können – abzuwägen, ob der Patient einwilligen würde, wenn er denn einwilligen könnte, ob also die geplante, medizinisch notwendige ärztliche Behandlung des Bewusstlosen in dessen objektiv verstandenem Interesse liegt und seinem wirklich geäußerten oder mutmaßlich anzunehmenden subjektiven Willen entspricht. In Zukunft wird das

Institut der Patientenverfügung und Vorsorgevollmacht zunehmende Bedeutung erlangen, auch wenn bezüglich deren rechtlicher Tragweite noch Unsicherheiten bestehen. Immer ist zu prüfen, ob der bewusstlose oder sonstwie einwilligungsunfähige Patient Vorsorge in Form einer Patientenverfügung und/oder Vorsorgevollmacht getroffen hat.

Geschäftsführung ohne Auftrag ist nur möglich, wenn die Behandlungsmaßnahme unaufschiebbar ist, wenn also bei ihrer Unterlassung weitere Schäden zu erwarten sind. Dann allerdings ist die Geschäftsführung ohne Auftrag, also ohne rechtswirksame Einwilligung sogar geboten, weil das Unterlassen einer nach medizinischem Standard gebotenen Maßnahme einen Behandlungsfehler darstellt. Andernfalls ist abzuwarten, bis der Patient wieder einwilligungsfähig ist, oder es ist das Vormundschaftsgericht einzuschalten, das für eine gesetzliche Vertretung zu sorgen hat. Gesetzlicher Vertreter und Vormundschaftsgericht haben eine etwaig bestehende Patientenverfügung und/oder Vorsorgevollmacht zu würdigen.

Aufklärung und Einwilligung bedürfen grundsätzlich nicht der Schriftform. Grundsätzlich ist die Schriftform nicht ausreichend, da sie die Forderung der Individualisierung entsprechend des Verständnisvermögens des Patienten nicht erfüllen kann. Es gibt allerdings einen Trend, die schriftliche Aufklärung für bestimmte Routineeingriffe (z. B. Impfungen) als ausreichend zu erachten, wenn dem Patienten zumindest die Möglichkeit eingeräumt wird, ergänzende Fragen zu stellen.

In jedem Fall aber ist dringend anzuraten, Inhalte und Zeitpunkt der Aufklärung schriftlich zu dokumentieren, denn der Arzt ist beweispflichtig, sachgerecht aufgeklärt zu haben. Allerdings kann dieser Nachweis auch durch Zeugenvernehmung geführt werden. Die ärztliche Dokumentation ist auch eine Berufspflicht entsprechend der Berufsordnungen der Landesärztekammer, basierend auf der Musterberufsordnung der Bundesärztekammer.

Sorgfaltspflicht – Behandlungsfehler

Der Arzt schuldet nicht den Erfolg (*Ergebnisqualität*), sondern die gebotene Sorgfalt (*Prozessqualität*), den medizinischen Soll-Standard, den anerkannten und gesicherten Stand der ärztlichen Wissenschaft, wie er zum Zeitpunkt der Behandlung allgemein von der medizinischen Wissenschaft als gültig angesehen wurde. Nachzuweisen ist ein objektiver Behandlungsfehler. Grundsätzlich gilt das Gebot des sichersten Weges und das Verbot der Risikoerhöhung. Der Arzt kann dann einen höheren Standard schulden, wenn der Patient ihn wegen besonderer Kompetenz konsultiert und der Arzt diese Erwartungen nicht korrigiert hat. Individuelle Eigenschaften des Arztes, seine Fähigkeiten, Kenntnisse und Erfahrungen, bleiben aber bei der Beurteilung der Frage einer schuldhaften Sorgfaltspflichtverletzung grundsätzlich unberücksichtigt.

Während die *Beweislast* für das Vorliegen einer wirksamen Einwilligung beim Arzt liegt, trägt der Patient die Beweislast dafür, dass ein Schaden eingetreten ist und dass dieser Schaden ursächlich auf einen vom Arzt zu vertretenden (schuldhaften, d. h. zumindest fahrlässigen) Behandlungsfehler zurückzuführen ist (Verschuldens- und Kausalitätsnachweis). Es muss zumindest eine Mitursächlichkeit des Behandlungsfehlers für den gesundheitlichen Schaden bestehen. Die Sorgfaltspflichtverletzung muss nach dem gewöhnlichen und nicht ganz unwahrscheinlichen Verlauf der Dinge geeignet sein, den Schaden herbeizuführen. Andererseits muss klar sein, dass der Schaden bei Einhalten des medizinischen Standards ausgeblieben wäre. Wurde aber eine medizinische Maßnahme entgegen des Standards unterlassen, so begründet dies die Haftung, wenn die dem Standard entsprechende Behandlung den Schaden mit an Sicherheit grenzender Wahrscheinlichkeit verhindert hätte.

Die Beweislast – auch für die Sicherungsaufklärung – bleibt grundsätzlich beim Patienten, weil er das Risiko für die Unwägbarkeiten seines Organismus selbst zu tragen hat. Dabei kann der sog. Anscheinsbeweis ausreichen, wenn der eingetretene Schaden eine typische Folge eines Behandlungsfehlers darstellt. Dem Patienten ist die Beweisführung erleichtert, wenn der Arzt seiner Dokumentationspflicht nicht genügt hat oder die Dokumentation lückenhaft ist oder es sich um eine grobe Sorgfaltspflichtverletzung, einen groben Behandlungsfehler handelt. Treten zum Beispiel nach einer intraglutäalen Injektion sofort erhebliche Schmerzen und Lähmungen auf, spricht der Beweis des ersten Anscheins für eine fehlerhafte Injektion. Auch ein Verstoß gegen die Pflicht zur Erhebung und Sicherung von Befunden kann zu Beweiserleichterungen führen, wenn der – nicht erhobene – Befund nach dem Stand der Wissenschaft zwingend eine bestimmte therapeutische Konsequenz gehabt hätte, so dass der diagnostische Fehler oder die fehlende daraus folgende weitere Maßnahme als grob fehlerhaft einzustufen waren. Die Beweislast der sog. vollbeherrschbaren Risiken wie zum Beispiel Gerätesicherheit und Hygiene liegt beim Arzt. Wie weitgehend es zu Beweislasterleichterungen oder gar zur Beweislastumkehr kommt, zählt in jedem Einzelfall zur Bewertung des Gerichts.

Ein grober Behandlungsfehler liegt vor, wenn der Arzt eindeutig gegen bewährte ärztliche Behandlungsregeln oder gesicherte medizinische Erkenntnisse verstößt und einen Fehler begangen hat, der aus objektiver Sicht nicht mehr verständlich erscheint, weil er einem Arzt schlechterdings nicht unterlaufen darf. Der BGH rechtfertigt die Beweislasterleichterung bei groben Behandlungsfehlern damit, „dass es angesichts der besonderen Schwierigkeiten, den Zusammenhang zwischen ärztlichem Handeln oder Unterlassen und dessen Auswirkung auf den menschlichen Organismus festzustellen, billig erscheint, den Patienten dann von der ihm andernfalls obliegenden, aber zuweilen kaum zu erfüllenden Beweispflicht zu entlasten, wenn dem behandelnden Arzt ein grober Behandlungsfehler unterlaufen ist, der generell geeignet war, den schädlichen Erfolg bei dem Patienten herbeizuführen". Der Arzt, der die erste fehlerhafte Behandlung durchgeführt hat, haftet auch für Folgeschäden, die aus den Behandlungen nachfolgender Ärzte resultieren, soweit diese Behandlungen mit der ursprünglich zu behandelnden Krankheit in Zusammenhang stehen.

Anknüpfungspunkt jeder Arzthaftungsfrage ist ein Behandlungsmisserfolg. Laien, Richter und auch Gutachter können in Versuchung geraten, den vorhergegangenen Behandlungsprozess allein aus der Perspektive des Misserfolges, aus der Rückschau (ex post) zu bewerten („hindsight bias", „outcome bias"). Aus dem zeitlichen Zusammenhang zwischen eingetretenem Misserfolg und ärztlicher Maßnahme kann nicht einfach auf einen Kausalzusammenhang geschlossen werden. Maßgebend ist, wie der Arzt zu dem Zeitpunkt (ex ante), als er sich für eine Maßnahme entschied oder eine solche unterließ, die Sachlage entsprechend des allgemein anerkannten Standes Wissenschaft zu beurteilen hatte. Später bekannt gewordene Umstände und wissenschaftliche Erkenntnisse dürfen deshalb (ex post) nicht in die Bewertung einbezogen werden. Die praktische Relevanz des Rückschaufehlers ist in mehreren experimentellen Untersuchungen belegt worden. Der Rückschaufehler ist unvermeidbar, wenn der Gutachter vom Misserfolg der Behandlung Kenntnis hat. Die Beurteilung wird desto stärker vom Rückschaufehler geprägt, je schwerwiegender die Folgen der medizinischen Maßnahmen waren. Hinter dem Rückschaufehler verbirgt sich u.a. das Missverständnis, der Arzt schulde Ergebnisqualität. Tatsächlich schuldet er Prozessqualität. Diese ist unabhängig vom Ergebnis durch Vergleich des dokumentierten ärztlichen Handelns mit dem Stand der damaligen wissenschaftlichen Erkenntnisse, im Idealfall mit konsentierten, Evidenz-basierten Leitlinien, in denen sich dieser Stand kristallisiert, zu prüfen.

Leitlinien – Richtlinien – Standards

Richtlinien geben Anweisungen, an die sich der Arzt verbindlich zu halten hat. Richtlinien können nur Körperschaften erlassen, die Richtlinienkompetenz besitzen. Das sind staatliche Organe und – soweit der Staat seine Kompetenz delegiert hat – beauftragte Institutionen. Dazu gehören der Gemeinsame Bundesausschuss und auch die Bundesärztekammer und Landesärztekammern. Wer gegen Richtlinien verstößt, begeht unausweichlich einen Behandlungsfehler, allein schon aus formalen Gründen. Das gilt grundsätzlich sogar dann, wenn die Richtlinie nicht dem Stand der wissenschaftlichen Erkenntnisse entspricht. Um diesem Dilemma vorzubeugen, ist die Zahl der bestehenden Richtlinien, soweit sie ärztlich-therapeutisches Handeln betreffen, gering, und die Richtlinien widmen sich – hoffentlich – nur Themen, bei denen sich der Stand der Erkenntnis soweit verfestigt hat, dass eine kurzfristige Änderung unwahrscheinlich ist. Dies gilt zum Beispiel für Hygienerichtlinien. Wer also gegen Hygienerichtlinien verstößt, begeht einen groben Behandlungsfehler, der zur Beweislastumkehr führen kann.

Wenn der gemeinsame Bundesausschuss von seiner Richtlinienkompetenz (§ 92 SGB V) Gebrauch macht, kann er sich in Konflikt mit dem Stand der medizinischen Erkenntnisse bringen, auch wenn das Gesetz deren Berücksichtigung ausdrücklich vorschreibt, wobei sich der gemeinsame Bundesausschuss der wissenschaftlichen Beurteilungen durch das Institut für Qualität und Wirtschaftlichkeit im Gesundheitswesen (*IQWiG*; § 139 a ff SGB V) bedienen kann. Das Risiko eines Konfliktes wird desto höher, je stärker eine Richtlinie von ökonomischen Kriterien gemäß des sozialrechtlichen Wirtschaftlichkeitsgebots geprägt wird. Rechtlich offen ist, inwieweit Leitlinien mit den gesetzlich vorgeschriebenen „Bewertungen evidenzbasierter Leitlinien für die epidemiologisch wichtigsten Krankheiten" durch das IQWiG den Charakter von Richtlinien erhalten können.

Leitlinien formulieren demgegenüber Empfehlungen, von denen nach den Gegebenheiten des Einzelfalls abgewichen werden kann und auch abgewichen werden muss, wenn dies die besonderen Bedingungen des Einzelfalls gebieten. Empirisch belegt ist, dass es für multimorbide Kranke lebensgefährlich werden kann, wenn die dann mehreren anzuwendenden Leitlinien konsequent befolgt werden, und zwar z. B. durch pharmakokinetische Interaktionen. Wenn von Leitlinien abgewichen wird, muss der ärztlichen Dokumentation zu entnehmen sein, aus welchen Gründen in welcher Weise von der Leitlinie abgewichen wurde.

Als Leitlinie kann dabei nicht alles gelten, was sich so nennt. Denn um rechtlich relevant sein zu können, muss die Leitlinie den allgemein akzeptierten Stand der medizinischen Erkenntnis zum Zeitpunkt ihrer Erstellung wiedergeben. Also spielt das Verfahren der Leitlinienerstellung und ihrer Aktualisierung eine bedeutsame Rolle. Da der Stand der medizinischen Erkenntnisse keine Staatsgrenzen kennt, dürfte das bisher häufig gehörte Argument, eine im Ausland entwickelte Leitlinie sei auf deutsche Verhältnisse nicht übertragbar, schwerlich tragfähig bleiben. Da unverändert der eher kleinere Teil ärztlichen Handelns von Leitlinien entsprechender Qualität erfasst wird, spielen Leitlinien im Rahmen der Klärung von Arzthaftungsfragen bisher eine untergeordnete Rolle. Das wird sich vermutlich ändern. Dabei ist nicht auszuschließen, dass die Rechtsprechung die Beweislast ändert oder spezielle Aufklärungspflichten beim Abweichen von Leitlinien einführt. Rechtlich ist auch offen, wann ein Abweichen von einer Leitlinie den von der Rechtsprechung entwickelten Tatbestand eines groben Behandlungsfehlers erfüllt, was für den Patienten Beweiserleichterungen bedeuten würde. Wenn ein Gutachter eine für den in Rede stehenden Fall relevante Leitlinie nicht explizit berücksichtigt, kann das sein Gutachten invalidieren.

Medizinische Leitlinien werden künftig vermehrt – und das ist auch politisch gewollt – in Laien-verständlichen Versionen jedermann zugänglich im Internet zur Verfügung stehen. Folglich ist damit zu rechnen, dass sich Patienten zunehmend anhand solcher Leitlinien auf einen geplanten Eingriff vorbereiten und diesen anschließend unter Inanspruchnahme ihres Rechtes auf Einsichtnahme in die ärztliche Dokumentation kritisch bewerten. Die weiteren Folgen dieses „Empowerment" liegen auf der Hand.

Leitlinien bedrohen nur scheinbar die durch § 1 Abs. 2 Bundesärzteordnung garantierte ärztliche Therapiefreiheit, denn dies ist eine Freiheit zum Nutzen des Kranken und nicht zugunsten des Arztes, nämlich gerade die Freiheit des Arztes, aus guten medizinischen Gründen selbständig und frei von äußeren Weisungen auf der Basis der wirksamen Einwilligung des Patienten über die im Einzelfall erforderliche Behandlung zu entscheiden.

Der Begriff Standard ist unscharf definiert; er hat mit dem Begriff Standardisierung (Vereinheitlichung, Normierung) nichts zu tun. Immerhin hat der Begriff Facharztstandard Eingang in die Rechtsprechung gefunden. Facharztstandard bedeutet, dass die Einhaltung der Standards in dem jeweiligen Fachgebiet und damit eine Prozessqualität zu erwarten ist, die über derjenigen des Durchschnitts aller Ärzte liegt. Der Arzt für Allgemeinmedizin schuldet ein geringeres Maß an Sorgfalt und Können als ein Facharzt einer anderen Sparte (BGH). Der Arzt muss diejenigen Maßnahmen ergreifen, die in der gegebenen Situation von einem gewissenhaften und aufmerksamen Arzt aus berufsfachlicher Sicht seines Fachgebietes vorausgesetzt und erwartet werden (BGH). Dabei beschreibt der Begriff Standard eine wiederum durchschnittliche Struktur- und Prozessqualität ohne detaillierte Handlungsanweisungen im Einzelfall. Der Arzt ist haftungsrechtlich nicht auf sein Fachgebiet beschränkt; wenn er aber Leistungen eines anderen Fachgebietes erbringt, muss er dessen Standards genügen.

Anerkenntnisverbot der Haftpflichtversicherer

Gemäß § 153 Versicherungsvertragsgesetz (VVG) i. V. m. § 5 Nr. 2 der Allgemeinen Haftpflichtbedingungen (AHB) hat der Arzt innerhalb einer Woche einen Schaden dem Versicherer anzuzeigen, gleichermaßen wenn dieser nur vermutet wird oder tatsächlich eingetreten ist. Ein häufig anzutreffendes Missverständnis lautet, die Vertragsbedingungen der Haftpflichtversicherer verböten Ärzten, dem Patienten oder Dritten Hinweise zu geben, die auf eigene Behandlungsfehler schließen lassen. Tatsächlich ist der Arzt wie jeder Bürger nicht verpflichtet, eigene Fehler einzuräumen, weil sich niemand einer möglicherweise strafbaren Handlung bezichtigen muss. Im Einzelfall kann es aber sogar notwendig sein, einen Fehler einzuräumen, nämlich wenn dem Patienten eine durch den Fehler indizierte Folgebehandlung anzuraten ist, um weiteren Schaden abzuwenden. Wenn dem Arzt z. B. bekannt wird, dass bei einer Operation ein Tupfer zurückgelassen wurde, muss der Arzt den Patienten auf die Notwendigkeit der unmittelbaren Entfernung des Tupfers hinweisen. Seinen Versicherungsschutz gefährdet der Arzt hierdurch nicht. Die wahrheitsgemäße Mitteilung eines Sachverhaltes stellt keine Anerkenntnis eines Behandlungsfehlers dar. Nach den Versicherungsbedingungen ist der Arzt allerdings nicht berechtigt, ohne vorherige Zustimmung des Versicherers einen Haftungsanspruch anzuerkennen oder zu befriedigen. Dieses „Anerkenntnisverbot" soll den Versicherer davor schützen, dass der Arzt Schadenersatz zusagt, ohne dass der Versicherer dessen Berechtigung prüfen kann. Ein Arzt darf also weder seine Einstandspflicht noch die Kausalität des Fehlers für den geltend gemachten Schaden bestätigen. Gäbe es das Anerkenntnisverbot nicht, könnte der Arzt seinen Haftpflichtversicherer sogar für einen völlig unberechtigten Anspruch zur Leistung verpflichten, was offensichtlich widersinnig wäre. Die wahrheitsgemäße Mitteilung eines Sachverhaltes ist aber kein Anerkenntnis.

Dokumentationspflicht

Gemäß § 10 Musterberufsordnung (*MBO*) „haben Ärztinnen und Ärzte über die in Ausübung ihres Berufes gemachten Feststellungen und getroffenen Maßnahmen die erforderlichen Aufzeichnungen zu machen. Diese sind nicht nur Gedächtnisstützen für die Ärztin oder den Arzt, sie dienen auch dem Interesse der Patientin oder des Patienten an einer ordnungsgemäßen Dokumentation". Auch wenn in der MBO nicht explizit genannt, so dient die Dokumentation primär dazu, bei Ausfall des Arztes ggf. weiterbehandelnden Ärzten eine sachgerechte medizinische Behandlung zu ermöglichen. Sie dient also dem Schutz des Patienten. Sie ist deshalb vertraglich und deliktisch geschuldet. Im Falle eines Haftungsverfahrens schützt sie aber auch den Arzt, indem sie ihm als Beweismittel dient. Inhalt und Umfang der Dokumentation bestimmen sich nach medizinischer Notwendigkeit (Anamnese, Befunde, Inhalte der Aufklärung, durchgeführte Diagnostik,

Therapie inkl. Arzneimittelverordnung, Operationsbericht, Narkoseprotokoll, Therapieablauf inkl. Komplikationen und weiteren Maßnahmen, Sicherungsaufklärung, usw.). Grundsätzlich reicht eine stichwortartige Dokumentation aus, soweit sie dem nachbehandelnden Arzt eine fehler- und irrtumsfreie Weiterbehandlung ermöglicht. Fehlende, unvollständige, widersprüchliche, nachträglich geänderte oder nicht in unmittelbarem zeitlichen Zusammenhang mit der Maßnahme erstellte Dokumentation kann zur Beweislastumkehr führen, denn die mängelbehaftete Dokumentation kann als Indiz gewertet werden, dass eine notwendige Maßnahme nicht durchgeführt wurde. Handschriftliche Dokumentation stellt eine Urkunde mit hohem Beweiswert dar, elektronische Dokumentation nur dann, wenn sie mit elektronischer Signatur versehen ist (§ 371 a Abs. 1 ZPO). Die Inhalte des Arztbriefes als Spezialfall der Dokumentation sind für den Empfänger grundsätzlich bindend, d.h. der Empfänger muss und darf sich auf die Korrektheit und Vollständigkeit der Angaben verlassen können. Ergibt sich aus den Maßnahmen des Nachbehandlers eine Behandlungsfehler, weil die ihm übergebenen Informationen mängelbehaftet waren, ohne dass ihm dies erkennbar werden konnte, so haftet jedenfalls nicht der Nachbehandler. Der Patient hat einen Rechtsanspruch (BGB § 810 Einsicht in Urkunden), die Dokumentation einzusehen und Kopien an sich zu nehmen, soweit dadurch nicht der Patient selbst oder die Datenschutzrechte Dritter (z.B. Angehöriger) verletzt werden.

Organisations- und Kontrollpflicht

Der Arzt (und das Krankenhaus) ist verpflichtet, das Zusammenwirken seiner Mitarbeiter zu koordinieren. Dazu gehörte der sachgerechte Behandlungsablauf ebenso wie das Vorhalten der medizinisch notwendigen, ordnungsgemäß funktionstüchtigen Geräte und Arzneimittel. Delegiert der Arzt ärztliche Aufgaben, so hat er sich zu vergewissern, dass die Aufgaben sach- und fristgerecht erledigt werden, also auch dass derjenige, den er mit den Aufgaben betraut, dazu geeignet und in der Lage ist. Das gilt für den ärztlichen Leiter eines Krankenhauses gleichermaßen wie für einen Vertragsarzt. Zu den Pflichten gehört auch, die sach- und fristgerechte Information weiterbehandelnder Ärzte (z.B. des Hausarztes nach fachärztlicher Konsultation) zu gewährleisten. Grundsätzlich haftet der Arzt für Fehler der ihm nachgeordneten Mitarbeiter, seiner „Erfüllungsgehilfen", jedenfalls vertragsrechtlich und soweit die Fehler aus mangelnder Sorgfalt (oder gar Vorsatz) der Mitarbeiter resultierten. Der Arzt kann der deliktischen Haftung allenfalls entgehen, wenn er nachweist, dass Auswahl, Anleitung und Kontrolle ordnungsgemäß erfolgt sind und ihm deshalb kein Organisationsverschulden anzulasten ist. An den Entlastungsbeweis werden hohe Anforderungen gestellt.

Fortbildungspflicht

Der Arzt ist berufsrechtlich (§ 4 MBO) schon immer zur kontinuierlichen Fortbildung verpflichtet. Der Bundesgerichtshof hat zumindest die regelmäßige Lektüre der für das jeweilige Fachgebiet einschlägigen Fachzeitschriften gefordert. Mit dem GKV-Modernisierungsgesetz wurde für Vertragsärzte und Krankenhausärzte eine Nachweispflicht in Form von Fortbildungspunkten eingeführt, wobei Vertragsärzte ab 1. Juli 2004 Mindestzeitkontingente (250 CME-Punkte in 5 Jahren) nachzuweisen haben. Der gemeinsame Bundesausschuss hat am 20. Dezember 2005 auch eine verbindliche Fortbildungsregelung für alle in nach § 108 SGB V zugelassenen Krankenhäusern tätigen Fachärzte beschlossen, wonach diese ab 1. Januar 2006 ebenfalls 250 Fortbildungspunkte in einem Fünfjahreszeitraum nachweisen müssen, wovon mindestens 150 Punkte durch fachspezifische Fortbildung zu erwerben sind. Die Unterscheidung in fachspezifische und sonstige Fortbildung trifft der Arzt selbst und lässt sie von seinem Ärztlichen Direktor schriftlich bestätigen. Der Ärztlichen Direktor hat die Einhaltung der Fortbildungsverpflichtung der in seinem Krankenhaus tätigen Fachärzte zu überwachen und zu dokumentieren. Es bleibt abzuwarten, welche Relevanz ein ggf. unzureichender Fortbildungsnachweis in Arzthaftungsverfahren gewinnen wird.

Gutachterkommissionen und Schlichtungsstellen der Landesärztekammern

Seit 1975 sind bei den Landesärztekammern weisungsunabhängige Gutachterkommissionen bzw. Schlichtungsstellen eingerichtet. Deren Aufgabe ist es, bei Meinungsverschiedenheiten zwischen Arzt und Patient objektiv zu klären, ob die gesundheitliche Komplikation auf einer haftungsbegründenden ärztlichen Behandlung beruht. Ziel dieser Einrichtungen ist die außergerichtliche Einigung zwischen Arzt und Patient. Detaillierte Informationen finden sich bei ▶www.bundesaerztekammer.de/20/10Fehler/05Aufgaben.html.

Gutachterkommissionen und Schlichtungsstellen arbeiten nach Verfahrensordnungen, die sie sich selbst gegeben haben. Die Gutachterkommissionen bei den Landesärztekammern Baden-Württemberg, Nordrhein, Saarland, Westfalen-Lippe und die Gutachterkommissionen und Schlichtungsstellen bei der Bayrischen Landesärztekammer, der Ärztekammer Hessen und der Ärztekammer Rheinland-Pfalz erstellen ein schriftliches Gutachten dazu, ob ein dem Arzt vorzuwerfender Behandlungsfehler zu erkennen ist, durch den der Patient einen Gesundheitsschaden erlitten hat. Die Schlichtungsstelle der

Norddeutschen Ärztekammern, in der die Ärztekammern Berlin, Brandenburg, Bremen, Hamburg, Mecklenburg-Vorpommern, Niedersachsen, Sachsen-Anhalt, Schleswig-Holstein und Thüringen zusammengeschlossen sind, erarbeiten im Einvernehmen mit dem Patienten, dem Arzt oder Krankenhaus und der Haftpflichtversicherung des Arztes oder des Krankenhauses eine Aufklärung des Sachverhaltes und machen einen Vorschlag zur Beilegung. Die Gutachterkommissionen beurteilen also den Arzt, die Schlichtungsstellen regulieren Schadensansprüche dem Grunde nach. Beide Institutionen haben als Mitglied einen Juristen mit Befähigung zum Richteramt sowie ärztliche Mitglieder, von denen mindestens einer im selben Fachgebiet tätig ist wie der betroffene Arzt. Vorsitzender von Schlichtungsstellen ist ein Arzt, in den Gutachterkommissionen hat der Jurist diese Funktion.

Diese Institutionen werden auf schriftlichen Antrag von Patienten oder Ärzten tätig und holen die erforderlichen Kranken- oder Behandlungsunterlagen ein. Sie verweigern sich, wenn bereits ein rechtskräftiges Urteil eines Gerichts über den Streitpunkt vorliegt oder ein gerichtliches Verfahren läuft. Gutachterkommissionen und Schlichtungsstellen geben Empfehlungen oder machen Schlichtungsvorschläge, mit denen die Beteiligten nicht einverstanden sein müssen; sie können dann den Rechtsweg beschreiten. Das Verfahren vor Schlichtungsstellen und Gutachterkommissionen ist gebührenfrei, seine Dauer beträgt etwa 10 bis 12 Monate.

Oberstes Prinzip der Gutachterkommissionen und der Schlichtungsstellen ist es, die Chancengleichheit von Arzt und Kranken sicherzustellen. Durch objektive Begutachtung ärztlichen Handelns sollen dem durch einen Behandlungsfehler Geschädigten die Durchsetzung begründeter Ansprüche erleichtert, aber auch sich als unbegründet erweisende Vorwürfe gegen Ärzte zurückgewiesen werden. Als Behandlungsfehler werden nicht nur unsachgemäße diagnostische und therapeutische Eingriffe, sondern auch Mängel in der Organisation und Dokumentation sowie bei der Abgrenzung der Verantwortlichkeiten angesehen. Nach dem Status der Gutachterkommissionen ist jede Person berechtigt, mit einem formlosen Antrag die Überprüfung der Behandlung eines Arztes in dem zuständigen Kammerbereich in Gang zu setzen. Während der Antragsbearbeitung ist die Verjährung gehemmt.

Die Objektivität der gutachtlichen Entscheidung der Gutachterkommission ist gewährleistet:

- Die Kommission ist gemäß dem vom zuständigen Landesministerium genehmigten Statut eine unabhängige Institution bei der Ärztekammer. Die Kammer stellt lediglich Personal und Sachmittel zur Verfügung.
- Die Durchführung des Begutachtungsverfahrens erfolgt ohne parteiliche äußere Einflüsse, zum Beispiel durch ärztliche Standesorganisationen, Patientenverbände, Verbraucherschutz-Organisationen, Versicherungsgesellschaften usw. Die Haftpflicht-Versicherungsgesellschaften tragen durch eine Pauschale an die Ärztekammer zur Entlastung des finanziellen Aufwandes bei, zumal ihnen durch die Tätigkeit der Gutachterkommissionen ein wesentlich höherer eigener Aufwand erspart bleibt.
- Die Mitglieder der Kommissionen werden ehrenamtlich tätig, sie bringen langjährige Erfahrung als Ärzte oder Juristen und im Begutachtungswesen ein.
- Nach Klärung des Sachverhalts erfolgt die gutachtliche, d. h. medizinische und juristische Beurteilung grundsätzlich durch mehrere Kommissionsmitglieder, falls erforderlich, nach Hinzuziehung externer Fachsachverständiger und nach interdisziplinärer Beratung in der monatlich zusammentretenden Kommission.

Die Bescheiderteilung an den Antragsteller oder an seine Rechtsvertretung und die Benachrichtigung des beschuldigten Arztes erfolgen durch das geschäftsführende Kommissionsmitglied. Von den am Verfahren Beteiligten kann innerhalb eines Monats eine Überprüfung des Bescheides durch die Gesamtkommission beantragt werden, wodurch ergänzende Sachverhaltsermittlungen oder auch zusätzliche Begutachtungen veranlasst werden. Nach nochmaliger Beratung wird ein Bescheid der Gesamtkommission erteilt. Die Transparenz der Entscheidungsprozesse ist dadurch gewährleistet, dass die hinzugezogenen Fachgutachten nicht anonym bleiben, sondern zusammen mit dem Bescheid übermittelt werden.

Die Gutachterkommissionen sind nicht in der Lage, durch Vernehmung von Zeugen oder Parteien Beweis zu erheben.

Aus der Tätigkeit der Kommissionen ergibt sich eine Besserung oder die Wiederherstellung einer störungsfreien Arzt-Patienten-Interaktion, aber auch ein Beitrag zur Qualitätssicherung und Qualitätskontrolle. Die Einrichtung der Gutachterkommissionen hat sich bewährt, ihre Arbeit vermag die meisten Haftungsansprüche zu klären.

Unterstützung der Versicherten bei Behandlungsfehlern durch die GKV

Mit dem Gesundheitsreformgesetz (1988) wurde § 66 SGB V in das Krankenversicherungsrecht aufgenommen, wonach „die Krankenkassen die Versicherten bei der Verfolgung von Schadensersatzansprüchen, die bei der Inanspruchnahme von Versicherungsleistungen aus Behandlungsfehlern entstanden sind und nicht nach § 116 des Zehnten Buches auf die Krankenkassen übergehen, unterstützen können". Das Pflegequalitätssicherungsgesetz (2001) hat dies für die Pflegeversicherung mit § 115 Abs. 3

S. 7 SGB XI nachvollzogen. § 116 SGB X definiert Regressansprüche der GKV bei Behandlungsfehlern, wozu auch Arzneimittelschäden und Medizinproduktschäden (z. B. fehlerhafte Herzschrittmacher und Defibrillatoren, Hilfsmittel) gehören. Krankenkassen und der Medizinische Dienst der Krankenversicherung (MDK) haben in einem „Leitfaden für die Zusammenarbeit zwischen Krankenkassen/Pflegekassen und MDK bei drittverursachten Gesundheitsschäden, insbesondere bei Behandlungsfehlern und Pflegefehlern" (▶ www.mds-ev.org/download/LF-BehF_2003.pdf) Grundsätze zur Beurteilung formuliert.

3.4 Feststellung des Hirntodes

E. Fritze und J. Fritze

Die Fortschritte der Intensivmedizin und der Transplantationsmedizin zwingen zu klaren, ethisch vertretbaren Definitionen des eingetretenen Todes als Voraussetzung einer Organentnahme. Der wissenschaftliche Beirat der Bundesärztekammer hat seit 1979 mehrfach zu den Kriterien des Hirntodes Stellung genommen, zuletzt am 24. 07. 1998. Diese dem heutigen wissenschaftlichen Erkenntnisstand entsprechenden Richtlinien der Bundesärztekammer und ggf. ihre Aktualisierungen hat jeder, der mit der Feststellung des eingetretenden Todes oder des Hirntodes befasst ist, zwingend zu berücksichtigen. Der ärztliche Sachverständige wird sie als Grundlage seiner Argumentation auch im Zusammenhang mit Fragen der Erbfolge bzw. des Erbrechts zu berücksichtigen haben.

Sie finden sich im ▶ *Deutschen Ärzteblatt 95, A1861–1868 (1998) (Wissenschaftlicher Beirat der Bundesärztekammer: Richtlinien zur Feststellung des Hirntodes. Dritte Fortschreibung 1997 mit Ergänzungen gemäß Transplantationsgesetz (TPG))* oder bei ▶ *www.bundesaerztekammer.de/30/Richtlinien/Richtidx/Hirntod/index.html.*

3.5 Bedeutung der Obduktion im Versicherungsrecht

K.-M. Müller

Bedeutung und Wert klinischer Obduktionen unter den Gesichtspunkten der Bestimmung von Todesursachen, zur Qualitätssicherung von Diagnostik und Therapie, in Zusammenhang mit Organtransplantationen, für die ärztliche Weiterbildung und den Unterricht sowie für Information, Schutz und Wahrnehmung der Belange von Angehörigen und Hinterbliebenen sind unbestritten. Dennoch hat sich in den letzten Jahren aus vielfältigen Gründen ein dramatischer Rückgang der Obduktionen in Deutschland vollzogen (Hedinger 1982, Becker 1986, Müller 1986).

Besonders eindrucksvoll war diese Entwicklung nach der Wende in den neuen Bundesländern zu registrieren, wo die ursprünglich hohe Zahl klinischer Obduktionen in wenigen Jahren den vergleichsweise niedrigen Stand in den alten Bundesländern erreicht hat. Die Spannweite der Sektionsfrequenz liegt derzeit zwischen 13% bei kommunalen Instituten und 23% bei Universitätsinstituten.

Nach eigenen Erfahrungen im Bochumer Institut ist aber grundsätzlich die Einwilligung von Angehörigen zu Obduktionen Verstorbener bei versicherungsmedizinisch relevanten Fragestellungen durchaus vorhanden, wenn Sinn und Wert einer klinischen Obduktion zur Beantwortung von zu Lebzeiten nicht abschließend als mögliche oder wahrscheinliche Berufskrankheiten zu wertenden Erkrankungen mit Todesfolge zur Entscheidung anstehen. In diesem Zusammenhang ist aufzuzeigen, dass der Anteil von Krebserkrankungen unter der Gesamtzahl von anerkannten Berufskrankheiten von 1,4% im Jahre 1978 auf 42,9% 2003 angestiegen ist (Butz 2005). Dem Pathologen kommt z. B. bei der Frage der vom Gesetzgeber verlangten Tumorsicherung z. B. bei primären Tumoren der Pleura (Mesotheliome) oder der Lungen eine entscheidende Bedeutung zu. Auch die Fragen nach sogenannten Brückenbefunden bei den Berufskrankheiten der BK-Ziffern 4104 (▶ Liste der Berufskrankheiten, Kap. 2.3) und zu nur minimal ausgeprägten Asbest-assoziierten Lungenveränderungen können zuverlässig nur durch Obduktionen und anschließende Aufarbeitungen des Untersuchungsgutes entschieden werden (ausführliche Literatur ▶ Friemann und Pickartz 2001, Schwarze u. Pablicko 2003, Sperhake u. Püschel 2003, Madea et al. 2006).

Kliniker und Pathologen werden bei versicherungsmedizinischen Stellungnahmen und Gutachten oft nach den Zusammenhängen zwischen Todesursachen und Berufskrankheiten, Unfallfolgen oder Versorgungsleiden gefragt. Nach § 63 SGB VII darf der Träger der gesetzlichen Unfallversicherung die Hinterbliebenenleistungen nur dann erbringen, wenn der Tod des Versicherten durch einen Arbeitsunfall oder eine Berufskrankheit verursacht worden ist. Um den Zusammenhang zwischen Tod und einer Kriegsschädigung und/oder Berufskrankheiten festzustellen, muss der Versicherungsträger in Zweifelsfällen eine Obduktion veranlassen. Die im Zuge der Obduktionen für Versorgungsämter oder Sozialgerichte auftretenden Rechtsfragen der gesetzlichen Unfallversicherungen sind bisher nur unzureichend geklärt (Benz 1988, Haarhoff u. Reh 1990, Höpker

u. Wagner 1998, Mehrhoff u. Müller 1990, Müller 1986, Schwarze u. Pablicko 2003).

Im Kapitel 5.1 ist an Beispielen aufgezeigt, wie schwierig etwa im Einzelfall die Verknüpfung der versicherungsmedizinisch relevanten Kausalkette zwischen den zur Diskussion stehenden beruflich bedingten Noxen und anderen Ursachen oder Teilursachen eines zum Tode führenden Krebsleidens sein kann (Bauer et al. 1991, Höpker u. Wagner 1998 u.a.).

In der amtlichen Todesbescheinigung für Nordrhein-Westfalen wird auf Blatt 2 unter der Ziffer 24 nur noch

- *„Diagnose durch Obduktion gesichert nein/ja"*

und zur Ziffer 25

- *„liegt der Obduktionsbefund bei: nein/ja"*

abgefragt.

Auch unter versicherungsmedizinischem Aspekt gehören die Ausbildung der Studenten und die Weiterbildung der Assistenten mit zu den wesentlichen Aufgaben der Autopsie. In einem Universitäts-Institut für Pathologie an einer Berufsgenossenschaftlichen Klinik wird der Wert eines Obduktionsergebnisses für gesetzlich vorgeschriebene versicherungsmedizinische Entscheidungen täglich unter Beweis gestellt. Jeder in größerem Umfang tätige medizinische Sachverständige kennt die besonders bei klinisch unklaren Todesursachen oft unbefriedigende Verfahrenssituation, wenn ein Obduktionsergebnis nicht vorliegt (Grundmann et al. 1988, Helbig u. Janssen 1993 u.a.).

Der Zusammenhang zwischen einer versicherten Tätigkeit und dabei auftretender – im Sinne der Tatbestände der Berufskrankheiten-Liste – gefährdender Einwirkung ist der *haftungsbegründenden* Kausalität zuzuordnen, während der rechtlich wesentliche Zusammenhang zwischen der Einwirkung und der Erkrankung und ggf. Folgeerkrankungen zur *haftungsausfüllenden* Kausalität gehört. Die Frage, ob der Tod rechtlich wesentliche Folge einer Berufskrankheit ist, ist ebenfalls der *haftungsausfüllenden* Kausalität zuzuordnen. Der Tod gilt auch dann als Folge der Berufskrankheit, wenn die vermutliche Lebensdauer um mindestens ein Jahr verkürzt wurde. Bestehen Zweifel daran, ob der Tod rechtlich wesentlich durch eine Berufskrankheit verursacht worden ist, sollte vom Versicherungsträger die Möglichkeit einer Obduktion geprüft bzw. die Obduktion erwirkt werden. Dabei ist es wichtig, dass der Sachbearbeiter des Unfallversicherungsträgers die aktenkundigen Vorgänge über die Berufskrankheit, aber auch von der Berufskrankheit unabhängige Krankheiten dem Pathologen rechtzeitig zur Verfügung stellt, damit sie bei der Begutachtung berücksichtigt werden können.

Eine besondere Situation im Rahmen der Durchführung von Obduktionen im Auftrag von Versicherungsträgern ergibt sich aus dem § 63 Abs. 2 SGB VII. Hiernach ist es dem Unfallversicherungsträger verboten, Leichenausgrabungen (Exhumierungen) von den Hinterbliebenen zu verlangen, wenn zu Lebzeiten eine Berufskrankheit bereits mit 50% oder mehr entschädigt wurde. Weiterhin geht es dann um die Klärung der Frage, ob der Tod mit bestimmten, im Gesetz aufgezählten Berufskrankheiten offenkundig nicht in ursächlichem Zusammenhang steht. Der § 63 Abs. 2 SGB VII enthält aber kein allgemeines Obduktionsverbot.

Schließlich nehmen die besonders im Bereich der Versicherungsmedizin tätigen Ärzte die gesetzliche Verpflichtung der Unfallversicherungsträger ernst, bei der Gewinnung dieser Erkenntnisse über Ursachen und Zusammenhänge zwischen Krankheit und beruflicher Tätigkeit mitzuwirken (§ 9 Abs. 8 in Verbindung mit Abs. 1 und 2 SGB VII).

Der Wert von Obduktionsergebnissen unter diesen Aspekten wird besonders deutlich, wenn man klinische Angaben zu Todesursachen – auch unter Berücksichtigung der heute möglichen diagnostischen Verfahren in der Klinik – in größeren Serien mit den Obduktionsergebnissen vergleicht. In 10–44% der Fälle findet sich keine Übereinstimmung (Schwarze 2001).

Noch gravierender sind die Ergebnisse bezüglich der intravital zuverlässigen Diagnostik bösartiger Tumoren. Nach einer Studie von Stevanovic et al. (1986) wurden die klinischen Diagnosen von Tumorleiden zu 58% bestätigt. Bei 25% stand klinisch kein Tumor zur Diskussion, bei 10% waren ein falscher Tumor und bei 6% eine Metastase als Primärtumor angenommen worden. Auch die Untersuchungen von Selikoff und Seidman (1992) bzw. Ribak et al. (1991) und Bauer et al (1991) bestätigen, dass gerade bei als Asbest-assoziiert gewerteten und als Berufskrankheit zu entschädigenden Erkrankungen der Lungen und des Lungen-Rippenfells nicht unerhebliche Diskrepanzen zwischen der klinischen und der pathologisch-anatomischen Diagnose bestehen können.

Auf die Probleme zur Korrelation von Angaben zur ärztlichen Leichenschau und Todesbescheinigungen mit Obduktionsergebnissen wird im rechtsmedizinischen Schrifttum wiederholt hingewiesen (Madea u. Dettmeyer 2003).

Organisatorische Fragen und rechtliche Grundlagen der Obduktion

In der Bundesrepublik Deutschland gibt es bis heute im Unterschied zu anderen europäischen Ländern keine *einheitliche* gesetzliche Regelung für klinisch und versicherungsmedizinisch erforderliche Obduktionen (Hübner 1992, Jansen 1990, 1991). Gesetzliche Bestimmungen bestehen nur für Leichenöffnungen im Rahmen eines gerichtlichen, staatsanwaltlichen oder sonstigen behördlichen Verfahrens (§§ 87 ff. StPO, § 32 III/2 Bundesseuchengesetz).

Der Vorstand der Bundesärztekammer hat im Dezember 2005 eine ausführliche Stellungnahme auf Empfehlung des wissenschaftlichen Beirates zur Autopsie vorgelegt. Hier sind u.a. die Eckpunkte einer einheitlichen Regelung des Sektionswesens ausführlich referiert (Hoppe u. Scriba 2005).

Auf Länderebene unterschiedlich werden bezüglich der Zulässigkeit klinischer und versicherungsmedizinisch relevanter Obduktionen zwei Lösungsmodelle angeboten:

- Bei der *erweiterten Zustimmungslösung* ist eine klinische Sektion zulässig, wenn
  1. der Verstorbene vor seinem Tod schriftlich eingewilligt hat oder
  2. der Verstorbene keine schriftliche Entscheidung hierzu getroffen hat und der in der Reihenfolge des § 4 Abs. 1 des Transplantationsgesetzes (TPG) nächste Angehörige des Verstorbenen *einwilligt*.
- Bei der *Widerspruchslösung* ist die klinische Sektion zulässig, wenn:
  1. der Verstorbene vor seinem Tod schriftlich eingewilligt hat oder
  2. der Verstorbene keine schriftliche Entscheidung getroffen hat und die in der Reihenfolge nächsten Angehörigen binnen 24 Stunden informiert wurden und innerhalb von weiteren 8 Stunden zur vorgesehenen Obduktion keinen *Widerspruch* eingelegt haben (Einzelheiten ▶ Hoppe und Scriba 2005).

Basis für die Durchführung von wissenschaftlichen Obduktionen bildet in NRW das 2003 verabschiedete Gesetz über das Friedhofs- und Bestattungswesen (Bestattungsgesetz – *BestG NRW*). Im § 10 wird zur Obduktion ausgeführt:

1. Tote dürfen, wenn sie zu Lebzeiten selbst, ihre gesetzliche Vertretung oder eine bevollmächtigte Person schriftlich eingewilligt haben, nach Ausstellung der Todesbescheinigung zur Klärung der Todesursache, zur Überprüfung der Diagnose oder Therapie oder zu einem sonstigen wissenschaftlichen Zweck obduziert werden. Die Obduktion umfasst auch die Entnahme von Organen und Gewebeteilen sowie deren Aufbewahrung. Die Einwilligung kann nach Aufklärung auch mit einer vorformulierten Erklärung erteilt werden. Die Krankenhausträger sind verpflichtet, anlässlich des Abschlusses eines Aufnahmevertrages nach der Einstellung zu einer Obduktion zu fragen.
2. Liegt weder eine schriftliche Einwilligung noch ein schriftlicher Widerspruch der Verstorbenen vor, finden § 3 Abs. 3 und § 4 des Transplantationsgesetzes vom 5. November 1997 (BGBl. I S. 2631) sinngemäß Anwendung.

Wegen einer insgesamt immer noch fortbestehenden Ungewissheit der Rechtslage entstehen im Vorfeld von Obduktionen immer wieder Probleme, die sich aber letztlich im engen Kontakt zwischen Klinik und Pathologie in der Regel zufriedenstellend lösen lassen.

Steht neben dem wissenschaftlichen Interesse der Klinik auch ein begründeter *Verdacht einer Berufskrankheit* im Zusammenhang mit dem Tod zur Diskussion, so muss der Todesfall zumindest seitens der Klinik umgehend der zuständigen Berufsgenossenschaft fernmündlich angezeigt werden. Hinderungsgründe für begründete, ärztlich angeordnete klinische und versicherungsmedizinisch relevante Obduktionen sind nicht gesetzlich fixiert. Die Problemstellung konzentriert sich auf die Frage der Erfordernis einer Zustimmung der nächsten Angehörigen zur Obduktion (s.o.). Eine lege artis ohne Zustimmung vorgenommene Obduktion stellt keine strafbare Handlung dar. Zur Diskussion steht aber ein Verstoß gegen allgemeine Normen des bürgerlichen Rechts, insbesondere des Deliktrechtes. Danach kann das nach dem Tode fortwirkende Persönlichkeitsrecht mit dem Recht zur Wahrung der Unversehrtheit der Leiche durch eine Obduktion verletzt werden. Zu den weiteren geschützten Rechtsgütern gehören Pietätsgefühl und Totensorgerecht der Angehörigen; auch sie können durch eine Obduktion verletzt sein (Haas 1988).

Unter Wahrung dieser Rechtsgüter, aber auch zur Ermöglichung praktikabler Vorbereitungen für Obduktionen in angemessener Zeit werden in NRW nach dem Bestattungsgesetz von 2004 die Krankenhausträger verpflichtet, in die Aufnahmeverträge sog. Sektionsklauseln aufzunehmen, in denen nach der Einstellung zu einer Obduktion zu fragen ist. Ihnen kommt weiterhin eine für die tägliche Arbeit wesentliche Bedeutung zu (Benz 1988, Ehler 1991, Franzki 1991, Haas 1988, Künzel 1990, Hoppe und Scriba 2005). In den sog. Sektionsklauseln sind die auf Länderebene unterschiedlichen Vorgaben wie z.B. die erweiterte Zustimmungs- oder Widerspruchslösung (s.o.) zu Obduktionen zu berücksichtigen.

Für die Praxis heißt dies, dass durch den zuletzt behandelnden Arzt grundsätzlich die Zustimmung zur Obduktion eingeholt werden sollte. Die Rangfolge der zu befragenden Angehörigen richtet sich nach § 4 Abs. 1 S. 1 des Transplantationsgesetzes vom 5. November 1997. Sie ist folgendermaßen festgelegt: Ehegatte, volljährige Kinder, Eltern, volljährige Geschwister, Großeltern.

Gespräche mit klinischen Kollegen und eigene Erfahrungen bestätigen trotz aller Schwierigkeit bei der Abwägung der sich gegenüberstehenden Rechtsgüter, dass grundsätzlich immer noch eine relativ große allgemeine Bereitschaft zur Einwilligung in Obduktionen besteht. Die entscheidende Aufgabe und Verantwortung im Vorfeld klinischer und versicherungsmedizinisch relevanter Obduktionen fallen dem behandelnden Arzt sowie – im Hintergrund – auch dem Sachbearbeiter eines Versicherungsträgers zu. Gelingt es ihnen, mit Takt und

Überzeugungskraft die Zustimmung der Angehörigen zur Obduktion zu gewinnen, so leisten sie in vielen Fällen allein durch diese ärztlichen und versicherungsmedizinischen Maßnahmen eine in der Regel zuverlässige und schnelle abschließende Klärung des Krankheitsbildes als wichtige Basis für ein laufendes oder nachträglich einzuleitendes Versicherungsverfahren.

In Anträgen und Begleitschreiben zu Obduktionen sollten versicherungsrechtlich ggf. wesentliche Gesichtspunkte erfragt und beantwortet werden.

Zur Klärung gutachtlicher bzw. rechtlicher Fragen kann bisweilen auf eine Exhumierung nicht verzichtet werden. Auch nach Grabliegezeiten bis zu einem Jahr können dabei noch verwertbare Ergebnisse erwartet werden. Sie hängen ab vom Zustand und den Behandlungsmaßnahmen beim Eintritt des Todes, von der Art und Dauer der Aufbewahrung bis zur Beerdigung, vom Sargmaterial, der Bodenbeschaffenheit und Grabtiefe.

Bisweilen erlaubt der Erhaltungszustand des Leichnams auch noch mehrere Jahre nach Eintritt des Todes durch den makroskopischen Obduktionsbefund sowie durch histologische, toxikologische und analytische Untersuchungen Aussagen zu Todesursachen und besonderen Fragestellungen unter versicherungsmedizinisch relevanten Fragestellungen (Literatur ▶ Stachetzki et al. 2001).

Bei Sterbefällen im Ausland stimmen die angegebenen Diagnosen zu Todesursachen häufig nicht mit den später hier gewonnenen Obduktionsbefunden überein. Zweifelhafte Todesfälle sollten unbedingt im Inland obduziert werden. In aller Regel sind trotz Einbalsamierung oder Leichenfäulnis noch zuverlässige Obduktionsbefunde zu gewinnen (Haarhoff u. Reh 1990).

Bei Obduktionen im Zusammenhang mit Kunstfehler-Gutachten sollte zusätzlich zum rechtsmedizinischen Gutachten ein klinisches Gutachten aus dem jeweiligen Fachgebiet eingeholt werden (Metter u. Greilich-Rahbari 1990).

Fazit

Die stark rückläufige Frequenz klinischer Obduktionen der letzten 20 Jahre kann Wert und Bedeutung dieser ärztlichen Maßnahme über den Tod hinaus nicht in Frage stellen. In der Stellungnahme des Vorstandes der Bundesärztekammer vom 26. August 2005 ist die Autopsie ein unverzichtbarer Bestandteil der medizinischen Qualitätssicherung und trägt essentiell zur Gesundheitsfürsorge bei.

Im Forschungskatalog zu Maßnahmen zur Anhebung der medizinischen Behandlungsqualität und Steigerung der Obduktionsraten werden die Bedeutung klinischer Obduktionen für Medizinstudenten, Fort- und Weiterbildung, Forschung, Qualitätssicherung und damit auch für versicherungsmedizinisch relevante Fragestellungen nachdrücklich unterstrichen und einheitliche rechtliche Rahmenbedingungen zur Beseitigung bestehender Rechtsunsicherheiten gefordert.

Literatur

Bauer TM, Portratz D, Göller T, Wagner A, Schäfer R (1991) Qualitätskontrolle durch Autopsie. Dtsch Med Wschr 116:801–807

Becker V (1986) Wozu noch Obduktionen? Dtsch Med Wschr 40:1507–1510

Benz M (1988) Rechtsfragen zur Obduktion in der Praxis der gesetzlichen Unfallversicherung. Wege zur Sozialversicherung 42:97–113

Bestattungsgesetz NRW: www.Landtag.nrw.de/www/GB-III/III.2Information/2003/06

Bratzke H, Parzeller M, Köster F (2004) Deutsches Forensisches Sektionsregister startet. Dtsch Ärztebl 101:A-1258

Butz M (2005) Beruflich verursachte Krebserkrankungen 1978–2003. Hauptverband der Gewerblichen Berufsgenossenschaften (HVBG), St. Augustin

Ehlers APF (1991) Die Sektion zwischen individuell erklärter Einwilligung und Allgemeinen Geschäftsbedingungen in Krankenhausaufnahmeverträgen. Medizinrecht 9:227–230

Franzki H (1991) Die klinische Sektion aus juristischer Sicht. Medizinrecht 9:223–227

Friemann J, Pickartz H (2001) Obduktionen sind kein Luxus. Berliner Ärzte 38:12–18 Ärztekammer Berlin

Grundman E (1988) Die Bedeutung der Obduktion für die versorgungsärztliche Begutachtung. Med Sach 84:195–199

Haarhoff K, Reh H (1990) Rechtsmedizinische Erfahrungen über Todesfälle im Ausland. Versicherungsmedizin 42:115–117

Haas L (1988) Die Zulässigkeit klinischer Sektionen. Neue Jurist Wschr 46:2929–2934

Hedinger C (1982) Autopsien – wertvoll oder entbehrlich? Schweiz Med Wschr 111:70–75

Helbig K, Janssen W (1993) Zur Relevanz von Sektionen für das Versicherungswesen. Versicherungsmedizin 45:6–10

Höpker W-W, Wagner S (1998) Die klinische Obduktion. Dtsch Ärztebl 95:A-1596–1600

Hoppe J-D, Scriba PC (2005) Stellungnahme zur Autopsie. Dtsch Ärztebl 102:B-2993–B-3001 und www.bundesaerztekammer.de/30/Richtlinien/wb/index.html

Hübner K (1992) Brauchen wir ein Sektionsgesetz? Versicherungsmedizin 44:39–42

Jansen C (1991) Einwilligung in die Sektion. Urteil des Bundesgerichtshofes vom 31. 5. 1990 – IX, ZR257/89 –. Arzt und Krankenhaus 11/90:358–363

Jansen C (1991) Zulässigkeit klinischer Sektionen. Dtsch Ärztebl 88:A-641–645

Künzel R (1990) Zur rechtlichen Beurteilung einer in Krankenhausbedingungen verwendeten Sektionsklausel, die eine Widerspruchlösung vorsieht. Pathologe 11:65–70

Madea B, Dettmeyer R (2003) Ärztliche Leichenschau und Todesbescheinigung, kompetente Durchführung trotz unterschiedlicher Gesetzgebung der Länder. Dtsch Ärztebl 100:A-3161–3179

Madea B, Püschel K, Lignitz E, Dettmeyer R (2006) Verwaltungssektionen. Dringende Notwendigkeit. Dtsch Ärztebl 103:B 778–781

Mehrhoff F, Müller K-M (1990) Klinische Sektionen: Erlaubt, notwendig, verboten? Pathologe 11:131–136

Metter D, Greihlich-Rahbari H (1990) Sektionsergebnis in Kunstfehlergutachten. Versicherungsmedizin 42: 117–121

Müller K-M (1986) Indikation und Wert der klinischen Obduktion. Hefte Unfallheilk 181:659–665

Ribak J, Lilis R, Suzuki Y, Penner L, Selikoff IJ (1991) Death certificate categorization of malignant pleural and peritoneal mesothelioma in a cohort of asbestos insulatin workers. J Soc Occup Med 41:137–139

Schwarze E-W (2001) Die Bedeutung der Autopsie – heute und morgen. Verh dtsch Ges Path 85:118–131

Schwarze E-W, Pawlitschko J (2003) Autopsie in Deutschland. Derzeitiger Stand. Gründe für den Rückgang der Obduktionszahlen und deren Folgen. Dtsch Ärztebl 100:C-2191-2197

Selikoff IJ, Seidman H (1992) Use of death certificates in epidemiological studies, including occupational hazards: variations in discordance of different asbestos-associated diseases on best evidence ascertainment. Am J Ind Med 22:481–492

Sperhake J, Püschel K (2003) Das Hamburger Sektionsgesetz vom 9. Februar 2000 – Entwicklung der Sektionszahlen in Hamburgs Prosekturen. Pathologe 24: 204–206

Stachetzki U, Verhoff MA, Ulm K, Müller K-M (2001) Morphologische Befunde und versicherungsmedizinische Aspekte bei 371 Exhumierungen. Pathologe 22:252–258

Stevanovic G, Tucakovic G, Dotlic R, Kanjuh V (1986) Correlation of clinical diagnosis with autopsy findings: A retrospective study of 2145 constitutive autopsies. Hum Pathol 17:1225–1230

Vock R, Wünsch PH, Müller-Wallraf R (1989) Exhumierung – eine sinnvolle diagnostische Maßnahme. Dtsch Ärztebl 86:452–453

4 Funktionsprüfungen und Diagnostik als Grundlagen der Begutachtung

4.1 Funktionsprüfungen

E. Fritze

Funktionsprüfungen globaler Natur, zum Beispiel Leistungsprüfungen an einem Ergometer oder Funktionsprüfungen bestimmter Organsysteme oder Funktionskreise wie Atmung, des Herz-Kreislauf-Systems, Entgiftungskapazität der Leber oder der Nieren werden im Rahmen ärztlicher Begutachtungen durchgeführt, um eingehendere und sicherere diagnostische Aufschlüsse zu gewinnen als sie die Anamnese, die subjektiven Beschwerden, der körperliche Untersuchungsbefund und die Ergebnisse technischer Untersuchungen primär vermitteln. Die Ergebnisse solcher Funktionsanalysen sollen also besonders große Aussagesicherheit haben, denn sie sollen helfen, die gutachterliche Beurteilung zu verbessern und so sicher wie irgend möglich zu gestalten.

Das bedeutet, dass nur solche funktionsanalytischen Methoden angewendet werden sollen, deren Ergebnisse ein besonders hohes Maß an Objektivität besitzen. Sie sollen also zum Beispiel nicht oder möglichst wenig von der Mitarbeit des Untersuchten abhängig sein, nicht durch seine mehr oder minder große aktive Mitarbeit beeinflusst werden können. Das bedeutet keineswegs ein unärztliches Misstrauen gegenüber dem zu Begutachtenden, soll aber doch von seinem oft subjektiv nicht einmal immer bewusst werdenden unterschwelligen Wunschdenken unabhängig machen.

Schließlich soll der persönliche und methodische Untersuchungsfehler solcher funktionsanalytischen Methoden und ihre Abhängigkeit von äußeren Bedingungen so klein wie möglich sein. Die Abgrenzung zwischen normalen und krankhaften Werten, zum Beispiel bei der quantitativen Angabe von Serumkonzentrationen oder anderer Messwerte, ist außerordentlich problematisch. Die beiden Bereiche „normal“ und „pathologisch“ sind das Ergebnis einer statistischen Interpretation, die von zahlreichen Faktoren beeinflusst wird. Normalbereich und pathologischer Bereich z. B. der Serumkonzentration einer bestimmten Substanz sind sowohl hinsichtlich ihrer Verteilungsform als auch im Hinblick auf den Normbereich, das heißt den Mittelwert und seiner Standardabweichung, einmal von der untersuchten Population, von ihrem Alter, Geschlecht, Beruf, der Ernährungsweise, den Lebensumständen usw. abhängig, zum anderen aber auch von der Analysenmethode, den allgemeinen und den individuellen Fehlern. Da von Laboratorium zu Laboratorium verschiedene Bestimmungsmethoden angewandt werden und naturgemäß zusätzlich mit verschiedenen Fehlern gearbeitet wird, kann man übertreibend formulieren, dass jedes Laboratorium seine eigenen Normalwerte und pathologischen Bereiche hat, welche der diese Analysenwerte verwendende und interpretierende Gutachter kennen und berücksichtigen muss. Natürlich sollten diese Bereiche bei gleicher Methodik auch in verschiedenen Laboratorien möglichst gut übereinstimmen. Das ist aber keineswegs immer der Fall, weil der Ermittlung des so genannten normalen und des pathologischen Bereichs unterschiedliche Kollektive zugrunde liegen. Der solche Analysenergebnisse verwendende und interpretierende Gutachter muss deshalb große und kritische methodische Erfahrungen besitzen. Er muss sich insbesondere dessen bewusst sein, dass der so genannte Normalbereich und der krankhafte Bereich eines Messwertes sich in einem Zwischenbereich überschneiden, in dem eine eindeutige Zuordnung von Einzelwerten nicht möglich ist.

In der mangelhaften oder unvollkommenen Interpretation solcher technischen Messwerte und Analysenergebnisse sind gutachtliche Fehlbeurteilungen häufig begründet. Sie geben sich oft daran zu erkennen, dass „etwas erniedrigte“ bzw. „etwas erhöhte“ Analysenwerte oder die Lage eines Messwertes „wenig oberhalb der Norm“ dazu benutzt werden, diagnostische Schlussfolgerungen zu entwickeln, die einer sachlichen Kritik nicht standhalten.

Die Auswahl der geeignetsten Funktionsanalysen und die sachlich einwandfreie Interpretation der mit ihnen gewonnenen Ergebnisse sind also Voraussetzung dafür, dass das ärztlich-medizinische gutachtliche Urteil aus der Anwendung solcher Funktionsprüfungen adäquaten Nutzen zieht und die damit verbundenen, oft nicht unerheblichen Kosten rechtfertigt.

4.2 Labordiagnostik

A. Stachon und M. Krieg

Die Laboratoriumsmedizin hat in den letzten Jahren auf der Basis einer durch hohe Präzision und Richtigkeit gekennzeichneten Analytik aufgezeigt, dass bei der Interpretation quantitativer, vor allem klinisch-chemischer Daten viele variable Größen zu berücksichtigen sind. Neben Einflussgrößen und Störfaktoren ist der analysenspezifischen Qualität der jeweiligen Methode Rechnung zu tragen. Darüber hinaus verursacht das derzeitige Konzept des Normalbereiches, dass aus statistischen Gründen die Rate falsch positiver Ergebnisse mit der Anzahl indiskriminiert angeforderter Messgrößen gesetzmäßig zunimmt. Die übliche transversale Beurteilung eines Laborwertes am Normalbereich muss eine Ergänzung erfahren durch die Berücksichtigung der prädiktiven Werte einer Bestimmungsmethode. Erst diese prädiktiven Werte sagen dem Gutachter, mit welcher Wahrscheinlichkeit bei einer entsprechenden Konzentration diese oder jene Erkrankung vorliegt. Voraussetzung hierfür ist die an objektiven Außenkriterien orientierte Berechnung der *diagnostischen Sensitivität* und *Spezifität* einer Bestimmungsmethode sowie der *Prävalenz* einer mit dieser Methode zu diagnostizierenden Erkrankung. Erst die Hinzuziehung solcher Daten erlaubt dem Gutachter von Laborbefunden eine effektive Grenzziehung zwischen „normal" und „pathologisch".

Eckpfeiler einer objektiven ärztlichen Begutachtung sind die mit naturwissenschaftlich fundierter Methodik erhobenen Daten aus den einzelnen Bereichen der Laboratoriumsmedizin, wobei die klinisch-chemischen Analysen den weitaus größten Anteil ausmachen. So entfallen beispielsweise im Institut der Autoren, das alle klassischen Bereiche der Labordiagnostik abdeckt, mehr als 80% aller Daten auf quantitative Analysen aus dem Bereich der Klinischen Chemie sensu lato. Von diesen Untersuchungen entfallen wiederum rund 90% auf 25 Basismessgrößen wie bestimmte Substrate, Enzyme, Elektrolyte, Stoffwechselparameter, Entzündungsmarker, Blutbild und Gerinnungstests. Die bevorzugte und sehr häufige Anforderung von nur wenigen Messgrößen, flankiert vom übrigen Diagnostikprogramm, mag ein Zeichen dafür sein, dass der Kliniker vom Labor wertvolle Hinweise für seine Diagnosefindung erwartet und erhält. Letzteres wird durch die Tatsache belegt, dass die Laboratoriumsmedizin in mehr als 60% aller Fälle zur Diagnosefindung beiträgt (Kruse-Jarres 1994). Dennoch tauchen vor diesem Hintergrund vier Fragen auf, deren sich auch der ärztliche Gutachter immer bewusst sein sollte:

1. Wie zuverlässig sind laboratoriumsmedizinische Methoden?
2. An welche Einflussgrößen und Störfaktoren muss bei der Interpretation einzelner Laborwerte gedacht werden?
3. Welchen interpretatorischen Stellenwert hat der so genannte Normalbereich einer Messgröße?
4. Wie ist das Analysenergebnis hinsichtlich der diagnostischen Sensitivität und Spezifität sowie des prädiktiven Wertes einzuordnen?

Zuverlässigkeit laboratoriumsmedizinischer Methoden

Quantitative Analysen sind wie alle Messungen mit einem gewissen Fehler behaftet. Deshalb muss die Zuverlässigkeit der einzelnen Methode bei der gutachterlichen Beurteilung Berücksichtigung finden, und dies trotz einer *analytischen* Validität in der Laboratoriumsmedizin, die inzwischen ein hohes Maß an naturwissenschaftlicher Objektivität erreicht hat. Letzteres gelang durch gesetzlich vorgegebene Maßnahmen zur internen und externen Qualitätskontrolle, durch Standardisierungen und durch den zunehmenden Einsatz von mechanisierten Analysensystemen. So werden bei der Bestimmung von Enzymen, Substraten und Elektrolyten Variationskoeffizienten von Tag zu Tag zwischen 2 und 8% erreicht. Die analytische Streuung liegt damit oft weit unter der biologischen.

Größere analytische Schwankungen hingegen zeigen sich noch bei den Messgrößen, die mittels immunologischer Methoden gewonnen werden. Dazu gehören in der täglichen Praxis vor allem die Bestimmung der Hormone und der Tumormarker (Antigennachweise) sowie die Bestimmung infektionsserologischer Parameter (Antikörpernachweise). Diese Verfahren sind prinzipiell aufgrund der Antigen-Antikörper-Reaktion störanfälliger als die Analyse der oben genannten Messgrößen. Erinnert sei diesbezüglich an Fehlbestimmungen infolge von Kreuzreaktivitäten, Interferenzen mit heterophilen Antikörpern bzw. Rheumafaktoren oder an den High-dose-hook-Effekt (d.h. die Voraussetzung eines Überschusses des Testantikörpers ist nicht gewährleistet). Auch variieren die zur Antigenbestimmung eingesetzten Antikörper häufig von Hersteller zu Hersteller, so dass Vergleiche untereinander, zum Beispiel im Rahmen von Verlaufskontrollen (PSA!) problematisch sind (Weining et al. 1996). Beim Nachweis von Antikörpern im Rahmen der Infektionsserologie kommt hinzu, dass sie in Abhängigkeit von der Art des Tests (zum Beispiel ELISA versus KBR) und den im jeweiligen Test eingesetzten Antigenen aufgrund deren verschiedener Epitope in sehr unterschiedlichem Maß nachweisbar sind. Bei Verlaufsuntersuchungen, die im selben analytischen System erfolgen müssen, sind nur Titerbewegungen um zwei Stufen (Faktor 4) als Veränderungen im klinisch signifikanten Sinne zu werten. Dies gilt auch für blutgruppenserologische Untersuchungen.

Vergleichsweise noch ungünstiger ist grundsätzlich die Situation bei den weniger etablierten und deshalb eine besondere Expertise abverlangenden Verfahren, zu denen zum Beispiel die im Rahmen von arbeits- bzw. umweltmedizinisch-toxikologischen Fragestellungen anfallenden labordiagnostischen Untersuchungen gehören. Erwähnt sei in diesem Zusammenhang vor allem die Bestimmung von

Schwermetallen (Spurenelementen) sowie von Lösemitteln bzw. deren Metaboliten im Plasma oder im Urin. Wegen der zu erwartenden sehr geringen Konzentrationen der jeweiligen Analyte müssen apparativ aufwändige und damit häufig auch empfindliche und störanfällige Methoden der instrumentellen Analytik eingesetzt werden. Die daraus resultierenden Anforderungen an die Qualitätssicherung können nur wenige, hoch spezialisierte Laboratorien erfüllen; selbst in diesen müssen für einige Messgrößen Fehler bis zu 50% derzeit noch hingenommen werden (Angerer u. Lehnert 1997). Dementsprechend zurückhaltend muss die gutachterliche Beurteilung solcher Messwerte – auch in Abhängigkeit von ihrer Herkunft – vorgenommen werden.

Zu völlig neuen diagnostischen Möglichkeiten hat die Entwicklung von Nukleinsäure-Amplifikationstechniken (*NAT*), insbesondere der Polymerasekettenreaktion (*PCR*), geführt. Mit ihr ist es möglich, beispielsweise in der Infektiologie rund 100 Genomkopien pro Milliliter Untersuchungsmaterial nachzuweisen. Diese hohe analytische Sensitivität geht allerdings mit der Gefahr einher, durch Kontaminationen der Proben falsch positive Ergebnisse zu erhalten. Zahlreiche klinische und laboratoriumstechnische Faktoren können darüber hinaus auch zu falsch negativen Ergebnissen führen. Zur ärztlichen Begutachtung sollten bezüglich der NAT bzw. PCR deshalb nur von erfahrenen Laborärzten ausführlich kommentierte Ergebnisse herangezogen werden (Neumaier et al. 1998, Roth et al. 1997).

Einflussgrößen und Störfaktoren

Wesentlich häufiger als analytische Messfehler sind jedoch Fehler, die schon in der präanalytischen Phase gemacht werden. Unter der präanalytischen Phase versteht man Gewinnung, Transport, Verwahrung und Inspektion des Untersuchungsgutes sowie die Probenvorbereitung bis hin zum eigentlichen Messvorgang. In einer Studie konnte gezeigt werden, dass fast 70% der nicht plausiblen Laborbefunde auf eine fehlerhafte Präanalytik zurückzuführen waren (Plebani u. Carraro 1997). Darüber hinaus wird die präanalytische Phase geprägt durch zahlreiche Einflussgrößen und Störfaktoren. Beide Begriffe bedürfen einer kurzen Erläuterung (Guder et al. 1996):

▮ *Einflussgrößen* führen in vivo zu Veränderungen klinisch-chemischer Messgrößen im Untersuchungsgut. Sie sind daher immer patientenbezogen. Ihr Einfluss auf das Analysenergebnis ist unabhängig von der Spezifität der Analysenmethode. Ein Teil der Einflussgrößen ist unbeeinflussbar. Hierzu gehören neben *Erbfaktoren* und *Rasse* vor allem das *Geschlecht* und *Alter* des Patienten. Solche Einflussgrößen verlangen eine entsprechende Anpassung der Normalbereiche (Harm et al. 1981).

Auf der anderen Seite gibt es Einflussgrößen, die zwar ebenfalls in vivo zu signifikanten Veränderungen klinisch-chemischer Messgrößen führen, die letztlich aber beeinflussbar sind. Man spricht deshalb auch von beeinflussbaren Einflussgrößen und zählt hierzu unter anderem *Höhenlage*, *Biorhythmen*, *Körpergewicht*, *Muskelmasse*, *Ernährung* einschließlich *Genussmittel*, *körperliche Aktivität*, *Körperlage*, *diagnostische* sowie *therapeutische Maßnahmen* und *Art der Probennahme*. Beispielhaft seien an dieser Stelle die Biorhythmen genannt, die nicht nur die zirkadianen Veränderungen des Kortisolspiegels, sondern auch rhythmische Tagesschwankungen von so häufig bestimmten Messgrößen wie Kalium, Hämoglobin und Eisen bedingen. In diesem Zusammenhang sei auch an Nikotin erinnert, das insbesondere zu einer signifikanten Erhöhung der Erythrozyten, Leukozyten und der CEA-Konzentration führen kann. Darüber hinaus hat der Zeitpunkt der letzten Nahrungsaufnahme erheblichen Einfluss auf die Konzentration diverser Stoffwechselparameter (Glukose! Triglyzeride!). Bezüglich der Blutentnahme sei schließlich darauf hingewiesen, dass neben der Körperlage auch die Wahl zwischen arteriellem und venösem Blut, die Analyse von Serum oder Plasma, das Ausmaß der venösen Stauung, die Stärke des Pressens bei kapillarer Blutentnahme sowie der Entnahmezeitpunkt nach Legen der Kanüle zu signifikanten Konzentrationsverschiebungen klinisch-chemischer Messgrößen führen können.

▮ Von den Einflussgrößen abzugrenzen sind *Störfaktoren*, welche in vitro, also nach Blutentnahme, das Analysenergebnis verfälschen. Je nach Art des Störfaktors kann dieser methodenabhängig oder -unabhängig auftreten. Ein Teil der Störfaktoren ist auf Probleme bei Probengewinnung, Transport, Lagerung und Bearbeitung zurückzuführen. Hierbei handelt es sich entweder um vermeidbare *Metabolisierungen* einzelner Messgrößen (Glukose!), *Umverteilungen* zwischen einzelnen Blutkompartimenten (Kalium, LDH), *Kontaminationen* (unter anderem durch Infusionslösungen!) des Untersuchungsmaterials (Eisen, Phosphat, Amylase, Kalium, Natrium), *Konzentrationsabweichungen* durch Verdunstung, *Strukturveränderungen* der nachzuweisenden Messgröße durch physikalische Einflüsse wie Licht (Bilirubin!), Druck sowie Temperatur oder um *Abbauprozesse* durch Mikroorganismen. Ein weiterer Teil von Störfaktoren liegt in der Beschaffenheit der Probe selbst. Hierzu zählen Einflüsse durch *Hämolyse*, *Lipämie*, *Hyperbilirubinämie* und – häufig vernachlässigt – *Antikörper* (zum Beispiel EDTA-induzierte Thrombozytopenie).

Die Tatsache, dass die Probleme der Präanalytik hier beispielhaft an klinisch-chemischen Messgrößen beleuchtet wurden, bedeutet jedoch nicht, dass sie für andere Bereiche der Laboratoriumsmedizin keine Bedeutung hätten. So führt zum Beispiel die Missachtung von Vorschriften zur Probengewinnung und zum Probentransport für mikrobiologische Untersuchungen regelmäßig zu Fehlinterpretationen der gewonnenen Ergebnisse.

Die wenigen Beispiele verdeutlichen, welch komplexem Geschehen quantifizierbare Messgrößen unterworfen sind. Durch additive Momente, die umso mehr zum Tragen kommen, je weniger die präanalytische Phase standardisiert wurde, können nicht plausible Werte entstehen. Der ärztliche Gutachter muss deshalb bei der Interpretation von Analysenergebnissen, die nicht ins Gesamtbild passen, sich und im Zweifelsfall den Laborarzt fragen, ob Einflussgrößen und/oder Störfaktoren maßgeblich zum fraglichen Befund beigetragen haben könnten.

Normalbereiche

Wenn durch Minimierung von Einflussgrößen und Störfaktoren sowie durch den Einsatz naturwissenschaftlich fundierter Analysenmethoden äußerst verlässliche quantitative Analysenergebnisse für einen Patienten erhoben werden, so kann sich der Gutachter bei der Durchsicht der Daten zunächst auf die Frage konzentrieren, ob das einzelne Analysenergebnis „normal" ist. Diese Frage besitzt somit eine zentrale Bedeutung für die gutachterliche Interpretation eines Wertes (Stamm 1980). Tritt jedoch ein Wert auf, der beispielsweise 10% höher liegt als der obere Grenzwert des Normalbereiches und der darüber hinaus nicht ins Gesamtbild passt, so kann die Einordnung dieses Wertes als „normal" oder „pathologisch" problematisch werden. Weiterhin wird der erfahrene Gutachter bestätigen, dass man in dieses Beurteilungsdilemma umso eher kommt, je mehr Analysenergebnisse pro Patient indiskriminiert vom Arzt angefordert oder durch den Einsatz von Vielfach-Analysatoren mit vorgegebenem Profil vom Labor übermittelt werden. Welche Gründe sind hierfür verantwortlich?

Ein übergeordneter Grund liegt in der Definition des so genannten Normalkollektivs, dessen Messgrößen zur Berechnung von Normalbereichen dienen. Da die Medizin nur eine durch fließende Übergänge gekennzeichnete Grenzziehung zwischen *„normal"* und *„pathologisch"* kennt, ist die Definition des Normalkollektivs prinzipiell mit einer mehr oder weniger großen Unschärfe behaftet. Hieraus ergibt sich zwangsläufig, dass auch die berechneten Normalbereiche nur Näherungen darstellen. Sie können deshalb nur bedingt ihrer zentralen Bedeutung für die Interpretation von Analysenergebnissen gerecht werden. Diesem Sachverhalt hat die Laboratoriumsmedizin formal Rechnung getragen, indem man nicht mehr die Begriffe Normalkollektiv und Normalbereich benutzt, sondern von *Referenzkollektiv* und *Referenzintervall* spricht.

Darüber hinaus finden sich statistische Gründe, die für das Beurteilungsdilemma verantwortlich sind und die dem Gutachter bekannt sein sollten. Im Allgemeinen wird der Normalbereich als zentraler 95%-Bereich (2,5- bis 97,5-Perzentile) angegeben. Dies bedeutet, dass nur 95% der jeweiligen Messwerte eines Normalkollektivs innerhalb der angegebenen Grenzen liegen, 5% dagegen außerhalb. Es muss also bei 5 von 100 Gesunden (Normalen) die zu testende Messgröße eine scheinbar „pathologische" Konzentration aufweisen. Werden von jedem Gesunden 10 stochastisch voneinander unabhängige Messgrößen bestimmt, lässt sich mit Hilfe der Binomialformel berechnen, dass bei 40 von 100 Gesunden einer der 10 Werte außerhalb seines Normalbereiches liegt. Werden mehr als diese 10 Messgrößen bei Gesunden routinemäßig parallel bestimmt, steigt der Anteil „pathologischer" Ergebnisse weiter an und vice versa (Harm et al. 1979). Solche Werte, die ausschließlich aus statistischen Gründen bei Gesunden außerhalb des Normalbereiches liegen, werden als *falsch positive Werte* bezeichnet.

Dieses Dilemma bei der Interpretation quantitativer laboratoriumsmedizinischer Daten ergibt sich somit vor allem aus dem derzeitigen Konzept von Normalität und Normalbereich. Der Gutachter kann sich diesem Dilemma nur entziehen, indem er von der univariaten, am Normalbereich orientierten Beurteilung eines Laborwertes zur multivariaten übergeht. Durch die multivariate Interpretation eines Datensatzes relativiert er den einzelnen Laborwert, den er a priori nicht interpretieren kann. Darüber hinaus wird er durch einfache Plausibilitätsüberprüfungen (Thomas 1998) aufdecken, dass Wertepaare, die normalerweise relativ eng miteinander korrelieren, wie beispielsweise Natrium und Chlorid, Harnstoff und Kreatinin, Albumin und Kalzium oder GOT und GPT nicht zusammenpassen. Diese so genannte Konstellationskontrolle ist jedoch nicht nur bei klinisch-chemischen, sondern gerade auch bei serologischen Untersuchungen eine wertvolle Hilfe. So schließen sich zum Beispiel in der Blutgruppenserologie ein definierter Alloantikörper und sein korrespondierendes Antigen gegenseitig aus. Bei einer Hepatitis B geht der Nachweis des HBs-Antigens, außer in der ganz frühen Phase, immer mit dem Nachweis von Anti-HBc-Antikörpern einher. Im Falle nicht plausibler Konstellationen ist eine Wiederholung einzelner Bestimmungen, falls nicht schon vom Labor automatisch veranlasst, indiziert, bevor der Gutachter nach möglichen pathophysiologischen Gründen sucht. Ein einzelner Laborwert sollte also nur im Kontext mit den übrigen Laborwerten interpretiert werden.

Darüber hinausgehende Betrachtungen müssen im Rahmen der Begutachtungen arbeits- und umweltmedizinisch-toxikologischer Analysen angestellt werden, die eine ständig zunehmende Bedeutung erlangen. In diesem Zusammenhang haben Referenzbereiche im oben genannten Sinne eine noch stärker eingeschränkte Aussagekraft. Sie geben lediglich die

Höhe der Belastungen der Allgemeinbevölkerung durch den betreffenden Stoff an, der nach dem augenblicklichen Stand der Technik unvermeidbar zu sein scheint (so genannte Hintergrundbelastung). Eine toxikologische Bedeutung kommt dem Referenzwert nicht zu (Seidel 1996). Zur Interpretation derartiger Analysen bedarf es der Kenntnis weiterer Grenzwerte, deren Überschreitung eine berufliche Gefahrstoffbelastung als gesundheitlich intolerabel kennzeichnet. Die biologischen Arbeitsstofftoleranzwerte (BAT-Werte) werden von der Senatskommission zur Prüfung gesundheitsschädlicher Arbeitsstoffe der Deutschen Forschungsgemeinschaft evaluiert und publiziert. Der BAT-Wert ist definiert als die beim Menschen höchst zulässige Quantität eines Arbeitsstoffes bzw. Arbeitsstoffmetaboliten oder die dadurch ausgelöste Abweichung eines biologischen Indikators von der Norm. Diese beeinträchtigen nach dem gegenwärtigen Stand der wissenschaftlichen Kenntnis im Allgemeinen die Gesundheit der Beschäftigten auch dann nicht, wenn sie durch Einflüsse des Arbeitsplatzes regelhaft erzielt werden (Böse-O'Reilly 1997). Da für krebserzeugende Arbeitsstoffe gesundheitlich unbedenkliche Schwellenwerte im Sinne der BAT-Werte aus toxikologischen Gründen nicht hergeleitet werden können, wurden für diese so genannte Expositionsäquivalente für krebserzeugende Arbeitsstoffe (*EKA*) erarbeitet.

Dies gilt im weitesten Sinne auch für die eine immer größere Rolle spielende umweltmedizinisch-toxikologische Analytik. Referenzwerte helfen, wie schon im vorangegangenen Abschnitt dargestellt, häufig nicht weiter, weil mit ihrer Hilfe keine Aussage über eine mögliche pathophysiologische Funktion des jeweiligen Stoffes im Organismus getroffen werden kann. Über dem Referenzwert liegende Werte zeigen lediglich eine ungewöhnlich hohe Belastung an. An Hand der für einige Substanzen festgelegten Grenz- bzw. Richtwerte kann dennoch eine gutachterliche Beurteilung erfolgen.

Prädiktiver Wert

Neben diesen Überlegungen hinsichtlich einer effektiven Grenzziehung zwischen „normal" und „pathologisch" ist es unerlässlich, auch den prädiktiven Wert eines Testergebnisses heranzuziehen. Liegt ein pathologisches Analysenergebnis vor, so sollte der Gutachter die Wahrscheinlichkeit kennen, mit der dieses pathologische Ergebnis einen Gutachtenpatienten als „richtig krank" klassifiziert (positiver prädiktiver Wert, *PPW*). Liegt das Analysenergebnis andererseits im Normalbereich, so sollte der Gutachter die Wahrscheinlichkeit kennen, mit der dieses normale Ergebnis einen Gutachtenpatienten als „richtig gesund" klassifiziert (negativer prädiktiver Wert, *NPW*). Sind diagnostische Sensitivität (Verhältnis der Personen mit positivem Testergebnis zu den tatsächlich Kranken) und Spezifität (Verhältnis der Personen mit negativem Testergebnis zu den tatsächlich Nichtkranken) sowie die Krankheitsprävalenz (Anteil der Erkrankung in einem Untersuchungsgut zu einem bestimmten Zeitpunkt) bekannt, lässt sich der positive prädiktive Wert eines pathologischen Analysenergebnisses durch folgende Formel berechnen:

$$\text{PPW} = (\text{Prävalenz} \times \text{Sensitivität} \times 100)/[\text{Prävalenz} \times \text{Sensitivität} + (100\text{-Prävalenz}) \times (100\text{-Spezifität})].$$

Hieraus ergibt sich, dass zum einen der positive prädiktive Wert umso höher ist, je höher diagnostische Sensitivität und Spezifität der Analysenmethode sind. Darüber hinaus wird der positive prädiktive Wert jedoch maßgeblich durch die Krankheitsprävalenz beeinflusst. Das heißt, bei einer relativ niedrigen Prävalenz ist der prädiktive Wert eines positiven Ergebnisses (PPW) immer relativ klein, auch wenn Sensitivität und Spezifität hoch sind. Hierzu ein Beispiel: Betragen für einen Tumormarker die Sensitivität und Spezifität jeweils 95%, so ist bei einer entsprechenden Tumorprävalenz von 1% der positive prädiktive Wert, also die Wahrscheinlichkeit, dass bei einem pathologischen Testergebnis der Patient tatsächlich einen entsprechenden Tumor hat, nur 16%. Der positive prädiktive Wert erhöht sich jedoch auf 68%, wenn die Prävalenz 10% beträgt.

Umgekehrt nimmt der negative prädiktive Wert mit der Anzahl der Nichtkranken im Untersuchungsgut zu. Folglich ist bei einer sehr niedrigen Krankheitsprävalenz der negative prädiktive Wert (NPW) immer sehr hoch, auch wenn Sensitivität und Spezifität des Tests relativ gering sind. Dies lässt sich anhand folgender Gleichung nachrechnen:

$$\text{NPW} = [(100\text{-Prävalenz}) \times \text{Spezifität} \times 100]/[(100\text{-Prävalenz}) \times \text{Spezifität} + \text{Prävalenz} \times (100\text{-Sensitivität})]$$

Die besondere Relevanz, die sich hinter dem Konzept der prädiktiven Werte verbirgt, liegt in der Tatsache, dass die diagnostische Aussagekraft eines pathologischen Ergebnisses mit der Selektion des auf ein bestimmtes Merkmal zu testenden Kollektivs zunimmt. Um beim Beispiel des Tumormarkers zu bleiben: Dieser erlangt systemimmanent dann seine hohe diagnostische Aussagekraft, wenn er nur in den Fällen bestimmt wird, in denen auch anamnestische Angaben und die körperliche Untersuchung ein Tumorgeschehen vermuten lassen.

Literatur

Angerer J, Lehnert G (1997) Anforderungen an arbeitsmedizinisch-toxikologische Analysen. Dt Ärztebl 94: A-2331–2338

Böse-O'Reilly S (1997) Risikoabschätzung. In: Böse-O'Reilly S, Kammerer S (Hrsg) Leitfaden der Umweltmedizin. Fischer, Lübeck Jena Stuttgart Ulm, S 72–80

Guder WG, Narayana S, Wisser H, Zawta B (1996) Samples: From the patient to the laboratory. GIT, Darmstadt

Harm K, Dieckvoß E, Nagel HH, Voigt KD (1981) Alters- und Geschlechtsabhängigkeit klinisch-chemischer Messgrößen. Lab Med 5:134–141

Kruse-Jarres JD (1994) Labormedizin 2000 – Versuch einer Prognose. Lab Med 18:213–219

Neumaier M, Braun A, Wagener C (1998) Fundamentals of quality assessment of molecular amplification methods in clinical diagnostics. Clin Chem 44:12–26

Plebani M, Carraro P (1997) Mistakes in a stat laboratory: types and frequency. Clin Chem 43:1348–1351

Roth A, Mauch H, Göbel UB (1997) MiQ – Qualitätsstandards in der mikrobiologisch-infektiologischen Diagnostik, Teil 1: Nukleinsäure-Amplifikationstechniken. Fischer, Lübeck Jena Stuttgart Ulm

Seidel HJ (1996) Grenzwerte, Richtwerte, Höchstmengen. In: Seidel HJ (Hrsg) Umweltmedizin. Thieme, Stuttgart, S 75–84

Stamm D (1980) „Normalwerte" und Referenzwerte. In: Greiling H, Gressner AM (Hrsg) Lehrbuch der Klinischen Chemie und Pathobiochemie. Schattauer, Stuttgart, S 77–87

Thomas L (1998) Laborbefund. In: Thomas L (Hrsg) Labor und Diagnose. TH-Books Verlagsgesellschaft, Frankfurt, S 1491–1501

Weining C, Semjonow A, Hertle L (1996) Patientengefährdung durch unterschiedliche Messverfahren für PSA. Dt Ärztebl 93:A-1779–1780

4.3 Nervensystem

M. Tegenthoff

Grundlage jeder Funktionsprüfung des Nervensystems ist eine subtile klinische Untersuchung. Insbesondere unter einer gutachterlichen Fragestellung darf eine Bewertung apparativ-zusatzdiagnostischer Befunde nur in Zusammenschau mit der klinischen Symptomatik erfolgen. Grundsätzlich können isolierte pathologische apparative Zusatzbefunde ohne ein entsprechendes klinisches Korrelat keine Grundlage für eine gutachterliche Bewertung sein.

Unter Berücksichtigung der neuroanatomischen Grundlagen kommt den bekannten peripheren oder radikulären Sensibilitätsschemata (Abb. 4.1) und den segmental zuordnungsfähigen Reflexprüfungen (Tabelle 4.1, S. 116) eine große lokalisatorische Bedeutung zu.

Aussagefähig i. R. gutachterlicher Fragen sind weiterhin folgende apparativen Zusatzuntersuchungen:

Elektroenzephalographie (EEG)

Das EEG spiegelt Funktionsveränderungen des Gehirns wider. EEG-Veränderungen sind artdiagnostisch unspezifisch und lokalisatorisch nicht mit neuroradiologisch nachweisbaren strukturellen Hirnveränderungen gleichzusetzen. Ein pathologisches EEG objektiviert keine subjektive Symptomatik, kann jedoch als diagnostischer Hinweis auf eine hirnorganische Grundlage einer klinischen Symptomatik angesehen werden. Eine EEG-Ableitung ist unbelastend und nebenwirkungsfrei.

- *Herdbefunde* deuten auf fokale Hirnfunktionsstörungen und sollten Anlass zu weitergehender neuroradiologischer Diagnostik (CCT, MRT) sein.
- *Allgemeinveränderungen,* zumeist in Form von Verlangsamungen der Grundfrequenz der Hirnaktivität, weisen auf eine diffuse Hirnfunktionsstörung wie z. B. bei Stoffwechselstörungen, diffusen hypoxischen, traumatischen oder entzündlichen Hirnläsionen, Somnolenz und Koma hin. Ursache kann auch eine Störung der Vigilanz im physiologischen Sinne in Form von Ermüdung sein.
- *Hypersynchrone Aktivität* umfasst generalisiert oder fokal auftretende steile Graphoelemente mit zumeist hoher Amplitude („spikes", „sharp-waves", Spike-wave-Komplexe). Diese Graphoelemente deuten auf eine erhöhte zerebrale Erregbarkeit als mögliche Grundlage epileptischer Reaktionen hin. Hypersynchrone Aktivität im EEG allein ist nicht mit der Diagnose Epilepsie gleichzusetzen.
- *Elektrische Stille/Nulllinien-EEG:* Ein nach den Kriterien der Deutschen Gesellschaft für klinische Neurophysiologie über mindestens 30 Minuten abgeleitetes Nulllinien-EEG sichert bei Vorliegen der zwingend erforderlichen klinischen Kriterien die Diagnose des Hirntods und erlaubt den Verzicht auf eine längere Beobachtungszeit.

Indikationen im Rahmen der Begutachtung

Anfallsleiden

- Die Domäne des EEG ist die *Epilepsiediagnostik.* Bei anfallsartigen Zuständen in der Vorgeschichte ist ein EEG unter gutachterlichen Aspekten z. B. für die Beurteilung der Fahr- und Flugtauglichkeit erforderlich. Gleiches gilt für die gutachterliche Beurteilung der Berufsfähigkeit bei bestimmten Verrichtungen wie der Arbeit in großen Höhen, der Arbeit an schnell laufenden Maschinen oder bestimmten Aufsichtstätigkeiten. Im Intervall zwischen den Anfällen zeigt das EEG häufig keine epilepsietypischen Graphoelemente. Dann sind Kontrollableitungen bzw. der Einsatz von Provokationsmaßnahmen (Hyperventilation, Photostimulation, Schlafentzug) indiziert. Das Ausmaß der hypersynchronen Aktivität im EEG erlaubt keinen

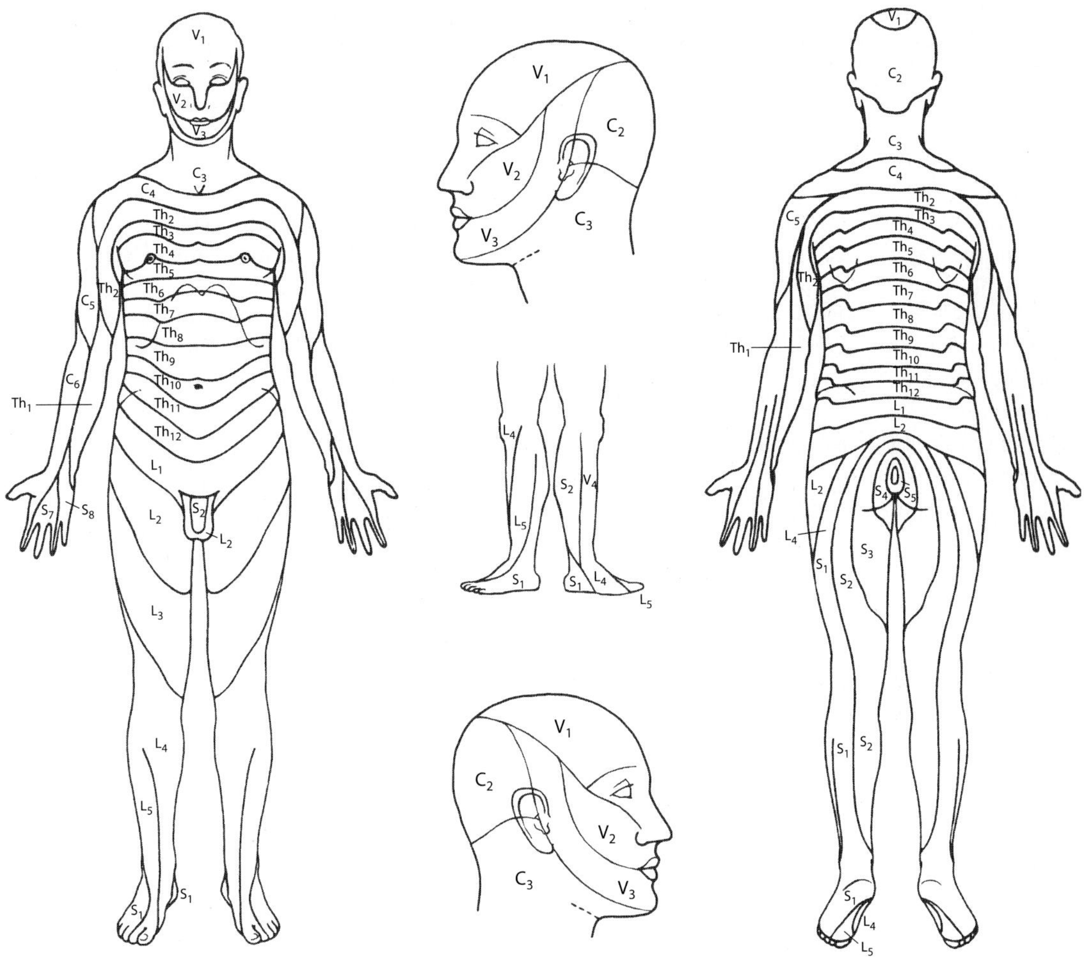

Abb. 4.1. Sensibilitätsschema (radikulär)

Rückschluss auf den Schweregrad der Anfälle bzw. die resultierende Leistungsbeeinträchtigung. Hier ist allein die klinische Symptomatik maßgeblich. Monomorphe, generalisiert auftretende epilepsietypische Graphoelemente sprechen ätiologisch eher für eine genuine Verursachung, während herdförmige Veränderungen auf eine symptomatische Verursachung deuten.

- *Narkolepsien* (Schlafanfälle) zeigen im EEG ein Schlafmuster zumeist in Form eines REM-Schlafstadiums. Durch einen multiplen Schlaflatenztest (MSLT) mit einer 20-minütigen EEG-Ableitung alle zwei Stunden lassen sich Hinweise auf eine Narkolepsie gewinnen. Im Intervall ist das EEG in aller Regel normal.
- *Psychogene Anfälle* sind häufig schwierig abzugrenzen. Neben der klinischen Beobachtung deutet ein im Anfall abgeleitetes unauffälliges EEG auf eine psychogene Verursachung hin. Nicht selten findet sich ein Nebeneinander von epileptischen und psychogenen Anfällen beim gleichen Patienten. Hier ist eine klare diagnostische Differenzierung oft nur unter Einschluss simultaner Videoaufzeichnungen möglich.

Schädel-Hirn-Trauma

Grundsätzlich gibt es keine charakteristischen EEG-Veränderungen nach traumatischen Hirnschädigungen. In der Frühphase nach einem Hirntrauma dominieren Allgemeinveränderungen mit oder ohne herdförmige Betonung, welche mit zunehmender Verbesserung der klinischen Symptomatik eine Normalisierungstendenz zeigen. Ein im Verlauf bereits wieder normalisiertes EEG in Verbindung mit einem noch persistierenden schweren hirnorganischen Psychosyndrom ist als prognostisch ungünstig im Hinblick auf die weitere klinische Verbesserung einzustufen. Ein unauffälliges EEG schließt ein Schädel-Hirn-Trauma nicht aus. Herdförmige EEG-Veränderungen können umgekehrt, insbesondere wenn sie eine posttraumatische Dynamik erkennen lassen, auch ohne den neuroradiologischen Nachweis einer strukturellen Hirnläsion eine substantielle Hirnschädigung belegen. Das Ausmaß posttraumatischer EEG-Veränderungen lässt keinen Rückschluss auf den Umfang der Hirnsubstanzschädigung oder gar den Schweregrad der klinischen Symptomatik zu.

Tabelle 4.1. Reflexprüfungen

Segmenthöhe der wichtigsten spinalen Eigen- und Fremdreflexe		
■ Bizepsreflex	C5–C6	(Kennsegment C6)
■ Brachioradialisreflex	C5–C7	(Kennsegment C6)
■ Trizepsreflex	C7–C8	(Kennsegment C7)
■ Pronationsreflex	C7–Th1	(Kennsegment C8)
■ Fingerbeugereflex (Trömner)	C7–Th1	
■ Bauchhautreflex	Th8–Th12	
■ Kremasterreflex	L1–L2	
■ Quadrizepsreflex	L2–L4	(Kennsegment L3)
■ Adduktorenreflex	L2–L4	
■ Tibialis-posterior-Reflex	L5	
■ Triceps-surae-Reflex	S1–S2	(Kennsegment S1)
■ Zehenplantarflexoren-reflex	L5–S2	
■ Fußsohlenreflex	S1–S2	
■ Bulbokavernosusreflex	S2–S3	
■ Analreflex	S3–S5	(Kennsegment S4)
Segmenthöhe vegetativer Reflexe		
■ Blasenentleerung	Sympathikus Parasympathikus	Th12–L2 S2–S4
■ Defäkation	Sympathikus Parasympathikus	Th12–L3 S3–S5
■ Erektion	Parasympathikus	S3–S5
■ Ejakulation	Sympathikus Parasympathikus	L1–L2 S2–S3
■ Piloarrektion	Sympathikus	Th3–L2
■ Schweißsekretion	Sympathikus	Th3–L2

Andere zerebrale Krankheitsbilder

- Nach *entzündlichen Hirnerkrankungen* (Meningoenzephalitiden) können pathologische EEG-Befunde trotz Liquorsanierung mit postinfektiösen pseudoneurasthenischen Syndromen korrelieren.
- Im Rahmen *degenerativer Hirnerkrankungen* finden sich häufig unspezifische Frequenzverlangsamungen, die jedoch der klinischen, insbesondere neuropsychiatrischen Diagnostik unterzuordnen sind.
- Wird das Hirnstrombild von schnellen, zum Teil frequenzlabilen Potentialgruppen aus dem Betaband (größer 12/s) dominiert, kann dies auf die akute oder chronische Einnahme *zentral wirksamer Pharmaka* (z. B. Benzodiazepine, Barbiturate) hindeuten.
- Bei *Intoxikationen* mit einer zerebralen Beteiligung sind neben pseudoneurasthenischen Syndromen häufig Allgemeinveränderungen im EEG zu beobachten. Hier kann durch eine Verlaufsbeobachtung, die nach Entzug der Noxe eine EEG-Normalisierung erkennen lässt, der Nachweis des Schädigungsmechanismus gestützt werden.
- Im Rahmen *forensischer Fragestellungen* muss deutlich gemacht werden, dass ein EEG-Befund, auch wenn er als „abnorm“ klassifiziert wird, keinen Rückschluss auf Verhalten, Charakter, Intelligenz und Glaubwürdigkeit gestattet.

Elektromyographie (EMG) und Elektroneurographie (ENG)

Die *EMG* erfasst neuromuskuläre Störungen im Bereich des zweiten motorischen Neurons, des neuromuskulären Übergangs und der Muskulatur. Eine Nadelmyographie als letztlich invasive Untersuchung ist in aller Regel zumutbar, bedarf jedoch der *Einwilligung* des Probanden. Aufgrund der potentiellen Infektionsgefahr (z. B. Hepatitis, HIV) muss die Verwendung von Einmalnadeln oder eine adäquate Nadelsterilisation gewährleistet sein. Da neben der entspannten Muskulatur auch die Muskelaktivität bei Willkürinnervation beurteilt wird, ist die Mitarbeit des Patienten erforderlich. Fehlt sie oder ist sie z. B. aufgrund der Schmerzhaftigkeit der Nadelableitung beeinträchtigt, ergibt sich eine nur sehr eingeschränkte Aussagefähigkeit der EMG-Untersuchung.

Im entspannten Muskel auftretende Spontanaktivität in Form von *Fibrillationspotentialen* oder *positiven scharfen Wellen* belegt in der Regel eine Denervierung des peripheren Motoneurons. Selten kann diese Spontanaktivität auch bei Myopathien beobachtet werden. Demgegenüber belegen *Faszikulationspotentiale* als Spontanentladungen einzelner motorischer Einheiten keine neurogene Schädigung, da sie auch spontan und ohne jeden Krankheitswert im Sinne eines benignen Faszikulierens auftreten können. Eine eindeutige Differenzierung zwischen neuropathischem bzw. myopathischem Schädigungsmuster ist allein anhand der EMG-Veränderungen nicht mit Sicherheit möglich. Kritisch zu bewerten ist die Beurteilung des EMG-Musters bei Maximalinnervation. Eine Lichtung des Interferenzmusters bei Willkürinnervation kann sowohl bei peripheren wie bei zentralen Paresen, insbesondere aber auch bei mangelnder Kooperation des Patienten und daraus resultierender unvollständiger Willkürinnervation auftreten. Insofern sind Veränderungen der Maximalinnervation nur im Zusammenhang mit anderen EMG-Veränderungen verwertbar.

Die **ENG** kann Leitungsstörungen peripherer sensibler und/oder motorischer Nerven erfassen. Durch fraktionierte Bestimmung der Nervenleitgeschwindigkeiten ist in gewissen Grenzen die topographische Lokalisation einer Nervenschädigung möglich. Die ENG kann zumeist nichtinvasiv mittels Oberflächenelektroden durchgeführt werden. Sie ist nicht an eine direkte Mitarbeit des Patienten gebunden. Kritisch bei der Verwertung neurographischer Befunde ist die Temperatur der abgeleiteten Extremitäten, die wesentlich Einfluss auf die erhaltenen Messwerte hat.

Indikationen im Rahmen der Begutachtung

Wesentliche Bedeutung hat die EMG – weniger die ENG – bei der Objektivierung einer lokalisierten bzw. generalisierten Schädigung des zweiten Motoneurons und damit bei der Abgrenzung psychogener Lähmungen. Durch die sensible Neurographie können entsprechend Läsionen peripher sensibler Nerven objektiviert werden. Weitere Einsatzmöglichkeiten bestehen in der Differentialdiagnose neurogener bzw. myogener Läsionen, myasthener bzw. myotoner Syndrome und neuromuskulärer Übertragungsstörungen. Nach peripheren Nervenverletzungen erlaubt die EMG frühzeitig die Erfassung von Reinnervationszeichen, welche als prognostischer Parameter Bedeutung haben. Die ENG kann zur Lokalisationsdiagnostik peripherer Nervenverletzungen bzw. neurogener Engpass-Syndrome eingesetzt werden. Elektromyographische und -neurographische Veränderungen sind ätiologisch unspezifisch. Das Ausmaß der EMG-Veränderungen korreliert nicht zwingend mit dem Schweregrad der klinischen Funktionsstörung.

Evozierte Potentiale (EP)

Evozierte Potentiale sind zeitlich fixierte Antworten auf unterschiedliche afferente Reize, die nach Aufsummierung einer bestimmten Anzahl von Reizen und Mittelwertbildung über dem Kortex, dem Rückenmark oder den peripheren Nerven abgeleitet werden können. Die Ableitung erfolgt nichtinvasiv mittels Oberflächenelektroden oder über monopolare intrakutane Nadelelektroden. Folgende Untersuchungsmodalitäten sind bedeutsam:

Visuell evozierte Potentiale (VEP)

Bei der VEP-Untersuchung wird die Funktion der Sehbahn vom Auge bis zum Hinterhauptlappen erfasst. Die Reizung erfolgt durch einen Schachbrettmusterumkehrreiz über einen Monitor oder bei wenig kooperativen bzw. bewusstseinsgestörten Patienten über eine Blitzbrille. Für die VEP-Ableitung mittels Schachbrettumkehrreiz ist die Kooperation des Patienten erforderlich. VEP-Befunde nach Monitorreizung können durch eine inkonstante Blickfixierung oder eine schwankende Vigilanz während der Untersuchung artifiziell verändert werden.

Durch VEP-Veränderungen lassen sich Schädigungen des N. opticus sowie Läsionen im Bereich der Sehstrahlung und der Sehrinde nachweisen. Funktionell relevante Opticusschäden gehen zumeist mit pathologischen VEP-Befunden einher. Bedeutsam ist, dass ein normales VEP eine schwerwiegende kortikale Sehstörung nicht ausschließt.

Frühe akustisch evozierte Potentiale (FAEP, BAEP = „brainstem auditory evoked potential")

Bei der FAEP-Untersuchung wird die Funktion der Hörbahn vom Ohr bis zum Hirnstamm untersucht. Außer einer ausreichenden Entspannung ist eine Kooperation des Probanden nicht erforderlich. FAEP können auch bei komatösen Patienten abgeleitet werden. Die Aussagefähigkeit der FAEP wird durch schwergradige periphere Hörstörungen mit zunehmender Ausprägung beeinträchtigt. Bei Taubheit ist eine FAEP-Untersuchung nicht möglich.

Das Muster der FAEP-Veränderungen gestattet in Grenzen eine topodiagnostische Differenzierung in eine mehr pontomedulläre und eine mehr pontomesenzephale Lokalisation einer Hirnstammschädigung. Veränderungen finden sich bei unterschiedlichen Läsionen im Bereich der Hörbahn, beginnend mit dem Akustikusneurinom bis hin zu ätiologisch unterschiedlichen Hirnstammläsionen. Insbesondere nach schwergradigen Schädel-Hirn-Verletzungen finden sich häufig Veränderungen der FAEP, die zum Teil auf eine ödembedingte indirekte Hirnstammschädigung zurückzuführen sind. Bedeutsam ist jedoch, dass auch ausgedehnte Hirnstammläsionen, die die mehr dorsal lokalisierte Hörbahn nicht tangieren, mit vollständig unauffälligen FAEP einhergehen können. Mit der methodisch ähnlichen Hirnstammaudiometrie kann eine objektive Beurteilung des Hörvermögens erfolgen, so ist z.B. die Abgrenzung psychogener Hörstörungen möglich.

Somatosensorisch evozierte Potentiale (SEP)

Bei SEP-Untersuchungen wird die Funktion sensibler Bahnen vom jeweils gereizten peripheren Nerven bis zur Hirnrinde untersucht. SEP können prinzipiell nach Reizung jedes gemischten oder sensiblen peripheren Nerven, eines Hirnnerven oder eines Dermatoms generiert und über dem zugehörigen Kortexareal abgeleitet werden. Zur Lokalisation einer vermuteten Läsion kann eine simultane Etagenableitung über dem peripheren Nerv, dem Nervenplexus, der Nervenwurzeleintrittszone, dem Rückenmark oder der sensiblen Hirnrinde erfolgen. In der Praxis spielt die Reizung von N. medianus (Medianus-SEP), N. tibialis (Tibialis-SEP) und N. trigeminus (Trigeminus-SEP) die größte Rolle. Grundsätzlich erlaubt die SEP-Ableitung die Objektivierung sowie in Grenzen die topodiagnostische Zuordnung von Störungen aszendierender sensorischer Systeme. Die Untersuchung ist mit Ausnahme einer ausreichenden Entspannung nicht an die Kooperation des Probanden gebunden. Ausgeprägte Temperaturschwankungen, Weichteildeformierungen oder Schwellungen im Bereich des Reizortes können die Befunde verfälschen.

SEP-Veränderungen finden sich bei ätiologisch unterschiedlichen Läsionen im Bereich der untersuchten somatosensiblen Bahn. Während ausgeprägte Latenzverzögerungen eher für eine primär demyelinisierende Läsion sprechen, deuten vorherrschende Amplitudenreduktionen der Antwortpotentiale eher auf eine axonale Schädigungskomponente, wie sie z. B. bei Raumforderungen beobachtet wird. Eine weitergehende ätiologische Differenzierung ist nicht möglich. Da die Untersuchung nebenwirkungsfrei und beliebig wiederholbar ist, eignet sie sich insbesondere auch im Rahmen gutachterlicher Fragestellungen als Screening-Verfahren. Hier liegt eine wesentliche Einsatzmöglichkeit in der Abklärung subjektiv angegebener Sensibilitätsstörungen. Pathologische SEP-Befunde lassen eher an eine organisch determinierte Sensibilitätsstörung denken, während unauffällige SEP zwar eine organisch determinierte Sensibilitätsstörung nicht mit letzter Sicherheit ausschließen, jedoch zusammen mit dem angegebenen Verteilungsmuster den Verdacht auf eine psychogene Sensibilitätsstörung erhärten können.

Ereigniskorrelierte Potentiale (EKP)

Die nach sensorischen Reizen mit langer Latenz auftretenden, späten endogenen kortikalen Potentiale spiegeln elementare Prozesse der zerebralen Informationsverarbeitung wider. Dem Probanden werden z. B. bei dem Standardverfahren der akustisch evozierten P300 randomisierte Töne hoher und niedriger Frequenz dargeboten, wobei die seltener auftretenden hochfrequenten Zielreize identifiziert werden müssen. Das entscheidend von Kooperation, Motivation und Wachheit des Probanden abhängige, nach etwa 300 ms auftretende positive Potential (P300) ist ein Parameter für die Geschwindigkeit der zerebralen Informationsverarbeitung. Insofern kann die EKP-Ableitung Zusatzinformationen bei der Beurteilung traumatisch oder degenerativ bedingter psychoorganischer Veränderungen mit Beeinträchtigung der geistigen Leistungsfähigkeit liefern.

Transkranielle Magnetstimulation (TMS)

Mittels TMS können motorisch evozierte Potentiale (*MEP*) ausgelöst werden. Bei der MEP-Untersuchung wird die Funktion motorischer Bahnen von der Hirnrinde zum Zielmuskel untersucht. Die Reizung erfolgt nichtinvasiv durch einen magnetoelektrischen Reiz über der motorischen Hirnrinde. Das MEP ist über dem jeweiligen Zielmuskel mit Oberflächenelektroden abzuleiten. Die Untersuchung ist nicht schmerzhaft und wiederholbar. Kontraindikationen bestehen bei Patienten mit Herzschrittmachern und solchen mit Metallimplantaten im Schädelbereich, wobei Zahnplomben allerdings keine Rolle spielen. Patienten mit einer erhöhten Anfallsbereitschaft sollten nur unter speziellen Fragestellungen und nach dezidierter Aufklärung untersucht werden, da die Magnetstimulation bei prädisponierten Personen eine anfallsfördernde Wirkung haben kann. Weiterhin sollte bei degenerativ oder traumatisch bedingter Instabilität der Wirbelsäule keine zervikale Wurzelreizung durchgeführt werden. Die Kooperationsfähigkeit des Patienten, insbesondere seine Fähigkeit zu einer tonischen Vorinnervation, beeinflusst das Untersuchungsergebnis. Ebenso können zentral wirksame Pharmaka die MEP verändern. Durch die MEP-Ableitung nach transkortikaler und spinaler Reizung bzw. die Ableitung von F-Wellen kann eine getrennte Funktionsbeurteilung zentraler und peripherer motorischer Bahnen erfolgen.

MEP sind bedeutsam in der Differentialdiagnose motorischer Störungen, der Objektivierung und prognostischen Beurteilung von Hirnnervenläsionen sowie insbesondere in der Abgrenzung psychogener Lähmungen. Ein unauffälliges MEP schließt eine organisch begründete komplette oder hochgradige Lähmung aus.

Ultraschall-Dopplersonographie

Mit der Dopplersonographie ist die nichtinvasive Beurteilung und Analyse von Strömungsveränderungen und von arteriellen Wandstrukturen im Bereich der extra- und intrakraniellen Arterien und ihrer Kollateralkreisläufe möglich. Die Untersuchungen sind nebenwirkungsfrei, beliebig wiederholbar und zumutbar.

Die cw-(„continuous-wave"-) Dopplersonographie ermöglicht die Beurteilung des Blutflusses im Bereich der extrakraniellen präzerebralen Gefäße. Strömungshindernisse/Stenosen können erfasst und in Grenzen quantifiziert werden. Die Duplexsonographie gestattet die zweidimensionale Darstellung der arteriellen Gefäßstruktur, so dass auch Stenosen unter 50% erfasst und quantifiziert sowie z. B. thromboembolisch relevante Gefäßwandveränderungen (Plaques) dargestellt und beurteilt werden können. Mittels des Duplexverfahrens können gezielte Flussmessungen in einzelnen präzerebralen Gefäßen durchgeführt werden. Einschränkungen ergeben sich durch die Größe des Schallkopfes, so dass sehr hochsitzende Gefäßveränderungen in der Karotisstrombahn mit dieser Technik nicht erfasst werden können.

Die gepulste transkranielle Dopplersonographie (*TCD*) und die transkranielle Farbduplexsonographie (*TCCS*) erlauben die Untersuchung des Blutflusses im Bereich der basalen intrakraniellen Gefäße, sowie die zweidimensionale Darstellung des Hirnparenchyms und der basalen Hirnarterien. Das Einsatzgebiet der Ultraschall-Dopplersonographie im Rahmen gutachterlicher Fragestellungen liegt in der differentialdiagnostischen Beurteilung vaskulärer zerebraler Läsionen. Weiterhin können Dissektionen im Bereich der präzerebralen Gefäße nachgewiesen werden, wobei allein aufgrund der Dopplersonographie eine ätiologische Differenzierung zwischen spontanen und z.B. traumatisch aufgetretenen Gefäßdissektionen nicht möglich ist.

Elektronystagmographie

Bei der Elektronystagmographie werden durch periorbitale Oberflächenelektroden Bulbusbewegungen registriert. Auf diese Weise kann ein Nystagmus objektiviert, quantifiziert und analysiert werden. Periphere und zentrale vestibuläre Störungen können differenziert werden. Neben einer topodiagnostischen Zuordnung ist zumeist eine Unterscheidung physiologischer und pathologischer Nystagmusformen möglich. Die Aussagefähigkeit der Untersuchung kann durch mangelnde Kooperationsfähigkeit und Vigilanzstörungen des Probanden beeinträchtigt werden. Kontraindikationen ergeben sich für die kalorische Labyrinthprüfung mit Wasser bei größeren Trommelfelldefekten. Verwendete Provokationsverfahren wie Drehstuhlprüfung, kalorische Reizung und Lage- bzw. Lagerungsproben können zu heftigen vegetativen Symptomen mit Schwindel, Übelkeit und Erbrechen führen, von denen sich die Patienten in der Regel rasch wieder erholen.

Prüfung vegetativer Funktionen

Funktionsstörungen des autonomen Nervensystems können generalisiert oder lokalisiert vorliegen. Klinisch können Störungen unterschiedlicher Organsysteme z.B. der kardiovaskulären Regulation, der Schweißsekretion, der Pupillenregulation oder der Sexual-, Blasen- und Mastdarmfunktion resultieren. Zu den Funktionsprüfungen für die Herz-Kreislauf-Regulation gehören Schellong-Test, Valsava-Manöver, Bestimmung der Herzfrequenzvariabilität, Coldpressure- und Handdrucktest und ggf. die Kipptischuntersuchung. Die Schweißsekretion im Bereich der Hand- und Fußflächen kann mit Hilfe des Ninhydrin-Testes nach Moberg einfach und nebenwirkungsfrei getestet werden. Der Schweißtest nach Minor ist praktisch im Bereich des gesamten Körpers anwendbar, erfordert jedoch einen weitaus größeren Aufwand. Bei der Beurteilung von Störungen der Sexual-, Blasen- und Mastdarmfunktion sind urologische bzw. gastroenterologische Funktionsuntersuchungen erforderlich.

Neuropsychologische Testdiagnostik

Infolge einer Hirnschädigung können Hirnleistungsstörungen in verschiedenen Bereichen (Gedächtnis, Aufmerksamkeit, Psychomotorik, Affektivität, höhere intellektuelle Funktionen) auftreten. Weiterhin können aphasische Sprachstörungen, Apraxien oder Agnosien vorhanden sein. Zur differenzierten Erfassung dieser Hirnleistungsstörungen existieren heute standardisierte neuropsychologische Testverfahren, mit denen eine Quantifizierung der Störungen im Vergleich zu einer Normpopulation möglich ist. Die Auswahl und Anwendung der im Einzelfall adäquaten Testbatterie sollte durch eine(n) Neuropsychologin(en) erfolgen. Speziell die Diagnostik aphasischer Störungen fällt in den Bereich der Neurolinguistik oder Logopädie.

Die Hauptaufgabe der neuropsychologischen Funktionsdiagnostik liegt in der Erstellung einer differenzierten Zustandsbeschreibung der hirnorganischen Leistungsfähigkeit. Die zur Anwendung kommenden Testverfahren führen ohne Kooperationsbereitschaft und Motivation des Probanden nicht zu einem validen Ergebnis. Insofern muss der neuropsychologische Endbefund auch Angaben zur Kooperation und Motivation des Probanden während der Untersuchung enthalten. Hervorzuheben ist, dass das Ergebnis einer neuropsychologischen Testdiagnostik keine ätiologische Zuordnung eventuell nachweisbarer Funktionsstörungen gestattet. So ist eine sichere Differenzierung zwischen organisch determinierten Leistungsbeeinträchtigungen z.B. nach Schädel-Hirn-Verletzungen und primär psychogen verursachten Beeinträchtigungen z.B. im Rahmen eines pseudoneurasthenischen oder depressiven Syndroms nicht möglich. Die Zuordnung testpsychologisch nachweisbarer Beeinträchtigungen der Hirnleistungsfähigkeit als hirnorganisch verursachtes Syndrom setzt immer den zweifelsfreien Nachweis einer adäquaten zerebral-organischen Läsion voraus. Ein isolierter neuropsychologischer Testbefund allein kann nicht Grundlage der Anerkennung eines organischen Hirnschadens sein.

4.4 Augen

A. Hager

Für eine augenärztliche Begutachtung sind unterschiedliche Sehfunktionen von Bedeutung, unter ihnen dominieren Sehschärfe und Gesichtsfeld. Funktionsprüfungen sollen ein hohes Maß an Objektivität besitzen und für Vergleiche mit früheren und späteren Untersuchungen geeignet sein. Um die ophthalmologische Untersuchungstechnik und Bewertung möglichst zu vereinheitlichen, haben die Deutsche Ophthalmologische Gesellschaft (*DOG*) und der Berufsverband der Augenärzte Deutschlands e.V. (*BVA*) wiederholt Empfehlungen, Vorschläge und Richtlinien herausgegeben.

Sehschärfe

Für die Prüfung der Sehschärfe sind die „Vorschläge der Kommission zur Koordinierung der Sehschärfen-Bestimmungsgeräte der Deutschen Ophthalmologischen Gesellschaft" von 1967 und die Vorschrift DIN 58220 vom März 1974 als Grundlagen anzusehen. Nach der darin enthaltenen Grundforderung muss das Prüffeld eine Leuchtdichte von 160 bis 320 cd/m^2 haben, und die Leuchtdichte des Kontrastzeichens darf höchstens 15% der Leuchtdichte des Prüffeldes betragen. Diese wird in der ophthalmologischen Geräteproduktion erfüllt. Für die Sehschärfenprüfung gemäß DIN 58220 ist als Normalsehzeichen der Landoltring, geprüft in geraden und schrägen Stellungen, bei einer Prüfentfernung von mindestens 4 m anzuwenden. Die Lesezeit pro Landoltring darf in der Eignungsbegutachtung 1 s betragen, was einer realitätsnahen Bewertung entspricht. Ansonsten kann bei einem allgemeinen Sehtest jedes Sehzeichen bis zu 10 s dargeboten werden. Entsprechend der „forced-choice-Testung" muss für alle Sehzeichen einer Reihe eine Antwort abgegeben werden (Rohrschneider et al. 2007). Das Abbruchkriterium der DIN-Vorschrift ist streng zu beachten und wichtig für die Vergleichbarkeit von Untersuchungsergebnissen. Dabei gilt die Reihe der Sehzeichen als Sehschärfe, von der mindestens 60% der dargebotenen Sehzeichen richtig erkannt wurden. Angaben wie z. B. 0,6 p (partial) oder gar pp sind dementsprechend nicht zulässig. Die jeweilige Prüfentfernung ist immer anzugeben, insbesondere bei geringeren Visusstufen, auch z. B. bei einem Visus von Handbewegung oder Fingerzählen. Gegebenenfalls ist die Metertafel näher darzubieten mit entsprechender Distanzangabe, so sind auch Visusangaben von 0,02 oder weniger genauer zu erheben. Die Untersuchung wird einäugig und beidäugig ausgeführt. Fallen die Ergebnisse beider Prüfarten unterschiedlich aus, so wird für die Beurteilung die beidäugige Sehschärfe als Sehschärfe des besseren Auges eingesetzt. Hierdurch wird man besonders bei Patienten mit Nystagmus der gutachterlichen Beurteilung gerecht. Angegeben wird die Sehschärfe des schlechteren Auges (*sA*) und die beidäugige Gesamtsehschärfe (*bG*).

Die Empfehlungen von DOG und BVA von 1994 (Völker et al. 1994) sehen – ebenso wie die Grundsätze zur Beurteilung der MdE bei Augenverletzungen des Hauptverbandes der gewerblichen Berufsgenossenschaften – auch weiterhin Möglichkeiten zur Abweichung von der DIN-Vorschrift 58220 bei der Sehschärfenprüfung vor. So kann, falls es bei höheren Graden der Myopie unerlässlich ist, die Prüfdistanz auf 1 m verkürzt werden. Ebenfalls sind andere Prüfmethoden zulässig, aber auch erforderlich, wenn es um Vergleichsuntersuchungen („wesentliche Änderung") geht und die im rechtlichen Sinne „wesentliche" vorhergegangene Untersuchung mit einer anderen Methode ausgeführt worden ist. Dann muss die frühere Methode benutzt werden und diese Abweichung im Gutachten eindeutig vermerkt sein.

Die Prüfung des Nahvisus ist gutachterlich nicht relevant, kann jedoch in Zweifelsfällen wichtige Zusatzinformationen liefern.

Gesichtsfeld

In den Empfehlungen von DOG und BVA von 1994 ist bei der gutachterlichen Bewertung des Gesichtsfeldes die Isoptere maßgebend, die bei hellem Umfeld (Umfeldleuchtdichte 10 cd/m^2) mit einem Prüfpunkt von 320 cd/m^2 Leuchtdichte und einem Durchmesser von 30′ gewonnen worden ist; dies entspricht am Goldmann-Perimeter der Marke III/4. Die der Goldmann-Perimetrie entsprechende manuell-kinetische Perimetrie ist bei allen gutachterlichen Untersuchungen durchzuführen, wenn aus der Begutachtung Leistungsansprüche für den Patienten begründet werden sollen. Alternativ sind durch die DOG ausschließlich das Twinfield (Oculus) und das Octopus 101 (Haag-Streit) mit Zusatzsoftware für die kinetische Perimetrie zugelassen. Trotz häufiger Diskussionen bei der Eignungsbegutachtung sind Gesichtsfelddefekte im 30°-Gesichtsfeld gerade als aktiver Verkehrsteilnehmer nicht kompensierbar. Bisher ausschließlich für einige private Unfallversicherungen gilt das Estermann-Schema (Abb. 4.2) für die Quantifizierung von Gesichtsfelddefekten. Hierbei werden die Gesichtsfelddefekte mit einem Punktesystem je nach Größe und Lokalisation be-

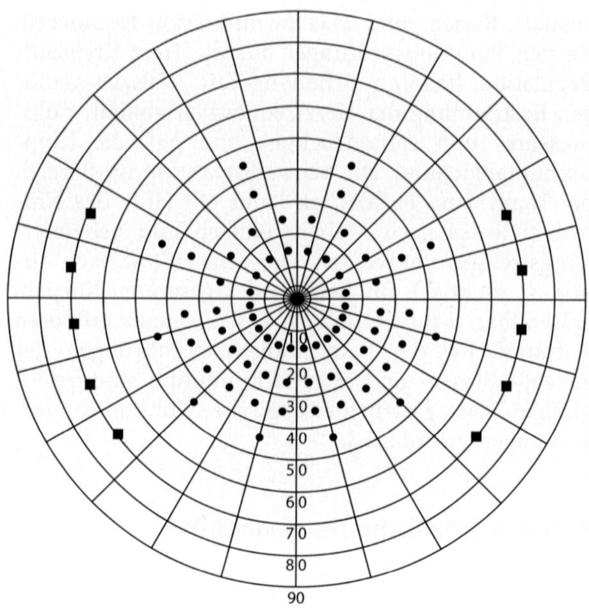

Abb. 4.2. Modifiziertes Estermann-Schema zur Beurteilung von Gesichtsfelddefekten in der privaten Unfallversicherung. (BVA-Richtlinien und Untersuchungsanleitungen, Stand 08/2005)

wertet, welches insbesondere bei irregulären Skotomen Vorteile bietet (Gramberg-Danielsen et al. 2003 und Weber et al. 2004). Dies wird noch uneinheitlich gehandhabt und sollte im Einzelfall nachgefragt werden.

Untersuchungsergebnisse mit der rechnergesteuerten statischen Perimetrie können in Gutachten mitgeteilt werden; sie vermögen dem Gutachter ergänzende Informationen zu bieten, werden rechtlich jedoch nicht als Basis für MdE/GdB/MdG-Einstufungen sehgeschädigter Patienten anerkannt, es sei denn, es handelt sich um eine Vergleichsuntersuchung zur Beantwortung der Frage nach der „wesentlichen Änderung" (gesetzliche Unfallversicherung).

Farbensinnstörung

Für die Beantwortung der Frage: „farbentüchtig oder nicht" genügt gewöhnlich die Untersuchung mit *zwei* verschiedenen pseudoisochromatischen Tafelsystemen (z. B. Velhagen und Ishihara). Für eine Differenzierung von Farbentüchtigkeit, Deutero- oder Protostörung eignet sich auch das Rodenstock-Testgerät mit der Scheibe 173. Werden darüber hinaus höhere Anforderungen gestellt, so ist bei Verdacht auf Farbenuntüchtigkeit eine Anomaloskopuntersuchung unerlässlich. Hierbei ist die relative und absolute Einstellbreite zu prüfen, im Gutachten sind der Anomalquotient sowie mindestens die Einstellungen zu 0 und 73 aufzuführen.

Okulomotorik

Bei Ausfällen im Bereich der Okulomotorik ist nach dem Schema von Haase und Steinhorst (Abb. 4.3) zu verfahren. In Übereinstimmung mit der Bielschowsky-Gesellschaft sind hierzu Richtlinien bezüglich Doppelbildern, Ptosis und Akkommodationslähmung aufgestellt worden (Berufsverband der Augenärzte):

1. Bei Doppelbildern in allen Richtungen beträgt die MdE 25%. Sie ist mit 30% zu bewerten, falls die Abdeckung eines Auges notwendig ist und durch diese äußerlich in Erscheinung tretende Entstellung der Einsatz des Betroffenen auf dem allgemeinen Arbeitsmarkt erschwert ist. Hierbei ist unwichtig, ob die Diplopie durch eine Parese oder eine Fusionsstörung verursacht wurde. Der

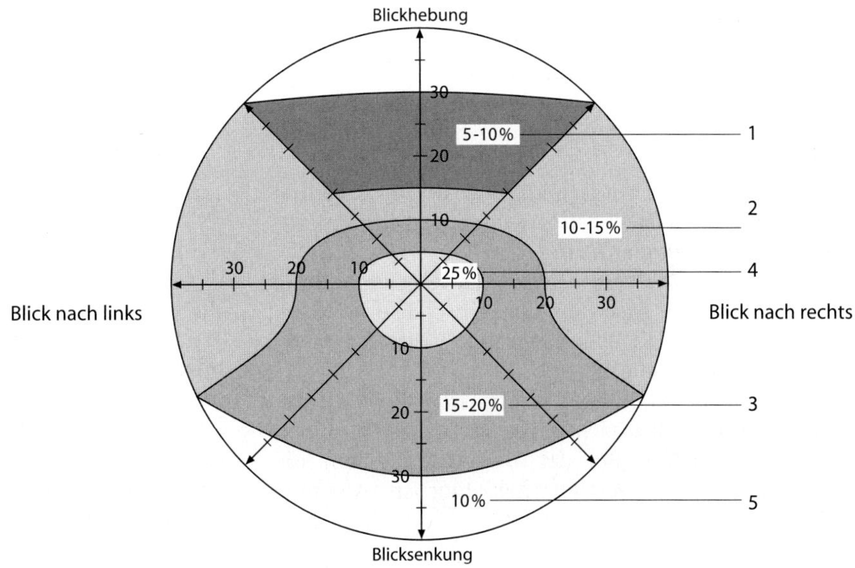

Umrechnung der Zone in MdE/GdB/MdG-Prozente:			
Zone	GUV	PUV (AUB 88)	SozER/SGB IX Teil 2
1	5–10	10–20	5–10
2	10–15	20–30	10–15
3	15–20	30–40	15–20
4	25	50	25*
5	10	20	10

* wenn ein Auge wegen der Doppelbilder vom Sehen ausgeschlossen werden muss 30%

Abb. 4.3. Schema nach Haase und Steinhorst (*AUB* 88 Allgemeine Unfallversicherungsbedingungen 1988, *GUV* gesetzliche Unfallversicherung, *MdG* Minderung der Gebrauchsfähigkeit, *PUV* private Unfallversicherung). (BVA-Richtlinien und Untersuchungsanleitungen, Stand 08/2005)

Patient ist darauf hinzuweisen, dass bei Führung eines Kfz eine Augenklappe getragen werden muss, falls die Diplopie das Führen eines Kfz ausschließt.

2. Besteht die Diplopie nur in einigen Blickbereichen und besteht in den anderen normales Binokularsehen, ergibt sich die MdE aus dem Schema von Haase und Steinhorst.
3. Kommt es bei einer Störung des Binokularsehens nach einiger Zeit zu einseitiger Bildunterdrückung (Exklusion), somit zum Verschwinden von Konfusion und Diplopie (auch beim Autofahren in der Dunkelheit), ist eine Augenklappe also nicht mehr notwendig, beträgt die MdE nur 10%.
4. Die Funktionseinbuße bei vollständiger einseitiger Ptosis wird mit einer MdE von 30% bewertet, sofern hierdurch der Einsatz des Betroffenen auf dem allgemeinen Arbeitsmarkt erschwert ist.
5. Eine dauernde Mydriasis des führenden Auges (z. B. N-III-Parese) kann die MdE um 5% erhöhen, wenn eine erhebliche Blendung vorliegt (dadurch sind auch subjektive Folgen wie z. B. Blendungsgefühl abgegolten).
6. Eine Akkommodationslähmung des führenden Auges erhöht die MdE um 5%, falls sie mit einer zusätzlichen Funktionseinbuße verbunden ist. Hierbei kommt der Akkommodationslähmung also nur bei jüngeren Menschen, die vor dem Unfall keine Brille benötigten, eine erwerbsfähigkeitsmindernde Bedeutung zu.
7. Bei Kopfzwangshaltungen ist zu unterscheiden, welche Ursache der Kopfzwangshaltung zugrunde liegt:
   A. Dient sie der Vermeidung von Diplopie, richtet sich die MdE nach dem Ausmaß der Diplopiezone bei Kopfgeradehaltung.
   B. Bei einer nystagmusbedingten Kopffehlhaltung ergibt sich die MdE aus der Sehschärfe in Kopfgeradehaltung (z. B. binokularer Visus 0,4 = 20% nach DOG-Tabelle).
8. Bei einer Blicklähmung richtet sich die MdE danach, welche Blickrichtungen nicht eingenommen werden können. Bei der Bewertung gelten die Grenzen der Diplopiefreiheit hier in Analogie (siehe 1 und 2).

Weitere Sehfunktionen

Auch die Prüfung der übrigen Sehfunktionen wie Stereosehen, Dämmerungssehen und Blendungsempfindlichkeit sollten mit allgemein üblichen Methoden und Geräten (entsprechend den Empfehlungen der DOG 2000) durchgeführt werden. Nur bei einer kleinen Anzahl von Begutachtungsfällen bedarf es einer besonderen Ausstattung, welche meist nur in speziellen augenärztlichen Einrichtungen vorhanden ist, oder einer Differenzierung in direkter Zusammenarbeit mit Gutachtern anderer Fachrichtungen.

Sind morphologische Befunde und Funktionsangaben des Begutachteten nicht plausibel oder besteht der begründete Verdacht auf Simulation, Aggravation oder Dissimulation, kann und muss weitere Diagnostik veranlasst werden, um z. B. durch elektrophysiologische Untersuchungen (Elektroretinogramm, Elektrookulogramm, visuell evozierte Potentiale), Biomorphometrie der Papillen (Heidelberg-Retina-Tomogramm) oder Angiographie (Fluorescein, Indocyaningrün) zu einer Einschätzung des Körperschadens bzw. des Restsehvermögens kommen zu können.

Literatur

Berufsverband der Augenärzte Deutschlands e.V. (Stand August 2005) Richtlinien und Untersuchungsanleitungen

DOG (2000) Empfehlungen der Kommission für Qualitätssicherung bei sinnesphysiologischen Untersuchungen und Geräten der Deutschen Ophthalmologischen Gesellschaft. Ophthalmologe 97:923–964

Gramberg-Danielsen B, Kolling G, Lehmann R (2003) Bewertung von Gesichtsfeldausfällen in der privaten Unfallversicherung. Der Augenarzt 37:247–252

Hauptverband der Berufsgenossenschaften, www.hvbg.de

Weber J, Schiefer U, Kolling G (2004) Vorschlag für die funktionelle Bewertung von Gesichtsfeldausfällen mit einem Punktesystem. Ophthalmologe 101:1030–1033

Weitere Literatur ▶ S. unter Kap. 7

4.5 Hals, Nase und Ohren

J. Lautermann und H. Hildmann

Die gutachterliche Hals-Nasen-Ohren-ärztliche Untersuchung umfasst die Anamneseerhebung, eine spiegelbefundliche Beurteilung der Kopf-Hals-Region sowie Funktionstests. Die gebräuchlichsten und für eine Begutachtung relevantesten Funktionstests werden in diesem Kapitel beschrieben, für seltener angewandte Testverfahren wird der Leser auf einschlägige Fachbücher verwiesen. Ziel des vorliegenden Kapitels ist es, die Hals-Nasen-Ohren-ärztlichen Funktionsuntersuchungen auch in einer für Kollegen anderer Fachdisziplinen verständlichen Form zu beschreiben.

4.5.1 Untersuchungen des Ohres

Grob wird ein äußeres Ohr mit der Ohrmuschel und dem äußeren Gehörgang, das Mittelohr mit Trommelfell und den Gehörknöchelchen, das Innenohr mit den Hörzellen und der retrokochleäre Bereich unterschieden. Entsprechend kann die Ursache einer Hörminderung im äußeren Ohr (z. B. Cerumen obturans, Otitis externa), im Bereich des Mittelohrs (z. B. Trommelfellperforation, Unterbrechung der Gehörknöchelchen), im Innenohr (Haarzellverlust unterschiedlicher Genese) und retrokochleär (z. B. Akustikusneurinom, Multiple Sklerose) liegen. Diese unterschiedlichen Ursachen einer Schwerhörigkeit müssen bei jeder Begutachtung differenziert werden.

Das periphere Gleichgewichtsorgan befindet sich im Innenohr, wobei Sakkulus und Utrikulus jeweils vertikale bzw. horizontale Beschleunigungen erkennen und die Bogengänge rotatorische Beschleunigungen in den drei Hauptrichtungen des Raums detektieren. Die Funktionsprüfungen der Sinnesorgane im Ohr betreffen das Hören und das Gleichgewicht, wobei jeweils auch die zentrale Verarbeitung in die Prüfergebnisse einfließen kann. Dies muss bei der Bewertung von otologischen Befunden stets beachtet werden, und auf diese Weise ergeben sich nicht selten Überschneidungen oder Ergänzungen mit neurologischen Funktionsstörungen.

Hörorgan

Anamnese

Typische das Ohr betreffende Fragen umfassen: Hörminderung, Schwindel, Ohrensausen, Schmerzen, Ohrenlaufen, familiäre Schwerhörigkeiten und berufliche Lärmexposition.

Spiegeluntersuchungen

Mit einem Ohrtrichter wird der äußere Gehörgang sowie das Trommelfell beurteilt. Diese Untersuchung wird am besten unter mikroskopischer Sicht durchgeführt. Mit der pneumatischen Lupe (Siegle-Trichter) kann die Beweglichkeit des Trommelfells sowie des Hammergriffs beurteilt werden.

Orientierende Hörweitenbestimmung

Einen ersten Eindruck über den Grad der Schwerhörigkeit kann sich der Gutachter durch die seitengetrennte Untersuchung der Hörweite verschaffen. Das kontralaterale Ohr wird dabei durch Schüttelbewegungen (Hilfsperson) vertäubt. Geprüft werden viersilbige Zahlwörter in Flüster- und Umgangssprache bis zu einer Distanz von 6 Metern. Diese Untersuchung erlaubt eine grobe Einteilung der Schwerhörigkeit.

Stimmgabeluntersuchungen

Die Untersuchungen mit der Stimmgabel werden zur Unterscheidung einer Schallleitungsschwerhörigkeit (Mittelohrschwerhörigkeit) von einer Schallempfindungsschwerhörigkeit (Innenohrschwerhörigkeit) durchgeführt. Bei dem Stimmgabelversuch nach Weber wird die Stimmgabel auf die Mitte des Schädels aufgesetzt. Der Patient hört den Ton entweder in der Mitte des Kopfes oder verstärkt auf einem Ohr. Ein Patient mit Schallleitungsschwerhörigkeit wird den Ton im betreffenden Ohr hören (behinderter Schallabfluss), der Innenohrschwerhörige auf dem gesunden, kontralateralen Ohr. Bei dem Stimmgabeltest nach Rinne wird die Stimmgabel zunächst auf den Knochen des Mastoids aufgesetzt (Prüfung der Innenohrfunktion), dann vor das Ohr gehalten (Prüfung der Luftleitung). Wird der Ton bei Aufsetzen der Stimmgabel auf das Mastoid lauter gehört als vor dem Ohr, liegt eine Schallleitungsschwerhörigkeit von mehr als 30 dB vor. So können auf einfache Weise audiologische Tests überprüft werden.

Hörtests

Bei den Hörtests werden im Allgemeinen subjektive Hörtests, bei denen der Patient angeben muss, ob und wann er einen Ton hört, von objektiven Hörtests, die unabhängig von der Kooperation des Patienten erfolgen, unterschieden.

Subjektive Hörtests

Tonschwellenaudiometrie. Bei der Tonschwellenaudiometrie wird die Hörschwelle für Töne zwischen 125 Hz und 12 kHz ermittelt. Über einen Kopfhörer wird die Schwelle für Luftleitung, über einen Knochenleitungshörer, der auf das Mastoid gesetzt wird, die Schwelle für Knochenleitung (Innenohrhörvermögen) geprüft. Der Patient drückt auf einen Knopf, wenn der entsprechende Ton wahrgenommen wird. Wichtig ist die richtige Vertäubung des Gegenohrs, damit der Prüfton nicht auf dem Gegenohr „überhört“ wird. Eine Differenz der Hörschwellen für Knochen und Luftleitung zeigt eine Schallleitungsstörung im äußeren Ohr bzw. im Mittelohr an. Fallen beiden Hörschwellen parallel nebeneinander ab, spricht dies für eine Funktionsstörung im Innenohrorgan (Corti-Organ) oder in den nachgeschalteten neuralen Hörbahnen (sensorineurale Schwerhörigkeit); der genaue Ort der Schwerhörigkeit kann durch ergänzende überschwellige Tests (s. u.) weiter differenziert werden.

Überschwellige Hörtests. Mit Hilfe der überschwelligen Hörtests kann zwischen einer Innenohrschwerhörigkeit und einer retrokochleären Schwerhörigkeit unterschieden werden. Diese Tests basieren auf dem so genannten Lautheitsausgleich („recruitment“), das heißt, dass auf dem schwerhörigen Ohr bei steigender Lautstärke nicht nur die frequenzspezifischen, sondern auch die umgebenden Haarzellen zunehmend miterregt werden, so dass bei einem überproportionalen Zuwachs der Lautheitsempfindung die Unbehaglichkeitsschwelle schneller erreicht wird.

Dies resultiert in einem eingeschränkten Dynamikbereich des Innenohres.

Beim Fowler-Test wird der Lautheitsausgleich bestimmt, d.h. der Punkt, an dem der Patient Töne zunehmender Schallintensität auf beiden Ohren gleich laut hört. Der Innenohrschwerhörige kann geringere Intensitätsunterschiedsschwellen im überschwelligen Bereich erkennen (Lüscher, SISI-Test). Bei der Geräuschaudiometrie nach Langenbeck wird geprüft, ob ein Störgeräusch die Tonschwelle eines hohen Tons verdecken kann.

■ **Hörermüdungstests.** Eine Hörermüdung, das heißt ein Nachlassen der Hörempfindung eines Dauertons (Cahart-Test, Békésy-Audiometrie) spricht für eine retrokochleäre Schwerhörigkeit.

■ **Sprachaudiometrie.** Geprüft wird im Freiburger Sprachtest nach DIN 45626 das Verständnis für Zahlen und einsilbige Testworte. Die Sprachaudiometrie ist die entscheidende Grundlage für die Bemessung des Hörschadens. Gemessen wird der Lautstärkepegel, bei dem 50% der Zahlworte und 100% der Einsilber verstanden werden. Der Normalhörige zum Beispiel versteht die Hälfte der Zahlworte bei 18,5 dB und 100% der Einsilber bei 50 dB. Mit den Werten dieses Tests wird nach einer Tabelle von Boennighaus und Röser für jedes Ohr der prozentuale Hörverlust ermittelt, aus dem sich dann die Minderung der Erwerbstätigkeit ergibt.

■ **Simulationstests.** Simulationstests (Stenger-Versuch, Lombard-Leseversuch, Lee-Test), die bei Simulation einer Schwerhörigkeit oder Taubheit eingesetzt werden können, werden heute aufgrund der Möglichkeiten der objektiven Hörtests nur noch selten verwendet.

Objektive Hörtests

Alle Hörprüfmethoden, bei denen der Patient das Ergebnis der Untersuchung nicht beeinflussen kann, werden als objektiv bezeichnet.

■ **Impedanzprüfung.** Gemessen wird der objektive akustische Widerstand des Trommelfells, das heißt die vom Trommelfell reflektierten Schallanteile. Dazu wird die Trommelfellbeweglichkeit bei dynamischer Druckänderung im luftdicht abgeschlossenen Gehörgang gemessen. Auf diese Weise kann eine normale Trommelfellbeweglichkeit bei lufthaltiger Pauke sowie eine eingeschränkte Trommelfellbeweglichkeit bei Unterdruck oder Erguss im Mittelohr nachgewiesen werden. Auf diese Weise kann indirekt die Funktion der Tuba eustachii kontrolliert werden.

■ **Stapediusreflexe.** Bei der Stapediusreflexmessung wird eine Veränderung des Trommelfellwiderstandes nach Beschallung und dadurch ausgelöster Kontraktion des Musculus stapedius gemessen. Da der Musculus stapedius durch den Nervus facialis innerviert wird, wird auf diese Weise ein akustikofazialer Reflex geprüft. Die Stapediusreflexmessung dient einerseits als objektive Hörprüfung, testet aber auch die Beweglichkeit des Stapes (aufgehoben bei Otosklerose) und dient zur Topodiagnostik bei Fazialisparesen.

■ **Otoakustische Emissionen.** Otoakustische Emissionen sind akustische Signale, die von den kontraktionsfähigen äußeren Haarzellen generiert werden. Diese äußeren Haarzellen sind für die Schärfung der Wanderwelle im Innenohr verantwortlich, sind aber nicht die eigentlichen Rezeptorzellen. Spontane otoakustische Emissionen lassen sich nur bei 50% der Normalhörigen ableiten und haben keine klinische Relevanz. Transitorisch evozierte otoakustische Emissionen werden durch einen Klickreiz hervorgerufen. Bei einem Hörverlust über 30 dB sind diese Emissionen nicht mehr auslösbar. Bei retrokochleären Schäden hingegen sind die Emissionen weiter auslösbar, wenn Mittel- und Innenohr intakt sind. Dieses Verfahren dient zur Diagnostik kindlicher Hörstörungen, zur Erkennung einer simulierten Schwerhörigkeit und zur Differentialdiagnose kochleärer und retrokochleärer Schäden.

■ **Distorsionsprodukte otoakustischer Emissionen.** Die Kochlea wird hierbei mit einem Differenzton aus 2 Frequenzen (gewöhnlich $2f_1-f_2$) gereizt. Die Distorsionsprodukte gestatten eine frequenzspezifische Untersuchung der Funktion äußerer Haarzellen. Allerdings lassen sich Distorsionsprodukte nur bis zu einem Hörverlust von 50 dB auslösen.

■ **Elektrische Reaktionsaudiometrie.** Die elektrische Reaktionsaudiometrie leitet über Kopfelektroden Hirnströme ab und filtert computergestützt die durch akustische Stimulation ausgelösten Potentiale aus dem Grundrauschen des EEGs. Sie sind jedoch nur im Frequenzbereich ab 1 kHz ableitbar und geben deshalb verwertbare Aussagen nur über Hörverluste hoher Töne. In Abhängigkeit vom Zeitpunkt ihres Auftretens lassen sich die Potentiale verschiedenen anatomischen Strukturen von der Kochlea bis zur Hirnrinde zuordnen. Auf diese Weise lässt sich eine Bestimmung der Hörschwelle bei kleinen Kindern und nicht kooperativen Patienten durchführen. Diese Untersuchung kann auch frequenzspezifisch durchgeführt werden („notched-noise“ BERA).

■ **Untersuchungen bei Tinnitus.** Bei Tinnitus wird vor allem die Lautstärke und die Frequenz des Tinnitus mit Tönen des Tonaudiometers verglichen. Lässt sich der Tinnitus mit Tönen oder Rauschen verdecken, spricht dies eher für einen peripheren Tinnitus kochleärer Genese, eine fehlende Verdeckbarkeit spricht eher für einen zentralen Tinnitus.

Gleichgewichtsorgan

Anamnese

Gefragt wird nach Dreh-, Schwank- oder Liftschwindel, Synkopen, Schwarzwerden vor den Augen, Häufigkeit und Dauer der Schwindelattacken sowie den Auswirkungen auf das tägliche Leben.

Untersuchungen

Neben der Otomikroskopie wird das Vorliegen eines Nystagmus mit und ohne Frenzelbrille untersucht. Die Lupenbrille nach Frenzel verhindert die Unterdrückung eines Nystagmus durch Fixation. Bei peripher vestibulärem Schaden weist die langsame Komponente des Nystagmus in Richtung des geschädigten Ohrs. Nach der schnellen Rückstellbewegung, die unter der Frenzel-Brille besser beobachtet werden kann und bei Ausfall eines Vestibularorgans in Richtung des gesunden Ohrs zeigt, wird die Richtung des Nystagmus bezeichnet. Die Prüfung des Kopfschüttelnystagmus ist besonders wichtig, weil hierdurch eine natürliche Situation nachgeahmt wird, bei der eine vestibuläre Störung manifest werden kann. Der Nystagmus wird in verschiedenen Lagen und auch bei Lageänderungen (Lagerungsprüfung) überprüft. Der Nystagmus kann auch mit Hilfe von Elektroden (Elektronystagmographie) aufgezeichnet werden.

Vestibulospinale Reflexe

Die vestibulospinalen Reflexe prüfen die Koordination, Fallneigung und Abweichreaktionen bei Störungen des Vestibularapparates. Bei dem Romberg-Versuch steht der Patient mit geschlossenen Füßen, streckt die Arme nach vorn und hat die Augen geschlossen. Bei einseitigem Vestibularausfall ist die Abweichung zur Seite des kranken Ohrs gerichtet. Abweichreaktionen können auch auf einer elektronischen Kippbühne registriert werden (Posturographie). Tritt der Patient mit geschlossenen Augen auf der Stelle (Unterberger-Tretversuch), weist eine Drehung um die Körperachse auf ein gestörtes Gleichgewichtsorgan hin.

Kalorische Vestibularisprüfung

Bei der kalorischen Vestibularisprüfung werden die Ohren zunächst mit warmem und kaltem Wasser gespült, um das periphere Gleichgewichtsorgan seitengetrennt zu testen. Die Nystagmusschläge werden ausgezählt und anschließend in Hinblick auf ein Seitenüberwiegen oder Richtungsüberwiegen der Nystagmusschläge ausgewertet. Der Nystagmus kann auch über eine Elektronystagmographie abgeleitet und in Form eines schmetterlingsartigen Schemas registriert werden. Ein Seitenüberwiegen spricht für eine Funktionsstörung des peripheren Vestibularapparats, ein Richtungsüberwiegen findet sich bei Spontannystagmus aber auch bei zentraler Ursache.

Bei der Drehstuhlprüfung (rotatorische Prüfung) werden beide Vestibularapparate gleichzeitig erregt. Diese Untersuchung spielt eine wichtige Rolle bei der Beurteilung des zentralen vestibulären Systems sowie bei Nachuntersuchungen nach peripher vestibulärem Ausfall. Bei der Prüfung des optokinetischen Nystagmus werden zentrale okulomotorische und zentral vestibuläre Funktionsstörungen unter Anwendung rotierender Schattenstreifen untersucht.

Röntgenuntersuchungen des Ohres

Konventionelle Röntgenaufnahmen nach Schüller erlauben eine Beurteilung des Warzenfortsatzes, der Lage des Sinus sigmoideus, konventionelle Röntgenaufnahmen nach Stenvers eine Beurteilung des Innenohrs, der Pyramidenoberkante und des inneren Gehörgangs. Detailstrukturen zum Beispiel nach Felsenbeinfrakturen können besser in der Computertomographie dargestellt werden, während die Magnetresonanztomographie vor allem zur Beurteilung des Kleinhirnbrückenwinkels sowie des inneren Gehörgangs geeignet ist.

4.5.2 Untersuchungen der Nase und der Nasennebenhöhlen

Anamnese

Gefragt wird nach Nasenatmungsbehinderung, Sekretion, Schmerzen, Blutungen und Niesreiz.

Spiegeluntersuchung

Eine anteriore Rhinoskopie wird mit Hilfe eines Nasenspekulums durchgeführt. Der Nasenrachen wird nach Herunterdrücken der Zunge mit einem Spiegel beurteilt. Alternativ können Nase und Nasenrachen auch mit geraden oder flexiblen Optiken beurteilt werden.

Photographische Dokumentation

Besonders vor plastisch-chirurgischen Eingriffen im Bereich der äußeren Nase ist eine photographische Dokumentation der Nase von Bedeutung.

Rhinomanometrie

Bei der Rhinomanometrie wird die Menge der durchströmenden Luft pro Zeiteinheit gemessen. Diese Untersuchung sollte vor Operationen an der Nasenscheidewand wie auch den Nasenmuscheln durchgeführt werden, um den Einfluss einer Nasenmuschelhyperplasie auf die Nasenatmungsbehinderung abschätzen zu können.

Riechprüfungen

Eine Riechprüfung wird bei Beeinträchtigung des Geruchs- und Geschmacksvermögens durchgeführt. Vorher sollte geprüft werden, ob Polypen, Schleimhautschwellungen oder Tumore die Riechrinne in der Nase verlegen. Geprüft wird mit reinen Geruchsstoffen (z.B. Vanille) sowie Trigeminusreizstoffen (z.B. Essigsäure). Der Simulant wird angeben, auch Trigeminusreizstoffe nicht riechen zu können. Standardisierte Tests liegen zum Beispiel als Riechstifte vor. Eine objektive Olfaktometrie, die über evozierte Hirnstrompotentiale abgeleitet wird, ist nur in wenigen Kliniken verfügbar und kann besonders bei gutachterlichen Fragestellungen zur Untermauerung einer Anosmie oder aber auch bei Verdacht auf Simulation eines Riechverlustes eingesetzt werden.

Bildgebende Verfahren

Die Ultraschalldiagnostik spielt im Bereich der Erkrankungen der Nase sowie der Nasennebenhöhlen nur eine untergeordnete Rolle. Routinemäßig werden okzipitomentale Röntgenaufnahmen zur Beurteilung der Nasennebenhöhlen, anterior-posteriore und seitliche Röntgenaufnahmen des Schädels bei Traumata sowie seitliche Röntgenaufnahmen des Nasengerüsts bei Verdacht auf Nasenbeinfraktur durchgeführt. Eine Computertomographie der Nasennebenhöhlen in koronarer Schichtung (mit axialen Rekonstruktionen) zur Beurteilung der knöchernen Anatomie ist obligat vor operativen Eingriffen im Bereich der Nasennebenhöhlen. Eine Kernspintomographie kann bei infiltrierenden Tumoren der Nasennebenhöhlen notwendig werden.

4.5.3 Untersuchungen von Mundhöhle und Oropharynx

Anamnese

Gefragt wird nach Schmerzen, Geschmacksstörung, Zungenbrennen, Mundtrockenheit, Alkohol- und Tabakkonsum.

Spiegeluntersuchung

Die Mundhöhle wird mit einem Zungenspatel untersucht. Zahnprothesen sollten vorher immer entfernt werden. Bei Würgereiz muss ggf. mit einem Lokalanästhetikum eine Oberflächenanästhesie durchgeführt werden.

Palpation

Eine digitale Palpation ist insbesondere zur Beurteilung von Raumforderungen im Bereich des Oropharynx (Zungengrund, Tonsille) aber auch des Nasopharynx zu empfehlen. Zervikale Lymphknoten werden auf Druckdolenz und Verschieblichkeit untersucht.

Geschmacksprüfung

Mit standardisierten Lösungen werden auf der Zunge die Geschmacksrichtungen süß, salzig, sauer und bitter seitengetrennt geprüft. Die *Elektrogustometrie* benutzt schwache Gleichströme, die zur Erregung der Geschmacksknospen führen, und die elektrische Wahrnehmungsschwelle bestimmen.

4.5.4 Untersuchungen des Kehlkopfes, der Stimme und der Sprache

Anamnese

Gefragt wird nach Heiserkeit, Schluckstörung, Globusgefühl, Schmerzen, Rauchen und Noxenexposition am Arbeitsplatz (z.B. Asbeststaub).

Spiegeluntersuchung

Die Spiegeluntersuchung wird im indirekten Strahlengang konventionell mit einem Spiegel durchgeführt. Eine bessere Beurteilung erlaubt die Untersuchung mit einem Lupenlaryngoskop. Bei starkem Würgereiz kann der Kehlkopf auch transnasal mit einer flexiblen Optik beurteilt werden. Bei persistierenden Beschwerden kann auch eine Narkoseuntersuchung mit mikroskopischer Beurteilung der Schleimhautverhältnisse über starre Rohre notwendig werden.

Bei *Kehlkopflosen* gehört auch die Untersuchung des Tracheostomas und der oberen Trachea zu den Aufgaben des HNO-ärztlichen Gutachters.

Stimmbeurteilung

Stimmumfang und Stimmdynamik werden als so genanntes Stimmfeld graphisch aufgetragen. Die Stimme kann nach den Parametern Heiserkeit, Belegtheit und Rauigkeit (HBR-Schema) beurteilt werden.

Stroboskopie

Bei Stimmstörungen können die Stimmlippenschwingungen durch gepulste Lichtblitze lupenlaryngoskopisch sichtbar gemacht werden. Weitere spezielle Untersuchungsverfahren der Stimme müssen durch einen Phoniater durchgeführt werden.

Bildgebende Diagnostik

Sonographisch können Lymphknoten, aber auch entzündliche sowie einschmelzende Raumforderungen zur Darstellung gebracht werden. Die Computertomographie ist der konventionellen Röntgendiagnostik zur Beurteilung der Ausdehnung von Tumoren sowie knöcherner Arrosionen überlegen. Die Kernspintomographie kann bei der Beurteilung von Weichteiltumoren notwendig werden. Ösophagusbreischluck-Untersuchungen mit Darstellung des Schluckaktes werden bei Schluckstörungen durchgeführt.

Literatur

Arnold W, Ganzer U (1997) Checkliste Hals-Nasen-Ohrenheilkunde, 2. Aufl. Thieme, Stuttgart New York

Feldmann H (1997) 4. Das Gutachten des Hals-Nasen-Ohren-Arztes, 4. Aufl. Thieme, Stuttgart New York

Fritze E (1983) Lehrbuch der Anamneseerhebung und allgemeinen Krankenuntersuchung, 3. Aufl. Edition Medizin, Weinheim Deerfield Beach/Florida Basel

Ganzer U, Arnold W (zuletzt aktualisiert: 2004) Leitlinien für Diagnostik und Therapie der Deutschen Gesellschaft für Hals-Nasen-Ohren-Heilkunde, Kopf- und Hals-Chirurgie. AWMF online

Lee KJ (2002) Essential Otolaryngology, Head & Neck Surgery, 8th ed. McGraw-Hill Education

Oeken FW, Plath P, Federspil P (1993) Hals-Nasen-Ohren-Heilkunde, 7. Aufl. Ullstein, Mosby, Berlin

Plath P (1976) HNO-Ratgeber für den praktischen Arzt, Bd 11, Schattauer Praxisbücherei, Stuttgart

Plath P (1991) Lärmschäden des Gehörs und ihre Begutachtung. Schlüter, Hannover

Plath P (1992) Das Hörorgan und seine Funktion, 5. Aufl. Edition Marhold, Spieß, Berlin

Snow JB, Ballenger JJ (2002) Ballenger's Otorhinolaryngology, Head and Neck Surgery, 16th ed. BC Decker

4.6 Atmungsorgane

4.6.1 Bronchopulmonales System

R. Merget

Allgemeine Definitionen

Lungenfunktionsprüfungen sind zur Differentialdiagnose und Quantifizierung einer Krankheit der Atemwege und Lungen geeignet. Sie werden auch vorgenommen, um die bronchopulmonale Leistungsfähigkeit eines Probanden für bestimmte Tätigkeiten zu prüfen.

Die gebräuchlichsten Methoden zur Untersuchung der Atmung müssen unterteilt werden in Methoden zur Prüfung der Ventilation, des Gasaustausches und des kleinen Kreislaufs. Die Atemwegs- und Lungenerkrankungen führen meist zu einer Störung der Atemmechanik. Gasaustauschstörungen und die durch Atemwegs- und Lungenerkrankungen hervorgerufene Rechtsherzbelastung sind Sekundärphänomene, können jedoch in Einzelfällen auch ohne relevante Störung der Atemmechanik angetroffen werden.

Die Messung des Atemwegswiderstandes mit dem Ganzkörperplethysmographen und die spirometrische Registrierung der dynamischen, während der forcierten Exspiration zu gewinnenden Messgrößen sind sehr sensitive Verfahren, die sich zur funktionellen Diagnostik insbesondere beginnender obstruktiver Atemwegserkrankungen eignen. Eine obstruktive Ventilationsstörung ist aufgrund der GOLD-Kriterien („Global Initiative for Chronic Obstructive Lung Disease") wesentlich durch einen FEV_1/FVC-Quotienten (Tiffeneau-Index; FEV_1 = forciertes Einsekundenvolumen, FVC = forcierte Vitalkapazität) $<70\%$ definiert. Dieser Wert ist von Alter und Geschlecht weniger abhängig, der Sollgrenzwert sinkt allerdings insbesondere im Alter ab, ein Tiffeneau-Index unter 60% ist aber in allen Referenzsystemen pathologisch. Der Referenzbereich des (spezifischen) Atemwegswiderstands ist weniger präzise definiert, Faktoren wie Adipositas, Struma etc. sind relevante Einflussgrößen.

Eine restriktive Ventilationsstörung ist definiert durch eine eingeschränkte totale Lungenkapazität (*TLC*). Erfolgt ausschließlich eine Spirometrie, ist eine Restriktion bei normalem Tiffeneau-Index und erniedrigter FVC bei ausreichender Atemtechnik darzustellen. Die TLC ist eine komplexe Größe und von der Atemtechnik abhängig. Bei der Fragestellung einer Restriktion kommt neben der Atemtechnik auch dem Referenzwertsystem eine große Bedeutung zu.

Die Blutgasanalyse ist immer erforderlich, wenn Atembeschwerden angegeben werden, denn die Atemmechanik erlaubt im Einzelfall keinen Rückschluss auf den Gasaustausch, da die Schwere der Ventilationsstörung nicht unbedingt mit dem Ausmaß der Blutgasveränderungen korreliert.

Die funktionelle Beurteilung einer Lungenerkrankung erfordert die differenzierte Berücksichtigung des radiologischen und klinischen Befundes. Einzelne, als pathologisch angesehene Funktionswerte erlauben ohne entsprechende klinische und radiologische Befunde keine ausreichende Beurteilung. Für die Einschätzung der individuellen MdE im allgemeinen Erwerbsleben ist die Summe aller hier in Betracht zu ziehenden Funktionsparameter der Lunge und des Herzens von Bedeutung.

Spirometrie

Die einfachste Form der Ventilationsprüfung ist die Spirometrie. Eine zufriedenstellende Genauigkeit und Deutung der spirometrischen Messwerte setzt eine Qualitätssicherung des Messverfahrens sowie eine Übereinkunft zu den Referenzwerten voraus.

Die klassische Methode zur Beurteilung der Ventilation ist die Spirometrie mit Dokumentation der Fluss-Volumen-Kurve, da die entscheidenden Kenngrößen in der Fluss-Volumen-Kurve enthalten sind. Es handelt sich um die Vitalkapazität (*VC*), die Ein-

Tabelle 4.2. Parameter der Spirometrie

Parameter	Definition	Symbol	Einheit
▮ Inspiratorische Vitalkapazität	Atemvolumen, welches nach kompletter Exspiration maximal eingeatmet werden kann	IVC	l
▮ Forcierte Vitalkapazität	Atemvolumen, welches nach kompletter Inspiration forciert maximal ausgeatmet werden kann	FVC	l
▮ Forciertes exspiratorisches Volumen in 1 Sekunde, Einsekundenkapazität	Atemvolumen, welches nach maximaler Inspiration forciert in der ersten Sekunde ausgeatmet werden kann	FEV_1	l
▮ Relative Einsekundenkapazität	Quotient aus FEV_1 und Vitalkapazität entweder als IVC, FVC oder $VC_{(max)}$ (soll angegeben werden)	FEV_1/IVC % FEV_1/FVC % FEV_1/VC_{max} %	%
▮ Maximaler exspiratorischer Fluss, „peak flow"	maximale exspiratorische Atemstromstärke	PEF	l/s
▮ Maximaler exspiratorischer Fluss bei 50% der FVC	maximale Atemstromstärke nach Ausatmung von 50% der FVC	MEF_{50}	l/s
▮ Maximaler exspiratorischer Fluss bei 25% der FVC	maximale Atemstromstärke nach Ausatmung von 75% der FVC	MEF_{25}	l/s

sekundenkapazität (*FEV_1*) und die Werte von MEF_{25}, MEF_{50} und MEF_{75} (Tabelle 4.2).

Vitalkapazität

Zu unterscheiden sind die

- *inspiratorische Vitalkapazität (IVC):* das Lungenvolumen, das nach langsamer maximaler Exspiration maximal eingeatmet werden kann;
- *forcierte Vitalkapazität (FVC):* das Lungenvolumen, das nach maximaler Inspiration schnell maximal ausgeatmet werden kann;
- *exspiratorische Vitalkapazität (EVC):* das Lungenvolumen, das nach maximaler Inspiration langsam maximal ausgeatmet werden kann.

Theoretisch sollten diese Messwerte sich kaum unterscheiden. In der Praxis ist der größte gemessene Wert der VC (VC_{max}) relevant.

Einsekundenkapazität, relative Einsekundenkapazität und Fluss-Volumen-Kurve

Die absolute Einsekundenkapazität (synonym: forciertes Einsekundenvolumen, *FEV_1*) ist das Lungenvolumen, das nach maximaler Inspiration schnell innerhalb einer Sekunde ausgeatmet werden kann. Die relative Einsekundenkapazität (FEV_1/VC) (synonym: Tiffeneau-Index) ist definiert als Prozentverhältnis des gemessenen Wertes der absoluten Einsekundenkapazität FEV_1 zur Vitalkapazität VC.

Mit Hilfe von Pneumotachographen lassen sich bei einem forcierten Ausatemmanöver neben den oben genannten Volumina die Flüsse messen und in Abhängigkeit von der Zeit oder vom Lungenvolumen als Fluss-Volumen-Kurve registrieren. Aus dieser Kurve können weitere Kenngrößen abgeleitet werden:

- der maximale („peak") exspiratorische Fluss (*PEF*), das ist der maximal während der schnellen Ausatmung auftretende Fluss sowie
- die maximalen exspiratorischen Flüsse bei 75%, 50% oder 25% der Vitalkapazität (*$MEF_{75,50,25}$*): Flüsse, bezogen auf das zum Zeitpunkt der Flussmessung noch jeweils ausatembare Volumen, ausgedrückt als Fraktion der Vitalkapazität.

Die Bedeutung der Fluss-Volumen-Kurve ergibt sich aus den von der Mitarbeit weitgehend unabhängigen Parametern MEF_{50} und MEF_{25}, wobei MEF_{50} aufgrund der besseren Reproduzierbarkeit besser für die Beurteilung geeignet ist. Die Formanalyse der Fluss-Volumen-Kurve gilt insbesondere bei obstruktiven Atemwegserkrankungen als sensitives Werkzeug (Deflektion).

Die Atemmanöver des Probanden werden als Volumen-Zeit- und Fluss-Volumen-Kurve dargestellt. Die Dokumentation erfordert eine Bilddarstellung aller Versuche und eine Tabelle mit den besten Werten von IVC, FVC, FEV_1, FEV_1 in % der $VC_{(max)}$ sowie PEF, MEF_{50} und MEF_{25}.

Optimal ist die Gegenüberstellung von Spirogramm und Fluss-Volumen-Kurve, bei der die beiden Volumenachsen parallel verlaufen und auch die Ruheatmung dargestellt wird (Abb. 4.4). Die Beurteilung der Spirometrie erfolgt durch den Arzt nach Formanalyse der Kurven sowie nach Vergleich der Werte mit Sollwerten und insbesondere den Vorbefunden.

Es existieren verschiedene Empfehlungen zur Durchführung einer Spirometrie, am ausführlichsten

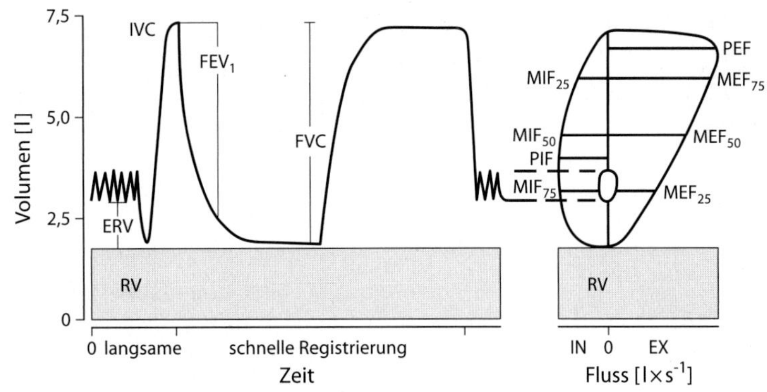

Abb. 4.4. Zeitlicher Ablauf des Spirometriemanövers mit gleichzeitiger Aufzeichnung der Volumen-Zeit- (links) und der Fluss-Volumen-Kurve (rechts)

sind die Empfehlungen der American Thoracic Society (ATS 2000). Es kann nicht Ziel dieses Buchkapitels sein, die Empfehlungen im Detail zu wiederholen. Dennoch soll ein kurzer Überblick über diese Methodik gegeben werden, weil damit eine wesentliche Verbesserung der Qualitätskontrolle zu erzielen ist.

Es wird folgender Messablauf empfohlen: Nachdem der Proband einige Male ruhig ein- bzw. ausgeatmet hat, wird er aufgefordert, maximal auszuatmen. Nach Erreichen eines exspiratorischen Plateaus erfolgt eine zügige maximale Inspiration (Bestimmung der VC). Nach Erreichen eines inspiratorischen Plateaus schließt sich eine forcierte maximale Exspiration an. Der Proband soll solange ausatmen, bis mindestens über eine Sekunde keine Volumenänderung auftritt (Plateau), die Exspirationsdauer soll außerdem mindestens 6 Sekunden betragen. Nach der Exspiration soll der Proband forciert einatmen, danach wird der Proband aufgefordert, normal weiterzuatmen. Durch diesen Zyklus wird der Proband mindestens dreimal, maximal achtmal geführt. Drei Versuche sollen die Akzeptanzkriterien (ausreichend lange Exspiration, Plateau, ausreichend forcierte Exspiration) erfüllen, die beiden besten Werte die Reproduzierbarkeitskriterien (größte beiden Werte für FEV_1 und VC differieren jeweils nicht mehr als 200 ml). Mindestens drei Versuche sollen sowohl als graphische Darstellung als auch auf Referenzwerte bezogene nummerische Werte dokumentiert werden. Die Atemtechnik des Probanden ist zusätzlich zu dokumentieren.

Beurteilung und Sollwerte

Die spirometrischen Messwerte zeigen neben der interindividuellen Streuung eine Abhängigkeit von der Körpergröße, dem Lebensalter und dem Geschlecht. Obwohl die Sollwertformeln das Gewicht nicht beinhalten, ist eine relevante Adipositas zu berücksichtigen. Im arbeitsmedizinischen Bereich sind weiterhin die Referenzwerte der Europäischen Kommission für Kohle und Stahl (EGKS) relevant (Quanjer et al. 1993; Tabelle 4.3). Es wird auch weiterhin empfohlen (Stand 01/2005), diese Sollwerte zu benutzen, obwohl kürzlich neuere, validere Sollwertformeln publiziert wurden, die in der Regel etwa 5 bis 10% höher liegen (Hankinson et al. 1999, Brändli et al. 1996, Garcia-Rio et al. 2004).

Für die medizinische Bewertung der Lungenvolumina ist neben dem Sollmittelwert (d.h. 50% der Gesunden liegen jeweils darunter oder darüber) der Sollgrenzwert entscheidend. Dieser ist so definiert, dass nur 5% der Gesunden unterhalb dieses Wertes liegen. Bei der Interpretation der EGKS-Sollwerte ist zu berücksichtigen, dass Personen unterhalb des Sollgrenzwertes nur mit einer Wahrscheinlichkeit von etwa unter 1% gesund bzw. mit mehr als etwa 99% Wahrscheinlichkeit krank sind. Zu bedenken ist auch, dass die Sollwerte bei älteren Personen (d.h. solchen über 60 Jahren) weniger valide sind und dass die Atemtechnik bei ihnen schlechter ist, so dass auch die Mindestsollwerte nicht als feststehende Grenzen angesehen werden sollten bzw. die Atemtechnik immer zu berücksichtigen ist. Vorsicht bei der Interpretation ist immer dann geboten, wenn Alter, Körpergewicht oder Größe von der statistischen Norm stark abweichen.

Bodyplethysmographie

Als besonders objektive und allgemein akzeptierte Methode zur Messung des Atemwegswiderstandes gilt die Ganzkörperplethysmographie. Sie ermöglicht eine von der Mitarbeit weitgehend unabhängige, nichtinvasive Messung des Alveolardruckes und der dem Druck zuzuordnenden Strömungsgeschwindigkeit. Die ganzkörperplethysmographische Registrierung des Druckströmungsdiagramms erlaubt die Berechnung der spezifischen Resistance totalis (sR_t; kPa·s), die Darstellung der Verschlussdruckkurve und die Berechnung des thorakalen Gasvolumens. Der Atemwegswiderstand (Resistance totalis, R_t) wird errechnet, indem man den spezifischen Atemwegswiderstand durch das thorakale Gasvolumen dividiert.

Auch wenn die bodyplethysmographische Untersuchung in geringerem Umfang als die spirometrische Untersuchung von der Atemtechnik abhängig ist, bedarf die Auswertung der bodyplethysmographischen Kurven der vom Arzt kontrollierten graphischen Aufzeichnung. Nicht selten werden Artefakte bei der bodyplethysmographischen Messung

Tabelle 4.3. Sollmittelwert und Sollgrenzwertgleichungen. (Nach Quanjer et al. 1993)

Variable	Einheit	Sollmittelwert	RSD	1,64 RSD
Frauen				
IVC	l	4,66L–0,026A–3,28	0,42	0,69
FVC	l	4,43L–0,026A–2,89	0,43	0,71
TLC	l	6,60L–5,79	0,60	0,99
RV	l	1,81L+0,016A–2,00	0,35	0,58
FRC	l	2,24L+0,001A–1,00	0,50	0,82
RV/TLC	%	0,34A+18,96	5,83	9,6
FRC/TLC	%	0,16A+45,1	5,93	9,8
FEV_1	l	3,95L–0,025A–2,60	0,38	0,62
FEV_1/VC	%	–0,19A+89,10	6,51	10,7
PEF	l/s	5,50L–0,030A–1,11	0,90	1,48
MEF_{75}	l/s	3,22L–0,025A+1,60	1,35	2,22
MEF_{50}	l/s	2,45L–0,025A+1,16	1,10	1,81
MEF_{25}	l/s	1,05L–0,025A+1,11	0,69	1,13
Männer				
IVC	l	6,10L–0,028A–4,65	0,56	0,92
FVC	l	5,76L–0,026A–4,34	0,61	1,00
TLC	l	7,99L–7,08	0,70	1,15
RV	l	1,31L+0,022A–1,23	0,41	0,67
FRC	l	2,34L+0,009A–1,09	0,6	0,99
RV/TLC	%	0,39A+13,96	5,46	9,0
FRC/TLC	%	0,21A+43,8	6,74	11,1
FEV_1	l	4,30L–0,029A–2,49	0,51	0,84
FEV_1/VC	%	–0,18A+87,21	7,17	11,8
PEF	l/s	6,14L–0,043A+0,15	1,21	1,99
MEF_{75}	l/s	5,46L–0,029A–0,47	1,71	2,81
MEF_{50}	l/s	3,79L–0,031A–0,35	1,32	2,17
MEF_{25}	l/s	2,61L–0,026A–1,34	0,78	1,28

L Körperlänge (m), *A* Alter (Jahre; zwischen 18 und 25 Jahren sollen 25 Jahre in die Gleichungen eingesetzt werden), *RSD*: residuelle Standardabweichung, d. h. die Standardabweichung der Residuen (gemessene Werte minus der in der Regression ermittelten Sollwerte). Der untere Grenzwert errechnet sich durch Abzug des 1,64fachen der residuellen Standardabweichung vom Sollmittelwert. Der Sollgrenzwert entspricht damit dem unteren 5%-Quantil

nicht erkannt und automatisch durch den Computer zu pathologischen Messwerten hochgerechnet.

Ein spezifischer Atemwegswiderstand von $>1{,}2\,\mathrm{kPa \cdot s}$ bzw. ein Atemwegswiderstand von $>0{,}35\,\mathrm{KPa \cdot s \cdot l^{-1}}$ ist auffällig. Bewährt hat sich eine Kombination aus Bodyplethysmographie und Spirometrie, beide Verfahren liefern wertvolle und sich ergänzende Informationen über die Atemmechanik.

Bestimmung der (unspezifischen) bronchialen Hyperreaktivität

Eine besondere Rolle in der pneumologischen Begutachtung spielen Patienten, die unter variabler Dyspnoe leiden, ohne dass sie bei der Basisuntersuchung eine (obstruktive) Ventilationsstörung aufweisen. Hier kann der Nachweis einer bronchialen Hyperreaktivität einen Baustein in der Diagnose einer obstruktiven Atemwegserkrankung liefern, das Fehlen einer bronchialen Hyperreaktivität schließt ein Asthma weitgehend aus (hoher negativer prädiktiver Wert). Eine weitere Indikation ist die Messung der bronchialen Hyperreaktivität vor und nach spezifischer Provokationstestung. Insbesondere bei Spätreaktionen wurde eine Zunahme der bronchialen Hyperreaktivität am Tag nach spezifischer Provokation beschrieben.

Es gibt eine Vielzahl verschiedener Methoden zur Messung der bronchialen Hyperreaktivität, die sich in der Praxis bewährt haben. Eine allgemein gültige Festlegung auf ein bestimmtes Verfahren ist weiterhin nicht möglich. Einstufige Testverfahren sind aufgrund der fehlenden Möglichkeit der Verlaufsbeobachtung und einer möglichen Gefährdung des Untersuchten obsolet. Im Folgenden werden mit einer kurzen Beschreibung der sog. Reservoirmethode und dem ATS-Dosimeterprotokoll zwei Verfahren herausgegriffen und näher beschrieben, die für die Begutachtung deshalb geeignet sind, weil sie weit verbreitet, praktikabel, sicher und in Deutschland kommerziell erhältlich sind.

Da ein Test bei Verwendung standardisierter Verfahren ungefährlich ist, gibt es nur wenige absolute Kontraindikationen (Deutsche Gesellschaft für Innere Medizin 1998): In der Regel wird der Test bei jüngeren Personen durchgeführt, somit ist lediglich die vorhergehende Medikation mit Bronchodilatatoren eine relevante Kontraindikation. Methacholin hat sich aufgrund der geringen unerwünschten Wirkungen als unspezifischer Stimulus vor anderen Stimuli durchgesetzt. Derzeit liegt auch nur für Methacholin eine Zulassung zur bronchialen Provokationstestung vom Bundesinstitut für Arzneimittel und Medizinprodukte (BfArM) vor. Die Messung des Effektes sollte anhand der Einsekundenkapazität erfolgen, es existieren Hinweise, dass die Verwendung des sR_t andere Ergebnisse liefert und der Test damit weniger spezifisch ist.

Reservoirmethode

Methacholin wird mittels der Reservoirmethode (Provotest II, Pari, Starnberg; Hauptverband der Gewerblichen Berufsgenossenschaften 2004) während langsamer inspiratorischer Vitalkapazitätsmanöver über ein Mundstück verabreicht. Das Füllvolumen des Verneblers beträgt 5 ml, keinesfalls weniger als 3 ml.

Mit dem Pari-Provotest II wird eine Menge von ca. 0,093 ml Provokationslösung pro Minute in einen Plastikbeutel vernebelt. Danach wird ca. 1 Minute gewartet, so dass große Partikel absedimentieren können. Dann wird über einen Dreiwegehahn der Luftweg zu einem Mundstück freigegeben. Das Atemmanöver sollte aus langsamen Atemzügen bis zur TLC bestehen. Die ausgeatmete Luft wird über ein exspiratorisches Ventil durch einen wirksamen Atemluftfilter abgeleitet, so dass kein Methacholin in die Umgebung gelangt. Bevor ein neuer Reservoirbeutel verwendet werden kann, muss er dreimal mit 10 l Aerosol (z.B. aus NaCl 0,9%) gefüllt werden, um elektrostatische Ladungen abzusättigen. Der Reservoirbeutel sollte einmal in der Woche erneuert werden. Zur Anwendung verschiedener Konzentrationen braucht der Beutel nicht gewechselt zu werden.

Es handelt sich um einen 1-Konzentrations-5-Stufentest. 0,5 l, 1 l, 2 l, 4 l und 8 l vernebeltes Methacholin 3,3 mg/ml (0,33%) werden in den Reservoirbeutel geleitet und jeweils anschließend inhaliert. Hieraus ergibt sich für den Pari-Provotest II das in Tabelle 4.4 aufgeführte Schema.

Tabelle 4.4. Provokationsdosen im Methacholin-Provokationstest (Provotest II)

Aerosolisierte Luftmenge (l)	MCH-Konzentration (mg/ml)	MCH-Einzeldosis[a] (µg)	MCH-kumulative Dosis[a] (µg)
0,5	3,3	15	15
1	3,3	30	45
2	3,3	60	105
4	3,3	120	225
8	3,3	240	465

[a] Es handelt sich jeweils um die am Mundstück (Mund) gemessene Dosis. Die für den Provotest I errechneten Dosen sind geringfügig niedriger. Im dargestellten Schema sind die Dosen gerundet, eine detailliertere Angabe ist nicht sinnvoll

Die spirometrische Messung sollte etwa 2 Minuten nach Inhalationsende erfolgen. Eine Validierung des Tests erfolgte bisher nur eingeschränkt, die bisherigen Erfahrungen mit diesem in deutschsprachigen Ländern eingesetzten Test zeigen, dass der Test praktikabel und sicher, das Equipment wartungsarm ist. Die Angabe einer $PD_{20}FEV_1$ (Provokationsdosis, die zu einem Abfall der Einsekundenkapazität von 20% führt) ist bei der Begutachtung wünschenswert. Ein Abfall der Einsekundenkapazität von mindestens 20% der Basisuntersuchung ist mit der Maximaldosis dieses Schemas bei asymptomatischen Personen selten (ca. 10–15%). Eine Verschlechterung einer bronchialen Hyperreaktivität ist festgestellt, wenn sich die Reaktivität um zwei Inhalationsstufen reduziert.

ATS-Dosimeter-Methode

Kürzlich wurde von der ATS ein 5-Konzentrations-5-Stufentest empfohlen (ATS 2000). Die Methodik ist mit einem APSpro-Dosimeter und einem DeVilbiss 646-Vernebler der Fa. Viasys, Würzburg, kommerziell erhältlich. Das Füllvolumen beträgt mindestens 2 ml. Das Schema erfordert die Herstellung von 5 Methacholinkonzentrationen. Bei einem Vernebleroutput von 900 ml/min errechnet sich bei einer konstanten Vernebelungszeit von 0,6 Sekunden und jeweils 5 Atemzügen pro Stufe das in Tabelle 4.5 dargestellte Schema.

Das Vorliegen einer bronchialen Hyperreaktivität begründet bereits eine obstruktive Atemwegserkrankung. Eine symptomatische bronchiale Hyperreaktivität ist in der Unfallversicherung Mindestvoraussetzung für den Leistungsfall.

Blutgase

Die Blutgasanalyse ist für alle Fälle erforderlich, bei denen respiratorische Beschwerden angegeben werden. Eine Hypoxie kann verursacht sein durch Hypoventilation (erkennbar am Kohlendioxidpartialdruck),

Tabelle 4.5. Provokationsdosen im Methacholin-Provokationstest (ATS)

Stufe	MCH-Konzentration (mg/ml)	MCH-Einzeldosis[a] (µg)	MCH-kumulative Dosis[a] (µg)
1	0,0625	3	3
2	0,25	12	15
3	1	45	60
4	4	180	240
5	16	720	960

[a] Die Inhalation erfolgt mit Inspirationsmanövern bis zur TLC in ca. 5 Sekunden und einem Atemfluss von ca. 1–1,5 l/s. Die ATS empfiehlt Atemanhalten von 5 Sekunden nach jedem Atemzug. Die Messung erfolgt nach ATS 30 und 90 Sekunden nach Inhalationsende, zwischen den Inhalationen sind Abstände von 5 Minuten einzuhalten. Ein Abfall der Einsekundenkapazität bis Stufe 4 gilt als bronchiale Hyperreaktivität, bei Stufe 5 liegt ein Grenzbefund vor. Eine Validierung des Tests erfolgte bisher nicht. Vorteile des Tests sind seine konkrete Empfehlung durch die größte Fachgesellschaft der Welt, die hohe Sicherheit aufgrund der sehr geringen Anfangsdosis und die Einfachheit der Kalibrierung, die durch Wiegen erfolgt. In einer eigenen Pilotstudie an 50 Probanden wurde eine gute Übereinstimmung zwischen ATS-Dosimeterprotokoll und Pari-Provotest II festgestellt

Diffusionsstörung, Shunt oder Ventilations-Perfusionsstörung. Bei der Bewertung der arteriellen Sauerstoffpartialdrücke ist zu berücksichtigen, dass diese wegen der schon unter physiologischen Bedingungen herrschenden Inhomogenität von Ventilation, Perfusion und Diffusion zeitlichen und interindividuellen Schwankungen unterliegen (Reichel 1993). In der Regel werden die Blutgase kapillär aus dem hyperämisierten Ohrläppchen entnommen. Der Untersuchte sollte sich ausreichend lange an die Temperatur im Untersuchungsraum adaptiert haben. Die Untersuchung sollte als Doppelbestimmung möglichst im Liegen erfolgen, der Untersuchte sollte nicht sprechen. Nur deutliche Abweichungen von dem durch Alter wesentlich bestimmten statistischen Mittelwert können als eindeutig pathologisch angesehen werden. Eine Festlegung auf verschiedene Sollwertsysteme erfolgte bislang nicht (Woitowitz et al. 1969, Ulmer u. Reichel 1983). Raucher weisen gegenüber Nichtrauchern deutlich niedrigere Sauerstoffpartialdrücke auf. Nicht plausible Ergebnisse sollten zu einem anderen Zeitpunkt bzw. durch arterielle Probenahme kontrolliert werden.

Eine für die Begutachtung wesentliche Untersuchung stellt die Messung der Blutgase unter körperlicher Belastung dar. Anders als bei der „kardiologischen" Belastung ist eine submaximale Belastung unter Gleichgewichtsbedingungen (Steady-state) ausreichend. Hierfür soll die Belastungsdauer mindestens 4 Minuten, die Belastungshöhe etwa 75% der maximalen Belastung (Tabelle 4.6) betragen.

Neben den Blutgasen ist die Dyspnoe des Untersuchten als weitere Zielgröße zu dokumentieren. Ein pathologischer Abfall des Sauerstoffpartialdrucks wird definiert als Abfall um mindestens 5 mmHg in den pathologischen Bereich. Es muss berücksichtigt werden, dass ein durch Herzerkrankungen verminderter kardialer Output über eine Vergrößerung der arteriovenösen Differenz ebenfalls zu einem deutlichen Abfall des arteriellen Sauerstoffdruckes im gemischtarteriellen Blut führt, ohne dass diesen Veränderungen eine Lungenfunktionsstörung oder eine Diffusionsstörung zugrunde liegt.

Spiroergometrie

In der Leistungs- und Sportmedizin wird der Gasaustausch und das Verhalten von Herz und Kreislauf während ansteigender körperlicher Belastung zur Beurteilung der Leistungsfähigkeit herangezogen. Neben den maximal erreichten Werten (maximale Sauerstoffaufnahme, Herzfrequenz, Ventilation und Leistung) spielen submaximale Schwellenwerte, wie zum Beispiel die aerobe Schwelle („aerobic threshold"), eine Rolle, die mit der Ausdauerleistung der Probanden gut korrelieren. Es gibt viele Festlegungen und Bestimmungsmethoden, die häufig von den vorhandenen Geräten und Handbüchern übernommen werden. Meist bestimmt das Herz die Leistungsfähigkeit, da die Lungen große Reserven aufweisen. Bei pulmonalen Krankheiten und Erkrankungen der Atemwege kann die Atmung leistungslimitierend werden.

Eine spiroergometrische Untersuchung und ihre Auswertung ist ein komplexes Verfahren und setzt trotz der heutigen Computerunterstützung einige Erfahrung voraus. Die Zuordnung einer Dyspnoe zu einer kardialen oder pulmonalen Erkrankung und die Beurteilung einer etwaigen Interaktion sowie eine verfeinerte Quantifizierung der Belastbarkeit ist – wie die Abgrenzung von Trainingsmangel, fehlender Motivation und mangelnder Mitarbeit – im Einzelfall mitunter schwierig, aber grundsätzlich möglich. Für eine weitere Ausführung der Methodik sowie der Interpretation der Ergebnisse wird auf das Standardwerk der Spiroergometrie (Wasserman et al. 1999) sowie internationale Empfehlungen verwiesen (ATS 2003).

CO-Transferfaktor (CO-Diffusionskapazität)

Die Untersuchung erfolgt heute fast ausschließlich im Single-breath-Verfahren, bei dem der Patient nach Einatmung eines ca. 0,2% CO enthaltenden Gasgemisches 10 s lang die Luft anhält. Die Sollwerte nach Cotes et al. (1993) betragen dabei für

- Frauen:

Sollmittelwert: $T_{L,CO} = 0{,}0818 \cdot H - 0{,}049 \cdot A - 2{,}47$ $[\text{mmol} \times \text{min}^{-1} \times \text{kPa}^{-1}]$

Tabelle 4.6. Maximale körperliche Belastung

Frauen									
Alter (Jahre)	20–24	25–29	30–34	35–39	40–44	45–49	50–54	55–59	60–64
Watt	150	145	140	135	130	130	125	120	115
Männer									
Alter (Jahre)	20–24	25–29	30–34	35–39	40–44	45–49	50–54	55–59	60–64
Watt	230	220	210	200	190	180	165	160	145

Sollgrenzwert: Solluntergrenze = Sollmittelwert−1,92

- Männer:

Sollmittelwert: $T_{L,CO} = 0{,}1111 \cdot H - 0{,}066 \cdot A - 6{,}03$ $[\text{mmol} \times \text{min}^{-1} \times \text{kPa}^{-1}]$

Sollgrenzwert: Solluntergrenze = Sollmittelwert−2,32

Dabei ist *H* Körpergröße [cm], *A* Alter [Jahre], Altersbereich = 25–70 Jahre. Der Transferkoeffizient K_L leitet sich aus dem Transferfaktor T_L ab, und zwar indem Letzterer durch das Alveolarvolumen V_A dividiert wird. So gilt für Kohlenmonoxid: $K_{L,CO} = T_{L,CO} \cdot V_A^{-1}$.

Da die bereits physiologischerweise vorkommenden Ventilations-Perfusionsstörungen ebenso in die Messung eingehen wie Diffusionsstörungen, ist die sogenannte „CO-Diffusionskapazität" nicht ohne weiteres mit der den Sauerstoffaustausch begrenzenden Diffusionskapazität gleichzusetzen. Die Einzelkomponenten, die zu einem eingeschränkten Transferfaktor führen, lassen sich nicht differenzieren. Es wird deshalb empfohlen, die Bezeichnung „CO-Diffusionskapazität" durch die Bezeichnung „CO-Transferfaktor" zu ersetzen.

Die Methode ist technisch anspruchsvoll. Der Wert sollte deshalb nur synoptisch mit anderen Befunden, insbesondere dem arteriellen Sauerstoffpartialdruck unter Belastung, bewertet werden. Zu beachten sind falsch niedrige Werte durch Zigarettenrauchen oder eine Anämie. Während sich eine Anämie rechnerisch korrigieren lässt, kommt es bei erhöhtem COHb offensichtlich zu über die Wirkung des so genannten „back-pressures" hinausgehenden Effekten auf das Gefäßsystem, so dass eine rechnerische Korrektur nicht ausreicht. Der Test sollte deshalb nur ohne Einfluss eines Zigarettenrauchens durchgeführt werden. Bei interstitiellen Lungenerkrankungen ist der CO-Transferfaktor ein sensitiver Früherkennungsparameter, bei obstruktiven Atemwegserkrankungen deutet eine Einschränkung auf ein Lungenemphysem hin, beweist dieses aber nicht, da auch ausgeprägte Verteilungsstörungen zu einer Einschränkung führen (ATS 1995).

Messung der Compliance

Bei restriktiven Ventilationsstörungen bzw. Lungenfibrosen kann die Spirometrie durch Aufzeichnung einer quasi unter statischen Verhältnissen aufgenommenen Druck-Volumen-Kurve der Lunge ergänzt werden (Ulmer et al. 1991). Aus der mit der Ösophagus-Druckmethode gewonnenen Druck-Volumen-Kurve der Lunge ist die Berechnung der so genannten Compliance möglich, die Schlüsse auf die Lungendehnbarkeit gestattet. Bei diesem Verfahren werden die Ösophagus-Druckschwankungen den für die Bestimmung der Lungendehnbarkeit entscheidenden intrathorakalen Druckschwankungen gleichgesetzt. Von dieser Voraussetzung kann man jedoch bei Übergewichtigen, aber auch bei pleuropulmonalen Prozessen, nicht ohne Weiteres ausgehen, so dass sich in Einzelfällen bei der Interpretation der Compliance Schwierigkeiten ergeben. Die statische Compliance des Erwachsenen schwankt zwischen etwa 0,18 und 0,24 l/cm H_2O. Der Wert sinkt im Falle fibrotischer Prozesse ab und steigt beim Emphysem etwas an (Gillissen et al. 1989). Da es sich um eine semiinvasive Methode handelt und die Beurteilung schwierig ist, ist in der Messung der Compliance eine ergänzende, für die Begutachtung weniger wichtige Methode zu sehen.

Ergänzende Lungenfunktionsmessmethoden

Es existiert eine Fülle ergänzender Methoden, insbesondere zur Messung des Atemwiderstandes (z. B. Impulsoszillometrie, Unterbrechermethode und andere). Diese Methoden wurden nur teilweise mit den oben dargestellten Standardverfahren verglichen und bedürfen weiterer Evaluation. Deshalb wird an dieser Stelle auf eine ausführliche Darstellung verzichtet.

Literatur

American Thoracic Society (1995) Standardization of spirometry – 1994 update. Am Rev Respir Dis 152:1107–1136

American Thoracic Society (1995) Single-breath carbon monoxide diffusing capacity (transfer factor). Recommendations for a standard technique – 1995 update. Am J Respir Crit Care Med 152:2185–2198

American Thoracic Society (2000) Guidelines for methacholine and exercise challenge testing – 1999. Am J Respir Crit Care Med 161:309–329

American Thoracic Society (2003) ATS/ACCP statement on cardiopulmonary exercise testing. Am J Respir Crit Care Med 167:211–277

Brändli O et al (1996) Lung function in healthy never smoking adults: reference values and lower limits of normal of a Swiss population. Thorax 51:277–283

Cotes JE et al (1993) Standardization of the measurement of transfer factor (diffusing capacity). European Community for Steel and Coal. Official statement of the European Respiratory Society. Eur Respir J 6:41–52

Deutsche Gesellschaft für Innere Medizin (1998) Empfehlungen zur Durchführung bronchialer Provokationstests mit pharmakologischen Substanzen. Pneumologie 52:214–220

Garcia-Rio F et al (2004) Spirometric reference equations for European females and males aged 65–85 yrs. Eur Respir J 24:397–405

Gillissen A et al (1989) Static compliance in subjects with intact lungs. Respiration 55:176–180

Hankinson JL et al (1999) Spirometric reference values from a sample of the general U.S. population. Am J Respir Crit Care Med 159:179–187

Hauptverband der Gewerblichen Berufsgenossenschaften (2004) Berufsgenossenschaftliche Grundsätze für arbeitsmedizinische Vorsorgeuntersuchungen. Gentner, Stuttgart

Quanjer Ph et al (1993) Lung volumes and forced ventilatory flows. Report working party standardization of lung function tests. European community for Steel and Coal. Official statement of the European Respiratory Society. Eur Respir J 6:5–40

Reichel G (1993) Standard und Praxis der funktionellen Diagnostik chronischer Lungenerkrankungen. Atemw Lungenkrkh 19:67–72

Ulmer WT et al (1983) Untersuchungen über die Altersabhängigkeit der alveolären und arteriellen Sauerstoff- und Kohlensäuredrücke. Klin Wochenschr 41:1–6

Ulmer WT et al (1991) Die Lungenfunktion. Thieme, Stuttgart New York

Wasserman K et al (1999) Principles of Exercise Testing and Interpretation, 3rd ed. Lippincott, Philadelphia

Woitowitz et al (1969) Feldstudie zum Normverhalten der arteriellen Blutgase und des pH berufstätiger Männer und Frauen vor und gegen Ende dosierter Belastung im Hinblick auf die Begutachtung. Arch Kreislaufforsch 58:35–53

4.6.2 Schlafapnoe

K. Rasche und G. Schultze-Werninghaus

Die Diagnostik des obstruktiven Schlafapnoe-Syndroms (*OSAS*) erfolgt in 4 Stufen. Stufe 1 umfasst Anamnese (lautes und unregelmäßiges Schnarchen, Atemstillstände im Schlaf, exzessive Tagesmüdigkeit) und körperliche Untersuchung (Adipositas, kurzer Hals, Retro- bzw. Mikrognathie, Makroglossie, Obstruktion der oberen Atemwege). Stufe 2 beinhaltet die klinische Untersuchung (Erfassung von Stoffwechsel- und Herz-Kreislauf-Erkrankungen, Ventilationsstörungen, neurologischen und psychiatrischen Erkrankungen). In Stufe 3 wird eine ambulante Polygraphie (Erfassung von Atemgasfluss, Sauerstoffsättigung, Herzfrequenz, Atemgasanstrengung, Schnarchgeräuschen, Körperlage im Schlaf) durchgeführt. Bei typischer Anamnese und pathologischer ambulanter Polygraphie ist in Stufe 4 die Polysomnographie (Schlaflaboruntersuchung mit Messumfang der ambulanten Polygraphie sowie zusätzlicher Schlafstadienanalyse) indiziert. Die Schweregradeinschätzung erfolgt anhand von Apnoe- bzw. Apnoe-Hypopnoe-Index, Arousal-Index sowie Erfassung der Ausprägung der Hypersomnie (Fragebogen, MSLT, Vigilanztest).

Die Diagnostik der Schlafapnoe erfolgt unter Anwendung einer Stufendiagnostik, die in Tabelle 4.7 dargestellt ist (Evidenzlevel 5) (Fischer et al. 2001, Hader et al. 2004). Ziel der Stufendiagnostik ist es, raschen Aufschluss über die Dringlichkeit einer *Polysomnographie* (Schlaflaboruntersuchung) zu erlangen. Diese wiederum ermöglicht die Indikationsstellung zur Therapie (Evidenzlevel 1 c) (Fischer et al. 2001).

- Die in der *Anamnese (Stufe 1 der Diagnostik)* erfragbaren typischen Symptome eines OSAS sind lautes und unregelmäßiges Schnarchen mit fremdanamnestisch beobachteten Atemstillständen im Schlaf in Verbindung mit exzessiver Tagesmüdigkeit und spontaner Einschlafneigung (Evidenzlevel 1 c) (Fischer et al. 2001, Hader et al. 2004). Zur Erfassung des Schweregrades der Hypersomnie werden zusätzlich standardisierte Fragebögen angewandt, die ebenso in der Verlaufskontrolle eingesetzt werden. Der am häufigsten benutzte Fragebogen im deutschsprachigen Raum ist die deutsche Übersetzung der Epworth Sleepiness Scale (ESS). Bei einem ESS-Score >10 liegt eine pathologische Tagesschläfrigkeit vor (Evidenzlevel 1 b) (Fischer et al. 2001). Diese gibt Anlass zu einer weiteren Abklärung.
  Bei der *körperlichen Untersuchung (Stufe 1 der Diagnostik)* wird auf anatomische Risikofaktoren für ein OSAS wie eine Adipositas, ein kurzer Hals, eine Retro- bzw. Mikrognathie, eine Makroglossie sowie eine behinderte Nasenatmung geachtet. Die oberen Atemwege müssen im Hinblick auf okkludierende anatomische Veränderungen inspiziert werden. Darüber hinaus sollte auf Zeichen von endokrinologischen Erkrankungen geachtet werden, die ein OSAS fördern können, etwa eine Hypothyreose oder eine Akromegalie (Evidenzlevel 5) (Fischer et al. 2001, Hader et al. 2004).
- Die *klinische Untersuchung (Stufe 2 der Diagnostik)* dient ebenfalls der Erkennung von Stoffwechsel- und Herz-Kreislauf-Erkrankungen, Ventilationsstörungen sowie neurologischen und psychiatri-

Tabelle 4.7. Stufendiagnostik des obstruktiven Schlafapnoesyndroms

▮ Stufe 1: Anamnese und körperliche Untersuchung
▮ Stufe 2: klinische Untersuchung
▮ Stufe 3: (ambulante) Polygraphie im Schlaf
▮ Stufe 4: Polysomnographie (Schlaflaboruntersuchung)

schen Erkrankungen. Bei Verdacht auf eines dieser Krankheitsbilder sind zur Risikoabschätzung ergänzende apparative und laborchemische Untersuchungen sinnvoll (u.a. Röntgenaufnahme der Thoraxorgane, Laborchemie wie TSH basal, Lungenfunktion, Blutgasanalyse, Atemmuskelfunktionsprüfung, EKG, Echokardiographie, Langzeitblutdruckmessung, Langzeit-EKG, Ergometrie; Evidenzlevel 5) (Fischer et al. 2001, Hader et al. 2004).

- Ist die vermutete Schlafstörung nicht zweifelsfrei durch Untersuchungen der Stufen 1 und 2 zu klären, sollte ein ambulantes, nächtliches *kardiorespiratorisches Monitoring* (*Stufe 3 der Diagnostik*) im häuslichen Bereich durchgeführt werden. Man spricht hierbei auch von einer *ambulanten Polygraphie*. Die hierzu angewandten Geräte sind sog. nicht schlaflaborgebundene Systeme, die einen Überblick über den nächtlichen kardiorespiratorischen Befund ohne Schlafanalyse erlauben (Evidenzlevel 1b) (Fischer et al. 2001, Hader et al. 2004). Die Geräte erfassen den Atemgasfluss an Mund und Nase, die Sauerstoffsättigung, die Herzfrequenz, die Atemanstrengung, Schnarchgeräusche sowie die Körperlage.
- Bei typischer Anamnese sowie pathologischer ambulanter Polygraphie ist die Indikation zur *Polysomnographie* (*Stufe 4 der Diagnostik*) im Schlaflabor gegeben. Die Polysomnographie ist der Goldstandard für die Diagnose und Differenzialdiagnose schlafbezogener Atmungsstörungen (Evidenzlevel 1b) (Fischer et al. 2001, Hader et al. 2004). Während einer Polysomnographie werden verschiedene physiologische Parameter während des Schlafs zeitgleich registriert und überwacht. Neben den o.g. Messgrößen der Stufe 3 der Diagnostik sind dies insbesondere Elektroenzephalogramm, Elektrookulogramm und Elektromyogramm zur Schlafstadienanalyse. Die in Tabelle 4.8 genannten Parameter sind Bestandteil einer Standardpolysomnographie.

Die *Schweregradeinschätzung* eines OSAS erfolgt u.a. am *Apnoe-Index (AI)* bzw. *Apnoe-Hypopnoe-Index (AHI)*, Indizes, die die Anzahl von Apnoen (AI) bzw. Apnoe- und Hypopnoe-Episoden (AHI) pro Stunde

Tabelle 4.8. Messparameter einer Standardpolysomnographie

Elektroenzephalogramm (EEG)
Elektrookulogramm (EOG)
Elektromyogramm (EMG)
Atemgasfluss
Atemanstrengung
Sauerstoffsättigung
Elektrokardiogramm (EKG)

Schlaf angeben. AI und AHI können somit nur bei gleichzeitiger Registrierung der Schlafstadien ermittelt werden. Da dieses im Rahmen der ambulanten Polygraphie nicht der Fall ist, spricht man bei dem hier berechneten respiratorischen Index vom *Respiratory-disturbance-Index (RDI)*. Er entspricht weitestgehend dem AHI. Nach allgemeiner Übereinkunft ist ein RDI >40 sicher behandlungsbedürftig (Evidenzlevel 5) (Fischer et al. 2001, Hader et al. 2004). AI, AHI und RDI sind aber alleine genommen unzuverlässig für die Beurteilung des OSAS-Schweregrades. Vielmehr müssen bei der Schweregradeinschätzung andere Faktoren wie das Ausmaß der Schlafstrukturstörung, z.B. gemessen am Weckreaktionsindex (sog. Arousal-Index), und das Ausmaß der Tagesschläfrigkeit (Hypersomnie) berücksichtigt werden. Beim *Arousal-Index* handelt es sich um die polysomnographisch ermittelte Anzahl von Weckreaktionen pro Stunde Schlaf. Im Allgemeinen sind mehr als 10 Arousals pro Stunde pathologisch (Evidenzlevel 1c) (Fischer et al. 2001). Die Hypersomnie wird subjektiv (z.B. mit standardisierten Fragebögen) und objektiv mit elektrophysiologischen und elektropsychologischen Testverfahren ermittelt (z.B. Multipler Schlaflatenztest, Vigilanztests; Evidenzlevel 1c) (Fischer et al. 2001, Hader et al. 2004).

Literatur

Fischer J, Mayer G, Peter JH, Riemann D, Sitter H (2001) Leitlinie „S2" der Deutschen Gesellschaft für Schlafforschung und Schlafmedizin (DGSM) „Nicht-erholsamer Schlaf". Somnologie 5 (Suppl 3):1–258

Hader C, Sanner B, Rasche K (2004) Das obstruktive Schlafapnoe-Syndrom – Diagnostik. Dtsch Med Wochenschr 129:20–23

4.6.3 Allergische Atemwegs- und Lungenkrankheiten

G. Schultze-Werninghaus

Grundlagen der Diagnostik

Allergische Erkrankungen des oberen und unteren Atemtraktes und der Lungen werden durch Inhalationsallergene verursacht. Selten können darüber hinaus Symptome der Atmungsorgane auch durch Allergenaufnahme über den Magen-Darm-Trakt (nutritive Allergene) oder die Haut (Kontaktallergene, Injektionsallergene) ausgelöst werden. Grundsätzlich ist bei dem Verdacht auf eine beruflich bedingte Erkrankung der Atemwege (Rhinopathie, obstruktive Atemwegserkrankung) oder des Lungenparenchyms (Alveolitis) eine allergische Pathogenese zu erwägen und eine angemessene Zusammenhangsdiagnostik (=Allergiediagnostik) durchzuführen.

Die Schwierigkeiten einer korrekten Diagnosestellung sind nicht unbeträchtlich. Sie beruhen vor allem auf folgendem Sachverhalt:

Allergische Erkrankungen sind in der Allgemeinbevölkerung häufig, daher stößt eine Abgrenzung beruflicher und außerberuflicher kausaler Faktoren oft auf Schwierigkeiten. Zusätzliche unspezifische Faktoren spielen in der Pathogenese allergischer Erkrankungen und in deren Verlauf eine Rolle, vor allem bezüglich des Hyperreagibilitätsgrades der Atemwege. Da sie kaum quantifizierbar sind, ist die Bedeutung nachweisbarer allergischer Pathomechanismen nicht immer sicher abgrenzbar. Allergologische Nachweisverfahren existieren nur für einen Teil der Berufsallergene. Für niedermolekulare Berufsallergene fehlen im Regelfall spezifische diagnostische Verfahren. Bei einem erheblichen Teil der Berufsstoffe ist der Pathomechanismus der Krankheitsverursachung nicht bekannt, weshalb keine zuverlässigen diagnostischen Verfahren existieren.

Ubiquitäre Allergene

Inhalationsallergene

sind zumeist Glykoproteine, überwiegend mit einem Molekulargewicht zwischen 10 und 40 kD, die in der Lage sind, eine Antikörperbildung (bei allergischem Asthma IgE, evtl. IgG, bei allergischer Alveolitis IgG) zu induzieren. Wie sich mittels elektrophoretischer Verfahren zeigen lässt, enthalten Allergenträger, wie Pollenkörner oder Milbenkot, meistens eine Vielzahl von Proteinen; diese wiederum besitzen spezielle Molekülabschnitte (Epitope), gegen die sich die IgE-Antikörperbildung richtet. Die Antikörperbildung ist individuell unterschiedlich, so dass jeder Sensibilisierte sein eigenes Sensibilisierungsmuster besitzt. Diese individuellen Unterschiede sind für die Zuverlässigkeit diagnostischer Verfahren von Bedeutung (z. B. die Qualität der Testmaterialien, die nicht immer alle relevanten Antigenstrukturen = Epitope enthalten).

Mit physikochemischen und immunchemischen Verfahren sind in den vergangenen Jahren eine Reihe wichtiger Allergene hoch gereinigt und gut charakterisiert worden, unter anderem solche von Milben, Pollen, einigen Tierspezies einschließlich Ratte sowie von Mehlen.

Trotz der Fülle potentieller Allergene verursacht nur eine kleine Zahl von Inhalationsallergenen die häufigen Atemwegserkrankungen:

Ubiquitäre Allergene:

- Hausstaubmilben (Dermatophagoides pteronyssinus und Dermatophagoides farinae), weitere Milben, so genannte Speisemilben (Tyroglyphus putrescens, Glycyphagus destructor, Acarus ciro u. a. m.);
- Pollen von Gräsern einschließlich Roggen und einigen Bäumen und Sträuchern (Birke, Erle, Hasel und Buche);
- Schimmelpilzsporen, insbesondere von Alternaria tenuis und Cladosporium herbarum, seltener Aspergillus- und Penicillium-Arten sowie zahlreiche weitere Spezies.

Individuelle Allergene:

- Haustiere (Katze, Hund, Pferd, Nagetiere) – Katzenallergene sind so verbreitet, dass sie auch als ubiquitär eingestuft werden;
- Berufsallergene (siehe unten).

Nahrungsmittelallergien

verursachen keineswegs nur Magen-Darm-Symptome, sondern bei Aufnahme ausreichender Mengen auch Atemwegssymptome. Kennzeichnend für nahrungsmittelallergische asthmatische Reaktionen ist häufig die Kombination mit gleichzeitigen Symptomen des Oropharynx und/oder des Magen-Darm-Traktes. Dementsprechend lässt sich in derartigen Fällen durch orale Provokationstests mit dem Verdachtsallergen eine Atemwegsobstruktion auslösen.

Wichtige Nahrungsmittelallergene sind:

- Ei-, Milch- und Fischallergene,
- Hülsenfrüchte (Erbse, Bohne, Linse, Erdnuss u. v. a.),
- alle Nussarten,
- Stein- und Kernobst,
- Karotten, Sellerie und diverse Gewürze.

Es gibt charakteristische Assoziationen von Inhalations- und Nahrungsmittelallergien durch Allergengemeinschaften, auch bei botanisch sehr verschiedenen Spezies, so die Kombination von Inhalationsallergie gegen Birken-(Hasel-, Erlen-, Buchen-, Eichen-)pollen und oropharyngealen oder gastrointestinalen Reaktionen auf Stein- und Kernobst, wie Apfel, Pflaume und Pfirsich sowie Hasel- und Walnüsse. Ein weiteres Beispiel ist die Kombination von Beifußpollen-Inhalationsallergie mit nutritiver Allergie gegen Gewürze bzw. Gewürzmischungen, wie Sellerie, Anis, Curry, Kümmel und Paprika sowie Kamille.

Ähnliche Symptome können auch auf nichtallergischem Wege, d. h. ohne die Beteiligung spezifischer Antikörper, ausgelöst werden, so bei den anaphylaktoiden Reaktionen (= pseudoallergische oder Intoleranzreaktionen) auf Medikamente und Nahrungsmittelzusätze.

Berufsallergene

Berufsallergene lassen sich in hochmolekulare Stoffe tierischer und pflanzlicher Herkunft sowie niedermolekulare Stoffe einteilen; es sind mehrere hundert Berufsallergene beschrieben (Tabelle 4.9).

Tabelle 4.9. Allergene bzw. chemisch-toxisch oder irritativ wirksame Ursachen des Berufsasthmas. (Auswahl; nach Fuchs 1988)

Herkunft der Allergene/Noxe	Vorkommen/Beruf
▮ Allergene tierischer Herkunft	
Säuger	
– Pferd, Rind, Schaf, Katze, Hund	Landwirtschaft, Tierärzte
– Kaninchen, Meerschweinchen, Ratte, Maus	Laboranten, Wissenschaftler
– Elefant, Löwe	Zoo, Tierwärter
– Nerz, Marder	Kürschner, Pelznäher
Vögel	
– Hühner, Gänse, Ziervögel	Tierhandel, Geflügelzucht
Insekten	
– Käfer, Motten	Mehlberufe, Zoologen
– Zuckmücken, Wasserflöhe	Zierfischzüchter
– Spinnmilben, Vorratsmilben	Landwirte
Bakterielle Enzyme	
– Proteasen	Chemische Industrie
▮ Allergene pflanzlicher Herkunft	
– Mehle (Roggen, Weizen, Soja)	Bäcker, Müller
– Getreidestäube	Landwirte
– Holzstäube (insbesondere tropische Hölzer)	Schreiner
– Kaffeestaub	Kaffeeindustrie, Verladearbeiter
– Rizinusbohnen	Ölmüller, Verladearbeiter
– Zwiebelpflanzen	Gärtner
– Pollen (u.a. Korbblütler)	Gärtner
– Pilzsporen	Landwirte, Müller, Gärtner, Abbrucharbeiter
– Latex	Ärzte, Pflegepersonal
– Pflanzliche Enzyme, Proteasen	Chemische Industrie
– Pilzenzyme, Amylasen	Chemische Industrie, Bäcker
▮ Allergene chemischer Herkunft	
– Säureanhydride	Chemische Industrie
– Isozyanate	Chemische Industrie, Spritzlackierer, Maler
– Antibiotikastäube	Chemische Industrie, Krankenhauspersonal
– Platinsalze	Platinscheidereien, Katalysatorfertigung

▮ Hochmolekulare Allergene

▮ Pflanzliche Allergene. Allergische Reaktionen sind gegen Bestandteile zahlreicher Pflanzen nachgewiesen worden, z.B. gegen Allergene aus Mehlstäuben, Pollen von Korbblütlern (die als ubiquitäre Allergene keine Bedeutung besitzen), Narzissen- und Tulpenzwiebeln, Holzstäube (vor allem von Nadelhölzern und tropischen Harthölzern), Enzyme aus Ananas (Bromelain) und Papayafrucht (Papain) sowie Aspergillus-Schimmelpilzen (Amylasen). Bekannt geworden sind in den letzten Jahren u.a. Kontakt- und Inhalationsallergien gegen Latex aus Hevea brasiliensis, die insbesondere in Gesundheitsberufen auftreten können.

▮ Tierische Allergene. Laboratoriumstiere (Ratte, Maus, Meerschweinchen u.a.) führen häufig zu beruflichen Allergien; Sensibilisierungen gegen Großtiere sind in der Landwirtschaft, bei Tierärzten und in zoologischen Gärten häufig. Milben und Käfer kommen als Ursache beruflicher Allergien bei Landwirten und in Mehlberufen vor. Ferner sind Enzyme bakterieller Herkunft (B. subtilis) und aus Pankreas (Amylasen) zu nennen.

▮ Niedermolekulare Allergene

Niedermolekulare Stoffe können zu Atemwegs- und Hautsymptomen führen, die denen bei Soforttypallergien gegen Proteine gleichen. Dies gilt unter anderem für Isozyanate, Antibiotikastäube, Plicatsäure aus Nadelholz, Anhydride von Trimellitin- und Phthalsäure und Platinsalze. Es wird angenommen, dass diese Substanzen als Haptene erst nach Bindung an körpereigene Proteine als Vollantigene wirken, was jedoch nicht immer gesichert ist. IgE-Antikörper gegen an Proteine gekoppelte Säureanhydride, Isozyanate, Plicatsäure und Platinsalze sind nachgewiesen worden, jedoch bestehen bezüglich der Spezifität dieser Befunde noch Unsicherheiten. Eine Übersicht über Befunde bei niedermolekularen Substanzen gibt Tabelle 4.10.

Chemisch-toxisch wirkende Substanzen

Neben den bereits genannten toxischen Effekten bei Substanzen, für die gleichzeitig auch Immunglobulin E nachgewiesen werden kann, wirken einige Berufsnoxen wahrscheinlich ausschließlich auf nichtallergischem, evtl. pseudoallergischem Wege (z.B. Persulfate im Friseurberuf).

Bei allergischer Alveolitis sind andere Allergene von Bedeutung als bei Asthma bronchiale, mit der Ausnahme einiger Schimmelpilzspezies.

Tabelle 4.10. Niedermolekulare Substanzen: Befunde und Diagnostik. (Beim Hauttest ist die Pricktestkonzentration in Klammern angegeben. Bei möglichem Epikutantest ist die Substanz mit * gekennzeichnet)

Substanz	„Immunologisch"	Irritativ	Spez. IgE-Nachweis	Pricktest
Kunststoffe				
Epoxide	+	+	–	–*
Phthalate	+	+	–	–
Isozyanate	+	+	+	+ (Konjugate)
Acrylate	?	+	–	–
Formaldehyd	?	+	?	? (0,1%)*
Anhydride	+	+	+	+ (Konjugate)
Dimethyläthanolamin	+	–	–	–
PVC	?	+	–	–
Plexiglasmonomere	?	+	–	–
Diamine	+	(+)	–	–*
Polyamine/-amide	?	+	–	–
Farbstoffe				
Azofarben	(+)	?	(+)	–
Reaktivfarben	+	+	(+)	+ (?)
Karminfarben	(+)	–	–	–
Metallsalze				
Platinsalze	+	–	(+)	+ (10^{-3} g/ml)
Nickelsulfat	+	–	(+)	+ (10 mg/ml)
Kobaltchlorid	+	–	(+)	+ (1%)
Chromate	+	–	?	?*
Persulfate	+	(+)	–	+ (1%)
Antibiotika (Auswahl)				
Penicilline	+	–	+	+ (PPL 10^{-6} mol/l)
Cephalosporine	+	–	–	+ (10^{-5}–0,1 mg/ml)
Spiramycin	+	–	–	–
Sonstiges (Auswahl)				
Kolophonium	?	+	–	–
Metabisulfit	+	–	+	+ (1 mg/ml)
Henna	+	–	–	+ (10 mg/ml)
Ethylenoxid	(+)	?	(+)	–
Psyllium	+	–	+	+ (?)
Phenylglycin	+	–	+	+ (Konjugate)
Muskelrelaxanzien	+	–	+	+ (50–200 mg/l)

+ sicher, (+) Hinweise, ? fraglich, – keine Hinweise

Hauptallergene bei allergischer Alveolitis sind:

- Vogelproteine (Taube, Wellensittich, Kanarienvogel),
- Thermophile Aktinomyceten (= bakterielle Allergene),
- Schimmelpilze (Aspergillusarten u. v. a.).

Unter den beruflichen Ursachen führt in Deutschland die „Farmerlunge", verursacht durch thermophile Aktinomyceten und andere Allergene aus schimmeligem Heu.

Allergologisch-immunologische Diagnostik

Nach dem didaktisch immer noch hilfreichen Schema von Coombs und Gell entsprechen die allergischen Atemwegserkrankungen dem Antikörper-vermittelten Typ I immunologischer Reaktionen (= humorale Immunantwort), während bei der allergischen Alveolitis wahrscheinlich eine Kombination von Typ III (= Immunkomplexreaktion) und Typ IV (zellvermittelte Immunität) vorliegt (Tabelle 4.11). Die allergologisch-immunologische Diagnostik trägt diesen Gegebenheiten Rechnung. Das methodische Vorgehen bei den allergischen Atemwegserkrankungen des IgE-vermittelten Soforttyps (Asthma bronchiale, Rhinopathie) und der allergischen Erkrankung des Lungenparenchyms (allergische Alveolitis) ist daher verschieden und wird getrennt besprochen.

Allergiediagnostik bei Atemwegskrankheiten (Asthma bronchiale, Rhinopathie)

Die Diagnostik des Asthma bronchiale lässt sich in den *Krankheitsnachweis* und die *Ursachenanalyse* unterteilen.

Da bei beruflichen Atemwegserkrankungen vom Gesetzgeber gefordert ist, zwischen Erkrankungen mit allergischer Pathogenese (▶ BK 4301) und solchen mit chemisch-irritativer (toxischer) Pathogenese (▶ BK 4302) zu unterscheiden, ist in allen Fällen eine detaillierte Allergiediagnostik notwendig. Immer auch ist eine Abgrenzung zwischen beruflichen und außerberuflichen Sensibilisierungen durchzuführen. Eine detaillierte Erfassung der außerberuflichen und beruflichen Allergene ist daher unerlässlich.

Zu den Kriterien für eine mögliche allergische Pathogenese der Erkrankung gehören:

- allergologische Familienanamnese,
- allergologische Eigenanamnese mit detaillierter Befragung über die individuellen Expositionsbedingungen und die Expositionsabhängigkeit der Symptome;
- Karenz- und Reexpositionstests (Ortswechsel, Wohnungswechsel, Arbeitsplatzwechsel, Eliminationsdiät u. a.);
- Nachweis allergenspezifischer Antikörperbildung durch
  - Hauttests,
  - immunologische Verfahren (RAST u. a.),
  - inhalative Allergen-Provokationstests.

Tabelle 4.11. Charakteristika von Asthma bronchiale und allergischer Alveolitis

	Asthma bronchiale	Allergische Alveolitis
▮ Allergietyp n. Coombs u. Gell	Typ I (Sofortreaktion)	Typ III/IV (verzögerte Reaktion)
▮ Kausale Antikörper	Immunglobulin E	Immunglobulin G
▮ Atopieanamnese	positiv/negativ	negativ
▮ Symptome	asthmatische Dyspnoe	(Belastungs-)Dyspnoe
▮ Begleitsymptome	Rhinitis, Konjunktivitis produktiver Husten	Fieber, Abgeschlagenheit unproduktiver Husten
▮ Auskultation	Giemen, Brummen	feinblasige Rasselgeräusche
▮ Reaktionsdynamik	Symptome anfallsweise *bei* Exposition	Symptome 4–12 Stunden *nach* Exposition
▮ Reaktionsort	gesamte Atemwege	Alveolen, Interstitium, Atemwege
▮ Röntgenbild	unauffällig (evtl. Überblähung)	nodulär-retikuläre bzw. „Milchglas-artige" Zeichnungsvermehrung
▮ Lungenfunktion	obstruktive Ventilationsstörung	restriktive Ventilationsstörung
▮ Allergiediagnostik	IgE-Antikörpernachweis	IgG-Antikörpernachweis (ELISA, Immunpräzipitation)
	Organprovokation (inhalativ)	Organprovokation (inhalativ)
	Peak-Flow-Monitoring am Arbeitsplatz	Bronchoskopie (BAL, transbronchiale Biopsie)
		Monitoring während und nach beruflicher Arbeit (Lungenfunktion, Körpertemperatur)

Erst die Kombination von Antikörpernachweis und Exposition gegen das Allergen sowie die Beobachtung von Beschwerden bei Exposition (bzw. der positive Provokationstest am Manifestationsorgan) erlauben die Diagnose „allergisches Asthma" (bzw. in der Nomenklatur der BKV: „durch allergisierende Stoffe verursachte obstruktive Atemwegserkrankung" durch Sensibilisierung gegen ...).

Allergieanamnese

Die Diagnostik der Ursachen eines Asthmas beruht vor allem auf einer sorgfältigen Anamnese. Fragebögen sind hilfreich, um alle Aspekte der allergologischen Spezialanamnese zu berücksichtigen. Bei unsicherer Anamnese können längere Beobachtungszeiten weitere Aufschlüsse ermöglichen (Urlaubspause? Arbeitsplatzbezug? Jahreszeitliche Schwankungen?). Besonders hilfreich können die Führung eines täglichen Protokolls über Beschwerdegrad und beobachtete Abhängigkeiten sowie regelmäßige Peak-Flow-Messungen sein.

Hauttests

Der Sensibilisierungsnachweis lässt sich auf einfache Weise durch den Hauttest erbringen. Grundsätzlich sind sowohl der Pricktest als auch der Intrakutantest zur Allergiediagnostik geeignet. Der Pricktest hat den Vorteil einer einfacheren Handhabbarkeit und geringeren Nebenwirkungsquote. Beide Verfahren lassen sich quantitativ (Titration) einsetzen. Eine urtikarielle Reaktion im Hauttest kann als hinreichender Nachweis einer Sensibilisierung gegen das Testallergen betrachtet werden, sofern mit Positivkontrolle (Histamin) und Negativkontrolle (z. B. 0,9% NaCl) die korrekte Reagibilität der Haut überprüft ist und ein Testextrakt ausreichender Qualität verwendet wird.

Die Interpretation des Testergebnisses erfordert immer eine Überprüfung anhand der Anamnese (ist der Patient überhaupt dem Allergen exponiert? Passen Symptome und Testergebnis zusammen?). Klinisch nichtrelevante Testreaktionen (so genannte latente Sensibilisierungen) sind häufig.

Eine Hauttestung kann grundsätzlich zu jeder Zeit erfolgen. Nebenwirkungen (systemische allergische Reaktionen) können bei Überdosierung des Testallergens, insbesondere bei Intrakutantestung, vorkommen. Eine Asthmamedikation, insbesondere auch Kortikosteroide, sind auf das Testergebnis ohne Einfluss. Lediglich Antihistaminika einschließlich Ketotifen sowie trizyklische Antidepressiva vermindern die Hautreaktion in wesentlichem Maße.

Inhalative Provokationstests mit Allergenen

Inhalative Provokationstests sind nach wie vor der „Goldstandard" zum Nachweis einer relevanten Inhalationsallergie. Sie können bei allergischem Asthma entweder durch Inhalation des wässrig extrahierten Allergenmaterials oder aber durch Inhalation des üblicherweise am Arbeitsplatz entstehenden Aerosols (unter möglichst guter Reproduktion der Arbeitsbedingungen im Labor) erfolgen. Bei eindeutiger Anamnese, die durch den Sensibilisierungsnachweis (Hauttest, RAST) bestätigt worden ist, sind bestätigende Provokationstests nicht zwingend notwendig. Bei gutachtlichen Fragen sollte jedoch auch in scheinbar eindeutigen Fällen nicht auf dieses Nachweisverfahren verzichtet werden, insbesondere im Hinblick auf die erheblichen Konsequenzen der Diagnose. Sind sowohl Anamnese als auch Hauttest nicht eindeutig ausgefallen, kann ein Provokationstest zur Diagnose wesentlich beitragen.

Provokationstests erfordern erhebliche Erfahrung, apparativen Aufwand und eine kritische Bewertung der Resultate, so dass sie größeren Zentren vorbehalten bleiben sollten. Nasale Provokationstests können nur ausnahmsweise als (unsicherer) Ersatz inhalativer Provokationstests gelten (z. B. bei Pollen).

Die Inhalation eines Allergens kann beim sensibilisierten Patienten mit Asthma verschiedenartige Reaktionstypen auslösen:

- eine Sofortreaktion, d. h. eine Atemwegsobstruktion mit einem Maximum ca. 15 min nach dem Abbruch der Allergeninhalation,
- eine verzögerte Sofortreaktion, beginnend 4–12 Stunden nach Allergeninhalation, ohne erneute Allergenzufuhr, die so genannte bronchiale Spätreaktion, die meistens als duale Reaktion in Kombination mit einer Sofortreaktion auftritt, selten in isolierter Form.

Die üblichen Kautelen bezüglich Medikation, Ausgangsbefunden der Lungenfunktion und Allergendosierung zur Durchführung bronchialer Provokationsproben sind zu beachten (Atemwegsliga, Deutsche Gesellschaft für Allergologie und klinische Immunologie (DGAI)).

Ein positiver Testausfall kann nur dann angenommen werden, wenn die Lungenfunktionsprüfung eine signifikante Zunahme der Atemwegsobstruktion zeigt und gleichzeitig leichte asthmatische Symptome bestehen; die alleinige Veränderung der Sauerstoffsättigung ist nicht zum Nachweis eines Asthma bronchiale geeignet. Als Bewertungskriterium ist international üblich die Provokationsdosis oder -konzentration bei einer Änderung der FEV_1 um –20%. Als Kriterium ist auch die Änderung der FEV_1 um –15% bzw. des Atemwegswiderstandes oder des spezifischen Atemwegswiderstandes (plethysmographisch) um +100% geeignet und wird von der DGAI empfohlen. Plethysmographische Parameter sind wegen ihrer Mitarbeitsunabhängigkeit vorzuziehen. Als Schwellenwert für die Annahme eines klinisch relevanten Asthmas ist ein sR_{aw} von 2 $kPas^{-1}$ geeignet. Sofern möglich, sollte die Provokationsdosis bzw. -konzentration angegeben werden, bei der die positive Reakti-

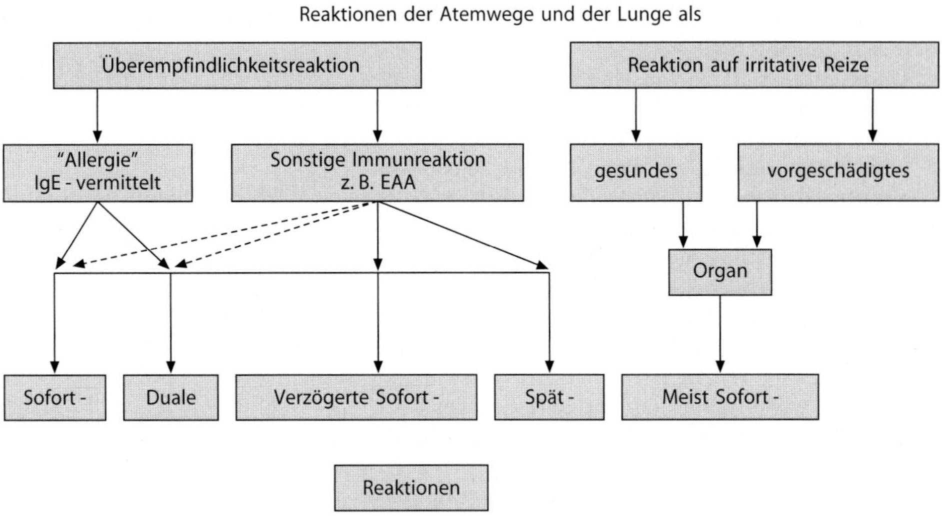

Abb. 4.5. Schematische Darstellung der Beziehung zwischen immunologischer/toxischer Wirkung eines Berufsstoffs und Reaktion im Provokationstest

on aufgetreten ist. Derartige quantitative Tests lassen sich z. B. mit gut definierten Allergenextrakten, aber auch mit niedermolekularen Substanzen wie Platinchloriden durchführen.

Zur Erfassung von verzögerten Reaktionen ist eine Messung der Lungenfunktion über mindestens 24 Stunden erforderlich; am einfachsten ist die Selbstmessung des Peak-Flow durch den Probanden. Neben isolierten Sofortreaktionen kommen in ca. 40% der Fälle duale Reaktionen mit einer erneuten Atemwegsobstruktion nach 4–12 Stunden vor. Diese Reaktionsmuster finden sich insbesondere bei IgE-vermittelten Allergien. Daneben gibt es progrediente oder prolongierte Sofortreaktionen und isolierte Spätreaktionen, die z. B. bei Isozyanaten häufiger sind. Die Zusammenhänge zwischen Reaktionsmuster im Provokationstest und der Pathogenese sind in Abb. 4.5 dargestellt.

In-vitro-Diagnostik

▮ **Gesamt-Immunglobulin E.** Die Bestimmung des Gesamt-IgE wird radioimmunologisch oder enzymimmunologisch durchgeführt; eine Anzahl etwa gleichwertiger Verfahren steht zur Verfügung. Die IgE-Konzentrationen sind abhängig vom Lebensalter, von der Zahl der IgE-vermittelten Sensibilisierungen und von der Jahreszeit (Allergenexposition). Die Angabe eines Normwertes ist schwierig: Die Gesamt-IgE-Serumkonzentration ist bei manifesten allergischen Krankheiten nicht immer erhöht, so dass es einen Grenzbereich von 25–100 kU/l von fraglicher klinischer Bedeutung gibt. Nur 2/3 der Allergiker haben IgE-Werte >100 kU/l. Ein niedriges Gesamt-IgE <25 kU/l schließt eine allergische Krankheit nicht aus. Ein hohes IgE dagegen ist auch kein Beweis für eine solche, zumal erhöhte IgE-Konzentrationen auch u. a. durch parasitäre Infektionen verursacht werden. Aus diesen Gründen ist die Bestimmung des Gesamt-IgE im Serum nicht immer von differentialdiagnostischem Wert.

Als Screening kann bei Allergieverdacht statt der Bestimmung des Gesamt-IgE oder als Ergänzung dieses Verfahrens eine Diagnostik z. B. mit dem Phadiatop erfolgen, bei dem eine Reihe häufiger Inhalationsallergene an einen Allergenträger gebunden sind, so dass mit einer Untersuchung die Summe des allergenspezifischen IgE gegen häufige Allergene bestimmt wird.

▮ **Allergenspezifisches Immunglobulin E.** Das allergenspezifische Immunglobulin E lässt sich entweder radioimmunologisch oder enzymimmunologisch in einer Anzahl etwa gleichwertiger Verfahren bestimmen. Die Verfahren liefern quantitative Resultate, die beim Standard-RAST in 5 Klassen (0–4), beim CAP-System in 7 (0–6) Klassen gruppiert werden. Die Ergebnisse werden maßgeblich durch die Qualität des verwendeten Allergens bzw. dessen Bindung an den Allergenträger (=feste Phase; Zellulosescheibchen u. a.) mitbestimmt. Je nach Allergen sind die Resultate unterschiedlich zuverlässig. Die Aussage der Resultate ist von derjenigen der Hauttests nicht grundsätzlich verschieden; in beiden Testverfahren wird der Nachweis des allergenspezifischen IgE erbracht, wobei unterschiedliche methodische Probleme vorhanden sind. Daher treten nicht selten widersprüchliche Resultate in Hauttest und In-vitro-Test auf, insbesondere bei schwächer ausgeprägten Sensibilisierungen. Im Hinblick auf berufliche Allergien gilt dies ganz besonders, da es sich um seltenere Allergene handelt, für die die Herstellung und Standardisierung von Testextrakten bzw. In-vitro-Verfahren nicht immer mit der für häufige Allergene üblichen Sorgfalt erfolgt.

Als Indikationen für den RAST in der Routine haben sich eingeführt:

- Undurchführbarkeit von Hauttests (Anomalie des Hautorgans: Ekzeme, Urticaria factitia; Kinder, ältere Patienten; schweres aktuelles Krankheitsbild);
- gefährliche Allergene bzw. hoher Sensibilisierungsgrad (Insekten, Penicillin, Nüsse, Fisch; bestimmte Berufsallergene u. a.);
- widersprüchliche Ergebnisse von Anamnese, Haut- und Provokationstests;
- Prämedikation mit Antihistaminika bzw. trizyklischen Antidepressiva.

Zusätzliche wissenschaftliche Indikationen des RAST bzw. daraus abgeleiteter Verfahren wie RAST-Inhibition schließen ein:

- Erfolgskontrollen bei Hyposensibilisierung (zusammen mit allergenspezifischem IgG);
- Analyse von Allergenen bzw. Allergenextrakten, Kreuzreaktivitäten;
- Standardisierung von Allergenextrakten;
- Analyse der immunologischen Reaktionen bei neuen Allergenen.

Weitere In-vitro-Verfahren. Die Analyse allergischer Reaktionen und die physikochemische und immunologische Charakterisierung von Allergenen erfordern weitere Laborverfahren, die hier nicht sämtlich aufgeführt werden sollen. Häufiger benutzte Methoden sind:

- Histaminfreisetzung aus Leukozyten (Basophilen) bzw. Vollblut: Mit dieser Methode ist es möglich zu prüfen, ob eine Substanz in der Lage ist, immunologisch oder nichtimmunologisch Mediatoren aus basophilen Granulozyten freizusetzen.
- Basophilendegranulationstest: Diesem mikroskopisch auszuwertenden Verfahren liegt ebenfalls die Freisetzung von Mediatoren aus peripheren Blutzellen zugrunde; diese für die Routine vorgesehene Methodik hat sich jedoch bislang nicht bewährt.
- CIE und CRIE (gekreuzte (Radio-)Immunoelektrophorese) zur Analyse von Allergenextrakten bezüglich einzelner Proteinfraktionen.
- Isoelektrofokussierung, bei der Allergene (Proteine) nach ihrem isoelektrischen Punkt zweidimensional aufgetrennt werden, mit anschließender Durchführung eines Immunoblots zum Nachweis allergenspezifischer Antikörper gegen die aufgetrennten Proteinfraktionen.
- Polyacrylamid-Gel-Elektrophorese (SDS-PAGE), bei der die Allergene nach ihrem Molekulargewicht aufgetrennt werden, und nachfolgender Western-Blot, ebenfalls mit dem Ziel eines spezifischen Sensibilisierungsnachweises gegen bestimmte Proteine.
- Weitere Tests, wie der CAST (Bestimmung der Leukotrienfreisetzung aus Blutzellen), sind nicht hinreichend evaluiert.

Differentialdiagnose

Eine asthmatische Symptomatik (Anfallsatemnot) kann Ausdruck einer andersartigen Grundkrankheit sein.

Differentialdiagnostisch zu berücksichtigen sind:

- Krankheiten im Bereich der Atemwege, die Obturation durch endotracheale bzw. endobronchiale Tumoren, Fremdkörper, Lymphome; Kompression der Atemwege durch retrosternale Struma, Thymushyperplasie, Mediastinaltumoren bzw. Krankheiten der Atemwege im Rahmen von bronchopneumonischen Infektionen, Tumoren, Pneumokoniosen, Alveolitiden, Sarkoidose;
- Krankheiten von Lungenparenchym oder Lungengefäßen, wie Emphysem, Pneumonien, Lungenfibrosen; Lungenembolie, primär vaskuläre pulmonale Hypertonie;
- Krankheiten des Herzens, wie Linksherzinsuffizienz mit Lungenstauung bzw. beginnendem Lungenödem („Asthma cardiale") bei koronarer Herzerkrankung, primärer Myokarderkrankung, Vitien, usw.;
- Störungen der Atemregulation, insbesondere das Hyperventilationssyndrom.

Schwieriger als die differentialdiagnostische Abgrenzung des Asthmas von einer Dyspnoe infolge anderer Grunderkrankungen ist es häufig, ein Asthma von der chronischen (obstruktiven) Bronchitis zu unterscheiden, zumal beide Krankheitsbilder schlecht definiert sind. Problematisch ist darüber hinaus oft die Diagnose der Folgen bzw. Begleiterkrankungen eines Atemwegsleidens, wie Emphysem und Cor pulmonale, da klinische Daten ohne morphologische bzw. invasive Diagnostik diese Krankheitszustände nur unzureichend zu erfassen vermögen. Trotz dieser Schwierigkeiten ist die Feststellung des Schweregrades dieser möglichen Folgezustände wichtig, vor allem wegen der unfallrechtlichen (Höhe der Minderung der Erwerbsfähigkeit) und auch der therapeutischen Konsequenzen. Erweiterte Lungenfunktionsdiagnostik und Röntgenaufnahme des Thorax, evtl. auch Echokardiographie, können die entsprechenden Verdachtsdiagnosen erhärten, der Rechtsherzkatheter kann sie sichern.

Differentialdiagnostisch ist der schwere Asthmaanfall vor allem von einer Lungenembolie, einem Pneumothorax, einer lokalisierten Atembehinderung durch Fremdkörperaspiration oder Trachealstenose sowie von einer akuten Linksherzinsuffizienz mit Prälungenödem abzugrenzen.

Besonderheiten in der Diagnostik des Berufsasthmas

Eine Ursachenanalyse mit diagnostischen Standardverfahren ist bei Berufsallergien nur dann möglich, wenn das Allergen bekannt und ein geeigneter Testextrakt zur In-vivo-Diagnostik verfügbar ist. Dies gilt z. B. für die Diagnostik eines Asthmas durch Labortiere. Sofern komplexe Allergengemische vorliegen, wie beim Bäckerasthma (Mehl, Amylase, Insekten u. a. m.), sind – neben einer umfangreichen Hauttestung mit möglichen Bestandteilen des Arbeitsstoffes – arbeitsplatzbezogene Provokationstests für den Kausalitätsnachweis vorzuziehen. Im Idealfall sollte die Provokationsdosis der natürlichen Exposition entsprechen. Diese Forderung lässt sich unter Laborbedingungen kaum verwirklichen. Näherungsweise lässt sich dies durch Reproduktion von Arbeitsvorgängen erreichen. Für Isozyanate ist eine Provokation mit gleichzeitiger Überwachung der Konzentration des Berufsstoffes in der Raumluft zu empfehlen.

Von der Forderung nach dem Kausalitätsnachweis durch Provokation sollte nur abgewichen werden, wenn infolge besonderer Umstände von einer Provokation abzusehen ist (toxische Berufsstoffe, erheblicher Krankheitsgrad).

Ergänzend zur Untersuchung des Probanden sollten exakte Angaben über den Arbeitsplatz verfügbar sein. Dies lässt sich erreichen durch Einschalten des Technischen Aufsichtsdienstes der jeweiligen Berufsgenossenschaft und die Anforderung von Messdaten über die Schadstoffkonzentrationen am Arbeitsplatz.

Diagnostik der allergischen Alveolitis

Die Symptome der allergischen Alveolitis sind Husten, Dyspnoe (insbesondere bei Belastung), Fieber und Schüttelfrost, die einen respiratorischen Infekt vortäuschen können. Besonders charakteristisch, jedoch nicht obligat, ist eine akute grippale Symptomatik innerhalb von 4 bis 12 Stunden nach Allergenkontakt (siehe Tabelle 4.11). Berufliche Alveolitiden treten insbesondere in der Landwirtschaft auf: als so genannte Farmerlunge bzw. Drescherlunge, verursacht durch den Kontakt mit schimmeligem Heu oder in Zusammenhang mit dem Dreschvorgang.

Die Diagnostik der allergischen Alveolitis umfasst:

- Anamnese,
- Krankheitsnachweis durch
  - Röntgenbild des Thorax,
  - Lungenfunktionsprüfung mit Nachweis einer Restriktion und Gasaustauschstörung unter körperlicher Belastung,
  - evtl. Klinik (in fortgeschrittenen Fällen: feinblasige ohrnahe Rasselgeräusche, „Fibroseknistern“ bzw. „-quietschen“, „Sklerosiphonie“),
  - bronchoalveoläre Lavage mit Feststellen von Lymphozytose und charakteristischer Verteilung von T-Helfer- und T-Suppressor-Lymphozyten (Quotient CD4+- und CD8+-Lymphozyten < 3),
  - evtl. transbronchiale Lungenbiopsie.
- Ursachenanalyse durch
  - Nachweis allergenspezifischer IgG-Antikörper durch Immunpräzipitation bzw. enzymimmunologisch (ELISA),
  - Provokationsverfahren.

Die Basis der Diagnostik stellt – wie bei Asthma bronchiale – die Anamnese dar, im typischen Fall mit der unverkennbaren verzögerten grippalen Reaktion auf die Noxe. Vielfach jedoch ist der Beginn der Erkrankung schleichend („insiduous“), und als Krankheitsbeginn wird subjektiv erst das Stadium der erheblichen interstitiellen Lungenerkrankung mit Belastungsdyspnoe als Leitsymptom empfunden. Daher ist eine Frühdiagnostik unerlässlich. Der Antikörpernachweis, vorzugsweise in einem versierten Speziallabor erhoben, ist nicht krankheitsspezifisch, sondern lediglich Beleg für die (evtl. weit zurückliegende) Exposition, analog den Typ-I-Allergien – auch Gesunde können IgG-Antikörper aufweisen. So sind bei Taubenzüchtern in 40% der Fälle präzipitierende Antikörper gefunden worden, ohne dass diese Personen Krankheitserscheinungen zeigten. Auf der anderen Seite können Personen an allergischer Alveolitis erkranken, bei denen keine Antikörper nachweisbar sind. Auch lässt sich nicht immer das kausale Antigen exakt identifizieren.

Daher sind zusätzliche Diagnosekriterien zu fordern, insbesondere

- Nachweis der funktionell relevanten Parenchymerkrankung,
- möglichst Sicherung des Antigenkontaktes (evtl. durch den TA) und
- Sicherung der Symptomauslösung durch Antigenkontakt, durch Provokation bzw. Arbeitsplatz-Reexposition, auch bei fehlendem Antikörpernachweis.

Selbst Provokationstests können falsch positiv ausfallen, wie von Vogelmeier et al. (1987) nachgewiesen, so dass auch deren Resultate stets nur im Kontext Beweiskraft besitzen. Provokationstests bei Alveolitis sind nicht ohne Risiko, da bei positiver Reaktion die Krankheitssymptome über mehrere Tage anhalten können. Daher ist stets im Einzelfall zu entscheiden, ob auch ohne Provokation die Diagnose ausreichend wahrscheinlich gemacht werden kann. Eine Bronchoskopie mit bronchoalveolärer Lavage (Lymphozytose, CD4+-/CD8+-Quotient < 3) und transbronchialer Biopsie (Granulombildung, Alveolitis) stellt zwar für den Krankheitsnachweis, ggf. auch die Verlaufsbeobachtung unter Provokation, ein spezifisches und sensitives Nachweisverfahren dar, ist in gutachtlichen Verfahren jedoch nicht duldungspflichtig. Unter dem Aspekt möglicher iatrogener Schäden ist in versicherungsmedizinischen Verfahren auf die Bronchoskopie im Regelfall zu verzichten.

Provokationstests sind als positiv zu bewerten, wenn die Körpertemperatur nach Antigenkontakt um mindestens 0,8°C ansteigt, die Leukozytenzahl um mehr als $2500/mm^3$ zunimmt und dazu die klinischen Erscheinungen einer Alveolitis, wie hartnäckiger Husten, Schüttelfrost, feinblasige Rasselgeräusche über den basalen Lungenabschnitten mit entsprechenden röntgenologischen Veränderungen, Tachypnoe und Tachykardie, auftreten. Erforderlich sind die stündliche Messung der Körpertemperatur, Auskultation, Bestimmung der Leukozyten, sowie nach 6–8 Stunden eine Wiederholung der Lungenfunktionsprüfung (Vitalkapazität, Sekundenkapazität, Sauerstoffpartialdruck, evtl. auch Diffusionskapazität und Sauerstoffpartialdruck unter Standardbelastung); diese Parameter können ergänzt werden durch eine Röntgenverlaufsserie sowie eine wiederholte bronchoalveoläre Lavage (z.B. nach 48 Std.).

Literatur

Arbeitskreis bronchiale und nasale Provokationstests der Deutschen Gesellschaft für Allergie und Immunitätsforschung (1984) In: Gonsior E (Hrsg) Richtlinien für die Durchführung von bronchialen Provokationen mit Allergenen und pharmakodynamischen Substanzen bei obstruktiven Atemwegserkrankungen. Allergologie 7:238–242

Baur X (1995) Inhalationsschäden der Lunge durch Umwelt und Beruf. Med Klin 90:358–363

Baur X, Dewair M, Fruhmann G (1984) Detection of immunologically sensitized isocyanate workers by RAST and intracutaneous skin test. J Allergy Clin Immunol 73:610–618

Biagini RE, Bernstein IL, Gallagher JS, Moormann WJ, Brooks S, Gann PH (1985) The diversity of reaginic immune responses to platinum and palladium metallic salts. J Allergy Clin Immunol 76:794–802

Butcher BT, Bernstein IL, Schwartz HJ (1989) Guidelines for the clinical evaluation of occupational asthma due to small molecular weight chemicals. J Allergy Clin Immunol 84:834–838

Cartier A, Bernstein IL, Burge PS, Cohn JR, Fabbri LM, Hargreave FE, Malo J-L, McKay RT, Salvaggio JE (1989) Guidelines for bronchoprovocation on the investigation of occupational asthma. J Allergy Clin Immunol 84:823–829

Cartier A, Grammer L, Malo J-L, Lagier F, Ghezzo H, Harris K, Patterson R (1989) Specific serum antibodies against isocyanates: Association with occupational asthma. J Allergy Clin Immunol 84:507–514

Diller W (1990) Quantitative Noxenabhängigkeiten beim Berufsasthma. Allergologie 13:140–144

Ehl W, Hartjen A, Thiel C, Aulepp H, Fuchs E (1988) Latex-Allergien als IgE-vermittelte Sofortreaktionen. Allergologie 11:182–187

Fuchs E (1988) Die Allergene – Spektrum und Vorkommen (Typ I). In: Fuchs E, Schulz K-H (Hrsg) Manuale Allergologicum. Dustri Deisenhofen V.7.2, S 1–26

Hauptverband der gewerblichen Berufsgenossenschaften (1989) Übersicht über die Geschäfts- und Rechnungsergebnisse der gewerblichen Berufsgenossenschaften im Jahre 1988; Berufskrankheiten-Dokumentation. Selbstverlag, St. Augustin

Kleinhans D, Ranneberg KM (1989) Sofortreaktionen durch Ammoniumpersulfat in Blondierpulvern. Allergologie 12:353–354

Mapp CE, Corona PC, Marzo ND, Fabbri L (1988) Persistent asthma due to isocyanates: a follow-up study of subjects with occupational asthma due to toluene diisocyanate (TDI). Am Rev Respir Dis 137:1326–1329

Merget R, Schultze-Werninghaus G (1983) Allergiehauttest trotz antiallergischer Therapie. Dtsch med Wschr 108:1250–1253

Merget R, Schultze-Werninghaus G, Muthorst T, Friedrich W, Meier-Sydow J (1988) Asthma due to the complex salts of platinum – a cross-sectional survey of workers in a platinum refinery. Clin Allergy 18: 569–580

Schultze-Werninghaus G (1986) Asthma bronchiale durch Metallsalze. Allergologie 9:479–486

Schultze-Werninghaus G, Wolff H, Bergmann E-M, zur Strassen R (1987) Mehlkäfer (Tribolium confusum) als Berufsallergen bei Bäckern. Allergologie 10:416–417

Vogelmeier C, Baur X, König G, Fruhmann G (1987) Diagnostik der exogen-allergischen Alveolitis: Heustaub-Testungen bei nicht-exponierten Kontrollpersonen. Prax Klin Pneumol 41:645–646

Weissenbach T, Wüthrich B, Weihe WH (1988) Labortier-Allergien. Schweiz med Wschr 118:930–938

Wettengel R, Berdel D, Cegla U, Fabel H, Geisler L, Hofmann D, Krause J, Kroidl RF, Lanser K, Leupold W, Lindemann H, Matthys H, Meister R, Morr H, Nolte D, Schultze-Werninghaus G, Sill V, Sybrecht GW, Thal W, Worth H (1994) Empfehlungen der Deutschen Atemwegsliga zum Asthmamanagement bei Erwachsenen und bei Kindern. Med Klin 89:57–67

4.7 Herz

H. Tillmanns

Eine zuverlässige kardiologische gutachterliche Stellungnahme wird heutzutage

1. in erster Linie durch eine ausführliche Anamnese, insbesondere durch eine anamnestische Erfassung der Belastbarkeit,
2. durch nichtinvasive Basisdiagnostik,
3. durch spezielle nichtinvasive diagnostische Verfahren und
4. durch spezielle invasive diagnostische Verfahren ermöglicht (Tabelle 4.12).

Im Vordergrund der kardiologischen Begutachtungsdiagnostik steht die Erkennung der funktionellen Beeinträchtigung durch koronare Herzkrankheit oder Herzmuskelerkrankungen (in erster Linie Kardiomyopathien bzw. entzündliche Herzmuskelerkrankungen). Die Reihenfolge der pathologischen Befunde bei Myokardischämie und die Ansatzpunkte der diagnostischen Verfahren sind in Abb. 4.6 dargestellt.

Obligatorische Untersuchungsmethoden zur Erkennung der oben genannten Erkrankungen und/oder einer Myokardischämie sind die Erhebung einer detaillierten kardiologischen Anamnese, ein Ruhe- und

Tabelle 4.12. Methoden der kardiologischen Diagnostik, die für eine zuverlässige gutachterliche Stellungnahme hilfreich sind

▮ **Ausführliche Anamnese** (insbesondere anamnestische Angaben der Belastbarkeit)

▮ **Klinische (körperliche) Untersuchung**

▮ **Nichtinvasive Basisdiagnostik**
- Ruhe-EKG
- Belastungs-EKG
- Transthorakale Echokardiographie (incl. Gewebe-Dopplerechokardiographie)
- Thorax-Röntgenaufnahme
- Ausgewählte Labordaten
- Spiroergometrie

▮ **Spezielle nichtinvasive diagnostische Verfahren**
- Transösophageale Echokardiographie
- Langzeit-EKG
- Magnetresonanztomographie des Herzens
- Computertomographie des Herzens
- Nuklearkardiologische Verfahren (insbesondere Myokardszintigraphie und Positronenemissionstomographie)

▮ **Spezielle invasive diagnostische Verfahren**
- Rechtsherzkatheter-Untersuchung
- Linksherzkatheter-Untersuchung
- Bestimmung der Koronarreserve
- Elektrophysiologische Untersuchungen

(wenn nicht kontraindiziert) Belastungs-EKG, ferner Labordaten, insbesondere Biomarker der Myokardnekrose, wie z. B. Troponine, ferner Entzündungsmarker.

Ausführliche Anamnese

Jedes kardiologische Gutachten beruht auf einer sehr ausführlichen Erhebung der Anamnese, wobei im Vordergrund die Schilderung der aktuellen Beschwerdesymptomatik des Patienten (Häufigkeit, Schweregrad, Auslösungsbedingungen) steht (Tabelle 4.13).

Die Hauptaufgabe der Anamnese bei einer gutachterlichen kardiologischen Untersuchung stellt die Abschätzung der körperlichen Belastbarkeit des Patienten dar. So sollte der Gutachter unbedingt erfragen, welche Art einer körperlichen Belastung hier zu Begutachtende soeben noch beschwerdefrei bewältigen können (Beispiel: Wieviel Etagen kann er steigen oder wie viele Meter kann er zügig bergaufgehen, ohne stehen zu bleiben?). Anhand der anamnestisch vom Patienten erhaltenden Angaben kann der Gutachter die körperliche Belastbarkeit in Watt abschätzen (Tabelle 4.14).

Weiterhin werden anamnestisch frühere Erkrankungen, kardiovaskuläre Erkrankungen bei engsten Familienmitgliedern, regelmäßig eingenommene

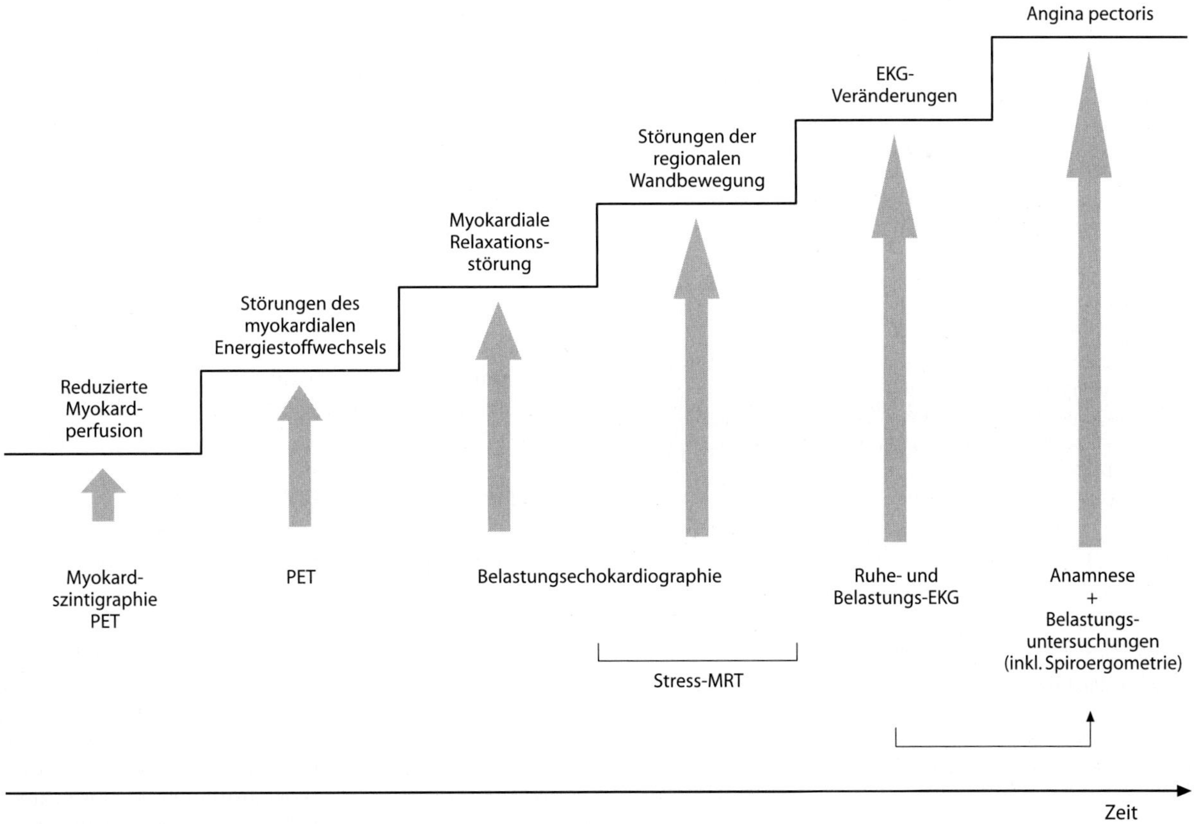

Abb. 4.6. Kaskade der Myokardischämie: Reihenfolge des Auftretens pathologischer Befunde bei Myokardischämie und Ansatzpunkt der diagnostischen Verfahren

Tabelle 4.13. Hauptinhalte der kardiologischen Anamnese

Aktuelle Beschwerden

- Dynamik der Schmerzentwicklung (allmählich zunehmender und abnehmender, nicht von Anfang an mit voller Intensität auftretender Schmerz, Crescendo-Decrescendo-Muster).
- Charakter des Schmerzes: brennend, drückend, ziehend, krampfend
- Hauptlokalisation des Schmerzes retrosternal, links- oder rechtsthorakal, Hals bis Unterkiefer, Rücken (zwischen den Schulterblättern), linker bzw. rechter Arm
- Ausstrahlungsmuster des Schmerzes (z. B. bis zu den Handgelenken, bis in die Zähne des Unterkiefers, bis in den Oberbauch etc.)
- Auslösbarkeit durch körperliche Belastungen (insbesondere nach Nahrungsaufnahme) bzw. durch psychische Belastung (Aufregung), ferner durch Kälteexposition
- Vorhandensein eines „Durchmarschphänomens" (Walk-through-Phänomen): initial typische Angina-pectoris-Beschwerden, danach Rückgang bzw. Verschwinden der Beschwerden beim Weitergehen
- Unabhängigkeit der Schmerzsymptomatik von der Atemphase
- Unabhängigkeit der Beschwerden von Körperbewegungen oder -drehungen
- Besserung der Beschwerden durch Ruhebedingung, Nitrate, fehlende Besserung durch Antazida
- Häufigkeit und Schweregrad der Beschwerden (Canadian Cardiovascular Society-Stadien)
- Entwicklung und Verlauf der aktuellen Schmerzsymptomatik: Stabile Belastungsangina? Instabile Angina pectoris (Crescendo-Angina, Ruhe-Angina, insbeondere Ruhe-Angina innerhalb der letzten 24–48 Stunden)?
- Ruhe- und/oder Belastungsdyspnoe? Schweregrad (New York Heart Association)?
- Herzrhythmusstörungen (Herzstolpern, Herzrasen), Schwindel, Synkopen, dokumentierte Bewusstlosigkeitszustände?

Eigenanamnese

- Kinderkrankheiten, akuter fieberhafter Gelenkrheumatismus
- Profil kardiovaskulärer Risikofaktoren (arterielle Hypertonie, Lipidstoffwechselstörungen, Diabetes mellitus, Rauchen, familiäre Disposition)
- Ergebnisse von Untersuchungen während der Schulzeit, Tauglichkeitsprüfungen (früher bereits dokumentierte Herzgeräusche, Blutdruckerhöhungen etc.)
- frühere Erkrankungen, die zu einer stationären Aufnahme und Behandlung geführt haben
- vorausgegangene nichtinvasive (z. B. EKG, Echokardiographie, Myokardszintigraphie etc.) bzw. invasive kardiologische Untersuchungen

Familienanamnese

- Kardiovaskuläre Erkrankungen in der Familie (Herz, peripheres Gefäßzentrum, TIA, Schlaganfall)
- Herzinfarkt bei Angina pectoris in frühem Alter (< 60 J./bei einem Familienmitglied)
- plötzlicher Herztod in der Familie

Sozialanamnese

- Beruf (Risikoberuf?)
- Beschwerden während der Ausübung des Berufs?

Tabelle 4.14. Alltagsbelastungen und ihre entsprechenden Belastungsstufen in Watt zur raschen gutachterlichen Abschätzung der körperlichen Belastbarkeit bei kardiovaskulären Erkrankungen. (Mod. n. Baer et al. 2006)

Alltagsbelastung	Belastungsstufe
Langsames Gehen in der Ebene, Schreibtischarbeiten, Pförtnertätigkeit	**25 Watt**
Normales Gehen in der Ebene, leichte Hausarbeit (Staub wischen, Geschirr abwaschen), selbständiges Essen	**50 Watt**
Langsames Laufen in der Ebene, langsames Treppensteigen, Radfahren mit moderatem Tempo	**75 Watt**
1 Etage Treppensteigen, eine Anhöhe hochgehen, Laufen (7 km/h) Radfahren (15–20 km/h), Garten- und Feldarbeit	**100 Watt**
Schnelles Laufen in der Ebene	**125 Watt**
Schwere Hausarbeit (Fußboden schrubben, Möbel rücken), Radfahren (20–25 km/h), forciertes Laufen, Bergwandern, Golf, Kegeln, Tanzen, Arbeit in Schwerindustrie	**150 Watt**
Tennis, Skifahren, Endpunkt nach längerem Laufen, Kraulschwimmen, schwerste manuelle Arbeit	**200 Watt**

Medikamente und bei Ausübung des Berufes auftretende Beschwerden erfragt.

Klinische (körperliche) Untersuchung

Die körperliche Untersuchung ist besonders bedeutsam für die Diagnostik und Ermittlung des funktionellen Schweregrades einer Rechts- und/oder Linksherzinsuffizienz sowie von erworbenen Herzklappenfehlern und angeborenen Herzfehlern. Ein palpatorisch wahrnehmbares Schwirren über der Herzbasis sowie insbesondere ein raues, spindelförmiges systolisches Geräusch mit spätsystolischem Maximum über dem 2. Interkostalraum rechts mit Ausstrahlung in die Karotiden machen eine hochgradige *Aortenklappenstenose* (oder *subvalvuläre Aortenstenose*) wahrscheinlich. Ein hochfrequentes diastolisches Decrescendogeräusch über dem 3./4. Interkostalraum linksparasternal direkt im Anschluss an den 2. Herzton mit einer großen Blutdruckamplitutde, einem positivem Corrigan-Puls, besonders kräftigen Pulsationen von Hals und Präkordium und einer Abnahme der Dauer des Diastolikums sprechen für eine hochgradige *Aorteninsuffizienz*. Ein paukender 1. Herzton, ein sehr enges Mitralöffnungsintervall sowie ein deutlich wahrnehmbares, rumpelndes Diastolikum über der Herzspitze belegen eine hochgradige *Mitralstenose*. – Systolisches Schwirren über dem Erbschen Punkt und über der Herzspitze, einhergehend mit einem frühsystolischen Decrescendogeräusch, einem *deutlich abgeschwächten 1. Herzton* und einem dritten Herzton belegen das Vorhandensein einer hämodynamisch schwerwiegenden *Mitralinsuffizienz*, z. B. bei Vorliegen eines Mitralsegelabrisses („flail leaflet").

Auch das Vorhandensein von angeborenen Shuntvitien lässt sich mittels körperlicher Untersuchung gut erfassen: So kann ein *Ventrikelseptumdefekt* leicht durch Schwirren und ein bandförmiges Systolikum über dem 3./4. Interkostalraum links parasternal, ein *Vorhofseptumdefekt* durch ein frühsystolisches Geräusch mit atemunabhängiger Spaltung des 2. Herztons über dem 2. Interkostalraum links parasternal diagnostiziert werden. Ein systolisch-diastolisches Maschinengeräusch über dem 3./4. Interkostalraum linksparasternal mit großer Blutdruckamplitude deutet auf einen hämodynamisch bedeutsamen *offenen Ductus botalli* hin. Ein spätsystolisches Geräusch mit Punctum maximum über dem 2. Interkostalraum links parasternal, das sich über den 2. Herzton hinaus erstreckt, mit Hochdruck in der oberen Körperhälfte und abgeschwächtem Femoralis- sowie Fußpulsen einhergehend, weist auf eine hämodynamisch signifikante *Aortenisthmusstenose* hin.

Die körperliche Untersuchung ergibt in der Regel auch deutliche Hinweise auf das Vorliegen einer Herzinsuffizienz, falls die links- und/oder rechtsventrikuläre Funktion stark eingeschränkt sind: So deuten ein dritter Herzton und ein Frühsystolikum über Erbschem Punkt bis Spitze (Mitralinsuffizienz) zusammen mit fein- bis grobblasigen Rasselgeräuschen vor allem über den basalen Lungenpartien auf eine *Linksherzinsuffizienz* hin. Eine Halsvenenstauung, ein positiver hepatojugulärer Reflux, eine Hepatomegalie, periphere Ödeme, ein Pleuraerguss und u. U. auch eine Aszites belegen eine bedeutsame *Rechtsherzinsuffizienz*.

Die körperliche Untersuchung muss abhängig von der gutachterlichen Fragestellung auch spezielle Untersuchungen umfassen. Soll z. B. das Ausmaß der Schädigung des Organismus durch arterielle Hypertonie beurteilt werden, darf die Diagnostik nicht nur auf die Ermittlung des kardialen Status (lauter Aortenklappenschlusston, hebender Herzspitzenstoß bei Linksherzhypertrophie) beschränkt bleiben. Bei dieser Fragestellung ist auch eine Beurteilung des Augenhintergrundes zur genauen Einstufung der hypertensiven Erkrankung (arterielle Hypertonie mit bzw. ohne Organschäden) obligat.

Wird im Gutachtenauftrag hingegen nach einem Gesamtgrad der Behinderung gefragt, so werden oftmals auch angiologische, neurologische und orthopädische Zusatzgutachten erforderlich sein.

Nichtinvasive Basisdiagnostik

Ruhe-EKG

Das Ruhe-EKG ist das am weitesten verbreitete, sehr einfach zu handhabende Instrument zur Diagnostik kardiovaskulärer Erkrankungen und zur Beurteilung der Mitbeteiligung des Herz-Kreislauf-Systems bei primär extrakardialen Erkrankungen. Insbesondere hinsichtlich der Diagnostik von Herzrhythmusstörungen hat es eine herausragende Bedeutung. Im Rahmen jedes kardiovaskulären Gutachtens *muss* eine Ruhe-EKG (möglichst 12-Kanal-EKG) abgeleitet werden. Gelegentlich werden neben den 12 Standardableitungen weitere Ableitungen (z. B. nach Nehb) erforderlich, um einen möglichst kompletten Befund zu ermöglichen, wie etwa bei Beteiligung der Hinterwand des linken Ventrikels oder des rechten Ventrikels am Infarktgeschehen.

Die detaillierte EKG-Analyse umfasst neben Rhythmus, Lagetyp, einer exakten Erfassung der einzelnen Zeitwerte (z. B. PQ-, QT-Intervall) sowie deskriptiven und quantitativen Beschreibungen von Abnormalitäten auch die Berechnung der korrigierten QT-Zeit (QTc) und der QT-Dispersion (Schneider et al. 1997), vor allem, wenn der zu begutachtende Patient Schwindel, Synkopen oder Rhythmusstörungen angibt.

Bei der Abfassung eines kardiologischen Gutachtens ist es selbstverständlich, dass frühere Elektrokardiogramme zum Vergleich herangezogen werden; dies hat eine besondere Bedeutung bei Zusammenhangsgutachten. Die in Tabelle 4.15 zusammengestellte Liste über die häufigsten Diagnosen im Ruhe-EKG stellt die Basisanforderung für die Erstellung und Interpretation des EKGs im klinischen Alltag und bei der kardiologischen Begutachtung dar.

Belastungs-EKG

Das medizintechnische Instrumentarium des Gutachters muss sich an seiner wissenschaftlichen Aufgabe, der Festlegung der funktionalen Gesundheit, ausrichten. Die hierbei angewendeten Untersuchungsmethoden müssen bei der Einordnung der von den Patienten angegebenen Minderbelastbarkeiten bzw. Funktionsstörungen in ein *Leistungsbild* wesentlich hilfreich sein. Dabei ergibt sich eine Begrenzung der gutachterlich verwendeten Methoden auf eine *nichtinvasive Funktionsdiagnostik* durch die rechtlichen Vorgaben der Duldungspflicht (Kammler 2005).

Gezielte Belastungsuntersuchungen (z. B. Fahrrad- oder Laufbandergometrie) haben bei der Abfassung

Tabelle 4.15. Diagnosen beim Ruhe-EKG. (Mod. n. Kadish et al. 2001)

▌ Normales EKG

▌ Technische Probleme
- falsche Lage der EKG-Elektroden
- Artefarkte

▌ Sinusknotenrhythmus und Arrhythmien
- Sinustachykardie (>100 Schläge pro Minute)
- Sinusbradykardie (<60 Schläge pro Minute)
- Sinusarrhythmie
- Sinusknotenstillstand
- Sinuatriale Blockierungen

▌ Andere supraventrikuläre Rhythmusstörungen
- supraventrikuläre Extrasystole
- ektoper atrialer Rhythmus
- ektope atriale Tachykardie, uni- oder multifokal
- Vorhofflimmern
- Vorhofflattern (typisch und atypisch)
- AV-junktionale Tachykardie
- AV-junktionaler Rhythmus (u.a. akzeleriert)
- supraventrikuläre Tachykardie, paroxysmal

▌ Ventrikuläre Rhythmusstörungen
- ventrikuläre Extrasystolie
- akzelerierter idioventrikulärer Rhythmus
- ventrikuläre Tachykardie
- polymorphe ventrikuläre Tachykardie (inkl. Torsades de pointes)
- Vorhofflimmern

▌ AV-Blockierungen
- AV-Block I–III
- AV-Dissoziation

▌ Intraventrikuläre Erregungsleitungsstörungen
- Links- oder Rechtsschenkelblock (permanent oder intermittierend)
- intraventrikuläre Leitungsverzögerung, unspezifisch
- aberrante Überleitung supraventrikulärer Schläge
- linksanteriorer bzw. linksposteriorer Hemiblock
- ventrikuläre Präexzitation (WPW-Syndrom)

▌ QRS-Komplex und Amplitude, z.B.
- überdrehter Rechtslagetyp (+90 bis + 180°), überdrehter Linkstyp (–30 bis –90°)
- elektrischer Alternans
- Niedervoltage

▌ Hypertrophie und Vergrößerung
- Vorhofvergrößerung, Erregungsausbreitungsveränderungen
- Linksherzhypertrophie (QRS-Komplexveränderungen) mit/ohne ST-/T-Streckenveränderungen
- Rechtsherzhypertrophie mit/ohne ST-/T-Streckenveränderungen

▌ Repolarisationsveränderungen
- Veränderungen der ST-Strecke und der T-Welle (z.B. bei Myokardischämie)
- verlängertes QT-Intervall

▌ Myokardinfarkt

Akuter oder intermediärer Infarkt
- inferior
- posterior
- Septalwandinfarkt
- Vorderwandinfarkt
- Hinterwandinfarkt

Tabelle 4.15 (Fortsetzung)

▌ Begleiterkrankungen
- akute Lungenerkrankungen
- akute Perikarditis
- Elektrolytstörungen (K ↓, Ca ↑ und Mg ↓)

▌ Schrittmacher-EKG, u.a.
- atrialer oder ventrikulärer Rhythmus
- bifokal stimulierter Rhythmus
- atrialer oder ventrikulärer Sensingdefekt
- Schrittmacher-induzierte Tachykardie

von kardiologischen Gutachten aus leistungsdiagnostischer Sicht einen besonders hohen Stellenwert, zumal zusätzliche Informationen über myokardiale Minderdurchblutungen gewonnen werden.

Das Belastungs-EKG stellt die Basis in der Ischämiediagnostik bei der koronaren Herzkrankheit dar. Bei der Durchführung einer ergometrischen Belastung können zusätzliche Erkenntnisse hinsichtlich Blutdruckverhalten, körperlicher Leistungsfähigkeit, Trainingsherzfrequenz und möglicherweise auftretender Herzrhythmusstörungen gewonnen werden, die bei der kardiovaskulären Begutachtung extrem hilfreich sein können.

Die Voraussetzungen, die Modalitäten der Durchführung und die Möglichkeiten der Beurteilung sind durch mehrere Leitlinien festgelegt (Fletcher et al. 2001, Gibbons et al. 2002, Pina et al. 1995, Rodgers et al. 2000, Trappe u. Löllgen 2000).

In Klinik und Praxis hat sich in Europa die Fahrradergometrie im Sitzen oder Halbliegen durchgesetzt; alternativ wird – besonders häufig in den USA – eine Laufbandbelastung angewendet.

Welche Parameter werden im Belastungs-EKG beurteilt?

- EKG-Kriterien: ST-Streckenveränderungen (in erster Linie) und R-Zacken-Amplitude, Auftreten von Rhythmusstörungen;
- die allgemeine (altersgemäße) Leistungsfähigkeit;
- die Blutdruckregulation (arterielle Hypertonie? RR-Abfall unter Belastung?);
- die Frequenzregulation (Ausbelastung? Tachykardie?);
- die Beschwerdesymptomatik unter der Belastung.

Die absoluten und relativen Kontraindikationen zur Durchführung eines Belastungs-EKG sind in Tabelle 4.16 aufgeführt.

Abbruchkriterien einer ergometrischen oder Laufbandbelastung sind:

- ST-Streckenhebung oder -senkung um >0,2 mV,
- Auftreten komplexer ventrikulärer Rhythmusstörungen oder Bradykardien,
- ausgeprägte, heftige Angina pectoris-Beschwerden,

Tabelle 4.16. Kontraindikationen für eine Belastungsuntersuchung. (Mod. n. Trappe u. Löllgen 2000)

▮ **Absolute Kontraindikationen**

- Akuter Myokardinfarkt
- Instabile Angina pectoris (persistierende Ruhe-Angina, bereits in Ruhe vorhandene Ischämiezeichen im EKG oder positiver Troponin-T- bzw. Troponin-I-Test, ferner zunehmende typische Belastungsangina (Crescendo-Angina)
- Herzrhythmusstörungen mit Symptomatik und/oder eingeschränkter Hämodynamik
- Symptomatische schwere Aortenstenose; bei bisher asymptomatischer Aortenstenose kann unter ärztlicher Aufsicht ein Belastungs-EKG zur Entscheidungshilfe über das weitere Procedere durchgeführt werden
- Dekompensierte Herzinsuffizienz
- Akute Lungenembolie
- Akute Myokarditis
- Akute Perimyokarditis
- Akute Aortendissektion

▮ **Relative Kontraindikationen**

- Hauptstammstenose der linken Koronararterie
- Herzklappenerkrankungen mäßigen Schweregrades
- Bekannte Elektrolytstörungen
- Arterielle Hypertonie (systol. >200 mmHg, diastol. >110 mmHg)
- Tachyarrhythmie oder Bradyarrhythmie
- Hypertrophisch-obstruktive Kardiomyopathie und andere Formen der Ausflussbahnobstruktion
- Höhergradige AV-Blockierungen
- Physische und/oder psychische Beeinträchtigungen
- Thromboembolische Erkrankungen/chron. Cor pulmonale
- Schlechter Allgemeinzustand

- ein Anstieg des systolischen RR >240 mmHg,
- ein systolischer RR-Abfall um >20 mmHg,
- periphere muskuläre Erschöpfung (Ausbelastung).

Welche Bewertungskriterien werden bei einem Belastungs-EKG angelegt?

- Pathologische Veränderungen im Belastungs-EKG werden überwiegend durch *Innenschichtischämie* hervorgerufen.
- Kriterien für ein positives Belastungs-EKG sind
  - horizontale oder deszendierende ST-Streckensenkung um >0,1 mV (80 ms nach dem J-Punkt, Junction Point),
  - ST-Veränderungen erst nach Ende der Belastung.

  Letztere geben einen Hinweis auf eine koronare Mehrgefäßerkrankung oder auf eine Hauptstammerkrankung der linken Koronararterie.
- Die Aussagekraft des Belastungs-EKGs ist von der Vortestwahrscheinlichkeit (Bayes-Theorem) abhängig:
  - Bei niedriger Wahrscheinlichkeit (z.B. junge Frau, keine kardiovaskulären Risikofaktoren) ist mit falsch-positiven Befunden zu rechnen.
  - Umgekehrt schließt bei sehr hoher Wahrscheinlichkeit (60-jähriger Mann mit multiplen Risikofaktoren und typischen pektanginösen Beschwerden) ein negatives Belastungs-EKG die koronare Herzkrankheit nicht sicher aus.

Die *Sensitivität* (d.h. der Prozentsatz echt positiver Tests) des Belastungs-EKGs liegt für die koronare 1-Gefäßerkrankung bei etwa 50%, für die 2-Gefäßerkrankung bei 60–70% und für die koronare 3-Gefäßerkrankung bei ca. 80%. Diese *Sensitivitäten* gelten nur unter der wichtigen Voraussetzung, dass der Patient mindestens submaximal belastet wurde. – Die *Spezifität* (d.h. der Prozentsatz echt negativer Tests) liegt bei 75–90%; bei Frauen ist die *Spezifität* des Belastungs-EKGs geringer (60%).

Schlussfolgernd kann zusammengefasst werden, dass das Belastungs-EKG (ergometrische Belastung im Sitzen oder Halbliegen, Laufbandbelastung) *keine sichere Aussage über die Lokalisation der Myokardischämie* zulässt.

Hinsichtlich der Ischämielokalisation sind Stressechokardiographie und Myokardszintigraphie sowie die Magnetresonanztomographie aussagekräftiger.

Für den Gutachter stellt eine Ergometrie (Fahrrad- bzw. Laufbandbelastung) nicht nur eine gezielte diagnostische Untersuchung zur Beurteilung des Herz-Kreislauf-Zustands, sondern auch einen „körperlichen Leistungstest“ dar, in den alle Körperfunktionen eingehen, d.h. dass Begleitsymptome (Motivation/Mitarbeit, Schwindel, bei der Ergometrie auftretende Schmerzen im Stütz- und Bewegungsapparat etc.) aus leistungsdiagnostischer Sicht zu analysieren sind. Die Ergometrie ist also die einfachste globale *Aktivitätsanalyse* und damit unverzichtbares Element jeglicher Leistungsbeurteilung.

Generell kann festgestellt werden, dass eine Belastbarkeit von 3 W/kg KG für junge Männer (20–30 Jahre) und von 2,5 W/kg KG für junge Frauen erwartet werden kann. Für jedes Lebensjahrzehnt zusätzlich werden 10% von der errechneten Wattzahl abgezogen (Nordenfelt et al. 1985).

▮ Transthorakale Echokardiographie (incl. Gewebe-Dopplerechokardiographie)

Die transthorakale Echokardiographie stellt neben den elektrokardiographischen Verfahren die zweite grundlegende, bedeutsame Methode bei der kardiovaskulären Begutachtung dar. Mit Hilfe der Echokardiographie können heute die links- und (m. E.) auch rechtsventrikuläre Pumpfunktion, die Wanddicke des Herzmuskels sowie Morphologie und Funktion der Herzklappen beurteilt werden, weiterhin können nichtinvasiv intrakardiale Druckwerte bestimmt werden.

Welche Aussagen ermöglichen die heute verwendeten Methoden der transthorakalen Echokardiographie bei der Diagnostik der koronaren Herzkrankheit?

- Beurteilung der globalen linksventrikulären Funktion (z.T. auch der rechtsventrikulären Funk-

tion) sowie evtl. einer Vergrößerung der linksseitigen Herzhöhlen (linker Ventrikel und linker Vorhof);
- Hinweise auf einen abgelaufenen Myokardinfarkt (regionale Wandbewegungsstörungen) und dessen Folgezustände: z. B. Mitralinsuffizienz infolge einer Papillarmuskeldysfunktion nach Hinterwandinfarkt, Drucksteigerung im kleinen Kreislauf mit Rechtsherzvergrößerung;
- Anhaltspunkte für kardiale Begleiterkrankungen, z. B. Hypertrophie des linksventrikulären Myokards bei arterieller Hypertonie, Perikardergusslamelle bei Pericarditis epistenocardica.

Die transthorakale Echokardiographie erlaubt in Verbindung mit dynamischen oder pharmakologischen Belastungsverfahren (Stressechokardiographie) auch Aussagen über eine induzierte Ischämie bzw. über die Vitalität des Herzmuskels nach Myokardinfarkt. Die Stressechokardiographie besitzt eine hohe diagnostische Wertigkeit: So wurden in einer Zusammenstellung der Ergebnisse von 28 Studien (Geleijnse et al. 1997) bei einer Gesamtzahl von 2246 koronarkranken Patienten eine Sensitivität von 80% (n=1604) und eine Spezifität von 84% (n=642) hinsichtlich der Erkennung einer belastungsinduzierten Wandbewegungsstörung berichtet, wobei die mittleren Sensitivitäten der Diagnosestellung bei koronarer 1-, 2- und 3-Gefäßerkrankung bei 74%, 86% bzw. 92% lagen. Die Sensitivität der Erkennung einer Erkrankung des Ramus circumflexus war mit 55% niedriger als diejenige bei Erkrankung des Ramus descendens anterior (72%) und der rechten Koronararterie (76%).

Die Stressechokardiographie kann 1) unter körperlicher Belastung (Fahrradergometrie) und 2) unter pharmakologischer Belastung durchgeführt werden. Die körperliche Belastung weist eine höchste Sensitivität (86%) und Spezifität (83%) hinsichtlich der Dokumentation einer regionalen Myokardischämie auf. Bei der pharmakologischen Belastung wird in erster Linie Dobutamin in aufsteigender Dosierung (von 10 bis 40 µg/kg/min i.v.) verwendet. Nur bei Kontraindikationen gegen eine dynamische (Ergometrie-)Belastung oder gegen Dobutamin werden Vasodilatatoren (Adenosin oder Dipyridamol) zur Provokation einer Myokardischämie diagnostisch eingesetzt, da diese Pharmaka eine geringere Sensitivität hinsichtlich der Erkennung einer Myokardischämie aufweisen. Die Bewertungskriterien der Stressechokardiographie sind Einwärtsbewegung, Wandverdickung und Asynchronie.

Zur Frage der Sicherheit der Dobutamin-Stressechokardiographie ist zu erwähnen, dass eine Metaanalyse bei 26438 Patienten lediglich 79 (=0,03%) bedrohliche Komplikationen ergeben hat (Lattanzi et al. 2000); die Myokardinfarktrate nach Dobutamin-Echokardiographie wurde mit 0,05% angegeben (Geleijnse et al. 1997).

Vorteile der Stressechokardiographie sind
- hohe Sensitivität und Spezifität (bei physikalischer Belastung 86% bzw. 83%),
- schnelle Durchführbarkeit der Methode,
- große Akzeptanz,
- optimale örtliche und zeitliche Verfügbarkeit und
- der Tatbestand, dass diese Methode im Vergleich zur Computertomographie und der Magnetresonanztomographie sehr preiswert ist. Mit Hilfe der Echokardiographie sind bei 80–85% der Patienten verlässliche und ausreichende Informationen hinsichtlich der kardiovaskulären Funktion und Morphologie verfügbar.

Limitationen der Stressechokardiographie sind
- Abhängigkeit von der Bildqualität (Problem: Lungenüberlagerung, schlechte Bildqualität bei ca. 15% der Patienten),
- Befundungssubjektivität (Abhängigkeit von der Erfahrung des Untersuchers),
- das Vorhandensein von vor Beginn der Belastung bereits in Ruhe bestehenden Wandbewegungsstörungen und
- die Beschreibung falsch-positiver Befunde (vor allem in der basal-inferioren und basal-septalen Myokardregion).

Was kann mit der Stressechokardiographie nachgewiesen werden?
- eine lokale Myokardischämie, induziert durch eine körperliche oder pharmakologische Belastung: Hierbei wird eine durch hochdosiertes Dobutamin (in ansteigender Dosierung bis 40 µg/kg/min) erzeugte neue Hypokinesie abgebildet.
- Vitalität von unter Ruhebedingung nicht kontrahierendem Myokard:
  Hierbei wird eine Zunahme der Kontraktionskraft bzw. ein Wiederauftreten einer Kontraktion in zuvor akinetischem Myokard unter Gabe von niedrigdosiertem Dobutamin (<12 µg/kg/min) dokumentiert. Nach echokardiographischen Kriterien liegt dann avitales Myokardgewebe vor, wenn unter keiner Dobutamindosis eine Zunahme der Kontraktionskraft des akinetischen Areals zu beobachten ist.

Die Ergebnisse der Stressechokardiographie haben prognostische Relevanz (Biagini et al. 2005, Shaw et al.. 2005): Patienten mit einer im Dobutamin-Echokardiogramm nachweisbaren regionalen Wandbewegungsstörung wiesen eine deutlich geringere 7-Jahres-Überlebensrate auf im Vergleich zu Patienten mit normaler Dobutamin-Echokardiographie, insbesondere wenn gleichzeitig bereits eine Wandbewegungsstörung in Ruhe dokumentiert wurde (Biagini et al. 2005).

Kontinuierliche technische Weiterentwicklungen haben in den letzten Jahren zu einer Verbesserung der Bildqualität, insbesondere aber zu Fortschritten auf den Gebieten der dreidimensionalen und der Gewebe-Dopplerechokardiographie geführt (Weidemann et al. 2001, Mädler et al. 2003, Voigt et al. 2003, Flachskampf et al. 2007): Das Gewebe-Dopplerverfahren und die von dieser Technik abgeleiteten Parameter Verformung (Strain) und Verformungsrate (Strain-Rate) werden heute u. a. bei der Quantifizierung der Stressechokardiographie benutzt. Die Gewebe-Dopplerparameter der systolischen linksventrikulären Funktion, die Spitzengeschwindigkeit in der systolischen Ausbreitungsphase und insbesondere die Bestimmung der Strain-Rate haben zu einer Verbesserung der Dokumentation einer regionalen myokardialen Ischämie unter Dobutaminstress geführt. Der Nachteil von Geschwindigkeitsmessungen ist die Messung von Gewebsbewegung, egal, ob sie passiv oder aktiv erfolgt. Die Vorteile der Verformungsrate (Strain-Rate) sind in erster Linie einfache Auswertung, stabile Signale und eine gute Reproduzierbarkeit (Völker 2005, pers. Mitt.). Mit Hilfe der Parameter der Gewebe-Dopplerechokardiographie konnte dokumentiert werden, dass während Myokardischämie Teile der regionalen Kontraktion in der Diastole erfolgen (Voigt et al. 2004). Das Verhältnis von Strain zu postsystolischer Verkürzung wurde als bester Parameter zur Ischämiedetektion ermittelt.

▮ Ausgewählte Labordaten

Bei der Abfassung eines kardiologischen Gutachtens ist es gelegentlich notwendig, metabolische Parameter (Lipidwerte, Blutzuckerparameter wie Nüchtern- bzw. postprandiale Glukose, Hämoglobin-A1c- und C-Peptid) und ferner Eiweiß im Urin insbesondere zur Diagnose einer Mikroalbuminurie zu bestimmen. Nur ausnahmsweise wird es erforderlich sein, eine ausgedehnte Labordiagnostik, z. B. Differentialblutbild, Gerinnungsanalyse und Antikörperbestimmungen) zur Beantwortung der im Gutachten gestellten Fragen vorzunehmen.

▮ Spiroergometrie

Zur Ermittlung der Ausdauerbelastbarkeit eines Patienten stellt die Spiroergometrie die beste Untersuchungsmethode dar. Von den mit diesem Verfahren verfügbaren Parametern sind in erster Linie die maximale Sauerstoffaufnahme unter ergometrischer Belastung und die anaerobe Schwelle zu erwähnen. Letztere beschreibt die Leistungsgrenze eines Patienten während einer Ausdauerbelastung.

Zur Beantwortung einer Gutachterfrage ist bedeutsam, dass die mittels Spiroergometrie ermittelte anaerobe Schwelle zur Festlegung der individuellen Dauerbelastbarkeit herangezogen werden kann. Hier gilt: Die Dauerbelastbarkeit während eines 8-stündigen Arbeitstages sollte deutlich unterhalb der anaeroben Schwelle liegen! Wird bei einer Spiroergometrie die Fahrradbelastung wegen „körperlicher Erschöpfung“ vor Erreichen der anaeroben Schwelle abgebrochen, muss eine mangelnde Mitarbeitsbereitschaft des zu Beurteilenden in Erwägung gezogen werden. In einer solchen Situation können Untersuchungen des Säure-Basen-Haushaltes, wie z. B. Bestimmung des Blutlactatspiegels und des Basenüberschusses, bei der Abschätzung des Grades der Ausbelastung hilfreich sein.

Spezielle nichtinvasive diagnostische Verfahren

▮ Transösophageale Echokardiographie

Die transösophageale Echokardiographie, heute vor allem mit multiplanaren Sonden, ist insbesondere bei Patienten indiziert, bei denen wegen ausgeprägter, langjähriger Lungenerkrankung mit resultierendem Lungenemphysem das transthorakale Schallfenster sehr klein und damit die Beurteilbarkeit der Echokardiographie stark eingeschränkt ist.

Weiterhin besteht die Hauptindikation zur transösophagealen Echokardiographie bei speziellen Fragestellungen:

- zur Beurteilung von Linksherz-Klappenfehlern (insbesondere bei bakterieller Endokarditis),
- zum Nachweis von Thromben im linken Vorhof vor Durchführung einer elektrischen Kardioversion von Vorhofflimmern/-flattern oder bei Verdacht auf kardiogene Ursache einer Hirnembolie,
- bei Verdacht auf Aortendissektion oder Aortenatherome,
- zum Nachweis der hämodynamischen Bedeutung eines Shuntvitiums,
- zur Abklärung erworbener und angeborener Herzfehler,
- zur Beurteilung der Funktion von Herzklappenprothesen.

▮ Langzeit-EKG

Die Langzeit-Elektrokardiographie stellt eine anerkannte Methode zur diagnostischen Abklärung von anfallsweise auftretenden Symptomen dar, die auf Herzrhythmusstörungen zurückgeführt werden können. Weiterhin hat sich das Langzeit-EKG zur Verlaufskontrolle einer antiarrhythmischen Pharmakotherapie als geeignet erwiesen (Salerno et al. 2003).

Symptomatik in möglichem Zusammenhang mit Arrhythmien:

- Synkopen bzw. Präsynkopen,
- Schwindel bei anderweitig nicht zu klärender Ursache,
- rezidivierende Palpitationen oder Herzrasen,
- ungeklärte Episoden von anfallsweise auftretender Dyspnoe, Thoraxschmerzen oder Müdigkeit.

Im Rahmen einer antiarrhythmischen Therapie:
- zur Überprüfung der Wirksamkeit,
- Nachweis möglicher proarrhythmischer Ereignisse,
- Überprüfung der Frequenzkontrolle bei Vorhofflimmern.

Bei asymptomatischen Patienten:
- zur Risikostratifizierung nach abgelaufenem Myokardinfarkt,
- bei Patienten mit schwerer linksventrikulärer Dysfunktion (dilatative Kardiomyopathie, sekundäre ischämische Kardiomyopathie),
- zur Diagnostik eines paroxysmalen Vorhofflimmerns/-flatterns,
- bei Patienten mit hypertrophisch-obstruktiver Kardiomypathie,
- zur Therapiekontrolle.

Bei Patienten mit antibrady- oder antitachykarden Therapiesystemen:
- Synkopen, Präsynkopen oder häufige Palpitationen sowie bei Verdacht auf eine Systemdysfunktion, die sich nicht durch eine Schrittmacher/ICD-Kontrolle diagnostizieren lässt.

Indikationen zur Durchführung eines Langzeit-EKGs sind damit (mod. n. Sauer et al. 2005): In den Richtlinien zum Langzeit-EKG (Block et al. 1999, Crawford et al. 1999, Salerno et al. 2003) findet sich als Indikation auch der Nachweis von Myokardischämien in Form von intermittierenden ST-Strecken-Veränderungen. Bei niedriger Sensitivität, erheblichem zeitlichen Aufwand (Heim et al. 1996) sowie der Notwendigkeit standardisierter Ableitungen (3 und mehr) hat die ST-Streckenanalyse allerdings heute in der Praxis an Bedeutung verloren und stellt vor dem Hintergrund deutlich verbesserter sonstiger Verfahren der myokardialen Ischämiediagnostik nur noch eine Ausnahmeindikation dar.

Magnetresonanztomographie des Herzens

Der Stellenwert der Magnetresonanztomographie (MRT) bei der nichtinvasiven bildgebenden Diagnostik des Herzens hat in den letzten Jahren aufgrund eindrucksvoller technischer Verbesserungen (Entwicklung höherer Feldstärken und stärkerer bzw. schnellerer Gradienten) deutlich zugenommen. Der große Vorteil dieser Technik liegt natürlich darin, dass die Bildgebung ohne ionisierende Strahlung erfolgt. Zum jetzigen Zeitpunkt liegt der Schwerpunkt der MRT-Diagnostik des Herzens in der Beurteilung der Morphologie und der Funktion des Myokards sowie der Herzklappen, weniger in der Darstellung der Koronararterien. Hier gibt es sicherlich Überlappungen der Anwendungsgebiete mit der Echokardiographie, vor allem bei der Ischämie- und Vitalitätsdiagnostik mit Hilfe der Dobutamin-MRT (höchster Stellenwert!).

Late-Enhancement. Es hat sich klar herausgestellt, dass die Magnetresonanztomographie insbesondere hinsichtlich der Differenzierung zwischen Narbe und hibernierendem Myokard sehr verlässliche Aussagen ermöglicht. Dies beruht auf dem Nachweis eines so genannten „Late (Gadolinium)-Enhancement", einer relativen Anreicherung von Gadolinium z. B. im Rahmen einer akuten Myokardnekrose, wenn myokardiale Zellmembranen rupturiert sind und damit das Verteilungsvolumen des MRT-Kontrastmittels zunimmt (Vöhringer et al. 2007). Das Late-Enhancement-Phänomen nach abgelaufenem Myokardinfarkt ist vorwiegend auf ein „No-reflow-Phänomen" zurückzuführen, d. h. auf eine Gewebsminderperfusion aufgrund von Kapillarblockaden durch Erythrozyten im irreversibel geschädigten Myokard (Kim et al. 1999). In tierexperimentellen Untersuchungen konnte das Auftreten eines Late-Enhancement bei akuter und chronischer Myokardischämie nachgewiesen werden (Fieno et al. 2000; Rehwald et al. 2002). Die Reproduzierbarkeit der Messung der Infarktgröße bei Patienten nach abgelaufenem Myokardinfarkt ist exzellent (Mahrholdt et al. 2002, Thiele et al. 2006).

Auch ein im Rahmen des fibrotischen Umbaus bei chronischen Prozessen vergrößerter extrazellulärer Raum im Herzmuskel kann zu einem Late-Enhancement führen (Vöhringer et al. 2007).

MR-Koronarangiographie. Nach den heute vorliegenden Daten erscheint die nichtinvasive Koronardiagnostik mit Hilfe der Magnetresonanztomographie als eine mögliche Option, die aber zum heutigen Zeitpunkt noch nicht den Stellenwert der computertomographischen Koronarangiographie und insbesondere nicht denjenigen der invasiven Koronarangiographie erreicht. Die bisher einzige größere Studie der Magnetresonanz-Koronarangiographie im Vergleich zur konventionellen Koronarangiographie wurde im Jahre 2001 von Kim und Mitarbeitern publiziert (Kim et al. 2001). Mit Hilfe der Navigatortechnik wurden 109 Patienten in 18 Zentren untersucht. In dieser Studie waren 636/759 (84%) proximale Segmente auswertbar; die richtige Diagnose proximaler, hämodynamisch relevanter Stenosen wurde in 83% der Fälle gestellt.

Die heutige Datenlage zum Stellenwert der Magnetresonanztomographie des Herzens lässt sich unter Angabe der ACCF/ACR/SCCT/SCMR/ASNC/NASCI/SCAI/SIR-2006-Eignungskriterien (Hendel et al. 2006) wie folgt zusammenfassen:

Myokardischämie – Stress-Magnetresonanztomographie. Die Stress-Magnetresonanztomographie (insbesondere mit hochdosiertem Dobutamin oder Adenosin) zur Beurteilung der Wandbewegung ist klinisch anwendbar, insbesondere bei reduzierter Bildqualität im Echokardiogramm (Nagel et al. 1999). Eignungskriterium A7 (Hendel 2006).

Die Bestimmung der *regionalen Myokardperfusion* ist klinisch nur eingeschränkt sinnvoll: Es bestehen keine großen Erfahrungen bei der visuellen und noch hoher Zeitaufwand bei der semiquantitativen Auswertung.

Vitalität des Myokards. Die Abschätzung der myokardialen Vitalität, vor allem mit Late-Gadolinium-Enhancement ist mit Hilfe des MRT möglich, erste Studien waren sehr viel versprechend. Eignungskriterium bei Zustand nach Myokardinfarkt A7, vor geplanter Revaskularisierung A9 (Hendel 2006).

Koronararteriendarstellung

- Die *MR-Koronarangiographie* ist nur eingeschränkt einsetzbar, in erster Linie bei Koronaranomalien (Hendel 2006); ansonsten ist die MR-Angiographie derzeit allenfalls bei hochselektierten asymptomatischen Patienten in Erwägung zu ziehen. Die invasive Koronarangiographie bleibt Goldstandard.
- Bei *interventionellen Verfahren* (perkutane koronare Intervention, Stentimplantation etc.) ist die MR-Anwendung erst in Anfängen, die invasive Koronarangiographie jedoch konkurrenzlos.
- Beim *Wandimaging (Plaquedarstellung)* der Koronararterien und der Karotiden besitzt die invasive Koronarangiographie keinen Stellenwert; hier wird die MR-Bildgebung Goldstandard werden (zur Zeit allerdings noch nicht zuverlässig genug).
- *Thrombusimaging (intravasal):* Die MR-Bildgebung (mit thrombusspezifischem Kontrastmittel) ist als nichtinvasives Verfahren konkurrenzlos (Hendel 2006). Die invasive Koronarangiographie ist diesbezüglich nur bei akutem Koronarsyndrom und bei perkutaner Koronarintervention sinnvoll.

Computertomographie des Herzens

Rasante Fortschritte der Technologie – Einführung der Mehrzeilen-Computertomographie (CT) – haben durch Verbesserung der Orts- und Zeitauflösung der Bildgebung eine immer exaktere Darstellung des Herzens und der Koronararterien ermöglicht. Die invasive Koronarangiographie bildet das Koronargefäßsystem mit einer räumlichen Auflösung von 0,2 mm und einer zeitlichen Auflösung von 8 ms ab; die 16-Zeilen-Computertomographie des Herzens weist eine räumliche Auflösung von 0,4 mm und eine zeitliche Auflösung von 80–200 ms auf.

Koronarkalknachweis mittels Computertomographie

Das Vorliegen koronarer Kalzifizierungen beweist das Vorhandensein atherosklerotischer Ablagerungen; das Fehlen koronarer Kalzifizierungen macht das Vorliegen einer hämodynamisch signifikanten Koronararteriosklerose sehr unwahrscheinlich. Allerdings bedeutet der Nachweis großer Mengen Koronarkalks nicht, dass auch relevante Stenosen der Koronararterien vorliegen, da selbst bei Vorhandensein ausgedehnter Mengen verkalkter atherosklerotischer Plaques oft keine signifikante Lumeneinengung besteht.

Aus einem positiven Koronarkalknachweis darf also nicht die Indikation zur invasiven Koronardiagnostik abgeleitet werden!

Das Ausmaß der Koronarverkalkungen korreliert aber mit der koronaren Plaquebelastung („plaque burden"). Da größere klinische Ereignisse in der Regel auf einer Plaqueruptur oder -erosion (Letztere vor allem bei Frauen und Diabetikern) beruhen, ist ein Zusammenhang mit dem klinischen Ereignisrisiko naheliegend (Arad et al. 2000, Raggi et al. 2000, O'Malley et al. 2000).

Klinische Bedeutung des Koronarkalknachweises bei asymptomatischen Patienten. Zur Risikostratifizierung asymptomatischer Patienten stellt die Abbildung koronarer Kalzifizierungen mit computertomographischen Verfahren derzeit das direkteste und zuverlässigste nichtinvasive Verfahren dar. Der Einsatz zur Risikostratifizierung asymptomatischer Patienten ist allerdings in den Richtlinien der europäischen und amerikanischen Fachgesellschaften zur Primärprävention derzeit noch nicht niedergelegt. In mehreren Publikationen der American Heart Association und des American College of Cardiology wird aber darauf hingewiesen, dass bei ausgewählten Patienten der Einsatz der Elektronenstrahl- bzw. Mehrzeilen-Computertomographie bei der Entscheidung behilflich sein kann, mit welcher Aggressivität im Einzelfall eine Risikomodifikation und insbesondere eine medikamentöse Lipidsenkung durchgeführt werden sollte (O'Rourke et al. 2000, Smith et al. 2000). Die Autoren befürworten einen Einsatz der Computertomographie bei ausgewählten Patienten mit „intermediärem Risiko" (10-Jahres-Risiko des Auftretens einer koronaren Herzkrankheit zwischen 10 und 20%; NCEP Export Panel 2001); hier wird ein *klinischer Nutzen* des Koronarkalknachweises für zukünftige kardiale Ereignisse angenommen.

Die Empfehlungen der American Heart Association für die klinische Anwendung des computertomographischen Koronarkalknachweises zur Abschätzung der Prognose des asymptomatischen Patienten lauten: Klasse IIb, Evidenz B (Patienten mit intermediärem Risiko, 10-Jahres-Risiko des Auftretens einer koronaren Herzkrankheit 10–20%). Niedrig-Risiko- (<10% beim 10-Jahres-Risiko) und Hoch-Risikopatienten (>20% beim 10-Jahres-Risiko) profitieren prognostisch *nicht* von einem Koronarkalknachweis (Empfehlung der AHA Klasse III, Evidenzniveau B).

Klinische Bedeutung des Koronarkalknachweises bei symptomatischen Patienten. Eine große multizentrische Studie mit Elektronenstrahl-Computertomographie zur Diagnose einer hämodynamisch relevanten koronaren Herzkrankheit bei symptomatischen Patienten (n=1851) ergab eine Sensitivität von 96% und eine Spezifität von 40% (Budoff et al. 2002). Durch Anhebung des Koronarkalkgrenzwertes über einen Schwellenwert >80 H. U. nahm die Sensitivität des Koronarkalknachweises auf 79% ab, wohingegen die Spezifität auf 72% anstieg.

In einer weiteren größeren Studie (n=1764) zum Vergleich des Koronarkalknachweises mit dem angiographisch ermittelten Nachweis der Koronarerkrankung ging ein Koronarkalk-Score von >100 H.U. mit einer Sensitivität von 95% und einer Spezifität von 79% hinsichtlich des angiographischen Nachweises einer hämodynamisch relevanten koronaren Herzkrankheit einher (Haberl et al. 2001). Zusammengenommen ergaben diese beiden größeren Studien (n=3615 Patienten) eine Sensitivität von 85% und eine Spezifität von 75% der Treffsicherheit des Koronarkalknachweises, bezogen auf den invasiv ermittelten koronarangiographischen Befund.

In einer Metaanalyse von 44 Studien der diagnostischen Treffsicherheit der Technetium-99m-Myokard-Szintigraphie wurde eine mittlere Sensitivität von 87% sowie eine mittlere Spezifität von 64% berichtet, ähnlich den Resultaten des Koronarkalknachweises (Fleischmann et al. 2002).

Sowohl die American Heart Association als auch die European Society of Cardiology betonen die Bedeutung der gleichzeitigen Ermittlung des funktionellen Status des symptomatischen Patienten zusätzlich zur reinen computertomographischen Erfassung des Koronarkalks bei Angina-pectoris-Symptomatik.

Empfehlung der American Heart Association. Bei der diagnostischen Abklärung symptomatischer Patienten, bei welchen der Verdacht auf eine koronare Herzkrankheit nahe liegt, erscheint die Untersuchung des Koronarkalks sehr ratsam, insbesondere bei gleichzeitigem Hinweis auf eine reversible Myokardischämie, die durch andere Belastungsuntersuchungen (z.B. Myokardszintigraphie oder Stressechokardiographie) gewonnen worden sind (Empfehlungsklasse IIb, Evidenzniveau B, Oxford-Graduierung 1b) (Budoff et al. 2006).

Zusammenfassend ist zur Bedeutung des Koronarkalknachweises zu sagen, dass es immer noch unklar ist, ob eine allein aus dem Kalknachweis abgeleitete medikamentöse „Frühprävention“ prognostisch zu einer Lebensverlängerung führt. Ergebnisse entsprechender Studien liegen bisher noch nicht vor. Weiterhin muss darauf hingewiesen werden, dass der Kalknachweis per se noch keine Rückschlüsse auf das Vorliegen kritischer Koronararterienstenosen zulässt.

Nichtinvasive Koronarangiographie mittels Computertomographie

Mit Hilfe der Multidetektor-Computertomographie, der Dual-Source-Technologie und unter Einsatz adäquater Technik ist die nichtinvasive Koronarangiographie inzwischen Realität geworden. Bei Verwendung zumindest eines 16-Zeilen-Computertomographen und unter Anwendung geeigneter Untersuchungsprotokolle, z.B. mit medikamentöser Senkung der Herzfrequenz auf <60/min, ferner unter Gabe von Nitraten zur besseren Darstellung der Koronargefäße, ist die Detailgenauigkeit der Abbildung auch peripherer Koronargefäße in den letzten Jahren und Monaten deutlich besser geworden (Achenbach 2007). Trotz der technischen Verbesserungen der Computertomographie wird der Schweregrad von Koronarstenosen in der Regel überschätzt; die geeigneten Indikationen für eine nichtinvasive Koronarangiographie mit Hilfe der Computertomographie kristallisieren sich derzeit erst langsam heraus.

Mit der 16-Zeilen- bzw. 64-Zeilen-Computertomographie lassen sich heute, vor allem bei medikamentöser Senkung der Herzfrequenz und nach Gabe von Nitraten, hämodynamisch relevante Koronararterienstenosen mit hoher Sensitivität und Spezifität nachweisen bzw. ausschließen. Der negative prädiktive Wert für die CT-Koronarangiographie liegt in mehreren Studien bei 92–100%. Daraus ergibt sich, dass die CT-Koronarangiographie in erster Linie bei geeigneten Patientenkollektiven eine Möglichkeit zum Ausschluss signifikanter Koronarstenosen bietet, d. h., dass gegebenenfalls bei diesen selektierten Patienten eine invasive Koronarangiographie verzichtbar erscheint. Insbesondere bei Patienten mit „intermediärer“ Prätest-Wahrscheinlichkeit von Koronarstenosen (10-Jahres-Risiko 10–20%) ist eine solche Anwendung denkbar.

Als weitere mögliche Anwendungsbereiche der nichtinvasiven CT-Koronarangiographie sind heute zu diskutieren:

1. die Darstellung aortokoronarer Bypasstransplantate (Schuijf et al. 2006), wobei allerdings die eingeschränkte Aussagekraft für die Beurteilung oft stark verkalkter Nativgefäße und in letzter Zeit

auch implantierter Stents die klinische Anwendbarkeit stark limitiert;
2. die Analyse von Koronaranomalien und
3. eventuell in der Zukunft der Nachweis, ferner die Quantifizierung und Charakterisierung nichtstenotischer, nichtverkalkter koronarer atherosklerotischer Plaques zur Risikostratifikation.

Limitationen der Computertomographie des Herzens

Die CT-Angiographie erfordert eine intravenöse Kontrastmittelgabe und geht mit einer Strahlenbelastung einher, die nicht unerheblich ist. Darüber hinaus lässt sie nur eine rein morphologische Bewertung zu und kann neben dem Stenosegrad keine Aussagen hinsichtlich der hämodynamischen Relevanz einer Koronararterienstenose liefern. Dies gilt auch für die invasive Koronarangiographie. Die CT-Angiographie der Koronararterien ist außerdem ein rein diagnostisches Verfahren; im Gegensatz zur invasiven Koronarangiographie besteht keine Möglichkeit, sofort eine perkutane Koronarintervention anzuschließen.

Wenn aufgrund der klinischen Symptomatik und/oder eines eindeutigen Ischämienachweises mit großer Wahrscheinlichkeit eine hämodynamisch relevante Koronararterienstenose vorliegt, ist der zusätzliche Einsatz der CT-Angiographie daher nicht sinnvoll.

Zur Zeit besteht bei asymptomatischen Personen keine Indikation, ein Screening mit Hilfe der CT-Angiographie zur Abschätzung des kardialen Ereignisrisikos durchzuführen.

Literatur

Achenbach S, Daniel WG (2007) Current Role of Cardiac Computed Tomography. Herz 32:97–107

Arad Y, Spadaro LA, Goodman K, Newstein D, Guerci AD (2000) Prediction of coronary events with electron beam computed tomography. J Am Coll Cardiol 36:1253–1260

Baer FM, Hinzpeter B, Klever-Deichert G, Lauterbach K, Schneider CA (2006) Begutachtung und ökonomische Aspekte in der Kardiologie. In: Erdmann E (Hrsg) Klinische Kardiologie, 6. Aufl. Springer, Berlin, S 871–886

Biagini E, Elhendy A, Bax JJ, Rizzello V, Schinkel AFL, van Domburg RT, Kertai MD, Krenning BJ, Bountioukos M, Rapezzi C, Branzi A, Simoons ML, Poldermans D (2005) Seven-year follow-up after dobutamine stress echocardiography: Impact of gender on prognosis. J Am Coll Cardiol 45:93–97

Block M, Borggrefe M, Goedel-Meinen, Hohnloser SH, Jung W, Kalusche D, Kuck KH, Meinertz T, Oeff M, Pitschner H (1999) Richtlinien für die Durchführung der nichtinvasiven Diagnostik von Rhythmusstörungen. Z Kardiol 88:51–60

Budoff MJ, Diamond GA, Raggi P, Arad Y, Guerci AD, Callister TQ, Berman D (2002) Continuous Probabilistic Prediction of Angiographically Significant Coronary Artery Disease Using Electron Beam Tomography. Circulation 105:1791–1796

Budoff MJ, Achenbach St, Blumenthal RS, Carr JJ, Goldin JG, Greenland P, Guerci AD, Lima JAC, Rader DJ, Rubin GD, Shaw LJ, Wiegers SE (2006) Assessment of Coronary Artery Disease by Cardiac Computed Tomography: A Scientific Statement From the American Heart Association Committee on Cardiovascular Imaging and Intervention, Council on Cardiovascular Radiology and Intervention, and Committee on Cardiac Imaging, Council on Clinical Cardiology. Circulation 114:1761–1791

Crawford MH, Bernstein J, Deedwania PC, DiMarco JP, Ferrick KJ, Garson A, Green Jr LA, Greene HL, Silka MJ, Stone PH, Tracy CM, Gibbons RJ, Alpert JS, Eagle KA, Gardner TJ, Garson A, Gregoratos Jr G, Russell RO, Ryan TJ, Smith Jr SC (1999) ACC/AHA guidelines for ambulatory electrocardiography: A report of the American College of Cardiology/American Heart Association Task Force on Practice Guidelines (Committee to Revise the Guidelines for Ambulatory Electrocardiography) developed in collaboration with the North American Society for Pacing and Electrophysiology. J Am Coll Cardiol 34:912–948

Expert Panel on Detection, Evaluation, and Treatment of High Blood Cholesterol in Adults (2001) Executive Summary of the Third Report of the National Cholesterol Education Program (NCEP) Expert Panel on Detection, Evaluation, and Treatment of High Blood Cholesterol in Adults (Adult Treatment Panel III). JAMA 285:2486–2497

Fieno DS, Kim RJ, Chen EL, Lomasney JW, Klocke FJ, Judd RM (2000) Contrast-enhanced magnetic resonance imaging of myocardium at risk: Distinction between reversible and irreversible injury throughout infarct healing. J Am Coll Cardiol 36:1985–1991

Flachskampf FA, Breithardt OA, Daniel WG (2007) Stellenwert des Gewebe-Dopplers in der Frühdiagnostik von Kardiomyopathien. Herz 32:89–96

Fleischmann KE, Hunink MG, Kuntz KM, Douglas PS (2002) Exercise echocardiography or exercise SPECT imaging? A meta-analysis of diagnostic test performance. J Nucl Cardiol 9:133–134

Fletcher GF, Balady GJ, Amsterdam EA, Chaitman B, Eckel R, Fleg J, Frölicher VF, Leon AS, Piña IL, Rodney R, Simons-Morton DA, Williams MA, Bazzarre T (2001) Exercise Standards for Testing and Training: A Statement for Healthcare Professionals From the American Heart Association. Circulation 104:1694–1714

Geleijnse ML, Fioretti PM, Roelandt JR (1997) Methodology, feasibility, safety and diagnostic accuracy of dobutamine stress echocardiography. J Am Coll Cardiol 30:595–606

Gibbons RJ, Balady GJ, Bricker JT, Chaitman BR, Fletcher GF, Frölicher VF, Mark DB, McCallister BD, Mooss AN, O'Reilly MG, Winters WL, Gibbons Jr RJ, Antman EM, Alpert JS, Faxon DP, Fuster V, Gregoratos G, Hiratzka LF, Jacobs AK, Russell RO, Smith Jr SC, Committee Members Task Force Members (2002) ACC/AHA 2002 Guideline Update for Exercise Testing: Summary Article: A Report of the American College of Cardiology/American Heart Association Task Force on Practice Guidelines (Committee to Update the 1997 Exercise Testing Guidelines). Circulation 106:1883–1892

Haberl R, Becker A, Leber A, Knez A, Becker C, Lang C, Brüning R, Reiser M, Steinbeck G (2001) Correlation of coronary calcification and angiographically documented stenoses in patients with suspected coronary artery disease: results of 1,764 patients. Am Coll Cardiol 37:451–457

Heim C, Geel A, Münzer T, Angehrn W, Roelli H, Niederhauser H (1996) II: Perioperative Holter monitoring: clinical relevance and practice. Anästhesist 45: 220–224

Hendel RC, Patel MR, Kramer CM, Poon M, Hendel RC, Carr JC, Gerstad NA, Gillam LD, McB. Hodgson J, Kim RJ, Kramer CM, Lesser JR, Martin ET, Messer JV, Redberg RF, Rubin GD, Rumsfeld JS, Taylor AJ, Weigold WG, Woodard PK, Brindis RG, Hendel RC, Douglas PS, Peterson ED, Wolk MJ, Allen JM, Patel MR (2006) ACCF/ACR/SCCT/SCMR/ASNC/NASCI/SCAI/SIR 2006 Appropriateness Criteria for Cardiac Computed Tomography and Cardiac Magnetic Resonance Imaging: A Report of the American College of Cardiology Foundation Quality Strategic Directions Committee Appropriateness Criteria Working Group, American College of Radiology, Society of Cardiovascular Computed Tomography, Society for Cardiovascular Magnetic Resonance, American Society of Nuclear Cardiology, North American Society for Cardiac Imaging, Society for Cardiovascular Angiography and Interventions, and Society of Interventional Radiology. J Am Coll Cardiol 48:1475–1497

Kadish AH, Buxton AE, Kennedy HL, Knight BP, Mason JW, Schuger CD, Tracy CM, Winters WL, Boone Jr AW, Elnicki M, Hirshfeld JW, Lorell Jr BH, Rodgers GP, Tracy CM, Weitz HH (2001) ACC/AHA clinical competence statement on electrocardiography and ambulatory electrocardiography: A report of the ACC/AHA/ACP–ASIM Task Force on Clinical Competence (ACC/AHA Committee to Develop a Clinical Competence Statement on Electrocardiography and Ambulatory Electrocardiography) Endorsed by the International Society for Holter and Noninvasive Electrocardiology. J Am Coll Cardiol 38:2091–2100

Kammler E (2005) Medical assessment. Versicherungsmedizin 57:83–87

Kim RJ, Fieno DS, Parrish TB, Harris K, Chen EL, Simonetti O, Bundy J, Finn JP, Klocke FJ, Judd RM (1999) Relationship of MRI Delayed Contrast Enhancement to Irreversible Injury, Infarct Age, and Contractile Function. Circulation 100:1992–2002

Kim WY, Danias PG, Stuber M, Flamm SD, Plein S, Nagel E, Langerak SE, Weber OM, Pedersen EM, Schmidt M, Botnar RM, Manning WJ (2001) Coronary Magnetic Resonance Angiography for the Detection of Coronary Stenoses. N Engl J Med 345:1863–1869

Lattanzi F, Picano E, Adamo E, Varga A (2000) Dobutamine Stress Echocardiography: Safety in Diagnosing Coronary Artery Disease. Drug Safe 22:251–262

Mädler CF, Payne N, Wilkenshoff U, Cohen A, Derumeaux GA, Piérard LA, Engvall J, Brodin LÅ, Sutherland GR, Fraser AG for the MYDISE Study Investigators (2003) Non-invasive diagnosis of coronary artery disease by quantitative stress echocardiography: optimal diagnostic models using off-line tissue Doppler in the MYDISE study. Eur Heart 24:1584–1594

Mahrholdt H, Wagner A, Holly TA, Elliott MD, Bonow RO, Kim RJ, Judd RM (2002) Reproducibility of Chronic Infarct Size Measurement by Contrast-Enhanced Magnetic Resonance Imaging. Circulation 106:2322–2327

Nagel E, Lehmkuhl HB, Bocksch W, Klein C, Vogel U, Frantz E, Ellmer A, Dreysse S, Fleck E (1999) Noninvasive Diagnosis of Ischemia-Induced Wall Motion Abnormalities With the Use of High-Dose Dobutamine Stress MRI: Comparison With Dobutamine Stress Echocardiography. Circulation 99:763–770

Nordenfelt I, Adolfsson L, Nilsson JE, Olsson S (1985) Reference values for exercise tests with continuous increase in load. Clin Physiol 5:161–172

O'Malley PG, Taylor AJ, Jackson JL, Doherty TM, Detrano RC (2000) Prognostic value of coronary electron-beam computed tomography for coronary heart disease events in asymptomatic populations. Am J Cardiol 85:945–948

O'Rourke RA, Brundage BH, Frölicher VF, Greenland P, Grundy SM, Hachamovitch R, Pohost GM, Shaw LJ, Weintraub WS, Winters WL, Forrester JS, Douglas PS, Faxon DP, Fisher JD, Gregoratos G, Hochman JS, Hutter AM, Kaul S, O'Rourke RA, Weintraub WS, Winters Jr WL, Wolk MJ (2000) American College of Cardiology/American Heart Association Expert Consensus Document on Electron-Beam Computed Tomography for the Diagnosis and Prognosis of Coronary Artery Disease: Committee Members. Circulation 102:126–140

Pina IL, Balady GJ, Hanson P, Labovitz AJ, Madonna DW, Myers J (1995) Guidelines for Clinical Exercise Testing Laboratories: A Statement for Healthcare Professionals From the Committee on Exercise and Cardiac Rehabilitation, American Heart Association. Circulation 91:912–921

Raggi P, Callister TQ, Cooil B, He ZX, Lippolis NJ, Russo DJ, Zelinger A, Mahmarian JJ (2000) Identification of Patients at Increased Risk of First Unheralded Acute Myocardial Infarction by Electron-Beam Computed Tomography. Circulation 101:850–855

Rehwald WG, Fieno DS, Chen EL, Kim RJ, Judd RM (2002) Myocardial Magnetic Resonance Imaging Contrast Agent Concentrations After Reversible and Irreversible Ischemic Injury. Circulation 105:224–229

Rodgers GP, Ayanian JZ, Balady G, Beasley JW, Brown KA, Gervino EV, Paridon S, Quinones M, Schlant RC, Winters WL, Achord JL, Boone AW, Hirshfeld JW, Lorell BH, Rodgers GP, Tracy CM, Weitz HH (2000) American College of Cardiology/American Heart Association Clinical Competence Statement on Stress Testing: A Report of the American College of Cardiology/American Heart Association/American College of Physicians – American Society of Internal Medicine Task Force on Clinical Competence. Circulation 102:1726–1738

Salerno SM, Alguire PC, Waxmann HS (2003) Training and Competency Evaluation for Interpretation of 12-Lead Electrocardiograms: Recommendations from the American College of Physicians. Ann Intern Med 138:747–750

Sauer G, Andresen D, Cierpka R, Lemke B, Mibach F, Perings Ch, Vaerst R (2005) Positionspapier zur Durchführung von Qualitätskontrollen bei Ruhe-, Belastungs- und Langzeit-EKG. Z Kardiol 94:844–857

Schneider CA, Voth E, Baer FM, Horst M, Wagner R, Sechtem U (1997) QT Dispersion Is Determined by the Extent of Viable Myocardium in Patients With Chronic Q-Wave Myocardial Infarction. Circulation 96:3913–3920

Schuijf JD, Bax JJ, Shaw LJ, de Roos A, Lamb HJ, van der Wall EE, Wijns W (2006) Meta-analysis of comparative diagnostic performance of magnetic resonance imag-

ing and multislice computed tomography for noninvasive coronary angiography. Am Heart J 151:404–411
Shaw LJ, Vasey C, Sawada S, Rimmerman C, Marwick TH (2005) Impact of gender on risk stratification by exercise and dobutamine stress echocardiography: long-term mortality in 4234 women and 6898 men. Eur Heart J 26:447–456
Smith SC, Greenland P, Grundy SM (2000) Prevention Conference V: Beyond Secondary Prevention: Identifying the High-Risk Patient for Primary Prevention: Executive Summary. Circulation 101:111–116
Thiele H, Kappl MJE, Conradi S, Niebauer J, Hambrecht R, Schuler G (2006) Reproducibility of Chronic and Acute Infarct Size Measurement by Delayed Enhancement-Magnetic Resonance Imaging. J Am Coll Cardiol 47:1641–1645
Trappe HJ, Löllgen H (2000) Leitlinien zur Ergometrie. Z Kardiol 89:821–837
Vöhringer M, Mahrholdt H, Yilmaz A, Sechtem U (2007) Significance of Late Gadolinium Enhancement in Cardiovascular Magnetic Resonance Imaging (CMR). Herz 32:129–137
Voigt JU, Exner B, Schmiedehausen K, Huchzermeyer C, Reulbach U, Nixdorff U, Platsch G, Kuwert T, Daniel WG, Flachskampf FA (2003) Strain-Rate Imaging During Dobutamine Stress Echocardiography Provides Objective Evidence of Inducible Ischemia. Circulation 107:2120–2126
Voigt JU, Nixdorff U, Bogdan R, Exner B, Schmiedehausen K, Platsch G, Kuwert T, Daniel WG, Flachskampf FA (2004) Comparison of deformation imaging and velocity imaging for detecting regional inducible ischaemia during dobutamine stress echocardiography. Eur Heart J 25:1517–1525
Völker B (2005) persönliche Mitteilung
Weidemann F, Kowalski M, D'hooge J, Bijnens B, Sutherland GR (2001) Doppler myocardial imaging. A new tool to assess regional inhomogeneity in cardiac function. Bas Res Cardiol 96:595–605

4.8 Gefäße

G. Bönner

Die Diagnostik in der Angiologie basiert auf Anamnese, klinischer Untersuchung und nichtinvasiven Untersuchungsmethoden. In den Funktionstests kann die klinische Relevanz peripherer Durchblutungsstörungen erfasst werden. Im Gehtest oder durch das Laufband lässt sich die funktionelle Beeinträchtigung durch eine periphere Verschlusskrankheit objektivieren und die Stadieneinteilung nach Fontaine vornehmen. Die Lagerungsprobe nach Ratschow zeigt den Schweregrad einer peripheren Verschlusskrankheit an. Die Dopplerdruckmessung erlaubt die Quantifizierung der Durchblutungsstörung unabhängig von der Gehstrecke. Die Oszillographie kann zur Lokalisationsdiagnostik beitragen. Die Farbduplexsonographie der großen Arterien ersetzt viele dieser konventionellen Verfahren, da sie die Morphologie der Arteriosklerose direkt darstellt und gleichzeitig auch die hämodynamischen Auswirkungen von vaskulären Veränderungen aufzeigt. Die direkte Angiographie ist auch heute noch der goldene Standard der Diagnostik einer peripheren arteriellen Verschlusskrankheit. Die invasiven Untersuchungsverfahren dienen der Sicherung und Verfeinerung der Diagnose und bieten bei der Indikation zu therapeutischen Interventionen Entscheidungshilfen.

Arterielle Durchblutung der Extremitäten

Gehtest

Die arterielle Verschlusskrankheit der Beine macht sich initial durch eine Einschränkung der Gehleistung bemerkbar. Die Patienten klagen über Muskelschmerzen beim Gehen oder nächtliche Muskelkrämpfe. Oft ist es schwierig, die Beschwerden der Patienten zu objektivieren und einer Durchblutungsstörung zuzuordnen, da sie auch venöser, arthrotischer, neurogener oder muskulärer Genese sein können. Unter standardisierten Bedingungen ist der Gehtest ein gut reproduzierbares Maß der Gehleistung.

Im Stadium III und IV der arteriellen Verschlusskrankheit ist er kontraindiziert. Bei Patienten mit manifester Herzinsuffizienz, Angina pectoris oder pulmonaler Funktionsstörung ist die Untersuchung problematisch.

Im Gehtest wird eine Schrittfolge von 120 Schritten in der Minute verlangt. Auf dem Laufband wird in der Regel eine Geschwindigkeit von 3 km/h bei einer Steigung von 12% vorgegeben. Gemessen wird jeweils die Gehstrecke bis zum Schmerzbeginn (absolute Schmerzgrenze) und bis zum Abbruch des Tests wegen heftiger Beschwerden (relative Schmerzgrenze). Da der Kranke gerade in gutachterlichen Untersuchungen die Schmerzgrenze eher zu früh angibt, ist die absolute Schmerzgrenze nicht sehr zuverlässig. Die relative Schmerzgrenze ist besser zu verwerten und wird in der Regel den Beurteilungen zugrunde gelegt. Die muskuläre Ischämiereaktion lässt sich durch die Muskelverhärtung und eine verzögerte Relaxationsphase des Achillessehnenreflexes klinisch bestätigen.

Mit dem Gehtest lassen sich die beiden ersten Stadien der Verschlusskrankheit nach Fontaine gut erfassen. Im Stadium I liegt keine fassbare Einschränkung der Gehstrecke vor. Eine Gehstrecke über 200 m im Gehtest oder über 100 m auf dem Laufband entspricht Stadium II a, während eine Einschränkung der Gehstrecke auf Distanzen unter 200 m im Gehtest bzw. unter 100 m auf dem Laufband das Stadium II b anzeigt. Gehstrecken unter 30–50 m im Gehtest sprechen für eine besonders gravierende Form der Verschlusskrankheit und sind öfters schon mit nächtlichen Ruheschmerzen (Stadium III) verbunden. Tritt nach anfänglichen Schmerzen im weiteren Verlauf des Gehtests wieder eine Besserung ein, so spricht dies für eine gute Kompensation der peripheren Durchblutungsstörung. Wird hierbei ei-

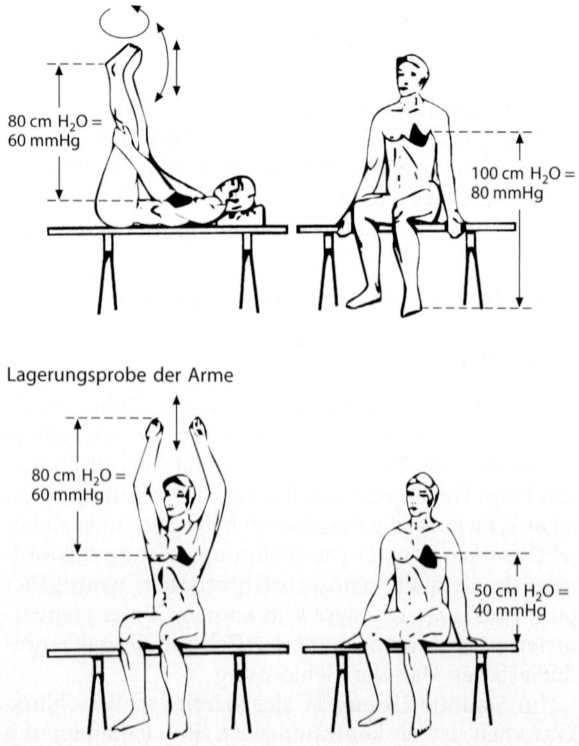

Abb. 4.7. Lagerungsprobe der oberen und unteren Extremität nach Ratschow. (Nach Mörl 1989)

ne Gehstrecke von 700–900 m bzw. von 300–500 m auf dem Laufband überschritten, so spricht man auch vom so genannten „Walking-through".

Lagerungsprobe nach Ratschow

Die Lagerungsprobe nach Ratschow, die sowohl an der oberen als auch an der unteren Extremität angewandt werden kann, ermöglicht die klinische Relevanz arteriosklerotischer Gefäßveränderungen und den Grad ihrer Kompensation durch Kollateralen besser abzuschätzen. Im Test werden die zu untersuchenden Extremitäten hoch über die Herzebene angehoben (Abb. 4.7). Durch kreisende Bewegung der Füße oder Hände (ca. 3–5 min) wird in den Akren eine Ischämie erzeugt. Danach wird die Extremität rasch wieder unter die Herzebene abgesenkt, der Bluteinstrom in die Extremität beobachtet und die Zeiten bis zur reaktiven Hyperämie und zur sekundären Venenfüllung gemessen. Tritt die Ischämie der Extremität sehr rasch nach Anhebung über die Herzhöhe auf, so besteht schon in dieser Phase des Tests der dringende Verdacht auf eine Durchblutungsstörung. Bedeutsamer ist jedoch die Phase der Wiederdurchblutung nach Absenken der Extremität unter Herzniveau. Physiologischerweise sind 3–5 Sekunden danach die ersten Zeichen der Wiederdurchblutung (Hautrötung) zu beobachten. Nach 5–12 Sekunden füllen sich die Venen auf. Fleckförmige bis tiefdunkelrote Färbung der Haut an Fuß oder Hand nach ca. 20–60 Sekunden spricht für eine reduzierte Durchblutung und einen verzögerten Eintritt der reaktiven Hyperämie. Ursachen für eine solche Minderdurchblutung können sowohl Makro- als auch Mikroangiopathien sein. Fehlbestimmungen können bei kühlen Extremitäten, venöser Insuffizienz, peripheren Ödemen oder nach Sympathektomie auftreten. Die Lagerungsprobe nach Ratschow erlaubt die Beurteilung der funktionellen Bedeutung grenzwertiger Durchblutungsstörungen. Ein negatives Ergebnis lässt schwerwiegende Durchblutungsstörungen weitgehend ausschließen.

Allen-Test

An der erhobenen Hand wird die nichtuntersuchte Arterie (A. radialis bei Verdacht auf A.-ulnaris-Verschluss und umgekehrt) komprimiert. Durch wiederholten Faustschluss wird eine Ischämie in der Hand erzeugt. Ist dies erreicht, kann die Hand bei weiterhin komprimierter Arterie wieder gesenkt werden. Wird die Hand rasch hyperämisch, ist mit größter Wahrscheinlichkeit kein Verschluss der untersuchten Arterie vorhanden, bleibt die Hand hingegen länger ischämisch, ist das untersuchte Gefäß verschlossen. Mit dem Allen-Test kann klinisch die Durchgängigkeit der A. radialis bzw. der A. ulnaris geprüft und somit ein Verschluss einer dieser Arterien nachgewiesen werden. Die Aussage kann durch eine zu starke Dorsalflexion der Hand oder eine Überstreckung der Finger abgeschwächt werden. Ein negativer Befund kann bei korrekter Durchführung weitergehende Untersuchungen ersparen.

Ultraschallsonographie der Arterien

Die Ultraschallsonographie der Gefäße ist heute die führende Untersuchungstechnik bei peripherer Verschlusskrankheit entweder als Dopplersonographie oder als farbkodierte Duplexsonographie.

Doppler-Ultraschallsonographie

Die Ultraschallsonographie nach Doppler erlaubt es, Blutströmungen zu erkennen und nach Richtung und Geschwindigkeit zu differenzieren. So ist es möglich, Arterien von Venen abzugrenzen, retrograde und anterograde Strömungen zu erkennen und hohe von niedrigen Flussgeschwindigkeiten zu unterscheiden. Das arterielle Strömungssignal wird der Dopplerdruckmessung zugrunde gelegt. Diese Messung kann etagenweise an den Extremitäten im Seitenvergleich durchgeführt werden. Als Referenzgröße gilt in der Regel der höchste, an den oberen Extremitäten gemessene systolische Blutdruck. Ergänzend können diese Untersuchungen auch nach Belastung (je nach Lokalisation der Stenose und betroffener Muskelpartien und Zustand des Patienten,

Tabelle 4.17. Stadieneinteilung der peripheren arteriellen Verschlusskrankheit der Beine anhand der Dopplerblutdruckmessung. Als wichtigste Entscheidungshilfe kann der Druckquotient zwischen dem höchsten Blutdruck an den Armen und dem der untersuchten unteren Extremität angesehen werden. Die Druckquotienten führen aber nicht selten zu einer Stadieneinteilung, die zu streng ist und nicht der Klinik entspricht. Dann sollte die Beurteilung mit Hilfe der berechneten Druckdifferenzen zwischen Beinen und Armen oder der gemessenen absoluten Blutdruckhöhe korrigiert werden

Stadium nach Fontaine	Absolute Blutdruckhöhe	Druckdifferenz Bein–Arm	Druckquotient Bein/Arm
Mediasklerose	kein spez. Befund	über 40 mmHg	1,25 und mehr
0	kein spez. Befund	+40 bis –5 mmHg	1,24–0,95
I	kein spez. Befund	–6 bis –15 mmHg	0,94–0,90
II a	über 80 mmHg	unter –15 mmHg	0,89–0,70
II b	51–80 mmHg	wie Stad. II a	0,69–0,50
III	30–50 mmHg	wie Stad. II a	0,49 und kleiner
IV	unter 30 mmHg	wie Stad. II a	wie Stad. III

z. B. Zehenstände, Kniebeugen oder dreiminütige Ischämie) durchgeführt werden.

Bewertungsgrößen für die Dopplerdruckmessung sind hierbei die absolute Blutdruckhöhe, die Arm-Bein-Differenz und der Arm-Bein-Quotient (Tabelle 4.17). Nach Belastung wird die Höhe des Druckabfalls und die Zeit des Druckwiederanstiegs bis auf die Ausgangswerte beobachtet. Ausgeprägte Fehlinterpretationen der dopplersonographisch gemessenen Blutdruckwerte können durch technische Fehler und bei schweren Ödemen, bei kardialen Arrhythmien und bei Mediasklerose der Gefäße auftreten, wie man sie besonders ausgeprägt bei Diabetikern und Dialysepatienten findet. Bei dieser Gefäßwandverhärtung werden dopplersonographisch zu hohe Werte gemessen. Hier sind zur endgültigen Beurteilung zusätzliche funktionelle Tests wie Gehtest, Oszillographie oder auch Venenverschlussplethysmographie erforderlich.

Die Registrierung der Strömungsrichtung kann zur Feststellung einer Strömungsumkehr verwandt werden. So kann zum Beispiel die Diagnose eines Stealphänomens in der A. radialis nach Anlage eines Dialyseshunts bewiesen werden, und eine Strömungsumkehr in der A. supraorbitalis kann auf einen Verschluss der A. carotis interna der gleichen Seite hinweisen. Strömungsrichtung und -geschwindigkeit werden in den elektronisch registrierten Analogkurven der Doppler-Ultraschallsonographie aufgezeichnet. Die Kurvenanalyse ermöglicht eine zusätzliche Aussage über die funktionelle Bedeutung einer Verschlusskrankheit. So ist zum Beispiel eine schwere arterielle Durchblutungsstörung durch die Aufhebung des DIPs, einem andauernden diastolischen antegraden Blutfluss und einer Reduktion des systolischen Einstroms gekennzeichnet.

Duplexsonographie

Die Duplexsonographie ist eine Kombination von Doppler-Ultraschallsonographie (gepulst) und B-Mode-Sonographie. So kann das Gefäß morphologisch mit zugehörigem Blutfluss dargestellt werden. Der gepulste Doppler erlaubt die genaue Analyse der Strömungsgeschwindigkeiten, und die farbkodierte Duplexsonographie lässt feinste Strömungsveränderungen bis hin zu schweren Turbulenzen optisch sichtbar werden. Dieses Messverfahren hat inzwischen besondere Bedeutung in der Feindiagnostik der arteriosklerotischen Veränderungen der Karotiden und der Nierenarterien erlangt. Gefäßstenosen, arteriosklerotische Plaques und ulzeröse Aufbrüche mit und ohne Thromben können präzise dargestellt werden. Der hohe Standard der modernen Geräte lässt oft schon eine Bildqualität zu, die aufgrund der zusätzlichen funktionellen Aussagen der konventionellen Radiologie überlegen ist.

Oszillographie

Die Oszillographie misst die pulsatilen Volumenschwankungen in den regionalen Weichteilabschnitten als Kriterium der arteriellen Durchblutung. Die Messmanschetten können etagenweise simultan an beiden Extremitäten angelegt werden und erlauben somit einen direkten Seiten- und Lokalisationsvergleich der Messung.

Die mechanische Oszillometrie stellt die einfachste Form der Oszillometrie dar und ist besonders gut für die Untersuchung der großen Gefäße geeignet. Die Abschwächung der pulsatilen Kurve wird in der Regel eine Etage unterhalb der verursachenden Gefäßstenose beobachtet. Durch eine zusätzliche Belastungsuntersuchung (z.B. Zehenstände oder Kniebeugen) kann der Kompensationsgrad der arteriellen Durchblutungsstörung erfasst werden. Eine negative Reaktion in der Belastungsuntersuchung weist auf eine verminderte Durchblutungsreserve hin.

■ **Elektronische Oszillographie.** Die elektronische Oszillographie besitzt eine annähernd 300-mal höhere Empfindlichkeit als die mechanische Oszillographie. Deshalb ist sie besonders gut zur Untersuchung von Durchblutungsstörungen in den kleinsten Gefäßen der Akren geeignet (akrale Oszillographie).

Ihre Indikationen sind Vasospasmen (Raynaud-Syndrom), Mikroembolien (Endokarditis) oder periphere Gefäßverschlüsse (Thrombangiitis obliterans, Kollagenosen). In der akralen Oszillographie helfen Funktionsteste wie die kälteinduzierte Vasokonstriktion oder die pharmakologisch provozierte Vasodilatation, funktionelle Störungen von morphologischen Veränderungen abzugrenzen.

■ Venenverschlussplethysmographie

Die Venenverschlussplethysmographie kann bei speziellen Fragestellungen auch zur Messung der arteriellen Durchblutung eingesetzt werden. Zur Messung werden initial durch einen hohen Manschettendruck der venöse und der arterielle Blutfluss der Extremität gestoppt, dann wird bei weiter verschlossenen Venen (Staudruck 40 mmHg) der arterielle Bluteinstrom wieder freigegeben. Weiter distal wird dann durch einen elektronischen Messfühler die kumulative pulsative Volumenzunahme der Extremität gemessen (ml/100 g Gewebe/min). Die Venenverschlussplethysmographie bleibt als aufwändigeres Verfahren speziellen Fragestellungen vorbehalten, zum Beispiel der hämodynamischen Bedeutung von AV-Fisteln oder der Bestimmung der reaktiven Hyperämie. Sie ist für den Probanden in der Regel wenig belastend, doch einige Patienten brechen die Ischämiephase wegen zu starker Schmerzen vorzeitig ab.

■ Direkte Arteriographie mit arterieller Druckmessung

Die direkte radiologische Darstellung der Gefäße nach Kontrastmittelgabe ist die zuverlässigste Methode zur Erfassung arteriosklerotischer Gefäßveränderungen. Die Angiographie kann heute in verschiedenen Techniken mit unterschiedlicher Qualität durchgeführt werden: der intravenösen digitalen Subtraktionsangiographie (*i.v.-DSA*), der intraarteriellen digitalen Subtraktionsangiographie (*i.a.-DSA*) und der direkten selektiven Arteriographie, der auch heute noch die höchste Präzision zugesprochen wird. Anhand der Arteriographie kann eine genaue morphologische Beschreibung der Gefäßveränderungen erfolgen, jedoch keine sichere Aussage über die dadurch bedingte Funktionsstörung gemacht werden. Um hierüber mehr Information zu erhalten, wird oft noch in der gleichen Sitzung der Druckgradient über den radiologisch auffälligen Stenosen bestimmt. Die Angiographie ist eine aufklärungspflichtige, nicht ganz risikofreie Untersuchung. Die i.v.-DSA ist relativ schonend, dafür aber auch störanfälliger als die i.a.-DSA oder die direkte Arteriographie. Sie ist selten allein aus diagnostischen Gründen indiziert, zum Beispiel zur Absicherung einer Thromboangiitis obliterans, eines Ergotismus oder eines embolischen Geschehens (spezielle morphologische Bilder). Für die Therapieentscheidung ab Stadium IIb nach Fontaine vor Intervention ist sie aber fast unverzichtbar.

Neuere Methoden der direkten Gefäßdarstellung wie Spiralcomputertomographie oder MR-Angiographie sind zur Zeit in klinischer Erprobung. Aus den bisherigen guten Ergebnissen kann abgeleitet werden, dass in Zukunft diese Techniken, besonders das MR-Angiogramm, einen Teil der konventionellen Angiographien ersetzen werden.

Venöse Durchblutung der Extremitäten

Die venösen Flussverhältnisse und die Venenklappenfunktionen können mittels Dopplersonographie zuverlässig abgeklärt werden. Die Drainageleistung der tiefen Beinvenen lässt sich unter Belastungsbedingungen gut mit der Phlebodynamometrie bestimmen. Die Phlebographie ist noch heute der goldene Standard der morphologischen und funktionellen Darstellung von Venen. Die Lympographie erlaubt die Darstellung der Lymphabflussbahnen.

■ Klinische Venentests

Die klinischen Venentests wie der Test nach Trendelenburg oder Perthes sind nur orientierende Untersuchungen, die nur bei deutlich sichtbarer Venenzeichnung anwendbar sind und bei pathologischen Befunden durch dopplerultraschallsonographische Untersuchungen ergänzt werden müssen. Sie ermöglichen Aussagen zu den Strömungsverhältnissen und den Klappenfunktionen. Der Trendelenburg-Versuch stellt eine Funktionsprüfung der Vv. saphenae parvae und Vv. perforantes dar und ist bei Varikosis im Oberschenkelbereich indiziert: nach Ausstreichen am hochgehobenen Bein Aufstehenlassen einmal ohne und einmal mit Kompression der V. saphena magna an ihrer Mündung; schnelle Füllung trotz Kompression spricht für Insuffizienz der Kollateralenklappen, bei Verstärkung nach Lösen der Kompression auch für Insuffizienz der Magna-Klappen. Der Perthes-Versuch untersucht die Funktion der tiefen Venen und der Vv. perforantes: Bei leichter proximaler Stauung (Tourniquet) entleeren sich bei Muskelkontraktion (Umhergehen, Kniebeugen) Varizen nur bei offenen Venae communicantes und perforantes. Die Perkussionsmethode nach Schwartz und Hackenbroch dient dem Nachweis der Klappeninsuffizienz im Vena-saphena-magna-Bereich.

Doppler-Ultraschallsonographie der Venen

Die Doppler-Ultraschallsonographie erlaubt die Registrierung des Blutflusses in den venösen Gefäßen, der deutlich langsamer als in den Arterien ist und keinen pulsatilen, sondern eher einen atemabhängigen Rhythmus aufweist. Oft ist der spontane Blutfluss in den Venen nicht messbar, so dass durch distale Kompression der Weichteile eine Flussbeschleunigung induziert werden muss. Hierüber kann die Durchgängigkeit der untersuchten Vene getestet werden. Durch heftige Atemmanöver kann die Durchgängigkeit der Vene im proximalen Abschnitt geprüft werden. Soll die Klappenfunktion studiert werden, so wird durch proximale Kompression oder Valsalva-Pressmanöver ein distal gerichteter Blutfluss in der Vene erzeugt, der nur bei Klappeninsuffizienz in den Beinvenen messbar ist, denn intakte Klappen verhindern den retrograden Blutfluss. Durch oberflächliche Venensperren kann die Funktion der Perforansvenen untersucht werden. Diese Untersuchungstechnik erlaubt eine gute Diagnostik von Abstromhindernissen, Verschlüssen und Klappeninsuffizienzen der Venen. Je weiter proximal untersucht wird, desto zuverlässiger sind die Befunde.

Venenverschlussplethysmographie

Die Hauptindikationen zur Venenverschlussplethysmographie sind die Bestimmung der venösen Kapazität und des venösen Abstroms einer Extremität. Für die Untersuchung wird die Extremität im Winkel von 45° hoch gelegt und ein Verschlussdruck in der Manschette von 80 mmHg gewählt. Bei diesem Verschlussdruck kann über 5 min die venöse Kapazität (Gefäßvolumen) bestimmt werden. Danach wird durch eine plötzliche Druckentlastung der Manschette der Blutabfluss aus der Extremität freigegeben und das Entleeren der venösen Gefäße (venöser Abstrom) gemessen. Man erwartet normalerweise eine Venenkapazität von ca. 3,5 (2,3–4,7) ml/100 g Gewebe und eine Entleerungsgeschwindigkeit von ca. 66 (31–101) ml/100 g Gewebe/min. Bei primärer Varikosis sind beide Werte erhöht, bei Thrombosen oder postthrombotischem Syndrom erniedrigt. Eine reduzierte Kapazität bei normalem Abstrom findet man bei Ödemen (Rudofsky 1990).

Phlebodynamometrie

Die direkte Druckmessung in den Venen, zum Beispiel des Fußrückens, kann Aufschluss geben, ob die venöse Drainageleistung vermindert ist oder nicht. Hierzu wird der Blutdruck direkt in einer Fußrückenvene nach deren Punktion gemessen. Nach einer Belastung mit Zehenständen (Faustschluss an der oberen Extremität) wird dann erneut der Druck gemessen und der physiologische Druckabfall registriert. Bei einem gestörten venösen Blutrückfluss (z. B. insuffiziente Muskelpumpe) ist der Druckabfall nach Belastung reduziert, in schweren Fällen einer venösen Abflussbehinderung (z. B. Thrombosen) kann es sogar statt zu einem Druckabfall zu einem deutlichen Druckanstieg kommen. Daraus lässt sich die klinische Relevanz von Klappenfunktionsstörungen oder thrombotischen Verschlüssen venöser Gefäße ableiten.

Ist die Phlebodynamometrie aus technischen Gründen nicht möglich oder lehnt der Patient die Untersuchung ab, kann auch eine Lichtreflexrheographie erfolgen. Eine unterschiedliche Füllung des Hautvenenplexus ändert die Lichtreflexion der Haut. An dieser Reflexänderung kann die aktive venöse Drainageleistung bei Bewegungsmanövern geprüft werden. Dieses Verfahren ist einfach, schonend und beliebig wiederholbar. Jedoch ist seine Aussagekraft gering, erlaubt es doch nur die Differenzierung des Befundes in eine gesunde oder krankhafte Venenregulation.

Duplexsonographie

Mit der farbkodierten Duplexsonographie können Venenklappeninsuffizienz und Phlebothrombose besonders gut dargestellt werden. Die Spezifität der Methode ist generell gut, die Sensitivität ist an den Unterschenkelvenen gering vermindert. In vielen Fällen ist die Diagnostik durch die farbkodierte Duplexsonographie für das weitere klinische Vorgehen ausreichend. Die Methode kann aber noch nicht in allen Fällen die Phlebographie als goldenen Standard ersetzen, besonders in der Peripherie.

Phlebographie

Nur die radiologische Darstellung der venösen Abstrombahnen mit Kontrastmittel erlaubt die präzise Diagnose von thrombotischen Gefäßverschlüssen mit genauer Lokalisation und Ausdehnung. Zudem kann man oft das Alter einer Thrombose und die Wandadhärenz von Thromben abschätzen. In der Regel können auch Informationen über die Klappenfunktion der Venen erhalten werden. Die Phlebographie ist eine aufklärungspflichtige Untersuchung, die bei akuten venösen Erkrankungen wertvolle Entscheidungshilfen für die Therapie liefert. In den Händen erfahrener Untersucher ist sie einfach und wenig belastend. Bei chronischen Erkrankungen des venösen Gefäßsystems ist ihre Aussagekraft aber eingeschränkt, und der Einsatz sollte nur seltenen Fällen, z. B. präoperativ, vorbehalten bleiben. Bei gutachterlichen Fragestellungen kann eine Phlebographie auch einmal allein zur Sicherung einer Diagnose vorgenommen werden.

Lymphabflussbahnen der Extremitäten

▮ Lymphographie

Bei Verdacht auf Lymphabflussbehinderung unklarer Ursache oder Lokalisation kann eine Lymphographie vorgenommen werden. Hierzu wird ein peripheres Lymphgefäß operativ freigelegt. Anschließend erfolgt die Injektion von meist öligem Kontrastmittel mit radiologischer Kontrolle der Abflusswege. Die Lymphographie erlaubt die Beurteilung der Lymphbahnen und dient dem Nachweis von dysplastischen, entzündlichen oder tumorösen Lymphabflussstörungen. Sie ist nur selten zum Ausschluss von Ödemen erforderlich. Zur einfachen Prüfung eines intakten Lymphabflusses reicht oft die Farbdarstellung der Lymphgefäße mittels Patent-Blau-Test aus. Venöse Ödeme sollten stets vor der Untersuchung ausgeschlossen werden. Bei unklarem ödematösem Befund an den Extremitäten kann letztlich nur das Ergebnis der Lymphographie beweisend für eine Lymphabflussstörung sein.

▮ Literatur

Möre H (1989) Gefäßkrankheiten in der Praxis, 4. Aufl. Edition medizin, VCH, Weinheim

Rieger H, Schoop W (1999) Klinische Angiologie. Springer, Berlin

Rudofsky G (1988) Kompaktwissen Angiologie, 2. Aufl. Perimed, Erlangen

Straub H, Ludwig M (1990) Der Doppler-Kurs. Zuckschwerdt, Wien

4.9 Verdauungsorgane (Magen-Darm-Trakt, Bauchspeicheldrüse)

T. Brechmann und W. Schmiegel

Erkrankungen des Gastrointestinaltraktes oder des Pankreas führen zu Nahrungsverwertungsstörungen, die unter dem Begriff der Malassimilation zusammengefasst werden. Die Ursache kann einerseits in der mangelnden Aufschlüsselung der Nahrung in resorbierbare Bestandteile (Maldigestion) oder andererseits in einer Störung der Aufnahme über die Mukosa (Malabsorption) liegen. Funktionsprüfungen der Verdauung dienen der ätiologischen Zuordnung sowie der Einschätzung des Schweregrades einer Funktionsstörung.

Von besonderer Bedeutung ist das Verhalten des Körpergewichtes, welches speziell erfragt werden muss. Gewichtsabnahme trotz normaler Nahrungszufuhr macht ein organisches Leiden, u.a. auch ein Malassimilationssyndrom, wahrscheinlich. Durch gezieltes Befragen (Tabelle 4.18) lässt sich auch das Stuhlverhalten eruieren. Voluminöse Fettstühle lassen ein Malassimilationssyndrom vermuten, unauffälliges Verhalten spricht dagegen. Störungen der Hauttrophik, Nagelveränderungen (Uhrglasnägel), Ödeme, Nachtblindheit, petechiale Blutungen oder Angabe von Blutergüssen und verstärkte Blutungsneigung weisen auf Protein- oder Vitaminmangel hin und geben Anlass für weitere Untersuchungen. Eine sorgfältige Medikamentenanamnese kann gelegentlich die Ursache einer chronischen Diarrhoe klären.

Tabelle 4.18. Anamnestische Eingrenzung einer Diarrhoe

Zeichen/Symptom	Dünndarmtyp	Dickdarmtyp
▮ Frequenz	3 bis 8	3 bis 30
▮ Volumen	variabel, oft groß	klein
▮ Intervall	variabel	regelmäßig
▮ Geformter Stuhl	selten	nie
▮ Blut im Stuhl	(–)	okkult
▮ Tenesmen	(–)	(–/+)
▮ Fieber	(–)	(+)
▮ Krankheitsgefühl	leicht bis mittel	mittel bis schwer
▮ Appetit	gering bis gut	gering bis schlecht
▮ Pathophysiologie	Malabsorption (osmotisch)	Entzündung (sekretorisch)

Stuhluntersuchungen

Betrachtung und Untersuchung des Stuhls führen zu einer gezielten weiteren Diagnostik und Differentialdiagnostik von Störungen des Gastrointestinaltraktes. Die mikroskopische Untersuchung gefärbten oder ungefärbten Stuhls dient dem Nachweis von Parasiten oder deren Eier.

▮ Stuhlbetrachtung

Trotz aller apparativer Möglichkeiten bleibt die Stuhlbetrachtung auch heute ein wichtiger Bestandteil und erster Schritt in der Differentialdiagnostik. Von Bedeutung sind Konsistenz, Volumen und Färbung des Stuhls. Voluminös-breiige, fettglänzende Stühle sind charakteristisch für Malassimilationssyndrome. Daneben sind acholisch helle und schwarze Verfärbungen (Teerstuhl) von Bedeutung. Bei interenterischen Fisteln können auch unverdaute Speisen wieder ausgeschieden werden.

▮ Stuhlgewicht

Die Messung des über 24 Stunden gesammelten Stuhls ist eine einfache und kostengünstige Methode zur Objektivierung von Malassimilationsstörungen. Als pathologisch gilt ein mehrfach gemessenes

Stuhlgewicht von mehr als 250 g/die. Mehrfach normales Stuhlgewicht bei normaler Nahrungszufuhr spricht gegen ein Malassimilationssyndrom.

Stuhlkultur

Mikroskopische und bakteriologische Untersuchungen durch Anlegen und Bebrüten von Kulturen sind zum Nachweis von parasitären oder bakteriellen Erkrankungen geeignet. Da einige Erreger temperaturempfindlich sind, sollte der Stuhl möglichst noch warm verarbeitet werden. Auch virale Erreger können im Stuhl nachgewiesen werden. Der Nachweis des Toxins von Clostridium difficile legt das Vorliegen einer pseudomembranösen Kolitis nahe.

Stuhlfettbestimmung

Die quantitative Stuhlfettbestimmung bedingt einen hohen apparativen und personellen Aufwand und ist heute ohne praktische Bedeutung. Eine Ausscheidung von mehr als 15 g Fett pro Tag gilt als pathologisch.

Alpha 1-Antitrypsin-Clearance und Calprotectin im Stuhl

Über den enteralen Verlust an α_1-Antitrypsin in den Stuhl kann das Ausmaß einer exsudativen Enteropathie abgeschätzt werden. Als besonders aussagekräftig hat sich die Bestimmung der Clearance erwiesen, wobei neben der Konzentration an α_1-Antitrypsin im Stuhl auch die des Serums eingeht. Das Calprotectin ist ein Protein aus den neutrophilen Granulozyten, das bei nahezu allen organischen Erkrankungen des Gastrointestinaltraktes im Stuhl erhöht zu messen ist und daher zur Differentialdiagnostik zwischen organischen und nichtorganischen Erkrankungen des unteren Gastrointestinaltraktes verwendet wird. Auch eine Verlaufsbeurteilung bei chronisch entzündlichen Darmerkrankungen wird diskutiert.

Biochemische Parameter des Blutes

Biochemische Parameter des Blutes tragen zur Differenzierung von Malabsorption und Maldigestion im Allgemeinen wenig bei. Es können vor allem Parameter bestimmt werden, die das Vorliegen eines Malassimilationssyndromes wahrscheinlich machen. Wichtig sind in diesem Sinne eine verminderte Kalziumkonzentration (Verluste durch Kalkseifenbildung bei Steatorrhoe) sowie ein Mangel an fettlöslichen Vitaminen (A, D, E, K). Darüber hinaus haben das Blutbild (makrozytäre Anämie, Eisenmangelanämie) und die Bestimmung der Ferritin-, Vitamin B_{12}- und Folsäurespiegel sowie die Gesamteiweiß-/Albuminkonzentration (exsudative Enteropathie, Proteinmalassimilation) klinische Relevanz. Eine Verminderung der Betakarotinkonzentration im Serum erlaubt die serologische Erfassung einer Steatorrhoe.

Tabelle 4.19. Differentialdiagnostik durch Fastenversuch

Ansprechen auf Fasten	Kein Ansprechen auf Fasten
▮ Inkontinenz	Laxanzienabusus
▮ Gallensäureverlust	Chronisch entzündliche Darmerkrankung
▮ Steatorrhoe	Neuroendokrine Störungen
▮ Osmotische Diarrhoe	Hyperthyreose
▮ Nahrungsmittelallergie	Bakterielle Überwucherung

Spezielle Untersuchungen der Magen- und Dünndarmfunktion

Fastenversuch

Durch Fasten kann eine chronische Diarrhoe in osmotisch und sekretorisch differenziert werden (Tabelle 4.19).

H_2-Atemteste

Die Bakterienflora des Gastrointestinaltraktes bildet zahlreiche flüchtige Metabolite, die über intestinale Mukosa in die Kapillaren gelangen und über die Lungen ausgeschieden werden. Hierzu gehören neben kurzkettigen Fettsäuren auch Methan (CH_4) und Wasserstoff (H_2). Wasserstoff wird im menschlichen Metabolismus nicht generiert und ist somit Folge bakterieller Vergährung eines Substrates. Das Ausmaß und der Zeitpunkt der H_2-Bildung hängt dabei unter anderem von der Zusammensetzung und der Menge der zugeführten Substrate sowie dem Standort der bakteriellen Flora ab. Die Messung der H_2-Konzentration erfolgt in der Ausatemluft zu verschiedenen Zeitpunkten durch eine hochselektive elektrochemische Zelle. Ein Anstieg über 20 ppm gilt als pathologisch. Etwa 10% aller Menschen beherbergen jedoch keine H_2-bildende bakterielle Flora (Non-Hydrogen-Producer) und sind diesem Testprinzip daher nicht zugängig.

Laktulose-H_2-Atemtest

Laktulose wird im Gastrointestinaltrakt des Menschen nicht metabolisiert und gelangt somit vollständig in das Kolon. Da erst hier H_2-bildende Bakterien erwartet werden, steigt die H_2-Exhalation mit Übertritt in das Kolon an. Bei frühzeitigem Anstieg kann zwischen einer bakteriellen Überwucherung des Dünndarmes oder schnellen orozökalen Transit-

Tabelle 4.20. Anwendung ^{13}C- und ^{14}C-markierter Substanzen

Gastrointestinale/pankreatische Funktionstests		Leberfunktionstests	
^{13}C-/^{14}C-Glykocholat	Bakterielle Überwucherung des Dünndarmes, Gallensäurenmalabsorption	^{13}C-/^{14}C-Aminopyrin	Cytochrom P450
^{13}C-Urea	Besiedlung mit Helicobacter pylori	^{13}C-Koffein	Cytochrom P450 Cytochrom P448
^{13}C-/^{14}C-Laktose	Laktoseintoleranz	^{14}C-Diazepam	Cytochrom P2-C19
^{14}C-Taurocholat	Gallensäurenmalabsorption	^{13}C-Galaktose	Galaktokinase
^{13}C-Acetat	Magenentleerung flüssige Phase	^{13}C-Methacetin	Cytochrom P450
^{13}C-Octanoat	Magenentleerung feste Phase	^{13}C-Phenacetin	Cytochrom P1-A2/2-E1
^{13}C-Triolein/^{13}C-Hiolein	Pankreasfunktion (Lipase)	^{13}C-Ketisocapronsäure	Decarboxylase
^{13}C-Cholesteryloctanoat	Pankreasfunktion (Cholesterylesterase)	^{13}C-Octanoat	β-Oxidation
^{13}C-Stärke	Pankreasfunktion (Amylase)	^{13}C-Erythromyzin	Cytochrom P3-A

zeit nicht unterschieden werden. Ein fehlender Anstieg der H_2-Exhalation deckt Non-Hydrogen-Producer auf.

▮ Glukose-H_2-Atemtest

Der H_2-Atemtest mit Glukose prüft das Vorliegen einer bakteriellen Übersiedlung des Dünndarmes und sollte daher bei pathologischem Laktulose-H_2-Atemtest durchgeführt werden. Der proximale Dünndarm ist als steril anzusehen, es kann jedoch bei prädisponierenden Faktoren zu einer bakteriellen Übersiedlung kommen. Hierbei sind vor allem postoperative Zustände nach Traumata, wie sie im Rahmen berufsgenossenschaftlich versicherter Tätigkeiten vorkommen, bedeutsam wie Adhäsionen, Strikturen und Stenosen, aber auch Fisteln oder Motilitätsstörungen.

▮ Laktose-H_2-Atemtest

Der H_2-Atemtest mit Laktose testet das Vorliegen einer Laktoseintoleranz aus. Eine primäre Laktoseintoleranz betrifft etwa 10% der kaukasischen Rasse und ist als Berufskrankheit nicht anzuerkennen. Eine sekundäre Laktoseintoleranz kann im Rahmen von Sprue oder nach ausgedehnten Dünndarmresektionen auftreten.

▮ ^{13}C-/^{14}C-Atemteste

Eine mittels ^{13}C oder ^{14}C markierte Substanz wird oral oder intravenös appliziert. Durch eine substanzspezifische Metabolisierung entsteht unter anderem $^{13}CO_2$ und $^{14}CO_2$. Das abgeatmete CO_2 kann durch Massenspektrometrie oder die nichtdispersive Infrarotspektroskopie in die verschiedenen Isotope aufgeschlüsselt werden. Während das ^{13}C ein stabiles Isotop ist, ist mit der Anwendung von ^{14}C-markierten Substanzen eine geringe Strahlenbelastung verbunden, was die klinische Anwendung problematisch gestaltet (Tabelle 4.20). Eine ganze Reihe verschiedener Testsubstanzen stehen kommerziell für verschiedene Funktionstests zur Verfügung.

▮ D-Xylosetest

Die D-Xylose wird als Pentose über das Hexosecarriersystem träge resorbiert und nicht weiter metabolisiert. Die Konzentration im Serum oder im Sammelurin lässt daher Rückschlüsse auf die Resorptionskapazität insbesondere des proximalen Dünndarmes zu.

▮ SeHCAT-Test

Gallensäuren werden wie Vitamin B_{12} nur im terminalen Ileum resorbiert. Bei entzündlichen Veränderungen in diesem Bereich (z. B. bei Morbus Crohn) oder nach operativer Entfernung kann es zur verminderten Reabsorption der Gallensäuren kommen. Im Rahmen des vermehrten Verlustes tritt Durchfall und Steatorrhoe auf. Der 23-^{75}Selen-25-Homotaurocholsäure-(*SeHCAT*)-Test ist eine nuklearmedizinische Methode zur Evaluation des enterohepatischen Kreislaufes der Gallensäuren. Nach oraler Gabe von 23-^{75}Selen-25-Homotaurocholsäure kann die Aktivität des Gammastrahlers zeitabhängig mittels unkollimierter Gammakamera gemessen und so das Ausmaß des Gallensäureverlustes bestimmt werden. Dabei können Messungen über sieben Tage notwendig werden.

▮ Magenentleerungsszintigraphie

Die szintigraphische Untersuchung der Magenentleerung gilt als Referenzmethode zur Bestimmung der Magenentleerungszeit. Es wird eine mit einem radioaktiv markierten Tracer versehene Testmahlzeit eingenommen. Durch Bestimmung der Halbwertszeit und der Lagphase, die durch Anpassung des zeitlichen Verlaufes der Restaktivität an eine Power-Exponentialfunktion durch nichtlineare Regression berechnet werden kann, wird die Kinetik der Magenentleerung beschrieben. Als Methoden ohne Strahlenbelastung stehen ^{13}C-basierte Atemteste und die sonographische Antrumplanimetrie zur Verfügung.

Hinton-Test

Der Hinton-Test dient der Objektivierung und Differenzierung einer Obstipation. Es werden über sechs Tage hinweg 10 oder 20 röntgendichte Pellets in einer Kapsel eingenommen. Am siebten Tag wird eine Röntgenübersichtsaufnahme angefertigt. Durch die Anzahl und die Verteilung der Pellets gelingt die Bestimmung der Transitzeit und die Einteilung in „Pelvic Outlet Syndrome" und „Slow Transit Constipation".

Manometrie

Im Rahmen der Begutachtung dienen manometrische Methoden am ehesten noch der Evaluation nach Traumata und operativen Interventionen im Rahmen von berufsgenossenschaftlich versicherten Tätigkeiten. Die pH-Metrie kann pathologischen Säurereflux in den Ösophagus evaluieren und die Bilitec-Messung quantifiziert galligen Reflux. Die Kurzzeitmanometrie vermag Motilitätsstörungen des Ösophagus und den Druck des unteren Ösophagussphinkters darzustellen, die anorektale Manometrie kann insbesondere die Intaktheit des rektoanalen Inhibitionsreflexes und den Druck im inneren wie äußeren Sphincter ani prüfen.

Bildgebende Verfahren

Die bildgebenden Verfahren dienen der Erkennung von Ursachen für Funktionseinschränkungen des Magen-Darmtraktes und der Bauchspeicheldrüse.

Sonographie

Die Abdomensonographie stellt insbesondere die parenchymatösen Organe in Echtzeit ohne wesentliche Belastung für den Patienten dar und macht entzündliche Läsionen des Dünn- und Dickdarmes ebenso sichtbar wie Konglomerattumoren oder enterische Fisteln. Auch Strikturen und Stenosen können dargestellt werden. Besser als jede andere Untersuchung lässt die Sonographie eine Beurteilung der Darmperistaltik zu. Außerdem kann durch eine geeignete Testmahlzeit im Rahmen der Antrumplanimetrie eine Aussage über die Magenentleerung erfolgen.

Endosonographisch gelingt die Darstellung des Ösophagus, des Magens, des Duodenums und der umliegenden parenchymatösen Organe wie dem Pankreas. Mit hoher Sicherheit können Tumoren, Verkalkungen oder Zysten dargestellt werden. Auch Punktionen zur Gewinnung zytologischer Präparate oder Drainageeinlage sind möglich. Anorektal können neben Tumoren und den pararektalen Lymphknoten auch die Integrität des Sphincter ani (z. B. nach Pfählungsverletzungen) geprüft werden.

Endoskopie

Endoskopisch-morphologische Untersuchungen (Ösophagogastroduodenoskopie, Ileokoloskopie, Prokto-Rekto-Sigmoideoskopie) bieten über die direkte Betrachtung weiter Teile des Gastrointestinaltraktes hinaus den Vorteil, über feingewebliche Untersuchungen entnommener Gewebeproben eine weitere Abklärung von Verdauungsstörungen nach ihren Ursachen herbeiführen zu können. Der Dünndarm ist der endoskopischen Untersuchung nur sehr eingeschränkt zugänglich. Über die proximale Intestinoskopie ist das Vorgehen bis in das Duodenum, durch Push-Enteroskopie die Inaugenscheinnahme des proximalen Jejunums möglich. Im Rahmen der Ileokoloskopie kann das terminale Ileum über die Valvula ileocoecalis hinweg intubiert und über einige Zentimeter verfolgt werden. Der dazwischen gelegene Dünndarm ist der Videokapseluntersuchung zugänglich, die die Nachteile der fehlenden Steuerbarkeit und fehlenden Möglichkeit der Biopsieentnahme aufweist. Durch Kombination mit radiologischen Verfahren können mit Hilfe der ERCP neben Veränderungen der Gallenwege auch Kaliberunregelmäßigkeiten oder Stenosen des Ductus pancreaticus dargestellt werden.

Radiologie

Zur morphologischen Beurteilung des Dünndarmes steht neben dem konventionellen Enteroklysma nach Sellink auch das MR-Enteroklysma, das ohne Strahlenbelastung auskommt und zudem eine Beurteilung der Darmwand ermöglicht, zur Verfügung. Bei beiden Verfahren ist die Anlage einer dünnen nasojejunalen Sonde zur Applikation von Kontrastmittel notwendig. Während intraluminale Läsionen wie Polypen oder Stenosen sehr gut dargestellt werden, bleiben in der Wand gelegene (z. B. Angiodysplasien) und kleine intraluminale Läsionen (z. B. kleine Aphthen) verborgen. Enterische Fisteln können mit einer hohen Sensitivität und Spezifität nachgewiesen und in ihrem Verlauf beschrieben werden.

Rektoanale Funktionsstörungen sind durch die Defäkographie, bei der der Defäkationsakt entweder konventionell radiologisch oder MR-tomographisch nach rektaler Füllung durch ein entsprechend geartetes Kontrastmittel aufgezeichnet wird, einer morphologisch-funktionellen Untersuchung zugänglich. Zu beobachten sind vor allem das Verhalten des Sphincter ani, der Verlauf des anorektalen Winkels oder das Auftreten einer Rektozele oder Intussuszeption.

Biopsie und histologische Untersuchung

Bei intestinal begründeten Malassimilationssyndromen ist die Gewinnung einer Gewebeprobe zumeist unabdingbar. Da nicht alle Erkrankungen sich im Duodenum und proximalen Jejunum oder terminalen Ileum manifestieren, kann die Biopsie tiefer gelegener Darmabschnitte notwendig werden. Zu diesem Zweck wurde eine Saugsonde entwickelt, die bis in den tiefen Dünndarm eingeführt wird. Nach Ansaugen der Mukosa werden durch ein integriertes Messer auf Wunsch mehrere Proben gewonnen. Durch histologische Beurteilung mit ggf. immunhistochemischen Zusatzuntersuchungen kann die Ätiologie einer intestinalen Erkrankung weiter eingegrenzt werden.

Spezielle Untersuchungen der Pankreasfunktion

Endokrine Funktion

Störungen der endokrinen Funktion der Bauchspeicheldrüse äußern sich in der fehlerhaften Regulation des Blutzuckerhaushaltes. Neben der regelmäßigen Bestimmung der Blutglukosekonzentration im Rahmen eines Tages- und Nachtprofils kommt dem oralen Glukosetoleranztest (oGTT) Bedeutung zu (Abb. 4.8). Eine Aussage über das Verhalten der Blutglukosehomöostase in den vergangenen 3 Monaten kann über das HbA1c erfolgen.

Exokrine Funktion

Eine exokrine Pankreasinsuffizienz führt durch Maldigestion zu Steatorrhoe und Gewichtsabnahme. Zur Eingrenzung dieser Funktionsstörung stehen eine Reihe direkter und indirekter Tests zur Verfügung, die sich sowohl in ihrer Komplexität als auch in der Sensitivität und Spezifität unterscheiden.

Sekretin-Pankreozymintest

Hierbei handelt es sich um den sensibelsten Test zur Erfassung einer Pankreasinsuffizienz; er gilt daher als Referenzmethode. Nach intravenöser Gabe von Sekretin (oder in Abwandlung Caerulein) wird das vom Pankreas sezernierte Sekret über eine spezielle Sonde aspiriert und auf seine Bestandteile hin untersucht. Aufgrund des hohen methodischen Aufwandes ist dieses Verfahren jedoch kaum für das Begutachtungswesen geeignet.

Elastase/Chymotrypsin im Stuhl

Die Elastase wie das Chymotrypsin sind in den Azinuszellen des Pankreas gebildete Enzyme. Die Aktivität im Stuhl spiegelt aufgrund der hohen Stabilität das Ausmaß der exokrinen Pankreasinsuffizienz wider. Da Chymotrypsin ein wesentlicher Bestandteil von exogen zugeführten Enzympräparaten ist, kann die Aktivitätsbestimmung zur Überprüfung der Compliance herangezogen werden, während die Aktivität der Elastase durch entsprechende Zubereitungen nicht beeinflusst wird. Durch die Bestimmung des Chymotrypsins kann nur eine schwere Pankreasinsuffizienz zuverlässig detektiert werden, während die Elastase auch schon bei mittelgradiger Funktionsstörung eine gute Sensitivität und Spezifität aufweisen.

Pankreolauryltest

Hierbei wird Fluoreszein-Dilaurat zusammen mit einer standardisierten Testmahlzeit eingenommen. Die Testsubstanz wird durch die pankreatische Cholesterolesterase gespalten, das frei gewordene Fluoreszein resorbiert und über den Urin ausgeschieden. Die im Urin ausgeschiedene Farbstoffmenge reflektiert das Ausmaß der Funktionseinschränkung. Um eine individuelle Resorptions-, Stoffwechsel- oder Exkretionsstörung auszuschließen, wird der Test 2 Tage später mit Fluoreszein wiederholt. Aus der Ausscheidung am Test- und Kontrolltag wird der T/K-Quotient ermittelt. Ein Quotient >30 zeigt eine normale, einer <20 eine pathologische Funktion an. Bei einem Wert zwischen 20 und 30 wird der Test wiederholt und bei erneutem Ergebnis <30 als pathologisch angesehen.

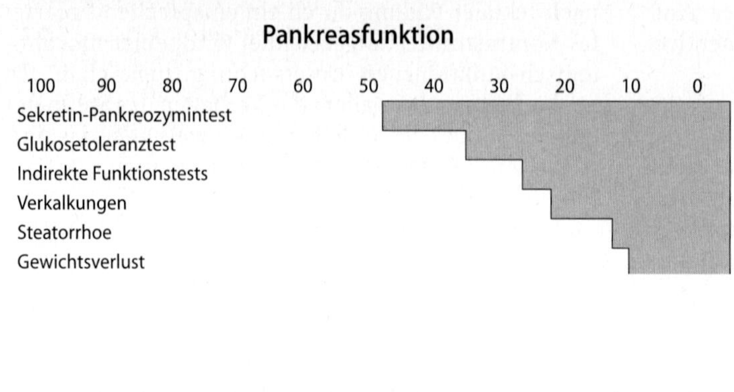

Abb. 4.8. Auftreten von morphologischen und klinischen Veränderungen in Abhängigkeit vom Ausmaß der Pankreas-Funktionseinschränkung

Literatur

Fuchs K-H, Stein HJ (1997) Gastrointestinale Funktionsdiagnostik. Springer, Berlin Heidelberg New York

Hahn EG, Riemann JF (2000) Klinische Gastroenterologie. Thieme, Stuttgart

Müller-Lissner SA, Akkermans LMA (1989) Chronische Obstipation und Stuhlinkontinenz. Springer, Heidelberg

Schölmerich J, Bischoff SC, Manns MP (1997) Diagnostik in der Gastroenterologie und Hepatologie. Thieme, Stuttgart

Stein J, Wehrmann T (2002) Funktionsdiagnostik in der Gastroenterologie. Springer, Heidelberg

Thomas L (2000) Labor und Diagnose. Th-Books, Frankfurt

4.10 Leber und Galle

T. Brechmann und W. Schmiegel

Die Genese einer Lebererkrankung kann häufig bereits anamnestisch eingegrenzt werden. So sollten Medikamenteneinnahme, Ethanolkonsum, Drogenabusus, Blutübertragungen und Geschlechtsverhalten erfragt werden. Art und Lokalisation von Schmerzen können Hinweise auf die Genese von hepatobiliären Erkrankungen geben. Ein zwischenzeitlich aufgetretener Ikterus kann durch die Betroffenen gelegentlich angegeben werden. Ein Sklerenikterus wird ab einer Bilirubinkonzentration von 2,0 mg/dl ersichtlich, derjenige der Haut ab einer Konzentration von 4,0 mg/dl. Die Störung kann an allen Punkten des Bilirubinstoffwechsels (prä-, intra-, posthepatischer Ikterus) liegen. Die Entfärbung des Stuhls und Dunkelfärbung des Urins deuten auf eine posthepatische Ursache eines Ikterus hin. Die Störung der hepatischen Perfusion kann durch Entwicklung portosystemischer Shunts zum Caput medusae oder sichtbaren Hämorrhoiden führen. Spider naevi zeigen eine Leberzirrhose an und korrelieren mit der Aktivität der Zirrhose. Aszites macht sich durch Gewichtszunahme und Bauchumfangsvermehrung bemerkbar.

Biochemische Parameter des Blutes

Zur Prüfung der hepatozellulären Integrität sind insbesondere die Aktivitäten der Aminotransferasen Aspartataminotransferase (*AST* = *GOT*) und Alaninaminotransferase (*ALT* = *GPT*) geeignet. Eine Erhöhung der ALT gilt als weitgehend spezifischer Befund für Leberzellschädigungen mit Permeabilitätsstörungen. Im Gegensatz zu der ubiquitär vorkommenden AST führen chronische Leberschäden zu einer deutlichen Abnahme der ALT-Synthese. Typisch für fortgeschrittene Leberzirrhosen sind bei nur mäßig erhöhten Aktivitäten beider Enzyme daher höhere Aktivitäten der AST als der ALT.

Die Synthese und Exkretion von Gallenflüssigkeit stellen fundamentale Funktionen der Hepatozyten dar. Eine mehr oder weniger ausgeprägte Reduktion des Gallenflusses wird als Cholestase bezeichnet. Ein wenig sensibles und unspezifisches Merkmal ist der Ikterus. Die Bestimmung des konjugierten und unkonjugierten Anteils sowie der Konzentration an Urobilinogen im Urin kann die Ursache eines Ikterus näher eingrenzen. So deutet ein Anteil des direkten (konjugierten) Bilirubins von weniger als 20% auf eine prähepatische Ursache hin, während bei einer intra- oder posthepatischen Ursache der Anteil auf mehr als 50% ansteigen kann. Neben der vermehrten Freisetzung von Bilirubin und Gallensäuren kommt es im Rahmen einer Cholestase auch zur vermehrten Freisetzung von Proteinen und Enzymen aus den gallenkanalikulären Membranen der Hepatozyten. Die Cholestase-anzeigenden Enzyme Alkalische Phosphatase (diagnostische Sensitivität 80–100%) und Leucin-Aminopeptidase (LAP) deuten auf eine Beteiligung der großen oder kleinen Gallenwege hin, lassen jedoch eine Differentialdiagnose in obstruktive und nichtobstruktive Ursachen nicht zu. Die Gamma-Glutamyltransferase (GGT) ist bereits bei diskreten Störungen aller hepatobiliären Erkrankungen erhöht.

Der Prozess der hepatischen Fibrogenese spiegelt sich in klinisch-chemischen Parametern nur schlecht wider. Einen beschränkten Nutzen bietet die Bestimmung des N-terminalen Propeptids von Typ-III-Prokollagen (PIIINP). Die Serumkonzentration korreliert mit dem Grad der Fibrogenese, nicht jedoch mit dem Ausmaß des bereits vorhandenen Umbaus.

Die Synthesefunktion der Leber lässt sich durch die Aktivität der Cholinesterase, die Albuminkonzentration sowie durch globale Gerinnungsanalysen wie die Prothrombinzeit eingrenzen. Im Gegensatz zu den beiden ersten Faktoren zeigt die Einschränkung der Gerinnungsfaktoren auch bei akuten Lebererkrankungen das Ausmaß der Parenchymschädigung an. Alle bisher aufgeführten Parameter korrelieren nicht oder nur wenig mit der Einschränkung der metabolischen Funktion. Die Quantifizierung der metabolischen Leistungsfähigkeit bleibt Funktionstests vorbehalten.

Zur Eingrenzung der Genese einer Hepatitis stehen verschiedene biochemische Verfahren zur Verfügung. Die Hepatitis A kann durch Nachweis des Antigens im Stuhl oder im weiteren Verlauf auch serologisch durch IgM- oder IgG-Antikörper diagnostiziert werden. Die Virushepatitis B kann durch Bestimmung von HbsAg, Anti-Hbs, HbeAg, Anti-Hbe, Anti-Hbc-IgM und -IgG sowie HBV-DNA in ihre verschiedenen Phasen unterteilt werden. Die Hepatitis C wird durch die Bestimmung eines Kapsidanteils mittels HCV-ELISA oder durch die HCV-RNA mittels PCR (quantitativ oder qualitativ) erfasst. Letztere Methode erlaubt auch die klinisch relevante Eingrenzung in die Subtypen. Bei Verdacht auf eine Autoimmunhepatitis hilft die Bestimmung der IgG-Konzentration sowie die der Autoantikörper ANA, ASMA und SLA weiter, die primär biliäre Cholangitis geht zumeist mit einer Erhöhung des IgM und dem Auftreten von AMA einher. Eine primär sklerosierende Cholangitis kann mit p-ANCA assoziiert sein.

Neoplastische Läsionen treten zumeist sekundär in der Leber auf und können mit der Erhöhung des Tumormarkers des Primarius einhergehen. Das α_1-Fetoprotein (*AFP*) ist zumeist bei einem hepatozellulären Karzinom stark erhöht, geringe Erhöhungen treten jedoch auch bei entzündlichen Lebererkrankungen auf.

Bildgebende Verfahren

Bildgebende Verfahren geben Hinweise auf die Ätiologie einer hepatobiliären Erkrankung (z.B. Cholezysto- und Choledocholithiasis) und der dadurch bedingten Funktionseinschränkung (z.B. Pfortaderhochdruck mit Shuntbildung) und sind in ihrem rationellen Einsatz Grundlage der Diagnostik.

Sonographie

Mit Hilfe der abdominellen Sonographie können beliebig oft wiederholbar und nahezu ohne jegliche Belastung für den Patienten die Leber- und Milzgröße, deren Binnenstruktur sowie die Beschaffenheit der Blutgefäße der Leberpforte und Lebervenen sowie die intra-/extrahepatischen Gallenwege und die Gallenblase erfasst werden. Der portale Blutfluss und die Flussrichtung können dopplersonographisch erhoben werden. Das Kontraktionsverhalten der Gallenblase kann durch Darstellung im Rahmen einer Testmahlzeit oder der Applikation von Cholezystokinin oder Ceruletid evaluiert werden.

Endoskopie

Komplikationen der Leberzirrhose wie Ösophagus- oder Fundusvarizen werden durch Ösophagogastroduodenoskopie dargestellt und im Fall einer Blutung auch therapiert. Das Standardverfahren zur Diagnose von anatomisch fassbaren Veränderungen der Gallenwege ist die endoskopische retrograde Cholangiopankreatikographie (*ERCP*). Durch ein Endoskop mit Seitblickoptik wird die Papilla vateri mit einem Katheter intubiert. Durch den liegenden Katheter wird Kontrastmittel in den Ductus choledochus bis in die kleinen Gallenwege bzw. in den Ductus pancreaticus injiziert. Auf einem Röntgenbild kann das Lumen dargestellt werden. Neben der Diagnostik können so auch therapeutische Eingriffe wie Papillotomie, Steinextraktion oder Stent-/Drainagenanlage durchgeführt werden.

Radiologie

Konventionelle radiologische Verfahren wie die intravenöse Cholangiographie wurden durch Schnittbildverfahren wie Computertomographie oder Magnetresonanztomographie aufgrund deren höherer Aussagekraft und geringerer Strahlenbelastung verdrängt. Die Domäne dieser Schnittbildverfahren ist die Detektion und Differentialdiagnose von Raumforderungen der Leber. Durch die Magnetresonanztomographie-Cholangiopankreatikographie (*MRCP*) können die größeren Gallenwege dargestellt werden.

Laparoskopie, Leberpunktion und histologische Begutachtung

Durch die Laparoskopie kann eine direkte Aufsicht auf die Leber gewonnen werden. So können Veränderungen im Ramen einer Zirrhose ebenso dargestellt werden wie Änderungen der Größe und der Farbgebung im Rahhmen von Speicherkrankheiten oder der Fettleber. Subkapsulär gelegene Tumoren wölben die Leberoberfläche hervor und können gezielt durch eine Zange (Robbers-Zange) oder andere Verfahren (z.B. Menghini-Nadel) biopsiert werden. Zusammen mit der Histologie erreicht die Laparoskopie eine hohe Sensitivität und Spezifität zur Diagnostik der Leberzirrhose (Tabelle 4.21).

Auch gestützt durch die Sonographie oder, bei hohem Blutungsrisiko, mittels eines venös eingeführten Katheters über die Lebervenen kann eine Probe der Leber gewonnen werden. Die histologische Untersuchung des Lebergewebes gibt Aufschluss über die Genese einer Lebererkrankung sowie das Ausmaß der entzündlichen Aktivität und den Grad der Fibrose. Diese Verfahren weisen eine niedrige Komplikationsrate auf, sind jedoch im Begutachtungswesen keine duldungspflichtigen Untersuchungen.

Spezielle Untersuchungen der Leberfunktion und -perfusion

Für die Quantifizierung der funktionellen Masse stehen verschiedene Funktionstests zur Verfügung, die jedoch jeweils nur Partialfunktionen des Leberstoffwechsels überprüfen. Sie beruhen auf der Messung der Metabolisierungs- oder Ausscheidungsrate

Tabelle 4.21. Diagnostische Sicherheit zur Bestimmung einer Leberzirrhose

Diagnostik durch	Sensitivität
sonographisch gestützte Leberpunktion	79%
Laparoskopie	78%
Laparoskopie plus Biopsie	98%
Laparoskopie und Histologie übereinstimmend	57%

einer exogen zugeführten Substanz. Abhängig vom Grad der Extraktion aus dem Plasma während einer Leberpassage wird zwischen der fluss- und kapazitätsabhängigen Clearance unterschieden. Testsubstanzen zur Quantifizierung der metabolischen Funktion müssen einer kapazitätsabhängigen Clearance unterliegen, d.h. ihre Clearance muss unabhängig von der Leberdurchblutung sein. Die zytosolische Funktion wird mittels Galaktose (Galaktoseeliminationskapazität), die mikrosomale, Cytochrom-P450-abhängige Funktion mittels Aminopyrin oder Lidocain (Monoethylglyzinxylidtest, MEGX-Test) und die mikrosomale, Cytochrom-P448-abhängige Funktion mittels Koffein überprüft. Eine Reihe weiterer Verfahren, vor allem basierend auf ^{13}C-markierten Substanzen, stehen zur Verfügung. Die Kombination derartiger Testverfahren (z.B. MEGX/ICG, MEGX/Child-Pugh-Score) erlaubt zuverlässigere prognostische Aussagen als der Child-Pugh-Score allein und kann so den richtigen Zeitpunkt einer Lebertransplantation weisen.

Die Messung der Leberdurchblutung ist aufgrund der doppelt afferenten Versorgung schwierig. Praktikabel in der klinischen Routine sind vor allem die Clearancemethoden, bei denen Indikatoren mit hoher hepatischer Eliminationsrate wie Bromsulphthalein oder Indocyaningrün (*ICG*) intravenös appliziert werden. Unter Anwendung des Fickschen Prinzips kann das Leberstromvolumen abgeschätzt werden. Der ICG-Test korreliert mit der Child-Pugh-Klassifikation und gilt als einer der geeignetsten Funktionstests. Das portosystemische Shuntvolumen kann neben invasiven Verfahren über die Bioverfügbarkeit von Nitroglyzerin ermittelt werden. Gemessen wird nach Applikation des Nitroglycerins die vasodilatierende Wirkung.

Literatur

Hahn EG, Riemann JF (2000) Klinische Gastroenterologie. Thieme, Stuttgart

Maier KP (2002) Akute und chronische Hepatitis C. Thieme, Stuttgart

Schölmerich J, Bischoff SC, Manns MP (1997) Diagnostik in der Gastroenterologie und Hepatologie. Thieme, Stuttgart

Stein J, Wehrmann T (2002) Funktionsdiagnostik in der Gastroenterologie. Springer, Berlin

Thomas L (2000) Labor und Diagnose. Th-Books, Frankfurt

4.11 Haut

4.11.1 Allergietests

W. Wehrmann und S.M. John

Allergietests sind notwendige Voraussetzungen für die differenzierte Bewertung von Erkrankungen mit allergischer Genese. Berufsbedingte Erkrankungen werden häufig durch Typ-I- und Typ-IV-Sensibilisierungen verursacht. Allergien vom Spättyp (Typ-IV-Sensibilisierung) werden mit der Epikutantestung und Allergien vom Soforttyp (Typ-I-Sensibilisierung) mit dem Reib-, Prick- bzw. Scratchtest sowie dem Intrakutantest überprüft. Im Rahmen der Überprüfung der humoralen Immunreaktivität können ergänzend antigenspezifische IgE-Antikörper und das Gesamt-IgE im Serum bestimmt werden.

Die Allergietests dienen der Objektivierung der Diagnose im Gutachten. Eine positive Reaktion im Allergietest stellt für sich allein *keine* klinisch relevante Diagnose dar, diese muss durch anamnestische Daten begründet werden können. Die Verbreitung der Berufsstoffe im allgemeinen Erwerbsleben repräsentiert ein Panel von möglichen Allergenen, die bei entsprechender Exposition zum klinischen Äquivalent eines allergischen Kontaktekzems oder einer schleimhautbezogenen Allergie (Rhinitis, Rhinokonjunktivitis, Asthma bronchiale) führen können.

Epikutantest (Läppchentest) (Typ-IV-Testung)

Der Epikutantest ist die adäquate diagnostische Methode zur Aufklärung allergischer Dermatosen vom Typ der Spätreaktion (Typ IV nach Coombs u. Gell). Epikutantests werden als Bestätigungstests oder als Suchtests zur Klärung des Verdachts auf eine allergisch bedingte Berufsdermatose, bei ätiologisch oder nosologisch ungeklärtem Ekzem oder bei Verdacht einer Provozierung oder Verschlimmerung einer bestehenden Dermatose durchgeführt. Sie sind nicht geeignet, die Entwicklung einer Kontaktallergie vorherzusagen, die Durchführung zu diesem Zweck (sog. prophetische Testungen) wird von der Fachgesellschaft (Deutsche Dermatologische Gesellschaft, DDG, Przybilla et al. 2003, Schnuch et al. 2001) abgelehnt. Die Indikation, Durchführung und Bewertung der Epikutantestung werden in der Leitlinie „Epikutantest“ der DDG ausgeführt (Schnuch et al. 2001, 2002). Die Testung soll nach Abklingen der akuten Phase des Ekzems zur Anwendung kommen.

Die Reaktionen werden obligat nach 24 oder 48 Stunden und nach 72 Stunden abgelesen/bewertet. Nach den Empfehlungen der DDG erfolgt die Bewertung entsprechend den in Tabelle 4.22 aufgeführten Kriterien. Nicht jede positive Reaktion im Epikutan-

Tabelle 4.22. Ableseskala für Testreaktionen. (Nach den Leitlinien der Deutschen Dermatologischen Gesellschaft (DDG); Schnuch et al. 2001, 2002

–	Keine Reaktion	Negativ
?	Nur Erythem, kein Infiltrat	Fraglich
+	Erythem, Infiltrat, evtl. diskrete Papeln	Einfach positive, allergische Reaktion
++	Erythem, Infiltrat, Papeln, Vesikel	Zweifach positive, allergische Reaktion
+++	Erythem, Infiltrat, konfluierende Vesikel	Dreifach positive, allergische Reaktion
Ir	Verschiedene Veränderungen (Seifeneffekt, Vesikel, Blase, Nekrose)	Irritative Reaktion
nt	In einem Testblock enthaltenes, jedoch nicht getestetes Allergen	

test hat für den Betroffenen eine klinische Relevanz, diese muss durch anamnestische Fakten belegt werden (Schnuch u. Martin 1997). Die Durchführung und Bewertung des Epikutantests sind in den Leitlinien zur Epikutantestung der Deutschen Dermatologischen Gesellschaft (DDG) zusammengefasst (Schnuch u. Martin 1997, Schnuch et al. 2001, 2002).

Die Testung von patienteneigenem Material bzw. berufsspezifischen Substanzen erfolgt nach anderen Kriterien (Frosch et al. 1997). Sie ist grundsätzlich abzulehnen, wenn die Zusammensetzung der Substanzen oder deren Inhaltsstoffe nicht bekannt sind.

In der Regel werden die zum Zeitpunkt 72 Stunden oder später als „+" bis „+++" beurteilten Reaktionen als „allergisch" bewertet.

Unter der Vielzahl von Substanzen, die potenziell zu Reaktionen im Epikutantest führen können, sind solche bekannt, die häufig als Auslöser von Ekzemen auftreten und andere, die nur gelegentlich zu derartigen Wirkungen führen.

Dieser Umstand hat neben der alphabetischen Auflistung potenziell wirksamer Substanzen mit ihren Lösungsmitteln, Grenz- und Prüfkonzentrationen zu sog. Standardtests und darüber hinaus zu speziellen Testsubstanzgruppen, darunter auch berufsgruppenbezogenen Stoffzusammenstellungen und zur Zuordnung bestimmter Berufsgruppen zu Substanzklassen geführt (Brehler u. Hellweg 1996, Fuchs u. Schulz 2002, Fuchs u. Gutgesell 2002, Hölzle 2002) (Tabelle 4.23). Für das Vorgehen bei der Testung von Berufsstoffen wurden für einzelne wichtige Bereiche eigene Vorgehensweisen entwickelt. So werden Kühlschmierstoffe nach entsprechenden Empfehlungen getestet, die zwischen wasserlöslichen und wasserunlöslichen Kühlschmiermitteln sowie ungebrauchten und in industriellen Verfahren bereits gebrauchten Kühlschmiermitteln differenzieren (Geier et al. 2000, Tiedemann et al. 2002).

Tabelle 4.23. Epikutantestreihen der Deutschen Kontaktallergie-Gruppe (DKG) in der Deutschen Dermatologischen Gesellschaft (DDG) (*Vas.* Vaselinum album, *Aqu.* dest. Wasser). Es wurde von der Voraussetzung ausgegangen, dass die Standardreihe bei jedem Patienten getestet wird. Die speziellen Testreihen sind also stets so aufzufassen, dass sie in Ergänzung zur Standardreihe getestet werden sollen. Auf Wiederholungen von Allergenen aus der Standardreihe wurde daher bewusst verzichtet. Die Testreihen sind so zusammengestellt, dass möglichst wenige Testsubstanzen in mehr als einer Testreihe vorkommen. (Nach Schnuch et al. 2001, 2002)

	DKG Standardreihe		
1	Kaliumdichromat	0,5%	Vas.
2	Thiuram-Mix	1,0%	Vas.
3	Kobalt (II)-chlorid, 6×H_2O	1,0%	Vas.
4	Perubalsam	25,0%	Vas.
5	Kolophonium	20,0%	Vas.
6	N-Isopropyl-N'-phenyl-p-phenylendiamin	0,1%	Vas.
7	Wollwachsalkohole	30,0%	Vas.
8	Mercapto-Mix ohne MBT (nur CBS, MBTS, MOR)	1,0%	Vas.
9	Epoxidharz	1,0%	Vas.
10	Nickel (II)-sulfat, 6×H_2O	5,0%	Vas.
11	p-tert.-Butylphenol-Formaldehydharz	1,0%	Vas.
12	Formaldehyd	1,0%	Aqu.
13	Duftstoff-Mix	8,0%	Vas.
14	Terpentin	10,0%	Vas.
15	(Chlor)-Methylisothiazolinon (MCI/MI)	100,0 ppm	Aqu.
16	Paraben-Mix	16,0%	Vas.
17	Cetylstearylalkohol	20,0%	Vas.
18	Zink-diethyldithiocarbamat	1,0%	Vas.
19	Dibromdicyanobutan (Methyldibromo Glut.)	0,3%	Vas.
20	Propolis	10,0%	Vas.
21	Bufexamac	5,0%	Vas.
22	Compositae Mix	5,0%	Vas.
23	Mercaptobenzothiazol	2,0%	Vas.
24	Lyral	5,0%	Vas.
25	Duftstoff-Mix II	14,0%	Vas.
26	Bronopol (2-Brom-2-nitropropan-1,3-diol)	0,5%	Vas.
	DKG Standardreihe für Kinder		
1	Nickel (II)-sulfat, 6×H_2O	5,0%	Vas.
2	Thiuram-Mix	1,0%	Vas.
3	Kolophonium	20,0%	Vas.
4	Duftstoff-Mix	8,0%	Vas.
5	Mercapto-Mix ohne MBT (nur CBS, MBTS, MOR)	1,0%	Vas.
6	Duftstoff-Mix II	14,0%	Vas.
7	Mercaptobenzothiazol	2,0%	Vas.
8	Bufexamac	5,0%	Vas.
9	Dibromdicyanobutan (Methyldibromo Glut.)	0,3%	Vas.
10	Neomycinsulfat	20,0%	Vas.
11	(Chlor)-Methylisothiazolinon (MCI/MI)	100,0 ppm	Aqu.
12	Compositae Mix	5,0%	Vas.

Tabelle 4.23 (Fortsetzung)

DKG Externa-Inhaltsstoffe			
1	Propylenglycol	20,0%	Aqu.
2	Polyethylenglycolsalbe DAB 8	pur	
3	Triethanolamin (TEA) (Trolamin)	2,5%	Vas.
4	tert.-Butylhydrochinon	1,0%	Vas.
5	Amerchol L-101	50,0%	Vas.
6	Cocamidopropylbetain	1,0%	Aqu.
7	Kokosnussdiethanolamid	0,5%	Vas.
8	Octylgallat	0,3%	Vas.
9	Butylhydroxytoluol (BHT)	2,0%	Vas.
10	Butylhydroxyanisol (BHA)	2,0%	Vas.
11	Benzophenon-4 (Sulisobenzon)	10,0%	Vas.

Hinweis: Octylgallat 0,3% Vas. ruft insbesondere bei 48stündiger Exposition häufig irritative Reaktionen hervor, die zum Teil auch bei der Ablesung an Tag 3 wie einfach positive Reaktionen imponieren. Echte allergische Reaktionen auf Octylgallat sind in der Regel zweifach bzw. dreifach positiv. Auch Propylenglycol 20% Aqu. kann irritative Reaktionen auslösen; ggf. empfiehlt sich eine Nachtestung mit Propylenglycol 5% Vas.

DKG Konservierungsmittel, z. B. in Externa			
1	Chloracetamid	0,2%	Vas.
2	Diazolidinylharnstoff (Germall II)	2,0%	Vas.
3	Quaternium 15 (1-(3-Chlorallyl)-3,5,7-..	1,0%	Vas.
4	Imidazolidinylharnstoff (Germall 115)	2,0%	Vas.
5	DMDM Hydantoin	2,0%	Aqu.
6	Sorbinsäure	2,0%	Vas.
7	Triclosan	2,0%	Vas.
8	Benzylalkohol	1,0%	Vas.
9	Chlorhexidindigluconat	0,5%	Aqu.
10	Natriumbenzoat	5,0%	Vas.
11	Iodpropinylbutylcarbamat	0,2%	Vas.

DKG Topische Antibiotika			
1	Bacitracin	20,0%	Vas.
2	Gentamicinsulfat	20,0%	Vas.
3	Sulfanilamid	5,0%	Vas.
4	Oxytetracyclin	3,0%	Vas.
5	Framycetinsulfat	10,0%	Vas.
6	Fusidinsäure (Na-Salz)	2,0%	Vas.
7	Neomycinsulfat	20,0%	Vas.

Hinweis: Die Epikutantestung mit dieser Reihe ist ausschließlich bei Verdacht auf eine Kontaktallergie gegen äußerlich angewendete Antibiotika indiziert. Sie dient nicht zur Abklärung eines durch innerlich eingenommene Antibiotika hervorgerufenen Arzneimittelexanthems.

Tabelle 4.23 (Fortsetzung)

DKG Antimykotika			
1	Clotrimazol	5,0%	Vas.
2	Nystatin	2,0%	Vas.

DKG Kortikosteroide			
1	Amcinonid	0,1%	Vas.
2	Hydrocortison	1,0%	Vas.
3	Triamcinolon-acetonid	0,1%	Vas.
4	Clobetasol-17-propionat	0,25%	Vas.
5	Hydrocortison-17-butyrat	0,1%	Vas.
6	Betamethason-17-valerat	0,12%	Vas.
7	Budesonid	0,1%	Vas.
8	Prednisolon	1,0%	Vas.
9	Dexamethasone-21-phosphate disodium salt	1,0%	Vas.

DKG Lokalanästhetika			
1	Cinchocain-HCl (Cincain)	5,0%	Vas.
2	Tetracain-HCl (Amethocain)	1,0%	Vas.
3	Lidocain-HCl	15,0%	Vas.
4	Procain-HCl	2,0%	Vas.
5	Polidocanol	3,0%	Vas.
6	Benzocain (Ethylaminobenzoat)	5,0%	Vas.

DKG Ophthalmika			
1	Atropinsulfat	1,0%	Aqu.
2	Natriumdisulfit	1,0%	Vas.
3	Phenylephrin-HCl	10,0%	Aqu.
4	Benzalkoniumchlorid	0,1%	Vas.
5	Pilocarpin-HCl	1,0%	Aqu.
6	Thiomersal	0,1%	Vas.
7	Edetinsäure-dinatriumsalz	1,0%	Vas.
8	Cetalkoniumchlorid	0,1%	Vas.
9	Chlorhexidindigluconat	0,5%	Aqu.
10	Polymyxin B Sulfat	3,0%	Vas.
11	Chloramphenicol	5,0%	Vas.
12	Kanamycinsulfat	10,0%	Vas.
13	Neomycinsulfat	20,0%	Vas.

DKG Weitere Arzneistoffe			
1	Arnica montana	0,5%	Vas.
2	Clioquinol (Iodochlorhydroxyquin)	5,0%	Vas.
3	Resorcin	1,0%	Vas.
4	Dexpanthenol	5,0%	Vas.
5	Ethylendiamin-di-HCl	1,0%	Vas.

Tabelle 4.23 (Fortsetzung)

DKG Aufschlüsselung des Duftstoff-Mixes			
1	Zimtalkohol	1,0%	Vas.
2	Zimtaldehyd	1,0%	Vas.
3	Eugenol	1,0%	Vas.
4	alpha-Amylzimtaldehyd	1,0%	Vas.
5	Hydroxycitronellal	1,0%	Vas.
6	Geraniol	1,0%	Vas.
7	Isoeugenol	1,0%	Vas.
8	Eichenmoos absolue	1,0%	Vas.
9	Sorbitansesquioleat	20,0%	Vas.
DKG Aufschlüsselung des Duftstoff-Mixes II			
1	Alpha-Hexylzimtaldehyd	10,0%	Vas.
2	Citral	2,0%	Vas.
3	Citronellol	1,0%	Vas.
4	Cumarin	5,0%	Vas.
5	Farnesol	5,0%	Vas.
DKG Weitere deklarationspflichtige Duftstoffe			
1	Benzylsalicylat	1,0%	Vas.
2	Benzylcinnamat	5,0%	Vas.
3	Benzylalkohol	1,0%	Vas.
4	Dipenten (d,l-Limonen)	2,0%	Vas.
5	Gamma-Methylionon	1,0%	Vas.
6	Anisylalkohol (p-Methoxybenzyl-alk.)	1,0%	Vas.
7	Amylzimtalkohol	1,0%	Vas.
8	Benzylbenzoat	1,0%	Vas.
9	Lilial	10,0%	Vas.
10	Linalool (stabilisiert)	10,0%	Vas.
11	Methylheptincarbonat	1,0%	Vas.
12	Baummoos	1,0%	Vas.
DKG Weitere Duftstoffe und etherische Öle (Riechstoffe)			
1	Nelkenöl	2,0%	Vas.
2	Orangenöl	2,0%	Vas.
3	Vanillin	10,0%	Vas.
4	Zedernholzöl	10,0%	Vas.
5	Eukalyptusöl	2,0%	Vas.
6	Lorbeerblätteröl	2,0%	Vas.
7	Lemongrasöl	2,0%	Vas.
8	Zitronenöl	2,0%	Vas.
9	Pomeranzenblütenöl	2,0%	Vas.
10	Pfefferminzöl	2,0%	Vas.
11	Salicylaldehyd	2,0%	Vas.
12	Menthol	1,0%	Vas.
13	Benzaldehyd	5,0%	Vas.
DKG Desinfektionsmittel			
1	Polyvidon-Iod	10,0%	Aqu.
2	Glutaraldehyd	0,3%	Vas.
3	Glyoxal Trimer (Dihydrat)	1,0%	Vas.
4	Chlorhexidindigluconat	0,5%	Aqu.
5	Benzalkoniumchlorid	0,1%	Vas.

Tabelle 4.23 (Fortsetzung)

DKG Gummireihe			
1	Tetramethylthiuramdisulfid	0,25%	Vas.
2	Tetramethylthiurammonosulfid	0,25%	Vas.
3	Tetraethylthiuramdisulfid (Disulfiram)	0,25%	Vas.
4	Dipentamethylen-thiuramdisulfid	0,25%	Vas.
5	N-Cyclohexyl-2-benzothiazylsulfenamid	1,0%	Vas.
6	Dibenzothiazyldisulfid (MBTS)	1,0%	Vas.
7	Morpholinylmercaptobenzothiazol	0,5%	Vas.
8	N,N'-Diphenyl-p-phenylendiamin (DPPD)	0,25%	Vas.
9	Zink-dibutyldithiocarbamat	1,0%	Vas.
10	1,3-Diphenylguanidin (DPG)	1,0%	Vas.
11	Diphenylthioharnstoff	1,0%	Vas.
12	Dibutylthioharnstoff	1,0%	Vas.
13	Monobenzon	1,0%	Vas.
14	4,4'-Dihydroxydiphenyl	0,1%	Vas.
15	Methenamin (Hexamethylentetramin)	1,0%	Vas.
16	Ethylendiamin-di-HCl	1,0%	Vas.
17	Cyclohexylthiophthalimid	0,5%	Vas.
18	p-tert.-Butylcatechin	0,25%	Vas.
19	Zinkdibenzyldithiocarbamat	1,0%	Vas.
DKG Kunstharze/Kleber			
	Acrylate/Methacrylate		
1	Ethylenglycol-dimethacrylat (EGDMA)	2,0%	Vas.
2	2-Hydroxyethylmethacrylat (HEMA)	1,0%	Vas.
3	Triethylenglycol-dimethacrylat (TEGDMA)	2,0%	Vas.
4	Methylmethacrylat	2,0%	Vas.
5	2-Hydroxypropylmethacrylat (HPMA)	2,0%	Vas.
6	Benzoylperoxid	1,0%	Vas.
7	Hydroxyethylacrylat	0,1%	Vas.
8	BIS-GMA = Bisphenol A-diglycidyl-methacrylat	2,0%	Vas.
	Epoxidharz-Systeme		
9	Diethylentriamin	1,0%	Vas.
10	4,4'-Diaminodiphenylmethan	0,5%	Vas.
11	Isophorondiamin (IPD)	0,5%	Vas.
12	Butylglycidylether	0,25%	Vas
13	Cresylglycidylether	0,25%	Vas
14	Phenylglycidylether	0,25%	Vas
15	1,4-Butandioldiglycidylether	0,25%	Vas
16	1,6-Hexandioldiglycidylether	0,25%	Vas
	andere		
17	p-tert.-Butylcatechin	0,25%	Vas.
18	Phenol-Formaldehydharz (Novolak)	5,0%	Vas.

Hinweis: Die Positionen 1 bis 6 entsprechen der Testreihe „DKG Zahntechniker – Hauptreihe".

Tabelle 4.23 (Fortsetzung)

DKG Leder und Schuhe

1	Melamin-Formaldehydharz	7,0%	Vas.
2	Harnstoff-Formaldehydharz	10,0%	Vas.
3	Glutaraldehyd	0,3%	Vas.
4	Chloracetamid	0,2%	Vas.
5	Tricresylphosphat	5,0%	Vas.
6	Chlorcresol	1,0%	Vas.
7	Quecksilber (II)-amidchlorid	1,0%	Vas.
8	1,2-Benzisothiazolin-3-on, Natriumsalz	0,1%	Vas.
9	1,3-Diphenylguanidin (DPG)	1,0%	Vas.
10	4,4′-Diaminodiphenylmethan	0,5%	Vas.
11	Phenol-Formaldehydharz (Novolak)	5,0%	Vas.
12	Ethylendiamin-di-HCl	1,0%	Vas.
13	Phenylglycidylether	0,25%	Vas

Hinweis: Bei entsprechendem Verdacht ist zusätzlich die Testreihe „DKG Leder- und Textilfarben" (Block Nr. 24) zu testen.

DKG Leder- und Textilfarben

1	Dispers Orange 3 (CI 11005)	1,0%	Vas.
2	Dispers Gelb 3 (CI 11855)	1,0%	Vas.
3	Dispers Gelb 9 (CI 10375)	1,0%	Vas.
4	Dispers Rot 1 (CI 11110)	1,0%	Vas.
5	Dispers Rot 11 (CI 62015)	1,0%	Vas.
6	Dispers Rot 17 (CI 11210)	1,0%	Vas.
7	Dispers Blau 3 (CI 61505)	1,0%	Vas.
8	Naphthol AS (CI 37505)	1,0%	Vas.
9	Acid Yellow 36 (CI 13065)	1,0%	Vas.
10	Bismark Brown R	0,5%	Vas.

DKG Pflanzen-Inhaltsstoffe

1	Tanacetum vulgare (Rainfarn)	1,0%	Vas.
2	Arnica montana (Arnika)	0,5%	Vas.
3	Parthenolide (Mutterkraut-Allergen)	0,1%	Vas.
4	Chamomilla romana (röm. Kamille)	1,0%	Vas.
5	Achillea millefolium (Schafgarbe)	1,0%	Vas.
6	Usninsäure	0,1%	Vas.
7	Primin	100 ppm	Vas.
8	Sesquiterpenlactone-Mix	0,1%	Vas.
9	Atranorin	0,1%	Vas.

Hinweis: Die Positionen 1 bis 5 sind die Aufschlüsselung des Compositae Mix aus der Standardreihe, der *kein* Sorbitansesquioleat (SSO) enthält. Auch die Testsubstanzen in Position 1 bis 5 sind frei von SSO.

DKG Aromatische p-Aminoverbindungen

1	p-Aminophenol (CI 76550)	1,0%	Vas.
2	p-Toluylendiamin (freie Base)	1,0%	Vas.
3	Dispers Orange 3 (CI 11005)	1,0%	Vas.
4	p-Aminoazobenzol (CI 11000)	1,0%	Vas.
5	4,4′-Diaminodiphenylmethan	0,5%	Vas.

Tabelle 4.23 (Fortsetzung)

DKG Bau-Hauptgewerbe

1	Diethanolamin (DEA)	2,0%	Vas.
2	1,2-Benzisothiazolin-3-on, Natriumsalz	0,1%	Vas.
3	Triethylentetramin	0,5%	Vas
4	Melamin-Formaldehydharz	7,0%	Vas.
5	Harnstoff-Formaldehydharz	10,0%	Vas.

Hinweis: Es wird empfohlen, bei Patienten mit beruflicher Tätigkeit im Bau-Hauptgewerbe (Maurer, Fliesenleger usw.) und Verdacht auf Berufsdermatose folgende Testreihen zu überprüfen: DKG Standardreihe, „DKG Externa-Inhaltsstoffe", „DKG Konservierungsmittel, z. B. in Externa", „DKG Gummireihe", „DKG Kunstharze/Kleber" und „DKG Bau-Hauptgewerbe".

DKG Friseurstoffe

1	Monoethanolamin (MEA)	2,0%	Vas.
2	p-Toluylendiamin (freie Base)	1,0%	Vas.
3	3-Aminophenol	1,0%	Vas.
4	p-Aminophenol (CI 76550)	1,0%	Vas.
5	Hydrochinon	1,0%	Vas.
6	Pyrogallol	1,0%	Vas.
7	Glycerylmonothioglykolat	1,0%	Vas.
8	Cocamidopropylbetain	1,0%	Aqu.
9	Ammoniumpersulfat	2,5%	Vas.
10	Ammoniumthioglykolat	1,0%	Aqu.

DKG Kühlschmierstoffe (aktuell)

1	7-Ethylbicyclooxazolidin (Bioban CS 1246)	1,0%	Vas.
2	Benzylhemiformal	1,0%	Vas.
3	4,4-Dimethyl-1,3-oxazolidin/3,4,4-Trimethyl-1,3oxazolidin (Bioban CS 1135)	1,0%	Vas.
4	Octylisothiazolinon	0,025%	Vas.
5	Methylen-bis(methyloxazolidin)	1,0%	Vas.
6	Iodpropinylbutylcarbamat	0,2%	Vas.
7	Natrium-2-pyridinethiol-1-oxid (Natrium-Omadine)	0,1%	Aqu.
8	1,2-Benzisothiazolin-3-on, Natriumsalz	0,1%	Vas.
9	1,3,5-Tris(2-hydroxyethyl)-hexahydrotriazin	1,0%	Vas.
10	Monoethanolamin (MEA)	2,0%	Vas.
11	Abietinsäure	10,0%	Vas.
12	Diethanolamin (DEA)	2,0%	Vas.
13	4-tert.-Butylphenol	1,0%	Vas.
14	Phenoxyethanol	1,0%	Vas.
15	2-(2-Aminoethoxy)ethanol (Diglycolamin)	1,0%	Vas.

Hinweis zu den beiden Kühlschmierstoff-Testreihen: Bei der Testung von Metallbearbeitern mit V. a. allergisches Kontaktekzem durch Kühlschmierstoffe (KSS) ist es *obligat*, zusätzlich die DKG Standardreihe und die DKG-Testreihen „Konservierungsmittel, z. B. in Externa" und „Externa-Inhaltsstoffe" zu testen, sonst werden wichtige KSS-Allergene übersehen!

Tabelle 4.23 (Fortsetzung)

▮ **DKG Kühlschmierstoffe („historisch")**			
1	(Nitrobutyl)morpholin/(Ethylnitrotri-methylen)dimorpholin (Bioban P 1487)	1,0%	Vas.
2	Chlorxylenol	1,0%	Vas.
3	Chlorcresol	1,0%	Vas.
4	Morpholinylmercaptobenzothiazol	0,5%	Vas.
▮ **DKG Industrielle Biozide**			
1	7-Ethylbicyclooxazolidin (Bioban CS 1246)	1,0%	Vas.
2	Benzylhemiformal	1,0%	Vas.
3	4,4-Dimethyl-1,3-oxazolidin/3,4,4-Tri-methyl-1,3-oxazolidin (Bioban CS 1135)	1,0%	Vas.
4	Octylisothiazolinon	0,025%	Vas.
5	Methylen-bis(methyloxazolidin)	1,0%	Vas.
6	Iodpropinylbutylcarbamat	0,2%	Vas.
7	Natrium-2-pyridinethiol-1-oxid (Natrium-Omadine)	0,1%	Aqu.
8	1,2-Benzisothiazolin-3-on, Natriumsalz	0,1%	Vas.
9	(Nitrobutyl)morpholin/(Ethylnitrotri-methylen)dimorpholin (Bioban P 1487)	1,0%	Vas.
Hinweis: Die Positionen 1 bis 8 entsprechen den Positionen 1 bis 8 der Testreihe „DKG Kühlschmierstoffe (aktuell)", die Position 9 der Position 1 der Testreihe „DKG Kühlschmierstoffe („historisch")".			
▮ **DKG Zahntechniker – Hauptreihe**			
1	Ethylenglycol-dimethacrylat (EGDMA)	2,0%	Vas.
2	2-Hydroxyethylmethacrylat (HEMA)	1,0%	Vas.
3	Triethylenglycol-dimethacrylat (TEGDMA)	2,0%	Vas.
4	Methylmethacrylat	2,0%	Vas.
5	2-Hydroxypropylmethacrylat (HPMA)	2,0%	Vas.
6	Benzoylperoxid	1,0%	Vas.
7	Pentaerythritoltriacrylat (PETA)	0,1%	Vas.
8	Ethylacrylat	0,1%	Vas.
9	1,4-Butandioldimethacrylat (BUDMA)	2,0%	Vas.
10	Ethylmethacrylat	2,0%	Vas.
11	Melamin-Formaldehydharz	7,0%	Vas.
12	Tetrahydrofurfuryl-methacrylat	2,0%	Vas.
13	Diurethandimethacrylat	2,0%	Vas.
Hinweis: Die Positionen 1 bis 6 entsprechen der Testreihe „DKG Kunstharze/Kleber".			
▮ **DKG Dentalmetalle**			
1	Amalgam (mit Zink)	5,0%	Vas.
2	Natriumthiosulfatoaurat	0,25%	Vas.
3	Palladiumchlorid	1,0%	Vas.
4	Zinn-II-chlorid	0,5%	Vas.
5	Amalgam-Legierungs-Metalle (Si, Ku, Zinn, Zink)	20%	Vas.
6	Kupfer (II)-sulfat, $5 \times H_2O$	1,0%	Aqu.
7	Ammoniumtetrachlorplatinat	0,25%	Vas.
8	Quecksilber (II)-amidchlorid	1,0%	Vas.

Die nachfolgende Aufstellung der häufigsten Sensibilisatoren ist als Erläuterung zu verstehen. Vollständigkeit ist wegen der Vielzahl allergisierender Stoffe, des ständigen Wechsels der Substanzen und der von Fall zu Fall wechselnden Voraussetzungen nicht erreichbar. Es wird diesbezüglich auf Standardwerke verwiesen (Borelli 1988, Fuchs u. Schulz 2002, Fuchs u. Gutgesell 2002, de Groot 1986, Hansen et al. 1992, Pilz u. Frosch 1995, Rycroft et al. 2001).

Die *häufigsten Sensibilisatoren* lassen sich nach folgenden Gruppen ordnen:

- Metallverbindungen: Chrom-, Nickel- und Kobaltsalze,
- Gummiinhaltsstoffe: z. B. Thiurame, Carbamate, Benzothiazole, Thioharnstoffe,
- Farbstoffe: aromatische Amino- und Nitroverbindungen,
- Kunststoffe: Epoxydharze, Akrylate, Härter, reaktive Verdünner,
- Pflanzen und Hölzer (z. B. Kompositen),
- Oxidationsfarben, Ammoniumpersulfat, früher: Glycerylmonothioglykolat („saure Dauerwelle"),
- Arzneimittel: Antibiotika, Desinfektionsmittel, Lokalanästhetika.

Soforttyp-Hauttests (Typ-I-Testungen)

Zur Diagnose und zum Nachweis von Typ-I-Sensibilisierungen stehen verschiedene Hauttestverfahren zur Verfügung (Bergmann u. Müsken 2000), die im Fall einer positiven Reaktion in Abhängigkeit von der Sensibilisierungsstärke Quaddeln, Rötung und Pseudopodien zeigen. Die Allergene werden bei den verschiedenen Testverfahren auf unterschiedliche Art auf oder in die Haut gebracht. Bei Ablesung nach 20 Minuten zeigt sich bei Vorliegen einer Sensibilisierung eine Reaktion.

▮ Reibtests

Der Reibtest eignet sich bei hochgradigen Sensibilisierungen, die anamnestisch zu starken klinischen Reaktionen geführt haben.

Die Allergene werden in einem definierten Areal (5×5 cm) 10× unter mäßigem Druck aufgebracht und verrieben (z. B. mit einem Augenspatel) (Bergmann u. Müsken 2000). Der positive Test zeigt Papeln und/oder Quaddeln. Die Durchführung eines weiteren Testverfahrens verbietet sich bei positivem Befund im Reibtest wegen der dann erhöhten Gefährdung der Testperson durch Auftreten von systemischen Reaktionen.

▮ Pricktests

Der Pricktest ist der Standardtest bei Aufklärung von Typ-I-Sensibilisierungen. Er besitzt die größte Spezifität der Testverfahren. Seine Durchführung erfolgt mit Hilfe von Allergenextrakten, die in flüssiger Form auf die Haut aufgetupft werden. Anschließend wird die Hornschicht durch den Extrakttropfen hindurch mit einer Lanzette durchstochen („geprickt"), so dass Antigene in die Epidermis eindringen können. Im Fall eines allergischen Reaktionsverhaltens bildet sich eine Quaddel, deren Größe (Durchmesser oder Fläche) dem Maß der Allergisierung entspricht. Die Testreaktionen werden im Vergleich zu Histaminhydrochlorid 10 mg pro ml (Positivkontrolle) und physiologischer Kochsalzlösung (Negativkontrolle) bewertet (Bergmann u. Müsken 2000). Die Allergene werden nach verschiedenen Gesichtspunkten geordnet, so erfolgt ihre Einteilung z. B. in saisonale und ganzjährige oder in inhalative und nutritive Allergene. Im so genannten „Prick-to-Prick-Verfahren" wird das Allergen (i. d. R. ein natives Nahrungsmittel) mit der Pricklanzette durchstochen und dadurch eine kleine Menge allergenes Material in die Haut „geprickt". Dieses Testverfahren eignet sich insbesondere bei Differenzierungen von Nahrungsmittelsensibilisierungen z. B. bei Bäckern oder Köchen. Durch zusätzliche Spätablesungen der Teststellen nach 24, 48 und mehr Stunden können ggf. Hinweise für eine Proteinkontaktdermatitis gewonnen werden.

In zahlreichen Berufen spielt der Schleimhautkontakt mit Allergenen eine Rolle, z. B. bei Bäckern, Gärtnern, Landwirten, Schreinern, Tierpflegern sowie bei der Verarbeitung tierischer und pflanzlicher Produkte. In Tabelle 4.24 ist eine Auswahl der wichtigsten Allergenaufbereitungen dargestellt.

Scratchtests

Dieses Testverfahren wird in der Regel zur Testung von nutritiven Allergenen oder bei der Testung von anderen patienteneigenen Typ-I-Allergenen eingesetzt. Mit einer Lanzette oder Nadel wird eine ca. 0,5 bis 1,0 cm lange Exkoriation (Aufkratzen) der Hornschicht durchgeführt, anschließend ein Tropfen physiologische Kochsalzlösung auf diesen Bereich aufgegeben und das vermutete Allergen/die vermutete allergene Substanz aufgerieben (z. B. mit Augenspatel). Die positive Reaktion zeigt sich wie bei der Pricktestung als Papel und/oder Quaddel (Bergmann u. Müsken 2000).

Intrakutantests

Beim Intrakutantest werden ca. 50 µl des Allergenextraktes streng intrakutan am Unterarm oder am Rücken injiziert (z. B. mit Insulinspritze). Der Intrakutantest besitzt die höchste Sensitivität, jedoch auch das höchste Risiko unspezifischer Reaktionen oder lokaler bzw. systemischer unerwünschter Wirkungen. Er wird in praxi für spezielle Allergene (z. B. Hölzer, Schimmelpilze) eingesetzt (Bergmann u. Müsken 2000).

Tabelle 4.24. Pricktestsubstanzen *

Pflanzen, Pflanzenprodukte, Gewürze	
Bäume und Sträucher	
Ahorn – Berg-	Acer pseudoplatanus
Ahorn – Norwegischer	Acer plantanoides
Buche	Fagus silvatica
Hainbuche	Carpinus betulus
Eberesche	Sorbus aucuparia
Eiche – Stiel-	Quercus robur
Esche	Fraxinus excelsior
Espe, Zitterpappel	Populus tremula
Fichte	Picea abies
Holunder	Sambucus nigra
Jasmin	Philadelphus coronarius
Linde – Sommer-	Tilia vulgaris
Linde – Winter-	Tilia cordata
Pappel	Populus alba
Platane	Platanus acerifolia
Roßkastanie	Aesculus hippocastanum
Ulme	Ulmus glabra
Wacholder	Juniperus communis
Waldkiefer	Pinus silvestris
Weide – Grau-	Salix cinera
Weide – Sal-	Salix caprea
Weide – Silber-	Salix alba
Weide – Spitz-	Salix lanceolata
Frühblütler	
Birke	Betula verrucosa
Erle – Grau-	Alnus incana
Erle – Schwarz-	Alnus glutinosa
Hasel	Corylus avellana
Gräser und Getreide	
Knäuelgras	Daytylis glomerata
Raygras	Lolium perenne
Wiesenfuchsschwanz	Alopecurus pratensis
Wiesenhafer	Avena elatior
Wiesenlieschgras	Phleum pratense
Wiesenrispengras	Poa pratensis
Wiesenschwingel	Festuca pratensis
Roggen	Secale cereale
Gerste	Hordeum sativum
Honiggras	Holcus lanatus
Hundszahngras	Cynodon dactylon
Mais	Zea mays
Ruchgras	Anthoxanthum odoratum
Saathafer	Avena sativa
Schilf	Phragmites communis
Strandroggen	Elymus arenarius
Straußgras – Weißes	Agrostis stolonifera (alba)
Weizen	Triticum sativum
Kräuter und Blumen	
Beifuß	Artemisia vulgaris
Margerite	Chrysanthemum leucanth.
Ampfer	Rumex crispus
Aster	Aster chinensis
Brennnessel	Urtica dioica
Gänsefuß	Chenopodium album
Goldrute	Solidago virga-aurea

* In Anlehnung an Testprogramme der Firmen Bencard, HAL und Scherax.

Tabelle 4.24 (Fortsetzung)

Pflanzen, Pflanzenprodukte, Gewürze	
Hopfen	Humulus lupulus
Kamille – Echte	Matricaria chamomilla
Klee – Roter	Trifolium pratense
Klee – Weißer	Trifolium repens
Löwenzahn	Taraxum vulgaris, duplid.
Luzerne	Medicago sativa
Ragweed – Beifußbl.	Ambrosia artemisifolia
Ragweed – Dreilappiger	Ambrosia trifida
Raps	Brassica napus
Sauerampfer – Kleiner	Rumex acetosella
Sauerampfer – Wiesen-	Rumex acetosa
Senf – Weißer	Sinapis alba
Wegerich – Großer	Plantago major
Wegerich – Spitz-	Plantago lanceolata
Wermuth	Artemisia absinthium
Bakterien	
Mikropolyspora faeni	
Thermoactinomyces vulgari	
Schimmelpilze, Sprosspilze, Fadenpilze	
Alternaria alternata (tenuis)	
Aspergillus fumigatus	
Aspergillus niger	
Aureobasidium pullulans	
Botrytis cinerea	
Candida albicans	
Cladosporium herbarum	
Fusarium roseum	
Mucor mucedo	
Mucor racemosus	
Penicillium expansum	
Penicillium notatum	
Rhizopus nigricans	
Rhodotorula rubra	
Saccharomyces cerevisiae	
Scopulariopsis brevicaulis	
Sporobolomyces salmonicolor	
Trichophyton mentagrophytes	
Trichophyton rubrum	
Trichosporum pullulans	
Früchte	
Apfel	
Aprikose	
Banane	
Birne	
Brombeere	
Dattel	
Erdbeere	
Feige	
Grapefruit	
Himbeere	
Johannisbeere – Rote	
Johannisbeere – Schwarze	
Kirsche	
Melone	
Orange	
Orange – Bitter-	

Tabelle 4.24 (Fortsetzung)

Pflanzen, Pflanzenprodukte, Gewürze
Pfirsich
Pflaume
Preiselbeere
Rhabarber
Rosine
Stachelbeere
Weintraube
Zitrone
Gemüse
Blumenkohl
Bohne
Bohnen – Grüne
Champignon
Erbsen – Frische
Erbsen – Getrocknete
Grünkohl
Gurke
Karotte
Kartoffel mit Schale
Kartoffel ohne Schale
Kartoffelschale
Kohl
Kohlrabi
Kürbis
Lauch
Meerrettich
Radieschen
Rettich
Rosenkohl
Rote Bete
Rotkohl
Salat
Sellerie
Spargel
Spinat
Tomate
Zwiebel
Genußmittel
Hopfen
Kaffee
Kakao
Tabak
Tee
Kräuter
Dill
Kerbel
Kresse
Petersilie
Petersilienwurzel
Schnittlauch
Mehle
Gerstenmehl
Hafermehl
Roggenmehl
Weizenmehl

Tabelle 4.24 (Fortsetzung)

Pflanzen, Pflanzenprodukte, Gewürze
▮ **Nüsse** Erdnuss Haselnuss Kokosnuss Mandel Paranuss Walnuss
▮ **Zerealien/Samen** Gerstenkorn Haferkorn Maiskorn Reiskorn Roggenkorn Weizenkorn Linse Mohnsamen Rapssamen Sojabohne Weizengluten (Gliadin)
▮ **Gewürze** Anis Kamille Koriander Kümmel Paprika (Gewürz) Pfeffer Selleriwurzel Curry-Mischung **
▮ **Fasern** Baumwollsamen Flachs Jute Kapoksamen

Tierprodukte
▮ **Epithelien** Hund Kaninchen Katze Pferd Schaf Rind Ziege
▮ **Federn** Entenfedern Gänsefedern Hühnerfedern
▮ **Fleisch** Entenfleisch Gänsefleisch Hühnerfleisch Kalbfleisch

** Diese Mischung besteht aus: Ingwer, Kardamom, Koriander, Kümmel, Kurkuma, Muskatblüte, Muskatnuss, Nelken, Paprika, Pfeffer, Piment.

Tabelle 4.24 (Fortsetzung)

Tierprodukte
▮ **Fleisch** Kaninchenfleisch Lammfleisch Rindfleisch Schweinefleisch
▮ **Fische und Meeresfrüchte** Aal Hering Kabeljau Lachs Makrele Scholle Seehecht Auster Hummer Krabbe Krebs Miesmuschel Shrimps Fischmehl
▮ **Tierhaare** Fuchshaare Hamsterhaare Hundehaare Kaninchenhaare Katzenhaare Mäusehaare Meerschweinchenhaare Nerzhaare Pferdehaare Rattenhaare Rinderhaare Schafwolle Schweineborsten Ziegenhaare
▮ **Tierische Proteine/Milch** Eigelb Eiweiß Hühnerei Käse Kasein Kuhmilch (gekocht) Kuhmilch (roh) Molke
▮ **Insekten** Bienengift Wespengift
▮ **Milben** Acarus siro Dermatophagoides farinae Dermatophagoides pteronyssinus Lepidoglyphus destructor Tyrophagus species

Tabelle 4.24 (Fortsetzung)

Standardmischungen	
■ **Frühblühermischung**	
Birke	Betula verrucosa
Erle	Alnus glutinosa
Hasel	Corylus avellana
■ **Gräser-Roggenmischung**	
Knäuelgras	Dactylis glomerata
Raygras	Lolium perenne
Wiesenhafer	Avena elatior
Wiesenlischgras	Phleum pratense
Wiesenrispengras	Poa pratensis
Wiesenschwingel	Festuca pratensis
Roggen	Secale cereale
■ **Gräsermischung**	
Knäuelgras	Dactylis glomerata
Raygras	Lolium perenne
Wiesenhafer	Avena elatior
Wiesenlischgras	Phleum pratense
Wiesenrispengras	Poa pratensis
Wiesenschwingel	Festuca pratensis
■ **Kräutermischung**	
Beifuß	Artemisia vulgaris
Gänsefuß	Chenopod. alb.
Spitzwegerich	Plantago lanceol.
■ **Schimmelpilzmischung**	
Alternaria alternata (Tenuis)	
Aspergillus fumigatus	
Cladosporium herbarum	
Penicillium expansum (Glaucum)	

Labortests

Labortests ergänzen die Anamnese und die Hauttestungen (Kersten et al. 2000). Sie sind in der Diagnostik unerlässlich, wenn Hauttestungen nicht durchgeführt werden können (nicht absetzbare Systemtherapie, Urtikaria). Der wichtigste Labortest ist die Bestimmung allergenspezifischer IgE-Antikörper im Serum. Der quantitative Nachweis allergenspezifischer IgE-Antikörper liefert in vielen Fällen wesentliche Hinweise auf die Stärke einer Sensibilisierung und damit für die gutachterliche Einordnung. Andere Testverfahren sind bisher nicht in dem Maße etabliert und werden nicht routinemäßig angewendet.

■ Literatur

Bergmann K, Müsken H (2000) Kutane Tests. In: Przybilla B, Bergmann K, Ring J (Hrsg) Praktische allergologische Diagnostik. Steinkopff, Darmstadt, S 9–22

Borelli S (1988) Dermatologischer Noxenkatalog. Springer, Berlin Heidelberg New York London Paris Tokio

Brehler R, Hellweg B (1996) Beurteilung von Epikutan-Testungen nach Empfehlungen der Deutschen Kontaktallergiegruppe. Dtsch Dermatologe 43:688–690

Frosch PJ, Pilz B, Peiler D, Dreier B, Rabenhorst S (1997) Die Epikutantestung mit patienteneigenen Produkten. In: Plewig G, Przybilla B (Hrsg) Fortschr prakt Dermatologie und Venerologie 15. Springer, Berlin Heidelberg New York, S 116–181

Fuchs E, Schulz KH (2002) Manuale Allergologicum. Dustri, München

Fuchs T, Gutgesell C (2002) Epikutantest. In: Fuchs T, Aberer W (Hrsg) Kontakt Ekzem. Dustri, München, S 10a–10a.54

Geier J, Lessmann H, Schumacher T, Eckert C, Becker D, Boveleth W, Buß M, Eck E, Englitz H-G, Koch P, Müller J, Nöring R, Rocker M, Rothe A, Schmidt A, Uter W, Warfolomeow I, Zoellner G (2000) Empfehlungen für die Epikutantestung bei Verdacht auf Kontaktallergie durch Kühlschmierstoffe. 1. Kommerziell erhältliche Testsubstanzen. Dermatol Beruf Umwelt 48:232–236

de Groot AC (1986) Patch-Testing. Elsevier, Amsterdam New York Oxford

Hausen B M, Brinkmann J, Dohn W (1992) Lexikon der Kontaktallergene. Ecomed, Landsberg

Hölzle E (2002) Photokontaktallergene. In: Fuchs T, Aberer W (Hrsg) Kontaktekzem. Dustri, München, S 11l.1–11l.15

Kersten W, von Wahl P-G, Lange C, Wenning J (2000) Empfehlungen zur In-vitro-Diagnostik allergischer Erkrankungen. Allergo J 9:21–24

Pilz B, Frosch PJ (1995) Kontaktallergene 1994. In: Plewig G, Korting HC (Hrsg) Fortschritte der Dermatologie und Venerologie 14. Springer, Berlin Heidelberg New York London Paris Tokio, S 7–14

Przybilla B, Schnuch A, Aberer W, Agathos J, Brasch J, Frosch PJ, Fuchs T, Richter G (2003) Durchführung des Epikutantests mit Kontaktallergenen. In: Korting H, Callies R, Reusch M, Schlaeger M, Sterry W (Hrsg) Dermatologische Qualitätssicherung. Leitlinien und Empfehlungen. Zuckschwerdt, Germering, S 307–312

Rycroft RG, Menné T, Frosch PJ, Benezra C (2001) Textbook of Contact-Dermatitis. Springer, Berlin Heidelberg New York London Paris Tokio

Schnuch A, Martin V (1997) Epikutantest. In: Korting HC, Sterry W (Hrsg) Diagnostische Verfahren in der Dermatologie. Blackwell, Berlin Wien, S 99–116

Schnuch A, Aberer W, Brasch J, Frosch PJ, Fuchs T, Richter G (2001) Leitlinien der Deutschen Dermatologischen Gesellschaft (DDG) zur Durchführung des Epikutantests mit Kontaktallergenen. Hautarzt 10:864–866

Schnuch A, Aberer W, Agathos J, Brasch J, Frosch PJ, Fuchs T, Richter G (2002) Durchführung des Epikutantests mit Kontaktallergenen. Leitlinien der Deutschen Dermatologischen Gesellschaft (DDG) und der Deutschen Gesellschaft für Allergologie und klinische Immunologie (DGAI). Allergologie 25:613–616

Tiedemann K-H, Zoellner G, Adam M, Becker D, Boveleth W, Eck E, Eckert C, Englitz H-G, Geier J, Koch P, Lessmann H, Müller J, Nöring R, Rocker M, Rothe A, Schmidt A, Schumacher T, Uter W, Warfolomeow I, Wirtz C (2002) Empfehlungen für die Epikutantestung bei Verdacht auf Kontaktallergie durch Kühlschmierstoffe. 2. Hinweise zur Arbeitsstofftestung. Dermatol Beruf Umwelt 50:180–189

4.11.2 Hautfunktionstests

S. M. John und W. Wehrmann

Ein Goldstandard für Hautfunktionstests (Prüfungen der individuellen Hautempfindlichkeit) existiert – anders als bei den Allergietests – bisher nicht. Gutachterlich am verbreitetsten sind Empfindlichkeitsprüfungen unter Einsatz von NaOH (Alkaliresistenztests). Hier gibt es einige neuere Entwicklungen, die auch die Frage der gutachterlichen Objektivierbarkeit einer verbliebenen kutanen Minderbelastbarkeit betreffen. Eine andere Modellirritanz ist das anionische Detergenz Natriumlaurylsulfat (*NLS*), das zunehmend als Negativkontrolle bei der Epikutantestung zur Bewertung fraglicher Reaktionen Bedeutung gewinnt.

Hautempfindlichkeit

Eine exakte dermatologische Definition des Begriffs „empfindliche Haut" existiert nicht. Dennoch wird dieser Begriff häufig in dermatologisch-gutachterlichen Äußerungen verwendet; überwiegend wird darunter eine vermehrte unspezifische Reaktionsbereitschaft der Haut gegenüber irritativen Noxen verstanden.

Es ist mittlerweile wissenschaftlich unbestritten, dass es Individuen gibt, deren kutane Reagibilität gegen Irritanzien deutlich ausgeprägter ist als bei der Mehrheit ihrer Mitmenschen (Frosch 1985, Frosch u. Pilz 1995). Der wesentliche Grund hierfür ist eine genetische Disposition, auch unabhängig von der Atopie. Dafür sprechen Befunde aus der Zwillingsforschung bezüglich der weitgehenden Konkordanz in der Prävalenz von Handekzemen (Bryld et al. 2000, 2003). Holst u. Möller (1975) untersuchten die Hautreaktivität gegenüber Natriumlaurylsulfat, Benzalkoniumchlorid und Sapo kalinus; dabei erwies sich die Konkordanzrate bei monozygoten Zwillingen signifikant höher als bei dizygoten. Zu ähnlichen Ergebnissen kamen Gloor u. Schnyder (1977) bezüglich des Alkaliresistenztests. In diesem Zusammenhang sind auch die vielfach beschriebenen Unterschiede in der Hautreagibilität unterschiedlicher Rassen von Bedeutung, wonach Kaukasier eine eher empfindlichere Haut als negroide Rassen aufweisen (Frosch 1985).

Weiterhin mehren sich Befunde, die deutlich machen, dass es sehr unterschiedliche *individuelle* Reaktionsmuster auf chronische irritative Reize gibt, die sich zwischen den beiden Extremen „Toleranz/Hardening" (Wulfhorst 2000) und „Hyperirritabilität" bewegen. Dabei ist der exakte (Patho)-Mechanismus sowohl von Adaptationsphänomenen (Hardening) als auch der primären und einer erworbenen (d.h. sekundären) Hyperirritabilität bisher nicht bekannt. Dies hängt auch damit zusammen, dass es bisher noch kein allgemein akzeptiertes Nachweisverfahren für kutane Hyperirritabilität gibt. Kritisch wird insbesondere diskutiert, ob die gegenwärtigen Nachweisverfahren in der Lage sind, Konstitutionsmerkmale aufzudecken oder ob sie nur Momentaufnahmen der aktuellen Hautreagibilität liefern.

Trotz des fehlenden diagnostischen Goldstandards wird von Gutachtern vielfach erwartet, das Ausmaß der individuellen Hautempfindlichkeit anzugeben. So muss der dermatologische Gutachter unter anderem eine als Folge einer Berufskrankheit möglicherweise verbliebene Minderbelastbarkeit der Haut für die MdE-Einstufung quantifizieren (▶ Kap. 17), ferner werden von ihm prognostische Einschätzungen erwartet. Derartige Bewertungen sind für die Betroffenen häufig von großer Tragweite, da sie bei Entscheidungen über Rentenzahlungen herangezogen werden.

Während die allergologische Diagnostik etabliert ist und nationale und internationale Fachgesellschaften (Deutsche Kontaktallergie Gruppe – DKG, European Environmental and Contact Dermatitis Research Group – EECDRG, International Contact Dermatitis Research Group – ICDRG) (Przybilla et al. 2003, Wahlberg 2001) verbindliche Standards zur Durchführung und Interpretation der Tests entwickelt haben, ist dies bei der Hautirritabilitätsdiagnostik bisher nicht so. Es gibt allerdings konkrete Ansätze zu einer Standardisierung der beiden Modellirritanzien NaOH und NLS, auf die im Folgenden eingegangen werden soll. Zur Erfassung der durch die Tests hervorgerufenen Änderungen der Hautbarrierefunktion kommen zunehmend moderne biophysikalische Messverfahren zum Einsatz (John 2001), insbesondere die Messung des transepidermalen Wasserverlustes (*TEWL*).

Alkaliresistenztest

Der im deutschsprachigen Raum in der Begutachtung verbreitetste funktionelle Test ist der Alkaliresistenztest nach Burckhardt 1947. Der Test, bei dem verdünnte Natronlauge unter Okklusion auf die Haut gebracht wird, wurde vom Autor selbst und seinen Schülern wiederholt modifiziert (Burckhardt 1961, Burckhardt u. Suter 1969, Locher 1962). Die meisten Modifikationen betrafen Testdauer, Konzentration und Sicherung des Testergebnisses. Im Folgenden wird die derzeit verbreitetste Variante erläutert, auch werden jüngere Modifikationen für gutachterliche Zwecke dargestellt.

Generell verfolgt die Provokation mit NaOH das Ziel, die individuelle Empfindlichkeit der Hautbarriere durch Alkalien zu erfassen, denen wir im Privatleben und am Arbeitsplatz vielfach exponiert sind. NaOH scheint auch deshalb als Modellirritanz in der dermatologischen Begutachtung geeignet, weil eine der Hauptursachen für irritative Dermatosen die „Feuchtarbeit" darstellt (definiert als >2

Stunden täglich Wasserkontakt bzw. Tragen feuchtigkeitsundurchlässiger Handschuhe; TRGS 401). Feuchtarbeit bedeutet allein durch den Verdünnungseffekt durch auf die Haut einwirkendes Wasser eine Anhebung des physiologischen sauren Haut-pH (ca. pH 5,5), mithin eine *Alkalinisierung*. Aus jüngeren Untersuchungen wird zunehmend die Bedeutung des sauren Haut-pH für die Homöostase der Hautbarriere deutlich. Insbesondere für die komplexe Architektur der epidermalen Lipidschichten, die für die funktionelle Integrität der Hornschicht so wichtig ist, ist ein saures Milieu essentiell (pH-abhängige Enzymsysteme; Hachem et al. 2003).

Vorbemerkung zur Methodik

Von Burckhardt und seinen Schülern wurde reklamiert, dass das Alkaliverhalten der Haut ein überwiegend idiotypisch (genetisch) reguliertes, paratypisch (umweltbedingt) variables Konstitutionsmerkmal darstellt (Burckhardt u. Suter 1969, Schnyder et al. 1977), das einige Besonderheiten aufweist. So zeigt sich die Alkaliresistenz bei Ekzematikern – insbesondere nach längerer Krankheitsdauer – auch herdfern vermindert; dabei wurde eine Beziehung zwischen der Intensität gestörten Alkaliverhaltens und der Dauer der zu erwartenden Arbeitsunfähigkeit reklamiert (Burckhardt u. Suter 1969). Darüber hinaus bestehen außerdem jahreszeitliche Schwankungen mit vermehrter Reagibilität im Winter (John et al. 2004). Waschen mit herkömmlichen Seifen verändert das Alkaliverhalten der Haut mehr als die Benutzung von Syndets, die allerdings die Hornschicht austrocknen und stets zu Rückfettungsmaßnahmen zwingen. Aktuelle irritative Einflüsse auf die Testregion (z.B. im Berufsleben) können das Testergebnis beeinflussen. In jedem Fall bedarf es vor der Untersuchung des Alkaliverhaltens genauer Informationen über die genannten Einflüsse, die dann auch bei der Interpretation des Tests berücksichtigt werden müssen.

Die Probanden sollten gebeten werden, 24 Stunden vor der Untersuchung keine Externa anzuwenden und zum Waschen nur Wasser zu verwenden. Die Testung sollte bevorzugt in arbeitsfreier Zeit erfolgen; die Testung darf nur auf erscheinungsfreier Haut vorgenommen werden.

Klassische Methodik nach Burckhardt (1961)

Auf der normalen Haut des Unterarms werden nebeneinander drei Felder von 2,5×3,5 cm markiert. Zuerst wird auf jedes Feld ein Tropfen 0,5 molarer NaOH-Lösung getropft (Tropfengröße 1/30 ml). Die Tropfen werden mit einem Glasblock von 2,5 L×3 B×1,5 H cm zugedeckt. Nach 10 Minuten werden die Glasblöcke entfernt und die Felder mit Watte oder Fließpapier getrocknet. Nun erhält nur noch das 2. und 3. Feld je einen Tropfen, die wiederum zugedeckt werden. Nach weiteren 10 Minuten werden die beiden Glasblöcke entfernt, die Felder getrocknet. Das dritte Feld erhält einen 3. Tropfen, der wiederum 10 Minuten unter dem Glasblock liegen bleibt, worauf auch dieses Feld wieder getrocknet wird. Man stellt fest, ob 1, 2 oder 3 Tropfen eine Reaktion in Form von Bläschen, heftigen Rötungen oder Erosionen hervorgerufen haben. Vorübergehende reflektorische Rötungen sollen nicht berücksichtigt werden. Im Zweifelsfall entscheidet eine zweite Ablesung nach 24 Stunden, welche leichte Schädigungen durch die Lauge als Papeln oder mit Krüstchen bedeckte Erosionen erkennen lässt:

- Reaktion auf den 1. Tropfen bedeutet eine stark verminderte Resistenz,
- Reaktion auf den 2. Tropfen leicht verminderte Resistenz,
- Reaktion auf den 3. Tropfen erhöhte Resistenz.

Der Eintritt der positiven Reaktion ist oft mit einem deutlichen Brennen verbunden. Wenn sich eine Reaktion einstellt, ist der Test abzubrechen.

Aktuelle Varianten von NaOH-Provokationen in der Begutachtung

Schneller modifizierter Alkaliresistenztest (SMART)

Die oben genannte Methode nach Burckhardt führt in 1% der Fälle zu oberflächlicher Nekrosebildung (Kolliquationsnekrose) (Ummenhofer 1980), naturgemäß gerade bei hautempfindlichen Personen, die in gutachterlichen Kollektiven überrepräsentiert sind.

In Osnabrück wurde darum ein weniger invasiver, aber aussagekräftiger, schneller modifizierter Alkaliresistenztest (*SMART*) unter Einsatz zeitgemäßer biophysikalischer Diagnostik und 0,5 M NaOH-Exposition über lediglich 2×10 Minuten mit dazwischen liegendem Beobachtungsintervall entwickelt (John 2001) und an 572 gewerbedermatologisch Begutachteten klinisch evaluiert und standardisiert (Testort: Unterarm; Abb. 4.9 u. 4.10). Als Kontrolle wurde NaCl 0,9% eingesetzt, das in einem dem NaOH-Testfeld unmittelbar benachbarten Areal unter gleichen Bedingungen okklusiv aufgebracht wird. Der SMART zeigte

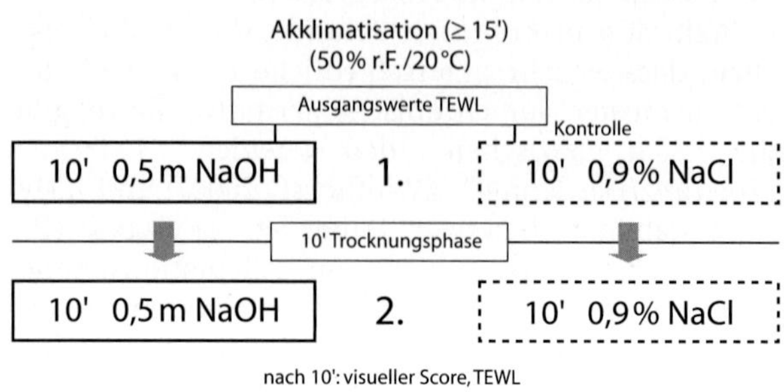

Abb. 4.9. Schneller modifizierter Alkaliresistenztest (SMART), Übersicht. (*TEWL* transepidermaler Wasserverlust)

- Akklimatisation 15 min (möglichst 20 °C, 50 % rel. Luftfeuchtigkeit; Werte protokollieren)
- Test- und Kontrollfeld markieren; Testfelder liegen nebeneinander (ca. 1 cm Abstand). Dann: Ausgangsmessung TEWL im Test- und Kontrollfeld.
- **1. Okklusionsphase** (10 min) im Testfeld 0,5 M NaOH, Kontrollfeld NaCl 0,9 %
  Glasblöckchen aufbringen, jeweils 1 Tropfen Lösung.
  Blöckchen nach 10 min abnehmen. Testfelder vorsichtig abtupfen.
- 1. *Ruhe*phase (10 min), anschließend klinische Beurteilung und Befragung des Probanden (Subjektive Symptome; falls „ja": Abbrechen und TEWL messen. Falls „nein": 2. Okklusionsphase beginnen).
- **2. Okklusionsphase** (10 min) im Testfeld 0,5 M NaOH, Kontrollfeld NaCl 0,9 %
  Glasblöckchen aufbringen, vorher mit jeweils 1 Tropfen Lösung benetzen.
  Blöckchen nach 10 min abnehmen. Testfelder vorsichtig abtupfen.
- 2. *Ruhe*phase (10 min), anschließend TEWL messen und abschließende klinische Beurteilung.

Testort:	Unterarmmitte, Beugeseite
Größe der Testfelder:	entsprechend den Glasblöckchen
Okklusion:	Glasblöckchen 2,5(L) × 3(B) × 1,5(H).

Visueller Score: (5-Punkt-Ordinalskala)
1 = „Nihil", 2 = „Seifeneffekt", 3 = „geringes Erythem und / oder minimale Vesikulation u./o. maximal 1 Erosion", 4 = „deutliches Erythem u./o. deutliches Ödem und /oder deutliche Vesikulation u./o. mindestens 2 Erosionen", 5 = „sehr deutliches Erythem / Vesikulation / Ödem u./o. ≥ Erosionen"

Testabbruch: Wenn deutliche klin. Reaktivität (> Stufe 3) nach der ersten 10'-NaOH-Provokation auftreten, bzw. jederzeit bei deutlichen subjektiven Beschwerden.

Abb. 4.10. Testablauf beim SMART. Für den differentiellen Irritationstest (DIT) gleiches Vorgehen; parallele Durchführung des SMART an dem der Händigkeit entsprechenden Handrücken und dem kontralateralen Unterarm

sich – auch in dieser Population ehemals Hauterkrankter – gut verträglich. Der Test konnte genotypische Merkmale (atopische Hautdisposition) in der untersuchten Kohorte sowohl klinisch als auch biophysikalisch identifizieren. Der transepidermale Wasserverlust (*TEWL*), bestimmt vor der Testung und 10 Minuten nach dem Ende der zweiten Okklusionsphase, erwies sich dabei als aussagekräftiger prognostischer Parameter der klinischen Reaktivität.

Der SMART erscheint damit hilfreich bei der Identifizierung vermehrter konstitutioneller Risiken im Rahmen gutachterlicher Fragestellungen in der Berufsdermatologie – bei gegenüber den herkömmlichen Verfahren verringerter Invasivität, reduziertem Zeitaufwand und verbesserter Aussagefähigkeit.

Differentieller Irritationstest (DIT)

Der SMART wurde anschließend modellhaft für die Beurteilung irritativer Folgeschäden angewendet (sekundäre Hyperirritabilität). Hierfür wurde der Test synchron vergleichend an zwei Körperlokalisationen eingesetzt, von denen eine ehemals kontinuierlich beruflich exponiert war (Handrücken), die andere nicht (Unterarmbeugeseite). Auf der Basis einer Pilotstudie an 31 Kontrollpersonen und 48 Personen mit abgeheiltem Berufsekzem wurde ein differentieller Irritationstest (*DIT*) entwickelt (John 2001, John u. Schwanitz 2006).

Normalerweise ist die Haut des Handrückens sehr robust; die Reagibilität auf den Test fehlt deshalb bei Normalpersonen am Handrücken vollständig bzw. ist deutlich schwächer als am Unterarm. Jedoch zeigte sich bei einer Subkohorte von etwa 10% der untersuchten Patienten, die in der Vergangenheit unter einem (zum Zeitpunkt der Testung abgeheilten) beruflich bedingten Handekzem litten, ein a priori paradoxes Phänomen: Stärkere Reaktion am Handrücken als am Unterarm. Die normale Hierarchie der Hautreagibilität war hier – in einem früher beruflich exponierten und von einem Ekzem betroffenen Areal – aufgehoben. Dies deutet auf eine sekundäre Hyperirritabilität im Sinne einer erworbenen Minderbelastbarkeit der Haut hin; bei Hautgesunden wird eine derartige paradoxe Befundkonstellation nicht angetroffen. Dieses Phänomen einer inversen Hierarchie der Hautempfindlichkeit als Ausdruck einer erworbenen Überempfindlichkeit des Handrückens konnte bei einer weiteren, mittlerweile untersuchten Stichprobe von 554 früheren „Feuchtarbeitern" mit abgeheiltem Ekzem bei 49 der Untersuchten beobachtet werden (John et al. 2004). Der mit dem vorgeschlagenen Test angestrebte Nachweis verbliebener subklinischer Dauerschäden hat sozialmedizinische Relevanz [MdE-Höhe (Blome et al. 2003): prognostische Schlussfolgerungen z. B. bezüglich Erfolgsaussichten präventiver Maßnahmen ▶ Kap. 17]. Der DIT ist der bisher erste systematisch-methodische Ansatz der gutachterlichen Objektivierung einer resultierenden latenten Minderbelastbarkeit der Haut der Hände.

Natriumlaurylsulfattest

Natriumlaurylsulfat (NLS, EG Nr. 205-788-1) ist ein in Wasser gut lösliches anionisches Detergens, das universelle Anwendung in Produkten des täglichen Lebens findet (Syndets, Shampoo, Zahnpasta). NLS hat sich in den letzten zwei Jahrzehnten zu dem am häufigsten eingesetzten Irritanz in der experimentellen Dermatologie entwickelt, u.a. deshalb, weil es bei deutlichem irritativen kein allergenes Potential besitzt. Erst allmählich findet es auch Eingang in die Begutachtung. Die Standardisierungskommission der Europäischen Gesellschaft für Kontaktdermatitis (ESCD) hat 1997 Richtlinien zur Durchführung von NLS-Irritationstests publiziert, auf die verwiesen wird (Tupker et al. 1997). Die Testung erfolgt danach unter Verwendung großer Aluminiumkammern („large Finn-chambers"), üblicherweise in Konzentrationen von 0,1–2% und Okklusion über 24–48 Stunden; das Ergebnis wird klinisch und biophysikalisch beurteilt (Messung des TEWL, dies ist allerdings erst frühestens 120 Minuten nach Beendigung der Okklusion möglich, wenn Artefakte vermieden werden sollen; Friebe et al. 2003). In experimentellen Studien hat sich eine vermehrte NLS-Irritabilität von Atopikern nur in der akuten Ekzemphase demonstrieren lassen (Löffler u. Effendy 1999), in klinisch-berufsdermatologischen Studien bisher nicht (John 2001). Hinsichtlich der berufsdermatologisch interessanten Verwendung der Substanz für Berufseingangstests in Feuchtberufen konnte kürzlich in einer größeren prospektiven epidemiologischen Studie an 500 Auszubildenden des Pflegedienstes keine prädiktive Potenz demonstriert werden (Löffler 2003); wohingegen sich für NaOH in einer ähnlichen Untersuchung bei 205 Auszubildenden in der Metallindustrie (schwache) Hinweise auf eine prädiktive Aussagefähigkeit ergaben (Berndt et al. 1999). Weitere epidemiologische Untersuchungen werden hier zukünftig Klarheit schaffen müssen und auch die Frage zu klären haben, inwieweit die kombinierte Testung von Irritanzien die Beurteilung der Hautirritabilität in der Berufsdermatologie verbessern kann. Auch die Anwendung von repetitiven Tests, mit mehrtägiger Applikation von Irritanzien (Frosch u. Kurte 1994, Koopman et al. 2004, Wigger-Alberti et al. 2002, Wulfhorst 2000) bzw. Waschtests (Gehring et al. 1998) ist seit längerem in der Diskussion.

In letzter Zeit hat NLS in der dermatologischen Diagnostik Aufmerksamkeit erlangt durch seinen Einsatz als erweiterte Negativkontrolle bei der Epikutantestung (0,25%, 0,5% NLS; 48 Stunden Okklusion mit kleinen Aluminiumkammern) (Geier et al. 2003, Uter et al. 2003). Ziel ist es, die individuelle Hautreagibilität zum Testzeitpunkt zu erfassen, um auf diese Weise schwach positive allergische von irritativen bzw. fraglichen Reaktionen im Epikutantest besser differenzieren zu können; hierbei auch berücksichtigend, dass viele im Epikutantest routinemäßig untersuchten Allergene auch eine irritative Potenz besitzen (z. B. Konservierungsstoffe). Gerade für gutachterliche Testungen erscheint dieses Vorgehen als eine sinnvolle Entscheidungshilfe.

Standardisierung der gutachterlichen Irritabilitätsdiagnostik

Angesichts der Inzidenz und Bedeutung irritativer Hautschäden ist es eine Crux, dass die Standardisierung der Hautirritabilitätsdiagnostik bisher nicht abgeschlossen ist. Da dies unter Umständen die Gleichbehandlung der Begutachteten gefährden könnte, hat die Arbeitsgemeinschaft für Berufs- und Umweltdermatologie (ABD) in der Deutschen Dermatologischen Gesellschaft (DDG) die Vereinheitlichung der diesbezüglichen Diagnostik als vorrangiges Ziel eingestuft. Kürzlich wurde deshalb eine Arbeitsgruppe ins Leben gerufen („Erfassung und Bewertung irritativer Hautschäden"), die hier eine Konsensbildung für die gutachterliche Diagnostik auf der Basis der vorliegenden wissenschaftlichen Erkenntnisse vorantreiben wird (John et al. 2006).

Literatur

Berndt U, Hinnen U, Iliev D, Elsner P (1999) Role of the atopy score and of single atopic features as risk factors for the development of hand eczema in trainee metalworkers. Br J Dermatol 140:922–924

Blome O, Bernhard-Klimt C, Brandenburg S, Diepgen T, Dostal W, Drexler H, Frank K, John S, Kleesz P, Schindera I, Schmidt A, Schwanitz H (2003) Begutachtungsempfehlungen für die Berufskrankheit Nr. 5101 der Anlage zur BKV. Dermatol Beruf Umwelt/Occup Environ Dermatol 51:D2–D14

Bryld LE, Agner T, Kyvik KO, Brondsted L, Hindsberger C, Menne T (2000) Hand eczema in twins: A questionnaire investigation. Br J Dermatol 142:298–305

Bryld L, Hindsberger C, Kyvik K, Agner T, Menné T (2003) Risk factors influencing the development of hand eczema in a population-based twin sample. Br J Dermatol 149:1214–1220

Burckhardt W (1947) Neue Untersuchungen über die Alkaliempfindlichkeit der Haut. Dermatologica 94:8–96

Burckhardt W (1961) Funktionsprüfungen der Haut. In: Gottron HA, Schönfeld W (Hrsg) Dermatologie und Venerologie. Thieme, Stuttgart, S 193–210

Burckhardt W, Suter H (1969) Kriterien für die Arbeitsfähigkeit nach beruflich ausgelösten Ekzemen. Hautarzt 20:481–485

Friebe K, Effendy I, Löffler H (2003) Effects of skin occlusion in patch testing with sodium lauryl sulphate. Br J Dermatol 148:65–69

Frosch PJ (1985) Hautirritation und empfindliche Haut. Grosse, Berlin

Frosch PJ, Kurte A (1994) Efficacy of skin barrier creams. IV. The repetitive irritation test with a set of 4 standard irritants. Contact Derm 31:161–168

Frosch PJ, Pilz B (1995) Irritant patch test techniques. In: Serup J, Jemec GBE (eds) Handbook of non-invasive methods and the skin. CRC press, Boca Raton, Ann Arbor London Tokyo, pp 587–591

Gehring W, Gloor M, Kleesz P (1998) Predictive washing test for evaluation of individual eczema risk. Contact Derm 39:8–13

Geier J, Uter W, Pirker C, Frosch PJ (2003) Patch testing with the irritant sodium lauryl sulfate (SLS) is useful in interpreting weak reactions to contact allergens as allergic or irritant. Contact Derm 48:99–107

Gloor M, Schnyder UW (1977) Vererbung funktioneller Eigenschaften der Haut. Hautarzt 28:231–234

Hachem J, Crumrine D, Fluhr J (2003) pH directly regulates epidermal permeability barrier homeostasis, and stratum corneum integrity/cohesion. J Invest Dermatol 121:345–353

Holst R, Möller H (1975) One hundred twin pairs patch tested with primary irritants. Br J Dermatol 93:145–149

John SM (2001) Klinische und experimentelle Untersuchungen zur Diagnostik in der Berufsdermatologie. Konzeption einer wissenschaftlich begründeten Qualitätssicherung in der sozialmedizinischen Begutachtung. In: Schwanitz HJ (Hrsg) Studien zur Prävention in Allergologie, Berufs- und Umweltdermatologie (ABU 4). Universitätsverlag Rasch, Osnabrück

John SM, Schwanitz HJ (2006) Functional skin testing: the SMART-procedures. In: Chew A-L, Maibach HI (eds) Handbook of Irritant Dermatitis. Springer, Berlin Heidelberg New York, pp 211–221

John SM, Schwanitz H, Uter W (2004) Meteorological effects on the clinical outcome of a routine NaOH-irritation test in occupational dermatology are varying with body site. Contact Derm 50:170 (abstract)

John SM, Bartel G, Brehler R, Degenhardt A, Fluhr J, Frosch PJ, Kügler K, Haufs MG, Khrenova L, Kleesz P, Manegold H-G, Schindera I, Sizmann N, Soost S, Tiedemann K-H, Wagner E, Worm M (2006) Negativliste: Hautirritabilitäts- und Hautfunktionsdiagnostik zur Erfassung und Bewertung irritativer Hautschäden. ABD-Arbeitsgruppe „Erfassung und Bewertung irritativer Hautschäden". Dermatologie Beruf- und Umwelt/ Occup Environ Dermatol 54:108–111

Koopman D, Kezic S, Verberk M (2004) Skin reaction and recovery: a repeated sodium lauryl sulphate patch test vs. a 24-h patch test and tape stripping. Br J Dermatol 150:493–499

Locher G (1962) Permeabilitätsprüfung der Haut Ekzemkranker und Hautgesunder für den neuen Indikator Nitrazingelb „Geigy", Modifizierung der Alkaliresistenzprobe, pH-Verlauf in der Tiefe des stratum corneum. Dermatologica 124:159–182

Löffler H (2003) Der prädiktive Wert von Funktionsprüfungen der Hautirritabilität. JDDG 1 (Suppl 1):S138 (abstract)

Löffler H, Effendy I (1999) Skin susceptibility of atopic individuals. Contact Derm 40:239-242

Przybilla B, Schnuch A, Aberer W, Agathos J, Brasch J, Frosch PJ, Fuchs T, Richter G (2003) Durchführung des Epikutantests mit Kontaktallergenen. In: Korting H, Callies R, Reusch M, Schlaeger M, Sterry W (Hrsg) Dermatologische Qualitätssicherung. Leitlinien und Empfehlungen. Zuckschwerdt, Germering, S 307–312

Schnyder UW, Gloor M, Taugner M (1977) Über die sozialmedizinische Bedeutung der Alkaliresistenz, Alkalineutralisation und Hautoberflächenlipidmenge bei Neurodermitis atopica und Ichthyosis vulgaris. Dermatosen 25:101–107

Tupker RA, Willis C, Berardesca E, Lee C, Fartasch M, Agner T, Serup J (1997) Guidelines on sodium lauryl sulfate (SLS) exposure tests. A report from the standardization group of the European society of contact dermatitis. Contact Derm 37:53–69

Ummenhofer B (1980) Zur Methodik der Alkaliresistenzprüfung. Dermatosen 28:104–109

Uter W, Hegewald J, Pfahlberg A, Pirker C, Frosch PJ, Gefeller O (2003) The association between ambient air conditions (temperature and absolute humidity), irritant sodium lauryl sulfate patch test reactions and patch test reactivity to standard allergens. Contact Derm 49:97–102

Wahlberg JE (2001) Patch testing. In: Rycroft RJG, Menné T, Frosch PJ, Lepoittevin J (eds) Textbook of contact dermatitis. Springer, Berlin Heidelberg New York, pp 439–468

Wigger-Alberti W, Spoo J, Schliemann-Willers S, Klotz A, Elsner P (2002) The tandem repeated irritation test: A new method to assess prevention of irritant combination damage to the skin. Acta Derm Venereol 82:94–97

Wulfhorst B (2000) Skin hardening in occupational dermatology. In: Kanerva L, Elsner P (eds) Handbook of occupational dermatology. Springer, Heidelberg New York, pp 115–121

4.12 Stoffwechsel und Endokrinium

E. Schifferdecker und H. Schatz

Die Diagnosekriterien für den Diabetes mellitus sind in einer Leitlinie der DDG festgelegt worden. Bei venösen Blutzuckerwerten zwischen 110 und 125 mg/dl ist ein oraler Glukosetoleranztest indiziert. Das HbA_{1c} ist als „Blutzuckergedächtnis“ von zentraler Bedeutung für die gutachtliche Beurteilung des Glukosestoffwechsels. Die Mikroalbuminurie als leicht zu gewinnendes Kriterium für das Vorliegen einer beginnenden diabetischen Nephropathie spielt bei der Erfassung von Folgeerkrankungen eine Rolle im Gutachten.

Die Schilddrüsenfunktionsdiagnostik kommt in der Regel mit den Parametern TSH, fT3 und fT4 aus. Bei einer Überfunktion ist die Differenzierung zwischen Autonomie und Autoimmunthyreopathie wegen der unterschiedlichen Verläufe wichtig.

Die Hypophysenfunktionsdiagnostik ist komplex und wird in der Regel von einem Gutachter mit endokrinologischem Schwerpunkt durchgeführt werden müssen, das Gleiche gilt für die Diabetes-insipidus-Diagnostik.

Diabetes mellitus

Der Diabetes mellitus ist im unbehandelten Zustand durch eine dauernde Erhöhung der Blutzuckerkonzentration gekennzeichnet. An Symptomen können starker Durst, Polyurie, Gewichtsverlust vorliegen, bei Stoffwechselentgleisung kommt es zu Bewusstseinstrübungen bis hin zum Coma diabeticum. Insbesondere im Fall eines Typ-2-Diabetes mellitus können Symptome vollständig fehlen.

Messung der Glukosekonzentration im Blut

Die Blutzuckermessung erfolgt heute meist automatisiert mit spezifischen enzymatischen Methoden.

Die in Tabelle 4.25 zusammengefassten Diagnosekriterien entstammen der Leitlinie „Definition, Klassifikation und Diagnostik des Diabetes mellitus“ (Kerner 2004) der Deutschen Diabetes-Gesellschaft (DDG) und stützen sich auf die Empfehlungen der American Diabetes Association (ADA), der WHO und der International Diabetes Federation (IDF). Die Kategorie „Impaired Fasting Glucose“ (*IFG*, gestörte Glukosehomöostase) wurde von der ADA 1997 neu eingeführt (Level 5). Bei einem kontrollierten venösen Blutzucker (*BZ*) zwischen 100 und 125 mg/dl nüchtern ist der orale Glukosetoleranztest indiziert.

Der orale Glukosetoleranztest (oGTT)

In Deutschland wurde früher meistens die orale Glukosebelastung mit 100 g Glukose bzw. Oligosaccharid-Gemisch (z. B. Dextro O.G-T.) durchgeführt, die o. g. Leitlinie empfiehlt entsprechend der WHO-Vorgabe (Level 5) definitiv eine Glukosebelastung mit 75 g. Vor dem Test sollte sich der zu Untersuchende mindestens drei Tage lang normal ernährt bzw. mindestens 150 g Kohlenhydrate pro Tag zu sich genommen haben. Der Test wird am Morgen nach 10- bis 16-stündiger Nahrungskarenz im Sitzen oder Liegen durchgeführt. Alle Medikamente, die den Kohlenhydratstoffwechsel beeinflussen, sollten drei Tage vorher abgesetzt werden. Eine Phase körperlicher Inaktivität bzw. akute Infektionen sollten vor Testdurchführung nicht bestanden haben. Nach Blutentnahme zur Bestimmung des Nüchtern-BZ sollte der Proband die Glukoselösung bzw. das Oligosaccharid-Gemisch in 250–300 ml Wasser innerhalb von 5 Minuten trinken.

Für den Bereich zwischen manifestem Diabetes mellitus und dem Normbereich wird der Begriff der „gestörten (engl.: impaired) Glukosetoleranz“ (*IGT*), im deutschsprachigen Raum häufig auch „pathologischen Glukosetoleranz“ verwendet. Früher wurde dieser Bereich als subklinischer Diabetes mellitus bezeichnet und als Vorstadium des manifesten Diabetes angesehen, ein Übergang in den manifesten Diabetes mellitus muss nach heutigem Kenntnisstand aber nicht zwangsläufig erfolgen. Dieser Zustand ist jedoch nicht nur ein Warnzeichen, sondern per se für das Individuum schon gefährlich, da große europäische Bevölkerungsstudien zeigen, dass er mit einem erhöhten Risiko für die koronare Herzkrankheit behaftet ist (Übersicht bei Pyörälä 1990).

Es besteht durchaus die Möglichkeit, durch orale Einnahme von Antidiabetika, insbesondere von Sulfonylharnstoffen, oder durch Spritzen von Insulin den Kurvenverlauf der BZ-Werte im oGTT so zu beeinflussen und zu verändern, dass die Diagnose eines Diabetes mellitus erheblich erschwert wird. Antragsteller für eine Lebensversicherung oder Bewerber für bestimmte, für Diabetiker ungeeignete Berufe könnten daran interessiert sein, ihren Diabetes mellitus zu verheimlichen. Ein nicht sicher pathologischer oGTT steht dann vorher erhobenen Befunden wie Glukosurie und pathologischen BZ-Werten gegenüber. Ein bizarrer, untypischer Verlauf der BZ-Kurven, eine Differenz von mehr als 30 mg/dl zwischen dem Nüchtern- und 2-h-Wert bei nicht pathologisch erhöhten BZ-Werten, kontinuierlich ansteigende oder abfallende Werte können Hinweise für einen solchen Sachverhalt sein (Talwalkar 1976).

Tabelle 4.25. Diagnostische Kriterien des Diabetes mellitus. (Nach Kerner et al. 2004, beruhend auf den Empfehlungen der ADA, der WHO und der IDF (ADA 2004), Alberti u. Zimmet 1998, European Diabetes Policy Group 1999, Level 5)

	Plasmaglukose				Vollblutglukose			
	venös		kapillär		venös		kapillär	
	mg/dl	(mmol/l)	mg/dl	(mmol/l)	mg/dl	(mmol/l)	mg/dl	(mmol/l)
Nüchtern:								
Diabetes	≥126	(≥7,0)	≥126	(≥7,0)	≥110	(≥6,1)	≥110	(≥6,1)
IFG	≥100	(≥5,6)	≥100	(≥5,6)	≥90	(≥5,0)	≥90	(≥5,0)
oGTT 2 h:								
Diabetes	≥200	(≥11,1)	≥220	(≥12,2)	≥180	(≥10,0)	≥200	(≥11,1)
IGT	≥140	(≥7,8)	≥160	(≥8,9)	≥120	(≥6,7)	≥140	(≥7,8)

IFG „impaired fasting glucose" = gestörte Glukosehomöostase,
IGT „impaired glucose tolerance" = gestörte Glukosetoleranz

Der intravenöse Glukosetoleranztest (ivGTT)

Der intravenöse Glukosetoleranztest empfiehlt sich in der Begutachtung von Kohlenhydrattoleranzstörungen bei Magen-Darm-Erkrankungen mit Malassimilation und nach Magenresektion. Die Vorbedingungen entsprechen denen beim oGTT. Nach einer Nüchtern-BZ-Abnahme werden innerhalb von 2 Minuten 0,33 g Glukose pro Kilogramm Körpergewicht i.v. injiziert.

Messungen der Harnzuckerausscheidung

Physiologischerweise werden in 24 Stunden im Mittel 70 mg (ca. 20–100 mg) Glukose im Urin ausgeschieden. Zur pathologischen Glukosurie kommt es, wenn Blutglukosekonzentrationen von 160–180 mg/dl überschritten werden (so genannte Nierenschwelle). Die Harnzuckermessung erfolgt semiquantitativ mittels Teststreifen oder quantitativ enzymatisch-photometrisch. Zum Sammeln des Urins sollten möglichst Plastikcontainer mit großlumiger Öffnung und einer in 50-ml-Schritten graduierten aufgedruckten Skala verwendet werden. Bei im Teststreifen positivem Harnzuckerbefund sollte quantitativ die Konzentration gemessen und dann die in 24 Stunden ausgeschiedene Glukosemenge berechnet werden. Bei enzymatischer Harnzuckerbestimmung können durch pH-Verschiebungen (abgestandener Harn, alkalisierende Therapie, Acidose mit $pH < 5$), Temperatur in Gefrierpunktnähe (Aufbewahrung im Kühlschrank) und starke O_2-Empfänger (Ascorbinsäure, Gentisinsäure bei Therapie mit Acetylsalicylsäure, L-Dopa-Therapie) falsch negative Ergebnisse auftreten.

Ein negativer Harnzuckernachweis schließt einen manifesten Diabetes keinesfalls aus, besonders bei älteren Menschen kann die Nierenschwelle höher liegen als 180 mg/dl. Eine Glukosurie ohne BZ-Erhöhung findet sich beim renalen Diabetes, einer familiären Störung der Glukoserückresorption in den Nieren. Eine temporäre Erniedrigung der Nierenschwelle tritt auch in der Schwangerschaft auf, diese physiologische Veränderung muss gegen einen Gestationsdiabetes abgegrenzt werden.

Ketonkörpernachweis im Harn

Eine Ketonurie ist Hinweis auf eine Entgleisung des Glukosestoffwechsels, aus der ketoazedotischen Stoffwechsellage kann sich ein Coma diabeticum entwickeln. Die Ketonurie findet sich aber auch im Hungerzustand, z. B. bei einer Reduktionskost bzw. Nulldiät. Die physiologische Ketonurie beträgt bis zu 2 mg/dl. Zum Nachweis der Ketonurie werden in der Regel Teststreifen verwendet. Ihre Empfindlichkeit ist für Acetoacetat größer als für Aceton. Acetoacetat wird in zehnfach höherer Menge im Harn ausgeschieden als Aceton, das aus Acetoacetat entsteht. Es müssen daher frische Harnproben zur Untersuchung verwendet werden.

Bestimmung von Insulin und C-Peptid

Das Insulin sowie das C-Peptid, das vom Proinsulinmolekül abgespalten und daher äquimolar zum Insulin aus der Bauchspeicheldrüse ausgeschüttet wird, werden radioimmunologisch im Serum bestimmt. Zur Diagnosestellung und Klassifizierung eines Diabetes mellitus trägt die Bestimmung nichts bei, sie ermöglicht jedoch die Erfassung der Restsekretion der Inselzellen bei Typ-1- und auch der Insulinsekretion bei Typ-2-Diabetikern. Zur Entscheidung, ob eine orale Diabetestherapie noch möglich ist oder eine Insulinsubstitution erforderlich wird, kann die Messung der Stimulierbarkeit von Insulin bzw. C-Peptid beitragen. Standardisiert erfolgt die Stimulation der Spiegel durch i.v.-Gabe von 1 mg Glukagon. Gemessen werden die Spiegel nüchtern und 6 Minuten nach der Injektion.

Hämoglobin-$A_1(A_{1c})$-Bestimmung

Durch nichtenzymatische Glykosilierung des Hämoglobinmoleküls entsteht das HbA_1 mit seinen Fraktionen HbA_{1a}, HbA_{1b} und HbA_{1c}. Das HbA_{1c} stellt mit ca. 70% des Gesamt-HbA_1 das mit Glukose glykosilierte Hämoglobin dar, dessen spezifische Messung heute bevorzugt wird. Während der gesamten Lebensdauer der Erythrozyten von 120 Tagen wird kontinuierlich Glukose angelagert, der Grad der Glykosilierung in der Lebenszeit eines Erythrozyten ist abhängig vom BZ-Verlauf in den der Bestimmung vorausgegangenen 2 bis 3 Monaten. Die oberen Normgrenzen sind methodenabhängig, sie liegen für das HbA_{1c} bei etwa 6,5%.

Mit der HbA_{1c}-Messung lässt sich die Qualität der Glukosestoffwechsellage in den 6 bis 8 Wochen vor der Messung abschätzen. Kurzfristige BZ-Veränderungen beeinflussen diesen stabilen Parameter nicht, so dass er eine objektivere Beurteilung der Stoffwechselführung ermöglicht. Zum Ausschluss eines Diabetes mellitus ist er jedoch nicht geeignet, da er im Einzelfall durch zusätzliche Faktoren beeinflusst werden kann. So finden sich bezüglich des Glukosestoffwechsels falsch niedrige Werte bei Anämien mit verkürzter Lebensdauer der Erythrozyten (z. B. Blutungsanämien, Eisenmangelanämien), falsch zu hohe Werte bei Urämie, Alkoholismus, Anämien mit verlängerter Lebensdauer der Erythrozyten, z. B. perniziöser Anämie.

Liegen bei Diabetikern keine Blut- und Harnzuckerwerte aus regelmäßigen Stoffwechselkontrollen vor, ist die HbA_{1c}-Bestimmung die beste Methode, um die Einstellungsqualität rückwirkend für einen längeren Zeitraum zu überprüfen. Sie kann durch kurzfristige BZ-Senkung nicht manipuliert werden, weshalb sie in der Begutachtung der Stoffwechselführung, der Stabilität der Einstellung und der Kooperation z. B. bei Gutachten zur Übernahme in das Beamtenverhältnis oder zur Fahrtüchtigkeit von Diabetikern große Bedeutung hat.

Albuminausscheidung im Urin

Die quantitative Bestimmung der Albuminausscheidung im Urin mit radio- oder enzymimmunologischer bzw. nephelometrischer Methodik, in der Praxis auch mit Teststreifen, ist von herausragender Bedeutung zur Diagnose einer beginnenden diabetischen Nephropathie. Mit ihr lässt sich eine pathologisch vermehrte Albuminausscheidung zwischen 30 und 300 mg pro 24 Stunden bzw. 20–200 lg/Minute erfassen, die als Mikroalbuminurie bezeichnet wird. Dieser Bereich wird von den für den routinemäßigen Harnstatus verwendeten Teststreifen nicht erfasst. Erreicht ein Diabetiker das durch die Mikroalbuminurie gekennzeichnete Stadium der beginnenden Nephropathie (ADA 2003, Level 5), so wird sich ohne Intervention, d. h. ohne Verbesserung der Stoffwechsellage oder eines möglicherweise bestehenden Hypertonus, seine Nierenfunktion stetig verschlechtern und in die terminale Niereninsuffizienz münden. Deshalb ist die Erfassung der Mikroalbuminurie auch von gutachtlicher Bedeutung.

Eine Mikroalbuminurie wird dann als gesichert angesehen, wenn zwei Messungen innerhalb von 2–4 Wochen einen entsprechenden Befund zeigen (AG Diabetes und Niere 2000, Level 5). Andere Ursachen einer vermehrten Albuminausscheidung müssen allerdings ausgeschlossen werden, vor allem Harnwegsinfekte und chronische Nierenerkrankungen nichtdiabetischer Genese. Hierzu reicht in der Regel ein mit Teststreifen erhobener Urinstatus aus, ggf. ergänzt durch eine Urinkultur.

Weitere notwendige Diagnostik bei der Begutachtung von Diabetikern

Bei länger bestehendem Diabetes mellitus ist eine umfassende Diagnostik zur Erfassung von Folgeerkrankungen für die gutachtliche Abschätzung des Schweregrades der Erkrankung unverzichtbar. Hierzu gehören kardiologisch-angiologische Untersuchungen zur Erfassung der Makroangiopathie (z. B. EKG, ggf. mit Ergometrie, Doppleruntersuchung von Hirn- und Beingefäßen) und die Fundoskopie zur Diagnostik der diabetischen Retinopathie. Weiterhin sollten Symptome der peripheren und ggf. auch autonomen Neuropathie erfasst werden, wobei neben der klinisch-neurologischen Diagnostik rechnergestützte quantitative Verfahren zur Messung der Temperatur-, Schmerz- und Vibrationssensibilität zur Verfügung stehen. Die Funktion des autonomen Nervensystems lässt sich orientierend am einfachsten durch Analyse der Herzfrequenzvariation beurteilen.

Messung von Blutfetten

Bei Insulinmangel, also auch bei schlecht eingestelltem Diabetes mellitus, kommt es zu einer Vermehrung der Prä-Beta-Lipoproteine oder der Lipoproteine mit sehr niedriger Dichte (VLDL) und damit zur sekundären Hyperlipoproteinämie. Lipidelektrophoretisch findet sich daher bei nicht kompensiertem Diabetes mellitus das Bild der früher als Typ IV der Hyperlipoproteinämie nach Fredrickson bezeichneten Form mit Erhöhung der endogenen Triglyzeride im Serum bei normalen oder nur mäßig erhöhten Serumcholesterinkonzentrationen.

Zur Beurteilung der Stoffwechsellage eines Diabetikers gehört immer die Untersuchung der Serumtriglyzeride und des Cholesterins, was auch gutachtlich zur Beurteilung der Güte der Stoffwechselführung von Bedeutung ist. Immer bessert sich oder verschwindet eine sekundäre Hyperlipoproteinämie bei optimaler Stoffwechseleinstellung. Bleibt eine Hyperlipoproteinämie bestehen, muss eine zusätzliche primäre Hyperlipoproteinämie angenommen werden.

Adipositas

Cholesterin und vor allem Triglyzeride sind hier deutlich häufiger erhöht als bei Normalgewichtigen, ebenso die Harnsäure. Der Glukosestoffwechsel muss überprüft werden, um den Hyperinsulinismus und die gestörte Glukosetoleranz zu erfassen (s. o.). Das Kortisol im Serum ist oft basal leicht erhöht bei jedoch im Gegensatz zum Cushing-Syndrom erhaltener Tagesrhythmik mit hohen Morgen- (ca. 70–230 μg/l) und niedrigen Abendwerten (ca. 20–80 μg/l). Um ein Cushing-Syndrom sicher auszuschließen – eine bei Adipositas dem Gutachter häufig gestellte Aufgabe –, wird der Dexamethason-Kurztest mit 2 mg durchgeführt.

Untergewicht

Differentialdiagnostisch ist vor allem an eine Tumorkrankheit, ein Malassimilationssyndrom, eine Nebenniereninsuffizienz, eine Hyperthyreose und eine Anorexia nervosa zu denken, seltener an die Erstmanifestation eines Diabetes mellitus Typ 1.

Zur Basisdiagnostik einer Malassimilation gehört die Bestimmung des 24-h-Stuhlgewichts und des Chymotrypsins bzw. der Pankreaselastase im Stuhl. Ein pathologischer d-Xylosetest spricht für eine Resorptionsstörung. Ein erniedrigtes 25-OH-Vitamin D_3 und ein unter 20 μg/dl erniedrigtes Karotin im Blut zeigen eine Resorptionsstörung für fettlösliche Vitamine.

Die Anorexia nervosa zeigt häufig eine Hypokaliämie und Hypochlorämie (Erbrechen, Laxanzienabusus), relativ typisch ist im Gegensatz zur Malassimilation eine Hyperkarotinämie. In fortgeschrittenem Stadium besteht häufig eine Niereninsuffizienz. Die Östrogenausscheidung im Harn ist niedrig, im Blut sind LH, FSH und Prolaktin erniedrigt, LH und FSH durch GnRH nicht oder nur subnormal stimulierbar. Dementsprechend sind die Patientinnen in der Regel amenorrhoisch. Die zirkadiane Rhythmik ist wie vor der Pubertät aufgehoben. Der TRH-Test ist häufiger negativ, es besteht oft die Konstellation eines Niedrig-T3-Syndroms (T3 erniedrigt, reverses T3 erhöht). Die basalen Serumkortisolspiegel sind oft angehoben, die Tagesrhythmik aufgehoben, der Dexamethasontest oft pathologisch (Althoff et al. 1986).

Hyperurikämie und Gicht

Der Harnsäurespiegel im Serum ist von Ernährung, Alter und Geschlecht abhängig, er liegt bei Frauen niedriger. Spiegel >6,5 oder 7,0 mg/dl werden als *Hyperurikämie* eingestuft. Unter den derzeitigen mitteleuropäischen Ernährungsgewohnheiten sind ca. 20% der Erwachsenen hyperurikämisch.

Die Diagnose *Gicht* erfordert in jedem Fall das Vorliegen klinischer Symptome, also das typische Bild eines akuten Gichtanfalls oder im chronischen Stadium polyartikuläre Gelenkveränderungen und Tophusbildung. Im Gichtanfall wird in der Regel – nicht immer! – ein Harnsäurewert von >6,5 mg/dl gemessen, wenn der Patient nicht schon mit Phenylbutazon, Salizylaten, Kortikoiden, Allopurinol oder Urikosurika behandelt wurde.

Schilddrüsenerkrankungen

In der Anamnese ist das Erfragen von Begleiterkrankungen, die Medikamentenanamnese unter besonderer Berücksichtigung iodhaltiger Präparate, sonstige Iodzufuhr durch z. B. Desinfizienzien und Röntgenkontrastmittel, Schilddrüsenoperationen, Radioiodtherapien, Therapie mit Thyreostatika wichtig. Die Familienanamnese kann Hinweise auf Autoimmunthyreopathien geben.

Zum Nachweis einer euthyreoten Stoffwechsellage genügt die Bestimmung des basalen schilddrüsenstimulierenden Hormons (*TSH*) mit einer so genannten supersensitiven Methode (zweite bzw. dritte Assaygeneration, untere Nachweisgrenze <0,05 bzw. <0,005 IU/ml). Allerdings muss man im Messbereich zwischen 0,05 und 0,3 IU/ml nach unten und um 3,0 IU/ml nach oben mit einer Grauzone rechnen, die keine absolut sichere Zuordnung zulässt. In Zweifelsfällen muss deshalb der TRH-Test durchgeführt werden. Bei einer manifesten primären Hypothyreose weist ein schon basal erhöhtes TSH auf diese Diagnose hin, das entscheidende Kriterium ist die Erniedrigung des freien Thyroxins (FT4).

Der Nachweis einer manifesten Hyperthyreose erfordert ein erhöhtes FT4, da das Gesamt-Thyroxin (TT4) durch Proteinbindungsanomalien beeinflusst werden kann. Ein erhöhtes TT4 bei normalem FT4 findet man z. B. bei Frauen, die Ovulationshemmer einnehmen oder schwanger sind, da erhöhte Östrogenspiegel das thyroxinbindende Globulin (TBG) im Serum ansteigen lassen. Die Bestimmung des Gesamt- oder freien Triiodthyronins (T3) ist notwendig, um eine T3-Hyperthyreose nachzuweisen.

Bei normaler Funktion reicht zum Ausschluss einer morphologischen Veränderung die Sonographie der Schilddrüse in der Regel aus. Lassen sich hingegen in der Sonographie Strukturunregelmäßigkeiten, z. B. Knotenbildungen, erkennen, muss ein Technetium-Szintigramm den Funktionszustand dieser Knoten klären.

Besteht funktionell eine primäre Hypothyreose, so lässt sich mit der Bestimmung der mikrosomalen (TPO-)Antikörper und der Thyreoglobulin-Antikörper im Blut eine chronische Autoimmunthyreoiditis Hashimoto, die häufigste Ursache einer erworbenen Hypothyreose im Erwachsenenalter, nachweisen. Die Sonographie zeigt im klassischen Fall ein homogen echoarmes Muster. Die Feinnadelpunktion der Schilddrüse kann die Diagnose sichern.

Besteht eine Hyperthyreose, so hat die Klärung, ob eine Autoimmunhyperthyreose vom Typ Morbus Basedow oder eine fokale bzw. disseminierte Autonomie der Schilddrüse vorliegt, gutachtliche Bedeutung, da Verlauf und Prognose unterschiedlich sind. Sehr spezifisch für den Morbus Basedow sind die TSH-Rezeptor-Antikörper (TSH-RAK), sie sind bei bis zu 90% der Patienten nachweisbar.

Die Sonographie zeigt beim Morbus Basedow in der Regel ein vergrößertes Organ mit echoarmer Struktur. Im Szintigramm, das bei sonographisch homogenem Organ aber nicht erforderlich ist, zeigt sich ein deutlich erhöhter Technetium-Uptake nach 20 Minuten. Eine zentrale Rolle spielt die Szintigraphie in der Diagnostik von Schilddrüsenautonomien. Insbesondere fokale Autonomien (autonome Adenome) lassen sich nachweisen, bei peripherer Euthyreose und noch nicht supprimiertem TSH muss meist ergänzend ein Suppressionsszintigramm durchgeführt werden.

Störungen der Nebenschilddrüsen und des Knochenstoffwechsels

An erster Stelle in der Nebenschilddrüsendiagnostik steht die Bestimmung des Serumkalziums und des Serumphosphats. Bei normalem Serumalbumingehalt, der parallel nachzuweisen ist, reicht die Messung des Gesamtkalziums aus. Bei Veränderungen dieser Parameter oder bei weiterhin bestehendem klinischem Verdacht auf eine Nebenschilddrüsenerkrankung muss dies dreimal erfolgen, es schließt sich die Messung der Kalzium- und Phosphatausscheidung im 24-Stunden-Urin an. Die Bestimmung des Parathormons (*PTH*) im Serum mit einer Methode, die das intakte Molekül erfasst, ist in der Diagnostik des primären und sekundären Hyperparathyreoidismus obligat und entscheidend. Die alkalische Phosphatase (*aP*) im Serum sollte bestimmt werden ggf. mit Auftrennung in die Isoenzyme, weiterhin steht das Osteokalzin als Parameter für die Osteoblastenaktivität zur Verfügung. Besteht die Konstellation eines sekundären Hyperparathyreoidismus, d.h. erhöhtes PTH bei erniedrigtem oder niedrig normalem Serumkalzium, ist dessen Ursache zu diagnostizieren. Im Wesentlichen handelt es sich dabei entweder um eine chronische Nierenerkrankung oder eine intestinale Malabsorption von Kalzium und/oder Vitamin D; die Bestimmung von 25-OH-Vitamin D_3 und 1,25-OH-Vitamin D_3 wird notwendig.

Hypothalamus-, Hypophysendiagnostik

Die Funktionsprüfung des Hypophysenvorderlappens erfolgt durch intravenöse Gabe der hypothalamischen Releasing-Hormone „corticotropin releasing hormone" (*CRH*) zur Stimulation von ACTH und Kortisol, „growth hormone releasing hormone" (*GRH*) zur Stimulation von Wachstumshormon (*STH*), „gonadotropin releasing hormone" (*GnRH*) zur Stimulation von FSH und LH und TRH zur Stimulation von TSH und Prolaktin – je nach Fragestellung einzeln oder als „kombinierter Hypophysentest". Ggf. muss auch noch der Insulin-Hypoglykämietest zur Stimulation der Kortisolsekretion der Nebennierenrinde eingesetzt werden, da nur durch ihn auch die Integrität der hypothalamischen CRH-Sekretion („Stressfähigkeit") erfasst werden kann. Ist die Insulinhypoglykämie kontraindiziert, kann die CRH-ACTH-Kortisol-Achse mit dem Metopiron-Test (Metyrapon) untersucht werden.

Auch in der Minderwuchsdiagnostik spielt der Insulin-Hypoglykämietest neben Argininbelastung, L-Dopa-Test und Exercise-Test eine Rolle als Stimulator der STH-Sekretion, wenn GRH nicht zu einem ausreichenden STH-Anstieg geführt hat. Der Vervollständigung der Hypophysendiagnostik dient die Bestimmung von Testosteron bzw. Östradiol und Progesteron und der peripheren Schilddrüsenhormone.

Die morphologische Diagnostik von Hypophysentumoren sollte heute in erster Linie mit einer Kernspintomographie erfolgen, die der Computertomographie vor allem im Nachweis kleiner, die Organgrenzen noch nicht überschreitender Adenome überlegen ist. Bei nachweisbarer Raumforderung ist eine ophthalmologische Untersuchung mit Gesichtsfeldbestimmung erforderlich.

Zum Ausschluss einer Akromegalie aufgrund eines STH-produzierenden Adenoms bedarf es einer Suppression des Serum-STH unter 1 mU/ml im Rahmen eines oralen 100-g-Glukosetoleranztests. Die Bestimmung des Somatomedin C (IGF-1) als Aktivitätsparameter der Akromegalie wird vor allem in der Verlaufskontrolle unter Therapie eingesetzt.

Diabetes insipidus

Zum Ausschluss eines Diabetes insipidus (*D.i.*) sollten zunächst Harnvolumen und Trinkmenge mindestens zweimal über 24 Stunden gemessen und zweimal Serumnatrium und -osmolalität bestimmt werden. Diese ist beim D.i. normal, d.h. über 290 mosmol/kg, bei psychogener Polydipsie jedoch erniedrigt. Liegt das spezifische Harngewicht im Spontanurin über 1020, so kann ein D.i. ausgeschlossen werden.

Zur sicheren Klärung dient der Durstversuch mit Messung der Serum- und Urinosmolalität bzw. des spezifischen Gewichtes im Harn. Der Proband darf nach 22.00 Uhr keine Flüssigkeit mehr zu sich nehmen, am Morgen werden über mindestens 6 Stunden alle 2 Stunden Serum- und Urinportionen gewonnen und das Körpergewicht kontrolliert. Eine Abnahme der Diurese mit Anstieg der Harnosmolalität über 800 mosmol/kg oder des spezifischen Gewichts über 1020 schließt einen D.i. aus. Bei vollständigem ADH-Mangel bleibt die Urinosmolalität und das spezifische Gewicht unter den angegebenen Grenzwerten, die Urinosmolalität steigt nicht über die Serumosmolalität an. Der Durstversuch muss nach Verlust von mehr als 3–5% des Körpergewichts oder bei klinischen Symptomen einer Dehydratation abgebrochen werden. Anschließend wird Desmopressin (1 Ampulle Minirin) i.v. injiziert. Steigt die Urinosmolalität dann um mehr als 50% an, ist der vollständige ADH-Mangel gesichert. Bei einem partiellen D. i. centralis kann die Urinosmolalität die Serumosmolalität überschreiten, erreicht aber nicht die o. g. Grenzwerte, nach ADH-Gabe kommt es zu einem schwächeren Anstieg der Urinosmolalität um ca. 10–60%. Bei einem D. i. renalis bleibt die Urinosmolalität im Durstversuch unter der Plasmaosmolalität, nach ADH-Gabe kommt es zu einem nur mäßigen Anstieg der Urinosmolalität.

Nebennierenerkrankungen

Primäre (M. Addison) und sekundäre Nebennierenrinden(NNR)-Insuffizienz

In der Ausschlussdiagnostik spielt der ACTH-Kurztest die zentrale Rolle (am frühen Vormittag Blutentnahme vor und 30, 60 und 90 Minuten nach i.v.-Injektion von 0,25 mg ACTH-1-24 (Synacthen), Messung von Plasmakortisol). Normalerweise steigt das Kortisol nach ACTH-Gabe auf >200 μg/l an. Zur Differenzierung zwischen primärer und sekundärer NNR-Insuffizienz trägt die Plasma-ACTH-Bestimmung bei (bei primärer meist deutlich erhöht, bei sekundärer erniedrigt oder nicht nachweisbar). Durch parallele Bestimmung der Aldosteronkonzentration im Plasma nach Synacthengabe erfasst man die verminderte Aldosteronsekretion bei primärer NNR-Insuffizienz mit. Das Plasmarenin wird dann erhöht gemessen.

Zur Ursachenklärung des Morbus Addison dient die röntgenologische Abdomenübersichtsaufnahme (nach NNR-Tuberkulose möglicherweise Nebennierenverkalkungen) sowie der Nachweis von Antikörpern gegen NNR-Gewebe bei Autoimmunadrenalitis. Immer sollte auch nach einer Autoimmun-Polyendokrinopathie gefahndet werden.

Nebennierenrinden-Überfunktion (Cushing-Syndrom)

Zum Ausschluss einer Nebennierenrinden-Überfunktion reicht der ambulant durchführbare niedrigdosierte 2-mg-Dexamethason-Hemmtest als Kurztest aus: Bestimmung des Serumkortisols morgens zwischen 8.00 und 9.00 Uhr, am darauffolgenden Abend zwischen 23.00 und 24.00 Uhr 2 mg Dexamethason oral, am nächsten Morgen dann erneute Kortisolbestimmung. Die Suppression des Kortisols auf unter 30 μg/l schließt ein Cushing-Syndrom aus. Eine ungenügende Suppression ohne Cushing-Syndrom kann auftreten bei starkem Stress, endogenen Depressionen, Einnahme von Antiepileptika und anderen Medikamenten, gelegentlich auch Ovulationshemmern. Bei pathologischem 2-mg-Dexamethason-Hemmtest sollte sich die Messung der Kortisolausscheidung im 24-Stunden-Urin anschließen, die bei einem Cushing-Syndrom immer erhöht ist.

Der weiteren Differentialdiagnostik dient der hochdosierte 8-mg-Dexamethason-Hemmtest (klassisch nach Liddle 4×2 mg Dexamethason oral über 2 Tage oder als Kurztest zwischen 23.00 und 24.00 Uhr einmalig 8 mg Dexamethason). Bei hypophysär-hypothalamischem Cushing-Syndrom lässt sich typischerweise das Plasmakortisol und das 24-h-Urinkortisol um mindestens 50% supprimieren, beim adrenalen oder ektopen Cushing-Syndrom erfolgt in der Regel keine wesentliche Suppression. Die Messung des Plasma-ACTH vor und nach Dexamethason kann ebenfalls zur Klärung beitragen: Bei hypophysärem Cushing ist das ACTH basal normal bis mäßig erhöht, unter Dexamethason supprimierbar. Bei peripherem, adrenalem Cushing-Syndrom ist das ACTH schon spontan supprimiert. Beim Cushing-Syndrom aufgrund einer ektopen ACTH-Sekretion ist das ACTH sehr hoch und nicht supprimierbar. Des Weiteren kann der CRH-Test zur Differenzierung eingesetzt werden (Chrousos et al. 1984). Beim hypophysären Cushing sind ACTH und Kortisol noch weiter stimulierbar, beim adrenalen und ektopen Cushing-Syndrom dagegen nicht.

Die differentialdiagnostische Abklärung eines Hyperkortisolismus ist oft schwierig, da das „typische" Ergebnis der Tests nicht immer klar vorliegt, so dass die endgültige Diagnose sich oft nur aus vielen Mosaiksteinchen zusammensetzen lässt.

Phäochromozytom

Zum Ausschluss eines Phäochromozytoms ist primär die Messung der freien Katecholamine, eventuell auch der Metanephrine, im 24-Stunden-Harn notwendig. Mit etwa 5–10% falsch negativen Ergebnissen ist zu rechnen, da die Katecholaminsekretion nicht konstant erhöht sein muss. Es ist darauf zu achten, dass mindestens 24 Stunden vor Beginn der Urinsammlung keine Medikamente eingenommen werden. MAO-Hemmer und Antihypertensiva wie Reserpin, Alpha-Methyldopa und Clonidin sollten mindestens 4 Tage vorher abgesetzt werden. Kalziumantagonisten stören die Testdurchführung nicht.

Zur weitergehenden Diagnostik dient die Katecholaminbestimmung im Blut, besonders wenn Akutsymptome auftreten. Der Clonidin-Test (300 μg Clonidin oral, vorher und 3 Stunden danach Blutentnahme zur Katecholaminbestimmung) kann die Diagnose weiter absichern, ein fehlender Abfall vorher erhöhter Adrenalin- oder Noradrenalinspiegel in den Normbereich hat eine Spezifität von 85–90%.

Bei Nachweis einer pathologisch erhöhten Katecholaminsekretion schließt sich die Lokalisationsdiagnostik an: Sonographie der Nebennierenregion, Computertomographie oder MRT des gesamten Abdomens (zur Erfassung der seltenen Lokalisationen z.B. in Grenzstrangganglien, Zuckerkandlsches Organ), Szintigraphie mit ^{125}I-Metaiodobenzylguanidin.

Männlicher Hypogonadismus

Die Bestimmung des Testosteronspiegels in einer vormittags gewonnenen Blutprobe ist zur Ausschlussdiagnostik geeignet. Bei Spiegeln über 400 ng/dl ist eine inkretorische Hodeninsuffizienz unwahrscheinlich. In Grenzfällen empfiehlt sich die Bestimmung von Testosteron im Poolserum (Serum von 3 in 15-minütigem Abstand abgenommenen Blutproben) oder an mehreren Tagen. Die Messung der Gonadotropine LH und FSH im Serum ermöglicht die Differenzierung zwischen einem primären Hodenschaden mit erhöhten Werten (hypergonadotroper Hypogonadismus) und hypothalamisch-hypophysären Schäden mit erniedrigten Werten (hypogonadotroper Hypogonadismus). Die LH/FSH-Stimulation mit GnRH ist notwendig zur Differenzierung zwischen niedrig normalen und pathologisch niedrigen LH- und FSH-Basalwerten. Außerdem kann mit Hilfe des Stimulationstests zwischen hypothalamischem und hypophysärem Hypogonadismus differenziert werden. Bei hypothalamischer Störung lassen sich die LH und FSH sofort oder nach Vorbehandlung mittels pulsatiler GnRH-Therapie stimulieren.

Zur Erfassung einer sekretorischen Hodeninsuffizienz trägt das Spermiogramm bei, das nach einer Karenzzeit von mindestens 48 Stunden durchgeführt werden sollte.

Der HCG-Test wird eingesetzt zur Stimulation der Testosteronsekretion des Hodens. Er ermöglicht eine Differenzierung zwischen Anorchie und Kryptorchismus. Durchführung: Testosteronbestimmung vor und 48 und/oder 72 Stunden nach Gabe von 5000 Einheiten HCG i.m. Der Nachweis von HCG im Harn (Schwangerschaftstest) oder erhöhte Serum-HCG-Spiegel weisen beim Mann auf einen HCG-produzierenden Tumor (Teratom, Chorionepitheliom, Bronchialkarzinom) hin.

Literatur

Alberti KGMM, Zimmet PZ for the WHO Consultation (1998) Definition, diagnosis and classification of diabetes mellitus and its complications. Part 1: Diagnosis and classification of diabetes mellitus. Provisional Report of a WHO Consultation. Diabet Med 15:539–553

Althoff P-H, Schifferdecker E, Neubauer M (1986) Anorexia nervosa - endokrine Veränderungen. Med Klin 81:795–803

American Diabetes Association (2003) Clinical practice Recommendations 2003. Standards of medical care for patients with diabetes mellitus (Position Statement). Diabetes Care 26(Suppl 1):S94–98

Arbeitsgemeinschaft Diabetes und Niere (2000) Entscheidungsbasis für die Behandlung von Patienten mit diabetischer Nephropathie. Diabetes Stoffw 9:31–45

Braverman LE, Utiger RD (2005) Werner's and Ingbar's The Thyroid, 9th ed. Lippincott, Philadelphia

Chrousos GP, Schulte HM, Oldfield EH, Gold PW, Cutler GB, Loriaux DL (1984) The corticotropin-releasing factor stimulation test; an aid in the evaluation of patients with Cushing's syndrome. New Engl J Med 310:622–626

Deutsche Gesellschaft für Endokrinologie (Hrsg) (2003) Rationelle Diagnostik und Therapie in Endokrinologie, Diabetologie und Stoffwechsel, 2. Aufl. Thieme, Stuttgart New York

European Diabetes Policy Group (1999) A desktop guide to Type 2 diabetes mellitus. Diabet Med 16:716–730

Fonseca V, Bonloux P-MG (1993) Phaeochromocytoma and paraganglioma. Baillière's Clin Endocrin Metabol 7:509–544

Giani G, Janka HU, Hauner H, Standl E et al. (2004) Epidemiologie und Verlauf des Diabetes mellitus in Deutschland. In: Scherbaum WA, Kiess W (Hrsg) Evidenzbasierte Diabetes-Leitlinien DDG. Deutsche Diabetes-Gesellschaft

Kaye TB, Crapo L (1990) The Cushing Syndrome: an update on diagnostic tests. Ann Int Med 112:434–444

Kerner W, Fuchs C, Redaelli M, Boehm BO, Köbberling J, Scherbaum WA, Tillil H (2001) Definition, Klassifikation und Diagnostik des Diabetes mellitus. In: Scherbaum WA, Lauterbach KW, Joost HG (Hrsg) Evidenzbasierte Diabetes-Leitlinien DDG. Deutsche Diabetes-Gesellschaft

Oelkers W, Diederich S, Bähr V (1994) Diagnostik der Nebennierenrindeninsuffizienz. Dtsch Med Wschr 119:555–559

Pyörälä K (1990) Diabetes und Herzerkrankungen. In: Mogensen CE, Standl E (Hrsg) (1990) Spätkomplikationen des Diabetes mellitus. de Gruyter, Berlin New York

Reinwein D, Benker G (1999) Checkliste Endokrinologie und Stoffwechsel, 4. Aufl. Thieme, Stuttgart New York

Schatz H, Stracke H, Zapf J (1983) Diagnostik bei Akromegalie, „Insulin-ähnlicher Wachstumsfaktor" als Aktivitätsparameter. Dtsch Med Wschr 108:1391–1395

Sektion Schilddrüse der DGE (1997) Diagnostik und Therapie von Schilddrüsenerkrankungen. Internist 38: 177–185

Talwalkar NG (1976) Problems in the detection of treated diabetics in life insurance applicants. In: Raestrup, O (Hrsg) 12. Intern. Kongr. für Lebensversicherungsmed., München. Verl. Versicherungswirtschaft e.V., Karlsruhe, S 215–219

The Expert Committee on the diagnosis and classification of diabetes mellitus (1997) Report on the diagnosis and classification of diabetes mellitus. Diabetes Care 20:1183–1197

WHO Expert Committee on diabetes mellitus (1965) WHO Tech Rep Ser 310, Genf

WHO Expert Committee on diabetes mellitus, second report (1980) WHO Tech Rep Ser 646, Genf

WHO Study Group (1985) Diabetes mellitus. WHO Technical Report Series 727, Genf

4.13 Niere

M. Tepel und W. Zidek

Neben den bildgebenden Verfahren wie Sonographie, Computertomographie und Kernspintomographie, szintigraphischen Verfahren zur Erkennung von seitengetrennten Funktionsstörungen oder Abflussstörungen sowie der invasiven Diagnostik mittels Nierenbiopsie (histologische Triple-Diagnostik mit Lichtmikroskopie, Immunhistologie und Elektronenmikroskopie) spielen Laboruntersuchungen von Blut und Urin eine wesentliche Rolle bei der Diagnostik von Nierenerkrankungen und der Einschätzung einer Funktionseinschränkung. Neben den einfachen Screening-Untersuchungen, z. B. Serum-Kreatinin-Bestimmung oder Urin-Streifentest-Untersuchungen, stehen umfangreichere diagnostische Tests zur genaueren Differenzierung der vorliegenden Nierenfunktionsstörungen (Black 1996) zur Verfügung. Neben Kreatinin oder Harnstoff gibt es noch eine große Anzahl von Substanzen, z. B. asymmetrisches Dimethylarginin (*ADMA*), Guanidin, Homocystein, Indol-3-acetat, Leptin, „Mittelmoleküle" oder Phenylacetat (Jankowski et al. 2003, Perna et al. 2003, Vanholder et al. 2003, Zoccali et al. 2001), die bei chronischer Niereninsuffizienz im Serum akkumulieren und für die klinische Symptomatik verantwortlich zeichnen, ohne dass sie in der Routinediagnostik bislang berücksichtigt werden.

Blutbild

Typischerweise findet sich bei einer Einschränkung der Nierenfunktion eine normochrome, normozytäre Anämie mit einem Hämoglobin unter 140 g/l bei Männern bzw. unter 120 g/l bei Frauen, einem mittleren korpuskulären Hämoglobin (*MCH*) zwischen 26 und 32 pg sowie einem mittleren korpuskulären Volumen (*MCV*) zwischen 77 und 91 fl. Als Ursachen der renalen Anämie sind zu nennen der Mangel oder ein vermindertes Ansprechen des Knochenmarks auf Erythropoietin, die toxische Wirkung der so genannten Urämietoxine auf das Knochenmark, die Verkürzung der Erythrozyten-Überlebenszeit, eine gesteigerte Blutungsneigung durch die Störung der Plättchenfunktion mit Blutverlusten über den Gastrointestinaltrakt, eine gesteigerte Toxizität von Aluminium (z. B. in einigen Antazida) sowie der sekundäre Hyperparathyreoidismus.

Kreatinin und Kreatininclearance

Normalwerte:

- Serumkreatinin:
  - Männer: 0,6 bis 1,2 mg/dl (50 bis 102 μmol/l)
  - Frauen: 0,5 bis 0,9 mg/dl (42 bis 80 μmol/l)
- Kreatininclearance rechnerisch nach der Cockcroft-Gault-Formel:
  - Männer: (140 – Alter) × kg Körpergewicht/(72 × Serumkreatinin)
  - Frauen: 0,85 × [(140 – Alter) × kg Körpergewicht/(72 × Serumkreatinin)]
- Urinkreatinin-Erwartungswert im 24-Stunden-Sammelurin, zur Prüfung der Sammelmenge:
  - Männer: (28–0,2 × Alter) × kg Körpergewicht
  - Frauen: (24–0,2 × Alter) × kg Körpergewicht
- Kreatininclearance gemessen mit 24-Stunden-Sammelurin:
  Kreatininclearance (ml/min)
  = [Urinkreatinin (mg/dl) × Urinvolumen (ml)]/[Serumkreatinin (mg/dl) × 1440 min]

Kreatinin ist ein Abbauprodukt des Energiespeichers Kreatin des Muskels, welches in sehr konstanter Konzentration im Serum zu finden ist. Kreatinin mit einem Molekulargewicht von 133 Dalton wird in der Niere frei glomerulär filtriert, nicht rückresorbiert oder metabolisiert. Allerdings wird Kreatinin in nicht unerheblichem Umfang auch tubulär sezerniert, was bei einer deutlichen Einschränkung der Nierenfunktion zu berücksichtigen ist. Aus der Serumkreatinin-Konzentration allein kann die Nierenfunktion nur bedingt abgelesen werden:

1. Der Einfluss von Alter, Körpergewicht und Geschlecht auf die Muskelmasse muss berücksichtigt werden, wie dies bei der rechnerischen Bestimmung der Kreatininclearance aufgrund der Serumkreatinin-Konzentration nach der oben angegebenen Cockcroft-Gault-Formel der Fall ist. Dies bedeutet beispielsweise, dass bei einem Serumkreatinin von 2,0 mg/dl bei einem 30 Jahre alten, 90 kg schweren Mann die glomeruläre Filtrationsrate 69 ml/min beträgt, wohingegen ein Serumkreatinin von 2,0 mg/dl bei einer 70 Jahre alten, 50 kg leichten Frau einer glomerulären Filtrationsrate von 21 ml/min entspricht.
2. Bei Patienten mit einer Leberzirrhose und Malnutrition kann aufgrund der verminderten Bildung von Kreatin eine deutliche Einschränkung der Nierenfunktion vorliegen, ohne dass die Serumkreatinin-Konzentrationen dies widerspiegeln.
3. Aufgrund einer kompensatorischen Hyperfiltration der intakten Nephrone kann initial eine stabile Serumkreatinin-Konzentration trotz progredienter Nierenerkrankung gehalten werden („diagnostische Lücke").
4. Eine erhöhte Kreatininzufuhr durch fleischhaltige Mahlzeiten oder eine Verminderung der renalen Kreatininsekretion durch Medikamente wie Cimetidin oder Trimethoprim führen zu einem Anstieg der Serumkreatinin-Konzentration.

Das Maß für die funktionsfähigen Nephrone stellt die glomeruläre Filtrationsrate dar. Veränderungen der glomerulären Filtrationsrate können daher frühzeitig

Aufschluss über Nierenfunktionsstörungen geben. Die Bestimmung der endogenen Kreatininclearance ist eine einfache und präzise Methode zur Messung einer normalen oder eingeschränkten Nierenfunktion. Die Bestimmung der endogenen Kreatininclearance erfolgt nach der oben angegebenen Formel. Da Sammelfehler eine häufige Ursache von unkorrekter Bestimmung der endogenen Kreatininclearance darstellen, sollte der Kreatinin-Erwartungswert im 24-Stunden-Sammelurin immer mitberechnet werden.

Harnstoff

Normalwert: 10 bis 25 mg/dl (3,6 bis 8,9 mmol/l)

Harnstoff entsteht als Abbauprodukt des Eiweißstoffwechsels und wird glomerulär filtriert, aber auch zu etwa 40 bis 50% (und mehr bei Volumenmangel mit Rückgang der Diurese) tubulär rückresorbiert. Die Serumharnstoff-Konzentration ist sowohl vom Eiweißkatabolismus als auch von der Diurese abhängig. Die Serumharnstoff-Konzentration allein spiegelt somit die Nierenfunktion nur unzureichend wider. Das Verhältnis von Serumharnstoff zu Serumkreatinin beträgt etwa 10:1 (mg/dl) bzw. 40:1 (μmol/l). Eine Steigerung des Serumharnstoff-zu-Serumkreatinin-Verhältnisses spricht für eine gesteigerte diätetische Eiweißzufuhr, erhöhte Eiweißbelastung nach oberer gastrointestinaler Blutung (Snook et al. 1986) oder eine katabole Stoffwechsellage bei Infektionen oder Kachexie. Die pathophysiologische Bedeutung von Harnstoff für die Urämiesymptomatik ist nicht eindeutig belegt, möglicherweise spielt hier die nichtenzymatische Carbamylierung von Funktionsproteinen eine Rolle (Balion et al. 1998).

Kalzium

Normalwerte:

- Serumgesamtkalzium: 2,2 bis 2,6 mmol/l (8,5 bis 10,5 mg/dl)
- Serumkalzium ionisiert: 1,1 bis 1,3 mmol/l (4 bis 5 mg/dl)
- Kalziumausscheidung im Urin: 2,5 bis 7,5 mmol/Tag (100 bis 300 mg/Tag)

Aufgrund der hohen Eiweißbindung müssen bei der Bestimmung der Serumkalzium-Konzentration der Serumproteingehalt bzw. die Serumalbumin-Konzentration sowie der Blut-pH berücksichtigt werden. Eine Verminderung des Serumalbumins um 10 g/l führt zu einer Verminderung des Serumkalzium-Werts um 0,2 mmol/l. Eine Ansäuerung des Blut-pH um 0,1 führt zu einem Anstieg des Serumkalziums um 0,3 mmol/l. Bei einer chronischen Niereninsuffizienz besteht typischerweise eine Verminderung des Serumkalziums. Ursächlich dafür sind die bestehende Hyperphosphatämie und eine verminderte Bildung von 1,25-Dihydroxy-Cholecalciferol in der Niere. Die Hyperphosphatämie hemmt die a_1-Hydroxylase bei der Synthese des aktiven Vitamin D und verschiebt weiterhin die Regulation der Parathormonfreisetzung in Abhängigkeit von Kalzium. Als Folge des 1,25-Dihydroxy-Cholecalciferol-Mangels kommt es zu einer Verminderung der intestinalen Kalziumresorption und zu einem sekundären Hyperparathyreoidismus durch verminderte Hemmung der Parathormonexpression über einen Vitamin-D-Rezeptor/Retinoid-X-Rezeptor-abhängigen Weg. Liegen bei chronischer Niereninsuffizienz eher hochnormale oder erhöhte Serumkalzium-Konzentrationen vor, so kommen als Ursache der Nierenfunktionseinschränkung unter anderem ein primärer Hyperparathyreoidismus, ein Plasmozytom, ein paraneoplastisches Syndrom, eine familiäre Hyperkalziämie, eine Sarkoidose, eine Silikose oder ein Morbus Whipple in Betracht.

Phosphat

Normalwert: 2,4 bis 4,0 mg/dl (0,8 bis 1,3 mmol/l)
Phosphatausscheidung im Urin: 800 bis 2000 mg/Tag (26 bis 65 mmol/Tag)

Die häufigste Ursache einer Hyperphosphatämie ist die chronische Niereninsuffizienz, wesentlich seltenere Ursachen sind ein primärer Hypoparathyreoidismus oder eine Akromegalie. Ein Anstieg der Serumphosphat-Konzentration tritt typischerweise erst bei einer Einschränkung der glomerulären Filtrationsrate unter etwa 30 ml/min auf. Die Hyperphosphatämie begünstigt die Bildung von Kalziumphosphat-Komplexen und deren Ablagerung in den Geweben.

Antinukleäre Faktoren (ANA)

Der Nachweis von antinukleären Faktoren erfolgt mit Hilfe der indirekten Immunfluoreszenz-Mikroskopie (Röther u. Peter 1995). Dabei korreliert das Kernfluoreszenzmuster an den Hep-2-Zellen häufig gut mit einzelnen Krankheitsbildern. Beispielsweise ist eine homogene Kernfluoreszenz (Antigen: Doppelstrang-DNA) charakteristisch für einen systemischen Lupus erythematodes, eine grobgranuläre (Antigen: Scl-70) für eine progressive systemische Sklerodermie und eine feingranuläre (Antigen: Ro/SS-A) für ein primäres Sjögren-Syndrom. Allerdings ist zu beachten, dass auch zwischen 5 und 20% aller gesunden Personen über 60 Jahre ANA in niedrigen Titerstufen haben.

Antikörper gegen zytoplasmatische Antigene in neutrophilen Granulozyten (ANCA), Antikörper gegen glomeruläre Basalmembranen und weitere Autoantikörper

Der Nachweis von c-ANCA gegen Proteinase 3 der Granulozyten spricht für das Vorliegen einer Wegener-Granulomatose oder eines Churg-Strauss-Syndroms.

Der Nachweis von p-ANCA gegen Myeloperoxidase der Granulozyten spricht für das Vorliegen einer mikroskopischen Polyangiitis oder einer Panarteriitis nodosa (Falk u. Jenette 1997, Langford 2003). c-ANCA/Proteinase-3-Antikörper bzw. p-ANCA/Myeloperoxidase-Antikörper wurden außer bei Nierenerkrankungen auch bei infektiösen Endokarditiden mit vaskulitischen Komplikationen beschrieben. Der Nachweis von Antikörpern gegen glomeruläre Basalmembranen, also Antikörpern gegen die C-terminale globuläre Domäne NC1 der α_3(IV)-Kette des Typ-IV-Kollagen, ist ein charakteristischer Befund bei einem Goodpasture-Syndrom. Die Sensitivität und Spezifität der kommerziell erhältlichen Anti-glomeruläre-Basalmembran-Antikörper-Elisa-Kits liegt um 70% bzw. 95%.

Der Nachweis von Antikörpern gegen den Komplementfaktor C3bBb-Konvertase-Komplex, auch als C3-Nephritis-Faktor bezeichnet, ist ein typischer Befund bei membranoproliferativer Glomerulonephritis Typ II (seltener Typ I), welche sich histologisch mit subendothelialen Ablagerungen von Immunglobulinen und Komplementfaktor C3 und elektronenmikroskopisch nachweisbaren „dense deposits" in der Basalmembran zeigt. Durch die Stabilisierung des C3bBb-Konvertase-Komplexes durch den Antikörper resultiert eine gesteigerte Bildung von aktivem Komplementfaktor C3b und eine Abnahme („Verbrauch") von Komplementfaktor C3 (Daha et al. 1984, Walport 2001). Bei verschiedenen Glomerulonephritiden finden sich Antikörper gegen Nidogen/Entaktin, einem Bestandteil der normalen Gefäßbasalmembran. Bei tubulointerstitiellen Nephritiden aufgrund eines toxischen Schadens (z.B. Methicillin) kann in seltenen Fällen ein Antikörper gegen tubuläre Basalmembranen nachgewiesen werden.

Weitere Laborparameter: Paraproteine, Komplementfaktoren und Kryoglobuline

Bei monoklonaler Vermehrung von Plasmazellen können *Paraproteine* in der Immunelektrophorese nachgewiesen werden. Die Nierenschädigung im Rahmen der primären Amyloidose beruht dabei auf der Ablagerung von monoklonalen Leichtketten (häufig λ-, selten κ-Leichtketten) im Mesangium und in den Kapillarschlingen mit der Entwicklung eines nephrotischen Syndroms.

Bei einem systemischen Lupus erythematodes, verschiedenen Vaskulitiden oder der membranoproliferativen Glomerulonephritis ist typischerweise eine Verminderung des *Komplementfaktors C3* nachweisbar.

Kryoglobuline sind Blutkomponenten, die im Reagenzglas bei Temperaturen zwischen 0 und 30°C ausfallen. Es handelt sich dabei um monoklonale Immunglobuline (*Typ I,* z.B. bei Morbus Waldenström oder mononklonaler Gammopathie unbestimmter Signifikanz), um monoklonale IgM-Rheumafaktoren oder polyklonale IgG (*Typ II,* z.B. bei Vaskulitis bei chronischer Hepatitis C oder infektiöser Endokarditis) oder um polyklonale IgG oder IgM (*Typ III,* z.B. bei Hepatitis B und C, Lues, Borreliose oder bei Kollagenosen). Insbesondere bei chronischer Hepatitis C mit essentieller Kryoglobulinämie ist eine Nierenbeteiligung häufig.

Proteinurie

Mit den üblichen Teststreifen wird Eiweiß im Urin aufgrund des so genannten Eiweißfehlers von pH-Indikatoren bestimmt. Die Teststreifen ergeben einen positiven Befund bei einer Albuminkonzentration >150 mg/l oder einer Globulinkonzentration >500 mg/l. Eine Mikroalbuminurie, also eine renale Ausscheidung von 30 bis 300 mg Albumin pro Tag, kann mit den üblichen Urinteststreifen nicht erfasst werden. Vielmehr werden spezielle Teststreifen (Micral-Test oder Mikrobumin-Test) eingesetzt, um dieses frühe Symptom der diabetischen Nephropathie, aber auch der hypertensiven Nephropathie, zu erfassen. Auch bei hoher Eiweißkonzentration werden Bence-Jones-Proteine, Hämoglobin, Myoglobin oder renale Strukturproteine nicht erfasst. Die Quantifizierung der Eiweißausscheidung erfolgt im 24-Stunden-Sammelurin nach Fällung mit Perchlorsäure oder Trichloressigsäure durch eine Farbreaktion (z.B. Biuret, Ponceau U oder Coomassie-brilliant-blue).

Die physiologische Eiweißausscheidung beträgt bis 0,15 g pro Tag. Etwa 40% der Proteine im Urin sind Tamm-Horsfall-Proteine (1000 kDa), welche aus dem distalen Tubulus stammen. Eine gering gesteigerte Proteinurie bis etwa 1 g pro Tag kann bei vermehrter körperlicher Anstrengung, Orthostase, Schwangerschaft, Harnwegsinfektionen, Herzinsuffizienz und bei Fieber auftreten. Die Diagnose einer prognostisch günstigen orthostatischen Proteinurie kann durch den Vergleich der Proteinurie bei Tag- und Nacht-getrennter Sammelperiode leicht gestellt werden. Bei einer rein tubulären Schädigung liegt die Proteinurie meist zwischen 1 und 2 g pro Tag. Ein nephrotisches Syndrom liegt bei einer Proteinurie von mehr als 3 g pro Tag vor. Bei dieser großen Proteinurie besteht entweder eine glomeruläre Schädigung, eine Amyloidose oder eine große Bence-Jones-Proteinurie.

Neben dem Ausmaß der Proteinurie ist die Herkunft der Eiweiße diagnostisch wichtig. Die elektrophoretische Auftrennung der Urineiweiße mittels Polyacrylamid-Gelelektrophorese oder besser die nephelometrische quantitative Bestimmung von Einzelproteinen im Urin, z.B. β_2-Mikroglobulin (12 kDa), Immunglobulin-G-Leichtketten (22 kDa), Retinol-bindendes Protein (25 kDa), α_1-Mikroglobulin (30 kDa), Albumin (68 kDa), Transferrin (95 kDa), Immunglobulin G (150 kDa) oder α_2-Makroglobulin dient zur Differenzierung von tubulären (Ausscheidung von kleinmolekularen Eiweißen <68 kDa) und glomerulären (Ausscheidung von hochmolekularen

Eiweißen) Schädigungen. Die Konzentrationen im Urin sollten auf die Urinkreatinin-Konzentration bezogen werden (Protein-Kreatinin-Index). Isolierte proximal-tubuläre Schädigungen (bakteriell bedingte tubulointerstitielle Nephritis oder Pyelonephritis sowie abakterielle tubulointerstitielle Nephritis meist durch Medikamente) führen durch die verminderte Resorption zu einer Erhöhung der Ausscheidung von β_2-Mikroglobulin oder α_1-Mikroglobulin. Aufgrund der pH-Stabilität ist die Bestimmung von α_1-Mikroglobulin, das der Gammakette des Komplementfaktors C8 entspricht, zu bevorzugen. Bei der selektiv-glomerulären Proteinurie ist vorwiegend Albumin nachweisbar. Eine selektiv-glomeruläre Proteinurie ist typisch bei Minimal-change-Glomerulonephritis oder mesangioproliferativer IgA-Nephropathie. Bei der unselektiv-glomerulären Proteinurie sind auch hochmolekulare Eiweiße wie Immunglobuline nachweisbar, dies spricht für eine schwere glomeruläre Schädigung. Die Ausscheidung von Apo-Lipoprotein A1 spricht für eine postrenale Eiweißbeimengung.

Mikrohämaturie

Werden im sauren Morgenurin innerhalb von 2 Stunden nach der Miktion mehr als 2 Erythrozyten pro Gesichtsfeld bei einer Vergrößerung von 400× gefunden, spricht man von einer Mikrohämaturie (Fogazzi u. Ponticelli 1996). Da die üblichen Urinteststreifen sowohl Erythrozyten im Urin als auch eine Hämoglobinurie anzeigen, ist der mikroskopische Erythrozytennachweis für die Diagnose notwendig. Der Nachweis von mehr als 2 dysmorphen Erythrozyten, insbesondere von Akanthozyten, mit Hilfe der Phasenkontrastmikroskopie spricht für das Vorliegen einer glomerulären Ursache der Mikrohämaturie. Eine Hämaturie der unteren Harnwege kann durch die Drei-Gläser-Probe wahrscheinlich gemacht werden. Bei initialer Hämaturie liegt die Blutungsquelle im Bereich Urethra oder Prostata, bei totaler Hämaturie im Bereich der Blase oder supravesikal und bei terminaler Hämaturie im Bereich der Blase.

Die Liste der Ursachen einer Mikrohämaturie ist umfangreich und schließt prärenale (Gerinnungsstörungen, Thrombozytenfunktionsstörungen), renale (Nierenarterienstenose und -embolie, Nierenvenenthrombose, Glomerulonephritiden, interstitielle Nephritiden, Markschwammniere, Zystennieren, Nierenzellkarzinom) und postrenale (Steine und Tumore der ableitenden Harnwege, Endometriose, Prostatahypertrophie, Zystitis, Schistosomiasis) Veränderungen ein. Neben einer artifiziellen Blutbeimengung bei Menstruation, Gerinnungsstörungen oder Münchhausen-Syndrom sind eine Hämoglobinurie, verstärkte körperliche Belastung (Marsch-Hämoglobinurie), aber auch fieberhafte Infektionen als Ursachen der Mikrohämaturie bekannt. Es sollte beachtet werden, dass z. B. auch bei einer bestehenden Antikoagulanzientherapie die organische Ursache der Hämaturie, z. B. ein Blasentumor, durch entsprechende Untersuchungen aufgedeckt wird.

Die Abklärung der Hämaturie umfasst neben der Anamnese (z. B. Schmerzen bei Steinleiden oder Analgetika-Nephropathie mit Papillennekrosen, Hämoptoe bei Goodpasture-Syndrom, Tuberkulose oder auch Lungenembolien bei Nierenzellkarzinom mit Einbruch in die Vena cava, Haut- oder Gelenksymptomatik bei Systemerkrankungen, i.v.-Drogenabusus mit Entwicklung einer fokal-segmentalen Glomerulosklerose, Ableitung des Liquor cerebrospinalis mit Entwicklung einer Shunt-Nephritis), klinischen Untersuchung (z. B. Hypertonie bei renoparenchymatöser Ursache, unregelmäßiger Puls bei Nierenarterienembolie, Sattelnase bei Wegener-Granulomatose), Serumkreatinin und -harnstoff, Urinstatus und -sediment, Eiweiß im 24-Stunden-Sammelurin, die Sonographie von Nieren und ableitenden Harnwegen sowie eine urologische Untersuchung. Bei alten Männern sind die benigne Prostatahypertrophie und das Blasenkarzinom, bei jungen Frauen mit Dysurie die hämorrhagische Zystitis häufige Ursachen der Hämaturie. Bei Kindern kommt als seltene Ursache der nichtglomerulären Hämaturie die Kompression der linken Nierenvene durch die Arteria mesenterica superior und die Aorta (Nussknackerphänomen) in Frage.

Zylindrurie

Der Nachweis von Zylindern im Sediment erfolgt mit dem Lichtmikroskop und dem Phasenkontrastmikroskop im sauren Morgenurin innerhalb von 2 Stunden nach der Miktion. Hyaline Zylinder sind Ausgüsse der Sammelrohre durch Tamm-Horsfall-Protein und nicht pathologisch. Der Nachweis von Erythrozytenzylindern spricht für das Vorliegen einer glomerulären Schädigung. Der Nachweis von Leukozytenzylindern spricht für das Vorliegen einer intrarenalen Entzündung bei bakterieller oder auch abakterieller Nephritis, z. B. im Rahmen eines Lupus erythematodes.

Nierenbiopsie

Als eindeutige Indikationen zur Durchführung einer Nierenbiopsie gelten

1. die rapide Verschlechterung der Nierenfunktion auf dem Boden einer renoparenchymatösen Ursache und nach Ausschluss einer prärenalen und postrenalen Ursache,
2. das Vorliegen eines nephrotischen Syndroms,
3. die Transplantat-Nierenbiopsie zur Diagnose einer akuten oder chronischen Abstoßung sowie
4. eine anhaltende Mikrohämaturie insbesondere aus diagnostischen und prognostischen Gründen.

Bei Durchführung durch einen geübten Untersucher ist die Komplikationsrate unter sonographischer

Kontrolle und mit wenig traumatisierenden Biopsienadeln gering. Kontraindikationen zur Nierenbiopsie sind anatomische oder funktionelle Einzelniere, nichtkompensierte Gerinnungsstörungen und Infektionen. Die Durchführung einer Nierenbiopsie allein aus gutachterlichen Gründen ist bis auf Ausnahmefälle nicht indiziert.

Literatur

Balion CM, Draisey TF, Thibert RJ (1998) Carbamylated hemoglobin and carbamylated plasma protein in hemodialyzed patients. Kidney Int 53:488–495

Black RM (1996) Rose and Black's clinical problems in nephrology. Little, Brown and Company, Boston

Cockcroft DW, Gault MH (1976) Prediction of creatinine clearance from serum creatinine. Nephron 16:31–41

Daha MR, Deelder AM, van Es LA (1984) Stabilization of the amplification convertase of complement by monoclonal antibodies directed against human factor B. J Immunol 132:2538–2542

Falk RJ, Jennette JC (1997) ANCA small-vessel vasculitis. J Am Soc Nephrol 8:314–322

Fogazzi GB, Ponticelli C (1996) Microscopic hematuria diagnosis and management. Nephron 72:125–134

Jankowski J, van der Giet M, Jankowski V, Schmidt S, Hemeier M, Mahn B, Giebing G, Tolle M, Luftmann H, Schluter H, Zidek W, Tepel M (2003) Increased plasma phenylacetic acid in patients with end-stage renal failure inhibits iNOS expression. J Clin Invest 112: 256–264

Langford CA (2003) Treatment of ANCA-associated vasculitis. N Engl J Med 349:3–4

Perna AF, Ingrosso D, Lombardi C, Cesare CM, Acantora F, Satta E, De Santo NG (2003) Homocysteine in uremia. Am J Kidney Dis 41:S123–126

Röther E, Peter HH (1995) Antinukleäre Antikörper (ANA). Internist 36:277–281

Snook JA, Holdstock GE, Bamforth J (1986) Value of a simple biochemical ratio in distinguishing upper and lower sites of gastrointestinal haemorrhage. Lancet i:1064–1065

Vanholder R, De Smet R, Glorieux G, Argiles A, Baurmeister U, Brunet P, Clark W, Cohen G, De Deyn PP, Deppisch R, Descamps-Latscha B, Henle T, Jorres A, Lemke HD, Massy ZA, Passlick-Deetjen J, Rodriguez M, Stegmayr B, Stenvinkel P, Tetta C, Wanner C, Zidek W, European Uremic Toxin Work Group (EUTox) (2003) Review on uremic toxins: classification, concentration, and interindividual variability. Kidney Int 63:1934–1943

Walport MJ (2001) Complement. First of two parts. N Engl J Med 344:1058–1066

Zoccali C, Bode-Boger S, Mallamaci F, Benedetto F, Tripepi G, Malatino L, Cataliotti A, Bellanuova I, Fermo I, Frölich J, Boger R (2001) Plasma concentration of asymmetrical dimethylarginine and mortality in patients with end-stage renal disease: a prospective study. Lancet 358:2113–2117

4.14 Blut

4.14.1 Blut und Blutbildung

A. Matzdorff und D. Fritze

Ein Blutbild umfasst die Parameter Erythrozyten-, Leukozyten-, Thrombozytenzahl, Hämoglobin, MCH, MCV, MCHC und kann heute von automatischen Zählgeräten in kurzer Zeit gemessen werden. Auch die Differenzierung der Leukozyten in die wesentlichen Unterklassen (sog. „großes“ Blutbild) ist automatisiert und ohne wesentlichen Zeitaufwand möglich. Bei der Bewertung der Messwerte muss berücksichtigt werden, dass der Normbereich von Gerät zu Gerät gering unterschiedlich sein kann. Für jedes Labor und Gerät muss ein eigener Normbereich ermittelt und ausgewiesen werden. Das Labor muss zur Qualitätssicherung interne Kontrollen durchführen und an Ringversuchen teilnehmen.

Für Erwachsene und Kinder, Frauen und Männer gelten unterschiedliche Normbereiche (Bodemann u. Thomas 1992). Dazu kommen Einflussfaktoren bei der Blutentnahme (Blutentnahme im Liegen oder Sitzen, körperliche Belastung vor Blutentnahme, Dauer der Stauung, etc.) und tageszeitliche Schwankungen (Costongs et al. 1985). Es ist nicht ungewöhnlich, dass zwei Blutentnahmen vom gleichen Patienten um bis zu 5% voneinander abweichen. Wenn diese Variabilität nicht berücksichtigt wird, kann irrtümlich eine Verminderung oder Vermehrung von Erythrozyten, Leukozyten oder Thrombozyten vermutet werden, obgleich gar kein krankhafter Prozess vorliegt.

Durch die Zuwanderung von Menschen aus dem Mittelmeerraum, Asien und Afrika werden Blutkrankheiten (z.B. Sichelzellanämie, Thalassämie), die in diesen Ländern häufig sind, auch vermehrt in der Bundesrepublik beobachtet. Bei diesen erblichen Krankheitsformen gibt es zahlreiche asymptomatische Träger, die nur eine Blutbildveränderung zeigen. Alle Ärzte, die ein Blutbild anfordern und beurteilen, müssen diese Möglichkeit in Betracht ziehen.

In Tabelle 4.26 sind jeweils die für die Erkennung einer bestimmten krankhaften Störung erforderlichen hämatologischen Analysemethoden angegeben. Die angegebenen Untersuchungsmethoden können nur zusammen mit einer ausführlichen Anamneseerhebung und körperlichen Untersuchung die korrekte Diagnose erbringen.

Tabelle 4.26. Hämatologische Untersuchungsmethoden

Krankheit	Untersuchungsmethode
Erythrozytenveränderungen	
▪ Aplastische Anämie	Blutbild mit Retikulozytenzahl und mikroskopischer Untersuchung des Blutausstriches Zytologische und histologische Knochenmarkuntersuchung Immuntypisierung (CD59), Nachweis von Defekten des PIG-1-Gens zur Abgrenzung einer PNH (s.u.)
▪ Autoimmunhämolytische Anämie	Blutbild mit Retikulozytenzahl und mikroskopischer Untersuchung des Blutausstriches Laktat-Dehydrogenase, Bilirubin, Haptoglobin, Urobilinogen Coombs-Test, ggf. Differenzierung von Wärme- und Kälteantikörper Zytologische und histologische Knochenmarkuntersuchung
▪ Blutungsanämie	Blutbild mit Retikulozytenzahl und mikroskopischer Untersuchung des Blutausstriches Ferritin, Eisen, Transferrin-Sättigung
▪ Eisenmangelanämie	Blutbild mit Retikulozytenzahl und mikroskopischer Untersuchung des Blutausstriches Ferritin, Eisen, Transferrin-Sättigung
▪ Enzymopathische hämolytische Anämie	Blutbild mit Retikulozytenzahl und mikroskopischer Untersuchung des Blutausstriches Laktat-Dehydrogenase, Bilirubin, Haptoglobin, Urobilinogen Untersuchung der Erythrozytenenzyme (Glukose-6-Phosphatdehydrogenase, Pyruvatkinase u.a.)
▪ Hämoglobinopathien	Blutbild mit Retikulozytenzahl und mikroskopischer Untersuchung des Blutausstriches Laktat-Dehydrogenase, Bilirubin, Haptoglobin, Urobilinogen Hämoglobin-Elektrophorese, ggf. genetische Untersuchungen
▪ Kongenitale Sphärozytose	Blutbild mit Retikulozytenzahl und mikroskopischer Untersuchung des Blutausstriches (MCHC meist erhöht) Osmotischer Resistenztest
▪ Megaloblastäre Anämie	Blutbild mit Retikulozytenzahl und mikroskopischer Untersuchung des Blutausstriches (MCV deutlich erhöht) Laktat-Dehydrogenase, Bilirubin, Haptoglobin, Urobilinogen Ferritin, Eisen, Transferrin-Sättigung Vitamin B_{12} im Serum, Folsäure im Serum und intraerythrozytäre Folsäure Zytologische und histologische Knochenmarkuntersuchung nur bei unklaren Befunden
▪ Methämoglobinämie	Blutbild mit Retikulozytenzahl und mikroskopischer Untersuchung des Blutausstriches Methämoglobin, Hämoglobin-Elektrophorese
▪ Paroxysmale nächtliche Hämoglobinurie (PNH)	Blutbild mit Retikulozytenzahl und mikroskopischer Untersuchung des Blutausstriches Zytologische und histologische Knochenmarkuntersuchung Laktat-Dehydrogenase, Bilirubin, Haptoglobin, Urobilinogen Ferritin, Eisen, Transferrin-Sättigung Ham-Test (Zuckerwasser-Test) Immuntypisierung (CD59), Nachweis von Defekten des PIG-1-Gens
▪ Thalassämie	Blutbild mit Retikulozytenzahl und mikroskopischer Untersuchung des Blutausstriches, insbesondere das MCV ist deutlich erniedrigt Ferritin, Eisen, Transferrin-Sättigung Hämoglobin-Elektrophorese Genetische Untersuchung bei Fragen des erblichen Risikos
Leukozytenveränderungen	
▪ Agranulozytose	Blutbild mit Retikulozytenzahl und mikroskopischer Untersuchung des Blutausstriches Zytologische und histologische Untersuchung des Knochenmarks
▪ Akute Leukämie (myeloisch und lymphatisch)	Blutbild mit Retikulozytenzahl und mikroskopischer Untersuchung des Blutausstriches Zytologische Untersuchung des Knochenmarks inkl. Zytochemie (Histologie meist nicht notwendig) Immuntypisierung von Knochenmark und peripherem Blut Zytogenetik und Molekulargenetik Laktat-Dehydrogenase, Harnsäure
▪ Chronische myeloische Leukämie	Blutbild mit Retikulozytenzahl und mikroskopischer Untersuchung des Blutausstriches Zytologische Untersuchung des Knochenmarks Alkalische Leukozytenphosphatase aus frischem Blut Zytogenetik und Molekulargenetik (Philadelphia-Chromosom, BCR/ABL) Laktat-Dehydrogenase, Harnsäure

Tabelle 4.26 (Fortsetzung)

Krankheit	Untersuchungsmethode
Chronische lymphatische Leukämie	Blutbild mit Retikulozytenzahl und mikroskopischer Untersuchung des Blutausstriches Zytologische Untersuchung des Knochenmarks Coombs-Test Immuntypisierung (ZAP-70, CD38) Zytogenetik und Molekulargenetik Laktat-Dehydrogenase, Elektrophorese, β_2-Mikroglobulin, Thymidinkinase Bestimmung der Lymphozytenverdoppelungszeit durch Verlaufskontrollen
Polycythaemia vera	Blutbild mit Retikulozytenzahl und mikroskopischer Untersuchung des Blutausstriches Zytologische und histologische Untersuchung des Knochenmarks Alkalische Leukozytenphosphatase aus frischem Blut Molekulargenetik (JAK2-Mutation, BCR/ABL zum Ausschluss einer CML) Laktat-Dehydrogenase, Harnsäure, Ferritin, Eisen, Transferrin-Sättigung Erythropoietin im Serum
Myelofibrose	Blutbild mit Retikulozytenzahl und mikroskopischer Untersuchung des Blutausstriches Zytologische und histologische Untersuchung des Knochenmarks (Retikulin-Fasernachweis) Alkalische Leukozytenphosphatase aus frischem Blut Molekulargenetik (Ausschluss von BCR/ABL) Laktat-Dehydrogenase, Harnsäure, Ferritin, Eisen, Transferrin-Sättigung
Thrombozytenveränderungen	
Essentielle Thrombozytose	Blutbild mit Retikulozytenzahl und mikroskopischer Untersuchung des Blutausstriches Zytologische und histologische Untersuchung des Knochenmarks (Ausschluss einer Myelofibrose) Alkalische Leukozytenphosphatase aus frischem Blut Laktat-Dehydrogenase, Harnsäure, Ferritin, Eisen, Transferrin-Sättigung
Thrombopenie	Blutbild mit Retikulozytenzahl und mikroskopischer Untersuchung des Blutausstriches Knochenmarkzytologie und Histologie Vitamin B_{12}, Ferritin Ausschluss von Leber- und Milzerkrankungen Autoantikörper, Thrombozyten-Antikörper
Thrombopathie	Blutbild mit Retikulozytenzahl und mikroskopischer Untersuchung des Blutausstriches Thromboaggregometrie Durchflusszytometrie Elektronenmikroskopie

Weiterführende Literatur: Fritze u. Matzdorff 1998

Literatur

Bodemann HH, Thomas L (1992) Blutbild. In: Thomas L (Hrsg) Labor und Diagnose, 4. Aufl. Med Verlagsgesellschaft, Marburg

Costongs GM, Janson PC, Bas BM (1985) Short term and long term intra-individual variations and critical differences of haematological laboratory parameters. J Clin Chem Clin Biochem 23:69–76

Fritze D, Matzdorff A (1998) Hämatologie. In: Baenkler HW, Fritze D, Füeßl HS et al (Hrsg) Innere Medizin (Duale Reihe). Hippokrates, Stuttgart, S 1312–1470

4.14.2 Blutgerinnung

J. Harenberg

Die Blutgerinnung wird über ein endogenes und ein exogenes Gerinnungssystem aktiviert. Das endogene wird durch eine Endothelverletzung, das exogene Gerinnungssystem durch eine Verletzung von Gewebe direkt aktiviert. Beide Gerinnungskaskaden kumulieren in der Aktivierung des Prothrombinkomplexes, der Faktor V, Faktor X, Kalzium und Phospholipide einschließt.

- Das *endogene Gerinnungssystem* wird mit der aktivierten partiellen Thromboplastinzeit (aPTT) gemessen, bei der so genannte partielle Thromboplastine, die aus Phospholipiden bestehen, Faktor XII aktivieren.
- Das *exogene Gerinnungssystem* wird durch die Prothrombinzeit nach Quick erfasst. Thromboplastin aktiviert wie bei der Gewebsverletzung direkt Faktor VII.
- Die *Thrombinzeit* misst die Gerinnselbildung unter Zusatz von Thrombin. Da bereits geringe Mengen von Heparin Thrombin hemmen können, ist die Bestimmung der Thrombinzeit für die Routinediagnostik wichtig.

Tabelle 4.27. Routinediagnostik in der Hämostaseologie

Parameter	Normwert	Bedeutung	Therapiekontrolle
Quickwert	70–120%	Leberfunktion	Markumar
aPTT	25–40 s	Hämophilie	Heparin
Thrombinzeit	12–21 s	Störungen des Fibrinogen	Heparin, Fibrinolyse
Fibrinogen	150–450 mg%	Leberfunktion	Fibrinolyse
Thrombozytenzahl ×1000	150–450/μl	Leukämie	Verbrauchskoagulopathie Nebenwirkung Heparin

- Eine wichtige Bedeutung in dem Gerinnungssystem hat weiterhin das gerinnbare *Fibrinogen*, das in seiner Konzentration direkt über den Zusatz von Thrombin gemessen werden kann.
- Den *Thrombozyten* kommt in der Hämostase eine wichtige Bedeutung zu. Die Bestimmung der Thrombozytenzahl ist daher für die Basisdiagnostik der Hämostaseologie immer erforderlich.

Aufgrund dieser Überlegungen ergibt sich das in Tabelle 4.27 dargestellte Schema für eine Routinediagnostik in der Hämostaseologie.

In Abhängigkeit von den Ergebnissen dieses Routineprogramms ergeben sich weitere Einzelanalysen.

- Für die Gerinnungsfaktoren II, V, VII, VIII, IX, X, XI und XII stehen Einzelbestimmungen zur Verfügung. Weiterhin können Kallikrein, Präkallikrein, Kinin und Kinogen mit Einzeltests gemessen werden. Die Ergebnisse werden als % der Norm angegeben, so dass der Normalbereich 70–150% beträgt.
- Eine Steigerung der Fibrinbildung lässt sich anhand verschiedener Teste erfassen. Moderne Gerinnungsanalysen geben die Möglichkeit, eine Aktivierung der Blutgerinnung auf den verschiedenen Stufen der Gerinnungskaskade zu erfassen. Ein kompletter Überblick hierzu kann nicht gegeben werden. Die häufigsten verwendeten Testsysteme finden sich in Tabelle 4.28.
- Mit dem Thrombelastogramm wird die Vollblutgerinnungszeit erfasst, die einen Mangel der Thrombozyten und von Faktor XIII umfasst.

Tabelle 4.28. Häufigste Testsysteme zum Nachweis einer aktivierten Blutgerinnung

Aktivierung von	Parameter	Normwert
Faktor Xa (Xa)	Xa-AT-Komplex	<10 μg/ml
Prothrombin	F1+2-Fragment	<5 μg/ml
Thrombin (T)	TAT-Komplex	<10 μg/ml
Fibrinogen	Fibrinopeptid A	<5 ng/ml
Fibrin	Fibrinmonomer	<10 μg/ml
Fibrinogen zu Fibrin	Ethanoltest	negativ
Fibrin zu Spaltprodukten	D-Dimere Fragment E	<10 μg/ml <5 μg/ml

- Die Blutungszeit misst Störungen der Thrombozytenfunktion und den von-Willebrand-Faktor. Die Blutungszeit ist eine In-vivo-Methode: Es wird eine standardisierte, intrakutane Verletzung von 1 mm Tiefe und 7 mm Länge an der Innenseite des Unterarms gesetzt. Die auftretende Blutung wird bis zu ihrer Blutstillung beobachtet und gemessen. Der Normwert liegt dabei unter 7 min. Je nach den einzelnen Ergebnissen sollten die Diagnosen gesichert sein.
- Rumpel-Leede-Test: Am Oberarm wird eine Blutdruckmanschette auf etwa 50 mmHg für 10 min aufgeblasen. Wenn am Unterarm flohstichartige Blutungen auftreten, gilt der Test als positiv. Ursache sind eine Thrombozytenfunktionsstörung, eine Thrombozytopenie und Schädigungen des Endothels (z. B. Morbus Osler).

5 Berufskrankheiten durch chemische Einwirkungen (▶ BK 1)

G. Triebig

An dieser Stelle werden die durch chemische Einwirkungen verursachten Berufskrankheiten behandelt. Die weiteren Berufskrankheiten werden bei den entsprechenden Organkrankheiten besprochen.

Einen Überblick über die Häufigkeit der angezeigten und der entschädigten Berufskrankheitenfälle durch chemische Einwirkungen gibt Tabelle 5.1.

5.1 Metalle und Metalloide (▶ BK 11)

Erkrankungen durch Blei oder seine Verbindungen (▶ BK 1101)

Die Aufnahme von Blei (Pb) und seinen anorganischen Verbindungen erfolgt meistens durch Inhalation über die Atemwege in Form von Staub, Rauch oder Dampf und nicht selten durch mangelhafte Hygiene, wenn mit durch Bleistaub verschmutzten Händen gegessen oder geraucht wird. Oral aufgenommenes Blei wird nur in geringem Umfang resorbiert. Eine häufige Intoxikationsquelle ist das Entfernen von alten Bleianstrichen, z. B. Bleimennige, wenn entweder durch mechanische Maßnahmen (Schleifen, Strahlen) bleihaltige Stäube in hohen Konzentrationen entstehen oder durch Abbrennen bleihaltiger Rauch auftritt. Durch die Anwendung von technischen und persönlichen Schutzmaßnahmen ist die Aufnahme von toxischen Bleimengen zu verhindern.

Berufliche Gefahrenquellen sind vor allem: Verhütten von Bleierzen, Recycling von Altmaterial, Herstellung von Bleiakkumulatoren, Verwendung von Bleiverbindungen in der keramischen, Glas- und Kunststoffindustrie sowie thermisches Bearbeiten bleihaltiger Materialien. Der größte Teil an metallischem Blei wird in Deutschland zur Herstellung von Bleiakkumulatoren benötigt.

Bleialkyle als die wichtigsten organischen Bleiverbindungen gelangen vorwiegend über die Atemwege in den Körper. Eine Aufnahme über die Haut und über den Magen-Darm-Trakt ist ebenfalls möglich. Durch das Verwendungsverbot von Bleitetraethyl und Bleitetramethyl als Antiklopfmittel im Benzin sind Expositionen am Arbeitsplatz selten. Vergiftungen waren vor allem bei der Herstellung und Verarbeitung, beim Entfernen von Restblei sowie beim Reinigen von Tanks möglich.

Bleitetramethyl kann – im Vergleich zu Bleitetraethyl – wegen seines höheren Dampfdruckes und seiner größeren Flüchtigkeit zu höheren Luftkonzentrationen führen und damit die Vergiftungsgefahr erhöhen.

Alle Bleialkyle sind gut lipoidlöslich und wirken daher primär neurotoxisch.

Nach der Resorption wird Blei zu etwa 90% an die Erythrozyten gebunden und auf diesem Weg in den gesamten Organismus verteilt. Es passiert auch die Blut-Hirn-Schranke. Die Halbwertszeiten liegen im Weichgewebe bei ca. 20 Tagen und im Knochen bei ca. 5 bis 20 Jahren. Resorbiertes Blei wird vorwiegend über die Nieren ausgeschieden, zum Teil wird es auch mit den Faeces und zu einem noch geringeren Anteil mit Haaren, Nägeln und Schweiß eliminiert. Ca. 90% des im Körper vorhandenen Bleis befindet sich in den Knochen.

Am Arbeitsplatz sind akute Vergiftungen eher selten, meist entwickelt sich eine subakute oder chronische Bleivergiftung. Das Krankheitsbild ist durch eine hypo- oder normochrome Anämie, abdominale Koliken und eine vorwiegend motorische Polyneuropathie (Radialisparese!) gekennzeichnet. Massive und langdauernde Expositionen können auch zu schweren Erkrankungen mit Enzephalopathie und Nierenschäden führen. Als Folge der Encephalopathia saturnina sind motorische und sensible Störungen, Krämpfe sowie Parkinson-Symptome beschrieben worden. An seltenen Manifestationen sind Epilepsie, Geruchsstörung, Zeugungsunfähigkeit, Augenerkrankungen, Hör- und Gleichgewichtsstörung, Schilddrüsenüberfunktion und Gastritis zu erwähnen. Die Nierenschädigung in Form einer so genannten Bleischrumpfniere ist vor allem bei jüngeren Erwachsenen beobachtet worden, die in der Kindheit wiederholt akute, schwere Bleivergiftungen erlitten hatten. Eine Gicht ist nicht kausal auf eine chronische Bleiintoxikation zurückzuführen.

Um die Bleiintoxikation zu objektivieren und zu quantifizieren, ist primär die Blutbleikonzentration zu messen. Zusätzlich können die Deltaaminolävulinsäure und die Koproporphyrine im Harn sowie hämatologische Parameter bestimmt werden. Der Nachweis von basophil getüpfelten Erythrozyten ist

Tabelle 5.1. Anzeigen auf Verdacht von Berufskrankheiten, anerkannte Berufskrankheiten und neue Berufskrankheitenrenten nach Krankheitsarten in den Jahren 2002 bis 2004

BKV Nr.[1]	Krankheiten	Angezeigte Verdachtsfälle			Anerkannte Berufskrankheiten			Neue Rentenfälle		
		2004	2003	2002	2004	2003	2002	2004	2003	2002
1	**Durch chemische Einwirkungen verursachte Krankheiten**									
11	**Metalle und Metalloide**									
1101	Erkrankungen durch Blei oder seine Verbindungen	114	109	109	10	7	12	2	3	3
1102	Erkrankungen durch Quecksilber oder seine Verbindungen	42	26	41	–	2	6	–	1	–
1103	Erkrankungen durch Chrom oder seine Verbindungen	104	95	110	11	30	27	9	22	18
1104	Erkrankungen durch Cadmium oder seine Verbindungen	15	15	13	2	–	2	–	–	1
1105	Erkrankungen durch Mangan oder seine Verbindungen	10	4	9	–	2	1	–	2	1
1106	Erkrankungen durch Thallium oder seine Verbindungen	1	2	–	–	–	–	–	–	–
1107	Erkrankungen durch Vanadium oder seine Verbindungen	2	2	3	–	3	–	–	1	–
1108	Erkrankungen durch Arsen oder seine Verbindungen	28	29	29	9	14	10	8	6	8
1109	Erkrankungen durch Phosphor oder seine anorganischen Verbindungen	13	5	10	7	4	6	–	–	1
1110	Erkrankungen durch Beryllium oder seine Verbindungen	7	8	4	–	1	1	–	–	1
12	**Erstickungsgase**									
1201	Erkrankungen durch Kohlenmonoxyd	123	114	135	88	106	49	2	1	1
1202	Erkrankungen durch Schwefelwasserstoff	16	16	16	3	7	6	2	1	–
13	**Lösemittel, Schädlingsbekämpfungsmittel (Pestizide) und sonstige chemische Stoffe**									
1301	Schleimhautveränderungen, Krebs oder andere Neubildungen der Harnwege durch aromatische Amine	554	461	444	102	135	89	87	126	87
1302	Erkrankungen durch Halogenkohlenwasserstoffe	351	341	403	51	40	39	25	27	26
1303	Erkrankungen durch Benzol, seine Homologe oder durch Styrol	385	307	372	34	23	45	28	20	40
1304	Erkrankungen durch Nitro- oder Aminoverbindungen des Benzols oder seiner Homologe oder ihrer Abkömmlinge	44	28	37	4	5	2	–	1	1
1305	Erkrankungen durch Schwefelkohlenstoff	23	11	3	14	1	1	–	1	1
1306	Erkrankungen durch Methylalkohol (Methanol)	10	13	17	1	2	1	–	–	1
1307	Erkrankungen durch organische Phosphorverbindungen	20	19	20	2	1	4	–	–	2
1308	Erkrankungen durch Fluor oder seine Verbindungen	15	23	20	3	6	4	–	2	1
1309	Erkrankungen durch Salpetersäureester	2	3	2	–	–	–	–	–	–
1310	Erkrankungen durch halogenierte Alkyl-, Aryl- oder Alkylaryloxide	39	32	48	8	8	8	7	4	7
1311	Erkrankungen durch halogenierte Alkyl-, Aryl- oder Alkylarylsulfide	2	2	2	–	–	4	–	–	3
1312	Erkrankungen der Zähne durch Säuren	193	229	265	2	3	8	–	–	–
1313	Hornhautschädigungen des Auges durch Benzochinon	1	3	–	1	–	–	–	–	–
1314	Erkrankungen durch para-tertiär-Butylphenol	–	–	2	1	2	1	1	2	–
1315	Erkrankungen durch Isocyanate, die zur Unterlassung aller Tätigkeiten gezwungen haben, die für die Entstehung, die Verschlimmerung oder das Wiederaufleben der Krankheit ursächlich waren oder sein können	90	116	94	38	41	48	20	21	31
1316	Erkrankungen der Leber durch Dimethylformamid	32	24	26	–	–	–	–	–	–
1317	Polyneuropathie oder Enzephalopathie durch organische Lösungsmittel oder deren Gemische	329	316	329	13	14	10	8	12	7

[1] Nr. der Liste der Berufskrankheitenverordnung (*BKV*)

hilfreich, obgleich dieser Parameter wenig spezifisch und sensitiv ist. Die Bestimmung der Bleikonzentration im Knochen mittels Röntgenfluoreszenztechnik bleibt wissenschaftlichen Fragestellungen vorbehalten.

Die Prognose einer Bleivergiftung ist als günstig zu bezeichnen. Anämie, Gastrointestinalsymptome und neurologische Folgen bilden sich häufig vollständig zurück.

Die schwere Bleiintoxikation wird durch EDTA-Infusionen oder durch Gabe von DMSA (2,3-Dimercaptobernsteinsäure) bzw. DMPS (2,3-Dimercaptopropan-1-Sulfonsäure) unter Beachtung der Kontraindikationen (eingeschränkte Nierenfunktion) behandelt.

Die Indikation für eine diagnostische Chelat-Provokation ist kritisch zu prüfen, in der Regel ist die Blutbleibestimmung ausreichend.

Infolge der regelmäßig durchgeführten arbeitsmedizinischen Vorsorgeuntersuchungen sind manifeste Erkrankungen bei Blei-exponierten Beschäftigungen heute selten. Die Grenzwerte im biologischen Material (biologische Arbeitsstofftoleranzwerte, BAT-Werte) sollten eingehalten werden. Diese haben für Männer 400 µg/l Blut und wegen der Toxizität für Frauen bis zum 45. Lebensjahr 100 µg/l betragen. Aufgrund des genotoxischen Potentials von Bleiverbindungen hat die Arbeitsstoffkommission die Grenzwerte im Jahr 2004 ausgesetzt.

Von versicherungsrechtlicher Bedeutung ist die gutachtliche Differenzierung, dass eine erhöhte Bleibelastung nicht gleichbedeutend mit einer Bleikrankheit ist. In der Rechtsprechung wurde allerdings nicht nur ein bestimmtes Krankheitsbild, sondern auch bereits ein geringfügig erhöhter Blutbleispiegel im Sinne einer Berufskrankheit als Versicherungsfall bestätigt.

Das Verbleiben von Potenzstörungen nach einer Bleikrankheit ist weder zu belegen noch zu widerlegen, unter Berücksichtigung der pathogenetischen Mechanismen der Bleikrankheit jedoch ebenso wie Zeugungsunfähigkeit unwahrscheinlich.

Zur Häufigkeit der ▶BK 1101 siehe Tabelle 5.1.

Erkrankungen durch Quecksilber oder seine Verbindungen (▶BK 1102)

Arbeitsmedizinisch-toxikologisch ist sowohl zwischen metallischem Quecksilber (Hg) und anorganischen wie auch organischen Quecksilberverbindungen zu differenzieren.

Am Arbeitsplatz ist die inhalative Aufnahme von elementarem Quecksilber sowie organischen Quecksilberverbindungen am bedeutsamsten. Dabei spielt die hohe Flüchtigkeit von Quecksilbermetall für die Aufnahme eine entscheidende Rolle. Die perkutane Resorption spielt demgegenüber eine nur untergeordnete Rolle. Metallisches Quecksilber wird, im Gegensatz zu den organischen Quecksilberverbindungen, im Magen-Darm-Trakt praktisch nicht resorbiert.

Die Verteilung von Quecksilber im Körper hängt von seiner chemischen Struktur, dem Aufnahmeweg und der Dosis ab. Die biologischen Halbwertszeiten schwanken für die verschiedenen Organe beträchtlich und sind für die lipidreichen Gewebe, z. B. das Gehirn, am längsten.

Die Niere enthält die Hauptmenge des körpergebundenen Quecksilbers. Sie bestimmt im Wesentlichen die Halbwertszeit im Gesamtorganismus, die in der Größenordnung von 60 Tagen liegt.

Die akute Intoxikation durch metallisches Quecksilber und anorganische Quecksilberverbindungen ist durch Schleimhautirritationen bis hin zu Nekrosen (Stomatitis mercurialis) sowie durch Nierenfunktionsstörungen (Proteinurie) gekennzeichnet. Ein blauschwarzer Quecksilbersaum am Zahnfleisch ist möglich. Im Falle der organischen Quecksilberverbindungen steht die Beeinträchtigung des zentralen Nervensystems im Vordergrund, schwerste Vergiftungen führen zu Koma und Tod. Typisch für Alkylquecksilbervergiftungen ist die Latenzperiode, die vor allem bei der Massenvergiftung im Irak mit Methylquecksilber und bei der Minamata-Krankheit in Japan beobachtet wurde.

Zu den charakteristischen Symptomen der Quecksilbermetall-Intoxikation gehören der Tremor, psychische Veränderungen im Sinne des Erethismus und Silbenstolpern (Psellismus). Eine Störung des peripheren Nervensystems mit der Folge von Sensibilitätsstörungen ist bei Methylquecksilbervergiftungen beschrieben worden. Im Falle von metallischem Quecksilber ist nicht gesichert, dass es eine Polyneuropathie verursacht.

Als „Mikromercurialismus“ bezeichnet man ein unspezifisches Beschwerdebild im Sinne eines psychovegetativen (neurasthenischen) Syndroms.

Es liegen derzeit keine ausreichenden Erkenntnisse dafür vor, dass Quecksilber oder Quecksilberverbindungen beim Menschen Krebs erzeugen. Methylquecksilber ist beim Menschen embryotoxisch, die im Mutterleib exponierten Kinder haben schwere Hirnschäden erlitten.

Therapeutisch wird die Verwendung von DMPS (Dimercaptopropansulfonat) empfohlen. Kontraindikationen sind zu beachten. Der diagnostische Einsatz eines „Mobilisationsversuches“ (so genannter Dimaval-Test) ist wissenschaftlich nicht zu begründen, da das Ergebnis im Vergleich zur Quecksilberbasisausscheidung im Harn keine zusätzlichen Informationen liefert.

Bei beruflicher Quecksilberexposition sind arbeitsmedizinische Vorsorgeuntersuchungen durchzuführen. Die Einhaltung der biologischen Grenzwerte (BAT-Werte) schützt vor einer Gesundheitsgefährdung. Der BAT-Wert für metallisches Quecksilber und seine anorganischen Verbindungen beträgt 30 µg/l Harn (Stand 2006).

Der Umgang mit Amalgam in der zahnärztlichen Praxis führt in der Regel nur zu einer relativ geringen zusätzlichen Quecksilberbelastung ohne Überschreitung der biologischen Grenzwerte.

Zur Häufigkeit der BK 1102 siehe Tabelle 5.1.

Erkrankungen durch Chrom oder seine Verbindungen (▶BK 1103)

Aus arbeitsmedizinisch-toxikologischer Sicht sind vor allem die sechswertigen Chromverbindungen (Chromate, CrO_3), weniger die dreiwertigen Verbindungen relevant. Vergiftungen treten infolge Resorption über die Atemwege und – weniger ausgeprägt – über den Magen-Darm-Trakt auf. Die Hautresorption spielt praktisch keine Rolle.

Bei akuter Exposition stehen die schleimhautirritierende bzw. -schädigende Wirkung der Chromsalze und Chromsäure im Vordergrund. Chromate können auch eine allergische Kontaktdermatitis induzieren. Typisch ist die schmerzlose Nasenseptumperforation durch wasserlösliche Chromverbindungen. Dieses Krankheitsbild kann in Verbindung mit der Arbeitsanamnese als „Brückensymptom“ versicherungsrechtlich bedeutsam sein. Das Auftreten einer chronisch obstruktiven Atemwegserkrankung infolge mehrjähriger Chromatbelastung ist möglich. Auch eine chronische Nephritis als Folge einer Berufskrankheit BK 1103 ist beschrieben.

Zinkchromat ist für den Menschen gesichert krebserzeugend und kann nach chronischer Exposition Lungen- bzw. Bronchialkrebs verursachen. Für die anderen sechswertigen Chromverbindungen ist eine krebserzeugende Wirkung möglich. Im Einzelfall ist zu prüfen, ob die berufliche Exposition wesentliche Ursache bzw. – bei einem Raucher – wesentliche Mitursache gewesen ist. Der Nachweis einer erhöhten Chromkonzentration im Lungengewebe kann im Einzelfall die zurückliegende berufliche Exposition objektivieren helfen.

Nach einer Dokumentation des Hauptverbandes der gewerblichen Berufsgenossenschaften sind im Zeitraum von 1978 bis 2003 insgesamt 223 Krebserkrankungen als Berufskrankheit BK 1103 entschädigt worden. Betroffen waren überwiegend (203 Fälle) die Bronchien, deutlich seltener der Kehlkopf und die oberen Atemwege. Gefährdende Tätigkeiten fallen in folgenden Berufsgruppen an: Chemiearbeiter, Kunststoffverarbeiter, Metallerzeuger und -bearbeiter (Schweißer), Schlosser, Mechaniker, Maler und Lackierer.

Zur Häufigkeit der BK 1103 siehe Tabelle 5.1.

Erkrankungen durch Cadmium oder seine Verbindungen (▶BK 1104)

Die Aufnahme von Cadmium (Cd) oder Cadmiumverbindungen erfolgt in der Regel über die Atemwege als Staub, Rauch oder Dampf, nur selten über den Magen-Darm-Kanal. Die akute Einwirkung von Cadmium kann zu starken Irritationen der Luftwege mit Tracheitis, Bronchitis und Bronchopneumonie bis zum toxischen Lungenödem führen. Die Aufnahme über den Magen-Darm-Kanal kann Irritationen des Schleimhautapparates mit Gastritis, Enteritis und Kolitis auslösen.

Aufgrund der langen biologischen Halbwertszeit und der Speicherung als Metallothionein-Komplex in der Niere verursacht Cadmium vorzugsweise Nierenschäden (Proteinurie). Die Bestimmung von Cadmium im Urin gilt als Indikator für die Langzeitexposition.

Neben der Nephrotoxizität sind obstruktive Atemwegserkrankungen mit Lungenemphysem, schwere Osteomalazien bzw. Osteoporosen (sog. Itai-Itai-Krankheit) bekannt. Aufgrund der aktuellen Erkenntnis aus Epidemiologie und Toxikologie gelten Cadmium und seine Verbindungen als Humankanzerogene. Zielorgane sind Bronchien und Lunge sowie die Niere. Unter welchen Bedingungen es sich dabei um eine Berufskrankheit BK 1104 handeln könnte, ist derzeit unklar.

Die Cadmiumkonzentrationen in Blut und in Harn betragen bei beruflich nichtexponierten Personen bis 1,0 μg/l. Raucher weisen in der Regel höhere Belastungen auf. Zur Früherkennung beginnender Nierenfunktionsstörungen können das Beta-2-Mikroglobulin oder andere Mikroproteine bzw. Enzyme im Harn bestimmt werden.

Zur Häufigkeit der BK 1104 siehe Tabelle 5.1.

Erkrankungen durch Mangan oder seine Verbindungen (▶BK 1105)

Mangan (Mn) kommt hauptsächlich als Mangandioxid vor, das vorwiegend inhalativ aufgenommen wird. Die akute Intoxikation ist durch Reizungen an den Atemwegsschleimhäuten gekennzeichnet, gelegentlich kann auch eine so genannte Manganpneumonie vorkommen. Die chronische Manganexposition führt typischerweise zu einem neurologischen Krankheitsbild, das einem Parkinson-Syndrom ähnelt. Neuere Untersuchungen mittels Kernspintomographie und PET haben eine besondere Affinität von Manganverbindungen zu den Basalganglien (Putamen und Pallidum) gezeigt.

Die Manganblutkonzentrationen in der Allgemeinbevölkerung liegen zwischen 5 und 10 μg/l. Der BAT-Wert beträgt 20 μg/l Blut (Stand 2006).

Zur Häufigkeit der BK 1105 siehe Tabelle 5.1.

Erkrankungen durch Thallium oder seine Verbindungen (▶BK 1106)

Die Aufnahme von Thallium (Tl) und seinen Verbindungen über den Magen-Darm-Kanal, seltener durch die Atemwege, führt außer zu akuten Reizerscheinungen an den Schleimhäuten der Luftwege nach wenigen Tagen und über viele Wochen sich hinziehend zu einer Polyneuropathie („Burning Feet Syndrome“) und zum Verlust der Körperhaare, wobei die medialen Augenbrauen ausgespart sind. Psychische Veränderungen bis zu Psychosen können hinzutreten, Nierenfunktionsstörungen sind nicht selten. Das schwere Krankheitsbild durch meist akute Vergiftung führt nicht selten zum Tode.

Demgegenüber ist die chronische Thalliumvergiftung selten. Das Krankheitsbild ist dabei weniger schwer ausgeprägt, wegen der unspezifischen Symptomatik wird die Diagnose relativ spät gestellt.

Die chronische Thalliumintoxikation gehört zu den seltenen Berufskrankheiten (zur Häufigkeit der BK 1106 siehe Tabelle 5.1).

Erkrankungen durch Vanadium oder seine Verbindungen (▶BK 1107)

Vanadium (V) wird in größeren Mengen vor allem zur Herstellung von Ferrovanadium benötigt. Arbeitsmedizinisch-toxikologisch bedeutsam ist Vanadiumpentoxid (V_2O_5). Nach inhalativer Belastung kommt es zu Reizerscheinungen an den Schleimhäuten der Luftwege. Längerfristig kann eine chronische Bronchitis bzw. eine obstruktive Lungenerkrankung entstehen. Ein grün-schwarzer Zungenbelag soll für eine akute Vanadiumpentoxid-Intoxikation typisch sein.

Es handelt sich um eine seltene Berufskrankheit in Deutschland (zur Häufigkeit der BK 1107 siehe Tabelle 5.1).

Erkrankungen durch Arsen oder seine Verbindungen (▶BK 1108)

Berufskrankheiten durch Aufnahme von Arsen (As) und Arsenverbindungen über die Atemwege als Stäube, Rauch oder Dampf, über den Magen-Darm-Kanal und perkutan sind selten geworden, seit die Anwendung arsenhaltiger Schädlingsbekämpfungsmittel vor allem im Weinbau verboten wurde. Allerdings wird Arsen in der Halbleiter- und Mikrochipproduktion eingesetzt, wobei der stark toxische Arsenwasserstoff auftreten kann.

Arsenhaltige Verbindungen sind Irritantien für Haut und Schleimhäute, nach Resorption wirken sie stoffwechseltoxisch, besonders als Kapillargift.

Bei akuter Aufnahme über den Magen stehen Symptome von Seiten des Magen-Darm-Kanals mit profusen wässrigen Durchfällen im Vordergrund. Chronische Intoxikationen gehen mit Haut- und Schleimhautveränderungen, mit Polyneuropathie, aber auch mit Schädigungen des Blutes, der Leber und des Stoffwechsels einher. Vereinzelt wurden Hautkrebse auf dem Boden einer Arsenhyperkeratose, aber auch Bronchialkrebse beobachtet.

Weißliche Querstreifen der Fingernägel (Mees-Bänder) gelten als Zeichen einer resorptiven Arsenwirkung.

Arsenwasserstoff (Arsin, AsH_3), ein hochtoxisches Gas, führt zu schwerer Hämolyse mit entsprechenden Auswirkungen auf das rote Blutbild, die Nieren und die Leber.

Bestimmte organische Arsenverbindungen wurden unter der Bezeichnung „Blaukreuz“ im 1. Weltkrieg als Kampfgase verwendet. Früher spielten Arsenschädigungen bei Weinbergarbeitern und bei Versicherten in der Weinkelterei eine größere Rolle.

Die bei Winzern beobachteten Leberzirrhosen waren wahrscheinlich Folgen einer alkoholtoxischen Schädigung in Kombination mit einer erhöhten Arsenbelastung.

Arsen bzw. Arsenverbindungen können als Spätfolgen Krebserkrankungen (Malignome der Haut, Bronchialkarzinom und Leberkrebs) verursachen.

Die Statistik des Hauptverbandes der gewerblichen Berufsgenossenschaften weist für den Zeitraum 1978 bis 2003 insgesamt 122 Krebserkrankungen als Berufskrankheit BK 1108 aus, davon 114 Lungenkrebsfälle. Betroffen waren vor allem Chemiearbeiter und Kunststoffverarbeiter (zur Häufigkeit der BK 1108 siehe Tabelle 5.1).

Erkrankungen durch Phosphor oder seine anorganischen Verbindungen (▶BK 1109)

Toxisch sind der elementare weiße und gelbe Phosphor (P) sowie der Phosphorwasserstoff (Phosphin, PH_3). Die akute Vergiftung ist durch Reizerscheinungen an den Schleimhäuten der Augen sowie des oberen und tieferen Atemtraktes gekennzeichnet. Hautkontakt kann zu Nekrosen mit schlechter Heilungstendenz führen. Bei oraler Aufnahme kommt es zur Enteritis und Kolitis, zu Leber- und Nierenschäden. Die chronische Exposition verursacht Knochenveränderungen (Osteoporose) und als Komplikation chronische Osteomyelitis mit Sequesterbildung bevorzugt im Unterkieferknochen (sog. Phosphorkiefernekrose). Am äußeren Auge kann es zu chronischen Reiz- und Entzündungszuständen der Bindehäute, der Hornhaut und der Lider kommen.

Phosphorwasserstoff ist ein stark toxisches Gas von knoblauchähnlichem Geruch. Die Vergiftungszeichen sind vielfältig und betreffen Atemorgane, Herz-Kreislauf-System sowie zentrales Nervensystem.

Phosgen (Carbonylchlorid) ist keine Phosphorverbindung. Es entsteht durch thermische Zersetzung von Chlorkohlenwasserstoffen und ist ein stark chemisch-irritativ wirkendes Gas. Folgeschäden in Form einer obstruktiven Atemwegserkrankung fallen unter die Berufskrankheit BK 4302 (Kap. 10.1.3.2).

Erkrankungen durch bestimmte organische Phosphorverbindungen (Phosphorsäureester) sind der Berufskrankheit BK 1307 zuzuordnen.

Zur Häufigkeit der BK 1109 siehe Tabelle 5.1.

Erkrankungen durch Beryllium oder seine Verbindungen (▶BK 1110)

Beryllium (Be) führt bei der Aufnahme über die Atemwege akut zu Irritationen der Atemwege mit Tracheobronchitis oder auch mit Pneumonien, bei chronischer Einwirkung zur interstitiellen Lungenfibrose, zur Berylliose. Es wurden auch Granulome in der Leber, in den Nieren und in der Milz beschrieben. Weiterhin kann Beryllium allergische Kontaktekzeme und beim Eindringen in die Haut auch schlecht heilende Geschwüre und Granulome verursachen.

Beryllium und seine Verbindungen gehören zu den krebserzeugenden Arbeitsstoffen, nachdem in epidemiologischen Studien eine Überhäufigkeit an Lungenkrebserkrankungen nach Langzeitexpositionen festzustellen war.

Nach den Statistiken sind bislang keine Krebserkrankungen als Berufskrankheit BK 1110 entschädigt worden (Stand 2003).

5.2 Erstickungsgase (▶BK 12)

Erkrankungen durch Kohlenmonoxid (▶BK 1201)

Kohlenmonoxid (CO) ist ein farb- und geruchloses Gas, das geringfügig leichter als Luft ist. Es entsteht durch unvollständige Verbrennung, die in folgenden Situationen häufiger gegeben ist: bei Motorabgasen und Schwelbränden, im Hochofen sowie in der Kokerei.

Bei der akuten Vergiftung treten erste Symptome bei einem Hämoglobin-CO-Gehalt von mehr als 20% auf, über 50% sind lebensgefährlich. Chronische Kohlenmonoxidbelastungen sind bei Rauchern mit bis zu 15% festzustellen. Der „normale" Hb-CO-Gehalt liegt bei ca. 1%. Beschäftigte, die vermehrt Autoabgasen ausgesetzt sind, z.B. Straßenbauarbeiter, Verkehrspolizisten, aber auch Kellner, weisen gelegentlich auf 10% erhöhte Hb-CO-Spiegel auf. Kohlenmonoxid wird auch bei der Verstoffwechselung von Methylenchlorid freigesetzt (▶BK 1302, s.u.).

Die Wirkung von eingeatmetem Kohlenmonoxid beruht allein auf seiner um den Faktor 200 stärkeren Affinität zum Hämoglobin als die des Sauerstoffs. Kohlenmonoxid verdrängt also schon in relativ geringen Konzentrationen den mit der Atmung aufgenommenen Luftsauerstoff. Die Folgen sind die der inneren Erstickung, d.h. des Sauerstoffmangels insbesondere des Gehirns und des Herzens. Massive Vergiftungen führen zu plötzlicher Bewusstlosigkeit und meist zum schnellen Eintritt des Todes, weniger hohe Konzentrationen zu zentralnervösen Erscheinungen. Als Nachkrankheit einer schweren Kohlenmonoxidvergiftung wurden gelegentlich neurologische Krankheitsbilder beobachtet, die einem Morbus Parkinson ähnlich sind.

Vor allem bei niedrigeren CO-Konzentrationen kann es zu Kopfschmerzen, Müdigkeit, Schwindelerscheinungen und abnehmender Sehschärfe kommen; die früher heftig diskutierte Möglichkeit einer so genannten chronischen Kohlenmonoxidintoxikation besteht aber offenbar nicht; sie ist aufgrund des Wirkungsmechanismus unwahrscheinlich. Die Empfindlichkeit scheint jedoch individuell stark zu variieren. Auch schwere akute Vergiftungen klingen, wenn sie überwunden werden, in der Regel folgenlos ab. Andererseits kommt es unter manchen beruflichen Bedingungen wiederholt oder gar gehäuft zu subakuten, also rezidivierend sich manifestierenden Vergiftungen durch Kohlenmonoxid.

Wirksamste Therapie ist die Gabe von reinem Sauerstoff oder Carbogen (95% O_2 und 5% CO_2). Wichtig ist die Behandlung einer bestehenden Acidose.

Es ist für den ärztlichen Gutachter oft nicht leicht, gesundheitliche Folgeschäden versicherungsrechtlich wahrscheinlich zu machen, da die Prognose der Kohlenmonoxidvergiftungen im Allgemeinen gut ist.

Als Folgen einer schweren CO-Vergiftung sind u.a. eine Epilepsie und eine Schädigung der Herzmuskulatur anerkannt worden.

Berufliche Kohlenmonoxidintoxikationen gehören zu den häufigeren Berufskrankheiten nach chemischer Einwirkung (siehe Tabelle 5.1).

Beschäftigte mit beruflicher Kohlenmonoxidbelastung sind arbeitsmedizinisch zu untersuchen. Als biologischer Grenzwert (BAT-Wert) gilt derzeit 5% Hb-CO bei einer Probenahme bei Expositionsende. Der Luftgrenzwert (MAK-Wert) beträgt 30 ppm (Stand 2006).

Erkrankungen durch Schwefelwasserstoff (▶BK 1202)

Schwefelwasserstoff (H_2S) ist ein farbloses Gas, das schwerer als Luft ist und nach faulen Eiern riecht.

Es entsteht überall dort, wo biologische Materie in Fäulnis übergeht. Gefährdungen bestehen insbesondere bei Arbeiten in Abwassergruben, Gruften und Klärwerken, Gerbereien, Abdeckereien sowie in der Gelatine- und Zuckerfabrik.

Schwefelwasserstoff ist ein stark toxisches Gas, das über die Lunge aufgenommen wird. Bei der akuten Einwirkung hoher Konzentrationen kommt es innerhalb weniger Sekunden zum Atemstillstand (apoplektiforme Vergiftung). Schleimhautreizungen an den Augenbindehäuten und am Atemtrakt sind bekannt. Die subakute Vergiftung ist durch Dyspnoe, Hustenanfälle und retrosternale Schmerzen gekennzeichnet, aus denen ein Lungenödem erfolgen kann. Folgen einer schweren Schwefelwasserstoffvergiftung betreffen das zentrale Nervensystem (Hypoxie), zum Teil mit Parkinson-ähnlicher Symptomatik. Die chronische Exposition kann zu Hornhautschäden führen, der so genannten Spinnerkeratitis bei Arbeitern in der Kunstfaserherstellung.

Therapeutisch steht die Erhaltung der Atmung im Vordergrund, ansonsten ist symptomatisch zu behandeln.

Entsprechend der hohen Toxizität beträgt der zulässige Luftgrenzwert 15 ppb bzw. 50 $\mu g/m^3$ (Stand 2006).

Zur Häufigkeit der BK 1202 siehe Tabelle 5.1.

Erkrankungen durch Kohlendioxid und Blausäure

(keine Berufskrankheiten)

Kohlendioxid (CO_2), also Kohlensäureanhydrid, vereinfacht auch als „Kohlensäure“ bezeichnet, führt bei höheren Konzentrationen durch physikalische Verdrängung des Sauerstoffs in der Luft ebenfalls zur Erstickung. Vergiftungsfälle nach beruflicher Exposition sind als Arbeitsunfälle zu behandeln. Sofern die Vergiftung überlebt wird, ist die Prognose günstig. An frischer Luft tritt in der Regel rasche Erholung ein. Konzentrationen von

- 4 bis 6% in der Atemluft führen zu Kopfschmerzen, Ohrensausen, Erregungszuständen, Schwindel und Benommenheit,
- 8 bis 10% zu Gleichgewichtsstörungen und tonisch-klonischen Krampfanfällen, zu Bewusstlosigkeit und Atemstillstand,
- bei noch höheren Konzentrationen kommt es durch „äußere Erstickung“ zum Tode.

Kohlendioxid ist durch seine Eigenschaften nicht wahrnehmbar, sein hohes spezifisches Gewicht – 1,5-mal schwerer als Luft – führt zur Anreicherung an tief gelegenen Punkten von Gruben, Kanälen oder Kellern. Als Erdgas in Bergwerken, Baugruben, Brunnenschächten und Höhlen, bei Gärvorgängen, in Fässern, Schiffsladeräumen und Lagerräumen von Getreide, aus Bierdruckleitungen oder Kühlmaschinen, aus Kohlensäureschnee oder bei Anwendungen als Feuerlöschmittel, ja selbst nach Verbrauch des Adsorptionsmittels in Rettungsgeräten mit geschlossenem Atmungskreislauf, in Narkosegeräten und Tauchgeräten kann der Kohlendioxidgehalt in der Einatmungsluft gefährlich ansteigen. In der atmosphärischen Luft ist eine Konzentration von 0,03 Vol.% enthalten, die Ausatmungsluft des Menschen enthält etwa 4 Vol.%. Schon wenig erhöhte Konzentrationen in der Einatmungsluft führen nach anfänglicher Steigerung der Atemtätigkeit zu den beschriebenen Krankheitserscheinungen und bei höheren CO_2-Konzentrationen relativ schnell zum Tode. Beim Betreten verdächtiger Räume weist das Erlöschen einer brennenden Kerze durch fehlenden Sauerstoff auf die drohende Gefahr hin. Rettungsmaßnahmen sind nur unter Sauerstoffatmung möglich.

Der zulässige Luftgrenzwert am Arbeitsplatz (MAK-Wert) beträgt 5000 ppm (Stand 2006).

Blausäure und ihre Verbindungen (Cyanverbindungen) sind, wie Kohlendioxid, keine Listenstoffe der Berufskrankheitenliste. Am Arbeitsplatz vorkommende akute Intoxikationen sind als Arbeitsunfall zu behandeln.

Blausäure wird rasch resorbiert und hemmt vor allem die Cytochromoxidase in der Atmungskette. Eine leichte Blausäurevergiftung hat eine günstige Prognose, die Symptomatik bildet sich rasch zurück. Demgegenüber kommt es bei einer schweren Vergiftung schnell zu Bewusstlosigkeit, zu Krämpfen und zum Atemstillstand. Als Folge einer Gehirnhypoxie können neurologische Spätschäden zurückbleiben.

5.3 Lösemittel, Schädlingsbekämpfungsmittel (Pestizide) und sonstige chemische Stoffe (▶BK 13)

Schleimhautveränderungen, Krebs oder andere Neubildungen der Harnwege durch aromatische Amine (▶BK 1301)

Die Gruppe der aromatischen Amine (sog. Arylamine) ist industriell bedeutsam, und zwar vor allem bei der Herstellung von Farbstoffen, Arzneimitteln, Pestiziden und Kunststoffen. Sie werden sowohl inhalativ als auch perkutan (z. B. durch kontaminierte Kleidung) resorbiert. Die Ausscheidung erfolgt – in der Regel nach Metabolisierung – hauptsächlich über die Niere. Aufgrund der somit verursachten Schleimhautveränderungen im Sinne der chronischen Irritation kann es in diesem Bereich auch zu Krebsbildung kommen.

Erkrankungen durch aromatische Amine infolge beruflicher Exposition werden unter den BK-Ziffern BK 1301 oder BK 1304 (s. u.) entschädigt.

Nach aktuellem Kenntnisstand sind folgende Arylamine und Arbeitsprozesse grundsätzlich in der Lage, eine Berufskrankheit BK 1301 zu verursachen (Stand 2006):

- 4-Aminodiphenyl,
- Benzidin,
- 2- bzw. β-Naphthylamin,
- 4-Chlor-o-toluidin,
- o-Toluidin,
- Auraminherstellung,
- Fuchsinherstellung.

Weitere aromatische Amine haben sich bislang nur im Tierversuch als krebserzeugend erwiesen. Für die kanzerogene Wirkung ist die metabolische Aktivierung (Hydroxylierung) wesentlich. Bei der Entgiftung spielt die genetisch determinierte Aktivität der N-Acetyltransferase eine Rolle mit der Folge, dass langsame Acetylierer ein höheres Erkrankungsrisiko tragen.

Das Krankheitsbild ist auf die ableitenden Harnwege und die Harnblase begrenzt, Nierenzellkarzinome gehören nicht zur Berufskrankheit BK 1301. Aufgrund epidemiologischer Befunde betragen Expositionsdauer und Latenzzeit meist mehrere Jahrzehnte. Nach der Statistik des Hauptverbandes der gewerblichen Berufsgenossenschaften lag die mittlere Expositionsdauer bei rund 20 Jahren und die mittlere Latenzzeit bei ca. 36 Jahren. Im Zeitraum von 1978 bis 2003 wurden insgesamt 1211 Fälle einer BK 1301 entschädigt, wobei am häufigsten Chemiearbeiter betroffen waren. Mit größerem Abstand folgen Maler, Lackierer, Schlosser und Techniker.

Bezüglich der Anerkennung von Primärkarzinomen anderer Lokalisation ist eine Prüfung nach § 9 Abs. 2 SGB VII („wie eine Berufskrankheit") vorzunehmen. Handelt es sich um eine Organmetastase eines Harnwegskarzinoms, kommt eine „Mitentschädigung" nach der Berufskrankheit BK 1301 in Betracht.

Die Prognose des Harnblasenkarzinoms hängt im Wesentlichen von der Infiltrationstiefe des Tumors, der Ausdehnung der Lymphknotenmetastasierung und dem Vorhandensein von Fernmetastasen (TNM-System) ab. Rezidiv- und Progressionsgefahr steigen mit zunehmender Entdifferenzierung des Tumors an.

Es handelt sich um eine relativ häufige Berufskrebserkrankung (siehe Tabelle 5.1).

Zur Früherkennung gehört die regelmäßige arbeitsmedizinische Vorsorgeuntersuchung von ehemals exponierten Beschäftigten.

Erkrankungen durch Halogenkohlenwasserstoffe (▶ BK 1302)

Die Halogenkohlenwasserstoffe (Verbindungen von aliphatischen, heterozyklischen sowie aromatischen Kohlenwasserstoffen mit Fluor, Chlor, Brom und Iod) sind eine heterogene Gruppe zahlreicher organischer Verbindungen. Sie werden industriell vielseitig verwendet und kommen auch als Stoffgemische vor. Als bevorzugte Einsatzgebiete sind zu nennen: Lösungsmittel, Schädlingsbekämpfungsmittel (Pestizide), Kältemittel, Treibgase für Aerosole, Trennmittel, Feuerlöschmittel, Syntheseausgangsstoffe und Zwischenprodukte in der chemischen Industrie, Isoliermittel in der Elektroindustrie, Narkose- und Desinfektionsmittel.

Die Toxikologie der Halogenkohlenwasserstoffe ist uneinheitlich und bedarf stets einer stoffspezifischen Betrachtung. Daher kann im Folgenden nur beispielhaft auf einige wichtige Verbindungen eingegangen werden.

Hinsichtlich Produktion und Verwendung nehmen die *Chlorkohlenwasserstoffe* eine herausragende Rolle ein. Sie werden wegen ihrer Fettlöslichkeit und Nichtbrennbarkeit als Lösungs- und Reinigungsmittel in großen Mengen eingesetzt. Wichtige Beispiele sind: Dichlormethan (Methylenchlorid), Tetrachlorethen (Perchlorethylen), und 1,1,1-Trichlorethan (Methylchloroform). Tetrachlorkohlenstoff spielt wegen seiner starken Hepatotoxizität in der Arbeitswelt seit längerem keine Rolle mehr. Eine mögliche Verwechslung mit Tetrachlorethen („Tetra" oder „Per") ist zu berücksichtigen. Im Fall von Trichlorethen ist nach gewerblicher Nutzung vereinzelt eine Schnüffelsucht beschrieben worden.

Bei der akuten Vergiftung stehen die haut- und schleimhautirritierenden Wirkungen sowie die Neurotoxizität mit der Folge narkotischer Effekte im Vordergrund.

Im Fall einer chronischen Exposition ist die Entstehung einer chronischen Enzephalopathie (organisches Psychosyndrom) und eines Leberschadens möglich. Infolge der Sensibilisierung des Myokards gegenüber Katecholaminen können Chlorkohlenwasserstoffe Herzrhythmusstörungen induzieren. Neben der Neuro- und Hepatotoxizität sind bestimmte Chlorkohlenwasserstoffe auch nierenschädigend.

Die krebserzeugende Wirkung von *Trichlorethen* ist mechanistisch, tierexperimentell und aufgrund epidemiologischer Befunde für den Menschen weitgehend gesichert. Entscheidend ist in diesem Zusammenhang, dass die beim Menschen beobachteten Nierenzellkrebserkrankungen nach langjähriger und massiver Belastung aufgetreten sind. Trichlorethen wird demzufolge nur noch in solchen Bereichen eingesetzt, für die es keine Ersatzstoffe gibt.

Vinylchlorid, das in den 30er Jahren zunehmend zur Herstellung von PVC eingesetzt wurde, kann ein Krankheitsbild mit sklerodermieartigen Hautveränderungen, Raynaud-Symptomatik, Hepatosplenomegalie und Akroosteolysen der Fingerendphalangen verursachen (sog. Vinylchlorid-Krankheit). Die krebserzeugende Wirkung betrifft insbesondere die Verursachung eines Hämangiosarkoms der Leber.

Die industriell früher bedeutsamen *Fluorchlorkohlenwasserstoffe* sind in der Regel deutlich geringer toxisch als die Chlorkohlenwasserstoffe. Wegen ihrer langen Persistenz in der Atmosphäre und Reaktionen mit Ozon sind sie weitgehend ersetzt worden.

Zu den Listenstoffen der BK 1302 zählen auch bestimmte *Insektizide*, z. B. DDT oder γ-Hexachlorcyclohexan (Lindan), die Gruppe der *chlorierten Naphthaline* sowie die *polychlorierten Biphenyle*. Bei einer akuten Vergiftung kommt es primär zu einer zentralnervösen Symptomatik. Chlorierte Naphthaline sowie polychlorierte Biphenyle (*PCB*) sind leberschädigend und können akneartige Hautveränderungen hervorrufen.

Erkrankungen durch Halogenkohlenwasserstoffe gehören zu den häufiger angezeigten „chemischen Berufskrankheiten" (siehe Tabelle 5.1).

Erkrankungen durch Benzol und seine Homologen oder durch Styrol (▶ BK 1303)

Benzol, Toluol, Xylol und Styrol rufen bei akuter Intoxikation pränarkotische Symptome (Rauschstadien) hervor. Darüber hinaus sind auch Schleimhautreizungen zu beobachten.

Nach chronischer und hoher Belastung – die Aufnahme erfolgt überwiegend inhalativ – kann es zu einer chronischen Enzephalopathie (organisches Psychosyndrom) kommen. Dieses spezifische Krankheitsbild kann als Berufskrankheit BK 1317 (s. u.) behandelt und gegebenenfalls entschädigt werden.

Für Benzol ist eine ausgeprägte hämatotoxische Wirkung bekannt, die schwere Schädigungen des blutbildenden Gewebes induziert; Folgen sind aplastische Anämie, Agranulozytose, Thrombozytopenie oder Panmyelophthise. Auch nach Beendigung der Benzolexposition kann die Knochenmarkschädigung fortschreiten und in eine Leukämie übergehen. Aufgrund zahlreicher epidemiologischer Befunde gilt dabei die akute myeloische Leukämie als typisch. Als Ursache für die Leukämie gelten Zwischenprodukte bzw. Metabolite des Benzols, z. B. Phenol, Katechol, Hydrochinon. Mehrere epidemiologische Studien haben einen statistischen Zusammenhang zwischen der kumulativen Benzolexposition und der Erkrankungshäufigkeit aufzeigen können. Inwieweit individuelle Faktoren eine Rolle für die Entstehung der Leukämie spielen, bedarf weiterer Untersuchungen. Die Frage, ob Lymphome aus der Gruppe der Non-Hodgkin-Lymphome generell als Folge einer beruflichen Benzolexposition zu behandeln sind, wird derzeit kontrovers diskutiert. Nach überwiegender wissenschaftlicher Auffassung ist es fraglich, ob die Krankheitsverursachung an Krebserkrankungen des peripheren lymphatischen Systems ausreichend belegt werden kann. Konsens besteht darin, dass Dosisgrenzwerte derzeit für keine der Erkrankungsarten sicher abgeleitet werden können. Alle Krebserkrankungen des blutbildenden Systems sind jedoch abhängig von der Dosis, so dass geringe Benzolbelastungen nicht als ausreichend für die Verursachung einer BK 1303 angesehen werden.

Der Morbus Hodgkin gehört nicht zu den gesicherten Folgen einer Benzolexposition.

Toluol und Xylole (sowie Styrol) sind nach aktuellem Wissensstand nicht krebserzeugend für den Menschen.

Im Zeitraum von 1978 bis 2003 wurden insgesamt 433 Fälle mit Leukämie als Berufskrankheit BK 1303 entschädigt. Die mittlere Expositionsdauer betrug 21 Jahre und die mittlere Latenzzeit 32 Jahre. Betroffen waren vor allem Chemiearbeiter, Kunststoffverarbeiter, Schlosser, Mechaniker, Maler und Lackierer. Nähere Angaben zur Häufigkeit der BK 1303 siehe Tabelle 5.1.

Erkrankungen durch Nitro- oder Aminoverbindungen des Benzols und seiner Homologen oder ihrer Abkömmlinge (▶ BK 1304)

Die Toxizität der aromatischen Nitroverbindungen ist wegen ihrer Verwendung zur Sprengstoffherstellung (z. B. Trinitrotoluol, *TNT*) seit langem bekannt. Sie werden vorwiegend inhalativ als Staub oder Dampf über die Atemwege aufgenommen. Sie können auch gut über die Haut und den Gastrointestinaltrakt in den Körper gelangen. Ihre Ausscheidung erfolgt erst nach Metabolisierung, und zwar hauptsächlich über die Niere. Die Giftwirkung beruht auf der Reduktion der Nitrogruppe zur Amino- oder N-Hydroxylaminogruppe, die durch Darmbakterien oder in der Leber erfolgt.

Die aromatischen Nitro- und Aminoverbindungen sind Methämoglobinbildner (Hämiglobin). Auf die starke Empfindlichkeit gegenüber Alkohol, der die Symptomatik verstärken kann, ist hinzuweisen.

Die starken individuellen Unterschiede in der Krankheitsausprägung lassen sich durch genetische Polymorphismen der beteiligten Enzymsysteme, z. B. Cytochrom-P450-Oxygenasen, Glucose-6-Phosphatdehydrogenase und N-Acetyltransferasen erklären.

Symptome einer *akuten Vergiftung* sind Übelkeit, Kopfschmerz, Schweißausbrüche und Dyspnoe. Die blaugraue Hautverfärbung infolge der Methämoglobinämie zeigt sich zunächst an Fingernägeln und Lippen. In höherer Dosis kann eine Bewusstseinstrübung mit Erregungszuständen und Krämpfen mit schließlich letalem Verlauf auftreten. In der Regel ist die Hämiglobinbildung reversibel. Als charakteristisch gelten die so genannten Heinzschen Körperchen, die im Blutbild nachweisbar sind.

Bei der *chronischen Vergiftung* stehen Anämie, Hautveränderungen und Leberschaden im Vordergrund. Eine passagere Bradykardie und Hypertonie sind bei Einwirkung von Nitroverbindungen beobachtet worden.

Zur krebserzeugenden Wirkung bestimmter aromatischer Aminoverbindungen wird auf die Ausführungen zur Berufskrankheit BK 1301 verwiesen (s. o.).

Zur Häufigkeit der BK 1304 siehe Tabelle 5.1.

Berufskrankheit durch Schwefelkohlenstoff
(▶BK 1305)

Schwefelkohlenstoff (CS_2, Kohlendisulfid) ist ein Lösungsmittel, das vor allem in der Synthetikfaserproduktion eingesetzt wird. Es riecht nach faulem Rettich. CS_2 wird sowohl über die Atemwege als auch perkutan aufgenommen. Wegen der guten Lipoidlöslichkeit steht die narkotische Wirkung im Vordergrund: Es kommt zu Erregungszuständen, Gesichtsrötung und Benommenheit.

Das Krankheitsbild der chronischen Schwefelkohlenstoffintoxikation ist vielgestaltig und beruht überwiegend auf neurotoxischen Wirkungen.

Folgen der CS_2-Vergiftung sind eine Polyneuropathie und eine chronische Enzephalopathie mit extrapyramidaler, pyramidaler und psychischer Symptomatik (chronische Enzephalopathie). Auffällig sind dabei auch Parkinson-ähnliche Symptome. Mittels Computertomographie und Kernspintomographie konnten morphologische Veränderungen in den Basalganglien nachgewiesen werden.

Bei chronischer Schwefelkohlenstoffintoxikation wurde zudem vermehrt eine zerebrovaskuläre Insuffizienz (sog. Encephalovasculopathia sulfocarbonica) beobachtet. Die Arteriosklerose betrifft auch das kardiovaskuläre System mit einer erhöhten Mortalitätsrate nach koronaren Herzerkrankungen. Die genauen pathophysiologischen Mechanismen sind nicht bekannt, eine Störung des Fettstoffwechsels soll die Arteriosklerose beschleunigen.

Um diese Berufskrankheit zu vermeiden, sind die zulässigen Grenzwerte am Arbeitsplatz einzuhalten. Der MAK-Wert beträgt derzeit 5 ppm (Stand 2006). Für das Biomonitoring gilt ein BAT-Wert von 4 mg TTCA pro Gramm Kreatinin (TTCA = 2-Thiothiazolidin-4-carboxylsäure).

Zur Häufigkeit der BK 1305 siehe Tabelle 5.1.

Erkrankungen durch Methanol (Methylalkohol)
(▶BK 1306)

Methanol (CH_3OH) kann über die Atemwege und durch die Haut, meist aber durch Verwechslung mit Ethylalkohol – in jüngster Zeit bei kriminellem Zusatz zu einigen ausländischen Weinen – durch orale Aufnahme in den Organismus gelangen. Methylalkohol wirkt wie andere Alkohole berauschend, ist aber wegen seines Abbaues über Ameisensäure zu Formaldehyd ein starkes Zellgift, das einerseits Oxidationsvorgänge des Stoffwechsels blockiert, andererseits zur Eiweißdenaturierung und zur Hemmung enzymatischer Prozesse führt. Akute Vergiftungen führen zu schweren Schäden des Sehnerven, zur Optikusatrophie und nicht selten zum Tode.

Im Zusammenhang mit einer schweren Vergiftung sind auch Leber- und Nierenschäden möglich.

Mit Hilfe von bildgebenden Verfahren (CT, MRT) konnten Läsionen im Bereich des Putamen nachgewiesen werden, die sich nach Abklingen der akuten Intoxikation wieder zurückgebildet haben. Klinisches Korrelat ist eine Parkinson-ähnliche extrapyramidale Symptomatik.

Da das Krankheitsbild einer chronischen Methanolintoxikation uncharakteristisch ist, erfordert die Diagnosestellung eine umfassende Arbeitsanamnese sowie den Nachweis einer erhöhten inneren Methanolbelastung mittels Biomonitoring. Der biologische Grenzwert (BAT-Wert) beträgt 30 mg Methanol pro Liter Urin (Stand 2006).

Zur Häufigkeit der BK 1306 siehe Tabelle 5.1.

Erkrankungen durch organische Phosphorverbindungen (▶BK 1307)

Organische Phosphorverbindungen sind Ester oder Amide der Phosphorsäure, man bezeichnet sie auch als Organophosphate. Sie werden vorwiegend als Insektizide eingesetzt. Sie gelangen über den Magen-Darm-Trakt und die Lungen sowie auch über die intakte Haut in den Körper und werden dort zu wasserlöslichen Verbindungen verstoffwechselt. Organophosphate entfalten ihre humantoxische Wirkung durch Hemmung der Acetylcholinesterase.

Bei der akuten Vergiftung resultieren die Symptome aus einer Überschwemmung der cholinergen Synapsen mit Acetylcholin. Typische Symptome sind: enge Pupillen (Myosis), Speichel- und Tränenfluss, Übelkeit, Erbrechen, Darmkoliken, starke Bronchialsekretion, Bronchokonstriktion, faszikuläre Zuckungen und Atemdepression. Symptomatik und Reihenfolge des Auftretens wechseln stark.

Als Folge einer akuten Vergiftung kann das so genannte Intermediate-Syndrom sowie die OPIDN (*Organophosphate Induced Delayed Neuropathy*) auftreten. An Spätfolgen sind auch neuropsychopathologische Veränderungen zu diskutieren.

Bei schweren Vergiftungen ist die rechtzeitige Antidottherapie eine lebensrettende Maßnahme. Durch Gabe von Atropin kann die Übererregung reduziert werden. Auch Oxime sind bei einigen Alkylphosphatvergiftungen wirksam.

Nach den Angaben der Unfallverhütungsberichte handelt es sich um eine seltene Berufskrankheit in Deutschland (siehe Tabelle 5.1).

Erkrankungen durch Fluor oder seine Verbindungen (▶BK 1308)

Berufliche Gefährdungen sind beim Umgang mit Fluorwasserstoff (HF), Flusssäure bzw. anderen anorganischen fluorhaltigen Säuren sowie löslichen Fluoriden möglich. Fluorverbindungen wirken lokal ätzend auf die Schleimhäute der Augen und Atemwege sowie auf die Haut. Als Folge können starke Gewebeschäden auftreten.

Die chronische Belastung führt zu einer Störung des Mineralstoffwechsels mit der Folge von Knochenschäden meist im Sinne einer Osteosklerose (Knochenfluorose). Dieses Krankheitsbild ist in der Regel dann anzunehmen, wenn eine Polyarthralgie, verknöcherte Bandansätze und eine erhöhte Fluoridausscheidung im Urin bestehen. Radiologisch unterscheidet man drei Stadien, die schwerste Form wird auch als Eburnisation bezeichnet.

Der Luftgrenzwert (MAK-Wert) beträgt für Fluor 0,16 mg/m^3 und für Fluoride 2,5 mg/m^3. Die Fluoridausscheidung im Harn ist auf 7,0 mg pro Gramm Kreatinin in der Nachschichtprobe zu begrenzen (BAT-Wert) (Stand 2006).

Fluor-verursachte Berufskrankheiten sind selten (siehe Tabelle 5.1).

Erkrankungen durch Salpetersäureester (▶BK 1309)

Salpetersäureester sind Verbindungen der Salpetersäure mit ein- oder mehrwertigen Alkoholen. Bedeutsam sind vor allem Nitroglykol und Nitroglyzerin. Die Aufnahme erfolgt sowohl inhalativ als auch bei Hautkontakt über die intakte Haut.

Die akute Intoxikation äußert sich durch Kopfschmerzen, Trunkenheitsgefühl, Gesichtsrötung, Schwindel und Brechreiz. Ein verminderter Blutdruck sowie Angina-pectoris-Beschwerden sind möglich. Die wiederholte Exposition kann zu Gewöhnung führen, die nach Wiederaufnahme der Tätigkeit nach einem Wochenende das Aufleben der Beschwerden zur Folge hat (sog. Montagskrankheit). Auch plötzliche Todesfälle sind dabei beobachtet worden. Im Allgemeinen ist aber die Prognose gut, Spätschäden sind nicht zu erwarten.

Ob die Intoxikation mit Salpetersäureestern geeignet ist, die Manifestationen eines Herzmuskelinfarktes zu begünstigen, ist gutachterlich anhand der gegebenen Situation und nach dem zeitlichen Ablauf, der sehr eng sein muss, zu beantworten.

Es handelt sich um eine seltene Berufskrankheit in Deutschland (siehe Tabelle 5.1).

Erkrankungen durch halogenierte Alkyl-, Aryl- oder Alkylaryloxide (▶BK 1310)

Bei diesen Listenstoffen handelt es sich chemisch um halogenierte Alkohole, Ether, Epoxide und Phenole. Wichtige Beispiele sind Epichlorhydrin, Dichlordimethylether, Pentachlorphenol (Holzschutzmittel), Chlorkresole und Dioxine, z.B. 2,3,7,8-Tetrachlordibenzo-p-dioxin (TCDD).

Die Resorption erfolgt vorwiegend über die Atemwege. Bei lokaler Einwirkung kann es zu mehr oder weniger stark ausgeprägten Reizerscheinungen an Haut und Schleimhäuten kommen. Systemische Wirkungen betreffen Nervensystem, Leber und Nieren. Monochlordimethylether und Dichlordimethylether sind starke Kanzerogene (Lungen- bzw. Bronchialkrebs).

Unter Dioxinen versteht man chemisch polychlorierte Dibenzo-p-dioxine (PCDD), von denen es 75 Kongenere gibt. Sie treten i.d.R. zusammen mit den polychlorierten Dibenzofuranen (PCDF) – 135 Kongenere – auf. Das akute Krankheitsbild ist durch akneiforme Hautveränderungen (Chlorakne) gekennzeichnet. Polyneuropathie und psychische Veränderungen wurden in Fallbeschreibungen berichtet, sie sind jedoch nicht generell beobachtet worden. Immunologische Veränderungen sowie erhöhte Leberenzymaktivitäten und Fettstoffwechselstörungen sind bei stark exponierten Personen beschrieben. Pathophysiologisch sind die Induktion bzw. Hemmung von Enzymen sowie die Modulation der Synthese und Aktivität zellulärer Rezeptoren bedeutsam.

2,3,7,8-TCDD gilt als humankanzerogen (Promoter). In epidemiologischen Studien ist eine Überhäufigkeit an Krebserkrankungen berichtet worden (z.B. Lungen- und Magenkrebs, Weichteilsarkome, Leukämie und Non-Hodgkin-Lymphome), wobei die Befunde allerdings nicht konsistent sind. Da der kanzerogenen Wirkung der PCDD/PCDF ein nichtgenotoxischer Mechanismus zugrunde liegt, hat die Arbeitsstoffkommission der Deutschen Forschungsgemeinschaft gefolgert, dass bei Einhaltung des MAK-Wertes kein nennenswerter Beitrag zum Krebsrisiko für den Menschen zu erwarten ist.

Von den gewerblichen Berufsgenossenschaften sind im Zeitraum von 1978 bis 2003 insgesamt 106 Krebserkrankungen als Berufskrankheit BK 1310 entschädigt worden. Häufige Zielorgane waren: Lunge, Magen/Darm und Harnorgane.

Gefährdende Tätigkeiten sind vor allem bei Chemiearbeitern und Kunststoffverarbeitern gegeben.

Für die Anerkennung einer Berufskrankheit sind eine hohe TCDD-Exposition (z.B. Nachweis einer Chlorakne), eine lange Latenzzeit und der Ausschluss von konkurrierenden Faktoren maßgeblich. Aufgrund der langen biologischen Halbwertszeit von 2,3,7,8-TCDD kann mittels Blutfettanalyse auch eine länger zurückliegende Exposition abgeschätzt werden.

Im Einzelfall ist die Frage zu beantworten, ob eine berufliche TCDD-Exposition eine wesentliche Ursache bzw. Mitursache für eine koronare Herzkrankheit darstellt.

Die polybromierten Dioxine und Furane weisen ein ähnliches Wirkprofil auf wie die chlorierten Verbindungen, sind jedoch geringer toxisch.

Zur Häufigkeit der BK 1310 siehe Tabelle 5.1.

Erkrankungen durch halogenierte Alkyl-, Aryl- oder Alkylarylsulfide (▶BK 1311)

Praktisch relevant ist vor allem 2,2-Dichlordiethylsulfid (Schwefellost, Senfgas, Gelbkreuz), das 1917 als Kampfstoff bei Ypern (Flandern) eingesetzt wurde. Es handelt sich um eine farblose gelbliche Flüssigkeit, deren Dämpfe schwerer als Luft sind. Gefährdungen können bei der Entsorgung von Fundmunition auftreten. Schwefellost durchdringt Gummi, Leder und Textilien.

Bei Hautkontakt kommt es nach einer Latenzzeit zu schweren Nekrosen und zu Blasenbildung.

Bei Inhalation können eine Pneumonie und ein Lungenödem auftreten. Spätschäden sind obstruktive Atemwegserkrankungen mit Lungenemphysem, Ulzerationen und Krebserkrankungen (Bronchial- und Larynxkarzinom).

Es handelt sich um eine seltene Berufskrankheit in Deutschland (siehe Tabelle 5.1).

Erkrankungen der Zähne durch Säuren (▶BK 1312)

Säureschäden der Zähne durch anorganische Säuren (Mineralsäuren) können bei deren Herstellung oder Verarbeitung entstehen. Gemeint sind dabei insbesondere Essig-, Ameisen- und Oxalsäure. Davon abzugrenzen sind solche organischen Säuren, die sich aufgrund von Gärungsprozessen in der Mundhöhle bilden, z. B. Milchsäure, Buttersäure und Benztraubensäure. Entsprechende Zahnschäden – so genannte Zuckerbäckerkaries – wurden überwiegend bei Konditoren, Beschäftigten in der Süßwarenindustrie und seltener bei Bäckern beobachtet.

Zahnerkrankungen gehören zu den häufiger gemeldeten Berufskrankheiten (siehe Tabelle 5.1). Eine Entschädigung ist nur selten erforderlich, weil im Allgemeinen keine Minderung der Erwerbsfähigkeit eintritt.

Hornhautschädigungen des Auges durch Benzochinon (▶BK 1313)

Benzochinon verursacht bei entsprechender Konzentration und längerer Einwirkungszeit Haut- und Schleimhautreizungen, insbesondere sind Hornhautschädigungen des Auges beschrieben.

Es handelt sich um eine seltene Berufskrankheit (siehe Tabelle 5.1).

Erkrankungen durch para-tertiär-Butylphenol (▶BK 1314)

Para-tertiär-Butylphenol (und chemisch ähnlich strukturierte andere Phenole und Katechole) kommt beispielsweise in bestimmten Kleb- und Kunststoffen vor. Die Aufnahme erfolgt vorwiegend inhalativ als Dampf oder Staub. Das Krankheitsbild ist gekennzeichnet durch Depigmentierungen am Stamm und an den Extremitäten (Weißflecken-Krankheit, Vitiligo), Leberfunktionsstörungen sowie eine Schilddrüsenvergrößerung.

Zur Verhütung der Berufskrankheit ist der BAT-Wert einzuhalten. Dieser beträgt 2 mg pt-Butylphenol pro Liter Harn in der Nachschichtprobe (Stand 2006).

Die Berufskrankheit BK 1314 ist in Deutschland selten (siehe Tabelle 5.1).

Erkrankungen durch Isocyanate (▶BK 1315)

▶Kapitel 10.1.4.

Erkrankungen der Leber durch Dimethylformamid (▶BK 1316)

Dimethylformamid (*DMF*) ist ein bedeutsames Lösungsmittel, das vor allem in der Kunstlederproduktion sowie bei der Herstellung von Polyacrylnitrilfasern, Pflanzenschutzmitteln, Speziallacken und pharmazeutischen sowie kosmetischen Produkten eingesetzt wird. DMF wird sowohl inhalativ als auch dermal gut resorbiert.

Zielorgan ist die Leber, klinisch handelt es sich meistens um eine Leberverfettung bzw. Fettleber. Die Prognose ist nach Expositionskarenz günstig, die Leberveränderungen sind in der Regel vollständig reversibel. Im Einzelfall ist die Abgrenzung gegenüber anderen Lebernoxen (z. B. Alkoholkonsum oder Medikamente) erforderlich. Eine Alkoholüberempfindlichkeit ist bereits bei geringer DMF-Exposition beschrieben (Flush-Syndrom). Ursächlich hierfür ist die kompetitive Hemmung der Aldehyddehydrogenase durch DMF.

Zur Häufigkeit der Berufskrankheit siehe Tabelle 5.1.

Polyneuropathie oder Enzephalopathie durch organische Lösungsmittel oder deren Gemische

(▶BK 1317)

Organische Lösungsmittel und deren Gemische sind an vielen Arbeitsplätzen anzutreffen. Als gesichert neurotoxisch gelten folgende Listenstoffe:

- aliphatische Kohlenwasserstoffe: n-Hexan, n-Heptan;
- Ketone: 2-Butanon (Methylethylketon), 2-Hexanon;
- Alkohole: Methanol, Ethanol, 2-Methoxyethanol;
- Aromatische Kohlenwasserstoffe: Benzol, Toluol, Xylole, Styrol;
- chlorierte aliphatische Kohlenwasserstoffe: Dichlormethan, 1,1,1-Trichlorethan, Trichlorethan, Tetrachlorethen.

Diese Chemikalien können in zahlreichen Produkten einzeln oder in Gemischen mit anderen Lösungsmitteln zur Anwendung kommen:

- zum Reinigen und Entfetten in der Metall-, Textil- und Kunststoffindustrie;
- als Lösungsmittel für Farbe, Lacke, Klebstoffe, Holzschutzmittel, Gummilösungen und zum Abbeizen;
- für zahlreiche chemische Reaktionen als Ausgangs- oder Zwischenprodukt oder als Lösungsvermittler.

Organische Lösungsmittel sind in der Regel leicht flüchtig und werden unter Arbeitsplatzbedingungen vorwiegend inhalativ aufgenommen.

Die peripher neurotoxisch wirkenden organischen Chemikalien (n-Hexan – auch in Verbindung mit Methylethylketon –, Methyl-n-Butylketon und Schwefelkohlenstoff) verursachen in der Regel eine sensible oder sensomotorische Polyneuropathie vom axonalen Typ. Toxisch bedingte Polyneuropathien sind stets selbstbegrenzende Krankheitsbilder, d.h. nach Expositionskarenz kommt es längstens nach ein bis zwei Jahren zu einer Besserung oder sogar vollständigen Rückbildung der Erkrankung.

Die chronische Intoxikation des ZNS durch organische Lösungsmittel wird unter dem Begriff der toxischen Enzephalopathie (i.W. organische Psychosyndrome) subsumiert. Neurologische Symptome wie Ataxie, Tremor oder Rigor sind eher selten und treten meist in fortgeschrittenen Krankheitsstadien auf. Im Hinblick auf das Krankheitsbild und dessen Prognose sind drei Schweregrade zu differenzieren, deren Übergänge fließend sind.

- Das leichte *Stadium I* ist ausschließlich durch subjektive Symptome gekennzeichnet. Im Vordergrund stehen verstärkte Müdigkeit, Nachlassen von Erinnerung und Initiative, Konzentrationsschwierigkeiten und erhöhte Reizbarkeit. In der Regel liegen keine objektivierbaren Zeichen eines Funktionsdefizits kognitiver Fähigkeiten sowie Persönlichkeitsveränderungen vor. Nach Beendigung der Exposition kommt es meistens innerhalb von mehreren Wochen oder einigen Monaten zu einer vollständigen Rückbildung.
- Beim *Schweregrad II* ist die Symptomatik stärker ausgeprägt und längere Zeit vorhanden. Veränderungen kognitiver Leistungen bestimmen in der Regel das Krankheitsbild und sollten mit standardisierten Methoden nachgewiesen sein. Einschränkungen im Bereich der Aufmerksamkeit, des Kurzzeitgedächtnisses und der psychomotorischen Geschwindigkeit werden häufiger beobachtet. Unspezifische neurologische Zeichen in Form von Koordinationsstörungen (ungerichtete Ataxie, Tremor, Dysdiadochokinese) können vorkommen.

Erkrankungen des Schweregrades II haben eine variable Prognose. Nach Beendigung der ursächlichen Exposition sind Besserungen der gesundheitlichen Beschwerden sowie der Funktionsstörungen möglich. Auch über bleibende Gesundheitsstörungen wurde berichtet. Differentialdiagnostisch ist bedeutsam, dass die Progredienz einer toxischen Enzephalopathie nach Expositionsende unwahrscheinlich ist. Bei progredienten Verläufen sind Alterungseffekte und Komorbidität zu berücksichtigen.

- Der *Schweregrad III* entspricht dem Krankheitsbild der schweren Demenz mit ausgeprägten globalen Einschränkungen der intellektuellen Leistungen und des Gedächtnisses. Bei der schweren Form kann eine diffuse innere und äußere Hirnatrophie vorliegen. Dieses Krankheitsbild ist wenig reversibel, nach Ausscheiden der Noxe jedoch auch nicht progredient. Eine schwere Lösungsmittel-induzierte Enzephalopathie ist vorwiegend bei Schnüfflern beobachtet worden.

Nicht zur toxischen Enzephalopathie im Sinne dieser Berufskrankheit gehören die degenerativen Erkrankungen des Nervensystems wie M. Alzheimer, M. Parkinson, Multiinfarktdemenz und multiple Sklerose. Ferner sind differentialdiagnostisch zu berücksichtigen: alkoholtoxische Enzephalopathie, affektive Störungen (Depression), Angststörungen, somatoforme Störungen und posttraumatische Belastungsstörung.

Im Rahmen der Begutachtung ist ein interdisziplinäres Vorgehen mit Beteiligung erfahrener Arbeitsmediziner, Neurologen, Neuroradiologen, Psychiatern und Psychologen erforderlich.

Wegen der weiten Verbreitung organischer Lösungsmittel ist die Bedeutung dieser Berufskrankheit relativ groß (siehe Tabelle 5.1).

5.4 Entschädigung nach § 9 Absatz 2 Sozialgesetzbuch VII

Zum 01.01.1997 ist das Sozialgesetzbuch VII in Kraft getreten. Hierdurch wurde der frühere § 551 Abs. 2 RVO durch den § 9 Absatz 2 SGB VII ersetzt: „Die Unfallversicherungsträger haben eine Krankheit, die nicht in der Rechtsverordnung bezeichnet ist oder bei der die dort bestimmten Voraussetzungen nicht vorliegen, wie eine Berufskrankheit als Versicherungsfall anzuerkennen, sofern im Zeitpunkt der Entscheidung nach neuen Erkenntnissen der medizinischen Wissenschaft die Voraussetzungen für eine Bezeichnung nach Absatz 1 Satz 2 (Berufskrankheit) erfüllt sind“.

Nach den offiziellen Statistiken sind folgende Krankheitsfälle häufiger entschädigt worden: Chronisch obstruktive Bronchitis, Krebserkrankungen durch Nitrosamine, Lungen- und Kehlkopfkrebs durch polyzyklische aromatische Kohlenwasserstoffe, Lungenkrebs durch Siliziumdioxid bei Silikose, Hypothenar-Hammer-Syndrom, Zahnabrasion.

Keine neuen gesicherten wissenschaftlichen Erkenntnisse in der Medizin liegen zu folgenden Fragestellungen vor: Blutkrebs oder Magenkrebs durch Asbest, Herz- und Kreislauferkrankungen bei Berufskraftfahrern und Venenerkrankungen durch besondere Hitzebelastung bei Gießereiarbeitern.

Seit längerem wird die Synkanzerogenese beim Zusammenwirken von gesicherten krebserzeugenden Faktoren diskutiert. Mit Ausnahme des multiplikativen Lungenkrebsrisikos bei gleichzeitiger Einwirkung von Asbeststaub und Tabakrauch sind nach dem derzeitigen Wissensstand keine gesicherten Aussagen zum Erkrankungsrisiko möglich.

▮ Weiterführende Literatur

Butz M (Hrsg) (2005) Beruflich verursachte Krebserkrankungen. Eine Darstellung der im Zeitraum 1978 bis 2003 anerkannten Fälle. Schriftenreihe des Hautverbandes der gewerblichen Berufsgenossenschaften e.V., Sankt Augustin

Deutsche Forschungsgemeinschaft (DFG) (2006) MAK- und BAT-Werte-Liste 2006. Senatskommission zur Prüfung gesundheitsschädlicher Arbeitsstoffe, Mitteilung 42. Wiley-VCH, Weinheim

Rogosky E, Kranig A (2006) Erfahrungen mit der Anwendung von § 9 Abs. 2 SGB VII (5. Erfahrungsbericht). Schriftenreihe des Hauptverbandes der gewerblichen Berufsgenossenschaften e.V., Sankt Augustin

Kamrad E, Kranig A (2006) Synkanzerogenese – Bericht über das gemeinsame Fachgespräch der DGAUM und des HVBG. Arbeitsmed Sozialmed Umweltmed 41: 356–359

Kierfeld F, Schöps W (1994) MdE und „Heilungsbewährung“, insbesondere bei Krebserkrankungen in der Begutachtung für die gesetzliche Unfallversicherung. Med Sach 19:43–46

Marquardt H, Schäfer SG (2004) Lehrbuch der Toxikologie, 2. Aufl. Wissenschaftsverlag, Mannheim

Schönberger A, Mehrtens G, Valentin H (2003) Arbeitsunfall und Berufskrankheit, 7. Aufl. Erich Schmidt, Berlin

Triebig G, Lehnert G (1998) Neurotoxikologie in der Arbeitsmedizin und Umweltmedizin. Gentner, Stuttgart

Triebig G, Kentner M, Schiele R (2003) Arbeitsmedizin. Handbuch für Theorie und Praxis. Gentner, Stuttgart

6 Krankheiten des Nervensystems

6.1 Traumatische Schädigungen des Nervensystems

M. Tegenthoff

6.1.1 Die ärztliche Begutachtung in der Neurotraumatologie

Zentrale Aufgabe neurotraumatologischer Gutachten ist die Beurteilung von Zusammenhangsfragen, also die Kausalitätsbegutachtung. Dabei sind die Unfallfolgen und ihre funktionellen Auswirkungen im Sinne einer Zustandsbegutachtung zu erfassen und zu bewerten. Bedeutung haben weiterhin die Beurteilung einer unfallbedingten Hilfs- und Pflegebedürftigkeit, sowie seltener Fragen zur Fahreignung, Geschäftsfähigkeit oder auch zur strafrechtlichen Verantwortlichkeit. Die Bewertung psychoreaktiver, organisch nicht begründbarer Störungen nach Unfällen bedarf einer subtilen Differenzierung zwischen unfallbedingten und unfallunabhängigen Kausalfaktoren aus der Lebensgeschichte bzw. der aktuellen Lebenssituation des Verletzten. Eine solche Beurteilung sollte durch einen psychiatrischen bzw. psychosomatischen Gutachter durchgeführt werden. Leider findet sich bei der Vergabe von Gutachtenaufträgen zum Teil Unkenntnis der Auftraggeber bezüglich der Berufsbezeichnungen bzw. der jeweiligen beruflichen Kompetenzen im Bereich der neurologisch-/psychiatrisch-/psychosomatisch-/psychologischen Fachgebiete. Die weitgehende Überlappung der Weiterbildungsinhalte von Psychiatrie einerseits und Psychosomatik andererseits lässt eine differentielle Beauftragung leider nicht zu. Dem Auftraggeber sollte ggf. ein konkreter Hinweis gegeben werden, *„wer"* sinnvollerweise *„was"* begutachtet werden soll. Die primäre Beurteilung der Folgen einer Hirnverletzung sollte dabei durch einen Neurologen bzw. einen Nervenarzt erfolgen.

Voraussetzung für eine neurotraumatologische Begutachtung ist die Kenntnis des Unfallmechanismus und der klinischen Verlaufsbefunde, insbesondere aus der Initialphase nach dem Unfallereignis. Leider liegen qualifizierte neurologische Befunde oft erst mit mehrtägigem, zum Teil auch mehrwöchigem Abstand nach dem Unfallereignis vor. Neben einer genauen Kenntnis von Art und Dauer der anfänglichen Bewusstseinsstörung sowie früher psychopathologischer Veränderungen (Durchgangssyndrom, Dämmerzustände, psychotische Erscheinungen) ist die Erfassung amnestischer Lücken sowie konkurrierender Ursachen, wie z.B. Sedierung, Analgesie und Narkose von großer Bedeutung. Entsprechende Informationen lassen sich manchmal in der Pflegedokumentation finden. Weiterhin ist das Ausmaß und die Persistenz zentral vegetativer Funktionsstörungen und der Neurostatus mit möglicherweise vorhandenen Herdhinweisen wie Paresen, Reflexdifferenzen, pathologischen Reflexen oder Anfallsäquivalenten von großem Interesse. Solche Befunde sollten über den Auftraggeber beigezogen werden. Ist eine Abgrenzung gegen unfallunabhängige Erkrankungen erforderlich, oder hat der Gutachter die funktionelle Relevanz neurologischer Unfallfolgen in einem multifaktoriellen Bedingungsgefüge zu bewerten, sind auch Informationen über unfallunabhängige Vorerkrankungen des Probanden z.B. in Form des Vorerkrankungsverzeichnisses der Krankenkasse beizuziehen.

Während die Einschätzung des Ausmaßes der körperlichen Schädigung bei peripheren Nervenläsionen oder isolierten zentralmotorischen Störungen an Bewertungstabellen aus der Literatur angelehnt werden kann, setzt die gutachterliche Bewertung komplexerer Hirnfunktionsstörungen wie eines hirnorganischen Psychosyndroms oder einer Wesensänderung entsprechende Erfahrung voraus. Dies gilt auch für die gerade nach Hirnverletzungen häufig für den Verletzten im Vordergrund stehenden subjektiven Beeinträchtigungen wie Kopfschmerzen, Schwindel oder allgemeine Leistungsminderung. Grundlage einer gutachterlichen Bewertung muss hier die klinische Symptomatik sein, das Ausmaß pathologischer Befunde in der apparativ technischen Zusatzdiagnostik kann nur bedingt zur Bewertung der Verletzungsfolgen beitragen.

Problematisch ist der grundsätzliche Konflikt zwischen der gutachterlichen Empfehlung einer Berentung und der häufig ebenfalls gutachterlich zu beantwortenden Frage nach vorhandenen Rehabilitationsmöglichkeiten von Unfallfolgen. Auf der einen Seite sollte der Gutachter bei einer entsprechenden Fragestellung alle noch bestehenden Rehabilitationsmöglichkeiten, die zu einer Besserung der Unfallfolgen beitragen können, aufzeigen und insofern eine entsprechende Leistungsmotivation des Patienten unterstützen. Auf der anderen Seite kann eine solche

Vorgehensweise gerade im Bereich der privaten Unfallversicherung zu einer vorläufigen Ablehnung der Leistungspflicht führen. In diesen Fällen sollte dezidiert dargelegt werden, in welchem Umfang eine Verbesserung der Leistungsfähigkeit durch rehabilitative Maßnahmen erreicht werden kann. Im Einzelfall sollte explizit erklärt werden, dass z. B. „eine versicherungsrechtlich relevante Änderung der Unfallfolgen nicht zu erwarten ist" oder dass auch nach Durchführung der vorgeschlagenen Rehabilitationsbehandlung ein unfallbedingter MdE/GdB-Grad in Höhe eines anzugebenden Mindestsatzes anzunehmen ist.

6.1.2 Traumatische Hirnschäden

Epidemiologie und Pathogenese

Die Begutachtung von Verletzungsfolgen nach einem Schädel-Hirn-Trauma ist angesichts einer geschätzten Zahl von etwa 200 000 Schädel-Hirn-Verletzten im Jahr in Deutschland, bei denen in etwa 5 bis 10% der Fälle eine langfristige zerebrale Funktionsstörung verbleibt, eine häufige Aufgabe. In Deutschland stehen dabei Verkehrsunfälle, gefolgt von Arbeits- und Freizeitunfällen, an der Spitze der Ursachenstatistik.

- Der häufigste pathophysiologische Mechanismus einer Schädel-Hirn-Verletzung resultiert aus einer stumpfen Gewalteinwirkung auf den frei beweglichen Kopf. Morphologisch zeigen sich Gewebsläsionen, die ubiquitär entlang der Mittellinie am Ort des Gegenstoßes (*Contrecoup*) und/oder weniger ausgeprägt am Stoßpol (*Coup*) auftreten. Trifft die Gewalt auf den fixierten Schädel, findet sich häufig ein *Impressionstrauma* mit knöcherner und oft auch begleitender *Duraverletzung*. Bei diesen definitionsgemäß offenen Hirnverletzungen (Schädigung der Dura) ergeben sich typische Komplikationen in Form sekundärer bakterieller Infektionen sowie oft auch mit Latenz auftretender Liquorrhoesyndrome (Rhino- oder Otoliquorrhoe).
- Das weitgehend akzeptierte Modell der *„diffusen axonalen Hirnschädigung"* („diffuse axonal injury", *DAI*) stellt einen zweiten möglichen pathophysiologischen Mechanismus dar. Dabei kommt es zu einer diffusen traumatischen Schädigung, die insbesondere infolge von Rotationsbeschleunigungen auftreten soll und mit steigendem Schweregrad zu fokalen Zerreißungen an der Mark-Rinden-Grenze, zu Balkenläsionen und zu rostralen Hirnstammläsionen führen soll. Morphologisches Substrat einer diffusen axonalen Schädigung sind im Gegensatz zu den typischen, bereits frühzeitig eindeutig computertomographisch darstellbaren Kontusionsherden multiple kleine fokale Läsionen im Bereich der Mark-Rinden-Grenze, welche vor allem frontal und temporal zu beobachten sind. Eine wesentliche Problematik des pathophysiologischen Konzeptes der diffusen axonalen Schädigung erwächst daraus, dass die betroffenen Patienten in erster Linie langfristig unter persistierenden neuropsychologischen und psychoorganischen Veränderungen leiden, deren organische Grundlage häufig schwierig nachzuweisen ist. Die Computertomographie zeigt nur bei einem Teil der Patienten kleine multifokale hyperdense Veränderungen im Sinne von Hämorrhagien, welche sich jedoch nicht in der direkten posttraumatischen Bildgebung, sondern oft erst mit einer Latenz von etwa 12 Stunden darstellen lassen. Kernspintomographisch sind diese multitopen kleinen Signalveränderungen zunächst unspezifisch, so dass erst die Verlaufsdynamik eine Zuordnung zu einer traumatischen Ursache ermöglicht (s. u.).
- Ein weiterer pathogenetischer Faktor sind *sekundäre Hirnschäden* infolge von generalisierten oder fokalen Ödemreaktionen, Hirndruck mit resultierenden Perfusionsstörungen sowie hypoxische Läsionen.

Der Nachweis einer Schädel- oder Schädelbasisfraktur allein erlaubt keinen Rückschluss auf das Vorhandensein oder gar den Schweregrad einer Hirnverletzung. Knöcherne Schädelverletzungen können ohne Hirnschädigung bleiben. Gleiches gilt für traumatische Hirnnervenläsionen, die sich für den IV., V., VI., VII. und VIII. Hirnnerven bei Schädelbasisfrakturen und für den N. trigeminus bei Gesichtsschädelfrakturen finden lassen. Insbesondere eine Läsion des N. olfactorius mit nachfolgender traumatischer Anosmie kann bei fronto-basalen Frakturen, aber auch ohne jede knöcherne Verletzung allein durch plötzliche Relaktivbewegungen zwischen Schädelkapsel und Hirn auftreten. In allen Fällen lassen diese Hirnnervenläsionen allein keinen Rückschluss auf eine begleitende Hirnsubstanzschädigung zu.

Häufig verkannt wird die Möglichkeit von begleitenden Gefäßverletzungen im Rahmen eines Schädel-Hirn-Traumas. Neben einer direkten Schädigung z. B. der Karotiden im Bereich der Schädelbasis finden sich auch direkte traumatische Schäden der großen Halsgefäße mit nachfolgender Dissektion, was mit zeitlicher Latenz zu einer sekundären ischämischen Hirnläsion führen kann (Rommel et al. 1999). Relativ selten ist die gleichfalls mit einer Latenzzeit auftretende arteriovenöse Carotis-Sinus-cavernosus-Fistel mit dem klinischen Bild eines Exophthalmus pulsans nach intrakraniellen Verletzungen der A. carotis interna.

Klassifikation und gutachterliche Bewertung

Hinsichtlich der klinischen Klassifikation der Schädel-Hirn-Verletzungen besteht weiterhin kein Konsens, da die verschiedenen morphologischen, pathologischen und klinischen Aspekte bislang nicht in eine allgemein verbindliche Einteilung integriert werden konnten. Für den Bereich der Begutachtung allein, wo der funktionellen Beeinträchtigung des Verletzten die entscheidende Bedeutung zukommt, ist die klassische Einteilung in Commotio cerebri und Contusio cerebri unter einem pragmatischen Aspekt weiter anwendbar.

▌ Konsens besteht bei dieser Einteilung dahingehend, dass eine *Commotio cerebri*, welche als vorübergehende Funktionsstörung des Gehirns ohne morphologische Schädigung definiert ist, allein aufgrund klinischer Parameter nicht sicher zu diagnostizieren ist. Da Patienten mit klinischem Kommotionssyndrom wie einer Bewusstlosigkeit im Minutenbereich einer kurzen anterograden Erinnerungslücke und ohne fokale neurologische Symptomatik im Rahmen der immer differenzierter werdenden bildgebenden Diagnostik nicht selten eindeutige kontusionelle Hirnschädigungen zeigen, ist zu folgern, dass für die gutachterliche Bewertung eines Kausalzusammenhangs insbesondere zwischen psychoorganischen Veränderungen und einem Schädel-Hirn-Trauma die Durchführung einer differenzierten MR-Bildgebung zwingend erforderlich ist.

Kardinalsymptome einer Commotio cerebri und grundsätzlicher Hinweis auf eine Hirnbeteiligung im Rahmen eines Unfallereignisses sind der akute Bewusstseinsverlust, der in der Regel nur Sekunden bis Minuten andauert, eine überwiegend anterograde Amnesie im Bereich von wenigen (<8) Stunden, ein Durchgangssyndrom, welches maximal 24 Stunden anhalten und gerade bei Kindern klinisch eindrucksvolle Ausprägung zeigen kann, sowie vorübergehende vegetative Störungen in Form von Übelkeit, Erbrechen, Kopfschmerzen, Schwindel und Kreislauflabilität, welche durchaus auch mehrere Tage anhalten können.

▌ Demgegenüber ist die *Contusio cerebri* definiert durch im Einzelfall hinsichtlich Lokalisation und Ausdehnung sehr unterschiedliche substantielle Hirngewebsläsionen. Entsprechend findet sich eine sehr unterschiedliche klinische Symptomatik. Folgende klinische Befunde sprechen für das Vorliegen einer kontusionellen Schädigung und können bei zeitlichem Zusammenhang mit dem Unfall Grundlage für die Anerkennung eines Kausalzusammenhangs sein:
- Bewusstlosigkeit länger als eine Stunde,
- Amnesie länger als 8 Stunden,
- retrograde Amnesie (länger als 15 Minuten),
- Durchgangssyndrom länger als 24 Stunden.

Für diese klinischen Parameter gilt, dass eine iatrogene Ursache, insbesondere eine medikamentöse Sedierung, welche im Einzelfall auch unter entsprechenden Analgetika auftreten kann, oder ein anderweitiges, z. B. kardiovaskuläres oder auch psychogenes Schockgeschehen ausgeschlossen werden muss. *Differentialdiagnostisch* sind unter einer gutachterlichen Fragestellung auch andere Ursachen für ein Durchgangssyndrom wie z. B. Alkoholentzug, Delir oder metabolische Entgleisungen in die Überlegungen einzubeziehen.

Fokale klinisch-neurologische zerebrale Symptome, die ursächlich einem Hirntrauma zuzuordnen sind, belegen eine kontusionelle Hirnschädigung.

Die Wertung von EEG-Veränderungen bedarf im Einzelfall einer kritischen Betrachtung. Grundsätzlich kann eine länger als 24 Stunden bestehende Allgemeinveränderung oder ein entsprechender Herdbefund, bei im weiteren Verlauf eindeutig dokumentierter Dynamik (in der Regel im Sinne einer Rückbildung) auf eine kontusionelle Hirnschädigung hinweisen. Problematisch ist im Hinblick auf die Bewertung von EEG-Veränderungen deren Beeinflussung durch verschiedenste, insbesondere sedierende Medikamente, sowie die Tatsache, dass 10 bis 20% der gesunden Durchschnittsbevölkerung abnorme EEG-Befunde aufweisen. Auch kann eine unspezifische Vigilanzstörung zu einer transienten Grundrhythmusverlangsamung führen. Insofern sollten nur eindeutige EEG-Veränderungen bei genauer Kenntnis der jeweiligen Ableitbedingungen im Rahmen einer Kausalitätsbewertung berücksichtigt werden. Die genannten klinischen Parameter und auch EEG-Verlaufsuntersuchungen verlieren einen Großteil ihrer Aussagekraft, wenn z. B. im Rahmen eines Polytraumas in der Frühphase eine operative Versorgung des Verletzten mit nachfolgender intensiv-medizinischer Behandlung erfolgte, da eine Differenzierung zwischen traumatisch induzierten und narkosebedingten Veränderungen kaum mit hinreichender Sicherheit möglich ist.

Dominierende Bedeutung bei der Erfassung morphologischer Folgen von Hirnverletzungen haben bildgebende Verfahren (CCT/MRT). Während das CCT insbesondere in der posttraumatischen Phase entscheidend ist für die therapeutische Weichenstellung, erlaubt das MRT auch im weiteren Verlauf mit größerer Sensitivität die Erfassung abgelaufener Substanzschädigungen. Dabei ist der radiologische Nachweis einer kontusionellen Hirnschädigung beweisend.

Bedeutsam ist, dass der Nachweis einer Hirnsubstanzläsion bei sehr zeitnah zum Unfallereignis erstellten CCT-Aufnahmen noch fehlen kann, so dass ggf. erst eine Kontrolle 12 bis 24 Stunden nach dem Trauma sekundäre Einblutungen oder Ödemzeichen erkennen lässt. Insbesondere auch das morphologische Korrelat einer diffusen axonalen Hirnschädigung (Gennarelli-Grad I) kann sich erst im Verlauf von Stunden entwickeln. Ein initial unauffälliger CCT- oder MRT-Befund schließt von daher eine Contusio cerebri nicht mit Sicherheit aus. Eine langfristige Verlaufsbeobachtung kann sekundäre Traumafolgen wie z. B. posttraumatische Atrophiezeichen darstellen.

Leider auch in gutachterlich strittigen Fällen erfolgt eine differenzierte MRT-Untersuchung manchmal erstmals mit einer Latenz von mehreren Monaten oder sogar Jahren nach dem Unfallereignis. Kritisch zu bewerten ist dabei die immer wieder zu beobachtende Interpretation unspezifischer Marklagerveränderungen als Hinweis auf eine abgelaufene kontusionelle Hirnschädigung. Akzentuiert findet sich diese Problematik im Zusammenhang mit der „diffusen axonalen Hirnschädigung" (s. o.). Nach einer solchen Läsion können sehr frühzeitig (< 12 Stunden) und auch mehrere Wochen oder Monate nach dem Trauma angefertigte CCT- und Standard-MRT-Aufnahmen unauffällig sein, während klinisch eher unspezifische psychopathologische bzw. neuropsychologische Störungen wie z. B. Aufmerksamkeits- und Gedächtnisstörungen dominieren. Im Verlauf kann sich eine Erweiterung der Liquorräume als dann indirekter Hinweis auf eine derartige diffuse axonale Hirnschädigung entwickeln. Bedeutsam ist, dass durch spezielle MRT-Untersuchungen mittels einer suszeptibilitäts-sensitiven Sequenz (T2*-Sequenz) der Nachweis kleiner Hämosiderinablagerungen als Hinweis auf abgelaufene Mikroblutungen in der Hirnsubstanz noch Jahre nach einem Trauma gelingen kann. Ein solcher Blutungsnachweis im Bereich der Hirnsubstanz legt grundsätzlich bei anamnestisch adäquatem Unfallmechanismus eine kontusionelle Hirnschädigung nahe. Gerade dem neurologischen Gutachten obliegt es jedoch, diese MRT-Befunde in eine adäquate Korrelation zur klinischen Symptomatik und zum abgelaufenen Unfallmechanismus zu bringen. Auch differenzierteste pathologische MRT-Befunde sind allein – d. h. ohne ein adäquates Trauma und eine „passende" hirnorganisch zuordnungsfähige Symptomatik – nicht geeignet, eine unfallbedingte Hirnschädigung zu belegen. Hier kommt der Anamnese u. a. mit Erfassung möglicherweise bereits prätraumatisch abgelaufener anderweitiger Hirnschädigungen eine besondere Bedeutung zu. Das Ausmaß der morphologisch darstellbaren Hirnsubstanzschädigung erlaubt im Einzelfall keinen zwingenden Rückschluss auf die resultierenden funktionellen Beeinträchtigungen. Die funktionell bildgebenden Verfahren wie PET, SPECT oder funktionelle Kernspintomographie haben neurotraumatologisch bislang keine gutachterliche Relevanz.

▮ Die Bewertung der Folgen einer *intrakraniellen extrazerebralen Blutung* kann ein schwieriges gutachterliches Problem darstellen. Zwar geht eine traumatische Subarachnoidalblutung in den meisten Fällen mit einer kontusionellen Hirnschädigung einher. Sie kann jedoch nicht als beweisend für eine solche angesehen werden. Hinzu kommt, dass sich bei einer nicht eindeutigen Unfallanamnese die gutachterliche Frage der Differenzierung zwischen einer traumatischen und einer z. B. für einen Sturz ursächlichen spontanen Subarachnoidalblutung stellen kann. Auch nach einer traumatischen Subarachnoidalblutung kann es mit einem Häufigkeitsmaximum zwischen dem 4. und 14. Tag nach der primären Blutung zu sekundären ischämischen Hirninfarkten mit passagerer oder bleibender neurologischer Symptomatik kommen. Diese ischämischen Hirnläsionen sind dabei nicht zwingend in der Nähe der Blutungsquelle lokalisiert. Sie können z. B. bei einer supratentoriellen Blutung auch kontralateral oder infratentoriell auftreten.

Problematisch kann weiterhin die Bewertung epiduraler bzw. subduraler Hämatome im Hinblick auf den Nachweis einer substantiellen Hirnläsion sein. Wenn diese extrazerebralen Blutungen nur gering ausgeprägt sind oder aber frühzeitig adäquat operativ versorgt wurden, erlaubt die Dokumentation einer solchen epi- oder subduralen Blutung nicht zwingend den Schluss, dass auch eine kontusionelle Hirnschädigung vorgelegen hat. Diese bzw. die entsprechenden Auswirkungen einer Hirnsubstanzschädigung sind dann eigens nachzuweisen. Dies kann z. B. über den Nachweis eines Hirnödems im Rahmen einer Verlaufsdokumentation der bildgebenden Diagnostik erfolgen, wobei ein traumatisches Hirnödem erst mit einer Latenz von etwa 8 bis 12 Stunden sein Maximum erreicht.

▮ Spätschäden/Defektsyndrome nach Hirnverletzungen und gutachterliche Bewertung

Auch neuroradiologisch nachweisbare erhebliche zerebrale Substanzdefekte können klinisch weitgehend „folgenlos" ausheilen. Auf der anderen Seite kann auch ein leichtes Hirntrauma selbst ohne fassbare neuroradiologisch nachweisbare Hirnsubstanzläsion einen Dauerschaden hinterlassen.

Die geringsten Schwierigkeiten ergeben sich in der Regel bei der Bewertung fokaler neurologischer, topographisch zuordnungsfähiger Störungen nach Hirnverletzungen. Auf dem Boden einer exakten neurologischen Befunderhebung ist hier eine genaue diagnostische Erfassung der jeweiligen Störung (Paresen, Sensibilitätsstörungen, Gesichtsfeldstörungen, Ataxien usw.) und deren funktionellen Ausmaßes erforderlich. Die konkrete gutachterliche Bewertung der Defizite kann sich an den entsprechenden Bewertungstabellen orientieren (z. B. Widder u. Gaidzik 2007).

▮ Im Vordergrund der Folgeerscheinungen nach einem traumatischen Hirnschaden steht häufig ein *psychisches Defektsyndrom* in Form von *Hirnleistungs- und/oder Hirnwerkzeugstörungen* sowie einer organisch bedingten Wesens- bzw. Persönlichkeitsveränderung unterschiedlichster Ausprägung. Neben der pathogenetischen Zuordnung mit der Frage einer primär organisch oder primär psychogen determinierten Verursachung einer solchen psychischen

Beeinträchtigung stellt die nachfolgende Kausalitätsbewertung im Hinblick auf das abgelaufene Trauma sowie die Beurteilung der resultierenden Leistungseinschränkungen ein gutachterliches Problem dar. Der neurologische Gutachter muss zur Beurteilung posttraumatischer Wesensänderungen über eine entsprechende Erfahrung in der Bewertung solcher psychopathologischer Veränderungen verfügen. Andernfalls sollte ggf. – unter einer dezidierten Fragestellung – eine psychiatrische Mitbegutachtung veranlasst werden.

Speziell bei Sprach- oder Sprechstörungen (Aphasie/Dysarthrie) kann eine eigenständige logopädische/neurolinguistische Zusatzbegutachtung erforderlich sein. Dabei sollten in erster Linie die funktionellen Defizite im Hinblick auf rezeptive und expressive Einschränkungen durch eine vorhandene Aphasie beschrieben werden. Da im Einzelfall eine Abgrenzung der aphasischen Störung von Aufmerksamkeits- und Antriebsstörungen schwierig sein kann, ist hier eine Wertung beschriebener Sprachstörungen unter Berücksichtigung vorhandener kognitiver Beeinträchtigungen erforderlich.

Zur Erfassung und Quantifizierung der sehr häufigen, das klinische Bild dominierenden Hirnleistungs- und Hirnwerkzeugstörungen ist die Durchführung einer neuropsychologischen Zusatzbegutachtung durch einen entsprechend ausgebildeten klinischen Neuropsychologen sinnvoll. Diese dient nicht nur der Schadensbewertung, sondern ist auch für die Rehabilitationsplanung bedeutsam. Die primäre Erstellung isolierter neuropsychologischer Gutachten ohne eine klinische Untersuchung des Verletzten ist für die Beurteilung von Schädel-Hirn-Verletzten strikt abzulehnen. Ein pathologischer testpsychologischer Befund allein kann nicht die Diagnose einer Hirnschädigung begründen. Die unter einer dezidierten Fragestellung erhobenen neuropsychologischen Befunde und deren Beurteilung müssen im Zusammenhang mit der klinischen Gesamtsituation in Kenntnis des Unfallhergangs zusammenfassend durch den klinischen Hauptgutachter bewertet werden.

Testpsychologische Befunde stellen keinen absolut objektiven Untersuchungsbefund dar und zeigen keine für eine traumatische Hirnschädigung spezifische Schädigung. Das Ergebnis einer testpsychologischen Untersuchung ist abhängig von der Motivation und Mitarbeit des Probanden. Pathologische Befunde können nicht nur im Rahmen hirnorganischer Defektsyndrome, sondern auch aufgrund primär psychischer Erkrankungen wie z. B. einer depressiven Störung auftreten. Wenn testpsychologische Befunde eine deutliche Diskrepanz zu dem beobachteten Alltagsverhalten des Verletzten aufweisen, müssen Zweifel an der Glaubwürdigkeit dieser Befunde geäußert werden. Ursächlich ist dann eine Aggravation und/oder Simulation in Betracht zu ziehen, was in solchen Fällen eindeutig dokumentiert werden sollte. Da eine fundierte Verhaltensbeobachtung innerhalb einer allenfalls über einige Stunden laufenden Begutachtung nur sehr eingeschränkt möglich ist, kann es im Einzelfall bei einer schwierig zu beurteilenden Psychopathologie sinnvoll sein, eine kurze stationäre Beobachtung über wenige Tage durchzuführen. Informationen über das Alltagsverhalten des Probanden sind weiterhin über eine verlässliche Fremdanamnese zu erhalten. Grundsätzlich sollte eine nervenärztliche oder neuropsychologische Begutachtung nicht parallel zur Therapie durch den behandelnden ärztlichen oder psychologischen Psychotherapeuten erfolgen.

Für die Beurteilung psychopathologischer Veränderungen bei fremdsprachigen Schädel-Hirn-Verletzten sollte ein Dolmetscher hinzugezogen werden. Die Durchführung der Untersuchung mit Hilfe übersetzender Angehöriger kann nur eine Notlösung darstellen, da intrafamiliäre Interaktionen die Untersuchung verändern können. In diesen Fällen sollte auch versucht werden, sprachfreie neuropsychologische Testverfahren einzusetzen.

Zu den häufigsten subjektiven Beschwerden nach einer Hirnverletzung gehört der posttraumatische *Kopfschmerz*, der in sehr unterschiedlicher Ausprägung auftreten kann. Typischerweise werden drückende, dumpfe, manchmal pulsierende Schmerzen holokraniell oder in wechselnder Lokalisation auftretend, beschrieben, die sich unter körperlicher Belastung, Lärm, Hitze oder Alkohol verstärken. Ursächlich findet sich in vielen Fällen eine Verletzung im Bereich der Hirnhäute oder schmerzverarbeitender zentralnervöser Strukturen. Der Schmerzcharakter erinnert in erster Linie an einen Spannungskopfschmerz. *Differentialdiagnostisch* zu berücksichtigen sind zum einen psychiatrische oder psychosomatische Faktoren wie depressive Störungen oder eine somatoforme Schmerzstörung, sowie im Einzelfall auch ein – oft iatrogen mitbedingter – medikamenteninduzierter Kopfschmerz aufgrund einer langfristigen Analgetikaeinnahme. Grundsätzlich kann nach einer Commotio cerebri eine Kopfschmerzdauer von maximal 6 Monaten im Sinne einer monokausalen Verursachung durch das abgelaufene Trauma akzeptiert werden. Nach einer kontusionellen Hirnschädigung ist im Einzelfall auch ein dauerhafter posttraumatischer Kopfschmerz zu akzeptieren, insbesondere wenn Hirnhäute oder schmerzverarbeitende zentrale Strukturen traumatisch geschädigt wurden. In diesen Fällen findet sich häufig auch eine Kombination der Symptomatik mit organisch oder psychogen vermittelten psychischen Störungen.

Nach einer kontusionellen Hirnschädigung klagen Verletzte häufig über *Schwindelbeschwerden*. Traumatische Läsionen im Bereich des Hirnstamms, des Kleinhirns oder auch im Bereich kortikaler vestibulärer Zentren können zu zentralen Schwindelbeschwerden führen, wobei diese Schwindelsymptomatik zumeist geringer ausgeprägt ist als bei einem peripher vestibulären Schwindel. Die diagnostische Abgrenzung und gutachterliche Bewertung posttraumatischer peripher-vestibulärer Störungen sollte immer unter Einschaltung eines Hals-Nasen-Ohrenärztlichen Gutachters erfolgen. In der Regel tritt das Symptom Schwindel im Rahmen zentral-vestibulärer Störungen nicht isoliert, sondern als Teilsymptom z.B. einer komplexen zerebellär-ataktischen Störung auf. In diesen Fällen kann eine gutachterliche Bewertung im Rahmen dieses Symptomkomplexes erfolgen.

Wesentlich problematischer ist die gutachterliche Bewertung, wenn das Symptom Schwindel nicht im Rahmen einer objektivierbaren Kleinhirn- oder Hirnstammläsion, sondern im Gefolge einer diffusen supratentoriellen, möglicherweise frontal oder temporal betonten kontusionellen Hirnschädigung auftritt, die primär vestibuläre Zentren nicht mit einschließt. Die betroffenen Patienten klagen über eher unspezifische Schwindelbeschwerden, die häufig mit Kopfschmerzen, Reizbarkeit, Wetterfühligkeit und Alkoholunverträglichkeit einhergehen. Oft sind keine objektivierbaren pathologischen Befunde von Seiten des Gleichgewichtssystems zu erheben. In diesen Fällen kann der Schwindel der nicht exakt definierten Gruppe der „zentral-vegetativen Störungen" zugeordnet werden. Hierzu werden weiterhin Schlafstörungen, vasomotorische und sudomotorische Störungen und zum Teil auch Kopfschmerzen gerechnet. Die Bewertung dieses Konglomerats unterschiedlicher Symptome gestaltet sich schwierig, da objektivierbare Grundlagen fehlen und eine Abgrenzung gegenüber Befindlichkeitsstörungen und psychogenen Faktoren nur begrenzt möglich ist. Grundlage der gutachterlichen Bewertung muss zum einen die Schwere des Hirntraumas, zum anderen der klinische Untersuchungsbefund sein, in dem häufig typische Begleitphänomene wie schwankende Blutdruck- und Pulsregulation, Hyperhidrosis, Akrozyanose, Dermographismus oder auch Tremor zu finden sind. Insgesamt muss der Symptomkomplex der „zentral vegetativen Störung" in den Gesamtzusammenhang der Folgen einer Hirnschädigung gestellt werden.

Die *posttraumatische Epilepsie* stellt eine typische Spätkomplikation einer kontusionellen Hirnschädigung dar. Unter gutachterlichen Gesichtspunkten ist zunächst eine diagnostische Differenzierung in Früh- und Spätepilepsie sowie nichtepileptische, z.B. synkopale Anfälle, erforderlich. Die Schilderung des Verletzten allein reicht zur Annahme einer posttraumatischen Epilepsie nicht aus. Die epileptische Genese geschilderter Anfallszustände muss über eine dezidierte klinische Erfassung der Symptomatik, eine entsprechende EEG-Diagnostik und in Zweifelsfällen eine spezielle videogestützte Anfallsdokumentation verifiziert werden. Dabei zeigt das EEG im Intervall häufig einen unauffälligen Befund. Die Diagnose einer posttraumatischen Epilepsie setzt den Nachweis einer kontusionellen Hirnschädigung voraus.

Die wesentliche gutachterliche Problematik besteht in der Kausalitätsbewertung, bei der eine individuelle Abwägung der nachfolgend aufgeführten Faktoren erfolgen muss:

- Das Ausmaß und die Lokalisation der zerebralen Schädigung steht in direkter Beziehung zum Risiko des Auftretens einer posttraumatischen Epilepsie.
- Zentroparietale Verletzungen gehen mit dem höchsten Manifestationsrisiko einher, gefolgt von temporalen und frontalen Läsionen.
- Risikofaktoren für die Entwicklung einer posttraumatischen Epilepsie sind weiterhin offene Hirnverletzungen, Impressionsfrakturen, intrakranielle Hämatome sowie die Manifestation einer Frühepilepsie innerhalb der ersten Woche nach dem Trauma.
- Für einen kausalen Zusammenhang sprechen Herdbefunde im EEG, insbesondere wenn es sich um einen typischen Krampffokus handelt, sowie der klinische Nachweis lokalisatorisch zuordnungsfähiger fokaler Anfälle.
- Klassische Symptome idiopathischer Anfallsleiden wie die tageszeitliche Bindung von Anfällen, typische Petit-mal-Anfälle oder eine generalisierte hypersynchrone Aktivität im EEG z.B. in Form von 3-s-spike-wave-Mustern oder auch eine familiäre Belastung mit Anfällen oder eine Epilepsie in der Vorgeschichte sprechen gegen einen ursächlichen Zusammenhang. Im Einzelfall zu bewerten ist die ursächliche, dann unfallunabhängige Bedeutung eines Alkoholabusus.
- Die Mehrzahl posttraumatischer Anfälle tritt innerhalb der ersten zwei bis vier Jahre nach dem Hirntrauma auf. Letztlich erlaubt die Latenz bis zum Auftreten eines erstmaligen posttraumatischen Anfalls jedoch keine eindeutige Entscheidung bezüglich eines kausalen Zusammenhanges, da insbesondere nach offenen Hirnverletzungen mehr als 10 Jahre zwischen dem Hirntrauma und der Erstmanifestation einer posttraumatischen Epilepsie liegen können.

Weitere Spätkomplikationen nach einer Hirnverletzung sind *entzündliche Erkrankungen* wie eine *Meningoenzephalitis* oder ein *Hirnabszess* infolge einer offenen, zum Teil primär nicht erkannten Schädel-Hirn-Verletzung. Grundlage für die Anerkennung solcher Spätkomplikationen als Unfallfolge kann der Nachweis einer Liquorfistel als Eingangspforte für Erreger sein. Auch ein *chronisch-subdurales Hämatom* kann als Spätkomplikation nach gedecktem Hirntrauma auftreten. Die klinische Symptomatik kann sich im Einzelfall mit einer Latenz von mehreren Wochen oder Monaten nach dem primären Trauma manifestieren. Hilfreich für die Kausalitätsbewertung ist hier in jedem Fall der neurochirurgische Operationsbefund, aus dem sich in der Regel Hinweise auf die

Dauer des vorhandenen Hämatoms ergeben. Große Bedeutung hat weiterhin eine subtile Anamnese, welche Brückensymptome einer anlaufenden klinischen Symptomatik erfassen sollte, um eine kausale zeitliche Verknüpfung des subduralen Hämatoms mit einem häufig nur bedingt erinnerlichen „Bagatelltrauma" herstellen oder ablehnen zu können.

Die MdE/GdB-Bewertung der Folgen von Hirnverletzungen kann sich im Wesentlichen an die vorliegenden Bewertungstabellen anlehnen. Im Hinblick auf eine einfache Commotio cerebri kann gelten, dass postkommotionelle Beschwerden in der Regel nur bis zu einem Zeitraum von zwei bis max. sechs Monaten eine unfallbedingte MdE in Höhe von 10 bis 20% begründen können. Die Folgen kontusioneller Hirnsubstanzschädigungen zeigen in der Regel über einen Zeitraum von etwa zwei bis drei Jahren eine Rückbildungstendenz. Das Gehirn kann im Einzelfall auch über diesen Zeitraum hinaus noch zur Reorganisation oder Kompensation in der Lage sein. Die endgültige Bewertung von Unfallfolgen nach einem Schädel-Hirn-Trauma sollte daher frühestens drei Jahre nach dem Unfallereignis erfolgen. Empfehlenswert ist in der Regel eine Nachuntersuchung etwa 5 Jahre nach dem Unfallereignis.

6.1.3 Traumatische Rückenmarkschäden

Pathogenese, klinische Erscheinungsbilder und gutachterliche Bewertung

Traumatische Rückenmarkläsionen treten in den Industrienationen mit einer Häufigkeit von etwas 15–30 Fällen pro eine Million Einwohner im Jahr auf. In Mitteleuropa stehen Verkehrsunfälle an erster Stelle der Ursachenstatistik, gefolgt von Sturzereignissen, welche im Rahmen von Arbeitsunfällen, aber auch bei häuslichen Unfällen auftreten können. In zunehmender Häufigkeit führen auch Sport- und Freizeitunfälle zu einem spinalen Trauma. Pathogenetisch gesehen treten Rückenmarkverletzungen in den meisten Fällen als mechanisch bedingte Sekundärerscheinungen zusammen mit knöchernen Wirbelsäulenverletzungen auf. Dabei korreliert der Schweregrad der traumatischen Myelonläsion mit dem Ausmaß der initialen Wirbeldislokation, welche in maximaler Ausprägung oft nur kurzzeitig zum Unfallzeitpunkt auftritt und sich spontan vollständig reponieren kann. Insofern existiert keine feste Beziehung zwischen dem Ausmaß der diagnostisch darstellbaren knöchernen Wirbelsäulenverletzung und der Schwere der neurologischen Ausfälle. Neben einer derartigen Rückenmarkquetschung kommt es seltener auch zu einer direkten Traumatisierung des Rückenmarks im Sinne einer kontusionellen Schädigung, welche auch weitab vom Ort der Gewalteinwirkung, z. B. in Form von Halsmarkschäden beim Sturz auf das Gesäß, auftreten kann. Weiterhin können unfallbedingte Rückenmarkschäden durch traumatisch bedingte Durchblutungsstörungen sowie selten infolge elektrischer Unfälle, Blitzschlagunfälle und im Rahmen der so genannten Caisson-Krankheit auftreten.

Vergleichbar mit einem Schädel-Hirn-Trauma kann es auch im Bereich des Rückenmarks zu einer Commotio spinalis mit einer lediglich flüchtigen, vollständig reversiblen Querschnittsymptomatik ohne morphologisches Substrat kommen. Die gutachterlich im Wesentlichen relevante Contusio spinalis mit dauerhafter Zerstörung von Markanteilen zeigt in etwa 80% der Fälle initial das Bild eines spinalen Schocks, welcher individuell sehr unterschiedlich über Minuten, vereinzelt auch mehrere Wochen anhalten kann. In diesem Zeitraum, in dem sich ein völliger Funktions- und Reaktionsverlust der distal der Schädigungsstelle liegenden Rückenmarkabschnitte findet, ist eine Beurteilung des Ausmaßes der dauerhaften Rückenmarkschädigung nicht möglich. Querschnittlähmungen stellen kein einheitliches klinisches Bild dar. Die individuell sehr unterschiedliche Kombination sensomotorischer und autonomer Ausfallserscheinungen wird bestimmt durch die Ausdehnung und Lokalisation der traumatischen Schädigung im Rückenmarkquerschnitt sowie durch die Höhenlokalisation der Läsion. Speziell abzugrenzen sind dabei insbesondere das Conus-Cauda-Syndrom mit einer eigenen „peripher neurogen" imponierenden Ausfallssymptomatik, sowie die insbesondere bei Wirbelverletzungen häufig auf der Verletzungshöhe lokalisierten radikulären Läsionen.

Grundlage der Begutachtung von Rückenmarkläsionen ist die neurologische Untersuchung, die die motorischen und sensiblen Ausfallserscheinungen, die autonomen Störungen, sowie ggf. in Zusammenarbeit mit dem urologischen und gastro-enterologischen Gutachter die Blasen-, Mastdarm- und Sexualfunktionsstörungen exakt dokumentieren und topodiagnostisch zuzuordnen hat. Bei der gutachterlichen Beurteilung von Rückenmarkverletzungen sind weiterhin die bei etwa 30% der Verletzten zumeist im Sinne eines Deafferenzierungsschmerzes auftretenden, oft ausgeprägten Schmerzsyndrome zu berücksichtigen. In erster Linie von chirurgischer Seite sind Beeinträchtigungen der Wirbelsäulenstatik sowie typische Sekundärerkrankungen wie trophische Druckgeschwüre, osteoporotische Veränderungen und Spontanfrakturen, periartikuläre Ossifikationen und häufig auftretende chronische Harnwegsentzündungen zu bewerten. Bei der gutachterlichen Beurteilung psychogener Querschnittsyndrome muss zunächst der diagnostische Ausschluss einer organischen Schädigung erfolgen. Hierbei kann die Ableitung somatosensorisch und insbesondere motorisch evozierter Potentiale wesentliche Zusatzinformationen liefern. Im zweiten Schritt ist dann eine psychiatrisch-psychosomatische Mitbegutachtung einzuleiten.

Spätschäden/Defektsyndrome nach Rückenmarkverletzungen und gutachterliche Bewertung

Neurologische Spätkomplikationen nach Rückenmarkverletzungen stellen oft ein schwieriges gutachterliches Problem dar. Eine posttraumatische zystische Myelopathie („*posttraumatische Syringomyelie*") kann in der Folge einer Rückenmarkläsion auch nach mehrjähriger Latenzzeit auftreten. Typischerweise findet sich eine solche intraspinale Zystenbildung im HWS- und LWS-Bereich auf der Höhe der initialen Rückenmarkläsion. Insofern müssen im Rahmen der Kausalitätsbewertung Unfallmechanismus und Gewalteinwirkung eine entsprechende lokalisatorische Übereinstimmung aufweisen. Wesentliche Bedeutung kommt in diesem Zusammenhang vor allem einer genauen Kenntnis der Initialbefunde und der Dokumentation möglicher Brückensymptome im Intervall zu. Nicht immer einfach abzugrenzen ist die spontan auftretende Syringomyelie.

Seltener ist der Gutachter mit der Bewertung einer *spinalen Arachnopathie* konfrontiert. Diese tritt mit einem Intervall von Monaten bis Jahren nach dem Trauma unterhalb der Verletzungshöhe auf und führt infolge narbiger Veränderungen der Hirnhäute zu progredienten radikulären Syndromen mit segmentaler Schmerzsymptomatik und einer z. T. auch kaudal gelegenen medullären Symptomatik.

Die konkrete MdE/GdB-Bewertung der Folgen einer Rückenmarkverletzung kann sich an die Bewertungstabellen anlehnen. Die Bemessung von Pflegegeld im Bereich der gesetzlichen Unfallversicherung sollte sich auf die Anhaltspunkte des Hauptverbandes der gewerblichen Berufsgenossenschaften stützen. Ähnliche Anhaltspunkte existieren für die Gewährung von Hilfsmitteln bei einzelnen Kostenträgern (Tegenthoff et al. 2000). In der Regel kann davon ausgegangen werden, dass ein traumatisches Querschnittsyndrom nach spätestens 2 Jahren, also wesentlich früher als eine Hirnschädigung, in einen Dauerzustand übergeht.

HWS-Beschleunigungsverletzung und gutachterliche Bewertung

Ein unverändert kontroverses Thema ist die gutachterliche Beurteilung von Beschleunigungsverletzungen der HWS. In der Mehrzahl dieser Fälle lässt sich eine HWS-Distorsion diagnostizieren, wobei es wichtig ist, diagnostisch frühzeitig ein begleitendes Schädel-Hirn-Trauma abzugrenzen. Nach einem in der Akutphase vielgestaltigem Beschwerdebild heilt die Mehrzahl der HWS-Distorsionen nach einer Zeitdauer von etwa 4–8 Wochen folgenlos aus. Eine unfallbedingte Arbeitsunfähigkeit ergibt sich von daher in der Regel über einen Zeitraum von Tagen bis zu max. 8 Wochen. Gutachterliche Probleme bereiten die Fälle, in denen Beschwerden persistieren. In solchen Fällen sind medulläre und radikuläre Symptome in der Regel neurologisch eindeutig zu erfassen. Eine objektivierbare zerebrale Symptomatik sollte Anlass zur Durchführung einer weitergehenden zerebralen Diagnostik sein, da eine solche mit einer primären Schleuderverletzung der HWS nicht zu erklären ist. In diesen Fällen muss eine primäre Hirnschädigung oder auch eine sekundär gefäßvermittelte zerebrale Läsion infolge einer Gefäßdissektion abgegrenzt werden. Die von neurootologischer Seite allein auf dem Boden apparativer Zusatzbefunde beschriebenen Hirnstammläsionen, die eine objektivierbare neurologische Symptomatik vermissen lassen, können nicht als Grundlage für die Anerkennung einer unfallbedingten Schädigung herangezogen werden. Ähnliches gilt für neuropsychologische Gutachten (s. o.), die zum Teil Störungen kognitiver und affektiver Funktionen im Sinne eines hirnorganischen Psychosyndroms beschreiben, ohne dass die erforderliche Voraussetzung, nämlich eine traumatische Hirnschädigung, vorhanden wäre.

Kontrovers beurteilt wird die Bedeutung einer kollisionsbedingten Geschwindigkeitsänderung (Delta v) für die Manifestation einer HWS-Verletzung. Die diesbezüglich angenommene „Grenze der Harmlosigkeit" zwischen 10 und 15 km/h kann nicht als Grenzwert für das Vorhandensein einer organischen Schädigung und einer daraus resultierenden Beschwerdesymptomatik angesehen werden. Technische Befunde können nach einem Unfallereignis grundsätzlich nur eine Ergänzung zu einem primären medizinischen Gutachten sein (Tegenthoff u. Schwenkreis 2007).

Nach einer HWS-Distorsion ohne manifeste medulläre oder radikuläre Schäden wird sich in vielen Fällen ein HWS-Syndrom evtl. mit pseudoradikulärer Schmerzsymptomatik – oft im Sinne einer vorübergehenden Verschlimmerung – gutachterlich mit einer MdE zwischen 10 und 30% bis zum ersten, selten des zweiten Unfalljahres bewerten lassen. Die Gewährung einer Dauerrente stellt in diesen Fällen die absolute Ausnahme dar, die im Einzelfall doziert zu begründen ist.

6.1.4 Traumatische Schäden peripherer Nerven

Pathogenese

Periphere Nervenverletzungen finden sich in erster Linie als Begleitverletzungen von Frakturen und Weichteilläsionen sowie infolge von Druck- oder Zugbelastung im Bereich der Extremitäten sowie seltener im Rahmen von Schnitt-, Stich- oder Schussverletzungen. Die klinische Symptomatik in Form peripher zuordnungsfähiger senso-motorischer, sensibler und ggf. trophischer Störungen wird im Wesentlichen durch das Ausmaß der Schädigung sowie die Schädigungshöhe des verletzten

Nerven festgelegt. Unter Kenntnis der anatomisch vorgegebenen Innervationsverhältnisse lässt sich aufgrund der klinischen Symptomatik in der Regel eine klare diagnostische Zuordnung vornehmen. Allein klinisch ist demgegenüber eine eindeutige Differenzierung zwischen einer kompletten oder inkompletten Nervenläsion kaum möglich. Hier kann durch ergänzende EMG-Diagnostik zum einen der Nachweis einer residualen Willküraktivität als Hinweis auf eine erhaltene funktionelle Kontinuität des peripheren Nerven erfolgen. Im Einzelfall kann, insbesondere bei überlagernden tendogenen, myogenen und arthrogenen Läsionen erst durch Verlaufsuntersuchungen eine eindeutige Beurteilung des funktionellen Ausmaßes der neurogenen Schädigung erfolgen. Nach peripheren Nervenläsionen ist nach Ablauf von 2 Jahren in der Regel von einem Dauerzustand auszugehen.

Gutachterliche Bewertung

Eine Zusammenhangsbegutachtung kann bei iatrogenen Läsionen peripherer Nerven, wie sie nach Injektionen, Leitungsanästhesien, operativen Eingriffen, durch Druckschädigung - auch als Lagerungsschäden - vorkommen, notwendig sein. Zur Beurteilung des Kausalzusammenhangs ist dabei die Beiziehung sämtlicher Vorbefunde, wie z. B. des OP-Berichtes u. ä. erforderlich. Eine wesentliche Erleichterung bedeutet es für den neurologischen Gutachter, wenn präoperative neurologische Befundberichte vorliegen und so eindeutig zwischen einer direkt unfallbedingten und einer sekundären, operativ verursachten Nervenläsion unterschieden werden kann. Die wesentliche Aufgabe des neurologischen Gutachters besteht - neben einer eindeutigen Objektivierung eines organisch determinierten peripheren Nervenschadens - insbesondere in der Abgrenzung zu ossären, muskulären oder tendogenen Bewegungsstörungen in einer Beschreibung des Ausmaßes der Nervenschädigung und der daraus resultierenden funktionellen Beeinträchtigung. In diesem Zusammenhang kann vor allem auch eine Abgrenzung gegen psychogen determinierte senso-motorische Störungen wichtig sein. Hier kommt der Objektivierung neurogener Läsionen durch EMG und ENG eine besondere Bedeutung zu. Spezielle Schmerzsyndrome, wie sie insbesondere nach der Läsion peripherer Nerven mit einem hohen Anteil vegetativ-trophischer Fasern auftreten können, bedürfen einer besonderen Berücksichtigung (▶ Kap. 30). Die gutachterliche Bewertung der resultierenden Funktionsstörungen nach peripheren Nervenverletzungen kann in Anlehnung an die Bewertungstabellen erfolgen (Widder u. Gaidzik 2007).

Literatur

Alexander MP (1998) In the pursuit of proof of brain damage after whiplash injury. Neurology 51:336

Annegers JF, Hauser WA, Coan SP, Rocca WA (1998) A population based study after traumatic brain injury. N Engl J Med 338:20–24

Bundesministerium für Gesundheit und Soziale Sicherung (Hrsg) (2004) Anhaltspunkte für die ärztliche Gutachtertätigkeit im sozialen Entschädigungsrecht und nach dem Schwerbehindertenrecht

Delank HW (1970) Grundriß der Unfallneurologie. Steinkopff, Darmstadt

Frankel HL (ed) (1992) Spinal cord trauma. In: Vinken PJ, Bruyn GW, Klawans HL (eds) Handbook of Clinical Neurology, vol. 61. Elsevier, Amsterdam London

Gennarelli TA (1994) Cerebral concussion and diffuse brain injuries. In: Cooper PR (ed) Head injury, 3rd ed. Williams & Wilkins, Baltimore, pp 137–158

Grehl T, Tegenthoff M (2007) Rückenmarktraumen. In: Widder B, Gaidzik PW (Hrsg) Begutachtung in der Neurologie. Thieme, Stuttgart New York, S 324–332

Meythaler JM, Peduzzi JD, Eleftheriou E et al. (2001) Current concepts: diffuse axonal injury-associated traumatic brain injury. Arch Phys Med Rehabil 82:1461–1471

Mumenthaler M, Schliack H, Stöhr M (1998) Läsionen peripherer Nerven und radikuläre Syndrome, 7. Aufl. Thieme, Stuttgart New York

Rommel O, Niedeggen A, Tegenthoff M, Kiwitt P, Bötel U, Malin JP (1999) Carotid and vertebral artery injury following severe head or cervical spine trauma. Cerebrovasc Dis 9:202–209

Scheid R, Preul C, Gruber O, Wiggins C, von Cramon DY (2003) Diffuse axonal injury associated with chronic traumatic brain injury: evidence from T2*-weighted gradient-echo imaging at 3 T. Am J Neuroradiol 24:1049–1056

Stöhr M (1996) Iatrogene Nervenläsionen. 2. Aufl. Thieme, Stuttgart

Suchenwirth RMA, Kunze K, Krasney OE (Hrsg) (2000) Neurologische Begutachtung. Urban & Fischer, München Jena

Tegenthoff M, Malin JP (1991) Das sogenannte Schleudertrauma der Halswirbelsäule. Dtsch med Wschr 116:1030–1034

Tegenthoff M, Schwenkreis P (2007) HWS-Beschleunigungsverletzungen. In: Widder B, Gaidzik PW (Hrsg) Begutachtung in der Neurologie. Thieme, Stuttgart New York, S 333–348

Tegenthoff M, Kutzner M, Delank HW (2000) Rückenmarktraumen. In: Suchenwirth RMA, Kunze K, Krasney OE (Hrsg) Neurologische Begutachtung. Urban & Fischer, München Jena, S 287–315

Tegenthoff M (2002) Die Begutachtung neurologisch bedingter Schwindelbeschwerden. In: Stoll W (Hrsg) Das neurootologische Gutachten. Thieme, Stuttgart New York, S 127–134

Wallesch CW, Schmidt R (2007) Schädel-Hirn-Traumen. In: Widder B, Gaidzik PW (Hrsg) Begutachtung in der Neurologie. Thieme, Stuttgart New York, S 313–324

Wallesch CW, Curio N, Kutz S et al. (2001) Outcome after mild-to-moderate blunt head injury: effects of focal lesions and diffuse axonal injury. Brain Inf 15:401–412

Widder B, Gaidzik PW (Hrsg) (2007) Begutachtung in der Neurologie. Thieme, Stuttgart New York

6.2 Entzündliche Erkrankungen

E. Sindern

6.2.1 Akute Entzündungen (Meningitis, Encephalitis)

Akute entzündliche Erkrankungen des Zentralnervensystems (*ZNS*) entwickeln sich innerhalb von Stunden bis wenigen Tagen und bilden sich bei günstigem Verlauf innerhalb weniger Wochen zurück. Während *Verlaufscharakter* und Prognose einer Infektion des ZNS sehr stark vom Erreger abhängen, wird das *klinische Bild* von Lokalisation und Ausdehnung der entzündlichen Herde bestimmt. Breitet sich der Erreger im Subarachnoidalraum aus, dann entwickelt sich das relativ uniforme Syndrom der Meningitis. Bei den parenchymatösen Entzündungen hingegen begegnet man vielgestaltigen Krankheitsbildern von unterschiedlichen neurologischen Herdsymptomen, produktiven Psychosen bei enzephalitischen Prozessen bis zu myelitischen Querschnittsyndromen. *Prognostisch* sind komplette Remissionen bis hin zu schwersten Defektsyndromen möglich. Die Tabellen 6.1 und 6.2 geben einen Überblick über die gutachterlich wichtigsten akuten bakteriellen und viralen Hirnentzündungen.

▮ Gutachterliche Bewertung – Zusammenhangsfrage

Zunächst muss der Gutachter klären, ob schädigungsbedingte Faktoren (z. B. Trauma) überhaupt vorliegen und, falls das zutrifft, ob sie nach Art und Schwere in der Lage waren, die akute ZNS Infektion hervorzurufen (*haftungsbegründende Kausalität*). Auch müssen konkurrierende und schädigungsunabhängige Faktoren, wie z. B. chronisch verlaufende Erkrankungen mit verminderter Immunabwehr, in der Begutachtung berücksichtigt werden.

Eine posttraumatische Meningitis ist bei Nachweis einer offenen Schädelfraktur, einer Blutung aus Nase und Ohr bzw. erkennbarer Liquorrhoe in der Regel anzuerkennen. Ein plausibles Zeitintervall von Tagen bis zu wenigen Wochen nach dem angeschuldigten offenen Trauma des Schädels erleichtert die Klärung der Zusammenhangsfrage. Schwieriger wird die Klärung des Sachverhaltes bei einem zeitlichen Intervall von Monaten bis Jahren nach dem Kopftrauma. Hier kommt dem positiven Nachweis einer persistierenden frontobasalen Durafistel, die als Infektionsweg in Frage kommt, eine wesentliche Bedeutung zu. Die Zusammenhangsfrage wird je nach Leistungsträger nicht einheitlich beurteilt: Für die gesetzliche Unfallversicherung und die Haftpflichtversicherung reicht zwar die Wahrscheinlichkeit aus, also *für* den Zusammenhang muss mehr sprechen als dagegen. Aber bei mehreren so medizinisch bewerteten Ursachen kommt es auf die wei-

Tabelle 6.1. Gutachtlich wichtige akute bakterielle Infektionen mit Beteiligung des ZNS

Typische Erreger	Infektionsweg	Prädisposition
Ambulant erworben		
▮ Meningokokken	Tröpfcheninfektion, hämatogen	medizinisches Personal, familiäre Disposition bei verschiedenen Komplementdefekten
▮ Pneumokokken	rhinogen, otogen, hämatogen (Pneumonie)	Splenektomie, Sichelzellanämie oder bei humoralem Immundefekt
▮ Listerien	tierische und menschliche Ausscheidungen, hämatogen	Landwirtschaft, defekte zelluläre Immunität
▮ Staphylokokken	hämatogen	fokale Infektionen (Hirnabszess, Lungenabszess, Osteomyelitis)
▮ Leptospiren	Nagerexkremente	Landwirte, Tierzüchter, Wassersportler
Nosokomial erworben		
▮ Pneumokokken, Haemophilus influenzae, Staphylokokken	fortgeleitet, posttraumatische Liquorfisteln	Schädel-Hirn-Trauma
▮ Enterobakterien, Staphylokokken	hämatogen und fortgeleitet (Liquorfisteln, Frakturen)	neurochirurgischer Eingriff
▮ Staphylokokken	fortgeleitet	Ventrikeldrainage
▮ Staphylokokken, Enterobakterien, Corynebakterien	fortgeleitet	Ommaya-Reservoir

Tabelle 6.2. Häufige Erreger der viralen Meningitis und primären viralen Enzephalitis

Herpesviren	
▪ Herpes simplex Typ 1 (selten Typ 2)	nekrotisierend-hämorrhagische Enzephalitis mit Bevorzugung der Temporallappen und des limbischen Systems; unbehandelt meist letaler Verlauf, bei rechtzeitiger Aciclovir-Therapie Letalität 10–20%, neurologische Defizite in ca. 30%
▪ Varicella zoster	Enzephalitis bei immunsupprimierten Patienten >50 Jahren
▪ Zytomegalie	50% der Bevölkerung seropositiv, bei Immunkompetenten meist gutartige Meningitis, HIV-assoziiert Enzephaltis/Polyneuroradikulitis
▪ Epstein-Barr-Virus	Mononucleosis infectiosa (Pfeiffer-Drüsenfieber); Hirnstammenzephalitis mit Zerebellitis, als parainfektiöse Enzephalitis; gute Prognose
Paramyxoviren	
▪ Mumps	Parotitis, Orchitis, Pankreatitis; Meningitis kann auch Parotitis vorausgehen
▪ Masern	parainfektiöse Enzephalitis; 2.–5. (bis 33.) Tag nach Exanthem, Mortalität 10%, Defektheilung 50%
▪ Röteln	parainfektiöse Enzephalitis; 2.–5. (bis 33.) Tag nach Exanthem, Mortalität <8%
Enteroviren	
▪ Coxsackie-A-Virus	fieberhafte Herpangina; gelegentlich polioähnliche Verläufe mit guter Prognose
▪ Coxsackie-B-Virus	„Bornholmer Krankheit"; Pleurodynie, Fieber, Muskelschmerzen
▪ ECHO Viren	Gastroenteritis; gutartige Meningoenzephalitis, polioähnliche Verläufe
Arbovirosen	
▪ FSME	Frühsommer-Meningoenzephalitis; Endemiegebiete in Europa nach Zeckenstich (Süddeutschland, Tschechien, Slowakei, Österreich), Land und Forstwirtschaft, 10% Defektheilung
▪ LCM	lymphozytäre Choriomeningitis; durch Nagetiere übertragen, langes Prodromalstadium mit Müdigkeit, Rückenschmerzen, Muskelschmerzen, Fallberichte schwerer Enzephalitisverläufe
▪ Rabies	Tollwut; Tierbiss (Inkubation bis 3 Monate), Forstwirtschaft, Vollbild der Infektion letal

tere Wertung an, welche dieser Ursache die Wesentliche ist. Im sozialen Entschädigungsrecht reicht bei mehreren verursachenden Bedingungen aus, wenn der Versorgungsschaden zumindest zu einem Viertel auf die in Frage kommende Schädigung zurückgeführt werden kann. Im sozialen Entschädigungsrecht ist auf die sogenannte *Kannversorgung* hinzuweisen.

Die Beurteilung geklagter Residualsymptome nach entzündlichen ZNS-Erkrankungen (*haftungsausfüllende Kausalität*) ist oft schwierig, da psychopathologische Defektsyndrome auftreten können, die in der einfachen Exploration nicht offensichtlich sind und ggf. erst im Rahmen einer weitergehenden neuropsychologischen Leistungsdiagnostik auffällig werden. Voraussetzung für die Anerkennung eines organischen Psychosyndroms ist das Vorliegen einer Hirnschädigung, erkennbar an einem ausgeprägten, länger anhaltenden organischen Psychosyndrom während der Akutphase der Erkrankung. Als Grundregel kann gelten, dass bei einer abgeheilten akut entzündlichen Hirnerkrankung die Residualsymptome nicht gravierender sein können als die Symptome während der Akutphase (Widder 2000). Das Ausmaß einer Schädigung ist erst nach Abheilung der zugrunde liegenden entzündlichen Erkrankung abzuschätzen. Im sozialen Entschädigungsrecht und in der Begutachtung nach dem Schwerbehindertenrecht (Teil 2 SGB IX) ist von einem MdE/GdB-Grad von mindestens 20% auszugehen, wenn nach Abklingen der akuten Phase Symptome einer organischen Veränderung des Gehirns nachgewiesen werden, auch wenn diese bei späteren Untersuchungen nicht mehr zu objektivieren sind.

6.2.2 Multiple Sklerose

Die Multiple Sklerose (*MS*) ist die häufigste chronisch-entzündliche Erkrankung des zentralen Nervensystems im nördlichen Europa und in Nordamerika (Prävalenz: 100–120/100 000, Inzidenz 2–3/100 000, Angaben für Deutschland). Sie manifestiert sich vorwiegend zwischen dem 20. und 40. Lebensjahr und führt nicht selten im frühen Erwachsenenalter zu lebenspraktischen Behinderungen. In der Frühphase werden bevorzugt Paresen, sensible Reiz- und Ausfallssymptome und Optikusläsionen gefunden. Später treten Spastik, Koordinations- und Blasenstörungen sowie neuropsychologische Defizite in den Vordergrund.

Folgende *Verlaufsformen* der MS werden unterschieden:

- Der *schubförmige Verlauf* ist definiert durch eindeutige Schübe mit vollständiger Restitution oder verbleibenden Residuen, wobei in den Intervallen zwischen den Schüben keine Krankheitsprogression zu verzeichnen ist.
- Der *primär chronisch-progrediente Verlauf* ist durch eine progrediente Verschlechterung von

Tabelle 6.3. Charakteristische MRT-Befunde bei multipler Sklerose

- Multiple, periventrikulär und im Balken gelegene, hyperintense Läsionen in T2- und protonengewichteten Aufnahmen
- Hypointense Läsionen auf T1- gewichteten Aufnahmen
- Kontrast(Gadolinium-DTPA)-aufnehmende Läsionen auf T1-gewichteten Aufnahmen (=akute Entzündungsherde)

Tabelle 6.4. Typischer Liquorbefund bei multipler Sklerose

■ Oligoklonale Banden	≥95%
■ Intrathekale IgG-Produktion (IgG-Index) ($IgG_{Liquor}/IgG_{Serum}:Alb_{Liquor}/Alb_{serum} > 0{,}65$)	70%
■ Lymphomonozytäre Pleozytose (<30 Zellen/µl)	35–60%

Krankheitsbeginn an charakterisiert, wobei gelegentliche Plateaus und geringfügige Verbesserungen möglich sind.

- Die *sekundär chronisch-progrediente MS* besteht aus einem initial schubförmigen Verlauf, gefolgt von einer Phase der progressiven Verschlechterung mit oder ohne gelegentliche Schübe, geringfügigen Remissionen oder Plateaus.

Die *Diagnose* wird klinisch gestellt und erfordert den Nachweis einer zeitlichen und örtlichen Dissemination der Läsionen (McDonald et al. 2001). Die Multifokalität der Läsionen und die klinisch stumme Entzündungsaktivität kann mit Hilfe der Kernspintomographie (MRT) nachgewiesen werden (Tabelle 6.3). Ein typischer Liquorbefund sichert die Diagnose (Tabelle 6.4). Für die Verlaufsbeurteilung ist die Dokumentation des klinischen Befundes mit Hilfe standardisierter Skalen (EDSS und MSFC) nützlich.

Nach dem derzeitigen Kenntnisstand handelt es sich bei der MS um eine Autoimmunerkrankung, bei der üblicherweise ZNS-Strukturen als Antigene wirken. Ob eine Person eine MS entwickelt, scheint von einer komplexen Wechselwirkung von Umwelteinflüssen und genetischen Faktoren abzuhängen.

Die *Behandlung* akuter Schübe erfolgt mit einer Hochdosissteroidtherapie über 3–5 Tage. Für die immunprophylaktische Basistherapie werden als Mittel erster Wahl die Betainterferone oder Glatirameracetat und als Mittel zweiter Wahl Azathioprin verwendet. Zur Eskalation der Basistherapie bei Fortschreiten der Erkrankung ist eine Chemotherapie mit Mitoxantron zugelassen.

Gutachterliche Bewertung – Zusammenhangsfrage

Gesetzliche Unfallversicherung

Als Gutachter im Bereich der gesetzlichen Unfallversicherung gilt es häufig zu klären, ob sich eine MS

Tabelle 6.5. Fall-Kontroll- und Kohortenstudien, die einen Zusammenhang zwischen physischen Trauma und Entstehung einer multiplen Sklerose und dem Auftreten von Krankheitsschüben untersuchen. (Auswahl nach Goodin et al. 1999)

Autoren	Jahr	MS-Patienten (n)
McAlpine und Compston	1952	250
Kurland und Westlund	1954	112
Alter und Speer	1968	36
Sibley et al.	1991	170
Siva et al.	1993	225
Gusev et al.	1996	155

durch ein Trauma manifestiert hat oder nach einem Trauma ein erhöhtes Schubrisiko besteht. Auch muss beurteilt werden, ob der Krankheitsverlauf und die Gesamtprognose durch ein Trauma richtungsgebend verschlimmert wurden. Die Annahme, dass eine Assoziation zwischen Traumen und der Entstehung einer MS oder der Auslösung von Krankheitsschüben besteht, geht bereits auf Charcot (1879) zurück. Rationale Grundlage könnte eine Störung der Blut-Hirn-Schrankenfunktion durch Hirn- und Rückenmarksverletzungen sein, wodurch autoreaktive T-Zellen als Initiatoren einer Autoimmunreaktion leichter in das Gehirn einwandern und damit theoretisch die Möglichkeit der Entstehung einer entzündlichen Plaque gegeben ist (Poser 1994). Solange keine Sicherheit zur Ursache und Entstehung der MS besteht, müssen epidemiologische Studien zur Klärung eines möglichen kausalen Zusammenhangs herangezogen werden. Von einer Expertengruppe der American Academy of Neurology (AAN) wurde versucht, die anhand der publizierten Studien vorhandenen Evidenzen kritisch zu bewerten (Tabelle 6.5; Goodin et al. 1999). Die in diese Analyse eingegangenen Fall-Kontroll- und Kohortenstudien zu dieser Problematik entsprechen nach evidenzbasierten Gesichtspunkten Klasse-II-Studien. Ein direkter Vergleich der in diesen Studien dargestellten Daten wird insofern erschwert, als sowohl unterschiedliche Traumen wie leichtere Schädel-Hirn-Traumen, Hirnkontusionen oder chirurgische Eingriffe als auch verschiedene Zeiträume zwischen dem Auftreten von Verletzungen und dem Ausbruch einer MS oder Auftreten eines neuen MS-Schubes in die Analysen eingingen. So variieren die Zeitfenster erheblich von 3 Wochen bis zu maximal 1 Jahr. Die Studien erbrachten zusammengefasst keine sicheren Hinweise für einen Einfluss von physischen Traumen auf die Entstehung einer MS oder auf die Auslösung von Krankheitsschüben. Besonders die – zum Teil prospektiven – Studien von Sibley et al. 1991 und Siva et al. 1993 wiesen innerhalb unterschiedlicher Zeitfenster nach Traumata keine signifikante Schubhäufung nach. Das systematisch erhobene Datenmaterial der neueren Studien übertrifft ältere Fallberichte an Aussagekraft, die früher gelegentlich Grundlage von gutachterlichen Entscheidungen waren. Daher ergeben sich zusammenfassend vom wissenschaftlichen Standpunkt aus keine überzeugenden Hinweise dafür, dass MS-Patienten in der Zeit nach Traumen ein höheres Schubrisiko als sonst tragen, und es ist nicht wahrscheinlich, dass Traumen das Entstehen einer MS begünstigen (Weilbach und Hartung 1997).

Auch bezüglich psychischen Stresses wird anhand der vorhandenen Klasse-II-Evidenzen derzeit kein medizinisch relevanter Zusammenhang zum Auftreten der MS oder neuer Schübe gesehen (Goodin et al. 1999). Aufgrund der methodischen Probleme der zugrunde gelegten Studien können beide Aussagen zum jetzigen Zeitpunkt jedoch nicht mit letzter Sicherheit getroffen werden.

Soziales Entschädigungsrecht

Es ist zu beachten, dass die Ursache einer MS als nicht ausreichend geklärt angesehen wird. Unter diesem Aspekt ist bei Kausalitätsbeurteilungen einer MS im sozialen Entschädigungsrecht (Versorgungswesen) zu prüfen, ob in seltenen Einzelfällen eine sogenannte *Kannversorgung* vorzuschlagen ist, die im Hinblick auf Krankheiten geschaffen wurde, deren Ursache in der Medizin so ungewiss ist, dass eine Beurteilung nicht mit der erforderlichen Wahrscheinlichkeit getroffen werden kann. Einzelheiten hierzu ergeben sich aus den „Anhaltspunkten für die ärztliche Gutachtertätigkeit im sozialen Entschädigungsrecht nach dem Schwerbehindertenrecht" vom Bundesminister für Arbeit und Sozialordnung. Danach besteht in der medizinischen Wissenschaft Ungewissheit darüber, ob es sich bei der MS um eine Infektionskrankheit oder um ein neuroallergisches, auf einer Autoimmunreaktion beruhendes Krankheitsgeschehen handelt. Auch die Bedeutung endogener Faktoren ist noch umstritten.

In seltenen Einzelfällen kann im sozialen Entschädigungsrecht ein Zusammenhang der MS mit einer Schädigung anerkannt werden, wenn zum Beispiel ein Krankheitsschub in augenfälliger zeitlicher Verbindung mit außergewöhnlich massiven Belastungsfaktoren auftritt.

Unter Berücksichtigung der verschiedenen wissenschaftlichen Hypothesen ist nach den Anhaltspunkten ungewiss, ob folgende exogene Faktoren für die Entstehung und den weiteren Verlauf der MS von ursächlicher Bedeutung sind:

- körperliche Belastungen oder Witterungseinflüsse, die nach Art, Dauer und Schwere geeignet sind, die Resistenz herabzusetzen,
- Krankheiten, bei denen eine toxische Schädigung oder eine erhebliche Herabsetzung der Resistenz in Frage kommt,
- Elektrotraumen (mit Stromverlaufsrichtung über das Rückenmark).

„Haben solche Umstände als Schädigungstatbestände vorgelegen, sind die Voraussetzungen für eine Kannversorgung dann als gegeben anzusehen, wenn die Erstsymptome der MS während der Einwirkung der genannten Faktoren oder mehrere Monate (bis zu 8 Monaten) danach oder in der Reparationsphase (bis zu 2 Jahren) im Anschluß an eine unter extremen Lebensbedingungen verlaufene Kriegsgefangenschaft aufgetreten sind. Außerdem sind die Voraussetzungen für eine Kannversorgung als erfüllt anzusehen, wenn die MS in enger zeitlicher Verbindung mit langdauernden konsumierenden Krankheiten, die selbst Schädigungsfolge sind, aufgetreten ist. Eine enge zeitliche Verbindung ist ebenfalls zu fordern, wenn eine ausgeprägte Impfreaktion ursächlich in Betracht kommt". (Anhaltspunkte 2004)

Minderung der Erwerbsfähigkeit (MdE), Grad der Behinderung (GdB)

Bei der MS richtet sich der MdE/GdB-Grad vor allem nach den zerebralen und spinalen Ausfallserscheinungen. Zusätzlich ist die aus dem klinischen Verlauf sich ergebende Krankheitsaktivität zu berücksichtigen. Nach den Anhaltspunkten ist bei gesicherter Diagnose im akuten Stadium und für zwei Jahre danach in jedem Fall im Sinne einer Heilungsbewährung ein MdE/GdB-Grad von mindestens 50 anzunehmen.

6.2.3 Neuroborreliose

Die Neuroborreliose entsteht durch eine Infektion mit der Spirochäte *Borrelia burgdorferi*. Die Erkrankung ist in den gemäßigten Klimazonen der Nordhalbkugel endemisch verbreitet, die genaue Inzidenz/Prävalenz ist unklar. Die *Übertragung* der Erkrankung erfolgt in Europa durch den Stich der Zecke Ixodes ricinus (Holzbock), sehr selten auch anderer Insekten (Pferdebremsen, Stechmücken).

Kernsymptome:

- Stadium I (1–8 Wochen nach Zeckenstich):
  - Erythema chronicum migrans.
- Stadium II (2–12 Wochen nach Zeckenstich):
  - Meningoradiculitis Bannarth, kraniale Neuritis (vor allem Facialisparese) und radikuläre Symptome.
- Stadium III (>4 Monate bis Jahre nach Zeckenstich):
  - Enzephalomyelitis (chronisch-progredient)
  - chronische Polyneuropathie.

Die *Diagnose* der Neuroborreliose ist in erster Linie klinisch zu stellen und sollte anschließend durch Laboruntersuchungen gestützt werden. Die Serodiagnostik der systemischen Borrelieninfektion beinhaltet ein 2-Stufenschema: zunächst einen Suchtest (Enzym-Immunoassay, *EIA*), gefolgt von einem Bestätigungstest (Western-Blot) (Wilske 2000). Eine positive Serologie beweist bei hoher Durchseuchung nicht die Akuität der Infektion. Dies gelingt über die Erfassung einer Serokonversion, eines Titeranstiegs oder einer Zunahme der Bandenzahl im Immunoblot.

Bei den Zusatzuntersuchungen kommt in der Beweisführung einer Neuroborreliose im Stadium II und III dem Liquor cerebrospinalis die wichtigste Bedeutung zu. Durch den Liquor-Serum-Vergleich wird die Diagnose gesichert. Die intrathekale spezifische Antikörperproduktion gegen Borrelia burgdorferi wird durch die Bestimmung des Liquor-/Serum-Index nachgewiesen. Sie entwickelt sich bei unbehandelten Patienten in der 2. Krankheitswoche, ist nach 3 Wochen bei etwa 75% der Patienten nachweisbar und nach 8 Wochen bei über 99% der Patienten. Für die Akuität spricht im Liquor eine lymphozytäre Pleozytose (meist 100–400/μl) mit Plasmazellen, eine deutlich gestörte Blut-Liquor-Schrankenfunktion (Gesamtprotein meist >100 mg/dl) und eine unspezifische intrathekale Mehrklassenreaktion (IgM > IgA > IgG).

Es gibt derzeit kein durch randomisierte, kontrollierte Studien gesichertes und allgemein akzeptiertes *Therapieregime*. Die Wirksamkeit von Penicillin G i.v. wurde bereits Anfang der 80er Jahre belegt. Darüber hinaus konnte gezeigt werden, dass Ceftriaxon und Cefotaxim gleich wirksam sind wie Penicillin (Wilske 2000). Im Allgemeinen hat sich eine Antibiose mit Ceftriaxon 1×2 g/d i.v. für 2–3 Wochen bewährt. Der Therapieerfolg solle nach der Besserung der klinischen Symptomatik und der Normalisierung der Liquor-Pleozytose beurteilt werden.

Bei rechtzeitiger Diagnose und ausreichender Therapie können die Erreger in den Stadien I und II in der Regel komplett eliminiert und die Erkrankung geheilt werden. Im Stadium III der chronischen Enzephalomyelitis kommt es durch die antibiotische Therapie meist nur zu einer Besserung, jedoch nicht zu einer Heilung der Erkrankung.

Gutachterliche Bewertung – Zusammenhangsfrage

Bei einer Durchseuchung der Allgemeinbevölkerung in Deutschland von bis zu 10% und bei beruflich exponierten Personen von bis zu 30% ist zunächst die Frage zu klären, ob tatsächlich eine Neuroborreliose als Ursache wahrscheinlich ist. Im Serum sind weder Titerhöhe noch -verlauf zur Beurteilung einer Neuroborreliose geeignet, da hohe IgG- und IgM-Titer lange Zeit ohne Korrelation zum klinischen Bild oder zur Therapie persistieren können. Wesentliche Voraussetzung für die Annahme einer Kausalität bei Neuroborreliose ist der Nachweis einer spezifischen intrathekalen IgG-Synthese gegen Borrelia burgdorferi im Liquor cerebrospinalis. Darüber hinaus sind für gutachterliche Fragestellungen Angaben zur Zellzahl, Zellbild, Blut- Liquor-Schrankenfunktion, zur quantitativen unspezifischen intrathekalen IgG-, IgA- und IgM-Synthese und zum Vorhandensein oligoklonaler Banden erforderlich. Die Konstellation einer positiven Borrelia-burgdorferi-spezifischen intrathekalen Antikörperproduktion ohne Liquorpleozytose und ohne Blut-Liquor-Schrankenstörung spricht für eine früher durchgemachte Neuroborreliose ohne aktuellen Krankheitswert. Eine intrathekale B.-burgdorferi-spezifische Antikörperproduktion und oligoklonale Banden können viele Jahre nach erfolgreicher Therapie persistieren.

Für die sehr seltene Borrelien-Enzephalomyelitis stellt die multiple Sklerose die wichtigste Differentialdiagnose dar. Beide Erkrankungen können klinisch und kernspintomographisch nicht sicher unterschieden werden. Entscheidend ist auch hier für die Beweisführung der Nachweis eines erhöhten spezifischen Antikörperindex gegen Borrelia burgdorferi im Liquor-Serum-Vergleich. Für die Annahme einer Neuroborreliose sollte der zeitliche Zusammenhang zwischen Infektion und Auftreten einer primär chronisch-progredienten Enzephalomyelitis mit einer Latenz von Monaten bis Jahren plausibel sein.

Gutachterlich stellt sich ferner häufig die Frage, inwieweit geklagte neuropsychiatrische Symptome wie das Chronic-Fatigue-Syndrom oder Fibromyalgie (▶ Kap. 16.17) im Zusammenhang mit einer abgelaufenen Neuroborreliose stehen. Serologische und Liquor-Untersuchungen helfen bei dieser Frage nicht weiter. Ein ursächlicher Zusammenhang wird umso wahrscheinlicher, je enger die zeitliche Verbindung, d.h. je fließender die unmittelbaren Schädigungsfolgen in den neuropsychiatrischen Symptomenkomplex übergehen. Als zeitliche Obergrenze wurde bei Fibromyalgie nach Neuroborreliose ein Zeitraum von bis zu 2 Jahren nach Borrelieninfektion angenommen (Reimers 1997). Voraussetzung ist, dass sich keine Hinweise auf eine Psychogenese der Beschwerden ergeben.

Berufliche Exposition

Im landwirtschaftlichen und forstwirtschaftlichen Bereich tätige Personen (Landwirte, Förster, Jäger, Waldarbeiter) sind einer erhöhten Gefahr ausgesetzt, von Zecken gebissen zu werden. Für diese Berufsgruppen besteht ein 10fach erhöhtes Erkrankungsrisiko. Die Neuroborreliose ist daher als Berufsunfall bzw. als Berufskrankheit anzuerkennen (▶ BK 3102). Das Fehlen eines dokumentierten Zeckenbisses oder eines Erythema chronicum migrans bei der beruflichen Tätigkeit kann nicht als Beweis gegen einen berufsbedingten Zusammenhang verwendet werden. Ein Erythema chronicum migrans tritt nur bei etwa 50% der Erkrankten auf, und nur 5% der Erkrankten erinnerten sich an einen Zeckenstich (Mauch 1990).

6.2.4 Schutzimpfungen und ihre Folgen

Impfungen sind bewusste Eingriffe in das Immunsystem, z.T. handelt es sich dabei um Infektionen. Ihr Ablauf folgt den Regeln der Immunologie und der Infektionslehre. Komplikationen sind selten, wenn auch jede Impfung parainfektiöse/allergische Enzephalomyeltiden oder Polyneuritiden bewirken kann (Tabelle 6.6). Impfschäden können durch den Impfstoff selbst, durch Verunreinigungen oder beigefügte Konservierungsstoffe ausgelöst werden. Bei Virusimpfungen werden häufig attenuierte, d.h. abgeschwächte Erreger (z.B. Sabin-Vakzine gegen Polio) verwendet. Besteht bei dem Impfling eine möglicherweise unbemerkte Immunsuppression, kann auch dieser attenuierte Erreger pathogen wirken. Schließlich kann das Impfvirus selbst bestimmte Eiweißabschnitte aufweisen, die starke Ähnlichkeit mit menschlichem Nervengewebe haben (molekulare Mimikry) und im Rahmen der Impfung eine Autoimmunreaktion induzieren. Früher wurden Viren zum Teil in Rückenmark oder Gehirn von Tieren oder in tierischen Gliazellkulturen vermehrt. Die Mitinjektion von Spuren lyophilisierten Nervengewebes konnte eine Autoimmunreaktion gegen Nervengewebe auslösen. Heute werden gereinigte Impfstoffe aus Hühnerembryonen oder diploiden Zellkulturen verwendet.

Gutachterliche Bewertung

Häufig wird der Gutachter mit Krankheitsbildern befasst, für deren Entstehung eine Schutzimpfung verantwortlich gemacht wird. Er sollte immer berücksichtigen, dass Impfkomplikationen sehr seltene und ungewöhnliche Ausnahmen sind. Deshalb sind vor Annahme und Diskussion eines Impfschadens grundsätzlich andere, davon unabhängige Affektionen des Nervensystems auszuschließen. Insbesondere muss beurteilt werden, ob die als ursächlich angeschuldigte Impfkomplikation nach Art und Schwere überhaupt in der Lage ist, die zur Rede stehenden körperlichen und psychischen Ausfälle hervorzurufen. Bei der Beurteilung des Zusammenhangs einer gemeldeten Nebenwirkung mit einer Impfung muss ferner die spontane Inzidenz der Erkrankung in der Bevölkerung berücksichtigt werden. Abzugrenzen sind Fälle, bei denen es sich nicht um eine neurologische Erkrankung, sondern um eine stärkere Allgemeinreaktion auf die Impfung handelte. Als Impfschaden gilt ein über das übliche Maß einer Impfreaktion überschreitender Gesundheitsschaden. Der Nachweis eines Impfschadens hängt wesentlich vom klinischen Bild und von der Inkubationszeit ab, d.h. dem Intervall zwischen Impfung und Krankheitsbeginn, das in der Regel innerhalb der 4- bis maximal 6-Wochen-Grenze liegt. Im Einzelfall ist die Kausalitätsbeurteilung häufig sehr schwierig, weil die Begutachtung oft Jahre bis Jahrzehnte nach einer angeblichen Impfschädigung erfolgt und Daten ungenügend dokumentiert wurden. Der schlüssige Nachweis einer impfbedingten Nebenwirkung im Sinne eines naturwissenschaftlichen Beweises ist daher in der Regel nicht möglich.

Tabelle 6.6. Übersicht neurologischer Komplikationen, die im Zusammenhang mit Impfungen diskutiert wurden (Auswahl)

Komplikation	Impfung
▮ Enzephalitis, Myelitis	Masern, Tollwut, Tetanus, Pocken, Polio
▮ Meningitis	Mumps
▮ Krampfanfälle	Pertussis
▮ Schwerpunktneuritis	FSME
▮ Guillain-Barré Syndrom	Schweineinfluenca, Tetanus, Polio, Typhus, Tollwut, Hepatitis B

Masernschutzimpfung

Mit Fieberkrämpfen ist vor allem zwischen dem 6. und 14. Tag mit einer Inzidenz von wahrscheinlich 1:1000 bis 1:9000 zu rechnen. Es sind auch perivenöse Encephalitiden mit einer Inzidenz von 1:1000000 beobachtet worden (Isaacs u. Menser 1990).

Poliomyelitisschluckimpfung

Die Häufigkeit von Impfschäden nach Verabreichung von trivalenter oraler Poliomyelitisvakzine, d.h. des Auftretens persistierender spinaler Paresen in zeitlichem Zusammenhang mit der Schluckimpfung, beträgt in Deutschland eine Erkrankung auf 4,4 Millionen Impfungen (0,23 Erkrankungen/1 Million Impfungen) bei Impflingen und eine Erkrankung auf 15,5 Millionen Impfungen (0,06 Erkrankungen/1 Million Impfungen) bei Kontaktpersonen (Doerr u. Maass 1991).

Die Diagnose eines Impfschadens ist

1. abhängig von dem klinischen Bild mit Paresen und Areflexie, Meningismus und Pleozytose im Liquor;
2. von der Inkubationszeit, d.h. im Intervall zwischen Impfung und Krankheitsbeginn, das sich zwischen dem 3. und 38. Tag erstreckt. Bei Kontaktinfektionen, deren Beginn nicht bekannt ist, wird die Inkubationszeit unter Umständen verlängert;
3. von dem serologischen/virologischen Befund.

Das klinische Bild entspricht der Poliomyelitis. Es beginnt meist mit einem unspezifischen, wenige Tage dauernden, fieberhaft grippalen Vorstadium und lokalen Schmerzen. Wenige Tage später entwickeln sich unter neuem Fieberanstieg schlaffe Paresen, die asymmetrisch und oft proximal betont sind. Sensible Ausfälle fehlen. Gleichzeitig eingeleitete Laboratoriumsuntersuchungen können die gutachterliche Stellungnahme bei fraglichen Komplikationen nach der oralen Polioschutzimpfung wesentlich unterstützen. Werden sie versäumt, lassen sich die Zusammenhänge später im Allgemeinen nicht mehr sicher klären.

Literatur

Alter M, Speer J (1968) Clinical evaluation of possible etiologic factors in multiple sclerosis. Neurology 18:109–115

Bundesministerium für Gesundheit und Soziale Sicherung (Hrsg) (2004) Anhaltspunkte für die ärztliche Gutachtertätigkeit im sozialen Entschädigungsrecht und nach dem Schwerbehindertenrecht

Charcot JM (1879) Lectures on the disease of the nervous system. New Sydenham Society, London, pp 157–222

Doerr HW, Maass G (1991) Poliomyelitis-Schutzimpfung. Dtsch Med Wochenschr 116:875

Goodin DS, Ebers GC, Johnson KP, Rodriguez M, Sibley WA, Wolinsky JS (1999) The relationship of MS to physical trauma and psychological stress. Neurology 52:1737–1745

Gusev E, Boiko A, Lauer K et al. (1996) Environmental risk factors in MS: a case control study in Moscow. Acta Neurol Scand 94:386–394

Isaacs D, Menser M (1990) Measles, mumps, rubella, and varicella. Lancet 335:1384–1387

Kurland LT, Westlund KB (1954) Epidemiologic factors in the etiology and prognosis of multiple sclerosis. Ann NY Acad Sci 58:682–701

Lewrenz H, Friedel B (1996) Krankheit und Kraftverkehr. Verkehrsmedizin beim Bundesminister für Verkehr, 5. Aufl. Schriftenreihe des Bundesministeriums für Verkehr, Heft 73, Bonn

Mauch E, Vogel P, Kornhuber HH, Hähnel A (1990) Klinische Wertigkeit von Antikörpertitern gegen Borrelia burgdorferi und Titerverläufe bei neurologischen Krankheitsbildern. Nervenarzt 61:98–104

McAlpine D, Compston N (1952) Some aspects of the natural history of disseminated sclerosis. Q J Med 21:135–167

McDonald WI, Compston A et al. (2001) Criteria for multiple sclerosis: Guidelines from the international panel on the diagnosis of multiple sclerosis. Ann Neurol 50:121–127

Poser CM (1994) Physical trauma and multiple sclerosis. Neurology 44:1360–1362

Reimers CD (1997) Gutachtliche Bewertung der Fibromyalgie. In: Suchenwirth RMA, Ritter G, Widder B (Hrsg) Neurologische Begutachtung bei inadäquaten Befunden: Befund und Befinden. Fischer, Stuttgart, S 26–32

Sibley WA, Bamford CR, Clark K, Smith MS, Lagum JF (1991) A prospektive study of phaysical trauma and multiple sclerosis. J Neurol Neurosurg Psychiatry 54:584–589

Siva A, Radhakrishnan K, Kurland LT, O'Brien PC, Swanson JW, Rodriguez M (1993) Trauma and multiple sclerosis: a population-based cohort study from Olmsted County, Minnesota. Neurology 43:1878–1882

Weilbach FX, Hartung HP (1997) Physikalisches Trauma und Multiple Sklerose. Nervenarzt 68:940–944

Widder B (2000) Akute entzündliche Hirnprozesse. In: Rauschelbach HH, Jochheim KA, Widder B (Hrsg) Das neurologische Gutachten, 4. Aufl. Thieme, Stuttgart, S 256–261

Wilske B, Fingerle V (2000) Diagnostik und Therapie der Lyme-Borreliose. MMW Fortschritte der Medizin 142:28–33

6.3 Neurodegenerative Systemerkrankungen/ extrapyramidale Syndrome

M. Vorgerd

Die Klassifikation neurodegenerativer Systemerkrankungen und extrapyramidaler Syndrome erfolgt nach neuropathologischen und klinischen Gesichtspunkten (Tabelle 6.7). Das idiopathische Parkinson-Syndrom ist – abgesehen von der Alzheimer-Demenz – die häufigste neurodegenerative Systemerkrankung (altersabhängig steigende Inzidenz, Männer doppelt so häufig wie Frauen betroffen, Prävalenz 1% bei über 60-Jährigen, 2% bei über 80-Jährigen, in Deutschland ca. 300 000 Personen). Hervorgerufen wird sie durch einen progredienten Untergang dopaminerger Neurone in der Substantia nigra pars compacta. Der resultierende Dopaminmangel im Striatum führt zu den klinischen Kardinalsymptomen Bradykinese, Rigor, Tremor und posturale Instabilität. Unspezifische nichtmotorische Frühsymptome umfassen affektive Störungen, Riechstörungen und Schmerzsymptome.

Die amyotrophe Lateralsklerose (*ALS*) ist die häufigste degenerative Systemerkrankung des motorischen Systems (Inzidenz ca. 1/100 000/Jahr, Prävalenz wegen der schlechten Prognose nur wenig höher) mit Zelluntergängen der Pyramidenzellen (Betzsche Riesenzellen) im motorischen Kortex (sog. 1. Motoneuron) sowie der Alpha-Motorneurone im unteren Hirnstamm und im Vorderhorn des Rückenmarks (sog. 2. Motoneuron). Dadurch wird das klinische Bild der ALS geprägt durch eine Kombination aus atrophischen Paresen mit Faszikulationen sowie gesteigerten Muskeldehnungsreflexen. Die Krankheit kann einseitig beginnen und zunächst Symptome des 2. Motoneurons (atrophische Paresen, Faszikulationen) oder des 1. Motoneurons (Spastik) oder der motorischen bulbären Hirnnervenkerne (Bulbärparalyse) aufweisen. Die ALS tritt meist sporadisch auf (95% der Fälle), selten wird sie vererbt (5%).

Tabelle 6.7. Häufigste neurodegenerative Systemerkrankungen/extrapyramidale Syndrome (Auswahl)

Krankheitsbezeichnung	Ätiologie	Zusatzdiagnostik
Extrapyramidale Systemerkrankungen		
▮ M. Wilson	autosomal-rezessiv	MRT, Labor, Genetik
▮ Chorea Huntington	autosomal-dominant	MRT, Genetik
▮ M. Parkinson	sporadisch, selten hereditär	SPECT, MRT
▮ Essentieller Tremor	sporadisch, selten hereditär	
▮ Dystonie-Syndrome	hereditär, sporadisch	
▮ Demenz mit Lewy-Körpern	sporadisch, selten hereditär	MRT
▮ Multisystematrophie	sporadisch, selten hereditär	MRT, autonome Funktionsdiagnostik
▮ Progressive supranukleäre Paralyse	sporadisch, selten hereditär	MRT
▮ Kortikobasale Degeneration	sporadisch, selten hereditär	MRT
Spinozerebelläre Heredoataxien		
▮ Spinozerebelläre Ataxien	autosomal-rezessiv oder -dominant;	MRT, Genetik
▮ Friedreich-Ataxie	autosomal-rezessiv	NLG, Genetik
Motoneurondegeneration		
▮ Amyotrophe Lateralsklerose	sporadisch, selten hereditär	NLG, EMG, evtl. Genetik
▮ Spinale Muskelatrophien	hereditär	EMG, ggf. Muskelbiopsie, Genetik

MRT zerebrale Magnetresonanztomographie, *NLG* Nervenleitgeschwindigkeiten, *EMG* Elektromyographie

Zusatzdiagnostische Verfahren

Die Zusatzdiagnostik umfasst spezielle Laboruntersuchungen (z.B. Kupfer-, Zaeruloplasminbestimmungen bei M. Wilson), neurophysiologische Verfahren (sensible und motorische Neurographie sowie EMG bei Motoneuronerkrankungen, Friedreich-Ataxie oder den spinozerebellären Ataxien), zerebrale Kernspintomographie, nuklearmedizinische Verfahren und transkranielle Hirnparenchymsonographie (beim idiopathischen Parkinson-Syndrom), ggf. genetische Untersuchungen (z.B. Chorea Huntington, M. Wilson).

Gutachterliche Bewertung

Neurodegenerative Systemerkrankungen/extrapyramidale Syndrome sind nur in begründeten Einzelfällen mit Beruf, Unfall oder Wehrdienst in einen ursächlichen Zusammenhang zu bringen. Dies ist nur dann der Fall, wenn diese Faktoren wesentliche Voraussetzungen für die Entstehung oder Verschlimmerung der zugrundeliegenden Systemdegeneration geschaffen haben. Parkinson-Syndrome können durch Vergiftungen mit Erstickungsgasen oder (wiederholte) Hirnstammkontusionen ausgelöst werden. MdE bzw. GdB richten sich generell nach der Ausprägung der Funktionseinbußen (30–100%).

6.4 Neuromuskuläre Erkrankungen

M. Vorgerd

Klinische Symptomatik

Leitsymptome neuromuskulärer Erkrankungen (*NME*) sind Paresen und Muskelatrophien, die entweder fokal oder generalisiert vorkommen können. Daneben können Myalgien, Muskelkrampi, Muskelsteifigkeit, episodische Muskelschwächen, vorzeitige Ermüdbarkeit der Skelettmuskulatur und Myoglobinurie auf eine NME hindeuten. Bei der klinischen Untersuchung ist besonders auf das Verteilungsmuster der Paresen und Atrophien (proximal, distal, (a)symmetrisch, evtl. Hirnnervenbeteiligung), auf Zeichen erhöhter mechanischer Muskelerregbarkeit (z.B. Perkussions- oder Greifmyotonie), Reflexstatus, sensible Ausfälle und auf sekundäre Veränderungen des Skelettsystems (Gelenkkontrakturen, Skoliose) zu achten. Die Paresen werden nach Kraftgraden der Medical Research Council quantitifiziert, die von MRC 0=Plegie bis MHC 5=normale, volle Kraftentwicklung reichen. Bei gutachterlichen Fragestellungen können anerkannte Skalen zur Dokumentation der funktionellen Beeinträchtigung bei NME hilfreich sein (z.B. Skalen nach Vignos und Brooke, Hammersmith Motor Ability Score).

Wichtig ist die Erfassung einer kardiologisch-pulmonologischen Mitbeteiligung im Rahmen der NME sowie weiterer Vorerkrankungen (z.B. endokrinologische Erkrankungen). Die Erhebung einer Medikamentenanamnese (z.B. hinsichtlich einer erworbenen Statin-induzierten Myopathie) und aus-

Tabelle 6.8. Häufigste neuromuskuläre Erkrankungen

Krankheitsbezeichnung	Ätiologie	Diagnostik
Vorderhornerkrankungen		
▮ Spinale Muskelatrophien	autosomal-rezessiv oder -dominant	NLG, EMG, Genetik, evtl. Muskelbiopsie
Polyneuropathien		
▮ hereditäre Neuropathien	autosomal-rezessiv oder -dominant; X-chromosomal-rezessiv	NLG, EMG, Genetik, evtl. Nervenbiopsie
▮ Critical-illness-Polyneuropathie	erworben (Trauma, Sepsis, Intensivtherapie)	NLG, EMG
Neuromuskuläre Überleitungsstörungen		
▮ kongenitale Myasthenien	autosomal-rezessiv oder -dominant	repetitive Nervenstimulation, Genetik
▮ immunogene Myasthenie	erworben	repetitive Nervenstimulation, Antikörperbestimmung
Myopathien		
▮ toxische Myopathien	erworben (z. B. Medikamente)	Anamnese, evtl. Muskelbiopsie
▮ Critical-illness-Myopathie	erworben (Trauma, Sepsis, Intensiv-Therapie)	NLG, EMG, evtl. Muskelbiopsie
▮ Muskeldystrophien	X-chromosomal-rezessiv, autosomal-rezessiv oder -dominant	Muskelbiopsie, Genetik
▮ Stoffwechselmyopathien (Glykogenosen, Lipidosen, Mitochondriopathien)	X-chromosomal-rezessiv, autosomal-rezessiv, oder -dominant, maternal	Muskelbiopsie, Genetik
▮ Myositiden (Dermato-, Poly-, Einschlusskörpermyositis)	erworben (immunogen)	Muskelbiopsie

NLG Nervenleitgeschwindigkeiten, *EMG* Elektromyographie

führlichen Familienanamnese (hinsichtlich einer hereditären Myopathie) ist diagnostisch relevant.

▮ Klassifikation neuromuskulärer Erkrankungen

NME umfassen Erkrankungen der Vorderhornzellen in der Medulla oblongata (Bulbärparalyse) bzw. auf Rückenmarksebene (spinale Muskelatrophien), peripherer Nerven (Neuropathien, Neuritiden), der neuromuskulären Überleitung (prä- oder postsynaptisch) sowie der Skelettmuskulatur (Myopathien) (Tabelle 6.8). Sie bilden eine ausgesprochen heterogene Gruppe von Krankheiten, die entweder erworben oder genetisch bedingt sind, die sich von der Prä- und Perinatalzeit bis ins späte Erwachsenenalter erstmals manifestieren können, und die raschprogedient mit früher Letalität verlaufen können oder langsam voranschreiten ohne wesentliche Beeinträchtigung der Lebenserwartung. Die Prävalenz der NME liegt bei etwa 1:1500.

▮ Zusatzdiagnostische Verfahren

Die Zusatzdiagnostik der NME umfasst Laboruntersuchungen (CK, ischämischer Arbeitstest und Belastungstest bei metabolischen Erkrankungen, Antikörpersuche bei immunogenen neuromuskulären Erkrankungen), Elektroneurographie (sensible und motorische Neurographie, neuromuskuläre Überleitungstests), elektromyographische Verfahren, Kernspintomographie der Skelettmuskulatur, genetische Untersuchungen und schließlich Nerven- und/oder Muskelbiopsien. Bei klinischem Verdacht auf eine NME ist in jedem Fall eine Basisdiagnostik bestehend aus CK im Serum sowie NLG- und EMG-Untersuchungen, erforderlich. Bestätigt sich der klinische Verdacht auf eine NME, sind zur weiteren Einordnung aufwändigere und häufig auch kostspieligere Verfahren erforderlich, wobei der Umfang der genauen Zusatzdiagnostik vom jeweiligen Einzelfall abhängig ist.

▮ Gutachterliche Bewertung

NME sind in der Mehrzahl der Fälle entweder genetisch bedingt oder durch einen unfallunabhängigen Mechanismus (immunologisch, infektiös, toxisch, endokrin) erworben. Die Zusammenhangsfrage kann bei unfallverletzten, meist polytraumatisierten Patienten z. B. mit einer Critical-illness-Polyneuropathie oder -Myopathie relevant werden, die im Rahmen einer intensivmedizinischen Behandlung mit Beatmung und Sepsis auftreten können. Bei NME kann eine vorübergehende Verschlimmerung angenommen werden, wenn es zeitnah zum Unfall zu einer befristeten und objektivierbaren Akzentuierung vorbestehender neuromuskulärer Symptome gekommen ist. Die Verschlimmerung kann auch richtunggebend sein, wenn sich über Brückensymptome eine permanente Verschlechterung der funktionellen Einschränkungen ergeben hat. Die MdE ist in Abhängigkeit vom Schweregrad der funktionellen Einbußen einzustufen.

Literatur

Spuler S, Moers A von (Hrsg) (2004) Muskelkrankheiten: Grundlagen, Diagnostik und Therapie. Schattauer, Stuttgart

Zierz S, Jerusalem F (Hrsg) (2004) Muskelerkrankungen. Thieme, Stuttgart

6.5 Hirngefäßerkrankungen

S. Kotterba

Folgen zerebrovaskulärer Störungen spielen insbesondere aus sozialmedizinischer Sicht eine Rolle. Trotz zunehmend besserer Versorgung in Zentren mit Stroke-Units wird die Anzahl der Neuerkrankungen immer noch nicht vollständig erfasst, viele Patienten kommen nicht rechtzeitig zur Erstbehandlung, was zu schwerwiegenderen Folgekomplikationen führt. Nach den bisherigen Statistiken erleiden 200 000 Menschen pro Jahr in Deutschland einen Schlaganfall, mindestens 50% sind im erwerbsfähigen Alter.

Die *Prognose* und der *Verlauf* eines Schlaganfalls hängt von der Ursache des zugrundeliegenden Hirnprozesses ab. Dabei imponieren

Ischämien (80% der Schlaganfälle)

- Arterienstenosen und -verschlüsse der hirnzuführenden (supraaortalen) und intrazerebralen Arterien,
- kardiale Emboliequellen (Herzrhythmusstörungen; Vitien, insbesondere der Mitral- und Aortenklappe; gekreuzte Embolien bei offenem Foramen ovale),
- Dissektionen,
- Mikroangiopathien bei entzündlichen Prozessen (Vaskulitiden),
- Gerinnungsstörungen.

Blutungen

- intrazerebral,
- subarachnoidal.

Ursache beider Blutungslokalisationen können Gefäßanomalien (bei der Subarachnoidalblutung in der Regel Aneurysmen) und Hirnkontusionen sein. Prädisposition für eine intrazerebrale Blutung ist in der Regel eine schlecht therapierte arterielle Hypertonie.

Zerebrale Venen- und/oder Sinusthrombosen

- nach Gerinnungsstörungen, Infektionskrankheiten, septischen Prozessen, Schwangerschaften.

Es resultieren oft uncharakteristische neurologische Ausfallserscheinungen, die insbesondere Kopfschmerzen und unterschiedliche Grade der Bewusstseinstrübung verursachen. Die Symptome werden häufig verkannt. Eine frühe Diagnosestellung mittels MRT ist notwendig, um eine Therapieoption zu haben. Bei unklaren zerebralen Auffälligkeiten muss daher an die Sinusvenenthrombose gedacht werden.

Die Differenzierung zwischen Blutung und Ischämie ist zweifelsfrei nur mittels zerebraler Bildgebung (CCT, MRT) möglich.

Die neurologische Ausfallsymptomatik resultiert aus der vom Schlaganfall betroffenen Hirnregion und der Größe der Läsion. Nicht selten werden bei zerebralen Computertomographien und Kernspintomographien klinisch stumme Infarkte entdeckt. Während nach einer Ischämie sich bei einer transitorisch ischämischen Attacke (*TIA*) die Symptome innerhalb 24 Stunden, bei einem *PRIND* (prolongiertes reversibles ischämisches neurologisches Defizit) innerhalb Tagen vollständig zurückbilden, verbleibt bei den meisten Patienten ein unterschiedlich ausgeprägtes Defektsyndrom. Ausschlaggebend ist eine frühzeitige Therapie mit Überwachung des Blutdruckes, des Blutzuckers und der Blutgase, der Temperatur sowie von Herzrhythmusstörungen. Im engen Zeitfenster von 3 Stunden kann eine systemische Fibrinolyse indiziert sein, ansonsten stellt Acetylsalicylsäure bei fehlenden Kontraindikationen die Frühtherapie der Ischämie dar. Die Heparinisierung ist bei Patienten mit kardialem Embolierisiko und Dissektionen extrakranieller Gefäße zu empfehlen.

Je nach Lokalisation und Größe ist bei einer intrazerebralen Blutung die operative Ausräumung indiziert. Im Falle einer Subarachnoidalblutung sollte innerhalb von 24 Stunden ein Aneurysmanachweis angestrebt werden. Eine Gefäßklippung kann dann eine Rezidivblutung verhindern.

Die *Rückbildungsfähigkeit* neurologischer Defizite hängt neben der initialen Läsionsgröße und dem Ort von der Ursache (Blutungen initial größere Letalität, aber bessere Rückbildung als Ischämien), dem Vorhandensein weiterer Durchblutungsstörungen (Mikroangiopathie), vorausgegangenen Hirnschäden, Begleiterkrankungen und auch vom Lebensalter ab. Bei jungen Patienten besteht eine größere Plastizität des Gehirns mit der Möglichkeit der Funktionsübernahme durch andere Hirnregionen. Diese Plastizität kann nur durch eine entsprechende Rehabilitationsbehandlung, die unmittelbar einsetzen muss, genutzt werden.

Gutachterliche Bewertung

Es gibt einige typische Konstellationen bei Schlaganfällen, die für Unfallversicherungen und Berufsgenossenschaften relevant sind:

Hirninfarkt und Trauma

Tritt eine zerebrale Ischämie in unmittelbarem zeitlichen Zusammenhang mit einer Hirnkontusion auf, ist ein Zusammenhang anzunehmen, findet sich aber nur bei 3,5% der Schädel-Hirn-Traumen. Im Rahmen traumatischer Subarachnoidalblutungen können sich große Hirninfarkte infolge der Gefäßspasmen bilden. Weitere Ursachen insbesondere bei Traumen im Hals- und Brustbereich sind

- Intimarisse der A. carotis, A. vertebralis, A. basilaris mit nachfolgender Thrombosierung,
- dissezierende Aneurysmen der A. carotis oder A. vertebralis,
- traumatische Schäden intrathorakaler Gefäße,
- Thrombenbildungen durch Embolien.

Bei intrakraniellen Thrombosen oder extrakraniellen Dissektionen können sich die hirnlokalen Symptome u. U. erst mit einer Latenz entwickeln.

Insbesondere bei der Begutachtung iatrogener Schäden haben die Dissektionen der A. vertebralis und A. carotis eine Bedeutung gewonnen. Diese können spontan auftreten. Erfragt werden muss ein zeitlicher Zusammenhang (Stunden, maximal wenige Tage) mit akuten Drehbewegungen oder Überstreckungen der Halswirbelsäule (z. B. beim Skifahren, Trampolinspringen). Eine Auslösung durch chiropraktische Maßnahmen im Halswirbelsäulenbereich ist möglich, weswegen diese Komplikation im Aufklärungsgespräch genannt werden muss. Wegweisend für eine externe Auslösung der Dissektion sind die unmittelbar auftretenden lokalen Kopfschmerzen und/oder ein Horner-Syndrom als Hinweis auf eine Gefäßwandläsion.

Bei schweren Weichteil- oder Knochenverletzungen in anderen Körperregionen ist die Möglichkeit eines Schlaganfalls durch eine Fettembolie gegeben. Erforderlich für die Diskussion einer Kausalität sind ein enger zeitlicher Zusammenhang (einige Tage nach Trauma oder unmittelbar nach einem großen chirurgischen Eingriff) und das Vorliegen eines offenen Foramen ovale.

Hirnblutung und Trauma

Bei einem schweren Schädel-Hirn-Trauma ist es in der Regel möglich, eine hierdurch verursachte intrazerebrale oder Subarachnoidalblutung nachzuweisen. Problematisch wird es bei leichteren Traumen (z. B. Sturz aus dem Stand, leichter Auffahrunfall). Insbesondere kann es hier zu Diskussionen kommen, ob die Blutung den Sturz ausgelöst hat. Hier sind durch eine subtile Anamnese unfallabhängige Risikofaktoren zu erfragen (z. B. Aneurysmen, Mikroangiopathie insbesondere bei Hypertonie, Alkoholabusus, Gerinnungsstörung). Für einen Unfallzusammenhang sprechen rindennahe Kontusionsblutungen.

Chronische Perfusionsstörungen

Chronische Hirndurchblutungsstörungen entstehen meist durch mikroangiopathische Veränderungen. Es resultieren in der Regel keine hirnlokalen Ausfälle, vielmehr hirnorganische Psychosyndrome unterschiedlichen Ausmaßes. Dabei imponieren insbesondere Gedächtnis-, Denk- und Affektstörungen. Charakteristisch ist ein undulierender Verlauf der Symptome, Zunahme der Verwirrtheit insbesondere nachts. *Differentialdiagnostisch* ist die Abgrenzung anderer Demenzformen notwendig.

Bei akuten Schlaganfällen besteht Arbeitsunfähigkeit. Es ist notwendig, so früh wie möglich mit der Rehabilitation zu beginnen, um das Ausmaß der irreversiblen Funktionsverluste zu minimieren. Ein wesentliches Augenmerk verdienen hierbei neuropsychologische Defizite. Die Rehabilitationsphase muss insbesondere bei ausgedehnten Insulten lange genug gewählt werden, um beurteilen zu können, ob eine Rückkehr in den alten Beruf wieder möglich ist. Eine abschließende gutachterliche Beurteilung der verbliebenen Funktionsstörungen sollte bei Patienten unter 30 Jahren erst nach ausgiebiger Rehabilitation nach 2–3 Jahren, bei Patienten über 50 Jahren nach 6–12 Monaten durchgeführt werden.

Die Wiedererlangung der *Fahrtauglichkeit* ist für viele Schlaganfallpatienten ein vordringliches Ziel, um insbesondere Mobilität zu erhalten. Bei hochgradigen neurologischen Ausfällen ist keine Fahrtauglichkeit gegeben. Für die Gruppe 2 besteht für die meisten Schlaganfallspatienten keine Fahrtauglichkeit. Nach erfolgreicher Therapie muss im Einzelfall entschieden werden, ob Fahrtauglichkeit für die Gruppe 1 gegeben ist. Konkrete Anweisungen für durchzuführende Untersuchungen existieren in den „Begutachtungs-Leitlinien zur Kraftfahrereignung" allerdings nur für die Sehfähigkeit, die übrige Einschätzung wird dem stellungnehmenden Arzt überlassen. Die Beurteilung setzt in der Regel eine stationäre Untersuchung voraus. Nach transitorisch-ischämischen Attacken ist Teilnahme am Straßenverkehr nur dann vertretbar, wenn keine signifikant erhöhte Rezidivgefahr besteht. Bei neurologischen Defiziten kann die Fahreignung gegeben sein, wenn die „Sicherheitsmaßnahmen bei körperbehinderten Kraftfahrern" (Bewegungsbehinderungen; ▶ www.tuev-verlag.com) eingehalten werden. Nachuntersuchungen sind je nach Lage des Falles nach 1, 2 und 4 Jahren zur Auflage zu machen.

Akute und chronische vaskuläre Hirnprozesse sind für die Einschätzung nach dem Schwerbehindertenrecht wichtig. Allerdings bieten die Anhaltspunkte für die ärztliche Gutachtertätigkeit hier Ermessensspielräume. Eine komplette Hemiplegie bedingt eine GdB von 100. Teillähmungen werden in Anlehnung an Gliedmaßenverluste oder periphere Lähmungen bewertet. Allerdings wäre eine Aufsummierung der Einzelwerte nicht korrekt, es muss eine Orientierung nach dem tatsächlichen Funktionsverlust erfolgen. Neuropsychologische Einschränkungen (z. B. Neglect, Apraxie) u. U. nur teilgelähmter Extremitäten sind funktionell als plegisch einzustufen. Koordinations- und Gleichgewichtsstörungen bedingen je nach Ausmaß der Störung der Ziel- und Feinmotorik einschließlich der Schwierigkeiten beim Gehen und Stehen einen GdB-Grad von 30–100. Kognitive Leistungsstörungen (Aphasie, Apraxie, Agnosie) sind ebenfalls schwereabhängig mit 30–100 GdB einzustufen. Letztendlich ist nur eine individuelle Einschätzung möglich. Je nach Lokalisation der funktionellen Ausfälle sind die unterschiedlichen Nachteilsausgleiche nach dem Schwerbehindertenrecht zuzuerkennen.

Literatur

Beirat für Verkehrsmedizin beim BMVBW und BMG (2000) Begutachtungs-Leitlinien zur Kraftfahreignung. Berichte der Bundesanstalt für Straßenwesen, Heft M 115. Wirtschaftsverlag NW, Bremerhaven

Bundesministerium für Gesundheit und Soziale Sicherung (2004) Anhaltspunkte für die ärztliche Gutachtertätigkeit im sozialen Entschädigungsrecht und nach dem Schwerbehindertenrecht

Chae J, Zorowitz RD, Johnston MV (1996) Functional outcome of hemorrhagic and nonhemorrhagic stroke patients after in-patient rehabilitation. Am J Phys Med Rehabil 75:177–182

Delank HW, Gehlen W (2003) Neurologie. Thieme, Stuttgart New York

Hacke W (1996) Neurologische Intensivmedizin. Perimed, Erlangen

Suchenwirth RMA, Kunze K, Krasney O (2000) Neurologische Begutachtung. Urban und Fischer, München Jena

Rauschelbach HH, Jochheim K-A, Widder B (2000) Das neurologische Gutachten. Thieme, Stuttgart New York

6.6 Epilepsien/Dyssomnien

S. Kotterba

Epilepsien

Prinzipiell kann jeder Mensch unter bestimmten Umständen einen epileptischen Anfall erleiden. Paroxysmal auftretende synchrone Entladungen einzelner Neuronenverbände führen zu einer vorübergehenden totalen oder partiellen Dysfunktion des Gehirns. Provokatoren sind insbesondere Schlafentzug, Alkoholgenuss oder -entzug, bestimmte Medikamente, fieberhafte Infekte, rhythmischer Lärm oder Flackerlicht (insbesondere bei bestimmten Computerspielen). Jeder erstmalige Anfall erfordert eine ausführliche internistische, neurologische und vor allem elektroenzephalographische Diagnostik. Von einer Epilepsie wird erst gesprochen, wenn Anfälle wiederholt auftreten und insbesondere nicht an immer gleiche Auslösebedingungen geknüpft sind.

Während die frühere Nomenklatur „große" und „kleine" Anfälle unterschied, gilt aktuell die *Einteilung* nach dem Vorschlag der Internationalen Liga gegen Epilespie:

Fokale Anfälle

- Einfach fokale Anfälle (ohne Bewusstseinsstörung) mit
  - motorischen Symptomen,
  - sensiblen oder sensorischen Symptomen,
  - vegetativen Symptomen (z. B. Schwitzen, Blässe),
  - psychischen Symptomen (Dysphasien, Angst, Erregung, Illusionen, strukturierten Halluzinationen).
- Komplex-fokale Anfälle (mit Störung des Bewusstseins, Beginn manchmal mit einfach-fokaler Symptomatik) mit
  - einfach-fokalem Beginn mit nachfolgender Bewusstseinsstörung,
  - Bewusstseinsstörung von Anfang an.
- Fokale Anfälle mit Entwicklung zu sekundär-generalisierten Anfällen:
  - einfach-fokale Anfälle mit sekundärer Generalisierung,
  - komplex-fokale Anfälle mit sekundärer Generalisierung.

Generalisierte Anfälle

- Absencen,
- atypische Absencen,
- myoklonische Anfälle,
- klonische Anfälle,
- tonische Anfälle,
- tonisch-klonische Anfälle,
- atonische (astatische) Anfälle.

Nichtklassifizierbare epileptische Anfälle

Ätiologisch bedeutsam ist, dass die *primär generalisierten* Anfälle, bei denen die ersten klinischen Veränderungen eine initiale Einbeziehung beider Hemisphären zeigen, meist eine erbliche Bedingung haben. Bei *primär fokalem* Beginn liegt in der Regel eine morphologische Hirnveränderung vor, die zwar mit den meisten heutigen sensiblen radiologischen Verfahren fassbar, gelegentlich aber nur histologisch zu klären ist. Diese ‚symptomatischen Epilepsien' sind in der Regel gutachterlich bedeutsam. Hauptursachen für fokale zerebrale Veränderungen sind neben frühkindlichen Hirnschäden und intrakraniellen raumfordernden Prozessen insbesondere

Hirntraumen, Hirngefäßerkrankungen und -missbildungen sowie entzündliche ZNS-Prozesse.

Gutachterliche Bewertung

Ein *kausaler Zusammenhang* zwischen einem zerebralen Krampfanfall und einem Trauma ist nur bei einer adäquaten zerebralen Schädigung herzustellen. Zur Klassifikation der Schädel-Hirn-Traumen (*SHT*) sei auf das entsprechende Kapitel in diesem Buch verwiesen (▶ Kap. 6.5).

Bei fehlender Substanzschädigung können nach einer Commotio cerebri keine zerebralen Krampfanfälle auftreten. Nach substantieller Hirnschädigung wird die Inzidenz der posttraumatischen Epilepsie (*PTE*) mit 3% angegeben, wobei die Schwere berücksichtigt werden muss (0,6% nach leichtem, 7–39% nach schwerem geschlossenen, 20–57% nach offenem SHT). Grundsätzlich muss zwischen posttraumatischen Gelegenheitsanfällen und einer posttraumatischen Epilepsie unterschieden werden. Der initiale Beginn als Krampfstatus erhöht die Wahrscheinlichkeit einer PTE.

Frühestanfälle innerhalb von 5 Minuten nach dem Trauma treten besonders bei Kleinkindern auf und stellen kein Risiko für die Entwicklung einer PTE dar.

Frühanfälle in den ersten 7 Tagen nach dem Unfall imponieren zu 2/3 als fokale (und hier meist als einfach-fokale) Anfälle. Sie können eine akute Situationsänderung wie z.B. Hirnödem oder Infektion anzeigen und sind demnach auch als Gelegenheitsanfälle zu werten, die nach Beheben der auslösenden Situation sistieren. Differentialdiagnostisch müssen in dieser Zeitspanne insbesondere Alkoholentzugskrämpfe bedacht werden.

Spätanfälle treten mit mehr als 7 Tagen Abstand zum Trauma auf. Sie imponieren wiederum vorwiegend als fokale (hier aber als komplex-fokale) Anfälle. Erst wenn sie wiederholt ohne Provokation auftreten, kann von einer PTE ausgegangen werden. Die Latenz bis zum Auftreten der Anfälle kann stark variieren (40–50% nach 6 Monaten, 60–70% nach 1 Jahr, nach 2 Jahren 80%, nach 3 Jahren 95%). Selten beginnt die PTE nach dem 7. posttraumatischen Jahr.

Zusammenfassend sprechen für einen Zusammenhang zwischen zerebraler Schädigung und Epilepsie:

- eine schwere, insbesondere offene Hirnverletzung mit langer primärer Bewusstlosigkeit,
- eine Verletzung in der Parietal-, Temporal- und Frontalregion,
- fokal beginnende Anfälle mit entsprechenden fokalen EEG-Veränderungen,
- Anfälle in den ersten 3 posttraumatischen Jahren.

Hingegen deuten generalisierte Anfälle und familiäre Epilepsiebelastungen sowie ein Alkoholabusus eher auf unfallunabhängige Anfälle hin. Außerdem treten mit zunehmendem Lebensalter zerebrovaskuläre Störungen auf, die selbst lokalisierte Veränderungen und Anfallsbereitschaft bedingen. Da im Alter Kompensationsmechanismen um eine Traumanarbe abnehmen können, ist u.U. ein Zusammenhang dann doch zu bejahen.

Die Variabilität der Anfallssyndrome und unterschiedliche tageszeitliche Bindungen (z.B. Schlafepilepsie) machen deutlich, dass die Auswirkungen für den Betroffenen sehr unterschiedlich sind und daher auch die gutachterliche Beurteilung sehr individuell gestaltet werden muss. Hier ist auch die Therapierbarkeit zu berücksichtigen. Wenn auch in vielen Fällen mit den klassischen Antikonvulsiva (meist Valproat und Carbamazepin) begonnen werden kann und bei ausreichender Dosierung und Patientencompliance ein befriedigendes Ergebnis zu erzielen ist, sollten Epilepsiepatienten regelmäßig von Neurologen gesehen werden. Hier ist im Krankheitsverlauf über die Auswahl und den Einsatz der sog. „neuen Antikonvulsiva" zu entscheiden. Bei einjähriger Anfallsfreiheit unter einer Antikonvulsivatherapie sind Rezidive selten.

Berufs-/Erwerbsfähigkeit

Hier ist spezifisch das berufliche und soziale Umfeld zu betrachten. Unter optimaler antikonvulsiver Therapie und geeigneten Rehabilitationsmaßnahmen kann bei ausreichender Compliance des Patienten eine Erwerbsunfähigkeit aufgrund der Epilepsie verhindert werden. Allerdings müssen oft auch begleitende hirnorganische Psychosyndrome und körperliche Behinderungen berücksichtigt werden. Die Unfallhäufigkeit ist bei Epilepsie nicht generell erhöht. Ältere Arbeitnehmer können evtl. nicht mehr umgeschult werden. Epilepsiepatienten dürfen nicht ungeschützt an rotierenden und schneidenden Maschinen arbeiten, so dass Berufsunfähigkeit im Sinne der privaten Berufsunfähigkeitsversicherung resultieren kann.

Unter dem steigenden Konkurrenzdruck im heutigen Arbeitsleben ist sorgfältig abzuwägen, ob die Leistungsfähigkeit des Epilepsiepatienten in der zu beurteilenden Tätigkeit wirklich von der eines Gesunden abweicht. Es müssen besonders der Behandlungsstand (anfallsfrei unter Medikation?) und das Verantwortungsbewusstein des Patienten berücksichtigt werden. Die Unfallverhütungsvorschriften der Berufsgenossenschaften besagen, dass gefährliche Arbeiten nur geeigneten Personen, denen die damit verbundenen Gefahren bekannt sind, übertragen werden dürfen (§ 36 Abs. 1 Unfallverhütungsvorschrift – Allgemeine Vorschriften – BGV A1 1. April 1977 in der Fassung vom 1. März 2000). Anfallskranke dürfen danach keine Arbeiten durchführen, die wegen ihrer Erkrankung für sie selbst oder andere eine über die übliche mit der Arbeitstätigkeit hinausgehende Gefahr darstellen. Individuelle Bewertungen für einzelne Berufe wurden zuletzt

1999 vom Ausschuss „Arbeitsmedizin" des HVBG herausgegeben und dienen als Leitlinie für die Gerichte. Bei Arbeits- und Wegeunfällen ist jeweils zu prüfen, ob ein Anfall im Unfallgeschehen eine Rolle gespielt hat, da die Unfallversicherung nur „die der Erwerbstätigkeit eigentümlichen Gefahren" erfasst.

Für Epilepsiepatienten besteht bis auf wenige Ausnahmen keine Zivil- und Wehrdiensttauglichkeit. Über die Aufnahme in das Beamtenverhältnis entscheidet der Dienstherr. Anfallskranke sind nicht geeignet, wenn sie für das Leben und die Gesundheit der Allgemeinheit direkt verantwortlich sind. Ansonsten müssen Epilepsiepatienten anfallsfrei (auch unter Medikation) und ohne psychopathologische Auffälligkeiten sein und sollten für voraussichtlich mindestens zehn Jahre ihren Amtspflichten voll gewachsen sein.

Die Einschätzung der Minderung der Erwerbsfähigkeit (MdE) und des Grades der Behinderung (GdB) ist in Tabelle 6.9 wiedergegeben; relevant sind dabei Art, Schwere, Häufigkeit und tageszeitliche Verteilung der epileptischen Anfälle.

Sind Patienten über drei Jahre anfallsfrei, benötigen aber weiter Antikonvulsiva, ist der MdE/GdB-Grad mit 30 einzuschätzen. Besteht über drei Jahre ohne Medikamente Anfallsfreiheit, ist kein GdB/MdE-Grad mehr anzunehmen.

Fahrerlaubnis

Es wird getrennt nach Fahrerlaubnisinhabern der Gruppen 1 und 2 unterschieden (▶ Kap. 36). Die Begutachtungsleitlinien zur Kraftfahrereignung bei Anfallsleiden haben zusammengefasst folgenden Inhalt:

Tabelle 6.9. MdE und GdB bei epileptischen Anfällen

		GdB/MdE-Grad
▮ Sehr selten	Generalisierte (große) und komplex-fokale Anfälle mit Pausen von mehr als einem Jahr; kleine generalisierte und einfach-fokale Anfälle mit Pausen von Monaten	40
▮ Selten	Generalisierte (große) und komplex-fokale Anfälle mit Pausen von Monaten; kleine und einfach-fokale Anfälle mit Pausen von Tagen	50–60
▮ Mittlere Häufigkeit	Generalisierte (große) oder komplex-fokale Anfälle mit Pausen von Wochen; kleine und einfach-fokale Anfälle mit Pausen von Tagen	60–80
▮ Häufig	Generalisierte (große) oder komplex-fokale Anfälle wöchentlich, Serien generalisierter und fokaler Anfälle; tägliche kleine und einfach-fokale Anfälle	90–100

▮ **Leitsätze Gruppe 1:** Wer unter epileptischen Anfällen oder anderen anfallsartig auftretenden Bewusstseinsstörungen leidet, ist zum Führen von Kraftfahrzeugen der Gruppe 1 ungeeignet. Ausnahmen gelten für

- fokale Anfälle ohne Bewusstseinsstörung, die keine motorische, sensorische oder kognitive Behinderung für das Führen eines Fahrzeuges zur Folge haben und die nach mindestens einjähriger Beobachtung keine Generalisierung oder Bewusstseinsbeeinträchtigung erkennen lassen;
- ausschließlich schlafgebundene Anfälle nach mindestens dreijähriger Beobachtung.

Die Wiedererlangung der Fahrerlaubnis ist möglich

- nach einem einmaligen Anfall (Beobachtungszeit 3–6 Monate), wenn der Anfall an bestimmte Bedingungen geknüpft war (z. B. Schlafentzug) und die neurologische Abklärung keine Hinweise auf eine morphologische Läsion oder idiopathische Epilepsie erbracht hat;
- nach einjähriger Anfallsfreiheit ohne wesentliches Risiko für weitere Anfälle; bei langjähriger therapieresistenter Epilepsie wird eine zweijährige Anfallsfreiheit gefordert;
- nach Anfällen, die kurze Zeit nach Hirnoperationen oder Hirnverletzungen auftraten und innerhalb von 6 Monaten nicht wieder vorkamen;
- bei einem Anfallsrezidiv nach Absetzen der antikonvulsiven Medikation nach 6 Monaten.

Im Rahmen der Begutachtung, die durch einen Arzt mit verkehrsmedizinischer Qualifikation vorgenommen werden muss, sind weitere körperliche und psychische Erkrankungen zu berücksichtigen.

▮ **Leitsätze Gruppe 2 (vor allem Berufskraftfahrer, Fahrgastbeförderung):** Nach zwei epileptischen Anfällen ist das Führen von Kraftfahrzeugen der Gruppe 2 ausgeschlossen.
Ausnahmen:

- unter ärztlicher Kontrolle nachgewiesene Anfallsfreiheit ohne Antikonvulsiva über 5 Jahre;
- einmaliger Anfall ohne Anhalt für beginnende Epilepsie nach anfallsfreier Zeit von zwei Jahren;
- Gelegenheitsanfall (äußere Provokationsfaktoren) nach 6 Monaten unter strikter Meidung der provozierenden Faktoren.

Dyssomnien

Klassifikation der Schlafstörungen

Gutachterliche Stellungnahmen in der Schlafmedizin beziehen sich meist auf die Auswirkungen der Schlafstörungen auf den Tagesablauf der Betroffenen. Eine enge interdisziplinäre Zusammenarbeit unterschiedlicher Fachbereiche (insbesondere Innere Medizin, Neurologie, Psychiatrie, Hals-Nasen-Ohrenheilkunde,

Mund-Kiefer-Gesichtschirurgie) ist gefordert, um den spezifischen Fragestellungen gerecht zu werden.

1990 wurde von der American Sleep Disorders Association in Zusammenarbeit mit internationalen Fachgesellschaften die „International Classification of Sleep Disorder“ – *ICSD* – veröffentlicht, die als Grundlage in der schlafmedizinischen Diagnostik dient. Die revidierte Version liegt bisher nur in englischer Sprache vor.

Nahezu alle Krankheitsbilder aus dem Formenkreis der Dyssomnien sowie Schlafstörungen auf neurologischem und psychiatrischem Fachgebiet gehen mit Befindlichkeitsstörungen am Tage einher. Unfallträchtig sind unwillkürliche Einschlafattacken, mangelnde Konzentrations- und Reaktionsfähigkeit.

Subjektiv beeinträchtigende Symptome wie Kopfschmerzen, Stimmungsschwankungen, gastrointestinale Störungen können aber auch langfristige Krankschreibungen, Berufs- oder Erwerbsunfähigkeit nach sich ziehen. Eine genaue Anamnese und Untersuchung in spezialisierten Schlafzentren ist daher notwendig.

Bei den Dyssomnien imponieren unterschiedliche Formen der Hyper- und Insomnie.

Hypersomnie

Hypersomnie ist als übermäßiges Schlafbedürfnis innerhalb des 24-Stunden-Rhythmus, meist verbunden mit unwillkürlichen Einschlafattacken, definiert.

- Im Vordergrund steht hier die (familiäre) *Narkolepsie* (Prävalenz: 0,02–0,06%, also ca. 40 000 Personen in Deutschland). Gekennzeichnet ist sie ist durch den folgenden, allerdings nur bei ca. 20% der Erkrankten voll ausgebildeten Symptomenkomplex:

Imperativer Schlafdrang am Tage. Bei monotonen oder entspannten Situationen überfällt die Patienten ein extremes Schlafbedürfnis, dem sie nach wenigen Minuten erliegen. Sie schlafen meist nur kurz und erwachen relativ erfrischt. Die hieraus resultierenden psychosozialen Effekte (2/3 aller Narkoleptiker schlafen beim Autofahren ein, 80% während der Arbeit) bedingen häufig die Erstdiagnostik.

Kataplexie. Affektive Stimuli (Freude, Angst, Schreck) führen zum Tonusverlust der Muskulatur. Es können nur einzelne Muskelgruppen betroffen sein, beim Erschlaffen der gesamten Muskulatur stürzt der Patient bei vollem Bewusstsein hin.

Schlaflähmung. Wie bei der Kataplexie besteht Muskeltonusverlust, der beim Erwachen eine völlige Bewegungsunfähigkeit bedingt.

Hypnagoge Halluzinationen. In der Einschlafphase auftretende visuelle, akustische, selten auch taktile Trugwahrnehmungen.

Die Narkolepsie kann in jedem Lebensalter beginnen, meist erfolgt die Diagnostik um das 20.–30. Lebensjahr. Neben polysomnographischen Kriterien (Nachweis von zwei Sleep-onset-REM-Perioden (REM 10 Minuten nach Schlafbeginn) im multiplen Schlaf-Latenz-Test (*MSLT*), mittlere Schlaflatenz unter 8 Minuten im MSLT) sollte die genetische Typisierung (HLA-Typisierung für DR15/DQB1*0602 positiv) und in Zukunft vermutlich auch die Hypocretin-(Orexin-)bestimmung im Liquor (Verlust der sog. Hypocretin/Orexinzellen im Hypothalamus) einbezogen werden.

- Differentialdiagnostisch ist insbesondere die *idiopathische Hypersomnie* zu berücksichtigen. Auch diese Patienten weisen verlängerte Schlafepisoden und eine vermehrte Tagesschläfrigkeit auf. Im Gegensatz zur Narkolepsie treten keine Sleep-onset-REM-Phasen auf. Der Schlafdrang kann nicht willkürlich überwunden werden, auch nach kurzem Schlaf sind die Betroffenen nicht erholt.
- Weiter muss das *Chronic-Fatigue-Syndrom (CFS)* erwogen werden (▶ Kap. 16.17). Obwohl die CFS-Patienten in der Regel einen somatischen Ansatz favorisieren, ist unbedingt die psychische Komponente herauszuarbeiten, da sich hier die effektiven Therapieansatzpunkte ergeben.

Für alle Hypersomnieformen gibt es verhaltenstherapeutische Ansatzpunkte (Einhalten von Regeln der Schlafhygiene, die insbesondere auf ausreichenden Schlaf ausgerichtet sind. Narkolepsiepatienten benötigen tagsüber Gelegenheit zu einem kurzen Schlaf). Daneben werden Psychostimulantien eingesetzt. Zu beachten ist, dass auch mit dieser Medikation nicht die Vigilanz von Gesunden erzielt werden kann.

Gutachterliche Bewertung

In der Privathaftpflicht wird Müdigkeit oder Sekundenschlaf von Unfallverursachern im Bestreben auf das Anerkennen einer verminderten Schuldfähigkeit angegeben. Nach den vorliegenden Untersuchungen kann jedoch davon ausgegangen werden, dass ein Betroffener Müdigkeit bemerkt. Nach gängiger Rechtssprechung wird in diesem Fall daher von grober Fahrlässigkeit ausgegangen und eine Ordnungsstrafe verhängt. Der Straftatbestand ist in jedem Fall erfüllt, wenn eine müdigkeitsverursachende Erkrankung bekannt ist und vom Betroffenen nicht adäquat therapiert wird. Fahrtüchtigkeit ist bei deutlicher Tagesschläfrigkeit nicht gegeben. Bei erfolgreicher Therapie kann der Betroffene wieder am Straßenverkehr teilnehmen, wobei die Therapie von der Grunderkrankung abhängt und daher individuell unterschiedliche Zeiträume der Fahruntauglichkeit vorgeschlagen werden (6 Wochen beim Schlafapnoe-Syndrom mit neuer CPAP-Therapie, bis zu 12 Monate bei medikamentöser Neu-/Ersteinstellung der Narkolepsie). Neben der Therapiecompliance sollten in jedem Fall die Vigilanz und die Aufmerksamkeitsleistungen regelmäßig (alle 12 Monate bei Gruppe 1, alle 6 Monate bei Gruppe 2) kontrolliert werden. Gutachten sollten durch Schlafmediziner erstellt werden, Straßenverkehrsämter fordern zusätzlich die Qualifikation zur verkehrsmedizinischen Begutachtung.

Bei Berufen mit hohen Anforderungen an die Vigilanz sind Patienten dann berufsunfähig, wenn sie trotz Anwendung effektiver therapeutischer Methoden ungewollte Schlafepisoden (oder Kataplexien) am Arbeitsplatz erleiden. Wie bei der Fahrtauglichkeit sollten Therapieeffekte mittels spezifischer neuropsychologischer Tests, Polysomnographie, MSLT und MWT (Multiplem Wachtest, bei dem elektrophysiologisch die Fähigkeit des Patienten, wach zu bleiben, überprüft wird) kontrolliert werden. In Ausnahmefällen ist auch eine Langzeit-EEG-Ableitung am Arbeitsplatz notwendig.

Eine Erwerbsunfähigkeit ist selten zu attestieren, da Patienten meist auf Ausweichberufe verwiesen werden können. GdB und MdE werden zwischen 40 und 80 nach den in Tabelle 6.10 aufgeführten Kriterien eingestuft.

Tabelle 6.10. GdB und MdE bei Narkolepsie und Hypersomnie

Kriterium	GdB/MdE-Grad
Persistierende leichte Beeinträchtigung der Wachheit mit fakultativen Symptomen	<40
Persistierende mittelgradige Beeinträchtigung der Wachheit bei mindestens täglichem Einschlafen, Kataplexien und anderen fakultativen Symptomen	<50
Trotz effektiver Therapie persistierende schwergradige Beeinträchtigung der Wachheit und Kataplexien	>50

Insomnie

25% der Bevölkerung haben mindestens gelegentlich Ein- und Durchschlafschwierigkeiten. Bei ca. 10% der Bevölkerung liegt tatsächlich eine schwere und behandlungsbedürftige Schlafstörung vor.

Eine schwere Insomnie wird dann diagnostiziert, wenn Beschwerden einen Monat lang mindestens dreimal pro Woche auftreten und das Wohlbefinden am Tage gestört ist. Zu den Beschwerden zählen nach den Kriterien der WHO (ICD-10 Kapitel V (F)1991):

- Ein-/Durchschlafstörungen,
- Beschäftigtsein des Betroffenen mit der Schlafstörung nachts, während des Tages übertriebene Sorge über deren negative Konsequenzen,
- durch unbefriedigende Schlafdauer oder -qualität werden Leidensdruck und eingeschränkte Leistungsfähigkeit erzeugt.

Diagnostisch hilfreich ist die so genannte „5-P-Regel“. Danach kann eine Insomnie

- *physikalisch*
  - durch Temperatur, Licht, Lärm,
  - durch körperliche Erkrankungen (insbesondere von Herz, Lunge, Stoffwechsel, Restless-legs-Syndrom),
  - durch Schmerzen;
- *physiologisch*
  - durch mangelnde Schlafhygiene,
  - Schichtarbeit;
- *psychologisch, psychiatrisch, pharmakologisch*
  - belastende Erlebnisse oder Situationen;
  - Depression, Schizophrenie, Manie, Angsterkrankungen;
  - schlafstörende Medikamente,
  - Genussmittel-/Drogenmissbrauch

bedingt sein, die Therapie besteht zunächst im Versuch der Elimination der auslösenden Faktoren.

Das Syndrom der unruhigen Beine (*Restless-Legs-syndrom – RLS*) verdient besondere Beachtung. Es ist definiert durch unangenehme Sensationen der Extremitäten (meist der Beine), die am Abend und in Ruhe zunehmen, sich unter Bewegung bessern und daher in der Regel Ein- und Durchschlafstörungen bedingen. Die neurologische Untersuchung ist bei idiopathischer Form unauffällig. Polysomnographisch können periodische Beinbewegungen (*PLM*) registriert werden.

Neben idiopathisch, familiär gehäuft vorkommenden Syndromen gibt es Assoziationen mit Urämie, Eisenmangel, Schwangerschaft, seltener mit Diabetes mellitus oder chronisch-obstruktiver Atemwegserkrankung. Viele RLS-Patienten sprechen auf eine dopaminerge Therapie, im Extremfall auf Opiate, an.

Für alle Insomniepatienten ist das Erlernen eines physiologischen Schlafrhythmus mit Regeln der Schlafhygiene und Stimuluskontrolle notwendig. Gegebenenfalls sind Entspannungsverfahren (autogenes Training, Jacobson-Entspannungstraining, Biofeedback) sinnvoll, viele Patienten benötigen allerdings zumindest passager eine Schlafmittelmedikation.

Gutachterliche Bewertung

Gutachterlich sind die Tagesfolgen der Insomnie im Sinne von Konzentrationsstörungen und Schläfrigkeit zu beurteilen, es gelten die zur Hypersomnie beschriebenen Anhaltspunkte. Zusätzlich müssen Medikamentennebenwirkungen bedacht werden.

In Abhängigkeit von der Schwere persistierender Symptome unter Therapie ist ein MdE/GdB-Grad zwischen 20 und 80 anzuerkennen.

Parasomnien

Bei den Parasomnien sind die unwillkürlichen Bewegungen im Schlaf hervorzuheben, die u. U. forensische Bedeutung haben. Die Störungen sind mit unterschiedlichen Schlafstadien assoziiert:

REM-Schlaf-Verhaltensstörung (Schenk-Syndrom)

Bei diesen Störungen, nach neueren Erkenntnissen insbesondere mit degenerativen ZNS-Erkrankungen assoziiert, verbleibt der Muskeltonus und damit die Bewegungsfähigkeit im Traumschlaf. Dies kann unter Umständen zu massiven Verletzungen des Bettpartners führen.

Störungen im Tiefschlaf

- *Pavor nocturnus*: Die Patienten schrecken hoch und zeigen massive Angstsymptome mit vegetativer Irritation.
- *Somnambulismus (Schlafwandeln)*: Der Betroffene führt mit geöffneten Augen komplexe Verhaltensmuster aus, die letztlich im Gehen münden. Für das Schlafwandeln besteht eine Amnesie. Während in gewohnter Umgebung die Störung als harmlos einzustufen ist, besteht in ungewohnter Umgebung z. B. durch Stürze eine Verletzungsgefahr.

Weitere Schlafstörungen bei neurologischen Erkrankungen

Bei allen Parasomnien muss eine *schlafbezogene Epilepsie* ausgeschlossen werden. Hierzu ist häufig eine erweiterte Polysomnographie mit dem Abgreifen mehrerer EEG-Kanäle notwendig. Hier werden im Wesentlichen Anfälle im Schlaf und in der Aufwachphase unterschieden, wobei letztere genetisch fixiert sind.

Störungen der Schlaf-Wach-Rhythmik und Störungen der Schlafarchitektur mit fehlendem Erholungswert der Nacht sind bei unterschiedlichen Erkrankungen des zentralen und peripheren Nervensystems (insbesondere zerebraler Ischämie, M. Parkinson, Multipler Sklerose, neuromuskulären Störungen) bekannt.

Literatur

Beirat für Verkehrsmedizin beim BMVBW und BMG (2000) Begutachtungs-Leitlinien zur Kraftfahreignung. Berichte der Bundesanstalt für Straßenwesen, Heft M 115. Wirtschaftsverlag NW, Bremerhaven

Berger M (ed) (1992) Handbuch des normalen und gestörten Schlafs. Springer, Berlin Heidelberg New York London Paris Tokyo Hong Kong Barcelona Budapest

Besser R, Gross-Selbeck G (1996) Epilepsiesyndrome-Therapiestrategien. Thieme, Stuttgart New York

Billiard M (1996) Idiopathic hypersomnia. Neurol Clin 14:573–582

Cassel W, Ploch T, Peter JH, Wichert R v (1996) Unfallrisiko durch Hypersomnien: Bedeutung für die Schlafmedizin. Wien Med Wochenschr 146:337–339

Chesson A, Hartse K, McDowell A et al. (2000) Practice parameters for the evaluation of chronic insomnia. Sleep 23:237–241

Clarenbach P, Steinberg R, Weeß HG, Berger M (1995) Empfehlungen zur Diagnostik und Therapie der Insomnie. Nervenarzt 66:723–729

Commission on Classification and Terminology of the International League against Epilepsy (1989) Proposal for revised classification of epilepsies and epileptic syndromes. Epilepsia 30:389–399

Danek A, Pollmächer Th (1990) Restless-legs-Syndrom: Klinik, Differentialdiagnose, Therapieansätze. Nervenarzt 61:69–76

Fischer J, Mayer G, Peter JH, Riemann D, Sitter H (2002) Nichterholsamer Schlaf: Leitlinie „S2" der Deutschen Gesellschaft für Schlafforschung und Schlafmedizin (DGSM). Blackwell Wissenschaftsverlag, Berlin Wien u. a.

Hauser AW (1990) Prevention of posttraumatic epilepsy. N Engl J Med 323:540–542

Janz D (1982) Zur Prognose und Prophylaxe der traumatischen Epilepsie. Nervenarzt 53:238–245

Kotterba S, Müller N, Steiner G, Mayer G (2004) Narkolepsie und Fahrtauglichkeit. Akt Neurol 31:273–278

Kotterba S, Orth M, Happe S, Mayer G (2007) Begutachtung der Tagesschläfrigkeit bei neurologischen Erkrankungen und dem obstruktiven Schlafapnoesyndrom (OSAS). Nervenarzt online

Mayer G (2000) Narkolepsie: Genetik – Immungenetik – motorische Störungen. Blackwell Wissenschafts-Verlag, Berlin Wien

Mayer G (1996) Gutachterliche Aspekte zur Beurteilung von Schlaf-Wach-Störungen. Wien Med Wochenschr 146:391–395

Pagni CA (1990) Posttraumatic epilepsy. Incidence and prophylaxis. Acta Neurochir (Suppl 50):38–47

Penin H (2000) Hirnorganische Anfälle. In: Rauschelbach H-H, Jochheim K-A (eds) Das neurologische Gutachten. Thieme, Stuttgart New York

Pohlmann-Eden B, Bruckmayer J (1997) Predictor and dynamics of posttraumatic epilepsy. Acta Neurol Scand 95:257–262

Röttgen P et al. (1966) Empfehlungen für die Aufnahme von Anfallskranken in den Beamtenstand. Öff Gesundh-Dienst 28:248–249

Rühle K-H, Mayer G (1998) Empfehlungen zur Begutachtung von Schlaf-Wachstörungen und Tagesschläfrigkeit. Somnologie 2:89–95

Stephan H (2003) Epilepsien: Diagnose und Behandlung. Chapman u. Hall, London

Steinmeyer H-D, Thorbecke R (2003) Rechtsfragen bei Epilepsie. Stiftung Michael, Hamburg

Wolf P, Mayer Th, Specht U, Thorbecke R, Boenik HE, Pfäffelin M (2003) Praxisbuch Epilepsien. Kohlhammer, Stuttgart

7 Krankheiten der Augen

A. Hager

Bei der Begutachtung von Leistungsfähigkeit und Schäden des Sehorganes werden Funktionsänderungen gegenüber den morphologischen Veränderungen die höhere Wertigkeit zugesprochen. Dennoch ist eine genaue Erhebung und Protokollierung organischer Veränderungen unumgänglich, um eine Beurteilung der Funktionsangaben überhaupt zu ermöglichen. Grundsätzlich ist bei der Beurteilung der Organfunktion mittels subjektiver Testverfahren (Sehschärfe und Gesichtsfeld) von Bedeutung, ob ein objektiv erkennbares, morphologisches Korrelat eine Einschränkung der Organfunktion begründet.

Die Korrelation der Ergebnisse von subjektiven Untersuchungsmethoden und objektiven Untersuchungsverfahren mag sich teilweise schwierig gestalten, ist aber für eine zuverlässige Bewertung von Funktionseinschränkungen unerlässlich.

Das Gutachten stützt sich auf die Ergebnisse während der für das Gutachten anberaumten Untersuchungstermine. Sollte der Untersucher Beobachtungen machen (der Patient, der auf Blindengeld klagt, fährt mit dem Fahrrad weg), die mit dem Untersuchungsergebnis diskrepant sind, so müssen diese dem Auftraggeber als Zweifel am Untersuchungsergebnis detailliert mitgeteilt werden. Bei begründetem Zweifel an diesen Ergebnissen wäre eine Überlegung „in dubio pro reo“ falsch. Zweifel sollten im Gutachten gut verständlich mitgeteilt und diskutiert werden, die Beurteilung obliegt dem Versicherer.

Schwierigkeiten bereitet nicht selten die nur eingeschränkte Vergleichbarkeit von vorherigen ophthalmologischen Untersuchungsergebnissen. Diese Untersuchungen werden in der Praxis oft ohne Beachtung der entsprechenden DIN (wie z. B. Landoltringe) durchgeführt.

Weiterhin werden häufig, z. B. für Blindengeldgutachten, Befundberichte nach Aktenlage von dem behandelnden Augenarzt angefordert und als Grundlage für eine Entscheidung anerkannt. Es ist dringend zu empfehlen, derartige Befundberichte von ärztlicher Seite entsprechend („nicht für gutachterliche Zwecke zu verwenden“) zu kennzeichnen und diesen Hinweis von entscheidender Seite zu beachten, so dass diese Befunde keine Grundlage für eine Versicherungsleistung oder lebenslange (!) Blindengeldzahlung sein können.

Weiterhin versteht sich von selbst, dass ein das Auge betreffendes Gutachten nur von denjenigen kompetent erbracht werden kann, die über die notwendige apparative Ausstattung sowie die Fachausbildung verfügen. Immer wieder kommt es zu Problemen, bei denen z. B. Gesichtsfelduntersuchungen als isolierte Untersuchung bei Augenärzten „in Auftrag“ gegeben werden, von den entsprechenden Gutachtern, z. B. Betriebsmedizinern, aber nicht adäquat einem morphologischen Befund zugeordnet werden können und somit keine gutachterliche Beurteilung möglich sein kann. Ähnliche Schwierigkeiten gibt es auch bei der Begutachtung von z. B. Piloten oder Tauchern, die nicht immer von Augenärzten mitbegutachtet werden müssen.

7.1 Unfallversicherung

Gutachterliche Bewertung für gesetzliche Unfallversicherungen

In Gutachten für gesetzliche Unfallversicherungen (*GUV*) ist eine Klärung von Kausalzusammenhängen zwischen bestehenden Gesundheitsstörungen und erlittenem Arbeitsunfall oder berufsbedingter Exposition gegenüber Schadstoffen nach der Liste der Berufskrankheiten (▶ Kap. 2.3) erforderlich. Hierbei gilt in der GUV der Begriff der Wahrscheinlichkeit für die haftungsausfüllende Kausalität. Der Schweregrad der Schädigung des Sehorgans ist in Prozenten der MdE nach den Verhältnissen auf dem allgemeinen Arbeitsmarkt einzuschätzen. Es gilt dabei der Grundsatz, dass bei leerer Anamnese die Erwerbsfähigkeit des Geschädigten vor dem Unfall mit 100% angenommen wird. Eine Übergangsrente wegen des Verlustes eines Auges (30 oder 33 1/3%) ist aus ophthalmologischer Sicht nicht gerechtfertigt.

Die Empfehlungen der DOG und des BVA von 1994 stellen die Grundlage zur gutachterlichen Einschätzung der MdE von Sehgeschädigten dar (Völcker et al. 1994). Sie können die Arbeit des Gutachters erleichtern, dienen als Leitlinien zur Wahrung der Rechtssicherheit, entbinden ihn aber nicht von der ärztlichen Verantwortung und Pflicht zur individuellen Beurteilung des Geschädigten. Der Gutachter ist grundsätzlich unabhängig.

Der Gutachter soll auf einen evtl. Vorschaden aufmerksam machen, die Versicherung hat jedoch über die weitere Einschätzung zu entscheiden. Sofern be-

Tabelle 7.1. Prozentuale Minderung der Erwerbsfähigkeit bei Herabsetzung der Sehschärfe in der GUV. (Aus: Berufsverband der Augenärzte Deutschland e. V., 2005)

Sehschärfe		**1,0**	**0,8**	**0,63**	**0,5**	**0,4**	**0,32**	**0,25**	**0,2**	**0,16**	**0,1**	**0,08**	**0,05**	**0,02**	**0**
bG	**sA**	**5/5**	**5/6**	**5/8**	**5/10**	**5/12**	**5/15**	**5/20**	**5/25**	**5/30**	**5/50**	**1/12**	**1/20**	**1/50**	**0**
1,0	5/5	0	0	0	5	5	10	10	10	15	20	20	25	25	25*
0,8	5/6	0	0	5	5	10	10	10	15	20	20	25	30	30	30
0,63	5/8	0	5	10	10	10	10	15	20	20	25	30	30	30	40
0,5	5/10	5	5	10	10	10	15	20	20	25	30	30	35	40	40
0,4	5/12	5	10	10	10	20	20	25	25	30	30	35	40	50	50
0,32	5/15	10	10	10	15	20	30	30	30	40	40	40	50	50	50
0,25	5/20	10	10	15	20	25	30	40	40	40	50	50	50	60	60
0,2	5/25	10	15	20	20	25	30	40	50	50	50	60	60	70	70
0,16	5/30	15	20	20	25	30	40	40	50	60	60	60	70	80	80
0,1	5/50	20	20	25	30	30	40	50	50	60	70	70	80	90	90
0,08	1/12	20	25	30	30	35	40	50	50	60	70	80	90	90	90
0,05	1/20	25	30	30	35	40	50	50	60	70	80	90	100	100	100
0,02	1/50	25	30	30	40	50	50	60	70	80	90	90	100	100	100
0	0	25*	30	40	40	50	50	60	70	80	90	90	100	100	100

bG beidäugige Gesamtsehschärfe, *sA* schlechteres Auge

* 30% bei äußerlicher Entstellung, wodurch der Einsatz auf dem Arbeitsmarkt erschwert ist (s. Tabelle 7.2)

Tabelle 7.2. Grundpositionen zur Begutachtung für gesetzliche Versicherungen. (Zusammenstellung basiert auf den Empfehlungen von DOG und BVA 1994)

▮ **Erblindung eines Auges** oder dem gleichgesetzter Schaden
- ohne äußerlich in Erscheinung tretende Veränderungen — **25% MdE**
- mit kosmetischer Entstellung, Beeinträchtigung der Beweglichkeit, Prothese oder chronischen Entzündungen, *sofern hierdurch* der Einsatz des Betroffenen auf dem allgemeinen Arbeitsmarkt erschwert ist — **30% MdE**

▮ **Erblindung beiderseits** oder dem gleichgesetzter Schaden — **100% MdE**

▮ **Aphakie, Pseudophakie:** Entscheidend für die Einschätzung ist nicht mehr das Leitsymptom Aphakie, sondern die noch erzielbare Funktion; dabei wird kein Unterschied zwischen Kontaktlinsenkorrektur und intraokularer Korrektur gemacht. Grundsätzlich ist davon auszugehen, dass eine Kontaktlinse (*KL*) vertragen wird. Die MdE ist somit im Normalfall mit KL zu schätzen. Eine Unverträglichkeit von KL oder Körperbehinderungen mit Einsetzproblemen von KL muss ggf. vom Gutachter festgestellt werden. Auch kann berufliche Arbeit in staubiger Luft ein Hinderungsgrund des KL-Gebrauches sein, so dass in diesen Fällen die MdE nach der folgenden Übersicht mit einem Zuschlag von 10% für die Dauer des betreffenden Arbeitsverhältnisses einzuschätzen ist.

MdE bei intra- oder extraokular korrigierter Aphakie eines Auges

Sehschärfe		
	0,4 und mehr	**10% MdE**
	0,1 bis <0,4	**20% MdE**
	<0,1	**25% MdE**

MdE bei beidseitiger Aphakie

Die MdE ist entsprechend der Sehschärfe nach Tabelle 7.1 zu bestimmen, ein Zuschlag von 10% kommt hinzu

MdE bei Aphakie am letzten Auge

sofern die erreichbare Sehschärfe ≥0,63 oder mehr beträgt
- bei extraokularer Korrektur — **45% MdE**
- bei intraokularer Korrektur — **40% MdE**

Ptosis, vollständige einseitige — wie bei Erblindung eines Auges

Augenmuskellähmungen und Störungen des Binokularsehens, die die ständige Okklusion eines Auges erforderlich machen — wie bei Erblindung eines Auges

Okulomotorik (Ausfälle/Teilausfälle) Anwendung des Schemas von Haase und Steinhorst (1991) empfohlen (▶ Abb. 4.3, Seite 121)

Tabelle 7.3. MdE bei Gesichtsfeldausfällen und -einengungen (Empfehlungen von DOG und BVA 1994)

Die in dieser Tabelle genannten MdE-Werte gelten für die Gesichtsfeldausfälle allein. Gegebenenfalls ist hierzu die sich aufgrund einer Sehschärfenherabsetzung ergebende MdE nach Tabelle 7.1 angemessen zu berücksichtigen. Jedoch sollte die Gesamthöhe der MdE bei

– Kombination von Gesichtsfeldausfällen und unkomplizierter Erblindung an einem Auge	**25% für dieses Auge**
– Kombination von doppelseitigen Gesichtsfeldausfällen und andersartigen Schädigungen an einem oder beiden Augen	**100%**

nicht überschreiten

Gesichtsfeldausfälle

Vollständige Halbseiten- und Quadrantenausfälle:

– Homonyme Hemianopsie	**40%**
– Bitemporale Hemianopsie	**30%**
– Binasale Hemianopsie mit Binokularsehen*	**10%**
– Binasale Hemianopsie mit Verlust des Binokularsehens*	**30%**
– Homonymer Quadrant oben	**20%**
– Homonymer Quadrant unten	**30%**
– Ausfall einer Gesichtsfeldhälfte (temporal)	**70%**
Verlust oder Blindheit des anderen Auges	**60%**

Bei unvollständigen Halbseiten- und Quadrantenausfällen sind die MdE-/GdB-Sätze entsprechend niedriger anzusetzen.

* Binasale Hemianopsie mit erhaltenem Binokularsehen ist ein erheblich geringerer Funktionsverlust als der gleiche Ausfall bei Verlust des Binokularsehens, deshalb kann dieser Ausfall – im Gegensatz zur bitemporalen Hemianopsie – nicht undifferenziert betrachtet werden.

Gesichtsfeldeinengungen

Einengung bei normalem Gesichtsfeld des anderen Auges auf	
– 10° Abstand vom Zentrum	**10%**
– 5° Abstand vom Zentrum	**25%**
Einengung doppelseitig auf	
– 50° Abstand vom Zentrum	**10%**
– 30° Abstand vom Zentrum	**30%**
– 10° Abstand vom Zentrum	**70%**
– 5° Abstand vom Zentrum	**100%**
Einengung bei Fehlen des anderen Auges auf	
– 50° Abstand vom Zentrum	**40%**
– 30° Abstand vom Zentrum	**60%**
– 10° Abstand vom Zentrum	**90%**
– 5° Abstand vom Zentrum	**100%**

Unregelmäßige Gesichtsfeldausfälle

Bewertet werden große Skotome im 50°-Gesichtsfeld, wenn sie binokular bestehen oder wenn das andere Auge fehlt. Berechnet wird die ausgefallene Fläche:

– mindestens 1/3	**20%**
– mindestens 2/3	**50%**

Die angegebenen Gradzahlen bedeuten den Halbmesser – nicht den Durchmesser – der Gesichtsfeldreste.

reits ein Vorschaden am Sehorgan vorliegt, ist die MdE getrennt einzuschätzen: allein für den Vorschaden, allein für den Unfallschaden und für den Gesamtschaden.

Falls überhaupt eine Addition der MdE/GdB/MdG bei multiplen Schädigungen von Partialfunktionen des Sehorgans in Frage kommt, ist der zweitgrößte Schaden mit etwa 1/2, der drittgrößte mit etwa 1/4 usw. zu bewerten. Dabei kann bei einseitigen Schäden der addierte Wert nie höher sein als der für den Verlust eines Auges und muss in angemessener Relation zum Verlust eines Auges stehen.

Die Bewertung der Minderung der Erwerbsfähigkeit eines Untersuchten bleibt immer nur eine Schätzung. Die Differenzierungsgenauigkeit der MdE liegt bei 5% (Tabellen 7.1–7.3).

Eine erhöhte Blendempfindlichkeit, Verlust des räumlichen Sehens, aphakiebedingte Gesichtsfeldeinschränkung o.ä. sind bereits in den Tabellen zur Einschätzung der MdE enthalten und daher nicht gesondert zu bewerten.

Anmerkung zur gesetzlichen Rentenversicherung. In Gutachten für gesetzliche Rentenversicherungen sind der bestehende Gesundheits- oder Krankheitszustand des Sehorgans und seine Bedeutung für die Erwerbs- und Berufsfähigkeit des Untersuchten zu beurteilen. Dabei besteht keine Notwendigkeit der Klärung von Kausalitätsfragen.

Gutachterliche Bewertung für private Unfallversicherungen

Die privaten Unfallversicherungen versichern gegen die im Vertrag gemäß den Allgemeinen Unfallversicherungsbedingungen (*AUB*) erfassten Unfälle aller Art. Bei Verlust der Sehkraft auf beiden Augen besteht Anspruch auf 100% der vereinbarten Versicherungssumme. Der Funktionsverlust des ersten Auges entspricht in den früher abgeschlossenen Verträgen 30% (AUB alt), in den seit 1988 nach den neuen Vertragsbedingungen, den AUB 88, abgeschlossenen Verträgen 50% der Versicherungssumme. Vorschäden werden von dem ermittelten Gesamtschaden abgezogen. Für die Einschätzung der Minderung der Gebrauchsfähigkeit (*MdG*) eines teilgeschädigten Auges werden auf der Basis der jeweiligen AUB eigenständige Bewertungen gefordert.

Der augenärztliche Gutachter wird von Privatversicherungen gebeten, die Minderung der Gebrauchsfähigkeit des Sehorgans einzuschätzen und dabei abstrakte Zahlenwerte anzugeben. Den AUB entsprechend finden bei einer Entschädigung auch Bruchteile von Prozenten der Versicherungssumme Berücksichtigung. Bei diesen Versicherungen wird eine andere Bewertungseinheit als bei den gesetzlichen zugrunde gelegt. Somit sind die folgenden Schätzwerte nicht mit denen in den gesetzlichen Versicherungen gleichzusetzen. Bei der zeitlichen Limitierung des Versicherungsschutzes von maximal 3 Jahren nach dem Unfallereignis (AUB 88) muss teilweise eine höhere Wertung erfolgen.

In Tabelle 7.4 sind die Grundpositionen zur Begutachtung von Augenschäden für Privatversicherungen ab 1988 (AUB 88) zusammengestellt. Für ältere Verträge erfolgt gegebenenfalls eine versicherungsrechtliche und versicherungstechnische Umrechnung auf die bei Vertragsabschluss jeweils vereinbarten Leistungsarten und deren Höhe. Üblicherweise aber überlassen die Versicherungen bei ihrer Gutachtenanforderung dem Augenarzt die für den Schadensfall anzuwendenden Tabellen. Die Zuständigkeit und Sorgfaltspflicht für die Erfüllung des Vertrages obliegt dem Versicherer; die Umrechnungsschlüssel von den AUB 88 zu früheren Bestimmungen liegen ihm vor.

Die Tabellen 7.5–7.8 geben die Minderung der Gebrauchsfähigkeit (*MdG*) gemäß AUB 88 eines Auges an (die AUB 88 kennt nur Einzelaugen). In der Tabelle 7.9 musste zur Einschätzung zerebral verursachter Gesichtsfeldausfälle für die AUB 88 die Bezeichnung Invaliditätsgrad beibehalten werden; die Prozentsätze wurden heraufgesetzt, die manuell-kinetische Gesichtsfeldbestimmung am Goldmann-Perimeter mit der Marke III/4 ist dieser Einschätzung zugrunde gelegt.

Über die Bewertung von Sehhilfen in der privaten Unfallversicherung, dem so genannten „Brillen-

Tabelle 7.4. Grundpositionen zur Begutachtung für private Unfallversicherungen gemäß AUB 88

Funktionsverlust eines Auges:	**IG 50%** der Versicherungssumme
Funktionsverlust beider Augen:	**IG 100%** der Versicherungssumme
Teilschäden:	Hierfür können Zwischenwerte den Tabellen 7.5–7.10 entnommen werden Bei *kombinierten Schäden* am Sehorgan müssen die Tabellenwerte zusammengefasst werden, jedoch so, dass die Höchstwerte von 50% für ein Auge und 100% für beide Augen nicht überschritten werden
Vorschäden:	werden vom Gesamtschaden subtrahiert
Invalidität:	muss innerhalb eines Jahres nach Unfall eingetreten und innerhalb von 15 Monaten festgestellt sein
Folgeschäden:	können bis zu 3 Jahren nach dem Unfalltag Berücksichtigung finden
Nachschäden:	finden bei der Schadensregulierung keine Berücksichtigung

Tabelle 7.5. Minderung der Gebrauchsfähigkeit (*MDG*) eines Auges bei Herabsetzung der Sehschärfe gemäß AUB 88 (nach Gramberg-Danielsen u. Thomann 1988): DOG-BVA-Empfehlungen von 1992

1,0	**0**
0,8	**1/25**
0,63	**2/25**
0,5	**4/25**
0,4	**6/25**
0,32	**8/25**
0,25	**10/25**
0,2	**12/25**
0,16	**14/25**
0,1	**17/25**
0,08	**18/25**
0,05	**20/25**
0,02	**23/25**
0,0	**25/25**
vollständige einseitige Ptosis:	**25/25**
Notwendigkeit einer Vollokklusion eines Auges wegen Augenmuskellähmung oder Störung des Binokularsehens:	**25/25**
falls Doppelbilder nicht in allen Blickrichtungen auftreten, richtet sich die MdG nach Größe und Lage des beidäugigen Gesichtsfeldes (gem. Schema von Haase und Steinhorst 1991; ▶ Abb. 4.3, Seite 121)	MdG von **0 bis 25/25**

Tabelle 7.6. Minderung der Gebrauchsfähigkeit eines Auges nach Verlust der Augenlinse bei Kontaktlinsenkorrektur gemäß AUB 88. (Nach Gramberg-Danielsen u. Thomann 1988)

Visus	MdG ohne weiteren Brillenzuschlag
besser als 0,63	**10/25**
0,63	**11/25**
0,5	**12/25**
0,4	**13/25**
0,32	**14/25**
0,25	**15/25**
0,2	**16/25**
0,16	**17/25**
0,12	**18/25**
0,1	**19/25**
0,08	**20/25**
0,06	**21/25**
0,05	**22/25**
0,02	**23/25**
0,0	**25/25**
Zu den oben angegebenen ca.-Werten kommt kein weiterer Brillenzuschlag	
In den Fällen, in denen sich die Aphakie (Vorschaden oder Unfallschaden) weniger störend auswirkt (z. B. bei hoher Myopie), sollte das entsprechend durch eine niedrigere MdG berücksichtigt werden	

Tabelle 7.7. Minderung der Gebrauchsfähigkeit eines Auges nach Verlust der Augenlinse bei intraokularer Korrektur gemäß AUB 88. (Nach Gramberg-Danielsen 1991)

Visus	MdG ohne weiteren Brillenzuschlag
besser als 0,63	**8/25**
0,63	**9/25**
0,5	**10/25**
0,4	**11/25**
0,32	**12/25**
0,25	**13/25**
0,2	**15/25**
0,16	**17/25**
0,12	**18/25**
0,1	**19/25**
0,08	**20/25**
0,06	**21/25**
0,05	**22/25**
0,02	**23/25**
0,0	**25/25**
Zu diesen MdG-Werten kommt ggf. noch ein Brillenzuschlag	

Tabelle 7.8. Minderung der Gebrauchsfähigkeit eines Auges bei Einschränkungen des Gesichtsfeldes gemäß AUB 88. (Nach Gramberg-Danielsen u. Thomann 1988)

Konzentrische Einschränkung auf Fixierpunktabstand	Minderung der Gebrauchsfähigkeit
50°	**4/25**
30°	**8/25**
10°	**12/25**
5°	**17/25**
Unregelmäßige Ausfälle im 50°-Gesichtsfeld unterhalb des horizontalen Meridians:	
1/3	**6/25**
2/3	**15/25**

Tabelle 7.9. Zerebral bedingte Gesichtsfeldausfälle gemäß AUB 88. (Nach Gramberg-Danielsen u. Thomann 1988)

Vollständige Halbseiten- und Quadrantenausfälle	Invaliditätsgrad
Homonyme Hemianopsie	**60%**
Bitemporale Hemianopsie	**35%**
Binasale Hemianopsie	**15%**
Homonymer Quadrant oben	**25%**
Homonymer Quadrant unten	**35%**

Tabelle 7.10. „Brillenzuschlag" für die unfallbedingte Notwendigkeit einer Brille gemäß AUB 88 – Urteil des BGH vom 27. 4. 1983 Az IVa RZ 193/81. (Nach Gramberg-Danielsen u. Thomann 1988)

		Invaliditätsgrad
Gering-mittelgradige Korrekturen: bis +10 dptr −13 dptr	(bei torischen Gläsern im stärker brechenden Meridian)	**3%**
Hochgradige Korrekturen: über +10 dptr −13 dptr	(bei torischen Gläsern im stärker brechenden Meridian)	**5%**

zuschlag", informiert Tabelle 7.10. Dieser kommt nur zur Geltung, wenn nicht vor dem Unfall schon eine Brille einer vergleichbaren Stärke getragen werden musste. Ein so genannter *Brillenabschlag* bei Verlust eines Auges wurde mehrfach in der Rechtsprechung abgelehnt.

Verletzung und Erkrankung des Sehorgans

Kausalität

Die haftungsbegründende Kausalität ist durch den Versicherer zu prüfen. Die haftungsausfüllende Kausalität von Verletzungen und Erkrankungen des Auges wird in den verschiedenen Versicherungen unterschiedlich bewertet.

Zweifelsfrei beurteilbar sind im Allgemeinen anhand der Befunde und Verlaufsberichte die Folgen direkter Verletzungen des Augapfels. Scharfe Verletzungen, Kontusionen, Verätzungen, Verbrennungen, Elektrotraumen und Schädigungen durch strahlende Energie hinterlassen Narben, Gewebsdefekte und Trübungen, die funktionsmindernd sein und bis zur Erblindung führen können. Nach perforierenden Verletzungen oder Bulbusruptur sind Hornhautnarben, Lidveränderungen, Iriskolobome, Cataracta traumatica, Aphakie, Glaskörpertrübungen, Netzhaut- und Aderhautnarben, Sekundärglaukome und eine Phthisis bulbi die am häufigsten zur Begutachtung kommenden Verletzungsfolgen am Auge.

Zu den Folgen eines Unfalls sind auch sekundäre Infektionen unter den klinischen Bildern eines Ulcus serpens corneae, einer Panophthalmie, einer Orbitaphlegmone sowie auch die inzwischen sehr seltene sympathische Ophthalmie, eine traumatische Ablatio retinae, eine Cataracta complicata und ein Sekundärglaukom mit allen ihren klinischen Eigenheiten anzuerkennen.

Bei besonderen Verlaufsformen eines Unfallgeschehens müssen auch eine Siderosis bulbi, Chalcosis bulbi (Schädigungen durch Eisen- bzw. Kupferablagerungen nach Eindringen von Fremdkörpern) sowie Folgen von operativen Behandlungen mit einbezogen werden.

Die Glaukomerkrankung ist immer dann als traumatisches Sekundärglaukom anzuerkennen, wenn durch den Unfall Kammerwinkelveränderungen infolge Verätzung, Narben nach Schnitt- und Risswunden, Ziliarkörper- oder Linsenveränderungen entstanden sind. Tritt bei einem Kranken mit bereits bekanntem Primärglaukom durch eine Augapfelverletzung eine wesentliche Verschlechterung der Primärerkrankung auf, so ist auch diese Verschlechterung als Unfallfolge zu beurteilen. Eine Glaukomerkrankung am unverletzten Partnerauge ist als Hinweis auf das Vorliegen eines vorbestehenden beiderseitigen Primärglaukoms zu werten. Die Entstehung eines Glaukoms ohne direkte Traumatisierung des Augapfels allein durch Erschütterung des Kopfes oder durch Schreck wird in der Literatur wiederholt diskutiert, ist aber in der Unfallbegutachtung nicht als wahrscheinlich anzusehen. Die Anerkennung eines Glaukoms in einem nicht direkt traumatisierten Auge wäre bei Verletzung des anderen Auges nur auf dem Wege der extrem seltenen sympathischen Ophthalmie möglich.

Eine rhegmatogene Ablatio retinae bei hoher Myopie nach Sturz auf den Rücken mit Wirbelbrüchen ohne Kopfverletzung ist nicht als Unfallfolge zu beurteilen, da keine direkte Augenbeteiligung vorlag. Auch nach direkter Augenbeteiligung wäre dann zusätzlich mit einer Glaskörpereinblutung oder Netzhautblutung zu rechnen. Desgleichen ist eine übermäßige, unfallartige oder ganz ungewöhnliche Kraftanstrengung im Allgemeinen nicht als wahrscheinlich ursächlich für die kurze Zeit später festgestellte Ablatio retinae zu bewerten.

Eine Traktionsablatio als Spätfolge einer Bulbusperforation wird dagegen in der Regel die gutachterliche Anerkennung als Unfallfolge finden.

Als Fernwirkung am Auge nach einem Unfall, besonders nach massiver Kompression des Brustkorbes, müssen die Angiopathia retinae traumatica Purtscher sowie die Luftembolie, nach Zertrümmerung langer Röhrenknochen auch die Fettembolie von Netzhautgefäßen Erwähnung finden. Sie können zu Dauerschäden am Sehorgan führen, werden allerdings nur selten beobachtet.

Häufig wird die Frage nach der schädigenden Wirkung einer Whiplash-Verletzung (HWS-Schleudertrauma) auf Augenmotilitätsstörungen gestellt. Dies ist in der wissenschaftlichen Literatur sehr umstritten und muss im Einzelfall sorgfältig geprüft werden.

Zentralnervöse Störungen

Nach Schädel-Hirn-Traumen sind passagere Sehstörungen häufig. Dauerschäden als Erblindung oder hochgradige Sehminderung eines oder auch beider Augen kommen nach traumatischer Optikusschädigung vor. Schädigungen im Bereich des Chiasma, der Sehbahn oder der Sehzentren verursachen in typischen Fällen Halbseiten- oder Quadrantenausfälle der Gesichtsfelder. Zentrale Intoxikationen oder sonstige Schädigungen können Ursache von Augenmuskellähmungen, Diplopie, Pupillenstörungen, Konvergenz- und Fusionsstörungen, Blicklähmungen, krankhafter Photophobie, Makropsien, Mikropsien, visuellen Halluzinationen und dergleichen sein. Hirnveränderungen in angrenzenden Regionen der optischen Bahnen oder der optischen Zentren verursachen Teilausfälle von Sehfunktionen, z. B. hemianopische Skotome, deren klinische Klärung oft schwierig oder gar unmöglich ist. Die typischen und voll ausgebildeten Gesichtsfeldausfälle, wie z. B. eine homonyme Hemianopsie, haben einen sicheren Wert für die Lokalisation der Erkrankungsherde im Gehirn. Das augenärztliche Gutachten bei zentralnervösen Störungen ist im Allgemeinen nur Teil einer neurologischen Gesamtbegutachtung.

Schwindel

Schwindelerscheinungen können okuläre Ursachen haben. Nystagmus, Strabismus paralyticus, postoperative Doppelbilder, nicht tolerierte Brillenkorrektur bei Anisometropie oder Astigmatismus, falsche Brillen, veränderte Refraktionsverhältnisse nach operativer Linsenentfernung, aber auch traumatische Bulbuskompression kommen ursächlich in Betracht. Okulär hervorgerufene Schwindelerscheinungen lassen sich größtenteils durch Änderung der auslösenden Ursachen beseitigen, teilweise verschwinden sie aber auch allmählich durch Gewöhnung des Menschen an die für ihn neu entstandenen optischen Verhältnisse. Jedenfalls kommen solche als Dauerschäden nach Unfall oder Krankheit meist nicht vor. Falls doch Störungen über lange Zeit so stark sein sollten, dass eine ständige Okklusion eines Auges erforderlich ist, so wäre nach den obigen Empfehlungen die Minderung der Erwerbsfähigkeit um 25–30% einzuschätzen; für private Unfallversicherungen wären gemäß AUB 88 für die Minderung der Gebrauchsfähigkeit des Sehorgans 25/25 anzunehmen (siehe Tabellen 7.5–7.7).

Zumutbarkeit

Die Mitwirkungspflicht des Verletzten bei der Begutachtung berechtigt zu keinem Eingriff in die körperliche Unversehrtheit des Patienten. Sie stellt nur klar, innerhalb welcher Grenzen ein Verletzter Ansprüche verlieren kann oder Leistungen gekürzt werden können, wenn er den empfohlenen Maßnahmen nicht zustimmt. Die diagnostischen Verfahren in der Ophthalmologie sind nie Grund für eine Ablehnung nach § 65 Abs. 2 SGB I. Sie sind nicht invasiv und gefährden nicht. Gramberg-Danielsen und Küchle (1990) haben unter Mitwirkung anerkannter Ophthalmochirurgen eine Liste aus medizinischer – nicht unbedingt juristischer – Sicht duldungspflichtiger Operationen zusammengestellt.

Diese sind demnach *zumutbar*, wenn der Eingriff von einem anerkannten sachkundigen Operateur durchgeführt wird:

- Ptosisoperationen aus funktionellen Gründen,
- Rekonstruktion abgerissener Tränenröhrchen,
- Dakryozystorhinostomie (nach Toti),
- Operation einer Augenhöhlen- oder Tränensackphlegmone,
- Entfernung intraokularer Fremdkörper,
- Naht perforierender Hornhaut- und Skleraverletzungen, ggf. mit Versorgung eines Irisprolapses,
- Wiederherstellungsoperationen bei schwerverletztem Augapfel,
- Enukleation bei drohender sympathischer Ophthalmie,
- Keratoplastik bei erfahrungsgemäß guter Prognose,
- Linsendiszision und chirurgische Nachstarentfernung (falls ein Nachstar nicht durch YAG-Kapsulotomie zu beseitigen ist),
- Kataraktoperation mit Implantation einer intraokularen Linse,
- Entfernung einer intraokularen Linse aus zwingenden Gründen,
- Iridektomie und andere augendrucksenkende Operationen (z. B. ziliarkörperverödende oder fistelbildende Eingriffe),
- Laserkoagulation bei Netzhautlöchern,
- Netzhautoperationen,
- glaskörperchirurgische Eingriffe mit erwartungsgemäß günstiger Prognose.

Die Mehrzahl der befragten Ophthalmochirurgen hielt ferner für zumutbar:

- Operation des Narbenen- oder -ektropiums,
- plastische Rekonstruktion der Lidspalte aus funktionellen Gründen,
- Augenmuskeloperationen bei postoperativer Diplopie.

Für *nicht zumutbar* wurde erklärt:

- Ptosis- und Augenmuskeloperationen sowie Enukleation eines Auges aus kosmetischen Gründen,
- Plombeneinpflanzung nach Enukleation,
- Tränensackexstirpation (wegen der guten Prognose einer Operation nach Toti),
- sekundäre Kunststofflinseneinpflanzung in ein aphakes Auge,
- Eingriffe an der Hornhaut zur Änderung des Brechwertes eines Auges.

Bei der Duldungspflicht gilt der Grundsatz der Verhältnismäßigkeit, d.h. der Eingriff muss in angemessenem Verhältnis zu der Rentenleistung für den Kläger stehen. Die Erweiterung der Indikationen zu einem operativen Eingriff hängt auch mit den verbesserten operativen Möglichkeiten und Erfolgen, sowie auch der operativen Erfahrung des jeweiligen Operateurs zusammen. Sachsenweger (1976) schreibt hierzu: „Ganz allgemein sollte sich der Augenarzt allergrößte Zurückhaltung bei der Forderung nach Duldung einer Operation auferlegen und nur ausnahmsweise, z. B. bei erwiesener Rentensucht, die Möglichkeit gesetzlicher Bestimmungen andeuten. Der bessere Weg ist jener der Überzeugung und geduldigen Aussprache, der fast immer zum Erfolg führt." Im Gutachten können diese Eingriffe als medizinisch ratsam empfohlen werden, die Entscheidung liegt bei dem Versicherer.

7.2 Eignungsbegutachtung, Tauglichkeit

In diesem Abschnitt kann und soll etwas ausführlicher nur auf verkehrsrechtliche Vorschriften für zivile Führerscheine für Kraftfahrzeuge im Straßenverkehr eingegangen werden; diesen sind kurze Hinweise für Untersuchungen und Beurteilungen im Bereich der Schiff- und Luftfahrt sowie Tauchen angeschlossen.

Bei Tauglichkeitsuntersuchungen ist es besonders wichtig, auf die Identität des Patienten zu achten, da es sich nicht um einfach zu korrelierende Befunde wie nach einem Unfall handelt. Hier geht es nicht zuletzt auch um die Sicherheit der anderen Beteiligten z. B. im Straßenverkehr oder bei der Seeschifffahrt.

Fahreignungsbegutachtung, Fahrtauglichkeit

(▶ auch Kap. 36)

Das Fahrerlaubnisrecht wurde aus der Straßenverkehrs-Zulassungsordnung (StVZO) ausgegliedert; seit dem 1. 1. 1999 gilt die Fahrerlaubnisverordnung (FeV), die die Anforderungen an das Sehvermögen für den EU-Führerschein festlegt. Mit dem Inkrafttreten werden alle bisher geltenden Vorschriften bzgl. des Straßenverkehrs außer Kraft gesetzt, wegen zahlreicher Lücken und Mängel musste jedoch im August 2002 die „Verordnung zur Änderung der Fahrerlaubnis-Verordnung und anderer straßenverkehrsrechtlicher Vorschriften" (*FeVÄndV*) verabschiedet werden.

Die FeV ist bindendes Recht. „Bestimmte" Rechtsbegriffe, wie z. B. die Sehschärfenmindestanforderungen, sind in ihrer Rechtsverbindlichkeit durch Verwaltungsgerichte nicht mehr nachprüfbar. Der Gutachter ist prinzipiell nach wie vor unabhängig und sollte sich an den Leitlinien der DOG orientieren. Er liefert der Behörde Informationen, um eine sachgerechte Entscheidung zu ermöglichen. Allein die Behörde fällt die Entscheidung über die Erteilung der Fahrerlaubnis. Der Bewerber hat allerdings einen Rechtsanspruch auf Erteilung einer Fahrerlaubnis, wenn die Anforderungen der FeV-ÄndV erfüllt werden.

Hinsichtlich der Anforderungen an die Sehschärfe ist eine Unterscheidung in Bewerber und Inhaber eines Führerscheins weggefallen. Völlig entfallen sind auch Mindestanforderungen an Stereosehen und Blendempfindlichkeit; entgegen der europäischen Gesetzgebung ist nach wie vor die Prüfung des Dämmerungssehens in Zweifelsfällen nicht verankert.

Bewerber um eine Fahrerlaubnis der Klassen A, A1, B, BE, M, L, T haben sich einem Sehtest durch eine anerkannte Sehteststelle zu unterziehen (Tabelle 7.11). Liegt ein Zeugnis oder ein Gutachten eines Augenarztes vor, ist dieser Sehtest nicht erforderlich. Bewerber um die Erteilung oder Verlängerung einer Fahrerlaubnis der Klassen C, C1, CE, C1E, D, D1, DE oder D1E müssen sich einer augenärztlichen Untersuchung nach Anlage 6 Nr. 2.2 unterziehen und hierüber ein Zeugnis bzw. Gutachten des Augenarztes der Behörde vorlegen (Abb. 7.1). Hiermit wurde erstmalig eine Nachuntersuchung ab dem 50. Lebensjahr für bestimmte Führerscheinklassen vorgeschrieben.

Bei Einschränkungen der Sehfunktionen können Auflagen und Beschränkungen festgelegt werden wie z. B. Geschwindigkeitsbeschränkung, Nachtfahrverbot, Tragen von Brille oder Kontaktlinsen bzw. ein Nachuntersuchungsintervall.

Schifffahrt

Für den Bereich der Schifffahrt sind zwei Komplexe getrennt zu betrachten.

Für den Sportbootführerschein sind die Richtlinien für den Deutschen Motoryachtverband und den Deutschen Segler-Verband e. V. in der Fassung vom 21. 2. 1990 anzuwenden, für die Beurteilung der Seediensttauglichkeit dient die entsprechende Verordnung vom 19. 8. 1970 als Grundlage.

Zum Arzt oder Augenarzt kommen Bewerber um einen Sportbootführerschein gewöhnlich mit einem Antragsformular, auf dessen Rückseite die Mindestanforderungen an das Seh- und Hörvermögen, außerdem die Frage nach sonstigen die Eignung oder Tauglichkeit beeinträchtigende Befunde (Farbensinn!) abgedruckt sind. In besonderen Fällen muss der Text in der zugrunde liegenden Verordnung nachgelesen werden.

Augenuntersuchung und Beurteilung der Seediensttauglichkeit betrifft fast ausschließlich Berufsseeleute. Hierzu sind nur von der See-Berufsgenossenschaft (▶ www.dguv.de) ermächtigte Ärzte zugelassen. Diesen stehen alle gültigen Verordnungen und Richtlinien zur Verfügung; ein Abdruck der Einzelheiten ist an dieser Stelle nicht angezeigt.

Luftfahrt

Für die Feststellung der Tauglichkeit des Luftfahrtpersonals gilt die Ausführung der JAR – FCL 3 vom 27. 3. 2007 (▶ www.dguv.de). Zur Abgabe von Tauglichkeitsbeurteilungen sind nur die von der zuständigen Erlaubnisbehörde anerkannten Untersuchungsstellen berechtigt; ein Abdruck der Tauglichkeitsvorschriften an dieser Stelle erübrigt sich somit.

Tauchen

Für die Berufstaucher gilt der Berufsgenossenschaftliche Grundsatz G31 Überdruck (▶ www.dguv.de). Die dort formulierten Anforderungen sind aus ophthalmologischer Sicht nur sehr unzureichend.

Im Gegensatz zu den Berufstauchern gibt es noch immer keine gesetzlichen Bestimmungen für Sporttaucher. Im Manual Tauchtauglichkeit von 2001, das von der Gesellschaft für Tauch- und Überdruckmedizin e. V., herausgegeben worden ist, sind die z. Zt. gültigen Richtlinien festgehalten, die als Grundlage für Präventivuntersuchungen gelten. Leider sind hier viele ophthalmologische Aspekte nur unzureichend berücksichtigt, insbesondere wenn man bedenkt, dass das Auge unter Wasser das wichtigste Orientierungsorgan ist (▶ www.gtuem.org).

Augenärztliche Untersuchung des Sehvermögens nach Anlage 6 der Fahrerlaubnis-Verordnung

Familienname:	Vorname:	Geb. Datum:
Wohnanschrift:		
Beantragte Fahrerlaubnisklasse:	Fahrerlaubnis bzw. Verlängerung der Fahrerlaubnis zur Fahrgastbeförderung (nach § 48 FeV) ☐ Ja ☐ Nein	

I. Untersuchungsbefund Vom:

1. Zentrale Sehschärfe (Glasstärke angeben)

	rechts	**Links**	**Beidäugig**
ohne Korrektion			
mit Brille	/ / =	/ / =	/ / =
mit Kontaktlinse (KL)	/ / =	/ / =	/ / =
mit KL und Brille	/ / =	/ / =	/ / =

	Ergebnis	**Methode**
2. Gesichtsfeld		
3. Stereosehen		
4. Stellung, Motilität		
5. Dämmerungssehschärfe		
6. Blendempfindlichkeit		
7. Farbensehen		
8. Optische Medien		
9. Augenhintergrund		

10. Die vorhandene Sehhilfe ist richtig und für den Straßenverkehr geeignet: ☐ Ja ☐ Nein

II. Untersuchungsergebnis (wodurch ist das Sehen beeinträchtigt):

III. Beurteilung des Sehvermögens für die Anforderungen im Straßenverkehr

1. Das Sehvermögen für die Fahrerlaubnisklasse ist **ausreichend** bei Einhaltung folgender Auflagen oder Beschränkungen:

☐	mit Brille	☐	nur bis 80 km/h auf Landstraßen, bis 100 km/h auf Autobahnen
☐	mit Kontaktlinse(n)	☐	Nachtfahrverbot
☐	mit Kontaktlinse(n) und Brille	☐	sonstige Auflagen oder Beschränkungen:
☐	mit Kontaktlinse(n) oder Brille	☐	

Das Sehvermögen **reicht nicht aus**, weil

2. Augenärztliche Nachuntersuchung nach ☐ Jahren erforderlich, weil

3. Weitere Untersuchungen sind zu Abschnitt I. Nr. ☐ erforderlich durch augenärztlichen Obergutachter ☐

oder durch einen Arzt für ☐ oder durch eine ☐ Med.-Psych.Untersuchungsstelle

IV. Bemerkungen:

Die Identität des Untersuchten wurde geprüft. Die Untersuchung erfolgte gemäß der Empfehlungen der Deutschen Ophthalmologischen Gesellschaft zur Fahreignungsbegutachtung für den Straßenverkehr.

Ort, Datum	Unterschrift des Arztes	Stempel des Arztes
Ich bin über die Mängel meines Sehvermögens aufgeklärt worden.		
Ort, Datum	Unterschrift des Untersuchten	

Abb. 7.1. Vordruck für augenärztliches Gutachten/Zeugnis gemäss § 12 Abs. 6, § 46 Abs. 4 Nr. 4, Abs. 5 Nr. 2, Anlage 6 Fahrerlaubnis-Verordnung. Empfehlung d. BVA + DOG, www.dog-org

Tabelle 7.11. Anforderungen gemäß FeV/FeVÄndV (mit Empfehlungen der Deutschen Ophthalmologischen Gesellschaft DOG)

Sehtest nach Anlage 6 der FeV/FeVÄndV		
A, B, M, L und T		**C, D und Fahrgastbeförderung (§ 48)**
Sehschärfe	**0,7/0,7** **keine weiteren Anforderungen!!**	**1,0/0,8** **Brillenglasstärke:** ≤+8,0 **Dioptrien** (sphär. Äquivalent)
	Der Führerschein gilt also lebenslang! Nach dem Gesetz sind keine Kontrollen gefordert!	**Farbensehen:** zwei unterschiedliche Prüftafeln ohne Fehler **Gesichtsfeld:** statisch an 100 definierten Orten mit Dreiphasenstrategie **Stereosehen:** 2 unterschiedliche Tafeln mit Random-Dot-Mustern
Wer darf untersuchen?	Amtlich anerkannte Sehteststelle: Optiker, Arbeits-/Betriebsmediziner oder andere Ärzte	Arbeits-/Betriebsmediziner, Ärzte in Begutachtungsstelle, in Gesundheitsamt, in öffentlicher Verwaltung. Auch für Augenärzte möglich, besser vollständige Begutachtung!

Augenärztliche Begutachtung nach Anlage 6 der FeV/FeVÄndV			
		A, B, M, L und T	**C, D und Personenbeförderung**
Sehschärfe	binokular	**0,5/0,2**	**0,8/0,5**
	monokular	**0,6** **schlechteres Auge unter 0,2**	**nicht geeignet** **(nur Inhaber der Klasse C vor 1999 mit 0,7)**
	Fehlsichtigkeiten müssen – soweit möglich und verträglich – korrigiert werden		
Brillenglasstärke		keine Begrenzung	**begrenzt bis +8,0 Dioptrien** (sphärisches Äquivalent; nicht bei Myopien!)
		geeignete Plusgläser mit besonderer Randgestaltung verordnen	**gilt nicht für Kontakt- oder Intraokularlinsen**
Gesichtsfeld	horizontal	**120° Durchmesser gefordert**	**140° Durchmesser gefordert**
	zentrale 30°	müssen stets ohne Ausfall sein (Ausnahme bei erlaubter Einäugigkeit mit dem physiologischen blinden Fleck)	
	im Zweifelsfall	**manuell-kinetische Perimetrie (Marke III/4 am Goldmann-Perimeter)**	
	Ausnahmen	– Homonyme Hemianopsie: zentrale 20° ohne Ausfall bis 30° muss der horizontale Meridian 10° ober- und unterhalb frei sein evtl. Sonderfahrprüfung	keine Ausnahmen möglich
		– Bitemporale Hemianopsie: nur bei stabiler Fusion möglich mit 120° horizontalem Durchmesser	keine Ausnahmen möglich

Tabelle 7.11 (Fortsetzung)

Stellung und Beweglichkeit	Einäugigkeit	**normale Beweglichkeit** evtl. Ersatz durch Kopfbewegungen	**nicht erlaubt (nur Inhaber der Klasse C vor 1999), ausgeschlossen sind Schielen ohne konstantes binokulares Einfachsehen**
	Beidäugigkeit	**Augenzittern und Schielen sind erlaubt,** wenn andere Funktionen normal	Empfohlene Abstufung: – Klasse D: mindestens 100" mit Flächentest – Klasse C: mindestens Titmusfliege erkannt – Klasse B (Taxi): kein Stereosehen nötig – „Taxifahrer" sollten nicht schielen, Behörde soll unfallfreies Fahren mit Klasse B nachprüfen
	Doppelbildfreie Zone	**20° Durchmesser**, in zentralem Blickfeldbereich gelegen	**nach oben 25°, horizontal je 30°, nach unten 40° reichend**
	„normale" Kopfhaltung	bedeutet: gewohnheitsmäßige, ohne Beschwerden, ohne äußere Entstellung eingenommene Kopfhaltung (ca. 10°), dies gilt nur für Klasse C!	
Farbensehen	zwei Farbtafeln notwendig bei Fehlern ist Anomaloskop notwendig!	**keine Anforderungen** Aufklärung besonders bei Protostörungen notwendig	**nur für Klasse D: nicht bei AQ unter 0,5 und nicht bei Protanopie für Klasse C: Aufklärung ausreichend** DOG: LKW-Bewerber sollten wie D beurteilt werden, intensive Aufklärung nötig
Dämmerungssehvermögen	Die FeV erwähnt Dämmerungssehen nicht. Aber die europäische Richtlinie empfiehlt, auf fortschreitende Augenerkrankungen und Dämmerungssehen zu achten!		
	Kontrast von	1:5 (in Einzelfällen 1:23)	1:2,7 (in Einzelfällen 1:5 ausreichend)
	Einzelfall: ausführliche Aufklärung, evtl. eingeschränkte Benutzung, sonst Nachtfahrverbot!		

In dieser Tabelle sind die **Aussagen der Fahrerlaubnis-Verordnung fett** gedruckt, dagegen die Empfehlungen der DOG in normaler Schrift wiedergegeben

Weitere Ausführungen werden durch die AG Sportophthalmologie des BVA ausgearbeitet (▶ www.augeninfo.de).

7.3 Schwerbehindertenrecht (Teil 2, SGB IX)

Bei Begutachtungen im Rahmen des Schwerbehindertenrechtes hat die geforderte Einschätzung des GdB, wie oben ausgeführt, eine andere Grundlage und Wertigkeit als die der MdE bei den gesetzlichen Unfall- und Rentenversicherungen. Es handelt sich um eine finale, nicht kausale Begutachtung. Der Gesetzestext (2003) und die dazu vom Bundesminister für Gesundheit und Soziale Sicherung herausgegebenen „Anhaltspunkte für die ärztliche Gutachtertätigkeit im sozialen Entschädigungsrecht und nach dem Schwerbehindertenrecht" (AHP) von 2004 sind in einzelnen Punkten diskrepant, die AHP von 2004 sind zunächst maßgebend. Sie haben für den augenärztlichen Gutachter die gleiche Bedeutung wie die Bestimmungen der gesetzlichen Unfall- und Rentenversicherungen (Leitlinien von DOG und BVA) mit einzelnen Besonderheiten. Im Schwerbehindertenrecht gelten z.B. bei Erblindung eines Auges 30% GdB, bei den gesetzlichen Unfall- und Rentenversicherungen 25% MdE als Grundeinstufung (Tabelle 7.12). Diese Unterschiede ergeben aber keine Schwierigkeiten für die augenärztliche Untersuchung und Beurteilung, da für die Festsetzung der Behinderung im Rahmen des Schwerbehindertenrechtes die Versorgungsbehörden zuständig sind.

Tabelle 7.12. Minderung der Erwerbsfähigkeit bzw. Grad der Behinderung bei Herabsetzung der Sehschärfe nur im Schwerbehindertenrecht (Teil 2, SGB IX). (Aus BVA, Richtlinien und Untersuchungsanleitungen, 2006))

Sehschärfe / **sA** / **bG**		1,0 5/5	0,8 5/6	0,63 5/8	0,5 5/10	0,4 5/12	0,32 5/15	0,25 5/20	0,2 5/25	0,16 5/30	0,1 5/50	0,08 1/12	0,05 1/20	0,02 1/50	0 0
1,0	5/5	0	0	0	5	5	10	10	10	15	20	20	25	25	25
0,8	5/6	0	0	5	5	10	10	10	15	20	20	25	30	30	30
0,63	5/8	0	5	10	10	10	10	15	20	20	25	30	30	30	40
0,5	5/10	5	5	10	10	10	15	20	20	25	30	30	35	40	40
0,4	5/12	5	10	10	10	20	20	25	25	30	30	35	40	50	50
0,32	5/15	10	10	10	15	20	30	30	30	40	40	40	50	50	50
0,25	5/20	10	10	15	20	25	30	40	40	40	50	50	50	60	60
0,2	5/25	10	15	20	20	25	30	40	50	50	50	60	60	70	70
0,16	5/30	15	20	20	25	30	40	40	50	60	60	60	70	80	80
0,1	5/50	20	20	25	30	30	40	50	50	60	70	70	80	90	90
0,08	1/12	20	25	30	30	35	40	50	60	60	70	80	90	90	90
0,05	1/20	25	30	30	35	40	50	50	60	70	80	90	100	100	100
0,02	1/50	25	30	30	40	50	50	60	70	80	90	90	100	100	100
0	0	25	30	40	40	50	50	60	70	80	90	90	100	100	100

bG beidäugige Gesamtsehschärfe, *sA* schlechteres Auge

Für den Augenarzt stellt sich in diesem Bereich besonders die Frage nach Blindengeld bzw. Sehbehindertengeld. Dieses, auch der Betrag, ist Ländersache. Im § 72 Abs. 1 und 5 des zwölften Sozialgesetzbuches (SGB XII) ist Blindheit

1. als Sehschärfe auf dem besseren Auge von weniger als 1/50 Metertafel – Visus oder
2. eine Beeinträchtigung, die 1. gleichzusetzen ist,

definiert. Zu 2. zählen verschiedene schwerwiegende Gesichtsfelddefekte, die mit dem morphologischen Befund korrelieren müssen. Zerebrale Schädigungen werden mitberücksichtigt, ausgenommen sind jedoch gnostische Ausfälle. Kombinierte Schäden des Sehorgans bzw. der Sehbahn mit zusätzlicher visueller Agnosie können dem Blindheitsbegriff genügen, dies ist jedoch im Einzelfall zu entscheiden und umstritten (z.B. Apalliker). Die jeweiligen gesetzlichen Bestimmungen können bei den zuständigen Versorgungsämtern eingesehen werden. Die Zahlung des Blindengeldes erfolgt einkommensunabhängig, kann aber je nach Pflegestufe oder auch bei Heimunterbringung gekürzt werden. Einkommensabhängig kann Blindenhilfe auch entsprechend dem SGB XII beantragt werden.

In diesen Bereich fällt auch die Begutachtung der Pflegebedürftigkeit (SGB XI): Hierbei dominiert der Unterstützungsbedarf des Patienten. Zurzeit werden hochgradig Sehbehinderte in der Regel mit der Pflegestufe I, Erblindete mit der Pflegestufe II begutachtet.

7.4 Haftpflichtverfahren

Die Frage nach Schmerzensgeld wird verschiedentlich in Haftpflichtverfahren vor Gericht gestellt; dazu kann ein Augenarzt hinzugezogen werden. Unter Schmerzensgeld versteht man eine materielle Zuwendung bei unverschuldet erlittenem Schaden, der nicht Vermögensschaden ist, im Sinne eines Ausgleiches für ertragene körperliche und seelische Schmerzen.

Die rechtlichen Voraussetzungen für einen Anspruch auf Schmerzensgeld sind im Bürgerlichen Gesetzbuch (*BGB*), nicht etwa im Rahmen der GUV oder PUV, enthalten: Die Feststellung auf Anspruch und Festlegung der Höhe eines Schmerzensgeldes unterliegt allein dem Gericht. Der Arzt kann zur Entscheidungsfindung als medizinischer Sachverständiger hinzugezogen werden und mitwirken. In seinem Gutachten wird der Arzt zu den übermittelten Fragen Stellung nehmen und eine medizinische Erörterung der Kausalität, des bisherigen Krankheitsverlaufes, der Prognose und möglicher Auswirkungen von Spätfolgen allgemeinverständlich abgeben. Es gehört nicht zu den Aufgaben des medizinischen Sachverständigen, dem Gericht einen Vorschlag über die Höhe des zuzuerkennenden Schmerzensgeldes zu unterbreiten.

7.5 Arbeitsmedizin

Arbeitsmedizinische Vorsorge

Wesen und Aufgaben der gesetzlichen Unfallversicherung (GUV) sind ausführlich im ▶ Kapitel 2.3 dargelegt. Nur ermächtigte Ärzte dürfen für arbeitsmedizinische Vorsorgeuntersuchungen wirksam werden. In der Regel handelt es sich hierbei meist um Betriebsmediziner, die im Bedarfsfall einen Augenarzt hinzuziehen können.

Für die Beurteilung des Sehorgans sind an dieser Stelle nur der G 25, G 26, G 31, G 37 und der G 41 zu erörtern (▶ www.dguv.de):

G 25: Fahr-, Steuer- und Überwachungstätigkeiten. Dieser Grundsatz ist nur für innerbetriebliche Tätigkeiten anzuwenden. Er enthält mehr als 20 aufgelistete Tätigkeiten, vom Führen von Kraftfahrzeugen, Straßen-, Berg- und U-Bahnen bis hin zu Tätigkeiten auf Binnenschiffen, an Baggern, auf Straßenwalzen, an Schalttafeln usw. Die jeweiligen Ansprüche an den Arbeitnehmer variieren je nach Tätigkeit. Der hinzugezogene Augenarzt übermittelt lediglich die Befunde.

G 26: Atemschutzgeräte. Dieser Grundsatz kann die Beurteilung der Augen erforderlich machen, um zu entscheiden, ob Erkrankungen oder Veränderungen eine bleibende oder zeitliche Sehminderung verursachen, die für den Einsatz im Rettungsdienst ein Ausscheidungsgrund sind.

G 31: Überdruck. ▶ Kap. 7.2, Tauchen.

G 37: Bildschirmarbeitsplätze. Dieser Grundsatz enthält Hinweise zu gezielten arbeitsmedizinischen Vorsorgeuntersuchungen, um Beschwerden, die durch Tätigkeiten an Bildschirmarbeitsplätzen entstehen können, zu verhindern oder frühzeitig zu erkennen. Erstuntersuchung vor Aufnahme der Tätigkeit und Nachuntersuchungen während der Tätigkeit werden im Allgemeinen durch ermächtigte Ärzte in Form des Siebtestes durchgeführt. Erforderlich werdende Ergänzungsuntersuchungen sind dann nur durch einen ermächtigten Augenarzt möglich.

Mit der Ermächtigung durch die Berufsgenossenschaften bekommen die Ärzte als Arbeitsmaterialien Vorschriften und Durchführungsbestimmungen nach dem jeweils letzten Bearbeitungsstand, die ihnen die Grundlage und Sicherheit zur vorgeschriebenen Durchführung der Vorsorgemaßnahmen gewähren (▶ www.dguv.de).

G 41: Arbeiten mit Absturzgefahr. Vor Aufnahme der Tätigkeit und im Verlauf wird auch das Sehvermögen geprüft.

Berufskrankheiten

Alle Teile des Sehorgans, von den Augenlidern bis zur Sehrinde, solitär oder zusammen mit anderen Störungen von Körperfunktionen, können infolge des Einwirkens berufsbedingter Schädigungen erkranken. Die Zeit vom Beginn der Schädigung bis zum Auftreten der klinischen Erscheinungen beträgt bei Berufskrankheiten oft mehrere Jahre, bei einigen Erkrankungen auch Jahrzehnte. Chemische Schadstoffe, physikalische Kräfte, auch Krankheitserreger und ursächlich noch nicht geklärte Einwirkungen während beruflicher Exposition können Krankheiten hervorrufen: Hornhautschäden, Starbildung, Netzhautschädigungen, Optikopathien, zentralnervöse Störungen und andere. Entschädigungspflicht besteht nur bei den anerkannten Berufskrankheiten (Kap. 2.3, Tabelle 2.2).

Nach einer Zusammenstellung von Merté (1992) können im augenärztlichen Bereich Schäden durch folgende Stoffe oder Einwirkungen auftreten:

- Arsen,
- Benzochinon,
- Benzol,
- Nitro- und Aminoverbindungen des Benzols,
- Blei,
- Beryllium,
- Chrom,
- Halogen-Kohlenwasserstoffe,
- Kadmium,
- Kohlenmonoxid,
- Mangan,
- Methanol,
- Phosphor,
- Quecksilber,
- Salpetersäureester,
- Schwefelkohlenstoff,
- Schwefelwasserstoff,
- Silber,
- Thallium,
- Vanadium,
- Teer,
- Pech,
- Ruß und verwandte Stoffe,
- Caisson-Krankheit,
- Wärmestrahlen,
- Röntgenstrahlen,
- Strahlen radioaktiver Stoffe bzw. ionisierende Strahlen,
- Tropen- und Infektionskrankheiten,
- von Tieren auf Menschen übertragbare parasitäre und infektiöse Leiden,
- Wurmkrankheit der Bergleute,
- Fäulnisprodukte und nicht sicher geklärte Schädigungen, die zum Augenzittern (Nystagmus) der Bergleute führen.

Bei Dauerschäden am Sehorgan durch Berufskrankheiten sind zur Einschätzung des Schweregrades die gleichen Richtlinien und Empfehlungen der GUV zugrunde zu legen.

Literatur

Berufsverband der Augenärzte Deutschlands e.V. (Stand August 2005) Richtlinien und Untersuchungsanleitungen. Paper-back gmbh, München

Bundesgesetzblatt Jahrgang 1998, Teil I Nr. 55, Bonn, 26. 8. 1998, Anlage 6, Fahrerlaubnis-Verordnung

Bundesministerium für Gesundheit und Soziale Sicherung (Hrsg) (2004) Anhaltspunkte für die ärztliche Gutachtertätigkeit im sozialen Entschädigungsrecht und nach dem Schwerbehindertenrecht

Burggraf H, Burggraf A (1984) Grundlagen augenärztlicher Begutachtung in der Bundesrepublik Deutschland. Gustav Fischer, Stuttgart

DOG (2000) Empfehlungen der Kommission für Qualitätssicherung bei sinnesphysiologischen Untersuchungen und Geräten der Deutschen Ophthalmologischen Gesellschaft. Ophthalmologe 97:923–964

Gramberg-Danielsen B (1991) Medizinische Grundlagen der augenärztlichen Begutachtung. Enke, Stuttgart

Gramberg-Danielsen B (Stand Oktober 2005) Rechtliche Grundlagen der augenärztlichen Tätigkeit. Enke, Stuttgart

Gramberg-Danielsen B, Thomann H (1988) Bewertung von Augenschäden in der Privaten Unfallversicherung. Der Augenarzt 22:65–66

Gramberg-Danielsen B, Küchle (1990) in: Gramberg-Danielsen B (Stand Oktober 2005) Rechtliche Grundlagen der augenärztlichen Tätigkeit. Enke-Verlag, Stuttgart

Haase W, Steinhorst U (1991) in: Gramberg-Danielsen B (1991) Medizinische Grundlagen der augenärztlichen Begutachtung. Enke-Verlag, Stuttgart

Lachenmayr B (2006) Verkehrsophthalmologie – Fahreignungsbegutachtung im Straßenverkehr. Ophthalmologe 103:425–446

Merté H-J (1992) Ergophthalmologie (mit Sehbehinderten- und Gutachtenwesen). In: Axenfeld Th, Pau H (Hrsg) Lehrbuch der Augenheilkunde, 13. Aufl. Gustav Fischer, Stuttgart

Rohrschneider K, Bültmann S, Mackensen I (2007) Grundlagen der Begutachtung nach dem Schwerbehindertengesetz und im sozialen Entschädigungsrecht. Ophthalmologe 104:457–463

Sachsenweger R (1976) Augenärztliche Begutachtung. Fischer, Leipzig

Völcker H, Gramberg-Danielsen B (1994) Schäden des Sehvermögens. Empfehlungen von DOG und BVA von 1994. Ophthalmologe 91:403–407

Links

- Berufsverband der Augenärzte (BVA): www.augeninfo.de
- Deutsche Ophthalmologische Gesellschaft (DOG): www.dog.org
- Gesellschaft für Tauch- und Überdruckmedizin e.V.: www.gtuem.org
- Deutsche Gesetzliche Unfallversicherung: www.dguv.de
- Luftfahrtbundesamt: www.lba.de

8 Krankheiten von Hals, Nase und Ohren

H. HILDMANN und J. LAUTERMANN

Die Hals-Nasen-Ohrenheilkunde diagnostiziert und behandelt eine breite Palette von Erkrankungen der oberen Luft- und Speisewege sowie des Ohrs. Zur Beurteilung und Begutachtung kommen Menschen mit Störungen der Sinnesfunktionen wie Hören, Gleichgewicht, Riechen und Schmecken, Stimme und Sprache, Atem- und Schluckfunktionen und unfallerkrankungsbedingten oder fehlbildungsbedingten Entstellungen von Gesicht und Hals. Es bestehen Überlappungen zu den Nachbargebieten wie der Ophthalmologie, Neurologie, Neurochirurgie, Mund-Kiefer-Gesichtschirurgie, Zahnheilkunde und Kieferorthopädie, sowie für die Halswirbelsäule auch der Orthopädie. In manchen Fällen, zum Beispiel bei psychogenen Hörstörungen, ist zusätzlich eine psychiatrische Begutachtung erforderlich. In der täglichen Praxis nimmt die Begutachtung der Hörstörungen den größten Raum ein. Während für die Beurteilung der Hörstörungen eine breite Palette von Testmethoden existiert, die eine sichere Diagnose und gutachterliche Stellungnahme erlauben, ist dies bei Gleichgewichtsstörungen erheblich schwieriger, wobei dem Hals-Nasen-Ohrenarzt die einfachere Aufgabe zufällt, eine Schädigung des peripheren Innenohrgleichgewichtsorgans zu bestätigen oder auszuschließen. Störungen oder Ausfälle des Geruchs- und Geschmackssinns fallen bezüglich des Grads der Behinderung weniger ins Gewicht und sind daher zum Beispiel bei Sozialgerichtsprozessen von untergeordneter Bedeutung.

Die wichtigste Grundlage der Hals-Nasen-Ohrenärztlichen Begutachtung stellt das Werk von Feldmann (2006) dar (weitere Literaturhinweise am Ende des Kapitels).

8.1 Erkrankungen und Verletzungen des Ohrs

8.1.1 Erkrankungen und Verletzungen des äußeren Ohrs

▮ *Chronische Entzündungen des Gehörganges* können bei Berufen in feuchter Umgebung und Staubbelastung meist auf der Basis einer individuellen Disposition von Bedeutung sein.

In sehr schweren Fällen wird bei ständiger Behandlungsbedürftigkeit eine MdE von 10% angenommen.

▮ Im Rahmen von *Verletzungen, Verbrennungen, Tumorerkrankungen* und bei *angeborenen Missbildungen* findet man Schäden des äußeren Ohres unterschiedlichen Ausmaßes. Zum Ersatz der Ohrmuschel sind verschiedene operative Verfahren möglich. Voraussetzung ist eine narbenfreie Haut in der Region. Gute Operateure benötigen drei Operationssitzungen zur Wiederherstellung einer Seite. Die Alternative ist die Epithese, die an implantierten Titanschrauben befestigt wird. Bei einer angeborenen Gehörgangsatresie wird die Anpassung einer Epithese häufig mit der Anlage eines knochenverankerten Hörgerätes kombiniert. Der MdE/GdB-Grad bei Verlust einer Ohrmuschel beträgt 20%, bei Verlust beider Ohrmuscheln 30%.

8.1.2 Erkrankungen, Verletzungen und Missbildungen des Mittelohrs

▮ Eine ausgeprägte *Gehörgangsstenose* oder *-atresie* führt zu einer erheblichen Schallleitungsschwerhörigkeit, die bis zu 60 dB betragen kann. Die Stenose/Atresie kann mit Fehlbildungen der Ohrmuscheln einhergehen. Diese „großen Ohrmissbildungen" sind außerordentlich selten. Unter 5200 Kindern, die mit Verdacht auf eine Hörstörung untersucht wurden, fanden sich nur 57 Patienten mit unilateraler und 24 Patienten mit bilateraler Atresie. Nur bei computertomographisch günstigen anatomischen Voraussetzungen ist eine gehörverbessernde Operation sinnvoll. Eine Normalisierung des Hörvermögens wird operativ selten erreicht.

▮ *Missbildungen* können auch lediglich die Gehörknöchelchen betreffen. Diese Form der Ohrmissbildung geht im Allgemeinen mit einer geringeren Schallleitungsschwerhörigkeit einher. Die Aussicht auf eine erfolgreiche Operation ist in diesen Fällen günstiger. Als Alternative ist die Hörgeräteversorgung möglich.

▮ *Verletzungen des Trommelfells* werden am häufigsten bei Selbstreinigungsversuchen beobachtet. Pfählungsverletzungen kommen insbesondere bei Kindern vor. Hierbei kann auch die Gehörknöchelchenkette verletzt werden.

■ Im beruflichen Bereich sind *Schweißperlenverletzungen* zu erwähnen, die insbesondere bei Schweißarbeiten über Kopf auftreten können und zu Verbrennungen des Trommelfells wie auch seltener zu einer Schädigung der Gehörknöchelchenkette führen können.

■ *Trommelfellzerreißungen* können nach Explosionstraumen und bei plötzlichen Druckerhöhungen im Gehörgang (Tauchen, Ohrfeige) auftreten. Auch größere Trommelfelldefekte haben eine gute Heilungstendenz, wenn keine Superinfektion hinzutritt; anderenfalls ist ein operativer Trommelfellverschluss notwendig.

■ Bei Wechseln des Außendruckes wie beim Landeanflug, beim Tauchen oder beim Fallschirmspringen kann es zu *Barotraumen* kommen, wenn kein Druckausgleich über die Tuba auditiva stattfindet. Die Patienten klagen über eine Schwerhörigkeit. Unter dem Mikroskop erkennt man seröses oder blutiges Exsudat hinter dem Trommelfell. Falls keine gleichzeitige Innenohrstörung vorliegt, sind die Veränderungen vollständig rückbildungsfähig. Tubenfunktionsstörungen können sich im Laufe des Lebens entwickeln und können in sehr seltenen Fällen zu Berufsunfähigkeit bei Berufstauchern und Flugpersonal führen.

■ Abzugrenzen von dem Barotrauma ist die *Caisson-Krankheit*, die bei raschem Druckwechsel, insbesondere beim Auftauchen aus großer Tiefe beobachtet wird und mit Innenohrstörungen infolge Gasblasenbildung im Blut einhergehen kann.

■ *Felsenbeinbrüche* können zu Zerreißung des Trommelfells und Luxationen der Gehörknöchelchen mit Schwerhörigkeit führen. In vielen Fällen ist eine operative Korrektur im Sinne einer Tympanoplastik möglich. Zieht die Fraktur durch den Hörnerv, das Labyrinth oder die Kochlea, besteht meist eine irreversible Taubheit. Infolge der komplizierten anatomischen Struktur des Felsenbeines sind Frakturlinien gelegentlich auch mit modernen bildgebenden Verfahren schwierig nachzuweisen. Liegt nach einem entsprechenden Trauma etwa eine Zerreißung des Trommelfells mit Blutaustritt vor, muss auch ohne röntgenologischen Nachweis von einer lateralen Schädelbasisfraktur ausgegangen werden.

■ Bei der *operativen Sanierung* chronisch-entzündlicher Mittelohrerkrankungen, insbesondere der Cholesteatomeiterung, kann ein normales selbstreinigendes Ohr häufig nicht wieder hergestellt werden. Es entstehen dann Operationshöhlen (Radikalhöhlen), die einer dauernden Nachbehandlung bedürfen. Bei starker Sekretionsneigung und häufiger Behandlungsbedürftigkeit ist die Nachoperation empfehlenswert.

Die Sekretion und Behandlungsbedürftigkeit können zu MdE/GdB von 10% führen. Bei operativen Eingriffen am Mittelohr wird die angestrebte Hörverbesserung nicht immer erreicht. Dies kann zu sozialgerichtlichen Auseinandersetzungen führen. Auch irreversible Schäden des Hör- und Gleichgewichtsorgans kommen in seltenen Fällen vor. Hierüber ist präoperativ aufzuklären, ebenso über die Möglichkeit einer Gesichtsnervenschädigung.

■ Bei der *Otosklerose* wie auch seltener bei Ohrmissbildungen findet sich eine Fixierung des Steigbügels. Die Folge ist eine Schallleitungsschwerhörigkeit unterschiedlichen Ausmaßes. Bei der Otosklerose entsteht durch Knochenumbau in der Region der Steigbügelfußplatte eine langsam zunehmende knöcherne Fixierung, die zu der oben genannten Schwerhörigkeit führt. Die Behandlung besteht in beiden Fällen in der Rekonstruktion der Schallübertragungsfähigkeit der Gehörknöchelchenkette durch Entfernung des Steigbügels und Ersatz durch eine Prothese, die die Trommelfellschwingungen auf die Innenohrflüssigkeit überträgt. Als Alternative zur operativen Behandlung besteht die Möglichkeit der Hörgeräteversorgung, die jedoch den Frequenzumfang und damit die Hörqualität einer erfolgreichen Operation nicht erreicht. Ein typisches Risiko ist allerdings eine Schädigung der Innenohrfunktion. Daher wird statt der Operation am letzten hörenden Ohr im Allgemeinen die Hörgeräteversorgung empfohlen.

8.1.3 Erkrankungen des Innenohrs

■ Unter 1000 Normalgeburten finden sich 1–2 Neugeborene mit *Taubheit* oder *hochgradigen Hörschäden*, die einer Hörgeräteversorgung oder einer Kochlea-Implantation bedürfen. Unter Risikogeburten sind es 5 auf 1000 Neugeborene. Diese angeborenen Innenohrschwerhörigkeiten finden sich bei genetischer Disposition (z. B. Connexin-Mutationen), insbesondere bei Ehen unter Verwandten sowie bei Syndromerkrankungen. Eine Früherkennung und Frühversorgung dieser Patienten ist besonders wichtig, da in der frühen Phase das Gehirn für Hörreize eine besondere Plastizität besitzt. Die Frühversorgung ist die Voraussetzung für eine möglichst normale sprachliche und intellektuelle Entwicklung. Postpartal kann es zu Innenohrschäden durch Entzündungen, insbesondere bakterielle Meningitiden, kommen. Hierbei ist auch eine Beteiligung der Gleichgewichtsorgane im Innenohr möglich. Bleibende medikamentöse Innenohrschäden sind nach Gabe von Aminoglykosidantibiotika und Cisplatin bekannt.

■ *Ototoxische Effekte* am Arbeitsplatz wurden nur für eine relativ kleine Anzahl industrieller Chemikalien untersucht. Als Ursachen kommen in Betracht: Lösungsmittel, Kohlenmonoxid, Schwermetalle wie Blei und Quecksilber sowie Pestizide (Plontke u. Zenner 2004). Bei Schäden des Innenohres können sowohl die Kochlea als auch das Labyrinth betroffen sein.

■ *Berufs-* und *Freizeitlärm* sind die häufigsten Ursachen für eine erworbene Innenohrschwerhörigkeit.

Kinder, Jugendliche und Erwachsene setzen sich häufig trotz Maßnahmen zur Begrenzung der Lärmbelastung Innenohr-schädigenden Lärmpegeln aus.

Hörverlust und Ohrgeräusch (Tinnitus) können gemeinsam oder isoliert als vorübergehender oder Dauerschaden auftreten. Bei der Hörprüfung findet man eine Verschlechterung der Tonschwelle, ein positives Recruitment bei überschwelligen Hörprüfungen, einen Verlust oder Amplitudenrückgang der otoakustischen Emissionen und insbesondere in fortgeschrittenen Fällen einen Sprachverständlichkeitsverlust in der Sprachaudiometrie. Ein Ohrgeräusch wird als kompensiert bezeichnet, wenn der Patient sich mit der Störung arrangieren kann und als dekompensiert, wenn eine subjektive Bewältigung ohne Hilfe nicht möglich ist. Die Disposition zu Lärmschäden ist individuell unterschiedlich und mit bisherigen Untersuchungstechniken nicht vorauszusagen.

Da fortgeschrittene Lärmschäden nicht reversibel sind, sind *Präventionsmaßnahmen* von besonderer Bedeutung. Hierzu gehören die Verminderung der Lärmemission, die Trennung von Lärmquelle und Arbeitsplatz und der persönliche Gehörschutz. Darüber hinaus sind bei chronischer Lärmbelastung Erholungszeiten zu beachten.

Gutachterliche Bewertung

In der Regel beinhaltet die Lärmbelastung schwankende Schallpegel. Zur Begutachtung wird daher der Beurteilungspegel herangezogen. Unterhalb einer Schwelle von 80 dB (A) gibt es praktisch keine Lärmschäden, während Lärmexpositionen über 135 dB relativ schnell zu Innenohrschäden führen. Die chronische Lärmschädigung ist insbesondere von der Expositionsdauer, aber auch von dem Charakter der Lärmexposition abhängig. Lärm mit Impulsspitzen etwa beim Richten und Hämmern von Blechen muss besonders berücksichtigt werden, da diese Art von Lärm besonders Innenohr-schädlich ist und mit den üblichen Messmethoden nicht erfasst wird. Derzeit ist die Lärmschwerhörigkeit die häufigste Berufserkrankung in Deutschland noch vor den Hauterkrankungen. Daher ist die Früherkennung und Prophylaxe von besonderer Bedeutung. Hierzu gehört auch die Information der Betroffenen, da häufig die bereitgestellten Lärmschutzmittel nicht benutzt werden. (Dies ist allerdings für den ärztlichen Gutachter irrelevant, denn er hat das Ausmaß der Lärm-bedingten Schädigung festzustellen.) Dies gilt entsprechend auch für die Lärmexposition in der Freizeit. In letzter Zeit werden in zunehmendem Maße Hörschäden durch Lärmexposition in der Freizeit (Diskotheken, Rockkonzerte, Walkman) beobachtet. Dabei können Lärmpegel auftreten, die im beruflichen Bereich von der Gewerbeaufsicht nicht toleriert würden. Hier können Veranstalter zum Beispiel von Konzerten mit übermäßig hohen Lärmpegeln für Lärmschäden von Besuchern haftbar gemacht werden (Entscheidung OLG Koblenz). In solchen Fällen ist der Gutachter bei Haftungsstreitigkeiten gefordert.

▮ Bezüglich *akuter Schalltraumata* unterscheidet man Knalltraumen – zum Beispiel durch Bolzenschussgeräte, Handfeuerwaffen oder Airbags – von Explosionstraumen – etwa durch Bombenexplosionen – und das akute Lärmtrauma bei kurzzeitiger Exposition gegenüber exzessiv hohen Schallstärken. Die Hörstörung ist immer unmittelbar nach der Beendigung des Ereignisses vorhanden und meist hochgradig. Danach tritt häufig innerhalb einiger Stunden bis Tage eine Besserung ein.

▮ Ein *chronisches Schalltrauma* kann durch chronische Lärmbelastung, z. B. am Arbeitsplatz mit Lärmpegeln über 85 dB entstehen. Je länger der Lärm einwirkt, desto größer ist die Schädigung, allerdings abhängig von der individuellen Lärmempfindlichkeit des Patienten. Der in den Medien häufig beschuldigte Umweltlärm erreicht in der Regel nicht die Pegel, die für eine Innenohrschädigung ausreicht, allerdings können Kinderspielzeuge, z. B. Spielzeugpistolen und Knallfrösche mit Spitzenpegeln bis zu 135 dB, durchaus zu Hörschäden führen.

Gutachterliche Bewertung

Das Ausmaß der Schwerhörigkeit kann bei Simulationsverdacht durch objektive Hörprüfungen wie Stapediusreflexmessung, die Messung otoakustischer Emissionen oder die Messung der Hirnstammpotentiale kontrolliert werden. Gutachterlich sind die traumatisch bedingten Hörstörungen gegenüber anderen Formen der Schwerhörigkeit wie Hörsturz, Altersschwerhörigkeit, genetisch bedingten Hörstörungen aufgrund von Anamnese und Audiometrie abzugrenzen. Bezüglich der Bewertungstabellen verweisen wir auf das Standardwerk von Feldmann und das Königsteiner Merkblatt des Hauptverbands der gewerblichen Berufsgenossenschaften. Die Einschätzung von MdE/GdB reicht von 0% bei geringgradiger Schwerhörigkeit bis zu 80% bei Taubheit (Tabellen 8.1 u. 8.2). Bei tauben Kindern muss die Kommunikationsfähigkeit mit berücksichtigt werden.

8.1.4 Ohrgeräusch (Tinnitus)

Ohrgeräusche sind ein häufiges Phänomen, das etwa 10 Millionen Erwachsene alleine in Deutschland angeben. Die Schwierigkeit der Begutachtung liegt in der schlechten Objektivierbarkeit. Man versucht durch Frequenzbestimmung oder durch Geräuschverdeckung („masking“) das Phänomen einzugrenzen. Bei der Dekompensation spielen psychische Faktoren wie z. B. persönliche Belastungen, Schlaflosigkeit oder weitere Erkrankungen eine Rolle. Mit wenigen Ausnahmen wie zum Beispiel bei Glomustumoren oder Durafisteln sind Ohrgeräusche nicht objek-

Tabelle 8.1. Prozentualer Hörverlust aus dem Sprachaudiogramm. (Nach Boenninghaus u. Röser 1973)

		Hörverlust für Zahlen in dB											
		< 20	ab 20	ab 25	ab 30	ab 35	ab 40	ab 45	ab 50	ab 55	ab 60	ab 65	ab 70
Gesamtwort-verstehen	< 20	100	100	100	100	100	100	100	100	100	100	100	100
	ab 20	95	95	95	95	95	95	95	95	95	95	95	100
	ab 35	90	90	90	90	90	90	90	90	90	90	95	100
	ab 50	80	80	80	80	80	80	80	80	80	90	95	100
	ab 75	70	70	70	70	70	70	70	70	80	90	95	100
	ab 100	60	60	60	60	60	60	60	70	80	90	95	
	ab 125	50	50	50	50	50	50	60	70	80	90		
	ab 150	40	40	40	40	40	50	60	70	80			
	ab 175	30	30	30	30	40	50	60	70				
	ab 200	20	20	20	30	40	50	60					
	ab 225	10	10	20	30	40	50						
	ab 250	0	10	20	30	40							

Tabelle 8.2. Tabelle zur Ermittlung des GdB bzw. der MdE bei Hörverlust. (Aus Feldmann 1997)

Rechtes Ohr	Hörverlust in %	0–20		20–40		40–60		60–80		80–95		100
Normalhörigkeit	0–20	0		0		10		10		15		15
			10									
Geringgradige Schwerhörigkeit	20–40	0		15		20		20		30		30
					20							
Mittelgradige Schwerhörigkeit	40–60	10		20		30		30		40		40
							40					
Hochgradige Schwerhörigkeit	60–80	10		20		30		50		50		50
									60			
An Taubheit grenzende Schwerhörigkeit	80–95	15		30		40		50		70		70
											80	
Taubheit	100	20		30		40		50		70		80
	Linkes Ohr	Normalhörigkeit		Geringgradige Schwerhörigkeit		Mittelgradige Schwerhörigkeit		Hochgradige Schwerhörigkeit		An Taubheit grenzende Schwerhörigkeit		Taubheit

tivierbar oder im Hinblick auf die Ursache, wie zum Beispiel bei Akustikusneurinomen, auch nicht zu erklären. Die Störungen können im gesamten akustischen System liegen. Therapeutische Ansätze sind die durchblutungsverbessernde Infusionstherapie und verhaltenstherapeutische Maßnahmen. Gebräuchliche Behandlungsverfahren sind bei akutem Tinnitus durchblutungsfördernde Infusionen sowie die Gabe von Kortison. Bei chronischem Tinnitus kann die Anpassung eines Tinnitus-Maskers sowie eine Retraining-Therapie sinnvoll sein. Diese Therapien beruhen auf klinischen Beobachtungen, vergleichende Studien existieren nicht.

Gutachterliche Bewertung

Gutachterlich sind Ohrgeräusche nach *Unfällen und Lärmschäden* von Interesse. Hierbei ist auffällig, dass der Leidensdruck durch den Tinnitus außerordentlich unterschiedlich ist. Lärmarbeiter sind im Allgemeinen wenig belastet, während in anderen Situationen psychische Fixierungen häufiger vorkommen. Das Geräusch wird mit einer MdE von bis zu 10% bewertet. Eine zusätzliche psychiatrische Begutachtung ist sinnvoll.

8.1.5 Hörgeräteversorgung

Durch Hörgeräte kann die Kommunikationseinschränkung bei Schwerhörigen verbessert werden. Bei an Taubheit grenzender Schwerhörigkeit oder bei Patienten, die nur grenzwertig mit Hörgeräten zu versorgen sind, kommt die Kochlea-Implantation in Frage. Voraussetzung für eine Hörgeräteversorgung ist ein Hörverlust im Tonaudiogramm von mindestens 30 dB in mindestens einer der Prüffrequenzen von 0,5–3 kHz sowie im Sprachaudiogramm ein Diskriminationsverlust von mehr als 20% der Einsilber bei 65 dB Sprachschallpegel (AWMF-Leitlinien). Die Fortschritte in der Hörgerätetechnik und das zunehmende Wissen um die komplexe Problematik der Schwerhörigkeit stellt zunehmend höhere Ansprüche an Ärzte und Hörgeräteakustiker. Die Deutsche Gesellschaft für Hals-Nasen-Ohrenheilkunde, Kopf- und Halschirurgie hat daher ein Konzept zur Verbesserung der Strukturprozesse und Ergebnisqualität in Zusammenarbeit mit der Bundesinnung der Hörgeräteakustiker entwickelt (▶ www.hno-org).

Ist die Schwerhörigkeit durch Lärm oder Unfall als wesentliche Teilursache bedingt, gehen die Kosten der Hörhilfen zu Lasten der Unfallversicherung (Königsteiner Merkblatt). Dabei besteht Anspruch auf eine ausreichende und zweckmäßige Versorgung mit Hilfsmitteln wie Hörgeräten, auch wenn diese in Ausnahmefällen den Festbetrag überschreitet.

8.1.6 Schwindelbeschwerden

Gutachterliche Bewertung

Der Hals-Nasen-Ohrenärztliche Gutachter muss die Schädigungen des peripheren Innenohr-Gleichgewichtsorgans beurteilen. Die objektive Beurteilung der Störungen ist wesentlich schwieriger als bei den Hörstörungen. Der Anamnese kommt bei der klinischen wie bei der gutachterlichen Untersuchung eine wesentliche Bedeutung zu. Die Bemessung von MdE/GdB soll die Belastbarkeit in den Alltagssituationen erfassen. Hierbei soll gefragt werden, welche alltäglichen Verrichtungen bei Störungen des Gleichgewichtssystems noch möglich sind. Dazu gehören insbesondere Fahrradfahren, Motorradfahren und Autofahren, da beeinträchtigende Schwindelstörungen das Führen eines Kraftfahrzeuges ausschließen. Die Beurteilung kann nach der Tabelle von Stoll erfolgen (Tabelle 8.3). Stoll empfiehlt eine Einteilung in vier Intensitätsstufen, die von weitgehender Beschwerdefrei-

Tabelle 8.3. Bemessung des GdB bzw. der MdE bei vestibulären Störungen in Abhängigkeit von den subjektiven Beschwerden und den objektivierbaren Symptomen unter unterschiedlicher Belastung. (Nach Stoll 1979)

Intensitätsstufen		Belastungsstufen				
		Ruhelage	Niedrige Belastung	Mittlere Belastung	Hohe Belastung	Sehr hohe Belastung
▮ Heftiger Schwindel, vegetative Erscheinungen	4	100	80	60	40	30
▮ Erhebliche Unsicherheit, sehr starker Schwindel	3	80	60	40	30	20
▮ Deutliche Unsicherheit, starke Schwindelbeschwerden	2	60	40	30	20	10
▮ Leichte Unsicherheit, geringe Schwindelbeschwerden	1	40	30	20	10	<10
▮ Weitgehend beschwerdefrei trotz objektivierbarer Symptome	0		<10	<10	<10	<10
		0	1	2	3	4

heit (0) über leichte Unsicherheit (1), deutliche Unsicherheit (2), erhebliche Unsicherheit (3) bis zum heftigen Schwindel mit vegetativen Erscheinungen (4) reicht. Dem entsprechen die subjektiven Angaben des Patienten mit zeitweiligem Unsicherheitsgefühl ohne wesentliche Behinderung bis zur Unfähigkeit, tägliche Dinge alleine auszuüben. Die Einschätzung des MdE/GdB-Grades reicht entsprechend von 0–100%.

▮ Eine besondere Störung stellt der *Morbus Menière* dar. Die Erkrankung geht mit anfallsweisem Schwindel, Ohrensausen, Ohrendruck und meist einseitigen Hörstörungen einher.

Die Behinderung ist abhängig von der Häufigkeit der Anfälle und kann mit 0–50% eingeschätzt werden. Hörstörung und Ohrgeräusch müssen zusätzlich beurteilt werden.

▮ *Schädeltraumen* können als Felsenbeinfrakturen zu einer Labyrinthschädigung aber auch zu zentralen Schäden mit Schwindelbeschwerden führen. Ein Labyrinthausfall nach Trauma, Operation oder Neuronitis vestibularis kann insbesondere bei jüngeren Patienten im Laufe der Zeit zentral kompensiert werden.

Dementsprechend reduziert sich der Grad der Behinderung.

▮ *Simulation* und *Aggravation* bei Schwindelstörungen sind schwieriger zu objektivieren als bei Hörschäden und verlangen eine sorgfältige Anamnese, insbesondere auch zum Freizeitverhalten. Bei Angst vor Verlust des Führerscheins oder des Arbeitsplatzes muss man auch mit einer Dissimulation rechnen.

Fahreignung

Grundsätzlich sind Schwerhörige und Gehörlose in der Lage, ein Kraftfahrzeug zu führen. Zusätzliche Behinderungen können jedoch die Eignung ausschließen. Die Fahrerlaubnis zur Personenbeförderung wird nicht erteilt. Bei Störungen des Gleichgewichts ist ein Patient nicht in der Lage, Anforderungen zu erfüllen, die an das Führen eines Kraftfahrzeugs gestellt werden (weiterführende Literatur: ▶ Begutachtungsleitlinie für Kraftfahreignung).

8.2 Gesichtsverletzungen

Gutachterliche Bewertung

Gesichtsverletzungen werden nach Unfällen oder Tumoroperationen beobachtet. Zu beurteilen sind die Funktionen wie Mundschluss, Augenschluss und der kosmetische Eindruck, der fotografisch dokumentiert werden sollte. Eine einfache „Entstellung des Gesichts“ wird mit der MdE/GdB zwischen 10 und 30% bewertet, eine „abstoßend“ wirkende Entstellung mit MdE/GdB von 50%. Eine besondere berufliche Betroffenheit ist bei Patienten anzunehmen, bei denen die äußere Erscheinung für die berufliche Tätigkeit wichtig ist.

8.3 Nase, Nasennebenhöhlen

8.3.1 Atmungsbehinderungen

Verbiegungen der Nasenscheidewand, Veränderungen der Nasenmuscheln, Nasenpolypen, sehr selten auch Tumoren können Behinderungen der Nasenatmung auslösen. Sie können verbunden sein mit Veränderungen der Nasennebenhöhlen. Die Störungen sind in der Regel behandelbar und selten Gegenstand gutachterlicher Beurteilungen. Seitdem die Operation der Nasennebenhöhlen von der transfazialen Chirurgie auf die endonasale, endoskopische Chirurgie umgestellt wurde, sind bleibende Operationsschäden, wie Neuralgien oder Hypästhesien im Trigeminusbereich, wesentlich seltener geworden.

Komplikationen der endonasalen Nasennebenhöhlenchirurgie wie Verletzungen der Schädelbasis oder der Orbita mit nachfolgender Meningitis oder Erblindung können Gegenstand gerichtlicher Auseinandersetzungen sein.

8.3.2 Berufsbedingte Schäden

Tätigkeiten in extrem trockenen und staubigen Räumen können zu Schleimhautschäden führen. Das Ausmaß ist allerdings selten so groß, dass sich hieraus gutachterliche Konsequenzen ergeben. Bei Exposition gegenüber bestimmten Substanzen am Arbeitsplatz ist ein erhöhtes Risiko zur Entstehung von Krebs im Nasen- und Nasennebenhöhlenbereich gegeben. Dazu gehören insbesondere Hartholzstäube für das Adenokarzinom (▶ BK4203). Betroffen sind Bau- und Möbelschreiner, Parkettleger und andere Holzarbeiter. Die Latenzzeit zwischen Exposition und Manifestation des Tumors kann Jahrzehnte betragen. Die MdE liegt je nach Ausdehnung und Behandelbarkeit zwischen 20 und 100%. Als weitere mögliche Karzinogene gelten Chrom (▶ BK1108), Arsen, Nickel (▶ BK4109) und polyzyklische aromatische Kohlenwasserstoffe (▶ BK4). In Einzelfällen werden auch Zementstaub, Säuredämpfe, Farben, Lacke und Lösungsmittel, Nitrosamine und auch Asbest als auslösende Substanzen diskutiert.

Besteht ein Verdacht auf einen berufsbedingten Schaden, ist eine Analyse der beruflichen Exposition erforderlich. Eine Berufskrankheit wird anerkannt bei klar umrissener, beruflicher Exposition gegenüber einem auslösenden chemischen Stoff. Es muss in dem Gutachten nach dem Ausnahmeparagraphen mit an Sicherheit grenzender Wahrscheinlichkeit dargestellt werden, dass die Berufsgruppe, der ein Erkrankter angehört, im Rahmen ihrer beruflichen Tätigkeit in deutlich höherem Ausmaß dem schädigenden Stoff ausgesetzt ist als die Normalbevölkerung. Der Nachweis der Kausalität muss mit hinreichender Wahrscheinlichkeit erbracht werden (Deitmer 2004).

8.3.3 Allergische Erkrankungen

Allergische Erkrankungen sind unter bestimmten Voraussetzungen als Berufserkrankung anerkannt (BK4301). Ein typisches Beispiel ist die Mehlüberempfindlichkeit bei Bäckern. Die berufsbedingte allergische Rhinitis ist oft mit Erkrankungen der unteren Atemwege verbunden. Die Symptomatik muss deutlich auf den Arbeitsplatz bezogen sein.

8.3.4 Riech- und Geschmacksstörungen

- Die *Geschmacksempfindung* von den vorderen zwei Dritteln der Zunge wird über die Chorda tympani, vom hinteren Drittel der Zunge über den N. glossopharyngeus und den N. vagus vermittelt. Die Geruchsempfindungen werden von der Riechspalte über den Bulbus und Nervus olfactorius geleitet.

  Aufgrund der anatomischen Voraussetzungen ist es nicht wahrscheinlich, dass Geruchs- und Geschmacksempfindung gleichzeitig bei einem Trauma ausfallen. Die Angabe, dass die Empfindung für süß, sauer, salzig und bitter, ebenso wie für Olfaktoriusreizstoffe, ausgefallen seien, muss an eine Simulation denken lassen.
- Störungen der *Geruchswahrnehmungen* treten bei Verlegung der Nase auf, posttraumatisch nach Unfällen im Bereich der Schädelbasis durch Zerreißung der Riechfäden oder durch operationsbedingte Schäden. Häufig sind auch Ausfälle bei Viruserkrankungen. Riechstörungen können als völliger Ausfall (Anosmie), teilweiser Ausfall (Hyposmie), als falsche Wahrnehmung von Duftstoffen (Parosmie) oder als Wahrnehmung in Abwesenheit einer Duftquelle (Phantosmie) klassifiziert werden.

Entschädigungsrechtlich wird eine komplette Anosmie mit einer MdE/GdB von 10% bewertet. Bei Haftungsstreitigkeiten muss die berufliche Betroffenheit (z. B. Koch!) berücksichtigt werden.

8.4 Mundhöhle und Rachen (ohne Zähne und Zahnhalteapparat)

Schädigungen an Lippe, Wange, Zunge und Rachen führen zu Behinderungen beim Mundschluss, bei der Speiseaufnahme und bei der Artikulation. Die häufigste Ursache für Behinderungen in diesem Bereich sind Tumorerkrankungen bzw. Operationsfolgen nach Tumorerkrankungen. Daneben gibt es Verletzungen und angeborene Fehlbildungen. Auch Schädigungen der diesen Bereich versorgenden Hirnnerven wie des Nervus facialis, N. glossopharyngeus und N. hypoglossus können zu entsprechenden Artikulations- und Schluckstörungen führen. Schluckstörungen können nicht nur die Nahrungsaufnahme erheblich behindern, sondern es kann infolge von Aspirationen auch zu rezidivierenden Pneumonien kommen.

Die Beurteilung der Behinderung ist abhängig von der Funktionsbeeinträchtigung und kann bis zu MdE/GdB von 70% führen.

8.5 Kehlkopf

Schäden im Kehlkopfbereich führen bei Beteiligung der Stimmlippen zu Heiserkeit. Schäden unterschiedlichen Ausmaßes können durch Traumen, chronische Entzündungen und Tumoren entstehen. Selten finden sich angeborene Missbildungen.

Gutachterlich zu beurteilen sind einerseits die Fähigkeit zur Stimmbildung, andererseits die Verschlussfunktion des Kehlkopfs beim Schlucken. Störungen der Verschlussfunktion führen zur Aspiration mit pulmonalen Komplikationen.

Bei Lähmung beider Stimmlippen, die häufigste Ursache hierfür ist die Schilddrüsenoperation mit Verletzung beider Nervi recurrentes, muss in vielen Fällen eine Dauertrachealkanüle getragen werden, weil die Stimmritze nicht mehr geöffnet werden kann. Ähnliches gilt für manche Tumoroperationen.

In diesen Fällen ist MdE/GdB mit 40% einzuschätzen.

Bei größeren Tumoren im unteren Rachen und Kehlkopfbereich, selten nach Verletzungen, muss der Kehlkopf komplett entfernt werden (*Laryngektomie*). Bei dieser Operation werden Luft- und Speisewege getrennt. Der Patient hat ein Tracheostoma, meist ist er mit einer Kanüle versorgt. Der Patient verliert damit die natürliche Fähigkeit zur Stimmbildung. Zur Rehabilitation stehen eine Reihe von Möglichkeiten zur Verfügung:

- das Erlernen der *Ruktussprache*. Hierbei lernt der Patient, Luft zu schlucken und diese im Ösophagus zu speichern. Er lernt, die Luft dosiert abzugeben und benutzt die Schwingungen im Speiseröhreneingang als Ersatzstimmlippen. Manche Patienten erreichen hierin eine bewundernswerte Fähigkeit. Die Lautstärke und die Tonhaltedauer sind begrenzt.

- Es wird mittels Prothesen oder chirurgischer Maßnahmen eine *künstliche Verbindung (Fistel)* zwischen Luft- und Speisewegen geschaffen. Beim Sprechen verschließt der Patient mit der Hand oder durch ein Ventil das Tracheostoma und leitet die Atemluft über die Fistel in den Hypopharynx. Vorteil dieser Methode ist, dass die Patienten bereits kurz nach der Operation ohne Lernaufwand kommunizieren können. Derzeit werden die besten Ergebnisse mit eingesetzten Prothesen erzielt, die allerdings in Abständen, insbesondere wegen Pilzbesiedlung, gewechselt werden müssen.
- *Künstliche Schallgeber*: Hier wird meist eine elektronische Sprechhilfe angewandt, die an den Mundboden aufgesetzt wird. Nachteil der Methode ist die monotone Stimmlage. Die Patienten sind entsprechend sozial auffällig.

8.6 Tumoren im Rachen- und Kehlkopfbereich

Das Kehlkopfkarzinom stellt die häufigste Tumorerkrankung im Kopf-Hals-Bereich dar, gefolgt von den Oropharynxkarzinomen. Die wesentlichen Karzinogene sind Rauchen, hochprozentige Alkoholika und schlechte Mundhygiene. Daneben spielen Mangelernährung, genetische Veranlagung und virale Infektionen eine Rolle.

Gutachterliche Bewertung

Gutachterlich sind die Patienten mit ihren Erkrankungs- und Operationsfolgen wesentlich im Rahmen des *Schwerbehindertengesetzes* zu beurteilen. Für die ersten fünf Jahre nach der Diagnosestellung einer bösartigen Tumorerkrankung gilt die Heilungsbewährung, das heißt die Beobachtung des Patienten, ob er durch den Eingriff geheilt wurde. Nach fünf Jahren geht man von einem Dauerzustand aus.

Eine *berufliche Exposition* gegenüber Schadstoffen kann jedoch auch eine Rolle spielen. Meier und Tisch (1999) sind der Ansicht, dass die Bedeutung der berufsbedingten Schadstoffexposition als Risikofaktor unterschätzt wird. Insbesondere epidemiologische Studien haben dazu beigetragen, diese Zusammenhänge für das Kehlkopfkarzinom aufzudecken. So wird das Larynxkarzinom in Zusammenhang mit einer Asbestfaserstaubexposition (▶ BK4104) als asbestbedingter Kehlkopfkrebs anerkannt, wenn durch Asbeststaub mitverursachte Erkrankungen der Pleura oder eine kumulative Asbestfaser-Staubdosis am Arbeitsplatz von mindestens 25 Faserjahren nachgewiesen werden können. Diese Berufskrankheit bezieht sich auf das „innere" Larynxkarzinom und ist zum Beispiel von einem Hypopharynxkarzinom abzugrenzen. Tumorerkrankungen im Kehlkopfbereich durch Einwirkung ionisierender Strahlen wurden insbesondere im Uranerzbergbau in der ehemaligen DDR beobachtet und als Berufserkrankung anerkannt.

Aromatische Kohlenwasserstoffe sind als karzinogene Faktoren im Tabakrauch enthalten und als solche anerkannt. Sie erhöhen das Risiko insbesondere für Kehlkopfkarzinome um das 10- bis 17fache. Zusammenhänge zwischen Tumorentstehung und Exposition im beruflichen Bereich werden diskutiert und können insbesondere bei den früheren hochgradigen Expositionen in Kokereien anerkannt werden (▶ BK4110). Daneben finden sich berufliche Expositionen insbesondere im Straßenbau. Auch Kaltschneideöle enthalten polyzyklische Kohlenwasserstoffe. Im Baubereich wurden Teer und Pech gegen das ungefährlichere Bitumen ausgetauscht. Glasfaserstaub kann nach einer Untersuchung in einer französischen Glasfaserfabrik zu einer erhöhten Inzidenz für Plattenepithelkarzinome von Kehlkopf und Rachen führen. Als weitere ursächliche Faktoren werden Farbe, Lacke, Lösungsmittel, Nitrosamine sowie Mischstoffe diskutiert. An die Anerkennung nach dem Ausnahmeparagraphen (▶ Sozialgesetzbuch VII, 1997, § 9) sind besondere Anforderungen gestellt.

8.7 Trachealstenosen

Nach Verletzungen, nach Kompression durch Schilddrüsentumore und nach Langzeitintubationen werden Tracheomalazien und Trachealstenosen beobachtet, die einen lebensbedrohlichen Stridor verursachen können. Nur schmale narbige Einengungen sind mit dem Laser zu behandeln. Die meisten erfordern chirurgische Rekonstruktionen mit oder ohne Stenteinlagen. Nicht immer ist die Behandlung erfolgreich. Einige Patienten bleiben Dauerkanülenträger.

Der MdE/GdB-Grad muss individuell ermittelt werden.

8.8 Speiseröhrenerkrankungen

Nach Verätzungen werden schwer zu behandelnde Stenosen beobachtet, die langzeitig bougiert werden müssen. Dauernde Speisepassagebehinderungen werden häufig mit Nährsonden versorgt, die durch die Bauchdecke geführt werden (PEG). Der Rückfluss von saurem Mageninhalt kann zu Präkanzerosen im unteren Ösophagusbereich führen (Barret-Ösophagus). Im Bereich der oberen Luft- und Speisewege können hartnäckige Pharyngitiden und Laryngitiden die Folge sein.

Hypopharynxdivertikel sind operativ zu behandeln und selten von gutachterlicher Relevanz.

8.9 Stimm-, Sprech- und Sprachstörungen

Stimmstörungen sind auf Störungen der Stimmbildung im Kehlkopfbereich zurückzuführen und können insbesondere bei bestimmten Berufen bis zur Berufsunfähigkeit führen. Der Kehlkopf stellt lediglich den Tongenerator für das Sprechen dar. Die Sprechfunktion wird durch den Resonanzkörper der oberen Luftwege und die Artikulationsorgane Lippen, Wange, Zunge und Rachen geformt. Schäden der Anatomie oder der nervalen Funktion schränken die Artikulation in unterschiedlichem Maße ein.

Die Sprechfunktion unterliegt der zentralen Steuerung und Koordination, die ggf. mit beurteilt werden muss. Für die Begutachtung dieser teilweise komplexen Störungen muss auf die phoniatrische Fachliteratur verwiesen werden.

Vor Aufnahme eines *Sprechberufes* mit vermehrter Stimmbelastung, z. B. bei Lehrern, Kindergärtnerinnen, Sängern und Schauspielern, ist eine phoniatrische Begutachtung empfehlenswert, um spätere Dekompensationen im Laufe des Berufslebens zu vermeiden.

Stimmstörungen werden häufig erst im Laufe des Berufslebens manifest und können zum Beispiel bei Lehrern zu Berufsunfähigkeit führen. Die Stimm-, Sprech- und Sprachstörungen können organische und funktionelle Ursachen haben. Die Einschätzung von MdE/GdB reicht bei Stimmstörungen von 0% (gute Stimme) bis zu 50% (völlige Stimmlosigkeit), bei Artikulationsstörungen ebenfalls von 10–50%, bei Stottern von 0–30% und bei Verlust des Kehlkopfs bis zu 100%. Bei Teilverlust des Kehlkopfs kann je nach Sprechfähigkeit MdE/GdB von 20–50%, bei angeborener oder in der Kindheit erworbener Taubheit mit audiogenen Sprachstörungen bis zu 100% vorgeschlagen werden. Sprach- und Sprechstörungen zentraler Ursache müssen in Kooperation mit den Neurologen beurteilt werden.

Literatur

BIAP (Bureau International d'Audiophonologie, Brüssel) (Hrsg) (2006) Empfehlungen 06: Hörgeräte-Versorgung

Boenninghaus H-G, Röser D (1973) Neue Tabellen zur Bestimmung des prozentualen Hörverlustes für das Spachgehör. Z Laryngol Rhinol 52:153–161

Böhme G (1997) Sprach-, Sprech-, Stimm- und Schluckstörungen, 3. Aufl. Fischer, Stuttgart Jena Lübeck Ulm

Brusis T (1978) Die Lärmschwerhörigkeit und ihre Begutachtung. Demeter, Gräfelfing

Bundesärztekammer, Wissenschaftlicher Beirat (1999) Gehörschäden durch Lärmbelastungen in der Freizeit. Dtsch Ärztebl 96:B-836–839

Bundesministerium für Gesundheit und Soziale Sicherung (Hrsg) (2004) Anhaltspunkte für die ärztliche Gutachtertätigkeit im sozialen Entschädigungsrecht und nach dem Schwerbehindertenrecht

Deitmer T (2004) Gutachterliche Probleme bei Berufskrankheiten durch Inhalationsnoxen. Laryngo-Rhino-Otologie 83(Suppl 1):98–121

Feldmann H (1988) Die Problematik der quantitativen Bewertung von Hörstörungen in der Begutachtung. Ein neuer Vorschlag zur Berechnung des prozentualen Hörverlustes. Laryngol Rhinol Otol 67:319–325

Feldmann H (1992) Tinnitus. Thieme, Stuttgart New York

Feldmann H (1997) Das Gutachten des Hals-Nasen-Ohren-Arztes, 4. Aufl. Thieme, Stuttgart New York

Feldmann H (2006) Das Gutachten des Hals-Nasen-Ohren-Arztes, 6. Aufl. Thieme, Stuttgart New York

Grimm H-G, Hartung M, Valentin H, Wolf U (1984) Über das Vorkommen von Adenokarzinomen der Nasenhaupt- und Nasennebenhöhlen bei Holzarbeitern. Arbeitsmed Sozialmed Präventivmed, Sonderheft 4

Haftpflicht eines Popkonzertveranstalters bei Lärmtrauma (2002) Urteil des Oberlandesgerichts Koblenz vom 13. 9. 2001. HNO 50:252

Königsteiner Merkblatt (1996) Empfehlungen des Hauptverbandes der gewerblichen Berufsgenossenschaften für die Begutachtung der beruflichen Lärmschwerhörigkeit. St. Augustin

Laszig R, Lehnhardt E (2000) Praxis der Audiometrie, 8. Aufl. Thieme, Stuttgart New York

Lewrenz H, Friedel B (Hrsg) (1996) Krankheit und Kraftverkehr. Begutachtungs-Leitlinien des Gemeinsamen Beirates für Verkehrsmedizin. Bundesministerium für Verkehr, Bonn

Maier H (1997) Alkoholkonsum und Krebsrisiko im Bereich des oberen Atmungs- und Verdauungstraktes. Forum der Deutschen Krebsgesellschaft 12:231–235

Maier H (2002) Krebsfrüherkennung bei asbestexponierten Personen. HNO 50:976–977

Maier H, de Vries N, Weidauer H (1990) Beruf und Krebs im Bereich von Mundhöhle, Pharynx und Larynx. HNO (Berl) 38:271–278

Maier H, Tisch M (1999) Beruf und Krebs im Kopf-Hals-Bereich. HNO 47:1025–1037

Maier H, Tisch M, Kyrberg H, Conradt C, Weidauer H (2002) Berufliche Schadstoffexposition und Ernährung. Risikofaktoren für Mundhöhlen-, Rachen- und Kehlkopfkarzinome. HNO 50:743–752

Plath P (1991) Lärmschäden des Gehörs und ihre Begutachtung. Schlüter, Hannover

Plath P (1996) Nicht beruflich bedingte Gehörschäden durch Lärm – Sozialakusis. HNO 46
Plontke S, Zenner H-P (2004) Aktuelle Gesichtspunkte zu Hörschäden durch Berufs- und Freizeitlärm. Laryngo-Rhino-Otologie 83(Suppl 1):98–121
Röser D (1973) Das Tonaudiogramm als Grundlage für die MdE-Skala. Z Laryngol Rhinol 52:666–673
Schröder H-G, Kleinsasser JW (1989) Adenokarzinome der Nasenhaupt- und Nasennebenhöhlen durch Stäube von Eichen- und Buchenholz. Dt Ärztebl 86:A2462–2469
Stoll W (1979) Die Begutachtung vestibulärer Störungen. Laryngol Rhinol Otol 58:509–515

9 Krankheiten auf dem Gebiet der Mund-, Kiefer- und Gesichtschirurgie

S. Reinert

Das Gesicht des Menschen vereinigt wichtige Funktionen wie Sprache, Kaufunktion und Schlucken und erfüllt zugleich auch mit seiner Form eine sehr wichtige Funktion für die Persönlichkeit. Störungen in diesen Bereichen haben oft komplexe Ursachen und beeinflusssen sich gegenseitig, weswegen eine Begutachtung den beiden Aspekten Form und Funktion des Gesichtes gerecht werden muss. Dies kann vom Gutachten auf dem Gebiet der Mund-, Kiefer- und Gesichtschirurgie geleistet werden. Hauptgründe für Begutachtungen sind Verletzungsfolgen, Lippen-Kiefer-Gaumenspalten, Dysgnathien und tumorbedingte Störungen.

Das Gesicht ist wie kein anderer Teil des Körpers ein besonderes Merkmal und zugleich Spiegel der Persönlichkeit, in dem sich Form und Funktion untrennbar vereinen. Ein Gesicht, dessen relevante Funktionen wie Sprache, Kaufunktion, Schlucken, Atmung, Sehen, Riechen und Schmecken intakt sind, dessen Form jedoch durch Substanzdefekte oder auffällige Narbenbildung ästhetisch gestört ist, wird im Gesamteindruck für den Betroffenen auch seine Funktion nicht mehr erfüllen können. Diese allgemeine Betrachtung gewinnt in der heutigen Zeit des zunehmenden Anspruchs auf äußerliche Vollkommenheit steigende Bedeutung.

Mit dem Gesicht beschäftigen sich neben der Mund-, Kiefer- und Gesichtschirurgie noch verschiedene andere medizinische Fachgebiete in Diagnostik und Therapie, beispielsweise die Ophthalmologie, die Hals-Nasen-Ohrenheilkunde, die Neurochirurgie, die Neurologie und die Zahnmedizin. Häufig werden durch Überlappung der einzelnen Bereiche – vor allem in der medizinischen Begutachtung – fachübergreifende Fragen und Probleme nur angeschnitten, ohne dass die exakte Bewertung durch den dafür zuständigen Facharzt erfolgt. Dies gilt besonders für Begutachtungen im Bereich des Fachgebietes Mund-, Kiefer- und Gesichtschirurgie (Kruse 1978). Durch seine ärztliche und zahnärztliche Approbation ist der Facharzt für MKG-Chirurgie in der Lage, ein sachlich fundiertes und medizinisch gesichertes Urteil über die funktionellen und ästhetischen Störungen im Mund-, Kiefer- und Gesichtsbereich abzugeben.

Die rein zahnärztlichen Probleme der Begutachtung sollen hier ausgeklammert werden. Für diesen Bereich wird auf die Monographien von Günther (1982), Kirsch (1977) und Reichenbach (1969) verwiesen.

9.1 Traumatische Schäden und ihre Folgen

Kopfverletzungen gehören zu den häufigsten Unfallfolgen. Aufgrund der Fortschritte in der operativen Frakturbehandlung des Gesichtsschädels sind heute gravierende Deformitäten als Folgezustand von Traumata zwar seltener geworden, jedoch resultieren auch bei adäquater Versorgung teilweise funktionelle Defizite. Darüber hinaus ist auch allgemein ein erhöhter Anspruch an das Behandlungsergebnis zu konstatieren.

Verletzungen der Gesichtsweichteile

Verletzungen der Gesichtsweichteile können nicht nur zu ästhetischen, sondern auch zu erheblichen funktionellen Dauerschäden führen. Diese kann einerseits durch Läsion sensibler oder motorischer Nerven, andererseits aber auch durch Narben oder falsche Vereinigung von Gewebsteilen hervorgerufen werden. Besonders gefährdete Bereiche sind die Lidregion und die Mundspalte mit den Gefahren eines unvollständigen Lid- oder Lippenschlusses bzw. der narbigen Verziehung der genannten Strukturen.

Gutachterliche Bewertung

Traumatisch bedingte Störungen im Bereich der Gesichtsweichteile sind der Beurteilung durch einen Mund-, Kiefer-, Gesichtschirurgen zuzuführen, da in diesen Fällen eine Gesamtbewertung der knöcheren und weichteiligen Situation erforderlich ist. Mit der gutachterlichen Beurteilung sind entsprechende plastisch-chirurgische Rekonstruktionsmaßnahmen vorzuschlagen. Je nach Umfang der Verletzungen wird hierbei eine Zusatzbegutachtung auf HNO- und augenärztlichem Gebiet erforderlich werden (Dieckmann 1979), um zu einer angemessenen Einschätzung der funktionellen und ästhetischen Störungen zu gelangen. In den jeweiligen Einzelgutachten ist die Störung auf dem jeweiligen Fachgebiet genau zu bezeichnen, so dass in der Gesamteinschätzung keine Fehlbeurteilung durch Nicht- oder Doppelberücksichtigung resultiert.

Traumatischer Zahnverlust und Zahnfrakturen

Gutachterliche Bewertung

Nach einer Auswertung von 205 Gutachten über maxillofaziale Verletzungen traten bei 42% der Begutachteten traumatische Zahnverluste auf (Ammer 1979). So genannte Zahnschäden in Form von Zahnverlusten, Frakturen oder Schmelzdefekte mit oder ohne Pulpenbeteiligung müssen unbedingt vom erstbehandelnden Arzt dokumentiert werden, um später berechtigte Ansprüche des Verletzten bestätigen oder unberechtigten Ansprüchen entgegenwirken zu können. Dies trifft auch für Schäden an prothetischen Restaurationen (Keramikinlays, Kronen, Brücken, Prothesen) zu. Im Zweifelsfall sollte im Rahmen der Primärbehandlung eine konsiliarische MKG-chirurgische Untersuchung durchgeführt werden, da nicht selten noch nach Jahren Ansprüche geltend gemacht werden.

Eine MdE muss nach der Schwere des Zahnverlustes bemessen werden, da daraus eine Behinderung der Nahrungsaufnahme und der Sprache resultieren kann. Die durch Zahnverlust bedingte Erwerbsminderung kann nur solange gewährt werden, bis die sich daraus ergebenden Nachteile für den Patienten durch entsprechende zahnärztlich-prothetische Behandlung ausgeglichen wurden.

Die Anerkennung weiterer Zahnverluste in späteren Jahren als mittelbare Unfallfolge ist sehr problematisch und unbedingt von Diagnosen abzugrenzen, die unfallunabhängig bereits vorhanden waren (z.B. Karies, Parodontitis) und ebenfalls mit zeitlicher Latenz zu einem Zahnverlust geführt hätten. In solchen Fällen kommt einem suffizienten Erstbefund ebenfalls entscheidende Bedeutung zu. Eine weitere Möglichkeit eines mittelbaren unfallbedingten Zahnverlustes können unfallbedingt erforderliche, jedoch unzureichende prothetische Restaurationen darstellen. Besonders bei Sozialgerichtsverfahren werden gelegentlich in Unkenntnis dieser Situation Schäden, die nicht unfallbedingt sind oder durch mangelhafte Mundhygiene hervorgerufen wurden, nach Jahren ungerechtfertigterweise als mittelbare Unfallfolge anerkannt und zu einer Erhöhung der Erwerbsminderung herangezogen.

Unterkiefer- und Mittelgesichtsfrakturen

Frakturen des Unterkiefers stellen die häufigsten Frakturen des Gesichtsschädels dar. Durch die heute technisch ausgereiften Osteosyntheseverfahren treten sowohl am Unterkiefer wie auch am Mittelgesicht Bruchspaltinfektionen und Pseudarthrosen nur selten auf. Im Bruchspalt befindliche Zähne haben, falls keine Indikation für eine primäre Entfernung besteht, ein erhöhtes sekundäres Verlustrisiko. Auch bei regelhafter Behandlung sind jedoch insbesondere bei Frakturen des Unterkieferkörpers und des Jochbeins Dauerschäden an den Ästen des Nervus trigeminus möglich, die eine dauernde Beeinträchtigung durch mangelhafte Funktion, z.B. der Kontrolle des Lippenschlusses, hervorrufen können.

Bei *Mittelgesichtsfrakturen* sind besonders bei primär unzureichender Therapie gravierendere Störungen festzustellen. Dies betrifft insbesondere die Diplopie, den Enophthalmus und den vertikalen Bulbustiefstand bei disloziert verheilten Orbitabodenfrakturen, neuralgiforme Schädigungen des N. infraorbitalis und ästhetisch sehr störende knöcherne Deformitäten bei disloziert verheilten Mittelgesichtsfrakturen vom Typ Le Fort II und III („dish face").

Gutachterliche Bewertung

Grundsätzlich ist davon auszugehen, dass bei Frakturen des Gesichtsschädels bis zur Heilung Arbeitsunfähigkeit besteht. In der Regel sind hierfür je nach Ausdehnung etwa 3 bis 6 Wochen anzunehmen.

Okklusions- und Artikulationsstörungen

Ein wesentlicher Aspekt bei der gutachterlichen Beurteilung von Kieferfrakturen ist die Beurteilung der Okklusion, d.h. des Zusammenbisses von Ober- und Unterkiefer. Eine Regelokklusion gilt auch heute noch als Kriterium einer erfolgreichen Frakturbehandlung im zahntragenden Kieferbereich. Als Artikulationsstörungen werden Fehlkontakte bei der Bewegung der Kauflächen des Unterkiefers in Relation zu den Kauflächen des Oberkiefers bezeichnet, die insbesondere durch Gelenkfortsatzfrakturen des Unterkiefers verursacht werden.

Gutachterliche Bewertung

Okklusions- und Artikulationsstörungen können zu erheblichen Beeinträchtigungen der Nahrungsaufnahme, der Sprache und der Atmung führen. Je nach Situation ist allein aufgrund dieser wichtigen funktionellen Beeinträchtigung eine relativ hohe Erwerbsminderung in Ansatz zu bringen. Geringere Abweichungen können, wie beim Zahnverlust, durch prothetische Maßnahmen (Einschleifen, Kronen- oder Brückenkonstruktionen) oder kieferorthopädische Maßnahmen ausgeglichen werden. Bei schwerwiegenderen Störungen muss versucht werden, die Kaufunktionsfähigkeit durch Osteotomie im Bereich der disloziert verheilten Fraktur oder durch Umstellungsosteotomien im Bereich des Ober- und/oder Unterkiefers außerhalb der alten Frakturlinien ähnlich wie bei einer Dysgnathie wiederherzustellen.

Gesichtsdeformitäten

Auch bei suffizienter Erstversorgung sind bei entsprechend schweren Traumata resultierende Gesichtsdeformitäten nicht auszuschließen. Insbesondere bei kombinierten Knochen-Weichteil-Defektverletzungen können funktionell und/oder ästhetisch störende Deformitäten z. B. im Bereich der Orbita verbleiben. Gegenüber der Primärversorgung sind alle sekundären plastisch-rekonstruktiven Maßnahmen oft sehr aufwändig (z. B. durch präoperative Anfertigung dreidimensionaler Modelle mit Rapid-Prototyping-Techniken) und im Ergebnis nicht hinreichend exakt planbar. Sie erfordern eine hohe Expertise und eine umfangreiche Aufklärung des Patienten. Häufig können durch Transplantation körpereigenen Materials (Knorpel, Knochen) erhebliche Konturstörungen einfacher und besser versorgt werden als durch aufwändige Osteotomien.

Gutachterliche Bewertung

Eine Einschätzung der MdE bei diesen Störungen ist zum Teil allein aus MKG-chirurgischer Sicht nicht möglich. Sie kann dann nur in kollegialer Zusammenarbeit mit den Nachbardisziplinen und nur jeweils durch Berücksichtigung der Persönlichkeit des Verletzten und seiner aus dieser Einstellung resultierenden Beeinträchtigungen für seinen Beruf und sein Leben erfolgen. Eine Herabsetzung der Erwerbsminderung nach erfolgreicher chirurgischer Rehabilitation entsprechend dem erzielten Ergebnis ist notwendig.

Störungen im Bereich der Kiefergelenke

Diese können sowohl primär durch direktes Trauma im Bereich der Kiefergelenke als auch sekundär, z. B. durch Überbelastung infolge falsch verheilter Kieferfrakturen, entstehen. Symptome können eine Einschränkung der Mundöffnung (Kieferklemme), intermediäre oder terminale Kiefergelenksgeräusche, Bewegungseinschränkung (Artikulations- und Okklusionsstörungen) und vor allem Schmerzen sein, die in alle Regionen des Gesichts ausstrahlen können. Nur durch eine sachgerechte Primärversorgung kann das Risiko dieser meist erheblichen posttraumatischen Gelenkstörungen minimiert werden, jedoch können auch bei suffizienter Primärbehandlung unerwünschte Spätfolgen auftreten.

Die Folgen von Kiefergelenkverletzungen in der Jugend können meist gut therapeutisch kompensiert werden. Die früher gefürchteten Ankylosen, die fast ausschließlich bei Frakturen innerhalb des Kiefergelenkes bei jugendlichen Patienten auftraten (Austermann 2002), werden heute nur noch selten gesehen. Nicht selten sind jedoch Entwicklungsstörungen und Einschränkungen des Unterkieferwachstums, die in Extremfällen zum sog. Vogelgesicht führen können. Deswegen sind gerade diese Patienten langfristig zu kontrollieren.

Bei Erwachsenen sind die Behandlungsergebnisse abhängig von der Schwere der Fraktur. Insbesondere Luxationsfrakturen und beidseitige Frakturen erfordern einen hohen Behandlungsaufwand. Im Zuge der minimalinvasiven Operationstechniken werden die o. g. Frakturtypen in zunehmendem Umfang operativ versorgt, jedoch ist die Datenlage für Leitlinien hier noch unzureichend. In jedem Fall wird eine frühe funktionelle Behandlung durch kontrollierte Freigabe der Unterkieferbeweglichkeit mit Hilfe von Kieferbruchschienen und mandibulomaxillärer Gummizüge angestrebt. In postoperativen Phase ist eine langfristige funktionelle Nachbehandlung erforderlich.

Die posttraumatisch häufig nachweisbare Einschränkung der Mundöffnung kann sowohl durch Störungen unmittelbar im Gelenk, als aber auch durch Veränderungen außerhalb des Gelenkes, insbesondere in den Kaumuskeln, bedingt sein. Dehnübungen mit begleitender physiotherapeutischer Behandlung und ggf. Anwendung von Analgetika führen häufig zu einer Besserung. Voraussetzung dafür ist, dass der Kranke über die Notwendigkeit dieser Maßnahmen ausreichend informiert wurde und zur Mitarbeit zu motivieren ist.

Gutachterliche Bewertung

Bei der Begutachtung kann man häufig ein oder mehrere der oben aufgezeigten Symptome finden, ohne dass der Patient diese bis zum Untersuchungszeitpunkt selbst bemerkt hat. Die Symptome können auch erst nach Jahren auftreten und werden heute unter dem Begriff der kraniomandibulären Dysfunktion zusammengefaßt. Beim Nachweis entsprechender Störungen hat der Gutachter dafür Sorge zu tragen, dass geeignete Behandlungsmaßnahmen (prothetische Rehabilitation, funktionelle Behandlung) eingeleitet werden, um die Symptome zu lindern bzw. das Fortschreiten der Erkrankung zu verhindern.

Pseudarthrosen

Defektpseudarthrosen kommen heute im Vergleich zur kriegsbedingten Traumatologie kaum noch vor (Gärtner 1972, Reichenbach 1969). Sie sind meist durch Bruchspaltentzündungen bei nicht erkannten Frakturen, Überbelastung bei Non-Compliance des Patienten oder unzureichende Osteosynthese bedingt. Häufig sind sie so straff, dass eine Störung der Artikulation nicht eintritt und sich folglich für den Kranken nicht negativ auswirkt. Prädilektionsstellen sind der Kieferwinkel- und Kinnbereich. Die

Behandlung besteht in einer operativen Revision mit Knochentransplantation und funktionsstabiler Osteosynthese.

▌ Gutachterliche Bewertung

Diese Maßnahmen ermöglichen normalerweise die Herabstufung auf einen niedrigen MdE-Grad.

Schädigungen peripherer Nerven

▌ Sensible Nerven

Zwei Drittel der Patienten mit Begutachtungen auf dem Gebiet der Mund-, Kiefer- und Gesichtschirurgie klagen über Sensibilitätsstörungen im Ausbreitungsgebiet des N. trigeminus als Spätfolge (Ammer 1979). Dabei kamen Hyp- und Parästhesien mit ca. 30% gleich häufig vor, Anästhesien bestanden bei 20% der Patienten.

Sensibilitätsstörungen, die die periorale Region betreffen, sind meist funktionell beeinträchtigend, da die Patienten bei der Nahrungsaufnahme behindert sind.

▌ Gutachterliche Bewertung

Wegen der langen Reinnervationszeit, die bis zu 2 Jahren andauern kann, ist eine definitive versicherungsrechtliche Beurteilung häufig erst nach Ablauf von 2 Jahren möglich. Zwischenzeitlich können die unterschiedlichsten Reinnervationszeichen über Hyp- und Parästhesien auftreten und den Kranken belästigen.

▌ Motorische Nerven

Am häufigsten werden bei Gesichts- bzw. Gesichtsschädelverletzungen Äste des N. facialis geschädigt. Die Häufigkeit wird von Ammer (1979) bei 205 MKG-chirurgischen Gutachten mit 10% berichtet. Gelegentlich treten solche Störungen auch nach operativer Frakturbehandlung am Unterkiefer in Form von dehnungsbedingten Teilparesen des Ramus marginalis des N. facialis auf. Letztere bestehen meist nur temporär. Bei direkten traumatischen Läsionen der einzelnen Äste resultieren erhebliche Sekundärstörungen mit Beeinträchtigungen der mimischen Muskulatur.

▌ Gutachterliche Bewertung

Hier sind teilweise Absprachen zwischen den Disziplinen MKG-Chirurgie, Neurochirurgie, HNO-Heilkunde, Neurologie und Ophthalmologie zu einer angemessenen Beurteilung notwendig. Sekundäre Schäden können durch die verschiedenen Methoden der „facial reanimation" gebessert werden.

9.2 Lippen-Kiefer-Gaumenspalten

Die Lippen-Kiefer-Gaumenspalten stellen mit einer Inzidenz von 1 auf 500 Geburten neben den angeborenen Herzfehlern die zweithäufigste angeborene Fehlbildung mit steigender Tendenz dar. Durch die Spaltbildung des Gesichtes im Bereich der Lippen und des Naseneingangs, des Kiefers und des Gaumens ergeben neben ästhetischen Beeinträchtigungen im sichtbaren Lippen-Nasen-Bereich vor allem erhebliche funktionelle Beeinträchtigungen des Kieferwachstums, der Atmung, der Sprache und des Gehörs, die der Integration dieser Patienten im Wege stehen können.

▌ Gutachterliche Bewertung

Über die Begutachtung von Patienten mit Lippen-Kiefer-Gaumenspalten und anderen Fehlbildungen des orofazialen Systems finden sich in der Literatur nur wenige Berichte (Koch et al. 1991, Müller 1972).

Voraussetzung einer korrekten Beurteilung von Lippen-Kiefer-Gaumenspalten und ihrer Folgezustände ist eine exakte Diagnose für jeden der betroffenen Spaltabschnitte. Da es sich um eine schwere und komplexe Störung des gesamten orofazialen Systems in Folge abnormer embryonaler Entwicklungen und Wachstumsstörungen handelt, liegt meist eine Mehrfachbehinderung vor. Somit müssen bei Lippen-Kiefer-Gaumenspalt-Patienten Fehlentwicklungen verschiedener Organe – Gesicht, Mund- und Nasenhöhle, Hör- und Sprechvermögen – und deren funktionelle Auswirkungen, die sich gegenseitig beeinflussen, beurteilt werden. Bezüglich der stattgehabten Behandlung ist von entscheidender Bedeutung, dass eine normale postnatale Entwicklung nur dann möglich wird, wenn der Spaltpatient im Rahmen eines interdisziplinären Therapiekonzeptes unter Einbeziehung der Mund-Kiefer-Gesichtschirurgie, Kieferorthopädie, HNO-Heilkunde, Phoniatrie/Pädaudiologie, Logopädie, Kinderheilkunde, Zahnheilkunde und bei Bedarf der Sozialpädagogik und Jugendpsychiatrie versorgt wurde. Besonderer Beachtung unterliegen die Folgezustände, die durch insuffiziente oder verzögerte Behandlungsmaßnahmen entstanden sind und eventuell zu einer Verschlechterung der Gesamtsituation beigetragen haben.

Die Sektion „Versorgungsmedizin des Ärztlichen Sachverständigenbeirats beim Bundesministerium für Arbeit und Sozialordnung" hat nach Anhörung spezieller Sachverständiger (Machtens 1993) die nachstehenden ergänzenden Kriterien zur initialen Einschätzung des Grades der Behinderung (GdB) von Patienten mit Lippen-Kiefer-Gaumen-Spalten beschlossen:

- Nach der Geburt und in bestimmten relevanten Behandlungsphasen sollten vom Mund-Kiefer-Gesichtschirurgen detaillierte Befundberichte erstellt werden.

- Die *isolierte Lippenspalte* (ein- oder beidseitig) sollte bis zum Abschluss der Behandlung (in der Regel ein Jahr nach der Operation) je nach Trinkstörung, Beeinträchtigung der mimischen Muskulatur und Störung der Lautbildung mit einem GdB von 30 bis 50% bewertet werden. Danach richtet sich der GdB nach der verbliebenen Funktionsstörung.
- Die *Lippen-Kiefer-Spalte* sollte bis zum Abschluss der Erstbehandlung (in der Regel ein Jahr nach der Operation) mit einem GdB von 60 bis 70% bewertet werden. Bis zum Verschluss der Kieferspalte (im Regelfall 8. bis 12. Lebensjahr) sollte der GdB 50% betragen. Danach richtet sich der GdB nach der verbliebenen Funktionsstörung.
- Die *Lippen-Kiefer-Gaumen-Spalte* sollte bis zum Abschluss der Erstbehandlung (in der Regel 5. Lebensjahr) unter Mitberücksichtigung der regelhaft damit verbundenen Hörstörung (Tubenfehlbelüftung) und der Störung der Nasenatmung mit einem GdB von 100% und dem Nachteilsausgleich „H“ (erforderlich sind vor allem zusätzliche Hilfen bei der Nahrungsaufnahme, bei der Reinigung der Mundhöhle und des Nasen-Rachen-Raumes, beim Spracherwerb sowie bei der Überwachung des Spiel- und Freizeitverhaltens) bewertet werden. Anschließend sollte bis zum Verschluss der Kieferspalte analog der Lippen-Kiefer-Spalte (GdB 50%) verfahren werden. Danach richtet sich der GdB nach der verbliebenen Funktionsstörung.
- Die *komplette Gaumensegelspalte* ohne Kieferspalte sollte wegen der bis zum 5. Lebensjahr vergleichbaren Auswirkungen analog der Lippen-Kiefer-Gaumen-Spalte bewertet werden. Nach Abschluss der Behandlung im 5. Lebensjahr richtet sich der GdB nach der verbliebenen Funktionsstörung.
- Die *submuköse Gaumenspalte* sollte bis zum Abschluss der Behandlung je nach Ausmaß der Sprachstörung mit einem GdB von 30 bis 50% bewertet werden; ausgeprägte Hörstörungen sind ggf. zusätzlich zu berücksichtigen. Danach richtet sich der GdB nach der verbliebenen Funktionsstörung. Erfahrungsgemäß wird die submuköse Gaumenspalte verspätet diagnostiziert.

Die Gewährung des Nachteilsausgleichs „H“ wird unter dem erhöhten pflegerischen Aufwand, der durch die Spaltbildung an sich und die wiederholten operativen sowie konservativen Therapien erforderlich ist, und der besonderen Belastung der Eltern durch die Förderung der Entwicklung der Sprache ihrer Kinder anerkannt. Kriterien für die Zuerkennung der Hilflosigkeit von Spaltkindern bis zum fünften Lebensjahr (Ende des vierten Lebensjahres) sind die Förderung der körperlichen und geistigen Entwicklung wie z.B. das Erlernen der Sprache, aber auch der im Vergleich zu einem gleichaltrigen gesunden Kind enorme Aufwand zur Versorgung eines Spaltkindes. Der Nachteilsausgleich „H“ trifft nicht zu bei Patienten mit isolierten Lippenspalten (*L-Spalten*) oder mit Lippen-Kiefer-Spalten (*LK-Spalten*). Bei Patienten mit isolierten submukösen Hart- und Weichgaumenspalten kann der Nachteilsausgleich „H“ individuell je nach Befund und sprachlichen Problemen gerechtfertigt sein.

Die heute möglichen und interdisziplinär einzusetzenden Rehabilitationsmaßnahmen ermöglichen je nach Spaltform im günstigsten Fall eine Verringerung des GdB auf 30 bis 0%. In keinem Falle ist durch die Anerkennung des GdB eine spätere Benachteiligung des Kindes zu befürchten.

Spaltpatienten können nicht nur durch chirurgische Maßnahmen, die im Wesentlichen durch den Mund-Kiefer-Gesichts-Chirurgen durchgeführt werden, optimal rehabilitiert werden. Voraussetzung ist jedoch, dass alle o.g. beteiligten Disziplinen optimal zusammenarbeiten. Erst eine langjährige interdisziplinäre Zusammenarbeit gewährleistet die frühzeitige Rehabilitation aus medizinischer, sprachlicher und sozialer Sicht. Die wesentliche Aufgabe des ärztlichen Gutachters liegt im Erkennen vorhandener Störungen und der rechtzeitigen Zuweisung an die entsprechenden Zentren, die über den „Interdisziplinären Arbeitskreis Lippen-Kiefer-Gaumenspalten“ der Deutschen Gesellschaften für Mund-, Kiefer- und Gesichts-Chirurgie, für Kieferorthopädie, für Phoniatrie und Pädaudiologie, für Hals-Nasen-Ohren-Heilkunde, Kopf- und Halschirurgie erfragt werden können.

9.3 Dysgnathien

Dysgnathien (Fehlstellungen der Kiefer zueinander) und die daraus resultierenden funktionellen und ästhetischen Störungen sind im medizinischen Bereich noch nicht ausreichend bekannt. Es handelt sich um die Erkrankungen der mandibulären bzw. maxillären Pro- oder Retrognathie und den offenen Biss. Diese skelettalen Fehlentwicklungen wurden durch das SGB V als echte Krankheit anerkannt. Sie entwickeln sich in Zuge des Wachstums und können unbehandelt zu vorzeitigem Zahnverlust durch Fehlbelastung sowie zur kraniomandibulären Dysfunktion führen. Die Patienten leiden häufig an kaufunktionellen Beschwerden, die in der Jugend zum Teil kompensiert werden können. Die Störungen sind primär rein funktioneller Art.

▌ Gutachterliche Bewertung

Kau- und Sprachbeeinträchtigungen sowie unphysiologische Atmung können unbehandelt in MdE- bzw. GdB-Graden von bis zu 50% resultieren.

Die Behandlung erfolgt heute meist interdisziplinär durch die Mund-, Kiefer- und Gesichtschirurgie und die Kieferorthopädie und führt zu stabilen Ergebnissen mit hoher Erfolgsrate. In weniger ausgeprägten Fällen kann auch eine konservative Behandlung durch den Kieferorthopäden zum Erfolg führen.

9.4 Geschwulstkranke, Tumorchirurgie

(auch ▶ Kap. 31)

Maligne Tumoren der Mundhöhle und des Oropharynx werden heute in der Regel chirurgisch oder kombiniert chirurgisch-strahlentherapeutisch behandelt. Hierbei sind funktionelle Beeinträchtigungen von Schluckakt, Sprache sowie Formveränderungen des Gesichtes nicht immer zu vermeiden. Allerdings hat sich die Lebensqualität von operierten Tumorpatienten durch die mikrochirurgischen

Tabelle 9.1. Auszug aus den Anhaltspunkten für die ärztliche Gutachtertätigkeit im sozialen Entschädigungsrecht und nach dem Schwerbehindertenrecht des Bundesministeriums für Gesundheit und Soziale Sicherung

Kopf und Gesicht	GdB/MdE-Grad
▌ Kleinere Knochenlücken, Substanzverluste (auch größere gedeckte,) am knöchernen Schädel	**0–10**
▌ Einfache Gesichtsentstellung	
– nur wenig störend	**10**
– sonst.	**20-30**
▌ Abstoßend wirkende Entstellung des Gesichts *Eine abstoßend wirkende Gesichtsentstellung liegt vor, wenn die Entstellung bei Menschen, die nur selten Umgang mit behinderten Menschen haben, üblicherweise Missempfindungen wie Erschrecken oder Abscheu oder eine anhaltende Abneigung gegenüber dem behinderten Menschen auszulösen vermag.* *Bei hochgradigen Gesichtsentstellungen mit außergewöhnlichen psychoreaktiven Störungen kommen entsprechend höhere Werte in Betracht.*	**50**
▌ Sensibilitätsstörungen im Gesichtsbereich	
– leicht	**0–10**
– ausgeprägt, den oralen Bereich einschließend	**20–30**
▌ Periphere Fazialisparese einseitig	
– kosmetisch nur wenig störende Restparese	**0–10**
▌ Lippendefekt mit ständigem Speichelfluss	**20–30**
▌ Schwere Funktionsstörung der Zunge durch Gewebsverlust, narbige Fixierung oder Lähmung je nach Umfang und Artikulationsstörung	**30–50**
▌ Behinderung der Mundöffnung (Schneidekantendistanz zwischen 5 und 25mm) mit deutlicher Auswirkung auf die Nahrungsaufnahme	**20–40**
▌ Kieferklemme mit Notwendigkeit der Aufnahme flüssiger oder passierter Nahrung und entsprechenden Sprechstörungen	**50**
▌ Verlust eines Teiles des Unterkiefers mit schlaffer Pseudarthrose	
– ohne wesentliche Beeinträchtigung der Kaufunktion und Artikulation	**0–10**
– mit erheblicher Beeinträchtigung der Kaufunktion und Artikulation	**20–50**
▌ Verlust eines Teiles des Oberkiefers	
– ohne wesentliche kosmetische und funktionelle Beeinträchtigung	**0–10**
– mit entstellender Wirkung, wesentlicher Beeinträchtigung der Nasen- und Nebenhöhlen (Borkenbildung, ständige Sekretion)	**20–40**
▌ Umfassender Zahnverlust über ½ Jahr hinaus prothetisch nur unzureichend zu versorgen	**10–20**
▌ Verlust erheblicher Teile des Alveolarfortsatzes mit wesentlicher, prothetisch nicht voll ausgleichbarer Funktionsbehinderung	**20**
▌ Ausgedehnter Defekt des Gaumens mit gut sitzender Defektprothese	**30**
▌ Verlust des Gaumens ohne Korrekturmöglichkeit durch geeignete Prothese (Störung der Nahrungsaufnahme)	**50**
▌ Schluckstörungen	
– ohne wesentliche Behinderung der Nahrungsaufnahme je nach Beschwerden	**0–10**

Rekonstruktionsverfahren verbessert. Die vergebenen MdE-Grade als Folge der Tumorbehandlung gehen parallel mit der Tumorgöße (von Werden 1996). Tabelle 9.1 gibt Anhaltspunkte für die Einschätzung funktioneller Störungen im Kiefer- und Gesichtsbereich.

Gutachterliche Bewertung

Erste Aufgabe des Gutachters ist nicht nur die Beantwortung versicherungsrechtlicher Fragen, sondern der Hinweis auf die vom Gesetzgeber zur Verfügung gestellten sozialen Hilfen wie Tumornachsorgekuren, Rehabilitationsmaßnahmen durch Defektprothetik und Gesichtsepithetik (Defektdeckung durch künstliche Kiefer- und Gesichtsteile). Diese Beratung kann durch einen Mund-, Kiefer- und Gesichtschirurgen kompetent erfolgen. Nur dann können für diese Kranken neben der primären Versorgung alle zur Verfügung stehenden medizinischen und sozialen Mittel zur Rehabilitation eingesetzt werden.

Literatur

Austermann KH (2002) Frakturen des Gesichtsschädels. In: Schwenzer N, Ehrenfeld M (Hrsg) Spezielle Chirurgie, Bd. 2. Thieme, Stuttgart

Ammer H (1979) Funktionelle Störungen als Folge von maxillo-facialen Verletzungen und ihr Einfluss auf die Minderung der Erwerbsfähigkeit (MdE). Inaugural-Dissertation, Tübingen

Bundesministerium für Gesundheit und Soziale Sicherung (Hrsg) (2004) Anhaltspunkte für die ärztliche Gutachtertätigkeit im sozialen Entschädigungsrecht und nach dem Schwerbehindertenrecht

Dieckmann J (1979) Prinzipielle Überlegungen zur Defektversorgung nach Verletzung im Lippen-, Wangen-, Nasenbereich. In: Schuchardt K (Hrsg) Fortschr d Kiefer-, Gesichtschir 24:19

Gärtner F (1972) Rehabilitationen und Versorgungsrecht von Kriegsversehrten im Kiefer-Gesichtsbereich. Hanser, München

Günther H (1982) Zahnarzt, Recht und Risiko. Hanser, München Wien

Kirsch Th (1977) Zahn-, Mund-, Kiefererkrankungen. In: Marx HH (Hrsg) Medizinische Begutachtung. Thieme, Stuttgart, S 520

Koch J, Högenauer H, Koch H (1991) Behinderung durch Lippen-, Kiefer- und/oder Gaumen-, Segelspalten. Dtsch Z Mund Kiefer Gesichts-Chir 15:75–80

Kruse W (1978) Der ärztliche Sachverständige in der Rechtsprechung. Dtsch Ärztebl 48:2919

Machtens E (1993) Lippen-Kiefer-Gaumen-(Segel)-Spaltträger und ihre Begutachtung nach dem Schwerbehindertengesetz. Der medizinische Sachverständige 89:122–131

Müller G (1972) Begutachtung von Trägern mit Lippen-, Kiefer-, Gaumen-Segel-Spalten. Dtsch Stomat 12

Reichenbach E (1969) Richtlinien für die Begutachtung von Unfallschäden im Kiefer-Gesichtsbereich. In: Reichenbach E (Hrsg) Traumatologie im Kiefer-Gesichtsbereich. Barth, München

Werden GS von (1996) Minderung der Erwerbsfähigkeit (MdE) und Grad der Behinderung (GdB) bei Patienten nach radikalchirurgischer Therapie eines Mundhöhlenkarzinoms im Rahmen einer multizentrischen DÖSAK-Studie. Inaugural-Dissertation, Bochum

10 Krankheiten der Atmungsorgane

10.1 Berufskrankheiten der Atemwege und der Lungen, des Rippenfells und Bauchfells

R. Merget

Definition

Die Anlage 1 zur geltenden Berufskrankheitenverordnung (*BKV*) enthält zwölf bronchopulmonale Erkrankungen, die auf anorganische Stäube zurückzuführen sind:

- BK 4101 Quarzstaublungenerkrankung (Silikose)
- BK 4102 Quarzstaublungenerkrankung in Verbindung mit aktiver Lungentuberkulose (Silikotuberkulose)
- BK 4103 Asbeststaublungenerkrankung (Asbestose) oder durch Asbeststaub verursachte Erkrankung der Pleura
- BK 4104 Lungenkrebs oder Kehlkopfkrebs
  - in Verbindung mit Asbeststaublungenerkrankung (Asbestose),
  - in Verbindung mit durch Asbeststaub verursachter Erkrankung der Pleura oder
  - bei Nachweis der Einwirkung einer kumulativen Asbest-Faserstaub-Dosis am Arbeitsplatz von mindestens 25 Faserjahren (25×10^6 [(Fasern/m^3)$\times$ Jahre])
- BK 4105 Durch Asbest verursachtes Mesotheliom des Rippenfells, des Bauchfells oder des Perikards
- BK 4106 Erkrankungen der tieferen Atemwege und der Lungen durch Aluminium oder seine Verbindungen
- BK 4107 Erkrankungen an Lungenfibrose durch Metallstäube bei der Herstellung oder Verarbeitung von Hartmetallen
- BK 4108 Erkrankungen der tieferen Atemwege und der Lungen durch Thomasmehl (Thomasphosphat)
- BK 4109 Bösartige Neubildungen der Atemwege und der Lungen durch Nickel oder seine Verbindungen
- BK 4110 Bösartige Neubildungen der Atemwege und der Lungen durch Kokereirohgase
- BK 4111 Chronische obstruktive Bronchitis oder Emphysem von Bergleuten unter Tage im Steinkohlenbergbau bei Nachweis einer kumulativen Dosis von in der Regel 100 Feinstaubjahren [(mg/m^3)$\times$Jahre]
- BK 4112 Lungenkrebs durch die Einwirkung von kristallinem Siliziumdioxid (SiO_2) bei nachgewiesener Quarzstaublungenerkrankung (Silikose oder Silikotuberkulose).

Drei Erkrankungen lassen sich auf organische Stäube zurückführen:

- BK 4201 Exogen allergische Alveolitis
- BK 4202 Erkrankungen der tieferen Atemwege und der Lungen durch Rohbaumwoll-, Rohflachs- oder Rohhanfstaub (Byssinose)
- BK 4203 Adenokarzinome der Nasenhaupt- und Nasennebenhöhlen durch Stäube von Eichen- oder Buchenholz.

Außerdem gibt es weitere acht berufsbedingte bronchopulmonale Krankheiten, bei denen hohe Dosen der Noxe (meist bei akzidenteller Inhalation) toxische Wirkungen und zusätzlich in einigen Fällen kanzerogene (z.B. Arsen, Chrom) oder spezifische immunologische (z.B. Isocyanate, Beryllium) Wirkungen auf die Atemwege und Lungen besitzen.

- BK 1103 Erkrankungen durch Chrom oder seine Verbindungen (Bronchialkarzinom)
- BK 1104 Erkrankungen durch Cadmium oder seine Verbindungen (obstruktive Atemwegserkrankung)
- BK 1105 Erkrankungen durch Mangan oder seine Verbindungen
- BK 1107 Erkrankungen durch Vanadium oder seine Verbindungen
- BK 1108 Erkrankungen durch Arsen oder seine Verbindungen (Bronchialkarzinom)
- BK 1110 Erkrankungen durch Beryllium oder seine Verbindungen (Berylliose)
- BK 1308 Erkrankungen durch Fluor oder seine Verbindungen (Lungenödem)

▶BK 1315 Erkrankungen durch Isocyanate, die zur Unterlassung aller Tätigkeiten gezwungen haben, die für die Entstehung, die Verschlimmerung oder das Wiederaufleben der Krankheit ursächlich waren oder sein können (exogen allergische Alveolitis, obstruktive Atemwegserkrankung).

Schließlich sei auf die obstruktiven Atemwegserkrankungen hingewiesen:

▶BK 4301 Durch allergisierende Stoffe verursachte obstruktive Atemwegserkrankungen (einschließlich Rhinopathie), die zur Unterlassung aller Tätigkeiten gezwungen haben, die für die Entstehung, die Verschlimmerung oder das Wiederaufleben der Krankheit ursächlich waren oder sein können

▶BK 4302 Durch chemisch-irritativ oder toxisch wirkende Stoffe verursachte obstruktive Atemwegserkrankungen, die zur Unterlassung aller Tätigkeiten gezwungen haben, die für die Entstehung, die Verschlimmerung oder das Wiederaufleben der Krankheit ursächlich waren oder sein können.

Prävention

Eine erfolgreiche Prävention der Berufskrankheiten des bronchopulmonalen Systems setzt das Ineinandergreifen von technischen (Primärprävention) und arbeitsmedizinischen (Sekundärprävention) Maßnahmen voraus.

Wenn die konkrete Gefahr besteht, dass eine Berufskrankheit im Sinne der Verordnung entsteht, wieder auflebt oder sich verschlimmern kann, sind aufgrund des § 3 BKV die Berufsgenossenschaften verpflichtet, Maßnahmen in Form von Verdienstausgleich bei notwendigem Arbeitsplatzwechsel, Übergangsrenten sowie Umschulungsbeihilfen und klinische Spezialbehandlungen zu gewähren. Auch kann der Gefährdete dazu aufgefordert werden, die für ihn gefährliche Beschäftigung aufzugeben. Die geschilderten Maßnahmen dienen der Prävention. Sie sind nicht mit dem eigentlichen Berufskrankheitenverfahren zu verwechseln. Bei obstruktiven Atemwegserkrankungen kommt es gerade bei der ▶BK 4302 häufig zu Problemen, wenn die berufliche Einwirkung vergleichsweise gering ist, der Versicherte aber aufgrund seiner Atemwegserkrankung auch diese geringen Belastungen nicht toleriert. In aller Regel wird bei Dokumentation einer arbeitsbezogenen Verschlimmerung die konkrete Gefahr der Verschlimmerung eines anlagebedingten Leidens in diesen Fällen zu bejahen sein.

Bei gegebenem Verdacht auf das Vorliegen einer Berufskrankheit besteht nach § 202 BKV für jeden approbierten Arzt und Zahnarzt die Verpflichtung, entweder den Unfallversicherungsträger oder die für den medizinischen Arbeitsschutz zuständige Stelle (Staatlicher Gewerbearzt, Landesgewerbearzt) zu benachrichtigen. Die Nichtbeachtung dieser ärztlichen Anzeigepflicht hat nicht selten zur Folge, dass die gesetzliche Schutzfunktion für den Versicherten nicht oder nur verspätet wahrgenommen werden kann. Die von den Unternehmen pflichtgemäß zu veranlassenden Vorsorgeuntersuchungen entbinden die behandelnden Ärzte, den Werksarzt oder die für die Vorsorgeuntersuchungen ermächtigten Ärzte nicht von der Anzeigepflicht.

10.1.1 Erkrankungen durch anorganische Stäube (▶BK 41)

10.1.1.1 Quarzstaublungenerkrankung (Silikose)

Definitionen

Die Quarzstaublungenerkrankung (▶BK 4101) entsteht durch die Inhalation von kristallinen Kieselsäuren. Am häufigsten handelt es sich um Quarz, gelegentlich aber auch um andere kristalline Kieselsäuren wie z. B. Cristobalit in der Diatomeen-Industrie (Abb. 10.1). Mit wenigen Ausnahmen liegen Mischstaubpneumokoniosen vor, wie zum Beispiel bei der Anthrakosilikose des Bergmanns, die im englischsprachigen Raum als „coalworkers' pneumoconiosis“ bezeichnet wird. Amorphe Kieselsäuren sind häufig mit kristallinen Kieselsäuren kontaminiert, oder Letztere entstehen im Verarbeitungsprozess. Lediglich synthetisch hergestellte amorphe Kieselsäuren sind ohne Kontamination durch kristalline Kieselsäuren. Sie besitzen offensichtlich keine fibrogene Potenz (Merget et al. 2000).

Pathogenese

Die fibrogene Reaktion von Staubgemischen wird wesentlich durch den Quarzgehalt des Staubes bestimmt. Bei hohem Quarzgehalt des inhalierten Staubgemisches resultiert ein hyalinschwieliges Knötchen mit mehr oder weniger breitem Staubzellmantel. Enthält das eingeatmete Staubgemisch nur geringe Anteile von Quarz, so geht der Granulomcharakter verloren und es entwickeln sich Staubzellenhaufen und Stränge mit nur spärlich eingebauten Bindegewebsfasern. Es gibt auch Hinweise dafür, dass die Spezifikation der kristallinen Kieselsäuren für die Ausprägung der Lungenerkrankung von Bedeutung ist. Derartige anthrakofibröse Verlaufsformen einer Silikose stellen eine diagnostische Herausforderung dar, im Extremfall kommt es zu einem überwiegenden zentroazinären Lungenemphysem (sog. *Schwarzelöcherlunge*). Je weniger Quarz

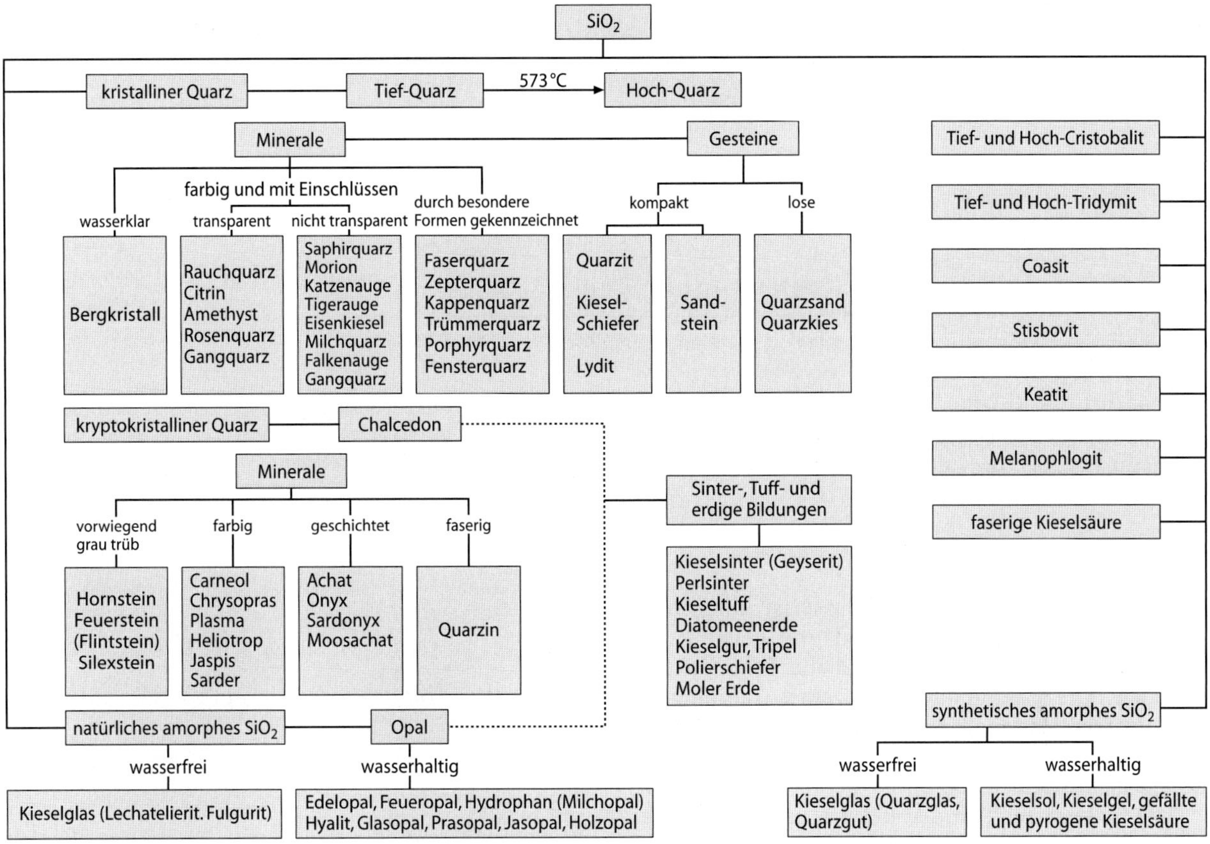

Abb. 10.1. Ausbildungsformen und Modifikationen des SiO_2. (Nach Weiss et al. 1982)

der Staub enthält, desto weniger imponiert das morphologische, klinische und röntgenologische Bild der typischen Silikose.

Üblicherweise wird das Gefährdungsrisiko bei einer Berufsausübung nach der Zeitdauer sowie nach der qualitativen und quantitativen Beschaffenheit der Stäube bewertet. Eine Suszeptibilität spielt eine große Rolle, selbst bei hoher beruflicher Belastung entwickelt sich nur bei einem Teil der Exponierten eine Pneumokoniose.

Emphysem und Bronchitis

Epidemiologische Untersuchungen haben konsistent eine Assoziation von Funktionseinschränkungen mit der kumulativen Quarzexposition gezeigt, die Assoziation mit dem Röntgenbefund ist wesentlich schlechter. In den 1960er und 1970er Jahren wurde auf Gutachtertagungen in Moers die Konvention aufgestellt, dass von einer entschädigungspflichtigen, nichtschwieligen Silikose erst dann ausgegangen werden könne, wenn mindestens eine radiologische Streuungskategorie 2/3 nach ILO 1980 (Pinhead-Silikose ab 2/2) oder eine Schwielensilikose vorliege. Die wissenschaftliche Basis dieser Konvention ist schwach, es handelt sich eher um einen sozialpolitischen Kompromiss. Die Diskussion ist deswegen erschwert, weil die ausschließlich älteren Studien keine Raucheradjustierung vornahmen und heutigen Qualitätsansprüchen nicht gerecht werden. Expositionseffekte werden zudem durch einen „healthy-worker effect" sowie wenig valide Sollwerte unterschätzt, bei Untersuchung von Gutachtenpatienten ist mit einer Überschätzung der Effekte durch Selektion zu rechnen. Die Emphysembronchitis wird nach der Moerser Konvention in entsprechenden Fällen mit ausreichender radiologischer Ausprägung als Silikosefolge anerkannt.

Epidemiologie

Durch Nassgewinnungsverfahren, die in den 1960er Jahren eingeführt wurden, sowie durch Arbeitseinsatzlenkung ist es zu einem eindrucksvollen Rückgang der Berufskrankheitenfälle gekommen (Abb. 10.2). Die Grenzwerte für kristallines SiO_2 sind in der Diskussion. In jüngster Zeit im deutschen Steinkohlenbergbau aufgetretene Silikosen sind – wenn es sie überhaupt gibt – sehr selten. Es ist aber zu berücksichtigen, dass der in Deutschland gültige MAK-Wert von 0,15 mg Quarzgehalt im A-Staub/m^3 in einigen Berufen/Tätigkeiten nicht eingehalten werden kann. Dennoch stellen die Versicherten, die zur Begutachtung kommen, ganz überwiegend „Altfälle" dar.

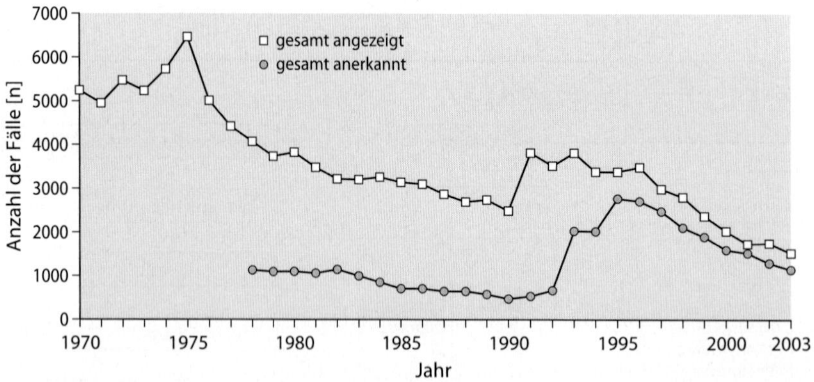

Abb. 10.2. Entwicklung der gemeldeten und anerkannten Fälle mit BK 4101 (gewerbliche Berufsgenossenschaften, Gemeindeunfallversicherungsträger und landwirtschaftliche Berufsgenossenschaften). Der scheinbare Anstieg anfang der 1990er Jahre ist durch die Änderung der BKV zu erklären, da seitdem auch Silikosen ohne Leistungsfall anerkannt werden können

Diagnostik

Die herdförmige silikotische Fibrose ist klinisch im Anfangsstadium oft unbedeutend und gewinnt erst an Krankheitswert, wenn zusätzliche Schäden hinzutreten. Die Symptomlosigkeit eines radiologisch weit fortgeschrittenen Befundes ist ein besonderes Kennzeichen der Silikose bzw. Anthrakosilikose der Steinkohlenbergarbeiter.

Die Silikose zeigt in der Regel einen chronischen Verlauf, der sich über Jahre, oft Jahrzehnte erstreckt, und der auch nach Abschluss der Quarzstaubexposition auftreten und weiterhin progredient sein kann. Selbst bei zum Zeitpunkt der Untersuchung geringfügigem oder gar fehlendem Röntgenbefund muss damit gerechnet werden, dass trotz Aussetzen der Staubarbeit der Prozess fortschreitet, manchmal bis zu schweren und schwersten Endstadien. Diese dem Silikoseprozess eigentümliche Tendenz zur autonomen Weiterentwicklung tritt aber nicht zwangsläufig auf. Zu jedem Zeitpunkt kann die Erkrankung klinisch zum Stillstand kommen, insbesondere bei den leichten Veränderungen mit geringfügigem Röntgenbefund.

Eine besondere Form stellt die sogenannte akute Silikose dar: Staublungen, die nach vergleichsweise kurzer Expositionszeit, aber meist massiver Quarzstaubexposition entstehen (z. B. im Tunnelbau) und ein typisches röntgenologisches, klinisches und pathologisch-anatomisches Bild bieten. Die akute Silikose kann in wenigen Jahren zum Tode führen.

Eine weitere Besonderheit stellt die Hiluslymphknotensilikose dar (Eierschalenlymphknoten), die mit einer Kompression der Bronchien und somit messbaren Funktionseinschränkungen einhergehen kann (Abb. 10.3).

Das diagnostische Programm sieht folgende Untersuchungen vor (fakultative Untersuchungen in Klammern):

- Anamnese (insbesondere Quantifizierung der Dyspnoe),

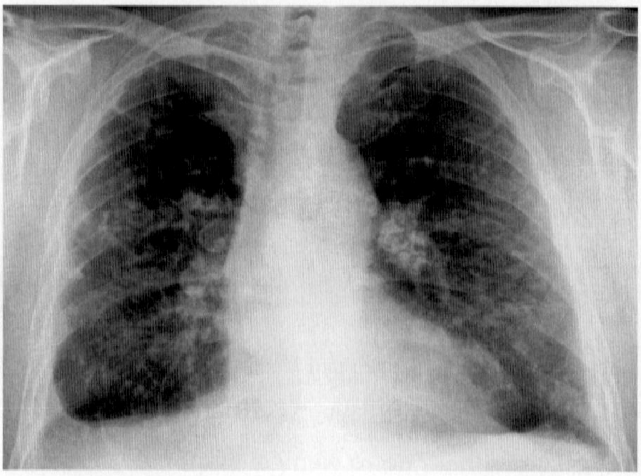

Abb. 10.3. Ausgeprägte Hiluslymphknotensilikose (sog. Eierschalenlymphknoten)

- körperliche Untersuchung (Rechtsherzbelastung?),
- Basislabor,
- Elektrokardiogramm,
- Spirometrie und Bodyplethysmographie (ggf. TLCO),
- Blutgase in Ruhe und unter Belastung (ggf. Spiroergometrie),
- Röntgenbild des Thorax in 2 Ebenen (ggf. CT).

Bildgebende Verfahren

Die Röntgenuntersuchung ist für die Erkennung der *Silikose* bzw. *Mischstaubpneumokoniose* von ausschlaggebender Bedeutung, da letztlich nur sie allein es gestattet, zu Lebzeiten einen objektiven Nachweis für das Bestehen morphologischer Veränderungen der Lunge und über deren weiteres Fortschreiten zu liefern. Es besteht weitgehender Konsens darüber, dass bei einem radiologischen Streuungsgrad von ≥1/1 nach ILO die Diagnose einer Silikose mit ausreichender Spezifität zu stellen ist (ca. 90%) (Abb. 10.4). Diese Festlegung begründet die

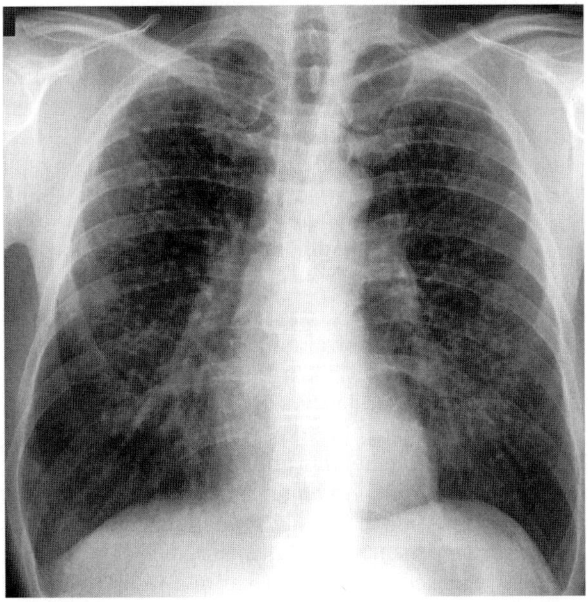

Abb. 10.4. Röntgenaufnahme des Thorax p.a. eines Bergmanns mit gering gestreuter Silikose (ILO 1/1)

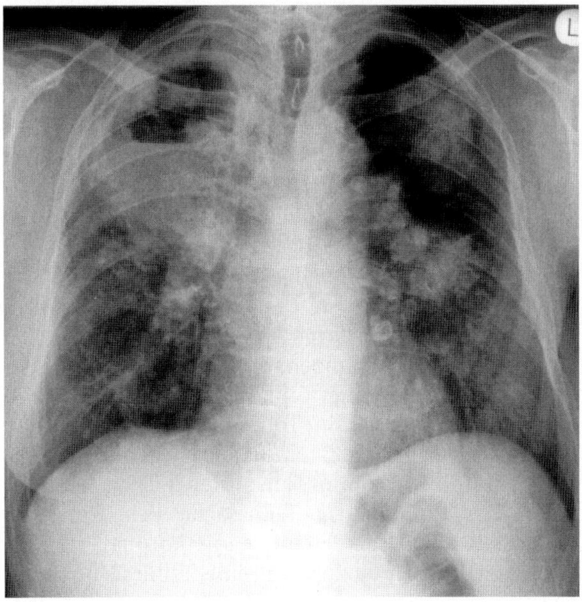

Abb. 10.5. Schwieleneinschmelzung bei einem Bergmann mit Phthisis atra

besondere Notwendigkeit einer Standardisierung der radiologischen Methodik (siehe Kapitel Radiologie).

Das Röntgenbild gibt bei ausreichender Technik einen guten Einblick in die ungefähren Strukturen der pneumokoniotischen Fibrose, bestehend aus Knötchen und Schwielen, die gelegentlich einschmelzen können (Abb. 10.5). Der typische radiologische Befund zeigt in diesem Fall einen Spiegel innerhalb der Schwiele, der bei der Silikotuberkulose nicht vorliegt. Schließlich kann die Schwiele „verschwinden“ (sog. „vanishing tumor“).

Die Darstellbarkeit der silikotischen Knötchen ist im Lungenmantel besser als im Lungenkern. Die für das klinische Bild der Silikose so entscheidende Entwicklung der Komplikationsbronchitis und der Bronchiolitis sowie bestimmter Emphysemformen ist allerdings im Röntgenbild nur unzureichend zu erkennen. Dies ist ein Grund dafür, dass zwischen den im Röntgenbild sich darstellenden pneumokoniotischen Strukturen, bei denen es sich überwiegend um fibrotische Herde einer bestimmten Mindestgröße handelt, und dem funktionellen und klinischen Bild der Erkrankung nur sehr schlechte Korrelationen bestehen. Die Abschätzung der durch die Silikose hervorgerufenen Erwerbsminderung ist nach dem Röntgenbild nicht möglich. In jedem Einzelfall ist daher für die Frage der Entschädigung bzw. der Höhe der Minderung der Erwerbsfähigkeit die Durchführung einer Lungenfunktionsprüfung erforderlich.

Lungenfunktion

Die für generalisierte Lungenfibrosen typische restriktive Ventilationsstörung (eingeschränkte totale Lungenkapazität) und verminderte Compliance gehören trotz ausgedehnter pneumokoniotischer Veränderungen nicht zum typischen Bild der Funktionseinschränkung bei Mischstaubsilikosen, können aber insbesondere in initialen Stadien durchaus vorkommen. Wanddeformationen, Verschlüsse und Abknickungen der ab- und zuführenden Atemwege im Bereich silikotischer und anthrakotischer Herde sowie die „Komplikationsbronchitis“ verursachen obstruktive Ventilationsstörungen. Es ist gut dokumentiert, dass auch bei normalen spirometrischen Parametern eine Lungenblähung, spiroergometrische Einschränkungen oder ein erniedrigter CO-Transferfaktor vorliegen können. Die Höhe der MdE sollte nach Beurteilung möglichst vieler Funktionsparameter erfolgen, eine ausschließliche Betrachtung atemmechanischer Befunde ist nicht statthaft. Die Beurteilung muss daneben Gasaustausch und Auswirkungen auf das (rechte) Herz berücksichtigen. Vielfach wurde auf eine hohe Variabilität der Lungenfunktionsparameter hingewiesen. Dies ist vermutlich zu einem ganz entscheidenden Anteil auf technische Faktoren zurückzuführen. Einer qualitätsgesicherten Lungenfunktionsprüfung in einer stabilen Krankheitsphase ohne oder unter dokumentierter atemwegswirksamer Medikation kommt deshalb eine entscheidende Bedeutung zu (▶ Kap. 4.5).

Silikose und Herzinfarkt

Die Frage, ob die mit der Silikose verbundenen respiratorischen Störungen, die zur arteriellen Hypoxie führen, das Entstehen eines Herzinfarktes mitverursachen oder den tödlichen Verlauf dieser Herzkomplikation begünstigen können, wurde insbesondere aus versicherungsmedizinischen Gründen diskutiert.

Für die Pathogenese des Herzinfarktes sind die Gefäßveränderungen in den Koronararterien entscheidender als die durch eine Silikose induzierten respiratorischen Störungen. Studien zum Thema liegen nicht vor. Bei einer Silikose mit einer MdE von mindestens 50% ist im Todesfall darzulegen, dass anderen Erkrankungen eine überwiegende Bedeutung am Tode zukommt, ansonsten wird angenommen, dass die Silikose Teilursache des Todes ist (§ 63 SGB VII). Bei Patienten mit koronarer Herzkrankheit und Hypoxie kann eine Teilursächlichkeit nicht ausgeschlossen werden, so dass in diesen Fällen die Silikose als wesentliche Teilursache des Todes angesehen wird.

Silikose und Bronchialkarzinom

Die IARC (International Agency for Research on Cancer) hat Quarz im Jahre 1997 als Humankanzerogen eingestuft. Entsprechend wurde 2001 vom Sachverständigenbeirat die Berufskrankheit ▶BK 4112 empfohlen. Eine Berufskrankheit 4112 liegt vor, wenn ein Versicherter nach Tätigkeiten mit einer Exposition gegenüber alveolengängigem Staub mit kristallinem Siliziumdioxid (SiO_2) an Silikose (radiologisch festgestellte Silikose mindestens der ILO-Kategorie 1/1) bzw. Silikotuberkulose und außerdem an Lungenkrebs erkrankt ist (▶http:// arbmed.med.uni-rostock.de/bkvo/wb4112.htm). Für Steinkohlenbergleute gilt diese Berufskrankheit (bislang) nicht. Bei Versicherten mit Silikose und Tätigkeiten sowohl im Steinkohlenbergbau und Quarzexposition außerhalb des Steinkohlenbergbaus wird eine BK 4112 in der Regel anzuerkennen sein, es sei denn, es ließe sich aus dem Verlauf erkennen, dass die Silikose im Steinkohlenbergbau erworben wurde. Weiterhin ist es Gegenstand der Diskussion, ob Steinkohlenbergleute mit überwiegender Tätigkeit vor Stein auch unter die BK 4112 fallen; epidemiologische Daten hierzu gibt es nicht.

Ebensowenig gibt es epidemiologische Daten zum sog. narbenassoziierten Karzinom. Häufig werden Bronchialkarzinome bei schwieligen Silikosen zu spät entdeckt, so dass bei Entstehung eines Bronchialkarzinoms in unmittelbarer Nachbarschaft einer Schwiele ein narbenasssozoiiertes Karzinom als Berufskrankheitenfolge anerkannt werden kann. Ein fachpathologisches Gutachten eines Operations- oder Sektionspräparates ist in der Regel erforderlich. Die MdE-Einschätzung erfolgt nach der sogenannten Heilungsbewährung mit einer MdE von 100% für fünf Jahre, danach nach Funktionseinschränkung, wobei auch psychische Faktoren und ggf. eine besondere Betroffenheit der Versicherten zu berücksichtigen sind.

Zwischen dem vermehrten Auftreten von Lungenkarzinomen und der Untertagetätigkeit im Uranbergbau besteht ein klarer kausaler Zusammenhang. Das relative Exzessrisiko beträgt im Mittel 1,5% WLM (1 WLM = 1 mSV), hervorgerufen durch Radon und seine Folgeprodukte, radioaktiven Staub und externe Gammastrahlung. Eine genaue Bestimmung des relativen Risikos im Einzelfall ermöglicht das Berechnungsmodell von Jacobi (1986). Als Einflussgrößen werden die Exposition (WLM), das Alter bei Expositionsbeginn und das Alter bei Diagnosestellung benötigt. Es handelt sich dabei nicht um eine Komplikation der Silikose, sondern um ein typisches Strahlenkarzinom, das mit der Silikose zusätzlich vergesellschaftet sein kann. Dieses Krebsleiden wird nicht als Silikose, sondern als ▶BK 2402 (Erkrankungen durch ionisierende Strahlen) der Berufskrankheitenliste entschädigt.

Silikose und Bindegewebserkrankungen

1953 beschrieb Caplan bei rheumatoider Arthritis das gehäufte Vorkommen einer besonderen Erscheinungsform der Silikose, die durch das schubweise Auftreten von multiplen Rundherden in der Lunge gekennzeichnet ist. Die Kombination eines chronischen Gelenkrheumatismus mit typischen Rundherden in der Lunge ist als Caplan-Syndrom in die Literatur eingegangen. Es handelt sich um eine besondere Verlaufsform der Silikose bei Rheumatikern (Fritze 1962).

Seitdem wurden eine Vielzahl von Studien, insbesondere Fallserien, publiziert, die einen Zusammenhang der Silikose mit Bindegewebserkrankungen allgemein postulieren (Übersicht bei Cooper et al. 2002). Eine Assoziation wurde vor allem bei der rheumatoiden Arthritis und der chronischen Glomerulonephritis festgestellt. Bei der Sklerodermie fand sich inkonsistent eine Assoziation. Beim Lupus erythematodes war eine mäßige Assoziation nachweisbar. Eine schwache Evidenz ließ sich bei alleiniger Wertung der Morbiditätsstudien bzgl. Quarzexposition und Glomerulonephritis/nichttumoröse Nierenerkrankungen postulieren. Von allen zugrundeliegenden Arbeiten weisen nur wenige Studien eine ausreichende Qualität auf, so dass diese Erkrankungen bislang nicht als Silikosefolge entschädigt werden können.

Literatur

Cooper GS, Dooley MA, Tredwell EL, et al (2002) Occupational exposures and autoimmune diseases. Int Immunopharmacol 2:303–313

Fritze E, et al (1962) Rheumatische Reaktionslage und Pneumokoniose. Rundherdpneumokoniose bei Rheumatismus nodosus. Z Rheumaforschung 21:61
IARC Monographs on the evaluation of carcinogenic risks to humans (1997) Silica, some silicates, coal dust and para-aramid fibrils. IARC Monographs 68:41–242
Jacobi W (1986) Lungenkrebs nach Bestrahlung – Das Radon-Problem. Naturwissenschaft 73:661–668
Merget R, Bauer T, Küpper U, et al (2002) Health hazards due to the inhalation of amorphous silica. Arch Toxicol 75:625–634
Weiss R, Paschen S, Schober P, et al (1982) Siliciumdioxid. In: Bartholom E (Hrsg) Ullmanns Encyklopädie der technischen Chemie, Korrosion bis Lacke, Bd 21, 4. Aufl. Verlag Chemie, Weinheim, S 439–476

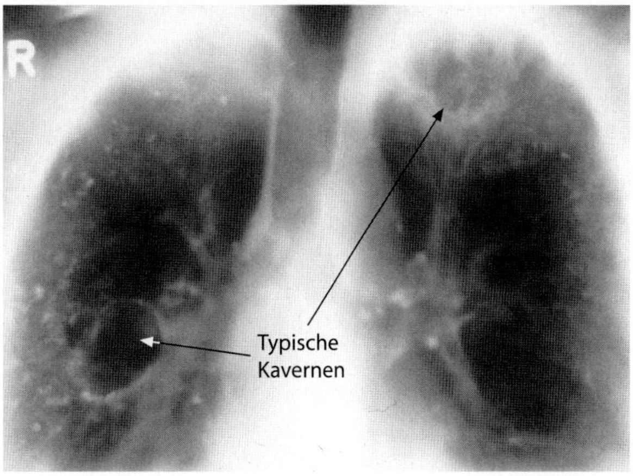

Abb. 10.6. Schichtaufnahme beider Lungenoberfelder eines Steinmetzes mit Silikose und kulturell gesicherter aktiver Tuberkulose

10.1.1.2 Silikotuberkulose

Für die Annahme der Berufskrankheit „Silikotuberkulose" (▶BK 4102) ist neben dem Nachweis einer aktiven Lungentuberkulose der eindeutige Nachweis einer Silikose erforderlich. Um eine Silikose bei einer gleichzeitig bestehenden Tuberkulose objektiv festzustellen, müssen die silikotischen Veränderungen eine gewisse Reichlichkeit (≥ Streuung 1/1 nach Internationaler Staublungen-Klassifikation, *ILO*) in der Lunge aufweisen. Auch die Silikose von Lymphknoten ist als „eindeutige Silikose" zu rechnen, ebenso isolierte silikotische Schwielenbildungen. Die radiologischen Stadien der beginnenden Silikose (0/1 bzw. 1/0 der ILO-Klassifikation) sind differentialdiagnostisch vieldeutig und für die Annahme eines Zusammenhangs in der Regel nicht ausreichend. Eine langjährige Quarzstaubexposition ohne den zweifelsfreien Nachweis einer Silikose reicht nicht aus. Lediglich der pathologisch-anatomische Nachweis einer Silikose kann in Einzelfällen auch ohne bildgebenden Nachweis zur Anerkennung einer BK 4102 führen.

Die zweite Voraussetzung für die Annahme einer entschädigungspflichtigen Silikotuberkulose ist das Zusammentreffen der Silikose mit einer aktiven Lungentuberkulose. Die Kriterien der Aktivität ergeben sich aus dem Röntgenbefund, aus dem radiologischen Verlauf, aus dem Nachweis von Tuberkelbakterien oder histologisch aus dem Nachweis „junger" Tuberkel. Daneben geben klinische Befunde wie Gewichtsabnahme, Temperaturerhöhung, Husten, Auswurf, Entzündungszeichen im Blut wichtige, aber nicht spezifische Hinweise. Der Nachweis von Tuberkelbakterien im Sputum, Bronchialsekret oder Magensaft ist als Zeichen eines aktiven spezifischen Prozesses anzusehen. Der mikroskopische Tuberkelbakteriennachweis sollte durch Kultur mit Typisierung und Resistenzbestimmung erhärtet werden. Auch atypische Mykobakterien fallen unter die BK 4102, diese werden jedoch auch ohne sonstiges Krankheitskorrelat gelegentlich nachgewiesen, in diesen Fällen liegt keine Berufskrankheit vor. Nicht jeder einschmelzende Lungenprozess stellt eine tuberkulöse Kaverne dar, eine Spiegelbildung ist bei der Tuberkulose nicht zu erwarten (Abb. 10.6), allerdings meist bei der Einschmelzung einer silikotischen Schwiele (▶Kap. 10.1.1.1) anzutreffen. Die Beurteilung der Röntgenverlaufsserie ist von besonderer Bedeutung.

Für die Beurteilung der Silikotuberkulose sind neben den nachgewiesenen Lungenfunktionsstörungen vor allen Dingen die mit der aktiven Lungentuberkulose verbundenen klinischen Erscheinungen von Bedeutung. Wie bei der Tuberkulose ohne Silikose ist in der Regel eine ambulante Therapie ausreichend, die MdE ist für die Dauer der tuberkulostatischen Therapie in der Regel mit 20 v.H. zu bemessen, allerdings kann bei schwereren Silikoseformen, insbesondere bei schwieligen Silikosen, eine längere Therapiedauer erforderlich werden. Bei bereits bestehender MdE aufgrund einer ▶BK 4103 kann die MdE um diese 20 v.H. für die Dauer der Therapie erhöht werden. Ist die Tuberkulose abgeheilt, d.h. histologisch bindegewebig durchsetzt und narbig „abgeriegelt", so gilt sie als inaktiv und erfüllt dann nicht mehr die Voraussetzungen zur Annahme einer Berufskrankheit im Sinne der ▶BK 4102. In diesem Fall ist sie als Silikose oder als Zustand nach aktiver Silikotuberkulose zu entschädigen, wobei alle kardiorespiratorischen Ausfallserscheinungen, die der Silikose und den Folgen der Lungentuberkulose ursächlich zur Last zu legen sind, als Berufskrankheit im Sinne der ▶BK 4101 gelten. Ein Vergleich der Funktionsdaten vor und nach der Tuberkuloseerkrankung ist dann erforderlich.

Mit einzubeziehen in die Berufskrankheitsfolgen sind auch Komplikationen der Tuberkulose wie andere Organtuberkulosen, Pneumothorax, Pleuraexsudat, Empyem sowie Zustände nach Resektionen von Lungenteilen.

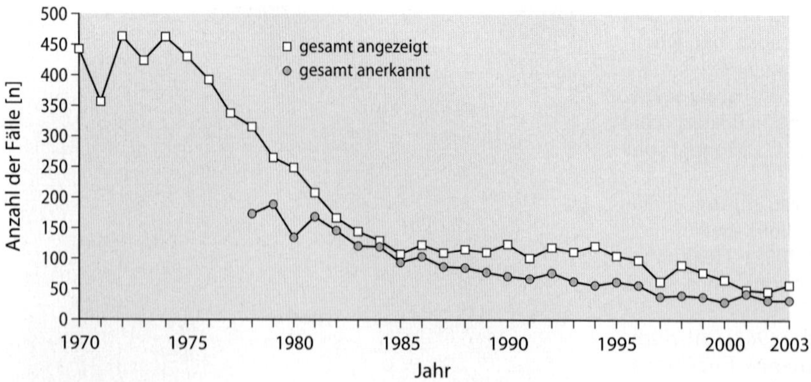

Abb. 10.7. Entwicklung der gemeldeten und anerkannten Fälle mit BK 4102 (gewerbliche Berufsgenossenschaften, Gemeindeunfallversicherungsträger und landwirtschaftliche Berufsgenossenschaften)

Bei der Annahme von Inaktivität einer früher aktiven Silikotuberkulose ist eine gewisse Zurückhaltung angebracht. Wenn der klinische und radiologische Befund nach einem Zeitraum von etwa einem Jahr Inaktivität des tuberkulösen Prozesses zeigen, kann die ▶BK 4102 (wieder) in eine ▶BK 4101 umgewandelt werden.

Wichtig ist auch die Frage der ursächlichen Verknüpfung von extrapulmonalen Tuberkulosemanifestationen mit einer Silikotuberkulose. Im Allgemeinen wird man solche Zusammenhänge bejahen, wenn nachweislich früher ein aktiver tuberkulöser Lungenprozess in Verbindung mit Silikose vorgelegen hat, der als Ausgangspunkt einer hämatogenen Streuung in Betracht kommt. Voraussetzung ist, dass das primäre tuberkulöse pulmonale Geschehen nicht zu einem Zeitpunkt ablief, als eine Silikose noch nicht bestand. Die Bedeutung dieser Berufskrankheit ist in Deutschland stetig zurückgegangen (Abb. 10.7).

10.1.1.3 Asbestinduzierte Krankheiten

Chemisch-physikalische Charakterisierung von Asbest

Unter der Handelsbezeichnung Asbest werden sechs faserige Varietäten von Silikatmineralien zusammengefasst. Es sind dies der Serpentinasbest (Chrysotil = Weißasbest) und die Amphibolasbeste Aktinolit, Tremolit, Amosit (Braunasbest), Krokydolith (Blauasbest) sowie Antophyllit. Als Fasern gelten Partikel mit einer Länge $>5\ \mu m$, einem Durchmesser $<3\ \mu m$ und einem Länge-Durchmesser-Verhältnis $>3:1$. Asbestfasern zeichnen sich insbesondere durch Temperaturbeständigkeit, Reißfestigkeit und Biegsamkeit aus.

Gefahrenquellen

Bei der Aufbereitung von Asbestmineralien, dem Transportieren und Lagern von Rohasbest sowie bei der Herstellung und der Be- und Verarbeitung asbesthaltiger Produkte ist mit der Entstehung von Asbestfaserstaub zu rechnen. Industriezweige mit Gefahrenquellen durch Asbest waren u.a. die Asbesttextilindustrie (Herstellung von Garnen, Geweben, Seilen), die Asbestzementindustrie (Herstellung von Platten, Rohren, Formstücken), die Bauindustrie (Verarbeitung von Asbestzementprodukten, asbesthaltigen Kitten, Spachtelmassen, Feuerschutzmaterialien), die chemische Industrie (Asbesteinsatz als Füllstoff für Farben und Dichtungsmassen, Kunstharzpressmassen, Thermoplaste, Gummireifen), die Isolier-Branche (Wärme-, Schall- und Feuerschutz), die Asbestpapierindustrie (Asbestpapiere und Pappen) und die Reibbelagindustrie (asbesthaltige Brems- und Kupplungsbeläge), (Pethran 1990).

Als außerberufliche Asbestfaserstaub-Einwirkungen kommen u.a. natürliche Asbestvorkommmen im Erdboden oder die frühere Nachbarschaft zur industriellen Asbestverarbeitung in Frage. Auch eine Innenraumexposition durch Asbest, z.B. durch den Hausgebrauch asbesthaltiger Geräte oder durch Haushaltskontakte infolge Reinigung von mit Asbest kontaminierter Arbeitskleidung von Haushaltsangehörigen sowie Expositionen durch Freizeitaktivitäten kommen vor. Nach § 15 der Gefahrstoffverordnung (*GefStoffV*) besteht in Deutschland seit 1993 ein Herstellungs- und Verwendungsverbot für Asbest.

Die elektronenmikroskopische Faseranalytik ermöglicht es, die Konzentration anorganischer Mineralfasern im menschlichen Lungengewebe zu bestimmen und diese Fasern nach ihrer Elementzusammensetzung, ihrer kristallinen Struktur und ihren Abmessungen zu charakterisieren; dies erlaubt im Gutachtenverfahren gelegentlich eine Entscheidung, ob die asbestinduzierten Veränderungen beruflich oder durch natürliche Asbesteinwirkungen (z.B. natürliche Erionitvorkommen in Zentralanatolien/Türkei) verursacht wurden.

Die kumulative Asbestfaserstaub-Einwirkung wird in Faserjahren berechnet. Ein Faserjahr entspricht einer arbeitstäglichen achtstündigen Einwirkung über ein Jahr von 1×10^6 Asbestfasern/m^3 der kritischen Abmessungen (Länge $>5\ \mu m$, Durchmesser $<3\ \mu m$, Länge-zu-Durchmesser-Verhältnis mindestens $3:1$) bei 240 Arbeitstagen bzw. Schichten pro Jahr.

Wirkungen am Menschen

Pathomechanismen

Asbestfaserstaub besitzt neben fibrogenen auch kanzerogene Wirkungen. In den Lungen von Mesotheliompatienten werden kaum Chrysotilfasern gefunden, was auf die wesentlich kürzere Halbwertszeit dieser Asbestart zurückzuführen ist. Hieraus kann aber nicht abgeleitet werden, dass Chrysotilasbest weniger gefährlich wäre. In seiner Bedeutung erkannt ist das Zusammenwirken von Asbestfasern mit dem inhalativen Tabakrauchen. Folgen der kanzerogenen Wirkung sind alle histologischen Subtypen des Bronchialkarzinoms – bevorzugt in der Lungenperipherie lokalisiert.

Krankheitsbilder und Diagnosen

Asbestinduzierte Krankheiten lassen sich unterteilen in benigne Erkrankungen wie die Asbeststaublungenerkrankung und durch Asbeststaub verursachte Erkrankungen der Pleura (▶ BK 4103) sowie maligne Erkrankungen wie das Bronchial- und Kehlkopfkarzinom (▶ BK 4104) und das Mesotheliom des Rippenfells, des Bauchfells oder des Perikards (▶ BK 4105).

Asbeststaublungenerkrankung

Die Asbeststaublungenerkrankung ist eine disseminierte interstitielle, alveolarseptale und peribronchioläre Fibrose. Bevorzugt sind die Mittel- und Untergeschosse beider Lungen betroffen (Abb. 10.8). Der chronisch-progrediente Prozess kann zu einer Lungenschrumpfung mit Ausbildung emphysematöser Bezirke in den fibrosierenden Arealen in Form der sogenannten Honigwabenlunge führen. Auskultatorisch imponiert Knisterrasseln. Lungenfunktionell bestehen primär eine restriktive Ventilationsstörung, wobei oft eine zusätzliche obstruktive Komponente im Sinne einer „small airways disease" zusätzlich angetroffen wird, sowie Diffusions- bzw. Gasaustauschstörungen. Zu den Komplikationen zählen in den Endstadien das Cor pulmonale, Bronchiektasen und rezidivierende Bronchopneumonien.

Die Diagnose einer Asbeststaublungenerkrankung erfolgt durch den Nachweis einer hohen Exposition und einen vereinbaren radiologischen Befund. Es existiert eine Dosis-Wirkungsbeziehung, es wird eine hohe Exposition gefordert (wie zum Beispiel im Schiffsbau). Neben anamnestischen Angaben können nach den sog. Helsinki-Kriterien folgende Richtlinien zur Identifikation von Personen, die mit hoher Wahrscheinlichkeit gegenüber Asbeststäuben exponiert waren, empfohlen werden (Consensus Report 1997):

- der Nachweis von mehr als 100 000 Amphibolfasern (> 5 μm) pro Gramm Lungentrockengewicht,

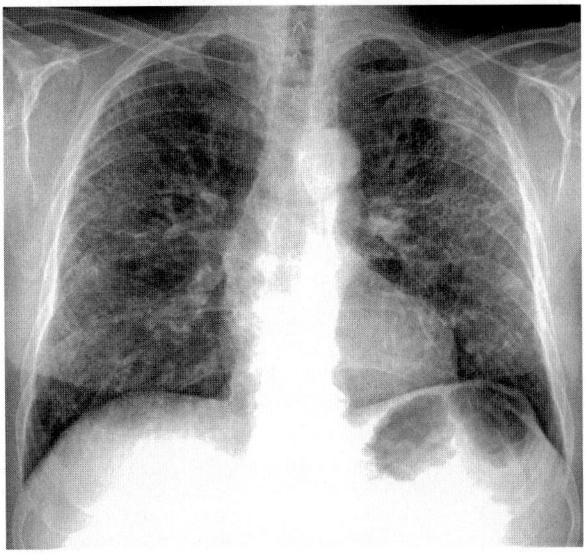

Abb. 10.8. Asbeststaublungenerkrankung bei einem Werftarbeiter mit hoher Asbestexposition

- über 1 Million Amphibolfasern (> 1 μm) pro Gramm Lungentrockengewicht, elektronenmikroskopisch gemessen,
- über 1000 Asbestkörperchen pro Gramm Lungentrockengewicht (100 Asbestkörperchen pro Gramm Lungennassgewicht) oder
- mehr als 1 Asbestkörperchen pro ml BAL, lichtmikroskopisch gemessen.

Im konventionellen Röntgenbild des Thorax finden sich kleine unregelmäßige Lungenschatten (Größe s, t, u, Streuung mindestens 1/1 nach der ILO-Staublungenklassifikation). Zu beachten ist eine Latenzzeit zur Exposition von in der Regel 20–40 Jahren und ein schleichender Verlauf.

Es ist fraglich, ob eine Asbeststaublungenerkrankung ohne Nachweis relevanter Zahlen lichtmikroskopisch nachgewiesener Asbestkörperchen im Lungengewebe vorkommt. Bei diesen Fällen sollte man eine Analyse der Asbestfaserbelastung des Lungengewebes anstreben. Die Existenz von Fällen mit Asbeststaublungenerkrankung, Inhalation von Chrysotilasbest, fehlendem lichtmikroskopischen Nachweis relevanter Asbestkörperchenzahlen und Nachweis nur weniger elektronenmikroskopisch nachgewiesener Asbestfasern im Lungengewebe ist spekulativ, eine Anerkennung kann allenfalls in Ausnahmefällen diskutiert werden, wenn alle anderen Kriterien vorhanden sind.

Pleuraerkrankungen

Asbestassozierte Veränderungen der Pleura werden unterteilt in Pleuraplaques, die ganz überwiegend an der Pleura parietalis lokalisiert sind, und Veränderungen der viszeralen Pleura. Bei den Pleurapla-

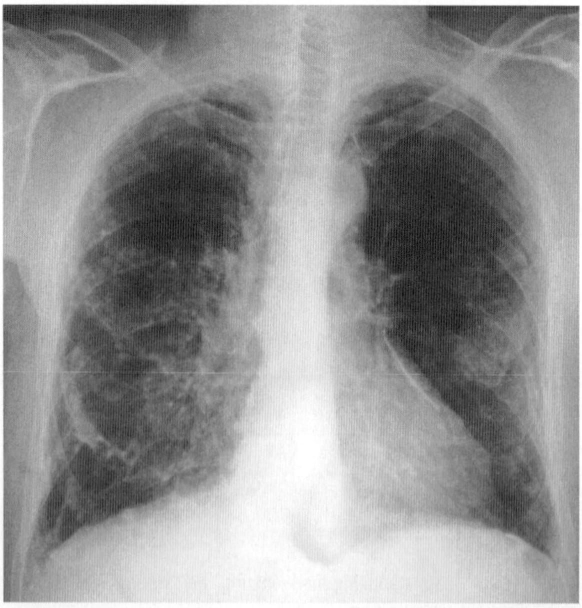

Abb. 10.9. Typische tangential abgebildete asbestinduzierte Pleuraplaques diaphragmal, parietal und perikardial sowie en face abgebildete Plaques

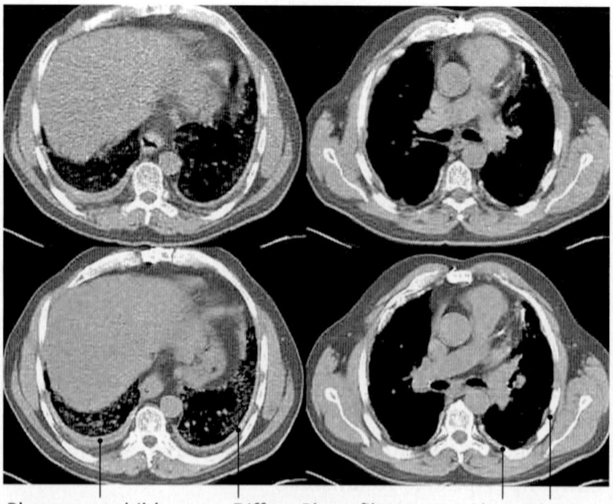

Abb. 10.10. Ausgeprägte asbestinduzierte pleurale Veränderungen: Pleuraplaques, diffuse Pleurafibrose und Pleurerguss

ques handelt es sich um die häufigste Manifestation der Asbestexposition (Abb. 10.9). Plaques werden radiologisch am ehesten nachgewiesen, wenn sie tangential getroffen werden und verkalkt sind. Nur ein kleiner Teil (etwa 10–15%) von Pleuraplaques wird nativradiologisch gesehen. Auch falsch-positive Befunde durch Weichteile sind häufig und sollten vor Anerkennung Anlass für eine Computertomographie sein. Mit wenigen Ausnahmen treten Plaques beidseitig auf, ein tafelbergartiges Wachstum ist typisch. Im weiteren Zeitverlauf kommt es zu zunehmenden zentralen (!) Verkalkungen der Plaques im Bereich der Brustwand oder der Zwerchfellkuppen. Plaques haben in der Regel keine oder (bei großflächiger Ausbreitung) allenfalls diskrete lungenfunktionelle Auswirkungen (die möglicherweise nicht direkte Folge der Plaques, sondern Ausdruck einer radiologisch nicht darstellbaren Asbeststaublungenerkrankung sind). Viszerale Pleuraveränderungen (Synonym: „hyalinosis complicata") (Abb. 10.10) werden unterteilt in

- rezidivierende benigne Pleuraergüsse,
- Verlötung des kostophrenischen Winkels,
- Krähenfüße (in die Lunge einstrahlende Fibrosestränge, ausgehend von einem Schrumpfungspunkt in der viszeralen Pleura; der Name kommt von dem äußeren Augenwinkel),
- Rundatelektase,
- diffuse Pleurafibrose einschließlich der apikalen Pleuraverdickung.

Diese Veränderungen sind seltener als Pleuraplaques, können aber zu relevanten Lungenfunktionseinschränkungen führen (Hauser-Heidt et al. 2002, Hillerdal 2002). Bei Nachweis einer (relevanten) beruflichen Asbestexposition und fehlenden Hinweisen auf sonstige Ursachen (Medikamente, Malignome, Tuberkulose, M. Bechterew) sind sie als ▶BK 4103 anzuerkennen. Gegen asbestinduzierte Veränderungen sprechen ausgeprägte einseitige Verkalkungen, diese treten insbesondere als Tuberkulosefolge auf (Pleuritis calcarea).

Asbeststaublungenerkrankung und durch Asbeststaub verursachte Erkrankung der Pleura werden unter der BK 4103 zusammengefasst, die Zahl gemeldeter und anerkannter Fälle scheint sich in den letzten Jahren auf hohem Niveau zu stabilisieren (Abb. 10.11).

Bronchial- und Kehlkopfkarzinom

Pathologisch-anatomisch, diagnostisch und therapeutisch sind keine wesentlichen Unterschiede zwischen durch Asbestfaserstaub und anderweitig verursachten Bronchial- oder Kehlkopfkarzinomen erkennbar. Beide Krankheiten werden unter der ▶BK 4104 zusammengefasst:

Lungenkrebs oder Kehlkopfkrebs
- in Verbindung mit Asbeststaublungenerkrankung,
- in Verbindung mit durch Asbeststaub verursachter Erkrankung der Pleura oder
- bei Nachweis der Einwirkung einer kumulativen Asbestfaserstaub-Dosis am Arbeitsplatz von mindestens 25 Faserjahren.

Aus diesem Grunde kommt der radiologischen Diagnostik insbesondere zur Feststellung asbestassoziierter Pleuraveränderungen (die wesentlich häufiger sind als Asbeststaublungenerkrankungen) eine große Bedeutung zu. Im Falle einer radiologisch nicht sichtbaren Lungenfibrose kann eine BK 4104 aner-

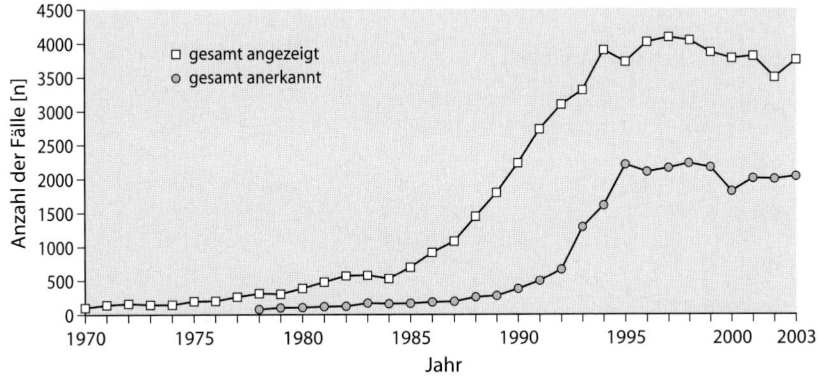

Abb. 10.11. Entwicklung der gemeldeten und anerkannten Fälle mit BK 4103 (gewerbliche Berufsgenossenschaften, Gemeindeunfallversicherungsträger und landwirtschaftliche Berufsgenossenschaften)

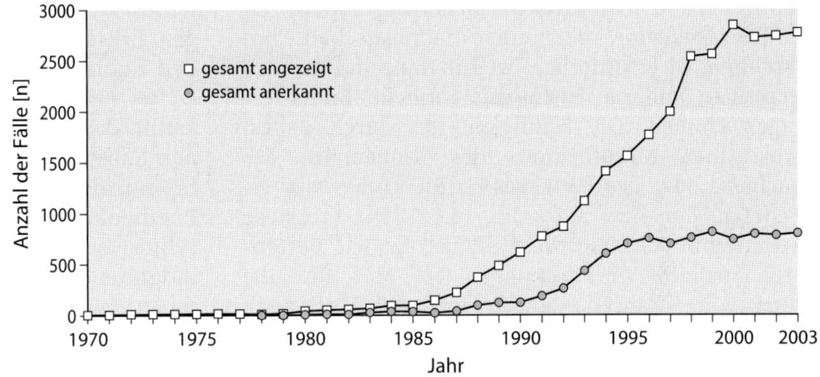

Abb. 10.12. Entwicklung der gemeldeten und anerkannten Fälle mit BK 4104 (gewerbliche Berufsgenossenschaften, Gemeindeunfallversicherungsträger und landwirtschaftliche Berufsgenossenschaften)

kannt werden, wenn histologisch geringgradige fibrosierende Lungengewebsareale festgestellt werden, eine ehemalige berufliche Asbestexposition zweifelsfrei ist und erhöhte Faserzahlen im veraschten Lungengewebe, aber keine Asbestkörperchen lichtmikroskopisch nachweisbar sind.

Bei dem durch Asbestfaserstaub am Arbeitsplatz (mit)verursachten Kehlkopfkrebs handelt es sich meist um verhornende Plattenepithelkarzinome, seltener um gering verhornende oder undifferenzierte Karzinome. Die Erkrankung beginnt mit Heiserkeit, Schluckbeschwerden und Fremdkörpergefühl.

Bei Erfüllung der o.g. Bedingungen erfolgt die Anerkennung beider Krankheiten im Sinne einer BK 4104 unabhängig vom Raucherstatus oder Alkoholkonsum. Die Häufigkeit entsprechender Berufskrankheiten nimmt weiter zu (Abb. 10.12).

Mesotheliom

Das diffuse maligne Mesotheliom (*DMM*) ist ein von den Deckepithelien der serösen Körperhöhlen ausgehender sehr bösartiger Tumor, betroffen sind die Pleura, seltener das Peritoneum und noch seltener das Perikard. Leitsymptome sind in der Regel rezidivierende Pleuraergüsse, thorakale Schmerzen, Luftnot, Husten, Auswurf und Gewichtsabnahme. Das Peritonealmesotheliom geht mit einer unklaren abdominellen Symptomatik, Aszites und Ileus einher. Das DMM kann bereits bei verhältnismäßig geringer Asbestfaserstaub-Einwirkung am Arbeitsplatz verursacht werden.

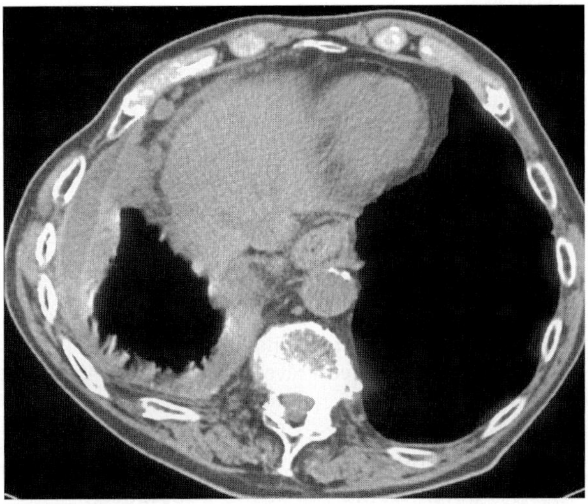

Abb. 10.13. Histologisch gesichertes Pleuramesotheliom bei einem Isolierer

Die Verdachtsdiagnose des DMM erfolgt aus dem Röntgenbild, ggf. aus dem Computertomogramm. Typisch sind „traubenförmige" pleurale Veränderungen, die die Lunge schließlich in ihrer gesamten Circumferenz ummanteln (Abb. 10.13). Die

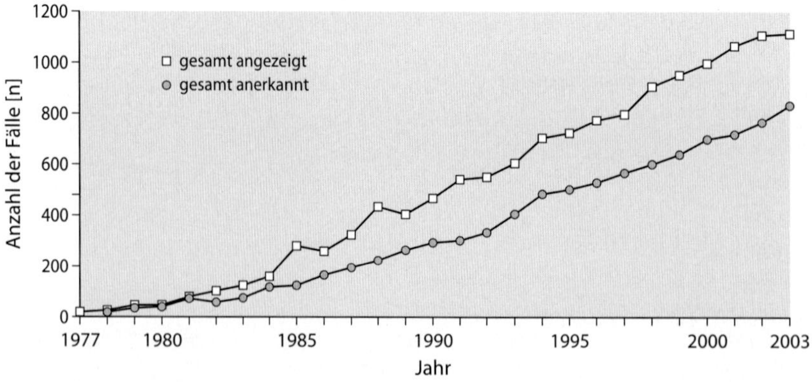

Abb. 10.14. Entwicklung der gemeldeten und anerkannten Fälle mit BK 4105 (gewerbliche Berufsgenossenschaften, Gemeindeunfallversicherungsträger und landwirtschaftliche Berufsgenossenschaften)

bioptische und histologische Sicherung anhand einer Thorakoskopie, selten einer diagnostischen Thorakotomie, ist erforderlich, weil in Einzelfällen auch Neoplasien anderer Histologie ähnliche Bilder erzeugen können. Die Häufigkeit des durch Asbest verursachten Mesothelioms des Rippenfells, des Bauchfells oder des Perikards (▶BK 4105) weist eine stetige Zunahme auf (Abb. 10.14). Die Prognose ist weiterhin schlecht, die MdE beträgt wie bei anderen malignen Erkrankungen 100 v.H. für die Dauer von 5 Jahren, danach wird die MdE nach dem Funktionsausfall, eventuell auch nach psychischen Beeinträchtigungen beurteilt.

Literatur

Consensus report (1997) Asbestos, asbestosis, and cancer: the Helsinki criteria for diagnosis and attribution. Scand J Work Environ Health 23:311–316

Hauser-Heidt G, Schneider J, Hackstein N, et al (2002) Rundherdatelektasen als Pseudotumoren der Lunge: Eine neue MdE-relevante Folge arbeitsbedingter Asbestfaserstaub-Einwirkung. Zbl Arbeitsmed 52:295–304

Hillerdal G (2002) Asbestos-related pleural disease including diffuse malignant mesothelioma. Eur Respir Mon 22:189–203

Pethran A (1990) Asbest in der Arbeitswelt – Übersicht über die Möglichkeiten einer Asbeststaubexposition. Arbeitsmed Sozialmed Präventivmed 25:446–450

10.1.1.4 Pneumokoniosen durch wenig fibrogene Substanzen

Viele in ihrer Zusammensetzung sehr heterogene anorganische Stäube können zu Pneumokoniosen führen. In vielen Fällen sind für die fibrogene Wirkung nicht die von kristallinen Kieselsäuren freien Stäube, sondern erst im Produktionsprozess entstehende kristalline Kieselsäuren oder Kontaminanten wie Asbest verantwortlich (z.B. ist Kieselgur oft mit Quarz kontaminiert, Cristobalit entsteht bei der Sinterung von Kieselgur, Talkum ist häufig mit Asbest kontaminiert). Bei einigen Pneumokoniosen ist unklar, welche Rolle dem differenten Staub bzw. Kontaminanten zukommt (z.B. bei der Talkose), bei einigen Erkrankungen ist es sehr wahrscheinlich, dass den Kontaminanten die größte Bedeutung zukommt (z.B. Quarz in Zement und im Graphit). Auch ist bekannt, dass Kontaminanten die Ausprägung fibrogener Substanzen modifizieren können (z.B. können Eisenoxide die Quarzwirkung beeinflussen). Andere Pneumokoniosen wie die Hartmetallfibrose oder Berylliose stellen besondere Entitäten dar, die eine pathognomonische Histologie bzw. einen immunologischen Wirkmechanismus aufweisen. Überwiegend handelt es sich um sogenannte Staubspeicherkrankheiten, bei denen der Staub im Lungeninterstitium abgelagert wird, ohne dass er wesentliche fibrogene Reaktionen bewirkt (z.B. Anthrakose, Siderose). Der Begriff „inerte Stäube" ist dabei nicht ganz korrekt, denn „inert" ist der Staub nicht. Man sollte darunter Stäube verstehen, die in der Regel keine klinisch relevanten fibrogenen Eigenschaften aufweisen. Einen Überblick über die verschiedenen Stäube, die zu Pneumokoniosen führen können – ohne Berücksichtigung der Silikose und Asbestose bzw. verwandter Krankheiten – gibt die Tabelle 10.1. Hierbei ist zu berücksichtigen, dass bei einigen Entitäten allenfalls diskrete radiologische Veränderungen beschrieben sind. Die Auswahl ist zudem etwas beliebig, da bei vielen Pneumokoniosen die Kontaminanten ganz offensichtlich im Vordergrund stehen; die Tabelle enthält ausschließlich Entitäten, bei denen die Kontaminanten Quarz oder Asbest nicht offensichtlich im Vordergrund stehen. Schließlich ist zu berücksichtigen, dass einige Pneumokoniosen durch gleiche bzw. sehr ähnliche Substanzen ausgelöst werden (z.B. Aluminose und Korund-Pneumokoniose).

Schleifmittel, welche den silikogenen Sandstein verdrängt haben, spielen als Staubquelle in der Industrie eine gewisse Rolle. Radiologische Veränderungen werden zum Teil beobachtet, wobei in solchen Lungen nach langer Exposition auch gelegentlich silikotische Knötchen oder Staubgranulome zu finden sind. Synthetisch hergestellte amorphe Kieselsäuren besitzen keine relevante fibrogene Potenz. Einige besonders bedeutsame Pneumokoniosen sollen im Folgenden etwas näher besprochen werden.

Tabelle 10.1. Die häufigsten Pneumokoniosen durch wenig fibrogene Substanzen. Es sind nur Entitäten aufgeführt, bei deren Verursachung die Kontaminanten Quarz und Asbest nicht offensichtlich im Vordergrund stehen

Mineral/Substanz	Fibrogenes Agens	Bezeichnung	Kontaminanten
▮ Titan	Titandioxidstaub	Titanose	–
▮ Eisen	Eisenoxidstaub	Sidero(fibro)se	Verschiedene
▮ Chromeisen	Chrom- und Eisenoxidstaub	Chromeisen-Pneumokoniose	?
▮ Zinn	Zinnoxid	Stannose	Quarz
▮ Antimon	Verschiedene Antimonverbindungen	Antimon-Pneumokoni ose	Quarz
▮ Barium	Vor allem Bariumsulfat	Baritose	Quarz und andere
▮ Seltene Erden	Verschiedene Minerale, v. a. Cer(dioxid)	Seltene Erden-Pneumokoniose	Verschiedene
▮ Aluminium	Aluminiummetallstaub	Aluminose	–
▮ Beryllium	Berylliummetall	Berylliose	
▮ Hartmetall	Cobalt/Wolframcarbid	Hartmetalllunge	–
▮ Talkum	Talkumstaub	Talkose	Quarz, Asbest
▮ Silikate (verschiedene, z. B. Glimmer, Betonit)	Silikatstäube	Silikatosen, z. B. Betonit-Pneumokoniose	verschiedene
▮ Siliciumcarbid/Karborund	Siliciumcarbid/Karborundstaub	Karborund-Pneumokoniose	Quarz, Eisen
▮ Radioaktive Stäube	Strahlenwirkung	Strahlenfibrose	–

▮ Schweißerlunge (Sidero(fibro)se)

Die Siderose zählt zu den klassischen, sogenannten benignen Pneumokoniosen, da Eisen- und Eisenoxidstaub im Lungengewebe ohne Induzierung einer (wesentlichen) Fibrose abgelagert und im Laufe der Zeit wieder abtransportiert werden kann. Lungensiderosen werden bei allen Arbeitsgängen beobachtet, die mit einer Metallerhitzung durch eine Stichflamme verbunden sind, so z. B. beim Schweißen. Der eisenhaltige Staub wird in der Lunge gespeichert und ist wegen seiner hohen Dichte röntgenologisch sichtbar. Das Röntgenbild erinnert mit einer fleckigstreifig vermehrten Zeichnung an beginnende silikotische Lungenveränderungen (Abb. 10.15).

Mit der Zunahme der lungenbioptischen Diagnostik in den letzten Jahren zeigte sich in verschiedenen Fällen, dass in der Umgebung der siderotischen Staubdepots, die je nach Schweißverfahren auch andere Metalloxide enthalten können, fibrotische Reaktionen auftreten. Es handelt sich dabei in der Regel um eine begrenzt-fibrotische Faservermehrung ohne Krankheitswert. Ein eigenständiges Krankheitsbild im Sinne einer Lungenfibrose der Lichtbogenhandschweißer (Schweißerlunge) wird unter den üblichen Arbeitsbedingungen nicht beobachtet, jedoch wurden wenige Kasuistiken mit langjährigen schlechten arbeitshygienischen Bedingungen beschrieben. Epidemiologische Untersuchungen sind zur Detektion dieser Fälle nicht geeignet, es handelt sich um seltene Einzelfälle. Das derzeitige Berufskrankheitenrecht beinhaltet deshalb die Schweißersiderofibrose noch nicht, mit einer entsprechenden Berufskrankheit ist aber in Kürze zu rechnen (Stand 04/2007).

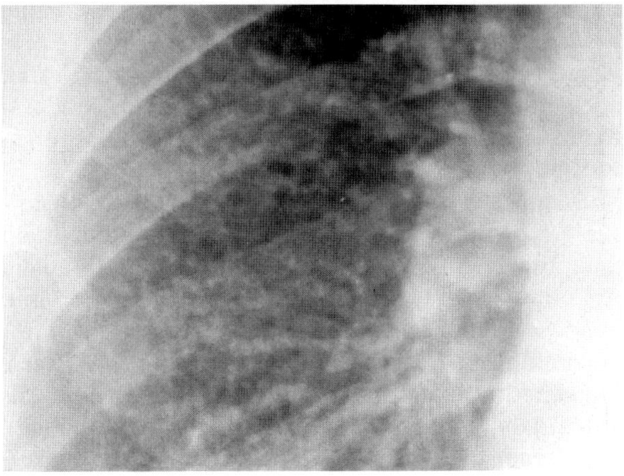

Abb. 10.15. Siderose bei einem langjährigen Schweißer im Schiffsbau

Bei Schweißern treten allerdings bei hoher Exposition gegenüber Schweißrauchen gehäuft obstruktive Atemwegserkrankungen auf, die als Berufserkrankung ▶BK 4302 (obstruktive Atemwegserkrankungen) entschädigt werden können ▶Kap. 10.1.3).

▮ Hartmetallfibrose

Hartmetalle sind aus verschiedenen Metallen zusammengesetzt, wobei vor allem Cobalt, aber auch Wolframcarbid eine fibrogene Wirkung zugeschrieben wird. Hartmetalle zeichnen sich durch außerordentliche Härte und Verschleißfestigkeit aus. Bei Arbeitern, die mit dem Mischen des Ausgangsmaterials oder der Verarbeitung des vorgesinterten Stoffes beschäftigt waren (Mischer, Formengeber und

Ofenarbeiter), wurde eine Häufung von Lungenfibrosen beschrieben. Pathologisch-anatomisch ist der Nachweis von sogenannten Riesenzellen („giant cells") typisch. Die Hartmetallfibrose ist bei Arbeitern, die Hartmetall herstellen und verarbeiten, als Berufskrankheit im Sinne der Anlage 1 zur BKV anzusehen (▶BK 4107).

„Zahntechnikerlunge"

Wie bei der Hartmetallfibrose wird Cobalt wesentlich ursächlich für die Zahntechnikerpneumokoniose angesehen. Es handelt sich hier um eine Mischstaubpneumokoniose (häufig Quarzkontaminanten), die selten bei jahrelang unter schlechten arbeitshygienischen Bedingungen arbeitenden Personen angetroffen wird. Der Histologie mit Nachweis einer Zahntechniker-typischen Metallbelastung in der Nachbarschaft fibrotischer Herde kommt eine entscheidende Bedeutung zu.

Berylliose

Beryllium hat durch seine industrielle Verwendung bei der Herstellung von Fluoreszenzlampen, Röntgenaustrittsfenstern und Leuchtstoffröhren, aber auch in der Luft- und Raumfahrt sowie als Moderator in Kernreaktoren seit Mitte der 1930er Jahre gewerbehygienische Bedeutung erlangt.

Es gibt eine akute Verlaufsform, die nach massiver Exposition ($>100\ \mu g\ Be/m^3$) auftritt und durch Symptome wie progressiver Husten, Kurzatmigkeit, Appetitlosigkeit, Gewichtsverlust, Müdigkeit und Zyanose gekennzeichnet ist. Diese akute Berylliumerkrankung ist definiert als Beryllium-induzierte Lungenerkrankung mit einer Dauer von weniger als einem Jahr und einer kurzen Latenzzeit (ca. 3 Tage). In seltenen Fällen kann sie zu einer tödlich verlaufenden Pneumonie führen, klingt in der Regel aber nach 1–4 Wochen vollständig wieder ab. Die Erkrankung beginnt im Allgemeinen mit Tracheobronchitis und Nasopharyngitis.

In den meisten Fällen versteht man unter dem Begriff Berylliose die chronische Form der Berylliumerkrankung, die zumeist als Folge einer chronischen inhalativen Exposition gegenüber niedrigen Berylliumkonzentrationen auftritt. Die chronische Berylliose, bei der immunologische Mechanismen im Sinne einer allergischen Reaktion vom Spättyp eine Rolle spielen, ist definiert als Beryllium-induzierte Lungenerkrankung mit einer Dauer von mehr als einem Jahr und einer Latenzzeit von mehreren Wochen bis hin zu 20 Jahren nach Exposition. Sie ist histologisch gekennzeichnet durch die Ausbildung nichtverkäsender Granulome in Lunge, Leber, Milz, Niere, im Skelett und in der Muskulatur. Funktionelle Einschränkungen der Lunge sind u.a. eine Abnahme von Vital- und Totalkapazität sowie eine reduzierte Diffusionskapazität. Nicht selten wird zunächst fälschlich eine Sarkoidose diagnostiziert, da diese klinisch nicht von der chronischen Berylliose zu unterscheiden ist. Zuweilen kann erst durch eine besonders detaillierte, mehrere Jahrzehnte einschließende Berufsanamnese eine zunächst unerkannte, geringe Berylliumexposition ermittelt werden, die zur Verdachtsdiagnose einer Berylliose führt. Um den Nachweis einer Berylliumsensibilisierung zu erbringen, gilt der Lymphozytentransformationstest (*LTT*) als geeignete Methode mit hoher Spezifität, aber nur mäßiger Sensitivität (etwa 60%).

10.1.1.5 Bronchialkarzinom

Seit Anfang den 1980er Jahren ist das Bronchialkarzinom der am häufigsten auftretende bösartige Tumor. Der Anteil der Frauen gegenüber den Männern hat sich stetig vergrößert. Fall-Kontroll-Studien in Europa zeigen, dass Zigarettenrauchen bei weitem das höchste Risiko darstellt, rauchende Männer erkranken danach etwa 24-mal, rauchende Frauen 9-mal häufiger an Lungenkrebs als Nichtraucher. Das attributable Risiko des Zigarettenrauchens betrug bei Männern mehr als 90%, bei Frauen fast 60%, d.h. 9 von 10 Bronchialkarzinomen beim Mann und fast 2 von 3 Bronchialkarzinomen bei der Frau sind durch Zigarettenrauchen verursacht (Simonato et al. 2001). Bekannteste Substanz für die berufliche Auslösung eines Bronchialkarzinoms ist Asbest, auch die Einwirkung ionisierender Strahlung kann, wie man schon lange weiß, ein Bronchialkarzinomen verursachen (z.B. sog. Schneeberger Lungenkrebs). Schon in älteren Studien wurde das berufliche attributable Risiko auf etwa 10–15% geschätzt (Simonato et al. 1988). Bekannte berufliche kanzerogene Substanzen für Bronchialkarzinome sind in Tabelle 10.2 aufgeführt.

Erkrankungen durch Chrom sind seit 1936 Bestandteil der BK-Liste (▶BK 1103). Besonders hervorzuheben ist hier das Bronchialkarzinom, das im Merkblatt als „Chromatlungenkrebs", meist nach langjähriger Exposition, beschrieben wird. In jüngster Zeit konnten sowohl in Fall-Kontroll-Studien als auch Kohortenstudien Hinweise dafür gefunden werden, dass auch Karzinome der oberen Atemwege (Nase und Nasennebenhöhlen) durch Chromverbindungen verursacht werden können. Diese Erkenntnisse werden im offiziellen Merkblatt zur BK 1103 von 1981 durch den Hinweis berücksichtigt, dass aufgrund der Einwirkung sechswertiger Chromate maligne Tumoren der Atemwege entstehen können, d.h. die oberen Atemwege werden nicht explizit ausgeschlossen. Zusätzlich findet sich die Anmerkung, dass auch „Krebserkrankungen im Nasenraum in der chromatherstellenden und -verarbeitenden Industrie vereinzelt beobachtet" wurden. In Deutschland wurden zwischen 1978 und 2003 bislang sechs Fälle von Krebserkrankungen der Nase

Tabelle 10.2. Bekannte berufliche Ursachen für Bronchialkarzinom

Substanz/Exposition	Tätigkeit/Beruf
Arsen	Pestizidproduktion, Winzer, Bergleute, Produktion
Polyzyklische aromatische Kohlenwasserstoffe (PAK)	Asphaltarbeiter, Kokereiarbeiter, Aluminiumproduktion
Asbest	Isolierer, Schiffsbau, Textilindustrie etc.
Ionisierende Strahlen	Uranerzbergbau
Quarz	Silikosen außerhalb des Steinkohlenbergbaus
Chrom	Schweißer, Galvanik, Produktion
Nickel	Produktion
Cadmium	Produktion, Batterieproduktion
Beryllium	Produktion, Leuchtstoffröhrenherstellung
Senfgas	Produktion

im Sinne einer BK 1103 anerkannt (BK-DOK-Recherche 2005).

Polyzyklische aromatische Kohlenwasserstoffe (*PAK*), wie sie bei der Verbrennung und Destillation von Teer, Teerölen und anderen fossilen Materialien freigesetzt werden, gelten als karzinogen. Die wesentliche, auf den konkreten Arbeitsplatz bezogene Bedingung für die Erkrankung ist die intensive mehrjährige Exposition gegenüber den bei der Verkokung von Kohle auftretenden Gasen. In den Kokereirohgasen sind verschiedene kanzerogen wirkende Substanzen (z.B. polyzyklische Aromate, Aminoverbindungen des Benzols, Teer etc.) vorhanden, die allein oder im Zusammenwirken als wesentliche Ursache für die vor allen Dingen im Bronchialsystem und am Larynx entstehenden bösartigen Tumoren angesehen werden (▶BK 4110). Über die Kokereirohgase hinaus besteht eine PAK-Exposition auch an anderen Arbeitsplätzen. Die sog. Verdoppelungsdosis beträgt nach den Angaben des ärztlichen Sachverständigenbeirates (Sektion Berufskrankheiten) des BMWA mindestens 100 Benzo-[a]pyren-Jahre. Dabei wurde bereits berücksichtigt, dass die PAK-Verdopplungsdosis für Lungenkrebs bei Nichtrauchern deutlich niedriger liegt als bei Rauchern. Der vorgeschlagene Wert gilt als Konvention einer Anerkennung von Lungenkrebs bei PAK-exponierten Beschäftigten, unabhängig davon, ob sie geraucht oder nicht geraucht haben. Die Berufskrankheit „Lungenkrebs durch polyzyklische aromatische Kohlenwasserstoffe bei Nachweis der Einwirkung einer kumulativen Dosis von mindestens 100 Benzo[a]pyren-Jahren [(µg/m^3)xJahre]" wurde vom Sachverständigenbeirat vorgeschlagen, aber noch nicht in die BK-Liste aufgenommen (Stand 04/2007). PAK sind auch die wichtigsten karzinogenen Inhaltsstoffe im Zigarettenkondensat, in Abgasen von Kraftfahrzeugen und dergleichen. Kürzlich wurde auch Passivrauchen von der International Agency for Research on Cancer (IARC 2004) als krebserzeugend für den Menschen eingestuft.

Auch Quarz wurde als krebserzeugend für den Menschen anerkannt (IARC 1997). Eine Berufskrankheit ▶BK 4112 kann allerdings nur bei Quarzexponierten außerhalb des Steinkohlenbergbaus mit gleichzeitig bestehender Silikose anerkannt werden (▶http://arbmed.med.uni-rostock.de/bkvo/bekvo.htm; ▶Kap. 10.1.1.1).

Die Prognose des Bronchialkarzinoms ist weiterhin schlecht, auch bei niedrigen Tumorstadien mit noch lokalisiertem Tumorwachstum beträgt die 5-Jahresüberlebenszeit nur wenige Prozente. Dies führt dazu, dass im Unfallversicherungsrecht beim Bronchialkarzinom eine Heilungsbewährung von in der Regel 5 Jahren gewährt wird. Danach erfolgt eine Beurteilung anhand der Funktionsausfälle, wobei eine psychiatrische Zusatzbegutachtung empfohlen wird. Bei gutartigen Tumoren der Lunge, des Bronchialsystems und des Mediastinums (Bronchialadenome, Fibrome, Lipome, neurogene Tumoren, Teratome), richtet sich die Beurteilung nach Ausdehnung und Sitz, Funktionseinbuße sowie den Möglichkeiten und Folgen der operativen Entfernung. Ätiologische Zusammenhänge mit äußeren Faktoren, mit Ausnahme des Mesothelioms, sind nicht anzunehmen.

Literatur

International Agency for Research on Cancer. http://www.iarc.fr

Merkblätter und Wissenschaftliche Begründungen von Berufskrankheiten. http://arbmed.med.uni-rostock.de/bkvo/bekvo.htm

Simonato L, Vineis P, Fletcher AC (1988) Estimates of the proportion of lung cancer attributable to occupational exposure. Carcinogenesis 9:1159–1165

Simonato L, Agudo A, Ahrens W, et a. (2001) Lung cancer risk and cigarette smoking in Europe: an update of risk estimates and an assessment of inter-country heterogeneity. Int J Cancer 91:876–876

10.1.1.6 Chronische obstruktive Bronchitis oder Emphysem

von Bergleuten unter Tage
im Steinkohlenbergbau bei Nachweis
der Einwirkung einer kumulativen Dosis
von in der Regel 100 Feinstaubjahren
[(mg/m^3)×Jahre] (▶BK 4111)

Historie

Mitte der 1990er Jahre verdichtete sich der wissenschaftliche Kenntnisstand (Marine et al. 1988, Oxman et al. 1993, Morfeld u. Piekarski 1996, ▶http://arbmed.med.uni-rostock.de/bkvo/wb4111.htm) dahingehend, dass vom Verordnungsgeber diese neue Be-

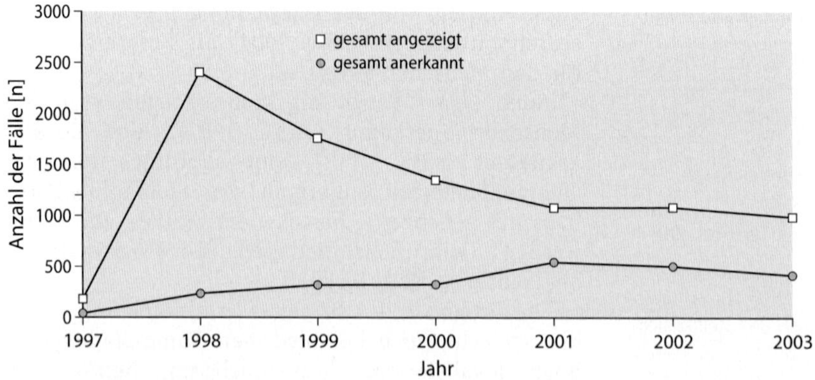

Abb. 10.16. Entwicklung der gemeldeten und anerkannten Fälle mit BK 4111 (gewerbliche Berufsgenossenschaften, Gemeindeunfallversicherungsträger und landwirtschaftliche Berufsgenossenschaften)

rufskrankheit 1995 angekündigt (Bundesministerium für Arbeit und Sozialordnung 1995) und am 1.12.1997 endgültig in die BKV aufgenommen wurde. Damit hat der Gesetzgeber zwei sehr ähnliche und auf die gleiche Noxe zurückzuführende Krankheiten (Silikose und COPD) des Steinkohlenbergmanns als differente Berufskrankheiten bezeichnet. Häufig kommen beide Krankheiten bei einer Person vor. Zu beachten ist, dass es sich um eine chronische obstruktive Bronchitis *oder* ein Lungenemphysem handeln kann. Weiterhin ist eine langjährige Untertagetätigkeit im Steinkohlenbergbau (nicht bei anderen Quarzexpositionen) erforderlich, die Legaldefinition dieser Berufskrankheit ist an die Erfordernis einer gewissen Expositionsquantität gebunden.

Aus einer Reihe epidemiologischer Untersuchungen wurde abgeleitet, dass bei dieser Personengruppe nach einer kumulativen Dosis von in der Regel 100 Feinstaubjahren gegenüber der übrigen Bevölkerung eine Risikoverdoppelung auftritt, an einer chronischen obstruktiven Bronchitis oder einem Emphysem zu erkranken. Der Begriff „Feinstaub" entspricht dem seit 1996 in der Europäischen Union eingeführten Begriff „alveolengängige Staubfraktion" (MAK- und BAT-Werte-Liste Kap. V, Aerosole 1996). Die kumulative Feinstaubdosis errechnet sich aus den jeweiligen Feinstaubkonzentrationen in der Luft am Arbeitsplatz in mg/m^3 multipliziert mit der Anzahl der Jahre, in welchen der Versicherte unter den üblichen Arbeitsbedingungen (220 Schichten zu je 8 Stunden pro Jahr) unter Tage verbracht hat. Dabei berücksichtigt sind nicht nur die Staubkonzentrationen im Unter-Tage-Betrieb von Steinkohlenbergwerken, sondern auch das Zusammenwirken von besonderen klimatischen Bedingungen mit Exposition gegenüber Hitze, Gasen und Dämpfen, gemeinsam mit schwerer körperlicher Belastung. Die Berechnungen der kumulativen Feinstaubdosis unter Tage erfolgt durch den Unfallversicherungsträger.

Von besonderer Bedeutung bei der BK 4111 ist die sogenannte Rückwirkungsklausel, wonach eine BK 4111 nur dann vorliegt, wenn der Versicherungsfall nach dem 31.12.1992 eingetreten ist. Da es sich bei der chronischen Bronchitis und beim Lungenemphysem um chronische Krankheiten handelt, deren Verlauf häufig über Jahrzehnte paucisymptomatisch verläuft, kommt den diagnostischen Kriterien, die eine zweifelsfreie Diagnose erlauben, eine besondere Bedeutung zu. Es wurde erst kürzlich gerichtlich entschieden, dass die Rückwirkungsklausel rechtens ist, die Vorwegnahme der Rückwirkungsklausel vor dem 1.12.1997 durch die Unfallversicherungsträger jedoch nicht rechtens war. Die Zahl anerkannter Fälle ist durch die Rückwirkungsklausel vergleichsweise gering, das Verhältnis anerkannter zu angezeigten Fällen steigt in den letzten Jahren (Abb. 10.16).

Pathophysiologie

Im Vordergrund der Mechanismen wird eine Überforderung der Reinigungsmechanismen im Tracheobronchialsystem angenommen. Es kommt zu entzündlichen Veränderungen der Bronchialschleimhaut, in deren Folge die klinischen Symptome Husten und Auswurf, in späteren Stadien Atemnot auftreten. Störungen des Proteasen-Antiproteasen-Gleichgewichts und eine mangelhafte Detoxikation von Oxidantien als Folge von inhalativ aufgenommenen Schadstoffen führen schließlich zu einem Lungenemphysem.

Krankheitsbild und Diagnose

Die Bronchitis gilt als chronisch, wenn an den meisten Tagen von wenigstens 3 Monaten in 2 aufeinanderfolgenden Jahren Husten und Auswurf bestehen (WHO-Definition). Bei einer obstruktiven Bronchitis liegen zusätzlich Zeichen der Bronchialobstruktion vor (COPD, „chronic obstructive pulmonary disease"; in der BKV wird CB-E synonym für COPD gebraucht; ▶ Kap. 10.1.1.6). Da das Lungenemphysem pathologisch-anatomisch definiert ist, konnte früher die zweifelsfreie Diagnose zu Lebzeiten fast nie gestellt werden. Hier hat sich durch die Computertomographie des Thorax insofern eine Änderung ergeben, als nunmehr die Diagnose eines Lungenemphysems nichtinvasiv eindeutig möglich ist.

Entscheidend ist nicht nur die kritische Wertung von Anamnese und klinischem Befund, sondern vor allem die objektive Einschränkung der Lungenfunktion. Objektive Beurteilungskriterien für die Bronchialobstruktion sind eine Erhöhung des Atemwegswiderstandes und eine Verminderung der Einsekundenkapazität bzw. deren Anteil an der Vitalkapazität (▶Kap. 4.5). Es besteht aber weitgehende Übereinstimmung darin, dass die (für die Datierung des Versicherungsfalls erforderliche, retrospektiv zu stellende) Diagnose auch ohne Lungenfunktion gestellt werden kann, wenn Husten, Auswurf, Belastungsdyspnoe bestehen und weitere stützende Hinweise vorliegen wie zum Beispiel fehlende sonstige Ursachen der Dyspnoe, Brummen und Giemen, Arztdiagnose oder antiobstruktive Medikation. Aus allen verfügbaren Informationen muss im Einzelfall dargelegt werden, dass die Diagnose spätestens ab einem bestimmten Zeitpunkt zweifelsfrei vorgelegen hat. Es ist verständlich, dass hierbei unterschiedliche Einschätzungen der Gutachter häufig sind.

Das Lungenemphysem wird durch eine Erhöhung des Residualvolumens (*RV*) und der Totalkapazität (*TLC*) bzw. an einem erhöhten RV/TLC-Quotienten, konventionell-röntgenologisch durch abgeflachte Zwerchfellkuppen, breite Zwischenrippenräume und vermehrt strahlentransparente Lungenfelder erkannt. Ein Lungenemphysem kann durch eine konventionelle Röntgenaufnahme des Thorax nur in ausgeprägten Fällen zweifelsfrei diagnostiziert werden. Eine chronische obstruktive Bronchitis mit einem Lungenemphysem (COPD) kann in fortgeschrittenen Fällen eine Überlastung der rechten Herzkammer (Cor pulmonale) und eine respiratorische Insuffizienz mit verminderter Sauerstoff- und später (bei Versagen der „Atempumpe") auch erhöhter Kohlensäurekonzentration im arteriellen Blut nach sich ziehen. Umgekehrt ist eine Gasaustauschstörung bzw. ein eingeschränkter CO-Transferfaktor bei obstruktiven Atemwegserkrankungen ein recht spezifischer Hinweis für ein Lungenemphysem.

Besonderheiten

Ein zeitliches Intervall zwischen ersten Symptomen der Erkrankung und der Beendigung der Staubbelastung schließt die berufliche Verursachung nicht aus. Es ist jedoch auch nicht zu verkennen, dass bei längeren beschwerdefreien Intervallen nach Aufgabe der belasteten beruflichen Tätigkeit andere konkurrierende Ursachen und damit auch das Alter und das Rauchen eine stärkere Bedeutung erlangen. Der Kausalzusammenhang wird bei Feststellung eines völlig beschwerdefreien Intervalles von 20 Jahren und länger im konkreten Einzelfall im Sinne der „generellen Geeignetheit" nicht ohne Weiteres zu unterstellen sein. Ein deutliches Überschreiten des kumulativen Feinstaubwertes oder das gleichzeitige Vorliegen nennenswerter silikotischer Lungenveränderungen kann allerdings dessen wesentliche Mitursächlichkeit trotz hohen Alters und trotz starken Rauchens erhalten. Eine Brückensymptomatik (Husten) verkürzt diese sogenannte Latenzzeit, weshalb es von besonderer Bedeutung ist, den Beginn dieser von den Versicherten meist nicht spontan angegebenen geringfügigen Symptome zu erfragen.

Schwierig ist auch die Abgrenzung einer Berufskrankheit im Sinne der BK 4111 vom Asthma. Bei einer vorbestehenden asthmatischen Erkrankung (Vorschaden) muss aber immer die Frage der wesentlichen Verschlimmerung geprüft werden, wenn dieser die für die Entstehung der Berufskrankheit notwendige Feinstaubdosis erreicht hat. In der Regel wird eine wesentliche Teilursächlichkeit der beruflichen Belastungen anzunehmen sein.

Während die Definition des Versicherungsfalles nicht zwingend eine Lungenfunktionsprüfung voraussetzt, kann der Leistungsfall ohne Lungenfunktionsprüfung nicht definiert werden. Eine ausreichend qualitätsgesicherte Lungenfunktion (Bodyplethysmographie und Spirometrie) ist dabei von besonderer Bedeutung. Sofern eine antiobstruktive Medikation durchgeführt wird, sollte diese vorher abgesetzt werden, so dass die Messung zumindest ohne Einfluss von Bronchodilatatoren erfolgen sollte.

Literatur

Bundesministerium für Arbeit und Sozialordnung (1995) Bekanntmachung zur Berufskrankheit „Chronische obstruktive Bronchitis oder Emphysem von Bergleuten unter Tage im Steinkohlenbergbau bei Nachweis der Einwirkung einer kumulativen Feinstaubdosis von in der Regel 100 [(mg/m^3)×Jahre]" Bundesarbeitsblatt 10:39–45

Marine WM, Gurr D, Jacobsen M (1988) Clinically important respiratory effects of dust exposure and smoking in British coal miners. Am Rev Respir Dis 137:106–112

Morfeld P, Piekarski C (1996) Chronische Bronchitis und Emphysem als Berufskrankheit der Steinkohlenbergleute. Schriftenreihe Zentralblatt für Arbeitsmedizin 13 u. 15. Haefner, Heidelberg

Oxman AD, Muir DC, Shannon HS, et al (1993) Occupational dust exposure and chronic obstructive pulmonary disease. A systematic overview of the evidence. Am Rev Respir Dis 148:38–48

10.1.1.7 Berufskrankheit durch künstlich hergestellte Mineralfasern (KMF)?

Mit der Kenntnis der Gefahren durch Asbest und besonders seit dem Verbot von Asbest im Jahre 1993 wird in der Industrie zur Wärme- und Schalldämmung, zur Isolierung von Tanks und Rohren oder auch als Hitzeschutz auf künstlich hergestellte Mineralfasern (*KMF*) zurückgegriffen. Zu ihrer Herstellung werden anorganische Stoffe wie Glas, Schlacke oder Gesteinsarten wie Basalt zu entsprechenden Materialien verarbeitet. Heute wird Mineralwolle in großem Umfang als Dämmstoff in der Bauindustrie, als Feuerschutz, bei der Herstellung von Haushaltsgeräten usw. verwendet. Man schätzt, dass in Deutschland etwa 500 000 Arbeitnehmer bei der Herstellung oder der Verarbeitung von Mineralfaserstoffen beschäftigt sind.

Künstliche Mineralfasern aus mineralischen Rohstoffen werden synthetisch als Endlosfasern, Mineralwolle, Keramikfasern und andere Formen durch Schmelzen hergestellt. Sie zeichnen sich durch hohe Festigkeit und Elastizität aus, sind nicht brennbar, absorbieren Geruchsstoffe, lassen sich verspinnen und sind relativ alterungsbeständig. Anders als Asbestfasern brechen diese künstlichen Mineralfasern meist transversal. Ihr Durchmesser ist 100- bis 1000fach größer als der der sich longitudinal aufspaltenden Asbestfasern. Es wurden zahlreiche Untersuchungen über die Beständigkeit, Löslichkeit und Kanzerogenität künstlicher Mineralfasern durchgeführt. Besonders die feinen Fasern korrodieren in kurzer Zeit und lösen sich im biologischen Milieu schließlich vollständig auf.

Es wurden zahlreiche Untersuchungen über die gesundheitsgefährdenden Wirkungen künstlicher Mineralfasern vorgenommen. Neben der Konzentration in der Luft sind die Geometrie und die Beständigkeit im Organismus für die Pathogenität bestimmend. Nur hinreichend dünne Fasern gelangen bei der Aufnahme durch die Atmung bis in den Bereich der Alveolen. Endlosfasern wie Textilglasfasern sind kaum lungengängig. Je länger eine Faser ihre Reizwirkung im Lungengewebe oder im Rippenfell entfalten kann, umso größer ist das Risiko der bösartigen Gewebsentartung. Keramische Fasern werden in Kategorie K2, Mineralwolle in K3, also krebserzeugend im Tierversuch bzw. krebsverdächtig eingestuft. Der Grenzwert für krebserzeugende anorganische Faserstäube wurde mit 250 000 Fasern/m^3 festgelegt. Zwar können im Tierversuch durch intraperitoneale oder intrapleurale Applikation künstlicher Mineralfasern Karzinome hervorgerufen werden, bislang zeigen epidemiologische Analysen an exponierten Personen aber keine Hinweise auf die Verursachung von Lungen- oder oder Larynxkarzinomen und keine radiologischen Hinweise für Lungenfibrosen durch KMF.

Künstliche Mineralfasern führen offenbar auch nicht zu chronisch-obstruktiver Lungenkrankheit, nur zu reversiblen Hautreizungen und Entzündungen der Augen, zu Rhinitis, Laryngitis oder Tracheitis, wie die Zusammenfassung des Informationsblatts des HVBG zeigt: Es bestehen derzeit keine gesicherten medizinisch-wissenschaftlichen Erkenntnisse, dass eine bestimmte Personengruppe durch ihre Arbeit und den Umgang mit KMF im weitaus höheren Grade als die übrige Bevölkerung Lungenfibrosen, Lungen- oder Larynxkrebs erleidet. Eventuelle Hauterkrankungen sind ggf. als ▶BK 5101 bei Vorliegen der Voraussetzungen zu melden. Entsprechend ist auch bei Augenerkrankungen zu verfahren. An dieser Einschätzung hat sich bislang nichts geändert.

10.1.2 Erkrankungen durch organische Stäube (▶BK 42)

Neben infektiösen Lungenkrankheiten kann die Inhalation von Stäuben pflanzlichen oder tierischen Ursprungs zu toxischen und allergischen Atemwegs- oder Lungenkrankheiten führen, insbesondere wenn die Partikel in hohen Konzentrationen eingeatmet werden (das allergische Asthma wird an anderer Stelle behandelt, ▶Kap. 10.1.3.2). Es handelt sich bei „organischen Stäuben“ um eine komplexe Mischung von Substanzen, die beträchtliche qualitative Unterschiede zwischen einzelnen Tätigkeiten aufweist. Die durch organische Stäube verursachten Krankheiten sind vielfältig und können an dieser Stelle nicht umfassend dargestellt werden. Eine umfangreiche Übersicht über Atemwegs- und Lungenkrankheiten in der Landwirtschaft wurde von der Amerikanischen Thoraxgesellschaft publiziert (ATS 1998). Eine besondere Rolle spielen dabei Bakterien und Schimmelpilze beziehungsweise Produkte aus diesen Organismen (Endotoxine und Mykotoxine).

Bei den durch toxische Wirkungen verursachten Atemwegserkrankungen sind das Asthma, das „Asthma-like syndrome“ und die COPD sowie das „Organic-Dust-Toxic-Syndrome“ (*ODTS*) zu unterscheiden. Ursächlich für diese Krankheiten werden vor allem Endotoxine angesehen, hitzestabile Lipopolysaccharide (*LPS*), die Teile der Zellmembran gramnegativer Bakterien darstellen. Inhalationsstudien mit gereinigten LPS konnten Krankheitssymptome und -befunde reproduzieren, so dass hierin allgemein der wesentliche Faktor für die o.g. nichtallergischen Krankheiten gesehen wird.

Die Byssinose ist eine hinsichtlich ihres Pathomechanismus wenig verstandene, ähnliche Erkrankung, die in Industrienationen selten geworden ist.

Bei den exogen allergischen Alveolitiden ist die Farmerlunge, auch Drescherlunge genannt, von besonderer Bedeutung. Neben der Farmerlunge gibt es noch eine Fülle berufstypischer exogen allergischer Alveolitiden, die als Berufskrankheit unter der

▶BK 4201 zu subsumieren, insgesamt aber selten sind. Schließlich ist die kanzerogene Wirkung organischer Stäube aus einheimischen Hölzern bekannt.

Die Häufigkeit toxischer oder allergischer Reaktionen variiert tätigkeitsbezogen beträchtlich: Während zum Beispiel bei Mehlstaubexposition das allergische Asthma dominiert, ist es bei Schweinezüchtern das nichtallergische Asthma, bei Getreidearbeitern das ODTS und bei Landwirten mit Exposition zu feuchtem Heu die exogen allergische Alveolitis.

10.1.2.1 Asthma, „Asthma-like syndrome", COPD

Asthma und „asthma-like syndrome" unterscheiden sich formal darin, dass unter „asthma-like syndrome" eine nichtallergische, akute und reversible Reaktion nach Inhalation organischer Stäube verstanden wird. Vermutlich handelt es sich um eine Krankheitsentität mit dem nichtallergischen Asthma, denn es ist zu hinterfragen, ob die Langzeitprognose bei Personen mit „asthma-like syndrome" wirklich günstig ist. Es gibt inzwischen ausreichende Hinweise auf eine erhöhte Prävalenz obstruktiver Atemwegserkrankungen bei langjährig gegenüber organischen Stäuben exponierten Personen, so dass davon auszugehen ist, dass auch eine COPD durch langjährige hohe Einwirkung von organischen Stäuben induziert werden kann. Teilweise sind hier Mischexpositionen mit chemisch-irritativ wirkenden Substanzen zu berücksichtigen (z. B. Ammoniak bei Landwirten). Ein Problem gerade bei Landwirten ist die Tatsache, dass diese meist auf dem elterlichen Hof aufwachsen und eine Trennung zwischen beruflichen Ursachen bzw. Verschlimmerungen und nichtberuflichen Ursachen schwierig oder unmöglich ist.

10.1.2.2 Allergische bronchopulmonale Aspergillose (ABPA)

Bei der ABPA handelt es sich um eine seltene allergische Krankheit mit Sensibilisierung gegen Schimmelpilzallergene. Die Symptomatik ist bestimmt von asthmatischen Beschwerden mit rezidivierenden „Lungenentzündungen". Die Diagnostik fußt im Wesentlichen auf dem Nachweis eines Asthma bronchiale, einem erhöhten Gesamt-IgE, einer Schimmelpilzsensibilisierung und wechselnden (nichtinfektiösen) Lungeninfiltraten sowie in Spätstadien zentralen Bronchiektasen. Es ist möglich, die Erkrankung durch Nachweis eines speziellen Einzelallergenspektrums mit hoher Spezifität vom allergischen Schimmelpilzasthma abzugrenzen. Die ABPA ist keine Berufskrankheit, es existieren auch keine Hinweise auf Häufungen bei bestimmten Berufsgruppen. Als Kasuistik wurde der Fall eines Müllwerkers mit ABPA beschrieben. Bei einem Landwirt mit arbeitsbezogenenen Beschwerden wurde der asthmatische Anteil der Erkrankung als ▶BK 4301 anerkannt.

10.1.2.3 „Organic Dust Toxic Syndrome" (ODTS)

Das ODTS ist eine durch organische Stäube ausgelöste, nach mehrstündiger Latenzzeit auftretende entzündliche Reaktion der Atemwege, die mit leichtem Fieber und grippeartigen Allgemeinsymptomen einhergeht. Das ODTS tritt überwiegend in der Landwirtschaft auf, insbesondere nach intensivem Kontakt mit Getreidestaub.

Es kommt typischerweise zu einer akuten, grippeähnlichen, entzündlichen Reaktion der Atemwege mit Fieber, Muskelschmerzen, Engegefühl im Brustkorb, Husten und Übelkeit. Die Beschwerden treten meist 4–8 Stunden nach inhalativer Staubbelastung auf. Diese Reaktionen treten bereits bei der ersten Exposition auf. Neben dem akuten ODTS wird auch eine chronische Verlaufsform mit Auftreten einer chronischen obstruktiven Lungenerkrankung beschrieben. Die Beschwerden sind verbunden mit Leukozytose und Linksverschiebung im Differentialblutbild. In der Lungenfunktion findet sich eine obstruktive Ventilationsstörung. Bisher ist das ODTS nicht als Berufskrankheit anerkannt; präventive Maßnahmen werden somit nicht von den Berufsgenossenschaften getragen. Bildgebend sind keine Auffälligkeiten bekannt, erhöhte IgG-Antikörper sind im Gegensatz zur exogen allergischen Alveolitis nicht nachweisbar. Die Differentialdiagnose zur exogen allergischen Alveolitis ist in Einzelfällen nicht einfach, weil sich die Symptome beider Krankheiten sehr ähneln. Die Diagnostik stützt sich auf die typische Exposition, eine typische Anamnese und den Ausschluss einer exogen allergischen Alveolitis (▶ Kap. 10.1.2.5). Die Erkrankung tritt nur bei hohen Expositionen auf, präventive Maßnahmen (Atemschutz) sind von hoher Effektivität.

10.1.2.4 Byssinose

Als Byssinose (▶BK 4202) bezeichnet man eine Erkrankung von Arbeitern in Baumwoll- und Flachsspinnereien sowie in Hanfbetrieben, die nach Inhalation von Stäuben ungereinigter Rohbaumwolle bzw. rohen Flachses oder von Hanfstaub auftritt. Die Erkrankung tritt nur bei den Arbeitern auf, die in den Vorwerken oder Baumwollspinnereien (Ballenöffner, Mischanlagen, Putzereien, Krempelei) Stäube ungereinigter Baumwolle einatmen. Es handelt sich nicht um eine allergische Krankheit. Bei nur unzureichend bekannter Pathogenese wird angenommen, dass die wesentlichen pathogenen Inhaltsstoffe Endotoxine sind, d. h. Zellwandbestandteile von gramnegativen Bakterien.

Als klinische Leitsymptome gelten das Engegefühl über der Brust und Atembeschwerden, die einige Stunden nach Wiederaufnahme der Berufstätigkeit im Anschluss an eine mindestens eintägige Arbeitspause auftreten (Montagssymptomatik). Im Laufe der Arbeitswoche nehmen die Beschwerden ab. Die Atemnot hat Anfallcharakter. Ihr liegt letztlich eine akute Bronchialobstruktion zugrunde. Die Ursache der Montagssymptomatik ist nicht bekannt.

Schwere Krankheitserscheinungen werden im Allgemeinen erst nach längerer Expositionsdauer gefunden. Chronische Atemwegserkrankungen sind in der Regel erst nach 8–10-jähriger Exposition zu erwarten. Vor allem in den fortgeschrittenen Stadien ist die Differentialdiagnose zu Bronchialerkrankungen anderer Genese schwierig und fußt ausschließlich auf der Anamnese. Provokationstests oder die immunologische Diagnostik haben sich differentialdiagnostisch als nicht hilfreich erwiesen.

10.1.2.5 Exogen allergische Alveolitis

Die Antigene der exogenen allergischen Alveotitis (▶ BK 4201) sind in einer Vielzahl von Stäuben enthalten und haben häufig eine Tätigkeits-(berufs-) spezifische Herkunft, was meist in den Bezeichnungen der Erkrankung zum Ausdruck kommt (z.B. Farmerlunge, Vogelhalterlunge, Befeuchterlunge, Holzarbeiterlunge, Pilzzüchterlunge). Die häufigsten Allergene sind Tierallergene, Pflanzenallergene, Allergene von Bakterien (z.B. Aktinomyzeten) und Schimmelpilzen sowie Chemikalien (Isocyanate, Phthalsäureanhydrid). In Deutschland werden ohne wesentliche Schwankungen der Inzidenz etwa 20 Fälle pro Jahr als Berufskrankheit anerkannt. Bezüglich der vielfältigen möglichen Ursachen wird auf das deutschsprachige Standardwerk verwiesen (Sennekamp 1998). Eine häufige Ursache allergischer Alveolitiden ist der Staub aus verschimmeltem Heu oder Stroh (sogenannte Farmerlunge).

Die typischerweise anzutreffenden akuten Krankheitserscheinungen setzen in der Regel 4–8 Stunden nach Inhalation des Staubes ein. Im Vordergrund stehen Atemnot, Gliederschmerzen, mehr oder weniger hohes Fieber, Schüttelfrost und Schweißausbrüche, ferner Husten, der mit zunächst geringem, später auch mit reichlich schleimigem und gelegentlich blutigem Auswurf einhergeht. Der anfänglich schubweise Verlauf geht bei weiter anhaltender Staubexposition in das chronische Stadium über, das durch Dyspnoe und anhaltenden Husten mit Auswurf gekennzeichnet ist. Diese chronischen Verlaufsformen können auch primär auftreten und lassen die Akutsymptomatik zurücktreten oder auch ganz vermissen. Kurz dauernde Exazerbationen nach verstärkter Exposition können das allmähliche Fortschreiten überlagern. In späteren Stadien ent-

Tabelle 10.3. Wahrscheinlichkeit für eine exogen allergische Alveolitis; Goldstandard waren ein typischer CT-Befund sowie ein typischer BAL-Befund. (Nach Lacasse et al. 2003)

Wahrscheinlichkeit für eine exogen allergische Alveolitis							
Exposition zu einem bekannten Antigen	**Rezidivierende Symptome**	**Symptome 4–8 h nach Exposition**	**Gewichtsverlust**	**Rasselgeräusche**			
				+ Serumpräzipitine		**– Serumpräzipitine**	
				+	–	+	–
+	+	+	+	98	92	93	72
+	+	+	–	97	85	87	56
+	+	–	+	90	62	66	28
+	+	–	–	81	45	49	15
+	–	+	+	95	78	81	44
+	–	+	–	90	64	68	28
+	–	–	+	73	33	37	10
+	–	–	–	57	20	22	5
–	+	+	+	62	23	26	6
–	+	+	–	45	13	15	3
–	+	–	+	18	4	5	1
–	+	–	–	10	2	2	0
–	–	+	+	33	8	10	2
–	–	+	–	20	4	5	1
–	–	–	+	6	1	1	0
–	–	–	–	3	1	1	0

wickelt sich eine Lungenfibrose mit Cor pulmonale. Die Diagnose stützt sich auf die 4–8 Stunden nach spezifischer Exposition auftretende akute Symptomatik und den Nachweis präzipitierender Antikörper im Serum. Von einer internationalen Studiengruppe wurden folgende 6 prädiktive Symptome/Befunde definiert (Lacasse et al. 1998):

- Exposition zu einem bekannten Antigen,
- Nachweis präzipitierender Antikörper,
- rezidivierende Symptome,
- Rasselgeräusche bei der Auskultation,
- Beschwerden 4–8 h nach Exposition,
- Gewichtsverlust.

Die Wahrscheinlichkeit einer exogen allergischen Alveolitis wurde von dieser Arbeitsgruppe aus 116 Patienten mit exogen allergischer Alveolitis und 284 Kontrollpersonen wie in Tabelle 10.3 angegeben.

Es sind weiterhin eine restriktive Ventilationsstörung oder bildgebende Hinweise auf eine Alveolitis zu fordern. Sehr sensitiv ist die Computertomographie des Thorax mit Nachweis landkartenartiger, milchglasartiger Verschattungen der Lungenfelder sowie zentrilobulärer Knötchen. Im konventionellen Röntgenbild zeigt sich eine basale milchglasartige Verschattung, wobei bei radiologischen Auffälligkeiten bereits eine deutliche Funktionseinschränkung vorliegt (Abb. 10.17).

In Zweifelsfällen kann ein arbeitsplatzbezogener Expositionstest zur Krankheitserkennung erforderlich sein. Diese Tests sind hinsichtlich der maximalen Dosis wenig standardisiert und nicht ungefährlich, weshalb diese Diagnostik nur von besonders in der Diagnostik der exogen allergischen Alveolitis erfahrenen Gutachtern durchgeführt werden sollte. Auch die bronchoalveoläre Lavage (*BAL*) kann Hinweise auf eine exogen allergische Alveolitis geben: Typischerweise findet sich eine ausgeprägte Lymphozytose (>30%) mit Überwiegen von TH_1-Lymphozyten (CD_4/CD_8-Ratio häufig erniedrigt). Die Vielzahl der möglichen Antigene, die häufig sowohl falsch-positive (der Antikörpernachweis ist ein Expositionsmarker, der nicht unbedingt mit Krankheit assoziiert ist) als auch falsch-negative Antikörperbestimmung sowie die unterschiedlich ausgeprägten Krankheitsbilder machen die Diagnostik und Begutachtung schwierig, der zweifelsfreie Nachweis einer exogen allergischen Alveolitis gelingt in vielen Fällen nicht. Zweifel sind vor allem dann angebracht, wenn bei entsprechenden Berufsgruppen eine exogen allergische Alveolitis zwar aufgrund einer entsprechenden Exposition möglich, in der Literatur aber nicht oder nur als Einzelkasuistik beschrieben ist (z. B. exogen allergische Alveolitis bei Bäckern oder Getreidesiloarbeitern).

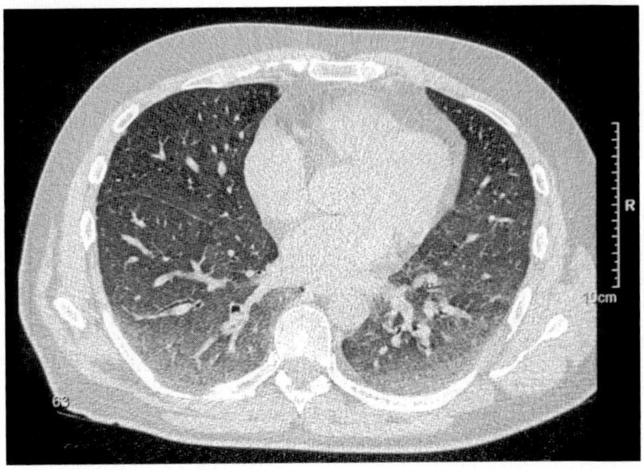

Abb. 10.17. Exogen allergische Alveolitis (Farmerlunge)

10.1.2.6 Adenokarzinome der Nasenhaupt- und -nebenhöhlen

In der internationalen und deutschen Literatur wird die Entstehung von Adenokarzinomen der Nasenhaupt- und -nebenhöhlen (▶BK 4203) durch Holzstäube beschrieben. Die berufsanamnestischen Erhebungen haben in auswertbaren Fällen mit gesichertem Adenokarzinom ergeben, dass sich bei Personen nach langjähriger Eichen- und Buchenholzstaubexposition eine überhäufige Anzahl von Erkrankten fand. Die Adenokarzinome der Nasenhaupt- und -nebenhöhlen durch Stäube von Eichen- und Buchenholz stellen daher eine Berufskrankheit nach ▶BK 4203 dar.

Literatur

American Thoracic Society (1998) Respiratory health hazards in agriculture. Am J Respir Crit Care Med 158:S1–S67

Lacasse Y, Selman M, Costabel U, et al (2003) Clinical diagnosis of hypersensitivity pneumonitis. Am J Respir Crit Care Med 168:952–958

Sennekamp HJ (1998) Exogen allergische Alveolitis. Dustri Verlag

10.1.3 Obstruktive Atemwegserkrankungen (▶ BK 43)

10.1.3.1 Durch allergisierende Stoffe verursachte obstruktive Atemwegserkrankungen (einschließlich Rhinopathie), die zur Unterlassung aller Tätigkeiten gezwungen haben, die für die Entstehung, Verschlimmerung oder das Wiederaufleben der Krankheit ursächlich waren oder sein können (▶ BK 4301)

G. Schultze-Werninghaus

Das allergische Berufsasthma ist eine der häufigsten Berufserkrankungen: Die Zahl der Verdachtsfälle hat in den letzten Jahren erheblich zugenommen. Es dominiert unverändert das Bäckerasthma mit ca. 80% der anerkannten Fälle. Eine Verdachtsdiagnose und damit die BK-Anzeige wegen des Verdachts auf eine Erkrankung nach Ziffer 4301 ist immer dann begründet, wenn Arbeitsplatz- (besser Arbeitsstoff-) bezogen charakteristische Symptome, insbesondere anfallsweise Dyspnoe bzw. Atembeklemmung, Husten, Niessalven, Fließschnupfen, Augenbrennen oder eine Kombination dieser Symptome auftreten.

Die Schwierigkeiten einer korrekten Diagnosestellung sind nicht unbeträchtlich. Sie beruhen vor allem auf folgenden Sachverhalten:

- Allergische Erkrankungen sind in der Allgemeinbevölkerung häufig, daher stößt eine Abgrenzung beruflicher und außerberuflicher kausaler Faktoren oft auf Schwierigkeiten.
- Zusätzliche unspezifische Faktoren spielen in Pathogenese und Verlauf allergischer Erkrankungen oft eine entscheidende Rolle, vor allem bezüglich des Hyperreagibilitätsgrades der Atemwege, sind aber kaum quantifizierbar; daher ist die tatsächliche Bedeutung nachweisbarer allergischer Pathomechanismen nicht immer sicher abgrenzbar.
- Zuverlässige allergologische Nachweisverfahren existieren nur für einen Teil der Berufsallergene.
- Für niedermolekulare Berufsallergene fehlen im Regelfall spezifische diagnostische Verfahren.
- Bei einem erheblichen Teil der Berufsstoffe ist der Pathomechanismus der Krankheitsverursachung nicht bekannt, daher existieren auch keine zuverlässigen diagnostischen Verfahren.

Die Diagnostik des Asthma bronchiale lässt sich in Krankheitsnachweis und Ursachenanalyse unterteilen (Tabelle 10.4). Eine umfangreiche allergologische Diagnostik ist immer erforderlich (▶ Kap. 4.6).

Die Annahme eines kausalen Zusammenhanges zwischen Erkrankung und Berufstätigkeit macht immer dann keine Schwierigkeiten, wenn folgende Bedingungen erfüllt sind:

Tabelle 10.4. Krankheitsnachweis und Ursachenanalyse bei obstruktiven Atemwegserkrankungen

Krankheitsnachweis
1. Anamnese (*asthmatische Symptome? Husten, Atembeklemmungen?*)
2. Körperlicher Befund (*Giemen?*)
3. Lungenfunktionsprüfung (*Atemwegsobstruktion? Überblähung?*)
4. Unspezifische Provokation (*Hyperreagibilität der Atemwege?*)
5. Röntgen-Thorax (*Überblähung, Emphysem?*)
6. Ggf. Echokardiographie, Elektrokardiogramm (*Cor pulmonale?*)

Ursachenanalyse
1. Allergieanamnese (*Noxen? Arbeitsplatzbezug? Urlaubspause? Außerberufliche Allergien? Rauchgewohnheiten?*)
2. Hauttest (*Ubiquitäre Allergene, Berufsallergene*)
3. Ggf. RAST/Spezifisches IgE (*Bestätigung/Ergänzung der Hauttestung*)
4. Nasale Provokation (*Kausalzusammenhang bei rhinitischer Symptomatik*)
5. Bronchiale Provokation mit Allergenextrakt bzw. arbeitsplatzbezogen (*Kausalzusammenhang bei Asthma*)
6. Ggf. Arbeitsplatz-Exposition mit Peakflow-Überwachung (*Kausalzusammenhang Erkrankung – Arbeitsplatz*)
7. Ggf. Einschaltung des Technischen Aufsichtsdienstes (*Messung der Arbeitsplatz-Konzentration der Berufsnoxen*)
8. Ggf. spezielle Labordiagnostik zur Analyse neuartiger bzw. wenig untersuchter Noxen (*Histaminfreisetzung aus basophilen Leukozyten, Immunelektrophoretische Techniken, Immunoblot u.a.*)

- Die Allergenexposition ist auf den Arbeitsplatz beschränkt (wie Rattenkontakt bei Laboranten) oder
- der außerberufliche Allergenkontakt liegt größenordnungsmäßig weit unter der massiven Exposition am Arbeitsplatz (wie z.B. Speisemilbenkontakte bei Bäckern).

Zu Schwierigkeiten kommt es bei der Beurteilung des ursächlichen Zusammenhanges immer dann, wenn das beruflich einwirkende Allergen sowohl am Arbeitsplatz als auch im natürlichen Lebensraum reichlich vorhanden ist. In solchen Fällen kann nur durch sehr sorgfältige Abwägung der Entstehung und des Verlaufes der allergischen Atemwegserkrankung sowie in manchen Fällen durch Karenz- und Reexpositionstests am Arbeitsplatz die Wahrscheinlichkeit des Zusammenhangs erbracht werden. Eine Hauptschwierigkeit in der exakten Beurteilung der kausalen Zuordnung stellt die bislang unzureichende Quantifizierbarkeit der Allergenexposition dar. Mit Ausnahme weniger Allergene, wie der Hausstaubmilbe, stehen keine handelsüblichen Meßverfahren für die Allergenbelastung zur Verfügung. Es muss statt dessen auf weniger zuverlässige Daten zurückgegriffen werden, wie die Einschätzung durch den TA oder anamnestische Angaben des Erkrankten.

Eine durch Berufsallergene verursachte obstruktive Atemwegskrankheit gilt nur dann als Berufskrankheit, wenn sie zur Aufgabe der beruflichen Tätigkeit gezwungen hat. In der gutachtlichen Praxis findet dieser Gesichtspunkt nicht immer ausreichende Beachtung. So kann wegen dieser Einschränkung strenggenommen die abschließende gutachterliche Beurteilung des Krankheitsfalles einschließlich der Einschätzung einer MdE erst dann erfolgen, wenn die Berufstätigkeit aufgegeben worden ist. Da unter dem Gesichtspunkt einer drohenden Verschlimmerung der beruflichen Erkrankung vor Berufsaufgabe bzw. der Entstehung einer Berufskrankheit im Sinne der BK 4301 jedoch häufig frühzeitige Maßnahmen wie Arbeitsplatzwechsel, Umschulung oder auch therapeutische Maßnahmen angebracht erscheinen, ist stets zu erwägen, die Durchführung derartiger Maßnahmen unter Anwendung des § 3 BKV vorzuschlagen, auch wenn die Erkrankung im medizinischen Sinne noch nicht zur Berufsaufgabe gezwungen hat. Der Gesetzgeber

Tabelle 10.5. MdE bei obstruktiven Atemwegserkrankungen (▶BK 4301/4302/1315). (Hauptverband der gewerblichen Berufsgenossenschaften 2006)

MdE %	Anamnese	Klinik	Lungenfunktion (Spirometrie, Bodyplethysmographie)	Belastungsuntersuchung (Blutgasbestimmung, Spiroergometrie)	Therapie	MdE %
10	Geringe Beschwerden, unter Therapie keine Beschwerden	Normalbefund	Grenzbereich	Normoxämie	Keine oder gelegentlich Bronchodilatatoren u./o. inhalative Kortikoide u./o. Antihistaminika	**10**
20	Keine völlige beschwerdefreiheit unter Therapie	Giemen unterschiedlichen Grades	Geringgradige Veränderungen überwiegen	Normoxämie oder andere Insuffizienzkriterien	Täglich inhalative Kortikoide und Bronchodilatatoren	**20**
30	Geringgradiege Belasungsdyspnoe			Hypoxämie oder andere Insuffizienzkriterien bei hoher Belastung		**30**
40	Periodische auftretende Asthmaanfälle		Mittelgradige Veränderungen überwiegen			**40**
50	Mittelgradige Belastungsdyspnoe (z. B. Pause nach 2 bis 3 Stockwerken)	Cor pulmonale ohne insuffizienzzeichen		Hypoxämie oder andere Insuffizienzkriterien bei mittlerer Belastung	Zusätzliche orale Krotikoide/Sonstige Medikation notwendig	**50**
60	Tägliche Atemberscherden Geringe nächtliche Beschwerden	Cor pulmonale mit reversiblen Zeichen der Rechtsherzinsuffizienz				**60**
70	Hochgradige Belastungsdyspnoe (z. B. Pause nach 1 Stockwerk)		Hochgradige Veränderungen überwiegen	Hypoxämie oder andere Insuffizienzkirterien bei leichter Belastung		**70**
80	Tägliche Asthmaanfälle Regelmäßig nächtliche Atemnotzustände					**80**
90	Gehstrecke ohne Pause < 100 m oder < 8 Stufen	Cor pulmonale mit irreversibler Rechtsherzinsuffizienz		Hypoxämie oder andere Insuffizienzkriterien in Ruhe bei Normokapnie		**90**
100	Ruhedyspnoe (Hilfe beim Essen u./o. Kleiden notwendig) Wiederholt lebensbedrohliche Asthmaanfälle		Forcierte Atemmanöver nicht möglich	Hypoxämie oder andere Insuffizienzkriterien und Hyperkapnie in Ruhe	Trotz optimaler Therapie nicht beherrschbares Asthma	**100**

Beachte, dass der MdE-Wert anzunehmen ist, für den die Mehrheit der einzelnen Angaben/Befunde spricht, so rechtfertigt z. B. die tägliche (prophylaktische) inhalative Kortikoid-Medikatin allein keinesfalls eine MdE von 40 oder mehr Prozent

selbst hat mit der Einführung der Rhinopathie als Berufskrankheit nach BK 4301 im Jahre 1988 implizit nahegelegt, frühzeitig derartige Maßnahmen anzustreben, da die Rhinopathie selbst kaum „zwingen" dürfte, den Beruf aufzugeben.

Die Deutsche Gesetzliche Unfallversicherung hat in einer Expertengruppe Begutachtungsempfehlungen zu den ▶BK 4301, ▶BK 4302 und ▶BK 1315 abgestimmt, die diagnostische Standards sowie Hilfen zur Kausalität und zur Arbeitsanamnese enthalten. Dieses „Reichenhaller Merkblatt" vom April 2006, das die Gleichbehandlung aller Gutachtenkunden fördern soll, ist als Broschüre unter ▶www. hvbg.de einzusehen oder zu bestellen. Die wichtige MdE-Tabelle ist als Tabelle 10.5 hier abgedruckt. Sie enthält aktuelle Anhaltspunkte, die vor allem zwischen 10 und 30% Spielräume zulassen, aber bei einer Abweichung davon eine besondere Begründungssorgfalt erfordern.

Die Einschätzung der Minderung der Erwerbsfähigkeit bei obstruktiven Atemwegserkrankungen sollte unter Berücksichtigung der Schwere der Erkrankung erfolgen, gemessen an Lungenfunktionsbefund, Hyperreagibilitätsgrad, Therapiebedürftigkeit und Folgeerkrankungen. Ein Vorschlag im Sinne von Empfehlungen ist Tabelle 10.5 zu entnehmen.

Die Diagnostik einer Erkrankung nach Ziffer ▶BK 4301 erfordert stets eine internistisch-pneumologische Differentialdiagnose. Zu berücksichtigen sind vor allem andere Ursachen der Dyspnoe sowie Begleit- und Folgeerkrankungen der Atemwegserkrankung.

Eine asthmatische Symptomatik (Anfallsatemnot) kann Ausdruck einer andersartigen Grundkrankheit sein. Zu berücksichtigen sind:

- Krankheiten im Bereich der Atemwege, wie Obturation durch endotracheale bzw. endobronchiale Tumoren, Fremdkörper, Lymphome; Kompression der Atemwege durch retrosternale Struma, Thymushyperplasie, Mediastinaltumoren; Krankheiten der Atemwege im Rahmen von bronchopneumonischen Infektionen, Tumoren, Pneumokoniosen, Alveolitiden, Sarkoidose;
- Krankheiten von Lungenparenchym oder Lungengefäßen, wie Emphysem, Pneumonien, Lungenfibrosen; Lungenembolie, primär vaskuläre pulmonale Hypertonie;
- Krankheiten des Herzens, wie Linksherzinsuffizienz mit Lungenstauung bzw. beginnendem Lungenödem („Asthma cardiale") bei koronarer Herzerkrankung, primärer Myokarderkrankung, Vitien, usw.;
- Störungen der Atemregulation, insbesondere das Hyperventilationssyndrom.

Schwieriger als die differentialdiagnostische Abgrenzung des Asthmas von einer Dyspnoe infolge anderer Grunderkrankungen ist es häufig, ein Asthma von der chronischen (obstruktiven) Bronchitis zu unterscheiden (▶Kap. 10.1.1.6), zumal beide Krankheitsbilder schlecht definiert sind. Problematisch ist darüber hinaus oft die Diagnose der Folgen bzw. Begleiterkrankungen eines Atemwegsleidens, wie Emphysem und Cor pulmonale, da klinische Daten ohne morphologische bzw. invasive Diagnostik diese Krankheitszustände nur unzureichend zu erfassen vermögen. Trotz dieser Schwierigkeiten ist die Feststellung des Schweregrades dieser möglichen Folgezustände wichtig, vor allem wegen der unfallrechtlichen (Höhe der Minderung der Erwerbsfähigkeit) und auch der therapeutischen Konsequenzen. Erweiterte Lungenfunktionsdiagnostik und Röntgenaufnahme des Thorax, evtl. auch Echokardiographie können die entsprechenden Verdachtsdiagnosen erhärten, der Rechtsherzkatheter sie sichern.

Differentialdiagnostisch ist der schwere Asthmaanfall vor allem von einer Lungenembolie, einem Pneumothorax, einer lokalisierten Atembehinderung durch Fremdkörperaspiration oder Trachealstenose sowie von einer akuten Linksherzinsuffizienz mit Prälungenödem abzugrenzen.

Literatur

Hauptverband der gewerblichen Berufsgenossenschaften (HVBG) (2006) Reichenhaller Merkblatt. www.hvbg.de

10.1.3.2 Durch chemisch-irritativ oder toxisch wirkende Stoffe verursachte obstruktive Atemwegserkrankungen

die zur Unterlassung aller Tätigkeiten gezwungen haben, die für die Entstehung, die Verschlimmerung oder das Wiederaufleben der Krankheit ursächlich waren oder sein können (▶BK 4302)

G. Triebig

Chemisch-irritativ oder toxisch wirkende Arbeitsstoffe kommen an zahlreichen Arbeitsplätzen vor und können nach inhalativer Aufnahme in Abhängigkeit von Konzentration und Einwirkungszeit obstruktive Atemwegserkrankungen verursachen.

Die irritative oder toxische Wirkung von Gefahrstoffen hängt von ihrer chemischen Struktur, der Zusammensetzung und ihren chemisch-physikalischen Eigenschaften ab. Das Krankheitsgeschehen kann akut unfallartig durch das Einatmen toxisch oder irritativ wirkender Gase, Dämpfe oder Stäube in hohen Konzentrationen oder chronisch nach inhalativer Exposition gegenüber entsprechenden Noxen in geringerer Konzentration meist über einen längeren Zeitraum erfolgen. Häufig handelt es sich auch um Gemische entsprechender Substanzen, die unter dem Oberbegriff *Reizgas* beschrieben werden.

Die Stoffe treten in Form von Gasen, Dämpfen, Stäuben oder Rauchen auf und sind beispielhaft nach ihrem Wirkungsort in Tabelle 10.6 und ihrer Flüchtigkeit in Tabelle 10.7 aufgeführt. Bei der sich rasch fortentwickelnden und verändernden Technologie kann eine solche tabellarische Zusammenstellung jedoch nicht vollständig sein und bedarf immer wieder der Ergänzung.

Die Einteilung der inhalativen Reizstoffe nach dem primären Angriffsort (siehe Tabelle 10.6) kann gröber oder feiner gewählt werden. Da der Wirkungsort nicht ausschließlich von der Wasserlöslichkeit der

Tabelle 10.6. Wirkorte von Arbeitsstoffen in Abhängigkeit von deren Wasserlöslichkeit. (Mod. n. Diller 1997)

Arbeitsstoff	Reizlokalisation			Weitere Wirkungen
	Augen, Rachen	Bronchien	Alveolen	
Formaldehyd	×	(×)		
Acrolein	×	(×)		
Ammoniak	×	(×)		
Salzsäuredämpfe	×	(×)		
Sulfochloride	×	×		
Cyanurfluorid	×	×		
Phthalsäureanhydrid	×	×		Bronchiale Sensibilisierung
Tertiäre aliphatische Amine	×	×		
Chlorcyan	×	×	(×)	Atemfermenthemmung
Schwefelwasserstoff	×	×	(×)	Atemfermenthemmung
Ethylenimin	×	×	(×)	Erbrechen
Schwefeldioxid	×	×	(×)	
Phosphorchlorid	×	×	(×)	
Arsentrichlorid	×	×	(×)	
Isocyanate	×	×	(×)	Bronchiale Sensibilisierung
Chlor, Brom, Fluor	(×)	×	(×)	
Fluorwasserstoff	(×)	×	(×)	Kalziumfällung
Selenwasserstoff	×	(×)	(×)	Übelkeit, Leberschäden
Dimethylsulfat	×	×	×	
Perchlormethylmercaptan	×	×	×	Leber- u. Nierenschäden
Chlorpikrin	×	×	×	Met-Hb-Bildung
Ozon	×	×	×	
Vanadiumpentoxid	×	×	×	
Nitrose-Gase	(×)	(×)	×	NO: Met-Hb-Bildung, Hypotonie
Phosgen	(×)	(×)	×	
Chlorameisensäureester	(×)	×	×	
Diazomethan	(×)	×	×	
Zinknebel	(×)	×	×	
Cadmiumoxid	(×)	(×)	×	Leberschäden
Borwasserstoffe (Borane)	(×)	(×)	×	Neurotoxizität
Phosphorwasserstoff		(×)	×	Gastrointestinale Symptome
Methylfluorosulfat		×	×	
Teflon-Verbrennungsprodukte		×	×	
Nickel-/Eisencarbonyle		×	×	ZNS-Schäden
Beryllium/Verbindungen		×	×	Berylliose

Tabelle 10.7. Wichtige Beispiele atemwegsirritierender Arbeitsstoffe

- Leicht flüchtige organische Arbeitsstoffe
  z. B. Acrolein, Ammoniak, Ethylenimin, Formaldehyd, Phosgen
- Schwer flüchtige organische Arbeitsstoffe
  z. B. Säureanhydride, Härter für Epoxidharze, Isocyanate, Naphthochinon, p-Phenylendiamin, Peroxide
- Leicht flüchtige anorganische Arbeitsstoffe
  z. B. Ozon, Stickoxide, Phosphorchloride, Schwefeldioxid
- Schwer flüchtige anorganische Arbeitsstoffe
  z. B. Persulfat, Zinkchlorid, Beryllium und seine Verbindungen (▶ BK 1110), Cadmiumoxid I (▶ BK 1104), Chromate (▶ BK 1103), Vanadiumpentoxid (▶ BK 1107)

Noxen bestimmt wird, sondern u. a. auch vom physikalischen Aggregatzustand und der inhalierten Dosis, sollte das Einteilungsschema nicht zu engmaschig und starr sein. Von Diller (1997) wurde vorgeschlagen, ein oberes Reizsyndrom, das sich vorwiegend auf die Augen und den oberen Respirationstrakt erstreckt, von einem unteren Reizsyndrom zu unterscheiden, das die tieferen Bronchialwege und den Alveolarbereich erfasst. Zu den Stoffen, die ein oberes Reizsyndrom hervorrufen, gehören z. B. Ammoniak und Salzsäure. Phosgen, Nitrosegase und Cadmiumrauch führen dagegen zur Schädigung der peripheren Bronchialabschnitte und des Alveolarraums. Nach einem symptomfreien Intervall kann die Alveolarschädigung zur Ausbildung von Alveolitiden und einem Lungenödem führen. Die Dauer des symptomfreien Intervalls bis zur klinischen Manifestation des Lungenödems ist dabei in erster Linie abhängig von der inhalierten Dosis der betreffenden Noxen. Sie kann 12–24 Stunden betragen, bei Hexafluorcyclobuten sogar bis 48 Stunden. Dabei ist zu beachten, dass die in diesen Fällen meist massive, innerhalb einer Arbeitsschicht erfolgende akute Exposition der Definition nach einen Arbeitsunfall und nicht eine Berufskrankheit darstellt.

Je nach Intensität und Dauer der Einwirkung chemisch-irritativ wirkender Stoffe kommt es lokal zur Reizung (Irritation) sensorischer Rezeptoren der Bronchialschleimhaut und daraus resultierender Reflexbronchokonstriktion im Sinne einer obstruktiven Belüftungsstörung. Bei der Einwirkung chemisch-toxischer Stoffe werden u. a. Schleimhautschäden in Abhängigkeit von der Wasserlöslichkeit, vorwiegend im oberen oder unteren Atemtrakt (siehe Tabelle 10.6), gesetzt mit einer daraus resultierenden Störung der mukoziliären Reinigungsfunktion und einer gestörten Membranfunktion des Bronchialepithels. Aus letzterer kann sich, ähnlich wie bei bakteriellen, viralen oder allergischen Bronchialaffektionen, eine unspezifische bronchiale Hyperreagibilität entwickeln. Im Mittelpunkt des Krankheitsgeschehens steht die Atemwegsobstruktion, häufig in Verbindung mit einer Lungenüberblähung und einer gesteigerten bronchomotorischen Erregbarkeit. Bei den morphologischen Veränderungen der Bronchialschleimhaut stehen Entzündungserscheinungen mit Schleimhautschwellung im Vordergrund. Daneben bestehen Hypersekretion und Dyskrinie (Verdickung des Bronchialsekrets). Dieser Prozess begünstigt Schleimhautstauungen und bakterielle Keimansiedlungen. Es können anatomische Dauerschäden im Bereich der Bronchiolen mit daraus resultierenden obstruktiven Prozessen und der Entwicklung einer obstruktiven Bronchitis, eines Emphysems bzw. einer Emphysembronchitis auftreten.

Das Reaktionsmuster des bronchopulmonalen Systems ist trotz der chemischen Verschiedenartigkeit der hier in Betracht kommenden Arbeitsstoffe verhältnismäßig gleichförmig. An Beschwerden werden akuter oder schleichend einsetzender Husten, unterschiedlich starker Auswurf, Luftnot und vereinzelt Brustschmerzen genannt, daneben Reizerscheinungen an den Schleimhäuten im Bereich der Augen und des Nasenrachenraums. Bei gut wasserlöslichen Reizgasen, wie z. B. Ammoniak, wird mitunter ein tödlich verlaufender Laryngospasmus beschrieben.

Ein enger zeitlicher Zusammenhang mit der Inhalation ist in der Regel gegeben. Es werden folgende Verlaufsformen unterschieden:

- das akute Krankheitsbild nach massiver, kurzdauernder Einwirkung mit Reversibilität der Symptome;
- das akute Krankheitsbild nach massiver, kurzdauernder Einwirkung von Reizgasen wie Phosgen mit Irreversibilität der Symptome;
- das schleichend beginnende Krankheitsbild nach chronischer Einwirkung, z. B. von schwerflüchtigen anorganischen Säuren, mit Reversibilität der Symptome;
- das schleichend beginnende Krankheitsbild nach chronischer Einwirkung z. B. von Diisocyanaten, mit Irreversibilität der Symptome.

Ferner ist darauf hinzuweisen, dass eine vorbestehende Bronchialerkrankung oder ein allergisches Asthma bronchiale die zusätzliche Manifestation einer obstruktiven Atemwegserkrankung auf chemisch-irritativer oder toxischer Basis im Sinne einer wesentlichen Verschlimmerung der Anlageerkrankung begünstigen kann. Auf der anderen Seite ist zu beachten, dass bei jedem Bronchialleiden eine fast unübersehbare Zahl von beruflichen und außerberuflichen chemischen und physikalisch-irritativen Reizen über sensorische Rezeptoren in der Bronchialschleimhaut eine Reflexbronchokonstriktion auslösen. 10–15% der Bevölkerung gehören zu dem betroffenen Personenkreis mit unspezifischer bronchialer Hyperreagibilität, ohne dass in jedem Einzelfall eine berufliche oder außerberufliche Ursache erkennbar ist. Bei bestehender unspezifischer bronchialer Hyperreagibilität kann letztlich jeder Umweltreiz zu einer obstruktiven Reaktion führen. Auch schwache Reize wie kalte Luft, Nebel, Kosmetika, geruchsintensive Substanzen oder die nicht zu den Reizgasen gehörenden Lösungsmittel bzw. Lösungsmittelgemische (z. B. Alkohole, Testbenzin, Kaltreiniger, Chlorkohlenwasserstoffe), sind in der Lage, bei Bronchialerkrankten oder Personen mit gesteigerter bronchomotorischer Erregbarkeit eine Reflexbronchokonstriktion auszulösen. Diese klingt im Allgemeinen nach Beseitigung des Reizes folgenlos ab und hat für die Erkrankung zunächst keine Bedeutung. Nur bei länger anhaltenden, sich stetig wiederholenden Einwirkungen, vor allen Dingen in höheren Konzentrationen, und bei stark chemisch-irritativ oder toxisch wirkenden Stoffen sind Dauerschäden im Sinne einer Verschlimmerung möglich. Eine Berufskrankheit wird man in diesen Fällen allerdings nur dann wahrscheinlich machen können, wenn der beruflichen Belastung neben den außerberuflichen, zum gleichen Erfolg führenden, Reizen eine wesentliche Mitursache zukommt oder wenn die berufliche Exposition sich wesentlich verschlimmernd auf die außerberuflich verursachte Bronchialerkrankung auswirkt. Die gelegentliche Verschlimmerung der Atembeschwerden eines Patienten mit bekannter Bronchitis oder Asthma am Arbeitsplatz beweist noch nicht den kausalen Zusammenhang des Leidens mit der beruflichen Noxe (Gelegenheitsursache). Bei der engen Beziehung, die die bronchomotorische Erregbarkeit zur nichtberuflichen obstruktiven Bronchitis und zum allergischen Asthma bronchiale hat, sind daher in jedem Fall die außerberuflichen konkurrierenden Krankheitsursachen wie chronischer Tabakabusus, akute oder chronische Infekte der Atmungsorgane und andere Lungenerkrankungen für die Beurteilung des Kausalzusammenhangs angemessen zu berücksichtigen.

Bei begründbarer Indikation kann zur Aufklärung des Ursachenzusammenhangs eine inhalative Provokation mit Arbeitsstoffen (Arbeitsplatzbezogener Inhalationstest) erfolgen. Dieser sollte, sofern man angesichts der schleimhauttoxischen Wirkung des Arbeitsstoffes eine derartige Untersuchung vertreten kann, allerdings nur unter strenger Beachtung der Kontraindikationen und der ausreichenden Möglichkeiten einer fortlaufenden Expositionskontrolle erfolgen. Bei dem Personenkreis mit unspezifischer bronchialer Hyperreagibilität und manifester obstruktiver Atemwegserkrankung tragen diese Tests allerdings häufig nicht zur Aufklärung der eigentlichen Krankheitsursache bei, da es sich bei solchen Tests um unspezifische Reaktionen handelt, die mit vielen anderen irritativ wirkenden Stoffen beliebig wiederholbar sind. Häufig scheitern solche diagnostischen Versuche auch an der Unmöglichkeit, die Arbeitsplatzbelastungen im Hinblick auf Konzentration und Einwirkungszeit im Provokationstest realistisch zu imitieren.

Für die Anerkennung einer obstruktiven Atemwegserkrankung als Berufskrankheit ist es im Gegensatz zum Unfall erforderlich, dass die Erkrankung zur Unterlassung aller Tätigkeiten gezwungen haben muss, die für die Entstehung, die Verschlimmerung oder das Wiederaufleben der Krankheit ursächlich waren oder sein können. Dies setzt voraus, dass bei Beendigung der Arbeit mit der spezifischen Gefahrstoffeinwirkung entweder die Berufskrankheit im Sinne der Ziffer 4302 bereits vorgelegen hat oder die Berufsaufgabe notwendig wurde, weil die konkrete Gefahr bestand, dass sich eine solche entwickelt.

Zur Minderung der Erwerbsfähigkeit bei BK 4302: ▶ Tabelle 10.5, Kap. 10.1.3.1.

Literatur

Baur X (1999) Arbeitsbedingte Atemwegserkrankungen durch irritative Noxen im Niedrigkonzentrations-Bereich. Arbeitsmed Sozialmed Umweltmed 34:9–14

Brandenburg S (1997) Obstruktive Atemwegserkrankungen aus sozialrechtlicher, sozialmedizinischer und arbeitsmedizinischer Sicht – Einfluß neuerer Erkenntnisse über die Pathogenese obstruktiver Atemwegserkrankungen auf ihre BK-rechtliche Bewertung. Zbl Arbeitsmed 47:188–192

DGAUM (Deutsche Gesellschaft für Arbeitsmedizin und Umweltmedizin) (2005) Arbeitsmedizinische Leitlinien: Arbeitsplatzbezogener Inhalationstest (AIT). Arbeitsmed Sozialmed Umweltmed 40:260–267

Diller WF (1997) Akute Reizgasinhalation – Systematik und Pathophysiologie. Zbl Arbeitsmed 47:96–100

Dekant W, Vamvakas S, Henschler D (2001) Wichtige Gifte und Vergiftungen. In: Forth W, Henschler D, Rummel W, Förstermann U, Starke K (Hrsg) Allgemeine und spezielle Pharmakologie und Toxikologie. Urban & Fischer, München Jena

Nowak D (2000) Berufsbedingte obstruktive Atemwegserkrankungen (BK 4301 und 4302) – gutachterliche Anmerkungen zum Krankheitsbegriff und zur MdE. Arbeitsmed Sozialmed Umweltmed 35:164–167

Schönberger A, Mehrtens G, Valentin H (2003) Arbeitsunfall und Berufskrankheit, 7. Aufl. Erich Schmidt, Berlin

Triebig G, Kentner M, Schiele R (2003) Arbeitsmedizin. Handbuch für Theorie und Praxis. Gentner, Stuttgart

10.1.4 Durch Isocyanate verursachte bronchopulmonale Erkrankungen

G. Schultze-Werninghaus

Seit 1993 werden alle durch Isocyanate verursachten Erkrankungen nach einer einheitlichen Ziffer entschädigt (▶ BK 1315). Auf diese Weise sollen vor allem die Schwierigkeiten einer oft nicht möglichen Einordnung aus pathogenetischen Gesichtspunkten (allergisch, toxisch) beseitigt werden.

Isocyanate sollten wegen der unterschiedlichen krankheitsauslösenden Potenz stets korrekt bezeichnet werden, z. B. als Toluylen-Diisocyanat (*TDI*),

Methylen-Diisocyanat (*MDI*), Hexamethylen-Diisocyanat (*HDI*). Sie werden in einer Vielzahl von Anwendungsformen und in zahlreichen Bereichen von Industrie und Handwerk eingesetzt, vor allem in der Kunststoffherstellung und in Lackierereien, aber z. B. auch unter Tage in der Gebirgsverfestigung. Die arbeitsmedizinisch wichtigste Substanz ist das TDI. Die Prävalenz der Erkrankung hängt von den Expositionsbedingungen ab; sie beträgt zwischen 0 und 50%. Durch Anwendung von Polyisocyanaten mit niedrigem Dampfdruck und/oder Schutzgruppen sowie die Verringerung der Arbeitsplatzkonzentrationen ist das Risiko einer Neuerkrankung vermindert worden.

Isocyanate sind reaktionsfreudige Ester der Isocyansäure mit einer oder mehreren Atomgruppen -N=C=O. Sie sind Grundbausteine der Polyurethan-Chemie und werden teils in reiner Form, teils mit anderen Zusatzstoffen im Arbeitsprozess eingesetzt. Die Isocyanate reagieren chemisch insbesondere mit NH_2- und OH-Gruppen, so dass Zellmembranen im menschlichen Körper verändert und zerstört werden können. Die Aufnahme erfolgt vorwiegend durch Inhalation von isocyanathaltigen Dämpfen, Aerosolen und Staubpartikeln. Dies kann zu allgemeinen Reizerscheinungen am Auge und im Respirationstrakt führen. Gelegentlich rufen Isocyanate auch eine Sensibilisierung im Sinne einer zellgebundenen Typ-I-Allergie hervor. Wie alle derartigen allergischen Reaktionen kann diese schon bei Einwirkungen sehr geringer Konzentrationen erfolgen. Im Serum von 5–20% der Exponierten sind spezifische IgE- oder/und IgG-Antikörper nachweisbar.

Es wird eine IgE-abhängige allergische Reaktionsweise von einem chemisch-toxischen Pathomechanismus abgegrenzt. In älteren Arbeiten wurden IgE-Antikörper bei ca. 15% der Betroffenen nachgewiesen. In einer neueren Arbeit wurde eine engere Korrelation zwischen bronchialen Provokationstests mit Hexamethylen- bzw. Diphenylmethan-Diisocyanaten und IgG-Antikörpern gefunden als mit IgE-Antikörpern. Der toxische Mechanismus könnte auf einer Cholinesterase-Hemmung beruhen.

Die jetzige gesetzliche Regelung erfordert nicht mehr, den Pathomechanismus exakt aufzudecken. In der Vergangenheit stieß dies auf erhebliche Schwierigkeiten, nicht zuletzt, da die handelsüblichen Antikörpernachweisverfahren problematisch sind, unter anderem wegen der zu niedrigen angegebenen Referenzwerte.

Der Nachweis einer Isocyanat-bedingten Erkrankung erfordert neben einer gesicherten Exposition, einer unzweideutigen Anamnese und dem Ausschluss relevanter außerberuflicher Krankheitsursachen im Regelfall einen Expositionstest. Hauttests mit Isocyanat-Proteinkomplexen bzw. eindeutige RAST-Ergebnisse belegen in einem Teil der Fälle spezifische Sensibilisierungen. Bei dem überwiegenden Teil der Patienten lassen sich jedoch keine Antikörper nachweisen. Daher sind Expositionstests zum Nachweis eines kausalen Zusammenhanges erforderlich. Diese scheinen auch beim Fehlen von IgE-Antikörpern hinreichend spezifisch zu sein. Sie sind gebunden an eine quantitative Provokationsmethode mit Überwachung der Isocyanat-Konzentrationen sowie hinreichender Erfahrung mit diesem Testverfahren. Es gelten die in Kapitel 4.6 geschilderten Kautelen für Provokationstests.

Die erwähnten Mechanismen führen zu asthmatischen Anfällen im Sinne einer Bronchialobstruktion oder in leichteren Fällen zu einer Steigerung der bronchialen Reagibilität. Weniger häufig kommt es zu einer Schädigung des Alveolarepithels in den Lungen mit dem klinischen Bild einer Alveolitis. Nach schweren Vergiftungen wurde auch die Entwicklung eines toxischen Lungenödems beobachtet.

Zum Minderung der Erwerbsfähigkeit bei BK 1315: ▶Tabelle 10.5, Kap. 10.1.3.1.

Ins Auge gelangte isocyanathaltige Spritzer können Hornhautschäden verursachen. Auch Urtikaria und makulopapuläre Läsionen der Haut sowie ein Kontaktekzem oder eine toxische Dermatitis werden, insbesondere nach ungeschütztem Umgang mit HMIDI, selten nach Kontakt mit anderen Isocyanaten, beobachtet. Die isocyanatinduzierten Hauterkrankungen fallen unter die Berufserkrankung nach ▶BK 5101.

10.2 Schlafapnoesyndrom

K. Rasche und
G. Schultze-Werninghaus

Mehr als 2% der Erwachsenenbevölkerung leidet unter einem obstruktiven Schlafapnoesyndrom (*OSAS*). Eine obstruktive Schlafapnoe ist ein im Schlaf auftretendes Sistieren des Atemgasflusses an Mund und Nase durch Okklusion der oberen Atemwege. Hieraus resultieren Blutgasveränderungen, Kreislaufreaktionen und Weckreaktionen, die zu kardio- und zerebrovaskuläre Begleiterkrankungen sowie zu einer erhöhten Unfallneigung führen. Leitsymptome sind lautes und unregelmäßiges Schnarchen, beobachtete Atemstillstände sowie eine exzessive Tagesmüdigkeit. Die Sterblichkeit unbehandelter OSAS-Patienten ist erhöht. Der Goldstandard der Diagnostik ist die Polysomnographie (Schlaflaboruntersuchung), die wichtigste Therapieoption die kontinuierliche Überdruckbeatmung (*CPAP*). Bei unbehandelten OSAS-Patienten liegt Fahrunsicherheit vor, die allerdings durch eine adäquate Therapie wiederhergestellt werden kann. Der Therapieerfolg muss insbesondere bei Berufskraftfahrern durch Polysomnographie, MSLT (Multiple-Sleep-Latency-Test) und Daueraufmerksamkeitstests objektiviert und regelmäßig kontrolliert werden (Fahrerlaubnisverordnung, G 25). Da das OSAS in der Regel effektiv zu therapieren ist, begründet es alleine keine volle Erwerbsminderungsrente. Der GdB für ein effektiv behandeltes OSAS beträgt in der Regel 20% (Rentenrecht, Schwerbehindertengesetz). In seltenen Fällen kann ein OSAS auch Folge eines Traumas im Kopf-/Halsbereich sein (Unfallversicherung). Es gibt bisher keine Hinweise darauf, dass ein OSAS durch eine versicherte berufliche Tätigkeit ausgelöst werden kann (BKV).

Epidemiologie

2% der Frauen und 4% der Männer im Alter zwischen 30 und 60 Jahren weisen ein klinisch relevantes obstruktives Schlafapnoesyndrom (OSAS) auf (Evidenzlevel 2 a), (Young et al. 1993). Die Häufigkeit des OSAS steigt mit zunehmendem Alter und Körpergewicht an. Es besteht eine enge Assoziation mit dem metabolischen Syndrom. Bei Patienten mit arterieller Hypertonie, koronarer Herzkrankheit oder Diabetes mellitus liegt ein OSAS in bis zu 30% der Fälle vor (Evidenzlevel 2 c) (Hader et al. 2004).

Definition und Kernsymptome

Eine obstruktive Schlafapnoe ist ein im Schlaf auftretendes Sistieren des Atemgasflusses an Mund und Nase von mehr als 10 Sekunden Dauer. Dieses ist bedingt durch eine oropharyngeale Okklusion bei pathologisch erhöhter Kollapsneigung der extrathorakalen Atemwege. Die Atemstillstände führen zu Blutgasveränderungen, Blutdruck- und Herzfrequenzanstieg sowie Weckreaktionen (sog. Arousals). Leitsymptome des OSAS sind lautes und unregelmäßiges Schnarchen mit interponierten Atemstillständen sowie eine exzessive Tagesmüdigkeit (Hypersomnie) mit spontaner Einschlafneigung. Häufige weitere Symptome sind u.a. morgendliche Kopfschmerzen, Konzentrations- und Gedächtnisstörungen, depressive Verstimmungszustände, Gereiztheit, Libidoverlust und Potenzstörungen sowie ein allgemeines Gefühl des Leistungsverlustes. Kardio- und zerebrovaskuläre Begleiterkrankungen sowie eine erhöhte Unfallneigung sind weiterhin charakteristisch für OSAS-Patienten (Evidenzlevel 2 c) (Fischer et al. 2001).

Ätiopathogenese

Die Ätiologie des OSAS ist unbekannt, lediglich ist eine Häufung bei Vorliegen bestimmter Risikofaktoren festzustellen. Als solche werden u.a. angesehen die Adipositas, das männliche Geschlecht, ein Alter über 40 Jahre, die Postmenopause, endokrinologische Störungen (Hypothyreose, Akromegalie), Alkohol- und Sedativa-/Hypnotikakonsum sowie ein spezifischer Fettverteilungstyp mit betonter Fetteinlagerung im Bereich der oberen Körperhälfte sowie im Kopf-Hals-Bereich bei insgesamt kurzem Hals. Weiterhin zählen zu den Risikofaktoren eine Retro- bzw. Mikrognathie, eine Makroglossie sowie eine behinderte Nasenatmung (Evidenzlevel 2 c) (Fischer et al. 2001).

Diagnostik

▶ Kap. 4.5.9

Therapieoptionen

Als Therapieoptionen werden konservative, apparative und operative Therapiemaßnahmen unterschieden.

Zur *konservativen Therapie* zählt die Gewichtsabnahme. Zusätzlich sollten Alkohol und Sedativa gemieden werden. Allgemeine Regeln der Schlafhygiene – wie das Einhalten regelmäßiger Schlaf/Wachzeiten, Schlaf in einem ruhigen Umfeld und Vermeiden von Schlafentzug – können sich ebenfalls günstig auswirken.

Eine *apparative Therapie* kann in leichten Fällen durch sog. intraorale Hilfsmittel zur Vorverlagerung des Unterkiefers erfolgen. Der Goldstandard der OSAS-Therapie ist allerdings die kontinuierliche Überdruckbeatmung (continuous positive airway pressure = *CPAP*). Bei der CPAP-Therapie wird über eine Nasen- oder Nasen-Mund-Maske ein kontinuierlicher positiver Druck in den Atemwegen aufgebaut, um den negativen intrapharyngealen Drucken, die zum Kollaps der oberen Atemwege führen, entgegenzuwirken und die Atmung im Schlaf zu normalisieren.

Die *operative Therapie* stellt eher die Ausnahme dar und ist nur bei eindeutig hierdurch beeinflussbaren anatomischen Veränderungen indiziert (Evidenzlevel 2 c) (Sanner et al. 2004).

Prognose

Viele epidemiologische Daten deuten darauf hin, dass das OSAS einen eigenständigen kardio- und zerebrovaskulären Risikofaktor darstellt (Evidenzlevel 2 b) (Duchna et al. 2003). Die Sterblichkeit unbehandelter OSAS-Patienten ist daher erhöht. OSAS-Patienten sind darüber hinaus durch die deutlich gesteigerte Unfallneigung u. U. vital gefährdet.

Gutachterliche Bewertung

Einschätzung der Fahrsicherheit

Ein zentrales Problem bei der gutachterlichen Bewertung von OSAS-Patienten mit Vigilanzstörungen stellt die Einschätzung der Fahrsicherheit dar. Patienten mit ausgeprägten Vigilanzstörungen dürfen

Tabelle 10.8. Methoden und Testverfahren zur gutachterlichen Bewertung des OSAS

▮ Einschätzung der subjektiven Schläfrigkeit
– Anamnese
– Standardisierter Fragebogen (z. B. Epworth-Sleepiness-Scale)
▮ Neuro- bzw. elektrophysiologische Verfahren (Beurteilung des Schlafs)
– Vier-Kanal-Monitoring
– kardiorespiratorische Polygraphie
– Polysomnographie (PSG)
– Multiple-Sleep-Latency-Test (MSLT)
– Maintenance-of-Wakefulness-Test (MWT)
– Langzeit-EEG
– Aktographie
▮ Neuropsychologische Testverfahren (Beurteilung von Aufmerksamkeit und Vigilanz)
– Vierfach-Wahl-Reaktionszeit (VWRT)
– Zimmermann-Testbatterie
– Vigilanztest nach Quatember und Maly
– Fahrsimulatoren

als Fahrzeugführer am Verkehr nicht teilnehmen. Es liegt Fahrunsicherheit vor. Der Betroffene sollte hierüber eingehend ärztlicherseits aufgeklärt werden (Rühle et al. 1998). Neben dem polysomnographischen Befund stützt sich die Beurteilung der Fahrsicherheit auf die Anamnese sowie neurophysiologische und -psychologische Testverfahren. Eine Übersicht über die erforderliche Diagnostik ist in Tabelle 10.8 dargestellt. Nach eingeleiteter Therapie ist zunächst davon auszugehen, dass wieder Fahrsicherheit besteht. Der Betroffene sollte allerdings nicht mehr in Schichtarbeit mit Nachtdienst eingesetzt werden, da hierdurch die Möglichkeit zur konsequenten Einhaltung geeigneter schlafhygienischer Therapiemaßnahmen stark eingeschränkt wird. In Bezug auf die Beurteilung der Fahrsicherheit bei OSAS im Sinne einer Risikoabschätzung muss besonderes Augenmerk auf Berufskraftfahrer, insbesondere solche mit Fahrerlaubnis zur Fahrgastbeförderung, gelenkt werden. Von Seiten der staatlichen Behörden wird gefordert, dass bei Berufskraftfahrern und Personen mit schlafbezogenen Atmungsstörungen, die Kraftfahrzeuge zur Personenbeförderung gemäß § 11 Abs. 1 (Klasse D oder D 1) und § 48 Fahrerlaubnisverordnung (FeV) führen, der Nachweis der erfolgreichen Therapieeinleitung in einem schlafmedizinischen Labor und die regelmäßige Kontrolle dieser Therapie erfolgt (Evidenzlevel 5, Gemeinsamer Beirat für Verkehrsmedizin 2000). In Analogie muss mit Berufsgruppen verfahren werden, bei denen eine vergleichbar hohe Anforderung an die Vigilanz wie bei Berufskraftfahrern zur Ausübung der beruflichen Tätigkeit vorauszusetzen ist. Es sind dies Berufe mit besonderer Eigen- und Fremdgefährdung beim Vorliegen einer Vigilanzstörung (Evidenzlevel 5, Hauptverband der gewerblichen Berufsgenossenschaften 2004). Nach Beginn einer CPAP-Therapie ist zunächst für weitere 6 Wochen eine Fahrunsicherheit anzunehmen, da die Gewöhnung an die Therapie und ihr Effekt zunächst abgewartet werden müssen (Evidenzlevel 5, Rühle et al. 1998). Die dann erfolgende polysomnographische Kontrolle sollte eine deutliche Reduktion des respiratorischen Arousalindex belegen. Weiterhin muss es zu einer signifikanten Verbesserung der Tagesmüdigkeit gekommen sein (Evidenzlevel 3 b, Corth et al. 2003). Die Zeitdauer der Fahrunsicherheit nach Einleitung einer CPAP-Therapie kann individuell jedoch variieren und muss von der Befundlage abhängig gemacht werden. Häufig sind auch erheblich kürzere Phasen der Fahrunsicherheit anzunehmen (Evidenzlevel 1 c, Corth et al. 2005). In der Nachfolgezeit müssen regelmäßige schlafmedizinische Kontrollen (Minimalumfang: Anamnese, ambulantes Vier-Kanal-Monitoring, objektive Kontrolle der Therapiecompliance, Daueraufmerksamkeitstest) im Abstand von 6 Monaten erfolgen.

Das OSAS findet mittlerweile auch in den „Berufsgenossenschaftlichen Grundsätzen für arbeitsmedizinische Vorsorgeuntersuchungen", und zwar in dem sog. Grundsatz G 25 „Fahr-, Steuer- und Überwachungstätigkeiten", Erwähnung (HVBG 2004). Hier wird ausgeführt, dass bei Personen mit unbehandelten schlafbezogenen Atmungsstörungen (Schlafapnoe) und dadurch verursachten ausgeprägten Vigilanzbeeinträchtigungen dauernde gesundheitliche Bedenken für entsprechende Tätigkeiten bestehen. Diese Bedenken entfallen nach dem G 25 nur unter der Voraussetzung einer erfolgreichen Therapie und regelmäßigen Kontrolle des OSAS.

Beurteilung im Rentenrecht und nach dem Schwerbehindertengesetz

Ein OSAS ist in der Regel nicht geeignet, eine volle Erwerbsminderungsrente alleine zu begründen, da sehr effektive Therapiemaßnahmen zur Verfügung stehen, die zumindest eine Teilrehabilitation des Betroffenen ermöglichen. Die volle Erwerbsminderungsrente bei einem OSAS-Patienten wird nur dann gewährt werden müssen, wenn zusätzliche andere schwerwiegende Begleiterkrankungen, z. B. schwere Herz-Kreislauf-Erkrankungen oder eine nachgewiesene fortbestehende erhebliche Vigilanzminderung trotz CPAP-Therapie, bestehen (Evidenzlevel 5, Rühle et al. 1998). Für die gutachterliche Bewertung des OSAS im sozialen Entschädigungsrecht bzw. nach dem Schwerbehindertengesetz stellen die in Tabelle 10.9 aufgeführten MdE- bzw. GdB-Grade die Grundlage dar (Evidenzlevel 5). Bei der Umsetzung in die Praxis werden im Einzelfall Zuordnungs-, Auslegungs- und Interpretationsprobleme auftreten. Z. B. ist die Feststellung einer Nichtdurchführbarkeit einer CPAP-Behandlung problematisch, da diese ja einen MdE- bzw. GdB-Grad von

Tabelle 10.9. GdB-/MdE-Tabelle für das obstruktive Schlafapnoesyndrom (OSAS). (Anhaltspunkte für die ärztliche Gutachtertätigkeit (2004)

Obstruktives oder gemischtförmiges Schlafapnoesyndrom (Nachweis durch Untersuchung im Schlaflabor)	
∎ ohne Notwendigkeit einer kontinuierlichen nasalen Überdruckbeatmung	**0–10%**
∎ mit Notwendigkeit einer kontinuierlichen nasalen Überdruckbeatmung	**20%**
∎ bei nicht durchführbarer nasaler Überdruckbeatmung	**≥50%**
Folgeerscheinungen oder Komplikationen (z.B. Herzrhythmusstörungen, Hypertonie, Cor pulmonale) sind zusätzlich zu berücksichtigen	

wenigstens 50 bedeuten würde. In diesem Fall müssen wiederholte Anpassungen an die Beatmungstherapie gut dokumentiert und begründet fehlgeschlagen sein, um eine derartig hohe Einzel-MdE bzw. -GdB gutachterlich empfehlen zu können. Unberücksichtigt bleibt auch der Fall, in dem eine CPAP-Therapie zwar nicht durchführbar ist, aber ein alternatives Therapieverfahren eine effektive Behandlung des OSAS ermöglicht. Dass Folgeerscheinungen des OSAS – und hier sind neben den kardio- bzw. zerebrovaskulären gerade auch Folgeerscheinungen auf neurologisch-psychiatrischem wie auch psychologischem Fachgebiet zu nennen – zusätzlich zu berücksichtigen sind, ist sinnvoll. In diesem Fall muss dann eine Gesamt-MdE bzw. ein Gesamt-GdB vorgeschlagen werden, die die Auswirkungen der einzelnen Funktionsbeeinträchtigungen in ihrer Gesamtheit unter Berücksichtigung ihrer wechselseitigen Beziehungen zueinander einschätzt.

Beurteilung im Unfallrecht und nach der Berufskrankheitenverordnung

Dass ein OSAS die Folge eines versicherten Arbeits- bzw. Wegeunfalles oder auch eines privaten Unfalls ist, wird die Ausnahme darstellen. Dennoch sind solche Fälle denkbar, z.B. bei einer traumatischen Schädigung des Atemzentrums oder einer traumatisch bedingten (partiellen) Okklusion der oberen Atemwege, die dann im Schlaf zu einer kompletten Verlegung mit konsekutiver Schlafapnoe führt. Hierbei muss auf die Abgrenzung eines eventuell bestehenden Vorschadens geachtet werden.

Das obstruktive Schlafapnoesyndrom befindet sich nicht auf der Berufskrankheitenliste. Es liegen derzeitig auch keinerlei wissenschaftliche Erkenntnisse darüber vor, dass das OSAS durch eine berufliche Tätigkeit verursacht sein könnte. Insofern kommt auch eine Anerkennung einer Berufskrankheit gemäß § 9 Abs. 2 BKV nicht in Betracht.

Literatur

Bundesministerium für Gesundheit und Soziale Sicherung (Hrsg) (2004) Anhaltspunkte für die ärztliche Gutachtertätigkeit im sozialen Entschädigungsrecht und nach dem Schwerbehindertenrecht

Duchna H-W, Grote L, Andreas S, et al (2003) Sleep disordered breathing and cardio- and cerebrovascular diseases: update 2003 of clinical significance and future perspectives. Somnologie 7:101–121

Findley LJ, Unverzagt ME, Suratt PM (1988) Automobile accidents involving patients with sleep apnea. Am Rev Respir Dis 138:337–340

Fischer J, Mayer G, Peter JH, Riemann D, Sitter H (2001) Leitlinie „S2" der Deutschen Gesellschaft für Schlafforschung und Schlafmedizin (DGSM) „Nicht-erholsamer Schlaf". Somnologie 5(Suppl 3):1–258

Gemeinsamer Beirat für Verkehrsmedizin beim Bundesministerium für Verkehr, Bau- und Wohnungswesen und beim Bundesministerium für Gesundheit und Soziale Sicherung (2000) „Begutachtungs-Leitlinien zur Kraftfahrereignung". Wirtschaftsverlag NW, Bremerhaven

Hader C, Sanner B, Rasche K (2004) Das obstruktive Schlafapnoe-Syndrom – Diagnostik. Dtsch Med Wochenschr 129:20–23

Hauptverband der gewerblichen Berufsgenossenschaften (2004) Berufsgenossenschaftliche Grundsatz für arbeitsmedizinische Vorsorgeuntersuchungen G 25 „Fahr-, Steuer- und Überwachungstätigkeiten". Berufsgenossenschaftliche Grundsätze für arbeitsmedizinische Vorsorgeuntersuchungen, 3. Aufl. Gentner, Stuttgart

Orth M, Rasche K, Malin JP, Schultze-Werninghaus G, Kotterba S (2003) Unfälle durch Müdigkeit – Prädiktionsmöglichkeit durch neurophysio-/psychologische Testung und Fahrsimulatoruntersuchung. Biomed Tech 48:55–61

Orth M, Duchna H-W, Leidag M, Widdig W, Rasche K, Bauer TT, Walther JW, de Zeeuw J, Malin J-P, Schultze-Werninghaus G, Kotterba S (2005) OSAS and car accidents: Driving simulator and neuropsychological testing before and under CPAP therapie. Eur Respir J 26:898–903

Rühle KH, Mayer G (für die Arbeitsgruppe Apnoe der Deutschen Gesellschaft für Schlafforschung und Schlafmedizin, DGSM, und die Sektion Nächtliche Atmungs- und Kreislaufstörungen der Deutschen Gesellschaft für Pneumologie, DGP) (1998) Empfehlungen zur Begutachtung von Schlaf-Wach-Störungen und Tagesschläfrigkeit. Somnologie 2:89–95

Sanner B, Hader C, Rasche K (2004) Das obstruktive Schlafapnoe-Syndrom – Therapie. Dtsch Med Wochenschr 129:24–26

Young T, Palta M, Dempsey J et al (1993) The occurrence of sleep-disordered breathing among middle-aged adults. N Engl J Med 328:1230–1235

10.3 Unfall- und Operationsfolgen im Bereich der Atmungsorgane

R. MERGET

Brustkorb und Zwerchfell bilden die aktiv bewegliche Wand der Brusthöhle, in der die elastische Lunge aufgespannt ist. Der mit einem Flüssigkeitsfilm überzogene kapilläre Pleuraspalt erfüllt die Funktion einer Kupplung, welche die Übertragung der an der Thoraxwand durch die Atemmuskeln wirksamen Energie auf die Lunge ermöglicht. Diese Energie wird in erster Linie zur Überwindung der Atemwegswiderstände benötigt. Jedes Trauma und jeder operative Eingriff können die Funktion von Thoraxwand, Pleura, Lunge und Atemwege stören und zu vorübergehender oder andauernder funktioneller Beeinträchtigung des Atemapparates führen. Verletzungsfolgen sind vor allem dann von besonderem Gewicht, wenn durch vorherbestehende Lungen- und Bronchialerkrankungen wie Bronchitis, Emphysem, Fibrose oder Pneumokoniose die Leistungsreserven des respiratorischen Systems ohnehin eingeschränkt sind.

■ Verletzungen der Brustwand

Zahlenmäßig stehen Rippenfrakturen an erster Stelle. Im akuten Stadium wird durch den Schmerz die Atmung beeinträchtigt, ohne dass dieses in der Regel für die Gesamtfunktion der Lunge von Bedeutung ist. Bei alten Menschen besteht allerdings die Gefahr einer Bronchopneumonie. In guter Stellung verheilte Frakturen haben in der Regel keine Rückwirkung auf die Funktion der Lunge, wenn die Pleura unverletzt geblieben ist. Bei ausgedehnteren Serienbrüchen können eine restriktive Ventilationsstörung und eine erniedrigte Compliance vorliegen. Trotz ausgedehnter Rippenfrakturen sind die Funktionseinbußen besonders bei jungen Menschen aber generell gering.

Gelegentlich wird unmittelbar nach einem Thoraxtrauma eine Partialinsuffizienz mit leichter Erniedrigung des Sauerstoffdruckes beobachtet, die sich jedoch rasch zurückbildet. Die größte Gefahr besteht wie bei Pleuraschwarten in der Entwicklung einer COPD (chronisch-obstruktive Lungenerkrankung) als Folge des gestörten Hustenmechanismus und damit eines gestörten Reinigungsmechanismus, dies ist insbesondere nach Langzeitbeatmung der Fall.

■ Verletzungen der Pleura

Bei Thoraxtraumen kommt es häufig zur Verletzung des Brustfells und der anliegenden Lungenpartien. Ihre unmittelbare Folge sind Hämato-, Sero- und Pneumothorax mit mehr oder weniger plötzlichem Ausfall funktionstüchtigen Lungenparenchyms durch den Lungenkollaps. Die betroffene Lunge nimmt gewöhnlich nicht mehr oder nur in eingeschränktem Umfang an der Atmung teil. Ist die andere Lunge völlig gesund, so tritt in Ruhe keine respiratorische Insuffizienz auf. Zur Gefahr werden Pneumothorax oder Hämatothorax bei bestehenden pulmonalen Vorerkrankungen, die schon zu einer weitreichenden Ausschöpfung der Lungenreserven geführt haben. In solchen Fällen ist mit dem Auftreten akuter, mitunter lebensbedrohlicher respiratorischer Insuffizienz zu rechnen.

Ist gleichzeitig die Pleura parietalis verletzt, kann sich ein Hautemphysem entwickeln. Das Hautemphysem ist im Allgemeinen harmlos und für die Funktion der Lunge und des Herzens ohne Bedeutung. Wird jedoch bei einem Spannungspneumothorax das mediastinale Brustfell verletzt, kann sich ein Mediastinalemphysem mit Beeinträchtigung der venöse Blutzufuhr zum Herzen entwickeln.

Gutachterliche Bewertung

Für die Beurteilung funktioneller Spätschäden von Verletzungen der Pleura und der Lunge ist die Entwicklung von Pleura- und Mediastinalschwarten von Bedeutung. Sie führen in Abhängigkeit von ihrer Lokalisation und ihrer Ausdehnung zur Beeinträchtigung der Ausdehnungsfähigkeit der Lunge oder von Lungenteilen und damit zu restriktiven Ventilationsstörungen. Die Emphysembildung am Rand von Schwarten infolge narbiger Schrumpfung ist gelegentlich zu beobachten. Durch Pleuraverschwartung im Mediastinalbereich kann es zu Bronchial- und Trachealverziehung, gelegentlich auch zu obstruktiven Ventilationsstörungen mit Stenoseatmung kommen. Es ist nicht ungewöhnlich, dass sich bei solchen Kranken eine COPD als Spätkomplikation manifestiert.

Aus dem Röntgenbild lässt sich wie bei anderen bronchopulmonalen Erkrankungen die Auswirkung einer Pleuraschwarte auf die Lungenfunktion nur sehr bedingt beurteilen. Die Rückwirkung auf die Ventilation hängt häufig von der Lokalisation der Schwarte ab. Pleuraschwarten an der Lungenspitze bleiben meist ohne messbare Funktionseinbuße. Besonders schwerwiegend sind Schwarten der unteren lateralen Thoraxwand, die die Beweglichkeit des Zwerchfells beeinträchtigen. Es gibt auch radiologisch nicht sehr auffällige Pleuraschwarten, die die Volumenvergrößerung der Lunge vollständig verhindern. Man spricht dann von gefesselter Lunge. Zur Beurteilung einer pleuralen Veränderung ist die Computertomographie der konventionellen Röntgenaufnahme überlegen.

Pleuraschwarten führen, abgesehen von der behinderten Ausdehnungsfähigkeit der Lunge, die sich als restriktive Ventilationsstörung darstellen lässt, vor allen Dingen zu Verteilungsstörungen und damit zur Partialinsuffizienz. Die Folge ist eine Vergrößerung der alveoloarteriellen Sauerstoffdruckdifferenz und damit ein Absinken der Sauerstoffspannung im gemischt-arteriellen Blut. Die Beurteilung der durch eine Schwarte induzierten Verteilungsstörung wird dadurch erschwert, dass schon unter normalen Bedingungen Verteilungsstörungen vorliegen können.

Verletzungen des Zwerchfells

Im ärztlichen Sprachgebrauch werden offenbar wegen des ähnlichen radiologischen Bildes die Begriffe Ruptur, Hernie und Relaxatio des Zwerchfells nahezu synonym verwendet. Die pathogenetischen Bedingungen und der anatomische Befund erlauben aber eine eindeutige Trennung dieser verschiedenen Zwerchfellschäden, die differentialdiagnostisch darüber hinaus von einem Zwerchfellhochstand infolge einer Zwerchfell-Brustfell-Verschwartung und von einer Zwerchfelllähmung abzugrenzen sind. Die differentialdiagnostische Entscheidung ist allerdings nicht selten erst bei Kenntnis eines Operationsbefundes oder unter Berücksichtigung bestimmter diagnostischer Kriterien bei radiologischer Durchleuchtung möglich.

Stumpfe Bauchtraumen mit plötzlicher Erhöhung des intraabdominellen Drucks und wahrscheinlich in Abhängigkeit von der aktuellen Atmungsphase bergen Möglichkeiten einer Schädigung des rechten oder linken Zwerchfells in sich. Es kann dadurch zur Ruptur des Zwerchfells, zu einer Zwerchfellhernie oder zur Relaxatio des Zwerchfells kommen. Verletzungen oder entzündliche Läsionen des Nervus phrenicus können zu einer Zwerchfelllähmung führen. Solche Zwerchfellschäden bieten radiologisch das Bild des Zwerchfellhochstandes. Zu einem radiologisch und bei der körperlichen Untersuchung ähnlichen Befundbild kann ein Zwerchfellhochstand infolge einer Zwerchfell-Brustfell-Verschwartung führen.

Der gutachterlich nicht selten zu beurteilende Zwerchfellhochstand hat also differentialdiagnostisch zu berücksichtigen:

- die Zwerchfell-Brustfell-Verschwartung,
- die Zwerchfellruptur,
- die Zwerchfellhernie,
- die Zwerchfelllähmung,
- die Relaxatio des Zwerchfells.

- Am häufigsten ist der Hochstand des Zwerchfells durch seine Verwachsung bzw. die der Pleura diaphragmatica mit dem seitlichen Brustfell, meist im Zusammenhang mit entzündlichen Prozessen, die oft zugleich Lunge und Brustfell betreffen. Abhängig vom Ausmaß der Zwerchfell-Brustfell-Verwachsung ist die Bewegung des Zwerchfells mit der Atmung eingeschränkt oder aufgehoben.
- Ein schweres, stumpfes Bauch- oder Bauch-Thoraxtrauma, nicht aber schon eine intraabdominale Drucksteigerung durch Anspannung der Bauchmuskulatur etwa beim Heben oder Tragen eines schweren Gegenstandes, kann zur Ruptur eines Zwerchfells führen. Dabei kommt es in zeitlich unmittelbarem Zusammenhang zum Auftreten heftiger Symptome teils von den Bauchorganen, die durch den Riss im Zwerchfell in den Brustraum eingetreten sind, wie Darm, Magen oder Leber oder von Seiten der Atmung. Regelmäßig zerreißt bei einer solchen Zwerchfellruptur auch das den Bauchinhalt überziehende Peritoneum und meist auch die das Zwerchfell überziehende Pleura parietalis. Solche traumatischen Zwerchfellrupturen können auch durch angeborene Schwachstellen des Zwerchfells begünstigt werden. Die mit einer akuten Zwerchfellruptur verbundene und in der Regel heftige Symptomatik kann im weiteren Verlauf wieder abklingen, und das Geschehen kann sich dann allein noch durch intermittierend auftretende Schmerzen und/oder Atemnot auswirken.
- Die oft zufällig entdeckte und meist symptomarme Zwerchfellhernie entsteht an den kongenital bestehenden Schwachstellen des Zwerchfells. Solche Hernien sind meist im Bereich der Durchtrittsstelle von Speiseröhre, Aorta oder der sogenannten Larreyschen Spalte angelegt. In anderen Abschnitten des Zwerchfells, an Muskellücken, können aber ebenfalls Hernien entstehen. In der Regel sind solche Zwerchfellhernien zwar von Geburt an angelegt, sie entstehen aber erst im Laufe des Lebens und nehmen auch an Ausdehnung zu. Es ist verständlich, dass bei dieser Genese der mit der Hernie in den Thorax verlagerte Bauchinhalt von Bauchfell überzogen ist, welches den sogenannten Bruchsack zusammen mit der das Zwerchfell überziehenden Pleura bildet. Meist kommt es erst im Erwachsenenalter bei solchen Zwerchfellhernien zu Beschwerden, die durch die mehr oder weniger ausgeprägte Abschnürung insbesondere von Magen- oder Darmanteilen entstehen.
- Bei einer Zwerchfelllähmung wölbt sich der entsprechende Zwerchfellanteil oder das ganze Zwerchfell in den Brustraum vor. Dieser Zwerchfellhochstand geht mit paradoxer Atembeweglichkeit des gelähmten Zwerchfellteils einher und ist allein bei radiologischer Durchleuchtung durch den Schnupfversuch zu erkennen. Anhand radiologischer Aufnahmen ist die differentialdiagnostische Differenzierung nicht möglich.

Zu einer Zwerchfelllähmung kommt es durch Läsion des Nervus phrenicus entweder im Bereich seines Ursprungs im Rückenmark in Höhe von C3 bis C4 oder auf seinem Wege zu beiden Zwerchfellen. Die Funktionsfähigkeit wenigstens eines Zwerchfells, also des rechten oder des linken, ist Voraussetzung des Überlebens ohne assistierte oder maschinelle Beatmung. Die Funktionstüchtigkeit des Zwerchfells auf einer Seite genügt aber, eine erträgliche Atmung zu gewährleisten. Das gelähmte Zwerchfell steht hoch und bewegt sich bei der Atmung gegensinnig – paradox – zum nicht gelähmten Zwerchfell.

■ Bei der Relaxatio des Zwerchfells wölben sich meist Teile des Muskels, selten das ganze Zwerchfell, in den Brustraum vor, weil sich an einer wahrscheinlich angeborenen muskulären Schwachstelle durch Degeneration und Atrophie der Zwerchfellmuskulatur eine umschriebene Muskelschwäche des Zwerchfells entwickelt hat. Diese umschriebene Muskelschwäche ist Ursache der Vorwölbung von Bauchinhalt in den Brustkorb. Die Ursache einer Relaxatio des Zwerchfells gilt als ungeklärt. Sie ist radiologisch oft nur mit Schwierigkeiten von einer Zwerchfellruptur oder einer Zwerchfellhernie zu unterscheiden. Möglicherweise ist die Relaxatio nur eine Variante der angeborenen Zwerchfellhernie. Der relaxierte Zwerchfellanteil bewegt sich gleichsinnig mit der Atmung, die Atembeweglichkeit kann aber vermindert oder sogar aufgehoben sein, was naturgemäß allein bei Durchleuchtung und nicht auf Röntgenaufnahmen festzustellen ist.

Gutachterliche Bewertung

Zwerchfellhochstand durch eine Zwerchfell-Brustfell-Verschwartung, durch Relaxatio des Zwerchfells, Zwerchfellhernie oder Zwerchfellruptur und eine Zwerchfelllähmung bei Phrenikusläsion führen neben den unmittelbaren Unfallfolgen oft auch zu einer Beeinträchtigung der Atmung, die sich im unfallbedingten Grad der Minderung der Erwerbsfähigkeit ausdrücken muss.

■ Traumatisch bedingte Lungenveränderungen

Lungenverletzungen, Kontusions- und Aspirationspneumonie

Erschütterung, Prellungen und Kompression des Thorax mit und ohne Rippenfrakturen können zur „*traumatischen Pneumonie*“ führen. Nach Ansicht der meisten Autoren spielen pathogenetische Blutungen in das Lungengewebe eine große Rolle. Tierexperimentell konnte gezeigt werden, dass Thoraxtraumen in mehr oder weniger starkem Ausmaß eine Hypersekretion in den Bronchien auslösen können. Dadurch kann es zur Bronchusverlegung mit konsekutiver Atelektase kommen. Pulmonale Blutungen begünstigen ebenso wie schlecht durchlüftete Lungenteile sekundäre Infektionen und die Entstehung entzündlicher Infiltrationen. Gewebseinschmelzung und Kavernenbildung können die Folge sein.

Gutachterliche Bewertung

Versicherungsmedizinisch ist für den Zusammenhang zwischen stumpfem Trauma (Druck, Stoß, Schlag, Fall) und Pneumonie (Kontusions- oder Prellungspneumonie) der Nachweis einer Lungengewebsblutung – klinisch durch Bluthusten, blutigen Auswurf, radiologisch durch Lungenverschattungen – als Brückenmerkmal wichtig.

Zahlenmäßig größere Bedeutung als die Kontusionspneumonie haben *Aspirationspneumonien* besonders bei Bewusstlosigkeit. Fremdkörper, Erbrochenes oder Blut gelangen dabei von der Mundhöhle durch Aspiration in den Bronchialbaum. Bleibt ein aspirierter Fremdkörper im Bronchus liegen und verschließt ihn, so wird der zugehörige Lungenabschnitt schon nach kurzer Zeit atelektatisch. Es können sich dann, besonders häufig bei Kindern, eine chronische Pneumonie, ein Lungenabszess oder eine Gangrän entwickeln. Leider werden aspirierte Fremdkörper mitunter übersehen und führen dann zu chronischen, immer wieder rezidivierenden pneumonischen Infiltrationen, die oft einschmelzen. Der klinische Verlauf hat große Ähnlichkeit mit infizierten Atelektasen, chronischen Pneumonien und Lungenabszessbildungen. Aspirationspneumonien sind nicht selten Ausgangspunkt schwerer chronisch obstruktiver Bronchitiden.

Resektion von Lungenteilen

Der Untergang von funktionstüchtiger Kapillaroberfläche bei Verletzungen und Operationen, die zum Verlust von Lungenparenchym führen, wird nur bei größeren Resektionen und bei Vorgeschädigten zu einer kritischen Funktionseinschränkung führen. In der Regel werden solche funktionellen Auswirkungen allerdings erst nach Pneumektomien beobachtet. Dann ist auch eine durch den Gefäßverlust im kleinen Kreislauf hervorgerufene Widerstandserhöhung in Betracht zu ziehen, die ein Cor pulmonale zur Folge haben kann.

Im Gegensatz zur Pneumektomie führt eine Lappen- oder Segmentresektion nicht zu pulmonalen Ausfallserscheinungen, sofern es nicht als Operationsfolge zur Verschwartung im Pleuraraum kommt. Blutgase, spirometrische Messgrößen und die Lungendehnbarkeit ändern sich im Allgemeinen nicht. Lediglich das intrathorakale Gasvolumen nimmt als Folge des verkleinerten Lungenraumes ab. Bei Lobektomie ist ähnlich wie bei der Pneumektomie ein geringer Anstieg des Atemwegswiderstandes zu beobachten.

Beurteilung von Traumafolgen bei vorbestehenden Lungenerkrankungen

Die wichtigste Erkrankungsgruppe in diesem Zusammenhang ist die der obstruktiven Atemwegserkrankungen. Banale Thoraxtraumen, die von einem Lungengesunden in funktioneller Hinsicht toleriert werden, können zu Verschlechterungen mit einem Zusammenbruch des Gasaustausches führen, der sich in einer Erhöhung des arteriellen Kohlensäurepartialdruckes und einer Verminderung des Sauerstoffpartialdruckes äußert.

Verstärkt werden die schon vor dem Trauma bestehenden pulmonalen Funktionsausfälle durch die typischen, nach einem Unfall und nach Operationen zu beobachtenden respiratorischen Anomalien. So kann sich schon bei Lungengesunden durch ein Trauma oder im Zusammenhang mit einem operativen Eingriff infolge eines pulmonalen Shunts eine Erniedrigung des arteriellen Sauerstoffpartialdruckes entwickeln. Die Gefährdung der Kranken mit obstruktiven Atemwegserkrankungen nimmt mit der Schwere der Verletzungen zu. Im Einzelfall ist jedoch die Prognose nicht allein vom Anlass des Traumas abhängig. Es wird ganz entscheidend durch den vor dem Unfall bestehenden Funktionszustand bestimmt.

10.4 Spontanpneumothorax

R. Merget

Als Pneumothorax wird das Eindringen von Luft in den Pleuraraum mit mehr oder weniger ausgeprägtem Lungenkollaps und (vor allem beim Spannungspneumothorax) Verdrängung der Mediastinalorgane bezeichnet. Kommt es ohne erkennbaren Anlass zu diesem Ereignis, spricht man von einem Spontanpneumothorax. Tritt ein Spontanpneumothorax im zeitlichen Zusammenhang mit der Berufstätigkeit auf, so entsteht die Frage, ob die Voraussetzungen zur Annahme eines Arbeitsunfalles gegeben sind.

Gutachterliche Bewertung

Bei der Beurteilung des Kausalzusammenhanges ist zu berücksichtigen, dass die gesunde Pleura im Allgemeinen nur bei groben Verletzungen einreißen kann, allerdings auch bei stumpfen Kontusionen der Brustwand.

Oft lässt sich ein Trauma oder Unfallereignis nicht nachweisen. Dann sind krankhafte Veränderungen der Pleura bzw. der subpleuralen Lungenteile als Ursache anzunehmen. Normale Druckschwankungen wie beim Pressen, beim Hustenstoß, bei Hyperventilation oder auch beim Anheben von Lasten führen dann an der erkrankten Stelle zum Einriss der Pleura. Das oft angeschuldigte berufliche Ereignis hat dabei meist nur die Bedeutung eines zufälligen Auslösers. Die eigentliche Ursache ist in intrapulmonalen Prozessen zu suchen, die zu einer verminderten Stabilität der Pleura geführt haben. Dazu zählen Emphysemblasen, Bronchiektasen, Abszesse, Tuberkulose, schrumpfende Narben, Fibrosen, aber auch Berufskrankheiten wie Silikose oder Asbestose (sekundärer Pneumothorax).

Häufig gelingt es aber nicht, ein Grundleiden nachzuweisen (idiopathischer Spontanpneumothorax). Man muss also eine konstitutionelle „Schwäche" der Pleura viszeralis und des pleuralen Bindegewebes ursächlich in Betracht ziehen. Dafür spricht, dass sich das Ereignis häufig wiederholen kann oder eine familiäre Häufung nachzuweisen ist. Es handelt sich häufig um junge Menschen.

Für den Gutachter besteht die schwierige Aufgabe darin, im Einzelfall abzuwägen, ob ein angeschuldigtes Ereignis, z. B. ein berufliches Trauma, so gravierend war, dass es eine wesentliche berufliche Mitursache darstellt. Zur Anerkennung als wesentliche berufliche Teilursache ist es notwendig, dass eine besonders schwere körperliche Überlastung vorlag und dass der Spontanpneumothorax im unmittelbaren zeitlichen Zusammenhang mit dem angeschuldigten Ereignis entstanden ist. Gewöhnliche körperliche Belastungen, wie sie im täglichen Berufsleben auftreten, haben dagegen nur die Bedeutung eines zufälligen Auslösers und stellen keine wesentliche Mitursache dar.

10.5 Lungenembolie

R. Merget

Nahezu 90% aller Lungenembolien entwickeln sich aus tiefen Oberschenkel- und Beckenvenenthrombosen. Letztere haben mit zwei Drittel die höchste Embolierate. Nur etwa ein Drittel der Thrombosen wird klinisch auffällig, bevor sie zur Lungenembolie führen.

Klinisch bedeutsame Bedingungen, unter denen es zu erhöhtem Thrombose- und Lungenembolierisiko kommt, sind:

- operative Eingriffe besonders im Becken-Bauch-Bereich,
- längerer postoperativer oder postpartaler Verlauf,
- Rechtsherzinsuffizienz,
- Immobilisierung durch Frakturen,
- Varikose,
- bösartige Geschwülste,
- Infektionskrankheiten.

Durch Adipositas kommt es zu einer Steigerung der Thrombosehäufigkeit auf etwa das Doppelte, aber auch bei Kachexie ist die Thromboserate erhöht. Ab dem 60. Lebensjahr ist durch eine Summation verschiedener prädisponierender Faktoren ebenfalls mit einer Erhöhung des Embolierisikos zu rechnen. Frauen sind häufiger betroffen als Männer. Bei Mädchen und jungen Frauen ist die Einnahme von Ovulationshemmern ein zusätzlicher Risikofaktor.

Nach einer Lungenembolie bilden sich die pulmonalen Folgen in der Regel relativ rasch zurück.

Häufig sind Emboliefolgen nur als uncharakteristische und funktionell wenig bedeutsame fibrotische Narben in der Lunge zu erkennen. Tritt die Heilung nicht bald ein, so sind rezidivierende Embolien zu vermuten. Einen Hinweis hierauf kann die Bestimmung sog. D-Dimere im Citratblut liefern.

Gutachterliche Bewertung

Die wegen einer Lungenembolie nach thrombolytischer Therapie notwendig werdende Antikoagulantienbehandlung ist erwerbsmindernd zu berücksichtigen. Ansonsten richtet sich die versicherungsmedizinische Beurteilung, z. B. unfallbedingter Lungenemboliefolgen, nach den verbleibenden Ventilations- und Gasaustauschstörungen oder kardialen Auswirkungen.

10.6 Bronchitis, COPD, Bronchiektasen, Emphysen

R. Merget

Akute Bronchitis

Bronchitis ist klinisch definiert durch Husten und Auswurf. Eine akute Bronchitis wird in der Regel durch eine Virusinfektion der oberen Atemwege ausgelöst. Entsprechend der Lokalisation werden Rhinopharyngitis, Laryngotracheitis, Tracheobronchitis und Bronchiolitis unterschieden. Akute Bronchitiden im Erwachsenenalter sind vergleichsweise selten. Eine Häufung im Sinne mehrfacher Bronchitiden innerhalb eines oder mehrerer Jahre spricht für eine individuelle Suszeptibilität, zum Beispiel eine Atopie oder sonstige unbekannte Faktoren.

Gutachterliche Bewertung

Die akute Bronchitis hat im Allgemeinen eine günstige Prognose und spielt als vorübergehende Krankheit in der Gutachtenpraxis keine Rolle. Der Virusinfekt kann jedoch zu schweren Schädigungen im Bereich des Bronchialepithels führen und zu einer chronischen Bronchitis führen.

Chronische Bronchitis

Nach der WHO-Definition wird eine Bronchitis als chronisch bezeichnet, wenn Husten und Auswurf über wenigstens drei Monate in mindestens zwei aufeinanderfolgenden Jahren bestehen. Die nichtobstruktiven Bronchitiden gehen ohne Dyspnoe und Lungenfunktionsstörungen einher. Die chronische nichtobstruktive Bronchitis („simple chronic bronchitis") ist meist Folge eines chronischen Nikotinkonsums, gelegentlich auch Folge viraler oder bakterieller (z. B. Bordetella pertussis) Infektionen. Auch das Herabfließen von Schleim aus dem Nasopharynx und den Nasennebenhöhlen („postnasal drip") oder das Aspirieren von Magensäure bei gastroösophagealem Reflux sind Ursachen für chronische Bronchitiden. Schädigungen des Flimmerepithels, wie sie nach beruflichen Schadstoffeinwirkungen auftreten, stören den Reinigungsmechanismus des Tracheobronchialsystems und begünstigen damit eine sekundäre Besiedlung mit Bakterien. Beim sogenannten „Reactive Airways Dysfunction Syndrome" (*RADS*), d. h. einer Schädigung des Tracheobronchialsystems durch eine einmalige hohe akzidentelle Inhalation eines chemisch-irritativen Stoffes (z. B. Chlorgas) kommt es häufig auch zu nichtobstruktiven chronischen Bronchitiden, die ähnlich wie die Pertussis-Bronchitis, aber im Gegensatz zur chronischen Raucherbronchitis, mit zum Teil quälendem Husten (und oft nur geringem oder fehlendem Auswurf) einhergehen.

Texturstörungen des Lungengerüstes und des Bronchialbaumes, besonders im Verlauf der größeren Bronchien, wie sie durch Fibrosen, vernarbende Tuberkulose, Silikose oder operative Eingriffe an der Lunge entstehen, werden als „Schrittmacher" einer Bronchitis angesehen (sekundäre Bronchitis). Ein Kausalzusammenhang ist in der Regel dann zu bejahen, wenn die Bronchitis als Komplikation einer Berufskrankheit auftritt oder durch Unfallfolgen hervorgerufen ist (z. B. sekundäre Bronchitis bei Silikose oder Asbestose, Bronchitis als Folge ausgedehnter, unfallbedingter Verschwartungen der Pleura oder der Lunge).

Eine Linksherzinsuffizienz oder Herzklappenfehler, die mit einem Hochdruck im kleinen Kreislauf einhergehen (Mitralstenose etc.), können den Boden für bakterielle Infektionen des Bronchialsystems und eine chronische Bronchitis bereiten.

Gutachterliche Bewertung

Die Frage, ob Kälte- und Nässeeinwirkung oder Unterernährung zu einer chronischen Bronchitis führen können, ist in der Regel zu verneinen. Eine Ausnahme ist dann begründbar, wenn es sich um außergewöhnlich ungünstige Bedingungen und Belastungen handelt (KZ-Haft, Kriegsgefangenschaft etc.). Voraussetzung ist dann aber ein enger zeitlicher Zusammenhang. Liegen mehrere Jahre zwischen der Beendigung der angeschuldigten Haft oder Gefangenschaft und der Manifestation der Erkrankung, so muss angenommen werden, dass die wesentlichen Ursachen anderer Art sind. Auch eine wesentliche Verschlimmerung durch abnorme Lebensumstände ist nur begründbar, wenn die ungünstige Wendung der Erkrankung während des angeschuldigten äußeren Ereignisses oder unmittelbar danach eingetreten ist.

Die Erwerbsfähigkeit wird durch die chronische nichtobstruktive Bronchitis im Allgemeinen nicht beeinträchtigt. Eine berufliche inhalative Belastung durch Schadstoffe ist ungünstig für den Krankheitsverlauf. Für die Begründung der konkreten Gefahr des Entstehens einer obstruktiven Atemwegserkrankung im Sinne des § 3 SGB VII ist in der Regel der Nachweis einer bronchialen Hyperreaktivität Mindestvoraussetzung. Ausnahmen sind bei besonders starkem Husten mit häufigen Hustenanfällen bei relevanter inhalativer Belastung zu begründen.

Chronische obstruktive Lungenkrankheit (COPD; „chronic obstructive pulmonary disease")

Für diese Krankheit hat sich inzwischen der Begriff „COPD" fest etabliert. Die COPD ist definiert durch eine nicht vollständig reversible Atemwegsobstruktion. Die Atemwegsobstruktion ist gewöhnlich sowohl fortschreitend als auch verbunden mit einer pathologischen entzündlichen Antwort der Lungen und Atemwege auf Stäube oder Gase. Die charakteristischen Symptome der COPD sind Husten, Auswurf und Belastungsdyspnoe. Alle der o.g. Ursachen für eine nichtobstruktive Bronchitis sind auch Ursachen für eine COPD, der meist viele Jahre einer nichtobstruktiven Bronchitis vorausgehen.

Ganz wesentlich für die Diagnose einer COPD ist die Lungenfunktionsprüfung und insbesondere die Spirometrie. Die GOLD-Initiative der WHO definierte die Grenzlinie zwischen gesund und pathologisch bei einem FEV_1/FVC-Verhältnis (Tiffeneau-Index) von 70% (Global Initiative for Chronic Obstructive Lung Disease 2004). Da dieser Wert weitgehend unabhängig vom Alter ist, kann er für alle Altersgruppen verwendet werden, allerdings sind auch bei neueren Sollwertformeln bei älteren Personen Sollwerte <70% angegeben, die geringe Validität von Sollwerten bei älteren Personen sei erwähnt (▶Kap. 4.5). Typisch ist gerade bei leichten Fällen die Beschwerdefreiheit bzw. -armut, so dass die Krankheit oft bereits in schon fortgeschrittenem Zustand erstdiagnostiziert wird. Typisch für fortgeschrittenere Stadien der COPD sind sogenannte Exazerbationen, d.h. vorübergehende Verschlechterungen. Ursächlich sind mit Wahrscheinlichkeit Viren. Aufgrund der im Zeitverlauf oft wechselnden Definitionen schwanken die Prävalenzangaben verschiedener Quellen beträchtlich. In Deutschland wiesen 14% der erwachsenen Bevölkerung eine Einschränkung der Lungenfunktion auf (Konietzho u. Fabel 2000).

Gutachterliche Bewertung

Obwohl inzwischen genügend Daten zeigen, dass es sich bei COPD und Asthma um verschiedene Krankheiten handelt, ist bei der COPD häufig ebenfalls eine bronchiale Hyperreaktivität nachzuweisen, so dass Arbeiten unter klimatisch ungünstigen Bedingungen oder Tätigkeiten an Arbeitsplätzen mit inhalativer Belastung durch Staub, Gase oder Dämpfe vermieden werden sollten. Beim Vorliegen einer bronchialen Hyperreaktivität kann sich für inhalativ hoch gegenüber Irritantien exponierte Berufe Berufsunfähigkeit ergeben. Die Abgrenzung zum Asthma ist oft nicht ganz eindeutig möglich. Asthma ist definiert als variable Dyspnoe mit reversibler obstruktiver Ventilationsstörung und bronchialer Hyperreaktivität. In der Berufskrankheitenverordnung existiert nur der Begriff „obstruktive Atemwegserkrankung", hierunter sind COPD und Asthma zu subsumieren. Dies bedeutet, dass auch Krankheiten, die eher an eine COPD erinnern als ein Asthma, als Berufskrankheit (▶BK 4302) anerkannt werden können (▶Kap. 10.1.3.2).

Gerade beim jungen Menschen besteht eine enge Assoziation zwischen Allergie und Asthma. Bei Beginn der Symptome im Erwachsenenalter sollte bei fehlender Atopie auch an ein berufliches (allergisches) Asthma gedacht werden. Bei bestehender bronchialer Hyperreaktivität kann akute Dyspnoe durch Allergene, aber auch viele unspezifische Stimuli wie Kaltluft oder in der Luft enthaltene Schadstoffe wie SO_2, NO_2, Ozon oder saure Aerosole hervorgerufen werden.

Die Prognose eines manifesten Asthmas ist insofern ungünstig, als eine Heilung fast nie beobachtet wird. Insgesamt ist aber die Prognose einer COPD wesentlich schlechter. Eine schwere COPD mit einem FEV_1 von unter 30% des Sollwertes zeigt eine 5-Jahresüberlebenszeit von nur wenigen Prozenten. Insbesondere bei schwerer Krankheit ist eine Besserung selten, eine fehlende Besserung nach Expositionskarenz keinesfalls als Argument gegen eine berufliche Ursache anzuführen. Gelegentlich wird auch ein allergisches Asthma bronchiale im Laufe der Zeit durch rezidivierende Bronchialinfekte kompliziert, es entsteht ein Krankheitsbild, in welchem die primäre allergische Pathogenese schließlich nur noch historisches Interesse hat.

In Abhängigkeit von der Funktionseinschränkung insbesondere mit zunehmender Hypoxämie kommt es zu einer Widerstandserhöhung der Lungenarterien mit Entwicklung einer pulmonalen Hypertonie. Dies führt zu einer vermehrten Druckbelastung des rechten Herzens, die in einer Hypertrophie und später Dilatation und Insuffizienz der rechten Herzkammer mündet.

Die Rückwirkungen der COPD auf das Herz sind radiologisch und elektrokardiographisch besonders zu Beginn nur schwer zu objektivieren. Der Einsatz der zweidimensionalen Echokardiographie (Darstellung der rechtskardialen Höhlen und der Vena cava inferior) und der Dopplerechokardiographie (Bestimmung des Pulmonalarteriendruckes) kann die diagnostische Sensitivität wesentlich erhöhen.

Die COPD mit chronischem Cor pulmonale ist immer als schwerwiegende Erkrankung anzusehen, die in der Regel eine körperliche Tätigkeit nicht mehr erlaubt. Berufstätige mit chronischem Cor pulmonale können allenfalls leichte Arbeiten vorwiegend im Sitzen verrichten.

Bronchiektasen

Bronchiektasen sind nicht mehr rückbildungsfähige Erweiterungen zumeist mittlerer und kleinerer Bronchien, wobei meist eine chronische Entzündung der Bronchialwand besteht. Man unterscheidet zylindrische von sackförmigen Bronchiektasen. Die Bronchialerweiterung kann sich an einem einzigen Bronchus oder an einer umschriebenen Gruppe von Bronchien entwickeln. Mitunter ist sie aber auch in einem ganzen Lungenlappen zu finden, wobei die Lungenunterlappen besonders betroffen sind. Während im ersten Lebensjahrzehnt Bronchiektasen selten sind, nehmen sie jenseits des 40. Lebensjahres und insbesondere jenseits des 60. Lebensjahres zu. Männer erkranken häufiger als Frauen.

Bei der Entstehung der Bronchiektasie spielen neben Strukturschwächen der Bronchialwand die Bronchitis und Bronchopneumonie eine ätiologische Rolle. Sekundäre Bronchiektasen finden sich bei bronchostenotischen atelektatischen Prozessen sowie bei schrumpfenden narbigen Veränderungen im Lungengewebe und der Pleura (Tuberkulose, Pneumokoniose, Lungenfibrose, Pleuraschwarte). Angeborene Bronchiektasen, die einen ganzen Lappen betreffen können, sind gelegentlich mit extrapulmonalen Bildungsanomalien kombiniert.

Der Bronchiektasie schließt sich – soweit sie nicht schon Folge einer Bronchitis ist – oft eine eitrige Bronchitis an. Als spezifische Komplikation der Bronchiektasie sind metastatische Hirnabszesse bekannt, die allerdings nur noch selten beobachtet werden.

Gutachterliche Bewertung

Die sozialmedizinische Beurteilung ist von der Lungenfunktion, dem Verlauf und der Häufigkeit der der Bronchiektasie eigenen Komplikationen abhängig.

Lungenemphysem

Das Lungenemphysem wird pathologisch-anatomisch definiert als irreversible Erweiterung und Destruktion der Lufträume distal der terminalen Bronchiolen. Durch die Computertomographie des Thorax lässt sich ein Lungenemphysem sehr spezifisch nachweisen, allerdings sind Lungenfunktionsuntersuchungen sensitiver.

Die Emphysemgenese ist vielfältig, eine besondere Rolle spielen vermehrter oxidativer Stress sowie eine Dysbalance zwischen Proteasen und Antiproteasen in der Lunge. Es resultiert ein Elastizitätsverlust des Lungengewebes mit der Folge einer Lungenblähung sowie eine verminderte Gasaustauschfläche. Eine Sonderform stellt das familiäre Emphysem bei α_1-Antitrypsin-Mangel dar, welches schon im jugendlichen Alter auftreten kann.

Ganz im Vordergrund bei der Genese des Lungenemphysems steht das langjährige Zigarettenrauchen. In der Diskussion der exogenen Faktoren, die zur Emphysementwicklung beitragen, spielen wie bei der COPD auch die Luftverschmutzung und die berufliche Staubbelastung eine Rolle. Es konnte experimentell gezeigt werden, dass in der Lunge abgelagerte Stäube zu einer Proteasen-Antiproteasen-Imbalance und einer mangelhaften Detoxikation von Oxidantien und somit zu einer verstärkten proteolytischen Destruktion der Alveolarstruktur führen. Sofern es sich um ein perifokales oder perinoduläres Emphysem in der Umgebung schrumpfender (anthrakosilikotischer) Herde handelt, liegt der Zusammenhang mit einem fibrosierenden Lungenprozess, z. B. einer Pneumokoniose, nahe.

Gutachterliche Bewertung

Das Emphysem gilt mit Ausnahme des Staubemphysems bei Steinkohlenbergleuten (▶BK 4111, Kap. 10.1.1.6) oder nach Cadmiumexposition bislang nicht als Berufskrankheit. Ungünstige oder extreme Lebensumstände wie Kriegsgefangenschaft und Haft sind nicht geeignet, ein Emphysem hervorzurufen oder wesentlich zu verschlimmern.

Die wichtigste Komplikation des Lungenemphysems ist die Pneumonie, deren Häufigkeit mit zunehmendem Alter und zunehmender Emphysementwicklung zunimmt. Unter den extrapulmonalen Komplikationen des Emphysems (und aller schweren obstruktiven Ventilationsstörungen) sind Leisten- und Bauchwandhernien zu erwähnen, die durch Drucksteigerung im Abdomen infolge vermehrten Einsatzes der Bauchmuskulatur bei Exspirationsstörungen und besonders beim Husten entstehen.

Beim Emphysem kommt es durch das Nachlassen der elastischen Verspannung der Bronchien zu einer Abnahme des Bronchiallumens. Es entwickelt sich eine starke Abhängigkeit der Atemwegswiderstände von der Exspirationslage. Gegen Ende der Exspiration kann der Atemwegswiderstand erheblich ansteigen bzw. der Fluss stark abfallen. Stark positiver Druck im Thoraxraum, z. B. beim Husten oder bei forcierter Exspiration (Einsekundenkapazität), führt zum Bronchiolenkollaps (Check-valve-Mechanismus), wodurch das Abhusten von Sekret erschwert wird, was wiederum die Bronchitis und ihren chronischen Verlauf begünstigt.

Literatur

Global Initiative for Chronic Obstructive Lung Disease (GOLD) (2004) http://www.goldcopd.com

Konietzko N, Fabel H (Hrsg) (2000) Weißbuch Lunge. Thieme, Stuttgart

11 Krankheiten des Herzens

H. Tillmanns

11.1 Die koronare Herzkrankheit

Epidemiologie

In Deutschland und in den anderen westlichen Industrienationen steht die koronare Herzkrankheit in der Morbiditäts- und Mortalitätsstatistik an erster Stelle. In Deutschland erleiden jährlich etwa 250 000 Menschen einen akuten Myokardinfarkt, der in etwa 35% der Fälle tödlich verläuft (Löwel et al. 1993); 34% der Patienten mit akutem Myokardinfarkt sterben vor Erreichen der Klinik.

Die koronare Herzkrankheit ist unter die wichtigsten Volkskrankheiten einzureihen: Die chronisch-ischämische Herzkrankheit und der akute ST-Hebungs-Myokardinfarkt führen die Todesursachenstatistik in Deutschland mit 10,9% bzw. 7,5% der registrierten Todesfälle an. Die stabile Angina pectoris (chronische koronare Herzkrankheit) hat in den USA, Frankreich, England, Deutschland und Italien eine Prävalenz von 3–4%. Die 5-Jahres-Prognose der stabilen Angina pectoris ist ernst: Tod (jeglicher Ursache) tritt bei 8%, Tod oder Myokardinfarkt oder Schlaganfall bei 15% der Patienten auf. Die Inzidenz eines Myokardinfarktes bei Patienten mit koronarer Herzkrankheit liegt bei 3–3,5%/Jahr. Damit kommen auf einen Infarktpatienten 30 Patienten mit stabiler Angina pectoris!

Ätiopathogenese

Die koronare Herzkrankheit stellt die Manifestation der Atherosklerose im Bereich der Herzkranzgefäße dar. Der pathogenetische Prozess ist nicht nur eine Lipidakkumulation, sondern eine chronische Entzündung, die als Antwort auf eine primäre Schädigung der Gefäßwand initiiert und unterhalten wird (Ross 1999). Entsprechend dieser Hypothese wird die primäre Verletzung der Gefäßwand durch genetische, metabolische, physikalische, Umwelt- und u.U. auch durch infektiöse Faktoren verursacht (Tabelle 11.1); die bisher abgeschlossenen Antibiotika-Interventionsstudien ergaben jedoch keine Anhaltspunkte für einen wesentlichen Stellenwert bakterieller Infektionen bei der Ätiologie der Atherosklerose.

Die primäre Gefäßverletzung führt zu einer entzündlichen Antwort, die durch eine komplexe Folge von Interaktionen zwischen Endothel- und glatten Gefäßmuskelzellen, Leukozyten und Thrombozyten gekennzeichnet ist. Diese Zellen und die von ihnen sezernierten Wachstumsfaktoren, Zytokine und Chemokine bilden zusammen mit Lipiden und extrazellulären Komponenten der Gefäßwand die Grundlage der atherosklerotischen Plaques. Die Bedeutung der Entzündung bei der Pathogenese der Atherosklerose wird durch die Ergebnisse experimenteller Studien bei genetisch manipulierten Mäusen (CCR2-knock-out-Mäusen), (Boring et al. 1998) und ebenso durch epidemiologische Studien gestützt, die klar aufzeigen, dass zirkulierende Entzündungsmarker wie Fibrinogen, C-reaktives Protein und Serumamyloid mit der Progression der koronaren Herzkrankheit und der Inzidenz koronarer Ereignisse korrelieren (Ridker et al. 1997).

Die Koronaratherosklerose kann konzeptionell in zahlreiche molekulare und zelluläre biologische Schlüsselprozesse eingeteilt werden (Tabelle 11.2). Zu nennen sind hier extrazelluläre Lipidansammlung, Rekrutierung von Leukozyten, Bildung von Schaumzellen, Intimahyperplasie als Folge der Migration und Proliferation glatter Gefäßmuskelzellen und Vermehrung der extrazellulären Matrix, Gefäß-Remodeling, Plaque-Angiogenese und Plaqueruptur bzw. -erosion durch Ruptur der fibrösen Kappe oder endotheliale Erosion.

Tabelle 11.1. Koronaratherosklerose als Antwort auf Gefäßwandverletzung

Metabolische Faktoren
- Hypercholesterinämie
- Hyperglykämie (Hyperhomozysteinämie)

Umweltfaktoren
- Tabakrauch

Physikalische Faktoren
- Dehnung der Gefäßwand („shear forces"), z. B. bei art. Hypertonie
- Laminarer vs. nichtlaminarer Fluss
- Infektiöse Faktoren
- Chlamydien
- Herpes-simplex-Virus
- Zytomegalievirus

Tabelle 11.2. Molekulare und zelluläre Faktoren bei der Atherogenese

Zellen
Endothelzellen
Monozyten und T-Lymphozyten
Glatte Gefäßmuskelzellen
Thrombozyten
Schlüsselmoleküle
Lipoproteine
Zelladhäsionsmoleküle
Zytokine
Chemokine
Wachstumsfaktoren
Extrazelluläre Matrixproteine (Kollagen, Elastin, Fibrinogen)
Proteasen (Matrix-Metalloproteinasen)
Tissue-factor

Bei Vorhandensein einer Hyperlipidämie sammeln sich zirkulierende Lipoproteine innerhalb der Intima an; diese werden anschließend durch Oxidation und – bei Vorhandensein einer Diabetes-mellitus-induzierten Hyperglykämie – durch Glyzierung modifiziert. Modifizierte Lipoproteine induzieren eine Kette molekularer und zellulärer Reaktionen, die die Atherogenese fördern, wie z. B. Stimulation der Produktion von Wachstumsfaktoren und Zytokinen, die von Endothelzellen und glatten Gefäßmuskelzellen freigesetzt werden. *Oxidierte* Lipoproteine (in erster Linie ox-LDL) greifen schon frühzeitig in die Atherogenese ein: Sie bewirken bereits bei nichtstenosierten Koronararterien eine *endotheliale Dysfunktion*, die auf einer verminderten Stickoxid (NO-)Produktion und -Bioverfügbarkeit sowie auf einer verminderten Prostazyklinproduktion beruht.

Modifizierte Lipoproteine und ihre Nebenprodukte (wie z. B. Lysophosphatidylcholin) bewirken eine Steigerung der Expression zahlreicher Zelladhäsionsmoleküle, von Selektinen, Integrinen und Mitgliedern der Immunglobulin-Superfamilie, welche Entzündungszellen rekrutieren (Cybulsky et al. 1991). Die gleichzeitige Freisetzung von chemoattraktiven Zytokinen (Chemokinen), wie z. B. Monozyten-chemoattraktivem Protein-1 (MCP-1), schafft chemische Gradienten, welche die Migration der Leukozyten in das Gewebe fördern. In klinischen Studien konnte gezeigt werden, dass die Plasmaspiegel von interzellulärem Adhäsionsmolekül-1 (ICAM-1) und E-Selektin mit klinischen Manifestationen der Koronaratherosklerose korrelieren (Ridker et al. 1998).

Stadien der Koronaratherosklerose

Bei den Stadien der Koronaratherosklerose werden die *Frühläsion*, die *Fettstreifen*, die *intermediäre Läsion* (in diesen drei Stadien liegt noch keine Lumeneinengung vor) und die *fibröse Plaque* unterschieden. In den Stadien der Fettstreifen und der intermediären Läsion sowie bei nur gering ausgeprägter Verringerung des Lumens bei der fibrösen Plaque ist auch bei stärkerer körperlicher Belastung oder bei pharmakologischer maximaler Vasodilatation noch keine Einschränkung des maximalen Koronarflusses, der Koronarreserve, nachzuweisen. Allerdings besteht in diesen Anfangsstadien der frühen Koronaratherosklerose in der Regel schon eine *endotheliale Dysfunktion*, d. h. eine paradoxe Vasokonstriktion unter körperlicher Belastung bzw. nach intrakoronarer Injektion von Acetylcholin.

- Der initialen *Frühläsion* liegt eine Endothelschädigung zugrunde. Die hauptsächlichen pathogenetisch wirksamen Faktoren sind hoher Blutdruck („shear forces"), hohes oxidiertes LDL-Cholesterin, erhöhtes CO-Hämoglobin (Zigarettenrauchen), weiterhin glykolysierte Proteine, erhöhter Plasminogen-Aktivator-Inhibitor-1 (PAI-1) und Profilin bei Diabetes mellitus. Der anfangs als hoch eingeschätzte Stellenwert der Hyperhomozysteinämie bei der initialen Endothelschädigung ist aufgrund der bis zum jetzigen Zeitpunkt ausnahmslos negativen Interventionsstudien (z. B. bei der NORVIT- und der WAFACS-Studie) praktisch auf Null zurückgegangen.
- Das Kennzeichen der *Fettstreifen*, der frühesten atherosklerotischen Läsion, sind die Schaumzellen. Letztere entstehen aus Makrophagen und glatten Gefäßmuskelzellen, die modifizierte (oxidierte und acetylierte) Lipoproteinpartikel über zahlreiche Scavenger-Rezeptoren binden und internalisieren. Schaumzellen setzen reaktive Sauerstoffradikale frei, die wiederum eine Oxidation von Lipoproteinen bewirken können, wodurch deren Aufnahme in die Gefäßwand sowie ihre Zytotoxizität verstärkt wird. Makrophagen-Zelltod trägt zur Bildung des nekrotischen Zentrums der atherosklerotischen Plaque bei.
- *Die intermediäre Läsion* ist eine schon weiter fortgeschrittene, aber immer noch intramurale Plaque mit zahlreichen glatten Gefäßmuskelzellen. Unter dem Einfluss von chemoattraktiv wirksamen Substanzen wie dem von Thrombozyten produzierten Wachstumsfaktor PDGF („platelet-derived growth factor") und Thrombin wandern glatte Muskelzellen aus der Media in die Neointima hinein, wo ihre Proliferation beginnt. Diese aktivierten Gefäßmuskelzellen, die in diesem Stadium der Atherogenese ihren Phänotyp vom muskulären zum sekretorischen Typ ändern, setzen Proteine frei, die zur Entstehung der extrazellulären Matrix führen. Aus beiden Elementen, den aktivierten glatten Gefäßmuskelzellen und den extrazellulären Matrixproteinen, setzt sich eine bedeutende strukturelle Komponente der reifen atherosklerotischen Plaque zusammen, die bindegewebige Verschlusskappe (Libby et al. 1995). Die Wahrscheinlichkeit des Auftretens von Komplikationen der Koronaratherosklerose ist von der Integrität der bindegewebigen Verschlusskappe abhängig. Die Stabilität der bindegewebigen Kappe wird durch eine Balance zwischen Vitalität, Funktion und Zelltod der glatten Gefäßmuskelzellen reguliert und ist wahrscheinlich auf Apoptose zurückzuführen, die durch inflammatorische Zytokine kontrolliert wird (Geng et al. 1995).
- Die *fibröse Plaque* stellt eine *komplexe* Läsion dar, an Größe zunehmend, in das Gefäßlumen hi-

neinwachsend, die allmählich zur Behinderung des Blutflusses führt. Die zellulären Bestandteile sind von Monozyten abstammende Makrophagen, glatte Muskelzellen und T-Lymphozyten, von denen viele aktiviert sind (HLA-DR-Expression). – In fortgeschrittenen atherosklerotischen Läsionen neigen die Leukozyten dazu, sich in der Schulterregion der Plaque anzusammeln. Die T-Lymphozyten, die bis zu 20% des zellulären Anteils in reiferen atherosklerotischen Plaqueregionen ausmachen können, exprimieren Aktivitätsmarker, die auf einen chronischen Entzündungsstatus hinweisen.

Die extrazelluläre Matrix setzt sich aus Kollagen, Elastin, Fibrin, Fibrinogen, Fibronectin, Vitronectin, Osteopontin und Proteoglykanen zusammen. Diese extrazellulären Matrixproteine machen in fortgeschrittenen atherosklerotischen Läsionen einen großen Anteil des Plaquevolumens aus; außerdem sind sie von großer Bedeutung für die strukturelle Integrität der bindgewebigen Verschlusskappe, vor allem die Kollagene Typ I und II. Viele atherosklerotische Läsionen werden sekundär mineralisiert (Ablagerungen von Kalzium und Osteopontin).

Komplikationen

Progressive Lumeneinengung

Wenn atherosklerotische Läsionen größer werden, können sie allmählich zu einer Einengung des Gefäßlumens führen. Der wesentliche Mechanismus des Wachstums der fortgeschrittenen koronar-atheromatösen Plaques ist jedoch das rezidivierende Auftreten von Plaqueruptur bzw. Plaquerosion mit nachfolgender initialer Thrombusauflagerung und anschließender bindegeweblicher Organisation. Liegen Koronararterien-Lumeneingungen um mehr als 60–70% vor, kann die Restriktion des Koronarflusses bei gesteigertem Sauerstoffbedarf (z. B. bei körperlicher Belastung) zur Myokardischämie führen, die sich bei koronarkranken Patienten als *symptomatische Angina pectoris, als stumme Myokardischämie* oder als *belastungsinduzierte ventrikuläre Tachykardie* manifestieren kann. Die Koronarangiographie unterschätzt oft das wahre Ausmaß der Atherosklerose, da das erkrankte Koronargefäß eine kompensatorische Vergrößerung (positives Remodeling) durchmachen kann, um das Gefäßlumen offenzuhalten (Glagov et al. 1987).

Plaqueruptur bzw. erosion und Thrombose, akutes Koronarsyndrom

In den letzten beiden Jahrzehnten haben Daten klinischer Studien zu einer Änderung traditioneller Konzepte der Pathophysiologie der instabilen Angina pectoris und des akuten Myokardinfarktes geführt. Heute wissen wir, dass die meisten akuten koronaren Ereignisse (akutes ischämisches Syndrom) nicht durch kritische Lumeneinengungen nach Wachstum atheromatöser Plaques, sondern eher durch Thrombose auf dem Boden einer Plaqueruptur oder Plaquerosion bei nichtkritischer Lumeneinengung des Koronargefäßes verursacht sind (Fuster et al. 1992, Davies et al. 1996, Libby et al. 1995). Ruptur der fibrösen Verschlusskappe und oberflächliche Erosion stellen die beiden dominierenden Mechanismen der Entstehung eines akuten *Koronarsyndroms* dar.

Das Ausmaß und der Schweregrad der Koronaratherosklerose bei Patienten, die an einem akuten Myokardinfarkt verstarben und bei denen eine Autopsie durchgeführt wurde, ist quantitativ ermittelt worden: Eine hochgradige (76–100%ige) Reduktion der Querschnittsfläche wurde lediglich bei ca. 20–45% aller Koronarsegmente beobachtet, eine mäßiggradige Lumeneinengung (51–75%) bei bis zu 66% und eine geringgradige Lumeneinengung (26–50%) bei 33% aller Koronarsegmente (Davies 1996).

Die Ergebnisse der Zusammenstellung von vier angiographischen Follow-up-Studien lassen erkennen, dass nur ca. 15% der akuten Myokardinfarkte durch atheromatöse Läsionen mit einem Stenosegrad von über 60% beim vorhergehenden Angiogramm verursacht wurden (Smit Jr 1996).

Instabile atherosklerotische Plaques, die einer Plaqueruptur anheimfallen, weisen einen großen Lipidkern auf, der nur durch eine dünne fibröse Kappe vom Gefäßlumen getrennt wird (Tabelle 11.3). Die Vulnerabilität der Plaque ist von der Integrität der fibrösen Kappe abhängig, die wiederum durch Entzündungsvorgänge in der Gefäßwand beeinflusst wird.

Drei unterschiedliche, mit Entzündungsprozessen in der Gefäßwand einhergehende Mechanismen bewirken strukturelle Veränderungen der fibrösen Kappe, die zu vermehrter Vulnerabilität der Plaque führen: Abnahme der Matrixsynthese, verstärkte Matrixdegradierung und programmierter Zelltod (Apoptose). Zytokine, die durch in die Plaque eingewanderte aktivierte Leukozyten gebildet werden, können eine Verminderung der Synthese und eine verstärkte Degradierung struktureller Komponenten der fibrösen Kappe be-

Tabelle 11.3. Charakteristika rupturierter atherosklerotischer Plaques

Strukturell
▮ Dünne fibröse Kappe (Deckmembran)
▮ Großer Lipidpool
▮ Hohe zirkumferentielle Belastung am Ort der Plaqueruptur
Zellulär
▮ Zahlreiche Schaumzellen (aus Makrophagen gebildet)
▮ Akkumulation von T-Lymphozyten in der Nähe der Plaqueruptur
▮ Verminderte Anzahl von glatten Gefäßmuskelzellen
▮ Vorhandensein einer lokalen Entzündung
Funktionell
▮ Expression von Entzündungsmarkern
▮ Expression von Zytokinen
▮ Expression von Matrix abbauenden Proteasen

Tabelle 11.4. Charakteristika der rupturierten atheromatösen Plaque

- Großer Lipidkern
- Hohe inflammatorische Aktivität
- Verminderte Anzahl glatter Muskelzellen
- Dünne fibröse Kappe, desorganisiertes Kollagen
- Hoher Gehalt an Tissuefactor

wirken, wie z. B. von interstitiellem Kollagen. Enzündungszellen in instabilen Plaques produzieren proteolytische Enzyme, z. B. Matrix-Metalloproteinasen, die strukturelle Proteine (Kollagen, Elastin) der protektiven fibrösen Kappe abbauen. Die Kollagene, die in stabilen Plaques die fibröse Kappe verstärken, können in vulnerablen Läsionen aufgrund einer reduzierten De-novo-Synthese durch glatte Gefäßmuskelzellen vermindert sein. Dies wird in erster Linie durch Interferon-γ (IFN-γ), einen Hemmer der durch glatte Muskelzellen bewirkten Kollagensynthese, erreicht, der von aktivierten T-Lymphozyten in der instabilen Plaque sezerniert wird. Auf diese Weise kann verminderte Fähigkeit der glatten Gefäßmuskelzellen, neue Kollagenfasern zu bilden, ebenso zur Verdünnung und Schwächung der fibrösen Kappe führen (Libby et al. 1995) (Tablle 11.4).

In ca. 40% der Fälle wird das akute Koronarsyndrom nicht durch eine Plaqueruptur, sondern durch Plaqueerosion ausgelöst. Lokaler Verlust von Endothelzellen führt zu einer oberflächlichen Erosion der arteriellen Intima, die ein wichtiges Substrat für plättcheninduzierte Thrombose darstellt (Farb et al. 1996). Bei den oberflächlich erodierten Plaques ist ein kleinerer Lipidkern vorhanden. Mechanische Gefäßwandschädigung und Endothelzellapoptose scheinen die beiden wesentlichen Mechanismen zu sein, welche lokalen Endothelverlust bewirken. Eine Plaqueerosion wird häufig bei jüngeren Patienten, bei Frauen, bei Diabetikern und bei Patienten mit niedrigerem Stenosegrad beobachtet. In einem selektierten Kollektiv von Patienten, die plötzlich verstarben und autopsiert wurden, sind bei mehr als 1/3 der im Gefolge eines akuten Myokardinfarktes an plötzlichem Herztod verstorbenen Patienten oberflächliche Erosionen mit Verschlussthromben beobachtet worden (Farb et al. 1996).

Die beschriebenen pathomorphologischen Veränderungen der Gefäßwand gehen mit thrombotischen Komplikationen dieser Läsionen einher (De Wood et al. 1980, Sherman et al. 1986). Der Lipidkern einer atherosklerotischen Plaque ist extrem thrombogen; lipidbeladene Makrophagen im Lipidkern exprimieren Tissue-factor, ein potentes Procoagulans.

Im Falle einer Plaqueruptur kommt Tissue-factor mit zirkulierenden Vorläufern aktivierter Gerinnungsfaktoren in Kontakt und bewirkt Thrombinbildung, was wiederum zu Thrombozytenaktivierung und Thrombusbildung führt. Weiterhin wurde in koronaratherosklerotischen Plaques eine Akkumulation der Faktor-VII-aktivierenden Protease (FSAP) beobachtet. Diese Protease aktiviert über Faktor VII den extrinsischen Weg der Gerinnungskaskade unabhängig von Tissue-factor; andererseits induziert die Protease unter physiologischen Bedingungen die Generierung von Urokinase aus der Proenzymform und initiiert damit die Fibrinolyse. Bei Patienten mit koronarer Herzkrankheit, die sich einer Koronaratherektomie unterzogen, wiesen instabile koronaratheromatöse Plaques eine signifikant höhere FSAP-Expression als stabile Plaques auf (Parahuleva et al. 2007). Die FSAP-Expression in den Plaques lässt sich durch proinflammatorische Stimuli induzieren.

Fazit: Die Koronaratherosklerose kann am besten als eine Erkrankung mit entzündlicher Aktivität der Gefäßwand beschrieben werden. Die „vulnerable" Plaque ist durch eine progressive Entzündung innerhalb eines kurzen vorausgehenden Zeitintervalls charakterisiert, deren Ursachen schlussendlich immer noch nicht geklärt sind.

Erscheinungsformen einer mikrovaskulären Dysfunktion bei koronarer Herzkrankheit

Bei Vorhandensein hämodynamisch relevanter Stenosen der großen epikardialen Koronararterien können infolge des verminderten poststenotischen Perfusionsdrucks funktionelle Störungen der myokardialen Mikrozirkulation auftreten. Diese können sich einerseits in einer gestörten mikrovaskulären Durchblutung (Verminderung der erythrozytären Flussgeschwindigkleit, Abflachung des phasischen Flussprofils in Arteriolen, Kapillaren und Venolen sowie Abnahme des kapillären Erythrozytengehalts in der poststenotischen Myokardregion), andererseits in einer metabolischen Störung, z. B. der energiereichen Phosphate sowie der Glukose- und Fettsäureaufnahme des poststenotischen Myokards manifestieren (Tillmanns et al. 1981, 1984, 1987, 1990 u. 1993).

Klinisch werden funktionelle Störungen der myokardialen Mikrozirkulation überwiegend bei Koronarkranken mit stabiler bzw. instabiler Angina pectoris, ferner bei Patienten mit „hibernating myocardium" beobachtet (Heusch et al. 1994 Rahimtoola 1985 u. 1989, Schulz et al. 1996). Bei Patienten mit instabiler Angina pectoris können hämorrheologische Faktoren entscheidenden Einfluss auf die Prognose während des stationären Aufenthaltes gewinnen (Neumann et al. 1991). Auch ohne Vorhandensein einer signifikanten Lumeneinengung der großen epikardialen Koronararterien kann eine Störung der koronaren Mikrozirkulation durch eine Endotheldysfunktion a) der großen Gefäße bei Vorhandensein eines angiographisch noch nicht erfassbaren Atheroms und b) der kleinen Gefäße (Leitungsarteriolen) beobachtet werden, wie z. B. bei arterieller Hypertonie und bei Hypercholesterinämie (Anderson et al. 1995, Henry et al. 1980, Mügge et al. 1991, Ohara et al. 1993, Zeiher et al. 1993).

Mikrovaskuläre Funktionsstörungen können weiterhin Ursache der verzögerten Erholung des Herzmuskels nach erfolgreicher Wiedereröffnung eines verschlossenen Koronargefäßes sein, wie z. B. beim

„stunned myocardium“ (Braunwald et al. 1982, Heyndrickx et al. 1975, Tillmanns et al. 1987).

Funktionelle Störungen in der myokardialen Endstrombahn werden auch als Ursache der oftmals deutlich verminderten Koronarreserve direkt im Anschluss an eine erfolgreiche Ballondilatation (PTCA) eines stenosierten bzw. verschlossenen Koronargefäßes diskutiert. Ebenso wird eine mikrovaskuläre Dysfunktion als Ursache der verzögerten metabolischen Erholung des Herzmuskels nach erfolgreicher PTCA einer hochgradig eingeengten Koronararterie angesehen (Tillmanns et al. 1990, Zimmermann et al. 1988). Weiterhin scheint die oft im Anschluss an eine erfolgreiche Wiedereröffnung eines verschlossenen Infarktgefäßes beobachtete Flussverzögerung (TIMI-2-Fluss) auf Störungen der myokardialen Mikrozirkulation zurückzuführen sein.

Als pathogenetisch begünstigende Faktoren für das Auftreten eines „No-reflow-Phänomens“ in der koronaren Endstrombahn werden heute in erster Linie 1) eine Abnahme des Perfusionsdrucks, 2) Zytokin-Freisetzung, 3) Induktion von Adhäsionsmolekülen auf neutrophilen Granulozyten, Endothelzellen und/oder Kardiomyozyten, sowie 4) eine Freisetzung von Molekülen, die neutrophile Granulozyten aktivieren (PAF, Leukotriene, Prostaglandine) angesehen (Tillmanns et al. 1998).

Kernsymptome und Risikostratifikation

Stabile Angina pectoris

In den Frühstadien der koronaren Herzerkrankung sind in der Regel noch keine klinischen Symptome vorhanden, obwohl aufgrund der Lipideinlagerungen in die Gefäßwand bereits eine endotheliale Dysfunktion vorliegt (Stary et al. 1995). Im fortgeschrittenen Stadium tritt mit zunehmender Einengung der Koronargefäße eine Unterversorgung der stenoseabhängigen Herzmuskelregion mit Sauerstoff und Nährsubstraten auf; die resultierende regionale Myokardischämie äußert sich meist als stabile Angina pectoris. Allerdings verlaufen nur ca. ¼ der Myokardischämieepisoden symptomatisch. Bei älteren Patienten und insbesondere bei Diabetikern kann die Myokardischämie klinisch stumm verlaufen („stumme Myokardischämie“), (Davies 2001). Ansonsten ist die stabile Angina pectoris als ein drückender oder brennender Thoraxschmerz charakterisiert, der zumeist retrosternal, oft mit Ausstrahlung zwischen die Schulterblätter, zum Unter-

Tabelle 11.5. Definition der stabilen Angina pectoris

	Spricht *für* ischämische Ursache	**Spricht *gegen* ischämische Ursache**
Art der Symptomatik	1. Enge/Druckgefühl (zusammenschnürend, ziehend, brennend, Schweregefühl:„Stein auf der Brust“) 2. Crescendo/Decrescendo-Muster der Schmerzentwicklung (Intensität) 3. Atemnot	1. Dumpfer Schmerz, "messerähnlich, scharf, stechend, „Reißen“, verstärkt durch Atmung 2. Schmerz von Anfang an mit konstanter Schmerzintensität
Lokalisation	Retrosternal, quer über der mittleren Thoraxregion vorn; in beiden Armen, Schultern; Ausstrahlung links > rechts, in Kiefer, Rücken, Nacken, Oberbauch. In einigen Fällen komplett andere Region mit Ausstrahlung in den Thorax; Thorax manchmal überhaupt nicht betroffen	Links unterhalb der Mamma, in der linken Thoraxhälfte
Schmerzprovozierende Faktoren	Vermehrte kardiale Belastung (z. B. durch Blutdruckanstieg und Tachykardie); bei/nach körperlicher bzw. emotionaler Belastung, Kälte, Wetteränderung, Anstrengung, nach opulenten Mahlzeiten	Schmerz nach Beendigung der Belastung; Schmerz provoziert durch eine spezifische Körperbewegung
Dauer	Minutenlang im Zusammenhang mit Auslösemechanismus, *nicht länger als 20 Minuten*	Sekundenlanger Schmerz; mit konstanter Intensität anhaltender Schmerz über Stunden

Tabelle 11.6. Klassifikation der stabilen Angina pectoris (Canadian Cardiovascular Society, *CCS*). (Mod. n. Campean et al. 2002)

CCS-Grad	Definition	Beispiel
I	Keine Angina bei normaler Belastung, Angina bei sehr hoher oder andauernder Anstrengung	Angina pectoris z. B. beim Schneeräumen, beim Dauerlauf, bei schwerer Gartenarbeit
II	Geringe Einschränkung bei normalen Tätigkeiten	Angina pectoris beim schnellen Treppensteigen, beim Bergaufgehen, bei Belastung kurz nach dem Aufwachen
III	Deutliche Einschränkung der Leistungsfähigkeit	Angina pectoris beim An- und Ausziehen, beim längeren langsamen Gehen, bei leichter Hausarbeit
IV	Angina pectoris bei jeder Belastung oder bereits in Ruhe	Angina pectoris unterhalb der bei CCS-Grad III aufgeführten Belastungen

kiefer, in die linke bzw. rechte Schulter und zum linken Oberarm) während körperlicher oder emotionaler Belastung auftritt, etwa 1–20 Minuten andauert und in Ruhe bzw. nach Gabe von Nitroglycerin verschwindet (Tabellen 11.5 und 11.6).

Akutes Koronarsyndrom

Unter dem Begriff des „akuten Koronarsyndroms" werden diejenigen Phasen der koronaren Herzkrankheit zusammengefasst, die unmittelbar lebensbedrohlich sind (Braunwald 1989, Hamm et al. 2000); dies sind instabile Angina pectoris, akuter Myokardinfarkt und plötzlicher Herztod. Die oben dargestellten Charakteristika der instabilen (vulnerablen) Plaque lassen verstehen, dass es fließende Übergänge zwischen diesen klinischen Formen des akuten Koronarsyndroms gibt. Aus diesem Grunde hat sich anhand des EKGs eine Unterscheidung von Patienten mit akutem Koronarsyndrom mit ST-Streckenhebung (*STEMI*) und ohne ST-Streckenhebung (*NSTEMI/instabile Angina pectoris*) durchgesetzt.

Akutes Koronarsyndrom ohne ST-Hebung

Bei typischer kardialer Beschwerdesymptomatik (Ruhe-Angina, Recent-onset-, Crescendo- oder Postinfarkt-Angina, Tabelle 11.7) wird bei Patienten mit akutem Koronarsyndrom ohne ST-Hebung eine Differenzierung zwischen solchen mit Biomarkererhöhung (Troponin T oder Troponin I; Nicht-ST-Hebungsinfarkt, NSTEMI) und solchen ohne Biomarkererhöhung (instabile Angina pectoris) vorgenommen.

Aus den o.g. Definitionen des akuten Koronarsyndroms ergibt sich, dass das EKG und die Bestimmung kardialer Biomarker die beiden entscheidenden Hilfsmittel bei der diagnostischen Abklärung und Risikostratifizierung des akuten Koronarsyndroms darstellen. Ein Ruhe-EKG sollte vom Notarzt prästationär bzw. spätestens innerhalb von 10 Minuten nach Ankunft im Krankenhaus geschrieben und sofort von einem qualifizierten Arzt beurteilt werden (Hamm et al. 2004), um einen ST-Hebungsinfarkt auszuschließen (Empfehlung Klasse I, Evidenzniveau A/C, Oxford-Graduierung 1a bis 5). ST-Strecken- und T-Wellen-Veränderungen sind die elektrokardiographischen Indikatoren einer instabilen koronaren Herzkrankheit. Sowohl die Anzahl der EKG-Ableitungen mit ST-Senkungen als auch das Ausmaß der ST-Senkungen geben Hinweise auf den Schweregrad der Myokardischämie und korrelieren mit der Prognose. ST-Senkungen >0,5 mm (0,05 mV) in zwei oder mehr benachbarten Ableitungen weisen bei typischer klinischer Symptomatik auf das Vorliegen eines akuten Koronarsyndroms ohne ST-Hebung hin und sind prognoserelevant. Bei Patienten mit ST-Senkung von mehr als 1 mm (0,1 mV) ist mit einer 11%igen Inzidenz des kombinierten Endpunkts Tod und akuter Myokardinfarkt, bei ST-Senkung von mehr als 2 mm mit einem 6fach erhöhten Mortalitätsrisiko zu rechnen. Patienten mit ST-Senkungen und vorübergehenden ST-Hebungen stellen ebenso eine Hochrisikogruppe

Tabelle 11.7. Klassifikation der instabilen Angina pectoris. (Mod. n. Hamm et al. 2000)

Klassifikation der instabilen Angina pectoris nach Braunwald	**Klasse A:** Patienten mit einer klar definierten extrakardialen Ursache der Verstärkung der kardialen Ischämie (sekundäre instabile Angina pectoris)	**Klasse B:** Patienten ohne extrakardiale Ursache der Verstärkung der kardialen Ischämie (primäre instabile Angina pectoris)	**Klasse C:** Patienten mit instabiler Angina pectoris innerhalb von zwei Wochen nach einem akuten Myokardinfarkt (postinfarzielle instabile Angina pectoris)
Klasse I: Neu aufgetretene, schwere oder zunehmende Angina pectoris; keine Beschwerden in Ruhe	**I A**	**I B**	**I C**
Klasse II: Ruhe-Angina pectoris im letzten Monat, aber nicht in den letzten 48 Stunden (subakute Ruhe-Angina pectoris)	**II A**	**II B**	**II C**
Klasse III: Ruhe-Angina pectoris innerhalb der letzten 48 Stunden (akute Ruhe-Angina pectoris)	**III A**	**III B-Troponin-negativ** **III B-Troponin-positiv**	**III C**

dar. Eine tiefe symmetrische Inversion der T-Wellen in den vorderen Brustwandableitungen ist oft auf die Existenz einer hämodynamisch relevanten Stenose des Ramus descendens anterior oder des Hauptstamms der linken Koronararterie zurückzuführen.

Kardiale Biomarker, insbsondere Troponin T und Troponin I haben heute eine entscheidende Bedeutung bei der Risikostratifizierung des akuten Koronarsyndroms. Die Erhöhung kardialer Troponine spiegelt eine irreversible Herzmuskelzellnekrose wider, die von einer distalen Embolisierung plättchenreicher Thromben herrührt, welche sich im Bereiche der Plaqueruptur oder -erosion gebildet hatten. Aus diesem Grunde gelten erhöhte Troponine heute als Surrogatmarker einer aktiven Thrombusbildung im Koronargefäßsystem. Troponin T bzw. Troponin I sollten sofort zum Zeitpunkt der Ankunft in der Klinik sowie 6–12 Stunden später bestimmt werden (Hamm, Leitlinien der Deutschen Gesellschaft für Kardiologie 2004), (ACC/AHA-Empfehlung Klasse I-A, Oxford-Graduierung 1a). Troponine stellen die besten Biomarker zur Vorhersage der Kurzzeitprognose (30 Tage) im Hinblick auf Myokardinfarktrate und Mortalität dar. Der prognostische Wert der Troponinbestimmungen hat sich auch hinsichtlich der Langzeitprognose bestätigt (für 1 Jahr und länger). Die Risikoerhöhung, die durch erhöhte Troponin-Serumspiegel angezeigt wird, ist additiv zu den Risiken zu sehen, die durch EKG-Veränderungen in Ruhe oder bei der kontinuierlichen Monitorüberwachung bzw. durch erhöhte Serumspiegel anderer inflammatorischer Biomarker aufgezeigt werden. – Neuere Biomarker wie das C-reaktive Protein, das Serum-Amyloid A, das schwangerschaftsassoziierte Plasmaprotein A (PAPP-A) oder das NT-pro-BNP („brain-natriuretic peptide“) wurden ebenfalls mit einer ungünstigen Prognose beim akuten Koronarsyndrom in Verbindung gebracht.

▮ **Fazit.** Risikomerkmale für Patienten mit akutem Koronarsyndrom ohne ST-Hebung sind 1. ST-Senkungen (T-Negativierungen), 2. Erhöhung der Serumspiegel von kardialen Troponinen und der CK, 3. hämodynamische und elektrische Instabilität, 4. das Vorhandensein persistierender/rezidivierender Symptome (Angina pectoris).

Akutes Koronarsyndrom mit ST-Hebung (STEMI)

Zwischen der Symptomatik der instabilen Angina pectoris/NSTEMI und derjenigen des ST-Hebungsinfarktes besteht ein fließender Übergang. Leitsymptom ist der retrosternal lokalisierte Druckschmerz, bei Vorderwandinfarkt oft mit Ausstrahlung in die linke Schulter, in den linken Oberarm und den Rücken zwischen die Schulterblätter. Bei Hinterwand-(diaphragmalen)Infarkten strahlt der Schmerz häufig zum Hals und zum Unterkiefer, gelegentlich auch in den Oberbauch aus, bei Posterolateralinfarkten (bei Beteiligung des Ramus circumflexus als Infarktgefäß) gelegentlich in die rechte Schulter und in den rechten Arm. Die thorakalen Beschwerden gehen oft mit Luftnot, Schweißausbruch, Übelkeit und anderen vegetativen Begleitsymptomen sowie dem Gefühl der Lebensbedrohung einher. Bei älteren Patienten, bei Frauen und auch bei Diabetikern können die Symptome stark atypisch bzw. maskiert sein. Bei Frauen stehen oft Luftnot und abdominale Beschwerden im Vordergrund. Eine länger anhaltende (> 20 Minuten) und nitrorefraktäre Schmerzsymptomatik ist für den ST-Hebungsinfarkt charakteristisch. Anamestisch ist häufig zu eruieren, dass dem Infarktereignis in den letzten Tagen und Stunden zuvor kurze retrosternale Schmerzattacken bereits unter geringer Belastung oder im Ruhezustand vorausgegangen waren.

Definitionsgemäß ist das Elektrokardiogramm mit den 12 Standardableitungen der entscheidende Schritt zur Abgrenzung des ST-Hebungsinfarktes von anderen Formen des akuten Koronarsyndroms. Die Indikationsstellung zur Reperfusionstherapie basiert auf folgenden EKG-Kriterien:

1. ST-Streckenhebung von ≥0,1 mV in mindestens zwei zusammenhängenden Extremitätenableitungen oder
2. ST-Hebungen von ≥2 mV in mindestens zwei zusammenhängenden Brustwandableitungen oder
3. Linksschenkelblock mit infarkttypischer Symptomatik (Fibrinolytic Therapy Trialists (FTT) Collaborative Group 1994).

Therapieoptionen

▮ Stabile chronische koronare Herzkrankheit

Ziele der Behandlung der chronischen koronaren Herzkrankheit sind

1. die Steigerung der krankheitsbezogenen Lebensqualität, u. a. durch Vermeidung von Angina-pectoris-Beschwerden, weiterhin Erhalt der Belastungsfähigkeit und Verminderung von psychischen Erkrankungen (Depression, Angststörungen), die mit der koronaren Herzkrankheit assoziiert sind;
2. Reduktion der kardiovaskulären Morbidität, insbesondere Vermeidung von Herzinfarkten und der Entwicklung einer Herzinsuffizienz;
3. Reduktion der Sterblichkeit.

Diese Ziele können durch Risikofaktorenmanagement (Hyperlipoproteinämien, arterielle Hypertonie, Diabetes mellitus, Übergewicht) und Prävention, weiterhin durch medikamentöse Therapie, Revaskularisationstherapie, Rehabilitationsmaßnahmen und hausärztliche Langzeitbetreuung erreicht werden (NVL: Nationale Versorgungsleitlinien „Chronische koronare Herzkrankheit“ 2006, Dietz et al 2003).

Der Patient hat durch Umstellung seines Lebensstils die Möglichkeit, selbst den weiteren Verlauf seiner Erkrankung positiv zu beeinflussen. Die Strategie zur Modifikation der Risikofaktoren richtet sich am individuellen Gesamtrisiko des Patienten aus. Die nichtmedikamentösen Therapiemöglichkeiten (Lebensstiländerungen) bilden die Grundlage des Risikofaktorenmanagements. Hierzu gehören in erster Linie körperliches Training, Gewichtsreduktion und Nikotinabstinenz.

Weiterhin kann durch adäquate Behandlung einer Hyperlipoproteinämie – vor allem einer Hypercholesterinämie mit deutlich erhöhtem LDL- und niedrigem HDL-Cholesterin – eines Diabetes mellitus und einer arteriellen Hypertonie das kardiovaskuläre Risiko signifikant gesenkt werden. Durch regelmäßiges körperliches Training können Letalität und Morbidität der Koronarkranken ebenfalls signifikant gesenkt und deren Lebensqualität erhöht werden (Haskell et al. 1994, Jolliffe et al. 2001, O'Connor et al. 1989; Schuler et al. 1992). Bei Koronarkranken ist durch Beendigung des Rauchens eine Reduktion kardiovaskulärer Ereignisse um 50% zu erwarten (Hermanson et al. 1988). Auch durch eine zielgerichtete Ernährungsumstellung („Mittelmeerkost") und durch Berücksichtigung und gegebenenfalls Behandlung individueller psychosozialer Risikofaktoren kann das koronare Risiko signifikant gesenkt werden.

Zur Therapie der Myokardischämie bei Patienten mit stabiler chronischer koronarer Herzkrankheit stehen medikamentöse sowie revaskularisierende Maßnahmen, wie z. B. die aortokoronare Bypassoperation und nichtchirurgische Interventionen (Ballondilatation, Stentimplantation, direktionale Atherektomie und Rotationsangioplastie) zur Verfügung. Weitere therapeutische Maßnahmen zur Behandlung der Myokardischämie bei diesem Patientenkollektiv sind die Implantation von antitachykarden Schrittmachersystemen (mit Defibrillatoren), die Anwendung der intraaortalen Gegenpulsation bei kardiogenem Schock bzw. bei kardiologischen Interventionen mit primär deutlich erhöhtem Risiko, ferner die Herztransplantation.

Medikamentöse Therapie

Die Ziele der medikamentösen antianginösen Therapie bei Vorliegen einer hämodynamisch relevanten koronaren Herzkrankheit sind kurativ und präventiv:

1. *Das kurative Ziel* besteht in einer möglichst raschen Beseitigung der pektanginösen Beschwerdesymptomatik. Dies soll durch Senkung des O_2-Bedarfs des Herzens und Verbesserung der O_2-Zufuhr bzw. der Durchblutung im poststenotischen Myokardareal erreicht werden.
2. *Das präventive Ziel* besteht in einer Verhinderung eines Myokardinfarktes oder des plötzlichen Herztodes (durch ventrikuläre Rhythmusstörungen). Dies gilt insbesondere für die instabile Angina pectoris.

Bei den Bemühungen zur Verbesserung der myokardialen Sauerstoffzufuhr bzw. der Durchblutung im poststenotischen Myokardareal sind primär kardiale und extrakardiale Angriffspunkte zu unterscheiden. Primär extrakardiale Angriffspunkte stellen z. B. die Korrektur einer Anämie (durch Eisenpräparate) und die medikamentöse Verbesserung einer reduzierten relativen Fluidität des Blutes dar. Solche Maßnahmen können bei Patienten mit reduzierten Fließeigenschaften der Erythrozyten (z. B. bei Diabetes mellitus) und mit hoher Plasmaviskosität (z. B. bei Hyperlipoproteinämien und Makroglobulinämien) zu einer Verbesserung der Koronarreserve führen.

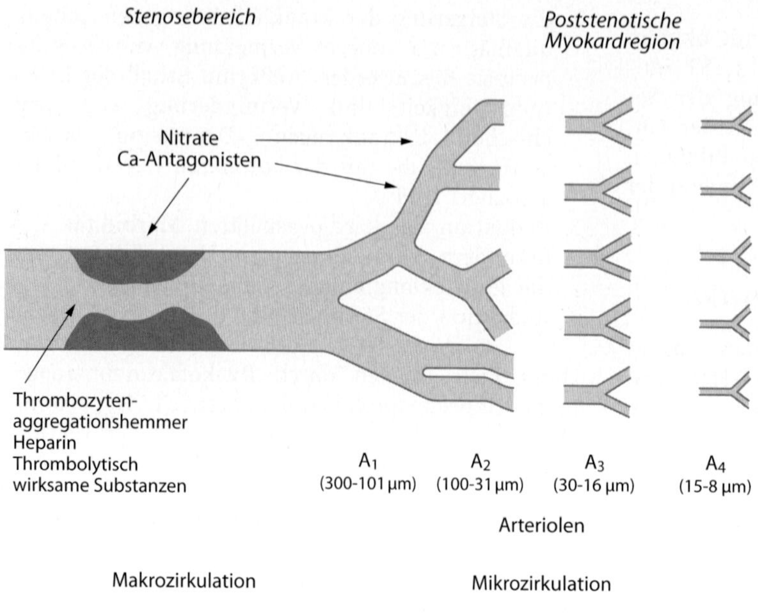

Abb. 11.1. Primär kardiale Angriffspunkte der medikamentösen Therapie zur Verbesserung der myokardialen O_2-Versorgung

Weiterhin kann die myokardiale O_2-Zufuhr durch Verminderung des Anstiegs der extravasalen Komponente des Koronarwiderstands mit Hilfe antihypertensiver und nachlastsenkender Medikation verbessert werden.

Die primär kardialen Angriffspunkte der medikamentösen Therapie zur Verbesserung der myokardialen O_2-Zufuhr sind in Abb. 11.1 schematisch dargestellt. Nitrate und Kalziumantagonisten beeinflussen die koronare Makro- und Mikrozirkulation; beide Substanzgruppen führen zu einer ausgeprägten Dilatation der größeren epikardialen Koronararterien, ebenso zu einer Dilatation der größeren A_1- und A_2-Koronararteriolen (Durchmesserbereich 300-31 µm), die nicht der metabolischen Autoregulation unterliegen (Tillmanns et al. 1990, Tillmanns et al. 1991).

Der alternative Mechanismus der medikamentösen Therapie der Myokardischämie bei Patienten mit chronischer koronarer Herzkrankheit besteht in einer Senkung des myokardialen O_2-Verbrauchs. Dies kann durch drei Mechanismen erreicht werden:

1. durch Abnahme der Frequenz (Betablocker, frequenzsenkende Kalziumantagonisten),
2. durch Abnahme der myokardialen Kontraktionskraft (Betablocker, frequenzsenkende Kalziumantagonisten), ferner
3. durch Abnahme der systolischen Wandspannung mittels Vor- und Nachlastsenkung (Nitrate, Kalziumantagonisten).

Thrombozyten-Aggregationshemmer (Sekundär- und Tertiärprophylaxe). Thrombozyten-Aggregationshemmer werden eingesetzt, um das Auftreten größerer Thrombozytenaggregate bis hin zu inkompletten bzw. kompletten Verschlussthromben im Bereich komplizierter fibröser atherosklerotischer Plaques zu verhindern. Für Acetylsalizylsäure (ASS, 75–325 mg/Tag) konnte bei Patienten mit hohem atherogenen Risikoscore oder mit stabiler Angina pectoris eine Reduktion nichttödlicher Myokardinfarkte und Schlaganfälle sowie der Gesamt- und vaskulären Letalität nachgewiesen werden (Brown et al. 1990, Antiplatelet Trialists' Collaboration 1994). Acetylsalizylsäure wird weiterhin aufgrund der zahlreichen Belege der Wirksamkeit und auch im Hinblick auf die geringen Kosten als Pharmakon der ersten Wahl bei der Prävention kardiovaskulärer Ereignisse angesehen (Oxford-Evidenz 1a, ACC/AHA-Klasse I, Evidenz A). Bei ASS-Kontraindikationen bzw. -Unverträglichkeit wird eine antithrombotische Behandlung mit Clopidogrel empfohlen (CAPRIE Steering Committee 1996, Kübler 2002).

Fazit. Zur Sekundärprophylaxe nach einem Myokardinfarkt werden Thrombozyten-Aggregationshemmer für alle Patienten mit koronarer Herzkrankheit empfohlen (Nationale Versorgungsleitlinien vom Febr. 2006).

Betarezeptorenblocker. Die meisten Daten stammen aus Infarktstudien der „Vor-Thrombolyse-/Vor-PCI-Ära", ohne ACE-Hemmer-, AT_1-Blocker- und Statinmedikation.

Für die chronische, stabile koronare Herzkrankheit ist die antianginöse Wirkung der Betablocker gut belegt; hinsichtlich der Senkung der Morbidität und Letalität jedoch ist die Datenlage spärlich! In den nationalen Versorgungsleitlinien der chronischen koronaren Herzkrankheit vom November 2006 (NVL KHK 2006) wird als wesentliches Wirkprinzip die Herzfrequenzsenkung herausgestellt: Die Herzfrequenz sollte auf 55–60/min reduziert werden (NVL KHK 2006, 11-3).

1. Betablocker senken den kardialen Sauerstoffbedarf durch Hemmung der Katecholaminwirkung auf Herzfrequenz, Kontraktilität und Blutdruck. Betablocker sind daher zur Verminderung von Angina pectoris-Symptomen und zur Verbesserung der Belastungstoleranz indiziert (NVL KHK 2006, 11-3; Gibbons et al. 1999). (Oxford-Graduierung 1 a, AHA/ACC-Klasse I-A)
2. Betarezeptorenblocker, wie z. B. Bisoprolol, Carvedilol, Metoprolol und Atenolol haben sich bei der Prävention des Myokardinfarkts als wirksam erwiesen (Yusuf et al. 1980). Obwohl für Patienten mit stabiler chronischer koronarer Herzkrankheit keine derartigen Daten vorliegen, werden diese Ergebnisse als Indikatoren für eine vorteilhafte Wirksamkeit auch bei diesen Patienten akzeptiert (Dietz et al. 2003, Gibbons et al. 1999). (Oxford-Graduierung Evidenz 1 b; ACC/AHA-Klasse II a, Evidenz A)
3. Betarezeptorenblocker werden als Arzneimittel der ersten Wahl bei der Behandlung der stabilen Angina pectoris angesehen (Gibbons 1999).
4. NVL KHK 2006, 11-4: Alle Patienten nach Myokardinfarkt sollen einen Betablocker erhalten, da für sie die Senkung der Sterblichkeit belegt ist (Gibbons et al. 1999). (Oxford-Graduierung 1 a; ACC/AHA-Klasse I, Evidenz A).
5. NVL KHK 2006, 11-5: Patienten mit koronarer Herzkrankheit und Herzinsuffizienz sollen mit einem Betablocker behandelt werden (Reduktion der Sterblichkeit gesichert z. B. für Bisoprolol, Carvedilol, Metoprolol) (Gibbons et al. 1999). (Oxford-Graduierung 1 a; ACC/AHA Klasse I, Evidenz A).
6. NVL KHK 2006, 11-6: Bei Patienten mit arterieller Hypertonie reduzieren Beta-Blocker Morbidität und Letalität. Obwohl speziell für Patienten mit stabiler Angina pectoris keine derartigen Daten vorliegen, werden diese Ergebnisse als Indikatoren für eine vorteilhafte Wirksamkeit auch bei diesen Patienten akzeptiert. Betablocker werden als blutdrucksenkende Medikamente erster Wahl empfohlen, da eine günstige sekundärpräventive Beeinflussung des kardiovaskulären Risikos und der Angina pectoris-Symptomatik zu erwarten ist. (Gibbons et al. 1999). (Oxford-Graduierung 1 b; ACC/AHA-Klasse II a).

Bei erhöhter Herzfrequenz verdoppelt sich bei einem Hochdruckpatienten das Risiko kardiovaskulärer Ereignisse in einem Zeitintervall von 6,4 Jahren.

Eine erhöhte Herzfrequenz geht mit einer Steigerung der kardiovaskulären Komplikationen einher.

Fazit. Wesentlich für die symptomatische und letalitätssenkende Wirkung der Betablocker ist deren frequenzsenkende Wirkung. Eine inadäquat hohe Herzfrequenz ist prognostisch ungünstig.

Bei absoluten und relativen Kontraindikationen sowie Unverträglichkeiten für Betablocker - wie z.B. bei Patienten mit allergischem Asthma bronchiale, chronisch-obstruktiver Lungenerkrankung, ausgeprägter peripherer arterieller Verschlusskrankheit, erektiler Dysfunktion, Psoriasis vulgaris, bei normo- bis leicht hypotensiven Patienten, bei Desensibilisierung und Depression - können I_f-Kanal-Blocker, wie z.B. Ivabradin verabreicht werden. Hemmer der Sinusknotenaktivität wie z.B. Ivabradin bewirken eine selektive Hemmung des kardialen Schrittmacherstroms I_f; sie wirken sowohl in Ruhe als auch bei Belastung negativ chronotrop. Für die I_f-Kanal-Hemmung ist eine antianginöse Effektivität nachgewiesen worden. Ivabradin kann als alternatives negativ chronotropes Pharmakon bei denjenigen Patienten angewendet werden, die eine Betablockade nicht tolerieren (ESC Task Force Members 2006).

Nitrate. Nitrate senken den myokardialen Sauerstoffverbrauch durch Reduktion der kardialen Vor- und Nachlast (Tillmanns et al. 1990 u. 1991). Gleichzeitig bewirken sie auch eine Dilatation der größeren A1-und A2-Koronararteriolen und eine Verbesserung der endomyokardialen Perfusion. Hieraus erklärt sich die in zahlreichen Studien nachgewiesene günstige Wirkung der Nitrate auf Symptome und Belastungstoleranz bei Patienten mit koronarer Herzkrankheit. Eine Reduktion der kardiovaskulären Morbidität und Letalität ist durch randomisierte Studien bisher allerdings nicht hinreichend belegt.

Aufgrund der Datenlage empfehlen die nationalen Versorgungsleitlinien vom Februar 2006 zum Stellenwert der Nitrattherapie bei Patienten mit chronischer koronarer Herzkrankheit:

1. NVL KHK 2006, 11-1: Patienten mit stabiler Angina pectoris sollten über ein schnell wirkendes Nitrat zur Kupierung akuter Anfälle verfügen (Gibbons et al. 1999). (Oxford-Graduierung Evidenz 1a).
2. NVL KHK 2006, 11-2: Nitrate haben keinen Einfluss auf die Prognose der koronaren Herzkrankheit. Nitrate und Nitratanaloga sollen deshalb nur zur symptomatischen Behandlung der Angina pectoris eingesetzt werden. - Die Indikation zu einer Dauertherapie ist immer wieder zu überprüfen (Gibbons et al. 1999). (Oxford-Graduierung Evidenz 1a).

Kalziumkanalblocker. Kalziumantagonisten, wie z.B. Verapamil, Diltiazem, Nifedipin, Nisoldipin und Amlodipin bewirken ihre antianginösen Effekte in erster Linie durch Verringerung der Nachlast und der myokardialen Kontraktionskraft, ergänzt durch ihre Fähigkeit zur Dilatation der größeren A1- und A2-Arteriolen mit nachfolgender Verringerung der Myokardischämie. Prospektive randomisierte Studien der Therapie mit Kalziumkanalblockern bei Patienten mit chronischer stabiler koronarer Herzkrankheit ergaben keine Reduktion der Letalität.

Aufgrund der aktuellen Datenlage ist in den nationalen Versorgungsleitlinien vom Februar 2006 festgehalten:

NVL KHK 2006, 11-7:

a) Für kurzwirksame Kalziumkanalblocker wurde keine Senkung der Morbidität der koronaren Herzkrankheit nachgewiesen. Langwirksame Kalziumkanalblocker (z.B. Verapamil, Amlodipin) senken die Morbidität bei Patienten mit koronarer Herzkrankheit und arterieller Hypertonie.
b) Sie können als Medikamente der zweiten Wahl zur Blutdrucksenkung und zur symptomatischen Behandlung der Angina pectoris eingesetzt werden.
c) Bei einer symptomatischen Behandlung der Angina pectoris ist die Indikation im Rahmen einer Dauertherapie immer wieder zu überprüfen (Gibbons et al. 1999).

(Für a) bis c) gilt Oxford-Graduierung Evidenz 1b; ACC/AHA-Klassifikation IIa, Evidenz A).

Weiterhin ist im Allgemeinen gemäß den Leitlinien der ACC/AHA und der europäischen kardiologischen Gesellschaften eine Herzinsuffizienz als Kontraindikation für Kalziumkanalblocker anzusehen. Auch sind bei Bradykardie, bei der Sinusknotenerkrankung und bei AV-Überleitungsstörungen sowie bei laufender Therapie mit einem Betarezeptorenblocker Nicht-Dihydropyridin-Derivate - wie z.B. Verpamil, Diltiazem und Gallopamil - wegen der Gefahr lebensbedrohlicher bradykarder Rhythmusstörungen zu vermeiden. Die Dihydropyridin-Derivate sind im Zeitraum bis zu vier Wochen nach abgelaufenem Myokardinfarkt und bei instabiler Angina pectoris kontraindiziert (Gibbons et al. 1999). Bei weiterbestehenden pectanginösen Beschwerden trotz Monotherapie mit Betablockern oder Nitraten ist von einer Kombinationstherapie mit einem Kalziumantagonisten eine zusätzliche antiischämische Wirkung zu erwarten (Gibbons et al. 1999). (Oxford-Graduierung Evidenz 1b; ACC/AHA-Klasse IIa, Evidenz B).

Fazit. Insgesamt werden Kalziumantagonisten zur antianginösen Therapie nur eingeschränkt empfohlen, da bei stabiler Angina pectoris kein prognostischer Effekt nachweisbar ist.

ACE-Hemmer. Auch den ACE-Hemmern wird heute eine antiischämische Wirkung zugeschrieben. ACE-Hemmer senken den peripheren Widerstand und damit den Blutdruck, was insbesondere bei hypertensiven Patienten mit koronarer Herzkrankheit von großer Bedeutung ist (Gibbons et al. 2003). Allerdings sollte bei nichtrevaskularisierten Koronarkranken der diastolische Blutdruck nicht unter 70 mmHg absinken, da sonst ein Anstieg der kardialen Mortalität droht (Messerli et al. 2006). ACE-Hemmer senken die Nachlast bei Patienten mit koronarer Herzkrankheit und Zeichen der Herzinsuffizienz. Allerdings verringern sie auch das Risiko für Tod und Myokardinfarkt bei Patienten mit einem erhöhten Risiko für kardiovaskuläre Ereignisse, wenn keine Zeichen der Herzinsuffizienz vorliegen (Oxford-Graduierung 1 b, ACC/AHA-Klassifizierung II a, Evidenzniveau B).

So wurde in der HOPE-Studie bei 9297 >55-jährigen Patienten mit Atherosklerose (Hochrisikopatienten) unter Ramipril bei nur geringem Einfluss auf den Blutdruck eine signifikante Reduktion des Herztods sowie der Inzidenz von Myokardinfarkten und Schlaganfällen beobachtet (Messerli F et al. 2006), wobei im Diabetikerkollektiv die Ereignisreduktion 48% ausmachte (Heart Outcomes Prevention Evaluation (HOPE) Study Investigators 2000). ACE-Hemmer verbessern die Endothelfunktion der Gefäße durch Verminderung der vaskulären Sauerstoffradikalbildung und verringern die Neigung zu atherothrombotischen Ereignissen über eine Reduktion der PAI-1-Bildung. Sie vermindern die vaskulotoxischen Effekte von Angiotensin II und wirken auf diese Weise plaquestabilisierend (Dietz et al. 2003).

Fazit. Gemäß den Empfehlungen der American Heart Association/American College of Cardiology und der Nationalen Versorgungsleitlinien „chronische KHK" (Kurzfassung) vom November 2006) ergibt sich:

NVL KHK 2006, 11-11: Alle Patienten mit Linksherzinsuffizienz sollen aufgrund der belegten Senkung der Morbidität und Sterblichkeit mit einem ACE-Hemmer behandelt werden (Oxford-Graduierung 1 a, ACC/AHA-Klasse I, Evidenz A).

NVL KHK 2006, 11-12: Alle Patienten nach Myokardinfarkt mit Linksherzinsuffizienz sollten aufgrund der belegten Senkung der Morbidität und Sterblichkeit mit einem ACE-Hemmer behandelt werden (Oxford-Graduierung 1 a, ACC/AHA-Klasse I, Evidenz A).

ACC/AHA-Guideline Update vom Januar 2003:

Klasse I: ACE-Hemmer sollten allen Patienten mit koronarer Herzkrankheit verabreicht werden, die auch einen Diabetes mellitus haben und/oder eine systolische linksventrikuläre Dysfunktion aufweisen (Evidenz A).

Klasse IIa: ACE-Hemmer sollten allen Patienten mit koronarer Herzkrankheit oder anderen Gefäßerkrankungen gegeben werden (Evidenz B).

Nationale Versorgungsleitlinien „chronische KHK"

NVL KHK 2006, 11-13: Bei Patienten mit erhöhtem vaskulären Risiko und arterieller Hypertonie reduzieren ACE-Hemmer die Morbidität und Sterblichkeit (Oxford-Graduierung 1 a). Sie reduzieren im Unterschied zu Betablockern jedoch nicht die Angina pectoris-Beschwerden. Sie werden daher bei Patienten mit koronarer Herzkrankheit und normaler kardialer Pumpfunktion als Medikamente der zweiten Wahl zur Blutdrucksenkung empfohlen (Oxford-Graduierung 1 a).

Cholesterinsenkende Therapie. Durch Senkung des LDL-Cholesterins bei Patienten mit stabiler koronarer Herzkrankheit kann eine Verlangsamung der Progression der Atherosklerose, eine Reduktion kardiovaskulärer Ereignisse um relativ 30–40% und eine Reduktion der Letalität um bis zu relativ 34% erreicht werden (Brown et al. 1999, La Rosa et al. 1999). Bei Patienten mit koronarer Herzkrankheit und/oder Diabetes mellitus bewirkt eine Statintherapie auch unabhängig vom LDL-Cholesterin-Ausgangswert eine signifikante Prognoseverbesserung (Heart Protection Study Collaborative Group 2002, Gibbons et al. 2003).

Fazit. Alle Patienten mit koronarer Herzkrankheit sollen nach abgelaufenem Myokardinfarkt in Ergänzung zu der notwendigen Lebensstiländerung ein Statin erhalten. Unabhängig von dem Ausgangswert der Lipide profitieren alle Koronarkranken nach Myokardinfarkt von einem Cholesterinsynthesehemmer (NVL 2006, Gibbons et al. 2003).

Revaskularisierende Maßnahmen

Neben der aortokoronaren Bypassoperation haben in den letzten Jahren interventionelle kardiologische Verfahren – wie z. B. die perkutane transluminale Koronarangioplastie (PTCA), die Stentimplantation, die direktionale Atherektomie und die Rotationsangioplastie – an Bedeutung als alternative Therapiestrategien der koronaren Herzkrankheit gewonnen. Das Ziel der revaskularisierenden Therapie besteht in der Wiederherstellung der initial gestörten regionalen Myokardperfusion. Dies kann entweder durch einen Eingriff in den nativen Koronargefäßen (PCI) oder durch Überbrückung stenosierter oder bereits verschlossener Gefäßsegmente (aortokoronare Bypassoperation) erreicht werden.

Die für die Indikationsstellung und die Strategie der Revaskularisation richtungsweisenden Faktoren sind

1. der Anginastatus (CCS-Klassifikation),
2. das Vorhandensein einer Myokardischämie (Belastungsstufe, Größe des gefährdeten, aber noch vitalen Myokardareals),
3. Begleiterkrankungen und operatives Risiko,
4. der koronarangiographische Befund,
5. das Ausmaß der Beeinträchtigung der Ventrikelfunktion (Eagle et al. 1999, Smith Jr et al. 2001).

Aortokoronare Bypassoperation. Besondere Faktoren, die bei der Indikationsstellung einer aortokoronaren Bypassoperation berücksichtigt werden müssen, sind fortgeschrittenes Alter, eine hochgradig eingeschränkte linksventrikuläre Funktion (Auswurffraktion <30%) sowie das Vorhandensein von schwerwiegenden Begleiterkrankungen, z. B. Diabetes mellitus oder Niereninsuffizienz. Die am stärksten ausgeprägte Verbesserung der Überlebensrate durch den chirurgischen Eingriff wurde bei denjenigen Patienten erreicht, die ohne Operation bei rein medikamentöser Behandlung ein hohes Mortalitätsrisiko aufgewiesen hätten. Diese Hochrisikogruppen werden durch folgende Charakteristika definiert:

1. *Angiographische Kriterien:* Koronare 3-Gefäßerkrankung mit eingeschränkter linksventrikulärer Funktion, ferner koronare 2- oder 3-Gefäßerkrankung mit einer mehr als 75%igen proximalen Stenose des Ramus descendens anterior der linken Koronararterie und insbesondere eine hochgradige Hauptstammstenose der linken Koronararterie (Yusuf et al. 1994) bzw. ein Hauptstammstenosen-Äquivalent (Caracciolo for the CASS Investigators 1995).
2. *Klinische Parameter:* Ruhe-EKG mit Kammerendteilveränderungen, ferner ein deutlich pathologischer Belastungstest.

Bei älteren Patienten scheint die chirurgische Revaskularisation im Vergleich zur medikamentösen Therapie eine Verbesserung der Lebensqualität und der Morbidität zu bewirken.

Das Interventionsrisiko für Patienten mit aortokoronarer Bypassoperation liegt in Deutschland zur Zeit bei 2,7% Krankenhausletalität und 2,5% perioperativem Myokardinfarkt. Diese Daten wurden bei 54 955 Patienten erhoben (Daten der BQS, Bundesgeschäftsstelle Qualitätssicherung gGmbH 2001: Mohr et al. 2002).

Perkutane Koronarinterventionen (PCI). In den bisherigen Vergleichsstudien zwischen perkutaner transluminaler Koronarangioplastie (ohne bzw. mit Stentimplantation) und medikamentöser Behandlung konnte bei stabiler chronischer koronarer Herzkrankheit bisher keine Prognoseverbesserung durch den koronarinterventionellen Eingriff nachgewiesen werden.

So hatten z. B. in der AVERT-Studie Patienten mit chronischer koronarer Herzkrankheit, die eine optimale medikamentöse Therapie inklusive aggressiver Lipidsenkung mit 80 mg Atorvastatin erhielten, eine gleich gute Prognose (Parameter: Tod, tödlicher und nichttödlicher Myokardinfarkt); (Pitt et al. 1999). Eine Metaanalyse randomisierter kontrollierter Studien bei nichtakuter koronarer Herzkrankheit (Bucher et al. 2000) ergab folgende Schlussfolgerungen:

1. Bei Patienten mit nichtakuter koronarer Herzkrankheit kann eine Ballondilatation (PTCA) im Vergleich zur medikamentösen Behandlung eine stärkere Befreiung von Angina-pectoris-Symptomatik bewirken, wobei das Ausmaß dieses Effektes beträchtlich variiert (Risikorelation 0,70; p < 0,001 für Angina pectoris; Abb. 11.2).
2. Eine PTCA kann häufiger als die medikamentöse Behandlung eine aortokoronare Bypassoperation notwendig machen (Risikorelation 1,59; p < 0,001). Weiterhin ist unwahrscheinlich, dass durch eine PTCA nichttödlicher Myokardinfarkt, Mortalität oder Reinterventionen reduziert werden.
3. Eine PTCA sollte nur bei denjenigen Patienten mit nichtakuter koronarer Herzkrankheit angewendet werden, bei denen die Angina-pectoris-Symptomatik durch medikamentöse Therapie nicht kontrolliert werden kann, wobei die aortokoronare Bypass-Operation sich als Alternative anbietet (Bucher et al. 2000).

Neueste Entwicklungen in der interventionellen Kardiologie – wesentlich vermehrter Verbrauch von Stents, in den letzten Jahren immer mehr zunehmende Anwendung von Stents, die antiproliferative Medikamente freisetzen, sogenannte Drug-eluting-Stents (DES) – haben keine Verbesserung der Prognose bei Patienten mit stabiler koronarer Herzkrankheit mit sich gebracht. Auch in der neuesten Vergleichsstudie einer initialen Managementstrategie einer perkutanen koronaren Intervention (PCI) mit intensiver pharmakologischer Therapie und Lebensstilintervention (optimaler medikamentöser Therapie) versus optimale Therapie allein bei 2287 Patienten mit hämodynamisch relevanter koronarer Herzkrankheit und objektivem Nachweis einer Myokardischämie (COURAGE-Studie) konnte keine Re-

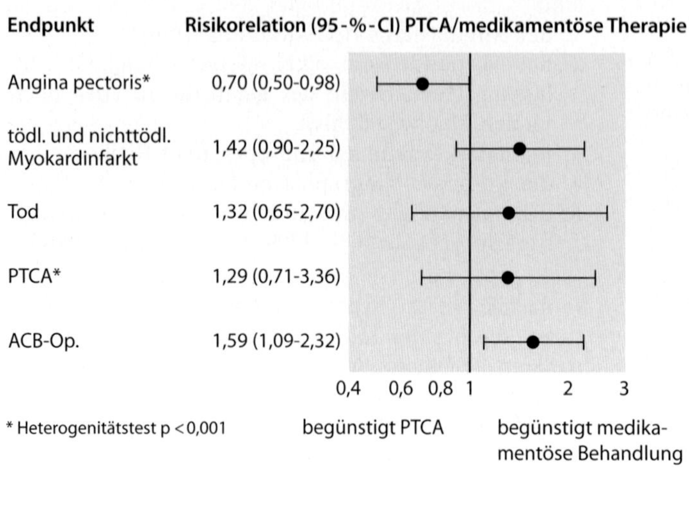

Abb. 11.2. PTCA vs. medikamentöse Behandlung bei Patienten mit stabiler KHK: zusammengefasste Risikorelationen für verschiedene Endpunkte (6 randomisierte kontrollierte Studien). (Mod. n. Bucher 2000)

duktion des kardiovaskulären Risikos durch die perkutane Koronarintervention dokumentiert werden (Boden et al. 2007).

In den Jahren 1999 bis 2004 wurden 1149 Patienten für die PCI-Gruppe und 1138 Patienten für die Gruppe mit alleiniger optimaler medikamentöser Therapie rekrutiert. Die kumulative Ereignisrate des primären kombinierten Endpunkts (Tod jeglicher Ursache und nichttödlicher Myokardinfarkt) nach 4,6 Jahren betrug in der PCI-Gruppe 19,0% und in der Gruppe mit alleiniger optimaler medikamentöser Therapie 18,5% (Risikoreduktion für die PCI-Gruppe 1,05; p = 0,62). Es bestanden keine signifikanten Unterschiede hinsichtlich Tod (PCI 7,6%, medikamentöse Therapie 8,3%), nichttödlichem Myokardinfarkt (PCI 13,2%, medikamentöse Therapie 12,3%), Schlaganfall (PCI 2,1%, medikamentöse Therapie 1,8%) und Krankenhauseinweisung wegen akuten Koronarsyndroms (PCI 12,4%, medikamentöse Therapie 11,8%). Allerdings war die Notwendigkeit einer im Beobachtungsintervall von im Mittel 4,6 Jahren notwendigen Revaskularisation (PCI oder aortokoronare Bypassoperation) in dem Patientenkollektiv mit initial alleiniger optimaler medikamentöser Therapie signifikant erhöht (PCI-Gruppe 21,1%, Gruppe mit optimaler medikamentöser Therapie 32,6%, p < 0,001).

Auch in der COURAGE-Studie fand sich eine signifikant höhere Anzahl von Patienten, die durch den koronarinterventionellen Eingriff von einer Angina pectoris-Symptomatik befreit wurden, im Vergleich zum Patientenkollektiv mit optimaler medikamentöser Therapie ohne PCI (Boden et al. 2007).

Die neuesten Daten über das Interventionsrisiko einer perkutanen Koronarintervention bei Patienten mit stabiler und instabiler Angina pectoris stammen aus dem Jahre 2000 (akut und elektiv, ALKK-Register: Vogt et al. 2002). Bei 38 215 Patienten, die sich einer perkutanen Koronarintervention unterzogen, wurde eine Krankenhausletalität von 1,2% registriert; 95,4% der Interventionen verliefen ohne Komplikationen (ALKK-Register: Vogt et al. 2002).

Die Indikationen zur Revaskularisation (PCI oder aortokoronare Bypassoperation) bei Patienten mit chronischer stabiler Angina pectoris und asymptomatischen Patienten mit koronarer Herzkrankheit nach den Leitlinien des American College of Cardiology und der American Heart Association (Update 2002, Gibbons et al. 2003) sind im folgenden Abschnitt zusammengefasst:

Klasse-I-Empfehlungen zur Revaskularisierung (aortokoronare Bypassoperation oder PCI)

1. Aortokoronare Bypassoperation bei hämodynamisch relevanter Hauptstammstenose der linken Koronararterie (Evidenz A bzw. Oxford-Graduierung 1a bei stabiler Angina, Evidenz B bzw. Oxford-Graduierung 1b bei asymptomatischen Patienten).
2. Aortokoronare Bypassoperation bei koronarer 3-Gefäßerkrankung; Überlebensvorteil bei eingeschränkter linksventrikulärer Funktion stärker ausgeprägt (Evidenz A bzw. Oxford-Graduierung 1a bei stabiler Angina, Evidenz B bzw. Oxford-Graduierung 1b bei asymptomatischen Patienten).
3. PCI bei koronarer 2- oder 3-Gefäßerkrankung und hochgradiger proximaler Stenose des Ramus descendens anterior bei normaler linksventrikulärer Funktion und günstiger Koronaranatomie, ohne behandelten Diabetes mellitus (Evidenz B bzw. Oxford-Graduierung 1b bei stabiler Angina, Evidenz C bzw. Oxford-Graduierung 5 bei asymptomatischen Patienten).
4. Aortokoronare Bypassoperation bei koronarer 2-Gefäßerkrankung und hochgradiger proximaler Stenose des Ramus descendens anterior mit eingeschränkter linksventrikulärer Funktion (Auswurffraktion < 50%) oder dokumentierter Myokardischämie (Evidenz A bzw. Oxford-Graduierung 1a bei stabiler Angina, Evidenz B bzw. Oxford-Graduierung 2a bei asymptomatischen Patienten).
5. PCI oder aortokoronare Bypassoperation bei koronarer 1- oder 2-Gefäßerkrankung ohne höhergradige proximale Stenose des Ramus descendens anterior, aber mit großem Areal vitalen Myokards und Hochrisikokonstellation (Evidenz B bzw. Oxford-Graduierung 1b bei stabiler Angina pectoris und bei asymptomatischen Patienten).
6. Aortokoronare Bypassoperation bei koronarer 1- oder 2-Gefäßerkrankung ohne höhergradige proximale Stenose des Ramus descendens anterior nach Überleben eines plötzlichen Herztods oder einer anhaltenden ventrikulären Tachykardie (Evidenz C bzw. Oxford-Graduierung 5 bei stabiler Angina und asymptomatischen Patienten).
7. PCI oder aortokoronare Bypassoperation bei Rezidivstenose nach Katheterintervention, bei großem stenoseabhängigen Areal vitalen Myokards oder Hochrisikokonstellation (Evidenz C bzw. Oxford-Graduierung 5 bei stabiler Angina und asymptomatischen Patienten).
8. PCI oder aortokoronare Bypassoperation bei stabiler Angina pectoris und nicht-zufriedenstellendem Erfolg der medikamentösen Therapie, falls eine Revaskularisierung mit akzeptablem Risiko durchgeführt werden kann (Evidenz B bzw. Oxford-Graduierung 2a).

▌ **Fazit.** Die Auswahl des anzuwendenden Revaskularisierungsverfahrens sollte einerseits die auf Studiendaten fußenden Leitlinien, andererseits aber auch die Besonderheiten des individuellen Patienten und seine Begleiterkrankungen berücksichtigen.

Aktuelle herzchirurgische Entwicklungen, vor allem die zunehmende Durchführung einer kompletten arteriellen Revaskularisation (wie z. B. Verwendung der A. mammaria interna sinistra und der A. radialis als T-Graft) und der verstärkte Gebrauch der Off-pump-Technik (ohne Herz-Lungen-Maschine) mit daraus resultierender geringerer Morbidität und verkürztem Krankenhausaufenthalt werden wahrscheinlich Änderungen der Leitlinien mit sich bringen. Weiterhin werden auch Fortschritte in der interventionellen Kardiologie die Indikationsgebiete erneut verschieben, hier sind in erster Linie Neuentwicklungen der medikamentösen Begleittherapie zu nennen, etwa die erhöhte Aufsättigungsdosis von Clopidogrel (300–600 mg am ersten Tag) oder die Glykoprotein-IIb/IIIa-Rezeptorantagonisten (wie z. B. Tirofiban, Abciximab und Eptifibatide). Außerdem sind hier Verbesserungen des Stentdesigns (z.B. resorbierbare Stents) und die Beschichtung der Stents zu erwähnen. Insbesondere die zunehmende Implantation von Stents, die Medikamente freisetzen (Drug-eluting-Stents, DES) wird starken Einfluss auf die Differentialindikation des Revaskularisationsverfahrens nehmen.

Wirksamkeit der DES: Für die beiden am häufigsten verwendeten Drug-eluting-Stents, den mit Sirolimus (Rapamycin) beschichteten CYPHER-Stent und den mit Paclitaxel beschichteten TAXUS-Stent liegen bereits Langzeitergebnisse zur Zielgefäßrevaskularisierung (über 3–5 Jahre) vor (Stone et al. 2007).

In der gepoolten Analyse der Daten von 4 randomisierten doppelblinden Studien, bei welchen 1748 Patienten entweder Sirolimus-freisetzende Stents oder unbeschichtete Kontrollstents gleicher Bauart (BMS) erhielten, sowie von 5 randomisierten doppelblinden Studien, bei welchen 3513 Patienten entweder Paclitaxel freisetzende Stents (TAXUS-Stents) oder unbeschichtete Kontrollstents (BMS) erhielten, wurde nach 4 Jahren eine deutliche Verminderung der Zielgefäß-Revaskularisationsrate bei den Patienten mit Medikamente-freisetzenden Stents beobachtet (CYPHER, Sirolimus-freisetzender Stent 12,1%, Kontrollstent 27,5%; TAXUS-Stent 17,2%, Kontrollstent 24,7%).

Sicherheit der DES: Die lokale Freisetzung antiproliferativer Substanzen durch Drug-eluting-Stents kann neben der erwünschten Hemmung der überschießenden Intimahyperplasie aber auch eine unerwünschte, verzögerte Endothelialisierung der Stentstreben mit dadurch bedingter verlängerter Gefahr einer Stentthrombose mit sich bringen. Die Stentthrombose ist eine potentiell lebensgefährliche akute Komplikation mit einer Mortalität von 30–45%.

Neuere randomisierte und Beobachtungsstudien haben Hinweise auf eine erhöhte Stentthrombose- und Mortalitätsrate im Vergleich zu nichtbeschichteten Kontrollstents ergeben (Ong et al. 2005, Pfisterer et al. 2006, Nordmann et al. 2006, Camenzind et al. 2006). Die Metaanalyse von Stone et al (Stone et al. 2007) ergab eine höhere Anzahl von Stentthrombosen nach 1 Jahr bei Verwendung sowohl der Sirolimus-freisetzenden Stents (5 vs, 0 Patienten) als auch der Paclitaxel-freisetzenden Stents (9 vs. 2 Patienten) im Vergleich zu nichtbeschichteten Kontrollstents. Die 4-Jahres-Inzidenz einer Stentthrombose lag bei 1,2% in der Sirolimus-Stentgruppe vs. 0,6% bei Patienten mit nichtbeschichteten Kontrollstents ($p = 0{,}20$) und bei 1,3% in der Paclitaxel-Stentgruppe vs. 0,9% bei Patienten mit nichtbeschichteten Kontrollstents ($p = 0{,}30$). Die bisherigen Metaanalysen zu diesem Thema (sowohl patientenindividuelle als auch Intention-to-treat-Analysen) ergaben für beide Medikamente-freisetzende Stents keine statistisch signifikante Steigerung der Mortalität; *allerdings ist ein Warnsignal aufgeleuchtet!*

Die vorliegenden Daten haben zu einer Verlängerung der dualen plättchenhemmenden Therapie mit ASS und Clopidogrel auf mindestens 12 Monate geführt, ebenso zu neuen Empfehlungen zum Einsatz der Drug-eluting-Stents.

Therapieoptionen bei akutem Koronarsyndrom

Bei allen Patienten mit lang anhaltenden (> 20 Minuten) Ruhe-Angina-pectoris-Beschwerden ist ein akutes Koronarsyndrom wahrscheinlich; diese Patienten müssen überwacht und unverzüglich weiter diagnostisch abgeklärt werden. Dies sollte in der Regel innerhalb kürzester Zeit in einer Klinik erfolgen. Bei andauernden Angina pectoris-Beschwerden muss der Transport in die Klinik in ärztlicher Begleitung und mit verfügbarem Defibrillator erfolgen (ACC/AHA-Empfehlung Klasse I-C, Oxford-Graduierung 1b). Es ist erforderlich, dass ein 12-Kanal-EKG entweder bereits vom Notarzt prästationär bzw. spätestens innerhalb von 10 Minuten nach Ankunft in der Klinik geschrieben und sofort von einem qualifizierten Arzt beurteilt wird (ACC/AHA-Klasse I, Evidenz A/C, Oxford-Graduierung 1a). Bei jeder neuen Schmerzepisode und nach 6–12 Stunden sind erneute EKG-Registrierungen durchzuführen (ACC/AHA-Klasse I-A/C, Oxford-Graduierung 1a/1b).

Liegen ST-Streckenhebungen oder ein neu aufgetretener Linksschenkelblock vor, so hat der Transport in die Klinik unbedingt in Arztbegleitung und mit verfügbarem Defibrillator (im Notarztwagen) zu erfolgen (Arntz et al. 2000, van de Werf et al. 2003).

Die therapeutischen Sofortmaßnahmen bei akutem Koronarsyndrom, die bei vor Ort verfügbarem lokalen Rettungssystem auch prästationär durchgeführt werden können, beinhalten

1. ein kontinuierliches Rhythmusmonitoring,
2. Legen einer peripher-venösen Verweilkanüle,
3. Sauerstoffgabe (4,8 Liter/min) über eine Nasensonde,
4. Gabe von Acetylsalizylsäure (ASS) 250–500 mg intravenös, sofern der Patient nicht zuvor ASS oral eingenommen hatte,
5. Gabe von 0,4–0,8 mg Glyceroltrinitrat als Spray oder als Zerbeißkapsel sublingual (falls systolischer RR nicht < 100 mmHg),
6. bei therapierefraktärer Ruhe-Angina Opiate, in erster Linie Morphin 3–5 mg i.v., wiederholt bis zur Schmerzfreiheit,
7. bei Tachykardie (trotz Schmerzfreiheit und bei Fehlen von Zeichen der Linksherzinsuffizienz) langwirksamer Betablocker (z.B. Metoprolol 5 mg langsam i.v.);
8. Heparinbolus 70 I.E./kg i.v., alternativ niedermolekulare Heparine (z.B. Enoxaparin 30 mg i.v. plus 1 mg/kg s.c.).

Abbildung 11.3 zeigt den international gültigen Algorithmus zur Risikostratifizierung und Einleitung einer Differentialtherapie bei Patienten mit akutem Koronarsyndrom. Nach Ankunft in der Klinik (mit ärzlicher Begleitung im Notarztwagen), nach Ableitung eines 12-Kanal-EKGs innerhalb von 10 Minuten und sofortiger Troponinbestimmung im Serum (das Ergebnis sollte in weniger als 60 Minuten zur

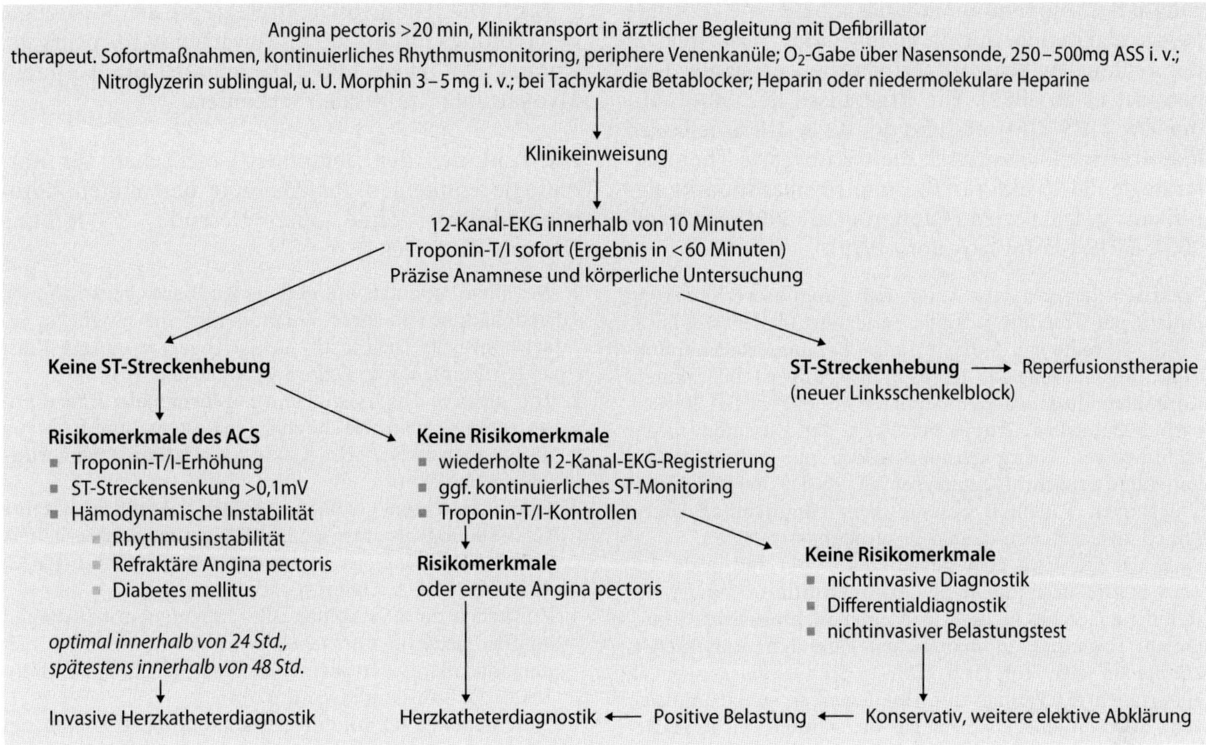

Abb. 11.3. Algorithmus zur Risikostratifizierung und Einleitung einer Differentialtherapie bei Patienten mit akutem Koronarsyndrom (ACS)

Verfügung stehen), ferner nach kurzer, präziser Anamnese und körperlicher Untersuchung ist bei signifikanten ST-Strecken-Hebungen bzw. bei neu aufgetretenem Linksschenkelblock (ST-Hebungsmyokardinfarkt, STEMI) die Indikation zur sofortigen Reperfusionstherapie gegeben.

Liegt beim initialen Ruhe-EKG in der Klinik keine ST-Hebung vor, entscheidet sich der Zeitablauf des weiteren Therapiemanagements am Vorliegen von Risikomerkmalen, die den Patienten als Risikopatienten für Tod/Myokardinfarkt innerhalb von 30 Tagen einstufen lassen.

Bei Patienten mit
1. Troponin-T- oder Troponin-I-Erhöhung,
2. ST-Senkung (>0,1mV) im EKG,
3. hämodynamischer Instabilität (z. B. kardiogenem Schock), Rhythmusinstabilität (ventrikuläre Tachykardien, Kammerflimmern/-flattern), therapierefraktärer Angina pectoris bzw. Diabetes mellitus ist eine baldige invasive Abklärung spätestens innerhalb von 48 Stunden erforderlich (ACC/AHA-Empfehlungsstärke Klasse I, Evidenz A, Oxford-Graduierung 1 a), (Hamm et al. 2004). Liegen die oben genannten Risikomerkmale des akuten Koronarsyndroms nicht vor, sind wiederholte 12-Kanal-EKG-Kontrollen, gegebenenfalls auch kontinuierliches ST-Monitoring und Troponinkontrollen erforderlich. Treten im Verlauf ACS-Risikomerkmale oder erneute Angina-pectoris-Beschwerden unter der laufenden antianginösen Medikation auf, ist ebenfalls eine invasive Herzkatheterdiagnostik indiziert. Patienten, die im stationären Verlauf keine Risikomerkmale, bei nichtinvasiver Diagnostik keine dokumentierte regionale Myokardischämie (z. B. belastungsinduzierte regionale Wandbewegungsstörungen) und einen unauffälligen Belastungstest aufweisen, können konservativ ohne initiale invasive Diagnostik weitergeführt und nachfolgend elektiv ambulant behandelt werden.

Akutes Koronarsyndrom ohne persistierende ST-Hebung

Bei der Behandlung des akuten Koronarsyndroms ohne ST-Hebung hat sich im Verlauf des letzten Jahrzehnts ein Paradigmenwechsel ergeben: Das traditionelle Vorgehen war durch ein „Abkühlen“, d. h. durch aufmerksames Beobachten gekennzeichnet; aus diesem Vorgehen resultierte eine 30-Tage-Komplikationsrate (Tod/Myokardinfarkt) von bis zu 25%! Das neue Therapiekonzept – niedermolekulare Heparine, Stents, Glykoprotein-II b/III a-Rezeptorantagonisten und Statine – hat zu einer deutlichen Prognoseverbesserung geführt. Unabhängig vom Primärerfolg der Pharmakotherapie verfolgt die heutige Behandlungsstrategie eine frühzeitige Koronarangiographie (innerhalb von weniger als 48 Stunden), um durch perkutane Koronarintervention oder durch aortokoronare Bypassoperation möglichst bald eine koronare Revaskularisation mit dann folgender Verbesserung der regionalen Myokardperfusion zu erreichen (Lagerqvist et al. 2002). Die Ergebnisse der FRISC-II-, der TACTICS-TIMI-18- und der RITA-3-Studie lassen klar erkennen, dass durch die frühinvasive Therapiestrategie das Risiko für Tod und Myokardinfarkt signifikant gesenkt wird (Cannon et al. 2001; Fox et al. 2002, FRISC-II-Investigators 1999).

Praktisch der gesamte Anteil der Prognoseverbesserung entfällt auf Troponin-positive Patienten: In der TACTICS-TIMI-18-Studie wurde der primäre kombinierte Endpunkt (Tod, Myokardinfarkt, Rehospitalisierungen) bei akutem Koronarsyndrom nach 6 Monaten in der initial konservativ behandelten Gruppe bei 24,2% der Patienten, in der frühinvasiven Therapiegruppe jedoch nur bei 14,3% der Patienten erreicht (Cannon et al. 2001). Bei Troponin-T-negativen Patienten bestand kein signifikanter Unterschied zwischen den beiden Behandlungsstrategien.

In der FRISC-II- (Lagerqvist et al. 2001) und in der RITA-3-Studie (Clayton et al. 2004) profitierte jedoch das weibliche Geschlecht nicht von einer frühinvasiven Strategie im Gegensatz zu männlichen Patienten. Andererseits konnte in der TACTICS-TIMI-18-Studie (Glaser et al. 2002) auch für Frauen eine Überlegenheit der frühinvasiven, interventionellen Strategie bei akutem Nicht-ST-Hebungsmyokardinfarkt dokumentiert werden.

Insgesamt ergab die Metaanalyse der „modernen" Studien (unter häufiger Verwendung von Stents, Thienopyridinen und Glykoprotein-II b/III a-Rezeptorantagonisten; Abb. 11.4) zu Behandlungsstrategien beim akuten Koronarsyndrom einschließlich der ICTUS-Studie (de Winter et al. 2005) einen signifikanten Vorteil der frühinvasiven Strategie in Bezug auf Überleben ohne Myokardinfarkt. Es stellte sich heraus, dass ausgedehnte antithrombotische Vorbehandlung („cooling-off") das Risiko nachfolgender Herzkathetereingriffe *nicht* reduziert. Das Risiko eines Myokardinfarktes ist am höchsten innerhalb der ersten 24 Stunden nach Aufnahme.

Fazit. Die frühinvasive Strategie ist die bevorzugte Behandlungsoption; durch Zuwarten wird nichts gewonnen! Je früher die Intervention, um so mehr Myokardinfarkte werden verhindert.

Die Leitlinien der Deutschen Gesellschaft für Kardiologie empfehlen zur Therapie des akuten Koronarsyndroms ohne persistierende ST-Hebung (Hamm et al. 2004):

1. Bei allen Patienten mit definierten Risikomerkmalen ist unabhängig von ihrer Symptomatik eine möglichst rasche invasive Diagnostik anzustreben (ACC/AHA-Klasse I-A-Empfehlung, Oxford-Graduierung 1 a).
2. Die invasive Diagnostik und gegebenenfalls Intervention sollte so früh wie möglich, spätestens innerhalb von 48 Stunden (ACC/AHA-Klasse I-A, Oxford-Graduierung 1 a) erfolgt sein.
3. Alle Patienten sollten sofort Acetylsalizylsäure (250–500 mg als intravenöse Sättigungsdosis) erhalten; ASS (100 mg/Tag) ist lebenslang weiterzuführen (ACC/AHA-Klasse I-A, Oxford-Graduierung 1 a).
4. Zusätzlich zu ASS sollten alle Patienten mit instabiler Angina pectoris intravenös unfraktioniertes oder niedermolekulares Heparin erhalten (ACC/AHA-Klasse I-A/C, Oxford-Graduierung 1 b).
5. Patienten mit definierten Risikomerkmalen sollten periinterventionell mit einem intravenösen Glykoprotein-II b/III a-Antagonisten behandelt werden (ACC/AHA-Klasse I-A, Oxford-Graduierung 1 a). In der Vorbehandlung ist bei unbekanntem Koronarstatus Tirofiban oder Eptifibatide einzusetzen. Abciximab ist zu nehmen, wenn bei bekanntem Koronarstatus eine perkutane Koronarintervention innerhalb von 24 Stunden geplant ist.
6. Alle Patienten sollten noch vor der Koronarangiographie Clopidogrel in einer Sättigungsdosis erhalten. Sofern die Koronarangiographie so früh durchgeführt wird, dass keine Wirkung zu erwarten ist, kann die Gabe auch erst direkt postinterventionell erfolgen (ACC/AHA-Klasse I-C, Oxford-Graduierung 5).
7. Clopidogrel ist für mindestens 9 Monate zu empfehlen (ACC/AHA-Klasse I-B, Oxford-Graduierung 1 b).

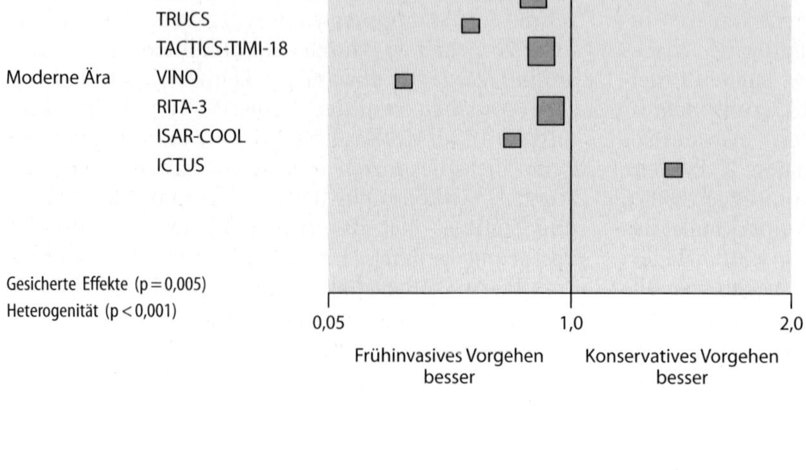

Abb. 11.4. Akutes Koronarsyndrom ohne persistierende ST-Hebung: Kombinierter Endpunkt Tod und Myokardinfarkt nach (6–)12 Monaten anhand „moderner" Studien (mit Stents, Thienopyridinen und GP II b/III a-Rezeptorantagonisten)

8. Bei Patienten ohne Risikomerkmale ist ein konservatives Vorgehen, das die Indikation zur Koronarangiographie von dem Ergebnis funktioneller Tests abhängig macht, dem invasiven Vorgehen nicht unterlegen (ACC/AHA-Klasse I-B, Oxford-Graduierung 1b).

Akutes Koronarsyndrom mit persistierender ST-Hebung

Die Grundlage der Therapie des akuten ST-Hebungsmyokardinfarktes stellt die schnelle und vollständige Revaskularisierung dar. Ein offenes Infarktgefäß mit TIMI-3-Fluss, d.h. unverzögertem Abstrom des Kontrastmittels aus einer während des akuten Myokardinfarktes akut wiedereröffneten Infarktarterie mit normalisierter Myokardperfusion (Verbesserung der myokardialer Mikrozirkulation, myokardialer Blush-Grad 3) rettet gefährdeten Herzmuskel und Leben!

Zur Therapie des akuten ST-Hebungsmyokardinfarktes (STEMI) werden folgende Revaskularisationsverfahren angewendet (Hamm et al. 2004):

1. Thrombolyse prähospital oder in der Klinik;
2. primäre (direkte) perkutane Koronarintervention (PCI), d.h. Ballondilatation mit/ohne Stentimplantation als alleinige Maßnahme, d.h. ohne vorausgehende Thrombolysetherapie;
3. „facilitated PCI", d.h. Kombination einer Ballondilatation oder Stentimplantation mit einer vorausgehenden Fibrinolysetherapie:
   - Akut-PCI: Beginn mit intravenöser Thrombolyse, sofort anschließend PCI;
   - frühe PCI: perkutane Koronarintervention am 1.–2. Tag nach Thrombolysetherapie;
   - späte PCI: perkutane Koronarintervention >2. Tag nach Thrombolysetherapie;
   - „Rettungs-PCI": Koronarintervention bei „ineffektiver" Thrombolysetherapie.

Die Probleme der thrombolytischen Therapie des akuten Myokardinfarktes sind

1. häufiges Therapieversagen (bei rt-PA zu 25–30%, bei Streptokinase zu ca. 50%),
2. hochgradige verbleibende Reststenosen mit Neigung zu Reokklusion und Rezidivinfarkt,
3. (zerebrale) Blutungskomplikationen,
4. Fehlermöglichkeiten bei der Beurteilung des Therapieerfolgs mit Hilfe nichtinvasiver Verfahren und
5. häufige Kontraindikationen.

Von den o.g. Möglichkeiten einer Kombinationstherapie aus Fibrinolyse und perkutaner Koronarintervention sind die frühe und späte PCI nicht mit einer besseren Prognose verbunden (ACC/AHA-Klasse I-A, Oxford-Graduierung 1a).

In der ASSENT-4-PCI-Studie (Van de Werf et al. 2006), einer randomisierten Studie einer primären perkutanen Koronarintervention vs. Kombinationsbehandlung aus initialer Thrombolyse mit Tenecteplase und nachfolgender PCI bei 1667 Patienten mit akutem ST-Hebungsmyokardinfarkt, wurde nach 90 Tagen eine hochsignifikant niedrigere Ereignisrate des primären kombinierten Endpunktes Tod/dekompensierte Herzinsuffizienz/Schock im Patienten-Kollektiv mit primärer perkutaner Koronarintervention beobachtet (Logrank-Test $p=0{,}0042$).

Ein Schlaganfall in der Klinik ereignete sich nur in der Tenecteplase-plus-PCI-Gruppe (bei 15 Patienten vs. 0 Patienten in der Gruppe mit primärer PCI allein); 8 intrakranielle Blutungen wurden in der Tenecteplase-plus-PCI-Gruppe beobachtet vs. 0 Patienten mit alleiniger PCI ($p=0{,}0037$). Eine Metaanalyse von 17 randomisierten Vergleichsstudien einer „facilitated PCI", d.h. einer Verabreichung pharmakologischer (thrombolytischer) Substanzen vor geplanter perkutaner Koronarintervention ($n=2237$ Patienten) mit primärer (direkter) Infarkt-PCI ohne vorausgehende thrombolytische Therapie ($n=2267$ Patienten) ergab eine signifikant höhere Mortalität in der „facilitated" PCI-Gruppe (5 vs. 3% im Kollektiv mit primärer PCI, Risikorelation 1,38), weiterhin eine höhere Anzahl nichttödlicher Myokard-Rezidivinfarkte („facilitated" PCI 3%, primäre PCI 2%, Risikorelation 1,71) und eine höhere Rate erneut notwendiger Zielgefäßrevaskularisationen („facilitated" PCI 4%, primäre PCI 1%, Risikorelation 2,39), (Keeley et al. 2006).

Weiterhin ist die primäre Dilatation die einzige Option zur Revaskularisation bei einer unklaren diagnostischen Situation (Empfehlung Klasse I-C) und bei Kontraindikation für eine Fibrinolyse (ACC/AHA-Klasse I-B/C, Oxford-Graduierung 1b). Auch bei Vorliegen eines kardiogenen Schocks bei akutem ST-Hebungsinfarkt wird die perkutane Koronarintervention vorrangig empfohlen (Hochman et al. 1999, Urban et al. 1999).

Mit Hilfe der direkten (primären) perkutanen Koronarintervention konnten akute Koronararterienverschlüsse auch ohne vorausgehende Thrombolyse erfolgreich wiedereröffnet werden, und hohe Offenheitsraten wurden beobachtet (Grines et al. 1996, GUSTO IIb Angioplasty Substudy Investigators 1997, Waldecker et al. 1998, Waldecker et al. 1999).

In den letzten Jahren konnte der Vorteil der primären (direkten) PCI als routinemäßiger Strategie zur Reperfusion des Myokards bei akutem ST-Hebungs-Infarkt im Vergleich zur Fibrinolyse durch zahlreiche Studien belegt werden (Andersen et al. 2003, Bonnefoy et al. 2002, Gibbons et al. 1993, Grines et al. 1993, 2002, The GUSTO IIb Angioplasty Substudy Investigators 1997, Widimsky et al. 2003, Zijlstra et al. 1993).

Mit Hilfe mehrerer Metaanalysen der bisher verfügbaren Daten aus randomisierten Studien konnte eine Reduktion der Infarktletalität durch die perkutane Koronarintervention im Vergleich zur Fibrinolyse um 25% dokumentiert werden; diese Letalitätsreduktion blieb auch im Langzeitverlauf erhalten (Keeley et al. 2003, Weaver et al. 1997, Zijlstra et al. 1999).

Zahlreiche Untersuchungen der 90er Jahre hatten ergeben, dass Frauen nach akutem Myokardinfarkt eine höhere Frühletalität als Männer aufweisen. Im Alter über 50 Jahren überstieg die Frühletalität der Frauen diejenige der Männer um mehr als das Zweifache (Vaccarino et al. 1999). In zwei in unserer Klinik durchgeführten prospektiven Studien wurden klinische Ereignisse während der Frühphase (30 Tage) und im Langzeitverlauf (bis zu 4 Jahren) nach primärer Infarkt-PTCA bei insgesamt 204 konsekutiven und unselektierten Frauen sowie 577 Männern mit akutem ST-Hebungsmyokardinfarkt untersucht. Bei den insgesamt 691 Patienten mit akuter Infarkt-PTCA fand sich kein Unterschied der Frühletalität zwischen beiden Geschlechtern (Waldecker et al. 2001, Tillmanns et al. 2005)

Fazit. Mit Hilfe der direkten (primären), systematisch durchgeführten Koronarangiographie und PTCA/Stentimplantation können geschlechtsspezifische Unterschiede in der Kurzzeitprognose und im Langzeitverlauf bis zu 4 Jahren nach akutem ST-Hebungs-Myokardinfarkt eliminiert werden.

Da zum jetzigen Zeitpunkt die Möglichkeit zur primären (direkten) Infarkt-PCI nur bei weniger als 20% aller Kliniken in Deutschland gegeben ist, muss sich die optimale Reperfusionsstrategie an der lokalen Verfügbarkeit dieser Methode ausrichten. Die von der Deutschen Gesellschaft für Kardiologie empfohlene Rangfolge der zur Verfügung stehenden Reperfusionstherapie ist in Tabelle 11.8 aufgeführt.

Die zur Zeit gültigen Therapieempfehlungen der Deutschen Gesellschaft für Kardiologie hinsichtlich der Revaskularisationstherapie des akuten ST-Hebungsmyokardinfarktes lauten:

1. Bei allen Patienten mit einem Myokardinfarkt ist innerhalb der ersten 12 Stunden eine Reperfusionstherapie indiziert (ACC/AHA Klasse I-A, Oxford-Graduierung 1a).
2. Die primäre Katheterintervention ist die bevorzugte Behandlungsstrategie (ACC/AHA-Klasse I-A, Oxford-Graduierung 1a).
3. Die medikamentöse Fibrinolyse ist indiziert, wenn eine interventionelle Versorgung erst mit mehr als 90-minütigen Verzögerung im Vergleich zum Thrombolysebeginn erfolgen kann. Die prästationäre Einleitung der Fibrinolyse ist der stationären überlegen (ACC/AHA-Klasse I-A, Oxford-Graduierung 1a). Ein fibrinspezifisches Fibrinolytikum ist zu bevorzugen (ACC/AHA Klasse I-B, Oxford-Graduierung 1b).
4. Bei Patienten im kardiogenen Schock (bis 36-Stunden nach Infarktbeginn), mit absoluten Kontraindikationen zur Fibrinolyse oder nach nichterfolgreicher Fibrinolyse ist eine interventionelle Behandlung auch bei längeren Transportzeiten die bevorzugte Behandlungsmethode (ACC/AHA-Klasse I-B/C, Oxford-Graduierung 1b).
5. Als Begleittherapie sollten ASS (250–500 mg i.v.) und Heparin (in der Regel: intravenöser Bolus 60 I.E./kg, max. 5000 I.E.) gegeben werden. Betablocker sind bei fehlenden Kontraindikationen frühzeitig einzusetzen (ACC/AHA-Klasse I-A/C, Oxford-Graduierung 1a).
6. Die prophylaktische Gabe von Antiarrhythmika ist nicht indiziert.

Gutachterliche Bewertung

Für die versicherungsrechtliche Beurteilung der koronaren Herzkrankheit ist es weniger bedeutsam, ob eine koronare 1- oder Mehrgefäßerkrankung vorliegt. Selbstverständlich ist die Prognose des Koronarkranken vom Koronarstatus abhängig: Die 1-Jahres-Letalität jeglicher Ursache bei stabiler Angina pectoris beträgt 8%, ist damit deutlich höher als diejenige der Koronargesunden im mittleren Lebensalter. Die jährliche Letalität bei koronarer 1-Gefäßerkrankung wurde mit 2,5%, diejenige der koronaren 2-Gefäßerkrankung mit 8% und die Letalität der 3-Gefäßerkrankung mit 12% pro Jahr berichtet (GISSI 1987). Insbesondere die Hauptstammstenose der linken Koronararterie hat eine schlechte Prognose, falls keine Operation vorgenommen wird. Bedeutsamer bei der sozialmedizinischen Beurteilung ist jedoch die Fragestellung, welche funktionellen Auswirkungen die poststenotische, unter Belastung auftretende Myokardischämie unter Berücksichtigung der Kompensationsmöglichkeiten durch Kolla-

Tabelle 11.8. Stufenempfehlung der Revaskularisationstherapie des akuten ST-Hebungsmyokardinfarkts bei Symptombeginn <12 Stunden. (Mod. n. Hamm et al. 2004)

Rang	Revaskularisationsmaßnahme	Evidenz	Empfehlungsstärke	
			ACC/AHA	Oxford
1	Primäre (direkte) PCI innerhalb 2 Std. (Zeit von Erstkontakt bis zur Ballonaufdehnung)	Mehrere randomisierte Studien	I-A	1 a
2	Prästationäre Thrombolyse mit anschließender Verbringung in Klinik mit PCI	1 randomisierte Studie	I-B	1 b
3	Prästationäre Thrombolyse und Verbringung in Klinik ohne PCI	Mehrere randomisierte Studien	I-A	1 a
4	Stationäre Thrombolyse	Viele randomisierte Studien	I-A	1 a

teralbildung, Ausschöpfung von neuen therapeutischen Möglichkeiten oder verändertem, krankheitsadäquaten Verhalten zeigt. Die Kenntnis des Koronarstatus gibt uns heute die Möglichkeit, mit Hilfe koronarinterventioneller oder koronarchirurgischer Verfahren eine deutliche Verbesserung der myokardialen poststenotischen Myokardperfusion, im Idealfall eine komplette Revaskularisation zu erreichen. Aber: *Die Existenz einer angiographisch nachweisbaren koronaren Herzkrankheit, d.h. der Nachweis einer pathologischen Koronarmorphologie, ist nicht mit einer Einschränkung des Leistungsvermögens gleichzusetzen!*

Für die sozialmedizinische Beurteilung im Begutachtungsverfahren ist es entscheidend, ob und auf welcher Leistungsstufe eine regionale Myokardischämie nachgewiesen werden kann, und ob daraus eine durch Störung der regionalen myokardialen Wandbewegung induzierte Verminderung der Belastbarkeit resultiert. Der *objektive Nachweis einer Myokardischämie* und die *Erfassung ihres Ausmaßes* stellen den bedeutsamsten Schritt bei der Beurteilung des Koronarkranken dar. Bei dieser Fragestellung ist nicht das Erreichen der maximalen oder submaximalen Herzfrequenz entscheidend, sondern das Ausmaß der Belastbarkeit bei der Fahrradergometrie vor dem Hintergrund der zumutbaren Arbeitsschwere, dies unter Berücksichtigung anamnestischer Angaben und klinischer Befunde.

Bei der Ermittlung der Belastbarkeit kann einerseits zur Schweregradeinteilung der subjektiven Beschwerden die Klassifikation der Canadian Cardiovascular Society verwendet werden; allerdings sollten die objektiven Kriterien bei der Beurteilung überwiegen. Bis zu welcher Wattstufe zeigt sich kein Ischämiekorrelat, treten keine höhergradigen Arrhythmien und auch keine pektanginösen Beschwerden auf? Die Auswirkungen der Ischämiereaktion des Herzmuskels werden am besten durch invasive hämodynamische Messungen objektiviert; diese sind allerdings nicht duldungspflichtig.

Eine Objektivierung der körperlichen Leistungsfähigkeit erfolgt am einfachsten durch eine standardisierte Ergometerbelastung, wobei die körperliche Leistungsfähigkeit der höchsten Belastungsstufe ohne nachweisbare Ischämiezeichen und ohne pektanginöse Beschwerden bzw. Dyspnoe entspricht. *Hierbei gilt, dass die Dauerbelastung bei beruflicher Tätigkeit zwei Drittel der maximalen Leistungsfähigkeit nicht übersteigen sollte* (Baur et al. 1999, Kolenda et al. 1998, Müller et al. 1999, Schwartau et al. 1997, Franz et al. 1995). Als Richtwerte gelten heute:

- leichte körperliche Arbeit: 50–75 Watt;
- mittelschwere körperliche Arbeit: >75–125 Watt;
- schwere körperliche Arbeit: 125–150 Watt;
- schwerste Arbeit: ab 150 Watt
  (Baur et al. 1999, Kolenda et al. 1998, Müller et al. 1999, Schwartau et al. 1997, Franz et al. 1995).

- Daraus folgt, dass eine ergometrische *Belastbarkeit von ≥150 Watt* mit *schwerster körperlicher Beanspruchung* an Arbeitsplätzen vereinbar ist, d.h. mit Arbeiten, die mit Heben und Tragen von Lasten ≥50 kg oder Steigen unter schwerer Last, mit vorwiegendem Gebrauch schwerster Hämmer einhergehen. Hierzu gehört auch Leisten von schweren Arbeiten (entsprechend Grad III) in angespannter Köperhaltung, z.B. in gebückter, knieender oder liegender Stellung. Die höchstmögliche Dauer der Körperbeanspruchung in diesem Schweregrad bei sonst günstigen Arbeitsbedingungen sollte 6 Stunden betragen.
- Eine ergometrische *Belastbarkeit von 125–150 Watt* lässt eine Dauerbelastung von 75–100 Watt zu, d.h. eine *mittelschwere körperliche Beanspruchung:* Dies sind z.B. Tragen von 20–40 kg schweren Lasten in der Ebene oder Steigen unter mittleren Lasten und Handhaben von Werkzeugen mit mehr als 3 kg Gewicht. Weiterhin entspricht diese Belastbarkeit mittelschweren Arbeiten, entsprechend Grad II, in angespannter Körperhaltung, z.B. in gebückter, knieender oder liegender Stellung. Die höchstmögliche Dauer der Körperbeanspruchung bei diesem Schweregrad sollte bei 7 Stunden liegen.
- Eine maximale ergometrische *Belastbarkeit von >75–125 Watt* entspricht einer Dauerbelastung von <50–75 Watt und damit einer *mittelschweren körperlichen Belastbarkeit* am Arbeitsplatz: In dieser Belastungsstufe sind mittelschwere Arbeiten, wie Handhaben von 1–3 kg schwergehenden Steuereinrichtungen, unbelastetes Gehen von Treppen und Leitern, Heben und Tragen von mittelschweren Lasten in der Ebene (ca. 10–15 kg) möglich. Weiterhin sind leichte Arbeiten, entsprechend Grad I, mit zusätzlicher Ermüdung durch Haltearbeit mäßigen Grades erlaubt.
- Eine maximale ergometrische *Belastbarkeit von ca. 75 Watt* entspricht einer Dauerbelastbarkeit von ca. 50 Watt und lässt nur *leichte körperliche Arbeiten* zu: Hier sind das Handhaben leichter Werkstücke und Handwerkzeuge, das Bedienen leichtgehender Steuerhebel und Controller oder ähnlicher mechanisch wirkender Einrichtungen, auch langdauerndes Stehen und ständiges Umhergehen zu erwähnen.
- Eine ergometrische *Belastbarkeit <50 Watt* bedeutet, dass den Koronarpatienten *keine leichten körperlichen Tätigkeiten mehr uneingeschränkt* zugemutet werden können.

Zu beachten ist, dass *statische (isometrische)* Anstregungen eine stärkere Belastung darstellen als *dynamische* Muskelarbeiten (mit Muskelverkürzung), da statische Belastungen stärkeren myokardialen Sauerstoffverbrauch bedeuten. Damit erhöht sich auch jeweils die Arbeitsschwere um eine Stufe.

Bei der versicherungsrechtlichen Beurteilung koronarkranker Patienten müssen die Auswirkungen von

Revaskularisationsmaßnahmen berücksichtigt werden, wie z.B. einer perkutanen Koronarintervention (PTCA, Stentimplantation) bzw. einer aorto-koronaren Bypassoperation. Bei unkompliziertem Verlauf dieser Interventionen ist per se *keine* Leistungsminderung im Sinne des Rentenversicherungsrechts anzuerkennen. Es handelt sich hier lediglich um eine zeitlich befristete Arbeitsunfähigkeit von wenigen Wochen. Bei der Notwendigkeit repetitiver Koronarinterventionen innerhalb eines kurzen Zeitintervalls (z.B. eines Jahres) oder bei ungünstigem Ergebnis einer Koronarintervention muss ein ungünstiger prognostischer Verlauf der koronaren Herzkrankheit angenommen werden, und dies muss bei der versicherungsrechtlichen Beurteilung berücksichtigt werden.

Neben dem Nachweis von Ischämiezeichen bei einer Belastungsuntersuchung ist auch die Untersuchung der Myokardfunktion mit Hilfe der Echokardiographie ein wesentlicher Bestandteil der Begutachtung. Heute gilt eine linksventrikuläre Funktion bei einer angiographisch bestimmten linksventrikulären Auswurffraktion von über 60% und einer echokardiographisch ermittelten linksventrikulären Auswurffraktion von über 50% (Völker et al. 2004) als normal. Eine leichte Funktionsstörung wird durch eine angiographisch ermittelte linksventrikuläre Auswurffraktion von 50–60% und eine echokardiographisch ermittelte Auswurffraktion von 40–50%, eine mittelschwere Funktionsstörung durch eine angiographisch ermittelte linksventrikuläre Ejektionsfraktion von 35–<50% und eine echokardiographische LV-Auswurffraktion von 25–40%, eine schwere Funktionsstörung schließlich durch eine angiographische linksventrikuläre Auswurffraktion von <35% und eine echokardiographisch ermittelte linksventrikuläre Auswurffraktion von ≤25% definiert. Außerdem können die bei einer Herzkatheteruntersuchung gemessenen erhöhten Pulmonalarteriendruckwerte und ein erhöhter Pulmonalkapillardruckwert von >12 mmHg für eine durch regionale Myokardischämie hervorgerufene Relaxations- und Compliancestörung des linksventrikulären Myokards sprechen.

Zusammenfassend ist festzustellen, dass bei einer Myokardischämie erst auf höherer Belastungsstufe Berufsunfähigkeit besteht, also nur für Berufe mit mittelschwerer und schwerer körperlicher Arbeit, wie z.B. Akkordarbeit und Arbeit unter extremem Zeitdruck. *Erwerbs- und damit auch Arbeitsfähigkeit besteht in jedem Fall.* Da gerade in diesem Stadium der Erkrankung der Einfluss von Revaskularisationsmaßnahmen und einer optimalen medikamentösen Therapie sich als sehr vorteilhaft erwiesen hat, sollte die Beurteilung stets den Effekt dieser Therapieverfahren mitberücksichtigen. – Im Stadium II (relative Herzinsuffizienz) ist die Prognose als ungünstig zu betrachten, da meist ausgedehnte Areale irreversibel geschädigten Myokards vorliegen. Für Berufe mit mittelgradiger und schwerer und/oder emotionaler Belastung, insbesondere bei Berufen mit permanentem Zeitdruck besteht absolute Berufsunfähigkeit, selbst wenn die Patienten noch absolut gut leistungsfähig sind. Berufe mit isometrischer Belastung (Pressen und Heben) sind hierbei ebenfalls nicht mehr tolerabel. Bei erheblich eingeschränkter ergometrischer Belastbarkeit (mit hohen Füllungsdrücken im kleinen Kreislauf) ist in diesem Stadium Erwerbsunfähigkeit gegeben.

Im Stadium III, der Belastungsherzinsuffizienz, ist häufig bei großer Ausdehnung der regionalen Myokardischämie und nur geringem Ausmaß einer irreversiblen Myokardschädigung schon bei niedriger Belastungsstufe eine Herzinsuffizienz zu beobachten. Falls ein Revaskularisationsverfahren (operativ oder interventionell) nicht in Frage kommt, ist der Patient durchweg in allen Berufen mit körperlicher Arbeit nicht mehr einsatzfähig, da schon bei leichtester Arbeit über die Steigerung des myokardialen Sauerstoffverbrauches das Auftreten einer Koronarinsuffizienz zu erwarten ist. Das Gleiche gilt für Berufe mit starkem Termindruck, intensivem Publikumsverkehr und starken emotionalen Beanspruchungen. – Im *Stadium IV*, der Ruheherzinsuffizienz – dies entspricht dem Status einer ischämischen Kardiomyopathie – besteht infolge der schwersten Myokardvernarbung *Berufs- und Erwerbsunfähigkeit.*

Neben dem Nachweis einer Myokardischämie und der Ermittlung der maximalen Belastbarkeit ist auch das Auftreten tachykarder ventrikulärer Rhythmusstörungen bei der sozialmedizinischen Leistungsbeurteilung Koronarkranker von Bedeutung. Die größte Gefahr geht von repetitiven, anhaltenden ventrikulären Tachykardien aus, für welche bei stark eingeschränkter linksventrikulärer Funktion (LV-Auswurffraktion <30%) ebenso eine Indikation zur Implantation eines Defibrillators (AICD) besteht wie für Patienten mit überlebtem plötzlichen Herztod. Dagegen sind supraventrikuläre Rhythmusstörungen (z.B. Tachyarrhythmia absoluta oder supraventrikuläre Reentrytachykardien) prognostisch weniger schwerwiegend. Liegt bei koronarkranken Patienten mit Neigung zu therapierefraktären ventrikulären Extrasystolen eine Schwindel- bzw. Synkopensymptomatik vor, besteht für Berufe, die mit Verantwortung für das Leben anderer einhergehen, ferner für Arbeiten mit erhöhter Verletzungsgefahr ein aufgehobenes Leistungsvermögen. Bei Patienten mit Vorhofflimmern und normaler Kammerfrequenz (um 60–80/min) ist von keiner bedeutsamen Beeinträchtigung der Leistungsfähigkeit des Patienten auszugehen. Bei eingeschränkter Myokardfunktion hängt die Beurteilung der körperlichen Leistungsfähigkeit von den objektiven Befunden der Ergometrie und der Echokardiographie bzw. von der Höhe des Pulsdefizits ab.

Zustand nach Myokardinfarkt und nach Koronarinterventionen (nach perkutaner Koronarintervention bzw. aortokoronarer Bypassoperation)

Ist ein Patient nach abgelaufenem Myokardinfarkt ergometrisch gut belastbar (ohne Zeichen einer Durchblutungsstörung des Herzens), kann die Arbeitsunfähigkeit nach 4 bis max. 6 Wochen beendet werden.

Nach erfolgreicher aortokoronarer Bypassoperation kann in der Regel nach 3 Monaten die Arbeitsunfähigkeit beendet werden.

Nach erfolgreicher perkutaner transluminaler Koronarangioplastie kann die Arbeitsunfähigkeit spätestens nach 14 Tagen beendet werden (Schwartau et al. 1997).

Bei Patienten nach perkutaner Koronarintervention ist der endgültige langfristige Erfolg und damit auch die berufliche Belastbarkeit oft erst nach einem halben Jahr durch einen abschließenden Belastungstest sicher zu beurteilen. Ist bis zu diesem Zeitpunkt keine Rezidivstenose des mittels PTCA und meist auch Stentimplantation behandelten Koronargefäßes aufgetreten, besteht eine eher geringere Rezidivwahrscheinlichkeit. Zu diesem Zeitpunkt hat sich dann oft auch initial hypo- bis akinetisches Myokardgewebe wieder erholt (Rückbildung des „hibernating myocardium“). Bei koronaren Mehrgefäßerkrankungen ist für Beurteilungen häufig eine Kontroll-Koronarangiographie nicht zu vermeiden. Entscheidend aber sind auch bei diesen Patienten die Höhe der erreichten Belastungsstufe und das Vorhandensein bzw. Fehlen einer Ischämiereaktion bei der ergometrischen Belastung. Dasselbe gilt für Patienten nach aortokoronarer Bypassoperation.

11.2 Erworbene und angeborene Herzvitien

Das Spektrum der Herzklappenerkrankungen, die zu den häufigsten Herz-Kreislauf-Erkrankungen zählen, hatte in den letzten Jahrzehnten einen starken Wandel durchgemacht, der in erster Linie durch das zunehmende Altern der Bevölkerung, weiterhin durch den Rückgang des rheumatischen Fiebers, die Zunahme bestimmter Patientenkollektive (z. B. Patienten mit Herzklappenprothesen oder auch immunsupprimierte Patienten) und weitere Faktoren bedingt ist.

11.2.1 Aortenstenose

Epidemiologie, Ätiopathogenese und Prognose

Die valvuläre Aortenstenose stellt heute in Europa und in den USA eine häufige kardiovaskuläre Erkrankung dar; sie wird in der Häufigkeit nur von der arteriellen Hypertonie und der koronaren Herzkrankheit übertroffen. In den industrialisierten Ländern ist die Kalzifizierung der Aortenklappe mit Abstand die häufigste Form und nimmt aufgrund der steigenden Lebenserwartung der Bevölkerung in den letzten Jahrzehnten stetig zu. Erst mit weitem Abstand folgen als weitere Ätiologien die angeborenen und die bei uns in Westeuropa sehr selten zu beobachtende valvuläre Aortenstenose rheumatischer Genese. Bei 65-Jährigen wurde eine Inzidenz der valvulären Aortenstenose von 2–9% berichtet (Lindroos et al. 1993, Stewart et al. 1997). Die Aortenklappensklerose als Vorstufe der kalzifizierenden Aortenstenose ist in der westlichen Welt bei bis zu 30% der über 65-Jährigen nachweisbar (Otto et al. 1999). Dieser Prozentsatz nimmt mit steigendem Alter zu: Bei unter 75-Jährigen ist in bis zu 20%, bei über 80-Jährigen in 35–50% und bei über 85-Jährigen in 48–75% der Fälle eine Aortenklappenverkalkung nachweisbar (Stewart et al. 1997). Die Prävalenz einer hämodynamisch bedeutsamen Aortenstenose (Klappenöffnungsfläche $<0{,}8\ cm^2$) beträgt bei Patienten im 75. Lebensjahr etwa 0,5%, bei 80-Jährigen 2,6% und bei 85-Jährigen 5–6% (Lindroos et al. 1993). Mittels serieller cw-Doppler-Untersuchungen wurden maximale transvalvuläre Flussbeschleunigungen von $\geq 2{,}5$ m/s bei 1,3% der 65- bis 74-Jährigen, bei 2,4% der 75- bis 84-Jährigen und bei 4% der über 85-Jährigen dokumentiert (Stewart et al. 1997).

Unabhängig von der Ätiologie (angeboren bikuspid, degenerativ, postinflammatorisch) weist eine Obstruktion der Aortenklappe einen chronisch-progredienten Verlauf auf (Horstkotte et al. 1998). Mit fortschreitender Klappeneinengung ist eine Turbulenz des transvalvulären Blutflusses und damit auch eine nachfolgende mechanische Schädigung des valvulären Endokards zu beobachten. Die Aortenstenose des alten Menschen ist bei dem in 94% der Personen trikuspid angelegten Klappenapparat durch sekundäre degenerativ-kalzifizierende Veränderungen der Taschenklappen, des Aortenklappenanulus und von Teilen der Aortenwand gekennzeichnet (Bessou et al. 1999, Langanay et al. 2004, Medariom et al. 1998).

Bei der *kalzifizierenden Aortenstenose* handelt es sich nicht um einen rein degenerativen Prozess, sondern es liegt auch ein aktiver Prozess mit Ähnlichkeiten zur Pathogenese der Atherosklerose vor. So wurden Entzündungserscheinungen, Lipidinfiltrationen sowie eine dystrophe Kalzifizierung bis zur Verknöcherung beobachtet (Mohler 3rd et al. 2001, O'Brien et al. 1996).

Auf die chronische, lang anhaltende Druckbelastung reagiert das linksventrikuläre Myokard mit der Entwicklung einer konzentrischen Hypertrophie, in deren Folge eine diastolische Dysfunktion mit verminderter koronarer Flussreserve entsteht. Sobald die Hypertrophie inadäquat ist, steigen der endsystolische und enddiastolische Wandstress an; die hohe Nachlast bewirkt eine Abnahme der linksventrikulären Auswurffraktion.

Die Aortenstenose ist eine progrediente Erkrankung mit einer durchschnittlichen Zunahme der maximalen Aortenklappengeschwindigkeit um 0,2–0,3m/s pro Jahr bzw. einer Abnahme der Aortenklappenöffnungsfläche um ca. 0,10 cm^2/Jahr (Davies et al. 1991, Faggiano et al. 1992, Otto et al. 1989, Peter et al. 1993, Rosenhek et al. 2004, Turina et al. 1987, Wagner et al. 1982). In einzelnen Fällen kann allerdings auch eine raschere Progression (z. B. bei Niereninsuffizienz) oder - vor allem bei jüngeren Patienten mit wenig verkalkten Klappen - auch eine sehr langsame Progression der Aortenklappensklerose beobachtet werden (Rosenhek et al. 2004).

Typischerweise bleiben Patienten mit valvulärer Aortenstenose *lange asymptomatisch.* Aufgrund prospektiver Studien wissen wir, dass selbst Patienten mit schwerer Aortenstenose noch eine gute Prognose haben, solange sie asymptomatisch sind (Pelikka et al. 1990, Rosenhek et al. 2000, Turina et al. 1987). Die Prognose ändert sich schlagartig mit dem Auftreten von Symptomen: Die durchschnittliche *Überlebensdauer nach Symptombeginn* beträgt nur ca. 2–3 Jahre (Ross et al. 1968). Während in der symptomatischen Krankheitsphase der plötzliche Herztod ein relativ häufiges Ereignis darstellt, ist in der asymptomatischen Phase der plötzliche Herztod mit einer Inzidenz von weniger als 1%/Jahr sehr selten (Otto et al. 1997).

Kernsymptome

Die klassischen Symptome der valvulären Aortenstenose stellen zunehmende belastungsinduzierte Dyspnoe, Angina-pectoris-Beschwerden unter Belastung und Schwindel bzw. Synkopen unter Belastung dar. Bei der Auskultation imponiert ein spindelförmiges, rauhes, systolisches Geräusch mit Punctum maximum im 2. ICR rechts parasternal, das typischerweise in die Karotiden fortgeleitet wird. Palpatorisch kann sehr oft Schwirren über dem Jugulum getastet werden. - Dokumentiert wird die Diagnose heute mittels Echokardiographie, die sowohl eine morphologische Beurteilung der Aortenklappe als auch eine semiquantitative Bestimmung des Ausmaßes der Klappenverkalkung erlaubt. Der Schweregrad der Aortenstenose wird dopplerechokardiographisch durch die Messung des mittleren und maximalen Gradienten sowie durch die berechnete Aortenklappenöffnungsfläche bestimmt. Eine schwere Aortenstenose ist durch folgende Messwerte charakterisiert:

1. maximale Aortenklappengeschwindigkeit >4 m/s und mittlerer Gradient >50 mmHg (bei normalem Schlagvolumen und normaler linksventrikulärer Funktion),
2. Aortenklappenöffnungsfläche <0,75 bis 1,0 cm^2 bzw. 0,6 cm^2/m^2 Körperoberfläche.

Therapieoptionen

Patienten mit schwerer Aortenstenose haben ab dem Zeitpunkt des Auftretens von Symptomen eine schlechte Prognose. Wird zu diesem Zeitpunkt aber ein Aortenklappenersatz durchgeführt, ist die Prognose ausgezeichnet. Es besteht daher keine Diskussion darüber, dass symptomatische Patienten rasch operiert werden müssen. Dies gilt auch für asymptomatische schwere Aortenstenosen mit Einschränkung der linksventrikulären Funktion. Die asymptomatische leichte und mittelschwere Aortenstenose erfordert dagegen außer jährlichen Kontrollen und einer bakteriellen Endokarditisprophylaxe keine spezielle Therapie. *Asymptomatische Patienten* mit leichter Aortenstenose unterliegen *keinen Einschränkungen* in ihrer Aktivität. Patienten mit mittelgradiger Aortenstenose sollten kompetitiven Sport meiden. Bei asymptomatischen (!) Patienten mit schwerer Aortenstenose und nicht beeinträchtigter systolischer linksventrikulärer Funktion kann eine *vorsichtige* ergometrische Belastung nützlich sein, um die tatsächliche Beschwerdefreiheit bei Belastung zu dokumentieren.

Die Leitlinien der Deutschen Gesellschaft für Kardiologie - Herz- und Kreislaufforschung hinsichtlich der Operationsindikation bei schwerer valvulärer Aortenstenose (Daniel et al. 2006) lauten:

1. Operationsindikation bei schwerer Aortenstenose: Klasse-I-Empfehlung, Evidenz B; Oxford-Graduierung 1 b.
2. Asymptomatische Patienten mit schwerer Aortenstenose und reduzierter systolischer linksventrikulärer Funktion (linksventrikuläre Auswurffraktion <50%): ACC/AHA-Klasse-IIa-Empfehlung, Evidenz C; Oxford-Graduierung 1/5.
3. Asymptomatische Patienten mit schwerer Aortenstenose und mittel- bis höhergradig verkalkter Aortenklappe und einer raschen hämodynamischen Progression (Zunahme der AV-V_{max} >0,3 m/s pro Jahr): ACC/AHA-Klasse-IIa, Evidenz C; Oxford-Graduierung 5.
4. Asymptomatische Patienten mit schwerer Aortenstenose und pathologischem Belastungstest im Sinne des Auftretens von Symptomen (Angina pectoris, Dyspnoe auf niedriger Belastungsstufe): ACC/AHA-Klasse-IIa-Empfehlung, Evidenz C, Oxford-Graduierung 5.
5. Asymptomatische Patienten mit schwerer Aortenstenose und pathologischem Belastungstest ohne Auftreten von Symptomen (abnorme Blutdruckregulation, neue ST-/T-Veränderungen, ventrikuläre Rhythmusstörungen): ACC/AHA-Klasse-IIb, Evidenz C; Oxford-Graduierung 5.
6. Nachweis von ventrikulären Salven/Tachykardien: ACC/AHA-Klasse-IIb-Empfehlung, Evidenz C; Oxford-Graduierung 5.

Bei mittelgradiger Aortenstenose (mittlerer Gradient >25 mmHg) und revaskularisierungsbedürftiger koronarer Herzkrankheit ist die Entscheidung zum Vorgehen individuell zu treffen (Daniel et al. 2006).

Gutachterliche Bewertung

Bei Patienten mit präoperativ relevanter Aortenstenose können durch den operativen Klappenersatz mehr als 80% einer altersentsprechenden Leistungsfähigkeit wiederhergestellt werden. – Aortenstenosen können im Kriegsopferversorgungsrecht als Folgeschaden nur dann anerkannt werden, wenn es versicherungsrechtlich wahrscheinlich ist, dass der Klappenfehler als Folge eines als Versorgungsleiden anerkannten rheumatischen Fiebers entstanden ist.

In der Rentenversicherung besteht bei leichteren asymptomatischen Aortenstenosen (systolischer Druckgradient <40 mmHg) ohne Einschränkung der systolischen linksventrikulären Pumpfunktion für Berufe mit leichter und mittelschwerer Arbeit keine Berufs- und/oder Erwerbsunfähigkeit. Bei Patienten mit mittelschweren und schweren, symptomarmen valvulären Aortenstenosen liegt für alle Berufe mit körperlicher Arbeit präoperativ Berufsunfähigkeit (sogar Erwerbsunfähigkeit) vor. Da für die postoperative Phase eine deutliche Besserung der Symptomatik zu erwarten ist, sollte die Rente als Zeitrente gewährt werden. Postoperativ sollte dann eine erneute Begutachtung zur Feststellung des aktuellen Leistungsvermögens durchgeführt werden.

Bei symptomatischer valvulärer Aortenstenose ist in jedem Fall Berufs- und Erwerbsunfähigkeit gegeben. Auch hier sollte bei normaler linksventrikulärer Funktion eine Zeitrente empfohlen und der Erfolg eines prothetischen Aortenklappenersatzes abgewartet werden.

11.2.2 Aorteninsuffizienz

Epidemiologie, Ätiopathogenese und Prognose

Die Langzeitprognose der Patienten mit chronischer Aorteninsuffizienz, insbesondere die günstige Prognose der asymptomatischen Patienten ist gut dokumentiert. Eine chronische Aorteninsuffizienz entsteht gewöhnlich in langsamer und schleichender Weise und ist durch eine sehr niedrige Morbidität während der langen asymptomatischen Phase gekennzeichnet. Einige Patienten mit leichter Aorteninsuffizienz bleiben für Jahrzehnte asymptomatisch und müssen sich selten, wenn überhaupt, einer Behandlung unterziehen, lediglich einer bakteriellen Endokarditisprophylaxe. Andere Patienten hingegen lassen eine Progression des Regurgitationsvolumens mit allmählicher Entwicklung einer hochgradigen Aorteninsuffizienz, einer systolischen linksventrikulären Dysfunktion und u. U. sogar eine Herzinsuffizienz erkennen.

Die wichtigsten Ursachen der chronischen Aorteninsuffizienz im Erwachsenenalter stellen die aortoannuläre Ektasie und die kongenitale bikuspide Aortenklappe (letztere bei 1% aller Lebendgeborenen) dar. Die im hohen Alter häufige degenerativ-kalzifizierende Aortenstenose weist oft eine begleitende Aorteninsuffizienz unterschiedlichen Schweregrades auf. Seltenere Ursachen sind die infektiöse Endokarditis, das Marfan-Syndrom, die rheumatische Endokarditis und verschiedene andere Erkrankungen.

Die Aorteninsuffizienz führt aufgrund der linksventrikulären Volumenbelastung zu einer progredienten Dilatation des linken Ventrikels, zunächst diastolisch und später auch systolisch. In der Spätphase können Linksherzinsuffizienz und konsekutiv eine globale Herzinsuffizienz auftreten.

Die Prognose der Patienten mit Aorteninsuffizienz wird in erster Linie durch den symptomatischen Status sowie durch Größe und Funktion des linken Ventrikels bestimmt.

Die Assoziation von Symptomen der Herzinsuffizienz mit der Prognose wurde in einem Bericht aus der Mayo-Klinik über 246 Patienten mit hoch- oder mäßiggradiger Aorteninsuffizienz beschrieben, die konservativ behandelt wurden (Dujardin et al. 1999). Patienten mit Herzinsuffizienz der NYHA-Klassen III oder IV wiesen eine jährliche Mortalität von 25%, diejenigen mit einer Herzinsuffizienz Klasse II lediglich eine jährliche Mortalität von 6% auf. Berichte symptomatischer Patienten mit einer Aorteninsuffizienz zeigen eine allmähliche Verbesserung der Prognose in den letzten 30 Jahren mit einer mittleren Überlebensrate von 6,4 Jahren im Jahre 1956 (Segal et al. 1956) über bis zu 70% 6-Jahresüberleben in den 70er Jahren hin zu einer 5-Jahresüberlebensrate von >80% im Jahre 1982 (Schwarz et al. 1982).

Kernsymptome

Die chronische Aorteninsuffizienz bleibt lange asymptomatisch und der Patient leistungsfähig. Erst in der Spätphase, wenn das linksventrikuläre Myokard langzeitige Volumenbelastungen nicht mehr kompensieren kann, ist die Dyspnoe das führende Symptom.

Die klinische Diagnose der Aorteninsuffizienz wird durch die Herzauskultation (hochfrequentes diastolisches Sofort-Decrescendogeräusch über Erb und über der Aortenklappe), durch eine hohe Pulsamplitude („Wasserhammer-Puls", Pulsus celer et altus) und die Echokardiographie gesichert. Letztere erlaubt u. a. eine semiquantitative Abschätzung des Schweregrades (leicht, mittelschwer, schwer), vor allem durch Erfassung der proximalen Jetbreite, der Doppler-Halbwertszeit des Regurgitationssignals und des diastolischen Rückstroms in der Aorta.

Therapieoptionen

Im Vordergrund der therapeutischen Bemühungen bei schwerer Aorteninsuffizienz steht die *medikamentöse Nachlastreduktion.* Mit Hilfe intravenöser

Gabe von Vasodilatatoren wie Hydralazin oder Nitroprussid-Natrium bei akuter Aorteninsuffizienz wird eine Abnahme der Regurgitationsfraktion und eine Zunahme der linksventrikulären Auswurffraktion erreicht (Bolen et al. 1976). Auch für die orale Verabreichung von ACE-Hemmern und Hydralazin ist ein hämodynamischer Nutzen belegt (Greenberg et al. 1988, Lin et al. 1994). Bislang sind allerdings randomisierte Daten zum Langzeitnutzen der Nachlastsenkung hinsichtlich der Prognose und Progression zur Operationsbedürftigkeit widersprüchlich (Evangelista et al. 2005, Scognameglio et al. 1994). Wegen der Verlängerung der Diastolendauer wird die Gabe von Betablockern als ungünstig angesehen. Bei klinisch manifester Dekompensation muss zusätzlich zur Nachlastreduktion auch eine diuretische Therapie erfolgen.

Die *operative Therapie* besteht klassischerweise im prothetischen Aortenklappenersatz, bei ausgeprägter Ektasie der Aorta ascendens (>55mm) als klappentragendes Conduit der Aorta ascendens. Bei Marfan-Patienten wird die Operation ab einem Aortendurchmesser von 50 mm empfohlen, insbesondere bei rascher Zunahme des Aortendurchmessers (Jung et al. 2002). Bei einigen Patienten, z.B. mit Prolaps einzelner Aortensegel, können rekonstruktive Eingriffe langfristig erfolgreich sein. So wurde in einer retrospektiven Analyse von 282 Patienten nach Aortenklappenrekonstruktion wegen Aorteninsuffizienz lediglich eine Reoperationsrate von 5% innerhalb eines Zeitraums von fünf Jahren berichtet (Lange et al. 2004).

Symptomatische Patienten mit schwerer Aorteninsuffizienz sollten einer operativen Korrektur zugeführt werden (AHA/ACC-Klasse-I-Empfehlung, Evidenz B; Oxford-Graduierung 1b). Die Operationsletalität hängt im Wesentlichen von der präoperativen Funktion und dem endsystolischen Durchmesser des linken Ventrikels ab (Daniel et al. 2006). Bei deutlicher Einschränkung der linksventrikulären systolischen Funktion ist eine erhöhte Operationsletalität zu erwarten; grundsätzlich ist jedoch die Operation auch bei schwer eingeschränkter linksventrikulärer Funktion zu erwägen.

Bei *asymptomatischer Aorteninsuffizienz* leichten oder mittleren Schweregrades bedarf es keiner Therapie außer eventuell einer antihypertensiven Medikation. Eine asymptomatische schwere Aorteninsuffizienz sollte allerdings in Abhängigkeit von der Funktion des linken Ventrikels behandelt werden. Bei gut erhaltener linksventrikulärer Funktion (LVEF >60%, linksventrikulärer endsystolischer Durchmesser <45 mm) kann weiterhin konservativ zugewartet werden. Dann sind halbjährliche Kontrollen erforderlich.

Im *Grenzbereich der linksventrikulären Funktion* (linksventrikuläre Auswurffraktion 50–60%, linksventrikulärer endsystolischer Durchmesser 45–50 mm) kann eine Ergometrie zur Objektivierung des Fehlens von Symptomen nützlich sein. Für asymptomatische Patienten mit einer eingeschränkten linksventrikulären Funktion (EF <50%) und/oder endsystolischem Durchmesser >50 mm besteht ebenfalls eine Operationsindikation, ebenso bei schwerer chronischer Aorteninsuffizienz, außer bei sehr alten und schwer komorbiden Patienten (Klasse-I-Empfehlung, Evidenz B, Oxford-Graduierung 1b). Bei asymptomatischen Patienten mit einer linksventrikulären Auswurffraktion von 50–60% und einem endsystolischen Durchmesser von 45–50 mm kann die Operationsindikation bei schwerer chronischer Aorteninsuffizienz gestellt werden, falls Symptome bei Belastung objektivierbar sind (Empfehlung Klasse IIa, Evidenz C, Oxford-Graduierung 5).

Gutachterliche Bewertung

Das Ergebnis des prothetischen Aortenklappenersatzes bei Patienten mit Aorteninsuffizienz wird von der postoperativen Normalisierung der linksventrikulären Funktion bestimmt. Postoperativ sind durchaus mittlere bis schwere körperliche Tätigkeiten möglich.

In einer Studie von Gohlke-Bärwolf et al. (1990) wurde bei 1270 Patienten mit prothetischem Aortenklappenersatz der Einfluss verschiedener Parameter auf die berufliche Wiedereingliederung untersucht. Neben dem präoperativen beruflichen Status und dem Geschlecht war das postoperative funktionelle Ergebnis der wichtigste Faktor für eine berufliche Wiedereingliederung (Gohlke-Bärwolf et al. 1990).

Welche Faktoren beeinflussen die berufliche Wiedereingliederung nach prothetischem Aortenklappenersatz? Dysfunktionen an mechanischen Klappen treten sehr selten auf; bei Bioprothesen wird jedoch nach zehn Jahren eine Dysfunktion bei Aortenklappen von 14–58% angegeben. Die Inzidenz von Prothesendysfunktionen, Thromboembolien und Blutungskomplikationen während des ersten postoperativen Jahres beträgt nach Implantation einer Aortenklappenprothese 4, 2 bzw. 9,9% (Re-Operationsinzidenz 5,9%). Daraus ergibt sich, dass die versicherungsrechtliche Beurteilung in festen zeitlichen Abständen, wie z.B. nach einem Jahr wiederholt werden muss.

Ergibt sich ein Zusammenhang mit einem als Kriegsopferversorgungsleiden gesicherten rheumatischen Fieber, so muss der Klappenfehler als Folgeschaden anerkannt werden. Voraussetzung dafür ist, dass dieser Klappenfehler nicht schon vorher bestanden hat. Zur Klärung kann das evtl. gleichzeitige Bestehen eines Mitralklappenfehlers helfen, der dann für eine rheumatische Genese der Aorteninsuffizienz spricht.

Bei leichter Aorteninsuffizienz mit nur geringgradiger Herzvolumenvergrößerung sowie bei normaler ergometrischer Belastbarkeit besteht keine Einschränkung der Berufs- und Erwerbsfähigkeit; wir sprechen hier vom hämodynamischen Stadium I der Aorteninsuffizienz. Im hämodynamischen Stadium II mit leicht eingeschränkter ergometrischer Leistungsfähigkeit liegt Berufsunfähigkeit für Berufe mit mittelschwerer und schwerer körperlicher Belastung, im hämodynamischen Stadium III auch für Berufe mit leichter körperlicher Belastung vor. Im Stadium IV, dem Stadium der Ruhe-Herzinsuffizienz, besteht für Patienten mit Aorteninsuffizienz eine Berufs- und Erwerbsunfähigkeit.

11.2.3 Mitralstenose

Epidemiologie, Ätiopathogenese und Prognose

Die rheumatische Karditis ist die häufigste Ursache einer Mitralstenose. Im Rahmen des rheumatischen Fiebers verdicken und im weiteren Verlauf verkalken die Segel der Mitralklappe, ferner können die Kommissuren und/oder die Sehnenfäden verkleben. Bei ungefähr 60% aller Patienten mit Mitralstenose lässt sich anamnestisch ein rheumatisches Fieber eruieren; umgekehrt führt ein nicht erkanntes bzw. nicht adäquat behandeltes rheumatisches Fieber bei ca. 40% der betroffenen Patienten zu einem Mitralklappenfehler (Rowe et al. 1960). Während eine normale Mitralklappe eine Öffnungsfläche zwischen 4 und 5 cm^2 aufweist, ist letztere bei Mitralstenose auf $<2{,}5$ cm^2 vermindert. Durch die mechanische Obstruktion des Blutflusses vom linken Vorhof zum linken Ventrikel steigt der linksatriale Druck an. Konsekutiv kommt es zu einer Zunahme des pulmonalvenösen und -kapillären Druckes und zu einer Konstriktion der Lungenarteriolen, wodurch sich allmählich eine pulmonale Hypertonie entwickelt. Serielle invasive oder echokardiographische Studien zeigen eine Aggravierung der Mitralstenose bei etwa 38% der Patienten mit einer durchschnittlichen Abnahme der Klappenöffnungsfläche um 0,3 cm^2/Jahr (Dubin et al. 1971, Gordon et al. 1992).

Kernsymptome

Die führenden Symptome der Mitralstenose sind Belastungsdyspnoe und tachykardes Vorhofflimmern. Die Basis der Diagnostik einer Mitralstenose stellt der Auskultationsbefund dar. Der Schweregrad einer Mitralstenose korreliert schlecht mit der Lautstärke des Diastolikums, jedoch relativ gut mit dem Zeitintervall zwischen dem zweiten Herzton und dem Mitralöffnungston sowie mit der Lautstärke des ersten Herztons. Mit Hilfe der Doppler-Echokardiographie kann neben strukturellen Kriterien zum Nachweis einer Mitralstenose auch der hämodynamische Schweregrad abgeschätzt werden.

Klinische Situationen, die mit einer Zunahme des Blutflusses einhergehen (wie z. B. körperliche Belastung, Stress, Fieber, Schwangerschaft, Anämie), aber auch solche, die mit einer Abnahme der diastolischen Füllungszeit verbunden sind (tachykardes Vorhofflimmern), führen zu einer allmählichen oder abrupten Zunahme des transmitralen Druckgradienten und dann auch zu einer klinischen Symptomatik mit zunehmender Leistungsschwäche, Belastungsdyspnoe bis hin zum Lungenödem; hierbei übersteigt der mittlere transmitrale Druckgradient 15–20 mmHg (Rahimtoola et al. 2002). Häufig ist eine Mitralstenose mit supraventrikulären Herzrhythmusstörungen assoziiert, insbesondere mit Vorhofflimmern (Diker et al. 1996).

Therapieoptionen

Eine spezifische medikamentöse Therapie der Mitralstenose ist nicht möglich; die Symptome der Volumenretention erfordern eine diuretische Therapie und Flüssigkeitsrestriktion. Bei tachykardem Vorhofflimmern sind Betarezeptorenblocker, Digitalisglykoside oder Verapamil zur Frequenznormalisierung indiziert. Paroxysmales oder permanentes Vorhofflimmern erfordert bei Vorliegen einer Mitralstenose, sowie bei Zustand nach einem embolischen Ereignis eine Antikoagulation (Bonow et al. 1998), (ACC/AHA-Klasse I-B, Oxford-Graduierung 1b). Der Ziel-INR-Wert sollte 2,5 bis 3,5 betragen (Fuster et al. 2001). Bei Mitralstenose im Sinusrhythmus ohne embolisches Ereignis in der Vorgeschichte wird von der Europäischen Gesellschaft für Kardiologie geraten, ab einem Vorhofdurchmesser von 50–55 mm oder bei Nachweis dichten Spontanechokontrastes eine Antikoagulation (mit INR 2–3) zu „erwägen" (Klasse-II b-Empfehlung, Evidenz C, Oxford-Graduierung 5), (Jung et al. 2002).

Die Indikation zu einer Mitralklappenvalvuloplastie wird bei mindestens mittelschwerer Mitralstenose (Mitralöffnungsfläche $<1{,}5$ cm^2) bei symptomatischem Patienten gestellt, wenn eine geeignete Klappenmorphologie bei Fehlen linksatrialer Thromben, ferner höchstens eine leichte Mitralinsuffizienz und keine zusätzliche Operationsindikation (weiterer schwerer Herzklappenfehler, revaskularisierungsbedürftige koronare Herzkrankheit) vorliegen (Klasse-I-Empfehlung, Evidenz B, Oxford-Graduierung 1 b). Die Möglichkeit einer Mitralklappenvalvuloplastie wird zunehmend frühzeitiger auch bei asymptomatischen Patienten mit einer Mitralklappenöffnungsfläche $<1{,}5 cm^2$ (besser $<1{,}0 cm^2/m^2$) erwogen (Jung et al. 2002). In Tabelle 11.9 sind die Kriterien zur Auswahl geeigneter Patienten für eine Mitralklappenvalvuloplastie zusammengefasst, wobei echokardiographische Kriterien mitentscheidend sind (Jung et al. 1999, Palacios et al. 2002). Liegen Ausschlusskriterien für eine Mitralklappenvalvulo-

Tabelle 11.9. Indikationen zur Mitralklappen-Valvuloplastie bei mindestens mittelschwerer Mitralstenose (Mitralöffnungsfläche < 1,5 cm^2)

	ACC/AHA-Klassifikation	Oxford-Graduierung
▮ Symptomatischer Patient	I-B	1 b
	ACC/AHA-Klassifikation	**Oxford-Graduierung**
▮ Asymptomatischer Patient	II a-C	5

plastie vor, sollte bereits bei leicht symptomatischer (NYHA II), aber hämodynamisch schwerer Mitralstenose (Öffnungsfläche < 1 cm^2) oder bei erheblich symptomatischer (NYHA III–IV), hämodynamisch aber weniger fortgeschrittener Mitralstenose (< 1,5 cm^2 Öffnungsfläche) eine chirurgische Intervention (Kommissurotomie/Klappenersatz) erwogen werden (Empfehlung Klasse I-B, Oxford-Graduierung 1 b).

Gutachterliche Bewertung

Es steht außer Zweifel, dass nach akutem rheumatischen Fieber der Zusammenhang zwischen dieser Erkrankung und einer späteren, klinisch manifesten Mitralstenose im Sinne eines Folgeschadens positiv beurteilt werden muss. Die Beurteilung der Berufs- und Erwerbsfähigkeit bei Mitralstenose richtet sich nach dem hämodynamischen Schweregrad der Erkrankung. Die 1-Jahres- und 5-Jahres-Überlebensrate bei Mitralstenose wurde mit 78 bzw. 45% angegeben.

Die kumulative 5-Jahres-Überlebensrate kann bei Patienten mit Mitralstenose durch Klappenersatz deutlich auf 82% verbessert werden, wobei das Resultat unabhängig ist von der Wahl des Klappenersatzes. Bei der Mitralstenose ist durch den Klappenersatz in Abhängigkeit vom klinischen Schweregrad besonders während Belastung eine signifikante Absenkung des Pulmonalarteriendrucks sowie ein Anstieg des Herzzeitvolumens zu erzielen.

Die Leistungsfähigkeit nach Mitralklappenersatz ist von der Höhe des transvalvulären Druckgradienten während Belastung, vom Trainingszustand der Skelettmuskulatur und von dem Ausmaß der Normalisierung einer präoperativ gestörten linksventrikulären Funktion abhängig. Präoperativ wird man bei Patienten mit Mitralstenose und guter links- sowie rechtsventrikulärer Funktion eine Teilzeitrente empfehlen und dann den Erfolg des Eingriffs abwarten.

11.2.4 Mitralinsuffizienz

Epidemiologie, Ätiopathogenese und Prognose

Heute sind die wichtigsten Ursachen der Mitralinsuffizienz nicht mehr rheumatische, sondern degenerative Veränderungen (Mitralklappenprolaps, degenerative Mitralklappenverkalkung), eine Myokardischämie (durch Wandbewegungsstörungen des linken Ventrikels aufgrund einer koronaren Herzkrankheit), eine Dilatation des linken Ventrikels bei dilatativer Kardiomyopathie und anderen myokardialen Erkrankungen sowie die infektiöse Endokarditis. Die akute schwere Mitralinsuffizienz tritt insbesondere bei der infektiösen Endokarditis und durch akute Myokardischämie (mit akuter Dilatation des linken Ventrikels) sowie als Infarktkomplikation durch Papillarmuskelruptur auf.

Die systolische Regurgitation aus dem linksventrikulären Cavum in den linken Vorhof bewirkt eine Druckerhöhung im linken Vorhof und im Pulmonalkreislauf sowie eine Verringerung des effektiven Herzzeitvolumens. Die Verknüpfung von gesteigerter Vorlast (durch das linksseitige Pendelvolumen) und zunächst erniedrigter Nachlast führt zum typischen „volumenbelastet" dilatierten, hyperkinetisch kontrahierenden linken Ventrikel. Bei schwerer Mitralinsuffizienz kann es zu einem Circulus vitiosus von Ventrikel-, Vorhof- und Mitralringdilatation mit zunehmender Mitralinsuffizienz kommen, mit einem Anstieg der systolischen Wandspannung und damit auch einer Verschlechterung der Myokardkontraktion einhergehend. Weiterhin ist bei erheblicher Mitralinsuffizienz sehr oft paroxysmales, später permanentes Vorhofflimmern zu beobachten.

Kernsymptome

Typische klinische Symptome sind leichte Ermüdbarkeit, Belastungsdyspnoe, Leistungsknick, im weiteren Verlauf der Erkrankung manifeste Links- und Rechtsherzinsuffizienzzeichen. Das führende klinische Zeichen ist das holosystolische, hochfrequente Geräusch über der Herzspitze mit Fortleitung in die linke Axilla bei deutlich abgeschwächtem ersten Herzton.

Therapieoptionen

Mit Hilfe einer kleinen randomisierten Studie konnte ein günstiger Effekt von Carvedilol auf die sekundäre Mitralinsuffizienz bei Patienten mit eingeschränkter linksventrikulärer Funktion aufgrund einer koronaren Herzkrankheit bzw. einer dilatativen Kardiomyopathie nachgewiesen werden (Lowes et al. 1999). Bei Vorhofflimmern ist eine Antikoagulation mit INR-Wert von 2–3 notwendig (Klasse-I-Empfehlung, Evidenz-Niveau B, Oxford-Graduierung 1b). Bei leichter bis mittelschwerer Mitralinsuffizienz und kurz bestehendem Vorhofflimmern ist ein medikamentöser oder elektrischer Kardioversionsversuch zu erwägen.

Die Akutwirkung der Nachlastsenkung durch vasodilatierende Substanzen ist gut belegt. Zur chronischen Wirksamkeit vasodilatierender Pharmaka gibt es dagegen nur Studien mit kleinen Patientengruppen. Eine ACE-Hemmertherapie erscheint pathophysiologisch günstig, ein überzeugender Nachweis des Effektes fehlt jedoch bisher (Levine et al. 1996, Lowes et al. 1999).

Die definitive Therapie der schweren chronischen oder akuten Mitralinsuffizienz besteht in der Mitralklappenrekonstruktion oder im Klappenersatz (Tabelle 11.10). Wegen der geringeren Beeinträchtigung des linken Ventrikels und des Erhalts der nativen Klappe stellt die Mitralklappenrekonstruktion den bevorzugten chirurgischen Eingriff dar. Beide Eingriffe können auch mit rhythmuschirurgischen Verfahren zur Beseitigung von Vorhofflimmern (z.B. Maze-Prozedur oder analoge Verfahren) verknüpft werden.

Aufgrund des erhöhten perioperativen Risikos muss die Indikation bei einer linksventrikulären Auswurffraktion <30% sorgfältig geprüft werden, bei einer deutlichen Einschränkung der linksventrikulären Funktion ist die Operationsindikation bei rekonstruktionsfähiger Klappe eher gegeben. Die Hospitalletalität des isolierten Mitralklappenersatzes lag 2003 in Deutschland bei 6,7% (Kalmar et al. 2004), die der isolierten Mitralklappenrekonstruktion bei 2%, wobei Alter, linksventrikuläre Pumpfunktion und Begleiterkrankungen eine wichtige Rolle spielen.

Tabelle 11.10. Operationsindikation bei schwerer chronischer Mitralinsuffizienz

	ACC/AHA-Klassifikation	Oxford-Graduierung
Symptomatische Patienten		
▮ Linksventrikuläre Auswurffraktion (LVEF) ≥30%	I-B	1b
▮ LVEF <30% (wenn rekonstruktionsfähig)	IIa-C	5
Asymptomatische Patienten		
▮ LVEF <60% und/oder linksventrikulärer endsystolischer Durchmesser >45mm	I-B	1b
▮ Paroxysmales oder neu aufgetretenes Vorhofflimmern	IIa-C	5
▮ Systolischer pulmonalarterieller Druck in Ruhe >50mmHg	IIa-C	5
▮ LVEF >60% und endsystolischer linksventrikulärer Durchmesser >45mm, aber fehlende kontraktile Reserve unter Belastung	IIa-C	5

Gutachterliche Bewertung

Bei Patienten mit Mitralinsuffizienz wurde 1 Jahr nach Diagnosestellung eine Überlebensrate von 64% und nach 5 Jahren eine Überlebensrate von nur 27% berichtet. Die kumulative 5-Jahresüberlebensrate kann durch den Mitralklappenersatz deutlich auf 82% verbessert werden, wobei das Resultat unabhängig ist von der Wahl des Klappenersatzes. Nach Klappenersatz bei Mitralinsuffizienz ist postoperativ nicht selten eine erniedrigte linksventrikuläre Auswurffraktion nachzuweisen, weil dann der linke Ventrikel seine Möglichkeit verloren hat, sich eines großen Teiles seines erhöhten enddiastolischen Volumens gegen geringen Widerstand in den linken Vorhof zu entledigen. Dies erfordert eine konsequente postoperative nachlastsenkende Medikation mit einem ACE-Hemmer (alternativ mit einem Angiotensin-II-Typ-1-Rezeptorantagonisten).

Die Anerkennung einer Mitralinsuffizienz als Folgeschaden einer rheumatischen Erkrankung ist im Sinne des Versorgungsrechtes nur dann möglich, wenn entweder ein rheumatisches Fieber vorausgegangen und versicherungsrechtlich auch anzuerkennen ist, oder falls bei fehlender Anamnese eines akuten rheumatischen Fiebers das Vorhandensein von Herzklappenverkalkungen eine rheumatische Genese doch sehr wahrscheinlich macht. Außerdem muss echokardiographisch ein primäres Mitralklappenprolaps-Syndrom ausgeschlossen werden.

Bezüglich der Beurteilung der Berufs- und Erwerbsfähigkeit der Patienten mit Mitralinsuffizienz gelten die gleichen Richtlinien wie bei Patienten mit Aorteninsuffizienz.

11.2.5 Pulmonalstenose

Ätiopathogenese, Kernsymptome und Therapieoptionen

Die Auswirkungen einer valvulären oder infundibulären Pulmonalstenose, die ganz überwiegend kongenitalen Ursprungs ist, kommen im Erwachsenenalter selten zur Begutachtung. Nur sehr selten stellt die Pulmonalklappenstenose eine erworbene Herzklappenerkrankung dar.

Die Hauptsymptome einer schweren Pulmonalklappenstenose bei Erwachsenen sind Dyspnoe und Müdigkeit aufgrund des erniedrigten Herzminutenvolumens. Selten treten Schwindel oder Synkopen auf; auch ist der plötzliche Herztod extrem selten.

Die klinische Diagnose wird anhand des Auskultationsbefundes (systolisches Ausströmungsgeräusch mit Punctum maximum über dem 2. ICR links parasternal bei abgeschwächtem Pulmonalklappenschlusston) gestellt. Der Schweregrad der Pulmonalklappenstenose kann auskultatorisch durch den

Zeitpunkt der größten Intensität des systolischen Geräusches, genauer aber durch die Echokardiographie bestimmt werden. Eine invasive Abklärung (Rechtsherzkatheter-Untersuchung) ist selten erforderlich. Patienten mit einem valvulären Spitzengradienten von <25mmHg bleiben zu 96% während einer 25-jährigen Beobachtungsperiode beschwerdefrei, sie zeigen keine Progression der Erkrankung (Bonow et al. 1998). In der Majorität der Fälle kann die schwere valvuläre Pulmonalstenose sowohl im Kindes- wie auch im Erwachsenenalter durch eine Ballonvalvuloplastie behandelt werden, wenn es sich tatsächlich um eine reine valvuläre Stenose handelt (Chen et al. 1996).

Indikationen zur Pulmonalklappenvalvuloplastie sind symptomatische Patienten (mit Dyspnoe und/oder Schwindel) bei Pulmonalklappenstenosen mit mittlerem Gradienten von über 25 mmHg, insbesondere bei gleichzeitiger Dilatation des rechten Ventrikels (Empfehlungsklasse I, Evidenzniveau C; Oxford-Graduierung 5, Konsensusmeinung). Eine weitere Indikation zur Pulmonalklappenvalvuloplastie ist bei asymptomatischen Patienten mit einem Peak-to-peak-Gradienten von mehr als 50 mmHg gegeben (Empfehlungsklasse IIa, Evidenz C, Oxford-Graduierung 5, Konsensusmeinung). Bei subvalvulären (infundibulären) oder supravalvulären obstruktiven Veränderungen sowie bei Vorliegen von dysplastischen Klappen, wie z. B. beim Noonan-Syndrom, ist dagegen eine Operation erforderlich.

Gutachterliche Bewertung

Leichte valvuläre Pulmonalstenosen mit niedrigem systolischen Druckgradienten haben keine Einschränkung der Berufs- und Erwerbsfähigkeit zur Folge, weder bei körperlich Arbeitenden, noch bei Berufen mit vorwiegend sitzender Tätigkeit.

Bei schwereren, noch voll kompensierten Pulmonalstenosen, die bei der ausgeprägten Druckbelastung der rechten Herzkammer zu einer konzentrischen Rechtsherzhypertrophie geführt haben, liegt für Berufe mit schwerer und mittelschwerer körperlicher Belastung bis zum Zeitpunkt einer erforderlichen Ballonvalvuloplastie oder einer Pulmonalklappenoperation Berufsunfähigkeit vor. Wegen der guten Prognose der Erkrankung nach erfolgreicher Ballonvalvuloplastie bzw. Operation ist auch hier eine Zeitrente zu empfehlen.

Ist das Stadium der Rechtsherzdekompensation mit zunehmendem Pumpversagen des rechtsventrikulären Myokards und klinischen Zeichen wie Dyspnoe, Zyanose und Stauungserscheinungen im großen Kreislauf bereits erreicht, besteht bereits absolute Berufs- und Erwerbsunfähigkeit.

11.2.6 Pumonalinsuffizienz

Ätiopathogenese und Kernsymptome

Eine Pulmonalklappeninsuffizienz entsteht meist als Folge einer Ringdilatation bei pulmonaler Hypertonie, ferner bei idiopathischer Dilatation der Pulmonalarterie, durch eine infektiöse Endokarditis, außerdem im Gefolge einer chirurgischen Korrektur einer Fallot-Tetralogie oder auch nach Ballonvalvuloplastie einer primär vorliegenden Pulmonalklappenstenose. Eine geringgradige Pulmonalinsuffizienz ist auch bei Herzgesunden häufig zu entdecken; sie bedarf aber keiner Therapie und auch keiner bakteriellen Endokarditisprophylaxe.

Die Diagnose wird durch das im 2./3. ICR links parasternal am besten auskultierbare Diastolikum und durch tastbare systolische Pulsationen des rechten Ventrikels gestellt. Die morphologische und funktionelle Evaluation der Pulmonalklappe und des rechten Ventrikels erfolgt primär mit Hilfe der Echokardiographie. Die Diagnostik kann durch die Magnetresonanztomographie ergänzt werden.

Auch die schwere Pulmonalinsuffizienz wird meist über lange Zeit symptomlos toleriert.

Therapieoptionen

Bei der Pulmonalinsuffizienz liegt der Schwerpunkt der Behandlung auf einer Optimierung der medikamentösen Therapie der meist zugrundeliegenden pulmonalen oder pulmonal-arteriellen Hypertonie. Es soll in erster Linie versucht werden, den Pulmonalarteriendruck deutlich zu senken, um eine weitere Dilatation des rechten Ventrikels und die Ringdilatation der Pulmonalklappe aufzuhalten.

Bei progredienter Dilatation des rechtsventrikulären Myokards und Zeichen der Rechtsherzinsuffizienz sollte allerdings ein operativer Pulmonalklappenersatz erwogen werden (Discigil et al. 2001). Die Operationsindikation bei symptomatischen Patienten (Dyspnoe, Stauungserscheinungen im großen Kreislauf mit progredienter Dilatation des rechten Ventrikels) ist eine Klasse-II a-Empfehlung mit Evidenzniveau C, Oxford-Graduierung 5 (Konsensusmeinung).

Gutachterliche Bewertung

Eine leichte Pulmonalinsuffizienz mit geringgradigem Regurgitationsvolumen bedingt keine Einschränkung der Berufs- und Erwerbsfähigkeit. Dies gilt sowohl für körperlich Arbeitende als auch für Berufe mit vorwiegend sitzender Tätigkeit.

Schwerere Pulmonalklappeninsuffizienzen (auskultatorisch hochfrequentes, langgezogenes diastolisches Decrescendogeräusch mit Punctum maximum über dem 3./4. ICR links parasternal) bedingen eine Berufsunfähigkeit lediglich für Berufe mit schwerer und mittelschwerer körperlicher Belastung (insbesondere isometrischer Belastung), bis eine hämodynamische Besserung durch operativen Eingriff erfolgt ist. Eine Zeitrente ist zu erwägen. Im präoperativen Stadium der Rechtsherzdekompensation besteht eine absolute Berufs- und Erwerbsunfähigkeit.

11.2.7 Vorhofseptumdefekt

Ätiopathogenese und Prognose

Beim Vorhofseptumdefekt, bei welchem wir einen Septum-primum-, Septum-secundum- sowie einen Sinus-venosus-Defekt unterscheiden, besteht infolge der angeborenen Kurzschlussverbindung zwischen dem linken und rechten Vorhof eine Volumenbelastung des rechten Vorhofs, des rechten Ventrikels und des Lungengefäßbettes mit – der Shuntgröße entsprechender – Ausweitung der rechtsseitigen Herzhöhlen sowie des pulmonalen Gefäßsystems.

Der Vorhofseptumdefekt gehört mit 15–20% zu den häufigsten angeborener Herzfehlern. Die Diagnose des Vorhofseptumdefektes wird aber oft erst im Erwachsenenalter gestellt. Die Pathophysiologie des Links-Rechts-Shunts auf Vorhofebene wird von der Größe des Defektes und vom Druckgradienten bestimmt.

Kleine Vorhofseptumdefekte weisen eine exzellente Prognose auf; bei diesen kleinen Kurzschlussverbindungen entsteht im weiteren Leben praktisch nie eine pulmonale Hypertonie. Große Vorhofseptumdefekte führen zu einer verminderten Überlebensrate, abhängig vom Alter zum Zeitpunkt des Beginns der Behandlung. Wird die Diagnose eines bedeutsamen Links-Rechts-Shunts auf Vorhofebene im Kindesalter nicht gestellt, so kann bei einem großen Shuntvolumen nach Durchlaufen des Stadiums der rechtsventrikulären Hypertrophie im Erwachsenenalter eine rechtsventrikuläre Dilatation und eine konsekutive Rechtsherzinsuffizienz auftreten. Weiterhin besteht eine reduzierte linksventrikuläre Relaxation und Compliance sowie das Potential für paradoxe Embolien. Der Vorhofseptumdefekt bei Erwachsenen ist auch durch das Auftreten von Vorhofarrhythmien (Vorhofflimmern und -flattern) gekennzeichnet. Weiterhin kann gelegentlich ein Syndrom des kranken Sinusknotens diagnostiziert werden; eine Schrittmachertherapie ist allerdings nur selten erforderlich.

Kernsymptome

Patienten mit Vorhofseptumdefekt geben meistens keine klinischen Symptome an, abgesehen von Palpitationen, die durch supraventrikuläre Rhythmusstörungen hervorgerufen werden. Erst wenn es bei größeren Links-Rechts-Shunts und bei längerem Bestehen des Vorhofseptumdefektes zu einer reaktiven pulmonalen Hypertonie oder auch zur Entwicklung einer absoluten Arrhythmie bei Vorhofflimmern kommt, sind klinische Symptome zu beobachten.

Hinweise auf einen hämodynamisch relevanten Vorhofseptumdefekt werden in erster Linie durch den Auskultationsbefund (frühsystolisches Decrescendogeräusch mit Punctum maximum über dem 2. ICR links parasternal, mit atemunabhängig gespaltenem zweiten Herzton), durch das Elektrokardiogramm und durch die Röntgenuntersuchung von Herz und Lungen vermittelt. Gesichert wird die Diagnose dann echokardiographisch durch die 2D-Echokardiographie und durch die Farbdopplersonographie. Gelegentlich wird auch eine transösophageale Echokardiographie zur Darstellung des Vorhofseptumdefektes herangezogen, regelhaft bei dem Verschluss eines Vorhofseptumdefektes mit Hilfe eines Okkluders. Herzvolumen >13,5 ml/kg Körpergewicht bei Frauen und >14,5 ml/kg Körpergewicht bei Männern weisen auf einen erheblichen, hämodynamisch relevanten Links-Rechts-Shunt hin.

Therapieoptionen

Indikationen für einen perkutanen interventionellen Eingriff (Implantation eines Vorhofseptumdefekt-Okkluders bzw. eines Verschlusses des Vorhofseptumdefektes auf operativem Wege) sind bei großen Vorhofseptumdefekten (>10 mm) ohne relevante pulmonalvaskuläre Erkrankung, die durch einen erhöhten Pulmonalgefäßwiderstand (>8 U/m^2; U = Wood-Units), einen Links-Rechts-Shunt unter 1,5 und durch fehlende Antwort auf selektive pulmonale Vasodilatatoren gekennzeichnet ist, gegeben, ferner bei paradoxer Embolie.

Heute werden die meisten Vorhofseptumdefekte interventionell durch verschiedene Devices (z.B. Amplatzer-Okkluder) verschlossen. Alternativ kann der Vorhofseptumdefekt auch chirurgisch verschlossen werden. Sowohl der interventionelle wie auch der chirurgische Eingriff haben so lange ein niedriges Risiko, wie keine pulmonal-arterielle Erkrankung mit pulmonal-arterieller Hypertonie vorliegt.

Gutachterliche Bewertung

Kommt ein Patient mit Vorhofseptumdefekt mit normalem oder auch nur leichtgradig vermehrtem Herzvolumen bzw. mit leichtgradig vergrößertem rechten Vorhof und rechten Ventrikel im Echokardiogramm zur Begutachtung, so liegt bei den meist beschwerdefreien Patienten keine Beeinträchtigung der Berufs-/Erwerbsfähigkeit vor. Vorhofseptumdefekte mit Herzvolumina unterhalb von 13,5ml/kg bei Frauen und unterhalb von 14,5ml/kg Körpergewicht bei Männern haben ebenfalls keine Beeinträchtigung der Erwerbs- und Berufsfähigkeit zur Folge.

Vorhofseptumdefekte mit größerem Shunt auf Vorhofebene (Links-Rechts-Shunt von mehr als 40%) müssen aus prophylaktischen Gründen operiert werden. Vor einer Begutachtung sollte der Erfolg der Operation abgewartet werden.

Solange keine pulmonal-arterielle Hypertonie vorliegt, ist im Gegensatz zu anderen Vitien auch bei großem, jedoch noch voll kompensiertem Links-Rechts-Shunt die Empfehlung einer Teilzeitrente nicht notwendig, da die Prognose des Vorhofseptumdefektes über lange Zeitperioden gut ist.

11.2.8 Ventrikelseptumdefekt

Epidemiologie, Ätiopathogenese und Prognose

Hämodynamisch relevante Ventrikelseptumdefekte werden gewöhnlich bereits in der Kindheit operativ versorgt. Kleine oder postoperative Ventrikelseptumdefekte allerdings sind bei Erwachsenen häufig zu beobachten. Auf der anderen Seite aber ist das Vorkommen eines Eisenmenger-Syndroms bei Patienten mit Ventikelseptumdefekt sehr selten geworden. Der Ventrikelseptumdefekt stellt selten einen Grund zur Begutachtung im Erwachsenenalter dar. Er führt zu einem Links-Rechts-Shunt, dessen Größe mit der Größe des Defektes korreliert.

In der Anfangsphase kommt es zu einer so genannten kinetischen pulmonalen Hypertonie mit Anstieg lediglich des systolischen Pulmonalarteriendruckes, der bei Druckangleich zwischen dem rechten und linken Ventikel das Niveau des systemischen Druckes erreicht. Die Volumenbelastung betrifft den linken Vorhof, dessen Größe mit der Defektgröße korreliert, sowie den linken Ventrikel. Die hämodynamischen Folgen eines ausgeprägten Links-Rechts-Shunts auf Ventrikelebene sind neben der rechtsventrikulären Volumenbelastung eine linsksventrikuläre Dilatation sowie auch eine eingeschränkte Funktion des linksventrikulären Myokards, ferner das Auftreten einer Aorteninsuffizienz. Weiterhin kann bei längerem Bestand eines unkorrigierten großen Ventrikelseptumdefektes eine Steigerung des Lungengefäßwiderstands mit Entwicklung eines Eisenmenger-Syndroms auftreten. Ist Shunt-Umkehr eingetreten, so nimmt die Größe des linken Vorhofs wieder ab, während die rechtsventrikuläre Hypertrophie weiter zunimmt. Schlussendlich führt die rechtsventrikuläre Hypertrophie im Stadium der Dekompensation zur Rechtsherzinsuffizienz mit den Symptomen von Lippenzyanose, Halsvenenstauung und weiteren Symptomen einer Stauung im großen Kreislauf.

Patienten mit kleinem Ventikelseptumdefekt haben eine gute Prognose: Die körperliche Belastbarkeit ist lange oder überhaupt nicht eingeschränkt, Beschwerden treten nicht auf. Aus diesem Grunde bedürfen kleine Ventrikelseptumdefekte auch keiner operativen Therapie.

Kernsymptome

Kleine Ventrikelseptumdefekte vom Typ Roger verursachen keine Beschwerden und bewirken auch keine erkennbaren Zeichen einer Volumenüberlastung. Die meisten kleinen Ventrikelseptumdefekte zeichnen sich durch Spontanverschluss in der Kindheit aus. Mittelgroße und große Ventrikelseptumdefekte kommen nur ausnahmsweise unoperiert im Erwachsenenalter vor. Hierbei ist der Auskultationsbefund charakteristisch: Es findet sich ein bandförmiges lautes systolisches Geräusch mit Punctum maximum über dem Erbschen Punkt, das oft von palpablem Schwirren über dem Präkordium begleitet ist.

Im EKG findet man Zeichen der biventrikulären Überlastung; röntgenologisch ist eine Differenzierung zwischen vermehrter Lungendurchblutung und Zeichen einer pulmonalen Hypertonie meist noch möglich.

Die Diagnosesicherung gelingt durch die Echokardiographie und das Farbdopplerverfahren. Kleinere Ventrikelseptumdefekte, die sich häufig der direkten Darstellung entziehen, lassen sich häufig indirekt durch das Farbdopplersignal identifizieren. Mit Hilfe des cw-Doppler können der systolische Pulmonalarteriendruck ermittelt und das Shuntvolumen berechnet werden. Im Rahmen der Rechtsherzkatheter-Untersuchung ist eine Oxymetrie zur genauen Shuntberechung obligatorisch.

Therapieoptionen

Die erste therapeutische Option ist der chirurgische Verschluss des Ventrikelseptumdefektes. Alternativ kann bei muskulären Ventrikelseptumdefekten auch ein katheterinterventioneller Verschluss des Defektes erfolgen. Dies gilt auch für den postinfarziellen Ventrikelseptumdefekt, z.B. als Folge einer Septumbeteiligung bei akutem Anteroseptalinfarkt.

Die chirurgischen Resultate und auch die Ergebnisse des interventionellen Vorgehens bei Ventrikelseptumdefekt vom Typ Roger sind sehr gut.

Gutachterliche Bewertung

Kleine Ventrikelseptumdefekte mit geringgradigem Links-Rechts-Shunt auf Ventrikelebene führen zu keiner Einschränkung der Berufsfähigkeit.

Bei großen Ventrikelseptumdefekten ist bei Weiterbestehen eines hämodynamisch relevanten Links-

Rechts-Shunts auf Ventrikelebene die Gefahr der Entwicklung einer reaktiven pulmonalen Hypertonie gegeben, dann ist die Prognose ungünstig. Es besteht eine absolute prognostische Operationsindikation. Bis zum operativen Eingriff (oder interventionellen Verschluss) besteht Berufs-/Erwerbsunfähigkeit für Tätigkeiten mit mittelschwerer und schwerer körperlicher Belastung.

Die Mehrzahl der Patienten ist nach dem operativen Defektverschluss in ihrer Leistungsfähigkeit deutlich gebessert. Aus diesem Grunde sollte die endgültige sozialmedizinische Beurteilung erst nach einem Jahr erfolgen, da zu einem vorherigen Zeitpunkt das Ausmaß der Rückbildung der Größe des rechten Ventrikels nicht beurteilt werden kann. Die postoperativen Ergebnisse werden wesentlich vom Zeitpunkt der Operation und einem zu diesem Zeitpunkt schon bestehenden pulmonalen Hochdruck bestimmt.

11.2.9 Kongenitale Vitien mit Rechts-Links-Shunt

Patienten, die an kongenitalen Herzfehlern mit Rechts-Links-Shunt leiden, erreichen nur selten das Erwachsenenalter, wenn sie operativ nicht korrigiert oder nicht korrigierbar sind.

Bei Patienten mit nichtoperativ korrigierbaren kongenitialen Vitien mit Rechts-Links-Shunt besteht Berufs- und Erwerbsunfähigkeit.

11.2.10 Versicherungsmedizische Aspekte nach Herzoperationen wegen Herzklappenfehlern

Allgemein gilt, dass vor Herzoperationen grundsätzlich eine Rente auf Zeit empfohlen werden sollte, da ein erfolgreicher herzchirurgischer oder katheterinterventioneller Eingriff die Symptomatik, Belastbarkeit und auch die Prognose der Patienten in den meisten Fällen entscheidend verbessert. Dies gilt insbesondere für Patienten mit einer links- und rechtsventrikulären Funktion, die präoperativ gering oder gar nicht eingeschränkt war.

Aortenstenose

Nach einem prothetischen Aortenklappenersatz weisen die während des postoperativen Verlaufs auftretende Rückbildung der Linkshypertrophiezeichen im EKG, ein normales Herzvolumen sowie ferner die Normalisierung des echokardiographischen Befundes auf ein weitgehend unbeschädigtes, funktionell intaktes Myokard hin. Bei diesen Patienten besteht eine Berufsunfähigkeit nur noch in Berufen mit schwerer und schwerster körperlicher Arbeit, da nach Implantation der Klappenprothese selbst bei Verwendung der rheologisch am günstigsten anzusehenden Doppelflügelprothesen immer noch systolische Restgradienten bis etwa 40 mmHg an der Aortenklappe entstehen können.

Berufsunfähigkeit besteht für Berufe mit erhöhter Verletzungsgefahr (Bergleute, Dachdecker, Monteure u.a.) wegen der meistens notwendigen Antikoagulanzienbehandlung. Erwerbs- bzw. Arbeitsfähigkeit ist jedem Fall bei diesen Patienten nach prothetischem Aortenklappenersatz gegeben.

Aorteninsuffizienz

Bei Normalisierung der hämodynamischen Befunde bestehen für Patienten mit Aorteninsuffizienz die gleichen gutachterlichen Richtlinien wie bei Patienten mit operierter valvulärer Aortenstenose. Wird allerdings im EKG im postoperativen Verlauf keine Rückbildung der Herzgröße und der Linkshypertrophiezeichen im EKG dokumentiert, so besteht eine Berufsunfähigkeit für alle Berufe mit mittelschwerer und schwerer körperlicher Belastung bei erhaltener Erwerbsfähigkeit.

Mitralinsuffizienz

Hier gelten die gleichen gutachterlichen Richtlinien wie für die Aorteninsuffizienz.

Mitralstenose

Die Mitralstenose nimmt eine Sonderstellung ein, indem hier auch postoperativ weiterhin eine mehr oder weniger stark ausgeprägte Dilatation des linken Vorhofs und des rechten Ventrikels vorliegt. Auch im Röntgenthoraxbild lässt sich die weiterhin bestehende Vergrößerung des linken Vorhofs und des rechten Ventrikels erkennen („Mitralkonfiguration"). Die postoperative Belastbarkeit bleibt häufig auf die 50-Watt-Ergometerstufe beschränkt. Hieraus ergibt sich, dass in der postoperativen Phase der Zuwachs an Belastbarkeit des Patienten in der Regel geringer ist als bei anderen operierten Klappenvitien des Erwachsenen.

Für den Gutachter resultiert somit die Schlussfolgerung, dass Berufsfähigkeit auch nach perkutaner Ballonvalvuloplastie oder Operation einer Mitralstenose nur für Berufe mit leichter körperlicher Arbeit vorliegt.

Pulmonalstenose

Nach erfolgreicher Ballonvalvuloplastie besteht in der Regel postoperativ keine Einschränkung der Berufs- und Erwerbsfähigkeit mehr.

Vorhofseptumdefekt

Ist es gelungen, den Links-Rechts-Shunt auf Vorhofebene mittels ASD-Okkluder oder Operation zu beseitigen, ergibt sich nach Normalisierung der Herzgröße keine Einschränkung der Berufs- und Erwerbsfähigkeit mehr.

Ventrikelseptumdefekt

Für die sozialmedizinische Beurteilung der postoperativen Phase nach Verschluss eines Ventrikelseptumdefektes gilt das Gleiche wie für die postoperative Phase nach Verschluss eines Vorhofseptumdefektes.

Allgemein gilt für die Patienten, bei denen ein prothetischer Herzklappenersatz vorgenommen wurde, folgende Begutachtung hinsichtlich der Minderung der Erwerbsfähigkeit (MdE) und des Grades der Behinderung (GdB): Bei Patienten mit Herzklappenprothesen ist der GdB/MdE-Grad nicht niedriger als 30 zu bewerten. Dieser Wert schließt die Notwendigkeit einer Antikoagulations-Dauerbehandlung mit ein.

11.3 Kardiomyopathien

Definition, Klassifikation, Epidemiologie und Ätiopathogenese

Kardiomyopathien sind Erkrankungen des Herzmuskels (Abelmann 1984). Die WHO definierte im Jahr 1980 Kardiomyopathien als Herzmuskelerkrankungen unbekannter Ursache, um eine Kardiomyopathie von einer kardialen Dysfunktion auf dem Boden einer bekannten kardiovaskulären Grunderkrankung, wie z. B. arterieller Hypertonie, ischämischer Herzerkrankung oder Herzklappenerkrankungen zu unterscheiden (WHO/ISFC Task Force 1980). In der klinischen Praxis jedoch wurde der Begriff „Kardiomyopathie" auch für Erkrankungen mit bekannter Ursache verwendet, z. B. als „ischämische Kardiomyopathie" und „hypertensive Kardiomyopathie". Deshalb erweiterte die Task Force der WHO und der International Society and Federation of Cardiology (ISFC) die Klassifikation der Kardiomyopathien: Ab jetzt wurden alle Herzmuskelerkrankungen eingeschlossen unter Berücksichtigung der ätiologischen und dominierenden pathophysiologischen Aspekte (Richardson et al. 1996). In dieser Klassifikation wurden Kardiomyopathien definiert als „Erkrankungen des Herzmuskels, die mit kardialer Dysfunktion einhergehen".

Unter Berücksichtigung anatomischer und physiologischer Gesichtspunkte wurden folgende Arten der Kardiomyopathien unterschieden, von denen jede viele unterschiedliche Ursachen aufweist:
1. dilatative Kardiomyopathie,
2. hypertrophische Kardiomyopathie,
3. restriktive Kardiomyopathie,
4. arrhythmogene rechtsventrikuläre Kardiomyopathie und
5. unklassifizierte Kardiomyopathie.

Im Jahre 2006 publizierte die American Heart Association (AHA) eine wissenschaftliche Stellungnahme, die eine zeitgemäße Definition und Klassifikation der Kardiomypathien darstellt (Maron et al. 2006). Das Experten-Konsensus-Panel schlug folgende Definition vor: „Kardiomyopathien sind ei-

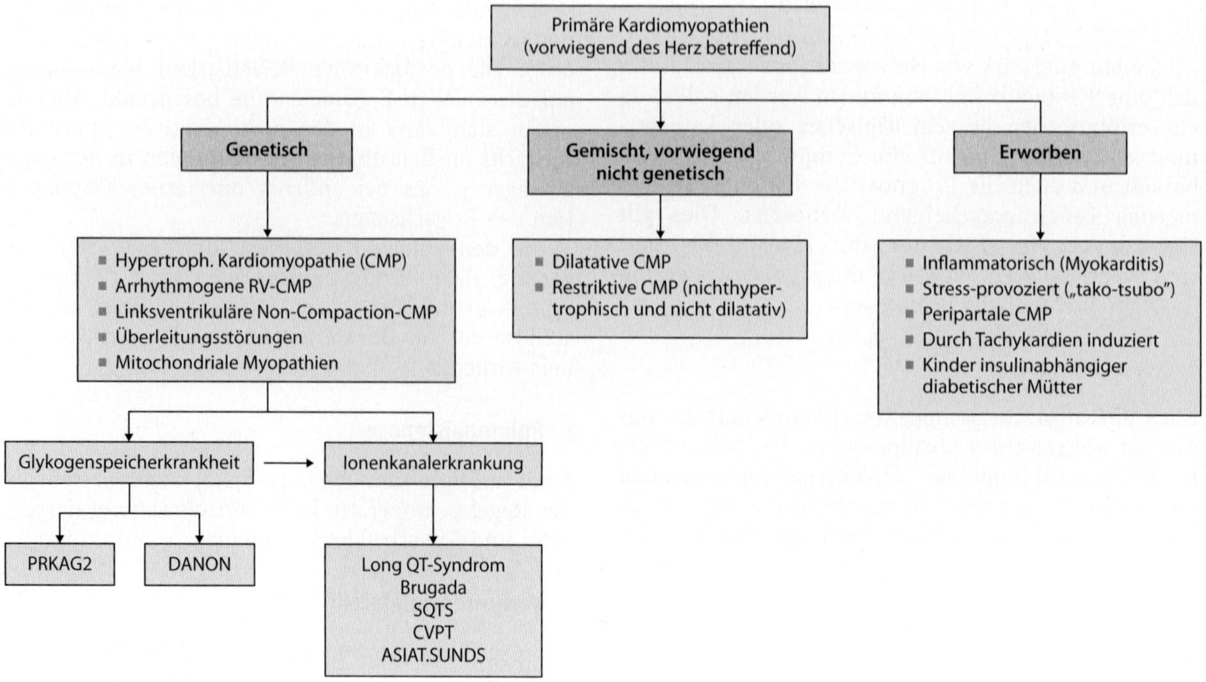

Abb. 11.5. Primäre Kardiomyopathien. (Mod. n. Maron et al. 2006)

Tabelle 11.11. Sekundäre Kardiomyopathien. (Mod. n. Maron et al. 2006)

1. **Infiltrativ (Akkumulation abnormaler Substanzen extrazellulär):**
   - Amyloidose (primär, familiär autosomal dominant, senil, sekundäre Formen)
   - Morbus Gaucher
   - Hurlersche Erkrankung
   - Huntersche Erkrankung
2. **Speicherkrankheiten:**
   - Hämochromatose
   - Morbus Fabry
   - Glykogenspeicherkrankheit (Typ 2, Pompe)
   - Niemann-Pick-Erkrankung
3. **Toxische Kardiomyopathie**
   - Medikamente
   - Schwermetalle
   - chemische Agenzien
4. **Endomyokardial:**
   - Endomyokardfibrose
   - hypereosinophiles Syndrom (Löfflersche Endokarditis)
5. **Inflammatorisch** (granulomatös):
   - Sarkoidose
6. **Endokrin:**
   - Diabetes mellitus
   - Hyperthyreose
   - Hypothyreose
   - Hyperparathyreoidismus
   - Phäochromozytom
   - Akromegalie
7. **Kardiofazial:**
   - Noonan-Syndrom
   - Lentiginose
8. **Neuromuskulär/neurologisch** (alle genetischen (familiären) Ursprungs):
   - Friedreichsche Ataxie
   - Muskuläre Dystrophie Duchenne-Becker
   - Muskuläre Dystrophie Emery-Dreifuss
   - Myotone Dystrophie
   - Neurofibromatose (Morbus Recklinghausen)
   - Tuberöse Sklerose
9. **Kardiomyopathien auf dem Boden von Ernährungsstörungen**
   - Beriberi (Thiamin)
   - Pellagra (Niacin)
   - Skorbut (Ascorbinsäure)
   - Selenmangel
   - Karnitinmangel
   - Kwashiorkor
10. **Autoimmun-Kollagen-Erkrankung:**
    - Systemischer Lupus erythematodes
    - Dermatomyositis
    - Rheumatoide Arthritis
    - Sklerodermie
    - Polyarteriitis nodosa
    - Elektrolytstörungen
11. **Konsequenzen einer Krebstherapie:**
    - Anthrazykline: Doxorubicin (Adriamycin), Daunorubicin
    - Cyclophosphamid
    - Bestrahlungen

ne heterogene Gruppe von Herzmuskelerkrankungen, die mit einer mechanischen und/oder elektrischen Dysfunktion einhergehen. Sie sind gewöhnlich durch eine unverhältnismäßig stark ausgeprägte Hypertrophie und Dilatation des Ventrikelmyokards gekennzeichnet und haben viele Ursachen, von denen zahlreiche genetisch sind. Kardiomyopathien sind entweder auf das Herz beschränkt oder Teil einer generalisierten Systemerkrankung; sie führen oft zum Tod aus kardiovaskulärer Ursache oder zu progredienter Verschlechterung der Leistungsfähigkeit auf dem Boden einer zunehmenden Herzinsuffizienz.“ – Diese wissenschaftliche Stellungnahme der AHA reagierte auf Widersprüche der vorausgehenden Klassifikationen und bot jetzt eine *neue genomische und molekulare Perspektive* an. Hier ist besonders zu betonen, dass jetzt Ionenkanalerkrankungen als primäre Kardiomyopathien erkannt worden sind, obwohl sie keine makroskopisch erkennbaren strukturellen Abnormalitäten aufweisen.

Die Kadiomyopathien werden in zwei Gruppen eingeteilt:

1. primäre Kardiomyopathien, die genetischer oder nichtgenetischer Ursache sein bzw. erworben werden können und
2. sekundäre Kardiomyopathien, die mit einer Beteiligung eines anderen Organsystems einhergehen können (Abb. 11.5 und Tabelle 11.11).

Für den kardiologischen Gutachter ist es am sinnvollsten, der Einteilung nach hämodynamischen Kriterien nachzugehen, d. h. zwischen dilatativer Kardiomyopathie, hypertrophischer Kardiomyopathie, restriktiver Kardiomyopathie, arrhythmogener rechtsventrikulärer Kardiomyopathie und anderen Kardiomyopathien, wie z. B. der linksventrikulären Non-Compaction-Kardiomyopathie sowie der inflammatorischen Kardiomyopathie zu unterscheiden.

Epidemiologisch ist die Herzinsuffizienz die gemeinsame Endstrecke der meisten Herzerkrankungen, insbesondere auch der Kardiomyopathien. Man nimmt an, dass in Deutschland mehr als 2 Millionen Menschen an einer Herzinsuffizienz leiden. Die Kardiomyopathien stellen nach der koronaren Herzkrankheit und der arteriellen Hypertonie die dritthäufigste Ursache für die Entwicklung einer Herzinsuffizienz dar. Da bei allen Kardiomyopathien primär der Herzmuskel betroffen ist, resultiert letzten Endes entweder eine diastolische oder eine systolische Herzinsuffizienz.

Eine häufige Ursache einer Herzinsuffizienz ist die dilatative Kardiomyopathie (DCM), welche die dritthäufigste Ursache für eine systolische Herzinsuffizienz darstellt.

Auch die hypertrophische Kardiomyopathie (HCM) kann in der Endphase in eine Herzinsuffizienz einmünden. Mit einer Prävalenz von 0,2% gilt die HCM als häufigste hereditäre Herzerkrankung (Maron et al. 1995).

Die restriktive Kardiomyopathie ist in Deutschland die am seltensten vorkommende Form der Kardiomyopathien.

Die arrhythmogene rechtsventrikuläre Kardiomyopathie kommt im nordöstlichen Teil Italiens gehäuft vor, ihre Prävalenz beträgt dort ca. 1/1000 (Nava et al. 1988). Ein weiteres Endemiegebiet findet sich auf der griechischen Insel Naxos (Coonar et al. 1998). In den übrigen Teilen der westlichen Welt wird die Prävalenz der arrhythmogenen rechtsventrikulären Kardiomyopathie auf etwa 1/5000 bis zu 1/10 000 geschätzt (Fontaine et al. 2001).

Dilatative Kardiomyopathie (DCM)

Die dilatative Kardiomyopathie ist durch einen progredienten Verlauf mit zunehmender ventrikulärer Dilatation und initial oft mit diastolischer Dysfunktion, später mit abnehmender systolischer Funktion des linken Ventrikels charakterisiert. Die DCM ist in ca. 20–30% der Fälle genetisch bedingt.

Bisher sind Mutationen in 24 Genen bekannt. Der häufigste Erbgang bei familiärer DCM ist mit 60–70% ein autosomal-dominanter (Mestroni et al. 1999). Mutationen im kardialen α-Actin-Gen, ferner in anderen Genen wie in Desmin, δ-Sarkoglykan, Phospholamban und Metavinculin verursachen eine reine dilatative Kardiomyopathie. Diese Gene scheinen allerdings nur selten für die familiäre DCM verantwortlich zu sein (Villard et al. 2005). Die übrigen Krankheitsgene mit Ausnahme von β-Myosin und Troponin T sind nur selten für eine autosomal-dominante DCM verantwortlich. Dagegen sind Mutationen im β-Myosingen wesentlich häufiger (ca. 9% der Patienten) bei familiärer dilatativer Kardiomyopathie ohne skelettmuskuläre Beteiligung und ohne AV-Block (Osterziel et al. 2005). Insgesamt sind Mutationen in den Genen von β-Myosin, Troponin T und Lamin A/C sowie Dystrophin relativ häufige Ursachen der familiären dilatativen Kardiomyopathie, während Mutationen in allen anderen Genen selten als Ursache in Frage kommen.

Hypertrophische Kardiomyopathie (HCM)

Die hypertrophische Kardiomyopathie tritt überwiegend familiär mit autosomal-dominantem Erbgang auf. In der Mehrzahl der Fälle lässt sich eine Mutation in einem der bisher 14 bekannten Krankheitsgene nachweisen (Tabelle 11.12). Morphologisch ist die Erkrankung durch eine lokale, septal-betonte asymmetrische Semptumhypertrophie, seltener auch durch eine apikale oder auch generalisierte konzentrische Hypertrophie des linksventrikulären Myokards (Wanddicke ≥15 mm) gekennzeichnet. Die Hypertrophie bewirkt bei der Mehrzahl der Patienten eine diastolische Relaxations- und Compliancestörung. Im Hinblick auf die Hämodynamik wird die häufigere hypertrophisch-nichtobstruktive Kardiomyopathie (HNCM) ohne Druckgradient in der linksventrikulären Ausstrombahn von der bei weniger als 25% der HCM-Patienten beobachteten hypertrophisch-obstruktiven Kardiomyopathie (HOCM) unterschieden, wobei die Septumhypertrophie eine Obstruktion der Ausstrombahn des linken Ventrikels bewirkt. Der intrakavitäre Druckgradient kann durch systolische Vorwärtsbewegung des vorderen Mitralsegels („systolic anterior motion") weiter verstärkt werden. Durch dieses SAM-Phänomen resultiert eine Mitralinsuffizienz unterschiedlichen Schweregrades. Histologisch ist die Erkrankung durch einen Strukturverlust der Myozyten und durch eine interstitielle Fibrose, vor allem des subendokardialen Myokards, gekennzeichnet, in einigen Fällen auch durch eine Verzweigung und Wirbelbildung („disarray") der Myozyten.

Der linke Vorhof ist einerseits durch die Mitralinsuffizienz, andererseits aber auch durch die erhöhten Füllungsdrücke aufgrund der hämodynamisch überwiegenden diastolischen Dysfunktion sehr oft vergrößert; dies hat häufig Vorhofflimmern zur Folge.

Tabelle 11.12. Krankheitsgene der hypertrophen Kardiomyopathie. (Mod. n. van Driest et al. 2005)

Proteine	Gene	Relative Häufigkeit (%)
β-Myosin-Schwerkette	MYH7	15
Regulatorische Myosin-Leichtkette	MYL2	2
Essentielle Myosin-Leichtkette	MYL3	0,1
Myosinbindendes Protein C	MYBPC3	20
Troponin T	TNNT2	2,6
Troponin I	TNNI3	1,8
Troponin C	TNNC1	< 0,01
Tropomyosin	TPM1	1,2
Actin	ACTC	0,2
Titin	TTN	?
Myosin-Leichtketten-Kinase 2	MYLK2	?
Muskel-LIM-Protein	MLP	?
Caveolin-3	CAV3	?
α-Myosin-Schwerkette	MYH6	?

Restriktive Kardiomyopathie

Die ätiologische Klassifizierung der restriktiven Kardiomyopathie ist in Tabelle 11.13 wiedergegeben.

Die restriktive Kardiomyopathie ist durch eine pathologische Versteifung des Ventrikels mit erheblicher Füllungsbehinderung und diastolischer Funktionsstörung gekennzeichnet (Richardson et al. 1996). Die links- bzw. rechtsventrikuläre Auswurffraktion ist meist normal; trotzdem kann das Herz-Minuten-Volumen erniedrigt sein, die Füllungsdrücke sind erhöht. Die Wanddicke ist in Abhängigkeit von der Ätiologie normal oder vermehrt. Häufigste Ursache der restriktiven Kardiomyopathien in Deutschland ist die Amyloidose. Weiterhin sind Sarkoidose, einige seltenere Stoffwechsel- und Speichererkrankungen sowie das hypereosinophile Syndrom mit Endokardfibrose (Löffler) als Ursache zu erwähnen.

Tabelle 11.13. Ätiologische Klassifizierung der restriktiven Kardiomyopathie

Myokardial
Nichtinfiltrativ
▮ Idiopathisch
▮ Familiär
▮ Hypertroph
▮ Sklerodermie
▮ Pseudoxanthoma elasticum
▮ Diabetisch
Infiltrativ
▮ Amyloidose
▮ Sarkoidose
▮ Morbus Gaucher
▮ Morbus Hurler
▮ Fettige Infiltration
Speichererkrankungen
▮ Hämochromatose
▮ Morbus Fabry
▮ Glykogenspeicherkrankheit
Endomyokardial
▮ Hypereosinophiles Syndrom
▮ Endomyokardfibrose
▮ Karzinoidsyndrom
▮ Metastasiertes Karzinom
▮ Bestrahlung
▮ Anthrazykline
▮ Pharmaka, die eine fibröse Endokarditis verursachen (Serotonin, Methysergid, Ergotamin, Quecksilberverbindungen, Busulfan)

Arrhythmogene rechtsventrikuläre Kardiomyopathie

Die arrhythmogene rechtsventrikuläre Kardiomyopathie ist durch eine lokalisierte oder generalisierte Degeneration und Atrophie des rechtsventrikulären Myokards mit nachfolgendem Ersatz durch Fett- und Bindegewebe charakterisiert. Klinisch stehen Palpitationen und anhaltendes Herzrasen im Vordergrund (Marcus et al. 1982 u. 1995, Wichter et al. 1998, Corrado et al. 2000). Plötzliche Todesfälle treten gehäuft auf.

Die arrhythmogene rechtsventrikuläre Kardiomyopathie manifestiert sich meist im Jugend- oder jungen Erwachsenenalter (15.–35. Lebensjahr) in Form von spontan terminierenden oder auch anhaltenden ventrikulären Tachykardien rechtsventrikulären Ursprungs und daher linksschenkelblockartiger Konfiguration (Marcus et al. 1982 u. 1995, Nava et al. 2000) bei der arrhythmogenen rechtsventikulären Kardiomyopathie.

Therapieoptionen der Kardiomyopathien

▮ Die Pharmakotherapie der *dilatativen Kardiomyopathie* (DCM) mit verminderter linksventrikulärer systolischer Funktion entspricht den Leitlinien zur Therapie der chronischen Herzinsuffizienz (Hoppe et al. 2005). ACE-Hemmer werden bei allen Patienten mit linksventrikulärer Auswurffraktion ≤35–40% unabhängig von der Symptomatik (NYHA I–IV) empfohlen (ACC/AHA-Klasse I-A, Oxford-Graduierung 1 a). Weiterhin sind Betablocker bei allen Patienten mit symptomatischer stabiler systolischer Herzinsuffizienz im NYHA-Stadium III–IV zusätzlich zu einer Standardtherapie mit ACE-Hemmern und gegebenenfalls Diuretika indiziert, falls keine Kontraindikationen bestehen (Klasse I-A, Oxford-Graduierung 1 a). Derzeit können nur die Betablocker Bisoprolol, Carvedilol und Metoprololsuccinat sowie beim älteren Patienten Nebivolol zur Therapie der chronischen Herzinsuffizienz empfohlen werden (ACC/AHA-Klasse I-A, Oxford-Graduierung 1 a). Diuretika sind bei jeder Herzinsuffizienz mit Flüssigkeitsretention oder ehemals vorgelegener Flüssigkeitsretention indiziert (Klasse I-A, Oxford-Graduierung 1 a). Ferner sollten Aldosteronantagonisten niedrig dosiert (12,5–50 mg/Tag) bei schwerer systolischer Herzinsuffizienz (NYHA III–IV) additiv zu einer Basistherapie mit ACE-Hemmern, Betablockern und Diuretikum verordnet werden (ACC/AHA Klasse I-A, Oxford-Graduierung 1 b). – AT_1- Rezeptorblocker sind eine sinnvolle Alternative zu ACE-Hemmern bei Patienten mit symptomatischer systolischer chronischer Herzinsuffizienz (bei dilatativer Kardiomyopathie) und ACE-Hemmer-Intoleranz zur Verbesserung der Morbidität und Sterblichkeit (Klasse I-A, Oxford-Graduierung 1 a), (Hoppe et al. 2005).

▌ Die medikamentöse Basistherapie (oligo)-symptomatischer Patienten bei *hypertrophischer Kardiomyopathie* besteht in erster Linie aus Kalziumantagonisten bzw. Betablockern. Bei höhergradiger Herzinsuffizienz wird auf die typische Herzinsuffizienztherapie zurückgegriffen (Hoppe et al. 2005). Vor allem hat sich bei der HCM die Kombination nachlastsenkender Medikamente mit Betablockern und, bei Indikation, auch mit Antiarrhythmika bewährt. Bei höhergradiger Obstruktion der linksventrikulären Ausstrombahn stehen die transkoronare Ablation der Septumhypertrophie mittels Alkohol (TASH) bzw. die chirurgische Myektomie zur Wahl. Nur wenige Patienten mit terminaler Herzinsuffizienz werden einer Herztransplantation unterzogen.

In Abhängigkeit von der Lokalisation, dem Ausmaß der linksventrikulären oder rechtsventrikulären Hypertrophie und in einigen Fällen auch von der Art der genetischen Ursache ist die Prognose der Patienten mit hypertrophischer Kardiomyopathie sehr unterschiedlich. Gerade bei Jugendlichen ist der plötzliche Herztod das größte Risiko dieser Erkrankung. Deshalb ist also das wichtigste Ziel der Therapieplanung bei HCM-Patienten die Evaluation des Risikoprofils für einen plötzlichen Herztod. In Tabelle 11.14 sind die Risikofaktoren für den plötzlichen Herztod aufgelistet. Die Implantation eines Defibrillators (AICD) ist die wirksamste Präventivmaßnahme gegen den plötzlichen Herztod.

▌ Wichtig für die Therapie der *restriktiven Kardiomyopathie* ist die Diagnostik der zugrundeliegenden Erkrankung; in Abhängigkeit davon bestehen teilweise palliative Therapieoptionen. In Einzelfällen kann auch hier eine Herztransplantation in Erwägung gezogen werden.

▌ Die *arrhythmogene rechtsventrikuläre Kardiomyopathie* verläuft häufig progredient. Patienten mit schwerwiegender Symptomatik (Synkopen, hämodynamisch beeinträchtigende ventrikuläre Tachykardien, überlebter plötzlicher Herztod) werden mit einem implantierbaren Defibrillator (AICD) behandelt. In Einzelfällen kann in Endstadien mit rechts- oder biventrikulärer Herzinsuffizienz eine Herztransplantation notwendig werden.

Tabelle 11.14. Hypertrophische Kardiomyopathie: Risikofaktoren für den plötzlichen Herztod. (Mod. n. Scheffold et al. 2005)

- Vorausgegangener Herzstillstand (Kammerflimmern)
- Vorzeitiger plötzlicher Herztod in der Familie
- Synkopen unklarer Genese
- Linksventrikuläre Hypertrophie ≥30 mm
- Abnormes Blutdruckverhalten im Belastungs-EKG im Alter <40 Jahre
- Nichtanhaltende ventrikuläre Tachykardien im Langzeit-EKG
- Zwei und mehr Risikofaktoren

Prognose

▌ Die Prognose der *dilatativen Kardiomyopathie* wird durch das Ausmaß der Einschränkung der systolischen/diastolischen links-/rechtsventrikulären Funktion bestimmt (Hoppe et al. 2005).

▌ Bei Patienten mit *hypertrophischer Kardiomyopathie* gelten als gesicherte Risikofaktoren: ein überlebter Herzstillstand, ferner nichtanhaltende ventrikuläre Tachykardien im Langzeit-EKG, ein abnormaler Blutdruck im Belastungs-EKG, Synkopen unklarer Genese, ein plötzlicher Herztod in der Familie sowie eine massive Hypertrophie des linksventrikulären Myokards (>30 mm), (McKenna et al. 2002). Bei Patienten mit hypertrophisch-obstruktiver Kardiomyopathie mit fehlender oder nur leichter Symptomatik ist die Höhe des Gradienten in der linksventrikulären Ausstrombahn der wichtigste Prädiktor für einen plötzlichen Herztod. Bei Patienten mit ausgeprägter Symptomatik ist das Ausmaß der Herzinsuffizienz unabhängig von einer Obstruktion der dominierende Prädiktor (Autore et al. 2005, Scheffold et al. 2005).

▌ Die Prognose der *restriktiven Kardiomyopathie* ist sehr variabel und hängt von der zugrundeliegenden Erkrankung ab. In der Regel handelt es sich um ein progredientes Krankheitsgeschehen mit hoher Mortalität. Da gerade für die primären Formen keine spezifische Therapieoption belegt ist, ist hier die Prognose schlecht.

▌ Die Prognose der *arrhythmogenen rechtsventrikulären Kardiomyopathie* wird in erster Linie durch die auftretenden ventrikulären Tachyarrhythmien und die Möglichkeit des Auftretens eines plötzlichen Herztodes bestimmt. Bevorzugt ist der plötzliche Herztod bei jungen, sportlich aktiven, bis dahin nicht selten kardial unauffälligen Patienten zu beobachten. Die Erkrankung verläuft häufig progredient.

Das im Jahre 1996 erstmals beschriebene und auch im Herzen nachgewiesene Zell-Zell-Verbindungsprotein Plakophilin-2 (Mertens et al. 1996) wurde als erste genetische Störung erkannt, die für den plötzlichen Herztod anscheinend gesunder junger Menschen verantwortlich zeichnen kann (Gerull et al. 2004). Dieser Befund konnte auch hinsichtlich anderer so genannter desmosomaler Proteine des Herzmuskels, d.h. Desmoplakin, Plakoglobin, Desmoglein-2 und Desmocollin-2 bestätigt werden (Norman et al. 2005, Yang et al. 2006, Pilichou et al. 2006, Heuser et al. 2006, Syrris et al. 2006). So gilt bereits heute mehr als die Hälfte der Genkonstellationen aufgeklärt, die zum plötzlichen Herztod junger Menschen führen.

Gutachterliche Bewertung

Die versicherungsrechtliche und sozialmedizinische Beurteilung bei Patienten mit Kardiomyopathien ist aufgrund der unterschiedlichen, teils auch unsicheren Prognose der jeweiligen Form der Kardiomyopathie sehr erschwert. So kann vorwiegend bei hypertrophischen Kardiomyopathien der Krankheitsverlauf über lange Zeit (bis zu Jahrzehnten) stabil bleiben, bis plötzlich Verschlechterungen der Hämodynamik bis zur dekompensierten Herzinsuffizienz mit Symptomen der Stauung im großen bzw. kleinen Kreislauf auftreten. Weiterhin können bei eingeschränkter Pumpfunktion tachykarde Vorhof- oder Kammerrhythmusstörungen auftreten, die innerhalb kurzer Zeit die Hämodynamik gravierend verschlechtern können. Auch kann bei inflammatorischer Kardiomyopathie (nach abgeklungenem myokarditischen Schub) sowie z.B. bei der alkoholischen Herzschädigung der Spontanverlauf äußerst unterschiedlich sein: So ist bei einem Drittel der Patienten mit eingeschränkter linksventrikulärer Funktion nach langjährigem Alkoholabusus eine weitere Progression der Erkrankung bis zur dekompensierten Herzinsuffizienz, bei einem Drittel ein Persistieren des Niveaus der eingeschränkten linksventrikulären Funktion, bei einem Drittel der Patienten allerdings eine deutliche Verbesserung der linksventrikulären Funktion zu erwarten. Alle diese Faktoren bedingen eine allgemeine Unsicherheit in der prognostischen Beurteilung der Kardiomyopathien bei der Einzelbegutachtung. Es ist daher notwendig, die Begutachtung – je nach Erkrankung – in ein bis zweijährigen Zeitintervallen zu wiederholen. Weiterhin müssen bei der sozialmedizinischen Beurteilung Veränderungen der Dimensionen der Herzkammern und das Vorliegen einer begleitenden Mitral- und/ oder Trikuspidalinsuffizienz berücksichtigt werden.

Liegt bei Patienten mit Kardiomyopathien eine systolische Herzinsuffizienz vor, ist das Ausmaß der Verschlechterung der Prognose in erster Linie vom Grad der Pumpfunktionsstörung, aber auch von der Symptomatik, der Belastbarkeit und Begleiterkrankungen beeinflusst (Bouvy et al. 2003). Entsprechend epidemiologischer Analysen ist die Prognose bei Patienten mit diastolischer Dysfunktion, aber noch erhaltener Pumpfunktion günstiger als bei systolischer Dysfunktion, sie ist aber gleichzeitig deutlich reduziert im Vergleich zu Herzgesunden (Gustafsson et al. 2003).

In den New York Heart Association (NYHA)-Stadien III und IV ist die Prognose der Patienten mit Kardiomyopathien und Herzinsuffizienz am schlechtesten: So stirbt etwa die Hälfte der Patienten innerhalb eines Jahres. Obwohl durch eine optimierte Herzinsuffizienztherapie (s.o.) und bei Vorhandensein eines Linksschenkelblocks auch durch eine kardiale Resynchronisationstherapie (biventrikuläre Stimulation) in den letzten Jahren eine Verbesserung der Prognose erreicht werden konnte, bleibt die Prognose insgesamt trotzdem schlecht, die Progredienz der Erkrankung kann nur selten aufgehalten werden.

- Bei einer *Kardiomyopathie ohne* unter Ruhe- bzw. Belastungsbedingung nachweisbare links- bzw. rechtsventrikuläre *Funktionsstörung* liegt in der Regel eine normale Berufs- und Erwerbsfähigkeit vor. Dies gilt selbst für Berufe mit schwerer körperlicher Belastung. Aber auch unter dieser primär guten hämodynamischen Ausgangssituation ist eine kurzfristige Überprüfung des kardialen Funktionszustands erforderlich.
- Im *hämodynamischen Stadium I*, das durch normale Herzgröße, normale links- und/oder rechtsventrikuläre Funktion sowie unbeeinträchtigtes Leistungsvermögen gekennzeichnet ist, finden sich ausschließlich – oft schon junge – Patienten mit hypertrophischer Kardiomyopathie. Bei *hypertrophischer nichtobstruktiver Kardiomyopathie (HNCM)* ist Berufsfähigkeit auch bei Berufen mit leichter und mittelschwerer körperlicher Belastung anzunehmen, nicht jedoch bei Berufen, die im wesentlichen mit schwerer körperlicher Belastung verbunden sind.

  Patienten mit *hypertrophisch-obstruktiver Kardiomyopathie (HOCM)* dürfen nur Berufe ausüben, die mit leichter körperlicher Belastung einhergehen, bei denen aber vor allem kein Heben schwerer Gegenstände und kein starkes Pressen erforderlich sind (zur Vermeidung eines Valsalva-Phänomens), da sonst durch Zunahme des Gradienten in der linksventrikulären Ausstrombahn Belastungssynkopen und vital bedrohliche ventrikuläre Arrhythmien auftreten können.
- Patienten mit *dilatativer Kardiomyopathie* sind überwiegend im *hämodynamischen Stadium II* zu finden, das durch vergrößerte links- bzw. rechtsventrikuläre Dimensionen, normale links- und/oder rechtsventrikuläre Pumpfunktion und gute Belastbarkeit charakterisiert ist. Die Prognose dieser Patienten ist aber nicht sicher abzuschätzen. Aufgrund der begrenzten Beeinflussbarkeit des natürlichen Krankheitsverlaufs und der meist zunehmenden Progredienz der Erkrankung bei unterschiedlicher Genese ist es im Allgemeinen nur begrenzt möglich, die Patienten aktiv im Erwerbsleben zu halten, wobei vorübergehend in erster Linie sitzende Tätigkeiten ohne Schichtdienst in Betracht kommen können. Wenn auch das Ausmaß der linksventrikulären Dimensionen in der Regel eine beschränkte Aussage über die Belastbarkeit von Patienten mit dilatativer Kardiomyopathie erlaubt, so ist doch wegen der Gefahr einer Über- oder auch Unterschätzung der Einschränkung der Ventrikelfunktion eine Belastungsuntersuchung unter Überwachung durch einen erfahrenen Arzt anzustreben. Eine submaximale Belastung sollte durchgeführt werden. Wegen der nicht sicher abschätzbaren Prognose besteht bei Patienten mit dilatativer Kardiomyopathie trotz geringer oder fehlender Symptomatik (z.B. keine Belastungsdyspnoe, keine pektanginösen Beschwerden, keine vermehrten Palpitationen) Berufsunfähigkeit für alle Berufe, die mit mittelschweren und schweren körperlichen Anstrengungen verbunden sind. Die Erwerbsfähigkeit ist in diesem Stadium der Erkrankung aber noch erhalten (MdE/GdB-Grad 0–10).

Ätiologie	Inzidenz (%)	Pathogenese
1. Infektiöse Perikarditis		
▪ Viral (Coxsackie A9, B1–4, Echo, Mumps, Ebstein-Barr-Virus, Cytomegalievirus, Windpocken, Röteln, HIV, Parvo B19)	30–50%	Multiplikation und Ausbreitung des verursachenden Erregers sowie Freisetzung toxischer Substanzen bewirken im Perikard eine seröse, serofibrinöse, hämorrhagische (Bakterien, Viren, Tuberkulose, Pilze) oder purulente Entzündung (Bakterien)
▪ Bakterien (Pneumo-, Meningo-, Gonokokken, Hämophilus, Treponema pallidum, Borreliose, Chlamydien, Tuberkulose)	5–10%	Kardiale Manifestationen der Grunderkrankungen, oft klinisch mild oder stumm
▪ Pilze (Candida, Histoplasma)	selten	
▪ Parasiten (Entamoeba histolytica, Echinococcus, Toxoplasma		
2. Perikarditis bei systemischen Autoimmunerkrankungen		
▪ Systemischer Lupus erythematodes	30%	
▪ Rheumatoide Arthritis	30%	
▪ Spondylitis ankylosans	1%	
▪ Systemische Sklerose (Sklerodermie)	>50%	
▪ Dermatomyositis	selten	
▪ Periarteritis nodosa	selten	
▪ Reiter-Syndrom	ca. 2%	
▪ Familiäres Mittelmeerfieber	0,7%	
3. Autoimmunerkrankung Typ 2		*Sekundär (nach Infektion/chirurgischem Eingriff):*
▪ Fieberhafter Gelenkrheumatismus	20–50%	während der akuten Phase bei Postkardiotomiesyndrom
▪ Postkardiotomie-Syndrom (Dressler-Syndrom)	ca. 20%	14 Tage nach chirurgischem Eingriff
▪ Postmyokardinfarktsyndrom	1–5%	(Pericarditis epistenocardica)
▪ Autoreaktive (chronische) Perikarditis	23,1%	gemeinsame Form
4. Perikarditis und Perikarderguss bei Erkrankungen der umgebenden Organe		
▪ Akuter Myokardinfarkt (Pericarditis epistenocardica)	5–20%	1–5 Tage nach transmuralem Myokardinfarkt
▪ Myokarditis	30%	Begleitende Epimyokarditis
▪ Aortenaneurysma	selten	Dissektion: hämorrhagischer Perikarderguss
▪ Lungeninfarkt	selten	
▪ Pneunomie	selten	
▪ Ösophaguserkrankungen	selten	
▪ Hydroperikard bei dekompensierter Herzinsuffizienz	selten	
▪ Paraneoplastische Perikarditis	häufig	Keine direkten tumorösen Infiltrate
5. Perikarditis bei metabolischen Erkrankungen		
▪ Niereninsuffizienz (Urämie)		Häufig viral/toxisch/autoimmun
▪ Myxödem	30%	Seröser cholesterinreicher Perikarderguss
▪ Morbus Addison	selten	Membranschwäche?
▪ Diabetische Ketoacidose	selten	
▪ Cholesterin-Perikarditis	sehr selten	Transsudation von Cholesterin (steriler serofibrinöser Perikarderguss)
▪ Schwangerschaft	selten	
6. Traumatische Perikarditis		
▪ Direkte Verletzung (den Thorax penetrierende Verletzung, Ösophagusperforation, Fremdkörper)	selten	
▪ Indirekte Verletzung (nichtpenetrierende Thoraxverletzung, Mediastinalbestrahlung)	selten	Weniger häufig seit der Einführung der lokalen konvergierenden Bestrahlung

Abb. 11.6. Ätiologie, Inzidenz und Pathogenese der Perikarditis. (Mod. n. Maisch et al. 2004)

7. Tumoröse Perikarderkrankung	35%	
■ Primäre Tumoren	selten	
■ Sekundäre metastatische Tumoren	häufig	Seröser oder fibrinöser, häufig hämorrhagischer Perikarderguss
■ Bronchialkarzinom	40%	
■ Mammakarzinom	22%	Die Grunderkrankung während der Infiltration mit malignen Zellen begleitend
■ Magen und Kolonkarzinom	3%	
■ Andere Karzinome	6%	
■ Leukämie und Lymphom	15%	
■ Melanom	3%	
■ Sarkom	4%	
■ Andere Tumoren	7%	
8. Idiopathische Inzidenz	3,5%, in anderen Fallserien >50%	Seröser, fibrinöser, manchmal hämorrhagischer Perikarderguss bei Verdacht auf virale oder autoimmune sekundäre Immunopathogenese

Abb. 11.6 (Fortsetzung)

■ Im *NYHA-Stadium III* (höhergradige Einschränkung der körperlichen Leistungsfähigkeit; Erschöpfung, Dyspnoe, Angina pectoris und/oder Rhythmusstörungen schon bei geringer körperlicher Belastung) besteht Berufsunfähigkeit für alle Berufe mit körperlicher Arbeit; auch die Erwerbsfähigkeit ist im Stadium III in der Regel eingeschränkt (MdE/GdB-Grad 50–70 bei pathologischer Ergometerbelastung mit 50 Watt).

■ Im *NYHA-Stadium IV* liegt sowohl Berufs- wie auch Erwerbsunfähigkeit vor.

Bei Patienten mit *hypertrophisch-obstruktiver Kardiomyopathie* ist die körperliche Leistungsfähigkeit oft besonders stark limitiert, wobei die Einschränkung der Belastbarkeit im Wesentlichen mit der Höhe des Druckgradienten in der linksventrikulären Ausstrombahn und nicht mit den Dimensionen des linksventrikulären Cavums korreliert. Ist aber bereits eine *Dilatation* des linken Ventrikels und eine deutliche Vergrößerung des linken Vorhofs eingetreten, muss eine aufgehobene Leistungsfähigkeit festgestellt werden. Bei Fehlen von linksventrikulärer und linksatrialer Dilatation können Patienten mit hypertrophisch-obstruktiver Kardiomyopathie allerdings geistige und leichte körperliche Arbeiten ausführen.

Weiterhin müssen bei der sozialmedizinischen Beurteilung Erfolge neuer Behandlungsverfahren, wie z. B. die Beseitigung eines haemodynamisch relevanten linksventrikulären Ausstrombahngradienten durch interventionelle Okklusion des ersten septalen Astes des Ramus descendens anterior mittels Alkoholinjektion (TASH-Verfahren) oder eines chirurgischen Eingriffs (Myektomie) berücksichtigt werden.

Bei *Kardiomyopathien* mit ventrikulären und supraventrikulären *Rhythmusstörungen* wird in der Regel die Leistungsfähigkeit des Patienten von der Art und dem Schweregrad der Grunderkrankung determiniert. In der sozialmedizinischen Begutachtung darf deshalb die Rhythmusstörung nicht isoliert betrachtet werden, sondern immer nur im Kontext mit einer begleitenden Erkrankung, z. B. einer koronaren Herzkrankheit, eines durch Myokardinfarkt oder Myokarditis erlittenen Myokardschadens, aber auch im Zusammenhang mit einer begleitend auftretenden arteriellen Hypertonie, einem Diabetes mellitus oder Alkoholabusus.

Ist bei einem Patienten mit Kardiomyopathie durch Auftreten einer therapierefraktären terminalen Herzinsuffizienz eine *Herztransplantation* erforderlich geworden, ist direkt nach dem Eingriff eine Heilungsbewährung für im Allgemeinen 2 Jahre abzuwarten; während dieser Zeit sind ein Grad der Behinderung (GdB) und eine Minderung der Erwerbsfähigkeit (MdE) von 100 anzusetzen. Danach ist der GdB/MdE-Grad selbst bei günstigem Heilungsverlauf unter Mitberücksichtigung der erforderlichen Immunsuppression nicht niedriger als 70 zu bewerten. Heute kann bei Herztransplantationen von einer 15-Jahres-Überlebensrate von bis zu 75% ausgegangen werden. Da es sich bei den transplantierten Herzen um primär funktionstüchtige Organe handelt, werden der weitere Verlauf und die Leistungsfähigkeit der Patienten kurz- und langfristig durch Abstoßungsreaktionen, ferner durch eine das Langzeitüberleben nach Herztransplantation bestimmende Transplantatvaskulopathie determiniert. Die daraus sich ergebenden Änderungen der körperlichen Belastbarkeit sind bei einer sozialmedizinischen Beurteilung vor dem Hintergrund der eben angegebenen Minderung der Erwerbsfähigkeit zu berücksichtigen.

11.4 Perikarditis

Das Perikard kann bei einer großen Zahl von Systemerkrankungen beteiligt sein, es kann aber auch isoliert erkranken. Die wesentlichen Manifestationen einer Perikarderkrankung sind *Perikarditis* und *Perikarderguss*. Während Perikarditis und Perikarderguss unterschiedliche Phänomene darstellen, treten bei den meisten Patienten mit Perikarderkrankungen beide Manifestationen mehr oder weniger stark auf. Bei einigen Patienten dominiert das klinische Bild einer akuten Perikardentzündung, und die Gegenwart von überschüssiger Perikardflüssigkeit ist klinisch unbedeutend. Bei anderen Patienten sind der Perikarderguss und seine klinischen Konsequenzen von größter Bedeutung.

Ätiopathogenese, Epidemiologie, Kernsymptome und Diagnostik

Klassifikation der Perikarderkrankung

Der Ätiologie der Perikarderkrankungen kann man am besten durch eine Modifikation der altbewährten pathologischen Klassifikation der Erkrankung in inflammatorische, neoplastische, degenerative, vaskuläre und idiopathische Perikarditis gerecht werden (Spodick et al. 1997 u. 2001, Troughton et al. 2004). Die Hauptursachen sind in Abb. 11.6 aufgelistet.

Eine Perikarderkrankung kann auch Teil einer anderen Erkrankung sein, einschließlich inflammatorischer Darmerkrankung und Meningitis. Die meisten oben aufgeführten Ätiologien können sowohl eine „trockene" Perikarditis (Perikarditis mit minimalem oder keinem Perikarderguss) als auch einen Perikarderguss verursachen. Einige ursächliche Faktoren sind vorwiegend mit einem Perikarderguss ohne signifikante Perikardentzündung assoziiert, wie z. B. HIV-Infektion und Hypothyreose.

Die akute Perikarditis tritt unabhängig von ihrer Ätiologie in drei Manifestationen auf: Es wird eine *trockene Perikarditis*, eine *fibrinöse Perikarditis* und eine *Perikarditis mit Begleitperikarderguss* unterschieden (Spodick et al. 2001). Sehr oft beginnt die Erkrankung mit einem Prodromalstadium, das durch Fieber (gewöhnlicherweise <39 °C), ferner durch Übelkeit und Myalgien gekennzeichnet ist; al-

Tabelle 11.15. Diagnostischer Algorithmus bei Patienten mit akuter Perikarditis (Evidenzniveau B bei allen Maßnahmen). (Mod. n. Maisch et al. 2004)

Methodik	Charakteristische Befunde
Obligatorisch (Indikationsklasse I, Oxford-Graduierung 1 b)	
1. Auskultation	Perikardreiben (mono-, bi- oder triphasisch)
2. Elektrokardiogramm	*Stadium I:* Konkave ST-Hebungen, vom J-Punkt ausgehend, in den Vorderwand- und inferioren Ableitungen *Frühes Stadium II:* ST-Hebungen kehren zur isoelektrischen Linie zurück *Spätes Stadium II:* Progrediente Abflachung und Inversionen der T-Wellen *Stadium III:* Generalisierte T-Wellen-Inversionen *Stadium IV:* Normalisierung des EKG zum Ausgangsbefund vor Perikarditis
3. Echokardiogramm	Perikarderguss Typ B-D (Horowitz) Zeichen einer Perikard-Tamponade
4. Blutanalysen	▮ ESR, CRP, LDH, Leukozyten (Entzündungsmarker) ▮ Troponin I/T, CK-MB (Marker einer Myokardläsion)
5. Röntgen-Thorax-Aufnahme	▮ Normalbefund bis Herzschatten in Form einer „Wasserflasche" ▮ zusätzliche Information über pulmonale/mediastinale pathologische Veränderungen
Erforderlich bei Perikardtamponade (Indikationsklasse I b, Oxford-Graduierung 1 b), optional bei größeren bzw. rekurrierenden Perikardergüssen oder bei nichtschlüssigen vorausgehenden diagnostischen Tests (Indikationsklasse II a, Oxford-Graduierung 1 b) bzw. bei geringgradigem Perikarderguss (Indikationsklasse II b, Oxford-Graduierung 1 b)	
6. Perikardiozentese und Perikarddrainage	PCR und Histochemie zur ätiopathogenetischen Klassifizierung der Infektion oder Tumorerkrankung
Optional oder bei nichtschlüssigen Ergebnissen vorausgehender Tests (Indikationklasse II a, Oxford-Graduierung 1 b)	
1. CT	Perikarderguss, Peri- und Epikard
2. MRT	Perikarderguss, Peri- und Epikard
3. Perikardioskopie, Perikardbiopsie	Ermittlung der spezifischen Ätiologie

lerdings besteht bei älteren Patienten oft kein Fieber in diesem Stadium. Hauptsymptome sind retrosternaler bzw. linkspräkordialer Druck, der zur linken Schulter ausstrahlen kann und mit der Körperposition variiert, weiterhin ein nichtproduktiver Husten und Atemnot.

Das wichtigste klinisch-diagnostische Verfahren stellt die *Herzauskultation* dar: Hier ist in erster Linie das auskultierbare Perikardreiben zu erwähnen, das vorübergehend, dabei mono-, bi- oder triphasisch auftreten kann. Weiterhin kann ein Pleuraerguss vorhanden sein. Die Perikarditis wird oft von einer Myokarditis geringen Schweregrades begleitet, die durch globale oder regionale myokardiale Funktionsminderung, durch Myalgien oder Rhabdomyolysen, ferner durch Erhöhung der Serumspiegel von Troponin I/T, von CK-MB, Myoglobin und u.U. auch TNF gekennzeichnet ist.

Der Auskultationsbefund eines neuen dritten Herztons, konvexe ST-Hebungen (vom J-Punkt ausgehend) im EKG, Nachweis von Indium-111-markierten Antikörpern und im Magnetresonanztomogramm nachweisbare strukturelle myokardiale Veränderungen sind klare Indikatoren einer myokardialen Begleiterkrankung (Spodick et al. 2001). In Tabelle 11.15 ist der diagnostische Algorithmus, die Reihenfolge der notwendigen diagnostischen Maßnahmen und das Evidenzniveau im diagnostischen Work-up dargestellt.

Chronische Perikarditis

Der Begriff chronische Perikarditis (> 3 Monate) beinhaltet eine *Perikarditis mit Perikarderguss*, eine *adhäsive Perikarditis* sowie *konstriktive Perikarditiden* (Spodick et al. 2001). Die Symptome sind gewöhnlich sehr gering (retrosternaler Schmerz, Palpitationen und Ermüdung), bezogen auf das Ausmaß der chronischen kardialen Kompression und der bleibenden perikardialen Entzündungszeichen. Die Aufdeckung heilbarer Ursachen (z.B. bei Tuberkulose, Toxoplasmose, Myxödem, Autoimmunerkrankungen und Systemerkrankungen) lässt eine spezifische Therapie mit hoher Erfolgsrate zu. Die symptomatische Therapie entspricht derjenigen bei akuter Perikarditis. Intraperikardiale Verabreichung eines kristallisierten, nicht absorbierbaren Kortikosteroids hat sich bei autoreaktiven Formen der chronischen Perikarditis als hocheffizient erwiesen (Maisch et al. 2002).

Eine Perikardiozentese ist sowohl als diagnostisches als auch als therapeutisches Verfahren indiziert. Falls die Perikarditiden gehäuft wiederkehren, erscheinen Maßnahmen wie eine pleuroperikardiale Fensterung sowie eine perkutane Ballonperikardiotomie geeignet (Indikationsklasse IIb, Evidenz B, Oxford-Graduierung 1b), (Ziskind et al. 1993). Bei chronisch-persistierenden bzw. immer wiederkehrenden größeren Perikardergüssen trotz intraperikardialen Therapieversuchs oder nach Ballonperikardiotomie sollte eine Perikardektomie erwogen werden (Sagrista-Sauledaet al. 1999).

Rekurrierende Perikarditiden

Der Begriff rekurrierende Perikarditis umfasst 1. den *intermittierenden Typ* (weit variierende, symptomfreie Intervalle ohne Therapie) und 2. den *unaufhörlichen, weiter florierenden Typ* (Unterbrechung der antiinflammatorischen Therapie führt regelhaft zu einem Perikarditisrezidiv). Diese rekurrierende Perikarditis kann auf folgende Mechanismen zurückgeführt werden:

1. unzureichende Dosierung und/oder nicht ausreichende Behandlungsdauer der antiphlogistischen oder Kortikoidbehandlung bei einer Autoimmun-Perikarderkrankung;
2. frühere Kortikosteroidbehandlung, die eine vermehrte virale DNA/RNA-Replikation im Perikardgewebe bewirkt hat, mit der Folge eines Anstiegs der viralen Antigenexposition;
3. Reinfektion;
4. Exazerbation einer Connective-tissue-Erkrankung.

Konstriktive Perikarditis

Die konstriktive Perikarditis stellt einen chronisch-entzündlichen Prozess dar, in den sowohl die fibröse als auch die seröse Schicht des Perikards einbezogen ist. Die chronische Entzündung des Perikards führt zu einer Behinderung der Füllung des linken und rechten Ventrikels und zu einer reduzierten links- bzw. rechtsventrikulären Funktion. Eine ätiologische Zuordnung ist bei etwa einem Drittel der Fälle möglich, wobei tuberkulöse, toxische und bakterielle Ursachen im Vordergrund stehen. Aber auch Mediastinalbestrahlungen und vorausgehende herzchirurgische Eingriffe sind häufig Ursachen dieser Erkrankung, die in zahlreichen pathoanatomischen Formen auftreten kann (Rienmüller et al. 1993). In geringerem Ausmaß liegen maligne Erkrankungen der chronischen Perikarditis zugrunde.

Die Veränderungen führen zu einer Perikardverdickung und letztlich zu einer Kompression der Herzhöhlen sowie Einflussbehinderung an Hohlvenen- und Lungenvenenmündungen. Etwa zwei Drittel der chronischen Perikarditiden sind kalzifizierender (Pericarditis constrictiva calcarea), etwa ein Drittel nichtkalzifizierender Natur (Pericarditis constrictiva noncalcarea). Die daraus resultierende Behinderung der diastolischen Füllungsphase bewirkt eine Einschränkung der kardialen Funktion.

Kernsymptome

Die Patienten klagen über Ermüdung, periphere Ödeme, Atemnot bei Belastung und auch in Ruhe, weiterhin über Druck- und Völlegefühl im Oberbauch sowie über Anschwellung des Bauches. Das letztere Symptom kann durch einen Eiweissverlust bei exsudativer Enteropathie verstärkt werden. Typisch ist eine lange Verzögerung zwischen der initialen Perikardentzündung und dem Beginn der Perikardkonstriktion. Bei dekompensierten Patienten können Venenstauung, Lebervergrößerung, Pleuraergüsse und Aszites auftreten. Diese hämodynamischen Verschlechterungen des Patienten können zusätzlich durch systolische Dysfunktion des links- und rechtsventrikulären Myokards verstärkt werden, die auf eine Myokardfibrose oder -atrophie zurückzuführen sind.

Therapieoptionen der akuten Perikarditis

Bei Patienten mit einer identifizierten Ursache (aber keiner Virusgenese) ist eine spezifische Therapie indiziert, die der zugrundeliegenden Erkrankung angemessen ist. Im Falle der akuten Virus- oder idiopathischen Perikarditis hat sich keine Therapie als effizient erwiesen, um ernste Komplikationen wie Perikardtamponade und -Konstriktion zu verhindern. Glücklicherweise treten diese Komplikationen allerdings selten auf (Permanyer-Miralda et al. 1985, Zayas et al. 1995). Das symptomatische Management der Patienten mit akuter Perikarditis beinhaltet

1. Vermeidung von körperlicher Belastung,
2. eine stationäre Aufnahme, um die Ätiologie abzuklären, ferner um bei schon vorhandener geringgradiger Perikardergusslamelle die Entwicklung des Perikardergusses abzuwarten, ebenso den Erfolg der Behandlung.

Die *Schmerzbehandlung* besteht in der Verabreichung nichtsteroidaler antiinflammatorischer Substanzen (NSAID) als wesentlichstem ersten Therapieschritt (Klasse-I-Empfehlung, Evidenzniveau B, Oxford-Graduierung 1 b). Hierbei ist Ibuprofen wegen seiner geringen Nebeneffekte vorzuziehen. Alternativ können Aspirin (300–600 mg alle 4–6 Stunden) und Indomethacin verabreicht werden; Indomethacin sollte jedoch nicht bei älteren Patienten gegeben werden.

▌ Therapie und Prävention von Perikarditisrezidiven

1. Colchicin (0,5 mg 2x täglich) sollte zusätzlich zu einem nichtsteroidalen Antiphlogisticum hinzugegeben oder als Monotherapie verabreicht werden. Colchicin scheint sowohl zur Behandlung der initialen Perikardentzündung als auch zur Prävention der Perikarditisrezidive geeignet zu sein (Empfehlung Klasse-II a, Evidenz B, Oxford-Graduierung 1 b).
2. Eine perkutane Ballonperikardiotomie kann bei Patienten erwogen werden, bei denen die medikamentöse Therapie keinen Erfolg zeigt (Empfehlung Klasse-II b, Evidenz B, Oxford-Graduierung 1 b).
3. Kortikosteroide sollten nur bei Patienten mit schlechter allgemeiner Verfassung oder bei häufigen Perikarditisschüben verwendet werden (Empfehlung Klasse II a, Evidenz C, Oxford-Graduierung 5). Die empfohlene Kortisondosis beträgt im Falle von Prednison 1–1,5 mg/kg für mindestens einen Monat. Bei Patienten, die keine adäquate Antwort auf diese Therapie zeigen, können Azathioprin (75–100mg/Tag) oder Cyclophosphamid hinzugefügt werden.
4. Eine Perikardektomie ist nur bei zahlreichen und hochsymptomatischen Perikarditisschüben indiziert, die keinen Erfolg einer medikamentösen Therapie erkennen lassen (Empfehlung Klasse-II a, Evidenz B, Oxford-Graduierung 1 b).

Perikardektomie

Bei der Pericarditis constrictiva wird eine partielle bzw. komplette Perikardresektion zur Entfesselung der Ventrikel in ihrer Gesamtheit angestrebt, um eine möglichst unbehinderte diastolische Füllung zu ermöglichen. Die Operationsindikation ist nach Diagnosesicherung unter Berücksichtigung des präoperativen NYHA-Stadiums zu stellen. Relative Kontraindikationen der Perikardektomie sind eine Mediastinalbestrahlung mit nachfolgender Perikarditis (wegen schlechter Langzeitergebnisse), eine schwere Herzinsuffizienz (NYHA IV) in Folge Myokardschädigung, weiterhin chronische oder maligne Erkrankungen, die einen Gewinn des Patienten aus dem operativen Eingriff unwahrscheinlich erscheinen lassen.

Die Perikardektomie ist die *einzige* mögliche *Therapiemaßnahme* bei *permanenter Konstriktion* des Perikards. Die Indikationen basieren auf den klinischen Symptomen, den Befunden der Echokardiographie/Magnetresonanztomographie bzw. auch den Herzkatheterbefunden. Es gibt zwei Standardeingriffe:

1. Die anterolaterale Thorakotomie (5. Interkostalraum) und
2. die mediane Sternotomie (schneller Zugang zur Aorta und zum rechten Vorhof zur Einleitung der extrakorporalen Zirkulation).

Das primäre Anlegen eines kardiopulmonalen Bypass wird wegen diffuser Blutungsneigung nach systemischer Heparinisierung nicht empfohlen. Die perioperative Letalität der Perikardektomie bei konstriktiver Perikarditis liegt bei 6–12%; sie beruht auf einem progredienten Herzversagen, häufig infolge Dilatation des Herzens.

Gelegentlich kann es intraoperativ auch zu einer Ventrikelwandruptur kommen. Die kardiale Mortalität und Morbidität bei der Perikardektomie sind hauptsächlich auf das vor dem Zeitpunkt der Operation noch nicht bekannte Vorhandensein einer *Myokardatrophie* oder *Myokardfibrose* zurückzuführen. Ausschluss von Patienten mit extensiver Myokardfibrose und/oder Myokardatrophie reduziert signifikant die Mortalitätsrate der Perikardektomie. Nach fünf Jahren überleben 90% und nach zwanzig Jahren 75% aller operierten Patienten. Neoplastisch bedingte Perikarditiden sowie präoperative Herzinsuffizienz im Stadium NYHA IV beeinflussen die Langzeitprognose negativ.

Gutachterliche Bewertung

Bei *akuter Perikarditis* oder einem akuten Schub einer rekurrierenden Perikarditis ist auf der Höhe des Krankheitsbildes immer *Arbeitsunfähigkeit* gegeben.

Nur die *chronische konstriktive Perikarditis* ist für die Versicherungsmedizin bedeutungsvoll. Sind bereits Zeichen einer ausgeprägten Einflussstauung durch die kardiale Kompression von außen vor dem linken und/oder rechten Herzen vorhanden, so sind die Patienten berufs- und erwerbsunfähig. Dann sollte der Operationserfolg der Perikardektomie abgewartet werden, da erst nach der kompletten oder partiellen Dekortikation, die aus technisch-operativen Gründen nicht immer gelingt, häufig eine weitgehende Restitution des Leistungsvermögens eintreten kann. Dann ist die Berufs- und Erwerbsfähigkeit 6 Monate und 1 Jahr nach der Operation erneut zu beurteilen. Bei geringerer Ausprägung der Symptomatik der Pericarditis constrictiva, d.h. bei geringgradiger links- und/oder rechtsventrikulärer Einflussbehinderung, ist die Minderung der Erwerbsfähigkeit des Patienten vom Ausmaß der Leistungsbeeinträchtigung abhängig zu machen.

- Sind bei dem Patienten keine wesentlichen Zeichen einer Leistungsbeeinträchtigung zu erkennen, d.h. keine Insuffizienzerscheinungen wie Atemnot bei Belastung, pektanginöse Beschwerden, selbst bei gewohnter stärkerer Belastung, wie z.B. bei sehr schnellem Gehen (7–8 km/Std.) oder bei schwerer körperlicher Arbeit, und besteht ferner keine Einschränkung der Soll-Leistung bei Ergometerbelastung, dann beträgt die Minderung der Erwerbsfähigkeit 0–10.
- Bei Leistungsbeeinträchtigung unter mittelschwerer Belastung, z.B. forschem Gehen (5–6 km/Std.) oder mittelschwerer körperlicher Arbeit, bei Beschwerden und Auftreten pathologischer Messdaten bei Ergometerbelastung bis 75 Watt (mindestens 2 Minuten lang) ist eine MdE von 20–40 anzunehmen.
- Besteht aber schon eine Leistungsbeeinträchtigung bei alltäglicher Belastung (z.B. Spazierengehen 3–4 km/Std., Treppensteigen bis zu 1 Stockwerk) oder bei leichter körperlicher Arbeit oder bestehen Beschwerden und pathologische Messdaten bei der Ergometerbelastung bereits bei 50 Watt (mindestens 2 Minuten lang), so beträgt die MdE 50–70.

Heutzutage ist eine Concretio pericardii tuberkulöser Genese eher eine Seltenheit. Ist ein solcher Patient versicherungsrechtlich zu beurteilen, so ist die Perikarderkrankung dann als Versorgungs- oder Unfalleiden zu bestätigen, wenn die in der Zwischenzeit nicht selten ausgeheilte tuberkulöse Grunderkrankung versicherungsrechtlich entsprechend anzuerkennen ist.

11.5 Chronisches Cor pulmonale

Definition, Epidemiologie und Ätiopathogenese

Das chronische Cor pulmonale ist definiert als kardiale Dysfunktion bei pulmonaler Hypertonie. Eine pulmonale Hypertonie liegt nach der Definition der European Society of Cardiology vor, wenn ein pulmonaler Mitteldruck in Ruhe von 25 mmHg oder bei Belastung von 30 mmHg überschritten wird (Galié et al. 2004). Ätiologie und Pathophysiologie sind heterogen: Bei Vorliegen von Erkrankungen der Lungen oder des Thorax sowie von Störungen der pulmonalen Ventilation oder des Lungenkreislaufs entwickeln sich sekundär morphologische (Vergrößerung, Hypertrophie) und funktionelle Veränderungen (u.U. eingeschränkte Wandbewegungen) des rechten Ventrikels. Primäre Linksherzerkrankung und Herzklappenfehler sind definitionsgemäß ausgeschlossen.

Die pulmonal-arterielle Hypertonie ist eine Erkrankung der kleinen Pulmonalarterien, die durch vaskuläre Proliferation und Remodeling charakterisiert ist (Humpert et al. 2004). Die Progression der pulmonalen Hypertonie ist assoziiert mit einer gesteigerten Proliferation und Migration pulmonalvaskulärer Gefäßmuskelzellen. Platelet-derived-growth-factor stellt ein potentes Mitogen dar, das in diesen Prozess involviert ist (Schermuly et al. 2005). Weitere (seltenere) Ursachen des chronischen Cor pulmonale sind eine pulmonale Vasokonstriktion, bedingt durch alveoläre Hypoxie oder Blutazidose, ferner eine allmähliche anatomische Reduktion des Lungengefäßbettes durch Emphysem oder rezidivierende Lungenembolien etc. mit konsekutivem Lungenhochdruck (Wiedemann et al. 1989 u. 1990).

In Deutschland leiden offiziell 500 000 Menschen an *pulmonaler Hypertonie*; die Zahl dürfte jedoch aufgrund der schwierigen Diagnosestellung höher liegen: Unerkannt könnte es sich um ca. 2–4 Millionen Menschen handeln, die an dieser Erkrankung leiden. In viel geringerer Häufigkeit tritt eine *pul-*

monal-arterielle Hypertonie (PAH) auf; letztere beinhaltet u.a. die idiopathische Krankheitsform, die mit einer Inzidenz von 1/500000 Einwohner am seltensten diagnostiziert wird. Weiterhin können Kollagenosen, angeborene Herzfehler, portale Hypertonie bei Leberzirrhose, eine HIV-Infektion sowie die Einnahme von Amphetaminen oder Appetitzüglern mit einer pulmonal-arteriellen Hypertonie assoziiert sein. An der pulmonal-arteriellen Hypertonie sind in Deutschland ca. 2000–3000 sowie in Europa und in den USA ca. 100000 Menschen erkrankt. Der Erkrankungsgipfel liegt zwischen dem 20. und dem 40. Lebensjahr; Frauen sind dreimal häufiger betroffen als Männer. Patienten mit Shuntvitien (z.B. Vorhofseptumdefekt), Patienten mit portaler Hypertonie bei Leberzirrhose und Patienten mit Sklerodermie (~23%) weisen häufig eine pulmonale Hypertonie auf. Bei 20% der Patienten mit Sklerodermie wurde eine Vergrößerung des rechten Ventrikels beobachtet (Pope et al. 2005).

Aufgrund der unterschiedlichen Ätiologien wurde seit der *WHO-Konferenz 1973* eine Unterscheidung zwischen primärer und sekundärer pulmonaler Hypertonie vorgenommen. Die *Evian-Klassifikation* aus dem Jahre *1998* unterschied fünf Krankheitsgruppen: Die Gruppe „pulmonal-arterielle Hypertonie“ wurde der „pulmonalen Hypertonie bei Linksherzerkrankung“, den „Erkrankungen der Lungen/Hypoxie“ und der „chronisch-thromboembolischen Hypertonie“ gegenübergestellt. In der fünften Gruppe wurden seltene Krankheiten mit direktem Befall der Lungengefäße zusammengefasst. Die in der *Venedig-Konferenz* im Jahre *2003* beschlossenen Änderungen im Vergleich zur Evian-Klassifikation zeigt Tabelle 11.16. Die primäre pulmonale Hypertonie (PPH) wurde in „idiopathische bzw. familiäre PAH“ umbenannt; weiterhin wurden die „pulmonal-venookklusive Erkrankung“ und die „pulmonal-kapilläre Hämangiomatose“ in das PAH-Kollektiv übergeführt. Auch einige hämatologische, endokrinologische und hereditäre Krankheiten wurden der pulmonal-arteriellen Hypertonie zugerechnet (Simonneau et al. 2004).

Die häufigste Ursache eines chronischen Cor pulmonale ist die in Tabelle 11.16 unter 3a aufgeführte chronisch-obstruktive Lungenerkrankung, hervorgerufen durch chronische Bronchitis oder Emphysem (MacNee et al. 1994, Salvaterra et al. 1993). Bei Patienten mit chronisch-obstruktiver Lungenerkrankung korreliert die erhöhte Inzidenz der rechtsventrikulären Beteiligung mit dem zunehmenden Schweregrad der Lungenfunktionsstörung. So ist

Tabelle 11.16. Alte und revidierte klinische Klassifikation der pulmonalen Hypertonie. (Mod. n. Simonneau et al. 2004)

Alte Klassifikation WHO 1973	Revidierte Klassifikation Venedig 2003
bisher: Primäre pulmonale Hypertonie	**1. Pulmonal-arterielle Hypertonie (PAH)** a) Idiopathische pulmonal-arterielle Hypertonie (IPAH) b) Familiäre pulmonal-arterielle Hypertonie (FPAH)
bisher: Sekundäre pulmonale Hypertonie	c) Assoziiert mit (APAH): – Kollagenosen – kongenitalen systemisch-pulmonalen Shuntvitien – portaler Hypertension – HIV-Infektion – Medikamenten und Toxinen – anderen Erkrankungen (Schilddrüsenerkrankungen, Glykogenspeicherkrankheiten, M. Gaucher, hereditärer Teleangiektasie, Hämoglobinopathien, myeloproliferativen Erkrankungen, Splenektomie) d) PAH assoziiert mit relevanter venöser/kapillärer Beteiligung: – pulmonale venookklusive Erkrankung (PVOD) – pulmonal-kapilläre Hämangiomatose e) Persistierende pulmonale Hypertonie der Neugeborenen
bisher: Sekundäre pulmonale Hypertonie	**2. Pulmonale Hypertonie bei Linksherzerkrankung** **3. Pulmonale Hypertonie assoziiert mit Hypoxie** a) Chronisch-obstruktive Lungenerkrankung b) Interstitielle Lungenerkrankung c) Schlafapnoesyndrom d) Erkrankungen mit alveolärer Hypoventilation e) andere Erkrankungen **4. Pulmonale Hypertonie aufgrund chronischer thrombotischer und/oder embolischer Erkrankungen** **5. Weitere verschiedene Erkrankungen** (Sarkoidose, Histiozytosis X, Lymphangioleiomyomatose, Gefäßkompression von außen).

z. B. bei 40% der Patienten mit einem FEV_1 <0,6 Liter eine rechtsventrikuläre Hypertrophie vorhanden (MacNee et al. 1994). Allerdings stellen auch das Vorhandensein einer Hypoxämie, einer Hyperkapnie und einer Polyzytämie unabhängige Prädiktoren der Entwicklung einer rechtsventrikulären Hypertrophie bei chronisch-obstruktiver Lungenerkrankung dar, obwohl die Korrelation nicht so eng ist wie diejenige bei gestörter Lungenfunktion.

Als idiopathische bzw. familiäre pulmonal-arterielle Hypertonie werden seltene Erkrankungen zusammengefasst (Inzidenz 1–3 Fälle pro 1 Million Einwohner und Jahr). Die Vererbung ist bei Erwachsenen autosomal-dominant mit unvollständiger Penetranz.

In den letzten Jahren sind Mutationen bei zwei Rezeptoren der Transforming-growth-factor (TGF)-β-Familie entdeckt worden, die bei der Mehrzahl der Patienten mit familiärer pulmonal-arterieller Hypertonie vorhanden sind. Mutationen im Bone-Morphogenetic-Protein-Rezeptor-Typ 2 (BMPR-2) auf Chromosom 2q33 (Deng et al. 2000, Lane et al. 2000) führen bei ca. 20% der Betroffenen zu einer pulmonal-arteriellen Hypertonie. Exon-Mutationen im BMPR-2 werden bei ca. 50% der Patienten mit familiärer pulmonal-arterieller Hypertonie gefunden (Newman et al. 2004).

Auch Defekte im Activin-like-kinase-Typ-1 (ALK-1)-Gen können – neben der hereditären Teleangiektasie (Morbus Osler-Rendu-Weber) – eine pulmonale Hypertonie verursachen, die klinisch einer idiopathischen bzw. familiären pulmonal-arteriellen Hypertonie ähnelt.

Kernsymptome

Die klinische Symptomatik des chronischen Cor pulmonale wird von der zugrundeliegenden Erkrankung bestimmt. Die Frühsymptome bei Vorliegen einer pulmonalen Drucksteigerung sind relativ unspezifisch und nur schwer von denen anderer Herz- oder Lungenerkrankungen abzugrenzen. Vor allem wegen der häufig noch guten Belastbarkeit wird selten an die Frühmanifestation des chronischen Cor pulmonale gedacht. Das klinische Bild ist durch Dyspnoe und in den frühen Stadien durch noch unauffällige Röntgenthoraxaufnahmen gekennzeichnet.

In späteren Stadien, wenn sich bei pulmonaler Drucksteigerung Rechtsherzinsuffizienz eingestellt hat, sind Belastungsdyspnoe, rasche Ermüdbarkeit, körperliche Schwäche, Lethargie, linksthorakale Schmerzen und Belastungssynkopen zu beobachten. Müdigkeit, Lethargie und Belastungssynkopen spiegeln einen fehlenden Anstieg des Herzzeitvolumens unter Belastung wider, verursacht durch eine Zunahme des Lungengefäßwiderstands. Wegen der in den Frühstadien oft noch subtilen, unspezifischen Symptomatik erfolgt die klärende Diagnose meist erst in den zunehmend symptomatischen, prognostisch ungünstigen Spätstadien NYHA III und IV. Beim chronischen Cor pulmonale besteht häufig auch eine ausgeprägte Zyanose, die auf einen gestörten Gasaustausch (O_2) und Rechtsherzinsuffizienz zurückzuführen ist.

Auch bei Fehlen einer hämodynamisch relevanten koronaren Herzkrankheit kann bei Patienten mit allen Formen der pulmonal-arteriellen Hypertonie eine typische Belastungs-Angina-pectoris auftreten, die wahrscheinlich Folge einer durch Hypoxämie und gesteigerte transmurale Wandspannung induzierten subendokardialen rechtsventrikulären Myokardischämie ist (Morrison et al. 1991). Die Belastungsangina kann allerdings auch durch dynamische Kompression des Hauptstamms der linken Koronararterie aufgrund einer vergrößerten Pulmonalarterie bedingt sein; dieses Risiko ist bei Patienten mit einem Durchmesser des Pulmonalarterienstamms von ≥40 mm am größten (Mesquita et al. 2004).

Weniger oft beobachtete Symptome sind Husten und Hämoptysen. Heiserkeit kann durch Kompression des linken Nervus recurrens aufgrund eines dilatierten Pulmonalarterienstammes entstehen. Ein schweres Rechtsherzversagen mit konsekutiver Leberstauung kann zu Beschwerden im rechten Oberbauch und sogar zu Anorexie führen.

Therapieoptionen

Das therapeutische Management der Patienten mit chronischem Cor pulmonale lässt vier Ansatzpunkte erkennen: Versuch einer Verbesserung der Sauerstoffsättigung (bei hypoxämischen Patienten) und der Kontraktionskraft des rechten Ventrikels, ferner Bemühungen, den Lungengefäßwiderstand zu senken, vornehmlich mit Hilfe von Vasodilatoren.

Therapie des chronischen Cor pulmonale auf dem Boden einer chronisch-obstruktiven Lungenerkrankung

- Eine *langfristige Sauerstofftherapie* verbessert die Überlebensdauer hypoxämischer Patienten mit chronisch-obstruktiver Lungenerkrankung (Magnussen et al. 2001).

Es existieren zwei Hypothesen zur Begründung des Überlebensvorteils der O_2-Therapie: O_2-Therapie reduziert die pulmonale Vasokonstriktion und somit den Lungengefäßwiderstand; dadurch steigen Schlagvolumen und Herzzeitvolumen an. Andere Daten belegen, dass außerdem eine renale Vasokonstriktion beseitigt werden kann, wodurch vermehrt Kochsalz im Urin ausgeschieden wird (Reihmann et al. 1985), (Empfehlungsstärke der langfristigen Sauerstofftherapie: ACC/AHA-Klasse I-C, Oxford-Graduierung 5).

- Viele Patienten mit chronischem Cor pulmonale bei pulmonaler Hypertonie benötigen ein *Diuretikum* (Empfehlungsgrad I, Evidenzgrad C, Oxford-Graduierung 5). Lang wirksame, kaliumsparende Wirkstoffe (Aldosteronantagonisten) sind

Tabelle 11.17. Empfehlungen für therapeutische sonstige Maßnahmen bei pulmonal-arterieller Hypertonie. (Mod. n. Olschewski et al. 2006)

Behandlung	Grad der Empfehlung	Evidenzgrad	Oxford-Graduierung
▮ Antikoagulation	I[a]	C	5
▮ Diuretika	I	C	5
▮ Digitalis	II b	C	5
▮ Sauerstoff	II a	C	5
▮ Kalziumantagonisten	I[b]	C	5
▮ Ballonatrioseptostomie	II a	C	5
▮ Lungentransplantation	I	C	5

[a] Gilt nur für idiopath. pulmonal-arterielle Hypertonie und andere pulmonal-arterielle Hypertonien
[b] Nur bei idiopath. pulmonal-arterieller Hypertonie mit Responderkriterien auf akut wirksame Vasodilatoren

gegenüber Schleifendiuretika zu bevorzugen (ACC/AHA-Klasse I-C, Oxford-Graduierung 5). Bei Rechtsherzinsuffizienz und erhöhtem zentralvenösen Druck sind häufig jedoch Schleifendiuretika notwendig (Empfehlungsgrad I, Evidenzgrad C, Oxford-Garduierung 5), (Olschewski et al. 2006). Falls eine deutliche Erhöhung des rechtsventrikulären Füllungsdrucks vorliegt, können Diuretika die Funktion des rechten und linken Ventrikels verbessern. Dabei muss allerdings eine exzessive Volumenverminderung vermieden werden, da ein Abfall des Herzzeitvolumens droht, wenn das rechtsventrikuläre Füllungsvolumen und der rechtsventrikuläre Druck bei Vorliegen einer pulmonalen Hypertonie zu stark gesenkt werden. Eine weitere bedeutsame Komplikation der diuretischen Therapie bei Patienten mit chronischem Cor pulmonale kann die Entwicklung einer metabolischen Alkalose sein.

- Lediglich bei Patienten mit gleichzeitig bestehender Linksherzinsuffizienz hat *Digitalis* einen Platz in der Behandlung des chronischen Cor pulmonale, ansonsten gibt es keine einheitliche Empfehlung (Empfehlungsgrad IIb, Evidenz C, Oxford-Graduierung 5). Bei tachykardem Vorhofflimmern/-flattern allerdings sind Digitalis-Präparate das Medikament der Wahl (I-C, Oxford-Graduierung 5).
- Die Verabreichung von *Vasodilatoren* hat weder in Kurzzeit- noch in Langzeitstudien zu einer Verbesserung der Belastbarkeit oder des funktionellen Status geführt. Lediglich Patienten mit schwerer und persistierender pulmonaler Hypertonie trotz Sauerstoff- und bronchialerweiternder Therapie könnten Kandidaten für einen Therapieversuch mit Vasodilatoren sein. In diesem Falle wird eine Rechtsherzkatheterisierung während der initialen Verabreichung des Vasodilatators, entweder retardiertes Nifedipin (30–240 mg pro Tag) oder Diltiazem (120–720 mg pro Tag) oral empfohlen (Olschewski et al. 2006).

Kandidaten für diese Therapie sind aber nur solche Patienten, die im Rahmen der pharmakologischen Testung die „Responder-Kriterien“ erfüllen. Die Dosis wird nach Wirksamkeit und Verträglichkeit individuell titriert. Meist wird damit ein Pulmonalarteriendruck zwischen 20 und 40mmHg und eine NYHA-Klasse I-II erreicht. Die probatorische Gabe von Kalziumantagonisten ohne Vasoreagibilitätsprüfung wird nicht empfohlen (Empfehlungsgrad III, Evidenz C). Eine >20%ige Verminderung des Lungengefäßwiderstands (bei fehlender Abnahme des Herzzeitvolumens und fehlendem Anstieg des Pulmonalarteriendrucks) gilt als verlässliches Kriterium für die Evidenz des Therapieeffektes (Salvaterra et al. 1993).

In Tabelle 11.17 sind Empfehlungen für sonstige therapeutische Maßnahmen bei pulmonal-arterieller Hypertonie zusammengestellt (Olschewski et al. 2006).

▮ Therapie der pulmonal-arteriellen Hypertonie

Allen Formen der pulmonal-arteriellen Hypertonie gemeinsam ist die im Krankheitsverlauf zunehmende Konstriktion der Lungengefäße, bedingt durch das gefäßverengende „Remodeling“. Drei Faktoren zeichnen für das Entstehen der pulmonal-arteriellen Hypertonie verantwortlich: *Vasokonstriktion, Remodeling der Lungengefäßwand und In-situ-Thrombose* (Humbert et al. 2004). Unsere heutige Kenntnis der molekularen Mechanismen, die bei der Pathogenese der pulmonal-arteriellen Hypertonie beteiligt sind, legt nahe, dass Endothelfunktionsstörungen dabei eine Rolle spielen (Giaid et al. 1993 u. 1995, Christman et al. 1992).

Prostanoide

Wenn es auch bisher keine Aussicht auf Heilung der pulmonal-arteriellen Hypertonie gibt, so haben sich mit der Einführung oraler Endothelin-Rezeptorantagonisten und inhalativer Prostanoide doch Lebensqualität, körperliche Belastbarkeit und die Prognose dieser Patienten in den letzten Jahren verbessern lassen. Intravenöses Prostazyklin (Epoprostenol) wird international verbreitet als Standardtherapie der schweren pulmonal-arteriellen Hypertonie eingesetzt (I-A-Empfehlung, Oxford-Graduierung 1 a), wurde in Deutschland aber nicht zugelassen. Eine offene kontrollierte Studie über 3 Monate ließ dabei eine signifikante Verbesserung der Hämodynamik und der Belastbarkeit sowie einen Überlebensvorteil zugunsten der behandelten Patienten erkennen (Barst et al. 1996).

In Deutschland wird intravenöses Iloprost als Alternative zu Epoprostenol trotz des niedrigen Evidenzgrades bevorzugt (Empfehlung II a-C, Oxford-Graduierung 5). *Inhalatives Iloprost* wird seit Mitte der 90er Jahre in Europa verwendet. Eine prospektive, randomisierte, doppelblinde Studie (AIR-Studie) bei Patienten mit pulmonal-arterieller und chronisch-thromboembolischer pulmonaler Hypertonie (CTEPH) in den NYHA-Stadien III–IV bestätigte die klinische Wirksamkeit bei guter Verträglichkeit (Olschewski et al. 2002).

Endothelin-Rezeptorantagonisten

In zwei randomisierten Studien zeigte Bosentan (Blockade des ET_A- und ET_B-Rezeptors) bei Patienten mit primärer pulmonaler Hypertonie und Sklerodermie-assoziierter PAH im NYHA-Stadium III–IV einen signifikanten therapeutischen Effekt (Rubin et al. 2002).

Das spezielle Problem des dualen selektiven Endothelin-Rezeptorantagonisten Bosentan besteht in seiner Hepatotoxizität, die allerdings nur bei ca. 10% der Behandelten auftritt. Die Ergebnisse von Fallserien lassen erkennen, dass eine Kombination von Bosentan mit Sildenafil und inhalativen bzw. oralen Prostanoiden sicher und effektiv ist (Empfehlung II a-C, Oxford.-Graduierung 5). Erste ET_A-selektive Endothelin-Rezeptorantagonisten (Sitaxsentan, Ambrisentan) werden z. Zt. in klinischen Studien auf eine evtl. positive Wirkung bei pulmonaler Hypertonie geprüft.

Phosphodiesterase-5-Inhibitoren

Nachdem eine kleinere randomisierte, kontrollierte indische Studie einen hochsignifikanten Effekt des PDE_5-Hemmers Sildenafil auf Belastbarkeit und Lebensqualität von Patienten mit idiopathischer pulmonal-arterieller Hypertonie ergeben hatte (Sastri et al. 2004), wurde weltweit eine doppelblinde Studie bei ausgewählten Formen der PAH (SUPER-1) durchgeführt, die ebenfalls einen positiven Effekt zeigte: Unter Sildenafil besserten sich dosisabhängig sowohl die körperliche Leistungsfähigkeit, gemessen an der zurückgelegten 6-Minuten-Gehstrecke, als auch die pulmonale Hämodynamik und die Lebensqualität der Patienten (Galié et al. 2005).

Im Rahmen der aktuellen Leitlinien der European Society of Cardiology (ESC) und im Einklang mit den Ergebnissen klinischer Studien wird Sildenafil zur Therapie von Patienten mit pulmonal-arterieller Hypertonie der WHO-Funktionsklasse III empfohlen (Klasse I-A, Oxford-Graduierung 1a).

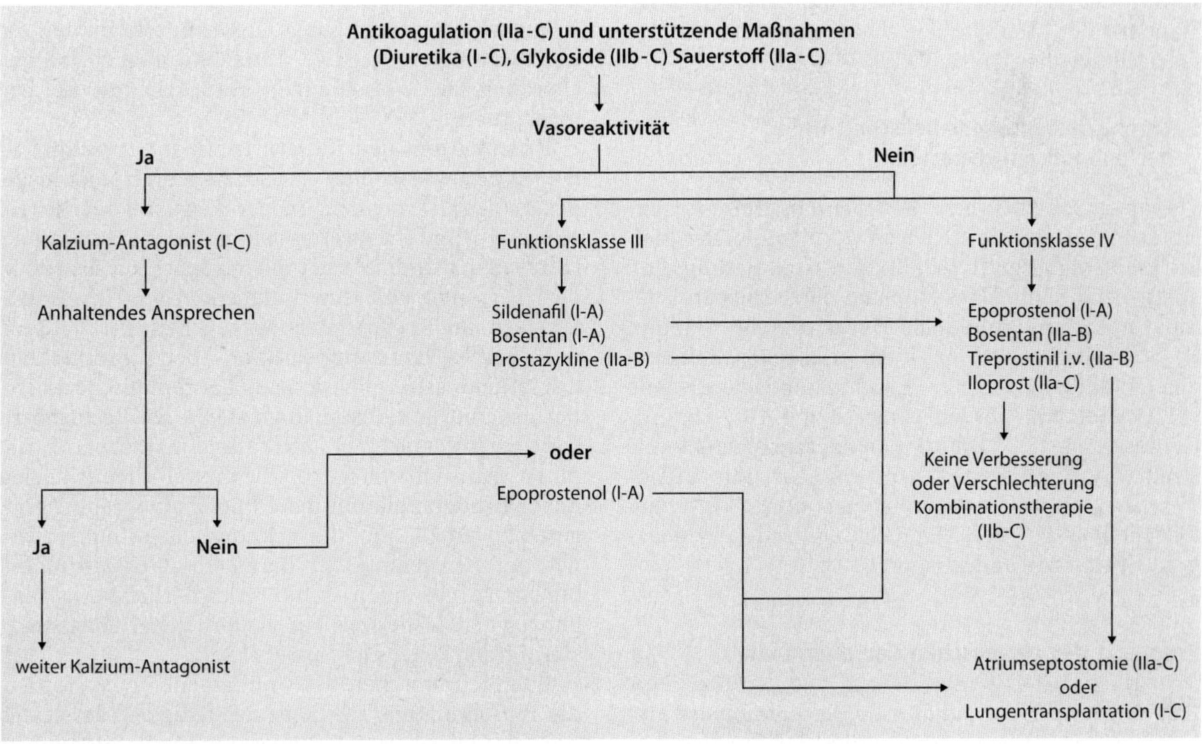

Abb. 11.7. Therapiealgorithmus bei pulmonal-arterieller Hypertonie der Funktionsklasse III/IV. (Mod. n. Galié et al. 2004)

Kombinationstherapien stellen bei allen noch zu erwartenden Fortschritten in der Entwicklung einzelner Substanzen die aussichtsreichste zukünftige Therapieoption dar. Einige Fallserien weisen bereits auf günstige Effekte der Kombinationstherapie von Sildenafil mit Prostanoiden (Ghofrani et al. 2003) bzw. mit Bosentan hin (Hoeper et al. 2004). In vielen Fällen führt erst eine Kombination verschiedener Medikamente zu einem zufriedenstellenden klinischen Erfolg (Hoeper et al. 2004).

Abbildung 11.7 zeigt zusammenfassend einen Therapiealgorithmus bei pulmonal-arterieller Hypertonie der NYHA-Funktionsklassen III und IV (Galié et al. 2004).

Platelet-derived-growth-factor(PDGF)-Rezeptorantagonisten

In zwei Tiermodellen der pulmonalen Hypertonie konnte gezeigt werden, dass durch den PDGF-Rezeptorantagonisten Imatinib eine Rückbildung der bereits fortgeschrittenen Lungengefäßveränderungen erreicht werden kann (Schermuly et al. 2005). Bei einem 61-jährigen Patienten mit einer sehr rasch fortschreitenden Form einer familiären PAH wurde nach 3-monatiger Behandlung mit oralem Imatinibmesylat eine deutliche Verbesserung der Belastbarkeit und der Hämodynamik im kleinen Kreislauf beobachtet (Ghofrani et al. 2005).

▮ **Fazit.** Es ist wahrscheinlich, dass Kombinationstherapien mit dem Ziel einer dauerhaften Verbesserung der pulmonalen Hypertonie der zukünftige Standard der Therapie des chronischen Cor pulmonale sein werden.

▮ Chronisch-thromboembolische Form der pulmonalen Hypertonie

Therapeutisch steht hier die lebenslange Antikoagulation mit einem Ziel-INR von 2,5-3,5 an erster Stelle (Empfehlungsgrad I-C, Oxford-Graduierung 1a). Wenn nach mehr als 3 Monaten einer solchen Therapie noch eine pulmonale Hypertonie im Stadium III-IV vorliegt, sollte in einem erfahrenen Zentrum die Indikation zur Pulmonalisendarterektomie (PEA) evaluiert werden (Empfehlung I-C, Oxford-Graduierung 5). Die Pulmonalisendarterektomie weist im spezialisierten Zentrum sehr gute Ergebnisse bei einem Operationsrisiko von 5–10% auf (Klepetko et al. 2004) (Empfehlungsgrad I, Evidenzgrad C, Oxford-Graduierung 5).

Prognose des chronischen Cor pulmonale

Das chronische Cor pulmonale bei pulmonaler Hypertonie hat oft bedeutende prognostische Implikationen. Im Falle der chronisch-obstruktiven Lungenerkrankung z. B. ist das Auftreten einer pulmonalen Hypertonie und peripherer Ödeme ein Zeichen einer schlechten Prognose. Patienten mit neu aufgetretenen peripheren Ödemen haben eine 5-Jahres-Überlebensrate von nur 30%; Patienten mit einem Lungengefäßwiderstand >550 dyn·sec·cm^{-5} überleben selten länger als 3 Jahre (MacNee et al. 1994, Salvatera et al. 1993). Allerdings scheint die Entstehung eines chronischen Cor pulmonale bei chronisch-obstruktiver Lungenerkrankung eher den Schweregrad der zugrundeliegenden obstruktiven Erkrankung und deren Effekt auf die Mortalität widerzuspiegeln. Bei der pulmonal-arteriellen Hypertonie beträgt die mittlere Überlebenszeit nicht spezifisch behandelter (selektive pulmonale Vasodilatation) Patienten lediglich 2,8 Jahre (D'Alonzo et al. 1991).

Gutachterliche Bewertung

Die ernste Prognose nach Auftreten einer Rechtsherzdekompensation (Sterblichkeit nach 2 Jahren 70%!) und das Leistungsvermögen des Patienten mit chronischem Cor pulmonale werden von der Lungengrunderkrankung, aber auch von dem Schweregrad des sich entwickelnden Cor pulmonale bestimmt. Beim kompensierten chronischen Cor pulmonale kommt der kardialen Begutachtung nur eine geringe Bedeutung zu, da Symptomatik, Leistungsvermögen und Prognose nahezu ausschließlich von der zugrundeliegenden Störung der Lungenfunktion bestimmt werden (Barmeyer et al. 2001). Bei nur gering ausgeprägter pulmonaler Hypertonie ist unter Berücksichtigung der Grunderkrankung eine überwiegend geistige Tätigkeit möglich, wobei allerdings die Wegefähigkeit berücksichtigt werden muss.

Patienten mit den Klassen I und II der pulmonalen Hypertonie sollten auf jeden Fall isometrische Belastungen vermeiden. In der Regel ist bei mittelschwerer und schwerer pulmonaler Hypertonie (Klassen III und IV) bei allen körperlich arbeitenden Personen von einer aufgehobenen Leistungsfähigkeit im Erwerbsleben auszugehen. Im Stadium der Rechtsherzdekompensation bei chronischem Cor pulmonale ergibt sich aus kardiologischer Sicht Berufs- und Erwerbsunfähigkeit. Da die Rechtsherzkatheter-Untersuchung *nicht* duldungspflichtig ist, muss ganz überwiegend die (zwei-dimensionale) Echokardiographie mit der Dopplersonographie eingesetzt werden, um die erforderlichen Informationen zur Beurteilung der Berufs- und Erwerbsunfähigkeit zu gewinnen. Schwere körperliche Anstrengungen, insbesondere bei isometrischer Belastung, sind in der Regel nicht *möglich.*

Beim chronischen Cor pulmonale muss jedoch die Einschränkung der Leistungsfähigkeit durch die bronchopulmonale Grunderkrankung gesondert berücksichtigt werden (Barmeyer et al. 2001).

Im echokardiographischen Stadium I (normale Größe und Wanddicke des rechten Ventrikels) wird die Einschränkung der Berufs- und Erwerbsfähigkeit allein durch das Ausmaß der bronchopulmonalen Erkrankung bestimmt. Im Stadium II (hypertrophierter, aber noch nicht dilatierter rechter Ventrikel) besteht nur noch für Berufe mit leichter körperlicher Belastung eine Berufsfähigkeit. In den echokardiographischen Stadien III und IV des chronischen Cor pulmonale, die mit einer ungünstigen Prognose belastet sind (Machraoui et al. 1990), wird Erwerbsunfähigkeit festgestellt.

Wird die pulmonale Druckerhöhung nicht durch Veränderungen des Lungenparenchyms, sondern durch „Remodeling" der Lungengefäßwand mit konsekutiver Lumeneinengung hervorgerufen (Cor pulmonale vasculare), werden Symptomatik, Belastbarkeit und Prognose im Wesentlichen durch Morphologie (Hypertrophie) und Funktion des rechten Ventrikels determiniert. In diesem Falle sollte bei einem Gutachtenauftrag eine invasive Rechtsherzkatheter-Untersuchung durchgeführt werden, um die rechtsventrikuläre Funktion (Füllungsdruck und regionale Wandbewegung) abzuklären, da die Herzgröße beim chronischen Cor pulmonale nicht denselben hämodynamischen Aussagewert besitzt wie bei linksventrikulären Erkrankungen (Barmeyer et al. 2001).

Beim hämodynamischen Stadium I (gestörte rechtsventrikuläre Funktion) liegt nur noch für Berufe, bei denen leichte körperliche Belastung gefordert wird, Berufsfähigkeit bei voll erhaltener Erwerbsfähigkeit vor. In den hämodynamischen Stadien II–IV besteht eine Berufsunfähigkeit für alle Berufe mit körperlicher Arbeit, ab Stadium III Erwerbsunfähigkeit. Liegt eine chronische pulmonale Druckerhöhung bei nicht körperlich tätigen Personen vor, so muss bei der sozialmedizinischen Begutachtung beachtet werden, dass mit der O_2-Langzeittherapie und den jetzt vorhandenen neuen Möglichkeiten der medikamentösen Therapie der pulmonalen Hypertonie (Kalziumantagonisten, intravenöse und inhalative Prostanoide, Endothelinantagonisten und $Phosphodiesterase_5$-Inhibitoren) neue Therapieoptionen vorhanden sind, die im Einzelfall sehr effektiv sein können. Gerade bei diesen Patienten muss der Erfolg der medikamentösen, vasodilatierenden Therapie invasiv überprüft werden, um Entscheidungen über die Erwerbsfähigkeit treffen zu können.

Wenn ein gesicherter zeitlicher Zusammenhang zwischen einer unfallbedingten Thrombose (meist tiefe Venenthrombose der unteren Extremität) und nachfolgenden wiederholten Lungenembolien besteht, muss in der gesetzlichen Unfallversicherung bzw. im Versorgungsrecht ein chronisches Cor pulmonale als Folgeschaden der Thrombose anerkannt werden.

11.6 Reizbildungs- und Reizleitungsstörungen

A. Erdogan und H. Tillmanns

In der Arbeitsmuskulatur der Vorhöfe und Kammern, die unter physiologischen Bedingungen nicht die Fähigkeit zur spontanen Erregungsbildung besitzt, entstehen Aktionspotentiale durch Zuleitung von bereits erregten Stellen. Dagegen erfolgt die Depolarisation in Herzmuskelzellen mit der Befähigung zur autorhythmischen Erregungsbildung spontan. Ausgehend vom maximalen diastolischen Potential kommt es zu einer kontinuierlichen Depolarisation, die nach Erreichen des Schwellenpotentials eine neue Erregung auslöst. Diese langsame diastolische Depolarisation ist das Charakteristikum der Schrittmacherzellen, wobei die Zellen mit der größten Steilheit der Depolarisation entsprechend der höchsten Schrittmacherfrequenz den Rhythmus vorgeben (aktueller Schrittmacher) und die übrigen Fasern des spezifischen Systems wie gewöhnliche Arbeitsmuskulatur per Fortleitung erregt werden (potentielle Schrittmacher). Bei Ausfall des aktuellen Schrittmachers übernimmt der potentielle Schrittmacher mit der höchsten Eigenfrequenz die Erregungsbildung.

Zentren der Erregungsbildung sind der an der Einmündungsstelle der oberen Hohlvene in den rechten Vorhof gelegene Sinusknoten (primäres Erregungszentrum), der in der unteren Vorhofscheidewand gelegene und daher noch zur Vorhofebene gehörende AV-Knoten (sekundäres Erregungszentrum) sowie die Purkinje-Fasern in der Ventrikelmuskulatur bzw. in den Endfasern des Erregungsleitungssystems (tertiäre Erregungszentren) (Abb. 11.8). Das atriale Leitungssystem besteht aus drei Hauptbahnen (vorderes, mittleres und posteriores Internodalbündel) vom Sinusknoten zum AV-Knoten sowie einem größeren Bündel vom rechten zum linken Vorhof (Bachmann-Bündel). Das atrioventrikuläre System läuft vom AV-Knoten zum His-Bündel, das intraventrikuläre System vom His-Bündel über den rechten und linken Tawara-Schenkel in die Muskulatur der beiden Herzkammern, der linke nach Aufteilung in das linksanteriore und linksposteriore Bündel (linksanteriorer und linksposteriorer Faszikel).

Die anatomisch vorgegebenen und durch spezifische Leitungseigenschaften gekennzeichneten Bahnen leiten die aus dem Sinusknoten kommende Erregungswelle mit unterschiedlicher Geschwindigkeit weiter, was für eine geordnete Erregungsausbreitung innerhalb des Herzmuskels und eine optimale Synchronisation von Vorhof- und Kammertätigkeit von außerordentlicher Bedeutung ist.

Das Purkinje-Netzwerk stellt mit 4 m/s die schnellste Erregungsleitungsstrecke dar, der AV-Kno-

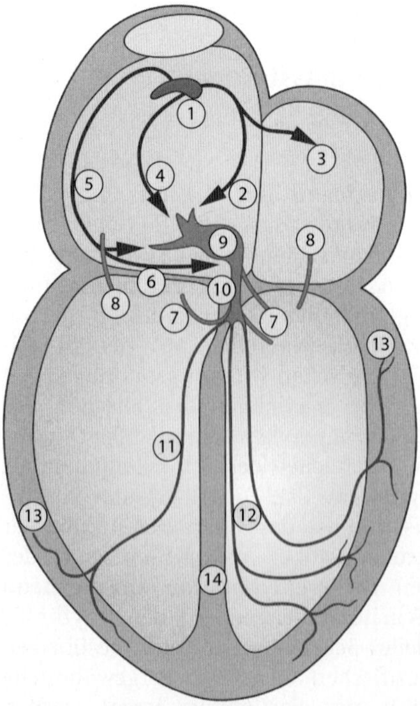

1 Sinusknoten
2 Vorderes Internodalbündel
3 Bachmann-Bündel
4 Mittleres Internodalbündel (Wenckebach)
5 Hinteres Internodalbündel (Thorel)
6 James-Bündel
7 Mahaim-Bündel
8 Kent-Bündel
9 AV-Knoten
10 His-Bündel
11 Rechter Tawara-Schenkel
12 Linker Tawara-Schenkel
13 Purkinje-Fasern
14 Septum interventrikulare

Abb. 11.8. Erregungsbildungs- und -leitungssystem des Herzens

ten mit 0,2 bis 0,4 m/s die langsamste. Vorhof- und Kammermuskulatur erreichen Leitungsgeschwindigkeiten von etwa 0,8 bis 1,0 m/s. Die Leitungsverzögerung im AV-Knoten stellt sicher, dass die Vorhofsystole beendet ist, bevor die Kontraktion der Kammern beginnt. Weiterhin hat der AV-Knoten eine Filterfunktion, wodurch verhindert wird, dass beim Auftreten tachykarder Vorhofrhythmusstörungen die Herzkammern in zu schneller Abfolge erregt werden. Diese Filterfunktion verhindert Kammerflimmern als Folge von Vorhofflimmern.

Gutachterliche Bewertung und forensische Aspekte von Herzrhythmusstörungen

In der letzten Dekade hat die Diagnostik und Therapie der Herzrhythmusstörungen (invasive kardiale Elektrophysiologie) enorme klinische Fortschritte gemacht. Neben der Einführung von implantierbaren Kardiovertern (Defibrillatoren, ICD) konnten durch die Erneuerungen in der kurativen Therapie der Arrhythmien die Möglichkeiten für den behandelnden Arzt enorm ausgeweitet werden.

Bradykarde Herzrhythmusstörungen

können heute durch Schrittmacherimplantation kurativ behandelt werden; nach Schrittmacherimplantation wird die körperliche Leistungsfähigkeit im Wesentlichen durch die Grunderkrankung des Patienten determiniert. Diese Aussage hat aber nur dann Gültigkeit, wenn eine Steigerung der Herzfrequenz unter Belastung (durch Katecholaminfreisetzung) möglich ist bzw. ein Zwei-Kammer-Schrittmacher über die Vorhofelektrode einen physiologischen Frequenzanstieg vermittelt. Liegt aber eine Frequenzinkompetenz des Sinusknotens vor oder wurde nur ein starrfrequenter Ein-Kammer-Schrittmacher implantiert (dies sollte heute die Ausnahme sein!), kann unter körperlicher Belastung keine adäquate Zunahme des Herzzeitvolumens erreicht werden. In dieser Situation muss vom Gutachter eine Einschränkung der körperlichen Belastbarkeit auf leichte körperliche Tätigkeiten angenommen werden. Bei Schrittmacherpatienten sind allerdings auch mögliche Störungen des Aggregates durch Arbeiten mit elektrischen Bohrmaschinen, ebenso durch Arbeiten in der Nähe von Hochspannungsbetriebsanlagen und Transformatoren zu berücksichtigen.

Paroxysmale Vorhofarrhythmien

Das plötzliche Auftreten

- eines paroxysmalen Vorhofflimmerns/-flatterns (Beeinträchtigung der Belastbarkeit im Wesentlichen durch das Ausmaß des Kammerfrequenzanstiegs mit resultierender Verkürzung der Diastole);
- paroxysmaler AV-nodaler Reentry-Tachykardien (AVNRT) bzw. AV-junktionaler Reentrytachykardien (Präexzitationssyndrome: antegrad leitendes oder verborgenes WPW-Syndrom)

kann trotz kurzer Dauer der Episoden von z.B. Sekunden bis wenigen Minuten das Leistungsvermögen am Arbeitsplatz im Sinne einer Eigen- sowie auch Fremdgefährdung deutlich einschränken bzw. sogar aufheben. Auch die mit diesen Rhythmusstörungen sehr oft einhergehende subjektive Beschwerdesymptomatik (Unsicherheit, Schwindel, Unruhe, Angst, Benommenheit) kann die hämodynamischen Auswirkungen der Vorhofarrhythmien noch verstärken. Aus diesem Grunde sollten vor der abschließenden sozialmedizinischen Begutachtung heute unbedingt die neuen kurativen Therapiemaßnahmen wie invasive elektrophysiologische Untersuchung mit AV-Knoten-Modulation (Ablation des langsamen Pathways) bzw. Ablation eines akzessorischen Bündels (bei WPW-Syndrom) und perkutane selektive Pulmonalvenenisolierung (bei therapierefraktärem paroxysmalen Vorhofflimmern) berücksichtigt werden,

Bei Patienten mit paroxysmalem oder persistierendem Vorhofflimmern kann schon allein durch die elektrische Kardioversion eine 25–30%ige Zunahme des Herzzeitvolumens unter Belastung und damit auch eine deutlich verbesserte Leistungsfähigkeit des Patienten erreicht werden. Dies bringt für den Patienten eine gänzlich andere versicherungsrechtliche und sozialmedizinische Beurteilung mit sich als beim Status der absoluten Arrhythmie bei Vorhofflimmern. Wenn bei einem Patienten keine relevante systolische und/oder diastolische Funktionsstörung vorliegt, kann auch bei Fortbestehen des Vorhofflimmerns unter der Bedingung einer Frequenzkontrolle (Kammerfrequenz um 65–80/min) in einer Belastungssituation doch noch eine ausreichende Steigerung des Herzzeitvolumens möglich sein; bei diesen Patienten kann eine Berufsfähigkeit mit leichter bis mittelschwerer körperlicher Arbeit gutachterlich angenommen werden.

Bei der überwiegenden Mehrzahl der Patienten mit paroxysmalen supraventrikulären Reentrytachykardien (AV-nodalen bzw. AV-junktionalen Reentrytachykardien) oder atrialen fokalen Tachykardien gelingt es heute, durch Radiofrequenz- oder Kryokatheterablation das Wiederauftreten paroxysmaler Tachykardien komplett zu verhindern. Bei diesen Patienten ist nach einer Rekonvaleszenz- und Beobachtungsphase von 3–4 Wochen eine normale Berufs- und Erwerbsfähigkeit gegeben. Gelingt es aber bei paroxysmalen supraventrikulären Tachykardien nicht, mittels der Ablationsverfahren (oder auch mit Hilfe chirurgischer Maze-Verfahren bei Patienten mit Mitralvitien) einen stabilen, regelmäßigen Sinusrhythmus herbeizuführen, ist das Leistungsvermögen für Berufe mit Absturzgefahr (Eigengefährdung) oder Fremdgefährdung (Taxifahrer, Busfahrer, Piloten, etc.) aufgehoben.

Ventrikuläre Rhythmusstörungen

Liegen ventrikuläre Rhythmusstörungen vor, hängen deren prognostische Bedeutung und die körperliche Belastbarkeit des Patienten im Wesentlichen von der Grunderkrankung und dem Ausmaß der Einschränkung der links- bzw. rechtsventrikulären Funktion ab. Bei Fehlen einer kardialen Grunderkrankung und bei ungestörter linksventrikulärer Funktion ist die Prognose gut, und das Leistungsvermögen kann als nicht eingeschränkt beurteilt werden.

Die von Herzgesunden oft geschilderten Extrasystolen, die sehr oft unter Einwirkung von emotionalem Stress oder unter Nikotin-, Kaffee- bzw. Alkoholgenuss auftreten, besitzen keine hämodynamische Bedeutung; hier ist die Leistungsfähigkeit nicht eingeschränkt. Andererseits liegt bei Patienten mit dokumentierten ventrikulären Tachykardien oder bei Zustand nach kardiopulmonaler Reanimation bei Herz-Kreislauf-Stillstand ein erhöhtes Risiko vor.

Anhaltspunkte für MdE/GdB bei Erwachsenen mit Rhythmusstörungen

Ausschlaggebend für die Beurteilung des GdB/MdE-Grades ist die Beeinträchtigung der Myokardfunktion.

- Anfallsweise auftretende, hämodynamisch relevante Arrhythmien (z.B. paroxysmale supraventrikuläre Tachykardien) sind je nach Häufigkeit, Dauer und subjektiver Beeinträchtigung bei fehlender andauernder Funktionsminderung des Herzmuskels mit einer MdE von 10–30, bei bestehender, permanenter Leistungsbeeinträchtigung des Herzens entsprechend der Reduktion der hämodynamischen Parameter zu bewerten.
- Nach Implantation eines Herzschrittmachers ist ein MdE-GdB-Grad von 10, nach Implantation eines Kardioverters (Defibrillators, ICD) ein MdE-GdB-Grad von mindestens 50 anzunehmen.

Fahrtauglichkeit und juristische Implikationen

Leidet ein Patient unter Herzrhythmusstörungen, die anfallsweise zu wiederholter Unterbrechung der Blutversorgung des Gehirns führen und damit die Ursache von rezidivierenden Synkopen werden können, so ist er nicht in der Lage, den gestellten Anforderungen zum Führen von Kraftfahrzeugen gerecht zu werden. Nach erfolgreicher (kurativer) Behandlung einer Rhythmusstörung kann man aber davon ausgehen, dass nach einer Einhaltung einer bestimmten Rekonvaleszenz- und Beobachtungsphase von ca. 3–4 Wochen die Fahrtüchtigkeit wieder vorhanden ist. Diese zeitliche „Empfehlung“ ist allerdings wissenschaftlich bisher nicht fundiert.

Die meisten ventrikulären Rhythmusstörungen werden – insbesondere wenn sie anhaltend und oder vital gefährdend sind – heute nach den Richtlinien direkt mit einem ICD versorgt. Eine Ausnahme bildet lediglich die kurative Katheterablation von stabilen ventrikulären Tachykardien aus dem rechtsventrikulären Ausflusstrakt. Nach Implantation eines ICD kann angenommen werden, dass der Betroffene bedingt wieder in der Lage ist, privat Auto zu fahren, wenn innerhalb von 3 Monaten keine gefährlichen Arrhythmien beobachtet oder detektiert werden.

Bei den supraventrikulären Rhythmusstörungen ist die Lage deutlich komplizierter. Prinzipiell gilt bei asymptomatischen Patienten keinerlei Einschränkung. Wenn aber der Patient unter anfallsweise wiederholter Unterbrechung der Blutversorgung des Gehirns leidet, die damit Ursache von Präsynkopen oder Synkopen werden kann, so ist er nicht in der Lage, den gestellten Anforderungen zum Führen von Kraftfahrzeugen gerecht zu werden. Grundlage der Beurteilung sollte in jedem Fall eine eingehende internistisch-kardiologische Untersuchung einschließlich eines 24-Stunden-Langzeit-EKG und eventuell zusätzlicher Spezialuntersuchungen sein.

Aufgrund dieser juristischen Implikationen ist die leitliniengerechte Therapie von Patienten mit Herzrhythmusstörungen, insbesondere solcher, die lebensbedrohlich sind oder mit Synkopen bzw. Präsynkopen im weitesten Sinne einhergehen, mit gebotener Sorgfalt indiziert. Eine solche Therapie kann Sicherheit im Umgang mit dem Patienten bringen und vor Fehlern und Verletzung der Sorgfaltspflicht bewahren. Ob ein Diagnose- oder Therapiefehler als grobe Fahrlässigkeit im Sinne des VVG § 61 vorliegt, entscheidet sich im Einzelfall und hängt nicht zuletzt von den Folgen des Therapiefehlers und der ärztlichen Qualifikation ab. Hierbei ergibt sich unter Umständen eine Entbindung des Haftpflichtversicherers von der Leistungspflicht! Bei der Therapie von Herzrhythmusstörungen sollte im Zweifel der Rat eines Facharztes sehr früh hinzugezogen werden.

Zusammenfassend lässt sich festhalten:

Fahrtauglichkeit:

- Diese besteht nicht, wenn die Rhythmusstörung anfallsweise zu wiederholter Unterbrechung der Sauerstoffversorgung des Gehirns und zu Bewusstseinstrübung oder Bewusstlosigkeit führen kann (Seidl et al. 2005). Hierüber ist der Patient (schriftlich) aufzuklären.
- Der Arzt hat die Schweigepflicht zu wahren. Sollte der Patient trotz Fahruntauglichkeit weiterhin ein KFZ führen, so ist der Arzt nicht verpflichtet, dies den Behörden anzuzeigen, da er sonst gegen die Schweigepflicht und § 203 STGB verstößt. Dieser Verstoß wird unter Umständen nur dann nicht geahndet, wenn der Arzt mit dem Patienten (dokumentiert) nach einer Lösung sucht und dieser beharrlich uneinsichtig ist. Des Weiteren ist dem Patienten anzukündigen, dass der Arzt seine Schweigepflicht zu brechen gedenkt (Krüger 2000).

Juristische Implikationen

- *Therapiefehler:* Bei Anwendung veralteter oder überholter Therapiemethoden, bei Verfehlung des einzuhaltenden Maßes in Bezug auf chirurgische, radiologische oder andere medizinische Eingriffe kann eine Verletzung der Sorgfaltspflicht vorliegen (Arzthaftungsrecht, OLG Odenburg).
- *Fahrlässige Tötung:* Liegt eine Verletzung der ärztlichen Sorgfaltspflicht vor, die zum Tode des Patienten führt, so ist der § 222 STGB erfüllt.
- *Grobe Fahrlässigkeit:* Ist der Tatbestand der groben Fahrlässigkeit erfüllt, so ist der Versicherungsgeber einer Schadensversicherung von der Leistung befreit (VVG § 61). Insbesondere gilt dieser Tatbestand, wenn ohne adäquate Begründung von den Leitlinien abgewichen wird.

11.7 Die traumatische Herzschädigung

H. Tillmanns

Verletzungen des Herzens und der herznahen Gefäße sind oft eine Prognose-bestimmende Komplikation bei einem Polytrauma. Dabei kann zwischen penetrierenden und stumpfen Verletzungen unterschieden werden. Letztere können bei initial oft fehlender klinischer Symptomatik in der Akutversorgung eines Verletzten der Diagnostik entgehen und treten dann erst später durch Herzinsuffizienz oder persistierende Rhythmusstörungen zu Tage. Die Schädigungen der verschiedenen kardialen Strukturen (s. u.) gehen mit einer mehr oder minder typischen Klinik einher und bewirken charakteristische Veränderungen, die mittels moderner diagnostischer Methoden sicher dargestellt werden können. Ganz im Vordergrund steht dabei die Ultraschalldiagnostik (transthorakal bzw. ösophageal), die – im Gegensatz zu den radiologischen Verfahren wie CT und MRT – unmittelbar und mobil am Bett oder im Schockraum verfügbar ist. Mittels Ultraschall lassen sich nicht nur Ergussbildungen und Klappenläsionen oder Aneurysmen, sondern auch funktionelle Befunde wie Kontraktilitätsstörungen bei Myokardkontusion direkt darstellen. Das EKG und die laborchemischen Untersuchungen sind nur in besonderen Fällen wegweisend.

Myokard

Die Erscheinungsformen myokardialer Läsionen sind vielfältig und verlaufen oftmals symptomlos oder symptomarm. Eine *Commotio cordis* weist definitionsgemäß keine morphologisch fassbaren Veränderungen auf, und es wird kein Anstieg der herzspezifischen Enzyme beobachtet. Die Verdachtsdiagnose sollte bei jeder Art von Rhythmusstörungen und Fehlen sonstiger pathologischer Veränderungen gestellt werden. Bei allen Ursachen der traumatischen Myokardschädigung reichen die Formen möglicher Rhythmusstörungen von ventrikulären und supraventrikulären Extrasystolien und Salven über interkurrentes, meist spontan sich limitierendes Vorhofflimmern/-flattern bis hin zu bedrohlichen ventrikulären Arrhythmien, in Einzelfällen sogar bis zum tödlichen Kammerflimmern.

Begünstigend wirken dabei ein Kreislaufschock, Hypoxien (Blutverlust, Oxygenierungsstörungen) sowie Elektrolytentgleisungen (Hypokaliämie) durch inadäquate Infusionstherapie und mechanische Alterationen durch zentralvenöse Katheter.

Bradykardien und *intraventrikuläre Leitungsstörungen* sind ebenfalls möglich und dann mitunter auf eine Läsion des Reizbildungs- und -leitungssystems zurückzuführen. Insbesondere ein Rechtsschenkelblock und Erregungsrückbildungsstörungen sind bei traumatischer Schädigung des Herzens häufig zu beobachten.

Die *Contusio cordis* kann mit präkordialen Schmerzen einhergehen und im Extremfall einen Herzinfarkt imitieren. Die thorakalen Beschwerden sind allerdings bei vorliegenden Begleitverletzungen in dieser Region nur schwierig abzugrenzen. Pathologisch-anatomisch lassen sich kleinere Blutungsherde bis hin zu ausgedehnten, traumatisch bedingten Nekrosen nachweisen. In diesem Fall kann es zur Ausbildung eines kardiogenen Schocks mit schlechter Prognose kommen.

Bei der Contusio cordis kommt der Laborbestimmung der Herzenzyme größere Bedeutung zu als bei der Commotio cordis. Die Bestimmung der herzspezifischen Troponine hat dabei Vorrang, da infolge meist gleichfalls vorliegender, z.T. erheblicher Skelettmuskelläsionen die Ergebnisse der CK-/CK-MB- sowie der ASAT/SGOT- und LDH-Bestimmung Interpretationsprobleme bereiten. Darüber hinaus kann mittels Echokardiographie weiterer Aufschluss (Kontraktilität, Aneurysmata, Perforation, Perikardtamponade etc.) gewonnen werden.

Szintigraphische Untersuchungsmethoden sowie die Positronenemissionstomographie stehen in der Akutdiagnostik meist nicht zur Verfügung, vermögen aber den residualen Schaden in der Posthospitalphase exzellent zu dokumentieren. Die Prognose einer myokardialen Kontusion wird von deren Ausmaß und Lokalisation sowie vom Vorliegen präexistenter kardialer Schäden und damit auch vom Alter des Patienten bestimmt.

Die Ausbildung einer *Narbe* nach ausgedehnter Myokardnekrose oder eines Aneurysmas kann eine erhebliche kardiale Beeinträchtigung zur Folge haben.

Größere *Vorhof-* und *Ventrikelseptumdefekte* führen ebenfalls zu einer hämodynamischen Belastung mit fatalen Folgen (Thrombenbildung mit konsekutiver Embolisation, Einblutung ins Perikard, Ruptur etc.).

Koronararterien

Die klinischen Symptome und die möglichen Komplikationen der traumatischen Koronarläsion entsprechen weitestgehend denen des „gemeinen" Herzinfarkts bei der koronaren Herzkrankheit. Die Prognose ist bei den jüngeren Patienten mit geringem kardiovaskulären Risiko und wenigen Vorerkrankungen günstig. Sowohl diagnostisch als auch therapeutisch ändert sich am Vorgehen im Prinzip wenig. Falls die Patienten analgosediert und/oder beatmet sind, wird die Diagnostik im Vergleich zum konventionellen Myokardinfarkt erschwert. Die systemische Lysetherapie als etabliertes Therapieverfahren ist bei den meist polytraumatisierten Patienten kontraindiziert. Die Akut-PCI (perkutane Katheterintervention) vermag aufgrund verzögerter Diagnosestellung und logistischer Probleme beim Umgang mit Schwerverletzten nicht solche optimalen Ergebnisse wie beim konventionellen Infarktpatienten zu erreichen, sollte aber bei entsprechender Konstellation (EKG, Echokardiographie) unbedingt erwogen werden.

Herzklappen

Durch die Einwirkung stumpfer Gewalt können die Klappen selbst und/oder der Halteapparat geschädigt werden. In der Regel resultiert eine akute Klappeninsuffizienz, die jedoch nicht sofort manifest werden muss. Am häufigsten sind Aorten- und Trikuspidalklappen sowie vorgeschädigte Klappen von Läsionen betroffen. Die Diagnose erfolgt am schnellsten und effektivsten mittels Echokardiographie. Oft imponiert die klinische Symptomatik in Form einer Herzinsuffizienz mit typischem Auskultationsbefund.

Aorta

Die Aortenruptur stellt die häufigste Manifestationsform traumatischer Läsionen der großen herznahen Gefäße dar. Prädisponierend für diese Verletzung ist ein arteriosklerotisch vorgeschädigtes Gefäß. Im Wesentlichen werden 2 Formen unterschieden: das Aneurysma spurium sowie das A. dissecans. Die von einer traumatisch bedingten Aortenläsion betroffenen Patienten sind im Allgemeinen symptomatisch. Es wird ein heftiger thorakaler oder Interskapularschmerz geäußert; insbesondere beim Vorliegen einer Dissektion sollte mit einem Schockzustand gerechnet werden. Bei einem raumfordernden Hämatom können ein Stridor, Dysphonie als Zeichen einer Rekurrensparese, eine Horner-Trias sowie Husten und Hämopthysen auftreten. Ferner können Zeichen eines Hämatothorax sowie einer Perikardtamponade als primäres klinisches Bild imponieren.

Die Diagnostik erfolgt bei Schädigung der Aorta ascendens und des Aortenbogens mittels transthorakaler Echokardiographie, der Aorta descendens mit transoesophagealer Echokardiographie. Bei unsicheren Zeichen kann die Magnet-Resonanz-Tomographie oder die Computer-Tomographie nützlich sein.

Gutachterliche Bewertung

Für die Beurteilung des Zusammenhangs einer Herzschädigung beim Zustand nach Herztrauma müssen die auch sonst üblichen Bedingungen erfüllt sein (adäquates Trauma, zeitlicher Zusammenhang bei der Akutbeurteilung bzw. Brückensymptome, wenn die Beurteilung und das traumatisierende Ereignis zeitlich weit auseinander liegen, Fehlen anderer Ursachen einer Herzschädigung bzw. Vorliegen konkurrierender, unfallunabhängiger Herzkrankheiten).

Im Rahmen der Begutachtung werden durch detaillierte Untersuchungsmethoden (EKG, Langzeit-EKG, Echokardiographie, Röntgenuntersuchungen und Koronarangiographie sowie Rechtsherzeinschwemmkatheter) Aussagen zum myokardialen Funktionszustand abgefordert. Die elektrokardiographischen Untersuchungen dienen dabei der Feststellung und Beschreibung von Herzrhythmusstörungen; echokardiographisch werden die Myokardkontraktilität und Klappenfunktion beurteilt, mittels Einschwemmkatheteruntersuchungen können Aussagen zur Leistungsfähigkeit beim Zustand nach Herztrauma ermöglicht werden, und die ggf. durchzuführende Koronarangiographie kann Verletzungen der Koronararterien dokumentieren.

Die Koronarangiographie hat bei der Feststellung unfallunabhängiger koronarer Vorerkrankungen (stenosierende Herzgefäßerkrankung im Rahmen einer schicksalhaften allgemeinen Angiosklerose) ebenfalls große Bedeutung.

Die gutachterliche Beurteilung und Bemessung der durch eine traumatische Herzschädigung akut oder auf Dauer bewirkten Minderung der Erwerbsfähigkeit orientiert sich an der kardial begründeten Leistungsbegrenzung und Symptomatik sowie an den objektiv festgestellten hämodynamischen Funktionseinschränkungen und den erhobenen morphologischen Daten. Die Abschätzung dieser MdE kann sich dabei an der NYHA-Klassifikation orientieren und variiert zwischen 10% (NYHA I) und 80–100% (NYHA IV), (Barmeyer 2001).

Literatur

Abelmann WH (1984) Classification and natural history of primary myocardial disease. Prog Cardiovasc Dis 27:73–94

ALKK-Register: Vogt A, Engel HJ, Glunz HG, Sattelberger U, Reil GH, Sechtem U, Sabin G, Senges J, Hanrath P, Neuhaus KL (2002) Early results of coronary angioplasty despite more complex interventions (Registry of The German Community Hospitals 1993–2000). Am J Cardiol 90:1005–1009

Andersen HR, Nielsen TT, Rasmusen K (2003) The Danish multicenter randomized trial on thrombolytic therapy versus acute coronary angioplasty in acute myocardial infarction. N Engl J Med 8:349–356

Anderson T, Meredith I, Yeung A, Frei B, Selwyn A, Ganz P (1995) The effect of cholesterol-lowering and antioxidant therapy on endothelium-dependent coronary vasomotion. N Engl J Med 332:488–493

Antiplatelet Trialists' Collaboration (1994) Collaborative overview of randomised trials of antiplatet therapy – I: Prevention of death, myocardial infarction, and stroke by prolonged antiplatelet therapy in various categories of patients. BMJ 308:81–106

Arntz HR, Tebbe U, Schuster HP, Sauer G, Meyer J (2000) Leitlinien zur Diagnostik und Therapie des akuten Herzinfarktes in der Prähospitalphase. Z Kardiol 89:364–372

Autore C, Bernabò P, Barillà CS, Bruzzi P, Spirito P (2005) The prognostic importance of left ventricular outflow obstruction in hypertrophic cardiomyopathy varies in relation to the severity of symptoms. J Am Coll Cardiol 45:1076–1080

Barmeyer J (1998) Das kardiologische Gutachten. Thieme, Stuttgart New York

Barmeyer J, Machroui A (2001) Chronisches Cor pulmonale. In: Fritze E, May B, Mehrhoff F (Hrsg) Die ärztliche Begutachtung, 6. Aufl. Steinkopff, Darnstadt, S 456–458

Barst RJ, Rubin LJ, Long WA, McGoon MD, Rich S, Badesch DB, Groves BM, Tapson VF, Bourge R, Brundage BH, Koerner SK, Langleben D, Keller CA, Murali S, Uretsky BF, Clayton LM, Jobsis MM, Blackburn Jr SD, Shortino D, Crow JW (1996) A Comparison of Continuous Intravenous Epoprostenol (Prostacyclin) with Conventional Therapy for Primary Pulmonary Hypertension.N Engl J Med 334:296–302

Baur X, Sieger C (1998) Die Berteilung der Restleistungsfähigkeit mittels Lungenfunktionsuntersuchung. Versicherungsmedizin 51:106–110

Bessou JP, Bouchart F, Angha S, Tabley A, Dubar A, Mouton-Schleifer D, Redonnet M, Fournier JF, Arrignon J, Soyer R (1999) Aortic valvular replacement in octogenarians. Short-term and mid-term results in 140 patients. Cardiovasc Surg 7:355–362

Biegelmeier G (2006) Kriterien für konventionelle Vereinbarungen über vertretbare Risiken beim Schutz gegen schädlichen elektrischen Schlag bei Wechselstrom 50/60 Hz. Elektrotechnik & Informationstechnik 123: 571–583

Boden WE, O'Rourke RA, Teo KK, Hartigan PM, Maron DJ, Kostuk WJ, Knudtson M, Dada M, Casperson P, Harris CL, Chaitman BR, Shaw L, Gosselin G, Nawaz S, Title LM, Gau G, Blaustein AS, Booth DC, Bates ER, Spertus JA, Berman DS, Mancini GBJ, Weintraub WS (2007) Optimal Medical Therapy with or without PCI for Stable Coronary Disease. N Engl J Med 356:1503–1516

Bolen JL, Alderman EL (1976) Hemodynamic consequences of afterload reduction in patients with chronic aortic regurgitation. Circulation 53:879–883

Bonnefoy E, Lapostolle F, Leizorovicz A, Steg G, McFadden EP, Dubien PY, Cattan S, Boullenger E, Machecourt J, Lacroute JM (2002) Primary angioplasty versus prehospital fibrinolysis in acute myocardial infarction: a randomised study. Lancet 360:825–829

Bonow RO, Carabello B, De Leon Jr AC, Edmunds Jr LH, Fedderly BJ, Freed MD, Gaasch WH, McKay CR, Nishimura RA, O'Gara PT, O'Rourke RA, Rahimtoola SH, Ritchie JL, Cheitlin MD, Eagle KA, Gardner TJ, Garson Jr A, Gibbons RJ, O'Rourke RA, Russell RO, Ryan TJ, Smith Jr SC (1998) ACC/AHA guidelines for the management of patients with valvular heart disease: A report of the American College of Cardiology/American Heart Association Task Force on practice guidelines (Committee on management of patients with valvular heart disease). J Am Coll Cardiol 32:1486–1582

Boring L, Gosling J, Clary M, Charo IF (1998) Decreased lesien function in CCR2 nice reals a vole. Nature 394:894–897

Bouvy ML, Heerdink ER, Leufkens HG, Hoes AW (2003) Predicting mortality in patients with heart failure: a pragmatic approach. Heart 89:605–609

Braunwald E (1989) Unstable angina. A classifiacation. Circulation 80:410–414

Braunwald E, Kloner RA (1982) The stunned myocardium: prolonged, postischemic ventricular dysfunction. Circulation 66:1146–1149

Brown G, Albers JJ, Fisher LD, Schaefer SM, Lin JT, Kaplan C, Zhao XQ, Bisson BD, Fitzpatrick VF, Dodge HT (1990) Regression of coronary artery disease as a result of intensive lipid-lowering therapy in men with high levels of apolipoprotein B. N Engl J Med 323:1289

Bucher HC, Hengstler P, Schindler C, Guyatt GH (2000) Percutaneous transluminal coronary angioplasty versus medical treatment for non-acute coronary heart disease: meta-analysis of randomised controlled trials. BMJ 321:73–77

Camenzind E, Stey G, Wijns W (2006) Safety of drug-eluting stents: a meta-analysis of 1st generation DES programs. Presented at the European Society of Cardiology 2006 World Congress, Barcelona

Campeau L (2002) The Canadian Cardivascular Society grading of angina pectoris revisited 30 years later. Can J Cardiol 18:371–379

Cannon CP, Weintraub WS, Demopoulos LA, Vicari R, Frey MJ, Lakkis N, Neumann FJ, Robertson Debbie H, DeLucca PT, DiBattiste PM, Gibson CM, Braunwald E (2001) Comparison of Early Invasive and Conservative Strategies in Patients with Unstable Coronary Syndromes Treated with the Glycoprotein IIb/IIIa Inhibitor Tirofiban. N Engl J Med 344:1879–1887

CAPRIE Steering Committee (1996) A randomised, blinded, trial of clopidogrel versus aspirin in patients at risk of ischaemic events (CAPRIE). Lancet 348:1329–1339

Caracciolo EA, Davis KB, Sopko G, Kaiser GC, Corley SD, Schaff H, Taylor HA, Chaitman BR (1995) Comparison of Surgical and Medical Group Survival in Patients With Left Main Equivalent Coronary Artery Disease: Long-term CASS Experience. Circulation 91:2335–2344

Chen CR, Cheng TO, Huang T, Zhou YL, Chen JY, Huang YG, Li HJ (1996) Percutaneous Balloon Valvuloplasty for Pulmonic Stenosis in Adolescents and Adults. N Engl J Med 335:21–25

Christman BW, McPherson CD, Newman JH, King GA, Bernand GR, Groves BM, Loyd JE (1992) An imbalance between the excretion of thromboxane and prostacyclin metabolites in pulmonary hypertension. N Engl J Med 327:70–75

Clayton TC, Pocock SJ, Henderson RA, Poole-Wilson PA, Shaw TRD, Knight R, Fox KAA (2004) Do men benefit more than women from an interventional strategy in patients with unstable angina or non-ST-elevation myocardial infarction? The impact of gender in the RITA 3 trial. Eur Heart J 25:1641–1650

Coonar AS, Protonotarios N, Tsatsopoulou A, Needham EWA, Houlston RS, Cliff S, Otter MI, Murday VA, Mattu RK, McKenna WJ (1998) Gene for Arrhythmogenic Right Ventricular Cardiomyopathy With Diffuse Nonepidermolytic Palmoplantar Keratoderma and Woolly Hair (Naxos Disease) Maps to 17q21. Circulation 97:2049–2058

Corrado D, Basso C, Thiene G (2000) Cardiomyopathy. Arrhythmogenic right ventricular cardiomyopathy: diagnosis, prognosis, and treatment. Heart 83: 588–595

Cybulsky MI, Gimbrone Jr MA (1991) Endothelial expression of a mononuclear leukocyte adhesion molecule during atherogenesis. Science 251:788–791

D'Alonzo GE, Barst RJ, Ayres SM, Bergofsky EH, Brundage BH, Detre KM (1991) Survival in patients with primary oulmonary hypertension. Results from a national prospective registry. Ann Intern Med 115:343–349

Daniel WG, Baumgartner H, Gohlke-Bärwolf C, Hanrath P, Horstkotte D, Koch KC, Mügge A, Schäfers HJ, Flachskampf FA (2006) Klappenvitien im Erwachsenenalter. Clin Res Cardiol 95:620–641

Daten der BQS, Bundesgeschäftsstelle Qualitätssicherung gGmbH, 2001: Mohr VD, Brechtel T, Döbler K, Fischer B (2002) Qualität sichtbar machen. BQS-Qualitätsreport 2001. Düsseldorf: BQS Bundesgeschäftsstelle Qulaitässicherung gGmbH, www.bqs-online.de

Davies MJ (1996) Stability and Instability. Two Faces of Coronary Atherosclerosis: The Paul Dudley White Lecture 1995. Circulation 94:2013–2020

Davies SW (2001) Clinical presentation and diagnosis of coronary artery disease: stable angina. Br Med Bull 59:17–27

Davies SW, Gershlick AH, Balcon R (1991) Progression of valvar aortic stenosis: a long-term retrospective study. Eur Heart J 12:10–14

De Winter RJ, Windhausen F, Cornel JH, Dunselman PHJM, Janus CL, Bendermacher PEF, Michels HR, Sanders GT, Tijssen JGP, Verheugt FWA, for the Invasive versus Conservative Treatment in Unstable Coronary Syndromes (ICTUS) Investigators (2005) Early Invasive versus Selectively Invasive Management for Acute Coronary Syndromes. N Engl J Med 353:1095–1104

De Wood MA, Spores J, Notske R. Mouser LT, Burroughs R, Golden Ms, Lang HT(1980). Prevalence of total coronary occlusion during the early hours of transmural myocardial infarction. N Engl J Med 303:897–902

Deng Z, Morse JH, Slager SL, Cuervo N, Moore KJ, Venetors G, Kalachikov, Cayanis E, Ficher SG, Barst RJ, Hodge SE, Knowles JA (2000) Familial primary pulmonary hypertension (gene PPH1) is caused by mutations in the bone morphogenetic protein receptor-II gene. Am J Hum Genet 67:737–744

Dietz R, Rauch B (2003) Leitlinien zur Diagnose und Behandlung der chronischen koronaren Herzkerkrankung der Deutschen Gesellschaft für Kardiologie-

Herz- und Kreislaufforschung (DGK). Z Kardiol 92: 501–521

Diker E, Aydogdu S, Oezdemir M, Kural T, Polat K, Cehreli S, Erdogan A, Göksem S (1996) Prevalence and predictors of atrial fibrillation in rheumatic valvular heart disease. Am J Cardiol 77:96–98

Discigil B, Dearani JA, Puga FJ, Schaff HV, Hagler DJ, Warnes CA, Danielson GK (2001) Late pulmonary valve replacement after repair of tetralogy of Fallot. J Thorac Cardiovasc Surg 121:344–351

Duben AA, March HW, Cohn K and Selzer A (1971) Longitudinal Hemodynamic and Clinical Study of Mitral Stenosis. Circulation 44:381–389

Dujardin KS, Enriquez-Sarano M, Schaff HV, Bailey KR, Seward JB and Tajik AJ (1999) Mortality and Morbidity of Aortic Regurgitation in Clinical Practice: A Long-Term Follow-Up Study. Circulation 99:1851–1857

Eagle KA, Guyton RA, Davidoff R, Ewy GA, Fonger J, Gardner TJ, Gott JP, Herrmann HC, Marlow RA, Nugent W, O'Connor GT, Orszulak TA, Rieselbach RE, Winters WL, Yusuf S, Gibbons RJ, Alpert JS, Eagle KA, Gardner TJ, Garson Jr A, Gregoratos G, Russell RO, Ryan TJ, Smith Jr SC (1999) ACC/AHA Guidelines for Coronary Artery Bypass Graft Surgery. Executive Summary and Recommendations: A Report of the American College of Cardiology/American Heart Association Task Force on Practice Guidelines (Committee to Revise the 1991 Guidelines for Coronary Artery Bypass Graft Surgery). Circulation 100:1464–1480

ESC/Task Force Members, Fox K, Garcia MAA, Ardissino D, Buszman P, Camici PG, Crea F, Daly C, De Backer G, Hjemdahl P, Lopez-Sendon J, Marco J, Morais J, Pepper J, Sechtem U, Simoons M, Thygesen K, ESC Committee for Practice Guidelines (CPG), Priori SG, Blanc JJ, Budaj A, Camm J, Dean V, Deckers J, Dickstein K, Lekakis J, McGregor K, Metra M, Morais J, Osterspey A, Tamargo J, Zamorano JL, Document Reviewers, Zamorano JL, Andreotti F, Becher H, Dietz R, Fraser A, Gray H, Hernandez Antolin RA, Huber K, Kremastinos DT, Maseri A, Nesser HJ, Pasierski T, Sigwart U, Tubaro M, Weis M (2006) Guidelines on the management of stable angina pectoris. Executive summary: The Task Force on the Management of Stable Angina Pectoris of the European Society of Cardiology. Eur Heart J 27:1341–1381

Evangelista A, Tornos P, Bambola A, Permanyer-Miralda G, Soler-Soler J (2005) Long-term Vasodilator therapy inpatients with severe aortic regurgitation. N Engl J Med 353:1342–1349

Faggiano P, Ghizzoni G, Sorgato A, Sabatini T, Simoncelli U, Gardini A, Rusconi C (1992) Rate of progression of valvular aortic stenosis in adults. Am. J Cardiol 70:229–233

Farb A, Burke AP, Tang AL, Liang TY, Mannan P, Smialek J, Virmani R (1996) Coronary plaque erosion without rupture into a lipid core: a frequnent cause of coronary thrombosis in sudden coronary death. Circulation 93:1354–1363

Fibrinolytic Therapy Trialists' (FTT) Collaborative Group (1994) Indications for fibrinolytic therapy in suspected acute myocardial infarction: collaborative overview of early mortality and major morbidity results from all randomised trials of more than 1000 patients. Lancet 343:311–322

Fontaine G, Gallais Y, Fomes P, Herbert JL, Frank R (2001) Arrhythmogenic right ventricular dysplasia/cardiomyopathy. Anesthesiology 95:250–254

Fox KAA, Poole-Wilson PA, Henderson RA, Clayton TC, Chamberlain DA, Shaw TRD, Wheatley DJ and Pocock SJ (2002) Interventional versus conservative treatment for patients with unstable angina or non-ST-elevation myocardial infarction: the British Heart Foundation RITA 3 randomised trial. Lancet 360:743–751

Franz IW (1995) Krankheiten von Herz-, Kreislauf- und Gefäßsystem. In: Verband der deutschen Rentenversicherungsträger (Hrsg) Sozialmedizinische Begutachtrung in der gesetzlichen Rentemversicherung. Gustav Fischer, Stuttgart Jena New York

FRISC II-Investigators (1999) Invasive compared with non-invasive treatment in unstable coronary-artery disease: FRISC II prospective randomised multicentre study. Lancet 354:708–715

Fuster V, Badimon L, Badimon JJ, Chesebro JH (1992) The pathogenesis of coronary artery disease and the acute coronary syndromes (2). N Engl J Med 326:310–318

Fuster V, Ryden L, Asinger RW, American College of Cardiology/American Heart Association/European Society of Cardiology Board (2001) ACC/AHA/ASC guidelines for the management of patients with atrial fibrillation. J Am Coll Cardiol 38:1231–1266

Galié N, Torbicki A, Barst R, Dartevelle P, Haworth S, Higenbottam T, Olschewski H, Peacock A, Pietra G, Rubin LJ, Simonneau G (2004) Guidelines on diagnosis and treatment of pulmonary arterial hypertension: The Task Force on Diagnosis and Treatment of Pulmonary Arterial Hypertension of the European Society of Cardiology. Eur Heart J 25:2243–2278

Galié N, Torbicki A, Barst R, Dartevelle P, Haworth S, Higenbottam T, Olschewski H, Peacock A, Pietra G, Rubin LJ, Simonneau G (2004) Guidelines on diagnosis and treatment of pulmonary arterial hypertension: The Task Force on Diagnosis and Treatment of Pulmonary Arterial Hypertension of the European Society of Cardiology. Eur Heart J 25:2243–2278

Geng YJ, Libby P (1995) Evidence for apoptosis in advanced human atheroma: colocalization with interleukin-1 beta-converting en-zyme. Am J Pathol 147:251–266

Gerull B, Heuser A, Wichter T, Paul M, Basson CT, McDermott DA, Lerman BB, Markowitz SM, Ellinor PT, Macrae CA, Peters S, Grossmann KS, Michely B, Sasse-Klaasen S, Birchmeier W, Dietz R, Breithardt G, Schulze-Bahr E, Thierfelder L (2006) Mutations in the desmosomal protein plakophilin-2 are common in arrhythmogenic right ventricular cardiomyopathy. Nat Genet 36:1162–1164

Ghofrani HA, Rose F, Schermuly RT, Olschewski H, Wiedemann R, Kreckel A, Weissmann N, Ghofrani ST, Enke B, Seeger Wm, Grimminger F (2003) Oral sildenafil as long-term adjunct therapy to inhaled iloprost in severe pulmonary arterial hypertension. J Am Coll Cardiol 42:158–164

Ghofrani, HA, Seeger W, Grimminger F (2005) Imatinib for the Treatment of Pulmonary Arterial Hypertension. N Engl J Med 353:1412–1413

Giaid A, Saleh D (1995) Reduced Expression of Endothelial Nitric Oxide Synthase in the Lungs of Patients with Pulmonary Hypertension. N Engl J Med 333:214–221

Giaid A, Yanagisawa M, Langleben D, Michel RP, Levy R, Shennib H, Kimura S, Masaki T, Duguid WP, Stewart

DJ (1993) Expression Of Endothelin-1 In The Lungs Of Patients With Pulmonary Hypertension. N Engl J Med 328:1732–1739

Gibbons RJ, Holmes DR, Reeder GS, Bailey KR, Hopfenspirger MR, Gersh BJ, the Mayo Coronary Care Unit and Catheterization Laboratory Groups (1993) Immediate Angioplasty Compared With The Administration Of A Thrombolytic Agent Followed By Conservative Treatment For Myocardial Infarction. N Engl J Med 328:685–691

Gibbons RJ, Chatterjee K, Daley J, Douglas JS, Fihn SD, Gardin JM, Grunwald MA, Levy D, Lytle BW, O'Rourke RA, Schafer WP, Williams SV, Ritchie JL, Gibbons RJ, Cheitlin MD, Eagle KA, Gardner TJ, Garson A, Russell RO, Ryan TJ, Smith Jr SC (1999) ACC/AHA/ACP-ASIM guidelines for the management of patients with chronic stable angina: A report of the American College of Cardiology/American Heart Association Task Force on Practice Guidelines (Committee on Management of Patients With Chronic Stable Angina). J Am Coll Cardiol 33:2092–2197

Gibbons RJ, Abrams J, Chatterjee K, Daley J, Deedwania PC, Douglas JS, Ferguson TB, Fihn SD, Fraker TD, Gardin JM, O'Rourke RA, Pasternak RC, Williams SV, Gibbons RJ, Alpert JS, Antman EM, Hiratzka LF, Fuster V, Faxon DP, Gregoratos G, Jacobs AK, Smith Jr S, Committee Members Task Force Members (2003) ACC/AHA 2002 Guideline Update for the Management of Patients With Chronic Stable Angina – Summary Article: A Report of the American College of Cardiology/American Heart Association Task Force on Practice Guidelines (Committee on the Management of Patients With Chronic Stable Angina) Circulation 107:149–158

GISSI: Gruppo italiano per lo studio della streptochi-nasi nell'infarto miocardico (1987) Long-term effects of intravenous thrombolysis in acute myocardial infarction: Final report of the gissi study. Lancet 330:871–874

Glagov S, Weisenberg E, Zarins CK, Stankunavicius R, Kolettis GJ (1987) Compensatory enlargement of human atherosclerotic coronary arteries. N Engl J Med 316:1371–1375

Glaser R, Herrmann HC, Murphy SA, Demopoulos LA, DiBattiste PM, Cannon CP, Braunwald E (2002) Benefit of an Early Invasive Management Strategy in Women With Acute Coronary Syndromes. JAMA 288:3124–3129

Gohlke-Bärwolf C, Gohlke H, Peters K, Petersen J, Eschenbruch E, Birnbaum D, Roskamm H (1990) Welche Faktoren beeinflussen die berufliche Wiedereingliederung nach Klappenersatz? RHZ aktuell 5:12–14

Gordon SP, Douglas PS, Come PC, Manning WJ (1992) Two-dimensional and Doppler echocardiographic determinants of the natural history of mitral valve narrowing in patients with rheumatic mitral stenosis: implications for follow-up. Am Coll Cardiol 19:968–973

Greenberg B, Massie B, Bristow JD, Cheitlin M, Siemienczuk D, Topic N, Wilson RA, Szlachcic J, Thomas D (1988) Long-term vasodilator therapy of chronic aortic insufficiency. A randomized double-blinded, placebo-controlled clinical trial. Circulation 78:92–103

Grines CL (1996) Primary Angioplasty – The Strategy of Choice. N Engl J Med 335:1313–1317

Grines CL, Browne KF, Marco J, Rothbaum D, Stone GW, O'Keefe J, Overlie P, Donohue B, Chelliah N, Timmis GC, Vlietstra RE, Strzelecki M, Puchrowicz-Ochocki S, O'Neill WW (1993) A Comparison Of Immediate Angioplasty With Thrombolytic Therapy For Acute Myocardial Infarction. N Engl J Med 328:673–679

Grines CL, Westerhausen Jr DR, Grines LL, Hanlon JT, Logemann TL, Matti N, Weaver WD, Graham M, Boura J, O'Neill WW, Balestrini C, Air PAMI Study Group (2002) A randomized trial of transfer for primary angioplasty versus on-site thrombolysis in patients with high-risk myocardial infarction: The air primary angioplasty in myocardial infarction study. J Am Coll Cardiol 39:1713–1719

Gustafsson F, Torp-Pedersen C, Brendorf B, Seibaek M, Buchardt H, Kober L, Diamond Study Group (2003) Long-term survival in patients hospitalized with congestive heart failure: relation to preserved and reduced left ventricular systolic function. Eur Heart J 24:863–870

GUSTO IIb: Angioplasty Substudy Investigators (1997) A Clinical Trial Comparing Primary Coronary Angioplasty with Tissue Plasminogen Activator for Acute Myocardial Infarction. N Engl J Med 336:1621–1628

Hamm CW, Braunwald E (2000) A classifacation of unstable angina revisited. Circulation 102:118–122

Hamm CW, Arntz HR, Bode C, Gianitis E, Katus H, Levenson B, Nordt TH, Neumann FJ, Tebbe U, Zahn R (2004) Evidenzgrad I-A/C, Leitlinien der Deutschen Gesellschaft für Kardiologie: Akutes Koronarsyndrom (ACS), Teil 1: ACS ohne persistierende ST-Hebung. Z Kardiol 93:72–90

Hamm CW, Arntz HR, Bode C, Giannitsis E, Katus H, Levenson B, Nordt T, Neumann FJ, Tebbe U, Zahn R (2004) Leitlinien akutes Koronarsyndrom (ACS). Teil 2: Akutes Koronarsyndrom mit ST-Hebung. Z Kardiol 93:324–341

Haskell WL, Alderman EL, Fair JM, Maron DJ, Mackey SF, Superko HR, Williams PT, Johnstone IM, Champagne MA, Krauss RM (1994) Effects of intensive multiple risk factor reduction on coronary atherosclerosis and clinical cardiac events in men and women with coronary artery disease. The Stanford Coronary Risk Intervention Project (SCRIP). Circulation 89:975–990

Heart Outcomes Prevention Evaluation (HOPE) Study Investigators (2000) Effects of ramipril on cardiovascular and microvascular outcomes in people with diabetes mellitus: results of the HOPE study and MICRO-HOPE substudy. Lancet 355:253–259

Heart Protection Study Collaborative Group (2002) MRC/BHF Heart Protection Study of cholesterol lowering with simvastatin in 20536 high-risk individuals: a randomised placebocontrolled trial. Lancet 360:7–22

Henry PD, Yokoyama M (1980) Supersensitivity of atherosclerotic rabbit aorta to ergonovine. Mediation by a serotonergic mechanism. J Clin Inv 66:306–313

Hermanson B, Omenn GS, Kronmal RA, Gersh BJ (1988) Beneficial sex-years outcome of smoking cessation in older men and woman with coronary arteray disease. Results from the CASS registry. N Engl J Med 319: 1365–1369

Heusch G, Schulz R (1994) Pathophysiologie der Myokarddurchblutung. Teil I: Adaption an Myokardischämie („hibernating"-Myokard). Dtsch Med Wochenschr 119:1589–1590

Heuser A, Plovie ER, Ellinor PT, Grossmann KS, Shin JT, Wichter T, Basson CT, Lerman BB, Sasse-Klaassen S, Thierfelder L, MacRae CA, Gerull B (2006) Mutant Desmocollin-2 Causes Arrhythmogenic Right Ventricular Cardiomyopathy. Am J Hum Genet 79:978–984

Heyndrickx GR, Millard RW, McRitchie RJ, Maroko PR, Vatner SF (1975) Regional myocardial, functional, and electro-physiological alterations after brief coronary occlusion in conscious dogs. J Clin Invest 56:978–985

Hochman JS, Sleeper LA, Webb JG, Sanborn TA, White HD, Talley JD, Buller CE, Jacobs AK, Slater JN, Jacques C, McKinlay SM, LeJemtel TH, Picard MH, Menegus MA, Boland J, Dzavik V, Thompson CR, Wong SC, Steingart R, Forman R, Aylward PE, Godfrey E, Desvigne-Nickens P (1999) Early Revascularization in Acute Myocardial Infarction Complicated by Cardiogenic Shock. N Engl J Med 341:625–634

Hoeper MM, Markevych I, Spiekerkoetter E, Welte T, Niedermeyer J (2005) Goal-oriented treatment and combination therapy for pulmonary arterial hypertension. Eur Respir J 26:858–863

Hoppe UC, Böhm M, Dietz R, Hanrath P, Kroemer HK, Osterspey A, Schmaltz AA, Erdmann E (2005) Leitlinien zur Therapie der chronischen Herzinsuffizienz. Z Kardiol 94:488–509

Horstkotte D, Piper C, Wiemer M, Schultheiss HP (1998) Diagnostic approach and optimal treatment of aortic valve stenosis. Herz 23:434–440

Humpert M, Sitbon O, Simonneau G (2004) Drug therapy treatment of pulmonary arterial hypertension. N Engl J Med 351:1425–1436

Huth S, Barth J (2000) Mechanismen, Klinik und Diagnostik der traumatischen Herzschädigung. Trauma und Berufskrankheit 2:344–351

Iung B, Garbarz E, Michaud P, Helou S, Farah B, Berdah P, Michel PL, Cormier B, Vahanian A (1999) Late Results of Percutaneous Mitral Commissurotomy in a Series of 1024 Patients: Analysis of Late Clinical Deterioration: Frequency, Anatomic Findings, and Predictive Factors. Circulation 99:3272–3278

Iung B, Gohlke-Bärwolf C, Tornos P, Tribouilloy C, Hall R, Butchart E, Vahanian A (2002) Recommendations on the management of the asymptomatic patient with valvular heart disease. Eur Heart J 23:1252–1266

Jolliffe JA, Rees K, Taylor RS, Thompson D, Oldriges N, Ebrahim S (2001) Exercise-based rehabilitation for coronary heart disease (cochrane Review). The Cochrane Library, Issue 1

Kalmar P, Irrgang E, German Society for Thoracic and Cardiovaacular Surgery (2004) Cardiac surgery in Germany during 2003: a report by the german society for thoracic and cardiovascular surgery. Thorac Cardiovasc Surg 52:312–317

Keeley EC, Boura JA and Grines CL (2003) Primary angioplasty versus intravenous thrombolytic therapy for acute myocardial infarction: a quantitative review of 23 randomised trials. Lancet 361:13–20

Klepetko W, Mayer E, Sandoval J, Trulock EP, Vachiery JL, Dartevelle P, Pepke-Zaba J, Jamieson ST W, Lang I, Corris P (2004) Interventional and surgical modalities of treatment for pulmonary arterial hypertension. J Am Coll Cardiol 43:73S–80S.

Kolenda KD (1998) Sozialmedizinische Beurteilung und Beratung von Patienten mit koronarer Herzkrankheit. Dtsch Med Wochenschr 123:741–747

Krüger A (2000) Vor dem Bruch der Schweigepflicht stehen Gespräche mit dem Betroffenen. Deutsche Ärztezeitung v. 21. 8. 2000

Kübler W (2002) Sekundäre und primäre Prävention der koronaren Herzerkrankung: Aggregationshemmer und Antikoagulantien. Z Kardiol 91(Suppl 2):40–48

Lagerqvist B, Säfström K, Stähle E, Wallentin L, Swahn E, the FRISC II Study Group Investigators (2001) Is early invasive treatment of unstable coronary artery disease equally effective for both women and men? J Am Coll Cardiol 38:41–48

Lagerqvist B, Husted S, Kontny F, Näslund U, Stähle E, Swahn E, Wallentin L, FRISC-II Investigators (2002) A long-term perspective on the protective effects of an early invasive strategy in unstable coronary artery disease: Two-year follow-up of the FRISC-II invasive study. J Am Coll Cardiol 40:1902–1914

Lane KB, Machado R, Pauciolo MW, Thomson JR, Phillips JA, Loyd JE, Nichols WC, Trembath RC (2000) Heterozygous germline mutations in BMPR2, encoding a TGF-beta receptor, cause familial primary pulmonary hypertension. The International PPH Consortium. Nat Genet 26:3–4.

Langanay T, De Latour B, Ligier K, Derieux T, Agnino A, Verhoye JP, Corbineau H, Chaperon J, Leguerrier A (2004) Surgery for aortic stenosis in octogenatians: Influence of coronary disease and other comornidities on hospital mortality. J Hearth Valve Dis 13:545–553

Langer F, Aicher D, Kissinger A, Wendler O, Lausberg H, Fries R, Schäfers HJ (2004) Aortic Valve Repair Using a Differentiated Surgical Strategy. Circulation 110:II-67–II-73

LaRosa JC, He J, Vupputuri S (1999) Effect of Statins on Risk of Coronary Disease: A Meta-analysis of Randomized Controlled Trials. JAMA 282:2340–2346

Lederer W, Kroesen G (2005) Notfallmedizinische Versorgung von Blitz- und Stromschlagverletzungen. Anaesthesist 54:1120–1129

Levine HJ, Gaasche WH (1996) Vasoactive drugs in chronic regurgitant lesions of the mitral and aortic valves. J Am Coll Cardiol 28:1083–1091

Libby P (1995) Molecular Bases of the Acute Coronary Syndromes. Circulation 91:2844–2850

Lin M, Chiang HAT, Lin SL, Chang MS, Chiang BN, Kuo HW, Cheitlin MD (1994) Vasodilator therapy in chronic asymptomatic aortic regurgitation: enalapril versus hydralazine therapy. J Am Coll Cardiol 24:1046–1053

Lindroos M, Kupari M, Heikkila J, Tilvis R (1993) Prevalence of aortic valve abnormalities in the elderly: an echocardiographic study of a random population sample. J Am Coll Cardiol 21:1220–1225

Löwel H, Dobson A, Keil U, Herman B, Hobbs MS, Stewart A, Asstila M, Miettinen H, Mustaniemi H, Tuomilehto J (1993) Coronary heart disease care fatality in four countries: A community study. Circulation 88:2424–2531

Lowes BD, Gill EA, Abraham WT, Larrain JR, Robertson AD, Bristow MR, Gilbert EM (1999) Effects of carvedilol on left ventricular mass, chamber geometry, and mitral regurgition in chronic heart failure. Am J Cardiol 83:1201–1205

Machraoui A, Barmeyer J, Ulmer WT (1990) Prognosis in Cor pulmonale: predictive value of two-dimensional echocardiography. Pneumologie 44:955–959

MacNee W (1994) State of the art: Pathophysiology of cor pulmonale in chronic obstructive pulmonary disease (Parts 1 and 2). Am J Respir Crit Care Med 150:833–852

Magnussen H, Goeckenjan G, Köhler D, Matthys H, Morr H, Worth H, Wuthe H (2001) Leitlinien zur Langzeit-Sauerstofftherapie. Pneumologie 55:454–464

Maisch B, Bethge C, Drude L, Hufnagel G, Herzum M, Schönian U (1994) Pericardioscopy and epicardial biopsy: new diagnostic tools in pericardial and perimyocardial diseases. Eur Heart J 15 (Suppl C):68–73

Maisch B, Ristic AD and Pankuweit S (2002) Intrapericardial treatment of autoreactive pericardial effusion with triamcinolone. The way to avoid side effects of systemic corticosteroid therapy. Eur Heart J 23:1503–1508

Maisch B, Seferovic PM, Ristic AD, Erbel R, Rienmuller R, Adler Y, Tomkowski WZ, Thiene G, Yacoub MH (2004) Task force on the diagnosis and management of pericardial diseases of the European society of cardiology. Eur Heart J 25:587–610

Marcus FI, Fontaine G (1995) Arrhythmogenic right ventricular dysplasia/cardiomyopathy: a review. Pacing Clin Electrophysiol 18:1298–1314

Marcus FI, Fontaine GH, Guiraudon G, Frank R, Laurenceau JL, Malergue C, Grosgogeat Y (1982) Right ventricular dysplasia: a report of 24 adult cases. Circulation 65:384–398

Maron B, Gardin JM, Flack JM, Gidding SS, Kurosaki TT, Bild DE (1995) Prevalence of Hypertrophic Cardiomyopathy in a General Population of Young Adults: Echocardiographic Analysis of 4111 Subjects in the CARDIA Study. Circulation 92:785–789

Maron BJ, Towbin JA, Thiene G, Antzelevitch C, Corrado D, Arnett D, Moss AJ, Seidman CE, Young JB (2006) Contemporary Definitions and Classification of the Cardiomyopathies: An American Heart Association Scientific Statement From the Council on Clinical Cardiology, Heart Failure and Transplantation Committee; Quality of Care and Outcomes Research and Functional Genomics and Translational Biology Interdisciplinary Working Groups; and Council on Epidemiology and Prevention. Circulation 113:1807–1816

McKenna WJ, Behr ER (2002) Hypertrophic cardiomyopathy: management, risk stratification, and prevention of sudden death. Heart 87:169–176

Medariom B, Lytle BW, McCarthy PM, Stewart RW, Arheart KL, Arnold JH, Loop FD, Cosgrove III DM (1998) Aortic valve replacement for octogenarians: are small valves bad? Ann Thorac Surg 66:699–706

Mertens C, Kuhn C, Franke WW (1996) Plakophilins 2a and 2b: Constitutive proteins of dual location in the karyoplasm and the desmosomal plaque. J Cell Biol 135:1009–1025

Mesquita SM, Castro CR, Ikari NM, Oliveira SA, Lopes AA (2004) Likelihood of left main coronary artery compression based on pulmonary trunk diameter in patients with pulmonary hypertension. Am J Med 116:369–374

Messerli FH, Mancia G, Conti CR, Hewkin AC, Kupfer S, Champion A, Kolloch R, Benetos A, Pepine CJ (2006) Dogma Disputed: Can Aggressively Lowering Blood Pressure in Hypertensive Patients with Coronary Artery Disease Be Dangerous? Ann Intern Med 144:884–893

Mestroni L, Rocco C, Gregori D, Sinagra G, Lenarda AD, Miocic S, Vatta M, Pinamonti B, Muntoni F, Caforio A, McKenna WJ, Falaschi A, Giacca M, Camerini F, The Heart Muscle Disease Study Group (1999) Familial dilated cardiomyopathy: Evidence for genetic and phenotypic heterogeneity. J Am Coll Cardiol 34:181–190

Miller RR, Vismara LA, DeMaria AN, Salel AF, Mason DT (1976) Afterload reduction therapy with nitroprusside in severe aortic regurgitation: Improved cardiac performance and reduced regurgitant volume. Am J Cardiol 38:564–567

Mohler ER 3rd, Gannon F, Reynolds C, Zimmerman R, Keane MG, Kaplan FS (2001) Bone Formation and Inflammation in Cardiac Valves. Circulation 103:1522–1528

Morrison DA, Klein C, Welsh C (1991) Relief of right ventricular angina and increased exercise capacity with long-term oxygen therapy. Chest 100:534–539

Mügge A, Elwell J, Peterson T, Hofmeyer T, Heistad D, Harrison D (1991) Chronic treatment with polyethylene-glycolated superoxide dismutase partially restores endothelium-dependent vascular relaxations in cholesterol-fed rabbits. Circ Res 69:1293–1300

Müller V (1999) Untersuchungsmethoden zur Objektivierung der körperlichen Leistungsfähigkeit in der Rentenbegutachtung bei Erkrankungen des Herzens und der Lunge. LVA Rheinprovinz-Mitteilungen, S 365–368

Nava A, Thiene G, Canciani B, Scognamiglio R, Daliento L, Buja G, Martini B, Stritoni P and G Fasoli (1988) Familial occurrence of right ventricular dysplasia: a study involving nine families. J Am Coll Cardiol J 12:1222–1228

Nava A, Bauce B, Basso C, Muriago M, Rampazzo A, Villanova C, Daliento L, Buja G, Corrado D, Danieli GA and Thiene G (2000) Clinical profile and long-term follow-up of 37 families with arrhythmogenic right ventricular cardiomyopathy. J Am Coll Cardiol 36:2226–2233

Nazzareno G, Ghofrani, HA, Torbicki A, Barst R J, Rubin LJ, Badesch D, Fleming T, Parpia T, Burgess G, Branzi A, Grimminger F, Kurzyna, et al. (2005) Citrate Therapy for Pulmonary Arterial Hypertension. N Engl J Med 353:2148–2157

Neumann FJ, Katus HA, Hoberg E, Roebruck P, Braun M, Haupt HM, Tillmanns H, Kübler W (1991) Increased plasma viscosity and erythrocyte aggregation: indicators of an unfavourable clinical outcome in patients with unstable angina pectoris. Br Heart J 66:425–430

Newman JH, Trembath RC, Morse JA, Grunig E, Loyd JE, Adnot S, Coccolo F, Ventura C, Phillips JA, Knowles JA, Janssen B, Eickelberg O, Eddahibi S, Herve P, Nichols WC, Elliott G (2004) Genetic basis of pulmonary arterial hypertension: current understanding and future directions. J Am Coll Cardiol 43(12 Suppl S):33S–39S

Nordmann AJ, Briel M, Bucher HC (2006) Mortality in randomized controlled trials comparing drug-eluting vs. bare metal stents in coronary artery disease: a meta-analysis. Eur Heart J 27:2784–2814

Norman M, Simpson M, Mogensen J, Shaw A, Hughes S, Syrris P, Sen-Chowdhry S, Rowland E, Crosby A, McKenna WJ (2005) Novel mutation in desmoplaktin causes arrhythmogenic left ventricular cardiomyopathy. Circulation 112:636–642

NVL: Nationale Versorgungsleitlinien (2006) Chronische KHK. Träger: Bundesärztekammer, Arbeitsgemeinschaft der Wissenschaftlichen Medizinischen Fachgesellschaften, Kassenärztliche Bundesvereinigung. Februar 2006

O'Brien KD, Reichenbach DD, Marcovina SM, Kuusisto J, Alpers CE, Otto CM (1996) Apolipoproteins B, (a), and E Accumulate in the Morphologically Early Lesion of 'Degenerative' Valvular Aortic Stenosis. Arterioscler Thromb Vasc Biol 16:523–532

O'Connor GT, Buring JE, Yusuf S, Goldhaber SZ, Olmstead EM, Paffenbarger RS, Hennekens CH (1989) An overview of randomized trials of rehabilitation with exercise after myocardial infarction. Circulation 80:234–244

Ohara Y, Peterson T, Harrison D (1993) Hypercholesterolemia increases endothelial superoxide anion production. J Clin Inv 91:2546–2551

OLG Odenburg (1991) VersR 1991:1139

Olschewski H, Simonneau G, Galie N, Higenbottam T, Naeije R, Rubin LJ, Nikkho S, Speich R, Hoeper MM, Behr J, Winkler J, Sitbon O, Popov W, Ghofrani HA, Manes A, Kiely DG, Ewert R, Meyer A, Corris PA, Delcroix M, Gomez-Sanchez M, Siedentop H, Seeger W (2002) Inhaled Iloprost for Severe Pulmonary Hypertension. N Engl J Med 347:322–329

Olschewski H, Hoeper MM, Borst MM, Ewert R, Grünig E, Kleber FX, Kopp B, Opitz C, Reichenberger F, Schmeisser A, Schranz D, Schulze-Neick I, Wilkens H, Winkler J, Worth H (2006) Diagnostik und Therapie der chronischen pulmonalen Hypertonie. Pneumologie 60:749–771

Ong ATL, McFadden EP, Regar E, de Jaegere PPT, van Domburg RT, Serruys PW (2005) Late Angiographic Stent Thrombosis (LAST) Events With Drug-Eluting Stents. J Am Coll Cardiol 45:2088–2092

Osterziel KJ, Perrot A (2005) Dilated cardiomyopathy: more genes means more phenotypes. Eur Heart J 26:751–754

Otto CM, Pearlman AS, Gardner CL (1989) Hemodynamic progression of aortic stenosis in adults assessed by Doppler echocardiography. J Am Coll Cardiol 13:545–550

Otto CM, Burwash IG, Legget ME, Munt BI, Fujioka M, Healy NL, Kraft CD, Miyake-Hull CY, Schwaegler RG (1997) Prospective Study of Asymptomatic Valvular Aortic Stenosis : Clinical, Echocardiographic, and Exercise Predictors of Outcome. Circulation 95:2262– 2270

Otto CM, Lind B, Kitzman DW, Gersh BJ, Siscovick DS (1999) Association of Aortic-Valve Sclerosis with Cardiovascular Mortality and Morbidity in the Elderly. N Engl J Med 341:142–147

Palacios IF, Sanchez PL, Harrell LC, Weyman AE, Block PC (2002) Which Patients Benefit From Percutaneous Mitral Balloon Valvuloplasty? Prevalvuloplasty and Postvalvuloplasty Variables That Predict Long-Term Outcome. Circulation 105:1465–1471

Parahuleva MS, Canse SM, Parviz B, Barth A, Tillmanns H, Bohle RM., Sedding DG, Hölschermann H (2007) Factor seven Activating Protease (FSAP) expression in human monocytes and accumulation in unstable coronary atherosclerotic plaques. Atherosclerosis, May 4, Epub ahead of print

Pelikka PA, Nishimura RA, Bailey KR, Tajik AJ (1990) The natural history of adults with asymptomatic, hemodynamically significant aortic stenosis. J Am Coll Cardiol 15:1012–1017

Permanyer-Miralda G, Sagristá-Sauleda J, Soler-Soler J (1985) Primary acute pericardial disease: A prospective series of 231 consecutive patients. Am J Card 56:623–630

Peter M, Hoffmann A, Parker C, Luscher T, Burckhardt D (1993) Progression of aortic stenosis. Role of age and concomitant coronary artery disease. Chest 103:1715–1719

Pfisterer M, Brunner-La Rocca HP, Buser PT, Rickenbacher P, Hunziker P, Mueller C, Jeger R, Bader F, Osswald S, Kaiser C for the BASKET-LATE Investigators (2006) Late Clinical Events After Clopidogrel Discontinuation May Limit the Benefit of Drug-Eluting Stents: An Observational Study of Drug-Eluting Versus Bare-Metal Stents. J Am Coll Cardiol 48:2584–2591

Pilichou K, Nava A, Basso C, Beffagna G, Bauce B, Lorenzon A, Frigo G, Vettori A, Valente M, Towbin J, Thiene G, Danieli GA, Rampazzo A (2006) Mutations in Desmoglein-2 Gene Are Associated With Arrhythmogenic Right Ventricular Cardiomyopathy. Circulation 113:1171–1179

Pitt B, Waters D, Brown WV, van Boven AJ, Schwartz L, Title LM, Eisenberg D, Shurzinske L, McCormick LS (1999) Aggressive Lipid-Lowering Therapy Compared with Angioplasty in Stable Coronary Artery Disease. N Engl J Med 341:70–76

Pope JE, Lee P, Baron M, Dunne J, Smith D, Docherty PS, Bookman A, Abu-Hakima M (2005) Prevalence of Elevated Pulmonary Arterial Pressures Measured by Echocardiography in a Multicenter Study of Patients with Systemic Sclerosis. J Rheumatol 32:1273–1278

Rahimtoola SH (1985) A perspective on the three large multicenter randomized clinical trials of coronary bypass surgery for chronic stable angina. Circulation 72 (Suppl 5):V-123–V135

Rahimtoola SH (1989) The hibernating myocardium. Am Heart J 117:211–221

Rahimtoola SH, Durairaj A, Mehra A, Nuno I (2002) Current evaluation and management of patients with mitral stenosis. Circulation 106:1183–1188

Reihmann DH, Farber MO, Weinberger MH, Henry DP, Fineberg NS, Dowdeswell IRG, Burt RW, Manfredi F (1985) Effect of hypoxemia on sodium and water excretion in chronic obstructive lung disease. Am J Med 78:87–94

Richardson P, McKenna W, Bristow M, Miasch B, Mautner B, O'Connell J, Olsen E, Thiene G, Goodwin J (1996) Report of the 1995 World Health Organization/ International Society and Federation of Cardiology Task Force on the Definition and Classification of Cardiomyopathies. Circulation 93:841–842

Ridker PM (1997) Endogenous flbrinolytic function and risks of future myocardial infarction and stroke: observation from the Physicians' Healt Study. Fibrinolysis & Proteolysis 11(Suppl 1):55–5938

Ridker PM, Cushman M, Stampfer MJ, Tracy RP, Hennekens Ch (1997) Inflammation aspirin and the risk of cardiovascular disease in appravently healthy men. N Engl J Med 336:973–979.

Ridker PM, Hennekens CH, Roitman-Johnson B, Stampfer MJ, Allen J (1998) Plasma concentration of soluble intercellular adhesion molecule 1 and risks of future myocardial infarction in apparently healthy men. Lancet 351:88–92

Rienmuller R, Gurgan M, Erdman E (1993) CT and MR evaluation of pericardial constriction: a new diagnostic and therapeutic concept. J Thorac Imaging 8:108–121

Rosenhek R, Binder T, Porenta G, Lang I, Christ G, Schemper M, Maurer G, Baumgartner H (2000) Predictors of Outcome in Severe, Asymptomatic Aortic Stenosis. N Engl J Med 343:611–617

Rosenhek R, Klaar U, Schemper M, Scholten C, Heger M, Gabriel H, Binder T, Maurer G, Baumgartner H (2004) Mild and moderate aortic stenosis: Natural history and risk stratification by echocardiography. Eur Heart J 25:199–205

Ross Jr J, Braunwald E (1968) Aortic Stenosis. Circulation 38:61–67

Ross R (1993) The pathogenesis of athero-sclerosis: a perspective for the 1990s. Nature 362:801–809

Ross R (1999) Mechanisms of Disease: Atherosclerosis – An Inflammatory Disease. N Engl J Med 340:115–126

Rowe JC, Bland EF, Sprague HB, White PD (1960) The course of mitral stenosis without surgery: ten- and twenty-year perspectives. Ann Intern Med 52:741–749

Rubin LJ, Badesch D, Barst RJ, Galie N, Black CM, Keogh A, Pulido T, Frost A, Roux S, Leconte I, Landzberg M, Simonneau G (2002) Bosentan Therapy for Pulmonary Arterial Hypertension. N Engl J Med 346:896–903

Sagrista-Sauleda J, Angel J, Permanyer-Miralda G, Soler-Soler J (1999) Long-Term Follow-up of Idiopathic Chronic Pericardial Effusion. N Engl J Med 341:2054–2059

Salonen JT, Nyyssonen K, Korpela H, Tuomilehto J, Seppanen R, Salonen R (1992) High stored iron levels are associat-ed with excess risk of myocardial infarction in eastern Finnish men. Circulation 86:803–811

Salvaterra CG, Rubin LJ (1993) Investigation and management of pulmonary hypertension in chronic obstructive pulmonary disease. Am Rev Respir Dis 148:1414–1417

Sastry BKS, Narasimhan C, Reddy NK, Raju BS (2004) Clinical efficacy of sildenafil in primary pulmonary hypertension: A randomized, placebo-controlled, double-blind, crossover study. J Am Coll Cardiol 43:1149–1153

Schaiff WT, Eisenberg PR (1997) Mechanisms for thrombolysis-induced increases in procoagulant and proinflammatory activity. Fibrinolysis & Proteolysis 11 (Suppl 1):115–118

Scheffold T, Binner P, Erdmann J, Schunkert H für die Mitglieder des Teilprojekts 5 im Kompetenznetz Herzinsuffizienz (2005) Hypertrophe Kardiomyopathie. Herz 30:550–557

Schermuly RT, Dony E, Ghofrani HA, Pullamsetti S, Savai R, Roth M, Sydykov A, Lai YJ Weismann N, Seeger W, Grimminger F (2005) Rversal of experimental pulmonary hypertension by PDGF inhibition. J Clin Invest 115:2811–2821

Schermuly RT, Dony E, Ghofrani HA, Pullamsetti S, Savai R, Roth M, Sydykov A, Lai YJ, Weissmann N, Seeger W and Grimminger F (2005) Reversal of experimental pulmonary hypertension by PDGF inhibition. J Clin Invest 115:2811–2821

Schuler G, Hambrecht R, Schlierf G, Niebauer J, Hauer K, Neumann J, Hoberg E, Drinkmann A, Bacher F, Grunze M (1992) Regular physical exercise and low-fat diet. Effects on progression of coronary artery disease. Circulation 86:1–11

Schulz R, Heusch G (1996) Ischemic preconditioning and myocardial hibernation: is there a common mechanism? Bas Res Cardiol 91:50–52

Schwartau M, Frombach R, Seeger W (1997) Arbeitsunfähigkeit nach Herzinfarkt. Med Sach 93:93–99

Schwarz F, Baumann P, Manthey J, Hoffmann M, Schuler G, Mehmel HC, Schmitz W, Kubler W(1982) The effect of aortic valve replacement on survival. Circulation 66:1105–1110

Scognameglio R, Rahimtoola SH, Fasoli G, Nistri S, Dalla Volta S (1994) Nifedipine in asymptomatic patients with severe aortic regurgitation and normal left ventricular function. N Eng J Med 331:689–694

Segal J, Harvey WP, Hufnagel C (1956) A clinical study of one hundred cases of severe aortic insufficiency. Am J Med 21:200–210

Seidl K, Schuchert A, Tebbenjohanns J, Hartung W (2005) Kommentar zu den Leitlinien zur Diagnostik und Therapie von Synkopen – der Europäischen Gesellschaft für Kardiologie 2001 und dem Update 2004. Z Kardiol 94:592–612

Sherman CT, Litvack F, Grundfest W, Lee M, Hickey A, Chaux A, Kass R, Blanche C, Matloff J, Morgenstern L et al. (1986) Coronary angioscopy in patients with unstable angina pectoris. N Engl J Med 315:913–919

Simonneau G, Galié N, Rubin L, Langleben D, Seeger W, Domenighetti G, Gibbs S, Lebrec D, Speich R, Beghetti M, Rich S, Fishman A (2004) Clinical classification of pulmonary hypertension. J Am Coll Cardiol 43:5–12

Smith Jr SC (1996) Risk-reduction therapy: the challenge to change. Circulation 93:2205–2211

Smith Jr SC, Dove JT, Jacobs AK, Kennedy JW, Kereiakes D, Kern MJ, Kuntz RE, Popma JJ, Schaff HV, Williams DO, Gibbons RJ, Alpert JP, Eagle KA, Faxon DP, Fuster V, Gardner TJ, Gregoratos G, Russell RO, Smith Jr SC (2001) ACC/AHA Guidelines for Percutaneous Coronary Intervention (Revision of the 1993 PTCA Guidelines) – Executive Summary : A Report of the American College of Cardiology/American Heart Association Task Force on Practice Guidelines (Committee to Revise the 1993 Guidelines for Percutaneous Transluminal Coronary Angioplasty). Circulation 103: 3019–3041

Spodick DH (1986) Infection and infarction. Am J Med 81:661–668

Spodick DH (1997) Auscultory phenomena in pericardial disease. In: Spodick DH (ed) The Pericardium: A Comprehensive Textbook. Marcel Dekker, New York, pp 27–39

Spodick DH (2001) Pericardial disease. In: Braunwald E, Zipes D, Libby P (eds) A textbook of Cardiovascular Medicine, 6th ed. Saunders, Philadelphia London Toronto Montreal Sydney Tokyo, pp 1823–1876

Stary HC, Chandler AB, Dinsmore RE, Fuster V, Glagov S, Insull W Jr, Rosenfeld ME, Schwartz CJ, Wagner WD, Wissler RW (1995) A definition of advanced types of atherosclerotic lesions and a histological classification of atherosclerosis. A report from the committee on vascular kesions of the council on arterio-

sclerosis, American heart association. Circulation 92:1355–1374
Stewart BF, Siscovick D, Lind BK, Gardin JM, Gottdiener JS, Smith VE, Kitzman DW, Otto CM (1997) Clinical factors associated with calcific aortic valve disease. Cardiovascular Health Study. J Am Coll Cardiol 29:630–634
Stone GW, Moses JW, Ellis SG, Schofer J, Dawkins KD, Morice MC, Colombo A, Schampaert E, Grube E, Kirtane AJ, Cutlip DE, Fahy M, Pocock SJ, Mehran R, Leon MB (2007) Safety and Efficacy of Sirolimus- and Paclitaxel-Eluting Coronary Stents. N Engl J Med 356:998–1008
Syrris P, Ward D, Evans A, Asimaki A, Gandjbakhch E, Sen-Chowdhry S, McKenna WJ (2006) Arrhythmogenic Right Ventricular Dysplasia/Cardiomyopathy Associated with Mutations in the Desmosomal Gene Desmocollin-2. Am J Hum Genet 79:978–984
The ASSCENT-4 PCI Investigators (2006) Primary versus tenecteplase-facilitated percutaneous coronary intervention in patients with ST-segment elevation acute myocardial infarction (ASSENT-4 PCI): randomised trial. Lancet 367:569–578
Tillmanns H, Neumann FJ, Schöneck V, Zimmermann R, Dussel R, Steinhausen M (1987) Microcirculatory disturbances in stunned myocardium. Circulation 76 (Suppl 4):147
Tillmanns H, Neumann FJ, Parekh N, Dorigo O, Tiefenbacher C, Zimmermann R, Steinhausen M, Kübler W (1990) Pharmokologic effects on coronary microvessels during mycardial ischaemia. Eur Heart J 11(Suppl B):10–15
Tillmanns H, Zimmermann R, Knapp WH, Helus F, Georgi P, Rauch B, Neumann FJ, Girgensohn S, Maier-Borst, Kübler W (1990) Regional myocardial nitrogen-13-glutamate uptake following successful coronary angioplasty. In: Serruys PW, Simon R, Beatt KJ (eds) PTCA. An investigational tool and a non-operative treatment of acute ischemia. Kluwer, Dordrecht Boston London, pp 151–154
Tillmanns H, Neumann FJ, Parekh N, Waas W, Möller P, Zimmermann R, Steinhausen M, Kübler W (1991) Calcium antagonists and myocardial microperfusion. Drugs 42(Suppl 1):1–6
Tillmanns H, Waas W, Voss R, Grempels E, Hölschermann H, Haberbosch W, Waldecker B (2005) Gender Differences in the Outcome of Cardiac Interventions. N Engl J Med 341:217–225
Troughton RW, Asher CR, Klein AL (2004) Pericarditis. Lancet 363:717–727
Turina J, Hess O, Sepulcri F, Krayenbühl (1987) Spontaneous course of aortic valve disease. Eur Heart J 8:471–483
Urban P, Stauffer JC, Bleed D, Khatchatrian N, Amann W, Bertel O, van den Brand M, Danchin N, Kaufmann U, Meier B, Machecourt J, Pfisterer M and MASH investigators (1999) A randomized evaluation of early revascularization to treat shock complicating acute myocardial infarction. The (Swiss) Multicenter Trial of Angioplasty for Shock – (S)MASH. Eur Heart J 20:1030–1038
Vaccarino V, Parsons L, Every NR, Barron HV, Krumholz HM (1999) Sex-Based Differences in Early Mortality after Myocardial Infarction. N Engl J Med 341:217–225
van de Werf F, Ardissino D, Betriu A, Cokkinos DV, Falk E, Fox KAA, Julian D, Lengyel M, Neumann F-J, Ruzyllo W, Thygesen C, Underwood SR, Vahanian A, Verheugt FWA, Wijns W (2003) Management of acute myocardial infarction in patients presenting with ST-segment elevation. Eur Heart J 24:28–66
Van Driest SL, Ommen SR, Tajik J, Gersh BJ, Ackerman MJ (2005) Sarcomeric Genotyping in Hypertrophic Cardiomyopathy. Mayo Clin Proc 80:463–469
Villard E, Duboscq-Bidot L, Charron P, Benaiche A, Conraads V, Sylvius N, Komajda M (2005) Mutation screening in dilated cardiomyopathy: prominent role of the beta myosin heavy chain gene. 26:794–803
Voelker W, Arbeitsgruppe Kardiovaskulärere Ultraschall der DGK (2004) A structured report data set for documentation of echocardiographic studies – Update 2004. Z Kardiol 93:987–1004
VVG § 61: Ausfertigungsdatum 30. 5. 1908, zuletzt geändert durch Art. 43 G.v. 26. 3. 2007 I 378
Wagner S, Selzer A (1982) Patterns of progression of aortic stenosis: a longitudinal hemodynamic study. Circulation 65:709–712
Waldecker B, Waas W, Haberbosch W, Voss R, Heizmann H, Tillmanns H (1998) Long-term follow-up after direct percutaneous transluminal coronary angioplasty for acute myocardial infarction. J Am Coll Cardiol 32:1320–1325
Waldecker B, Waas W, Haberbosch W, Voss R, Steen-Muller MK, Hiddessen A, Bretzel R, Tillmanns H (1999) Type 2 diabetes and acute myocardial infarction. Angiographic findings and results of an invasive therapeutic approach in type 2 diabetic versus nondiabetic patients. Diabetes Care 22:1832–1838
Waldecker B, Grempels E, Waas W, Haberbosch W, Voss R, Tillmanns H (2001) Direct angioplasty eliminates sex differences in mortality early after acute myocardial infarction. Am J Cardiol 88:1194–1197
Weaver WD, Simes RJ, Betriu A, Grines CL, Zijlstra F, Garcia E, L Grinfeld, Gibbons RJ, Ribeiro EE, DeWood MA, Ribichini F (1997) Comparison of primary coronary angioplasty and intravenous thrombolytic therapy for acute myocardial infarction: a quantitative review. JAMA 278:2093–2098
Wichter T, Borggrefe M, Breithardt G (1998) Die arrhythmogene rechtsventrikuläre Kardiomyopathie, Ätiologie, Diagnostik und Therapie. Med Klein 93: 268–277
Widimsky P, Budesínsky T, Vorác D, Groch L, Zelízko M, Aschermann M, Branny M, Stásek J, Formánek P on behalf of the 'PRAGUE' Study Group Investigators (2003) Long distance transport for primary angioplasty vs immediate thrombolysis in acute myocardial infarction: Final results of the randomized national multicentre trial – PRAGUE-2. Eur Heart J 24;94–104
Wiedemann HP, Matthay RA (1989) The management of acute and chronic Cor pulmonale. In: Scharf SM, Cassidy SS (eds) Heart-Lung Interactions in Health and Disease. Marcel Dekker, Inc, New York, p 915
Wiedemann HP, Matthay RA (1990) Cor pulmonale in chronic obstructive pulmonary disease. Circulatory pathophysiology and management. Clin Chest Med 11:523–545
Yang Z, Bowles NE, Scherer SE, Taylor MD, Kearney DL, Ge S, Nadvoretskiy VV, DeFreitas G, Carabello B, Brandon LI, Godsel LM, Green KJ, Saffitz JE, Li H, Gian Danieli A, Calkins H, Marcus F, Towbin JA

(2006) Desmosomal Dysfunction due to Mutations in Desmoplakin Causes Arrhythmogenic Right Ventricular Dysplasia/Cardiomyopathy. Circ Res 99:646–655

Yusuf S, Peto R, Bennett D, Ramsdale D, Furse L, Bray C, Sleight P (1980) Early intravenous atenolol treatment in suspected acute myocardial infarction: Preliminary report of a randomised trial. Lancet 316:273–276

Yusuf S, Zucker D, Passamani E, Peduzzi P, Takaro T, Fisher LD, Kennedy JW, Davis K, Killip T, Norris R (1994) Effect of coronary artery bypass graft surgery on survival: overview of 10-year results from randomised trials by the Coronary Artery Bypass Graft Surgery Trialists Collaboration. Lancet 344:563–570

Zayas R, Anguita M, Torres F, Giménez D, Bergillos F, Ruiz M, Ciudad M, Gallardo A, Vallés F (1995) Incidence of specific etiology and role of methods for specific etiologic diagnosis of primary acute pericarditis. Am J Kardiol 75:378–382

Zeiher A, Drexler H, Saurbier B, Just H (1993) Endothelium-mediated coronary blood flow modulation in humans. Effects of age, atherosclerosis, hypercholesterolemia, and hypertension. J Clin Invest 92:652–662

Zijlstra F, de Boer MJ, Hoorntje JCA, Reiffers S, Reiber JHC, Suryapranata H (1993) A Comparison Of Immediate Coronary Angioplasty With Intravenous Streptokinase In Acute Myocardial Infarction. N Engl J Med 328:680–684

Zijlstra F, Hoorntje JCA, de Boer MJ, Reiffers S, Miedema K, Ottervanger JP, van't Hof AWJ, Suryapranata H (1999) Long-Term Benefit of Primary Angioplasty as Compared with Thrombolytic Therapy for Acute Myocardial Infarction. N Engl J Med 341:1413–1419

Zimmermann R, Tillmanns H, Knapp WH, Helus F, Georgi P, Rauch B, Neumann FJ, Girgensohn S, Maier-Borst W, Kübler W (1988) Regional myocardial nitrogen-13 glutamate uptake in patients with coronary artery disease: inverse post-stress relation to thallium-201 uptake in ischemia. J Am Coll Cardiol 11:549–556

Ziskind AA, Pearce AC, Lemmon CC, Burstein S, Gimple LW, Herrmann HC, McKay R, Block PC, Waldman H, Palacios IF (1993) Percutaneous balloon pericardiotomy for the treatment of cardiac tamponade and large pericardial effusions: description of technique and report of the first 50 cases. J Am Coll Cardiol 21:1–5

12 Krankheiten des Kreislaufsystems

12.1 Arterielle Hypertonie

F. WEBER

Die Begutachtung der arteriellen Hypertonie setzt neben der möglichst genauen Erfassung des tatsächlichen Blutdruckniveaus und der Differentialdiagnostik der verschiedenen Hochdruckformen die Kenntnis weiterer kardiovaskulärer Risikofaktoren und hochdruckspezifischer Endorganschäden bzw. relevanter Zusatzerkrankungen voraus. Auf der Basis dieser klinischen Daten kann anhand des durch epidemiologische Studien gut belegten kardiovaskulären Gesamtrisikos eine Risikoabschätzung für jeden Einzelfall vorgenommen werden. Nur selten ist eine endgültige Beurteilung erforderlich, in der Regel kann das Hochdruck-bedingte Risiko durch eine effektive antihypertensive Therapie reduziert werden. Allerdings sind auch evtl. auftretende Nebenwirkungen der antihypertensiven Medikation bei der Beurteilung zu berücksichtigen.

Die arterielle Hypertonie bezeichnet einen Zustand der dauerhaften Erhöhung des systolischen und/oder diastolischen Blutdrucks. Zur Krankheit wird dieser Zustand durch seine Auswirkungen am Herzen sowie den Gefäßen, insbesondere denen der Nieren und des Gehirns.

Davon zu trennen sind passagere Blutdruckerhöhungen, die als Folge akuter neurologischer (z.B. Entzündung, Hirndruck), renaler (z.B. akute Glomerulonephritis oder Harnstauung, akutes Nierenversagen) oder endokrinologischer (z.B. Hyperthyreose) Krankheiten auftreten und die sich nach kurativer Therapie der Grundkrankheit in aller Regel wieder zurück bilden. Auch der bei einer echten Gestose im Rahmen einer Schwangerschaft auftretende bzw. der durch verschiedene Medikamente (z.B. NSAR, Ovulationshemmer, Psychostimulantien, Cyclosporin, Takrolimus, Erythropoetin, Steroide) oder Genussmittel (z.B. Alkohol (>30 g/die), echte Lakritze) oder durch Intoxikationen (z.B. Thallium, Blei, CO) ausgelöste hohe Blutdruck gehört ebenso wie die ausschließlich systolische Blutdrucksteigerung bei Bradykardie bzw. Aortenklappeninsuffizienz in diese Gruppe.

Epidemiologie

Legt man die Daten der Monica-Studie aus Augsburg (Hense 2004), einer Querschnittsuntersuchung zur Hypertonieprävalenz, zugrunde, haben 22% (5%) der Männer (Frauen) im Alter von 25–34 Jahren eine Hypertonie (≥140 u./o. ≥90 mmHg). Mit zunehmendem Alter steigt die Prävalenzrate stetig an, bei über 50-Jährigen hat jeder zweite Bundesbürger (Männer und Frauen) eine Hypertonie.

Die arterielle Hypertonie wird nach ihrer Ursache aufgeteilt in die *primäre bzw. essenzielle Form* (90–95%) und die *sekundäre Form* (5–10%). Die sekundäre Form wiederum gliedert sich auf in:

- renale Hypertonie
  - renovaskulär (z.B. Stenosen, Infarkte, Aneurysmen),
  - renoparenchymatös (alle Erkrankungen der Nierenrinde und des Nierenmarks),
  - Nierentumoren (z.B. das seltene Reninom),
- adrenale Hypertonie
  - adrenomedullär (Phäochromocytom),
  - adrenokortikal (Conn-Syndrom, Cushing-Syndrom, Mineralokortikoid-Syndrome),
- Aortenisthmusstenose.

Zur Diagnose der arteriellen Hypertonie gehört die Einteilung nach der Höhe des Blutdrucks (Tabelle 12.1) sowie die Berücksichtigung der Hochdruck-induzierten Endorganschäden und anderer relevanter Zusatzkrankheiten (Tabelle 12.2).

Diagnostik

Der die Diagnose „arterielle Hypertonie" definierende Blutdruck sollte möglichst repräsentativ für das durchschnittliche Blutdruckniveau des Patienten sein. Einzelne Blutdruckmessungen erfüllen diese Bedingung kaum, deshalb wird empfohlen, den Mittelwert aus mindestens 3 Gelegenheitsmessungen an mindestens 2 verschiedenen Tagen der Entscheidung über das Blutdruckniveau zugrunde zu legen (Bovet et al. 2003). Die nach entsprechender Einweisung von den Patienten über einen längeren Zeitraum selbst gemessenen Blutdruckwerte bzw. Daten der 24-h-Blutdruckmessung korrelieren besser als die Gelegenheitsblutdruckwerte zu hypertensiven Endorganschäden und sind deshalb eine sinnvolle Ergänzung in der Diagnostik, ersetzen jedoch nicht

Tabelle 12.1. Einteilung der Hypertonie nach amerikanischen (Joint National Committee 1997), europäischen (Practice Guidelines Writing Committee 2003) und deutschen Empfehlungen (Deutsche Hochdruckliga 2001)

Blutdruck	systolisch (mmHg)		diastolisch (mmHg)
– optimal	< 120	und	< 80
– normal	120–129	und	80–84
– noch normal	130–139	oder	85–89
Hypertonie			
– Stadium 1 (leicht)	140–159	oder	90–99
– Stadium 2 (mittel)	160–179	oder	100–109
– Stadium 3 (schwer)	≥180	oder	≥110
Sonderformen			
– isoliert systolisch (ISH)	≥140	und	< 90
– maligne	diast. Blutdruck ≥115 mmHg und maligner Fundus hypertonicus		

Die Werte beziehen sich ausschließlich auf Erwachsene (≥18 J.), für Kinder und Jugendliche müssen andere Grenzwerte herangezogen werden (De Man et al. 1991). Fallen systolische bzw. diastolische Blutdruckwerte in unterschiedliche Kategorien, gilt die höhere Kategorie. Die Definition der ISH ist altersunabhängig. Mit dieser Einteilung unterscheiden sich die europäischen/deutschen Empfehlungen klar von den letzten amerikanischen (Chobanian et al. 2003), die den normalen und noch normalen Blutdruck zur „Prähypertonie" zusammenfassen und die Stadien 2 und 3 der Hypertonie nicht mehr differenzieren.

die Gelegenheitsblutdruckmessung bei der Definition des Blutdruckniveaus (Arzneimittelkommission der dt. Ärzteschaft 2004).

Technik der Blutdruckmessung

Vor jeder Blutdruckmessung mindestens 30 min nicht rauchen oder essen, kein Koffein, Blase entleeren. Keine Messungen im Anschluss an physische bzw. psychische Belastungen, Messungen in kalter Umgebung vermeiden.

1. Messungen müssen mit geeichten Manometern erfolgen.
2. Korrekte Manschettengröße auswählen.

Patient	OA-Umfang (cm)	Manschette (Breite × Länge d. aufblasbaren Teils)
Kleinkind		5×8
Kind/schlanker Erwachsener	< 24	8×13
Erwachsener	24–32	12×24
	33–41	15×30
	> 41	18×36

3. Einengende Bekleidung am Oberarm entfernen.
4. Vollständig entlüftete Manschette ohne Druck so um den Oberarm anlegen, dass sich die Gummiblase zentral auf der Oberarmarterie befindet (oszillometrisch messende Geräte) bzw. ein in die Manschette eingebautes Mikrofon/Stethoskop exakt der A. brachialis aufliegt.
5. Patienten mindestens 3–5 min in Ruhe auf einem Stuhl mit Rückenlehne sitzen lassen, die Beine nicht gekreuzt.
6. Keine Gespräche während der Messung.
7. Manschette auf einen Druck 30 mmHg oberhalb des Verschwindens des palpierten Radialispulses aufpumpen, dadurch Umgehung der sog. „auskultatorischen Lücke".
8. Stethoskop nur mit leichtem Druck der Kubitalarterie aufsetzen, dabei die Manschette nicht berühren.
9. Ablassgeschwindigkeit des Manschettendrucks: 2–3 mmHg/s.
10. Bei Quecksilbermanometern sollten sich die Augen des Untersuchers auf Höhe des Meniskus der Quecksilbersäule befinden.
11. Systolischen Blutdruck beim ersten Auftreten des regelmäßig wiederkehrenden Korotkoff-Signals, diastolischen Blutdruck beim letzten Auftreten (Phase V) ablesen.
12. Bei Arrhythmien: Mittelwert aus mehreren Messungen bilden.
13. Blutdruckwerte auf 2 mmHg genau ablesen und sofort notieren.
14. Bei jeder Erstmessung: Bestimmung des Blutdrucks an beiden Armen, später Messung am Arm mit dem höheren Blutdruck und Messungen im Sitzen und Stehen bei älteren (> 50 J.) Patienten, Diabetikern sowie solchen mit Gefährdung durch spontane oder therapiebedingte Hypotonien.
15. Zwischen konsekutiven Messungen Manschettendruck mindestens 1 min vollständig entlasten.
16. Bei V.a. situationsbedingte Blutdrucksteigerung: Blutdruckmessung durch nichtärztliche Mitarbeiter vor Selbst- bzw. Langzeitmessung.

Neben der Höhe des Blutdrucks umfasst die Diagnostik auch die Suche nach hypertensiven Endorganschäden bzw. weiteren kardiovaskulären Risikofaktoren (siehe Tabelle 12.2).

Ergänzend zur üblichen Anamnese/körperlichen Untersuchung sind zu erfragen/erheben

in der Anamnese:

- Eigenanamnese
  - Dauer und Höhe der Hypertonie, krisenhafte Blutdruckerhöhungen,
  - Medikamente/Genussmittel (Nikotin, Alkohol, Drogen),
  - Kopfschmerz, Palpitation und Schweißausbruch (Phäochromozytom),
  - orthostatische Beschwerden,
  - Schnarchen und Tagesmüdigkeit (Schlafapnoe);

Tabelle 12.2. Risikobeurteilung der Hypertonie

Risikofaktoren	Blutdruck (mmHg)		
	140–159 o. 90–99	160–179 o. 100–109	≥180 o. ≥110
Keine	<15%	15–20%	20–30%
1–2	15–20%	15–20%	>30%
≥3 o. EOS o. D.m.	20–30%	20–30%	>30%
Relevante Zusatzerkrankungen	>30%	>30%	>30%

- **Risikofaktoren**
  - CRP ≥1 mg/dl
  - Alter: Männer >55 J., Frauen >65 J.
  - Rauchen
  - Cholesterin >250 mg/dl o. LDL >155 mg/dl o. HDL <40 (Männer) bzw. <48 mg/dl (Frauen)
  - familiäre Belastung mit kardiovask. Erkrankungen unter dem 55. (Männer) bzw. 65. Lebensjahr (Frauen)
  - abdominelles Übergewicht (Bauchumfang: ≥102 (Männer) bzw. ≥88 cm (Frauen))
- **Endorganschäden**
  - Mikroalbuminurie 30–300 mg/24 Std. oder Albumin/Kreatinin ≥22 (Männer) bzw. ≥31 mg/g (Frauen)
  - S-Kreatinin 1,3–1,5 (Männer) bzw. 1,2–1,4 mg/dl (Frauen)
  - LVH (Sokolow-Lyons-Index: >38 mm; n. Cornell: ≥2440 mm × ms; LV-Muskelmasse: ≥125 (Männer) bzw. ≥110 g/m^2 (Frauen)
  - atherosklerotische Plaques im Ultraschall
- **Relevante Zusatzerkrankungen**
  - Albuminurie ≥300 mg/24 Std.
  - S-Kreatinin >1,5 (Männer) bzw. >1,4 mg/dl (Frauen)
  - TIA, Apoplex, intrazerebrale Blutung
  - Herzinfarkt, Angina pectoris, koronare Revaskularisation, Herzinsuffizienz
  - diabetische Nephropathie
  - Aneurysma dissecans
  - symptomatische pAVK
  - maligne Fundusveränderungen (Blutungen, Exsudate, Papillenödem)

D.m. = Diabetes mellitus; *EOS* = Endorganschaden

Die ESH/ESC hat 2003 neue Richtlinien für die Hochdrucktherapie herausgegeben (Guidelines Committee 2003), in denen sie sich auf das 10-Jahres-Risiko für eine kardiovaskuläre Erkrankung bei gegebenem Blutdruck und ergänzenden Risikofaktoren bzw. anderen relevanten Umständen stützt. Diese Risikoklassen können der Beurteilung von MdE/GdB zugrunde gelegt werden.

In Deutschland hat man sich für den PROCAM-Risiko-Score entschieden (Arzneimittelkommission der dt. Ärzteschaft 2004), der das 10-Jahres-Risiko für ein koronares Ereignis beschreibt. Aus diesem, ausschließlich das koronare Risiko beschreibenden Score lässt sich durch Multiplikation mit 4/3 das kardiovaskuläre Gesamtrisiko errechnen, das auch das Apoplexrisiko umfasst. Eingang in diese Risikoberechnung finden neben dem systolischen Blutdruck noch Alter, Geschlecht, LDL- und HDL-Cholesterin, Triglyzeride, Nikotinabusus, Diabetes mellitus sowie eine familiäre Belastung durch Myokardinfarkte. Das sich aus der Tabelle ergebende koronare Risiko gilt nur für Männer bzw. diabetische Frauen, bei nichtdiabetischen Frauen ist das Risiko durch 4 zu teilen. Eine elektronische Version des PROCAM-Risiko-Scores findet sich im Internet (▶ www.chd-taskforce.de).

- Familienanamnese
  - Hochdruckbelastung,
  - Herzinfarkt, Schlaganfall, Diabetes mellitus, Nierenkrankheiten;

bei der körperlichen Untersuchung:
- Gewicht und Habitus: BMI, Fettverteilung, Cushing-Syndrom, Myxödem,
- Zyanose, Ödeme,
- Palpation der Nierenlager,
- Gefäßstatus, Gefäßgeräusche, insbesondere abdominell;

Labor:
- Serum
  - Kreatinin, Elektrolyte, Harnsäure, Blutzucker, HDL- und LDL-Cholesterin, Triglyzeride, CRP;
- Urin
  - Status (pH, Eiweiß, Zucker, Ketone),
  - Sediment (Leukozyten, Erythrozyten),
  - Mikroalbuminurie,
  - endogene Kreatininclearance (die MDRD-Formel zur Berechnung der GFR ist nicht für Nierengesunde geeignet (Rule et al. 2004));

technische Untersuchungen:
- EKG, evtl. ergänzt durch eine Echokardiographie: Koronarinsuffizienz bzw. LVH,

- Rö-Thorax: Herzform u. -größe, Aortenknopf, Rippenusuren,
- Abdomensonographie
  - Niere: Form, Größe, Lage, Parenchym, Aufstau,
  - Nebenniere: Tumor,
  - Aorta: Aneurysma,
  - Blase: Füllungszustand;
- nur bei ergänzenden Hinweisen aus im Untersuchungsgang erhobenen Befunden
  - Duplexsonographie der Aa. carotides, Aa. renales; evtl. Angio-CT/MR der Nierenarterien, i.v.-DSA bzw. Angiographie in Angioplastiebereitschaft,
  - Funduskopie (wenn diast. Blutdruck ≥110 mmHg),
  - spezielle endokrinologische Diagnostik (Aldosteronismus, Phäochromozytom, Cushing-Syndrom, seltene monogenetische Hochdruckformen).

Anhand der aufgeführten Untersuchungen ist es möglich, das Risiko für einen innerhalb von 10 Jahren eintretenden kardiovaskulär bedingten Tod, nichttödlichen Schlaganfall oder Myokardinfarkt zu bestimmen. Die der Tabelle 12.2 zugrunde liegende Stratifizierung in vier Risikokategorien basiert auf der sich aus großen epidemiologischen Studien errechneten Prognose.

Gutachterliche Bewertung

Ziel der Hochdruckdiagnostik ist es unter anderem, kausal behandelbare Hochdruckursachen zu erkennen und, soweit möglich, auszuschalten. In diesen Fällen wird eine Minderung der Erwerbsfähigkeit (MdE) bzw. ein Grad der Behinderung (GdB) nur zeitlich begrenzt auszusprechen und ggf. nach Therapie der auslösenden Ursache und entsprechenden Folgeuntersuchung neu einzustufen sein bzw. ganz entfallen. Auch die primäre Hypertonie führt nicht dauerhaft zu einem unveränderbaren MdE/GdB-Wert, da durch die moderne antihypertensive Therapie nicht nur der Blutdruck selbst in eine niedrigere Risikokategorie abgesenkt werden kann, sondern auch evtl. schon vorhandene Endorganschäden bzw. Folgekrankheiten rückbildungsfähig sind. Aus diesem Grund sollte auch bei der primären Hypertonie der MdE/GdB-Wert lediglich zeitlich limitiert festgestellt werden. Eine erneute Begutachtung nach 6–12 Monaten erfolgreicher Therapie ist anzustreben. Ausnahmen davon sind selbstverständlich irreversible Organschäden wie z. B. eine dauerhafte zerebrale Schädigung (Apoplex, Demenz) oder chronische Niereninsuffizienz.

Die Beurteilung des Blutdruckniveaus sollte unter laufender antihypertensiver Therapie (nichtmedikamentöse und medikamentöse Maßnahmen) erfolgen, um den Effekt der therapeutischen Maßnahmen zu erfassen, ggf. die Therapie zu optimieren und die Nebenwirkungen der Antihypertensiva in die Beurteilung einfließen zu lassen. Führen Antihypertensiva zwar aufgrund guter antihypertensiver Wirkung zur Einstufung in eine niedrigere Risikoklasse, jedoch auf Kosten einer ausgeprägten Sedierung (zentral wirkende Antisympathotonika, β-Blocker) oder Orthostase (α-Blocker, Kalziumantagonisten), kann sich der MdE/GdB-Wert sogar verschlechtern. Generell ist zu beachten, dass sich im Rahmen einer effektiven Blutdrucksenkung zumindest in den ersten Wochen Vigilanzprobleme einstellen können, die jedoch in aller Regel nur vorübergehend Auswirkungen auf MdE/GdB haben.

Die in Tabelle 12.2 angegebenen Risikoklassen entsprechen folgenden MdE/GdB-Graden:

Risikoklasse	MdE/GdB
<15%	0–10%
15–20%	20–40%
20–30%	50–100%
>30%	50–100%

Ab einem 10-Jahres-Gesamtrisiko für eine kardiovaskuläre Erkrankung von 20% hängt die MdE/GdB-Bemessung wesentlich von der Art des Organschadens und vom Ausmaß der individuellen Leistungseinschränkung ab. So wird man z. B. einen Patienten mit einem Blutdruck von 152/92 mmHg und 3 Risikofaktoren niedriger einstufen als einen Patienten mit gleichem Blutdruck, jedoch schon vorhandener linksventrikulärer Hypertrophie oder beginnender Niereninsuffizienz. Bei einer malignen Hypertonie (diastolische Werte ≥110 mmHg und maligne Fundusveränderungen) besteht immer ein MdE/GdB-Wert von 100%.

Der in der Literatur wiederholt behauptete Zusammenhang zwischen chronischer Lärmbelästigung (ab ca. 90 dB Dauerbelastung; Zusammenfassung der Literatur bei Fogari et al. 2001) bzw. spezifischen psychischen Stressoren am Arbeitsplatz (Ängste, Ärger, Mobbing, etc.; Das u. Keefe 2006, Lucini et al. 2005) und Hypertonieentstehung entspricht einem Gruppenphänomen; für einzelne Patienten ist dieser Zusammenhang angesichts der hohen Prävalenz der Hypertonie in der Gesamtbevölkerung kaum zu beweisen. Bei entsprechenden Zusammenhangsfragen muss deshalb jeder Einzelfall anhand des Verlaufs der Blutdruckentwicklung und den besonderen Arbeitsplatzbedingungen individuell entschieden werden, therapeutisch ist ggf. ein innerbetrieblicher Arbeitsplatzwechsel zu erwägen.

Nicht ausreichend behandelte hypertone Patienten sollten grundsätzlich nicht

- an Arbeitsplätzen eingesetzt werden, die sie selbst bzw. andere Personen gefährden (z. B. Maschinen, Gerüste, Leitern, offenes Feuer, Fahrzeuge),
- Arbeiten verrichten, die mit Heben, Tragen oder Halten schwerer Lasten (ca. 10 kg für Männer und 5 kg für Frauen) verbunden sind,

- Akkordarbeiten verrichten,
- kurzfristigen (< als 7-tägigen) Schichtwechseln ausgesetzt bzw.
- an Arbeitsplätzen mit niedriger Temperatur eingesetzt werden.

In der arbeitsmedizinischen Beurteilung muss bedacht werden, dass sich der Blutdruck während der Arbeit entscheidend von dem außerhalb des Arbeitsplatzes unterscheiden kann. Aus diagnostischen Gründen wie auch für therapeutische Entscheidungen ist es oft notwendig, den Blutdruck am Arbeitsplatz zu messen. Dazu eignet sich besonders die ambulante Blutdruckmessung mittels Blutdruckmonitor.

In die Beurteilung der Eignung eines Patienten für eine spezielle Tätigkeit gehen nicht nur der Blutdruck bzw. das kardiovaskuläre Gesamtrisiko, sondern auch potentielle Nebenwirkungen von Antihypertensiva ein, soweit diese nicht durch Einsatz anderer Substanzgruppen vermieden werden können. Eine Sedierung findet sich insbesondere unter β-Blockern, Clonidin, Moxonidin und Reserpin, eine Orthostase unter Kalziumantagonisten, α-Blockern bzw. Dihydralazin. Besondere Bedeutung erlangen diese Aspekte bei der Frage nach der Fahrtüchtigkeit von Berufskraftfahrern, aber auch bei Arbeiten auf Leitern und Gerüsten. Für die Befähigung zum Führen von Kraftfahrzeugen gilt, dass der Blutdruck stabil unter 130 mmHg diastolisch zu sein hat, bei Werten zwischen 100 und 130 mmHg dürfen keine zusätzlichen, die Prognose beeinträchtigenden Symptome/Erkrankungen vorliegen. Eine behandelte, gut eingestellte Hypertonie ohne die o.g. Nebenwirkungen beeinträchtigt allerdings nicht die Fahrtüchtigkeit. In der beruflichen Personenbeförderung (Pilot, Zugführer) gelten strengere Maßstäbe, Patienten auch mit eingestellter Hypertonie, aber schon eingetretenen Endorganschäden dürfen diese Tätigkeiten nicht mehr ausüben.

Angesichts der Prävalenz der Hypertonie kann es im Einzelfall oft schwierig sein, eine vorhandene Hypertonie eindeutig mit einem spezifischen Ereignis als verursachendes Moment in einen kausalen Zusammenhang zu bringen. Entsprechende gutachterliche Beurteilungen müssen aus diesem Grund den Blutdruckverlauf in den Jahren vor dem Ereignis (hausärztliche, schul-, arbeits- bzw. wehrmedizinische Befunde, Einstellungs- bzw. versicherungsmedizinische Untersuchungen, Mutterpass etc.) beachten sowie die familiäre Hochdruckbelastung berücksichtigen. Eine schon vor dem Ereignis bestehende Hypertonie bzw. eine positive Familienanamnese sprechen eher für eine primäre Hochdruckentstehung. Die Frage der Verschlimmerung der Hypertonie durch ein Ereignis ist dann nur noch durch eine nahezu lückenlose Dokumentation der Blutdruckwerte vor und nach dem Ereignis zu beantworten.

Eine eingehende Diagnostik sekundärer Hochdruckursachen vorausgesetzt, kann eine Kausalität zwischen einem Ereignis und der Hochdruckentstehung angenommen werden, wenn der Blutdruck vor dem Ereignis eindeutig normal und die durch das Ereignis verursachte Schädigung (in aller Regel renal) pathophysiologisch den erhöhten Blutdruck erklärt. Bei einseitigem Nierenverlust wird dies zumindest nach den Erfahrungen mit der Lebendspende einer Niere kontrovers beurteilt (Bay u. Hebert 1987, Kasiske et al. 1995). Bei stumpfen Bauchtraumata oder abdominellen Operationen kann es infolge von Gefäßverletzungen/Narbenbildungen zu Veränderungen der Nierendurchblutung kommen. In diesen Fällen ist nicht nur der morphologische Nachweis der Gefäßveränderung, sondern auch dessen verursachende Rolle für die Hypertonie durch endokrinologische Untersuchungen (Renin, Aldosteron) zu führen. Desgleichen ist beim Diabetes mellitus Typ I, z. B. nach Verlust/Schädigung des Pankreas, ein ursächlicher Zusammenhang mit einer Hypertonie erst dann zu bejahen, wenn eine diabetische Nierenschädigung vorliegt, allerdings reicht dazu schon der Nachweis einer Mikroalbuminurie aus. Beim Diabetes mellitus Typ II gilt dies nicht, da diese Patienten noch häufiger als die Durchschnittsbevölkerung eine Hypertonie entwickeln, wahrscheinlich weil beide aus den gleichen Ursachen entstehen. Bei Schädel-Hirn-Traumata sprechen ein enger zeitlicher Zusammenhang zwischen Hochdruckentstehung und Ereignis für einen kausalen Zusammenhang.

Literatur

Arzneimittelkommission der deutschen Ärzteschaft (Hrsg) (2004) Therapieempfehlungen: Arterielle Hypertonie, 2. Aufl.

Bay WH, Hebert LA (1987) The living donor in kidney transplantation. Ann Intern Med 106:719–727

Bovet P, Gervasoni J-P, Ross AG, et al (2003) Assessing the prevalence of hypertension in populations: are we doing it right? J Hypertens 21:509–517

Chobanian AV, Bakris GL, Black HR, et al (2003) Seventh report of the Joint National Committee on Prevention, Detection, Evaluation, and Treatment of high blood pressure. Hypertension 42:1206–1252

Das S, O'Keefe JH (2006) Behavioral cardiology: recognizing and addressing the profound impact of psychosocial stress on cardiovascular health. Curr Atheroscler Rep 8:111–118

DeMan SA, André JL, Bachmann H (1991) Blood pressure in childhood: pooled findings of six European studies. J Hypertens 9:109–114

Deutsche Hochdruckliga (2001) Leitlinien für die Prävention, Erkennung, Diagnostik und Therapie der arteriellen Hypertonie. Dtsch Med Wschr 126 (Suppl 4): S201–S238

Fogari R, Zoppi A, Corradi L, et al (2001) Transient but not sustained blood pressure increments by occupational noise. An ambulatory blood pressure measurement study. J Hypertens 19:1021–1027

Guidelines Committee (ed) (2003) 2003 European Society of Hypertension-European Society of Cardiology guidelines for the management of arterial hypertension. J Hypertens 21:1011–1053

Hense HW (2004) Epidemiologie der arteriellen Hypertonie. In: Rosenthal J, Kolloch R (Hrsg) Arterielle Hypertonie, 4. Aufl. Springer, Berlin Heidelberg New York, S 42–50

Joint National Committee on Prevention Detection Evaluation and Treatment of High Blood Pressure (ed) (1997) The Sixth Report of the Joint National Committee on Prevention, Detection, Evaluation, and Treatment of High Blood Pressure. Arch Intern Med 157:2413–2446 [Erratum, Arch Intern Med 1998; 158:573]

Kasiske BL, Ma JZ, Louis TA, et al (1995) Long-term effects of reduced renal mass in humans. Kidney Int 486–494:814–819

Lucini D, Di Fede G, Parati G, et al (2005) Impact of chronic psychosocial stress on autonomic cardiovascular regulation in otherwise healthy subjects. Hypertension 46:1201–1206

Practice Guidelines Writing Committee (ed) (2003) Practice Guidelines for Primary Care Physicians: 2003 ESH/ESC Hypertension Guidelines. J Hypertens 21:1779–1786

Rule AD, Larson TS, Bergstralh EJ, et al (2004) Using Serum Creatinine to Estimate Glomerular Filtration Rate: Accuracy in Good Health and in Chronic Kidney Disease. Ann Intern Med 141:929–937

12.2 Arterielle Hypotonie

F. WEBER

Im Gegensatz zum angloamerikanischen Sprachraum, in dem die arterielle Hypotonie weder definiert noch als eigenständiges Krankheitsbild bekannt ist und lediglich im Zusammenhang mit Symptomen Krankheitswert erlangt, wird in Deutschland durch willkürliche Festlegung ein Blutdruck bei Erwachsenen unter 100/70 mmHg als Hypotonie bezeichnet. Da derart niedrige Werte jedoch auch konstitutionell bzw. physiologisch bei gut trainierten (Ausdauer-)Sportlern ohne jegliche Symptomatik beobachtet werden, soll die arterielle Hypotonie als Krankheit in diesem Kapitel nur im Zusammenhang mit entsprechenden Symptomen gewertet werden. Auf die akute Hypotonie im Sinne des Kreislaufschocks, die sich z.B. im Zusammenhang mit einem akuten Blutverlust oder einem akuten kardialen oder peripheren Kreislaufversagen einstellt, wird hier nicht näher eingegangen.

Symptome, die als Folge niedriger Blutdruckwerte auftreten können, sind

- Schwindel- und Schwächegefühl, Übelkeit,
- Tachykardie,
- Leistungsminderung, Müdigkeit, Konzentrationsschwäche,
- orthostatische Intoleranz,
- Synkopen.

Unter der orthostatischen Intoleranz wird eine nur im Sitzen oder Stehen auftretende, auf Störungen des Regelsystems der orthostatischen Anpassung beruhende hypotone Kreislaufdysregulation mit Schwindelzuständen, Ohrensausen, herabgesetzter körperlicher u. geistiger Leistungsfähigkeit, evtl. Bewusstseinsstörung verstanden; als Synkope eine anfallsartige, kurzdauernde Bewusstlosigkeit infolge Minderdurchblutung des Gehirns.

Die *Prävalenz* der orthostatischen Hypotonie wird je nach untersuchtem Kollektiv mit 8–28% angegeben, häufiger im höheren Alter (Räiha et al. 1995, Tank 2002). Etwa 40% aller Menschen erleiden in ihrem Leben mindestens eine Synkope (Savage et al. 1985). In den meisten Fällen handelt es sich dabei um neurokardiogene Synkopen, in bis zu 40% der Fälle ist eine organische Ursache allerdings nicht zu fassen (Tank 2002). Die Bedeutung von Synkopen wird dadurch unterstrichen, dass bis zu 20% aller Koronarpatienten innerhalb eines Jahres nach einer Synkope versterben (Kapoor 1990). Das posturale Tachykardiesyndrom ist mit einer geschätzten Prävalenz von 0,2% deutlich seltener (Diehl 2003).

Ätiologisch und klinisch ist es sinnvoll, die Hypotonie in primäre und sekundäre Formen einzuteilen, *pathophysiologisch* hilft oft die Unterscheidung nach dem Verhaltensmuster von Blutdruck und Herzfrequenz unter Kipptischbelastung (Hust et al. 1999). Gerade diese Untersuchung hat in den letzten Jahren zu einer Neueinteilung der Krankheiten mit orthostatischer Intoleranz/Synkope geführt und die verwirrende Namensvielfalt der Vergangenheit geordnet. Patienten mit typischen Symptomen der Hypotonie, jedoch ohne Synkopen können mittels vereinfachtem Protokoll (4 Minuten Liegen; Messung des Blutdrucks in Ruhe; Messung des Blutdrucks nach 1, 2 und 3 Minuten Stehzeit) (Braune u. Lücking 1997) untersucht werden.

Physiologisch kommt es bei aufrechter Körperhaltung durch Umverteilung des zirkulierenden Blutvolumens in die abhängigen Körperpartien zu einer Reduktion des venösen Rückstroms zum Herzen um 500–600 ml mit entsprechender Abnahme der kardialen Füllungsdrücke und Reduktion des Auswurfvolumens um bis zu 40%. Um den dadurch zu erwartenden systolischen Blutdruckabfall von bis zu 50 mmHg zu vermeiden, wird im Rahmen einer frühen Gegenregulation (Pressor- und Mechanorezeptoren im Karotissinus, Aortenbogen, Niederdrucksystem; afferente Leitungsbahnen über den IX. u.X. Hirnnerven zum medullären Kreislaufzentrum) der Sympathikus innerhalb weniger Sekunden stimuliert, was zu einer Vasokonstriktion in Extremitäten und im Splanchnikusgebiet und damit zumindest zu teilweiser Rückverteilung des Blutvolumens führt. Die Stimulation des kardialen Sympathikus trägt ebenso wie eine Blockade des kardialen Parasympathikus zu dieser frühen Gegenregulation bei. Bei längerem Stehen führt die Aktivierung des Renin-Angiotensin-Aldosteronsystems als verzögerte (bis zu 2 Minuten) Gegenregulation über eine vermehrte Natrium- und Flüssigkeitsretention zur Stabilisierung des Herzzeitvolumens und damit über das Ohmsche Gesetz (Blutdruck = Herzzeitvolumen × peripherer Widerstand) zur Aufrechterhaltung eines suffizienten Kreislaufs. Pathologische Veränderungen an jeder einzelnen Regelkreiskomponente können zur Ursache für eine Hypotonie bei aufrechter Körperposition werden.

Bei Kreislaufgesunden kommt es auf dem Kipptisch nach Aufrichten aus der liegenden Position nur zu einer geringen Abnahme des systolischen und zur Zunahme des diastolischen Blutdrucks (um je 10 mmHg), die Herzfrequenz steigt um maximal 20 Schläge/min, das Herz-Minuten-Volumen fällt um maximal 20%, der periphere Widerstand steigt um maximal 25%.

Primäre Hypotonien

Von der hämodynamischen Reaktion bei Kreislaufgesunden abweichend, findet sich bei der **neurokardiogenen** (früher: vasovagalen oder auch hypoadrenergen) **Hypotonie/Synkope** nach längerem Stehen und nach einem initialen Frequenzanstieg sowohl ein Abfall des systolischen Blutdrucks als auch eine Abnahme der Herzfrequenz. Dieses Muster ist Folge einer abnormen Stimulation von Mechanorezeptoren besonders (aber nicht nur) der linksventrikulären Hinterwand, die dem Kreislaufzentrum eine Hypertonie „vorspiegeln" und so eine zentrale Sympathikusblockade und Vagusaktivierung bewirken. Die neurokardiogene Synkope ist die häufigste Form der reflektorischen Synkopen, zu denen auch die Karotissinus-Hypersensitivität zählt. Auslöser hypotoner Phasen mit oder ohne Synkope können bei entsprechend disponierten, meist jüngeren Patienten z. B. akutes Trauma, Schmerz, Schrecksituationen, Angst, Husten, Miktion oder Defäkation sein. In aller Regel entwickeln die Patienten nach längerem Stehen Symptome wie z. B. Schwindel, Hörstörungen, Tunnelblick, profuses Schwitzen oder Palpitationen, gelegentlich kann es aber auch zum abrupten, kurzzeitigem Bewusstseinsverlust kommen.

Sowohl Betablocker als auch das α_1-Mimetikum Midodrin (wird in das α-mimetische De- Glymidodrin umgewandelt) haben sich bei diesen Patienten therapeutisch als effektiv erwiesen, wenn auch kontrollierte Studien dazu nicht vorliegen. Empfohlen werden auch Theophyllin, Disopyramid oder Fluoxetin (Hust et al. 1999, Muscholl u. v. Scheidt 1999). Eine konditionierende Therapie durch regelmäßige orthostatische Belastungsübungen („Tilt-Training") kann helfen. Die nach wie vor kontrovers diskutierte Schrittmacherimplantation sollte nur in extremen Fällen und erst nach Ausnutzung aller anderen Therapiemöglichkeiten erwogen werden.

Ein völlig anderes hämodynamisches Reaktionsmuster bei der Kipptischuntersuchung zeigt das sog. **posturale Tachykardiesyndrom** (*POTS*, früher auch als hyperadrenerge/sympathikotone orthostatische Hypotonie bezeichnet) (Diehl 2003), das insbesondere bei jüngeren Frauen beobachtet und wahrscheinlich viel zu selten diagnostiziert wird. Bei diesem Syndrom fällt der systolische Blutdruck nicht stärker als um 20 mmHg, der diastolische Blutdruck um nicht mehr als 10 mmHg. Innerhalb weniger Minuten steigt jedoch die Herzfrequenz um ≥30 Schläge/min über das Frequenzniveau im Liegen an bzw. absolut auf ≥120/min. Im Gegensatz zu Gesunden, bei denen die Adaptation der Herzfrequenz nach 1 min weitestgehend abgeschlossen ist (Braune u. Lücking 1997), findet sich bei POTS-Patienten bis über die 10. Minute hinaus ein Frequenzanstieg. Diese Kreislaufumstellung ist verbunden mit einem Gefühl der Benommenheit und Standunsicherheit, die Patienten klagen über Palpitationen, Übelkeit, Schwäche und Zittern, sie haben das Bedürfnis sich zu setzen oder zu legen.

Pathophysiologisch liegt diesem Kreislaufverhalten eine Störung des peripheren Sympathikus (neuronale Reuptake-Hemmung mit reduzierter Vasokonstriktion der unteren Extremität und verminderter Reninaktivierung) zugrunde, verbunden mit einer gesteigerten kapillären Flüssigkeitssequestration und Ödembildung abhängiger Körperpartien. Das Vollbild der orthostatischen Intoleranz ± Synkope entwickelt sich allerdings erst, wenn diese Kreislaufreaktionen von einer Hyperventilation begleitet werden. Therapeutisch stehen Maßnahmen zur verbesserten Volumenkontrolle wie salzreiche Ernährung und ausreichende Flüssigkeitszufuhr, evtl. unterstützt durch ein Mineralokortikoid, im Vordergrund. Auch die Gabe des α_1-Mimetikums Midodrin oder eine Therapie mit einem Betablocker kann hilfreich sein. Patienten mit starker Hyperventilation profitieren von einem Serotonin-Reuptake-Hemmer oder einem Verhaltenstraining.

Von diesen häufigeren Hypotonieformen, deren Symptome sich allein mit Fehlregulationen im Kreislaufsystem erklären lassen, sind seltene Krankheitsbilder abzugrenzen, die regelhaft neben einer hypotonen Fehlregulation noch Symptome aufweisen, welche auf Störungen der autonomen Innervation oder zerebralen Funktion hinweisen.

Bei den **primären autonomen Dysfunktionen** (Klingenheben 2002, Wüllner u. Klockgether 2003) wird zwischen dem Krankheitsbild der *reinen autonomen Dysfunktion* (*PAF*; früher: Bradbury-Eggleston-Syndrom bzw. idiopathische orthostatische Hypotonie) und der *multiplen Systematrophie* (*MSA*; u. a. zählt das früher als Shy-Drager-Syndrom bezeichnete Krankheitsbild dazu) unterschieden. Bei der *familiären Dysautonomie* (Riley-Day-Syndrom) handelt es sich um eine ausschließlich bei Nachfahren osteuropäischer Juden autosomal-rezessiv vererbte Krankheit, deren Symptome wie z. B. fehlende Tränensekretion, gestörte Thermoregulation, abnorm vermehrte Schweißproduktion, fehlendes Pupillenspiel und/oder Verlust der Schmerz- u. Temperaturempfindlichkeit schon beim Neugeborenen nachzuweisen sind.

Bei der PAF kommt es zu einer generalisierten Störung allein des autonomen Nervensystems, die MSA zeigt zusätzlich noch in variabler Ausprägung Parkinson-ähnliche, zerebelläre oder pyramidale Symptome. Pathoanatomisch finden sich die Schäden bei der PAF im Bereich der peripheren postganglionären Neurone, bei der MSA im Bereich der präganglionären Neurone des Rückenmarks und des ZNS, was eine differentialdiagnostische Abgrenzung mittels ^{123}Iod-MIBG-SPECT erlaubt (reduzierte Traceraufnahme am Herzen bei der PAF). Eine isolierte Reduktion der Ausscheidung von Normetanephrin, dem extraneuronalen Noradrenalinmetaboliten, spricht für die MSA, die Reduktion aller Katecholaminmetaboliten für die PAF (Kopin et al. 1983).

Symptome der autonomen Schädigung sind Störungen der Blasen- und Mastdarmfunktion, der thermoregulatorischen, sudomotorischen und sexuellen Funktion. Auffällig sind meist schon frühzeitig wenig reagible Pupillen auf Licht und Konvergenz, eine Ptosis sowie eine relativ fixierte Sinusbradykardie. Die Haut wirkt trocken, kalt und blass, der Speichelfluss ist reduziert, die Patienten klagen über Völlegefühl und weisen oft einen reduzierten analen Sphinktertonus auf. Bei der MSA finden sich extrapyramidale bzw. zerebelläre Symptome, ein reduzierter Muskeltonus, eine verwaschene Sprache oder Lähmungen der Larynxmuskulatur.

Zahlreiche Krankheiten können zu sekundären Störungen der autonomen Nervenstrukturen führen und sind von den primär-autonomen Dysfunktionen abzugrenzen. Dazu zählen sowohl neurologische (z. B. Tumore des ZNS und Rückenmarks, Myelonverletzung kranial von C5, Enzephalomyelitis diss., M. Parkinson, Guillain-Barré-Syndrom) als auch internistische Krankheitsbilder (z. B. Diabetes mellitus, Amyloidose, Alkoholabusus, Porphyrie, HIV, Chagas-Krankheit, Lepra, Karzinome). Auch medikamentöse (z. B. Zytostatika) bzw. toxische Ursachen (z. B. Schwermetalle) autonomer Nervenschädigungen sind differentialdiagnostisch zu erwägen. Die seltene *akute Pandysautonomie* ist eine wahrscheinlich immunvermittelte, innerhalb weniger Wochen auftretende, sehr schwere Verlaufsform der autonomen Dysfunktion, sie wird heute als eine Sonderform des Guillain-Barré-Syndroms angesehen (Malin u. Sindern 1996). Von besonderem Interesse ist das isolierte Dopamin-Betahydroxylase-Mangelsyndrom (autosomal-rezessiver Erbgang), bei dem eine Störung der Synthese von Noradrenalin vorliegt, da es durch entsprechende Substitution (L-threo-3,4-Dihydroxyphenylserin) behandelbar ist.

Bei der Kipptischuntersuchung weisen Patienten dieser Gruppe einen im Gegensatz zur neurokardiogenen Synkope schon sehr früh nach Aufrichten einsetzenden systolischen und diastolischen Blutdruckabfall trotz Anstieg der Herzfrequenz auf. Bei der akuten Pandysautonomie fehlt auch der Herzfrequenzanstieg. Meist haben Patienten mit autonomer Dysfunktion im Liegen erhöhte Blutdruckwerte.

Therapeutisch stehen sowohl physikalische (Volumen- bzw. Salzzufuhr, Hochlagerung des Kopfendes während der Nacht $>12°$, Kompressionsstrumpfhosen bzw. -anzüge, Bauchbinden) als auch pharmakologische Maßnahmen (Mineralokortikoide, direkte und indirekte Sympathomimetika, Yohimbin, Indomethacin) zur Verfügung, allerdings ist deren Effektivität bei fortgeschrittenen Krankheitsbildern des neurodegenerativen Formenkreises begrenzt. Eine ausführlichere Darstellung der Therapiemöglichkeiten ist an anderer Stelle nachzulesen (Braune u. Lücking 1997, Jordan u. Tank 2003).

Sekundäre Hypotonien

Neben den bisher dargestellten primären Hypotonieformen findet sich ein niedriger Blutdruck bzw. eine Synkope als Symptom bei einer Vielzahl anderer Krankheiten/Ursachen, die hier nicht im Detail besprochen, sondern nur tabellarisch aufgeführt werden können (Tabelle 12.3). Die Diagnostik der Hypotonie muss diese Krankheitsbilder/Ursachen berücksichtigen, da sich daraus ggf. wichtige Therapieentscheidungen bzw. sozialmedizinische Beurteilungen ableiten lassen.

Gutachterliche Bewertung

Voraussetzung für eine angemessene versicherungsmedizinische Beurteilung ist die korrekte Zuordnung der Symptome zu den verschiedenen Krankheitsbildern. Bei Hypotonien, die als Teilsymptom anderer gravierender Erkrankungen auftreten, steht zwar deren Beurteilung hinsichtlich der MdE bzw. GdB ganz im Vordergund, dennoch kann eine symptomatische Hypotonie die Beurteilung beeinflussen, insbesondere wenn es bei der MdE/GdB-Einstufung um Berufe mit potentieller Selbst- oder Fremdgefährdung geht.

Von einer Beurteilung sollte bei Hypotonien, die auf erfolgreich behandelbare Ursachen (siehe Tabelle 12.3) zurückzuführen sind, abgesehen werden, bis eine definitive Therapie erfolgt ist. In Abhängigkeit von individuellen Umständen kann zeitlich begrenzt eine MdE bzw. ein GdB ausgesprochen werden. Per-

Tabelle 12.3. Ursachen sekundärer Hypotonien

Krankheit	Diagnostik
Kardiologisch/vaskulär	
– Rhythmusstörungen	EKG, LZ-EKG
– Klappenvitien	Echokardiographie
– Herzinsuffizienz	Echokardiographie
– Herzinfarkt	Koronarangiographie
– konstriktive Perikarderkrankung	Echokardiographie
– Aortendissektion	Echokardiographie
– Subclavian-Steel-Syndrom	RR-Messung an beiden Armen, Angiographie
– arteriovenöse Malformationen	Angio-/Phlebographie
Neurologisch	
– zerebrales Krampfleiden	EEG
– TIA	Angiographie
– Basilaris-Insuffizienz	Dopplersonographie, Angiographie
– Tumor	CCT
Endokrinologisch	
– M. Addison	Kortisol, ACTH
– Bartter-/Pseudobartter-Syndrom	hypokaliämische, hypochlorämische Alkalose, Plasmareninaktivität, Plasmaaldosteronkonzentration
– Phäochromozytom	Plasma-Metanephrine
– Hypothyreose	Schilddrüsenhormone
– HVL-Insuffizienz	TSH, LH, FSH, ACTH u. STH
– systemische Mastozytose	Knochenmarksuntersuchung
Medikamentös	
– Nitrate	
– (Di-)Hydralazin	
– Phosphodiesterase(PDE)-5-Hemmstoffe	
– Antihypertensiva	
– Diuretika	
– Laxantien	
– Neuroleptika	
– Sedativa	
– tri- u. tetrazyklische Antidepressiva	
– L-DOPA und Dopamin-Agonisten	
– NMDA-Antagonisten	

sistierende Symptome nach erfolgreicher Therapie führen – wenn überhaupt – in solchen Fällen zu deutlich geringeren Einschränkungen der Erwerbsfähigkeit bzw. Behinderungsgraden (10–20%).

Von Einzelfällen abgesehen führt die Symptomatik bei den Krankheitsbildern der neurokardiogenen Hypotonie und dem posturalen Tachykardiesyndrom in aller Regel nicht zu einer wesentlichen Einschränkung der Erwerbsfähigkeit oder einer Behinderung (ca. 20%). Unter einer adäquaten Therapie lassen sich meist Bewusstseinsstörungen bis hin zur Synkope effektiv vermeiden, oft bilden sich die Symptome über einen längeren Zeitraum spontan oder therapiebedingt vollständig zurück, so dass eine Neubeurteilung in gewissen Zeitabständen sinnvoll ist. Dennoch ist es für bestimmte Berufe (z. B. Arbeiten an gefährlichen Maschinen bzw. in der Höhe, Personentransport) erforderlich, dass Schwindelattacken oder synkopale Episoden definitiv ausgeschlossen werden. In diesen Fällen müssen Maßnahmen zur Wiedereingliederung in den Beruf empfohlen werden, wie etwa über § 28 SGB IX, damit die Leistungsfähigkeit mit den Arbeitsplatzanforderungen in Einklang gebracht werden kann. Erst danach sollte an eine Umschulung gedacht werden.

Bei den primären autonomen Dysfunktionen ist in fortgeschrittenen Fällen insbesondere unter Berücksichtigung des progressiven Charakters der verschiedenen Krankheitsbilder von einer schweren MdE bzw. einem hohen GdB (bis 100%) auszugehen. In frühen Krankheitsstadien kann allerdings durch therapeutische Maßnahmen oder eine Umschulung auf Berufe mit überwiegend sitzender Tätigkeit noch eine Erwerbstätigkeit ermöglicht bzw. individuell MdE/GdB geringer eingestuft werden. In einigen Fällen gelingt eine wesentliche Symptomverbesserung durch eine Plasmaseparation (Schroeder et al. 2005).

Literatur

Braune S, Lücking CH (1997) Orthostatische Hypotonie. Dtsch Ärztebl 94:A3413–3418
Diehl RR (2003) Posturales Tachykardiesyndrom. In Deutschland bislang zu selten diagnostiziert. Dtsch Ärztebl 100:A2794–2801
Hust MH, Heck KF, Keim MW (1999) Kipptisch-Test zur Diagnostik vasovagaler Synkopen. Dtsch Ärztebl 96: A1488–1492
Jordan J, Tank J (2003) Multisystematrophie – Kritisch hinterfragen. Dtsch Ärztebl 100:A-2092
Kapoor W (1990) Evaluation and outcome of patients with syncope. Medicine 69:169–175
Klingenheben T (2002) Autonome Dysfunktion und orthostatische Intoleranz. Internist 43:1055–1064
Kopin IJ, Polinsky RJ, Oliver JA, et al (1983) Urinary catecholamine metabolites distinguish different types of sympathetic neuronal dysfunction in patients with orthostatic hypotension. J Clin Endocrinol Metab 57:632–637
Malin J-P, Sindern E (1996) Das akute Guillain-Barré-Syndrom. Dtsch Ärztebl 93:A1895–1898
Muscholl M, Scheidt W von (1999) Einige Anmerkungen. Dtsch Ärztebl 96:A3111–3112
Räiha I, Luutonen S, Piha J, et al (1995) Prevalence, predisposing factors, and prognostic importance of postural hypotension. Arch Intern Med 155:930–935
Savage DD, Corwin L, McGee DL, et al (1985) Epidemiologic features of isolated syncope: The Framingham Study. Stroke 16:626–629
Schroeder C, Vernino S, Birkenfeld AL, et al (2005) Brief Report: Plasma Exchange for Primary Autoimmune Autonomic Failure. N Engl J Med 353:1585–1590
Tank J (2002) Hypotonie – harmlos oder bedrohlich? Der „Stehtest" gibt Aufschluss. MMW-Fortschr Med 43:920–924
Wüllner U, Klockgether T (2003) Klinik und Therapie der Multisystematrophie. Dtsch Ärztebl 100: A408–A415

12.3 Arterielle Durchblutungsstörungen

G. Bönner

12.3.1 Periphere arterielle Verschlusskrankheit (pAVK) und arteriosklerotisches Aneurysma

Epidemiologie

Die symptomatische periphere arterielle Verschlusskrankheit (pAVK) ist mit einer – altersabhängig steigenden – Inzidenz von 5 bis 11 Erkrankungen auf 1000 Personen pro Jahr eine häufige Manifestation einer generalisierten Arteriosklerose. Berücksichtigt man nur symptomatische Fälle (Stadium II nach Fontaine), so leiden 2–4% der Männer und 1–2% der Frauen ≥60 Jahre an einer pAVK (Hiatt 2001). Identifiziert man die pAVK anhand eines ABI < 0,9 („ankle-brachial index" des Blutdrucks), so liegt die Prävalenz bei 7%, bei Patienten mit Diabetes mellitus bei 21% (Beks et al. 1995). Die Prävalenz steigt von 2,5% bei 40–59-Jährigen auf 8,3% bei 60–69-Jährigen und 18,8% bei 70–79-Jährigen (Criqui et al. 1997). Die pAVK ist Indikator einer generalisierten Arteriosklerose: Bei 10% der Patienten sind auch die hirnversorgenden Arterien betroffen, 28% leiden an einer koronaren Herzkrankheit (Ouriel 2001, Diehm et al. 2004). Zwei Drittel der Patienten versterben schließlich an einer koronaren Herzkrankheit. Rund 90% der AVK betreffen die unteren Extremitäten, wobei aber das Ausmaß der Arteriosklerose in verschiedenen Territorien mit r = 0,4–0,7 korreliert (Sorenson et al. 1997). 20% der von Ruheischämie Betroffenen sterben innerhalb 6 Monaten; ihre jährliche Mortalität liegt bei 25%, fast alle sind nach 10 Jahren verstorben (O'Hare et al. 2004, Dormandy et al. 1999). Jährlich erfolgen in Deutschland ca. 60 000 Amputationen im Bereich der unteren Extremitäten (2004: 62 279, davon 36 368 am Fuß) bei 135 608 Krankenhausfällen wegen Atherosklerose der Extremitätenarterien (ICD-10: I70.2) und 70 265 wegen Atherosklerose-(I70)-operierten Fällen.

Kernsymptome

Die arteriosklerotische Gefäßveränderung bleibt in der Regel viele Jahre ohne klinische Symptomatik, da erst bei hochgradigen Gefäßeinengungen (ca. ab 70% des Lumens in radiologischen Darstellungen) Störungen der Durchblutung auftreten. Kritische Durchblutungsverhältnisse setzen oft erst bei Einengungen über 90% des Lumens ein. Der Beginn der Symptomatik ist in den meisten Fällen schleichend und wird bestimmt durch die Lokalisation und den Schweregrad der Gefäßstenosen. Von den Extremitäten sind die Beine eindeutig bevorzugt, und auch an den einzelnen Extremitäten selbst können nochmals Gefäßregionen mit besonderer Prädisposition ausgemacht werden (Tabelle 12.4). Entsprechend den subjektiven Beschwerden und klinischen Befunden wird die periphere arterielle Verschlusskrankheit nach Fontaine in vier Stadien eingeteilt. Im angelsächsischen Bereich wird die Rutherford-Klassifikation verwendet, die zusätzlich objektive hämodynamische Kriterien berücksichtigt (Tabelle 12.5).

Der Kompensationsgrad ist abhängig von der Ausbildung präformierter Kollateralen. Die Kollateralbildung und damit auch die Kompensationsmöglichkeiten sind schlecht im Bereich der A. femoralis communis und der A. poplitea und gut im Bereich der A. femoralis superficialis oder der Unterschenkelarterien. Eine ungünstige Prognose besitzen die Mehretagenbefälle, die sich über Becken, Oberschenkel und/oder Unterschenkel ausdehnen. Steno-

Tabelle 12.4. Häufigkeit der Verschlusslokalisation bei peripherer artrieller Verschlusskrankheit

Extremität	Gefäß	Häufigkeit Extremität	Häufigkeit Gefäß
▮ **Arme**		10%	
	A. radialis/ulnaris		5%
	A. brachialis/axillaris		25%
	A. digitalis		70%
▮ **Beine**		90%	
	A. iliaca/femoralis		35%
	A. femoralis/poplitea		50%
	A. tibialis post./ant.		15%

sierungen im Kollateralkreislauf können unter Umständen eine rasch progrediente klinische Verschlechterung bewirken, da ein zuvor noch gut kompensierter Verschluss nun voll zum Tragen kommen kann. Hauptbeschwerden der Patienten sind Wadenschmerzen beim Gehen, nächtliche Muskelkrämpfe, Kältegefühl, Parästhesien und Ruheschmerzen, die charakteristischerweise asymmetrisch an den Extremitäten auftreten. Differentialdiagnostisch müssen Schmerzen neuraler, myogener, venöser oder arthrotischer Genese ausgeschlossen werden. Akute arterielle Thrombosen oder Embolien durch verschleppte Plaquefragmente oder Cholesterinpartikel können auf eine chronische Symptomatik ein akutes Krankheitsbild aufpfropfen, das aber problemlos klinisch erkannt werden kann (plötzlicher Schmerz, Blässe, Kälte, Pulslosigkeit, Bewegungsverlust, Parästhesien, Schock).

Typisch für die diabetische Mikroangiopathie ist das Auftreten von Durchblutungsstörungen bei noch tastbaren Fußpulsen im Spätverlauf eines manifesten Diabetes mellitus. Parallel ist oft ein Befall auch der Nieren und der Retina mit ihren typischen Mikroaneurysmen zu beobachten. Die diabetische Mikroangiopathie wird nicht selten von einer diabetischen Neuropathie kompliziert. Dabei treten häufig Druckulzerationen auf, die der Kranke aufgrund einer begleitenden Neuropathie nicht als schmerzhaft empfindet. Der Fuß ist im Gegensatz zur arteriosklerotischen Läsion hyperämisch, das Ulkus weist Randhyperkeratosen auf. Die Diagnose ist zu stellen, wenn bei Diabetikern Nekrosen oder pränekrotische Veränderungen bestehen, die durch eine arterielle Verschlusskrankheit nicht erklärt werden können.

▮ Ätiopathogenese

Die arterielle Verschlusskrankheit ist die Folge der Durchblutungsstörung, die durch eine arteriosklero-

Tabelle 12.5. Vergleichende Stadieneinteilung nach Fontaine und Rutherford. (Nach Rutherford et al. 1997)

	Klinische Beschreibung	Rutherford-Klassifikation	Klinische Beschreibung	Objektive Kriterien	
Fontaine-Stadien					
I	asymptomatisch	0	asymptomatisch	– normale Laufbandbelastung – normaler Hyperämietest	
II a	schmerzfreie Gehstrecke > 200 m	1	geringe Claudication – intermittens	– Laufband: 5 Minuten möglich – aKD nach Belastung: > 50 mmHg, aber mindestens 20 mmHg niedriger als Ruhewerte	
		2	mäßige Claudication – intermittens	zwischen Rutherford-Klasse 1 und 3	
II b	schmerzfreie Gehstrecke < 200 m	3	schwere Claudication intermittens	– Laufband: 5 Minuten nicht möglich – aKD nach Belastung: < 50 mmHg	
Kompliziertes Stadium II	Läsionen bei hämodynamisch nicht kritischer Extremitätenischämie (CLI)				
III	Ruheschmerzen	4	Ruheschmerzen	– aKD ≤40 mmHg und/oder aGD ≤30 mmHg bzw. schwach pulsatile oder flache GZO	*chronisch-kritische Ischämie >2 Wochen (CLI)*
IV	Ulkus, Nekrose, Gangrän	5	distale trophische Läsionen	– aKD ≤60 mmHg und/oder aGD ≤30 mmHg bzw. schwach pulsatile oder flache GZO	
		6	über das metatarsale Niveau reichende trophische Läsionen		

aKD Knöchelarteriendruck, *aGD* Großzehenarteriendruck, *GZO* Großzehenoszillographie

Tabelle 12.6. Risikofaktoren bei Claudicatio intermittens. (Nach Murabito et al. 1997)

Risikofaktor	mit Claudicatio	ohne Claudicatio	p
▌ Männliches Geschlecht	56	42	< 0,0001
▌ Mittleres Alter (Jahre)	64	60	0,0001
▌ Hoch-normaler Blutdruck	16	19	0,1302
▌ Systolischer Druck 140–159 mmHg; diastolischer Druck 90–99 mmHg (%)	29	28	0,4164
▌ Systolischer Druck > 159 mmHg; diastolischer Druck > 99 mmHg (%)	36	22	0,0001
▌ Diabetes mellitus (%)	20	6	0,0001
▌ Täglicher Zigarettenkonsum (%)	10	7	0,0001
▌ Mittleres Cholesterin (mg/dL)	248	239	0,0018
▌ Vorbestehende koronare Herzkrankheit (%)	34	12	0,0001

tische Gefäßeinengung bedingt ist. Die multifaktorielle Ätiologie und Pathogenese der Arteriosklerose ist hier nicht darzulegen und bis heute im Detail nicht geklärt. Bei den anerkannten Risikofaktoren Nikotinkonsum, Dyslipidämie, Hypertonie, Diabetes mellitus und Bewegungsmangel weist die pAVK ein spezifisches Risikoprofil auf (Tabelle 12.6); dazu gehört auch eine familiäre Belastung. Als neue unabhängige Risikofaktoren wurden das C-reaktive Protein (Ridker et al. 2001), die Serumkonzentration von Homocystein (Boushey et al. 1995) und chronische Niereninsuffizienz (Leskinen et al. 2002, O'Hare et al. 2004) identifiziert.

Die Erkrankung verläuft in der Regel chronisch obliterierend, seltener auch ektasierend. Sie kann durch plötzliche thrombotische oder embolische Gefäßverschlüsse auch akute Symptomatiken bis hin zu akuten Ischämien und Nekrosen auslösen. Die Progression erfolgt altersabhängig stärker jenseits des 50. Lebensjahres, bei Frauen mit einer Verschiebung um 10 Lebensjahre. Bei Männern im mittleren Alter trat in der prospektiven Baseler Studie nach 5 Jahren eine periphere arterielle Verschlusskrankheit in 8% der Fälle auf. Nach weiteren 2,5 Jahren war die Krankheit bei 76% progredient, und 7,5 Jahre nach Diagnosestellung waren 20% der erkrankten Männer verstorben. Der Tod war statistisch mit einer Vorzeitigkeit von 10 Jahren gegenüber der allgemeinen Lebenserwartung eingetreten. Diese Beobachtung wurde in einer Untersuchung von Schoop und Mitarbeitern bestätigt, die ebenfalls eine verminderte Überlebensrate bei Patienten mit peripherer arterieller Verschlusskrankheit fanden (Abb. 12.1).

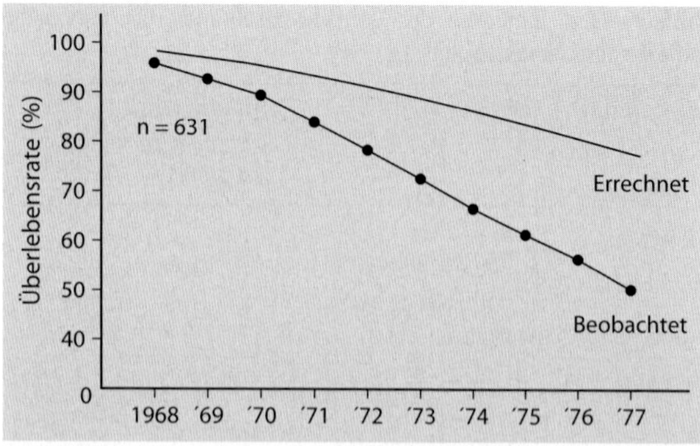

Abb. 12.1. 10-Jahres-Überlebensrate (beobachtet 1968–1977) bei nichtdiabetischen Männern mit pAVK im Vergleich zu der aus der allgemeinen Sterbetafel der BRD 1970/72 errechneten Überlebensrate gesunder Männer. (Nach Schoop 1975)

▌ Therapieoptionen

Die wichtigste Maßnahme zur Prävention des Fortschreitens der Krankheit ist der Abbau der spezifischen Risikofaktoren (Hankey et al. 2006). Im Stadium I und II verbessert Bewegungstherapie die Gehstrecke (Gardner u. Poehlman 1995). Wirksame Pharmaka stehen begrenzt zur Verfügung. Obwohl einige kontrollierte Studien mit Pentoxyphyllin (De Backer et al. 2000), Naftidrofuryl (Smith et al. 2000), Buflomedil (De Backer et al. 2001) und Cilostazol (Chapman u. Goa 2003; in Deutschland nicht verfügbar) eine statistisch signifikante Verbesserung der Gehstrecke gezeigt haben, war der durchschnittliche Nutzen gering (Hiatt 2001). Ein größerer Nutzen, der nur bei einer Minderheit der Patienten eintrat, kann einen Therapieversuch rechtfertigen, was fortgesetzt werden kann, falls ein Erfolg eintrat. Cilostazol ist Pentoxyphilin sowohl bezüglich der Verbesserung der Gehstrecke als auch der Lebensqualität überlegen (Dawson et al. 2000). Derzeit reicht die Datenlage nicht aus, um die routinemäßige Verwendung einer Pharmakotherapie bei allen Patienten mit Claudicatio zu empfehlen (Hiatt 2001). Thrombozytenaggregationshemmung mit Acetylsalizylsäure ist sinnvoll, da hierdurch die kumulative Verschlussrate bei schon stenosierten Gefäßen reduziert werden kann.

Ab Stadium II b können diese Maßnahmen durch eine interventionelle Therapie ergänzt werden, ab Stadium III sind diese zwingend. Möglich sind Rekanalisationsmaßnahmen durch Fibrinolyse, Kathetermanipulationen und chirurgische Eingriffe wie Thrombendarteriektomie oder Bypassanlage. Im Unterschenkelbereich ist eine Rekanalisation oft schwierig und häufig mit Restenosierungen verbunden. Im Stadium III und IV stehen daneben Infusionen mit Prostaglandin E1 oder I2 und Iloprost zur Verfügung. Eine konservative Therapie ist in diesen Stadien den Rekanalisierungsmaßnahmen anzuschließen. Nur bei nichtoperablen oder nichtdilatierbaren Befunden ist die konservative Therapie initial einzusetzen. Bei der diabetischen Mikroangiopathie ist es von zentraler Bedeutung, eine strenge Stoffwechseleinstellung anzustreben. In schweren Fällen lässt sich aber auch heute eine Amputation oft nicht vermeiden. Bei schweren Infektionen ist erfahrungsgemäß nur die hochdosierte intravenöse Antibiotikatherapie erfolgreich.

Bei akuten Verschlüssen mit vitaler Gefährdung einer Extremität ist eine akute Rekanalisation, in der Regel chirurgisch, innerhalb weniger Stunden erforderlich. Bei aneurysmatischen Gefäßveränderungen ist die Resektion des Aneurysmas in Abhängigkeit von der Größe angezeigt.

Gutachterliche Bewertung

Die Häufigkeit der Kombination einer peripheren arteriellen Verschlusskrankheit mit einer koronaren Herzkrankheit beziehungsweise einer Zerebralsklerose muss berücksichtigt werden. Der Verlauf kann durch Therapie und Beseitigung von Risikofaktoren entscheidend mitbeeinflusst werden. Dies bedingt eine zurückhaltende gutachterliche Beurteilung für einen überschaubaren Zeitraum. Sogar Amputationen kann bei sonst günstigem Gefäßbild eine lange Phase der Beschwerdefreiheit folgen. Andererseits ist die Prognose eines diffusen Mehretagenbefalls mit kurzer schmerzfreier Wegstrecke oft wegen fehlender Rekanalisationsmöglichkeiten so schlecht, dass eine Erwerbsunfähigkeit angenommen werden muss. Im Wesentlichen orientiert sich die Begutachtung jedoch am klinischen Schweregrad der Verschlusskrankheit, das heißt den Stadien nach Fontaine (Tabelle 12.7).

Bei der Zuweisung von Tätigkeiten muss berücksichtigt werden, dass übermäßige Gehleistungen, vor allem wenn sie unter Zeitdruck auszuführen sind, nicht gefordert werden können. Andererseits sind im Sinne der Bewegungstherapie auch rein sitzende Tätigkeiten ungünstig. Arbeiten mit Verletzungsgefahr sind wegen schlecht heilender Wunden, Arbeiten unter Witterungseinfluss wegen übermäßiger Kälteempfindlichkeit zu meiden. Bei pAVK im Rahmen eines Diabetes mellitus ist dieser in der Beurteilung zusätzlich zu berücksichtigen.

Die im Gehtest ermittelte beschwerdefreie Gehstrecke ist nicht mit der zumutbaren Wegstrecke, z. B. zur Arbeitsstätte, vergleichbar. Bei einem Stadium IIa mit einer Gehstrecke über 200 m ist eine Wegstrecke zur Arbeit von ca. 1000 m zumutbar. Im Stadium IIb ist die zumutbare Wegstrecke individuell abzustecken, sie ist sicher aber deutlich unter 1000 m. Wegefähigkeit ist nach sozialmedizinischen Gesichtspunkten gegeben, wenn der Patient bei langsamem Gehen, auch unter Einschluss von kleinen Pausen, eine Gehstrecke von über 500 m zurücklegen kann. Bei einer extrem eingeschränkten Gehstrecke unter 30 m sowie im Stadium III und IV

Tabelle 12.7. Minderung von Erwerbsfähigkeit (*MdE*) oder Behinderungsgrad (*GdB*) bei peripherer arterieller Verschlusskrankheit (pAVK) und nach Gefäßoperationen in Anlehnung an die Empfehlungen des Angiologenkongresses 1982 in Ulm

Fontaine-Stadium	Schmerzfreie Gehstrecke (m)	MdE/GdB präoperativ	MdE/GdB postoperativ
0	unbegrenzt	0%	bis 10% [2]
I	>1000	bis 10%	bis 10% [2]
IIa	200–1000	bis 30%	20–30%
IIb	100–200	bis 40% [1]	bis 40% [1]
II b	50–100	50–60% [1]	50–60% [1]
IIb	<50 ohne Ruheschmerz	~70% [1]	~70% [1]
III	<50 mit Ruheschmerz	bis 80% [1]	bis 80% [1]
III	<50 mit Ruheschmerz bds.	90–100% [1]	90–100% [1]
IV	<50 mit Ulkus	100% [1]	70–100% [1]

[1] Gehbehinderung nach dem Schwerbehindertengesetz ggf. zusätzlich zu berücksichtigen
[2] unter Antikoagulantientherapie bis 20%

der arteriellen Verschlusskrankheit kann der Kranke keiner geregelten Erwerbstätigkeit mehr nachgehen.

Wenngleich die Ursache der Arteriosklerose unklar ist, besteht doch soweit Übereinstimmung, dass äußere Einflüsse wie widrige Lebensumstände oder Kälteexposition nicht geeignet sind, eine Verschlusskrankheit hervorzurufen oder zu verschlimmern. Erhebliche lokale Traumata (auch Vibrationstrauma) auf eine bereits vorgeschädigte Arterie können aber im Einzelfall zum Beispiel über eine Thrombose eine vorübergehende Verschlimmerung bedingen. Zu fordern ist dann der sehr enge zeitliche und räumliche Zusammenhang der arteriellen Komplikation mit dem möglich erscheinenden Trauma.

Soziale Stressfaktoren tragen in Wechselwirkung mit Prädispositionen (z. B. zu psychischen Krankheiten wie der Depression) zur Pathogenese der Atherosklerose bei (Ramachandruni et al. 2004), insbesondere der sozioökonomische Status mit daraus resultierendem Hierarchiestress (Sapolsky 2004). Siegrist (1988) beschreibt den Einfluss von berufsbedingtem Stress wie Wechselschicht, Angst um den Arbeitsplatz, Furcht vor subjektiv empfundener zunehmender Arbeitsbelastung auf den atherogenen Index, das Verhältnis von Gesamtcholesterin zu HDL-Cholesterin. Wenn psychosoziale Stressoren als Risikofaktoren zur Pathogenese beitragen, so kommt ihnen im versicherungsrechtlichen Sinne wegen ihrer Unspezifität aber keine gutachtliche Bedeutung zu.

Bei Aneurysmen ist der GdB/MdE-Grad bis 10% anzusetzen, wenn keine Einschränkung der Belastbarkeit vorliegt. Ist dies aber der Fall, liegen GdB/MdE zwischen 20 und 40%. Große Aneurysmata der Aorta führen oft zu GdB/MdE von 50% und mehr.

Fazit

Die Symptomatik der peripheren Verschlusskrankheit beginnt in der Regel schleichend, ist oft asymmetrisch und durch Wadenschmerzen und nächtliche Muskelkrämpfe charakterisiert. Die Ausbildung von Kollateralen kann zu einer deutlichen Diskrepanz zwischen morphologischem Befund und klinischer Symptomatik führen. Die klinische Stadieneinteilung erfolgt nach Fontaine. Bei der diabetischen Mikroangiopathie sind die Fußpulse meist noch tastbar. Die Haut um ein diabetisches Ulkus ist nicht ischämisch, sondern durch die Neuropathie eher hyperämisch. Die typischen Herz-Kreislauf-Risikofaktoren spielen auch in der Pathogenese der peripheren Verschlusskrankheit eine entscheidende Rolle. Die periphere Verschlusskrankheit ist eine progrediente Erkrankung mit deutlich eingeschränkter Lebenserwartung. Die Therapie der Verschlusskrankheit umfasst je nach Stadium und Klinik die Reduktion der Risikofaktoren, die Bewegungstherapie, die Pharmakotherapie, intravasale Interventionen oder operative Korrekturen.

Die wichtigsten Kriterien zur Beurteilung einer peripheren Verschlusskrankheit sind die klinischen Stadien nach Fontaine mit der Gehstrecke, die Dopplerdruckwerte, die lokale Gefäßmorphologie und die Amputationsschäden. Die im Gehtest ermittelte schmerzfreie Gehstrecke ist nicht mit der zumutbaren Wegstrecke zur Arbeit gleichzusetzen.

12.3.2 Angiitiden
(Endangiitis obliterans, Sklerodermie, Arteriitis temporalis Horton und andere Formen)

Epidemiologie

Die systemischen Vaskulitiden sind alle selten (jährliche Inzidenz <500/Mio.) mit geographischen und ethnischen Unterschieden (Scott u. Watts 2000). Die Arteriitis temporalis Horton gilt als häufigste (178/Mio. Erwachsene über 50 Jahre, bei Frauen 242/Mio.). Die Endangiitis obliterans hat an den arteriellen Verschlusskrankheiten in Westeuropa einen Anteil von ca. 3%, in Ostasien bis 16%. Betroffen sind überwiegend Männer über 40 Jahre. Die Bevorzugung der Männer hat von ursprünglich 99:1 bei Buerger über 10:1 Anfang der 70er Jahre auf derzeit 3,4:1 abgenommen – eine Folge der Zunahme der weiblichen Raucher.

Kernsymptome

Abgesehen von akralen Nekrosen besteht in Abhängigkeit von der Grundkrankheit ein sehr unterschiedliches klinisches Bild. In der Frühphase können Überlagerungen mit einer vasospastischen Symptomatik zum Beispiel an den Fingern beobachtet werden. Da die Angiitiden die verschiedensten Gefäßregionen befallen können, sind klinisch auch sehr differente Befunde zu erheben. Gesehen wurden viszerale Beschwerden, kardiale Symptomatiken, neurale Ausfälle, renale Insuffizienz und selten auch pulmonale Beteiligungen.

Bei der *Riesenzellarteriitis Horton* ist klinisch der typische Schläfenkopfschmerz führend. Oft lässt sich die verhärtete Temporalarterie tasten. Treten Sehstörungen auf, die bis hin zur irreversiblen Erblindung gehen können, ist sofortiges therapeutisches Handeln verlangt. Die Krankheit kann in einer anderen Verlaufsform auch mit diffusen Muskelschmerzen auftreten, als *Polymyalgia rheumatica*. Die genaue Diagnose ist häufig nur bioptisch zu stellen. Charakteristisch für die Arteriitis temporalis Horton ist eine maximal beschleunigte Senkung. Die Funktions- und die detailliertere Lokalisationsdiagnostik basieren wesentlich auf dem elektrischen akralen Oszillogramm mit Provokation.

Bei der *Endangiitis obliterans* sind im akralen Angiogramm oft ganz spezifische Gefäßveränderungen bis hin zu typischen Gefäßabbrüchen festzustellen.

Ätiopathogenese

In der Mehrzahl der Fälle handelt es sich bei den Angiitiden um eine Immunvaskulitis. Tabelle 12.8 zeigt ihre ätiologische Klassifikation (Scott u. Watts 1994). Der Verlauf ist zum Teil schubweise (Endangiitis obliterans, Arteriitis Horton), zum Teil der Grundkrankheit um Jahre vorauslaufend (Sklerodermie). Betroffen sind in der Regel die kleineren arteriellen Gefäße im Sinne der Mikroangiopathie mit typischen Endstrombahnverschlüssen (akrale Nekrosen) und besonders auch viszeralen (Angina abdominalis), renalen (Niereninsuffizienz) oder retinalen Symptomen (Sehstörungen). Die genauen Ursachen sind aber bis heute noch unbekannt. Bei der Endangiitis obliterans (M. v. Winiwarter-Buerger) wird eine „Tabakallergie" diskutiert, da hier ein sehr enger Zusammenhang zwischen dem Auftreten der Krankheit und dem Zigarettenrauchen besteht; die Zuordnung zu den Angiitiden ist unsicher.

Therapieoptionen

Für die meisten Arteriitiden ist eine kausale Therapie noch nicht bekannt. Jedoch kann symptomatisch durch den Einsatz von Steroiden und Immunsuppressiva das Fortschreiten der Krankheit verzögert

Tabelle 12.8. Klassifikation der systemischen Vaskulitiden. (Nach Scott u. Watts 2000)

Hauptsächlich befallene Gefäße	Primäre Vaskulitiden	Sekundäre Vaskulitiden
Große Arterien	Riesenzellarteriitis Horton Aortis bei rheumatoider Arthritis Takayasu's Arteriitis	Infektion (z. B. Syphilis) Isolierte CNS-Angiitis
Mittlere Arterien	Panarteriitis nodosa Kawasaki-Disease Wegener-Granulomatose	Infektion (z. B. Hepatitis B) Vaskulitis bei rheumatoider Arthritis
Kleine Gefäße und mittlere Arterien	Churg-Strauss-Syndrom Mikroskopische Polyangiitis	Vaskulitis bei system. Lupus erythematodes Sjögren-Syndrom Arzneimittel Infektion (z. B. HIV)
	Henoch-Schönlein-Purpura	Arzneimittel (z. B. Sulphonamide, Penizilline, Thiaziddiuretika, viele andere)
Kleine Gefäße (leukozytoklastisch)	Essentielle gemischte Kryoglobulinämie Kutane leukozytoklastische Angiitis	Infektion (z. B. Hepatitis B u. C)

oder verhindert werden. Die langfristige Therapie kann ihrerseits dann wieder zu Problemen führen wie Osteoporose, Infektabwehrschwäche, Myopathien und Zuckerstoffwechselentgleisungen.

Bei der Endangiitis obliterans wird das vollständige Einstellen des Zigarettenrauchens als absolut notwendig für einen Therapieerfolg angesehen. Hier kann auch die Gabe von Thrombozytenaggregationshemmern nützlich sein.

Als akute Maßnahme kann bei den akralen angiitischen Beschwerden eine Infusionstherapie mit Vasodilatantien, besonders Prostaglandinen (PGE_1 oder Iloprost) eingesetzt werden.

Gutachterliche Bewertung

Die Prognose quoad vitam ist nach der Grundkrankheit zu stellen und nicht immer schlecht. Ist die Krankheit jedoch nicht medikamentös beherrschbar, so tritt sehr rasch eine erhebliche Beeinträchtigung mit Minderung der Erwerbsfähigkeit im Sinne der gesetzlichen Rentenversicherung ein. Die Sehstörungen nach Arteriitis temporalis Horton sind selten reversibel und können je nach Schwere eine dauernde Berufs- oder Erwerbsunfähigkeit nach sich ziehen. Für die Endangiitis obliterans als häufigste Erkrankung dieser Gruppe ist die Lebenserwartung nur selten eingeschränkt. Amputationen oder Teilamputationen von Fingern lassen sich aber auf Dauer nicht verhindern, besonders dann nicht, wenn weiter geraucht wird. Die 5-Jahres-Amputationsrate liegt bei ca. 25%. Bei der Zuweisung von Tätigkeiten scheiden in diesem Fall witterungsexponierende und verletzungsgefährdende Arbeiten aus. Der Patient sollte früh auf wenig manuelle Tätigkeiten umgesetzt werden.

Ein lokales Trauma oder eine zusätzliche venöse Thrombose können die regionale Durchblutungsstörung bei einer Arteriitis im Einzelfall verstärken.

12.3.3 Vasospastische Durchblutungsstörungen
(Raynaud-Syndrome, Ergotismus u. a.)

Epidemiologie

In der Framingham-Studie litten 5,8% der Männer und 9,6% der Frauen am Raynaud-Syndrom mit familiärer Häufung. Dies variiert geographisch (Kaminski et al. 1997).

Kernsymptome

Oft reicht schon das klinische Bild und die Anamnese, um zu der Diagnose eines Raynaud-Phänomen zu gelangen. Das elektronisch akrale Oszillogramm bei Raumtemperatur, unter Kälteeinwirkung und nach Wiederaufwärmen bzw. Nitratgabe sichert die Diagnose.

Das *primäre Raynaud-Phänomen* (M. Raynaud) ist charakterisiert durch das symmetrische Auftreten von arteriellen Durchblutungsstörungen an den Extremitäten, an den Händen zum Beispiel unter Aussparung der Daumen. In Abhängigkeit von Kälte und psychischem Stress treten die symmetrischen Ischämien besonders ausgeprägt auf. Reaktive Rückbildung ist in Wärme zu beobachten. Es besteht keine vitale Gefahr für die Finger.

Das *sekundäre Raynaud-Phänomen* ist Folge einer organischen Gefäßschädigung wie bei LE oder Sklerodermie. Das klinische Erscheinungsbild ist nicht so streng symmetrisch ausgebildet. Gelegentlich können bereits kleinste Hautnekrosen als Folge irreversibler Ischämien gesehen werden. Auch Medikamente können ein Raynaud-Phänomen auslösen. Hierzu gehören unter anderem Betablocker, Ovulationshemmer, Belladonna-Alkaloide und ergotaminhaltige Substanzen.

Ätiopathogenese

Die vasospastischen Durchblutungsstörungen basieren häufig auf nervalen Fehlsteuerungen. Ihre Ursachen sind unklar, es finden sich jedoch familiäre Häufungen. Auch Untergewicht ist mit vasospastischen Durchblutungsstörungen assoziiert. Eine übersteigerte Reaktion der peripheren Gefäße auf Kältereize gilt als weiterer auslösender Faktor. Häufig ist die Verbindung mit Hypotonie und Migräne. Die Erkrankung tritt vermehrt bei Frauen (5:1) und postpubertär auf. Das sekundäre Raynaud-Phänomen kann gelegentlich nach Traumen (bes. Vibrationstraumen), Bandscheibenkompression in Höhe L5 (Reischauer-Syndrom), Karpaltunnelsyndrom und nach hochdosierter Ergotaminzufuhr (Ergotismus) auftreten. Bei Sudeck-Dystrophie und nach Erfrierungen – aber nur an den erfrorenen Fingern oder Zehen – kann eine Vasospastik als Restzustand zurückbleiben.

Therapieoptionen

Als Therapie ist das Vermeiden provozierender Medikamente und der Schutz vor Kälte oder Verletzung in aller Regel ausreichend. Warme Bäder können bei leichten Formen des Raynaud-Phänomens rasch helfen. Bei schwereren Formen ist oft eine medikamentöse Therapie erforderlich. Es können Kalziumantagonisten, Serotoninantagonisten oder Prostaglandine eingesetzt werden. Andere vasodilatierende oder hämorheologisch aktive Substanzen haben keine überzeugende Wirkung. Die operative Sympathektomie ist auf Dauer wenig erfolgreich.

Gutachterliche Bewertung

Bei dem prognostisch günstigen primären Raynaud-Phänomen sind Arbeiten in Nässe und Kälte nicht zumutbar. Die Minderung der Erwerbsfähigkeit im Sinne der gesetzlichen Rentenversicherung ist in der Regel kleiner als 25%. Die Symptomatik klingt häufig im mittleren Lebensalter wieder ab. Bei organischen Schäden durch die Ischämie, die besonders beim sekundären Raynaud-Phänomen auftreten, und bei beidseitigem Befall der Hände kann der MdE/GdB-Grad jedoch rasch steigen und auch eine Berufsunfähigkeit entstehen. Frühere Mangelernährung oder Kälteexpositionen können verschlimmernd auf die Grundkrankheit wirken.

12.3.4 Gefäßtrauma

Kernsymptome

Bei traumatischer Eröffnung des Gefäßlumens kommt es initial immer zur Blutung. Im Allgemeinen führen Quereinrisse an Arterien eher zu geringen Blutungen, während längsverlaufende Einrisse oder Einschnitte nur selten spontan zum Stillstand kommen. Eine innere Blutung kann erhebliche Ausmaße annehmen, bevor Umfangsvermehrung oder Kreislaufschock auf eine Blutung aufmerksam machen. Eventuelle Ischämiezeichen in nachgeschalteten Versorgungsgebieten treten je nach Versorgungstyp und Kollateralisation sehr unterschiedlich ausgeprägt auf. An den Extremitäten kann eine schockbedingte Zentralisation zum Übersehen eines Gefäßschadens führen. Ischämien des Darms werden meist erst verspätet zwischen dem 2. und 6. Tag erkannt. Thrombosen als Folge stumpfer Traumata treten häufig verzögert nach einem beschwerdefreien Intervall auf. Typisch ist zum Beispiel die Thrombose der A. iliaca externa nach Schlag mit dem Motorradlenker in die Leistengegend. Ein A.-ulnaris-Verschluss an der Arbeitshand als Folge des Hämmerns mit der Hohlhand tritt bei Kfz-Mechanikern, Handwerkern und ähnlichen Berufsgruppen auf. Symptomatisch wird die Erkrankung durch eine Ischämie der ulnarwärtigen Finger. Arbeiten mit Kettensägen, Presslufthämmern oder anderen Maschinen mit einer Vibrationsfrequenz um 125 Hz können nach einem typischen beschwerdefreien Intervall und einer vasospastischen Initialphase im Sinne eines Raynaud-Phänomens zu irreversiblen akralen Durchblutungsstörungen bis hin zu Fingerkuppennekrosen führen.

Die wichtigste diagnostische Maßnahme zum Nachweis oder Ausschluss einer Gefäßverletzung ist die ausführliche Unfallanamnese. Beim Lokalbefund weisen Blutungen, Hämatome oder freie Flüssigkeit in Hohlräumen auf Gefäßverletzungen hin. Zur Dokumentation des Schadens müssen klinische Zeichen der Ischämie wie Blässe, fehlende aktive Innervation und fehlende oder verzögerte Kapillar- beziehungsweise Venenfüllung geprüft und erfasst werden. Die Ultraschall-Doppler-Untersuchung ist durch vergleichende Messungen das sicherste und schonendste nichtinvasive Untersuchungsverfahren bei Verdacht auf eine Gefäßverletzung. Bei jedem Verdacht auf eine Gefäßverletzung ist diese sicher auszuschließen. Hierfür ist oft eine direkte Angiographie oder seltener sogar eine operative Freilegung des Strömungsgebietes erforderlich. Die diagnostische Klärung muss binnen 6 Stunden erfolgen, um Spätschäden zu vermeiden. Der Schaden eines Vibrationstraumas an den kleinen Gefäßen lässt sich mit dem elektrischen akralen Oszillogramm aufdecken. Bei Zweifeln und offenen Zusammenhangsfragen ist eine Angiographie ausschlaggebend.

Ätiopathogenese

Gefäßschäden entstehen meist durch äußere Einwirkungen, können aber auch Folge therapeutischer Maßnahmen sein. Man unterscheidet stumpfe Traumen wie Stoß, Schlag und Druck von penetrierenden Verletzungen wie Schnitt, Stich oder Schuss. Blutungen oder regionale Ischämien im zugehörigen Versorgungsgebiet weisen auf Gefäßverletzungen hin, nicht selten aber erst sekundäre Veränderungen wie Thrombosen. Artikuläre Repositionen, fehlerhafte Lagerungen oder unsachgemäß angelegte Tourniquets können iatrogene, behandlungsbedingte Gefäßverletzungen verursachen. Auch bei Operationen kann es durch Ligaturen, Anbohren bei Osteosynthesen, Hakendruck und Spickdrähte zu Gefäßverletzungen kommen.

Nach scharfen Verletzungen kann es bei alleiniger Verletzung der äußeren Wandschichten zur Ausbildung eines Aneurysma spurium und eventuell auch zu zeitlich verzögerten Rupturen kommen. Tiefe Schädigungen durchtrennen das Gefäß teilweise oder vollständig. Bei elastischen Arterien führen Retraktion und Einrollen der Intima zu einer spontanen Blutstillung, so dass hier häufig nur kleinere Hämatome entstehen. Bei Venenverletzungen treten dagegen regelmäßig ausgedehnte Hämatome auf. Stumpfe Verletzungen bewirken zunächst nur einen Einriss der Intima. Der Gefäßschlauch bleibt meist als Gesamtstruktur intakt. Je nach Ausmaß der Intimaschädigung entwickeln sich dann lokale Thrombosen oder Dissektionen der Intima mit Einblutung in die Gefäßwand. Indirekte Gefäßverletzungen entstehen durch lokale Überdehnungen und das Dezelerationstrauma. Luxationen im Ellenbogen-, Schulter- oder Kniegelenk können an benachbarten Arterien zu solchen Überdehnungen mit Intimaeinriss und konsekutiver Thrombose führen. Dezelerationen können unter verschiedenen äußeren Bedingungen wie Sturz aus großer Höhe, Auffahrunfällen, Verschüttungen, Thoraxkompressionen oder -kontusionen oder Druckwellen auftreten. Bei diesen Traumen kommt es innerhalb des Gefäßschlauches zu einem Einriss der Aorta, besonders häufig im Bereich der Aorta ascendens und der absteigenden Aorta distal des Subclavia-sinistra-Abganges.

Ein Gefäßverschluss in Höhe eines Traumas ist nicht nur bei unmittelbarem zeitlichen Zusammenhang auf das Vorliegen einer Unfallfolge verdächtig. Denn noch Wochen und Monate nach einer Gefäßverletzung kann es zu einer lokalen arteriellen Thrombose kommen. Inkomplette Wandschäden am Gefäß führen gelegentlich zur Ausbildung von Aneurysmen, so auch an operativ versorgten Gefäßen. Hier sind vornehmlich die Nahtstellen mit Kunststoffinterponaten betroffen. Durch gleichzeitige Verletzung oder Unterbindung von Arterie und parallel verlaufender Vene können arteriovenöse Fisteln auftreten, die das Herz-Kreislauf-System entsprechend ihrem Shuntvolumen bis hin zu einer Herzinsuffizienz belasten können. Arterielle Thromben infolge lokaler Intimaschädigungen können zum Ausgangspunkt einer arteriellen Embolie werden. Spätfolge einer inadäquaten oder verzögerten Revaskularisation können ischämische Nervenschädigungen, Muskelnekrosen und Kontrakturen wie Volkmannsche Kontraktur, Pes equinovarus oder Krallenzehen sein. Bei Venenverletzungen mit konsekutiven Thrombosen stehen als Spätschaden eine Lungenembolie oder ein postthrombotisches Syndrom zur Diskussion.

Therapieoptionen

Notfallmäßig kann neben einer Kompressionstherapie auch eine zeitlich begrenzte suprasystolische Abbindung der verletzten Extremität in Frage kommen. Bei der weiteren Versorgung sollte die Unterbindung des Gefäßes möglichst vermieden werden, weil die Amputationsrate immens hoch ist. Selbst die Unterbindung eines Gefäßes der doppelt angelegten Unterarm- oder Unterschenkelgefäße ist in einigen Studien mit einer fast 10%igen Amputationsrate behaftet. Deshalb soll soweit als möglich eine Rekonstruktion des verletzten Gefäßes angestrebt werden. In der Regel ist nach einer Gefäßrekonstruktion während der unmittelbaren postoperativen Immobilisationsphase eine Behandlung mit parenteralem Heparin unverzichtbar. Je nach Ausprägung des Traumas, des Operationsumfanges und der postoperativen Strömungsverhältnisse empfiehlt sich eventuell auch noch eine längerfristige Gabe von Antikoagulantien.

Gutachterliche Bewertung

Der ursächliche Zusammenhang zwischen Unfall und Gefäßverletzung ist bei penetrierenden Verletzungen und auch bei stumpfen Gewalteinwirkungen auf gefäßgesunde Personen leicht zu entscheiden. Probleme können dagegen bei einem degenerativ vorgeschädigten Gefäßsystem entstehen. Hier sind verschiedene Faktoren bei der Entscheidung zu berücksichtigen (Tabelle 12.9). Bei Schäden, die erst Tage oder Wochen nach dem Unfall in Erscheinung getreten sind, ist die Zusammenhangsfrage sehr viel schwieriger zu klären. Hier könnte häufig nur noch eine histologische Untersuchung eines Gefäßresektats zur Klärung des Unfallzusammenhangs beitragen, ein Eingriff, der selten angemessen ist und meist vom Patienten aus verständlichen Gründen abgelehnt wird.

Einseitige Verschlüsse der A. carotis interna können durchaus über Jahre asymptomatisch bleiben. Wenn nach einem Unfall mit Gewalteinwirkung im Halsbereich ein Karotisverschluss nachgewiesen wird, so bedarf es deshalb zur Beantwortung der Zusammenhangsfrage weitergehender Untersuchungen. Es kommt im Wesentlichen darauf an, mittels einer differentierten neurologischen Untersuchung und einer Duplexsonographie alte arteriosklerotische Karotisveränderungen aufzudecken und in ihrer hämodynamischen Relevanz zu bewerten.

Tabelle 12.9. Gesichtspunkte zum Zusammenhang zwischen Unfall und Gefäßschädigung

	Eher für einen Zusammenhang spricht	Eher gegen einen Zusammenhang spricht
Zeitliches Auftreten	unmittelbar mit dem Unfall (Frühsymptome)	langes Intervall (Spätsymptomatik)
Örtliches Auftreten	im Bereich des Traumas	entfernt vom Bereich des Traumas
Risikofaktoren	keine	Diabetes, Blutfette, Nikotin, Hypertonie
Vorschädigung	keine	Arteriosklerose (Herz, Extremitäten, Gehirn)
Begleitschäden	an Nerven, Venen, Knochen	keine Begleitschäden
Spätschäden	eindeutige Brückensymptome	keine oder untypische Brückensymptome
Unfallmechanismus	geeignet (typisch)	ungeeignet (untypisch)

Ein Drittel aller Patienten mit kostoklavikulärem Syndrom bemerken die Symptome erstmals im Zusammenhang mit einer Unfallschädigung. Nur in Fällen mit sofort eintretender Verschlusssymptomatik ist die Gefäßschädigung eindeutig dem Unfallereignis anzulasten. Zusätzlich sprechen für einen ursächlichen Zusammenhang weitere, erhebliche posttraumatische Schäden des zervikalen Nervenplexus und lokale Weichteilschädigungen oder Hämatome.

Nach unfallbedingter Schädigung der A. renalis kann eine kurz nach dem Unfall neu aufgetretene, häufig schlecht einstellbare, renovaskuläre Hypertonie als Unfallfolge zu bewerten sein.

Die Ausbildung eines Aneurysmas der Aorta ist besonders bei älteren Patienten meist nicht im Zusammenhang mit einem Unfall zu sehen. Problematisch ist jedoch die Bewertung einer Ruptur oder eine Dissektion eines vorbestehenden Aortenaneurysmas im Zusammenhang mit einem Trauma. So können erhebliche Drucksteigerungen im Abdomen durch Sturz, Schlag oder negative Beschleunigungen (z.B. bei angelegtem Sicherheitsgurt im Auto) zu Verletzungen der Aorta führen. Wenn ein arteriosklerotisches Aneurysma rupturiert oder disseziert, so kann der Unfall immer nur Teilursache sein, da das Aneurysma als wesentlicher Primärschaden vorbestand. Im Rahmen der gesetzlichen Unfallversicherung ist in diesen Fällen zu klären, ob die Unfallbelastung über das Maß einer alltäglichen Belastung hinausging, also ein versicherter Unfall vorlag, oder ob es sich nur um eine so genannte Gelegenheitsursache handelte, die nicht versichert ist.

Kommt es durch ein Trauma oder therapeutische Maßnahmen zu einer messbaren Verschlechterung einer vorbestehenden arteriellen Verschlusskrankheit, so ist mit dem Unfall eine richtungsgebende Verschlimmerung der unfallunabhängigen Erkrankung anzuerkennen.

Die Zusammenhangsfrage bei Hypothenar-Hammer-Syndrom und beim Vibrationssyndrom ergibt sich entscheidend aus dem Zusammentreffen von positiver Arbeitsanamnese und typischem Krankheitsbild, allerdings erst nach Ausschluss aller differentialdiagnostisch in Frage kommenden Ursachen für ein Raynaud-Phänomen und eine Endangiitis. In solchen Fällen kann ein Arbeitsplatzwechsel notwendig werden. Wegen der akralen Ischämie sind Arbeiten in Kälte und Nässe sowie Arbeiten mit Schlag- oder Vibrationsexposition nicht weiter zumutbar.

Der Erfolg einer arteriellen Rekonstruktion kann mit allen Methoden der angiologischen Diagnostik dokumentiert werden (▶ Kap. 4.4). Am besten haben sich in diesem Zusammenhang die Doppler-Druckmessung und die Duplexsonographie bewährt. Können dabei Durchblutungsstörungen nicht eindeutig ätiologisch zugeordnet werden, so ermöglicht angiographisch dargestellte Gefäßmorphologie die Unterscheidung zwischen traumatischen und degenerativen Veränderungen.

Arbeits- und Erwerbsunfähigkeit in der Kranken- und Rentenversicherung. Die Belastbarkeit nach Gefäßverletzungen hängt im Wesentlichen von der Begleitverletzung ab. Eine Gefäßnaht mit autologem Material ist nach sechs Wochen vollständig und stabil verheilt, so dass bei unkompliziertem postoperativen Verlauf spätestens zu diesem Zeitpunkt volle Belastbarkeit besteht. Nach Laparotomie ist eine volle körperliche Belastbarkeit wegen der Gefahr von Narbenbrüchen erst nach drei Monaten gegeben. Im Allgemeinen wird man sich aber nach den Begleitumständen wie Schwellungen, Funktion und Belastbarkeit von Muskeln, Knochen und Gelenken richten müssen. Da bei unkomplizierter Gefäßoperation die Arbeitsfähigkeit weit vor Ablauf von 78 Wochen eintritt und die alte Tätigkeit in aller Regel wieder aufgenommen werden kann, stellt sich die Frage nach Berufs- oder Erwerbsunfähigkeit nur in seltenen Ausnahmefällen. In komplizierten Fällen mit zurückbleibendem Dauerschaden muss nach den allgemeinen Gesichtspunkten einer arteriellen Verschlusskrankheit (▶ Kap. 12.3.1) beurteilt werden.

MdE in der gesetzlichen Unfallversicherung und Grad der Behinderung. Die Minderung der Erwerbsfähigkeit bemisst sich nach der zurückbleibenden Funktionsstörung, berücksichtigt aber auch zusätzliche Momente wie Nervenläsionen, Lymphödeme oder Antikoagulantientherapien. Dem Entschädigungscharakter der Leistungen der Unfallversicherung (Änderung der MdE bei späterer Besserung oder Verschlimmerung) muss bei der Begutachtung durch Einsatz standardisierter Funktionstests Rechnung getragen werden. Die Höhe der MdE und des GdB nach dem sozialen Entschädigungsrecht orientiert sich an den in den Kapiteln 12.3.1 und 2.8 dargestellten Kriterien.

Literatur

Beks PJ, Mackaay AJ, de Neeling JN, de Vries H, Bouter LM, Heine RJ (1995) Peripheral arterial disease in relation to glycaemic level in an elderly Caucasian population: the Hoorn study. Diabetologia 38:86–96

Boushey CJ, Beresford SA, Omenn GS, Motulsky AG (1995) A quantitative assessment of plasma homocysteine as a risk factor for vascular disease: probable benefits of increasing folic acid intakes. JAMA 274: 1049–1057

Chapman TM, Goa KL (2003) Cilostazol: a review of its use in intermittent claudication. Am J Cardiovasc Drugs 3:117–138

Criqui MH, Denenberg JO, Langer RD, Fronek A (1997) The epidemiology of peripheral arterial disease: importance of identifying the population at risk. Vasc Med 2:221–226

Dawson DL, Cutler BS, Hiatt WR, et al (2000) A comparison of cilostazol and pentoxifylline for treating intermittent claudication. Am J Med 109:523–530

De Backer TL, Vander Stichele RH, Warie HH, Bogaert MG (2000) Oral vasoactive medication in intermittent claudication: utile or futile? Eur J Clin Pharmacol 56:199–206

De Backer TL, Vander Stichele RH, Bogaert MG (2001) Buflomedil for intermittent claudication. Cochrane Database Syst Rev CD000988

Diehm C, Schuster A, Allenberg JR, et al (2004) High prevalence of peripheral arterial disease and co-morbidity in 6880 primary care patients: cross-sectional study. Atherosclerosis 172:95–105

Dormandy JA, Heeck L, Vig S (1999) The fate of patients with critical leg ischemia. Semin Vasc Surg 12:142–147

Gardner AW, Poehlman ET (1995) Exercise rehabilitation programs for the treatment of claudication pain: a meta-analysis. JAMA 274:975–980

Hankey GJ, Norman PE, Eikelboom JW (2006) Medical treatment of peripheral arterial disease. JAMA 295: 547–553

Hiatt WR (2001) Medical treatment of peripheral arterial disease and claudication. N Engl J Med 344:1608–1621

Kaminski M, Bourgine M, Zins M, Touranchet A, Verger C (1997) Risk Factors for Raynaud's Phenomenon among Workers in Poultry Slaughterhouses and Canning Factories. Int J Epidemiol 26:371–380

Leskinen Y, Salenius JP, Lehtimaki T, Huhtala H, Saha H (2002) The prevalence of peripheral arterial disease and medial arterial calcification in patients with chronic renal failure: requirements for diagnostics. Am J Kidney Dis 40:472–479

Murabito JM, D'Agostino RB, Silbershatz H, Wilson WF (1997) Intermittent claudication: a risk profile from the Framingham Heart Study. Circulation 96:44–49

O'Hare AM, Glidden DV, Fox CS, Hsu CY (2004) High prevalence of peripheral arterial disease in persons with renal insufficiency: results from the National Health and Nutrition Examination Survey 1999–2000. Circulation 109:320–323

Ouriel K (2001) Peripheral arterial disease. Lancet 358: 1257–1264

Ramachandruni S, Handberg E, Sheps DS (2004) Acute and chronic psychological stress in coronary disease. Curr Opin Cardiol 19:494–499

Ridker PM, Stampfer MJ, Rifai N (2001) Novel risk factors for systemic atherosclerosis: a comparison of C-reactive protein, fibrinogen, homocysteine, lipoprotein(a), and standard cholesterol screening as predictors of peripheral arterial disease. JAMA 285:2481–2485

Rutherford RB, Baker JD, Ernst C et al. (1997) Recommended standards for reports dealing with lower extremity ischemia: Revised version. J Vasc Surg 26: 517–538

Sapolsky RM (2004) Social status and health in humans and other animals. Annu Rev Anthropol 33:393–418

Schoop W (1975) Praktische Angiologie. Thieme, Stuttgart

Scott DGI, Watts RA (2000) Classification and Epidemiology of the Vasculitides. CPD Rheumatology 1:87–93

Smith FB, Bradbury AW, Fowkes FGR (2000) Intravenous naftidrofuryl for critical limb ischaemia (Cochrane Review). The Cochrane Database of Systematic Reviews 2000, Issue 2. Art No: CD002070. DOI: 10.1002/14651858.CD002070

Sorenson KE, Kristensen IB, Celermajer DS (1997) Atherosclerosis in the human brachial artery. J Am Coll Cardiol 29:318–322

12.4 Venenkrankheiten

G. Bönner

12.4.1 Primäre Varikosis

Epidemiologie

Die Prävalenz der Varikosis liegt in Europa und den USA für Männer bei 5–15%, für Frauen bei 15–30%. 1–1,5% – überwiegend Frauen – weisen venöse Ulzera auf. Besenreiser und Teleangiektasien sind mit einer Prävalenz von 50% häufig (Callam 1994, Fowkes et al. 2001).

Kernsymptome

Die subjektiven Beschwerden korrelieren nur lose mit dem klinischen Befund. So kann schon bei leichten Ödemen ein erhebliches Spannungs- und Schweregefühl vorhanden sein, während bei schweren Ödemen manchmal kaum Beschwerden vorgetragen werden. Die Ödeme entstehen durch die Abflussbehinderung und können zu schweren trophischen Hautstörungen führen bis hin zum venösen Ulcus cruris. Als sekundäre Komplikationen können sich Thrombophlebitiden entwickeln, die für den Kranken lästig, in der Regel aber nicht gefährlich sind. Äußerst selten kommt es zu einem Übergriff der Thrombophlebitis auf die tiefen Beinvenen mit der Gefahr einer tiefen Beinvenenthrombose.

Venektasien ohne Thromboseanamnese bei familiärer Belastung weisen auf eine primäre Varikosis hin. Das funktionelle Ausmaß wird mit den Venentests nach Trendelenburg, Perthes oder dem Perkussionstest nach Schwartz und Hackenbroich am stehenden Patienten erfasst. Ergänzend kann die Dopplersonographie und die Phlebodynamometrie eingesetzt werden. Die sichere Unterscheidung zwischen primärer und sekundärer Varikosis, die zum Beispiel auf dem Boden eines postthrombotischen Syndroms entstanden ist, ist nur durch eine radiologische Darstellung der tiefen Beinvenen mittels Phlebographie möglich.

▮ Ätiopathogenese

Ätiologisch entscheidend ist die ererbte Disposition. Die primäre Varikosis tritt als Stammvarikosis mit Befall der Venenhauptstämme oder als retikuläre Varikosis mit Befall der Nebenäste auf. Besenreiservarizen betreffen den Befall der kleinen Sammelvenen. Von pathologischer Bedeutung sind nur die Stammvarizen. Die beiden anderen Formen können gelegentlich zu Thrombophlebitiden führen, besitzen aber keinen sonstigen Krankheitswert. Auslösend ist eine Druckerhöhung in den Venen, die bei der primären Varikosis in der Regel durch eine Klappeninsuffizienz bedingt ist. Bei den sekundären Varizen tritt die Druckerhöhung durch venöse Abflusshindernisse in der tiefen Abstrombahn auf. Alleinige Stauung ohne Disposition führt nicht zur Varikosis. Die Häufigkeit und Ausdehnung steigt mit dem Lebensalter, der Zahl der Schwangerschaften und der Stehbelastung. Unklar ist die Bedeutung einer Adipositas für die Entstehung einer Varikosis.

▮ Therapieoptionen

Die Behandlung besteht im Wesentlichen darin, die varikösen Venenkonvolute entweder durch Verödung oder Stripping zu entfernen oder, wenn dies nicht möglich ist, durch eine Kompressionstherapie zu verschließen.

▮ Gutachterliche Bewertung

In leichten Fällen ist die Erwerbsfähigkeit uneingeschränkt (MdE/GdB 0–10%). Arbeiten, die überwiegend im Stehen oder in Wärme ausgeführt werden müssen, sind jedoch nicht zu empfehlen. Bei schweren Fällen, die einer konservativen oder operativen Therapie nicht zugänglich sind und zu ulzerösen Hautveränderungen führen, kann es erforderlich sein, das betroffene Bein regelmäßig hochzulagern; es können nur noch leichte Arbeiten in zeitlich eingeschränktem Rahmen durchgeführt werden (MdE/GdB 30–50%). In solchen Fällen kann auch die berufliche Einsatzfähigkeit durch die chronisch-venöse Insuffizienz eingeschränkt oder sogar aufgehoben sein (Berufsunfähigkeit). Akute Varikophlebitiden können eine vorübergehende Arbeitsunfähigkeit bedingen. Der Zusammenhang mit einer beruflichen Tätigkeit ist in aller Regel abzulehnen.

12.4.2 Phlebothrombose

▮ Epidemiologie

Da viele Phlebothrombosen klinisch stumm verlaufen, sind Inzidenz und Prävalenz nur unsicher anzugeben. Venöse Thrombosen erleiden jährlich 0,1% der Bevölkerung. Die Inzidenz steigt exponentiell mit dem Alter (0,5% bei über 80-Jährigen). Knapp ein Drittel zeigt primär die Symptome einer Lungenembolie (White 2003).

▮ Kernsymptome

Zur Erfassung einer Thrombose gibt es spezifische Untersuchungstechniken wie die Meyer-Druckpunkte, das Homans-Zeichen, das Payr-Zeichen und den Lowenberg-Test. Zudem fällt in der Regel eine ödematöse, asymmetrische Schwellung der betroffenen Extremität auf. Diese klinischen Zeichen sind jedoch nicht immer sehr zuverlässig. So bleibt die Thrombose besonders bei bis zu einem Drittel bettlägriger Patienten klinisch stumm und eine Lungenembolie ist nicht selten das erste Symptom der Krankheit. Die Diagnose kann nur in maximal 60% der Fälle klinisch gestellt werden. Referenzmethode für einen sicheren Nachweis oder Ausschluss einer Phlebothrombose ist die Phlebographie, die im Wadenbereich durch den Iod-Fibrinogentest und im Beckenbereich durch die Dopplersonographie in ihrer Aussage erweitert werden kann.

Mit zunehmendem Thrombuswachstum kommt es vor allem über eine Verlegung der Kollateralvenen zu einer mehr oder weniger schmerzhaften venösen Stauung. Akute Gefahr droht durch die Lungenembolie, die ihren Ausgang meist von einer Thrombose der Ileofemoralvenen, gelegentlich der Wadenvenen und selten der Schulter-Armvenen nimmt. Vital gefährdend ist auch die Phlegmasia coerulea dolens, eine totale Thrombose aller venösen Gefäße der Extremität mit schwerer Ischämie und Schock. In der Folge einer Thrombose kann bei Zerstörung der Venenklappen eine chronisch-venöse Insuffizienz mit postthrombotischem Syndrom auftreten.

Ätiopathogenese

Die wichtigsten pathogenetischen Faktoren einer Phlebothrombose sind in der so genannten *Virchowschen Trias* zusammengefasst. Es sind dies Gefäßwandläsionen, verlangsamte Blutströmung und erhöhte Gerinnungsneigung des Blutes. Stark wirkende Risikofaktoren sind große chirurgische Eingriffe, insbesondere Hüft- oder Knieendoprothetik, erhebliche Traumen, insbesondere Becken- und Beinbrüche sowie Rückenmarksverletzungen (Anderson 2003). Schwächere Risikofaktoren sind Malignome, frühere Thrombose, Herzinsuffizienz, Ateminsuffizienz, längere Immobilität, Gravidität, Östrogentherapie und Übergewicht.

Traumen führen lokal über den Endothelschaden, aber auch traumafern durch die Einschwemmung von Thromboplastinen zu einer erhöhten Gerinnungsneigung. Inaktivität (Bettruhe, Gipsverband, Lähmung) ist ein wichtiges auslösendes Moment. Als weitere Ursachen sind Strömungshindernisse anerkannt – etwa Tumoren, Lymphome – oder einschnürende Maßnahmen wie Verbände oder Gipsmanschetten. Gerinnungsstörungen durch Thromboplastineinschwemmung bei Tumoren oder durch angeborenen bzw. durch Antikonzeptiva erworbenen Antithrombin-III-Mangel haben, wenn auch seltener, ebenfalls einen thromboseauslösenden Effekt. Thrombosefördernd ist auch die angeborene Resistenz gegen aktiviertes Protein C (*APCR*) sowie ein Protein-C- oder -S-Mangel. Des Weiteren stellt eine durchgemachte Thrombose wieder ein eigenes zukünftiges Thromboserisiko dar.

Gegenüber den häufigen Ileofemoralvenenthrombosen nehmen die mit 2% seltenen Schulter-Armvenenthrombosen (*Effort-Syndrom, Paget-von-Schroetter-Syndrom*) eine Sonderstellung ein. Sie treten oft ohne erkennbare Ursache bei jungen Menschen nach sportlicher Betätigung (par effort) auf. Angeschuldigt wird eine kostoklavikuläre oder auch tendinomuskuläre Kompression. Auch Tumoren, Strahlenschäden oder Operationsnarben kommen als Ursache in Frage. Häufigste Ursachen für Thrombosen der Vena subclavia sind in den letzten Jahren aber die zentralen Veneninfusionskatheter geworden.

Therapieoptionen

Bei frisch eingetretener Thrombose einer großen Vene im Oberschenkel oder Becken soll eine Rekanalisation durch Thrombektomie angestrebt werden. Gelegentlich muss bei solchen Operationen eine arteriovenöse Fistel angelegt werden, um eine rasche Rethrombosierung des operierten Gefäßes zu verhindern. Lässt sich keine Maßnahme zur Rekanalisation durchführen, so ist stationär eine Therapie mit Heparin und folgend Marcumar einzuleiten. Die Zeitdauer der Immobilisation bei Phlebothrombose ist umstritten. Zunehmend wird die rasche Mobilisation propagiert. Bei kleineren Phlebothrombosen, die auf den Unterschenkel begrenzt sind, kann inzwischen ganz auf Bettruhe verzichtet und die Therapie ambulant geführt werden. In jedem Fall ist eine nachfolgende Antikoagulation über mindestens drei Monate erforderlich. Zudem muss eine Kompressionstherapie durchgeführt werden, initial – bis die Ödeme ausgeschwemmt sind – mit Kompressionsverbänden, später in der Langzeitbehandlung mit angepassten Kompressionsstrümpfen der Klasse II.

Gutachterliche Bewertung

Wegen der Häufigkeit und der weit reichenden Folgen (Lungenembolie, postthrombotisches Syndrom) hat die Phlebothrombose erhebliche sozialmedizinische Bedeutung. Bei dem Stellenwert der lokalen Traumen und der Ruhigstellung wird ein unmittelbarer oder auch mittelbarer Zusammenhang zu Unfällen in der Regel angenommen werden müssen, es sei denn, dass gleichzeitig noch andere Risikofaktoren wie zum Beispiel Tumoren, eine Schwangerschaft oder ein Antithrombin-III-Mangel bestehen. Eine *venöse Thrombose bei vorbestehendem postthrombotischem Syndrom* muss immer die Frage nach einer thrombotischen Prädisposition (z. B. Thrombophilie bei Antithrombin-III-Mangel, Protein-C- oder S-Mangel, APCR) aufkommen lassen. In der Regel wird man von einer richtunggebenden Verschlimmerung ausgehen müssen. Die Abschätzung der MdE erfordert in diesen Fällen meist eine differenzierte phlebologische Untersuchung. Ein häufig subklinischer Verlauf von Thrombosen ist bei Zusammenhangsfragen von Lungenembolien mit Wochen zurückliegenden Traumen oder Ruhigstellung zu berücksichtigen.

In der akuten Phase der Phlebothrombose besteht Arbeitsunfähigkeit. Während der nachfolgenden Antikoagulantientherapie kann wegen der verstärkten Blutungsgefahr eine vorübergehende Berufsunfähigkeit für verletzungsgefährdende Tätigkeiten bestehen. Bei rezidivierenden Thromboembolien ist eine lebenslange Antikoagulation erforderlich. Durch ein im weiteren Verlauf auftretendes postthrombotisches Syndrom ergeben sich weitere Einschränkungen (siehe bei chronisch venöser Insuffizienz). Bewegungsarme Tätigkeiten in Zwangshaltungen sind im Sinne der Rethromboseprophylaxe zu vermeiden. Der Ablauf der Begutachtung und die zu erwartende Minderung der Erwerbsfähigkeit in den verschiedenen Phasen der Krankheit ist in Abb. 12.2 skizziert.

Bisweilen hat der Gutachter bei prophylaktischer Antikoagulation nach Thrombose zu entscheiden, ob eine Blutung z. B. durch ein berufliches Bagatelltrauma als Unfallfolge anzusehen ist oder ob die Antikoagulation die eigentliche Blutungsursache ist. Grundsätzlich gilt der Schutz der gesetzlichen Un-

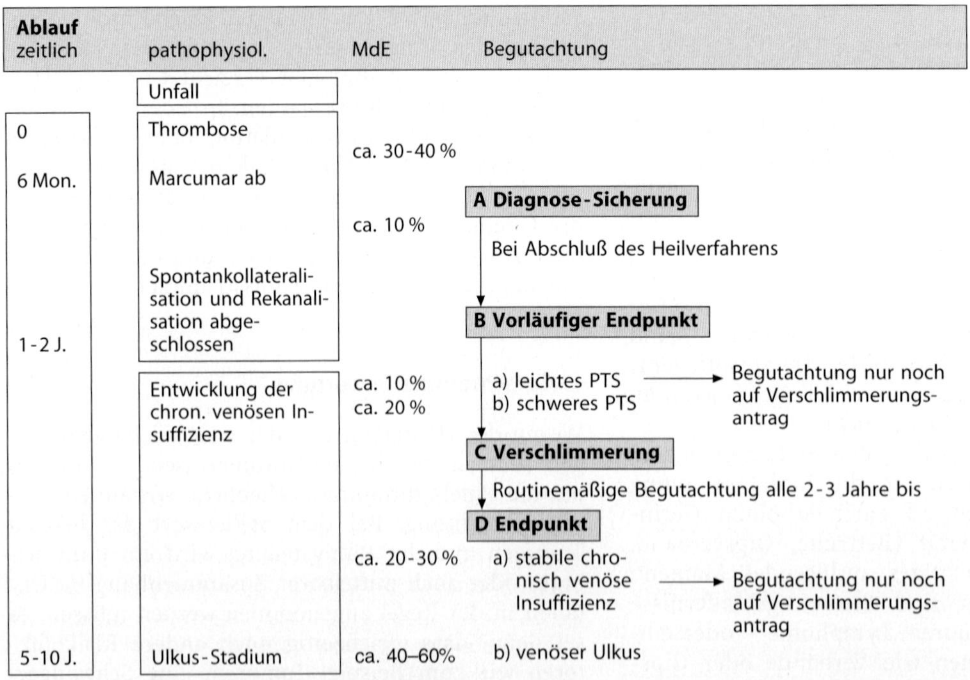

Abb. 12.2. Ablauf der Begutachtung bei unfallbedingter Venenthrombose und postthrombotischem Syndrom (*PTS*). Bei einer beidseitigen Erkrankung im Unter- oder Oberschenkelbereich erhöht sich die MdE um ca. 10%, bei beidseitigem Einschluss der Beckenetage oder der Vena cava um ca. 20%

fallversicherung auch für den Versicherten mit medikamentös bewirkter Blutungsbereitschaft, hierbei sind allerdings unfallträchtige Tätigkeiten ausgeschlossen.

12.4.3 Venenverletzung

Kernsymptome

Die Klinik der traumatischen Venenverletzung ist charakterisiert entweder durch eine starke, nicht spritzende Blutung, durch die Ausbildung eines Hämatoms oder durch eine akute Thrombose. In der Diagnostik der traumatischen Venenläsion haben sich die Sonographie (Hämatom) und die (Farb-)Duplexsonographie (Thrombose) bewährt. Bei trotzdem noch offenen Fragen kann dann in der Folge noch auf die direkte Phlebographie zurückgegriffen werden. Traumatische arteriovenöse Fisteln werden meistens mittels (Farb-)Duplexsonographie erkannt. Gelegentlich kann aber auch einmal eine arterielle Angiographie erforderlich sein, um die genaue Morphologie einer arteriovenösen Fistel darzustellen.

Verletzungen der großen stammnahen Venen sind regelmäßig mit schwersten Blutungen verbunden, da die Venenwand anders als die Arterienwand sich nicht spontan retrahiert und daher auch nicht zu einer selbst induzierten Blutstillung in der Lage ist. Die Letalität ist bei Verletzungen der oberen oder unteren Hohlvene höher als bei Verletzungen der Aorta.

Ätiopathogenese

Venenverletzungen haben oft die gleichen Ursachen wie die arteriellen Traumata und treten nicht selten parallel mit diesen auf. Die gleichzeitige Verletzung von Arterie und Vene kann bei enger lokaler Beziehung beider Gefäße leicht zur Ausbildung einer arteriovenösen Fistel führen.

Therapieoptionen

Stammnahe Venen sollten durch direkte Naht oder Einsatz eines Veneninterponats rekonstruiert werden. Venen distal der Kniekehle müssen nur bei Amputationsverletzungen rekonstruiert werden. Auch an der oberen Extremität sind außer bei Verletzungen an der Vena axillaris nur selten Wiederherstellungsoperationen erforderlich. Nach Wiederherstellung der Venenstrombahn kommt es häufig zur Ausbildung einer sekundären Thrombose mit allen ihren akuten und chronischen Komplikationen.

Bei Verletzungen größerer Venen unabhängig von der Lokalisation sollte für wenigstens 6 Monate eine Antikoagulation erfolgen, aus Gründen der Praktikabilität meist mit Dicumarolpräparaten. Zur Verhinderung postthrombotischer Veränderungen sollte nach Venenverletzungen an den Extremitäten regelmäßig auch eine Kompressionsbehandlung erfolgen.

Gutachterliche Bewertung

Die Beurteilung des Zusammenhangs zwischen einem Trauma und der Venenverletzung samt ihren Folgen erfolgt nach den gleichen Kriterien wie für die Arterienverletzungen (▶ Kap. 12.3.5). Berufsunfähigkeit resultiert in der Regel aus einer Venenverletzung nicht; in Einzelfällen kann sie aber doch durch sekundäre Schäden nach Thrombosen, Embolien, Hämatomen oder Blutungsschock bedingt sein. Hier müssen die Gesamtumstände und die individuelle posttraumatische Leistungseinschränkung berücksichtigt werden. Die Minderung der Erwerbsfähigkeit (MdE) bemisst sich nach der zurückbleibenden Funktionsstörung, muss aber auch zusätzliche Momente wie z. B. Nervenläsionen, Lymphödeme, längerfristige Antikoagulation u. a. mitberücksichtigen. Dem Entschädigungscharakter der Leistungen der Unfallversicherung (Änderung der MdE bei späterer Besserung oder Verschlimmerung) muss bei der Begutachtung durch Einsatz standardisierter und reproduzierbarer Funktionstests Rechnung getragen werden, da sich im Laufe der folgenden Jahre eventuell noch ein postthrombotisches Syndrom als Folge des Traumas entwickeln kann. Die Höhe der MdE orientiert sich an den in Kapitel 12.3 dargestellten Kriterien.

12.4.4 Chronisch-venöse Insuffizienz

Kernsymptome

Die Patienten klagen subjektiv über Schweregefühl und Müdigkeit in den Beinen nach langem Stehen. Die Beschwerden bessern sich bei langsamem Gehen und im Liegen. In der Folge können Erweiterungen der kollateralen Venen bis hin zur sekundären Varikosis (bei entsprechender Disposition) auftreten. Durch die chronische Stauung kommt es zu initial noch weichen Ödemen. Im Laufe der Zeit setzt dann aber eine zunehmende Induration der Haut mit Hyperpigmentation ein. Oft begünstigt durch minimale Verletzungen der Haut, kommt es im fortgeschrittenen Stadium der chronisch venösen Insuffizienz zu Stauungsdermatosen und Ulcera cruris. Wegen des typischen Krankheitsbildes ist in fortgeschrittenen Stadien die Diagnose leicht zu stellen. Als nichtinvasive Messmethoden der Funktionsstörung bieten sich Dopplersonographie, Venenverschlussplethysmographie und Lichtreflexrheographie an. Im Unfallgutachten ist wegen der Frage nach der Ursache eine Differenzierung zwischen Varikosis und postthrombotischem Syndrom erforderlich. Dieses erfordert eine Phlebographie. Es hat sich als günstig erwiesen, zur Abschätzung der Funktionsstörung die Phlebographie mit einer Phlebodynamometrie zu kombinieren.

Ätiopathogenese

Die chronisch-venöse Insuffizienz wird meist verursacht durch ein postthrombotisches Syndrom bei Schädigung der tiefen Venen und der Perforansvenen mit ihren Klappen. Sie tritt daher bei sekundärer Varikosis häufiger auf als bei einer primären Varikosis. Über eine konstante venöse Hypertonie entwickelt sich ein Ödem (Stauungsödem), das sekundär dann eine nutritive Störung des Gewebes (Ulzera) nach sich zieht. Durch einen vermehrten Flüssigkeitsrückstrom über das Lymphgefäßsystem wird auch dieses mit der Zeit insuffizient und das Stauungsödem verstärkt sich. Nach Mörl (1989) entwickeln etwa 85% der Kranken mit tiefer Beinvenenthrombose ein postthrombotisches Syndrom. Einer vorausgegangenen Thrombose wird häufig eine überwiegende Bedeutung für die Entstehung einer späteren Rethrombose beigemessen. Dieses gilt aber nur dann, wenn die erste Thrombose zu einem postthrombotischen Syndrom geführt hat, denn nur dieses disponiert zu weiteren Thrombosen. Bei einem floriden Tumorleiden ist die Entwicklung einer Thrombose häufig im Sinne eines paraneoplastischen Syndroms zu interpretieren und so das Tumorleiden zumindest eine wesentliche Mitursache für die Thromboseentwicklung.

Therapieoptionen

Therapeutisch ist die Behandlung mit Kompressionsstrümpfen zur Entfernung des Ödems die wichtigste Maßnahme, auf die in keinem Fall verzichtet werden kann. In schweren Fällen kann auch mittels intermittierender Überdruckmassage eine Ödemausschwemmung angestrebt werden. Daneben sollten bei sekundärer Varikosis evtl. insuffiziente Venen ausgeschaltet werden (zum Beispiel eine insuffiziente Perforansvene unter einem Ulkus); beim Ulkus ist eine zusätzliche Lokalbehandlung erforderlich. In seltenen Fällen mit Thrombosen im Beckenbereich kann auch durch eine Cross-over-Operation nach Palma eine subjektive und objektive Entlastung des betroffenen Beins erreicht werden.

Gutachterliche Bewertung

Die chronisch-venöse Insuffizienz ist in der Mehrzahl der Fälle Folge einer Thrombose. In einem regelhaften Krankheitsablauf (Trauma – Thrombose – Schwellung – Ulkus) ist die chronisch-venöse Insuffizienz als mittelbare Unfallfolge anzuerkennen. Die Zusammenhangsfrage zu einem vorausgegangenen Trauma kann problematisch sein, denn die traumatisch bedingte Thrombose kann im Gipsverband oder bei längerer Bettruhe klinisch unbemerkt verlaufen, und das postthrombotische Syndrom folgt darauf dann erst nach einem symptomarmen Intervall vieler Monate bis Jahre. Man wird demnach auch leichtgradige Brückensymptome bei der Zusammenhangsfrage berücksichtigen müssen. Hilfreich ist die Phlebographie, für die allerdings keine Duldungspflicht besteht.

Bei Verletzung eines postthrombotisch vorgeschädigten Beins muss eine einmalige vorübergehende Verschlimmerung angenommen werden, wenn es unmittelbar mit dem Unfall zu einer erheblichen venösen Dekompensation kommt. Die Verschlimmerung kann sogar richtunggebend sein, wenn sich über Brückensymptome ein Ulkus ausbildet.

Bei schwerer chronisch-venöser Insuffizienz sind Tätigkeiten mit längerem Stehen nicht zumutbar, vor allem im Ulkusstadium auch keine schmutzigen, verletzungsgefährdenden Arbeiten in Nässe oder bei hohen Außentemperaturen. Arbeitsunfähigkeit kann vorübergehend bei großem therapierefraktären Ulkus eintreten, das stationär behandelt werden muss. Eine Minderung der Erwerbsfähigkeit ist in Abhängigkeit vom Schweregrad der Krankheit gegeben (siehe Abb. 12.2). Eine Erwerbsunfähigkeit ergibt sich aber nur in besonderen Fällen.

Literatur

Anderson FA, Spencer FA (2003) Risk factors for venous thromboembolism. Circulation 107:I9–16

Callam MJ (1994) Epidemiology of varicose veins. Br J Surg 81:167–173

Fowkes FG, Evans CJ, Lee AJ (2001) Prevalence and risk factors of chronic venous insufficiency. Angiology 52 (Suppl 1):S5–S15

Mörl H (1989) Gefäßkrankheiten in der Praxis. Edition Medizin, VCH, Weinheim

White RH (2003) The epidemiology of venous thromboembolism. Circulation 107:I4–8

12.5 Lymphödem

G. Bönner

Epidemiologie

Belastbare epidemiologische Daten fehlen weitgehend. Die Prävalenz wurde für eine Region Großbritanniens konservativ auf 1,33/1000 Einwohner geschätzt (Moffatt et al. 2003). Das primäre (auch familiäre – „Milroy-Disease“) Lymphödem ist selten. Rund 25% der wegen Brustkrebs behandelten Frauen leiden an einem sekundären Lymphödem, 22% nach Zervixkarzinom, 47% nach Vulvakarzinom, 7% nach Ovarialkarzinom (Sitzia et al. 1998, Werngren-Elgstrom et al. 1994, Ryan et al. 2003).

Kernsymptome

Der Verdacht auf ein Lymphödem ergibt sich, wenn sich nach schleichendem Beginn ein derbes, blasses Ödem (Lymphoedema tardum) ausbildet und ein venöses, kardiales oder hypoproteinämisches Ödem ausgeschlossen ist. Der sichere Nachweis kann, wenn er überhaupt gelingt, nur durch eine direkte Lymphographie erfolgen, die dann meist auch die Unterscheidung von primärem und sekundärem Lymphödem ermöglicht. Die traumatische Lymphabflussbehinderung ist im Patent-Blau-Test nicht selten durch einen kutanen Reflux des Farbstoffes im Narbenbereich charakterisiert.

Das charakteristische klinische Bild ist geprägt von einer weißlich aufgeschwemmten, kaum eindrückbaren Haut an der Extremität. Der Schweregrad wird nach der Klinik in vier Stadien eingeteilt:

- Stadium I, das latente Lymphödem,
- Stadium II, das reversible Lymphödem,
- Stadium III, das irreversible Lymphödem,
- Stadium IV, die Elephantiasis.

Als wichtigste Komplikation wird das rezidivierende Erysipel angesehen, was in der Folge die schon bestehende Lymphabflussbehinderung der Haut noch verstärkt.

Ätiopathogenese

Dem primären Lymphödem liegt in der Regel eine Hypo- bis Aplasie der Extremitätenlymphgefäße zu Grunde. Die Krankheit wird sehr selten bereits im Kindesalter beobachtet, tritt meist aber erst bei erwachsenen Frauen (80–95%) auf. Häufig sind auch so genannte kombinierte Ursachen wie Hypoplasie der Lymphgefäße mit gleichzeitigen AV-Fisteln oder Venenhypoplasien. Die sekundären Lymphödeme entstehen bei Parasitenbefall, Tumoren im Beckenbereich, nach schweren Gewebsquetschungen oder Verbrennungen in Knie-, Leisten- oder Axillarregion und nach Dermatiten (Erysipel). Im Zusammenhang mit arteriellen und venösen Gefäßen werden häufig auch Lymphgefäße verletzt.

Als weitere Ursachen können eine operative Lymphknotenausräumung in Leistenregion oder Axilla sowie eine Fibrosierung der Lymphknoten und des umliegenden Gewebes nach Bestrahlung angesehen werden.

Therapieoptionen

Neben konsequenter Behandlung mit manueller Lymphdrainage, pneumatischer Kompression und Entstauungsgymnastik im frühen Stadium sind Kompressionsstrümpfe zu empfehlen. Medikamentös sind Diuretika indiziert. Der Erfolg der Therapie ist wegen der erheblichen Ödeminduration bescheiden. Bei Erysipel ist eine hochdosierte Penicillintherapie erforderlich. Bei rezidivierendem Erysipel oder auch anderen erhöhten Infektionsgefahren, z. B. bei Interdigitalmykose, ist eine antimikrobielle Prophylaxe sinnvoll. Die Behandlung des sekundären Lymphödems hat nur Erfolg, wenn die Ursache beseitigt werden kann.

Gutachterliche Bewertung

Die ursächliche Abklärung eines Lymphödems ist oft schwierig. Aufgrund eines starken Kausalitätsbedürfnisses geben die Kranken nicht selten unbedeutende Verletzungen als Ursache an. Hier kann die Lymphographie helfen, besonders im Seitenvergleich. Denn bei primärem Lymphödem findet sich meist ein doppelseitiger Befall, auch wenn klinisch erst ein Bein betroffen ist und ein Bein noch „gesund" erscheint. Bei sekundärem Lymphödem weist das gesunde Bein auch einen normalen Lymphabfluss auf. Die Frage, inwieweit ein Unfall das Lymphödem verursacht hat, kann also nur im Einzelfall nach intensiver Diagnostik mit Ausschluss eines primären Lymphödems geklärt werden. Ein bereits aufgetretenes Erysipel zeigt einen klinisch ungünstigen Verlauf an.

Bei leichteren Formen ohne trophische Hautstörungen handelt es sich mehr um ein kosmetisches Problem. Bei Elephantiasis kann die Gebrauchsfähigkeit einer Extremität aber erheblich eingeschränkt sein und eine Minderung der Erwerbsfähigkeit oder Behinderung bedingen:

- GdB/MdE 10% ohne wesentliche Funktionsbehinderung,
- GdB/MdE 20–40% bei deutlicher Umfangsvermehrung je nach Funktionseinschränkung,
- GdB/MdE 50–70% bei erheblicher Funktionseinschränkung und
- GdB/MdE 80% bei Gebrauchsunfähigkeit einer ganzen Gliedmaße.

Literatur

Moffatt CJ, Franks PJ, Doherty DC, Williams AF, Badger C, Jeffs E, Bosanquet N, Mortimer PS (2003) Lymphoedema; an underestimated health problem. Quart J Med 96:731–738

Ryan M, Stainton MC, Slaytor EK, Jaconelli C, Watts S, Mackenzie P (2003) Aetiology and prevalence of lower limb lymphoedema following treatment for gynaecological cancer. Austr New Zeal J Obstet Gynaecol 43:148–151

Sitzia J, Woods M, Hine P, Williams A, Eaton K, Green G (1998) Characteristics of new referrals to twenty-seven lymphoedema treatment units. Eur J Cancer Care 7:255–262

Werngren-Elgstrom M, Lidman D (1984) Lymphoedema of the lower extremity after surgery and radiotherapy for cancer of the cervix. Scand J Plast Reconst Surg Hand Surg 28:289–293

13 Krankheiten des Magen-Darm-Traktes und der Bauchspeicheldrüse

13.1 Traumatische Schädigungen

M. Reiser und S. Heringlake

Magen

Durch die geschützte Lage hinter den Rippenbögen sind traumatische Verletzungen des Magens selten. Das stumpfe Bauchtrauma bei gefülltem Magen kann jedoch zur Berstung des Magens führen. Häufigere Ursachen der Magenruptur sind Stich- oder Schussverletzungen. Typische Folgen sind Peritonitis und Blutungen, die eine zeitnahe Laparotomie und Übernähung des Defektes erforderlich machen. Bei größeren Gewebezerstörungen kann auch die Resektion indiziert sein.

Die Ingestionen starker Laugen und Säuren können je nach Konzentration und Kontaktzeit zu Verätzungen und Magenwandnekrosen führen. Verletzungen des Ösophagus stehen hierbei jedoch regelhaft im Vordergrund. Die konservative Therapie beinhaltet Gabe von Analgetika, Spülen des Magens über eine weiche Magensonde, parenterale Ernährung, Antibiotika- und ggf. Kortisongabe. Bei Ausbildung einer Wandnekrose sind Laparotomie mit Deckung oder Resektion notwendig. Strikturen als Spätfolge können endoskopisch bougiert oder ggf. operativ saniert werden. Zu den Folgen des partiellen oder totalen Verlustes des Magens zählen:

- Syndrom des kleinen Magens,
- Früh- und Spätdumping,
- Syndrom der zuführenden Schlinge bei B2-Rekonstruktion,
- Störung der Nahrungsmittelresorption (Vitamin B_{12}, Kalzium, Fette, Eisen u.a.).

Gutachterliche Bewertung

Die Kompensationsfähigkeit nach partiellem oder vollständigem Magenverlust ist in der Regel groß. Nach Teilentfernung des Magens mit guter Funktion beträgt der MdE/GdB-Wert 0% bis 10%. Liegen anhaltende Beschwerden vor (z.B. Dumping-Syndrom oder rezidivierendes Ulcus jejuni) kann MdE/GdB auf 20% bis 40% ansteigen. Nach Totalentfernung des Magens ohne Beeinträchtigung des Kräfte- und Ernährungszustandes beträgt der MdE/GdB-Wert je nach Beschwerden 20% bis 30%. Beeinträchtigungen des Kräfte- und Ernährungszustandes und/oder Komplikationen (z.B. Dumping-Syndrom) sollte mit MdE/GdB von 40% bis 50% Rechnung getragen werden.

Duodenum und Pankreas

Beim direkten abdominellen Trauma (z.B. Aufprall auf das Lenkrad, Dezeleration durch Gurt) können Verletzungen des Duodenums und/oder Pankreas auftreten. Dabei wirkt die Wirbelsäule als Widerlager und bestimmt die Lokalisation der meist retroduodenal liegenden Perforation. Laparotomie und Übernähung von Wanddefekten sind erforderlich. Verletzungen des Pankreas, insbesondere des papillennahen Gangsystems, bedürfen häufig aufwendiger rekonstruktiver Eingriffe mit dem Ziel, eine Whipple-Resektion zu vermeiden. Links der Arteria mesenterica superior gelegene Pankreasverletzungen sind dagegen anatomisch leichter resezierbar, bergen jedoch ein höheres Risiko eines pankreopriven Diabetes.

Gutachterliche Bewertung

Der Grad von MdE/GdB orientiert sich an den klinischen Beschwerden (Häufigkeit und Ausmaß und Schmerzen) sowie der Beeinträchtigung der exokrinen und endokrinen Funktion. Bei Fehlen wesentlicher Beschwerden und gutem Kräfte- und Ernährungszustand beträgt der MdE/GdB-Wert 0% bis 10%. Geringe bis erhebliche Beschwerden mit geringer bis mäßiger Beeinträchtigung des Kräfte- und Ernährungszustandes werden mit MdE/GdB von 20% bis 40% bewertet. Bei Vorliegen starker Beschwerden mit Fettstühlen und deutlicher Herabsetzung des Kräfte- und Ernährungszustandes steigt MdE/GdB auf 50% bis 80%. Funktionsbeeinträchtigungen (z.B. bei Diabetes mellitus, Magenteilentfernung und Milzverlust) sind zusätzlich zu berücksichtigen.

Dünndarm

Die häufigste Ursache für eine traumatische Dünndarmläsion ist das stumpfe Bauchtrauma, meist im Rahmen eines Polytraumas. Zeichen der Organperforation (Peritonitis) und Blutung stehen im Vordergrund, jedoch kann die Symptomatik insbesondere bei komatösen Patienten unspezifisch sein, so dass die Gefahr der verzögerten Diagnose besteht. Freie Luft ist bei der frischen Dünndarmperforation in der Regel nicht nachweisbar, da der Dünndarm kein Gas enthält. Ein Mesenterialein- oder -abriss verursacht eine intraabdominelle Blutung und/oder Infarzierung von Darmabschnitten; sekundär kann es hierbei auch zur Perforation kommen. Die Therapie beeinhaltet Laparotomie mit Blutstillung, Übernähung der Perforation oder auch Resektion der traumatisierten Darmabschnitte.

Gutachterliche Bewertung

Ein Kurzdarmsyndrom kann im Kindesalter zu erheblichen Gedeih- und Entwicklungsstörungen führen. Bei mittelschwerer Ausprägung ohne Notwendigkeit der parenteralen Ernährung liegt MdE/GdB zwischen 50% und 60%. Eine schwere Entwicklungsstörung mit Notwendigkeit einer parenteralen Ernährung ist mit MdE/GdB von 70% bis 100% zu bewerten. Folgeschäden nach Abschluss der Entwicklung (z. B. Kleinwuchs) sind zusätzlich zu berücksichtigen.

Kolon

Ätiologie und Verletzungsformen des Kolontraumas gleichen den Verhältnissen im Dünndarm. Die kotige Peritonitis ist immer lebensgefährlich und verursacht früh peritonitische Symptome. Therapeutisch stehen Laparotomie mit Übernähung und ggf. Resektion im Vordergrund; eine passagere Deviationskolostomie kann bei gefülltem Darm notwendig sein.

Gutachterliche Bewertung

Nach Anus-praeter-Anlage mit guter Versorgungsmöglichkeit beträgt der MdE/GdB-Wert 50%. Liegen Komplikationen vor (z. B. bei Bauchwandhernie, Stenose, Retraktion, Prolaps, ungünstige Position), so ist MdE/GdB mit 60% bis 80% zu bewerten.

13.2 Krankheiten von Speiseröhre und Magen

H. Henke und W. Schmiegel

Bei organischen und funktionellen Erkrankungen bzw. postoperativen Zuständen im Bereich des oberen Gastrointestinaltraktes sollte im Rahmen der ärztlichen Begutachtung neben der möglichst objektiv zu erfassenden eigentlichen Organstörung insbesondere die Beeinträchtigung des Allgemeinzustandes berücksichtigt werden. Auch die eventuelle Notwendigkeit der Einhaltung einer Diät bzw. Änderungen in der Häufigkeit der Nahrungsaufnahme müssen berücksichtigt werden.

Ösophagus

Gutachterliche Bewertung

Speiseröhrendivertikel. Epibronchiale Traktionsdivertikel sind meist symptomlos. Als Unfallfolge oder im Verlauf einer anerkannten Berufskrankheit wie einer Tuberkulose können sie entschädigungspflichtig werden. Je nach Größe und Beschwerden sind sie mit einem MdE/GdB-Grad von 0–10% zu bemessen. Neben dem Symptom der Dysphagie sind hier das endoskopische sowie das röntgenologische Bild (Röntgen-Breischluck) von gutachterlicher Bedeutung. Zervikale (Zenker) sowie epiphrenale Pulsionsdivertikel ohne Beeinträchtigung der Nahrungsaufnahme sind analog zu bewerten, bei erheblicher Behinderung der Nahrungsaufnahme kommt je nach Auswirkung auf den Allgemeinzustand ein MdE/GdB-Grad von 20–40% zum Tragen.

Funktionelle Stenosen (Achalasie, Ösophagusspasmus). Manometrisch nachgewiesene Motilitätsstörungen werden nach dem Grad der Behinderung der Nahrungsaufnahme eingeschätzt: ohne wesentliche Behinderung ergibt sich ein MdE/GdB-Grad von 0–10%, bei deutlicher Behinderung der Nahrungsaufnahme ein MdE/GdB-Grad von 20–40%. Bei zusätzlicher erheblicher Beeinträchtigung des Kräfte- und Ernährungszustandes oder bei häufigen Aspirationen ergibt sich MdE/GdB von 50–70%. Hiervon unabhängig sind dann noch einmal die eventuellen Auswirkungen auf die Nachbarorgane zusätzlich zu bewerten, z. B. Aspirationspneumonien.

Organische Stenosen. Zu den organischen Stenosen der Speiseröhre zählen angeborene sowie Stenosen nach Laugen- oder Säureverätzungen, Narbenstenosen, peptische Strikturen, etc. Ihre Begutachtung erfolgt analog derer der funktionellen Stenosen nach dem Grad der Behinderung der Nahrungsaufnahme bzw. der Beeinträchtigung des Kräfte- und Ernährungszustandes.

Refluxkrankheit. Die gastroösophageale Refluxkrankheit und die Refluxösophagitis können in der Schwere ihrer Ausprägung zwischen Befindlichkeitsstörung und Präkanzerose bei einem Barrett-Ösophagus variieren. Zur Begutachtung sollte hier neben einer obligaten Ösophagogastroduodenoskopie eine 24-Stunden-Langzeit-pH-Metrie sowie eine Kurzzeitmanometrie zur Beurteilung der Funktion des unteren Ösophagussphinkters erfolgen. Im Zweifel bzw. bei Verdacht auf das Vorliegen eines biliären Refluxes sollte noch eine Bilitec-Messung (optische Absorptionsmessung von Bilirubin) angeschlossen werden. MdE/GdB wird bei anhaltenden Refluxbeschwerden je nach Ausmaß mit 10–30% bestimmt; das Heben schwerer Lasten sowie andere schwere körperliche Tätigkeiten im Erwerbsleben können durch diese Erkrankung eingeschränkt sein. Eventuelle Auswirkungen auf Nachbarorgane (z. B. Refluxlaryngitis, refluxassoziiertes Asthma bronchiale) sind zusätzlich zu bewerten.

Ösophaguskarzinom. Der MdE/GdB-Wert bei malignem Speiseröhrentumor liegt je nach Beeinträchtigung des Allgemein- und des Ernährungszustandes bei 80–100%. Hierbei gilt es in den ersten fünf Jahren nach Therapie eine Heilungsbewährung abzuwarten. Bei einem Speiseröhrenersatz ist MdE/GdB nach den körperlichen Auswirkungen wie Dysphagie, Narben, Reflux, Gewichtsabnahme zu bestimmen, jedoch nicht unter 20%.

Magen

Gutachterliche Bewertung

Akute Gastritis. Akute Gastritiden können sowohl durch eine Vielzahl exogener Noxen (Medikamente wie Acetylsalizylsäure, nichtsteroidale Antiphlogistika, Zytostatika, Alkoholexzess, Lebensmittelvergiftung durch toxinbildende Staphylokokken etc.) als auch durch Stress (z. B. nach Traumata, Verbrennungen, postoperativ, Leistungssport) ausgelöst werden. Kommt es im Rahmen einer akuten Gastritis zu einer Blutungskomplikation, kann diese gutachterliche Bedeutung erlangen, insbesondere wenn eine Magenoperation erfolgen sollte. GdB- und MdE-Grad richten sich hier nach dem Ausmaß der Magenresektion und des feststellbaren Funktionsverlustes.

Chronische Gastritis. Histologisch gesicherte Veränderungen der Magenschleimhaut im Sinne einer chronischen Gastritis können unabhängig von ihrer Ätiologie je nach Ausprägung und Beschwerden mit MdE/GdB von 0–10% beurteilt werden.

Die Autoimmungastritis (Typ A) kann über einen Mangel an Intrinsic-factor zu einem Vitamin-B_{12}-Mangel und hierdurch zu einer perniziösen Anämie und/oder einer funikulären Myelose führen. Durch diese Begleiterkrankungen können zusätzliche Einschränkungen im Berufs- und Erwerbsleben bedingt werden.

Die in hoher Prävalenz vorkommende Helicobacter-pylori-(Typ B-)Gastritis zeigt kein vermehrtes Auftreten bei Kanalarbeitern. Dagegen zeigen verschiedene Studien ein gegenüber der Normalbevölkerung vermehrtes Auftreten einer Helicobacter-Infektion bei Angehörigen des Gesundheitsdienstes mit direktem Patientenkontakt – unabhängig davon, ob diese in der Endoskopie oder anderen medizinischen Bereichen arbeiten. Ein erhöhtes Magenkrebsrisiko konnte bei Mitarbeitern des Gesundheitsdienstes jedoch nicht nachgewiesen werden.

Gastroduodenale Ulkuskrankheit. Während eines akuten Ulkusschubes besteht in der Regel Arbeitsunfähigkeit. Kommt es bei der gastroduodenalen Ulkuskrankheit zu Rezidiven in Abständen von 2–3 Jahren, erfolgt eine Bewertung von MdE/GdB mit 0–10%. Bei häufigeren Rezidiven und einer Beeinträchtigung des Allgemeinzustandes bzw. des Ernährungszustandes ergibt sich ein MdE/GdB von 20–30%, bei erheblichen Komplikationen wie Blutungen und Magenausgangsstenosen sowie andauernder erheblicher Minderung des Allgemeinzustandes bzw. des Ernährungszustandes kommt ein MdE/GdB mit 40–50% zum Tragen.

Als mittelbare Schädigungsfolge werden nur akute Ulcera unter Stress (Risikofaktoren Polytrauma, Hirntrauma, Verbrennungen, Langzeitbeatmung, postoperativ nach großen Operationen) oder im Zusammenhang mit der Einnahme potentiell ulzerogener Medikamente (Acetylsalizylsäure, nichtsteroidale Antiphlogistika, Zytostatika) anerkannt.

Die überwiegend Helicobacter-pylori-bedingte chronische Ulkuskrankheit gilt nicht als berufsbedingte mittelbare Schädigungsfolge. Ob langdauernde starke psychische Belastungen (z. B. Gefangenschaft) den Charakter einer richtungsweisenden Verschlimmerung besitzen, sollte im Einzelfall auch mittels eines psychosomatischen Zusatzgutachtens abgewogen werden.

Reizmagen (funktionelle Dyspepsie). Bei Ausschluss anderer Ursachen kann eine funktionelle Dyspepsie zu einem MdE/GdB von maximal 10% führen.

Operierter Magen/Postgastrektomiesyndrome. Eine Magenteilentfernung (z. B. Billroth I und II) sowie eine Gastroenterostomie ergeben bei guter Funktion MdE/GdB von 0–10%. Bei anhaltenden Beschwerden im Sinne von Postgastrektomiesyndromen (Früh-Dumping, Spät-Dumping, Beschwerden des zu kleinen Magens, Afferent- bzw. Efferent-loop-Syndrom) oder bei rezidivierendem Ulcus jejuni pepticum kann eine Bewertung mit einem MdE/GdB von 20– 40% erfolgen.

Bei totaler Magenentfernung ohne Beeinträchtigung des Allgemeinzustandes bzw. des Ernährungszustandes beträgt MdE/GdB 20–30%. Kommt es zu einer Beeinträchtigung des Allgemeinzustandes bzw. des Ernährungszustandes und/oder zu Komplikationen wie Postgastrektomiesyndromen, so besteht MdE/GdB von 40–50%.

Magenkarzinom. In der Ätiologie des Magenkarzinoms spielen neben genetischen Faktoren, der nationalen Herkunft und Ernährungsfaktoren wie dem Nitratgehalt der Nahrung vor allem Erkrankungen mit erhöhtem Karzinomrisiko eine Rolle. Hierzu gehören die Helicobacter-pylori-(Typ-B-)Gastritis, die chronisch atrophische Autoimmun-(Typ-A-)Gastritis, adenomatöse Magenpolypen und ein Zustand nach Magenteilresektion. Als Berufskrankheit kann ein Magenkarzinom nach Exposition mit halogenierten Alkyl-, Aryl- oder Alkylaryloxiden (Gefahrenquellen: Kampfstoffe wie Lost, Senfgas, Dichloräthylsulfid) anerkannt werden (▶ BK 1310).

Gutachterlich ist nach Entfernung eines Magenfrühkarzinoms eine Heilungsbewährung von 2 Jahren abzuwarten. Während dieser Zeit besteht ein MdE/GdB-Grad von 50%. Bei allen anderen malignen Magentumoren beträgt nach Entfernung je nach Stadium und Auswirkung auf den Allgemeinzustand MdE/GdB 80–100%, der Zeitraum der Heilungsbewährung beträgt hier 5 Jahre.

Literatur

Braden B, Duan LP, Caspary WF, Lembcke B (1997) Endoscopy is not a risk factor for Helicobacter pylori infection – but medical practice is. Gastro end 46: 305–310

Jeggli S, Steiner D, Joller H, et al (2004) Hepatitis E, Helicobacter pylori and gastrointestinal symptoms in workers exposed to waste water. Occup envir med 61:622–627

Ellet ML (1996) Prevalence of gastric cancer in a large group of healthcare workers routinely exposed to Helicobacter pylori. Gastro nurs 19:124–127

Morizane T (2002) Health-care workers are at risk of Helicobacter pylori infection. J gastro 37:1092–1093

Poop, Walter, Brüning, et al (2003) Krebserkrankungen durch den Beruf. Deut Ärztebl 100:A-35/B-33/ C-32

Schillings K (Hrsg) (2004) Anhaltspunkte, Erwerbsminderungsrenten, Pflegestufen. Sozialmedizinischer Verlag, Niederkrüchten

13.3 Entzündliche Darmkrankheiten

T. Brechmann und W. Schmiegel

Die chronisch entzündlichen Darmkrankheiten, namentlich Morbus Crohn (Inzidenz ca. 3/100 000/Jahr, Prävalenz ca. 0,5%), Colitis ulcerosa (Inzidenz ca. 5/100 000/Jahr, Prävalenz ca. 0,1%) und Colitis indeterminata (bei der Koloskopie Morbus Crohn und Colitis ulcerosa nicht eindeutig unterscheidbar, ca. 10% der Fälle), resultieren bei genetisch (u.a. Zahl der Defensingene, „endogene Antibiotika") prädisponierten Personen aus einer überschießenden Entzündungsaktivität, wobei das auslösende Agens weiterhin unbekannt bleibt. Es handelt sich um chronische, schubweise verlaufende Erkrankungen, die im Allgemeinen konservativ behandelt werden. Für die Therapie des akuten Schubes sind vor allem 5-Aminosalizylate und Kortikosteroide zu nennen. Als remissionserhaltende Medikamente kommen in erster Linie 5-Aminosalizylate, Azathioprin oder 6-Mercaptopurin in Frage. Sollten die Erkrankungen durch diese Wirkstoffe nicht beherrschbar sein, gibt es eine Reihe weiterer Medikamente und Verfahren, die zum Teil jedoch eher noch experimentellen Charakter haben.

Komplikationen bedingen eine chirurgische Therapie. Für die Colitis ulcerosa sind dies:

- anderweitig nicht beherrschbare Blutung,
- Perforation,
- toxisches Megakolon,
- Karzinom,
- therapierefraktärer Schub.

Für den Morbus Crohn sind dies:

- Stenosen,
- Fisteln,
- Abszesse,
- entzündliche Konglomerattumoren,
- Perforation,
- Karzinom.

Die chirurgische Therapie verfolgt in den beiden Fällen unterschiedliche Ziele. Während bei der Colitis ulcerosa die vollständige Proktokolektomie die Erkrankung unter Umständen zu heilen vermag, ist beim M. Crohn jeglicher Verlust funktionstüchtigen Darmes zu vermeiden. So wird bei Stenosen fast ausschließlich die Strikturoplastik durchgeführt und Darm, außer bei neoplastischen Läsionen, möglichst nicht oder nur sparsam reseziert. Nach Proktokolektomie kann sich bei Anlage eines Ileumreservoirs eine Pouchitis entwickeln. Auch assoziierte Erkrankungen wie die primär sklerosierende Cholangitis und extraintestinale Manifestationen an Haut, Augen oder Gelenken müssen erfragt und beachtet werden.

Chronisch entzündliche Darmerkrankungen als Berufskrankheit

Die chronisch entzündlichen Darmerkrankungen nach dem aktuellen Kenntnisstand werden nicht primär durch berufsbedingte Faktoren verursacht. Zwar werden als schubauslösende Faktoren – neben genetischer Prädisposition und bakteriellen oder viralen Infektionen – auch immer wieder psychosomatische Umstände diskutiert, doch sind Letztere nicht belegt und gelten allenfalls für die Begünstigung eines Schubes, nicht jedoch als ätiologische Basis. Es bleibt somit ungeklärt, ob und inwieweit

- körperliche Belastungen oder Witterungseinflüsse, die nach Art, Dauer und Schwere geeignet sind, die Resistenz herabzusetzen,
- Krankheiten, bei denen eine erhebliche Herabsetzung der Resistenz in Frage kommt,
- langdauernde, schwere, tief in das Persönlichkeitsgefüge eingreifende psychische Belastungen

von ursächlicher Bedeutung für die Entstehung und den Verlauf dieser Darmkrankheiten sind. Haben solche Umstände als Schädigungstatbestände vorgelegen, sind die Voraussetzungen im Einzelfall für eine Kannversorgung als erfüllt anzusehen, sofern die ersten Symptome der Darmkrankheit während der Einwirkung der genannten Faktoren oder längstens 6 Monate danach aufgetreten sind.

Chronisch entzündliche Darmerkrankungen im Beruf

Gutachterliche Bewertung

Der schubweise Verlauf ruft immer wieder krankheitsbedingte Arbeitsunfähigkeit hervor. Während im symptomfreien Intervall keine Einschränkung der Leistungsfähigkeit im Sinne des Schwerbehindertenrechtes besteht, kann in der akuten Krankheitsphase eine deutliche Einschränkung von MdE/GdB (Tabelle 13.1) bestehen. Anhaltspunkte ergeben verschiedene klinische/endoskopische Scores (CDAI, CAI) ebenso wie der auch in deutscher Sprache validierte „Inflammatory Bowel Disease Questionnaire" (IBDQ). Schwere, therapierefraktäre Verläufe oder Komplikationen wie das postoperative Kurzdarmsyndrom können eine dauerhafte Berufs- und Erwerbsunfähigkeit bedingen. Das Ausmaß der Einschränkung muss dabei im Einzelfall durch entsprechende Funktionsuntersuchungen abgeschätzt und objektiviert werden. Auch perianale Fisteln (Tabelle 13.2), extraintestinale Manifestationen und chronische Schmerzzustände verlangen eine entsprechende Beachtung. MdE/GdB ist nach Resektionen des terminalen Ileums mit 30 bis 50% einzuschätzen, nach Proktokolektomie mit bis zu 40%, bei Vorliegen eines Anus praeter liegt MdE/GdB zwischen 50 und 80% (Tabelle 13.3). Ausgedehnte Dünndarmresektionen oder die Existenz sonstiger Komplikationen und extraintestinaler Manifestationen der Grundkrankheit bedingen bisweilen eine MdE bis 100% oder einen entsprechenden GdB. Kommt es im Rahmen entzündlicher, posttraumatischer/postoperativer oder tumoröser Darmkrankheiten zu analer Inkontinenz, ist je nach Schweregrad MdE bzw. GdB von 10 bis 70% anzunehmen (Tabelle 13.4).

Tabelle 13.1. Einschätzung von MdE/GdB bei chronisch entzündlichen Darmerkrankungen

Colitis ulcerosa, Crohn-Krankheit (Enteritis regionalis)	Grad von MdE/GdB
Mit geringer Auswirkung (geringe Beschwerden, keine oder geringe Beeinträchtigung des Kräfte- und Ernährungszustandes, selten Durchfälle)	10–20
Mit mittelschwerer Auswirkung (häufig rezidivierende oder länger anhaltende Beschwerden, geringe bis mittelschwere Beeinträchtigung des Kräfte- und Ernährungszustandes, häufiger Durchfälle)	30–40
Mit schwerer Auswirkung (anhaltende oder häufig rezidivierende erhebliche Beschwerden, erhebliche Beeinträchtigung des Kräfte- und Ernährungszustandes, häufige, tägliche, auch nächtliche Durchfälle)	50–60
Mit schwerster Auswirkung (häufig rezidivierende oder anhaltende schwere Beschwerden, schwere Beeinträchtigung des Kräfte- und Ernährungszustandes, ausgeprägte Anämie)	70–80

Anmerkung: Fisteln, Stenosen, postoperative Folgezustände (z. B. Kurzdarmsyndrom, Stomakomplikationen), extraintestinale Manifestationen (z. B. Arthritiden), bei Kindern auch Wachstums- und Entwicklungsstörungen, sind zusätzlich zu bewerten.

Tabelle 13.2. Einschätzung von MdE/GdB bei Vorliegen einer perianalen Fistel

Fistel in der Umgebung des Afters	Grad von MdE/GdB
Geringe, nicht ständige Sekretion	10
Sonst	20–30

Tabelle 13.3. Einschätzung von MdE/GdB bei Vorliegen eines Anus praeter

Künstlicher After	Grad von MdE/GdB
Mit guter Versorgungsmöglichkeit	50
Sonst (z. B. bei Bauchwandhernie, Stenose, Retraktion, Prolaps, Narben, ungünstige Position)	60–80

Tabelle 13.4. Einschätzung von MdE/GdB bei Vorliegen einer Analsphinkterinsuffizienz

Afterschließmuskelschwäche	Grad von MdE/GdB
mit seltenem, nur unter besonderen Belastungen auftretendem unwillkürlichen Stuhlgang	10
Sonst	20–40
Funktionsverlust des Afterschließmuskels	wenigstens 50

Literatur

Ahmad T, Tamboli CP, Jewell D, Colombel JF (2004) Gastroenterology 126:1533–1549
American Gastroenterological Association Clinical Practice Committee (2003) Gastroenterology 125:1508–1530
Bundesministerium für Gesundheit und Soziale Sicherung (Hrsg) (2004) Anhaltspunkte für die ärztliche Gutachtertätigkeit im sozialen Entschädigungsrecht und nach dem Schwerbehindertenrecht
Egan LJ, Sandborn WJ (2004) Gastroenterology. 126: 1574–1581
Hahn EG, Riemann JF (2000) Klinische Gastroenterologie. Thieme, Stuttgart
Hanauer SB (2004) Gastroenterology 126:1582–1592
Hoffmann JC, Kroesen AJ, Klump B (2005) Chronisch entzündliche Darmerkrankungen. Thieme, Stuttgart
Larson DW, Pemberton JH (2004) Gastroenterology 126:1611–1619
Loftus EV Jr (2004) Gastroenterology 126:1504–1517
Podolsky D (2002) N Engl J Med 347:417–429

13.4 Akute und chronische Pankreatitis

S. Heringlake und W. Schmiegel

Akute Pankreatitis

Die Inzidenz der akuten Pankreatitis liegt zwischen 5 und 40 pro 100 000 Einwohner und Jahr. Häufigste Ursachen sind:

- Alkoholabusus,
- Choledocholithiasis (auch Mikrolithiasis),
- Medikamente (Azathioprin, Salizylate, Sulfonamide, Tetrazykline, Valproinsäure, Thiazide, Furosemid, Pentamidin, Östrogen etc.),
- Infektionen (Mumps, Coxsackie, Zytomegalie, Hepatitis B, HIV, Mykoplasmen, Leptospiren, Legionellen, Toxoplasmen, Aspergillen, Askariden etc.),
- Hyperlipoproteinämien,
- Duodenaldivertikel mit gehäufter Prävalenz von Choledocholithiasis,
- Sphincter-Oddi-Dysfunktion und Papillenstenosen,
- chronische Niereninsuffizienz,
- Hyperparathyreoidismus,
- komplettes Pancreas divisum,
- autoimmune Pankreatitis, häufig vergesellschaftet mit anderen Autoimmunerkrankungen,
- hereditäre Pankreatitis (Mutationen im kationischen Trypsinogen Gen R122H und N29I führen zur Resistenz von Trypsin gegen Hydrolyse und damit zur Autodigestion).

Erscheinungsform und Schwere der Erkrankung können erheblich variieren. Die aktuelle Atlanta-Klassifikation unterscheidet nach dem Ranson-Score eine milde von der schweren akuten Pankreatitis. Die auf das Interstitium beschränkte ödematöse Form verläuft deutlich milder als die exsudative Pankreatitis mit Exsudatstraßen im Retroperitoneum, entlang der Gerotaschen Faszie bis in das kleine Becken. Seltener (<20%) entwickelt sich die nekrotisierende Pankreatitis, die einen deutlich dramatischeren klinischen Verlauf aufweist und sich durch ihre erhöhte Komplikationsquote mit Multiorganversagen und letztlich erhöhter Letalität (20%, ansteigend mit dem Ranson-Score) auszeichnet.

Wichtigste diagnostische Kriterien sind ein relativ typisches klinisches Beschwerdebild mit gürtelförmigen, in den Rücken ausstrahlenden Oberbauchschmerzen, über das Dreifache der Norm erhöhte Serumamylase- und Lipasewerte sowie der Verlaufsform entsprechend charakteristisch veränderte Morphologien in der B-Bildsonographie, der Endosonographie und der Computertomographie.

Gutachterliche Bewertung

Die akute Pankreatitis ist, abgesehen von leichten Verlaufsformen, ein stationär bzw. in der Regel intensivmedizinisch zu überwachendes Krankheitsbild mit Arbeitsunfähigkeit.

Chronische Pankreatitis

Die Inzidenz der chronischen Pankreatitis liegt in Europa etwa bei 4/100 000 Einwohner/Jahr. Ätiologisch ist in unseren Breiten Alkohol der mit Abstand bedeutendste Faktor (>70–85%), während in Asien, Zentralafrika und Südamerika die tropische Pankreatitis eine wesentliche Rolle spielt. Nikotin scheint unabhängig vom Alkohol ein akzelerierender Faktor für das Auftreten von Verkalkungen zu sein.

Weniger häufig sind so genannte idiopathische Formen der chronischen Pankreatitis, die entsprechend des Manifestationsalters in eine „Early-onset-Form" und eine „Late-onset-Variante" unterschieden werden. Die Übergänge zur hereditären Form der chronischen Pankreatitis sind insbesondere bei der Early-onset-Variante fließend, da auch hier Trypsiongen-Genmutationen, SPINK-1-Genmutationen (sekretorischer Proteaseinhibitor) und CFTR-Mutationen gefunden werden. Patienten mit chronisch-entzündlichen Darmerkrankungen weisen selten autoimmune Formen einer chronischen Pankreatitis auf. Pankreasgangobstruktionen können eine seltenere Ursache sein wie z.B. beim Pancreas divisum, bei der die in Relation zu kleine Minorpapille den Ductus wirsungianus drainiert. Rezidivierende biliäre Pankreatitiden spielen selten eine Rolle, da solche Patienten in unseren Breiten in der Regel frühzeitig cholezystektomiert und bei Bedarf (Choledocholithiasis, Mikrolithiasis, Papillenstenose) auch im Rahmen einer ERCP papillotomiert werden.

Die chronische Pankreatitis manifestiert sich in Form rezidivierender akut-entzündlicher Schübe oder als chronisch-destruierende Form mit progredientem Parenchymverlust und Destruktion des Pankreasgangsystems, zum Teil mit Parenchymverkalkungen oder verkalkenden intraduktalen Steinen. Mit den morphologischen Veränderungen geht ein entsprechender irreversibler Funktionsverlust einher, der im Spätstadium von Zeichen der exokrinen Insuffizienz (Maldigestion mit Steatorrhoe und Gewichtsverlust) sowie endokriner Insuffizienz (pankreopriver Diabetes mellitus) geprägt ist. Ein häufig beklagtes Symptom ist ein chronisch-abdominelles Schmerzsyndrom, das unabhängig von der exokrinen oder endokrinen Insuffizienz bestehen kann.

Der Verlauf der Erkrankung kann aufgrund der verschiedenen möglichen Komplikationen vielgestaltig sein:

- Pseudozystenbildung mit Kompressionserscheinungen, Infektionen oder Einblutungen,
- Strikturbildung im Pankreasgang mit Obstruktion und intraduktaler Konkrementbildung,
- Milzvenen/Portalvenenthrombose,
- pankreatogener Aszites,
- bei chronischer Kopfpankreatitis:
  - Röhrenstenose des Choledochus mit Ikterus,
  - Duodenalstenose mit Erbrechen,
- Prädisposition für duktales Pankreaskarzinom.

Die Funktionsdiagnostik erfolgt mittels Bestimmung der Enzyme Chymotrypsin und Elastase im Stuhl, mittels Messung der luminalen Verdauungsleistung indirekt über die Stuhlfettausscheidung und den Pankreolauryltest sowie direkt über die duodenale Messung der Enzymsekretion im Sekretintest (Goldstandard). Die endokrine Funktion wird im oralen Glucosetoleranztest bestimmt.

Für die morphologische Beurteilung von Pankreasparenchym, Verkalkungen, Strikturen von Pankreas- und Gallengang, Pseudozysten und fokalen Läsionen sind die Abdomensonographie, die Endosonographie, das Abdomen-CT, die Magnetresonanzcholangiographie (MRCP) und MRT sowie die ERCP von Relevanz. Die Endosonographie mit ihrer Möglichkeit der endosonographischen Feinnadelpunktion hat eine besondere Bedeutung hinsichtlich Klärung der Dignität von pankreatischen Raumforderungen. Auch wenn die MRCP sich mehr und mehr als nicht invasives diagnostisches Verfahren etabliert hat, stellt die ERCP derzeit noch den Goldstandard zur Feinbeurteilung von Pankreasganghaupt- und -nebenästen dar und ermöglicht als einzige Maßnahme eine direkte Intervention am Gallen- und Pankreasgangsystem.

Gutachterliche Bewertung

Das Ausmaß der exokrinen und endokrinen Insuffizienz und deren Folgezustände (Maldigestionssyndrom mit entsprechend reduziertem Ernährungszustand, diabetische Spätkomplikationen), das Ausmaß der oben aufgelisteten Organkomplikationen sowie die durch die chronische Pankreatitis verursachten Schmerzen bestimmen die Höhe der MdE:

- MdE/GdB **0–10%**: keine oder nur geringe Beschwerden, kein oder nur gering reduzierter Kräfte- und Ernährungszustand;
- MdE/GdB **20–40%**: mäßige bis erhebliche Beschwerden, mäßig bis erheblich reduzierter Kräfte- und Ernährungszustand;
- MdE/GdB **50–80%**: starke Beschwerden, ausgeprägte Herabsetzung des Kräfte- und Ernährungszustandes (z. B. bei ausgeprägten Fettstühlen mit progredientem Gewichtsverlust, Osteopathie bei Vitamin-D-Mangel, pankreoprivem Diabetes mellitus mit Spätkomplikationen, chronischer Cholangitis bei Obstruktion durch Röhrenstenose i. R. der chronischen Kopfpankreatitis, nach Magenteilresektion und/oder Milzexstirpation z. B. i. R. einer Whipple-Operation);
- MdE/GdB **100%**: nach Resektion eines Pankreaskarzinoms bei zugrunde liegender chronischer Pankreatitis ist in den ersten 5 Jahren eine Heilungsbewährung abzuwarten. In dieser Zeit 100% MdE/GdB.

14 Krankheiten der Leber und Gallenwege

14.1 Traumatische Schädigungen

M. Reiser und S. Heringlake

Gallenblase und Gallenwege

Verletzungen der Gallenblase oder Gallenwege kommen beim abdominellen Trauma nur selten vor. Die Mehrzahl der Gallenwegsverletzungen ereignet sich bei Operationen. Als Folge können sich Gallenfisteln in die freie Bauchhöhle, den Magen-Darmtrakt oder das Bronchialsystem oder Strikturen der Gallenwege entwickeln. Bei sich hieraus entwickelnden chronischen Cholangitiden und Cholestasen ist die Entwicklung einer biliären Leberzirrhose möglich. Diagnostisch und therapeutisch ist die endoskopisch retrograde Gallengangsdarstellung (*ERC*) mit Stentimplantation und/oder Dilatation dominanter Strikturen Mittel der Wahl. Operative Rekonstruktionen sind schwierig und erfordern häufig die Anlage einer biliodigestiven Anastomose.

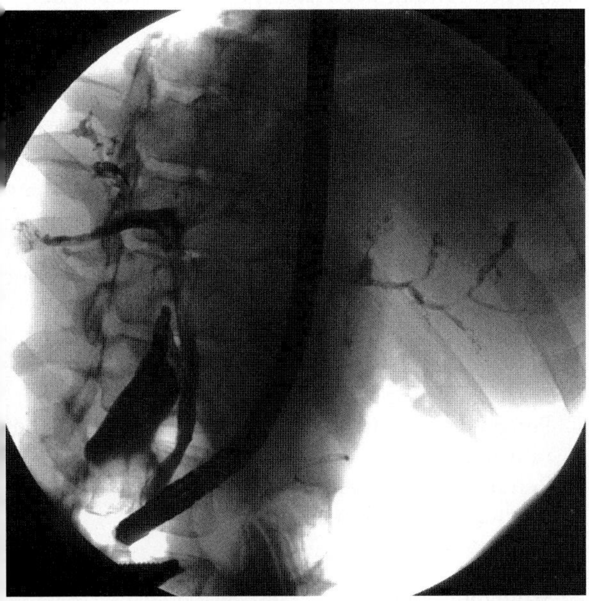

Abb. 14.1. Posttraumatisch sekundär slerosierende Cholangitis: Endoskopisch retrograde Cholangiographie (*ERC*) bei einem ikterischen Patienten 3 Wochen nach schwerem Polytrauma mit Schock. Das intrahepatische Gallengangsystem ist rarefiziert, weist Gangunreglemäßigkeiten und lakunäre Dilatationen auf

Eine Besonderheit stellen sekundäre Schäden des Gallenwegssystems bei meist polytraumatisierten Patienten mit schwerem Schock dar. Hierzu zählen die *Gallenblasennekrose* („Schockgallenblase") sowie die posttraumatisch *sekundär sklerosierende Cholangitis* (Abb. 14.1). Die klinisch und sonographisch gestellte Diagnose einer Schockgallenblase erfordert die zeitnahe Laparotomie und Cholezystektomie. Die Therapieoptionen der sekundär sklerosierenden Cholangitis sind begrenzt. Dominante Stenosen müssen endoskopisch dilatiert und/oder gestentet werden. Die Gabe der hydrophilen Gallensäure Ursodeoxycholsäure (*UDCA*) erscheint sinnvoll, wurde jedoch noch nicht im Rahmen klinischer Studien validiert. Ob analog zur primär sklerosierenden Cholangitis ein erhöhtes Risiko für die Entwicklung cholangiozellulärer Karzinome besteht, ist unbekannt. Bei zunehmender Lebersyntheseeinschränkung oder schwerer Cholestase (Pruritus!) muss die Indikation zur Lebertransplantation geprüft werden.

Gutachterliche Bewertung

Der MdE/GdB-Grad wird durch die Art und Schwere der Organveränderungen bestimmt. Der alleinige Verlust der Gallenblase rechtfertigt keine Minderung der Erwerbsfähigkeit. Bei chronischen oder rezidivierenden Entzündungen des Gallenwegssystems mit klinisch manifester Cholestase beträgt MdE/GdB 40% bis 50%. Bei Vorliegen einer sekundär sklerosierenden Zirrhose ist MdE/GdB in Abhängigkeit von der Leberfunktion und klinischen Beschwerden (z. B. Pruritus) mit 50% bis 100% zu bewerten.

Leber

In Europa kommen stumpfe Leberverletzungen (z. B. nach Verkehrsunfall) häufiger als penetrierende Schuss- oder Stichverletzungen vor. Bei erheblichem Lebertrauma imponiert das Bild des Schocks und akuten Abdomens. Die operative Versorgung richtet sich nach dem Ausmaß der Verletzung. Kleinere Parenchymverletzungen können übernäht werden. Ausgedehnte Parenchymläsionen mit Zerreißung größerer Blutgefäße und Gallengänge kann die Resektion der betroffnen Segmente erforderlich machen. Die Regenerationsfähigkeit des gesunden Leberparenchyms ist enorm. Leberfunktion und Organgröße erreichen auch nach ausgedehnter Resektion nach wenigen Wochen nahezu normale Werte.

Gutachterliche Bewertung

Wegen der guten Regenerationsfähigkeit des Leberparenchyms sind anhaltende Störungen der Organfunktion nach Lebertrauma die Ausnahme. Nach folgenlos ausgeheiltem Lebertrauma besteht daher kein MdE/GdB-Wert. Bei Komplikationen mit dauerhaftem Organschaden richtet sich der MdE/GdB-Grad nach den Funktionseinbußen. Als Anhaltspunkt kann die MdE/GdB-Bewertung bei chronischer Virushepatitis herangezogen werden.

14.2 Akute und chronische Virushepatitis

M. Reiser und W. Schmiegel

Virusinfektionen der Leber stellen die häufigste Ursache akuter und chronischer Leberentzündungen dar. Während eine Vielzahl von Viren einen niedrigen Hepatotropismus aufweisen und nur mit einer transienten Begleithepatitis assoziiert sind (z. B. Epstein-Barr-, Zytomegalie- oder Herpesviren), zeigen die „klassischen" Hepatitis-A-, -B-, -D-, -E- und -C-Viren einen hohen Tropismus für die Leber und verursachen als hauptsächliche Krankheitsmanifestation eine Leberentzündung. Das Hepatitis-A- und -E-Virus verursacht akute selbstlimitierende Erkrankungen; die Hepatitis B, D oder C kann dagegen in eine chronische Verlaufsform übergehen.

Klinische Zeichen der akuten Virushepatitis sind Abgeschlagenheit, Übelkeit und Erbrechen, Dunkelfärbung des Urins und Ikterus sowie Hepatomegalie; inapparente Verläufe sind möglich (Hepatitis A, B) oder sogar die Regel (Hepatitis C) und erschweren im Falle des chronischen Verlaufes (Hepatitis B, C) die Eingrenzung des Infektionszeitpunktes. Die chronische Hepatitis ist regelhaft durch eine blande Klinik mit unspezifischen Beschwerden (Müdigkeit) und moderat erhöhten Transaminasen charakterisiert. Häufig führen erst Komplikationen der fortgeschrittenen Leberfibrose zur Diagnose.

Im Berufskrankheitswesen steht die eindeutige Diagnosestellung am Beginn des Feststellungsverfahrens. Die Anerkennung als Berufserkrankung (▶ BK 3101) bedarf des Nachweises der Wahrscheinlichkeit, dass die Infektion im Rahmen der versicherten Tätigkeit erworben wurde; die Möglichkeit allein genügt nicht.

Hepatitis A

Die Hepatitis A ist eine fäkal-oral übertragene Erkrankung, die heute meist im Ausland durch Genuss kontaminierter Speisen erworben wird. Die Inkubationszeit beträgt 2–4 Wochen. Kurz vor und bei Erkrankungsbeginn wird das Virus im Stuhl ausgeschieden. Die Diagnose stützt sich auf den Nachweis von Hepatitis-A-Antikörpern im Serum, die bereits bei Erkrankungsbeginn nachweisbar sind. Die Immunantwort ist polyklonal (IgG/IgM), wobei der Nachweis von IgM im Sinne einer akuten Infektion zu werten ist. Anti-HAV-IgM-Antikörper sind über 4 bis 6 Monate nachweisbar. Die Erkennung infizierter Kontaktpersonen vor Krankheitsbeginn ist durch Nachweis des Hepatitis-A-Antigens im Stuhl mittels Radioimmunoassay oder der HAV-RNA im Serum mittels RT-PCR möglich, stellt jedoch eine Spezialdiagnostik von fraglicher Relevanz dar.

Die Hepatitis-A-Virusinfektion heilt in der Regel folgenlos aus und vermittelt eine lebenslange Immunität. Insbesondere im Kindesalter werden häufig subklinische (inapparente) Krankheitsverläufe beobachtet. Bei Erwachsenen, insbesondere im höheren Alter, kann die Hepatitis A dagegen eine cholestatische oder rezidivierende Verlaufsform mit über Monate anhaltendem wiederkehrenden Ikterus und Pruritus annehmen. Fulminante, zum Leberversagen führende Hepatitis-A-Erkrankungen treten in weniger als 0,1% der Fälle auf.

Der Durchseuchungsgrad liegt in Deutschland bei 20-Jährigen unter 6%, bei 40-Jährigen um 20% und bei Personen über 50 Jahre um 45%. Die weltweite Verbreitung der Hepatitis A zeigt Abb. 14.2.

Hepatitis A als Berufskrankheit

Zur Anerkennung einer akuten Hepatitis A als Berufserkrankung muss der Infektionshergang nachvollziehbar sein. Hiervon kann abgewichen werden, wenn der Erkrankte zum Zeitpunkt der Infektion nachweislich einem erhöhten Infektionsrisiko in seinem Arbeitsbereich ausgesetzt war. Zur Personengruppe mit beruflich erhöhtem Infektionsrisiko zählen:

- Auslandstätigkeit in Endemiegebieten,
- medizinisches Personal in der Pädiatrie,
- Personal in Kinderheimen,
- Personal in medizinisch-mikrobiologischen Laboratorien,
- Reinigungspersonal in öffentlichen Gebäuden,
- Klärwerks- und Kanalarbeiter.

Schutzimpfung

Für diese Risikogruppen empfiehlt sich die aktive Hepatitis-A-Schutzimpfung. Das Hepatitis-A-Vakzin in Form des inaktivierten Virus zeichnet sich durch eine hohe Effektivität mit Ansprechraten von bis zu

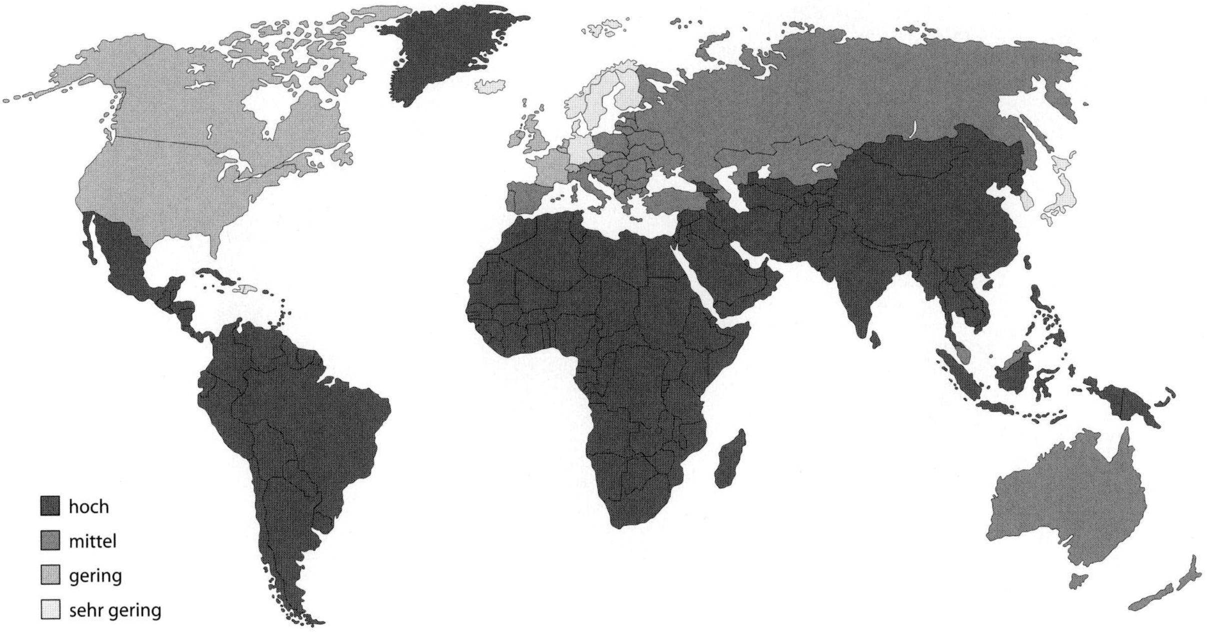

Abb. 14.2. Geographische Verbreitung der Hepatitis-A-Infektion. Nach WHO

80% bereits zwei Wochen nach einer einzelnen Impfdosis aus. Eine Booster-Impfung nach 6 bis 12 Monaten führt zu einer Langzeitimmunität in nahezu 100% der Fälle. Ein Hepatitis-A/B-Kombinationsimpfstoff steht zur Verfügung. Die passive Impfung mittels Hepatitis-A-Immunglobulin vermittelt einen sofortigen Immunschutz, der jedoch nur wenige Wochen anhält (Halbwertszeit 6 Wochen).

Gutachterliche Bewertung

Für die Zeit der symptomatischen Krankheitsphase besteht Arbeitsunfähigkeit. Da die Infektion keinen chronischen Verlauf nimmt und folgenlos ausheilt, besteht kein Anspruch auf Rente oder Minderung der Erwerbsfähigkeit (MdE).

Hepatitis E

Die Hepatitis E ist eine in Deutschland und Mitteleuropa seltene Erkrankung, die praktisch nur als Reiseinfektion (China, Indonesien, Indien, Mittelamerika, Afrika) beschrieben wird. Die Hepatitis E wird fäkal-oral übertragen, die Inkubationszeit beträgt zwei Wochen bis zwei Monate. Ein bis zwei Wochen nach Infektion kann das Virusgenom (HEV-RNA) im Serum mittels RT-PCR direkt nachgewiesen werden; die Virämiephase ist häufig kurz. Zum Zeitpunkt der klinischen Manifestation (Transaminasenanstieg, Ikterus) sind anti-HEV-IgM-Antikörper nachweisbar.

Die Erkrankungsdauer ist im Vergleich zur Hepatitis A kürzer und die klinische Symptomatik milder ausgeprägt. Bei Schwangeren im dritten Trimenon werden jedoch zu 5% bis 25% fulminante Verläufe beobachtet. Ein Vakzin steht nicht zur Verfügung.

Gutachterliche Bewertung

Die Anerkennung als *Berufskrankheit* fordert die Dokumentation einer akuten Hepatitis-E-Erkrankung und plausiblen Nachweis des Infektionsherganges.

Für die Zeit der symptomatischen Krankheitsphase besteht Arbeitsunfähigkeit. Da die Infektion keinen chronischen Verlauf nimmt und folgenlos ausheilt, besteht kein Anspruch auf Rente oder Minderung der Erwerbsfähigkeit (MdE).

Hepatitis B

Die Hepatitis B ist eine der häufigsten Infektionskrankheiten weltweit. Nach Schätzungen der World Health Organization (*WHO*) haben sich ca. 2 Milliarden Menschen mit dem Hepatitis-B-Virus (*HBV*) infiziert, die weltweite Verbreitung zeigt Abb. 14.3.

In mehr als 400 Millionen Fällen hat die Infektion einen chronischen Verlauf (HB_s-Antigen länger als 6 Monate nachweisbar) genommen. Ein Viertel der chronisch HBV-infizierten Menschen werden an den Folgen ihrer Lebererkrankung versterben; derzeit wird die Zahl der HBV-assoziierten Todesfälle auf 1 Million pro Jahr geschätzt. Das Risiko der Chronifizierung ist in hohem Maße vom Infektionsalter abhängig: Infektionen im ersten Lebensjahr

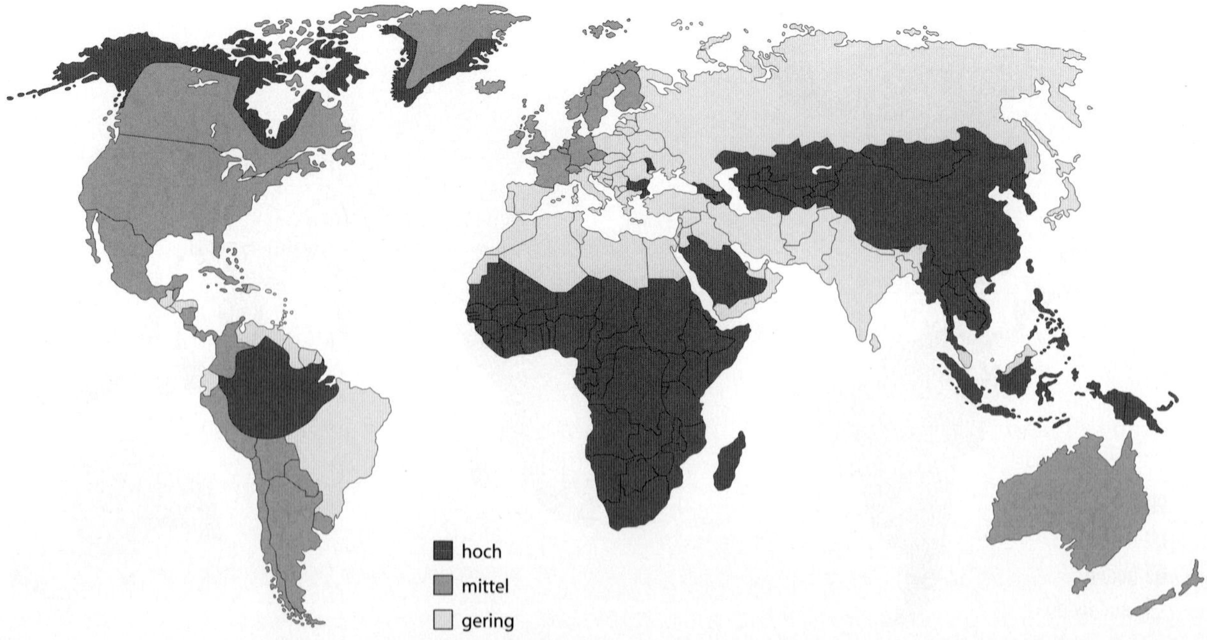

Abb. 14.3. Verbreitung der Hepatitis B im Jahr 2004. Nach WHO 2001

nehmen zu mehr als 90% einen chronischen Verlauf, für Kinder zwischen 1 und 5 Jahren beträgt das Risiko 30%, während das Chronifizierungsrisiko für ältere Kinder und Erwachsene nur 2% beträgt. Der Mechanismus dieses Phänomens ist unklar.

Die Hepatitis B tritt in Asien und Afrika endemisch auf und wird dort meist im Perinatalzeitraum erworben. Die Prävalenz der chronischen Infektion beträgt in diesen Ländern 10% bis 20%. Auch in Südeuropa liegt die HBV-Prävalenz mit 5% bis 8% deutlich über der Nord-, West- und Zentraleuropas sowie der USA (0,2% bis 0,5%).

■ Akute Hepatitis B

Das HBV wird parenteral (Blut- und Sexualkontakte) übertragen. Das Infektionsrisiko steigt mit der Viruslast des Indexpatienten. Eine Nadelstichverletzung mit einer kontaminierten Kanüle eines HBe-Antigen-positiven Indexpatienten birgt ein Infektionsrisiko von ca. 30%. Die Inkubationszeit beträgt 30 bis 180 Tage. Die ikterische Krankheitsphase dauert selten länger als 4 Wochen. Vorausgehen können Fieber, urtikarielles Exanthem und Arthralgien, die als Immunkomplexphänomene interpretiert werden. Subklinische Verläufe sind in Anbetracht der hohen Zahl von HBsAg-Trägern ohne erinnerliche ikterische Krankheit insbesondere bei chronischem Verlauf häufig.

Als Screening-Untersuchung für eine Hepatitis-B-Virusinfektion wird HBs-Antigen im Serum bestimmt. Antikörper gegen HB-Core sind früh nach Krankheitsbeginn nachweisbar und bleiben nach einer Infektion lebenslang positiv; HB-Core-IgM-Antikörper deuten auf eine akute Infektion hin, können jedoch auch bei akutem Schub einer chronischen Hepatitis-B-Virusinfektion nachweisbar sein. Die Bestimmung des HBe-Antigens und HBe-Antikörpers (und ergänzend des Hepatitis-D-Antikörpers) vervollständigen die serologische Diagnostik. Nachweis von HBe-Antigen im Serum ist mit einer hohen Virusreplikation assoziiert. Die quantitative Bestimmung der HBV-DNA als sensitivster Parameter der Virusreplikation ist nur bei chronischem Verlauf zur Therapiesteuerung sinnvoll. Bei gesunden Erwachsenen heilt die akute Hepatitis B in mehr als 95% spontan aus. Fulminante Hepatitis-B-Verläufe mit rascher Entwicklung eines Leberversagens treten in weniger als 1% der akuten Infektionen auf.

■ Chronische Hepatitis B

Die chronische Hepatitis B ist durch Nachweis des HBs-Antigens für mehr als 6 Monate definiert. Der Verlauf der chronischen Hepatitis B ist dabei variabel. Zehn bis 30% der chronisch infizierten Patienten zeigen einen hochreplikativen Verlauf. Etwa 15% dieser Patienten entwickeln bereits nach 5 Jahren eine Leberzirrhose. Bei der replikativen Hepatitis B (HBV-DNA $>10^5$ Kopien/ml) werden HBe-Antigen-positive von anti-HBe-positiven (HBe-Antigen-negativen) Patienten unterschieden. Letztere machen heute bereits mehr als 50% der chronischen Hepatitis-B-Infektionen aus und sind durch Mutationen in der Präcore- oder Core-Region des HBV-Genoms erklärt. Diese HBV-Spezies können trotz Replikation kein HBe-Antigen synthetisieren (HBe-Minusmutanten). Die Unterscheidung zwischen HBe-Antigen positiver und negativer Hepatitis B ist für die Therapieplanung entscheidend (s. u.).

Transaminasenaktivität und histologische Entzündungsaktivität zeigen bei der chronischen Hepatitis B eine gute Korrelation. Das Ausmaß der Leberfibrose ist jedoch anhand laborchemischer und bildgebender Untersuchungen nicht sicher beurteilbar; ggf. ist daher eine Leberbiopsie erforderlich. HBs-Antigen-positive Patienten mit normwertigen Transaminasen und fehlender oder niedriger Serum-HBV-DNA-Konzentration ($<10^4$ Kopien/ml) werden als inaktive HBV-Träger bezeichnet. Der Krankheitswert dieses Trägerstatus ist gering, obgleich das Risiko für die Entwicklung hepatozellulärer Karzinome (*HCC*) auch bei diesen Patienten mit 0,4% pro Jahr etwa 100fach erhöht ist. Das HCC-Risiko ist geringer, wenn die Infektion im Erwachsenenalter erworben wurde.

Extrahepatische Hepatitis-B-Manifestationen sind selten und am ehesten durch Immunkomplexe vermittelt. Hierzu zählen die Polyarteritis, Glomerulonephritis, Guillain-Barré-Syndrom und die Myokarditis.

Eine Therapieindikation besteht bei chronisch replikativer Hepatitis B mit erhöhten Transaminase-Werten und/oder histologischer Entzündungsaktivität. Interferon alpha wird derzeit nur bei HBe-Antigen-positiver (Wildtyp) Hepatitis B mit vermehrten Transaminase-Werten (mind. 3× obere Norm) eingesetzt. Bei Wildtypinfektion und moderat erhöhten Transaminase-Werten oder chronischer anti-HBe-positiver (HBe-Antigen-negativer) Hepatitis B werden primär Nukleosidanaloga (Lamivudin, Adefovir, Entecavir) eingesetzt. Die über 6 Monate durchgeführte Interferon-alpha-Therapie kann bei ca. 1/3 der Patienten eine HBe-Serokonversion und den Übergang in ein inaktives Stadium bewirken. Die Nukleosidanaloga, Lamivudin oder Adefovir, sind hochwirksam, müssen jedoch in der Regel dauerhaft eingenommen werden. Eine erfolgreiche Therapie ist durch einen Abfall der Viruskonzentration, Normalisierung der Transaminasen und Verbesserung der histologischen Entzündungsaktivität und Fibrose charakterisiert.

Schutzimpfung. Zur Prävention der Hepatitis B steht ein Aktivimpfstoff (rekombinantes HBs-Antigen) zur Verfügung. Die Impfungen erfolgen zum Zeitpunkt 0, nach 1 und 6 Monaten; die Ansprechraten erreichen bei gesunden Kindern und Erwachsenen 95% mit dauerhafter Immunität. Eine Titerkontrolle zur Erfolgskontrolle nach Impfung sowie Auffrischimpfungen (alle 10 Jahre) werden nur für im Gesundheitsdienst tätige Berufsgruppen empfohlen. Bei Impfversagen können zwei weitere Vakzinierungen mit der doppelten Dosis zum Erfolg führen. Ein Passivimpfstoff (Hepatitis-B-Immunglobulin) vermittelt eine zeitlich begrenzte Immunität (3–6 Monate) und wird heute in Kombination mit Aktivimpfstoff zur Postexpositionsprophylaxe nach Risikokontakt und zur Impfung von Neugeborenen von HBs-Antigen-positiven Müttern verwendet.

Die gutachterliche Bewertung entspricht derjenigen der Hepatitis C (s. u.).

Hepatitis C

Das Hepatitis-C-Virus, ein RNA-Virus aus der Familie der Flaviviridae, wurde 1989 als Haupterreger der Non-A-, Non-B-Posttransfusionshepatitis mit Hilfe aufwändiger molekularbiologischer Methoden isoliert. Erste Antikörpertests wiesen bei 0,5% (Mittel- und Nordeuropa) bis >5% (Zentralafrika) „gesunder" Blutspender Antikörper gegen HCV nach. Heute wird die Prävalenz weltweit auf 170 Millionen (3% der Weltbevölkerung), für Deutschland auf 500 000 (0,63%) HCV-Infektionen geschätzt (Abb. 14.4). Da davon ausgegangen werden muss, dass eine große Zahl infizierter Personen bisher nicht untersucht wurde, jedoch im Laufe der nächsten 10 Jahre mehr Infektionen durch verbesserte Screening-Strategien diagnostiziert werden, muss mit einer deutlichen Zunahme der Zahl chronisch HCV-infizierter Patienten bis 2015 gerechnet werden.

Die Replikationsungenauigkeit der HCV-RNA-Polymerase hat zur Entwicklung von bisher 6 HCV-

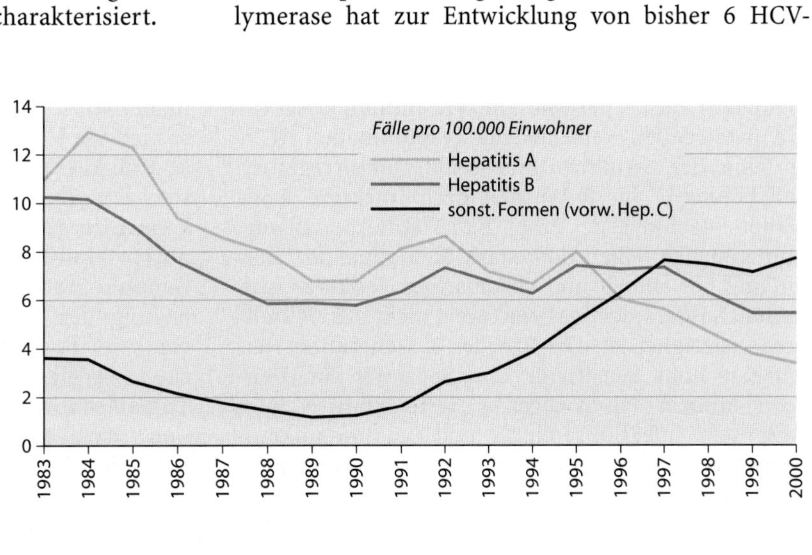

Abb. 14.4. Virushepatitdien in Deutschland (Meldefälle nach Bundesseuchengesetz 1983–2000). (Quelle: Robert Koch-Institut)

Genotypen geführt. Diese HCV-Genotypen sind durch eine Übereinstimmung der Aminosäuresequenz von weniger als 72% definiert. Innerhalb eines Genotyps können weitere HCV-Subtypen unterschieden werden (z. B. Genotyp 1, Subtypen 1 a, 1 b, 1 c). Die verschiedenen HCV-Genotypen und -Subtypen zeigen eine typische geographische Verteilung: In Deutschland fallen 60% bis 80% der Infektionen auf den Genotyp 1 b, in den USA stellt der Typ 1a den vorherrschenden HCV-Genotyp dar. In Ägypten, dem Land mit der weltweit höchsten HCV-Prävalenz von ca. 25%, wird bei mehr als 80% der Infektionen der HCV-Genotyp 4 angetroffen. Der Genotyp 3a wird bei Patienten, die über einen Drogenkonsum infiziert wurden, signifikant häufiger nachgewiesen. Die unterschiedlichen HCV-Genotypen unterscheiden sich nicht bezüglich Virulenz oder Krankheitsverlauf, stellen jedoch wichtige prädiktive Marker für den Erfolg einer antiviralen Therapie dar.

Akute Hepatitis C

Das HCV wird parenteral (in erster Linie invasive Blutkontakte) übertragen. Eine Nadelstichverletzung mit einer kontaminierten Kanüle eines HCV-positiven Indexpatienten birgt ein Infektionsrisiko von ca. 3%. Hohe Infektionsgefahr (und Durchseuchung) besteht für Konsumenten illegaler intravenöser Drogen, aber auch beim Tätowieren und beim Piercing. Der überwiegende Anteil (>80%) akuter HCV-Infektionen verläuft ohne oder nur mit milden, unspezifischen Symptomen, so dass ein hohes Maß an Aufmerksamkeit und Intuition für die Diagnose einer akuten Hepatitis C erforderlich sind. Ein meist moderater Anstieg der Transaminasen wird 4 bis 12 Wochen nach Infektion beobachtet. Weniger als 10% der Patienten entwickeln ein ikterisches Krankheitsbild. 60 bis 80% der akuten Infektionen nehmen einen chronischen Verlauf, der durch ein meist langjähriges symptomfreies Intervall gekennzeichnet ist.

Bei Verdacht auf das Vorliegen einer Hepatitis C ist der Nachweis von anti-HCV-Antikörpern das klassische Suchverfahren. Die in der Diagnostik verwendeten Antikörpertests (Enzym-Immunoassays – *EIA*) verwenden verschiedene rekombinante HCV-Proteine der Struktur- und Nichtstrukturregionen und können 7 bis 8 Wochen nach Infektion Antikörper nachweisen. Eine IgM-Antikörperantwort kann gänzlich fehlen oder stark überlappende Titerverläufe bei akuten und chronischen Verläufen aufweisen, so dass der IgM-Nachweis nicht zur Frühdiagnose geeignet ist. Die EIA der 3. Generation weisen eine hohe Sensitivität und Spezifität auf. Dennoch können falsch-negative Testergebnisse kurz nach dem Infektionsereignis und bei immunkompromittierten Patienten (z. B. bei HIV-Koinfektion oder Dialysebehandlung) sowie falsch-positive Nachweise bei Patienten mit anderen Virusinfektionen oder Autoimmunerkrankungen (z. B. Autoimmunhepatitis!) auftreten. Bei Verdacht auf Vorliegen einer akuten Hepatitis C oder supprimiertem Immunstatus muss daher auch bei negativem Antikörper der direkte molekularbiologische Nachweis des Virusgenoms (HCV-RNA) im Serum durchgeführt werden. Ebenso ist bei positivem HCV-Antikörpernachweis die Diagnose der replikativen HCV-Infektion durch den HCV-RNA-Nachweis zu bestätigen.

Zur Therapie der akuten Hepatitis C liegen, bedingt durch die schwierige Diagnose, nur wenige Daten aus unkontrollierten Studien mit kleinen Fallzahlen vor. Dennoch zeigen alle bisher verfügbaren Studien unter einer 6-monatigen Interferon-alpha-Monotherapie hohe Ausheilungsraten (83% bis 100%) unabhängig von HCV-Genotyp und Viruslast. Da jedoch insbesondere bei symptomatischem Verlauf eine spontane Ausheilung in bis zu 40% der akuten Hepatitis-C-Infektionen auch ohne Behandlung erwartet werden kann, wird derzeit im Rahmen einer Studie des Kompetenznetzes Hepatitis (Hep-Net) die sofortige mit einer verzögerten Therapie (bei fehlender spontaner Viruselimination) verglichen.

Chronische Hepatitis C

Eine spontane Ausheilung der Hepatitis C im chronischen Stadium wird nicht beobachtet. Der Verlauf der chronischen Hepatitis C ist variabel. Etwa 20% der Patienten entwickeln innerhalb von 20 Jahren eine Leberzirrhose. Bei Vorliegen einer HCV-assoziierten Zirrhose beträgt das HCC-Risiko 5% pro Jahr. Prinzipiell ist bei allen Patienten mit einer chronischen Hepatitis C die Indikationsstellung zur antiviralen Therapie individuell zu prüfen. Die Behandlung von Patienten mit einem hohen Progressionsrisiko hinsichtlich der Entwicklung einer Leberzirrhose ist vorrangig. Diesbezüglich besitzt die Leberbiopsie den besten prädiktiven Wert.

Die Kombinationstherapie mit einem pegylierten Interferon und Ribavirin stellt heute die Standardtherapie für unvorbehandelte Patienten dar. Günstige Prädiktoren für eine anhaltende Therapieantwort (dauerhafte Viruselimination) sind Genotyp 2 oder 3, niedrige Viruslast vor Therapie, junges Alter, kurze Krankheitsdauer und fehlende oder milde Fibrose. Dauerhafte virologische Therapieantworten können in 42% bis 46% der Patienten mit HCV-Genotyp-1-Infektion erwartet werden. Patienten mit Genotyp 2 oder 3 zeigen zu 76% bis 82% eine Ausheilung der Hepatitis C. Ein Abfall der Viruslast von zwei Log-Stufen in den ersten 12 Therapiewochen ist eine Voraussetzung für eine anhaltende Therapieantwort für Patienen mit Genotyp-1-Infektion. Wird kein entsprechender Abfall der HCV-RNA-Spiegel dokumentiert, ist die Wahrscheinlichkeit einer erfolgreichen Viruselimination extrem gering, so dass die Therapie in diesem Fall abgebrochen werden sollte. Ansonsten sollten Patienten mit HCV-Typ-1-Infektion über 48 Wochen, Patienten mit Typ-2- oder -3-Infektion über 24 Wochen behandelt werden.

Patienten, die auf eine früher durchgeführte Interferon-Monotherapie initial angesprochen haben, nach Beendigung der Therapie jedoch eine Reaktivierung erlitten (Relapse), sollten eine Retherapie mit einem pegylierten Interferon und Ribavirin erhalten. Patienten, die auf eine Interferon-Monotherapie nicht angesprochen haben (Non-Responder), sollten in Abhängigkeit vom individuellen Progressionsrisiko ggf. im Rahmen kontrollierter Studien (strenge Indikationsstellung!) behandelt werden. Für diese Patientengruppen eingesetzte Therapieregime beinhalten die Kombination pegylierter Interferone oder Konsensusinterferon plus Ribavirin. Patienten, die auf Kombinationstherapien nicht oder nicht anhaltend angesprochen haben, sollten ebenfalls nur nach strenger Indikationsstellung in kontrollierten Studien behandelt werden. Da eine dauerhafte Viruselimination in diesen Patientengruppen häufig nicht erreicht werden kann, sind auch Therapien mit dem Ziel der Fibroseprogressionshemmung zu diskutieren.

Schutzimpfung und Schutzmaßnahmen

Eine Impf- oder auch Postexpositionsprophylaxe existiert nicht. Derzeit bleibt einzig, Infektionen durch allgemeine Vorsichtsmaßnahmen zu vermeiden. HCV-positive Patienten sollten Zahnbürsten und Rasierutensilien nicht mit anderen teilen. Die Benutzung von Kondomen wird für monogame Paare wegen der geringen Wahrscheinlichkeit der sexuellen Übertragung im Allgemeinen nicht empfohlen.

Gutachterliche Bewertung bei Hepatitis B und C

Im Gesundheitsdienst Tätige sind einem aufgabenspezifischen Infektionsrisiko für HBV und HCV (sowie HIV) ausgesetzt. Für den Versicherungsfall der Berufskrankheit Virushepatitis B und C (▶ BK 3101) gelten folgende Beweisanforderungen:

- Die als Ursache in Frage kommende gefährdende Einwirkung im Rahmen der versicherten Tätigkeit muss im Sinne des Vollbeweises (mit an Sicherheit grenzender Wahrscheinlichkeit) gesichert sein.
- Die für einen Zusammenhang zwischen Erkrankung und gefährdender Einwirkung sprechenden Gründe müssen im Einzelfall nachvollziehbar sein und schwerer wiegen als die außerberuflichen Risiken.

Der haftungsbegründete Ursachenzusammenhang ist somit gegeben, wenn der Versicherte während der in Frage kommenden Ansteckungszeit bei der versicherten Tätigkeit Kontakt zu einer nachweislichen Infektionsquelle (z. B. Patienten oder Untersuchungsmaterial mit HBsAg-positivem Befund) hatte und nach Art des Kontaktes eine Virusübertragung dabei möglich war. Der Nachweis eines konkreten Verletzungsereignisses ist dabei nicht zwingend erforderlich. Darüber hinaus kann auch ohne den konkreten Nachweis eines Infektionskontaktes der Ursachenzusammenhang wahrscheinlich sein, wenn der Versicherte besonderen, über das normale Maß hinausgehenden Infektionsgefahren ausgesetzt war. Diese Beweiserleichterungskriterien sind in der Regel für Personen mit regelmäßigen invasiven Tätigkeiten erfüllt. Hierzu zählen Berufsgruppen der Risikokategorie I sowie Kategorie IIa (hohes Risiko in dieser Kategorie; Tabelle 14.1). Dagegen gilt das Kriterium der Beweiserleichterung für Beschäftigte der Kategorien IIb und III nicht. Besondere Beachtung im Feststellungsverfahren verdienen folgende epidemiologische und klinische Charakteristika:

- Die im Erwachsenenalter erworbene Hepatitis B verläuft in weniger als 5% der Fälle chronisch.
- Hepatitis-C-Genotypen weisen eine z.T. frappante geographische Verteilung auf (z. B. stellt der in Deutschland selten vorkommende HCV-Typ 4 den in Ägypten vorherrschenden Genotyp dar).
- Das Ansteckungsrisiko für die Hepatitis C ist deutlich niedriger als für die Hepatitis B (ca. Faktor 10). Sexualkontakte stellen keinen effektiven Übertragungsmechanismus dar.

Tabelle 14.1. Gefährdungsniveaus und Berufsgruppen

Kategorie I	Kategorie II	Kategorie III
Ärzte mit invasiver Tätigkeit	Feuerwehr, Polizei	Keine berufliche Exposition für blutübertragende Infektionserreger
Zahnärzte	Strafvollzug	
Rettungsdienste	Nichtinvasiv tätige Ärzte und Pflegekräfte	
Krankenpflegepersonal	Laborpersonal (MTA)	
Arzt- und Zahnarzthelfer	Reinigungspersonal	

Die Kategorien I und II können entsprechend des Gefährdungsniveaus weiter unterteilt werden: I a, II a – hohes Risiko in dieser Kategorie, I b, II b – niedriges Risiko in dieser Kategorie

- Wegen des variablen Verlaufs der chronischen Hepatitis B und C ist die exakte Bestimmung der Krankheitsdauer (bei Fehlen einer dokumentierten Serokonversion oder zumindest des Transaminasenverlaufs) nur bedingt möglich. Zwar spricht ein fortgeschrittenes Fibrosestadium für eine längere Krankheitsdauer (Größenordnung Jahrzehnte), eine blande Histologie mit geringer oder sogar fehlender Fibrose ist jedoch kein verlässlicher Hinweis für eine kurze Krankheitsdauer.
- Kofaktoren wie Alkoholkonsum oder Koinfektion (HBV, HIV) beschleunigen die Fibroseprogression.

Arbeitsunfähigkeit und MdE. Für den Zeitraum der akut symptomatischen Infektion besteht Arbeitsunfähigkeit. Bei spontaner Viruselimination und Ausheilung einer akuten Hepatitis B oder C besteht kein Anspruch auf Rente oder Minderung der Erwerbsfähigkeit (MdE). Im Falle der Anerkennung einer chronischen Virushepatitis als Berufskrankheit erfolgt die Einschätzung der MdE anhand der histologischen Bewertung der Entzündungsaktivität und des Fibrosestadiums sowie anhand des klinischen Untersuchungsbefundes, der serologischen und molekularbiologischen Befunde, der Transaminasenaktivitäten und der Lebersyntheseparameter. Dabei kommt der Leberhistologie die größte Bedeutung zu, da sie allein eine exakte Abschätzung des Grades der Leberschädigung zulässt. Tabelle 14.2 gilt als Orientierung bei der Einschätzung der MdE. Darüber hinaus sind extrahepatische Manifestationen (z. B. Vaskulitis) in der Bewertung zu berücksichtigen.

Auch ein beruflich erworbener „asymptomatischer" Hepatitis-B- und -C-Trägerstatus wird als Berufskrankheit nach der BK-Nr. 3101 anerkannt. Dabei bewirkt der nichtreplikative (inaktive) HBs-Antigenträgerstatus eine MdE von 0%. Bei der chronischen Hepatitis C mit reproduzierbar normwertigen Transaminasen orientiert sich die MdE an der Leberhistologie, welche (im Gegensatz zur Hepatitis B) keine gute Korrelation zwischen entzündlicher Aktivität und Höhe der Transaminasen aufweist.

Tabelle 14.2. MdE-Bewertung der chronischen Hepatitis B und C im Gutachtenwesen der gesetzlichen Unfallversicherung

Entzündliche Aktivität	Fibrose			Zirrhose[1]
	Null – Gering	Mäßig	Stark	
Gering	20%	30%	40%	50%
Mäßig	30%	40%	50%	60%
Stark	40%	50%	60%	≥70%

[1] Klinische Komplikationen (Ösophagusvarizen, Aszites, hepatische Enzephalopathie, hepatozelluläres Karzinom) sind zu berücksichtigen und können die MdE bis auf 100% erhöhen

Nach erfolgreicher antiviraler Therapie ist die MdE der aktuellen Befundkonstellation anzupassen. Für den Zeitraum einer belastenden Therapie (insbesondere Interferon alpha) ist in Abhängigkeit vom Nebenwirkungsspektrum eine passagere Anhebung der MdE um 20% bis 30% gerechtfertigt.

Hepatitis D

Das defekte Hepatitis-D-Virus („Delta-Agens") ist auf die Anwesenheit des Hepatitis-B-Surface-Antigens (HBsAg) angewiesen und kann daher nur zusammen mit dem HBV als Ko- oder Superinfektion auftreten. Der Übertragungsweg ist parenteral (Blut- und Sexualkontakte). Die klinische Manifestation ist im Vergleich zur Hepatitis-B-Monoinfektion verstärkt. Die Koinfektion heilt in der Mehrzahl der Fälle spontan aus; die Superinfektion bei chronischer Hepatitis B führt dagegen zu einem hohen Prozentsatz (ca. 80%) zur chronischen Delta-Hepatitis. HDV-Antikörper sind bei der akuten Koinfektion meist nur niedrig-titrig und transient nachweisbar. Eine Persistenz der HDV-Antikörper mit höherem Titer weist auf eine chronische Infektion hin (meist bei Superinfektion). Der HDV-RNA-Nachweis mittels PCR gilt als sensitivster Nachweis einer HDV-Infektion. Die HDV-Infektion ist im Mittelmehrraum und Südamerika endemisch; in Nordeuropa ist die Delta-Hepatitis mit nur 2% aller HBsAg-positiven Patienten dagegen selten. Ein spezifisches Hepatitis-D-Vakzin steht nicht zur Verfügung; die primäre Impfung gegen Hepatitis B verhindert jedoch eine Infektion mit dem Hepatitis-D-Virus.

Gutachterliche Bewertung

Die Anerkennung der Delta-Hepatitis als Berufserkrankung fordert in Anbetracht der niedrigen Prävalenz die nachvollziehbare Darstellung des Infektionsherganges.

Für die Zeit der akut symptomatischen Krankheitsphase besteht Arbeitsunfähigkeit. Bei spontaner Viruselimination und Ausheilung der Hepatitis B/D besteht kein Anspruch auf Rente oder Minderung der Erwerbsfähigkeit (MdE). Im Falle der Anerkennung einer chronischen Delta-Hepatitis als Berufskrankheit gelten die Einstufungen wie bei chronischer Hepatitis B und C.

Literatur

Fleig WE, Krummenerl P, Leßke J, Dienes HP, Zeuzem S, Schmiegel W, Häussinger D, Burdelski M, Manns MP (2004) Diagnostik und Therapie der akuten und chronischen Hepatitis-C-Virusinfektion sowie der viralen Hepatitis bei Kindern und Jugendlichen – Ergebnisse einer evidenzbasierten Konsensuskonferenz der Deutschen Gesellschaft für Verdauungs- und Stoffwechselkrankheiten und des Kompetenznetzes Hepatitis. Z Gastroenterol 42:703–733

Fried JW, Shiffman ML, Reddy R et al (2002) Peg-interferon alfa-2a plus ribavirin for chronic hepatitis C virus infection. N Engl J Med 347:975–982

Ganem D, Prince AM (2004) Hepatitis B Virus Infection – Natural History and Clinical Consequences. N Engl J Med 350:1118–1129

Jaeckel E, Cornberg M, Wedemeyer H, et al (2001) Treatment of acute hepatitis C with interferon alfa-2b. N Engl J Med 345:1452–1457

Lauer GM, Walker BD (2001) Hepatitis C virus infection. N Engl J Med 345:41–52

Manns MP, McHutchison JG, et al (2001) Peginterferon alfa-2b plus ribavirin compared with interferon alfa-2b plus ribavirin for initial treatment of chronic hepatitis C: a randomised trial. Lancet 358:958–965

Manns MP, Wedemeyer H, Meyer S, Roggendorf M, Niederau C, Blum HE, Jilg W, Fleig WE (2004) Diagnostik, Verlauf und Therapie der Hepatitis-B-Virusinfektion – Ergebnisse einer evidenzbasierten Konsensuskonferenz der Deutschen Gesellschaft für Verdauungs- und Stoffwechselerkrankungen in Zusammenarbeit mit dem Kompetenznetz Hepatitis. Z Gastroenterol 42:677–701

Marcellin P, Asselah T, Boyer N (2002) Fibrosis and disease progression in hepatitis C. Hepatology 36: 47–56

Reiser M, Schmiegel W (1999) Chronische Hepatitis C – Fortschritt durch Kombinationstherapie mit Interferon alpha und Ribavirin. Dtsch Ärztebl 96:195–199

14.3 Toxische Leberschädigung

CH. MÖLLEKEN und W. SCHMIEGEL

Fremdsubstanzen können das gesamte Spektrum akuter und chronischer Lebererkrankungen hervorrufen. Es muss hierbei die toxische von der idiosynkratisch/hypersensitiven Leberschädigung unterschieden werden (Tabelle 14.3).

Tabelle 14.3. Differenzierung zwischen toxischer und idiosynkratisch/hypersensitiver Hepatopathie (mod. n. Gross et al. 2000)

Charakteristikum	Toxische Hepatopathie	Idiosynkratisch/ hypersensitive Hepatopathie
Vorhersehbarkeit	ja	nein
Dosisabhängigkeit	ja	nein
Reproduzierbarkeit (Tierexperiment)	ja	nein
Assoziierte Schädigungen	möglich	selten

Pathogenese

Die Leber stellt das zentrale Stoffwechsel- und Entgiftungsorgan dar. Hepatotoxine können nach Aufnahme aus dem Gastrointestinaltrakt durch Störung der hepatozellulären Kalziumhomoöstase mit konsekutiver Zellruptur und -lyse eine *direkte, toxische* Wirkung entfalten. Dem gegenüber steht die häufigere, *idiosynkratisch/hypersensitive* Leberschädigung mit Substanzakkumulation in der Hepatozytenmembran und immunogener Aktivierung des zytotoxisch/zytolytischen T-Zellsystems.

Die Häufigkeit einer Fremdsubstanz-bedingten Leberschädigung ist äußerst variabel, reicht von 1:1000 bis 1:100 000 aller Patienten und manifestiert sich zumeist in einer Änderung der Leberfunktionsparameter. Medikamentös-toxische Effekte werden bei ungefähr jedem tausendsten Patienten beobachtet: Einflussfaktoren sind hierbei Alter, Geschlecht, Body-Mass-Index und Komorbidität. Akute Verlaufsformen werden selten mit Ikterus und Leberausfall manifest.

Von Bedeutung bei der ärztlichen Begutachtung sind exogene Noxen wie Alkohol, gewerbliche Lebergifte und Pharmaka.

Klinik

Im Vordergrund der Diagnosestellung steht die Klärung der Kausalität durch detaillierte Arzneimittel- und Fremdstoffanamnese, wobei die Latenz zwischen Ingestion der Fremdsubstanz und dem Auftreten einer Leberschädigung sehr variieren kann. Eine herabgesetzte Lebersynthese ist Charakteristikum des *hepatotoxischen* Leberschadens mit einer Vielfalt klinischer Symptome, in schweren Fällen mit ikterischer Verlaufsform als Ausdruck einer insuffizienten Biotransformation mit drohendem Leberausfall. Unspezifische Symptome wie Müdigkeit, Abgeschlagenheit und diffuser abdomineller Schmerz können Zeichen der *idiosynkratisch/hypersensitiven* Leberschädigung sein; durch immunologische Reaktionen sind unspezifische Begleitsymptome wie febrile Temperaturen, Gelenkschmerzen, Exantheme und Blutbildveränderungen möglich.

Bestehen die Symptome dokumentiert länger als sechs Monate, so ist von einer chronischen Lebererkrankung auszugehen. Bei toxischer Leberschädigung ist eine eindeutige Diagnosestellung oft erst durch Verlaufsbeobachtung nach selektivem Absetzen von Pharmaka oder Meidung von Noxen möglich; ein Reexpositionsversuch verbietet sich aus ethischen Gründen.

Apparative Diagnostik

Es existieren keine spezifischen Laborparameter, die eine sichere Differenzierung zwischen hepatotoxischer und idiosynkratisch/hypersensitiver Leber-

Tabelle 14.4. Laborchemische Diagnostik bei medikamentös toxischer Hepatopathie (nach Dancygier 2002)

Parameter	Hepatozellulärer Leberschaden	Cholestatischer Leberschaden	Gemischter Leberschaden
ALT (=GPT)	>2N	–	<2N
AP	–	>2N	>2N
ALT/AP	≥5	–	2–5

ALT Aminotransferasen, *AP* alkalische Phosphatase, *N* oberer Normalwert

schädigung ermöglichen. Wichtig ist die richtige Interpretation klinisch-chemischer Parameter, vor allem der Aminotransferasen (*AST, ALT*), der alkalischen Phosphatase (*AP*) sowie des direkten und indirekten Bilirubins (Tabelle 14.4).

Auch histomorphologisch lässt sich bei einer großen Bandbreite klinischer Symptome oft keine eindeutige Charakterisierung des schädigenden Agens vornehmen: Unterschieden werden Leberparenchymalterationen vom hepatitischen, cholestatischen, granulomatösen und tumorösen Typ mit teils fließenden Übergängen. Die Tabellen 14.5 und 14.6 geben einen Überblick über Leberschädigungen durch gewerbliche Gifte und Pharmaka.

Therapie

Als Hauptmaßnahme ist die Noxenelimination zu nennen, da bei bekanntem schädigendem Agens nur selten eine Therapie mit Antidot möglich ist (z. B. mit Silibinin im Rahmen einer toxischen Leberschädigung durch α-Amanitin des Knollenblätterpilzes). Zu vermeiden sind leberschädigende Kofaktoren wie Alkohol und hepatotoxische Medikamente.

Gutachterliche Bewertung

Eine Anerkennung als Berufserkrankung kann erfolgen, wenn eine berufsbedingte Noxenexposition gesichert ist, zeitlicher und örtlicher Zusammenhang gegeben oder wahrscheinlich sind (siehe Tabelle 14.3) und das histologische Schädigungsmuster mit der jeweiligen Noxe vereinbar ist (siehe Tabellen 14.5 u. 14.6). Konkurrierende außerberufliche Hepatotoxine sind auszuschließen.

Die Minderung der Erwerbsfähigkeit hat sich an der Schwere der Leberschädigung und der daraus resultierenden Einschränkung der Leberfunktion zu orientieren. Subjektive Angaben über die Beschwerdesymptomatik müssen hierbei mit objektiven Parametern aus klinisch-chemischer, histologischer und apparativer Diagnostik korreliert werden (▶ Kap. 14.2, Tabelle 14.2).

Keine Einschränkung der Berufs- oder Erwerbsfähigkeit liegt exemplarisch bei der häufig chronischen, unkompliziert verlaufenden alkoholischen

Tabelle 14.5. Leberschädigungen durch gewerbliche Gifte

Fettleber	Methylalkohol, Chrom, Arsen, Insektizide, Azofarbstoffe, Trinitrotoluol
Toxische Hepatitis	Halogenkohlenwasserstoffe, Phenole (Toluol, Kresol), Blei, Triorthokresylphosphat, Methylendianilin
Fettleber mit Zellnekrosen, Leberdystrophie	Tetrachlorkohlenstoff, Phosphor, Dinitrobenzol
Leberfibrose, Leberzirrhose	Methylalkohol, Vinylchlorid
Bösartige Geschwülste	Arsen, Vinylchlorid, Dimethylnitrosamin

Tabelle 14.6. Pharmakainduzierte Leberschädigungen

Akute Hepatitis	Monoaminooxidasehemmer, Tuberkulostatika
Chronische Hepatitis	Oxyphenistatin, α-Methyldopa
Granulomatöse Hepatitis	Sulfonamide, Antibiotika
Unspezifische Drogenhepatitis	Antirheumatika, Antiepileptika
Akute Leberzellnekrose, Leberdystrophie	Zytostatika, Paracetamol, Halothan
Intrahepatische Cholestase	Phenothiazine, Anabole Steroide, Psychopharmaka, Ovulationshemmer, Diuretika, Antidiabetika, Ajmalin, Azathioprin
Leberverfettung, Fettleber	Steroide, Tetrazykline bei hoher Dosierung
Geschwülste der Leber (Hepatome)	Ovulationshemmer

Steatohepatitis vor; in der Akutphase der toxischen Leberschädigung kann jedoch passager eine Arbeitsunfähigkeit bestehen.

Literatur

Bissell DM, Gores GJ, Laskin DL, Hoofnagle JH (2001) Drug-induced liver injury: mechanisms and test systems. Hepatology 33:1009–1013

Dancygier H (2002) Klinische Hepatologie. Springer, Heidelberg

Gross, Schölmerich J, Gerok W (2000) Fremdstoff-induzierte Leberkrankheiten. In: Gerok W, Huber C, Meinertz T, Zeidler H (Hrsg) Die Innere Medizin. Schattauer, Stuttgart

Gerok W, Blum HE (Hrsg) (1995) Hepatologie, 2. Aufl. Urban und Schwarzenberg, München

Güngerich FP (2001) Common and uncommon cytochrome P450 reactions related to metabolism and chemical toxicity. Chem Res Toxicol 14:611–650

Huang YS, Chem HD, Su WJ, et al (2002) Polymorphism of the N-acetyltransferase 2 gene as a susceptibility risk factor for attenuating drug-induced hepatitis. Hepatology 35:883–889

Hunt CM, Waterkam WR, Stave GM (1992) Effect of age and gender on the activity of human hepatic CYP3A. Biochem Pharmacol 44:275–283

Jonsson JR, Edwards-Smith CJ, Catania SC, et al (2000) Expression of cytokines and factors modulating apoptosis by human sinusoidal lymphocytes. J Hepatol 32:392–398

Lee WM (2003) Drug-Induced Hepatotoxicity. N Engl J Med 349:474–485

Robin MA, Le Roy M, Deseatorie V, Pessayre D (1997) Plasma membrane cytochromes P450 as neoantigens and autoimmune targets in drug-induced hepatitis. J Hepatol 26 (Suppl 1):23–30

Sgro C, Clinard F, Ouazir K, et al (2002) Incidence of drug-induced hepatic injuries: a French population-based study. Hepatology 36:451–455

Weinshilboum R (2003) Inheritance and drug response. N Engl J Med 348:529–537

15 Krankheiten der Wirbelsäule

J. Krämer, K. Bernsmann, A. Hedtmann, R. Steffen, F. Rubenthaler und M. Wiese

15.1 Degenerative Wirbelsäulenerkrankungen

Die durch degenerative Wirbelsäulenveränderungen hervorgerufenen Beschwerden werden als *Wirbelsäulensyndrome* bezeichnet. Je nach Lokalisation unterscheidet man Zervikal-, Thorakal- und Lumbalsyndrome. 2/3 der Erkrankungen entfallen auf den unteren Abschnitt der Lendenwirbelsäule, etwa 1/3 auf die Halswirbelsäule und nur 2% auf die Brustwirbelsäule. Bleiben die Beschwerden auf die betroffenen Wirbelsäulenabschnitte beschränkt, spricht man vom lokalen Zervikal-, Thorakal- oder Lumbalsyndrom. Strahlen die Schmerzen durch Wurzelkompression oder pseudoradikuläre Symptomatik in die Extremitäten aus, so bezeichnet man diese als *Zervikobrachialgie* bzw. an der Lendenwirbelsäule als *Ischialgie*. An der Brustwirbelsäule ersetzt man die früher übliche Bezeichnung Interkostalneuralgie durch den Begriff *thorakales Wurzelsyndrom*.

Degenerative Erkrankungen der Wirbelsäule sind sehr häufig. Für das lokale Lumbalsyndrom („Kreuzschmerz") beträgt die Punktprävalenz 37%, die Jahresprävalenz 67% und die Lebenszeitprävalenz nahezu 100%.

Die Ursachen der Wirbelsäulendegeneration liegen in einer frühzeitigen Alterung des Bandscheibengewebes, vor allem in den stark belasteten Abschnitten der unteren Hals- und Lendenwirbelsäule, begünstigt durch statisch-mechanische Einflüsse. Zur Bandscheibendegeneration (*Diskose*) gehören Quelldruckverlust, Rissbildungen und Zermürbungserscheinungen, die den Zustand der Bandscheibenlockerung ergeben. *Spondylose* und *Osteochondrose* sind knöcherne Reaktionen der angrenzenden Wirbelanteile und stellen keine Diagnose, sondern nur ein röntgenologisches Symptom der durchgemachten Bandscheibenlockerung dar. Jenseits des 30. Lebensjahres gibt es fast keine Wirbelsäule, die nicht schon degenerative Veränderungen aufweist. Bewegungsarmut und Haltungskonstanz in ungünstiger Position beeinträchtigen die bewegungsabhängigen Flüssigkeitsverschiebungen an der Bandscheibengrenze. Neben vertikaler Wirbelsäuleneinstellung und Haltungskonstanz wirken auch anlagebedingte Faktoren beim frühzeitigen Auftreten der Diskose mit.

Eine endogene Komponente bei der Ätiologie und Pathogenese bandscheibenbedingter Erkrankungen wird von zahlreichen Autoren beschrieben (Krämer 1997, Nachemson u. Johnson 2000, Cailliet 2003, Waddel 2004, Herkowitz 2004).

Im Rahmen der Diskose kommt es zu intradiskalen Massenverschiebungen mit Sequesterbildung. Für den therapeutischen Ansatz ist es entscheidend, ob das nach dorsal vorgeschobene Bandscheibengewebe nur zu einer *Protrusion*, d.h. Vorwölbung des noch erhaltenen Anulus fibrosus geführt hat, oder ob der Sequester unter Perforation der äußeren Bandscheibenbegrenzung als *Prolaps* bzw. Vorfall nach außen getreten ist. Die daraus resultierenden Krankheitsbilder sind Zervikalsyndrome und Lumbalsyndrome, entweder lokal oder mit Ausstrahlung. Bei der Krankheitsbezeichnung sind betroffenes Segment und Nervenwurzel mit anzugeben, z.B. als C7-Syndrom, L5-Syndrom usw.

Degenerative Wirbelsäulenerkrankungen lassen im Verlauf gewisse Gesetzmäßigkeiten erkennen. Einige Stadien sind durch Krankheitsgefährdung gekennzeichnet. Andere, wie Anfangs- und Schlussphase, verlaufen klinisch weitgehend stumm. Man unterscheidet drei Diskosestadien:

1. Stadium, 4.–18. Lebensjahr

Mit dem Verschwinden der Blutgefäße beginnt beim Menschen nach dem 2. Lebensjahr die Bandscheibendegeneration. Der Anulus fibrosus besitzt in den ersten Lebensjahren jedoch noch so viel Widerstandskraft, dass eine Verlagerung des zentral mobilen Bandscheibengewebes nach außen nicht vorkommt. Es bestehen allenfalls breitbasige Vorwölbungen.

Gutachterliche Bewertung

Für die gutachterliche Beurteilung ist maßgebend, dass z.B. bei Verletzungen der Wirbelsäule bei noch intaktem Bandscheibengewebe eher Frakturen der Wirbelkörper als Verletzungen des Zwischenwirbelabschnitts auftreten.

2. Stadium, 20.–60. Lebensjahr

Radiärrisse im Anulus fibrosus, intradiskale Sequesterbildungen und Massenverschiebungen führen zur

Lockerung des Zwischenwirbelabschnitts und zur Vorwölbung bzw. zum Vorfall von Bandscheibengewebe über die Grenzen des Anulus fibrosus hinaus. Die Erscheinungen treten zwischen dem 20. und 60. Lebensjahr mit einem Maximum um das 40. Lebensjahr auf. Im mittleren Lebensabschnitt besteht die biomechanische Konstellation zum Bandscheibenvorfall mit noch relativ gut erhaltenem Wassergehalt und Quelldruck des Gallertkerns bei einem bereits rissig und spröde gewordenen Anulus fibrosus. Die entstehenden Krankheitsbilder (Lumbago, Ischialgie und Zervikalsyndrom) entstehen oft ohne Anlass oder bei Bagatelleinwirkungen.

Gutachterliche Bewertung

Von gutachterlicher Bedeutung ist diese Anfälligkeit der Bandscheiben bei Unfällen, stärkeren Belastungen, im Beruf und Sport sowie bei Beeinträchtigungen der Leistungsfähigkeit (Berufs- und Erwerbsunfähigkeit).

Im 2. Stadium der Diskose kommt es bei traumatischen Einwirkungen auf die Wirbelsäule neben Frakturen auch zu Bandscheibenvorfällen.

▮ 3. Stadium nach dem 60. Lebensjahr

Nach dem 60. Lebensjahr trocknen die Bandscheiben soweit aus, dass sich das Gewebe verfestigt und keine Neigungen zu Verlagerungen zeigt. Die zum Teil ausgeprägten spondylotischen und osteochondrotischen Veränderungen in diesem Lebensabschnitt stellen einen Normalbefund dar und sind nicht Ausdruck aktueller Beschwerden. In dem verfestigten Bandscheibengewebe kommt es nicht mehr zu Verlagerungen von intradiskalen Sequestern. Ein Bandscheibenvorfall ist bei älteren Menschen eher eine Ausnahme. Man spricht von der wohltuenden Teilversteifung der Wirbelsäule im Alter.

Gutachterliche Bewertung

Im Begutachtungsfall kann man davon ausgehen, dass bei traumatischen Einwirkungen auf die Wirbelsäule älterer Menschen eher Wirbelfrakturen als Bandscheibenvorfälle entstehen.

15.2 Beschleunigungsverletzung der Halswirbelsäule (sog. Schleudertrauma)

Das nach einer Beschleunigungsverletzung der Halswirbelsäule auftretende Beschwerdebild bezeichnet man als posttraumatisches Zervikalsyndrom. Das Schleudertrauma mit dem Hin- und Herpendeln des Kopfes stellt nur eine der vielen möglichen Verletzungsarten dar.

Zu den Entstehungsmechanismen beim posttraumatischen Zervikalsyndrom gehören alle Arten von Gewalteinwirkungen, welche zu einer verhältnismäßig starken Verbiegung oder Stauchung der Halswirbelsäule führen. Die Halswirbelsäule stellt zwischen Kopf und Thorax ein relativ schwaches Bindeglied dar, welches praktisch nach allen Seiten hin frei beweglich ist. Stauchungen und Verbiegungen der Halswirbelsäule kommen vor beim Sport, am häufigsten aber bei Verkehrsunfällen. Beim Auffahrunfall kommt es zu einer ungebremsten maximalen Rückneigung des Kopfes mit anschließender Vorneigung, wenn keine oder nur eine schlecht eingestellte Kopfstütze vorhanden ist. Bei seitlicher oder schräger Gewalteinwirkung verbiegt sich die Halswirbelsäule in der Frontalebene bzw. in den Zwischenebenen. Hinzu kommt eine Gewaltwirkung mit Verschiebung der Bewegungssegmente als sog. Translationstrauma.

▮ Gutachterliche Bewertung

Entscheidend für die Begutachtung ist das Ausmaß der Gewalteinwirkung. Hierüber liegen umfangreiche Untersuchungen aus Versuchen mit Freiwilligen vor, unter anderem unter Simulationsbedingungen eines Unfalles (Castro et al. 1997, 1998). Im Rahmen dieser Untersuchungen wurden u.a. bei Freiwilligen Heckanstöße mit Pkw und Autoscooter verursacht. Dabei ging es in erster Linie um die Frage, ob klinische und kernspintomographische Veränderungen an der Halswirbelsäule nach einem Pkw-Heckanstoß bei einer Geschwindigkeitsänderung in der Größenordnung von 10–15 km/h nachweisbar sind. Ein Ergebnis aus der interdisziplinären Studie besteht darin, dass bis zu einer Geschwindigkeitsänderung von 11 km/h von keinem der Freiwilligen Beschwerden angegeben wurden. Aufgrund ihrer Untersuchungen folgerten Castro et al. (1997, 1998), dass ein HWS-Schleudertrauma in der Regel bis zu einer Geschwindigkeitsänderung von 10 km/h auszuschließen sei, vorausgesetzt der Betroffene hat normal in seinem Sitz gesessen.

Änderungen der Beurteilung ergeben sich, wenn z.B. eine Seitneigungs- oder Rotationsausgangsstellung zum Unfallzeitpunkt vorhanden war und wenn die Halswirbelsäule z.B. durch degenerative Veränderungen mit entsprechenden vorübergehenden klinischen Erscheinungen vorgeschädigt war (Krämer 1997).

In der Vorgeschichte geben die Betroffenen in der Regel an, dass sie das gegnerische Fahrzeug nicht haben kommen sehen. Bei leichten Beschleunigungsverletzungen bestehen zunächst auch wegen der Schockwirkung keine Beschwerden. Diese treten dann oft erst nach einem beschwerdefreien Intervall von mehreren Stunden, meistens in der Nacht, auf. Wesentlich für die Begutachtung erscheint die Frage, ob die Betroffenen nach Abwicklung der Formalitäten am Unfallort nach Hause bzw. zur Arbeit fuhren oder ob sie direkt einen Arzt aufsuchten bzw. vom Krankenhaus zur ärztlichen Behandlung gebracht wurden. *Beschwerdefreie Intervalle* von mehreren Tagen ohne ärztliche Betreuung sind gutachterlich mit Skepsis zu betrachten.

Der *verletzungskonforme Verlauf* beim posttraumatischen Zervikalsyndrom entspricht dem eines akuten Zervikalsyndroms mit Nacken-/Hinterkopfschmerzen, schmerzhafter Bewegung der Halswirbelsäule und – je nach Ausmaß der Gewalteinwirkung – Ausstrahlungen in den Arm oder in den Hinterkopf. Die klinische Untersuchung erfolgt durch vorsichtige Bewegungsprüfung mit segmentaler, manueller Diagnostik. Nach stärkerer Gewalteinwirkung mit Verdacht auf Fraktur wird vor der Bewegungsprüfung ein Röntgenbild angefertigt. Für den verletzungskonformen Verlauf ist bei späterer Begutachtung der ärztliche Erstbefund unmittelbar nach dem Unfallereignis und die Verhaltensweise von Arzt und Patient von Bedeutung. Da die Aufzeichnungen der erstbehandelnden Ärzte oft äußerst dürftig sind, kann man nur aufgrund der tatsächlich verordneten diagnostischen und therapeutischen Maßnahmen auf ein vorhanden gewesenes Beschwerdebild schließen. Dazu zählen unter anderem: Anfertigung von Röntgenaufnahmen (Strahlenbelastung), Verordnung schmerzstillender und entzündungshemmender Medikamente mit den bekannten Nebenwirkungen und gegebenenfalls lokale Infiltrationen und manuelle Therapie, ebenfalls mit den bekannten Risiken. Ein Arzt wird in der Regel diese nicht ganz indifferenten Maßnahmen nicht veranlassen, wenn Anamnese und Untersuchungsbefund gegen eine Verletzung sprechen.

Für die *Kausalitätsbetrachtung* sind Vorschäden, Unfallmechanismus, Unfallschwere, subjektive Beschwerden und objektivierbare klinische Untersuchungsbefunde mit nachfolgender Symptomatik und ärztlichem Verhalten in Einklang zu bringen. Ein verletzungskonformer Verlauf muss nachvollziehbar sein.

Die Folgeschäden bei einer Beschleunigungsverletzung der Halswirbelsäule ergeben sich aus der Summation von Vorschäden und Verletzungsfolgen. Die Schwierigkeiten resultieren aus der vielschichtigen Symptomatik bei degenerativen Vorschäden und aus der unzureichenden Objektivierbarkeit des Verletzungsschadens. Kopfhaltung und Ausmaß der Beschleunigung spielen eine wesentliche Rolle für die Verletzungsfolgen. Niedrige Beschleunigungen mit Differenzgeschwindigkeiten bei Aufprall unter 10 km/h können bei vorbestehenden anatomischen Besonderheiten, degenerativen Verletzungen oder bei veränderter Kopfhaltung im Aufprallmoment Verletzungen hervorrufen.

Schweregradeinteilung

Die Schweregradeinteilung erfolgt zwischen I = leicht, II = mittel und III = schwer verletzt. Hauptkriterien sind klinische und neurologische sowie röntgenologische Befunde.

Schweregrad I. In den meisten Fällen beträgt die posttraumatische, schmerzfreie Phase mehrere Stunden. Der Verletzte kann nach dem Trauma noch selbst aus dem Fahrzeug aussteigen, an der polizeilichen Abwicklung des Unfallherganges aktiv teilnehmen und nach Hause gehen bzw. gefahren werden. Erst im Laufe von Stunden kommt es dann durch das zunehmende Hämatom in den Weichteilen zu reflektorischen Verspannungen und Beschwerden, gelegentlich auch zu vegetativen Irritationen und mehr oder minder diffusen und unterschiedlich schweren Hinterkopfschmerzen (Rompe u. Erlenkämper 1998). Unter normalen Voraussetzungen, d.h. bei richtiger Einschätzung durch Arzt und Patient, heilen die Folgen von leichten Distorsionen der Halswirbelsäule entsprechend der Beschleunigungsverletzung vom Schweregrad I spätestens innerhalb von 4 Monaten aus.

Der Patient kann vorübergehend, d.h. für 2–6 Wochen, je nach Schwere des Krankheitsbildes, krank geschrieben werden. Die unfallbedingte MdE für 3 Monate beträgt 20%.

Schweregrad II. Bei den mittelgradigen Beschleunigungsverletzungen kommt es zu Rissen des Bandapparates bis hin zu Bandscheibenzerreißungen und Kapselrissen an den Wirbelgelenken (Rompe u. Erlenkämper 1998). In diesen Fällen kann der Verletzte nicht aus dem Fahrzeug aussteigen, er verspürt sofort eine Haltungsinsuffizienz, es kommt verhältnismäßig rasch zu einer reflektorischen Steife oder Zwangshaltung, oft zu Schluckbeschwerden. In den bildgebenden Verfahren ist unter Umständen eine Steilstellung der Halswirbelsäule und eventuell auch ein kyphotischer Knick feststellbar. Die Steilstellung wird in der Literatur unterschiedlich bewertet und vielfach einer schmerzbedingten oder auch zufälligen Haltung zugeordnet (Krämer 1997).

Die unfallbedingte Arbeitsunfähigkeit nach einer Beschleunigungsverletzung mit dem Schweregrad II kann je nach Art der ausgeübten Tätigkeit bis zu 12 Wochen andauern, im Anschluss daran bestehen auch noch bewegungs- und positionsabhängige Beschwerden, die mit einer MdE von etwa 20% bis zum Ende des ersten Jahres zu werten sind. Je nach Krankheitsverlauf beträgt die MdE 10% bis zum Ende des zweiten Unfalljahres.

Schweregrad III. Bei kompletten Bandscheibenrupturen, Luxationen und Subluxationen sowie Frakturen richten sich Arbeitsunfähigkeit und unfallbedingte MdE nach dem Ausmaß der Verletzung. Verbleibende neurologische Störungen bestimmen die Dauer-MdE.

Gutachterliche Bewertung im Rahmen der Unfallversicherung

In der *gesetzlichen Unfallversicherung* gilt das „Alles-oder-nichts-Gesetz". Sind die Unfallfolgen überwiegend für das vorliegende Krankheitsbild verantwortlich zu machen, so ist der Gesamtschaden zu entschädigen. Dies gilt auf jeden Fall für die Dauer der unfallbedingten Arbeitsunfähigkeit. Für den darauffolgenden Zeitraum ist gutachterlich zu bewerten, ob überwiegend Unfallfolgen oder Vorschäden für das Gesamtkrankheitsbild verantwortlich zu machen sind. In der *privaten Unfallversicherung* ist ein Mitwirkungsfaktor unfallfremder Vorerkrankungen je nach Ausmaß in Abzug zu bringen.

Bei der Bewertung sind Vorschäden, der Unfallmechanismus, die Unfallschwere sowie subjektive Beschwerden und objektivierbare klinische Untersuchungsbefunde entscheidend. In der gesetzlichen Unfallversicherung ist die Person in dem Zustand versichert, der zum Zeitpunkt des Unfalls vorhanden war. Bei einer durch die Angaben des Verletzten bzw. durch die Ermittlungen aus vorangegangenen Behandlungen nachweisbaren Vorschädigung muss diese mit der Schwere des Unfallereignisses und der Verletzungsfolgen in Einklang gebracht werden. Es muss ein verletzungsspezifisches Schadensbild vorliegen, welches der Größe und Richtung der einwirkenden Kraft beim Unfall zugeordnet werden kann. Fehlt das verletzungsspezifische Schadensbild, so ist der gegebenenfalls vorhandene Vorschaden für die bei der Begutachtung geklagten Beschwerden und Behinderungen verantwortlich zu machen. Überwiegt das verletzungsspezifische Schadensbild, ist von der gesetzlichen Unfallversicherung der gesamte Schaden als Unfallfolge anzuerkennen. In der privaten Unfallversicherung ist der Anteil der zugrundeliegenden Vorschädigung als Mitwirkungsfaktor unfallfremder Faktoren abzuziehen.

15.3 Bandscheibenvorfall und Trauma

Nach einem Trauma mit direkter oder indirekter Gewalteinwirkung auf die Wirbelsäule kann es zur Vorwölbung oder zum Vorfall von Bandscheibengewebe kommen. Aufgrund der biomechanischen Konstellation zum Bandscheibenvorfall im mittleren Lebensabschnitt genügen hier oft schon geringe Gewalteinwirkungen auf die Wirbelsäule, um eine Verschiebung von Bandscheibengewebe zu provozieren.

Gutachterliche Bewertung

Die gutachterliche Beurteilung eines Zusammenhanges zwischen Bandscheibenvorfall und Trauma ist daher schwierig. Zu berücksichtigen ist der individuelle Vorschaden und das traumatische Ereignis, das zur typischen Beschwerdesymptomatik führt. Da beim erwachsenen Menschen nicht von primär gesunden Bandscheiben ausgegangen werden kann, ist die von der Unfallversicherung geforderte körperliche Unversehrtheit als Ausgangssituation irrelevant.

Als Ursache eines Bandscheibenvorfalles bzw. eines akuten Bandscheibensyndromes mit Wurzelreizerscheinungen werden seltener Unfälle im Sinne der Definition als vielmehr ungewollte plötzliche Muskelanspannungen und Bewegungsabläufe angegeben. Es fallen auch durch ungewöhnliche Kraftanstrengungen des Versicherten hervorgerufene Verrenkungen, Zerrungen und Zerreißungen unter den Versicherungsschutz. Nicht unter den Begriff Trauma fallen arbeitsübliche Handlungen, die mit einem zielgerichteten, vom Betroffenen selbst gewollten Bewegungsablauf einhergehen. Dazu zählen Heben und Tragen selbst schwerer Lasten, Arbeiten in gebückter Haltung oder Hockdrücken einer Last mit den Armen. Das sog. Verheben, also der Schmerzanfall beim Anheben eines Gegenstandes aus gebückter Haltung, stellt die am häufigsten angegebene Veranlassung zur versicherungsrechtlichen Klärung dar. Es handelt sich hierbei um arbeitsübliche Handlungen, die nicht als traumatisches Ereignis anzusehen sind. Damit stehen sie nicht unter Versicherungsschutz. Diese arbeitsübliche Handlung kann jedoch durch äußere Einwirkungen gestört sein. Wenn es bei einem Arbeitsvorgang zu einer unerwarteten Kraftanstrengung mit plötzlicher, ungewollter d.h. reflektorischer Muskelanspannung kommt oder ungewollte Bewegungsabläufe durch äußere Einwirkungen entstehen, handelt es sich um ein plötzlich von außen einwirkendes, den Körper schädigendes Ereignis im Sinne der Unfalldefinition der privaten und gesetzlichen Unfallversicherung. Wesentliches Merkmal für die Kraftanstrengung ist das Moment des Unerwarteten, nicht Vorhergesehenen und Unentrinnbaren. Diese Situation tritt zum Beispiel ein, wenn beim Heben und Tragen die Betroffenen stolpern oder wenn ein Tragriemen reißt und das Gewicht sich plötzlich verlagert. Die bei einem solchen Ereignis auftretenden hohen intradiskalen Druckwerte und Seitenkantenbelastungen erfolgen ohne den willkürlichen Schutz der Rumpf- und proximalen Extremitätenmuskeln. Gutachterlich geht man davon aus, dass die Betroffenen einen Bandscheibenvorfall ohne das Ereignis im gleichen Zeitraum und Ausmaß nicht erlitten hätten.

Zum verletzungsspezifischen Schadensbild bei der Bandscheibenvorwölbung bzw. beim Bandscheibenvorfall gehören die sofort einsetzenden Beschwerden mit Rückenschmerzen und ggf. sofortiger oder späterer Ausstrahlung ins Bein. Zur gutachterlichen Anerkennung eines Bandscheibenvorfalles als Unfallfolge gehört auch die Tatsache, dass der Patient unmittelbar vor dem Ereignis beschwerdefrei gewesen ist. Diese Tatsache ergibt sich in der Regel aus der Vorgeschichte, wenn die Betroffenen einer Tätigkeit nachgegangen sind, die Beschwerdefreiheit voraussetzt.

Die Bedingungen für die Anerkennung eines Bandscheibenvorfalles bzw. eines akuten Bandscheibensyndromes als Unfallfolge sind

- adäquates Trauma durch eine von außen kommende Gewalteinwirkung bzw. unerwartete Kraftanstrengung mit dem Moment des Unerwarteten, nicht Vorausgesehenen, Unentrinnbaren,
- sofort einsetzende, typische Beschwerden,
- Beschwerdefreiheit unmittelbar vor dem Ereignis.

Über die versicherungsrechtliche Anerkennung eines Bandscheibenvorfalles bzw. eines akuten Bandscheibensyndromes, das unter eindeutiger Gewalteinwirkung entstanden ist, herrscht weitgehend Einigkeit (Krämer 1997, Rompe u. Erlenkämper 1998, Nachemson u. Johnson 2000, Cailliet 2003, Waddel 2004).

Jeder Fall bedarf einer individuellen Beurteilung. Kriterien sind früher durchgemachte Bandscheibensyndrome, der Unfallhergang und der weitere Krankheitsverlauf. Die grundsätzliche Forderung nach Beschwerdefreiheit vor dem Unfall mit körperlicher Unversehrtheit als Ausgangssituation ist bei degenerativen Wirbelsäulenerkrankungen nicht erfüllbar. Ein gewisses Maß an degenerativer Vorschädigung mit gesteigerter Verletzlichkeit seiner Bandscheiben ist bei jedem Menschen, insbesondere im mittleren Lebensabschnitt, vorauszusetzen. Entsprechend der weiten Verbreitung und Häufigkeit bandscheibenbedingter Beschwerden ist gutachterlich aus anamnestisch gelegentlichen Kreuz- oder Nackenschmerzen keine besondere Disposition zu bandscheibenbedingten Erkrankungen abzuleiten.

In der *gesetzlichen Unfallversicherung* mit dem „Alles-oder-nichts-Gesetz" ist abzuwägen, ob die traumabedingte oder die anlagebedingte Komponente im Gesamtschaden überwiegt. In der Regel werden posttraumatische Lumbalgie und Ischialgie für einen gewissen Zeitraum in vollem Umfang als Unfallfolge anerkannt. Erst wenn im weiteren Verlauf die unfallbedingten Krankheitserscheinungen, entsprechend dem natürlichen Verlauf bandscheibenbedingter Erkrankungen, abgeklungen sind und gegebenenfalls neue Symptome auftreten, so sind diese in vollem Umfang dem unfallunabhängigen degenerativen Vorschaden zuzurechnen.

In der *privaten Unfallversicherung* wird von vorne herein eine Aufteilung in unfallbedingte und anlagebedingte Komponente als so genannter Mitwirkungsfaktor unfallfremden Geschehens vorgenommen. Je nach Einschätzung der unfallunabhängigen Komponente können die unfallbedingten Krankheitserscheinungen anfangs bis zu 100% des Gesamtschadens bedeuten, mit einer abnehmenden Staffelung im weiteren Verlauf. Die Teilanerkennung kann dann, je nach Zuordnung der Beschwerden, als traumabedingte MdE (z. B. 20% für ein Jahr) betragen. Normalerweise klingen auch die durch ein Trauma ausgelösten Lumbalgien und Ischialgien innerhalb von wenigen Wochen und Monaten entsprechend dem spontanen Heilungsverlauf bandscheibenbedingter Erkrankungen ab. Alle weiteren, vom Bewegungssegment ausgehenden Beschwerden sind Folge der Bandscheibenerkrankung und nicht mehr des Unfalls. Wenn ein Bandscheibenvorfall teilweise als Unfallfolge anerkannt wird, so muss man auch alle daraus eventuell entstehenden Dauerschäden einbeziehen. Dazu zählen z. B. verbleibende neurologische Störungen oder postoperative Verwachsungsbeschwerden beim Postdiskotomiesyndrom.

15.4 Wirbelbrüche und degenerative Wirbelsäulenerkrankungen

Gutachterliche Bewertung

In der Begutachtungspraxis zur Beurteilung von späten Verletzungsfolgen an der Wirbelsäule hat sich die Klassifikation nach Schweregraden bewährt (Tabelle 15.1; Krämer et al. 2004). Die Einteilung

Tabelle 15.1. Klassifikation frakturbedingter Verletzungsfolgen an der Wirbelsäule nach Schweregraden. (Nach Krämer et al. 2004)

Schweregrade	Verletzungsfolgen	MdE/GdB (%)
1	Dorn-(Quer-)fortsatzbrüche Kompressionsfraktur ohne Achsabweichung	<10
2	Wirbelbruch mit leichter Achsabweichung (<15°) in der Frontal-(Sagittal-)ebene	10–20
3	Wirbelbruch mit deutlicher Achsabweichung (>15°) in der Frontalebene	20–30
4	Posttraumatisch instabiles Bewegungssegment, radikuläre Symptomatik	30–50
5	Inkomplette Querschnittssymptomatik	30–100
6	Komplette Querschnittslähmung (HWS und BWS)	100

reicht von folgenlos ausgeheilten Verletzungen mit einer unfallbedingten MdE/GdB von 0% bis zur kompletten Querschnittslähmung mit 100%.

Schweregrad I. Dem Schweregrad I entsprechen Dorn- und Querfortsatzbrüche, die nach der Akutphase im weiteren Verlauf keine weiteren Funktionsstörungen oder Restschmerzen hervorrufen, selbst wenn sie disloziert sind. Die multiplen, muskulären und ligamentären Stabilisatoren der Wirbelsäule kompensieren derartige umschriebene Läsionen. Radiologisch und dementsprechend auch für den Versicherten eindrucksvoll verleiten derartige Verletzungsfolgen jedoch zu gutachterlichen Überbewertungen und haben sogar zu einer eigenen Berufskrankheit, der Schipperkrankheit (▶ BK 2107), geführt. Gleiches gilt auch für Kompressionsfrakturen im Deck- bzw. Bodenplattenbereich der Wirbelkörper, ohne Achsabweichungen. Diese Frakturfolgen werden oft später zufällig entdeckt.

Kompressionsfrakturen mit einer messbaren Achsabweichung führen zu einer Seitverbiegung in der Frontal- bzw. Sagittalebene. Je nach Deviationswinkel, in der Frontalebene gemessen nach Cobb wie bei der Skoliose, beträgt MdE/GdB 10–20%, bei Winkelgraden bis zu 15° und bei deutlicher Achsabweichung über 15° ist MdE/GdB 30%. Wegen der Folgeerscheinungen für die Statik mit entsprechenden Beschwerden werden heute Kompressionsfrakturen mit Achsabweichungen stärkeren Grades so gut wie möglich reponiert und operativ z. B. mit dem Fixateur interne stabilisiert.

Schweregrad II. Dem Schweregrad II sind operativ versorgte Wirbelsäulenfrakturen zuzuordnen, wenn keine besonderen Komplikationen aufgetreten sind. Die Operationsfolgen werden je nach Ausmaß mit MdE/GdB von 10–20% bewertet. Dazu zählen unter anderem:

- zugangsbedingte Schäden an der Muskulatur,
- Einschränkung der Lungenfunktion bei thorakalen Eingriffen,
- segmentale Innervationsstörungen der Bauchmuskulatur,
- narbenbedingte Funktionseinbußen nach ventralen Eingriffen an der Lendenwirbelsäule.

Bei dorsalen Zugängen ist die Ablösung der Rückenmuskulatur auch innerhalb der Versteifungsstrecke in Rechnung zu stellen (Rompe u. Erlenkämper 1998). Deimling et al. (1992) empfehlen für mono- und bisegmentale Fusionen bei regelrechter Achsstellung in der Frontalebene und leichter Kyphoseverstärkung von mehr als 10° einen MdE/GdB-Wert von 10% für den Bereich der Brustwirbelsäule und Lendenwirbelsäule und von 20% für den Bereich TH11 bis L2 unter der Voraussetzung, dass Lungenfunktion, ventrale Muskulatur und angrenzende Segmente nicht beeinträchtigt sind.

Schweregrad III. Dem Schweregrad III zuzuordnen sind gravierende Folgeschäden nach Wirbelsäulenverletzungen mit instabilen Bewegungssegmenten und neurologischen Störungen. Ein verbleibendes instabiles Bewegungssegment ist grundsätzlich nach jeder Wirbelsäulenverletzung möglich. Zu erwarten sind segmentale Instabilitäten, jedoch eher nach kompletten Berstungsbrüchen mit Verletzung der 3 Säulen sowie nach der Chance-Fraktur mit horizontalem Verlauf der Frakturlinie durch den gesamten Wirbel. Weiterhin treten primäre und sekundäre Instabilitäten nach der Flexions-/Distraktionsfraktur und nach Translationsverletzungen auf. Verbleibende radikuläre, neurologische Ausfälle der inkompletten bzw. kompletten Querschnittslähmungen sind entsprechend der Ausprägung den Schweregraden IV, V und VI zuzuordnen.

Für die Beurteilung der Verletzungshöhe am Rückenmark wird die segmentale Innervation herangezogen. Die Lähmung wird auf das letzte, noch erhaltene Rückenmarksegment bezogen, man spricht deshalb von Lähmung unterhalb von z. B. TH12.

Bei der MdE/GdB-Bewertung in Tabelle 15.1 sind neben der eigentlichen Deformität im betroffenen Bewegungssegment auch Rückwirkungen auf die benachbarten Segmente, neurologische Störungen und Störungen der Gesamtstatik der Wirbelsäule berücksichtigt. Wesentlich sind Form- und Funktionsstörungen an der Wirbelsäule, die in unmittelbarer oder weiterer Entfernung vom verletzten Segment auftreten. Ein in Fehlstellung verheilter Wirbelbruch mit Achsabweichung ruft in den Nachbarsegmenten eine asymmetrische Belastung der Bandscheiben hervor, die unter diesen Umständen vorzeitig und vermehrte Verschleißerscheinungen entwickeln. Eine in Fehlstellung verheilte Fraktur wird deswegen auch für die Nachbarsegmente als prädiskotische Deformität bezeichnet (Krämer 1997).

Frakturen mit einer nachfolgenden vermehrten Kyphose führen kompensatorisch zu Hyperlordosen in den darüber- bzw. darunterliegenden Wirbelsäulenabschnitten. So hat z. B. die typische Kompressionsfraktur am thorakolumbalen Übergang eine kompensatorische Hyperlordose der Lendenwirbelsäule mit entsprechenden Beschwerden zur Folge. Die Beschwerden gehen in erster Linie von den lordotisch ineinander gestauchten Wirbelgelenken der unteren Lendenwirbelsäule aus. Das Krankheitsbild bezeichnet man auch als Facettensyndrom.

Unfallfolgen und Vorschäden

Zu den anlagebedingten Vorschäden zählen Skoliosen, Kyphosen (Morbus Scheuermann), Übergangswirbel, Spondylolisthesen. Wesentlich häufiger sind erworbene Vorschäden mit degenerativen Veränderungen und Osteoporose. Degenerative Vorschäden finden sich in erster Linie in den unteren Abschnitten der Hals- und Lendenwirbelsäule. Sie können

z. B. durch Frakturen in diesem Bereich oder in Nachbarsegmenten verschlimmert werden. Bei der Osteoporose ist die Bruchfestigkeit des Wirbelkörpers verringert. Auch bei geringeren Gewalteinwirkungen (Bagatellverletzungen) entstehen dann Kompressionsfrakturen (Sinterungen) der Wirbelkörper. Wirbelbogenbrüche und Dislokationen mit neurologischen Erscheinungen treten bei der osteoporotischen Fraktur extrem selten auf.

Durch die posttraumatischen Achsabweichungen in Winkelgraden sowie die auf Funktionsaufnahmen darstellbaren posttraumatischen Segmentinstabilitäten gibt es klare Anhaltspunkte für die gutachterliche Bewertung von Verletzungsfolgen an der Wirbelsäule. Gleiches gilt auch für objektivierbare neurologische Ausfälle. Die gutachterliche Bewertung staffelt sich vom Zeitraum unmittelbar nach dem Unfall mit meist 100% bis zum endgültigen Prozentsatz nach knöcherner Konsolidierung der Fraktur.

In der *privaten Unfallversicherung* sind Vorschäden als Mitwirkungsfaktor unfallfremder Krankheiten von der ermittelten Gesamt-MdE abzuziehen. Bei Verletzungsfolgen mit dem Schweregrad I ist der Mitwirkungsfaktor durch etwaige Beschwerden aus Vorerkrankungen auf Dauer allein bestimmend. Bei posttraumatischen Achsabweichungen mit einer messbaren posttraumatischen MdE ist zu prüfen, ob die vorgetragenen Beschwerden nicht auf die Mitwirkung unfallfremder Vorerkrankungen zurückzuführen sind.

In der *gesetzlichen Unfallversicherung* wird der Gesamtschaden bestehend aus Vorschaden und Unfallschaden beurteilt und nach dem „Alles-oder-nichts-Gesetz" insgesamt entschädigt oder nicht entschädigt. Gutachterlich ist zu ermitteln, ob der Gesamtschaden mit seinem wesentlichen Anteil eher vom Vorschaden oder eher vom Unfallschaden verursacht wird.

Sekundärschäden

Auch Sekundärerkrankungen der benachbarten Wirbelsäulenabschnitte sind gutachterlich zu berücksichtigen. In Fehlstellung verheilte Wirbelbrüche rufen Bandscheibenschäden in der unmittelbaren Nachbarschaft und Sekundärkrümmungen der darüber und darunter liegenden Wirbelsäulenabschnitte hervor. Die aus diesen Formstörungen resultierenden Beschwerden sind den Unfallfolgen zuzuordnen. Gelegentlich kommt es infolge von Traumen auch einmal zur Besserung des Vorzustandes, z. B. wenn eine schmerzhafte Arthrose der Wirbelgelenke durch eine Wirbelsegmentverblockung abgestützt wird (Rompe u. Erlenkämper 1998). Wegen der statisch-dynamischen Auswirkungen ist eine Wirbeldeformierung in der Mitte eines lordotischen oder vor allem kyphotischen Abschnittes wesentlich weniger bedeutsam als eine gleichartige Wirbeldeformierung an der Grenze eines Wirbelsäulenabschnittes. Verlagerung des Kyphosescheitels und Skoliosierung der Wirbelsäule sind eher ungünstige Folgen. Je tiefer der Kyphosescheitel sinkt, umso geringer sind die Kompensationsmöglichkeiten der Lendenwirbelsäule, vor allem dann, wenn schon eine Funktionseinschränkung des untersten Lendensegmentes durch anlagebedingte oder degenerative Veränderungen vorhanden ist.

Eindeutige und schwere Verletzungsfolgen an der Wirbelsäule bereiten im Allgemeinen keine Schwierigkeiten bei deren Begutachtung. Problematisch und zahlenmäßig vorherrschend bei Begutachtungen sind Verletzungsfolgen mit *geringem oder keinem Krankheitswert* (Schweregrad I und II) und *starken Beschwerden* zum Begutachtungszeitpunkt. In der Regel beziehen die Betroffenen alle Beschwerden auf den gebrochenen Wirbel, vor allem, wenn auf Röntgenaufnahmen abgebrochene Dorn- oder Querfortsätze oder ein sichtbares Einsinken einer Deck- oder Bodenplatte zu erkennen sind. Die glaubhaft vorgetragenen Beschwerden sind in der Regel einem unfallunabhängigen, auf degenerativer Basis entstandenen Wirbelsäulensyndrom zuzurechnen, das entsprechend den Richtlinien der privaten Unfallversicherung als wesentlicher Mitwirkungsfaktor oder in der gesetzlichen Unfallversicherung als wesentliche Mitverursachung des Gesamtschadens gewertet werden muss. Viele Begutachtungen bei Verletzungsfolgen an der Wirbelsäule fallen deswegen für die Betroffenen unbefriedigend aus und führen häufig zu langwierigen Verfahren.

Wie bei den Beschleunigungsverletzungen der Halswirbelsäule ist auch hier das Verletzungsausmaß im Allgemeinen umgekehrt proportional dem Schwierigkeitsgrad der Begutachtung.

15.5 Behinderung durch degenerative Wirbelsäulenerkrankungen

Gutachterliche Bewertung

Durch die schmerzhafte Bewegungseinschränkung im betroffenen Wirbelsäulenabschnitt, eventuell begleitet durch ausstrahlende Schmerzen in den Arm oder in das Bein, kann der Betroffene in seiner Leistungsfähigkeit zum Teil erheblich beeinträchtigt sein. Bei chronisch-rezidivierenden lokalen Wirbelsäulensyndromen an der Hals- und Lendenwirbelsäule liegt der MdE/GdB-Wert zwischen 10 und 30 und bei Wurzelsyndromen mit objektivierbarer neurologischer Symptomatik zwischen 20 und 50.

Entscheidend ist die Beurteilung der Schmerzen und der Funktionsbeeinträchtigungen. Röntgenübersichtsaufnahmen und Computertomogramme sowie Kernspintomogramme sind für die Beurteilung nicht maßgebend, da schwere degenerative Veränderungen im Röntgenbild mit wenig Beschwerden einhergehen können und umgekehrt.

Wegen des wechselhaften Verlaufs der Wirbelsäulensyndrome mit akuten Krankheitsphasen und relativ beschwerdefreien Intervallen muss die Beurteilung von MdE/GdB in größeren Abständen überprüft werden. Wichtig ist vor allem der Hinweis auf die Spontanbesserung aller Wirbelsäulensyndrome mit zunehmendem Alter.

15.6 Begutachtung der Berufs- und Erwerbsfähigkeit

Durch degenerative Wirbelsäulenerkrankungen kann die körperliche Leistungsfähigkeit soweit beeinträchtigt sein, dass einige berufliche Tätigkeiten nicht mehr oder nur in beschränktem Umfang ausgeführt werden können. Da bandscheibenbedingte Beschwerden durch bestimmte Körperhaltungen und Arbeiten ausgelöst bzw. verstärkt werden, sind für eine gerechte Beurteilung auch Kenntnisse über die körperliche Beanspruchung bei den einzelnen beruflichen Tätigkeiten erforderlich. In der Rentenversicherung werden sie im Allgemeinen nach dem Ausmaß der körperlichen Beanspruchung in leichte, mittelschwere und schwere Arbeiten eingeteilt. Im Hinblick auf die degenerativen Wirbelsäulenerkrankungen lässt sich diese Unterteilung nicht immer aufrecht erhalten. Bandscheibenbelastend sind auch alle so genannten leichten Tätigkeiten, die längerdauernd und hintereinander im Sitzen oder Stehen ausgeführt werden müssen. Dazu gehören z. B. ununterbrochene Schreibtisch- und Schreibmaschinenarbeiten, Arbeiten an Datensichtgeräten, Arbeiten als Kranführer, Lastwagenfahrer usw. In Tabelle 15.2 sind Beispiele für Berufe mit bandscheibenbelastenden Tätigkeiten aufgeführt. Einige berufliche Tätigkeiten sind durch eine besonders starke mechanische Beanspruchung der Lumbalbandscheiben gekennzeichnet. Dazu gehören alle Arbeiten, die in halbgebückter Rumpfhaltung ausgeführt werden und mit schwerem Heben und Tragen verbunden sind.

Wenn trotz aller Rehabilitationsmaßnahmen bei Angehörigen der Berufsgruppen mit bandscheibenbelastender Tätigkeit immer wieder Lumbago und Ischiasattacken auftreten und diese u. U. sogar jedes Mal durch die berufliche Tätigkeit ausgelöst werden, ist die Leistungsfähigkeit der meisten Betroffenen infolge ihres Bandscheibenschadens soweit herabgesunken, dass sie weniger als der Hälfte der Erwerbsfähigkeit nichterkrankter gleichaltriger Kollegen entspricht. In diesen Fällen kann besonders bei schwerer körperlicher Belastung im Rahmen der Berufsarbeit eine Berufsunfähigkeit angenommen werden. Dies gilt nicht für Tätigkeiten, die einen regelmäßigen Wechsel zwischen Sitzen, Gehen und Stehen mit sich bringen.

Im Rahmen der degenerativen Wirbelsäulenerkrankungen kommt es nur selten auf Dauer zur vollständigen Beeinträchtigung der körperlichen Leistungsfähigkeit, d. h. zu völliger Erwerbsunfähigkeit. Diese liegt nur vor, wenn durch Verlagerung

Tabelle 15.2. Bandscheibenbelastung bei häufigen beruflichen Tätigkeiten

Bandscheibenbelastung: Haltungskonstanz	Bandscheibenbelastung: Heben und Tragen	Bandscheibenbelastung: Zwangshaltung in extremer Rumpfbeugung	Geringe Bandscheibenbelastung
Anstreicher	Bauarbeiter	Bergarbeiter	Arzt
Bandarbeiter	Gärtner	Bodenreiniger	Hausfrau
Büroangestellte	Kfz-Mechaniker	Gärtner	Lagerist
Chirurg	Krankengymnast	Maurer	Lehrer
Feinmonteur	Landwirt	Montagearbeiter	MTA
Fliesenleger	Lieferant (Tragen >10 kg)	Pflasterer	Pförtner
Friseur	Pflegeberufe	Pflegeberufe	Tankwart
Fußpfleger	Raumpfleger	Plattenverleger	
Koch	Schwerindustriearbeiter	Scheuerleute	
Kraftfahrer	Transportarbeiter	Stahlbetonbauer	
Kranführer	Waldarbeiter	Verladearbeiter	
Monteur			
Musiker			
Pilot			
Schneider			
Zahnarzt			
Zeichner			
Zugführer			

des Bandscheibengewebes oder Spinalkanalstenose eine vollständige Lähmung funktionell wichtiger Muskelgruppen hervorgerufen wurde. Diese lassen sich neurologisch objektivieren. Auch beim Postdiskotomiesyndrom III. Grades nach mehrmaliger lumbaler Bandscheibenoperation können Patienten durch ihre ständigen starken Beschwerden so stark behindert sein, dass sie keiner geregelten beruflichen Tätigkeit mehr nachgehen können.

Als *Postdiskotomiesyndrom* bezeichnet man alle anhaltenden starken Schmerzen und Funktionsstörungen nach der Operation an der lumbalen Bandscheibe, die durch Segmentinstabilität und Verwachsungen im Wirbelkanal hervorgerufen werden. Das Postdiskotomiesyndrom ist durch eine bilaterale gemischt pseudoradikulär-radikuläre Symptomatik gekennzeichnet. Die narbig eingeschnürten Nervenwurzeln erlauben dem Betroffenen nur wenig Spielraum. Die bindegewebigen Strukturen an Dura und Nervenwurzeln sind mit Klingelzügen vergleichbar, die bei jeder unbedachten Bewegung betätigt werden. Patienten mit einem ausgeprägten Postdiskotomiesyndrom (III. Grades) nach mehrfacher Bandscheibenoperation sind in ihrer Leistungsfähigkeit soweit beeinträchtigt, dass sie weder richtig sitzen noch stehen oder liegen können. Im CT und Kernspintomogramm sieht man narbige Verwachsungen zwischen Dura, Nervenwurzeln und Wirbelkanalwand.

Zusammenfassend liegt also eine *Erwerbsunfähigkeit* bei degenerativen Wirbelsäulenerkrankungen vor bei:
- *schwerwiegenden Lähmungserscheinungen,*
- *therapieresistentem schwerem Postdiskotomiesyndrom, III. Grades.*

15.7 Wirbelsäulenschäden als Berufskrankheit

Lendenwirbelsäule (▶ BK 2108)

Die zum 1. Januar 1993 in Kraft getretene zweite Verordnung zur Änderung der BKV (Berufskrankheitenverordnung) sieht im Bereich der Wirbelsäule – außerhalb der Nummer 2107 (Abrissbrüche der Wirbelfortsätze, sog. Schipperkrankheit) – als BK 2108 vor: „Bandscheibenbedingte Erkrankungen der Lendenwirbelsäule durch langjähriges Heben oder Tragen schwerer Lasten oder durch langjährige Tätigkeiten in extremer Rumpfbeugehaltung, die zur Unterlassung aller Tätigkeiten gezwungen haben, die für die Entstehung, die Verschlimmerung oder das Wiederaufleben der Krankheit ursächlich waren oder sein können". Anlass hierzu waren neben der Notwendigkeit der Prüfung der Berufskrankheitentatbestände in der ehemaligen DDR neuere wissenschaftliche Untersuchungen, die einen Ursachenzusammenhang zwischen körperlich schwerer Arbeitsbelastung und der Entstehung bandscheibenbedingter Erkrankungen der Hals- und Lendenwirbelsäule nahe legen. Die Berufskrankheit Nummer 70 in der ehemaligen DDR umfasste die „Verschleißkrankheiten der Wirbelsäule mit Abnutzungs- und Überlastungsschäden an Bandscheiben, Wirbelkörperabschlussplatten, Wirbelfortsätzen, Bändern und kleinen Wirbelgelenken infolge langjähriger mechanischer Überlastung".

Berufliche Belastung

Heben und Tragen schwerer Lasten. In Tabelle 15.3 sind Lastgewichte angegeben, die mit einem erhöhten Risiko bandscheibenbedingter Erkrankungen der Lendenwirbelsäule verbunden sind. Relevante Belastungen liegen im Allgemeinen nur vor, wenn die Lastgewichte mit einer ausreichenden Wiederholungsfrequenz, in der überwiegenden Zahl der Arbeitsschichten, gehoben und getragen werden. Von besonderer Bedeutung ist die Körperhaltung, da sich die Wirbelbelastung mit der Entfernung der Last von der Körperachse unter Umständen um ein Vielfaches erhöht.

In Tabelle 15.4 finden sich Beispiele für Berufe, die mit dem Heben und Tragen schwerer Lasten einhergehen.

Extreme Rumpfbeugehaltung. Unter Arbeiten in extremer Rumpfbeugehaltung sind Arbeiten in niedrigen Arbeitsräumen, die eine ständige gebeugte

Tabelle 15.3. Lastgewichte mit erhöhtem Risiko für bandscheibenbedingte Erkrankungen an der LWS

Alter in Jahren	Last in kg für Frauen	Last in kg für Männer
15–17	10	15
18–39	15	25
ab 40	10	20

Tabelle 15.4. Beispiele für Berufsgruppen, die für die BK 2108 in Frage kommen

- Bergbau, Be- und Entladearbeiter, Stein- und Plattenverleger
- Maurer, Stahlbetonbauer
- Schauerleute und andere Lagerarbeiter, Lastenträger im Transportgewerbe
- Arbeiter in der Land- und Forstwirtschaft, im Garten- und Landschaftsbau, Fischer
- Personen, die regelmäßig schwere Werkstücke heben oder tragen, z. B. Arbeiter in Gießereien, Schlossereien, Montagearbeiter, Kraftfahrzeughandwerker
- Pflegeberufe

Körperhaltung erzwingen oder Arbeiten mit einer Beugung des Oberkörpers aus der aufrechten Haltung um mehr als 90° gemeint. Tätigkeiten in vorgebeugter Haltung im Sitzen werden von der BK 2108 nicht erfasst (Schönberger et al. 2003). Als betroffene Berufe werden Bergarbeiter und Stahlbetonarbeiter genannt. Wegen des geforderten extremen Rumpfbeugewinkels von mehr als 90° ist der Anwendungsbereich für diese Tatbestandsalternative der BK 2108 derzeit relativ eng. Ein solcher Rumpfbeugewinkel kann auch bei Tätigkeiten unter Tage in Arbeitsräumen niedriger als 100 cm eintreten, wenn im Knien oder Hocken gearbeitet wird.

Dauer und technische Voraussetzungen. Neben der speziellen Exposition wird eine langjährige Einwirkung vorausgesetzt. In der Regel werden 10 Berufsjahre mit belastender Tätigkeit gefordert. Bei extremen Belastungen können auch kürzere Tätigkeitszeiträume anerkannt werden. Zur Prüfung des Kriteriums der Langjährigkeit einer beruflichen Wirbelsäulenbelastung werden häufig nur Beschäftigungszeiträume addiert. Ausfallszeiten durch Krankheiten, Schwangerschaft und Erziehungsurlaub oder Phasen geringerer Belastung bei vorübergehender Teilzeitbeschäftigung bleiben nicht selten unberücksichtigt. Die arbeitstechnischen Voraussetzungen zur Anerkennung einer Berufskrankheit werden durch ein sog. technisches Vorgutachten mit einer TAD-Stellungnahme (Technischer Arbeitsdienst) festgestellt. Viele TAD-Stellungnahmen weisen Mängel auf, die vom medizinischen Gutachter unter Umständen nachgebessert werden müssen. Die Kritikpunkte finden sich in der Erfassung nicht wirbelsäulenbelastender Tätigkeiten und dem fehlenden Konsens zum Dosisgrenzwert. Genauere Kriterien für technische Vorgutachten finden sich z.B. im Mainz-Dortmunder Dosismodell (*MDD*). Dort sind die kritischen Belastungen genannt, oberhalb derer ein Risiko für die Entstehung bandscheibenbedingter Erkrankungen angenommen werden kann (Hartung et al. 1999).

Zu den technischen Voraussetzungen gehören:
- Expositionsdauer,
- kumulierte Dosis im Berufsleben,
- Belastung pro Arbeitsschicht,
- Belastungsdauer mindestens 7 Jahre.

Nach Schönberger et al. (2003) stellt das MDD-Modell ein sachgerechtes Verfahren zur einheitlichen Ermittlung und Bewertung von Wirbelsäulenbelastungen bei der BK 2108 dar.

Die Gründe für die Anwendung dieses Verfahrens sind:
- Die Herausfilterung von Hebe- und Tragetechniken aus dem Tätigkeitsfeld der Betroffenen, bei welchen ein geschlechtsspezifischer Belastungsgrenzwert (Druckkraft bei L5/S1) erreicht bzw. überschritten wird, entspricht dem Grundprinzip dieser Berufskrankheit.
- Die Erfassung der relevanten Tätigkeiten nach Häufigkeit sowie Dauer der Hebe- und Tragevorgänge entspricht den von der BK 2108 erfassten Pathomechanismen.
- Die überproportionale quadratische Gewichtung der Bandscheibenkompression wird berücksichtigt.
- Der empfohlene Richtwert für die Gesamtbelastungsdosis wird anhand von Berufsfeldern, bei denen aufgrund epidemiologischer Studien ausreichend Hinweise für ein erhöhtes LWS-Erkrankungsrisiko gegeben sind, nachvollziehbar verdeutlicht.

Konkurrierende Erkrankungen

Wenn die Voraussetzungen für einen Antrag auf Anerkennung einer BK 2108 gegeben sind, d.h., wenn nach langjähriger Exposition in einer der genannten Berufsgruppen bandscheibenbedingte Erkrankungen der Lendenwirbelsäule zu verzeichnen sind, ist zu prüfen, ob konkurrierende Erkrankungen mit anlagebedingten Veränderungen vorliegen, die unter Umständen das Krankheitsgeschehen bestimmen bzw. für die Entstehung der vorliegenden bandscheibenbedingten Erkrankungen vorwiegend verantwortlich zu machen sind.

In der Konsensusgruppe für medizinische Beurteilungskriterien des Arbeitskreises Wirbelsäulenerkrankungen im Hauptverband der Berufsgenossenschaften unter Mitarbeit von Arbeitsmedizinern, Orthopäden, Psychologen, Ergonomen und Epidemiologen wurden hierfür Anhaltspunkte gegeben:

Spondylolyse, Spondylolisthese. Eine anlagebedingte Unterbrechung des Gelenkfortsatzes (Spondylolyse) stellt keine konkurrierende Ursache zur BK 2108 dar, selbst wenn sie mit einem leichtgradigen Gleitvorgang (Typ Meyerding I) verbunden ist. Erkenntnisse für eine prädispositionelle Wirkung für eine vorzeitige Bandscheibenschädigung liegen nicht vor. Liegen höhergradige Verschiebungen vor (Typ Meyerding II und größer) ist ein Bandscheibenschaden im betroffenen Segment eher auf die anlagebedingte Spondylolisthese zurückzuführen. Erfahrungsgemäß sind bei annähernd 80% der Spondylolisthesen vom Typ Meyerding II (und stärker) Bandscheibenschäden im betroffenen Segment mit entsprechenden Beschwerden zu erwarten.

Ein Bandscheibenschaden mit entsprechenden Beschwerden im unmittelbar benachbarten Segment zur Spondylolyse/Spondylolisthese ist dagegen nicht regelhaft als Folge der Spondylolisthese anzusehen.

Wenn die Voraussetzungen zur Anerkennung einer BK 2108 gegeben sind, spricht dies dann eher für die Wirksamkeit exogener Faktoren, soweit nicht im Einzelfall erheblich ausgeprägte statische Veränderungen durch die Spondylolisthese hervorgerufen wurden und diese bestimmend für das vorliegende Beschwerdebild sind.

Blockwirbel. Blockwirbel können angeboren oder erworben (Spondylodiszitis, Spondylodese) sein. Sie stellen eine prädiskotische Deformität dar. Die angrenzenden Bandscheiben werden durch das blockierte Segment vermehrt belastet und entwickeln entsprechende bandscheibenbedingte Beschwerden. Bekannt ist dies vor allem für den Zustand nach Versteifungsoperationen an der Lendenwirbelsäule.

Asymmetrische Wirbel. Asymmetrische Wirbel treten entweder anlagebedingt auf – z.B. als Halbwirbel, asymmetrische Übergangswirbel, als Keilwirbel bei juvenilen Aufbaustörungen – oder erworben als Frakturfolge und nach Spondylitis. Mit der ungleichmäßigen Belastung der angrenzenden Zwischenwirbelabschnitte stellen asymmetrische Wirbel eine prädiskotische Deformität und somit eine konkurrierende Ursache zur BK 2108 dar.

Symmetrische Fehlbildungen wie z.B. lumbosakrale Übergangswirbel, die beidseits die gleichen Veränderungen aufweisen, oder in achsengerechter Stellung verheilte Frakturen und Entzündungen stellen kein zusätzliches Risiko für die benachbarten Bandscheiben dar.

Skoliosen. Lumbalskoliosen mit einer gleichmäßigen Krümmung bei einem Winkel unter 10°–25° nach Cobb stellen in dieser Ausprägung keine Prädisposition für die Entstehung einer bandscheibenbedingten Erkrankung dar. Stärkere Skoliosen mit einem Cobb-Winkel über 25°, vor allem dann, wenn der Scheitelpunkt in der unteren LWS liegt, führen eher zu bandscheibenbedingten Erkrankungen in Folge der deutlich asymmetrischen Belastung der Zwischenwirbelabschnitte im Scheitelpunkt.

Bei stärkeren Skoliosen ist ohnehin nicht mit der Ausübung belastender beruflicher Tätigkeiten zu rechnen. Die vorliegenden Erkenntnisse begründen die Annahme, dass derart ausgeprägte Skoliosen regelhaft die wesentliche Ursache von bandscheibenbedingten Erkrankungen darstellen. Eine Berufskrankheit lässt sich hier nicht hinreichend wahrscheinlich machen.

Diese Ausführungen gelten auch für die erworbenen Skoliosen, z.B. nach Verletzungen der Wirbelsäule oder bei einem signifikanten Beckenschiefstand mit nachfolgender Skoliose stärkerer Ausprägung. Eine individuelle Bewertung ist vor allem bei Skoliosen im Grenzbereich erforderlich.

Nichtkonkurrierende Erkrankungen

Morbus Bechterew und Morbus Forrestier führen durch ihre überbrückenden Spondylophyten bzw. Syndesmophyten eher zu einer Protektion der Bandscheibe. Bei Verdacht auf eine bandscheibenbedingte Wirbelsäulenerkrankung sollte differentialdiagnostisch immer an einen Morbus Bechterew gedacht werden.

Gesicherte Hinweise, dass Herz-Kreislauf-Erkrankungen, Stoffwechselstörungen oder andere generalisierte Erkrankungen zu Versorgungsstörungen der Bandscheiben und somit zu bandscheibenbedingten Beschwerden führen, liegen nicht vor. Aufgrund der derzeitigen Datenlage können Adipositas, Arteriosklerose, Nikotinabusus und Diabetes mellitus und ähnliche Erkrankungen nicht als konkurrierende Ursache zur BK 2108 angesehen werden.

Gutachterliche Bewertung

Wenn eine bandscheibenbedingte Erkrankung der Lendenwirbelsäule besteht, die langjährige Exposition in der genannten Berufsgruppe mit belastender Tätigkeit nachgewiesen ist und konkurrierende Erkrankungen ausgeschlossen sind, muss geklärt werden, ob die vorliegende bandscheibenbedingte Erkrankung das übliche Ausmaß der Volkskrankheit Kreuzschmerz überschreitet. Das Spektrum des Schweregrades bandscheibenbedingter Erkrankungen reicht vom leichten, hin und wieder auftretenden Kreuzschmerz bis zum gravierenden radikulären Lumbalsyndrom mit neurologischen Ausfallserscheinungen.

Der Schnittpunkt zwischen *erheblicher* und *unerheblicher bandscheibenbedingter Erkrankung* ergibt sich nicht aus den Befunden in den bildgebenden Verfahren, sondern aus dem tatsächlichen Krankheitszustand mit Schmerzen, Behinderungen, Arbeitsausfallszeiten und der Notwendigkeit ärztlicher Maßnahmen.

Ein gewisses Ausmaß an Wirbelsäulenverschleiß mit daraus resultierenden Schulter-, Nacken-, Kreuz- und Ischiasbeschwerden ist heute als Volkskrankheit zu betrachten – und daher im Sinne der Begutachtung für die Berufskrankheitenverordnung – unerheblich. Im Fachgutachten muss ermittelt werden, ob die vorliegende bandscheibenbedingte Erkrankung das übliche Ausmaß der Volkskrankheit überschreitet.

Anhaltspunkte für die Erheblichkeit einer bandscheibenbedingten Erkrankung ergeben sich aus der Anamnese mit der Notwendigkeit einer fachorthopädischen ambulanten oder stationären Behandlung ggf. Operationen.

In der Gutachterpraxis hat es sich bewährt, die Grenze zwischen lokalen, auf die Wirbelsäule beschränkten, und radikulären Symptomatiken zu ziehen. Bestehen nur Kreuzschmerzen, so sind diese auch bei deutlichen radiologischen Veränderungen als unerheblich im Sinne der Volkskrankheit zu werten. Dermatombezogene Ausstrahlungen ins Bein mit korrelierenden Befunden im CT und MRT und die Einleitung entsprechender fachärztlicher Behandlung sprechen für eine Erheblichkeit, die nach der BK 2108 als berufsbedingte, bandscheibenbedingte Erkrankung anerkannt werden kann. Bestehen gleichzeitig ebenso starke Beschwerden an der Halswirbelsäule aufgrund degenerativer Veränderungen, so sind diese ebenso wie die Beschwerden an der Lendenwirbelsäule als körpereigene Verschleißerkrankung unabhängig von der beruflichen Belastung anzusehen. Dabei ist auch hier der klinische und nicht der röntgenologische Befund maßgebend.

Insgesamt ist es auch für erfahrene Fachgutachter schwierig, die Abgrenzung einer bandscheibenbedingten Erkrankung über das altersentsprechende Ausmaß festzulegen. Die bildgebenden Verfahren sind nicht maßgebend (Blome 2000, Bogduk 2000).

Der bei *Schätzung von MdE/GdB* zu berücksichtigende Schaden ist bezüglich der BK 2108–2110 auf den jeweils genannten Wirbelsäulenabschnitt begrenzt, die Bewegungssegmente in den Übergangsbereichen sind allerdings komplett mit einzubeziehen (Schönberger et al. 2003). Empfehlungen für die Einschätzung der MdE bei den BK 2108–2110 entsprechen den allgemeinen Erfahrungssätzen bei Wirbelsäulenerkrankungen (Rompe u. Erlenkämper 1998, Krämer 1997, Schönberger et al. 2003).

Bei der MdE/GdB-Bewertung wird zwischen lokalen und radikulären Syndromen unterschieden. Ist die Beschwerdesymptomatik auf die Lumbalregion beschränkt, beträgt der MdE/GdB-Wert 10–20%. Der Prozentsatz steigert sich bei radikulärer Symptomatik je nach neurologischen Ausfallserscheinungen bis zu 50%. Beim Postdiskotomiesyndrom kann der Prozentsatz noch höher liegen.

Eine Aufteilung von MdE/GdB in anlagebedingt und erworben durch berufliche Exposition ist bei der Berufserkrankung Wirbelsäule nicht möglich. In der *gesetzlichen Unfallversicherung*, die nach dem Alles-oder-nichts-Gesetz den Gesamtschaden an- oder aberkennt, ist es nicht möglich, wie bei der *privaten Unfallversicherung* einen Mitwirkungsfaktor anlagebedingter Komponenten des Gesamtschadens in Abzug zu bringen.

Ganzkörperschwingungen (▶ BK 2110)

Die BK 2110 betrifft bandscheibenbedingte Erkrankungen der Lendenwirbelsäule durch langjährige, vorwiegend vertikale Einwirkung von Ganzkörperschwingungen im Sitzen, die zur Unterlassung aller Tätigkeiten gezwungen haben, die für die Entstehung, Verschlimmerung oder das Wiederaufleben ursächlich waren oder sein können.

Bei den Einwirkungen im Sinne der BK 2110 handelt es sich um Ganzkörperschwingungen mit Frequenzen zwischen 3 und 5 Hertz, die zu Resonanzschwingungen des Rumpfes und der Wirbelsäule führen und auch Torsionen der Wirbelsegmente sowie horizontale Segmentverschiebungen veranlassen (Schönberger et al. 2003). Dies betrifft vor allem die Fälle, in denen neben den vertikalen Frequenzen dorsoventrale, stochastische Schwingungen auf die Wirbelsäule einwirken.

Ätiopathogenese

Wegen der unmittelbaren Schwingungsübertragung vom Becken auf die Wirbelsäule wird der untere Lendenwirbelsäulenabschnitt in der sitzenden Körperhaltung besonders stark belastet. Stoßhaltige Schwingungsbelastungen, also Schwingungsverläufe mit einzelnen oder wiederholten stark herausragenden Beschleunigungsspitzen, stellen eine besonders hohe Gefährdung dar (Schönberger et al. 2003). Nach biomechanischen Berechnungen können dabei Kompressionskräfte erreicht werden, die im Experiment an menschlichen Wirbelsäulenpräparaten Mikrofrakturen der Deckplatten, der Wirbelkörper sowie Einrisse am Anulus fibrosus der Bandscheiben verursachen. Der Schädigungsfaktor dieser Ganzkörperschwingungen im Resonanzbereich für die Bandscheiben in der Literatur ist unbestritten (Brinkmann et al. 1999, Schwarze et al. 1999).

Folgende Arbeitsorte und Arbeitsmittel wirken sich gefährdend aus:
- Baustellen, LKW,
- land- und forstwirtschaftliche Schlepper,
- Forstmaschinen im Gelände,
- Bagger bei intensiver Schwingungsbelastung,
- Straßenhobel, Bodenhobel, Erdhobel,
- Schärfwagen,
- Rad- und Kettenlader,
- Gabelstapler auf unebenen Fahrbahnen,
- Militärfahrzeuge im Gelände,
- Raddozzer.

Klassifikation und gutachterliche Bewertung

Die Anerkennung einer BK 2110 erfordert genaue Ermittlungen im technischen Gutachten, weil die schädigenden Einwirkungen in der Regel längere Zeit zurückliegen. Heute gibt es kaum noch Sitze an exponierten Arbeitsplätzen, die pathogenetisch wirksame Ganzkörperschwingungen zulassen. In der Anamnese muss ermittelt werden, welche mindestens 10-jährige regelmäßige Tätigkeit auf den schädigenden Fahrzeugen oder Maschinen durchgeführt wurde. Die im Merkblatt zur BK 2110 genannten, zu ermittelnden Grenzwerte für die tägliche Beurteilungsschwingstärke zeichnen sich dadurch aus, dass sie auf einer Verknüpfung zwischen den für die arbeitstechnische Beurteilung relevanten Parametern (Frequenz, Schwingungsbeschleunigung, Expositionsdauer) beruhen und auch spezielle Belastungen (Stoßhaltigkeit, ungünstige Körperhaltung) berücksichtigen (Dupuis 1999).

Die berufliche Schwingungsbelastung setzt sich aus der Gesamtzahl der Expositionstage zusammen, an denen eine definierte Beurteilungsschwingstärke erreicht wird.

Bei Taxifahrern, Gabelstaplerfahrern auf ebenem Gelände und LKWs mit schwingungsgedämpftem Fahrersitz wurde bisher kein erhöhtes Risiko im Hinblick auf diese Wirbelsäulenerkrankungen beobachtet (Schönberger et al. 2003).

Halswirbelsäule (▶ BK 2109)

Die BK 2109 betrifft „bandscheibenbedingte Erkrankungen der Halswirbelsäule durch langjähriges Tragen schwerer Lasten auf der Schulter, die zur Unterlassung aller Tätigkeiten gezwungen haben, die für die Entstehung, Verschlimmerung oder das Wiederaufleben der Krankheit ursächlich waren oder sein können". Typisches Beispiel für einen Anwendungsfall der BK 2109 ist die Tätigkeit der Fleischträger, die Tierhälften auf dem Kopf bzw. dem Schultergürtel getragen haben.

Klassifikation und Begutachtung

Nach vorn und seitwärts erzwungene Kopfbeugehaltung und gleichzeitiges Anspannen der Nackenmuskulatur stellen die maßgeblichen schädigenden Faktoren dar. So ergibt sich für den BK-Tatbestand ein enger Anwendungsbereich (Schönberger et al. 2003). Für das Lastgewicht wird laut Merkblatt ein Grenzwert von 50 kg angegeben. Daneben sind Art und Weise der Schulterung der Lasten bzw. Größe und Form der getragenen Gegenstände für die spezifische Fehlbeanspruchung der Halswirbelsäule von Bedeutung. Aufgrund der speziellen Anforderungen spielen Anträge zur BK 2109 nur eine untergeordnete Rolle und werden in Zukunft ganz wegfallen, weil die berufliche Exposition durch Verbesserungen der Arbeitsplatzsituation nicht mehr gegeben ist.

Die eigentlichen die Halswirbelsäule belastenden Tätigkeiten, wie z.B. Überkopfarbeiten, sind in der BK 2109 nicht berücksichtigt.

15.8 Spondylolyse, Spondylolisthese

Die Spondylolyse mit nachfolgender Spondylolisthese ist in der Regel eine schädigungsunabhängige Verknöcherungsstörung in der Interartikularportion. Besonders betroffen sind die unteren Abschnitte der Lendenwirbelsäule. Eine traumatische Spondylolisthese gibt es nur in äußerst seltenen Fällen nach einem beidseitigen Bruch des Wirbelbogens (Anhaltspunkte für die ärztliche Gutachtertätigkeit 2004).

Das typische Krankheitsbild einer Spaltbildung in beiden Interartikularportionen mit und ohne nachfolgendem Gleitvorgang ist charakteristisch anlagebedingt und kann durch ein einmaliges traumatisches Ereignis nicht verursacht werden. Bei Gewalteinwirkungen auf das Bewegungssegment brechen die Wirbel entweder im Wirbelkörperbereich, am Dornfortsatz oder selten im Wirbelgelenk, jedoch nicht in der Interartikularportion. Klinische Erfahrungen und experimentelle Untersuchungen zeigen, dass eine traumatische Entstehung einer Spondylolyse im Sinne einer einmaligen Höchstbelastung abzulehnen ist. Die Spaltbildung im Bogen kann weder unfallbedingt noch durch eine einmalige oder einige wenige Kraftanstrengungen verursacht werden.

Schwieriger wird die Kausalitätsbetrachtung bei wiederholten Rückneigungsbewegungen des Rumpfes unter axialer Belastung, wie sie z.B. beim Turnen, Trampolinspringen, Turmspringen und beim Gewichtheben vorkommen. Hier sind Ermüdungsfrakturen in der Interartikularportion des Wirbelbogens mit später nachfolgendem Vorwärtsgleiten des Wirbelkörpers eher möglich und in Reihenuntersuchungen der betroffenen Sportler auch nachgewiesen. Wiederholte Flexions-/Extensionsbewegungen oder häufig wiederholte Haltungen in verstärkter Lordose in Kombination mit Wirbelsäulenrotationen können als Ursache für die Spondylolyse angenommen werden. Allerdings ist auch hier eine endogene Komponente als Mitwirkungsfaktor entscheidend.

Mit einzubeziehen in die Kausalitätsbetrachtung bei einer Spondylolisthese ist die Möglichkeit der Einleitung des Gleitvorganges oder ein Weitergleiten bei bereits eingetretener Spondylolisthese durch ein Unfallereignis. Ob sich aus einer Spondylolyse ein Wirbelgleiten entwickelt, hängt vom Zustand der umgebenden Weichteile sowie der benachbarten Bandscheiben ab. Der Gleitvorgang tritt gehäuft zwischen dem 12. Lebensjahr und dem Abschluss der Wachstumsperiode auf. Beweisend wären hier nur Röntgenaufnahmen vor und nach dem Unfallereignis. In der Regel ist auch ein Bewegungssegment mit Spondylolisthese nach Wachstumsabschluss stabil. Ein Gleiten bzw. Weitergleiten bei Spondylolyse/Spondylolisthese ist eher unwahrscheinlich.

Kombination von Schadensbildern

Grundsätzlich kann auch ein Bewegungssegment mit Spondylolyse/Spondylolisthese entsprechender Gewalteinwirkung einen traumatischen Schaden erleiden. Dieser entspricht dann jedoch dem üblichen

Schadensbild mit Kompressionsfraktur des Wirbelkörpers, Dornfortsatzabriss oder der Verlagerung von Bandscheibengewebe. Die Beurteilung der Frakturen erfolgt nach dem Schema, wie es in Kapitel 15.4 aufgeführt ist. Bei einem durch das Trauma ausgelösten Bandscheibenvorfall entspricht die Beurteilung der im Kapitel 15.3 angegebenen Trias. Da neben diesen direkten Verletzungsfolgen auch das Krankheitsbild der Spondylolyse oder Spondylolisthese klinische Symptome hervorrufen kann, ist diese Vorschädigung als konkurrierende Kausalität bzw. unfallfremder Mitwirkungsfaktor in die gutachterliche Beurteilung einzubeziehen.

Folgeschäden, Schweregrade

Das Ausmaß des Wirbelgleitens kann mit verschiedenen Verfahren quantifiziert werden. Bei der gebräuchlichen Methode nach Meyerding wird anhand der Seitaufnahme in vier Stufen (Grade) unterteilt. Hierzu wird die Deckplatte kaudal des verlagerten Wirbelkörpers in Viertelflächen unterteilt und diese als Maßstab für die Gradeinteilung verwendet. Steht z. B. die Hinterkante des ventral verschobenen Wirbelkörpers im dorsalen Viertel der kaudal gelegenen Deckplatte, so handelt es sich definitionsgemäß nach Meyerding um eine erstgradige Spondylolisthese. Genauer ist jedoch die prozentuale Angabe der Verschiebung im Vergleich zur kaudal gelegenen Deckplatte. Hierbei wird die Länge der ventralen Verschiebung durch die Länge der kaudal gelegenen Deckplatte geteilt und mit 100 multipliziert. In der Regel ist der Dislokationsgrad auch proportional der klinischen Symptomatik, d. h., stärkere Verschiebungen rufen auch stärkere Symptome hervor. Mitentscheidend für das Bestehen von Beschwerden ist darüber hinaus das Ausmaß der Lendenlordose. Bei Hyperlordosierung kommt es zu vermehrten Beschwerden von Seiten der Wirbelgelenke sowie unter Umständen zum Aufeinanderstoßen der Dornfortsätze (Morbus Baastrup). Der Lumbosakralwinkel als Maß der Lordose in diesem Segment wird in Winkelgraden angegeben.

Besonderheiten im Kindesalter

Spondylolyse/Spondylolisthese manifestieren sich klinisch meist zwischen der Pubertät und der Mitte der zwanziger Jahre. Das jüngste Kind mit einer Spondylolyse war 10 Monate, das jüngste Kind mit einer Spondylolisthese 17 Monate alt (Idelberger 1994). Im Kindesalter treten selten Symptome auf. Eine Spondylolisthese macht sich mitunter als so genannte „Hüftlendenstrecksteife“ im Kindesalter bemerkbar. Bei den Betroffenen kann man das gestreckte Bein im Liegen nicht anheben. Doppelseitig entsteht das so genannte „Brettphänomen“.

Gutachterliche Bewertung

In der *privaten Unfallversicherung* wird bei einem Trauma ggf. mit einer Wirbelkörperfraktur oder einem Dornfortsatzriss ein Mitwirkungsfaktor unfallfremder Krankheiten berücksichtigt. Selbst bei völliger Beschwerdefreiheit vor dem Unfallereignis ist bei der Auslösung einer Lumbalgie oder einer Ischialgie mit nachweisbarer Spondylolyse bzw. Spondylolisthese ein Mitwirkungsanteil von mindestens 50% anzunehmen.

In der *gesetzlichen Unfallversicherung* spricht man entweder von der vorübergehenden Verschlimmerung eines anlagebedingten Leidens, die nach einer gewissen Zeit – meistens nach einigen Wochen oder Monaten – abgeklungen ist. Besser jedoch ist die Bezeichnung Mitverursachung des posttraumatischen Krankheitsbildes, in der Regel einer Lumbalgie oder Ischialgie. Vorschäden (Spondylolyse, Spondylolisthese) und Unfallschaden (Distorsion bzw. Stauchung des Bewegungssegmentes) ergeben den Gesamtschaden. Vorübergehend ist der Unfallschaden für die Symptomatik bestimmend, im weiteren Verlauf – d. h. nach einigen Wochen – der Vorschaden.

Bei der Beurteilung einer bandscheibenbedingten Erkrankung als Berufskrankheit (▶ Kap. 15.7) ergibt sich die Frage, ob die Degeneration der Bandscheibe mit nachfolgendem Lumbalsyndrom bzw. diskogener Ischialgie in einem durch Spondylolyse bzw. Spondylolisthese veränderten Segment durch berufliche Einwirkung im Sinne von Heben und Tragen schwerer Lasten oder/und extremer Rumpfbeugehaltung beschleunigt abläuft. Durch die Spondylolyse mit instabiler Anbindung der vorderen Anteile des Bewegungssegmentes zum Wirbelbogen ist die Bandscheibe gegenüber beruflichen Belastungen besonders anfällig. Es handelt sich um eine *konkurrierende Kausalität* bei der Entstehung des Krankheitsbildes Lumbalgie, Ischialgie. Einerseits kann die durch berufliche Belastung geschädigte Bandscheibe das Krankheitsbild der Spondylolyse/Spondylolisthese verschlimmern, andererseits ist eine Rückwirkung der Instabilität im Bogenanteil durch die Spondylolyse/Spondylolisthese auf die Bandscheibe denkbar. Da eine Spondylolyse bzw. Spondylolisthese schon bei Jugendlichen erkennbar ist, muss die Diagnose rechtzeitig gestellt werden, bevor wirbelsäulenbelastende berufliche Tätigkeiten aufgenommen werden. Die Diagnose ist oft schon bei der Inspektion mit typischem Rückenprofil in der Lumbosakralregion (s. o.), spätestens aber anhand der Röntgenaufnahmen zu stellen. Personen mit Spondylolyse bzw. Spondylolisthese sollten keine schweren körperlichen Arbeiten durchführen.

Der MdE/GdB-Grad richtet sich nach dem Ausmaß der Beschwerden. Bei der lokal auf die Lumbosakralregion begrenzten Symptomatik beträgt MdE/GdB 10–20% und kann sich bei zusätzlicher radikulärer Symptomatik, die meist beidseitig auftritt, auf 30–50% steigern. In diesen Fällen ist dann meistens auch eine operative Behandlung mit Spondylodese des betroffenen Segmentes erforderlich.

15.9 Scheuermann-Krankheit (Adoleszentenkyphose)

Diagnose

Der Morbus Scheuermann an der Brustwirbelsäule ist gekennzeichnet durch die Trias: verstärkte Brustkyphose am Übergang vom mittleren zum unteren Drittel der BWS, keilförmige Deformierung mehrerer Wirbelkörper und Schmorlsche Knorpelknötchen in den Deck- und Bodenplatten. Aufbaustörungen mit Verformungen der Wirbelkörper, Schmorlsche Knötchen und Abflachung der Lordose bzw. Kyphose finden sich im Bereich der Lendenwirbelsäule. Sowohl an der Brust- als auch an der Lendenwirbelsäule geht die Kyphose mit einer leichten Seitverbiegung einher, so dass man von einer echten Kyphoskoliose reden kann. Deckplattenimpressionen mit Schmorlschen Knorpelknötchen und leichten Wirbelverformungen sind bei einem Drittel der Bevölkerung anzutreffen (Idelberger 1994, Rössler u. Rüther 2000, Schönberger et al. 2003). Wenn diese Veränderungen auf den Röntgenübersichtsaufnahmen nach einem Unfall oder beim Antrag auf Anerkennung einer Berufskrankheit nach Ziffer 2108 angetroffen werden, gibt es verschiedentlich gutachterliche Auseinandersetzungen, weil eine Abgrenzung zu unfallbedingten Schäden vorzunehmen ist.

Ätiopathogenese

Juvenile Aufbaustörungen sind anlagebedingt, also unabhängig von äußeren Einwirkungen (Idelberger 1994). Schon vor dem 10. Lebensjahr zeigen sich funktionelle Störungen in Form vermehrter Brustkyphose. Zwischen dem 12. und 18. Lebensjahr versteift sich der betroffene Wirbelsäulenabschnitt. Bei den typischen Veränderungen an der Brustwirbelsäule bestehen in der Regel keine Schmerzen. Auch die Belastbarkeit der Wirbelsäule ist insgesamt nicht wesentlich eingeschränkt. Im weiteren Verlauf kann es zu einer Hyperlordose der Hals- und Lendenwirbelsäule kommen mit den typischen Beschwerden eines Facettensyndroms. Wenn an der Lendenwirbelsäule die Lordose abgeflacht ist oder ggf. eine Lumbalkyphose am thorakolumbalen Übergang entsteht, entwickeln sich dort belastungsabhängige Schmerzen. Diese sind in erster Linie auf die veränderte Statik zurückzuführen und nicht auf die Verformungen der Deck- und Bodenplatten der Wirbelkörper.

Gutachterliche Bewertung

Die typischen Veränderungen beim Morbus Scheuermann können durch einen Unfall oder andere körperliche Belastungen nicht hervorgerufen werden. Eine durch juvenile Aufbaustörungen vorgeschädigte Wirbelsäule ist durch traumatische Einwirkungen nicht besonders gefährdet. Die Kausalitätsbetrachtung bezieht sich in erster Linie auf eine differentialdiagnostische Abgrenzung ggf. mit gleichzeitigem Bestehen akuter Verletzungen. Die rundlichen, glattrandigen und mit einem sklerotischen Saum versehenen Schmorlschen Impressionen sind von scharfkantigen, primär nicht sklerosierten Wirbelkörperfrakturen zu unterscheiden. Mitunter ist die differentialdiagnostische Abgrenzung etwaiger Frakturfolgen von anlagebedingten juvenilen Aufbaustörungen schwierig, wenn vom Unfalltag Röntgenbilder nicht vorhanden sind. Daher ist es wichtig, auch bei leicht erscheinenden Verletzungen der Wirbelsäule grundsätzlich Übersichtsaufnahmen des betroffenen Wirbelsäulenabschnittes in 2 Ebenen anzufertigen (Schönberger et al. 2003).

In der *privaten Unfallversicherung* ist der Mitwirkungsanteil vorbestehender juveniler Aufbaustörungen (Morbus Scheuermann) mit mindestens 50% anzusetzen. In der *gesetzlichen Unfallversicherung* überwiegt beim Fortbestehen etwaiger Rückenschmerzen nach einem Unfall, ohne nachweisbare Verletzungsfolgen, der Vorschaden Morbus Scheuermann. Eine kurzfristige, vorübergehende Anerkennung der Rückenschmerzen im Sinne einer Verschlimmerung bzw. Mitverursachung ist für einen Zeitraum von 2–3 Wochen möglich.

Die Gesamtbeeinträchtigung, d.h. der MdE/GdB-Wert bei Scheuermannscher Erkrankung, ist nicht besonders groß. Sie hängt vom Ausmaß der statischen Deformierung ab. Bei einem Großteil der Betroffenen handelt es sich jedoch um kaum merkbare Veränderungen, die nur bei Schwerarbeiten mit häufigem Bücken und Heben sowie langjährigen Tätigkeiten in erheblicher Vorbeugung Muskelinsuffizienzerscheinungen hervorrufen. MdE/GdB liegt in der Regel unter 10%.

15.10 Skoliose

Diagnose

Unter Skoliose versteht man eine Seitverbiegung der Wirbelsäule. Es gibt Skoliosen mit und ohne Verdrehung (*Torsion*) der Wirbelkörper. Am häufigsten ist die idiopathische Skoliose als anlagebedingte Erkrankung, wahrscheinlich aufgrund einer muskulären Dysbalance. Daneben gibt es sekundäre Skoliosen u.a. nach Lähmungen, Entzündungen und Verletzungen. Infolge Beinlängendifferenz kann es zum Beckenschiefstand mit folgender Fehlhaltung der Wirbelsäule in der Sagittal- und Frontalebene kommen. Diese führt zu strukturellen Veränderungen mit fixierter Verkrümmung, die bei traumatischer Beinlängendifferenz als mittelbare Unfallfolge in Betracht zu ziehen ist (Schönberger et al. 2003).

Ätiopathogenese

Skoliosen rufen in der Regel wenig Beschwerden hervor. Das Ausmaß der Funktionsstörungen mit Bewegungseinschränkung der Wirbelsäule, Muskelinsuffizienzerscheinungen und Rückwirkungen auf die Leistungsfähigkeit ist vom Krümmungsgrad abhängig. Leichte Skoliosen verursachen in der Regel keine Beschwerden und werden häufig zufällig, z. B. anlässlich einer Begutachtung wegen Unfallfolgen entdeckt. Schwere Skoliosen mit Cobb-Winkeln über 60° führen zu Beschwerden vor allem der Thoraxorgane in Folge konkavseitiger Kompression und konvexseitiger Überdehnung der Lunge.

Gutachterliche Bewertung

Anlagebedingte Skoliosen sind in der Regel großbogig (arkuär). Beim Zustand nach Fraktur ist die Seitverbiegung eher knickförmig (angulär). Bei den arkuären Skoliosen finden sich mehrere asymmetrische Wirbelkörper mit Erniedrigung auf der Konkavseite. Infolge Torsion projizieren sich auf den Röntgenaufnahmen Dornfortsätze und Bogenwurzelovale zur Konkavseite verschoben. Bei der angulären (z. B. posttraumatischen) Skoliose ist die Deformierung auf das betroffene Segment beschränkt. Eine Torsion über mehrere Segmente tritt nicht auf. Der Schweregrad einer Skoliose wird mit der Cobb-Winkelmessung bestimmt. In leichten Fällen mit COBB-Winkeln unter 20° liegt MdE/GdB unter 10%. In schweren Fällen kann es bei der Skoliose mit Winkeln über 60° zu Einschränkungen der Lungenfunktion kommen. Eine Einschränkung der Vitalkapazität unter 70% des Sollwertes ist mit einer MdE von 30% zu bewerten (Rompe u. Erlenkämper 1998). Schwere körperliche Arbeiten sind solchen Personen nicht zumutbar.

In der *privaten Unfallversicherung* stellt die anlagebedingte Skoliose einen Mitwirkungsfaktor unfallfremden Geschehens dar, der mit mindestens 50% des Gesamtschadens anzusetzen ist.

In der *gesetzlichen Unfallversicherung* beträgt die Mitverursachung durch die Skoliose ebenfalls mehr als die Hälfte. Nur kurz nach dem Unfallgeschehen kann der Unfallschaden für einen umschriebenen Zeitraum den überwiegenden Anteil des Gesamtschadens ausmachen. Wenn nach Prellungen, Stauchungen und Distorsionen der Wirbelsäule ohne nachweisbare Fraktur eine anlagebedingte Skoliose der Wirbelsäule diagnostiziert wird, ist der unfallbedingte Anteil von der anlagebedingten Krankheit abzugrenzen. Hierbei hilft die Evaluierung eines verletzungskonformen Verlaufs unmittelbar nach dem Unfallgeschehen. Dies erfordert eine differenzierte Einschätzung der Angaben des Betroffenen und seiner Verhaltensweise nach dem Unfall. Weitere Hinweise geben die Dokumente erstbehandelnder Ärzte, Angaben zu Vorerkrankungen und die verordneten Maßnahmen.

15.11 Sekundärschäden der Skelettstatik nach Verlust oder schwerer funktioneller Beeinträchtigung von Gliedmaßen

Verlust oder schwerwiegende Dauerschädigung einer Gliedmaße, z. B. Lähmungen und Gelenksteifen, haben Rückwirkungen auf den übrigen Bewegungsapparat. Dies gilt gleichermaßen für die obere wie für die untere Extremität. Je nach Ausmaß der Schädigung und Kompensationsfähigkeit des Organismus entstehen am Bewegungsapparat mehr oder weniger ausgeprägte Sekundärschäden, die sich beim Sitzen, Gehen und Stehen bemerkbar machen. Orthesen und Prothesen können den Verlust einer Gliedmaße, aber auch die Lockerung oder Einsteifung eines statisch wichtigen Gelenkes nur unzureichend ausgleichen.

Verlust einer unteren Extremität

Durch die zahlreichen Oberschenkelamputierten aus beiden Weltkriegen hat man viele Erfahrungen mit Stumpfkrankheiten und Sekundärschäden am Bewegungsapparat sammeln können.

Während die Stumpfkrankheiten klar definiert und im Allgemeinen durch 70%ige MdE/GdB für den Zustand nach Oberschenkelamputation abgedeckt waren, gab es immer wieder Diskussionen um die Höherbewertung bei zusätzlichen Veränderungen am Bewegungsapparat.

Wenn Oberschenkelamputierte älter werden, gilt es, die ohnehin auftretenden Verschleißkrankheiten von den amputationsbedingten statischen Skelettveränderungen zu differenzieren. Es gibt zahlreiche Untersuchungen über die Veränderungen der Mechanik am Bewegungsapparat bei Oberschenkelamputierten: Lange (1952), Arens (1956, 1957), Borgmann und König (1957, 1959), Theiss (1957), Marquardt (1957), Warmuth (1959), Belz (1962), Heipertz (1966), Holland und Wölck (1967), Krämer (1976), Krämer et al. (1979). Das Hauptaugenmerk in diesen Arbeiten richtet sich auf den Beckenstand, die Achsenverhältnisse der Lendenwirbelsäule und auf eventuelle Sekundärschäden am erhaltenen Bein. Falls keine oder nur zeitweise Prothesen getragen werden konnten, sind Überlastungsschäden an der oberen Extremität infolge langjähriger Krückenbenutzung zu diskutieren.

Becken und Wirbelsäule

Das Prothesenbein wird in der Regel um 1–2 cm kürzer gehalten als das erhaltene Bein, um einen besseren Durchschwung zu erlauben. Besonders auf unebenem Boden ist dies von Vorteil. Es resultiert ein Beckenschiefstand im Stehen mit einer leichten Konvexbiegung zur geschädigten Seite (*Idemskoliose*). In 1/3 der Fälle beobachteten die Autoren eine Konvexität zur gesunden Seite durch Überkompensation als so genannte Kontraskoliose (Krämer et al. 1979). Neben dieser statistischen Abweichung in der Frontalebene gibt es auch eine Veränderung in der Sagittalebene: Durch den Tuberaufsitz der Prothese erfährt das Becken eine Kippung nach vorne mit nachfolgender Hyperlordosierung der LWS. Beide Statikstörungen, Seitverbiegung und Lordosierung der Lendenwirbelsäule, werden normalerweise bei jüngeren Patienten kompensiert, besonders wenn die Betroffenen viel Sport und Gymnastik treiben. Wenn diese Kompensationsmechanismen durch Anlage oder durch altersbedingte Muskelinsuffizienz nicht mehr ausreichen, kommt es zu einer Überlastung der lumbalen Bewegungssegmente besonders im Bereich der Wirbelgelenke. Die Dekompensation erkennt man an der fixierten Seitverbiegung der Lendenwirbelsäule in der a.p.-Röntgenaufnahme, ergänzt durch Funktionsaufnahmen bei Seitneigung nach rechts und links.

Wenn sich eine solche amputationsbedingte Skoliose einstellt, die differentialdiagnostisch von anlagebedingter Skoliose zu trennen ist, kann man eine Höherbewertung von MdE/GdB um ca. 10% vertreten.

Überlastungsschäden am erhaltenen Bein

Es ist nicht erwiesen, dass durch vermehrte Beanspruchung eines Gelenkes eher ein Verschleißschaden im Sinne einer Arthrose entsteht als bei normaler Belastung. Briefträger und Langläufer sind nicht vermehrt von Knie- und Hüftarthrosen betroffen. Gleiches gilt sinngemäß für Amputierte.

Anders verhält es sich, wenn der Amputierte am erhaltenen Bein aufgrund anderer Ursachen bereits eine Arthrose am Hüft-, Knie- oder Sprunggelenk entwickelt hat. Ausgehend von der Vorstellung, dass sich eine Arthrose aus dem Missverhältnis zwischen Belastung und Belastbarkeit des Gelenkknorpels entwickelt, rät der Orthopäde seinen Arthrosepatienten, das betroffene Gelenk zu schonen. Er sollte den Beruf wechseln, nicht zu viel stehen und gehen und sein Körpergewicht reduzieren. Der Amputierte hingegen kann sein erhaltenes Bein nicht schonen. Schon die normale tägliche Beanspruchung stellt eine Mehrbelastung dar, die sich bei vorhandener Arthrose negativ auf diese auswirkt. Wenn sich bei einem Amputierten eine Hüft-, Knie- oder Sprunggelenksarthrose entwickelt, kann der Betroffene nicht wie ein Gesunder das erkrankte Gelenk entsprechend schonen. Die Arthrose schreitet schneller fort und erreicht ein schwerwiegenderes Ausmaß, als bei einem vergleichbaren Arthrosepatienten ohne Amputation. Dementsprechend fanden die Autoren bei den Nachuntersuchungen bei Oberschenkelamputierten in 69% der Fälle arthrotische Veränderungen im Kniegelenk (Krämer et al. 1979).

Der Verschlimmerungsfaktor kann im Einzelfall mit MdE/GdB bis zu 10% angesetzt werden.

Die gewichttragende Schulter (sog. „Krückengangschulter")

Viele Patienten, die jahrelang auf den Gebrauch von Gehstützen angewiesen sind, klagen über Schulterbeschwerden. Hierzu gehören z.B. Paraplegiker, Beinamputierte, die nicht in der Lage sind, eine Prothese zu tragen, Patienten mit schweren doppelseitigen Cox- oder Gonarthrosen oder nach ersatzloser Hüftendoprothesenentfernung.

Der Gebrauch von Gehstützen führt dazu, dass das normalerweise nicht Körpergewicht-tragende Schultergelenk axial mit Krafteinleitung in die Fornix humeri, den korakoakromialen Bogen des osteofibrösen Schulterdaches, belastet wird. Am korakoakromialen Bogen wird normalerweise keine Kraft übertragen. Die intakte Rotatorenmanschette wirkt deprimierend auf den Humeruskopf, dabei antagonistisch zu den kranialisierend wirkenden Kräften des Deltamuskels. Lastübertragung durch Gehstützengebrauch disponiert zum Impingement, d.h. Bedrängungsphänomenen der Bursa subacromialis und Rotatorenmanschette am korakoakromialen Bogen und damit zu Läsionen dieser Strukturen. Am Ende steht der Rotatorenmanschettendefekt bis hin zur Maximalvariante der Rotatorendefektarthropathie. Ähnliche Verhältnisse liegen beim Fahren in manuell betriebenen Rollstühlen vor.

Nach Petersson und Bergenudd (1988) leiden 14% der 55-jährigen Bevölkerung einer repräsentativen Stichprobe in Schweden an Schulterbeschwerden. In der Untersuchung von Gellman et al. (1988) litten 33% der Patienten mit über 5–10 Jahre bestehender Paraplegie an Schulterbeschwerden, nach 1–15 Jahren 20% und nach 16–20 Jahren 55% sowie nach mehr als 25 Jahren 100%. Bayley et al. (1987) fanden bei 31% der Paraplegiker Schulterbeschwerden, davon 45% mit Rotatorenmanschettendefekten. Sie wiesen experimentell an Freiwilligen exzessive intraartikuläre Druckerhöhungen im Schultergelenk während der Körpergewichtsbelastung nach.

Glaesener et al. (1994) fanden bei 40% von 88 Paraplegikern Schulterbeschwerden. Übergewichtige, sportlich inaktive und sportlich sehr aktive Paraplegiker hatten mehr Beschwerden als sog. Gelegenheits-Rollstuhlsportler. Patienten mit mehr als 25-jähriger Paraplegiedauer hatten zu 50% Schulterbeschwerden, jene mit geringerer Dauer zu 37,5%. Bei 62,9% lagen Affektionen der subakromialen Weichteile (Rotatorenmanschette, Bursa, lange Bizepssehne) vor, bei 40% bestanden zudem Zeichen einer Affektion des Akromioklavikulargelenkes. In dieser Untersuchung wie auch in der von Wylie und Chakera (1988) fanden sich nur wenige glenohumerale Arthrosen.

Neben den häufigen Rotatorenmanschettendefekten bei langjähriger Gehstützenbenutzung wurden von Pringle (1984) auch 3 Fälle aseptischer Humeruskopfnekrosen beschrieben, die er durch Kompression des den Humeruskopf ernährenden Endastes der A. circumflexa humeri anterior, der im Sulcus bicipitalis eintritt, erklärt. Bei der Kranialisierung des Humeruskopfes unter Belastung soll diese Arterie durch Kapseldehnung komprimiert werden.

Gutachterliche Bewertung

Die Anerkennung einer Krückengangschulter als Unfall- oder Schädigungsfolge kann angesichts der Häufigkeit degenerativer Schulterbeschwerden schwierig sein. Die Tatsache, dass bei Röntgennativuntersuchungen keine pathologischen Veränderungen gefunden werden, kann bei der primär vorliegenden Weichteilpathologie nicht als Grundlage einer Ablehnung des Schädigungszusammenhanges dienen. Andererseits ist auch nicht jeder Schulterschmerz bei einem langjährigen Gehstützenbenutzer schädigungsabhängig. Die Anerkennung sollte den kombinierten Nachweis der funktionellen Störung und anatomisch-strukturellen Schädigung voraussetzen und sich dabei an folgenden Kriterien orientieren:

- mindestens 5-jähriger Gehstützen- oder Rollstuhlgebrauch,
- doppelseitiger Befall,
- chronisch-persistierender, nichtepisodischer Verlauf,
- keine Schulterbeschwerden bei Eintritt der Schädigung,
- klinisch eindeutige Zeichen der Rotatorenmanschettenaffektion (schmerzhafter Bogen, pos. Impingementzeichen, Schmerz bei resistiver Abduktion/Außenrotation, ggf. Kraftverlust bei Abduktion und Außenrotation, ggf. Pseudoparalyse, ggf. Bewegungseinschränkung, Atrophie der Supra- und/oder Infraspinatusmuskulatur),
- sonographisch (evtl. arthrographisch) nachgewiesene Schäden an Rotatorenmanschette und Bursa subacromialis,
- funktionelle Desintegration des skapulohumeralen Muskelkomplexes: Der in Ruhe noch im Glenoid zentrierte Humeruskopf wird unter Körpergewichtsbelastung kranialisiert; Nachweis sonographisch oder röntgenologisch,
- röntgenologisch nachgewiesene Sekundärschäden (Hochstand des Humeruskopfes, Tuberkulumsklerosierung und Spornbildung),
- röntgenologische Zeichen der Rotatorendefektarthropathie: Humeruskopfhochstand mit subacromialer Arthrose, Konturunregelmäßigkeiten des Humeruskopfes mit Erosionen, sekundäre glenohumerale und akromioklavikuläre Arthrose.

Eine (primäre) Omarthrose mit erhaltener Rotatorenmanschette ist sicher nicht als Schädigungsfolge zu werten.

Bei langjährigem Gehstützengebrauch und eindeutigem Nachweis eines großen Rotatorenmanschettendefektes oder sogar einer Rotatorendefektarthropathie erscheint die Anerkennung unproblematisch. Bei nur klinischer Symptomatik und fehlenden sonographischen und radiologischen Schädigungszeichen sollte zumindest der Nachweis der funktionellen Störung (Kranialisierung des Humeruskopfes unter Belastung) erbracht werden. Die Anerkennung einer Humeruskopfnekrose kann nur im Einzelfall unter sorgfältigem Ausschluss sonstiger Dispositionsfaktoren erfolgen, da hier belastbare Daten fehlen.

Die Anerkennung setzt zusätzlich den Nachweis voraus, dass keine Prothese getragen werden konnte. Eine Krückengangschulter mit dem klinischen Bild einer Periarthropathia simplex oder adhaesiva bei einseitig betontem Befall sollte mit 10% zusätzlicher MdE/GdB bewertet werden. Ein Rotatorenmanschettendefekt mit nachgewiesener Funktionsschwäche (Kraftverlust) ist mit 20% MdE/GdB zu bewerten.

Form- oder Funktionsstörungen der unteren Extremität und Skelettstatik

Ausgleichbare Beinverkürzungen, mäßige Bewegungseinschränkungen und kleine Funktionsstörungen bleiben ohne messbare Folgen auf den übrigen Bewegungsapparat. Anders verhält es sich z. B. bei vollständiger Versteifung im Hüft- oder Kniegelenk. Sitzhaltung (mit Rundrücken) und Ganganomalien (Schiebegang) haben Rückwirkungen vor allem auf die lumbalen Bewegungssegmente. Gleiches gilt für Lähmungen mit der Notwendigkeit, orthopädische Hilfsmittel zu tragen. Bei schwerwiegender einseitiger Beinschädigung kann man analog zur Bewertung von Oberschenkelamputierten Veränderungen an der Lendenwirbelsäule, an den Gelenken des gesunden Beines und an den oberen Extremitäten infolge langjährigen Krückentragens als Folgeschäden geltend machen, und zwar im Sinne der Verschlimmerung eines anlagebedingten Leidens durch ungünstige statische Bedingungen.

Die MdE/GdB-Wert ist analog der nach Oberschenkelamputation einzuschätzen.

Obere Extremitäten

Achsenabweichungen und Versteifungen der oberen Extremitäten wirken sich auf proximale Skelettabschnitte nicht so negativ aus wie an den unteren Extremitäten. Messbare Rückwirkungen auf die Hals- und Brustwirbelsäule haben lediglich Amputation oder Muskelschwund bei Lähmungen. Der gesunde Arm erhält durch die zudem vermehrt beanspruchte Muskulatur ein relatives Übergewicht und zieht die Halswirbelsäule in eine Fehlhaltung. Ähnlich wie an der Lendenwirbelsäule nach Beschädigung einer unteren Extremität entsteht zunächst eine ausgleichbare Fehlhaltung, die im jugendlichen Alter und bei guter Muskulatur gut kompensierbar ist. Nach längerem Bestehen der Asymmetrie und Nachlassen der Muskelkraft entwickelt sich aus der funktionellen eine strukturelle Störung mit fixierter Seitverbiegung der Hals- und Brustwirbelsäule als erworbene Skoliose.

Objektives Kriterium für die gutachtliche Bewertung ist die a.p.-Röntgenaufnahme der Halswirbelsäule, welche gegebenenfalls eine Seitverbiegung zeigt, die sich auch auf Funktionsaufnahmen bei maximaler Seitneigung nach rechts und links nicht ausgleichen lässt.

Ständige asymmetrische Beanspruchung der zervikalen Bewegungssegmente führt zu Überlastungserscheinungen der konkav gelegenen Bandscheibenanteile und Wirbelgelenkkapseln mit Beschwerden im Sinne eines lokalen Zervikalsyndroms. Eine Höherbewertung von MdE/GdB um einen Wert von bis zu 10% erscheint analog zur Bewertung an der Lendenwirbelsäule gerechtfertigt.

Schlussfolgerungen

Verlust oder schwerwiegende Schädigung einer Extremität haben Rückwirkungen auf die Skelettstatik. Betroffen sind in erster Linie die angrenzenden Abschnitte der Wirbelsäule. Aus einer funktionellen Fehlhaltung mit ausgleichbarer Seitverbiegung entwickelt sich im Laufe der Jahre in einigen Fällen eine strukturelle Skoliose.

Objektives Kriterium für die gutachtliche Bewertung ist die a.p.-Röntgenaufnahme des betroffenen Wirbelsäulenabschnitts mit Funktionsaufnahmen bei Seitneigung nach rechts und links.

Nach schwerwiegenden Schäden einer unteren Extremität kann zwar kein Überlastungsschaden in den großen Gelenken der erhaltenen Extremität entstehen, eine anlagebedingte Arthrose kann sich jedoch durch die unvermeidbare Mehrbelastung verschlimmern. Wenn wegen einer erheblichen Beinschädigung ständig Krücken getragen werden müssen, können Überlastungserscheinungen an der Schulter, vornehmlich im subakromialen und akromioklavikulären Gelenk, auftreten.

Bei allen Sekundärerkrankungen am Bewegungsapparat nach einseitiger Extremitätenschädigung ist die Mitwirkung anlagebedingter degenerativer Veränderungen zu bedenken. Wenn ein Arbeitsunfall aber wesentliche Teilursache des Folgeschadens ist, muss das Beschwerdebild in die Bewertung von MdE/GdB einfließen.

Literatur

Arens W (1957) Chirurgische Begutachtung von Beinamputationsfolgen. Med Sachverst 53:25

Arens W (1956) Arthrosisfragen beim Beinamputierten und bei Sportlern. Zbl Chir 81:712

Bayley JC, Cochran ZP, Sledge CB (1987) The weightbearing shoulder: The impingement syndrome in paraplegics. J Bone Joint Surg 69A:182

Belz W (1962) Die Bedeutung von Wirbelsäulenveränderungen bei Beinamputierten. Kriegsopferversorgung 11:40

Bogduk N (2000) Klinische Anatomie der Lendenwirbelsäule. Springer, Heidelberg

Borgmann F (1957) Spätbefunde bei Beinamputierten. Verh Dtsch Orthop Ges 45:346

Borgmann F (1959) Über den Einfluss der Oberschenkelamputation auf den Bewegungs- und Stützapparat. Z Orthop 91:502

Borgmann F (1960) Zur gutachterlichen Beurteilung von Rückenbeschwerden und -befunden bei Oberschenkelamputierten. Z Orthop 93:351

Bundesministerium für Gesundheit und Soziale Sicherung (Hrsg) (2004) Anhaltspunkte für die ärztliche Gutachtertätigkeit im sozialen Entschädigungsrecht und nach dem Schwerbehindertenrecht

Castro W, Kügelgen B, Ludolph E, Schröter F (1998) Das Schleudertrauma der Halswirbelsäule. Enke, Stuttgart

Castro WH, Meyer SJ, Becke ME, Nentwig CG, Hein MF, Ercan BI, Thomann S, Wessels U, Eu Chesne AE (2001) No stress – no whiplash? Prevalence of "whiplash" symptoms following exposure to a placebo rear-end collision. Int J Legal Med 114(6):316–322

Castro WHM, Schilgen M, Meyer S, Weber M, Peuker C, Wörtler K (1997) Do "Whiplash Injuries" occur in low-speed rear impacts? Europ Spine J 6:366–375

Deimling U, Hallbauer T, Münzenberg K (1992) Begutachtung von operativ versorgten Wirbelsäulenfrakturen der BWS und LWS ohne neurologische Komplikationen. In: Rompe/Erlenkämper: Begutachtung der Haltungs- und Bewegungsorgane. Thieme, Stuttgart.

Gellman H, Ien Sie, Waters RL (1988) Late Complications of the Weight-Bearing Upper Extremity in the Paraplegic Patient. Clin Orth 233:132

Glaesener JJ, Hilzensauer B, Gerner HJ (1990) Schultergelenksaffektionen bei Querschnittgelähmten: Ursachen, klinische Diagnostik und Therapie. In: Hedtmann A (Hrsg) Degenerative Schultererkrankungen. Enke, Stuttgart, S 145–147

Glaesener JJ, Wenck B, Börgel B (1994) Die gewichttragende Schulter des Paraplegikers. Dtsch Z Sportmed 45:11

Heipertz W (1966) Wirbelsäulenschäden bei Beinamputierten. Verh Dtsch Orthop Ges 53:451

Herkowitz H (2004) The lumbar Spine, 3rd ed. Lippincott, Philadelphia

Holland D, Wölck H (1967) Oberschenkelamputation und Wirbelsäulenstatik. Archiv Orthop Unfallchir 62:325

Idelberger K (1994) Lehrbuch der Orthopädie. Springer, Heidelberg

Imhäuser G (1966) Spätuntersuchungen von Beinamputierten. Verh Dtsch Orthop Ges 53:440

König J (1957) Untersuchungsergebnisse über den Einfluss zu kurzer Beinprothesen auf die Wirbelsäule. Verh Dtsch Orthop Ges 45:343

Krämer J (1976) Zur Beurteilung von Sekundärschäden am Bewegungsapparat nach Oberschenkelamputation. Med Sachv 72:22

Krämer J, Heisel M, Ullrich CH (1979) Spätschäden am Bewegungsapparat bei Oberschenkelamputierten und deren Begutachtung. Z Orthop 117:801–807

Krämer J (1986) Bandscheibenbedingte Erkrankungen, 2. Aufl. Thieme, Stuttgart

Krämer J (2002) Kapitel Wirbelsäule. In: Paul B, Peters M, Ekkernkamp A (Hrsg) Kompendium der medizinischen Begutachtung. Spitta, Baldingen

Krämer J, Wiese M, Rubenthaler F (2004) Begutachtung von Verletzungen und Erkrankungen der Wirbelsäule. In: Wirth J, Zichner L (Hrsg) Orthopädie und Orthopädische Chirurgie (Handbuch der Orthopädie, Bd Wirbelsäule und Thorax). Thieme, Stuttgart

Krumbiegel A, Meyer-Clement M (2000) Wirbelgleiten (Spondylolisthesis). In: Ludolph E, Lehmann R, Schürmann J (Hrsg) Kursbuch der ärztlichen Begutachtung. Ecomed, Landsberg, VI-1.2.8.4

Lange M (1952) Spätschäden bei den Versehrten und ihre Behandlung. Verh Dtsch Orthop Ges 40:146

Marquardt W (1957) Versicherungsrechtliche Fragen bei den Amputationen der unteren Gliedmaßen. In: Handbuch der Orthopädie, Bd 1. Thieme, Stuttgart, S 1384

Nichols PJR, Normal PA, Ennis JR (1979) Wheel-chair user's shoulder? Shoulder pain in patients with spinal cord injuries. Scand J Rehabil Med 11:29

Petersson C, Bergenudd H (1988) Shoulder Pain in Middle-Age. 2nd Congress of the European Society for Surgery of the Shoulder and the Elbow, Bern

Pfeil E (1971) Spondylolyse und Spondylolisthesis bei Kindern. Z Orthop 109(1):19–33

Pringel RG (1984) Crutchwalker's shoulder. In: Bateman JE, Welsh RP (eds) Surgery of the shoulder. Decker, Philadelphia, Toronto und Mosby, St Louis Toronto London

Sumi M (1987) Two cases of Weight-Bearing Shoulder with Torn Cuff and Supero-Anterior Dislocation. In: Takagishi N (ed) The Shoulder. PPS, Tokyo

Pentland WE, Twomey LT (1991) The weight-bearing upper extremity in women with long-term paraplegia. Paraplegia 29:521

Rössler H, Rüther W (2000) Lehrbuch der Orthopädie. Urban und Fischer, München

Rompe G, Erlenkämper A (1998) Begutachtung der Haltungs- und Bewegungsorgane, 3. Aufl. Thieme, Stuttgart

Schönberger A, Mehrtens G, Valentin H (2003) Arbeitsunfall und Berufskrankheit. Erich Schmidt, Berlin

Silverskjold JP, Waters RL (1987) Shoulder pain and functional disability in spinal cord injury patients. Vortrag, ASIA-Kongress, San Francisco

Theiss G (1957) Oberschenkelamputierte und Wirbelsäulenveränderungen. Archiv Orthop Unfallchir 49:207

Waddel G (2004) Back Pain Revolution, 2nd ed. Lippincott, Philadelphia

Warmuth H (1959) Die Entstehung und Begutachtung der Inkongruenzosteochondrose der Lendenwirbelsäule nach einseitiger Beinamputation. Kriegsopferversorgung 8:57

Weber M, Wimmer B (1991) Die klinische und röntgenologische Begutachtung von Wirbelsäulenverletzungen nach dem Segmentprinzip. Unfallchirurgie 17:220

Wiltse L, Rothman L (1989) Spondylolisthesis. Classification, diagnosis and natural history: Seminars. Spine Surgery I(2):78–94

Wing PC, Treatwell SJ (1983) The weightbearing shoulder. Paraplegia 21:107

Wittenberg R, Willburger R, Krämer J (1998) Spondylolyse und Spondylolisthese. Orthopäde 27:51–63

Wylie EI, Chakera TMH (1988) Degenerative joint abnormalities in patients with paraplegia of duration greater than 20 years. Paraplegia 26:101

Zukschwerdt L (1955) Beeinflussen traumatisch entstandene Gangstörungen Heilungsvorgänge und Statik der Wirbelsäule? Med Klin 50:1163

16 Rheumatische Krankheiten

W. Bolten

Als Ursache rheumatischer Erkrankungen kommen nur selten physikalische, chemische oder infektiöse äußere Ereignisse in Frage. Solche Faktoren werden häufiger als auslösende bzw. verschlimmernde Faktoren diskutiert. Die Zusammenhangsfrage muss im Einzelfall analysiert und gewichtet werden. Klimatische Einflüsse (z. B. Kälte und Nässe bei Ausübung des Wehrdienstes) wurden beispielsweise als auslösende oder verschlimmernde Faktoren für den Morbus Bechterew genannt. Schmerz, Entzündung und Funktionsstörungen (des Bewegungssystems und beteiligter Organe) sind die Phänomene, die im Begutachtungsprozess der meist chronischen Krankheiten beurteilt werden müssen.

Verschlimmerungen können vorübergehend auftreten oder anhaltend begrenzt (überschaubar) bzw. richtunggebend (chronisch progredient) sein. Treffen rheumatische Beschwerden und nicht rheumatische Krankheiten zusammen, so muss entschieden werden, ob neu auftretende Symptome als Begleiterkrankung, als Medikamentenwirkung oder als Zeichen der rheumatischen Grundkrankheit zu interpretieren sind.

Laboruntersuchungen können zur Diagnosefindung beitragen. Laborparameter werden als Krankheits- oder Prognosemarker aber überschätzt. So ist der „Rheumafaktor" (Tabelle 16.1) keineswegs Voraussetzung für die Diagnose einer rheumatischen Erkrankung, und sein Fehlen schließt eine chronische Polyarthritis nicht aus. Der Nachweis des HLA-B27 wird zusammen mit Rückenschmerzen häufig fälschlich zur Begründung der Diagnose „Morbus Bechterew" herangezogen. Ein erhöhter Serum-Harnsäurewert allein macht aus der Arthritis keine Gichtarthritis.

Tabelle 16.1. Krankheits- und altersabhängige Häufigkeit von Rheumafaktoren

Entität	Rheumafaktor positiv
▪ Rheumatoide Arthritis	bis 90%
▪ Psoriasisarthritis	bis 10%
▪ Sjögren-Syndrom	75–95%
▪ Mixed-connective-tissue-disease	50–60%
▪ Systemischer Lupus erythematodes	15–35%
▪ Polymyositis/Dermatomyositis	bis 10%
▪ Alter >65 Jahre	5–25%

Rheumapatienten werden oftmals multidisziplinär oder fachfremd betreut. Daraus resultierende Beurteilungen müssen sorgfältig geprüft und interpretiert werden, ehe sie zur rheumatologischen Begutachtung mit herangezogen werden.

Gutachterliche Bewertung

Rheumatische Erkrankungen verursachen Beeinträchtigungen der Teilhabe am Leben in der Gesellschaft. Die Beeinträchtigungen sind vor allem durch körperliche Störungen und Schmerzen verursacht, die nicht nur vorübergehend auftreten. Bei entzündlichen Gelenkeerkrankungen, Kollagenosen und Vaskulitiden muss der Mde/GdB-Grad unter Beachtung der individuellen Krankheitsentwicklung, ihren strukturellen und funktionellen Einbußen, aber auch der Krankheitsaktivität mit Auswirkungen auf den Allgemeinzustand und unter Beachtung weiterer Organbeteiligungen und der Therapieauswirkungen eingeschätzt werden (Tabellen 16.2 und 16.3).

16.1 Rheumatoide Arthritis (chronische Polyarthritis, cP)

Die rheumatoide Arthritis (*RA*) ist eine systemische Erkrankung mit Gelenkbefall. Sie ist durch entzündliche Prozesse der Synovialmembran und anderer Gelenkstrukturen, fibrinoide mesenchymale Kollagendegeneration sowie Atrophie und Rarefizierung knöcherner Strukturen gekennzeichnet. Ihre Ursache ist unbekannt. Genetische Disposition sowie exogene und endogene antigene Trigger- und Autoimmunmechanismen spielen in der Ätiopathogenese der polykausalen Erkrankung eine Rolle. Ist der Krankheitsprozess in Gang gesetzt, so unterhält er sich selbst. Hoher Schweregrad, entzündliche Aktivität und hoher Behinderungsgrad korrelieren mit erhöhter Letalität. Wirksamere Therapien können inzwischen die Prognose verbessern.

Tabelle 16.2. Einschätzungskriterien und Einschätzung von MdE/GdB bei entzündlich rheumatischen Erkrankungen der Gelenke und/oder der Wirbelsäule

Funktionseinschränkung	Beschwerden	Krankheitsaktivität	MdE/GdB-Grad	Bemerkung
nicht wesentlich	leicht		**10**	
leicht	leicht	gering	**20–40**	nach Art und Umfang des Gelenkbefalls
andauernd, erheblich	dauernd, erheblich	therapeutisch schwer beeinflußbar	**50–70**	
irreversibel	schwer	hochgradig progredient	**80–100**	

Die Auswirkungen über Monate anhaltender Therapien müssen ggf. berücksichtigt werden.

Tabelle 16.3. Einschätzungskriterien und Einschätzung von MdE/GdB bei Kollagenosen/Vaskulitiden/Weichteilrheuma

Funktionseinschränkung	Beschwerden	Krankheitsaktivität	MdE/GdB-Grad	Bemerkung
Muskelschwäche	vorzeitige Ermüdung, gebrauchsabhängige Unsicherheiten		**20–40**	ggf. sind Mitbeteiligungen anderer Organe zu berücksichtigen
Zunehmende Gelenkkontrakturen, Deformitäten	Aufrichten aus dem Liegen oder Treppensteigen nicht mehr möglich		**50–80**	
Geh- und Stehunfähigkeit	Gebrauchsunfähigkeit von Gliedmaßen		**90–100**	
Organbeteiligung	Beeinträchtigung von Organfunktionen und Allgemeinzustand		**20–100**	nach Art und Ausmaß
länger als 6 Monate anhaltende aggressive Therapie wie z. B. hoch dosierte Cortisontherapie in Verbindung mit Zytostatika			**≥50%**	

Epidemiologie

Frauen erkranken 2- bis 3-mal häufiger. Die Prävalenz beträgt bei Weißen ca. 1 Prozent, bei über 65-jährigen Frauen bis zu 5 Prozent. Der Erkrankungsgipfel liegt zwischen 30 und 55 Jahren. In einem Drittel der Fälle beginnt die Erkrankung akut und mit extraartikulärer Symptomatik. Der Verlauf ist variabel und individuell unterschiedlich, aber meistens wechseln Krankheitsschübe von mehrwöchiger Dauer mit ruhigeren Krankheitsphasen ab. In 15 bis 20% ist die Krankheit intermittierend stumm. In 10 bis 20 Prozent ist der undulierende Verlauf chronisch progredient. Selten treten spontan komplette Remissionen auf.

In Europa sinkt die Inzidenz der RA seit einigen Jahren. Die Überlebensraten der RA-Patienten haben sich in den vergangenen 40 Jahren dennoch nicht verbessert. Die Lebenserwartung der RA-Patienten ist um 5 bis 10 Jahre verkürzt. Der Einfluss jüngst eingeführter Therapieverfahren auf die Sterblichkeit kann noch nicht abschließend beurteilt werden.

Symptome

Diagnosesichernd sind mehr als eine Stunde andauernde Morgensteifigkeit, symmetrische Schwellung mehrerer Gelenke, insbesondere der Metakarpophalangeal (MCP)- oder proximalen Interphalangeal-(PIP-)Gelenke und der positive Rheumafaktor bzw. der Nachweis von Antikörpern gegen zyklisches citrulliniertes Peptid im Serum. Röntgenologisch werden an betroffenen Gelenken Erosionen und gelenknahe Demineralisierungen gesehen. Subkutane Rheumaknoten, Osteopenie, Muskelschwäche, milde Myositis, Pleuroperikarditis, Neuropathie, Episkleritis und Skleritis, Splenomegalie, Sjögren-Syndrom und vaskulitische Prozesse sind im Krankheitsverlauf auftretende extraartikuläre Veränderungen. Die Krankheitsaktivität wird anhand klinischer und serologischer Entzündungsparameter beurteilt. Davon unabhängig muss der irreversible gelenkdestruierende Prozess bestimmt werden.

In die Laboruntersuchungen werden komplettes Blutbild, BSG, CRP, Rheumafaktor, antinukleare Antikörper (*ANA*), ggf. Antikörper gegen zyklisches citrulliniertes Peptid (*CCP*), Urinanalyse, blutchemische Untersuchungen, Schilddrüsenfunktionsparameter und Synovialflüssigkeitsanalysen eingeschlossen. Die röntgenologischen Untersuchungen umfassen Aufnahmen der Hände, der Vorfüße und ggf. anderer betroffener Gelenke. Bei extraartikulärer Manifestation kommen je nach Symptomenkonstellation EKG, Thorax-Röntgenaufnahmen, Haut-, Nerven- oder Synovialisbiopsien zum Untersuchungsprogramm hinzu. Darüber hinaus können diagnostische Maßnahmen in anderen Fachgebieten erforderlich werden.

Zeichen der systemischen Erkrankung sind subkutane Rheumaknoten, Muskelatrophie und Muskelschwäche, Episkleritis, Lymphknotenschwellung, Hepatosplenomegalie und Hautgeschwüre. Häufige Allgemeinsymptome sind Krankheitsgefühl, Fieber, Gewichtsverlust und Müdigkeit.

Pleuritischer oder allgemeiner Thoraxschmerz, Kurzatmigkeit oder Belastungsdyspnoe weisen auf eine pulmonale oder kardiale Beteiligung hin. Die Pneumokoniose mit multiplen intrapulmonalen Knötchen wurde bei quarzstaubexponierten cP-Patienten als Caplan-Syndrom beschrieben. Periphere Neuropathien mit Schmerz, Taubheitsgefühl und Muskelschwäche, Mononeuritis multiplex (epineurale Arterioleninfarzierung – meistens sind sukzessiv N. peroneus, N. tibialis, N. medianus oder N. ulnaris betroffen) oder spinale Kompressions- und periphere Engpasssyndrome werden als Beteiligung des Nervensystems beobachtet.

Rheumalunge, rheumatische Herzerkrankung, Sicca-Symptomatik, Neuropathie oder Kompression des zervikalen Rückenmarks sind gefürchtete Komplikationen. Felty-Syndrom (chronische Arthritis, Splenomegalie, Leukopenie), Skleromalazie, Raynaud-Symptome, Vaskulitis, septische Arthritis, Amyloidose und vollständiger Gelenkfunktions- und -formverlust kennzeichnen schwere Verläufe.

Therapie

Die meisten Patienten mit einer RA benötigen eine kontinuierliche Therapie, um die Krankheitsprogredienz aufzuhalten und entzündliche Schübe zukünftig zu vermeiden. Oftmals werden früh im Leben dieser Patienten operative Eingriffe wie Synovektomie, Freilegung komprimierter Nerven oder Sehnen, Nervenrekonstruktionen, gelenkversteifende Operationen und Gelenkrekonstruktionen, meist mit endoprothetischer Versorgung, erforderlich.

Symptomatisch medikamentös werden Analgetika und/oder nichtsteroidale Antirheumatika (*NSAR*) eingesetzt. Bei Patienten mit erhöhtem gastrointestinalem Risiko werden NSAR mit Protonenpumpenhemmern kombiniert. COX-2-selektive Antirheumatika bergen ein geringeres gastrointestinales Risiko. Angesichts der jüngst verifizierten kardiovaskulären Risiken muss der Einsatz von Coxiben ebenso wie der herkömmlicher NSAR erst nach strenger Nutzen-Risiko-Abwägung erfolgen. Langzeittherapeutika (sog. Basistherapeutika) sind Antimalarika, D-Penicillamin, orales oder parenterales Gold, Sulfasalazin, Azathioprin, Leflunomid, Methotrexat oder auch (bei schweren Verläufen mit Vaskulitiden) Cyclophosphamid, außerdem werden Kortikosteroide mit mittellanger Halbwertzeit in niedriger Dosierung (z.B. längerfristig 5–10 mg, kurzfristig bis 30–60 mg) eingesetzt. Neuere Therapieoptionen sind TNF-alpha-Blocker, ein Interleukin-1-Rezeptor-Antagonist und ein CD-20-Antikörper, die erfolgreich nach Versagen von zwei anderen Basistherapien einschließlich Methotrexat eingesetzt werden können. Andere selektiv in das Netzwerk eingreifende „Biologika“ folgen. Nach Gelenkpunktionen mit diagnostischer oder therapeutischer Synovia-Aspiration können Kortikosteroidinjektionen mit Dexamethason durchgeführt werden. In ausgewählten Fällen werden nach Versagen anderer lokaler Therapien Chemo- oder Radiosynoviorthesen versucht.

Physikalische und ergotherapeutische Maßnahmen, Patientenberatung und -schulung, evtl. unter Einbeziehung von Familienangehörigen, sowie soziale und psychische Betreuung können den Krankheitsverlauf günstig beeinflussen. Im therapeutischen Langzeitkonzept spielt die soziale Integration durch Einbeziehung der Bezugspersonen eine wichtige Rolle. Die Begrenzung durch Schmerzen, die physische Leistungsbegrenzung, verlorene Selbstschätzung und Depressivität muss bei der Führung der RA-Patienten Berücksichtigung finden. Fachgesellschaften geben Therapieleitlinien heraus (Guidelines for the management of rheumatoid arthritis 2002).

Prognose

In 15 bis 20% der Fälle werden Ruhephasen periodisch von entzündlichen Schüben unterbrochen. Die Prognose ist dann relativ günstig. Meistens ist der Verlauf aber progressiv, langsame oder auch rapide Verschlimmerungen sind möglich. Durch Schmerz, Muskelschwäche und irreversible Gelenkdestruktion entstehen Einschränkungen der Bewegungsfunktion. Der physische funktionelle Zustand, die psychologische Situation, Begleiterkrankungen wie Infektionen und die Dauer der Erkrankung bestimmen die erhöhte Morbidität und Mortalität. Die Lebenserwartung kann insbesondere bei schwerem Krankheitsverlauf mit sekundären Manifestationen (z.B. Amyloidose) oder durch Komplikationen der Therapie verkürzt sein.

Die durch Behinderungen und Funktionsstörungen des Bewegungssystems verminderte berufliche Leistungsfähigkeit führt zu häufigeren Arbeitsunfähigkeitszeiten und zu vorzeitiger Berentung.

Caplan-Syndrom

Das Caplan-Syndrom, zuerst bei Bergarbeitern nach chronischer Inhalation von anorganischen Stäuben

(Mineralstäuben) beschrieben, bezeichnet die Koinzidenz von rheumatoider Arthritis und progressiver Lungenfibrose. Immunpathologische Prozesse induzieren die Proliferation von Entzündungszellen (Makrophagen und Neutrophile), die die Entwicklung einer Lungenfibrose vorantreiben.

Es wird derzeit ein ursächlicher Zusammenhang der Arthritis mit der als Berufskrankheit anerkannten Silikose angenommen. Deswegen ist auch die Arthritis zu entschädigen. Die gutachtliche Beurteilung richtet sich nach den individuellen Funktionsstörungen.

Literatur

Guidelines for the management of rheumatoid arthritis (2002) Update. Arthritis Rheum 46:328–346

Kvien TK (2004) Epidemiology and burden of illness of rheumatoid arthritis. Pharmacoeconomics 22(2 Suppl): 1–12

O'Dell JR (2004) Therapeutic Strategies for Rheumatoid Arthritis. New Engl J Med 350:2591–2602

16.2 Juvenile chronische Arthritis (JCA)

Epidemiologie

Die jährliche Inzidenz der JCA in Deutschland wird mit 7,5 auf 100 000 unter 16 Jahre alte Einwohner angegeben, die Prävalenz mit 16,5. Para-/postinfektiöse Arthritiden haben eine höhere Inzidenz von 261 und eine Prävalenz von 14,8 pro 100 000. Die Hälfte der Patienten mit para-/postinfektiöser Arthritis erkranken an einer transienten Hüftgelenkssynovitis. Ein rheumatisches Fieber tritt in einem von 100 000 Fällen auf.

Symptome und Komplikationen

Drei Verlaufsformen werden bei der juvenilen Arthritis im Kindesalter nach ihrer dominierenden klinischen Symptomatik während der ersten 6 Monate nach Krankheitsbeginn unterschieden:

1. Pauciartikulärer Beginn (50% der JCA-Fälle)

Schwellung, Überwärmung, Rötung und (unregelmäßig) Schmerz treten an 1–4 Gelenken über mindestens 6 Wochen in den ersten 6 Krankheitsmonaten auf. Funktionsstörungen und Schwellungen großer Gelenke (Knie, Sprunggelenke, Handgelenke, Ellenbogen) treten typischerweise ohne Schmerzen auf. Mädchen erkranken häufiger als Jungen, Erkrankungsgipfel im 2. und 3. Lebensjahr, selten nach dem 10. Lebensjahr. Laborveränderungen fehlen bis auf niedrigtitrige ANAs (dann häufigeres Auftreten von Iridozyklitiden). Meist ist der Verlauf günstig mit Remission innerhalb von 6 Monaten, Rezidiven bei 20% (auch nach mehr als 5 Jahren), selten Chronifizierung und Gelenkdestruktion.

Systemische Manifestationen sind außer der Uveitis oder Iridozyklitis (20%, Visusverlust bei 15% der Betroffenen) selten. Regelmäßige (monatliche) ophthalmologische Untersuchungen lassen die anfangs asymptomatische Uveitis erkennen. Im weiteren Verlauf sind insbesondere bei den ANA-positiven Kindern augenärztliche Untersuchungen in halbjährlichem Abstand erforderlich. Die Behandlung erfolgt mit Kortikosteroiden, gelegentlich Methotrexat, Cyclosporin oder Azathioprin.

Retardiertes Beinlängenwachstum und Beinlängendifferenz entstehen durch asymmetrische Gelenkentzündungen. Durch Kortikosteroidinjektionen in entzündete Extremitätengelenke (z. B. Kniegelenk) kann eine Beinlängendifferenz i.d.R. vermieden werden. Die Mitbeteiligung der Hüftgelenke bei älteren Kindern weist auf eine Spondylarthritis hin.

Symptomatisch wird mit NSAR oder COX-2-selektiven Inhibitoren behandelt. Intraartikuläre Kortikosteroidinjektionen (nach Ausschluss einer infektiösen Ätiologie), Behandlung der Uveitis mit topischen (ggf. systemischen) Glukokorticoiden und Mydriatika, bei Therapieversagen Methotrexat (*MTX*) oder andere Immunsuppressiva, TNF-alpha-Blocker werden (bei systemischer Mitbeteiligung) in Erwägung gezogen.

2. Polyartikulärer Beginn (30–40% der JCA-Fälle; Rheumafaktor positiv oder negativ)

Mehr als 4 Gelenke sind betroffen. Zwei Erkrankungsgipfel und unterschiedliche Verlaufsformen betreffen 2 bis 5-Jährige und 10 bis 14-Jährige, vornehmlich Mädchen. Für die Jüngeren typisch sind symmetrischer Gelenkbefall, anfangs Daktylitis, familienanamnestisch Psoriasis vulgaris. Eine Uveitis kann selten auftreten, dann werden häufiger positive ANA-Titer gefunden. Andere systemische Manifestationen treten nicht gehäuft auf.

Positive RF-Titer sind gelegentlich bei den älteren Kindern zu finden. Der Verlauf mit Befall auch kleiner Gelenke ähnelt dann der adulten RA. Enthesitiden kennzeichnen den RF-negativen polyartikulären Verlauf. Differentialdiagnostisch muss dann eine Spondylarthropathie in Erwägung gezogen werden.

Ein anfänglich progressiver Verlauf bei Kleinkindern lässt bleibende Behinderungen erwarten. Typische Komplikationen sind Beugekontrakturen, Muskelschwäche, Osteoporose (auch ohne Kortisonbehandlung), dann Gelenkdestruktionen und Gangstörungen.

In der Therapie stehen NSAR im Vordergrund. Erst bei längerfristigem Versagen der NSAR-Therapie werden Basistherapien z.B. mit Methotrexat, Sulfasalazin oder TNF-alpha-Blockern begonnen. Kortison wird mit Zurückhaltung verwendet.

3. Systemische Arthritis (10–20 % der JCA-Fälle; Stillsche Erkrankung; mit und ohne ANA oder RF)

Systemischer Beginn mit hohem intermittierendem Fieber, Erythem und Arthritis, Leukozytose, Lymphadenopathie, Thrombozytose, Hepatomegalie und Splenomegalie; bei 1- bis 16-Jährigen. Initial droht die disseminierte intravaskuläre Koagulation (*DIC*) mit spontaner Blutung; andere systemische Organmanifestationen und vaskulitische Veränderungen sind möglich. In 50% der Fälle entstehen im späten Verlauf Mikrognathie und Halswirbelsäulenfusion. Abgrenzung zur Leukose ist erforderlich.

Die Verläufe sind sehr unterschiedlich. Fieber und Exanthem halten meist über vier bis sechs Monate an. Gelenkschmerz und Entzündung wechseln. Bei 40 bis 50% verschwinden die Arthritissymptome gänzlich. Rezidive können noch nach jahrelanger Beschwerdefreiheit auftreten. Ein Drittel der Patienten hat einen chronischen Verlauf und eine ungünstige Prognose. In manchen Fällen stehen die systemischen Symptome im Vordergrund. Bei anderen bleibt die Arthritis symptomatisch und verläuft ggf. progredient bis hin zur Gelenkdestruktion, die einen Gelenkersatz notwendig macht. Bei hoher entzündlicher Aktivität und länger dauernder Kortikosteroidtherapie droht die Entwicklung einer Osteoporose, die durch Kalziumsupplementierung und sparsamen Umgang mit Kortikosteroiden verringert werden kann. NSAR sind meist effektiv. Im anderen Fall müssen Kortikosteroide eingesetzt werden. Bei progredientem Verlauf sind basistherapeutische Interventionen sinnvoll.

Andere Einteilungen, die ätiologische Mechanismen und therapeutische Optionen besser berücksichtigen und ggf. gezieltere Therapien möglich machen, wurden 1997 publiziert (Durban-Kriterien, Petty et al. 1998).

Literatur

Flato B, Lien G, Smerdel A, Vinje O, Dale K, Johnston V et al (2003) Prognostic factors in juvenile rheumatoid arthritis: a case-control study revealing early predictors and outcome after 14.9 years. J Rheumatol 30:386–393

Koskull S von, Truckenbrodt H, Holle R, Hormann A (2001) Incidence and prevalence of juvenile arthritis in an urban population of southern Germany: a prospective study. Ann Rheum Dis 60:940–945

Minden K, Niewerth M, Listing J, Biedermann T, Bollow M, Schontube M et al (2002) Long-term outcome in patients with juvenile idiopathic arthritis. Arthritis Rheum 46:2392–2401

Petty RE, Southwood TR, Baum J, Bhettay E, Glass DN, Manners P et al (1998) Revision of the proposed classification criteria for juvenile idiopathic arthritis: Durban, 1997. J Rheumatol 25:1991–1994

16.3 Morbus Still des Erwachsenenalters

Systemischer Beginn (Fieber, generalisierte Lymphadenopathie und Hepatosplenomegalie) einer Rheumatoiden Arthritis (*RA*) im Jugendlichen- (15–25 Jahre) oder Erwachsenenalter (36–46 Jahre), in Ausnahmen noch im höheren Lebensalter. Bei ca. einem Drittel der Patienten dauert die Erkrankung nicht länger als ein Jahr und heilt folgenlos aus. Bei einem weiteren Drittel kommt es zu rezidivierenden, meist milden entzündlichen Schüben mit kompletter Remission in Intervall. Bei den übrigen Patienten dominiert ein chronischer Verlauf mit persistierender entzündlicher Aktivität und destruierender Arthritis. Bei den meisten Patienten in dieser Gruppe bessert sich die Erkrankung erst nach Jahren. Insgesamt sind funktionelle Störungen die Ausnahme.

Nichtsteroidale Antirheumatika sind Therapie der Wahl. Bei sehr hohem Fieber können Kortikosteroide hilfreich sein. Basistherapeutika werden ähnlich wie bei der RA eingesetzt.

16.4 Felty-Syndrom

Zu einer meist mehrere Jahre bestehenden seropositiven erosiven RA gesellt sich eine Splenomegalie mit Anämie und Thrombozytopenie; Pigmentflecken treten an den unteren Extremitäten auf und eine Granulozytopenie (unter 2000 Zellen/mm^3), die zu Haut- und pulmonalen Infektionen prädisponiert.

16.5 Rheumaknoten

Subkutane fixierte oder bewegliche Rheumaknoten treten bei 20–30% der RA-Patienten meist über prominenten Knochen (z.B. Ellenbogen, Enden der Röhrenknochen der Finger) auf. Sie können aber auch in anderen Körperregionen entstehen. Histologisch sind sie durch fibrinoide Nekrosen und Pallisadenzellen gekennzeichnet. Rheumaknoten entstehen vereinzelt auch unter der Therapie mit Methotrexat (*MTX*).

16.6 Sjögren-Syndrom

Chronisch-entzündliche, autoimmune Erkrankung mit fortschreitender lymphozytär-plasmazellulärer Destruktion der Speichel- und Tränendrüsen, die zur Verminderung der Speichel- und Tränensekretion führt. Keratoconjunctivitis sicca und Xerostomie sind die wichtigsten möglichen klinischen Symptome. Die Erkrankung kann als sekundäres Sjögren-Syndrom im Rahmen einer systemischen Erkrankung (z. B. rheumatoide Arthritis, Lupus erythematodes, Sklerodermie, Dermatomyositis) auftreten. Zur Diagnose und Verlaufskontrolle wird der Autoantikörperstatus bestimmt (Rheumafaktor, ANA, anti-Ro/SSA, anti-La/SSB) und es wird ein Schirmer-Test zur Quantifizierung der Tränenproduktion durchgeführt. Durch Speicheldrüsenbiopsie kann die Diagnose gesichert werden. Das Sjögren-Syndrom ist eine gutartige Erkrankung, auf deren Boden aber Lymphome entstehen können.

Sicca-Symptome treten bei älteren Menschen infolge atrophischer Störungen und im Rahmen von Medikamenteneinnahme auf. Aber nur ein geringer Teil dieser älteren Menschen erfüllt die Kriterien für die Diagnose eines Sjögren-Syndroms.

16.7 Spondyloarthropathie

Undifferenzierte Spondyloarthropathie, Reiter-Syndrom, reaktive Arthritis und Psoriasisarthritis gehören zur Familie der Spondyloarthropathien. Sie sind entzündliche Gelenkerkrankungen mit Befall der Wirbelsäule.

Spondylitis ankylosans (Morbus Bechterew)

Von der klinischen Symptomatik mit Entzündungsschmerzen der Iliosakralgelenke, der Intervertebralgelenke und der Kostovertebralgelenke sind bei der Spondyloarthropathie dreimal häufiger (junge) Männer betroffen. An den Insertionsstellen der Bänder in die Knochen entstehen Entzündungen (Enthesitis). Neben dem Stammskelett sind akut transient oder chronisch auch periphere Gelenke (Hüften, Schulter, Kniegelenke, Sprunggelenk) betroffen. Systemische Beteiligungen betreffen vor allem die Augen, aber auch Lungen und Herz. Assoziationen bestehen zu entzündlichen Darmerkrankungen.

Der entzündliche Rückenschmerz entsteht nach Ruhephasen. Er kann durch Bewegung gebessert werden. Nach längerem Verlauf kommt es zur Bewegungseinschränkung der Wirbelsäule (Schober-Test) und zu verminderter Atemexkursion des Thorax. Die röntgenologische Darstellung der meist vorhandenen Sakroiliitis trägt nur wenig zur Diagnosefindung bei. Andere Gelenke können mitbeteiligt sein.

Laborchemisch werden Entzündungsparameter und das HLA-B 27-Antigen bestimmt. Weder Blutsenkung noch CRP müssen mit der Aktivität der Erkrankung korrelieren. 95% der Patienten sind „HLA-B 27 positiv" (weniger als 800 Tsd. Patienten in Deutschland), aber auch ca. 5% der Allgemeinbevölkerung (ca. 4 Millionen) tragen dieses Antigen.

Extraartikuläre Manifestationen und Komplikationen sind akute anteriore Uveitis, kardiovaskuläre, pulmonale oder renale Erkrankungen, Schleimhautulzerationen des Gastrointestinaltrakts sowie Frakturen der Wirbelsäule mit neurologischen Ausfällen.

Reaktive Arthritis, Reiter-Syndrom

Infektionen mit Chlamydien, Yersinien, Salmonellen, Shigellen oder Campylobacter können innerhalb von sechs Wochen zur reaktiven Oligoarthritis der unteren Extremitäten führen. Der Verlauf der Arthritis kann akut (sechs bis 12 Monate) oder chronisch sein.

Neben der Arthritis sind Uveitis und Urethritis obligate Symptome des seltenen Reiter-Syndroms. Bei einem Drittel der Patienten ist die Arthritis selbstlimitierend und dauert weniger als sechs Monate an. Nach zwei Jahren ist die Krankheit bei 3/4 der Patienten in vollständiger Remission. In einem anderen Drittel flammt die Erkrankung intermittierend mit arthritischer, enthesiopathischer oder extraartikulärer Symptomatik wieder auf. In 25% der Fälle kommt und geht die Krankheit ohne jemals vollständig zu verschwinden. Bei 5% der Patienten dominiert der destruktive entzündliche Verlauf an peripheren Gelenken oder Wirbelsäule.

Positives HLA-B 27 und extraartikuläre Manifestationen signalisieren Chronizität und ungünstige Prognose.

Ulzerative Kolitis, entzündliche Darmerkrankungen

Zu den extraintestinalen Manifestationen der ulzerativen Kolitis, des Morbus Crohn und der Colitis ulcerosa gehört die periphere, nichtdestruierende Arthritis großer Gelenke (10 bis 50%) sowie die Spondylitis ancylosans (bis 25 %).

Die Behandlung erfolgt symptomatisch mit NSAR und basistherapeutisch mit Sulfasalazin, Methotrexat oder Azathioprin. Bei Wirkungslosigkeit wird Kortison eingesetzt. TNF-alpha-Blocker zur Basistherapie erweitern neuerdings das therapeutische Spektrum.

16.8 Psoriasisarthritis

Die Psoriasisarthritis ist eine entzündliche, genetisch determinierte Gelenkerkrankung, die meist der Psoriasis vulgaris folgt. In 15% der Fälle wird zuerst die Arthritis manifest. Bei weiteren 15% wird die Psoriasis der Haut nicht diagnostiziert. Ca. 5%

der Psoriatiker leiden an einer Psoriasisarthritis. Männer und Frauen sind gleich häufig betroffen. Umweltfaktoren (Infektionen, Traumata) sollen eine Rolle spielen. Der Gelenkbefall ist asymmetrisch. Die distalen Interphalangealgelenke und die Wirbelsäule sind bei ca. der Hälfte der Fälle betroffen. Auffällig gering sind die trotz erheblicher Gelenkdestruktionen nur geringen Schmerzen. Ein Drittel der Patienten leidet unter einer Daktylitis (Wurstfinger, Wurstzehe). Nagelläsionen sind manchmal die einzige „Hautmanifestation". Röntgenologisch sind die Gelenkveränderungen eindeutig von den Destruktionen mit rheumatoider Arthritis zu unterscheiden. Positive ANA- und Rheumafaktoren werden in 10% der Fälle gefunden. Bei 30% sind die Entzündungsparameter im Serum erhöht.

Mit der Zahl der betroffenen Gelenke und der Höhe der Entzündungswerte im Serum sowie dem Nachweis bestimmter HLA-Antigene (B27, B39, DQw3) steigt das Risiko für einen progressiven Verlauf. HLA-DR7 signalisiert einen günstigen Verlauf. Das durchschnittliche Mortalitätsrisiko ist nicht erhöht. Remissionsphasen mit einer durchschnittlichen Dauer von zwei Jahren sind die Regel. Rezidive sind aber jederzeit möglich, ebenso wie die komplette Remission.

Die symptomatische Behandlung erfolgt mit NSAR. Bei Erfolglosigkeit der symptomatischen Therapie oder bei hoher Krankheitsprogression werden basistherapeutisch ähnliche Prinzipien wie bei der rheumatoiden Arthritis angewandt. Methotrexat ist auch hier das Mittel der Wahl.

16.9 Fibromyalgie

Als nichtartikuläres, nichtentzündliches rheumatisches Syndrom imponiert die Fibromyalgie mit Myalgien und multiplen charakteristischen, druckschmerzhaften, umschriebenen Muskelregionen (11 von 18 Tenderpoints sollen zur Diagnosestellung positiv sein); Schmerzverstärkung bei Inaktivität oder Kälteexposition. Allgemeinsymptome wie Schlafstörungen, Müdigkeit, Steifigkeitsgefühl, Kopfschmerzen und Depression sind möglich. Die Erkrankung kann primär auftreten oder andere Erkrankungen (z. B. rheumatische Erkrankungen) begleiten. Meist sind Frauen in der dritten bis sechsten Lebensdekade betroffen. Die Prävalenz wird mit 2% angegeben. Laborbefunde und die Befunde bildgebender diagnostischer Verfahren sind nicht pathologisch verändert.

Die Diagnose wird oft erst nach mehrjährigem Krankheitsverlauf gestellt. Währenddessen werden zahlreiche Untersuchungen „ohne Befund" durchgeführt und eine Reihe von Spezialisten konsultiert. Es gibt keinen diagnosesichernden Test.

Die Behandlung ist schwierig und Therapieversuche oft erfolglos. Die individuelle multidisziplinäre Behandlung mittels physikalischer und rehabilitativer Verfahren sowie allgemeiner und psychologischer Gesundheitsmaßnahmen gilt zusammen mit der Patientenschulung, auch unter Einbeziehung der Lebenspartner, als erfolgversprechend. Fitnesstraining, Muskelkräftigung und verhaltenstherapeutische Verfahren gehören dazu. Therapieversuch mit NSAR oder Analgetika, trizyklischen Antidepressiva, Serotonin-Reuptake-Inhibitoren (*SSRI*) oder Kombinationen dieser Pharmaka sind individuell sehr unterschiedlich wirksam. Z. Zt. laufen international zahlreiche Therapiestudien mit den genannten und ähnlichen Pharmaka.

Die Erkrankung dauert meist viele Jahre/Jahrzehnte an, ohne dass sich die Symptomatik wesentlich verändert. Dennoch sind zwei Drittel der Patienten sozial annähernd vollständig integriert und voll arbeitsfähig. Regelmäßige ärztliche Versorgung führt bei etwa 35 Prozent innerhalb von zwei Jahren zu einer Besserung der Symptome.

Bis zu 30% der Patienten (im Vergleich zu zwei Prozent der Kontrollgruppe sowie 10% der Patienten mit chronischen Schmerzen) schätzen sich selbst als arbeitsunfähig ein. Berentet sind 26% der Fibromyalgiepatienten im Vergleich zu 3% bzw. 9% der Kontrollgruppe bzw. der Schmerzpatienten.

Literatur

White KP, Speechley M, Harth M, Ostbye T (1999) Comparing self-reported function and work disability in 100 community cases of fibromyalgia syndrome versus controls in London, Ontario: the London Fibromyalgia Epidemiology Study. Arthritis Rheum 42: 76–83

16.10 Gichtarthritis

Die Erkrankung ist eine hereditäre metabolische Erkrankung mit rezidivierend auftretenden akuten Gelenkentzündungen (vor allem Großzehengrundgelenk), Hyperurikämie, artikulärer oder periartikulärer Ablagerung von Uratkristallen. Initiale monoartikuläre Gichtanfälle werden unbehandelt im späteren Verlauf von polyartikulären akuten Arthritiden abgelöst. Die chronische tophöse Gicht ist durch klinisch und röntgenologisch sichtbare, teilweise kalzifizierende, nicht schmerzhafte Uratknoten im Weichteilgewebe und artikulären Strukturen gekennzeichnet.

Akute Gichtanfälle werden oftmals durch Traumata, Infektionen oder durch Operationen ausgelöst. Weitere prädisponierende Faktoren sind Hungern, Völlerei, übermäßiger Alkoholgenuss und Einnahme von Medikamenten, die die Serum-Uratkonzentrationen ansteigen lassen (Allopurinol, Urikosurika). Normale Harnsäurespiegel im Serum sind trotz akuter Gichtanfälle möglich.

Die interkritische Phase der Gicht ist im frühen Verlauf meist asymptomatisch. Unbehandelt ist innerhalb von zwei Jahren mit einer neuen Episode zu rechnen. Die Intervalle werden danach immer kürzer, die Schübe schwerer. Zunehmend mehr Gelenke sind beteiligt, und die Körpertemperatur steigt während des Anfalls. Mit zunehmender Anfallsdauer wird die interkritische Phase immer kürzer.

Durch antihyperurikämische und urikosurische Behandlung sind schwere Verlaufsformen der Gichtarthritis heute selten.

16.11 Sternokostoklavikulare Hyperostose

Gutartige Hyperostose und Weichteilossifikation zwischen Klavikula und vorderen Rippen, meist assoziiert mit palmoplantarer Pustulose (neutrophile Pseudabszesse), geht mit Synovitis, Akne und Osteomyelitis (SAPHO) einher. Differentialdiagnostisch ist die Abgrenzung von z. B. Psoriasisarthritis oder Osteitis deformans wichtig.

16.12 Arthrose

Sie ist eine progressiv degenerative, primär nichtentzündliche Gelenkerkrankung meist älterer Menschen. Dennoch ist der Alterungsprozesses nicht die Ursache. Die Arthrose wird vielmehr als Folge von biochemischen Veränderungen und biomechanischem Stress des artikulären Knorpels verstanden. Gelenksintegrität, genetische Disposition, lokale Entzündungsprozesse, und mechanische Kräfte spielen eine Rolle in der Pathogenese. Zahlreiche Einteilungen werden nach verschiedenen Kriterien benutzt. Aus klinischer Perspektive kommt der Einteilung nach den verschiedenen anatomischen Orten die größte Bedeutung zu. Krankheitsverlauf, Behandlung und Prognose sind bei Knie-, Hüft-, Sprung- oder Fingergelenksarthrose durchaus unterschiedlich. Klassifikationskriterien der Hüftgelenksarthrose und der Kniearthrose wurden von wissenschaftlichen Gesellschaften publiziert (▶ Literatur s. u.).

In epidemiologischen Studien wurden Risikofaktoren für die Entwicklung einer Arthrose identifiziert: höheres Lebensalter, weibliches Geschlecht, Übergewicht, berufliche Tätigkeit, leistungssportliche Aktivitäten, vorausgehende Verletzung, Muskelschwäche, propriozeptive Defizite, genetische Faktoren, Akromegalie, Kalziumkristallablagerungskrankheit. Gewichtsabnahme verlangsamt den Arthroseprozess. Höhere Knochenmasse ist mit einem erhöhten Hüftarthrosenrisiko bei älteren Frauen verbunden. Die in verschiedenen Berufen zwangsläufig auf die Gelenke einwirkenden Belastungen und repetetiven Schädigungen können die Entwicklung der Arthrose beschleunigen.

Die Arthrose der Hüftgelenke tritt im mittleren bis höheren Lebensalter auf. Charakteristisch gehen Wachstums- und Entwicklungsstörungen im Schenkelhals- und Hüftkopfbereich oder Dysplasie der Hüftpfanne voraus. Klinisch stehen Belastungs- und Bewegungsschmerz im Vordergrund.

Die Kniegelenksarthrose führt zu Desynchronisierung des Bewegungsablaufs und pathologischer Bewegung, zu Überbeanspruchung und Veränderungen des artikulären Knorpels.

Zu verkalkenden, von den Wirbelknochen ausgehenden Wucherungen kommt es infolge degenerativer Prozesse bei der zervikalen und lumbalen Spondylose.

Ziele der Behandlung sind Schmerzkontrolle und Abschwellung entzündeter Gelenke, Verbesserung der Funktion, Verbesserung der Lebensqualität, Vermeidung der Progression. Der Patient muss aktiv in die Behandlung einbezogen werden. Die Behandlungsmethoden orientieren sich außer am Schweregrad der Arthrose auch an beruflich und häuslich notwendiger Belastung. Guidelines zur Behandlung von Hüft- und Kniearthrose wurden von verschiedenen Fachgesellschaften publiziert.

Literatur

Altman R, Asch E, Bloch D, Bole G, Borenstein D, Brandt K et al (1986) Development of criteria for the classification and reporting of osteoarthritis. Classification of osteoarthritis of the knee. Diagnostic and Therapeutic Criteria Committee of the American Rheumatism Association. Arthritis Rheum 29:1039–1049

Altman R, Alarcon G, Appelrouth D, Bloch D, Borenstein D, Brandt K et al (1991) The American College of Rheumatology criteria for the classification and reporting of osteoarthritis of the hip. Arthritis Rheum 34:505–514

Hochberg MC, Altman RD, Brandt KD, Clark BM, Dieppe PA, Griffin MR et al (1995) Guidelines for the medical management of osteoarthritis. Part I. Osteoarthritis of the hip. American College of Rheumatology. Arthritis Rheum 38:1535–1540

Hochberg MC, Altman RD, Brandt KD, Clark BM, Dieppe PA, Griffin MR et al (1995) Guidelines for the medical management of osteoarthritis. Part II. Osteoarthritis of the knee. American College of Rheumatology. Arthritis Rheum 38(11):1541–1546

Jordan KM, Arden NK, Doherty M, Bannwarth B, Bijlsma JWJ, Dieppe P et al (2003) EULAR Recommendations 2003: an evidence based approach to the management of knee osteoarthritis: Report of a Task

Force of the Standing Committee for International Clinical Studies Including Therapeutic Trials (ESCISIT). Ann Rheum Dis 62:1145–1155
Recommendations for the medical management of osteoarthritis of the hip and knee (2000) Update. American College of Rheumatology Subcommittee on Osteoarthritis Guidelines. Arthritis Rheum 43:1905–1915
Schnitzer TJ (2002) Update of ACR guidelines for osteoarthritis: role of the coxibs. J Pain Symptom Manage 23(4 Suppl):S24–S30

16.13 Morbus Forestier

„Diffuse idiopathische skelettale Hyperostose (DISH)", oder „ankylosierende Hyperostose" sind gebräuchliche synonyme Begriffe für den Morbus Forestier, bei dem nichtentzündliche Prozesse mit Kalzifizierung und Ossifikation spinaler Ligamente und peripherer Enthesen einhergehen. Radiologische Veränderungen (meist rechtsseitige Verspangungen der Wirbelkörper) können ohne klinische Symptome auftreten. Ursächlich soll hochdosiertes Vitamin A an der Entstehung der Hyperostose beteiligt sein. Schmerzen im gesamten Wirbelsäulenverlauf und Behinderung können auftreten. Bei DISH-Patienten treten möglicherweise mediale Epikondylitis, Knie-Enthesitiden, plantare Fasziitis und Dysphagie gehäuft auf. Die Behandlung ist symptomatisch.

16.14 Polymyalgia rheumatica

Zum Syndrom der Polymyalgia rheumatica (*PMR*) gehören proximaler Gelenk- und Muskelschmerz, hohe Blutsenkungsgeschwindigkeit (*BSG*), hohes CRP und ein selbst limitierender Verlauf. Synovialitiden und Tendosynovitiden (Carpaltunnel-Syndrom) verlaufen milde. Schmerz und Grad der Entzündung korrelieren meist eng. Frauen sind doppelt so häufig betroffen wie Männer, Weiße häufiger als andere ethnische Gruppen. Alle Patienten sind älter als 50 Jahre. Die PMR ist bei 15% mit der temporalen Arteriitis (Riesenzellarteriitis) assoziiert, die ihrerseits zu 50% von einer PMR begleitet wird. Es wird vermutet, dass die beiden Syndrome eine gemeinsame Ursache haben bzw. Ausdruck einer einzigen Krankheitsentität sind. PMR und Temporalarteriitis sind Ausschlussdiagnosen.

Promptes Ansprechen auf eine Kortisontherapie ist charakteristisch. Anfangsdosen von 20 mg Prednison (ggf. höhere Dosen bei der Arteriitis) werden im Verlauf, orientiert an der klinischen Symptomatik, nur langsam über Monate reduziert. Rezidive sind häufig. Adjuvantes Methotrexat (*MTX*) vermindert den Kortisonbedarf, ist aber nur selten indiziert. Die Letalität ist nicht erhöht.

16.15 Arthritis nach akutem rheumatischem Fieber

Verzögert, meist bei 4–9-Jährigen auftretende, fieberhafte, nichteitrige, migratorische (nichtdestruierende) Arthritis nach Infektion (Pharyngitis) mit hämolysierenden Streptokokken der Gruppe A, ggf. mit Karditis, Chorea, Erythema marginatum, subkutanen und myokardialen Knötchen (Anhäufungen von Aschoffschen Knötchen), Polyarthritis und Arthralgie einhergehend. Hochtitriger Nachweis von Streptokokkenantikörpern in 80% der Fälle. Unspezifische Entzündungszeichen im Labor. Ggf. ist die Abgrenzung zu einer reaktiven Poststreptokokkenarthritis notwendig.

Symptomatisch therapeutisch wird Aspirin eingesetzt. Antibiotische Behandlung des Streptokokkeninfekts. Anschließend antibiotische Prophylaxe.

Literatur

Guidelines for the diagnosis of rheumatic fever. Jones Criteria, 1992 update. Special Writing Group of the Committee on Rheumatic Fever, Endocarditis, and Kawasaki Disease of the Council on Cardiovascular Disease in the Young of the American Heart Association. JAMA 268:2069–2073
Jansen TL, Janssen M, de Jong AJ, Jeurissen ME (1999) Post-streptococcal reactive arthritis: a clinical and serological description, revealing its distinction from acute rheumatic fever. J Intern Med 245:261–267

16.16 Schmerztherapie mit NSAR

Leitsymptom rheumatischer Erkrankungen ist der Schmerz, der i.d.R. auf der Basis entzündlicher Prozesse entsteht. Wenn nichtmedikamentöse Behandlungsmethoden unzureichend wirksam sind, sollten kontraalgetische Behandlungen mit nebenwirkungsarmen Medikamenten wie Paracetamol versucht werden. Oft reicht die Wirkung nicht aus, dann kommen NSAR zum Einsatz. Nebenwirkungen stellen bis auf die gastrointestinalen Komplikationen wegen der guten Überwachungsmöglichkeiten (klinische Untersuchung, Laborkontrollen zur Organüberwachung) kein größeres Problem dar. Bei gastrointestinalen Risikopatienten (hohes Lebensalter, positive Gastrointestinalanamnese, Komedikation mit Kortison, Antikoagulantien oder SSRI, schwere Allgemeinerkrankung, hohe NSAR-Dosis) ist die prophylaktische Komedikation mit Protonenpumpeninhibitoren oder der Wechsel auf ein COX-2-selektives Antirheumatikum erforderlich. Durch diese Maßnahmen kann das gastrointestinale NSAR-Risiko reduziert und die Komplikationsrate etwa halbiert werden.

Literatur

Simon L, Lipman A, Jacox A, Caudill-Slosberg M, Gill M, Keefe F et al (2002) Guideline for the Management of Pain in Osteoarthritis, Rheumatoid Arthritis, and Juvenile Chronic Arthritis, 2 ed. Glenview IL (ed) American Pain Society

16.17 Chronisches Müdigkeits- oder Erschöpfungssyndrom (Chronic-Fatigue-Syndrom, CFS) und multiple Chemikalienunverträglichkeit (Multiple-Chemical-Sensitivity, MCS)

G. Neeck

CFS

Das CFS (Synonym in Großbritannien, Australien, Kanada, Neuseeland: *myalgische Enzephalopathie, ME*) wird entsprechend in gültigen internationalen Klassifikationskriterien (Fukada et al. 1994) als schwere Erschöpfung/Müdigkeit definiert, die mindestens 6 Monate besteht und

- neu aufgetreten ist,
- nicht Folge einer chronischen Belastungssituation ist,
- unter Bettruhe nicht deutlich rückläufig ist,
- so ausgeprägt ist, dass die durchschnittliche Leistungsfähigkeit deutlich reduziert ist.

Als Nebenkriterien müssen 4 der folgenden weiteren Kriterien für mehr als 6 Monaten vorliegen:

- Halsschmerzen,
- schmerzhafte zervikale oder axilläre LK-Schwellungen,
- Muskelschmerzen,
- wandernde Arthralgien (ohne Hinweise auf Entzündung),
- neu aufgetretene Kopfschmerzen,
- Konzentrationsschwierigkeiten und Störungen des Kurzzeitgedächtnisses,
- keine Erholung durch Schlaf,
- verlängerte (mehr als 24 Stunden) generalisierte Müdigkeit nach früher tolerierten Belastungen.

Die Ursachen des CFS sind unbekannt (Späth 2002), beweisende Befunde existieren nicht, was auch die gutachterliche Bewertung erheblich erschwert.

Kausal diskutiert werden infektiöse/postinfektiöse Zustände insbesondere im ZNS (Buchwald et al. 1996) und Störungen im neuroendokrinen System, hier insbesondere in der Hauptstressachse des Menschen, der Hypothalamus-Hypophysen-Nebennierenrinden-Achse sowie in Transmittersystemen des ZNS, hier vor allem dem seroternergen System (Parker et al. 2001).

Über berufsbedingte Auslösung des CSF ist nichts bekannt.

MCS

Bei der MCS (dazu gehört auch das Sick-Building-Syndrom, *SBS*) handelt es sich um multiple, unspezifische Beschwerden, die von den Betroffenen auf Umweltchemikalien und Umweltfaktoren zurückgeführt werden. Das Syndrom ist bisher unzureichend definiert, wissenschaftlich akzeptierte Diagnosekriterien fehlen. Für die angeschuldigten Noxen sind grundsätzlich die Intoxikationsbilder bekannt. Bei MCS werden aber gerade subtoxische Konzentrationen angeschuldigt, ohne toxikologische Prinzipien (Dosisabhängigkeit, Zeitabhängigkeit) zu berücksichtigen.

Eine vom Autor selbst als explorativ bezeichnete deutsche Studie (Fragebogenaktion) fand MCS in einigen Berufen mit hoher Schadstoffexposition, z.B. Laborpersonal, Drucker, Fußbodenleger, Maler/Lackierer, überrepräsentiert (Maschewsky 1998). Berufliche Exposition ist aber als Risikofaktor für MCS nicht etabliert.

Da das MCS-Syndrom zunehmende öffentliche und politische Aufmerksamkeit erfahren hat, hat das Bundesministerium für Umwelt, Naturschutz und Reaktorsicherheit (*BMU*) im Rahmen des Aktionsprogramms Umwelt und Gesundheit (*APUG*) wohl im Zusammenhang mit Petitionen an den Deutschen Bundestag drei Projekte gefördert, um Erkenntnisse zu Ursachen, charakteristischen Beschwerden, Pathomechanismen, Mechanismen der Entstehung und Entwicklung von Krankheiten und Verlaufsformen zu gewinnen: MCS ist im größeren Zusammenhang von unspezifischen Beschwerden und Symptomen zu sehen, die auf Umwelteinflüsse (Amalgam, Holzschutzmittel, elektromagnetische Felder, u.a.m.) zurückgeführt werden und unter dem Begriff „Idiopathic Environmental Intolerance" (*IEI*) zusammengefasst werden.

Gemäß der Abschlussberichte ergab die „hypothesengeleitete Datenauswertung für das MCS-Phänomen kein charakteristisches Symptommuster, keinen systematischen Zusammenhang zwischen geklagten Beschwerden und angeschuldigten Noxen, keinen Hinweis auf eine besondere genetische Prädisposition der MCS-Patienten und keinen Beleg für eine eindeutige Störung des olfaktorischen Systems oder eine neurogene Entzündung". Die standardisierte psychiatrische Diagnostik (CIDI) ergab, dass Umweltambulanzpatienten signifikant häufiger unter psychischen Störungen leiden als die vergleichbare Allgemeinbevölkerung und dass die psychischen Störungen bei den meisten Patienten den umweltbezogenen Beschwerden weit vorausgehen.

Zusammenhang zwischen CFS und MCS

Das CFS überlappt sich klinisch vor allem dem Fibromyalgiesyndrom (*FMS*), dem posttraumatischen Stresssyndrom (*PTSS*) und der multiplen chemischen Sensitivität (*MCS*). So kann beim Fibromyalgiesyndrom Erschöpfung/Müdigkeit bestehen, das Symptom Schmerz dominiert allerdings. Beim CFS stehen Schmerzen eher im Hintergrund. Die Überlappung beider Symptome gibt Anlass zu Überlegungen ähnlicher Pathomechanismen (Wessely et al. 1999). Das CFS kann auch als somatoforme (psychosomatische, psychiatrische) Erkrankung verstanden werden (Nix u. Egle 1998). Die Störung ist häufig (geschätzte Prävalenz zwischen 0,5 bis 3% in der normalen Bevölkerung, Späth 2002).

Da beweisende Befunde fehlen, muss sich auch die gutachterliche Bewertung auf die sorgsame Anamnese und die dokumentierte Krankengeschichte stützen. Eine Restunsicherheit in der Bewertung bleibt häufig bestehen.

Die „Anhaltspunkte" subsumieren – ob berechtigt oder nicht, sei dahingestellt – CFS und MCS (und Fibromyalgie) den Somatisierungssyndromen. Zu den klinischen Charakteristika von CSF, MCS und Fibromyalgie gehört, dass die Betroffenen psychische Komponenten, sei es als Mitursachen oder als komplizierende Faktoren, ablehnen und vielmehr Umweltfaktoren anschuldigen.

Gutachterliche Bewertung

Gemäß der „Anhaltspunkte" sei der MdE-/GdB-Grad im Einzelfall entsprechend der funktionellen Auswirkungen analog zu beurteilen. Die Begutachtung hat die psychischen Komorbiditäten zu berücksichtigen. Hier stellt sich die Frage der Therapie und Rehabilitation vor Anerkennung einer Minderung der Erwerbsfähigkeit. Gemäß eines Cochrane-Reviews (Edmonds et al. 2004) ist Übungstherapie bei CSF wirksam, wobei die zugrunde liegenden, durchweg älteren 5 Studien aber methodische Schwächen aufweisen. Ebenfalls bei CSF wirksam (3 Studien) ist kognitive Verhaltenstherapie (Price u. Couper 1998). Zu MCS fehlen methodisch adäquate Therapiestudien. Jedenfalls setzt die Verhaltenstherapie bei CSF und MCS erhebliches Geschick voraus, um Therapiemotivation der Betroffenen zu generieren und stabilisieren. Es gibt Autoren, nach denen sich ohne Komorbidität mit einer relevanten seelischen Störung eine Leistungsminderung im Erwerbsleben nicht begründen lasse (Hausotter 2004).

Literatur

Brockmöller J, Eis DD, Mühlinghaus T, Meineke C, Birkner N (2003) Untersuchungen zur Suszeptibilität bei multipler Chemikalienüberempfindlichkeit (MCS). Abschlußbericht im Auftrag des Bundesumweltamtes

Buchwald D, Ashley RL, Pearlman T et al (1996) Viral serologies in patients with chronic fatigue and chronic fatigue syndrome. J Med Virol 50:25–30

Bundesministerium für Gesundheit und Soziale Sicherung (Hrsg) (2004) Anhaltspunkte für die ärztliche Gutachtertätigkeit im sozialen Entschädiungsrecht und nach dem Schwerbehindertenrecht

Edmonds M, McGuire H, Price J (2004) Exercise therapy for chronic fatigue syndrome. Cochrane. Database Syst Rev CD003200

Eis D, Dietel A, Mühlinghaus T, Birkner N, Jordan L, Meineke C, Renner B in Zusammenarbeit mit dem Deutschen MCS-Forschungsverbund (2005) Studie zum Verlauf und zur Prognose des MCS-Syndroms – Erweiterung der Basisstichprobe und Nachuntersuchung. Abschlußbericht im Auftrag des Bundesumweltamtes

Fukuda K, Straus SE, Hickie I et al (1994) The chronic fatigue syndrome: A comprehensive approach to its defition and study. International Chronic Fatigue Syndrome Study Group [see comments]. Ann Int Med 121:953–959

Hausotter W (2004) Begutachtung somatoformer und funktioneller Störungen. Urban & Fischer, Stuttgart

Maschewsky W (1998) Chemikalienunverträglichkeit und Beruf – Ergebnisse einer empirischen Studie. Z Umweltmedizin 6: Heft 5/98 und http://www2.bremen.de/info/oekoaerztebund/maschews.htm

Neeck G, Crofford LJ (2000) Neuroendocrine perturbations in fibromyalgia and chronic fatigue syndrom: Rheum Dis Clin North Am 26:989–1002

Nix WA, Egle UT (1998) Das chronische Erschöpfbarkeitssyndrom. Akt Neurol 25:6–12

Parker AJ, Wessely S, Cleare AJ (2001) The neuroendocrinology of chronic fatigue syndrome and fibromyalgia. Psychol Med 31:1331–1345

Price JR, Couper J (1998) Cognitive behaviour therapy for chronic fatigue syndrome in adults (Cochrane Review). Cochrane Database System 4, Art No CD001027. DOI:10.1002/14651858.CD001027

Späth M (2002) Chronisches Erschöpfbarkeits-Syndrom. Arthritis Rheumatism 22:204–210

Wessely S, Nimnuan C, Sharpe M (1999) Functional somatic syndromes: One or many? Lancet 354:936–939

17 Hautkrankheiten

S. M. John und W. Wehrmann

Die dermatologische Begutachtung umfasst in erster Linie die beruflich bedingten Hauterkrankungen nach dem gesetzlichen Unfallversicherungsrecht. Berufskrankheiten der Haut (syn. *Berufsdermatosen*) sind durch berufliche Einflüsse verursachte Hauterkrankungen. Die Berufskrankheit nach ▶ BK 5101 umfasst die häufigsten beruflich bedingten Hauterkrankungen; hierbei handelt es sich primär um Ekzemerkrankungen. Hautkrebse werden nicht unter der ▶ BK 5101 geführt, sie werden unter der ▶ BK 5102 subsumiert.

Berufsbedingte Hautkrankheiten (BK 5101) stehen in fast allen westlichen Industrienationen seit Jahren quantitativ an der Spitze der gemeldeten Berufskrankheiten (Diepgen u. Coenraads 2000). Von allen Berufskrankheiten verursachen sie jährlich die höchsten Kosten für berufliche Rehabilitation. Berufsbedingte Ekzemerkrankungen sind durch sehr heterogene Pathogenesen gekennzeichnet, häufig kommen auch Mischformen vor. Oft werden irritative Initialstadien durchlaufen, bevor allergische Kontaktekzeme auftreten.

Sekundär-präventive Maßnahmen haben besonders diese frühen Erkrankungsstadien zum Gegenstand („*Hautarztverfahren*", John et al. 2006 a). Es sind nur wenige Berufsgruppen, in denen Berufsdermatosen überwiegend auftreten. Der Beruf mit dem höchsten Hauterkrankungsrisiko ist der Friseurberuf.

Die Wirksamkeit von Präventionsanstrengungen ist in der Berufsdermatologie exemplarisch belegt. Berufsbedingter Hautkrebs durch Teer etc. (▶ BK 5102) hat heute nur geringe Bedeutung; zunehmend wichtiger wird dagegen der Hautkrebs bei beruflich UV-Exponierten; Präzedenzfälle der Anerkennung als Berufskrankheit (§ 9 Abs. 2) existieren. Hier muss angesichts gesicherter wissenschaftlicher Erkenntnisse eine eigene BK-Ziffer geschaffen werden.

Da in der dermatologischen Begutachtung berufsbedingte Hauterkrankungen (gesetzliche Unfallversicherung) den mit Abstand breitesten Raum einnehmen, werden diese werden auch im Vordergrund dieses Kapitels stehen.

17.1 Schwere oder wiederholt rückfällige Hauterkrankungen

die zur Unterlassung aller Tätigkeiten gezwungen haben, die für die Entstehung, die Verschlimmerung oder das Wiederaufleben der Krankheit ursächlich waren oder sein können (▶ BK 5101).

Epidemiologie

Nach Schätzungen sind etwa 30–40% aller berufsbedingten Erkrankungen in der industrialisierten Welt Hautkrankheiten, wobei Inzidenzraten von 5–19 Erkrankungsfällen pro 10 000 Vollarbeiter jährlich angegeben werden (Dickel et al. 2002 b, Diepgen u. Coenraads 2000). Für Deutschland ergeben sich nach aktuellen beschäftigtenbezogenen Daten aus dem Raum Nordbayern stark divergierende berufsbezogene Inzidenzen für die analysierten 24 Hauptrisikoberufe: Danach waren Friseure mit 97 Hauterkrankungsfällen pro 10 000 Beschäftigten pro Jahr am stärksten gefährdet, gefolgt von Bäckern (33/10 000), Floristen (24/10 000), Konditoren (21/10 000), Fliesenlegern (19/10 000) und Galvaniseuren (13/10 000). Die durchschnittliche jährliche Inzidenz berufsbedingter Hautkrankheiten in Risikoberufen wird hierzulande mit 6,7/10 000 Beschäftigte angegeben (Dickel et al. 2001 a).

Daten der Unfallversicherungsträger

Nach den Statistiken der gesetzlichen Unfallversicherung stehen beruflich bedingte Hauterkrankungen gemäß ▶ BK 5101 seit Jahren an der Spitze der gemeldeten Berufskrankheiten. Sie stellten allein bei den gewerblichen Berufsgenossenschaften mit 17 848 Anzeigen (28,6%) im Jahre 2002 den größten Anteil der insgesamt 62 472 Meldungen, gefolgt von Erkrankungen durch mechanische Einwirkungen (▶ BK 2101–2111) und der der Lärmschwerhörigkeit (▶ BK 2301) (Tabelle 17.1, Abb. 17.1). Berufsbedingte Hautkrankheiten verursachten im Jahre 2002 – ebenso wie in den Jahren davor – unter allen Berufskrankheiten die höchsten Kosten für berufliche Rehabilitationsmaßnahmen und Übergangsleistungen im Bereich der gesetzlichen Unfallversicherung (Tabelle 17.2). Fast 60% aller Leistungen für berufliche Rehabilitationsmaßnahmen entfallen bei

Tabelle 17.1. „Hitliste" der BK-Verdachtsmeldungen 2002 im Bereich der gewerblichen Berufsgenossenschaften. (Hauptverband der gewerblichen Berufsgenossenschaften 2003)

BK-Nummer		n	%
▶ BK 5101	Haut	17848	28,6
▶ BK 2101-2111	Erkrankungen durch mechan. Einwirkungen	13482	21,6
▶ BK 2301	Lärmschwerhörigkeit	10257	16,4
▶ BK 4101-4112	Atemwegserkrankungen durch organische Stäube	10049	16,1
▶ BK 4301/4302	obstruktive Atemwegserkrankungen	4528	7,2
▶ BK 5102	Hautkrebs	46	0,1
	Gesamtzahl aller BK-Anzeigen 2002	*62472*	*100,0*

Tabelle 17.2. Anteil beruflich bedingter Hauterkrankungen an den Aufwendungen des HVBG im Jahre 2002. Es sind hier die Aufwendungen zusammengefasst für anerkannte Berufskrankheiten nach ▶ BK 5101 und für Fälle, in denen sich der Verdacht einer *berufsbedingten* Hauterkrankung bestätigt hat, die besonderen versicherungsrechtlichen Tatbestandsmerkmale der ▶ BK 5101 aber noch nicht vorlagen (z.B. Unterlassungszwang). Die „Leistungen zur Teilhabe am Arbeitsleben" sind hier als „berufliche Rehabilitation" bezeichnet. (Quelle: Dr. M. Butz, HVBG 2004)

Aufwendungen der gewerblichen Berufsgenossenschaften 2002	€	%
Medizinische Rehabilitation	157916805	100,0
darunter: ▶ BK 5101	18656673	11,8
Übergangsleistungen gemäß § 3 Abs. 2 BKV	31004443	100,0
darunter: ▶ **BK 5101**	**17626805**	**56,9**
Berufliche Rehabilitation	59659683	100,0
darunter: ▶ **BK 5101**	**34416007**	**57,7**
Medizinische und berufliche Rehabilitation sowie Übergangsleistungen	248580931	100
darunter: ▶ **BK 5101**	70699485	28,4
Leistungen ingesamt	**1282712992**	**100**
darunter: ▶ **BK 5101**	**137959937**	**10,8**

den gewerblichen Berufsgenossenschaften auf Hautkrankheiten; 2002 waren das 34,4 Millionen €. Diese Ausgaben erklären sich zum Beispiel dadurch, dass bei Hautkranken häufig kostenintensive Vollumschulungen (Kosten: ca. 100000 € pro Versicherten) anfallen; diese Umschulungen werden nicht selten im Vorfeld einer ▶ BK 5101 im Rahmen von Maßnahmen nach § 3 BKV durchgeführt. Hier sind gutachtliche Äußerungen zur individuellen Prognose von großer Bedeutung. Leider verpuffen viele dieser Aufwendungen für berufliche Rehabilitation („Leistungen zur Teilhabe am Arbeitsleben") angesichts der derzeit ungünstigen Vermittlungschancen für Berufswechsler. Von besonderer Bedeutung sind deshalb rechtzeitig einsetzende Maßnahmen der Sekundär- und Tertiärprävention, die darauf abzielen, den Berufsverbleib zu sichern (▶ Kap. Prävention).

Die Aufwendungen der gewerblichen Unfallversicherungsträger für berufsbedingte Hauterkrankungen (2002: insg. 138 Mio €, siehe Tabelle 17.2) machen jedoch nur etwa ein Zehntel der volkswirtschaftlichen Folgekosten von Berufsdermatosen aus. Der Löwenanteil wird durch Arbeitsausfall und Produktivitätsrückgang in den Unternehmen verursacht; die durch Berufsdermatosen bedingten Gesamtkosten werden allein in Deutschland derzeit auf etwa 1,5 Milliarden Euro jährlich geschätzt (Backes-Gellner 1998, Drexler 2000, Batzdorfer, Schwanitz 2004).

Von den im Jahre 2002 im Bereich der gewerblichen Berufsgenossenschaften entschiedenen 19041 BK-5101-Verdachtsfällen wurden nur 47% als berufsbedingt eingestuft, davon erfüllten 80% der Fälle (n=7370) nicht die besonderen versicherungsrechtlichen Voraussetzungen der BK 5101, nur 20% der berufsbedingten Hauterkrankungen (8% der Verdachtsfälle) wurden als BK 5101 anerkannt (n=1460; davon n=344 mit Rente; Abb. 17.2). Die berufsgenossenschaftlichen Verwaltungen haben für diese Entscheidungen nach Schätzungen in etwa der Hälfte der Verdachtsfälle ein dermatologisches Zusammenhangsgutachten veranlasst (ca. 9000 Gutachtenaufträge derzeit jährlich; Brandenburg 2004), exakte Zahlen liegen hierzu nicht vor. Es ist aber

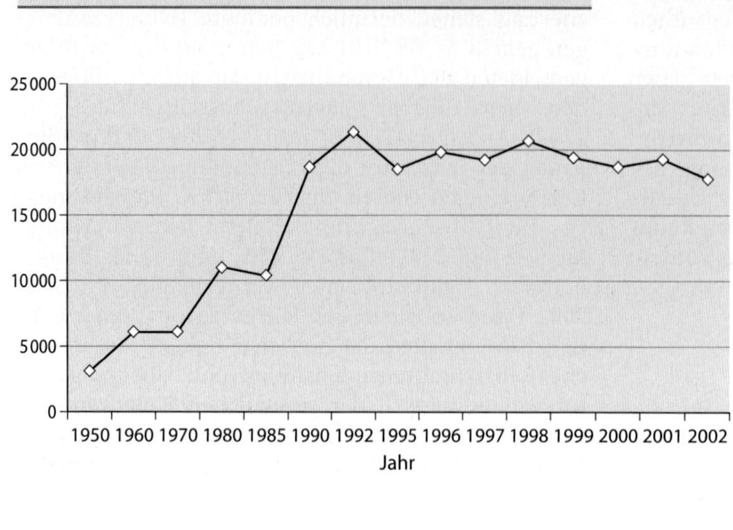

Abb. 17.1. Entwicklung der ▶ BK 5101 im Bereich der gewerblichen Berufsgenossenschaften; hier sind ärztliche BK-Anzeigen und Hautarztberichte zusammengefasst. (Hauptverband der gewerblichen Berufsgenossenschaften 2003)

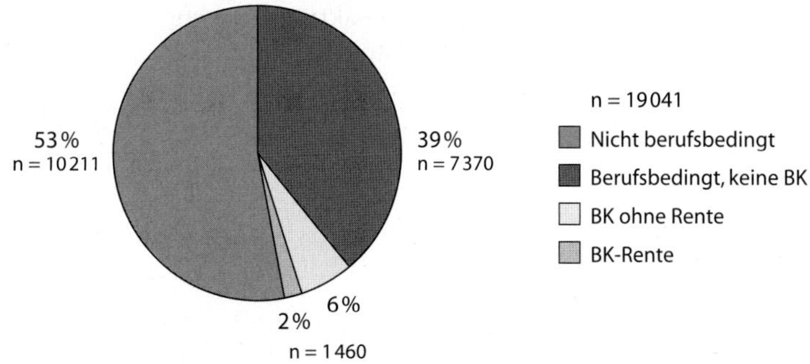

Abb. 17.2. Im Jahre 2002 entschiedene BK 5101-Verdachtsfälle im Bereich der gewerblichen Berufsgenossenschaften. Durchschnittliche Dauer bis zur Entscheidung: 1,8 Jahre. (Hauptverband der gewerblichen Berufsgenossenschaften 2003)

davon auszugehen, dass dermatologische Gutachten einen erheblichen Anteil an den im Bereich der gesetzlichen Unfallversicherung jährlich in Auftrag gegebenen BK-Gutachten haben.

Ätiopathogenese und Krankheitsbilder

90–95% berufsbedingter Hauterkrankungen manifestieren sich als Ekzemerkrankungen (Coenraads et al. 2001, Dickel et al. 2002 c). Als berufsbedingte Ekzemerkrankung ist eine entzündliche Reaktion der Epidermis und Dermis zu bezeichnen, die entweder ausschließlich durch berufliche Einflussfaktoren verursacht worden ist oder bei der solche Faktoren zumindest wesentlich zu der entzündlichen Reaktion der Haut beigetragen bzw. vorbestehende Hautveränderungen sich berufsabhängig wesentlich verschlechtert haben. Berufsbedingte Ekzeme betreffen im Allgemeinen primär den Ort der Einwirkung, dies sind in über 90% die Hände (Dickel et al. 2001 b, Diepgen et al. 1994, Uter 1999), gelegentlich breiten sie sich auf die Unterarme und andere Körperpartien aus. Gelegentlich kann das Gesicht der primäre Reaktionsort sein (z. B. bei aerogenen Irritanzien oder Allergenen), ebenso können andere Körperstellen betroffen sein. Tabelle 17.3 fasst zusammen, wann an berufsbedingte Ekzemerkrankungen zu denken ist.

Berufsekzeme sind durch eine ätiologische Multikausalität gekennzeichnet. Die Differentialdiagnose der klinisch prima vista vielfach ähnlichen Erkrankungen ist komplex. Grundsätzlich sind drei Hauptpathogenesen zu unterscheiden (irritativ, allergisch, atopisch), die häufig überlappen („Hybriddermatitis") bzw. ineinander übergehen können („2-Phasenekzem"; Abb. 17.3). Gerade bei gutachtlichen Fragestellungen sind es vielfach Krankheitsbilder, die im Bereich der Schnittmengen dieser drei pathogenetischen Faktoren liegen, die diagnostisch und versicherungsrechtlich zu bewerten sind (Abb. 17.4). Wegen der komplexen Pathogenesen, bei de-

Tabelle 17.3. Hinweise für möglicherweise berufsbedingte Ekzemerkrankungen

- Die Dermatose ist erstmals während der Berufstätigkeit aufgetreten
- Der Verlauf ist arbeitsabhängig.
- Zumindest in der Initialphase kam es zu einer deutlichen Verbesserung der Hautveränderungen in arbeitsfreien Zeiten.
- Am Arbeitsplatz besteht eine Exposition gegen Irritanzien oder Allergene.
- Es handelt sich um eine hautbelastende Tätigkeit (z. B. Arbeiten im feuchten Milieu bzw. mit feuchtigkeitsdichten Handschuhen >2 Std. tgl., ferner stark verschmutzende Tätigkeit bzw. Erfordernis der Händereinigung >20× tgl.)

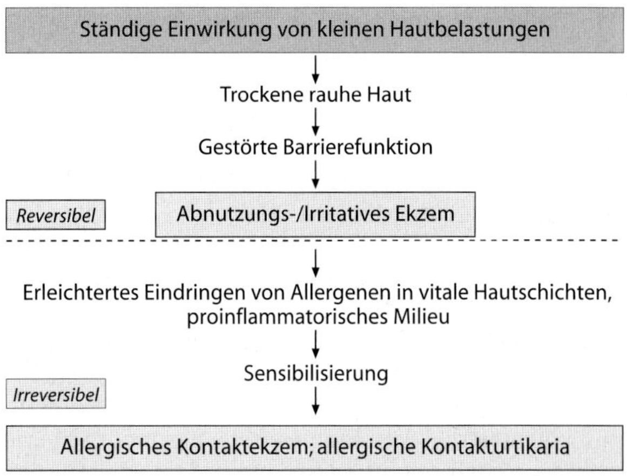

Abb. 17.3. Entwicklung eines 2-Phasenekzems. (Mod. n. Tronnier et al. 1989)

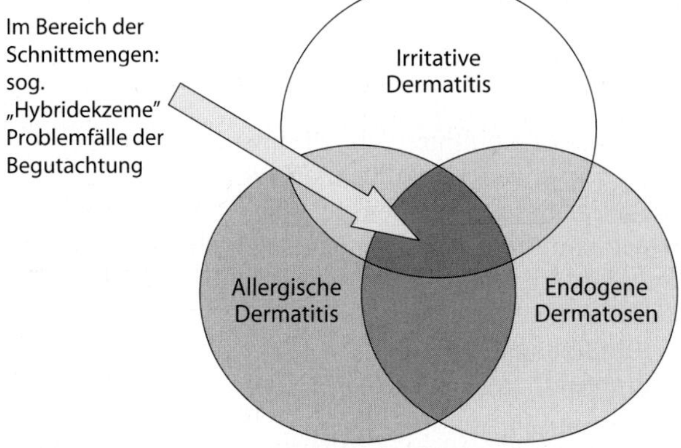

Abb. 17.4. Die drei Hauptpathogenesen von Berufsdermatosen

nen häufig exogene und endogene Faktoren interferieren, und der klinisch und histologisch vielfach ununterscheidbaren Morphen stehen Gutachter in der Dermatologie oft vor einer schwierigen Aufgabe.

Kontaktekzeme

Per definitionem werden Kontaktekzeme durch exogene Noxen ausgelöst, die in direkten Kontakt mit der Haut treten. Es ist zwischen einer irritativen (toxischen) und einer allergischen Genese zu unterscheiden. Häufige auslösende Faktoren finden sich nicht selten sowohl im beruflichen als auch im privaten Umfeld sowie der natürlichen Umwelt. Das kann die kausale Zuordnung erschweren (Schwanitz u. John 1997). Kontaktekzeme stellen die mit Abstand größte Gruppe unter den gutachtlich zu beurteilenden Hautkrankheiten.

Irritative Kontaktekzeme

Irritative Kontaktekzeme entstehen überwiegend beschränkt auf den Ort, an dem die exogene Noxe auf das Hautorgan einwirkt. Die Intensität des Ekzems korreliert mit dem Produkt aus Konzentration und Einwirkungszeit der Noxe einerseits sowie der individuellen Hautbeschaffenheit bzw. vorbestehenden Hautschädigungen andererseits. Von besonderer Bedeutung ist hier die Hornschichtbarrierefunktion (Löffler et al. 2000, Malten 1981).

Akut irritative (toxische) Kontaktekzeme

Akut toxisch sind Chemikalien wie konzentrierte Laugen, Säuren, Lösungsmittel, aber auch unterschiedliche physikalische Noxen wie UV-, Röntgen- und Wärmestrahlung. Eine weitere Besonderheit im Spektrum der Kontaktekzeme stellt das aerogene irritative Kontaktekzem dar, das zum Beispiel bei Beschäftigten in Glaswolle-verarbeitenden Betrieben beobachtet wird und vor allem unbekleidete oder schlecht geschützte Hautareale betrifft (Eun et al. 1991, Weßbecher et al. 1997).

Chronisch irritative Kontaktekzeme

Die exogenen Einflüsse, die zu unspezifischen, chronisch irritativen Kontaktzemen führen können, sind vielfältig. Bei der Namensgebung sind von den einzelnen Autoren dabei unterschiedliche Aspekte in den Vordergrund gerückt worden. Dies erklärt die Vielzahl der Synonyma:

- Abnutzungsdermatose,
- Empfindlichkeitsekzem,
- Erschöpfungsdermatitis,
- chronisch kumulativ-(sub)toxisches Kontaktekzem,
- traumiteratives Kontaktekzem,
- toxisch-degenerative Dermatitis,
- irritative Dermatitis.

Im angelsächsischen Sprachgebrauch wird überwiegend die Bezeichnung „(chronic) irritant contact dermatitis, ICD" verwendet (Cronin 1995), die sich weltweit zunehmend durchsetzt.

Diagnostisch schwerer einzuordnen sind chronisch verlaufende irritative Ekzeme. Diese werden insbesondere durch regelmäßige Feuchtarbeiten (>2 Stunden täglich), aber auch durch Kontakt mit Detergenzien, Desinfektionsmitteln, Lösungsmitteln, aggressiven Hautreinigungsmitteln, Mikrotraumen verursachende Metall- oder Glasteilchen usw. hervorgerufen (siehe Tabelle 17.4). Als Feuchtarbeit ist auch anzusehen, wenn beruflich wasserdampfundurchlässige Handschuhe über insgesamt mehr als zwei Stunden täglich getragen werden müssen. Der sich beim Tragen derartiger Handschuhe (z. B. Gummihandschuhe) ergebende Okklusionseffekt ist als relevanter hautreizender Einfluss zu werten. Erste irritative Hautveränderungen treten häufig in den anatomisch nur unzureichend geschützten Fingerzwischenräumen auf (Uter et al. 1995).

Von besonderer pathogenetischer Bedeutung ist das rasche Aufeinandertreffen von unterschwelligen Reizen, die aber in die „Refraktärphase" der Barriereregeneration fallen und auf diese Weise in ihrer Summe überschwellig werden. Dies bedeutet auch, dass klinisch als irritatives Ekzem imponierende Hautveränderungen vielfach nur die „Spitze des Eisbergs" nach längerer, vorangegangener subklinischer Schädigung der epidermalen Barriere darstellen (Halkier-Sörensen 1996, Malten 1981). Entsprechend entstehen irritative Kontaktekzeme vielfach erst durch die Summation verschiedener exogener Einflüsse (Flüssigkeiten, feste Stoffe, Stäube, Dämpfe, mechanischer Abrieb, Mikrotraumen), ggf. begünstigt durch mangelnden Hautschutz bzw. ungenügende Hautpflege sowie unzweckmäßige Hautreinigung (BMA 1996). Infolge der Barriereschädigung kommt es nachfolgend zu einer Entzündung der oberen Hautschichten Epidermis und Dermis, die sich klinisch äußern kann als Rötung, Schuppung, Bläschen, Papeln, Pusteln, Nässen (Exsudation) und Kratzeffekte (Exkoriationen), in späteren Stadien können Rhagadenbildung, Lichenifikation und Hyperkeratosen das Krankheitsbild dominieren. In der Regel bestehen Juckreiz und/oder Brennen. Irritative Handekzeme sind, wegen der palmar besseren Hautbarriere, insgesamt bevorzugt streckseitig lokalisiert.

Dem irritativen Kontaktekzem kommt nach seiner Prävalenz in der Bevölkerung die größte Bedeutung unter den Handekzemen zu. In sechs größeren Querschnittsstudien, die in verschiedenen europäischen Ländern und den Vereinigten Staaten durchgeführt wurden, zeigte sich eine Punktprävalenz für

Ekzeme (überwiegend Handekzeme) von 1,7 bis 6,3% und eine geschätzte Dreijahresprävalenz von 6,2% bis 10,6% (Coenraads u. Smit 1995). Es ergab sich, dass unter den Ekzemkranken das irritative Ekzem relativ am häufigsten ist (35–44%), gefolgt vom allergischen Kontaktekzem (19–35%) und der atopischen Dermatitis (8–22%). Die Prävalenz von irritativen Handekzemen lag bei Frauen etwa doppelt so hoch wie bei Männern, was insbesondere auf eine vermehrte Feuchtexposition durch traditionelle Rollenaufteilung in der Familie zurückgeführt wird.

Die besondere dermatologische Brisanz irritativer Hautschäden in Risikoberufen liegt darin, dass es im Sinne einer Hierarchie der Abläufe auf der Basis eines irritativen Vorschadens nicht selten zum Aufpfropfen von Sensibilisierungen gegen Berufsstoffe und schließlich zum allergischen Kontaktekzem kommen kann (Zwei-Phasen-Ekzem, siehe Abb. 17.4). Dabei sind die Hautveränderungen nur im irritativen Initialstadium reversibel, später nicht mehr. In diesem Faktum liegt die Notwendigkeit einer effektiven Sekundärprävention begründet (Hautarztverfahren).

Die Pathogenesen von Berufsdermatosen können je nach Berufsgruppe unterschiedliche Schwerpunkte aufweisen. Zum Beispiel überwiegen allergische Kontaktekzeme im Friseurgewerbe sowie der Kunststoffindustrie und irritative Kontaktekzeme bei Metallarbeitern. In einer Beschäftigten-bezogenen epidemiologischen Studie bei 3097 Personen mit Berufsdermatosen in Nordbayern konnte bezogen auf 24 Hauptrisikoberufe für das irritative Kontaktekzem kürzlich eine Einjahresinzidenz von 4,5/10 000 Beschäftigte und für das allergische Kontaktekzem von 4,1/10 000 Beschäftigte ermittelt werden (Dickel et al. 2002). Die Ergebnisse unterstreichen die große Bedeutung irritativer Hautschäden im Berufsleben, sie machen aber auch deutlich, dass die in der Literatur vielfach aufgestellte Behauptung, dass Berufsdermatosen überwiegend irritative Kontaktekzeme seien, nicht generell aufrecht zu erhalten ist; vielmehr muss nach Berufsgruppen und Bestehensdauer der Dermatose differenziert werden. Dies wird auch durch eine weitere kürzlich vorgelegte Untersuchung an 1842 Personen mit Berufsdermatosen in Deutschland untermauert (Geier et al. 2003). Je länger eine Dermatose besteht, desto größer wird das Risiko, dass eine berufseigentümliche Sensibilisierung hinzutritt; bei kurzer Bestehensdauer überwiegen irritative Hautschäden (Dickel et al. 2002a, Geier et al. 2003).

Allergische Kontaktekzeme

Pathogenetisch sind allergische Kontaktekzeme auf eine zellvermittelte Allergie vom Spättyp zurückzuführen (Typ-IV-Reaktion nach Coombs und Gell). Das Manifestwerden setzt einen vorangegangenen Erstkontakt mit immunologischer Sensibilisierung gegenüber Kontaktantigenen voraus (Sensibilisierungsphase). Nach erneutem Allergenkontakt kann sich dann eine Effektorphase anschließen, die sich primär epidermal unter dem Bild von Erythem, Papeln und Papulovesikeln, ggf. Exsudation realisiert (Knop 2001). Die Patienten klagen über Juckreiz und/oder Brennen im betroffenen Areal; bis zum Auftreten von Symptomen werden 24 bis 48 Stunden vergehen, die Reaktion erreicht oft erst nach 72 Stunden ihr Maximum. Analog zu den irritativen Kontaktekzemen gilt auch für das allergische Pendant, dass akut auftretende Ekzeme in der Regel bereits anamnestisch leicht kausal einzuordnen sind. Die akute Morphe präsentiert sich immer gleich. Die Antigene sind dagegen höchst unterschiedlicher Natur. Die Lokalisation ist kontaktgebunden, ebenso wie der Verlauf. Chronische Verlaufsformen allergischer Kontaktekzeme fordern jedoch in vielen Fällen detektivisches Gespür. Es kommt zur Ausbreitung. Die Morphe wird vielfältiger: Neben erythematösen Papeln entstehen Schuppung, Rhagaden, Krusten. Der Verlauf löst sich unter Umständen vom Antigenkontakt; insbesondere können Zahl, Abstände und Dauer von Arbeitsunfähigkeiten nicht mehr als untrügliches Kriterium gewertet werden. Die Betrachtung des Verlaufs liefert darum oft nur bedingt brauchbare Fakten für die Beurteilung chronischer allergischer Kontaktekzeme. Nicht erleichtert wird die Aufgabe durch die Tatsache, dass allergische Kontaktekzeme in der Arbeitswelt eher sporadisch auftreten – im Gegensatz zu irritativen Kontaktekzemen, die häufiger bei mehreren Beschäftigten an exponierten Arbeitsplätzen zu finden sind.

Oft sind irritative Ekzeme Wegbereiter einer Kontaktallergie. Infolge epidermaler Barriereschädigungen (Erschöpfung des Pufferungsvermögens der Hautoberfläche, Verlust epidermaler Lipide, Lockerung der Korneozyten-Kohäsion) gelangen Kontaktallergene leichter in die Haut und führen so sekundär zur Sensibilisierung gegenüber berufsbedingten Kontaktallergenen. Ferner ist das bei eingetretenem irritativem Vorschaden bestehende proinflammatorische Milieu in der Epidermis und Dermis ein wichtiger, die Induktion einer allergischen Überempfindlichkeit begünstigender Faktor.

Eine Übersicht über berufsdermatologisch relevante Irritanzien und Allergene in verschiedenen hautbelastenden Berufen gibt Tabelle 17.4.

Atopische Hautdisposition und atopische Ekzeme

Irritative Kontaktekzeme werden begünstigt durch eine atopische Hautdisposition (vermehrte anlagebedingte Hautempfindlichkeit; Diepgen 1991). Hierbei ist das Risiko insbesondere erhöht für Personen mit klassischen Beugenekzemen (Eczema flexuarum) in der Vorgeschichte oder (auch nur Minimal-)Varianten des atopischen Handekzems (Dys-

Tabelle 17.4. Liste der Berufskrankheiten mit Merkblättern: Berufe mit deutlich erhöhtem Erkrankungsrisiko für Kontaktekzeme. Die meisten dieser Berufsgruppen sind häufig mit Feuchtarbeit verbunden. (Arbeitsmedizin aktuell 1997, Lieferung 40. Gustav Fischer Verlag)

Tätigkeiten	Einwirkungen	Wichtige Allergene und chemisch irritative Substanzen
Friseure	Dauerwellmittel	Ester und Salze der Thioglykolsäure, Fixiermittel
	Haarfarben	p-Phenylendiamin, p-Toluylendiamin u. a. Färbemittel, Resorcin, Parabene
	Blondiermittel	Persulfate
	Haarwaschmittel	Konservierungsstoffe, Duftstoffe, Pflanzenextrakte, Cocamidopropylbetain u. a. Emulgatoren und waschaktive Substanzen
	Gummihandschuhe	Acceleratoren [1], Naturlatex
Bäcker, Konditoren	Teige	Weizen-, Roggen-, Sojamehl, Amylase
	Aromen und Gewürze	Vanille, Bittermandel, Anis, Orangenschalenextrakt, Zimt u. a.
	Konservierungsmittel und Antioxydantien	Benzoesäure, Sorbinsäure, Oktyl-, Propyl-, Dodecylgehalt
	Reinigungsmittel	Desinfektions- und Konservierungsstoffe, waschaktive Substanzen
Galvaniseure	galvanische Bäder	Nickel-, Chrom- [2], Kobaltverbindungen, Säuren, Alkalien
	Entfettungsmittel	Lösemittel [3]
	Gummihandschuhe	Acceleratoren [1], Naturlatex
Gärtner, Floristen	Zierpflanzen	Primeln, Chrysanthemen u. a. Asteraceae, Alstroemerien, Tulpenzwiebeln u. a.
	Pflanzenschutzmittel	Carbamate, Thiurame, Pyrethrum u. a.
Bauarbeiter: Maurer, Fliesenleger, Estrichleger	Zement, Frischbeton	(Bi)Chromate [2] der Alkalien, Kobaltverbindungen
	Kunststoffe	unausgehärtete Epoxidharze und Härter, Isocyanate
Metallarbeiter	Kühlschmierstoffe (insbesondere wassergemischte)	Konservierungsstoffe (Formaldehydabspalter, Triazine, Isothiazolinone u. a.), Emulgatoren, Korrosionsschutzmittel, Ethanolamine, Talköl, Mineralöle
	Metalle	Nickel-, Kobaltverbindungen u. a.
	Metallkleber	Epoxidharze, Acrylate, Härter
	Metallreinigungs- und Entfettungsmittel	Lösemittel [3]
Kunststoffarbeiter	unausgehärtete Kunstharze	Epoxidharze und Härter, Acrylate, Kobaltbeschleuniger, Peroxide, Melamin-, Harnstoff-, Phenol-Formaldehydharze, Isocyanate, Phthalate, Lösemittel [3]
Köche, Küchenhilfe	Lebensmittel	Mehl, Enzyme, Fleisch, Fische, Krustentiere, Gemüse, Gewürze, Konservierungsstoffe, Farbstoffe
	Reinigungsmittel	Desinfektions- und Konservierungsstoffe (Isothiazolinone, Formaldehyd, Parabene u. a.), waschaktive Substanzen
	Gummihandschuhe	Acceleratoren [1], Naturlatex
Heil- und Pflegeberufe	Desinfektionsmittel	Formaldehyd, Glutaraldehyd, Quecksilberverbindungen, Chlorkresol, Phenole u. a.
	Medikamente	Antibiotika, Lokalanästhetika, Phenothiazine (Photoallergene), ätherische Öle
	Gummihandschuhe	Acceleratoren [1], Naturlatex
Zahntechniker	Dentalchemikalien	unausgehärtete Acrylate und Mischharze, Eugenol, Nickel, Kobalt, Palladium, Amalgam, Säuren
Textilhersteller und -verarbeiter	Textilfarben, Beizen	Azofarben, Anthrachinonfarben, Chromverbindungen [2]
	Apparaturen, Spezialausrüstungen	Formaldehydharze, Acrylate, Polyurethane
	Gummifäden	Acceleratoren [1], Naturlatex
	Kleidungszubehör	Nickel, Kobalt

Tabelle 17.4 (Fortsetzung)

Tätigkeiten	Einwirkungen	Wichtige Allergene und chemisch irritative Substanzen
Leder-, Fellverarbeitung	Gerbstoffe	Chromverbindungen [2], Tannin, Säuren, Laugen
	Kleber	Kolophonium, p-tert-Butylphenolformaldehydharz, Lösemittel [3]
	Imprägniermittel	Kunstharze
	Färbemittel	Azofarben u. a.
Holzbearbeiter Tischler Zimmerer	Hölzer	Palisanderarten, Teak, Makoré, Mahagoni, Nadelhölzer u. a.
	Klebstoffe	Formaldehydharze, Kolophonium, Epoxidharze, Acrylate
	Beizen	Chromverbindungen [2], Azofarbstoffe u. a.
	Holzschutzmittel	Chromverbindungen [2], Insektizide, Fungizide
Maler, Lackierer, Anstreicher, Fußbodenleger	Farben	Kunstharze, Terpentin u. -ersatzstoffe, Farbpigmente (Chrom- [2], Kobaltverbindungen u. a.)
	Klebstoffe	Formaldehydharze, Kolophonium, Epoxidharze, Acrylate, Isozyanate
	Verdünner	Lösemittel [3]
Löter, Elektroniker	Lötmittel	Kolophonium, Metallchloride, Säuren, Alkohole, Salmiak
	Metallkleber	Epoxidharze, Acrylate, Härter, Lösemittel [3]
	Metalle	Nickel, Kobalt, Zinn u. a.
Reinigungsdienste	Reinigungsmittel	Konservierungsmittel, waschaktive Substanzen (Tenside und Detergenzien)
	Desinfektionsmittel	Formaldehyd, Glutaraldehyd, Phenole u. a.
	Fußbodenpflegemittel	Wachse, Terpentinöl oder Ersatzstoffe, Lösemittel [3]
	Gummihandschuhe	Acceleratoren [1], Naturlatex
Fotolaboranten	Farbentwickler	p-substituierte aromatische Amine (CD 2, 3, 4)
	Fotochemikalien	Chromverbindungen [2], Formaldehyd
	Gummihandschuhe	Acceleratoren [1], Naturlatex
Gummihersteller und -verarbeiter	Gummichemikalien	Naturlatex, Thiurame, Thiocarbamate, Mercaptobenzothiazole, p-substituierte Amine, Kolophonium
Landwirtschaftliche Berufe	Futtermittelstäube	Getreide, Medikamente u. a. Futtermittelzusätze (Olaquindox, Phenothiazine, Antibiotika)
	Tierhaare, -speichel, -urin Pflanzenbestandteile	tierische Proteine
	Gummiartikel	Acceleratoren [1]
	Desinfektionsmittel	Formaldehyd, Chloramin u. a.
	Melkfett	Osmaron B, Lanolin
	Pflanzenschutzmittel Düngemittel	

[1] Thiurame, Thiocarbamate, Mercaptobenzothiazole; Alterungsschutzmittel u. a.

[2] Alkalisalze der Chromsäure (Cr VI) sind wahrscheinlich im Gegensatz zu den Salzen des dreiwertigen Chroms (Cr III), wie dem Sulfat oder Alaun, keine Ekzematogene, penetrieren aber wesentlich leichter die Haut und werden dort zu dem stark ekzematogenen Cr III reduziert. Deshalb wird die Testung sowohl bei Chrom-VI-Exponierten (z. B. Maurern) wie auch bei Chrom-III-Exponierten (z. B. Gerbern oder Galvaniseuren) in der Regel mit Kalium(bi)chromat oder Chromsäureanhydrid (CrO_3) durchgeführt.

[3] Kohlenwasserstoffe, Halogenkohlenwasserstoffe, Alkohole, Ether, Ketone, Ester und Vertreter anderer Stoffklassen

hidrosis lamellosa sicca, Pompholyx; Schwanitz 1986, Uter 1999). Die Diagnostik der atopischen Hautdisposition erfordert dermatologische Erfahrung und kann nicht durch die summarische Ermittlung von Atopie-Scores ersetzt werden (Uter et al. 2001).

Bei der atopischen Hautdisposition selbst handelt es sich nicht um eine Krankheit, aber bei Zusammentreffen mit Umwelteinflüssen kann es u.a. infolge herabgesetzter Barrierefunktion des Hautorgans zum Auftreten manifester Hauterscheinungen (atopisches Ekzem) mit typischer Morphe und Verteilung und typischem Verlauf kommen: Rötung, Infiltration, Nässen, später Lichenifikation. Prädilektionsstellen sind die großen Gelenkbeugen (Ellenbeugen, Kniekehlen, Handgelenksbeugen), ferner Gesicht, Lider, periorale und Periaurikulärregion, Ohrumgebung, Hals, Nacken, Axillae, oberer Thorax. Typisch ist quälender attackenartiger Juckreiz verbunden mit Schlafstörungen. Häufig findet sich Seitenungleichheit in Abhängigkeit von Links-/Rechtshändigkeit oder anderen seitenungleichen Belastungen. Oft undulieren die Symptome saisonal: Verschlechterung bei kalter und trockener Witterung (Uter et al. 1998). Die Erstmanifestation von klinischen Symptomen ist in jedem Lebensalter möglich. Nicht selten sind Typ-I-Sensibilisierungen pathogenetisch bedeutsam (z.B. Hausstaubmilben, Tierhaare). Wegen der vermehrten irritativen Reagibilität des Hautorgans ist bei Atopikern eine besonders zurückhaltende Bewertung von Testreaktionen im Epikutantest erforderlich; im Zustand florider Ekzemschübe sollten keine Testungen vorgenommen werden.

Atopisches Handekzem

Eine für die Begutachtung besonders relevante Manifestationsform der kutanen Atopie ist das atopische Handekzem, das nicht selten durch lokale irritative Hautbelastung – zum Beispiel am Arbeitsplatz: Feuchtarbeit – ausgelöst werden kann. Es kann den Handrücken betreffen und auf die Handinnenflächen und/oder die Unterarme übergreifen. Auch eine primär palmare Variante, die fast immer die Fingerseitenkanten mit einbezieht, existiert (Schwanitz 1986). Die Patienten berichten von Bläschenbildung (Pompholyx) und Entzündungszeichen mit Rötung, gegebenenfalls Nässen, später Abheilung unter charakteristischer girlandenförmiger Schuppung (Dyshidrosis lamellosa sicca). Typischerweise geht den objektiven Hautveränderungen eine subjektive Missempfindung in Form von (heftigem) Juckreiz oder auch Brennen der Haut voraus. Atopische Handekzeme verlaufen chronisch oder chronisch-rezidivierend. In über einem Drittel der Fälle sind sie mit einer plantaren Manifestation oder anderen Manifestationen einer atopischen Dermatitis, insbesondere der großen Beugen, vergesellschaftet (Schwanitz 1986).

Die in diesem Zusammenhang früher gebräuchliche Bezeichnung *Dyshidrose* beruht auf einem überholten pathogenetischen Konzept: Es besteht kein Zusammenhang der Erkrankung mit den Schweißdrüsen, wie der Begriff suggeriert. Schwanitz hat 1986 vorgeschlagen, die „Dyshidrosis" pathogenetisch neu zu bestimmen – je nach Symptomatik und Befundkonstellation – zum Beispiel als *atopisches Palmoplantarekzem*. Hierbei steht die Atopie als Hinweis auf die Ätiologie, palmoplantar als Bezeichnung der Lokalisation und Ekzem als histologische Entität.

Versicherungsrechtlich ist bei Manifestationen eines atopischen Ekzems, insbesondere aber des atopischen Handekzems, ein Ursachenzusammenhang im Sinne der *Entstehung* (berufliche Erstmanifestation) von einem Ursachenzusammenhang im Sinne der *Verschlimmerung* abzugrenzen. Letzterer Sachverhalt ist bei einer präexistenten Hauterkrankung zu prüfen, die sich aber beruflich verschlimmert hat. Hierbei wäre zu unterscheiden, ob es sich um eine vorübergehende oder dauerhafte berufliche Verschlimmerung handelt. Ferner muss nach dem Schweregrad geklärt werden, ob eine abgrenzbare (der berufliche Verschlimmerungsanteil kann von den vorbestehenden Grundleiden abgegrenzt werden) oder richtunggebende Verschlimmerung vorliegt. Eine richtunggebende Verschlimmerung ist dann eingetreten, wenn der Ablauf der Erkrankung durch berufliche Einwirkungen derart aggraviert wird, dass der präexistente Krankheitszustand vernachlässigbar wird und folglich das gesamte bestehende Krankheitsbild zu entschädigen ist (Brandenburg et al. 1999, Brandenburg 2006).

Ein rechtlich wesentlicher Ursachenzusammenhang liegt nicht vor, wenn zur Auslösung bzw. zur Verschlimmerung der Hauterkrankung beliebige, gewöhnliche Belastungen des Alltags ausgereicht hätten (so genannte *Gelegenheitsursache*). Eng mit diesem Problemkreis verknüpft ist die gutachtlich häufig zu erörternde Frage, inwieweit gegebenenfalls mit der Phase der Berufstätigkeit lediglich Schübe dieser konstitutionellen Hauterkrankung zusammengefallen sind, Schübe im Sinne einer sich während der Berufstätigkeit fortsetzenden Eigendynamik einer vorbestehenden atopischen Hautmanifestation.

Nummuläres Ekzem

Hierbei handelt es sich um ein relativ seltenes, disseminiertes Ekzem mit eigenartigen herdförmigen oder umschriebenen, mehr oder weniger rundlichen Morphen „münzförmiger" Natur. Das Erscheinungsbild der rundlichen, erythematösen Plaques ist chronisch mit Papeln, Schuppenkrusten und sporadischer Vesikulation. Die Herde finden sich bevorzugt an den Extremitäten, häufig auch am Handrücken. Die Ätiologie der Erkrankung ist ungeklärt, über die Verursachung durch mikrobielle Antigene durch okkulte Foki wird kontrovers diskutiert; eine atopische Reaktionsweise als Basis ist häufig. Eine Allgemeinuntersuchung zum Ausschluss von Foki ist sinnvoll; auch Übergangsformen einer „Kontaktdermatose" allergischer oder degenerativ-toxischer Art werden mit dem Krankheitsbild in Verbindung gebracht.

Sehr oft finden sich keine erkennbaren Zusammenhänge zur Tätigkeit; gelegentlich besteht ein unspezifischer, milieubedingt verschlimmernder Einfluss. In solchen Fällen ist die Anwendung von § 3 BKV indiziert (Hautschutz; ambulantes Heilverfahren zur Vermeidung einer Chronifizierung und der Entstehung von Kontaktsensibilisierungen). Nur im Fall zwingender Tätigkeitsaufgabe bei Versagen aller präventiven und therapeutischen Bemühungen an hochgradig hautbelastenden Arbeitsplätzen kann ggf. eine Anerkennung als ▶ BK 5101 erfolgen; ein Beispiel hierfür wäre ein Metallarbeiter mit ganztägiger Kühlschmierstoffexposition, der mit drehenden Maschinenteilen in Berührung kommt, weshalb das Tragen von Handschuhen aus arbeitssicherheitstechnischen Erwägungen nicht gestattet ist.

Bei der Rentenversicherung wird die Dauer, die Häufigkeit von Schüben, die Lokalisation, die Ausdehnung und Schwere gutachtlich zu berücksichtigen sein. Die Bewertung des Schwerbeschädigtenstatus erfolgt analog wie im Unfallversicherungsrecht (Umsetzung über Anhaltspunkte 2004).

Seborrhoisches Ekzem

Dies ist eine der häufigsten Ekzemformen (ca. 5% Prävalenz; Stingl 1998), die typischerweise eine jahreszeitliche Verschlechterung während der Wintermonate zeigt. Diese dispositionelle Erkrankung ist durch ihre Prädilektion der „seborrhoischen Areale" charakterisiert: behaarte Kopfhaut, retroaurikulär, zentrofazial (Nasenwurzel, Brauen, Nasolabialfalten), vordere und hintere Schweißrinne. Die Symptome bestehen in gelblich-rötlichen Herden mit scharfer Begrenzung und fettiger, leicht schuppender Oberfläche. Ätiologisch ist eine dispositionell vermehrte Talgproduktion (Seborrhö) sowie eine Überwucherung durch fakultativ pathogene Kommensalen, den Hefepilz Pityrosporum ovale, von Bedeutung. Es findet sich eine familiäre Häufung, das seborrhoische Ekzem tritt aber auch ohne positive Familienanamnese bei 2/3 aller AIDS-Kranken auf und ist damit ein charakteristisches Hautsymptom dieser Erkrankung (Stingl 1998).

Durch das seborrhoische Ekzem kann ggf. eine vermehrte Reizbarkeit der betroffenen Hautareale gegenüber Emulgatoren, Fetten, Harzen etc. resultieren; dennoch besteht in aller Regel kein Berufszusammenhang. Wegen der insgesamt überwiegend blanden und der Therapie zugänglichen Formen besteht im sozialen Entschädigungsrecht nur selten Bedeutsamkeit.

Urtikaria

Die Urtikaria gilt als humorale allergische Reaktion vom Soforttyp. Sie kann aber auch auf pseudoallergischem Weg ausgelöst und unterhalten werden. Bevorzugt betroffen sind Menschen mit atopischer Disposition.

Eine Sonderstellung nimmt die Kontakturtikaria ein, bei der Allergien vom Typ I ursächliche Bedeutung besitzen. Nach entsprechender Sensibilisierung treten innerhalb kürzester Zeit im Kontaktbereich juckende Quaddeln auf. Abhängig von Applikationsart und -menge sowie Sensibilisierungsgrad können unter Umständen schwerste Schocksymptome mit Larynx- oder Glottisödem und Kreislaufkollaps auftreten (sog. Kontakturtikaria-Syndrom nach v. Krogh und Maibach 1981). Ein Beispiel ist die Latexkontakturtikaria bei Beschäftigten im Gesundheitswesen. Ausgelöst durch die Anwesenheit verschiedener allergener Proteine in medizinischen Naturgummilatex-Handschuhen kam es Anfang der 90er Jahre des letzten Jahrhunderts zu einem sprunghaften Ansteigen der Inzidenz. Inzwischen sind durch zunehmende Entschlüsselung der Krankheitsursachen, gesetzgeberische Intervention (TRGS 540 „Sensibilisierende Stoffe") und Verzicht auf gepuderte, proteinreiche Handschuhe die Erkrankungszahlen deutlich rückläufig. Im Zeitraum von 1998 bis 2002 ergab sich ein Rückgang der BK-5101-Verdachtsmeldungen bezüglich Latex um 83% (Allmers et al. 2004).

Klinische Manifestationen einer Latexsensibilisierung vom Soforttyp können prinzipiell sowohl über die Haut als auch über die Schleimhäute ausgelöst werden. Da die Auslösung über die Schleimhaut (z.B. latexadsorbierte Puderpartikel in der Raumluft) in der Regel fulminanter verläuft, liegt das größere Gewicht der Begutachtung oft im Bereich der ▶ BK 4301 (allergische Atemwegserkrankungen) (Allmers et al. 2005). Weil die Erscheinungen das Atemwegssystem *und* die Haut umfassen, ist bei beruflicher Verursachung (z.B. Latexproteine) eine Beurteilung bzw. eine Entschädigung gemäß ▶ BK 4301 und ▶ BK 5101 zu diskutieren. Dabei bleibt zu berücksichtigen, dass es sich in solchen Fällen auf beiden Feldern um dieselbe wirksame Ursache handelt, die zu demselben Folgenkomplex führt. Im Gegensatz zu den feldbezogenen Berufskrankheiten der Liste sind die Folgen – und darum auch die MdE – personenbezogen. Die Folgen einer Ursache können grundsätzlich nur einmal bewertet und entschädigt werden. Die MdE sollte in einem solchen

Fall als feldübergreifende Gesamt-MdE begründet und bestimmt werden (Skudlik et al. 2000).

In dem außerordentlich komplexen Gebiet der Urtikaria sind neben der Kontakturtikaria gutachtlich chronische Formen von Bedeutung. Erfahrungsgemäß ist die Aufklärungsquote der Ursachen bei der chronischen Urtikaria gering. Insbesondere sind im Versicherungsrecht chronische Formen der Urtikaria durch Wärme, Kälte, Druck oder Licht sowie durch chemische Einflüsse zu berücksichtigen.

Die allergisch bedingten und intermittierenden Urtikariaformen nehmen eine besondere Stellung ein insofern, als es hierbei eher gelingt, durch sorgfältige Anamnese, Karenz und Exposition die Ursache zu erkennen. Dabei muss daran gedacht werden, dass das Allergen häufig auf ingestivem oder inhalativem Wege, aber auch durch Hautkontakt wirksam werden kann. Besondere Bedeutung besitzen Verfahren zur Aufdeckung von Allergien des Typs I (▶ Kap. 4.12), nach wie vor ferner ggf. die Verabreichung einer Eliminationsdiät (Kartoffel-Reis-Brötchen-Tee-Mineralwasser-Butter) und einer stufenweisen „Aufbaudiät"; zunehmend wird allerdings die kausale Rolle einer Infektion des Magen-Darm-Traktes mit Helicobacter pylori in den Vordergrund gerückt.

Gutachterliche Bewertung

Die Feststellung, ob eine Berufskrankheit besteht oder nicht, ist ein Verwaltungsakt. Der medizinische Sachverständige ist aufgefordert, aus medizinischer Sicht die Frage zu beantworten, ob die Voraussetzungen zur Anerkennung gegeben sind oder nicht. Er hat zu prüfen, ob Erscheinungs- und Verteilungsbild des Hautleidens, seine Vorgeschichte und die erhobenen Befunde miteinander vereinbar sind (Schönberger et al. 2003, Brandenburg 2006, John, Skudlik 2006 a). Die Arbeitsgemeinschaft für Berufs- und Umweltdermatologie hat mit der Deutschen Gesetzlichen Unfallversicherung Begutachtungsempfehlungen erarbeitet, die sich an den arbeitsdermatologischen Gutachter richten und die Grundlage für eine sachgerechte Begutachtung darstellen (Blome et al. 2003).

Vorbereitung des Gutachtens

Anhand der Akten und ggf. ergänzender Auskünfte von Betrieben oder Ärzten ist zu prüfen, welche Testsubstanzen zu beschaffen und vorzubereiten oder vom Probanden mitzubringen sind.

Dermatologische Befunderhebung

Der Hautbefund (in der Mehrzahl der Fälle sind die Hände befallen) ist detailliert zu beschreiben. Die klinische Morphe ist dabei den Lokalisationen zuzuordnen. Hilfsweise können auch Piktogramme eingesetzt werden, die Photodokumentation ist die ideale, am besten objektivierende Darstellungsweise. Die subjektive Bewertung des Hautzustandes durch den Versicherten hat sich im Rahmen der individuellen Gesamtbeurteilung des Verlaufes der Hauterkrankung bewährt.

Tabelle 17.5. Effloreszenzen

▮ Primäreffloreszenzen	Makula, Papel, Vesikel, Pustel, Urtikaria, Nodus
▮ Sekundäreffloreszenzen	Squama, Plaque, Crusta, Erosion, Ulkus, Atrophie, Narbe
▮ Weitere Effloreszenzen	Erythem, Exkoriation, Bulla, Rhagade, Fissur, Erythrodermie, Keratose
Nägel: Fingernägel, Zehennägel, Nagelbett (Hyponychium, Eponychium), Nagelform, Beschaffenheit und Elastizität der Nagelplatte und des freien Randes, Lunula, Ein- bzw. Unterlagerungen, Narbenbildungen, Ablösungen, Tüpfelungen, Querfurchen, Zuspitzungen, Achsabweichungen, Zerstörungen etc.	

Von besonderer Bedeutung ist die Fixierung der Morphen im Sinne der Effloreszenzlehre (Tabelle 17.5), z. B. Makulae, Bläschen, Papeln etc., das Festhalten lokalisierten Auftretens als Mono-Effloreszenz, die lokale Konfluenz, Lichenifikation, Farbe, die genaue topographische Lokalisation, insbesondere die Beobachtung des Befalls von Streck- oder Beugeseiten, des Ausbreitungsmodus, z. B. Perinomodie (Abweiden, zentrifugales Ausbreiten), Dissemination, Segmentbefall, bestimmte Verteilungsmodi wie „Ellenbeugen – Kniekehlen" oder „Ellenbogen – Knie", „Handteller – Fußsohlen" sowie die Generalisation. Der Einbezug aller Finger- und Zehenzwischenräume sowie der großen Beugen darf ebenso wenig vergessen werden wie die Inspektion aller sichtbarer Schleimhäute (Bindehäute, Mundschleimhaut, Genital- und Analschleimhaut). Akuität oder Chronizität des Bildes und Schweregrad sind besonders zu vermerken. Auf Atopiezeichen ist besonders zu achten.

Spezielle Anamnese

Wesentliches Kriterium für die Beurteilung der Hauterkrankung ist die detaillierte Anamneseerhebung. Diese ermöglicht die Klärung des ursächlichen oder wesentlich teilursächlichen Zusammenhangs zwischen der gefährdenden Einwirkung am Arbeitsplatz und den aufgetretenen Hauterscheinungen und legt Widersprüche zwischen Angaben nach Aktenlage und den Angaben des Versicherten offen. Daten zur Familien- und Eigenanamnese, zur Sozialanamnese und insbesondere zur Berufs- und Arbeitsplatzanamnese bilden die wesentliche Bewertungsgrundlage für den Gutachter. Er sollte bei Widersprüchen weitere Informationen über den Unfallversicherungsträger einholen. Reicht sein Kenntnisstand zur Darstellung einer umfassenden Arbeitsplatzbeschreibung nicht aus, ist er auf Informationen der Präventionsabteilung des Unfallversicherungsträgers und/oder des Betriebsarztes angewiesen.

Kernpunkt der Krankheitsbewertung ist die spezifische Hautanamnese. Diese soll den Krankheitsverlauf in Abhängigkeit von der beruflichen Tätigkeit darstellen und Grundlage der unfallversicherungsrechtlichen Bewertung für die Beurteilung der Verursachung, der Schwere der Erkrankung im medizinischen Sinn, der wiederholten Rückfälligkeit und des Zwanges zur Tätigkeitsaufgabe bilden. Dieser Teil der Anamnese sollte in der Regel den größten Umfang haben. Von den ärztlichen Behandlungen, den Therapeutika, den Hautpflege-, Hautreinigungs- und Hautschutzpräparaten, den Arbeitsunfähigkeitszeiten, dem Verlauf während Urlaubszeiten bis zu stationären Behandlungen gehören alle Fakten zum Krankheitsverlauf in diesen Teil der Anamnese.

Bestimmte Dermatosen entwickeln unter bestimmten Bedingungen vorzugsweise bestimmte Morphen in bestimmten Lokalisationen (Schwanitz u. Szliska 2001). Allergische Ekzeme neigen zum Befall der Streckseiten. Im akuten Stadium entwickeln sie multiple kleine Bläschen, später wechseln sie das monomorphe gegen ein polymorphes Bild mit eingetrockneten Bläschen, Schuppung und Rhagaden. Akute allergische Ekzeme zeigen Kontaktabhängigkeit. Später lassen sie diese vermissen. Insoweit gibt es dann keinen typischen kontaktabhängigen Verlauf des chronischen allergischen Kontaktekzems mehr. Degenerative (irritative) Prozesse befallen vor allem die Fingerzwischenräume, aber auch alle anderen Handbereiche. Sie zeigen sich in unspezifischer Weise kontaktabhängig. Dazu gehört auch vermehrt einseitig seitenabhängige Belastung unterschiedlicher Regionen. Atopiker präsentieren mehr oder weniger typische Bilder einer entsprechenden Dermatitis, die unter Betonung der großen Beugen von papulösen über dyshidrosiforme, hyperkeratotisch-rhagadiforme bis zu pruriginiformen Erscheinungen variieren können. Dabei ist stets zu bedenken, dass Atopiker auch auf allergische Reize anders reagieren als Nichtatopiker. Die Ergebnisse von Epikutantest können überschießend oder unterschwellig reaktiv, oft auch ständig wechselnd ausfallen und sind darum mit größter Vorsicht zu interpretieren. Oft werden atopisch getriggerte Krankheitsbilder infolge der durch die besondere Reaktionslage allgemein herabgesetzten Reaktionsschwelle gegenüber Umweltreizen jeglicher Art provoziert oder aber atopisches Reaktionsverhalten begünstigt das Auftreten anderer z.B. allergischer oder degenerativ-toxischer Dermatosen.

Der Ablauf atopischer Prozesse kann im Übrigen das Vorhandensein spezifischer allergischer Kontakteinflüsse vortäuschen. Dyshidrosiforme – atopische – Ekzeme laufen vorwiegend im Bereich der Fingerzwischenräume, der Handteller und Fußsohlen ab. Ihre Bilder schwanken zwischen akuter Bläschen- oder Blasenbildung einerseits und chronischen, trockenen, hyperkeratotisch-rhagadiformen, manchmal auch transgredienten, randüberschreitenden Prozessen andererseits. Kontaktallergische oder kumulative, degenerativ-toxische Hintergründe sind nicht immer auszuschließen. Ekzematisierte Tineaformen sind oft scharfrandiger und anfangs randbetonter, später auch erythrokeratotischer und vor allem oft asymmetrischer Natur und gleichfalls häufiger an den Beugeseiten als an den Streckseiten anzutreffen.

Hinweise auf Arbeiten unter besonderen Bedingungen (Hitzeklima, Okklusionseffekte beim Tragen von Schutzhandschuhen, wasserdichte Kleidung und Schuhwerk, Gebrauch reibemittelhaltiger Handreinigungsmittel) vervollständigen die Erhebungen (Schwanitz 2003 b).

Testungen

Die umfassende Anamnese und die detaillierte Befunderhebung stellen grundlegende Voraussetzungen für eine differenzierte Diagnostik dar. Darüber hinaus ermöglichen Hauttestungen eine weitergehende Spezifizierung der anamnestischen Befunde, insbesondere lassen sich Typ-I- und Typ-IV-Sensibilisierungen beruflicher Genese nachweisen (▶ Kap. 4.12).

Kausalität

Die Kausalitätsprüfung umfasst zwei Aspekte, den der *haftungsbegründenden Kausalität* (Zusammenhang zwischen der beruflichen Tätigkeit und der schädigenden Einwirkung) und den der *haftungsausfüllenden Kausalität* (Zusammenhang zwischen der schädigenden Einwirkung und der Krankheit; Abb. 23.5).

Es muss sichergestellt sein, dass die berufliche Verursachung entweder die alleinige oder eine wesentlich mitwirkende Ursache oder Teilursache darstellt. Der Gutachter muss also mit Beharrlichkeit das Ziel verfolgen, eine *lückenlose* Kausalkette herzustellen. Er darf sich nicht mit der bloßen *Möglichkeit* eines Zusammenhanges zufrieden geben. Da sich die Entscheidung über eine Berufskrankheit im zivilrechtlichen Bereich abspielt, kann der aus dem Strafrecht stammende Grundsatz „in dubio pro reo“ *keine* Anwendung finden. Der Kausalzusammenhang muss in jedem Falle mit größtmöglicher Wahrscheinlichkeit belegt werden (geschlossene Beweiskette; Schönberger et al. 2003, Schwanitz et al. 2003, Blome et al. 2006, Brandenburg 2006)!

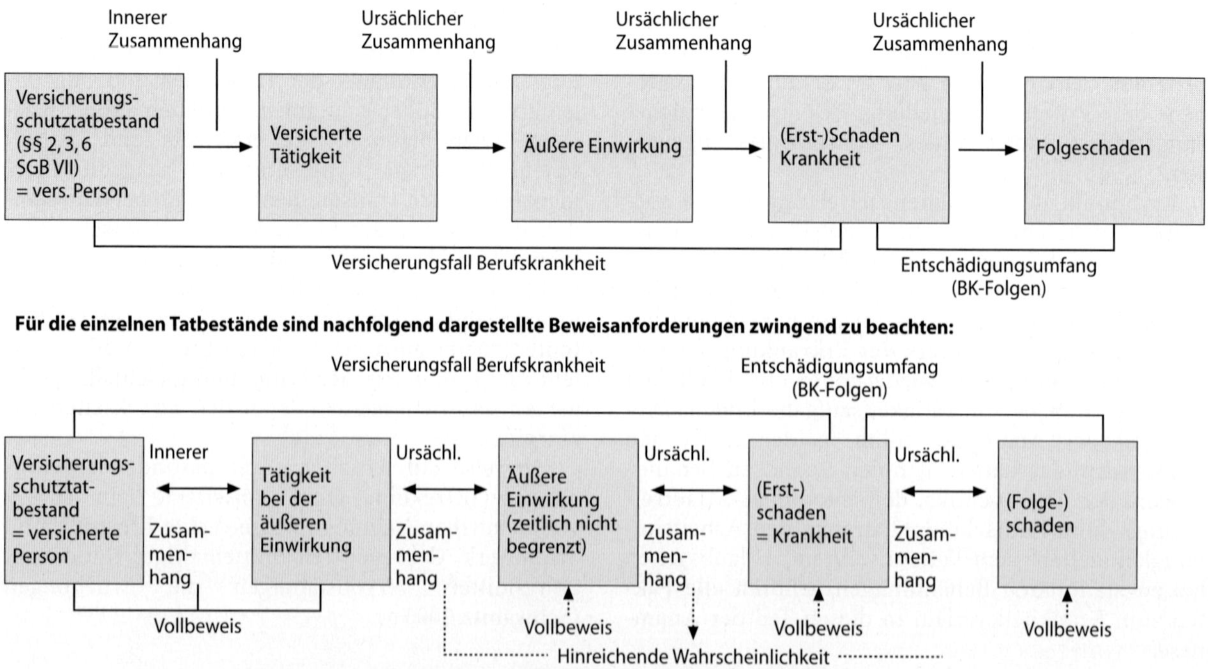

Abb. 17.5. Prüfschema Zusammenhangsbeurteilung. (Nach Blome et al. 2003, Brandenburg 2006)

Provokation/Verschlimmerung

Als zweites muss der Gutachter sich mit der Frage auseinandersetzen, ob die Hautkrankheit einzig und allein oder überwiegend, d.h. in wesentlicher Weise aus dem Beruf entstanden ist, oder ob sie in entscheidender Weise durch berufliche Faktoren beeinflusst wurde, d.h. ob berufliche Einwirkungen neben anderen Umständen eine Rolle von solchem Gewicht gespielt haben, dass eine Provokation oder Verschlimmerung hervorgerufen wurde. Der Begriff der Verschlimmerung kann zwei Dimensionen aufweisen, eine *zeitliche*, nämlich die vorübergehende und die andauernde Verschlimmerung, und eine *graduelle*, nämlich die einmalige und die richtunggebende Verschlimmerung.

Schwere der Hauterkrankung

Damit eine versicherte Hautkrankheit versicherungsrechtliche Anerkennung findet, muss sie „schwer" oder „wiederholt rückfällig" sein. Beide Begriffsmerkmale gelten als gleichwertig. Es braucht also nur eines von beiden gegeben zu sein. Die meisten Hauterkrankungen finden über den Begriff der Schwere im medizinischen Sinn Anerkennung (Tabelle 17.6). Die Schwere der Hauterkrankung ist im medizinischen Sinn definiert, d.h. die Objektivierung kann demzufolge auch nur von medizinischer Seite bzw. durch ärztliche Behandlung erfolgen (SGB VII, § 28). Eine solche Objektivierung kann durch Behandlungsbedürftigkeit, Krankheitsberichte, Arbeitsunfähigkeitsbescheinigungen oder Rezepte dokumentiert werden. Die bloße Selbstbehandlung durch einen Versicherten erfüllt nicht die Anforderungen an eine schwere Hauterkrankung, da Behandlungsbedürftigkeit bedeutet, dass ärztliche Behandlung erforderlich ist, um einen krankhaften Zustand zu heilen oder zu bessern, um Verschlimmerungen zu verhindern oder um Schmerzen oder andere Beschwerden zu lindern (Mehrtens u. Perlebach 2003).

Schwere Hauterkrankungen können nach dem klinischen Bild, der Ausdehnung der Befallslokalisationen, dem Verlauf, der Dauer oder der Stärke der Allergie beurteilt und begründet werden. Am häufigsten werden Hauterkrankungen nach der Bestandsdauer (i.d.R. mehr als sechs Monate) begründet. Im Rahmen dieser Begründung finden auch mäßig bis gering ausgeprägte Hauterkrankungen Anerkennung (Fartasch et al. 1993).

Wiederholte Rückfälligkeit

Der Begriff der wiederholten Rückfälligkeit umfasst mindestens drei Krankheitsschübe, zwischen denen behandlungsfreie und arbeitsunfähigkeitsfreie Intervalle liegen (Ersterkrankung – Behandlungsfreiheit – wiederholte Erkrankung – Behandlungsfreiheit – wiederholte Erkrankung). Die Erkrankungsschübe müssen im Zusammenhang stehen, d.h. sie müssen der gleichen Erkrankung zuzuordnen sein.

Tabelle 17.6. Beurteilung der „Schwere" einer Hauterkrankung nach ▶5101 BKV. (Nach Fartasch et al. 1993)

1. Schwere klinische Symptomatik

1.1 Definition über Morphe und Beschwerdebild

- Massive Hauterscheinungen:
  - akutes Ekzem: Bläschenschübe; Ödeme, Rötung, Erosionen und Superinfektionen
  - chronisches Ekzem: tiefe Rhagaden, Erosionen, Lichenifikationen (z. B. bei subtoxisch-kumulativen Handekzemen)
  - generalisierte Urtikaria: starker Juckreiz, ödematöse Schwellung (z. B. Quincke-Ödem), evtl. Schocksymptomatik
- Berücksichtigung des Beschwerdebildes: z. B. Schmerzhaftigkeit, Bewegungseinschränkung, Juckreiz und Brennen, Beeinträchtigung des Allgemeinbefindens

1.2 Definition über Ausdehnung

- Über Kontaktorgan hinaus: z. B. streuendes allergisches Kontaktekzem (Arme, Stamm, Gesicht)
- Exposition großer Areale: z. B. aerogenes allergisches Kontaktekzem
- Bei Typ-I-/Intoleranz-Reaktionen: z. B. generalisierte Urtikaria (hier auch Einwirkungen auf das Allgemeinbefinden)

1.3 Definition über Verlauf

- Schlechte Heilungstendenz (trotz adäquater Maßnahmen der Therapie und des Hautschutzes), wenn z. B. eine stationäre Heilbehandlung oder der Einsatz systemischer Kortikosteroide notwendig waren
- Rezidivfreudigkeit (unabhängig von AU) und zeitliche Ausdehnung, z. B. mehrfach über ein halbes Jahr hinweg (LSG NRW, Az: L 15 U 36/91)
- Dauer, insbesondere wenn die Hauterscheinungen in einer medizinisch nicht schweren Erscheinungsform verlaufen (SG Köln. Az: S 7 (4, 25, 18) U 215/86): ununterbrochener Ekzemschub: ≤6 Monate bei schwerwiegenden Erscheinungen bzw. ≥6 Monate bei weniger ausgeprägten Erscheinungen

2. Berufstypische Allergene

Voraussetzung ist, dass das klinische Bild auch wirklich durch das Allergen ausgelöst worden ist: Sicherung durch klinisches Bild und Testergebnis. Allergie gegen Arbeitsstoff von wesentlicher Bedeutung.
Der Kontakt im entsprechenden Beruf muss unvermeidlich sein:

- Er kann nicht durch technische (Absaugung, Kapselung von Maschinen), organisatorische Maßnahmen (Änderungen des Arbeitsablaufes, Verteilung von Aufgaben) oder durch persönliche Schutzmaßnahmen (Kleidung, Handschuhe) gemieden werden, oder
- der Stoff ist nicht austauschbar (z. B. wäre ein bestimmtes Konservierungsmittel in Kühlschmierstoffen austauschbar)

Unterlassung der beruflichen Tätigkeit

Dieser Begriff beinhaltet den Zwang zur Aufgabe der schädigenden Tätigkeit, nicht etwa die Notwendigkeit der gesamten beruflichen Tätigkeit. Ein Maler und Lackierer muss demzufolge nur den Teil seiner beruflichen Tätigkeit aufgeben, der für die Entstehung und Unterhaltung der Hauterkrankung auslösend war und nicht seine gesamte berufliche Tätigkeit. Entscheidend für das Vorliegen des objektiven Zwanges ist allein die medizinische und/oder technische Notwendigkeit. So ist eine Weiterbeschäftigung aus medizinischen Gründen mit individuellen Präventivmitteln häufig grundsätzlich möglich (z. B. Schutzhandschuhe), jedoch lassen Praktikabilitätsgründe (z. B. bei Verfugern) oder Unfallverhütungsvorschriften (rotierende Maschinen) die effiziente Umsetzung dieser Maßnahmen nicht zu.

Kann der Gutachter die folgenden Fragen mit „ja" beantworten, ist in der Regel vom Vorliegen des Zwanges zur Aufgabe der betreffenden Tätigkeit auszugehen:

- War die schädigende Noxe nicht hinreichend vermeidbar?
- Waren zumutbare und geeignete individualpräventive Maßnahmen ausgeschöpft?
- Waren die ärztlichen Behandlungsmaßnahmen ohne richtunggebende Besserung geblieben?

Minderung der Erwerbsfähigkeit, Grad der Behinderung, besondere Betroffenheit

Gegenstand der *Unfallversicherung* ist die individuelle Erwerbsfähigkeit. Erleidet ein Versicherter einen nicht zu behebenden, beruflich verursachten gesundheitlichen Schaden, folgt daraus gegebenenfalls eine Beeinträchtigung seiner Befähigung zu Erwerbsarbeit und deren Ausnutzung im wirtschaftlichen Leben. Zum Ausgleich eines daraus entstehenden wirtschaftlichen Schadens wird für die Dauer desselben Verletztenrente gewährt. Die Beeinträchtigung wird als „Minderung der Erwerbsfähigkeit" (*MdE*) bemessen. Der Grad der Minderung ergibt sich aus dem Vergleich der Möglichkeiten des Betroffenen auf dem gesamten Feld des Erwerbslebens (sog. allgemeiner Arbeitsmarkt) vor Eintritt des Versicherungsfalles und nachher. Die Bemessung erfolgt in abstrakter Weise nach Prozenten. Der Zustand des Versicherten vor Eintritt des Versicherungsfalles wird mit 100% bewertet. Eine Minderung der Erwerbsfähigkeit in rentenberechtigender Höhe entsteht zwischen 20 und 100%. In Ausnahmefällen kann auch eine geringere Minderung der Erwerbsfähigkeit zu Rentenleistungen führen, wenn sie mit einer oder mehreren Minderungen der Erwerbsfähigkeit aus anderen beruflichen Schäden, einem Kriegs- oder Wehrdienstschaden zusammentrifft. Unterschiedliche Prozentsätze für unterschiedliche Schäden sind zu addieren. Insgesamt können sie eine Gesamtrente von 100% nicht überschreiten. Das gilt auch für das Zusammentreffen mit Rentenleistungen wegen Berufsunfähigkeit (*BU*) oder Erwerbsunfähigkeit (*EU*).

Die Minderung der Erwerbsfähigkeit ist definiert als Einschränkung der Arbeitsmöglichkeiten auf dem allgemeinen Arbeitsmarkt unter Berücksichtigung der gesamten Kenntnisse und körperlichen wie geistigen Fähigkeiten des Betroffenen im gesamten Erwerbsleben.

Diese erscheint auf den ersten Blick klar, jedoch ergeben sich bei der individuellen Bewertung im Gutachtenfall häufig Probleme. Die Einschätzung der Verwendungsmöglichkeiten auf dem so genannten allgemeinen Arbeitsmarkt bei Vorliegen einer Einschränkung durch eine beruflich bedingte allergische oder nichtallergische Hauterkrankung überfordert den Gutachter in vielen Fällen. Was bei der Bewertung eines irritativen Hautschadens durch Feuchtarbeit im Hinblick auf die eingeschränkten Arbeitsmöglichkeiten noch einschätzbar erscheint, ist bei Vorliegen von Kontaktallergien gegen Berufsstoffe oft nicht mit der geforderten Kompetenz durchführbar, da ein generelles Defizit an Erkenntnissen zur technischen Verbreitung von Allergenen besteht. Der sich dynamisch ändernde Arbeitsmarkt, das häufige Austauschen von Berufsstoffen und die Veränderung der Inhaltsstoffe macht eine sichere Bewertung schwer. Die Arbeitsgemeinschaft für Berufs- und Umweltdermatologie hat eine Arbeitsgruppe eingerichtet, die diesen Themenkomplex bearbeitet und Empfehlungen zu Berufsstoffen hinsichtlich ihrer einschränkenden Verwendung erarbeitet (Diepgen et al. 2002). Im Rahmen der Beurteilung der Berufsstoffe werden epidemiologische Untersuchungen über bisher aufgetretene Kontaktallergien, allergologische Besonderheiten von Kontaktallergenen, arbeitstechnische Erkenntnisse und Statistiken der Bundesagentur für Arbeit berücksichtigt. Neben einer allgemeinen Bewertung des Berufsstoffes/Allergens wird die klinische Auswirkung diskutiert und eine Empfehlung zur Bewertung ausgesprochen (Diepgen et al. 2005).

Der gesundheitliche Schaden des Versicherten wird charakterisiert durch die Verbreitung und Sensibilisierungsstärke der Noxen sowie die Folgen ihrer Auswirkungen, die Einschränkung der Hautfunktion, die Hautempfindlichkeitserhöhung bzw. die Minderbelastbarkeit.

Die Einschätzung der MdE wird auf der Grundlage der von der Arbeitsgemeinschaft Berufs- und Umweltdermatologie e.V. in der Deutschen Dermatologischen Gesellschaft (*DDG*) und dem Spitzenverband der gesetzlichen Unfallversicherung herausgegebenen „Empfehlungen für die Einschätzung der Minderung der Erwerbsfähigkeit (MdE) bei Berufskrankheiten der Haut nach Nr. 5101 der Anlage 1 zur Berufskrankheitenverordnung (BKV)“ vorgenommen. Diese aus dem Jahr 1995 bestehenden Empfehlungen sind in den aktuellen Begutachtungsempfehlungen (Bamberger Merkblatt) überarbeitet worden (Blome et al. 2003, 2006).

Tabelle 17.7. MdE-Empfehlungen. (Nach Blome et al. 2003)

	Ausmaß der Hauterscheinungen auch nach irritativer Schädigung			
	keine 0%	**leicht 10%**	**mittel 20%**	**schwer 25%**
Auswirkungen einer Allergie				
keine	0	10	20	25
geringgradig	0	10[b]	20[b]	25
mittelgradig	10[a]	15[b]	25[b]	30
schwerwiegend	20[a]	20[b]	30[b]	≥30

[a] Für die Auswirkungen einer Allergie ohne Hauterscheinungen können sich in begründeten Fällen Abweichungen um 5 Prozentpunkte ergeben.

[b] Ein Abgleich der verschlossenen Arbeitsmöglichkeiten durch die Auswirkungen der Allergie(n) und das Ausmaß der Hauterscheinungen kann eine Abweichung um 5 Prozentpunkte begründen.

Die Schätzung der MdE soll erst nach Rückbildung akuter Hauterscheinungen erfolgen.

Die tabellarische Empfehlung und Darstellung sichert nicht nur das bisherige Vorgehen, sie macht die Einschätzung für alle Betroffenen gerechter. In der waagerechten Spalte der Tabelle 17.7 finden sich Hinweise für die Bewertung von Hauterscheinungen, die sowohl nichtallergischer als auch allergischer Natur sein können. Es wird in der Regel auf die akut bzw. chronisch bestehenden Hauterscheinungen abgehoben, ausdrücklich werden auch Schäden der Funktionsfähigkeit ohne wesentliche Hauterscheinungen wie eine Minderbelastbarkeit oder erhöhte Verletzungsanfälligkeit der Haut einbezogen.

Das Ausmaß der Hauterscheinungen wird in leicht, mittel und schwer klassifiziert:

- *Leichte Hauterscheinungen*: bis zu dreimal jährlich, schnelles Abheilen bei entsprechender Behandlung. Geringgradig lichenifizierte oder „atopische“ Haut als Folge eines langwierigen beruflichen Ekzems oder nach topischer Behandlung mit Kortikoiden.

  Unverträglichkeit intensiver sonstiger Hautbelastung (z. B. irritativ oder degenerativ-toxisch).

- *Mittelgradige Hauterscheinungen*: häufige Rückfälle, die auch unter angemessener Behandlung über mehrere Wochen anhalten. Lichenifizierte oder atrophische, leicht verletzbare Haut als Folge eines langwierigen beruflichen Ekzems oder nach topischer Behandlung mit Kortikoiden.

  Unverträglichkeit mäßiger sonstiger Hautbelastung.

- *Schwere Hauterscheinungen*: Ausgedehnte Krankheitsschübe oder andauernd bestehende Hauterscheinungen. Rhagaden, Lichenifikation oder Superinfektion.

  Unverträglichkeit bereits geringer sonstiger Hautbelastung.

Die *Minderbelastbarkeit der Haut* ist neben den Hauterscheinungen und den Auswirkungen allergischen Reaktionsverhaltens als selbständiger dritter Faktor zu sehen, der zusammen mit irritativen und/oder allergischen Hauterscheinungen relevant sein kann. Für die Minderbelastbarkeit der Haut ist allein die an die Person gebundene, individuelle Empfindlichkeit der Haut von ausschlaggebender Bedeutung. Die Bewertung hängt im Wesentlichen von anamnestischen Angaben des Betroffenen ab.

Die Auswirkungen der Allergie(n) sind nach ihrem Umfang und nach ihrer Intensität zu beurteilen (siehe Tabelle 17.7). Wesentlich für die Einschätzung der Intensität einer Allergie ist die klinische Ausprägung der Hauterscheinungen (Streureaktionen, stark ausgeprägte Hauterscheinungen, Umfang, Art und Dauer der durch die Hauterscheinungen notwendigen Behandlung) und nicht allein die Stärke der Testreaktion im Epikutantest. Die positiven Testreaktionen können nicht addiert werden (auch wenn bei allen eine Berufsspezifität nachgewiesen wurde), sondern müssen ausgerichtet an den verschlossenen Arbeitsmöglichkeiten bewertet werden.

- Geringgradig: einzelner, auf dem allgemeinen Arbeitsmarkt wenig verbreiteter reaktiver Berufsstoff.
- Mittelgradig: einzelner reaktiver Berufsstoff mit weiter Verbreitung oder mehrere reaktive Berufsstoffe mit geringer Verbreitung auf dem allgemeinen Arbeitsmarkt – auch einzelner reaktiver Berufsstoff mit geringgradiger Verbreitung, aber klinisch besonders intensiver Sensibilisierung.
- Schwerwiegend: mehrere reaktive Berufsstoffe mit weiter Verbreitung oder einzelner reaktiver Berufsstoff mit sehr weiter Verbreitung auf dem allgemeinen Arbeitsmarkt – zugleich Berücksichtigung möglicher Kreuzallergien etc. oder klinisch besonders intensiver Sensibilisierung (Diepgen et al. 2005).

Unter besonderen Umständen kann in einzelnen Fällen mit besonderer Begründung eine Abweichung von den tabellarischen Empfehlungen notwendig werden, z. B. bei besonders erschwerenden Umständen durch die zu beurteilende berufliche Hautkrankheit selbst oder gravierenden Begleit- und Folgezuständen, die auch therapiebedingter Natur sein können (z. B. Kortisonfolgeschaden).

Keinen Einfluss auf die Bewertung der MdE haben der ausgeübte Beruf an sich, das Qualifikationsniveau, das Alter und Geschlecht sowie die Verweisbarkeit auf andere Arbeitsplätze.

In einzelnen Fällen ist gegebenenfalls unter besonderer Begründung evtl. ein Hinweis auf eine besondere berufliche Betroffenheit des Versicherten durch die berufliche Hautkrankheit oder deren Folgen notwendig (§ 56 Abs. 2, SGB VII).

Für die Bewertung einer Behinderung in Zusammenhang mit der *Schwerbehindertengesetzgebung* gilt der „Grad der Behinderung" (*GdB*). Dieser bezieht sich im Unterschied zur Minderung der Erwerbsfähigkeit, Berufs- und Erwerbsunfähigkeit, die allein das Berufsleben betreffen, auf das gesamte tägliche Leben. Er kann darum für die Bestimmung von MdE, BU oder EU keinen Vergleichsmaßstab darstellen. Bemessungen des Grades der Behinderung für einen bestimmten Sachverhalt müssen darum von Natur aus stets höher ausfallen als dementsprechende Bemessungen der MdE.

Auch der GdB kann 100% nicht übersteigen. Da er das gesamte tägliche Leben umfasst, sind Einzelprozentsätze nicht zu addieren. Vielmehr ist bei der abschließenden Würdigung die Gesamtheit der ermittelten Prozentsätze in ihrer Auswirkung auf das Gesamtleben abzuschätzen. Gegenseitige Beeinflussungen von Einzelprozentsätze bedingenden Behinderungen sind zu berücksichtigen. Dabei ist zunächst die am höchsten zu bewertende Behinderung voranzustellen. Daran schließt sich die Bewertung der Frage, in welchem Ausmaß eine oder mehrere weitere Behinderungen die am schwersten wiegende Behinderung überschreiten. Die „Anhaltspunkte" des Bundesministeriums für Arbeit und Soziale Sicherung (2004) sind dabei eine wesentliche Hilfe.

Die Einschätzung der Leistungsfähigkeit im Erwerbsleben für die *Rentenversicherung* erfolgt dagegen in eher konkreter Weise. Auch sie betrifft allein die Möglichkeit der eingeschränkten bzw. verbliebenen Fähigkeit zur Leistungserbringung auf dem Feld der allgemeinen täglichen Arbeit. Die Umstände des täglichen Lebens bleiben auch hier ausgeklammert. Im Gegensatz zum Unfallversicherungsrecht wird die Leistungsfähigkeit der betroffenen Person an einem vergleichbaren Personenkreis mit ähnlichen Fähigkeiten, Fertigkeiten und Kenntnissen gemessen. Sie wird konkret in Entgelt oder Arbeitszeit aufgerechnet.

Prävention

Neben den gesamtwirtschaftlichen Folgelasten von Berufsdermatosen sind die vielfach gravierenden sozioökonomischen und psychosozialen Konsequenzen für den Einzelnen zu berücksichtigen; angesichts der gegenwärtigen Arbeitsmarktlage sind die Erfolgschancen beruflicher Wiedereingliederungsmaßnahmen gerade bei älteren Arbeitnehmern sehr ungünstig. Dies unterstreicht die Erfordernis einer gezielten und frühzeitigen Sekundär- und Tertiärprävention von Berufsdermatosen mit dem Ziel des Berufserhalts (John, Skudlik 2006 b). Der Erfolg der-

Tabelle 17.8. Aktuelle Beispiele für vernetzte Präventionsmaßnahmen bei berufsbedingten Hauterkrankungen

Präventionsebene	Kurzdefinition	Präventionsmaßnahmen bei berufsbedingten Hauterkrankungen
primär	Vorbeugung	– TRGS 530 „Friseurgewerbe" (regelt den Hautschutz bei friseurspezifischen Tätigkeiten) – TRGS 531 „Feuchtarbeit" (regelt den Hautschutz bei Feuchtarbeit) – TRGS 540 „Sensibilisierende Stoffe" (sieht unter anderem den Einsatz puderfreier, allergenarmer Latexhandschuhe oder Ersatz durch andere geeignete Handschuhe vor; rechtsverbindliche Austauschpflicht von definierten Stoffen mit sensibilisierendem Potential) – Herstellerverzicht auf Glycerylmonothioglykolat („saure Dauerwelle") – Breitgefächerte Aufklärung über berufsbedingte Hauterkrankungen betriebsintern, auch in den Medien – Intervention in Berufsschulen; Verankern von „Hautschutz" in den Ausbildungsinhalten bei Risikoberufen, ferner in den Meisterkursen
sekundär	Früherkennung/ Frühintervention	– Hautarztverfahren – Ambulantes Heilverfahren n. § 3 BKV – Bundesweit angebotene Hautschutzseminare für Friseure und Pflegeberufe – Schulungs- und Beratungszentren der Unfallversicherungsträger („Schu.ber.z") – Betriebsberatungen
tertiär	Rehabilitation	– Modifiziertes stationäres Heilverfahren, HVBG-Multizenterstudie ROQ (John, Skudlik 2006b)

artiger Maßnahmen ist heutzutage belegbar (Allmers et al. 2004, Dickel et al. 2002b, Riehl 2001, Schwanitz 2002 u. 2003a, Wulfhorst 2001, Wulfhorst et al. 2006). Einige aktuelle Beispiele wirksamer, auf verschiedenen Ebenen ansetzender Präventionsmaßnahmen in der Berufsdermatologie gibt Tabelle 17.8. Es ist aus epidemiologischen Studien auch deutlich geworden, dass einer Besonderheit der „BK Haut" Rechnung getragen werden muss: Diese Maßnahmen sind desto wirksamer, je frühzeitiger sie erfolgen. Eine zentrale Rolle als Interventions- und Steuerungsinstrument kommt hier, zukünftig noch mehr als bisher, dem *Hautarztverfahren* und dem im Rahmen dieses Verfahrens initiierbaren berufsgenossenschaftlichen Heilverfahren zu.

§ 3 BKV bei Hautkrankheiten

Wegen des darin verankerten, weit reichenden Präventionsauftrages hat die Berufskrankheitenverordnung bei Hautkrankheiten eine besondere Bedeutung. Gemäß Absatz 2, § 3 BKV müssen die Unfallversicherungsträger mit „allen geeigneten Mitteln" der Entstehung einer Berufskrankheit entgegenwirken. § 3 BKV hat die Einrichtung des Hautarztverfahrens (s. u.) ermöglicht.

Entscheidend für die Anwendung des § 3 BKV ist: Es besteht die *konkrete Gefahr*, dass bei dem Versicherten eine Berufskrankheit mit Wahrscheinlichkeit entsteht, wiederauflebt oder sich verschlimmert. Die gefährdende Tätigkeit muss nicht bereits aufgegeben worden sein. Der Kausalzusammenhang zwischen der Hauterkrankung und der Berufstätigkeit, zumindest im Sinne der wesentlichen Teilursache, muss jedoch gegeben sein. Unter die Maßnahmen nach § 3 BKV fallen nicht nur ambulante oder stationäre Behandlungskosten, sondern auch Aufwendungen für individuelle persönliche Schutzausrüstungen, Ausgleich von Minderverdienst bei innerbetrieblicher Umsetzung sowie die Kosten unvermeidlicher Umschulungen. Diese so genannten „Maßnahmen zur Teilhabe am Erwerbsleben" werden bevorzugt bei jüngeren Versicherten gewährt. Aufgrund der Arbeitsmarktlage sind die Aufwendungen für berufliche Rehabilitationsmaßnahmen auch bei jüngeren Versicherten jedoch häufig wirkungslos. Umfangreiche Ergebnisse der Präventionsforschung in den letzten Jahren haben gezeigt, dass es in der Mehrzahl der Fälle möglich ist, durch rechtzeitige Intervention und Ausschöpfung des Repertoires heute zur Verfügung stehender Möglichkeiten adäquaten Hautschutzes und einer adäquaten Therapie auch Personen mit empfindlicher Haut (z. B. Atopiker) bzw. mit berufsbedingten Sensibilisierungen das Weiterarbeiten an hautbelastenden Arbeitsplätzen zu ermöglichen (Riehl 2001, Schwanitz 2002 u. 2003a, Wulfhorst 2001, Wulfhorst et al. 2006). Dennoch wird leider auch heute noch von vielen Ärzten bei berufsbedingten Hauterkrankungen in hautbelastenden Berufen pauschal zur Berufsaufgabe geraten. Bei leichtfertig ausgesprochenen Umschulungsempfehlungen sind auch haftungsrechtliche Konsequenzen für den behandelnden Arzt bzw. den Gutachter angesichts der gegenwärtigen nachhaltig ungünstigen Vermittlungschancen für Berufswechsler nicht auszuschließen.

Bei der Haut-BK 5101 fällt auf, dass lediglich ein geringer Prozentsatz der jährlich neu hinzutretenden Leistungsfälle zu einer BK-Anerkennung (8% der Fälle) bzw. zu einer erstmaligen Entschädigung (2% der Fälle) führt (siehe Abb. 17.2). Der weit überwiegende Anteil wird durch präventive Maßnahmen nach § 3 BKV verursacht. So entfallen 58% aller Aufwendungen der gewerblichen Berufsgenossenschaften für Maßnahmen zur beruflichen Rehabilitation („Teilhabe am Erwerbsleben") auf Hautkrankheiten (siehe Tabelle 17.2).

Hautarztverfahren

Um beruflich verursachte Hauterscheinungen frühzeitig zu erkennen und die notwendigen Schritte einzuleiten, welche die Entstehung einer ▶ BK 5101 verhindern können, wurde 1972 das „Verfahren zur Früherfassung berufsbedingter Hauterkrankungen" (Hautarztverfahren) eingeführt. Es soll damit erreicht werden, dass durch den *vorbehandelnden Arzt oder* Werksarzt eine hautärztliche Untersuchung und Beratung veranlasst wird, wenn die *Möglichkeit einer Hauterkrankung durch berufliche Tätigkeit* besteht, wieder auflebt oder sich verschlimmert. Der Hautarzt erstellt zu Lasten des Unfallversicherungsträgers (*UVT*), d.h. der zuständigen Berufsgenossenschaft (*BG*), einen Bericht auf einem speziellen Formblatt (Hautarztbericht), das dem behandelnden Arzt und in Durchschrift der BG und der Krankenkasse zugesandt wird. Der Hautarzt kann in diesem Zusammenhang gezielte Diagnostik (z.B. Epikutantests) zu Lasten der BG vornehmen. Er kann u. a. den technischen Dienst der BG veranlassen, Ermittlungen am Arbeitsplatz vorzunehmen.

Ferner kann ein Behandlungsauftrag (ambulantes Heilverfahren) durch die BG erbeten und weitere Maßnahmen im Rahmen des § 3 BKV angeregt werden.

Das Hautarztverfahren ist ein konzeptionell wegweisendes Instrument der zeitnahen Sekundärprävention im Vorfeld von Berufskrankheiten der Haut. Hautarztberichte können von Hautärzten und Arbeitsmedizinern erstattet werden. Durch den Hautarztbericht können möglichst unbürokratisch und frühzeitig, im Vorfeld der Anzeigepflicht, Risikofälle aufgespürt und einer berufsgenossenschaftlichen Erfassung, Bearbeitung und sinnvollen Regelung zugeführt werden (John 2006, Blome u. John 2007). Das Hautarztverfahren läuft außerhalb der gesetzlichen Krankenversicherung. Es ist zwischen den Unfallversicherungsträgern und der Kassenärztlichen Bundesvereinigung im so genannten Vertrag Ärzte/Unfallversicherungsträger vereinbart (Abschnitt V; § 41–43; Stand 1.5. 2001). Von allen 68 amtlichen Berufskrankheiten ist bisher nur bei der ▶ BK 5101 „Haut" ein solches Vorfeldverfahren etabliert. Diese Sonderstellung der Hauterkrankungen ist begründet in ihrer langjährigen Spitzenposition bei den BK-Meldungen. Die in Hautarztberichten niedergelegten ärztlichen Angaben bilden vielfach eine wichtige Entscheidungsgrundlage für spätere Begutachtungen. Das Hautarztverfahren wurde kürzlich aktualisiert, die wesentlichen Neuerungen sind in der jüngst publizierten Leitlinie der ABD zum Hautarztverfahren zusammengefasst (John et al. 2006 a).

Formular F 6050: Stellungnahme zur Sekundärprävention. Der Hautarztbericht wird durch Ausfüllen eines dreiseitigen Formulars erstattet: F 6050 ist zu beziehen über ▶ www.hvbg.de (Formtexte). Der Vordruck F 6050 sieht eingangs Angaben zur Arbeitsplatzanamnese, der Beschäftigungsdauer, der Krankheitsvorgeschichte und den erhobenen Befunden vor. Der Untersuchungsbefund soll detailliert geschildert werden und in eine präzise Diagnosestellung einmünden. Die Angabe „Kontaktekzem" unter dem Abschnitt „Diagnose" ist nicht ausreichend; dies gilt umso mehr, wenn allergologische Untersuchungen oder andere Diagnostik zur Abklärung des Ursachenzusammenhangs durchgeführt wurden. In der Vergangenheit waren die in Hautarztberichten gemachten Angaben gelegentlich nicht detailliert genug, insbesondere bezüglich der exakten Lokalisation und Befundung von Hautveränderungen, der Begleitumstände der Untersuchung sowie der vorgeschlagenen Präventionsmaßnahmen. Für die retrospektive gutachtliche Bewertung des Sachverhaltes ist es beispielsweise relevant, ob der Befund in arbeitsfreier Zeit erhoben wurde und ob der Patient unter Steroidtherapie stand. Hier ist unter anderem zu berücksichtigen, dass Hautschutz erst optimal im abgeheilten Zustand nach Restitution der epidermalen Barriere wirksam werden kann (John 2003).

Im Hautarztbericht ist neben Therapieempfehlungen eine Stellungnahme zu den erforderlichen prophylaktischen Maßnahmen essenziell. Diese sollte das gesamte Spektrum von Maßnahmen berücksichtigen, das der § 3 BKV vorsieht, um Versicherten die Fortsetzung ihrer bisher ausgeübten Tätigkeit zu ermöglichen: Hier sind pauschale Angaben im Hautarztbericht wie „Hautschutz durch Handschuhe" nicht ausreichend. Zum Beispiel werden im Friseurgewerbe leider immer noch häufig Latex-Einmalhandschuhe empfohlen. Diese Handschuhe sind allein wegen ihrer Materialeigenschaften (hohe Permeabilität für Berufsstoffe) und Beschaffenheit (kurze Stulpe) für diese Tätigkeit ungeeignet; ein Scheitern solcher „Arbeitsversuche" ist deshalb vorhersehbar (John 2003). Auf die zusätzlich bestehenden Sensibilisierungsrisiken proteinreicher, gepuderter Latexhandschuhe sei hingewiesen, ebenso auf die Bestimmungen der TRGS 540 „Sensiblisierende Stoffe" (John u. Schwanitz 1999). Für eine spätere adäquate Beratung beziehungsweise spätere gutachtliche Bewertungen ist es deshalb im Interesse der Versicherten unabdingbar, die empfohlenen Schutzmaßnahmen (Tabelle 17.9) nachvollziehbar darzulegen.

Vom Verfasser des Hautarztberichtes wird auch erwartet, dass er angibt, ob und warum ein Anhalt für eine beruflich bedingte Hauterkrankung besteht, und gegebenenfalls, ob die „Aufgabe der jetzigen Tätigkeit" zu prüfen ist. Falls diese und die Frage nach dem beruflichen Zusammenhang eindeutig zu bejahen sind, wird in der Regel eine „Ärztliche Anzeige über eine Berufskrankheit" zu erstatten sein (s.u.). Es ist hierbei ferner zu bedenken, dass, wenn Fragen der Tätigkeitsaufgabe berührt sind, die Durchführung einer Begutachtung nachdrücklich empfohlen werden sollte.

Tabelle 17.9. Maßnahmen nach § 3 BKV, die im Rahmen des Hautarztverfahrens empfohlen werden können

- Technische und organisatorische Maßnahmen (z. B. Ersatz gefährdender Arbeitsstoffe, Änderung der Arbeitsweise, technische Schutzvorrichtungen; Überprüfung durch den Präventionsdienst des Unfallversicherungsträgers)
- Persönliche Schutzmaßnahmen (z. B. Schutzhandschuhe, Schutzkleidung, Hautschutz)
- Medizinische Maßnahmen (ambulante oder stationäre BG-Heilbehandlung, modifiziertes stationäres Heilverfahren, spezielle therapeutische Maßnahmen)
- Gesundheitspädagogische Maßnahmen (z. B. Hautschutzseminare, Einübung hautschonender Arbeitsweisen)

Seit Mai 1999 hat die Arbeitsgemeinschaft für Berufs- und Umweltdermatologie (*ABD*) ein Clearingverfahren eingerichtet, das die Qualitätssicherung im Hautarztverfahren gewährleistet (John et al. 2004). Seitens der ABD und der DGUV wurde kürzlich ferner eine Optimierung des Hautarztverfahrens (Steigerung der Aussagekraft; Verbesserung der Beratungsoptionen) vorgeschlagen; hierzu wurde eine kontrollierte Pilotstudie im norddeutschen Raum durchgeführt (John et al. 2006b), die die Basis für die kürzliche Optimierung des Hautarztverfahrens dargestellt hat (John et al. 2006a).

Datenschutz im Hautarztverfahren. Mit der Einführung des Sozialgesetzbuchs VII wurden die Datenschutzbestimmungen verschärft, was auch Auswirkungen auf den Hautarztbericht hat. Nach § 203 SGB VII muss der Versicherte über Sinn, Inhalt und Adressaten der Meldung aufgeklärt werden und sein Einverständnis geben (Blome 2000). Der Vordruck F 6050 wurde entsprechend um einen Datenschutzpassus erweitert.

Versicherte können im Rahmen der Aufklärung durch den Hautarzt darauf hingewiesen werden, dass die Erstattung des Hautarztberichtes ihnen die frühzeitige Wahrung von Rechtsansprüchen gegenüber dem Unfallversicherungsträger erleichtert. Wenn Versicherte ihr Einverständnis nicht gewähren, wird dies heutzutage oft damit begründet, dass Nachteile am Arbeitsplatz befürchtet werden. In solchen Fällen kann der Hautarzt anbieten, dass er im Hautarztbericht vermerkt, dass der Arbeitgeber *nicht* in das Ermittlungsverfahren einbezogen werden soll. Vielfach sind Versicherte unter dieser Prämisse bereit, ihr Einverständnis zu erteilen.

Ärztliche Anzeige über eine Berufskrankheit

Wenn ein begründeter Verdacht auf eine Berufserkrankung gegeben ist, muss die „Ärztliche Anzeige über eine Berufskrankheit" („BK-Anzeige") erstattet werden nach § 202 SGB VII.

In der Praxis besteht oft Unklarheit darüber, wann ein Hautarztbericht und wann die ärztliche Anzeige über eine Berufskrankheit erfolgen soll. Der Hautarztbericht soll immer dann erstellt werden, wenn der Dermatologe der Überzeugung ist, dass bei diesem Patienten zwar eine Berufsdermatose vorliegt, er aber aus gegenwärtiger Sicht noch eine Chance hat, im ausgeübten Beruf zu verbleiben. Eine ungünstige Berufsperspektive (trotz Ausschöpfung sämtlicher zumutbarer, zeitgemäßer Präventions- und Therapiemaßnahmen) bei schwerem oder wiederholt rückfälligem Verlauf und dem medizinischen Zwang, die gefährdende berufliche Tätigkeit aufzugeben, ist dagegen Anlass für die BK-Anzeige.

Zur Erstattung der „Anzeige über eine Berufskrankheit" ist bei begründetem Verdacht neben dem Arzt auch der Unternehmer verpflichtet. Das sich regelhaft anschließende Ermittlungsverfahren kann der Versicherte (Patient) auch selbst durch eine Anzeige an die Berufsgenossenschaft in Gang setzen.

Für die Erstattung der „Ärztlichen Anzeige über eine Berufskrankheit" ist ein Formblatt (F 6000) auszufüllen, das Fragen enthält

- zum Versicherten (Stammdaten, Beschäftigungsverhältnis),
- zu den Krankheitserscheinungen, dem Erkrankungsbeginn und der Exposition,
- zu Details der beruflichen Tätigkeit des Versicherten.

Die Fragen sind allgemein gehalten, weil das Formblatt Basis für die Meldung sämtlicher 68 Berufskrankheiten der BK-Liste und für Verdachtsfälle nach § 9 Abs. 2 SGB VII darstellt; jedoch ermöglicht die Überarbeitung des Formblatts F 6000, das in der aktuellen Form seit 1. 8. 2002 gültig ist, präzisere Angaben auch bei Berufsdermatosen als die früheren Vordrucke. Wünschenswert ist eine dezidierte Diagnosestellung und Auflistung beruflicher Kontaktnoxen. Pauschale Antworten wie „Berufsstoffe" oder „Arbeitsmilieu" helfen dem später tätigen Gutachter nicht weiter. Die Berufsstoffe sollten nach Möglichkeit in Stichworten angegeben werden: z. B. Zement, Lederhandschuhe, Kühlschmierstoffe usw. Das Arbeitsmilieu wird am besten mit Beschreibungen wie: Feuchtarbeit, Heißarbeit, starke Verschmutzung, wasserdichte Schutzkleidung, Schutzhandschuhe aus..., Gummistiefel u. a. m. wiedergegeben. Außerdem ist auf die Erstlokalisation und die Erstmorphe genau einzugehen. Wo trat das Hautleiden topographisch zuerst in Erscheinung (Hände, Füße, Streck- oder Beugeseiten)? Die Lokalisation an den Streck- oder Beugeseiten besitzt ganz besondere Bedeutung für die Beurteilung eines allergischen oder degenerativ-toxischen oder atopischen Ekzems oder einer Tinea. Die genaue Beschreibung der Morphe (Bläschen, trockene Lichenifikation) ist für ein akutes oder chronisches Ekzem pathognomonisch. Umschriebene, münzförmige Herde entsprechen einem nummulären

Ekzem. Die Diagnose untermauernde Einzelbefunde, Epikutantests, Pricktests, Mykologie usw. sollten als Anlage beigefügt werden. Testungen und weitere dermatologische Diagnostik können allerdings – anders als im Hautarztverfahren – bei der Erstattung einer ärztlichen BK-Anzeige nicht zu Lasten des Unfallversicherungsträgers liquidiert werden.

Das Formblatt F6000 kann ebenso wie die zugehörigen Erläuterungen (F6000 E) aus dem Internet heruntergeladen werden (▶ www.hvbg-service.de/cgi-bin/formtext). Diese Erläuterungen (F 6000 E) sind bezüglich der Erstattung einer ärztlichen Anzeige bei Berufsdermatosen allerdings missverständlich formuliert. So wird zu einer frühzeitigen Erstattung einer Anzeige geraten: Angesichts des vertraglich fixierten Hautarztverfahrens lässt sich diese Empfehlung nur eingeschränkt auf beruflich bedingte Hauterkrankungen anwenden. Wenig zweckdienlich sind ferner die in den Erläuterungen genannten Beispielkonstellationen („Handekzem bei Maurern, Malern, Krankenschwestern, Reinigungspersonal"), die von den Autoren unter anderem als Indikation für die Erstattung einer ärztlichen Anzeige angeführt werden. Hier wäre ein Hinweis auf das Hautarztverfahren unerlässlich gewesen.

Zustimmungspflicht und ärztliche Schweigepflicht

Jede Berufskrankheit ist anzeigepflichtig. Auch der begründete Verdacht unterliegt der Anzeigepflicht. Im ungünstigsten Fall bedeutet das, dass der Arzt eine solche ärztliche BK-Anzeige trotz des expliziten Widerspruchs des Betreffenden erstatten muss. Hierbei kommt der meldende Arzt – zumindest juristisch – nicht in Konflikt mit der ärztlichen Schweigepflicht nach § 203 des Strafgesetzbuchs in Verbindung mit § 3 der Berufsordnung der deutschen Ärztinnen und Ärzte (Blome 2000); dies gilt allerdings nur, wenn die Voraussetzungen zur Erstattung einer BK-Anzeige wirklich gegeben waren. Ferner trifft dies nur auf ärztliche BK-Anzeigen bei einer der 68 Berufskrankheiten der BK-Liste zu. Bei Verdachtsfällen einer Berufskrankheit nach § 9 Abs. 2 (z.B. UV-bedingte Karzinome bei einem Outdoor-Arbeiter) muss der Versicherte sein Einverständnis zur Erstattung auch einer BK-Anzeige erklären. Nach § 202 SGB VII Satz 2 hat der Arzt den Versicherten *in jedem Fall* über den Inhalt der Anzeige zu unterrichten und ihm den Adressaten der Anzeige zu nennen.

BK-Haut-Beratungsarztverfahren

Die Einführung des SGB VII hat den Unfallversicherungsträgern weitgehende Kompetenzen zur Ausgestaltung „besonderer Verfahren für die Heilbehandlung" eingeräumt (§ 34 Abs. 1 SGB VII). Zur Zeit werden in den meisten Landesverbänden der gewerblichen Berufsgenossenschaften Erfahrungen mit dem so genannten „BK-Haut Beratungsarzt" gesammelt (Wehrmann 2000). An diesem Verfahren nehmen besonders versierte Berufsdermatologen teil. Sie erstatten besondere BK-Haut-Beratungsarztberichte nach Art eines Formulargutachtens, die wesentlich ausführlicher und detaillierter sind als ein Hautarztbericht. Von manchen BG-Verwaltungen wird derzeit so verfahren, dass Versicherte, bei denen ein Hautarztbericht erstattet wurde, bei entsprechender einschlägiger Berufs- und Befundkonstellation zusätzlich einem „BK-Haut-Beratungsarzt" vorgestellt werden. Mit der Einführung des optimierten Hautarztverfahrens (John et al. 2006a) wird auf die Institution des BK-Hautberatungsarztes verwaltungsseitig zunehmend verzichtet.

Therapieoptionen

Therapieoptionen zur Behandlung berufsbedingter Hauterkrankungen weichen hinsichtlich ihres Wirkprofils nicht von denen zur Behandlung nichtberufsbedingter Hauterkrankungen ab. Die häufigsten berufsbedingten Hauterkrankungen stellen Erkrankungen aus dem Formenkreis der Ekzeme dar. Therapeutische Optionen orientieren sich dementsprechend im Wesentlichen an diesen Hauterkrankungen.

Die Behandlung der Ekzeme erfolgt stadiengerecht nach den schuldermatologischen und galenischen Erkenntnissen. Entzündliche Ekzemreaktionen mit Spongiose und Vesikelbildung, Erythem und Exsudation können mit primär antientzündlich wirksamen Kortikosteroiden, hyperproliferative chronische Ekzemreaktionen mit antiproliferativ wirksamen Kortikosteroiden behandelt werden. Zur ersten Gruppe der Therapeutika gehören Kortikosteroide der 4. Generation, zur zweiten Gruppe der Erkrankungen gehören Kortikosteroide der 1., 2. und 3. Generation. Entsprechend der Erfahrungswerte sollten stark wirksame Kortikosteroide nur kurzfristig zur Anwendung gelangen und in der Weiterbehandlung durch weniger stark wirksame Kortikosteroide ersetzt werden. In der Regel reichen zur Behandlung akuter Ekzeme im Bereich der Hände Kortikosteroide der 4. Generation mit einem primär antiphlogistischen Wirkprofil und geringerem antiproliferativem Wirkprofil aus (z.B. Hydrokortison-Aceponat, Hydrokortison-Buteprat, Hydrokortison-Butyrat, Methylprednisolon-Aceponat, Prednicarbat). Die Therapie der beruflich bedingten Ekzemerkrankungen sollte immer die so genannte Stufen- und Intervalltherapie sowie das so genannte Ausschleichen beeinhalten. Insbesondere das Ausschleichen zur Verhinderung des Rebound-Effektes ist wichtig, da die betroffenen häufig wieder sehr schnell Kontakt zu den Kausalfaktoren (irritativer oder allergischer Genese) haben. Die epidermale Barrierefunktion wird schneller wiederhergestellt, wenn die Behandlung nur kurzfristig mit kortikosteroidhaltigen Externa durchgeführt wird (Abb. 17.6). Systemisch werden Kortikosteroide nur bei stark ausgeprägten Ekzemreaktionen mit Streureaktionen kurzfristig verwendet.

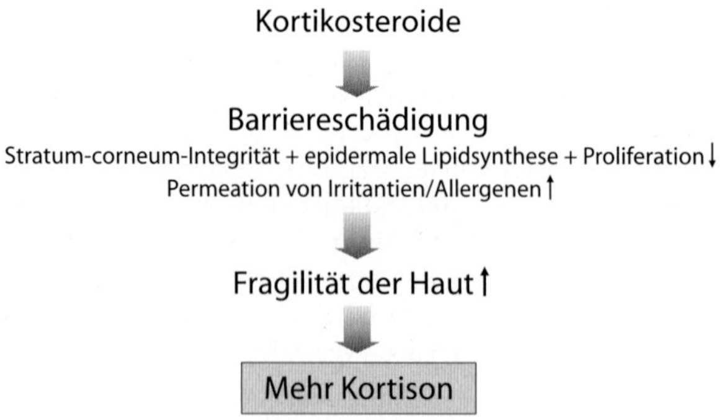

Abb. 17.6. Circulus vitiosus der Steroide (nach John 2004). Keine lokale Kortikoidtherapie unter hautbelastender Exposition (z.B. Feuchtarbeit) wegen der unter der Therapie herabgesetzten Hornschichtbarrierefunktion. Patienten kennen die Zusammenhänge vielfach nicht und reagieren bei Verschlechterungen des Hautzustandes unter Steroidtherapie am Arbeitsplatz mit einer Intensivierung der Steroidsanwendungen

Weitaus wichtiger ist die Notwendigkeit einer ausreichend langen Arbeitsunfähigkeitsdauer zu erachten. Die Epidermis benötigt zur Wiederherstellung ihrer Funktionen ausreichend Zeit; bei zu geringer Rekonvaleszenzzeit tritt schnell das Rezidiv auf. Wesentlich für die Wiederherstellung und Aufrechterhaltung der beruflichen Tätigkeit ist die Wahl der geeigneten Hautschutz- und Hautpflegepräparate. Gerade nach der Steroidtherapie sollte vor der Rückkehr an hautbelastende Arbeitsplätze ein ausreichend langes Intervall zur Rekonstitution der epidermalen Barriere eingehalten werden.

Eine selektive UV-Lichttherapie ermöglicht in vielen Fällen eines chronischen Ekzems eine Stabilisierung des Hautzustandes. Neben dem UV-B-Licht bietet sich die topische PUVA-Therapie (Bade- oder Creme-PUVA) an (Skudlik u. Schwanitz 2003). Mit diesen Verfahren wird neben der antientzündlichen Wirksamkeit eine Verbesserung der Hautbarrierefunktion angestrebt. Zur Reduzierung der vermehrten Schwitzneigung im Bereich der Hände und Füße werden neben der spezifischen Therapie gerbstoffhaltige Bäder angewendet. Im Sinne einer spezifischen Therapie hat sich hier die Leitungswasser-Iontophorese als sehr wirksam erwiesen.

Stationäre Maßnahmen. Wenn sich bei Krankheitsbildern der Haut eine unzureichende Beeinflussbarkeit im ambulanten Bereich ergibt bzw. bei Therapieresistenz oder mangelnder Compliance sollte rechtzeitig die Teilnahme an einem modifizierten stationären Heilverfahren mit gesundheitspädagogischer Intervention veranlasst werden (Schwanitz 2002, Skudlik u. Schwanitz 2003, John u. Skudlik 2006b). Dies ist in jedem Fall dann sinnvoll, wenn eine Dermatose trotz Heilbehandlung länger als drei Monate besteht oder – trotz Behandlung – rezidiviert. Ein weiterer Indikator kann eine längere oder wiederholte Arbeitsunfähigkeit sein. Durch diese Maßnahme kann bei 66% der Patienten mit schweren berufsbedingten Ekzemen der Berufsverbleib erreicht werden (John u. Skudlik 2006b).

Literatur

Allmers H, Schmengler J, John SM (2004) Decreasing incidence of occupational contact urticaria caused by natural rubber latex allergy in German health care workers. J Allergy Clin Immunol 114:347–351

Allmers H, Schmengler J, John SM, Schwanitz HJ (2005) Primärprävention der Typ-I-Allergie gegen Latex aus Naturkautschuk im deutschen Gesundheitswesen. Allergo J 14:329–336

Backes-Gellner U (1998) Kosten von Berufsdermatosen – betriebswirtschaftliche Kosten. Vortrag am Krefelder Hautschutztag 21.06.1998

Batzdorfer L, Schwanitz HJ (2004) Direkte und indirekte Kosten berufsbedingter Hauterkrankungen. Arbeitsmedizin, Sozialmedizin, Umweltmedizin 11:578–582

Blome O (2000) Der Hautarzt im Spannungsfeld zwischen der ärztlichen Schweigepflicht und dem Datenschutz bei der Erstattung des Hautarztberichtes. Dermatol Beruf Umwelt 48:134–137

Blome O, Bernhard-Klimt C, Brandenburg S, Diepgen T, Dostal W, Drexler H, Frank K, John S, Kleesz P, Schindera I, Schmidt A, Schwanitz H (2003) Begutachtungsempfehlungen für die Berufskrankheit Nr. 5101 der Anlage zur BKV. Dermatol Beruf Umwelt/Occup Environ Dermatol 51:D2–D14

Blome O, Bernhard-Klimt C, Brandenburg S, Diepgen TL, Dostal W, Drexler H, Frank KH, John SM, Kleesz P, Schindera I, Schmidt A, Schwanitz HJ (2006) Bamberger Merkblatt. Begutachtungsempfehlungen für die Berufskrankheit Nr. 5101 der Anlage zur BKV. In: Szliska S, Brandenburg S, John SM (Hrsg) Berufsdermatologie, 2. Aufl. Dustri – Dr. Karl Feistle, München Deisenhofen, S 395–413

Blome O, John SM (2007) Das Hautarztverfahren. Die BG 1/2007:27–31

BMA (1996) Merkblatt zu BK Nr. 5101. Bekanntmachung des BMA v. 23.4.1996, BArbBl 6/1996, 22

Brandenburg S (2004) Persönliche Mitteilung

Brandenburg S (2006) Begutachtung von Berufsdermatosen aus der Sicht des Unfallversicherungsträgers in der Bundesrepublik Deutschland. In: Szliska S, Brandenburg S, John SM (Hrsg) Berufsdermatologie, 2. Aufl. Dustri – Dr. Karl Feistle, München Deisenhofen, S 415–432

Brandenburg S, Schwanitz HJ, John SM (1999) Empfehlungen für die Begutachtung von Berufskrankheiten nach BK 5101. Dermatosen 47:109–114

Bundesministerium für Gesundheit und Soziale Sicherung (Hrsg) (2004) Anhaltspunkte für die ärztliche Gutachtertätigkeit im sozialen Entschädigungsrecht und nach dem Schwerbehindertenrecht

Coenraads JP, Smit J (1995) Epidemiology. In: Rycroft RJG, Menné T, Frosch PJ (eds) Textbook of contact dermatitis. Springer, Berlin Heidelberg New York, pp 123–150

Coenraads JP, Diepgen T, Smit J (2001) Epidemiology. In: Rycroft RJG, Menné T, Frosch PJ, Lepoittevin J (eds) Textbook of contact dermatitis. Springer, Berlin Heidelberg New York, pp 311–354

Cronin E (1995) Hand eczema. In: Rycroft RJG, Menné T, Frosch PJ (eds) Textbook of contact dermatitis. Springer, Berlin, Heidelberg, New York, pp 207–218

Dickel H, Kuss O, Blesius CR, Schmidt A, Diepgen TL (2001 a) Occupational skin diseases in Northern Bavaria between 1990 and 1999: a population-based study. Br J Dermatol 145:453–462

Dickel H, Kuss O, Schmidt A, Schmitt J, Diepgen TL (2001 b) Inzidenz berufsbedingter Hautkrankheiten in hautgefährdenden Berufsordnungsgruppen. Hautarzt 52:615–623

Dickel H, Bruckner T, Bernhard-Klimt C, Koch T, Scheidt R, Diepgen TL (2002 a) Surveillance scheme for occupational skin disease in the Saarland, FRG: First report from BKH-S. Contact Dermatitis 46:197–206

Dickel H, Kuss O, Schmidt A, Diepgen TL (2002 b) Impact of preventive strategies on trend of occupational skin disease in hairdressers: population based register study. Br Med J 324:1422–1423

Dickel H, Kuss O, Schmidt A, Kretz J, Diepgen TL (2002 c) Importance of irritant contact dermatitis in occupational skin disease. Am J Clin Dermatol 3:283–289

Diepgen TL (1991) Die atopische Hautdiathese. Epidemiologie, Klinik und berufsdermatologische Bedeutung. Gentner, Stuttgart

Diepgen TL, Schmidt M, Fartasch M (1994) Berufsekzeme und Berufskrankheitsverfahren – epidemiologische Aspekte. Allergologie 17:84–89

Diepgen TL, Coenraads P-J (1999) The epidemiology of occupational contact dermatitis. Int Arch Occup Environ Health 72:496–506

Diepgen TL, Coenraads P-J (2000) The epidemiology of occupational contact dermatitis. In: Kanerva L, Elsner P (eds) Handbook of occupational dermatology. Springer, Heidelberg New York, pp 3–16

Diepgen TL, Dickel H, Becker D, Geier J, Schmidt A, Schwanitz HJ, Skudlik C, Wagner E (2002) Beurteilung der Auswirkung von Allergien bei der Minderung der Erwerbsfähigkeit im Rahmen der BK 5101. Teil I: Acrylate/Methacrylate, Epoxidharz-Systeme, Formaldehyd, Dichromat, Kolophonium, Latex, Nickel, p-Phenylendiamin. Dermatol Beruf Umwelt 50:139–154

Diepgen TL, Dickel H, Becker D, Geier J, Mahler V, Schmidt A, Schwanitz HJ, Skudlik C, Wagner E, Wehrmann W, Weisshaar E, Werfel T, Blome O (2005) Evidenzbasierte Beurteilung der Auswirkung von Typ-IV-Allergien bei der Minderung der Erwerbsfähigkeit. Der Hautarzt 56:207–223

Drexler H (2000) Einführung zur 40. Jahrestagg. der Deutschen Gesellschaft für Arbeitsmedizin und Umweltmedizin, 15.–18. 5. 2000, Berlin

Eun HC, Lee HG, Paik NW (1991) Patch test responses to rockwool of different diameters evaluated by cutaneous blood flow measurement. Contact Derm 24:270–273

Fartasch M, Schmidt A, Diepgen TL (1993) Die Schwere der Hauterkrankung nach BKVO 5101 in der gutachtlichen Beurteilung. Dermatosen 41:242–245

Geier J, Uter W, Lessmann H, Schnuch A (2003) Berufsdermatosen in verschiedenen Berufsgruppen: Diagnosen, Verlauf, Hautschutzverhalten. Ergebnisse des Forschungsvorhabens FaSt. 7. Tagung der Arbeitsgemeinschaft für Berufs- und Umweltdermatologie (ABD), Heidelberg, 11.–13. Sept. 2003

Halkier-Sörensen L (1996) Occupational skin diseases. Contact Derm 35 (Suppl 1):91–120

Hauptverband der gewerblichen Berufsgenossenschaften (2003) Geschäfts- und Rechnungsergebnisse der gewerblichen Berufsgenossenschaften 2002. HVBG, Sankt Augustin

John SM (2003) Verfahren zur Früherfassung beruflich bedingter Hautkrankheiten (Hautarztverfahren). In: Schwanitz HJ, Wehrmann W, Brandenburg S, John SM (Hrsg) Gutachten Dermatologie. Steinkopff, Darmstadt, S 33–59

John SM (2004) Online-Seminar zur Berufsdermatologie. www.hautstadt.de

John SM (2006) Hautarztverfahren: Universelle Plattform für die dermatologische Frühintervention. In: Szliska S, Brandenburg S, John SM (Hrsg) Berufsdermatologie, 2. Aufl. Dustri – Dr. Karl Feistle, München Deisenhofen, S 517–546

John SM, Schwanitz H (1999) Naturlatexallergie. Verpflichtung zum Handeln. Dt Ärztebl 46:A-2989–2990 (Letter to the editor)

John SM, Diepgen T, Elsner P, Köllner A, Richter G, Rothe A, Schindera I, Stary A, Wehrmann W, Schwanitz H (2004) Vier Jahre Qualitätssicherung im Hautarztverfahren: Bericht aus der Clearingstelle der ABD. JDDG 2:717–721

John SM, Skudlik C (2006 a) Gutachten-Checkliste BK 5101: Leitfaden zur Anamneseerhebung, Befundung und versicherungsrechtlichen Bewertung: In: Szliska S, Brandenburg S, John SM (Hrsg) Berufsdermatologie. 2. Aufl. Dustri – Dr. Karl Feistle, München Deisenhofen, S 433–445

John SM, Skudlik C (2006 b) Neue Versorgungsformen in der Dermatologie: Vernetzte stationär-ambulante Prävention von schweren Berufsdermatosen – Eckpunkte für eine funktionierende integrierte Versorgung in Klinik und Praxis. (New forms of management in dermatology. Integrated in-patient-out-patient prevention of severe occupational dermatoses: cornerstones for an effective integrated management in clinics and practices; PMID: 17203451). Gesundheitswesen 68:769–774

John SM, Skudlik C, Römer W, Blome O, Brandenburg S, Diepgen TL, Harwerth A, Köllner A, Pohrt U, Rogosky E, Schindera I, Stary A, Worm M (2006 a) Leitlinie Hautarztverfahren der Arbeitsgemeinschaft für Berufs- und Umweltdermatologie (ABD). Dermatol in Beruf Umwelt/Occup Dermatol Environ 54:101–103

John SM, Axt-Hammermeister A, Blome O, Rogosky E, Hagemann KH, Kuss O, Prues M, Tully I, Skudlik C, Dickel H (2006 b) Optimiertes Hautarztverfahren: Ergebnisse einer Pilotstudie im Norddeutschen Raum. Dermatol Beruf Umwelt/Occup Environ Dermatol 54:90–100

Knop J (2001) Kontaktallergie. In: Plewig G, Deglitz K (Hrsg) Fortschritte der praktischen Dermatologie und Venerologie 2000. Springer, Heidelberg, S 15–21

Löffler H, Effendy I, Happle R (2000) Die irritative Kontaktdermatitis. Hautarzt 51:203–215

Malten KE (1981) Thoughts on irritant contact dermatitis. Contact Derm 7:238–247

Mehrtens G, Perlebach E (2003) Die Berufskrankheitenverordnung (BeKV). Kommentar, 34. Lfg. Erich Schmidt, Berlin

Reiß S (2003) BG-Statistik 2002. Die BG, August 2003: 347–360

Riehl U (2001) Interventionsstudie zur Prävention von Hauterkrankungen bei Auszubildenden des Friseurhandwerks. ABU 3 (Studien zur Prävention in Allergologie, Berufs- und Umweltdermatologie). Universitätsverlag Rasch, Osnabrück

Schönberger A, Mehrtens G, Valentin H (2003) Arbeitsunfall und Berufskrankheit. Rechtliche und medizinische Grundlagen für Gutachter, Sozialverwaltung, Berater und Gerichte. Erich Schmidt, Berlin,

Schwanitz HJ (1986) Das atopische Palmoplantarekzem. Springer, Berlin Heidelberg New York

Schwanitz HJ (2002) Tertiäre Prävention von Berufsdermatosen. Dermatol Beruf Umwelt/Occup Environ Dermatol 50:212–217

Schwanitz HJ (2003a) Präventionsmaßnahmen. In: Schwanitz HJ, Wehrmann W, Brandenburg S, John SM (Hrsg) Gutachten Dermatologie. Steinkopff, Darmstadt, S 17–31

Schwanitz HJ (2003b) Begutachtung von Hauterkrankungen. In: Schwanitz HJ, Wehrmann W, Brandenburg S, John SM (Hrsg) Gutachten Dermatologie. Steinkopff, Darmstadt, S 67–84

Schwanitz H, John S (1997) Berufsdermatosen. Präventive Maßnahmen sind entscheidend. T&E Dermatologie, Sonderheft Berufsdermatosen 1:3–5

Schwanitz HJ, Szliska C (2001) Berufsdermatosen. Dustri, München (fortgeführt von Szliska C, Brandenburg S, John SM (Hrsg), 2006)

Schwanitz H, Wehrmann W, Brandenburg S, John S (2003) Gutachten Dermatologie. Steinkopff, Darmstadt

Skudlik C, Schwanitz HJ (2003) Berufsbedingte Handekzeme – Ätiologie und Prävention. Allergo J 12:513–520

Skudlik C, John S, Schwanitz H (2000) Vergleich von Begutachtungsempfehlungen für die BK-Ziffern 4301 und 5101. Brauchen wir eine neue BK-Ziffer bei berufsbedingten Typ-I-Allergien mit Multiorgan-Manifestation? Dermatol Beruf Umwelt/Occup Environ Dermatol 48:13–18

Stingl G (1998) Seborrhoisches Ekzem. In: Fritsch P (Hrsg) Dermatologie und Venerologie. Lehrbuch und Atlas. Springer, Berlin Heidelberg New York, S 177–178

Tronnier H, Kresken J, Jablonski K, Komp B (1989) Haut und Beruf. Grosse, Berlin, S 53–75

Uter W, Gefeller O, Schwanitz HJ (1995) Frühe irritative Hautschäden bei Friseurlehrlingen. Hautarzt 46:771–778

Uter W (1999) Epidemiologie und Prävention von Handekzemen in Feuchtberufen am Beispiel des Friseurhandwerks. In: Schwanitz HJ (Hrsg) Studien zur Prävention in Allergologie, Berufs- und Umweltdermatologie (ABU 2). Universitätsverlag Rasch, Osnabrück

Uter W, Gefeller O, Schwanitz HJ (1998) An epidemiological study of the influence of season (cold and dry air) on the occurrence of irritant skin changes of the hands. Br J Dermatol 138:266–272

Uter W, Schwanitz HJ, Pfahlberg A, Gefeller O (2001) Atopic signs and symptoms: Assessing the 'atopy score' concept. Dermatology 202:4–8

von Krogh G, Maibach H (1981) The contact urticaria syndrome – an updated review. J Am Acad Dermatol 5:328–342

Wehrmann W (2000) BK-Beratungsarzt-Verfahren 1999. Dermatol Beruf Umwelt/Occup Environ Dermatol 48:60–65

Weßbecher R, John S, Schwanitz H (1997) Zeitgemäße primäre und sekundäre Prävention der Glasfaserdermatitis. Akt Dermatol 23:148–150

Wulfhorst B (2001) Konzeption, Implementation und Evaluation einer gesundheitspädagogischen Maßnahme. In: Schwanitz HJ (Hrsg) Reihe ‚Studien zur Prävention in Allergologie, Berufs- und Umweltdermatologie' (ABU 5). Universitätsverlag Rasch, Osnabrück

Wulfhorst B, Bock M, Skudlik C, John SM (2006) Worker Education and Teaching Programs: The German Experience. In: Frosch P, Menné T, Lepoittevin J (eds) Textbook of contact dermatitis. Springer, Berlin Heidelberg New York, pp 855–861

17.2 Hautkrebs (BK 5102) oder zu Hautkrebsbildung neigende Hautveränderungen durch Ruß, Rohparaffin, Teer, Anthrazen, Pech oder ähnliche Stoffe (▶ BK 5102)

Mit der Darstellung des Skrotalkrebses bei Schornsteinfegern als Folge der Einwirkung von Ruß durch den britischen Chirurgen Sir Percival Pott im Jahre 1775 stellt die Pechhautkrankheit eine der ältesten beschriebenen Berufskrankheiten dar. Die Tatsache ihrer Berücksichtigung bereits im Rahmen der 1. Verordnung über die Ausdehnung der Unfallversicherung auf Berufskrankheiten vom 12.5.1925 unter Nr. 7, lange bevor Hautkrankheiten in die Verordnung Eingang gefunden haben, wirft ein bezeichnendes Licht auf die weite Verbreitung des Einsatzes von Teer und Teerprodukten in der industriellen Fertigung und auf die Häufigkeit der Pechhautkrankheit in früheren Jahren. Die Elimination von Teer und Teerprodukten und die Optimierung unverzichtbarer Verfahren haben dazu geführt, dass die „Pechhautkrankheit" heute ein eher seltenes Ereignis darstellt (Hauptverband der gewerblichen Berufsgenossenschaften 2003). Die Technische Richtlinie für Gefahrstoffe (*TRGS*) 551 „Teer und andere Pyrolyseprodukte aus organischen Materialien" hat diese Entwicklung zusätzlich gefördert (BMA 1999).

Anerkennung finden vornehmlich so genannte „Altfälle". Die Versicherten haben sich vor Jahren die zum Hautkrebs führenden Schädigungen zugezogen. Entsprechend der Art, Zahl und Funktionseinschränkungen der Hautkrebsereignisse wird die Entschädigung gewährt. Hierzu haben sich die tabellarischen MdE-Empfehlungen von Letzel et al. (1993) (Tabelle 17.10) bewährt. Einheitliche Kriterien zur Differenzierung zwischen ausschließlich beruflich bedingten Hauttumoren und außerberuflich verursachten Hauttumoren (Freizeitverhalten und UV-Lichtexposition) sind bisher nicht erarbeitet worden (Drexler et al. 1997).

Teer, Ruß und Pech spielen heute im beruflichen Bereich nur noch unwesentliche Rollen. Das in der heutigen Zeit verwendete Bitumen wird häufig mit Teerprodukten verwechselt. Bitumen fällt bei der Mineralölverarbeitung an und stellt ein Gemisch höherer Kohlenwasserstoffe und heterozyklischer Verbindungen dar. Seit 1983 wird Bitumen begrifflich von Teer getrennt (DIN 55946 Teil 1); die teer- und pechhaltigen Produkte werden in der DIN 55946 Teil 2 zusammengefasst. Der größte Teil der Bitumenherstellung wird im Straßenbau als Walzasphalt verwendet, weiter findet Bitumen in Bahnenform bei Dachdeckerarbeiten und als Gussasphalt in flüssiger Form Verwendung. Eine erhöhte Hautkrebsgefährdung durch den Umgang mit Bitumen konnte bisher wissenschaftlich nicht belegt werden (Gesprächskreis Bitumen 2001).

Wesentliches Kriterium für das Vorliegen einer ▶ BK 5102 ist der aufgetretene Hautkrebs selbst. In vielen Veröffentlichungen wurden die Vorstufen (Präkanzerosen) und die Hautkrebse beschrieben (Diepgen u. Drexler 2004, Letzel et al. 1992). Am besten untersucht ist der Verlauf der Entstehung bei Personen, die an der so genannten Pechhautkrankheit leiden. Grundlegende Arbeiten von Fabry (1967) zeigen folgenden Verlauf:

Den anfänglichen akuten Hauterscheinungen folgen nach längerer Zeit Atrophie und Elastoidose. Die Haut erschlafft und nimmt eine graugelbliche Farbe an. Gleichzeitig treten Teleangiektasien und fleckige De- und Hyperpigmentierungen der betroffenen Regionen auf. Im Anschluss daran werden progressive Veränderungen in Form von filiformen oder breitflächigen, flachen Papillomen, entzündlich-papulösen Infiltrationen und umschriebenen Keratosen beobachtet. Danach schließt sich die Phase tumoröser Neubildung an. Es zeigen sich bowenoide Bilder mit zunehmender Polymorphie, und es treten Keratoakanthome, Basalzellkarzinome (Wehrmann 1992) und auch Bowen-Karzinome (M. Bowen), seltener Spinalzellkarzinome auf (Letzel et al. 1993, Weber et al. 1993).

Die zeitliche Entwicklung des Geschehens nimmt Jahre in Anspruch (Latenzzeit) und ist von Pigmenttyp, Lebensalter, Dauer und Intensität der Einwirkung sowie von der Wirksamkeit der Schutz- und Reinigungsmaßnahmen abhängig. Hellhäutige Menschen, die den Hautlichttypen I und II zugehörig sind, erkranken statistisch eher an Hautkrebs als Menschen, die den Hautlichttypen III und IV angehören.

Besonders betroffene Regionen sind das Gesicht, bei Haarlosigkeit die Calvaria, die Ohrmuschelränder, die lateralen Halsdreiecke, der Nacken, der Brustausschnitt, die Unterarme und die Handgelenke, die Hand- und Fingerrücken, die Skrotalhaut und die Fußknöchelregion.

Die Hautkrebse werden nach Auftreten in der Regel in toto exzidiert und bedingen keine unmittelbaren Einschränkungen im beruflichen wie im au-

Tabelle 17.10. MdE-Einschätzung bei beruflich bedingten dermatologischen Malignomen und Präkanzerosen. (Nach Völter-Mahlknecht et al. 2004)

MdE (%)	Merkmal	Präkanzerose/Carcinoma in situ	Malignom
<10	Anzahl	einzeln oder multiple	
	Lokalisation	nicht mit Skrotal- bzw. Genitalbereich	
	Ausdehnung	durch Operation in toto entfernt	
	Sonnelichtempfindlichkeit	nicht gesteigert	
	kosmetische Entstellung	gering	
10–20	Anzahl	einzeln oder multiple	einzeln, kein Rezidiv ($pT_xT_0M_0$)
	Lokalisation	nicht im Skrotal- bzw. Genitalbereich	nicht im Skrotal- bzw. Genitalbereich
	Ausdehnung	durch Operation in toto entfernt	durch Operation in toto entfernt
	Sonnenlichtempfindlichkeit	gesteigert	normal oder gesteigert
	kosmetische Entstellung	gering	gering
20	Anzahl	einzeln oder multiple	Rezidiv und/oder Mehrfachtumor ($pT_xN_0M_0$)
	Lokalisation	Skrotal- bzw. Genitalbereich betroffen und/oder	nicht im Skrotal- bzw. Genitalbereich durch Operation in toto entfernt
	Ausdehnung	durch Operation nicht in toto entfernt und/oder	normal oder gesteigert und/oder stark
	Sonnenlichtempfindlichkeit	normal oder gesteigert und/oder	
	kosmetische Entstellung	stark	
>20	Anzahl		mehrfaches Rezidiv ($pT_xN_xM_x$) und/oder
	Lokalisation		Skrotal- bzw. Genitalbereich betroffen und/oder
	Ausdehnung		durch Operation nicht in toto entfernbar
	Sonnenlichtempfindlichkeit		und/oder
	kosmetische Entstellung		
	Metastasierung		Metastasierung

ßerberuflichen Bereich. Mittelbar können Einschränkungen durch Folgezustände auftreten; hierzu gehören Funktionseinschränkungen durch Narben und ästhetische Störungen, die für die Betroffenen Einschränkungen im Hinblick auf die Verwendungsfähigkeit auf dem Arbeitsmarkt bedeuten. Entstellungen des Gesichtes zum Beispiel führen zu Integritätseinbußen und zur verminderten Wettbewerbsfähigkeit gegenüber gesunden Personen. Dieser Grundgedanke der beeinträchtigenden Entstellung wird sowohl im Unfallversicherungsrecht als auch im sozialen Entschädigungsrecht vertreten (Schönberger et al. 2003).

Präventive Maßnahmen nach Anerkennung als ▶ BK 5102 umfassen einen konsequenten UV-Lichtschutz und regelhafte Nachsorgeuntersuchungen zum frühzeitigen Erkennen von Neubildungen der Haut.

Die Berufsgruppen, die ihre Tätigkeit im Freien ausüben, zeigen eine erhöhte Inzidenz von Hautveränderungen, die durch UV-Licht verursacht werden (Wrbitzky et al. 2000). Der wichtigste Risikofaktor für das Entstehen von Hautkrebs ist die Exposition mit ultravioletter Strahlung (Drexler u. Diepgen 2000). Präkanzerosen (aktinische Keratosen) treten an den unbekleideten Körperstellen in wesentlich höherer Anzahl in Erscheinung. Das UV-Licht stellt ein Karzinogen an sich dar und in Verbindung mit karzinogenen Substanzen, wie in der BK 5102 aufgeführt, ein Kokarzinogen. Für die Anerkennung einer BK 5102 muss aber die Exposition gegen Teer/polyzyklische Aromaten gesichert sein; ein allein durch berufliche UV-Exposition induzierte Hautkrebserkrankung kann nicht nach BK 5102 anerkannt werden.

Bei Verdacht auf Vorliegen eines beruflich bedingten Hautkrebses nach der BK 5102 hat der betreffende Arzt eine ärztliche Anzeige über das Vorliegen einer Berufskrankheit zu erstellen.

UV-Licht und Hautkrebs

In der Diskussion steht die Anerkennung von UV-lichtbedingten Hautkrebsen nach § 9, Abs. 2 SGB VII (Blome 1998). Wir kennen Berufsgruppen, die durch ihre berufliche Tätigkeit stärker als die übrige Bevölkerung gegenüber UV-Licht exponiert sind (z.B. Gärtner, Bauarbeiter, Förster, Landwirte, Seeleute) (Wrbitzky et al. 2000). Bei Angehörigen dieser Berufsgruppen treten häufiger aktinische Keratosen, Basalzellkarzinome und Spinalzellkarzinome auf. UV-Licht-induzierte Hautkrebserkrankungen können nicht einer Listen-Berufskrankheit (insbesondere nicht der ▶ BK 5101 bzw. ▶ BK 5102; Brandenburg 2003) zugeordnet werden. Bisher ist eine Anerkennung ausschließlich über den § 9, Abs. 2 SGB VII im Individualfall möglich, über die generelle Geeignetheit der Anerkennung als Berufskrankheit ist bisher nicht abschließend entschieden worden. Entscheidend für eine generelle Geeignetheit der Anerkennung wird die Kriterienfestlegung der Bewertungsgrundlagen sein. Hierbei wird die Bewertung der so genannten Risikoverdopplung durch die berufliche Tätigkeit („Gruppentypik") gegenüber der normalen Bevölkerung als wesentlich herausgestellt (Woitowitz 1998). Diepgen und Drexler (2004) beschreiben die generelle Geeignetheit durch Risikoverdopplung für das Spinalzellkarzinom, nicht hingegen für das Basalzellkarzinom. Problembehaftet sind dabei die Einbeziehung der individuellen UV-Lichtexpositionen (Freizeitverhalten), die Definition einer generellen Dosis-Wirkungs-Beziehung für UV-Lichtschäden und die Frage, ob entsprechend der gesetzlichen Vorgaben das UV-Licht als natürlicher Faktor die Forderung einer „besonderen" Einwirkung erfüllen kann. Die abschließende Bewertung durch den Ärztlichen Sachverständigenbeirat, Sektion Berufskrankheiten, beim Bundesministerium für Gesundheit (*BMG*) bleibt hierzu abzuwarten.

Bei Verdacht auf Vorliegen eines Hautkrebses durch erhöhte UV-Lichtexposition während der Ausübung der beruflichen Tätigkeit ist die Erstellung der ärztlichen Anzeige über das Vorliegen einer BK zu empfehlen mit dem Hinweis auf Anerkennung nach § 9 SGB VII. Die Einwilligung des Versicherten muss hierzu vorliegen.

Literatur

Blome O (1998) Anerkennung und Entschädigung „wie" eine Berufskrankheit nach § 9 Abs. 2 SGB VII (§ 551 Abs. 2 RVO) aus der Sicht der gesetzlichen Unfallversicherung. Die BG 1998:566–580

BMA (1963) Merkblatt zu BK Nr. 47 der Anl. 1 zur 7. BKVO, Bek. des BMA v. 18. 2. 1963, BArbBl Fachteil Arbeitsschutz 1963, S 133

BMA (2003) Technische Richtlinie für Gefahrstoffe (TRGS) 551 Teer und andere Pyrolyseprodukte aus organischem Material. Ausgabe Juli 1999 mit Änderungen und Ergänzungen BArbBl. Heft 6/2003

Brandenburg S (2003) Unfallversicherungsrechtliche Grundlagen. In: Schwanitz HJ, Wehrmann W, Brandenburg S, John SM (Hrsg) Gutachten Dermatologie. Steinkopff, Darmstadt, S 139–166

Diepgen T, Drexler H (2004) Hautkrebs und Berufserkrankung. Hautarzt 55:22–27

Drexler H, Fabry H, Letzel S, Wassilew SW, Wehrmann W (1997) Hauttumoren als Berufskrankheit. Dermatosen 45:236–237

Drexler H, Diepgen TL (2000) Lichtinduzierter Hautkrebs als Berufskrankheit. Zbl Arbeitsmed 50:374–378

Fabry H (1967) Sogenannte Pechhaut nach Einwirkung von Verbrennungs- und Destillationsprodukten der Kohle. Berufsdermatosen 15:198–209

Gesprächskreis Bitumen (2001) Sachstandsbericht (2001). Bau-Berufsgenossenschaft Frankfurt am Main, Hungener Str. 6, 60389 Frankfurt

Hauptverband der gewerblichen Berufsgenossenschaften (2003) Geschäfts- und Rechnungsergebnisse der gewerblichen Berufsgenossenschaften 2002. HVBG, Sankt Augustin

Letzel S, Drexler H, Lehnert L (1992) Teer-induzierte Präkanzerosen und Malignome der Haut bei Beschäftigten einer Teer-Raffinerie. Dermatosen 40:94–101

Letzel S, Drexler H, Weber A, Lehnert G (1993) Zur Einschätzung der Minderung der Erwerbsfähigkeit in der gesetzlichen Unfallversicherung am Bsp. beruflich bedingter Hautmalignome und Präkanzerosen, Teil II: Differenzierte MdE-Einschätzung berufsbedingter Malignome und Präkanzerosen. Dermatosen 41:93–96

Schönberger A, Mehrtens G, Valentin H (2003) Arbeitsunfall und Berufskrankheit. Rechtliche und medizinische Grundlagen für Gutachter, Sozialverwaltung, Berater und Gerichte. Erich Schmidt, Berlin

Völter-Mahlknecht S, Krummenauer F, Mannherz M, Zwahr G, Koch B, Drexler H, Letzel S (2004) Minderung der Erwerbsfähigkeit auf dem allgemeinen Arbeitsmarkt (MdE) bei Hautkrebs. Dermatologie Beruf Umwelt 52:67–72

Weber A, et al (1993) Zur Einschätzung der Minderung der Erwerbsfähigkeit in der gesetzlichen Unfallversicherung am Bsp. beruflich bedingter Hautmalignome und Präkanzerosen, Teil I: Sozialrechtliche Grundlagen für die MdE-Bemessung. Dermatosen 41:54–57

Wehrmann W (1992) Basaliome als beruflich bedingte Hautkrebse. Begutachtung nach Nr. 5102 der Anlage 1 zur BekV. Dermatosen 40:58–62

Woitowitz H-J (1998) Kriterien für neue Berufskrankheiten aus arbeits- und sozialmedizinischer Sicht. Med Sachverständ 94:105–110

Wrbitzky R, Jaeckel-Reinhard A, Tannapfel A (2000) Arbeitsbedingte UV-Exposition und Hautkrebs – eine Berufskrankheit? Arbeits- Sozial- Umweltmed 35:192–196

18 Endokrine, Ernährungs- und Stoffwechselkrankheiten

E. Schifferdecker, H. Schatz

18.1 Diabetes mellitus

Definition

Der Diabetes mellitus ist eine chronische Erkrankung, die durch eine Erhöhung der Glukosekonzentration im Blut (Hyperglykämie) gekennzeichnet ist. Die Krankheit beruht immer auf einem absoluten oder relativen Mangel an biologisch wirksamem Insulin, der zur Störung des Kohlenhydrat-, Eiweiß- und Fettstoffwechsels führt.

Einteilung, Ätiopathogenese

Der idiopathische (genuine, essentielle, spontane) Diabetes mellitus ist eine Erkrankung mit komplexer, noch nicht vollständig geklärter genetischer Grundlage. Im Wesentlichen unterscheiden wir den primär insulinabhängigen Typ-1-Diabetes vom zumindest zunächst insulinunabhängigen Typ-2-Diabetes. Beide Erkrankungen haben eine unterschiedliche genetische Grundlage, beim Typ-2-Diabetes liegt eine viel stärkere Erblichkeit vor.

Das Bestehen von krankheitsentscheidenden genetischen Faktoren ist so gesichert, dass im Einzelfall gutachterlich die Heredität nicht nachgewiesen werden muss.

Bei der Autoimmunerkrankung *Diabetes mellitus Typ 1* lassen sich im Frühstadium zytoplasmatische Inselzellantikörper bei bis zu 85% der Erkrankten nachweisen, weiterhin Insulinautoantikörper bei etwa 30% der Patienten, insbesondere bei Kindern, und Antikörper gegen Glutaminsäuredecarboxylase (*GAD-II-AK*) bei 60–80%. Der Autoantikörpernachweis kann der klinischen Manifestation des Diabetes mellitus Typ 1 um viele Jahre vorausgehen. Virusinfekte spielen als Manifestationsfaktoren des Diabetes mellitus Typ 1 möglicherweise eine Rolle, ein zeitlicher Zusammenhang der Krankheitsmanifestation mit kurz vorausgehenden Coxsackie-B4-, Mumps-, Röteln- und anderen Virusinfektionen wurde beobachtet (Rayfield u. Seto 1978).

Die genetische Basis des *Typ-2-Diabetes mellitus* ist noch weitgehend unbekannt, abgesehen von seltenen Sonderformen. Es handelt sich um ein genetisch heterogenes und polygenes Krankheitsbild. Bei mindestens 80% besteht eine Adipositas, die zu der für den Typ-2-Diabetes charakteristischen Insulinresistenz beiträgt.

Seltener ist der *nichthereditäre Diabetes mellitus*, der durch direkte Schädigung oder Zerstörung der insulinproduzierenden Betazellen in den Langerhansschen Inseln entsteht, sei es durch Pankreasresektion, Pankreatitis, Pankreaszysten, Pankreastumoren, traumatische Schädigung oder Hämochromatose (*pankreopriver Diabetes*).

Weiterhin kann ein Diabetes mellitus sekundär bei *endokrinen Erkrankungen* durch Überwiegen kontrainsulinärer Hormone entstehen. Nach Beseitigung der zugrunde liegenden Ursache sind diese Formen der Kohlenhydratstoffwechselstörung reversibel. Anders ist die Situation, wenn sich ein Diabetes mellitus Typ 2 im Rahmen dieser endokrinen Erkrankungen vorzeitig manifestiert.

Manifestationsfördernd kann sich natürlich auch die exogene Zufuhr dieser Hormone im Rahmen einer Pharmakotherapie (besonders häufig Steroide) sowie die Einnahme von Kontrazeptiva und anderer Medikamente wie Thiazid-Diuretika, Psychopharmaka, Katecholamine und Betablocker auswirken.

Auch eine *Teilzerstörung des Pankreas* im Rahmen der o.g. Schädigungen kann zu einer vorverlegten Manifestation eines Typ-2-Diabetes mellitus führen. Der wesentliche Faktor für die Diabetes-Typ-2-Manifestation ist jedoch die *Adipositas*. Zumindest in den ersten Jahren eines Diabetes mellitus Typ 2 kann eine Gewichtsreduktion zu einer Normalisierung des Glukosestoffwechsels führen. Weiterhin wird die Diabetesmanifestation begünstigt durch *schwere Infekte, Eiterungen, Sepsis, schwere Verbrennungen mit anhaltendem bzw. hohem Fieber, große Operationen* und *Verletzungen*. Außerdem wirkt die *Schwangerschaft* bei entsprechender Anlage diabetesauslösend.

Das Blutzucker-Regulationssystem kann über das zentrale und autonome Nervensystem beeinflusst werden. Das Zwischenhirn greift über den Sympathikus diabetesfördernd, über den Parasympathikus diabetesprotektiv in den Stoffwechsel ein. Der Gastrointestinaltrakt ist afferent mit dem ZNS verbunden, Neurone im Hypothalamus sind glukosesensibel. Aktivierung des ventromedialen Hypothalamus (*VMH*) führt über sympathische Bahnen zur Hyperglykämie durch verminderte Insulin- und gesteigerte Glukagonsekretion, seine bilaterale Zerstörung führt zu Hyperphagie und Adipositas. Diese Beobachtungen weisen den VMH als Sättigungszentrum aus. Der ventrolaterale Hypothalamus wird dagegen als Appetitzentrum aufgefasst, seine Zerstörung führt zu Gewichtsverlust und Inappetenz, die Insulinsekretion wird reduziert.

Als klinisches Pendant zu diesen physiologischen Erkenntnissen gilt die vorübergehende Hyperglykämie und Glukosurie bei Meningitis, Enzephalitis, Subarachnoidalblutung, Hirntumoren und Hirntraumen, so dass gutachterlich eine vorzeitige Manifestation eines hereditär bedingten Diabetes mellitus bzw. eine zeitweilige Verschlechterung der Stoffwechsellage bei bestehendem Diabetes mellitus erörtert wird (Bartelheimer 1969, Irmscher et al. 1966, Jahnke u. Oberdisse 1961, Petzoldt 2003, Petzoldt u. Schöffling 1977, Schöffling 1966, Schöffling u. Petzoldt 1971).

Unsere noch unvollständigen Kenntnisse über die Pathogenese der verschiedenen Diabetesformen und die Komplexität der Regulation und Beeinflussbarkeit des Kohlenhydratstoffwechsels erschweren die Begutachtung und erfordern die exakte Aufklärung und Beurteilung aller Gegebenheiten des Einzelfalles. Außer der Diagnose der Diabetesform müssen im Einzelfall die spezifischen Komplikationen der Erkrankung (Nephro-, Retino-, Mikro- und Makroangio- sowie Neuropathie) exakt erfasst werden.

Begutachtung des Zusammenhangs zwischen Trauma und Diabetes mellitus

Grundsätzlich können exogene Ursachen zur Entstehung, vorzeitigen Manifestation oder Verschlimmerung eines Diabetes mellitus führen. Immer besteht die Möglichkeit einer zufälligen Koinzidenz von Trauma und Diabetes.

Sehr selten ist die direkte traumatische Pankreasschädigung, da etwa 1/10 des Pankreas die Inselzellfunktionen aufrecht erhalten kann und bei der geschützten Lage des Pankreas schwere Verletzungen anderer Organe der Umgebung mit dem Leben nicht vereinbar sind. Stich, Schuss, Prellung, Quetschung, Einklemmung bei Verkehrs- und Berufsunfällen kommen als Trauma in Frage. In einer Serie von 300 durch explorative Laparotomie nachgewiesenen Fällen überwiegend penetrierender Pankreastraumata entwickelte sich lediglich bei 3 der 241 überlebenden Patienten (1,2%) ein Diabetes mellitus, bei allen nach Resektion von mehr als 80% des Organs (Jones 1978). Totale Pankreatektomie und die Totalnekrose bei Unterbrechung der arteriellen Versorgung führen zum Diabetes mellitus und zur exokrinen Pankreasinsuffizienz. Die diagnostische Beurteilung des Ausmaßes einer Pankreasschädigung wird durch ERP (endoskopische retrograde Pankreatographie), Computertomographie (*CT*) und Kernspintomographie erleichtert. Die Darstellung des Pankreas mittels CT ist unabdingbare Voraussetzung für die Begutachtung. Abgrenzung gegen vorher bestehende Pankreasschäden wie Pankreatitis, Pankreasfibrose, -nekrose, -zysten, Hämochromatose, Amyloidose, Tumoren und Metastasen ist erforderlich.

Schädel- und Hirntraumen können nicht zur Entstehung eines echten traumatischen Diabetes mellitus führen, jedoch bei diabetischer Erbanlage durch vorübergehende Mobilisation diabetogener Faktoren zu einer vorzeitigen Manifestation, bei Bestehen eines Diabetes kann eine zeitweilige Verschlimmerung eintreten. Das Trauma muss geeignet sein, einen Schaden im Bereich des Hypothalamus zu verursachen. Solche Traumen werden Schädelverletzungen, Bewusstlosigkeit, Commotio, Contusio, Zeichen der Schädelbasisfraktur zur Folge haben. Hinweise auf Verletzungen des Hypothalamus-Hypophysenbereichs sind transitorischer Diabetes insipidus (Irmscher et al. 1966, Nowy 1971) und im späteren Verlauf Störungen im Bereich des Sättigungs- und Appetitzentrums mit Polyphagie, Störung des Schlaf-Wach-Rhythmus und der Temperaturregulation, der Sexualfunktion und vasomotorische Symptome.

Trotz der Häufigkeit des Diabetes mellitus in der Bevölkerung und der zunehmenden Zahl von überlebenden Patienten mit Hirnverletzungen nach Verkehrsunfällen stellen sich diese Zusammenhangsfragen selten. Eine Mobilisation diabetogener Faktoren kann auch durch Enzephalitis, Meningitis, Subarachnoidalblutungen und Hirntumoren verursacht werden.

In Einzelfällen ist ein psychisches Trauma für die Mobilisation diabetogener Faktoren und eine vorzeitige Diabetesmanifestation verantwortlich gemacht worden (Jahnke u. Oberdisse 1961, Petzoldt u. Schöffling 1977, Schöffling 1966). Die zunehmenden Kenntnisse über die Pathophysiologie des Diabetes mellitus lassen diesen Zusammenhang heute als zweifelhaft erscheinen.

Das Deutsche Diabeteskomitee hat 1961 Richtlinien zur Begutachtung eines Zusammenhangs zwischen Trauma und Diabetes mellitus veröffentlicht, die später modifiziert wurden (Bartelheimer 1969, Irmscher et al. 1966, Nowy 1971, Petzoldt u. Schöffling 1977, Schöffling 1966, Schöffling u. Petzoldt 1971) und im Folgenden zusammengefasst werden.

Neben der direkten Entstehung eines Diabetes mellitus durch ein Trauma ist eine traumatisch bedingte vorzeitige Manifestation bei erblicher Grundlage und die Verschlimmerung eines schon bestehenden Diabetes mellitus zu differenzieren.

I. Voraussetzungen für die Begutachtung eines Zusammenhanges zwischen Trauma und Diabetes mellitus:

- Die diabetische Erbanlage allein genügt nicht immer, um eine Zuckerkrankheit manifest werden zu lassen. Die Mobilisation kontrainsulinärer Faktoren kommt als mittelbare Manifestationsursache in Frage, und zwar endogene Einflüsse (hormonelle Krisenzeiten, endokrine Erkrankungen) und exogene Faktoren (Ernährungsfehler, Arzneimittel und Chemikalien, Infekte, Operationen, Unfälle).
- Obwohl alle statistischen Erfahrungen dagegen sprechen, dass ungewöhnliche exogene Ereignisse (Traumen) gegenüber endogenen und banalen exogenen Einflüssen eine Bedeutung als Manifestationsursache haben, kann ein solcher Zusammenhang in Einzelfällen gegeben sein.

II. Bei der medizinischen Beurteilung eines Zusammenhanges zwischen Trauma und Diabetes mellitus ist Folgendes zu beachten:

- Ein echter traumatischer Diabetes kann nur unter folgenden Bedingungen anerkannt werden:
  1. Ausschluss einer diabetischen Erbanlage soweit möglich, keine diabetischen Symptome vor dem Trauma
  2. Trauma nach Schwere, Lokalisation und Auswirkungen geeignet, durch unmittelbare und ausgedehnte Schädigung des Pankreas die Insulinproduktion ganz oder fast vollständig auszuschalten (sog. geeignetes Trauma). Diese Schädigung muss detailliert und eindeutig belegt werden.
  3. Unmittelbare zeitliche Beziehung zwischen Trauma und nachfolgendem Diabetes, die auf 3 Monate festgesetzt wurde.
  4. Nach dem Trauma permanenter Diabetes nachweisbar
  5. Zusätzliche Störung der exokrinen Funktionen des Pankreas erkennbar.
- Eine traumatisch bedingte vorzeitige Diabetesmanifestation setzt voraus, dass:
  1. eine diabetische Erbanlage wahrscheinlich ist (der Nachweis einer familiären Belastung muss wegen der weiten Verbreitung der diabetischen Erbanlage jedoch nicht eigens geführt werden);
  2. vor dem Trauma keine diabetischen Symptome bestanden haben;
  3. die besonderen Begleitumstände, die zu dem Trauma geführt haben, „schwer" oder „außergewöhnlich" gewesen sind. Diese Kriterien sind erfüllt, wenn neben der diabetischen Stoffwechselstörung auch andere Veränderungen (z.B. zentralnervöse Störungen bei Schädel-Hirn-Traumen) durch das Trauma verursacht wurden;
  4. das Trauma geeignet war, die Insulinproduktion wenigstens teilweise auszuschalten oder diabetogene Faktoren zu mobilisieren;
  5. das Intervall zwischen Trauma und Diabetes nicht mehr als 3 Monate, bei einem psychischen Trauma nicht mehr als 6 Wochen beträgt;
  6. nach dem Trauma ein permanenter Diabetes bestehen bleibt;
  7. das Alter bei der traumatisch bedingten Diabetesmanifestation berücksichtigt wird. Die Diabetesmanifestation durch ein Trauma ist wahrscheinlicher, wenn sich der Erkrankte in einem Alter befindet, in dem eine spontane Diabetesmanifestation selten ist (manifestationsarmes 4. Lebensjahrzehnt).
- Die traumatisch bedingte Verschlechterung eines schon bestehenden manifesten Diabetes mellitus kann nur anerkannt werden, wenn:
  1. vor dem Trauma diabetische Symptome bestanden haben;
  2. das Trauma geeignet ist, die ggf. teilweise noch vorhandene Insulinproduktion weiter einzuschränken bzw. auszuschalten oder diabetogene Faktoren zu mobilisieren;
  3. das Intervall zwischen Trauma und Beginn der nachfolgenden Verschlechterung des Diabetes nicht mehr als 3 Monate beträgt;
  4. nach dem Trauma eine anhaltende Stoffwechselverschlechterung oder Krankheitskomplikationen aufgetreten sind, die therapeutisch nicht mehr voll auszugleichen sind.

Minderung der Erwerbsfähigkeit bzw. Behinderungsgrad bei Diabetes mellitus

Tabelle 18.1 zeigt links die Kriterien zur Bemessung der MdE oder des GdB des Diabetes mellitus der zuletzt 2004 überarbeiteten „Anhaltspunkte für die ärztliche Gutachtertätigkeit im sozialen Entschädigungsrecht und nach dem Schwerbehindertengesetz".

Der Ausschuss Soziales der Deutschen Diabetes-Gesellschaft (DDG) hat hierzu kritisch Stellung genommen und den in Tabelle 18.1 rechts wiedergegebenen Vorschlag veröffentlicht (Ausschuss Soziales der DDG 1998). Er bemängelt, dass nur die beeinflussbare Stoffwechselqualität und nicht die belastenden Maßnahmen, wie Häufigkeit der Selbstkontrollen oder Insulininjektionen, berücksichtigt werden. Er schlägt vor, dass alle Typ-1-Diabetiker aufgrund der aufwändigen Therapie als schwer einstellbar im Sinne der Anhaltspunkte angesehen werden sollen und damit MdE/GdB von mindestens 50% hätten. Folgerichtig erhielte jeder Diabetiker mit 2 und mehr Injektionen/Tag nach den Kriterien des Ausschusses MdE/GdB von mindestens 50%.

Tabelle 18.1. MdE oder GdB bei Diabetes mellitus (*links* nach Anhaltspunkte für die ärztliche Gutachtertätigkeit 2004, *rechts* nach Ausschuss Soziales der DDG 1998)

Diabetes mellitus	MdE/GdB-Grad	Diabetes mellitus
Typ 2 durch Diät allein (ohne blutzuckerregulierende Medikation) oder		behandelt mit Diät
durch Diät		
▮ und Kohlenhydratresorptionsverzögerer oder Biguanide (d. h. orale Antidiabetika, die allein nicht zur Hypoglykämie führen) ausreichend einstellbar	**10 v. H.**	▮ ohne blutzuckerregulierende Medikation
▮ und Sulfonylharnstoffe (auch bei zusätzlicher Gabe anderer oraler Antidiabetika) ausreichend einstellbar	**20 v. H.**	▮ und Kohlenhydratresorptionsverzögerern oder Biguaniden (d. h. orale Antidiabetika, die allein nicht zur Hypoglykämie führen)
▮ und orale Antidiabetika und ergänzende oder alleinige Insulininjektionen ausreichend einstellbar	**30 v. H.**	▮ und Sulfonylharnstoffen (auch bei zusätzlicher Gabe anderer oraler Antidiabetika)
Typ 1 durch Diät und alleinige Insulinbehandlung		
▮ gut einstellbar	**40 v. H.**	▮ und einer Insulininjektion pro Tag (auch bei zusätzlicher Gabe anderer oraler Antidiabetika)
▮ schwer einstellbar (häufig bei Kindern), auch gelegentliche, ausgeprägte Hypoglykämien	**50 v. H.**	
	50–60 v. H.	▮ mit zwei und mehr Insulininjektionen pro Tag oder mit Insulininfusionssystemen, je nach Häufigkeit der notwendigen Stoffwechselselbstkontrollen
Häufige, ausgeprägte Hypoglykämien sowie Organkomplikationen sind in ihren Auswirkungen entsprechend zusätzlich zu bewerten		

Am 5. 3. 2003 erging ein Urteil des Sozialgerichts Düsseldorf, das diese Einschätzung bestätigt (AZ S 31 SB 388/01). Das Gericht stellt fest, dass die o.g. „Anhaltspunkte“ bzgl. des Diabetes mellitus nicht dem herrschenden wissenschaftlichen Kenntnisstand entsprechen und deshalb – der Rechtsprechung des Bundessozialgerichts folgend – auf den Diabetes mellitus nicht angewendet werden dürfen. Es sei der gesellschaftlichen Integration des Behinderten nicht förderlich, wenn ein insuffizientes Therapieregime mit der Anerkennung der Schwerbehinderung belohnt werde. Bisher ist dies aber erst ein Einzelurteil, das für andere Verfahren keine bindende rechtliche Vorgabe darstellt. Als Nachteil dieser sicherlich oft sinnvollen Einschätzung ist anzusehen, dass damit im allgemeinen Bewusstsein jeder Typ-1-Diabetiker als schwerbehindert gilt. Dies könnte junge Typ-1-Diabetiker, die – wenn auch mit intensiver Therapie – gut eingestellt sind, im Arbeitsleben diskriminieren. 2004 wurden die Anhaltspunkte revidiert, ohne aber den Vorschlägen der DDG gerecht zu werden.

Die Neigung zu schweren Hypoglykämien wird in der Kriterientabelle zum Diabetes mellitus unzureichend berücksichtigt, so dass diese Problematik weiterhin in Analogie zu der Einteilung der epileptischen Anfälle beurteilt werden muss. Kommt es unter einer adäquaten Diabetestherapie sehr häufig zu schweren Hypoglykämien (was oft auch auf die Unfähigkeit, die Hypoglykämie rechtzeitig zu erkennen, zurückzuführen ist), kann MdE/GdB durchaus bis zu 100% betragen.

Versicherungsrechtliche Begutachtungskriterien

Der medizinisch klar definierte Zusammenhang zwischen Krankheitsursache und Krankheitsentstehung wird versicherungsrechtlich unterschiedlich beurteilt (Schöffling 1966). Im Sozialversicherungsrecht (Unfallversicherung und Versorgungswesen) gilt die *„Kausaltheorie der wesentlichen Bedingung“*. Sie besagt, dass als Ursache einer Krankheit nur die Schädigung (schädigender Vorgang) anerkannt werden kann, die mit ausreichender Wahrscheinlichkeit eine wesentliche Bedingung für die Krankheitsentstehung war. Das Bundesentschädigungsgesetz, das die Entschädigung von Opfern nationalsozialistischer Verfolgung regelt, urteilt nach der *„Adäquanztheorie“*. Danach ist ein ursächlicher Zusammenhang zwischen Schädigung und Krankheit mit ausreichender Wahrscheinlichkeit gegeben, wenn die Schädigung durch nationalsozialistische Verfolgung eine notwendige Bedingung für die Krankheit ist, wenn die Krankheit der Verfolgung adäquat ist bzw. die Verfolgung geeignet war, die Krankheit herbeizuführen, und wenn durch die Schädigung eine erhöhte Erkrankungsgefahr gegeben war. Übereinstimmung in der Bewertung besteht für beide Rechtsbereiche nur beim echten traumatischen Diabetes, wie auch in o.g. Richtlinien zur Begutachtung eines Zusammenhanges zwischen Trauma und Diabetes mellitus dargestellt:

- Ist der Diabetes durch ein Trauma allein verursacht worden, gilt dieses als alleinige und voll entschädigungspflichtige Krankheitsursache für die Dauer der Krankheit, beim Diabetiker also lebenslang. Unter diese Anerkennung fallen auch alle im Verlauf der Krankheit auftretenden Komplikationen.
- Hat das Trauma zu vorzeitiger Diabetesmanifestation geführt, wird nach der Adäquanztheorie das Trauma als „wesentliche Mitursache" anerkannt oder als „unwesentliche Teilursache" abgelehnt. Bei wesentlicher Mitverursachung gilt nach § 4 des Bundesentschädigungsgesetzes ein anlagebedingtes Leiden als durch nationalsozialistische Maßnahmen „im Sinne der Entstehung verursacht" und wird ohne zeitliche Begrenzung mit allen später auftretenden Komplikationen als Schädigungsfolge anerkannt. Für die „wesentliche Mitverursachung" müssen die Gewaltmaßnahmen neben der erblichen Anlage und möglichen weiteren Ursachen mindestens zu einem Viertel an dem Auftreten des Diabetes mellitus beteiligt sein.
- Im Sozialversicherungsrecht wird die vorzeitige Manifestation unter dem Begriff der „Verschlimmerung" eingeordnet. Die Verschlimmerung kann vorübergehend, einmalig abgegrenzt oder richtunggebend sein, wobei die vorübergehende Verschlimmerung nicht entschädigungspflichtig ist. Ist das Trauma jedoch nach medizinischen Kriterien als „wesentliche Teilursache" (Jahnke u. Oberdisse 1961) für eine einmalige abgegrenzte Verschlimmerung anzusehen, muss ein in Prozenten ausgedrückter Anteil an Gesamt-MdE/GdB in der Regel ohne zeitliche Begrenzung, aber auch ohne eine Erhöhung durch später auftretende Krankheitskomplikationen anerkannt werden.
- Bei einer richtunggebenden Verschlimmerung werden die gesamte MdE/GdB und jede später eintretende Verschlimmerung der Krankheit als Schädigungsfolge anerkannt. Sie liegt nur in den seltenen Fällen vor, bei denen nach der Diabetesmanifestation keine Stoffwechselkompensation zu erreichen ist und der weitere Krankheitsverlauf eine ungünstige, der allgemeinen Erfahrung nicht entsprechende Richtung nimmt.
- Hat ein Trauma nach medizinischem Urteil zu einer Verschlimmerung eines bestehenden Diabetes geführt, muss nach der Adäquanztheorie zwischen einer einmaligen abgegrenzten und einer richtunggebenden Verschlimmerung unterschieden werden. Bei einer einmaligen abgegrenzten Verschlimmerung wird der Diabetes nur im Umfang der Verschlimmerung, bei richtunggebender Verschlimmerung vom Zeitpunkt der Verschlimmerung an in vollem Umfang anerkannt. Im Sozialversicherungsrecht entspricht die Beurteilung der Diabetesverschlimmerung der Wertung einer vorzeitigen Diabetesmanifestation.

Begutachtung von Hypoglykämien und deren psychopathologischen Symptomen

Unter der Therapie mit Sulfonylharnstoffen und Insulin (auch bei Insulinomen) können Hypoglykämien auftreten, in deren Verlauf psychopathologische Symptome beobachtet werden können, die als Durchgangssyndrome imponieren (Petzoldt 2003). Durch ausgeprägte Störungen des Antriebs und der Affektivität kann es bei zunehmendem Kritikverlust zur ungehemmten Realisierung von Triebimpulsen kommen. In diesem Zustand können Straftaten verübt werden, für die später eine Amnesie besteht (zahlreiche Kasuistiken, Übersicht bei Stutte 1965).

Der Gutachter muss entscheiden, ob zur Zeit der Straftat eine Hypoglykämie vorgelegen haben kann und ob der Patient für das Auftreten der Hypoglykämie verantwortlich war. Eine sorgfältige Anamnese, Stabilität der Stoffwechseleinstellung, Kooperabilität und die Persönlichkeit des Patienten können Hinweise geben. Eventuell gibt eine iatrogene Hypoglykämie unter psychiatrischer Beobachtung Hinweise auf Neigung zu psychopathologischen Symptomen. Wichtig für die Begutachtung ist, dass Alkohol, aber auch eine Reihe von Medikamenten, die hypoglykämische Wirkung von Sulfonylharnstoffen verstärken kann.

Begutachtung der Fahrtüchtigkeit von Diabetikern (▶ auch Kap. 36)

Zahlreiche Untersuchungen belegen, dass insulinbehandelte Diabetiker als Autofahrer keinem überdurchschnittlichen Unfallrisiko unterliegen (Songer et al. 1988, Eadington u. Frier 1989, Stevens et al. 1989, Hansotia u. Broste 1991, weitere Literatur bei Petzoldt 2003). Grundsätzlich kann aber die Therapie mit Insulin und Sulfonylharnstoffen zu Hypoglykämien führen, die die Fahrtüchtigkeit einschränken.

Maßgebend für die Begutachtung der Fahrtüchtigkeit sind die „Begutachtungs-Leitlinien zur Kraftfahrereignung des gemeinsamen Beirats für Verkehrsmedizin beim Bundesministerium für Verkehr, Bau- und Wohnungswesen und beim Bundesministerium für Gesundheit", zuletzt 2000 neu gefasst. Sie richten sich nach dem Aufbau der Kapitel in Anhang III der zweiten EU-Führerscheinrichtlinie. Dadurch ergeben sich Verschiebungen in der Bewertung der Fahrtüchtigkeit von Diabetikern, weil die alten deutschen Fahrerlaubnisklassen von den Klassen der EU-Richtlinie abweichen. Bezüglich der Fahrerlaubnis zur Fahrgastbeförderung in Taxen, Mietwagen und Krankenkraftwagen ergeben sich keine Änderungen, da diese nicht unter die EU-Richtlinie fällt. Die alte Führerscheinklasse II ist nach den EU-Richtlinien aufgegliedert in die Klassen C und D mit Subklassen, wobei die Fahrerlaubnis Klasse D sich auf Kraftomnibusse mit mehr als acht Plätzen bezieht. Die Omnibusse sind also aus der Fahrerlaubnis zur Fahrgastbeförderung herausgenommen.

Im Anhang III der EG-Richtlinie heißt es generell: „Zuckerkranken Bewerbern oder Fahrzeugführern kann eine Fahrerlaubnis vorbehaltlich des Gutachtens einer zuständigen ärztlichen Stelle und einer regelmäßigen für den betreffenden Fall geeigneten ärztlichen Kontrolle erteilt oder erneuert werden". Speziell zu den Führerscheinklassen C und D mit Unterklassen heißt es: „Zuckerkranken Bewerbern oder Fahrzeugführern, die mit Insulin behandelt werden müssen, darf eine Fahrerlaubnis nur in sehr außergewöhnlichen Fällen aufgrund eines ausführlichen Gutachtens einer zuständigen ärztlichen Stelle und vorbehaltlich einer regelmäßigen ärztlichen Kontrolle erteilt oder erneuert werden."

Dies bedeutet einerseits eine Verschärfung der Richtlinien für Diabetiker, da die Klasse C schon ab 3,5 t Fahrzeuggewicht gilt, wogegen die alte Klasse II erst ab 7,5 t Geltung hatte. Andererseits ist auch eine Erleichterung erkennbar, indem im Gegensatz zu den früheren Richtlinien eine Erteilung der Fahrerlaubnis in den Klassen C und D nicht generell verboten ist. Die Möglichkeit, in „außergewöhnlichen Fällen" auch für Fahrzeuge über 7,5 t eine Fahrerlaubnis als Diabetiker zu erhalten, bezieht sich dann sogar auf Kraftomnibusse, d.h. auch auf Personenbeförderung! In seinen Leitsätzen zu dieser Regelung zieht der Beirat für Verkehrsmedizin aber sehr enge Grenzen, indem er konstatiert, dass ein Diabetiker, der mit Insulin behandelt wird, in der Regel nicht in der Lage ist, den gestellten Anforderungen zum Führen von Kraftfahrzeugen der Klassen C und D gerecht zu werden. Ausnahmen sollten nur bei außergewöhnlichen Umständen gemacht werden, die in einem ausführlichen Gutachten zu beschreiben sind. Regelmäßige ärztliche Kontrollen sind dabei gefordert.

Für insulinspritzende Diabetiker wird generell empfohlen, regelmäßige Stoffwechselkontrollen und Beratungen durch den Arzt im Abstand von etwa sechs Wochen durchzuführen sowie Stoffwechsel-Selbstkontrollen mit Dokumentation der Befunde vorzunehmen.

Diabetiker, die mit oralen Antidiabetika vom Sulfonylharnstofftyp behandelt werden, gelten als nur selten durch Hypoglykämien gefährdet, sie können nach den Leitlinien in der Regel uneingeschränkt den gestellten Anforderungen beim Führen eines Kraftfahrzeuges gerecht werden. Empfohlen werden regelmäßige Kontrollen und Beratungen durch den Arzt im Abstand von etwa acht Wochen sowie Stoffwechsel-Selbstkontrollen mit Dokumentation der Befunde.

Die Fahrtauglichkeit kann durch die diabetesspezifischen Komplikationen eingeschränkt werden. Es sind dies die Retinopathie, Glaukom, Nephropathie, kardiale und zerebrale Angiopathie, Hypertonie, periphere diabetische Neuropathie, Stoffwechselentgleisung, Refraktionsanomalien. Der Grad der Schäden ist für die Begutachtung maßgebend (Begutachtungsleitlinien zur Kraftfahrereignung 2000, Petrides 1977, Petzoldt 2003).

Begutachtung zur Frage der Eignung von Diabetikern für bestimmte Berufe

Die Eignung eines Diabetikers für einen Beruf ist abhängig vom Lebensalter, vom Manifestationsalter der Erkrankung, der erforderlichen Therapie, den Komplikationen und zusätzlichen Erkrankungen. Die Begutachtung für eine Berufswahl, eine eventuell erforderliche Umschulung, die Übernahme in das Beamtenverhältnis, die Invalidisierung und Rehabilitation muss immer individuell erfolgen (Petrides 1990, Petrides et al. 1985, Petzoldt 2000).

Der „Ausschuss Soziales" der DDG hat 1984 „Empfehlungen zur Beratung bei Berufswahl und Berufsausübung von Diabetikern" herausgegeben und 1999 letztmalig überarbeitet, die im Folgenden zusammengefasst werden. Sie betonen, dass der Diabetes mellitus heute erfolgreich behandelt werden kann. Die Behandlung erfordere von dem Diabetiker ein besonderes Maß an Kenntnissen über seine Erkrankung, an Motivation zur optimalen Selbstbehandlung und damit verbunden an Disziplin und Selbstverantwortung.

Ohne andere schwerwiegende Erkrankungen oder ausgeprägte Diabetesfolgeerkrankungen können bei Eignung nach Neigung, Begabung, praktischen Fähigkeiten und Ausbildung nahezu alle Berufe und Tätigkeiten ausgeübt werden. Eine abgeschlossene berufliche Ausbildung ist für jeden Diabetiker anzustreben.

Wahl und Ausübung eines Berufes oder einer Tätigkeit können für einzelne Diabetiker durch bestimmte Bedingungen des Berufes und/oder des Diabetes eingeschränkt sein. Deshalb sind einige Berufe für den Diabetiker nicht oder weniger gut geeignet. Bei den meisten Einschränkungen für bestimmte Berufe und Tätigkeitsfelder liegt keine absolute Ungeeignetheit für Diabetiker vor. Aufgrund individueller Besonderheiten der Erkrankung, Möglichkeiten der Kompensation und der großen Spannbreite unterschiedlicher Tätigkeiten in den einzelnen Berufsfeldern zeigen sich viele der hier angestellten Überlegungen im Einzelfall auch als überfürsorglich und damit für den Betroffenen nicht zutreffend. Daher muss die Beratung über Wahl und Ausübung eines Berufes für jeden Diabetiker individuell und in enger Kooperation mit einem diabetologisch erfahrenen Arzt und bei Bedarf auch mit dem Betriebsarzt erfolgen.

Berufliche Einschränkungen

Bedingungen, welche die Wahl und Ausübung eines Berufes oder einer Tätigkeit bei Diabetikern beeinflussen können, lassen sich gliedern in:

- Selbst- und Fremdgefährdung durch plötzlich auftretende Unterzuckerungszustände (Hypoglykämien),
- Beeinträchtigungen der Planbarkeit des Tagesablaufes und der Selbstkontrolle des Stoffwechsels, die eine adäquate Behandlung erschweren können – etwa durch sehr unregelmäßige Essenszeiten, stark wechselnde körperliche Belastungen oder auch durch die Erschwerung der Stoffwechselselbstkontrolle.
- Auftreten anderer Krankheiten und eine evtl. absehbare oder nicht ausschließbare Gefahr von plötzlichen Gesundheitsstörungen, die fremder Hilfe bedürfen – hier sind die möglichen Folgeerkrankungen an Augen, Nieren, Nerven und Schlagadern des Herzens, Gehirns und der Beine, die zu Funktionseinschränkungen führen, zu berücksichtigen. Auch wird man einem Diabetiker mit Neigung zu schweren Hypoglykämien oder ketoazidotischen Stoffwechselentgleisungen zu keiner Tätigkeit raten können, die weitab von jeglicher Zivilisation (d.h. auch ohne Möglichkeit einer notärztlichen Versorgung) erfolgt.
- Berufliche Expositionen, die das Auftreten von akuten oder chronischen Folgen des Diabetes begünstigen (z.B. Exposition von starker Hitze mit dem Risiko einer Verstärkung einer evtl. Exsikkose, von großem Überdruck (mögliche Verschlimmerung einer evtl. Retinopathie), von bestimmten chemischen Substanzen (Gefahr einer Neuropathie) oder von Infektionserregern wegen der evtl. bestehenden höheren Infektanfälligkeit) und daher für Diabetiker besondere Schutzmaßnahmen wünschenswert erscheinen lassen.

Die Hypoglykämieneigung muss bei der Beratung besonders berücksichtigt werden, da eine Hypoglykämie die Leistungsfähigkeit – meist nur für Minuten – vermindern und in seltenen Fällen auch zu einer Beeinträchtigung des Bewusstseins führen kann. Das Auftreten von Hypoglykämien kann daher bei manchen beruflichen Tätigkeiten andere Menschen oder den Diabetiker selbst gefährden. Das Risiko für das Auftreten von schweren Hypoglykämien kann durch Anpassung der Stoffwechseleinstellung und evtl. Hypoglykämietraining vermindert werden. Schwere Hypoglykämien können eine Gefahr bedeuten bei:

- beruflicher Personenbeförderung oder beim Transport gefährlicher Güter (z.B. Piloten, Lokomotivführer, Omnibusfahrer, Lastkraftwagenfahrer),
- Waffengebrauch (z.B. Schutzpolizei),
- Überwachungsfunktionen mit alleiniger Verantwortung für das Leben anderer (dies gilt für Verkehrskontrollen und -lenkung des Straßen-, Schienen-, Wasser- und Luftverkehrs und für einen Teil der Leitstände im Industriebereich),
- Arbeiten mit Absturzgefahr oder an anderen gefährlichen Arbeitsplätzen (Dachdecker, Gerüstbauer, Bauarbeiter an Hochbauten); ähnlich zu bewerten sind Tätigkeiten an gefährlichen Maschinen, an Hochöfen und beim Stahlabstich,
- Arbeiten im Überdruck.

Das Risiko für Hypoglykämien ist bei Berufen größer, deren Arbeitsbedingungen eine jederzeitige Nahrungsaufnahme, z.B. bei Hitzearbeiten durch die vorgeschriebene Schutzkleidung, verhindern. Auch sind z.B. Arbeiten mit Wechselschicht für Diabetiker weniger geeignet. Für diese Berufe und Tätigkeiten gilt im besonderen Maße, dass eine gute Schulung des Patienten über seine Erkrankung und ihre Behandlung mit täglichen Stoffwechselselbstkontrollen und daraus abgeleiteten Konsequenzen manche der einschränkenden Bedingungen abmildern oder bedeutungslos machen können.

Beratung

Berufswahl

Die Beratung des Diabetikers zur Berufswahl muss die geltenden Rechtsnormen und Richtlinien sowie andere Vorschriften berücksichtigen, wie z.B. die den Diabetes betreffenden berufsgenossenschaftlichen Grundsätze für arbeitsmedizinische Vorsorgeuntersuchungen oder Richtlinien wie die „Begutachtungs-Leitlinien zur Kraftfahreignung“ (s.o.) oder die Konzernrichtlinie 107 der Deutschen Bahn AG. Wünschenswert ist, dass Kenntnisse sowohl in der arbeitsmedizinischen Berufskunde als auch in der Diabetesbetreuung bei den Beratenden bestehen. Ratsam wäre deshalb die gemeinsame Beratung durch einen Arbeitsmediziner und einen Diabetologen. Zur Beratung in beruflichen Fragen stehen auch andere Stellen wie Arbeitsämter, Berufsgenossenschaften, Medizinischer Dienst der Rentenversicherungen, Werks- oder Betriebsärzte und evtl. auch die DDG zur Verfügung. In die Überlegungen bei der Berufsberatung sind sowohl die Vorteile als auch die Nachteile einzubeziehen, die sich aus der evtl. Inanspruchnahme des Schwerbehindertengesetzes ergeben.

In der Beratung sollten bestehende Berufswünsche vorrangig berücksichtigt werden. Wenn diese Berufe nicht realisierbar sind, so sollte überlegt werden, ob nicht ähnliche Berufe ohne bestehende Bedenken vorgeschlagen werden können. Sollten mehrere Berufe gleich gut geeignet sein und den Diabetiker gleich stark interessieren, sind die Berufe vorzuziehen, deren Ausübung am wenigsten durch typische chronische Folgeerkrankungen des Diabetes behindert werden können.

Berufsausübung

Tritt der Diabetes bei einem Beschäftigten auf, der eine für seine Erkrankung ungeeignete Tätigkeit hat, so sollte als erstes überlegt werden, ob durch eine Umsetzung im Betrieb die Erfahrung aufgrund der bisher ausgeübten Tätigkeit weiter verwertet werden kann. Wenn dieses nicht möglich ist, muss eine Beratung zum Berufswechsel mit nachfolgender Umschulung erfolgen. Es ist sicher erforderlich, bei diesen Überlegungen den jeweils zuständigen Betriebsarzt einzubeziehen. Bei Tätigkeiten, die erfahrungsgemäß die Behandlung des Diabetes erschweren, muss überlegt werden, ob zur Vermeidung eines sozialen Abstiegs Einschränkungen in der Stoffwechselqualität hingenommen werden dürfen.

Grundsätzliches

Bei dem Wunsch eines Diabetikers nach einem ungeeigneten Beruf sollten in der Beratung nicht die Behinderungen durch die Erkrankung in den Vordergrund gestellt, sondern eher die Gefahren betont werden, denen sich der Diabetiker in einem ungeeigneten Beruf unnötig aussetzt. Die vorangegangenen negativen Auflistungen sollten nicht den Eindruck erwecken, dass nur Einschränkungen bestehen. Die Erfahrung zeigt, dass von Diabetikern sehr viele Berufe hochqualifiziert ausgeübt werden. Durch die Flexibilisierung der Therapie, die in den letzten Jahren erfolgte, sind manche Berufe, die früher für Diabetiker nur sehr schwer durchführbar waren, durchaus in den Bereich des Möglichen gerückt. Es müssen daher in der Berufsberatung bei jedem Diabetiker die individuellen Kompensationsmöglichkeiten berücksichtigt werden.

Insbesondere bei Typ-1-Diabetes kommt es in 20–30% zu beruflichen Schwierigkeiten (Daweke u. Hammes 1965, Petrides 1983, Petzoldt 2003). Hier wird der Gutachter häufig die Umschulung empfehlen müssen, deren Kosten die Rentenversicherungen und andere zuständige Kostenträger übernehmen. Die rechtlichen Grundlagen wurden 1969 im Arbeitsförderungsgesetz festgeschrieben. Eine Minderung des Einkommens und damit der späteren Rente ist oft unvermeidlich. Rentenneurosen sind in diesem Zusammenhang nicht ungewöhnlich.

Der Ausschuss Soziales hat 2004 „Empfehlungen zur Beurteilung beruflicher Möglichkeiten von Personen mit Diabetes mellitus“ herausgegeben, die die alte Empfehlung zur „Beratung bei Berufswahl und Berufsausübung von Diabetikern“ ersetzen. Sie stehen im Internet zur Verfügung (▶ www.deutsche-diabetes-gesellschaft.de/redaktion/mitteilungen/forum/empfehlung_beruf.pdf). Sie berücksichtigen die verbesserten Behandlungsmöglichkeiten und die effektivere Vermeidung von Folgeerkrankungen. Sie fordern bei relevanten diabetologischen Fragestellungen im Rahmen einer arbeitsmedizinischen Beurteilung obligat die Anhörung des zuständigen Diabetologen. Die Zusammenarbeit von Erkrankten, Hausarzt bzw. Diabetologen und dem Betriebsarzt müsse verbessert werden. Durch informelle regionale oder betriebsspezifische Regelungen könne offenbar einer erheblichen Zahl von insulinbehandelten Diabetikern das Weiterarbeiten in ihrem Beruf unter enger betriebsärztlicher und diabetologischer Führung ermöglicht werden, ohne dass eine erhöhte Unfallinzidenz erkennbar sei. Starre Richtlinien ohne Ermessensspielraum, z. B. in Form von Diagnoselisten, die zu berufsspezifischen Ausschlüssen führen, seien überarbeitungsbedürftig. Ihre Anwendung führe nur zur Verheimlichung des Diabetes aus Sorge um den Arbeitsplatz mit entsprechendem Gefährdungspotential für die Betroffenen und den Betriebsablauf.

Bei der individuellen Einschätzung der Tauglichkeit für einen Beruf seien folgende Faktoren wesentlich:

- Schweregrad der Erkrankung,
- Symptomatik, hier insbesondere Hypoglykämiesymptomatik und -häufigkeit,
- Komplikationen im Bereich verschiedener Organsysteme,
- durchgeführte Behandlung (orale Antidiabetika? konventionelle Insulintherapie? intensivierte Insulintherapie?),
- weitere Verbesserungsmöglichkeiten der Behandlung,
- Wechselwirkung mit anderen Erkrankungen,
- Compliance des Betroffenen.

Der Ausschuss hat Orientierungspunkte für eine verantwortliche Beurteilung von insulinbehandelten Menschen mit Diabetes in risikoreichen Berufen speziell mit Selbst- und/oder Fremdgefährdung als „12 Gebote“ zusammengefasst:

1. Nachweisbare Zusammenarbeit von Patient, Hausarzt, Diabetologe und Betriebsarzt
2. Gute Stoffwechseleinstellung (Blutzucker/HbA1c)
3. Blutzuckerselbstmessung mit Dokumentation
4. Demonstration von Blutzuckermessung und Insulininjektionen vor Ort (möglichst im Betrieb bzw. am Arbeitsplatz oder in der Praxis)
5. Gute, insbesondere zuverlässige Mitarbeit des Patienten
6. Nachweis einer absolvierten geeigneten Schulung
7. Bestätigung der beteiligten Ärzte, dass es bislang zu keiner schweren Hypoglykämie und anderen relevanten Folgeerkrankungen gekommen ist

8. Gute Kenntnis des Arbeitsplatzes, Ausschluss von besonderen Gefahren für Dritte bei leichten Hypoglykämien
9. Möglichkeit der Tätigkeitseinschränkung oder ggf. auch -unterbrechung bei Therapieneueinstellung und -änderung
10. Regelmäßige und kurzfristige arbeitsmedizinische und diabetologische Kontrollen (ca. alle 6 bis 12 Monate)
11. Information des Arbeitgebers und der direkten Kollegen des Menschen mit Diabetes über die Erkrankung und mögliche Notfallmaßnahmen, z. B. durch den Menschen mit Diabetes
12. Möglichst sorgfältige allgemeine Information des Arbeitgebers durch den Betriebsarzt.

Durch Auswertung der Statistiken der Deutschen Gesetzlichen Unfallversicherung über die häufigsten Unfallhergänge und Darstellung der für die einzelnen Wirtschaftszweige häufigsten Unfallabläufe in Relation zum Hypoglykämierisiko wurde eine Beurteilungsmatrix zur möglichen Gefährdung in den verschiedenen Berufszweigen erarbeitet. Es ergeben sich vier Bewertungskategorien:

1. Grundsätzlich keine Bedenken.
2. Möglich in der Mehrzahl der Arbeitsplätze: Berücksichtigt werden müssen die Kompensationsmöglichkeiten in Bezug auf die Eignungsmängel sowohl bei dem Betroffenen als auch durch spezifische Gegebenheiten des Arbeitsplatzes. Häufig keine Bedenken unter bestimmten Voraussetzungen.
3. Möglich in besonderen Fällen: Berücksichtigt werden müssen die Kompensationsmöglichkeiten in Bezug auf die Eignungsmängel. Bis zum Wirksamwerden der Kompensationsmöglichkeiten bestehen in der Regel befristete Bedenken. Die Befristung muss zeitlich terminiert werden und fällt mit einem Nachuntersuchungstermin zusammen.
4. Grundsätzlich nicht möglich, dem können dauernde Bedenken entsprechen – wenn aber durch therapeutische Maßnahmen Besserungen eingetreten sind, ist nach einer individuell festzulegenden Zeit eine Neubewertung möglich.

Begutachtung zur Frage der Beschäftigung von Diabetikern im Beamtenverhältnis

Im Jahre 1959 hat das Deutsche Diabetes-Komitee als Vorläufer der DDG Richtlinien für die Übernahme von Diabetikern in das Beamtenverhältnis erarbeitet. Diese Richtlinien in der Neufassung der DDG vom April 1982 hat der Bundesminister des Inneren mit Rundschreiben vom 31. 8. 1982 (Az.–DI1-210107/5) empfehlend an die obersten Bundes- und Länderbehörden weitergeleitet. Es wurde darauf hingewiesen, dass für schwerbehinderte Diabetiker die Maßstäbe gelten, die allgemein der Einstellung von Schwerbehinderten in den öffentlichen Dienst zugrunde gelegt werden. Der gekürzt wiedergegebene Wortlaut ist:

- Der generelle Ausschluss des Diabetikers von pensionsberechtigten Anstellungen im Staatsdienst und vergleichbaren Institutionen ist aus medizinischen Gründen nicht gerechtfertigt.
- Für die Einstellung in die genannten Tätigkeiten kommen alle arbeitsfähigen Diabetiker in Betracht, deren Stoffwechselstörung auf Dauer gut einstellbar ist.
- Diabetische Bewerber um solche Stellen sollten frei von diabetesspezifischen Komplikationen an Augen und Nieren sein. Die Feststellung solcher Befunde hat durch fachärztliche Augenhintergrunduntersuchung sowie durch den kompletten Harnstatus und die Bestimmung des Kreatininwertes im Serum zu erfolgen.
- Diabetiker, die rein diätetisch behandelt werden, können jede Tätigkeit ausüben, zu der sie nach Vorbildung und Leistung auch sonst geeignet wären. Insulinbehandelte Diabetiker sollten nach Möglichkeit keine Tätigkeiten verrichten, die unregelmäßige Arbeitszeiten erfordern. Sie sollten ferner nicht zu Tätigkeiten herangezogen werden, die beim Eintritt hypoglykämischer Reaktionen Gefahren für sie selbst oder ihre Umwelt mit sich bringen, z. B. als Fahrer öffentlicher Verkehrsmittel.
- Diabetische Bewerber müssen ein ärztliches Zeugnis vorweisen, aus dem die Qualität der Stoffwechselführung, der Nachweis regelmäßiger und langfristiger Stoffwechselkontrollen sowie die Bereitschaft zur Kooperation hervorgehen. Zusätzlich kann die Bestimmung des glykosylierten Hämoglobins (HbA1 oder HbA1c) herangezogen werden. Die Eignung des Bewerbers soll in der Regel durch ein fachärztliches Gutachten geklärt werden, das von einem diabetologisch erfahrenen Arzt oder in einer Diabetesklinik erstattet werden sollte (siehe Untersuchungskatalog).
- Die Beurteilung der Qualität der Stoffwechselführung soll individuell erfolgen. Ein überwiegend ausgeglichener Stoffwechselzustand sollte dokumentiert sein. Für nicht mit Insulin behandelte Diabetiker ist überwiegend Harnzuckerfreiheit zu fordern, bei insulinbehandelten Diabetikern sollte die Mehrzahl der Harnproben zuckerfrei sein. Zur Beurteilung der Stoffwechsellage sind einzelne Blutzuckerwerte, besonders im Nüchternzustand, ungeeignet. Dasselbe gilt für die Untersuchung einer einzelnen Urinportion. Es ist erforderlich, wenigstens drei Blutzuckerwerte zu geeigneten Zeiten im Tagesverlauf zu messen, die Maximalwerte sollten bei insulinbehandelten Diabetikern ein bis zwei Stunden nach den Mahlzeiten nicht wesentlich über 220 mg/dl Glukose liegen, bei diät- und tablettenbehandelten nicht über 160 mg/dl.

- Untersuchungskatalog
  - *Körperliche Gesamtuntersuchung:* unter anderem Blutdruckmessung, Palpation der Pulse an den typischen Stellen, Inspektion der Füße.
  - *EKG, Röntgenuntersuchung der Lungen.*
  - *Laboruntersuchungen*: Es werden nur solche Untersuchungen gefordert, die zur Beurteilung des Diabetes oder eventuell diabetesspezifischer Komplikationen notwendig sind. Bei pathologischen Werten ist vor einer Stellungnahme die Bestätigung durch Kontrollen erforderlich: Kreatinin im Serum, kompletter Harnstatus.
  - *Ophthalmologische Untersuchung*: Durch einen Ophthalmologen müssen diabetesspezifische Fundusveränderungen ausgeschlossen werden. Der Befund muss dokumentiert werden, bei sehr geringen Veränderungen sollte eine Nachuntersuchung nach mindestens einem halben Jahr erfolgen.
  - *Stoffwechselkontrollen*: Der Bewerber sollte regelmäßige ärztliche Stoffwechselkontrollen wahrnehmen und häusliche Stoffwechsel-Selbstkontrollen durchführen. Zur Beurteilung der Kooperationsbereitschaft dienen unter anderem die vom behandelnden Arzt bescheinigten Untersuchungsbefunde und die vom Bewerber dokumentierten Ergebnisse der regelmäßigen Stoffwechsel-Selbstkontrollen.

18.2 Schilddrüsenkrankheiten

Hyperthyreose

Definition

Die Hyperthyreose ist gekennzeichnet durch einen Überschuss von wirksamen Schilddrüsenhormonen im Organismus. Etwa 5% aller Schilddrüsenerkrankungen gehen mit einer Hyperthyreose einher. Frauen sind vier- bis sechsfach häufiger betroffen als Männer.

Einteilung, Ätiopathogenese

Sehr verschiedene Erkrankungen der Schilddrüse bewirken eine hyperthyreote Stoffwechsellage. Die Ätiologie dieser zugrunde liegenden Erkrankungen ist teilweise noch unbekannt, die pathogenetischen Mechanismen unterschiedlich.

- Der *Morbus Basedow*, eine Autoimmunerkrankung auf genetischer Basis, ist gekennzeichnet durch eine diffuse Struma und die endokrine Ophthalmopathie. Gewisse, relativ schwache Assoziationen mit HLA-Antigenen sind vorhanden, vor allem mit HLA-DR3 (Schifferdecker et al. 1991). Bei 70–90% der Patienten finden sich zumindest im floriden Stadium der Hyperthyreose TSH-Rezeptor-Autoantikörper, die an den TSH-Rezeptor der Schilddrüsenzelle binden und das Organ zur Hormonüberproduktion stimulieren. Die durch autoreaktive T-Lymphozyten induzierte, unkontrollierte Bildung von Autoantikörpern ist wahrscheinlich bedingt durch eine Störung der T-Suppressorzellfunktion. Ein ähnlicher Mechanismus wird für die Genese der endokrinen Ophthalmopathie vermutet, der TSH-Rezeptor und eine TSH-Rezeptor-Variante wurden in retroorbitalem Gewebe nachgewiesen.

  Das Vorliegen einer endokrinen Ophthalmopathie ist nicht Voraussetzung für die Diagnose eines Morbus Basedow, sie lässt sich aber mit genügend empfindlichen Methoden (vor allem Orbita-CT) in bis zu 90% der Fälle nachweisen. Andererseits ist die Bestimmung der TSH-Rezeptor-Antikörper ausreichend spezifisch, um die Diagnose eines Morbus Basedow stellen zu können.
- Die hyperthyreote Stoffwechsellage bei *Autoimmunthyreoiditis Hashimoto* oder anderen Schilddrüsenentzündungen (z. B. *subakute Thyreoiditis de Quervain*) ist nur passager und durch Freisetzung von Schilddrüsenhormonen aus untergehenden Thyreozyten bedingt.
- Die *Hyperthyreose bei funktioneller Autonomie* ist verursacht durch selektives Wachstum besonders aktiver Follikel, beruht also auf einer benignen Neoplasie. Autonomes Schilddrüsengewebe findet sich vermehrt in Strumaendemiegebieten, so dass seine Entstehung als Folge des chronischen Wachstumsreizes durch Iodmangel auf die Schilddrüse aufgefasst wird.
- *Malignome* der Schilddrüse können in seltenen Fällen eine Hyperthyreose verursachen (nur in Kasuistiken beschrieben).
- Die *sekundäre Hyperthyreose* durch Überproduktion von TSH in einem Hypophysenvorderlappen-Adenom (280 Fälle in der Literatur bis 1998, Übersicht bei McDermott und Ridgway 1998) oder als paraneoplastisches Syndrom (z. B. bei Bronchialkarzinom) ist eine Rarität.
- Vor allem bei disseminierter oder fokaler Autonomie der Schilddrüse kann *exogene Iodzufuhr* (vor allem Röntgenkontrastmittel, aber auch iodhaltige Medikamente wie Darmdesinfizienzien, Broncholytika, Expektoranzien, Amiodaron, Händedesinfektionsmittel, Augentropfen) eine Hyperthyreose auslösen, auch eine latente Hyperthyreose bei Autoimmunthyreopathie kann unter Iodzufuhr exazerbieren (Herrmann u. Krüskemper 1978). Die iodinduzierten Hyperthyreosen sind häufig sehr schwer medikamentös zu beeinflussen.

Gutachterliche Bewertung

Der jetzige Wissensstand über die Pathogenese der Hyperthyreose macht eine Anerkennung von psychischen Traumen als Ursache oder Teilursache, auch als Manifestationsfaktor oder Ursache einer Verschlimmerung einer Hyperthyreose heute in der Regel nicht mehr möglich. Früher sind ungewöhnliche psychische Belastungen, langdauernde Angstzustände, Schock- und Schreckereignisse (auch bei oder nach Unfällen) in Einzelfällen gutachterlich mit der Entstehung oder Verschlimmerung einer Hyperthyreose in Zusammenhang gebracht worden („Schreck-Basedow"). Psychische Faktoren können allenfalls in Einzelfällen eine vorzeitige Manifestation bei schon bestehender Prädisposition fördern.

Die seltene sekundäre Hyperthyreose entsteht unabhängig von exogenen Einflüssen. Exogene Zufuhr von Iod, besonders in Form von Röntgenkontrastmitteln oder iodhaltigen Medikamenten, kann beim Vorhandensein autonomen Schilddrüsengewebes, aber auch bei Autoimmunthyreopathie, eine Hyperthyreose manifestieren oder verschlimmern.

Hypothyreose

Definition

Die hypothyreote Stoffwechsellage ist durch einen Mangel an wirksamem Schilddrüsenhormon in der Körperperipherie charakterisiert. Die verminderte Hormonwirkung führt zur allgemeinen Verlangsamung metabolischer Abläufe, die bei längerem Bestehen verschiedene Organsysteme schädigt. Das zeigt sich vor allem an der Haut (Myxödem), im Bereich des Nervensystems, der Muskulatur, des Herzens (Kardiomyopathie, Perikardergussbildung), des Magen-Darm-Traktes sowie in Fettstoffwechselstörungen, vor allem einer Cholesterinerhöhung.

Einteilung, Ätiopathogenese

- Bei den *angeborenen Hypothyreosen* kann die intrauterin beginnende ungenügende Hormonversorgung endogene und exogene Ursachen haben. Der Schilddrüsenaplasie, -dysplasie und der Struma mit Iodfehlverwertung (sechs verschiedene Formen der Hormonsynthesestörung bekannt) liegen genetische Defekte zugrunde. Die Hypothyreose in Strumaendemiegebieten hat neben hereditären exogene Ursachen wie Iodmangel und strumigene Substanzen. Kommt es zu irreversiblen Körperschäden vor allem auch mit geistiger Behinderung, spricht man vom Kretinismus.
- Die *erworbenen Hypothyreosen* werden in primäre und sekundäre unterteilt:
  - Die Hauptursache der *primären* erworbenen Hypothyreose ist die chronische Autoimmunthyreoiditis Hashimoto, bei der es im Rahmen der durch Autoantikörper unterhaltenen Entzündung zu einer zunehmenden Destruktion des Organs kommt. Praktisch wichtig sind Hypothyreosen nach Strumaresektion. Es kann eine latente oder manifeste Hypothyreose entstehen, in jedem Fall nach totaler Thyreoidektomie wegen eines Schilddrüsenkarzinoms, selten nach Strahlentherapie (extern oder häufiger nach Radioiod).
  - *Sekundäre* Hypothyreosen sind durch einen Mangel an TSH bei totaler oder partieller Hypophysenvorderlappen-Insuffizienz bedingt, tertiäre Hypothyreosen durch Erkrankungen des Hypothalamus mit Ausfall der TRH-Sekretion. Hier wird der TSH-Mangel durch hypophysäre Prozesse wie Tumore, Verletzungen, operative Eingriffe, Bestrahlung, postpartale Nekrose (Sheehan-Syndrom) verursacht. In der Regel sind gleichzeitig Ausfallerscheinungen weiterer endokriner Funktionsachsen nachweisbar.

Gutachterliche Bewertung

Die Therapie mit antithyreoidalen Substanzen während der Schwangerschaft kann Ursache einer reversiblen Neugeborenenstruma sein. Zur Beurteilung des Zusammenhanges müssen Iodfehlverwertungen ausgeschlossen sein. Die Hypothyreoserate nach Radioiodtherapie einer Autoimmunhyperthyreose beträgt je nach Radioioddosis nach einem Jahr 11–67% und nach 5 Jahren 27–79% (Reiners 1989), bei Hyperthyreose durch eine fokale Autonomie maximal 6% (Leisner 1991). Beim Auftreten einer Hypothyreose nach Operation lassen sich erst 6 bis 10 Monate nach der Operation Angaben über den endgültigen Funktionszustand der Schilddrüse machen. Latente, manifeste, temporäre und definitive Hypothyreosen sind zu unterscheiden. Die medikamentös (z.B. durch Lithium, Amiodaron) bedingten Formen der Hypothyreose sind reversibel. Die Hypothyreose als Endzustand einer Autoimmunthyreoiditis macht 50–60% der Patienten mit primärer Hypothyreose aus. Bei ausgeprägter Symptomatik kann eine Hypothyreose zur Berufs- oder Erwerbsunfähigkeit auf Zeit führen.

Zur traumatischen Entstehung einer primären Hypothyreose kann es durch direkte Halsschuss- oder -stichverletzungen mit chronischen Eiterungen kommen. Zur Anerkennung eines Zusammenhangs zwischen Trauma und sekundärer oder tertiärer Hypothyreose muss eine Schädigung vorliegen, die geeignet ist, eine Verletzung der Hypophyse oder des Hypothalamus zu bewirken. Bei Verletzungen der Hypophyse werden in jedem Fall gleichzeitig Symptome des Ausfalls anderer Hypophysenvorderlappenhormone und/oder ein Diabetes insipidus feststellbar sein.

Endemische Struma

Definition

Eine endemische (blande) Struma ist jede nichtentzündliche und nichtmaligne sicht- und tastbare Vergrößerung der Schilddrüse mit euthyreoter Hormonproduktion. Sie ist mit 90% die häufigste Schilddrüsenerkrankung.

Ätiopathogenese

Chronische schilddrüsenhemmende Einflüsse wie Iodmangel, antithyreoidale (strumigene) Substanzen sowie angeborene oder erworbene Defekte der Hormonsynthese führen zur Vergrößerung der Schilddrüse. Die bisherige Annahme, dass die Vergrößerung des Organs durch eine – wenn auch hormonanalytisch nicht fassbare, somit nur tendenzielle – Stimulation der TSH-Sekretion zustande kommt, hat sich nicht beweisen lassen. TSH-Stimulation führt lediglich zu einer Hypertrophie der Thyreozyten, die durch die TSH-suppressive Strumatherapie zurückgebildet werden kann. Für die hyperplasiogene Wirkung sind lokale Wuchsfaktoren verantwortlich, die bei Iodmangel verstärkt exprimiert werden (Gärtner u. Dugrillon 1998). Die Hyperplasie ist zu Beginn diffus, später auch knotig mit konsekutiv regressiven Veränderungen.

Bei der sporadischen Struma spielen zusätzlich zu den genannten ursächlichen Faktoren antithyreoidal wirkende Arzneimittel (Antirheumatika, Antidiabetika, Kobalt, Antidepressiva, insbesondere Lithium) eine pathogenetische Rolle. Ein chronisch weit überhöhtes Iodangebot durch Gabe von iodhaltigen Medikamenten wirkt in gleichem Sinne.

Gutachterliche Bewertung

Für die Entstehung der blanden Struma spielen äußere Ursachen, auch Traumen, keine Rolle. Die Wirkung antithyreoidaler Substanzen ist reversibel. MdE/GdB richtet sich nach dem Grad der Beeinträchtigung durch eine etwa entstandene obere Einflussstauung, Druck- und Schluckbeschwerden, Einengung der Trachea und Tracheomalazie. Eine euthyreote, endemische, blande Struma bedeutet keine Beeinträchtigung der Wehrdiensttauglichkeit.

Schilddrüsenmalignom

Definition

Im Wesentlichen handelt es sich um differenzierte Karzinome vom papillären oder follikulären Typ, daneben gibt es anaplastische Karzinome und als besondere Entität das C-Zell-Karzinom (medulläres Schilddrüsenkarzinom). Differentialdiagnostisch muss bei Schilddrüsenknoten immer an die Möglichkeit der Malignität gedacht werden, besonders verdächtig ist die rasche Größenzunahme einer Struma oder eines einzelnen Knotens sowie besonders derbe Knotenbildungen. Das C-Zell-Karzinom nimmt eine Sonderstellung ein, es produziert Kalzitonin, das als Tumormarker eingesetzt wird. In 25 bis 30% der Fälle tritt das C-Zell-Karzinom familiär auf, teilweise solitär, überwiegend aber im Rahmen der multiplen endokrinen Neoplasie (*MEN*) Typ 2 a, vergesellschaftet mit Phäochromozytomen und einem primären Hyperparathyreoidismus. Durch Nachweis von Punktmutationen im RET-Protoonkogen lässt sich heute die autosomal vererbte MEN Typ 2 nachweisen.

Gutachterliche Bewertung

Externe Bestrahlung in der Halsregion erhöht das Risiko für papilläre Schilddrüsenkarzinome. Radioaktives Iod-131 und andere kurzlebige Iodisotope haben ebenfalls einen direkten tumorigenen Effekt auf die Schilddrüse, wie es sich nach dem Tschernobyl-Unglück erneut gezeigt hat.

Nach Entfernung eines papillären oder follikulären Schilddrüsenmalignoms wird ohne Lymphknotenbefall in den ersten fünf Jahren MdE/GdB von 50% in den Anhaltspunkten für die ärztliche Gutachtertätigkeit angegeben, ansonsten 80%. Regionale Komplikationen und Funktionsstörungen nach Behandlung sind gesondert zu bewerten.

18.3 Störungen des Körpergewichts

Adipositas

Definition

Die Adipositas (Fettsucht, Obesitas, Fettleibigkeit) ist eine erhöhte Speicherung von Triglyzeriden im Fettorgan. Die Diagnose wird bei einem Body-mass-Index (BMI [kg/m^2] = Gewicht [kg]/(Körpergröße [m])^2) von >30 kg/m^2 gestellt, bei BMI-Werten von >25 kg/m^2 liegt ein Übergewicht vor (WHO 2000). Auch gebräuchlich, aber weniger präzise ist die Orientierung am Normalgewicht nach Broca (Männer: Körpergröße [cm]−100; Frauen: (Körpergröße−100)×0,9). Wenn dieses um 20% überschritten wird, liegt eine Adipositas vor. Die endokrin bedingte Fettsucht bei Cushing-Syndrom, Hypothyreose, Hypogonadismus, Stein-Leventhal-Syndrom, Hyperinsulinismus und Morgagni-Morel-Syndrom ist sehr selten gegenüber der so genannten Mastfettsucht, die eines der bedeutsamsten Leiden der westlichen Welt ist (Bray 1987). In Deutschland sind fast

50% der Erwachsenen übergewichtig, 12% adipös (Statistisches Bundesamt, Mikrozensus 1999). Männer sind häufiger betroffen. Zwischen den Bundesländern bestehen deutliche Unterschiede mit den Hansestädten am unteren und den neuen Bundesländern am oberen Rand. Untere soziale Schichten sind überrepräsentiert.

Ätiopathogenese

Ätiologisch steht der Exzess an Kalorienaufnahme über den Verbrauch (Bewegungsmangel) im Vordergrund. Genetische, soziologische und psychologische Faktoren sowie Essgewohnheiten spielen bei der Entstehung der Adipositas die wichtigste Rolle. Alle endokrinologischen Veränderungen wie adaptiver Hyperkortisolismus und Hyperinsulinämie sind stets sekundär und reversibel, ebenso eine Amenorrhoe. Die Adipositas ist ein Risikofaktor und von pathogenetischer Bedeutung für die Entwicklung von Diabetes mellitus, Dyslipidämie, Hyperurikämie, Cholelithiasis, Arteriosklerose, Herz- und Kreislauferkrankungen (KHK, Schlaganfall), Hypertonie, Thrombosen, Hypoventilations-(Pickwick-) und Schlafapnoesyndrom, Refluxkrankheit, Arthrosen und Fettleber (WHO 2000). Jeder zweite Adipöse hat einen Diabetes mellitus, dessen Prävalenz gegenüber Normgewichtigen vierfach erhöht ist.

Die zentralnervöse Regulation der Nahrungsaufnahme erfolgt nach der klassischen Physiologie über ein Sättigungszentrum im ventromedialen Hypothalamus und ein Appetitzentrum im lateralen Hypothalamus-Bereich, die in einem Regulationssystem einer entero-hypothalamo-insulären Achse wirksam sind (▶ Diabetes mellitus, Kap. 18.1).

Eine tumorbedingte Schädigung dieser Zentren kann zu dem seltenen Krankheitsbild der hypothalamischen Fettsucht führen (Dystrophia adiposogenitalis Fröhlich). Die Entdeckung des obese-Gens und seines Produkts, des Leptins, als „Sättigungsfaktor" hat diese Vorstellungen konkretisiert, ohne dass die grundlegende Störung im Regelkreis bei der Adipositas bisher aufgedeckt werden konnte. Bei bestimmten Formen einer massiven Adipositas scheinen Mutationen im obese-Gen ursächlich beteiligt zu sein.

Gutachterliche Bewertung

Die Entstehung einer Adipositas durch exogene Ursachen muss im Allgemeinen abgelehnt werden. In Einzelfällen ist ein Zusammenhang zwischen traumatischer Hypothalamusschädigung und nachfolgender Fettsucht anerkannt worden. Voraussetzung sind ein schweres (geeignetes) Trauma und andere Zeichen einer Schädigung des Hypothalamus wie transitorischer Diabetes insipidus, Störung des Schlaf-Wach-Rhythmus und der Temperaturregulation, vasomotorische Symptome, evtl. Symptome einer Hypophysenvorderlappen-Insuffizienz. Die Bedeutung von Störungen des Kohlenhydratstoffwechsels wird im Abschnitt „Trauma und Diabetes" (▶ Kap. 18.1) abgehandelt. Eine Adipositas darf vor dem Trauma nicht bestanden haben. Die Zusammenhänge müssen wegen der Seltenheit der Einzelbeobachtungen sehr zurückhaltend erwogen werden. Bei Nachuntersuchungen von mehr als 2000 Hirnverletzten konnte kein sicherer ursächlicher Zusammenhang zwischen Verletzung und Adipositas festgestellt werden (Bodechtel u. Sack 1947).

Die Mastfettsucht spielt in der Begutachtung als begünstigender oder komplikationsfördernder Risikofaktor zahlreicher Erkrankungen (s. o.) die Hauptrolle. Die Frage, ob der Grad der Adipositas über die Ausprägung dieser begünstigten oder geförderten Erkrankungen direkt zur Lebenserwartung in Beziehung gebracht werden kann, ist nicht selten – z. B. bei beantragter Kapitalisierung einer Rente – bedeutsam, wenn dem Versicherungsträger durch den Gutachter die Frage zu beantworten ist, ob die Lebenserwartung eines übergewichtigen Versicherten als normal anzusehen ist.

Zahlreiche Studien zeigten eine U- oder J-förmige Korrelation zwischen BMI und Mortalität. Das Mortalitätsrisiko beginnt bei Männern ab einem BMI von 28 kg/m^2 (Lee et al. 1993, Troiano et al. 1996), bei Frauen ab 27 kg/m^2 (Nurses' Health Study, Manson et al. 1995) signifikant zu steigen. In letzterer Studie war das relative Mortalitätsrisiko ab einem BMI von 29 kg/m^2 gegenüber einem BMI von 19 kg/m^2 mehr als verdoppelt. Bei einem Übergewicht von mehr als 20% über dem Broca-Gewicht wird die Mortalität für Männer um 20%, für Frauen um 10% erhöht eingeschätzt (Bray 1987, Harris et al. 1988).

Ab einem Übergewicht von 10% fand sich bei Frauen schon ein erhöhtes Risiko des Auftretens einer koronaren Herzkrankheit (Willett et al. 1995). Die erhöhte Wahrscheinlichkeit des späteren Auftretens von Diabetes mellitus schon bei mäßigem Übergewicht ist gesichert. Die US-amerikanische Nurses' Health Study hat bei Frauen bei einem BMI von 30 kg/m^2 ein 30fach höheres Inzidenzrisiko für Diabetes als in der normalgewichtigen Referenzgruppe über einen Beobachtungszeitraum von 14 Jahren nachgewiesen (Colditz et al. 1995).

Bei der Beurteilung des Einflusses des Körpergewichts auf Mortalität und Morbidität müssen aber zusätzliche Faktoren berücksichtigt werden. Adipöse jüngere Männer unter 40 Jahren mit lange bestehender Adipositas sind besonders gefährdet. Bei Adipösen im Alter von über 60 Jahren scheint die Prognose nicht schlechter zu sein als bei Normalgewichtigen (Tayback et al. 1990). Frauen sind weniger von den negativen Folgen des Übergewichts betroffen als Männer (Wilcosky et al. 1990).

Gesundheitliche Risiken größerer Gewichtsschwankungen, die oft durch zahlreiche Gewichtsreduktionskuren mit hoher Rezidivrate zustande kommen, konnten bisher nicht belegt werden (National Task Force 1994). Eine stammbetonte Adipositas geht bei beiden Geschlechtern mit einem höheren kardiovaskulären Risiko einher. Adipositas kann Berufsunfähigkeit oder Erwerbsunfähigkeit bedingen. Heilbehandlungen mit Gewichtsreduktion führen nur in 10–30% zu Dauererfolgen.

Untergewicht

Definition

Untergewicht entsteht durch herabgesetzte bis aufgehobene Speicherung von Triglyzeriden im Fettorgan mit Eiweißkatabolismus. Die Diagnose wird gestellt, wenn das Körpergewicht um mehr als 20% unter das Normalgewicht nach Broca abfällt.

Ätiopathogenese

Ätiologisch handelt es sich um ein Defizit an Kalorienaufnahme gegenüber dem Kalorienverbrauch. Die verminderte oder aufgehobene Nahrungszufuhr kann äußere Ursachen haben (Nahrungsmangel in Notzeiten), aber auch Folge organischer oder psychiatrischer Erkrankungen sein (Schlucklähmung, Verlegung der Speiseröhre und tieferer Abschnitte des Intestinaltrakts, Malassimilationssyndrom, Psychose, Anorexia nervosa). Die Gewichtsabnahme bei Hyperthyreose entsteht durch den gesteigerten Kalorienverbrauch. Die Hypophysenvorderlappen-Insuffizienz führt nicht zur Magersucht oder Kachexie. Beim Morbus Addison führt der Ausfall der Glukokortikoide zum Gewichtsverlust, beim schlecht eingestellten Diabetes mellitus sind es gesteigerte Glukosurie und Katabolismus. Maldigestion kann durch verschiedenartige, auch exogene Ursachen auf einem Mangel an konjugierten Gallensäuren oder Lipasemangel beruhen. Beim Malabsorptionssyndrom kann ein mechanischer Einfluss oder eine entzündliche oder sonstige Mukosaschädigung zur Verkleinerung der Resorptionsfläche führen oder auch ein Enzymdefekt als spezifische Malabsorption zugrunde liegen. Intestinale Lymphabflussstörungen bedingen ebenfalls ein Malassimilationssyndrom.

Die Anorexia nervosa wird als psychische Krankheit angesehen, aber auch den sekundären Endokrinopathien zugeordnet, weil Fehlsteuerungen der Thermoregulation und eine vor der Gewichtsabnahme auftretende sekundäre Amenorrhoe eine Störung im hypothalamischen Bereich vermuten lassen. LH und FSH lassen sich mit GnRH nicht oder nur vermindert stimulieren, die zirkadiane LH-Rhythmik ist aufgehoben, der TRH-Test bleibt in einigen Fällen negativ (Althoff et al. 1986). Alle hormonellen Fehlsteuerungen der Anorexia nervosa sind jedoch mit Besserung der Nahrungsverweigerung und der Magersucht reversibel.

Gutachterliche Bewertung

Die Begutachtung der Untergewichtigkeit hat immer im Zusammenhang mit den verschiedenen zugrundeliegenden Erkrankungen zu erfolgen. Zusammenhänge zwischen exogenen Einflüssen (Trauma, Operationen) und Magersucht über den Weg der Malassimilation sind leicht eruierbar und beweisbar. Eine zentral bedingte Magersucht durch traumatische Schädigung des Hypothalamus ist nicht bekannt; die Anorexia nervosa muss als Psychoneurose eingestuft werden.

18.4 Hyperurikämie und Gicht

Definition

Die Hyperurikämie ist eine Störung des Purinstoffwechsels, die bei der Gicht durch Ablagerungen von Uraten vor allem in den Gelenken zur akuten Monarthritis, später zur chronisch destruktiven Arthritis führt, durch Ablagerung an Schleimbeuteln, Sehnenscheiden, Subkutis und Nierenmark zu Tophi bzw. zur Gichtnephropathie mit chronischer Pyelonephritis und Nierensteinen.

Ätiopathogenese

- Die *primäre Hyperurikämie* bzw. *Gicht* ist eine Erbkrankheit mit verminderter Ausscheidungsfähigkeit und vermehrter Bildung von Harnsäure; sie betrifft vor allem Männer. Offenbar spielt ein enzymatischer Defekt im Purinstoffwechsel eine Rolle.
- Die *sekundäre Gicht* entsteht durch vermehrte Harnsäurebildung bei Hämoblastosen (Leukosen, Polyzythämien), verminderte Harnsäureausscheidung bei Nierenkrankheiten, aber auch bei Hyperlaktatämie, starkem Alkoholkonsum, Ketoazidose und durch Arzneimittel (Saluretika, Pyrazinamid).

Der akute Gichtanfall wird ausgelöst durch vermehrte Purinzufuhr (Festessen), verminderte Harnsäureausscheidung (Alkohol, Arzneimittel, Ketoazidose bei Diabetes mellitus oder Fasten), vermehrte endogene Uratbildung (Zellzerfall, Röntgenbestrahlung und Chemotherapie von Leukosen und Tumoren, Anämien während der Regeneration, nach Operationen) oder durch ungeklärte Mechanismen (Infekte, Operationen, seelische Belastung, ungewohnte körperliche Anstrengung, Traumen) (Mertz 1993).

Vorwiegend bei alten Menschen kann die Erkrankung als so genannte primär-chronische Gicht verlaufen, d.h. sich nicht mit akuten Gichtanfällen manifestieren, sondern als langsam progrediente Polyarthropathie.

Gutachterliche Bewertung

Die primäre Gicht wird durch exogene Einflüsse weder verursacht noch verschlimmert. Traumen können bei unbehandelter Erkrankung einen Gichtanfall auslösen und damit vorübergehend Arbeitsunfähigkeit bewirken, die Erkrankung jedoch nicht verschlimmern.

18.5 Hypoparathyreoidismus

Definition

Unter Hypoparathyreoidismus versteht man das Krankheitsbild, das durch Mangel oder Fehlen von Parathormon zu neuromuskulären Erregbarkeitssteigerungen und bei längerer Dauer zur Verkalkung in verschiedenen Organen führt. Unter Pseudohypoparathyreoidismus versteht man die Endorganresistenz bei normalem Parathormonspiegel.

Ätiopathogenese

- Bei der extrem seltenen Form des *idiopathischen Hypoparathyreoidismus* kann die Anlage der Nebenschilddrüsen fehlen oder unvollständig sein; Autoimmunprozesse spielen ebenfalls eine Rolle.
- Durch Schädigung oder Entfernung der Nebenschilddrüsen entsteht die manifeste *postoperative Form* des Hypoparathyreoidismus bei weniger als 1% aller Schilddrüsenoperationen.
- Die *neonatale Form* tritt vorübergehend bei Kindern in den ersten drei Lebenswochen nach phosphatreicher Kost bzw. bei Hyperparathyreoidismus der Mutter auf.

Das wichtigste Symptom des Hypoparathyreoidismus ist der tetanische Anfall bei Hypokalzämie. Davon zu unterscheiden ist das häufige normokalzämische tetanische Syndrom bei Hyperventilation, das konstitutionell bedingt ist.

Gutachterliche Bewertung

Gutachterlich spielt praktisch nur die postoperative Form des Hypoparathyreoidismus eine Rolle. Traumen können nicht nur zum Verlust der Thyreoidea, sondern auch der Epithelkörperchen führen. Eine Langzeittherapie mit Vitamin D_3 und Kalzium mit Dauerüberwachung des Kalzium- und Phosphatspiegels im Blut bedingt eine MdE oder GdB von etwa 20%, vergleichbar der des mit oralen Antidiabetika gut eingestellten Diabetikers.

18.6 Hyperparathyreoidismus

Definition

Das Krankheitsbild des primären Hyperparathyreoidismus (*HPT*) entsteht durch vermehrte Inkretion von Parathormon. Dies führt durch Mobilisation von Kalzium aus dem Knochen, durch erhöhte Kalziumresorption aus dem Darm und durch verstärkte tubuläre Kalziumrückresorption zu einer Hyperkalzämie. Der Feedback-Mechanismus zwischen Kalziumionenkonzentration im Blut und Nebenschilddrüsenfunktion ist gestört. Die Hemmung der tubulären Phosphatrückresorption führt zur Hyperphosphaturie und Hypophosphatämie. Die klinischen Symptome (Osteoporose, Osteodystrophia fibrosa cystica generalisata, Nephrokalzinose, Urolithiasis) sind direkte Folge der erhöhten Parathormonwirkung und des gestörten Kalzium- und Phosphatstoffwechsels. Der sekundäre HPT ist eine reaktive Hypersekretion von PTH, der bei Kalzium- und/oder Vitamin-D-Mangelsituationen auftritt.

Ätiopathogenese

- Der primäre HPT entsteht vor allem durch solitäre Adenome der Nebenschilddrüse (85%), aber auch durch multiple Adenome, diffuse Hyperplasie und Karzinome.
- Beim sekundären HPT resultiert durch Hypokalzämie bei chronischem Nierenversagen oder durch Störung der intestinalen Resorption eine reaktive Hyperplasie der Drüsen.
- Eine sich aus dem sekundären HPT entwickelnde Autonomie bezeichnet man als tertiären HPT.

Gutachterliche Bewertung

Der HPT spielt vor allem in der Sozialversicherung eine Rolle. Bei voll ausgeprägten Krankheitsbildern besteht Berufs- oder Erwerbsunfähigkeit. Beim primären HPT kann, wenn noch reversible Organschäden bestehen, durch operative Entfernung des adenomatösen Gewebes eine restitutio ad integrum erreicht werden. Bei asymptomatischem primären HPT ist heute in Ausnahmefällen die engmaschige Verlaufskontrolle eine Option. Die vor allem im Anschluss an Nierenerkrankungen auftretenden sekundären Formen müssen im Zusammenhang mit dem Grundleiden bewertet werden.

18.7 Akromegalie und Gigantismus

Definition

Akromegalie und Gigantismus sind die Krankheitsbilder, die durch autonome Überproduktion von Wachstumshormon (STH, GH) nach bzw. vor Wachstumsabschluss durch die spezifische Hormonwirkung auf Skelettstoffwechsel (Steigerung des enchondralen Knochenwachstums), Eiweißstoffwechsel (Synthesesteigerung), Fettstoffwechsel (Steigerung der Lipolyse) und Kohlenhydratstoffwechsel (Insulinantagonismus) entstehen.

Ätiopathogenese

Den Erkrankungen liegt meist ein autonomes Adenom STH-produzierender Zellen des Hypophysenvorderlappens (früherer Begriff: eosinophiles Adenom) zugrunde, seltener eine Hyperplasie, wobei mit einer Überproduktion von GRH (growth hormone releasing hormone) im Hypothalamus oder paraneoplastisch in GRH-bildenden Tumoren (z. B. im Pankreas) gerechnet werden muss. Die Ätiologie der Adenombildung ist unbekannt. Eine paraneoplastische STH-Produktion ist selten. STH-Zelladenome führen bei entsprechender Größe zu Störungen der benachbarten hormonproduzierenden Hypophysenzellen, zuerst zur Schädigung der Gonadotropinsekretion. Ein die Größe der Hypophyse überschreitendes Tumorwachstum führt zur Druckatrophie in der Umgebung (Optikusatrophie mit bilateraler Hemianopsie).

Gutachterliche Bewertung

Externe Einflüsse sind an Entstehung und Entwicklung der Erkrankungen nicht beteiligt. MdE/GdB hängen von der Schwere der klinischen Symptome und der Beeinträchtigung der anderen endokrinen Funktionsachsen ab. Es kann Berufs- oder Erwerbsunfähigkeit eintreten. Die psychische Belastung durch die Entstellung bei der Akromegalie oder dem Riesenwuchs bei Gigantismus kann erheblich sein und muss sozialmedizinisch berücksichtigt werden.

18.8 Hypophysenvorderlappen-Insuffizienz

Definition

Die Hypophysenvorderlappen(*HVL*)-Insuffizienz entsteht durch Ausfall aller glandotropen Hormone, also Gonadotropine, TSH, ACTH und STH (Wachstumshormon) und führt dadurch zu sekundärem Hypogonadismus, sekundärer Hypothyreose und sekundärer Nebennierenrinden-Insuffizienz. Der Ausfall von ACTH/MSH führt zur charakteristischen Blässe der Haut. Die HVL-Insuffizienz kann akut eintreten oder sich langsam im Laufe von Jahren entwickeln.

Ätiopathogenese

Ursachen der HVL-Insuffizienz sind
- Traumen (operative Eingriffe, Bestrahlung, exogenes Trauma),
- Tumoren (auch Metastasen),
- Infektionen (Meningitis, Syphilis u. a.),
- granulomatöse Prozesse (eosinophiles Granulom, M. Boeck u. a.),
- Gefäßerkrankungen sowie Zirkulationsstörungen (postpartale Nekrose (Sheehan-Syndrom), Thrombose, Aneurysma, Riesenzellarteriitis u. a.) und
- Fibrosen.

Häufigste Ursachen sind Tumoren, vorwiegend der Hypophyse, aber auch der Umgebung (z. B. Kraniopharyngeom), und postoperative Schäden. Das Sheehan-Syndrom ist heute durch die Fortschritte in der Geburtshilfe sehr selten geworden. Selten ist auch eine Autoimmunhypophysitis mit entsprechendem Autoantikörpernachweis sowie das „Empty-sella-Syndrom". Der Funktionsausfall des HVL kann auch infolge einer Schädigung des übergeordneten Hypothalamus durch die gleichen Ursachen zustande kommen. Vom Ausfall einer Partialfunktion bis zur vollständigen Insuffizienz sind alle Übergänge möglich.

Gutachterliche Bewertung

Für die Anerkennung eines schweren Kopftraumas als Ursache einer HVL-Insuffizienz ist ein adäquates Trauma zu fordern, ein zeitlicher Zusammenhang von maximal einem Jahr findet sich bei etwa 75% der Fälle, eine Diagnosestellung noch nach Jahrzehnten ist aber für Einzelfälle beschrieben (Übersicht über 367 publizierte Fälle bei Benvenga et al. 2000). In einer Serie von 70 Patienten einer Rehabilitationseinrichtung für Hirnverletzte fanden sich bei im Mittel 49 ± 8 Monate nach Trauma durchgeführter endokrinologischer Funktionsdiagnostik bei 51,4% abnorme Befunde in einer, bei 17,1% in zwei Funktionsachsen (Lieberman et al. 2001). Eine mit 25% geringere Häufigkeit einer meist partiellen HVL-Insuffizienz findet sich zusammen mit der Diskussion aktueller Untersuchungen bei Hermann et al. (2006). Gleichzeitiger Ausfall des Hypophysenhinterlappens mit Diabetes insipidus und Zeichen hypothalamischer Schädigung sind möglich.

Eine voll ausgeprägte HVL-Insuffizienz bedingt Berufs- oder Erwerbsunfähigkeit auf Zeit, da eine vollständige Substitution möglich ist. Dauernde ärztliche Überwachung und Therapiesteuerung sind erforderlich. Mangelnde Substitution führt zu Dauerschäden, insbesondere durch Osteoporose, was bei der Festsetzung von MdE/GdB zu berücksichtigen ist. Die Indikation zur heute uneingeschränkt möglichen Wachstumshormonsubstitution bei Erwachsenen mit HVL-Insuffizienz muss individuell gestellt werden, Kontraindikationen sind zu beachten (Malignome, Retinopathie).

18.9 Diabetes insipidus

Definition

Unter dem Begriff Diabetes insipidus (*D. i.*) werden alle Krankheitsbilder mit Polyurie und Polydipsie zusammengefasst, die durch mangelnde Bildung von Adiuretin (ADH) - *zentraler D. i.* - oder mangelndes Ansprechen der Niere auf ADH - *renaler D. i.* - bedingt sind. Die Konzentrationsfähigkeit der Niere ist herabgesetzt und die Clearance von freiem Wasser erhöht.

Ätiopathogenese

Die Zerstörung des Hypophysenhinterlappens (HHL) oder des Tractus supraopticohypophysealis unterhalb der Eminentia mediana führt zu einem partiellen oder transitorischen zentralen D. i., Zerstörung der Nuclei supraoptici bzw. paraventriculares oder des Tractus oberhalb der Eminentia mediana zum kompletten und permanenten D. i. Man unterscheidet die idiopathische *primäre Form*, deren Ursache meist unklar ist (in 30–40% lassen sich Antikörper gegen HHL-Gewebe nachweisen, die auf eine Autoimmunendokrinopathie hinweisen) und die 30–50% der Fälle betrifft, von der *sekundären Form*. Hier sind die Ursachen

- Operationen oder Traumen,
- Tumoren des Hypothalamus,
- Metastasen,
- Entzündungen (Enzephalitis, Lues, Tuberkulose, Morbus Boeck, Histiocytosis X) und
- Infiltrationen (z. B. Leukosen).

Der renale D. i. ist entweder primär ein hereditärer, angeborener Stoffwechseldefekt oder er entsteht sekundär vor allem bei Nierenerkrankungen (obstruktive Pyelonephritis, Amyloidose, Nierenzysten, Strahlennephritis, Sjögren-Syndrom, Leichtketten-Nephropathie) oder bei Hyperkalzämie, Hypokaliämie und Lithiumtherapie.

Gutachterliche Bewertung

Der primäre idiopathische D. i. entsteht unabhängig von äußeren Einflüssen. Der posttraumatische (auch postoperative) D. i. ist selten und meist passager. In einer Serie von 702 Patienten mit schwererem Schädel-Hirn-Trauma fand er sich in 14 Fällen, bei den 7 Überlebenden blieb er passager (Jazra u. Berndt 1978). Durch ein geeignetes Trauma kann es jedoch in Einzelfällen zum permanenten D. i. kommen (Irmscher et al. 1966). Andere Ausfälle können ebenfalls bestehen (▶ Trauma und Hypothyreose, Kap. 18.2, Trauma und HVL-Insuffizienz, Kap. 18.4, Trauma und Diabetes mellitus, Kap. 13.1). Die Therapie des zentralen D. i. mit dem Vasopressinpräparat DDAVP als Nasenspray ist so wirksam, dass keine Berufs- oder Erwerbsunfähigkeit besteht. Dauertherapie, ärztliche Überwachung mit Elektrolytkontrolle sowie Kooperation von Seiten des Patienten sind erforderlich. MdE oder GdB sind der eines diätetisch eingestellten Diabetes mellitus vergleichbar und betragen etwa 20%.

18.10 Nebennierenfunktionsstörungen

Nebennierenrinden-Insuffizienz

Definition

Unter Nebennierenrinden(*NNR*)-Insuffizienz versteht man die Krankheitsbilder, die durch einen absoluten oder relativen Mangel an Gluko- und/oder Mineralokortikoiden entstehen. Man unterscheidet eine *primäre* NNR-Insuffizienz, den klassischen Morbus Addison, charakterisiert durch Untergang des NNR-Gewebes und hohe Spiegel des adrenokortikotrophen Hormons (ACTH), von der *sekundären* (hypophysären) und *tertiären* (hypothalamischen) Form mit vorwiegendem Ausfall der Glukokortikoide bei niedrigem ACTH.

Ätiopathogenese

Die *akute* Form der NNR-Insuffizienz ist vorwiegend eine primäre und entsteht durch

- Infarzierung der Nebennieren (Waterhouse-Friedrichsen-Syndrom bei Meningokokkensepsis),
- Blutungen in die Nebenniere (schwere Geburt bei Neugeborenen, Antikoagulanzientherapie, schwere Rückentraumen, Thrombosen der Nebennierenarterien),
- akuten Entzug der Kortikoide nach beiderseitiger Adrenalektomie und
- unter Stresssituationen bei chronischer NNR-Insuffizienz.

Die Ursache der *chronischen* primären NNR-Insuffizienz, des Morbus Addison, ist
- zu mehr als 70% eine Autoimmunadrenalitis, auch im Rahmen einer Autoimmunpolyendokrinopathie, für die übrigen Fälle
- Tuberkulose der Nebennieren,
- Enzymdefekte der Kortikoidsynthese oder
- Mitbeteiligung bei anderen Erkrankungen (Metastasen, Granulome, Amyloidose, Hämochromatose, Mykosen).

Die Ursachen für eine Schädigung der Hypophyse und des Hypothalamus wurden in den Abschnitten Diabetes insipidus, HVL-Insuffizienz, Hypothyreose und Diabetes mellitus geschildert. Bei diesen sekundären und tertiären Formen der Nebennierenrinden-Insuffizienz entstehen wegen des eigenen Regelkreises keine Ausfälle durch Mangel an Mineralokortikoiden. Wegen der erniedrigten ACTH-Spiegel fehlt diesen Formen die typische braune Hautpigmentierung des Morbus Addison.

Gutachterliche Bewertung

Die tuberkulosebedingte Form der NNR-Insuffizienz ist entschädigungspflichtig, wenn eine aktive Tuberkulose versicherungsrechtlich anerkannt ist und zur Streuung in die Nebennieren geführt hat. In Einzelfällen haben schwere Rückentraumen eine NNR-Insuffizienz zur Folge gehabt. Ein zeitlicher Zusammenhang muss bestehen. Ein Morbus Addison erfordert eine lebenslange Therapie mit Gluko- und Mineralokortikoiden mit ärztlicher Kontrolle einschließlich Überwachung des Elektrolythaushaltes. Die Substitutionsbehandlung kann die völlige Berufs- und Erwerbsfähigkeit wiederherstellen und erhalten, MdE oder GdB bei gut eingestellten Patienten liegen zwischen 30 und 50%, bei sekundärer oder tertiärer NNR-Insuffizienz nach traumatischer Schädigung müssen sie nach der Schwere der insgesamt vorliegenden Ausfälle beurteilt werden (▶ HVL-Insuffizienz, Kap. 18.4).

Nebennierenrinden-Überfunktion (Cushing-Syndrom)

Definition

Unter Cushing-Syndrom versteht man das klinische Bild bei anhaltend unphysiologisch hohen Glukokortikoidspiegeln im Blut.

Ätiopathogenese

Man unterscheidet ACTH-abhängige von ACTH-unabhängigen Formen des Cushing-Syndroms.

- Eine vermehrte hypothalamohypophysäre ACTH-Sekretion unklarer Ätiologie mit bilateraler Hyperplasie der Nebennierenrinde liegt in etwa 80% der Fälle vor. H. Cushing hatte primär als Ursache der Erkrankung ein ACTH-Zell-(„basophiles“) Adenom des HVL gefunden (Morbus Cushing).
- Es gibt auch hypothalamische Regulationsstörungen mit Überproduktion des CRH („corticotropin releasing hormone“) ohne Hypophysentumor, die erst durch pathologische Glukokortikoidspiegel gebremst wird.
- Eine ektope paraneoplastische ACTH-Bildung z. B. in kleinzelligen Bronchialkarzinomen und exogene ACTH-Gaben (heute obsolet) verursachen ebenfalls ein ACTH-abhängiges Cushing-Syndrom.

Das ACTH-unabhängige Cushing-Syndrom entsteht
- durch Adenome und Karzinome der NNR (etwa 20%),
- selten durch idiopathische bilaterale NNR-Hyperplasie,
- durch exogene Kortikoidzufuhr.

Gutachterliche Bewertung

Exogene Einflüsse spielen bei der Entstehung der in 80% der Fälle vorliegenden hypothalamisch-hypophysären Regulationsstörung keine Rolle. Die Wirkung einer ACTH- oder Kortikosteroidtherapie in hohen Dosen auf den Stoffwechsel ist reversibel, sie muss bei therapeutischer Notwendigkeit in Kauf genommen werden. Es können aber nach Langzeittherapie dauernde Schäden vor allem am Skelettsystem persistieren (z. B. Osteoporose mit Wirbelkörperfrakturen, Hüftkopfnekrosen), die MdE/GdB bedingen können.

Bei gesichertem Cushing-Syndrom besteht Berufs- oder Erwerbsunfähigkeit auf Zeit. Nach operativer Therapie (selektive Adenomexstirpation bzw. Hemihypophysektomie nach seitengetrennter ACTH-Bestimmung im Serum aus den Sinus petrosi) ist eine Restitutio ad integrum möglich. Häufig wird ein Hypophysenadenom jedoch nicht gefunden oder nicht vollständig entfernt, so dass die Erkrankung persistiert oder rezidiviert. Dann muss die klassische Therapie der bilateralen Adrenalektomie eingesetzt werden, nach der lebenslang wie beim Morbus Addison substituiert werden muss. Berufs- und Erwerbsfähigkeit können auch in diesem Fall wieder hergestellt werden. Ärztliche Dauerüberwachung, auch im Hinblick auf die mögliche Entwicklung eines Nelson-Tumors (die nach bilateraler Adrenalektomie erhöhte CRH-Produktion führt zur Adenombildung des Hypophysenvorderlappens), ACTH-Spiegel-Kontrollen, Elektrolytkontrollen, evtl. Kontrollen des Kohlenhydratstoffwechsels und Kooperativität des Patienten sind erforderlich. MdE/GdB bei gut eingestellten Patienten liegen zwischen 40 und 60%.

Phäochromozytom

Definition

Als Phäochromozytome werden autonome, Adrenalin- und Noradrenalin-sezernierende Tumoren des Nebennierenmarks oder anderer chromaffiner, extraadrenaler Gewebe bezeichnet. Sie führen zu Dauerhochdruck (50–60%) oder intermittierender Hypertonie (40–50%).

Ätiopathogenese

Die seltenen Tumoren sind für 0,5–1% der Fälle mit arterieller Hypertonie verantwortlich. 5–10% der Tumoren sind maligne, sie kommen familiär gehäuft z. B. im Rahmen einer multiplen endokrinen Neoplasie Typ 2 (*MEN*) oder sporadisch vor.

Gutachterliche Bewertung

Exogene Einflüsse spielen für die Entstehung der Krankheit keine Rolle. Chirurgische Therapie kann zur Restitutio ad integrum führen. Das ausgeprägte Krankheitsbild kann Berufs- und Erwerbsunfähigkeit auf Zeit bedingen.

18.11 Männlicher Hypogonadismus

Definition

Unter Hypogonadismus versteht man die isolierten und kombinierten Störungen der inkretorischen (Testosteron-Sekretion) und der exkretorischen (Spermatozoen-Produktion) Hodenfunktion.

Ätiopathogenese

Beim *primären Hypogonadismus* mit Schädigung der Hoden sind die Gonadotropine vermehrt (hypergonadotroper Hypogonadismus), beim sekundären und tertiären mit Schädigungen der Hypophyse bzw. des Hypothalamus vermindert (hypogonadotroper Hypogonadismus).

Beim *primären Hypogonadismus* kommt es

- zur kombinierten Insuffizienz von Tubulusapparat und interstitiellen Zellen, den Leydig-Zellen, durch Anlagestörung der Hoden, Erbleiden, Kastration, Atrophie infolge Entzündung und Minderdurchblutung oder Therapie mit Antiandrogenen,
- zur isolierten Insuffizienz der Tubuli durch Anlagestörung (XXY-Trisomie-Klinefelter), Germinalaplasie, Entzündung, Strahleneinwirkung und Druckschäden,
- zur isolierten Leydig-Zellinsuffizienz durch altersbedingte Degeneration.

Beim *sekundären* und *tertiären Hypogonadismus* verursachen Tumoren, Traumen oder Entzündungsprozesse durch Ausfall von LH und FSH (Luteinisierungshormon und Follikel-stimulierendes Hormon) bzw. GnRH (gonadotropin releasing hormone) eine kombinierte Tubulus-Leydig-Zell-Insuffizienz, die auch als Rarität durch zentrale Anlagestörung mit Anosmie als Kallmann-Syndrom vorkommt. Eine zentrale Regulationsstörung ist auch die *Pubertas tarda*. Mangelernährung bedingt eine Gonadotropin-Mindersekretion, beim adrenogenitalen Syndrom (*AGS*) wird der zentrale Hemmeffekt durch die Sexualhormone der NNR ausgelöst. Die *Pubertas praecox* führt durch eine Regulationsstörung mit verfrühter LH-Sekretion zur Insuffizienz der Tubuli seminiferi, während eine Regulationsstörung mit fehlender LH-Sekretion bei fertilen Eunuchen (*Pasqualini-Syndrom*) eine Insuffizienz der Leydig-Zellen bewirkt.

Gutachterliche Bewertung

Bei Entfernung oder Zerstörung beider Hoden durch Kastration, Verwundung oder Unfall ist der Zusammenhang mit der Entstehung des primären Hypogonadismus eindeutig. Dauersubstitution mit Testosteron ist erforderlich. Dadurch wird auch einer Osteoporose vorgebeugt. Die Sterilität ist irreversibel. Durch Entfernung eines Hodens entsteht kein funktioneller Schaden. Die MdE oder der GdB richtet sich nach der Schwere des körperlichen und seelischen Traumas, dem Lebensalter, den Komplikationen (Osteoporose, Kyphose, Wirbelfrakturen) sowie den Beschwerden.

Fazit

Der Diabetes mellitus steht im Mittelpunkt gutachterlicher Fragestellungen aus dem Teilgebiet. Ein Zusammenhang zwischen einem Trauma und der Diabetesentstehung wird häufig reklamiert, lässt sich aber nur selten verifizieren, eine weitgehende Zerstörung oder traumabedingte Resektion des Pankreas muss vorliegen. Zur Bemessung der MdE bzw. des GdB entsprachen die „Anhaltspunkte für die ärztliche Gutachtertätigkeit" von 1996 nach Einschätzung des Ausschusses Soziales der DDG und nach einem Urteil des Sozialgerichts Düsseldorf von 2003 nicht mehr dem aktuellen wissenschaftlichen Kenntnisstand; sie wurden 2004 zwar revidiert, ohne aber der Einschätzung der DDG gerecht zu werden. Maßgebend für die Begutachtung der Fahrtüchtigkeit sind die „Begutachtungsleitlinien zur

Kraftfahrereignung des gemeinsamen Beirats für Verkehrsmedizin" von 2000. Eine Fahrerlaubnis erfordert generell ein verkehrsmedizinisches Gutachten, in den Klassen C und D ist die Erteilung der Fahrerlaubnis eher als Ausnahme anzusehen. Zur Berufswahl und Berufsausübung hat der Ausschuss Soziales der DDG detaillierte Empfehlungen erarbeitet und kürzlich aktualisiert. Empfohlen wird eine individualisierte Urteilsbildung, unter günstigen Bedingungen gibt es keine formalisierten Ausschlüsse mehr z. B. anhand von Berufsausschlusslisten. Zu beachten sind allerdings Rechtsnormen und Richtlinien v. a. bezüglich einer Selbst- und/oder Fremdgefährdung durch Unterzuckerung z. B. bei Personenbeförderung, Waffengebrauch, Überwachungsfunktionen oder Arbeiten mit Absturzgefahr. Zur Übernahme in das Beamtenverhältnis gilt weiterhin das Rundschreiben des Bundesinnenministers von 1982, es fordert den Nachweis einer guten Stoffwechseleinstellung und des Fehlens von Augen- und Nierenkomplikationen.

Als Ursache einer Hyperthyreose kommen psychische Traumen nach heutiger Einschätzung nicht mehr in Frage. Iodzufuhr in höheren Dosen kann bei individueller Disposition aufgrund einer Autonomie oder einer Autoimmunthyreopathie eine Hyperthyreose manifestieren oder verschlimmern. Die Hypothyreose ist in der Regel gut auszugleichen.

Eine Adipositas entsteht sehr selten durch exogene Ursachen oder im Gefolge endokriner Erkrankungen. Sie ist mit einem erhöhten Mortalitäts- und Morbiditätsrisiko verbunden.

Eine Hypophysenvorderlappeninsuffizienz ist durch Substitution vollständig auszugleichen. Der M. Addison als primäre Nebennierenrindeninsuffizienz kann dagegen individuell zu dauerhaften Stressanpassungsstörungen führen.

Literatur

Alberti KGMM, Zimmet RZ for the WHO Consultation (1998) Definition, Diagnosis and Classification of Diabetes Mellitus and its Complications. Part 1: Diagnosis and Classification of Diabetes mellitus. Provisional Report of a WHO Consultation. Diabet Med 15:539–553

Althoff P-H, Schifferdecker E, Neubauer M (1986) Anorexia nervosa – endokrine Veränderungen. Med Klin 81:795–803

Bartelheimer H (1959) Endokrine und Stoffwechselkrankheiten vom Standpunkt des Gutachters. Barth, München

Bartelheimer H (1969) Störungen des Kohlenhydrathaushaltes. Diabetes mellitus. In: Fischer A-W, Herget R, Molineus G (Hrsg) Das ärztliche Gutachten im Versicherungswesen, Bd II, 3. Aufl. Barth, München, S 589–660

Begutachtungs-Leitlinien zur Kraftfahrereignung des gemeinsamen Beirates für Verkehrsmedizin beim Bundesministerium für Verkehr, Bau- und Wohnungswesen und beim Bundesministerium für Gesundheit, 6. Aufl. Wirtschaftsverlag NW, Bremerhaven (2000)

Benvenga S, Campenni A, Ruggeri RM, Trimarchi F (2000) Hypopituitarism secondary to head trauma. J Clin Endocrinol Metab 85:1353–1361

Bodechtel G, Sack H (1947) Diencephalose und Hirntrauma. Med Klinik 4:134

Braverman LE, Utiger RD (2000) Werner's and Ingbar's The Thyroid, 8th ed. Lippincott, Philadelphia

Bray GA (1987) Overweight is risking fate. Definition, classification, prevalence, and risks. Ann NY Acad Sci 499:14–28

Colditz GA, Willett WC, Rotnitzky A, Manson JE (1995) Weight gain as a risk factor for clinical diabetes mellitus in women. Ann Intern Med 122:481–486

Daweke H, Hammes PH (1965) Die berufliche Rehabilitation des Diabetikers. Katamnestische Erhebungen an 418 Patienten. Die Rehabilitation 4:104–120

Deutsche Diabetes-Gesellschaft (1982) Richtlinien für die Übernahme von Diabetikern ins Beamtenverhältnis. Dtsch Ärzteblatt 79:39–40

Deutsche Diabetes-Gesellschaft, Ausschuss Soziales (1998) Einstufung des Grades der Behinderung beim Diabetes mellitus. Diabetes und Stoffwechsel 7:37–38

Deutsche Diabetes-Gesellschaft, Ausschuss Soziales (1999) Empfehlungen zur Beratung bei Berufswahl und Berufsausübung von Diabetikern. Diabetologie-Informationen 21:251–254

Deutsche Diabetes-Gesellschaft, Ausschuss Soziales (2003) Empfehlungen zur Beurteilung beruflicher Möglichkeiten von Personen mit Diabetes mellitus. Mai 2003, www.deutsche-diabetes-gesellschaft.de (Diskussionsforum)

Deutsche Gesellschaft für Endokrinologie (Hrsg) (2003) Rationelle Diagnostik und Therapie in Endokrinologie, Diabetologie und Stoffwechsel, 2. Aufl. Thieme, Stuttgart New York

Eadington DW, Frier BM (1989) Type I diabetes and driving experience: an eight-year cohort study. Diabetic Med. 6:137–141

Fajans SS, Cloutier MC, Crowther RL (1978) Clinical and etiologic heterogeneity of idiopathic diabetes mellitus. Diabetes 27:1112–1125

Gärtner R, Dugrillon A (1998) Vom Iodmangel zur Struma. Internist 39:566–573

Hansotia P, Broste SK (1991) The effect of epilepsy or diabetes mellitus on the risk of automobile accidents. N Engl J Med 324:22–26

Harris T et al (1988) Body mass index and mortality among nonsmoking older persons. The Framingham Study. J Amer Med Assoc 259:1520–1524

Hauner H (1991) Wie hoch ist die gesundheitliche Gefährdung durch Übergewicht? Akt Ernähr-Med 16: 158–161

Herrmann J, Krüskemper HL (1978) Gefährdung von Patienten mit latenter und manifester Hyperthyreose durch jodhaltige Röntgenkontrastmittel und Medikamente. Dtsch Med Wschr 103:1434–1443

Herrmann BL, Rehder J, Kahlke S, Wiedemayer H, Doerfler A, Ischebeck W, Lammer R, Forsting M, Stolke D, Mann K (2006) Hypopituitarism following severe traumatic brain injury. Exp Clin Endocrinol Diabetes 114:316–321
Irmscher K, Jahnke K, Oberdisse K, Zimmermann H (1966) Die traumatische Entstehung und Begutachtung endokrinologischer Erkrankungen. In: Bürkle de la Camp H, Schwaiger M (Hrsg) Handbuch der ges. Unfallheilkunde, Bd II, 2. Aufl. Enke, Stuttgart, S 304–355
Jahnke K, Oberdisse K (1961) Die Begutachtung des Zusammenhangs zwischen Trauma und Diabetes mellitus. Dtsch Med Wschr 86:2358–2366
Jazra S, Berndt V (1978) Das posttraumatische Diabetes-insipidus-Syndrom. Dtsch Med Wschr 103:114–120
Jones RC (1978) Management of Pancreatic Trauma. Ann Surg 187:555–564
Joseph K, Mahlstedt J (1980) Früherkennung potentieller Hyperthyreosen im Struma-Endemiegebiet. Dtsch Med Wschr 105:1113–1118
Krieg M, Bohnet HG, Breustedt HJ, Leidenberger F, Schatz H, Willig RP (1989) Endokrinologie I in Frage und Antwort. Springer, Berlin Heidelberg New York
Lee IM, Manson JE, Hennekens CH, Paffenberger RS (1993) Body weight and mortality: a 27-year follow-up of middle-aged men. JAMA 270:2823–2828
Leisner B (1991) Radiojodtherapie hyperthyreoter Zustände. Dtsch med Wschr 116:423–425
Lieberman SA, Oberoi AL, Gilkison CR, Masel BE, Urban RJ (2001) Prevalence of Neuroendocrine Dysfunction in Patients Recovering from Traumatic Brain Injury. J Clin Endocrinol Metabol 86:2752–2756
Lissner L, Odell PM, D'Agostino RB, Stokes J, Kreper BE, Belanger AJ, Brownell KD (1991) Variability of body weight and health outcomes in the Framingham population. N Engl J Med 324:1839–1844
Manson JE, Willett WC, Stampfer MJ et al (1995) Body weight and mortality among women. N Engl J Med 333:677–685
McDermott MT, Ridgway EC (1998) Central Hyperthyroidism. Endocrinol Metabol Clinics of North America 27:187–203
Mehnert H, Standl E, Usadel K-H, Häring H-U (2003) Diabetologie in Klinik und Praxis, 5. Aufl. Thieme, Stuttgart New York
Mehrtens G, Valentin H, Schönberger A (1993) Arbeitsunfall und Berufskrankheit, 5. Aufl. 13. Diabetes mellitus - Schilddrüsenerkrankungen. E. Schmidt, Berlin, S 813- 835
Mertz DP (1993) Gicht, 6. Aufl. Thieme, Stuttgart
National Diabetes Data Group (1979) Classification and diagnosis of diabetes mellitus and other categories of glucose intolerance. Diabetes 28:1039–1057
National Task Force on the Prevention and Treatment of Obesity (1994) Weight cycling. JAMA 272:1196–1202
Nowy ES (1971) Zur Begutachtung des Diabetes mellitus. Inaug Diss, München
Petrides P (1977) Sozialmedizinische Probleme. In: Oberdisse K (Hrsg) Handbuch der Inneren Medizin, 7. Band, Stoffwechselkrankheiten, Teil 2B, Diabetes mellitus B. Springer, Berlin, S 1147–1177
Petrides P (1983) Discrimination of juvenile diabetics in various professions. Pediat adolesc Endocr 11:50–53
Petrides P (1990) Der Diabetiker im Erwerbsleben. In: Konietzko J, Dupuis H (Hrsg) Handbuch der Arbeitsmedizin. ecomed, Landsberg/Lech (3. Ergänzungslieferung 12/1990)
Petrides P, Weiss L, Löffler G, Wieland OH (1985) Diabetes mellitus, 5. Aufl. Urban und Schwarzenberg, München Wien Baltimore, S 108–117
Petzoldt R, Schöffling K (1977) Diabetes, Trauma und Begutachtung. In: Oberdisse K (Hrsg) Handbuch der Inneren Medizin, 7. Band, Stoffwechselkrankheiten, Teil 2B, Diabetes mellitus B. Springer, Berlin, S 1179–1202
Petzold R (2003) Sozialmedizinische Aspekte. In: Mehnert H, Standl E, Usadel K-H, Häring H-U (Hrsg) Diabetologie in Klinik und Praxis, 5. Aufl. Thieme, Stuttgart New York
Rayfield EJ, Seto Y (1978) Viruses and the pathogenesis of diabetes mellitus. Diabetes 27:1126–1140
Reiners C (1989) Aktuelle Gesichtspunkte zur Radiojodbehandlung der Hyperthyreose vom Typ des Morbus Basedow. Akt Endokr Stoffw 10:125
Reinwein D, Benker G (1999) Checkliste Endokrinologie und Stoffwechsel, 4. Aufl. Thieme, Stuttgart New York
Schifferdecker E, Kühnl P, Schöffling K, Manfras B, Holzberger G, Spielmann W, Boehm BO (1991) Immunogenetic markers in patients with Graves' disease. Klein Wochenschr 69:256–260
Schöffling K, Petzoldt R (1971) Trauma und Diabetes mellitus. In: Pfeiffer EF (Hrsg) Handbuch des Diabetes mellitus. JF Lehmann, München, S 749
Schöffling K (1966) Die Begutachtung des Diabetes mellitus. Dtsch Med Wschr 91:694
Songer TJ, LaPorte RE, Dorman JS, Orchard TJ, Cruickshanks KJ, Becker DJ, Drash AL (1988) Motor vehicle accidents and IDDM. Diab Care 11:701–707
Statistisches Bundesamt, Mikrozensus 1999
Stevens AB, Roberts M, McKane R, Atkinson AB, Bell PM, Hayes JP (1989) Motor vehicle driving among diabetics taking insulin and non-diabetics. Brit Med J 299:591–595
Stutte H (1965) Das Blutzuckermangelsyndrom in seiner forensischen Bedeutung. Mschr Kriminol 48:67–88
Tayback M, Kumanyika S, Chee E (1990) Body weight as a risk factor in the elderly. Arch Intern Med 150: 1065–1072
The Expert Committee on the diagnosis and classification of diabetes mellitus (1997) Report on the diagnosis and classification of diabetes mellitus. Diabetes Care 20:1183–1197
Todd JA, Bell JI, McDevitt HO (1987) HLA-DQβ gene contributes to susceptibility and resistance to insulin-dependent diabetes mellitus. Nature 329:599–604
Troiano RP, Frongilla EA, Sobal J, Levitsky DA (1996) The relationship between body weight and mortality: a quantitative analysis of combined information from existing studies. Int J Obesity 20:63–75
Vance ML (1994) Hypopituitarism. New Engl J Med 330:1651–1662
Waaler HT (1984) Height, weight and mortality. The Norwegian experience. Acta Med Scand 679(Suppl): 1–56
WHO Expert Committee on diabetes mellitus (1980) Second report. WHO Tech Rep Ser 646, Genf

WHO Study Group (1985) Diabetes mellitus. WHO Technical Report Series 727, Genf

WHO (2000) Obesity: preventing and managing the global epidemic. WHO Technical Report Series 894, Genf

Wilcosky T, Hyde J, Anderson JJB, Bangdiwala S, Duncan B (1990) Obesity and mortality in the Lipid Research Clinics Program follow-up study. J Clin Epidemiol 43:743–752

Willett WC, Manson JE, Stampfer MJ, Colditz GA, Rosner B, Speizer FE et al (1995) Weight, weight change, and coronary heart disease in women. Risk within the "normal" weight range. JAMA 273:461–465

Zöllner N (1980) Hyperurikämie und Gicht. In: Gröbner W, Löffler W, Zöllner N (Hrsg) Harnsäurestoffwechsel, Physiologie und Pathologie. Springer, Berlin Heidelberg New York

19 Vaskuläre und parenchymatöse Nierenkrankheiten

M. Tepel und W. Zidek

Nach der National Health and Nutrition Examination Survey (NHANES III, Coresh et al. 2001) weisen rund 3% der Gesamtbevölkerung erhöhte Serumkreatininspiegel auf mit >1,6 mg/dl (>141 µmol/l) bei Männern und >1,4 mg/dl (>124 µmol/l) bei Frauen. Die Prävalenz der Mikroalbuminurie in der Allgemeinbevölkerung wird mit rund 6% bei Männern und 10% bei Frauen angegeben (Jones et al. 2003). Die Prävalenz der chronischen Nierenersatztherapie in Deutschland beträgt 919 Patienten pro 1 Million Einwohner (Dezember 2001, Frei u. Schober-Halstenberg 2003), davon 695 Patienten pro 1 Million Einwohner mit Dialysetherapie (Hämodialyse plus Peritonealdialyse) und 224 Patienten pro 1 Million Einwohner nach Nierentransplantation. Die Anzahl der Neuerkrankungen lag im Jahr 2001 bei 184 Patienten pro 1 Million Einwohner. Weltweit liegen Inzidenz und Prävalenz in Deutschland (184/919 pmp), zusammen mit Japan (262/1722 pmp) und den USA (337/1321 pmp), relativ hoch. Die Anzahl der Dialysepatienten ist in den letzten Jahren um rund 5–6% gestiegen. Nach der Häufigkeit stehen als Ursachen der terminalen Niereninsuffizienz der Diabetes mellitus (34%) und die arterielle Hypertonie (27%) mit weitem Abstand vor der chronischen Glomerulonephritis (10%), polyzystischen Nierendegeneration (3%), obstruktiven Uropathien, interstitiellen Nephritiden, Kollagenosen oder Amyloidosen (zusammen rund 26%).

Patienten mit eingeschränkter Nierenfunktion haben eine deutlich erhöhte Morbidität und Mortalität (Baigent et al. 2000). Die Heart Outcomes Prevention Evaluation (HOPE)-Study zeigte, dass schon eine gering eingeschränkte Nierenfunktion eine zweifache Steigerung der Inzidenz von kardiovaskulären Ereignissen begründet (Yusuf et al. 2000). Auch das Hypertension Detection and Follow-up Programme (HDFP) zeigte eine 5fach gesteigerte kardiovaskuläre Mortalität bei dem Vergleich der Gruppen mit der höchsten und der niedrigsten Kreatininkonzentration (Maxwell et al. 1983, Shulman et al. 1989). Als Ursachen der gesteigerten kardiovaskulären Morbidität und Mortalität bei eingeschränkter Nierenfunktion gelten eine Fülle von Faktoren:

- Renale Hypertonie (Bianchi 2000) oft einhergehend mit einer Erhöhung des Extrazellulärvolumens (Johnson et al. 2002),
- Mikroalbuminurie (Pontremoli et al. 1997),
- Hyperphosphatämie und Steigerung des Kalziumphosphat-Produkts (Block et al. 1998),
- renale Anämie (NKF-K/DOQI 2001),
- Steigerung der Konzentrationen und Wirkungen von Angiotensin II (Brenner et al. 2001, Maschio et al. 1996, Ruggenenti et al. 1998, Nakao et al. 2003), Homocystein (Bachmann et al. 1995) und asymmetrischem Dimethyl-Arginin (ADMA, Zoccali et al. 2001),
- Dyslipidämie mit Steigerung von Triglyzeriden, Very-low-density-Lipoprotein (*VLDL*), Intermediate-density-Lipoprotein (*IDL*), Small-dense-low-density-Lipoprotein (*sdLDL*), Apolipoprotein B, Apolipoprotein C III und Apolipoprotein E (Quaschning et al. 2001),
- Steigerung von oxidativem Stress, Advanced-glycate-endproducts (*AGE*) und Mikroinflammation (Himmelfarb et al. 2002, Tepel et al. 2003),
- Steigerung der Sympathikusaktivität (Hausberg et al. 2002),
- Steigerung der endothelialen Dysfunktion (Bennett-Richards et al. 2002),
- Steigerung der Gefäßrigidität („arterial stiffness", London et al. 2001).

Gutachterliche Bewertung

Das Ausmaß der interstitiellen Fibrose bestimmt die Einschränkung der exkretorischen und endokrinen Nierenfunktion. Die Einschränkungen der exkretorischen und endokrinen Nierenfunktionen wiederum bestimmen das Ausmaß der Beeinträchtigung der Leistungsfähigkeit und damit den Grad der Behinderung bzw. die Minderung der Erwerbsfähigkeit. Die Anhäufung einer Reihe von toxischen Metaboliten, Veränderungen des Wasser- und Elektrolythaushalts und eine verminderte Bildung von Erythropoietin oder aktivem Vitamin D_3 führen schließlich zum klinischen Bild der Urämie einschließlich renaler Hypertonie, renaler Anämie und renaler Osteopathie.

Allgemein gilt, dass neben der Grunderkrankung besonders die funktionellen Einschränkungen der exkretorischen und endokrinen Nierenfunktionen mit der Entwicklung von Folgeschäden wie arterielle Hypertonie, renale Anämie, renale Osteopathie, renale Neuropathie oder renale Myopathie das Ausmaß des Grades der Behinderung bzw. der Minderung der Erwerbsfähigkeit begründen (Tabelle 19.1).

Tabelle 19.1. Bemessung des Grades der Behinderung (*GdB*)/der Minderung der Erwerbsfähigkeit (*MdE*) im sozialen Entschädigungsrecht und nach dem Schwerbehindertengesetz für Nierenschäden ohne und mit Funktionseinschränkung. Unter dem Begriff Funktionseinschränkung der Nieren ist die Retention harnpflichtiger Substanzen zu verstehen. Daneben sind die Beteiligung anderer Organe wie Herz- und Kreislaufsystem, Skelettsystem oder Zentralnervensystem, die Aktivität des Entzündungsprozesses, die Auswirkungen auf den Allgemeinzustand und die notwendige Beschränkung in der Lebensführung zu berücksichtigen.

Nierenschäden ohne Funktionseinschränkung	**GdB/MdE-Grad (%)**
Verlust, Ausfall oder Fehlen einer Niere bei Gesundheit der anderen Niere	**25**
Nierenfehlbildung (z. B. Hydronephrose, Nierenhypoplasie, Zystennieren, Nierenzysten, Beckenniere), Nephroptose	
▮ ohne wesentliche Beschwerden und ohne wesentliche Funktionseinschränkung	**0–10**
▮ mit wesentlichen Beschwerden und ohne Funktionseinschränkung	**20–30**
Nierensteinleiden ohne Funktionseinschränkung der Nieren	
▮ mit Koliken in Abständen von mehreren Monaten	**0–10**
▮ mit häufigeren Koliken, Intervallbeschwerden und wiederholten Harnwegsinfektionen	**20–30**
Nierenschäden ohne Einschränkung der Nierenfunktion (z. B. Glomerulopathien, tubulointerstitielle Nephropathien, vaskuläre Nephropathien), ohne Beschwerden, mit krankhaftem Harnbefund (Eiweiß- und/oder Erythrozyten- bzw. Leukozytenausscheidung)	**0–10**
Nierenschäden ohne Einschränkung der Nierenfunktion, mit Beschwerden	
▮ rezidivierende Makrohämaturie, je nach Häufigkeit	**10–30**
▮ nephrotisches Syndrom	
– kompensiert (keine Ödeme)	**20–30**
– dekompensiert (mit Ödemen)	**40–50**
– bei Systemerkrankungen mit Notwendigkeit einer immunsuppressiven Behandlung	**50**
Verlust, Ausfall oder Fehlen einer Niere bei Schaden der anderen Niere ohne Einschränkung der Nierenfunktion, mit krankhaftem Harnbefund	**30**
Nierenschäden mit Funktionseinschränkung	**GdB/MdE-Grad (%)**
Eine geringfügige Einschränkung der Kreatininclearance auf 80 bis 50 ml/min bei im Normbereich liegenden Serumkreatininwerten bedingt keinen messbaren GdB/MdE	
Nierenfunktionseinschränkung	
▮ leichten Grades	
– Serumkreatinin unter 2 mg/dl (180 µmol/l) Kreatininclearance etwa 50 bis 35 ml/min, Allgemeinbefinden nicht oder nicht wesentlich reduziert, keine Einschränkung der Leistungsfähigkeit	**20–30**
– Serumkreatinin andauernd zwischen 2 bis 4 mg/dl (180 bis 350 µmol/l), Allgemeinbefinden wenig reduziert, leichte Einschränkung der Leistungsfähigkeit	**40**
▮ mittleren Grades	
– Serumkreatinin andauernd zwischen 4 bis 8 mg/dl (350 bis 710 µmol/l), Allgemeinbefinden stärker beeinträchtigt, mäßige Einschränkung der Leistungsfähigkeit	**50–70**
▮ schweren Grades	
– Serumkreatinin dauernd über 8 mg/dl (über 350 µmol/l), Allgemeinbefinden stark gestört, starke Einschränkung der Leistungsfähigkeit, bei Kindern keine normalen Schulleistungen mehr	**80–100**
Verlust, Ausfall oder Fehlen einer Niere mit Funktionseinschränkung der anderen Niere	
▮ leichten Grades	**40–50**
▮ mittleren Grades	**60–80**
▮ schweren Grades	**90–100**
Notwendigkeit einer Dauerbehandlung mit Blutreinigungsverfahren (z. B. Hämodialyse, Peritonealdialyse)	**100**
Bei allen Nierenschäden mit Funktionseinschränkung sind Sekundärleiden, z. B. Hypertonie, ausgeprägte Anämie (Hämoglobinwerte unter 8 g/dl), Polyneuropathie oder Osteopathie, zusätzlich zu bewerten; sie sind bei Kindern häufiger als bei Erwachsenen. Nach Nierentransplantation ist eine Heilungsbewährung abzuwarten (im Allgemeinen 2 Jahre); während dieser Zeit ist ein GdB/MdE-Grad von 100 anzusetzen. Danach ist der GdB/MdE-Grad entscheidend abhängig von der verbliebenen Funktionsstörung; unter Mitberücksichtigung der erforderlichen Immunsuppression ist jedoch der GdB/MdE-Grad nicht niedriger als 50 zu bewerten.	

19.1 Nephropathie bei Diabetes mellitus und arterieller Hypertonie

Im Bundesgesundheitssurvey 1998 gaben 4,7% der männlichen und 5,6% der weiblichen Bevölkerung im Alter von 18–79 Jahren das Vorliegen eines Diabetes an, davon 5–7% (200 000–300 000) den Insulin-pflichtigen Diabetes mellitus Typ 1. Dies ist eine Unterschätzung, denn bei einer Katamnese im MONICA-Projekt kam in der älteren Allgemeinbevölkerung auf jeden bekannten Diabetiker ein unentdeckter Fall (Rathmann et al. 2005). Die Entwicklung einer diabetischen Nephropathie ist bei rund 50% der Patienten innerhalb von 10 Jahren zu erwarten. Es erscheint gesichert, dass eine optimale Blutzuckereinstellung, eine eiweißarme Ernährung sowie eine konsequente Blutdruckeinstellung die Entwicklung einer diabetischen Nephropathie verhindern helfen (Björck et al. 1992, DCCT 1995, Pedrini et al. 1996). Histologische Merkmale der diabetischen Nephropathie sind eine Verdickung der glomerulären Basalmembranen, eine Steigerung der extraglomerulären Matrix sowie eine arterioläre Sklerose. Diese Veränderungen sind sowohl bei Insulin-pflichtigem Diabetes mellitus (Typ 1), als auch bei nicht Insulin-pflichtigem Diabetes mellitus (Typ 2) nachweisbar. Frühe Stadien der diabetischen Nephropathie stellen die Steigerung der glomerulären Filtrationsrate über 120 ml/Minute/1,73 m^2 Körperoberfläche und eine so genannte Mikroalbuminurie mit einer Ausscheidung von 30 bis 300 mg Albumin im 24-Stunden-Sammelurin dar (Mogensen et al. 1995). Für die Diagnostik erscheint wesentlich, dass die Mikroalbuminurie mit den Routine-Urinteststreifen nicht erfasst wird, vielmehr müssen Teststreifen mit erhöhter Empfindlichkeit, z. B. Microbumintest oder Micraltest, eingesetzt werden. Bei späteren Stadien der diabetischen Nephropathie sind eine Erhöhung der Eiweißausscheidung im Urin (häufig über 3 g Eiweiß pro 24-Stunden-Sammelurin), eine arterielle Hypertonie sowie eine progrediente Verschlechterung der exkretorischen Nierenfunktion nachzuweisen. Die diabetische Nephropathie geht zumeist mit einer diabetischen Retinopathie einher.

Bei langjähriger arterieller Hypertonie kann es zur Entwicklung einer chronischen Nierenschädigung kommen. Das relative Risiko für die Entwicklung einer terminalen Niereninsuffizienz innerhalb einer Beobachtungszeit von 16 Jahren beträgt bei einem Blutdruck (systolisch/diastolisch) von

- 120/80 mmHg: 1,0
- <130/<84 mmHg: 1,2
- <140/<90 mmHg: 1,9
- <160/<100 mmHg: 3,1
- <180/<100 mmHg: 6,0
- <210/<120 mmHg: 14,2 und
- ≥210/≥120 mmHg: 22,1 (Klag et al. 1996).

Die Messung des Blutdrucks erfolgt dabei standardisiert mit einem normalen Sphygmomanometer mit einer Oberarmmanschette nach den Empfehlungen der American Heart Association und der Deutschen Hypertoniegesellschaft unter Berücksichtigung von Einflussfaktoren wie Oberarmumfang, „white-coat effect" oder auskultatorischer Lücke. Als Ursache für die Nierenschädigung bei arterieller Hypertonie gelten eine Erhöhung des intraglomerulären Drucks, die Hyperfiltration von Makromolekülen, die Endothelzellschädigung und reaktive Veränderungen der Mesangialzellen. Es erscheint gesichert, dass eine optimale Blutdruckeinstellung unter Einschluss diätetischer Maßnahmen (Appel et al. 1997) und einer Therapie mit Angiotensinconverting-Enzym-Inhibitoren oder Angiotensin-Rezeptor-Antagonisten (Brenner et al. 2001, Maschio et al. 1996, Nakao et al. 2003, Ruggenenti, 1997) die Entwicklung einer hypertensiven Nephropathie verhindern helfen.

19.2 Glomerulonephritis

Unter Glomerulonephritis versteht man entzündliche, nichteitrige Krankheiten der Glomerula. Man unterscheidet, eher deskriptiv als pathogenetisch begründbar, eine primäre Glomerulonephritis von sekundären Glomerulonephritiden mit nachweisbarer Grunderkrankung. Bei den primären Glomerulonephritiden kann man grob vier Entitäten unterscheiden:

1. das akute nephritische Syndrom,
2. die rapid-progrediente Glomerulonephritis mit rascher Verschlechterung der exkretorischen Nierenfunktion,
3. die Glomerulonephritis mit nephrotischem Syndrom und schließlich
4. oligosymptomatische Glomerulonephritiden.

Die Ursachen einer Glomerulonephritis können sowohl hereditäre Veränderungen (z. B. Alport-Syndrom), Infektionen mit Bakterien, Viren oder Protozoen, Metallexposition, Systemerkrankungen (z. B. systemischer Lupus erythematodes, Panarteriitis nodosa, Sklerodermie, Wegener-Granulomatose, Purpura Schoenlein-Henoch, Goodpasture-Syndrom) als auch Lymphome oder solide Tumore sein. Die klinischen Erscheinungsbilder der Glomerulonephritis sind akute Nierenentzündung (Merkmal: nephritisches Urinsediment), nephrotisches Syndrom (Merkmal: große Proteinurie), rezidivierende Hämaturie (Merkmal: dysmorphe Erythrozyten) und/oder chronische oder subakute progressive Niereninsuffizienz (Merkmal: Retentionswerte).

Das Spektrum der Glomerulonephritiden ist dabei äußerst vielgestaltig. Einerseits kann eine klinische Entität verschiedene histologische Erscheinungsformen zeigen: So können beispielsweise bei der klinischen Diagnose des systemischen Lupus erythematodes 7 verschiedene histologische Veränderungen der Nieren aufgezeigt werden mit unterschiedlicher Prognose und Therapieindikation (I: keine Veränderungen, II a: mesangiale Immundepots, II b: mesangiale Immundepots plus mesangiale Proliferation plus Vermehrung der extrazellulären Matrix, III: fokal-segmentale Sklerose unter 50% der Glomerula betreffend, IV: diffuse proliferative Veränderungen mehr als 50% der Glomerula betreffend, V: membranöse Glomerulonephritis, VI: Sklerose-Spätstadium).

Andererseits kann eine histologische Veränderung bei einer Reihe von Krankheitsbildern auftreten: So tritt eine membranöse Glomerulonephritis auf bei Infektionskrankheiten (wie z.B. Hepatitis B, Hepatitis C, HIV, Lues, Malaria quartana oder Schistosomiasis), bei medikamentös-toxischer Schädigung der Nieren (durch z.B. nichtsteroidale Antiphlogistika, Penicillamin-, Gold-, Captopril-Therapie oder Quecksilber), bei Autoimmunerkrankungen (systemischer Lupus erythematodes, rheumatoide Arthritis, Hashimoto-Thyreoiditis, primär biliäre Zirrhose), bei Tumoren (Bronchial-, Mamma-, Magen-, Kolon-, Nierenzellkarzinom, Melanom, Non-Hodgkin-Lymphom) sowie bei Erkrankungen wie Sichelzellanämie, Sarkoidose, Myasthenia gravis, Guillain-Barré-Nephropathie oder Transplantat-Nierenglomerulopathie (Wasserstein 1997).

Pathogenetisch liegt bei der Immunkomplexnephritis (klassisches Beispiel: membranöse Glomerulonephritis) eine Ablagerung von Antigen-Antikörper-Komplexen in der Basalmembran vor. Bei der Antibasalmembran-Nephritis (typisches Beispiel: Goodpasture-Syndrom) kommt es zur Ablagerung von Antikörpern gegen α_3(IV)-Kollagen in der glomerulären Basalmembran.

Akutes nephritisches Syndrom

Das akute nephritische Syndrom wird unter anderem durch Infektionen der Tonsillen oder der Haut (Impetigo, Erysipel) mit Streptokokken, dem Hepatitis-B-Virus oder dem humanen Immundefizienzvirus ausgelöst. Die Ablagerung von zirkulierenden Immunkomplexen führt zur IgG- und IgM-Ablagerung in Basalmembran und Mesangium sowie zur endokapillären Proliferation. Klinisch erscheint das akute nephritische Syndrom etwa 2 bis 3 Wochen nach einer Infektion als akutes Krankheitsbild mit periorbitalen Ödemen und arterieller Hypertonie. Es findet sich eine Mikrohämaturie, geringgradige Proteinurie unter 3 g im 24 Stunden-Sammelurin sowie eine Verminderung des Komplementfaktors C3. Das akute nephritische Syndrom heilt in über 90% der Fälle folgenlos aus, erkennbar an der Normalisierung der zuvor gesteigerten Proteinurie.

Gutachterliche Bewertung

Ein akutes nephritisches Syndrom kann gutachtlich in ursächlichem Zusammenhang mit einem Unfallereignis oder Schädigungsereignis stehen, wenn es in engem zeitlichen Zusammenhang mit einer Infektion aufgetreten ist. Schwere körperliche Belastungen, ggf. in Verbindung mit Kälte- oder Nässeexposition, die nach Art und Dauer die Resistenz gegenüber Infekten erheblich herabzusetzen vermögen, können bei der Erkrankung eine mitursächliche Bedeutung haben. Eine Sonderform in Kriegszeiten war die Feldnephritis. Die unter Felddienstverhältnissen, in Gefangenschaft und Internierung aufgetretene akute Glomerulonephritis ist praktisch immer Schädigungsfolge.

Rapid-progrediente Glomerulonephritis

Eine rapid-progrediente Glomerulonephritis ist ein hochakutes Krankheitsbild, das mit erheblichem Krankheitsgefühl, reduziertem Allgemeinzustand, Fieber oder Gelenkbeschwerden einhergeht. Das führende Merkmal der rapid-progredienten Glomerulonephritis ist eine rasche Verschlechterung der exkretorischen Nierenfunktion. Histologisch erkennt man eine fokal-segmental nekrotisierende Glomerulonephritis mit Nekrose der Kapillarschlingen und einer Proliferation der parietalen Epithelzellen der Bowman-Kapsel, was als Halbmondbildung beschrieben wird.

Einer rapid-progredienten Glomerulonephritis können unter anderem zugrunde liegen:

- ein Goodpasture-Syndrom (Inzidenz etwa 1 pro 1 Million Einwohner und Jahr) mit Nachweis von Anti-glomeruläre-Basalmembran-Antikörpern, also Antikörpern gegen die C-terminale globuläre Domäne NC1 der α_3(IV)-Kette des Typ-4-Kollagen. Dieser Kollagentyp kommt allein in der glomerulären und der alveolären Basalmembran vor. Entsprechend sind neben der raschen Verschlechterung der Nierenfunktion auch Hämoptysen nach Lungenblutungen charakteristisch.
- Eine *Wegener-Granulomatose* mit dem Nachweis von Serumantikörpern gegen zytoplasmatische Antigene in neutrophilen Granulozyten (*ANCA*), hier c-ANCA, also Antikörper gegen die Proteinase 3 der Granulozyten. Anamnestische Hinweise auf das Vorliegen einer Wegener-Granulomatose können rezidivierende Infektionen der oberen Atemwege oder ulzerierende Rhinitis, Sinusitis und Tracheitis geben. War früher die Prognose einer rapid-progredienten Glomerulonephritis bei Wegener-Granulomatose sehr schlecht, so führt eine frühzeitige immunsuppressive Behandlung

heute häufig zu einer Erhaltung der Nierenfunktion (Jenette u. Falk 1997, Langford 2003).

- Eine *mikroskopische Polyangiitis* mit einer ubiquitär vorkommenden nichtgranulomatösen nekrotisierenden Entzündung der kleinen Gefäße. Bei der mikroskopischen Polyangiitis findet man typischerweise p-ANCA, also Serumantikörper gegen die Myeloperoxidase der Granulozyten, sowie häufig auch Serummarker für eine abgelaufene Hepatitis B. Klinische Hinweise auf das Vorliegen einer mikroskopischen Polyangiitis können eine Lungenbeteiligung mit Hämoptysen, eine Hautbeteiligung mit palpabler Purpura sowie eine Beteiligung des peripheren Nervensystems als Mononeuritis multiplex geben.
- Ein *systemischer Lupus erythematodes* mit Nachweis von antinukleären Antikörpern, typischerweise Antikörper gegen Doppelstrang-DNA.
- Eine *Kryoglobulinämie* bei Plasmozytom, Morbus Waldenström, chronisch-lymphatischer Leukämie, Non-Hodgkin-Lymphomen oder Autoimmunerkrankungen.
- Bei der *Purpura Schoenlein-Henoch* sind im Serum keine Antikörper nachweisbar, allein die Nierenhistologie zeigt eine mesangioproliferative Glomerulonephritis mit granulären Ablagerungen von IgA, Komplementfaktor C3 oder Fibrinogen. Klinische Hinweise auf das Vorliegen einer Purpura Schoenlein-Henoch können das makulopapulöse Exanthem der Glutealregion oder an den Streckseiten der Extremitäten sowie die gastrointestinalen Symptome mit kolikartigen Bauchschmerzen, Blutungen und Melaena geben.

Nephrotisches Syndrom

Das nephrotische Syndrom ist charakterisiert durch eine Steigerung der Eiweißausscheidung im 24-Stunden-Sammelurin über 3 g (Normalwert <0,15 g). Charakteristisch ist das Auftreten von Ödemen durch eine gesteigerte Natriumrückresorption bei vermindertem Ansprechen des Tubulus auf das meist erhöhte atriale natriuretische Peptid. Das nephrotische Syndrom geht einher mit thromboembolischen Komplikationen wie Phlebothrombosen, Lungenembolien oder Nierenvenenthrombosen bei erhöhtem Fibrinogen, vermindertem Antithrombin III und gesteigerter Plättchenreaktivität. Ein erhöhtes Risiko für die Entwicklung thromboembolischer Komplikationen (bis zu 50% der Patienten) besteht bei membranöser Glomerulonephritis, bei einer Proteinurie von mehr als 10 g pro Tag und bei einer Verminderung des Serumalbumins unter 25 g pro Liter (Bellomo u. Atkins 1993). Schließlich besteht bei einem nephrotischen Syndrom eine Hyperlipidämie bei gesteigerter Synthese und vermindertem Abbau von Apolipoprotein B (Orth u. Ritz 1998). Beim Erwachsenen sind die Ursachen des nephrotischen Syndroms eine membranöse Glomerulonephritis (40%; zugrundeliegende Ursachen sind Infektionen, Autoimmunerkrankungen, medikamentös-toxische Schädigungen einschließlich Schwermetalle, Tumoren und anderes), eine „minimal-changes"-Glomerulonephritis (20%; elektronenmikroskopischer Nachweis des Verlustes der Podozytenfortsätze), eine fokal-segmentale Glomerulosklerose (15%), eine membranoproliferative Glomerulonephritis (7%; häufige Assoziation mit Hepatitis C und essentieller Kryoglobulinämie, selten mit Tumoren; Stehman et al. 1995) sowie seltene Ursachen wie Präeklampsie, HIV-assoziierte Nephropathie, primäre oder sekundäre Amyloidose, Plasmozytom, fibrilläre Glomerulopathie, familiäres Mittelmeerfieber, Heroinabusus sowie Nail-patella-Syndrom (zusammen rund 18%).

Beim Plasmozytom kann die Nierenschädigung durch 3 Mechanismen erfolgen: Präzipitation von Immunglobulin-Leichtketten und Tamm-Horsfall-Protein im Tubulussystem („cast nephropathy"), direkte Tubulustoxizität der Immunglobulin-Leichtketten mit Entwicklung einer tubulären Acidose und Störung der Konzentrierungsfähigkeit der Niere, schließlich Ablagerung von Leichtketten als Al-Amyloid oder Light-chain-deposit disease.

Bei membranoproliferativer Glomerulonephritis kann diagnostisch hinweisgebend sein der Nachweis des Komplement-C3-Nephritis-Faktors, also eines IgG-Antikörpers gegen den C3bBb Konvertase-Komplex, der die Aktivierung von Komplement C3 nach C3b katalysiert, wodurch aktives Enzym stabilisiert und Serumkomplement C3 vermindert wird, was eine ausreichende Opsonierung von Immunkomplexen verhindert.

Als Risikofaktoren für die Entwicklung einer chronischen Niereninsuffizienz bei Bestehen eines nephrotischen Syndroms gelten das Vorliegen einer membranösen oder membranoproliferativen Glomerulonephritis, ein Alter über 50 Jahre, das Vorliegen einer arteriellen Hypertonie, rasch ansteigende Nierenretentionswerte und ein histologischer Sklerosenachweis.

Gutachterliche Bewertung

Gutachterlich bestimmen die funktionellen Einschränkungen der exkretorischen und endokrinen Nierenfunktion mit der Entwicklung von Folgeschäden wie arterielle Hypertonie, renale Anämie, renale Osteopathie, renale Neuropathie oder renale Myopathie das Ausmaß von GdB/MdE. Das nephrotische Syndrom kann im Zusammenhang mit äußeren Ereignissen stehen, wenn z.B. dem nephrotischen Syndrom eine sekundäre Amyloidose infolge einer chronischen, unfallbedingten Osteomyelitis zugrunde liegt (indirekte Unfallfolge). Bei Vorliegen eines nephrotischen Syndroms infolge einer Schwermetallintoxikation, z.B. Quecksilber oder Kadmium, kann die Erkrankung direkte Folge äußerer Einwirkungen sein. Organische Lösungsmittel können in seltenen Fällen Auslöser einer membranösen Glomerulonephritis sein. Hier sind Dauer und Höhe der Exposition mit in Erwägung zu ziehen.

Oligosymptomatische Glomerulonephritis

Die häufigste Glomerulonephritisform ist die mesangioproliferative IgA-Nephritis, die zumeist idiopathisch, selten bei Purpura Schoenlein-Henoch, Mukoviszidose, Zöliakie oder Lebererkrankungen auftritt (Floege u. Gröne 2003). Bei gehäufter polyklonaler Aktivierung des Immunsystems durch rezidivierende Infektionen des Respirationstraktes oder des Gastrointestinaltrakts besteht gleichzeitig eine verminderte Aktivität der β-1,3-Galactosyltransferase in B-Lymphozyten. Die gebildeten IgA_1-Immunglobuline zeigen eine Tendenz zur Bildung von makromolekularen Aggregaten. Dies führt zur verminderten IgA_1-Clearance in der Leber und zur gesteigerten Bindung an glomeruläre Mesangialzellen mit Induktion von Mesangialzellproliferation und Veränderungen der extrazellulären Matrix. Klinische Hinweise auf das Vorliegen einer mesangioproliferativen IgA-Nephritis können gehäufte Atemwegsinfektionen oder Intoleranzen gegenüber verschiedenen Nahrungsmitteln sein. Typisch ist außerdem eine episodische Makrohämaturie. Die Prognose der mesangioproliferativen IgA-Nephritis ist im Allgemeinen eher günstig, aber rund 15% der Patienten zeigen eine progrediente Verschlechterung der Niereninsuffizienz bis zum Dialysestadium.

Gutachterliche Bewertung

Gutachterlich kann eine mesangioproliferative IgA-Glomerulonephritis als Folge einer äußeren Schädigung gesehen werden, sofern eine qualifizierte Möglichkeit besteht, dass exogene Faktoren nicht unwesentlich an der Krankheitsentwicklung mitgewirkt haben, z.B. bei rezidivierenden Infektionen des Respirationstraktes, bei Nässe- oder Kälteexposition und Ausschluss anderweitiger Noxen, wie z.B. Rauchen. Ein enger zeitlicher Zusammenhang zwischen der Einwirkung exogener Faktoren und dem Erkrankungsbeginn ist allerdings häufig nicht leicht zu begründen. Bei der Mehrzahl der chronischen Glomerulonephritiden kann häufig weder ein akutes Vorstadium noch eine vorangegangene Infektion ermittelt werden. Steht der Krankheitsbeginn in enger zeitlicher Verbindung mit körperlichen Belastungen und Witterungseinflüssen, Kälte- oder Nässeexposition, die nach Art, Dauer und Schwere geeignet waren, die Resistenz gegenüber Infektionen erheblich herabzusetzen, dann sollte die Möglichkeit der „Kannversorgung“ in Betracht gezogen werden. Dies ist daher begründbar, da über die Ätiologie und Pathogenese der Glomerulonephritiden keine durch Forschung und Erfahrung genügend gesicherte medizinisch-wissenschaftliche Auffassung herrscht, die ursächliche Bedeutung von Schädigungstatbeständen oder Schädigungsfolgen für die Entstehung und den Verlauf des Leidens nicht mit Wahrscheinlichkeit beurteilt werden kann und da ein ursächlicher Einfluss der im Einzelfall vorliegenden Umstände in den wissenschaftlichen Arbeitshypothesen als theoretisch begründet in Erwägung gezogen werden kann.

19.3 Pyelonephritis und tubulointerstitielle Nephritis einschließlich Analgetikanephropathie

Die bakteriell bedingte tubulointerstitielle Nephritis oder Pyelonephritis ist eine bakterielle Infektion von Nierenhohlraumsystem und Interstitium bei Patienten mit prädisponierenden Faktoren. Dazu gehören einerseits obstruktive Veränderungen der ableitenden Harnwege (u.a. Steine, Tumore, Prostatahypertrophie), vesikourethraler Reflux und neurogene Blasenentleerungsstörungen, andererseits metabolische oder hormonelle Faktoren wie Diabetes mellitus und Gravidität. Klinische Hinweise auf eine akute Pyelonephritis geben Dysurie, Pollakisurie, ziehende Flankenschmerzen und Fieber, während eine chronische Pyelonephritis eher durch Allgemeinsymptome, uncharakteristische Rückenschmerzen oder leichte Dysurie gekennzeichnet sein kann. Diagnostisch wegweisend sind der Urinstatus aus dem Mittelstrahlurin mit Bakteriurie und Leukozyturie, ggf. Nachweis von Leukozytenzylindern sowie die Sonographie der Nieren zum Nachweis von obstruktiven Veränderungen. Bei fortgeschrittener Einschränkung der Nierenfunktion kann die Sonographie durch den Nachweis von narbigen Einziehungen oberhalb der Papillen bei chronischer Pyelonephritis zur Abgrenzung gegenüber anderen Ursachen der chronischen Niereninsuffizienz dienen.

Gutachterliche Bewertung

Bei akuter Pyelonephritis besteht Arbeitsunfähigkeit. Bei chronischer Pyelonephritis ist die Einschränkung der Leistungsfähigkeit in Abhängigkeit der Einschränkung der Nierenfunktion zu bewerten. Ein Zusammenhang zwischen chronischer Pyelonephritis und der Exposition gegenüber Kälte oder Nässe ist nicht gesichert. Die Harnblasenkatheterisierung disponiert mit zunehmender Verweildauer zur Entwicklung von aufsteigenden Harnwegsinfektionen. Bei gleichzeitig vorliegenden prädisponierenden Faktoren wie obstruktiven Veränderungen oder metabolischen oder hormonellen Faktoren kann so eine Pyelonephritis ausgelöst werden. Nierenabszesse und paranephritische Abszesse, wie sie bei einer Tuberkulose oder einer Staphylokokkensepsis auftreten, können ohne weitere prädisponierende Faktoren zustande kommen.

Ursache der akuten nichtbakteriellen tubulointerstitiellen Nephritis sind neben Medikamenten wie Antibiotika (Methicillin, Penicillin, Cimetidin, Cyclosporin A), Analgetika (Phenacetin), nichtsteroidale Antirheumatika (Palmer 1995), Kontrastmitteln oder Diuretika (Thiazide, Furosemid) auch Infektionen (Streptokokken, Scharlach, Leptospiren, Brucellen, Diphtherie, Mykoplasmen), Autoimmunerkrankungen (systemischer Lupus erythematodes, Sjögren-Syndrom, Kryoglobulinämie) oder idiopathische Veränderungen (tubulointerstitielles Nephritis-Uveitis-Syndrom). Bei rund 20% aller Patienten mit akutem renalen Nierenversagen liegt eine akute nichtbakterielle tubulointerstitielle Nephritis vor. Diagnostische Hinweise auf dieses Krankheitsbild können Medikamentenanamnese, Infektionsanamnese, flüchtige Exantheme, Arthralgien, Eosinophilie, renal-tubuläre Acidose, Hypokaliämie, Mikrohämaturie, tubuläre Proteinurie mit gesteigerter Ausscheidung von β_2-Mikroglobulin und Transferrin sowie schließlich eine Nierenbiopsie geben. Histologisch zeigen sich interstitielle Rundzellinfiltrate, Eosinophilie, seltener Granulome; Glomerula und Gefäße sind unauffällig.

Bei der chronischen nichtbakteriellen tubulointerstitiellen Nephritis spielen zahlenmäßig die Analgetikanephropathie durch Phenacetin (Dubach et al. 1991) sowie die hypokaliämischen Nephropathien bei Laxantien- oder Diuretikagebrauch die wesentliche Rolle. Charakteristisch für das Vorliegen einer Analgetikanephropathie sind in der Sonographie erkennbare Einziehungen über älteren Papillennekrosen und Verkalkungen im Bereich der Papillen. Wesentlich ist darüber hinaus das gehäufte Auftreten von Urothel- oder Mammakarzinomen bei Patienten mit Analgetikanephropathie. Seltenere Ursachen der chronischen nichtbakteriellen tubulointerstitiellen Nephritis sind exogene und endogene Toxine, Medikamente oder Stoffwechselstörungen (Blei, Kadmium, Lithium, Cyclosporin A, Aminoglykoside, Vancomycin, Harnsäure, Kalzium, Oxalatnephropathie, Zystinose), genetische Erkrankungen (Alport-Syndrom, Markschwammniere, medullär-zystische Nierendegeneration) sowie Balkennephritis oder Strahlennephritis.

Die kumulative Phenacetinmenge, die zur Entwicklung einer Analgetikanephropathie führt, liegt oberhalb der Größenordnung 1 kg. Dazu ist ein jahrelanger Analgetikagebrauch notwendig. Auch nach Absetzen der Analgetika ist bei bestehender Einschränkung der exkretorischen Nierenfunktion mit einer glomerulären Filtrationsrate unter 30 ml/Minute mit einer Progression der Niereninsuffizienz zu rechnen (Kindler et al. 1990). Sollten die Schmerzen mit einer anerkannten Berufskrankheit oder einem Unfall in Zusammenhang stehen, so ist dies auch bei der Bewertung der Nierenerkrankung zu berücksichtigen.

19.4 Toxische Nierenschädigung

Blei (▶ BK 1101)

Blei wird unter anderem bei der Herstellung von Gläsern, Bleikitt, als Rostschutzanstrich sowie früher als Antiklopfmittel in Vergaserkraftstoffen eingesetzt. Blei hemmt die δ-Aminolävulinsäuredehydratase, die Koproporphyrinogen-III-Decarboxylase und den Einbau von Eisen in Protoporphyrin IX. Die klinischen Symptome sind Anämie mit basophil punktierten Erythrozyten, „Bleiblässe“ durch Anämie und Spasmen der Arteriolen durch die kontrahierende Wirkung auf die glatte Muskulatur, „Bleikoliken“ und Obstipationsneigung sowie Schädigung des peripheren (charakteristisch: Radialisparese) und des zentralen Nervensystems (charakteristisch: Müdigkeit, Abgeschlagenheit, Tremor, Krämpfe). Die „Bleischrumpfniere“ entsteht durch die chronische Verengung der Arteriolen aufgrund der kontrahierenden Wirkung auf die glatte Muskulatur sowie durch eine progrediente interstitielle Fibrose. Die Expositionsdauer beträgt Jahre, bis schließlich eine toxische Nierenschädigung zu erwarten ist. Bleibelastung stellt einen eigenständigen Risikofaktor für die Verschlechterung der Nierenfunktion dar. Eine Chelattherapie reduziert die Nierenfunktionsverschlechterung (Lin et al. 2003).

Quecksilber (▶ BK 1102)

Metallisches Quecksilber und Quecksilbersalze werden meist durch Inhalation oder oral (charakteristisch: Verätzungen und Magenperforation nach Sublimat-$HgCl_2$-Ingestion) aufgenommen. Als Saatbeizmittel oder Fungizide eingesetzte Alkylquecksilberverbindungen werden über die Nahrungskette als Dimethylquecksilberverbindungen zugeführt. Quecksilberverbindungen reagieren mit freien SH-Gruppen von Proteinen und stellen starke Enzyminhibitoren dar. Bei der akuten Vergiftung mit metallischem Quecksilber und Quecksilbersalzen kommt es neben Verätzungen in Mund, Rachen und Ösophagus zu einer heftigen Gastroenteritis mit unstillbarem Erbrechen sowie innerhalb von Stunden zu akutem Nierenversagen durch eine akute Tubulusschädigung. Bei der chronischen Vergiftung sind die Stomatitis mercurialis mit Metallgeschmack, Gingivasaum, Schleimhautrötung und Entwicklung von schlecht abheilenden Ulzera sowie besonders Störungen des zentralen Nervensystems (Erethismus, Reizbarkeit, Schlaflosigkeit, Sprechstörungen, Konzentrationsstörungen, feinschlägiger Intentionstremor) und Verfärbung der vorderen Linsenkapsel nachzuweisen. Die Entwicklung einer chronischen Niereninsuffizienz durch Quecksilberaufnahme ist eher untypisch (Clarkson et al. 2003).

Kadmium (▶ BK 1104)

Die normale tägliche Kadmiumaufnahme erfolgt im Wesentlichen über die Nahrung und wird auf 1 µg pro Tag beziffert, bei Rauchern aufgrund der pulmonalen Resorption auf etwa 2 bis 4 µg pro Tag. Bei Rauchern sind etwa 2fach erhöhte Blut- und Urinkonzentrationen nachweisbar (Konietzko 1996). Kadmium wird vorwiegend in der Galvanik, als Kunststoffstabilisator, für Pigmente, für Batterien oder für Legierungen eingesetzt. Eine hohe Kadmiumexposition ist in Zinkraffinerien oder bei speziellen Schweißvorgängen zu erwarten. Kadmium wird vorwiegend renal eliminiert. Neben dem Skelettsystem wird das Schwermetall auch in der Nierenrinde gespeichert. Kadmium führt vorwiegend zu einer Schädigung des proximalen Tubulus. Charakteristisch ist eine selektive Proteinurie mit einer bis zu 30fach gesteigerten Ausscheidung von β_2-Mikroglobulin im 24-Stunden-Sammelurin (Norm: 0,1 mg im 24-Stunden-Urin), von Retinol-bindendem Protein oder von Metallothionin. Bei Arbeitern unter Kadmiumexposition finden sich häufiger Kalciumphosphatsteine. Weitere Kadmiumwirkungen betreffen das Skelettsystem mit Osteomalazie oder das Kreislaufsystem mit arterieller Hypertonie, bei höheren Konzentrationen auch mit arterieller Blutdrucksenkung.

Halogenkohlenwasserstoffe (▶ BK 1302)

Organische Lösungsmittel, wie sie bei Reinigungsmaßnahmen, zur Entfettung oder bei Lackierungen eingesetzt werden, können sowohl tubuläre Funktionsstörungen als auch membranöse Glomerulonephritiden verursachen. Möglicherweise begünstigen sie aber auch die Progression der Niereninsuffizienz bei Auslösung durch andere Ursachen.

19.5 Akutes Nierenversagen

Das akute Nierenversagen ist gekennzeichnet durch eine rasche Verminderung der glomerulären Filtrationsrate, Oligurie (Urinproduktion <400 ml/24 h) oder Anurie (Urinproduktion <100 ml/24 h), Störung des Wasserhaushalts (z. B. Ödeme) und des Elektrolythaushalts (z. B. Hyperkaliämie) sowie Anstieg der Nierenretentionswerte (Brady u. Singer 1995). Das akute Nierenversagen tritt als Komplikation bei rund 5% aller Patienten im Krankenhaus und bei rund 30% aller Patienten einer Intensiveinheit auf. Es geht mit einer hohen Mortalität einher, jeweils in Abhängigkeit von der zugrunde liegenden Erkrankung und der Schädigung anderer Organsysteme.

Man unterscheidet das prärenale (Ursache bei rund 70% aller akuten Nierenversagen), das renale (25%) und das postrenale (5%) Nierenversagen.

▌ Bei dem häufigen *prärenalen Nierenversagen* mit ischämischer akuter Tubulusnekrose findet man typische anamnestische und klinische Hinweise auf „echte Hypovolämie" (hypovolämischer Schock bei z. B. Blutungen, Erbrechen, Diarrhoe, Verbrennung, Fieber), Verminderung des „effektiven" Blutvolumens (z. B. Herzinsuffizienz bei Myokardinfarkt, Kardiomyopathie, Herzrhythmusstörungen oder Perikardtamponade, Leberschädigung/Leberversagen, nephrotisches Syndrom, Pankreatitis, Sepsis) oder herabgesetzte renale Autoregulation z. B. durch nichtsteroidale Antiphlogistika oder Angiotensin-converting-Enzym-Hemmer. Charakteristische Befunde sind ein konzentrierter Urin mit einer Osmolarität >1018, eine niedrige Urinnatriumausscheidung <10 mmol/L und eine niedrige fraktionelle Natriumausscheidung FE(Na) <1%. Die FE(Na) berechnet sich aus dem Quotienten von Urinnatrium/Plasmanatrium und Urinkreatinin/Plasmakreatinin. Die Verminderung der Natriumausscheidung ist bei prärenalem Nierenversagen diagnostisch sehr sensitiv. Der Verminderung der Natriumausscheidung liegt eine gesteigerte tubuläre Rückresorption von Natrium bei erhaltener Nierenfunktion und gleichzeitiger Verminderung der glomerulären Filtrationsrate bei renaler Ischämie zugrunde.

▌ Als Ursache des *renalen Nierenversagens* kommen verschiedene Krankheitsbilder in Frage.

1. akute Glomerulonephritiden und Vaskulitiden, z. B. Goodpasture-Syndrom, Wegener-Granulomatose, mikroskopische Polyangiitis, Kryoglobulinämie, Purpura Schoenlein-Henoch;
2. hämolytisch-urämisches Syndrom/thrombotische Mikroangiopathie (Remuzzi u. Ruggenenti 1995) mit den Leitsymptomen nichtimmunologische hämolytische Anämie, Thrombozytopenie, akutes Nierenversagen und thrombotische Mikroangiopathie und mit neurologischer Symptomatik, hervorgerufen durch vorangehende gastrointestinale Erkrankung mit Verotoxinproduktion, HIV, Gravidität, Kollagenosen, maligne Hypertonie, solide Tumore oder Medikamente wie Cyclosporin A;
3. endogene Toxine, z. B. bei Rhabdomyolyse, Hämolyse, Tumor-Lyse-Syndrom, Myelom;
4. exogene Toxine, z. B. durch Röntgenkontrastmittel, Antibiotika wie Aminoglykoside oder Am-

photericin B, nichtsteroidale Antiphlogistika, Angiotensin-converting-Enzym-Hemmer, Cyclosporin A, Methotrexat, cis-Platin, Ethylenglykol, organische Lösungsmittel, Schwermetalle, Pestizide, Fungizide;
5. akute interstitielle Nephritis durch Antibiotika, Analgetika, nichtsteroidale Antiphlogistika, Kontrastmittel, Diuretika, durch Infektionen oder Autoimmunerkrankungen;
6. akute bilaterale Pyelonephritis;
7. seltene Ursachen wie Nierenarterienstenose, Atheroembolien, Nierenvenenthrombose.

Charakteristische Befunde sind ein plasmaisotoner Urin mit einer Osmolarität <1010, eine hohe Urinnatriumausscheidung >20 mmol/l und eine hohe fraktionelle Natriumausscheidung FE(Na) >2%. Diesen Veränderungen liegt ein vermindertes Ansprechen des geschädigten Tubulus auf Angiotensin II, Aldosteron oder Vasopressin zugrunde.

- Das *postrenale Nierenversagen* durch Obstruktion der ableitenden Harnwege durch z.B. Prostatahypertrophie, Blasenentleerungsstörungen, Tumoren der ableitenden Harnwege, Kompression von außen bei Tumoren oder retroperitonealer Fibrose sowie durch Steine, Papillennekrosen oder Blutkoagel kann meist sonographisch leicht nachgewiesen werden.

Gutachterliche Bewertung

Das akute Nierenversagen dauert im Mittel 11 Tage, in Einzelfällen bis zu 6 Monaten. Die Prognose des akuten Nierenversagens ist gutachtlich in Abhängigkeit der Grunderkrankung zu beurteilen. Tritt das akute Nierenversagen in Zusammenhang mit einer als Schädigungsfolge anerkannten Grunderkrankung auf, so ist die Nierenschädigung damit ebenfalls als schädigungsbedingt anzusehen. Als typische Beispiele gelten das prärenale akute Nierenversagen bei hypovolämischem oder septischem Schock nach einem Unfall oder das renale akute Nierenversagen durch Rhabdomyolyse oder durch Medikamente.

19.6 Chronische Niereninsuffizienz und Nierenersatztherapie (Dialyse und Nierentransplantation)

Chronische Niereninsuffizienz

Die chronische Niereninsuffizienz führt zur Beeinträchtigung vieler Organsysteme durch die Anhäufung einer Reihe von toxischen Metaboliten, Veränderungen des Wasser- und Elektrolythaushalts und durch eine verminderte Bildung von Erythropoietin und Vitamin D_3 (1,25-Dihydroxycholecalciferol) mit den klinischen Erkrankungen wie renale Hypertonie, renale Anämie, renale Osteopathie, Veränderungen der Blutfette und Störungen der Blutplättchenfunktion.

Als Ursachen der renalen Anämie gelten der Mangel oder ein vermindertes Ansprechen des Knochenmarks auf Erythropoietin, die toxische Wirkung der so genannten Urämietoxine (Mittelmoleküle?) auf das Knochenmark, die leichtgradige Hämolyse mit Verkürzung der Erythrozytenüberlebenszeit um etwa 50%, eine gesteigerte Blutungsneigung durch die Störung der Plättchenfunktion mit Blutverlusten über den Gastrointestinaltrakt, eine gesteigerte Toxizität von Aluminium (z.B. in Antazida) durch die Interferenz von Aluminium mit der Aufnahme von Eisen durch die Erythrozyten sowie der sekundäre Hyperparathyreoidismus durch direkten myelosuppressiven Effekt des Parathormons auf das Knochenmark oder auch indirekt durch die Knochenmarkfibrose bei renaler Osteopathie (Black 1996). Die Phosphatretention und eine Verminderung der renalen Hydroxylierung von 25-Hydroxycholecalciferol zu 1,25-Dihydroxycholecalciferol führt zum sekundären Hyperparathyreoidismus. Dies hat eine Steigerung der intestinalen Kalziumresorption zur Folge und damit die Mobilisierung von Kalzium und Phosphat aus dem Knochen. Klinisch sind ein ausgeprägter Pruritus, Knochenschmerzen oder Spontanfrakturen zu beobachten. Radiologisch imponiert der sekundäre Hyperparathyreoidismus durch subperiostale Resorptionszonen oder Weichteilverkalkungen (NKF-K/DOQI 2003). Ursächlich für die häufige Hypertriglyzeridämie sind eine Steigerung der hepatischen Triglyzeridsynthese und die Abnahme der Lipoprotein-Lipase-Aktivität. Nach Nierentransplantation ist dagegen häufiger eine Steigerung von LDL-Cholesterin zu beobachten. Wahrscheinlich sind die Veränderungen der Blutfette wesentlich an der gesteigerten Atherosklerose bei Patienten mit chronischer Niereninsuffizienz beteiligt. Die Störung der Funktion der Blutplättchen bei chronischer Niereninsuffizienz kommt unter anderem durch die Anhäufung der Urämietoxine und die Veränderungen des Prostaglandin-Stoffwechsels zustande und wird durch die begleitende Anämie verstärkt. Die gestörte Blutplättchenfunktion führt zur Verlängerung der Blutungszeit.

Nierenersatztherapie

Die Prävalenz der chronischen Nierenersatztherapie in Deutschland beträgt 919 Patienten pro 1 Million Einwohner (Dezember 2001; Frei u. Schober-Halstenberg 2003), davon 695 Patienten pro 1 Million Einwohner mit Dialysetherapie (Hämodialyse plus Peritonealdialyse) und 224 Patienten pro 1 Million

Einwohner nach Nierentransplantation. Die Patienten unter chronischer Dialysebehandlung (Hämodialyse oder Peritonealdialyse) sind weiterhin als Patienten mit Nierenfunktionseinschränkung schweren Grades einzuschätzen. Durch die Dialysebehandlung (Hämodialyse 3×4 bis 5 Stunden pro Woche) werden etwa 7 bis 10% der normalen exkretorischen Nierenfunktion ersetzt. Die Dialyseeffektivität kann aufgrund der Harnstoffclearance und des Harnstoffverteilungsvolumens durch den Wert kt/V gemessen werden (Daugirdas u. Ing 1994). Bei der manuellen Peritonealdialyse (*CAPD*, Dialysatbeutelwechsel alle 6 Stunden) oder der meist effektiveren, maschinell assistierten Cycler-Peritonealdialyse (*CCPD*, kontinuierlich über Nacht durchführbar) wird das Bauchfell als Membran für den Austausch der Urämietoxine benutzt. Neben der zeitlichen Belastung sind die Patienten oft auch durch psychische Probleme beeinträchtigt, wobei häufig eher depressive Stimmungslagen zu beobachten sind. Subjektiv sind viele Patienten auch durch Juckreiz, Schlafstörungen, Einhaltung restriktiver Diätvorschriften (Restriktion der Trinkmenge, Meidung phosphathaltiger Lebensmittel) erheblich eingeschränkt.

Gutachterliche Bewertung

Sowohl bei der Rentenversicherung als auch im sozialen Entschädigungsrecht und nach dem Schwerbehindertenrecht werden die Einschränkungen der Nierenfunktion nach dem Serumkreatinin, besser nach der Kreatininclearance, eingeteilt in Funktionseinschränkungen leichten Grades, mittleren Grades und schweren Grades (siehe Tabelle 19.1). Die bestehenden Symptome und die körperliche Leistungsfähigkeit eines Patienten sind allerdings nur selten umgekehrt proportional zum Serumkreatinin. Vielmehr spielen die auslösende Grunderkrankung (z.B. Begleitschäden bei Diabetes mellitus, Folgeschäden durch arterielle Hypertonie und Beeinträchtigungen durch die renale Anämie oder renale Osteopathie) eine entscheidende Rolle für die Einschätzung der Leistungsfähigkeit. Die Leistungsfähigkeit hängt maßgeblich vom Herz-Kreislauf-System und vom Ausmaß der Anämie ab. Zur Beurteilung der Leistungsfähigkeit bei chronischer Niereninsuffizienz eignet sich neben der exakten Anamneseerhebung (Laufstrecke, Gehstrecke, Fließbandarbeit, Schichtarbeit, stehende oder sitzende Tätigkeit, Hausarbeit, Freizeitaktivitäten) eine Ergometerbelastung, die eine semi-quantitative Beurteilung im Vergleich mit gesunden Personen erlaubt (Huber u. Tewes 1987). Typischerweise besteht bei Patienten mit einer Einschränkung der Nierenfunktion schweren Grades sowohl eine Einschränkung der Ergometerbelastbarkeit als auch der maximalen Muskelkraft auf unter 50% der Leistung von gesunden Personen.

Seit der Einführung von rekombinantem, humanen Erythropoietin zur Behandlung der renalen Anämie kann unter entsprechender Beachtung des Eisenstatus, einer ausreichenden Dialysedosis und Kontrolle des sekundären Hyperparathyreoidismus eine Hämoglobinkonzentration von 100 bis 110 g/l auch bei Patienten mit terminaler Niereninsuffizienz erreicht werden. Unter Hämodialysetherapie ist eine Hämoglobinkonzentration unter 80 g/l mit einer signifikant erhöhten Mortalität assoziiert im Vergleich mit Hämoglobinkonzentrationen von 100 bis 110 g/l. Hingegen zeigen Hämoglobinkonzentrationen oberhalb von 110 g/l keinen weiteren günstigen Effekt (Madore et al. 1997). Bei Patienten mit chronischer Niereninsuffizienz im Prädialysestadium führt die Gabe von Erythropoietin zu einem Anstieg der Hämoglobinkonzentration, ohne dass eine gesteigerte Progression der Niereninsuffizienz resultiert (Savica et al. 1995). Bei der Einschätzung der Leistungsfähigkeit des Patienten ist daher eine entsprechende Therapie der renalen Anämie zu berücksichtigen.

Bei Vorliegen einer Nierenfunktionseinschränkung leichten Grades sollte eine Expositionsprophylaxe gegenüber potentiell nephrotoxischen Substanzen erfolgen. Weiterhin sollten ungünstige klimatische Bedingungen mit Kälte- oder Nässeexposition vermieden werden. Bei Vorliegen einer Nierenfunktionseinschränkung mittleren Grades sind meist schwere, ganztägige Arbeitsbelastungen oder Arbeiten mit plötzlicher Leistungssteigerung nicht mehr durchführbar. Bei Vorliegen einer Nierenfunktionseinschränkung schweren Grades ist der Allgemeinzustand meist stark gestört und MdE/GdB von 80 bis 100 zu veranschlagen. Im Einzelfall sind körperlich leichtere Arbeiten bis zu einer Dauer von etwa 4 Stunden möglich. Gerade bei deutlicher Verminderung der Kreatininclearance sind aufgrund der unterschiedlichen Ausprägung von renaler Anämie, peripheren Ödemen, arterieller Hypertonie, Infektneigung und verschiedener Symptome des zentralen und peripheren Nervensystems erhebliche individuelle Unterschiede bei der Bewertung der Leistungsfähigkeit zu berücksichtigen.

Fahreignung

Für das Führen von Kraftfahrzeugen bei chronischer Nierenerkrankung (▶ Kap. 36) gilt gemäß der Begutachtungsleitlinien des Bundesverkehrsministeriums: Wer unter einer schweren Niereninsuffizienz mit erheblicher Beeinträchtigung des Allgemeinbefindens und beträchtlicher Einschränkung der Leistungsfähigkeit leidet, ist zum Führen von Kraftfahrzeugen aller Klassen ungeeignet. Wer unter einer Niereninsuffizienz mit ständiger Dialysebehandlung steht, der ist zum Führen eines Kraftfahrzeugs der Gruppe 2 in der Regel ungeeignet. Unter besonders günstigen Bedingungen kann nach individueller Begutachtung durch einen in der Nephrologie besonders erfahrenen Arzt eine Eignung für diese Fahrzeugklasse angenommen werden. Eine eingehende

Begründung ist erforderlich. Wer wegen einer Niereninsuffizienz in ständiger Dialysebehandlung steht, der ist zum Führen von Fahrzeugen der Gruppe 1 bedingt geeignet, sofern nicht bestimmte Komplikationen und/oder Begleiterkrankungen die Eignung einschränken oder aufheben. Die Annahme der Eignung setzt entsprechende positive Begutachtung voraus und ist außerdem mit der Bedingung einer ständigen ärztlichen Betreuung und Kontrolle zu verbinden. Wurde eine erfolgreiche Nierentransplantation vorgenommen und ist damit eine normale oder annähernd normale Nierenfunktion gegeben, so liegt bedingte Eignung zum Führen von Kraftfahrzeugen aller Klassen vor. Zur Bedingung müssen ständige ärztliche Betreuung und Kontrolle durch einen auf diesem Gebiet (Nephrologie) besonders erfahrenen Arzt sowie jährliche Nachbegutachtung gemacht werden. Liegen Komplikationen oder Begleiterkrankungen vor, z.B. Bluthochdruck, Herzinsuffizienz, Rhythmusstörungen, koronare Herzerkrankung, Diabetes mellitus, Sehstörungen etc., so ist ihre Beurteilung nach den hierfür vorgesehenen Grundsätzen regelmäßig vorzunehmen.

Transplantation

Nach einer erfolgreichen Nierentransplantation oder auch nach kombinierter Pankreas- und Nierentransplantation, die bei Patienten mit diabetischer Nephropathie zunehmende Bedeutung gewinnt, kommt es zu einer Normalisierung der exkretorischen und endokrinen Nierenfunktion (Danovitch 1996). Das Patientenüberleben nach einem Jahr liegt über 95%, das Transplantatüberleben zwischen 90% (bei 0 HLA-mismatches) und 70% (bei 5 HLA-mismatches). Das 5-Jahres-Transplantat-Überleben beträgt rund 65%, das 10-Jahres-Transplantat-Überleben beträgt rund 50%. Als Ursache für den Verlust des Nierentransplantats nach einem Jahr gelten die chronische Transplantatnephropathie (etwa 45% der Ursachen), Tod des Patienten aufgrund kardiovaskulärer Ereignisse oder Infektionen (etwa 30%), Noncompliance (etwa 10%), Wiederauftreten der Grunderkrankung im Transplantat (5%) und andere Erkrankungen einschließlich Transplantat-Nierenarterienstenose und Harnwegsobstruktion (etwa 10%). Während in den ersten Monaten nach Transplantation also chirurgische Komplikationen, akute Abstoßungsreaktionen und Infektionen die Funktion des Transplantats bestimmen, spielen im weiteren Verlauf Veränderungen im Sinne einer chronischen Transplantatnephropathie (früher als chronische Abstoßungsreaktion bezeichnet) eine dominierende Rolle. Als Ursachen für die Entwicklung einer chronischen Transplantatnephropathie spielen immunologische und nichtimmunologische Faktoren eine Rolle. Immunologische Faktoren sind wiederholte akute Abstoßungsreaktionen, schlechte Gewebeübereinstimmung (HLA-mismatches) und unzureichende Immunsuppression. Nichtimmunologische Faktoren sind initial verzögerte Transplantatfunktion, unzureichende Nierenmasse, d.h. zu geringe Anzahl der transplantierten Nephrone im Vergleich zum Körperbedarf des Patienten, arterielle Hypertonie, Hyperlipidämie, Zytomegalievirusinfektion sowie Nephrotoxizität von Cyclosporin A. Die Folgen der chronischen Transplantatnephropathien sind wiederum die Einschränkung der glomerulären Filtrationsrate und Verschlechterung der exkretorischen und endokrinen Nierenfunktion. Aufgrund der immunsuppressiven Therapie besteht bei Patienten nach einer Nierentransplantation ein erhöhtes Infektionsrisiko. Aseptische Knochennekrosen und Hautveränderungen durch den Einsatz von Kortikosteroiden, Hirsutismus unter Cyclosporin A, diabetische Stoffwechsellage unter Tacrolimus oder gastrointestinale Beschwerden und Leukozytopenie unter Mycophenolat Mofetil sind weitere häufige Nebenwirkungen bei der Therapie nach Nierentransplantation. Darüber hinaus sind aufgrund der immunsuppressiven Therapie ein erhöhtes Auftreten von Hauttumoren oder Lymphomen beschrieben.

Gutachterliche Bewertung

In den ersten beiden Jahren nach Nierentransplantation ist eine Heilungsbewährung abzuwarten. Während dieser Zeit ist ein GdB/MdE-Grad von 100 anzusetzen. Danach ist der GdB/MdE-Grad abhängig von der verbliebenen Funktionsstörung; unter Mitberücksichtigung der erforderlichen Immunsuppression ist jedoch der GdB/MdE-Grad nicht niedriger als 50 zu bewerten.

19.7 Lebendnierenspende

Nach § 8 Abs. 2 des Transplantationsgesetzes (*TPG*) besteht die Pflicht zur Aufklärung über die Lebendorganspende hinsichtlich gesundheitlicher und versicherungsrechtlicher Aspekte. Eine Lebendspende ist nach § 8 des TPG dann zulässig, wenn die Person, die zu einer Spende bereit ist, volljährig und einwilligungsfähig sowie in besonderer Art und Weise aufgeklärt worden ist (s.u.) und in die Entnahme eingewilligt hat. Der potentielle Spender muss ferner nach ärztlicher Beurteilung als Spender geeignet und voraussichtlich nicht über das Operationsrisiko hinaus gefährdet sein oder über die unmittelbaren Folgen der Entnahme hinaus gesundheitlich schwer beeinträchtigt werden.

Organlebendspende lindert den Mangel an Spenderorganen. Der Anteil der Nierenlebendspenden liegt in Deutschland nahe 20%, international z.T. deutlich darüber (USA 50%). Nierenlebendspende erzielt höhere Erfolgsraten als die Transplantation von Leichenorganen (Chkhotua et al. 2003).

Die Letalität im zeitlichen Zusammenhang mit der Nierenlebendspende liegt bei 0,03%. Nach Nierenspende sind Spätfolgen kaum zu erwarten (Davis u. Delmonico 2005). Nach Nierenspende ist die Entwicklung einer erhöhten Proteinausscheidung im Harn bekannt, wobei nach derzeitiger Kenntnis diesem Laborbefund keine klinische Bedeutung zukommt. Wahrscheinlich ist auch das Risiko, nach Nierenlebendspende einen Bluthochdruck (als Risikofaktor für Folgekrankheiten wie Schlaganfall) zu entwickeln, im Vergleich zur Allgemeinbevölkerung nicht erhöht. Die angeborene Anlage nur einer Niere wird nicht als Krankheit gewertet.

Gutachterliche Bewertung

Nach geltender Rechtslage (Urteil des Bundessozialgerichts vom 12. 12. 1972) übernimmt der Kostenträger des Organempfängers die Kosten der Organentnahme, die Erstattung von Verdienstausfällen und ggf. die Behandlung unmittelbarer Komplikationen. Bei späteren Erkrankungen kann sich die Frage stellen, ob sie mit der Organentnahme in ursächlichem Zusammenhang stehen. Hier ist der Spender theoretisch mit dem Problem konfrontiert, dass sich kein Kostenträger zuständig fühlt. Das wäre gutachtlich zu klären. Da „Spätschäden" aber extrem selten und kaum der Tatsache der Nierenlebendspende mit Wahrscheinlichkeit ursächlich zuzuschreiben sind, wäre faktisch der Krankenversicherer des Spenders leistungspflichtig. Zwischen gesetzlicher Krankenversicherung und gesetzlicher Unfallversicherung besteht aber Uneinigkeit über die Leistungspflicht.

Komplikationen im Zusammenhang mit der Transplantation bedeuten immer auch vermögensrechtliche Konsequenzen für den Lebendspender bzw. im schlimmsten Fall für seine Hinterbliebenen. Gemäß TPG 1997 sind Personen, die Blut, körpereigene Organe, Organteile oder Gewebe spenden, versichert (§ 23 TPG i.V.m. § 2 Abs. 1 Nr. 13b SGB VII). Der Schutzbereich der gesetzlichen Unfallversicherung umfasst „die Spende und die Entnahme von menschlichen Organen, Organteilen oder Geweben (Organen) zum Zwecke der Übertragung auf andere Menschen sowie die Übertragung der Organe einschließlich der Vorbereitung dieser Maßnahmen" (§ 1 TPG i.S.v. § 8 Abs. 1 SGB VII). Aus der im Transplantationsgesetz vorgeschriebenen Informationspflicht vor Durchführung der Transplantation (§ 8 Abs. 1 Nr. 1c sowie Abs. 2 TPG) und der Pflicht zur Nachsorge (§ 8 Abs. 3 TPG) lässt sich ein Unfallversicherungsschutz ableiten, der sich auf die Durchführung der Transplantation und die ärztlichen Voruntersuchungen (§ 2 Abs. 1 Nr. 13b SGB VII) erstreckt. Dies müsste auch für die im TPG vorgeschriebene Nachsorge gelten.

Bei Vermögensschäden besteht das Problem, dass die Bezugsgröße für die Berechnung des Verletztengeldes das bisherige Arbeitsentgelt (bei abhängig Beschäftigten, s. § 14 SGB IV) bzw. das bisherige Arbeitseinkommen (bei Selbständigen, s. § 15 SGB IV) ist und das Verletztengeld nur 80 % dieser Bezugsgröße (§ 47 Abs. 1 SGB VII) beträgt. Bei vollständigem Verlust der Erwerbsfähigkeit (>50% MdE) wird dem Spender eine Vollrente gewährt, die aber nur maximal 2/3 des letzten Jahresverdienstes betragen kann. Bei Minderung der Erwerbsfähigkeit wird eine Teilrente geleistet, die der Vollrente abzüglich des MdE/GdB-Grades entspricht (§ 56 Abs. 3 SGB VII). Für den Spender bedeutet dies finanzielle Einbußen. Verstirbt der Spender in ursächlichem Zusammenhang mit der Transplantation, so hat die gesetzliche Unfallversicherung die Hinterbliebenen (Witwe/Witwer und/oder Waisen) mit Renten zu versorgen, deren Höhe in § 65 SGB VII geregelt ist. Die Renten der Hinterbliebenen dürfen zusammen 80% des letzten Jahresarbeitsverdienstes nicht übersteigen (§ 70 SGB VII). Auch hier ergeben sich also u.U. finanzielle Einbußen. Deshalb diskutiert die Enquête-Kommission Ethik und Recht in der Medizin des Deutschen Bundestages, ob für Vermögensschäden eine zusätzliche private Versicherungspflicht einzuführen wäre.

Für den Verlust, den Ausfall oder das Fehlen einer Niere wird ein MdE/GdB-Grad von 25% gewährt, was grundsätzlich auch für den Lebendspender zu gelten hat. Bisher scheint es keine entsprechende Rechtsprechung zu geben. Daher ist keine rechtsgültige Aussage möglich, ob ein Anspruch auf eine „Gewährung einer Behinderung" nach Durchführung einer Lebendorganspende besteht.

▮ Literatur

Appel LJ, Moore TJ, Obarzanek E, Vollmer WM, Svetkey LP, Sacks FM, Bray GA, Vogt TM, Cutler JA, Windhauser MM, Lin PH, Karanja N, for the DASH Collaborative Research Group (1997) A clinical trial of the effects of dietary patterns on blood pressure. N Engl J Med 336:1117–1124

Bachmann J, Tepel M, Raidt H, Riezler R, Graefe U, Langer K, Zidek W (1995) Hyperhomocysteinemia and the risk for vascular disease in hemodialysis patients. J Am Soc Nephrol 6:121–125

Baigent C, Burbury K, Wheeler D (2000) Premature cardiovascular disease in chronic renal failure. Lancet 356:147–152

Bellomo R, Atkins RC (1993) Membranous nephropathy and thromboembolism: is prophylactic anticoagulation warranted? Nephron 63:249–254

Bennett-Richards K, Kattenhorn M, Donald A, Oakley G, Varghese Z, Rees L, Deanfield JE (2002) Does oral folic acid lower total homocysteine levels and improve endothelial function in children with chronic renal failure? Circulation 105:1810–1815

Bianchi G (2000) Hypertension in chronic renal failure and end-stage renal disease patients treated with haemodialysis or peritoneal dialysis. Nephrol Dial Transplant 15 (Suppl 5):105–110

Black RM (1996) Rose and Black's clinical problems in nephrology. Little, Brown and Company, Boston

Block GA, Hulbert-Shearon TE, Levin NW, Port FK (1998) Association of serum phosphorus and calcium × phosphate product with mortality risk in chronic hemodialysis patients: a national study. Am J Kidney Dis 31:607–617

Brady HR, Singer GG (1995) Acute renal failure. Lancet 346:1533–1540

Bundesministerium für Gesundheit und Soziale Sicherung (Hrsg) (2004) Anhaltspunkte für die ärztliche Gutachtertätigkeit im sozialen Entschädigungsrecht und nach dem Schwerbehindertenrecht

Björck S, Mulec H, Johnsen SA, Norden G, Aurell M (1992) Renal protective effect of enalapril in diabetic nephropathy. BMJ 304:339–343

Brenner BM, Cooper ME, de Zeeuw D, Keane WF, Mitch WE, Parving HH, Remuzzi G, Snapinn SM, Zhang Z, Shahinfar S; RENAAL Study Investigators (2001) Effects of losartan on renal and cardiovascular outcomes in patients with type 2 diabetes and nephropathy. N Engl J Med 345:861–869

Chkhotua AB, Klein T, Shabtai E, Yussim A, Bar N, Shaharabani E, Lustig S, Mor E (2003) Kidney transplantation from living-unrelated donors: Comparison of outcome with living-related and cadaveric transplants under current immunosuppressive protocols. Urology 62:1002–1006

Clarkson TW, Magos L, Myers GJ (2003) The toxicology of mercury - current exposures and clinical manifestations. N Engl J Med 349:1731–1737

Coresh J, Wei GL, McQuillan G, Brancati FL, Levey AS, Jones C, Klag MJ (2001) Prevalence of high blood pressure and elevated serum creatinine level in the United States: findings from the third National Health and Nutrition Examination Survey (1988–1994). Arch Intern Med 161:1207–1216

Danovitch GM (1996) Handbook of kidney transplantation. Little, Brown and Company, Boston

Davis CL, Delmonico FL (2005) Living-donor kidney transplantation: a review of the current practices for the live donor. J Am Soc Nephrol 16:2098–2110

Daugirdas JT, Ing TS (1994) Handbook of dialysis. Little, Brown and Company, Boston

Diabetes Control and Complications (DCCT) Research Group (1995) Effect of intensive therapy in the development and progression of diabetic nephropathy in the diabetes control and complications trial. Kidney Int 47:1703–1720

Dubach UC, Rosner B, Stürmer T (1991) An epidemiologic study of abuse of analgesic drugs. Effect of salicylate on mortality and cardiovascular morbidity. N Engl J Med 324:155–160

Floege J, Gröne HJ (2003) IgA-Nephropathie. Internist 44:1131–1139

Frei U, Schober-Halstenberg (2003) Nierenersatztherapie in Deutschland. Bericht über Dialysebehandlung und Nierentransplantation in Deutschland 2003. QuaSi-Niere 2003

Hausberg M, Kosch M, Harmelink P, Barenbrock M, Hohage H, Kisters K, Dietl KH, Rahn KH (2002) Sympathetic nerve activity in end-stage renal disease. Circulation 106:1974–1979

Himmelfarb J, Stenvinkel P, Ikizler TA, Hakim RM (2002) The elephant in uremia: oxidant stress as a unifying concept of cardiovascular disease in uremia. Kidney Int 62:1524–1538

Huber W, Tewes G (1987) Der chronisch Nierenkranke im Erwerbsleben. In: Konietzko H (Hrsg) Handbuch der Arbeitsmedizin. Ecomed, Landsberg

Jenette JC, Falk RJ (1997) Small-vessel vasculitis. N Engl J Med 337:1512–1523

Johnson RJ, Herrera-Acosta J, Schreiner GF, Rodriguez-Iturbe B (2002) Subtle acquired renal injury as a mechanism of salt-sensitive hypertension. N Engl J Med 346:913–923

Jones CA (2003) Hypertension and renal dysfunction: NHANES III. J Am Soc Nephrol. 14:S71–S75

Kindler J, Giani G, Handt S, Sieberth HG (1990) Einfluss verschiedener Faktoren auf die Progredienz der Niereninsuffizienz bei Analgetika-Nephropathie. Klin Wochenschr 68:1042–1049

Klag MJ, Whelton PK, Randall BL, Neaton JD, Brancati FL, Ford CE, Shulman NB, Stamler J (1996) Blood pressure and end-stage renal disease in men. N Engl J Med 334:13–18

Konietzko H (1996) Cadmium und seine Verbindungen. In: Konietzko H, Dupus H (Hrsg) Handbuch der Arbeitsmedizin. Ecomed, Landsberg

Langford CA (2003) Treatment of ANCA-associated vasculitis. N Engl J Med 349:3–4

Lewrenz H, Friedel B (1985) Krankheit und Kraftverkehr. Gutachten des gemeinsamen Beirats für Verkehrsmedizin beim Bundesminister für Verkehr und beim Bundesminister für Jugend, Familie und Gesundheit. Schriftenreihe des Bundesministers für Verkehr, Heft 67, Bonn

Lin JL, Lin-Tan DT, Hsu KH, Yu CC (2003) Environmental lead exposure and progression of chronic renal diseases in patients without diabetes. N Engl J Med 348:277–286

London GM, Blacher J, Pannier B, Guerin AP, Marchais SJ, Safar ME (2001) Arterial wave reflections and survival in end-stage renal failure. Hypertension 38:434–438

Madore F, Lowrie EG, Brugnara C, Lew NL, Lazarus JM, Bridges K, Owen WF (1997) Anemia in hemodialysis patients: variables affecting this outcome predictor. J Am Soc Nephrol 8:1921–1929

Maschio G, Alberti D, Janin G, Locatelli F, Mann JFE, Motolese M, Ponticelli C, Ritz E, Zucchelli P, and the Angiotensin-Converting-Enzyme Inhibition in Progressive Renal Insufficiency Study Group (1996) Effect of the angiotensin-converting-enzyme inhibitor benazepril on the progression of chronic renal insufficiency. N Engl J Med 334:939–945

Maxwell MH, Fitzsimmons E, Harrist R, Hotchkiss J, Langford HG, Payne GH, Schneider KA, Varaday P (1983) Hypertension detection and follow-up program. Baseline laboratory examination characteristics of the hypertensive participants. Hypertension 5: 133–159

Mogensen CE, Keane WF, Bennett PH, Jerums G, Parving HH, Passa P, Steffes MW, Striker GE, Viberti GC (1995) Prevention of diabetic renal disease with special reference to microalbuminuria. Lancet 346:1080– 1084

Nakao N, Yoshimura A, Morita H, Takada M, Kayano T, Ideura T (2003) Combination treatment of angiotensin-II receptor blocker and angiotensin-converting-enzyme inhibitor in non-diabetic renal disease (COOPERATE): a randomised controlled trial. Lancet 361:117–124

National Kidney Foundation (2001) NKF-K/DOQI Clinical practice guidelines for hemodialysis adequacy: update 2000. Am J Kidney Dis 37(Suppl 1):S7–S64

National Kidney Foundation (2003) NKF-K/DOQI Clinical practice guidelines for bone metabolism and disease in chronic kidney disease. Am J Kidney Dis 42(Suppl 4):S1–S201

Orth SR, Ritz E (1998) The nephrotic syndrome. N Engl J Med 338:1202–1211

Palmer BF (1995) Renal complications associated with use of nonsteroidal anti-inflammatory agents. J Investig Med 43:516–533

Pedrini MT, Levey AS, Lau J, Chalmers TC, Wang PH (1996) The effect of dietary protein restriction on the progression of diabetic and non-diabetic renal diseases: a meta-analysis. JAMA 124:627–632

Pontremoli R, Viazzi F, Sofia A, Tomolillo C, Ruello N, Bezante GP, Del Sette M, Martinoli C, Lotti R, Sacchi G, Deferrari G (1997) Microalbuminuria: a marker of cardiovascular risk and organ damage in essential hypertension. Kidney Int 63:S163–S165

Quaschning T, Krane V, Metzger T, Wanner C (2001) Abnormalities in uremic lipoprotein metabolism and its impact on cardiovascular disease. Am J Kidney Dis 38 (Suppl 1):S14–S19

Rathmann W, Haastert B, Icks A, Löwel H, Meisinger C, Holle R, Giani G (2003) High prevalence of undiagnosed diabetes mellitus in Southern Germany: Target populations for efficient screening. The KORA survey 2000. Diabetologia 46:182–189

Remuzzi G, Ruggenenti P (1995) The hemolytic uremic syndrome. Kidney Int 47:2–19

Ruggenenti P, Perna A, Gherardi G, Gaspari F, Benini R, Remuzzi G (1998) Renal function and requirement for dialysis in chronic nephropathy patients on long-term ramipril: REIN follow-up trial. Gruppo Italiano di Studi Epidemiologici in Nefrologia (GISEN). Ramipril Efficacy in Nephropathy. Lancet 352:1252–1256

Savica V, Costantino G, Monardo P, Bellinghieri G (1995) Subcutaneous low doses of recombinant human erythropoietin in predialysis patients do not interfere with the progression of renal failure. Am J Nephrol 15:10–14

Shulman NB, Ford CE, Hall WD, Blaufox MD, Simon D, Langford HG, Schneider KA (1989) Prognostic value of serum creatinine and effect of treatment of hypertension on renal function. Results from the hypertension detection and follow-up program. The Hypertension Detection and Follow-up Program Cooperative Group. Hypertension 13:I80–I93

Stehman-Breen C, Wilson R, Alpers CE, Gretch D, Johnson RJ (1995) Hepatits C virus-associated glomerulonephritis. Curr Opinion Nephrol Hypertens 4:287–294

Tepel M, van der Giet M, Statz M, Jankowski J, Zidek W (2003) The antioxidant acetylcysteine reduces cardiovascular events in patients with end-stage renal failure: a randomized, controlled trial. Circulation 107: 992–995

Wasserstein AG (1997) Membranous glomerulonephritis. J Am Soc Nephrol 8:664–674

Yusuf S, Sleight P, Pogue J, Bosch J, Davies R, Dagenais G (2000) Effects of an angiotensin-converting-enzyme inhibitor, ramipril, on cardiovascular events in high-risk patients. The Heart Outcomes Prevention Evaluation Study Investigators. N Engl J Med 342:145–153

Zoccali C, Bode-Boger S, Mallamaci F, Benedetto F, Tripepi G, Malatino L, Cataliotti A, Bellanuova I, Fermo I, Frölich J, Boger R (2001) Plasma concentration of asymmetrical dimethylarginine and mortality in patients with end-stage renal disease: a prospective study. Lancet 358:2113–2117

20 Krankheiten der Harnorgane sowie der männlichen Geschlechtsorgane

W. Diederichs

Das Urogenitalsystem ist nicht als statisches Organgebilde, sondern als eine Anlage mit funktionell dynamischer Leistung zu verstehen. Charakteristische Leitsymptome sind der Schmerz (z.B. Nierenkolik, Dysurie) sowie qualitative und quantitative Veränderungen von Urin (z.B. Hämaturie, Polyurie) und Sperma (z.B. Hämospermie). Gegenstand einer urologischen Begutachtung kann jede pathologische Veränderung oder indirekte Funktionsstörung des Urogenitaltraktes sein. Die Organschädigung und die Einordnung einer urologischen Erkrankung müssen hierbei in einem Kausalzusammenhang zu einem Trauma (z.B. Beckenfraktur und erektile Dysfunktion) oder zu einer Noxe (z.B. Harnröhrenkatheterbehandlung und später auftretende Harnröhrenstriktur) gesehen werden.

Besonderheiten der Befunderhebung und der Diagnostik

Die *Vorgeschichte* sollte Angaben zu vererbbaren urologischen Erkrankungen erfassen und Hinweise geben zu familiären Belastungen von urologischer Bedeutung, z.B. Steindiathesen, Diabetes mellitus, Hypertonie, Tuberkulose oder Tumorleiden.

Der *Untersuchungsbefund* schließt in jedem Fall eine gründliche allgemeine körperliche Untersuchung mit ein und beschreibt besonders das Abdomen, die Nierenlager, das äußere Genitale sowie den rektalen Tastbefund einschließlich der Prostata. Die genitalen Reflexe (Kremastereflex, Bulbocavernosusreflex, Analreflex) sollten geprüft und die Hautsensibilität samt Temperaturempfinden beschrieben werden.

Laboruntersuchungen dienen der Bestimmung der Nierenfunktion (Serumkreatinin, Harnstoff-N, Harnsäure und Serumelektrolyte), der Kontrolle von Tumorkrankheiten (α-Fetoprotein, β-HCG, PSA und LDH) oder der Diagnostik von Steinerkrankungen (Serumkalziumspiegel, Parathormon und Urinelektrolyte). Die nichtinvasive Untersuchung des Urins (mikroskopischer und kultureller Harnbefund) stellt Funktionsstörungen des Harntraktes fest und kann als Urinzytologie bei der Verlaufsbegutachtung des Urothelkarzinoms hilfreich sein.

Nichtinvasive bildgebende Verfahren wie die Sonographie haben radiologische Untersuchungen in vielen Fällen ersetzt, in anderen ergänzt. In Kombination mit der Harnflussmessung erlaubt die sonographische Restharnbestimmung eine Funktionsbeurteilung des unteren Harntraktes. Sie wird ergänzt durch moderne urodynamische Untersuchungen des Harntraktes sowie durch nichturologische Methoden wie Computertomographie, Kernspintomographie oder Sequenzszintigraphie.

Invasive urologisch-instrumentelle Untersuchungen wie Urethrozystoskopie, Ureterorenoskopie oder auch Biopsien der Harn- und Geschlechtsorgane runden das diagnostische Armentarium des Urologen ab (Tabellen 20.1–20.3).

Tabelle 20.1. Urologische Diagnostik zur Begutachtung von Nieren- und Harnleiterschäden

Serum	Harnstoff-N, Kreatinin, Na, K, Ca, Cl, Harnsäure, Phosphat, Oxalat, Parathormon
Urin	Sediment, Kammerzählung, Harnkultur, Keimbestimmung, Urinelektrolyte Kreatininclearance (2×12 h) 24-h-Ausscheidung lithogener Substanzen
Sonographie	Nieren (Größe, Lage, Parenchymkonfiguration, Harnstauungszeichen)
Nierenfunktion	Sequenz-Funktionsszintigraphie mit seitengetrennter Clearance
Röntgen	CT (alternativ: MRT)
Ureterorenoskopie	PE-Entnahme

Tabelle 20.2. Urologische Diagnostik zur Begutachtung von Blasen-, Prostata- und Harnröhrenschäden

Serum	PSA (gesamt und freies)
Urin	Sediment, Kammerzählung, Harnkultur, Keimbestimmung Urinzytologie, ggf. als Blasenspülzytologie
Sonographie	Blase, Prostata, Harnröhre
Blasenfunktion	Harnflussmessung mit Restharnbestimmung, Blasendruckmessung Vorlagen-(PAD)-Test zur Quantifizierung einer Harninkontinenz
Röntgen	Miktionszysturethrogramm
Probeentnahme	Transrektale Feinnadelbiopsie der Prostata Urethrozystoskopie und PE-Entnahme aus Harnblase oder Harnröhre

Tabelle 20.3. Wesentliche urologische Diagnostik zur Begutachtung von Schäden des äußeren Genitale, der Infertilität und der erektilen Dysfunktion

Serum	endokrine Hodenfunktion (Testosteron, LH, FSH, Prolaktin)
Sonographie	Skrotalinhalt mit Volumetrie der Hoden
Ejakulat	Spermiozytogramm, Spermakultur
Erektile Dysfunktion	Schwellkörperpharmakontest (SKAT) Farbdoppler-Sonographie der penilen Gefäße Bulbokavernosusreflex-Latenzzeitmessung, somatomotorisch evozierte Potenziale

20.1 Unspezifische entzündliche Erkrankungen

80–90% aller urogenitalen Entzündungen entwickeln sich aszendierend (Weidner u. Schiefer 2003). Als Risikofaktoren für einen Harnwegsinfekt erweisen sich funktionelle oder anatomische Veränderungen im Sinne einer Obstruktion oder eines Passagehindernisses (z.B. Harnsteine, Blasenentleerungsstörungen) und auch systemische Erkrankungen (Diabetes mellitus, Glomerulopathie, chronische Niereninsuffizienz, Hämodialyse, hämatoonkologische Erkrankungen und AIDS) (Bauer 1999). Teilursachen sind auch im Zusammenhang mit einer Exposition gegenüber Kälte- und Nässetraumen zu sehen (Bichler u. Strohmaier 2004).

Kongenitale Anomalien oder *iatrogene Maßnahmen* wie z.B. eine Dauernephrostomieableitung, ein Blasenverweilkatheter oder eine Harnableitungsoperation sowie ein vesikorenaler Reflux stellen Voraussetzungen her, die eine chronische Harnwegsinfektion unvermeidlich machen können. Ein Kausalzusammenhang zwischen rezidivierenden Harnwegsinfekten und der Entwicklung einer chronischen Pyelonephritis ist ohne solche Faktoren abzulehnen. Die Therapie muss darauf ausgerichtet sein, die entzündungsauslösende Ursache zu beseitigen (z.B. Beseitigung der Obstruktion, Entfernung von Fremdkörpern bzw. von Harnsteinen). Folgen einer chronischen Pyelonephritis können chronische Schmerzen, eine renale Hypertonie und die Ausbildung einer Niereninsuffizienz bis hin zur Dialysepflichtigkeit sein (Vahlensieck u. Hoffmann 2003).

Gutachterliche Bewertung

Neben der Erfassung einer Verminderung der Nierenfunktion sind gutachterlich auch die genannten möglichen Begleiterkrankungen zu berücksichtigen.

Entzündliche Veränderungen der Harnblase sind als Schädigungsfolge anzuerkennen, wenn sie im Zusammenhang stehen mit traumatisch bedingten Harnröhrenverletzungen, z.B. nach Beckenbrüchen, oder wiederholten Katheterisierungen, z.B. bei neurogen bedingten Blasenentleerungsstörungen. In diesem Kontext sind auch eine chronische Prostatitis oder Epididymitis zu bewerten.

Urogenitaltuberkulose

Die Urogenitaltuberkulose ist unter den entzündlichen Harnwegserkrankungen eine besondere Form und heutzutage wieder aktuell, insbesondere durch die Ausbreitung von AIDS. Annähernd 30% aller extrapulmonalen Tuberkulosefälle manifestieren sich im Urogenitalsystem. In den letzten 10 Jahren erhöhte sich die Latenzzeit auf durchschnittlich 30 Jahre (Lenk et al. 1999).

Meist befällt die Urotuberkulose primär die oberen Harnwege und entwickelt sich hier in Phasen, an deren Ende die völlige Zerstörung der Niere mit Ausprägung einer Kittniere oder eine Wassersackniere durch stenosierenden Befall des Harnleiters stehen kann. Über eine kanalikuläre Fortleitung kann das gesamte harnableitende System betroffen sein, z.B. durch Ausbildung einer Schrumpfblase infolge Fibrose der Harnblasenwand. Infolge des überwiegend urinogen-kanalikulären, deszendierenden Infektionsweges ist bei männlichen Patienten der Genitalapparat zusätzlich zu 90% mit befallen und Ursache einer Infertilität (Brühl 2003). Die antituberkulotische Ersttherapie kann bei guter Patientencompliance und bei Therapieerfolg (Brühl 2003) auf 6 Monate begrenzt werden. Als Folgeschäden können eine Nierenschrumpfung, eine Niereninsuffizienz, Harnwegsinfekte, Harnsteinbildungen, Fertilitätsstörungen oder eine Hypertonie auftreten (Rösner u. Witte 1984).

Gutachterliche Bewertung

Bei der Begutachtung sollten diese möglichen Folgeschäden sorgfältig von anderen Ursachen abgegrenzt werden. Die langen Latenzzeiten sind bei der Beurteilung der Kausalität zu berücksichtigen.

20.2 Urolithiasis

Mit einer Wahrscheinlichkeit von 4% ist jeder Mensch während seines Lebens einmal Nierensteinträger (Hesse u. Siener 1997). Die Pathogenese einer Harnsteinbildung ist eingebettet in eine übergeordnete Grundkrankheit. Die Entstehung beruht auf einem multifaktoriellen Geschehen. Verschiebung der Harnzusammensetzung, metabolische Veränderungen, Urinmilieu oder Harnstauung spielen bei der Lithogenese eine Rolle. Traumatische Läsionen mit nachfolgender Bettlägerigkeit oder rezidivierende Harnwegsinfekte schaffen für die Steinbildung günstige Voraussetzungen (Bichler u. Strohmaier 2004).

Soweit möglich, richtet sich die Therapie primär auf die Ausschaltung erkennbarer Ursachen der Steingenese (z. B. Sanierung einer Harnabflussbehinderung). Bei nicht abgangsfähigen Harnsteinen ist die Behandlung symptomatisch ausgerichtet, z. B. in Form einer intra- oder extrakorporalen Lithotripsie sowie endoskopischer und perkutaner Steinentfernungen. Ziel der jeweiligen Behandlung sollte die Steinfreiheit sein, um die Spätfolgen in Form von Rezidivsteinen, Entzündungen oder einer Niereninsuffizienzausbildung zu verhindern.

Je nach Steinart können verschiedene Empfehlungen zur Rezidivprophylaxe (Metaphylaxe) gegeben werden (z. B. Erhöhung der täglichen Flüssigkeitsmenge).

Gutachterliche Bewertung

Gutachterlich von Bedeutung ist besonders die sekundäre Infektsteinbildung (Bichler u. Strohmaier 2004). Hierbei muss ein Zusammenhang zwischen der primären Noxe (z. B. Harnstauung bei Harnleiterstenose nach Harnleiterverletzung, Immobilisation bei Querschnittslähmung) und den rezidivierenden, zur Steinbildung führenden Infekten aufgezeigt werden (auch ▶ Kap. 20.1).

20.3 Tumoren

20.3.1 Nierentumoren

Beim Erwachsenen sind 3% aller Malignome bösartige Nierentumoren (Sökeland et al. 2002). Prädisponierende Faktoren sind die von-Hippel-Lindau-Erkrankung (retinozerebelläre Angiomatose, erbliche (Chromosom 3 p25/26) oder sporadische (50%) Phakomatose), zunehmendes Lebensalter, Tabakrauch, eine chronisch eingeschränkte Nierenfunktion und Übergewicht bei Frauen. Hinzu kommen die langjährige Einnahme von Diuretika, Analgetika und Laxantien (Boeckmann u. Jackse 2001). Nierentumoren werden meist zufällig im Rahmen einer Oberbauchsonographie entdeckt.

Bei lokalem Tumorgeschehen ist die Therapie der Wahl die partielle oder vollständige Tumornephrektomie. Die 5-Jahres-Überlebensrate liegt hierbei zwischen 74 und 100% (Boeckmann u. Jackse 2001). Bei fortgeschrittenen Stadien gibt es bislang keine allgemein anerkannte Therapie. Vielfach kommt eine adjuvante Immuntherapie zur Anwendung (Boeckmann u. Jackse 2001).

Gutachterliche Bewertung

Gutachterlich muss nach der Nephrektomie die renale Restfunktion beurteilt werden. Bei gesunder kontralateraler Niere ist die globale Nierenfunktion meist nur vorübergehend beeinträchtigt. In fortgeschrittenen Stadien mit Fernmetastasen ist das Leistungsvermögen der Betroffenen infolge der Reduktion des Allgemeinzustandes einzuschätzen.

20.3.2 Karzinome der Harnwege

Überwiegend entwickeln sich die Malignome aus dem Urothel und treten bevorzugt in der Harnblase auf.

Leitsymptom ist die schmerzlose Makrohämaturie. Tumoren im oberen Harntrakt werden radikal entfernt mittels Nephroureterektomie. Ein nierenerhaltendes Vorgehen wird bei distalen Harnleitertumoren angestrebt (Sökeland et al. 2002). Die endoskopische Tumorresektion ist Mittel der Wahl beim oberflächlichen Harnblasenkarzinom in Verbindung mit einer Chemoinstillationsbehandlung bei einem Tumorrezidiv. Bei fortgeschrittenen Tumoren erfolgt die radikale Zystektomie mit inkontinenter oder kontinenter Harnableitung (Sökeland et al. 2002).

Gutachterliche Bewertung

Neben einer beruflichen Exposition müssen ein Nikotin- und Analgetikaabusus, eine durchgemachte Chemotherapie mit alkylierenden Zytostatika, wie z. B. Cyclophosphamid, oder eine Bilharziose im Rahmen eines Kausalzusammenhanges zum Harnblasenkarzinom geprüft werden (Bolt et al. 1993).

Nach endoskopischer Entfernung eines oberflächlichen Harnblasenkarzinoms ist eine Heilungsbewährung von zwei Jahren abzuwarten (Bichler 2004). Nach einer Harnblasenentfernung einschließlich künstlicher Harnableitung werden je nach Stadium 80 bis 100% GdB bzw. MdE gewährt. In der Rehabilitation und sozialmedizinischen Begutachtung müssen insbesondere die Folgen einer Harnableitung (Nierenfunktions- und Stoffwechselstörungen, Probleme der Harninkontinenz) berücksichtigt werden (Vahlensieck u. Hofmann 2003).

20.3.3 Prostatakarzinom

Das Prostatakarzinom ist mit das häufigste Malignom beim Mann. Neben einer familiären Belastung sind ätiologisch Ernährungsfaktoren (Tierfett, faserarme Nahrung) wesentlich (Altwein u. Mohandessi 2003). In der Früherkennung ist die Bestimmung des prostataspezifischen Antigens (PSA) richtungsweisend (S3-Leitlinie (Luboldt u. Rübben 2004); ▶ http://www.uni-duesseldorf.de/AWMF/ll/043-036v.htm), da

Frühsymptome meist fehlen. Der Nutzen des PSA-Screening als bevölkerungsbezogene Vorsorgeleistung wird aber weiterhin kontrovers diskutiert.

Das lokal begrenzte Prostatakarzinom kann mittels radikaler Prostatektomie oder Strahlentherapie (interstitielle Brachytherapie) behandelt werden. Ein kontrolliertes Zuwarten bei älteren Betroffenen mit einem eher hochdifferenzierten kleinvolumigen Karzinom stellt eine weitere Option dar. In fortgeschrittenen Fällen mit Fernmetastasen steht eine antiandrogene Behandlung im Vordergrund. In der Sekundärtherapie werden chemohormonale Kombinationsbehandlungen eingesetzt (Altwein u. Mohandessi 2003).

Gutachterliche Bewertung

Nach kurativer Behandlung eines Prostatakarzinoms ist in den ersten 5 Jahren eine Heilungsbewährung abzuwarten (MdE/GdB 50–100%) (Flüchter et al. 2004). Die Folgen einer Bestrahlung oder einer Prostatektomie (Harninkontinenz, Defäkationsprobleme, Harnröhrenstrikturen, erektile Dysfunktion) sowie einer hormonablativen Therapie bei fortgeschrittenen Stadien (Hitzewallungen, körperliche Schwäche, Anämie, Impotenz) müssen gutachterlich gewürdigt werden (Vahlensieck u. Hofmann 2003).

20.3.4 Hodenkarzinom

1% aller Malignome des Mannes sind Hodentumoren (Sökeland et al. 2002). Betroffen sind überwiegend Jüngere (Altersgipfel zwischen dem 20. und 40. Lebensjahr). Klinisch imponiert eine schmerzlose zunehmende derbe Hodenvergrößerung. Therapeutisch ist umgehend eine radikale Semikastration samt Ausbreitungsdiagnostik vorzunehmen. Je nach histologischem Tumortyp und Stadium der Erkrankung werden als weitere Maßnahmen eine Chemotherapie oder eine Bestrahlung vorgenommen. Bei lokal begrenztem Tumor und günstigen pathologischen Faktoren ist im Einzelfall auch eine „Wait-and-see"-Strategie zu vertreten.

Gutachterliche Bewertung

Stadienunabhängig werden über 90% der Patienten geheilt (EBM IIa; Souchon et al. 2002). Folgen einer Chemo- oder Strahlentherapie sind bei unkompliziertem Verlauf nach 6 Monaten abgeklungen. 91% der Patienten sind nach dieser Zeit wieder belastbar für leichte bis gelegentlich mittelschwere Arbeiten ohne zeitliche Einschränkung (Vahlensieck u. Hoffmann 2003).

20.4 Angeborene Missbildungen

Angeborene Missbildungen am Harntrakt finden sich bei etwa 10% der Bevölkerung (Sökeland et al. 2002). Nierenparenchymanomalien wie die Nierenhypoplasie oder -dysplasie bzw. zystische Erkrankungen werden ebenso oft beobachtet wie kongenitale Störungen am Hohlsystem des Harntraktes. Oft ist eine Fehlanlage noch mit einer physiologisch normalen Leistungsbreite des Organs vereinbar.

Gutachterliche Bewertung

Fehlbildungen treten zumeist über ihre Folgezustände (z.B. Harnwegsinfekte, Harnsteinbildung, Hydronephrose) gutachterlich in Erscheinung (Bichler u. Strohmaier 2004). Die gutachterliche Situation ist weiter erschwert, wenn ein fehlangelegtes Organsystem von einer Noxe betroffen wird.

Angeborene Einzelnieren oder der damit vergleichbare Verlust eines Restorgans bei paarig angelegten Systemen mit verbleibender Einnierigkeit bedingen in der Regel sozialmedizinisch keine Einschränkung der Erwerbstätigkeit. Voraussetzung dafür ist die voll erhaltene Leistung des Restorganes, die sich unter anderem in einer kompensatorischen Hypertrophie bemerkbar macht.

20.5 Traumatologische Schäden

20.5.1 Nieren- und Harnleiterverletzungen

Nierenverletzungen erfolgen meist als stumpfe Traumen nach Verkehrs- und Arbeitsunfällen, aber auch zunehmend in Zusammenhang mit Sportunfällen (Fußball, Reiten, Rad- und Skifahren) (Bichler et al. 2000) und sind häufig mit anderen schweren Verletzungen z.B. im Rahmen eines Polytraumas assoziiert (Freid u. Rutledge 1995). Die indirekte Unfallkraft kann auch zu Dezelerationstraumen mit Verletzungen des Nierenstieles insbesondere zur Intimaläsion der Arteria renalis führen. Weitere Verletzungsursachen sind Pfählungs-, Stich- und Schussverletzungen. Der Schweregrad der Verletzung wird nach der „organ injury scale" der „American Association for the surgery of trauma" klassifiziert (Moore et al. 1989). Etwa 95% der Verletzungen können konservativ behandelt werden.

Gutachterliche Bewertung

Bei der Bewertung von Nierenschäden sollte eine mögliche Funktionseinschränkung der Nieren ermittelt und Folgen im Sinne einer chronischen Pyelonephritis, einer Harnabflussstörung, einer Harnsteinbildung oder einer Bluthochdruckausbildung bei Page-Niere berücksichtigt werden.

Traumatisierungen des Harnleiters sind in erster Linie iatrogene Verletzungen bei Operationen im kleinen Becken oder bei endoskopischen Eingriffen. Kleine Wandverletzungen heilen unter Einlage einer Harnleiterschiene i. d. R. folgenlos ab. Bei größeren Defekten muss mit einer Narbenbildung und möglicher Harntransportstörung gerechnet werden. Komplette Durchtrennungen oder Unterbindungen des Harnleiters können zu schweren Folgezuständen (Harnfistel bzw. Hydronephrose mit Nierenverlust) führen. Sofern möglich, wird operativ eine Rekonstruktion des Harnleiters angestrebt.

Gutachterliche Bewertung

Infolge der dargestellten Ätiologie haben Harnleiterverletzungen eine hohe Relevanz bei der arzthaftungsrechtlichen Begutachtung. Neben Fragen der Aufklärung sind die Indikation des Eingriffes, die operative Durchführung sowie die postoperative Überwachung zu klären (Bichler u. Kern 2004).

20.5.2 Harnblasenverletzungen

Bei Verletzungen der Harnblase muss zwischen direkten Verletzungen der Harnblasenwand und der neurogenen Steuerung der Harnblase unterschieden werden. Verletzungen der Harnblasenwand sind abhängig vom Füllungszustand der Harnblase (Übermuth 1969).

Gutachterliche Bewertung

Kleinere extraperitoneale Verletzungen heilen unter einer Dauerableitung der Harnblase innerhalb von 1–2 Wochen aus und führen zu keiner Minderung der Erwerbstätigkeit. Intraperitoneale Verletzungen der Wand müssen i. d. R. operativ verschlossen werden. Größere Hämatome infolge von ausgedehnten knöchernen Begleitverletzungen können zu Füllungsproblemen der Harnblase führen, die klinisch als Pollakisurie, Dysurie oder Harninkontinenz in Erscheinung treten. Hiervon abzugrenzen sind neurogene Schäden der Harnblaseninnervation (▶ Kap. 20.6).

20.5.3 Verletzungen der Harnröhre

Bei traumatischen Harnröhrenverletzungen treten die supradiaphragmalen Läsionen 5- bis 8-mal häufiger auf als die infradiaphragmalen (Marx 1986). Geschlossene Harnröhrenverletzungen treten fast immer im Rahmen einer Beckenfraktur bzw. Symphysensprengung auf (Bichler et al. 1997). Endoluminales Einbringen von Fremdkörpern in die Harnröhre im Rahmen von autoerotischen Manipulationen oder iatrogen bei operativen Eingriffen an der Prostata kann zu Verletzungen von Harnröhrenschleimhaut, Corpus spongiosum und des Sphincter urethrae externum führen. Hieraus können aufsteigende Infektionen der Adnexen, der Harnblase und des oberen Harntraktes resultieren.

Gutachterliche Bewertung

An Spätfolgen nach Harnröhrenverletzungen können die Harninkontinenz, die Harnröhrenstriktur mit Blasenentleerungsstörung, chronische Blaseninfektionen mit Blasensteinbildung sowie eine erektile Dysfunktion (▶ Kap. 20.8.1) relevant werden. Die Therapie dieser Schäden gestaltet sich teilweise unbefriedigend, da z. B. nach strikturbeseitigenden Eingriffen (Morey u. McAninch 1997) in 3–4% der Fälle eine Revisionsoperation erfolgen muss.

20.6 Neurogene Blasenfunktionsstörungen

Nach Sauerwein (1996) sind im klinischen Alltag neurogene Hirn- und Rückenmarkschäden oberhalb des sakralen Miktionszentrums von besonderer Bedeutung. Diese zentralen Veränderungen können zur Ausbildung einer Reflexblase mit den Folgen des unkontrollierten Harnverlustes, rezidivierenden Harnwegsinfekten, der Schädigung des oberen Harntraktes durch eine Refluxnephropathie sowie zu verschiedenen vegetativen Begleiterscheinungen bei zunehmender Harnblasenfüllung führen (Stöhrer 2003).

Die Detrusoratonie resultiert bei Unterbrechung des peripheren Reflexbogens. Zu nennen sind als Ursachen Conus-, Cauda- sowie Beckenverletzungen, Zustand nach ausgedehnten operativen Eingriffen im kleinen Becken (z. B. Rektumamputation) und polyneuropathische Erkrankungen. Mischbilder mit Detrusorhyper- bzw. -hypokontraktionsschäden finden sich bei der Myelitis disseminata, bei Morbus Parkinson und angeborenen Defekten (z. B. Spina bifida). Mit neurogenen Blasenentleerungsstörungen können Defäkations-, Lubrikations-, Erektions- und Ejakulationsprobleme einhergehen.

Die Therapie muss auf die Wiederherstellung einer geordneten Harnspeicher- und Entleerungsfunktion der Harnblase ausgerichtet sein (Sauerwein 1996). Vielfach gelingt dies durch die Verabreichung von anticholinerg wirkenden Medikamenten und durch die Blasenentleerung mittels intermittierendem Katheterismus.

Gutachterliche Bewertung

Folgen einer unzureichenden Wiederherstellung der Harnblasenfunktion im Sinne von rezidivierenden Harnwegsinfekten, Harninkontinenz, Harnsteinbildung und Ausbildung einer Refluxnephropathie stellen erhebliche Komplikationen des Grundleidens dar und müssen gutachterlich umfassend berücksichtigt werden. Die damit oft verbundene zunehmende Verschlimmerung rechtfertigt eine Anpassung der Berentung an den jeweiligen Funktionszustand. Besonders hinzuweisen ist daher auf regelmäßige Kontrolluntersuchungen bzw. eine kurzfristige Nachbegutachtung. Die Wiedereingliederung in den Beruf ist bei Auftreten der dargestellten Komplikationen erheblich eingeschränkt.

20.7 Nichtneurogene Blasenfunktionsstörungen

Nach Empfehlungen der ICS (Abrams et al. 2002) sind hierunter die Belastungsinkontinenz, die Urge-Inkontinenz (Dranginkontinenz), die Mischharninkontinenz (Symptome von Belastungs- und Dranginkontinenz gemeinsam), die Inkontinenz bei chronischer Harnretention (z. B. bei Prostatahyperplasie oder Harnröhrenstriktur) und die extraurethrale Inkontinenz (z. B. Harnblasenscheidenfistel) zu erwähnen. Diese verschiedenen Inkontinenzformen können neben ausführlichen anamnestischen Angaben z. T. nur durch aufwändige urodynamische Untersuchungen unterschieden werden (siehe Tabelle 20.2). Das klinische Ausmaß der Inkontinenz sollte erfasst werden (z. B. Anzahl der benötigten Vorlagen am Tage und während der Nacht, Vorlagen-(PAD)-Test zur Quantifizierung einer Harninkontinenz, Pollakis-, Dys- und Nykturieausmaß). Die Therapie ist sehr unterschiedlich und reicht von operativen Verfahren (z. B. Harnblasensuspension bei Belastungsinkontinenz, Fistelverschluss bei extraurethraler Inkontinenz) bis hin zu konservativen Vorgehensweisen (z. B. Gabe von Anticholinergika oder α-Rezeptorenblockern bei Urge-Inkontinenz).

Gutachterliche Bewertung

In der Begutachtung müssen diese Harninkontinenzformen ätiologisch gegenüber neurogenen Ursachen abgegrenzt werden. Im sozialmedizinischen Bereich ist die Beeinträchtigung bei körperlicher Tätigkeit (häufiges Bücken, Knien, Tragen von Lasten) zu berücksichtigen. Im Arbeitsbereich ist darauf zu achten, dass Toiletten erreichbar sind, um z. B. Vorlagen wechseln zu können. Kälte- sowie Nässeexpositionen sind zu vermeiden (Vahlensieck u. Hoffmann 2003).

20.8 Andrologie

20.8.1 Erektile Dysfunktion

Gutachterlich relevante Erektionsstörungen sind i. d. R. neurogen bedingt als Folge von Traumen (Schädel-Hirn-Trauma, Querschnittslähmung, Beckenfraktur oder hintere Harnröhrenverletzung) oder sie sind iatrogenen Ursprungs (Operationen im kleinen Becken: Beckengefäße, Rektumamputation, radikale Prostatektomie, Zystektomie, transurethrale Prostataresektion; Bestrahlungen der Beckenregion) (Strohmaier u. Bichler 2004).

Die Diagnostik der erektilen Dysfunktion ist weitgehend standardisiert (Jardin et al. 1999). Durch die Einführung der Phosphodiesterase-5-Inhibitoren (Sildenafil, Tadalafil, Vardenafil) wurde die Behandlung der erektilen Dysfunktion revolutioniert. An weiteren therapeutischen Maßnahmen stehen die intrakorporale Injektion von Prostaglandin E_1, die Nutzung von Vakuumhilfen und die Implantation von Penisprothesen zur Verfügung.

Gutachterliche Bewertung

Für die Begutachtung der erektilen Dysfunktion sind nach Porst (2000) folgende Punkte relevant:

- Besteht per definitionem überhaupt eine erektile Dysfunktion?
- Welcher Schweregrad einer erektilen Dysfunktion liegt vor (komplette Koitusunfähigkeit mit Unmöglichkeit der vaginalen Penetration oder nur gelegentliches Ausbleiben der rigiden Erektion)?
- War das zur Debatte stehende Ereignis von Art, Schweregrad und Lokalisation überhaupt geeignet, für die Erektionsfunktion wichtige anatomische Strukturen (Nerven, Gefäße, Gehirnzentren) zu schädigen?
- Bestehen zu dem zur Debatte stehenden Ereignis konkurrierende Erkrankungen wie Diabetes, Hypertonie, Arteriosklerose oder Hormonstoffwechselstörungen, welche in der Lage sind, Erektionsstörungen hervorzurufen?
- Zu welcher Beeinträchtigung führt die erektile Dysfunktion im sozialen Umfeld des Patienten? Hier müssen insbesondere das Alter sowie die persönlichen Lebensumstände Berücksichtigung finden.

20.8.2 Infertilität des Mannes

Ursachen der Infertilität können eine exokrine oder endokrine Insuffizienz und auch Störungen des Samentransportes sein.

Gutachterliche Bewertung

Gutachterlich stehen Hodenfunktionsstörungen (z. B. Hodenverlust oder Atrophie nach übersehener Hodentorsion oder nach Leistenbruchoperation) im Vordergrund. Wesentliche diagnostische Schritte sind in Tabelle 20.3 hinterlegt. Strohmaier und Bichler (2000) weisen darauf hin, dass Fertilitätsstörungen die Leistungsfähigkeit zwar nicht primär, aber sekundär über psychische Reaktionen beeinträchtigen können. Daher sollten die individuellen Umstände unbedingt berücksichtigt werden.

Literatur

Abrams P, Cardozo L, Fall M et al (2002) The standardisation of terminology of lower urinary tract function: Report from the standardisation sub-committee of the International Continence Society. Neurourol Urodyn 21:167–178

Altwein JE, Mohandessi B (2003) Prostata- und Samenblasentumoren In: Jocham D, Miller K (Hrsg) Praxis der Urologie, Band II. Thieme, Stuttgart New York, S 174–224

Bauer HW (1999) Epidemiologie. In: Hofstetter A (Hrsg) Urogenitale Infektionen. Springer, Berlin Heidelberg, S 1–19

Bichler K-H (2004) Verletzungen und Erkrankungen der Harnblase. In: Bichler K-H (Hrsg) Das urologische Gutachten. Springer, Berlin Heidelberg, S 112–122

Bichler K-H, Kern B-R (2004) Arztrechtliche Begutachtung von Verletzungen und Erkrankungen der ableitenden Harnwege. In: Bichler K-H (Hrsg) Das urologische Gutachten. Springer, Berlin Heidelberg, S 269–296

Bichler K-H, Strohmaier WL (2004) Erkrankungen, Fehlbildungen und Verletzungen der Niere. In: Bichler K-H (Hrsg) Das urologische Gutachten. Springer, Berlin Heidelberg, S 58–85

Bichler K-H, Wilbert DM, Maurer F, Weise K, Weller S (1997) Die Behandlung der Harnröhrenruptur. Akt Traumatologie 27:204–211

Bichler K-H, Zumbrägel A, Mattuach W, Lahme S (2000) Urologische Sportverletzungen. Dtsch Z Sportmed 51: 359–364

Boeckmann W, Jackse G (2001) Nierenzellkarzinom. In: Rübben H (Hrsg) Uroonkologie. Springer, Berlin Heidelberg, S 23–56

Bolt HM, Jorritsma U, Golka K (1993) Zur Frage der arbeitsmedizinischen Begutachtung von Harnblasentumoren bei Exposition gegen aromatische Amine (BK Nr. 1301). Z Arb wiss 47:50–54

Brühl P (2003) Urogenitaltuberkulose. In: Jocham D, Miller K (Hrsg) Praxis der Urologie, Band II. Thieme, Stuttgart New York, S 529–556

Flüchter SH, Bichler K-H, Weigl A, Kalchthaler M (2004) Verletzungen und Erkrankungen der Prostata. In: Bichler KH (Hrsg) Das urologische Gutachten. Springer, Berlin Heidelberg, S 168–180

Freid FA, Rutledge R (1995) A statewide, population-based analysis of the frequency and outcome of genitourinary injury in a series of 215220 trauma patients. J Urol 153:314A

Hesse A, Siener R (1997) Current aspects of epidemiology and nutrition in urinary stone disease. World J Urol 15:165–171

Jardin A, Wagner G, Khoury S et al (1999) Erectile Dysfunction. 1st International Consultation on Erectile Dysfunction, July 1–3 1999, Paris. Plymbridge Distributors, Plymouth

Lenk S, Rothenberger KH, Brühl P (1999) Urogenitaltuberkulose. In: Hofstetter A (Hrsg) Urogenitale Infektionen. Springer, Berlin Heidelberg, S 415–442

Luboldt H-J, Rübben H (2004) Früherkennung des Prostatakarzinoms. Dtsch Ärztebl 101:A1736–1738

Marx FJ (1986) Begutachtung von Erkrankungen und Verletzungen der Harnröhre. In: Bichler K-H (Hrsg) Begutachtung und Arztrecht in der Urologie. Springer, Berlin Heidelberg New York, S 56–69

Moore EE, Shackford SR, Pachter HI et al (1989) Organ injury scaling: spleen, liver and kidney. J Trauma 29: 1664–1666

Morey AF, McAninch JW (1997) Reconstruction of posterior urethral disruption injuries: outcome analysis in 82 patients. J Urol 157:506–510

Porst H (2000) Gutachterliche und kassenrechtliche Aspekte zur erektilen Dysfunktion. In: Porst H (Hrsg) Manual der Impotenz. Uni-Med, Bremen, S 466–473

Rösner N, Witte E (1984) Tuberkulose des Urogenitaltraktes – Hinweise zur Begutachtung im sozialen Entschädigungsrecht und nach dem Schwerbehindertengesetz. Urologe A 23:204–209

Sauerwein D (1996) Die Bedeutung der Speicherphase. Urologe (B) 36:169–171

Sökeland J, Schulze H, Rübben H (2002) Gut- und bösartige Neubildungen. In: Sökeland J, Schulze H, Rübben H (Hrsg) Urologie, Thieme, Stuttgart New York, S 257–320

Sökeland J, Schulze H, Rübben H (2002) Fehlbildungen und urologische Erkrankungen im Kindesalter. In: Sökeland J, Schulze H, Rübben H (Hrsg) Urologie. Thieme, Stuttgart New York, S 129–184

Souchon R, Schmoll H-J, Krege S (2002) Leitlinie zur Diagnostik und Therapie von Hodentumoren auf Grundlage evidenzbasierter Medizin (EBM). Zuckschwerdt, München Bern Wien New York

Stöhrer M (2003) Neurogene Blasenentleerungsstörung. In: Jocham D, Miller K (Hrsg) Praxis der Urologie, Band II. Thieme, Stuttgart New York, S 317–335

Strohmaier WL, Bichler K-H (2004) Erkrankungen und Verletzungen des äußeren Genitale. In: Bichler K-H (Hrsg) Das urologische Gutachten. Springer, Berlin Heidelberg, S 154–165

Übermuth H (1969) Richtlinien für die urologische Begutachtung. Barth, Leipzig

Vahlensieck W, Hoffmann H (2003) Urologische Erkrankungen. In: Verband Deutscher Rentenversicherungsträger (Hrsg) Sozialmedizinische Begutachtung für die gesetzliche Rentenversicherung. Springer, Berlin, Heidelberg, S 411–426

Weidner W, Schiefer HG (2003) Unspezifische urogenitale Entzündungen. In: Jocham D, Miller K (Hrsg) Praxis der Urologie, Band I. Thieme, Stuttgart New York, S 529–556

21 Krankheiten der weiblichen Geschlechtsorgane

B.H. Holmer und A. Jensen

21.1 Maligne Erkrankungen

Gutachterliche Beratung

Nach der Primärbehandlung von malignen gynäkologischen Erkrankungen, während der in der Regel Arbeitsunfähigkeit besteht, entsteht häufig die Frage der Rehabilitation und Wiedereingliederung ins Berufsleben. Mehr als die Hälfte der Betroffenen ist zum Zeitpunkt der Tumorerkrankung unter 60 Jahre alt und somit häufig berufstätig. Ansonsten bestehen die gleichen gesetzlichen Bestimmungen der Rentenversicherungen wie bei anderen Tumorerkrankungen. Die Höchstdauer der Arbeitsunfähigkeit bis zur Aussteuerung beträgt 1½ Jahre. Nach der Primärtherapie (Operation, Chemotherapie, Strahlentherapie) ist es meist sinnvoll, die Patientin einer Anschlussheilbehandlung zuzuführen. Diese sollte innerhalb von 2 Wochen beginnen.

Ein Heilverfahren ist innerhalb eines Jahres zu Lasten der Rentenversicherer als sonstige Leistung zur Rehabilitation nach § 31 Abs. 1 SGB VI möglich.

Nach Abschluss der stationären Rehabilitationsphase stellt sich für den begutachtenden Arzt die Frage der Erwerbsfähigkeit. Ausschlaggebend für die sozialmedizinische Beurteilung ist dabei nicht das Vorliegen der Diagnose einer malignen Erkrankung oder die damit verbundene Behinderung, sondern die daraus resultierenden Funktionseinschränkungen und deren Auswirkungen auf die Ausübung einer Erwerbstätigkeit. Voll erwerbsgemindert sind Patientinnen, die wegen Krankheit oder Behinderung auf nicht absehbare Zeit außer Stande sind, mindestens drei Stunden täglich unter typischen Umständen erwerbstätig zu sein. Patientinnen, die drei bis sechs Stunden täglich erwerbstätig sein können, gelten als teilweise erwerbsgemindert.

Bei der Beurteilung ist ausschließlich der „Ist-Zustand" zu berücksichtigen mit den damit verbundenen Einschränkungen und der verbliebenen Leistungsfähigkeit. Sie darf sich nicht an der Prognose orientieren. In der Regel werden Berentungen wegen Erwerbsminderung zeitlich befristet auf zunächst drei Jahre. Nur wenn jegliche Wiederaufnahme einer Erwerbsfähigkeit aus medizinischen Gründen sicher ausgeschlossen ist, ist eine Befristung nicht erforderlich.

Dabei ist auch der Wunsch der Patientin zu berücksichtigen, ggf. wieder schnell ins Berufsleben eingegliedert zu werden, sei es auch nur wegen der damit verbundenen sozialen Kontakte. Diese können einen erheblichen Einfluss auf das Selbstwertgefühl haben.

Nach Behandlung maligner Erkrankungen kann sich durch die Behandlung selbst oder durch die Therapie eine Behinderung nach dem Sozialgesetzbuch IX ergeben.

Der Grad der Behinderung ist wie bei anderen Tumorerkrankungen abhängig von den resultierenden Defekten und der Schwere der Tumorerkrankung.

Der Verlust einer Brustdrüse ergibt einen Grad der Behinderung von ca. 30%, der Verlust beider Brustdrüsen 40%, eine brusterhaltende Therapie führt nur zu einem GdB von 0–20%.

Funktionseinschränkungen im Schultergürtel, im Arm oder in der Wirbelsäule als Operations- oder Bestrahlungsfolgen sind ggf. zusätzlich zu berücksichtigen.

Bei malignen Erkrankungen ist in den ersten 5 Jahren eine Heilungsbewährung abzuwarten. Während dieser Zeit führt ein Tumorstadium 1–2 des Mammakarzinoms ohne axillären Lymphknotenbefall zu einem GdB von 50%, im Tumorstadium 1-2 mit axillärem Lymphknotenbefall zu einem GdB von 60%, höhere Tumorstadien begründen einen GdB von über 80%. Nach Ablauf der ersten 5 Jahre werden die Grade der Behinderung herabgesetzt, sofern keine Rezidive oder Metastasen aufgetreten sind. Es ist dann nur noch der durch den jeweiligen Verlust des Organs bedingte GdB zu berücksichtigen.

Der Verlust der Gebärmutter allein bei gutartigen Erkrankungen führt nicht zu einer Behinderung, lediglich in jüngerem Lebensalter bei noch bestehendem Kinderwunsch ist von 20% auszugehen.

Bei Zervix- oder Korpuskarzinomen im Frühstadium T1a kann während eines zweijährigen Zeitraums der Heilungsbewährung ein GdB von 50% angenommen werden, im Stadium T1b–T2b beträgt während der ersten 5 Jahre der GdB 50–60%. Höhere Tumorstadium führen zu einem GdB von 80%.

Entsprechend gelten für das Ovarialkarzinom während der fünfjährigen Heilungsbewährung 50% im Stadium T1NxM0, sonst wie bei anderen fortgeschrittenen Malignomen 80% (▶ Tabelle 21.1).

Tabelle 21.1. Bewertung des Grades der Behinderung bei gynäkologischen Erkrankungen (Auszug aus der GdB/MdE-Tabelle des Bundesministeriums für Gesundheit und Soziale Sicherung)

		MdE/GdB-Grad
Verlust der Brust		
▮ einseitig		30
▮ beidseitig		40
Segment- oder Quadrantenresektion		0–20
Aufbauplastik		
▮ nach Mastektomie	einseitig	10–30
	beidseitig	20–40
▮ nach subkutaner Mastektomie	einseitig	10–20
	beidseitig	20–30
Mammakarzinom bei Entf. im Stadium		
▮ T1-2pN0M0		50
▮ T1-2pN1M0		60
▮ in anderen Stadien		mind. 80
Verlust der Gebärmutter und Sterilität		0
▮ im jüngeren Lebensalter bei noch bestehendem Kinderwunsch		20
Zervixkarzinom bei Entfernung im Stadium T1aN0M0 (Heilungsbewährung 2 Jahre)		50
Korpuskarzinom bei Entfernung bis Stadium T1bG1 bis inn. Drittel Myometrium (Heilungsbewährung 2 Jahre)		50
Zervixkarzinom bei Entfernung		
▮ im Stadium T1b-2aN0M0		50
▮ im Stadium T2bN0M0		60
▮ sonst		80
(Heilungsbewährung 5 Jahre)		
▮ Korpuskarzinom bei Entfernung oder Infiltration über inneres Drittel Myometrium		
▮ im Stadium T1N0M0G2-3		50
▮ im Stadium T2N0M0		60
▮ sonst		80
(Heilungsbewährung 5 Jahre)		
Verlust eines Eierstocks		0
Unterentwicklung, Verlust oder Ausfall beider Eierstöcke		
▮ ohne Kinderwunsch und ohne wesentl. Auswirkung auf den Hormonhaushalt – immer i.d. Menopause		10
▮ bei Kinderwunsch oder Hormonausfall trotz Substitution		20–30
▮ vor Abschluss der körperlichen Entwicklung		20–40
Maligne Ovarialtumoren bei Entfernung		
▮ im Stadium T1N0M0		50
▮ alle anderen		80
Chronische oder chronisch-rezidivierende Adnexprozesse		10–40
Endometriose		
▮ leichten Grades		0–10
▮ mittleren Grades		20–40
▮ schweren Grades		50–60

Tabelle 21.1 (Fortsetzung)

	Mde/GdB-Grad
Scheidenfisteln	
▮ Harnweg-Scheidenfistel	50–60
▮ Mastdarm-Scheidenfistel	60–70
▮ Harnweg-Mastdarm-Scheidenfistel (Kloakenbildung)	100
Senkung der Scheidenwand, Vorfall der Scheide und/oder der Gebärmutter	
▮ ohne Harninkontinenz oder mit geringer Stressinkontinenz	0–10
▮ mit stärkerer Inkontinenz und/oder stärkeren Senkungsbeschwerden	20–40
▮ mit völliger Harninkontinenz	50–60
▮ bei ungünstiger Versorgungsmöglichkeit	70
Isolierte Senkung der Scheidenhinterwand	
▮ mit leichten Defäkationsstörungen	0–10
▮ stärkere entsprechend dem gastroenterologischen Krankheitsbild	
Scheiden-Gebärmutteraplasie ohne Plastik nach 14. Lebensjahr einschl. Sterilität	40
Kraurosis Vulvae	
▮ geringen Grades	0–10
▮ mäßigen Grades	20–30
▮ stärkeren Grades	40
Vollständige Entfernung der Vulva	40
Maligner Vaginaltumor Entfernung (5 Jahre Heilungsbewährung)	
▮ im Stadium T1N0M0	60
▮ sonst	80
Maligner Vulvatumor Entfernung (5 Jahre Heilungsbewährung)	
▮ im Stadium T1-2N0M0	50
▮ sonst	80

Beim Mammakarzinom ist das Armlymphödem von besonderer Bedeutung. Dieses kann durch die Tumorerkrankung selbst, die Axilladissektion oder die Strahlentherapie verursacht werden. Patientinnen, bei denen ein solches Ödem aufgetreten ist, können Tätigkeiten mit stärkerer Beanspruchung des betroffenen Armes nicht zugemutet werden. Dieses betrifft auch die Verletzungsgefahr oder die Belastung durch Wärme oder längere Sonnenbestrahlung.

Ein Großteil der Mammakarzinome wird inzwischen schonend brusterhaltend operiert. Aber auch bei vollständiger Entfernung der Brustdrüse ist eine Bewegungseinschränkung durch die Operation eher selten, seit die radikalen Operationsverfahren mit Entfernung der Brustmuskulatur verlassen worden sind. Bei größeren Tumoren und onkoplastischen

Operationen wie Latissimus dorsi und Rectus abdominis Schwenklappenplastiken muss jedoch auf Grund der Muskulaturverlagerung von funktionellen Einschränkungen ausgegangen werden.

Nach Tumortherapie im Bereich des Genitale steht insbesondere nach Radikaloperationen die operationsbedingte Einschränkung der Erwerbsfähigkeit im Vordergrund.

Außer den in Kapitel 21.3 beschriebenen typischen Eingriffen wegen gutartiger Erkrankungen wird bei den Radikaloperationen im Becken wegen eines Karzinoms des Uterus und der Adnexe meist eine Ausräumung der Beckenlymphknoten und des parametranen Gewebes durchgeführt. Dabei kann es einerseits zur Ausbildung von Lymphzysten kommen, andererseits auch zu Blasenfunktionsstörungen durch Denervierung. Falls die Tumorerkrankung auf andere Organe übergegriffen hat, kann ebenfalls eine Darmresektion erforderlich sein. In diesem Zusammenhang ist manchmal auch die Anlage eines Anus praeter erforderlich. Bei ausgedehnter retroperitonealer Aussaat des Tumorgewebes mit Einengung des Ureters wird zur Erhaltung der Nierenfunktion entweder eine Ureterschienung oder eine perkutane Fistelung des Nierenbeckens durchgeführt. Hierzu sei auf die fachspezifischen Kapitel verwiesen. Bei Vulvakarzinomen wird oft eine radikale Vulvektomie mit Entfernung der Leistenlymphknoten oder auch der Lymphknoten im kleinen Becken erforderlich. Nach Vulvektomie kann es zu Wundheilungsstörungen kommen sowie zu narbenbedingten Strikturen, die eine sitzende Tätigkeit unmöglich machen und daher einen Wechsel des Arbeitsplatzes erfordern können.

Bei fortgeschrittenen palliativ behandelten Tumorerkrankungen kommt meist eine Wiedereingliederung ins Berufsleben nicht mehr in Frage.

21.2 Senkungszustände des inneren Genitale

Senkungszustände des inneren Genitale kommen relativ häufig vor. Die genaue Häufigkeit ist unbekannt, da die Dunkelziffer hoch ist. Über das Thema wird von Frauen nicht gern gesprochen.

Oft ist mit den Senkungszuständen auch eine Belastungsinkontinenz der Harnblase verbunden.

Die Senkungszustände treten gehäuft als „Spätschäden“ nach Schwangerschaften auf, sind jedoch nicht an eine vaginale Entbindung gekoppelt. Auch nach Schnittentbindungen kann als Folge der Druckbelastung und Gewebsüberdehnung während der Schwangerschaft eine Senkung des inneren Genitale auftreten.

Bei Defekten der vorderen Vaginalwand kommt es zu einer Zystozele, bei Defekten der hinteren Vaginalwand zur Rektoele oder Enterozele. Wenn die Senkung des Uterus damit verbunden ist, spricht man von einem Partial- oder Totalprolaps. Auch nach Hysterektomien kann es analog zum Uterusprolaps ebenfalls zu einem Vorfall des Scheidenstumpfes kommen.

Da bei klassischen Deszensusoperationen zwar der Defekt behoben wird, nicht jedoch die ursächliche Bindegewebsschwäche, sind Rezidive häufig. Insbesondere bei fortgesetzter körperlicher Belastung am Arbeitsplatz ist dies der Fall.

In den letzten Jahren sind immer mehr Operationsverfahren mit alloplastischem Material wie TVT („Tension free vaginal tape“) in den Vordergrund getreten. Sie ersetzen teilweise die zur Behebung der Belastungsinkontinenz seit Jahrzehnten bewährten abdominalen Kolposuspensionsverfahren nach Marshall-Marcetti-Krantz bzw. nach Burch. Nachteil der abdominalen Verfahren ist, dass der Blasenhals dargestellt werden muss. Hierzu werden nach Durchtrennung der Faszie die Rektusbäuche suprasymphysär auseinandergedrängt, was eine nicht zu unterschätzende postoperative Morbidität bedingt. Im Gegensatz dazu werden bei den modernen vaginalen Verfahren geflochtene Bänder, die meist aus nichtresorbierbarem Polypropylen hergestellt sind, als „Hängematte“ unter die Urethra gelegt und nach Durchzug durch die endopelvine Faszie entweder retropubisch oder durch das Foramen obturatum im Gewebe verankert. Auch Interponate aus Schweinekollagen, die sich nach einigen Monaten auflösen, werden verwendet. Sie sollen für eine dauerhafte Wiederherstellung des Beckenbodens sorgen. Ähnliche Materialien können zur Versorgung der Rekto- oder Enterozele verwendet werden. Bei den so genannten „spannungsfreien“ Verfahren werden die Bänder zur Wiederherstellung des Urethraverschlussdrucks nicht angezogen. Daher ist eine Beurteilung des Operationsergebnisses erst nach ca. 3 Monaten möglich.

Da es sich um neue Verfahren handelt, stehen Langzeitergebnisse noch aus. Sie scheinen aber Erfolgsquoten um 80%, ähnlich den der abdominalen Techniken, zu erreichen.

Auch nach einer Wiederherstellung der Defekte des Beckenbodens sollte die körperliche Belastung begrenzt werden, um Rezidiven vorzubeugen.

Gutachterliche Bewertung

Eine Senkung der Scheidenwand führt zu einer MdE abhängig vom Grad der Senkung und der begleitenden Harninkontinenz (▶ Tabelle 21.1).

21.3 Folgezustände nach gynäkologischen Operationen

Operationen am inneren Genitale können über 4 verschiedene Zugangswege durchgeführt werden:

1. Per Laparotomie

Dies ist der Zugang mit der größten postoperativen Morbidität. Dabei wird die Bauchhöhle entweder durch Medianschnitt oder durch suprasymphysären Querschnitt eröffnet. Dieser Weg ist erforderlich bei der Entfernung des großen Uterus myomatosus, bei großen Ovarialtumoren und in der Regel bei malignen Erkrankungen. Durch die langstreckige Durchtrennung der Faszie dauert es etwa 6 Wochen nach der Operation, bis die volle Belastbarkeit wieder hergestellt ist. Da operationsbedingt ebenfalls ein größerer Peritonealschnitt entsteht, kommt es durch Ausschüttung von Entzündungsmediatoren häufig zu Adhäsionen. Diese entstehen meist zwischen dem Peritoneum parietale und dem großen Netz, können sich aber auch auf die Wunden im kleinen Becken erstrecken. Durch die entstehenden Briden kann es zu chronischen Adhäsionsbeschwerden kommen, seltener auch zum mechanischen Ileus.

2. Per Laparoskopie

Seit der flächendeckenden Verbreitung der Videolaparoskopie, die inzwischen fast in jeder Klinik verfügbar ist, werden viele Eingriffe am inneren Genitale laparoskopisch durchgeführt. Dies betrifft vor allem die Adnexchirurgie bei benignen Veränderungen, die Adhäsiolysen und die Entfernung von Uterustumoren (Myomen). Man kann hier inzwischen schon von einer Standardmethode sprechen. Die Verfahren ermöglichen wegen der geringen postoperativen Morbidität oft auch ambulante Eingriffe. Die Arbeitsunfähigkeit beträgt danach 1–2 Wochen. Bei geeigneten Befunden ist ebenfalls eine laparoskopische Hysterektomie entweder vollständig oder suprazervikal möglich. Die suprazervikale Hysterektomie, deren Vorteil im Erhalt der Zervix mit dem Bandapparat und der intraoperativen Nichtgefährdung der Ureteren besteht, wurde wegen der vor der flächendeckenden Krebsvorsorge häufigen Zervixstumpfkarzinome in den 70er Jahren fast vollständig verlassen. Diese Methode erlebt aber durch die laparoskopischen Techniken zur Zeit eine Renaissance.

Langzeiteinschränkungen der Erwerbsfähigkeit nach laparoskopischen Operationen sind selten und bei Adhäsionen oder Beckenendometriose auf die Grunderkrankung und nicht auf die Operation zurückzuführen.

3. Vaginaler Zugang

Uterusexstirpationen bei benignen Veränderungen oder funktionellen Problemen wie Deszensus können oft vaginal durchgeführt werden, insbesondere bei Frauen, die Kinder geboren haben. Eine Adnexentfernung im Rahmen der Hysterektomie ist ebenfalls oft von vaginal möglich. Da hierbei keinerlei Hautinzisionen erforderlich sind, ist der vaginale Zugang der am wenigsten invasive. Bei einer vaginalen Uterusentfernung ist die Beckenbodenkontinuität mit voller Belastbarkeit ebenfalls nach ca. 6 Wochen wieder gegeben.

Diagnostische vaginale Eingriffe wie die Ausschabung spielen eine untergeordnete Rolle, da diese nicht mit längerfristiger Arbeitunfähigkeit verbunden sind.

4. Hysteroskopischer Zugang

Eingriffe am Cavum uteri können endoskopisch durchgeführt werden. Hierzu wird ein Hysteroskop durch den Zervikalkanal nach Dilatation in das Cavum uteri eingeführt. Unter Sicht können mit Hochfrequenzstrom oder Laser Polypen des Endometrium oder submuköse oder intrakavitäre Myome abgetragen werden.

Eine längerdauernde Arbeitsunfähigkeit oder Erwerbsminderung sind auch hier nicht zu erwarten.

21.4 Spezifische und unspezifische Entzündungen des Genitale, Endometriose

Die typischen Infektionen des inneren Genitale, die meist aszendierend aus dem Genitaltrakt entstehen, sind von großer sozialer Bedeutung. Insbesondere die Spätfolgen wie Zyklusstörungen, Menstruations- oder Verwachsungsbeschwerden können vorübergehende oder auch anhaltende Arbeitsunfähigkeit zur Folge haben. Ursache sind meist Darmbakterien wie E. coli oder Enterokokken. Lues oder Tuberkolose hingegen sind in Mitteleuropa selten geworden. Gonokokkeninfektionen kommen gelegentlich vor.

Wichtig für eine vollkommene Rehabilitation ist eine frühzeitige konsequente antibiotische und antiphlogistische Therapie. Diese muss zum Teil auch stationär durchgeführt werden. Bei unklaren Befunden kann eine Laparoskopie oder Laparotomie erforderlich werden. Ergänzend dazu kann eine Balneotherapie wie Moorbäder die Behandlung unterstützen. Manchmal ist auch zur Behandlung von Spätfolgen ein operativer Eingriff erforderlich, insbesondere bei Adhäsionen oder Entstehen einer Sactosalpinx und der damit verbundenen Schmerzsymptomatik und Sterilität.

Gutachterliche Bewertung

Chronische oder chronisch-rezidivierende Prozesse der Adnexe und der Parametrien können je nach Schwere der Beschwerden eine Minderung der Erwerbsfähigkeit von bis zu 40% begründen. Das gleiche gilt für die Endometriose, die als Endometriosis interna im Uterus, als Endometriosis externa auch in anderen Beckenorganen, insbesondere im Bereich der Ovarien und des Douglasperitoneums und sogar gelegentlich extragenital auftritt. Diese führt bei starken, den Allgemeinzustand beeinträchtigenden Beschwerden mit Übergreifen auf Nachbarorgane zu MdE/GdB von bis zu 60% (▶ Tabelle 21.1). Die Schwere des Krankheitsbildes und der notwendigen operativen und medikamentösen Behandlung kann bisweilen die eines Genitalkarzinoms übersteigen. Bei Befall der Darmwand kann eine Darmresektion erforderlich werden, bei Ausbreitung im Retroperitoneum sind zur Sanierung manchmal ausgedehnte Gewebsresektionen erforderlich.

21.5 Beurteilung der medizinischen Notwendigkeit von plastischen Operationen

Gutachterliche Bewertung

Im Bereich der Frauenheilkunde geht es in der Regel bei plastischen Operationen um Eingriffe an der weiblichen Brust. Hierbei ist die Abgrenzung zwischen ästhetischen Operationen und medizinisch indizierten Eingriffen oft schwierig. Meist wird von den Kostenträgern vor Entscheidung über die Kostenübernahme der Rat des zuständigen Medizinischen Dienstes eingeholt. Für die erfolgreiche Beantragung der Kostenübernahme sollten daher detaillierte ärztliche Gutachten beigefügt werden, aus denen die medizinische Notwendigkeit hervorgeht. Bei geplanten Eingriffen zur Wiederherstellung nach verstümmelnden Operationen wie Brustamputationen durch Tumorerkrankungen ist die Sachlage klar. Die Eingriffe müssen von den Krankenversicherungen übernommen werden, da es sich um einen Folgezustand auf Grund einer Erkrankung handelt. Bei der Mammareduktion wegen Makromastie oder Ptose muss eine körperliche Beeinträchtigung vorliegen, die die Operation zu Lasten der Krankenversicherungen rechtfertigt. Die Kosten für eine Augmentation werden in der Regel nur übernommen, wenn das körperliche Erscheinungsbild deutlich entstellt ist, wie bei einer ausgeprägten Anisomastie.

Bezüglich der Kostenübernahme durch die gesetzlichen Krankenkassen sind zwei Entscheidungen des Bundessozialgerichtes vom 19. 10. 2004 maßgeblich: AZ B 1 KR 9/04 R und B 1 KR 3/03 R. Hierin wird u. a. festgestellt, dass eine von der Idealform abweichende Brustgröße keine Krankheit darstellt, da die Variabilität der weiblichen Brust sehr groß ist. Auch eine psychische Beeinträchtigung begründet keinen operativen Eingriff zu Lasten der gesetzlichen Krankenkassen. Statt dessen wird auf die Möglichkeit einer psychotherapeutischen Behandlung verwiesen, da sich gezeigt hat, dass durch die Operation die psychische Beeinträchtigung nicht behoben wird. Rückenschmerzen, die auf Grund von muskulären Verspannungen beruhen, auch im Rahmen einer Makromastie, sind physiotherapeutisch zu behandeln. Für weitere Einzelheiten wird auf den Entscheidungstext verwiesen, der eine ausführliche Begründung beinhaltet.

Literatur

Becker E (2006) Soziale Informationen 2006 der Frauenselbsthilfe nach Krebs Bundesverband e.V., 30. aktualisierte Auflage

Bundesministerium für Gesundheit und soziale Sicherung (Hrsg) (2004) Anhaltspunkte für die ärztliche Gutachtertätigkeit im sozialen Entschädigungsrecht und nach dem Schwerbehindertenrecht

Fischer A (2006) Praktische Urogynäkologie spannungsfrei. Haag und Herchen

Hirsch HA, Kaeser O, Iklé, FA (1995) Atlas der gynäkologischen Operationen, 4. Aufl. Thieme, Stuttgart

Junkermann H et al (1991) Rehabilitation und soziale Hilfen. In: Wulff K-H, Schmidt-Matthiesen H (Hrsg) Klinik der Frauenheilkunde und Geburtshilfe, Bd 10. Urban & Schwarzenberg, München

Keckstein J Hucke J (2000) Die endoskopischen Operationen in der Gynäkologie. Urban & Fischer, München

Petri E (2000) Gynäkologische Urologie. Thieme, Stuttgart

Rauch E, Weissenrieder N, Peschers U (2004) Sexualdelikte – Diagnostik und Befundinterpretation. Dtsch Ärztebl 101:A2682

22 Begutachtung bei Verdacht auf Sexualdelikte

B.H. Holmer und A. Jensen

Der Frauenarzt wird häufig von den Ermittlungsbehörden zur Beurteilung des Opfers bei Verdacht auf ein Sexualdelikt hinzugezogen, nachdem Anzeige erstattet worden ist. Statt eines ausführlichen gynäkologischen Fachgutachtens wird von den Ermittlungsbehörden oft lediglich eine Untersuchung des Opfers zur Beweissicherung und stichpunktartige Beantwortung eines vorgegebenen Fragenkataloges beauftragt.

In diesem Fall muss der untersuchende Arzt sich auf den vorgegebenen Auftrag beschränken. Es kann jedoch sein, dass er später von einem Gericht noch als sachverständiger Zeuge hinzugezogen wird. Daher empfiehlt es sich auf jeden Fall, ausführliche Aufzeichnungen wie zur Erstellung eines Gutachtens anzufertigen.

Wendet sich ein weibliches Opfer eines Sexualdelikts direkt an den Frauenarzt, so sollte der Betroffenen immer geraten werden, zunächst die Polizei einzuschalten, um die Tat zur Anzeige zu bringen. Dies kann auch direkt in den Klinik- oder Praxisräumen erfolgen.

Falls das zunächst vom Opfer nicht gewünscht wird, muss bei der Untersuchung trotzdem auf die notwendige Beweissicherung für den Fall einer späteren polizeilichen Ermittlung geachtet werden.

Für eine systematische Untersuchung empfiehlt sich die Verwendung einer standardisierten Checkliste, wie sie z.B. von der Österreichischen Gesellschaft für Gynäkologie und Geburtshilfe herausgegeben wird (Abb. 22.1).

Bei der Begutachtung bei Verdacht auf Sexualdelikt ist zunächst die Anamnese bezüglich des Tathergangs zu erheben. Hierbei ist auch der Zeitpunkt des letzten gewollten Geschlechtsverkehrs zu erfragen. Insbesondere von Bedeutung auch bezüglich der Spurensicherung ist die Angabe, ob es zu vaginalem, analem oder oralem Verkehr und ob es zu einem Samenerguß gekommen ist. Darauf folgend muss eine vollständige körperliche Inspektion erfolgen. Mögliche Verletzungen sind zu fotographieren und detailliert zu beschreiben. Sollten Verletzungen vorhanden sein, deren Beurteilung den Kompetenzbereich des Frauenarztes überschreitet, sollte ein entsprechender Facharzt (z.B. Chirurg/Unfallchirurg/HNO) hinzugezogen werden.

Für die kriminaltechnische Untersuchung sind Abstriche auf unbehandelten Watteträgern zu fertigen. Die Abstriche sollten je nach angegebenem Tathergang aus den entsprechenden Körperöffnungen entnommen werden. Die Watteträger werden nach der Abstrichentnahme an der Luft getrocknet und müssen in einem belüfteten Gefäß bis zur weiteren Aufarbeitung (z.B. zur forensischen DNA-Analyse) aufbewahrt werden.

Zur möglichen Gewinnung von Körperhaaren des Täters werden die Schamhaare ausgekämmt.

Die Kleidung, die das Opfer während der Tat getragen hat, wird am besten in Papiertüten asserviert, falls noch nicht durch die Ermittlungsbehörden geschehen. Aus der Kleidung kann möglicherweise DNA-Material des Täters gewonnen werden.

Dem Opfer sind die einzelnen Untersuchungsschritte zu erklären unter dem Hinweis, dass die Untersuchung freiwillig ist und auch abgelehnt werden kann. Die Glaubwürdigkeit der Angaben zur Anamnese und zum Tathergang sollte nicht angezweifelt werden. Eine persönliche Wertung durch den Untersucher oder eine individuelle Schuldzuweisung im Gespräch sind unter allen Umständen zu vermeiden.

Neben der Untersuchung und Begutachtung kann bei Verdacht auf Sexualdelikt auch eine Beratung und Behandlung der Frau erforderlich sein. Diese gehört jedoch nicht zu der im Auftrag der Ermittlungsbehörden vorgenommenen gutachterlichen Tätigkeit sondern stellt eine normale (Notfall-)Behandlung als Vertragsarzt oder auf Grund eines privatärztlichen Behandlungsvertrages dar.

Die Patientin sollte auf die Möglichkeit von durch die Tat erworbenen sexuell übertragbarer Krankheiten hingewiesen werden (z.B. HIV, Lues, Gonorrhoe, Hepatitis). Hierzu können, wenn nicht schon im Rahmen der gutachterlichen Tätigkeit erfolgt, entsprechende Abstriche und serologische Untersuchungen erfolgen. Die Untersuchungen sollten nach einigen Wochen wiederholt werden, um eine zum Erstuntersuchungszeitpunkt klinisch noch nicht manifeste Infektion nicht zu übersehen. Insbesondere ein Sexualdelikt durch einen Täter mit bekannter HIV-Infektion wird rechtlich anders gewertet, da das Opfer der Gefahr einer schweren Gesundheitsschädigung ausgesetzt wird oder diese auch tatsächlich eintritt. In zweiten Fall kann die Tatsache, dass zum Zeitpunkt der Erstuntersuchung noch keine HIV-Antikörper vorhanden sind, von Bedeutung sein.

Checkliste der OEGGG bei Verdacht auf Vorliegen von Sexualdelikten

L. Loimer, A. Bichler, C. Brezinka, A. Brown, W. Denk, E. Friedrich, U. Hohenbichler, K. Meyerhofer, A. Rieger, M. Schaffer, K. Spacek, G. Stadlbauer, H. Stöger, E. Vytiska-Binsdorfer, N. Pateisky

Stand: November 2001

Patientin: NAME/ADRESSE: ....

Tel.-Nr. der Patientin: ....

Geburtsdatum: ....

Grund der Untersuchung und Begleitumstände: ....

....

....

....

UntersucherIn: (leserlich)

....

Untersuchungsort: (Krankenhaus, Abteilung, Ambulanz, Praxis)

....

....

Datum/Uhrzeit der Untersuchung: ....

Untersuchung im Beisein von:

....

Zeitpunkt des Vorfalls: ....

Konsensueller Geschlechtsverkehr innerhalb der letzten 3 Tage: ☐ ja ☐ nein

Letzte Periode: ....

Bestehende Antikonzeption: ☐ keine ☐ Pille ☐ andere, welche: ....

Hepatitis B geimpft: ☐ ja ☐ nein ☐ nicht sicher

Anamnese (je nach Möglichkeit)

Verständigung: ☐ gut ☐ schlecht ☐ nicht möglich

Koitus: ☐ ja, falls ja ☐ vaginal
☐ nein ☐ anal ☐ oral

Ejakulation: ☐ ja ☐ nein ☐ nicht sicher

Kondom: ☐ ja ☐ nein

Täter: ☐ bekannt ☐ unbekannt, Anzahl der Täter: ....

Gewalteinwirkung: ☐ ja ☐ nein

....

....

Zeitpunkt und Ort des Vorfalls: ....

Tathergang: ....

....

....

....

....

....

Psychischer Zustand: ....

....

....

....

....

....

- Bewusstsein: ☐ klar ☐ beeinträchtigt:
  Verdacht auf: ☐ Alkohol ☐ Drogen ☐ Medikamente
- Orientierung: ☐ vorhanden ☐ nicht vorhanden

Körperliche Beschwerden: ....

....

....

....

....

....

Abb. 22.1. Checkliste der Österreichischen Gesellschaft für Gynäkologie und Geburtshilfe (OEGGG) bei Verdacht auf Vorliegen von Sexualdelikten. (Loimer et al. 2002)

Wäsche sichergestellt (in trockenem Papiersack aufbewahren)
- Slip: ☐ ja ☐ nein, BH: ☐ ja ☐ nein
- andere ev. verschmutzte, zerrissene oder kontaminierte

Kleidung, welche: ....

Untersuchung Photos: ☐ ja ☐ nein
- Verletzungen im Genitalbereich: ☐ ja ☐ nein

wenn ja, welche Art der Verletzung ....

....

- Hymnen (Form, Dehnbarkeit, Defloration):
  Skizze (Genitale):

- Weitere Verletzungen am Körper: ☐ ja ☐ nein,
  wenn ja, kurze Beschreibung (im Rahmen des Missbrauchs entstanden?) ....

....

Skizze (Extragenital):

- Haare mit Sperma oder Speichelresten ausgeschnitten: ☐ ja ☐ nein
- Fingernägel geschnitten: ☐ ja ☐ nein,
  wenn ja: ☐ linke Hand, ☐ rechte Hand
- Anatomische, pathologische Auffälligkeiten: ☐ ja ☐ nein,

wenn ja welche: ....

....

Abstriche (auf Wattetupfern ev. angefeuchtet, anschl. Lufttrocknen, Verpacken, Beschriften)
- Scheidenabstrich: ☐
- Afterabstrich: ☐
- Abstrich vom äußeren Genitale: ☐
- Abstrich aus der Mundhöhle: ☐
- Abstriche von anderen Körperstellen, bei welchen der Verdacht auf Sekretübertragung besteht ☐ ja ☐ nein,
  wenn ja welche:

....

....

....

- Nativ: Spermiennachweis: ☐ ja ☐ nein
- Mikrobiologischer Abstrich: ☐ ja ☐ nein
- Chlamydienabstrich: ☐ ja ☐ nein

Blutabnahme (mit Einverständnis)
- HIV: ☐ ja ☐ nein
- Haptitis: ☐ ja ☐ nein
- Luesserologie: TPHA, VDRL ☐ ja ☐ nein
- EDTA Röhrchen für Gerichtsmedizin (Drogen, Alkohol): ☐ ja ☐ nein

Harn
- β-HCG: ☐ ja ☐ nein, Ergebnis: ☐ positiv ☐ negativ
- 10 ml Harn für Gerichtsmedizin (mit Einverständnis):
  ☐ ja ☐ nein

Nach der Untersuchung
- HIV-Sofortprophylaxe: ☐ ja ☐ nein
  Anmerkung: von den Autoren wird die HIV-Prophylaxe nicht zwingend empfohlen
- Pille danach: ☐ ja ☐ nein
- Psychologische Begleitung: ☐ ja ☐ nein
- Nachuntersuchungstermin: ☐ ja ☐ nein, wenn ja,

wann: ....
- Opfer wird entlassen: ☐ ja ☐ nein,

wenn ja, wohin: ....

....

- Proben werden im Krankenhaus verwahrt: ☐ ja ☐ nein
- Proben werden woanders verwahrt: ☐ ja ☐ nein,

wann ja, wo: ....

....

Unterschrift und Telefonnummer der UntersucherIn:

....

Proben werden der Exekutive mitgegeben: ☐ ja ☐ nein
Checkliste wurde der Exekutive in Kopie mitgegeben: ☐ ja ☐ nein

Datum und Unterschrift der/des Beamten/Dienstnummer:

....

Ist eine Anzeige erfolgt: ☐ ja ☐ nein

wenn ja, wo: ....

Anmerkungen:

....

....

....

Abb. 22.1 (Fortsetzung)

Die Patientin sollte auf die Möglichkeit der postkoitalen Kontrazeption hingewiesen werden sowie auf die rechtlichen Voraussetzungen für einen Schwangerschaftsabbruch aus kriminologischer Indikation.

Literatur

Loimer L, Bichler A, Brezinka C, Brown A, Denk W et al (2002) Leitlinie der Österreichischen Gesellschaft für Gynäkologie und Geburtshilfe. Speculum – Z Gynäkol Geburtsh 20:29 f

23 Weibliche und männliche Fertilitätsstörungen und Risiken der assistierten Fertilisation

T. Katzorke, M. Rickert-Föhring, P. Bielfeld und F. B. Kolodziej

23.1 Weibliche Fertilität

Ca. 10–15% der Paare im reproduktionsfähigen Alter bleiben ungewollt kinderlos. Der Anteil steigt tendentiell durch den zunehmend „späten Kinderwunsch". Das durchschnittliche Alter der Erstgebärenden hat sich u. a. aus Gründen der Ausbildungszeit und Berufstätigkeit der Frau zwischen 1970 und 2000 vom 24. auf das 30. Lebensjahr verschoben. Eine gewollte Kinderlosigkeit kommt in ca. 10% der Ehen vor.

Gutachterliche Bewertung

Die ärztliche Begutachtung der Zeugungsfähigkeit von Frau und Mann wird durch eine oft multifaktorielle Störung der reproduktiven Funktionen eines oder beider Geschlechtspartner erheblich erschwert. Monokausale Fertilitätsstörungen sind eher selten. So wird die individuelle Zeugungsfähigkeit in unterschiedlichem Ausmaß sowohl durch endokrine, genetische, anatomische und altersabhängige Faktoren als auch Umweltfaktoren wie Genussgifte und Umweltchemikalien beeinflusst. Während für die Genussgifte und deren gegenseitig potenzierende Wirkungen zunehmend wissenschaftliche Nachweise vorliegen, wird der Beleg fertilitätsschädigender Wirkungen von Chemikalien oft im Tierexperiment (meist mit Einzelsubstanzen) erbracht. Dabei bleibt die Risikoabschätzung für den Menschen schwierig, da Probleme mit der Übertragbarkeit von Ergebnissen aus Tierversuchen auf den Menschen bestehen und sich jeder Mensch in seiner individuellen Umwelt einer fast unüberschaubaren Vielfalt verschiedenster Substanzgruppen in meist niedrigen und niedrigsten Einzelkonzentrationen gleichzeitig ausgesetzt sieht. Neben der Störung der Gametenbereitstellung können diese Umweltfaktoren nach erfolgreicher Gametenverschmelzung die Einnistung des befruchteten Eies behindern oder das Absterben des bereits eingenisteten Embryos bewirken (Abortauslösung).

Im Sinne einer Fertilitätsprophylaxe muss deshalb betont werden, dass jeder einzelne Mensch selbst die Verantwortung für seine eigene Gesundheit und die seiner Schutzbefohlenen trägt.

23.1.1 Normale weibliche Fertilität

Unter weiblicher Fertilität wird die Fähigkeit verstanden, ein Kind zu gebären. Davon wird die Infertilität (das Unvermögen, ein Kind bis zu seiner Lebensfähigkeit auszutragen) und die *Sterilität* (Unfruchtbarkeit, Unfähigkeit schwanger zu werden) unterschieden. In der medizinischen Praxis wird von *Sterilität* gesprochen, wenn ein Paar trotz regelmäßigen, ungeschützten Geschlechtsverkehrs innerhalb von einem Jahr keine Gravidität erzielt. Bei gesunden Paaren im reproduktiven Alter gehen statistische Untersuchungen (Mariani u. Schwartz 1983) bei einer monatlichen Schwangerschaftschance von 20% von einer kumulativen Schwangerschaftsrate nach 12 Monaten von 93% aus, d. h. 7% der Paare werden nicht schwanger. Somit ist die diagnostische Abklärung der ungewollten Kinderlosigkeit nach einem Zeitintervall von einem Jahr sinnvoll, dies gilt insbesondere für die Frau im Alter von über 30 Lebensjahren. Wesentlichen Einfluss auf die weibliche Fertilität haben das Alter, die Koitusfrequenz, Infektionen, die Lebensführung und Umwelteinflüsse.

23.1.2 Weibliche Fertilitätsstörungen

Alter

Daten aus Inseminationsstudien mit Spenderejakulaten, die den Einfluss des männlichen Partners konstant halten, zeigen mit zunehmendem Alter der Frau eine abnehmende Konzeptionsrate (Federation CECOS, Schwartz u. Mayaux 1982). Die kumulativen Schwangerschaftsraten nach 12 Behandlungszyklen waren 73%, 74%, 62% und 54% in den Altergruppen unter 25, 26–30, 31–35 und älter 35 Lebensjahren. Eine holländische Untersuchung (van Noord-Zaadstra et al. 1991) an 751 Frauen ergab kumulative Schwangerschaftsraten nach 12 Zyklen von 70–75% für Frauen im Alter unter 35 gegenüber 49% über 35 Lebensjahren. Dies wird v. a. durch eine nachlassende Ovarialfunktion in Abhängigkeit vom Alter erklärt. Bereits vom 25. Lebensjahr an lässt sich ein Anstieg der FSH-Werte parallel zum Alter erkennen (Ebbiary et al. 1994). Die Serumkonzentrationen von FSH und Inhibin B in der frühen Follikelphase stellen daher, in Kombination mit Estradiol und Progesteron in der zweiten Zyklushälfte, einen der wichtigsten diagnostischen Parameter dar, um eine nachlassende Ovarialfunktion zu erfassen (Gülekli et al. 1999; Corson et al. 1999). Andererseits zeigen die Ergebnisse von Oozytentransferstudien (Flamigni et al. 1993), dass normale Schwangerschaftsraten auch bei älteren Frauen (21.–35. Lj. 45%, 36.–40. Lj. 29%, 41.–49. Lj. 24%, 50.–61. Lj. 29%) erzielt werden können, falls die Oozyte von einer jüngeren Frau (Spenderin) stammt. Aber auch hier ist ein Abfall der Schwangerschaftsrate nach dem Alter von 35 Jahren erkennbar.

Dauer der Kinderlosigkeit

Die Dauer der Kinderlosigkeit hat wesentlichen Einfluss auf die Konzeptionswahrscheinlichkeit und stellt einen wichtigen anamnestischen Parameter für die Prognose der Therapie dar. Eine Untersuchung an 969 holländischen Paaren (Eimers et al. 1994) zeigte, dass pro Jahr der Infertilität die Wahrscheinlichkeit einer Konzeption um 11% sinkt. Danach hat eine Frau mit 7-jähriger Kinderlosigkeit nur eine 50%ige Wahrscheinlichkeit, eine Schwangerschaft zu erzielen im Vergleich zu einer Frau mit einjähriger Infertilität. Gibt es allerdings in der Vergangenheit bereits eine Schwangerschaft, so hebt dieser Faktor die Chance für eine Konzeption um rund 74% im Vergleich zum Kollektiv einer primären Infertilität.

Koitusfrequenz

Mit steigender Koitusfrequenz nimmt die Wahrscheinlichkeit zu, zum optimalen Zeitpunkt fertilisierungsfähige Spermien in die Tuben zu bringen. Die Konzeptionsrate steigt von 17% auf 90% innerhalb von sechs Monaten an, wenn die Koitusfrequenz von <1 auf >3 pro Woche zunimmt (MacLeod u. Gold, 1953). Nach wiederholter Analyse früherer Publikationen tritt die höchste Rate spontaner Konzeptionen ein, wenn der Koitus am Tage vor der Ovulation erfolgt (Dunson et al. 1999). Beobachtungen, dass die Fertilität mit zunehmender Ehedauer sinkt, werden, ebenso wie die Abnahme der Konzeptionswahrscheinlichkeit mit steigendem Alter, auch auf eine abnehmende Koitusfrequenz zurückgeführt (Menken et al. 1986).

Infektionen

Postinfektiöse Veränderungen der Eileiter sind in 20–30% Ursache einer weiblichen Sterilität und stellen die größte Gruppe der organisch bedingten Sterilitätsursachen dar. Ausgangspunkt sind meist aszendierende Genitalinfektionen mit Chlamydien (oft asymptomatisch), Mykoplasmen, Streptokokken, Staphylokokken oder Gonokokken sowie auf die Adnexe übergreifende Entzündungen der Nachbarorgane (z. B. Appendizitis). Speziell für Gonokokken (Sherman et al. 1987, Westrom 1975) und Chlamydien (Moller et al. 1985, Robertson et al. 1987) liegen Studienergebnisse vor, die den ursächlichen Zusammenhang zwischen Infektion und meist peripherem Tubenverschluss aufzeigen. Die Wahrscheinlichkeit, dass ein tubarer Faktor als Ursache der Kinderlosigkeit besteht, steigt mit der Zahl der Sexualpartner in der Vergangenheit an und ist dabei zusätzlich mit dem Zeitpunkt der ersten Aufnahme sexueller Beziehungen korreliert. Die eingesetzte Kontrazeptionsform ist dabei zu berücksichtigen. Es ist nicht endgültig geklärt, ob die Wahrscheinlichkeit einer Adnexitis durch den Gebrauch eines Intrauterinpessars (*IUP*) gesteigert ist (Grimes 2000); dagegen ist die Gefahr einer aufsteigenden Infektion bei Einnahme eines oralen Kontrazeptivums durch den Gestageneffekt auf den Mukus verringert. Man wird daher bei einer ehemaligen IUP-Trägerin schneller zu einer Überprüfung der Tubenpassage raten als bei einer Frau mit langjähriger Anamnese einer oralen Kontrazeption oder bei Kondombenutzung durch den Partner. In den meisten Fällen ist bei Infektionen der Geschlechtsorgane eine antibiotische Therapie beider Partner erforderlich. Eingriffe im Rahmen der Sterilitätstherapie (z. B. Inseminationen) und der Sterilitätsdiagnostik wie Hysterosalpingographie (*HSG*), Hysteroskopie oder sonographische HSG können in seltenen Fällen zu entzündlich bedingten Eileiterveränderungen führen. Dagegen finden sich postoperative Tubenerkrankungen häufiger nach Abrasiones, instrumentellen Nachtastungen im Wochenbett, Abruptiones sowie infektiösen Appendix- und Darmerkrankungen. Ein ausgeprägter postinfektiöser Tubenmukosaschaden ist weder medikamentös noch operativ korrigierbar, Tubargraviditäten finden sich bei diesen Patientinnen häufiger. Eine Schädigung des Keimepithels durch Virusinfektionen mit folgender Ovarialinsuffizienz wird schon lange diskutiert. Bisher ist die Mumpsoophoritis jedoch die einzige Virusinfektion, die in Zusammenhang mit dem Eintreten einer vorzeitigen Menopause gebracht werden konnte (Cramer et al. 1983). Diskutiert werden noch Windpocken, Shigellen und Malaria als mögliche infektiöse Ursachen einer Oophoritis (Rebar u. Conolly 1990).

Genussgifte

▮ Rauchen

Tabakkonsum führt zur Kontamination des Organismus mit über 1000 Chemikalien, von denen nicht wenige, wie z. B. Anilin, Arsen, Benzapyren, Blausäure, Kadmium, Dioxine, Hydrazin, Kohlenmonoxid, Nikotin, Nitrosamine, verschiedenste Pestizide und Vinylchlorid, eine fruchtbarkeitsschädigende Potenz besitzen (Übersicht bei Hanf 1998). Im Gegensatz zu den wenig definierten Umweltfaktoren kommt der Nikotinexposition eine praktische Rolle zu, die zudem vergleichsweise leicht eliminiert werden kann. Der Einfluss des Nikotins in der Literatur wird unterschiedlich beurteilt. Während eine prospektive Studie (Florack et al. 1994) keinen Einfluss moderaten Rauchens (1–10 Zigaretten/Tag) auf die Fekundabilität zeigt, fand eine große englische Untersuchung deutlich negative Effekte. Bei 11407 Personen, die 1958 in Großbritannien geboren und anschließend über die Jahre analysiert wurden, bewirkte der Nikotinkonsum auf weiblicher Seite einen Anstieg der Konzeptionslatenz um 12%. Das Rauchen des Partners führte dabei nicht zu einem negativen Effekt auf die Fertilität, wenn man für sozioökonomische Faktoren korrigierte (Joffe u. Li 1994). Eine prospektive dänische Studie bei 430 Paaren zeigte bei Raucherinnen eine Verminderung der Fertilitätsrate im Vergleich zu Nichtrauchern auf 0,53 (95-%-Konfidenzintervall: 0,31–0,91), wobei es auch eine Rolle spielte, ob bereits die Mütter der untersuchten Frauen während der Schwangerschaft geraucht hatten (Jensen et al. 1998). Es wurde berichtet, dass bei Raucherinnen die IVF-Ergebnisse schlechter sind (Rosevear et al. 1992). Eine retrospektive Studie beurteilt die Fertilität von Raucherinnen als halb so hoch wie die von Nichtraucherinnen (Alderete et al. 1995). Die Menopause tritt bei Frauen in der Altersgruppe zwischen 44 und 53 Jahren bei Raucherinnen, die eine halbe Packung Zigaretten oder mehr pro Tag rauchen, deutlich früher ein als bei Nichtraucherinnen (Mattison 1985). Insgesamt sollte daher der Ratschlag, das Rauchen bei einer Infertilitätsbehandlung aufzugeben, unbedingt Bestandteil der Patientenberatung bei der Erstvorstellung sein.

Alkohol

Die Auswirkungen des Alkohols auf die Ovarfunktion sind nicht eindeutig, zumindest solange kein Alkohol-induzierter Leberschaden (van Thiel 1981) besteht. Während man annimmt, dass die Fertilität von Alkoholikerinnen durch Ovulationsstörungen und eine erhöhte Endometrioserate nur eingeschränkt ist (Grodstein et al. 1994), ist ihre Abortrate eindeutig erhöht (Harlap u. Shiono 1980). Der Alkoholkonsum in der Schwangerschaft ist die quantitativ bedeutungsvollste teratogene Noxe. Eine Alkoholembryopathie findet man bei einem Drittel aller Kinder schwerer Alkoholikerinnen und bei 14% der Kinder mäßiger Trinkerinnen (Ouellette et al. 1977). Die ärztliche Begutachtung wird in Anbetracht der Tatsache, dass Alkoholikerinnen oft auch verstärkt Nikotinabusus betreiben, deutlich erschwert.

Koffein

Hinweise auf Ovarfunktionsstörungen durch den Genuss von Koffein sind schwierig zu interpretieren, da oft eine enge Beziehung zu erhöhtem Zigarettenkonsum besteht. Eine direkte negative Beeinflussung wird nicht angenommen (Olsen 1991). Erst bei einem Konsum von mehr als 300 mg Koffein pro Tag soll die Konzeptionswahrscheinlichkeit pro Zyklus um 25% reduziert sein (Hatch u. Bracken, 1993).

Drogenkonsum

Die am häufigsten benutzten Rauschmittel Marihuana, Heroin, Kokain, Amphetamine, Lysergsäurediethylamid (*LSD*), Metaqualon sowie einige Psychopharmaka können über zentralnervöse Mechanismen Ovarfunktionsstörungen unterschiedlichen Ausmaßes verursachen (Mueller et al. 1990). In Folge einer verminderten Dopaminfreisetzung können erhöhte Prolaktinspiegel gefunden werden (Smith et al. 1979). Die Hyperprolaktinämie beeinträchtigt die Gonadotropinsekretion. Als Folge davon resultieren Zyklusstörungen, eine Libidoabnahme und als spezielle Form der Zyklusstörung ein Galaktorrhoe-Amenorrhoe-Syndrom (Gabbe 1984).

Medikamente

Verschiedene Substanzgruppen können die Fortpflanzungsfunktionen sowohl auf hypothalamisch-hypophysärer als auch auf ovarieller Ebene beeinträchtigen. Dazu gehören Psychopharmaka, Schlafmittel und Substanzen, die die Prolaktinsekretion verändern. Schilddrüsenpräparate, thyreostatisch wirksame Medikamente und Gluko- sowie Mineralokortikoide können dosisabhängig die Fortpflanzungsfunktionen beeinflussen. Barbiturate, Antikonvulsiva, einige Antibiotika und Tuberkulostatika können Leberenzyme induzieren und so den Steroidhormonstoffwechsel verändern (Leidenberger 1998). Zytotoxische Medikamente führen in Abhängigkeit von Dosis, möglichen Kombinationen und Alter der Patientin zur Schädigung des Keimepithels, wobei Störungen i. S. einer vorübergehenden Ovarialinsuffizienz bis hin zur vorzeitigen Menopause resultieren können.

Umweltnoxen

Zwar gibt es ausführliche Listen von Umweltchemikalien, die mögliche negative Einflussfaktoren auf die weibliche Fertilität aufführen (Baranski 1993), für die tägliche Praxis erscheinen derartige Aufstellungen bei der Beratung des individuellen Paares aber von geringer Konsequenz. Viele Studien zeigen nur relativ niedrige Risikoerhöhungen. Das Risiko einer Infertilität steigt bei Frauen, die konstant Toxinen wie Anästhetika, Schneideölen, chemischen Reinigungsagentien, Asbest und Textilfarbstoffen ausgesetzt sind. Auch eine starke Lärmbelastung erhöhte das Risiko einer Infertilität um den Faktor 2,4 (Rachootin u. Olsen 1983). Weniger als 1% der mehr als 60000 Chemikalien, die auf einer toxischen Substanzliste geführt werden, sind überhaupt untersucht (Scialli 1994). Schädigungen der Fruchtbarkeit werden für folgende Substanzen diskutiert:

Schwermetalle

Experimentelle Untersuchungen deuten eine Ovarkeimepithelschädigung durch Blei an (intrauterine Exposition, Mausmodell). Ältere Untersuchungen berichten bei hoher Bleibelastung über Zyklusstörungen, Infertilität und Abortneigung; hinsichtlich niedriger Expositionsmengen liegen keine zuverlässigen Daten vor. Viel diskutiert wurde die Quecksilberbelastung aus Amalgamzahnfüllungen. Bei der Untersuchung von Zahnarzthelferinnen, die Quecksilberdämpfen ausgesetzt waren, zeigte sich, dass bei Frauen, die bei mehr als 30 Füllungen pro Woche assistierten, die Fertilität nur 63% der nicht exponierten Gruppe betrug. Es bestand jedoch keine lineare Dosisabhängigkeit, da bei geringer Exposition die Fertilität besser war als bei nicht exponierten Kontrollpersonen (Rowland et al. 1994). Weder das Schwangerschaftsoutcome von ca. 8200 Neugeborenen noch die Abortrate fand sich bei Frauen, die in zahnärztlichen Berufen arbeiten, auffällig verändert (Ericson u. Kallen 1989). Zur Reproduktionstoxizität von Kadmium, Aluminium, Arsen, Kupfer, Palladium, Selen, Thallium, Vanadium und Zink gibt es nur unzureichende Informationen (Hanf 1998).

Polyzyklische aromatische Kohlenwasserstoffe (PAK)

PAK entstehen v.a. bei Verschwelungen und Verbrennen organischer Materie und werden über die Haut, durch Inhalation und Ingestion aufgenommen. Durch Oxidation im Körper akkumulierter PAK entstehen intermediär Epoxide, die zur Bindung an DNS (Adduktbildung) befähigt sind und über diesen Mechanismus eine Ovotoxizität ausüben können (Mattison et al. 1983).

Pestizide

Problematisch wegen ihrer Umweltpersistenz sind v.a. die polyhalogenierten Kohlenwasserstoffe. Beispiele sind das DDT mit seinen Metaboliten DDE und DDD oder die Hexachlorzyklohexane, von denen nicht wenige im Verdacht stehen, östrogenartig zu wirken. Schwerwiegende Kontaminationen mit dem Herbizid 2,4,5-T führten zu Chlorakne und negativen Effekten auf die Reproduktionsfähigkeit, welche auf eine Dioxinbildung zurückgeführt werden. Während die Empfängnisbereitschaft bei den Frauen exponierter Arbeiter hoch war, wurden insbesondere bei exponierten Arbeiterinnen Spontanaborte, Frühgeburten und hypotrophe Kinder beobachtet (Hanf 1998).

Holzschutzmittel

Pentachlorphenol (*PCP*) gilt als Innenraumschadstoff mit hoher Toxizität und vermuteter kanzerogener Wirkung, der seit 1989 verboten ist. Bei Ratten konnte in hohen Dosen eine fetotoxische und teratogene Wirkung nachgewiesen werden. Ein nicht unerheblicher Teil des im Urin ausgeschiedenen PCP stammt möglicherweise aus einer Biokonversion von akkumuliertem Hexachlorbenzol (*HCB*), einem hochlipophilen persistenten Umweltstoff, der bis 1980 in der BRD als Pflanzenschutzmittel zugelassen war und in menschlicher Follikelflüssigkeit nachgewiesen wurde (Hanf 1998). In Primaten wurde eine Keimzelltoxizität mit Abnahme der Primordialfollikel beschrieben (Jarrell et al. 1993).

Dioxine

Gesicherte Erkenntnisse über Fruchtbarkeitsschäden durch Dioxine liegen beim Menschen nicht vor. In-vitro-Versuche konnten dosisabhängige Beeinträchtigungen der Steroidbiosynthese nachweisen. Subtoxische Konzentrationen führten zu einem signifikanten Anstieg der Östradiolproduktion (Hanf et al. 1992), wodurch eine Wirkung als endokriner Disruptor eintreten kann. Dies ist im Tiermodell auch für die reproduktiven Funktionen belegt (Birnbaum 1995). Eine Reanalyse der Daten des Chemieunfalls im italienischen Seveso (1976) ergab eine auffällige Verschiebung des Geschlechtsverhältnisses: Von April 1977 bis Ende 1984 wurden in den Zonen A und B 74 Kinder geboren, davon 48 Mädchen und 26 Jungen (Mocarelli et al. 1996). Gleichartige Verschiebungen fanden sich bei Dioxin kontaminierten Menschen in Russland. Beim Rhesusaffen induzierte experimentell Dioxineine Endometriose (Rier et al. 1993).

Polychlorierte Biphenyle (PCB)

Ebenso wie für die Dioxine fehlt für die PCB der klare Nachweis einer reproduktionstoxischen Wirkung bei Menschen. Eine schwache östrogene Wirkung konnte nachgewiesen werden (Hanf 1998).

Endokrine Disruptoren

Chemikalien mit hormonartiger Wirkung werden als endokrine Disruptoren bezeichnet, die als Xenohormone störend in hormonelle Regelkreise eingreifen können. Die Feminisierung männlicher wildlebender Spezies in mit Xenoöstrogenen besonders belasteten Biotopen ist bekannt. Weiterhin sind östrogenartige Wirkungen von zahlreichen Pflanzeninhaltsstoffen (Phytoöstrogene) und Mykotoxinen bekannt (Übersicht bei Hanf 1998).

Elektromagnetische Felder und Ultraschall

Nahezu jede Frau ist der Wirkung schwacher elektromagnetischer Felder ausgesetzt. Von einzelnen wird dieser „Elektrosmog", wie er uns täglich als Folge technischer Geräte im Alltag begegnet, als schädlich angesehen. Hier gibt es für die Fertilität keinerlei Gefährdung, da selbst in extremen Belastungsbereichen, z.B. bei dem Bedienungspersonal von Kernspingeräten, das relative Risiko einer verminderten Konzeption innerhalb eines Jahres nicht erkennbar war (Kanal et al. 1993). Ein geringfügiger Anstieg der Aborthäufigkeit auf 1,28 (Konfidenzintervall: 1,02–1,59) wurde allerdings bei Frauen beobachtet, die im Rahmen physikalischer Therapien im ersten Trimester gehäuft Mikrowellen-Diathermie-Geräte bedienten (Ouellet-Hellstrom u. Stewart 1993). Bei den diagnostisch angewendeten Ultraschallintensitäten ergibt sich kein Hinweis auf eine schädigende Wirkung bei Mutter oder Fetus (Schelling 2000).

Radioaktivität und Röntgenbestrahlung

Der Einfluss von Röntgenstrahlung und Radioaktivität auf die Fertilität wird im Allgemeinen überschätzt. Demgegenüber sehen die meisten wenig Anlass, den Nikotinkonsum einzustellen, obwohl dessen Schädlichkeit für die weibliche Reproduktionsphysiologie erwiesen ist. Der schwere Reaktorunfall in Tschernobyl 1986 führte in einem Radius von 30 km um den Reaktor zu einer Dosisbelastung von 50–60 mSv. Die daraus entstehende Belastung in den europäischen Ländern wurde auf <1 mSv geschätzt und geht in der natürlichen Hintergrundbestrahlung von 1–2 mSv unter (Boce u. Linet 1994). Die zusätzliche Belastung führte zu keiner Zunahme von Fehlbildungen.

Epidemiologische Untersuchungen zum Einfluss mütterlicher Bestrahlung vor der Konzeption zeigen keine eindeutigen Effekte (Committee on the Biological Effect of Ionizing Radiations 1990). Eine Untersuchung an 627 Frauen, die wegen eines Schilddrüsenkarzinoms mit Iod-131 behandelt worden waren, kam zu dem Schluss, dass kein signifikanter Unterschied in der Fertilitätsrate im Vergleich zu unbehandelten Kontrollen bestand (Dottorini et al. 1995). Die Strahlenbelastung der Ovarien bei einer derartigen Behandlung wurde von anderen Untersuchern (Izembart et al. 1992) mit $1{,}14 \pm 0{,}34$ Gy (Mittel ± Standardabweichung) ermittelt. In dieser Untersuchung entwickelten von 50 Patientinnen 12 eine Amenorrhoe und 38 wiesen eine unveränderte Ovarialfunktion auf. Hier war allerdings ein Einfluss des Alters auf den Menopausenzeitpunkt nicht mit Sicherheit auszuschließen. Eine therapeutische Bestrahlung führt zu deutlich höheren Gesamtkörperdosen, deren Effekte weiter unten diskutiert werden.

23.1.3 Ovarfunktion nach Malignomtherapie

Die Entwicklung von Kombinationschemotherapien und der Radiatio hat die Langzeitüberlebensraten von jungen Malignompatienten deutlich verbessert. Lagen die 5-Jahres-Überlebensraten für an Leukämie erkrankten Kindern im Zeitraum 1971–1975 bei 33%, so stiegen die Zahlen zwischen 1986–1990 auf 80% an (M. Hodgkin >90%, akute lymphatische Leukämie und Non-Hodgkin ca. 75%). Die Behandlung solider Tumoren führte ebenfalls zu ansteigenden 5-Jahres-Überlebensraten (Wilms-Tumor 61% auf 84%, Osteosarkom 17% auf 51%, Ewing-Sarkom 33% auf 61%); (Meirow u. Nugent 2001). Die Auswirkungen einer Chemotherapie oder Radiatio im Rahmen einer Malignombehandlung auf die ovarielle Funktion und damit die spätere Fertilität einer Patientin hängen v.a. vom Alter der Patientin zum Zeitpunkt der Behandlung, von der Art und Dosis der Chemotherapeutika bzw. der Bestrahlung und der möglichen Kombination ab. Die Ovarien von präpubertären Mädchen und jungen Frauen sind gegenüber einer Radio- und/oder Chemotherapie resistenter, was durch die größere Follikelreserve vor Therapiebeginn erklärt wird. Da ovarielles Gewebe, anders als andere sich schnell teilende Gewebe (Knochenmark, Thymus, Gastrointestinalzellen), durch eine Chemotherapie und/oder Radiatio aufgrund einer Reduktion der Primordialfollikelreserve oft irreversibel geschädigt wird, resultieren neben Zyklusstörungen (teils vorübergehende Oligoamenorrhoen) auch vorzeitige Menopause und damit Sterilität. Aus diesen Gründen sollten Patientinnen nach einem entsprechenden rezidivfreien Intervall einen bestehenden Kinderwunsch realisieren und nicht zurückstellen. Allgemein wird posttherapeutisch ein Mindestabstand von ca. 12 Monaten empfohlen, um mögliche toxische Effekte der Therapie auf heranreifende Oozyten zu vermeiden (Meirow u. Nugent 2001).

Chemotherapie

Die üblichen, das Ovar schädigenden Chemotherapeutika können in 3 Klassen eingeteilt werden. Substanzen mit hoher Gonadentoxizität sind Cyclophosphamid und Busulfan. Mittelgradig hinsichtlich der Schädigung von Primordialfollikeln werden Vincristin, Vinblastin, Bleomycin, Doxorubicin und Cisplatin beurteilt. Methotrexat, 5-Fluorouracil und Mercaptopurin besitzen eine niedrige Gonadentoxizität (Posada et al. 2001, Meirow u. Nugent 2001). Bei Patientinnen mit Mammakarzinom führten 5,2 g Cyclophosphamid bei >40-jährigen, 9,3 g bei 30- bis 40-jährigen und 20,4 g bei 20- bis 30-jährigen Patientinnen zu einer permanenten Amennorrhoe (Koyama et al. 1977). Bei Patientinnen mit Lupusnephritis trat nach Cyclophosphamid-Therapie bei 100% von ihnen im Alter über 30 Jahren, bei mehr als 50% im Alter zwischen 20–30 Jahren sowie in 13% der Frauen unter 20 Jahren ein Climacterium praecox ein (Blumenfeld et al. 2000). Übersichtsarbeiten (Howell u. Shalet 1998) zum Risiko der Gonadentoxizität bei Patientinnen mit M. Hodgkin berichten nach kombinierter Radio-Chemotherapie unter Verwendung von MVPP, COPP und ChlVPP über Ovarialinsuffizienzen bei 38–57% der Patientinnen. Besonders hohe Sterilitätsraten (80–100%) finden sich bei Patientinnen nach ablativer Radio-Chemotherapie (Busulfan ± Cyclophosphamid) und Knochenmarktransplantation (Meirow u. Dor 2004).

Strahlentherapie

Das Ausmaß einer strahlenbedingten Schädigung der Ovarialfunktion ist von der Strahlendosis, dem Bestrahlungsfeld und dem Alter der Patientin abhängig, wobei mit zunehmendem Alter das Risiko einer Ovarialinsuffizienz ansteigt. Die geschätzte Dosis, bei der beim Menschen 50% der Primordialfollikel untergehen (LD_{50}), liegt bei 4 Gy. Eine Ovardosis von 4 Gy führte bei 30% der jüngeren Frauen zu einer Infertilität, während alle Frauen über 40 Jahre steril wurden (Ogilvy-Stuart u. Shalet 1993). Eine vorzeitige Menopause kann bei über 40-jährigen Frauen bereits nach etwa 6 Gy auftreten. Eine Dosis von 20 Gy über 6 Wochen führt bei etwa 50% der jüngeren Frauen zu einer dauerhaften Sterilität (Lushbaugh u. Casarett 1976). Eine Ganzkörperbestrahlung (14,4 Gy) im Kindes- und Jugendalter resultierte bei 6 von 8 Patientinnen in einer Ovarialinsuffizienz (Bath et al. 1999). Eine Ganzkörperbe-strahlung präpubertärer Mädchen mit einer Einzeldosis von bis zu 10 Gy resultierte in 55–80% der Fälle in einer Ovarialinsuffizienz. Bei fraktionierter Ganzkörperbestrahlung dagegen fand sich erst bei Dosen von ≥15 Gy in allen Fällen eine Ovarialinsuffizienz (Thibaud et al. 1998). Wenn möglich, wird generell die Verteilung der Strahlendosis auf möglichst viele Fraktionen empfohlen. Vor einer Radiatio des Beckens und der paraaortalen Region – etwa bei Patientinnen mit Morbus Hodgkin – ist eine Transposition der Ovarien zu empfehlen. Hierdurch wird das Auftreten einer Amenorrhoe nach einer Strahlungsdosis von 6 Gy verteilt auf 12–45 Tage um über 50% reduziert.

Eine Ganzkörperbestrahlung in der Jugend wegen neoplastischer Erkrankung führt zu deutlich höheren Gesamtkörperdosen, die zwischen 20 und 30 Gy liegen. Frauen, die derart vorbehandelt sind, bringen gehäuft Kinder mit niedrigem Körpergewicht zur Welt, wenn überhaupt eine Ovarialfunktion bestehen bleibt. Hier führt eine verminderte Entwicklung der Uterusgröße und eine Beeinträchtigung der Durchblutung zu den beschriebenen Effekten (Critchley et al. 1992).

23.1.4 Fertilitätsprophylaxe vor onkologischer Therapie

Aufgrund der deutlich verbesserten Heilungs- und Langzeitüberlebensraten nach Malignomtherapie im Kindes- und Jugendalter kommt der Beratung dieser Patientinnen (und Erziehungsberechtigten) hinsichtlich möglicher Optionen zur Fertiltätsprophylaxe vor Therapiebeginn eine zunehmend wichtige Rolle zu. Die kritische Beratung und ihre zeitnahe Planung und Realisierung stellen bei oft kleinem Zeitfenster hohe Anforderungen an Logistik und interdisziplinäre Zusammenarbeit.

Pharmakologische Prophylaxe

Tierexperimentelle Versuche und einige Untersuchungen am Menschen zum gleichzeitigen Einsatz von Gonadotropin-releasing-hormone(*GnRH*)-Agonisten während einer Kombinations- oder Monochemotherapie mit Cyclophosphamid deuten auf einen protektiven Ansatz zum Erhalt der Ovaraktivität hin. Dieser Effekt ließ sich für den gleichzeitigen Einsatz während der Strahlentherapie nicht nachweisen. Da die derzeitige Datenlage noch unzureichend und der protektive Wirkmechanismus nicht geklärt ist, kann eine generelle Empfehlung zum Einsatz der GnRH-Agonisten im Rahmen einer Chemotherapie nicht gegeben werden. Nachteilig ist der Zeitraum zum Erzielen einer hypophysären Down-Regulation, da postmenopausale Östrogenwerte erst nach 14–21 Tagen erreicht werden (Übersichten bei Posada et al. 2001, Meirow u. Nugent 2001).

Operative Verlagerung der Ovarien

Die operative Verlagerung der Ovarien aus dem Bestrahlungsfeld kann intraoperativ bei der Laparotomie (z.B. Zervixkarzinom) oder mittels Laparoskopie (M. Hodgkin, hämatologische Malignome, Cauda-equina-Tumoren) erfolgen und die ovarielle Funktion erhalten (Morice et al. 2000, Classe et al. 1998). Häufigste Nebenwirkungen der Methode sind Ovarialzystenbildung (20%) und seltener Tubeninfarkte. Schwangerschaften nach ovarieller Transposition sind beschrieben, bei ausbleibender Spontangravidität stellt die In-vitro-Fertilisation eine erfolgreiche Alternative dar.

Kryokonservierung von Oozyten

Bei postpubertären Patientinnen ohne festen Lebenspartner stellt die Entnahme von ausgereiften Eizellen mit anschließender Kryokonservierung eine Option dar. Nachdem dieser Weg zunächst wegen schlechter Überlebensraten der Oozyten (25–40%), niedrigen Befruchtungsergebnissen, erhöhten Polyploidieraten und insgesamt geringen Schwangerschaftsraten verlassen wurde, haben Verbesserungen der Kryokonservierungsprotokolle und die Einführung der intrazytoplasmatischen Spermieninjektion zu Verbesserungen der Schwangerschaftsraten geführt (Übersicht bei Possada et al. 2001).

Kryokonservierung von Pronukleus- oder Embryonalstadien

Die Kryokonservierung von befruchteten Eizellen oder Embryonalstadien (letzteres in Deutschland nicht erlaubt) ist für die postpubertäre Patientin mit festem Lebenspartner und Wunsch nach späterer Realisierung eines gemeinsamen Kinderwunsches derzeit die Therapieform der Wahl, da hierbei die meiste Erfahrung hinsichtlich der möglichen Sterilitätsbehandlung vorliegt. Nachteilig, wie bei der Kryokonservierung von Eizellen, sind der bei dieser Methode erforderliche Zeitaufwand (mindestens 3–4 Wochen) und die Belastungen der Patientin durch die notwendige hormonelle Stimulation, deren mögliche Nebenwirkungen und die operative Eizellentnahme. Darüber hinaus ist die Anzahl der zur späteren Behandlung zur Verfügung stehenden Pronukleus- oder Embryonalstadien limitiert.

Kryokonservierung von Ovarialgewebe

Die Entnahme von Ovarialgewebe vor Einleitung einer Malignomtherapie bietet den Vorteil, dass ohne vorherige Hormonstimulation Gewebe zyklusunabhängig per Laparoskopie entnommen werden kann. Der ovarielle Kortex junger Frauen enthält mehrere hunderttausend Primordialfollikel, so dass selbst kleine Gewebefragmente, wie sie im Rahmen der Kryokonservierung gelagert werden, hunderte solcher Follikel enthalten. Theoretisch bestehen nach dem Auftauen des ovariellen Gewebes die Möglichkeiten einer In-vitro-Maturation von Follikeln (beim Menschen derzeit noch nicht möglich), der Xenotransplantation in immundefiziente Versuchstiere (Gosden et al. 1994) sowie der Autotransplantation i.S. eines heterotopen (Oktay et al. 2001) oder orthotopen Transplantats (Radford et al. 2001). Alle möglichen Optionen zur Realisierung eines Kinderwunsches nach Tiefgefrierung von Ovarialgewebe befinden sich zum jetzigen Zeitpunkt noch in einem experimentellen Stadium. Obwohl Schwangerschaften bei Tieren beschrieben wurden, konnte bislang noch nicht über den Eintritt einer Gravidität beim Menschen berichtet werden. Die Autotransplantation hat in ersten klinischen Anwendungen zu einer passageren Hormonsynthese und Follikelwachstum geführt. Verbesserungen der Einfrierprotokolle sowie eine Minimierung der Ischämie lassen weitere Fortschritte erwarten. Solange noch keine Sicherheit hinsichtlich der Tumorreimplantation gewährleistet ist, sollte in diesen Fällen die Autotransplantation Studien vorbehalten sein.

23.1.5 Komplikationen in der assistierten Fortpflanzung

Komplikationen in der Sterilitätsdiagnostik und -therapie gelten gemeinhin als äußerst schwerwiegend, da die zu Behandelnden mit Kinderwunsch nicht als „Kranke" und eine invasive Diagnostik als nicht erforderlich betrachtet werden. Bei den Komplikationen in der Diagnostik handelt es sich um Organverletzungen mit Blutungs- und Infektionskomplikationen, aszendierenden Infektionen und selten um Spätkomplikationen wie Ileus und Inkarzerationen. Die Risiken der ovariellen Stimulation, wie das ovarielle Hyperstimulationssyndrom, und Risiken der transvaginalen Follikelpunktion – Blutung, Pelveoperitonitis und Douglas-Abzess – sind ebenso wie das gehäufte Auftreten von Mehrlingsschwangerschaften obligater Bestandteil des ärztlichen Aufklärungsgesprächs vor Therapiebeginn.

Ovarielles Hyperstimulationssyndrom (OHSS)

Das OHSS, eine im Regelfall iatrogen induzierte und die gefährlichste – u.U. sogar letale (Thromboembolie) – Komplikation einer ovariellen Stimulation, tritt als OHSS Grad II oder III (Tabelle 23.1) in 0,3–5% der Stimulationszyklen ein. Selten kommt es auch ohne iatrogenen Einfluss in spontanen Frühschwangerschaften vor, v.a. bei Mehrlingsgraviditäten. Durch eine Intensivierung der ovariellen Stimulation in Verbindung mit GnRH-Analoga hat das Problem erhebliche klinische Bedeutung.

Das OHSS ist gekennzeichnet durch zystische Ovarienvergrößerungen, hohe Serumöstradiol- und -progesteronspiegel und extravasale Flüssigkeitsansammlungen, welche als Ascites und Pleuraergüsse imponieren können (Bielfeld u. Krüssel 2001). Durch den intravasalen Flüssigkeitsverlust kommt

Tabelle 23.1. Ovarielles Hyperstimulationssyndrom (*OHSS*). (Nach Navot et al. 1996)

Symptom	OHSS-Grad		
	I	II	III
Erhöhte Serumöstradiol und -progesteronwerte	+	+	+
Vergrößerte Ovarien	+	+	+
<5 cm	+	+	+
5–12 cm	–	+	+
Zunahme des Bauchumfangs	–	+	+
Übelkeit, Erbrechen, Diarrhoe	–	+	+
Freie intraabd. Flüssigkeit	–	+	+
Klinischer Ascites	–	–	+
Pleuraerguss	–	–	+
Hämokonzentration	–	Hkt > 45%	Hkt > 55%
Leukozytose	–	< 15000/μl	> 15000/μl
Beeinträchtigte Nierenfunktion	–	–	+

es zu Hämokonzentration (Hämatokritanstieg), verminderter Organdurchblutung (Oligo-, Anurie) und zunehmendem Thromboembolierisiko. Der zugrunde liegende Pathomechanismus ist bisher unklar, wobei als mögliche Ursachen eine erhöhte Kapillarpermeabilität durch die hohen Östrogenkonzentrationen, Prostaglandine und eine verstärkte Plasmareninaktivität ovarieller Herkunft diskutiert werden. Betroffen sind v.a. junge Frauen, wobei die hypogondotrope sowie die hyperandrogenämische Ovarialinsuffizienz und das polyzystische Ovarsyndrom (*PCOS*) besondere Risikofaktoren darstellen. Die klinischen Symptome treten üblicherweise 5–9 Tage nach exogener Applikation von *HCG* (humanes Choriongonadotropin) auf (Ovulationsinduktion, Lutealphasensubstitution) und nach dem endogenen HCG-Anstieg. Entsprechend der Klinik und Symptome werden drei Schweregrade des OHSS unterschieden (siehe Tabelle 23.1), wobei das OHSS Grad III mit klinischem Vorliegen von Ascites, Pleuraergüssen, Lungenödem, Hämatokrit >55%, Leukozytose >15 000/μl, deutlich vergrößerten Ovarien, Oligoanurie (Kreatinin >1,2 mg/dl), Leberfunktionsstörungen (Transaminasen um 100 U/l), Elektrolytverschiebungen (Hyponatriämie, Hyperkaliämie) das voll ausgeprägte Erkrankungsbild darstellt. Eine übermäßige Freisetzung von Zytokinen (CRP-Anstieg) durch die Ovarien steigert die Produktion von gerinnungsfördernden Substanzen und führt zusätzlich zu den durch Hämokonzentration und Immobilisierung veränderten rheologischen Eigenschaften des Blutes zu einem erhöhten Thromboembolierisiko. Die Therapie des OHSS richtet sich an der Symptomatik aus: bei Hämatokritwerten >45%, Oligurie (<600 ml/24 h) und entsprechendem klinischen Bild sollte eine stationäre Überwachung und Behandlung mit Plasmaexpandern und isotonischen Elektrolytlösungen (Hämodilution und Prävention des interstitiellen Lungenödems) sowie Heparinisierung erfolgen. Ein drohendes Nierenversagen kann mit Dopamin zur Stabilisierung der Nierenperfusion behandelt werden. Furosemid ist als zusätzliches Diuretikum wegen seiner Förderung der Kaliumausscheidung nach erreichter Hämodilution geeignet. Nichtsteroidale Antiphlogistika haben sich zur Schmerzbekämpfung bewährt. Ausgeprägte Ergüsse sollten durch Punktion bzw. Drainage entlastet werden, wobei der Albuminverlust zu beachten ist. Eine eiweißreiche, hochkalorische parenterale Ernährung sollte bei schweren Verlaufsformen erfolgen. Die Durchführung einer Parazentese wird als sehr erfolgreich beurteilt. Das CRP gilt als sensibler Verlaufsparameter und kündigt durch Konzentrationsabnahme eine Besserung an, womit üblicherweise bis zur 9. SSW gerechnet werden kann. Tritt trotz aller therapeutischen Bemühungen eine nichtbeherrschbare Verschlechterung der Symptomatik ein, so muss bei schwangeren Patientinnen als ultima ratio auch ein Schwangerschaftsabbruch diskutiert werden. Strategien zur Prävention eines OHSS sind sorgfältige Sterilitätsdiagnostik und Therapieüberwachung: Patientinnen im Alter <35 Jahre, mit PCOS und/oder Hyperandrogenämien, präovulatorischen Serumöstradiolwerten >2500 pg/ml, multifollikulärer ovarieller Reaktion und HCG-Unterstützung in der Lutealphase haben ein erhöhtes Risiko für eine OHSS-Entwicklung. Somit muss bei Risikopatientinnen eine individuelle ovarielle Stimulationstherapie und bei präovulatorisch erkennbarem, deutlich erhöhtem Risiko für ein OHSS ein Aussetzen der Ovulationsinduktion durch HCG und ein Therapieabbruch erfolgen. Alternativ kann die Kryokonservierung aller befruchteten Eizellen und damit die Vermeidung eines Embryotransfers mit, im Falle eines Schwangerschaftseintritts, steigender endogener HCG-Produktion erwogen werden.

Die ovarielle Stimulation führt durch die Follikelreifung zu einer Vergrößerung der Ovarien. Ruckartige Bewegungen können zu einer Stieldrehung (Torquierung) der Adnexe und Ovarialgefäße führen, wodurch zunächst der venöse Abfluss behindert wird. Das Ovarialgewebe schwillt an und führt zu einer rasch einsetzenden Unterbauchsymptomatik, die i.S. eines akuten Abdomens ohne Anstieg der Entzündungsparameter imponieren kann. Therapeutisch muss die zügige operative Reponierung des Organs erfolgen. Zeichen einer erfolgreichen Reperfusion sollten innerhalb von 20–30 Minuten eintreten. Bei fortschreitender Nekrotisierung ist die Exstirpation indiziert.

Komplikationen durch die Follikelpunktion

Aufgrund der geringen Invasivität werden die Follikelpunktionen üblicherweise transvaginal, unter sonographischer Kontrolle, ambulant durchgeführt. Die laparoskopische Follikelpunktion ist selten und besonderen Situationen (z. B. hoch liegende Ovarien) vorbehalten. Aufklärungspflichtige Komplikationen sind intraperitoneale Infektionen, Verletzungen und Nachblutungen.

Infektionen

Es muss in bis zu 1,5% der transvaginal gesteuerten Follikelpunktionen mit behandlungspflichtigen Komplikationen gerechnet werden, die durch den Eingriff direkt bedingt sind. Von diesen Komplikationen sind 90% infektiösen Ursprungs. Sie imponieren als Pelveoperitonitiden oder isolierte Befunde wie ein Pyovar. In dieser Gruppe finden sich überproportional häufig Patientinnen mit Adnexitiden in der Vorgeschichte, pelvinen Adhäsionen und Endometriose (v. a. Endometriome). Eine perioperative antibiotische Prophylaxe erscheint in diesen Fällen sinnvoll. Die unbeabsichtigte Punktion gastrointestinaler Hohlorgane wie der Appendix ist als Infektionsquelle ebenso in Betracht zu ziehen wie am Ovar oder dem Douglas-Peritoneum adhärente Darmschlingen. Offenbar können auch zweizeitige Ereignisse letztlich auf eine u. U. Monate zurückliegende Follikelpunktion zurückzuführen sein. So fand sich ein Ileus in der 28. Schwangerschaftswoche in Verbindung mit einem Pyovar, wobei 8 Monate zuvor eine Follikelpunktion stattgefunden hatte (Bauer et al. 1998).

Nachblutungen

Parametrane Hämatome oder passagere Blutungen aus dem Ramus descendens der A. uterina scheinen von untergeordneter Bedeutung zu sein. Letale Komplikationen sind, obwohl denkbar, nicht publiziert. Blutungskomplikationen sind selten (0,8%), müssen aber immer umgehend behandelt werden (Dicker et al. 1993). Die spontane Ruptur von Corpora lutea in einem stimulierten Ovar können zu einem ausgedehnten Hämatoperitoneum führen, ebenso wie eine bimanuelle gynäkologische Untersuchung. Die Indikation zu einer operativen Intervention muss extrem zurückhaltend gestellt werden. Sie ist häufig vermeidbar, kann die Problematik vergrößern und in letzter Konsequenz bei Zystenblutungen zu einer vermeidbaren Ovarentfernung führen. Selbstverständlich sind von diesem sehr konservativ bestimmten Management akute Blutungskomplikationen im unmittelbaren perioperativen Zeitraum von 24 h ausgenommen (Bauer et al. 1998).

Mehrlingsschwangerschaften

Liegt die Mehrlingsrate in der fertilen Bevölkerung etwa bei einem Prozent aller Geburten, so ist sie nach assistierter Reproduktion weltweit und seit Jahren konstant 20fach erhöht (Bielfeld u. Krüssel 2001). Das deutsche Embryonenschutzgesetz (*ESchG*, 1990) verbietet es, innerhalb eines Behandlungszyklus mehr als drei Embryonen zu generieren und zu transferieren. Diese strikte Regulierung ist zweifellos ein Mittel, der erhöhten Inzidenz von Mehrlingsschwangerschaften und den damit verbundenen geburtsmedizinischen Problemen, wie Frühgeburtlichkeit und postpartaler Morbidität, entgegenzuwirken. Zusätzlich wäre aber die im Ausland praktizierte Auswahl des zu transferierenden Embryos anhand seines Entwicklungspotentials und/oder nach genetischem Screening i.S. einer Präimplantationsdiagnostik (*PID*) sinnvoll. Das erste Verfahren setzt die Möglichkeit der Kryokonservierung von Embryonen voraus, welches in der BRD durch das ESchG untersagt ist. Die PID ist bisher in Deutschland verboten. Somit führen die Transfers von 2 oder 3 unselektierten Embryonen zu einerseits geringeren Schwangerschaftsraten, andererseits treten Zwillings- und Drillingsgraviditäten gehäuft auf.

Fehlbildungen

Die entscheidenden Fragen in der Diskussion über Schwangerschaften mit Hilfe von Techniken der assistierten Reproduktion sind die nach der Sicherheit dieser Behandlungsformen und die nach dem Auftreten von Fehlbildungen. In beiden Fällen steht die intrazytoplasmatische Spermieninjektion im Zentrum des Interesses. Die konventionelle IVF wird im Vergleich zur ICSI in geringerem Ausmaß in Frage gestellt. Vereinfacht ausgedrückt lautet die zentrale Frage: „Ist ICSI eine sichere Methode?" Die Tatsache, dass Spermien, die unter normalen Bedingungen niemals eine Befruchtung erzielen könnten, bei der ICSI-Methode unter Überwindung der Zellgrenzen mechanisch in die weibliche Keimzelle eingebracht werden, hat viele Ängste heraufbeschworen. Bei 5747 Kindern, die nach im Jahre 2000 durchgeführten IVF-Behandlungen geboren und vom Deutschen IVF-Register (▶ www.deutsches-ivf-register.de) erfasst wurden, betrug die Inzidenz der Fehlbildungen 1,4 Prozent, nach Anwendung der ICSI-Methode bei 3521 Kindern 2,35 Prozent. Beide Fehlbildungsraten liegen im Bereich der Norm und entsprechen den in der Weltliteratur publizierten Daten auf der Grundlage *passiv* erhobener epidemiologischer Daten. Entsprechend dieser Ergebnisse sollte davon ausgegangen werden können, dass die Fehlbildungsrate bei den nach ICSI geborenen Kindern nicht erhöht ist. Allerdings hat im Gegensatz zu diesen in ihrer Aussagekraft als begrenzt zu bezeichnenden Daten die „Deutsche ICSI-Follow-Up-Studie" ein diskret erhöhtes Risiko für das Auftreten einer Fehlbildung nachgewiesen. Diese weltweit einzigartige multizentrische, bundesweit durchgeführte, prospektive und kontrollierte Studie hat im Zeitraum von 1998 bis 2000 insgesamt 2687 nach ICSI eingetretene Schwangerschaften verfolgt und die daraus entstandenen 3372 Kinder *aktiv* auf das Auftreten von Fehlbildungen unter Anwendung des EUROCAT-Katalogs (European Registration of Congenital Anomalies and Twins) untersucht. Diese Ergebnisse wurden mit denen eines Kontrollkollektivs von 6265 im gleichen Zeitraum nach spontaner Konzeption geborenen Kindern verglichen. Die Fehlbildungshäufigkeit in der bevölkerungsbezogenen Kontrollgruppe lag bei 6,8%, in der ICSI-Gruppe bei 8,6% (Katalanic et al. 2004). Das sich daraus ergebende relative Risiko betrug 1,27. Die beobachtete Differenz lässt sich aber zumindest teilweise durch bekannte Risikofaktoren (zum Beispiel höheres Alter der Mutter, Fehlbildungen der Eltern) unabhängig von der ICSI erklären. Ein Restrisiko für Fehlbildungen ist also derzeit nicht auszuschließen. Über dieses Risiko sind die Paare, die einer ICSI-Behandlung bedürfen und diese auch wünschen, individuell aufzuklären und entsprechend zu beraten.

23.2 Männliche Fertilität

Infertilität und andere andrologische Erkrankungen können durch Umwelteinflüsse verursacht werden. Die Chance der Identifizierung solcher Faktoren hängt im Wesentlichen von der genauen Anamneseerhebung über berufliche, hauswirtschaftliche oder andere mögliche Expositionen ab. Spezifische laborchemische Untersuchungen können gelegentlich hilfreich sein, sind jedoch nur selten möglich. Obwohl der Nachweis von Toxinen in Körperflüssigkeiten wie Blut und Seminalplasma möglich sein kann, bleibt seine Signifikanz aufgrund häufig fehlender kontrollierter Studien umstritten. Eine genaue und ausführliche Berufsanamnese ist daher der wichtigste Part. Zusätzlich sollten Expositionsrisiken im häuslichen Bereich, wie Gartenarbeit und Landwirtschaft (Pestizidexposition), sowie im Freizeitbereich (CKW in Abbeizmitteln) Beachtung finden. In den Fällen, in denen Patienten über eine mögliche Vergiftung besorgt sind, sollte die reproduktive Funktion komplett untersucht werden, um entweder den Patienten von seinen Sorgen argumentativ zu entlasten oder aber das Ausmaß des Schadens bestimmen zu können.

Vorgeschichte (Anamnese)

Spontane Angaben zur Vorgeschichte geben meist nur wenige brauchbare Hinweise. Deshalb sollte der Gutachter sich an ein festes Schema halten, um nichts zu übersehen. Die Berufsanamnese sollte sich vor allem mit der Art und Weise der beruflichen Beschäftigung, ihrer Dauer, dem Betrieb, dem Arbeitsplatz, den Berufsstoffen und deren Konzentration und Wirkdauer sowie der Hygiene am Arbeitsplatz beschäftigen. Ferner sind Traumata, Krankheiten, diagnostische und therapeutische Maßnahmen und Gewohnheiten nach Art und Dauer genau zu beleuchten. Außerdem sollte nach der Genitalentwicklung, dem sexuellen Verhalten, den vegetativen Funktionen, der Lebensweise, der Benutzung eng sitzender Wäsche, dem Gebrauch von Alkohol, Nikotin, Schlafmitteln etc. befragt werden.

Ejakulatanalyse

Die Ejakulatanalyse ist die zentrale Laboruntersuchung zur Erfassung der männlichen Fertilität. Durch makroskopische und mikroskopische Analysen und durch Anwendung biochemischer Nachweisverfahren lässt sich die Ejakulatqualität beurteilen. Mit Hilfe spezieller Funktionstests lassen sich Partialfunktionen der Spermien erfassen, allerdings ist die prognostische Aussagekraft dieser Testverfahren begrenzt. Alle Laboruntersuchungen sind nach den international akzeptierten Vorgaben der Weltgesundheitsorganisation zur Untersuchung des menschlichen Ejakulats und der Spermien-Zervixschleim-Interaktion (WHO 1999) durchzuführen und unterliegen einer kontinuierlichen internen und externen Qualitätskontrolle.

23.2.1 Normale männliche Fertilität

Die Spermienproduktion wird hormonell reguliert durch Hypothalamus, Hypophyse und Gonaden.

Das im Hypothalamus gebildete GnRH (*Gonadotropin-releasing-Hormon*) stimuliert in der Hypophyse die Produktion und Sekretion von LH (*Luteinisierendes Hormon*) und FSH (*Follikel-stimulierendes Hormon*). Beide sind für die Initiierung und Aufrechterhaltung der Spermatogenese notwendig (Weinbauer et al. 1990, 1993).

Zielorgan beider Hormone ist der Hoden, der sich zu 70% aus Samenkanälchen (Tubuli seminferi) und zu 30% aus interstitiellem Gewebe zusammensetzt. Die in den Samenkanälchen ansässigen Sertoli-Zellen sind Zielzellen des FSH und tragen durch die Produktion parakriner Faktoren zur Ernährung der Spermatozyten bei. LH wirkt auf die im testikulären Interstitium ansässigen Leydig-Zellen ein. Die Bindung des Hormons an die LH-Rezeptoren auf der Oberfläche der Leydig-Zellen ist das Signal für die Testosteronbiosynthese. Dabei wird aus Cholesterinvorstufen über mehrere Zwischenstufen Testosteron produziert und in das Blut sezerniert. Dort wird es an Serumalbumin gebunden und zu den Zielorganen transportiert.

Tabelle 23.2. Normale Ejakulatparameter. (WHO-Laborhandbuch 1999)

▮ Volumen	2,0 ml oder mehr
▮ pH	7,2–8,0
▮ Spermienkonzentration	20×10^6/ml oder mehr
▮ Gesamt-Spermienzahl	40×10^6 pro Ejakulat oder mehr
▮ Motilität	> 50% mit Vorwärtsbeweglichkeit (d. h. Kategorien „a" und „b"); oder > 25% mit schneller linearer Beweglichkeit d. h. Kategorie „a" innerhalb von 60 min nach Probengewinnung)
▮ Morphologie*	≥ 30% normalgeformte Spermien
▮ Anteil der lebenden Spermien	> 75% vitale Zellen, d. h. die keinen Farbstoff annehmen
▮ Leukozyten	weniger als 1×10^6/ml
▮ Immunobead-Test	weniger als 50% Spermien mit adhärenten Partikeln
▮ MAR-Test	weniger als 50% Spermien mit adhärenten Partikeln
▮ α-Glucosidase	20 mE oder mehr pro Ejakulat
▮ Zink	> 2,4 µmol pro Ejakulat
▮ Zitronensäure	> 52 µmol pro Ejakulat
▮ Saure Phosphatase	> 200 mE oder mehr pro Ejakulat
▮ Fruktose	> 13 µmol pro Ejakulat

* Multizentrische Studien, die auf Populationsuntersuchungen basieren und die in diesem Manual beschriebenen Methoden der Morphologie-Analyse anwenden, sind z. Z. in der Untersuchungsphase. Daten aus Programmen der assistierten Reproduktionstechnologie deuten darauf hin, dass die Fertilitätsrate in vitro abfällt, wenn die Spermienmorphologie weniger als 15% normale Formen aufweist.

Während der Spermatogenese durchlaufen die männlichen gonadalen Stammzellen (Spermatogonien) zwei meiotische Reifeteilungen zwecks Reduktion des Chromosomensatzes. Nach der ersten Meiose werden sie als Spermatozyte 1. Ordnung, nach der 2. als Spermatozyten 2. Ordnung bezeichnet. Anschließend erfolgt die Reifung der Spermatiden zu Spermatozoen, die Spermiogenese. Dieser Prozess umfasst Kernkondensation, Akrosombildung und Geißelbildung. Schließlich werden die Spermien in das Lumen der Samenkanälchen abgegeben und von dort aus zur weiteren Reifung in den Nebenhoden transportiert. Die dort beigemischten Substanzen (z. B. Glycerophosphocholin, α-Glucosidase, Carnitin) können im Ejakulat nachgewiesen und somit als Markersubstanzen für die Funktion des Nebenhodens genutzt werden (Cooper et al. 1990).

Unter physiologischen Bedingungen gelten die in Tabelle 23.2 wiedergegebenen Ejakulatparameter als normal. Abweichungen von normalen Ejakulatparametern und deren Nomenklatur zeigt Tabelle 23.3.

Tabelle 23.3. Abweichungen von normalen Ejakulatparametern. (WHO-Laborhandbuch 1999)

▮ Normozoospermie	Normales Ejakulat (s. o.)
▮ Oligozoospermie	Spermienkonzentration unter 20×10^6/ml
▮ Asthenozoospermie	weniger als 50% Spermien mit progressiver Motilität (Kategorien „a" und „b") oder weniger als 25% Spermien mit Beweglichkeit der Kategorie „a"
▮ Teratozoospermie	weniger als der Referenzwert für normale Morphologie
▮ Oligoasthenoteratozoospermie	alle drei Variablen sind gestört
▮ Azoospermie	keine Spermien im Ejakulat
▮ Aspermie	kein Ejakulat

23.2.2 Männliche Fertilitässtörungen

Gutachterliche Bewertung andrologischer Schäden

Über lange Zeit galt eine Schädigung des Genitalapparates nicht als berentungswürdig. Inzwischen ist aber die seelische Beeinträchtigung durch unvollständiges sexuelles Vermögen anerkannt und sozialmedizinisch wertbar. Es ist naturgemäß leichter, den Genitalapparat und seine Störung morphologisch zu objektivieren als die Einwirkung auf das Wohlbefinden des zu Begutachtenden einzuschätzen. In der Regel führen androgene Schäden oder Potenzausfall nicht zu Berufs- oder Erwerbsunfähigkeit. Sie können allerdings mit einer Minderung der Erwerbsfähigkeit (MdE) bewertet werden. Hierbei ist die individuelle Situation zu berücksichtigen. So wird beispielsweise ein 60-jähriger Vater von drei Kindern den Verlust der Fortpflanzungsfähigkeit anders erleben als ein kinderloser Mann von 20 Jahren. Neben einer Anamnese, die auch auf relevante Vorerkrankungen wie z. B. Mumpsorchitis oder Urethritiden eingeht, sollte der Lokalbefund einschließlich der Sonographieuntersuchungen von Hoden, Prostata und Samenbläschen dokumentiert werden. Urinuntersuchungen, eventuell auch nach Masturbation zum Ausschluss einer retrograden Ejakulation, und Ejakulatuntersuchungen dienen der Funktionsprüfung der Hodenfunktion. Beim Verdacht auf endokrine Störungen werden Blutuntersuchungen zur Bestimmung von FSH, LH, Testosteron und Prolaktin notwendig.

Gutachterliche Bewertung der männlichen Zeugungsfähigkeit

Die gutachterliche Beurteilung gestörter Zeugungsfähigkeit im Zusammenhang mit Unfällen, Berufskrankheiten bzw. rentenversicherungsrechtlich und versorgungsrechtlich (Schwerbehindertenrecht) ist komplex.

Am ehesten ist der Zusammenhang mit Unfällen oder Traumen einleuchtend. Im Rahmen der Berufskrankheitenverordnung werden Störungen der Zeugungsfähigkeit so gut wie nicht benannt. Hier spielen sie bestenfalls als Teilsymptomatik eine Rolle am Rande. Im Bereich der Rentenversicherung sind Störungen der Zeugungsfähigkeit praktisch bedeutungslos. Allenfalls sind sie zu berücksichtigen, soweit sie auf die allgemeine Leistungsfähigkeit eines Versicherten eine Einwirkung besitzen oder selbst Teil einer derartigen Störung sind. Da in diesem Zusammenhang jedoch zumeist ältere Männer untersucht werden, kommt die Problemstellung nur selten zum Tragen. Das Schwerbehindertenrecht lässt eine Bedeutsamkeit in diesem Zusammenhang schon eher vermuten, weil sich hier Zustände nach Unfällen und Berufskrankheiten ebenso auswirken wie Folgen überstandener Berufskrankheiten oder diagnostischer und therapeutischer Eingriffe. Allerdings erschweren eine Reihe von Faktoren die objektive Ermittlung der Schäden, nämlich, dass es aus zahlreichen Gründen meist keine Voruntersuchungen gibt, dass viele Schäden erst als Spätschäden manifest werden und darum nicht oder nicht mehr relevant sind, dass oft komplexe Schädigungsverhältnisse vorliegen, dass die Betroffenen aus verschiedenen Gründen den Arzt meist nicht aufsuchen, darunter vor allem aus uneingestandener Angst, Scham und mangelnder Aufklärung. Im Übrigen ist der Gutachter - wie auf keinem anderen Gebiet - bei der Untersuchung auf die Bereitwilligkeit des Betroffenen zur Mitwirkung angewiesen.

Physikalische Einflüsse

Das Germinalgewebe reagiert äußerst empfindlich auf Überwärmung (Hjollund et al. 2002). Hierbei spielen z.B. sitzende Tätigkeiten u.U. mit Sitzheizung, Varikozele, Skrotalverkürzungen, Plastiken oder Narben eine wichtige Rolle. Die Temperatur im Skrotum sollte idealerweise bei etwa 32 °C liegen. Die häufigste Ursache von Überwärmung ist die Varikozele. Daneben gibt manchmal auch die Berufs- oder Freizeitanamnese Hinweise auf Ursachen skrotaler Temperaturerhöhungen, wie Tätigkeit als Hochofenarbeiter, häufige Saunagänge, heiße Sitzbäder. Demgegenüber besitzen niedrige Temperaturen offenbar eher fördernden Einfluss auf die Zeugungsfähigkeit.

Der schädigende Einfluss auf die Spermatogenese durch langen Aufenthalt in großen Höhen ist sowohl historisch als auch experimentell zu belegen. Längerer Aufenthalt führt bei Versuchstieren (Säugern) zu bleibender Infertilität.

Schäden durch ionisierende Strahlen treten nicht nur unter beruflichen, sondern auch unter diagnostischen und therapeutischen Bedingungen auf. Neben den lymphatischen Geweben, dem Knochenmark und den Haarwurzeln reagieren auch die Hoden äußerst empfindlich auf ionisierende Strahlen (Tabelle 23.4).

Tabelle 23.4 Zusammenfassung der Effekte ionisierender Strahlung auf den menschlichen Hoden in Abhängigkeit von der Dosis. (Aus Brinkworth u. Handelsman 2000)

Dosis (cG)	Effekt	Reversibilität
10	Geringer Effekt	–
10–50	Leichte Oligozoospermie	6 Monate
50–75	Schwere Oligozoospermie	6 Monate
75–100	Azoospermie	6 Monate
200–300	Azoospermie	1–2,5 Monate
300	Azoospermie	5 Jahre oder keine

Unfälle

Im Rahmen von Unfällen spielen nicht nur direkte Verletzungen des Genitale eine Rolle. Es ist vielmehr auch an Verletzungen des Beckens, der Wirbelsäule und des Schädels zu denken. Verletzungen mit Teil- oder Totalverlust der Skrotalhaut führen infolge Narbenbildung und Überwärmung zum Verlust der Zeugungsfähigkeit. Desgleichen haben operative Eingriffe am Sympathikus oft Überwärmungsschäden zur Folge. Einige Querschnittslähmungen führen zum Ausfall der Funktionen von Genitale, Blase und Enddarm und können aufsteigende Infektionen bewirken.

Operative Eingriffe

Neben operativen Maßnahmen als Unfallfolgen ist an diagnostische und therapeutische Eingriffe mit Wirkung auf das Genitale zu denken wie Hodenbiopsien, Kontrastdarstellungen, Punktionen, Herniotomien, Mastdarm- und Blasenresektionen, Prostatektomien, Vasektomien, Operationen am Grenzstrang, Operationen von Varikozele und Hydrozele, Eingriffe am Skrotum, Zystoskopien oder das Legen von Kathetern.

Chemische Einflüsse

Unter den chemischen Einflüssen auch am Arbeitsplatz (Bonde and Storgaard 2002) finden sich gelegentlich Wirkungen von Arsen, Benzol, Blei, Kadmium, Fluor, Kohlenmonoxid, Kunststoffen, Quecksilber, Schwefelkohlenstoff, Thallium, Xylol und anderen Lösungsmitteln (Tabelle 23.5 und 23.6). Unter

Tabelle 23.5. Zusammenfassung der in der Literatur beschriebenen, arbeitsplatzbedingten Exposition mit möglichen Auswirkungen auf die männliche Reproduktionsfunktion. (Nach Claman 2004)

Exposition	Eingeschränkte Ejakulatparameter	Herabgesetzte Schwangerschaftsrate	Perinatale Mortalität/Morbidität oder Fehlgeburt
Aromatische Kohlenwasserstoffe	×		×
Carbaryl	×		
DBCP	×	×	
Ethylendibromid	×	×	
Ethylenglykolether	×	×	
Ethylenoxid			×
Holzimprägniermittel			×
Blei	×	×	×
Mangan		×	
Metalle	×		×
Organische Lösungsmittel			×
Farbe			×
Pestizide	×		
Kraftstoffe	×		×
Strahlung			×
Gummiindustrie			×
Lösungsmittel	×	×	×
TDA und DNT	×		
Benzen	×		
Bromdampf	×	×	
Kadmium	×		
Carbondisulfid	×		
Chrom	×		
Dibenzofurane	×		
Dieselabgase	×		
Hitze	×	×	
Hochspannung			×
Kohlenwasserstoffe	×		
Kepone	×		
Methylenchlorid	×		
Farblösungsmittel	×	×	
PCB	×	×	
Perchlorethylen	×	×	
Phthalatester	×	×	
Radar	×		
Zigarettenrauch	×	×	
Farbaerosole			×
Toluen	×		
Vibrationen	×		
Xylen	×		

Tabelle 23.6. Arbeitsplatzbedingte Expositionen mit möglicher Auswirkung auf die männliche Reproduktionsfunktion. (Aus Brinkworth u. Handelsman 2000)

Exposition	Parameter
Hitze	Spermienmorphologie, -motilität, Fertilität
Ionisierende Strahlung – Röntgenstrahlung	Spermienzahlen, Mutationen der Minisatelliten, Fertilität?
Schwermetalle – Blei	Spermienmorphologie, -zahl, -motilität, Samenvolumen, Fertilität?
Synthetische Estrogene	
– Diethylstilboestrol	Hormonspiegel, Missbildungen des Genitals
– Orale Kontrazeptiva	Gynäkomastie, Libido, Potenz
Glykolether	
– 2-Methoxyethanol	Spermienmorphologie, -zahl
– 2-Ethoxyethanol	Spermienmorphologie, -zahl
Pestizide	
– Dibromochlorpropan	Spermienmotilität, -zahl, Fertilität
– Ethylendibromid	Spermienmorphologie, -zahl, -motilität
Lösungsmittel	
– Kohlenstoffdisulfid	Spermienmorphologie, -zahl, Potenz

Umständen wirken sich Leberschäden über den Testosteronstoffwechsel sekundär aus. Genauer untersucht werden derzeit Schwermetalle wie Blei und Quecksilber sowie Chlor-Kohlenwasserstoffe. Die Diskussion über Schadstoffbelastungen am Arbeitsplatz und ihr Effekt auf die männlichen reproduktiven Funktionen ist nicht neu. Eine frühe Studie vermutete, dass die Reproduktionsfunktion beeinträchtigt sei bei Arbeitern, die Blei-exponiert sind (Hussey 1975). Zwei Jahre später berichtete eine andere Untersuchung, dass männliche Arbeiter, die mit dem Pestizid Dibromchloropropan (DBCP) umgingen, eine höhere Inzidenz an Infertilität mit einer deutlich reduzierten Spermatozoenanzahl hatten (Whorton 1977).

Viel diskutiert wird ein in westlichen Ländern beobachteter sekulärer Abfall der Spermatozoenzahlen (Multigner u. Oliva 2002, Gyllenborg et al. 1999). Dieser Effekt konnte bei Männern aus anderen als den westlichen Industrienationen nicht gefunden werden. Als Ursache vermuten einige Wissenschaftler einen schädigenden Einfluss von Östrogenen oder östrogenartigen Pflanzenschutzmitteln (polychlorierte Biphenyle, PCB) auf den männlichen Föten im Mutterleib. Allerdings zeigen andere Studien, dass Männer, deren Mütter während der Schwangerschaft Diethylstilboestrol erhalten haben, keine verminderte Fertilität aufweisen (Claman 2004).

Ebenfalls umstritten ist die Rolle von Genussmitteln wie Alkohol und Nikotin. Hier kommt es wohl im Wesentlichen auf die Dosis an. Übersteigt der Konsum 20 Zigaretten bzw. 100 g Ethanol pro Tag

(2 Liter Bier, eine Flasche Wein) sind Störungen der Spermatogenese nicht auszuschließen (Donnelly et al. 1999, Zitzmann et al. 2003). Auch soll Marihuana besonders schädliche Auswirkungen auf die Spermatogenese und Spermatozoenfunktion haben.

Infektionskrankheiten

Bei den Infektionen sind nicht nur solche der Harn- und Genitalwege, sondern auch Infektionen der Genital- und Skrotalhaut (Erysipel mit Elephantiasis, chronische Ekzeme mit Lichenifikation, Lichen sclerosus) und Infektionskrankheiten (Borreliose, Hepatitis infectiosa, Parotitis epidemica, Mumpsorchitis, Masern) zu nennen. Eine Mumpsorchitis kann frühestens in der Pubertät auftreten, wenn reife Spermatozoen vorhanden sind. Ursache ist wahrscheinlich eine Kreuzreaktion von Mumpsvirus- und testikulären Antigenen (Jalal et al. 2004). Nach Abklingen der Entzündung kommt es meist zur atrophischen Verkleinerung der betroffenen Hoden und zum Erliegen der Spermatogenese.

Medikamente

Besonders Zytostatika (s. u.), Sexualhormone und Antibiotika, aber auch andere können die Spermatogenese hemmen.

Eines der am häufigsten eingesetzten fertilitätsschädigenden Medikamente ist Sulfasalazin (Azulfidin), das bei chronischer Polyarthritis oder Morbus Crohn gegeben wird. Es kann zu ausgeprägten Oligozoospermien führen, die allerdings meist innerhalb weniger Monate reversibel sind.

Angeborene Störungen der Spermatogenese

Die häufigste Ursache angeborener Fertilitätsstörungen ist der Maldescensus testis, bei dem sich die Hoden nicht im Skrotum befinden. Meist liegen die Hoden im Leistenkanal, manchmal sogar noch im Bauchraum (Kryptorchismus). Oft ist mit der Anomalie des Hodenhochstandes eine Schädigung der Hodentubuli assoziiert (Schwarzer et al. 2003). Die Gründe für die gestörte Spermatogenese können sowohl anlagebedingt als auch durch die zu hohe Umgebungstemperatur des Leistenkanals oder Bauchraums begründet sein. Anamnestisch sollte daher immer nach Hodenhochstand und hormonellen oder chirurgischen Therapieversuchen gefragt werden.

Bei einem kleinen Teil der Infertilitätspatienten stehen nicht quantitative sondern qualitative Störungen der Spermatogenese im Vordergrund. Sie sind meist genetisch bedingt (Martin et al. 2003).

- Ein besonders eindrucksvolles Beispiel ist die *Globozoospermie*. Hier tragen die Spermatozoen keine Akrosomenkappe, so dass sie statt ovaler Köpfe nur akrosomenlose Rundköpfe aufweisen. Da das Enzym Akrosin unabdingbar für die Penetration der Zona pellucida ist, sind Männer mit Globozoospermie zeugungsunfähig. Der Globozoospermie liegt ein noch unbekannter genetischer Defekt zugrunde.
- Ein weiteres Beispiel für eine genetische Störung der Spermatogenese ist das *Immotile-Zilien-Syndrom* (Cowan et al. 2001). Hier liegen strukturelle Anomalien der Spermazoenflagella vor. Folge ist immer eine völlige Unbeweglichkeit der Spermatozoen. Bei etwa 50% der Männer mit Immotile-Zilien-Syndrom liegt ein Situs inversus viscerum mit rechtsseitiger Herzlage vor. Bestehen zusätzlich Störungen der Zilien im Respirationstrakt, kommt es wegen fehlender Clearance der Bronchien zu rezidivierenden Atemwegsinfektionen und Bronchiektasen. Die Trias aus Situs inversus viscerum, Bronchiektasen und Hypoplasie der Nasennebenhöhlen wird als Kartagener-Syndrom bezeichnet. Wichtig ist also, bei Männern mit 100% unbeweglichen Spermatozoen nach rezidivierenden Atemwegsinfektionen und Bronchiketasen zu fragen und die Lage des Herzens zu auskultieren. Die Diagnose des Immotile-Zilien-Syndroms kann nur durch Transmissions-Elektronenmikroskope gesichert werden.
- Beim *Sertoli-cell-only-Syndrom* (Del-Castillo-Syndrom) liegt eine Aplasie der Germinalzellen vor. Die Ursache ist unbekannt. Histologisch sieht man „leere“ Hodentubuli, die nur Sertolizellen, aber keine Spermatogonien oder andere Germinalzellen aufweisen.
- Das *Kallmann-Syndrom* ist gekennzeichnet durch hypogonadotropen Hypogonadismus und Anosmie, beides bedingt durch angeborene Störungen im Bereich des Hypothalamus (Seminara et al. 2000). Mangels GnRH-Sekretion fehlen FSH und LH, so dass weder eine Spermatogenese noch eine ausreichende Testosteronsynthese zustande kommen. Zusätzlich können Schädeldysplasien, Epilepsie und Oligophrenie bestehen.
- Es gibt noch zahlreiche andere Syndrome, bei denen Anomalien der Genitalentwicklung oder Spermatogenese vorliegen. Allerdings sind dabei die somatischen Störungen meist so ausgeprägt, dass bei den Betroffenen ein bewusster Kinderwunsch ausbleibt. Als Beispiel sei das *Prader-Labhart-Willi-Syndrom* genannt, bei dem neben Hypogenitalismus und Kryptochrismus auch Oligophrenie, Minderwuchs, Adipositas und Diabetes mellitus vorliegen können.

Hypophysäre Störungen der Spermatogenese

In seltenen Fällen können Tumore des Hypothalamus oder der Hypophyse zur Verminderung der Spermatogenese führen. Ursache ist die verminderte hormonelle Stimulation durch FSH und LH (Korbonits et al. 2004).

Verwendung und Missbrauch anaboler Steroide

Da Testosteron eine starke anabole, d. h. proteinaufbauende Wirkungskomponente hat und insbesondere zu Muskelwachstum bei entsprechender Muskelarbeit führt, wurde in den 50er- und 60er Jahren versucht, durch chemische Veränderungen des Testosteronmoleküls eine Dissoziation der androgenen und anabolen Wirkungen zugunsten der letzteren zu erreichen. Als Resultat wurde eine Vielzahl von sog. anabolen Steroiden synthetisiert, und einige von ihnen kamen auch zum klinischen Einsatz. Hierdurch sollten die positiven Wirkungen des Testosterons auf den Muskelstoffwechsel, die Blutbildung und den Knochenstoffwechsel für die Klinik nutzbar gemacht werden, ohne androgene Nebenwirkungen, wie z. B. eine Virilisierung bei Frauen und Kindern, in Kauf nehmen zu müssen. Eine ausreichende Trennung der anabolen von der androgenen Wirkungskomponente gelang jedoch bei den anabolen Steroiden nicht.

Langfristige körperliche Höchstleitungen führen zu einer Abnahme des Testosterons in der Zirkulation. Gleichzeitig glaubte man bis in die jüngste Zeit, dass die Einnahme von Androgenen bei eugonadalen Sportlern höchstens zu einem Placeboeffekt führen könnte. Neuere Untersuchungen konnten jedoch zeigen, dass pharmakologische Dosen von Androgenen bei gleichzeitigem körperlichen Training sehr wohl zu einem zusätzlichen Muskelaufbau führen (Bhasin et al. 1998). Dies gilt allerdings nicht für alle androgenen Steroide. Denn für das Präkursor-Androgen Androstendion, zu dessen Einnahme sich bekannte amerikanische Baseballspieler bekennen und das in den USA frei verkauft wird, konnte kein anaboler Effekt nachgewiesen werden. Aus den vorliegenden Studien konnte bis heute nicht die Notwendigkeit zu einer Substitutionstherapie bei Hochleistungssport abgeleitet werden. Dennoch führte der erhoffte Kraft- und Muskelzuwachs durch Testosteron und anabole „Steroide" zu einem exzessiven Missbrauch bei Leistungssportlern und Bodybuildern. Die Dosierungen liegen oft 10- bis 100fach über den vergleichbaren zur Substitutionstherapie verwandten Testosterongaben. Am häufigsten wird Testosteron selbst, gefolgt von Nandrolon (19-Nortestosteron), Metandienon, Stanazolol, Methenolon, Mesterolon, 17-alpha-Methyltestosteron und vielen anderen Substanzen eingesetzt. Oft werden Substanzen kombiniert und in auf- und absteigenden Schemata („Stacking") angewandt (Übersicht bei Nieschlag u. Behre 2000).

Besonderes Interesse gilt den möglichen Nebenwirkungen dieses Abusus. Wegen der hohen Dosierungen sind androgene Nebenwirkungen wie Suppression der Hypothalamus-Hypophysen-Funktion und der Spermatogenese bis hin zur Azoospermie, Akne, Gynäkomastie sowie Flüssigkeitsretention (und bei Frauen irreversible Veränderungen von Stimme und Klitoris sowie einsetzende Virilisierung) bekannte Nebenwirkungen. Werden ferner (obsolete) 17-alpha-alkylierte Steroide (Stanozolol, 17-alpha-Methyltestosteron) verwandt, kann es zu Lebertoxizität mit Cholostase, Peliosis und sogar maligner Neoplasie kommen. Immer wieder wird anabolen Steroiden eine Steigerung der Aggressivität zugeschrieben, und einzelne Kasuistiken werden dafür als Beleg angeführt. Ob es sich dabei um ein zufälliges Zusammentreffen, wie es bei der weiten Verbreitung des Anabolikamissbrauchs zu erwarten ist, oder um kausale Zusammenhänge handelt, kann bis heute aufgrund fehlender aussagekräftiger Studien nicht entschieden werden (Nieschlag 1992).

Anabole Steroidhormone haben keine Indikation zur Behandlung des männlichen Hypogonadismus (auch ▶ Negativmonographien des Bundesgesundheitsamtes 1990–1994).

23.2.3 Folgen einer Tumortherapie auf den Hoden

Die exokrine Hodenfunktion ist gegenüber einer Tumortherapie empfindlicher als die endokrine.

Strahlentherapie

Eine Bestrahlung kann die Keimzellen und damit die Spermatogenese erheblich stören. Besonders empfindlich sind die Spermatogonien, die bereits bei niedrigen Strahlendosen morphologische und quantitative Veränderungen zeigen. Die Spermatozyten werden bei einer Dosis ab 2 Gy geschädigt, und zwar kommt es zu einer Störung der Reifungsteilung: Infolgedessen werden vermindert Spermatiden gebildet. Morphologische Veränderungen zeigen die Spermatozyten ab 4 Gy. Bei niedrigen Strahlungsdosen beginnt die Gesamtzahl der Spermien 60–80 Tage nach Exposition abzunehmen. Eintritt und Dauer der Oligo- bzw. Azoospermie sind abhängig von der Dosis. Wenn die Dosis kleiner als 1 Gy ist, wird die ursprüngliche Spermienkonzentration nach etwa 9–18 Monaten, bei einer Dosis von 2–3 Gy nach 30 Monaten und bei 4–6 Gy nach 5 Jahren wieder erreicht. Die Störung der Spermatogenese führt zu einer Erhöhung der FSH-Konzentration im Serum. Die Leydig-Zell-Funktion bleibt meist intakt.

Die Serumtestosteron-Konzentration liegt entsprechend im Normbereich. Nur bei einigen Patienten deutet die erhöhte LH-Konzentration auf eine Schädigung der Leydig-Zellen hin. Erst bei hohen Strahlungsdosen, etwa ab 30 Gy, werden diese Zellen so geschädigt, dass es zu einer erniedrigten Serumtestosteron-Konzentration kommt. Diese Befunde stammen von Patienten mit Morbus Hodgkin und Seminomen.

Auch nach einer Radioiodbehandlung eines Schilddrüsenkarzinoms können Dosen über 100 mCi, entsprechend einer Testesdosis von 50–100 cGy, eine Störung der Spermatogenese zur Folge haben.

Chemotherapie

Von den Chemotherapeutika führen insbesondere die alkylierenden Substanzen und hier besonders Cyclophosphamid zur Infertilität. Spermatozyten und Spermatogonien können völlig verschwinden. Es kommt also zur Keimzellaplasie, so dass in den Tubuli nur noch Sertoli-Zellen nachweisbar sind (Sertoli-cell-only-Syndrome). Grad und Dauer der Keimzellaplasie sind abhängig von der zugeführten Gesamtdosis des Zytostatikums. Patienten, die weniger als 10 g Cyclophosphamid erhalten haben, entwickeln meist keine Keimzellaplasie. Bei etwa der Hälfte der Patienten, bei denen sich nach einer Behandlung mit Cyclophosphamid eine Azoospermie entwickelt hat, setzt die Spermatogenese nach etwa 3 Jahren wieder ein.

Auch Chlorambucil führt ab einer Gesamtdosis von 40 mg zu einer Keimzellaplasie und Azoospermie. Eine niedrigere Dosis verursacht meist nur eine reversible Oligospermie. Weitere keimzelltoxische Substanzen sind Vinblastin, Doxorubicin, Procarbacin und Cisplatin.

Kombinationstherapien haben einen noch stärkeren Effekt auf die Spermatogenese. So zeigen Patienten, die wegen eines Morbus Hodgkin nach dem MOPP-Schema behandelt worden sind, zu über 80% testikuläre Störungen.

Die Mehrzahl der Patienten, die wegen eines Hodentumors mit PVB, PVBI oder PEB (Vinblastin, Bleomycin und Cisplatin) behandelt wurden, hat eine Störung der Spermatogenese. Diese Störung ist besonders stark in den ersten beiden Jahren nach der Chemotherapie ausgeprägt. Dies lässt sich anhand der Serum-FSH-Konzentration leicht nachweisen. FSH steigt bei einem Verlust der Sertoli-Zellen an und ist daher ein guter Marker für die Störung der Spermatogenese. Bei einem Großteil der Patienten mit Hodentumoren ist auch noch 10 Jahre nach Abschluss der Therapie FSH erhöht. Die Leydig-Zellen sind gegenüber der Chemotherapie weniger empfindlich: Die Testosteronkonzentration wird durch die Chemotherapie kaum beeinflusst. Allerdings ist LH besonders in den ersten beiden Jahren nach Therapie bei einem Teil der Patienten erhöht. Somit besteht eine kompensierte und damit klinisch nicht relevante Schädigung der Leydig-Zellen.

Nur 10–15% der Männer bleiben nach erfolgreicher Knochenmarkstransplantation fertil.

Vor einer Chemotherapie bzw. Bestrahlung sollte jeder Patient darüber aufgeklärt werden, dass seine Fertilität langfristig gestört werden kann.

Bei zu erwartendem Kinderwunsch kann ein Kryospermadepot angelegt werden. Qualitative Mindestanforderungen an das einzufrierende Ejakulat werden nicht mehr so kritisch gesehen, seit durch die Anwendung von Verfahren der assistierten Fertilisation (hier besonders die intrazytoplasmatische Spermiuminjektion, *ICSI*) fast regelmäßig Befruchtungen erzielt werden können.

Nach Durchführung einer Chemotherapie oder Bestrahlung sollte in jährlichen Abständen der Fertilitätsstatus des Mannes erhoben werden. Ist es zu einem ausreichenden Wiedereinsetzen der Spermatogenese gekommen, kann das Kryospermadepot aufgelöst werden.

Die versehentliche Vernichtung von kryokonservierten Spermaproben eines Tumorpatienten führte zur Verurteilung der Klinik zu einem Schmerzensgeld von ca. € 12600,00 (Urteil des BGH 1993 - VI ZR 62/93).

▮ Literatur

Alderete E, Eskenazi B, Sholtz R (1995) Effect of cigarette smoking and coffee drinking on time to conception. Epidemiology 6:403–408

Baranski B (1993) Effects of the workplace on fertility and related reproductive outcomes. Environ Health Perspect 101 (Suppl 2):81–90

Bath LE, Critchley HO, Chambers SE, Anderson RA, Kelnar CJ, Wallace WH (1999) Ovarian and uterine characteristics after total body irradiation in childhood and adolescence: response to sex steroid replacement. Br J Obstet Gynaecol 106:1265–1272

Bauer O, Ludwig M, Diedrich K (1998) Komplikationen in der Sterilitätstherapie und -diagnostik. In: Diedrich K (Hrsg) Weibliche Sterilität: Ursachen, Diagnostik und Therapie. Springer, Berlin Heidelberg, S 652–675

Bielfeld P, Krüssel JS (2001) Reproduktionsbiologische Aspekte. In: Schröder W (Hrsg) Mehrlingsschwangerschaft und Mehrlingsgeburt. Thieme, S 14–32

Birnbaum LS (1995) Developmental effects of dioxins and related endocrine disrupting chemicals. Toxicol Lett 82/83:743–750

Blumenfeld Z, Shapiro D, Steinberg M, Avivi I, Nahir M (2000) Preservation of fertility and ovarian function and minimizing gonadotoxicity in young woman with systemic lupus erythematosus treated by chemotherapy. Lupus 9:401–405

Boce J, Linet M (1994) Chernobyl, childhood cancer, and chromosome 21. Brit Med J 309:139–140

Bonde JP, Storgaard L (2002) How work-place conditions, environmental toxicants and lifestyle affect male reproductive function. Int J Androl 25:262–268

Brinkworth HM, Handelsman DJ (2000) Umwelt- und arbeitsplatzbedingte Einflüsse auf die männliche Fertilität. In: Nieschlag E, Behre HM (Hrsg) Andrologie - Grundlagen und Klinik der reproduktiven Gesundheit des Mannes. Springer, Berlin, S 279–299

Claman P (2004) Men at risk: occupation and male infertility. Fertil Steril 81(Suppl 2):19–26

Classe JM, Mahe M, Moreau P, Rapp MJ, Maisonneuve H, Lemevel A, Bourdin S, Harousseau JL, Cuilliere JC (1998) Ovarian transposition by laparoscopy before radiotherapy in the treatment of Hodgkin's disease. Cancer 83:1420–1424

Committee on the Biological Effect of Ionizing Radiations (1990) Health effects of exposure to low levels of ionizing radiation (BEIR V): National Academy Press, Washington DC

Cooper TG, Weidner W, Nieschlag E (1990) The influence of inflammation of the human male genital tract on secretion of the seminal markers alpha-glucosidase, glycerophosphocholine, carnitine, fructose and citric acid. Int J Androl 13:329–336

Corson SL, Gutmann J, Batzer FR, Wallace H, Klein N, Soules MR (1999) Inhibin-B as a test of ovarian reserve for infertile couples. Hum Reprod 14:2818–2821

Cowan MJ, Gladwin MT, Shelhamer JH (2001) Disorders of ciliary motility. Am J Med Sci 321:3–10

Critchley HOD, Wallace WHB, Shalet SM, Mamtora H, Higginson J, Anderson DC (1992) Abdominal irradiation in childhood - the potential for pregnancy. Brit J Obstet Gynaecol 99:392–394

Donnelly GP, McClure N, Kennedy MS, Lewis SE (1999) Direct effect of alcohol on the motility and morphology of human spermatozoa. Andrologia 31:43–47

Dottorini ME, Lomuscio G, Mazzucchelli L, Vignati A, Colombo L (1995) Assessment of female fertility and carcinogenesis after iodine 131 therapy for differentiated thyroid carcinoma. J Nuclear Med 36:21–27

Dunson DB, Baird DD, Wilcox AJ, Weinberg CR (1999) Day-specific probabilities of clinical pregnancy based on two studies with imperfect measures of ovulation. Hum Reprod 14:1835–1839

Ebbiary NNA, Lenton EA, Cooke ID (1994) Hypothalamic-pituitary ageing: Progressive increase in FSH and LH concentrations throughout the reproductive life in regularly menstruating women. Clin Endocrinol 41: 199–206

Eimers JM, Tevelde ER, Gerritse R, Vogelzang ET, Looman CWN, Habbema JDF (1994) The prediction of the chance to conceive in subfertile couples. Fertil Steril 61:44–52

ESchG (1990) Gesetz zum Schutz von Embryonen (Embryonenschutzgesetz-ESchG). Bundesblatt, Jahrgang 1990, Teil 1, S 2746–2748

Federation CECOS, Schwartz D, Mayaux MJ (1982) Female fecundity as a function of age. N Engl J Med 302:1361–1365

Flamigni C, Borini A, Violini F, Bianchi L, Serrao L (1993) Oocyte donation - Comparision between recipients from different age groups. Hum Reprod 8: 2088–2092

Florack EI, Zielhuis GA, Rolland R (1994) Cigarette smoking, alcohol consumption, and caffeine intake and fecundability. Prev Med 23:175–180

Gabbe SG (1984) Reproductive hazards of the American life style. In: Chamberlain G (ed) Pregnant women at work. The Royal Society of Medicine, Macmillan, London, p 45

Gosden RG, Boulton M, Grant K, Webb R (1994) Follicular development from ovarian xenografts in SCID mice. J Reprod Fertil 101:619–623

Grimes DA (2000) Intrauterine device and upper-genital-tract infection. Lancet 356:1013–1019

Grodstein F, Goldman MB, Cramer DW (1994) Infertility in women and moderate alcohol use. Am J Public Health 84:1429

Gülekli B, Bulbul Y, Onvural A, Yorukoglu K, Posaci C, Demir N, Erten O (1999) Accuracy of ovarian reserve tests. Hum Reprod 14:2822–2826

Gyllenborg J, Skakkebaek NE, Nielsen NC, Keiding N, Giwercman A (1999) Secular and seasonal changes in semen quality among young Danish men: a statistical analysis of semen samples from 1927 donor candidates during 1977–1995. Int J Androl 22:28–36

Hanf V (1998) Einfluß von Umweltfaktoren auf die Fruchtbarkeit der Frau. In: Diedrich K (Hrsg) Weibliche Sterilität. Springer, Berlin Heidelberg, S 325-355

Hanf V, Pflieger S, Körner W (1992) Influence of 1,2,3,4-TCDD and 2,3,7,8-TCDD on the growth of JAR-choriocarcinoma cells in vitro. Organohalogen Comp 10:83–86

Harlap S, Shiono PH (1980) Alcohol, smoking, and incidence of spontaneous abortions in first and second trimester. Lancet 2:173–176

Hatch EE, Bracken MB (1993) Association of delayed conception with caffeine consumption. Am J Epidemiol 138:1082–1092

Hjollund NH, Storgaard L, Ernst E, Bonde JP, Olsen J (2002) Impact of diurnal scrotal temperature on semen quality. Reprod Toxicol 16:215–221

Howell S, Shalet S (1998) Gonadal damage from chemotherapy and radiotherapy. Endocrinol Metab Clin North Am 27:927–943

Hussey HH (1975) Editorial: lead poisoning and fecundity in men. JAMA 233:816–817

Izembart M, Chavaudra J, Aubert B, Vallee G (1992) Retrospective evaluation of the dose received by the ovary after radioactive iodine therapy for thyroid cancer. European J Nuclear Med 19:243–247

Jalal H, Bahadur G, Knowles W, Jin L, Brink N (2004) Mumps epididymo-orchitis with prolonged detection of virus in semen and the development of anti-sperm antibodies. J Med Virol 73:147–150

Jarrell JF, McMahon A, Villeneuve D, Franklin C, Singh A, Valli VE, Bartlett S (1993) Hexachlorobenzene toxicity in the monkey primordial germ cell without induced porphyria. Reprod Toxicol 7:41–47

Jensen TK, Henriksen TB, Hjollund et al (1998) Adult and prenatal exposures to tobacco smoke as risk indicators of fertility among 430 Danish couples. Am J Epidemiol 148:992–997

Joffe M, Li Z (1994) Male and female factors in infertility. Am J Epidemiol 140:1107–1108

Kanal E, Gillen J, Evans JA, Savitz DA, Shellock FG (1993) Survey of reproductive health among female MR workers. Radiology 187:395–399

Katalinic A, Rosch C, Ludwig M (2004) German ICSI Follow-Up Study Group. Pregnancy course and outcome after intracytoplasmic sperm injection: a controlled, prospective cohort study. Fertil Steril 81:1604–1616

Korbonits M, Morris DG, Nanzer A, Kola B, Grossman AB (2004) Role of regulatory factors in pituitary tumour formation. Front Horm Res 32:63–95

Koyama H, Wada T, Nishizawa Y, Iwanaga T, Aoki Y (1977) Cyclophosphamide-induced ovarian failure and its therapeutic significance in patients with breast cancer. Cancer 39:1403–1409

Leidenberger FA (1998) Umwelteinflüsse auf Endokrinium und Fortpflanzungsfunktionen. In: Leidenberger FA (Hrsg) Klinische Endokrinologie für Frauenärzte. Springer, Berlin Heidelberg, S 231–243

MacLeod J, Gold RZ (1953) The male factor in fertility and infertility. VI. Semen quality and certain other factors in relation to ease of conception. Fertil Steril 4:10–33

Mariani P, Schwartz, D (1983) Sterility and fecundability estimation. J Theor Biol 105:211–223

Martin RH, Greene C, Rademaker AW (2003) Sperm chromosome aneuploidy analysis in a man with globozoospermia. Fertil Steril 79(Suppl):1662–1664

Mattison DR (1985) Clinical manifestations of ovarian toxicity. In: Dixon RL (ed) Reproductive toxicology. Raven Press, New York, p 109

Mattison DR, Shiromizu K, Nightingale MS (1983) Oocyte destruction by polycyclic aromatic hydrocarbons. Am J Ind Med 4:191–202

Meirow D, Dor J (2004) Epidemiology and infertility in cancer patients. In: Tulandi T, Gosden G (Hrsg) Preservation of fertility. Taylor and Francis, London, pp 21–38

Meirow D, Nugent D (2001) The effects of radiotherapy and chemotherapy on female reproduction. Hum Reprod Update 7:535–543

Menken J, Trussell J, Larsen U (1986) Age and infertility. Science 233:1389–1394

Mocarelli P, Brambilla P, Gerthoux PM, Patterson DG, Needham LL (1996) Change in sex ratio with exposure to dioxin. Lancet 348:409

Moller BR, Taylor-Robinson D, Furr PM, et al (1985) Serological evidence that chlamydiae and mycoplasmas are involved in infertility in woman. J Reprod Fertil 73:237–240

Morice P, Juncker L, Rey A, El-Hassan J, Haie-Meder C, Castaigne D (2000) Ovarian transposition for patients with cervical carcinoma treated by radiosurgical combination. Fertil Steril 74:743–748

Mueller BA, Daling JR, Weiss NS, Moore DE (1990) Recreational drug use and the risk of primary infertility. Epidemiology 1:195–200

Multigner L, Oliva A (2002) Secular variations in sperm quality: fact or science fiction? Cad Saude Publica 18:403-412

Navot D, Bergh PA, Laufer N (1996) The ovarian hyperstimulation syndrome. In: Adashi EY, Rock JA, Rosenwaks Z (eds) Reproductive endocrinology, surgery, and technology. Lippingcott-Raven Publishers, Philadelphia, pp 2215-2232

Nieschlag E (1992) Testosteron, Anabolika und aggressives Verhalten bei Männern. Dtsch Ärztebl 89:2967–2972

Nieschlag E, Behre HM (2000) Therapie mit Testosteron. In: Nieschlag E, Behre HM (Hrsg) Andrologie – Grundlagen und Klinik der reproduktiven Gesundheit des Mannes. Springer, Berlin, S 349–366

Ogilvy-Stuart AL, Shalet SM (1993) Effect of radiation on the human reproductive system. Environ Health Perspect 101(Suppl 2):109–116

Oktay K, Economos K, Kan M, Rucinski J, Veeck L, Rosenwaks Z (2001) Endocrine function and oocyte retrieval after autologous transplantation of cortical strips to the forearm. JAMA 286:1490–1493

Olsen J (1991) Cigarette smoking, tea and coffee drinking, and subfecundity. Am J Epidemiol 133:734–739

Ouellet-Hellstrom R, Stewart WF (1993) Miscarriages among female physical therapists who report using radio- and microwave-frequency electromagnetic radiation. Am J Epidemiol 138:775–786

Ouellette EM, Rosett HL, Rosman NP, Weiner L (1977) Adverse effects on offspring of maternal alcohol abuse during pregnancy. N Engl J Med 297:528–530

Posada MN, Kolp L, Garcia JE (2001) Fertility options for female cancer patients: facts and fiction. Fertil Steril 75:647–653

Rachootin P, Olson J (1983) The risk of infertility and late conception associated with exposure in the Danish workplace. J Occupational Med 25:394–402

Radford JA, Lieberman BA, Brison DR, Smith AR, Critchlow JD, Russell SA, Watson AJ, Clayton JA, Harris M, Gosden RG, Shalet SM (2001) Orthotopic reimplantation of cryopreserved ovarian cortical strips after high-dose chemotherapy for Hodgkin's lymphoma. Lancet 357:1172–1175

Rebar RW, Connolly HV (1990) Clinical features of young women with hypergonadotropic amenorrhea. Fertil Steril 53:804–810

Rier SE, Martin DC, Bowman RE, Dmowski WP, Becker JL (1993) Endometriosis in Rhesus monkeys (Macaca mulatta) following chronic exposure to 2,3,7,8-tetrachlorodibenzo-p-dioxin. Fundam Appl Toxicol 231:433-441

Robertson JN, Ward ME, Conway D, Caul EO (1987) Chlamydia and gonococcal antibodies in sera in infertile women with tubal obstruction. J Clin Pathol 40:377–383

Rosevear SK, Holt DW, Lee TD, Ford WC, Wardle PG, Hull MG (1992) Smoking and decreased fertilisation rates in vitro. Lancet 340:1195–1196

Rowland AS, Baird DD, Weinberg CE, Shore DL, Shy CM, Wilcox AJ (1994) The effect of occupational exposure to mercury vapour on the fertility of female dental assistants. Occup Environ Med 51:28–34

Schelling M (2000) Ultraschall in der Geburtshilfe. In: Schneider H, Husslein P, Schneider KTM (Hrsg), Geburtshilfe. Springer, Berlin Heidelberg, S 249–284

Schwarzer JU, Fiedler K, von Hertwig I, Krusmann G, Wurfel W, Schleyer M, Muhlen B, Pickl U, Lochner-Ernst D (2003) Sperm retrieval procedures and intracytoplasmatic spermatozoa injection with epididymal and testicular sperms. Urol Int 70:119–123

Scialli AR (1994) Data availability in reproductive and developmental toxicology. Obstet Gynecol 83:652–656

Seminara SB, Oliveira LM, Beranova M, Hayes FJ, Crowley WF Jr (2000) Genetics of hypogonadotropic hypogonadism. J Endocrinol Invest 23:560–565

Sherman KJ, Daling JR, Weiss NS (1987) Sexually transmitted diseases and tubal infertility. Sex Transmit Dis 14:12–16

Smith CG, Besch NF, Smith RG, Besch PK (1979) Effect of tetrahydrocannabinol on the hypothalamic-pituitary axis in the ovariectomized rhesus monkey. Fertil Steril 31:335–339

Thibaud E, Rodriguez-Macias K, Trivin C, Esperou H, Michon J, Brauner R (1998) Ovarian function after bone marrow transplantation during childhood. Bone Marrow Transplant 21:287–290

van Noord-Zaadstra BM, Loomen CWN, Alsbach H, Habema JDF, te Velde ER, Karbaat J (1991) Delaying chidbearing: effect of age on fecundity and outcome of pregnancy. Br Med J 302:1361–1365

van Thiel DH (1981) Hypothalamic-pituitary-gonadal function in liver disease. Prog Biochem Pharmacol 18:24–34

Weinbauer GF, Nieschlag E (1993) Hormonal control of spermatogenesis. In: De Kretser DM (ed) The Molecular Biology of the Male Reproductive System. Academic Pess, New York, pp 99–142

Westrom I (1975) Effect of acute pelvic inflammatory disease on fertility. Am J Obstet Gynecol 121:707–713

WHO-Laborhandbuch zur Untersuchung des menschlichen Ejakulates und der Spermien-Zervikalschleim-Interaktion (1999) 4. Aufl. Springer, Berlin

Whorton D, Krauss RM, Marshall S, Milby TH (1977) Infertility in male pesticide workers. Lancet 2:1259–1261

Zitzmann M, Rolf C, Nordhoff V, Schrader G, Rickert-Fohring M, Gassner P, Behre HM, Greb RR, Kiesel L, Nieschlag E (2003) Male smokers have a decreased success rate for in vitro fertilization and intracytoplasmic sperm injection. Fertil Steril 79(Suppl 3):1550–1554

24 Geburtshilfe

B.H. Holmer und A. Jensen

Bei der gutachterlichen Beurteilung im Bereich der Geburtshilfe geht es fast immer um Ansprüche eines geschädigten Kindes oder dessen Eltern gegen den Geburtshelfer oder die Hebamme bzw. den Krankenhausträger. Andererseits kann auch ein behindertes Kind, dessen angeborene Behinderung nicht während der Geburt entstanden ist, von Seiten der Eltern als Schadenereignis gewertet werden. Dabei ist zu prüfen, ob die Behinderung schon während der Schwangerschaft durch Pränataldiagnostik hätte erkannt werden können. Da nicht bei jeder Schwangerschaft eine ausgedehnte Pränataldiagnostik sinnvoll und notwendig ist, muss in diesem Fall geklärt werden, ob eine Schwangere, die einer Risikogruppe angehört, auf die Möglichkeiten der Pränataldiagnostik hingewiesen wurde.

Gutachterliche Bewertung

Einen guten Überblick über die Gründe von Rechtsstreitigkeiten und demzufolge den Inhalt von Gutachten geben die Schadenstatistiken von Versicherungsunternehmen. Abbildung 24.1 und Tabelle 24.1 sind zwei Beispiele dafür.

Diese Daten zeigen, dass die Mehrzahl der Rechtsstreitigkeiten sich mit dem Geburtsmanagement sowie dem Verdacht der geburtsbedingten Hirnschädigung reifgeborener Kinder beschäftigt.

Viele Eltern eines behinderten Kindes versuchen, einen „Schuldigen" für die Behinderung zu finden, damit die hohen finanziellen Belastungen getragen werden können. Der Gutachter muss erkennen, ob es sich bei der betreffenden Behinderung des Kindes um einen schicksalhaften Zustand handelt oder ob dieser vermeidbar schuldhaft herbeigeführt wurde.

Zu einem Behandlungsfehler kann es sowohl im Rahmen der Mutterschaftsvorsorge als auch während der Geburt kommen.

Bei der gutachterlichen Beurteilung in der Geburtshilfe ist der Stand der medizinischen Wissenschaft zum Zeitpunkt des Schadensereignisses zu berücksichtigen. Dieser ist den einschlägigen Lehrbüchern und Empfehlungen der Fachgesellschaften zu entnehmen.

Außerdem gehört zur gutachterlichen Beurteilung eines angeblich perinatal bedingten Hirnschadens aus geburtshilflicher Sicht immer die genaue neuropädiatrische Abklärung der Erkrankung (Schulte 1991).

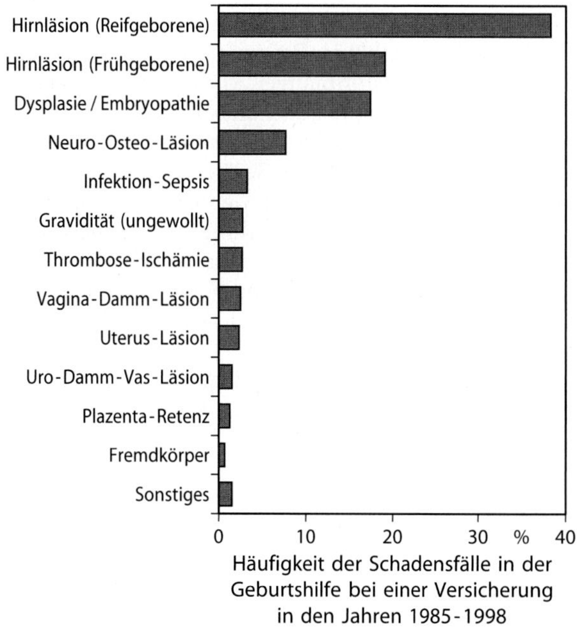

Abb. 24.1. Häufigkeit der Schadensfälle in der Geburtshilfe bei einer Versicherung in den Jahren 1985–1998. (Nach Kümper 1998)

Tabelle 24.1. Analyse der Schadensereignisse in den Jahren 1987–1994. (Berg (1999) auf dem Kongress „Geburtshilfe – sanft und sicher")

Aufklärung	**4%**
Dokumentation	**7%**
Organisation	**14%**
davon	
▪ fehlende Kompetenz	16%
▪ Pädiater zu spät	22%
▪ Personalmängel	28%
▪ kein Spezialist vorhanden	34%
Geburtsmanagement	**57%**
davon	
▪ Zange/VE kontraindiziert	23%
▪ keine Sectio	26%
▪ zu späte Sectio	51%
Kardiotokogramm (CTG)	**26%**
davon	
▪ kein CTG geschrieben	14%
▪ kein kontinuierliches CTG	39%
▪ CTG-Fehlinterpretation	47%

Oft liegen mehrere Jahre zwischen Geburt und Rechtsstreit, da diskrete Verzögerungen und Defizite in der geistigen Entwicklung eines Kindes manchmal erst mit Eintritt in das Schulalter als solche erkannt werden und somit dann erst der Verdacht aufkommt, es könne sich um die Folge einer perinatalen Schädigung handeln.

Nur ein kleinerer Teil der bleibenden Behinderungen, insbesondere beim reifen Kind, sind wirklich während des Geburtsvorgangs entstanden, der größere Teil findet seinen Ursprung während der intrauterinen Entwicklung. Bei reifen Kindern muss ein erheblicher Sauerstoffmangel vorliegen, um einen bleibenden Hirnschaden auszulösen.

Es sind in der Epoche, in der erstmals mit entsprechenden technischen Geräten eine Überwachung des Feten unter der Geburt kontinuierlich möglich war, gutachtlich Fehlinterpretationen vorgekommen, bei denen schicksalhafte Schäden nicht als solche erkannt wurden. Die Folge war, dass Geburtshelfer und Hebammen zu Unrecht verurteilt worden sind.

Bei der fetalen Ultraschalldiagnostik hat in den letzten Jahren eine erhebliche Weiterentwicklung der Technik stattgefunden. Mit den heutigen Geräten sind manche Entwicklungsstörungen schon frühzeitiger oder überhaupt erst erkennbar geworden, die sich mit Geräten der älteren Generation einer Aufdeckung entzogen. Auch hier ist die Grundlage einer Begutachtung daher der Stand der klinischen Praxis zum Zeitpunkt des fraglichen Schadenereignisses.

Es sind die „Möglichkeiten und Ausstattung einer normalen Facharztpraxis oder Klinik der Grundversorgung als Maßstab zu Grunde zu legen“, nicht die zum Teil zum entsprechenden Zeitpunkt noch in wissenschaftlichen Studien sich entwickelnden oder noch nicht flächendeckend klinisch umgesetzten Erkenntnisse.

Bei der Beurteilung des Verlaufs der Schwangerschaftsvorsorge oder Geburt sollte der Gutachter alle verfügbaren Dokumente einsehen und diese chronologisch zuordnen, um sich ein lückenloses Bild von der Abfolge relevanter Ereignisse machen zu können.

Zur Beurteilung der Schwangerschaftsvorsorge hat sich die Anfertigung einer Wachstumskurve auf einem der erhältlichen Formblätter bewährt. Gut geeignet ist u.a. das von Langnickel und Westin entworfene Formular (Abb. 24.2). Werden die Daten aus der Schwangerschaftsvorsorge in ein solches Diagramm übertragen, so kann der Schwangerschaftsverlauf problemlos auf etwaige Auffälligkeiten überprüft werden.

24.1 Schwangerschaftsvorsorge

Mutterschaftsrichtlinien

Die Schwangerschaftsvorsorge in der Bundesrepublik Deutschland richtet sich nach den jeweils gültigen Mutterschaftsrichtlinien des Bundesausschusses der Ärzte und Krankenkassen.

In diesen ist detailliert aufgeführt, welche diagnostischen Maßnahmen erforderlich und für die Schwangerschaftsvorsorge sinnvoll sind. Bei der gutachtlichen Beurteilung muss geprüft werden, inwieweit die in den Mutterschaftsrichtlinien vorgesehenen Maßnahmen durchgeführt wurden bzw. welche Beratungen erfolgt sind. Eine Beratung bezüglich der Möglichkeiten der Pränataldiagnostik ist bei entsprechender Risikokonstellation unabdingbar.

Die Mutterschaftsrichtlinien gelten vordergründig nur im Sozialversicherungsbereich. Sie stellen jedoch, zumindest einige Zeit nach ihrer jeweiligen Überarbeitung, Leistungsstandards dar, die dem neuesten Stand der gesicherten ärztlichen Erkenntnis angepasst sind und daher auch außerhalb des Sozialversicherungsbereichs normative Wirkung entfalten (Ratzel 1995).

Es kann allerdings Konstellationen geben, in denen ärztliche Maßnahmen den Versicherten aus zivil- und strafrechtlicher Sicht angeboten werden müssen, obwohl sie von den Kostenträgern nicht erstattet werden müssen. Dies kann bestimmte pränataldiagnostische Untersuchungen betreffen, die Einfluss auf Entscheidungen der Schwangeren haben können.

Die seit dem 1.4.1995 geltenden, zuletzt 2003 aktualisierten Mutterschaftsrichtlinien haben in Auszügen folgenden Inhalt:

1. Vorrangiges Ziel der ärztlichen Schwangerschaftsvorsorge ist die frühzeitige Erkennung von Risikoschwangerschaften und Risikogeburten.
2. Ziel ist es, den Versicherten und ihren Angehörigen eine nach den Regeln der ärztlichen Kunst zweckmäßige und ausreichende ärztliche Betreuung während der Schwangerschaft und nach der Entbindung zukommen zu lassen unter Vermeidung entbehrlicher Kosten.
3. Es sollen nur Maßnahmen angewendet werden, deren diagnostischer und vorbeugender Wert ausreichend gesichert sind. Eine Erprobung auf Kosten der Versichertengemeinschaft ist unzulässig.
4. Ärztliche Betreuung:
   a) Untersuchungen und Beratungen (Abschnitt A),
   b) frühzeitige Erkennung und besondere Überwachung von Risikoschwangerschaften durch amnioskopische und kardiotokographische Untersuchungen, Ultraschalldiagnostik, Fruchtwasseruntersuchungen (Abschnitt B),
   c) serologische Untersuchungen auf Infektionen, z.B. Lues, Röteln, Hepatitis B; bei begründetem Verdacht auf Toxoplasmose und andere Infektionen; Ausschluss von HIV auf freiwilliger Basis nach vorheri-

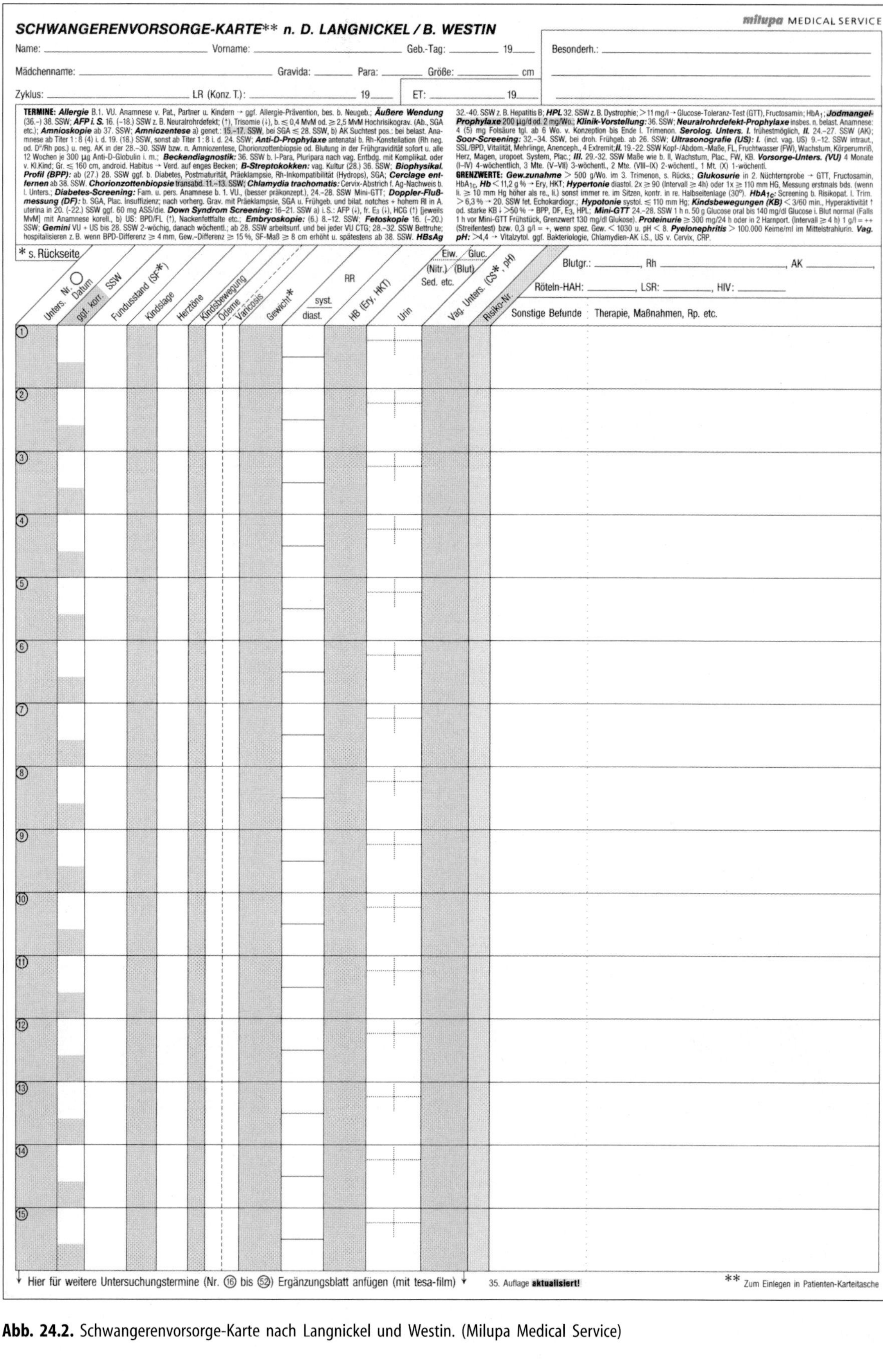

milupa MEDICAL SERVICE

SCHWANGERENVORSORGE-KARTE n. D. LANGNICKEL / B. WESTIN**

Name: ______ Vorname: ______ Geb.-Tag: ______ 19____ Besonderh.: ______

Mädchenname: ______ Gravida: ______ Para: ______ Größe: ______ cm

Zyklus: ______ LR (Konz. T.): ______ 19____ ET: ______ 19____

TERMINE: ***Allergie*** B.1. VU. Anamnese v. Pat., Partner u. Kindern → ggf. Allergie-Prävention, bes. b. Neugeb.; ***Äußere Wendung*** (36.–) 38. SSW; ***AFP i. S.*** 16. (–18.) SSW z. B. Neuralrohrdefekt; (↑), Trisomie (↓), b. ≤ 0,4 MvM od. ≥ 2,5 MvM Hochrisikograv. (Ab., SGA etc.); ***Amnioskopie*** ab 37. SSW; ***Amniozentese*** a) genet.: 15.–17. SSW, bei SGA ≤ 28. SSW, b) AK Suchtest pos.: bei belast. Anamnese ab Titer 1 : 8 (4) i. d. 19. (18.) SSW, sonst ab Titer 1 : 8 i. d. 24. SSW; ***Anti-D-Prophylaxe*** antenatal b. Rh-Konstellation (Rh neg. od. D^u/Rh pos.) u. neg. AK in der 28.–30. SSW bzw. n. Amniozentese, Chorionzottenbiopsie od. Blutung in der Frühgravidität sofort u. alle 12 Wochen je 300 µg Anti-D-Globulin i. m.; ***Beckendiagnostik:*** 36. SSW b. I-Para, Pluripara nach vag. Entbdg. mit Komplikat. oder v. Kl.Kind; Gr. ≤ 160 cm, android. Habitus → Verd. auf enges Becken; ***B-Streptokokken:*** vag. Kultur (28.) 36. SSW; ***Biophysikal. Profil (BPP):*** ab (27.) 28. SSW ggf. b. Diabetes, Postmaturität, Präeklampsie, Rh-Inkompatibilität (Hydrops), SGA; ***Cerclage entfernen*** ab 38. SSW. ***Chorionzottenbiopsie*** transabd. 11.–13. SSW; ***Chlamydia trachomatis:*** Cervix-Abstrich f. Ag-Nachweis b. I. Unters.; ***Diabetes-Screening:*** Fam. u. pers. Anamnese b. 1. VU., (besser präkonzept.), 24.–28. SSW Mini-GTT; ***Doppler-Flußmessung (DF):*** b. SGA, Plac. Insuffizienz; nach vorherg. Grav. mit Präeklampsie, SGA u. Frühgeb. und bilat. notches + hohem RI in A. uterina in 20. (-22.) SSW ggf. 60 mg ASS/die. ***Down Syndrom Screening:*** 16–21. SSW a) i. S.: AFP (↓), fr. E_3 (↓), HCG (↑) [jeweils MvM] mit Anamnese korell., b) US: BPD/FL (↑), Nackenfettfalte etc.; ***Embryoskopie:*** (6.) 8.–12. SSW; ***Fetoskopie*** 16. (–20.) SSW; ***Gemini*** VU + US bis 28. SSW 2-wöchig, danach wöchentl.; ab 28. SSW arbeitsunf. und bei jeder VU CTG; 28.–32. SSW Bettruhe; hospitalisieren z. B. wenn BPD-Differenz ≥ 4 mm, Gew.-Differenz ≥ 15 %, SF-Maß ≥ 8 cm erhöht u. spätestens ab 38. SSW. ***HBsAg*** 32.–40. SSW z. B. Hepatitis B; ***HPL*** 32. SSW z. B. Dystrophie; > 11 mg/l → Glucose-Toleranz-Test (GTT), Fructosamin; HbA_1; ***Jodmangel-Prophylaxe*** 200 µg/d od. 2 mg/Wo.; ***Klinik-Vorstellung:*** 36. SSW; ***Neuralrohrdefekt-Prophylaxe*** insbes. n. belast. Anamnese: 4 (5) mg Folsäure tgl. ab 6 Wo. v. Konzeption bis Ende I. Trimenon. ***Serolog. Unters. I.*** frühestmöglich, ***II.*** 24.–27. SSW (AK); ***Soor-Screening:*** 32.–34. SSW, bei droh. Frühgeb. ab 26. SSW; ***Ultrasonografie (US): I.*** (incl. vag. US) 9.–12. SSW intraut., SSL/BPD, Vitalität, Mehrlinge, Anenceph., 4 Extremit.; ***II.*** 19.–22. SSW Kopf-/Abdom.-Maße, FL, Fruchtwasser (FW), Wachstum, Körperumriß, Herz, Magen, uropoet. System, Plac.; ***III.*** 29.–32. SSW Maße wie b. II, Wachstum, Plac., FW, KB. ***Vorsorge-Unters. (VU)*** 4 Monate (I–IV) 4-wöchentlich, 3 Mte. (V–VII) 3-wöchentl., 2 Mte. (VIII–IX) 2-wöchentl., 1 Mt. (X) 1-wöchentl.

GRENZWERTE: ***Gew.zunahme*** > 500 g/Wo. im 3. Trimenon, s. Rücks.; ***Glukosurie*** in 2. Nüchternprobe → GTT, Fructosamin, HbA_{1c}, ***Hb*** < 11,2 g % → Ery, HKT; ***Hypertonie*** diastol. 2x ≥ 90 (Intervall ≥ 4h) oder 1x ≥ 110 mm HG, Messung erstmals bds. (wenn li. ≥ 10 mm Hg höher als re., li.) sonst immer re. im Sitzen, kontr. in re. Halbseitenlage (30°). ***HbA_{1c}:*** Screening b. Risikopat. I. Trim. > 6,3 % → 20. SSW fet. Echokardiogr.; ***Hypotonie*** systol. ≤ 110 mm Hg; ***Kindsbewegungen (KB)*** < 3/60 min., Hyperaktivität ↑ od. starke KB ↓ > 50 % → BPP, DF, E_3, HPL; ***Mini-GTT*** 24.–28. SSW 1 h n. 50 g Glucose oral bis 140 mg/dl Glucose i. Blut normal (Falls 1 h vor Mini-GTT Frühstück, Grenzwert 130 mg/dl Glukose). ***Proteinurie*** ≥ 300 mg/24 h oder in 2 Harnport. (Intervall ≥ 4 h) 1 g/l = ++ (Streifentest) bzw. 0,3 g/l = +, wenn spez. Gew. < 1030 u. pH < 8. ***Pyelonephritis*** > 100.000 Keime/ml im Mittelstrahlurin. ***Vag. pH:*** > 4,4 → Vitalzytol. ggf. Bakteriologie, Chlamydien-AK i.S., US v. Cervix, CRP.

* s. Rückseite

Blutgr.: ______, Rh ______, AK ______,

Röteln-HAH: ______, LSR: ______, HIV: ______

Unters. Nr. ○ Datum	ggf. korr. SSW	Fundusstand (SF*)	Kindslage	Herztöne	Kindsbewegung	Ödeme	Varicosis	Gewicht*	RR syst./diast.	HB (Ery, HKT)	Urin Eiw. Gluc. (Nitr.) (Blut) Sed. etc.	Vag. Unters. (CS*, pH)	Risiko-Nr.	Sonstige Befunde	Therapie, Maßnahmen, Rp. etc.
①															
②															
③															
④															
⑤															
⑥															
⑦															
⑧															
⑨															
⑩															
⑪															
⑫															
⑬															
⑭															
⑮															

↓ Hier für weitere Untersuchungstermine (Nr. ⑯ bis ㊾) Ergänzungsblatt anfügen (mit tesa-film) ↓ 35. Auflage **aktualisiert!** ** Zum Einlegen in Patienten-Karteitasche

Abb. 24.2. Schwangerenvorsorge-Karte nach Langnickel und Westin. (Milupa Medical Service)

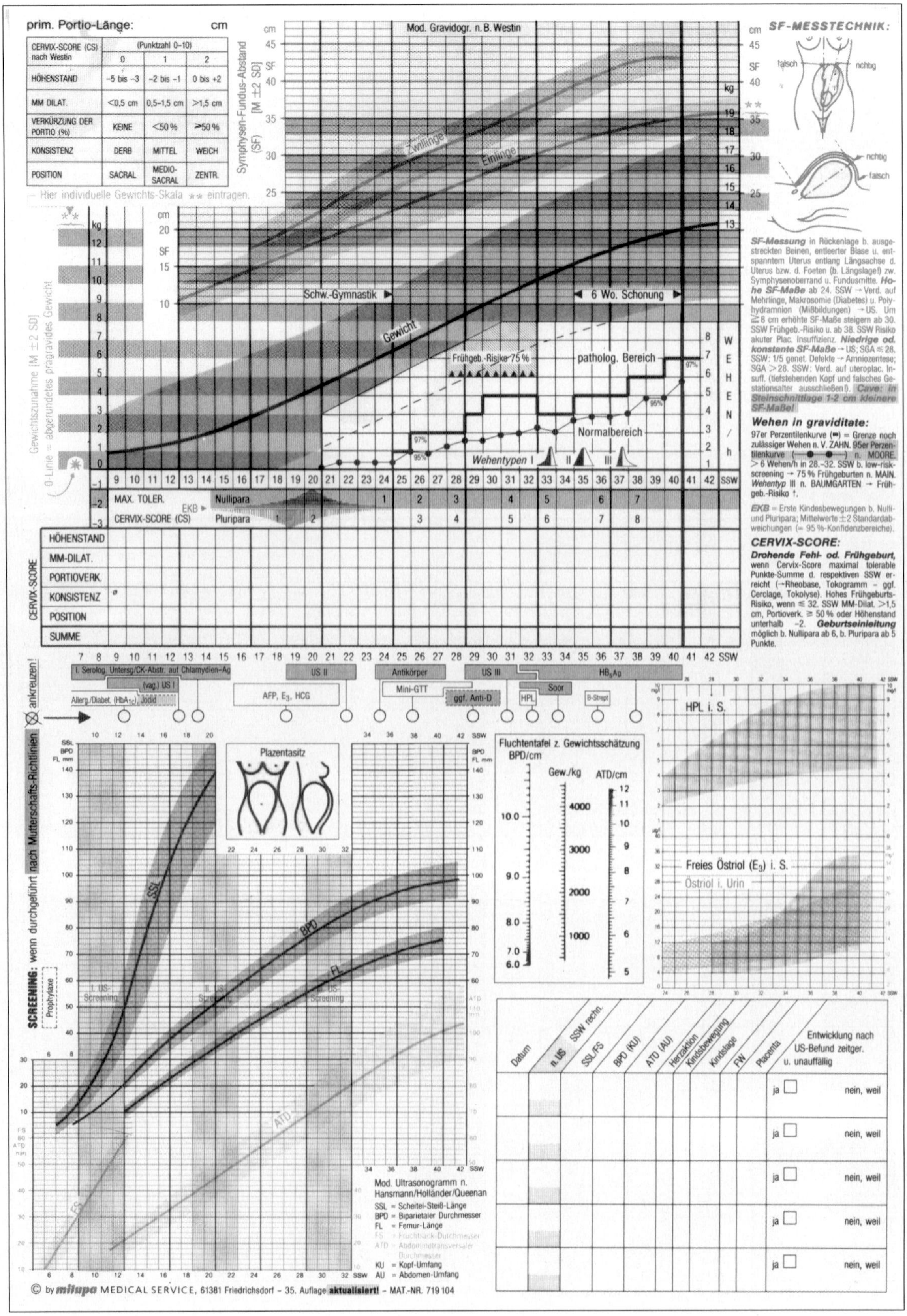

Abb. 24.2 (Fortsetzung)

ger ärztlicher Beratung; Blutgruppenserologie während der Schwangerschaft,
d) blutgruppenserologische Untersuchungen nach Geburt oder Fehlgeburt und Anti-D-Immunglobulin-Prophylaxe,
e) Untersuchungen und Beratungen der Wöchnerin,
f) medikamentöse Maßnahmen und Verordnung von Verband- und Heilmitteln,
g) Aufzeichnungen und Bescheinigungen.

Abschnitt A: Untersuchungen und Beratungen sowie sonstige Maßnahmen während der Schwangerschaft

1. Ausreichende ärztliche Untersuchung und Beratung, diese mit Hinweisen auf HIV-Infektionsmöglichkeiten; ernährungsmedizinische Empfehlungen als Maßnahme der Gesundheitsförderung; besonders auf ausreichende Jodzufuhr hinweisen.
   Die Schwangere soll über ihren Rechtsanspruch auf Beratung zu allgemeinen Fragen der Schwangerschaft nach § 2 des Schwangerschaftskonfliktgesetzes (SchKG) unterrichtet werden.
2. Die erste Untersuchung nach Feststellung der Schwangerschaft sollte möglichst frühzeitig erfolgen. Sie umfasst:
   a) Anamnese:
   - Familienanamnese,
   - Eigenanamnese,
   - Schwangerschaftsanamnese,
   - Arbeits- und Sozialanamnese,

   b) Untersuchungen:
   - Allgemeinuntersuchung, gynäkologische Untersuchung einschließlich eines Zervixabstrichs zur Untersuchung auf Chlamydia trachomatis mittels eines geeigneten Antigen- oder Nukleinsäurenachweises,
   - weitere diagnostische Maßnahmen:
     - Blutdruckmessung,
     - Körpergewicht,
     - Mittelstrahlurin: Eiweiß, Zucker, Sediment, ggf. bakteriologische Untersuchungen,
     - Hämoglobinbestimmung; wenn < 11,2 g/100 ml: Zählung der Erythrozyten.
3. Bei genetischem Risiko Aufklärung über Möglichkeiten der humangenetischen Beratung und Untersuchung.
4. (*) Die nachfolgenden Untersuchungen sollten – unabhängig von Behandlung, Beschwerden und Krankheitserscheinungen – alle 4 Wochen stattfinden:
   - Gewicht,
   - Blutdruck,
   - Mittelstrahlurin: Eiweiß, Zucker, Sediment, ggf. bakteriologische Untersuchungen,
   - Hämoglobinbestimmung; wenn < 11,2 g/100 ml = 70% Hb: Zählung der Erythrozyten,
   - Stand der Gebärmutter,
   - kindliche Herzaktionen,
   - Lage des Kindes.

In den letzten 2 Schwangerschaftsmonaten je 2 Untersuchungen.

5. Im Verlauf der Schwangerschaft soll ein Ultraschall-Screening durchgeführt werden:
   1. Screening: 9.–12. SSW post menstruationem,
   2. Screening: 19.–22. SSW post menstruationem,
   3. Screening: 29.–32. SSW post menstruationem.

   Dieses Screening dient der Überwachung einer normal verlaufenden Schwangerschaft und hat folgende Ziele:
   - genaue Bestimmung des Gestationsalters,
   - Kontrolle der somatischen Entwicklung des Feten,
   - Suche nach auffälligen fetalen Merkmalen,
   - frühzeitiges Erkennen von Mehrlingsschwangerschaften.

   Der Inhalt des Screenings ist in Anlage 1 a festgelegt (wie im Mutterpass).

Ergeben sich aus dem Screening auffällige Befunde, die der Kontrolle durch Ultraschalluntersuchungen mit B-Mode oder ggf. anderer sonographischer Verfahren bedürfen, sind die Kontrolluntersuchungen auch außerhalb der vorgegebenen Untersuchungszeiträume Bestandteil des Screenings. Dies gilt insbesondere bei den in Anlage 1 b aufgeführten Indikationen.

Anlage 1 b

Bei folgenden Indikationen können weitere *sonographische Kontrollen* nötig sein als Bestandteil des Screenings:

1. Sicherung des Schwangerschaftsalters bei
   - unklarer Regelanamnese,
   - Diskrepanz zwischen Uterusgröße und berechnetem SS-Alter,
   - fehlenden Untersuchungsergebnissen aus dem Ultraschall-Screening bei Wechsel des Arztes,
2. Kontrolle des fetalen Wachstums bei
   - mütterlicher Erkrankung, die zu Entwicklungsstörungen des Feten führen kann,
   - Verdacht auf Entwicklungsstörung des Feten aufgrund vorausgegangener Untersuchungen,
3. Überwachung einer Mehrlingsschwangerschaft,
4. Neubeurteilung des SS-Alters,
5. Placentakontrolle bei V. a. Placenta praevia,
6. Erstmaliges Auftreten einer uterinen Blutung,
7. Verdacht auf intrauterinen Fruchttod,
8. Verdacht auf Lageanomalie ab 36. SSW.

Weitere Ultraschalluntersuchungen können nötig sein, wenn sie der Abklärung und/oder Überwachung von pathologischen Befunden dienen bei folgenden Indikationen – sie sind Bestandteil der Mutterschaftsvorsorge, aber nicht des Screenings:

1. rezidivierende oder persistierende uterine Blutung,
2. gestörte intrauterine Schwangerschaft,
3. Frühschwangerschaft bei
   - liegendem Intrauterinpessar,
   - Uterus myomatosus,
   - Adnextumor,
4. Nachkontrolle,
5. Zervixmessung mittels Ultraschall bei Zervixinsuffizienz oder entsprechendem Verdacht,
6. bestätigter vorzeitiger Blasensprung und/oder vorzeitige Wehentätigkeit,
7. Kontrolle und ggf. Verlaufsbeobachtung nach Bestätigung einer bestehenden Anomalie oder Erkrankung des Fetus,
8. V. a. vorzeitige Plazentalösung,
9. Ultraschallkontrollen bei gestörtem Geburtsverlauf, z. B. vor, während, nach äußerer Wendung aus Beckenend- und/oder Querlage in Schädellage.

Anlage 1 d

Dopplersonographische Untersuchungen: Anwendung in der Mutterschaftsvorsorge nur bei einer oder mehrerer der nachfolgenden Indikationen und nur in der zweiten

Hälfte der Schwangerschaft (Ausnahme Fehlbildungsdiagnostik):

1. V. a. intrauterine Wachstumsretardierung,
2. schwangerschaftsinduzierte Hypertonie/Präeklampsie/Eklampsie,
3. Z. n. Mangelgeburt/intrauterinem Fruchttod,
4. Z. n. Präeklampsie/Eklampsie,
5. Auffälligkeiten der fetalen Herzfrequenzregistrierung,
6. begründeter Verdacht auf Fehlbildung/fetale Erkrankung,
7. Mehrlingsschwangerschaft bei diskordantem Wachstum,
8. Abklärung bei Verdacht auf Herzfehler/Herzerkrankungen.

Diese Untersuchungen können auch von einer Hebamme durchgeführt und im Mutterpass dokumentiert werden, wenn der Arzt dies im Einzelfall angeordnet hat oder einen normalen Schwangerschaftsverlauf festgestellt hat und daher seinerseits keine Bedenken gegenüber weiteren Vorsorgeuntersuchungen durch die Hebamme bestehen.

Die Delegierung der Untersuchungen an die Hebamme entbindet den Arzt nicht von der Pflicht zur Durchführung der von ihm vorzunehmenden Untersuchungen (z. B. Labor, Ultraschall, Untersuchungen bei Risikoschwangerschaft).

Der betreuende Arzt soll die Schwangere in der von ihr gewählten Geburtsklinik vorstellen.

Abschnitt B: Erkennung und besondere Überwachung der Risikoschwangerschaften und Risikogeburten

1. *Risikoschwangerschaften.* Dazu zählen insbesondere:
   a) Nach Anamnese:
   - schwere Allgemeinerkrankung der Mutter (Niere, Leber, Adipositas usw.),
   - Z. n. Sterilitätsbehandlung, wiederholten Aborten oder Frühgeburten,
   - totgeborenes oder geschädigtes Kind, vorausgegangene Entbindung von Kindern über 4000 g, hypotrophen Kindern („small for date babies"), Mehrlingen,
   - Z. n. Uterusoperationen (z. B. Sectio, Myom, Fehlbildung) Komplikationen bei vorangegangenen Entbindungen (z. B. Placenta praevia, vorzeitige Lösung, Rissverletzungen, Atonie, Nachgeburtsblutungen, Gerinnungsstörungen, Krämpfe, Thromboembolien),
   - Erstgebärende unter 18 oder über 35 Jahre, Mehrgebärende über 40 Jahre, Vielgebärende mit mehr als 4 Kindern (Gefahren: genetische Defekte, sog. Placentainsuffizienz, geburtsmechanische Komplikationen).

   b) Nach Befund (jetzige Schwangerschaft):
   - EPH-Gestose (RR 140/90) oder mehr, Eiweiß im Urin, 1 Promille bzw. 1 g/24 h oder mehr, Ödeme oder Gewichtszunahme von mehr als 500 g je Woche im letzten Trimenon); Pyelonephritis (Keimzahlen über 100000 im Mittelstrahlurin),
   - Anämie < 10 g/100 ml (g%) Hämoglobin,
   - Diabetes mellitus,
   - uterine Blutung,
   - Blutgruppen-Inkompatibilität (Früherkennung und Prophylaxe des Morbus haemolyticus fetalis bzw. neonatorum),
   - Diskrepanz zwischen Uterus- bzw. Kindsgröße und Schwangerschaftsdauer (z. B. fraglicher Geburtstermin, retardiertes Wachstum, Riesenkind, Gemini, Molenbildung, Hydramnion, Myom),
   - drohende Frühgeburt (vorzeitige Wehen, Zervixinsuffizienz),
   - Mehrlinge, pathologische Kindslagen,
   - Überschreitung des Geburtstermins, Terminunklarheit.
2. Risikoschwangerschaften können zu Risikogeburten werden; erhöhtes Risiko bei:
   - Frühgeburt,
   - Placenta praevia,
   - jeder Art von Missverhältnis Kind/Geburtswege.
3. Bei Risikoschwangerschaften können häufigere als vierwöchentliche Untersuchungen (bis zur 32. Woche) bzw. häufigere als zweiwöchentliche Untersuchungen (in den letzten 8 Schwangerschaftswochen) angezeigt sein.
4. Bei Risikoschwangerschaften können neben den üblichen Untersuchungen noch folgende in Frage kommen:
   - Ultraschalluntersuchungen,
   - tokographische Untersuchungen vor der 28. SSW bei V. a. vorzeitige Wehen oder bei medikamentöser Wehenhemmung,
   - kardiotokographische Untersuchungen (CTG),
   - Amnioskopien,
   - Amniozentese,
   - transzervikale Gewinnung von Chorionzottengewebe oder transabdominale Gewinnung von Placentagewebe.
5. Von der Erkennung eines Risikomerkmals an soll ein Arzt die Betreuung einer Schwangeren nur dann weiterführen, wenn er die notwendigen zusätzlichen Untersuchungen erbringen oder veranlassen und die sich daraus ergebenden Maßnahmen durchführen kann. Andernfalls soll er die Schwangere einem Arzt überweisen, der über solche Möglichkeiten verfügt.
6. Der betreuende Arzt soll die Schwangere bei der Wahl der Entbindungsklinik unter dem Gesichtspunkt beraten, dass die Klinik über die nötigen Voraussetzungen zur Betreuung von Risikogeburten und -kindern verfügt.

Der genaue Wortlaut der Mutterschaftsrichtlinien ist im Internet z. B. auf den Seiten des Gemeinsamen Bundesausschusses (▶ www.g-ba.de) und des Berufsverbandes der Frauenärzte (▶ www.bvf.de) zu finden.

Pränataldiagnostik

Die Pränataldiagnostik dient der Erkennung von Entwicklungsstörungen des ungeborenen Kindes, die entweder genetisch bedingt sind, durch äußere Einflüsse wie toxische Substanzen oder Genußmittel verursacht wurden oder Fehlentwicklungen der Frucht ohne äußere Einwirkungen darstellen. Die Untersuchungen gliedern sich in nichtinvasive Techniken wie Ultraschalluntersuchungen und Blutuntersuchungen bei der Schwangeren und invasive Techniken wie Fruchtwasserentnahmen (*Amniozentesen*),

Gewinnung von Chorionzotten oder Nabelschnurpunktionen bis hin zur optischen Betrachtung des Feten (*Fetoskopie*).

Die entsprechend den Mutterschaftsrichtlinien durchgeführte Mutterschaftsvorsorge beinhaltet drei Screening-Ultraschalluntersuchungen während der Schwangerschaft. Werden dabei auffällige Befunde erhoben, sollten entsprechende Maßnahmen wie Kontrolluntersuchungen oder Überweisungen zu Spezialisten zur weiterführenden Diagnostik erfolgen. Dabei kommt ein Stufenkonzept entsprechend der DEGUM-Qualifikationsstufen zur Anwendung (Deutsche Gesellschaft für Ultraschall in der Medizin).

DEGUM-Mehrstufenkonzept (Stufe I, II und III):

- Stufe I: allgemeines Screening,
- Stufe II: Fehlbildungsdiagnostik,
- Stufe III: Zentrum für ungelöste Problemfälle der Stufe II.

Erhebt der Frauenarzt mit Berechtigung zum normalen Ultraschallscreening einen unauffälligen Befund, so besteht keine Verpflichtung zur weiterführenden Diagnostik. Bei auffälligen Befunden muss er entscheiden, ob er mit seiner Kenntnis und apparativen Ausstattung die weiterführende Diagnostik selbst vornehmen kann. Ist dies nicht der Fall, so kann eine Haftung unter dem Gesichtspunkt des Übernahmeverschuldens in Betracht kommen. Verzichtet er auf eine Überweisung zum Spezialisten der Stufe II oder III, übersieht dabei aber etwas, so muss er sich am Standard eines spezialisierten gynäkologischen Ultraschallexperten messen lassen.

Bei der invasiven Diagnostik stehen die Chorionzottenbiopsie und die Amniozentese im Vordergrund. Beide dienen zur Gewinnung von fetalen Zellen, an denen genetische Untersuchungen durchgeführt werden. Hier werden am häufigsten Chromosomenanalysen vorgenommen, die zur Erkennung von genetischen Störungen durch nummerische oder strukturelle Aberrationen dienen. Die Trisomie 21 (*Down-Syndrom*) ist dabei die Störung, die in besonderem Maße vom Alter der Schwangeren abhängt und am häufigsten vorkommt. Hierbei ist das Kind lebensfähig und kann das Erwachsenenalter erreichen. Die Diagnostik wird Frauen über 35 Jahren angeboten, da die Häufigkeit des Down-Syndroms in diesem Alter deutlich zunimmt und die Wahrscheinlichkeit des Auftretens der genetischen Störung größer wird als das Risiko, eine Fehlgeburt durch die invasive Diagnostik zu erleiden. Auf Wunsch kann auch bei den entnommenen Zellen ein „FISH-Test“ vorgenommen werden, bei dem im Gegensatz zur normalen, ca. 8–16 Tage dauernden Analyse keine zeitaufwändige Zellvermehrung erforderlich ist. Diese nicht zu den Leistungen der gesetzlichen Krankenkassen gehörende Methode kann jedoch nur gezielt zur Suche einer bestimmten Chromosomenaberration (meist Trisomie 21) eingesetzt werden, ist dafür aber deutlich schneller.

Zur Zeit ist von einer durch Amniozentese bedingten Fehlgeburtsrate von ca. 1% auszugehen (Sohn u. Holzgreve 1995). Daher kann der Patientin, die das Risiko einer invasiven Diagnostik scheut, alternativ das sog. Ersttrimesterscreening angeboten werden. Durch die Kombination von Serumparametern (PAPP-A und freies Beta-hCG) und der Nackentransparenzmessung des Feten in den Schwangerschaftswochen 11+0 bis 14+0 wird das statistische Risiko fetaler Anomalien ermittelt. Die Trisomie 21 kann z.B. in ca. 89% der Fälle bei einer falschpositiven Rate von 5% entdeckt werden (Eiben et al. 2002). Zusätzliche so genannte „Softmarker“, bestimmte sonographische Hinweiszeichen, die gehäuft bei Chromosomenanomalien auftreten, können die Sensitivität noch weiter erhöhen.

Das Ersttrimesterscreening, das nur in der Hand von durch die FMF (Fetal Medicine Foundation) zertifizierten Ärzten und Laboren eine ausreichende Genauigkeit liefert, hat die seit ca. 1992 im zweiten Trimester angewandte, nur auf Serumparametern beruhende ungenauere Tripeldiagnostik inzwischen weitgehend abgelöst.

Sowohl das Ersttrimester- als auch das Zweittrimesterscreening errechnen nur ein statistisches Risiko, machen jedoch keine sichere Aussage über den Zustand des jeweiligen Feten und werden nicht von den gesetzlichen Krankenkassen finanziert.

Andere Erbkrankheiten können ebenfalls durch eine humangenetische Untersuchung von fetalen Zellen nachgewiesen werden. Da diese Untersuchung viel aufwändiger und kostspieliger ist als die zahlenmäßige Untersuchung der Chromosomen, kommt sie nur gezielt bei erblich belasteten Familien in Frage. Neuere Untersuchungsmethoden wie die Identifizierung und Analyse fetaler Zellen im mütterlichen Blut befinden sich in Entwicklung, sind aber zur Zeit in der klinischen Anwendung noch ohne Bedeutung.

Gutachterliche Bewertung

Für den Gutachter ist wichtig, ob bei der Schwangerschaftsvorsorge mit der Patientin, die einer Risikogruppe angehört, eine Pränataldiagnostik besprochen bzw. diese durchgeführt wurde. Diese Notwendigkeit der Aufklärung über die Untersuchungsmöglichkeiten bei Patientinnen, die Risikogruppen angehören, gilt unabhängig davon, ob die Patientin eine Diagnostik wünscht oder ob sie Konsequenzen aus dem Ergebnis im Sinne eines Schwangerschaftsabbruchs ziehen würde.

Unterbleibt die Aufklärung, kann dem betreuenden Arzt im Falle der Geburt eines Kindes mit einem genetischen Defekt dieses als entstandener Schaden angelastet werden.

Wenn andere Maßnahmen auf Wunsch der Patientin nicht durchgeführt wurden, sollte dies, auch zur rechtlichen Absicherung des Arztes, schriftlich dokumentiert sein. Dann trägt die Patientin für diese Entscheidung die Verantwortung.

24.2 Geburt

Organisationsstrukturen und Organisationsfehler

In einer ärztlich geleiteten medizinischen Einrichtung haben der Träger der Einrichtung und der verantwortliche Arzt dafür zu sorgen, dass die notwendigen organisatorischen, apparativen, personellen und logistischen Voraussetzungen gegeben sind, um eine sichere Geburtshilfe auf dem Facharztstandard zu gewährleisten.

Der Facharztstandard bedeutet nicht, dass sämtliche ärztliche Tätigkeiten von einem Facharzt ausgeführt werden müssen. Sie können z. B. an Assistenzärzte mit entsprechendem Ausbildungsstand delegiert werden. Es muss jedoch ein Facharzt jederzeit in Rufbereitschaft erreichbar sein.

Gutachterliche Bewertung

Wenn der Arzt in Weiterbildung die Leitung einer Geburt übernimmt, hat er sich davon zu überzeugen, dass er dazu auch in der Lage ist. Tut er dies nicht, so kann ihm eventuell ein Übernahmeverschulden zur Last gelegt werden. Kommt es bei einer Risikogeburt zu einem Schaden und stellt sich heraus, dass der die Geburt leitende Arzt damit überfordert war, ist zu prüfen, ob ein Facharzt hätte rechtzeitig hinzugezogen werden müssen oder ob der Arzt die alleinige Übernahme der Geburtsleitung von vornherein hätte ablehnen müssen.

Die umzusetzenden Anforderungen wurden 1995 von der Deutschen Gesellschaft für Gynäkologie und Geburtshilfe als „Mindestanforderungen an prozessuale, strukturelle und organisatorische Voraussetzungen für Geburtshilfliche Abteilungen" (▶ Literatur) definiert.

Ein Organisationsverschulden kann in der Geburtshilfe – ebenso wie in anderen Fachgebieten – durch eine mangelhafte Organisationsstruktur entstehen oder auch durch eine fehlerhafte Entscheidung im Einzelfall.

Wenn sich beispielsweise ein notwendiger geburtshilflicher Eingriff verzögert, weil der Geburtshelfer mit einer anderen Operation beschäftigt war, ist zu prüfen, ob diese gleichzeitige Operation zu diesem Zeitpunkt erforderlich war oder ein weiterer Arzt hätte hinzugezogen werden müssen.

Kardiotokogramm (CTG)

Für die Überwachung des Feten steht seit den 1970er Jahren die externe und interne Kardiotokographie zur Verfügung. Mit dieser Methode wird das Herzfrequenzmuster des Feten auf einem Registrierpapier zusammen mit der Wehenstärke der Schwangeren aufgezeichnet. Die Herzfrequenz wird entweder durch Ultraschall transabdominal oder durch eine Skalpelektrode von der Kopfhaut des Feten als EKG-Registrierung gewonnen.

Eine abdominale EKG-Registrierung der fetalen Herzfrequenz ist ebenfalls möglich, hat sich aber wegen der hohen Störanfälligkeit nicht durchgesetzt.

Das Registrierpapier des Kardiotokographen enthält fortlaufend nummerierte Seiten, damit eine zweifelsfreie chronologische Zuordnung möglich ist. Moderne Geräte zeichnen automatisch Uhrzeit und Datum mit auf, andernfalls müssen diese per Hand eingetragen werden.

Bei der Kardiotokographie während der Schwangerschaft sollte die Aufzeichnungsdauer im „Non-Stress-Test", d. h. die Herzfrequenz-/Wehenregistrierung ohne Wehentätigkeit etwa 20–30 Minuten betragen, um eine aussagekräftige Registrierung zu erhalten.

Die Analyse der Herzfrequenz ermöglicht eine Aussage über den Zustand des Feten. Nicht alle Veränderungen des normalen Herzfrequenzmusters deuten auf eine Gefährdung des Feten hin. In Zweifelsfällen sollte daher unter der Geburt eine Abklärung durch die fetale Mikroblutuntersuchung (s. u.) erfolgen, die wie die interne Kardiotokographie nur bei gesprungener Fruchtblase und bereits begonnener Eröffnung des Muttermundes möglich ist.

Gutachterliche Bewertung

Bei der gutachterlichen Beurteilung einer CTG-Registrierung ist zu trennen zwischen den Herzfrequenzmustern während der Schwangerschaft und unter der Geburt. Beispielsweise können Dezelerationen, die während der Schwangerschaft als pathologisch zu werten sind, unter der Geburt in der Austreibungsphase physiologisch sein.

Im Jahre 2004 ist von der Deutschen Gesellschaft für Gynäkologie und Geburtshilfe und der Deutschen Gesellschaft für Perinatale Medizin AG für Materno-Fetale Medizin eine umfassende Leitlinie zur Anwendung des CTG während Schwangerschaft und Geburt verabschiedet worden.

Fetale Mikroblutuntersuchung (MBU)

Bei der Mikroblutuntersuchung entnimmt man eine kapilläre Blutprobe aus der Kopfhaut des Feten und führt eine Bestimmung des pH-Wertes oder eine vollständige Blutgasanalyse durch.

Der normale pH-Wert beträgt über 7,25. Ein Wert von 7,25–7,20 entspricht einer Präacidose, ein solcher von 7,20–7,10 einer leichten und Werte unter 7,10 einer schweren Acidose. Bei pH-Werten unter 7,20 sollte die Geburt zügig beendet werden. Der zu wählende Entbindungsweg ist abhängig vom Geburtsfortschritt. Ist eine vaginaloperative Entbindung noch nicht möglich, wird eine abdominale Schnittentbindung erforderlich.

Gibt es im Kardiotokogramm jedoch eindeutige Zeichen einer fetalen Gefährdung, würde die zusätzliche Absicherung durch die Mikroblutuntersuchung eine weitere zeitliche Verzögerung bedeuten, so dass in diesem Fall darauf verzichtet werden muss.

Umgekehrt können mit einer MBU bei unauffälligem Ergebnis auch unnötige Schnittentbindungen vermieden werden.

Amnioskopie

Die Fruchtwasserspiegelung (Amnioskopie) ermöglicht die Beurteilung der Farbe des Fruchtwassers bei intakter Fruchtblase, wenn der Zervikalkanal bereits für ein Instrument passierbar ist.

Das normale amnioskopische Bild zeigt ein klares, leicht trübes oder flockiges Fruchtwasser. Bei den pathologischen Befunden ist eine Grünfärbung am schwerwiegendsten. Durch Mekoniumabgang bei intrauteriner Hypoxie kommt es in der Regel zu einer Verfärbung des Fruchtwassers. So kann eine Aussage über Vorkommnisse innerhalb der letzten 48 Stunden vor der Untersuchung gemacht werden.

Bei auffälligem Befund ist eine weitere Abklärung des fetalen Zustands angezeigt. Ein unauffälliger Befund beweist jedoch nicht das Wohlergehen des Kindes, da z. B. bei Abdichtung der Vorblase durch den kindlichen Kopf das darin befindliche und durch die Amnioskopie sichtbare Fruchtwasser nicht notwendigerweise der Beschaffenheit des restlichen Fruchtwassers entspricht.

Umgekehrt kommt auch Mekoniumabgang mit Grünfärbung des Fruchtwassers vor, z. B. bei kurzfristiger Rückenlage der Schwangeren, ohne dass tatsächlich eine Gefährdung des Feten vorliegt.

24.3 Dokumentation

Jede ärztliche Maßnahme muss ausreichend dokumentiert sein, damit im Zweifelsfall nachgewiesen werden kann, dass sie erfolgte. Eine lückenhafte Dokumentation kann zur Beweiserleichterung für die Patienten bis hin zur Beweislastumkehr führen, d. h. dass der Arzt beweisen muss, die in Frage stehende Maßnahme durchgeführt zu haben. Dies ist ohne die entsprechende Dokumentation nur schwer möglich, also wird ein Gericht davon ausgehen müssen, dass die Maßnahme nicht erfolgt ist.

Ist eine Dokumentation erfolgt, kann in der Regel davon ausgegangen werden, dass ihr Inhalt den tatsächlichen Gegebenheiten entspricht, es sei denn, das Gegenteil wird bewiesen.

In der Schwangerenbetreuung ist das zentrale Dokument der Mutterpass. Die dort vorzunehmenden Eintragungen sind allerdings an den von den kassenärztlichen Vereinigungen genehmigten Routinen orientiert und nicht immer ausreichend. Daher wird in der Regel zusätzlich eine Ambulanzkarte geführt, die entweder dem Mutterpass angeglichen ist oder eine davon unabhängige Dokumentation beinhaltet.

Im eigenen Interesse des behandelnden Arztes sollte die Information aus dem Mutterpass in seinen Behandlungsunterlagen zusätzlich vorhanden sein, da sich der Mutterpass meist im Besitz der Patientin befindet und dadurch nicht immer als Beweismittel zur Verfügung steht.

Die Form der geburtshilflichen Dokumentation einer Entbindungseinrichtung ist nicht verbindlich vorgeschrieben. Jedoch sollte diese alles Wichtige aus Diagnostik, Therapie, Besonderheiten des Verlaufes sowie Komplikationen und Anweisungen enthalten.

Im Oktober 1997 sind von der Arbeitsgemeinschaft Medizinrecht der Deutschen Gesellschaft für Gynäkologie und Geburtshilfe „Empfehlungen zur Dokumentation der Geburt – Das Partogramm" als Leitlinie veröffentlicht worden, diese wurde zuletzt 2004 überarbeitet:

> Das Partogramm:
> Die Problematik der Geburtsdokumentation wird häufig unterschätzt. Nicht selten ist es für den Sachverständigen unmöglich, den Geburtsverlauf zu beurteilen, z. T. auf Grund elementarer Mängel, die leicht vermeidbar gewesen wären. Die Notwendigkeit einer sorgfältigen Dokumentation der Geburt kann nicht genug hervorgehoben werden.
>
> In vielen Fällen hat ausschließlich eine mangelhafte Dokumentation durch Umkehr der Beweislast zum ungünstigen Ausgang des Haftpflichtverfahrens geführt. Diese Tatsache war Anlass für die Arbeitsgemeinschaft Medizinrecht, Empfehlungen für die Dokumentation der Geburt zu erarbeiten …
>
> … Das Partogramm entspricht in seiner Bedeutung einem OP-Bericht. Es ist Teil der klinischen Dokumentation des Behandlungsfalles und soll den Geburtsverlauf so darstellen, dass auch dem fachkundigen Dritten eine Beurteilung möglich ist.

Nach Ratzel (1995), Rechtsberater der Deutschen Gesellschaft für Gynäkologie und Geburtshilfe, sollte die ordnungsgemäße geburtshilfliche Dokumentation folgende Punkte umfassen:

1. die exakten Verlaufsdaten und Befunde während der Geburt unter genauer Angabe aller einzelnen Vorgänge und deren zeitlichen Einordnung;

2. wer wann welche Untersuchungen durchgeführt bzw. Maßnahmen getroffen hat;
3. Uhrzeit der Benachrichtigung von Ärzten, ihres Eintreffens im Kreißsaal, eines etwaigen Dienstwechsels der Hebammen oder Ärzte;
4. das Aufklärungsgespräch in seinem wesentlichen Inhalt mit Angabe von Zeitpunkt und Zeitdauer;
5. die Kontrolle mittels des Kardiotokogramms, die genaue Kennzeichnung der CTG-Streifen mit Datum und Uhrzeit;
6. eine etwa festgestellte Sauerstoffmangelsituation,
7. die Anwendung etwaiger geburtshilflicher Hilfsmethoden einschließlich Kunsthilfe;
8. der Zustand des Neugeborenen mit Vermerk der Apgar-Werte, der pH-Werte und aller Sofortmaßnahmen wie Absaugen, Abnabeln, Intubieren, Beatmen, Puffern usw.;
9. sämtliche Abweichungen von der Standardbehandlung, z.B. Verlegung des Kindes, mit Zeitpunkt und Diagnose;
10. im Falle einer geburtshilflichen Notfallsituation der Zeitpunkt der Indikationsstellung und des Beginns der Operation (Sectio);
11. Vermerk über etwaige parallel laufende Entbindungen oder über sonstige unaufschiebbar zu treffende Maßnahmen in der Abteilung.

Von besonderer Wichtigkeit ist die Führung des Geburtsprotokolls (Partogramm). Jede Geburt muss so dokumentiert werden, dass ein Gutachter den chronologischen Ablauf auch nachvollziehen kann. Da im Kreißsaalbereich mehrere zum Teil parallel verlaufende Dokumentationen geführt werden, wie z.B. CTG, Blutgasanalyse, Kreißsaaluhren, Anästhesieprotokoll, ist es von großer Wichtigkeit, dass die Uhren übereinstimmen und regelmäßig abgeglichen werden.

Werden fachspezifische Begriffe und Abkürzungen in der Dokumentation verwendet, müssen diese in ihrer Bedeutung eindeutig sein.

24.4 Bedeutung von Leitlinien

Wie auch in anderen medizinischen Bereichen tragen Leitlinien, die von Gremien der Fachgesellschaften veröffentlicht werden, auch in der Geburtshilfe zu einem hohen Qualitätsstandard bei. Sie sind entsprechend des Standes der Wissenschaft einem ständigen Wandel unterworfen und deshalb immer wieder aktualisierungsbedürftig.

Nach Ansicht der Bundesärztekammer und der Kassenärztlichen Bundesvereinigung dienen sie

„der Sicherung und Verbesserung der gesundheitlichen Versorgung der Bevölkerung, der Berücksichtigung systematisch entwickelter Entscheidungshilfen in der ärztlichen Berufspraxis, der Motivation zu wissenschaftlich begründeter und ökonomisch angemessener ärztlicher Vorgehensweise unter Berücksichtigung der Bedürfnisse und Einstellungen der Patienten, der Vermeidung unnötiger und überholter medizinischer Maßnahmen und unnötiger Kosten, der Verminderung unerwünschter Qualitätsschwankungen im Bereich der ärztlichen Versorgung, der Information der Öffentlichkeit (Patienten, Kostenträger, Verordnungsgeber, Fachöffentlichkeit u.a.) über notwendige und allgemein übliche ärztliche Maßnahmen bei speziellen Gesundheitsrisiken und Gesundheitsstörungen".

In haftungsrechtlicher Hinsicht ist festzustellen, dass diese Leitlinien keinen bindenden Charakter haben. Der behandelnde Arzt kann durchaus davon abweichen, wenn er dies entsprechend begründet. Jedoch werden Gutachter oft Leitlinien für ihre Urteilsbildung heranziehen, so dass ihnen indirekt doch eine rechtliche Bedeutung zukommt.

Leitlinien sind für den Richter, der in eigener Verantwortung über das Vorliegen eines Behandlungsfehlers zu urteilen hat, zwar eine Entscheidungshilfe, entbinden ihn aber nicht von der Verpflichtung, das ganze Meinungsspektrum der ärztlichen Wissenschaft in die Prüfung des Sorgfaltspflichtverstoßes einzubeziehen. Dieses ist in den bisher erschienenen und im Folgenden aufgeführten Publikationen enthalten.

Bisherige Empfehlungen und Stellungnahmen zur Organisation, Kooperation, Aufklärung und Dokumentation in chronologischer Reihenfolge

(AWMF online: Leitlinien der AgMr der DGGG)

Autor/ Institution	Thema	Quelle
DGGG, DGAI, DGPM, GNPI	Die Erstversorgung von Neugeborenen	Mitteil. der DGGG, S. 260 (1992)
Dr. R. Ratzel	Organisatorische Verantwortungsbereiche in der modernen Geburtshilfe – Kooperation, Delegation, Risikoprophylaxe	Der Frauenarzt 33, 159 (1992)
Dr. R. Ratzel	Die Zusammenarbeit zwischen Geburtshelfer und Kinderarzt während der Zeit des Wochenbetts – Kompetenzverteilung, Risikozuweisung, Organisation	Der Frauenarzt 34, 772 (1993)
DGGG	Stellungnahme zu Mindestanforderungen an prozessuale, strukturelle und organisatorische Voraussetzungen für geburtshilfliche Abteilungen	Der Frauenarzt 36, 1237 (1995)

Autor/ Institution	Thema	Quelle
DGPM, GNPI, DGGG	Leitlinien zur Betreuung des gesunden Neugeborenen im Kreißsaal und während des Wochenbettes der Mutter	Der Frauenarzt 38, 227 (1997)
AGMedR	Ansprüche des Kindes gegen seine Geburtshelfer (Arzt/Hebamme) und seine Mutter unter Berücksichtigung ihrer eigenen Schutzpflicht	Der Frauenarzt 37, 362 (1996)
AGMedR	Empfehlungen zu den ärztlichen Beratungs- und Aufklärungspflichten während der Schwangerenberatung und bei der Geburtshilfe	Der Frauenarzt 37, 525 (1996)
AGMedR	Empfehlungen zur Dokumentation der Geburt – Das Partogramm	Der Frauenarzt 39, 1061 (1998)

DGGG = Deutsche Gesellschaft für Gynäkologie und Geburtshilfe; *DGAI* = Deutsche Gesellschaft für Anästhesiologie und Intensivmedizin; *DGPM* = Deutsche Gesellschaft für Perinatale Medizin; *GNPI* = Gesellschaft für Neonatologie und Pädiatrische Intensivmedizin; *AGMedR* = Arbeitsgemeinschaft für Medizinrecht der Deutschen Gesellschaft für Gynäkologie und Geburtshilfe

24.5 Vertikale Arbeitsteilung

Die vertikale Arbeitsteilung in einer geburtshilflichen Einrichtung muss klar definiert sein, um die Verantwortung abgrenzen und den Facharztstandard gewährleisten zu können.

Es ist dafür Sorge zu tragen, dass jede Maßnahme, auch wenn sie von Assistenzärzten, Hebammen oder Krankenschwestern durchgeführt wird, so indiziert und ausgeführt wird, als sei sie von einem Facharzt indiziert oder ausgeführt worden. Kann ein wenig erfahrener Arzt diesen Standard in einer Situation nicht selbst gewährleisten, muss dieser einen Facharzt hinzuziehen. Die Standardsituationen, bei denen diese Hinzuziehung erforderlich ist, sollten im Organisationsstatut einer geburtshilflichen Einrichtung klar definiert sein.

In einer von Hebammen geleiteten Einrichtung, in der Geburten stattfinden, ist die Hebamme für die Geburt selbst verantwortlich, solange kein Arzt hinzugezogen wird. Falls bei medizinischer Notwendigkeit ein Arzt hinzugezogen wird, so ist dieser nur für seine Tätigkeit verantwortlich, nicht jedoch für den bisherigen Verlauf.

In einer solchen Einrichtung (z. B. Geburtshaus) oder bei einer Hausgeburt muss die Patientin darauf hingewiesen werden, dass bestimmte ärztliche Maßnahmen nicht oder erst verzögert möglich sind (z. B. Schnittentbindung bei einer kindlichen Notsituation).

In einer Geburtsklinik besteht eine Weisungsbefugnis des Arztes gegenüber der Hebamme. Dabei wird zu jeder Zeit der Facharztstandard gefordert. Somit ist immer ein Arzt für die Geburt mit verantwortlich. Die Hebamme hat jedoch die Pflicht, insbesondere wenn sie bei der Zusammenarbeit mit einem Arzt zu Beginn seiner Weiterbildung über die größere Berufserfahrung verfügt, diesen auf mögliche Fehlbeurteilungen oder Fehlentscheidungen aufmerksam zu machen. Sie darf allerdings eine ausdrückliche Weisung des Arztes nicht ohne Rücksprache ignorieren oder eigenmächtig abändern.

Laut BGH-Urteil soll ein Facharzt innerhalb von 10 Minuten nach Benachrichtigung in der Geburtsklinik präsent sein. Nach der Indikationsstellung für eine Schnittentbindung durch den Facharzt bei einem Notfall sollten nach OLG-Urteilen nicht mehr als 20 Minuten bis zur Geburt des Kindes vergehen (sog. E-E-Zeit).

24.6 Horizontale Arbeitsteilung

In der klinischen Geburtshilfe besteht eine innige Verflechtung mehrerer Fachabteilungen, ohne die eine sichere, moderne Betreuung von Mutter und Kind nicht möglich ist. Besonders wichtig ist die Zusammenarbeit zwischen Geburtshelfer, Hebamme, Anästhesist und Kinderarzt.

Es ist wichtig festzulegen, wo im Bereich der Nahtstellen die Kompetenz und Verantwortlichkeit an die jeweils andere Fachgruppe übergeht, um Missverständnisse und auch rechtliche Probleme zu vermeiden. Die Zuständigkeiten sollten zwischen den leitenden Ärzten der beteiligten Fachabteilungen exakt vereinbart oder vom Krankenhausträger bestimmt sein.

Bezüglich der Zusammenarbeit zwischen Frauenärzten und Anästhesisten ist 1996 von den jeweiligen Fachgesellschaften die „Vereinbarung über die Zusammenarbeit in der operativen Gynäkologie und in der Geburtshilfe“ veröffentlicht worden. In dieser Vereinbarung ist unter anderem festgelegt, dass in einer Klinik, die Geburtshilfe anbietet, die Leiter des Fachgebietes Frauenheilkunde und Geburtshilfe und des Fachgebietes Anästhesiologie einvernehmlich einen für beide Bereiche verbindlichen Organisationsplan erarbeiten, den sie ggf. mit dem Krankenhausträger abstimmen müssen.

Es sollte außerdem in jeder Klinik genau geregelt sein, wann ein Pädiater hinzugezogen werden muss oder wer für die Reanimation eines Neugeborenen zuständig ist. Auch dieser Organisationsplan richtet sich nach den individuellen personellen und sonstigen Gegebenheiten der Klinik.

Literatur

AWMF (Arbeitsgemeinschaft der Wissenschaftlichen Medizinischen Fachgesellschaften) (2005) Empfehlungen und Leitlinien der Deutschen Gesellschaft für Gynäkologie und Geburtshilfe; www.leitlinien.net

Berg D (Hrsg) (1998) Bericht über das Amberger Symposium „Risikomanagement". Nestlé Wissenschaftlicher Dienst

Berg D (1999) Notfall-Management in der Geburtshilfe, Vortrag auf dem 2. Kongress „Geburtshilfe – sanft und sicher". Gynäkologe 32

Bundesausschuss der Ärzte und Krankenkassen: Mutterschaftsrichtlinien gültig ab 26. 1. 1999

Deutsche Gesellschaft für Gynäkologie und Geburtshilfe (1995) Mindestanforderungen an prozessuale, strukturelle und organisatorische Voraussetzungen für geburtshilfliche Abteilungen. Der Frauenarzt 36:27–28

Eiben B, Hammans W, Goebel R, et al. (2002) Ersttrimesterscreening. Gyne Ikon, Fachzeitschrift für Ultraschalldiagnostik in der Frauenheilkunde 11, Juni 2002

Franzki H (1998) Aufklärung in der Geburtshilfe. In: Berg D (Hrsg) Amberger Symposium „Risikomanagement"

Geiger W (1998) Dokumentation in der Geburtshilfe. In: Berg D (Hrsg) Amberger Symposium „Risikomanagement"

Jensen A, Martius G (1998) Überwachung und Leitung der Entbindung. In: Martius G, Rath W (Hrsg) Geburtshilfe und Perinatologie. Praxis der Frauenheilkunde, Bd II. Thieme, Stuttgart New York, S 386–442

Kümper HJ (1998) Analyse der Gesamtschadens-Statistik in Gynäkologie und Geburtshilfe. In: Berg D (Hrsg) Amberger Symposium „Risikomanagement". Nestlé Wissenschaftlicher Dienst, S 9–15

Martius G (1985) Lehrbuch der Geburtshilfe, 11. Aufl. Thieme, Stuttgart

Ratzel R (1998) Personalbefugnisse leitender Krankenhausärzte und Organisationspflichten des Krankenhausträgers. In: Berg D (Hrsg) Amberger Symposium „Risikomanagement"

Ratzel R (1995) Juristische Probleme in der Mutterschaftsvorsorge. Der Frauenarzt 36:528

Schulte FJ (1991) Prä- vs. Intra- vs. Postnatale Hirnschädigung auch unter forensischen Gesichtspunkten. Arch Gynecol Obst 250:1071–1083

Sohn C, Holzgreve W (Hrsg) (1995) Ultraschall in Gynäkologie und Geburtshilfe. Thieme, Stuttgart New York, S 403

Ulsenheimer K (1998) Leitlinien aus haftungsrechtlicher Sicht. In: Berg D (Hrsg) Amberger Symposium „Risikomanagement"

Ulsenheimer K (1998) Haftungsrechtliche Anmerkungen zum Thema „Leitlinien". Der Frauenarzt 39:1540

Vereinbarung über die Zusammenarbeit in der operativen Gynäkologie und Geburtshilfe (1996) Anästhesiol Intensivmed 37:414–418

25 Krankheiten des Blutes und der blutbildenden Organe

A. Matzdorff und D. Fritze

Das Blut kann vielfältige Krankheitsveränderungen aufzeigen. Bei Unfällen kann es zu einer Blutungsanämie kommen. Bei der Begutachtung von Berufskrankheiten müssen spezifische toxische Schäden von Erythro-, Leuko- und Thrombozyten geprüft werden. Strahlen- und Chemotherapien, Chemikalien und Medikamente verursachen Zytopenien. Gifte, eine große Zahl von Pharmaka und tropische Infektionskrankheiten (z.B. Malaria) können eine hämolytische Anämie auslösen. Mangelernährung bedingt spezifische Störungen der Blutbildung. Unfall- oder verletzungsbedingte Schädigungen der Milz verändern das Immunsystem.

Die Hämatologie hat sich in den letzten Jahrzehnten stürmisch entwickelt; zahlreiche Krankheitsbilder sind in ihren Ursachen genauer erkannt und neu definiert worden. Der Hämatologe wird bei der Beantwortung gutachterlicher Fragen neben den Standardverfahren (Blutbild mit Differenzierung, mikroskopische Beurteilung des Blutausstriches, Knochenmarkpunktion u.a.) meist weitere Spezialverfahren hinzuziehen müssen (zytochemische Färbungen, Immunphänotypisierung, Zytogenetik, Molekulargenetik). Aber auch der nicht hämatologisch versierte Arzt muss pathologische Veränderungen des Blutbildes erkennen und z.B. mit einem Unfall oder einer anderen Schädigung in Zusammenhang bringen können.

In der Liste der Berufskrankheiten sind eine Reihe von Krankheiten aufgeführt, die wegen ihrer primären Auswirkungen auf das Blut und/oder die blutbildenden Gewebe ohne differenzierte hämatologische Untersuchungsverfahren nicht einwandfrei zu beurteilen sind. Hierzu zählen u.a. Erkrankungen durch Arsen, Blei, Benzol, ionisierende Strahlen, Parasiten und Infektionserreger. Bei anderen Berufskrankheiten sind Blutveränderungen eher sekundär, haben aber eine große Bedeutung für die Beurteilung der Intensität der zugrunde liegenden Schädigung.

Die wichtigsten Berufskrankheiten, die sich auf das Blut und die blutbildenden Organe auswirken, sind in der Tabelle 25.1. zusammengestellt. Dabei

Tabelle 25.1. Berufskrankheiten mit hämatologischen Folgen. (Bundesanstalt f. Arbeitsschutz u. Arbeitsmedizin 2002)

Nummer	Berufskrankheit	Art der hämatologischen Folgen
1101	Erkrankungen durch Blei oder seine Verbindungen	Toxisch-hämolytische Anämie, Störung des Hämoglobinstoffwechsels mit Porphyrinurie (Koproporphyrin III). Vermehrung der basophil getüpfelten Erythrozyten (nicht spezifisch für Bleiintoxikation)
1108	Erkrankungen durch Arsen oder seine Verbindungen	Toxisch-hämolytische Anämie durch Arsen-Wasserstoff, Hämoglobinurie
1201	Erkrankungen durch Kohlenmonoxid	Kohlenoxidhämoglobin
1302	Erkrankungen durch Halogenkohlenwasserstoffe	Aplastische Anämie, Granulozytopenie bis zur Agranulozytose, Thrombozytopenie, Panmyelophthise
1303	Erkrankungen durch Benzol oder seine Homologen	Aplastische Anämie, Granulozytopenie bis zur Agranulozytose. Thrombozytopenie, Panmyelophthise. Anfangs nicht selten Granulozytose. Chronische myeloische und lymphatische Leukämie sowie akute Leukämie und Osteomyelosklerose. Toxisch-hämolytische Anämie durch zahlreiche Benzolabkömmlinge
1304	Erkrankungen durch Nitro- oder Aminoverbindungen des Benzols oder seiner Homologe oder ihrer Abkömmlinge	Toxisch-hämolytische Anämie, Innenkörperanämie, Methämoglobinbildung, Porphyrinurie
1309	Erkrankungen durch Salpetersäureester	Methämoglobinbildung, Innenkörperanämie
2402	Erkrankungen durch ionisierende Strahlen	Aplastische Anämie, Granulozytopenie bis zur Agranulozytose, Thrombozytopenie, Panmyelophthise. Chronisch-myeloische, lymphatische und akute Leukämie

sind die Infektionskrankheiten (▶BK 3101), die vom Tier auf den Menschen übertragbaren Krankheiten (▶BK 3102), die Wurmkrankheit der Bergleute (▶BK 3103) und die Tropenkrankheiten einschließlich des Fleckfiebers (▶BK 3104) nicht aufgeführt, weil deren hämatologische Symptome bei den entsprechenden Krankheiten im Kapitel 27 (Infektionskrankheiten) dargestellt sind.

25.1 Erythrozyten, Hämoglobin, Hämatokrit

Der Leitbefund der Anämie ist die Verminderung der Erythrozytenzahl. Automatische Analysegeräte bestimmen diesen Parameter mit hoher Präzision (▶Kap. 4.11). Die mikroskopische Kammerzählung wurde verlassen. Zur Beurteilung reicht jedoch nicht allein die Zahl der Erythrozyten. Die modernen Analysegeräte messen neben der Erythrozytenzahl auch die Hämoglobinkonzentration und die Verteilung der Erythrozytenvolumina und errechnen daraus sog. Erythrozytenindizes (Tabelle 25.2).

- *MCV* (mittleres korpuskuläres Volumen) bezeichnet das durchschnittliche Volumen eines Erythrozyten. Es berechnet sich nach der Formel:

  MCV (fl) = Hämatokrit (l/l) ÷ Erythrozytenzahl (10^{12}/l)

- *MCH* (mittlerer korpuskulärer Hämoglobingehalt) bezeichnet die Menge des Hämoglobins in einem Erythrozyten und ersetzt den älteren Begriff des Färbekoeffizienten (Hb_E):

  MCH (pg) = Hämoglobin (g/l) ÷ Erythrozytenzahl (10^{12}/l)

- *MCHC* (mittlere korpuskuläre Hämoglobinkonzentration) bezeichnet die Konzentration des Hämoglobins in einem Erythrozyten:

  MCHC (g/l) = Hämoglobin (g/l) ÷ Hämatokrit (l/l)

Der Hämatokritwert bezeichnet den Volumenanteil der Erythrozyten im Vollblut. Den Hämatokritwert bestimmt man durch Zentrifugieren von heparinisierten Glaskapillaren. Die modernen automatischen Analysegeräte messen den Hämatokritwert nicht durch Zentrifugation, sondern multiplizieren die Erythrozytenzahl mit dem gemessenen mittleren Erythrozytenvolumen.

Bei vielen Anämien kommt es zu einer gleichsinnigen Verminderung der Erythrozytenzahl, des Hämoglobinwertes und des Hämatokritwertes. Dann reicht die Bestimmung eines der genannten Parameter zur Verlaufsbeurteilung. Bei chronischen Anämien, Vitaminmangel, bestimmten Hämoglobinanomalien und anderen Sonderformen kann jedoch die Hämoglobinmenge im Erythrozyten und die Erythrozytengrösse variieren. Dadurch wird das feste Verhältnis zwischen Erythrozytenzahl, Hämoglobinwert und Hämatokrit entkoppelt und die o. g. Erythrozyten-Indizes müssen zur Differenzierung mit herangezogen werden.

Bei allen die Erythrozyten betreffenden Fragestellung sollte außerdem ein Blutausstrich mikroskopisch untersucht werden. Im Folgenden seien nur die wichtigsten Veränderungen beschrieben:

Retikulozyten sind neu gebildete Erythrozyten, die noch Nukleinsäurereste enthalten. Diese Reste können mit bestimmten Farbstoffen (Brillant-Kresyl-Blau) angefärbt und mikroskopisch gezählt werden. Die Erythrozyten zeigen netzförmige (lat. rete), bläuliche Veränderungen. Retikulozyten können auch im Durchflusszytometer oder Hämatologie-

Tabelle 25.2. Konventionelle Einheiten und SI-Einheiten der Blutbildparameter, normale Mittelwerte und Streubereiche bei Erwachsenen. (Nach Heimpel et al. 1996)

	„Konventionelle" Einheiten	Mittlerer Normalwert (Mio.)	Bereich	SI-Einheiten	Mittlerer Normalwert
Erythrozyten	µl	5	(4,0–5,9)	T/l	5
Hämoglobin	g/dl	16	(12,0–17,0)	g/l	160
Hämatokrit	%	44	(36–48)	l/l	0,44
MCH	pg	32	(28–34)	pg	32
MCV	fl	85	(80–96)	fl	85
MCHC	g/dl	34	(30–36)	g/l	340
Leukozyten	µl	5 000	(4 000–10 000)	G/l	5
Thrombozyten	µl	200 000	(150 000–450 000)	G/l	200
Retikulozyten	‰	10	(5–20)		
	µl	50 000	(25 000–75 000)	G/l	50

dl Deziliter = 100 ml, *fl* Femtoliter = 10^{-15} l, *G* Giga = 10^{9}, *l* Liter, *pg* Picogramm = 10^{-12} g, *T* Tera = 10^{12}, *µl* Mikroliter = 10^{-6} l

automaten bestimmt werden. Die Zahl der Retikulozyten gibt Aufschluss über das Ausmaß der Erythrozyten-Neubildung (Normwert 5–20‰ aller Erythrozyten). Für spezielle Fragestellungen muss die Retikulozytenzahl entsprechend der Schwere der Anämie noch mit Korrekturfaktoren multipliziert werden, man errechnet dann den sog. Retikulozyten-Produktionsindex.

Unter *Polychromasie* versteht man eine bläuliche Tingierung der Erythrozyten durch Anfärbung von Nukleinsäureresten in der Standardfärbung des Blutbildes (Pappenheim). Es handelt sich um junge Erythrozyten analog den Retikulozyten. Die Blaufärbung ist jedoch diffus, während sie in der Retikulozytenfärbung (Brillant-Kresyl-Blau) netzförmig erscheint. Man findet Polychromasie bei einer verstärkten Blutneubildung, aber auch bei extramedullärer Erythropoese.

Basophile Tüpfelung beschreibt punktförmige, bläuliche Granula in den Erythrozyten, die ebenfalls Nukleinsäureresten entsprechen und bei erhöhter Retikulozytenzahl beobachtet werden, aber auch bei Blutbildungsstörungen (Thalassämie, Vitamin B_{12}-Mangel, Myelodysplasie, Bleiintoxikation).

25.1.1 Krankheiten mit Verminderung der Erythrozyten und des Hämoglobins (Anämien)

Akute Blutungsanämie

Bei einer akuten Blutung kann der Hämoglobinwert in den ersten Stunden noch im Normbereich liegen. Die ersten klinischen Zeichen sind deshalb nicht Blutbildveränderungen, sondern Blutdruckabfall und Tachykardie. Erst mit der Zeit kommt es zum Einstrom von interstitieller Flüssigkeit in den Gefäßraum, zur Kompensation des Volumenverlustes und zum Abfall des Hämoglobins. Das Ausmaß des Verlustes an roten Blutkörperchen lässt sich also erst nach mehreren Stunden anhand des von Hämoglobin oder Erythrozytenzahl abschätzen. Zeitgleich werden junge Erythrozyten aus dem Knochenmark in das zirkulierende Blut freigesetzt, Retikulozyten (Brillant-Kresyl-Blaufärbung) und polychromatische Erythrozyten (Pappenheim-Färbung) sind vermehrt.

Chronische Blutungsanämie und Eisenmangelanämie

Blutungen im Magen-Darm-Trakt (Entzündungen, Tumoren, Angiome) sind die häufigste Ursache chronischer Blutverluste. Leistungsabfall, Ermüdbarkeit, Herzklopfen und Belastungsdyspnoe sind übliche Beschwerden; wenn sich die Anämie langsam entwickelt, kann sie jedoch auch völlig asymptomatisch bleiben. Gesunde, junge Menschen können chronische Anämien bis zu einem Hb von 5 g/dl oft gut tolerieren. Ältere Menschen mit Herz- und Lungenerkrankungen bemerken dagegen schon bei viel geringeren Anämien (z. B. Hb 10 g/dl) einen Leistungsknick. Als Definition der Anämie gilt eine Verminderung der Hämoglobinkonzentration unter den alters- und geschlechtsspezifischen Normalwert (siehe Tabelle 25.2).

Nach Feststellung der Anämie erfolgt die ursächliche Zuordnung aufgrund der Erythrozyten-Indizes MCV und MCH und natürlich der Beurteilung des Blutausstriches, der Retikulozytenzahl und der Bestimmung des Ferritin. Die wichtigsten differentialdiagnostischen Schritte erläutert Tabelle 25.3.

Sideroblastische Anämie

Der Begriff bezeichnet eine Gruppe von Anämien, die morphologisch durch das vermehrte Auftreten von Ringsideroblasten im Knochenmark gekennzeichnet ist. Als Folge einer Funktionsstörung der Mitochondrien kann Eisen nicht in Hämoglobin

Tabelle 25.3. Differentialdiagnostik bei Krankheiten mit vermindertem Hämoglobin- bzw. Hämatokritwert. (Nach Heimpel et al. 1996)

Hb und/oder Hkt vermindert		
Hypochrom-mikrozytär	**Normochrom-mikrozytär**	**Hyperchrom-mikrozytär**
Ferritin vermindert: ▮ Eisenmangelanämie **Ferritin normal oder erhöht:** ▮ Sekundäre Anämie bei Tumor und Entzündung **Ferritin erhöht:** ▮ Thalassämie ▮ Seltene Anämieformen bei Eisenverwertungsstörung	**Retikulozyten vermindert:** ▮ Renale Anämie ▮ Seltene Anämieformen **Retikulozyten normal:** ▮ Sekundäre Anämie bei Tumor und Entzündung **Retikulozyten erhöht:** ▮ Hämolytische Anämie ▮ Blutungsanämie	**Retikulozyten normal:** Megaloblastische Anämie: ▮ Vit. B_{12}, Folsäure ▮ Alkoholismus ▮ Lebererkrankungen ▮ Plasmozytom ▮ Nach Zytostatika **Retikulozyten erhöht:** ▮ Hämolytische Anämie ▮ Blutungsanämie

eingebaut werden. Der Hämoglobingehalt der Erythrozyten ist vermindert, während Eisen vermehrt in den Zellen abgelagert wird (Sideroblast).

Angeborene Formen (z. B. x-chromosomale sideroblastische Anämie) sind selten, die erworbenen viel häufiger: Medikamente (INH, Cycloserin, Pyrazinamid, Chloramphenicol, Ethanol) können zu einer Eisenverwertungsstörung mit Auftreten von Ringsideroblasten führen. Bei einer chronischen Bleivergiftung wird die Synthese von Porphobilinogen und letztlich Hämoglobin gestört. Im Knochenmark finden sich Sideroblasten, im peripheren Blut eine hypochrom-mikrozytären Anämie mit basophiler Tüpfelung der Erythrozyten. Die Diagnose ergibt sich aus der Sozial- und Berufsanamnese. Weitere klinische Zeichen sind: Bleisaum der Gingiva, Darmkoliken mit ausgeprägter Obstipation, neurologische Ausfallserscheinungen. Die Bestimmung der Bleispiegel, des Protoporphyrins der Erythrozyten und die erhöhte Ausscheidung von Deltaaminolävulinsäure im Urin sichern die Diagnose.

Myelodysplastischen Syndrome sind Erkrankungen der Blutstammzellen, bei denen die Zellreifung im Knochenmark gestört ist und die in manchen Fällen in eine Leukämie übergehen können (Präleukämie). Bei myelodysplastischen Syndromen können Sideroblasten auftreten, man unterscheidet eine sog. refraktäre Anämie mit Ringsideroblasten (*RARS*) ohne Dysplasien und eine RARS mit Dysplasien.

Hämolytische Anämien

Der Begriff Hämolyse bezeichnet die vermehrte Zerstörung von Erythrozyten. Man unterscheidet eine extravaskuläre Form (Zerstörung in der Milz) von einer intravaskulären Hämolyse. Die Erythrozyten-Überlebenszeit (normal 100–120 Tage) ist z. T. auf wenige Stunden verkürzt. Die Erythropoese im Knochenmark ist gesteigert, Retikulozyten sind im peripheren Blut erhöht. Liegt die Ursache der Hämolyse im Erythrozyten selber (Defekte der Erythrozytenmembran, des Hämoglobins oder der Erythrozytenenzyme), dann spricht man von einer korpuskulären hämolytischen Anämie. Extrakorpuskuläre Hämolysen entstehen durch Autoantikörper, Toxine, Malaria, mechanisch (Herzklappen) u. a. und sind stets erworben.

Die Beschwerden hängen vom Grad der Anämie ab und von der Geschwindigkeit, mit der sie sich entwickelt. Weitere Hämolysezeichen sind ein Haut- und Sklerenikterus, eine Dunkelfärbung des Urins durch vermehrte Ausscheidung von Gallenfarbstoffen, in vielen Fällen auch eine Splenomegalie. Bei der Lyse der Erythrozyten wird Hämoglobin freigesetzt und z. T. über die Nieren ausgeschieden (Hämoglobinurie). Der größte Teil wird jedoch im Plasma an Haptoglobin gebunden, zur Leber transportiert und zu Bilirubin verstoffwechselt. Die Haptoglobinkonzentration im Serum sinkt, indirektes Bilirubin steigt an. Auch das Erythrozytenenzym Laktatdehydrogenase (*LDH*) wird vermehrt ins Plasma freigesetzt. Die Blutneubildung des Knochenmarks wird kompensatorisch gesteigert, Retikulozyten sind vermehrt, bei sehr starker Neubildung findet man gelegentlich auch kernhaltige Erythrozytenvorstufen (Normoblasten) im zirkulierenden Blut.

Hereditäre hämolytische Anämien treten schon im frühen Kindesalter auf. Anämie, Ikterus, Gallensteine und Splenomegalie sind in der Familie bekannt. Tritt die Hämolyse im zeitlichen Zusammenhang mit der Einnahme von Medikamenten auf, so weckt dies den Verdacht auf eine toxische oder immunologische Genese. Die mikroskopische Differentialdiagnostik ist oft schwierig. Sphärozyten finden sich bei einer hereditären Sphärozytose. Schistozyten kommen bei mechanischer Hämolyse und bei der Sichelzellkrankheit vor. Autoimmunhämolytische Anämien werden durch den Coombs-Test gesichert.

Megaloblastäre Anämien

Megaloblastäre Anämien können verschiedene Ursachen haben. Im Knochenmark findet man große Erythroblasten (Megaloblasten) und im peripheren Blut große Erythrozyten (Makrozyten).

Die wichtigsten megaloblastären Störungen beruhen auf einem Mangel an Vitamin B_{12} oder Folsäure. Die megaloblastäre Anämie bei Vitamin-B_{12}-Mangel wird als *Perniziosa* bezeichnet und tritt häufig bei älteren Menschen auf. Ursächlich fehlt das im Magen gebildete Protein „Intrinsic-faktor", das zur Resorption des Vitamins B_{12} im Darm notwendig ist. Patienten mit B_{12}-Mangel sollten gastroskopiert werden, um eine chronische Gastritis u. a. Magenerkrankungen (Karzinom) auszuschließen. Nach Gastrektomie fehlt Intrinsic-faktor natürlich auch, deshalb brauchen diese Patienten lebenslang eine B_{12}-Substitution. Seltenere Ursachen sind strikter Vegetarismus (ohne Eier, Milchprodukte). Bei jüngeren Menschen muss man an Resorptionsstörungen durch Sprue, M. Crohn u. a. Darmerkrankungen denken (Fritze u. Matzdorff 1998).

Folsäuremangel entsteht bei Alkoholismus. Bier enthält Folsäure, Folsäuremangel bei Bierabusus ist selten. Andere Ursachen eines Folsäuremangels sind Medikamente (Trimethoprim, Methotrexat, Pyrimethamin u. a.) und ebenfalls Resorptionsstörungen bei Darmerkrankungen.

Vitamin B_{12} und Folsäure sind für eine geregelte DNS-Synthese notwendig, bei schwerem Mangel kann sich nicht nur eine megaloblastären Anämie, sondern eine Leuko- und selten auch Thrombozytopenie entwickeln. Das Zungenepithel atrophiert und schmerzt (Huntersche Glossitis) und – nur bei

B_{12}-Mangel – neurologische Schäden (funikuläre Myelose, Demyeliniserung der Hinter-Seitenstränge des Rückenmarks) treten auf.

Die makrozytären (MCV über 100 fl, meist um 120 fl) und hyperchromen (MCH über 34 pg) Erythrozyten (Makrozyten) sind der Leitbefund. Die Erythrozyten sind verschieden groß und auch nicht immer ganz rund (Anisozytose, Poikilozytose). Durch frühzeitigen Untergang der gestörten Erythrozyten ist die LDH stark erhöht. Als charakteristisch gilt eine Übersegmentierung der neutrophilen Granulozyten mit mehr als 4 Kernsegmenten. Im Knochenmarkausstrich ist die Zelldichte stark erhöht. Wenn der Vitaminmangel behandelt wird, steigt die Retikulozytenzahl innerhalb weniger Tage stark an (sog. Retikulozytenkrise). Seit die Serumkonzentration von Vitamin B_{12} und Folsäure rasch und zuverlässig im Labor bestimmt werden kann, hat der Schilling-Test seine Wertigkeit verloren.

Chronische Lebererkrankungen (z.B. Zirrhose) vermindern die Speicherfähigkeit für beide Vitamine und gehen mit einer in der Regel leichten makrozytären Anämie einher. Gutachterlich relevant erscheinen makrozytäre Blutbildveränderungen bei Patienten mit anamnestischem Alkoholismus. Eine anhaltende Makrozytose bei „genesenen (trockenen)" Alkoholkranken kann – muss aber nicht – auf einen fortgesetzten Alkoholmissbrauch hindeuten.

Schließlich finden sich megaloblastäre Störungen oft im Rahmen myelodysplastischer Syndrome, die der Entwicklung einer akuten myeloischen Leukämie um mehrere Jahre vorausgehen können. Hier ist die Substitution von Vitamin B_{12} oder Folsäure unwirksam.

Aplastische Anämie

Unter diesem Begriff versteht man eine Kombination von Anämie, Granulozytopenie und Thrombozytopenie (Bi- oder Trizytopenie, Panzytopenie). Sie entsteht als Folge eines Verschwindens von hämatopoetisch aktivem Mark, das Knochenmark ist „leer". Die angeborenen Formen (Fanconi-Anämie, Blackfan-Diamond-Syndrom) sind selten. Andere Ursachen sind Giftstoffe (Benzol), Strahlung, Infektionen (Parvovirus B19), Medikamente (Chloramphenicol, Gold, Thryreostatika, u.a.) und idiopathische Formen. Bei einem Teil der Patienten findet sich eine Assoziation mit einer Virushepatitis oder mit dem Krankheitsbild der paroxysmalen nächtlichen Hämoglobinurie (PNH).

Meist verlaufen aplastische Anämien schleichend, und die ersten Blutbildveränderungen liegen Wochen oder Monate vor der Stellung der Diagnose. Die Medikamentenanamnese muss einen entsprechenden Zeitraum erfragen. Die wichtigsten Substanzen finden sich in Tabelle 25.4. Die Diagnose basiert auf dem Nachweis einer Panzytopenie im peripheren Blutbild sowie auf den Befunden der Knochenmarkaspiration und -Biopsie. Man unterscheidet verschiedene Schweregrade (Tabelle 25.5).

Die Therapie stützt sich auf Antithymozytenglobulin und Cyclosporin A in Kombination mit Steroiden, manche Patienten müssen transplantiert werden. Damit lässt sich bei etwa 80–90% der Patienten eine deutliche Remission erzielen und 75% überleben mindestens 5 Jahre (Jaffe et al. 2001). Es kommt aber auch zu Rückfällen. Bei anderen Patienten entwickelt sich später ein myelodysplastisches Syndrom oder eine paroxysmale nächtliche Hämoglobinurie. Jüngere Patienten mit aplastischer Anämie profitieren von der allogenen Stammzelltransplantation.

Zytopenien nach Zytostatika- und Strahlentherapie oder bei Verdrängung des regulären Knochenmarks durch Tumorzellen (z.B. bei Brustkrebs) werden nicht als aplastische Anämie bezeichnet.

25.1.2 Krankheiten mit Vermehrung der Erythrozytenzahl und des Hämoglobins

Polycythaemia vera

Die Polycythaemia vera ist eine klonale neoplastische Erkrankung des Knochenmarks und gehört zusammen mit der essentiellen Thrombozytose, der Osteomyelofibrose und der chronisch-myeloischen Leukämie zur Gruppe der chronisch-myeloproliferativen Erkrankungen.

Die Patienten sind meist im mittleren oder höheren Lebensalter. Durch die neoplastische Umwandlung einer Stammzelle kommt es zur ungeregelten Proliferation der Erythropoese. Die Symptome ergeben sich aus der Erhöhung des Blutvolumens und der gesteigerten Blutviskosität (Fritze u. Matzdorff 1998):

- gut durchblutete, gerötete Haut (Plethora) und Schleimhäute (Konjunktivitis),
- Splenomegalie,
- Hypertonie,
- Sehstörungen, Kopfschmerzen, Schwindel, Ohrensausen, Synkopen, psychischen Veränderungen, Leistungsknick,
- Mikrozirkulationsstörungen der Extremitäten, Hautjucken, Brennen bei heißen Bädern (Burning-feet-Syndrom),
- Thromboembolien, z.B. Schlaganfall, Koronarthrombose. Zwischen der Zunahme des Hämatokrits und der Häufigkeit thromboembolischer Komplikationen besteht eine Korrelation (Abb. 25.1).

Die Diagnose basiert auf dem Nachweis des erhöhten Hämatokrit- und Hämoglobinwertes und den Kriterien der Polycythemia-vera-Studiengruppe (Fruchtman et al. 1998, Jaffe et al. 2001). Fast immer findet

Tabelle 25.4. Gifteinwirkungen auf Blut und Knochenmark

Gifte	Wirkung auf Blut und Knochenmark
Acetanilid	Methämoglobinbildung, Heinzsche Innenkörper, Verdoglobinbildung
Anilin	Methämoglobinbildung, Heinzsche Innenkörper
Arsen	in kleinen Dosen Stimulierung, in großen Dosen Hemmung der Erythropoese
Arsenobenzol	Agranulozytose, Panmyelophthise
Barbitursäure	vaskuläre Purpura
Benzol	aplastische Anämie, Thrombopenie, Agranulozytose, Panmyelophthise, selten Leukoblastose, chronische Myelose (?), chronische Lymphadenose (?)
Bismut	vaskuläre Purpura, Agranulozytose
Blei	Hämolyse, Störung des Eiseneinbaus in den Porphyrinring, Porphyrinurie, gehäuft basophile Punktierung der Erythrozyten (nicht spezifisch)
Chinin	selten Thrombopenie, vaskuläre Purpura, bei Malaria Hämolyse, Hämoglobinurie (Schwarzwasserfieber)
Chlorate	Methämoglobinbildung, Heinz'sche Innenkörper, Hämolyse
Chloroform	Leberschädigung mit Gerinnungsstörung
Dinitrobenzol	Agranulozytose, Methämoglobinbildung, Heinzsche Innenkörper
Dinitrophenol	Agranulozytose, Methämoglobinbildung, Heinzsche Innenkörper
Dinitrotoluol	Agranulozytose, Methämoglobinbildung, Heinzsche Innenkörper
Gold	Agranulozytose, Thrombopenie, Panmyelophthise, bisweilen vaskuläre Purpura
Hypochlorid	Methämoglobinbildung, Heinzsche Innenkörper
Iod	Thrombopenie
Knollenblätterschwamm	Hämolyse, Hämoglobinurie
Laugenverätzungen	Leukozytose, Granulozytose mit Linksverschiebung
Lorcheln	Hämolyse, Hämoglobinurie
Mesantoin	Aplastische Anämie, Thrombopenie, Agranulozytose
Nitrite	Methämoglobinbildung
Nitrobenzol	Methämoglobinbildung, Heinz'sche Innenkörper
Phenacetin	Methämoglobinbildung, Verdoglobinbildung, Heinzsche Innenkörper
Phenol	Hämolyse, Hämoglobinurie
Phenothiazin	Methämoglobinbildung, Heinzsche Innenkörper
Phenylhydrazin	Hämolyse, Methämoglobinbildung, Verdoglobinbildung, Heinzsche Innenkörper
Pyramidon	Agranulozytose, vaskuläre Purpura
Pyrogallol	Hämolyse, Methämoglobinbildung, Heinzsche Innenkörper
Quecksilber	Agranulozytose, Panmyelophthise
Resorzin	Methämoglobinbildung, Heinzsche Innenkörper
Salvarsan	Agranulozytose, Panmyelophthise, vaskuläre Purpura, Koagulopathie
Salizylate	Thrombopenie
Saponin	Hämolyse
Sedormid	Thrombopenie
Sulfonamide	Verdoglobinbildung, Heinzsche Innenkörper, Thrombopenie, Agranulozytose, Panmyelophthise
Tetrachlorkohlenstoff	Leberschädigung mit Gerinnungsstörung, Agranulozytose
Thiourazil	Agranulozytose
Toluol	wie Benzol
Toluylendiamin	Heinzsche Innenkörper
Trichlorethylen	Hämolyse, Agranulozytose
Urethan	Panmyelophthise
Xylol	wie Benzol

Tabelle 25.5. Schweregrade der aplastischen Anämien

	Granulozyten	Thrombozyten	Retikulozyten
▮ Aplastische Anämie	< 1500/μl	< 50 000/μl	< 20 000/μl
▮ aplastische Schwere Anämie	< 500/μl	< 20 000/μl	< 20 000/μl
▮ Sehr schwere Anämie	< 200/μl	< 20 000/μl	< 20 000/μl

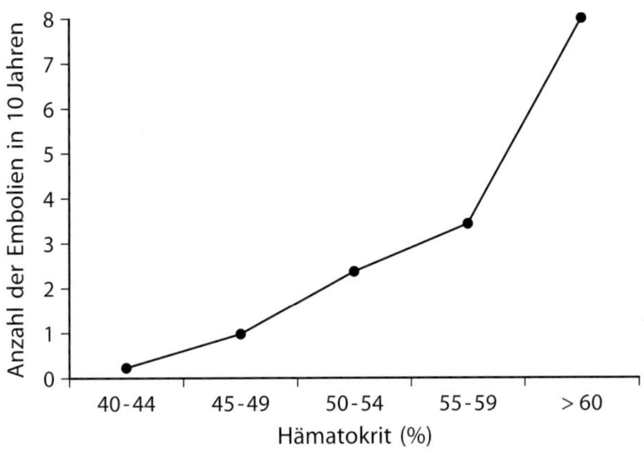

Abb. 25.1. Abhängigkeit der Häufigkeit vaskulärer thromboembolischer Ereignisse vom Hämatokrit. (Nach Messinezy u. Pearson 1998)

sich begleitend eine mäßige Leuko- und Thrombozytose. Die alkalische Leukozytenphosphatase ist normal oder erhöht, jedoch nie erniedrigt (Differentialdiagnose zu Frühstadien der CML). Das Philadelphia-Chromosom ist nicht nachweisbar. Neuere Untersuchungen finden bei 95% der Patienten mit P. vera die sog. Jak2-Mutation, dieser Nachweis ist mittlerweile ein wichtiges Diagnosekriterium geworden. Das Knochenmark ist zellreich mit betonter Erythropoese, aber auch Granulo- und Thrombopoese sind vermehrt. Typisch ist ferner ein Eisenmangel (noch vor der Therapie mit Aderlässen).

Die Therapie beginnt mit Aderlässen. Durch diese Behandlung wird gezielt ein Eisenmangel induziert, der die Erythropoese bremsen soll. Der Eisenmangel darf nicht mit Eisensubstitution behandelt werden. Bei unzureichender Ansprache oder reaktivem Anstieg der Thrombozyten kann Hydroxyurea hinzugenommen werden. Der Einsatz von Interferon wird probiert. So erreicht die mittlere Lebenserwartung 10–15 Jahre. Unbehandelt erleiden die Patienten meist innerhalb von 2 Jahren einen Schlaganfall, Herzinfarkt oder Thromboembolien. Selten geht eine P. vera in eine akute Leukämie über.

Polyglobulie

Im Gegensatz zur echten Polyzythämie wird die sekundär-reaktive Erythrozytenvermehrung bei Hypoxie als Polyglobulie bezeichnet. Bei der Polyglobulie ist ebenfalls die Blutviskosität erhöht und die Symptome können einer Polycythaemia vera ähneln, die Behandlung ist jedoch grundsätzlich anders. Eine Polyglobulie ist im Ggs. zur Polyzythaemia vera immer Jak2-negativ.

Außer der Hypoxämie (Höhenadaptation, Rauchen, Lungenerkrankungen) können Nierenerkrankungen (Hypernephrom, polyzystische Nieren usw.) und verschiedene andere Leiden (Hepatome, zerebelläre Hämangiome) eine sekundäre Polyglobulie auslösen. Eine Aderlassbehandlung ist nur bei schwerer Symptomatik hilfreich. Eine Verminderung des Plasmavolumens durch Dehydratation kann eine Polyglobulie vortäuschen (Pseudopolyglobulie).

25.1.3 Versicherungsrechtliche Beurteilung von Störungen der Erythrozytopoese

Wenn bei Unfällen oder Operationen ein akuter Blutverlust eintritt, dann führt die Anämie zunächst zu eingeschränkter Belastbarkeit und Leistungsschwäche. Die Fahrtüchtigkeit kann eingeschränkt sein. Besteht kein Eisenmangel, dann kann die Anämie innerhalb weniger Wochen ausgeglichen werden, was sich in der Normalisierung der Blutwerte widerspiegelt. Das typische Bild des chronischen Blutverlustes ist die hypochrome, mikrozytäre Eisenmangelanämie. Ihr können verschiedenste Ursachen zugrunde liegen und Entscheidungen in Versicherungsfragen sollten bis zur Klärung zurückgestellt werden.

Aber auch so genannte Infektanämien, eine Anämie durch Hämolyse oder sogar Mangelanämien können im Unfallzusammenhang entstehen oder manifest werden. In diesen Fällen ist die Herstellung des Unfallzusammenhanges schwierig und basiert vor allem auf der Anamnese. Indessen erscheint klar, dass infektiöse Knochen- oder Weichteilprozesse nach einem Unfall dann versicherungsrechtlich anerkannt werden müssen, wenn sie vorher nicht bestanden und die Anämie als Folge der Infektion plausibel erscheint.

Eine perniziöse Anämie stellt sich etwa 5 Jahre nach Magenentfernung ein. Auch hier können Zusammenhänge mit dem Unfallgeschehen bestehen. Durch die lebenslange (!) Prophylaxe mit Vitamin B_{12} sollte diese Erkrankung heute vermeidbar sein. Der Zeitpunkt des Therapiebeginns ist wichtig für die Prognose. Beginnt man die Vitaminsubstitution zu spät, so haben sich bereits irreversible neurologische

Störungen (funikuläre Myelose) eingestellt. Die Versicherbarkeit hängt davon ab, wie der bisherige Verlauf bis zum Zeitpunkt der Entscheidung war. Sie kann mit Risikozuschlag erfolgen. Die Versicherung der Berufsunfähigkeit kann im Einzelfall erfolgen.

Verschiedene Substanzen können durch Zerstörung der Erythrozytenmembran, durch Methämoglobinbildung oder Denaturierung von Hämoglobin (Heinzschen Innenkörper) eine Hämolyse auslösen (siehe Tabelle 25.4). Bei Favismus (Vicia faba) entsteht die Hämolyse durch das Zusammentreffen des Agens (Saubohne) mit einem hereditären Enzymdefekt (Glukose-6-Phosphat-Dehydrogenase-Mutation).

Die aplastischen Anämien lassen sich bei jüngeren Patienten mit allogener Stammzelltransplantation behandeln. In anderen Fällen ist eine immunsuppressive Therapie mit Antithymozytenglobulin und Cyclosporin A erfolgreich. Insbesondere nach allogener Stammzell- oder Knochenmarktransplantation ist die Versicherbarkeit dann gegeben, wenn eine stabile Remission erreicht wurde.

Weitere Ursachen hypoplastischer Anämien resultieren aus der Einwirkung von schädigenden Giften wie z. B. Benzol, ionisierenden Strahlen und Zytostatika. Meist sind jedoch in diesen Fällen die Thrombopoese und Granulozytopoese ebenfalls betroffen. Die Versicherbarkeit richtet sich nach dem Ausmaß der Störung. Nach Abschluss einer chemotherapeutischen und/oder radiotherapeutischen Behandlung z. B. eines Tumors normalisiert sich das Blutbild innerhalb weniger Monate. Da die Prognose dieser Patienten trotz einer gewissen Infektionsneigung gut ist, kann eine Versicherbarkeit nicht abgelehnt werden. Sie sollte daher von Fall zu Fall geprüft und vom stabilen Verlauf abhängig gemacht werden. Die Versicherung des Lebens kann mit individuellem Risikozuschlag erfolgen.

Die sideroblastische Anämie der Erwachsenen ist – wenn Medikamente und Blei ursächlich ausgeschlossen wurden – meist durch ein myelodysplastisches Syndrom bedingt. Nach im Mittel 3–6 Jahren entwickeln die Patienten eine akute Leukämie. Der Abschluss einer Versicherung ist nicht zu empfehlen.

Unter den Patienten mit Hämoglobinopathien spielen solche mit Thalassämie eine größere Rolle. Thalassämien sind die zweithäufigste Ursache einer hypochromen Anämie. Es handelt sich um genetisch determinierte Störungen der Synthese der Alpha- oder Betaketten des Hämoglobins. Hierzulande kommen Thalassämien am häufigsten bei Einwanderern aus Griechenland, der Türkei und Italien vor. Da die genetische Manifestation sehr unterschiedlich ausgeprägt ist, existieren auch ganz verschiedene klinische Ausprägungen. Die so genannte Majorform der Thalassämie ist wegen der schlechten Prognose nicht versicherbar. Ausgenommen davon sind Kranke, denen im Kindes- oder Jugendalter Knochenmark oder Stammzellen transplantiert wurden. Die Minorform ist bei fehlender oder geringer Hämolyse sogar ohne Risikozuschlag zu versichern.

25.2 Leukozyten

Der Begriff Leukozyt (weißes Blutkörperchen) bezeichnet verschiedene Zellarten im zirkulierenden Blut. Man unterscheidet Granulozyten (noch einmal untergliedert in Neutrophile, Eosinophile und Basophile Granulozyten), Lymphozyten und Monozyten. Die Hauptfunktion der weißen Blutkörperchen betrifft die Infektabwehr. Dabei dienen die Granulozyten besonders der Abwehr von Pilzen, Bakterien, atypischen Mykobakterien während die Lymphozyten Träger der zellulären und humoralen Immunabwehr sind.

Wie bei den Erythrozyten ist auch bei den Leukozyten die mikroskopische Kammerzählung obsolet. Sie werden genauer und schneller mit automatisierten Zählgeräten bestimmt. Die Normalbereiche finden sich in Tabelle 25.2. Die automatisierte Zählung versagt bei pathologisch veränderten Zellen und vielen anderen Leukozytenveränderungen. Bei allen hämatologischen Fragestellungen muss deshalb zusätzlich der Ausstrich mikroskopisch untersucht werden.

25.2.1 Reaktive Veränderungen der Leukozyten

Während sich die Erythrozytenzahl – außer bei Blutungen – nur relativ langsam verändert, reagieren Leukozyten rasch auf eine Vielzahl von Stimuli. Infektionen, Medikamente, Verbrennungen u. a. können zu einem raschen Abfall (Leukopenie) oder Anstieg (Leukozytose) führen. In der Regel verändern sich nicht alle Leukozytentypen gleichzeitig, und man sollte die quantitativ veränderte Zellgruppe gezielt benennen (z. B. Neutrophilie, Eosinophilie, Lymphozytose usw.).

Vermehrung neutrophiler Granulozyten und Linksverschiebung

Der Begriff „neutrophile Leukozytose" bezeichnet eine Vermehrung der neutrophilen Granulozyten. Linksverschiebung ist eine Ausschwemmung von jungen Granulozyten („Stabkernigen", bei der klassischen Handzählung „linke" Taste am Zählgerät) bei Stimulation des Knochenmarks. Eine massive Linksverschiebung bis hin zur Ausschwemmung von Promyelozyten oder gar Myeloblasten ist selten und wird als leukämoide Reaktion bezeichnet. Dann

Tabelle 25.6. Neutrophile Leukozytosen. (Nach Heimpel et al. 1996)

Grenzwertig bis mäßig (8–15 G/l):
- Situationsleukozytose (postprandial, akuter Streß, Kälteexposition, Ketoazidose)
- Raucherleukozytose
- Medikamentös induzierte Leukozytose (Kortikoide, Lithium, Antikonzeptiva)
- Schwangerschaft, postpartal
- Akute Blutungen
- Gewebsdestruktion (z. B. Myokardinfarkt, Apoplexie, arterielle Thromboembolie, Trauma)
- Bakterielle Infektionen, Zoster
- Malignome (Karzinome, Sarkome, Morbus Hodgkin)
- Zustand nach Milzexstirpation

Mäßig bis ausgeprägt (15–50 G/l)
- Akuter Blutverlust
- Bakterielle, vor allem pyogene Infektionen
- Karzinome (z. B. Magen, Pankreas, Gallenblase, Bronchus)
- Chronische myeloproliferative Syndrome (Osteomyelofibrose, chronische myeloische Leukämie)

Stark (>50 G/l)
- Chronische myeloische Leukämie
- Selten Osteomyelofibrose, Karzinome, chronische bakterielle Infekte

muss die Differentialdiagnose zur chronisch-myeloischen Leukämie gestellt werden.

Ursachen für neutrophile Leukozytosen finden sich in Tabelle 25.6, außerdem gilt:
- Bei bakteriellen Infektionen findet man neben den neutrophilen Granulozyten häufig eine Linksverschiebung und toxische Granulationen;
- eine Leukozytose mit Anämie weist auf einen Tumor oder einen chronischen Infekt hin;
- eine Leukozytose mit Thrombozytose findet man bei Tumoren, bestimmten Infektionen, Autoimmunprozessen (z. B. rheumatoide Arthritis), bei chronischen myeloproliferativen Erkrankungen;
- bei starken Rauchern findet man eine sog. „Raucher-Leukozytose", die Neutrophilen steigen in der Regel nicht über 20 000/μl.

Eosinophilie

Eine Vermehrung der Eosinophilen findet sich:
- bei Allergien (Rhinitis, Asthma bronchiale, Urtikaria, Nahrungsmittel- und Medikamentenallergien, u. a.),
- bei Parasitosen, insbesondere bei Wurmkrankheiten, bei Trichinose,
- bei Kollagenosen (Churg-Strauss-Syndrom, Panarteritis nodosa, u. a.) und der Sarkoidose,
- bei älteren Menschen manchmal als Hinweis auf ein okkultes Karzinom,
- bei Lymphomen und chronisch-myeloproliferativen Erkrankungen.

Ausgeprägte Eosinophilien von mehr als 30 000/μl sind immer Ausdruck einer schwerwiegenden, meist internistischen Erkrankung. Selten handelt es sich um chronisch-eosinophile Leukämie/hypereosinophiles Syndrom.

Basophilie

Eine Vermehrung der Basophilen ist selten und findet sich fast regelmäßig bei chronisch-myeloischer Leukämie, bei Polycythaemia vera und anderen chronisch-myeloproliferativen Syndromen, selten bei Tuberkulose, rheumatischem Fieber und Colitis ulcerosa.

Vermehrung der Monozyten

Eine Vermehrung der Monozyten findet sich in der sog. monozytären Überwindungsphase nach Infektionskrankheiten (Tuberkulose, Brucellose, Endokarditis, Protozoen- und Rickettsieninfektionen), ferner bei Kollagenkrankheiten, Colitis ulcerosa und Morbus Crohn, bei der chronisch-myelomonozytären Leukämie, seltener bei Karzinompatienten und kompensatorisch bei angeborenen Neutropenieformen.

Mononukleose

Bei Infektion mit Epstein-Barr-Viren kommt es häufig zu einer Leukozytose bis 20 000/μl mit vielen Monozyten und kleinen und großen Lymphozyten. Gleichzeitig haben die Patienten Fieber, Krankheitsgefühl und meist eine Entzündung von Rachen und Mandeln. Wichtig ist die Abgrenzung zu akuten Leukämien. Bei der Mononukleose ist das Knochenmark „bunt", d. h. voller verschiedener Zellen, während bei einer Leukämie die atypischen Blasten das Bild „monoton" überlagern.

Lymphozytose

Eine Vermehrung der Lymphozyten findet sich außer im Säuglings- und Kindesalter oft bei:
- Patienten mit Keuchhusten oder Virusinfekten,
- bei Infektionen mit dem Epstein-Barr-Virus (Pfeiffersches Drüsenfieber),
- bei Patienten mit anderen Virusinfekten (Frühphase der HIV-Infektion mit Vermehrung der zytotoxischen Suppressorlymphozyten) und bei Hyperthyreose,
- bei Patienten mit chronisch-lymphatischer Leukämie; Frühstadien sind dabei meist asymptomatisch und die Lymphozytose ist ein Zufallsbefund.

Leukozytopenie, Neutropenie, Lymphopenie

Eine Verminderung der Leukozyten (Leukopenie) beruht meist auf einem Abfall der neutrophilen Granulozyten (Neutropenie). Eine Verminderung der Eosinophilen, Basophilen oder Monozyten fällt quantitativ dagegen wenig ins Gewicht. Eine Lymphozytopenie findet man beim Morbus Hodgkin, Karzinomen oder bakteriellen Infekten (aktive Tuberkulose!) sowie im fortgeschrittenen Stadien einer HIV-Infektion.

Für prognostische und gutachterliche Einschätzungen ist bedeutsam, dass Neutropenien bis 1000/µl meist asymptomatisch bleiben. Bei Neutropenien von weniger als 500/µl sind indessen Infektionen häufig, insbesondere wenn ein Tumorleiden vorliegt und eine Chemotherapie vorausgegangen ist. Der Einsatz von granulopoetisch wirksamen Wachstumsfaktoren (*G-CSF*) ist bei Neutropenien ohne gleichzeitige Infektion umstritten, nach Chemotherapie und manifesten Infektionen jedoch in vielen Fällen indiziert (Ozer et al. 2000). Bei zyklischer Neutropenie eignen sich die granulopoetischen Wachstumsfaktoren zur Dauertherapie. Schwere bzw. chronische Neutropenien verlangen eine hämatologische Diagnostik einschließlich der Untersuchung des Knochenmarks.

Manche Infektionskrankheiten gehen mit einer wechselnd stark ausgeprägten Neutropenie einher (Typhus, Brucellose, Masern, Röteln). Auch ionisierende Strahlen, Zytostatika, Gifte (Benzol) und zahlreiche Medikamente können eine Leukopenie verursachen. Bei einem Hyperspleniesyndrom ist die Neutropenie mit Anämie und Thrombozytopenie assoziiert. Hier kann eine Splenektomie u.U. die Panzytopenie bessern.

In Tabelle 25.7 sind Medikamente zusammengestellt, die unter bestimmten Voraussetzungen eine toxische oder allergische Agranulozytose verursachen können. Im Falle allergischer Reaktionen muss vorhergehend eine Sensibilisierung, in der Regel mit dem gleichen Medikament oder seinen Metaboliten, erfolgt sein.

Tabelle 25.7. Gelegentlich Agranulozytose auslösende Medikamente

1. Analgetika, Antirheumatika ▪ Amidopyrin (Aminophenazon, ▪ Pyramidon) ▪ Metamizol ▪ Phenylbutazon ▪ Phenacetin ▪ Goldsalze **2. Antibiotika, Chemotherapeutika** ▪ Penicillin ▪ Streptomycin ▪ Chloramphenicol ▪ Tetracycline ▪ Sulfonamide ▪ Org. Arsenverbindungen ▪ Stilbamidin ▪ Neostibosan ▪ Iodochlorhydroxychinolin	**3. Tuberkulostatika** ▪ Thiosemicarbazon ▪ INH ▪ Streptomycin ▪ PAS **4. Malariamittel** ▪ Chinin ▪ Primaquin ▪ Plasmochin **5. Thyreostatika** ▪ Kaliumperchlorat ▪ Thiouracile ▪ Thiamazol ▪ Carbimazol **6. Antidiabetika** ▪ Tolbutamid ▪ Carbutamid ▪ Chlorpropamid ▪ Biguanide	**7. Antihistaminika, Sedativa, Hypnotika, Psychopharmaka, Antikonvulsiva** ▪ Phenothiazine ▪ Pyribenzamine ▪ Tripelenamine ▪ Metaphenylen ▪ Antistin ▪ Bromazin ▪ Barbiturate ▪ Pyrithyldion ▪ Chlorpromazin ▪ Meprobamate ▪ Hydantoinderivate ▪ Trimethadion ▪ Paramethadion ▪ Serotonin-reuptake-Inhibitoren **8. Diuretika** ▪ Chlorothiazid ▪ Acetazolamid ▪ Quecksilberdiuretika	**9. Antikoagulanzien** ▪ Dicumarol ▪ Ticlopidin ▪ Clopidogrel **10. Verschiedene** ▪ DDT-Pyrethrum-Aerosol ▪ Procainamid ▪ Hydralazin ▪ D-Penicillamin ▪ Ticlopidin

25.2.2 Leukämien und myelodysplastische Syndrome

Die akuten Leukämien entstehen durch eine Proliferation unreifer Blasten im Knochenmark und konsekutiver Verdrängung der normalen Hämatopoese. Es kommt zu Anämie, Neutro- und Thrombozytopenie. Ursache ist eine chromosomale Schädigung einer Stammzelle, die dadurch neoplastisch transformiert und klonal expandiert.

Die akuten Leukämien werden nach morphologischen, zytochemischen, immunologischen und zytogenetischen Kriterien eingeteilt (Tabelle 25.8). In Zukunft wird die Erfassung von Genexpressionsprofilen mit Microarrays die Einteilung der Leukämien weiter verfeinern. Akute Leukämien sind prinzipiell heilbare Krankheiten. Voraussetzung ist allerdings das Erreichen einer klinischen Remission nach aggressiver Chemotherapie sowie die Verfügbarkeit eines geeigneten Spenders zur allogenen Stammzelltransplantation. Auch die autologe Transplantation wird mit guten Ergebnissen versucht.

Tabelle 25.8. Beispiele für diagnostische und prognostische Wertigkeit chromosomaler Anomalien bei hämatologischen Krankheiten. (Nach Berger et al. 2002)

Aberration	Erkrankung	Prognose
Akute myeloische Leukämie (AML)		
t (8; 21)	Akute Myeloblastenleukämie mit Ausreifung (M2)	günstig
t (15; 17)	Akute Promyelozytenleukämie (M3)	günstig
inv (16), t (16; 16)	Akute myelomonozytäre Leukämie mit abnormen Eosinophilen (M4Eo)	günstig
t (9; 11)	Monoblastenleukämie (M5a)	ungünstig
t (11q23)	Meist AML Typ M4 oder M5	ungünstig
inv (3), t (3; 3)	Verschiedene Subtypen, abnorme Thrombopoese	ungünstig
+8	Verschiedene Subtypen	ungünstig
–5, del (5q)	Verschiedene Subtypen, meist Sekundär-AML	ungünstig
–7, del (7q)	Verschiedene Subtypen, meist Sekundär-AML	sehr ungünstig
Myelodysplastische Syndrome (MDS)		
del (5q)	„Refraktäre Anämie", oft Thrombozytose	günstig
-Y	Verschiedene Subtypen	günstig
del (20q)	Verschiedene Subtypen	günstig
–7, del (7q)	Verschiedene Subtypen, meist Sekundär-AML	ungünstig
complex	3 oder mehr chromosomale Anomalien	ungünstig
Akute lymphatische Leukämie (ALL)		
t (4; 11)	Prä-prä-B-ALL	ungünstig
t (9; 22)	Meist c-ALL	sehr ungünstig
t (1; 19)	Prä-B-ALL	mittleres Risiko
t (8; 14)	B-ALL, Burkitt-Lymphom	ungünstig
t (2; 8)	B-ALL, Burkitt-Lymphom	ungünstig
t (8; 22)	B-ALL, Burkitt-Lymphom	ungünstig

Akute myeloische Leukämie (AML)

Die akuten myeloischen Leukämien machen ca. 1% aller malignen Erkrankungen aus. Die jährliche Inzidenz der akuten myeloischen Leukämie beträgt etwa 2–4 Fälle pro 100 000 Einwohner.

Zu den wichtigsten Risikofaktoren für die Entstehung akuter myeloischer Leukämien zählen:

- Knochenmarkschädigungen durch ionisierende Strahlen, Zytostatika, Benzol. Neth (1998) nimmt den ursächlichen Zusammenhang zwischen ionisierenden Strahlen und der Leukämierate als in zahlreichen Studien nachgewiesen an. Dagegen sei bei niedrigen Expositionswerten bisher kein kausaler Zusammenhang nachweisbar. Alle Studien mit Low-dose-Belastungen seien im Ergebnis unstimmig, wie die Studien zu Kernkraftwerken, bei fliegendem Personal und die Folgen der Tschernobyl-Katastrophe zeigten;
- prädisponierende Erkrankungen: myelodysplastische Syndrome, chronisch-myeloproliferative Erkrankungen, aplastische Anämie und paroxysmale nächtliche Hämoglobinurie;
- genetische Disposition: Trisomie 21, Fanconi-Anämie, Bloom-Syndrom und Li-Fraumeni-Syndrom.

Mittels Zytochemie, Immunzytologie und Zytogenetik können verschiedene AML-Subtypen unterschieden werden (Tabellen 25.9 und 25.10). Diese sog. French-American-British (*FAB*)-Klassifikation nach Morphologie und Zytochemie wurde in den 70er Jahren entwickelt (Brenett et al. 1976). Neuere Untersuchungen zeigen jedoch, dass sie nicht mehr dem aktuellen Wissen über Heterogenität und Biologie der Leukämien gerecht wird. Die WHO hat deshalb eine neue Einteilung vorgeschlagen, die berücksichtigt, ob eine Leukämie de novo entstanden, aus einem myelodysplastischen Syndrom hervorgegangen ist oder ob sie sich als Folge einer vorhergehenden Zytostatika- oder Strahlentherapie entwickelt hat (Vardiman et al. 2002).

Im Knochenmark der Patienten findet sich eine Vermehrung myeloischer Vorläuferzellen verschiedener Reifungsstadien (▶ Tabelle 25.10). Im peripheren Blut zeigt sich meist eine Leukozytose mit vielen Blasten und nur wenigen Segmentkernigen Granulozyten (die Reifungsstufen dazwischen fehlen, sog. Hiatus leucaemicus). Die Blastenausschwemmung ins periphere Blut kann jedoch fehlen, dann spricht man von einer *„aleukämischen" Leukämie*. Typische klinische Beschwerden sind:

Tabelle 25.9. Diagnostische Charakteristika der akuten myeloischen Leukämie (AML)

Typ	Zytochemie			Immunzytologie	Chromosomenaberrationen	
	MPO	EST	PAS		Typ	Häufigkeit der Aberration
M0	–	–	–	CD34+, CD33+, CD13+	–	–
M1	+	+	–	CD34+, CD33+, CD13+	–	–
M2	++	+	–	CD34+, CD33+, CD15+	t (8; 21)	25%
M3	++	+	–	CD33+, DR–	t (15; 17)	>90%
M4	+	++	±	CD33+, DR–, CD14+	–	–
M4 Eo	+	++	±	CD33+, DR–, CD14+	del (16), inv (16)	>90%
M5	–	++	±	CD33+, DR–, CD14+	t (9; 11), 11q–	<20%
M6	–	±	±	Glycophorin+	–	–
M7	–	–	–	CD41+, CD61+	–	–

EST Naphthylacetatesterasereaktion, *MPO* Myeloperoxidasereaktion, *PAS* Periodsäure-Schiff-Reaktion, + mehr als 3% der abnormen Zellpopulation positiv

Tabelle 25.10. FAB-Klassifikation der akuten myeloischen Leukämie. (Mod. n. Bennett et al. 1976)

Typ	Bezeichnung	Häufigkeit
M0	Akute undifferenzierte Leukämie (AUL)	selten
M1	Akute unreife Myeloblastenleukämie	20%
M2	Akute Myeloblastenleukämie mit Ausreifung M2Baso mit Basophilie	30%
M3	Akute Promyelozytenleukämie (APL)	5%
M4	Akute myelomonozytäre Leukämie M4Eo mit >5% abnormen Eosinophilen	30%
M5	Akute Monoblastenleukämie M5a ohne Ausreifung M5b mit Ausreifung	10%
M6	Akute Erythroleukämie	selten
M7	Akute Megakaryoblastenleukämie	selten

- Leistungsknick, Fieber, Nachtschweiß, Müdigkeit, „Grippegefühl“,
- Knochenschmerzen,
- Appetitlosigkeit, evtl. Gewichtsverlust,
- Petechien, Ekchymosen und Epistaxis (Mangel an Thrombozyten),
- Infektionen der Häute und Schleimhäute, Pneumonie, Sepsis (Mangel an funktionsfähigen Granulozyten).

Die Behandlung der akuten myeloischen Leukämien besteht initial immer in einer systemischen Chemotherapie. Die Chemotherapie gliedert sich in eine remissionsinduzierende Induktionsphase und eine Konsolidierung. Jüngere Patienten (biologisches Alter unter 65 Jahren), die potentiell für eine Transplantation in Frage kommen, sollten nach ihrem genetischen Risiko stratifiziert werden (Haferlach et al. 2003):

- *gute Prognose:* t(8;21), inv(16) oder del(16); t(15;17); (*t*=translation, *inv*=inversion, *del*=*Deletion);*
- *intermediäre Prognose:* normaler Karyotyp und alle anderen nicht genannten,
- *schlechte Prognose:* -5/5q-, -7/7q-, t(11q23), inv(3), t(3;3), und Veränderungen von 17p, komplexe Aberrationen (3 oder mehr Abnormalitäten).

Wird durch die initiale Induktionschemotherapie eine Remission erreicht, dann kann die Therapie entsprechend der individuellen Risikokonstellation des Patienten fortgeführt werden:

- allogene Stammzelltransplantation (mit Familien- oder Fremdspender),
- autologe Stammzelltransplantation mit den Stammzellen des Patienten selber, die vorher aufgereinigt und von Leukämiezellen befreit wurden,
- Chemotherapie mit einem Hochdosis-Ara-C Protokoll (sog. Konsolidierungs-Chemotherapie).

Gutachterliche Bewertung

Die Heilungsraten nach allogener bzw. autologer Transplantation liegen bei etwa 40% (Tabelle 25.11). Bei Patienten über 65 ist die Chemotherapie aufgrund von Vor- und Nebenerkrankungen individueller zu gestalten und die Prognose insgesamt schlechter als bei jüngeren Patienten. Meist kommt eine Transplantation nicht mehr in Frage.

Tabelle 25.11. Therapieergebnisse bei akuten Leukämien. (Heimpel et al. 1996)

	AML	ALL Erw.	ALL Kinder
Chemotherapie			
Remissionsrate	ca. 70%	ca. 80%	ca. 95%
5-Jahres-Überlebensrate			
▮ Niedrigrisikopatienten	ca. 40%	ca. 50%	ca. 90%
▮ Hochrisikopatienten	ca. 10%	ca. 20%	ca. 60%
Knochenmarktransplantation			
In 1. Remission	40–50%	40–50%	

ALL akute lymphatische Leukämie, *AML* akute myeloische Leukämie

Akute lymphatische Leukämien (ALL)

Die Inzidenz beträgt 3 Fälle pro 100 000 Personen pro Jahr. Akute Leukämien im Kindesalter sind zu 80% akute lymphatische Leukämien, bei Erwachsenen zu 20%. Die akuten lymphatischen Leukämien entstehen durch leukämische Transformation einer lymphatischen Vorläuferzelle. Durch Proliferation und Verdrängung der regulären Hämatopoese kommt es zur Anämie, Neutro- und Thrombopenie. Klinisch sind häufig Leber, Milz und Lymphknoten vergrößert.

Risikofaktoren, die eine ALL auslösen können, sind:

- eine Knochenmarkschädigung durch ionisierende Strahlen, Umweltkarzinogene (z. B. Benzol) und eine vorausgegangene zytostatische Behandlung;
- eine medikamentöse Immunsuppression nach Organtransplantationen;
- genetische Faktoren: Trisomie 21.

Im Knochenmark und im Blut der Patienten sieht man eine Vermehrung der pathologischen Blasten mit Verdrängung der normalen Hämatopoese. Die morphologische Klassifikation in die Subtypen L1, L2 und L3 hat nur noch historische Bedeutung.

Bei akuten lymphatischen Leukämien lässt sich durch eine risikoadaptierte Chemotherapie und eine entsprechende Erhaltungstherapie bei 70–80% der erwachsenen Kranken eine komplette Remission erreichen. Bei knapp 40% der Patienten mit kompletter Remission hält diese so viele Jahre an, dass man von einer Heilung sprechen kann. Die Prognose ist gut bei

- früher Vollremission (innerhalb der ersten 4 Therapiewochen);
- initialer Leukozytenzahl unter 30 000/µl;
- immunologischem Subtyp: prä-B, c-ALL oder thymischer ALL (prognostisch ungünstig sind pro-B, early T oder mature T-ALL);
- kein Nachweis einer t(9;22)/BCR-ABL Translokation, keine t(4;11)/ALL1-AF4 Translokation.

Die allogene Transplantation von einem HLA-identischen Familienspender wird nach Erreichen einer klinischen Vollremission entweder bei Patienten mit Rezidiven oder primär bei Hochrisikopatienten (insbesondere solche mit Philadelphia-Chromosom oder t(4; 11)-ALL) durchgeführt. Die Therapieergebnisse fasst Tabelle 25.11 zusammen. Die akuten lymphatischen Leukämien sind durch intensive Therapie insbesondere bei Kindern und jüngeren Erwachsenen zu heilbaren Krankheiten geworden (Pui u. Evans 1998).

Gutachterliche Bewertung

Die Patienten sind in der Phase der Remission meist beschwerdefrei, häufig sogar arbeitsfähig und können ein normales Leben führen. Das Risiko des Auftretens von Zweitneoplasien nach mehreren Jahren kann noch nicht bewertet werden. Patienten mit akuten Leukämien, die über lange Zeit (z. B. 5 Jahre) eine klinische und evtl. zytogenetische Vollremission aufweisen, können versichert werden.

Myelodysplastische Syndrome (MDS)

Dieser Begriff beschreibt eine heterogene Gruppe von Stammzellerkrankungen, die sich durch eine isolierte Verminderung der Erythrozyten, Leukozyten, Thrombozyten, eine Bizytopenie oder Trizytopenie manifestieren (Tabelle 25.12). Die Differenzierung und Proliferation der Stammzellen ist gestört. Das Knochenmark ist meist (nicht immer) hyperzellulär und zeigt Reifungsstörungen mit Ansammlungen von Blasten. Die Inzidenz beträgt 3–5 pro 100 000 pro Jahr. Mit zunehmendem Alter werden die MDS häufiger. Früher sprach man auch von Präleukämien.

Primäre myelodysplastische Syndrome sind wahrscheinlich die Folge spontaner genetischer Veränderungen. Sekundäre myelodysplastische Syndrome entstehen nach Vorbehandlung mit Alkylantien und anderen Zytostatika, Exposition gegenüber ionisierenden Strahlen und Gifteinwirkung (Benzol und andere organische Lösungsmittel).

Die Behandlung der myelodysplastischen Syndrome ist schwierig. Jüngere Patienten können einer Hochdosis-Chemotherapie mit anschließender Stammzelltransplantation zugeführt werden. Die meisten Patienten sind dafür aber zu alt. In diesen Fällen hat die Behandlung eine supportive und palliative Zielsetzung.

Die Prognose hängt vom Subtyp des myelodysplastischen Syndroms, vom Karyotyp der transformierten Stammzellen, vom Alter des Patienten und von der Art der Komplikation ab. Die Patienten sterben an Infektionen, Blutungen und den Folgen des Übergangs in eine akute Leukämie.

Tabelle 25.12. Klassifikation der myelodysplastischen Syndrome. (Nach Vardiman et al. 2002)

Subtyp	Knochenmark	Blut
▮ Refraktäre Anämie (RA)	< 5% Blasten < 15% Ringsideroblasten	Anämie, keine oder nur selten Blasten
▮ Refraktäre Anämie mit Ringsideroblasten (RARS)	< 5% Blasten > 15% Ringsideroblasten	Anämie, keine oder nur selten Blasten
▮ Refraktäre Zytopenie mit multilinearer Dysplasie (RCMD)	Dysplasien bei > 10% der Zellen in 2 oder mehr Zellreihen keine Auer-Stäbchen < 5% Blasten < 15% Ringsideroblasten	Bi- oder Panzytopenie keine oder nur selten Blasten keine Auer-Stäbchen < 1000 Monozyten/µl
▮ Refraktäre Zytopenie mit multilinearer Dysplasie und Ringsideroblasten (RCMD)	Dysplasien bei > 10% der Zellen in 2 oder mehr Zellreihen keine Auer-Stäbchen < 5% Blasten > 15% Ringsideroblasten	Bi- oder Panzytopenie keine oder nur selten Blasten Keine Auer-Stäbchen < 1000 Monozyten/µl
▮ Refraktäre Anämie mit Blastenexzess – 1 (RAEB-1)	unilineare o. multilineare Dysplasien 5–9% Blasten keine Auer-Stäbchen	Zytopenie < 5% Blasten keine Auer-Stäbchen < 1000 Monozyten/µl
▮ Refraktäre Anämie mit Blastenexzess – 2 (RAEB-2)	unilineare o. multilineare Dysplasien 10–19% Blasten Auer-Stäbchen +/–	Zytopenie 5–19% Blasten Auer-Stäbchen +/– < 1000 Monozyten/µl
▮ MDS unklassifiziert (MDS-U)	Dysplasien der Granulopoese oder Megakaryopoese < 5% Blasten keine Auer-Stäbchen	Zytopenie keine oder nur selten Blasten keine Auer-Stäbchen
▮ MDS bei 5q-Syndrom	Megakaryozyten normal oder vermehrt, hypolobuliert < 5% Blasten keine Auer-Stäbchen del (5q)	Anämie < 5% Blasten Thrombozytenzahl normal oder vermehrt

Gutachterliche Bewertung

Nur für jüngere Patienten mit kurativer Therapie und lang anhaltenden Remissionen kann eine Versicherung empfohlen werden.

25.2.3 Myeloproliferative Syndrome (MPS)

Myeloproliferative Syndrome sind durch ihren chronischen Verlauf, die Proliferation mehrerer oder aller hämatopoetischer Zellreihen (Granulozyten, Erythrozyten, Thrombozyten), eine effektive Zellproduktion mit Ausreifung und die Fähigkeit zur extramedullären Blutbildung gekennzeichnet. Dazu gehören:

- chronisch-myeloische Leukämie (Vermehrung von Neutrophilen),
- Polycythaemia vera (Vermehrung von Erythrozyten),
- Osteomyelofibrose (Vermehrung von Knochenmarksbindegewebe),
- essentielle Thrombozythämie (Vermehrung der Thrombozyten).

Chronisch-myeloische Leukämie (CML)

Die chronisch-myeloische Leukämie ist eine klonale, hämatopoetische Stammzellerkrankung. Die Proliferation erfolgt unkontrolliert, im Gegensatz zur akuten Leukämie behalten die Zellen die Fähigkeit zur Differenzierung. Die Inzidenz beträgt 1:100 000 pro Jahr. Der Häufigkeitsgipfel liegt im 5. und 6. Lebensjahrzehnt. Mögliche Auslöser sind radioaktive Strahlen und Chemikalien (Benzol).

Bei etwa 90% der Patienten lässt sich das Philadelphia-Chromosom nachweisen, worunter man ein verändertes Chromosom 22 versteht. Durch eine reziproke Translokation zwischen den Chromosomen 9 und 22 entsteht ein neues Fusionsgen, welches als BCR/ABL-Komplex bezeichnet wird. Dieses Fusionsgen kodiert eine neue, veränderte Tyrosinkinase, die wiederum die Proliferation der hämatopoetischen Stammzelle unkontrolliert stimuliert. Im Verlaufe der Erkrankung kommt es zu einer zunehmenden Verdrängung der gesunden durch die mutierte Hämatopoese.

Im peripheren Blut der Patienten findet sich eine ausgeprägte Leukozytose mit pathologischer Linksverschiebung, in einem Drittel der Fälle auch eine Thrombozytose und oft eine Anämie. Im Blutausstrich finden sich sämtliche Reifungsstufen der myeloischen Reihe (im Ggs. zur akuten Leukämie kein Hiatus leucaemicus). Häufig besteht eine Eosinophilie und Basophilie.

In der chronischen Phase der Erkrankung (ca. 3–5 Jahre) geht es den Patienten meist relativ gut und die normale Hämatopoese bleibt erhalten. Die Blastenzahl im Knochenmark und peripheren Blut bleibt gering. In der akzelerierten Phase wird die normale Hämatopoese zunehmend verdrängt durch myeloische Blasten. Hierdurch verstärken sich die Krankheitszeichen mit Anämie, Thrombopenie und Leukozytose. Diese Phase dauert etwa 3–6 Monate. Die terminale Krankheitsphase wird geprägt von einer zunehmenden Resistenz gegenüber der Therapie. Klinisch entwickelt sich eine akute Leukämie (Blastenschub). Dabei können sich zusätzliche Chromosomenaberrationen entwickeln.

Die Behandlung mit Hydroxyurea bremst die gesteigerte Proliferation und führt zur Symptomlinderung. Eine Kuration wird mit Hydroxyurea nicht erreicht. Mit Interferon kann bei einem kleinen Teil der Patienten eine zytogenetische Remission erreicht werden. Die Remissionsrate ist deutlich höher mit dem neuen Wirkstoff Imatinib. Die allogene Transplantation war bisher die einzige sichere kurative Möglichkeit. Patienten, die mit Imatinib eine komplette zyto- und molekulargenetische Remission erreichen, haben jedoch eine so gute Prognose, dass man von einer Transplantation absehen kann.

Gutachterliche Bewertung

Eine Versicherung kann nur empfohlen werden bei Patienten, die mit Transplantation oder Imatinib über mehrere Jahre eine zytogenetische Vollremission zeigen.

Osteomyelofibrose

Bei der Osteomyelofibrose handelt es sich um eine maligne Stammzellerkrankung, die durch eine gesteigerte Fibrosierung im Knochenmark und extramedulläre Blutbildung in Milz und Leber gekennzeichnet ist. Leitbefund sind erythropoetische Zellen im peripheren Blut (Leukoerythroblastose). Es werden 3 bis 5 Fälle pro 1 Million Einwohner pro Jahr beobachtet. Der Häufigkeitsgipfel liegt zwischen dem 50. und 70. Lebensjahr (Tefferi 2000).

Die Diagnose basiert in der Regel auf der Hepatosplenomegalie, dem pathologischen Blutbild und der Knochenmarkbiopsie, die eine vermehrte Fibrose zeigt.

Die Therapie ist im Wesentlichen palliativ. Der Angiogenese-Inhibitor Thalidomid hat bei einigen Patienten eine gute Wirkung gezeigt (Arana-Yi et al. 2006), ist in der Bundesrepublik jedoch nicht zugelassen. Primäre Myelofibrosen bei jüngeren Patienten sind mit Knochenmarktransplantationen behandelt worden. In der Diskussion steht immer wieder die Frage, wann splenektomiert werden soll, wozu die Nebenwirkungen der oft riesigen Milz drängen. Indikation für die Splenektomie bei Myelofibrose sind:

- immer kürzere Abstände zwischen den Bluttransfusionen,
- eine schmerzhafte Zunahme der Milzgröße (selten),
- zunehmende Thrombozytopenie mit Blutungsneigung.

Gutachterliche Bewertung

Die mittlere Überlebenszeit der Patienten hängt natürlich davon ab, wann die Diagnose gestellt wird. Das mediane Überleben wird mit 5 Jahren angegeben, die 10-Jahres-Überlebensrate liegt unter 20%; diese Patienten können deshalb nicht versichert werden.

Polycythaemia vera ▶Kap. 25.1.2

Essentielle Thromobzythaemie ▶Kap. 25.3.1

25.3 Thrombozyten

Bei den krankhaften Thrombozytenveränderungen unterscheidet man quantitative (Thrombozytose oder Thrombopenie) von qualitativen Funktionsstörungen (Thrombozytopathie).

25.3.1 Thrombozytosen

Reaktive Thrombozytosen findet man

- nach akuten Blutungen,
- bei Eisenmangel,
- bei rheumatoider Arthritis und andere Autoimmuneerkrankungen,
- bei okkulten Karzinomen.

Die automatischen Zählgeräte können nicht immer Zellfragmente von Thrombozyten unterscheiden, bei Leukämien mit hohen Leukozytenzahlen oder bestimmten hämolytischen Anämien werden z. T. fälschlich erhöhte Werte gemessen.

Thrombozytenzahlen von mehr als 1 Million/µl sind untypisch für reaktive Veränderungen, ein myeloproliferatives Syndrom muss ausgeschlossen werden.

Essentielle (primäre) Thrombozythämie

Dieser chronisch-myeloproliferativen Erkrankung liegt die Transformation einer hämatopoetischen Stammzelle zugrunde. Leitbefund ist eine Thrombozytose über 600 000/µl. Die jährliche Inzidenz beträgt 1 Fall pro 1 Million Einwohner. Der Häufigkeitsgipfel liegt zwischen dem 50. und 60. Lebensjahr (Jaffe et al. 2001).

Im Knochenmark sind die Megakaryozyten vermehrt. Der periphere Blutausstrich zeigt viele Thrombozyten, daneben Thrombozytenaggregate und eine ausgeprägte Thrombozytenanisozytose (gleichzeitig große und kleine Thrombozyten). 50% der Patienten zeigen eine Jak2-Mutation.

Viele Patienten sind asymptomatisch, die erhöhten Thrombozytenwerte werden nur zufällig entdeckt; 30–40% haben mikrovaskuläre Beschwerden: Kopfschmerzen, Schwindel, Thoraxschmerzen, Sehstörungen, Erythromelalgie (Rötung und brennende Schmerzen an Händen und Füßen); 10–30% haben thrombohämorrhagische Symptome. Manchmal finden sich ein Nebeneinander von Thrombosen und Blutungen beim gleichen Patienten.

Nicht jeder Patient muss therapiert werden, vielmehr erst bei Beschwerden, wenn Risikofaktoren vorliegen oder bei Anstieg der Thrombozyten über 1,5 Mio/µl. Therapeutisch werden Hydroxyurea und Alpha-Interferon, neuerdings auch Anagrelide eingesetzt. Die mittlere Überlebenszeit der Patienten liegt bei 10 bis 15 Jahren.

Gutachterliche Bewertung

Niedrig-Risiko-Patienten (<60 Jahre, bisher keine thromboembolischen Komplikationen, keine Risikofaktoren wie Rauchen, Übergewicht oder Diabetes, unter 1,5 Mio. Thrombozyten/µl) sind versicherbar.

25.3.2 Thrombozytopenie

Eine Thrombozytopenie ist die häufigste Ursache einer hämorrhagischen Diathese. Sie äußert sich in petechialen (punktförmigen) Einblutungen in Haut und Schleimhäute, Epistaxis und Menorrhagien. Flächenhafte Blutungen (Hämatome) oder diffuse Blutungen können hinzutreten, wenn die Thrombozytenzahl unter 10 000/µl absinkt. Eine Substitution mit Thrombozyten wird meist nur bei Werten unter 10 000/µl empfohlen oder wenn – unabhängig von der Thrombozytenzahl – Blutungen auftreten (British Committee for Standards in Haematology 2003).

Von einer Pseudothrombozytopenie spricht man, wenn sich Thrombozyten im mit EDTA antikoagulierten Blut verklumpen. Das kommt bei immerhin 1–5‰ aller Blutproben vor. Um Pseudothrombozytopenien zu erkennen, sollten die Thrombozyten erneut in Citratblut oder Heparinblut gezählt werden. Meist hilft bereits eine mikroskopische Betrachtung des gefärbten Blutausstriches. Der Ausschluss einer EDTA-Thrombopenie steht am Anfang jeder Thrombopeniediagnostik.

Die Ursachen für Thrombozytopenien sind sehr vielfältig, pathophysiologisch unterscheidet man eine unzureichende Neubildung im Knochenmark von einem vermehrten Thrombozytenabbau. Beispiele für eine unzureichende Bildung der Thrombozyten im Knochenmark sind:

- chronischer Alkoholismus,
- Folsäuremangel, B_{12}-Mangel,
- Milzvergrößerung, Hypersplenismus,
- Medikamente (Thiaziddiuretika, Sulfonamide, Antikonvulsiva, Antibiotika usw.),
- Verdrängung des Knochenmarks durch Neoplasien,
- Zytostatika, Strahlentherapie,
- Infektionen (Sepsis, Malaria, Masern, Röteln, Mononukleose, CMV, HIV, Parvoviren, u. v. a)
- Erkrankungen des blutbildenden Knochenmarks (Leukämie, Myelodysplastisches Syndrom, Aplastische Anämie) und bei paroxysmaler nächtlicher Hämoglobinurie,
- hereditäre Erkrankungen (Wiskott-Aldrich-Syndrom),
- angeborene oder erworbene Verminderung der Megakaryozyten (amegakaryozytäre Thrombozytopenie).

Einen vermehrten Thrombozytenabbau findet man bei der Immunthrombozytopenie (idiopathische thrombozytopenische Purpura, Morbus Werlhof). Ursächlich sind Autoantikörper gegen Proteine der Thrombozytenmembran. Die Überlebenszeit der Thrombozyten verkürzt sich von normalerweise 7–10 Tagen auf wenige Tage oder Stunden. Der Abbau erfolgt in der Milz, der Leber und im Knochenmark.

Klinisch bedeutsam (und daher prognostisch wichtig) ist, dass Blutungskomplikationen bei Patienten mit Immunthrombozytopenien seltener bzw. bei niedrigeren Thrombozytenzahlen als bei z. B. Zytostatika-induzierter Thrombopenie auftreten. Die Milz ist bei idiopathischer Immunthrombozytopenie nicht palpabel; eine Milzvergrößerung spricht gegen ein Werlhof-Syndrom.

Die Diagnose der Immunthrombozytopenie basiert auf der Anamnese, der fehlenden Milzvergrößerung, dem Blutausstrich (einzelne Riesenthrombozyten) und dem zytologischen Knochenmarkbefund (Ausschluss anderer hämatologischer Erkrankungen).

Verlauf und Prognose sind sehr variabel. Bei Kindern und Jugendlichen mit der typischen postinfektiösen Immunthrombozytopenie heilt die Erkrankung innerhalb von 4 bis 8 Wochen folgenlos aus. Bei Erwachsenen hält die Thrombopenie meist über 6 Monate an, dann spricht man von einer chronischen Immunthrombopenie. Wenngleich Blutungskomplikationen im Allgemeinen nicht so schwerwiegend sind, so muss in bis zu 1% der Fälle doch mit intrakraniellen oder schweren intestinalen Blutungen gerechnet werden.

Liegt die Thrombozytenzahl über 20 000/μl ohne Zeichen einer hämorrhagischen Diathese, so kann unter engmaschigen Kontrollen meist auf eine Therapie verzichtet werden. Liegen die Thrombozytenwerte darunter oder bei Blutungen ist eine individuelle Abwägung notwendig (Fruchtman et al. 1998). Therapieoptionen sind Steroide (Prednison, Dexamethason), Immunsuppressiva (Cyclosporin A, Mycophenolat Mofetil, Endoxan, Azathioprin), Immunglobuline, Rituximab, anti-D, bei entsprechender Blutungsneigung auch die Splenektomie. Es bleibt umstritten, ob bei Patienten mit niedrigen Thrombozytenzahlen aber ohne jegliche Zeichen einer Blutungsneiung die Splenektomie notwendig ist.

Medikamentös induzierte Thrombozytopenien

Von den zahllosen Medikamenten, die eine Immunthrombozytopenie verursachen können, seien erwähnt:

- Chinin (enthalten in Bittergetränken), Chinidin,
- Sulfonamide,
- Alphamethyldopa,
- Digitoxin,
- Heparin.

Die Heparin-assoziierte Thrombozytopenie kommt bei intravenöser Heparintherapie in 1 bis 2% der Fälle, bei subkutaner Heparingabe in weniger als 0,5% vor. Der Typ 1 tritt dosisabhängig innerhalb der ersten 2–3 Tage auf. Die Thrombozyten fallen meist nicht unter 100 000/μl. Der Typ 1 ist harmlos, und Heparin muss nicht abgesetzt werden.

Der Typ 2 tritt dosisunabhängig 4–14 Tage nach Einleitung der Heparintherapie auf. Hier haben sich Heparin-abhängige Antikörper gegen Strukturen des Plättchenfaktors 4 gebildet, die eine Thrombozytenaggregation und Thrombozytopenie (Werte zwischen 0 und 50 000/μl) induzieren. Klinisch manifestiert sich der Typ 2 mit thromboembolischen Komplikationen (White-Clot-Syndrom) und gleichzeitig einer Blutungsneigung. Hier muss die Heparintherapie sofort abgesetzt werden. Der Patient braucht einen Notfallauweis. Heparin-induzierte Thrombozytopenien vom Typ 2 werden, wenngleich seltener, auch nach Gabe niedermolekularer Heparine beobachtet.

Thrombotisch-thrombozytopenische Purpura (TTP) (Morbus Moschcowitz)

Es handelt sich um eine Thrombozytopenie mit einer mikroangiopathischen hämolytischen Anämie, wobei thrombozytenhaltige Thromben die kleinen Blutgefäße in zahlreichen Organen verschließen. Dadurch entsteht ein vielfältiges klinisches Bild mit Nierenversagen und neurologischen Symptomen. Beim hämolytisch-urämischen Syndrom (*HUS*; Morbus Gasser) stehen das akute Nierenversagen und die hämolytische Anämie im Vordergrund. Thrombopenie und neurologische Symptome sind weniger ausgeprägt. Die TTP ist eine lebensgefährliche Krankheit. Die Prognose hat sich in letzter Zeit gebessert, jedoch sind Rezidive weiterhin möglich. Ferner wird eine mikroangiopathische hämolytische Anämie mit Thrombopenie nach zytostatischer Behandlung mit Mitomycin C, nach einer Hochdosis-Chemotherapie oder nach Gabe des Thrombozytenfunktionshemmers Ticlopidin beobachtet. Auch bei Patienten mit HIV-Infektionen tritt manchmal eine TTP auf.

Ein angeborener oder durch Autoantikörper erworbener Mangel an von-Willebrand-Faktor-spaltender Protease (ADAMTS13) wurde als Ursache vieler TTP-Fälle identifiziert.

Die derzeit erfolgversprechendste Behandlung des Morbus Moschcowitz sind Transfusionen von Frischplasma – bis hin zum frühzeitigen Plasmaaustausch. Die Behandlung muss in erfahrenen hämatologischen Zentren erfolgen. Rituximab und Splenektomie sind weitere Therapieoptionen. Rezidive sind leider nicht selten.

Dissiminierte intravasale Gerinnung (Verbrauchskoagulopathie)

Hier entsteht die Thrombozytopenie durch den gesteigerten Verbrauch von Thrombozyten im Rahmen der Gerinnungsaktivierung. Eine solche intravasale Gerinnungsstörung kann viele Ursachen haben (▶ Kap. 25.4):

- Sepsis mit Schock,
- maligne Tumoren,
- Fruchtwasserembolie, vorzeitige Plazentalösung,
- nach Operationen an Lunge und Prostata,
- bei akuten Leukämien und Adenokarzinomen im Gastrointestinaltrakt, der Mamma, der Prostata,
- bei Blutfehltransfusionen und im Rahmen von toxisch bedingten Hämolysen.

Die Diagnose basiert auf der Klinik (Blutungen, Mikrozirkulationsstörungen) sowie den Gerinnungsparametern:
- Thrombozytopenie mit Fibrinogen- und Antithrombin-III-Mangel,
- Anstieg von Fibrinmonomeren, Fibrinogenspaltprodukten.

Therapeutisch steht die Behandlung der Grunderkrankung im Vordergrund. Es gibt keine sicheren Daten zur Wirksamkeit einer niedrig-dosierten Heparintherapie, trotzdem wird dieser Ansatz immer wieder versucht. Eine Anhebung der Antithrombin-III-Spiegel auf hochnormale Werte hat sich nicht bewährt. Das aktivierte, rekombinante Protein C (Drotrecogin alfa activated) ist für die Sepsis-induzierte Verbrauchskoagulopathie als effektivste Therapie zugelassen.

Literatur ▶ S. 589 nach Kap. 25.5

25.4 Hämostase

J. Harenberg

Krankheiten der Hämostase im Rahmen der ärztlichen Begutachtung lassen sich unterteilen in Störungen der primären und sekundären Hämostase. Unter *primärer Hämostase* versteht man die Bildung von Plättchenthromben am Ort der Endothelverletzung, die innerhalb weniger Minuten abläuft. Diese Form der Blutstillung ist von großer Bedeutung und betrifft vor allem das kapilläre System z. B. bei Schnittverletzungen. Unter *sekundärer Hämostase* wird die Fibrinbildung zusammengefasst. Sie erfordert Reaktionen des plasmatischen Gerinnungssystems, die aufgrund der Kaskaden des endogenen und exogenen Gerinnungssystems über einen längeren Zeitraum ablaufen. Die sich ausbildenden Fibrinfäden leiten den bindegewebigen Umbau des plättchenreichen Thrombus ein. Dieser Prozess ist vor allem bei Organen ohne Epithel und bei inneren Organen, d.h. solchen ohne Endothel, wichtig. Primäre und sekundäre Hämostase sind pathophysiologisch voneinander getrennt, greifen jedoch eng ineinander, wie man an einer tieferen Schnittverletzung erkennen kann, wenn Epithel und subkutanes Gewebe oder Muskelgewebe gleichermaßen betroffen sind.

Sowohl die primäre als auch die sekundäre Hämostase besitzen können von angeborenen und erworbenen Defekten betroffen sein. Angeborene Defekte finden sich ebenso auf thrombozytärer wie auch auf der Gerinnungsebene. Bei angeborenen Störungen der primären Hämostase finden sich im Wesentlichen Blutungskomplikationen durch die Schädigung der Thrombozyten. Hierbei stehen punktförmige, petechiale Blutungen im Vordergrund. Bei angeborener Störung der sekundären Hämostase können sowohl Blutungen (z. B. Hämophilie), die sich flächenhaft präsentieren, als auch thrombotische Erkrankungen (z. B. Antithrombin-Mangel, Resistenz gegen aktiviertes Protein C, Prothrombinvariante G201021 u. a.) auftreten.

Die erworbenen Störungen der Hämostase sind häufiger und vielschichtiger und spielen eine bedeutende Rolle im Rahmen der ärztlichen Begutachtung. Sie betreffen die Blutgerinnung, die Thrombozyten, die Gefäßwand sowie toxische Einflüsse auf die Hämostase. Für die ärztliche Begutachtung spielen hierbei wiederum Medikamente mit Einfluss auf Gerinnung, Thrombozyten und Gefäßwand eine wichtige Rolle. In einem weiteren Schritt sind auch Interaktionen verschiedener Medikamente, von denen mindestens eines auf die Hämostase wirkt, von Bedeutung.

25.4.1 Blutungsneigungen durch Störungen der primären und sekundären Hämostase aufgrund von Berufskrankheiten, Unfällen, Giften oder Chemikalien

Eine Blutungsbereitschaft im Sinne von Spontanblutungen oder abnorm starken Blutungen nach Verletzungen tritt ein, wenn im Rahmen der Blutstillung (Virchow-Trias) eine der folgenden Funktionen gestört ist:
- Störungen der Gefäßwand, insbesondere der reflektorischen Gefäßkontraktion,
- Störungen der Funktion der Thrombozyten im Rahmen einer Thrombozytopenie oder Thrombozytopathie
- Störungen der Blutgerinnung oder Fibrinolyse durch Fehlen einzelner Gerinnungsfaktoren oder durch Medikamente (Heparin, orale Antikoagulantien u. a.).

Störungen des Hämostasesystems äußern sich in einer Thrombozytopenie, einer aplastischen Anämie oder einer Verminderung der Gerinnungsfaktoren (z. B. toxische Hepatitis mit akutem Leberausfall). Toxische Störungen der Hämostase äußern sich in dem klinischen Bild einer Verbrauchskoagulopathie.

Toxische Störungen der Thrombozytopoese können durch Benzole und ionisierende Strahlen hervorgerufen werden. Allergische Thrombozytopenien werden durch verschiedene Arzneimittel oder im Rahmen allergisch-toxischer Reaktionen durch Infektionen verursacht. Es entstehen Antikörper gegen Thrombozyten, die in Gegenwart des Antigens oder des Allergens zu einem Abfall der Thrombozyten unter 30 000/nl führen. Klinisch äußern sich Thrombozytopenien durch petechiale Blutungen. Eine Verbrauchskoagulopathie ist charakteristischerweise durch Einblutungen im mikrovaskulären Stromgebiet (petechiale Blutungen) oder mit großflächigen Blutungen verbunden und äußert sich im schlimmsten Fall in einem Waterhouse-Friderichson Syndrom.

Eine toxische Schädigung des Endothels tritt z. B. durch Einwirkungen von Sonnenstrahlung (extreme Sonnenexposition, in der Umgangssprache als „Sonnenstich“ bezeichnet) oder durch aromatische Substanzen, Laugen oder Säuren oder durch ionisierende Strahlung auf. Die Schädigung der Gefäßwand führt über Freisetzung des Tumor-Nekrosis-Faktors und von Kollagen zu einer Aktivierung der Hämostase. Aufgrund der Schädigung der Gefäßwand kommt es rasch zu einer Entdothelläsion mit konsekutiver Einblutung und Verbrauchskoagulopathie (Tabelle 25.13).

Toxische oder allergische Schädigungen mit Wirkung auf das System der Blutgerinnung treten vor allem bei akuter Leberzellschädigung auf. Diese führt zu einer akuten Hepatitis. Konsekutiv werden die Gerinnungsfaktoren weniger synthetisiert. Entsprechend der Halbwertszeit fallen zunächst Faktor VII, gefolgt von den Faktoren V, II und X, ab. Entsprechend lässt sich die Entwicklung der Leberzellschädigung mit Auswirkung auf die Gerinnung anhand der Prothrombinzeit nach Quick evaluieren. Parallel hierzu sinken aufgrund der eintretenden Verbrauchskoagulopathie die Thrombozytenzahlen ab. Diese können initial jedoch aufgrund einer Akutphase-Reaktion ebenso wie Fibrinogen ansteigen. Beispiele der toxischen Hepatitis sind Vergiftungen mit Knollenblätterpilz und nach Halothannarkose. Weitere Leberzellschädigungen können durch Tetrachlorkohlenstoff, Trinitrotoluol und Brommethyl entstehen. Im schlimmsten Fall ereignet sich ein Leberausfallkoma.

Eine Zusammenfassung der Substanzen mit Hemmung der Plättchenfunktion findet sich in Tabelle 25.14.

Im Rahmen von Unfällen durch Gifteinwirkung oder durch berufliche Einwirkung von Giften können vielfältige Schädigungen eintreten. Es handelt sich z. T. um reaktive und reversible Veränderungen, z. T. jedoch um Dauerfolgen mit irreversiblen Schädigungen des peripheren Blutes, der Blutbildung oder der Hämostase. Schädigungen der Hämostase äußern sich in einer Verbrauchskoagulopathie mit Blutungsneigung. Diese kann in einem

Tabelle 25.13. Bedingungen, die zu einer akuten disseminierten intravasalen Gerinnung führen

- Gynäkologische Erkrankungen: Fruchtwasserembolie, Eklampsie, Abruptio placentae, „retained fetus syndrome“
- Intravaskuläre Hämolyse: Posttransfusionshämolyse, kleine Hämolyse, massive Transfusion
- Bakteriämie: gramnegativ (Endotoxin), grampositiv (bakterielle Mukopolysaccharide)
- Virämie: Zytomegalie, Hepatitis, Varizellen, Mycoplasma malariae
- Metastasierende Karzinome
- Akute promyeloische, akute myelomonozytäre und andere Leukämien
- Verbrennungen
- Multiple Frakturen: Fettembolie, Gewebsnekrosen
- Lebererkrankungen: Verschlussikterus, akutes Leberversagen
- Extrakorporale Zirkulation: Shunt-Operationen, Le-Veen-Shunt
- Vaskulitiden

Tabelle 25.14. Medikementöse Plättchenfunktionshemmung. (Nach Rao und Walsh 1985)

Membranblockade
- Penzilline, Cephalotine
- Dextrane
- Heparine (höhermolekulare Anteile)

Aktivatoren der Adenylatzyklase
- Prostazyklin, PGE_1, PGD_2
- Adenosin, Isoprenalin

Phosphodiesterase-Hemmer
- Pyrimidinopyrimidine (Dipyridamol)
- Methylxanthine (Koffein, Theophyllin)
- Papaverin

Hemmer von Zyklooxygenase und Thromboxansynthetase
- Acetylsalizylsäure
- Indometazin
- Phenylbutazon
- Sulphinpyrazon
- Cimetidin

Membranstabilisatoren
- Kalziumantagonisten
- Lokalanästhetika (Procain, Xylocain)
- Antihistaminika (Diphenhydramin, Promethazin)
- trizyklische Antidepressiva (Imipramin, Nortriptylin)

Rezeptorenblockade
- Glycoprotein-IIb/IIIa-Antagonisten (Abciximab, Fibane)
- α-Antagonisten (Phenotolamin)
- β-Antagonisten (Propranolol)

Verschiedene Wirkungen
- Alkohol
- Phanothiazinie
- Clofibrat
- Reserpin
- Methysergid

Tabelle 25.15. Umsatzstörungen des Gerinnungssystems nach Unfällen und durch berufliche Einwirkung. (Nach Zöller 1980)

Verbrauchskoagulopathie (intravasale Gerinnungsaktivierung → Hyperkoagulopathie → multiple Thrombosen → Hypokoagulopathie → Blutungsneigung) ↓ **Hyperfibrinolyse** (Plasminogen → Plasmin)	durch	**Schocksyndrom** (kardiogener, traumatischer, hämorrhagischer Schock, Elektro-, Verbrennungs-, Endotoxin-, anaphylaktischer Schock), z. B.: ▌ Toxische Hämolyse ▌ Hitzschlag ▌ Intoxikation (Blei etc.) ▌ Fettembolie ▌ Sepsis ▌ Elektroschock ▌ Anoxie (Ertrinken)

fortgeschrittenen Stadium durch reaktive Hyperfibrinolyse abgelöst werden. In seltenen Situationen (akute Anoxie, Elektroschock) kann eine primäre Hyperfibrinolyse auftreten (Tabelle 25.15).

Die Schädigungen durch Chemikalien können oral, transpulmonal oder perkutan in den Organismus gelangen oder durch ionisierende Strahlen verursacht sein. Die Wirkung ist dosisabhängig, und interindividuell, jedoch unterschiedlich ausgeprägt. Begleitende Erkrankungen können dazu führen, dass auch in niedrigeren Dosierungen Chemikalien oder Strahlen Schädigungen der Hämostase auslösen. Gutachterliche Argumentationen müssen daher die individuellen Voraussetzungen und Begleiterkrankungen sowie die anamnestischen und zeitlichen Zusammenhänge bei Unfällen mit Einwirkung auf die Hämostase im Rahmen einer ärztlichen Begutachtung berücksichtigen.

25.4.2 Störungen der Hämostase durch Medikamente: Blutungsneigung

Antikoagulantien

Die Substanzgruppen, welche die Hämostase beeinflussen, führen aufgrund einer Verschiebung des Gleichgewichtes der Hämostase in unterschiedlichem Ausmaß zu Blutungskomplikationen. Dem Nutzen der Therapie ist daher immer das Risiko der Blutungskomplikation als häufigste Nebenwirkung dieser Substanzgruppe entgegenzustellen und beides klinisch gegeneinander abzuwägen.

Die Substanzgruppe mit Beeinflussung der Blutgerinnung umfasst die oralen Antikoagulantien, die Heparine, die Hirudine, die Fibrinolytika und die in Entwicklung befindlichen Proteine wie Tissue-factor-pathway-inhibitor und aktiviertes Protein C.

▌ Die *oralen Antikoagulantien* werden anhand der Prothrombinzeit nach Quick oder der „Internationalen Normalisierten Ratio" (*INR*) kontrolliert. Der therapeutische Bereich für die INR beträgt 2,0–4,0 in Abhängigkeit von der klinischen Indikation. Blutungsneigungen treten mit einer Zunahme des gerinnungshemmenden Effektes auf. Leichte Blutungsneigungen finden sich bei 10–20 Patienten/Jahr, i. e. 10–20/100 Patientenjahre, schwere Blutungskomplikationen bei 1–2/100 Patientenjahre und tödliche Blutungskomplikationen in 0,2/100 Patientenjahre. Tödliche Blutungskomplikationen entstehen meist intrakraniell, gastrointestinal oder retroperitoneal. Antidot sind Vitamin K (10–20 mg langsam intravenös oder per os) sowie Prothrombinkomplex zur sofortigen Anhebung der Prothrombinzeit nach Quick (ca. 2000 IU langsam intravenös, gefolgt von 3–4×500–1000 IU im Abstand von 6 Stunden bis zur konstanten Anhebung der Prothrombinzeit auf über 50 bis über 70% in Abhängigkeit von der klinischen Situation).

▌ Bei der Substanzgruppe der *Heparine* unterscheidet man unfraktionierte von niedermolekularen Heparinen. Während für unfraktionierte Heparine Unterschiede der einzelnen Präparate nicht weiter untersucht sind, liegen für niedermolekulare Heparine verschiedenen Ursprungs (i. e. verschiedener Hersteller) umfangreiche Erfahrungen vor. Zur Thromboembolieprophylaxe wird unfraktioniertes Heparin als Low-dose-Heparin (i. e. 3×5000 IU/Tag subkutan) eingesetzt. Diese Form der Thromboseprophylaxe wird heute jedoch sehr viel seltener durchgeführt, da niedermolekulare Heparine sehr viel weniger Nebenwirkungen haben. Vor allem tritt die Heparin-induzierte Thrombozytopenie unter niedermolekularem Heparin sehr viel seltener auf als unter unfraktioniertem Heparin (ca. 50fach seltener). Diese Nebenwirkung stellt heute die schwerwiegendste unter unfraktioniertem Heparin dar. Blutungskomplikationen sind unter Low-dose-Heparin bzw. bei einer Thromboembolieprophylaxe mit niedermolekularem Heparin selten. Tödliche Blutungskomplikationen sind mit <0,01‰ anzusetzen.

Hochdosiertes unfraktioniertes Heparin wird zur Thrombosetherapie oder Therapie arterieller Thrombosen eingesetzt (i. e. Herzinfarkt, instabile Angina, zerebraler Insult, periphere Embolie, extrakorporale Zirkulation, gefäßchirurgische Eingriffe). Die Therapie wird anhand der Laborwerte gesteuert, in der Regel aPTT. Diese ist bei einer hochdosierten Antikoagulation mit Heparin auf das 1,5- bis 2,5fache verlängert. Schwere und tödliche Blutungskomplikationen treten mit etwa gleicher Häufigkeit wie unter oralen Antikoagulantien auf. Die Angaben können jedoch hier nicht auf Patientenjahre bezogen werden, da die Dauer der Behandlung nur ca. 10 Tage beträgt. Antidot ist Protamin, das in einem Verhältnis von 1 : 1 auf der Basis der angegebenen internationalen Einheiten verabreicht wird.

Niedermolekulare Heparine werden hochdosiert zur Thrombosetherapie und bei der Behandlung der instabilen Angina pectoris derzeit eingesetzt. Eine laboranalytische Kontrolle erfolgt nicht. Schwere Nebenwirkungen sind sehr selten und betreffen Blutungskomplikationen, die ihrer deren Häufigkeit etwa der der unter unfraktionierten Heparine entspricht. Eine Heparin-induzierte Thrombozytopenie (*HIT*) unter niedermolekularem Heparin ist äußerst selten (Harenberg 1997).

Die *Aufkärungspflicht* zu Heparinen umfasst heute wesentlich die HIT. Dies spielt bei einem Rechtsstreit eine große Rolle. Am besten wird bei allen Patienten, die Heparine erhalten, die Aufklärung dokumentiert. Kommerziell erhältliche Vordrucke sind hier hilfreich.

Bei Verdacht auf eine HIT sind Heparine sofort abzusetzen und durch Danaparoid oder Hirudin/Lepirudin zu ersetzen. Alle Patienten mit einer Thrombozytopenie unter Heparin/niedermolekularem Heparin leiden auch ohne manifeste Thrombose an einem erhöhten Thromboembolierisiko, so dass eine alternative Antikovulation Antikoagulation indiziert ist.

Heparinoide werden im Wesentlichen bei Heparin-induzierter Thrombozytopenie eingesetzt, da sie das immunologische Geschehen bei 90% der Patienten unterbrechen.

▮ Hirudine werden bei der Heparin-induzierten Thrombozytopenie sowie bei der instabilen Angina pectoris eingesetzt. Die Wirkung wird anhand der aPTT kontrolliert, die in der Regel auf das 1,5- bis 2,0fache verlängert ist. Blutungskomplikationen sind denen von Heparin in Häufigkeit und Intensität vergleichbar. Ein Antidot existiert nicht, bei Blutungskomplikationen führt jedoch die kurze Halbwertszeit (60 min) zu einem schnellen Abklingen der Gerinnungshemmung. Gegebenenfalls kann eine Hämofiltration erfolgen. 40% bis 70% der Patienten mit HIT entwickeln unter einer Therapie mit Lepirudin IgG-Antikörper. In sehr seltenen Fällen ist ein Zusammenhang von allergischen Reaktionen nicht auszuschließen, von denen einige auch tödlich enden können. Patienten mit Reexposition von Lepirudin sind häufiger betroffen.

Gutachterliche Bewertung

Von gutachterlicher Bedeutung sind die Antikoagulantien bezüglich ihres Nebenwirkungsprofils und der adäquaten Dosierung mit oder ohne Laborkontrolle. In Hinblick auf die Laborkontrollen zu den Thrombozytenzahlen bestehen unterschiedliche Empfehlungen. Was die Verwendung von unfraktioniertem oder niedermolekularem Heparin zur Thromboseprophylaxe betrifft, so hat sich niedermolekulares Heparin als Standard durchgesetzt, unfraktioniertes Heparin ist jedoch nicht als obsolet einzustufen. Der Verdacht auf eine Heparin-induzierte Thrombozytopenie zwingt aber heute zur Umstellung der Antikoagulation auf Hirudin oder Heparinoid.

Da es sich um differenzierte Problematik bei gutachterlichen Stellungnahmen handeln kann, ist die Konsultation eines ausgewiesenen Hämostaseologen anzuraten.

Fibrinolytika

Substanzen mit Wirkung auf das Fibrinolysesystem sind Streptokinase, Urokinase und Tissue-Plasminogen-Activator (rTPA). Alle Fibrinolytika führen dosisabhängig zu einer Umwandlung von Plasminogen zu Plasmin. Diese ist für Streptokinase umgekehrt proportional und für die beiden anderen Substanzen linear proportional zur Dosis. Schwere oder tödliche Blutungskomplikationen treten bei allen Substanzen auf. Sie scheinen unter Streptokinase öfter vorzukommen als unter Urokinase und TPA, die Häufigkeiten liegen je nach Literaturangabe zwischen 0,1 und 1,5% der Behandlungen. Streptokinase hat weitere Nebenwirkungen wie Fieberanstieg, Schüttelfrost und Bildung von Antikörpern. Antidot sind Trasylol und ε-Aminokapronsäure.

Gutachterliche Bewertung

Im Rahmen gutachterlicher Fragestellungen stehen Dosierungsprobleme, Applikationsdauer und Kombination mit Antikoagulantien oder auch Thrombozytenfunktionshemmern im Vordergrund. Neue klinische Indikationen werden in Kombination von TPA mit Abciximab oder Fibanen z. B. bei Myokardinfarkt geprüft.

Thrombozytenfunktionshemmung

Substanzen mit Hemmung der Thrombozytenfunktion sind solche mit Wirkung auf Adenylatzyklase, Prostaglandine (siehe Tabelle 25.13), Zyklooxygenase (Acetylsalizylsäure, siehe Tabelle 25.13) und Glykoprotein-IIb/IIIa-Rezeptor-Antagonisten (Abciximab, Thyrofiban u.a. Fibane). Alle Substanzen können aufgrund der Hemmung der Thrombozytenfunktion zu Komplikationen führen. Diese treten in ihrer Häufigkeit etwa wie unter den anderen Antikoagulantien (Kumarine, Heparine) auf. Acetylsalizylsäure hat über eine Hemmung der Zyklooxygenase dosisabhängig bei bis zu 30% der Patienten eine Gastritis oder Ulzera zur Folge. Alle Substanzen führen dosisabhängig zu einer Verlängerung der Blutungszeit und zur Hemmung der ADP-induzierten Thrombozytenaggregation. Antidota existieren nicht. Die biologische Halbwertszeit der Enzyminhibitoren ist mit etwa 7 Tagen lang, für die Rezeptor-Inhibitoren mit Minuten bis Stunden dagegen kurz. Die Gabe von Thrombozytenkonzentraten ist kontraindiziert.

Gutachterliche Bewertung

Im Rahmen gutachterlicher Fragestellungen stehen Dosierungen, Applikationsdauer, Sicherung der Indikation, Kombination mit anderen Substanzen mit Wirkung auf das Hämostasesystem und Interaktion mit anderen Medikamenten im Vordergrund.

Eine Übersicht der Substanzen, die möglicherweise eine Thrombozytopenie zur Folge haben, ist in Tabellen 25.16 und 25.17 wiedergegeben.

Medikamente mit einer reinen Wirkung auf das Gefäßsystem sind bisher nicht kommerziell verfügbar. Da auf dem Gefäßendothel sowohl antithrombotische Substanzen als auch Rezeptoren vorhanden sind, die bei der plasmatischen Gerinnung oder auf den Thrombozyten Bedeutung haben, sind hier entsprechende Interaktionen mit den einzelnen Substanzklassen (vor allem Glycoprotein-IIb/IIIa-Rezeptorantagonisten) zu suchen. Ein akuter Thrombozytensturz kann nach Gabe von Abciximab, einem gereinigten FAB-Antikörper, nicht jedoch nach Gabe der synthetischen kleinmolekularen GPIIb/IIIa-Rezeptorantagonisten wie Aggrastat auftreten. Medikamente, die potentiell eine allergische Vaskulitis auslösen können, sind in Tabelle 25.18 aufgelistet.

Tabelle 25.16. Häufige Substanzen, die eine Thrombozytopenie verursachen

▮ Acetaminophen	▮ Furosemid
▮ Acetazolamid	▮ Gold
▮ Allopurinol	▮ Indomethacin
▮ Amphotericin	▮ Mephenytoin
▮ Acetylsalizylsäure	▮ Meprobamat
▮ Benzen	▮ Oxyphenbutazon
▮ Chloramphenicol	▮ Phenylbutazon
▮ Chlordiazepoxid	▮ Prednison
▮ Chlorpromazin	▮ Primidon
▮ Chlorpropamid	▮ Pyrimethamin
▮ Chlorthalidon	▮ Quinacrin
▮ Cimetidin	▮ Streptomycin
▮ Cholchicin	▮ Sulfamethoxazol
▮ Diazepam	▮ Sulfisoxazol
▮ Diethylstilbestrol	▮ Sulfonamid
▮ Diphenylhydantoin	▮ Ticlopedin
▮ Estrogen	▮ Thiazid
▮ Ethanol	▮ Tolbutamid

Tabelle 25.17. Substanzen, die einen akuten M. Werlhof verursachen können

▮ Acetaminophen	▮ Fenoprofen old
▮ Acetazolamid	▮ Furosemid
▮ Alpha methyl DOPA	▮ Heparin
▮ Ampicillin	▮ Heroin
▮ Antazolin	▮ Indomethacin
▮ Arsen	▮ Isoniazid
▮ Aspirin	▮ Nitrofurantoin
▮ Barbiturate	▮ Oxyphenbutazon
▮ Bleomycin	▮ Oxytetracyclin
▮ Carbamazepin	▮ Paraaminosalicylsäure
▮ Cephalothin	▮ Penicillin
▮ Chinidin	▮ Pertussis Impfstoff
▮ Chlorhalidon	▮ Phenylbutazon
▮ Chlorothiazid	▮ Procainamid
▮ Chlorpropamid	▮ Quinin
▮ Cimetidin	▮ Rifampicin
▮ Clinoril	▮ Sulfonamid
▮ Diazoxid	▮ Tolbutamid
▮ Digitalis Derivate	▮ Trimethoprim
▮ Diphenylhydantoin	▮ Valproinsäure
▮ Fenoprofen	

Tabelle 25.18. Medikamente, die eine allergische Vaskulitis auslösen können (Auswahl)

▮ Acetylsalizylicsäure	▮ Indomethacin
▮ Allopurinol	▮ Iod
▮ Arsen	▮ Isoniazid
▮ Chinidin	▮ Meprobamat
▮ Chloramphenicol	▮ Methyldopa
▮ Chlorothiazid	▮ Östrogen
▮ Chlorpropamid	▮ Piparazine
▮ Coumadin	▮ Reserpin
▮ Digoxin	▮ Sulfonamid
▮ Fuorosemid	▮ Tolbutamid
▮ Goldsalze	▮ Warfarin

Gutachterliche Bewertung

Bei allen gutachterlichen Stellungnahmen ist zu berücksichtigen, dass Begleiterkrankungen der Patienten die Sensitivität für das Ansprechen von Substanzen mit einer Hemmung des Hämostasesystems erhöhten sind können (z. B. Thrombozytopathie bei Nierenerkrankungen).

25.4.3 Störungen der Hämostase durch Medikamente: Thromboseneigung

Die Wirkung von Substanzen, die die Neigung zur Thrombophilie erhöhen, werden kann durch Dosierungsprobleme oder begleitende Grunderkrankungen verstärkt werden. Dies betrifft daher die Antidota der Hämostase (Vitamin K, Protamin, Trasylol, ε-Aminokapronsäure) sowie Prothrombin-Konzentrat, Faktor-XIII-Konzentrat und Desmopressin (zur Freisetzung des von-Willebrand-Faktors). Die Dosierungen der Medikamente lassen sich anhand der Gerinnungsparameter überprüfen. Diese sollten sich bei Verabreichung der Substanzen am unteren Normbereich des jeweils zu kontrollierenden Parameters befinden, so dass eine Überdosierung vermieden werden kann.

Gutachterliche Bewertung

Bei gutachterlichen Fragestellungen kommt zusätzlich der Aspekt der Infektionssicherheit zum Tragen, da es sich bei Prothrombinkomplex und Faktor-XIII-Konzentrat um biologische Materialien handelt, die das Risiko der Übertragung von Virusinfektionen (Hepatitis, HIV-Infektion u. a.) bergen.

25.4.4 Medikamentöse Interaktionen im Hämostasesystem

Durch medikamentöse Interaktionen kann die Wirkung der Substanzen, die das Gerinnungssystem, das thrombozytäre oder das Gefäßwandsystem beeinflussen, verändert werden. Dies ist von besonderer Bedeutung für orale Antikoagulantien.

Interaktionen oraler Antikoagulantien können sowohl bei der Resorption im Gastrointestinaltrakt, der Metabolisierung in der Leber, der Elimination über Leber und Niere sowie über den enterohepatischen Kreislauf auftreten. Die Wirkung der oralen Antikoagulantien kann daher durch andere Medikamente sowohl verstärkt als auch abgeschwächt werden. Nach Beendigung der jeweiligen Medikation kann ein Rebound auftreten kann, der wiederum zu einer Verstärkung oder zu einer Abschwächung der Gerinnungshemmung mit konsekutiver Blutungsneigung oder Thromboseneigung führt. Die wichtigsten Medikamente, die mit oralen Antikoagulantien interagieren, sind in Tabelle 25.19 zusammengestellt.

Tabelle 25.19. Medikamente, die die Wirkung der oralen Antikoagulantien beeinflussen

Verstärkung der Wirkung	Verminderung der Wirkung
▮ Androgene	▮ Barbiturate
▮ Diphenylhydanthion	▮ Cholestyramin
▮ Phenothiazinderivate	▮ Chloralhydrat
▮ Phenylbutazon	▮ Ganglienblocker
▮ Pyrazolonderivate	▮ Gluthethimid
▮ Thyroxin	▮ Kortikoide, ACDH
▮ Tolbutamid	▮ Neuroleptika
▮ Salizylate	▮ Ovarialhormone
	▮ Rifampicin
	▮ Spironolakton
	▮ Vitamin K

Bei allen Substanzen mit möglichen Interaktionen auf das Gerinnungssystem sind häufige Kontrollen der INR-Werte bei oralen Antikoagulantien indiziert. Prinzipiell bestehen einige Unterschiede zwischen den verschiedenen oralen Antikoagulantien, da z. B. Warfarin über das Zytochrom-P450-System eliminiert wird, während Phenprocoumon über eine Glykoronidierung in der Leber metabolisiert wird.

Gutachterliche Bewertung

Bei ärztlichen Begutachtungen stellen die medikamentösen Interaktionen mit oralen Antikoagulantien ein relevantes Problem dar. Durch die Rebound-Phänomene nach Absetzen der Substanzen, die zu einer Interaktion führen, wird die klinische und gutachterliche Situation erschwert. Zahlen zu Häufigkeiten von Nebenwirkungen der Antikoagulantien durch Interaktionen liegen nicht vor.

Bei Substanzen mit Wirkung auf die Thrombozytenfunktion und die Gefäßwand stellt die Kombination verschiedener Substanzen die häufigste Ursache von Komplikationen dar. Eine Zunahme von Blutungskomplikationen durch eine Kombination oraler Antikoagulantien mit Acetylsalizylsäure beträgt z. B. etwa das 6fache im Vergleich zu einer Therapie mit den separaten Substanzen. Eine Kombination der thrombolytischen Substanzen mit Thrombozytenfunktionshemmern führt zu einer Zunahme schwerer Blutungskomplikationen auf das 1,5- bis 2fache. Diesen Nebenwirkungen ist jedoch der Nutzen der Kombination der Präparate immer entgegen zu halten, die im Rahmen großer klinischer Studien, insbesondere zur Therapie des Myokardinfarktes und bei instabiler Angina pectoris, belegt sind. Entsprechende Abwägungen sind bei gutachterlichen Stellungnahmen erforderlich.

Fazit

Substanzen mit einer Hemmung des Hämostasesystems bergen das Risiko einer Blutungsneigung. Daher ist bei einer Begutachtung die Indikation zur Therapie mit Substanzen, die das Hämostasesystem beeinflussen, eindeutig abzuklären. Hierbei sind auch Neuentwicklungen von besonderer Bedeutung, die vor allem Erkenntnisse auf dem Gebiet vererbter Gerinnungsstörungen betreffen.

Um die Indikationen zum Einsatz der Substanzen mit Wirkung auf das Hämostasesystem abwägen zu können, ist eine komplette Gerinnungsanalyse erforderlich. Diese beinhaltet die derzeit bekannten vererbten Gerinnungsstörungen wie Mangel an: Antithrombin, Protein C oder Protein S, Resistenz gegen aktiviertes Protein C, Prothrombinvariante, Hyperhomozysteinämie. Diese führen nach derzeitigem Erkenntnisstand bei etwa 25% der Patienten zu thromboembolischen Ereignissen und werden in der Regel heterozygot-autosomal vererbt. Beschreibungen neuer genetischer Gerinnungsdefekte sind in der Thrombophiliediagnostik von Bedeutung. Die Indikationen zur Therapie stehen in strenger Abhängigkeit zu dem Vorliegen der einzelnen Defekte sowie der Inzidenz thromboembolischer Ereignisse. Ärztliche Begutachtungen bei Krankheiten der Hämostase müssen daher die Indikationen, die Begleiterkrankungen, die Dosierungen und Therapierichtlinien sowie die Interaktionen berücksichtigen. Die korrekte Aufklärung vor einer Antikogulation eines Patienten rückt mehr und mehr in den Vordergrund.

▮ Literatur

Colman RW (1987) Haemostasis and Thrombosis, Basic principles and clinical practice, 2nd ed. Lippincott, Philadelphia

Harenberg J (2003) Thrombose und Antikoagulation. Thieme, Stuttgart

Barthels M, Poliwoda H (1997) Gerinnungsanalysen, 5. Aufl. Thieme, Stuttgart

Ulsenheimer K (1997) Thromboseprophylaxe aus juristischer Sicht. Was ist gesichert – was umstritten? In: Hach-Wunderle V, Haas S (Hrsg) Thromboembolieprophylaxe in der Inneren und operativen Medizin. Springer, Heidelberg

Ulsenheimer K (1998) Arztstrafrecht in der Praxis, 2. Aufl. Müller, Heidelberg

Harenberg J, Schmitz-Huebner U (1997) Therapie der Beinvenenthrombose mit niedermolekularen Heparinen. Dtsch Ärztebl 94:A2257–A2260

Rao AK, Walsh RN (1985) Zitiert nach Schneider und Scharf. In: Schneider W, Scharf RE (Hrsg) Erworbene Thrombozytenfunktionsstörungen. Hämostaseologie 5:44–53

Zöller H, Schreiner W, Gross W (1980) Gewerblich bedingte Schäden des Blutsystems. Med Welt 31:1577–1580

25.5 Traumatische Schädigung der Milz, Milzverlust

A. Matzdorff und D. Fritze

Milzverletzungen sind bei stumpfen Bauchtraumen keineswegs selten. Dabei können Blutungen in die Milz sekundär, d.h. nach einem Intervall als zweites oder sogar als mehrmaliges Ereignis eine Ruptur induzieren. Immer kommt es dabei zu erheblichem Blutverlust. Bei traumatischer Milzruptur ist außerdem zu bedenken, dass eine krankhafte Vergrößerung des Organs wie zum Beispiel bei Myeloproliferativen Syndromen, bei infektiöser Mononukleose oder bei Lymphomen die Ruptur begünstigt haben kann. Diese Erkrankungen müssen ausgeschlossen werden, wenn man das Bauchtrauma als alleinige Ursache werten will.

Die operative Entfernung der Milz nach traumatischer Verletzung oder als therapeutische Maßnahme bei hämatologischen Krankheiten wird seit langem geübt. Die funktionelle Bedeutung des Organs und die seines Ausfalls für den Organismus ist aber erst in den letzten Jahrzehnten erkannt worden. Zu den Funktionen der Milz gehört

- die Steuerung der Differenzierung von Lymphozyten,
- die Eliminierung von Bakterien, Fremd- und Autoantigenen aus dem Blut,
- die Regulation der Antikörpersynthese gegen Infektionserreger und andere Antigene,
- der Abbau von alten und geschädigten Blutzellen.

Im Tierreich dient die Milz als Blutspeicher. Ob sie diese Funktion auch beim Menschen hat, ist bis heute fraglich. Insgesamt muss die Milz als Regulationsorgan des blutbildenden Gewebes und der immunologischen Abwehr gelten.

In der Frühphase nach Milzverlust sind eine Leukozytose und Granulozytose zu beobachten, später eine Lymphozytose vor allem der B-Lymphozyten, gelegentlich auch Eosinophilie und Monozytose. Die T-Lymphozyten sind eher vermindert. Besonders eindrucksvoll ist die Thrombozytose nach Milzverlust, die sich langsamer als die Leukozytose entwickelt, meist aber über längere Zeit – Monate bis Jahre – bestehen bleibt und Werte über 1 000 000/µl erreichen kann. Es kann zu Thrombosen kommen. Auch nur kleine verbliebene Milzreste oder Nebenmilzen können alle diese hämatologischen Auswirkungen ganz oder überwiegend kompensieren.

Nach operativer Entfernung der Milz ist das Auftreten von Polyglobulien beschrieben worden. Offenbar ist aber der Anteil der Milz am Erythrozytenabbau gering, so dass sich solche Polyglobulien meist rasch zurückbilden. Charakteristisch ist das Auftreten von Jolly-Körperchen-haltigen Erythrozyten nach Milzexstirpation. Jolly-Körperchen sind

Kernreste, die normalerweise von der gesunden Milz aus den Erythrozyten entfernt werden, nach Milzentfernung bleiben sie in den Blutkörperchen nachweisbar. Auch bei Milzatrophie (bei Sichelzellanämie) oder bei angeborenem Fehlen der Milz werden Jolly-Körperchen im Blut beobachtet. Sie haben keinen Einfluss auf die Funktion der Erythrozyten.

Nach Entfernung der Milz wurden schwere, z.T. tödlich verlaufende Infektionen beobachtet und mit der gestörten Immunabwehr in Zusammenhang gebracht. Man spricht von „Overwhelming Postplenectomy Infection" (OPSI; Styrt 1990), die Erreger sind häufig Haemophilus, Neisseria meningitidis, Pneumokokken, selten Streptokokken und gramnegative Keime. Die Impfung gegen Pneumokokken, Haemophilus und Meningokokken ist bei geplanter Milzentfernung meist rechtzeitig möglich.

Als Folge der meist großen Blutungen nach traumatischer Milzruptur und anschließender Splenektomie ist immer mit ausgedehnten Verwachsungen im Bauch und entsprechenden Beschwerden zu rechnen. Eine andere Ursache von heftigen und mit der Darmperistaltik verbundenen Schmerzen könnte aber auch eine Splenosis sein. Darunter werden posttraumatisch entstandene und in der folgenden Zeit wachsende Milzimplantate auf dem Peritoneum verstanden, die zu abdominellen Schmerzen und sogar zu Darmstenosen führen können.

Bei traumatischen Milzverletzungen gilt heute die Reimplantation von Milzgewebe, die nur partielle Splenektomie oder die Erhaltung der Milz durch Klebung, Koagulation als das beste therapeutische Vorgehen. Eine totale Splenektomie ist jedoch angezeigt, wenn das Milzparenchym stark zerstört, der Hilus abgerissen oder zusätzlich das Pankreas verletzt ist. Bei Kindern sollen auch stärkere Blutungen nach Parenchymeinriß spontan verheilen können. Bei durch Trauma weitgehend zerstörtem Milzgewebe soll die Autotransplantation von Milzteilen oder Milzbrei nützlich sein.

Gutachterliche Bewertung

Die lange Zeit vorherrschende Meinung und versicherungsrechtliche Beurteilung eines posttraumatischen Milzverlustes als funktionell bedeutungslos ist also zu revidieren. Wenn auch das übrige Retikuloendotheliale System nach Ausfall der Milz Teilfunktionen übernehmen kann, dürfte die Bedeutung des Organs für die Phagozytose durch Milzmakrophagen und für die Opsonierung von Bakterien unterschätzt worden sein. Störungen der Immunabwehr, hämatologische Folgen insbesondere mit Thromboseneigung, Störungen der Peristaltik im Magen-Darm-Bereich, sei es durch Verwachsungen oder durch die Auswirkungen von Milzimplantaten – Splenosis – bedeuten für die Betroffenen eine zwar mit der Zeit meist abnehmende, aber eindeutige funktionelle Beeinträchtigung und damit z.B. in der Unfallversicherung eine MdE, wenn eine Funktionsstörung wahrscheinlich zu machen ist (Krismann u. Buyken 1997).

Literatur

Bennett JM, Catovsky D, Daniel MT, et al (1976) Proposals for the classification of the acute leukaemias: French-American-British Cooperative Group. Br J Haematol 33:451–458

Berger DP, Engelhardt R, Mertelsmann R (2002) Das rote Buch, Hämatologie und internistische Onkologie. ecomed, Landsberg

British Committee for Standards in Haematology, Blood Transfusion Task Force (2003) Guidelines for the use of platelet transfusions. Br J Haematol 122:10–23

Bundesanstalt für Arbeitsschutz und Arbeitsmedizin (2002) Liste der Berufskrankheiten. Anlage zur Berufskrankheitenverordnung in der Fassung der Verordnung zur Änderung der Berufskrankheiten-Verordnung; www.baua.de/down/bk-faltblatt.pdf

Fritze D, Matzdorff A (1998) Hämatologie. In: Baenkler HW, Fritze D, Füeßl HS, et al (Hrsg) Innere Medizin (Duale Reihe). Hippokrates, Stuttgart, S 1312–1470

Fruchtman SM, Prchal JT, Schafer AI (1998) Myeloproliferative Disorders. American Society of Hematology Education Program Book, pp 215–233

George JN, Woolf SH, Raskob GE, et al (1996) Idiopathic thrombocytopenic purpura: a practice guideline developed by explicit methods for the American Society of Hematology. Blood 88:3–40

Haferlach T, Schoch C, Löffler H et al (2003) Morphologic dysplasia in de novo acute myeloid leukemia (AML) is related to unfavorable cytogenetics but has no Independent prognostic relevance under the conditions of intensive induction therapy: results of a multiparameter analysis from the German AML Cooperative Group Studies. J Clin Oncol 21:256–265

Heimpel H, Hoelzer D, Lohrmann HP, et al (1996) Hämatologie in der Praxis, 2. Aufl. Fischer, Stuttgart Jena

Jaffe ES, Harris NL, Stein H, Vardiman JW (2001) WHO Classification of Tumours. Pathology and Genetics of Tumours of Haematopoietic and Lymphoid Tissues. IARC Press, Lyon

Krismann M, Buyken GP (1997) Tödliche Sepsis. Zur versicherungsmedizinischen Begutachtung der posttraumatischen Splenektomie. Kompaß 107:486–488

Marsh JCW, Ball SE, Darbyshire P, et al (2003) Guidelines for the diagnosis and management of acquired aplastic anemia. Br J Haematol 123:782–801

Messinezy M, Pearson TC (1997) ABC of Clinical Haematology. BMJ 314:587–590

Neth R (1998) Radioaktivität und Leukämie. Dtsch Ärztebl 95:A1740–1742

Ozer H, Armitage JO, Bennett CL, et al (2000) 2000 Update of recommendations for the use of hematopoietic colony-stimulating factors: evidence-based, clinical practice guidelines. J Clin Oncol 18:3558–3585

Pui CH, Evans WE (1998) Acute lymphoblastic leukemia. N Engl J Med 339:605–615

Styrt B (1990) Infection associated with asplenia: risks, mechanisms, and prevention. Am J Med 88:33–42

Tefferi A (2000) Myelofibrosis with myeloid metaplasia. N Engl J Med 342:1255–1265

Vardiman JW, Harris NL, Brunning RD (2002) The World Health Organization (WHO) classification of the myeloid neoplasms. Blood 100:2282–2302

Arana-Yi C, Quintás-Cardama A, Giles F, Thomas D, Carrasco-Yalan A, Cortes J, Kantarjian H, Verstovsekc S (2006) Advances in the Therapy of Chronic Idiopathic Myelofibrosis. The Oncologist 11:929–943

26 Krebskrankheiten

A. Matzdorff und D. Fritze

In diesem Kapitel werden die Kriterien der sozialmedizinischen Beurteilung von Tumorpatienten hinsichtlich der Arbeitsfähigkeit, der Rehabilitation und Berentung aus internistisch-onkologischer Sicht dargestellt. Onkogene Risiken durch die industrielle Verwendung chemischer Stoffe oder durch technische Verfahren werden in den jeweiligen Fachbeiträgen behandelt.

Jährlich erkranken 350 000 Menschen in Deutschland an Krebs, ihre Zahl wird mit der steigenden Lebenserwartung in Zukunft weiter zunehmen. Nach unserem heutigen Wissensstand wird Krebs zu einem wesentlichen Anteil durch Umweltfaktoren und krankhaft veränderte Stoffwechselprozesse ausgelöst. Das wird aus geographischen Unterschieden in der Häufigkeit bestimmter Krebsformen geschlossen, wie Magen-, Leber- oder Speiseröhrenkrebs, die in Asien häufig, in Europa und in den USA wesentlich seltener auftreten. Die individuelle Lebensweise und die Einwirkung von Umweltnoxen induziert oder begünstigt das Auftreten von genetischen Veränderungen, die schließlich zur Entstehung von Krebs führen. Die Pathogenese des Darmkrebses zeigt, dass meist mehrere Gene geschädigt werden müssen, bis es zur Entwicklung eines Tumors kommt. Nur selten ist eine genetische Krebspräformierung schon in den Keimzellen angelegt und damit erblich. Dies spielt bei Familien mit gehäuftem Brust- oder Darmkrebs eine Rolle. In der nahen Zukunft wird die „konventionelle" Chemo- und Strahlentherapie durch immunologische Wirkstoffe (z.B. Antikörper), Gentherapie und gezielte Inhibition molekularer Fehlsteuerungen („Targeted Therapy") ergänzt werden. Die Auswirkungen auf das Überleben der Patienten, das Auftreten von Zweiterkrankungen und andere Nebenwirkungen sind bei der kurzen Erfahrung mit diesen neuen Therapien noch nicht absehbar.

Epidemiologie und Ätiopathogenese

In der Bundesrepublik Deutschland sterben jährlich etwa 220 000 Menschen an Krebs, das ist ca. 1/4 aller Todesfälle (Statistisches Bundesamt). In Deutschland nimmt die standardisierte Mortalitätsrate bei Frauen und Männern langsam ab (Abb. 26.1). Dies könnte auf intensivere Vorsorgemaßnahmen zurückzuführen

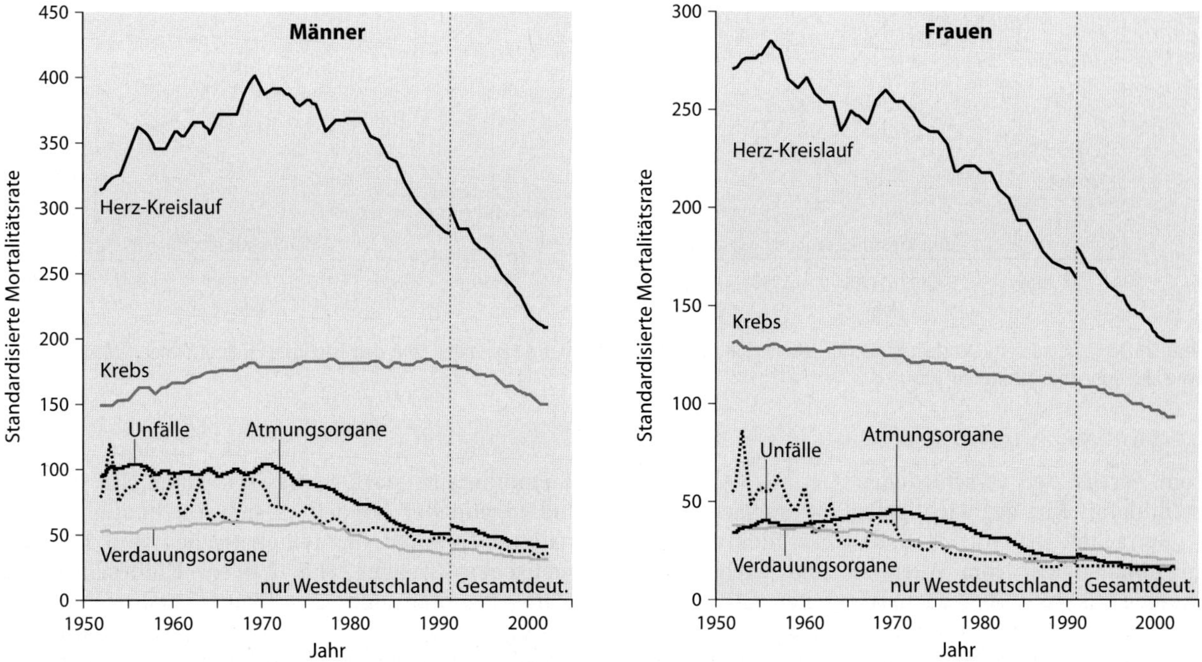

Abb. 26.1. Standardisierte Mortalitätsraten für Männer und Frauen. (Mod. n. Deutsches Krebsforschungszentrum 2004)

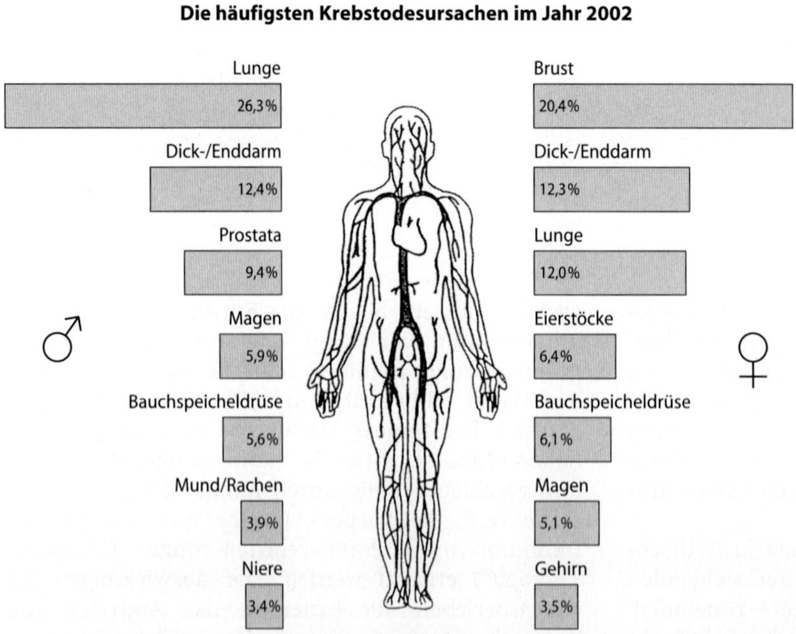

Abb. 26.2. Prozentualer Anteil der Krebslokalisationen an den Krebstodesfällen im Jahr 2002. (Mod. n. Deutsches Krebsforschungszentrum 2004)

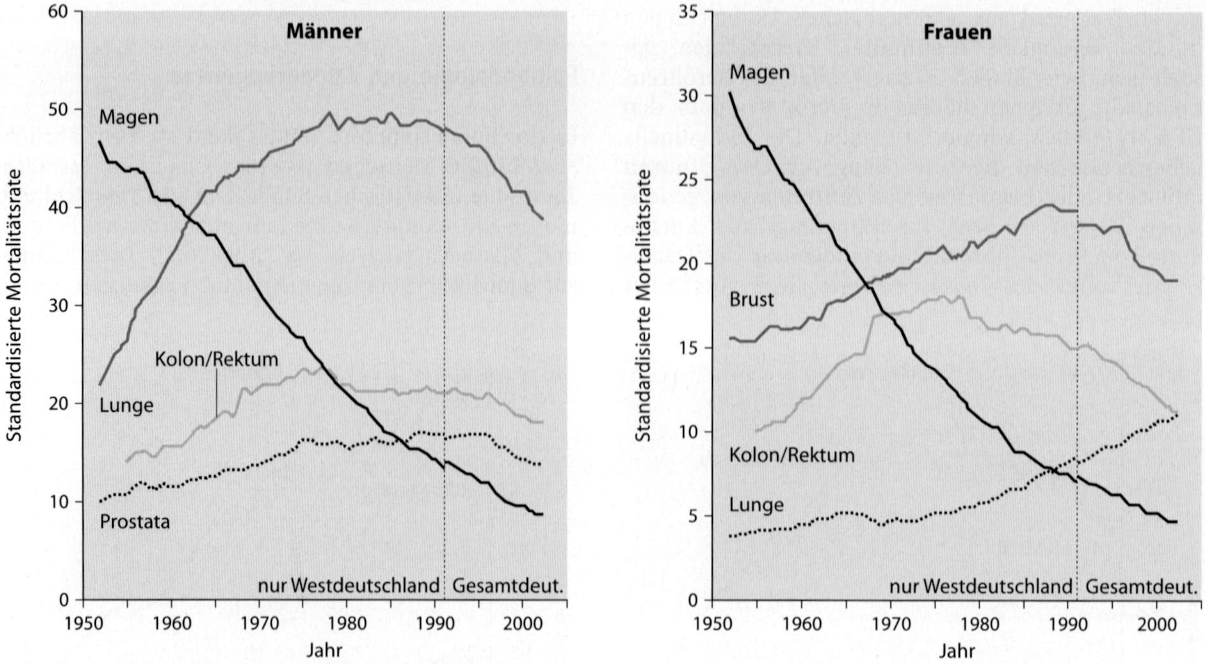

Abb. 26.3. Standardisierte Mortalitätsrate für Männer und Frauen differenziert nach Jahren und den häufigsten Tumorformen. (Mod. n. Deutsches Krebsforschungszentrum 2004)

sein. Krebs der verschiedenen Organe (Abb. 26.2) stellt damit eine der wichtigsten Todesursachen dar.

Betrachtet man die Statistik aller Todesursachen in Abhängigkeit vom Alter, so sind Krebserkrankungen bis zum 30. Lebensjahr selten (Abb. 26.3.). Der Anteil der Krebstodesfälle bei jungen Menschen geht außerdem weiter zurück, weil sich die Heilungsaussichten durch Operation, Strahlen- und Chemotherapie stark verbessert haben. Im Kindes- und Jugendalter handelt es sich am häufigsten um maligne Tumoren der lymphatischen und hämatopoetischen Systeme, im frühen Kindesalter um Wilms-Tumoren und Geschwülste neurogenen Ursprungs. Alle diese Tumorformen sind dank der Bemühungen der Kinderonkologie gut therapeutisch angehbar geworden. Ab dem 50. Lebensjahr nimmt

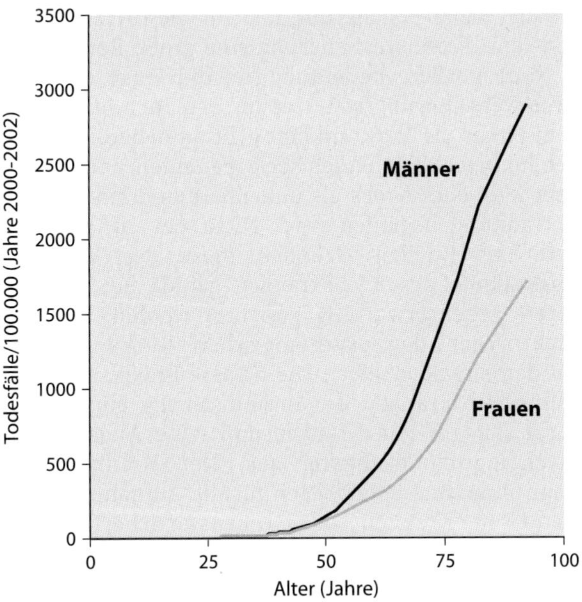

Abb. 26.4. Krebsmortalität und Alter. (Mod. n. Deutsches Krebsforschungszentrum 2004)

die Erkrankungsrate jedoch deutlich zu, und immer mehr Menschen versterben an ihrer Erkrankung. Dennoch ist Krebs keine Alterskrankheit, und das Alter ist nicht die eigentliche Krebsursache, es bildet nur die Voraussetzung, dass sich die im Laufe eines Lebens erworbenen Schädigungen als Krebs manifestieren können. Schließlich sprechen statistische Gründe dafür, dass ein längeres Leben eine größere Wahrscheinlichkeit mit sich bringt, an Krebs zu erkranken. Akermann (1974) weist darauf hin, dass unter den 15- bis 70-Jährigen sogar mehr (35,5 versus 31,3%) Krebs- als Herz-Kreislauf-Tote zu beklagen sind. Erst bei den über 70-Jährigen sterben mehr Menschen an Herz-Kreislauf-Krankheiten als an Krebs (56,6 versus 20%).

Bei der Entstehung mancher bösartiger Geschwülste ist die Exposition gegenüber chemischen oder physikalischen Noxen von entscheidender Bedeutung. So werden 80% aller Bronchialkarzinome durch inhalierten Tabakrauch verursacht. Noch um die Jahrhundertwende war das Bronchialkarzinom mit 0,5 bis 1% aller Krebstodesfälle selten. Heute ist es beim Mann mit 25–30% die häufigste tödliche Krebslokalisation. Bei Frauen nimmt die Häufigkeit ständig zu und wird sich der bei Männern bald angleichen (Abb. 26.4). Da die genetische Konstitution sich in so kurzen Zeitabläufen nicht ändern kann, müssen lokale Einwirkungen – wie der sicher karzinogene Faktoren enthaltende, über Jahrzehnte einwirkende Tabakrauch – die wesentliche Ursache sein. Genetische Faktoren als Ursache eines Bronchialkarzinoms sind dagegen weniger bedeutsam, sie spielen vermutlich bei den 20% Nichtraucherkarzinomen eine größere Rolle.

Ein anderes Beispiel für Umwelteinflüsse als Auslöser von Karzinomen sind Hautkarzinome bzw. das Melanom durch erhöhte Sonnenlichtexposition. Ein niedriger Anteil von Obst und Gemüse, dagegen ein steigender Konsum von Fleisch, insbesondere verarbeiteter Fleischprodukte, tun ein Übriges, das Krebsrisiko zu steigern (Trichopoulou et al. 2003). Auch Viren und Bakterien können bei der Krebsentstehung eine Rolle spielen. Das Epstein-Barr-Virus ist an der Entstehung von mehreren Lymphomen (Burkitt-Lymphom, Hodgkin-Lymphom, nasales NK-Zell-Lymphom) und dem Nasopharynxkarzinom beteiligt (Thorley-Lawson u. Gross 2004), Heliobacter pylori gilt als eine Ursache für Magenlymphome und Magenkarzinome, eine chronische Virushepatitis findet man häufig bei Patienten mit Hepatozellulärem Karzinom, Papillomviren bei Zervixkarzinomen.

Bösartige Geschwülste wurden bisher als irreversible Erkrankungen betrachtet. Diese Ansicht muss revidiert werden. Man weiß heute, dass frühe Stadien von Magenlymphomen allein durch die Eradikation des Bakteriums H. pylori in Remission gebracht werden können. Lymphome, die unter Immunsuppression z. B. nach Transplantation auftreten, können in Rückbildung gebracht werden, wenn die Immunsuppression reduziert wird und das körpereigene Abwehrsystem die Gelegenheit bekommt, den Tumor anzugreifen.

Beim Wachstum solider Tumoren unterscheidet man eine erste Phase mit lokalisierter Ausbreitung in Lymphknoten und benachbarte Organe. In diesem Stadium ist eine chirurgische Kuration häufig noch möglich. Danach kommt es zur Fernmetastasierung über Lymph- und/oder Blutgefäße und zur Ausbreitung in den Körperhöhlen (Pleura, Peritoneum, Liquor). Die metastasierten Tumorstadien werden primär durch Chemo- und Strahlentherapie angegangen.

Bei erfolgter Metastasierung dauert es häufig lange, bis diese Metastasen erste Symptome verursachen. Klinisch manifestiert sich das langsame Metastasenwachstum in Tumorrezidiven 5 Jahre oder noch länger nach Resektion des Ausgangsherdes. Auch ist wahrscheinlich nicht jede Ausstreuung von Tumorzellen klinisch relevant. Mit modernen molekularen Techniken lassen sich bei manchen Patienten, die mit konventionellen Techniken keine nachweisbaren Metastasen haben, dennoch einzelne Tumorzellen im Knochenmark darstellen (Braun et al. 2000). Es ist bisher unklar, ob diese Zellen das Potential tragen, zu einer Metastase heranzuwachsen, oder ob es sich um nicht mehr vermehrungsfähige oder sogar im Absterben begriffene Zellen handelt.

Bei hämatologischen Neoplasien ist – entsprechend der Verteilung des Blutes in alle Organe und Gewebe – die Erkrankung häufig bereits initial im ganzen Körper disseminiert. Dennoch kann in vielen Fällen eine Heilung erreicht werden.

26.1 Maßstäbe der sozialmedizinischen Beurteilung

Früher waren Tumorerkrankungen fast immer mit einer infausten Prognose verbunden. Die Kranken wurden grundsätzlich auf Dauer berentet. Patienten mit einem bösartigen Tumor wurden aus dem Arbeitsprozess ausgeschlossen, obgleich die Wiederaufnahme der beruflichen Tätigkeit und die Eingliederung in das normale Leben nach erfolgreichem Abschluss einer Tumorbehandlung eine rehabilitative Maßnahme darstellt. Dieser Fatalismus wird den heutigen Verhältnissen und Anforderungen nicht mehr gerecht:

- Die Beurteilung bösartiger Erkrankungen anhand der 5-Jahres-Überlebenszeit stammt aus einer Zeit, als es nach Operation und Strahlentherapie noch keine nennenswerten kurativen oder palliativen Behandlungsmöglichkeiten gab. Sie stellt eine Schematisierung dar und vernachlässigt die individuelle Leistungsminderung. Krebskranke mit ursprünglich ungünstiger Prognose, dann aber doch erfolgter Heilung infolge gebesserter Behandlungsmöglichkeiten hätten eine Rente zu Unrecht erhalten.
- Eine automatische Invalidisierung der Krebskranken verstößt gegen den Grundsatz der Gleichbehandlung aller Versicherten. Kranke mit anderen chronischen Krankheiten könnten eine ähnliche Sonderbehandlung erwarten.
- Die frühzeitige Rentengewährung stempelt den Krebskranken als unheilbar ab, demotiviert ihn gegenüber belastenden Therapieverfahren, nimmt ihm das Vertrauen in eine mögliche Heilung und verhindert die soziale Integration in Beruf und Familie, widerspricht also dem gesetzlichen Anspruch auf Teilhabe (SGB IX).
- Die frühzeitige Rentengewährung beraubt den Kranken des Anspruchs auf Krankengeld, bringt ihn um seinen Arbeitsplatz und stürzt die Familie zumindest vorübergehend in eine Phase sozialer Unsicherheit.

So hat sich z.B. die Prognose der Lymphogranulomatose (M. Hodgkin) durch den Einsatz der Chemotherapie in den letzten 20 Jahren so sehr verbessert, dass auch in fortgeschrittenen Stadien bei 70 bis 90% der Erkrankten eine Ausheilung möglich ist. Während früher noch fast alle Kranken mit metastasiertem Hodenkarzinom verstarben, ermöglicht die moderne Chemotherapie mit Cisplatin-Kombinationen eine Heilungsquote von 75 bis 90%.

Onkologie und sozialmedizinische Begutachtung haben vielfältige Berührungspunkte. Krebs entwickelt sich in der Regel schleichend, gelegentlich auf dem Boden so genannter Krebsrisikokrankheiten. Die Frage nach dem zeitlichen Beginn der Krankheit und einer möglichen äußeren Ursache spielt für die Sozialversicherung und für die private Kranken- und Lebensversicherung eine große Rolle.

Noch größere Bedeutung hat die Frage des weiteren Versicherungsschutzes für Personen, die an einem Krebs als Vorkrankheit gelitten haben. Auch in der heutigen Zeit leiden viele Patienten noch unter dem Mal, dass Krebs als unheilbare und lebenslange Erkrankung begriffen wird. Nicht nur aus sozialen und existentiellen Gründen muss der Versicherungsschutz des Krebskranken gerade bei verminderter Lebenserwartung gesichert werden, sondern auch wegen der psychologischen Rückwirkungen auf den Kranken selbst. Die frühere Praxis, als Regel beim Krebskranken die Invalidisierung einzuleiten, wirkt sich für den Kranken und seine Angehörigen psychologisch nachteilig aus. Der Kranke sieht, wenn ihm trotz Sperrfristen für die Aufnahme in eine private Kranken- oder Lebensversicherung und trotz erhöhter Risikoprämien schließlich doch Versicherungsschutz gewährt wird, darin einen Vertrauensbeweis in seine weitere Lebenserwartung.

Aus ärztlicher und sozialmedizinischer Sicht sollte aber nicht nur der von seinem Krebsleiden geheilte, sondern auch der nur palliativ erfolgreich behandelte Krebskranke ein Recht auf Arbeit haben (Diehl et al. 2003). Der ärztliche Gutachter sollte die Möglichkeit einer Rehabilitation auch bei noch aktiv an Krebs Erkrankten prüfen und bei guter Prognose allenfalls auf Zeit berenten. Andererseits dürfen die Kranken, die unter den Nebenwirkungen aggressiver Therapiemaßnahmen – Operation, Strahlen- und Chemotherapie – besonders leiden, versicherungsrechtlich nicht benachteiligt werden.

Der gutachterlich tätige Arzt wird mit Kranken konfrontiert, die bezüglich der Frage, ob ihr Krebs durch Operation und/oder Strahlentherapie geheilt wurde, verunsichert sind. Er hat nicht nur die ärztlichen Probleme der fachgerechten Nachsorge (Kontrolluntersuchungen, adjuvante Therapie mit Hormonen, Zytostatika und Bestrahlung) zu bedenken, sondern muss auch zur Frage der weiteren beruflichen Zukunft Stellung nehmen. Der ärztliche Gutachter hat mit seiner Einschätzung der Krankheitsprognose ganz wesentlichen Einfluss nicht nur auf die materielle und soziale Zukunft des Kranken, sondern auch auf dessen Selbsteinschätzung. Nicht zuletzt entscheidet der Gutachter, ob der Krebskranke seine Krankheit verarbeiten und akzeptieren kann oder ob er sich aufgibt. Deshalb muss der Gutachter große Erfahrung im Umgang mit Tumorpatienten haben und mit den aktuellen Therapieverfahren und Prognosen der verschiedenen Tumorentitäten vertraut sein.

Es war bisher relativ unproblematisch, dem Krebskranken Krankengeld zu verschaffen und Leistungen zur Rehabilitation anzubieten. Die Beratung des Kranken zur Einleitung eines Rentenantrages und die entsprechende gutachtliche Beurteilung sind dagegen schwierige ärztliche Aufgaben. Die heutige gutachterliche Beurteilungspraxis zielt darauf ab, bei günstiger Prognose des Krebsleidens überhaupt keinen Rentenantrag zu stellen. Seit etwa 1982 haben sich Beurteilungskriterien durchgesetzt, die die individuelle Leistungsfähigkeit des Krebskranken in den Vordergrund stellen. Die Zeitrente soll vor einer Dauerberentung erfolgen. Der sozialmedizinische Auftrag „Rehabilitation geht vor Rente" soll auch für Krebskranke gelten. Die gutachtlichen Beurteilungskriterien orientieren sich an der individuell geschätzten Leistungsminderung des Krebskranken. Dadurch ist gewährleistet:

- Der gesetzliche Auftrag „Rehabilitation geht vor Rente" gilt – i.S. der Gleichbehandlung aller Versicherten – auch für Tumorpatienten.
- Zeitrente geht vor Dauerrente.
- Die festzustellende individuelle Leistungsminderung wird nicht in erster Linie durch die Krankheitsdiagnose bestimmt, sondern durch die Krankheitsbedeutung für die körperliche, geistige und seelische Leistungsfähigkeit, d.h. durch die aus dem Leiden resultierende Funktionsstörung.

Heilungsbewährung bei malignen Geschwulstkrankheiten

Da viele Krebserkrankungen zu Rezidiven neigen, gehen die „Anhaltspunkte für die ärztliche Gutachtertätigkeit im sozialen Entschädigungsrecht und nach dem Schwerbehindertenrecht" seit 1996 von dem Begriff der Heilungsbewährung aus. Die Intention war, abzuwarten, ob die Behandlung tatsächlich zum gewünschten Heilerfolg führt. Dass der Grad der Behinderung (GdB) während des Zeitraums der Heilungsbewährung höher bewertet wird, als es dem zu diesem Zeitpunkt tatsächlich gegebenen Organschaden entspricht, wurde billigend in Kauf genommen (Schleicher 1998). Begründet wurde dies damit, dass der Patient wegen der Gefahr des Rezidivs bzw. einer Metastasierung sich psychologisch in seiner gesamten Lebensführung auf diese Bedrohung einstellen müsse und daher in der Regel einer erheblichen psychischen Belastung ausgesetzt ist.

Für die 23 häufigsten und wichtigsten bösartigen Tumorleiden, von denen 13 verschiedene Lokalisationen einzeln aufgeführt sind (Tabelle 26.1), sind in der GdB-Tabelle der „Anhaltspunkte 2004" Werte angegeben (Sauer 1997). Sie sind auf den Zustand nach operativer oder strahlentherapeutischer Beseitigung des Tumors bezogen und schließen den danach verbleibenden Organschaden mit ein. Schwere Auswirkungen nach länger dauernder oder wiederholter Chemotherapie werden berücksichtigt.

Während des Zeitraums der Heilungsbewährung beträgt der Grad der Behinderung bei allen malignen Erkrankungen mindestens 50%. Daraus ergibt sich, dass das Schwerbehindertenrecht Anwendung finden kann. Treten Rezidive oder gar Metastasen auf, so geht der Gesetzgeber in der Regel von einem fortgeschrittenen Krebsleiden aus und der GdB beträgt auf Dauer 100%. Eine Heilungsbewährung kommt dann nur in Betracht, wenn sich ein Rezidiv oder Metastasen vollständig entfernen lassen bzw. die angewandte Chemotherapie zu einer vollständigen und wahrscheinlich dauerhaften Remission führt.

Die Dauer der Heilungsbewährung nach der Entfernung eines bösartigen Tumors wird nach den „Anhaltspunkten" differenziert. Der Zeitraum des Abwartens beträgt in der Regel 5 Jahre. Bei bestimmten Tumorentitäten kommt auch ein Zeitraum von 2 bzw. 3 Jahren in Betracht; dies sind solche, bei denen medizinisch-wissenschaftlich gesichert ist, dass danach die Rezidivgefahr nur noch sehr gering ist (Nr. 26.1 Absatz 3 der „Anhaltspunkte"). Ein über 5 Jahre Heilungsbewährung hinausgehender Zeitraum ist nicht vorgesehen. Im Einzelfall

Tabelle 26.1. Anhaltspunkte für den Grad der Behinderung (GdB) in der Zeit der Heilungsbewährung einiger mit kurativer Intention behandelter maligner Tumoren. (Mod. n. Sauer 1997)

Tumorleiden	Stadien	GdB [1]
▮ M. Hodgkin	I/II	50 für 3 Jahre
	III/IV	60 für 3 Jahre
▮ Non-Hodgkin-Lymphom	niedrigmaligne	
	I/II	50 für 3 Jahre
	III/IV	50–100
	hochmaligne	80 für 3 Jahre
▮ Ösophagus/Magen-CA	alle	80–100
▮ Kolon/Rektum-CA	Frühstadium	50 für 2 Jahre
	Dukes B, C, D	80–100 für 5 Jahre
▮ Harnblasen-CA	pT1/2 pN0 M0	60
	höher	80–100
▮ Hoden-CA	pT1–3 pN0 M0	50
	höher	80–100
▮ Lungen-CA	alle	80–100
	Kleinzeller	100
▮ Mamma-CA	pT1/2 pN0 M0	50–60
	höher	über 80
▮ Nieren-CA	pT1/2 pN0 M0	60
	höher	80
▮ Ovarial-CA	FIGO Ib	50
	höher	80–100
▮ Pleura/Peritoneales Mesotheliom	alle	100
▮ Prostata-CA	pT1/2	50
	höher	80–100
▮ Uterus-CA	I/II	50–60
	höher	80–100

[1] Nach Ablauf der Heilungsbewährung erfolgt die Schätzung des GdB entsprechend der objektiv vorliegenden Behinderung

kann es aufgrund dieser gesetzlichen Bestimmungen Kontroversen geben.

So führte Sauer (1997) aus, dass das damalige Schwerbehindertengesetz von einer Heilungsbewährung ausginge, „d.h., dass bei der Entscheidung über den Grad der Behinderung (GdB) die Heilungsaussichten bei der jeweiligen Tumorkrankheit und dem jeweiligen Ausbreitungsstadium gebührend zu berücksichtigen sind". Dies führt zur prognoseorientierten Beurteilung nach einer erfolgreichen Krebsbehandlung. Patienten mit einer günstigeren Prognose von über 50% Heilungschance erhalten einen GdB von 50% für 5 Jahre, Patienten mit ungünstigerer Prognose (Heilungsrate unter 50%) dagegen einen GdB von 60–80%. Dagegen haben Rösner und Göcke (1998) seitens des Sozialministeriums Stellung bezogen, weil nach dem damaligen Schwerbehindertengesetz (§ 3 Absatz 1), jetzt § 2 SGB IX, eine Behinderung die Auswirkung einer nicht nur vorübergehenden (also dauerhaften) Funktionsbeeinträchtigung darstelle. Für den Grad der Behinderung gelten nach § 69 SGB IX die im Rahmen des § 30 Absatz 1 des Bundesversorgungsgesetzes festgelegten Maßstäbe. Aus diesen ergibt sich, dass die gesetzlichen Bestimmungen bei der GdB-Beurteilung maligner Tumoren die Berücksichtigung einer Heilungsbewährung überhaupt nicht vorsehen. Dagegen wird argumentiert, dass es für die „Heilungsbewährung" nicht relevant sei, ob es sich hierbei um gesetzliche Bestimmungen oder um Entwicklungen der Rechtsprechung handelt. Entscheidend ist der Umgang damit in der (medizinischen) Praxis, dem sich die Gesetzgebung angleichen müsse. In der Tat erscheint es schwer verständlich, weshalb man „unter Berücksichtigung der Krebskrankheit als solcher einen GdB von mindestens 50% annehmen muss, wodurch Krebskranken unterschiedslos der Schwerbehindertenstatus zugebilligt wird". Eine größere Differenzierung scheint hier sicher angebracht.

Im Folgenden wird die Anwendung der „Anhaltspunkte für die ärztliche Gutachtertätigkeit" anhand mehrerer Tumorleiden beispielhaft diskutiert.

26.2 Leukämien und myelodysplastische Syndrome

Akute Leukämie

Die akuten Leukämien werden heute nach morphologischen, zytochemischen, immunologischen und zytogenetischen Kriterien eingeteilt und dementsprechend differenziert behandelt (▶ Kap. 25.2.2). Akute Leukämien sind prinzipiell heilbare Erkrankungen. Voraussetzung ist die Erzielung einer klinischen Vollremission nach aggressiver Chemotherapie. Für viele Kranke mit akuter *myeloischer Leukämie* ist die Transplantation von allogenen Blutstammzellen derzeit wahrscheinlich die sicherste kurative Therapie. Es gibt jedoch einige Untergruppen der akuten myeloischen Leukämie, die mit konventioneller Chemotherapie gleichgute Ergebnisse erreichen.

Die akuten *lymphatischen* Leukämien lassen sich durch eine Chemotherapie bei über 70% der Erwachsenen in eine komplette Remission bringen. Bei vielen dieser Patienten halten die Remissionen bereits so viele Jahre an, dass von echten Heilungen ausgegangen werden kann. Hochrisikopatienten sollen frühzeitig transplantiert werden. Lässt sich mit Hilfe einer semiquantitativen Polymerasekettenreaktion (*PCR*) ein Wiederanstieg der so genannten minimalresiduellen Erkrankung (*MRD*) nachweisen, so ist ab diesem Zeitpunkt mit einem Rezidiv der Erkrankung zu rechnen, selbst wenn das Knochenmark zu diesem Zeitpunkt mit konventioneller Technik unauffällig erscheint. Insbesondere ALL-Patienten mit einem Philadelphia-Chromosom (bzw. dem Nachweis des molekularbiologischen Äquivalents, genannt bcr-abl) haben eine sehr schlechte Prognose mit einer Langzeitüberlebensrate von weniger als 10%. Solche und andere Patienten sind Kandidaten für eine Hochdosistherapie mit anschließender Stammzelltransplantation (Pui u. Evans 1998).

Ist die Remission eines Patienten mit akuter Leukämie mehrere Jahre stabil, so kann in den meisten Fällen mit Heilungen gerechnet werden. Bis zum Ende der Therapie ist eine GdB von 100% anzusetzen, danach für die Dauer von mindestens 3 Jahren Heilungsbewährung.

Myelodysplastische Syndrome

Dieser Begriff umschreibt myelodysplastische Veränderungen bei peripherer Panzytopenie, Bizytopenie oder isolierter Verminderung von Erythrozyten, Granulozyten oder Thrombozyten. Es handelt sich um klonal determinierte Erkrankungen mit Transformation auf der Ebene der hämatopoetischen Stammzellen. Die WHO-Klassifikation differenziert verschiedene Subtypen mit relativ unterschiedlicher Prognose (▶ Kap. 25.2.2). Eine aggressive zytostatische Therapie ist bei den meisten Patienten mit myelodysplastischen Syndromen schon deshalb nicht indiziert, weil die Diagnose in fortgeschrittenem Alter gestellt wird. Für jüngere Patienten besteht die Möglichkeit der allogenen Knochenmark- bzw. Blutstammzelltransplantation.

Myelodysplastische Syndrome mit nur geringen klinischen Auswirkungen lassen eine GdB von 10–20% annehmen. Sind gelegentlich Bluttransfusionen und andere Behandlungsmaßnahmen erforderlich, weil klinische Symptome bestehen, so können 30–40% gegeben sein. Bei regelmäßiger Substitution und stärkeren Auswirkungen auf das Allgemeinbefinden, insbesondere bei klinisch fassbaren Infektionen, sind je nach Einzelfall 50–100% anzunehmen. Nach allogener Knochenmark- bzw. Blutstammzelltransplantation besteht für die Dauer von 3 Jahren ein GdB von 100%. Danach richtet sich die Einschätzung nach den verbliebenen Auswirkungen und den restlichen Organschäden. Der GdB ist jedoch nicht niedriger als 30% zu bewerten.

Chronisch-myeloische Leukämie (CML)

Die chronisch-myeloische Leukämie gehört zu den myeloproliferativen Syndromen. Bereits bisher konnten bei initialer Krankheitsmanifestation verschiedene Risikogruppen mit unterschiedlicher Prognose definiert werden („New Score"; Hasenclever u. Diehl 1998). Diese Kriterien können wahrscheinlich nicht auf die heutigen Patienten, die überwiegend mit dem neuen Wirkstoff Imatinib (Glivec®) behandelt werden, übertragen werden. Möglicherweise hat die Schnelligkeit des Abfalls Philadelphia-Chromosomen-positiver Zellen im Knochenmark einen höheren Aussagewert. Es ist umstritten, ob alle Patienten, die transplantierbar wären, auch transplantiert werden müssen oder ob bei zytogenetisch und molekulargenetisch kompletter Remission durch Imatinib die Prognose nicht sogar besser ist.

Für Patienten in der chronischen Phase der chronisch-myeloischen Leukämie, die mit Imatinib behandelt werden, ist ein GdB von 30–50% anzunehmen. Bei Therapie mit Interferon und/oder einer Chemotherapie sind die Nebenwirkungen belastender und müssen berücksichtigt werden, der GdB wäre 50% oder höher. In der akzelerierten Phase bzw. im Blastenschub beträgt der GdB 100%. Nach allogener Blutstammzelltransplantation richtet sich die Beurteilung nach dem Therapieerfolg und den verbleibenden Restsymptomen.

26.3 Lymphome

Morbus Hodgkin (Lymphogranulomatose)

In der Therapie der Lymphogranulomatose sind in den letzten Jahrzehnten große Erfolge erzielt worden, so dass sich die tumorfreien Überlebensraten selbst in fortgeschrittenen Stadien (III/IV) auf etwa 80% erhöht haben. Die Diagnose des Morbus Hodgkin beruht auf der histologischen Untersuchung eines oder mehrerer Lymphknoten. Die histologische Klassifizierung der Lymphogranulomatose erfolgt heute nach der REAL- (Revised European American Lymphoma) und der WHO-Klassifikation (Harris et al. 1994, Jaffe et al. 2001):

- lymphozytenreicher Typ (5%),
- noduläre Sklerose (70%),
- Mischtyp (20%),
- lymphozytenarmer Typ (5%).

Vom lymphozytenreichen klassischen M. Hodgkin wird heute ein sog. „lymphozytenprädominanter M. Hodgkin (Paragranulom)" abgegrenzt, der sich in der Immuntypisierung unterscheidet und eine außerordentlich gute Prognose hat.

Die Histologie des M. Hodgkin ist gekennzeichnet durch den Nachweis blastenähnlicher Hodgkin-Zellen, mehrkerniger Riesenzellen (Sternberg-Reed-Riesenzellen) und Granulationsgewebe (bunte Histologie). Die Diagnose wird in der Regel aus einem tastbaren, derben Lymphknoten, meist im Halsbereich, histologisch gestellt. Daran schließt sich ein klinisches und pathologisches Staging-Programm an (Untersuchung, Labor, Biopsie von Knochenmark und ggf. Leber, bildgebende Verfahren). Die Stadieneinteilung zeigt Tabelle 26.2.

Die Therapie der Lymphogranulomatose erfolgt dem Tumorstadium adaptiert.

- *Therapie bei guter Prognose* (Stadien IA, IB, IIA, IIB ohne Risikofaktoren): Im aktuellen HD-13-Studienprotokoll der Deutschen Hodgkin-Lymphom-Studiengruppe erfolgt zunächst eine Chemotherapie (Randomisierung zwischen den Therapiearmen ABVD, ABV, AVD, AV) und eine „Involved-Field"-Bestrahlung.

Tabelle 26.2. Klinische Stadieneinteilung des Morbus Hodgkin (Ann-Arbor-Klassifizierung)

Stadium I: Befall einer einzigen Lymphknotenregion (I) oder eines einzelnen extralymphatischen Organs oder Herdes (I_E)
Stadium II: Befall von 2 oder mehr Lymphknotenregionen (mit Angabe der Anzahl) auf der gleichen Seite des Zwerchfells (II) oder lokalisierter Befall eines extralymphatischen Organs oder Region und/oder einer oder mehrerer Lymphknotenregionen auf der gleichen Seite des Zwerchfells (II_E)
Stadium III: Befall von Lymphknotenregionen auf beiden Seiten des Zwerchfelles (III), der begleitet sein kann von einem lokalen Befall eines extralymphatischen Organs oder Region (III_E) oder Befall der Milz (III_S) oder Milz und extralymphatisches Organ (III_{SE})
Stadium IV: Diffuser, nicht lokalisierter Befall eines oder mehrerer extralymphatischer Organe oder Gewebe mit oder ohne begleitende Lymphknotenvergrößerung

- *Patienten der intermediären Prognosegruppe* befinden sich in den Stadien IA, IB, IIA, IIB und haben mindestens einen der folgenden Risikofaktoren:
  - großer Mediastinaltumor mit mehr als 1/3 des maximalen Tumordurchmessers,
  - extranodaler Organbefall,
  - massiver Milzbefall,
  - BSG auf über 50 ohne und über 30 mm/Std. mit Vorliegen von B-Symptomen erhöht,
  - 3 oder mehr Lymphknotenareale befallen.

  Therapie: Diese Patienten mit intermediärer Prognose werden mit einer kombinierten Radiochemotherapie im Rahmen der HD 14-Studie behandelt (4×ABVD vs. 2×$\text{BEACOPP}_{\text{gesteigert}}$+2×ABVD, anschließend Involved-Field-Bestrahlung).
- *Patienten mit ungünstiger Prognose* (Stadium IIB plus Extranodalbefall oder Mediastinaltumor, Stadien III und IV): Im Vordergrund steht eine intensive systemische Polychemotherapie mit Nachbestrahlung bei Restlymphomen oder so genanntem primären Lymphombulk. Im Rahmen der HD-15-Therapiestudie erhalten die Patienten 8 vs. 6 Zyklen $\text{BEACOPP}_{\text{gesteigert}}$ vs. 8 Zyklen BEACOPP-14. Wenn beim abschließenden Staging noch ein Tumor im Positronenemissionstomogramm (*PET*) nachweisbar ist, wird die Chemotherapie mit einer Involved-Field-Bestrahlung ergänzt.

Das 5-Jahres-Überleben beträgt in den Stadien I/II über 90%. In den Stadien III/IV mit kompletter Remission nach Polychemotherapie ist die 5-Jahres-Überlebensrate 80–90%. Für diese fortgeschrittenen Tumorstadien wurden Risikofaktoren identifiziert (Hypoalbuminämie, Anämie, männliches Geschlecht, Alter >45, Leukozytose und Lymphopenie; Hasenclever u. Diehl 1998). 20–30% der Patienten in fortgeschrittenen Stadien erleiden trotz initial kompletter Remission später ein Rezidiv (Diehl et al. 2003). Mittels erneuter Chemotherapie bis hin zur Hochdosis-Chemotherapie (einschließlich Stammzelltransplantation) gelingt es, ca. 2/3 dieser Patienten noch zu heilen. Dazu kommt jedoch, dass ein mit den Jahren zunehmender Teil der vom M. Hodgkin geheilten Patienten Zweitneoplasien entwickeln (ca. 23% nach 18 Jahren; Aleman et al. 2003).

Gutachterliche Bewertung

Eine Versicherbarkeit von Hodgkin-Patienten kann trotz der guten Heilungschancen nicht generell gegeben sein, sondern hängt von der individuellen Situation ab. Viele Kranke können und wollen während oder nach der Chemotherapie wieder arbeiten. Durch die berufliche Belastung darf aber die konsequente Durchführung der Therapie nicht gefährdet werden. Die Gewährung einer Zeitrente ist ggf. angezeigt. Der GdB soll sich an der Minderung der individuellen Leistungsfähigkeit orientieren.

Im Einzelnen ergibt sich ein stadienabhängiger GdB: Für die prognostisch guten und intermediären Stadien bis zum Ende der Therapie je nach Beeinträchtigung 60 bis 100%, nach eingetretener Remission je nach Karnofsky-Status (10% = moribund bis 100% = keine Beschwerden, keine manifeste Erkrankung) 60 bis 100%. Nach Vollremission ist im Sinne der Heilungsbewährung für die Dauer von 3 Jahren Grad 50% anzusetzen. Nach Ablauf der Heilungsbewährung richtet sich der GdB nach dem Allgemeinzustand und den verbliebenen Organschäden.

Bei den prognostisch schlechten Stadien sind die Heilungschancen deutlich geringer. Bis zum Ende der Therapie ist Grad 100% anzusetzen, nach Vollremission für die Dauer von 3 Jahren 60%. Nach Ablauf der Heilungsbewährung richtet sich der Grad nach dem Allgemeinzustand und den verbliebenen Organschäden.

Non-Hodgkin-Lymphome

Bei den malignen Lymphomen handelt es sich um eine sehr heterogene Gruppe lymphatischer Neoplasien, die von transformierten B-Lymphozyten oder T-Lymphozyten ausgehen. Die Inzidenz beträgt etwa 10–12 Fälle pro 100 000 Einwohner pro Jahr. Niedrigmaligne Lymphome sind etwa doppelt so häufig wie hochmaligne. Als ursächliche Faktoren werden angenommen:

- ionisierende Strahlen und mutagene Substanzen,
- Viren: Epstein-Barr-Virus (z. B. Burkitt-Lymphom), HTLV-1-Virus (adultes T-Zell-Lymphom)
- bakterielle Infektionen (Helicobacter pylori im Falle der MALT-Lymphome),
- immunsuppressive Therapie nach Transplantationen,
- erworbene (AIDS, Zöliakie) und angeborene Immundefektsyndrome (Wiskott-Aldrich-Syndrom u. a.).

Bei vielen malignen Lymphomen lassen sich mittels molekulargenetischer Untersuchungen spezifische Mutationen nachweisen. Die klonale Expansion dieser genetisch fehlprogrammierten lymphatischen Zellen verursacht eine Lymphadenopathie; Allgemeinsymptome wie Fieber, Nachtschweiß, Gewichtsverlust, infiltratives Wachstum in Knochenmark, inneren Organen (Leber, Milz) und in der Haut (z. B. kutane T-Zell-Lymphome) kommen hinzu. Davon zu unterscheiden sind primär extranodale Lymphome, die ihren Ursprung nicht in Lymphknoten haben, viele entstehen im Gastrointestinaltrakt.

Bei so unterschiedlichen Lymphomentitäten, klinischen Verläufen und unterschiedlichen Organmanifestationen nimmt es nicht Wunder, dass allgemeinverbindliche gutachterliche Stellungnahmen zu oberflächlich ausfallen würden. Die Prognose ist daher immer individuell zu stellen.

Tabelle 26.3 zeigt die Gegenüberstellung der Lymphomklassifikationen nach der Kiel-Klassifikation, der so genannten REAL-Klassifikation und der neuen WHO-Klassifikation (Harris et al. 1994, Jaffe et al. 2001, Stein u. Hiddemann 1999). Es hat Jahrzehnte gedauert, bis diese pathogenetisch determinierte Einteilung erreicht wurde.

In der Therapie der Non-Hodgkin-Lymphome sind in den letzten Jahren große Fortschritte erzielt worden, so dass sich die tumorfreien Überlebensraten in den fortgeschrittenen Stadien III/IV der Patienten mit hochmalignen Non-Hodgkin-Lymphomen bei 40% stabilisieren. Möglicherweise verbessert die Hochdosis-Chemotherapie mit Stammzellsupport diese Ergebnisse weiter. Bei den niedrigmalignen Non-Hodgkin-Lymphomen ist durch den Einsatz von Antikörpern, die sich gegen die pathologischen Lymphozyten richten, ebenfalls ein deutlicher Fortschritt erreicht worden.

Gutachterliche Bewertung

Die Diagnose der malignen Lymphome muss heute histologisch, immunphänotypisch und zytogenetisch abgesichert werden. Tabelle 26.4 zeigt die häufigsten molekulargenetischen Veränderungen bei den verschiedenen Lymphomentitäten. An die histologische Diagnose schließt sich eine Ausbreitungsdiagnostik an, um das Tumorstadium festzulegen (Tabelle 26.5). Die Therapie basiert dann auf Strahlen- und Chemotherapie. Durch die Entwicklung von Antikörpern, die gezielt die pathologischen Lymphomzellen angreifen, konnte eine weitere deutliche Verbesserung der Ergebnisse erreicht werden.

Hochmaligne (großzellige) Lymphome sind durch aggressives, schnelles Wachstum mit lokalisiertem, disseminiertem oder extranodalem Befall ausgezeichnet. Durch intensive Polychemotherapie lassen sich mehr als 2/3 der Patienten in eine Remission ihres Tumorleidens bringen, die jedoch nur bei 1/3 der Patienten zu Heilungen führt. Die Identifizierung von Risikofaktoren hat eine therapeutische Abstufung erlaubt und prognostische Untergruppen ermöglicht. Zu den ungünstigen Risikofaktoren zählen (The International Non-Hodgkin's Lymphoma Prognostic Factors Project 1993):

- Alter über 60 Jahre,
- Stadium III und IV,
- mehr als ein extranodaler Tumorbefall,
- schlechter Allgemeinzustand,
- erhöhte Serum-LDH.

Die Strategien der Konsensusstudiengruppe in Deutschland (Leitung Prof. Pfreundschuh, Homburg/Saar) sehen für alle Patienten eine intensive Chemotherapie nach dem Rituximab-CHOP Protokoll vor, bei älteren Patienten sollte diese Therapie möglichst in 14-tägigen Intervallen gegeben werden. Ob bereits bei erster Remission transplantiert werden sollte, bleibt weiter umstritten, zumal durch die Entwicklung der Antilymphozyten-Antikörper Rituximab und MabCampath in den nächsten Jahren deutliche Verbesserungen der Therapieergebnisse erreicht wurden. Im Rezidiv ist die Transplantation dagegen die überlegene Therapieoption (Philip et al. 1995).

Bei den niedrigmalignen Lymphomen kann im Stadium I und II durch Bestrahlung oder Chemotherapie plus Bestrahlung eine Kuration erreicht werden. In den fortgeschrittenen Stadien ist eine Heilung in der Regel nicht mehr möglich. Die Beschwerden sind jedoch häufig gering, und mit dem Beginn der Therapie kann abgewartet werden, bis Symptome auftreten. Auch hier hat die Hinzunahme von Antikörpern eine deutliche Verbesserung der Therapieansprache erreicht (Hiddemann et al. 2003).

Die Prognose der Patienten mit malignen Non-Hodgkin-Lymphomen lässt sich nur individuell stellen. Anhaltspunkte für die gutachterliche Beurteilung ergeben sich wie folgt:

- Patienten mit niedrigmalignen Non-Hodgkin-Lymphomen im Stadium III/IV und Patienten mit chronisch-lymphatischer Leukämie haben auch ohne Therapie oft eine gute Lebensqualität ohne wesentliche Einschränkungen. Sie erhalten einen GdB von 30–40%, wenn keine wesentlichen Beschwerden bestehen, sie nicht an schweren Allgemeinsymptomen leiden, keine Chemotherapie oder Strahlentherapie erforderlich ist und keine wesentliche Progredienz besteht. Behandlungsbedürftige Patienten mit mäßiger Beeinträchtigung erhalten 50–70%. Alle anderen Patienten, insbesondere die mit starken Beschwerden, Zeichen von Anämie, Thrombozytopenie, rezidivierenden Infektionen oder Splenomegalie, erhalten 80–100%.
- Patienten mit lokalisierten Erkrankungsstadien (I/II) ihrer niedrigmalignen Non-Hodgkin-Lymphome sind potentiell heilbar (Bestrahlung). Sie können nach klinischer Vollremission (Beseitigung des Tumors) für die Dauer von 3 Jahren (Heilungsbewährung) mit 50% eingestuft werden. Danach richtet sich der GdB nach dem verbliebenen Organschaden.
- Patienten mit hochmalignen Non-Hodgkin-Lymphomen müssen in der Regel umgehend behandelt werden und erhalten bis zum Ende der Therapie GdB 100%. Befinden sie sich in einer klinischen Vollremission, so erhalten sie für die Dauer von 3 Jahren (Heilungsbewährung) 80%. Nach Ablauf der Heilungsbewährung richtet sich der GdB nach dem verbliebenen Organschaden.
- Patienten mit Plasmozytom (multiples Myelom) ohne wesentliche Beeinträchtigungen werden mit GdB 30–40% eingestuft, bei Behandlungsbedürftigkeit mit 50–70%. Patienten unter Chemotherapie oder Strahlentherapie sowie Patienten mit schwerer Anämie, starken Schmerzen, Nieren-

Tabelle 26.3. Klassifikationen der Non-Hodgkin-Lymphome. (Mod. n. Stein u. Hiddemann 1999)

B-Cell Neoplasms		
Updated Kiel Classification 1988	**Revised European American Lymphoma Classification 1994**	**New WHO Lymphoma Classification** * Preliminary Version (December 1998)
	Precursor B-Cell Diseases	**Precursor B-Cell Diseases**
▪ B-lymphoblastic	Precursor B-lymphoblastic lymphoma/leukemia	**Precursor B-lymphoblastic leukemia** **/ **lymphoma**
	Peripheral B-Cell Diseases	**Peripheral B-Cell Diseases**
▪ B-lymphocytic, B-CLL, ▪ B-prolymphocytic leukemia	B-cell chronic lymphocytic leukemia/ prolymphocytic leukemia/small lymphocytic lymphoma	**B-cell chronic lymphocytic**/small lymphocytic lymphoma
▪ Lymphoplasmacytoid immunotoma	B-CLL-Variant: with plasmacytoid differentiation	B-CLL-Variant: with monoclonal gammopathy/ plasmacytoid differentiation
		B-cell prolymphocytic leukemia
▪ Lymphoplasmacytic lymphoma/ immunocytoma	Lymphoplasmacytic lymphoma	Lymphoplasmacytic lymphoma
▪ Centrocytic	Mantle cell lymphoma	**Mantle cell lymphoma** Variant: blastic
▪ Centroblastic-centrocytic, follicular ▪ Centroblastic-centrocytic, diffuse	Follicle center lymphoma, follicular Grade I, Grade II Follicular center lymphoma diffuse, small cell [provisional]	**Follicular lymphoma** Variants: Grade 1, 2
▪ Centroblastic, follicular	Follicle center lymphoma, follicular Grade III	Follicular lymphoma Variant: Grade 3
		Cutaneous follicle center lymphoma
	Extranodal marginal zone B-cell lymphoma (low grade B-cell lymphoma of MALT type)	**Marginal zone B-cell lymphoma of MALT type**
▪ Monocytoid, including marginal zone	Nodal marginal zone B-cell lymphoma [provisional]	Nodal marginal zone B-cell lymphoma
	Splenic marginal zone B-cell lymphoma [provisional]	Splenic marginal zone B-cell lymphoma
▪ Hairy cell leukemia	Hairy cell leukemia	Hairy cell leukemia
▪ Plasmacytic	Plasmacytoma/myeloma	**Plasma cell myeloma/Plasmacytoma**
▪ Centroblastic (monomorphic, polymorphic and multilobated subtypes) ▪ B-immunoblastic ▪ B-large cell anaplastic (Ki-1$^+$)	Diffuse large B-cell lymphoma	**Diffuse large B-cell lymphoma** Variants: Centroblastic, immunoblastic, T-cell or histiocyte-rich, anaplastic large cell
	Primary mediastinal large B-cell lymphoma	Subtype: Mediastinal (thymic) large B-cell lymphoma
		Subtype: Intravascular large B-cell lymphoma
		Subtype: Primary effusion lymphoma
▪ Burkitt	Burkitt's lymphoma	**Burkitt lymphoma**
	High grade B-cell lymphoma, Burkitt-like [provisional]	Atypical (pleomorphic) Burkitt lymphoma

Tabelle 26.3 (Fortsetzung)

T-Cell Neoplasms		
Updated Kiel Classification 1988	**Revised European American Lymphoma Classification 1994**	**New WHO Lymphoma Classification*** Preliminary Version (February 1999)
	Precursor T-Cell Diseases	**Precursor T-Cell Diseases**
▮ T-lymphoblastic	Precursor T-lymphoblastic lymphoma/leukemia	**Precursor T-Cell lymphoblastic leukemia/ lymphoma****
	Peripheral T-Cell Diseases	**Peripheral T-Cell Diseases**
▮ T-lymphocytic, CLL type, T-prolymphocytic leukemia	T-cell chronic lymphocytic leukemia/ prolymphocytic leukemia	T-cell prolymphocytic leukemia
	Large granular lymphocytic leukemia – T-cell type	T-cell large granular lymphocytic leukemia Y
	– NK cell type	Aggressive NK cell leukemia
▮ Small cell cerebriform (mycosis fungoides, Sézary syndrome)	Mycosis fungoides/Sézary syndrome	**Mycosis fungoides**/Sézary syndrome
▮ Pleomorphic, small T-cell ▮ Pleomorphic, medium-sized and large T-cell ▮ T-immunoblastic ▮ T-zone ▮ Lymphoepithelioid	Peripheral T-cell lymphomas, unspecified	**Peripheral T-cell lymphoma, unspecified**
	Subcutaneous panniculitic T-cell lymphoma [provisional]	Subcutaneous panniculitis-like T-cell lymphoma
	Hepatosplenic gamma-delta T-cell lymphoma [provisional]	Hepatosplenic gamma-delta T-cell lymphoma
▮ Angioimmunoblastic (AILD, LgX)	Angioimmunoblastic T-cell lymphoma	**Angioimmunoblastic T-cell lymphoma**
	Angiocentric lymphoma	**Extranodal NK/T cell lymphoma, nasal and nasal type**
	Intestinal T-cell lymphoma	Enteropathy-type intestinal T-cell lymphoma
▮ Pleomorphic, small T-cell HTLV1$^+$ ▮ Pleomorphic, medium-sized and large T-cell HTLV1$^+$ ▮ T-immunoblastic HTLV1$^+$	Adult T-cell lymphoma/leukemia, HTLV1$^+$	**Adult T-cell leukemia/lymphoma (HTLV1$^+$)**
▮ T-large cell anaplastic (Ki-1$^+$)	Anaplastic large cell lymphoma, T- and null-cell types	**Anaplastic large cell lymphoma**
	– primary systemic	**Primary systemic**
	– primary cutaneous	primary cutaneous CD30 positive T-cell*** lymphoproliferative disorders

* Offizielle Übersetzung liegt noch nicht vor; ** häufigste Lymphome in Fettdruck; *** dieser Begriff ist noch in Diskussion

funktionsstörungen usw. werden mit GdB von 80–100% eingeschätzt.

In die gutachterliche Beurteilung der Patienten mit akuten und chronischen Leukämien gehen außer prognostischen insbesondere individuelle Gesichtspunkte ein. Der Grad der Behinderung richtet sich im Wesentlichen nach der individuellen Leistungsfähigkeit. Nach Knochenmark- bzw. Blutstammzelltransplantation können viele Patienten eine weitgehend normale Leistungsfähigkeit erreichen. Dagegen sollte der ältere Kranke mit einer Leukämie oder einem Lymphom ohne Aussicht auf Heilung berentet werden, wenn seine Leistungsfähigkeit kontinuierlich abnimmt bzw. der ungünstige Verlauf unvermeidbar erscheint.

Nach kurativer Behandlung von Patienten mit malignen Lymphomen ist mit Folgeerkrankungen zu rechnen. Durch Strahlen und Zytostatika können Zweitneoplasien ausgelöst werden. Verglichen mit der Normalbevölkerung ist das Risiko, an einer Leukämie zu erkranken, um das etwa 20- bis 30fache

Tabelle 26.4. Beispiele für molekulargenetische Alterationen bei Non-Hodgkin-Lymphomen (NHL). (Mod. n. Kneba 1997)

Genetische Veränderungen	Non-Hodgkin-Lymphome	Bedeutung
t (8,14)	Burkitt-Lymphom	c-myc-Rearrangement
t (14,18)	follikuläres cb-cc (85%)	bcl-2-Rearrangement
t (11,14)	Mantelzell-NHL zentrozytisch	sehr ungünstige Prognose
t (3,14)	großzelliges diffuses B-NHL	bcl-6-Rearrangement
t (2,5)	großzelliges anaplastisches T- und Nullzell-NHL	CD 30 pos. ungünstige Prognose
p-53-Mutationen	bei ca. 1/3 der transformierten cb-cc	Suppressorgen, ungünstige Prognose

t Translokation

Tabelle 26.5. Stadieneinteilung der nodalen Lymphome nach Ann Arbor

Stadium I:	Befall einer einzigen Lymphknotenregion[1] (I/N) oder Vorliegen eines einzigen oder lokalisierten extranodalen Herdes (I/E)
Stadium II:	Befall von 2 oder mehr Lymphknotenregionen auf einer Seite des Zwerchfells (II/N) oder Vorliegen lokalisierter extranodaler Herde und Befall einer oder mehrerer Lymphknotenregionen auf einer Seite des Zwerchfells (II/E)
Stadium III:	Befall von 2 oder mehr Lymphknotenregionen[1] auf beiden Seiten des Zwerchfells (III/N) oder Befall von lokalisierten extranodalen Herden und Lymphknotenbefall, so dass ein Befall auf beiden Seiten des Zwerchfells vorliegt (III/E)
Stadium III 1:	subphrenische Lokalisation, beschränkt auf Milz, zöliakale und/oder portale Lymphknoten allein oder gemeinsam
Stadium III 2:	subphrenische Lokalisation mit Beteiligung paraaortaler, mesenterialer, iliakaler und/oder inguinaler Lymphknoten allein oder gemeinsam
Stadium IV:	disseminierter Befall eines oder mehrerer extralymphatischer Organe mit oder ohne Befall von Lymphknoten

Diese Stadien I–IV erhalten den Zusatz B, wenn ein oder mehrere der folgenden *Allgemeinsymptome* vorliegen, und den Zusatz A, falls diese fehlen:

- nicht erklärbares Fieber über 38 °C,
- nicht erklärbarer Nachtschweiß,
- nicht erklärbarer Gewichtsverlust von mehr als 10% des Körpergewichts innerhalb von 6 Monaten

[1] Zum lymphatischen Gewebe gehören: Lymphknoten, Milz, Thymus, Waldeyer-Rachenring, Appendix

erhöht, das Risiko eines soliden Tumors beträgt etwa das 2- bis 3fache. Einige Zytostatika (Topoisomeraseinhibitoren) induzieren frühe Sekundärleukämien, d.h. bereits nach 1–3 Jahren. Alkylanzien führen zu späten Sekundärleukämien, die meist auch noch eine myelodysplastische Vorphase haben. Zytostatika aus der Gruppe der Anthrazykline schädigen das Herz, Kortison den Knochen. Tritt bei einem ehemaligen Lymphompatienten nach einem Intervall von meist mehreren Jahren erneut eine Krebserkrankung auf, dann muss geprüft werden, ob der Patient ehemals bestrahlt wurde und welche Zytostatika er erhielt (Aleman et al. 2003).

Genetische Veränderungen in der Tumorzelle sind nicht nur für die Wissenschaft wichtig, die herausfinden will, wie ein Lymphom entsteht. Sie können auch als empfindlicher Marker für Verlaufsbeobachtungen und damit für die Prognose der Krankheit dienen. Mittels Polymerasekettenreaktion (PCR) ist es möglich, tumorspezifische DNA- oder RNA-Sequenzen nachzuweisen, die einer einzelnen Tumorzelle unter 10^6 normalen Zellen entsprechen. Es gibt erste Ansätze, den Abfall der Tumorzellen oder gar die Normalisierung des Befundes der PCR mit der Prognose zu korrelieren. Noch ist es zu früh, daraus versicherungsrechtliche Empfehlungen abzuleiten. Der klinische Verlauf und die Dauer einer erreichten Remission stehen bisher noch im Vordergrund der Beurteilung.

26.4 Karzinome und Sarkome

Gutachterliche Bewertung

Auch für Kranke mit Karzinomen und Sarkomen, seien sie lokalisiert oder metastasiert, gilt die gutachterliche Beurteilung nach der individuellen Leistungsfähigkeit. Wegen der großen psychischen und physischen Belastung des Kranken mit diesen Geschwulstleiden wird vom Gutachter dabei großes ärztliches Einfühlungsvermögen gefordert. Für die meisten soliden Tumorentitäten wurden in den letzten Jahren Risikoindikatoren erarbeitet oder bereits bestehende Klassifikationen verfeinert, was die Prognoseabschätzung wesentlich erleichtert (z.B. bei Brustkrebs: TNM-Stadium, Befall von Sentinel-Lymphknoten, Hormonrezeptor-Status, Her2/Neu-Status, uPA, PAI-1 u.a. (Woodward et al. 2003).

Gutachterliche Nachuntersuchungen in nicht zu großen Zeitabständen ermöglichen, die sozialmedizinische Beurteilung der jeweiligen Krankheitsphase anzupassen. Wiedereingliederung in den Arbeitsprozess, auch mit Einschränkungen der Belastbarkeit, und bisweilen die Umschulung sind geeignete Maßnahmen, dem Kranken, seiner beruflichen und privaten Umgebung den Eindruck der Ausweglosigkeit zu nehmen und ihn für weitere therapeutische Maßnahmen zu motivieren. Psychologisch ist die frühzeitige Gewährung der Dauerrente oder die Beurteilung als Schwerbehinderter oftmals nachteilig, weil sie dem Krebskranken die Hoffnung nimmt. Durch Gewährung der Dauerrente verliert der Kranke seinen Anspruch auf Krankengeld, aber auch seinen Arbeitsplatz. Eine Berentung auf Dauer stellt erst den letzten Schritt dar, die Möglichkeiten zur Rehabilitation müssen vorher ausgeschöpft werden, eine Rente auf Zeit ist der Empfehlung der Dauerrente vorzuziehen.

Literatur

▶ S. 608

26.5 Tumoren durch ionisierende Strahlen im Uranerzbergbau bei ehemaligen Beschäftigten der WISMUT

Th. Wiethege und K.-M. Müller

Eine besondere versicherungsmedizinische Bedeutung von Strahlenwirkungen auf Gewebe und Organe (▶ Kap. 32.3.1) erlangen Tumoren durch ionisierende Strahlen bei ehemaligen Beschäftigten im Uranerzbergbau der ehemaligen DDR. Seit dem 1. Januar 1991 sind die gesetzlichen Unfallversicherungsträger der Bundesrepublik Deutschland auch für die Bearbeitung und Entschädigung von Arbeitsunfällen und Berufskrankheiten in den neuen Bundesländern zuständig. Als versicherungsmedizinische Altlast wurde den Unfallversicherungsträgern damit auch die Zuständigkeit für Beschäftigte in Betrieben des Uranerzbergbaus der ehemaligen DDR übertragen. In Thüringen und Sachsen wurde nach dem 2. Weltkrieg unter Leitung der Sowjetischen Aktiengesellschaft (SAG) WISMUT, die ab 1954 dann als Sowjetisch-Deutsche Aktiengesellschaft (SDAG) WISMUT geführt wurde, Uranerz abgebaut. Besonders in den so genannten wilden Jahren von 1947–1957 erfolgte der Abbau – vornehmlich für die Atombombenproduktion der ehemaligen UdSSR – unter katastrophalen und menschenunwürdigen Arbeitsbedingungen (Blome 1993).

26.5.1 Lungentumoren

Im Vordergrund der als Berufskrankheiten bei ehemaligen WISMUT-Beschäftigten zu entschädigenden Erkrankungen stehen Staublungenkrankheiten (Silikosen, ▶ BK 4101/4102) und bösartige Neubildungen der Lungen. Anhängige Versicherungsfälle bis zum 31. Dezember 1991 wurden nach der Nr. 92 der Berufskrankheitenverordnung der ehemaligen DDR (BK VO/DDR, Bösartige Neubildung oder ihre Vorstufe durch ionisierende Strahlen) behandelt. Versicherungsfälle ab dem 1. Januar 1992 unterliegen der Prüfung nach ▶ BK 2402 der Anlage zur Berufskrankheitenverordnung (Erkrankungen durch ionisierende Strahlen).

Berufskrankheitenstatistik

In den Jahren 1952–1970 wurden von der Sozialversicherung WISMUT insgesamt 892 bösartige Lungentumoren anerkannt. 1971 bis 1975 stieg diese Zahl bereits auf 1051. Die Entwicklung des Berufskrankheitengeschehens für die Nr. 92 BK VO/DDR und Nr. 2402 der Anlage zur BKV ist in Abb. 26.5 dargestellt. In den Jahren 1978–2003 kam es zur Anerkennung von 3531 Fällen einer BK 2402, darunter 3045 im Wirtschaftszweig *Bergbau* (Butz 2005). Statistisch errechnet sich für die als Berufskrankheit entschädigten Fälle eine mittlere Expositionsdauer von 11,8 (±12,1) Jahren, eine Latenzzeit bis zur klinisch manifesten Tumorrealisation von 38,4 (±15,4) Jahren und ein mittleres Lebensalter von 69,9 (±8,0) Jahren bei der Erstdiagnose (Butz 2005).

Für die zuständigen Unfallversicherungsträger wurde 1993 eine „Empfehlung für die Bearbeitung von Berufskrankheiten infolge von Tätigkeiten bei der ehemaligen Sowjetisch-Deutschen Aktiengesellschaft (SDAG) WISMUT" erarbeitet. Grundlage dieser Empfehlung sind gesicherte medizinisch-wissenschaftliche Erkenntnisse, wonach zwischen einer (vergleichsweise) erhöhten Rate von bösartigen Lungentumoren und der Tätigkeit im Uranerzbergbau – bzw. der dadurch bedingten (vergleichsweise) erhöhten Exposition gegenüber ionisierenden Strahlen – ein ursächlicher Zusammenhang mit Wahrscheinlichkeit begründet ist. Die Dosis der Strahlenexposition im Uranerzbergbau wird mit der Einheit

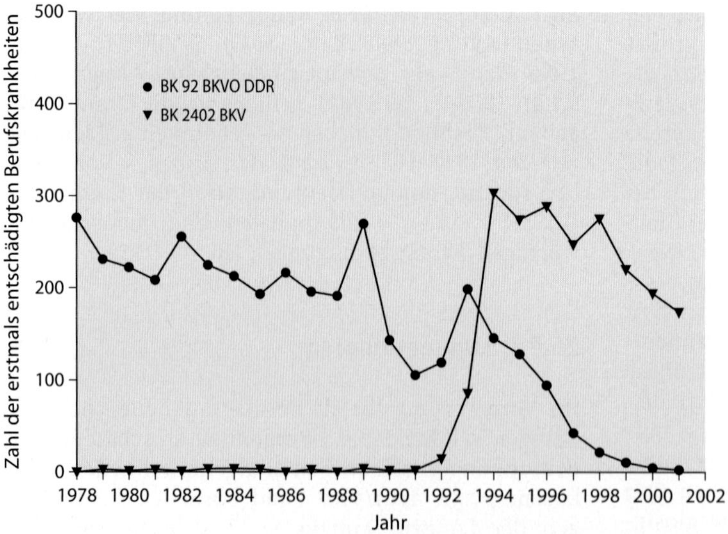

Abb. 26.5. Entwicklung des Berufskrankheitengeschehens für die ▶ BK 2402 der Anlage zur BKV (1978–2001) und die Nr. 92 der Berufskrankheitenverordnung der ehemaligen DDR (1978–1991)

der „Working Level Month" (WLM) angegeben. Maßgebend für die Strahlenbelastung ist die Konzentration des Radons und seiner Folgezerfallsprodukte in der Atemluft. Genaue Expositionsdaten insbesondere in den so genannten wilden Jahren zwischen 1947 und 1954 sind heute nicht verfügbar, da entsprechende Messungen am Arbeitsplatz nicht oder nur unzureichend durchgeführt bzw. dokumentiert wurden (Lehmann 1997). Die Bezirksverwaltung Gera der Bergbau-Berufsgenossenschaft unterstützt daher den zuständigen Unfallversicherungsträger bei den Ermittlungen zur Erhebung der Arbeitsvorgeschichte und besonders der Abschätzung der Strahlenexposition.

Voraussetzungen für die Anerkennung als Berufskrankheit

Auf der Basis einer von Jacobi im Auftrag der Berufsgenossenschaften erarbeiteten gutachterlichen Stellungnahme zur Frage der Verursachungswahrscheinlichkeit von Lungenkrebs durch die berufliche Strahlenexposition von Uran-Bergarbeitern der WISMUT AG (Jacobi et al. 1992) wird bei der Prüfung des begründeten Verdachts für das Vorliegen einer Berufskrankheit nach BK 2402 bei der gesicherten Diagnose eines primären bösartigen Lungentumors zurzeit folgendes Vorgehen praktiziert:

- Bei einem Expositionswert von 200 WLM und mehr wird ein ursächlicher Zusammenhang als hinreichend wahrscheinlich angesehen. Für die Anerkennung genügt eine fachärztliche Stellungnahme.
- Bei einem Expositionswert von weniger als 200 WLM wird ein ursächlicher Zusammenhang dann als hinreichend wahrscheinlich angesehen, wenn auf Grund der Höhe der Exposition unter Berücksichtigung des Alters zum Zeitpunkt der Exposition und dem Zeitpunkt der Diagnosestellung eine Verursachungswahrscheinlichkeit nach Jacobi von mindestens 50% erreicht wird.
- Bei einem Expositionswert von weniger als 50 WLM muss unter Einbeziehung der Risikoabschätzung nach Jacobi auf der Grundlage von Einzelgutachten entschieden werden.

Für das versicherungsmedizinische Verfahren sollte im Einzelfall eine pathologisch-anatomische Sicherung des Tumors angestrebt werden.

26.5.2 Kombinationseffekte bei der Entstehung bösartiger Lungentumoren

Neben der Exposition gegenüber ionisierenden Strahlen als einer Teilursache für die Entstehung bösartiger Lungentumoren müssen zahlreiche weitere, im beruflichen Umfeld oder privaten Freiheitsbereich angesiedelte Faktoren bei der Krebsentstehung diskutiert und ggf. im Rahmen der Begutachtung berücksichtigt werden.

Synkanzerogenese

In Abhängigkeit von der ausgeübten Tätigkeit bei der WISMUT müssen in Einzelfällen auch Expositionen gegenüber weiteren, als gesundheitsschädlich oder kanzerogen bekannten Stoffen wie Chrom (▶ BK 1103), Hartmetallen und Kobalt (▶ BK 4107), Nickel (▶ BK 4109), Arsen (▶ BK 1108), Quarz (▶ BK 4101, ▶ BK 4102) und Asbest (▶ BK 4104) Berücksichtigung finden. Eine arbeitsmedizinische Bewertung kann nur unter Heranziehung der durch den zuständigen technischen Aufsichtsdienst zu ermittelnden Expositionsdaten oder durch die am Operations- oder Sektionsgut zu ermittelnden qualitativen und quantitativen Belastungen des tumorfreien Lungengewebes z. B. durch Chrom, Nickel, Arsen und Asbest erfolgen. Unter Berücksichtigung der vielfach nicht oder nur unzureichend ermittelten und dokumentierten Expositionsdaten am Arbeitsplatz und der Tatsache, dass bei der WISMUT mehr als 750 unterschiedliche Berufsgruppen geführt wurden, kann die Bewertung der arbeitstechnischen Ermittlungen im Einzelfall äußerst problematisch sein. Auch nach Kenntnis der qualitativen und quantitativen Belastungsdaten bleibt die abschließende Bewertung der Kombinationseffekte problematisch, da wissenschaftlich verlässliche Daten über mögliche additive oder multiplikative Kombinationseffekte bei der Kanzerogenese von ionisierenden Strahlen und anderen als synkanzerogen in Diskussion stehenden Stoffen kaum vorliegen. Beachtung finden muss dabei nicht zuletzt auch die Tatsache, dass den im Tabakrauch enthaltenen Kanzerogenen wohl die größte Bedeutung bei der Entstehung bösartiger Lungentumoren zukommt und mehr als 90% der ehemalig exponierten WISMUT-Beschäftigten Raucher waren.

26.5.3 Extrapulmonale Tumoren

Zur Frage einer erhöhten Verursachungswahrscheinlichkeit für die Entstehung von extrapulmonalen Krebserkrankungen als Folge einer vergleichsweise erhöhten beruflichen Exposition gegenüber α-Strahlen bei Beschäftigten im Bergbau liegen international nur wenige Studien vor. Auf der Basis von empirischen Modellen wurden von Jacobi in diesem Zusammenhang im Auftrag des Hauptverbandes der gewerblichen Berufsgenossenschaften (HVBG) Methoden und Empfehlungen erarbeitet, die in den Forschungsberichten zu Risiko und Verursachungs-Wahrscheinlichkeit von extrapulmonalen Krebserkrankungen (Jacobi II) bzw. zu dem möglichen Risiko und der Verursachungswahrscheinlichkeit von Knochen- und Leberkrebs (Jacobi III) als Folge einer beruflichen Strahlenexposition von Beschäftigten der ehemaligen WISMUT AG veröffentlicht wurden (Jacobi u. Roth 1995, Jacobi et al. 1997).

Leber- und Knochentumoren, Leukämien

Ein spezifisches histomorphologisches Wachstumsmuster für durch α-Strahlen verursachte bösartige Tumoren sowohl im Bereich der thorakalen als auch der extrathorakalen Organe gibt es nichtt. Wie beim polyätiologischen Spektrum für die Entwicklung von bösartigen Lungentumoren mit dem chronischen Inhalationsrauchen als wesentlicher Ursache der Tumorentstehung muss auch bei Tumoren extrapulmonaler Organe jeweils eine polyätiologische Genese diskutiert werden. Neben vererbbaren Ursachen müssen besonders bei Knochen- und Lebertumoren verschiedenste im beruflichen Umfeld (u. a. Benzol, ionisierende Strahlen, Nitrosamine, Vinylchlorid, Arsen, Halogenkohlenwasserstoffe), aber auch im privaten Freiheitsbereich Bereich anzusiedelnde Kanzerogene (Tabakinhaltsstoffe, Alkohol) als ursächlich oder teilursächlich verantwortlich für die Tumorentstehung diskutiert werden (Norpoth u. Woitowitz 1994).

Auf der Basis einer Korrelation von pathologisch-anatomischen, arbeitsmedizinischen und epidemiologischen Befunden wurden in den letzten Jahren verschiedene Studien in Bezug auf das Auftreten von extrapulmonalen Tumoren bei gegenüber Radon exponierten Kollektiven international publiziert: Die wohl umfangreichste Zusammenstellung von Darby et al. (1995) basiert auf der Auswertung von insgesamt 11 Studien zu diesem Themenkomplex. Die Zusammenstellung berücksichtigt insgesamt 64 209 Uranbergarbeiter. Insgesamt wurden in diesem Kollektiv 1179 Todesfälle als Folge einer extrapulmonalen Krebskrankheit dokumentiert. Eine signifikant erhöhte Mortalität wird für Magentumoren (O/E- (=observed/expected) ratio = 1,33; 95-%-Konfidenzintervall = KI = 1,16–1,52) und Lebertumoren (O/E = 1,73; 95%-KI = 1,29–2,28) beschrieben. Für Leukämien wird eine signifikant erhöhte Sterblichkeit nur bei Arbeitern in einem Zeitintervall innerhalb von 10 Jahren nach der ersten Anstellung beobachtet (O/E = 1,93; 95%-KI = 1,19–2,95). Die Autoren kommen zusammenfassend aber zu dem Schluss, dass die dokumentierte erhöhte Mortalität für Magen- und Lebertumoren und für Leukämien nicht als Folge der erhöhten Radonexposition interpretiert werden kann, da sich kein signifikanter Zusammenhang zwischen der Höhe der Exposition und dem Tod als Folge der Krebskrankheit belegen ließ (fehlende Dosis-Wirkungs-Beziehung). Auch aus der Auswertung des Sektionsarchiv des ehemaligen Zentralen Pathologischen Instituts des Gesundheitswesens der WISMUT und den laufenden epidemiologischen Studien zur WISMUT-Problematik im Rahmen der Deutschen Wismut-Studie ergeben sich bislang keine Hinweise für ein gehäuftes Auftreten extrapulmonaler Krebserkrankungen bei ehemaligen WISMUT-Beschäftigten (Wesch et al. 2005, Wiethege et al. 2005).

Literatur

Blome O (1993) Geschichte, Ursachen und Verlaufsschilderung der „Schneeberger Lungenkrankheit" bzw. der Berufskrankheit Nr. 92 der ehemaligen Deutschen Demokratischen Republik/Nr. 2402 der Bundesrepublik Deutschland. BG 104:38–46

Butz M (2005) Beruflich verursachte Krebserkrankungen. Eine Darstellung der im Zeitraum 1978–2003 anerkannten Fälle. Hauptverband der gewerblichen Berufsgenossenschaften e.V., 8. Aufl. Sankt Augustin

Darby SC, Whitley E, Howe GR, Hutchings SJ, Kusiak RA, Lubin JH, Morrison HI, Tirmarche M, Tomasek L, Radford EP, Roscoe RJ, Samet JM, Yao SX (1995) Radon and cancers other than lung cancer in underground miners: a collaborative analysis of 11 studies. J Nat Cancer Ins. 87:378–384

Jacobi W, Henrichs K, Barclay D (1992) Verursachungs-Wahrscheinlichkeit von Lungenkrebs durch die berufliche Strahlenexposition von Uran-Bergarbeitern der WISMUT AG. Institut für Strahlenschutz der Berufsgenossenschaft der Feinmechanik und Elektrotechnik, Köln

Jacobi W, Roth P (1995) Risiko und Verursachungs-Wahrscheinlichkeit von extrapulmonalen Krebserkrankungen durch die berufliche Strahlenexposition von Beschäftigten der ehemaligen WISMUT AG. Institut für Strahlenschutz der BG Feinmechanik und Elektrotechnik und der BG der chemischen Industrie, Köln

Jacobi W, Roth P, Noßke D (1997) Mögliches Risiko und Verursachungs-Wahrscheinlichkeit von Knochen- und Leberkrebs durch die berufliche Alphastrahlen-Exposition von Beschäftigten der ehemaligen WISMUT AG. Institut für Strahlenschutz der BG Feinmechanik und Elektrotechnik und der BG der chemischen Industrie, Köln

Lehmann F (1997) Strahlenexpositionen in Grubenbetrieben, Tagebau und Aufbereitungsbetrieben der SAG/SDAG Wismut. In: Hauptverband der gewerblichen Berufsgenossenschaften (Hrsg) Berufsgenossenschaftliche Aktivitäten und Forschungsvorhaben zum Thema WISMUT – Erkenntnisstand und Perspektiven. Sankt Augustin, S 23–48

Norpoth K, Woitowitz H-J (1994) Beruflich verursachte Tumoren. Deutscher Ärzte-Verlag, Köln

Wesch H, Eisenmenger A, Müller K-M, Wiethege Th (2005) Radiologische Erfassung, Untersuchung und Bewertung bergbaulicher Altlasten – Gesundheitliche Bewertung – Teilprojekt: Pathologie. Bundesamt für Strahlenschutz, Salzgitter

Wiethege Th, Wesch H, Wegener K, Müller K-M, Mehlhorn J, Spiethoff A, Schömig D, Hollstein M, Bartsch H (1999) German Uranium Miners Study – Research Group Pathology: German Uranium Miner Study – pathological and molecular genetic findings. Radiat Res 152:52–55

Wesch H, Eisenmenger A, Becker N, Müller K-M, Wiethege Th (2005) Characterization and analysis of the pathological archives of the German Uranium Miners Study including 5270 cases of lung cancer reviewed by three reference pathologists. In: Oeh U, Roth P, Paretzke HG (Hrsg) Proceedings of the 9th International Conference on Health Effects of Incorporated Radionuclides Emphasis on Radium, Thorium, Uranium and their Daughter Products HEIR 2004. GSF-Forschungszentrum für Umwelt und Gesundheit, Neuherberg, S 105

26.6 Rehabilitation, Berentung, Aufnahme in eine Kranken- oder Lebensversicherung von Krebskranken

A. Matzdorff und D. Fritze

Rehabilitation

Nach dem Sozialgesetzbuch (SGB VI § 31) gewähren die Träger der Rentenversicherung für Krebskranke Rehabilitationsleistungen im Sinne von Nach- und Festigungskuren. Seit dem 1.1. 1997 beträgt die Regeldauer solcher Maßnahmen 3 Wochen. Diese Kuren können auch wiederholt gewährt werden, jedoch in der Regel nur bis zum Ablauf von 3 Jahren nach beendeter Primärbehandlung. Dazu muss der Gutachter feststellen, ob sich die körperlichen, seelischen, sozialen oder beruflichen Behinderungen im Gefolge der Geschwulstkrankheit und der Therapie positiv beeinflussen lassen. Hierzu muss der Patient ausreichend belastbar sein. Delbrück (1997) hat Standards und Qualitätskriterien in der onkologischen Rehabilitation angegeben, die in gleicher Weise für privat Versicherte gelten.

Rehabilitationsmaßnahmen können auch als so genannte Anschlussheilbehandlungen (*AHB*) durchgeführt werden. Sie müssen in unmittelbarem Anschluss an die Krankenhausbehandlung einsetzen oder nach einem Intervall von maximal 2 Wochen. Die AHB-Maßnahmen erfolgen meist in Spezialkliniken (mit Verträgen mit der Deutschen Rentenversicherung). Die AHB-Maßnahme muss vom primär behandelnden Arzt (Krankenhausarzt, niedergelassener Onkologe, Radioonkologe) beantragt werden. Ziel ist die Wiederherstellung oder Besserung der Erwerbsfähigkeit. Dem Arzt stellt sich die schwierige Frage, ob der Patient nach Abschluss der AHB seine Berufs- oder Erwerbstätigkeit wieder aufnehmen kann.

Die wichtigsten Ziele einer sinnvollen Rehabilitation sind:

- die Erhaltung der Kompetenz des Patienten,
- Hilfen bei der Anpassung an krankheitsbedingte Störungen bzw. deren therapiebedingte Folgen,
- Erwerb neuer Fähigkeiten zur Kompensation bleibender Defekte,
- Hilfen, um Erwerbsunfähigkeit abzuwenden,
- Maßnahmen zur Verbesserung der Lebensqualität,
- aktive Krankheitsbewältigung durch psychosoziale Betreuung,
- sachdienliche Informationen zum Thema Krebs,
- körperliches Funktions- und Aufbautraining.

Die Rehamaßnahmen, mit denen die o.g. Ziele erreicht werden, umfassen:

- spezielle Krankengymnastik (z.B. Beckenbodengymnastik, nach Brustoperationen Atemgymnastik),

- entstauende, manuelle Lymphödemtherapie,
- Schmerztherapie,
- Ergotherapie zur Behebung von Funktionsdefiziten,
- Inhalationen und Atemtherapie,
- physikalische Therapie,
- psychologische Therapie und Beratung,
- Stomaberatung, Stomaversorgung, Irrigationsanleitung,
- Logopädie,
- Prothesentraining,
- Ernährungstherapie und Beratung,
- Gruppentherapie.

Zu den im Rehabereich zu beobachtenden Fehlentwicklungen zählen:
- Behandlung von Patienten ohne Aussicht auf Kuration der Tumorkrankheit,
- ausschließliche Anwendung unspezifischer, so genannt allgemeinroborierender Maßnahmen,
- Ausbreitung paramedizinischer Praktiken ohne gesicherte wissenschaftliche Basis.

Die Auswahl der Patienten für Rehabilitationsmaßnahmen sollte weniger schematisch und mehr individuell erfolgen.

Berentung, Pensionierung oder andere Versorgung

Die medizinische Begutachtung stützt sich auf den Grad der vorhandenen Leistungsminderung. Berufsunfähigkeit im Sinne der BUV ist dann gegeben, wenn der Behinderte in seinem erlernten Beruf weniger als die Hälfte des vergleichbaren Verdienstes eines Gesunden erreichen kann. Die Sozialversicherung kennt den Begriff der Berufsunfähigkeit nicht mehr, sondern die teilweise oder volle Erwerbsminderung. Es besteht ein Konsens, dass Krebskranke mit einem progredienten Leiden, das allenfalls palliativ behandelt werden kann, eine Dauerrente erhalten sollen. Indessen gibt es durchaus Patienten, die unter einer palliativen Behandlung weitgehend beschwerdefrei sind und z. B. für eine Übergangsphase weiter in Teilzeit arbeiten wollen. Dann muss sich auch der medizinische Gutachter auf die individuelle Situation einlassen. Dauerrente ist ebenfalls zu gewähren, wenn schwere und nicht rückbildungsfähige Funktionsstörungen als Behandlungsfolgen verblieben sind wie z. B. Polyneuropathien nach einer Polychemotherapie (Vincaalkaloide, Platin, Taxane). Eine Zeitrente über 2 Jahre kommt dann in Frage, wenn medizinische und andere Maßnahmen der Rehabilitation eine Wiederherstellung der Erwerbsfähigkeit oder Berufstätigkeit erwarten lassen.

Bei potentiell kurablen Tumorerkrankungen kann allein aufgrund der Tumordiagnose keine Rente gewährt werden. Hier ist der Verlauf der Remission, die seelische und körperliche Erholung des Patienten abzuwarten. Eine vorzeitige Berentung kann den Patienten in zusätzliche schwere Probleme stürzen, sowohl innerhalb der Familie als auch außerhalb, z. B. mit dem Verlust des Arbeitsplatzes.

Aufnahme in eine private Krankenversicherung nach Ausheilung einer Krebskrankheit

Manchmal machen private Krankenversicherer Schwierigkeiten, einen jüngeren Erwachsenen in eine private Krankenversicherung aufzunehmen, wenn z. B. im Jugendalter ein M. Hodgkin oder ein Hodenkarzinom ausgeheilt wurde. Ein fundiertes Gutachten schafft im Allgemeinen Klarheit. Der Gutachter orientiert sich dabei an den tatsächlich von den früheren Krebsleiden zurückgebliebenen Funktionsstörungen. Oft helfen auch das zugrunde liegende Tumorstadium zum Zeitpunkt der Operation und der histologische Befund, Spätmetastasierungen mit ganz überwiegender Wahrscheinlichkeit auszuschließen. In diesem Zusammenhang kann auch die Kontrolle eines Tumormarkers im Serum sinnvoll sein. So kann gelten, dass ein orchiektomierter Patient mit einem initial seromarkerpositiven Hodenkarzinom nach einer seromarkernegativen Zeit von mehr als 2 Jahren als geheilt gelten kann. Jedenfalls ist der private Krankenversicherer nicht gehalten, einen vormals Krebskranken nur deshalb nicht aufzunehmen, weil er früher einmal Krebs hatte.

Medizinischer Dienst der gesetzlichen Krankenversicherung (MDK)

Streit gibt es in letzter Zeit zunehmend um die Leistungspflicht im Rahmen der gesetzlichen Krankenversicherung. Zuständig ist der Medizinische Dienst der Krankenversicherungen (*MDK*). Zwar ist richtig, dass der MDK zu prüfen hat, ob die wissenschaftlich gesicherte Basis für eine vorgeschlagene Behandlung tatsächlich besteht. Im Allgemeinen sind nur solche Behandlungen zulässig, deren Ergebnisse durch klinische Studien abgesichert sind. Bei seltenen Tumorentitäten, bei Kindern oder für die Zweit- oder Drittlinientherapie gibt es jedoch in den allermeisten Fällen keine Daten aus randomisierten Studien. Aufgrund des Fehlens der Daten den Erstattungsanspruch abzulehnen, würde das System ad absurdum führen. Es soll MDK-Dienste geben, die kleinlich überprüfen, ob die Kombination von zwei zugelassenen Zytostatika auch tatsächlich in klinischen Studien belegt ist, andererseits werden fragwürdige naturheilkundliche und paramedizinische Praktiken genehmigt. Die Schaffung eines MDK-Kompetenz-Zentrums für Hämatologie und Onkologie in Düsseldorf sollte den Ansatz zu einer Verständigung schaffen.

Aufnahme in eine Lebensversicherung

Krebspatienten können grundsätzlich in eine Lebensversicherung aufgenommen werden, wenn sie geheilt sind. Sie müssen nur lange genug tumorfrei sein. Dazu ist eine Begutachtung erforderlich. Diese umfasst in der Regel außer Anamnese und klinischem Befund auch apparative Untersuchungen. Sie geht daher über die heute im Allgemeinen angewandten, symptomorientierten Nachsorgeprogramme hinaus. In Abhängigkeit von der Art der Tumorkrankheit und dem Tumorstadium erfolgt eine Risikoeinschätzung. Die Lebensversicherer können hierbei eine Versicherung im Rahmen unterschiedlicher Risikoklassen vorschlagen. Zu berücksichtigen ist, dass Antragsteller mit früher prognostisch sehr ungünstigen, heute jedoch heilbaren Krebsleiden nach einer entsprechenden Wartezeit mit Risikozuschlag in eine Lebensversicherung aufgenommen werden können. Beispiele hierfür sind Personen mit ausgeheilten malignen Lymphomen, Hodenkarzinomen und Seminomen sowie Sarkomen im lokalisierten Stadium.

Im Einzelfall muss geprüft werden, ob Antragsteller mit ausgeheilten hämatologischen Systemerkrankungen für das Leben versichert werden können. Hierzu zählen geheilte Kinder mit akuten Leukämien, Erwachsene nach Knochenmark- bzw. Blutstammzelltransplantation usw. Eine schematische Ablehnung solcher Anträge ist nicht mehr zeitgemäß.

In neuerer Zeit stellt sich die Frage nach der Bewertung genetisch determinierter Krebsrisiken bei einem Antrag auf eine Lebensversicherung. Durch die in rasanter Entwicklung befindliche Entdeckung immer neuer „Krebsgene" lässt sich für bestimmte Personen ein erhöhtes Krebsrisiko prospektiv definieren. Beispiele hierfür sind das so genannte BRCA 1 und BRCA 2 für das familiär determinierte Mammakarzinom bzw. Ovarialkarzinom, das APC für kolorektale Karzinome, p53-Mutationen, erb2 für das Mammakarzinom usw. Die Versicherungsgesellschaften haben mit einer Selbstverpflichtungserklärung zugesagt, keine prädiktiven genetischen Tests zur individuellen Risikokalkulation zu nutzen, auch nicht, wenn diese unaufgefordert mitgeteilt werden. Wir Ärzte sollten uns auch mit der Bekanntgabe solcher Daten so lange zurückhalten, bis die Risiken durch langjährige kontrollierte Studien besser belegt sind.

Literatur

Akermann S (1994) Todesursachenstatistik I und II. Versicherungsmedizin 46:88–91 und 131–134

Aleman BMP, van den Belt-Dusebout AW, Klokman WJ et al (2003) Long-Term Cause-Specific Mortality of Patients Treated for Hodgkin's Disease. J Clin Oncol 21:3431–3439

Braun S, Kentenich C, Janni W, Pantel K (2000) Lack of effect of adjuvant chemotherapy on the elimination of single dormant tumor cells in bone marrow of high-risk breast cancer patients. J Clin Oncol 18:80–86

Bundesministerium für Gesundheit und Soziale Sicherung (Hrsg) (2004) Anhaltspunkte für die ärztliche Gutachtertätigkeit im sozialen Entschädigungsrecht und nach dem Schwerbehindertenrecht

Delbrück H (1997) Standards und Qualitätskriterien in der onkologischen Rehabilitation. Zuckschwerdt, München

Deutsches Krebsforschungszentrum Heidelberg (2004) www.dkfz-heidelberg.de

Diehl V, Franklin J, Pfreundschuh M et al (2003) Standard and increased-dose BEACOPP chemotherapy compared with COPP-ABVD for advanced Hodgkin's disease. N Engl J Med 348:2386–2395

Fritze D (2002) Palliative Krebsbehandlung. Zuckschwerdt, München

Harris NL, Jaffe ES, Stein H et al (1994) A Revised European-American Classification of Lymphoid Neoplasms: A Proposal From the International Lymphoma Study Group. Blood 84:1361–1392

Hasenclever D, Diehl V (1998) A prognostic score for advanced Hodgkin's disease. N Engl J Med 339:1506–1514

Hasford J, Pfirrmann M, Hehlmann R et al (1998) A new prognostic score for survival of patients with chronic myeloid leukemia treated with interfereon alfa. J Nat Canc Inst 90:850–858

Hiddemann W, Dreyling MH, Forstpointner R et al (2003) The addition of rituximab to a fludarabine combination results in superior remission and survival rates in relapsed follicular and mantle cell lymphoma – final results of a prospective randomized GLSG study. Onkologie 26(Sonderheft 5):8

Jaffe ES, Harris NL, Stein H, Vardiman JW (2001) WHO Classification of Tumours. Pathology and Genetics of Tumours of Haematopoietic and Lymphoid Tissues. IARC Press, Lyon

Kneba M (1997) Molekulargenetische Alterationen bei Non-Hodgkin-Lymphomen. Onkologe 3:498–503

Philip T, Guglielmi C, Hagenbeek A et al (1995) Autologous bone marrow transplantation as compared with salvage chemotherapy in relapses of chemotherapy-sensitive nonHodgkin's lymphoma. N Engl J Med 333: 1540–1545

Pui CH, Evans WE (1998) Acute lymphoblastic leukemia. N Engl J Med 339:605–615

Rösner N, Goeke H (1998) Leserbrief. Onkologe 4:847–849

Sauer H (1997) Begutachtung bei malignen Erkrankungen. Onkologe 3:586–597

Schleicher P (1998) Grad der Behinderung (GdB). Dtsch med Wschr 123:A11–A12

Statistisches Bundesamt Deutschland: Tabelle der Todesursachen 2000–2002. www.destatis.de

Stein H, Hiddemann W (1999) Die neue WHO-Klassifikation der malignen Lymphome. Dt Ärztebl 96:A-3168–3176

The International Non-Hodgkin's Lymphoma Prognostic Factors Project (1993) A predictive model for aggressive non-Hodgkin's lymphoma. N Engl J Med 329: 987–994

Thorley-Lawson DA, Gross A (2004) Persistence of the Epstein-Barr Virus and the Origins of Associated Lymphomas. N Engl J Med 350:1328–1337

Trichopoulou A, Costacou T, et al. (2003) Adherence to a Mediterranean diet and survival in a Greek population. N Engl J Med 348:2599–2608

Woodward WA, Strom EA, Tucker SL et al (2003) Changes in the 2003 American Joint Committee on Cancer Staging for Breast Cancer Dramatically Affect Stage-Specific Survival. J Clin Oncol 21:3244–3248

26.7 Einsatz und Bewertung humoraler Tumormarker

H. Weisser und M. Krieg

Der Begriff Tumormarker steht für tumorassoziierte Signalsubstanzen, die bei korrekter Anwendung ein wichtiges Hilfsmittel zur individualisierten Diagnostik und Therapie darstellen. Obwohl der Wunsch nach einem „idealen" Tumormarker bis dato nicht erfüllt wurde, können humorale Tumormarker bei gezieltem Einsatz insbesondere in der Therapieüberwachung und der Früherkennung einer Tumorprogression wertvolle Informationen liefern. Die optimale Nutzung dieser Informationen setzt jedoch eine fundierte Kenntnis der analytischen und biologischen Limitierungen von Tumormarkerbestimmungen wie beispielsweise Einflussgrößen, Störfaktoren und Halbwertszeiten voraus. Die aktuell verfügbaren Tumormarker sind nicht zum Screening augenscheinlich gesunder Personen geeignet und erlauben zumeist keine Tumorlokalisation. Neuere, insbesondere molekulargenetische Methoden könnten zukünftig das Spektrum der Tumormarker erweitern.

Definition und allgemeine Kriterien zum Einsatz humoraler Tumormarker

Tumormarker sind Substanzen – zumeist Proteine mit einem Kohlenhydrat- oder Lipidanteil – die von malignen Zellen selbst oder durch Induktion von Nichttumorzellen gebildet werden (Jacobs u. Haskell 1991, Thomas u. Stieber 1998, Wagener 1996). Ihr Auftreten bzw. ihre Konzentrationsänderung auf Zellen (zelluläre Tumormarker) oder in Körperflüssigkeiten (humorale Tumormarker) steht in einem gewissen Zusammenhang mit dem Entstehen und Wachstum maligner Tumoren. Bei den von der Tumorzelle gebildeten Markern handelt es sich um

- onkofetale und onkoplazentare Antigene, z. B. CEA, AFP, hCG,
- durch monoklonale Antikörper definierte Kohlenhydratepitope, z. B. CA 19-9, CA 125, CA 15-3,
- Differenzierungs- und Proliferationsantigene, z. B. NSE, PSA, β_2-Mikroglobulin),
- ektopisch gebildete Hormone, z. B. ACTH beim Lungenkarzinom, Kalzitonin beim Schilddrüsenkarzinom oder
- um ektopisch gebildete Proteine, z. B. monoklonales Immunglobulin und Bence-Jones-Protein beim multiplen Myelom (Jacobs u. Haskell 1991).

Die Konzentration von Tumormarkern im Blut und in anderen Körperflüssigkeiten wird entscheidend von der Expression, Synthese, Freisetzung und Exkretion des Tumormarkers sowie der Masse, Ausbreitung und Blutversorgung des Tumors determiniert. Darüber hinaus kann sie einer Reihe von Einflussgrößen (methodenunabhängige In-vivo-Veränderungen) und Störfaktoren (In-vitro-Veränderungen) unterliegen (Tabelle 26.6). Der Gutachter sollte insbesondere bei für ihn nicht plausiblen Befundkonstellationen zusätzliche Informationen über weitere mögliche Einflussgrößen und Störfaktoren des zu interpretierenden Tumormarkers einholen.

Tabelle 26.6. Einflussgrößen und Störfaktoren von Tumormarkern

Allgemein	
Postoperativer Verdünnungseffekt (z. B. durch Blutverlust, Transfusionen, Infusionen)	
Therapiebedingte Freisetzung durch Tumornekrose	
Heterophile Antikörper (z. B. nach Immunszintigraphie, Frischzellentherapie oder Immunstimulation mit tierischen Antigenen)	
Tumormarker-spezifisch	
CA 19-9	Cholestase Blutgruppenkonstellation Lewis-a/b-negativ (3–7% der Bevölkerung)[1] Menstruation Schwangerschaft
CA 125	peritoneale Reizung Menstruation Schwangerschaft
CEA	Nikotinabusus Alter
CYFRA 21-1	Niereninsuffizienz Schwangerschaft (39./40. SSW) Intubation, Überdruckbeatmung Probenkontamination mit Speichel
hCG	dialysepflichtige Niereninsuffizienz menopausaler Frauen Menopause
NSE	Hämolyse zu lange Standzeit (> 1 h) sowie unsachgemäße Zentrifugation der Blutproben (NSE-Freisetzung aus Thrombozyten)
PSA	Alter digital-rektale Untersuchung, Katheterisierung u. ä. Androgenablation[1] 5α-Reduktasehemmer (Finasterid)[1]
SCC	Probenkontamination mit Speichel, Schweiß oder anderen Körperflüssigkeiten Niereninsuffizienz Hämolyse

[1] Bedingt eine Erniedrigung der Tumormarkerkonzentration

Tabelle 26.7. Übersicht nationaler und internationaler Leitlinien zum Einsatz von Tumormarkern. (Mod. n. Sturgeon 2002)

Keimzelltumoren	**EGTM** [16]	**ESMO** [6, 7]	**NACB** [11, 29]	**SIGN** [21]	
AFP und HCG zur					
▪ Früherkennung	Nein	Nein	Nein	Nein	
▪ Diagnosestellung	Ja	Ja	Ja	Ja	
▪ Stadieneinteilung/Prognosestellung	Ja	Ja	Ja	Ja	
▪ Therapiekontrolle/Rezidiverkennung	Ja	Ja	Ja	Ja	
▪ AFP zur Differenzialdiagnose	Ja	Ja	Ja	Ja	
Kolorektales Karzinom	**EGTM** [4]	**ESMO** [8, 9]	**NACB** [11, 29]	**SIGN** [22]	**SOR** [5]
CEA zur					
▪ Früherkennung	Nein	Nein	Nein	Nein	Nein
▪ Diagnosestellung	Nein	Nein	Nein	Nein	Nein
▪ Stadieneinteilung/Prognosestellung	Ja		Ja	Nein	Ja
▪ Therapiekontrolle/Rezidiverkennung	Ja	Nur bei auffälligen Patienten	Ja	Ja[1]	Ja[1]
▪ Suche nach Lebermetastasen (sofern deren Entfernung indiziert ist)	Ja		Ja		Ja
Mammakarzinom	**EGTM** [18]	**ESMO** [13, 17]	**NACB** [11, 29]		**SOR** [1]
CA 15-3 zur					
▪ Früherkennung	Nein	Nein	Nein		Nein
▪ Diagnosestellung	Nein	Nein	Nein		Nein
▪ Prognosestellung	Nein	Nein	Nein		Nein
▪ Verlaufs-/Therapiekontrolle	Ja	Ja[1]	Ja		Ja
CEA zur					
▪ Früherkennung	Nein		Nein		Nein
▪ Diagnosestellung	Nein[1]		Nein		Ja[1]
▪ Prognosestellung	Ja		Nein		Ja[1]
▪ Verlaufs-/Therapiekontrolle	Ja		Ja[1]		Ja[1]
Ovarialkarzinom	**EGTM** [3]	**ESMO** [10]	**NACB** [11, 29]		**SOR** [15]
CA 125 zur					
▪ Früherkennung	Nein[1]	Nein	Nein[1]		Nein
▪ Diagnosestellung	Nein[1]	Nein	Nein[1]		Ja
▪ Stadieneinteilung/Prognosestellung	Ja	Ja	Ja		Ja
▪ Therapiekontrolle/Rezidiverkennung	Ja	Ja	Ja		Ja
CEA oder CA 19-9, falls CA 125 bei Diagnosestellung unauffällig					Ja
Prostatakarzinom	**EGTM** [23]	**ESMO** [14]	**NACB** [11, 29]		
PSA zur					
▪ Früherkennung (mit DRU)	Ja[1]		Ja		
▪ Diagnosestellung	Ja	Ja[1]	Ja		
▪ Stadieneinteilung/Prognosestellung	Ja	Ja			
▪ Verlaufskontrolle	Ja[1]	Ja			
Ratio freies/Gesamt-PSA zur					
▪ Diagnosestellung, wenn PSA 4–10 µg/l und DRE negativ	Ja		Ja		
▪ Verlaufskontrolle	Nein				
Altersabhängige Referenzintervalle	Nein		Ja		

Tabelle 26.7 (Fortsetzung)

Bronchialkarzinom	**EGTM** [24]
NSE zur	
▮ Differenzialdiagnose	Ja
CYFRA 21-1, CEA und/oder NSE zur	
▮ Verlaufs-/Therapiekontrolle	Ja

EGTM European Group on Tumor Markers, *ESMO* European Society of Medical Oncology, *NACB* National Academy of Clinical Biochemistry, *SIGN* Scottish Intercollegiate Guideline Network, *SOR* Standards, Options and Recommendations Project, *DRU* Digital-rektale Untersuchung

[1] Aussage wird in der Leitlinie noch spezifiziert/ergänzt

Für die Diagnostik, insbesondere auch im Rahmen der ärztlichen Begutachtung, wäre es wünschenswert, wenn Tumormarker bei Gesunden und benignen Erkrankungen nicht (Spezifität: 100%), hingegen bei malignen Tumoren auch im Frühstadium immer (Sensitivität: 100%) sowie mit hoher Organspezifität nachweisbar wären. Bestünde zudem zwischen ihrer Konzentration und dem Tumorstadium bzw. der Tumormasse eine Korrelation, so könnten Tumormarker auch zur Abschätzung der Prognose eingesetzt werden. Diese Anforderungen an einen „idealen" Tumormarker werden jedoch derzeit von keinem der gebräuchlichen Tumormarker erfüllt. Ursachen hierfür sind die mangelnde Tumor- und Organspezifität sowie die zu geringen prädiktiven Werte. In nicht selektionierten Personengruppen ist selbst bei sehr guter Sensitivität und Spezifität der positive prädiktive Wert eines Tumormarkertests gering, da aufgrund der relativ geringen Prävalenz von Tumorkrankheiten falsch-positive Ergebnisse stark ins Gewicht fallen (Wagener u. Neumaier 1984). Tumormarker sind daher zum generellen Screening nicht geeignet. In der Überwachung von Risikogruppen kommen derzeit nur dem PSA (Männern >50 Jahren) und dem AFP (chronische Lebererkrankungen) Bedeutung zu. Auch zur Differentialdiagnose, Stadieneinteilung und Prognose haben sich nur bei einigen Tumortypen einzelne Tumormarker als nützlich erwiesen (▶ Tabelle 26.7) (Sturgeon 2002).

Ungeachtet dieser Limitierungen haben Tumormarker bei gezieltem Einsatz ihren festen Platz im Rahmen diagnostischer und therapeutischer Maßnahmen. So leisten sie als nichtinvasive Parameter einen wesentlichen Beitrag vor allem für die Therapie- und Verlaufskontrolle nach Operation bzw. unter Radio-, Chemo- oder Hormontherapie maligner Tumoren. Hier kann im Falle regelmäßiger Messungen der Einsatz der Tumormarker häufig sehr viel sensitiver als die bildgebende Diagnostik sein.

Die Verlaufsbestimmung von Tumormarkern ist der einmaligen Bestimmung überlegen, da sie die Tumorkinetik deutlich besser widerspiegelt (Jacobs u. Haskell 1991, Thomas u. Stieber 1998). Hierdurch kann auch berücksichtigt werden, dass jeder Mensch für die meisten Tumormarker einen individuellen, in der Regel vor dem Auftreten einer Tumorkrankheit unbekannten Ausgangswert besitzt. Unter bzw. nach Tumorbehandlung findet sich meist eines der drei nachfolgenden Verlaufsmuster:

- Abfall der Tumormarkerkonzentration in Abhängigkeit von der biologischen Halbwertszeit in den Normbereich als Hinweis auf vollständige operative Tumorentfernung bzw. der kontinuierliche Abfall als Hinweis auf die Effektivität einer Radio- oder Chemotherapie.
- Konstanz der Tumormarkerkonzentration im pathologischen Bereich bzw. nach kurzfristigem Abfall erneute Zunahme als Hinweis auf einen Residualtumor oder Metastasierung bzw. als Zeichen eines Therapieversagens.
- Wiederanstieg der Tumormarkerkonzentration nach erfolgter Normalisierung als dringender Hinweis auf ein Rezidiv.

Die Erfassung von Tumormarkerverläufen erlaubt zudem oftmals die Abgrenzung gegenüber Erhöhungen im Rahmen einer benignen Erkrankung, da diese in der Regel entweder geringgradig oder transitorisch sind. Die korrekte Bewertung des posttherapeutischen Tumormarkerverlaufs setzt jedoch die Kenntnis der biologischen Halbwertszeit voraus (Tabelle 26.8). Unter Berücksichtigung der Halbwertszeiten und der Höhe des Initialwertes lässt sich darüber hinaus entscheiden, wann eine erneute Tumormarkerbestimmung zur Kontrolle des Therapieerfolgs sinnvoll ist. Ein zu früher Termin könnte eine unvollständige Tumorresektion vortäuschen, bei zu spät durchgeführter Kontrolle wäre eine Rezidivierung oder Metastasierung möglicherweise nicht mehr von einer insuffizienten Ersttherapie zu unterscheiden. Die Häufigkeit von Tumormarkerkontrollen hängt darüber hinaus natürlich auch wesentlich von den noch bestehenden Therapiemöglichkeiten einer Tumorerkrankung ab.

Die Bestimmung von zwei oder mehr Tumormarkern kann in der Verlaufskontrolle einen Zugewinn an diagnostischer Sensitivität bedeuten, der jedoch mit einem Verlust an diagnostischer Spezifität ein-

Tabelle 26.8. Biologische Halbwertszeiten[1] von Tumormarkern. (Nach Thomas u. Stieber 1998)

Tumormarker	Halbwertszeit (Tage)
AFP	2–8
CA 15-3	5–7
CA 19-9	4–8
CA 72-4	3–7
CA 125	5
CEA	2–8
CYFRA 21-1	1
hCG	½–1½
NSE	1
PSA	2–3
SCC	1

[1] Biliäre oder/und renale Elimination der Tumormarker auf die Hälfte der Ausgangskonzentration

Tabelle 26.9. Tumormarker erster Wahl bzw. sinnvolle Kombinationen von Tumormarkern. Die Reihenfolge gibt den Stellenwert der genannten Tumormarker bei dem jeweiligen Tumor an

Kolorektales Karzinom	CEA und CA 19-9
Pankreaskarzinom	CA 19-9 und CEA
Magenkarzinom	CA 72-4, CEA und CA 19-9
Ösophaguskarzinom	SCC, CEA (und CYFRA 21-1)
Primäres Leberzellkarzinom	AFP
Gallenwegskarzinom	CA 19-9
Mammakarzinom	CA 15-3 und CEA
Ovarialkarzinom	CA 125 und CA 72-4
Zervixkarzinom	SCC, CEA (und CYFRA 21-1)
Chorionkarzinom	hCG
Kleinzelliges Bronchialkarzinom	NSE und CYFRA 21-1
Nichtkleinzelliges Bronchialkarzinom	CYFRA 21-1 und CEA
Keimzelltumore	AFP und hCG
Prostatakarzinom	PSA
Blasenkarzinom	TPA (tissue polypeptide antigen) und CYFRA 21-1
Schilddrüsenkarzinom	hTG (humanes Thyreoglobulin) und CEA
C-Zell-Karzinome	Calcitonin
HNO-Karzinome	SCC und CEA

hergeht. In Tabelle 26.9 werden für verschiedene Karzinome unter anderem sinnvolle Tumormarkerkombinationen aufgelistet.

Trotz der Verfügbarkeit international anerkannter Referenzpräparationen der WHO und anderer Institutionen und den damit einhergehenden Fortschritten in der Standardisierung der Tests verschiedener Hersteller sind Tumormarkerkonzentrationen nach wie vor methodenabhängig. So können durch Einsatz unterschiedlicher Testkits im Rahmen einer Verlaufskontrolle erhebliche Konzentrationsdifferenzen auftreten. Solche Abweichungen können Remissionen oder Progressionen vortäuschen und in der Folge zu falschen therapeutischen Konsequenzen führen. Aus diesem Grund sollte dem begutachtenden Arzt bekannt sein, mit welchem Test der Tumormarker bestimmt wurde (Angabe des Herstellers und Testsystems zusammen mit der Befundmitteilung). Ein Methodenwechsel sollte ebenfalls mitgeteilt und idealerweise anfänglich durch Parallelbestimmungen der Patientenproben mit der alten und der neuen Methodik ergänzt werden.

Indikationen zur Bestimmung von Tumormarkern

Auch in der Onkologie hat das zunehmende Interesse an Evidenz-basierter Medizin zu der Entwicklung zahlreicher klinischer Leitlinien geführt, von denen viele auch Empfehlungen über den Einsatz von humoralen Tumormarkern enthalten. Prinzipielle Indikationen zur Bestimmung von Tumormarkern sind hierbei (Binsack u. Kraus 1990, Sturgeon 2002, Thomas u. Stieber 1998, Wagener u. Neumaier 1984):

- Früherkennung in Risikogruppen,
- Diagnose nach Auftreten von Symptomen,
- Stadieneinteilung und Prognosestellung,
- Therapieüberwachung,
- Früherkennung eines Tumorrezidivs oder einer Metastasierung.

Im Jahr 2002 wurde eine Zusammenstellung und kritische Wertung der zur Zeit vorliegenden nationalen und internationalen Leitlinien zum Einsatz von Tumormarkern publiziert (Sturgeon 2002). Die wesentlichen Daten dieses Reviews sind aktualisiert in Tabelle 26.7 nach Krankheitsbildern geordnet zusammengefasst und können trotz einiger offener Fragen als Überblick über den derzeitigen Stand der Empfehlungen zum Einsatz von humoralen Tumormarkern genutzt werden.

Ausblick

Basierend auf den jüngeren Erkenntnissen zur Bedeutung von Tumorgenen und Tumorproteinen wird derzeit die Entwicklung neuer, molekulargenetisch orientierter Ansätze zur Diagnose und Therapie von Tumorkrankheiten vorangetrieben (Pusztai et al. 2003, Wagener 1996). Mögliche Einsatzgebiete sind hierbei der Nachweis von Mutationen in Dispositionsgenen zur Erkennung von Personen mit einem erhöhten Tumorrisiko (z.B. BRCA1- und BRCA2-Gen beim Mammakarzinom). Zudem scheint das Auftreten bestimmter Mutationen bei einigen Tumoren mit einer geringeren Überlebensrate und daher mit einer schlechteren Prognose zu korrelieren (z.B.

p53-Gen beim Mamma- und Bronchialkarzinom). Ein methodisch attraktiver Ansatz stellt hierbei die DNA-Mikroarray-Technik dar, die aus einer biologischen Probe durch die simultane Untersuchung der Expression mehrerer Tausend verschiedener Gene möglicherweise die Bestimmung eines individualisierten Risiko-, Prognose- und/oder Therapieresponse-Profils erlaubt (Pusztai et al. 2003). Diskutiert wird auch der Einsatz der Polymeraseketten-reaktion (PCR) zum sensitiven Nachweis von Tumorzellen in Körperflüssigkeiten, Sekreten und Exkreten (Molnar et al. 2003). Zukünftige Studien müssen zeigen, ob der Einsatz dieser molekulargenetischen Methoden mit all ihren analytischen und interpretatorischen Limitierungen in der Tat zu einer Verbesserung der Diagnostik sowie der Verlaufs- und Prognosebeurteilung von Tumorkrankheiten beitragen kann.

Literatur

1. Basuyau JP, Blanc-Vincent MP, Bidart JM, Daver A, Deneux L, Eche N et al (2000) Standards, options and recommendations (SOR) for tumor markers in breast cancer. SOR Working Group. Bull Cancer 87:723–737
2. Binsack T, Kraus HK (1990) Welchen Stellenwert haben Tumormarker in der Lebensversicherungsmedizin? Versicherungsmedizin 42:157–162
3. Bonfrer JMG, Duffy MJ, Radtke M, Segurado O, Torre GC, van Dalen A et al (1999) Tumor markers in gynaecological cancers: EGTM recommendations. Anticancer Res 19:2807–2810
4. Duffy MJ, van Dalen A, Haglund C, Hansson L, Klapdor R, Lamerz R, Nilsson O, Sturgeon C, Topolcan O (2003) Clinical utility of biochemical markers in colorectal cancer: European Group on Tumour Markers (EGTM) guidelines. Eur J Cancer 39:718–727
5. Eche N, Pichon MF, Quillien V, Gory-Delabaere G, Riedinger JM, Basuyau JP et al (2001) Standards, options and recommendations for tumor markers in colorectal cancer. Bull. Cancer 88:1177–1206
6. European Society for Medical Oncology (ESMO) (2001 a) ESMO minimum clinical recommendations for diagnosis, treatment and follow-up of testicular seminoma. Ann Oncol 12:1217–1218. http://www.esmo.org/reference/Seminoma.htm
7. European Society for Medical Oncology (ESMO) (2001 b) ESMO minimum clinical recommendations for diagnosis, treatment and follow-up of mixed or non-seminomatous germ cell tumours (NSGCT). Ann Oncol 12:1215–1216. http://www.esmo.org/reference/NonSeminoma.htm
8. European Society for Medical Oncology (ESMO) (2001 c) ESMO minimum clinical recommendations for diagnosis, adjuvant treatment and follow-up of colon cancer. Ann Oncol 12:1053–1054. http://www.esmo.org/reference/CC_adj.htm
9. European Society for Medical Oncology (ESMO) (2001 d) ESMO minimum clinical recommendations for diagnosis, treatment and follow-up of advanced colorectal cancer. Ann Oncol 12:1055. http://www.esmo.org/reference/CRCadv.htm
10. European Society for Medical Oncology (ESMO) (2001 e) ESMO minimum clinical recommendations for diagnosis, treatment and follow-up of ovarian cancer. Ann Oncol 12:1205–1207
11. Fleisher M, Dnistrian AM, Sturgeon CM, Lamerz R, Wittliff JL (2002) Practice guidelines and recommendations for use of tumor markers in the clinic. In: Diamandis EP, Fritsche H, Schwartz MK, Chan DW (Hrsg) Tumor markers: physiology, pathobiology, technology and clinical applications. AACC Press, Chicago, S 33–63
12. Jacobs EL, Haskell CM (1991) Clinical use of tumor markers in oncology. Curr Probl Cancer, pp 299–359
13. Kataja VV, Colleoni M, ESMO Guidelines Task Force (2003 a) Minimum Clinical Recommendations for diagnosis, treatment and follow-up of locally recurrent or metastatic breast cancer (MBC). http://www.esmo.org/reference/referenceGuidelines/pdf/new_pdf/ESMO_28_MBC.pdf
14. Kataja VV, ESMO Guidelines Task Force (2003 b) ESMO Minimum Clinical Recommendations for diagnosis, treatment and follow-up of prostate cancer. Ann Oncol 14:1010–1011
15. Kerbrat P, Lhommé C, Fervers B, Guastalla JP, Thomas L, Tournemaine N et al (2001) Standards, options and recommendations: ovarian cancer. Electronic J Oncol 1:32–42, www.elecjoncol.org
16. Lamerz R, Albrecht W, Bialk P, Dati F, Duffy MR, Gerl E et al (1999) Tumour markers in germ cell cancers: EGTM recommendations. Anticancer Res. 19:2795–2798
17. Luporsi-Gely E, Jost LM, Pestalozzi BC, ESMO Guidelines Task Force (2003) Minimum Clinical Recommendations for diagnosis, adjuvant treatment and follow-up of primary breast cancer. www.esmo.org/reference/referenceGuidelines/pdf/new_pdf/ESMO_01_primary_breast.pdf
18. Molina R, Duffy MJ, Aronsson AC, Lamerz R, Stieber P, Van Dalen A, et al (1999) Tumor markers in breast cancer: EGTM recommendations. Anticancer Res 19:2803–2805
19. Molnar B, Sipos F, Galamb O, Tulassay Z (2003) Molecular detection of circulating cancer cells. Dig Dis 21:320–325
20. Pusztai L, Ayers M, Stec J, Hortobágyi GN (2003) Clinical application of cDNA microarrays in oncology. The Oncologist 8:252–258
21. Scottish Intercollegiate Guidelines Network (SIGN) (1998) Management of adult testicular germ cell tumours. SIGN publication No. 28, Edinburgh. www.sign.ac.uk/pdf/sign28.pdf
22. Scottish Intercollegiate Guidelines Network (SIGN) (2003) Management of colorectal tumours. SIGN publication No. 67, Edinburgh. www.sign.ac.uk/pdf/sign67.pdf
23. Semjonow A, Albrecht W, Bialk P, Gerl A, Lamerz R, Schmid HP et al (1999) Tumour markers in prostate cancer: EGTM recommendations. Anticancer Res 19: 2799–2801
24. Stieber P, Aronsson AC, Bialk P, Kulpa J, Lamerz R, Molina R et al (1999) Tumor markers in lung cancer: EGTM recommendations. Anticancer Res 19: 2817–2819

25. Sturgeon C (2002) Practice guidelines for tumor marker use in the clinic. Clin Chem 48:1151–1159
26. Thomas L, Stieber P (1998) Maligne Erkrankungen. In: Thomas L (Hrsg) Labor und Diagnose. Indikation und Bewertung von Laborbefunden für die medizinische Diagnostik. TH-Books, Frankfurt/Main, S 956–961
27. Wagener C (1996) Molekulargenetische Tumordiagnostik. In: Wagener C (Hrsg) Einführung in die Molekulare Onkologie. Thieme, Stuttgart, S 50–58
28. Wagener C, Neumaier M (1984) Diagnostic sensitivity, diagnostic specificity and predictive value of the determination of tumour markers. J Clin Chem Clin. Biochem 22:969–979
29. Witliff JL Kaplan LA (Hrsg) (1998) Guidelines for the analytical performance and clinical utility of tumor markers [Draft]. NACB Rye Brook, New York

26.8 Berufskrankheiten und Unfallfolgen in der Tumorgenese

Pathologisch-anatomische Gesichtspunkte für die Begutachtung

K.-M. Müller

Fragen über Kausalbeziehungen zwischen adäquaten Traumen oder Berufskrankheiten und Krebs stehen in dem von einer Berufsgenossenschaft getragenen Institut für Pathologie fast täglich zur Diskussion. Am häufigsten geht es um mögliche oder wahrscheinliche Zusammenhänge zwischen bösartigen Tumoren von Lungen, Pleura und Peritoneum mit Berufskrankheiten wie Silikosen und Asbest-assoziierten Lungen- und Pleuraerkrankungen. Eine Lösung der durch den massiven Anstieg der Häufigkeit bösartiger Lungentumoren in den letzten Jahren entstandenen schwierigen Situation ist zurzeit nicht in Sicht (Müller u. Wiethege 1998, Norpoth u. Woitowitz 1994).

Unfall und Krebs – Voraussetzungen und Richtlinien für die Begutachtung

Für die versicherungsmedizinische Annahme eines Zusammenhangs zwischen Unfall und Krebs müssen folgende Voraussetzungen erfüllt sein:

- Der Ort bzw. das Gewebe der Tumorentwicklung müssen *vor der Gewalteinwirkung intakt* gewesen sein.
- Ein adäquates *Trauma* muss einwandfrei erwiesen sein. Das Trauma muss ausreichend schwer gewesen sein, um zu einer Gewebsschädigung mit Stoffwechselstörungen und Regenerations- bzw. Reparationsvorgängen zu führen (Abgrenzung zu einem Bagatelltrauma).
- Der Ort der *Gewalteinwirkung* und der *Ort der Geschwulstentstehung* sollen übereinstimmen (hiervon gibt es Ausnahmen bei chronischen Erkrankungen nach Unfällen, wie z.B. ein Fistelkarzinom bei chronischen Dekubitalulzera, z.B. im Zusammenhang mit traumatisch bedingter Querschnittslähmung).
- Zwischen Unfall und Tumorentwicklung muss eine *Latenzzeit* liegen, die mit klinischen und experimentellen Erfahrungen über Entwicklungsdauer und Wachstumsgeschwindigkeit der Tumoren kompatibel ist. Je kürzer die Latenzzeit, um so weniger wahrscheinlich ist der kausale Zusammenhang. *Brückenbefunde* während der Latenzzeit sind im Einzelfall wichtige Hinweise auf einen chronisch verlaufenden, zur Entwicklung einer Geschwulst führenden Prozess.
- Die *mikroskopische Verifizierung und Typisierung* eines Tumors im Zusammenhang mit einem Unfall sollte immer angestrebt werden. Die möglichst zweifelsfreie Sicherung und Dokumentation der klinischen Tumorbefunde sind weitere wesentliche Voraussetzungen für die Begutachtung.

Sind im Einzelfall die wesentlichen anamnestischen, klinischen und pathologisch-anatomischen Daten gut dokumentiert, so wird sich ein versicherungsmedizinisches Urteil schlüssig ableiten lassen. Die allgemeine Erfahrung aus ähnlich gelagerten kasuistischen Mitteilungen erlaubt dann eine gutachterliche Entscheidung „mit Wahrscheinlichkeit". Dies heißt aber nur, dass in diesem Begutachtungsfall „unter Berücksichtigung der herrschenden medizinisch-wissenschaftlichen Lehrmeinung mehr für als gegen den ursächlichen Zusammenhang spricht".

Im Beobachtungsgut einer Berufsgenossenschaftlichen Klinik sind es bevorzugt zwei Bereiche, die besondere gutachtliche Bedeutung bei möglichen und wahrscheinlichen Zusammenhängen von Unfallfolgen bzw. Berufskrankheiten und Krebs erlangen:

- posttraumatische Haut-, Weichteil- und Knochentumoren,
- Tumoren im Zusammenhang mit Berufskrankheiten und hier besonders der Lungen, des Brust- und Bauchfells sowie des Perikards.

Posttraumatische Haut-, Weichteil- und Knochentumoren

Im Bereich der Knochen- und Weichteilerkrankungen liegen die Verhältnisse relativ einfach, wenn Neubildungen sich in toporegionaler Übereinstimmung mit dem adäquaten Trauma, so nach Verbrennungen oder Stromverletzungen, entwickeln. Typische Beispiele gutartiger Tumoren nach Weichteilverletzungen sind *Amputationsneurome* oder gutartige (reaktive) *Knochentumoren.*

Neubildungen der Haut oder des Knochens mit bösartigen Varianten entwickeln sich auch im Verlauf chronischer Entzündungen. Die chronisch-fistelnde *Osteomyelitis* nach traumatischer Fraktur lässt die Ermittlung relativ klarer Daten über adäquates Trauma, Latenzzeit, Brückenbefunde und Phasen der Tumorentwicklung zu. So beträgt z.B. die Latenzzeit bis zur Entwicklung eines Karzinoms bei chronischer Osteomyelitis durchschnittlich 31,6 Jahre, nimmt aber mit steigendem Lebensalter ab.

Die Bedeutung der histologischen Untersuchung wird beim Fistelkarzinom nach Osteomyelitis durch die oft schwierige Abgrenzung eines bereits manifesten Karzinoms zu einer pseudokarzinomatösen Papillomatose der Haut (Morbus Gottron) besonders unterstrichen (Literatur: ▶ Böhm et al. 1984).

Zur Tumorentwicklung nach Kriegsverletzungen, Operationstraumen, angiographischen Untersuchungen im Zusammenhang mit einem Trauma (Thorotrast-Tumoren), Schädel-Hirn-Verletzungen, nach Bestrahlungen etc. sei auf die umfangreiche Spezialliteratur verwiesen (Bauer 1966, Thomas et al. 1978, Mehrtens et al. 2003).

Berufskrankheit und Krebs

Nach der derzeit gültigen Liste der Berufskrankheiten in der Fassung der Berufskrankheitenverordnung vom 5. September 2002 können eine Reihe von Krebsformen bei entsprechender Exposition als Berufskrankheit anerkannt werden; sie sind in Tabelle 26.10 zusammengestellt.

▮ Exponierte Berufsgruppen

Zu den besonders exponierten Berufsgruppen gehören danach Chemieberufe, Metallerzeuger, Maler, Lackierer, Schlosser, Schweißer, Elektriker, Maschinen- und Behälterreiniger, Kfz-Instandsetzer, Bergleute, Keramiker, Former, Isolierer, Textilberufe, Tischler, Dachdecker, Bauberufe, Kunststoffverarbeiter, Installateure, Lager- und Transportarbeiter, Berufe der Holzbearbeitung, Schornsteinfeger und auch Ärzte.

▮ Berufskrankheitenstatistik der Krebskrankheitenfälle

Der Hauptverband der gewerblichen Berufsgenossenschaften hat zuletzt im April 2002 eine Dokumentation der beruflich verursachten entschädigten Krebskrankheitsfälle in der Zeit von 1978 bis 2000 vorgelegt (Butz 2002). In Fortführung der dort zusammengestellten Daten (Butz, pers. Mitteilung) beträgt in der Periode zwischen 1978 und 2002 der Anteil der Krebskrankheiten (n = 23 329) unter allen anerkannten Berufskrankheiten (n = 338 473) im Mittel 6,9%, wobei allerdings von 1978 mit 0,7% bis 2002 mit 12,0% ein deutlicher Anstieg zu verzeichnen ist. Dieser besonders seit 1982 deutliche Aufwärtstrend beruht vor allem auf dem steilen Anstieg der Mesotheliome (▶ BK 4105: n = 7991) und der Asbest-assoziierten Lungenkrebsfälle (▶ BK 4104: n = 8579 entschädigte Fälle). An dritter und vierter Stelle folgen Krebserkrankungen durch ionisierende Strahlen, vornehmlich bei früheren Beschäftigten im Uranerzbergbau der ehemaligen DDR (▶ BK 2402: n = 3366 entschädigte Fälle) und Krebserkrankungen der ableitenden Harnwege durch aromatische Amine (▶ BK 1301: n = 1081 entschädigte Fälle).

Tabelle 26.11 vermittelt einen Eindruck von der Häufigkeit berufsbedingter Krebskrankheiten in den Jahren 1978 bis 2002, ihrer Organlokalisation und den verursachenden Stoffen.

Obwohl diese Berufskrankheiten im Rahmen der Unfallversicherungen entschädigt werden, sind sie nicht Folge eines zeitlich und örtlich begrenzten Unfallgeschehens im Sinne der Rechtsprechung. In fast allen Fällen handelt es sich um chronische, berufsbedingte Leiden, die über eine wahrscheinlich *chronisch-irritative* Einwirkung aus versicherungsmedizinischem Aspekt wesentliche mitbestimmende Rolle bei der Entwicklung von Tumoren im Sinne eines *kokanzerogenen* oder *synkarzinogenen Faktors* erlangen.

Die arbeitsmedizinische Beurteilung der Kausalität spielt im Unfallversicherungsrecht eine besondere Rolle.

Im § 9 SGB VII ist ausgeführt:

(1) *... Die Bundesregierung wird ermächtigt, in der Rechtsverordnung solche Krankheiten als Berufskrankheiten zu bezeichnen, die nach den Erkenntnissen der medizinischen Wissenschaft durch besondere Einwirkungen verursacht sind, denen bestimmte Personengruppen durch ihre versicherte Tätigkeit in erheblich höherem Grade als die übrige Bevölkerung ausgesetzt sind; ...*

(2) *Die Unfallversicherungsträger haben eine Krankheit, die nicht in der Rechtsverordnung bezeichnet ist oder bei der die dort bestimmten Voraussetzungen nicht vorliegen, wie eine Berufskrankheit als Versicherungsfall anzuerkennen, sofern zum Zeitpunkt der Entscheidung nach neuen Erkenntnissen der medizinischen Wissenschaften die Voraussetzungen für eine Bezeichnung nach Absatz 1 Satz 2 erfüllt sind.*

Nach den Wirkungsmechanismen kanzerogener Noxen kann man den so genannten Kontaktkrebs, die resorptive systemische Erkrankung, den Ausscheidungskrebs, den Krebs nach Trauma und den Krebs im Bereich einer berufsbedingten Organschädigung unterscheiden (Valentin et al. 1988). Die Tabellen beschreiben Berufe, die eine Exposition gegenüber Chemikalien und industriellen Fertigungsverfahren mit sich bringen, für die ausreichende Beweise vorliegen, dass sie beim Menschen kanzerogen sind, sowie Chemikalien, die ursächlich mit mensch-

Tabelle 26.10. Berufskrankheiten, in deren Rahmen Krebserkrankungen anerkannt werden können (nach der derzeit gültigen Liste der Berufskrankheiten in der Fassung der Berufskrankheitenverordnung (BKV) vom 5. September 2002)

BK-Ziffer	BK-Bezeichnung und häufigste Tumorart
▶ 1103	Erkrankungen durch Chrom oder seine Verbindungen (Lungenkrebs)
▶ 1108	Erkrankungen durch Arsen oder seine Verbindungen (Lungenkrebs)
▶ 1301	Schleimhautveränderungen, Krebs oder andere Neubildungen der Harnwege durch aromatische Amine (Krebs der ableitenden Harnwege)
▶ 1302	Erkrankungen durch Halogenkohlenwasserstoffe (Leberkrebs)
▶ 1303	Erkrankungen durch Benzol, seine Homologe oder durch Styrol (Leukämie)
▶ 1310	Erkrankungen durch halogenierte Alkyl-, Aryl, oder Alkylaryloxide (Lungenkrebs)
▶ 2402	Erkrankungen durch ionisierende Strahlung (Lungenkrebs)
▶ 3101	Infektionskrankheiten, wenn der Versicherte im Gesundheitsdienst, in der Wohlfahrtspflege oder in einem Laboratorium tätig oder durch eine andere Tätigkeit der Infektionsgefahr in ähnlichem Maße ausgesetzt war
▶ 4101	Quarzstaublungenerkrankungen (Silikose) (Lungenkrebs als so genanntes „Narben-assoziiertes Karzinom")
▶ 4102	Quarzstaublungenerkrankungen in Verbindung mit aktiver Lungentuberkulose (Silikotuberkulose) (Lungenkrebs als so genanntes „Narben-assoziiertes Karzinom")
▶ 4104	Lungenkrebs oder Kehlkopfkrebs – in Verbindung mit Asbeststaublungenerkrankung (Asbestose) – in Verbindung mit durch Asbeststaub verursachter Erkrankung der Pleura oder – bei Nachweis der Einwirkung einer kumulativen Asbestfaserstaub-Dosis am Arbeitsplatz von mindestens 25 Faserjahren (25×10^6 [(Fasern/m^3)$\times$Jahre])
▶ 4105	Durch Asbest verursachtes Mesotheliom des Rippenfells und des Bauchfells oder des Perikards
▶ 4109	Bösartige Neubildungen der Atemwege und der Lunge durch Nickel oder seine Verbindungen (Lungenkrebs)
▶ 4110	Bösartige Neubildungen der Atemwege und der Lunge durch Kokereirohgase {Lungenkrebs durch polyzyklische aromatische Kohlenwasserstoffe bei Nachweis der Einwirkung einer kumulativen Dosis von mindestens 100 Benzo[a]pyren-Jahren [(µg//m^3) x Jahre] – zur Aufnahme in BKV empfohlen} (Lungenkrebs)
▶ 4112	Lungenkrebs durch die Einwirkung von kristallinem Siliziumdioxid (SiO_2) bei nachgewiesener Quarzstaublungenerkrankung (Silikose oder Silikotuberkulose)
▶ 4203	Adenokarzinome der Nasenhaupt- und Nasennebenhöhlen durch Stäube von Eichen- oder Buchenholz
▶ 5102	Hautkrebs oder zur Krebsbildung neigende Hautveränderungen durch Ruß, Rohparaffin, Teer, Anthrazen, Pech oder ähnliche Stoffe (Hautkrebs, Mund-, Mundschleimhaut- und Lippenkrebs)
▶ § 9 SGB VII	Lungenkrebs/Kehlkopfkrebs/Magendarmkrebs/Nasenkrebs/Zungenkrebs
Berufskrankheiten der ehemaligen DDR	
▶ 90	Bösartige Neubildungen der Haut
▶ 91	Bösartige Neubildungen durch chemische Kanzerogene oder Krankheiten durch chemische Einwirkungen
▶ 92	Bösartige Neubildungen oder ihre Vorstufen durch ionisierende Strahlen (Lungenkrebs)
▶ 93	Bösartige Neubildungen durch Asbest (Lungenkrebs, Mesotheliome)

lichem Krebs in Verbindung gebracht werden, wenn eine berufliche Exposition vorliegt (IARC 1997).

Synkanzerogenese

Erhebliche Probleme für den Gutachter entstehen bei der Bewertung synkanzerogener Kombinationseffekte, wenn verschiedene Stoffe mit karzinogener Potenz aus dem Arbeitsbereich in Abgrenzung zu Krebsnoxen aus dem privaten Bereich als Faktoren einer konkurrierenden Kausalität im Sinne des Berufskrankheitenrechtes zur Diskussion stehen (Hallier 2004). Nach epidemiologischen Untersuchungsergebnissen können Kombinationseffekte verschiedenartiger kanzerogener Noxen mit additiver, überadditiver oder sogar multiplikativer Risikosteigerung für die Krebsentwicklung abgeleitet werden (Woitowitz 2001). Ein überadditiver synkanzerogener Kombinationseffekt wird für das Lungenkrebsrisiko z. B. bei Exposition gegenüber Kokerei-Rohga-

Tabelle 26.11. Beruflich verursachte Krebserkrankungen 1978 bis 2002 nach dem betroffenen Organ. (Nach Butz 2002, ergänzt durch pers. Mitteilung)

Organ	Tumoren		Hauptsächlich verursachende Stoffe in der Rangfolge ihrer Häufigkeit		
	Absolut	Anteil [%]	Rang 1	Rang 2	Rang 3
▮ Lungen	12802	54,9	**Asbest** (8304)	Uran und seine Zerfallsprodukte (2479) übrige ionisierende Strahlen (787)	silikotische Schwiele (325) Quarzstaub (79)
▮ Pleura	7722	33,1	**Asbest** (7717)	übrige ionisierende Strahlen (2)	
▮ Harnorgane	1102	4,7	Aromatische Amine (1081)	Tetrachlordibenzo-p-dioxin (TCDD) (12)	halogenierte Alkyl-Aryl-Oxide, außer TCDD (4)
▮ Blut	422	1,8	Benzol (402)	übrige ionisierende Strahlen (8) Uran und seine Zerfallsprodukte (6) Röntgenstrahlen (3)	Übrige (§ 9 Abs. 2 SGB VII) (2)
▮ Kehlkopf	344	1,5	**Asbest** (275)	PAK (16)	Übrige (§ 9 Abs. 2 SGB VII) (20)
▮ Nase	300	1,3	Eichen-/Buchenholzstaub (289)	Chrom und seine Verbindungen (4)	Nickel und seine Verbindungen (3)
▮ Bauchfell	265	1,1	**Asbest** (265)	–	–
▮ Haut	207	0,9	Peche, Teere, Teeröle (PAK) (176)	Röntgenstrahlen (7)	Übrige (§ 9 Abs. 2 SGB VII) (7)
▮ Leber	58	0,2	Vinylchlorid (VC) (42)	Halogenkohlenwasserstoffe (außer VC und Tri) (11)	Trichlorethylen (Trichlorethen; Tri) (4)
▮ Übrige	27	0,1	Tetrachlordibenzo-p-dioxin (TCDD) (10)	halogenierte Alkyl-Aryl-Oxide, außer TCDD (8)	Übrige (§ 9 Abs. 2 SGB VII) (5)
▮ Obere Atemwege	26	0,1	Chrom und seine Verbindungen (6) Arsen und seine Verbindungen (6) Kokereirohgase (PAK) (6)	PAK (3)	halogenierte Alkyl-Aryl-Oxide, außer TCDD (2) Übrige (§ 9 Abs. 2 SGB VII) (2)
▮ Niere	25	0,1	Trichlorethylen (Trichlorethen, Tri) (14)	Übrige (§ 9 Abs. 2 SGB VII) (5)	Halogenkohlenwasserstoffe (außer VC und Tri) (3)
▮ Magen-Darm	20	0,1	Tetrachlordibenzo-p-dioxin (TCDD) (10)	halogenierte Alkyl-Aryl-Oxide, außer TCDD (5)	Übrige (§ 9 Abs. 2 SGB VII) (4)
▮ Perikard	9	0,1	**Asbest** (9)	–	–
▮ **Total**	23329	100	**Asbest** (16574)	Uran und seine Zerfallsprodukte (2486) übrige ionisierende Strahlen (800)	aromatische Amine (1081)

sen und gleichzeitigem Inhalationsrauchen messbar. Ein besonders eindrucksvolles Beispiel der multiplikativen Risikosteigerung für ein Lungenkrebsleiden ist die 10fach häufigere Erkrankungsrate von rauchenden im Vergleich zu nichtrauchenden, stark Asbest-exponierten Beschäftigten. Diese Beispiele der synkanzerogenen Wirkung der Inhalation von Zigarettenkondensat bei gleichzeitiger pulmonaler Anreicherung von Asbestfasern zeigen die Probleme der Begutachtung auf, wenn nach der Bewertung kanzerogener Faktoren aus der Arbeitswelt – im Sinne der haftungsbegründenden und haftungsausfüllenden Kausalität – in Abgrenzung zu gleichzeitig bekannten krebserzeugenden Noxen im privaten Bereich gefragt wird.

▮ Noxenspezifität

Die pathologisch-anatomische Untersuchung kann – einschließlich aufwendiger immunhistochemischer, elektronenmikroskopischer und molekularpathologischer Zusatzuntersuchungen – allein aus dem morphologischen Bild ein durch berufliche Schadstoffe bedingtes Krebsleiden nicht beweisen, da es gemäß heutigen Wissens keine Noxen-spezifischen Wachstumsmuster bösartiger Tumoren gibt. Allerdings weisen bei einzelnen Tumorformen die Organotropie und bedingt auch das histomorphologische Bild der Tumoren auf berufsbedingte Ursachen als wesentliche kanzerogene Faktoren hin (z. B. Adenokarzinome der Nase nach Holzstaubbelastung, Hämangiosarkome der Leber nach Vinylchloridbelastung und – bedingt – Pleuramesotheliome nach Asbestbelastung am Arbeitsplatz). Aber gerade bei *bösartigen Lungentumoren – den häufigsten beruflich bedingten Krebsleiden* – mit sehr unterschiedlichen histologischen Differenzierungsmustern gibt es kein Noxen-spezifisches phänotypisches oder genotypisches Bild (Müller et al. 2002, Müller u. Wiethege 2002).

Aus versicherungsmedizinischer Sicht – und nach der Häufigkeit von besonderer Bedeutung – sind bösartige Lungentumoren nach Exposition gegenüber ionisierenden Strahlen (▶ BK 2402; ▶ Kap. 26.5), in Verbindung mit einer Silikose (▶ BK 4101), der Lungenkrebs in Verbindung mit einer Asbestose (▶ BK 4104) und bösartige Tumoren des Rippen- und Bauchfells sowie des Herzbeutels in Verbindung mit einer beruflichen Asbestexposition und erhöhten Asbestbelastung der Lungen (▶ BK 4105).

Voraussetzung für Zusammenhang zwischen Exposition und Krebs

Ähnlich wie bei der versicherungsmedizinischen Beurteilung der Zusammenhänge von Unfall und Krebs sind auch für die Annahme möglicher bzw. wahrscheinlicher Zusammenhänge zwischen chronischen Berufskrankheiten und der Entwicklung von Tumoren bestimmte Voraussetzungen notwendig:

- Von entscheidender Bedeutung ist die *Arbeitsanamnese* über Art, Dauer und Intensität der beruflichen Exposition.
- Die Berufskrankheit muss einen objektiv fassbaren und messbaren *pathologischen Befund* im Organ der gleichzeitigen Tumorentwicklung aufweisen.
- Es muss eine Syntropie mit einer *engen topographischen Beziehung* von Berufskrankheit und Krebsentwicklung vorhanden sein.
- Der Tumor sollte *mikroskopisch* verifiziert und seine enge räumliche Beziehung zur Grunderkrankung belegt sein.
- *Epidemiologische* und *statistische* Erfahrungswerte sowie wissenschaftliche Erkenntnisse über Latenzzeit, Brückenbefunde und experimentelle Untersuchungsergebnisse zur Kanzerogenese müssen kompatibel sein.
- Physikalische und chemische *Noxen* aus dem Arbeitsleben müssen im Einzelfall gegenüber Endogenen Einflussfaktoren und kanzerogenen Faktoren aus dem privaten Bereich (z. B. Rauchgewohnheiten) sowie allgemeinen Umweltfaktoren *abgegrenzt* und validiert werden.

Quarz und Krebs

In den letzten Jahren wurde erneut eine krebserzeugende Potenz von Quarz beim Menschen verstärkt diskutiert. Nach einer Einstufung der IARC (International Agency for Research on Cancer, Lyon) wird reines Quarz als kristallines Siliziumdioxid der Gruppe 1 (*The agent (mixture) is carcinogenic* to *humans. The exposure circumstances entail exposures that are carcinogenic to humans*) zugeordnet. Diese Einstufung beruht vornehmlich auf epidemiologischen Befunden, aus denen sich nach Ansicht der IARC „genügend Hinweise" darauf ableiten lassen, dass eine Inhalation von reinem kristallinem Siliziumdioxid in Form von Quarz oder Kristobalit für den Menschen krebserzeugend ist (IARC 1997).

In der Berufskrankheiten-Änderungsverordnung (BKV-AndV) vom 05.09. 2002 wurde auf Beschlussempfehlung des Ärztlichen Sachverständigenbeirats, Sektion „Berufskrankheiten", die ▶ BK 4112 entsprechend einer Berufskrankheit neu in die Liste der Berufskrankheiten aufgenommen. Die Bezeichnung lautet:

- Lungenkrebs durch die Einwirkung von kristallinem Siliziumdioxid (SiO_2) bei nachgewiesener Quarzstaublungenerkrankung (Silikose oder Siliko-Tuberkulose).

In der wissenschaftlichen Begründung zur ▶ BK 4112 wird ergänzend ausgeführt, dass nach dem gegenwärtigen Kenntnisstand eine durch kristallines SiO_2 induzierte Verdopplung des Lungenkrebsrisikos nur in Verbindung mit dem Nachweis einer Silikose ($\geq 1/1$ nach der ILO-Röntgenklassifikation) als eine wissenschaftlich gesicherte Assoziation betrachtet werden kann. Das Lungenkrebsrisiko von Steinkohlenbergleuten mit Silikosen wird als umstritten eingeschätzt. Lungenkrebs in Verbindung mit Silikose bei Steinkohlenbergleuten wurde aus diesem Grund zunächst von der o. g. Empfehlung einer neuen Berufskrankheit ausgenommen.

Narben-assoziiertes Karzinom

Eine Anerkennung des Krebsleidens als wahrscheinliche Berufskrankheit ist nur über den Begriff des so genannten *„Narben-assoziierten Karzinoms"* (früher: *silikotisches Narbenkarzinom*) möglich:

- Nach der beruflichen Vorgeschichte muss eine relevante berufliche Staubexposition dokumentiert sein.
- Nach den klinischen, besonders den röntgenologischen Untersuchungsbefunden ist von einer Si-

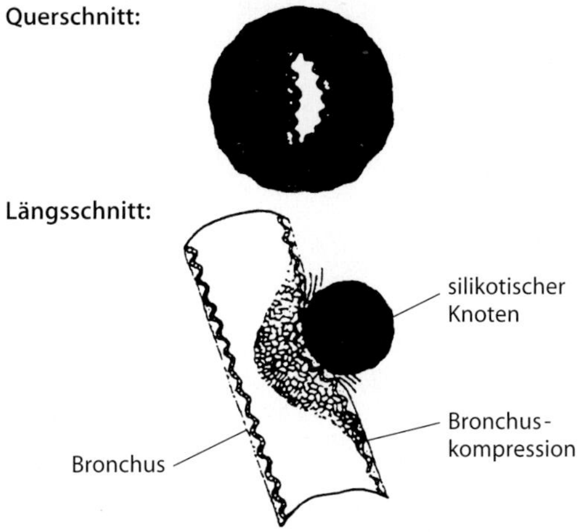

Abb. 26.6. Kriterien zur Anerkennung eines so genannten „Narben-assoziierten Karzinoms": **1.** Die silikotischen Lungenveränderungen müssen einen morphologisch fassbaren Krankheitswert haben. **2.** Im Störfeldbereich der Silikosenarbe müssen Elemente der Tumormatrix vorhanden sein. **3.** Es muss eine Syntropie von Narbe und Lungentumor nachweisbar sein

likose mit nennenswertem Krankheitswert auszugehen.
- Der Tumor muss sich im Bereich einer vorbestehenden anthrakosilikotischen oder silikotuberkulösen, in der Regel mindestens 1 cm im Durchmesser großen Schwiele bzw. im Bereich eines in das Bronchialsystem durchgebrochenen silikotischen Lymphknotens entwickelt haben (Abb. 26.6).
- Der räumliche Zusammenhang der Berufskrankheit der Lunge und des Tumors ist morphologisch am Operationspräparat oder autoptisch gesichert.
- Nach epidemiologischen und statistischen Daten kann im individuellen Begutachtungsfall ein wesentlicher Einfluss der Berufskrankheit für die Entwicklung des Tumors als kokanzerogener Faktor wahrscheinlich gemacht werden.

Sekundäre Tumorvernarbung

Tumorvernarbungen sind bei primären Adenokarzinomen der Lungen offenbar wegen einer relativ langen Entwicklungszeit und frühzeitiger Gefäßbeteiligung am häufigsten, werden aber auch bei Karzinomen mit führender plattenepithelialer oder kleinzelliger Komponente in wechselnder Ausprägung gefunden. Bei der Bewertung von Tumorstroma, Gefäßveränderungen und Vernarbungsmuster ist die Kenntnis durchgeführter Behandlungsmaßnahmen wie Bestrahlungen und zytostatische Therapie unerlässlich (Reitemeyer et al. 1987, Junker et al. 2004).

Für die *Diagnose* eines so genannten „Narben-assoziierten Karzinoms" mit den daraus resultierenden versicherungsmedizinischen Konsequenzen müssen folgende Bedingungen erfüllt sein:

- morphologische Sicherung eines *primären* bösartigen Lungentumors,
- bekannter Ausgangspunkt des Karzinoms,
- maximale Tumorgröße 4 cm,
- Mindestgröße eines charakteristischen hyalinschwieligen silikotischen Granuloms von 1 cm (Abgrenzung zu meist ungeordneter sekundärer Tumorvernarbung),
- makroskopischer und mikroskopischer Nachweis des räumlichen Zusammenhangs zwischen wahrscheinlichem Ausgangspunkt des Tumors und dem silikotischen Granulom bzw. einer größeren Schwiele.

Asbest und Krebs

Besondere Probleme stellen sich dem Kliniker und dem Pathologen bei der Begutachtung der Berufskrankheiten nach ▶ BK 4104 (Lungenkrebs in Verbindung mit Asbestose) und ▶ BK 4105 (durch Asbest verursachtes Mesotheliom), wenn einerseits eine berufliche Asbestexposition anamnestisch unklar ist oder andererseits die Diagnose einer Asbestose nicht einwandfrei möglich ist.

Asbestose

Der Diagnose Asbestose entspricht international der morphologische Befund einer Lungenfibrose mit Nachweis von Asbestkörperchen (Henderson u. Rantanen 1997). Eine Minimalasbestose kann ebenso wie der Nachweis von Asbestkörperchen im Einzelfall nur aus dem Lungengewebe, d.h. aus Operationsgut oder Autopsiematerial, gesichert werden. War die Diagnose im Hinblick auf die Begutachtung eines bösartigen Tumorleidens im Zusammenhang mit einer Asbestexposition zu Lebzeiten nicht eindeutig zu stellen, so sind entsprechende Analysen auch nach dem Tod einzuleiten. Nur durch die Lungenstaubanalyse sind objektive Werte für die gutachtliche Entscheidung von Problemfällen bei möglichen oder fraglichen asbestinduzierten Tumoren zu erreichen (Woitowitz 1989, Müller u. Krismann 1996, Fischer et al. 2002).

Faserjahre

Der schwierigen Situation bei der Knüpfung von Kausalketten zwischen beruflicher Asbeststaubexposition und Lungenkrebsleiden ist in der Berufskrankheitenverordnung seit 18.12.1993 Rechnung getragen. Danach kann ein Lungenkrebsleiden bei fehlenden klinischen und pathologisch-anatomisch fassbaren Brückenbefunden (sog. Brückensymptome?) auch dann als Berufskrankheit anerkannt werden, wenn nach dem sog. Faserjahrmodell ein Wert von 25 Faserjahren erreicht wird. Ein Faserjahr entspricht einer einjährigen arbeitstäglich achtstündigen Einwirkung von 1×10^6 Asbestfasern/m^3 der kri-

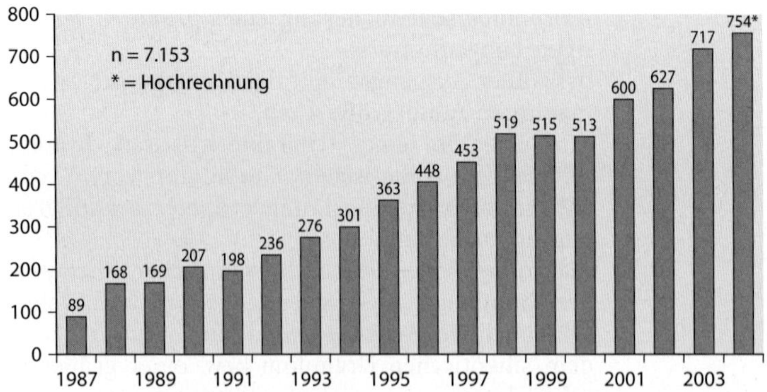

Abb. 26.7. Entwicklung der im Deutschen Mesotheliomregister in Bochum gesicherten Mesotheliome zwischen 1987 und 2004

tischen Abmessungen (Länge >5 lm, Durchmesser <3 lm, Länge-zu-Durchmesser-Verhältnis mindestens 3:1) bei 240 Arbeitstagen (Schichten pro Jahr).

Faserjahre = J [Jahre] × K [Asbestfaserkonzentration in 10 F/m^3].

Der Wert von 25 Faserjahren errechnet sich z.B. bei der Exposition gegenüber 1 Mio. Asbestfasern kritischer Abmessungen pro m^3 Atemluft arbeitstäglich über 8 Stunden 25 Jahre lang. Oder bei 25 000 Asbestfasern kritischer Abmessungen pro m^3 (= derzeitige technische Richtkonzentration für Chrysotil) arbeitstäglich 8 Stunden lang über 100 Jahre!

Für die Beweisanforderungen im Rahmen des Berufskrankheitenverfahrens sind Brückenbefunde (im Verordnungstext jeweils als *Brückensymptome* ausgewiesen) mit *Gewissheit* nachzuweisen. Bei vernünftiger Abwägung der Ergebnisse des Feststellungsverfahrens muss der volle Beweis für ihr Vorliegen gegeben sein.

Mesotheliome

Das bedrückendste Beispiel berufsassoziierter Tumorerkrankungen ist das Mesotheliom – seit 1977 als Berufskrankheit unter der ▶ BK 4105 in der Berufskrankheitenverordnung geführt. Zahlreiche epidemiologische, statistische, arbeitsmedizinische und tierexperimentelle Untersuchungsbefunde zeigen weltweit – besonders in den so genannten Industrienationen – die enge kausale Verknüpfung zwischen einer ganz überwiegend beruflich bedingten, erhöhten Exposition gegenüber Asbestfeinstäuben und der Entwicklung von Tumoren der serösen Häute von Pleura, Peritoneum, Herzbeutel und Tunica vaginalis testis auf.

Latenzzeiten von 20 bis 40 Jahren zwischen der meist beruflich bedingten Mineralstaubexposition und der Tumorrealisation sind bei dieser besonderen Tumorart pathognomonisch. Auch bei diesen bis vor 30 Jahren noch seltenen Tumoren gibt es bisher weder morphologisch noch molekulargenetisch bestimmbare spezifische Befunde, mit denen man die Kausalkette zwischen beruflicher Exposition und Tumorleiden knüpfen könnte. Dennoch sind die wissenschaftlich fundierten Ergebnisse von Epidemiologie, Arbeitsmedizin und Morphologie so eindeutig, dass keine berechtigten Zweifel an der kausalen Beziehung von langjähriger Einwirkung inkorporierter faserförmiger Substanzen bevorzugt in der Pleura und der Tumorentwicklung bestehen. Als Folge der massiven industriellen Nutzung von Asbest in der Nachkriegszeit ist auch in Deutschland – unter Berücksichtigung von Latenzzeiten zwischen 20 und 40 Jahren – ein kontinuierlicher Anstieg gesicherter Mesotheliome als Berufskrankheit zu verzeichnen. Bei fehlendem bundesweiten Krebsregister sind die Auswertungen der Unfallversicherung (Butz 2002) und Beobachtungen des Deutschen Mesotheliomregisters in Bochum bedeutsam. Bei „freiwilligen" Einschaltungen des Mesotheliomregisters im Rahmen von Konsiliarbegutachtungen durch Pathologen und Stellungnahmen für Berufsgenossenschaften ist ein nahezu linearer Häufigkeitsanstieg der gesicherten Mesotheliome in den letzten 18 Jahren zu belegen (Abb. 26.7). Die Kausalitätskette lässt sich durch staubanalytische Untersuchungen von tumorfreiem Lungengewebe erhärten. Über 90% der im Deutschen Mesotheliomregister erfassten Tumoren der serösen Häute (Mesotheliome) müssten als Asbest-assoziierte Berufskrankheiten gewertet werden (Literatur ▶ Müller 2004a,b, Neumann et al. 2001, 2004).

Kriterien für beruflich verursachte Krebserkrankungen

Bei dem Kolloquium der Metall-Berufsgenossenschaft im Juli 1988 über Krebskrankheiten und berufliche Tätigkeit stellten Valentin und Mitarbeiter 10 Punkte zur gutachtlichen Beurteilung von Krebskrankheiten als Berufskrankheit vor. Diese Leitlinien fassen die zurzeit gültigen versicherungsrechtlichen Vorgaben und den Stand der medizinisch-wissenschaftlichen Erkenntnisse zusammen:

1. Der Zusammenhang zwischen angeschuldigter Noxe und Krebsleiden muss gesichert, zweifelsfrei oder zumindest wahrscheinlich sein. Dabei sind

örtliche und zeitliche Gesichtspunkte der Exposition zu berücksichtigen.

2. Die angeschuldigte Noxe muss im Arbeitsablauf vorhanden oder vorhanden gewesen sein und auf den Versicherten eingewirkt haben.
3. Der Nachweis der kanzerogenen Noxe ist möglichst quantitativ zu führen. Zumindest müssen Auftreten und Einwirkung der angeschuldigten Noxe überzeugend wahrscheinlich sein.
4. Andere durch die Noxe hervorgerufene charakteristische Krankheitssymptome oder Expositionszeichen sind als Indiz für die Einwirkung dieses Kanzerogens zu berücksichtigen.
5. Die Kanzerogenität der angeschuldigten Noxe muss durch epidemiologische Erhebungen bei entsprechend belasteten Kollektiven nachgewiesen sein. Ergebnisse aus Tierversuchen können Hinweise für die Kanzerogenität bieten, wobei die Übertragbarkeit dieser Ergebnisse auf den Menschen geklärt sein muss.
6. Die Dauer der Exposition muss den für die jeweilige Noxe vorliegenden Erfahrungen entsprechen: Für die überwiegende Zahl solcher Noxen beträgt sie mindestens 10 Jahre. Die Erfahrungswerte hinsichtlich der Latenzzeit sind zu berücksichtigen.
7. Organlokalisation und histologisches Bild des Tumors sollen den arbeitsmedizinischen Erfahrungen entsprechen.
8. Unter dem Gesichtspunkt der Synkanzerogenese sind begünstigende außerberufliche Faktoren der Kanzerogenität wie Rauchen, Alkoholkonsum, Ernährungsgewohnheiten, Lebensstil usw. zu berücksichtigen.
9. Bei ausreichender beruflicher Exposition ist ein beruflich entstandenes Krebsleiden auch bei konkurrierenden außerberuflichen Einwirkungen dann anzunehmen, wenn der berufliche Faktor maßgeblich oder zumindest gleichrangig war.
10. Als wesentliche Ursachen im Sinne der Entstehung oder Verschlimmerung sind bei konkurrierenden Bedingungen solche Ereignisse zu werten, die in ihrer Bedeutung und Tragweite für den Eintritt des Erfolges, der Entstehung eines Krebsleidens, wesentlich mitgewirkt haben. Der Begriff „wesentlich" ist nicht identisch mit den Beschreibungen als „überwiegend", „gleichwertig" oder „annähernd gleichwertig". Demgegenüber sind unfallunabhängige Faktoren ursächlich als überwiegend anzusehen, wenn sie bei vernünftiger, lebensnaher Betrachtung die tatsächlich und auch rechtlich allein wesentliche Bedingung für den Eintritt oder die Entstehung des Krebsleidens darstellen und deshalb die berufliche Mitwirkung vollständig zurückdrängen. Dann ist von einer „Gelegenheitsursache" auszugehen.

Im Jahre 1985 haben mehrere internationale Organisationen Kriterien zur Bewertung, gutachtlichen Beurteilung und Anerkennung bösartiger Krankheiten in der Arbeitswelt formuliert. Tabelle 26.12 zeigt die Kriterien in der Präambel des IARC-Monographie-Programms der Weltgesundheitsorganisation, die auch von der EPA, Washington, akzeptiert wurden.

Tabelle 26.12. Kriterien, welche auf Kausalität schließen lassen (Präambel zum IARC-Monographie-Programm)

- Es liegt kein identifizierbarer positiver *Bias* (systembedingte verfälschende Einflüsse, z. B. systematische Messfehler) vor.
- Es existiert kein positives *Confounding* (Störvariable bei epidemiologischen Studien).
- Die Assoziation ist wahrscheinlich nicht vom *Zufall* (Chance) abhängig.
- Die *Assoziation* ist eng.
- Es besteht eine *Dosis-Wirkungs-Beziehung.*
- Es liegt eine *Konsistenz der Beobachtungen* in mehreren unabhängigen Studien vor.

In Tabelle 26.13 sind die 1971 von Hill formulierten und von der CEFIC, Brüssel, übernommenen Kausalitätskriterien zusammengefasst (Valentin et al. 1988).

Fazit

Krebskrankheiten stehen heute unter den Todesursachen hinter den Kreislauferkrankungen an zweiter Stelle. Neben Unfallfolgen werden berufsbedingte Gesundheitsschäden zunehmend häufiger als mögliche oder wahrscheinliche Kausalfaktoren (Kokanzerogene) bei der Krebsentwicklung diskutiert. Fast täglich muss der versicherungsmedizinisch tätige Pathologe zur Frage eines Zusammenhangs zwischen Berufskrankheit und Tumorleiden Stellung nehmen. Solange unsere Kenntnisse über die genauen ätiologischen und pathogenetischen Mechanismen bei der Tumorentwicklung unzureichend sind, müssen wir uns in wesentlichen Phasen der Begutachtung auf Erfahrungswissen, statistische Analysen und vergleichende Befunde stützen. Außerdem erfordert auch die Begutachtung auf der Grundlage eines Obduktionsergebnisses stets eine individuelle und differenzierte Auseinandersetzung mit dem Krankheitsverlauf. Unter Hinzuziehung aller verfügbaren Unterlagen wie Berufsanamnese, Unfallereignis, Berufskrankheit, Befunde über konkurrierende Erkrankungen oder therapeutische Maßnahmen, im Schrifttum niedergelegte Erkenntnisse und den besonderen versicherungsmedizinischen Aspekten wird nicht selten der zunächst so einfache „klare Fall" zu einem umfangreichen wissenschaftlich begründeten Gutachten und erweitert damit unseren Kenntnisstand.

Bei der gutachterlichen Bewertung und Abgrenzung nur möglicher oder aber wahrscheinlicher kausaler bzw. kokausaler Faktoren für die Einordnung eines bösartigen Tumorleidens als berufsbedingte Krebserkrankung sind auch im Fachgebiet

Tabelle 26.13. Kriterien, welche auf Kausalität schließen lassen. (Nach Valentin et al. 1988)

1. Stärke der Assoziation (Strength of Association)

Die Stärke der Assoziation wird üblicherweise als ein Risikoverhältnis angegeben, z. B. die Todesrate hinsichtlich einer Erkrankung in einer exponierten Population im Verhältnis zu der Rate in einer nicht exponierten Population. Je höher das Risikoverhältnis, um so weniger wahrscheinlich ist es, dass die Assoziation aus verschiedenen *confounding factors* resultiert und um so wahrscheinlicher ist es, dass die Assoziation auf direkten Kausalitäten beruht.

2. Konsistenz (Consistency)

Eine Hypothese zur Kausalität wird untermauert, wenn positive Ergebnisse in verschiedenen Studien wiederholt beobachtet wurden, die innerhalb voneinander unterschiedlichen Untersuchungen bei verschiedenen Populationen durchgeführt wurden. Sind nur ein oder zwei Studien erstellt worden, kann eine kausale Beziehung trotzdem angenommen werden, wenn die Risikoverhältnisse sehr hoch sind.

3. Spezifität (Specifity)

Das Kriterium der Spezifität bezeichnet eine Assoziation, welche sich auf spezifische Arbeitsbedingungen und bestimmte Erkrankungen bezieht und bei dem es keine Assoziation zwischen Belastung am Arbeitsplatz und anderen Todesursachen gibt. Die Beziehung zwischen Vinylchlorid-Monomeren und dem Angioendothelsarkom der Leber ist hierfür ein Beispiel. Kausalität kann jedoch auch in der Abwesenheit von Spezifität auftreten.

4. Zeitliche Beziehungen (Relationship in Time)

Dieses Kriterium erfordert, dass die Exposition vor dem Beginn der Erkrankung innerhalb einer biologisch relevanten Zeitperiode auftrat. Eine zeitliche Beziehung kann innerhalb einer epidemiologischen Querschnittsstudie unsicher sein, kann jedoch in einer sorgfältig durchgeführten Kohorten-Studie demonstriert werden.

5. Kohärenz der Evidenz (Coherence of the Evidence)

Dieses Kriterium ist erfüllt, wenn die im Rahmen von epidemiologischen Studien gefundene Assoziation nicht im Gegensatz mit bisher bekannten naturwissenschaftlichen und biologischen Erkenntnissen über die Erkrankung steht.

6. Biologischer Gradient (Biological Gradient)

Damit das Kriterium des biologischen Gradienten erfüllt ist, sollten die Daten eine Dosis-Wirkungs-Beziehung nachweisen. Dies bedeutet, dass sich die Erkrankungsrate mit ansteigender Expositionsintensität und -dauer erhöht.

7. Biologische Plausibilität (Biological Plausibility)

Eine Hypothese bezüglich der Kausalität wird unterstützt, wenn biologische Mechanismen bekannt sind, die die Assoziation zwischen der Substanz und der Erkrankung erklären.

8. Inzidenz-Reduktion durch Intervention (Experimental Verification)

Falls die Beseitigung oder die Herabsetzung der Einwirkung einer Substanz zu einer Erniedrigung der Erkrankungsinzidenz führt, ist dies ein weiterer Hinweis für einen kausalen Zusammenhang.

der Pathologie im Einzelfall Objektivität, fachlich und wissenschaftlich fundierte Qualifikation, Verantwortungsbewusstsein und Entscheidungsfähigkeit ohne übertriebenes soziales oder gar ideologisches Engagement Voraussetzung.

Literatur

Bauer K-H (1966) Geschwulst und Trauma. In: Bürkle de la Camp, Schwaiger H (Hrsg) Handbuch der gesamten Unfallheilkunde. Enke, Stuttgart, S 1–121

Böhm E, Wiebe V, Oelenberg W (1984) Arteriographische Charakteristika seltener Hautkomplikationen der chronischen Osteomyelitis. Fortschr Röntgenstr 141: 80–83

Butz M (2002) Beruflich verursachte Krebserkrankungen. Eine Darstellung der im Zeitraum 1978–2000 anerkannten Fälle. In: Hauptverband der gewerblichen Berufsgenossenschaften e.V. (Hrsg) Schriftenreihe des Hauptverbandes der gewerblichen Berufsgenossenschaften e.V., 8. Aufl. Bonn Sankt Augustin; ergänzt durch pers. Mitteilung (07/2004)

Fischer M, Günther S, Müller K-M (2002) Fibre-years, pulmonary asbestos burden and asbestosis. Int J Hyg Environ Health 205:245–248

Hallier E (2007) Synkanzerogenese – Wechselwirkungen zwischen krebserzeugenden Noxen am Arbeitsplatz. Arbeitsmed Sozialmed Umweltmed 39:492–494

Henderson DW, Rantanen J (1997) Asbestos, asbestosis, and cancer: the Helsinki criteria for diagnosis and attribution. Scand J Work Environ Health 23:311–316

IARC (1997) Silica, some silicates, coal dust and para-aramid fibrils. IARC monographs on the evaluation of carcinogenic risks to humans, vol 68. IARC, Lyon

Junker K (2004) Therapie induzierte morphologische Veränderungen bösartiger Lungentumoren. Pathologe 25:419–420, 475–480

Mehrtens G, Valentin H, Schönberger A (2003) Arbeitsunfall und Berufskrankheit. Erich Schmidt, Berlin, S 1143–1222

Müller K-M (2004a) Pleuramesotheliom – Pathologie und Pathogenese. Pneumologie 58:670–679

Müller K-M (2004b) Pleura – Pathologie nicht-neoplastischer Erkrankungen. Pneumologie 58:516–524

Müller K-M, Krismann M (1996) Asbestassoziierte Erkrankungen – Pathologisch-anatomische Befunde und versicherungsmedizinische Aspekte. Dtsch Ärztebl 93: A-538–543

Müller K-M, Wiethege Th (1998) Lungenkrebs durch Chemikalien. Internist 39:775–777

Müller K-M, Wiethege Th (2000) Quarz und Lungentumoren – Daten und Fakten des Pathologen. Pneumologie 54:24–31

Müller K-M, Wiethege Th, Krismann M, Junker K (2002) Molekulare Pathologie bösartiger pulmonaler und pleuraler Tumoren – Teil 1: Pulmonale Tumoren. In: Ruckpaul D, Ganten D (Hrsg) Handbuch der molekularen Medizin, Bd 10. Springer, Berlin, S 29–64

Müller K-M, Wiethege Th (2002) Quarz, Silikose und Lungentumoren. Atemw Lungenkrkh 28:180–189

Neumann V, Günther S, Müller K-M, Fischer M (2001) Malignant mesothelioma – German mesothelioma register 1987–1999. Int Arch Occup Environ Health 74: 383–395

Neumann V, Rütten A, Scharmach M, Müller K-M, Fischer M (2004) Factors influencing long-term survival in mesothelioma patients - results of the German mesothelioma register. Int Arch Occup Environ. Health 77:191–199

Norpoth K, Woitowitz H-J (1994) Beruflich verursachte Tumoren. Deutscher Ärzte-Verlag, Köln

Reitemeyer E, Fisseler-Eckhoff A, Müller K-M (1987) Sekundäre Tumorvernarbung in Lungentumoren. Prax Klin Pneumol 41:689–690

Thomas C, Moehrs D, Joachim H (1978) Krebs und Trauma. Med Klin 73:1229–1237

Valentin H, Hartung M, Raithel H-J (1988) Die arbeitsmedizinische Beurteilung von Ursache und Wirkung. In: Süddeutsche Eisen- und Stahl-Berufsgenossenschaft Mainz (Hrsg) Kolloquium Krebserkrankungen und berufliche Tätigkeit. Schmidt, Mainz, S 19–35

Woitowitz, H-J (1989) Berufskrebserkrankungen: Sozialmedizinische Aspekte. Dtsch Renten-Vers 3:137–169

Woitowitz H-J (2001) Berufsbedingter Lungenkrebs - offene Fragen: Synkanzerogenese. Berufskrankheiten in der keramischen und Glas-Industrie, Heft 41. Arbeitsmedizinisches Kolloquium Bad Reichenhall 2001, Berufsgenossenschaft der keramischen und Glas-Industrie. Würzburg

27 Infektionskrankheiten

27.1 Viren

U. Schwegler

Virale Infektionen zählen immer noch weltweit, besonders in den Entwicklungsländern, zu den häufigsten Todesursachen. Durch internationale systematische Impfkampagnen der WHO ist die Welt pockenfrei geworden. Die Inzidenz der Infektionen, die durch eine Immunprophylaxe verhindert werden können, wurde drastisch gesenkt (Poliomyelitis, Tollwut). In den 80er Jahren trat eine neue Tierseuche beim Rind auf, die bovine spongyforme Enzephalopathie (*BSE*), die mit der neuen Variante der Creutzfeldt-Jakob-Krankheit (*vCJK*) in Zusammenhang steht (Nahrungskette). Im selben Zeitraum begann die explosionsartige weltweite Verbreitung eines neuen Retrovirus, des HIV. Trotz intensiver Aufklärungskampagnen und neuen therapeutischen Möglichkeiten (hochaktive antiretrovirale Therapie, *HAART*) ist es nicht gelungen, die weitere Ausbreitung der HIV-Infektion zu verhindern.

27.1.1 HIV-Infektionen (*A*cquired *I*mmuno *D*eficiency *S*yndrome – AIDS)

Die Infektion eines Menschen mit dem „*H*uman *I*mmunodeficiency *V*irus" (HIV 1 und HIV 2) ist Ursache verschiedener Krankheitsbilder, die zusammenfassend als AIDS bezeichnet werden. Ihr wesentliches Merkmal ist eine Immunsuppression durch Verminderung der CD-4-positiven T-Helferzellen. Diese irreversible und progrediente Immunsuppression ist die Ursache opportunistischer Infektionen und maligner Neubildungen.

HIV-1 (pandemisch) und HIV-2 (Westafrika) unterscheiden sich vorwiegend in den Glykoproteinen der Virushülle.

Epidemiologie

- 1981 Erste Berichte über Patienten (Homosexuelle) mit unerklärlicher Immundefizienz in New York und Kalifornien
- 1982 AIDS-Definition (Centers for Disease Control)
- 1983 Isolation von HIV-1 durch Montagnier und Gallo (damals HTLV-III/LAV)
- 1985 Komplette Nukleotidsequenz des HIV entschlüsselt; serologische Testverfahren sind verfügbar
- 1989 Erste antiretrovirale Therapie
- 1996 „Highly active anti-retroviral therapy" (HAART)

Die Infektionskette des HIV ist weiterhin spekulativ. Es wird vermutet, dass das Reservoir des Virus bei wildlebenden Affen und Meerkatzen in Zentralafrika liegt. Es ist nicht geklärt, ob diese Tiere selbst an einem AIDS-ähnlichen Syndrom erkranken oder nur Virusträger sind. Wahrscheinlich haben menschliche HI-Viren und die von Affen einen gemeinsamen Vorfahren, aus dem sie über mehrere Jahrhunderte entstanden sind.

Erkrankungen an AIDS sind in der Bevölkerung Zentralafrikas endemisch (HIV 2), die Häufigkeit scheint dort bei Männern und Frauen gleich zu sein, Homosexualität ist bei der afrikanischen Bevölkerung fast unbekannt. Man vermutet, dass das HIV aus Zentralafrika nach Haiti eingeschleppt und dort endemisch wurde. Von dort ist es offenbar durch intensiven Tourismus von Homosexuellen in die Großstädte der USA eingeschleppt worden und hat dort seit 1981 zu einem explosionsartigen Ausbruch von AIDS geführt.

Etwa drei Jahre später griff die Krankheit auf die westeuropäischen Großstädte über. Der Anstieg der Erkrankungshäufigkeit folgte einer Exponentialfunktion. Indessen scheint der Häufigkeitsanstieg durch weltweite Aufklärungskampagnen von Jahr zu Jahr geringer zu werden.

Weltweit sind bisher seit Ausbruch der Pandemie 60–70 Millionen Menschen mit dem HI-Virus infiziert worden (Tabelle 27.1). Derzeit leben 40,3 Mio. Menschen mit dem HI-Virus, über 90% in Entwicklungsländern. Im Jahre 2005 haben sich weltweit ca. 4,9 Mio. Menschen neu infiziert, darunter 700 000 Kinder. Rund 3,1 Mio. sind 2005 an den Folgen ihrer HIV-Infektion verstorben, davon allein 2,4 Mio. in Afrika. In den südlich der Sahara gelegenen afrikanischen Staaten ist AIDS zur Todesursache Nummer 1 geworden. Weltweit gehört AIDS zu den 5 häufigsten Todesursachen. In Asien waren 2005 ca. 8,3 Millionen Menschen mit HIV infiziert, davon zwei Drittel in Indien.

Tabelle 27.1. Globale HIV/AIDS-Statistik. (Nach UNAIDS 2006, UNAIDS/WHO 2005)

	HIV-Infizierte	HIV-Neuinfizierte	Prävalenz (%)	AIDS-Todesfälle
Afrika südlich der Sahara	25,8 Mio.	3,2 Mio.	7,2	2,4 Mio.
Nordafrika und Mittlerer Osten	510 000	67 000	0,2	58 000
Süd- und Südostasien	7,4 Mio.	990 000	0,7	480 000
Ostasien	870 000	140 000	0,1	41 000
Lateinamerika	1,8 Mio.	200 000	0,6	66 000
Karibik	300 000	30 000	1,6	24 000
Osteuropa und Zentralasien	1,6 Mio.	270 000	0,9	62 000
West- und Zentraleuropa	720 000	22 000	0,3	12 000
Nordamerika	1,2 Mio.	43 000	0,7	18 000
Ozeanien	74 000	8 200	0,5	3 600
Total	**40,3 Mio.**	**4,9 Mio.**	**1,1%**	**3,1 Mio.**

2005 waren in den USA 1,2 Millionen Menschen HIV-positiv. Die HIV-Prävalenz bei Erwachsenen wird mit 0,6% angegeben. Die Durchseuchung der Männer, die Sex mit Männern haben (*MSM*), liegt bei 8%.

In Osteuropa, vor allem in Russland und der Ukraine, ist die Anzahl der HIV-Infizierten seit 1997 bis auf das Zwanzigfache angestiegen (überwiegend i.v.-Drogenabhängige und Prostituierte). In der russischen Republik lebten im Jahre 2005 940 000 HIV-Infizierte, in der Ukraine 410 000.

In Deutschland haben sich bis 2005 etwa 75 000 Menschen infiziert, davon sind ca. 26 000 verstorben (Eckdaten RKI 2005). 2005 lebten in Deutschland ca. 49 000 Menschen (39 500 Männer, 9500 Frauen, 300 Kinder) mit einer HIV-Infektion, darunter 8000 an AIDS Erkrankte. Während die Anzahl an Neuinfektionen in den 90er Jahren stagnierte und ab 1998 sogar rückläufig war, ist die Tendenz seit 2002 wieder steigend (Abb. 27.1). Die HIV-Prävalenz nimmt jährlich zu, was zum Teil auch auf die höhere Lebenserwartung der Erkrankten durch die verbesserten Therapiemöglichkeiten zurückzuführen ist. 70% der Infizierten sind MSM. Trotz flächendeckender Aufklärungsarbeit stieg die Zahl der HIV-Neuinfektionen 2005 um 13% gegenüber dem Vorjahr. Die stärkste Zunahme erfolgte in der Gruppe der MSM (Abb. 27.2). Weniger Neuinfektionen werden bei i.v.-Drogenabhängigen verzeichnet, was am ehesten durch die Methadonsubstitution zu erklären ist. Von den 2600 HIV-Neuinfektionen im Jahre 2005 waren 2250 Männer, 350 Frauen und 20 Kinder.

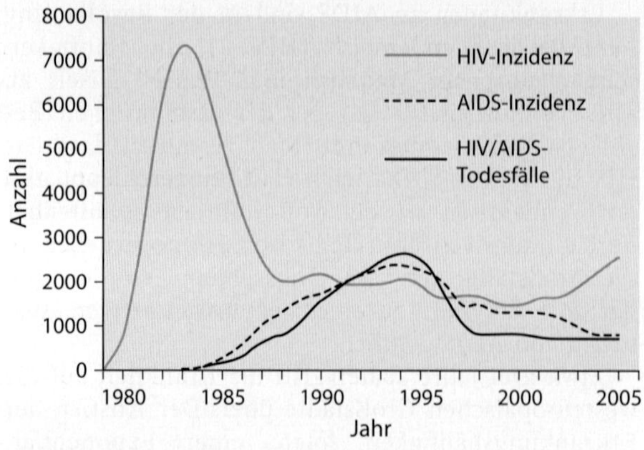

Abb. 27.1. HIV-Inzidenz, AIDS-Inzidenz und Todesfälle in Deutschland 1979–2005 (RKI 2005 a)

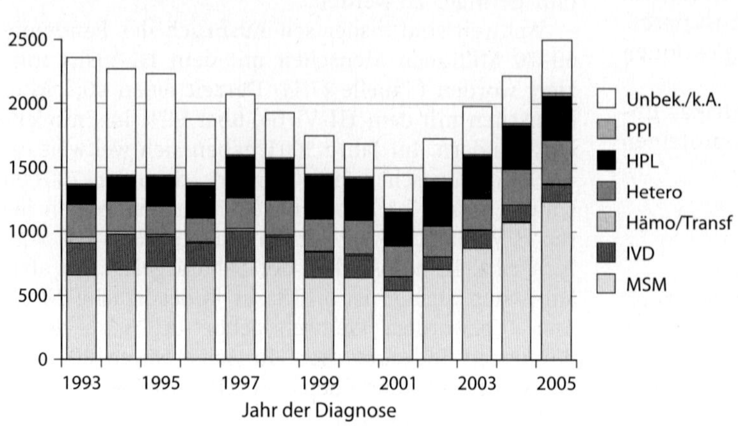

Abb. 27.2. Neu diagnostizierte HIV-Infektionen in Deutschland nach Infektionsweg und Diagnosejahr (*PPI* Peripartale Inf., *HPL* Infizierte aus Hochprävalenzländern, *IVD* i.v.-Drogenabhängige, *MSM* Männer, die Sex mit Männern haben). (RKI 2005 b)

Tabelle 27.2. Klinische/immunologische Stadien (nach CDC). Die Stadien A3, B3 und C1–3 gelten als AIDS

CD4+-Zellen	Klinische Stadien		
	A	B	C
(1) ≥500	A1	B1	C1
(2) 200–499	A2	B2	C2
(3) <200	A3	B3	C3

Vom RKI werden folgende Infektionswege angegeben: 70% MSM, 20% heterosexuelle Kontakte, 9% i.v.-Drogenkonsum, 1% Mutter-Kind-Transmission.

Global betrachtet verläuft die Ausbreitung von HIV langsamer als befürchtet. In einigen afrikanischen Ländern ist die HIV-Prävalenz sogar drastisch gesunken. In Kenia und Simbabwe ist die HIV-Prävalenz bei 15–24-Jährigen im Jahr 2005 um 25% gesunken im Vergleich zum Jahr 2000.

Nach der Stadieneinteilung der CDC (Centers for Disease Control) werden die klinischen Manifestationen in drei Kategorien eingeteilt.

- Stadium A:
  - asymptomatische HIV-Infektion,
  - persistierende generalisierte Lymphadenopathie,
  - akutes retrovirales Syndrom.
- Stadium B:
  - symptomatisches Stadium (keine Symptome der Stadien A oder C).
- Stadium C:
  - AIDS-Vollbild: schwere opportunistische Infektionen (Pneumocystis carinii-Pneumonie, Toxoplasmose-Enzephalitis, Zytomegalie, Candidosen, Kryptosporidiose, Kryptokokkose), Kaposi-Sarkom, Lymphome, Wasting-Syndrom

Nach der Zahl der noch vorhandenen T-Helferzellen wird dem jeweiligen klinischen Stadium eine Zahl zwischen 1 und 3 zugewiesen, so dass eine Klassifizierung von A1 bis C3 möglich ist. Die Stadien A3, B3 und C1–3 gelten als AIDS (Tabelle 27.2).

Diagnostik

Nach Infektion mit dem HIV können direkte Verfahren zum Virusnachweis, nach Einsetzen der Antikörperantwort indirekte immunologische Methoden angewendet werden. In der Zeit der diagnostischen Lücke (Zeitintervall von der Infektion bis zur Antikörperbildung), die bis zu sechs Monaten dauern kann, kommen als direkte Verfahren die PCR (Polymerase-Kettenreaktion) sowie der HIV-p24-Antigentest zur Anwendung. Die direkten Verfahren stellen keine Routineuntersuchungen dar, sondern sind speziellen Fragestellungen vorbehalten (Neugeborene HIV-infizierter Mütter, berufsbedingte Infektionen).

Standardsuchtest ist der HIV-ELISA, der regelhaft durch den Western Blot bestätigt werden muss.

Neben qualitativen haben quantitative Tests zur Bestimmung der Viruslast an Bedeutung zugenommen, besonders im Hinblick auf die Steuerung der antiretroviralen Therapie.

Übertragungswege

- Sexueller Kontakt mit einem infizierten Partner,
- gemeinsamer Gebrauch von Spritzenutensilien (Drogenabhängige),
- Transfusion von Blut oder Blutprodukten,
- Kinder vor der Geburt, unter der Geburt, nach der Geburt durch Stillen.

Blut und Blutprodukte gelten in Deutschland als weitgehend sicher. Seit 1985 werden alle Blutspenden auf Antikörper gegen HIV 1 getestet, seit 1989 auch auf HIV 2. Zur weiteren Reduktion des Infektionsrisikos werden heute Screeningmethoden (Fragebögen) eingesetzt, die darauf abzielen, Spender auszuschließen, die infiziert sein könnten. Von der Blutspende ausgeschlossen sind alle Menschen aus den bekannten Risikogruppen.

Sehr selten sind Infektionen im Gesundheitswesen (Krankenhaus, Praxis, Labor) nach Nadelstichverletzungen und noch seltener bei Kontakt von infiziertem Blut mit offenen Wunden oder Schleimhaut. HIV ist ein wenig widerstandsfähiger Erreger. Zu seiner Abtötung reichen die üblichen Desinfektionsmittel aus.

Die statistische Wahrscheinlichkeit einer HIV-Übertragung nach perkutaner Exposition liegt bei 0,3%, bei Exposition von Schleimhaut und entzündlich veränderten Hautarealen bei 0,03%.

Hoch infektiös sind neben Blut Sperma, Vaginalsekret, Peritoneal- und Pleuraexsudat, Liquor, Amnion- und Synovialflüssigkeit. Ein sehr niedriges bis kein Infektionsrisiko bergen Speichel, Nasensekret, Tränenflüssigkeit, Schweiß, Urin, Stuhl, Erbrochenes.

Die perinatale Übertragungsrate konnte in Europa von 15% auf 1% gesenkt werden.

Infektionsgefahr für medizinisches Personal

Beruflich bedingte HIV-Übertragungen sind bisher nur durch Blut oder Viruskonzentrat erfolgt: Stich- und Schnittverletzungen, Kontakt mit offenen Wunden/geschädigte Haut- oder Schleimhautexposition. Verletzungen mit Hohlraumnadeln sind gefährlicher als solche mit chirurgischen Nadeln. Im Analogieschluss zur Hepatitis B gehören Chirurgen zur Berufsgruppe des medizinischen Personals mit der höchsten Gefährdung. Das tatsächliche Risiko hängt von der HIV-Prävalenz chirurgischer Patienten, der Wahrscheinlichkeit der HIV-Übertragung durch eine einzelne Operation sowie der Häufigkeit und dem

Typ von Risikoeingriffen ab. Es wird postuliert, dass es bei 100 Operationen zu 5–6 Verletzungen der Haut kommt. Daher wurde entsprechend der vermuteten HIV-Prävalenz, der Häufigkeit der Verletzungen und der Frequenz von Notfalleingriffen ein Berufsrisiko für Chirurgen zwischen 0,12 und 0,5% bei einer angenommenen Tätigkeitsdauer von 30 Jahren bei 300 Eingriffen im Jahr errechnet. Die Serokonversionsrate nach Verletzungen betrug in 2 Untersuchungen in den USA bei über 1000 Beschäftigten über 10 Jahre 0,32–0,36%.

Ein HIV-Test darf nur mit Einverständnis des Patienten vorgenommen werden. Der ohne konkreten Krankheitsverdacht als Vorsichtsmaßnahme, z. B. bei einer geplanten Operation, durchgeführte HIV-Test bedeutet als „Ausforschungsdiagnose" eine Verletzung des im Grundgesetz der BRD verankerten allgemeinen Persönlichkeitsrechts und kann Schadensersatzansprüche nach sich ziehen. Auch bei Patienten aus den bekannten Risikogruppen (Homosexuelle, i.v.-Drogenabhängige) darf ein HIV-Test nicht ohne ausdrückliche Zustimmung veranlasst werden.

Infektionsgefahr für den Patienten

Wie viele operativ tätige Ärzte HIV-infiziert sind, ist unbekannt, da ein HIV-Screening nur auf freiwilliger Basis durchgeführt werden darf. Bei freiwilliger Testung amerikanischer orthopädischer Chirurgen waren 2 von 3000 HIV-infiziert (0,06%). Für den Patienten kann das Risiko einer HIV-Infektion durch einen infizierten Chirurgen anhand der perkutanen Verletzungshäufigkeit (4–12/1000 Operationsstunden) rückgeschlossen werden. Wenn der Chirurg HIV-infiziert ist, liegt das Risiko bei ca. 1/83 000 Operationsstunden. Valide Daten existieren allerdings nicht.

Therapie

In der Behandlung der HIV-Infektion stehen Medikamente aus vier Wirkstoffklassen zur Verfügung: Nukleosidische reverse Transkriptaseinhibitoren (*NRTI*), nicht nukleosidische reverse Transkriptaseinhibitoren (*NNRTI*), Proteaseinhibitoren und seit 2003 Fusionshemmer. Die Zahl der zugelassenen Einzelsubstanzen und Kombinationspräparate ist auf weit über 20 angewachsen.

Seit der Einführung der hochaktiven antiretroviralen Therapie (HAART) konnte die AIDS-Mortalität bei HIV-infizierten Personen drastisch reduziert werden (Abb. 27.3).

Für die Praxis ergeben sich folgende Konsequenzen:

- *keine spezielle Therapie:* asymptomatische Patienten, CD4-Zellen >500/µl, <10 000 Genomkopien/ml (klinische Untersuchungen und Kontrollen der immunologischen Parameter alle sechs Monate)

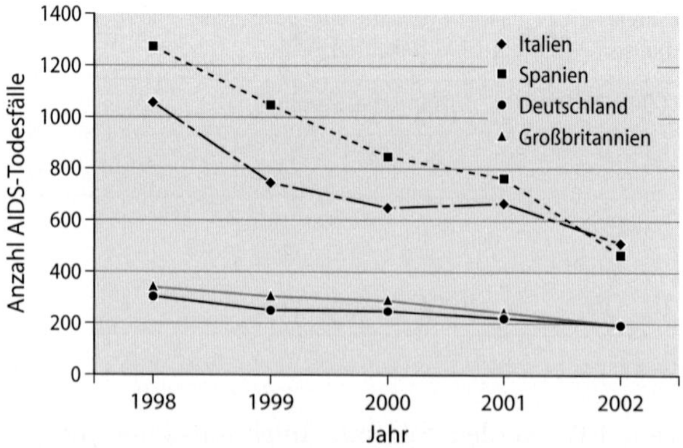

Abb. 27.3. Rückgang der AIDS-Mortalität unter **h**och**a**ktiver **a**nti**r**etroviraler **T**herapie (HAART). (Nach UNAIDS 2004)

- *antiretrovirale Kombinationschemotherapie:* alle symptomatischen HIV-Infizierten unabhängig vom Labor. Wann bei asymptomatischen HIV-Infizierten behandelt werden sollte, ist unklar. Keine der bisherigen Therapiestudien hat diese Frage eindeutig beantwortet. Aus einer Reihe von Kohortenstudien lässt sich jedoch ableiten, dass bei einem Behandlungsbeginn erst unterhalb einer CD4-Zellzahl von 200/µl mit einer deutlich erhöhten Morbidität und Mortalität zu rechnen ist. Ein Abfall unter diesen Wert sollte daher vermieden werden. Asymptomatische HIV-Infizierte mit einer CD4-Zellzahl <200/µl haben unabhängig vom Ausmaß der Virusreplikation ein deutlich erhöhtes Risiko für eine immunologische und klinische Progression, das durch eine antiretrovirale Therapie vermieden werden kann. Eine Behandlung ist daher klar indiziert (Evidenzgrad A).

Bei einer CD4-Zellzahl zwischen 350/µl und 500/µl und hoher Viruslast (>50 000 HIV-RNA-Kopien/ml) ist die Einleitung einer Therapie vor allem mit einer deutlichen Besserung der Surrogatmarker verbunden. Die Therapie-Indikation ist hier nicht eindeutig, wird aber empfohlen (Evidenzgrad C).

Bei niedriger Viruslast (<50 000 Kopien/ml) und CD4-Zellzahlen zwischen 350/µl und 500/µl sind Auswirkungen auf Surrogatmarker weniger deutlich, so dass in Anbetracht der Probleme einer antiretroviralen Langzeitbehandlung (Nebenwirkungen, Resistenzentwicklung, Kosten) eine Therapie nicht empfohlen wird (Evidenzgrad C).

Postexpositionsprophylaxe (PEP)

Eine Prophylaxe wird empfohlen bei:

- Verletzung mit HIV-kontaminierten Instrumenten bzw. Injektionsbestecken,
- Benetzung offener Wunden und Schleimhäute mit HIV-kontaminierten Sekreten,
- ungeschütztem Geschlechtsverkehr mit einer HIV-infizierten Person,

- Gebrauch von HIV-kontaminiertem Injektionsbesteck,
- Transfusion von HIV-kontaminiertem Blut oder Blutprodukten.

Die Standardprophylaxe nach HIV-Exposition besteht aus einer Dreierkombination; entweder aus einer Kombination von zwei nukleosidalen Reverse-Transkriptase-Inhibitoren und einem Proteaseinhibitor oder aus einer Kombination zweier Reverse-Transkriptase-Inhibitoren mit einem nichtnukleosidalen Reverse-Transkriptase-Inhibitor: z. B. Zidovudin + Lamivudin + Nelfinavir. Mit der Behandlung muss so früh wie möglich begonnen werden, möglichst innerhalb von 2 Stunden bis maximal 72 Stunden nach Exposition. Die Therapiedauer beträgt 4 Wochen. Der Schutzeffekt liegt bei 80%.

Alle für die PEP empfohlenen Medikamente sind für diese spezielle Indikation nicht zugelassen. Um auszuschließen, dass bei der exponierten Person bereits eine HIV-Infektion vorliegt, ist eine Blutentnahme für einen HIV-Antikörper-Test (ELISA u. Western-Blot) vor Therapiebeginn auch aus versicherungsrechtlichen Gründen obligat. Der Indexpatient darf nur mit seiner Zustimmung auf HIV untersucht werden. Die ärztliche Dokumentationspflicht (D-Arztbericht, ärztliche Anzeige einer Berufskrankheit) muss erfüllt werden.

Die HIV-Infektion ist eine tödliche Viruserkrankung. Durch die Entwicklung neuer antiretroviraler Chemotherapeutika mit dem Einsatz der hochaktiven antiretroviralen Therapie (HAART) ist es gelungen, sowohl die Lebenserwartung wie auch die Lebensqualität der Infizierten signifikant zu verbessern. Die befürchtete explosionsartige Verbreitung von HIV ist in den hochindustrialisierten Ländern nicht eingetreten, was als Erfolg der intensiven Aufklärungskampagnen gewertet werden kann.

Gutachterliche Bewertung

In der gesetzlichen Unfallversicherung gelten grundsätzlich die gleichen Kriterien zur Anerkennung als Berufskrankheit wie bei anderen Infektionskrankheiten, die durch Blut übertragen werden. Da HIV ganz überwiegend in Hochrisikogruppen verbreitet ist, muss bei Meldung einer beruflichen Infektion im Einzelfall geprüft werden, ob sich der Infizierte nicht als Angehöriger einer Hochrisikogruppe unfallunabhängig infiziert hat. Es muss nachgewiesen sein, dass HIV-Infizierte im Tätigkeitsbereich vorgekommen sind. Die Art der beruflichen Tätigkeit muss eine Ansteckung wahrscheinlich machen. Der Versicherte muss während der Inkubationszeit Kontakt mit Blut, mit Blutbestandteilen, Ausscheidungen oder Körperflüssigkeit gehabt haben. Der Nachweis von Verletzungen ist nicht erforderlich. Es wird unterstellt, dass kleinste Verletzungen an den Händen immer vorhanden sind.

Da der Infektionsmodus der HIV-Übertragung bekannt ist und durch geeignete Maßnahmen eine Übertragung sicher vermieden werden kann, können HIV-Infizierte durchaus Tätigkeiten mit Publikumskontakt ausüben.

Der öffentliche Gesundheitsdienst ist im Rahmen des Infektionsschutzgesetzes (*IfSG*) befugt, HIV-infizierten Beschäftigten Auflagen zur Berufsausübung bis hin zum Berufsverbot zu erteilen. Arbeitsvertragliche Regelungen zur Duldungspflicht von Untersuchungen auf HIV sind möglich. Ob derartige Vereinbarungen bei bestehenden Verträgen nachträglich getroffen werden können, ist umstritten.

HIV-infizierte Mediziner sollten keine ärztlichen/zahnärztlichen Eingriffe vornehmen, bei denen eine Verletzungsgefahr für den Operateur besteht. Alle anderen ärztlichen Tätigkeiten können ohne Vorbehalt ausgeübt werden.

Literatur

Hecht FM, Busch MP, Rawal B, Webb M, Rosenberg E, Swanson M (2002) Use of laboratory tests and clinical symptoms for identification of primary HIV infection. AIDS 16:1119–1129

Imdahl A (2006) Operationen bei HIV-Patienten: Gefahren und Indikationen. Wie hoch ist das Infektionsrisiko für den Chirurgen? MMW Fortschr Med 148 (Sonderheft 1):81–83

Mellors JW, Munoz A, Giorgi JV (1997) Plasmaviral load and CD4* lymphocytes as prognostic markers of HIV-1 infection. Ann Int Med 126:946–954

Rieger HJ (1998) HIV-Infektion als Berufskrankheit bei einer Krankenhausärztin. DMW 123:1461

RKI (1999) Zur Problematik der nosokomialen Übertragung von HIV. Epid Bull 34:251–253

RKI (2002) Postexpositionelle Prophylaxe nach HIV-Exposition. Deutsch-Österreichische Empfehlungen. Aktualisierung 2002. www.rki.de > Infektionskrankheiten A–Z > HIV/AIDS > Prophylaxe > Leitlinien

RKI (2005 a) Stand und Entwicklung der HIV-Epidemie in Deutschland. Epid Bull 47:437–446

RKI (2005 b) HIV-Infektionen und AIDS-Erkrankungen in Deutschland. Aktuelle epidemiologische Daten. Epid Bull (Sonderausgabe B):1–15

RKI (2006) HIV-Infektionen und AIDS-Erkrankungen in Deutschland. Epid Bull (Sonderausgabe A):1–16

UNAIDS (2004) www.unaids.org/en/ssne/Prevention_treatment/antiretrovial_therapy.asp

UNAIDS/WHO (2005) AIDS epidemic update, December 2005. www.who.int/hiv/epi-update2005_en.pdf

UNAIDS (2006 a) Report on the global Aids epidemic. www.unaids.org/en/HIV_data/2006GlobalReport/default.asp

UNAIDS (2006 b) The changing HIV/AIDS Epidemic in Europe and Central Asia. www.unaids.org

27.1.2 Tollwut (Rabies, Lyssa)

Die Tollwut – eine Zoonose – wird durch neurotrope Viren der Familie der Rhabdoviren, Genus Lyssaviren, verursacht.

Träger des Tollwutvirus sind wildlebende Fleischfresser wie Füchse, Wölfe, Dachse, Marder sowie Rehe und bei den Haustieren Weidetiere (Rinder, Schafe, Ziegen, Pferde) sowie Hunde und Katzen. Das hauptsächliche Virusreservoir ist der Fuchs. Hunde und Katzen spielen vor allem als Expositionstiere für den Menschen eine wichtige Rolle. Eichhörnchen, Ratten und Mäuse haben in Deutschland als Reservoir keine Bedeutung. In Amerika stellen Stinktiere, Waschbären, Fledermäuse und Füchse die Hauptreservoire dar.

Epidemiologie

Die Tollwut ist weltweit verbreitet. Nach Schätzung der WHO werden jährlich rund 35 000 Tollwuterkrankungen beim Menschen registriert, wobei jedoch mit einer erheblichen Dunkelziffer, insbesondere in Asien und Afrika, zu rechnen ist. In Deutschland konnte die Tollwut bei Wild- und Haustieren durch systematische Bekämpfungsmaßnahmen, vor allem durch die orale Immunisierung der Füchse, nahezu vollständig eliminiert werden. Neben der Schweiz erlangten auch Finnland, die Niederlande, Italien, Luxemburg, Frankreich, Belgien sowie die Tschechische Republik durch die orale Immunisierung der Füchse offiziell die Tollwutfreiheit. Infektionsrisiken bestehen insbesondere durch Reisen in Länder mit häufigem Vorkommen der Tollwut (Asien, Afrika). Seit einigen Jahren wurde in Europa (auch in Deutschland) ein Tollwutreservoir bei Fledermäusen auffällig, das durch andere Viren (europäische Fledermaus-Tollwutviren) hervorgerufen wird.

Häufigkeit

1996 und 2004 trat jeweils eine Tollwuterkrankung mit tödlichem Ausgang in Deutschland auf. Beide Infektionen waren durch Hundebiss, einmal in Sri Lanka und einmal in Indien, übertragen worden.

Übertragungen von Mensch zu Mensch sind möglich. Sowohl in den USA als auch in Deutschland sind Tollwutübertragungen durch Organtransplantationen in Einzelfällen vorgekommen. Die Deutsche Stiftung Organtransplantation (DSO) informierte am 16. 02. 2005 über Tollwuterkrankungen bei insgesamt 3 (Lunge, Niere-Pankreas, Niere) von 6 Organempfängern einer Organspenderin, bei der klinisch keinerlei Hinweise für eine Tollwuterkrankung bestanden. Patienten, denen Cornea transplantiert worden war, entwickelten keine Tollwutsymptome. Der Leber-transplantierte Patient überlebte, weil er gegen Tollwut geimpft war.

Im Zusammenhang mit diesen Erkrankungen erhielten alle mit der Spenderin und den transplantierten Patienten in Kontakt getretenen Personen eine postexpositionelle Prophylaxe (Simultanimpfung passiv mit Tollwut-Immunglobulin und aktiv mit Rabiesvakzine). Eine Erkrankung trat nicht auf.

Infektionsweg

Nach der Infektion des Tieres kommt es am Ende der Inkubationszeit zur Virusvermehrung im ZNS und von dort zur Erregerstreuung, wobei das Virus massenhaft im Speichel ausgeschieden wird. Die Übertragung auf den Menschen erfolgt fast ausschließlich durch Biss, ist jedoch auch über Hautverletzungen oder direkten Kontakt des infektiösen Materials mit der Schleimhaut möglich.

Ob es nach einer Exposition bei nicht geimpften Personen zu einer Erkrankung kommt, hängt von der Lokalisation der Verletzung sowie Art und Ausmaß der Exposition ab. So erkranken beim Vorliegen mehrerer tiefer Bissstellen im Gesicht bis zu 60% der Verletzten, während bei oberflächlichen Bissverletzungen im Gesicht nur bis zu 10% und bei oberflächlichen Bissverletzungen an der Hand nur bis zu 5% erkranken.

Tollwütige wildlebende Tiere verlieren häufig zu Beginn der Erkrankung ihre Scheu vor den Menschen. Füchse, Hunde und Katzen sind drei bis sieben Tage vor Auftreten klinischer Symptome sowie während der gesamten Dauer der Erkrankung infektiös.

Die Inkubationszeit beträgt 30–60 Tage, selten kürzer (10 Tage) oder länger (6–8 Monate).

Symptomatik

Die Tollwut verläuft beim Menschen in drei Stadien.

1. *Prodromalstadium:* Uncharakteristische Beschwerden wie Kopfschmerzen, Appetitlosigkeit, Fieber, Brennen, Jucken und vermehrte Schmerzempfindlichkeit im Bereich der Bisswunde.
2. *Akute neurologische Phase:* Bei der enzephalitischen Form, die überwiegend durch zerebrale Funktionsausfälle gekennzeichnet ist, kommt es meist zu einer ausgeprägten Hydrophobie. Beim Schlucken entstehen Krämpfe der Schlundmuskulatur, wodurch eine erhebliche Angst vor dem Trinken besteht und der Speichel aus dem Mund fließt. Bereits die optische oder akustische Wahrnehmung von Wasser führt zu Unruhe und Krämpfen, die sich auf die gesamte Muskulatur erstrecken können. Der Gemütszustand wechselt zwischen aggressiver und depressiver Verstimmung.

   Bei der paralytischen Form mit überwiegenden Veränderungen an Nerven des Rückenmarks und peripheren Nerven stellen sich zunehmend Lähmungen ein, so dass diese Manifestationsform schwer gegenüber dem Guillain-Barré-Syndrom abzugrenzen ist.

3. *Koma:* Der Tod tritt im Koma unter den Zeichen der Atemlähmung ein.
   Zwischen dem Auftreten der ersten Symptome und dem Tod liegen maximal sieben Tage.

Diagnostisch

ist zu Lebzeiten der Patienten ein Antigen- bzw. Tollwutvirus-RNA-Nachweis in Epithelzellen der Cornea, in Nackenhautbiopsien, im Speichel oder Liquor grundsätzlich möglich. Alle intra vitam eingesetzten diagnostischen Verfahren erbringen jedoch nicht selten negative Resultate und stellen folglich keine Ausschlusskriterien dar.

Bei dem bissverursachenden Tier kann eine Rabiesinfektion innerhalb von wenigen Stunden durch die Immunfluoreszenz der autoptischen Gehirnschnitte oder durch eine histologische Untersuchung auf Negrikörperchen nachgewiesen werden.

Therapie

Bei Bissverletzungen muss die Wunde sofort mit Seifenlösung oder Wasser gereinigt und mit Alkohol desinfiziert werden.

Bei einer Verletzung durch ein ansteckungsverdächtiges Tier ist in Anbetracht des tödlichen Ausgangs der Tollwut grundsätzlich so schnell wie möglich nach der Verletzung eine Postexpositionsprophylaxe mit aktiver (HDC-Impfstoff) und passiver Immunisierung (humanes Immunglobulin) wie in Tabelle 27.3 aufgeführt einzuleiten. Die aktive Immunisierung erfolgt gemäß den Angaben der Hersteller nach verschiedenen Schemata. Ein übliches Schema sind Impfungen an den Tagen 0, 3, 7, 14, 28. Rechtzeitig appliziert, liegt die Schutzrate nach einer aktiven Immunisierung bei peripheren Verletzungen bei 100%.

Die einzelnen Impfungen und die Verabreichung von Tollwutimmunglobulin sind sorgfältig zu dokumentieren. Ist eine Exposition durch ein ansteckungsverdächtiges bekanntes Tier erfolgt, sollte dieses zur Beobachtung 10 Tage isoliert und parallel dazu die Impfung begonnen werden. Ein infiziertes Tier entwickelt in dieser Zeit typische Tollwutsymptome. Treten keine Symptome auf, können weitere Impfungen bei der exponierten Person eingestellt werden. Die 10-Tage-Regel gilt nur für Hunde und Katzen.

Bei Auftreten von Symptomen nach Infektion ist keine Therapie möglich.

Präexpositionelle Immunisierung

Eine Indikation für die präexpositionelle Impfung besteht bei Tierärzten, Jägern, Forstpersonal, Personen mit Umgang mit Wildtieren in Gebieten mit Wildtollwut, bei Personal in Laboratorien mit Tollwutinfektionsrisiko. Des Weiteren wird eine Impfung bei Reisen mit entsprechendem Expositionsrisiko (z. B. Trekkingtouren) in Regionen mit hoher Tollwutgefährdung (streunende Hunde in Asien und Afrika) empfohlen.

Nach einer kompletten Grundimmunisierung besteht Impfschutz bis zu fünf Jahren. Bei anhaltendem Expositionsrisiko sind regelmäßige Auffrischungsimpfungen erforderlich. Durch halbjährliche Titerkontrolle mit einer Auffrischungsimpfung bei Titern unter 0,5 IE/ml besteht ein hundertprozentiger Schutz.

Ohne rechtzeitige Postexpositionsprophylaxe verläuft die Infektion letal. Anfang 2005 wurde allerdings von dem Fall einer fünfzehnjährigen ungeimpften Jugendlichen berichtet, die die Erkrankung nach einer experimentellen virostatischen Behandlung und mehrwöchiger Intensivtherapie überlebt hat.

Tabelle 27.3. Indikationen für eine postexpositionelle Tollwut-Immunprophylaxe. (Thraenhart 1999)

Grad der Exposition	Art der Exposition		Immunprophylaxe (Beipackzettel beachten)
	Durch ein tollwutverdächtiges oder tollwütiges Wild- oder Haustier	**durch einen Tollwut-Impfstoffköder**	
I	Berühren/Füttern von Tieren, Belecken der intakten Haut	Berühren von Impfstoffködern bei intakter Haut	keime Impfung
II	Knabbern an der unbedeckten Haut, oberflächliche, nicht blutende Kratzer durch ein Tier, Belecken der nicht intakten Haut	Kontakt mit der Impfflüssigkeit eines beschädigten Impfstoffköders mit nicht intakter Haut	Impfung
III	Jegliche Bissverletzung oder Kratzwunden, Kontamination von Schleimhäuten mit Speichel (z. B. durch Lecken, Spritzer)	Kontamination von Schleimhäuten und frischen Hautverletzungen mit der Impfflüssigkeit eines beschädigten Impfstoffköders	Impfung und *einmalig simultan* mit der ersten Impfung passive Immunisierung mit Tollwut-Immunglobulin (20 IE/kg Körpergewicht)

Nach § 6 IfSG besteht eine namentliche Meldepflicht für die Verletzung eines Menschen durch ein tollwutkrankes, verdächtiges oder ansteckungsverdächtiges Tier sowie auch für die Berührung eines solchen Tieres oder Tierkörpers.

Entsprechend § 7 IfSG ist der direkte oder indirekte Nachweis des Rabiesvirus meldepflichtig.

Literatur

RKI (2003) Fledermaustollwut – Infektionsgefahr auch in Deutschland. Epid Bull 26:17

RKI (Stand 07/2004) Empfehlungen der Ständigen Impfkommission (STIKO) am Robert Koch-Institut. Epid Bull 30:249

RKI (2004) Tollwut – ein Erkrankungsfall nach Indienaufenthalt. Epid Bull 42:362–363

RKI (2005) Informationen zu den Tollwutübertragungen durch Spendeorgane. Epid Bull 8:70

RKI (2005) Tollwut: Erstmals ohne Postexpositionsprophylaxe überlebt. Epid Bull 3:201–202

Schönefeld C, Burchardt GD, Dittmann S (2003) Konsensuspapier zur Tollwutimpfung für Reisende. MMW Fortschr Med 145:125–129

Thraenhart O (1999) Tollwut-Impfung. Immunologie & Impfen 1:23–28

27.1.3 Pocken (Variola)

Das Variolavirus ist ein Virus aus der Gruppe der Orthopoxviren.

Der Mensch ist das einzige Reservoir der Variola-major-Viren. Das Virus kann in getrockneten Sekreten von Erkrankten Jahre überleben. In einem Aerosol beträgt die Überlebenszeit bis zu 24 Stunden.

Die humanpathogenen Viren der Variola major haben mit den Erregern des Alastrims, denen der Kuhpocken, Affenpocken, Kamelpocken, Büffelpocken und Mäusepocken im biologischen Verhalten und im Antigenmuster enge Verwandtschaft. Bis auf die Erreger der Mäusepocken sind alle für den Menschen infektiös.

Epidemiologie, Impfung

Die weltweite Eradikation des Pockenvirus aus natürlichem Vorkommen ist 1980 von der WHO zertifiziert worden. Der letzte natürliche Erkrankungsfall trat 1977 in Somalia auf. Das Virus existiert offiziell nur noch in zwei Laboratorien in Russland und den USA (Centers for Disease Control). In Deutschland wurde das Reichsimpfgesetz von 1847 im Jahre 1983 außer Kraft gesetzt. Der Impfzwang ist weltweit aufgehoben. Die Zulassung des intradermal zu applizierenden Lebendimpfstoffs ist im Jahre 1991 abgelaufen. Impfstoffreserven mit der Möglichkeit der Wiederaufnahme der Impfstoffproduktion sind national und international vorhanden. Der Impfstoff hat eine hohe Reaktogenität und Komplikationsrate (ZNS, besonders bei Erstimpfungen). Eine lebenslange Immunität besteht nach Impfung nicht.

Eine allgemeine präexpositionelle Impfung ist derzeit weder möglich noch notwendig.

Ätiopathogenese

Die Übertragung erfolgt von Mensch zu Mensch in der hochkontagiösen Initialphase über Tröpfcheninfektion aus Nase, Mund und Rachen; im weiteren Krankheitsverlauf auch über Haut-zu-Haut-Kontakt. Hochinfektiös sind kontaminierte Wäsche und Abfall von Erkrankten.

Die Inkubationszeit beträgt 7–19 Tage, im Mittel 12–14 Tage.

Ansteckungsgefahr besteht mit Beginn des Fiebers bis zur Abheilung des Ausschlags (ca. 3 Wochen). Die höchste Kontagiosität besteht in der ersten Krankheitswoche.

Während der Inkubationszeit besteht noch keine Infektiosität, sondern erst mit oder kurz nach dem Fieberanstieg mit Beginn der Eruptionsphase, wenn ein Enanthem und erodierte Läsionen im Mund und in den oberen Luftwegen auftreten. Das Maximum der Infektiosität wird 3 bis 8 Tage nach Fieberbeginn erreicht. Die Empfänglichkeit ist bei nichtgeimpften Menschen in allen Altersgruppen und bei allen Rassen sehr groß, bei Geimpften ist sie von der noch vorhandenen Restimmunität abhängig. Eintrittspforte sind die Schleimhäute der Atemwege. Von dieser lokalen Infektion und der der regionalen Lymphknoten ausgehend kommt es zu einer ersten virämischen Phase, durch welche das retikulohistiozytäre System befallen wird. Von dort kommt es zu einem zweiten virämischen Schub mit generalisierter Ausbreitung der Erreger in Haut, Schleimhaut und inneren Organen. Die Krankheitserscheinungen fallen mit dieser zweiten intensiven Virämie zusammen.

Symptomatik

Das akute klinische Bild kann anfangs wie eine Influenza imponieren: abrupt einsetzendes hohes Fieber mit Kopf-, Muskel- und Rückenschmerzen. 2–4 Tage nach Beginn des Fiebers treten die typischen Papeln auf, schnell und synchron im Gesicht und an den Extremitäten. Die Papeln haben einen rötlichen Randsaum, füllen sich mit Eiter und verkrusten. Im Gegensatz zu den Windpocken befinden sich alle Papeln im gleichen Stadium und treten auch an Handinnenflächen und Fußsohlen auf. Während bei Windpocken Fieber und Exanthem gleichzeitig auftreten, geht bei der Pockenerkrankung das Fieber den Hauterscheinungen 2–4 Tage voraus.

Verlauf

Die typischen Pocken (Variola major) haben bei Ungeimpften eine Mortalität bis zu 50%, bei der milderen Verlaufsform, Variola minor oder Alastrim, ist die Sterblichkeit gering. Ihre hohe Kontagiosität, selbst über relativ große Entfernungen, begünstigt die Entstehung von Epidemien.

Diagnose

Die Verdachtsdiagnose wird auf Grund des typischen klinischen Bildes gestellt. Zur Unterscheidung von Windpocken, aber auch zum Direktnachweis der Pockenviren dient die elektronenmikroskopische Schnelldiagnostik aus inaktiviertem Bläscheninhalt oder abtrocknenden Krusten. Durch die Elektronenmikroskopie können Orthopockenviren gut von Parapockenviren und Herpesviren unterschieden werden. Die verschiedenen Orthopockenviren können elektronenmikroskopisch nicht differenziert werden. Zur sicheren Diagnostik stehen molekularbiologische Methoden (PCR, Sequenzierung, Stammbaumanalyse) zur Verfügung. Bei Umweltproben ist eine Diagnosesicherung durch Virusanzucht auf Zellen von Hühnerembryonen erforderlich (Hochsicherheitslabor).

Antikörperbestimmungen sind möglich, wegen der Kreuzreaktionen mit anderen Viren der Orthopoxgruppe aber schwierig zu interpretieren. Für die Schnelldiagnostik sind Antikörperbestimmungen ungeeignet.

Therapie

Die Behandlung beschränkt sich auf symptomatische Maßnahmen. Die Wirkung von Virustatika ist nicht untersucht, da seit über 20 Jahren mit Pockenviren des Menschen nicht mehr experimentiert werden darf.

Für exponierte Personen ist eine postexpositionelle Impfung, möglichst innerhalb von 4 Tagen nach Exposition, absolut indiziert. Eine Erkrankung kann nicht sicher verhindert werden, der Krankheitsverlauf wird jedoch gemildert und die Virusausscheidung vermindert. Eine passive Immunisierung ist nicht möglich, da das Anti-Vakzina-Immunglobulin, das zur Therapie von Impfkomplikationen eingesetzt wurde, derzeit weltweit nicht verfügbar ist.

In Deutschland werden für den Fall eines erneuten Pockenausbruchs 100 Mio. Impfstoffdosen bereitgehalten.

Die Mehrzahl der an Pocken Erkrankten überlebte mit Narbenbildungen. Die Letalität lag bei 30%. Fulminante hämorrhagische Verläufe können in jedem Lebensalter auftreten. Mildere Verlaufsformen mit hohem Fieber und nur einzelnen Hauteffloreszenzen wurden bei teilimmunen Patienten beobachtet (Letalität 1%).

Wird die Krankheit überlebt, besteht lebenslange Immunität.

Literatur

Centers for Disease Control and Prevention (CDC): www.bt.cdc.gov/Agent/Smallpox/Smallpox.asp

WHO: www.who.int/emc/disease/smallpox/faqsmallpox.html

WHO: www.who.int/emc/disease/smallpox/faqsheet.html

WHO: www.who.int/emc/disease/smallpox/slideset/index.html

WHO: http//www.who.int/wer/pdf/2001/wer7644.pdf

27.1.4 Arboviruskrankheiten

Unter dem Oberbegriff Arboviren („arthropodborne viruses") werden Viren zusammengefasst, die sich sowohl in Arthropoden wie Mücken oder Zecken als auch in Vertebraten (Vögeln, Säugetieren) vermehren. Diese Viren können durch Arthropoden über Biss oder Stich auf empfängliche Wirbeltiere und den Menschen übertragen werden. Zu den Arboviren gehören ca. 400 Vertreter verschiedener Virusfamilien bzw. Virusgenera, ein Teil führt beim Menschen zu Erkrankungen. Die meisten Infektionen finden in tropischen und subtropischen Gebieten statt, wo mit wenigen Ausnahmen die Arboviren Erreger von Zoonosen bei Affen, Nagetieren, Vögeln und anderen Tieren sind.

In der Tabelle 27.4 sind die für den Menschen wichtigsten Krankheitserreger, die beteiligten Vektoren, die Virusreservoire und die geographische Verbreitung der Erkrankungen zusammengefasst. Tabelle 27.5 beschreibt den klinischen Verlauf. Hanta-Viren, Ebola-Viren, Marburg-Viren, Lassafieberviren werden ebenfalls den Arboviren zugerechnet, obwohl sie, soweit bekannt, nicht durch Arthropoden übertragen werden (Tabelle 27.6).

Arthropoden infizieren sich beim Saugakt an infizierten Vertebraten und bleiben persistierend infektiös. Die Viren gelangen nach einem Entwicklungszyklus in den Organen der Arthropoden in die Speicheldrüse und werden bei erneutem Saugakt auf ein Wirbeltier oder den Menschen übertragen. Die Virusvermehrung in den Vertebraten erfolgt zunächst an der Einstichstelle. Während der Inkubationszeit kommt es zur Virusvermehrung im Knochenmark, in den Lymphknoten und danach zur Virämie. Virämie, Generalisation und Organbefall können symptomlos bleiben oder zu fieberhaften Allgemeinreaktionen führen. Häufig wird die Infektion in diesem Stadium überwunden, relativ selten entwickelt sich eine zweite Krankheitsphase mit oft tödlich verlaufender Enzephalitis oder mit hämorrhagischem Fieber mit Leber- und Nierenbeteili-

Tabelle 27.4. Für den Menschen wichtige Arboviren. (Nach Seitz et al. 2004)

Familie/Genus	Erreger	Vektor	Reservoir	Verbreitung	Klinik
Flaviviridae/ Flaviviren	Gelbfiebervirus	Moskitos	Mensch (urban) Affe (sylvatisch)	Zentralafrika Süd- u. Mittelamerika	Gelbfieber
	Dengue-Virus (1–4)	Moskitos	Affen/Mensch	Südostasien, Afrika, Amerika, Australien	A, C
	Jap. Enzephalitis-Virus	Moskitos	Schweine Vögel	Ostasien Westpazifik	B
	West-Nil-Virus	Moskitos	Vögel	Afrika, Naher Osten, Nordamerika	A, B
	St.-Louis-Enzephalitis-Virus	Moskitos	Vögel	Nordamerika	B
	FSME-Virus	Zecken	Nager, Vögel, Wiederkäuer	Zentraleuropa, Skandinavien, Russland	B
Togaviridae/ Alphavirus	Chikungunya-Virus	Moskitos	Mensch, Affe, Vögel, Fledermäuse	Afrika, Südostasien	A
	Ost-Pferdeenzephalitis-Virus	Moskitos	(Wasser-)Vögel	Östl. USA, Karibik	B
	West-Pferdeenzephalitis-Virus	Moskitos	Vögel	Westl. USA, Kanada	B
	Venezuela-Pferde-enzephalitis-Virus	Moskitos	Vögel, kleine Mammalier	Süd-USA, Mittel- u. Südamerika	A, B
	Ross-River-Virus	Moskitos	Vögel, Marsupalier	Australien, Ozeanien	A (epid. Polyarthritis)
	Sindbis-Virus	Moskitos	Vögel	Afrika, Australien, Südamerika	A
Bunyaviridae/ Bunyavirus	La-Cross-Virus	Moskitos	Mammalier	USA	A, B
	Tahyna-Virus	Moskitos	Mammalier	Europa	A, (B)
	Inkoo-Virus	Moskitos		Finnland, Russland	A, (B)
Bunyaviridae/ Nairovirus	Krim-Kongo-hämorrhag. Fieber-Virus	Zecken	Nager, Schafe, Ziegen, Tauben	Afrika, Südosteuropa	C
	Hanta-Virus	–	Nager	Nordeuropa, Nordasien	C
Bunyaviridae/ Phlebovirus	Rift-Valley-Fieber-Virus	Moskitos	Wiederkäuer	Afrika	A (fulminante Hepatitis)
	Sandmückenvirus (Papataci-Fieber)	Sandmücken	Nager, Schafe, Ziegen	Südeuropa, Afrika, Asien	A, B, Photophobie
Reoviridae/ Coltivirus	Colorado-Tick-Fever-Virus	Zecken, Moskitos	Kleine Mammalier	USA	A
Rhabdoviridae/ Vesiculuvirus	Chandipura-Virus	Moskitos	Hühner, Rhesusaffen	Indien	A

gung (siehe Tabelle 27.5). Zu den epidemischen hämorrhagischen Fiebern zählen das Gelbfieber, das Dengue-Fieber, das hämorrhagische Krimfieber, das argentinische und bolivianische hämorrhagische Fieber, das Lassafieber, das Ebola-Fieber sowie die Marburg-Krankheit. Der Begriff „hämorrhagisches Fieber" erklärt sich durch Blutungen in Haut, Schleimhäuten und inneren Organen bei hochfieberhaftem Verlauf, häufig begleitet von Nierenfunktionsstörungen und zentralnervösen Symptomen.

Der zunehmende Fernreisetourismus, der Transport von Tieren sowie deren natürliche Wanderungen (Zugvögel) tragen zur Verbreitung bei. Übertragungen von Arboviren durch nicht inaktivierte Blutkonserven, durch Organtransplantationen, durch Muttermilch, aber auch durch diaplazentare Infektion von der Mutter auf das Kind sind möglich. 23 Fälle von transfusionsassoziierten Arbovirus-Infektionen wurden im Jahr 2002 für West-Nil-Fieber (WNF) in den USA gemeldet.

Zum serologischen Nachweis sind nur für einen Teil der Erreger kommerzielle Tests erhältlich (FSME, Dengue-Virus, WNF). Die PCR-Diagnostik darf nur in Hochsicherheitslaboratorien durchgeführt werden.

Tabelle 27.5. Arbovirusinfektionen: klinischer Verlauf. (Nach Österreichische Gesellschaft für antimikrobielle Chemotherapie)

Gruppe	Klinik
A	▮ Eher benigner Verlauf ▮ Akutes Fieber ▮ Kopfschmerzen ▮ Myalgie ▮ Arthralgie ▮ Häufig Exantheme ▮ Lymphadenopathie ▮ Nur in Ausnahmefällen – Hämorrhagien – ZNS-Beteiligung
B	▮ Akute Infektion des ZNS – Meningoenzephalitis bis letale Enzephalitis – Enzephalomyelitis
C	▮ Hämorrhagisches Fieber

Eine Impfprophylaxe ist gegen Gelbfieber, Japan-Enzephalitis und FSME möglich. Für Laborpersonal steht ein inaktivierter Impfstoff gegen die Ost- und West-Pferdeenzephalitis zur Verfügung.

Gutachterliche Bewertung

Bei Personen, die sich beruflich in Endemiegebieten aufhalten müssen, ist eine Arbovirusinfektion als Berufskrankheit anzuerkennen.

Literatur

Centers for Disease Control and Prevention (CDC) (2002) West Nile virus activity – United States, Sept 26–Oct 2, 2002, and investigations of West Nile virus infections in recipients of blood transfusion and organ transplantation. MMWR 51:884, 895

Iwamoto M, Jernigan DB, Guasch A (2003) Transmission of West Nile Virus from an Organ Donor to Four Transplant Recipients. Engl J Med 348:2196–2203

Österreichische Gesellschaft für antimikrobielle Chemotherapie (Hrsg) Infektionsnetz Österreich. www.infektionsnetz.at/view.php?name=VirenArbo

RKI (2003) West-Nil-Fieber: Erster importierter Erkrankungsfall in Deutschland. Epid Bull 39:320

Seitz R, Blümel J, Burger R, Wolfram G (2004) Arboviren – durch Arthropoden übertragbare Viren: Stellungnahme des Arbeitskreises Blut des Bundesministeriums für Gesundheit und Soziale Sicherung. Bundesgesundheitsbl Gesundheitsforsch – Gesundheitsschutz 47:910–918

Tabelle 27.6. Arboviren, die nicht durch Arthropoden übertragen werden. (Nach Österreichische Gesellschaft für antimikrobielle Chemotherapie)

Familie/Genus	Virus	Reservoir	Erkrankung	Verbreitung
▮ **Arenaviridae/ Arenavirus**	Lassa	Nager	Lassafieber	West-Afrika
	Junin	Nager	Argent. häm. Fieber	Argentinien
	Sabia	Nager ?	Brasil. häm. Fieber	Brasilien
	Machupo	Nager	Boliv. häm. Fieber	Bolivien
	Guanarito	Nager	Venez. häm. Fieber	Venezuela
▮ **Filoviridae/ Filovirus**	Marburg	?	Marburg-Krankheit	Afrika
	Ebola-Zaire	?	Ebola-Fieber	Afrika
	Ebola-Sudan	?	Ebola-Fieber	Afrika
	Ebola-Elfenbeinküste	?	Ebola-Fieber	Afrika
▮ **Bunyaviridae/ Hantavirus**	Hanta	Nager	Fernöstl. häm. Fieber mit renalem Syndrom	Ostasien
	Dobrava/Belgrad	Nager	Häm. Balkanfieber mit renalem Syndrom	Balkan
	Puumala	Nager	Nephropathia epidemica	Europa
	Seoul	Nager	Mildes häm. Rattenfieber mit renalem Syndrom	Weltweit?
	Sin Nombre	Nager	Hantavirus-Lungensyndrom	USA
	New York	Nager	Hantavirus-Lungensyndrom	USA
	Black Creek Canal	Nager	Hantavirus-Lungensyndrom u. Niereninsuffizienz	USA
	Bayou	Nager	Hantavirus-Lungensyndrom u. Niereninsuffizienz	USA
	Andes	Nager	Hantavirus-Lungensyndrom u. Niereninsuffizienz	Südamerika
	Unbenannt	Nager	Hantavirus-Lungensyndrom	Südamerika (Paraguay)

27.1.5 Frühsommer-Meningoenzephalitis (FSME)

Die Frühsommer-Meningoenzephalitis ist eine durch Zecken (Ixodes ricinus, Ixodes persulcatus) übertragene Arbovirusinfektion. Das Virus gehört zum Genus Flavivirus.

Die Infektion erfolgt über den Speichel der Zecke unmittelbar mit dem Biss, so dass eine Infektion durch die sofortige Entfernung der Zecke nach dem Biss nicht vermieden werden kann.

Epidemiologie

In den Endemiegebieten (Süddeutschland, Österreich, Südschweden, Nordschweiz, Elsass, Tschechien, Ungarn) treten bei ca. 1% der Zeckenbisse Infektionen mit dem FSME-Virus auf. Das primäre Erregerreservoir sind Kleinsäugerpopulationen, insbesondere Mäuse, aber auch Vögel, Rehe und Rotwild. Die Aktivität der Zecken erreicht ihren Höhepunkt im Juni, Juli und September. 1–5% der Zecken sind infiziert. 2005 wurden in Deutschland 432 FSME-Erkrankungen gemeldet (2004: 265 Erkrankungen, 2003: 276 Erkrankungen), darunter 38,2% aus Baden-Württemberg, 48,8% aus Bayern, die restlichen 13% aus Hessen, Thüringen und Rheinland-Pfalz. Diese Bundesländer gelten als Endemiegebiete. In den Endemiegebieten sind in der entsprechenden Zeit alle Personen gefährdet, die sich im Freien aufhalten. Die das Virus übertragenden Zecken finden sich nicht nur in Wäldern und am Waldesrand, sondern auch in Parkanlagen und Gärten.

Symptomatik

60–70% der Infektionen verlaufen asymptomatisch. Sie sind nur anhand der Serokonversion zu erkennen. Auch die klinisch inapparente Infektion hinterlässt eine lebenslange Immunität.

Ein Drittel der Infizierten entwickelt nach einer Inkubationszeit von ein bis zwei Wochen Symptome. Der Krankheitsverlauf ist biphasisch. In der 1. Phase treten grippeähnliche Beschwerden auf mit Kopf-, Hals- und Gliederschmerzen, mäßigem Fieber, Erbrechen, Schwindel. Diese Symptome verschwinden innerhalb von einer Woche spontan. Nach einem fieberfreien Intervall von 7–20 Tagen treten bei 10% der Infizierten mit einem zweiten Fieberanstieg neurologische Symptome auf, zur Hälfte eine benigne selbstlimitierte seröse Meningitis, in einem Drittel zusätzlich eine Enzephalitis mit epileptischen Anfällen, Bewusstseinsstörungen und psychotischen Symptomen. Sehr selten kommt es zu einem meningomyeloenzephalitischen Verlauf mit Beteiligung des Zentralnervensystems und des peripheren Nervensystems mit schlaffen Paresen. Nach zwei Wochen haben sich die neurologischen Symptome zurückgebildet. Restsymptome (Paresen, Anfallsleiden, Kopfschmerzen) verbleiben bei weniger als 10%. Bei 1–2% der Erkrankten mit ZNS-Beteiligung verläuft die Infektion letal.

Diagnostik

Diagnostische Methode der Wahl ist der FSME-Virus-spezifische IgM- und IgG-Nachweis im Serum oder Liquor mittels ELISA. Diese Antikörper können mit Beginn der 2. Krankheitsphase nachgewiesen werden. Bei atypischen Verläufen gilt der alleinige IgM-Nachweis im Blut als nicht spezifisch genug, weshalb empfohlen wird, einen 4fachen Titeranstieg in 2 Serumproben nachzuweisen. Zu beachten ist, dass nach FSME-Impfung über längere Zeit FSME-spezifische IgM-Antikörper vorhanden sein können.

Zu Beginn der Erkrankung ist eine Virusisolierung aus Blut und Liquor möglich (spezielle PCR, Westernblot).

Die Therapie

beschränkt sich ausschließlich auf symptomatische Maßnahmen.

Verlauf

Bei meningomyeloenzephalitischem Verlauf kommt es in ca. 10% der Fälle zu bleibenden neurologischen Defiziten (bei Kindern sehr selten, bei älteren Erwachsenen in bis zu 40% der Fälle). Letalität 1–2%.

Prophylaxe

Durch die aktive FSME-Schutzimpfung wird ein über 98%iger Impfschutz erzielt. Schon nach der 2. Impfung liegt der Impfschutz bei 90%.

Zur Grundimmunisierung sind drei Impfungen erforderlich: die 2. Impfung 21 Tage bis drei Monate nach 1. Impfung, die 3. Impfung neun bis zwölf Monate nach der 1. Impfung. Auffrischungsimpfung alle drei Jahre (STIKO). Indiziert ist die Impfung bei allen Personen, die sich ständig oder vorübergehend in der Zeit von März bis Dezember in Endemiegebieten aufhalten.

Eine postexpositionelle Immunprophylaxe ist nicht möglich.

Nach § 7 Abs. 1 Nr. 14 IfSG besteht namentliche Meldepflicht bei Erkrankung und Tod.

Literatur

Chin J (ed) (2000) Control of Communicable Diseases Manual. Am Publ Health Assoc 2000:43–45

RKI (2004) Risikogebiete für Frühsommer-Meningoenzephalitis (FSME) in Deutschland. Epid Bull 21:169–173

RKI (2006) Risikogebiete für Frühsommer-Meningoenzephalitis (FSME) in Deutschland. Epid Bull 17:129–131

RKI (Stand Juli 2003) Impfempfehlungen der Ständigen Impfkommission (STIKO) am Robert Koch-Institut

27.1.6 Rift-Valley-Fieber

Das Rift-Valley-Fieber-Virus (*RVFV*) gehört zur Familie der Bunyaveridae.

Das RVFV wurde erstmals 1930 während einer Epidemie unter Schafen in Ostafrika im kenianischen Tal des ostafrikanischen Grabens Rift Valley isoliert und kommt in weiten Teilen Afrikas endemisch vor (Abb. 27.4). Seit September 2000 sind erste Fälle auch in Saudi-Arabien und im Jemen aufgetreten. Die natürlichen Wirte sind verschiedene Nutztiere (Schafe, Ziegen, Rinder, Kamele) und Antilopen.

Die *Übertragung* auf den Menschen erfolgt durch tropische Stechmücken. Eine Infektion ist aber auch durch Aufnahme infektiöser Aerosole, z. B. beim Schlachten und bei der Autopsie befallener Tiere sowie bei der Entsorgung von Tierkadavern ohne Mitbeteiligung von Vektoren möglich. Eine Übertragung von Mensch zu Mensch ist nicht bekannt.

Nach einer *Inkubationszeit* von drei bis zehn Tagen treten folgende Symptome auf: Fieber, hämorrhagische Diathese, Kopf-, Muskel- und Gelenkschmerzen, bei 1% Hepatitis, selten auch Meningitis und/oder Retinitis mit Erblindung.

Diagnostisch können spezifische Antikörper gegen RVFV im Neutralisationstest und Hämagglutinationstest nachgewiesen werden, auch ein direkter Virusnachweis ist möglich.

Wichtigste Differentialdiagnosen sind Malaria, Gelbfieber, Dengue-Fieber.

Die *Behandlung* ist in erster Linie symptomorientiert. Nach Ergebnissen in Tierversuchen scheint das Virostatikum Ribavirin wirksam zu sein, vermutlich auch Interferon.

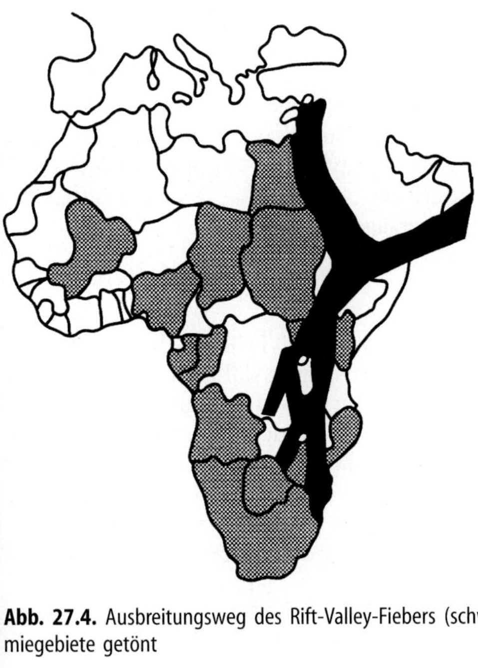

Abb. 27.4. Ausbreitungsweg des Rift-Valley-Fiebers (schwarz), Endemiegebiete getönt

Die *Letalität* liegt bei 1%.

Die *häufigste Komplikation* ist die Retinitis mit Erblindung in 1–10%.

Gutachterliche Bewertung

Gefährdet sind alle Menschen, die in den Endemiegebieten leben, vor allem wenn sie durch Kontakt mit Vieh dem Mückenbefall ausgesetzt sind. Einer besonders hohen Infektionsgefahr sind Personen ausgesetzt, die beruflich Kontakt zu Tieren haben, z. B. Tierärzte oder Schlachthausarbeiter.

Ein Impfstoff existiert nicht, die Prophylaxe besteht allein im Schutz vor Insektenstichen.

Literatur

Centers for Disease Control and Prevention (CDC): www.cdc.gov/ncedod/dvrd/spb/mnpages/despages/rvf.htm

27.1.7 Gelbfieber

Das Gelbfiebervirus gehört zur Familie der Flaviviridae. Gelbfieber ist eine durch Stechmücken übertragene Zoonose/Arthroponose.

Epidemiologie

Gelbfieber tritt in tropischen Gebieten auf beiden Seiten des Atlantiks auf (Abb. 27.5). Die Gelbfieberzone Afrikas erstreckt sich etwa von 15° N bis 10° S. Dort leben etwa 468 Mio. Menschen. In Südamerika reicht der Gelbfiebergürtel von 20° N bis 40° S, umfasst neun Länder und einzelne Inseln in der Karibik. Besonders gefährdet sind in dieser Region Bolivien, Brasilien, Ecuador, Kolumbien und Peru. Weltweit kommt es zu ca. 200 000 Erkrankungsfällen und 30 000 Sterbefällen innerhalb der einheimischen Bevölkerung der Endemiegebiete. Erkrankungen bei Reisenden sind dank der vorgeschriebenen Impfung selten.

Übertragungsweg

Das Erregerreservoir sind Primaten und Stechmücken, die sich wechselnd infizieren. Nach Infektion einer Mücke bleibt diese infektiös und kann den Erreger über die Eier auf die Nachkommen weitergeben (Stechmückenzyklus).

Eine Übertragung ist nur über Stechmücken der Gattungen Aedes und Hämagogus (Letztere nur in Amerika) möglich. Es werden drei Übertragungszyklen unterschieden:

1. *sylvatischer Zyklus* (Busch- oder Dschungelfieber): Infektionen zwischen Affen und Mücken, Menschen werden sporadisch infiziert;

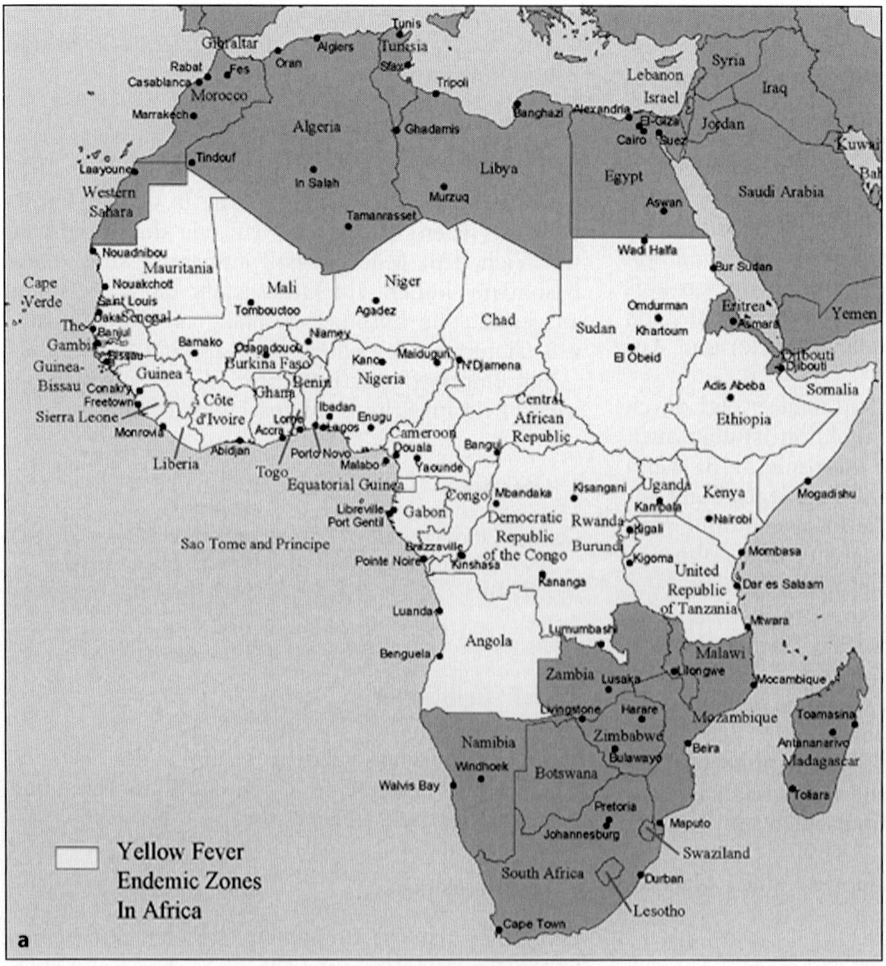

Abb. 27.5 a. Verbreitung des Gelbfiebers in Afrika. (CDC 2007)

2. *urbaner Zyklus* (klassisches oder urbanes Gelbfieber, Stadt-Gelbfieber): In einer menschlichen Population wird das Virus durch infizierte Mücken von Mensch zu Mensch übertragen und kann so zu Epidemien führen;
3. *intermediärer Zyklus*: Aus epidemiologischer Sicht stellt dieser Zyklus die gefährliche Verbindung zwischen den ersten beiden Zyklen dar. Er kommt in waldnahen, kleinen Siedlungen zustande, in denen Vektoren und Wirte (Menschen und Affen) eng nebeneinander leben.

Symptomatik

Bei einem Teil der Infizierten kommt es zu asymptomatischen Infektionen oder auch zu Erkrankungen mit einer relativ milden Symptomatik (besonders bei Kindern). Üblicherweise verläuft die Erkrankung nach einer Inkubationszeit von 3–6 Tagen in zwei Phasen.

1. Nach einem akuten Beginn mit hohem Fieber, Schüttelfrost, Myalgien, Kopfschmerzen, Übelkeit, Erbrechen, Nasenbluten und einer relativen Bradykardie kommt es innerhalb von 3–4 Tagen zu einem Rückgang der klinischen Symptome. Bei der Mehrzahl der Patienten tritt eine Genesung ein.
2. Bei ca. 15% der Erkrankten entwickelt sich eine so genannte toxische Phase: Hohes Fieber steigt bei relativer Bradykardie. Multiple Hämorrhagien, ikterische Hepatitis, Niereninsuffizienz, Multiorganversagen.

Diagnostik

In der Diagnostik ist die RT-PCR, die bereits am ersten Krankheitstag positiv ausfällt, die Methode der Wahl. Ein direkter Virusnachweis aus dem Blut gelingt meist erst im Verlauf der Erkrankung zwischen dem dritten und achten Fiebertag. Antikörper der IgM- und IgG-Klassen können erst fünf bis zehn Tage nach Krankheitsbeginn im Serum nachgewiesen werden. Kreuzreaktionen mit Antikörpern gegen andere Flaviviren (Dengue-Viren, japanische Enzephalitis, West-Nil-Fieber, FSME) müssen beachtet werden. Nach sechs bis zwölf Monaten verschwinden die IgM-

Abb. 27.5 b. Verbreitung des Gelbfiebers in Amerika. (CDC 2007)

Antikörper. Neutralisierende IgG-Antikörper persistieren lebenslang und schützen vor Reinfektionen (lebenslange Immunität).

Die Therapie

beschränkt sich auf rein symptomatische Maßnahmen. Schwere Verläufe müssen intensivmedizinisch behandelt werden.

Verlauf

Etwa 50% der Patienten mit einer toxischen Phase sterben, die Gesamtletalität des Gelbfiebers liegt bei 10–20%. Wird die Krankheit überlebt, besteht lebenslang Immunität.

Prophylaxe

Die Schutzimpfung erfolgt mit abgeschwächten lebenden Gelbfieberviren, die WHO empfiehlt die 17-D-Vakzine als sichersten und ungefährlichsten Impfstoff. Die Impfviren werden im Hühnereiembryo gezüchtet. Bei 2 bis 4% der Schutzgeimpften kommt es am 4. bis 7. Tag nach der Impfung zu Fieberreaktionen, selten und besonders bei Kleinkindern treten postvakzinal meningoenzephalitische Symptome auf. Da die 17-D-Vakzine Hühnereiweiß enthält, ist auch mit allergischen Reaktionen zu rechnen. Menschen unter immunsuppressiver Therapie und Schwangere dürfen nicht geimpft werden. Impfungen werden nur in den von den Gesundheitsbehörden zugelassenen Impfstellen vorgenommen. Die Gültigkeit eines Impfzertifikates beträgt 10 Jahre, der Impfschutz hält wahrscheinlich noch länger an. Vollständige Immunität ist wahrscheinlich am 10. Tag nach der Schutzimpfung gegeben. Obgleich lebende Viren zur Vakzination benutzt werden, können sich Mücken durch Biss immunisierter Menschen nicht infizieren.

Maßnahmen für Patienten und Kontaktpersonen

Bei Krankheitsverdacht sofortige stationäre Einweisung in eine Klinik mit tropenmedizinischer Erfahrung. Kranke wie Krankheitsverdächtige und nicht schutzgeimpfte Kontaktpersonen, die den Stichen infizierter Mücken ausgesetzt waren, werden isoliert und nicht vor Ablauf der zweiten Woche nach Krankheitsbeginn aus der Quarantäne entlassen, weil noch bis zum 12. Krankheitstag die Viren aus dem Blut isoliert werden konnten. Medizinisches Personal und Ärzte werden bestimmten Schutzmaßnahmen unterworfen – Schutzkleidung, Gummihandschuhe –, sie müssen ebenso wie in Endemiegebiete einreisende Personen schutzgeimpft sein.

Maßnahmen bei Ausbrüchen

Die Bekämpfung von Ausbrüchen in Endemiegebieten erfolgt in erster Linie durch Impfungen ungeschützter Personen (Riegelungsimpfungen). Entscheidend sind ausgedehnte Mückenbekämpfungsmaßnahmen durch Einsatz von Insektiziden zur Vernichtung vorhandener Mückenpopulationen.

Entsprechend § 6 des IfSG sind Krankheitsverdacht, Erkrankung und Tod an virusbedingtem, hämorrhagischem Fieber namentlich zu melden. Nach § 7 des IfSG besteht eine Meldepflicht für den direkten oder indirekten Nachweis des Gelbfiebervirus.

Beratung und Spezialdiagnostik. Nationales Referenzzentrum für tropische Infektionserreger Bernhard-Nocht-Institut für Tropenmedizin Hamburg (Tel.: 04042818/401, Fax: 04042818/400)

Literatur

Centers for Disease Control and Prevention (CDC) (2006) Travelers' Health: Yellow Book. Health Information for International Travel, 2005–2006. Yellow Fever. www2.ncid.cdc.gov/travel/yb/utils/ybGet.asp?section=dis&obj=y ellowfever.htm

Lang W, Löscher Th (2000) Tropenmedizin in Klinik und Praxis. Thieme, Stuttgart New York, S 349–355

RKI (1999) Gelbfieber: Übersicht, Bericht über eine importierte Erkrankung. Epid Bull 32:235–239

RKI (2004) Falldefinitionen des Robert Koch-Instituts zur Übermittlung von Erkrankungs- oder Todesfällen und Nachweisen von Krankheitserregern Bundesgesundheitsblatt – Gesundheitsforschung – Gesundheitsschutz 47:165–206

27.1.8 Maul- und Klauenseuche (MKS)

Die MKS-Viren bilden innerhalb der Familie der Picornaviridae ein eigenes Genus (Aphthovirus) mit sieben Serotypen und verschiedenen Subtypen. Die MKS ist hochkontagiös und befällt fast ausschließlich Paarhufer (Haus- und Wildtiere). Mit Ausnahme von Australien, Neuseeland und Nordamerika ist die Tierkrankheit weltweit verbreitet. Das Virus zeichnet sich durch eine ausgesprochen hohe Resistenz gegenüber Umwelteinflüssen aus, ist jedoch hitze- und säureempfindlich.

Die **Übertragung** erfolgt durch Schmier- und Kontaktinfektionen, aber auch aerogen. Menschen aus dem Umfeld erkrankter Tiere können das MKS-Virus als Vektoren weitergeben, z.B. über Kleidung und Schuhe, was tierseuchenhygienisch von großer Bedeutung ist.

In Deutschland sind in den letzten zehn Jahren keine MKS-Fälle aufgetreten.

Die **Pathogenität** des MKS-Virus für den Menschen ist nur sehr gering. Infektionen wurden bei früheren Ausbrüchen nur vereinzelt bei direktem Kontakt zu infizierten Tieren in der Tierhaltung und beim Schlachten beobachtet. Begünstigend wirken mangelhafte Arbeitshygiene, eine sehr massive Exposition sowie Hautverletzungen, die als Eintrittspforte dienen können.

Verlauf. Nach einer Inkubationszeit von 2–8 Tagen entwickelt sich an der Eintrittspforte eine Primäraphthe. Danach können eine diskrete fieberhafte Allgemeinreaktion sowie Aphthen an der Mund-Rachen-Schleimhaut sowie an den Fingern und Zehen auftreten. Der Krankheitsverlauf ist unkompliziert, Organmanifestationen an ZNS oder Herz, wie sie vom Tier bekannt sind, sind bei Menschen bisher noch nie aufgetreten.

Die **Therapie** ist symptomatisch. Die Erkrankung heilt folgenlos aus.

Impfung. Veterinärimpfstoffe stehen zur Verfügung, sollen jedoch nur im Notfall bei einem Seuchenausbruch zum Schutz der Tiere in der weiteren Umgebung eingesetzt werden. Eine flächendeckende Impfprophylaxe gibt es in der EU nicht.

Gutachterliche Bewertung

Gefährdet sind Tierärzte, Tierpfleger, Melker, Milchhändler, Fleischer, aber auch Verbraucher von unbehandelten Tierprodukten.

Literatur

RKI (2001) Maul- und Klauenseuche: Zur Bedeutung für den Menschen. Epid Bull 9:65

27.1.9 Masern

Das Masernvirus ist ein ausschließlich humanpathogenes RNA-Virus des Genus Morbillivirus in der Familie der Paramyxoviren.

Epidemiologie. Masern sind weltweit verbreitet. In Afrika gehören sie zu den zehn häufigsten Infektionskrankheiten mit einem hohen Anteil tödlicher Verläufe. In Deutschland ist die Inzidenz durch die seit ca. 30 Jahren praktizierte Impfung stark zurückgegangen, doch kommt es immer wieder zu kleinräumigen Ausbrüchen wie Anfang 2006 in Nordrhein-Westfalen (1354 gemeldete Fälle vom 01.01. bis zum 31.05.2006).

Impfung

Die WHO strebt die Ausrottung der Masern an. Das setzt voraus, dass mindestens 95% der Bevölkerung geimpft sind. Tatsächlich hatten in Deutschland gemäß Schuleingangsuntersuchungen im Jahr 2004 nur ca. 90% der Kinder eine Erstimpfung erhalten und die für einen echten Impfschutz unverzichtbare Auffrischimpfung im Mittel sogar nur 65% mit erheblicher Variabilität zwischen den Bundesländern (Abb. 27.6).

Das Masernvirus ist hochinfektiös (Kontagionsindex nahe 100%) und führt bei über 95% der nichtgeimpften Infizierten zur Erkrankung. Die Ansteckungsfähigkeit beginnt bereits fünf Tage vor Auftreten des Exanthems und hält bis vier Tage danach an.

Symptomatik. Masern sind eine systemische, sich selbst begrenzende Virusinfektion mit zweiphasigem Verlauf:
1. Beginn mit Fieber, Konjunktivitis, Schnupfen, Husten und Exanthem am Gaumen (pathognomonische Koplik-Flecken),
2. makulopapulöses Masernexanthem beginnend am 3.–7. Tag.

Komplikationen sind bakterielle Superinfektionen (Otitis media, Bronchitis, Pneumonie, Diarrhoen) sowie in 0,1% die postinfektiöse Enzephalitis. Diese verläuft in 10–20% letal, in 20–30% kommt es zu Dauerschäden am ZNS.

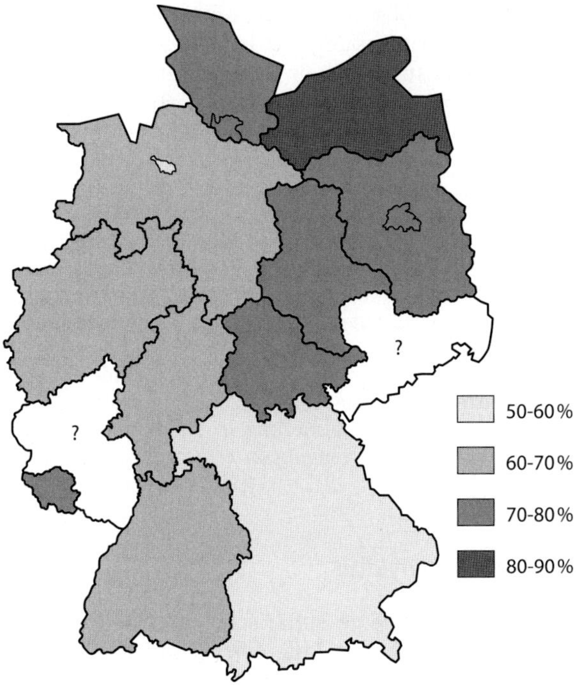

Abb. 27.6. Masern-Auffrischimpfung: Durchimpfungsgrad (in %) der Kinder mit vorgelegtem Impfausweis bei den Schuleingangsuntersuchungen in Deutschland 2004 (n = 657 295) nach Bundesländern (ohne Rheinland-Pfalz, Sachsen; Hamburg: Teilstichprobe von 70% der einzuschulenden Kinder). (RKI 2005)

Die subakute sklerosierende Panenzephalitis (*SSPE*) ist eine sehr seltene Spätkomplikation, die nach 6–8 Jahren auftritt und zu psychischen und intelektuellen Störungen sowie neurologischen Ausfällen zerebraler Funktionen führt.

Riesenzellpneumonie und Maserneinschlusskörperenzephalitis kommen bei Immunsuppression oder zellulären Immundefekten mit einer Letalität von ca. 30% vor.

Diagnose. Die Erkrankung kann anhand des typischen klinischen Bildes diagnostiziert werden. Serologisch können virusspezifische IGM-Antikörper nachgewiesen werden (ELISA oder KBR zum Nachweis eines signifikanten Antikörperanstiegs bei Geimpften mit Masernreinfektionen, RT-PCR zum Nachweis der Masernvirus-RNA).

Therapie. Die symptomatische Therapie ist abhängig von den Organmanifestationen. Bakterielle Superinfektionen müssen antibiotisch behandelt werden.

Prognose und Verlauf. Die Prognose der subakuten sklerosierenden Panenzephalitis ist stets infaust.

Die Masernerkrankung hinterlässt eine lebenslange Immunität.

Die Riesenzellpneumonie und die Maserneinschlusskörperenzephalitis gehen mit einer Letalität von ca. 30% einher.

Auf etwa 10 000 bis 20 000 Masernerkrankungen entfällt eine Erkrankung mit letalem Ausgang. Nach Angaben des statistischen Bundesamtes gab es seit 1998 pro Jahr ein bis zwei Masernsterbefälle (4 Sterbefälle 1999).

Literatur

Falldefinitionen des Robert-Koch-Instituts zur Übermittlung von Erkrankungs- oder Todesfällen und Nachweisen von Krankheitserregern (2004) Bundesgesundheitsblatt – Gesundheitsforschung – Gesundheitsschutz 47:165–206

RKI (2005) Durchimpfungsgrad bei der Schuleingangsuntersuchung in Deutschland. Epid Bull 49:460

RKI (2006) Masern-Eliminierung in Deutschland – weitere verstärkte Anstrengungen erforderlich. Epid Bull 22:170–178

27.1.10 Poliomyelitis

Polioviren sind kleine sphärische, unbehüllte RNA-Viren, die dem Genus Enterovirus und der Familie der Picornaviridae angehören.

Epidemiologie. Polioviren waren weltweit verbreitet. Vor der Einführung der oralen Impfung war die Verbreitung auch in Mitteleuropa so ausgeprägt, dass der Kontakt mit dem Erreger meist schon im Kindesalter erfolgte („Kinderlähmung"). Im Jahre 1988 initiierte die WHO auf der Basis des weltweiten Einsatzes der oralen Poliovakzine (*OPV*) das globale Poliomyelitis-Eradikationsprogramm, das die Eradikation der Poliomyelitis bis zum Jahre 2000 zum Ziel hatte. Seit 1994 ist der gesamte amerikanische Kontinent und seit dem Jahre 2000 der westpazifische Raum poliofrei. In Europa wurden letztmalig 1998 in der Türkei 26 endemische Polioerkrankungen gemeldet, seit 1999 sind keine Polioerkrankungen in Europa mehr bekannt geworden. Im Juni 2002 wurde auch Europa von der WHO als poliofrei zertifiziert.

1992 wurden die letzten beiden importierten Poliofälle (aus Ägypten und Indien) registriert.

Im Zusammenhang mit der oralen Poliolebendimpfung kam es jedoch in Deutschland jährlich zu ein bis zwei Vakzine-assoziierten paralytischen Poliomyelitiserkrankungen. Daher wurde 1998 die Empfehlung des Einsatzes von OPV aufgehoben und der generelle Einsatz von inaktiviertem Polioimpfstoff (i.m., s.c.) durch die STIKO empfohlen.

Endemische Erkrankungen durch Poliowildviren betreffen gegenwärtig nur noch wenige Länder in Afrika (Ägypten, Subsahara-Region) sowie in Asien (Indien, Pakistan und Afghanistan).

Übertragungsweg. Das einzige Erregerreservoir stellt der Mensch dar, der in der Frühphase kurzzeitig durch Tröpfcheninfektion aus dem Nasen-Rachen-Raum, hauptsächlich aber durch seine Virusausscheidung mit dem Stuhl über Monate Infektionsquelle ist.

Symptomatik. Nach einer Inkubationszeit von 3–35 Tagen können verschiedene klinische Manifestationen auftreten:
- *inapparent*: 95% stille Feiung,
- *abortive Poliomyelitis*: kurzzeitiger fieberhafter Infekt mit Übelkeit, Halsschmerzen, Myalgien und Durchfall.

Infiziert das Virus das ZNS, so entwickelt sich eine nichtparalytische (1–2%) oder eine paralytische (0,1–1%) Poliomyelitis:
- *nichtparalytische Poliomyelitis*: ca. 3–7 Tage nach der abortiven Polio kommt es zu Fieber, Nackensteifigkeit, Rückenschmerzen und Muskelspasmen. In diesem Stadium kann die Erkrankung folgenlos ausheilen oder in wenigen Stunden bis zu fünf Tagen in das paralytische Stadium übergehen;
- *paralytische Poliomyelitis*: rasche Entwicklung asymmetrischer, schlaffer Lähmungen der Bein- (am häufigsten), Arm-, Bauch-, Thorax- oder Augenmuskeln.

Diagnostik. Direkter Virusnachweis in Rachenspülflüssigkeit oder Stuhl.

Eine **spezifische Therapie** gibt es nicht. Nach der akuten Behandlung ist eine längere physiotherapeutische, orthopädische Nachsorge erforderlich.

Verlauf. Die Letalität liegt unter 1%. Nach paralytischer Poliomyelitis kann es noch nach Jahrzehnten zu einer Zunahme der Paralysen mit Muskelschwund kommen (Postpoliosyndrom).

Meldepflicht besteht bei Verdacht, Erkrankung und Tod.

Präventivmaßnahmen. Grundimmunisierung aller Säuglinge nach den Empfehlungen der STIKO mit der inaktivierten Poliovakzine, die sicher wirksam ist, keine Vakzine-assoziierte paralytische Poliomyelitis hervorruft und auch bei Immunschwäche risikolos ist.

Bei einer Poliomyelitiserkrankung sollten alle Kontaktpersonen unabhängig vom Impfstatus ohne Zeitverzug mit der inaktivierten Poliovakzine geimpft werden.

Polioverdachtsfälle müssen isoliert stationär behandelt werden.

Literatur

Mandell GL, Bennett JE, Dolin R (2000) Principles and Practice of Infectious Diseases, 5th ed. Livingstone, pp 1895–1903

RKI (1999) Letzte Vakzine-assoziierte Poliomyelitis in Deutschland. Epid Bull 12:75–76

Tabelle 27.7. Typische Erscheinungsbilder der neuen Variante im Vergleich mit der klassischen CJK. (Mod. n. RKI/BgVV/PEI/BfARm 2001)

	Neue Variante der CJK	Sporadische CJK
▮ Todesalter	30 Jahre	65 Jahre
▮ Krankheitsdauer	14 Monate	6 Monate
▮ Klinik bei Krankheitsbeginn	Dysästhesien, Verhaltensänderungen	Gedächtnisstörungen, Ataxie
▮ EEG	nicht typisch	66% PSWCs
▮ 14-3-3 Protein in Liquor	50%	94%
▮ Kernspintomographie	Hyperintensitäten im Thalamus, „pulvinar sign"	Hyperintensitäten in den Basalganglien
▮ Neuropathologische Charakteristika	„florid plaques"	

PSWCs periodic sharp and slow wave complexes

RKI (2003) Zum Welt-Polyomyelitistag 2003: WHO-Region Europa poliofrei – Probleme in anderen Regionen. Epid Bull 43:345

RKI (2004) Globale Polioeradikation – zwischen Bangen und Zuversicht. Epid Bull 43:367–369

27.1.11 Bovine spongyforme Enzephalopathie (BSE)

Die bovine spongyforme Enzephalopathie gehört zur Gruppe der übertragbaren, chronisch degenerativen, spongyformen Enzephalopathien (*TSE*). Zu den TSE zählen neben Erkrankungen bei Tieren (Skrapie beim Schaf) auch Erkrankungen des Menschen: die Creutzfeldt- Jakob- Krankheit (*CJK*), das Gerstmann-Sträussler-Scheinker-Syndrom (*GSS*), die fatale familiäre Insomnie (*FFI*) und Kuru. Die Prionerkrankungen des Menschen kommen als übertragbare, genetische oder sporadische Form vor.

▮ **Epidemiologie.** Die BSE trat erstmals 1985 bei Rindern in England auf („Rinderwahnsinn"). Durch den Export von Rindern und vor allen Dingen von Tiermehl zur Verfütterung breitete sich BSE in allen Ländern Europas einschließlich Deutschland aus. Der Höhepunkt der Seuche war 1992 in Großbritannien mit 37 280 BSE-Fällen beim Rind. In Deutschland wurden von 1992 bis 2005 insgesamt 395 BSE-Fälle gemeldet. Während im Jahre 2005 noch 32 Fälle gemeldet wurden, ist bis Juni 2006 noch kein BSE-Fall bekannt geworden. Durch gesetzliche Maßnahmen der EU (Exportverbot für britische Rinder, Rindfleisch und Tiermehl, Verbot der Tiermehlverfütterung an Wiederkäuer) konnte die Seuche eingedämmt werden.

Seit 2001 ist ein BSE-Schnelltest für Risikotiere im Alter von mehr als 30 Monaten (in Deutschland von mehr als 24 Monaten), die für den menschlichen Verzehr bestimmt sind, europaweit Pflicht. Im Jahre 2000 trat eine EU-weite Kennzeichnungspflicht für Rindfleisch in Kraft. Hirn, Schädel, Augen und Milz von Rindern müssen nach der Schlachtung vernichtet werden, damit diese Gewebe, die potentiell die höchste Konzentration der Erreger enthalten, nicht in die Nahrungskette gelangen können.

Tabelle 27.8. Diagnostische Kriterien der neuen Variante der CJK. (Mod n. RKI/BgVV/PEI/BfArM 2001)

I	a) Fortschreitende neuropsychiatrische Erkrankung b) Krankheitsdauer >6 Monate c) Routineuntersuchungen weisen auf keine alternative Diagnose hin d) Kein Hinweis auf mögliche iatrogene Ursache e) Kein Hinweis auf familiäre Prionerkrankung
II	a) Psychiatrische Symptome früh im Verlauf* b) Persistierende schmerzhafte Dysästhesien c) Ataxie d) Myoklonien oder choreatiforme Bewegungen oder Dystonie e) Demenz
III	a) Keine periodischen scharfen Wellen im EEG bzw. kein EEG b) Signalanhebungen im posterioren Thalamus (sog. „pulvinar sign") im MRT
IV	a) Tonsillenbiopsie positiv**
Sicher: I a) und neuropathologische Bestätigung einer CJK	
Wahrscheinlich: I und 4/5 von II und III a) und III b) *oder* I und IV a)	
Möglich: I *und* 4/5 von II *und* III a)	

* Depression, Angst, Apathie, Rückzug, Wahn
** Die Tonsillenbiopsie wird nicht routinemäßig empfohlen

1996 wurden in Großbritannien erstmals Fälle einer bis zu diesem Zeitpunkt unbekannten neuen Variante der CJK (*vCJK*) beschrieben. Diese Erkrankungsform wird ätiopathogenetisch mit BSE in Zusammenhang gebracht. Es wird vermutet, dass die vCJK mit der Aufnahme der Erreger der BSE über die Nahrung entsteht. Weiterhin gibt es Hinweise, dass vCJK durch Bluttransfusionen übertragbar ist, weshalb das Transfusionsgesetz angepasst wurde (Spendeausschluss bei mehr als sechsmonatigem Aufenthalt zwischen 1980 und 1996 in UK, Leukozytendepletion). Bis Ende 2005 sind in Großbritannien 157 Personen an vCJK erkrankt, von denen bereits 151 verstorben sind. In Frankreich wurden bis Ende

2005 14 Erkrankte erfasst, von denen bisher 11 verstorben sind. In Deutschland ist bislang noch kein Fall mit vCJK bekannt geworden.

Klinik und Diagnostik sind in den Tabellen 27.7 und 27.8 dargestellt.

Eine *Behandlungsmöglichkeit* oder Impfung gibt es nicht.

Wie BSE beim Tier und wie alle TSE verläuft vCJK *letal.*

Gutachterliche Bewertung

Wenn auch bisher noch keine berufsbedingte Erkrankung beschrieben ist, muss die Möglichkeit einer Infektion, z. B. durch Blut oder Liquor, in Betracht gezogen werden. (▶ BK 3101). Da routinemäßig einsetzbare Testverfahren zur frühen Diagnose vor Krankheitsausbruch fehlen, werden sich Kausalitätsfragen nur schwer klären lassen.

Literatur

Oie (2006) Number of cases of bovine spongiform encephalopathy (BSE) in the United Kingdom. www.oie.int/eng/info/en_esbru.htm

Oie (2006) Number of cases of bovine spongiform encephalopathy (BSE) in farmed cattle worldwide. www.oie.int/eng/info/en_esbru.htm

RKI (2005) Creutzfeldt-Jakob-Krankheit in den Jahren 2003 und 2004. Epid Bull 44:405–408

Robert Koch-Institut (RKI), Bundesinstitut für gesundheitlichen Verbraucherschutz und Veterinärmedizin (BgVV), Paul-Ehrlich-Institut (PEI) und Bundesinstitut für Arzneimittel und Medizinprodukte (BfArM) (2001) Die bovine spongiforme Enzephalopathie (BSE) des Rindes und deren Übertragbarkeit auf den Menschen. Bundesgesundheitsbl – Gesundheitsforsch – Gesundheitsschutz 44:421–431

27.1.12 Weitere Virusinfektionen

Virale Infektionen mit weltweiter Verbreitung sind in Tabelle 27.9 aufgelistet. Die Übertragung erfolgt bei allen Erkrankungen über eine Tröpfcheninfektion (zusätzlich über Schmierinfektion bei Zytomegalie, Herpangina, Myalgia epidemica Bornholm). Erregerreservoir ist der Mensch. Diagnostisch kommen neben der oft eindeutigen Klinik serologische Verfahren (KBR, ELISA, IFT, PCR) zur Anwendung. Seit August 2004 wird die Varizellen-Schutzimpfung für alle Kinder und Jugendliche von der STIKO empfohlen; sie sollte im Alter von 11–14 Monaten durchgeführt werden.

Neu auftretende Infektionen

In Tabelle 27.10 sind die seit 1972 neu identifizierten Viren aufgelistet.

Plötzlich sich ausbreitende neue Infektionskrankheiten durch bisher nicht bekannte Erreger können langsam durch Punktmutationen (fehlerhafte RNA-Kopien im Virusgenom – *Antigendrift*) oder schlagartig durch Rekombination verwandter Viren (*Antigenishift*) entstehen. Die für die asiatische Grippe (Influenza Subtyp A/H2N2) im Jahre 1957 und die Hongkong-Grippe (H3N2) im Jahre 1968 verantwortlichen Virussubtypen sind durch Antigenshift entstanden. Prinzipiell können die durch Rekombination entstandenen Reassortanten im Menschen und im Tier entstehen. Prädestiniert hierfür sind Schweine, die Rezeptoren für die Hämagglutinine sowohl von humanen als auch von Vogelgrippeviren besitzen. Ein enger Kontakt von Geflügel und Schweinen in landwirtschaftlichen Bereichen begünstigt die Entstehung solcher Reassortanten.

An der hochpathogenen Influenza A (H5N1, Vogelgrippe) erkrankten 1997 in Hongkong 18 Personen, von denen 6 verstarben. Seitdem wurden weitere, oft tödlich verlaufende Infektionen registriert (Tabelle 27.11). Bei der menschlichen Vogelgrippe erfolgt die Übertragung der Erreger nicht wie bei der typischen Virusgrippe durch Tröpfcheninfektion, sondern nur nach engem Kontakt mit erkrankten Tieren (Wasservögel, Geflügel) oder durch mit Vogelkot verunreinigten Gegenständen und Stäuben. Eine Übertragung von Mensch zu Mensch ist möglich, setzt aber einen sehr engen Kontakt der Personen voraus (Haushalt, Mutter/Kind, Pflegepersonal und behandelnde Ärzte).

Für gefährdete Personen (z. B. enger Kontakt zu erkrankten Tieren) werden vom Ausschuss für biologische Arbeitsstoffe folgende Schutzmaßnahmen empfohlen: Schutzkleidung, Influenza-Schutzimpfung mit dem aktuellen humanen Impfstoff, prophylaktische antivirale Therapie mit Neuraminidasehemmern. Die Influenza-Schutzimpfung soll Doppelinfektionen mit den aktuell zirkulierenden humanen Influenzaviren und dem Erreger der Vogelgrippe verhindern. Bei Doppelinfektionen besteht das Risiko, dass sich durch Rekombination neue Virusvarianten bilden und ein neues, für den Menschen hoch pathogenes Virus entsteht (Pandemiegefahr).

Der echten Grippe fallen jährlich in Deutschland ca. 13 000 Menschen zum Opfer bei rund 4,5 Mio. Erkrankungen. Die Möglichkeiten der aktiven Impfung werden unzureichend genutzt. Als spezifische Therapie stehen nur das inhalative Virustatikum Zanamivir und zur Prävention der Neuraminidasehemmer Oseltamivir zur Verfügung. Oseltamivir hemmt ein Oberflächenenzym (Neuraminidase) der Viren. Dadurch können die Viren nicht in die humanen Zellen eindringen; infolgedessen können sie sich nicht vermehren. Das Medikament ist nur wirksam, wenn die Einnahme vor Auftreten von Grippesymptomen oder innerhalb von 2 Tagen nach Beginn der Symptome begonnen wird. Der Schutz

Tabelle 27.9. Virale Infektionskrankheiten mit weltweiter Verbreitung

Viren Erkrankung	Inkubationszeit Kernsymptome	Komplikationen	Therapie Prophylaxe
Coxsackie-Viren			
Herpangina	2–5 Tage Fieber, Halsschmerzen bläschenförmiges Exanthem d. Pharynx	Enzephalitis, Myokarditis, Hepatitis, Pankreatitis, Orchitis	symptomatisch keine Impfung verfügbar
Myalgia epidemica (Bornholmsche Krankheit)	2–9 Tage Fieber, Pleurodynie		
Lymphozytäre Meningitis	2–12 Tage Fieber, Meningismus, Übelkeit, Erbrechen		
Togaviren			
Röteln (Rubeola)	14–21 Tage Fieber, Exanthem, Hals- u. Nacken-Lymphknoten-schwellung	Embryopathie bei Infektion in der Schwangerschaft (1.–4. Monat), Meningoenzephalitis,	aktive Impfung vor der Pubertät, passive Immunisierung exponierter Schwangerer
Paramyxoviren			
Mumps (Parotitis epidemica)	18–21 Tage Fieber, Parotitis einseitig oder beidseitig	Orchitis (Sterilität), Pankreatitis, Meningitis (Taubheit)	aktive Impfung
Parainfluenza	3–6 Tage Fieber, Kopf-, Glieder-, Muskel-schmerzen, Rhinitis, Pharyngitis, Bronchitis	hämorrhagische Pneumonie, Meningitis, bakt. Superinfektionen	keine Impfung verfügbar
RSV (Respiratory Syncytial Virus)	2–8 Tage Tracheobronchitis, stumme Bronchiolitis	Pneumonie, Otitis media, triggert Hyperreagibilität (Asthma bronchiale)	Intensivtherapie
Orthomyxoviren			
Influenza A, B	1–3 Tage Fieber, Kopf-, Glieder-, Muskel-schmerzen, rel. Bradykardie, Bronchitis	primär hämorrhagische Pneumonie, Myokarditis, Meningoenzephalitis	Zanamivir, Oseltam ivir (Amantadin), aktive polyvalente Impfung jährlich
Herpesviren			
Herpes simplex (HSV1)	1–26 Tage Bläschen an den mukokutanen Umschlagsfalten	sehr selten Herpesenzephalitis (hohe Letalität)	Aciclovir
Stomatitis aphthosa (HSV1)	Fieber, Bläschen in Mund u. Rachen, Gingivitis, reg. Lymphadenitis	Exsikkose, bakterielle Superinfektionen	Aciclovir
Meningoenzephali tis (HSV2)	3–8 Tage Fieber, Meningitis, bei Erstinfektion im Erwachsenenalter	selten Polyneuritis	Aciclovir
Varizellen Varizellen-zoster-Virus (*VZV*) Windpocken	14–21 Tage Exanthem mit Juckreiz (Bläschen in allen Stadien gleichzeitig)	Otitis media, Pneumonie, Meningitis, Enzephalitis, Iridozyklitis	aktive Impfung aller Säuglinge 11.–14. Monat, Postexpositionsprophylaxe mit Varizella-zoster-Immun-globulin (Schwangere)
Herpes zoster (Gürtelrose)	7–21 Tage starke Schmerzen in einem dem Rückenmarksegment entspr. Dermatom, einseitig, nach ca. 2 Tagen auf das Dermatom begrenztes Bläschenexanthem	Zosterenzephalitis, bei Zoster ophthalmicus Augenmuskellähmung, bei Befall der Gesichtsnerven Facialis-parese, Trigeminusneuralgie	Aciclovir

Tabelle 27.9 (Fortsetzung)

Viren Erkrankung	Inkubationszeit Kernsymptome	Komplikationen	Therapie Prophylaxe
Epstein-Barr-Virus (EBV) Mononukleose (Pfeiffersches Drüsenfieber)	5–14 Tage Fieber, Angina, schmerzhafte Lymphknotenschwellung, Hepatosplenomegalie	Meningitis, Enzephalitis, Arzneimittelexanthem (Ampicillin), Hepatitis, sehr selten Milzruptur	bei Superinfektion Erythromycin
Zytomegalie	2–6 Wochen Fieber, zervikal betonte Lymphknotenschwellung	Hepatitis, Polyneuritis, Retinitis, Missbildungen bei intrauterinen Infektionen	Ganciclovir, aktive Impfprophylaxe/ Hyperimmunglobulin bei Immunsuppression

Tabelle 27.10. Seit 1972 neu identifizierte Viren (Hepatitis ausgenommen)

Jahr	Erreger	Krankheit
1972	Small round structured viruses	Diarrhoe (Ausbrüche)
1973	Rotaviren	Diarrhoe (weltweit)
1975	Astroviren	Diarrhoe (Ausbrüche)
1975	Parvovirus B19	Erythema infectiosum, aplastische Krise bei hämolytischer Anämie
1977	Ebolavirus	hämorrhagisches Fieber
1977	Hantavirus	hämorrhagisches Fieber mit renalem Syndrom
1980	HTLV-1	adulte T-Zell-Leukämie/Lymphom, tropische spastische Paraparese
1982	HTLV-2	atypische Haarzell-Leukämie (T-Zelltyp)
1983	HIV-1, HIV-2	AIDS
1988	Humanes Herpesvirus-6	Exanthema subitum (Roseola infantum; Drei-Tage-Fieber)
1989	Ehrlichia spp.	humane Ehrlichiose
1989	Guanaritovirus	venezolanisches hämorrhagisches Fieber
1990	Humanes Herpesvirus-7	Exanthema subitum; Pityriasis rosea
1993	Sin-Nombre-Virus	Hantavirus-Lungensyndrom („four corners disease")
1994	Sabiavirus	brasilianisches hämorrhagisches Fieber
1994	Humanes Herpesvirus-8 (HHV 8)	Kaposi-Sarkom, primäres Lymphom der Körperhöhlen, Castleman-Krankheit
1994	Hendravirus, equines Morbillivirus (EMV)	Meningitis, Enzephalitis
1996	Prionprotein	„Transmissible" spongiforme Enzephalopathien (TSE)
1997	Influenza-A-Virus (H5N1)	Influenza (Hongkong)
1997	Transfusion-transmitted virus (TTV)	möglicherweise Hepatitis
1998	Nipahvirus	Meningitis, Enzephalitis
1999	Influenza-A-Virus (H5N9)	Influenza (Hongkong)
2003	SARS associated Coronavirus	schweres akutes respiratorisches Syndrom (*SARS*)

gegenüber den Viren dauert nur so lange wie Oseltamivir angewendet wird.

Die Bundesländer haben zur Vorbereitung auf eine mögliche Pandemie Oseltamivir für die Allgemeinbevölkerung bevorratet. Grundsätzlich ist ein wirksamer Schutz der Bevölkerung nur möglich, wenn mindestens 20% der Bevölkerung geschützt wird, was mit den derzeitigen Vorräten nicht gewährleistet ist.

Beruflich Exponierte (Polizei, Rettungsdienste, Medizinalpersonen) sollen prioritär behandelt bzw. – sobald ein Impfstoff vorliegt – geimpft werden.

Tabelle 27.11. Aviäre Influenza: registrierte Fälle. (Nach WHO 06/2006)

Land	2003		2004		2005		2006		Total	
	Krankheitsfälle	Todesfälle	Krankheitsfälle	Todesfälle	Krankheitsfälle	Todesfälle	Krankheitsfälle	Todesfälle	Krankheitsfälle	Todesfälle
Aserbaidschan	0	0	0	0	0	0	8	5	8	5
Kambodscha	0	0	0	0	4	4	2	2	6	6
China	0	0	0	0	8	5	11	7	19	12
Dschibuti	0	0	0	0	0	0	1	0	1	0
Ägypten	0	0	0	0	0	0	14	6	14	6
Indonesien	0	0	0	0	17	11	32	26	49	37
Irak	0	0	0	0	0	0	2	2	2	2
Thailand	0	0	17	12	5	2	0	0	22	14
Türkei	0	0	0	0	0	0	12	4	12	4
Vietnam	3	3	29	20	61	19	0	0	93	42
Total	**3**	**3**	**46**	**32**	**95**	**41**	**83**	**53**	**227**	**129**

Literatur

RKI (2005) Neuerungen in den aktuellen Impfempfehlungen der STIKO. Epid Bull 31:273–276

RKI (2005) Komplikationen von VZV-Infektionen und Herpes zoster bei Kindern und Jugendlichen. Epid Bull 13:110–111

RKI (2005) Einschätzung des Robert Koch-Instituts zur aktuellen Situation der Vogelgrippe (aviäre Influenza). www.rki.de

WHO (2006) WHO information on infectious diseases, www.who.int/csr/disease/en

Tabelle 27.12. Erreger invasiver Organmykosen. (Nach Jarvis 1995)

Candida spp.	(50–70%)	Aspergillus spp. (30–40%)
C. albicans	(50%)	A. fumigatus
C. tropicalis	(23%)	A. flavus
C. glabrata	(8%)	A. niger
C. krusei	(4%)	**seltene Erreger**
C. parapsilosis	(6%)	Geotrichum species
C. lusitaniae	(0,5%)	Fusarium species
C. guilliermondii	(0,7%)	Mucorazeen
		Penicillium

27.2 Pilze

E. Fritze und J. Fritze

Durch Pilze ausgelöste Krankheiten (Mykosen) sind in den Tropen weit verbreitet, weil Klima und Lebensgewohnheit die Ansiedlung der Erreger auf Haut und Schleimhäuten begünstigen. Manche Pilzkrankheiten kommen in den Tropen oder in warmen Ländern nur besonders häufig vor, viele Mykosen sind ubiquitär verbreitet.

Man unterteilt die Pilzkrankheiten in oberflächliche Mykosen, tiefe Mykosen, generalisierte und viszerale Mykosen. Die Identifikation der pathogenen Pilze ist schwierig und erfordert in der Regel die Züchtung auf Nährböden und die Analyse der morphologischen, physiologischen und pathogenen Eigenschaften. Die systemischen Mykosen werden unterteilt in primäre und in opportunistische bei kompromittiertem Immunsystem. Die primären betreffen ansonsten Gesunde; diese Pilze kommen nur in bestimmten Gebieten der Erde vor, sind dimorph und werden exogen durch Inhalation sporenhaltigen Staubes übertragen.

Gemäß der DHS-Systematik (nach H. Rieth) werden die pathogenen Pilze in Dermatophyten (Fadenpilze), Hefen (Sprosspilze) und Schimmelpilze sowie dimorphe eingeteilt. Tabelle 27.12 gibt eine Übersicht über die häufigsten Erreger bei systemischen Mykosen.

Gutachterliche Bewertung

Tritt eine systemische Mykose im Zusammenhang mit einer entschädigungspflichtigen Krankheit auf, so sind auch die Mykose und ggf. ihre Auswirkungen auf die Funktionstüchtigkeit entschädigungspflichtig.

Eine Besprechung der Mykosen, die speziell im Bergbau milieuabhängig und mit schwerem chronischen Verlauf auftreten und sogar zur Tätigkeitsaufgabe zwingen können, ist hier nicht möglich. Es muss auf die speziellen Lehrbücher der Infektions- und der Tropenkrankheiten bzw. auf die aus arbeitsmedizinischer Sicht gestaltete schematische Darstellung von A. Weber et al. (ASP-Sonderheft 1983) verwiesen werden. Auf die besondere Bedeutung generalisierter und viszeraler Mykosen im Verlauf der HIV-Infektion, bei Organtransplantierten und bei anderen Immundefizienzen sei hingewiesen (Denning et al. 2003, Wheat 1995).

Candida-Hypersensitivitätssyndrom

Im letzten Jahrzehnt ist die Existenz eines Candida-Hypersensitivitätssyndroms vielfach diskutiert worden. Auf dem Boden der Befunde, die eine Ausscheidung von Candida-Arten im Stuhl bei etwa 65% der Bevölkerung in Westeuropa und den USA aufzeigen, wurde postuliert, dass ein Symptomenkomplex von Müdigkeit, Immunschwäche, abdominellen und vielen sonstigen Beschwerden auf die Pilzbesiedlung des Gastrointestinaltraktes und eine Toxinausscheidung von Candida albicans zurückzuführen sei. Die Bildung von Toxinen durch Candida-Pilze ist nicht nachweisbar, die behaupteten Zusammenhänge und ein „Candida-Hypersensitivitätssyndrom" sind rein spekulativ (Lacour et al. 2002).

Literatur

Denning DW, Kibbler CC, Barnes RA on behalf of the British Society for Medical Mycology (2003) British Society for Medical Mycology proposed standards of care for patients with invasive fungal infections. Lancet Infect Dis 3:230–240

Jarvis WR (1995) Epidemiology of nosocomial fungal infections, with emphasis on Candida species. Clin Infect Dis 20:1526–1530

Lacour M, Zunder T, Huber R, Sander A, Daschner F, Frank U (2002) The pathogenetic significance of intestinal Candida colonization – a systematic review from an interdisciplinary and environmental medical point of view. Int J Hyg Environ Health 205:257–268

Weber A, Valentin H, Stegmann HG, Raithel H-J (1983) Allgemeine und berufsbedingte Infektionskrankheiten – Diagnose und Therapie. ASP-Sonderheft 3

Wheat J (1995) Endemic Mycoses in AIDS: a Clinical Review. Clin Microbiol Rev 8:146–159

27.3 Protozoen

C. Pox und W. Schmiegel

Von den etwa 40 000 beschriebenen Protozoenarten sind etwa 8000 Parasiten, von denen wiederum etwa 70 humanpathogen sind. Sie werden nach ihrer Fortbewegungsweise eingeteilt. Die Flagellaten haben als Bewegungsorgane Geißeln oder Flagellen, die Rhizopoden stülpen zur Fortbewegung Pseudopodien aus, die zugleich der Nahrungsaufnahme dienen. Ihr wichtigster Vertreter sind die Amöben. Die Ciliaten bewegen sich mit Hilfe von Cilien, wimpernartigen Haarsäumen.

Die Nahrungsaufnahme ist bei Protozoen an die Zellmembran gebunden, durch welche mittels Pinozytose und Phagozytose gelöste Substanzen und Partikel in das Zellplasma gelangen können. Intrazytoplasmatische Enzyme werden in den Nahrungsvakuolen wirksam und bauen die Nährstoffe ab.

Die meisten Protozoen vermehren sich durch Zweiteilung. Die sporenbildenden Sporozoen besitzen häufig eine Vielfachteilung. Befruchtungsvorgänge kommen als Verschmelzung von zwei Gameten vor oder als vorübergehende Vereinigung zum Beispiel bei den Ciliaten. Bei den Sporozoen folgt auf eine ungeschlechtliche Vermehrung durch so genannte Schizogonie die Bildung von Gameten mit anschließender Kopulation und Sporenbildung. Ein solcher Generationswechsel ist bei den Hämosporidien wie z. B. bei den Malariaparasiten mit einem Wirtswechsel verknüpft.

Beim Menschen kommen zahlreiche Protozoen als Darm-, Blut- oder Gewebsparasiten vor. Eine Anzahl dieser Protozoen ruft Krankheiten hervor (Tabelle 27.13). Dass die gefährlichsten pathogenen

Tabelle 27.13. Durch Protozoen beim Menschen verursachte Krankheiten

Überträger	Krankheit
Sporozoen	
Plasmodium falciparum	Malaria tropica
Plasmodium ovale	Malaria tertiana
Plasmodium vivax	Malaria tertiana
Plasmodium malariae	Malaria quartana
Toxoplasma gondii	Toxoplasmose
Cryptosporidium parvum	Kryptosporidiose
Cyclospora cayetanensis	Cyclosporosis
Isospora belli	Kokzidiose
Sarcocystis bovihominis	Sarkosporidiose
S. suihominis	
Flagellaten	
Giardia lamblia	Giardiasis
Trypanosoma brucei gambiense	Schlafkrankheit
Trypanosoma brucie rhodesiense	Schlafkrankheit
Trypanosoma crusi	Chagas-Krankheit
Leishmania spp.	Leishmaniose
Amöben	
Entamoeba histolytika	Amöbiasis (Amöbenruhr, Leberabszess)
Naegleria fowleri	Meningoenzephalitis
Acanthamoeba spp.	
Balmuthia mandrillaris	
Ziliaten	
Balantidium coli	Balantidiose

Protozoen gerade in den Tropen und Subtropen vorkommen, hängt u. a. mit der geographischen Verbreitung der sie übertragenden Insekten und der Bedeutung des Klimas für die Entwicklungszyklen im übertragenden Insekt zusammen.

27.3.1 Malaria

Bei der Malaria handelt es sich um eine durch Protozoen der Gattung *Plasmodium* bedingte, fieberhafte Erkrankung. Folgende Formen der Malaria werden unterschieden:

- Malaria tropica (→ Plasmodium falciparum),
- Malaria tertiana (→ Plasmodium vivax, Plasmodium ovale),
- Malaria quartana (→ Plasmodium malariae).

Epidemiologie

Die M. tropica ist hierbei die häufigste und auch schwerwiegendste Form. Die Malaria ist in fast allen tropischen und vielen subtropischen Ländern verbreitet und gehört zu den häufigsten Infektionskrankheiten (Abb. 27.7). Weltweit erkranken schätzungsweise 300 bis 500 Millionen Menschen pro Jahr, etwa 2 Millionen Menschen sterben jährlich an der Erkrankung. 90% der Infektionen treten im tropischen Afrika auf. In Europa kommen keine autochthonen Malariafälle mehr vor. Vereinzelt treten – meist in der Nähe internationaler Flughäfen – Infektionen durch mit dem Flugzeug transportierte infizierte Mücken auf (Flughafen-Malaria). Auch durch Mitnahme infizierter Mücken im Gepäck sind vereinzelt Erkrankungen beschrieben worden (Gepäck-Malaria). In Deutschland kommt es jährlich zu etwa 1000 importierten Malariafällen, die im Rahmen von Auslandsaufenthalten erworben wurden. Hauptinfektionsregion mit fast 90% ist hierbei Afrika. Während in den 90er Jahren etwa 20 durch Malaria bedingte Todesfälle pro Jahr auftraten, waren es zuletzt weniger als 10 (2003: 5).

Übertragung

Mehr als 2/3 der Malariafälle in Deutschland sind durch Plasmodium falciparum bedingt, ca. 15% durch P. vivax, während P. ovale und malariae nur vereinzelt vorkommen.

Plasmodien werden durch den Stich einer weiblichen Anophelesmücke übertragen. Der Mensch ist der einzige Wirt. Eine Übertragung über Bluttransfusionen ist möglich, spielt aber kaum noch eine Rolle. Die Inkubationszeit variiert zwischen 7 bis 15 Tagen (P. falciparum), 12 bis 18 (P. vivax und ovale) und 18 bis 40 Tagen (P. malariae), kann in Einzelfällen aber auch Monate bis Jahre betragen.

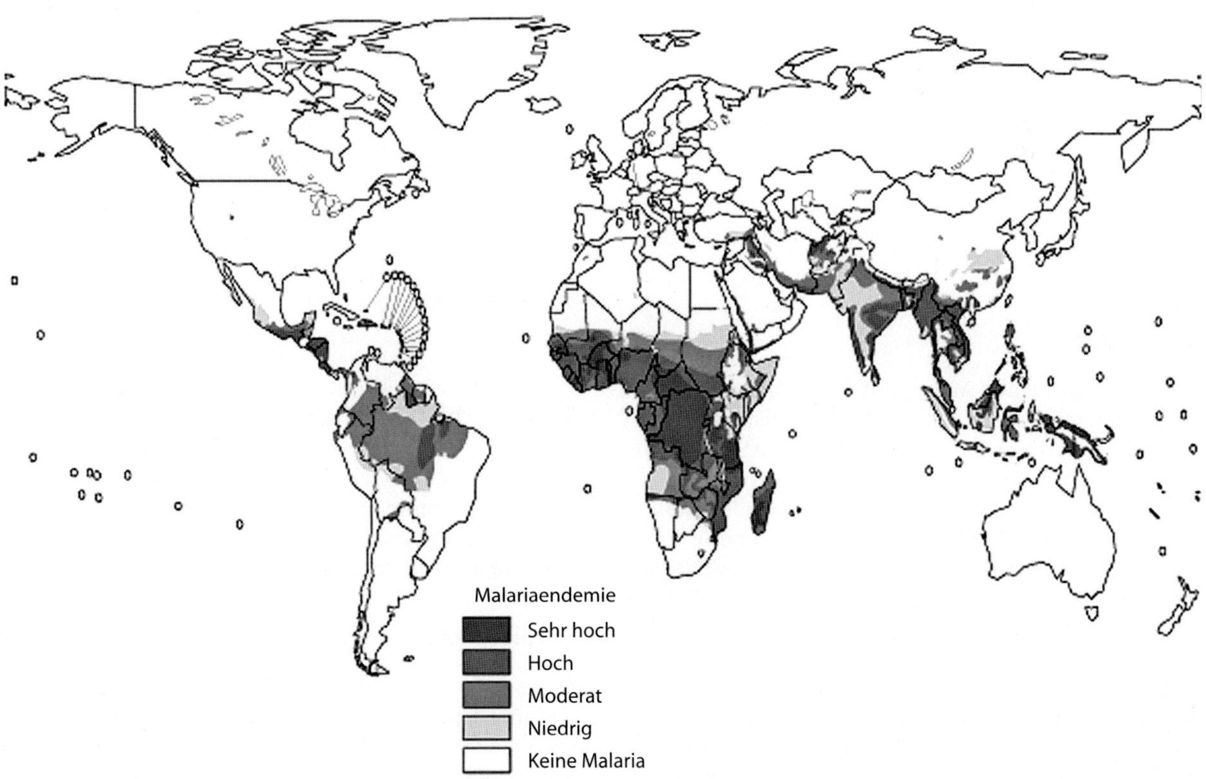

Abb. 27.7. Malariarisikogebiete (Malaria Atlas Project)

Symptomatik, Verlauf

Die Erkrankung ist in der Regel durch hohes Fieber mit Schüttelfrost, Kopfschmerzen, Myalgien sowie Übelkeit und Erbrechen gekennzeichnet. Bei der Malaria tropica, der gefährlichsten Malariaart, kommt es nur selten zum Auftreten eines rhythmischen Wechselfiebers. Weitere Manifestationsformen können zentralnervöse Erscheinungen wie Krampfanfälle und Bewusstseinstrübungen bis zum Koma als Zeichen einer zerebralen Malaria sowie Nierenversagen, respiratorische Insuffizienz, Herzinsuffizienz, hämolytische Anämie und Gerinnungsstörungen sein. Unbehandelt geht die Erkrankung mit einer hohen Letalität einher. Die Malaria tertiana und quartana sind durch einen aufeinanderfolgenden Wechsel aus Fieberschüben und fieberfreien Intervallen von ein bzw. zwei Tagen charakterisiert. Anders als die Malaria tropica sind letale Verläufe selten. Komplikationen oder Spätfolgen treten im Allgemeinen nur bei der Malaria tropica auf, bei der es als Folge einer Myokarditis zum Beispiel zu Herzmuskelschäden, aber auch zu zentralnervösen und anderen Dauerstörungen kommen kann.

Im Rahmen der Infektion mit P. vivax und ovale werden Gewebsformen, sog. Hypnozoiten, gebildet, die bei fehlender Therapie auch nach Jahren noch Rezidive verursachen können. Hypnozoiten kommen bei der Malaria tropica nicht vor, so dass Rezidive nur durch Reinfektionen auftreten.

Diagnostik

Die wichtigste und einfachste Untersuchung im Rahmen der Diagnostik ist die ggf. wiederholte mikroskopische Untersuchung eines Blutausstrichs oder sog. dicken Tropfens. Die Verwendung eines Schnelltests kann u. U. sinnvoll sein, ein negatives Ergebnis schließt eine Malaria jedoch nicht sicher aus. Serologische Verfahren haben in der Akutdiagnostik keinen Stellenwert.

Therapie

Die Therapie einer Malariainfektion hängt von der Plasmodienart sowie der lokalen Resistenzlage ab. Bei der Malaria tertiana und quartana ist in der Regel eine Therapie mit Chloroquin ausreichend. In Teilen Südostasiens, Südamerikas sowie Ozeaniens wurden chloroquinresistente P. vivax-Stämme nachgewiesen. In diesen Fällen wird alternativ Mefloquin oder ein Kombinationspräparat eingesetzt. Wichtig ist bei P.-vivax und ovale ein Abtöten der Gewebshypnozoiten, um Rezidive zu vermeiden. Hierzu wird nach Ausschluss eines Glucose-6-Phosphatdehydrogenasemangels Primaquin eingesetzt. Die Therapie einer M. tropica erfolgt in der Regel stationär. Bei der unkomplizierten Verlaufsform kann die Therapie oral erfolgen. Hierzu werden u. a. Mefloquin, Atovaquon/Proguanil und Artemether/Lumfantrin eingesetzt. Bei der komplizierten M. tropica sollte eine parenterale Chinintherapie in Kombination mit Doxycyclin erfolgen. Für weitere Einzelheiten sei auf die entsprechende Fachliteratur verwiesen.

Prophylaxe

Von entscheidender Bedeutung zur Vermeidung einer Infektion ist die konsequente Durchführung einer Malariaprophylaxe in gefährdeten Regionen. Diese besteht aus einer Expositions- und einer Chemoprophylaxe. Durch eine Expositionsprophylaxe wird versucht, Mückenstiche zu vermeiden. Zu beachten ist, dass Anophelesmücken nachtaktiv sind und daher erst ab Einbruch der Dämmerung eine Gefährdung besteht. Weitere Maßnahmen beinhalten die Übernachtung in Räumen, die gegen Mückeneinflug geschützt sind, Verwendung von Repellenzien und das Tragen heller, langärmliger Kleidung. Die Chemoprophylaxe bietet keinen absoluten Schutz vor einer Malaria, erhöht aber die Sicherheit entscheidend. Indikation und Art der Chemoprophylaxe hängen von Reiseziel, Reisedauer und Reisestil sowie Vorerkrankungen und Unverträglichkeiten ab und müssen individuell festgelegt werden. Wichtig ist, dass die prophylaktischen Medikamenteneinnahme bereits vor der Reise begonnen und eine bestimmte Zeit nach der Rückkehr fortgeführt werden muss. In Gebieten mit niedrigem oder mittlerem Malariarisiko kann ggf. auf eine Chemoprophylaxe verzichtet und stattdessen ein Medikament als Notfallmedikation mitgenommen werden.

Detaillierte aktuelle Angaben zur Chemoprophylaxe sind den Empfehlungen der Gesellschaft für Tropenmedizin und Internationale Gesundheit zu entnehmen (▶ www.dtg.mwn.de). Eine Impfung steht derzeit nicht zur Verfügung, der Impfstoff RTS,S/A02A, mit dem das Risiko einer schweren Malariaerkrankung um 58% reduziert werden konnte, befindet sich noch im experimentellen Stadium.

27.3.2 Schlafkrankheit

Unter der Schlafkrankheit werden die im tropischen Afrika vorkommenden Infektionen des Menschen durch *Trypanosoma brucei gambiense* und *Trypanosoma brucei rhodesiense* verstanden.

Epidemiologie, Übertragung

Beide Infektionen werden durch Tse-Tse-Fliegen der Gattung *Glossina* übertragen und kommen in einem Gürtel vor, der südlich der Sahara bis nördlich der Kalahrai-Wüste reicht. Genaue Zahlen zur Epidemiologie liegen nicht vor, die WHO schätzt aber, dass jährlich mehrere 10 000 Neuerkrankungen auftreten. Das Hauptinfektionsreservoir für T. b. gambiense ist der Mensch, für T. b. rhodesiense Wildtiere.

Symptomatik, Verlauf

Nach dem Stich einer infizierten Tse-Tse-Fliege kann sich lokal ein schmerzhafter Trypanosomenschanker entwickeln. Über die regionären Lymphknoten erreichen die Erreger das Blut und verursachen das Bild einer systemischen Infektion mit Fieber, Kopf- und Gliederschmerzen sowie einer häufig generalisierten Lymphadenopathie, Hepatosplenomegalie, Hauteffloreszenzen und Ödemen.

Im weiteren Verlauf kommt es zu einem Eindringen der Erreger in das zentrale Nervensystem, was zu zunehmender Erschöpfung und Bewusstseinsstörungen führt und unbehandelt in Koma und Tod endet. Diese ZNS-Beteiligung kann bei einer Infektion mit T.b. rhodesiense bereits nach wenigen Wochen, bei T.b. gambiense typischerweise nach mehreren Monaten bis Jahren auftreten.

Diagnostik, Therapie, Prophylaxe

Zur Diagnostik werden der direkte Erregernachweis in Blut oder Lymphknotenpunktat nach verschiedenen Anreicherungsverfahren sowie serologische Verfahren eingesetzt. Die Therapie erfolgt abhängig von einer ZNS-Beteiligung. Bei fehlender ZNS-Beteiligung kann die Behandlung mit Suramin und Pentamidin, bei ZNS-Beteiligung mit Melarsoprolol oder bei T.b. gambiense mit Eflornithin erfolgen. Wichtig sind eine Expositionsprophylaxe sowie Maßnahmen gegen die übertragenden Vektoren, die Tse-Tse-Fliegen.

27.3.3 Chagas-Krankheit

Wie die Schlafkrankheit gehört die Chagas-Krankheit zur Gruppe der Tryposomeninfektionen.

Übertragung

Erreger dieser in Mittel- und Südamerika vorkommenden Erkrankung ist *Trypanosoma cruzi*, eine Übertragung erfolgt über den Kot von Raubwanzen. Infektionen über Bluttransfusionen oder im Rahmen von Labortätigkeiten sind ebenfalls beschrieben.

Symptomatik, Verlauf

Die akute Infektion verläuft häufig symptomarm und unspezifisch. Symptome umfassen eine lokale Schwellung und Rötung sowie Fieber, Lymphknotenschwellungen, Hepatosplenomegalie und Hauteffloreszenzen. Gelangt der erregerhaltige Kot in das Auge, wird das klassische Romaña-Zeichen, bestehend aus Konjunktivitis und Lidödem, beobachtet. Nach Abklingen der akuten Krankheitsphase kommt es nach einer Latenz von häufig mehreren Jahren bei 15–30% der Infizierten zu Zeichen einer Organschädigung. Am häufigsten ist hierbei das Herz in Form einer Herzinsuffizienz betroffen. Auch der Magen-Darm-Trakt kann in Form eines Megaösophagus oder Megakolons beteiligt sein. Es ist letztlich unklar, ob die Organschäden nur durch den Erreger oder zusätzlich durch Autoimmunvorgänge bedingt sind.

Diagnose, Therapie

Die Erreger sind nur während der akuten Infektion im Blut nachweisbar, in der Regel erfolgt die Diagnose serologisch. In der Therapie werden Benznidazol und Nifurtimox eingesetzt.

27.3.4 Toxoplasmose

Die Toxoplasmose wird durch eine Infektion mit *Toxoplasma gondii* bedingt.

Übertragung

Der Erreger ist im Tierreich weit verbreitet und wird u.a. auch bei Vögeln nachgewiesen. Endwirt ist die Katze, die nach einer Infektion für etwa 3 Wochen große Mengen an Oozysten ausscheidet. Diese sporulieren in der Umwelt innerhalb weniger Tage und werden dadurch infektiös. Sporulierte Oozysten sind im Gewebe infizierter Tiere nachweisbar. Zysten sind umweltresistent und verbleiben längere Zeit infektiös. Menschen infizieren sich in der Regel durch Verzehr von rohem oder unzureichend erhitztem Fleisch, das Zysten enthält. Weitere Infektionsquellen stellen kontaminiertes Gemüse oder Obst dar. Eine Infektion über Bluttransfusionen oder Organspenden sowie im Rahmen von Laborunfällen ist ebenfalls möglich. Gefährdete Berufsgruppen umfassen in der Landwirtschaft tätige Personen sowie Tierhalter und Tierärzte.

Nach oraler Aufnahme vermehren sich die Toxoplasmen und bilden so genannte Tachyzoiten. Diese sind in der Lage, in jegliche Gewebe und Organzellen einzudringen. Im Rahmen der Immunabwehr wird die Toxoplasmenvermehrung verlangsamt. Es kommt zur Bildung von Zysten u.a. im Gehirn, der Muskulatur und der Retina, die jahrelang persistieren können, ohne dass hierdurch Symptome entstehen.

Symptomatik, Verlauf

Die Infektion verläuft in den meisten Fällen bei immunkompetenten Personen asymptomatisch. Die häufigste klinische Manifestation ist eine zervikale Lymphknotenschwellung, die mit Fieber, Abgeschlagenheit, Myalgien, Hepatosplenomegalie und Hauteffloreszenzen einhergehen kann. Selten tritt eine Chorioretinitis auf. Eine im Rahmen der Schwangerschaft erworbene Infektion kann auf den Föten übertragen werden und abhängig vom Infektionszeitpunkt einen Abort oder schwere bleibende Schäden verursachen. Eine vor der Schwangerschaft erworbene abgelaufene Infektion hingegen ist ohne Risiko für den Föten. Bei immunsupprimierten Patienten (AIDS, Organtransplantation) verläuft die Infektion häufig schwerwiegender. Diese Patienten sind zusätzlich gefährdet, dass es zu einer Reaktivierung nach früher durchgemachter Toxoplasmose durch die im Körper vorhandenen Zysten kommt. Diese manifestiert sich am häufigsten als Enzephalitis.

Diagnose

Die Diagnose einer akuten Infektion erfolgt in der Regel serologisch durch Nachweis von IgM-Antikörpern. Isolierte IgG-Antikörper weisen auf eine abgelaufene Infektion hin. Bei unklaren Befunden im Rahmen der Abklärung kann ggf. die Messung der IgG-Avidität hilfreich sein. Eine hohe Avidität spricht gegen eine frische Infektion.

Therapie

Beim Immunkompetenten ist eine Therapie der Toxoplasmoseinfektion in der Regel nicht erforderlich. Bei Immunsupprimierten wird eine Kombination aus Primaquin und Sulfadiazin plus Folsäure eingesetzt. Eine akute Infektion während der Schwangerschaft ist immer behandlungsbedürftig. Hier wird in den ersten 15 Schwangerschaftswochen Spiramycin, ab der 16. Schwangerschaftswoche die oben erwähnte Kombination eingesetzt.

Gutachterliche Bewertung

Die Anerkennung des Zusammenhangs einer Toxoplasmoseinfektion mit einer beruflichen Tätigkeit kann schwierig sein, da die Infektion auch durch den Verzehr von kontaminierten Lebensmitteln übertragen werden kann. So ist die bei Fleischern nicht ganz seltene Infektion meist durch den Verzehr infizierten Fleisches verursacht und dadurch nicht als Berufskrankheit anzusehen. Bedacht werden sollte, dass Infektionen durch den regelrechten Umgang mit Frischfleisch unwahrscheinlich sind, weil Toxoplasmose in der Regel durch Verletzungen nicht übertragen wird.

27.3.5 Leishmaniosen

Die durch *Leishmanien* hervorgerufenen Infektionen können zu Lokalveränderungen an Haut und Schleimhäuten, die zum Beispiel als Orientbeule bekannt sind oder einer viszeralen Verlaufsform, die Kal-Azar, mit multiplen Organbeteiligungen führen.

Epidemiologie, Übertragung

Überträger der Erreger sind Sandmücken (*Phlebotomus, Lutzomya*). Die über 20 verschiedenen Leishmanienspezies kommen in verschiedenen Regionen vor und verursachen unterschiedliche Krankheitsbilder. Die Erkrankung kommt endemisch in den Tropen, Subtropen aber auch Südeuropa (besonders Spanien) vor. Es wird geschätzt, dass weltweit jährlich ungefähr 1,5 Mio. Menschen infiziert werden. Epidemien wurden u. a. in Indien, Bangladesch und dem Sudan registriert. Hauptreservoir der Erreger sind verschiedene Säugetiere wie Nager und Hunde. Übertragungen über Bluttransfusionen oder Laborunfälle sind beschrieben.

Symptomatik

Die Parasiten vermehren sich intrazellulär im retikuloendothelialen System und rufen im Rahmen der viszeralen Verlaufsform nach einer variablen Inkubationszeit von Wochen bis Jahren u. a. Fieber, Gewichtsverlust, Hepatosplenomegalie und Anämie hervor.

Diagnose, Therapie

Die Diagnose erfolgt, falls möglich, mittels direktem Erregernachweis oder serologisch. Zur Therapie werden u. a. Antimonverbindungen und Amphotericin B eingesetzt. Wichtig zur Vermeidung einer Infektion ist eine Expositionsprophylaxe.

2003 wurden in Deutschland 9 Fälle von Leishmaniose diagnostiziert, von denen 4 im europäischen Mittelmeerraum erworben worden waren.

27.3.6 Amöbiasis

Unter der Amöbiasis wird eine Infektion mit dem intestinalen Protozoon *Entamoeba histolytica* verstanden. Das klinische Erscheinungsbild kann von einem asymptomatischen Verlauf bis zur klassischen Amöbenruhr reichen. Als extraintestinale Manifestationsform tritt am häufigsten der Leberabszess auf.

Epidemiologie

Die Amöbiasis kommt endemisch in den meisten tropischen und subtropischen Ländern vor, wird aber auch in Gegenden mit gemäßigtem Klima gefunden. Es wird geschätzt, dass weltweit jährlich etwa 50 Millionen Menschen an einer invasiven Amöbiasis erkranken. In Deutschland spielt die Erkrankung bei Reiserückkehrern eine Rolle, in Westeuropa sind Fälle bei Kanalarbeitern und Bewohnern von Behindertenheimen beobachtet worden.

Symptomatik, Verlauf

Eine Infektion erfolgt in der Regel durch Aufnahme von Amöbenzysten über infiziertes Wasser und Lebensmittel. Bei etwa 10 bis 20% der Infizierten tritt eine invasive Amöbiasis auf. Diese ist durch blutigschleimige Durchfälle mit zum Teil heftigen Bauchschmerzen charakterisiert. Fieber tritt nur bei etwa einem Drittel der Patienten auf. Endoskopisch lässt sich im Bereich des Dickdarms eine ulzeröse Kolitis nachweisen. Seltene schwere Verlaufsformen sind eine akute nekrotisierende Kolitis und ein toxisches Megakolon. Die gefährlichste Komplikation der Amöbenruhr ist die Perforation mit Peritonitis. Häufig kommt es jedoch zu einer symptomarmen Verlaufsform mit unblutigen, zum Teil chronischen Diarrhöen. Selten tritt im weiteren Verlauf ein Amöbom, ein lokal begrenzter, entzündlicher Pseudotumor, auf. Unbehandelt ist der Erreger häufig mehrere Monate bis Jahre im Stuhl nachweisbar.

Diagnostik

Ein Amöbenleberabszess kann in Zusammenhang mit einer Amöbenkolitis durch eine hämatogene Verschleppung auftreten. In der Regel geben die Patienten bei Diagnose aber keine Durchfälle an und können sich häufig nicht an eine Durchfallepisode erinnern. Klinisch stehen Fieber und rechtsseitige Oberbauchschmerzen im Vordergrund. Der Abszessnachweis erfolgt in der Regel mittels bildgebender Verfahren wie Ultraschall oder Computertomographie.

In der Diagnostik ist es wichtig, zwischen E. histolytica und apathogenen Amöbenformen wie E. dispar zu unterscheiden. Dieses wird durch fehlende morphologische Unterschiede der Zystenformen der beiden Erreger erschwert. Beweisend für eine Infektion mit E. histolytica ist der Nachweis hämatophager Trophozoiten im frischen Stuhl. Die Sensitivität der Untersuchung beträgt jedoch bestenfalls 70%. Es werden daher vermehrt Antigennachweise mit deutlich höherer Sensitivität eingesetzt. Bei einem Amöbenabszess lassen sich häufig keine Erreger im Stuhl nachweisen, jedoch ist die Serologie fast immer positiv.

Therapie

Jede Infektion von E. histolytica ist behandlungsbedürftig. In der Therapie werden bei asymptomatischen Trägern Paramomycin, bei invasiven Erkrankungen Metronidazol gefolgt von Paramomycin eingesetzt.

27.3.7 Meningoenzephalitis durch Amöben

In seltenen Fällen können frei lebende Amöben wie *Naegleria* oder *Acanthamoeba* in das zentrale Nervensystem eindringen und eine Meningoenzephalitis hervorrufen. Acanthamoeben können zusätzlich insbesondere bei Kontaktlinsenträgern eine Keratitis hervorrufen. Die Erreger kommen in Süßwassergewässern vor, die Infektion erfolgt beim Baden.

1997 wurden weltweit 179 Fälle von durch frei lebende Amöben bedingte Meningoenzephalitiden registriert, die Hälfte davon in den USA.

27.3.8 Balantidiose

Der vor allem in Schweinen nachweisbare Erreger *Balantidium coli* kann selten beim Menschen eine akute Durchfallserkrankung hervorrufen, die der Amöbenruhr ähneln kann. Häufig scheint die Infektion aber symptomlos zu verlaufen.

Der Erreger kommt weltweit vor, eine Infektion erfolgt in der Regel über verunreinigtes Wasser oder Lebensmittel.

27.3.9 Giardiasis

Der Flagellat *Giardia lamblia* ist weltweit verbreitet. Eine Infektion erfolgt in der Regel über die Aufnahme von Zysten in verunreinigtem Wasser oder Lebensmitteln, eine fäkal-orale Übertragung zum Beispiel in Kindertagesstätten ist ebenfalls möglich. Nach Aufnahme besiedelt der Erreger den Dünndarm.

Die **Klinik** der Erkrankung ist durch ein weites Spektrum gastrointestinaler Symptome gekennzeichnet, bei denen chronische Durchfälle, krampfartige Bauchschmerzen, Müdigkeit und Gewichtsverlust im Vordergrund stehen. Häufig verläuft die Infektion asymptomatisch. Unbehandelt ist der Erreger zum Teil mehrere Monate im Stuhl nachweisbar.

In **Deutschland** kam es im Jahr 2000 zu einem ersten Giardiaausbruch im Zusammenhang mit kontaminiertem Trinkwasser in Rheinland-Pfalz. 8 Menschen erkrankten. 2003 wurden dem Robert Koch-Institut 3200 Fälle gemeldet, von denen fast die Hälfte im Ausland erworben wurde.

Die **Diagnose** erfolgt in der Regel anhand des Trophozoiten- oder Zystennachweises im Stuhl, ggf. können Duodenalaspirat oder Biopsien den Nachweis erbringen. Zur Therapie wird Metronidazol eingesetzt.

Literatur

Barrett MP, Burchmore RJS, Stich A, Lazzari JO, Frasch AC, Cazzuli JJ, Krishna S (2003) The trypanosomiases. Lancet 362:1469–1480

Burchard GD, Tannich E (2004) Epidemiologie, Diagnostik und Therapie der Amöbiasis. Dt Ärztebl 101: A3036–3040

Gornik V, Behringer K, Kölb B, Exner M (2000) Erster Giardiaausbruch im Zusammenhang mit kontaminiertem Trinkwasser in Deutschland. Bundesgesundheitsbl – Gesundheitsforsch – Gesundheitsschutz 44:351–357

Hatz CFR (2004) Prophylaxe und Therapie der Malaria in der Praxis. Internist 45:677–683

Herwaldt BL (1999) Leishmaniasis. Lancet 354:1191–1199

Montoya JG, Liesenfeld O (2004) Toxoplasmosis. Lancet 363:1965–1976

Rieke B, Fleischer K (1993) Bleibende Gesundheitsschäden nach Aufenthalt in Malariaendemiegebieten. Versicherungsmedizin 45:197–202

Robert Koch-Institut (Hrsg) (2004) Infektionsepidemiologisches Jahrbuch meldepflichtiger Krankheiten für 2003

Robert Koch-Institut (Hrsg) (2004) Reiseassoziierte Infektionskrankheiten im Jahr 2003. Epid Bull 38:319–326

Robert Koch-Institut (2003) Merkblätter für Ärzte: Malaria

WHO (2005) World Malaria Report. rbm.who.int/wmr2005/html/map1.htm

27.4 Helminthen

E. Fritze, J. Fritze, B. May

Weltweit sind schätzungsweise 1,5–2 Milliarden Menschen von Helminthen befallen. Bei uns, wie auch in anderen Industrieländern, ist jedoch die Bedeutung der Wurmerkrankungen durch die Abwassersysteme und Lebensmittelkontrollen seit etwa einem halben Jahrhundert deutlich gesunken. In unserer Bevölkerung sind die Echinokokkose, die Enterobiasis und die Toxokariasis die einzigen epidemiologisch bedeutsamen Helminthosen (Schiefke et al. 2006). In Ländern mit geringem Hygienestand und unter tropischen oder subtropischen Lebensbedingungen ist die Gefahr eines Wurmbefalls aber

Tabelle 27.14. Hauptinfektionsquellen für den Befall mit Helminthen. (Nach Nauck 1975)

Quelle	Infektion per os		Erreger
Trinkwasser	(Cyclops-Arten enthaltend)		Dracunculus, Sparganum
rohe Nahrungsmittel	gedüngte Vegetabilien	Salat, Radieschen, Erdbeeren, Cysticercus Fallobst usw.	Ascaris, Trichuris, Trichostrongylus
		Brunnenkresse	Fasciola
		Wassernüsse, Wassergemüse	Fasciolopsis
	Fleisch	vom Schwein vom Rind	Trichinella, Taenia solium Taenia saginata
	Fische	Quappe, Hecht u.a. Karpfenfamilie u.a.	Diphyllobothrium latum Clonorchis, Opisthorchis
		verschiedene Arten	Heterophytes, Metagonismus, Gnathostoma
	Krabben und Krebse		Paragonismus
	Schnecken		Angiostrongylus
Schmutzinfektion	vom Erdboden aus		Ascaris, Trichuris, Toxocara, Cysticercus, Echinococcus
	Anus-Finger-Mund-Weg		Enterobius, Hymenolepis nana, Cysticercus
	durch Zimmerstaub		Enterobius
	durch Kontakt mit Hunden		Echinococcus
Vom Erdboden aus			Ancylostoma, Necator, Strongyloides
Vom Wasser aus			Schistosoma-Arten, Zerkarien
Blutsaugende Insekten			Filarien

Tabelle 27.15. Wurmbefall – Symptome, Nachweis, Übertragungsweg. (Nach Volkheimer 1986)

	Symptome bei starkem Befall	Nachweis im Stuhl nach Wochen	Infekt Mensch/Mensch
Rundwürmer			
Askariasis Spulwurm	Übelkeit, Bauchschmerzen, „Enteritis"	8	nein
Trichuriasis Peitschenwurm	Übelkeit, Bauchschmerz, Durchfall, „Kolitis"	8	nein
Ankylostomiasis Hakenwurm	Völlegefühl, Anämie, Schwindel	5	im Labor
Enterobiasis Madenwurm	Analjuckreiz, selten: Übelkeit, „Appendizitis"	–	ja
Strongyloidiasis Zwergfadenwurm	Übelkeit, Durchfall, Bauchschmerz	3 (Larven)	möglich
Bandwürmer			
Taeniasis (saginata) Rinderfinnen-Bandwurm	Bauchschmerz, Inappetenz, Stuhlunregelmäßigkeit	10	nein
Taeniasis (solium)	Stuhlunregelmäßigkeit	10	ja*
Schweinebandwurm			
Hymenolopiasis Zwergbandwurm	Bauchschmerz, Durchfall, Blut/Schleimabgang	4	ja
Diphyllobothriasis Fischbandwurm	meist symptomlos, evtl. Bauchschmerz, Anämie	3	nein
Saugwürmer			
Leber-, Darm- und Pärchen-Egel			
Clonorchiasis (Ostasien)	Durchfall, Bauchschmerz, Inappetenz, Völlegefühl	2	nein
Fasziolose (weltweit)	Oberbauchschmerz, Gallenwegs-Symptome	8	nein
Fasziolopsiasis (Ostasien)	Durchfall, Meteorismus, Koliken, Erbrechen	2	nein
Schistosomiasis (warme Länder)	Durchfall, Blutabgang	8	nein

* Zystizerkose nach Ei-Aufnahme von *Taenia solium*

nicht gering. Dazu kommt, dass manche Wurminfektionen nicht nur über den Magen-Darm-Kanal, sondern auch perkutan erworben bzw. übertragen werden (Tabelle 27.14). Eine Bluteosinophilie oder allergische Hauterscheinungen können zwar Hinweise für das Vorliegen einer Wurminfektion sein, keineswegs sind solche Symptome aber pathognomonisch. Ihr Fehlen schließt eine Wurminfektion nicht aus. Beweisend für eine solche Infektion ist allein der Nachweis von Wurmeiern im Stuhl (Tabelle 27.15), im Duodenalsaft oder im Harn oder der Nachweis der Parasiten selbst. Außerdem lassen sich eine Anzahl von Wurminfektionen durch immunologisch-allergische Tests erkennen, so durch Komplementbindungsreaktionen oder Intrakutantests mit entsprechenden Antigenen.

Gutachterliche Bewertung

Nur selten gewinnen aber Wurminfektionen versicherungsrechtliche Bedeutung bei Personen, die in gefährdeten Berufen und insbesondere unter entsprechenden geographischen Verhältnissen gearbeitet haben. Selbst Pneumonien können durch Parasiten wie z. B. Strongyloides oder Pneumocystis carinii verursacht sein. Bestimmte Wurminfektionen sind für den Bereich des Bergbaus als Berufskrankheiten der unter Tage tätigen Bergleute anerkannt.

27.4.1 Filariasis

Filariosen werden durch verschiedene Parasitentypen verursacht – etwa 300 Millionen Menschen der Weltbevölkerung sind davon befallen (Tabelle 27.16, Abb. 27.8).

▮ *Wucheria bancrofti* kommt fast überall in tropischem und subtropischem Gebiet vor und wird durch zahlreiche Mückenarten übertragen. Die Mückendichte spielt epidemiologisch eine wichtige Rolle. Im Magen der Mücke werden die Mikrofilarien frei, durchdringen die Magenwand und wandern in die Thoraxmuskulatur, wo sie in Abhängigkeit von der Außentemperatur, von der Luftfeuchtigkeit und von der Mückenart eine Tage bis Wochen dauernde Entwicklung durchmachen. Mit dem Stich der infizierten Mücke dringen die Larven durch die Haut des Menschen ein und wandern zu den Lymphgefäßen, die sie verstopfen. Lymphangitis und Lymphadenitis mit elephanthiasisartiger Lymphstauung besonders im Bereich der unteren Extremitäten und der Genitalregion sind die Folge. Sekundärinfektionen und allergische Reaktionen können hinzutreten. Ein erheblicher Anteil der Infektionen bleibt aber symptomlos. Die Filarien können viele Jahre am Leben bleiben, werden danach entweder resorbiert oder verkalken. Im Röntgenbild stellen sie sich dann einzeln oder als Knäuel mit 1 bis 5 cm langen Schatten dar.

▮ Die Infektion mit *Loa loa* kommt vor allem im tropischen Westafrika und im Sudan zur Beobachtung. Bis auf allergische Reaktionen mit Eosinophilie sind Krankheitssymptome selten.

Abb. 27.8. Verbreitungsgebiete der Filariosen

▮ Die Infektion mit *Onchocerca volvulus* kommt in Westafrika, aber auch in Mittel- und Südamerika vor. Der Parasit wird ebenfalls durch Mücken übertragen. Es kommt zu knotenartigen Hautveränderungen und juckenden Dermatosen, gelegentlich auch zu Augenentzündungen – Keratitis und Iridozyklitis –, die die Gefahr der Erblindung mit sich bringen. Etwa 40 Millionen Menschen sollen davon befallen sein.

▮ Auch der Guineawurm oder Medinawurm – *Dracunculus medinensis* – gehört zu den Filarien. Infektionen kommen in Äquatorialafrika, Arabien, im Iran, Pakistan und Westindien vor. An der Durchtrittsstelle durch die Haut kommt es zu phlegmonösen Entzündungen. Die Parasiten können verkalken.

Tabelle 27.16. Die Filariosen des Menschen. (Nach Nauck 1975)

Erreger	Geographische Verbreitung	Sitz der erwachsenen Filarien	Wichtige Krankheitszeichen	Zwischenwirte
Wucheria bancrofti	in den meisten tropischen Ländern	im Lymphsystem	Lymphangitis/-adenitis, Funikulitis, Hydrozele, chylöse Ergüsse, Elephantiasis	*Culex-*, *Anopheles-* und *Aedes-*Arten
Brugia malayi	indisch-malaiischer Raum, Ostasien	im Lymphsystem	Lymphangitis/-adenitis, Elephantiasis	*Mansonia-*, *Anopheles-* und *Aedes-*Arten
Loa loa	afrikanisches Regenwaldgebiet	wandert im Bindegewebe, besonders subkutan	flüchtige Hautschwellungen, zuweilen Filarien in der Augenbindehaut	*Chrysops-*Arten
Onchocerca volvulus	tropisches Afrika und Amerika	im Subkutangewebe	Knoten unter der Haut, juckende Dermatitis, Augenstörungen	*Simulium-*Arten
Dipetalonema perstans	tropisches Afrika	im peritonealen Bindegewebe	meist keine	*Culicoides-*Arten
Dipetalonema streptocerca	tropisches Afrika	Bindegewebe der Haut	Dermatitis	*Culicoides-*Arten
Mansonella ozzardi	Süd- und Mittelamerika	im peritonealen Bindegewebe	meist keine	*Culicoides-*Arten und *Simulium*

27.4.2 Askaridiasis

In manchen geographischen Bereichen besteht ein so massiver Wurmbefall der Bevölkerung, dass für dort zum Beispiel aus beruflichen Gründen lebende Europäer eine besondere Infektionsgefährdung gegeben ist.

▮ **Die Übertragung** von Askariseiern auf den Menschen kommt gewöhnlich durch mit Kot gedüngte, roh genossene Gemüse oder Salate oder auch durch verunreinigte Nahrungsmittel zustande. Die oral aufgenommenen Eier entlassen im Dünndarm die Larven, welche die Darmwand durchdringen und für ihre weitere Entwicklung eines Gewebsaufenthaltes bedürfen. In der Lunge führen sie zum so genannten eosinophilen Lungenfiltrat, welches meist um den 10. Tag nach dem Eindringen der Eier auftritt und etwa nach einer Woche, also etwa 3 Wochen nach der Infektion, sein Maximum erreicht, um danach abzuklingen.

▮ **Die diagnostische Erkennung** der Natur eines solchen Lungenfiltrates kann äußerst schwierig sein, weil der Nachweis junger Askariden im Stuhl erst 5 bis 6 Wochen später möglich ist. Auch Askariseier treten erstmalig etwa 8 bis 10 Wochen nach einem solchen Lungeninfiltrat auf (Abb. 27.9).

▮ **Symptomatik.** Askariden können besonders bei ihrer Vielzahl im Darm zu ileusartigen Krankheitsbildern und mit dem Eindringen in die Appendix, in den Ductus choledochus oder pancreaticus zu entsprechender schwerer Symptomatik führen.

27.4.3 Trichuriasis

Die Infektion mit *Trichocephalus dispar* ist besonders in feucht-warmen Ländern sehr häufig, aber auch in Europa und besonders bei Kindern nicht selten. Nur gelegentlich kommt es zu katarrhalischen Erscheinungen vonseiten des Darmes, sehr selten auch zu heftigeren Symptomen und unter Umständen zu allergischen Reaktionen.

27.4.4 Ankylostomiasis

Der Befall durch *Ancylostoma duodenale* in europäischen Ländern, durch *Necator americanus* und seltener durch *Ancylostoma brasiliense* in Nord- und Südamerika ist besonders in tropischen und subtropischen Gebieten weit verbreitet, weil die Entwicklung der Hakenwurmlarven entsprechende klimatische Bedingungen voraussetzt.

▮ **Gutachterliche Bewertung**

Der Befall ist in Europa auf das feucht-warme Klima von Bergwerken beschränkt (kaum noch im Ruhrbergbau), kommt aber auch unter Arbeitern im Tunnelbau und bei Ziegeleiarbeitern vor. Man

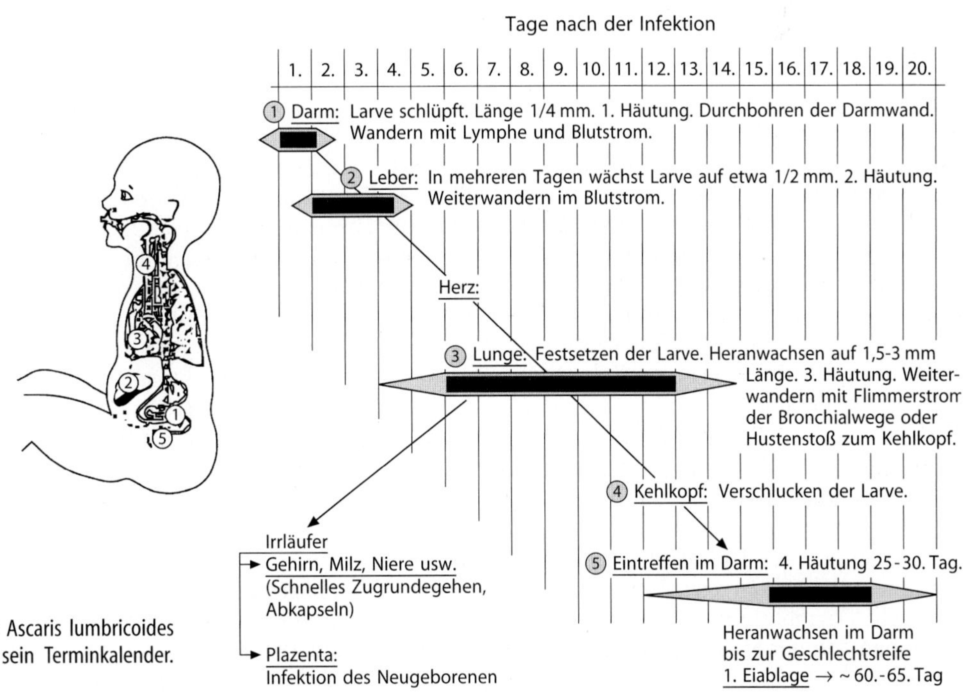

Abb. 27.9. Entwicklung des Ascaris lumbricoides hominis im Menschen und sein Terminkalender. (Nach Ocklitz)

schätzt, dass etwa 500 Millionen Menschen in der Welt davon befallen sind.

Übertragung, Symptomatik. Die Larven dringen entweder perkutan oder oral mit infiziertem Trinkwasser oder ungekochten Lebensmitteln in den menschlichen Organismus ein. Sie gelangen über den venösen Kreislauf in Herz und Lungen, schließlich über Trachea oder Bronchien und Ösophagus wieder in den Magen-Darm-Kanal, wo sie zur Geschlechtsreife heranwachsen. Erst 6 bis 7 Wochen nach dem Eindringen durch die Haut, wo sich nicht selten eine Entzündung entwickelt, sind Eier im Stuhl zu finden. Die Hakenwürmer siedeln sich oft in großer Zahl im Dünndarm an und saugen aus der Darmschleimhaut Blut, so dass sich häufig eine Eisenmangelanämie entwickelt. Aber auch die Darmschleimhaut selbst wird zerstört, Blutungen verstärken die Anämie, und es können auch neurologische Symptome auftreten. Die mit dem Stuhl des Wirtes entleerten Eier entwickeln sich bei Temperaturen von mindestens 25 °C und feuchtem Milieu zu Larven.

Die *Infektionsgefährdung* des Menschen ist heute an verunreinigten Badestränden in tropischen und subtropischen Gebieten sicher größer als unter den Arbeitsbedingungen der Tunnelarbeiter und Bergleute.

27.4.5 Strongyloidiasis

Die Infektion durch *Strongyloides stercoralis* ist wie die Hakenwurmkrankheit an ein feucht-warmes Milieu gebunden. Sie ist im deutschen Bergbau als Berufskrankheit der unter Tage arbeitenden Bergleute anerkannt. Die früher wesentlich größere Infektionshäufigkeit liegt heute nur noch bei 0,2%.

Übertragung. Der Befall des Menschen kommt in der Regel perkutan zustande. Die Larven wandern auf dem Blutweg in die Lungen und schließlich in den Dünndarm, wo die weiblichen Parasiten die Eier ablegen, so dass die Larven schon hier schlüpfen und mit dem Stuhl ausgeschieden werden. Der Entwicklungszyklus benötigt etwa 2 bis 3 Wochen. Die einmal eingetretene Infektion kann sich über viele Jahre durch immer wieder erfolgende Selbstinfektion unterhalten.

Symptomatik. Die meisten Infektionen verursachen keine Krankheitssymptome, gelegentlich und in Abhängigkeit von dem Ausmaß des Befalls kann es zu Reizzuständen des Darmkanals und zu Durchfällen, bisweilen mit kolikartigen Leibschmerzen, Meteorismus und Darmblutungen kommen. Bei massiven Infektionen soll ein Malabsorptionssyndrom entstehen können.

Gutachterliche Bewertung

In Deutschland spielt die Infektion mit Strongyloides stercoralis vor allem unter Bergleuten, selten auch unter Landwirten und in anderen Berufen eine Rolle, die über den Kontakt mit larvenhaltiger Erde infiziert werden.

27.4.6 Schistosomiasis, Bilharziose

Die Infektion mit *Schistosoma haematobium* führt in Ägypten, im Sudan, in West-, Ost- und Südafrika, in Madagaskar und im Gebiet des Euphrat zur chronischen Urogenital-Bilharziose; *Schistosoma intercalatum* ist eine Unterart, die im oberen Kongogebiet vorkommt.

Schistosoma mansoni ist in Westafrika, Madagaskar, in Saudiarabien, im Jemen, in Südamerika und auf den karibischen Inseln der Erreger der Darmbilharziose, die insbesondere in den unteren Abschnitten des Dickdarms, gelegentlich aber auch im unteren Ileum zu schweren Veränderungen führen kann.

Schistosoma japonicum kommt in China und Japan, auf Formosa, in Celebes und auf den Philippinen als Erreger der Darmbilharziose zur Beobachtung.

Epidemiologie, Übertragung. Nach Schätzung der WHO sind etwa 200 Millionen Menschen von Schistosomen befallen (Abb. 27.10), weitere 600 Millionen Menschen sind ständig von der Infektion bedroht. Die Bilharziose, so nach dem deutschen Arzt Theodor Bilharz benannt, gilt nach der Malaria als zweithäufigste Tropenkrankheit. Die Krankheit hat sich in der dritten Welt überall dort ausgebreitet, wo man Wasserkraftwerke errichtet und Stauseen angelegt hat. Diese schaffen mit ihren Bewässerungsanlagen ideale Entwicklungsbedingungen für die Schistosomen oder Pärchenegel, die als Zwischenwirt bestimmte Wasserschnecken benötigen, die wiederum nur bei einer ganzjährigen Wassertemperatur von etwa 25 °C gedeihen.

Die Larven entwickeln sich in Wasserschnecken zu Zerkarien, die nach einer etwa 1 bis 3 Monate dauernden Entwicklung aus der Schnecke in das Wasser gelangen. Schon sehr kurzfristiger und geringer Kontakt mit kontaminiertem Wasser kann zur perkutanen Infektion führen. Die eingedrungenen Larven haben nach 4 bis 6 Tagen das Pfortadergebiet der Leber erreicht, wo sie sich zu geschlechtsreifen Würmern entwickeln, sich paaren und in die Mesenterialvenen eindringen.

Symptomatik. Bei der *Urogenital-Bilharziose* treten Symptome erst 3 bis 6 Monate nach der Infektion auf. Im Harn werden Eier ausgeschieden, der Befall der Blasenwand und der ableitenden Harnwege

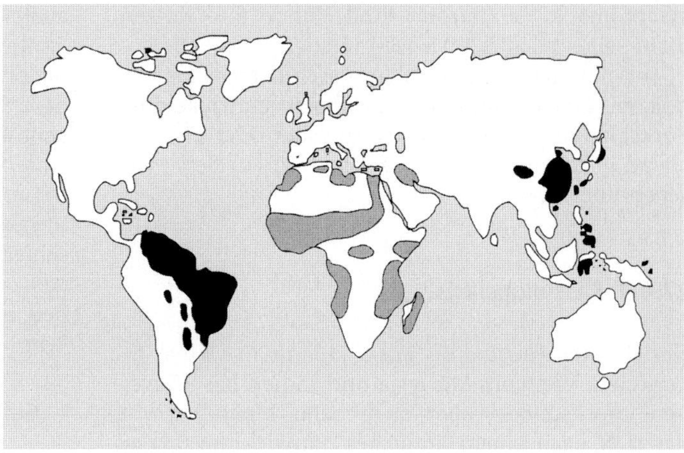

Abb. 27.10. Geographische Verbreitung der Schistosomiasis: in Südamerika: Schistosoma mansoni; in Ostasien: Sch. japonicum; in Afrika: Sch. haematobium und Sch. mansoni (das Verbreitungsgebiet beider Arten deckt sich etwa)

führt zur chronischen Entzündung, zu Blutungen, schließlich zu narbigen Veränderungen. Es soll gehäuft zum Blasenkarzinom kommen. Die Prostata, die Unterleibsorgane der Frau und das Rektum werden zur Eiablage benutzt und damit von der Infektion befallen.

Bei der *Darm-Bilharziose* führt die Infektion häufig zu einer Dermatitis mit einem anschließenden fieberhaften Stadium, welches besonders bei der Infektion durch Schistosoma japonicum niemals fehlt. Zugleich bestehen allergische Erscheinungen mit Urtikaria und Bluteosinophilie. Die chronische Darmbilharziose ist eine Kolitis mit blutig-schleimig-eitrigen Durchfällen. Milz und Leber können befallen und vergrößert sein. Auch pulmonale und kardiale Manifestationen kommen vor.

Diagnose. Die Diagnose wird durch den Nachweis der Eier im Harn oder im Stuhl gestellt, aber auch Hauttests, Komplementbindungsreaktion und andere immunologische Tests stehen zur Verfügung.

Gutachterliche Bewertung

Wegen der weiten Verbreitung und des großen Infektionsrisikos spielt die Bilharziose für den ärztlichen Gutachter keine geringe Rolle. Kontakt mit infiziertem Wasser bei der beruflichen Tätigkeit oder beim Baden ist in entsprechenden Gebieten häufig gegeben.

Therapie. Die bisher unbefriedigende Behandlungsmöglichkeit der Bilharziose wurde vor einigen Jahren durch eine von den Firmen Merck und Bayer gemeinsam entwickelte Substanz mit der chemischen Bezeichnung Praziquantel (Firmenbezeichnung: Biltricide) entscheidend verbessert. Mit einer einzigen Dosis sollen die Parasiten, ebenso auch Bandwürmer, abgetötet werden.

27.4.7 Faszioliasis

Fasciola hepatica kommt als Parasit in den Gallenwegen von Rindern und Schafen überall in der Welt vor. Mit dem Kot gelangen die Eier in Wasser. Die sich daraus bei günstiger Temperatur innerhalb einiger Wochen entwickelnden Mirazidien befallen Wasserschnecken, in denen sie einen Entwicklungsgang durchmachen. Die die Schnecke verlassenden Zerkarien bilden an Wasserpflanzen Zysten, durch deren Genuss sich der Mensch infizieren kann. Nach einer Inkubationszeit von 1 bis 2 Monaten entsteht ein fieberhaftes Syndrom, oft mit Schmerzen im Leberbereich, Eosinophilie, Leukozytose, Leber- und Milzvergrößerung. Eitrig-septische Entzündungen der Gallenwege mit Cholestase führen zur Gelbsucht, zu ausgeprägter Anämie und gelegentlich zu einer schweren septischen Cholangitis mit tödlichem Verlauf. Auch eine biliäre Zirrhose kann sich entwickeln.

Gutachterliche Bewertung

Neben dem Krankheitsbild bei bestehender beruflicher Exposition erlaubt der Nachweis der Eier im Duodenalsaft und im Stuhl die Diagnose. Eine positive Komplementbindungsreaktion vermag sie zu erhärten.

Infektionsgefährdet sind Landarbeiter und andere Personen in Gebieten mit infiziertem Viehbestand. Auch durch Genuss von Sauerampfer oder Fallobst von feuchten Wiesen, auf denen infiziertes Vieh weidete, kann die Infektion übertragen werden.

27.4.8 Chlonorchiasis

Wie bei der Infektion durch Fasciola hepatica, so führt auch die durch den ostasiatischen Leberegel, *Clonorchis sinensis*, zu einer Leber- und Gallenwegssymptomatik. In Ostasien sind Hunde und Katzen, nicht selten auch der Mensch infiziert.

Die mit Galle und Stuhl ausgeschiedenen Eier infizieren Schnecken, die sich darin entwickelnden Zerkarien befallen Fische, deren roher oder unzureichend gekochter Genuss die Infektion auf den Menschen überträgt.

27.4.9 Fasziolopsiasis

Der Erreger *Fasciolopsis buski* kommt in China, Indonesien, Vietnam, Malaysia und Indien bei Schweinen und Hunden, aber auch beim Menschen vor, der sich nach einem ähnlichen Entwicklungszyklus des Erregers wie bei den schon erwähnten Trematodeninfektionen durch den Genuss bestimmter Wasserpflanzen infiziert, an denen die Zysten der Zerkarien haften. Bei massiven Infektionen kommt es zu Durchfällen und Darmblutungen aus Abszessen der Darmschleimhaut.

27.4.10 Paragonimiasis

Der Lungenegel *Paragonimus westermani* kommt in China, Japan, Korea und auf den Philippinen, aber auch in Westafrika bei Hunden, Schweinen und Wildtieren vor. Die Eier gelangen mit dem Sputum der Tiere ins Wasser, die daraus freigesetzten Mirazidien infizieren Schnecken, die sich entwickelnden Zerkarien befallen Krebse und Fische, deren roher Genuss den Menschen infiziert. Aus dem Magen-Darm-Kanal des Menschen wandern die Larven in die Lungen. Chronischer Husten, blutiger Auswurf, gelegentlich auch Durchfälle und Lebervergrößerung sind die Folgen.

27.4.11 Taeniasis (Bandwürmer)

Der Rinderbandwurm, *Taenia saginata*, und der Schweinebandwurm, *Taenia solium*, sind weltweit verbreitet. In Deutschland kommt der Schweinebandwurm allerdings nur selten vor. Im Verdauungstrakt geeigneter Zwischenwirte, in der Regel das Rind bzw. das Schwein, entwickeln sich die Eier, die Larven gelangen nach einer Tage oder Wochen dauernden Entwicklung in die Muskulatur, beim Rind insbesondere in die Kaumuskulatur, wo sie Zystizerken bilden. Der Genuss von Fleisch, welches lebende Zystizerken enthält, führt beim Menschen zur Entwicklung des Bandwurmes im Dünndarm, Blutarmut, selten auch eine ileusartige Symptomatik können die Folge sein.

In der Regel ist bei diesen Bandwurminfektionen der Mensch der Endwirt, die entsprechende Tierart der Zwischenwirt. Selten kann die Zystizerkose aber auch beim Menschen vorkommen, wenn Wurmproglottiden oder freigesetzte Eier durch Selbstinfektion oder durch infizierte Nahrungsmittel, insbesondere Salate, in den Dünndarm gelangen und den eigentlichen Zwischenwirtzyklus, die Zystizerkose, einleiten. Die Larven wandern dann in die Muskulatur und in die inneren Organe und bilden dort Zystizerken. Ihre Lebensdauer im Menschen ist verschieden. Sie können schließlich verkalken. Auch das Zentralnervensystem und die Augen können neben inneren Organen und der Muskulatur befallen sein.

Gutachterliche Bewertung

Bei Metzgern oder Schlachtern kann sich die Frage stellen, ob der Befall durch einen Bandwurm und die sekundäre Entwicklung einer Zystizerkose als Berufskrankheit anzusehen ist. Die Anerkennung als Berufskrankheit ist nur dann wahrscheinlich, wenn der Verzehr von Fleisch im Sinne des Abschmeckens von Gehacktem oder Frischfleischwurst zu den beruflichen Aufgaben gehörte. Es mag zwar eine Gepflogenheit von Metzgern sein, rohes Fleisch zu verzehren. Der Verzehr von infiziertem Fleisch kann aber nicht generell ein höheres Risiko im Beruf des Metzgers bedeuten, einen Bandwurm zu akquirieren. Die Frage wird besonders dann aktuell, wenn eine zerebrale Zystizerkose symptomatisch wird. In der Regel aber sterben die Zystizerken mit ihrer Verkalkung nach Monaten bis Jahren ab und der Krankheitsprozess ist abgeschlossen. Charakteristisch für dieses Endstadium der Zystizerkose ist, dass die immunologisch-serologischen Antikörpernachweise nicht mehr möglich sind. Der Befall der Muskulatur durch die Zystizerken führt in der Regel nicht oder nur zu geringen Beschwerden. Auch sehr massiver Befall der Muskulatur durch die meist zufällig röntgenologisch entdeckte verkalkte Zystizerkose verursacht in der Regel keine muskulären Beschwerden.

Bei Infektionen mit *Taenia echinococcus* ist der Mensch immer Zwischenwirt, der Bandwurm lebt im Darm von Hunden und einiger verwandter Tierarten. Vom Menschen aufgenommene Eier entwickeln Larven, die durch die Darmwand dringen, in die Blutgefäße gelangen und in Leber, Lungen und anderen Geweben Zysten bilden. Die Ruptur einer Echinokokkenzyste birgt nicht nur die Gefahr der Aussaat mit sekundären Echinokokkeninfektionen, sondern die freiwerdende Hydatidenflüssigkeit kann Anlass eines schweren anaphylaktischen Schocks sein. Die gleiche Gefahr besteht bei der therapeutischen oder unbeabsichtigten Punktion einer solchen Zyste. Am häufigsten ist die Leber Sitz einer solchen Echinokokken- oder Hydatidenzyste, seltener Lunge, Pleura, Nieren, Gehirn oder Knochen. Symptome von seiten der Leber treten in Abhängigkeit von der Größe auf, bei Lokalisation in den Lungen kann es zu bronchitischen Symptomen, Lungenabszess oder Gangrän, Hämoptysen und ähnlichen Symptomen kommen.

Bei Sitz im Zentralnervensystem können neurologische Herdsymptome die Folge sein.

▮ Der Hundebandwurm ist zwar weltweit verbreitet. Die beiden Arten *Echinococcus granulosus* oder *cysticus* und *Echinococcus multilocularis* oder *alveolaris* haben aber verschiedene Verbreitungsgebiete, Ersterer in Norddeutschland, Ex-Jugoslawien, Südamerika und Australien, Letzterer in Oberbayern, Schwäbische Alb, Baden, Tirol, Österreich, Schweiz, Kanada, USA und GUS.

Da der gesundheitliche Allgemeinzustand in der Regel wenig beeinträchtigt ist, wird die Diagnose oft zufällig bei röntgenologischen oder nuklearmedizinischen Untersuchungen gestellt, besonders wenn die Zystenwand verkalkt ist. Im Übrigen können die Komplementbindungsreaktion und der weniger zuverlässige Intrakutantest Hinweise liefern. Niemals sollte eine Echinokokkenzyste ohne chirurgische Freilegung und allein aus diagnostischen Gründen punktiert werden.

Gefährdet sind Menschen, die in unhygienisch engem Kontakt mit Hunden und anderen Haustieren leben und insbesondere dann, wenn diese Tiere mit dem Fleisch infizierter Tiere gefüttert werden.

▮ Infektionen mit *Dibothriocephalus latus* (syn. *Diphyllobothrium latum*), dem so genannten Fischbandwurm, werden in den Ländern des Ostseeraumes, aber auch in den Schweizer und norditalienischen Seengebieten, im Bereich des Donaudeltas, in Sibirien, Japan, Nordmandschurei und in Nordamerika beobachtet. Das ins Wasser gelangte Ei entwickelt sich zu einer Larve, die von niedrigen Krebsen gefressen wird, in denen sich ein weiteres Larvenstadium entwickelt. Wenn diese Krebse von Fischen gefressen werden, so wandern die Larven in Organe und Muskulatur des Fisches. Der Genuss rohen Fischfleisches führt beim Menschen zur Infektion, die symptomlos sein, aber auch mit Durchfällen und Allgemeinsymptomen einhergehen kann. Oft kommt es zu einer megalozytären Anämie, weil der Parasit das Vitamin B12 aufnimmt, ehe es zur Resorption gelangen kann.

Die Diagnose ist durch den Nachweis der Eier im Stuhl zu stellen. Infektionsgefährdet sind in entsprechenden Gebieten Menschen, die infizierte Fische roh essen.

▮ Bandwurmarten, die vorzugsweise in warmen Ländern vorkommen und den Menschen befallen, sind der Zwergbandwurm, *Hymenolepis nana*, und *Sparganum*, der zur Gattung *Diphyllobothrium* gehört und im Dünndarm von Hunden und anderen Karnivoren zum Bandwurm ausreift. Der Zwergbandwurm bedarf keines tierischen Zwischenwirtes, der Mensch ist Zwischenwirt und Endwirt. Die Eier gelangen durch Kotverschmutzung oder Selbstinfektion in den Magen-Darm-Kanal, die im Dünndarm ausschlüpfenden Larven entwickeln sich in den Darmzotten zu Zystizerkoiden, die ins Darmlumen durchbrechen und hier zu Bandwürmern ausreifen. Am häufigsten sind Kinder infiziert.

Mit Sparganum infiziert sich der Mensch durch Verschlucken kleiner Wasserkrebse. In fast allen Geweben und Organen kann es zu schmerzhaften Entzündungen kommen. Die Infektion des Hundes wird durch Frösche, Schlangen, Vögel und Säugetiere unterhalten. Infektionen kommen am häufigsten in Ostasien, besonders in Indochina, gelegentlich auch in Ostafrika vor.

27.4.12 Trichinose

Infektionen mit *Trichinella spiralis* sind in Deutschland seit der gesetzlichen Einführung der Fleischbeschau sehr selten geworden. Aber auch eine sorgfältige Fleischbeschau bietet keine Gewähr für die Entdeckung eines geringen Befalls mit Trichinen. In Europa, Nord- und Südamerika, in der Arktis und in Kleinasien, in Russland und in Norwegen wurden Infektionen beobachtet. Die Übertragung erfolgt durch den Genuss von rohem und unzureichend erhitztem Fleisch meist von Schweinen auf den Menschen. Rohes Hackfleisch, Mettwurst, roher Schinken, Speck und Salzfleisch sind die wichtigsten Übertragungsquellen. Die im Muskelfleisch eingeschlossenen Trichinellen gehen erst bei Temperaturen von 60 bis 65 °C zugrunde.

▮ **Symptomatik.** Uncharakteristische Symptome vonseiten des Magen-Darm-Kanals werden durch die Entwicklung der Würmer verursacht, charakteristischer ist die Phase des Muskelbefalls durch die Einwanderung der Embryonen mit Muskelschmerzen, typhusartigem hohen Fieber, hochgradiger Eosinophilie und Leukozytose sowie mit anderen allergischen Symptomen. Als bedrohliche Komplikationen können Myokarditis, Enzephalitis, Meningitis, hämorrhagische Diathese und Lungenaffektionen auftreten. Die Rekonvaleszenz dauert lange, Kreislaufstörungen und Herzinsuffizienz können zum Tode führen.

▮ **Diagnostik.** Die Muskeltrichinellen, also die Embryonen, bleiben über viele Jahre lebend und infektiös. Ihre Kapsel kann verkalken, wird aber nur selten röntgenologisch darstellbar.

Die Diagnose wird in der Regel aus dem klinischen Bild und nach dem epidemischen Auftreten gestellt. Probeexzisionen aus dem M. biceps deltoideus oder gastrocnemius oder aus anderer quergestreifter und besonders beanspruchter Muskulatur lassen die Diagnose sicherstellen, Hämagglutinationsreaktion und Komplementbindungsreaktion sind hilfreich. Der Intrakutantest ist unsicher.

Epidemiologie. Neben dem Schwein ist das Fleisch von Wild- und Jagdtieren häufig Quelle menschlicher Infektionen gewesen, die dann in Form kleinerer oder größerer Epidemien in Erscheinung treten. 1982 erkrankten bei einer Epidemie im Raum Bitburg/Eifel 417 Personen durch Genuss von Mettwurst aus Schweinefleisch und waren monatelang arbeitsunfähig.

Literatur

Nauck EG (1975) Lehrbuch der Tropenkrankheiten. Thieme, Stuttgart

Schiefke I, Schmaschke R, Ott R, Schiefke F, Mössner J, Schubert S (2006) Einheimische Helminthosen. Der Internist 47:793–800

Volkheimer G (1986) Zur Diagnose von Wurmbefall. Diagnose und Labor 36:158

27.5 Bakterien

C. Pox und W. Schmiegel

Die meisten bakteriellen Infektionen können hier unberücksichtigt bleiben, weil ihre Krankheitsbilder als heimische Infektionskrankheiten gut bekannt sind und sie keine besonderen versicherungsrechtlichen oder gutachtlichen Probleme aufwerfen. Einige Besonderheiten sind aber den hier im Folgenden dargestellten bakteriellen Infektionskrankheiten zu berücksichtigen. Bakterielle Infektionen im Zusammenhang mit Berufs- oder Urlaubsreisen werden zunehmend häufiger. An erster Stelle stehen Infektionen des Gastrointestinaltraktes, gefolgt von Hautinfektionen und Infektionen, die in tropischen oder subtropischen Regionen durch Insekten übertragen werden.

27.5.1 Typhus abdominalis und Paratyphus

Es handelt sich um akute systemische Infektionskrankheiten, hervorgerufen durch *Salmonella typhi* bzw. *paratyphi*. Die Erreger sind ausschließlich humanpathogen und werden fäkal-oral, in der Regel durch verunreinigtes Wasser oder Lebensmittel, übertragen. Eine direkte fäkal-orale Übertragung von Mensch zu Mensch ist möglich, aber von untergeordneter Bedeutung. Übertragungen innerhalb mikrobiologischer Labors sind vereinzelt beschrieben. Beide Erkrankungen kommen in Deutschland selten vor (gemeldete Fälle 2003: Typhus 59, Paratyphus 67) und werden überwiegend im Rahmen von Auslandsreisen erworben.

Symptomatik. Nach einer Inkubationszeit von 7–21 Tagen (z. T. auch länger) kommt es im Verlauf zu hohem Fieber bis 41 °C mit klinisch schwerem Krankheitsbild. Anfänglich stehen Kopf-, Glieder- und Bauchschmerzen sowie Übelkeit und Erbrechen – häufig ohne Diarrhöen – im Vordergrund. Weitere Merkmale sind eine relative Bradykardie, abdomineller Druckschmerz sowie im Verlauf breiige Durchfälle, eine Splenomegalie und kutane Roseolen.

Diagnostik. Die Diagnose wird innerhalb der ersten Woche am sichersten anhand von Blutkulturen gestellt, in Stuhlkulturen wird der Erreger in der Regel erst im Verlauf nachweisbar. Der Antikörpernachweis (Agglutination nach Widal) ist von untergeordneter Bedeutung. Für die antibiotische Therapie werden vor allem Chinolone und Cephalosporine der dritten Generation (Ceftriaxon, Cefotaxim) eingesetzt, wobei weltweit eine zunehmende Resistenzentwicklung zu verzeichnen ist.

Der klinische Verlauf ist bei Typhus und Paratyphus ähnlich, jedoch bei Paratyphus meist leichter ausgeprägt.

Gutachterliche Bewertung

Für die gutachterliche Beurteilung ist es für medizinisches Personal und für Personen, die im Lebensmittelgewerbe tätig sind, von großer Bedeutung, ob die Erreger nach Ausheilung der Erkrankung im Stuhl nicht mehr nachweisbar sind. Bei etwa 2 bis 5% der Infektionen mit *Salmonella typhi* kommt es zu Bakteriendauerausscheidung, die ein hohes Infektionsrisiko darstellt. Bei diesen in der Regel beschwerdefreien Personen persistieren die Erreger häufig in der Gallenblase. Eine antibiotische Sanierung von Dauerausscheidern kann versucht (z. B. Ciprofloxacin für 4 Wochen) und ggf. eine Cholezystektomie unter Antibiotikaprophylaxe vorgenommen werden.

Dauerausscheidern kann die Ausübung bestimmter beruflicher Tätigkeiten ganz oder teilweise untersagt werden (§ 31 Infektionsschutzgesetz, *IfSG*). Insbesondere der Einsatz in lebensmittelverarbeitenden Bereichen ist nach § 42 IfSG verboten. Betroffene Beschäftigte erhalten eine Entschädigung für Verdienstausfall (§ 56 IfSG) oder Berufswechsel, die Kosten einer Behandlung zur Beseitigung dieses Dauerausscheiderzustandes werden in der Regel von der zuständigen Berufsgenossenschaft, für medizinisches Personal von der Berufsgenossenschaft für Gesundheitsdienst und Wohlfahrtspflege, übernommen, wenn die Infektion als Berufskrankheit anerkannt wurde.

27.5.2 Tonsillitis, Pharyngitis

Die meisten Infektionen des Rachenraumes sind durch Viren verursacht. Bei etwa 15% der Fälle, bei Kindern bis 50%, werden β-hämolysierende *Streptokokken der Gruppe A* als Erreger gefunden. Das rheumatische Fieber und die akute Glomerulonephritis sind seltene Spätfolgen von Streptokokken-Racheninfektionen bestimmter Serotypen und können mit einer durchschnittlichen Latenz von 18 bzw. 10 Tage auftreten. Eine genetische Disposition scheint das Auftreten der Spätfolgen zu begünstigen.

▮ Gutachterliche Bewertung

Epidemiologische Studien haben gezeigt, dass bei engem Kontakt von Mensch zu Mensch wie in Kasernen und anderen Gemeinschaftseinrichtungen, aber auch bei der beruflichen Tätigkeit von medizinischem Personal, erheblich größere Infektionsgefährdung als bei der übrigen Bevölkerung besteht.

Bei solchen und ähnlichen Personengruppen mit erhöhter Gefährdung wird daher das rheumatische Fieber und seine Komplikationen bzw. die Glomerulonephritis als Berufskrankheit oder bei Soldaten als Versorgungsleiden anerkannt.

27.5.3 Diphtherie

Corynebacterium diphtheriae, der Erreger der Diphtherie, wird überwiegend durch Tröpfcheninfektion oder direkten Kontakt von Mensch zu Mensch übertragen. Eine indirekte Übertragung durch kontaminiertes Material ist prinzipiell möglich, aber selten. Über Laborinfektionen (in Deutschland zuletzt 1996) wird vereinzelt berichtet. Auch asymptomatische Keimträger können Quelle einer Infektion sein. Infektionen kommen in Deutschland nur noch vereinzelt vor und sind in der Regel im Ausland erworben. Insbesondere im Bereich der ehemaligen Sowjetunion sind in den letzten Jahren gehäuft Erkrankungen aufgetreten.

▮ **Impfung.** Verantwortlich für das Krankheitsbild ist ein von *C. diphtheriae* produziertes Exotoxin. Eine gegen das Toxin gerichtete aktive Impfung steht zur Verfügung und gehört zu den von der STIKO empfohlenen Regelimpfungen. Zum Erhalt des Impfschutzes ist eine Auffrischung alle 10 Jahre erforderlich. Durch die Impfung werden Erkrankungen weitgehend verhindert.

27.5.4 Tularämie

Francisella tularensis, der Erreger der Tularämie, kommt in der gesamten nördlichen Hemisphäre vor. In Deutschland treten nur noch vereinzelte Erkrankungen auf (3 gemeldete Fälle 2003). Der Erreger wird in einer Reihe von Säugetieren wie Hasen, Kaninchen, Ratten und Mäusen aber auch in Insekten gefunden. Eine Übertragung des hochkontagiösen Erregers auf den Menschen erfolgt beim Umgang mit infiziertem Tiermaterial, Verzehr von kontaminierten Lebensmitteln oder Wasser, durch Insektenstiche oder -bisse (Mücken, Zecken, Fliegen) oder durch Inhalation von erregerhaltigem Staub.

Das klinische Krankheitsbild ist sehr vielfältig und abhängig u.a. von Eintrittsort und Virulenz des Erregers. Ein Impfstoff steht in Deutschland nicht zur Verfügung.

▮ Gutachterliche Bewertung

Gefährdet sind vor allem Tierpfleger, Jäger, Fellhändler und Küchenpersonal. Laborinfektionen können beim Umgang mit dem Erreger auftreten, eine Übertragung von Mensch zu Mensch kommt nicht vor.

27.5.5 Listeriose

Listeria monocytogenes, der Erreger der Listeriose, kommt ubiquitär in der Umwelt vor und ist im landschaftlichen Bereich weit verbreitet. Der Erreger wird im Kot vieler Tierarten gefunden, kann aber auch im Stuhl von bis zu 5% der asymptomatischen Bevölkerung nachgewiesen werden. Eine Infektion erfolgt vorwiegend durch Aufnahme kontaminierter Lebensmittel (u.a. Rohmilch und seine Produkte, Hackfleisch oder Salate).

Bei immunkompetenten Personen kommt es selten zu einer klinisch nachweisbaren Infektion. Bei abwehrgeschwächten Personen können schwere Verläufe mit Meningoenzephalitis und septischem Krankheitsbild auftreten. Eine Infektion während der Schwangerschaft kann diaplazentar oder unter der Geburt auf das Kind übertragen werden und zu einer Früh- oder Totgeburt führen oder eine schwere Erkrankung des Neugeborenen hervorrufen.

27.5.6 Erysipel

Das Erysipel durch *β*-hämolysierende Streptokokken der Gruppe A (*Streptococcus pyogenes*) hat keine besondere versicherungsrechtliche Bedeutung als Berufskrankheit.

27.5.7 Erysipeloid (Schweinerotlauf)

Der Schweinerotlauf ist eine Anthropozoonose. Die Krankheit kommt vor allem bei Schweinen vor, der Erreger *Erysipelothrix rhusiopathiae* wird aber auch u.a. bei Geflügel, Fischen und Schalentieren nachgewiesen. Eine Übertragung auf den Menschen erfolgt durch direkten Kontakt mit infizierten Tieren oder Tierprodukten über kleine Verletzungen und Hautläsionen.

In der Regel kommt es nach wenigen Tagen am Infektionsort zu einer lokalen schmerzhaften Schwellung, systemische Verlaufsformen sind selten.

▌ Gutachterliche Bewertung

Gefährdet sind u.a. Schlachter, Tierärzte, Landwirte und Beschäftigte in der fisch- oder fleischverarbeitenden Industrie.

27.5.8 Cholera

Der Erreger der Cholera, *Vibrio cholerae*, wurde 1884 von Robert Koch entdeckt. Er befällt nur den Menschen und ruft eine akute z.T. foudroyante Durchfallerkrankung hervor. Seit 1817 ist es zu 7 weltweiten Pandemien der Erkrankung gekommen, jeweils ausgehend von Südostasien, vor allem Indien, wo die Erkrankung endemisch vorkommt (Abb. 27.11). Aktuell kommt Cholera neben Indien vor allem in Teilen Afrikas vor. Der letzte große Ausbruch in Deutschland trat 1892 in Hamburg auf und forderte ca. 9000 Todesopfer. In den letzten Jahren sind nur vereinzelt Fälle in Deutschland aufgetreten, die jeweils im Ausland erworben worden waren.

Die Infektion wird durch kontaminiertes Trinkwasser oder Nahrung übertragen. Rund 80% verlaufen asymptomatisch. Die Inkubationszeit ist kurz (18 Stunden bis 5 Tage), die Erreger werden noch 2 bis 3 Wochen nach Überstehen der Erkrankung im Stuhl ausgeschieden. Ursächlich für die Diarrhöen ist ein von V. cholerae gebildetes Enterotoxin. Die Letalität liegt unbehandelt bei 60%.

Die Therapie besteht aus oraler oder parenteraler Flüssigkeits-, Salz- und Glukosesubstitution senkt sie auf unter 1%. Eine Antibiose, in der Regel Doxycyclin, kann den Krankheitsverlauf verkürzen. Der verfügbare Impfstoff ist wenig wirksam und wird von der WHO nicht mehr empfohlen.

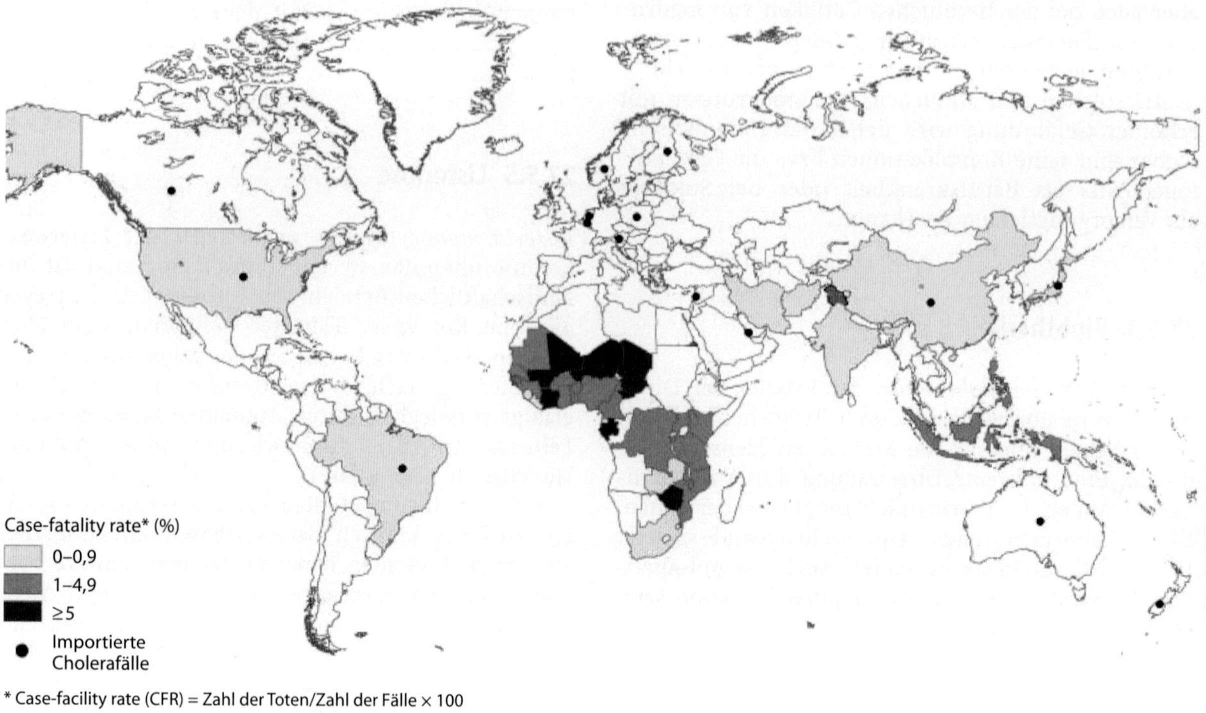

Abb. 27.11. Geographische Verbreitung der Cholera im Jahr 2006. (WHO 2006)

27.5.9 Milzbrand (Anthrax)

Milzbrand ist eine durch *Bacillus antracis* verursachte Zoonose, die vorwiegend bei pflanzenfressenden Tieren auftritt. Vom Erreger gebildete Sporen sind sehr widerstandsfähig. Infektionen beim Menschen sind selten und vorwiegend durch Kontakt mit sporenhaltigem Material bedingt:

- *Hautmilzbrand*, die häufigste natürlich vorkommende Infektionsform, ist durch direkten Kontakt der Haut mit erregerhaltigen tierischen Materialien (wie z. B. Felle, Wolle, usw.) bedingt. An der Eintrittsstelle entwickelt sich eine Papel mit umgebender Rötung und Schwellung mit nachfolgender Bildung eines mit schwärzlichem Schorf bedeckten Geschwürs.
- *Lungenmilzbrand* kann sich nach Inhalation feiner sporenhaltiger Aerosole entwickeln. Nach anfänglich unspezifischen Symptomen entwickelt sich ein septisches Krankheitsbild mit hoher (>60%) Letalität.
- *Darmmilzbrand* entsteht durch Verzehr von ungenügend gekochtem Fleisch und ist durch Erbrechen und blutigen Durchfällen häufig gefolgt von einem septischen Krankheitsbild gekennzeichnet. Eine direkte Übertragung von Mensch zu Mensch erfolgt in der Regel nicht. Zur Therapie werden Ciprofloxacin, Penicillin und Doxycyclin eingesetzt.

Gutachterliche Bewertung

Ein erhöhtes Infektionsrisiko besitzen Personen, die Tierhäute und Felle sowie anderes Tiermaterial verarbeiten sowie Beschäftigte in der Tiermedizin, in der Land-, Forst- und Jagdwirtschaft.

2001 kam es in den USA durch Milzbrandsporen enthaltende Briefe zu 18 nachgewiesenen Lungen- und Hautmilzbrandfällen sowie 4 weiteren vermutlichen Hautmilzbrandfällen. 5 der 11 Lungenmilzbrandfälle endeten tödlich. In Deutschland wurde der letzte Milzbrandfall in Form einer Hautmilzbranderkrankung 1994 gemeldet.

27.5.10 Brucellose (undulierendes Fieber, Malta-Fieber, M. Bang)

Brucellosen sind weltweit verbreitete Zoonosen, die insbesondere bei Haustieren (Rinder, Schweine, Schafe und Ziegen) gefunden werden und auf Menschen übertragen werden können. *Brucella melitensis* tritt vermehrt bei Schafen und Ziegen, *Brucella abortus* bei Rindern und *Brucella suis* bei Schweinen auf. Menschen infizieren sich in der Regel durch Kontakt mit erkrankten Tieren oder deren Ausscheidungen. Eine Übertragung ist über Geburtsprodukte, nicht ausreichend erhitzte Milch und Milchprodukte und rohes Fleisch möglich.

Gutachterliche Bewertung

Gefährdet sind u. a. Beschäftigte in der Landwirtschaft, Veterinärmedizin und der Fleisch verarbeitenden Industrie. Auch Laborinfektionen sind beschrieben.

Symptomatik. Es handelt sich um eine systemische Infektion, bei der klinisch unspezifische Allgemeinerscheinungen (Kopf- und Gliederschmerzen, Abgeschlagenheit) verbunden mit häufig undulierendem Fieber (insbesondere beim durch *B. melitensis* hervorgerufenem Maltafieber) im Vordergrund stehen. Zusätzlich können u. a. eine Lymphadenopathie sowie eine Hepatosplenomegalie auftreten. Unbehandelt kann das Fieber über Wochen bis Monate persistieren. Der Krankheitsverlauf bei Infektion mit *B. abortus* (Morbus Bang) verläuft häufig weniger schwer.

Die *Diagnose* wird anhand des kulturellen Erregernachweises insbesondere im Blut sowie häufiger mit Hilfe eines Antikörpernachweises gesichert. *Standardtherapie* ist eine Kombination aus einem Tetrazyklin mit einem Aminoglykosid für mehrere Wochen. Für Tiere steht eine Impfung zur Verfügung. Die Tierbestände in Deutschland gelten als brucellosefrei. 2003 wurden 27 Infektionen bei Menschen in Deutschland gemeldet, nur bei 8 dieser Fälle lag die *Infektionsquelle* in Deutschland. Die Mehrzahl der Fälle wurde aus den Ländern des Mittelmeerraumes importiert, in denen die Brucellose häufiger vorkommt.

27.5.11 Pest

Die Pest (lat. „pestis" Seuche, Verderben) ist eine seit dem Altertum bekannte Krankheit, an der in zwei Pandemien (527–567 und 1348–1351 n. Chr.) große Teile der europäischen Bevölkerung verstarben. Heutzutage bestehen begrenzte Endemiegebiete in Amerika, Afrika, und Asien. 1999 wurden der WHO 2603 Fälle, überwiegend aus Afrika, gemeldet. Der Erreger *Yersinia pestis* kommt in wildlebenden Nagetieren und deren Flöhen vor. Eine Infektion des Menschen erfolgt am häufigsten durch den Stich infizierter Flöhe, seltener durch Kontakt mit infizierten Tieren oder von Mensch zu Mensch durch Tröpfcheninfektion bei Lungenpest. Die Inkubationszeit ist kurz (2 bis 8 Tage).

Folgende *Verlaufsformen* können auftreten:

- Beulen-(Bubonen-)pest mit schmerzhaftem lokoregionären Lymphknotenbefall (häufigste Form),
- Pestsepsis,
- Lungenpest,
- Pestpharyngitis mit zervikaler Lymphadenitis,
- Pest-Meningitis.

Die *Klinik* ist in der Regel durch schweres Krankheitsgefühl bei abruptem Beginn, hohes Fieber, Kopf- und Gliederschmerzen sowie Verwirrtheit geprägt. Lymphknotenschwellungen (Bubonen) oder Atemnot, Husten und Auswurf kommen je nach Verlaufsform hinzu. Häufig tritt eine Verbrauchskoagulopathie auf.

Die *Diagnose* erfolgt durch kulturellen Erregernachweis aus Blut, Sputum oder Lymphknotenaspirat oder Antigen- bzw. Nukleinsäurenachweis. Serologische Methoden sind für die akute Diagnose nicht geeignet.

Unbehandelt beträgt die Letalität der Beulenpest 50%, die Lungenpest oder Pestsepsis ist in fast allen Fällen tödlich. *Therapie* der Wahl sind Streptomycin oder Gentamicin. Zur oralen Therapie wird Tetrazyklin eingesetzt.

27.5.12 Reisediarrhö

Bis zu 60% der Reisenden erkranken während eines Aufenthaltes in einem Gebiet mit niedrigem Hygienestandard an einer akuten Durchfallerkrankung. Diese treten in der Regel in den ersten 2 Reisewochen auf und dauern unbehandelt durchschnittlich 4 Tage. Ursache sind fast immer fäkal kontaminierte Speisen oder Getränke. Das Erregerspektrum umfasst am häufigsten enterotoxigene *Escherichia-coli*-Stämme sowie *Salmonellen*, *Campylobacter jejuni* und *Shigellen*. Daneben spielen auch Viren (*Rotaviren*, *Noroviren*) und seltener Protozoen (*Lamblien*, *Amöben*) und *Wurminfektionen* eine Rolle.

Die *Therapie* beinhaltet insbesondere eine ausreichende Flüssigkeitszufuhr. Eine Selbsttherapie mit motilitätshemmenden Substanzen wie Loperamid und Antibiotika (am häufigsten Gyrasehemmer) kann in den meisten Fällen die Durchfallintensität und -dauer verkürzen.

Eine *Prophylaxe* besteht in der Beachtung entsprechender hygienischer Voraussetzungen („boil it, cook it, peel it or forget it"). Eine antibiotische Prophylaxe sollte nur in Ausnahmefällen erfolgen.

27.5.13 Pseudomembranöse Kolitis

Diese unter Umständen lebensbedrohliche Erkrankung (Letalität ca. 4%) kann bis zu 4–6 Wochen nach einer Behandlung mit einem Antibiotikum auftreten und wird durch toxinbildende *Clostridium-difficile*-Bakterien hervorgerufen.

Klinisch stehen Durchfälle (z.T. blutig), Fieber und Bauchschmerzen im Vordergrund. Eine *Übertragung* der Sporen durch kontaminierte Gegenstände ist möglich, eine nosokomiale Infektion im Rahmen eines Krankenhausaufenthaltes für einen Teil der Erkrankungen verantwortlich. Die Erkrankung ist durch weißlich-gelbliche Pseudomembranen, die der entzündeten Kolonschleimhaut aufliegen, charakterisiert.

Die *Therapie* ist indiziert bei Nachweis von *C. difficile*-Toxin und besteht aus Absetzen des ggf. auslösenden Antibiotikums und oraler Gabe von Metronidazol oder ggf. Vancomycin.

Gutachterliche Bewertung

Tritt diese Erkrankung infolge einer Antibiotikabehandlung auf, die nach einer beruflich erworbenen Erkrankung notwendig wurde, ist sie als mittelbare Folge zu bewerten.

Literatur

Bales S, Baumann HG, Schnitzler N (2001) Infektionsschutzgesetz, Kohlhammer, Stuttgart Berlin Köln

Classen M, Diehl V, Kochsiek K (2004) Innere Medizin, 5. Aufl. Urban & Fischer, München Jena

Feldman M, Friedman LS, Sleisenger MH (eds) (2002) Sleisenger and Fordtrans' Gastrointestinal and Liver Disease, 7. ed. Saunders, Philadelphia London Toronto Montreal Sydney Tokyo

Kamradt T, Krause A, Priem S, Burmester G-R (1998) Die Lyme-Arthritis. Dt Ärztebl 95:A214–219

Mandell GL, Bennett JE, Dolin R (eds) (2000) Principles and practice of infectious diseases, 5th ed. Churchill Livingstone, Philadelphia London Toronto Montreal Sydney Tokyo Edinburgh

Robert Koch-Institut (2000) Ratgeber Infektionskrankheiten: Scharlach und andere Infektionen durch Streptococcus pyogenes

Robert Koch-Institut (2001) Merkblätter für Ärzte: Typhus

Robert Koch-Institut (2001) Ratgeber Infektionskrankheiten: Diphtherie

Robert Koch-Institut (2001) Ratgeber Infektionskrankheiten: Lyme-Borreliose

Robert Koch-Institut (2001) Ratgeber: Milzbrand (Antrax). Bundesgesundheitsbl – Gesundheitsforsch – Gesundheitsschutz 44:1228–1230

Robert Koch-Institut (2001) Ratgeber: Tularämie, Hasenpest (Francisella tularensis). Bundesgesundheitsbl – Gesundheitsforsch – Gesundheitsschutz 44:1233–1234

Robert Koch-Institut (2003) Merkblätter für Ärzte: Listeriose

Robert Koch-Institut (2004) Reiseassoziierte Infektionskrankheiten im Jahr 2003. Epid Bull 38:319–326

Ryan ET, Wilson ME, Kain KC (2002) Illness after international travel. N Engl J Med 347:505–516

Sack DA, Sack RB, Nair GB, Siddique AK (2004) Cholera. Lancet 364:223–233

Stanek G, Strle F (2003) Lyme borreliosis. Lancet 362: 1639–1647

WHO (2006) Cholera 2005. Weekly epidemiological record 81:297–308

27.5.14 Spirochätosen

Zu den Spirochäten zählen Treponemen, Borrelien und Leptospiren.

Treponemen

Hierzu zählen die endemische Syphilis (Bejel), hervorgerufen durch *Treponema endemicum*, die Frambösie, hervorgerufen durch *Treponema pertenue*, und die Pinta, hervorgerufen durch *Treponema carateum*. Diese Erkrankungen kommen endemisch in tropischen und subtropischen Regionen vor und werden vorwiegend durch direkten Kontakt von Mensch zu Mensch, zum Teil aber auch durch Gebrauchsgegenstände übertragen. Am häufigsten sind Kinder infiziert. Die klinischen Erscheinungsformen und der phasenweise Krankheitsverlauf sind der Syphilis ähnlich, neurologische Spätfolgen gibt es jedoch nicht. Die Therapie der Wahl ist Penicillin.

Treponema pallidum ist der Erreger der Syphilis (Synonym: Lues, harter Schanker). Die Erkrankung kam in Mitteleuropa nur noch sehr selten vor. Seit einigen Jahren jedoch steigt die Inzidenz der Syphilis deutlich an. 2006 wurden in Deutschland ca. 3200 Neuerkrankungen gemeldet. Die Syphilis kommt nur beim Menschen vor und wird durch Sexualkontakte übertragen. Eine Übertragung durch Bluttransfusionen ist möglich, spielt aber aufgrund der Spendertestung in den Industrieländern keine Rolle.

Lyme-Borreliose

Die Lyme-Borreliose wird durch Bakterien aus dem Komplex *Borrelia burgdorferi sensu lato* verursacht. Sie kommt in der nördlichen Hemisphäre vor und ist in diesem Gebiet die häufigste durch Zecken übertragene Erkrankung. In Europa sind etwa 20% der Zecken mit Borrelien befallen, in Hochrisikogebieten wie z. B. in Teilen Süddeutschlands 30 bis 50%, in der Region Konstanz 35%, im Englischen Garten und den Isarauen in München 30%. Als Erregerreservoir dienen Nagetiere und Vögel.

Die *klinische Symptomatik* der Lyme-Borreliose ist vielgestaltig. Am häufigsten kommt es nach Tagen bis wenigen Wochen im Bereich des Zeckenbisses zu einem Erythema migrans. Weitere Manifestationsformen der Erkrankung sind eine vor allem in den USA vorkommende mono- oder oligoartikuläre Arthritis (Lyme-Arthritis), die am häufigsten die Kniegelenke betrifft, sowie neurologische Symptome in Form einer Meningopolyneuritis, z.T. mit Hirnnervenbefall vor allem in Form einer Fazialisparese. Seltener kommt es zu einer kardialen Beteiligung oder einem Lymphozytom. Auch nach Jahren kann es vor allem in Europa zu einer Acrodermatitis chronica atrophicans kommen, die vor allem die distalen Extremitätenabschnitte betrifft und durch eine Hautatrophie und livide Verfärbung gekennzeichnet ist.

Gutachterliche Bewertung

Entsprechend der Übertragung der Infektion durch Zecken werden bevorzugt in der Landwirtschaft tätige Personen, Forstarbeiter, Wanderer sowie abhängig vom Einsatz Soldaten befallen.

Die *Diagnose* richtet sich in erster Linie nach Anamnese und klinischem Bild und wird durch serologische Untersuchungen unterstützt. Bei Vorliegen eines Erythema migrans ist die Borrelienserologie häufig noch negativ, hier reicht in der Regel bei typischem Befund die klinische Diagnose aus.

Eine *Therapie* ist in der Frühphase der Erkrankung am erfolgreichsten. Es werden Tetrazykline, Amoxycillin oral oder insbesondere bei der Neuroborelliose Ceftriaxon i.v. eingesetzt. Folgeschäden im Rahmen einer Nerven-, Gelenk-, Haut- und Herzbeteiligung sind möglich.

Rückfallfieber

Rückfallfieber ist eine durch verschiedene Borrelienspezies hervorgerufene systemische Erkrankung, die durch rezidivierende Fieberattacken gekennzeichnet ist. Es werden zwei Formen des Rückfallfiebers unterschieden:

- Das Läuse-Rückfallfieber wird durch *Borrelia recurrentis* hervorgerufen und durch Kleiderläuse von Mensch zu Mensch übertragen. Es kommt heutzutage noch in Teilen Afrikas und Südamerikas endemisch vor. Der letzte Fall in Deutschland trat 2002 nach einem Auslandsaufenthalt in Senegal auf.
- Das Zecken-Rückfallfieber wird durch mindestens 15 verschiedene Borrelienspezies hervorgerufen und durch eine bestimmte Zeckenart übertragen. Es und ist in der ganzen Welt verbreitet, tritt v.a. aber im südlichen Europa, Zentralasien, Latein- und Südamerika, Teilen Afrikas und im Westen der USA auf. Erregerreservoir sind neben den Zecken vor allem Nagetiere, aber auch Eulen und Eidechsen.

Die *Diagnose* erfolgt in der Regel durch Erregernachweis im Blut während einer Fieberattacke. Zur *Therapie* werden Tetrazykline oder Erythromycin eingesetzt.

Leptospirosen

Bei der Leptospirose handelt es sich um eine weltweit verbreitete Zoonose, hervorgerufen durch Erreger der Spezies *Leptospira interrogans* mit zahlreichen Serovaren. Von besonderer Bedeutung sind *L. icterohaemorrhagica, L. grippotyphosa* und *L. canicola.*

Übertragung. Ein Erregerreservoir sind bei uns insbesondere Mäuse und Ratten, die Infektion wird mit dem Harn der Tiere verbreitet. Die Übertragung erfolgt durch Kontakt mit infizierten Tieren, vor allem aber durch Kontakt mit durch tierischen Urin verseuchtem Wasser. Eine Infektion erfolgt durch kleine Haut- bzw. Schleimhautdefekte.

Symptomatik. Anders als früher vermutet lässt sich den einzelnen Serovaren keine typische klinische Verlaufsform zuordnen. Die Infektion ist durch einen zweiphasigen Verlauf gekennzeichnet. Nach einer Inkubationszeit von 5 bis 14 Tagen kommt es akut zu hohem Fieber mit schwerem Krankheitsgefühl. Nach wenigen Tagen entfiebern die Patienten für kurze Zeit, gefolgt von einer zweiten Krankheitsphase. Diese ist durch Fieber mit verschiedenen Organbeteiligungen gekennzeichnet. Hierbei kann es zu einer Hepatitis, Nierenversagen sowie Zeichen der Meningitis und hämorrhagischer Diathese kommen. Die Kombination aus Hepatitis und Nierenversagen wird auch als Morbus Weil bezeichnet. Häufiger sind leichtere Verlaufsformen.

Die *Diagnose* erfolgt vorwiegend serologisch. Mittel der Wahl ist Penicillin G.

Gutachterliche Bewertung

Zu den Risikopersonen für die Erkrankung im Sinne einer Berufskrankheit zählen u.a. Landwirte, Kanalarbeiter und Tierpfleger. 2003 wurden in Deutschland 37 Infektionen gemeldet.

Literatur

Classen M, Diehl V, Kochsiek K (2004) Innere Medizin, 5. Aufl. Urban & Fischer, München Jena

Mandell GL, Bennett JE, Dolin R (eds) (2000) Principles and practice of infectious diseases, 5th ed. Livingstone, Philadelphia London Toronto Montreal Sydney Tokyo Edinburgh

27.5.15 Rickettsiosen und Ehrlichiosen

Bei den Rickettsiosen handelt es sich um Zoonosen, die bis auf das Q-Fieber durch Arthropoden übertragen werden. Die humanpathogenen Rickettsiosen umfassen das Q-Fieber, die Fleckfiebergruppe, die Zeckenbissfiebergruppe sowie die Tstsugamishi-Fieber-Gruppe. Die Erkrankungen gehen typischerweise mit Fieber, Kopf- und heftigen Gliederschmerzen sowie zum Teil einem Exanthem einher. Nur das Q-Fieber tritt regelmäßig in Deutschland auf, die anderen Formen der Rickettsiosen werden vereinzelt nach Deutschland importiert. In den letzten Jahren sind v.a. in Europa neue Rickettsia-Spezies identifiziert worden.

Q-Fieber

Erreger des Q-Fiebers ist *Coxella burnetii*. Der Erreger kommt weltweit vor und ist relativ resistent gegenüber physikalischen Einflüssen und zudem in der Lage Dauerformen zu bilden, die jahrelang in der Umwelt überleben können.

Übertragung. Ein wichtiges Reservoir stellen infizierte Paarhufer (Rinder, Schafe, Ziegen), die häufig klinisch asymptomatisch sind, dar. Die Übertragung auf den Menschen erfolgt durch Inhalation infektiösen Staubes oder direkten Kontakt mit infizierten Tieren. Insbesondere Geburtsprodukte infizierter Tiere sind hoch infektiös.

Symptomatik. Nach einer Inkubationszeit von in der Regel 2 bis 3 Wochen kommt es zu hohem Fieber mit Muskel- und Kopfschmerzen. Im Verlauf kann eine interstitielle Pneumonie oder eine Hepatitis auftreten. Selten kommt es zu einer kardialen Beteiligung oder einer Meningoenzephalitis. In seltenen Fällen entsteht eine chronische Infektion insbesondere bei einer Infektion während der Schwangerschaft. Bei vorbestehender Herzklappenerkrankung besteht die Gefahr einer chronischen Endokarditis.

Diagnostik: Die Diagnostik erfolgt serologisch, Mittel der Wahl zur *Therapie* des akuten Q-Fiebers ist Doxycyclin.

Die in Deutschland gemeldeten Erkrankungen haben zugenommen, 2003 wurden 386 Fälle an das RKI übermittelt, hierunter ein Ausbruch im Landkreis Soest mit fast 300 Fällen.

Gutachterliche Bewertung

Gefährdet sind insbesondere Personen, die engen Umgang mit Tieren haben, z.B. Schlachter, Tierhalter, Tierfellverarbeiter oder veterinärmedizinisches Personal. Laborinfektionen sind ebenfalls beschrieben.

Fleckfieber

Epidemisches oder klassisches Fleckfieber („epidemic typhus") wird durch *Rickettsia prowazeki* verursacht und durch Kleiderläuse von Mensch zu Mensch übertragen. Voraussetzungen für eine Ausbreitung sind vor allem in Katastrophen- oder Kriegsgebieten gegeben. So kam es zu mehreren großen Epidemien in Europa und Nordafrika im Rahmen des zweiten Weltkriegs. Heutzutage kommt die Erkrankung in Teilen Afrikas, Amerikas und Asiens vor. In Deutschland treten nur noch vereinzelte importierte Fälle auf.

Symptomatik. Es handelt sich um eine systemische Infektion, die nach einer Inkubationszeit von etwa einer Woche mit akut einsetzendem Fieber sowie um den 5. Krankheitstag mit einem makulopapulösen Exanthem einhergeht. Bei der meist milde verlaufenden *Brill-Zinsser-Krankheit* handelt es sich um eine Reaktivierung nach stattgehabter Infektion mit *Rickettsia prowazeki.*

Diagnostik. In der Diagnostik werden serologische Verfahren eingesetzt, *Therapie* der Wahl sind Tetrazykline.

Dem epidemischen Fleckfieber ähnlich, jedoch vom Verlauf her in der Regel deutlich milder, ist das murine endemische Fleckfieber, das durch *Rickettsia typhi* verursacht wird. Die Erkrankung kommt weltweit vor und wird vom natürlichen Reservoir der Ratte über Flöhe auf den Menschen übertragen.

Zeckenbissfieber

Von den durch Zecken übertragbaren Rickettsiosen (Zeckenbissfieber) ist das „Rocky Mountain spotted fever", das auf den amerikanischen Kontinenten vorkommt und durch *Rickettsia rickettsii* verursacht wird, von Bedeutung. Diese Krankheit wird als die virulenteste Form dieser Gruppe angesehen. Weitere Mitglieder der Gruppe sind das Mittelmeerfleckfieber (*R. conori*), das neben den Mittelmeerregionen auch in Teilen Afrikas, Indien und im Bereich des Schwarzen Meeres vorkommt und das Afrikanische Fleckfieber (*R. africae*) das in Afrika südlich der Sahara vorkommt.

Rickettsienpocken (*R. akari*) werden hingegen nicht durch Zecken, sondern durch Milben von der Hausmaus auf den Menschen übertragen. Fälle sind in Teilen der USA, Ukraine und Slowenien beschrieben worden.

Ehrlichiosen

Die bakteriellen Erreger der Ehrlichiosen vermehren sich in Leukozyten und werden durch Zecken übertragen. Die beiden wichtigsten menschlichen Infektionen sind die humane monozytäre Ehrlichiose (*HME*), durch *Ehrlichia chaffeensis* und die humane granulozytäre Ehrlichiose (*HGE*), die durch *Anaplasma phagocytophilia* hervorgerufen wird. Die Klinik entspricht der der Rickettsiosen. Beide Erkrankungen kommen vor allem in den USA vor. In Europa sind jedoch Fälle von HGE in Slowenien aufgetreten. In Deutschland wurden bislang keine symptomatischen Infektionen beschrieben. Der Erreger wurde aber in Zecken in Bayern und Baden-Württemberg gefunden. Bei Waldarbeitern in Süddeutschland ließen sich zu 14% Antikörper gegen den Erreger nachweisen.

Literatur

Bassett S (2004) Rickettsiosen der Zeckenbissfieber-Gruppe. Internist 45:669–676

Classen M, Diehl V, Kochsiek K (2004) Innere Medizin, 5. Aufl. Urban & Fischer, München Jena

Mandell GL, Bennett JE, Dolin R (eds) (2000) Principles and practice of infectious diseases, 5th ed. Livingstone, Philadelphia London Toronto Montreal Sydney Tokyo Edinburgh

Parola P, Raoult D (2001) Ticks and tickborne bacterial disease in humans: An emerging infectious threat. Clin Infect Dis 32:897–928

Raoult D, Roux V (1997) Rickettsioses as paradigms of new or emerging infectious diseases. Clin Microbiol Rev 10:694–719

Robert Koch-Institut (Hrsg) (2003) Neu und vermehrt auftretende Infektionskrankheiten. Gesundheitsberichterstattung des Bundes, Heft 18

Robert Koch-Institut (2003) Merkblätter für Ärzte: Q-Fieber

Robert Koch-Institut (2003) Q-Fieber: Untersuchung eines Ausbruchs im Landkreis Soest. Epid Bull 44:353–355

27.5.16 Ornithose

U. Schwegler

Das von *Chlamydia psittaci* verursachte Krankheitsbild wird als Ornithose (*Psittakose*) bezeichnet und umfasst pulmonale und systemische Verlaufsformen. Der Wirtsbereich des Erregers dieser Zoonose erstreckt sich über mehr als 130 Vogelarten. Praktisch wichtig sind Geflügel (Enten, Truthähne), Tauben, Wellensittiche, Papageien (Papageienkrankheit).

Übertragung. Die Übertragung erfolgt aerogen durch Einatmen von infektiösem Staub (getrocknete Sekrete, Exkremente, Federn), aber auch durch unmittelbare Berührung der Vögel. Infizierte Vögel können asymptomatisch oder schwer krank sein. Unbehandelt werden 10% der Tiere zu chronischen asymptomatischen Trägern. Begünstigend wirkt die relative Umweltresistenz des Erregers. Eine Übertragung von Mensch zu Mensch ist extrem selten (Laborpersonal) und spielt epidemiologisch keine Rolle.

Häufigkeit. In Deutschland wurden 33 Erkrankungsfälle im Jahre 2005, 15 Fälle 2004 gemeldet (Robert Koch-Institut).

Klinik. Je nach Alter und Immunkompetenz entwickeln sich nach einer Inkubationszeit von 6–20 Tagen unterschiedliche Verläufe:

- inapparent,
- grippale Form: Fieber >39 °C, Gelenkschmerzen; Kopfschmerzen, Husten,
- atypische Pneumonie,
- typhöse Form: toxisch septisch.

Eine Myokarditis, seltener auch eine Endokarditis können den Verlauf komplizieren.

▮ **Differentialdiagnose.** Legionellose, Q-Fieber, Influenza, *Chlamydia-pneumoniae*-Pneumonie; bei septischen Verlaufsformen Typhus, Fleckfieber.

▮ **Diagnose.** Die Diagnose wird durch den Nachweis gattungsspezifischer Antikörper im Serum gestellt (KBR, ELISA). Die Referenzmethode zum Nachweis Spezies-spezifischer Antikörper ist der Mikroimmunfluoreszenztest (*MIF*), der jedoch nur in wenigen Laboratorien verfügbar ist. Als Goldstandard gilt der kulturelle Nachweis, der nur in Laboratorien der Sicherheitsstufe III zugelassen ist. Der molekularbiologische Nachweis mittels PCR ist Spezies-spezifisch und hoch sensitiv, ein kommerzieller Test steht noch nicht zur Verfügung.

▮ **Therapie.** Zur antibiotischen Therapie sind Tetrazykline über 10–21 Tage das Mittel der Wahl. Alternativ können Makrolide (Erythromycin, Azithromycin) sowie Chinolone eingesetzt werden.

▮ **Verlauf.** Der Krankheitsverlauf erstreckt sich über 6–8 Wochen bei pulmonaler und typhoider Form. Nach ausgeheilter Erkrankung besteht mindestens 10 Jahre lang Immunität.

Unbehandelt oder bei einer Fieberdauer >3 Wochen liegt die Letalität bei 20–50%.

▮ Gutachterliche Bewertung

Gefährdet sind Beschäftigte in der Geflügelindustrie, Tierärzte, Tierhändler, Tierpfleger, Taubenzüchter und Vogelhalter allgemein. Bei beruflicher Exposition ist die Psittakose als Berufskrankheit nach ▶ BK 3102 anzuerkennen.

▮ Literatur

Marre R, Mertens T, Trautmann M, Vanek E (2000) Klinische Infektiologie. Urban & Fischer, Jena, S 313–318

RKI (1998) Chlamydia-psittaci-Infektionen/Ornithose ausgehend von einer Geflügelschlachterei. Epid Bull 29: 208–209

RKI (2006) Aktuelle Statistik meldepflichtiger Erkrankungen. Epid Bull 22:178

27.5.17 Tuberkulose

R. Merget

▮ Epidemiologie

Die Durchseuchung der Bevölkerung mit Tuberkulose (*Tbc*) ist in Deutschland wie in anderen Ländern Europas zurückgegangen. So wurden 2002 in Deutschland noch 7684 Fälle gemeldet, dies entspricht 9,3 Fällen/100 000 Einwohner (1995: 15 Fälle/100 000; ▶ www.eurotb.org). Bei der Beurteilung der beruflichen Ursache einer Tbc ist die gesamte Inzidenz von geringerer Bedeutung, wichtiger ist die Inzidenz in gewissen Altersgruppen: der Rückgang der Tuberkulosemeldungen ist wesentlich in der Altersgruppe der über 64-Jährigen und liegt in der mittleren Altersgruppe (20–60 Jahre) mit nur geringem Rückgang etwa 10 Fällen/100 000. Die Inzidenz der Tuberkulose ist bei Ausländern in Deutschland relativ etwa fünfmal so hoch wie bei Deutschen (31,1 vs. 6,2/100 000), absolut aber weniger häufig. Männer sind mehr betroffen als Frauen (Abb. 27.12 u. 27.13; ▶ www.rki.de). Obwohl die Inzidenz der Tbc allgemein in Deutschland rückläufig ist, kann nicht ohne Weiteres angenommen werden, dass das berufsspezifische Risiko auch geringer geworden ist.

Zu Beginn des 20. Jahrhunderts waren medizinische Berufe mit einem hohen Tuberkuloserisiko verbunden. Im Vergleich zur allgemeinen Bevölkerung war die Inzidenz einer aktiven Tbc unter medizinischen Beschäftigten 35- bis 50-mal höher. Mit dem Rückgang der Tbc in den industrialisierten Ländern geriet das Problem der Tbc bei Beschäftigten im Gesundheitswesen in den Hintergrund, erst in den 1980er und 1990er Jahren führten einige nosokomiale „Outbreaks“ dazu, dass man diese Erkrankung bei Beschäftigten im Gesundheitswesen wieder wahrnahm.

▮ Tbc als Berufskrankheit (▶ BK 3101)

Für die Begutachtung sind solche „Outbreaks“ mit Erkrankung mehrerer Personen in einem Krankenhaus wenig problematisch. Auch bei Nachweis eines Indexpatienten mit offener Lungentuberkulose, der innerhalb eines Zeitfensters von wenigen Monaten vor der Erstmanifestation kontaktiert wurde, ist die Beurteilung vergleichsweise einfach. Schwierig wird die Beurteilung dann, wenn weder ein „Outbreak“ noch ein Indexfall eruierbar sind. Hierzu sind epidemiologische Kenntnisse über das Tbc-Risiko spezieller Berufsgruppen in Ländern mit geringer Tbc-Prävalenz erforderlich. Bezüglich einer detaillierten Zusammenfassung sei auf Nienhaus et al. (2003) verwiesen. Zusammengefasst sprechen die epidemiologischen Daten für ein deutlich erhöhtes Tbc-Risiko bei einigen Berufsgruppen. Es wurden Berufsgruppen benannt, für die eine sog. Beweiserleichterung (im Berufskrankheitenverfahren) gilt, d.h. eine konkrete Infektionsquelle muss für die Bejahung eines Kausalzusammenhangs nicht nachgewiesen sein:

- Beschäftigte in Tbc-Stationen, Lungenfachkliniken und -praxen,
- Physiotherapeuten mit Atemtherapie, wenn sie in diesen Einrichtungen arbeiten und Beschäftigte in Labors, die Sputumproben untersuchen,

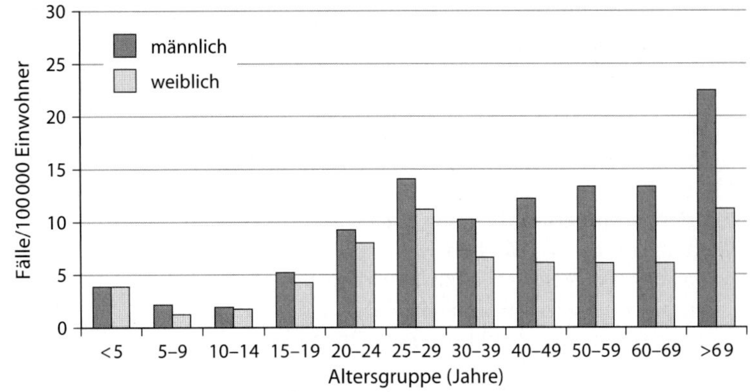

Abb. 27.12. Inzidenz pro 100 000 Einwohner nach Altersgruppe und Geschlecht (N = 7183). (Robert Koch-Institut 2003)

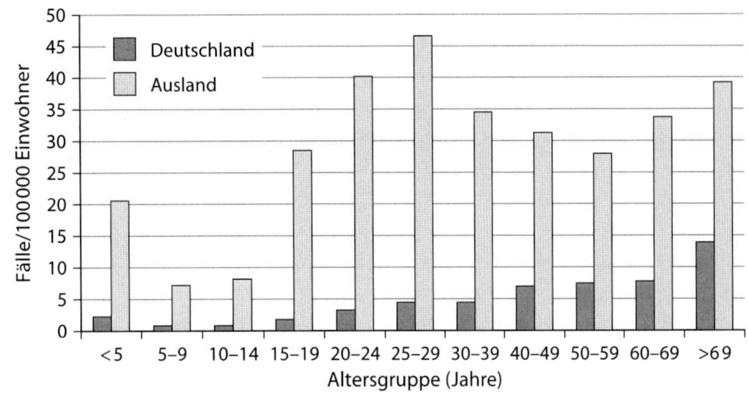

Abb. 27.13. Inzidenz pro 100 000 Einwohner nach Staatsangehörigkeit und Altersgruppe (N = 6972). (Robert Koch-Institut 2003)

- Beschäftigte auf Infektionsstationen,
- durchführendes und assistierendes Personal bei Bronchoskopie, Kehlkopfspiegelung und Notfallintubation,
- durchführendes und assistierendes Personal in Sektionen der Pathologie- und Rechtsmedizin,
- Beschäftigte in Notaufnahmen und bei Rettungsdiensten,
- Personal zur Betreuung von Hochrisikogruppen (HIV-Positive, Alkohol- und Drogenabhängige, Gefängnisinsassen, Obdachlose, Immigranten aus Ländern mit hoher Inzidenz),
- Personen bei Auslandseinsätzen in Gebieten mit bekannt hoher Tbc-Inzidenz.

Auf die beschränkte Datenlage bzw. die eingeschränkte Qualität vieler Studien sei hingewiesen. Insbesondere ist unklar, ob Personal von Arztpraxen oder Behörden, die einen hohen Anteil von Immigranten aus Hochinzidenzgebieten betreuen, sowie Personal von Altenpflegeeinrichtungen nicht unter die Beweiserleichterung fallen solllten.

Verschiedene Formen der Tuberkulose

Für die versicherungsmedizinische Beurteilung der Tuberkulose als Schädigungsfolge im Sinne des Bundesversorgungsgesetzes, als Berufskrankheit oder unter bestimmten Voraussetzungen als Arbeits- oder Dienstunfall kommen folgende Tuberkuloseformen in Betracht:

- Primärinfektion,
- Reinfektion,
- Reaktivierung.

Pulmonale Primärinfektion

In der Regel erfolgt die primäre Infektion mit Tuberkelbakterien beim Menschen über die Atemwege. Aber auch andere Infektionswege, so über den Magen-Darm-Kanal und über Haut oder Schleimhäute, kommen vor. Vor der fast vollständigen Tuberkulosefreiheit der Rinder (die in den 1960er Jahren erreicht wurde) war die Übertragung durch infizierte Kuhmilch sehr häufig. Die Lungentuberkulose wird durch Tröpfcheninfektion übertragen; die Ansteckungsquelle ist oft nicht festzustellen. Nach dem Eindringen der Tuberkelbakterien in die Lunge oder in andere Organe entsteht durch Übergreifen der Infektion auf regionäre Lymphknoten der so genannte tuberkulöse Primärkomplex, der in vielen Fällen asymptomatisch bleibt. Zur Beurteilung des zeitlichen Zusammenhangs zwischen Exposition und röntgenologischer Erstmanifestation in der Lunge nach einer Primärin-

fektion sowie bis zur eigentlichen Krankheit wurden folgende Zeitintervalle angegeben:
- von der Infektion bis zur röntgenologischen Erstmanifestation des Primärkomplexes ca. 3–6 Wochen,
- von der Infektion bis zur Konversion des Tuberkulintests ca. 6–8 Wochen,
- von der Infektion bis zur ersten klinischen Erscheinung ca. 10 Wochen,
- von der Infektion bis zu der bei uns seltenen Lymphknotenperforation als Folge einer langsam progressiven Entwicklung eines Primärkomplexes bis zu 2 Jahren,
- von der Infektion bis zur Lymphknotenperforation als Folge einer späteren Exazerbation 2 Jahre und länger.

Die in der zeitlichen Reihenfolge wichtigste röntgenologische und klinische Manifestation der späten Primärinfektion ist die Pleuritis exsudativa. Am häufigsten tritt sie im 2. Halbjahr nach der Infektion, manchmal auch schon nach etwa 4 Monaten auf.

Bei etwa 2/3 der Infizierten breitet sich die primäre Tuberkulose im Organismus weiter aus; nur bei etwa einem Drittel bleibt sie auf den Primärkomplex beschränkt. Die Ausbreitung kann auf 3 Wegen erfolgen:
- durch Fortschreiten vom pulmonalen Herd aus,
- durch hämatogene oder lymphogene Aussaat,
- durch kanalikuläre Ausbreitung über das Bronchialsystem.

Die postprimären ersten pulmonalen Manifestationen lassen sich röntgenologisch meistens zwischen dem 2. und 5. Jahr nach einer Pleuritis, manchmal aber auch erst 10 Jahre, gelegentlich aber auch unmittelbar danach feststellen.

Reinfektion

Eine Reinfektion liegt dann vor, wenn es nach behandelter und ausgeheilter Tbc zu einer erneuten Tbc-Infektion kommt. Der Verlauf der Tuberkulin-Testreaktion spielt dabei keine Rolle. Der zeitliche Zusammenhang zwischen einer Exposition und der klinischen und röntgenologischen Manifestation entspricht dem einer Primärtuberkulose.

Superinfektion

Der Begriff Superinfektion benennt die Ansteckung mit einem weiteren Mycobakterienstamm bei bestehender aktiver Tbc, z.B. während einer Therapie. Sie ist extrem selten und spielt gutachterlich keine Rolle.

Reaktivierung

Eine Reaktivierung kann von einer Neuinfektion/Reinfektion nur durch Nachweis eines abweichenden Erregers bei letzteren unterschieden werden. Frische Herdbildungen nach endogener Aktivierung können durch Reaktivierung kleinster röntgenologisch und klinisch stummer Herde in bis dahin gesundem Lungenparenchym entstehen.

Die Anzahl der Neuinfektionen/Reinfektionen ist abhängig vom Alter. Bei Personen jenseits des Erwerbstätigenalters ist der Anteil der Neuinfektionen niedriger als bei Erwerbstätigen. Eine genaue Quantifizierung des Verhältnisses von Neuinfektionen/Reinfektionen einerseits und Reaktivierungen andererseits ist bis dato nicht möglich. Während man früher annahm, dass der Anteil der Neuinfektionen/Reinfektionen unter 10% liegt, sprechen molekularepidemiologische Studien für einen Anteil von 30–40% an allen Tbc-Infektionen. Diese Prozentzahlen sind sicher für einzelne Länder, Berufsgruppen bzw. Situationen stark variabel. Für die Begutachtung ergibt sich zwanglos, dass eine Neuinfektion häufiger als bisher gedacht in Erwägung gezogen werden muss und nicht als Automatismus eine Reaktivierung angenommen werden kann.

Aktivität und Inaktivität der Tuberkulose

Die Tuberkulose kann in jedem Stadium zum Stillstand kommen. Der aktive Prozess wird dann inaktiv. Klinisch bedeutet dies das Abklingen der Krankheitssymptome. Da diese oftmals fehlen, wird die Aktivitätsdiagnostik eines tuberkulösen Prozesses erschwert. Pathologisch-anatomisch ist ein inaktiver Herd abgekapselt, in seiner Umgebung findet sich keine perifokale Entzündung. Bei einem Kranken ist die Entscheidung über Aktivität oder Inaktivität eines tuberkulösen Lungenprozesses nur durch röntgenologische Verlaufsbeobachtung möglich und oft schwierig. Blutsenkung, Blutbild, Intensität der Tuberkulinreaktion, Serumeiweißelektrophorese und andere Untersuchungen geben zwar wichtige zusätzliche Hinweise, erlauben allein aber keine sicheren Rückschlüsse auf Aktivität und Inaktivität der Tuberkulose. Solange ein tuberkulöser Prozess radiologisch bei Langzeitbeobachtung eine Änderung zeigt, ist er aktiv. Im Allgemeinen wird man Inaktivität der Tuberkulose dann unterstellen können, wenn klinische und radiologische Krankheitszeichen wenigstens 2 Jahre lang keine Aktivität erkennen lassen.

Tuberkulose und Trauma

Durch traumatische Einwirkung auf Thorax oder Lunge kann eine Tuberkulose natürlich nicht verursacht sein, in seltenen Fällen wird dadurch aber ein ruhender tuberkulöser Prozess reaktiviert werden können. Ein solcher traumatischer Zusammenhang ist dann anzunehmen, wenn zuvor sicher keine aktive Tuberkulose bestand und wenn der Ort des Traumas mit dem des tuberkulösen Prozesses zusammenfällt, wenn die Verletzung der Lunge erheblich war und wenn ein enger zeitlicher Zusammenhang mit einer Latenz zwischen Trauma und Manifestation der Tbc bis zu maximal etwa 6 Monaten besteht.

Die Reaktivierung einer Lungentuberkulose durch eine Schussverletzung ist sicher sehr ungewöhnlich, es sei denn, dass es durch die Verwundungsfolgen zu erheblicher Resistenzschwäche kam, die zur Reaktivierung beigetragen hat. Dabei kommt dem Zusammenwirken der allgemeinen Resistenzminderung durch Verwundungsfolgen und/oder Mangelernährung mit dem erhöhten Infektionsrisiko unter Kriegsgefangenschaftsbedingungen oder Haft besondere Bedeutung zu. Dieser Gesichtspunkt spielt in der Regel bei einem Arbeits- oder Verkehrsunfall mit Auswirkungen auf den Brustkorb keine Rolle.

Organtuberkulose

Gelegentlich und mit unterschiedlicher Latenz entwickeln sich nach einer Lungentuberkulose anderweitige Organtuberkulosen, meistens in der postprimären Phase der Tuberkulose als Folge einer hämatogenen Aussaat. Die Zeit zwischen Streuung der Bakterien und den ersten klinischen Organerscheinungen schwankt je nach Organsystem. Eine vieljährige Latenzzeit (wohl maximal 2 Jahre) wird besonders bei Urogenitaltuberkulose, Knochentuberkulose, aber auch bei Nebennierentuberkulose und bei einem Tuberkulom des Gehirns beobachtet.

Die Beurteilung der Zusammenhangsfrage kann sehr schwierig sein. Wurde die Tuberkuloseersterkrankung an den Atmungsorganen als Schädigungs- oder Unfallfolge anerkannt, so sind auch andere Organtuberkulosen, die durch Streuung der Bakterien aus dem Lungenherd entstanden sind, im gleichen Sinne zu bewerten.

Diagnostik

Die konventionelle Radiographie ist weiterhin unverzichtbar. Zusätzlich kann die Computertomographie des Thorax (*HRCT*) hilfreich sein. Zunehmend werden Überprüfungen des DNA-Fingerprintmusters bei Indexpatienten vorgenommen, insbesondere wenn die Beweiserleichterung (s.o.) nicht zutrifft. Da die Tuberkulintestung bei positivem Ausfall nicht beweisend für eine akute Infektion ist und bei negativem Ausfall diese nicht gänzlich ausschließt, ist der diagnostische Nutzen beschränkt (Sensitivität und Spezifität etwa 90%).

Bezüglich der Diagnostik der Tuberkulose stellt sich in Deutschland das Problem, dass unklar ist, ob Tuberkulin-Hauttests (Stempeltests oder Tuberkulintests nach Mendel-Mantoux) weiterhin verfügbar sein werden. Dieses Problem kann durch neuere In-vitro-Tests (aus Blut) weitgehend kompensiert werden. Die Tests basieren auf der Interferon-γ-Freisetzung sensibilisierter T-Lymphozyten und sind ersten Studien zufolge sensitiver und vor allem spezifischer als die Hauttests, da z.B. BCG-geimpfte Personen nicht in den In-vitro-Tests reagieren und auch Personen mit (den meisten) atypischen Myobakteriosen nicht erfasst werden.

Gutachterliche Bewertung

Die Tuberkulose lässt sich mit Tuberkulostatika so effektiv und in so kurzer Zeit behandeln, dass selbst ausgedehnte und kavernöse Prozesse in der Mehrzahl rasch ausheilen. Meistens besteht bereits wenige Wochen nach Behandlungsbeginn keine Infektiosität mehr. Nach spätestens 6 Monaten hat sich der röntgenologische Befund in den meisten Fällen residuenlos oder durch Ausbildung produktiv-fibröser Narben zurückgebildet. Zu beachten sind Resistenzen, eine entsprechende Testung der Resistenzlage ist obligat. Nach wirksamer Behandlung besteht keine Notwendigkeit oder Berechtigung mehr, die Berufswahl einzuschränken, die Aufnahme oder Wiederaufnahme der beruflichen Tätigkeit oder der Ausbildung hinauszuschieben. Nach effektiver Chemotherapie, Rückbildung des radiologischen Lungenbefundes und bei konstant negativem Bakterienbefund im Sputum sollte der Kranke als geheilt und arbeitsfähig betrachtet werden. Für eine Berentung oder für weitere Rehabilitationsmaßnahmen besteht dann kein Anlass mehr, abgesehen von Fällen, in denen noch eine auf die Krankheitsfolgen zurückzuführende Leistungseinschränkung vorliegt. Dies trifft für solche Kranke zu, bei denen es zu einer funktionellen und anatomischen Defektheilung gekommen ist. Aufgrund des häufig gleichzeitigen Auftretens von HIV- und Tbc-Infektion sollte gerade bei jüngeren Patienten immer auf HIV getestet werden.

In der Regel ist eine rentenberechtigende MdE nach komplikationslos abgelaufener vernarbter Tuberkulose nicht mehr anzunehmen. In seltenen anderen Fällen ergibt sich eine MdE oder Behinderung (GdB) aus dem Ausmaß der bleibenden Funktionsstörungen von seiten der Atmung, aus Begleit- und Folgekrankheiten und der Auswirkung auf das Herz und den Kreislauf. Das Ausmaß der funktionellen Einschränkung muss durch eine Lungenfunktionsprüfung bzw. durch Zeichen der Rechtsherzbelastung objektiviert werden.

Die aktive, ansteckungsfähige Lungentuberkulose bedingt Arbeitsunfähigkeit. Nach Behandlungsbeginn ist z.B. im Versorgungsrecht und im Unfallversicherungsrecht eine MdE von 100% nicht mehr bzw. nur noch kurzfristig zum Beispiel bis zum Ende einer stationären Therapie gerechtfertigt bzw.

nur so lange anzunehmen, wie die Gefahr eines Wiederaufflackerns besteht. Danach ist der Kranke wieder arbeitsfähig. Für die Zeit weitergeführter Chemotherapie, die das Allgemeinbefinden beeinträchtigen kann, beträgt die MdE für die Dauer der Medikation etwa 20% und richtet sich weiterhin nach der funktionellen Beeinträchtigung der Atmung und des Herz-Kreislauf-Systems.

Längere Inaktivität des Krankheitsprozesses rechtfertigt die Reduzierung der MdE bzw. des Behinderungsgrades. Etwa 5-jährige Inaktivität erlaubt auch dann die Feststellung einer wesentlichen Besserung, wenn eine Änderung des radiologischen Befundes nicht mehr eingetreten ist. Der verbesserten Prognose der Tuberkulose, der kürzeren Krankheitsdauer und der fast regelhaften Heilung mit geringeren Residuen muss in der Höhe der MdE und in der zeitlichen Dauer der Minderung der Erwerbsfähigkeit Rechnung getragen werden.

Besonderheiten

Neben der Berufskrankheit ▶ BK 3101 ist die Anerkennung als Berufskrankheit auch nach ▶ BK 3102, also bei einer von Tieren auf den Menschen übertragenen Tuberkulose, gegeben. Die Rinderbestände in der Bundesrepublik sind etwa seit 1960 als tuberkulosefrei anzusehen. Vor dieser Zeit waren Erkrankungen an Tuberkulose durch Infektion mit M. bovis bei in der Landwirtschaft tätigen Personen häufiger als in der übrigen Bevölkerung. Heute kommen Neuerkrankungen an boviner Tuberkulose praktisch nicht mehr vor.

Über das deutlich höhere Erkrankungsrisiko an Tuberkulose bei an Silikose leidenden Bergleuten, also über die Anerkennung der Silikotuberkulose nach ▶ BK 4102 als Berufskrankheit, wird an anderer Stelle berichtet (▶ Kap. 10.1.1.2).

Schüler und Studenten sowie Kinder in Kindergärten sind unter den Schutz der gesetzlichen Unfallversicherung gestellt. Dieser Versicherungsschutz erstreckt sich z. B. auf den Zeitraum des Studiums, aber auch auf damit im Zusammenhang stehende Veranstaltungen. Bei wehrdienstleistenden Soldaten gilt für die Anerkennung einer Primärtuberkulose als Wehrdienstbeschädigung, dass der Nachweis der Infektionsquelle nicht unbedingt erforderlich ist. Es genügt, dass die Tuberkulose während der Zeit der Ableistung des Wehrdienstes erworben wurde.

Literatur

Nienhaus A, Brandenburg S, Teschler H (2003) Tuberkulose als Berufskrankheit. Ecomed, Landsberg

Robert Koch-Institut (2003) Bericht zur Epidemiologie der Tuberkulose in Deutschland für 2003. www.rki.de

27.6 Infektionsprävention

C. Pox und W. Schmiegel

27.6.1 Schutzimpfungen, medikamentöse Prophylaxe, passive Immunisierung

Schutzimpfungen und medikamentöse Behandlungsmaßnahmen haben den Sinn, Infektionskrankheiten vorzubeugen, ihren Verlauf abzuschwächen oder zu unterbrechen.

Werden solche Maßnahmen im Zusammenhang mit versicherten Tätigkeiten durchgeführt, gelten ihre unerwünschten Nebenwirkungen als Unfälle oder mittelbare Unfallfolgen.

Impfungen stellen zweifelsohne eine der wichtigsten und effektivsten präventiven Maßnahmen in der Medizin dar. So ist es der Pockenimpfung zu verdanken, dass Pocken weltweit eliminiert werden konnten. Seit Aufhebung der Pockenschutzimpfung 1976 gibt es in Deutschland anders als in anderen Ländern keine Impfpflicht mehr. Die Ständige Impfkommission (*STIKO*) am Robert Koch-Institut (▶ www.rki.de) in Berlin gibt jährlich aktualisierte Impfempfehlungen heraus. Impfungen von besonderer Bedeutung für die Gesundheit der Bevölkerung werden von den obersten Gesundheitsbehörden der Länder auf der Grundlage der STIKO entsprechend § 20 Abs. 3 des Infektionsschutzgesetzes (*IfSG*) öffentlich empfohlen.

Folgende Standardimpfungen werden derzeit *öffentlich empfohlen:*

- Tetanus: Impfung mit 2, 3, 4 und 12 Monaten, Auffrischung alle 10 Jahre,
- Diphtherie: Impfung mit 2, 3, 4 und 12 Monaten, Auffrischung alle 10 Jahre,
- Pertussis: Impfung mit 2, 3, 4 und 12 Monaten, einmalige Auffrischung mit 10 Jahren,
- Haemophilus influenzae Typ b (Hib): Impfung mit 2, 3, 4 und 12 Monaten,
- Poliomyelitis: Impfung mit 2, 3, 4 und 12 Monaten, einmalige Auffrischung mit 10 Jahren,
- Hepatitis B: Impfung mit 2, 4 und 12 Monaten,
- Mumps-Masern-Röteln: Impfung mit 11–14 Monaten, einmalige Auffrischung mit 15–23 Monaten,
- Influenza: jährliche Impfung für alle Personen über 60 Jahren,
- Pneumokokken: Impfung für alle Personen über 60 Jahren, Auffrischung nach 6 Jahren.

Um die Zahl der Injektionen möglichst gering zu halten, sollten vorzugsweise Kombinationsimpfstoffe verwendet werden.

Eine Reihe von Impfungen stellen keine Regelimpfungen dar, werden jedoch *bei bestimmten Indikationen empfohlen* (für nähere Einzelheiten ▶ www.rki.de):

- Cholera: nur auf Verlangen des Ziellandes, nicht mehr von der WHO empfohlen,

- FSME: Personen mit Zeckenexposition in einem Risikogebiet, beruflich gefährdete Personen (Forstarbeiter, in der Landwirtschaft beschäftigte Personen), Reisende in ein Endemiegebiet,
- Gelbfieber: entsprechend der Bestimmungen des Ziel- oder Transitlandes,
- Hepatitis A: beruflich gefährdete Personen (Beschäftigte im Gesundheitsdienst, Kanalarbeiter, Klärwerker), Reisende in Endemiegebiete,
- Meningokokken: Reisende in Endemiegebiete, Pilgerreise (Hadj),
- Tollwut: beruflich gefährdete Personen (Tierärzte, Jäger, Forstpersonal), Reisende in Endemiegebiete
- Typhus: Reisende in Endemiegebiete.

Eine Impfung gegen Tuberkulose (BCG) wird nicht mehr empfohlen. In den USA ist vor kurzem aufgrund der möglichen Gefahr bioterroristischer Anschläge die Pockenimpfung für Soldaten und bestimmte Personengruppen wieder eingeführt worden. In Deutschland wurden Impfstoffvorräte angelegt, bisher sind jedoch keine Impfungen vorgenommen worden.

Gutachterliche Bewertung

Versorgungsansprüche aufgrund eines Impfschadens (IfSG § 60) bestehen nur bei von den Ländern öffentlich empfohlenen Impfungen. Impfschäden durch Schutzimpfungen, die im Zusammenhang mit einer beruflichen Tätigkeit erforderlich wurden, werden jedoch durch die zuständige Berufsgenossenschaft wie ein Unfall entschädigt.

In der Regel sind die von der STIKO empfohlenen Impfungen gut verträglich. Der impfende Arzt hat die Pflicht, über mögliche Nebenwirkungen der jeweiligen Impfungen aufzuklären. Generell gilt, dass nach Impfungen selbstlimitierende Lokal- und Allgemeinreaktionen auftreten können. Folgende zusätzliche Komplikationen nach Impfungen können vorkommen:

- Diphtherie: Einzelfälle von anaphylaktischem Schock, sehr selten Erkrankungen des peripheren Nervensystems,
- FSME: Einzelfälle von allergischen Reaktionen und Erkrankungen des peripheren Nervensystems inkl. Guillain-Barré-Syndrom,
- Gelbfieber: Einzelfälle von Enzephalitis, Einzelfälle von schwer und sogar tödlich verlaufenden Erkrankungen mit multiplen Organschäden,
- Haemophilus influenzae Typ b: Einzelfälle allergischer Reaktionen, selten Fieberkrämpfe,
- Hepatitis A: selten allergische Hautreaktionen, sehr selten Erythema multiforme,
- Hepatitis B: Einzelfälle von anaphylaktischen und allergischen Reaktionen,
- Influenza: sehr selten allergische Reaktionen an Haut und Bronchialsystem, Einzelfälle von anaphylaktischem Schock und Guillain-Barré-Syndrom, sehr selten Vaskulitis oder Thrombopenie,
- Masern-Mumps-Röteln: sehr selten allergische Reaktionen oder länger anhaltende Gelenkentzündungen. Einzelfälle von Thrombopenien,
- Meningokokken: selten Überempfindlichkeitsreaktionen, Einzelfälle von anaphylaktischen Reaktionen,
- Pertussis-Impfstoff: azellulär sehr selten allergische Reaktionen, Einzelfälle von hypoton-hyporesponsiven Episoden,
- Pneumokokken-Impfstoff (Polysaccharid): sehr selten Überempfindlichkeiten und Thrombopenien, Einzelfälle von anaphylaktischem Schock,
- Pneumokokken-Impfstoff (Konjugat): gelegentlich allergische Reaktionen, Einzelfälle von hypoton-hyporesponsiven Episoden,
- Poliomyelitis-Impfstoff inaktiviert: Einzelfälle allergischer Reaktionen,
- Tetanus-Impfstoff: selten allergische Reaktionen an Haut oder Atemwege, Einzelfälle von anaphylaktischem Schock oder Erkrankungen des peripheren Nervensystems inkl. des Guillain-Barré-Syndroms,
- Tollwut-Impfstoff: selten Serumkrankheit, sehr selten allergische Reaktionen, Einzelfälle von anaphylaktischem Schock.

Ein Zusammenhang gewisser Impfungen wie Hepatitis B oder MMR mit bestimmten Erkrankungen wie Multipler Sklerose oder Autismus konnte wissenschaftlich nicht bewiesen werden. Ein nachgewiesener, wenn auch seltener Zusammenhang besteht jedoch z. B. zwischen der oralen Poliomyelitisimpfung und einer Polioerkrankung entweder des Geimpften oder seiner unmittelbaren Umgebung. Hier besteht für den Betroffenen ein Anspruch auf Entschädigung. 1998 wurde der orale Lebendimpfstoff in Deutschland aufgrund dieser möglichen Nebenwirkung durch einen inaktivierten Impfstoff ersetzt, bei dem durch die Impfung keine Poliomyelitis ausgelöst werden kann.

Die STIKO gibt ebenfalls Empfehlungen zur Indikation und Durchführung einer *Postexpositionsprophylaxe*. Diese kann in der Gabe von Immunglobulinen oder Antibiotika bestehen:

- Diphtherie: Chemoprophylaxe für enge Kontaktpersonen zu Erkrankten,
- Haemophilus influenzae Typ b: Chemoprophylaxe nach engem Kontakt zu einem Patienten mit invasiver Hib-Infektion,
- Hepatitis B: Immunprophylaxe für Personen nach Verletzungen mit möglicherweise erregerhaltigen Gegenständen, z. B. Nadelstichverletzungen und Neugeborene HbsAg-positiver Mütter,
- Meningokokken: Chemoprophylaxe für enge Kontaktpersonen zu einem Fall einer invasiven Menigokokken-Infektion,
- Pertussis: Chemoprophylaxe für enge Kontaktperson eines Erkrankten ohne Impfschutz,

- Tetanus: Immunprophylaxe im Verletzungsfall abhängig von Impfschutz und Wundart,
- Varizellen: Immunprophylaxe für Kontaktpersonen mit negativer Varizellen-Anamnese und erhöhtem Risiko für Varizellen-Komplikationen.

Durch die Postexpositionsprophylaxe sind in seltenen Fällen Gesundheitsschäden möglich. Hier gelten die selben Versorgungsansprüche wie für Impfungen. Für weitere Einzelheiten zu Impfschäden und deren Zuständigkeiten siehe IfSG § 60–§ 68.

27.6.2 Meldepflicht von Infektionskrankheiten

Das Bundesseuchengesetz wurde am 1.1.2001 durch das Infektionsschutzgesetz (IfSG) abgelöst. Im Gegensatz zum Bundesseuchengesetz wurde insbesondere die Anzahl der vom behandelnden Arzt zu meldenden Erkrankungen reduziert (§ 6) und hingegen die Liste der meldepflichtigen Nachweise von Krankheitserregern erweitert (§ 7). Zusätzlich wurden für die zu meldenden Krankheiten und Erreger klare Falldefinitionen erarbeitet und die Datenübermittlung neu geregelt. Ziel war eine schnellere Datenübermittlung und deutliche Verbesserung der Datenqualität.

In Tabelle 27.17 sind die meldepflichtigen Krankheiten zusammengestellt.

Tabelle 27.17. Namentlich meldepflichtige Krankheiten

Botulismus	V	E	T
Cholera	V	E	T
Diphtherie	V	E	T
Creutzfeld-Jakob-Erkrankung	V	E	T
Enteropathisches hämolytisch urämisches Syndrom (HUS)	V	E	T
Virusbedingtes hämorrhagisches Fieber	V	E	T
Masern	V	E	T
Meningokokken-Meningitis oder -Spesis	V	E	T
Milzbrand	V	E	T
Poliomyelitis	V	E	T
Pest	V	E	T
Tollwut	V	E	T
Typhus abdominalis	V	E	T
Behandlungsbedürftige Tuberkulose		E	T

Weiterhin sind der Verdacht auf oder eine Erkrankung an einer mikrobiell bedingten Lebensmittelvergiftung oder Gastroenteritis meldepflichtig, wenn:
- eine Person im lebensmittelverarbeitenden Gewerbe tätig ist
- mindestens zwei gleichartige Erkrankungen auftreten, bei denen ein Zusammenhang vermutet wird

V Erkrankungsverdacht, *E* Erkrankung, *T* Tod durch eine Erkrankung

27.6.3 Tropentauglichkeit

Bestimmte bestehende Krankheiten oder Befindlichkeitsstörungen können unter tropischen klimatischen Bedingungen Probleme oder Gefährdungen bedeuten. Es gibt aber nur wenige offensichtliche Gründe gegen einen beruflichen oder privaten Aufenthalt in tropischen Ländern. In der Bundesrepublik Deutschland sind gewerbliche Unternehmen nach dem arbeitsmedizinischen Grundsatz G 35 verpflichtet, ihre Mitarbeiter vor und nach einem beruflichen Auslandsaufenthalt durch einen von den Berufsgenossenschaften hierzu ermächtigten Arzt untersuchen zu lassen.

Eine Tropentauglichkeitsuntersuchung unterscheidet sich nicht von einer eingehenden internistischen Untersuchung einschließlich der erforderlichen Anamnese. Wichtig ist jedoch eine ausführliche Beratung über Lebensweise und Krankheitsverhütung in tropischen Ländern sowie erforderliche Impfungen und ggf. eine Malariaprophylaxe. Bei physisch und psychisch gesunden und körperlich leistungsfähigen Personen gibt es keinen Zweifel an der Tropentauglichkeit. Die Beurteilung bestehender Gesundheitsstörungen kann allerdings eine schwierige Aufgabe sein, weil der Arzt eine Prognose hinsichtlich der zu erwartenden Anforderungen und Risiken zu stellen hat.

Nicht geeignet für den Aufenthalt in tropischen oder subtropischen Ländern sind Patienten mit Krankheiten, die ständige ärztliche Überwachung und Behandlung erfordern, insbesondere wenn mit ihrem Fortschreiten oder mit plötzlichen Komplikationen zu rechnen ist. Akute Krankheiten müssen ausgeheilt sein. Eine genaue Auflistung der in Frage kommenden Krankheiten ist an dieser Stelle nicht möglich. Das Urteil gegen einen Aufenthalt in den Tropen kann grundsätzlich und andauernd oder befristet sein.

Aufgabe der nach G 35 erforderlichen Tropenrückkehruntersuchung ist es, erworbene Infektionen oder andere Krankheiten festzustellen. Die Untersuchung hat spätestens 8 Wochen nach Beendigung eines Auslandsaufenthaltes von mehr als einem Jahr Dauer (u.U. auch bei kürzerer Dauer) zu erfolgen. Bei fortdauernden Auslandsaufenthalten sind Nachuntersuchungen im Abstand von zwei bis drei Jahren vorgeschrieben.

Die Nachuntersuchung beinhaltet neben einer ausführlichen internistischen Untersuchung parasitologische und bakteriologische Stuhluntersuchungen. Weitere Untersuchungen können sich aus der Vorgeschichte oder aus bestehenden Beschwerden ergeben.

Literatur

Bales S, Baumann HG, Schnitzler N (2001) Infektionsschutzgesetz. Kohlhammer, Stuttgart Berlin Köln

Robert Koch-Institut (2004) Empfehlungen der Ständigen Impfkommission (STIKO) am Robert Koch-Institut 2004. Epid Bull 30

Robert Koch-Institut (2004) Hinweise für Ärzte zum Aufklärungsbedarf bei Schutzimpfungen 2004. Epid Bull 6

28 Psychische Krankheiten und Störungen

28.1 Psychische Krankheiten im Erwachsenenalter

N. Nedopil

28.1.1 Besonderheiten psychiatrischer Begutachtung

In der Psychiatrie hat die Begutachtungskunde eine wesentlich größere Bedeutung als in den anderen medizinischen Fachgebieten. Neben den von allen Ärzten zu beantwortenden sozialrechtlichen Fragestellungen hat der Psychiater zu einem viel weiteren Bereich rechtlicher Probleme Stellung zu nehmen.

Obwohl forensische Psychiatrie vorwiegend mit der Begutachtung von Straftätern und Behandlung von Rechtsbrechern assoziiert wird, sollten die Begutachtungsaufgaben, die im sozialrechtlichen Bereich auf die Psychiater und auf die forensischen Psychiater zukommen, nicht unterschätzt werden. Vorzeitige Berentungen werden zunehmend durch psychische Erkrankungen und Erkrankungen mit diskutierter psychischer Mitbeteiligung ausgelöst. Insgesamt stehen die psychischen Störungen hinter orthopädischen und Herz-Kreislauf-Erkrankungen an dritter Stelle bei den vorzeitigen Berentungen (VDR 2002). Während Männer am häufigsten wegen chronisch ischämischer Herzkrankheiten frühberentet werden, stehen bei Frauen depressive Störungen bei der Frühberentung weit im Vordergrund (depressive Episode auf Platz 1 und rezidivierende depressive Störung auf Platz 3, /www.drb.de/Statistik). In einer Studie an 655 beamteten Lehrkräften, die zur Frage der Dienstunfähigkeit untersucht wurden, zeigten 41% psychische und psychosomatische Leiden. In dieser Untersuchung wurde annähernd jede zweite Lehrkraft an Gymnasien weit vor Erreichen der Regelarbeitsgrenze dienstunfähig (Weber et al. 2002).

Auch bei den stationären Rehabilitationsbehandlungen spielen psychische Störungen eine erhebliche Rolle: Im Jahr 2001 waren 135 255 Behandlungen, d.h. 16% aller Rehabilitationsfälle insgesamt, wegen psychischer Störungen erfolgt. Spezifiziert man die stationären Rehabilitationsbehandlungen des Jahres 2001 weiter, zeigt sich, dass sich von den 135 255 Fällen 38 699, d.h. 29%, wegen der Diagnose Suchterkrankung (ICD 10 F10 bis F19) in einer Rehabilitationsmaßnahme befanden. Die Behandlung schizophrener Erkrankungen spielt im Bereich der stationären Rehabilitation fast keine Rolle; dagegen entfielen 33 518, d.h. 25%, der stationären Behandlungen auf die Diagnosen ICD 10 F30 bis F39, also auf die affektiven Erkrankungen. Den größten Anteil an Behandlungen machten die Diagnosegruppen ICD 10 F40 bis F48 (neurotische, Belastungs- und somatoforme Störungen) mit 51 354 Behandlungsfällen aus, das waren 38% aller Rehabilitationsbehandlungen wegen psychiatrischer Erkrankungen. Hierbei nahmen die Diagnosegruppen ICD 10 F43 (Reaktion auf schwere Belastungen und Anpassungsstörungen) mit 22 169, d.h. 16% aller Behandlungsfälle, und ICD 10 F45, die Somatisierungsstörungen, mit 11 893 oder 9% aller Behandlungsfälle wegen psychiatrischer Erkrankungen einen erheblichen Anteil ein (VDR 2002).

Forensische Psychiatrie

Die Sonderstellung der Begutachtungskunde in der Psychiatrie resultiert aus dem großen Überlappungsbereich mit der Rechtsprechung und aus der historischen wie tatsächlichen Nähe zur Gerichts- und Rechtsmedizin. Beides hat dazu geführt, dass schon relativ früh in der Entwicklung des Faches eine Subspezialisierung zur forensischen Psychiatrie erfolgte. Der Überlappungsbereich mit der Jurisprudenz ist in einer am Individuum orientierten Rechtsprechung begründet. Unabhängig von der derzeitigen Debatte um die Frage der Willensfreiheit des Menschen, die von Neurobiologen, Philosophen, Theologen und Psychiatern geführt wird, unterstellt die juristische Auffassung dem Einzelnen, dass er gemäß einer freien Willensbildung entscheiden kann, welche von verschiedenen möglichen Handlungsoptionen er wählt, wobei man sich durchaus der Relativität dieser Aussage bewusst ist. Psychische Krankheiten können jedoch die kognitiven und voluntativen Fähigkeiten von Menschen beeinträchtigen, so dass ihnen vernünftige Willensäußerungen nicht mehr möglich sind. Normkonformes Verhalten kann durch eine psychiatrische Erkrankung beeinträchtigt oder verhindert werden. Die Aufhebung einer eigenen, vernünftigen Willensentscheidung kann sich auch auf eine medizinische Behandlung auswirken. Beispielsweise kann der Patient durch seine Krankheit selbst gehindert werden, die Notwendigkeit einer Behandlung einzusehen. Dies macht u. U. eine Behandlung gegen oder ohne den Willen des Patienten erforderlich.

Auf der einen Seite wirken sich somit psychische Störungen auf viele Bereiche rechtsrelevanten Handelns aus; auf der anderen Seite beeinflussen rechtliche Vorschriften die Behandlung in der Psychiatrie weit häufiger als in anderen Bereichen der Medizin.

Juristen haben sich mit den psychischen Beeinträchtigungen und ihren Auswirkungen auf die Rechtsprechung befasst, lange bevor es eine „Psychiatrie" oder gar eine „forensische Psychiatrie" gab. Im römischen Recht gingen „Furiosi" (die Rasenden), „Mente capti" (die Verblödeten) und „Dementes" (die Toren) straffrei aus. Unter Justinian (483–556 n. Chr.) gab es bereits Kuratoren für Personen, die wegen „Imbecillitas" (Verstandesschwäche) in ihrer Verfügungsfreiheit eingeschränkt waren. Allerdings wurden solche veränderten Geisteszustände durch die Juristen selbst beurteilt. Erst im 17. Jahrhundert wurde von Paolo Zacchia (1584–1659) gefordert, Ärzte bei zweifelhaften Geisteszuständen von Rechtsparteien hinzuzuziehen. Diese Aufgabe wurde zunächst von den Gerichtsärzten und den Rechtsmedizinern wahrgenommen. Die „Forensische Psychiatrie" etablierte sich erst Mitte des 19. Jahrhunderts (ausführlich bei Lenckner 1972 und Janzarik 1972). Sie steht heute als Brücke zwischen der medizinisch-empirischen Sicht der Psychiatrie und der normativ-wertenden Betrachtungsweise der Rechtswissenschaften. Sie erfüllt dort ihre Funktion, wo durch das Wissen in einem Bereich das Handeln in dem anderen Bereich mitbestimmt wird. Der forensische Psychiater bleibt in den meisten Fällen Berater und Gehilfe, während die Entscheidungen im rechtlichen Bereich durch Gerichte und Verwaltungen, die Entscheidungen im medizinischen Bereich durch die mit der Behandlung beauftragten Ärzte getroffen werden müssen.

Weitere Besonderheiten der Psychiatrie lassen ebenfalls eine gewisse Eigenständigkeit der forensischen Psychiatrie gerechtfertigt erscheinen:

- In der Psychiatrie ist die Diagnostik mehr als in anderen Gebieten der Medizin von Konventionen abhängig; Lehrmeinungen und Schulen prägen die Nosologie. Die Grenzen zwischen Auffälligkeiten des Verhaltens und Empfindens, die in die Randzonen des normal-psychologischen Spektrums fallen, und Krankheitssymptomen sind oft fließend. Die dadurch entstehenden Unsicherheiten, die häufig auch zu Meinungsverschiedenheiten von Gutachtern führen, machen es notwendig, dass der Sachverständige dem Auftraggeber die Grundlagen seiner gutachterlichen Äußerungen und die Logik seiner Schlussfolgerungen verständlich macht. Nur so kann dieser die Wertigkeit der gutachterlichen Schlussfolgerungen nachvollziehen und Aussagen verschiedener Gutachten gegeneinander abwägen. Der Psychiater muss somit im Gutachten viel mehr Informationen über sein sachliches Vorgehen vermitteln als andere Ärzte.
- Vom forensisch tätigen Psychiater wird Wissen verlangt, welches im Studium und in der Weiterbildung zum Gebietsarzt nicht vermittelt wird (z. B. Beurteilung von Affektdelikten, Kriminalprognosen etc.). Dieses Spezialwissen hat neben anderem auch dazu geführt, dass die Bundesärztekammer im Jahr 2003 beschlossen hat, einen Schwerpunktarzt für forensische Psychiatrie zu schaffen, und dass der Beschluss seit 2004 von den Landesärztekammern umgesetzt wird.
- Der gutachtende Psychiater wird häufig – in Strafverfahren immer – vor das Gericht gerufen, um seine Beurteilung mündlich zu erläutern. Gerichte erwarten, dass dem Fachmann die wesentlichen Abläufe des Gerichtsverfahrens bekannt sind und dass er sich vor Gericht bewegen kann. Der erhebliche Zeitaufwand, der durch die Teilnahme an Gerichtsverfahren gefordert wird, ist oft mit einer Arbeit in einer Klinik oder in der Praxis nicht vereinbar.

Trennung von Behandlung und Begutachtung

Aus verschiedenen Gründen erscheint darüber hinaus ein von der Behandlung unabhängiger Gutachter sinnvoll:

- Psychiatrische Behandlung setzt ein besonders intensives und meist auch langfristiges Arzt-Patienten-Verhältnis voraus. Gutachten, die für viele Menschen enorme – und nicht immer nur die erwünschten – Konsequenzen haben, können somit das für die Behandlung erforderliche Vertrauensverhältnis zerstören. Der behandelnde Arzt hat sehr viel größere Schwierigkeiten, neutral und sachlich zu rechtlichen Fragen Stellung zu nehmen, wenn er dadurch die therapeutische Allianz gefährdet.
- Die Begutachtung unterläuft die ärztliche Schweigepflicht. Befunde, die der Arzt erhoben hat, darf er nicht ohne das Wissen seines Patienten an den Auftraggeber weitergeben. Die Grenzziehung zwischen solchen Informationen, die dem Therapeuten im Vertrauen auf seine Schweigepflicht mitgeteilt wurden, und solchen, die an eine Behörde oder gar öffentlich im Gerichtsverfahren weitergegeben werden, sollte dem Patienten und nicht dem Therapeuten überlassen werden.

Juristischer Krankheitsbegriff

Sieht man von den im Entschädigungsrecht häufig gestellten Fragen nach der Kausalität eines Leidens ab, so ist für die Schlussfolgerungen eines psychiatrischen Gutachtens weniger die Ätiologie einer Krankheit entscheidend als vielmehr die Funktionsbeeinträchtigung, die durch die Störung bedingt ist. Insofern kommt es letztendlich bei der Begutachtung häufig mehr auf den juristischen als auf den medizinischen Krankheitsbegriff an. Unter ersterem werden „alle Arten von Störungen der Verstandestätigkeit sowie des Willens, Gefühls- oder Trieblebens, welche die bei einem normalen und geistig reifen Menschen vorhandenen, zur Willensbildung befähigenden Vorstellungen und Gefühle beeinträchtigen" (BGH St 14; 32 zit. in Schreiber 1986) verstanden. Auch bei sozialrechtlichen Fragestellungen ist unter Krankheit nicht der medizinisch diagnostizierbare regelwidrige Zustand als solcher zu verstehen; der Krankheitsbegriff ist vielmehr je nach Fragestellung an Behandlungsbedürftigkeit, Arbeitsunfähigkeit, dauerhafte Funktionsstörungen oder Einbußen der Leistungsfähigkeiten geknüpft (Erlenkämper 1984). Krankheit ist somit im juristischen Sinne vor allem abhängig vom Überschreiten einer bestimmten, u. U. sogar normativ gesetzten Schwelle. Juristischer und medizinischer Krankheitsbegriff dürfen nicht gleichgesetzt werden, da sie häufig etwas grundsätzlich anderes bezeichnen, selbst dann, wenn vergleichbare oder gar identische Begriffe gebraucht werden. Es kommt somit wesentlich darauf an, die in den verschiedenen Gesetzen verwendeten juristischen Krankheitsbegriffe zu kennen und zu wissen, welche klinischen Diagnosen unter dem jeweiligen juristischen Begriff subsumiert werden.

Beispielsweise heißen die Krankheitsbegriffe im Strafrecht nach § 20 StGB „krankhafte seelische Störung", „tief greifende Bewusstseinsstörung", „Schwachsinn" oder „andere schwere seelische Abartigkeit". Im Betreuungsrecht heißen sie „psychische Krankheit" oder „körperliche, geistige oder seelische Behinderung" (§ 1896 BGB), im bayerischen Beamtenrecht „Schwäche der geistigen und seelischen Kräfte" (§ 51 BBG).

Mehrstufiges Vorgehen bei der Begutachtung

In den meisten Fällen genügt es nicht, den juristischen Krankheitsbegriff zu benennen, um die Gutachtensfrage zu beantworten. Es kommt wesentlich auf die durch eine Störung bedingte Funktionseinschränkung an. Daraus ergibt sich, dass bei nahezu allen rechtsrelevanten Fragen ein zweistufiges Beantwortungsschema zur Anwendung kommt. Zuerst muss geklärt werden, ob das Ausmaß der durch die klinische Diagnose beschriebenen Störung ausreicht, um den in der jeweilig anzuwendenden Rechtsvorschrift geforderten juristischen Krankheitsbegriff zu erfüllen.

Erst wenn die Antwort auf diese Frage positiv ausfällt, kann die zweite Frage beantwortet werden. Diese lautet: „Welche durch Gesetz oder Rechtsprechung bestimmte Funktionsbeeinträchtigung wird oder wurde durch die Störung bedingt?" Auch diese Funktionsbeeinträchtigung wird je nach Gesetzestext unterschiedlich benannt. Sie heißt im § 20 StGB „Unfähigkeit, das Unrecht des Handelns einzusehen oder nach dieser Einsicht zu handeln", in § 104 BGB, der die Geschäftsunfähigkeit regelt, heißt sie „Ausschluss der freien Willensbestimmung".

In den meisten Problemfällen, in denen sich der Arzt mit derartigen Rechtsfragen auseinandersetzen muss, kommt es nicht oder nicht nur auf die augenblicklich zu beobachtende Symptomatik an. Meist ist eine weit zurückliegende oder eine künftige Beeinträchtigung zu beurteilen. Derartige Einschätzungen können nur hypothetischen Charakter haben. Die Hypothesen, die der Arzt bei der Beantwortung rechtlich relevanter Fragen abgibt, beruhen auf der klinischen Erfahrung. Aufgrund des hypothetischen Charakters der Antwort muss erwogen werden, mit welcher Wahrscheinlichkeit die Hypothese zutrifft. Bei der Beantwortung einer Gutachtensfrage muss somit in aller Regel in mehreren Schritten vorgegangen werden, nämlich:

1. Stellen einer klinischen Diagnose,
2. Subsumption unter einen juristischen Krankheitsbegriff,
3. Entwicklung einer Hypothese aufgrund des klinischen Erfahrungswissens,
4. Quantifizierung der rechtsrelevanten Funktionsbeeinträchtigungen,
5. Benennen der Wahrscheinlichkeit, mit welcher die klinische Hypothese zutrifft.

Die Wahrscheinlichkeitsgrade, welche die Annahme einer Hypothese rechtfertigen, sind je nach Gesetz sehr unterschiedlich; z. B. gilt im Strafrecht der Grundsatz „im Zweifel für den Angeklagten", bei der Annahme der Geschäftsunfähigkeit muss diese jedoch zur vollen Überzeugung des Gerichtes bewiesen werden. Im Entschädigungsrecht sind je nach Fragestellung ganz unterschiedliche Wahrscheinlichkeitsgrade gefragt.

28.1.2 Psychopathologie und psychiatrische Diagnostik

Krankheit ist in der Medizin im Idealfall dadurch gekennzeichnet, dass Ursache, Symptomatik, Verlauf und Therapie eine Einheit bilden. Mit der Diagnose einer spezifischen Krankheit sind somit sowohl ein ätiopathogenetisches Erklärungsmodell als auch prognostische Schlussfolgerungen verbunden. Daher lässt sich im Idealfall mit der klinischen Diagnose auch die Frage nach vergangenen und künftigen rechtsrelevanten Beeinträchtigungen beantworten.

Von diesen Ansprüchen an einen Krankheitsbegriff ist die Psychiatrie in den meisten Fällen noch weit entfernt. Trotz der nunmehr über zweihundertjährigen Entwicklung und Forschung in der

Psychiatrie ist es nur bei wenigen Störungen (z. B. bei der progressiven Paralyse) gelungen, jene Zusammenhänge zwischen Ätiologie, Symptomatik und Verlauf eindeutig aufzuzeigen, die in der Medizin für die Definition einer Krankheitseinheit gefordert werden.

Die derzeit angewandte psychiatrische Nosologie (Klassifizierung) beruht nicht auf der ätiologischen Erklärung von Störungen, sondern auf ihrer möglichst genauen Beschreibung. Ziel dieser deskriptiven Methode ist eine einheitliche und verlässliche Erfassung unterschiedlicher Symptomenkomplexe und ihrer Verlaufsformen (Wittchen et al. 1989). Die so erfassten psychopathologischen Syndrome sind hinsichtlich ihrer Ursache unspezifisch. Mehrere Faktoren spielen entweder kausal oder auslösend zusammen. Im Wesentlichen werden genetische Anlagen, organische Schäden, entwicklungsbedingte Beeinträchtigungen und situative Belastungen als hauptsächliche Elemente einer multifaktoriellen Syndromgenese betrachtet (Hippius 1979). Je nach Schule und Lehrmeinung werden sie unterschiedlich gewichtet. Klare Bedingungsgefüge sind nur in wenigen Einzelfällen festlegbar.

Im Gegensatz zur Organmedizin können die wenigsten Befunde durch apparative Untersuchungen objektiviert oder durch messtechnische Verfahren quantifiziert werden. Psychiatrische Befunderhebung bleibt trotz aller Fortschritte bei der Entwicklung so genannter operationalisierter und standardisierter Erhebungstechniken weitgehend auf das geschulte Auge und Ohr des Untersuchers beschränkt. Allerdings wurden in den letzten Jahren Klassifikationssysteme für psychiatrische Störungen entwickelt, die durch relativ rigide Zuordnungsregeln die Zuverlässigkeit der diagnostischen Schlussfolgerungen erhöht und somit dem lange kritisierten Schulenstreit in der Psychiatrie den Boden entzogen haben.

Psychopathologische Befunderhebung

Grundlage der psychiatrischen Diagnostik ist die psychopathologische Befunderhebung, die in jedem Gutachten auch vom psychiatrisch nicht speziell geschulten Arzt zumindest in groben Zügen festgehalten werden sollte. Eine halbwegs differenzierte Beobachtung und Beschreibung der psychischen Funktionen und ihrer Auffälligkeiten ist bei jeder Allgemeinuntersuchung, die Grundlage einer derzeitigen oder späteren Begutachtung werden kann, zwingend notwendig. Bei vielen Begutachtungen wird – nachdem körperliche Erkrankungen ausgeschlossen wurden – zuletzt der Psychiater gefragt, ob eine psychische Störung für die geklagte Symptomatik verantwortlich sein kann, ob die Symptomatik bewusst simuliert oder aggraviert wird oder ob unbewusstes Begehren als Grundlage der geklagten Leiden angesehen werden muss. In derartigen Fällen ist eine psychopathologische Befunderhebung zu Beginn des oft mehrjährigen Rechtsverfahrens für die spätere psychiatrische Begutachtung besonders hilfreich. Das gleiche gilt bei der Frage nach Verletzungsfolgen oder nach einer Verschlimmerung auf psychiatrischem Fachgebiet.

Bei der Darstellung des psychischen Befundes sollte sich der Untersucher bemühen, die psychischen Funktionen und ihre Veränderungen zu beschreiben und sie nicht nur pauschalierend beurteilen. Begriffe wie „normal" oder „o. B." sollen vermieden werden. Erscheinung, Auftreten, Mimik und Gebärden lassen sich ohnehin nicht in diesen Begriffen fassen. Diesbezügliche Beschreibungen gehören an den Anfang eines psychischen Befundes. Darüber hinaus hat der Gutachter folgende psychische Funktionen zu beurteilen:

Bewusstsein. Die Störungen des Bewusstseins werden in quantitative, stufenweise (skalare) Herabsetzungen des Bewusstseins (Benommenheit, Somnolenz, Sopor, Koma) und qualitative Bewusstseinsstörungen eingeteilt. Die qualitativen Bewusstseinsstörungen umfassen Verwirrtheits- und Dämmerzustände.

Orientierung. Störungen in diesem Bereich werden als Desorientiertheit bezeichnet. Sie können zu vier Aspekten – Ort, Zeit, Person und Situation – auftreten.

Antrieb. Störungen des Antriebs sind vorwiegend quantitativer Art. Eine Antriebsverminderung zeigt sich als Antriebshemmung oder Antriebsmangel. Antriebsarmut kann nicht nur bei psychischen Störungen vorkommen, sondern auch Ausdruck einer Persönlichkeitskonstitution sein. Eine Antriebssteigerung kann ebenfalls konstitutionell auftreten. Sie ist auch charakteristisch für manische Verstimmungen.

Ich-Bewusstsein. Als Ich-Störungen werden u.a. Depersonalisation und Derealisation bezeichnet. Unter Depersonalisation versteht man die veränderte Wahrnehmung des eigenen Körpers, der als fremd und unwirklich empfunden wird. Als Derealisation bezeichnet man den Eindruck des vermeintlich Fremden, Unwirklichen der wahrgenommenen Umgebung. Auch Gedankeneingebung – ein Symptom, bei dem der Kranke meint, seine Gedanken werden von außen beeinflusst, gesteuert oder eingegeben –, Gedankenausbreitung – das Gefühl, dass andere die eigenen Gedanken erkennen könnten – und Gedankenentzug – eine Störung, bei der Patienten meinen, ihnen werden die Gedanken weggenommen – gehören zu den Ich-Störungen.

Gefühl und Stimmung (Affekte, Emotionen). Zu den qualitativen Störungen der Affektivität gehören die Inadäquatheit des Affektes, bei der die Gefühlsäußerungen nicht zum Inhalt des Erlebens passen (Parathymie), die Ambivalenz des Affektes, die in einem Nebeneinander widersprüchlicher Affekte besteht; die Affektstarre, d.h. eine geringe oder fehlende affektive Modulationsfähigkeit. Eine weitere Störung ist die Affektlabilität, die dadurch charakterisiert ist, dass sich die Patienten rasch zu vergröberten affektiven Äußerungen induzieren lassen, wobei diese Affektäußerungen nur von kurzer Dauer sind. Eine Steigerung dieser Symptomatik wird als Affektinkontinenz bezeichnet. Affektarmut ist durch ein mangelndes Ansprechen auf affektive Stimuli gekennzeichnet. Affektarme Menschen wirken gefühlsmäßig gleichgültig, sie sind häufig nicht in der Lage, Reue, Scham, Schuld, Freude, Lust oder Stolz zu empfinden. Quantitative Störungen der Affektivität spannen sich zwischen den Polen Euphorie und depressivem Gefühl der Gefühllosigkeit.

Motorik und Psychomotorik. Störungen der Motorik imponieren quantitativ als Bewegungsarmut (Hypokinese) oder Bewegungslosigkeit (Akinese und Stupor) oder Steigerungen (Hyperkinese) bis hin zum Bewegungssturm (Raptus). Sie können sich auch qualitativ äußern in Grimassieren, stereotypen mimischen oder gestischen Bewegungen (Tics), Haltungsverharren (Katalepsie), motorischen Stereotypien oder Bewegungsimitationen (Echopraxie).

Wahrnehmung. Störungen der Wahrnehmung können einerseits quantitativ sein, andererseits den Realitätsgehalt des Wahrgenommenen betreffen.

Quantitative Veränderungen der Wahrnehmung kommen einmal bezüglich der Intensität des Wahrgenommenen (geminderte Intensität, z.B. bei depressiven Syndromen), zum anderen bezüglich der Größe des Wahrgenommenen vor.

Qualitative Wahrnehmungsstörungen können eingeteilt werden sowohl nach der Art ihres Realitätsbezugs als auch nach dem Sinnesorgan, das davon betroffen ist. Die Trugwahrnehmungen werden in Illusionen, Halluzinationen und Pseudohalluzinationen unterteilt. Bei Illusionen werden aus realen Wahrnehmungen durch Affekte und Einstellungen Trugbilder. Halluzinationen entstehen ohne äußeren Sinnesreiz, werden aber als real angesehen. Pseudohalluzinationen entstehen auch ohne äußeren Sinneseindruck, haben aber nicht den Charakter des Tatsächlichen, sondern werden wie bei Tagträumen jederzeit als Trugbilder erkannt.

Je nach Sinnesqualität werden Halluzinationen entweder als optisch (Sehen), akustisch (Hören), olfaktorisch (Riechen), gustatorisch (Schmecken), haptisch (Berührung) oder zönästhetisch (den Leib betreffend) beschrieben.

Bei Ausfall von Sinnesorganen oder bei bestimmten zentralnervösen Schäden kommt es in den meisten Fällen auch zum Ausfall der betreffenden Wahrnehmung oder zum Nichterkennen trotz Sinnesreizung, zur Agnosie. Wahrnehmungsausfälle und Agnosie sind auch psychogen möglich und werden gelegentlich von Rentenbewerbern vorgebracht.

Auffassung. Sie kann erschwert oder verlangsamt sein.

Aufmerksamkeit und Konzentration. Störungen bestehen in einer Abnahme von Zeitdauer, Intensität und Flexibilität des Konzentrationsvermögens.

Merkfähigkeit und Gedächtnis. Globale Gedächtnisstörungen (Amnesien, Hypomnesien) treten vorwiegend bei hirnorganischen Erkrankungen auf. Störungen des Kurzzeitgedächtnisses (Merkfähigkeitsstörungen) sind weitaus häufiger als jene des Langzeitgedächtnisses. Spezielle Formen der Amnesie werden bei Schädel-Hirn-Trauma beobachtet: Als retrograde Amnesie bezeichnet man Erinnerungslücken, die sich auf Zeiträume vor dem Trauma, als anterograde Amnesie solche, die sich auf die Zeit nach dem Trauma erstrecken.

Eine besondere Form der Gedächtnisstörung gibt es bei Wahnkranken: Erinnerungsfälschungen (Paramnesien) entstehen dadurch, dass durch den Wahn hervorgebrachte Ereignisse im Nachhinein in Zeiten vor der Erkrankung zurückdatiert werden.

Denken und Sprechen. Störungen des Denkens kann es in Bezug auf die Form der Gedankenäußerung (formale Denkstörungen) und in Bezug auf die Gedankeninhalte (inhaltliche Denkstörungen) geben.

Zu den formalen Denkstörungen gehören neben einer Beschleunigung und Verlangsamung der Denkvorgänge vor allem die Einbrüche in den logischen Gedankenablauf. Bei gehemmtem Denken erkennt der Patient selber das Stocken und die Erschwerung seines Denkens, beim Gedankenabreißen den Abbruch seiner Gedanken; bei Denksperrungen kommt es zum Stocken des Denkens, ohne dass der Patient dies bewusst registriert. Perservierendes Denken ist dadurch gekennzeichnet, dass es immer wieder um das gleiche Thema oder die gleichen Worte kreist. Eingeengtes Denken ist hingegen durch die Begrenzung auf wenige Themen charakterisiert, von denen die Betroffenen nur schwer abzulenken sind. Das Denken wird als weitschweifig und umständlich bezeichnet, wenn es dem Erkrankten nicht gelingt, Wesentliches von Nebensächlichem zu unterscheiden und der Gedankengang sich dabei vom ursprünglichen Thema entfernt; als ideenflüchtig, wenn der Patient, seinen Assoziationen folgend, das ursprüngliche Thema aus den Augen verliert. Denkzerfahrenheit (Inkohärenz) besteht, wenn die Gedanken und Sätze zusammenhanglos hintereinander hervorgebracht werden; manchmal sind es auch nur Satzteile oder einzelne Worte, die eine inhaltliche oder grammatikalische Beziehung untereinander vermissen lassen. Werden Wortteile zu neuen Worten verbunden oder neue Wörter geschaffen, nennt man diese Neologismen.

Verliert das Denken seinen logischen Zusammenhang und werden unterschiedliche Gedanken miteinander vermengt, wird dies als paralogisches Denken bezeichnet.

Als inhaltliche Denkstörung bezeichnet man den Wahn und Wahnwahrnehmungen. Bei der Wahnwahrnehmung wird einer realen Wahrnehmung eine abnorme Eigenbeziehung beigemessen („Die Rose ist leuchtend rot, weil mir Gott das Signal geben will, ich solle die Welt retten"). Wahn wird konventionell als unkorrigierbare, realitätsferne Überzeugung definiert. Die Schwäche dieser Definition wird an der Häufigkeit solcher Überzeugungen bei Gesunden erkennbar. Wahn ist eine private und privative Überzeugung: Sie wird von anderen nicht geteilt und isoliert den Betroffenen und dieser isoliert sich. Im Vergleich zur quasi unendlichen Zahl möglicher Denkinhalte ist die Zahl möglicher Wahnformen sehr begrenzt: Quantitative Wahnformen der Größe oder Nichtigkeit und Verarmung, qualitative Formen der Beeinträchtigung oder Verfolgung.

Intelligenz. Angeborene oder in den ersten Lebensjahren erworbene Störungen der Intelligenz werden Oligophrenie genannt, im späteren Verlauf des Lebens erworbene Demenz. Oligophrenie erkennt man klinisch daran, dass wenig gelernt werden konnte, Demenz daran, dass Gelerntes (z. B. Fremdworte) nicht mehr sachgerecht angewendet werden kann.

Krankheitserleben. Unterschieden werden das Krankheitsgefühl, das ist das subjektive Empfinden, krank zu sein, und die Krankheitseinsicht, nämlich die Bereitschaft, die ärztlich als krank erkannten Symptome als Krankheit anzuerkennen und dementsprechend damit umzugehen.

Zwänge. Der psychopathologische Begriff des Zwangs ist begrenzt auf das imperative Denken oder Handeln, welches vom Patienten ausgeht, von ihm auch als etwas eigenes erlebt wird, aber nicht unterdrückt werden kann. Zwangsdenken (z. B. jemanden geschädigt zu haben) und Zwangshandeln (z. B. Kontrollieren, Waschen) werden von ihm als unsinnig erkannt, der Patient kann sich jedoch nicht dagegen wehren, da ansonsten unerträgliche Angstzustände auftreten.

Phobien. Phobien sind sich zwanghaft aufdrängende Befürchtungen und Ängste, die meist an einen bestimmten Gegenstand, an einen Ort oder an eine Situation gebunden sind. Auch bei Phobien wird die Unangemessenheit der Angst vom Patienten erkannt; dennoch kann er sich nicht dagegen wehren. Am bekanntesten sind die Furcht vor geschlossenen Räumen (Klaustrophobie), vor offenen Plätzen (Agoraphobie), vor Höhen (Akrophobie), vor Tieren (Zoophobie), vor dem Erröten (Erythrophobie).

Suizidalität. Gedanken, besser tot zu sein, Selbsttötungsgedanken, Selbsttötungsversuche (der Begriff Selbstmord ist so unsinnig wie häufig gebraucht, denn es ist unmöglich, an sich selbst Handlungen vorzunehmen, die den rechtlichen Kriterien des Mordes genügen (Heimtücke, niedere Beweggründe).

Persönlichkeitsauffälligkeiten. Alle Dimensionen, in denen Persönlichkeiten beschrieben werden, können sicher nicht umfassend vom Psychiater dargestellt werden. Sie gehören in das Gebiet der Psychologie. Einige Aspekte sollten jedoch auch im psychischen Befund beschrieben werden, so das Temperament des Untersuchten, seine Strategien der Konfliktbewältigung (z. B. Verdrängung oder Projektion u. a. m.), die Art des Reagierens auf Frustration (z. B. Impulsivität oder Gelassenheit u. a. m.), das Durchsetzungsvermögen (z. B. schüchtern, zögernd, planlos oder rücksichtslos u. a. m.), die Beeinflussbarkeit und Abhängigkeit von anderen. Daneben sind auch das Bedürfnis nach Ordnung, Kränkbarkeit und vieles andere mehr zu registrieren. Die Notwendigkeit, die Primärpersönlichkeit oder die prämorbide Persönlichkeit zu erfassen, wurde in letzter Zeit durch die Entwicklung multiaxialer Diagnosesysteme (s. u.) verdeutlicht.

Sozialverhalten. Störungen des Kontaktverhaltens bewegen sich in einem breiten Spektrum zwischen autistischer Zurückgezogenheit auf der einen und distanzloser Vertrautheit auf der anderen Seite. Kontaktbereitschaft, Ver- oder Misstrauen, Wunsch nach Nähe oder Distanz sollten im psychischen Befund mitgeteilt werden.

Historische Entwicklung der psychiatrischen Nosologie

Die psychiatrische Krankheitslehre wurde jahrelang dominiert von der auf Kraepelin zurückgehenden triadischen Einteilung psychischer Krankheiten, die von Schneider (1980) und seinen Schülern am pronociertesten dargestellt wurde. Sie beeinflusste auch maßgeblich die gesetzlichen Vorgaben für die strafrechtliche Schuldfähigkeitsbeurteilung. Nach dieser Einteilung werden die psychischen Störungen in drei große Untergruppen eingeteilt, nämlich als:

- *Folgen organischer Erkrankungen*, wie Infektionen des Gehirns, Intoxikationen, Tumoren oder degenerative Erkrankungen. Sie umfassen somit einerseits primäre Hirnerkrankungen, andererseits auch hirnbeteiligte körperliche Erkrankungen, wie Schilddrüsenfunktionsstörungen, andere hormonelle Erkrankungen und eine Vielzahl innerer Krankheiten;
- *endogene Psychosen*, wie die Gruppe der Schizophrenien oder die manisch-depressiven Erkrankungen, bei denen eine organische Grundlage zwar nicht gefunden, aber allgemein postuliert wurde, und
- *„abnorme Spielarten seelischen Wesens“* (Schneider 1980), wie Intelligenzminderungen, Persönlichkeitsstörungen, abnorme Erlebnisreaktionen oder Störungen des Sexualverhaltens.

Wenngleich sich diese Systematik für didaktische Zwecke als durchaus hilfreich erwies und der forensischen Beurteilung den Anschein einer gesicherten Grundlage bot, so blieb ihre wissenschaftliche Fundierung bislang aus. Die organischen Grundlagen der endogenen Psychosen konnten ebenso wenig belegt werden wie das Fehlen eines organischen Substrats bei Persönlichkeitsstörungen oder Störungen des Sexualverhaltens.

Die Krise der psychiatrischen Diagnostik (Saß 1987) hat sich dadurch gezeigt, dass die von den Fachleuten abgegebenen Diagnosen weder zuverlässig sind noch eine bestimmte Erkrankung sicher von einer anderen abgrenzen können. Die Diagnoseforschung hat bereits in den 60er Jahren die Unzulänglichkeit der psychiatrischen Nosologie aufgezeigt (Beck et al. 1962, Kreitman et al. 1961).

Zwei Wege wurden beschritten, um den Schwierigkeiten – mangelnde Abgrenzbarkeit der Krankheitsbilder und fehlende Übereinstimmung in der Diagnostik – zu begegnen. Da psychiatrische Störungen und ihre Verläufe meist mehrfaktoriell bedingt sind, wurden seit 1947 von Essen-Möller multiaxiale Modelle entwickelt, in denen die verschiedenen Faktoren des Bedingungsgefüges aufgezeigt werden müssen. Auf breiter Front wurde die multiaxiale Diagnostik in die Psychiatrie eingeführt, als 1980 die American Psychiatric Association das Klassifikationssystem DSM III veröffentlichte, nach dem die einzelnen Patienten auf fünf Achsen zu beschreiben sind. Diese Achsen wurden in den nachfolgenden Ausgaben von DSM modifiziert. Sie heißen in DSM IV:

- Achse I: klinische Syndrome,
- Achse II: Entwicklungs- und Persönlichkeitsstörungen,
- Achse III: medizinische Krankheitsfaktoren,
- Achse IV: psychosoziale und umgebungsbedingte Probleme,
- Achse V: globale Erfassung des Funktionsniveaus.

Der zweite Weg aus dem diagnostischen Dilemma bestand in einer Zuordnung anhand operationaler Kriterien. Er ging zurück auf Empfehlung des englischen Psychiaters Erwin Stengel (1959). Bei einem solchen operationalisierten Diagnoseschema dürfen Diagnosen nur dann vergeben werden, wenn die Patienten eine Reihe von eng definierten Kriterien erfüllen (die Einschlusskriterien) und andere Kriterien mit Sicherheit nicht zutreffen (die Ausschlusskriterien). Ein- und Ausschlusskriterien sollen möglichst objektiv erfassbar und von außen beobachtbar sein.

Auch diese Entwicklung wurde bei der Schaffung von DSM III berücksichtigt. Alle dort beschriebenen Störungen sind durch Ein- und Ausschlusskriterien definiert. Dass es sich auch hierbei nicht um gänzlich zufrieden stellende Lösungen handelt, zeigte die rasche Revision des neu entwickelten Klassifikationssystems. 1987 wurde bereits die erste amerikanische Revision dieser Klassifikation DSM III-R und 1989 ihre deutsche Übersetzung (Wittchen et al. 1989) veröffentlicht. 1994 erschien DSM IV (Deutsche Übersetzung: Saß et al. 1996). 1991 wurde der anhand ähnlicher Konzepte wie DSM III-R entwickelte internationale Diagnoseschlüssel ICD 10 (▶ *www.dimdi.de*) der WHO in deutscher Sprache veröffentlicht (Dilling et al. 1991). Beide Diagnosesysteme sind mit geringfügigen Modifikationen auch heute noch gültig. Frühere Begriffe wie Neurose oder Psychose kommen hier nicht mehr vor, da sie mit unbewiesenen ätiopathogenetischen Vorstellungen verbunden sind, die über den rein deskriptiven Ansatz hinausgehen würden. In diesen Klassifikationssystemen wird zudem von der alten Regel abgewichen, dass eine einzige Diagnose die Krankheit charakterisieren müsse. Diese hierarchische Diagnosenregel wurde durch ein Konzept der Komorbidität ersetzt, in dem beim Auftreten mehrerer psychopathologischer Syndrome diese zu gleichwertigen, nebeneinander bestehenden Diagnosen führen können. DSM IV und ICD 10 fordern sogar, dass eine Diagnose gestellt wird, wenn die in den Klassifikationssystemen genannten Operationalisierungen erfüllt sind. Patienten erhalten dadurch häufig mehrere Diagnosen, die sich wiederum in der Symptomatik überschneiden können. Für die forensische Beurteilung sind derartige Diagnosen jedoch nicht allein ausschlaggebend, worauf in den Klassifikationssystemen deutlich hingewiesen wird.

Probleme der Klassifikation psychischer Störungen bei der Begutachtung

Wenngleich die neuen Klassifikationssysteme durch ihre methodischen Vorgaben und durch ihre große Akzeptanz zu einer besseren Vergleichbarkeit psychiatrischer Diagnosen geführt haben, lassen sich die wesentlichen Begutachtungsprobleme mit ihrer

Hilfe kaum leichter lösen. Durch die epidemiologischen Studien, die zur Erarbeitung der Klassifikationen durchgeführt wurden, haben einige Diagnosen an Gewicht gewonnen, wie z.B. die posttraumatische Belastungsstörung (ICD 10 F43.1; DSM IV 309.89), die Angststörungen (ICD 10 F41.x; DSM IV 300x, 300.21) oder die Somatisierungsstörungen (ICD 10 F45.xx; DSM IV 300.81). Die Feststellung einer in DSM IV oder ICD 10 beschriebenen Störung bedeutet nicht, dass diese Diagnose forensische Relevanz hat. Die neuen Klassifikationssysteme, v.a. DSM IV, haben allerdings den Vorteil, dass sie der Komplexität menschlichen Empfindens und Verhaltens bei einer psychischen Krankheit besser gerecht werden. Durch ihre multiaxialen Ansätze ermöglichen sie die gleichzeitige Berücksichtigung psychopathologischer, organischer, persönlichkeitsimmanenter und sozialer Faktoren, die sich in ihrer Gesamtheit auf die Funktionsfähigkeit eines Menschen auswirken können.

Die Frage bleibt jedoch weiterhin offen, auf welchem Krankheitskonzept gutachterliche Schlussfolgerungen basieren sollen, wenn die herkömmlichen Konzepte sich als wissenschaftlich nicht belegbar, die neuen Klassifikationssysteme sich für die gutachterlichen Fragestellungen als in vielen Bereichen unbefriedigend erwiesen haben. Im forensischen Bereich ist die quantitative Einschätzung der Funktionsausfälle von immenser Bedeutung (siehe Kap. 17.1.3). Bei der Frage nach dem Grad der Behinderung wird dies am deutlichsten. Die Einschätzungen in den üblichen Tabellen (z.B. „Anhaltspunkte für die ärztliche Begutachtung“) lassen für den Psychiater einen großen individuellen Ermessensspielraum. Während die Richtzahlen bei körperlichen Funktionsausfällen in 10-Punkte-Schritten festgelegt sind, werden auch in der neuesten Auflage (2004) für die psychopathologischen Beeinträchtigungen Bereiche zwischen 20 und 30 Punkten vorgegeben (S. 41–50). Im Entschädigungsrecht kommt es auf die Frage des kausalen Zusammenhangs zwischen einer Noxe oder einem Trauma und der daraus resultierenden psychophysiologischen Beeinträchtigung an. Multiaxiale Betrachtungsweisen verkomplizieren scheinbar die Beantwortung von Zusammenhangsfragen. Allerdings entspräche es einer relativ willkürlichen Zuordnung, wenn man – monokausal – ausschließlich einer spezifischen Noxe eine richtunggebende Veränderung zuschreiben wollte. Auch hier sind Primärpersönlichkeit und spezifische Kompensationsmechanismen mit zu berücksichtigen.

Bei jedem Schritt (Befunderhebung, Zuordnung zur Diagnose, Subsumption unter rechtliche Begriffe) werden quantitative Abgrenzungen erforderlich. Die Lösungsansätze, die in der Literatur für die Quantifizierung angeboten werden, berufen sich zum großen Teil auf eine durch klinische Erfahrung begründete Kennerschaft. Nach wissenschaftlich begründeten Kriterien wurde kaum geforscht. Die quantitative Einschätzung der Auffälligkeiten ist jedoch mit großen Unsicherheiten verbunden.

Rasch (1986) hat als Lösung für die Begutachtungspraxis den strukturell-sozialen Krankheitsbegriff entwickelt. Er besagt, dass die Störung die Struktur von „Krankheit“ haben und die allgemeine soziale Kompetenz der Persönlichkeit beeinträchtigen sollte. Bei der Beeinträchtigung der sozialen Kompetenz seien unabhängig von der zu beurteilenden Fragestellung entscheidend: eine feststellbare Einengung der Lebensführung, Arbeitsunfähigkeit, Abbruch und Verlust von Kontakten, verzerrte Realitätsbeurteilung, Stereotypisierung des Verhaltens, Festlegung auf bestimmte Verhaltensmuster, Häufung von sozialen Konflikten.

Ein anderes Orientierungsmodell stammt von Saß (1991) und wurde als psychopathologisches Referenzsystem für die Beurteilung von Persönlichkeitsstörungen entwickelt. Saß geht davon aus, dass sich aus der klinischen Erfahrung bei posttraumatischen, entzündlichen oder durchblutungsbedingten organischen Wesensänderungen, bei Persönlichkeitsänderungen im Rahmen von Temporallappen-Epilepsien oder bei organischen Pseudopsychopathien, aber auch bei Prodromal- und Residualstadien von schizophrenen Psychosen bestimmte psychopathologische Syndrome beschreiben lassen. Diesen Syndromen kommt bei der Beurteilung forensisch relevanter Beeinträchtigungen als Referenzstörungen eine besondere Bedeutung zu. Die nicht so genau erfassbaren und u.U. variableren psychischen Auffälligkeiten bei anderen Störungen können mit diesen Referenzstörungen sowohl von der Symptomatik als auch von deren psychosozialen Auswirkungen verglichen und analog beurteilt werden.

Eine Zuordnung zu den jeweiligen juristischen Krankheitsbegriffen ist auch unter Zugrundelegung dieser Konzepte immer noch schwierig, wenngleich sie sicher weit genug sind, um alle zu begutachtenden Störungen zu erfassen.

Dem Verlust sozialer Kompetenz und dem Ausmaß psychopathologisch bedingter Einschränkungen kommt man allerdings auch nahe, wenn man die Achsen IV und V von DSM IV bei der diagnostischen Beschreibung ernsthaft mit berücksichtigt. Auf Achse IV werden die psychosozialen Probleme angegeben, namentlich:

- Probleme mit der Hauptbezugsgruppe,
- Probleme im sozialen Umfeld,
- Ausbildungsprobleme,
- berufliche Probleme,
- Wohnungsprobleme,
- wirtschaftliche Probleme,
- Probleme beim Zugang zu Einrichtungen der Krankenversorgung,
- Probleme beim Umgang mit dem Rechtssystem/Delinquenz,
- andere psychosoziale oder umgebungsbedingte Probleme.

Auf Achse V wird das psychosoziale Funktionsniveau global auf einer Skala von 0–100 eingeschätzt. „100" bedeutet hervorragende Leistungsfähigkeit und keine Einschränkung; „50" ernsthafte Symptome, wie z. B. Suizidgedanken oder Zwangsrituale oder eine ernste Beeinträchtigung der sozialen oder beruflichen Leistungsfähigkeit, z. B. Unfähigkeit, Freundschaften einzugehen oder aufrecht zu halten. „10" bedeutet schwerste Störungen, wie z. B. ständige Selbst- und Fremdschädigung oder Unfähigkeit, minimalste persönliche Hygiene einzuhalten.

Eine seit 1987 gebildete und seither jährlich tagende „Arbeitsgemeinschaft für Forensische Psychiatrie" versucht durch die Entwicklung und Anwendung standardisierter quantifizierender Methoden eine größere Homogenität der Anamnese und Befunderhebung, der Diagnostik und der Zuordnungsregeln zu erreichen und dadurch eine Qualitätsanhebung psychiatrischer Gutachten zu bewirken (Nedopil u. Graßl 1988, Hollweg 1994). Auch in dieser Arbeitsgemeinschaft wird einer multiaxialen Betrachtung psychischer Störungen und ihrer rechtlichen Relevanz der Vorzug gegeben. Mit ihr gelingt die Zusammenschau der komplexen gegenseitigen Abhängigkeiten zwischen individueller Disposition, Schädigung und Verarbeitungsmechanismen und ihren rechtlichen Folgen am ehesten. Die individuelle Abwägung der das Krankheitsgeschehen und die psychische Funktionsfähigkeit beeinflussenden Faktoren erfordert eine besonders sorgfältige Darstellung dieser Faktoren und ihrer wechselseitigen Beeinflussung. Dann kann auch der medizinische Laie die Schlussfolgerungen des Gutachters nachvollziehen und kennt die Grenzen der Beurteilungsmöglichkeiten. Die oft beschriebenen Kommunikationsprobleme zwischen Juristen und Medizinern (Mende u. Schüler-Springorum 1989, Nedopil 1999) bzw. zwischen Autoren und Adressaten des Gutachtens können dann, wenngleich nicht beseitigt, so doch gemindert werden.

28.1.3 Die häufigsten Krankheitsbilder bei der sozialrechtlichen Begutachtung

Sozialrechtliche Begutachtungen machen nur einen Teil der Sachverständigentätigkeit in der Psychiatrie aus. Ihre Bedeutung kann jedoch daran abgelesen werden, dass psychische und psychovegetative Störungen hinter den Herz-Kreislauf-Erkrankungen und den Erkrankungen des Bewegungsapparates insgesamt an dritter und bei Frauen sogar an erster Stelle der Ursachen für Frühberentung stehen (VDR 2002). Die Störungsbilder, die am häufigsten zur sozialrechtlichen Begutachtung anstehen, sollen deshalb in der gleichen Reihenfolge wie in der internationalen Klassifikation ICD 10 zusammenfassend dargestellt werden.

Hirnorganische Störungen

Während die *vorübergehenden* hirnorganischen Störungen, z. B. nach Schädel-Hirn-Traumata oder durch Intoxikationen, bei strafrechtlichen Begutachtungen relativ häufig zu beurteilen sind, spielen sie bei sozialrechtlichen Fragestellungen kaum eine Rolle. Bei den Gutachten für Sozialgerichte und Versicherungen haben die *chronischen* hirnorganischen Störungen und Abhängigkeitserkrankungen eine sehr viel größere Bedeutung.

Bei langsamen und chronischen Schädigungen des Gehirns kommt es zuletzt häufig zu demenziellen Bildern. Sie treten auch als Residualschäden nach akuten hirnorganischen Störungen auf. Bei fortschreitenden Hirnerkrankungen geht der Demenz in der Regel ein diskretes hirnorganisches Psychosyndrom voraus. Es beginnt mit einem Nachlassen der kognitiven und intellektuellen Fähigkeiten, mit Merkfähigkeitsstörungen, einer Minderung des Abstraktionsvermögens, der geistigen Flexibilität und der Kritikfähigkeit. Vor allem die Bewältigung neuer oder ungewohnter Aufgaben ist dadurch erschwert. Gleichzeitig kommt es zu einer verminderten Kontrolle der Affekte; Tränen und Zornesausbrüche können schwerer zurückgehalten werden.

Vor allem nach traumatischen Hirnschäden, aber auch nach bestimmten Intoxikationen (z. B. durch organische Lösungsmittel wie trichlorierte Kohlenwasserstoffe) und in geringerer Ausprägung grundsätzlich bei jeder Allgemeinerkrankung (z. B. Virusinfektion) werden pseudoneurasthenische Syndrome beobachtet, die durch Antriebsverlust, Klagsamkeit, Reizbarkeit, Müdigkeit und Abgeschlagenheit sowie Beeinträchtigungen von Konzentration und Ausdauer gekennzeichnet sind. Häufig wird eine Akzentuierung schon vorher bestehender Persönlichkeitszüge beobachtet, die gelegentlich das Gepräge einer Karikatur annehmen und sich z. B. durch floskelhafte Höflichkeit bei dem einen Menschen oder durch die distanzlose Vertraulichkeit bei einem anderen darstellen. Die Symptomatik der Störung wird weniger durch die Art der Schädigung bestimmt, als vielmehr durch die Lokalisation, an welcher das Gehirn geschädigt wurde.

Antriebsminderung, Verlangsamung, affektive Nivellierung verbunden mit Affektlabilität bis -inkontinenz, mangelnde Flexibilität und Akzentuierung der Primärpersönlichkeit werden als organische Persönlichkeitsveränderung oder Wesensänderung bezeichnet.

Als Demenz werden die Störungen dann bezeichnet, wenn die intellektuellen Ausfälle ein erhebliches Ausmaß angenommen haben und die Patienten bereits Schwierigkeiten beim Erklären einfacher Sachverhalte und beim Planen längerfristiger Aktivitäten haben oder wenn Sprachstörungen (Aphasien) oder Werkzeugstörungen (Apraxien) hinzukommen.

Chronische hirnorganische Störungen können von sehr milden, kaum erkennbaren bis zu schwersten Formen fortschreiten, in denen eine ständige intensive Pflege erforderlich ist. Etwa 60% der dementiellen Syndrome sind der primär degenerativen Demenz vom Alzheimer-Typ zuzuordnen, 20% den vaskulären und gemischten Demenzen; dem Rest liegt eine Vielzahl von Ursachen zugrunde, wie z.B. der M. Parkinson, die Chorea Huntington, der M. Pick, Hirntumoren, Schädel-Hirn-Traumata oder verschiedene innere Erkrankungen. Der Großteil der Erkrankungen führt zu einem chronisch progredienten Verlauf, nur ca. 10% sind effektiv behandelbar. Allerdings können durch geeignete Frühinterventionen und Rehabilitation die Progredienz verlangsamt und Teilrestitutionen ermöglicht werden (Kaplan u. Sadock 1995).

Zur Diagnose einer hirnorganischen Störung bedarf es einer Bestätigung durch körperliche oder technische Untersuchungsbefunde. Dies ist nicht nur deswegen wichtig, weil gerade diese Störungen gelegentlich simuliert werden, um beim Gutachter Vorteile zu erzielen. Differentialdiagnostisch abzugrenzen ist daneben auch ein psychogen ausgelöstes pseudodementielles Syndrom (Ganser-Syndrom). Bei dieser Störung werden die Ausfälle demonstrativ vorgebracht, während Patienten mit hirnorganischen Psychosyndromen häufiger versuchen, ihr Unvermögen zu verbergen; beim Ganser-Syndrom fällt auch das Nebeneinander von richtigen und falschen Antworten auf. So werden einfachste Rechenaufgaben nicht, komplizierte aber richtig gelöst. Der Pseudodemenz muss nicht immer eine bewusstseinsnahe Simulation zu Grunde liegen; häufig wird die Symptomatik von Konflikten und Wünschen genährt, die dem Patienten nicht oder nur vage bewusst sind. Auch bei den objektiv festgestellten hirnorganischen Psychosyndromen kann es zu Aggravationstendenzen kommen, die eine genaue Einschätzung des Ausmaßes der Störungen allein aus den Angaben der Patienten und den klinisch erhobenen Befunden schwierig machen. Hierzu bedarf es einer Reihe von Zusatzuntersuchungen: Sowohl neurologische Ausfälle wie positive Befunde bei elektrophysiologischen oder bildgebenden Untersuchungen können auf die hirnorganische Ursache der Symptomatik verweisen. Die Testpsychologie hat eine große Anzahl von Verfahren entwickelt, um organisch bedingte Leistungsdefizite quantitativ genau zu erfassen.

Bei den organisch bedingten Störungen sind wie bei den meisten psychiatrischen Begutachtungen Primärpersönlichkeit und spezifische Kompensationsmechanismen mit zu berücksichtigen. Bei den chronischen hirnorganischen Störungen sind monokausale Betrachtungen insbesondere dann schwierig, wenn sich eine Schädigung mit dem biologischen Alterungsprozess überlagert. So kann sich eine hirnorganische Störung im Alter deswegen relativieren, weil auch die das Normalmaß bestimmenden Altersgenossen in ihren kognitiven und mnestischen Fähigkeiten nachlassen. Sie kann sich aber auch akzentuieren, weil die Kompensationsreserven, die der jüngere Mensch einer Schädigung und ihren Folgen entgegensetzen kann, im Alter aufgebraucht sind.

Es bedarf also auch hier einer Zusammenschau der komplexen gegenseitigen Abhängigkeiten zwischen individueller Disposition, Schädigung und Verarbeitungsmechanismen. Eine schematische Zuordnung ist nur bei den besonders gravierenden Hirnverletzungen möglich.

Schizophrene Störungen (Schizophrenien)

Unter dem Begriff Schizophrenie (12-Monats-Prävalenz ca. 0,5%) ist eine Gruppe von Störungen zusammengefasst, die sich durch Veränderungen des Denkens, der Wahrnehmung, durch Affekt- und Antriebsstörungen, durch Ich-Störungen und durch einen Verlust der sozialen Kompetenz auszeichnen. Das Denken erscheint häufig zerfahren und inkohärent, der sprachliche Ausdruck manchmal unverständlich, der größte Teil der Kranken leidet zumindest zeitweise unter einem Wahn. Die häufigsten Wahrnehmungsstörungen bei Schizophrenen sind akustische Halluzinationen, meist in Form von Stimmenhören; aber auch optische und olfaktorische Halluzinationen und – gerade bei chronisch Kranken – oft abstruse Leibhalluzinationen kommen vor. Der Affekt wirkt meist inadäquat und verflacht, der Antrieb reduziert und durch Ambivalenz geprägt. Die Kranken scheinen oft in einer privaten Eigenwelt zu leben (Autismus). Dabei erleben sich die Kranken in ihrem Denken, Fühlen und Handeln von außen bestimmt, gelenkt oder kontrolliert. Sie erscheinen sozial isoliert und zurückgezogen, initiativelos und umständlich; ihr Durchhaltevermögen ist deutlich reduziert. Durch diese Defizite büßen sie ihre soziale Kompetenz häufig auch dann noch ein, wenn die augenfälligeren Symptome bereits abgeklungen sind.

Kein Symptom ist pathognomonisch für die Gruppe der Schizophrenien, vielmehr ist das Zusammentreffen mehrerer Symptome und der Verlauf der Symptomatik für die Diagnose entscheidend. Je nach Vorherrschen eines Syndroms wird die Störung näher gekennzeichnet:

- Die häufigste Form ist die *paranoide Schizophrenie* (ICD 10 F 20.0x, DSM IV 295.30). Bei ihr bestimmen Wahn und Halluzination das Krankheitsbild.
- Bei der *hebephrenen Schizophrenie* (ICD 10 F 20.1x; DSM IV 295.1x heißt dort: Desorganisierter Typ) stehen die affektiven Veränderungen im Vordergrund. Die Stimmung ist meist flach gehoben und inadäquat. Gelegentlich kommt es zu

impulsiven, unvorhergesehenen Verhaltensänderungen. Das Denken erscheint weitschweifig bis zerfahren. Die Krankheit beginnt zwischen dem 15. und 25. Lebensjahr und gilt als Schizophrenie des Jugendalters.

- Die *katatone Schizophrenie* (ICD 10 F 20.2x, DSM IV 295.20) zeichnet sich durch psychomotorische Symptome wie Zwangshaltungen, Stereotypien, Manieren, Haltungsverharren, Stupor und Mutismus aus. Gelegentlich kommt es zu Erregungszuständen oder Negativismen.
Es gibt noch eine Reihe anderer Unterformen der Schizophrenie, wie die *Schizophrenia simplex* oder die latente oder *atypische Schizophrenie*, die jedoch zahlenmäßig kaum ins Gewicht fallen.
- Häufig ist jedoch ein *schizophrenes Residuum* (ICD 10 F 20.5x, DSM IV 295.60), welches sich unabhängig von der jeweiligen floriden Anfangssymptomatik durch so genannte Negativsymptome (oder Minussymptomatik) wie psychomotorische Verlangsamung, Passivität, Initiative- und Antriebsmangel sowie sozialen Rückzug auszeichnet.

Charakterischerweise verlaufen Schizophrenien schubförmig, d.h. dass nach jeder erneuten Episode ein gewisses Residuum zurückbleibt. Gesetzmäßigkeiten des Verlaufs lassen sich jedoch auch bei einer Vielzahl von Beobachtungen kaum ableiten, da etwa ein Drittel der Erkrankungen nach einer Episode folgenlos abheilt, bei einem weiteren Drittel gewisse Einbußen zurückbleiben und erneute Schübe auftreten und lediglich bei einem letzten Drittel eine chronische Dauerbehandlung und -betreuung erforderlich wird. Die Klassifikationsschemata spezifizieren 6 Verlaufstypen, die in ICD 10 jeweils auf der 2. Dezimalstelle verschlüsselt werden: chronisch-kontinuierlich; episodisch, mit zunehmendem Residuum; episodisch, mit stabilem Residuum; episodisch remittierend; unvollständige Remission; vollständige Remission. Die Prognose ist offensichtlich weniger vom psychopathologisch definierten Untertyp als von einer Reihe anderer Faktoren abhängig. Als ungünstige Faktoren haben sich erwiesen: früher Beginn, Fehlen von auslösenden Faktoren (Stressoren), schleichender Beginn, schlechte soziale Anpassung vor Beginn der Erkrankung, sozialer Rückzug, Autismus, wenig differenzierte Symptomatik, Fehlen eines festen Lebenspartners, Schizophrenie bei Verwandten, bisheriger chronischer Verlauf, „Negativsymptome", Fehlen sozialer Unterstützung.

Trotz aller diagnostischen Unsicherheiten wurde diese Diagnose häufig als Paradigma für Schuldunfähigkeit, Geschäftsunfähigkeit, Arbeits- und Erwerbsunfähigkeit angesehen. Diese Beurteilung trifft sicher zu, wenn das Vollbild einer floriden schizophrenen Psychose vorliegt. Die sehr unterschiedlichen Krankheitsverläufe und die sehr variable Ausprägung der Symptomatik verbieten jedoch auch bei dieser Diagnose eine pauschalierende Aussage. Vielmehr ist eine individuelle Beurteilung gefordert, die je nach Verlauf und Ausprägung der Symptomatik, aber auch nach den Erfordernissen der gesetzlichen Fragestellung sehr unterschiedlich ausfallen kann.

Allerdings muss sich der Gutachter vergegenwärtigen, dass viele Patienten mit dieser Erkrankung ihre Symptome dissimulieren. Ihre Leistungsfähigkeit und ihre soziale Anpassungsmöglichkeit bleibt in unstrukturierten Situationen, am Arbeitsplatz oder in der Familie häufig weit hinter dem Ausmaß zurück, welches in der gut strukturierten und relativ kurzen Untersuchungssituation zu beobachten ist. In der Regel führen Negativsymptome, wie Antriebsdefizite und mangelndes Durchhaltevermögen sowie Vernachlässigung der Körperhygiene, zu einer massiven und dauerhaften Beeinträchtigung der beruflichen Leistungsfähigkeit, während akute und floride Symptome, wie ein Wahn oder Stimmenhören, eine vorübergehende Arbeitsunfähigkeit bedingen. Problematisch ist die Beurteilung der Berufsfähigkeit bei hochqualifizierten Erwerbstätigen, deren Beruf Übersichtsfähigkeit und Eigenverantwortung erfordert. Die Diagnose allein reicht bei ihnen oft aus, um z.B. beamtenrechtliche Dienstunfähigkeit oder ein Ruhen der ärztlichen Approbation zu begründen.

Affektive Störungen

Affektive Störungen (12-Monats-Prävalenz 11,9%) sind durch Stimmungsänderungen gekennzeichnet, die häufiger depressiv, bei rund 10% im Wechsel manisch und depressiv und bei einigen ausschließlich manisch geprägt sind. Trotz intensiver Forschungen ist es bislang nicht gelungen, die Ätiologie der Verstimmungen zu ergründen oder eine exakte Abgrenzung von biologisch begründeten oder reaktiven Depressionen zu ermöglichen. Auf die früheren Begriffe wie endogene Depression und neurotische Depression wird deshalb in den neuen Klassifikationssystemen verzichtet. Demgegenüber wird der Schweregrad der Verstimmung und das Vorhandensein „psychotischer Symptome", wie Wahrnehmungsstörungen, Wahn oder Ich-Störungen, in den Vordergrund gestellt. Die psychotischen Symptome sind sowohl für die Behandlung wie für die Begutachtung bedeutungsvoll. Die affektiven Störungen werden unterteilt in die manische Episode, die bipolare affektive Störung, die depressive Episode und die rezidivierende depressive Störung.

- In der *manischen Episode* (ICD 10 F 30.xx, DSM IV 296x; bei bipolaren Störungen 296.4x) ist die Stimmung gehoben; der Antrieb und die Aktivität sind gesteigert; die Stimmung schwankt zwischen sorgloser Heiterkeit und unkontrollierbarer Erregung. Überaktivität zeigt sich durch Rededrang und vermindertes Schlafbedürfnis. Die sozialen Hemmungen gehen verloren; die Aufmerksamkeit kann nicht mehr aufrechterhalten werden; es kommt zu starker Ablenkbarkeit; die Selbsteinschätzung ist überhöht; Größenideen oder maßloser Optimismus werden frei geäußert. Häufig kommt es auch zu Wahrnehmungsstörungen, bei denen die Einschätzung von Farben, Oberflächenstrukturen und von Geräuschen verstärkt ist. Manche Personen beginnen überspannte und undurchführbare Projekte, geben leichtfertig Geld aus oder werden ohne entsprechenden Anlass übermäßig aggressiv; die Sexualität ist in aller Regel gesteigert, das Denken assoziativ gelockert, die Stimmung häufig gereizt und misstrauisch. Wenn diese Symptomatik sich steigert und Selbstüberschätzung und Größenideen in einen Wahn einmünden, der Rededrang in Zerfahrenheit übergeht und die Erregung zu Aggression und Gewalttätigkeit führt, spricht man von einer psychotischen Manie oder einer Manie mit psychotischen Symptomen. Das Ausmaß der manischen Verstimmung kann zwischen den einzelnen Phasen sehr variieren. Manische Episoden beginnen meist abrupt und dauern zwischen 2 Wochen und 5 Monaten.

- Die *depressive Episode* (ICD 10 F 32.xx, DSM IV 296.2x) ist durch gedrückte Stimmung, Interessenverlust, Freudlosigkeit und Antriebsminderung gekennzeichnet. Die Betroffenen sind leichter ermüdbar; sie können sich schlechter konzentrieren; ihr Selbstwertgefühl ist vermindert; sie leiden unter Schuldgefühlen, Suizidgedanken, Appetitlosigkeit, Schlafstörungen und Libidoverlust. Freudlosigkeit und Interessenverlust, fehlende emotionale Reagibilität, vorzeitiges morgendliches Erwachen, Morgentief und ausgeprägtere Störungen der vitalen Funktionen wie Appetit, Verdauung und Libido werden in ICD 10 als so genannte somatische Symptome bezeichnet und sind charakteristisch für eine „endogene" Depression herkömmlicher Klassifikationen.
- Treten zwei oder mehrere depressive Episoden nacheinander auf, ohne dass eine manische Episode dazwischen lag, so wird das Krankheitsbild nach ICD 10 als *rezidivierende depressive Störung* (F 33.xx), nach DSM IV als Major Depression (296.3x) bezeichnet.
- Treten im Verlauf der Erkrankung sowohl depressive wie manische Episoden auf, spricht man in den modernen Klassifikationssystemen von einer *bipolaren affektiven Störung* (12-Monats-Prävalenz 0,8%; ICD 10 F 31, DSM IV 296.4x [bipolar I] und 296.7 [bipolar II]). Die früheren Begriffe dieser Erkrankung lauten manisch-depressive Erkrankung, manisch-depressive Psychose und Zyklothymie.

Charakteristischerweise kommt es zwischen den Episoden bei der bipolaren affektiven Störung ebenso wie bei der rezidivierenden depressiven Störung zu einer vollständigen Wiederherstellung des ursprünglichen gesundheitlichen Niveaus. Man spricht deshalb von einem phasenhaften Verlauf. Daher ist aus einem unauffälligen Verhalten zu einem Zeitpunkt bei einem Menschen nicht darauf zu schließen, er würde nicht an einer bipolaren affektiven Störung leiden und zu einem anderen Zeitpunkt nicht schwer krank sein. Meist tritt nur eine Episode, insbesondere die erste, nach einem belastenden Lebensereignis oder einem psychischen Trauma oder einer Gesundheitsstörung auf. Dieser Zusammenhang ist jedoch für die Diagnose nicht entscheidend. Das Trauma kann nach wiederholten Phasen gutachterlich nicht als kausal für die Störung angesehen werden. In aller Regel führen ausgeprägte manische und depressive Episoden dazu, dass die berufliche und soziale Funktionsfähigkeit mehr oder weniger vollständig unterbrochen wird. Für die forensische Beurteilung manischer Episoden ist es wichtig zu wissen, dass Patienten durchaus in der Lage sind, ihre manische Symptomatik vorübergehend zu unterdrücken, weil sie noch genügend Kritikfähigkeit besitzen, um zu erkennen, dass andere Leute sie als gestört empfinden würden. Dies bedeutet jedoch nicht, dass sie selbst sich nicht von ihrer manischen Selbstüberschätzung leiten lassen und somit eher die Krankheit als die normalpsychologischen Motive eines gesunden Menschen ihr Handeln bestimmt. Treten häufige, in seltenen Fällen auch therapieresistente manische und/oder depressive Episoden auf, so muss mit längerfristiger Minderung der Erwerbsfähigkeit gerechnet werden. Gerade bei depressiven Episoden erscheint es therapeutisch jedoch sinnvoll, eine vorzeitige Invalidisierung zu verhindern, da sie das beeinträchtigte Selbstwertgefühl der Patienten weiter unterminieren würde.

Chronische depressive Verstimmungen werden nach ICD 10 als Dysthymia (F 34.1, DSM IV 300.40: Dysthyme Störung) bezeichnet. Sie entsprechen der herkömmlichen Diagnose einer depressiven Neurose. Die Störung ist durch einen langen Verlauf (meist länger als 2 Jahre) gekennzeichnet, wobei kurze Intervalle des Wohlbefindens den chronischen Verlauf unterbrechen können. Obwohl die Betroffenen an ihrer Freudlosigkeit leiden und sich meist überanstrengt fühlen, können sie in der Regel den wesentlichen Aufgaben des Alltagslebens und der Erwerbstätigkeit nachkommen.

Neurosen, psychosomatische Störungen und Belastungsreaktionen

Diese drei Begriffe entstammen historisch einer gemeinsamen, vorwiegend psychoanalytisch begründeten Wurzel. Danach sind sie als Reaktionen eines Individuums auf durchlittene Traumatisierungen verstehbar. Während bei den Neurosen und den psychosomatischen Störungen die Traumatisierung in der frühen Kindheit erfolgt, durch eine spätere

Belastung reaktiviert wird und zur Symptombildung führt, spricht man von Belastungsreaktionen, wenn die Traumatisierung erst später geschieht. Sie muss ausreichend massiv gewesen sein, um auch bei einer vorher unauffälligen Persönlichkeit eine länger anhaltende Symptomatik auszulösen. Während sich Neurosen vorwiegend durch psychische Beeinträchtigungen wie Angst, Niedergeschlagenheit oder psychisch bedingte Körperstörungen auszeichnen, stehen bei den psychosomatischen Störungen körperliche Symptome im Vordergrund. Entsprechend der rein deskriptiven Ansätze der heutigen Klassifikationssysteme sind die ätiologischen Faktoren für die Diagnostik im Vergleich zur sorgfältig erhobenen Symptomatik von geringer Bedeutung.

▮ Neurosen und psychosomatische Störungen

Zu den neurotischen Störungen zählen nach ICD 10 und DSM IV

- die Phobien (ICD 10 F 40.xx, DSM IV 300.2x),
- die Angststörungen (ICD 10 F 41.xx, DSM IV 300x),
- die Zwangsstörungen (ICD 10 F 42.xx, DSM IV 300.30),
- die dissoziativen Störungen und Konversionsstörungen (ICD 10 F 44.xx, DSM IV 300.1x) sowie
- ein Teil der somatoformen Störungen (ICD 10 F 45.1–3x, DSM IV 300.70).
  Die anderen somatoformen Störungen (ICD 10 F 45.3x, DSM IV 300.81) sind durch das zusätzliche Vorhandensein körperlicher Symptome wie Herzrasen bei der Kardiophobie, Diarrhö bei gastrointestinalen Störungen usw. gekennzeichnet. Sie bleiben meist auf die einmal entstandene Symptomatik begrenzt.

▮ Die *Phobien* sind durch eine von dem Betroffenen durchaus als übermäßig und unsinnig erkannte Furcht vor bestimmten Objekten oder Situationen charakterisiert. Die Angst kann sich bis zur Panik steigern; sie ist von anderen Ängsten und ihren physiologischen Begleiterscheinungen nicht zu unterscheiden. Zur Phobie gehört Vermeidungsverhalten, das in ausgeprägten Fällen das Leben der Betroffenen massiv einschränken kann. Schon die Vorstellung der angstauslösenden Situation führt meist zu erheblichen psychischen und physischen Reaktionen. Die häufigsten Formen sind die Agoraphobie (die Angst vor öffentlichen Plätzen, vor Menschenmengen, Reisen und der Entfernung von der als sicher gewähnten Wohnung), soziale Phobien (die Angst vor der Betrachtung durch andere Menschen) und spezifische Phobien, die sich auf Tiere, Höhe oder Ähnliches beziehen.

▮ Die anderen *Angststörungen* sind nicht auf bestimmte Situationen beschränkt, sondern zeichnen sich vor allem durch die physiologischen Angstsymptome wie Herzklopfen, Schwitzen, Zittern, Nervosität, Schwindelgefühl u.ä. aus. Angststörungen tendieren zur Chronifizierung, sie sind häufig mit depressiver Verstimmung verbunden; eine Trennung zwischen Depression und Angststörung ist manchmal nur schwer möglich.

In der Begutachtungssituation ist die Unterscheidung zwischen Vermeidungsverhalten, welches noch willentlich überwunden werden kann, und einer ausgeprägten Störung, die eine Überwindung aus eigener Kraft unmöglich erscheinen lässt und somit zur Beeinträchtigung der Erwerbsfähigkeit führt, oft schwierig. Eine Berentung sollte so lange als möglich vermieden werden, da berufliche Belastung und Anerkennung bei neurotischen Störungen häufig zu einer Stabilisierung der gesunden Anteile der Betroffenen beitragen. Ohne vorherige – auch stationäre – Therapieversuche sollten weder eine Berentung angeregt noch die Voraussetzungen für eine Berentung angenommen werden.

▮ Bei der *Zwangsstörung* prägen Zwangsgedanken, Zwangsbefürchtungen und Zwangshandlungen das Bild. Sie werden vom Kranken als unsinnig erkannt, können aber häufig nicht oder nur unter Inkaufnahme von großen Angst- und Spannungszuständen unterbrochen werden. Die Zwänge stören geordnete und sinnvolle Handlungsabläufe. Zu Beginn der Störung gelingt es manchen Kranken noch, die Zwangshandlungen zu verbergen, später bestimmen diese – oft ausgebaut zu Zwangsritualen – die Tagesstruktur. Die Prognose der Störung ist ungünstig. Bei schweren Verläufen sind solche Kranken trotz Therapie nur in begrenztem Umfang in der Lage, einer geregelten Tätigkeit nachzugehen. Schwerste Verläufe führen zu einer völligen Invalidisierung.

▮ Die *Hypochondrie* ist gekennzeichnet durch die Überzeugung, an einer ernsthaften körperlichen Erkrankung zu leiden. Trotz gegenteiliger Versicherung durch die immer wieder konsultierten Ärzte bestehen die Befürchtungen fort; sie führen zur ängstlichen Beobachtung des eigenen Körpers und zur alsbaldigen Entdeckung neuer Symptome der vermuteten Erkrankung. Im Gegensatz zu den anderen Somatisierungsstörungen bestehen keine tatsächlichen oder psychogenen oder simulierten körperlichen Symptome, vielmehr steht die Angst vor der Erkrankung im Vordergrund. Trotz dieser Angst und trotz der häufigen Arztbesuche sind die Betroffenen meist in der Lage, ihren Verpflichtungen im Haushalt und Beruf weitgehend nachzukommen.

▮ Die *dissoziativen* oder *Konversionsstörungen* gehören bei der Therapie und mehr noch bei der Begutachtung zu den schwierigsten Krankheitsbildern. Der frühere Terminus Hysterie wurde wegen seines abwertenden alltagssprachlichen Gebrauchs aufgegeben. Es handelt sich bei dieser Störung um psychogene Reaktionen auf Traumata oder auf akute oder chronische Konfliktsituationen. Letztere sind dem Betroffenen aber nicht bewusst oder werden von ihm verdrängt oder verleugnet. Die Symptomatik ahmt oft körperliche Erkrankungen oder organische Störungen nach, wie z. B. eine Amnesie, eine Fugue, einen Stupor, Krampfanfälle, Sensibilitätsstörungen oder Lähmungen. Gelegentlich werden auch psychische Krankheitsbilder nachgeahmt, wie z. B. eine Demenz (Pseudodemenz oder Ganser-Syndrom).

Belastungsreaktionen und Anpassungsstörungen

Der posttraumatischen Belastungsstörung (*PTSD*; ICD 10 F 43.1, DSM IV 309.81) und der Anpassungsstörung (ICD 10 F 43.2, DSM IV 309.xx) kommen im Entschädigungsrecht besondere Bedeutung zu. Voraussetzung für die Annahme einer solchen Störung ist ein überwältigendes traumatisches Erlebnis, wie Naturkatastrophen, Kriegsereignisse, Unfälle, Verbrechen, Vergewaltigung, Verlust der sozialen Stellung oder des sozialen Bezugsrahmens durch den Tod mehrerer Angehöriger oder Ähnliches.

Typische Merkmale der Störung sind das wiederholte Erleben des Traumas als sich aufdrängende Erinnerungen, in Träumen und Alpträumen, das Vermeiden von Situationen oder Erzählungen, die an das Trauma erinnern, Teilnahmslosigkeit am Schicksal der Umgebung, depressive Verstimmung, Angst und vegetative Symptome wie Schlaflosigkeit, Appetitlosigkeit, Schreckhaftigkeit. Die Störung klingt meist innerhalb eines Zeitraumes von 6 Monaten ab. Als Folge von Extrembelastungen kann sie jedoch bei ca. 5% chronisch fortbestehen, so dass eine andauernde Persönlichkeitsänderung nach Extrembelastung (ICD 10 F 60.0) diagnostiziert werden muss. Sie zeichnet sich zusätzlich durch eine misstrauische Haltung gegenüber der Umwelt, durch sozialen Rückzug, das Gefühl innerer Leere, durch chronische Nervosität und Angst vor Bedrohtsein aus. Viele Überlebende der Konzentrationslager, bei denen früher ein „psychovegetatives Syndrom“ oder ein „neurasthenisches Syndrom“ diagnostiziert wurde, erhalten heute diese Diagnose. Bei ihnen treten im Alter, wenn die Kompensationsmechanismen aufgebraucht und Ablenkungen durch Beruf und soziale Aktivitäten nachlassen, häufig die ursprünglichen Symptome der posttraumatischen Belastungsstörung wieder in den Vordergrund. Auch Kriegsgefangene und Opfer von Folter zeigen häufig Symptome, die eine Zuordnung zu diesem Störungsbild sinnvoll erscheinen lassen. Diese Diagnose muss auch bei einigen Opfern von Folterungen in der ehemaligen DDR und in anderen Ostblockländern (Möllhoff 1994) und bei manchen Verbrechensopfern bedacht werden, aber auch bei Menschen, die aus beruflichen Gründen wiederholt durch katastrophale Ereignisse massiven psychischen Belastungen ausgesetzt sind, wie Polizisten, Bundeswehrsoldaten, Sanitäter, Lokführer u. ä. (Weber 1999).

Übermäßige plötzliche Belastungen, Belastungen, die mit Schuldgefühlen oder Verlustängsten verbunden sind, Retraumatisierungen, mangelnde soziale Unterstützung und Anerkennung nach dem Ereignis tragen wesentlich zur Chronifizierung von Belastungsreaktionen bei. Demgegenüber sind rasche psychologische Hilfe, Solidarität und persönliche Unterstützung durch „Verantwortliche“, psychologische Stützung und Hilfsangebote während einer längerfristigen Rehabilitationsphase prophylaktische Stützen, die eine Invalidisierung verhindern können (Voss 1997). Manche Institutionen, z. B. die Deutsche Bahn, haben mittlerweile Betreuungsstellen für traumatisierte Mitarbeiter eingerichtet und auch die Kriseninterventionsteams, die an verschiedenen Orten etabliert wurden, nutzen die heutigen Erkenntnisse aus der psychiatrischen und psychologischen Traumaforschung, um Traumafolgen zu minimieren und z. B. dadurch bei gefährdeten Mitarbeitern eine vorzeitige Berufsunfähigkeit zu vermeiden. Die Diagnose einer posttraumatischen Belastungsstörung wurde mittlerweile ausgeweitet, was die sozialmedizinische Beurteilung erheblich erschwert. Verschiedene Begriffe wie „komplexe posttraumatische Belastungsstörung“ oder „disorders of extreme stress not otherwise specified“ (*DESNOS*) wurden eingeführt (▶ Zusammenfassung bei Sack 2004). Die in den Konzepten für diese Störungen beschriebene Symptomatik zeigt jedoch ein sehr heterogenes Bild und Überschneidungen mit vielen anderen psychischen Störungen. Bei der sozialrechtlich häufig zu begutachtenden „posttraumatischen Verbitterungsstörung“ (Linden 2004) reagieren die Betroffenen mit Dysphorie, Verbitterung und Vermeidungsverhalten, wenn sie durch widrige Ereignisse aus ihrem Lebenskonzept gerissen wurden, sich ungerecht behandelt fühlen. In das gleiche Störungsbild passen auch Fälle, bei denen die Belastungsreaktion als Folge von Mobbing geltend gemacht wird. Es ist ärztlicherseits wichtig, die Symptomatik dieser Reaktionen zu kennen und zu verstehen. Eine sozialrechtliche Bedeutung im Sinne von dauerhaften Leistungseinbußen oder entschädigungsrechtlich relevanten Beeinträchtigungen kann jedoch noch nicht daraus abgeleitet werden, dass solche durchaus nachvollziehbaren Reaktionen in der psychiatrischen Literatur beschrieben und ihnen diagnostische Begriffe gegeben werden. Demgegenüber werden posttraumatische Belastungsreaktionen, bei denen auch das Traumakriterium der lebensbedrohlichen oder außergewöhnlichen massiven Belastung erfüllt ist, häufig noch nicht ausreichend gewürdigt.

Die Begutachtung leichterer Belastungsreaktionen ist deshalb schwierig, weil Trauer, Angst, sozialer Rückzug, vegetative Störungen wie Schlaflosigkeit oder Appetitverlust als physiologische Reaktionen bei den meisten schwereren Belastungen des normalen Lebens wie Krankheit oder Tod von Angehörigen, Unfällen oder Ähnlichem auftreten und als solche noch nicht als „Krankheit" oder krankhafte Störung gewertet werden können. Diese Reaktionen klingen in aller Regel nach mehreren Wochen ab. Wenn sie anhalten, obwohl das auslösende Trauma bei den meisten Menschen nicht zu einer längerfristigen Belastungsreaktion führen würde, muss geprüft werden, ob die Störung schon vor dem Trauma bestand. Es ist zu klären, welchen Stellenwert das traumatische Erlebnis innerhalb des biographischen Kontextes des betroffenen Menschen hatte (Foerster 1992). Danach lassen sich vier Reaktionsformen finden (Foerster 1987):

- abnorme Erlebnisreaktionen: sie klingen unabhängig von der Frage der Entschädigung bald ab;
- chronisch verlaufende abnorme Entwicklungen; sie sind häufig bei selbstunsicheren, unselbstständigen und wenig differenzierten Menschen, die nur unzureichend in der Lage sind, auf Belastungen flexibel zu reagieren. Diese Form wird am häufigsten bei psychiatrischen Begutachtungen gesehen;
- Aktualisierung einer neurotischen Störung (s. o.);
- Entwicklung der Symptome einer posttraumatischen Belastungsreaktion: dies wird gelegentlich selbst dann beobachtet, wenn das Trauma nicht dem Ausmaß der in ICD vorgegebenen Belastungen entspricht.

Das Kausalitätsbedürfnis des Betroffenen schließt aus einem zeitlichen auf einen ursächlichen Zusammenhang. Geklärt werden muss, ob das Trauma eine bisher gut kompensierte Störung demaskiert oder ausgelöst hat. Damit wäre es zwar nicht ursächlich für die Symptomatik, die Rechtsprechung des BGH sieht aber in derartigen Fällen u.U. eine Entschädigung nach dem Haftungsrecht für gerechtfertigt an (VersR 1993, 14, S. 589–591). Ist jedoch der Entschädigungs- oder Versorgungswunsch als Hauptmotiv für die vorgetragene Symptomatik zu erkennen, so ist eine Simulation sehr sorgfältig abzuklären.

Die weiteren Störungsbilder, die in ICD 10 unter F5 bis F8 beschrieben werden, insbesondere die Persönlichkeitsstörungen und die sexuellen Verhaltensabweichungen, werden relativ häufig im Rahmen strafrechtlicher Begutachtungen diagnostiziert, im Sozialrecht und im Entschädigungsrecht sind sie jedoch von untergeordneter Bedeutung.

28.1.4 Abgrenzungsprobleme bei der sozialrechtlichen Begutachtung auf dem Gebiet der Psychiatrie

Die Schwierigkeiten bei der Begutachtung bestehen in einer Abgrenzung der Symptomatik von organischen Erkrankungen und psychogenen Störungen einerseits und einer bewussten oder bewusstseinsnahen Simulation andererseits. Eine sorgfältige organische Abklärung ist in jedem Fall erforderlich, da häufig auch tatsächlich organische Störungen psychogen ausgestaltet werden und die vorschnelle Annahme körperlicher Gesundheit zu folgenreichen Fehlschlüssen führen könnte. Das Fehlen organischer Ursachen der Störung darf auch nicht von vornherein den Verdacht einer zielgerichteten Simulation nahe legen. Psychogene Reaktionen und Symptombildungen sind oft nur sehr begrenzt willentlich beeinflussbar, selbst dann, wenn augenscheinlich ein sehr nahe liegendes Ziel, wie z. B. ein Rentenbegehren, damit verfolgt wird. Nachuntersuchungen bei so genannten Rentenneurotikern haben gezeigt, dass die Symptomatik keineswegs nach der endgültigen Entscheidung über die Rentengewährung abklang (Foerster 1984, Tarsh u. Royston 1986). Unabhängig davon, ob eine Rente gewährt wurde oder nicht, führten die Symptome in der Mehrzahl der Fälle auch weiterhin zu einer wesentlichen Beeinträchtigung der Lebensqualität. Ein ähnliches Ergebnis fand sich auch in einer von unserer Arbeitsgruppe durchgeführten Befragung von Gutachtensprobanden, die einige Jahre nach der Untersuchung durchgeführt wurde (Stadtland et al. 2004).

Schmerzsyndrome

Der überwiegende Teil orthopädischer, neurologischer und neurologisch-psychiatrischer Begutachtungen für die Rentenversicherungen wird wegen Schmerzsyndromen durchgeführt. Auch bei den allgemeinmedizinischen Begutachtungen machen Schmerzsyndrome einen erheblichen Anteil aus (Schulte 1999). Schmerzsyndrome haben somit eine große Bedeutung bei den sozialrechtlichen Begutachtungen. Die psychosozialen Folgen sind

- Arbeitsunfähigkeit und evtl. Arbeitslosigkeit,
- Änderung der familiären Beziehungsmuster,
- Schmerzmittel- und Alkoholmissbrauch,
- depressive Entwicklungen,
- sozialer Rückzug,
- Suizidalität,
- vorzeitige Invalidisierung,
- hohe Inanspruchnahme des medizinischen Versorgungssystems.

Die Begutachtung von Schmerzsyndromen ist besonders schwierig, weil objektivierende Untersuchungsmöglichkeiten meist fehlen und weil Schmerz nicht ein monosymptomatisches, monokausales Geschehen ist. Oft klaffen objektiver Schmerzreiz und subjektives Schmerzgefühl weit auseinander. In der Mehrzahl der von Schulte (1999) ausgewerteten Gutachten für die LVA konnte keine oder keine ausreichende organische Ursache für die Schmerzen gefunden werden.

Probanden mit chronischen Schmerzsyndromen nach Unfällen kommen oft nach vielen chirurgischen, orthopädischen und neurologischen Vorbegutachtungen zum psychiatrischen Sachverständigen. Bis zu diesem Zeitpunkt hat sich die Symptomatik meist durch eine Vielzahl von Interaktionen mit der Familie, mit Ärzten und Therapeuten, mit Versicherungen und mit Gutachtern chronifiziert. Viele der Betroffenen fühlen sich nicht ernst genommen, sind vom bisherigen Umgang der Behörden und ihrer Mitarbeiter gekränkt und sehen den Gutachtenauftrag an den Psychiater als weitere Kränkung an.

Das Spektrum der zu untersuchenden Syndrome bewegt sich zwischen zwei Polen. Auf der einen Seite stehen chronische unbehandelbare Schmerzen, auf der anderen Begehrungshaltungen und Entschädigungswünsche. Schmerzen eignen sich noch mehr als andere psychische Symptome, um tatsächliche oder vermeintliche Ansprüche durchzusetzen. Soyka (1988) formulierte treffend: „Der Schmerz ist ein von der Gesellschaft akzeptiertes Krankheitssymptom und damit nicht zuletzt wegen seiner ungenügenden Objektivierbarkeit ein beliebtes rentenneurotisches Symptom geworden. Wer Schmerzen hat, hat Anspruch auf Therapie, auf Rücksicht, ggf. auch auf Entschädigung oder Rente".

Am häufigsten wird über Schmerzen im Kopf oder im Gesichtsbereich geklagt, an zweiter Stelle folgen Schmerzen des Halte- und Bewegungsapparates (Hausotter 1996). Dabei spielt gerade das Symptom Rückenschmerzen eine große Rolle. Rückenschmerzen sind seit Jahren die häufigste Ursache einer Erwerbsunfähigkeit. Im Jahre 2001 erfolgten 343 144 Behandlungen oder 42% aller Behandlungsfälle der Rehabilitationskliniken insgesamt wegen dieser Symptomatik. Wegen der Diagnose ICD 10 M54 (Rückenschmerzen ohne nachweisbares organisches Korrelat) erfolgten 97 279 oder 12% aller stationären Behandlungen. Dabei prägt häufig die gewählte oder verordnete Behandlungsform auch das Krankheitskonzept der Betroffenen: Klagt ein Patient über „Rückenschmerzen" und erfolgt eine Behandlung, z. B. in einer orthopädischen Rehabilitationsklinik, so wird dort in aller Regel, je nach Ausmaß der festgestellten Veränderungen der Wirbelsäule, eine organmedizinische Diagnose gestellt und eine entsprechend ausgerichtete Behandlung durchgeführt. Ist eine Klinik aber rheumatologisch orientiert oder „modernen" Diagnosen gegenüber aufgeschlossen, erhält der gleiche Patient mit den gleichen Beschwerden aber u. U. die Diagnose „Fibromyalgie". Ein Umweltmediziner dagegen könnte geneigt sein, als Ursache der Schmerzen, zumindest bei entsprechenden Hinweisen einer Umwelt- oder Chemikalienbelastung, eine „Multiple Chemical Sensitivity" (*MCS*) oder ein „Sick-Building-Syndrom" (*SBS*) zu diagnostizieren. Derartige diagnostische Zuschreibungen fixieren möglicherweise das individuelle Krankheitskonzept des Patienten und damit auch die Einstellung zu Therapie, Behandlung und Prognose.

Eine psychiatrische, psychosomatische oder psychotherapeutische Klinik würde bei fehlendem organischem Korrelat dagegen in aller Regel zu der Diagnose Somatisierungsstörung kommen oder bei primärem Vorhandensein anderer psychischer Symptome eine andere psychiatrische Diagnose stellen, z. B. somatisierte Depression, Anpassungsstörung bei Zustand nach Unfall etc. (Stadtland et al. 2003).

Eine herausragende Rolle bei der Begutachtung von Schmerzsyndromen spielen die Folgen von Beschleunigungstraumen der Halswirbelsäule. Anhand dieser Störung wird die multifaktorielle Genese von Schmerzsyndromen besonders deutlich. Viele Studien zeigen einen Zusammenhang zwischen den Spätschäden einer Beschleunigungsverletzung der Halswirbelsäule und psychischen sowie sozialrechtlichen Kofaktoren. In Litauen, wo es keine Insassenunfallversicherung gibt, traten Beschwerden nach Auffahrunfällen nicht häufiger auf als in der unfallfreien Vergleichspopulation. In Griechenland und Neuseeland werden Folgeschäden nach HWS-Schleudertraumen fast nie registriert, was mit einer erheblich erschwerten Entschädigung in Zusammenhang gebracht wird (Schrader et al. 1996). Eine experimentelle Untersuchung an 21 freiwilligen Versuchspersonen zeigte die psychogene Komponente der Traumaverarbeitung. Die Versuchspersonen nahmen an einem simulierten Auffahrunfall in einem vorgeschädigten Auto teil. Die Beschädigungen waren allerdings durch Abdeckungen von Heck und Heckscheibe nicht sichtbar und den Versuchspersonen unbekannt. Ihnen waren an Kopf, Halswirbelsäule und Brust Beschleunigungsmesser angebracht, ein heulendes Motorgeräusch, ein lauter Krach und eine leichte Erschütterung simulierten den Unfall. Anschließend wurden die beiden beschädigten PKWs, die dicht hintereinander standen, und die am Boden liegenden Glassplitter den Versuchspersonen gezeigt. Obwohl keine mechanische Ursache vorlag, klagten 20% der Versuchspersonen in den ersten 4 Wochen über Schmerzen und Beschwerden. Dieser Prozentsatz ist dem Anteil der Personen, die nach Auffahrunfällen über Beschwerden klagen, vergleichbar.

Die Untersuchungen zeigen, wie schwierig die Beurteilung von Schmerzsyndromen bei Rentenverfahren und im Entschädigungsrecht ist. Eine empirische Begründung für einen Kausalzusammenhang ist nur dann gerechtfertigt, wenn bestimmte Schäden tatsächlich überzufällig häufig nach bestimmten Traumatisierungen auftreten, nicht aber wenn in der Vergleichsbevölkerung, die nicht traumatisiert ist, das Syndrom mit der gleichen Häufigkeit vorkommt. Die Begutachtung von Schmerzsyndromen muss sich also auf eine breite Datenbasis stützen, die sowohl den natürlichen Verlauf von Schmerzsyndromen als auch die pathologischen Besonderheiten in typischen Fallkonstellationen erfasst. Bei der individuellen Beurteilung kann dann eine Systematik hilfreich sein, die folgende Fragen schrittweise beantwortet:

1. Warum ist es zu dieser Fragestellung gekommen?
2. Was sind die wesentlichen Befunde?
3. Wie gestaltete sich die Symptomentwicklung?
4. Welche Vulnerabilitäts- und/oder Kompensationsfaktoren lagen vor?
   (Wie kann die Biographie unter diesen Gesichtspunkten analysiert werden?)
5. Welche Bewältigungsstrategien wurden eingesetzt?
6. Welche Folgen hatte das Leiden für die zwischenmenschlichen Interaktionen? (Belastung und Krankheitsgewinn)
7. Welche klinischen und wissenschaftlichen Erkenntnisse gibt es zu dem angegebenen Syndrom? (Häufigkeit, Symptomatik, Verlauf, Funktionelle Einbußen)
8. Welche Symptome wären nach den wissenschaftlichen Erkenntnissen zu erwarten?
9. Gegebenenfalls: Wie unterscheidet sich die Symptomatik des Untersuchten von den zu erwartenden Symptomen?
10. Gegebenenfalls: Welche Erklärung gibt es für die Symptomatik des Untersuchten und für den Unterschied zwischen erwarteten und angegebenen Symptomen?
11. Welche Diagnose lässt sich daraus ableiten?
12. Welche Auswirkungen hat die Diagnose und die spezifische Symptomatik auf die Leistungsfähigkeit des Betroffenen
    - im zwischenmenschlichen Bereich,
    - in der Tagesstrukturierung,
    - im Arbeitsumfeld,
    - in der Freizeitgestaltung?

Störungsbilder, die bislang empirisch noch nicht zugeordnet werden konnten

In den letzten Jahren ist die Zahl der sozial- und zivilrechtlichen Begutachtungen bei verschiedenen Syndromen, die früher unter den Oberbegriff „psychosomatisch" gefallen wären, heute aber z. T. eigenständigen Störungen zugeordnet werden, gewachsen. Zu ihnen gehören das Chronic-fatigue-Syndrom, das Multiple-chemical-sensitivity-Syndrom, das Sick-building-Syndrom und das Fibromyalgiesyndrom (Nasterlack 1998). Diese Krankheiten sind einerseits durch eine Reihe angeblich spezifischer Symptome, andererseits durch die Annahme einer spezifischen Ätiologie gekennzeichnet. Den hypothetischen Ätiologien gemeinsam ist zumindest, dass es sich nicht um psychische Störungen oder Krankheiten handelt, sondern dass Umweltfaktoren oder organische Fehlsteuerungen für die Symptomatik verantwortlich gemacht werden (Abb. 28.1). Die meisten Patienten übernehmen dieses Konzept und sind für psychotherapeutische Hilfen und die ihnen zugrunde liegenden Entstehungs- und Behandlungskonzepte wenig zugänglich. Sie stehen deshalb auch einer psychiatrischen Begutachtung skeptisch gegenüber. Dennoch gelangen sie meist nach einer Reihe organmedizinischer Untersuchungen zum psychiatrischen Sachverständigen.

Das *Chronic Fatigue Syndrom* (*CFS*) ist durch folgende Symptome gekennzeichnet: Gedächtnis- und Konzentrationsstörungen, Halsschmerzen, empfindliche oder vergrößerte axilläre oder zervikale Lymphknoten, Muskelschmerzen, Kopfschmerzen, nicht erholsamer Schlaf und Zunahme der Symptomatik bei Belastung. CFS wurde erstmals 1988 vom US-amerikanischen Center of Disease Control and Prevention (*CDC*) als Diagnose akzeptiert und operationalisiert, nachdem zuletzt 1984 epidemieartig nach Infekten vergleichbare Symptomenkomplexe beobachtet wurden. Schon davor wurden wiederholt derartige Störungsbilder nach Infektionswellen beobachtet, und es wurde eine jeweils unterschiedliche virale (Herpes, Epstein Barr) oder bakterielle (Brucellose) Genese angenommen, ohne dass bislang ein Beweis für eine organische Ursache der Störung erbracht werden konnte. Die Überlappung der Symptomatik mit der klassischen Neurasthenie, die in ICD 10 (F48.0) operationalisiert ist, erscheint verblüffend (siehe Abb. 28.1), und viele Autoren sehen im CFS auch die frühere Neurasthenie mit einem neuen Namen wieder auftauchen. Wie bei der Neurasthenie bedarf es beim CFS einer sorgfältigen Abklärung organischer Ursachen, um ein sog. pseudoneurasthenisches Syndrom, bei welchem zehrende Krankheiten oder massive körperliche Eingriffe und Belastungen zu einer besonderen Erschöpfbarkeit führen, nicht zu übersehen (Hausotter 1996b, Lieb et al. 1996).

Für das *Fibromyalgiesyndrom* sind generalisierte Muskelschmerzen und besondere Empfindlichkeit über mindestens 11 von 18 sog. „tender points" charakteristisch. Darüber hinaus klagen viele Patienten über Müdigkeit, Schlafstörungen, Konzentrationsstörungen, Magen-Darm-Störungen, Kopfschmerzen, Parästhesien, Blasenstörungen und Frauen über Dysmenorrhöen. Der Beginn ist meist schleichend. Wegen der Symptomatik sehen manche Autoren eine Nähe zu den affektiven Störungen

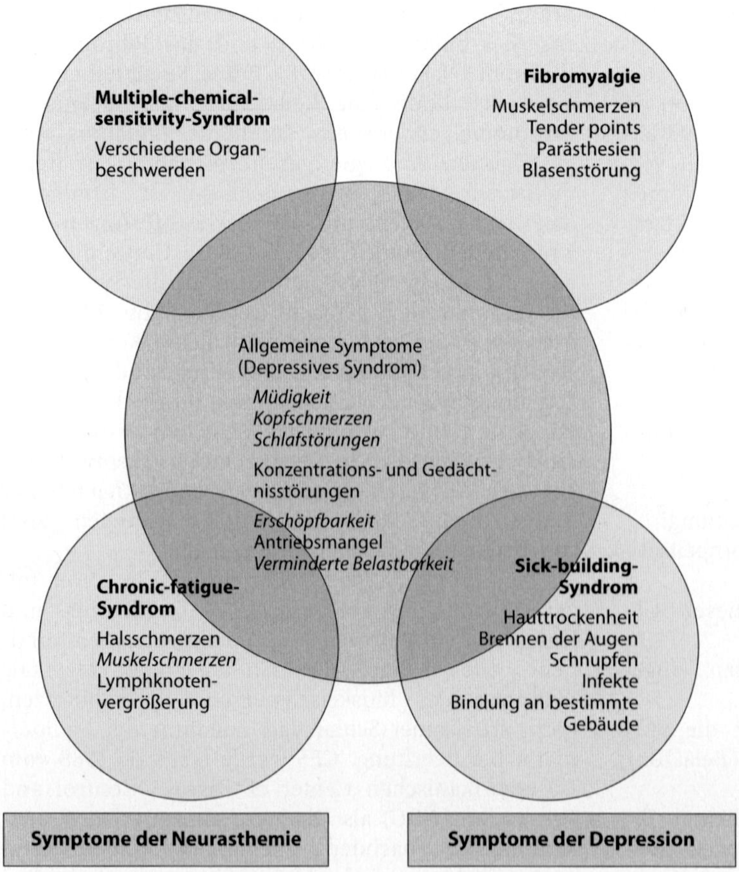

Abb. 28.1. Überlappung der Symptomatik bei verschiedenen neueren Störungen und Depression und Neurasthenie

(Stärk 1999). Frauen sind von dieser Störung sieben Mal häufiger betroffen als Männer. Die Diagnose wird immer noch sehr kontrovers diskutiert. Die meisten Betroffenen und viele Ärzte halten Fibromyalgie für eine ausschließlich organische Erkrankung („Weichteilrheumatismus"), andere sehen sie als Verlegenheitsdiagnose an und halten den Begriff für entbehrlich. Dabei wird aber übersehen, dass allen chronischen Schmerzzuständen letztendlich ein multifaktorielles Bedingungsgefüge aus Disposition der Persönlichkeit, schmerzauslösenden Reizen, individuellen Verarbeitungsmechanismen und Reaktionen der Umwelt zugrunde liegt. Die Therapie und auch die gutachterliche Beurteilung sollte den Aspekten dieses multifaktoriellen Geschehens Rechnung tragen und die psychosozialen Auswirkungen nicht außer Acht lassen. Prognostisch ungünstig erscheinen insbesondere im Rentenverfahren externe Attribuierung und Verstärkung der Erwartungshaltung durch die Umwelt (u.a. durch den Arbeitgeber, Stadtland et al. 2004), aber auch eine resignative Grundhaltung und Angst vor Veränderungen, sowie ein schwebendes Rentenverfahren (Hausotter 1996a).

Das *Multiple-chemical-sensitivity-Syndrom* ist ebenfalls mit Müdigkeit, Abgeschlagenheit und Schmerzen verbunden, darüber hinaus mit verschiedenen Organbeschwerden, die in der Literatur jedoch nicht näher charakterisiert werden (Nowak 1999). Einzelne Betroffene ziehen sich aus ihrem früheren Umfeld zurück und entwickeln oft skurril anmutende Vermeidungsverhalten (wozu auch Wohnungsrenovierungen u.ä. gehören), durch welche die Exposition von vermeintlichen Noxen vermieden werden soll. Eine Leistungsminderung ist bei der Störung selten zu begründen, wobei allerdings ein phobisches Vermeidungsverhalten manche Betroffenen von der Fortsetzung einer Tätigkeit abhält, in welcher sie Exposition befürchten.

Bei dem *Sick-building-Syndrom* werden Hauttrockenheit, Trockenheit und Brennen der Augen, Kopfschmerzen, Müdigkeit, Schnupfen und wiederkehrende Infekte sowie Konzentrations- und Gedächtnisstörungen als Symptome genannt, die beim Aufenthalt in bestimmten Gebäuden auftreten und sich wieder bessern, wenn der Patient das Gebäude verlässt.

Die unklare Ätiologie dieser Syndrome und die divergierenden Ansichten zu den Störungen sollten nicht dazu führen, die Betroffenen und ihr Leiden nicht ernst zu nehmen. Bei den meisten gutachterlichen Fragestellungen kommt es nicht auf die Ursache der Störung, sondern auf das Ausmaß der

Symptomatik und auf deren Auswirkung auf die berufliche und soziale Leistungsfähigkeit und die Lebensqualität an. Keines der genannten Syndrome kann als Folge eines Unfalls oder einer anderweitigen Traumatisierung aufgefasst werden. Bei der Begutachtung hilft oft das Schema, wie es oben bei der Begutachtung von Schmerzsyndromen dargestellt wurde.

Begutachtung nach Suiziden und Suizidversuchen

Die Beurteilung von Suiziden erfordert eine Aussage nach Aktenlage und/oder nach Befragung von Bezugspersonen – die eigentliche Kompetenz des Psychiaters, seine Untersuchungs- und Explorationstechnik, kann also nicht eingesetzt werden. Es ist deshalb wichtig, die Erkenntnisse der Suizidforschung zu berücksichtigen und zu prüfen, ob daraus abgeleitete Erfahrungssätze auf den Einzelfall zutreffen. Zudem sind verschiedene rechtliche Feinheiten zu berücksichtigen:

Voraussetzung für die Auszahlung einer Lebensversicherung ist meist eine Aufhebung der freien Willensbestimmung zum Zeitpunkt der Suizidhandlung. Eine psychische Störung, welche die freie Willensbildung aufhebt, fordert jedoch eine besondere Fürsorge aufgrund der ärztlichen Garantenpflicht. Bescheinigungen über die Aufhebung der freien Willensbestimmung, die für die Lebensversicherung gedacht sind, können nahe legen, dass die Garantenpflicht nicht entsprechend beachtet wurde, was haftungsrechtliche Fragen für den Arzt aufwerfen kann. Bei Suiziden im Krankenhaus entsteht so ein Dilemma, wenn finales Denken den Inhalt von Bescheinigungen beeinflusst (Schüler-Springorum u. Nedopil 1995).

Nach dem sozialen Versorgungsrecht (z.B. bei der Frage nach Wehrdienstbeschädigungen oder Dienstunfällen) können Entschädigungen bei Suiziden unter zwei Voraussetzungen gewährt werden:

1. Der Suizidant darf nicht absichtlich die Schädigung herbeigeführt haben (§ 1 Abs. 4 BVG). Seine freie Willensbildung muss beeinträchtigt gewesen sein (sie braucht aber nicht aufgehoben gewesen zu sein). Von einer beeinträchtigten Willensbildung kann bei den meisten Suizidhandlungen ausgegangen werden (Dubitscher 1979, Rauschelbach 1989). Reine Bilanzsuizide sind bei Begutachtungen selten zu beurteilen.
2. Die Beeinträchtigung der freien Willensbildung muss durch die schädigenden Tatbestände (z.B. Dienst, Bundeswehr, Versetzung vom Heimatort usw.) verursacht sein (Anhaltspunkte für die ärztliche Gutachtertätigkeit 2004).

Bei dem Zusammenspiel der vielen Faktoren, die letztendlich den Suizid bedingen, fällt es oft schwer, klare Entscheidungen zu fällen. Die zur Verfügung stehenden Informationen sind meist spärlich. Die verlässlichsten Auskünfte enthalten oft die ersten Aussagen in den polizeilichen Ermittlungen, die eher frei sind von späteren finalen Denkweisen und von Schuldabwehr. Wie bei jeder anderen Entschädigungsfrage muss die dienstliche Belastung, die den Suizid auslöste, über eine so genannte Gelegenheitsursache, also über den „letzten Tropfen, der ein volles Fass zum Überlaufen bringt", hinausgehen. Andererseits darf eine geringe individuelle Belastbarkeit nicht gegen die Annahme einer Schädigung ins Feld geführt werden (Anhaltspunkte 2004). Es kommt also auch hier darauf an, Belastungen vor dem lebensgeschichtlichen Hintergrund des Verstorbenen zu interpretieren und zu prüfen, ob die Hypothesen, die aus der Suizidforschung abgeleitet werden können, auf den zu beurteilenden Einzelfall zutreffen.

28.1.5 Besondere Fragestellungen der forensischen Psychiatrie

Auf die wichtigsten strafrechtlichen, zivilrechtlichen und öffentlich-rechtlichen Fragen, die über die sozial- und entschädigungsrechtlichen Probleme hinausgehen, die jeden Bereich der Medizin berühren, soll im Folgenden kurz eingegangen werden.

Strafrecht

Im Strafrecht wird im Wesentlichen gefragt

- nach den Voraussetzungen für aufgehobene oder verminderte Schuldfähigkeit (§§ 20, 21 StGB),
- nach der Reifebeurteilung von Jugendlichen und Heranwachsenden (§§ 3, 105 JGG),
- nach der Sozial- und Rückfallprognose bei psychisch kranken Rechtsbrechern, die in eine Maßregel der Besserung und Sicherung eingewiesen oder aus ihr entlassen werden sollen (§§ 63, 64, 66 StGB) und
- nach der Rückfallprognose bei Häftlingen, wenn eine Entlassung nach mehrjährigen Haftstrafen oder vorzeitig aus lebenslanger Haft (§ 57, 57a StGB), aus der Sicherungsverwahrung oder aus dem psychiatrischen Maßregelvollzug (§ 67d II StGB) erwogen wird.

Die Prognosebeurteilungen sollten wegen ihrer Komplexität dem forensischen Spezialisten vorbehalten bleiben, zumal dafür nicht nur klinische, sondern auch kriminologische Kenntnisse erforderlich sind. Die Anforderungen an Prognosebegutachtungen sind seit der Änderung des Strafrechts zur „Bekämpfung von Sexualdelikten und anderen schweren Straftaten" (Hammerschlag u. Schwarz 1998) und den weiteren neuen Gesetzen zur vorbehaltenen und zur nachträglichen Sicherungsverwahrung erheblich gestiegen (Nedopil 2002).

Schuldunfähigkeit und verminderte Schuldfähigkeit

Die Frage nach der Schuldfähigkeit impliziert eine Reihe von philosophischen, ethischen und juristischen Gesichtspunkten, die hier zwar nicht näher diskutiert werden können, aber nicht vergessen werden sollten. Aufgabe des gutachtenden Psychiaters ist es vor allen Dingen, die medizinischen und psychologischen Einbußen aufzuzeigen, welche die Schuldfähigkeit beeinflussen können. Er hat sich dabei eng an den gesetzlichen Vorgaben zu orientieren, ohne die erfahrungswissenschaftlichen Grundlagen seiner Kenntnisse zu verlassen und selber rechtliche Wertungen vornehmen zu wollen. Bei der Beurteilung, ob ein Mensch aufgrund einer psychischen Störung schuldunfähig oder vermindert schuldfähig ist, kommt es auf seinen Zustand zum Zeitpunkt seiner Tat an. Die psychiatrische Untersuchung findet häufig erst Monate nach der Tat statt, wo sich schon vieles im Leben des Täters verändert hat und er oft schon vielfältig von allen Seiten beeinflusst worden ist. Das Bild, welches der Psychiater sieht, entspricht oft nicht dem, welches bei dem Delikt vorlag. Die Hypothesen, welche der Gutachter zu dem psychopathologischen Zustandsbild zum Zeitpunkt der Tat entwickelt, bedürfen deshalb einer fundierten empirischen Grundlage und der Einhaltung eines normativ vorgegebenen Regelwerkes (Kapfhammer 2003).

Bei der Beurteilung der aufgehobenen oder verminderten Schuldfähigkeit ist das zweistufige Vorgehen erforderlich: In den Gesetzen werden so genannte „Eingangsmerkmale" genannt. Der Psychiater muss zunächst die von ihm gestellten klinischen Diagnosen den Eingangsmerkmalen, die auch als biologische oder medizinische Merkmale bezeichnet werden, zuordnen. Erst wenn eine solche Zuordnung gelingt, kann nach der psychischen Funktionsbeeinträchtigung, die durch die genannte Störung bedingt ist, gefragt werden. Die Funktionsbeeinträchtigungen werden als Einsichts- oder Steuerungsunfähigkeit bezeichnet. Es kann somit nie direkt aus der Unsinnigkeit oder aus der besonderen Auffälligkeit einer strafbaren Handlung auf eine psychische Störung oder gar auf Beeinträchtigungen der Schuldfähigkeit geschlossen werden. Der Weg ist vielmehr umgekehrt. Psychiater oder Psychologen haben entsprechend ihrer Kompetenz zunächst eine klinische Diagnose zu stellen. Sie haben dann den Schweregrad der Störung zu beurteilen, da lediglich schwerwiegende Störungen als Grundlage (als Eingangsmerkmale) für Schuldunfähigkeit oder verminderte Schuldfähigkeit in Betracht kommen. Dieser Schweregrad wird im § 20 des Strafgesetzbuches mit den quantifizierenden Adjektiven *krankhafte* seelische Störung, *tiefgreifende* Bewusstseinsstörung, oder *schwere* seelische Abartigkeit beschrieben. Die Zuordnung der klinischen Diagnosen zu diesen rechtlichen Begriffen ist ein entscheidender Schritt bei der psychiatrischen Beurteilung. Die Zuordnung entspricht dabei nicht mehr den heutigen wissenschaftlichen Erkenntnissen, sondern dem Kenntnisstand, der bei Schaffung des Gesetzes Anfang der 70er Jahre des vorigen Jahrhunderts bekannt war.

Eingangsmerkmale (1. Stufe der Beurteilung)

Krankhafte seelische Störung. Unter diesem Begriff werden alle Krankheiten oder Störungen zusammengefasst, bei denen nach klassischer psychiatrischer Anschauung eine organische Ursache bekannt ist oder aber eine solche Ursache vermutet wird. Es gehören also dazu die körperlich begründbaren Psychosen, exogene Psychosen, degenerative Hirnerkrankungen, Durchgangssyndrome, die entweder traumatisch oder toxisch bedingt sind (somit auch der Alkoholrausch und die Drogen- oder Medikamentenintoxikationen), zerebrale Anfallsleiden (auch der epileptische Dämmerzustand), endogene Psychosen, d.h. affektive und schizophrene Psychosen, körperliche Abhängigkeiten (z.B. Alkoholabhängigkeit oder Abhängigkeit vom Morphintyp) und genetisch bedingte Erkrankungen (wie der Mongolismus [Down-Syndrom] oder das Klinefelter-Syndrom).

Der weit gefächerte Diagnosenkatalog, der diesem Merkmal zuzuordnen ist und auch ganz unterschiedliche Schweregrade psychischer Beeinträchtigung umfasst, erfordert eine quantitative Abgrenzung, um vor Gericht brauchbar zu werden. Diese quantitative Abgrenzung ist mit dem Begriff „krankhaft" erfolgt. Damit wird zum einen die Analogie zur Schicksalhaftigkeit einer Krankheit, die sich der willentlichen Steuerung entzieht, nahe gelegt, zum anderen soll die Erschütterung des Persönlichkeitsgefüges beschrieben werden, welche ein Ausmaß erreicht, das die normale Einsichts- und Steuerungsfähigkeit ausschließt (Krümpelmann 1976). Schreiber (1986) wies allerdings auf die geringe Brauchbarkeit derartiger Beschreibungen hin und bemerkte, dass dieser Begriff nur im Zusammenhang mit der zweiten Stufe der Schuldfähigkeitsbeurteilung praktikabel wird (s.u.).

Tiefgreifende Bewusstseinsstörung. Dieses Merkmal beschränkt sich auf Bewusstseinsveränderungen, die beim Gesunden auftreten können. Sie müssen zu erheblichen Einengungen der psychischen Funktionsfähigkeit eines Menschen führen. Wenngleich auch Schlaftrunkenheit und Somnambulismus unter diesem Merkmal zu subsumieren sind, so liegt die praktische Bedeutung in den psychischen Beeinträchtigungen, die beim Gesunden in extremen Belastungs- und Bedrängnissituationen auftreten können. Die quantitative Abgrenzung erfährt dieses Merkmal durch den Zusatz „tiefgreifend". Tiefgreifende Bewusstseinsstörungen sind in der Regel Folge von massiven affektiven Belastungen wie Angst, Zorn oder auch Gefühlsabstumpfung. Ihre Beurteilung ist so schwierig, dass sie dem ausgebildeten Fachmann vorbehalten bleiben sollte.

Schwachsinn. Diesem Eingangsmerkmal sind alle Störungen der Intelligenz zugeordnet, die nicht auf nachweisbaren organischen Grundlagen beruhen. Nicht darunter fallen insbesondere die dementiellen Prozesse und die genetisch bedingten Formen der Minderbegabung, sofern sie eindeutig zugeordnet werden können (s. o.: krankhafte seelische Störung). Wenngleich eine Zuordnung zu diesem Merkmal erst ab einer relativ ausgeprägten Minderbegabung erfolgt, hängt seine Anwendung nicht allein vom Intelligenzquotienten ab, sondern auch von der Täterpersönlichkeit und ihrer Sozialisation. Intelligenzeinbußen führen u. U. auch zu leichterer Verführbarkeit, zu verminderter Erregungskontrolle und zu unüberlegten Handlungen in komplexen Situationen.

Schwere andere seelische Abartigkeit. Bei diesem unglücklich gewählten Terminus handelt es sich um einen Sammelbegriff, unter dem alle Störungen, die nicht den ersten drei Merkmalen zugeordnet werden können, zusammengefasst werden. Dazu gehören insbesondere die Persönlichkeitsstörungen, die neurotischen Störungen, die sexuellen Verhaltensabweichungen, aber auch die chronischen Missbrauchsformen, die nicht oder noch nicht zur körperlichen Abhängigkeit geführt haben. In den letzten Jahren wurden hier auch die Störungen der Impulskontrolle, z. B. das pathologische Spielen, eingeordnet. Auch in diesem Begriff ist eine quantitative Begrenzung durch das Adjektiv „schwere" enthalten. Im Allgemeinen wird darauf hingewiesen, dass die Funktionsbeeinträchtigung durch die Störung so ausgeprägt sein muss wie bei den psychotischen Erkrankungen (psychopathologisches Referenzsystem; Saß 1985) oder dass die Einbußen an sozialer Kompetenz denen bei psychotischen Erkrankungen gleichen müssen (strukturell-sozialer Krankheitsbegriff; Rasch 1986). Es ist jedoch nicht allein das Ausmaß der Störung von Bedeutung, sondern auch die Spezifität der Störung für die inkriminierte Tat (z. B. bei sexuell-devianten Menschen).

Funktionsbeeinträchtigungen (2. Stufe der Beurteilung)

Erst wenn eines der vier Eingangsmerkmale vorliegt, kann in einem zweiten Schritt die aufgrund der Störung, die durch das Eingangsmerkmal benannt wurde, bedingte psychische Funktionsbeeinträchtigung festgestellt werden. Die meisten Autoren (▶ Zusammenfassung z. B. bei Schreiber 1986, 2004) sind sich darüber einig, dass die zweite Stufe der Schuldfähigkeitsbeurteilung einen normativen Schritt beinhaltet. Zum einen, weil die Grenze, bis zu welchem Ausmaß Einsicht in das Unrecht einer Handlung erwartet werden kann und bis zu welchem Grad Steuerung von einem Menschen verlangt wird, eine normative Entscheidung ist; zum anderen, weil es mit empirischen Methoden nicht möglich ist, eindeutige Aussagen über das Ausmaß psychischer Beeinträchtigungen für einen bereits lange zurückliegenden Zeitpunkt zu machen. Der Psychiater sollte jedoch Hilfestellungen anbieten für diese normativen Entscheidungen, die letztendlich vom Gericht zu treffen sind.

Das von Gesetz und Rechtsprechung geforderte Vorgehen bei der Überprüfung der Schuldfähigkeit unterliegt folgender Logik:

Einsichtsunfähigkeit. Es ist zunächst zu fragen, ob Einsichtsunfähigkeit vorlag. Einsichtsunfähigkeit besteht, wenn die kognitiven Funktionen nicht ausreichen, eine Einsicht in das Unrecht eines Handelns zu ermöglichen. Dies ist beispielsweise bei schwerwiegenden intellektuellen Einbußen, aber auch bei psychotischen Realitätsverkennungen der Fall. Wird Einsichtsunfähigkeit vom Gericht festgestellt, erübrigt sich eine weitere Prüfung, da sich eine Person, die das Unrecht eines Handelns nicht einsehen kann, nicht entsprechend einer Rechtseinsicht steuern kann. Wird hingegen die Einsichtsfähigkeit bejaht, wird das Gericht – vom Sachverständigen beraten – in einem weiteren Schritt prüfen, ob sich der Täter entsprechend seiner Einsicht steuern konnte.

Die Annahme einer erheblichen Verminderung der Einsichtsfähigkeit kommt nur unter ganz bestimmten rechtlichen Voraussetzungen in Betracht, die praktisch nie vom Psychiater zu klären sind. Bei vorhandener Einsichtsfähigkeit überprüft das Gericht die

Steuerungsunfähigkeit. Zu einer Aufhebung oder einer Verminderung der Steuerungsfähigkeit führen in der Regel Einbußen der voluntativen Fähigkeiten, die zu einem Handlungsentwurf beitragen. Die von verschiedenen Wissenschaftlern vorgetragenen Kriterien und Definitionsvorschläge sind vielfältig: Begriffe wie „Enthemmung", „Beeinträchtigung der inneren Freiheitsgrade und Handlungsspielräume", „Unterbrechung der Kette zwischen antizipierender Planung, Vorbereitung und Handlung", „krankheitsbedingte Beeinträchtigung des Motivationsgefüges" zeigen die Komplexität der Materie und lassen erkennen, dass es eine allgemein verbindliche, knappe und praktisch anwendbare Definition der Steuerungsfähigkeit kaum geben kann. Es wird somit verständlich, dass die Grenzen, innerhalb derer eine erheblich verminderte oder aufgehobene Steuerungsfähigkeit angenommen wird, durch die Rechtsprechung ständig neu festgelegt werden.

▌ **Verminderte Schuldfähigkeit.** Die gleichen Eingangsmerkmale, die zur Schuldunfähigkeit führen, können nach § 21 StGB auch eine verminderte Schuldfähigkeit des Täters bedingen. Er ist dann zwar schuldfähig; er wird in aller Regel auch zu einer Strafe verurteilt, die Strafe kann jedoch vom Gericht gemildert werden. Voraussetzung für die Anwendung des § 21 ist, dass der Täter bei Begehung der Tat in seiner Steuerungsfähigkeit erheblich vermindert war. Auch hier ist eine quantitative Abgrenzung gefragt, die sowohl normative (rechtliche) als auch psychiatrisch-psychologische Aspekte enthält. Um zur verminderten Schuldfähigkeit zu gelangen, bedarf es also einer mehrfachen quantitativen Abgrenzung, da zunächst die Schwere der Störung ausreichen muss, um diese einem Eingangsmerkmal zuzuordnen und dann das Ausmaß der Funktionsbeeinträchtigung einen Grad erreicht haben muss, dass eine *erheblich* verminderte Steuerungsfähigkeit angenommen werden kann.

Die Annahme einer aufgehobenen oder verminderten Schuldfähigkeit, nicht aber die Tatsache, dass diese nur nicht ausgeschlossen werden konnte, hat nahezu zwangsläufig die Folge einer Unterbringung im psychiatrischen Maßregelvollzug nach § 63 StGB, wenn aufgrund der Störung weitere erhebliche rechtswidrige Taten zu erwarten sind. Es ist also häufig bei der Schuldfähigkeitsbegutachtung auch eine Rückfallprognose abzugeben, an welche die hohen methodischen Anforderungen gestellt werden sollten, wie sie heute auch bei Entlassungsprognosen gefordert werden.

Zivilrechtliche Fragestellungen

Fragestellungen, die sich im Zivilrecht an den psychiatrischen Sachverständigen richten, betreffen seit der Einführung des Betreuungsrechts überwiegend den Schutz psychisch Kranker, Gestörter oder Behinderter. Dieser Schutz ist erforderlich, weil sich psychische Störungen auf die für Rechtsgeschäfte erforderliche freie Willensbildung auswirken können. Die freie Willensbestimmung stellt die Grundlage für rechtsverbindliche Erklärungen dar. Allerdings kennt die Rechtsprechung Unterschiede bezüglich der Rechtserheblichkeit einer Willenserklärung. So wird Kindern bereits mit der Geburt und eventuell sogar davor ein sog. „natürlicher Wille“ unterstellt. Verstandesreife und Urteilsvermögen spielen dafür keine Rolle. Daher können Kinder, obwohl sie noch nicht geschäftsfähig sind, z. B. eine Erbschaft annehmen. Sie können bestimmte Eingriffe in ihre körperliche Unversehrtheit rechtswirksam ablehnen oder befürworten. Reifere, aber noch nicht geschäftsfähige Kinder können in Abhängigkeit von ihrer Verstandesreife und ihrem Urteilsvermögen in ärztliche Behandlungen einwilligen. 16-Jährige können bereits ein Testament errichten, und mit Vollendung des 18. Lebensjahres beginnt in Deutschland die volle Geschäftsfähigkeit.

Wenngleich die philosophische Frage der Willensfreiheit nicht gelöst ist, so hat die daraus abgeleitete autonome Selbstbestimmung einen sehr hohen Stellenwert in unserem Rechtssystem. Die damit verbundenen Verpflichtungen sollen hierzu in einem angemessenen Verhältnis stehen.

Im Rahmen von Begutachtungen haben die Frage nach der Geschäftsfähigkeit, der Prozessfähigkeit (§ 52 ZPO) und der Testierfähigkeit (§ 2229 BGB) besondere Bedeutung. Die Ehefähigkeit (§ 2 EheGE) wird immer noch im Gesetz erwähnt, in der Praxis wird aber kaum je nach ihr gefragt. Das Gesetz kennt bei diesen „Fähigkeiten“ ebenso wie bei der strafrechtlichen Schuldfähigkeit nur die negative Definition, die Unfähigkeit, unterstellt also dem erwachsenen Menschen grundsätzlich den Besitz der entsprechenden Fähigkeiten.

▌ Geschäftsfähigkeit

Voraussetzung für Rechtsgeschäfte zwischen Personen ist die Geschäftsfähigkeit. Sie wird allen Erwachsenen in vollem Umfang zugestanden. Minderjährige unter 7 Jahren sind geschäftsunfähig, Minderjährige, die über 7 Jahre alt sind, sind in ihrer Geschäftsfähigkeit beschränkt. Psychische Krankheiten können die Geschäftsfähigkeit aufheben, wenn durch die Krankheit eine freie Willensbildung nicht mehr möglich ist (§ 104 BGB), d.h. dass sich der Patient aufgrund der Krankheit nicht mehr von vernünftigen Motiven leiten lassen kann. Die Geschäftsfähigkeit kann für alle Geschäfte oder nur für bestimmte Geschäfte aufgehoben sein. Eine solche partielle Geschäftsunfähigkeit kann z. B. bei einem Eifersuchtswahn bestehen, wenn der Patient im Eifersuchtswahn eine Scheidung begehrt. Geschäftsfähigkeit kann jedoch nicht von dem Schwierigkeitsgrad eines Rechtsgeschäftes abhängig gemacht werden, da nach Ansicht der Rechtsprechung eine solche „relative Geschäftsunfähigkeit“ die Rechtssicherheit gefährden würde. Zweifel an der Geschäftsfähigkeit reichen nicht aus, um jemanden als geschäftsunfähig zu betrachten. Vielmehr muss die Geschäftsunfähigkeit zur Überzeugung des Gerichtes bewiesen und kann aus psychiatrischer Sicht nur angenommen werden, wenn aufgrund einer sicher diagnostizierten Erkrankung das Ausmaß der Symptomatik nachweisbar so ausgeprägt war, dass die Rechtsgeschäfte infolge der Erkrankung und nicht aufgrund des persönlichen Willens zustande kommen.

Manche Rechtsgeschäfte haben eine so große Bedeutung, dass ihnen eigene gesetzliche Bestimmungen gewidmet sind. Dies gilt insbesondere für die Prozessfähigkeit (§ 52 ZPO) und die Testierfähigkeit (§ 2229 BGB). An den Beweis der Testierunfähigkeit werden genau so strenge Maßstäbe gelegt wie an den Beweis für Geschäftsunfähigkeit. Er ist jedoch häufig deswegen schwieriger, weil Testierunfähigkeit oft nach dem Tod des Erblassers behauptet wird. Deshalb sollten solche Begutachtungen dem forensischen Fachmann vorbehalten bleiben.

Unterbringung

Jede Unterbringung gegen den Willen eines Menschen ist Freiheitsberaubung und somit ein Verstoß gegen das Grundrecht auf Freiheit. Sie darf nur auf Grund eines entsprechenden Gesetzes und nur auf richterliche Anordnung erfolgen.

Die Unterbringung eines Patienten in einem psychiatrischen Krankenhaus gegen dessen Willen ist mit Zustimmung des Betreuers und des Vormundschaftsgerichtes möglich, wenn die Unterbringung dem Wohle des Patienten dient. Sollte noch kein Betreuer bestellt sein, kann auch das Gericht die Funktionen des Betreuers übernehmen, bis dieser bestellt wird (§ 1846 BGB).

Muss eine Unterbringung erfolgen, weil der Patient andere oder die öffentliche Sicherheit und Ordnung gefährdet, müssen die landesrechtlichen Unterbringungsgesetze bzw. PsychKGs angewendet werden. Die Flexibilität der Behandlung und die Freiräume des Patienten sind bei der landesrechtlichen Unterbringung wesentlich eingeschränkter als bei der Unterbringung im Rahmen einer Betreuung. Für eine Unterbringung ist ein ärztliches Zeugnis erforderlich, welches in der Regel nicht älter als einen Tag sein darf. Die Unterbringung selber wird durch die entsprechenden Behörden angeordnet, die je nach Bundesland unterschiedlich sind. Sowohl die anordnenden Stellen wie die Krankenhäuser, in denen die Unterbringung erfolgt, haben dem zuständigen Gericht unverzüglich die Unterbringung anzuzeigen und eine richterliche Anordnung zu beantragen. Diese Anordnung muss bis zum Abend des der Unterbringung folgenden Tages (in Baden-Württemberg spätestens nach 3 Tagen) vorliegen. Der Richter hat sich persönlich von der Notwendigkeit einer Unterbringung zu überzeugen und kann dies nur unterlassen, wenn dadurch eine Verschlechterung des psychischen Zustands des Patienten vermutet wird. In den meisten Bundesländern (Ausnahme Bremen und Nordrhein-Westfalen) hat der untergebrachte Patient eine Behandlung zu dulden, die der Wiederherstellung seiner Gesundheit dient.

Schlussbetrachtung

Wenngleich vom Autor für eine Trennung von Begutachtung und therapeutischem ärztlichen Handeln in der Psychiatrie plädiert wird, bedeutet Begutachtung auch für den forensischen Psychiater ärztliches Handeln. Sie spielt sich in einem Spannungsfeld ab, das durch Erwartungshaltungen und Befürchtungen des Begutachteten, durch die in Gesetz und Rechtsprechung festgelegte Rolle des Gutachters und durch das berufsethische Selbstverständnis des Arztes gekennzeichnet ist (Nedopil 2004a, b). Psychiatrische Begutachtung reflektiert die psychopathologischen Auffälligkeiten vor einer sehr intensiven, biographisch orientierten Erfassung des Menschen. Sie kann dem Untersuchten auch die Chance bieten, über sich selbst zu reflektieren, erste Schritte zu einem reiferen Selbstverständnis zu unternehmen und darauf begründet Weichen für die weitere Entwicklung zu stellen (Nedopil 1989).

Das Gebiet der psychiatrischen Begutachtungskunde ist umfangreicher als hier darstellbar. Dennoch können die Ausführungen dem Allgemeinarzt und klinisch tätigen Psychiater zumindest helfen, die Grenzen ihrer eigenen Kompetenz zu erkennen.

Literatur

American Psychiatric Association (1996) Diagnostic and Statistical Manual of Mental Disorders, 4th ed. (DSM IV). Deutsche Übersetzung und Einführung von Saß H, Wittchen HU, Zaudig M. Hogrefe, Göttingen Bern Toronto Seattle

Beck ATC, Ward M, Mendelson J, Mock J, Erbaugh T (1962) Reliability of psychiatric diagnoses: 2. A study of consistency of clinical judgement. Am J Psychiatry 119:351–357

Becke et al. (2000) Schleudertrauma 2000, Standortbestimmung und Vorausblick. NZV 13:225–272

Bluglass R, Bowden P (1990) Principles and Practice of Forensic Psychiatry. Churchill Livingstone, Melbourne New York

Brede-Weisflog B (1996) Das Sick Building Syndrom. Versmed 48:170–174

Bundesministerium für Gesundheit und Soziale Sicherung (Hrsg) (2004) Anhaltspunkte für die ärztliche Gutachtentätigkeit im sozialen Entschädigungsrecht und nach dem Schwerbehindertengesetz

Dilling H, Mombour W, Schmidt MH (1991) Internationale Klassifikation psychischer Störungen ICD 10. Huber, Bern Göttingen Toronto

Dubitscher F (1957) Der Suicid unter besonderer Berücksichtigung versorgungsärztlicher Gesichtspunkte. Thieme, Stuttgart

Ehrhardt H, Villinger W (1961) Forensische und administrative Psychiatrie. In: Gruhle HW, Jung R, Mayer-Gross W, Müller M (Hrsg) Psychiatrie der Gegenwart, Bd III. Springer, Berlin, S 181–350

Essen-Möller E (1947) Suggestions for the amendment of the official Swedish classification of "m". Acta Psychiatr Scand 47:551–555

Foerster K (1984) Neurotische Rentenbewerber, Psychodynamische Entwicklung und sozialer Verlauf aufgrund mehrjähriger Katamnesen. Enke, Stuttgart

Foerster K (1992) Psychiatrische Begutachtung im Sozialrecht. Nervenarzt 63:129–136

Foerster K (1997) Psychogene Störungen nach psychischen Traumen – Kausalitätsfragen aus Sachverständigensicht. Med Sach 93:44–46

Gunn J, Taylor PJ (1993) Forensic Psychiatry. Butterworth-Heinemann, Oxford

Hammerschlag H, Schwarz O (1998) Das Gesetz zur Bekämpfung von Sexualdelikten und anderen gefährlichen Straftaten. N Z Strafrecht 18:321–326

Hausotter W (1996 a) Begutachtung chronischer Schmerzen. Med Sach 92:125–130

Hausotter W (1996 b) Begutachtung des Chronic Fatigue Syndroms. Vers med 48:57–59

Heinz G (1982) Fehlerquellen forensisch-psychiatrischer Gutachten: Eine Untersuchung anhand von Wiederaufnahmeverfahren. Kriminalistik Verlag, Heidelberg

Hippius H (1979) Psychiatrie. In: Franke H, Hippius H (Hrsg) Geriatrie, Psychiatrie. Springer, Berlin Heidelberg New York

Hollweg M (1998) Modification of criminal law and its impact on psychiatric expert opinions. Int J Law Psych 21:109–116

Janzarik W (1972) Forschungsrichtungen und Lehrmeinungen in der Psychiatrie: Geschichte, Gegenwart, forensische Bedeutung. In: Göppinger H, Witter H (Hrsg) Handbuch der Forensischen Psychiatrie. Springer, Berlin Heidelberg New York

Kreitman N, Sainsbury J, Morrissey J, Towers J, Scivener B (1961) The reliability of psychiatric assessment: an analysis. J Mental Sci 107:887–908

Krümpelmann J (1976) Die Neugestaltung der Vorschriften über die Schuldfähigkeit durch das zweite Strafrechtsreformgesetz vom 4. Juli 1969. Z ges Strafrechtswiss 88:6–27

Lenckner Th (1972) Strafe, Schuld und Schuldfähigkeit. In: Göppinger H, Witter H (Hrsg) Handbuch der Forensischen Psychiatrie. Springer, Berlin Heidelberg New York

Lieb K, Dammann G, Berger M, Bauer J (1996) Das chronische Müdigkeitssyndrom („chronic fatigue syndrome“, CSF). Nervenarzt 67:711–720

Linden M, Schippan B, Baumann K, Spielberg R (2004) Die posttraumatische Verbitterungsstörung (PTED) Abgrenzung einer spezifischen Form der Anpassungsstörungen. Nervenarzt 75:51–57

Mende W, Schüler-Springorum H (1989) Aktuelle Fragen der forensischen Psychiatrie. In: Kisker KP, Lauter H, Meyer J-E, Müller C, Strömgren E (Hrsg) Psychiatrie der Gegenwart. Springer, Berlin Heidelberg New York London Paris Tokyo Hongkong

Möllhoff G (1994) Begutachtungsprobleme bei Gesundheitsschäden durch Haft. Versmed 46:91–97

Nasterlack M (1998) MCS, CFS, FMS, SBS und andere „moderne“ Erkrankungen. Versmed 50:99–103

Nedopil N (1989) Begutachtung als Chance. Mschr Krim 71:109–114

Nedopil N (2000) Forensische Psychiatrie, 2. Aufl. Thieme, Stuttgart New York

Nedopil N (1999) Verständnisschwierigkeiten zwischen dem Juristen und dem psychiatrischen Sachverständigen. N Z Strafrecht 19:433–440

Nedopil N (2002) Prognostizierte Auswirkungen der Gesetzesänderungen vom 26.1.1998 auf die Forensische Psychiatrie und was daraus geworden ist. Monatsschr Kriminol Strafrechtsref 85:44–49

Nedopil N (2003) Qualitätskriterien bei der psychiatrischen Begutachtung. In: Häßler F, Rebernig E, Schnoor K, Schläfke D, Fegert JM (Hrsg) Forensische Kinder-, Jugend- und Erwachsenenpsychiatrie. Schattauer, Stuttgart New York, S 39–49

Nedopil N (2004 a) The boundaries of courtroom expertise: Ethical issues in forensic psychiatry. Direct Psychiat 24:107–120

Nedopil N (2004 b) Zum Rollenverständnis des forensischen Psychiaters zwischen Psychiatrie und Justiz. In: Kammeier H, Michalke R (Hrsg) Streben nach Gerechtigkeit – Festschrift für Günter Tondorf zum 70. Geburtstag. Lit Verlag, Münster, S 47–60

Nedopil N, Graßl P (1988) Das Forensisch-Psychiatrische Dokumentationssystem (FPDS). Forensia 9:139–147

Nowak D (1999) Grenzen der Umweltmedizin heute. Reihe: Thiemes Innere Medizin. Thieme, Stuttgart New York, S 236–237

Oefele K von (1994) Erfahrungen in der Begutachtung mit dem Betreuungsrecht aus forensisch-psychiatrischer Sicht. Das Gesundheitswesen 56:193–196

Rasch W (1998) Forensische Psychiatrie, 2. Aufl. Kohlhammer, Stuttgart

Rauschelbach HH (1989) Suicidbegutachtung im sozialen Entschädigungsrecht. Med Sach 85:4–9

Sack M (2004) Diagnostische und klinische Aspekte der komplexen posttraumatischen Belastungsstörung. Nervenarzt 75:451–459

Sadock BJ, Sadock VA (2004) In: Kaplan HJ, Sadock BJ (eds) Comprehensive Textbook of Psychiatry, 8th ed. Lippincott, Williams & Wilkins, Baltimore London

Saß H (1985) Ein psychopathologisches Referenzsystem für die Beurteilung der Schuldfähigkeit. Forensia 6:35–43

Saß H (1987) Die Krise der psychiatrischen Diagnostik. Fortschr Neurol Psychiat 55:355–360

Saß H (1991) Forensische Erheblichkeit seelischer Störungen im psychopathologischen Referenzsystem. In: Schütz H, Kaatsch H-J, Thomsen H (Hrsg) Medizinrecht, Psychopathologie, Rechtsmedizin. Springer, Berlin Heidelberg New York, S 266–281

Schneider K (1980) Klinische Psychopathologie, 12. Aufl. Thieme, Stuttgart New York

Schrader H, Obelieniene D, Bovin G et al. (1996) Natural evolution of the late whiplash syndrome outside the medico-legal context. Lancet 347:1207–1211

Schreiber H-L, Rosenau H (2004) Rechtliche Grundlagen der psychiatrischen Begutachtung. In: Venzlaff U, Foerster K (Hrsg) Psychiatrische Begutachtung, 3. Aufl. Urban und Fischer, München Jena, S 53–125

Schüler-Springorum H, Nedopil N (1995) Suicid oder Von der Freiheit zu sterben – Ein medizinisch-juristisches Dilemma. In: Pohlmeier H, Schöch H, Venzlaff U (Hrsg) Suicid zwischen Medizin und Recht. Fischer, Stuttgart

Soyka D (1988) Rentenbegehren und Rentenneurose: Definition Strategie in der Begutachtung. Neuroorthopädie, Bd 4. Springer, Berlin

Stadtland C, Gündel H, Schütt S, Nedopil N (2003) Kriterien zur Beurteilung der quantitativen Leistungsein-

schränkung bei der Begutachtung funktioneller körperlicher Störungen. Versmed 55:111–117
Stadtland C, Schütt S, Nedopil N, Gündel H (2004) Klinische Prädiktoren für die Vorhersage einer späteren Berentung bei Probanden mit somatoformen Symptomen: Erste Ergebnisse einer katamnestischen Untersuchung. Med Sach 100:123–128
Stengel E (1959) Classification of mental disorders. Bull World Health Org 21
Tarsh MJ, Royston C (1985) A follow-up study of accident neurosis. Brit J Psychiatry 146:131–133
VDR (2002) Verband Deutscher Rentenversicherungsträger: Rentenzugänge wegen Erwerbsminderung. Frankfurt/Main
VDR (Hrsg) VDR-Statistiken. www.vdr.de/Statistik
Venzlaff U, Foerster K (2004) Psychiatrische Begutachtung, 4. Aufl. Urban und Fischer, München Jena
Voss (1997) Psychogene Störungen nach psychischen Traumen – Rehabilitation und Prognose. Med Sach 93:47–50
Weber A, Weltle D, Lederer P (2002) Zur Problematik krankheitsbedingter Frühpensionierung von Gymnasiallehrkräften. Versmed 54:75–83
Weber MM, Autonijevic JA, Bronisch T (1999) Die versorgungsrechtliche Beurteilung einer posttraumatischen Belastungsreaktion. Nervenarzt 69:811–814

28.2 Psychische Krankheiten im Kindes- und Jugendalter

G. E. Trott

Ärztliche Begutachtungen erfahren hirngeschädigte Kinder und Jugendliche, die

- unfallverletzt sind,
- als dauerhaft behindert gelten,
- Schutzimpfungsfolgen davongetragen haben,
- jugendgerichtspsychiatrischer Beurteilung bedürfen.

Den *Unfallverletzten* kommt besondere Bedeutung zu. Jährlich ist in Deutschland mit mindestens 3000 Kindern zu rechnen, die nach einem schweren Schädel-Hirn-Trauma trotz erheblichen Förderungs- und Resozialisierungsaufwandes einen Dauerschaden davontragen.

Seit Inkrafttreten des *Gesetzes* über die *Unfallversicherung von Schülern und Studenten* sowie Kindern in *Kindergärten* vom 1.4.1971 tritt für Unfälle – auch auf dem Wege zur Ausbildungs- bzw. Betreuungsstätte und zurück – die gesetzliche Unfallversicherung ein. (80% der über eine Million jährlichen Unfälle von Kindern ereignen sich allerdings außerhalb dieses Bereiches.) Damit wurden mehr als 12000000 junger Menschen in die gesetzliche Unfallversicherung einbezogen.

Dauerhaft behinderte Kinder und *Jugendliche* werden nach dem Schwerbehindertenrecht dem geschützten Personenkreis zugerechnet, der zuvor allein den schwerbeschädigten Kriegs- und Arbeitsopfern vorbehalten war. Ursache und Art der Behinderung spielen dabei keine Rolle. Die Regelungen für dauerhafte Behinderungen bei Kindern und Jugendlichen finden sich in SGB XII (früher Bundessozialhilfegesetz). Es wird auch bei diesen Behinderten an der abstrakten Schadensbemessung – ebenso wie bei Unfallverletzten dieser Altersgruppe – festgehalten. Der GdB soll nach dem Grad bemessen werden, der sich bei Erwachsenen mit gleicher Gesundheitsstörung ergibt. Die Einschätzung des GdB erfolgt so, als ob der Behinderte dem Arbeitsmarkt zur Verfügung gestanden hätte. Nach dem *Schwerbehindertenrecht* gelten als Schwerbehinderte alle körperlich, geistig und seelisch Behinderten, deren Behinderung wenigstens 50% beträgt. Personen mit einem Grad der Behinderung von weniger als 50%, aber wenigstens 30%, können auf Antrag Schwerbehinderten gleichgestellt werden.

Auf die Begutachtung dauerhaft Behinderter – wie zum Beispiel der geburtstraumatisch Geschädigten – beziehen sich die „Anhaltspunkte für die ärztliche Gutachtertätigkeit im sozialen Entschädigungsrecht und nach dem Schwerbehindertengesetz", zuletzt 2004 herausgegeben vom Bundesministerium für Gesundheit und Soziale Sicherung.

Die gesundheitlichen und wirtschaftlichen Folgen von *Impfschäden* werden nach den §§ 51 und 52 des *Bundesseuchengesetzes* versorgt.

Begutachtungsprobleme von Impfschäden und die Fragen der forensischen Jugendpsychiatrie werden in der Kinder- und jugendpsychiatrischen Literatur und den entsprechenden Handbüchern abgehandelt.

Unfallbedingte Hirnverletzungen bei Kindern

Bei der Begutachtung von *Hirnverletzungsfolgen* empfiehlt es sich, die gebräuchliche Unterteilung in gedeckte und offene Schädelhirnverletzungen, in

- Commotio cerebri,
- Contusio cerebri und
- Compressio cerebri

beizubehalten. Einteilungen in Hirnschaden I, II und III, wie sie von Tönnis und Loew, später von Bues getroffen wurden, haben sich in der Gutachtenpraxis nicht durchgesetzt. Sie begegnen auch in Sozialgerichtsverfahren erheblichen Bedenken.

Die *Commotio cerebri*, die keinen Dauerschaden hinterlässt, folgenlos ausheilt und dennoch Begutachtungsschwierigkeiten bietet, ist wie bei Erwachsenen zu beurteilen. Die MdE-Sätze sind bei Kindern aber wegen der rascheren Wiederherstellung und aus psychologischen Gründen knapp zu bemessen, und die MdE sollte nicht über ein Jahr nach dem Unfall hinaus angenommen werden.

Bei der *Contusio cerebri*, der *Compressio cerebri* und *offenen Schädelhirntraumen* ist die besondere Ödembereitschaft der Kinder prognostisch bedeutsam.

Bei der Begutachtung neuropsychiatrischer Folgen nach Schädel-Hirn-Traumen im Kindesalter sind nach Remschmidt (1980) zu unterscheiden:

- die prätraumatischen Bedingungen,
- der Unfallhergang,
- die Folgen des Hirntraumas,
- die posttraumatischen Bedingungen.

- Die *prätraumatischen Bedingungen* werden erkennbar aus den familien- und eigenanamnestischen Daten des Kindes. Sie ergeben häufiger Hinweise auf eine ungünstige häusliche Situation, auch auf Vorschäden, die eine Unfallgefährdung mit sich bringen können (Lange-Cosack u. Tepfer 1973). Vorerkrankungen – wie Schwangerschafts- und Geburtsschäden – können durch spätere Unfallfolgen verstärkt, der Lebenslauf ungünstig beeinflusst werden. Den vor dem Unfall erbrachten Schulleistungen ist besondere Aufmerksamkeit zu schenken. Schulberichte und von der Deutschen Gesetzlichen Unfallversicherung (DGUV) herausgegebene, möglichst bald nach dem Unfall an die Schule zu versendende Fragebögen geben über Leistungsstand und Verhalten *vor* dem Unfallereignis umfassende – und mit späteren Erhebungen vergleichbare – Auskünfte.
- Unmittelbar nach dem Unfall müssen genaue Daten über den *Unfallhergang* zusammengetragen werden. Eine Beantwortung der gutachtlichen Fragestellungen ist nur möglich, wenn der Unfallhergang und insbesondere die Initialsymptomatik Rückschlüsse auf die Art und Schwere der Schädigung zulassen. Allein schon die Dauer der Bewusstlosigkeit gibt Hinweise auf die Schwere der zu erwartenden Folgezustände, wobei diese Regel im Kindesalter, insbesondere bei Kleinkindern, nur mit Einschränkungen gilt (Lange-Cosack 1975).
- Das Gewicht der *ärztlichen Begutachtung* liegt auf der Feststellung der *Folgen des Hirntraumas*, also des Schadensbildes, auf dem Nachweis neurologisch-psychiatrischer, testpsychologisch fassbarer Ausfallserscheinungen und auf der Entwicklung umfassender Behandlungsvorschläge zum Rehabilitationsgesamtplan für den Unfallversicherungsträger. Bewährt haben sich hier standardisierte Fähigkeitsprofile als Beurteilungshilfen (Greve 1994, Schian u. Kronauer 1991). *Vegetative Beschwerden* – wie Kopfschmerzen und Schwindel – werden von Kindern kaum geklagt (Bosch 1973).

  Neurologische Ausfälle können sich durch Hirnnervenstörungen, bei Pyramidenbahnläsion durch spastische Erscheinungen, bei Schädigung tiefer gelegener Areale durch extrapyramidale, oft halbseitig auftretende motorische Bewegungsabläufe äußern. Zu achten ist auf Sensibilitätsstörungen, auf ataktische Erscheinungen mit Ziel- und Greifunsicherheit, auch Gleichgewichtsstörungen, die aus einer Kleinhirnschädigung resultieren. Weiter ist auf Sprachstörungen zu achten. Aphasie und andere Werkzeugstörungen bilden sich bei Kindern besser zurück.
- *Posttraumatische hirnorganische Anfälle* treten bei den reifungsbedingt krampfbereiten Kindern häufiger auf als bei Erwachsenen.

Unfallbedingte, multifaktoriell verursachte *psychische Störungen*, mit denen auch bei leichteren Schädel-Hirn-Traumen gerechnet werden muss, sind eng miteinander verzahnt und bedingen sich gegenseitig. Sie lassen sich ordnen in

- neuropsychologische Ausfälle als unmittelbar mit der Lokalisation der Schädigung zusammenhängende Störungen (Remschmidt u. Stutte 1980),
- hirnorganische Wesensänderungen (Scheid 1980),
- hirnorganische Leistungsminderungen,
- Folgen des Erlebens der Unfall- und Kliniksituation (Todorow 1973),
- Auswirkungen der Auseinandersetzungen mit den Unfallfolgen selbst (Biermann 1980).

Eine Abhängigkeit der Symptomatik und des Verlaufes besteht von der hirnreifungsbedingten Entwicklungsphase, in der das Kind von der Gewalteinwirkung betroffen wurde (Lempp 1973) und von der Konstitution des Kindes, d.h. seinem genetisch verankerten körperlichen und geistig-seelischen Differenzierungsgrad, also seiner Primärpersönlichkeit (Machetanz 1979).

Die Objektivierung von psychopathologischen Auffälligkeiten einschließlich der Lern- und Leistungsstörungen erfordert enge Zusammenarbeit zwischen Kinderpsychiater und klinischem Psychologen, der schon in Verdachtsfällen – bei Vorschulkindern stets – zur Zusatzbegutachtung herangezogen werden sollte.

Die psychologische Untersuchung dient nach Stumpf (1991) auch bei Kindern und Jugendlichen zunächst der Feststellung und Beschreibung noch bestehender Verhaltensdefizite. Die Auswirkungen dieser Defizite auf die Lebensumstände des Betroffenen sind abzuschätzen (z.B. Schule, Beruf, soziale Beziehungen und bei Kindern Auswirkungen auf die weitere Entwicklung) und Vorschläge für die weitere Rehabilitation zu erarbeiten (Silver et al. 1994).

28.2.1 Untersuchungsverfahren

Allgemeine psychologische Untersuchungen:

▌ Überprüfung des Entwicklungsstandes und der intellektuellen Leistungsfähigkeit

Die Auswahl der Untersuchungsverfahren ist abhängig vom Lebensalter des Kindes, vom Umfang der

Schädigung und von theoretischen Konzepten des Untersuchers.

- Bei Kleinkindern und Kindern im Vorschulalter bedarf es einer ausführlichen *Entwicklungsdiagnostik*, die unterschiedliche Entwicklungsbereiche überprüft wie z. B. Statomotorik, Handmotorik, Sprache, Sprachverständnis, Wahrnehmungsverarbeitung, Sozialverhalten, Selbständigkeit usw. (Denver-Entwicklungsskalen, Entwicklungsgitter, Münchner Funktionelle Entwicklungsdiagnostik).
- Die testpsychologische Überprüfung der *intellektuellen Leistungsfähigkeit* ist abhängig vom Intelligenzkonzept des Untersuchers:
  Nimmt man an, dass es sich bei der Intelligenz um eine allgemeine Grundeigenschaft für intelligentes Verhalten handelt, so wird man nur einen wesentlichen Faktor untersuchen und z. B. Verfahren verwenden, die weitgehend mit sprachfreiem Material die Denkfähigkeit überprüfen – im Sinne von „potentieller Begabung“ oder „Grundintelligenz“ wie bei den Formen des Culture-Fair-Tests (*CFT*), der Columbia Mental Maturity Scale (*CMM*) und den Matrices von Raven.
  Nimmt man an, dass die Intelligenz ein zusammengefasstes Muster aus sehr verschiedenen Fähigkeiten ist, die auch bildungsabhängige Fertigkeiten einschließen, so kommen häufig folgende Verfahren zur Anwendung: Binet-Tests, French-Bilder-Intelligenz-Test (FBIT), Hamburg-Wechsler-Tests, Prüfsystem für Schul- und Bildungsberatung (PSB), Begabungs-Test-System (BPS), Leistungs-Prüf-System (LPS), Intelligenz-Struktur-Test (IST), Kaufmann-ABC-Testbatterie. Der Gesamtwert (IQ, Standardwert, Prozentrang usw.) stellt eine Art von Mittelwert der überprüften Leistungsbereiche dar.

Nach Schädel-Hirn-Traumen kommt es in schweren Fällen zu generalisierten Leistungsminderungen. In leichteren Fällen ergeben sich häufig umschriebene Funktionsstörungen. Solche Minderleistungen sollen durch die Anwendung spezieller Untersuchungsverfahren erkannt werden.

Spezielle Untersuchungsverfahren

Motorik und visomotorische Koordination

Die motorischen Fähigkeiten und Fertigkeiten müssen in einer Basisdiagnostik mit motorischen Leistungs- und Entwicklungstests, wie zum Beispiel der Lincoln-Oseretzky-Skala oder dem Körper-Koordinations-Test für Kinder (LOS, KTK), erfolgen. Neben Messungen von Tempo (Tapping) und Reaktionsgeschwindigkeit auf unterschiedliche Reize (Wiener Reaktionsgerät) werden genaues visuelles Auffassen und Reproduzieren/Abzeichnen von Figuren (Göttinger Formreproduktions-Test, *GFT*) oder das Nachzeichnen von Figuren und Linien (Frostig-Test, *FET*), das Durchfahren von Labyrinthen oder Bearbeitung von Steckbrettern (motorische Leistungsserie nach Schoppe) überprüft.

Wahrnehmung – insbesondere visuelle Wahrnehmung

Figur-Grund-Differenzierung (FET), Raumvorstellung (z. B. Würfelaufgaben des IST, Körperabwicklungsaufgaben des PSB, auch Mosaiktests usw.), Gliederungsfähigkeit (versteckte Figuren des PSB) sind Gegenstand der Untersuchung.

Gedächtnisfunktionen und Lernen

Testpsychologisch wird das kurz- und mittelfristige Behalten unterschiedlicher Inhalte überprüft (Lern- und Gedächtnis-Test LGT3), z. B. das Kurzzeitgedächtnis für Zahlen (Zahlennachsprechen ZN), für verbale Inhalte (Silben oder Worte nachsprechen, Nacherzählungen, z. B. HSET TG/Lernphase Lesen IST ME) und kurzfristiges Behalten visueller Inhalte (Benton-Test/Diagnostikum zerebraler Störungen, DCS).

Das Erlernen der Inhalte geschieht meistens multimodal (Eselsbrücken, z. B. Verbalisierung gesehener Figuren beim Benton-Test), was hirnverletzten Personen oft sehr schwer fällt.

Aufmerksamkeit und Konzentration

Häufig beschreiben Probanden nach Hirnverletzungen Störungen der Konzentrationsfähigkeit. Unter Konzentration ist die bewusste und über einen längeren Zeitraum möglichst konstant bleibende Lenkung der Aufmerksamkeit auf ein Reizmaterial mit meist geringem Aufforderungscharakter zu verstehen. In den gängigen Testverfahren werden – mit zum Teil sehr unterschiedlicher Dauer (wenige Minuten bis zu einer Stunde) – leichte Routineaufgaben (z. B. einfache Rechenaufgaben oder Unterscheidungsaufgaben ähnlicher Zeichen oder Symbole, Buchstaben- oder Zahlenreihen) unter erheblichem Zeitdruck bearbeitet (Konzentrationstest für das erste Schuljahr KT1). Viele Tests erfassen nicht nur die gesamte Leistungsmenge, sondern geben auch Aufschluss über die Qualität der Leistung (Fehler) und den Verlauf (Leistungsschwankungen): Aufmerksamkeits-Belastungs-Test, Test d2/Pauli-Test/Konzentrations-Verlaufs-Test, KVT/LPS-Arbeitskurven.

Sprache

Neben einer allgemeinen Überprüfung der Sprachentwicklung bei Kindern (Heidelberger Sprachentwicklungstest, *HSET*) wird häufiger orientierend zur Feststellung, ob eine aphasische Störung vorliegt, der Token-Test eingesetzt. Zur weiteren Diagnostik werden umfangreiche und speziellere Untersuchungen notwendig, z.B. unter Einbeziehung des Aachener Aphasie-Tests (*AAT*).

Selbstbeschreibung des Probanden durch Fragebögen

Der Einsatz von Fragebögen richtet sich nach individuellen Fragestellungen. Diese können so unterschiedlich und vielfältig sein, dass eine weitere Darstellung den hier vorgegebenen Rahmen sprengen würde.

Es ist anzunehmen, dass sich in absehbarer Zeit der Einsatz von Computern auch in psychologischen Untersuchungen und in der Rehabilitation von Kindern und Jugendlichen durchsetzt. Besonders für Erwachsene sind bereits eine Reihe qualitativ sehr unterschiedlicher „Hirnleistungstrainings" auf dem Markt.

Leichte Leistungsminderungen von Kindern werden durch Mühegabe oftmals so gut kompensiert, dass sie gleiche Leistungen wie Gesunde erbringen (Martinius et al. 1976). Die Gefahr einer Neurotisierung liegt dann aber nahe. Mit steigenden Leistungsanforderungen in späteren Jahren können sich Leistungsmängel deutlicher zu erkennen geben, wenn eine Kompensation nicht mehr gelingt. Die Gefahr einer Unterschätzung der psychischen Ausfälle besteht bei Kindern auch deshalb, weil Leistungsminderung in diesem Alter eher toleriert wird als bei Erwachsenen. Übrigens kommt Aggravation bei Kindern seltener als bei Erwachsenen vor.

Der Erfassung von Emotionalität und Affektivität bei hirnorganischen Beeinträchtigungen (Frontalhirnsyndrom, Impulskontrollstörung) kommt besondere Bedeutung zu. Hier sind freie darstellende Verfahren wie zum Beispiel Mann-Zeichen-Test und Baum-Zeichen-Test und unter Umständen halbprojektive Testverfahren wie der Rotter-Satzergänzungstest oder der Thomas-Erzähltest von besonderer Bedeutung.

Schließlich hat der Gutachter die posttraumatischen Bedingungen zu analysieren. Die Entwicklung des Kindes nach dem Trauma hängt auch von der Verarbeitung des Unfalles, von der familiären Situation und dem Milieu ab, in dem das Kind aufwächst und seine Entwicklungsreize empfängt. Modulierend wirken auch die schulischen und sonstigen Anforderungen (Jochheim 1974). Hier geben Schulberichte und von den zuständigen Lehrern erstmalig ein halbes Jahr nach Wiederaufnahme des Schulbesuches ausgefüllte Fragebögen über Leistung und Verhalten Auskünfte über den Leistungsstand und das Verhalten *nach* dem Unfallereignis.

28.2.2 Gutachterliche Beurteilung bei organischen, geistigen oder psychischen Störungen

Organische Störungen

Die Aufgabe des Gutachters beginnt in der Regel erst, wenn die stationäre Krankenhausbehandlung (erste und zweite Behandlungsphase) abgeschlossen ist. Hauptgutachter sollte ein Kinder- und Jugendpsychiater oder Neuropädiater, ein in der Begutachtung von Kindern und Jugendlichen erfahrener Nervenarzt oder Rehabilitationszentren mit Erfahrung in der Behandlung hirnverletzter Kinder und Jugendlicher sein. Bei schwersten und schweren Hirnschädigungen sollte der klinische Psychologe nur sehr gezielt zur Abklärung spezieller Fragestellungen, bei mittleren und leichteren Schäden zu umfassender psychologischer Zusatzbegutachtung herangezogen werden – für weitere Rehabilitations- und Förderungsmaßnahmen immer dann, wenn sie den allgemeinen Erziehungs- und Förderungsstil, übende Verfahren und umfassende psychotherapeutische Behandlungen betreffen. Die gutachtliche Beurteilung erfolgt anhand allgemeiner Erfahrungssätze nach den in der gesetzlichen Unfallversicherung gebräuchlichen Richtlinien. Die von Scheid (1980) aufgestellten Richtlinien für die Begutachtung reversibler Hirntraumafolgen und die von Günther und Hymen (1973) veröffentlichten Bewertungstabellen für Hirnverletzungsfolgen gelten für Erwachsene wie für Kinder und Jugendliche in gleicher Weise. Sie lassen ausreichenden Spielraum für eine angemessene Festlegung der MdE auch bei Kindern und Jugendlichen.

Wenn bei Kindern eine *längere Behandlungsdauer* zu erwarten ist, so muss – wie bei Erwachsenen – der *Durchgangsarzt* in Anspruch genommen werden. Er erstattet einen Durchgangsarztbericht (Vordruck D13) – bei Kopfverletzten unter Beifügung eines speziellen Ergänzungsbogens (D13A) – und holt die erforderlichen neurologischen, HNO-ärztlichen und augenärztlichen Befunde ein. Der darin beschriebenen Initialsymptomatik und den Krankenblattaufzeichnungen der Klinik – insbesondere über die Akutphase –, die Ausprägung eines Durchgangssyndroms, womöglich eines apallischen Syndroms, kommt für die Verlaufsbeurteilung und die Beantwortung der Fragestellungen große Bedeutung zu.

Die Begutachtung der Schädigungsfolgen nach ähnlichen Kriterien wie bei Erwachsenen ist unbefriedigend. Man wünscht sich späterhin eine stärkere Berücksichtigung der unmittelbaren Auswirkungen der Unfallfolgen im täglichen Leben, in Schule und Beruf. Auch die künftigen Lebensbewältigungschancen müssten mehr in die Betrachtung einbezogen werden, als das im Augenblick möglich ist.

Bei der gutachtlichen Beurteilung ist Folgendes zu beachten:

- Für die Einstufung der MdE nach dem Unfallversicherungsrecht sind nur objektive Befunde zu berücksichtigen.
- Es kommt auf eine abstrakte Einschätzung der MdE für Tätigkeiten auf dem allgemeinen Arbeitsmarkt an, bei Kindern so, „als ob sie dem Arbeitsmarkt schon zur Verfügung stünden". Der Begriff der Arbeitsfähigkeit ist durch den Begriff der Schulfähigkeit ersetzt worden.
- Der Grad der MdE ist auf den Zeitpunkt des Tages nach dem Unfall festzulegen.
- Eine Rente wird gewährt, wenn die MdE mindestens 20% beträgt und diese die 13. Woche nach dem Unfallereignis überdauert.
- Die Begutachtung von Kindern und Jugendlichen hat bei schweren Unfallfolgen erneut ein bis eineinhalb Jahre nach dem Unfall zu erfolgen, sonst in Zeitabständen von 2–3 Jahren, da Heilungen in diesem Alter häufig schneller als bei Erwachsenen erfolgen und damit eine bessere Anpassungsfähigkeit erreicht wird. Neurologische Kontrolluntersuchungen mit EEG-Ableitungen können nach schwerem Hirntrauma mit symptomatischen Krampfanfällen oder besonderer Anfallsgefährdung in 3- bis 6-monatigen Abständen erforderlich sein.
- Die Tendenz zur Rückbildung der hirntraumatischen Folgezustände ist in den ersten 2–3 Jahren deutlich erkennbar; darüber hinaus dürfen bei Kindern und Jugendlichen jedoch Rückbildungszeiten von 5–6 Jahren angenommen werden. Erst dann kann aus ärztlicher Sicht von einem Dauerschaden gesprochen werden. In jedem Fall soll eine Begutachtung beim Abschluss der Schule zur Berufsfindung, vorher ggf. beim Übergang in eine weiterführende Schule oder beim Übergang in die Sonderschule erfolgen. Überprüfung der Nachreifung ist noch bis zum 25. Lebensjahr notwendig, falls bis dahin die berufliche Eingliederung nicht gelungen ist.
- Die Festsetzung der Dauerrente muss nach den gesetzlichen Vorschriften – wie beim Erwachsenen – 2 Jahre nach dem Unfall erfolgen.
- Änderung der Dauerrente ist nur möglich nach einem Zeitraum von mindestens einem Jahr. Es muss eine wesentliche Änderung (Verbesserung oder Verschlimmerung) nachgewiesen werden. Falls bei vorausgegangenen Gutachten die Unfallfolgen zu gering eingeschätzt wurden, besteht die Möglichkeit der Neufeststellung der Rente nach § 44 Abs. 1 SGB X.
- Bei schwersten traumatischen Hirnschäden kann die Gewährung von Pflegegeld gemäß § 64 SGB XII und Leistungen der Pflegeversicherung (SGB XI) in Betracht kommen. Das gilt auch für Kinder, die wegen der Unfallfolgen einer ständigen Aufsicht bedürfen wegen Hilflosigkeit im Sinne § 61 SGB XII (früher § 68 BSHG).
- Alle Maßnahmen und Hilfen, die zur Eingliederung oder Wiedereingliederung Behinderter beitragen, werden Rehabilitation genannt. Gemäß § 4 SGB IX besteht für die zuständigen Versicherungsträger die Verpflichtung zur Aufstellung eines Rehabilitationsgesamtplanes unter Mitwirkung des Behinderten und ggf. seiner Eltern, zu dem der Gutachter Vorschläge zu unterbreiten hat, die sich auf die medizinische, schulische, heilpädagogische, psychologische und spätere berufliche Maßnahme beziehen. Der mehrdimensionalen Diagnostik hat eine mehrdimensionale Therapie zu folgen.

MdE oder GdB bei organischen Störungen

Als Orientierungshilfe für die Bestimmung der MdE dienen die „Anhaltspunkte für die ärztliche Gutachtertätigkeit im sozialen Entschädigungsrecht und nach dem Schwerbehindertenrecht 2004".

- Bei *Hirnschädigungen* sind hier für die Beurteilung der MdE Sätze zwischen 20 und 100 v.H. vorgesehen. Auf die individuell und im Verlauf sehr verschiedenen Auswirkungen von Hirnschädigungen bei Kindern und die Notwendigkeit einer engermaschigen Nachprüfung der Folgeschäden wird auch in diesen Empfehlungen explizit und nachdrücklich hingewiesen.
- *Organisch-psychische Störungen* (hierunter werden *Hirnleistungsschwäche* und *hirnorganische Wesensänderung* subsummiert) machen sich durch Beeinträchtigung der Merkfähigkeit und der Konzentration, vorzeitige Ermüdbarkeit, Einbuße an Überschau- und Umstellungsvermögen, psychovegetative Labilität mit Kopfschmerzen, vasomotorischen Störungen und affektiver Labilität sowie durch Änderungen der Persönlichkeit, des Kritikvermögens, des Kontaktverhaltens und der Stimmung bemerkbar. Je nach Ausprägungsgrad (leicht, mittelgradig, schwer) wird eine MdE von 40–50 v.H., 50–70 v.H. bzw. 70–100 v.H. angenommen.
- Leichte *zentral-vegetative Störungen* wie ausgeprägte Kopfschmerzen, Schwindel, Schlafstörungen und vasomotorische Störungen können mit einer MdE von 30 v.H., mittelschwere mit vereinzelten synkopalen Anfällen mit einer MdE von 40 v.H. und schwere mit häufigeren synkopalen Anfällen oder schweren Auswirkungen auf den Allgemeinzustand mit einer MdE von 50–60 v.H. berechnet werden.
- Einer *Störung der zerebellaren Koordination und des Gleichgewichts* kann mit einer MdE von 40–100 v.H. Rechnung getragen werden, hirnpathologisch herdbedingte Ausfälle (Apraxie, Agnosie, Aphasie) – je nach Schweregrad – mit einer MdE von 30–50 v.H., 60–80 v.H. bzw. 100 v.H. (leichte, mittelgradige, schwere Form).
- Treten *epileptische Anfälle* auf, erfolgt die Bestimmung der MdE nach Art, Schwere, Häufigkeit und

tageszeitlicher Verteilung der Anfälle. Bei sehr seltenen Anfallsereignissen (große Anfälle mit Pausen von mehr als einem Jahr oder kleine Anfälle mit Pausen von Monaten) wird eine MdE von 40 v.H. angenommen, bei seltenen Anfallsereignissen (große Anfälle mit Pausen von Monaten oder kleine Anfälle mit Pausen von Wochen) eine MdE von 50–60 v.H., bei Anfällen mit einer mittleren Häufigkeit (große Anfälle mit Pausen von Wochen oder kleine Anfälle mit Pausen von Tagen) eine MdE von 60–80 v.H. und bei häufigeren Anfallsereignissen eine MdE von 90–100 v.H. Besteht nach drei Jahren Anfallsfreiheit weiterhin die Notwendigkeit einer Medikation, kann dies mit einer MdE von 30 v.H. bewertet werden. Ein Anfallsleiden gilt als abgeklungen, wenn ohne Medikation 3 Jahre Anfallsfreiheit besteht.

Geistige Behinderung

- Nach den „Anhaltspunkten" richtet sich die Einschätzung der MdE bei *intellektueller Beeinträchtigung* nicht ausschließlich nach den Ergebnissen der Intelligenzdiagnostik, sondern im Wesentlichen auch nach Persönlichkeitsmerkmalen, dem Entwicklungsstand und den sozialen Einordnungsmöglichkeiten. Daher kann besonders bei den milderen Formen der intellektuellen Beeinträchtigungen (IQ von etwa 60–70) die Einschätzung der MdE mit Werten von 30–70 v.H. individuell sehr unterschiedlich ausfallen. Einem schweren Intelligenzmangel (IQ unter 60) wird in der Regel mit einer MdE von 80–100 v.H. Rechnung getragen, wobei Betroffenen mit stärkerer Einschränkung der Eingliederungsfähigkeit eher eine MdE von 100 v.H. zugesprochen werden kann.
- Leichte *Teilleistungsstörungen* (explizit genannt wird in den „Anhaltspunkten" nur die Legasthenie) können zu einer MdE von 0–10 v.H., schwerere zu einer MdE von 20–30 v.H. führen.
- Langdauernde *schizophrene Psychosen* (wenigstens 6 Monate Krankheitsdauer) führen im floriden Stadium zu einer MdE von 50–100 v.H., Residualzustände je nach dem Vorhandensein und dem Ausprägungsgrad der Anpassungsschwierigkeit zu einer MdE zwischen 0–10 v.H. und dem Ausprägungsgrad der Anpassungsschwierigkeit zu einer MdE zwischen 0–10 v.H. (ohne soziale Anpassungsschwierigkeit), 20–40 v.H. (leichte soziale Anpassungsschwierigkeit) und 50–100 v.H. (erhebliche soziale Anpassungsschwierigkeit).
- Für die *affektiven Psychosen* gelten im Prinzip die gleichen Richtlinien. Bei der bipolaren Störung wird bei 1–2 Krankheitsphasen jährlich von einer MdE von 30–50 v.H. ausgegangen. Eine so genannte Heilungsbewährung wird in der Regel nach zwei Jahren angenommen, bis dahin kann eine MdE von 30 v.H. gewährt werden. Diese braucht bei der monopolar verlaufenden Depression nicht abgewartet zu werden. Wenn bereits mehrere manische oder manisch-depressive Phasen vorgelegen haben, kann die MdE 50 v.H. betragen.
- *Neurosen* und „abnorme Persönlichkeitsentwicklungen" führen in leichteren Fällen zu einer MdE von 0–10 v.H., bei stärker behindernden Störungen mit wesentlicher Einschränkung der Erlebnis- und Gestaltungsfähigkeit werden Minderungen von 20–40 v.H. angenommen. Schwere Neurosen mit erheblichen sozialen Anpassungsschwierigkeiten können mit einer MdE von 50–100 v.H. bewertet werden. Schizophrene und affektive Psychosen sowie Neurosen und „abnorme Persönlichkeitsentwicklungen" im Kindes- und Jugendalter sind grundsätzlich wie bei Erwachsenen zu bewerten.
- An besonderen psychischen Behinderungen im *Kindesalter* werden *Verhaltensstörungen* und der *frühkindliche Autismus* anerkannt. Verhaltensstörungen mit erheblichen Einordnungsschwierigkeiten (keine Integration in Regelschule möglich) können eine MdE von 50–80 v.H. bewirken. Bei leichteren Formen des frühkindlichen Autismus (Asperger-Syndrom) wird eine MdE von 50–80 v.H., bei den häufigeren schweren Fällen (Kanner-Syndrom) von 100 v.H. angenommen.

Psychische Traumata

Der Gesetzgeber sieht auch für Schäden Schadensersatz vor, die nicht das Vermögen betreffen, wie zum Beispiel Verletzung des Körpers oder der Gesundheit, aber auch Freiheitsentziehung und sexueller Missbrauch. Zum Ausgleich solcher immaterieller Schäden hat eine „billige Entschädigung" (§ 847 BGB) in Form von Geldzahlungen zu erfolgen. Hinterlassen zum Beispiel Verletzungen bei einem Kind entstellende Narben, dann kann die kinder- und jugendpsychiatrische Beurteilung des „seelischen Schmerzes" von Bedeutung sein. Psychische Störungen nach einem Unfallerlebnis können auch bei bis dato stabilen Persönlichkeiten auftreten. Diese können sich in körperlichen Symptomen äußern, weshalb die psychischen Leidensanteile oft nicht erkannt werden. Diese machen jedoch einen Großteil des Leidensdruckes aus und können rehabilitative Maßnahmen erheblich gefährden. Schmerzensgeldforderungen werden in zunehmendem Maße für Folgen vermeintlicher oder tatsächlicher ärztlicher Behandlungsfehler geltend gemacht, zunehmend auch für Schäden am Nervensystem durch Geburtstraumata.

Der Anspruch auf Schmerzensgeld soll bewirken, dass der Geschädigte in die Lage versetzt wird, sich Erleichterungen und andere Annehmlichkeiten zu verschaffen, deren Genuss ihm durch die Verletzung unmöglich gemacht wird. Es soll ein Ausgleich für Missempfindungen, Schmerz und das Gefühl der Beeinträchtigung geleistet werden, aber auch das

Gefühl der Befriedigung über den erhaltenen Ausgleich ist ein Teilaspekt. Letzteres kann nicht zum Tragen kommen, wenn der Ausfall von Wahrnehmungs- und Erlebnisfähigkeit ein Empfinden der Beeinträchtigung weitgehend oder ganz ausschließt. Diese Einschränkung ist heftig diskutiert und vom Bundesgerichtshof 1991 teilweise aufgehoben worden (Martinius 1995). Allein der Verlust an „personaler Qualität" begründet jetzt schon die Forderung nach Ausgleich.

28.2.3 Das Opferentschädigungsgesetz (OEG)

Das Opferentschädigungsgesetz regelt die Hilfen und Entschädigungen, die Menschen gewährt werden sollen, die Opfer eines strafbaren tätlichen Angriffs geworden sind. Die Anspruchsvoraussetzungen müssen nachgewiesen werden, wobei bei versorgungsrechtlichen Fragen die Wahrscheinlichkeit des ursächlichen Zusammenhangs genügt (Foerster 1992). Die Leistungen nach dem Opferentschädigungsgesetz dienen der Heilbehandlung und der Rentenzahlung, die dann erfolgen kann, wenn eine gesundheitliche Schädigung auf Dauer (mindestens 6 Monate) eingetreten ist, die mit einer Minderung der Erwerbsfähigkeit von mindestens 25 v.H. zu bewerten ist. Auch wenn die MdE unter der Rentenberechtigtengrenze bleibt, wird eine Heilbehandlung (zum Beispiel eine Psychotherapie), die der Bewältigung der psychischen Folgen der Tat dient, gewährt. Dies führt dazu, dass solche Begutachtungen oft vom Opfer gar nicht intendiert werden, sondern Krankenversicherer oder Beratungsstellen die Betroffenen dazu drängen. Zu bedenken ist die unterschiedliche rechtliche Normierung des Begriffs der „Minderung der Erwerbsfähigkeit" im OEG-Verfahren. Die MdE im Rahmen des OEG-Verfahrens bezieht sich auf die Auswirkungen einer Behinderung oder Schädigungsfolge in *allen* Lebensbereichen und nicht nur auf Einschränkungen im allgemeinen Erwerbsleben (Venzlaff u. Foerster 1994).

Bei der ärztlichen Begutachtung nach dem Opferentschädigungsgesetz müssen Art und Ausmaß sowie die Verursachensfrage geklärt werden (Plänitz 1989). Bei somatischen Folgen ist dies in der Regel sehr viel einfacher als bei psychischen Folgeschäden. Der ärztliche Sachverständigenbeirat des Bundesministeriums für Gesundheit und soziale Sicherung hat empfohlen, dass sich die Einschätzung des Grades der Behinderung nach den Richtsätzen für „Neurosen und abnormen Persönlichkeitsentwicklungen" unter Berücksichtigung der individuell verschiedenen Belastbarkeit und Reaktionsweise zu richten habe. Sei eine längerdauernde psychiatrische oder psychotherapeutische Behandlung erfolgt, dann sei in der Regel von einem Grad der Behinderung von wenigstens 30 v.H. auszugehen, was nach 2 Jahren überprüft werden müsse.

Die häufigsten Begutachtungen nach dem Opferentschädigungsgesetz betreffen den Bereich der Opfer von Vergewaltigung und sexuellem Missbrauch. Problematisch dabei ist, dass es kein typisches klinisches Bild bei Opfern von sexuellem Missbrauch gibt (Fegert 1993). Bei Vergewaltigungsopfern wurde versucht, ein so genanntes „Vergewaltigungs-Trauma-Syndrom" herauszuarbeiten (Burgess u. Homstrom 1974, Holmes u. Lawrence 1983, Kaplan u. Sadock 1994).

Die Reaktionen auf sexuelle Übergriffe sind ähnlich den psychoreaktiven Störungen nach anderen Extrembelastungen, die in der ICD10 (Dilling et al. 1991) als „posttraumatische Belastungsstörung" (F 43.1) definiert werden. Darunter wird „...eine verzögerte oder protrahierte Reaktion auf ein belastendes Ereignis oder eine Situation außergewöhnlicher Bedrohung oder katastrophenartigen Ausmaßes (kurz oder lang anhaltend), die bei fast jedem eine tiefe Verstörung hervorrufen würde...", verstanden. Diese Auffälligkeiten können mit einer Latenz von Wochen und Monaten auftreten, der Verlauf ist jedoch wechselhaft. In der Mehrzahl kann eine Heilung erwartet werden, bei einigen Betroffenen kann die Störung einen chronischen Verlauf nehmen (Dressing u. Berger 1991).

Sehr viel komplexer und noch schwieriger ist die Begutachtung nach *fortgesetztem* sexuellen Missbrauch. Oft ist es hier schwierig, den Zeitpunkt des Beginns der Missbrauchshandlungen herauszufinden, weil in der Regel solchen Missbrauchshandlungen sexuelle Grenzüberschreitungen vorausgehen. Anamnestisch sind die zu erhebenden Veränderungen im Verhalten oft ungenau und subjektiv stark beeinflusst, da sexueller Missbrauch in der Mehrzahl der Fälle nicht durch einen Fremden, sondern innerhalb der Familie geschieht.

Bei der Begutachtung solcher Fälle müssen der jeweilige Tatablauf und die Tatumstände unbedingt berücksichtigt werden, denn das Risiko, psychische Folgeschäden zu entwickeln, nimmt mit zunehmendem Altersunterschied zwischen Tätern und Opfern, der zunehmenden Nähe des Verwandtschaftsgrades und der Rolle als Autoritäts- und Vaterfigur, der Dauer der Beziehung, dem Grad der Gewaltanwendung oder Gewaltandrohung, dem Grad der Geheimhaltung, dem Alter bei Missbrauchsbeginn und der Abwesenheit schützender Faktoren zu (Trott et al. 1994).

Bei einer posttraumatischen Belastungsstörung wird üblicherweise eine MdE von 30–40 v.H. für 1 bis 2 Jahre angenommen. Gerade bei Kindern und Jugendlichen ist es wichtig, MdE-Feststellungen zeitlich zu begrenzen, um dem Entwicklungs- und Selbstheilungspotential von Kindern Rechnung zu tragen. Besonders schwierig ist die Begutachtung von Traumafolgen, die erst mit einer gewissen Latenz auftreten. Aus der Entwicklungspsychiatrie wissen wir, dass ein sexueller Missbrauch ein Risiko in der weiteren Entwicklung darstellen kann. So treten Traumafolgen nicht selten erst in der Pubertät oder bei Aufnahme von sexuellen Kontakten auf (Fegert 1999).

Als günstigster Begutachtungszeitpunkt ist das zweite Halbjahr nach der Tat anzunehmen. In dieser Zeit ist zu erwarten, dass die „unkomplizierte traumatische Reaktion" im Wesentlichen abgeklungen ist (Andreasen 1988). Dann ist rückblickend zu entscheiden, ob und für welchen Zeitraum Schädigungsfolgen vorgelegen haben. Sind zum Zeitpunkt der Untersuchung noch psychopathologische Symptome festzustellen, dann ist eher mit einer chronischen Verlaufsform zu rechnen. Eine Nachuntersuchung ist dann nach Ablauf von 2 Jahren angezeigt. Besteht bei dem Geschädigten bereits ein Leiden, dann ist zu prüfen, ob die Gewalttat als „wesentliche Teilursache" angesehen werden kann. Bemerkenswert häufig sind beeinträchtigte Kinder und Jugendliche Opfer von Missbrauchshandlungen. Allein das Bestehen von Vorschäden darf im Entschädigungsrecht nicht dazu führen, dass bereits deshalb zum Nachteil eines Betroffenen eine allgemeine traumaunabhängige Prädisposition angenommen wird, mit der dann sämtliche posttraumatischen Beeinträchtigungen begründet erscheinen (Vollmoeller 1993).

28.2.4 Sozialgesetze

Das Kinder- und Jugendhilfegesetz (*KJHG*), das Bundessozialhilfegesetz (*BSHG*) und in dessen Nachfolge zwölfte Sozialgesetzbuch (*SGB XII*) sollen notwendige Hilfen ermöglichen, wenn Eltern mit der Erziehung ihrer Kinder überfordert sind, entweder weil die Kinder und Jugendlichen spezielle Hilfen benötigen oder weil eine langfristige Nachsorge bei schweren psychischen Erkrankungen erforderlich wird, die von den Krankenkassen nicht getragen werden (Fegert 1999).

Das Kinder- und Jugendhilfegesetz von 1990 ist im Sozialgesetzbuch VIII niedergelegt. Die seelische Behinderung wurde dem Verantwortungsbereich der örtlichen Jugendämter zugewiesen, um die sachlich kaum nachvollziehbare Abgrenzung von Erziehungsschwierigkeiten überflüssig zu machen. Die Rechtsansprüche körperlich und geistig behinderter Kinder und Jugendlicher sind in dem Zuständigkeitsbereich des Bundessozialhilfegesetzes geblieben.

Die vom Gesetzgeber vorgenommene Grenzziehung der verschiedenen Arten der Behinderung hypostasiert jedoch eine Ausschließlichkeit von Störungsbildern, die von Natur aus nicht gegeben sind. Ein junger Mensch mit frühkindlichem Autismus hat meist sowohl eine psychische Störung, eine intellektuelle Behinderung und bisweilen eine körperliche Beeinträchtigung (z. B. ein Anfallsleiden). Diese sozialrechtliche Konstellation kann bei der ärztlichen Begutachtung große Schwierigkeiten hervorrufen, da ein Spannungsfeld zwischen Jugendhilfe- und Sozialhilfeträgern entsteht und Zuständigkeiten zum Streitpunkt werden können.

Kinder- und Jugendhilfegesetz (Sozialgesetzbuch VIII)

Das Kinder- und Jugendhilfegesetz bietet jungen Menschen das Recht auf Förderung seiner Entwicklung und auf Erziehung zu einer eigenverantwortlichen und gemeinschaftsfähigen Persönlichkeit.

Die Hilfsmöglichkeiten sind im 4. Abschnitt beschrieben:

- Hilfen zur Erziehung (§ 27),
- Erziehungsberatung (§ 28),
- soziale Gruppenarbeit (§ 29),
- sozialpädagogische Familienhilfe (§ 31),
- Erziehung in einer Tagesgruppe (§ 32),
- Vollzeitpflege (§ 33),
- Heimerziehung und betreute Wohnformen (§ 34),
- intensive sozialpädagogische Einzelbetreuung (§ 35),
- Eingliederungshilfe für seelisch behinderte Kinder und Jugendliche (§ 35 a).

In den §§ 36–40 SGB VIII sind die gemeinsamen Vorschriften für die Hilfe zur Erziehung und die Eingliederungshilfe für seelisch behinderte Kinder und Jugendliche zusammengefasst. Nach § 41 steht auch jungen Volljährigen Hilfe und Betreuung zu, in der Regel bis zum Ende des 21. Lebensjahres.

Neben psychischen Erkrankungen können auch schwere *Teilleistungsstörungen* (Lese-Rechtschreibschwäche, Dyskalkulie, Sprachstörungen, ausgeprägte Aufmerksamkeitsdefizit-/Hyperaktivitätsstörungen) Eingliederungshilfen nach § 35 a rechtfertigen. Immer ist dabei der Vorrang der Zuständigkeit der gesetzlichen Krankenkassen zu bedenken.

Eine *seelische Behinderung* ist keine ärztliche Diagnose, sondern stellt eine sozialrechtlich relevante Feststellung dar, dass ein Mensch aufgrund einer psychischen Störung oder Erkrankung an seiner Teilhabe am gesellschaftlichen Leben behindert wird. Lempp unterscheidet drei Ebenen der Feststellung einer Behinderung (Lempp 1994): Die objektive Ebene versucht durch einen möglichst objektiven Befund und einen möglichen messbaren Vergleich mit anderen Behinderungen das Ausmaß der Beeinträchtigung bei der Lebensbewältigung festzustellen. Die intersubjektive Ebene beschreibt das Ausmaß der durch die Behinderung gestörten zwischenmenschlichen Beziehungsfähigkeit und die subjektive Ebene stellt dar, wie der Betroffene sich selbst als behindert empfindet oder nicht.

Die *drohende seelische Behinderung* kann bei einem Kind oder Jugendlichen festgestellt werden, wenn als Folge von diagnostizierbaren psychischen Störungen soziale Beziehungen, Handlungskompetenzen und insbesondere die schulische und berufliche Integration gefährdet sind.

Der Begriff der Behinderung, wie er im § 35a KJHG definiert ist, bringt das psychiatrische Störungsbild mit der sozialen Beeinträchtigung in Verbindung (Fegert 1999).

Bundessozialhilfegesetz (Sozialgesetzbuch XII)

Das Bundessozialhilfegesetz regelt Inhalt und Aufgaben der Sozialhilfen, die für behinderte (außer für seelisch behinderte) Kinder und Jugendliche gelten. In § 53 ist festgelegt, dass Personen, die nicht nur von vorübergehenden körperlichen oder geistigen Behinderungen betroffen sind, Eingliederungshilfe zu gewähren ist, wobei diese Maßnahmen auch für Menschen mit anderen körperlichen und geistigen Behinderungen gewährt werden können. Die von Behinderung bedrohten Menschen stehen den manifest Behinderten gleich. Aufgabe der Eingliederungshilfe ist auch, eine drohende Behinderung zu verhüten oder zu mildern. Die Hilfen werden gewährt, wenn Aussicht besteht, dass das Ziel der Eingliederungshilfe erreicht werden kann.

In § 54 werden die Maßnahmen der Eingliederungshilfe aufgeführt. Sie können in ambulanten oder stationären, ärztlich verordneten Maßnahmen zur Verhütung, Beseitigung oder Milderung einer Behinderung bestehen. Neben Körperersatzstücken können dies heilpädagogische Maßnahmen für Kinder im schulpflichtigen Alter, Hilfen zu einer angemessenen Schulbildung, zur Ausbildung oder Umschulung in einen angemessenen Beruf, bei der Beschaffung von behindertengerechtem Wohnraum und bei der Teilnahme am Leben in der Gemeinschaft sein.

Die Hilfen treffen in erster Linie auf geistig behinderte Kinder und Jugendliche zu.

Pflegeversicherung

Die 1995 in Kraft getretene Pflegeversicherung im Sozialgesetzbuch XI ist auch zum Ausgleich des zusätzlichen Hilfebedarfs im Bereich der Körperpflege, der Ernährung oder der Mobilität bei kranken und behinderten Kindern zuständig. Eine Hilflosigkeit, die eine „Rund-um-die-Uhr-Betreuung" zur Folge hat, besteht vor allem bei selbstgefährdendem oder fremdgefährdendem Verhalten, schwerer Suizidalität und bei komplizierten Anfallsleiden (Schlack 1995). Die Unterscheidung in die 3 Pflegestufen wird in Kapitel 2.5 beschrieben.

Literatur

Andreasen NC (1988) Posttraumatische Belastungsreaktionen. In: Freedman AM, Kaplan HI, Sadock BJ, Peters UH (Hrsg) Psychiatrie in Praxis und Klinik, Bd 3: Neurosen und psychosomatische Störungen. Thieme, Stuttgart New York

Biermann G (1974) Die psychologische Situation von Unfallkindern. In: Nissen G, Strunk P (Hrsg) Seelische Fehlentwicklung im Kindesalter und Gesellschaftsstruktur. Luchterhand, Neuwied Berlin

Biermann G (1980) Der Verkehrsunfall im Erleben des Kindes. Hexagon „Roche" 46

Bläsig W, Schomburg E (1971) Das unfallgeschädigte Kind. Thieme, Stuttgart

Bosch G (1973) Psychopathologie nach Schädelhirntraumen im Kindesalter. Vortrag zum 15. Kongreß der Deutschen Gesellschaft für Hirntraumatologie und klinische Hirnpathologie am 4. und 5.5. 1973 in Bad Homburg

Bundesministerium für Gesundheit und soziale Sicherung (Hrsg) (2004) Anhaltspunkte für die ärztliche Gutachtertätigkeit im sozialen Entschädigungsrecht nach dem Schwerbehindertenrecht

Bundesministerium der Justiz (1991) Bestandsaufnahme zur Praxis des Täter-Opfer-Ausgleiches in der Bundesrepublik Deutschland. Bonn

Burgess AW, Holmstrom LL (1974) Rape Trauma Syndrome. Am J Psychiatry 131:981–986

Dilling H, Mombour W, Schmidt MH (1991) Internationale Klassifikation psychischer Störungen ICD10. Huber, Bern

Dreßing H, Berger M (1991) Posttraumatische Streßerkrankungen. Zur Entwicklung des gegenwärtigen Krankheitskonzeptes. Nervenarzt 62:16–26

Fegert JM (1993) Sexuell mißbrauchte Kinder und das Recht. Ein Handbuch zu Fragen der kinder- und jugendpsychiatrischen und psychologischen Untersuchung und Begutachtung. Volksblatt, Köln

Fegert JM (1999a) Sozialrechtliche Begutachtung von Folgen sexuellen Missbrauchs und Vergewaltigung im Kindes- und Jugendalter (OEG). In: Lempp R, Schütze G, Köhnken G (Hrsg) Forensische Psychiatrie und Psychologie des Kindes und Jugendalter. Steinkopff, Darmstadt

Fegert JM (1999b) Gutachten im Sozialrecht. In: Lempp R, Schütze G, Köhnken G (Hrsg) Forensische Psychiatrie und Psychologie im Kindes- und Jugendalter. Steinkopff, Darmstadt

Foerster K (1992) Psychiatrische Begutachtung im Sozialrecht. Nervenarzt 63:129–136

Greve J (1994) Reha-diagnostische Verfahren. Rehabilitation 33:137–146

Günther E, Hymen R (1973) Unfallbegutachtung. de Gruyter, Berlin

Holmes MR, Lawrence JS (1983) Treatment of Rape-Induced Trauma: Proposed Behavioral Conceptualisation and Review in Literature. Clin Psychol Rev 3: 417–423

Jochheim KA (1974) Rückgliederung unfallgeschädigter Kinder ins schulische und häusliche Milieu – einschließlich der Verkehrstauglichkeit. Hefte zur Unfallkunde 117:340–344

Kaplan HJ, Sadock BJ (1994) Synopsis of Psychiatry. Behavioral Sciences. Clinical Psychiatry. Williams and Wilkins, Baltimore

Koufen H, Goldschmidt O, Gerlach J, Stark G (1977) Zur Diagnose der Contusio cerebri im Kindesalter: Ergebnisse einer prospektiven klinischen und EEG-Verlaufsuntersuchung. Unfallheilkunde 80:121–127

Lange-Cosack H, Tepfer G (1973) Das Hirntrauma im Kindesalter. Springer, Berlin

Lange-Cosack H, Bushart W, Schlesener HJ, Riechert S, Riebel H (1975) Rehabilitation nach Hirntraumen im Kindesalter. Vortrag auf dem Kongreß der Deutschen Gesellschaft für Neurologie in Hamburg vom 24. bis 27.9.1975

Lempp R (1973) Psychopathologie nach Schädelhirntraumen im Kindesalter. Vortrag zum 15. Kongreß der Deutschen Gesellschaft für Hirntraumatologie und klinische Hirnpathologie am 4. und 5.5. 1973 in Bad Homburg

Lempp R (1994) Seelische Behinderung als Aufgabe der Jugendhilfe. Boorberg, Stuttgart München Hannover Berlin Weimar Dresden

Machetanz E (1979) Medizinische Rehabilitation schwer hirnverletzter Schüler. Vortrag gelegentlich der Veranstaltung aus Anlaß des 50-jährigen Bestehens des Gemeindeunfallversicherungsverbandes Westfalen-Lippe am 13.11.1979 in Münster/Westfalen

Martinius J (1995) Schmerzensgeldforderungen aufgrund immaterieller Schäden: Die kinder- und jugendpsychiatrische Begutachtung im Zusammenhang mit der geänderten Rechtsprechung. Z Kinder- Jugendpsych 23: 4–8

Martinius J, Hoffmann R, Mayer FX, Klicpera C (1976) Hirnleistungsschwäche nach Schädelhirntrauma im Kindesalter. Vortrag auf der Tagung der Deutschen Gesellschaft für Kinderheilkunde in Köln vom 6. bis 8.9.1976

Pampus J (1977) Zum Problem der Begutachtung hirnverletzter Kinder und Jugendlicher. Der Kinderarzt 8: Jhg. 3

Plänitz H (1989) Zur Begutachtung nach dem Opferentschädigungsgesetz unter besonderer Berücksichtigung der Vergewaltigungsopfer. med Sachver 85:42–45

Rauschelbach HH, Pohlmann J (1977) (Hrsg) Anhaltspunkte für die ärztliche Begutachtung Behinderter nach dem Schwerbehindertengesetz. Der Bundesminister für Arbeit und Sozialordnung. Köllen, Bonn

Remschmidt H, Stutte H (1980) Neuropsychiatrische Folgen nach Schädelhirntraumen bei Kindern und Jugendlichen. Huber, Berlin Stuttgart Wien

Scheid W (1980) Lehrbuch der Neurologie, 4. Aufl. Thieme, Stuttgart

Schian H-M, Kronauer D (1991) Die ERTOMIS Assessment Methode – EAM-System – Eine Hilfe zur (Wieder-) Eingliederung Behinderter in Arbeit. Rehabilitation 30:14–17

Schlack HG (1995) Sozialpädiatrie. Fischer, Stuttgart Jena New York

Silver JM, Yudofsky SC, Hales RE (eds) (1994) Neuropsychiatry of Traumatic Brain Injury. American Psychiatric Press, Washington DC, London

Stumpf FJ (1991) Presse-Mitt. der Westf. Klinik i.d. Haard. Marl-Sinsen

Todorow S (1973) Über das Vorkommen von psychoreaktiven Zustandsbildern in der Wiederherstellungsperiode nach schwerem Schädelhirntrauma bei Kindern. Fortschr Neurol Psych 41:606–621

Trott G-E, Wirth S, Friese H-J (1994) Missbrauch und Mißhandlung von Kindern und Jugendlichen: Definitionen, Fakten, Modeerscheinungen. Vortrag auf dem Kongreß „Missbrauch und psychosomatische Erkrankungen", Mainz, 19.03.1994

Venzlaff U, Foerster K (1994) Psychiatrische Begutachtung. Fischer, Stuttgart Jena New York

Vollmoeller W (1993) Begutachtung von Gewaltopfern. Nervenheilkunde 12:162–165

28.3 „Selbstverschuldete Krankheiten", artifizielle Störungen, Pseudologie, Konversionssyndrome, Simulation und Aggravation

N. Nedopil

Die Frage, welchen Beitrag der Mensch selbst zur Erhaltung seiner Gesundheit (und Leistungsfähigkeit) leisten muss und ab welcher Beeinträchtigung eigene Willensanstrengungen zur Überwindung derselben nicht mehr zugemutet werden können, spielt in der sozialrechtlichen Beurteilung immer wieder eine Rolle. Versicherte haben die Pflicht, an ihrer Rehabilitation nach Kräften mitzuwirken. Der Rehabilitationspflicht darf sich der Versicherte nicht entziehen. Erfüllt ein Versicherter diese Pflichten zur Mitwirkung an Heilung und Rehabilitation nicht, sind die Sozialversicherungsträger gesetzlich befugt, als letztes Mittel Sanktionen anzuwenden. Allerdings können nur nach vorheriger Androhung und entsprechenden Hinweisen Krankengeld oder Rente versagt oder entzogen werden.

Die Diskussion um die Mitwirkungspflicht bezieht sich heute aber nicht nur auf die „zumutbare Willensanstrengung" und die Verpflichtung eines Versicherten, am Genesungs- und Rehabilitationsprozess aktiv mitzuwirken, sondern auch auf den Bereich der Vorsorge oder auf die Erhöhung des Krankheitsrisikos durch Konsumverhalten oder gefährliche Sportarten. Überernährung, Tabak- und Alkoholkonsum oder Sportarten mit einem überdurchschnittlichen Unfall- oder Verletzungsrisiko können zu Krankheiten, Verletzungen, Arbeits- und schließlich zur Erwerbsunfähigkeit führen. Unter Juristen, Versicherungen und Ärzten wird diskutiert, ob für solch gesundheitlich riskantes Verhalten gesetzliche Sanktionen eingeführt werden sollen.

▮ In der deutschen Rentenversicherung hat derjenige keinen Rentenanspruch, der sich absichtlich berufs- oder erwerbsunfähig machte, auch in der Unfallversicherung und im sozialen Entschädigungsrecht schließt *absichtliche Selbstschädigung* den Rechtsanspruch aus (*Selbstverschuldung*). Krankengeld kann für die Dauer einer Krankheit versagt werden, die der Kranke sich vorsätzlich zugezogen hat. So muss der Arbeitgeber nach dem Entgelt-Fortzahlungsgesetz 6 Wochen lang Entgelt gewähren, wenn ein Arbeitnehmer durch Arbeitsunfähigkeit infolge Krankheit an seiner Arbeitsleistung gehindert wird, ohne dass ihn ein Verschulden trifft (§ 3 Abs. 1, Satz 1 EFZG). Grobe Fahrlässigkeit reicht zur Unterbrechung dieses Anspruchs allerdings nicht aus, die Absicht oder der Vorsatz müssen nachweisbar sein. Diese rechtlich gegebenen Möglichkeiten werden jedoch nur selten und in Ausnahmefällen angewendet.

■ Von den so genannten selbstverschuldeten Krankheiten sind *„selbstinduzierte" Krankheiten* abzugrenzen und auch die *Vortäuschung* körperlicher und geistiger Krankheiten durch Klagen über nicht tatsächlich vorhandene Beschwerden. Aus psychiatrischer Sicht macht es – insbesondere bei der Begutachtung – Sinn, artifizielle Störungen, Konversionsstörungen, Simulation und Aggravation zu unterscheiden (Nedopil 2000). Unter Simulation versteht man die bewusste Vortäuschung einer Störung, unter Aggravation die Übertreibung tatsächlich vorhandener Symptome (z. B. Verdeutlichungstendenzen), unter Konversionssymptomatik die unbewusste Darstellung innerpsychischer Konflikte durch körperliche oder psychische Symptome (neurotische Störung), unter artifiziellen Störungen die Zufügung tatsächlicher Selbstverletzungen, oft um sich dadurch ärztliche oder pflegerische Zuwendung zu sichern.

Die neueren deutschen Lehrbücher der Forensischen Psychiatrie (Nedopil 2000, Venzlaff u. Foerster 2004) befassen sich wieder intensiver mit diesem Thema, nachdem es in der deutschsprachigen Literatur lange vernachlässigt wurde. Alle Autoren weisen ausdrücklich darauf hin, dass man weder den Simulanten noch den neurotisch Gestörten durch Konfrontation und Zweifel an der berichteten Symptomatik zu einer realitätsgerechten Darstellung objektivierbarer Beschwerden bewegen kann. Vielmehr gelingt eine Abklärung am ehesten durch Einfühlungsvermögen und durch Vermittlung professionellen Verständnisses für die subjektive funktionale Bedeutung der Störung. Neurotische Störungen sind in aller Regel vor dem Hintergrund eines Konfliktes verstehbar. Eine Exploration des Konfliktes und eine chronologische Darstellung seines Verlaufes und der damit verbundenen Symptomatik erleichtern die Zuordnung zu einer neurotischen Störung. Bei Simulation ist in derartigen Explorationen die finale Tendenz des Vorbringens der Symptomatik erkennbar, da den Untersuchten der Leidensdruck durch den Konflikt fehlt. Sie sind gelegentlich auch zu einer sich ausweitenden oder widersprüchlichen Beschreibung zu induzieren. Bei Zweifeln ist es immer erforderlich, möglichst umfangreiche umfassende Informationen zu sammeln und das Verhalten der Untersuchten dann zu beobachten, wenn diese sich unbeobachtet wähnen.

Untersuchte, die Krankheiten simulieren, tragen ihre Symptome häufig ungefragt vor. Demgegenüber versuchen die meisten Patienten mit organischen Psychosyndromen oder Demenzen, aber auch mit affektiven und schizophrenen Störungen, bei der Erstexploration ihre Symptome zunächst eher zu bagatellisieren oder zu dissimulieren. Manche typischen Symptome, z. B. schizophrene Denkstörungen, sind Laien meist unbekannt und schwierig nachzuahmen. Die Untersuchung auf solche Symptome hin ist bei Zweifeln besonders wichtig.

Simulation kann verschiedene Formen annehmen, wobei die Nachfolgenden besonders häufig sind:

- die Inszenierung eines Vorfalls, z. B. eines „Anfalls" vor oder in unmittelbarer Nähe des gewünschten Beobachters;
- das Erfinden von Symptomen, z. B. Schmerzen, die nicht näher zu objektivieren sind;
- die Selbstbeschädigung, um ärztliche Intervention zu fordern oder dem Beobachter einen Schaden zu demonstrieren;
- die Fälschung ärztlicher Befunde, um dadurch das angestrebte Ziel zu erreichen.

Die Motive von Simulation und Aggravation lassen sich in drei Kategorien einteilen:

1. *Vermeidungsverhalten*: Vermeidung von Gefahr und Schwierigkeiten, Verantwortung oder Strafe.
2. *Sekundärer Krankheitsgewinn*: Krankenhausbehandlung, Versorgung durch Familie, Medikamentengabe, Unterkunft (z. B. bei Obdachlosen), Berentung.
3. *Vergeltung und Entschädigung*: Nach Schädigung oder Verlust, z. B. durch Unfall, oder Arbeitsplatzverlust, als Folge von Kränkungen.

■ Unter *dissoziativen* oder *Konversionsstörungen* versteht man psychogene Reaktionen auf frühkindliche Traumatisierungen oder auf akute oder chronische Konfliktsituationen. Letztere sind den Betroffenen aber nicht bewusst, werden von ihnen verdrängt oder verleugnet. Akute Störungen, die unmittelbar nach einer Traumatisierung entstehen, bilden sich meist spontan zurück. Bei länger anhaltender Symptomatik ist die Prognose ungünstiger; dauert die Störung mehrere Jahre an, führen Therapieversuche kaum noch zu einer Heilung. Die Symptomatik ahmt oft körperliche Erkrankungen oder organische (vorwiegend neurologische) Störungen nach, wie z. B. eine Amnesie, eine Fugue, einen Stupor, Krampfanfälle, Sensibilitätsstörungen oder Lähmungen. Gelegentlich werden auch psychische Krankheitsbilder nachgeahmt, wie z. B. eine Demenz (Pseudodemenz oder Ganser-Syndrom).

■ Unter den Gesichtspunkten der Begutachtung gehören zu den schwierigen Abgrenzungsproblemen zwischen Simulation, neurotischer Symptombildung und finalen Verhaltensweisen auch das *Münchhausen-Syndrom* (ICD 10 F 68.1, DSM IV 301.51), die in den Klassifikationssystemen als artifizielle Störung bezeichnet wird, und die Pseudologia fantastica. Das Münchhausen-Syndrom wurde erstmals 1951 von Asher beschrieben, der sich schon damals über die vielfältigen und dunklen Motive der Patienten wunderte, die sich selbst verletzen. Beim Münchhausen-Syndrom täuschen die Patienten körperliche oder psychische Symptome vor und fügen sich absichtlich Verletzungen bei. Sie suchen damit Ärzte und Krankenhäuser auf, um sich stationär versorgen, behandeln und sogar operieren zu lassen. Daher werden sie auch als Hospital-Hoppers bezeichnet. Einen finanziellen Nutzen wollen sie daraus jedoch nicht ziehen. Oft steht ein unbewusster Wunsch nach Umsorgung und Anerkennung sowie eine Reinszenierung frühkindlicher pathologischer Beziehungsmuster hinter diesem Verhalten. Selbstverletzungen dienen ihnen einerseits zur Affektregulierung und zur Abwehr autoaggressiver Tendenzen und von Suizidimpulsen, als Flucht vor sozialer Überforderung und dramatischer Zur-Schau-Stellung eigener Hilflosigkeit, andererseits als Appell an die Umwelt und Suche nach Zuwendung und Bestätigung, aber auch nach Versorgung. Am häufigsten werden Manipulationen der Körpertemperatur, Wundheilungsstörungen und künstlich herbeigeführte Blutungen im konsiliarpsychiatrischen Versorgungsbereich gesehen (Kapfhammer 2003).

Als besondere Verdachtsmomente gelten neben der Vielzahl von Krankenhausaufenthalten, oft in weit voneinander entfernten Kliniken, und der auffälligen Bereitschaft, sich invasiven diagnostischen und therapeutischen Maßnahmen zu unterziehen, welche schon in den Klassifikationssystemen als diagnostische Kriterien aufgeführt werden, die häufige Entlassung gegen ärztlichen Rat und eine Pseudologia fantastica.

▮ Die *Pseudologia fantastica* fällt durch pathologisches Lügen auf. Die Pseudologen lassen sich zu immer neuen und wunderlichen Darstellungen ihrer Lebensgeschichte induzieren. Im Gegensatz zu der Simulation beruht das Vorbringen bei diesen Störungen häufig auf unbewussten Motiven und ist wenig zielgerichtet. Deshalb werden sie in DSM IV auch getrennt von der Simulation als vorgetäuschte Störungen (DSM IV 300.16 u. 300.19) aufgeführt.

Zu sozialrechtlichen Begutachtungen kommt es öfter, wenn die Versicherungsträger sich weigern, die Kosten für die unnötigen Behandlungen zu übernehmen. Das Bundessozialgericht verurteilte in einem Fall die AOK zur Kostenübernahme mit der Begründung: Die Krankenkassen könnten nicht nachträglich darüber urteilen, ob die Aufnahme eines Kranken notwendig war. Nach dem Urteil des BSG vom 21.8.1996 (Az.: 3 RK 2/96) müssen die Krankenkassen auch dann für Behandlungen aufkommen, wenn der so genannte Kranke die Krankheit nur vorgetäuscht hatte und der Arzt das nicht erkennen konnte.

▮ Eine seltene, aber besonders dramatische Störung, die nahezu regelmäßig Begutachtungen nach sich zieht, ist das *Münchhausen-by-Proxy-Syndrom*, das 1977 erstmals von Meadow beschrieben wurde. Bei diesem Störungsbild werden Erkrankungszeichen eines Kindes von einem Elternteil, meist der Mutter, fälschlich angegeben, manipuliert oder produziert. Die Kinder werden immer wieder medizinischen Untersuchungen und Behandlungen zugeführt, die häufig mit invasiven diagnostischen und therapeutischen Maßnahmen verbunden sind. Die Eltern geben die wahren Hintergründe der Symptomatik nicht preis. Die Symptome verschwinden, wenn das Kind von den Eltern getrennt wird (Krupinski et al. 1995). Begutachtungen erfolgen bei diesem Störungsbild aus fürsorgerechtlichen, strafrechtlichen und gelegentlich aus sozialrechtlichen Gründen, wenn die Notwendigkeit von Kostenübernahme oder Fragen des Opferentschädigungsgesetzes geprüft werden müssen.

▮ Literatur

Asher R (1951) Munchhausen syndrome. Lancet 1:339–341

Kapfhammer HP (2003) Artifizielle Störungen und Simulation. In: Möller HJ, Laux G, Kapfhammer HP (Hrsg) Psychiatrie und Psychotherapie, 2. Aufl. Springer, Berlin Heidelberg New York Barcelona Hongkong London Mailand Paris Singapur Tokyo, S 1456–1469

Meadow R (1977) Münchhausen by proxy – the hinterland of child abuse. Lancet 2:343–345

Krupinski M, Soyka M, Tutsch-Bauer E, Frank R (1995) Münchhausen-by-proxy-Syndrom: eine interdisziplinäre Herausforderung. Nervenheilkunde 14:348–356

Möllenhoff G, Schmidt G (1998) „Selbstschädigungen" – psychiatrische, rechts- und versicherungsmedizinische Gesichtspunkte. Versicherungsmedizin 50:226–231

Nedopil N (2000) Forensische Psychiatrie, 2. Aufl. Thieme, Stuttgart New York

Venzlaff U, Foerster K (2004) Psychiatrische Begutachtung, 4. Aufl. Urban und Fischer, München Jena

28.4 Störungen durch psychotrope Substanzen: Intoxikation und Sucht

E. Lodemann und M. Gastpar

28.4.1 Klinisch-diagnostische Grundlagen

▮ Epidemiologischer Suchtsurvey 2003 (Alter: 18–59 Jahre)

▮ Alkohol (30-Tage-Prävalenz): risikoarmer Konsum 71,1% (bezogen auf Bevölkerung: 33517000), riskanter Konsum 9,3% (4 384 000), gefährlicher und sog. Hochkonsum 2,8% (1 320 000).

- Illegale Drogen: 12-Monats-Prävalenz 7,4% (3 488 000), 30-Tage-Prävalenz 3,9% (1 838 000).
- Medikamente mit Missbrauchs-/Abhängigkeitspotential: 12-Monats-Prävalenz 65,0% (30 641 000), 30-Tage-Prävalenz (≥1×/Wo!) 16,8% (7 920 000).

(Augustin u. Kraus 2005, Augustin et al. 2005, Kraus et al. 2005, Statistisches Bundesamt: Bevölkerung BRD 2003)

Vorbemerkung

Die nachfolgenden Darlegungen bewegen sich an der Schnittstelle zwischen Psychiatrie und Rechtssystem, d.h. zwischen Empirie sowie deskriptiver Begrifflichkeit auf der einen und normativer Bewertung sowie regulativ funktionslogischer Begrifflichkeit auf der anderen Seite. Im Fokus der Betrachtung stehen überwiegend Fragen der Zuordnung, insoweit keine Sachverhalte, die nach den Kriterien empirischer Forschung zu beurteilen sind.

Die einigen der nachfolgenden Abschnitte vorangestellten Häufigkeitsangaben, z.B. zu Delikten, zu vorzeitigem Rentenzugang, sind keine epidemiologischen Daten; sie sollen darauf hinweisen (zumindest, was die Größenordnung betrifft), wie häufig – bezogen auf ein Jahr – sich solch ein Schnittstellenproblem zwischen Suchtmittelproblematik und Rechtssystem und damit möglicherweise ein Gutachtenfall ergeben kann.

Diagnostische Leitlinien

Wie die Daten der Repräsentativerhebung 2003 zeigen, ist der Konsum psychotroper Substanzen in der Gesellschaft weit verbreitet. Wegen der (möglichen) Auswirkungen einer akuten Intoxikation (z.B. Störungen der Bewusstseinslage und der Situationswahrnehmung, Verlangsamung der Reaktionen, affektive Labilisierung, Minderung der Impulskontrolle) und wegen der körperlichen, psychischen und sozialen Folgeschäden eines chronischen Konsums können sich in den verschiedensten Lebensbereichen und rechtlichen Kontexten Begutachtungsanlässe ergeben.

(Zu grundsätzlichen Aspekten der ärztlichen Gutachtertätigkeit ▶Kapitel 1, zu den besonderen Problemen einer psychiatrischen Begutachtung ▶Kapitel 28.1 des vorliegenden Buches.)

Tabelle 28.1. ICD 10, Kapitel F1: Psychische und Verhaltensstörungen durch psychotrope Substanzen (Substanzgruppen)

F10:	Störungen durch Alkohol
F11:	Störungen durch Opioide
F12:	Störungen durch Cannabinoide
F13:	Störungen durch Sedativa oder Hypnotika
F14:	Störungen durch Kokain
F15:	Störungen durch andere Stimulantien, einschließlich Koffein
F16:	Störungen durch Halluzinogene
F17:	Störungen durch Tabak
F18:	Störungen durch flüchtige Lösungsmittel
F19:	Störungen durch multiplen Substanzgebrauch und Konsum anderer psychotroper Substanzen

Tabelle 28.2. ICD 10, aus Kapitel F1: Klinische Erscheinungsbilder (Auszug)

F1x.0:	**Akute Intoxikation**
F1x.00:	ohne Komplikationen
F1x.03:	mit Delir
F1x.04:	mit Wahrnehmungsstörungen
F1x.07:	pathologischer Rausch
F1x.1:	**Schädlicher Gebrauch**
F1x.2:	**Abhängigkeitssyndrom**
F1x.20:	gegenwärtig abstinent
F1x.24:	gegenwärtiger Substanzgebrauch
F1x.25:	ständiger Substanzgebrauch
F1x.26:	episodischer Substanzgebrauch (Dipsomanie)
F1x.3:	**Entzugssyndrom**
F1x.4:	**Entzugssyndrom mit Delir**
F1x.5:	**Psychotische Störung**
F1x.6:	**Durch Alkohol oder psychotrope Substanzen bedingtes amnestisches Syndrom**
F1x.7:	**Durch Alkohol oder psychotrope Substanzen bedingter Restzustand und verzögert auftretende psychotische Störung**
F1x.70:	Nachhallzustände (Flashbacks)
F1x.71:	Persönlichkeits- oder Verhaltensstörung
F1x.72:	Affektives Zustandsbild
F1x.73:	Demenz
F1x.74:	Andere anhaltende kognitive Beeinträchtigung
F1x.75:	Verzögert auftretende psychotische Störung
F1x.8:	**Andere durch Alkohol oder psychotrope Substanzen bedingte psychische oder Verhaltensstörung**

Die Diagnosestellung folgt in der Regel einem der international eingeführten diagnostischen Klassifikationssysteme, hier der 10. Revision der International Classification of Diseases (ICD 10) der WHO, und zwar Abschnitt F1: „Psychische und Verhaltensstörungen durch psychotrope Substanzen" des Kapitels V (F): „Internationale Klassifikation psychischer Störungen" (deutsche Ausgabe von Dilling et al. 1991). Tabelle 28.1 führt die nach ICD 10 bedeutsamen Substanzgruppen, Tabelle 28.2 die klinischen Erscheinungsbilder auf. Beide Kategorien gemeinsam bilden die aktuelle Diagnose.

Die genannten klinischen Erscheinungsbilder sind durch diagnostische Leitlinien weiter operationalisiert. Dies ist am Beispiel des Abhängigkeitssyn-

Tabelle 28.3. ICD 10, aus Kapitel F1: Diagnostische Leitlinien des Abhängigkeitssyndroms (F1x.2)

Die Diagnose Abhängigkeit soll nur gestellt werden, wenn irgendwann während des letzten Jahres drei oder mehr der folgenden Kriterien vorhanden waren:
1. Starker Wunsch oder eine Art Zwang, Substanzen oder Alkohol zu konsumieren
2. Verminderte Kontrollfähigkeit bezüglich des Beginns, der Beendigung und der Menge des Substanz- oder Alkoholkonsums
3. Substanzgebrauch mit dem Ziel, Entzugssymptome zu mildern, und entsprechende positive Erfahrung
4. Körperliches Entzugssyndrom
5. Nachweis einer Toleranz: Um die ursprünglich durch niedrigere Dosen erreichten Wirkungen der Substanz hervorzurufen, sind zunehmend höhere Dosen erforderlich (eindeutige Beispiele hierfür sind die Tagesdosen von Alkoholikern und Opiatabhängigen, die Konsumenten ohne Toleranzentwicklung schwer beeinträchtigen würden oder sogar zum Tode führten).
6. Eingeengtes Verhaltensmuster im Umgang mit Alkohol oder der Substanz wie z. B. die Tendenz, Alkohol an Werktagen wie an Wochenenden zu trinken und die Regeln eines gesellschaftlich üblichen Trinkverhaltens außer Acht zu lassen
7. Fortschreitende Vernachlässigung anderer Vergnügen oder Interessen zugunsten des Substanzkonsums
8. Anhaltender Substanz- oder Alkoholkonsum trotz Nachweises eindeutiger schädlicher Folgen. Die schädlichen Folgen können körperlicher Art sein, wie z. B. Leberschädigung durch exzessives Trinken, oder sozial, wie Arbeitsplatzverlust durch eine substanzbedingte Leistungseinbuße, oder psychisch, wie bei depressiven Zuständen nach massivem Substanzkonsum.

droms in Tabelle 28.3 dargestellt. – Die Bilder einer klinisch relevanten Intoxikation durch die in Tabelle 28.1 aufgeführten Substanzen (ICD 10: F10.0 bis F19.0, im Weiteren ohne F17) unterscheiden sich z. T. deutlich voneinander und lassen sich nicht in einem gemeinsamen Schema darstellen. In unterschiedlicher Weise und in unterschiedlichem Ausmaß können beeinflusst sein: Bewusstsein, Orientierung, Konzentrationsfähigkeit, Merkfähigkeit, Wahrnehmung, formales und inhaltliches Denken, Affektivität, Antrieb, Impulssteuerung, Motorik und Psychomotorik.

Bei zumindest der Hälfte aller Suchtpatienten (Berger 2004) muss von einer psychiatrischen Komorbidität ausgegangen werden. Dabei ist im Einzelfall oft nicht entscheidbar, ob eine neben der Sucht diagnostizierte weitere psychiatrische Erkrankung als ätiologisch, konsekutiv oder koinzidentiell einzuordnen ist und ob sie modulierende Bedeutung hat. Die Beantwortung dieser Frage hat häufig neben der therapeutischen auch weitreichende gutachtliche Bedeutung, z. B. wenn es bei der Beurteilung eines straffällig gewordenen Abhängigen um die Analyse des Zusammenhangs zwischen Suchtkarriere, Persönlichkeitsstörung und Delinquenzentwicklung oder um die Begründung prognostischer Aussagen geht.

28.4.2 Strafrecht

Anzahl aufgeklärter Straftaten 2003 unter Alkoholeinfluss und von Konsumenten harter Drogen (Auswahl von Deliktgruppen):

- Straftaten gegen das Leben und gegen die sexuelle Selbstbestimmung: Alkohol 6 501 (deliktbezogen 14,4%), Drogen 1 822 (4%);
- Körperverletzung: Alkohol 108 601 (26,1%), Drogen 16 686 (4%);
- Diebstahl unter erschwerenden Umständen: Alkohol 12 394 (6,3%), Drogen 34 579 (17,6%)

(Quelle: Bundeskriminalamt, Polizeiliche Kriminalstatistik 2003)

Schuldfähigkeit (Verantwortlichkeit)

Bei der Beteiligung psychiatrischer Sachverständiger am Strafprozess geht es in der Regel um die Frage der Schuldfähigkeit.

Das Strafrecht geht von dem Grundsatz aus, dass Strafe Schuld voraussetzt, ein Täter dann schuldig ist, wenn ihm sein Tun vorzuwerfen ist. Schuldfähigkeit wird im Strafgesetzbuch (*StGB*) nicht positiv definiert, sondern das Gesetz wählt die „negative" Vorgehensweise: Es benennt Zustände oder Situationen, in denen Schuldfähigkeit nicht gegeben oder in denen sie erheblich vermindert ist.

- **§ 20 Schuldunfähigkeit wegen seelischer Störungen.** *Ohne Schuld handelt, wer bei Begehung der Tat wegen einer krankhaften seelischen Störung, wegen einer tiefgreifenden Bewusstseinsstörung oder wegen Schwachsinns oder einer schweren anderen seelischen Abartigkeit unfähig ist, das Unrecht der Tat einzusehen oder nach dieser Einsicht zu handeln.*

- **§ 21 Verminderte Schuldfähigkeit.** *Ist die Fähigkeit des Täters, das Unrecht der Tat einzusehen oder nach dieser Einsicht zu handeln, aus einem der in § 20 bezeichneten Gründe bei Begehung der Tat erheblich vermindert, so kann die Strafe nach § 49 Abs. 1 gemildert werden.*

Das Gesetz geht also von der Voraussetzung aus, dass im Normalfall bei einem erwachsenen Täter Verantwortlichkeit bzw. Schuldfähigkeit gegeben ist. Erst wenn Umstände Zweifel an der Verantwortlichkeit eines Täters aufkommen lassen, muss die Schuldfähigkeit – bei Bedarf mit Hilfe eines Sachverständigen – überprüft werden.

Schuldunfähigkeit und erheblich verminderte Schuldfähigkeit sind nicht Gegenstand empirischer Erkenntnis, ‚diagnostizierbar', sondern rechtliche Wertungen. Aufgabe des psychiatrischen Gutachters ist es,

- zu prüfen, ob bei dem Angeklagten zum Zeitpunkt der Tat eine psychische Störung vorlag, die unter eines der Eingangsmerkmale der §§ 20 und 21 (krankhafte seelische Störung, tiefgreifende Bewusstseinsstörung, Schwachsinn, schwere andere seelische Abartigkeit) fällt,
- und, falls eine Subsumtion möglich ist, die Auswirkungen der Störung auf diejenigen psychischen Funktionen darzustellen, die Voraussetzung sind für die Fähigkeit des Täters zur Einsicht in das Unrecht der Tat (sog. *Einsichtsfähigkeit*) und für sein Vermögen, gemäß dieser Einsicht zu handeln (sog. *Steuerungsfähigkeit*).

Eingangsmerkmale (1. Stufe der Beurteilung)

Bei den vier Eingangsmerkmalen der §§ 20 und 21 StGB handelt es sich nicht um medizinisch-psychiatrische Begriffe. Die Zuordnung der in ICD 10 enthaltenen psychiatrischen Diagnosen zu den genannten Merkmalen folgt Regeln, die am ehesten aus der Geschichte des juristischen und des psychiatrischen Krankheitsbegriffes verständlich sind. Tabelle 28.4 führt Beispiele für diese Zuordnung auf, vor allem aus dem Bereich von Störungen durch psychotrope Substanzen.

Wie die qualifizierenden Adjektive des Gesetzestextes ‚krankhaft', ‚tiefgreifend' und ‚schwer' anzeigen, reicht jedoch eine Diagnose nach ICD 10 nicht aus, die Annahme eines Eingangsmerkmals zu begründen (Schalast u. Leygraf 2002). Es muss zusätzlich ein deutlicher psychopathologischer Ausprägungsgrad der Störung vorliegen – ein Erfordernis, das, soll die Eingangsschwelle jeweils gleich hoch sein, einen einheitlichen Maßstab für die Schweregradbestimmung qualitativ verschiedener psychopathologischer Bilder voraussetzen würde. Die größere Entscheidungslast liegt daher bei Stufe 2 der Schuldfähigkeitsbeurteilung.

Ausgangspunkt für die erste Stufe der Begutachtung ist eine möglichst umfassende und exakte Rekonstruktion des psychopathologischen Zustandsbildes zum Zeitpunkt der Tat, u.a. gestützt auf direkte oder tatzeitnahe Beobachtungen von Zeugen, Angaben im Blutentnahmeprotokoll, Aussagen des Untersuchten, Merkmale des Tatverlaufs. (Der Sachverständige hat dabei von den gerichtlich ermittelten Sachverhalten und den Angaben des Angeklagten in der gutachtlichen Untersuchung auszugehen, darüber hinaus keine eigenen Ermittlungen anzustellen.) Die Diagnosestellung folgt den zu Beginn dieses Kapitels dargestellten Kriterien; eingeschlossen sind dabei die Ergebnisse der tatzeitbezogenen labortechnischen Untersuchungen auf psychotrope Substanzen, die Suchtanamnese usw.

Einsichts- und Steuerungsfähigkeit (2. Stufe der Beurteilung)

Lässt sich die psychische Störung unter eines der Eingangsmerkmale subsumieren, so hat das Gericht zu entscheiden, ob Einsichts- und Steuerungsfähigkeit zur Tatzeit aufgehoben oder erheblich vermindert waren. Es hat dabei u.a. abzuwägen, inwieweit in der konkreten Tatsituation vom Angeklagten Einsicht erwartet und Handlungssteuerung verlangt werden konnten (Nedopil 2000); insofern handelt es sich um eine normative Entscheidung. – Der Sachverständige hat darzulegen, in welchem Ausmaß zum Zeitpunkt der Tat die für die Einsichts- und die Steuerungsfähigkeit relevanten Funktionen beeinträchtigt waren.

Einsichtsfähigkeit

Bei Störungen durch psychotrope Substanzen kann die Einsichtsfähigkeit durch massive kognitive Funktionsbeeinträchtigungen oder auch durch psychotische Realitätsverkennungen in Frage gestellt sein. Als Beispiele seien die Diagnose einer durch langjährigen Alkoholabusus bedingten fortgeschrittenen Demenz (F10.73), eines Alkoholentzugssyndroms mit Delir (F10.4) und einer wahnhaften psychotischen Störung bei Halluzinogenintoxikation

Tabelle 28.4. Beispiele für die Zuordnung psychiatrischer Diagnosen (bei entspr. Schweregrad der Störung) zu den Eingangsmerkmalen von §§ 20, 21 StGB

Eingangsmerkmale der §§ 20 u. 21 StGB	Psychiatrische Diagnosen nach ICD 10
▮ Krankhafte seelische Störung	Organische Störungen, Schizophrenie, affektive Störungen; akute Intoxikation durch psychotrope Substanzen, Entzugssyndrom, substanzinduzierte psychotische Störung, Abhängigkeitssyndrom mit körperl. Entzugserscheinungen bei Substanzreduktion, durch Substanzgebrauch bedingte amnestische Störung und Demenz
▮ Tiefgreifende Bewusstseinsstörung	Schwere affektive Belastungsreaktionen
▮ Schwachsinn	Mittelgradige und schwere Intelligenzminderung
▮ Schwere andere seelische Abartigkeit	Persönlichkeitsstörungen, neurotische Störungen; chronischer Missbrauch von psychotropen Substanzen ohne Anzeichen körperlicher Abhängigkeit

(F16.0) angeführt. Entscheidend ist jedoch nicht die Diagnose, sondern das Ausmaß der psychischen Funktionsbeeinträchtigung.

Nach der Rechtsprechung des Bundesgerichtshofes (BGH) ist jedoch eine Verminderung der Einsichtsfähigkeit im Blick auf § 21 StGB unerheblich, wenn in der konkreten Situation die Einsicht in das Unrecht des Tuns noch vorhanden war. Fehlte das Unrechtsbewusstsein, so greift § 21 StGB dann, wenn dies dem Täter vorzuwerfen ist, und gilt § 20 StGB, wenn dieser Zustand unverschuldet, z. B. krankheitsbedingt, eingetreten ist (BGH-Beschluss v. 21. 3. 1990).

Steuerungsfähigkeit

Dem Gesetzestext zufolge ist dann, wenn zur Zeit der Tat Unrechtseinsicht gegeben war, die Steuerungsfähigkeit zu prüfen. Zum juristischen Begriff der Steuerungsfähigkeit gibt es auf der empirischen Ebene keine einfache Entsprechung. Häufig genannte Begriffe bzw. Umschreibungen sind: Hemmungsvermögen, Fähigkeit zum planmäßigen Handeln, zur Verhaltensregulation, zur Selbstbestimmung.

Die Beurteilung *alkoholisierter Straftäter* gehört zu den häufigsten Aufgaben psychiatrischer Sachverständiger; die Delikte wurden zumeist im Zustand mittlerer Intoxikation verübt.

Die Wirkung des Alkohols hängt nicht nur von der konsumierten Menge, sondern von einer Vielzahl weiterer Faktoren ab, z. B. von der individuellen Alkoholempfindlichkeit, der Alkoholgewöhnung bzw. dem Grad der erworbenen Toleranz, der Trinkgeschwindigkeit, der allgemeinen körperlichen Verfassung (u. a. Übermüdung, Erschöpfung, Nahrungskarenz), dem Konsum von weiteren psychotropen Substanzen oder Medikamenten, dem Vorliegen von organischen Vorschädigungen des Gehirns, der affektiven Ausgangslage, der Primärpersönlichkeit.

Die Vielfalt inter- und intraindividuell möglicher Konstellationen zum Zeitpunkt der Tat führt dazu, dass eine einheitliche Dosis-Wirkungs-Beziehung sich nicht sichern lässt. Der Beweiswert der Blut-Alkohol-Konzentration (*BAK*) für die Verminderung oder Aufhebung der Steuerungsfähigkeit ist daher von begrenztem Gewicht.

Lange Zeit hat sich die Schuldfähigkeitsbeurteilung vorrangig an der Tatzeit-BAK orientiert – mit den Grenzwerten von ≥2,0‰ (bis 2,99‰) als Hinweis für § 21 StGB und ≥3,0‰ für § 20 StGB, mit einer Erhöhung von jeweils 10% für Straftaten gegen das Leben. Ein solches Schema ist zwar einheitlich handhabbar, läuft jedoch Gefahr, nach Art und Intensität unterschiedliche psychopathologische Zustandsbilder der gleichen Bewertung zu unterwerfen. Der Bundesgerichtshof hat daher 1997 ausdrücklich festgestellt: „Es gibt keinen gesicherten medizinisch-statistischen Erfahrungssatz darüber, dass … allein wegen einer bestimmten Blut-Alkohol-Konzentration zur Tatzeit in aller Regel vom Vorliegen einer erheblich verminderten Steuerungsfähigkeit auszugehen ist." (zit. nach Foerster 2004, S. 204) Maßgeblich ist die psychopathologische Symptomatik sowie deren Auswirkung auf die für die Steuerungsfähigkeit relevanten Funktionen.

Hinweise auf eine alkoholbedingte Beeinträchtigung der Steuerungsfähigkeit können sein (Kriterienkatalog in Anlehnung an Foerster 2004):

- deutliche Beeinträchtigung von Motorik und Konzentration,
- affektive Auslenkung, affektive Einengung,
- emotionale Labilität,
- Einengung des Wahrnehmungsfeldes, verminderte Reagibilität auf Außenreize,
- deutliche Beeinträchtigung des formalen Denkablaufs (z. B. herabgesetztes Auffassungsvermögen, verminderte Flexibilität, Perseverationen),
- hohe Impulsivität des Tatablaufs, Fehlen von Tatplanung und Risikoabsicherung,
- Missverhältnis zwischen Tatanstoß und Reaktion.

Bei der gutachtlichen Beurteilung von *Drogenkonsumenten* geht es überwiegend um Beschaffungsdelikte. Akute Rauschzustände, starke Entzugserscheinungen sowie suchtbedingte schwere Persönlichkeitsveränderungen führen dabei häufig zu einer erheblichen Verminderung der Steuerungsfähigkeit, so dass eine Anwendung von § 21 StGB gerechtfertigt erscheint.

Darüber hinaus, so hat der BGH geurteilt, kann bei einem Heroinabhängigen die Zuerkennung des § 21 dann möglich sein, wenn dessen „Angst vor Entzugserscheinungen, die er schon als äußerst unangenehm erlebt hat und als nahe bevorstehend einschätzt, … (ihn) unter ständigen Druck setzt und zu Beschaffungstaten treibt" (zit. nach Maatz 2003, S. 7).

Aufgabe des Sachverständigen ist es, die Diagnose einer Abhängigkeit zu begründen, zu untersuchen, ob die Tat *maßgeblich* von der Angst vor Entzugserscheinungen bestimmt war, und die Auswirkungen der psychischen Verfassung auf die für die Steuerungsfähigkeit relevanten Funktionen zu prüfen.

Herbeiführung des Rausches als Straftatbestand

Kommt das Gericht zu dem Urteil, dass der Täter wegen einer Intoxikation mit psychotropen Substanzen zum Zeitpunkt der inkriminierten Tat schuldunfähig war, bleibt zu prüfen, wie die Herbeiführung des Rauschzustandes forensisch zu bewerten ist. (Der Sachverständige hat dazu nur dann Stellung zu nehmen, wenn der Gutachtenauftrag dies einschließt.)

Wer sich vorsätzlich (oder fahrlässig) mit Blick auf eine spätere Straftat in einen Rauschzustand versetzt, der Einsichts- oder Steuerungsfähigkeit ausschließt, wer z. B. sich betrinkt, um seine Hemmungen abzubauen, kann nach dem Zurechnungsprinzip der actio libera in causa (dem Prinzip der ‚vorverlagerten Schuld') für die im schuldunfähigen Zustand begangene Tat verurteilt werden.

Bei den meisten im sog. Vollrausch begangenen Straftaten liegt jedoch keine ‚Vorverantwortlichkeit' vor; sie erfolgen im Rauschzustand, es besteht aber nicht schon bei Beginn z. B. des Trinkens ein auf die Tat bezogener Vorsatz. Als Auffangtatbestand für die Fälle, in denen der Täter für die Rauschtat wegen Schuldunfähigkeit nicht bestraft werden kann, fungiert der (rechtssystematisch komplizierte) § 323 a StGB.

- **§ 323a Vollrausch.** *(1) Wer sich vorsätzlich oder fahrlässig durch alkoholische Getränke oder andere berauschende Mittel in einen Rausch versetzt, wird mit Freiheitsstrafe bis zu 5 Jahren oder mit Geldstrafe bestraft, wenn er in diesem Zustand eine rechtswidrige Tat begeht und ihretwegen nicht bestraft werden kann, weil er infolge des Rausches schuldunfähig war oder weil dies nicht auszuschließen ist.*

Damit ist eine Art von Folgenhaftung für riskantes Verhalten formuliert.

Nicht verantwortlich für die Berauschung (und die Tat) ist, wer unter dem Druck einer Sucht seinen Konsum nicht steuern und so den (Voll-)Rauschzustand nicht vermeiden konnte.

Unterbringung im Maßregelvollzug gemäß § 64 StGB

Anzahl von nach § 64 untergebrachten Klienten (Stichtagserhebung 3/2003):
- primär mit Alkoholproblemen 1092,
- primär mit Drogenproblemen 1189.

(Quelle: Statist. Bundesamt, Fachserie Strafvollzug)

Bei Straftätern mit einer Suchtmittelproblematik kann vom Gericht neben oder anstelle einer Freiheitsstrafe die Unterbringung in einer sog. Entziehungsanstalt angeordnet werden.

- **§ 64 Unterbringung in einer Entziehungsanstalt.** *(1) Hat jemand den Hang, alkoholische Getränke oder andere berauschende Mittel im Übermaß zu sich zu nehmen, und wird er wegen einer rechtswidrigen Tat, die er im Rausch begangen hat oder die auf seinen Hang zurückgeht, verurteilt oder nur deshalb nicht verurteilt, weil seine Schuldunfähigkeit erwiesen oder nicht auszuschließen ist, so ordnet das Gericht die Unterbringung in einer Entziehungsanstalt an, wenn die Gefahr besteht, dass er infolge seines Hanges erhebliche rechtswidrige Taten begehen wird. (2) Die Anordnung unterbleibt, wenn eine Entziehungskur von vornherein aussichtslos erscheint.*

Um klarzustellen, dass der Schutzzweck der Maßregel durch *Behandlung* des Untergebrachten erreicht werden soll, hob das Bundesverfassungsgericht 1994 Absatz 2 auf und formulierte (BVerfG Beschluss v. 16. 03. 1994):

„Die Anordnung der Unterbringung in einer Entziehungsanstalt und ebenso ihr Vollzug müssen von Verfassung wegen an die Voraussetzung geknüpft sein, dass eine hinreichend konkrete Aussicht besteht, den Süchtigen zu heilen oder doch über eine gewisse Zeitspanne vor dem Rückfall in die akute Sucht zu bewahren."

Eine Unterbringung nach § 64 StGB kann also angeordnet werden, wenn das Gericht auf Schuldunfähigkeit oder verminderte Schuldfähigkeit erkennt, aber auch, wenn es von Schuldfähigkeit ausgeht. Sie darf (als selbstständige Maßnahme) zwei Jahre nicht übersteigen (§ 67 d Abs. 1 StGB).

Der juristische Begriff ‚Hang' (alkoholische Getränke oder andere berauschende Mittel im Übermaß zu sich zu nehmen) deckt sich nicht mit dem psychiatrischen Begriff der Abhängigkeit (Fischer 2001), schließt ihn jedoch als wesentlichen Inhalt ein.

Das zusätzliche Vorliegen von Persönlichkeitsstörungen mit einer Nähe zur Kriminalität, z. B. einer dissozialen Störung (F60.2), schließt einen Maßregelvollzug nach § 64 StGB nicht aus, es sei denn, dass sie den Schweregrad der in § 20 bezeichneten Störungen erreicht und für den ‚Hang' ursächlich ist (Fischer 2001).

Bei Prüfung der Frage einer Unterbringung ist ein Sachverständiger hinzuzuziehen (§ 246 a StPO). Er hat sich dazu zu äußern,
- ob eine Suchtmittelabhängigkeit besteht und ob sie der Anlasstat zugrunde liegt;
- ob (ohne Maßnahme) ‚infolge des Hanges' die Gefahr weiterer rechtswidriger Taten gegeben ist, für welche Art von Straftaten das Risiko erhöht ist, wie deren Wahrscheinlichkeit einzuschätzen ist (suchtbedingte Kriminalprognose);
- ob bei einer Unterbringung in einer Entziehungsanstalt hinreichend konkrete Erfolgsaussichten bestehen, den Süchtigen nach der Entlassung „über eine gewisse Zeitspanne vor dem Rückfall in die akute Sucht zu bewahren" (s. o.) und dadurch von erneuten rechtswidrigen Taten abzuhalten (Behandlungsprognose).

Der sog. Symptomcharakter (nicht notwendig die Ursache) der Tat liegt auf der Hand, wenn ein Alkoholabhängiger im intoxikierten Zustand gewalttätig wird oder wenn ein Drogenabhängiger ein sog. direktes Beschaffungsdelikt (mit unmittelbar anschließendem Konsum) begeht. Die Verursachungszusammenhänge von Suchtmittelkonsum und Kriminalität sind jedoch i.d.R. nicht durch ein einseitiges Ursache-Wirkungs-Verhältnis zu erklären. Sucht und Delinquenz können sich in ihrer Entwicklung wechselseitig verstärken, sind bei Drogenabhängigen häufig beide Ausdruck eines devianten Lebensstils.

Die Prognose erneuter Straftaten ‚infolge des Hanges' setzt die Beurteilung des weiteren Verlaufs der Abhängigkeitserkrankung voraus. Daneben ist das Gewicht weiterer Risikofaktoren abzuschätzen, wie sie z.B. (neben dem Suchtmittelmissbrauch) in der Integrierten Liste der Risikovariablen (*ILRV*) von Nedopil (2000, S. 245) und in dem Beurteilungsschema von Dittmann (2000) in strukturierter Form aufgeführt werden.

Als prognostisch ungünstige Faktoren für den Erfolg der Behandlung eines Klienten im Rahmen der Unterbringung nach § 64 lassen sich in Anlehnung an Rasch (1999) sowie an Gastpar u. Finkbeiner (2000) u.a. nennen:

- mangelnde Frustrationstoleranz,
- hohe Aggressionstendenz,
- geringe Bindungsfähigkeit,
- Neigung zur unmittelbaren Bedürfnisbefriedigung,
- suchtbedingte Persönlichkeitsveränderungen,
- deutliche kognitive Funktionseinbußen,
- Polytoxikomanie,
- erfolglose Therapien in der Vorgeschichte.

Bei etwa der Hälfte aller nach § 64 Untergebrachten wird die Maßnahme wegen ‚Aussichtslosigkeit' abgebrochen; als Prädiktoren eines ungünstigen (–) bzw. günstigen (+) Verlaufs der Entziehungskur geben Schalast und Leygraf (2002) an:

(–) früher Beginn des Suchtmittelmissbrauchs, früher Beginn sozialer Auffälligkeit, Therapieabbrüche in der Vorgeschichte;

(+) Schulabschluss, abgeschlossene Berufsausbildung, höheres Lebensalter bei Aufnahme.

Der prognostische Wert solcher Merkmale ist jedoch meist relativ gering. So fanden z.B. Schalast und Mitarbeiter (2000) in einer breit angelegten (noch nicht abgeschlossenen) Studie an Alkoholpatienten eine Vielzahl von signifikanten Zusammenhängen zwischen familiären Belastungsfaktoren, Merkmalen des Sucht- und Arbeitsverhaltens und Aspekten früher und aktueller Dissozialität auf der einen Seite, dem Verlauf der Maßnahme (Kriterium: vorzeitige Beendigung wegen ‚Aussichtslosigkeit' vs. Aussetzen zur Bewährung, Entlassung in Freiheit) auf der anderen Seite; in einer zusammenfassenden multiplen Regressionsanalyse konnten jedoch nur 20,3% der Kriteriumsvarianz aufgeklärt werden.

Methodisch ausgewiesene (u.a. kreuzvalidierte) und aussagestarke Prädiktoren für den Verlauf einer Entziehungskur und – wichtiger – für ihren Effekt über die Dauer der Maßnahme hinaus, d.h. für einen umrissenen Bewährungszeitraum nach ihrem Abschluss, zu bilden, scheint eine nur schwer lösbare Aufgabe zu sein.

Prognosebeurteilungen bedürfen der besonderen Erfahrung des Gutachters.

Verhandlungsfähigkeit

‚Verhandlungsfähigkeit' (im Strafprozess) bedeutet, dass der Angeklagte in der Lage ist, der Verhandlung über die ganze zeitliche Erstreckung hin zu folgen, seine Interessen angemessen wahrzunehmen, die Verteidigung vernünftig und in verständlicher Form zu führen und Erklärungen abzugeben sowie entgegenzunehmen (Schulte 2000). Eine akute Alkohol- oder Drogenintoxikation (F1x.0), ein Entzugssyndrom (F1x.3), substanzbedingte psychotische Störungen (F1x.5) – um nur einige Beispiele zu nennen – können diese Fähigkeit ausschließen, und zwar nach Maßgabe ihrer Auswirkungen auf u.a. Situationswahrnehmung, Urteilsvermögen oder konzentrative Belastbarkeit. Die Entscheidung der Frage, ob ein Angeklagter verhandlungsunfähig ist, obliegt dem Gericht.

Haftfähigkeit bzw. Vollzugstauglichkeit

In den ersten Tagen nach Antritt der Untersuchungshaft oder nach dem direkten Antritt einer Freiheitsstrafe treten bei Abhängigkeitskranken häufig Entzugserscheinungen, bisweilen Entzugsdelire auf. Anpassungsstörungen, auch suizidale Tendenzen können dadurch verstärkt werden. Die Behandlung dieser Störungen, auch eine Substitutionstherapie, ist i.d.R. in den Haftanstalten selbst möglich.

Die Vollstreckung einer Freiheitsstrafe ist dann aufzuschieben oder zu unterbrechen, „wenn der Verurteilte in Geisteskrankheit verfällt" (§ 455 StPO). Gemeint sind damit nach allgemeiner Auffassung akute Psychosen. Der Gutachter hat nach Stellung der Diagnose die therapeutischen Erfordernisse und die gesundheitlichen Gefährdungen durch eine weitere Inhaftierung zu beurteilen. Bei der Entscheidung der Frage nach einer Haft- bzw. Vollzugsunfähigkeit sind vom Richter auch Fragen der öffentlichen Sicherheit zu berücksichtigen.

28.4.3 Straßenverkehrsrecht

Die rechtlichen Bestimmungen, die in unserem Zusammenhang relevant sind, finden sich im Wesentlichen im Straßenverkehrsgesetz (*StVG*), im Strafgesetzbuch (*StGB*) und in der Fahrerlaubnis-Verordnung (*FeV*). Gericht oder Verwaltungsbehörde können je nach Ausgangslage und Fragestellung das

Gutachten eines Rechtsmediziners, eines Facharztes mit verkehrsmedizinischer Zusatzqualifikation oder einer medizinisch-psychologischen Untersuchungsstelle (Begutachtungsstelle für Fahreignung, *BfF*) anfordern.

(Was grundlegende Definitionen von z. B. Fahrtüchtigkeit und Fahreignung, was für die Fahreignung relevante Leistungs- und Persönlichkeitsmerkmale sowie deren Erfassung und was die formalen Anforderungen an ein Fahreignungsgutachten betrifft, sei auf die Darlegungen in Kapitel 36 verwiesen.)

Ordnungswidrigkeiten und Straftatbestände

Folgende BAK-Grenzwerte sind beim Führen eines Kfz z. Zt. verbindlich (Hentschel 2003):

- Ab einer BAK von 0,3‰ ist, falls weitere Beweisanzeichen wie z. B. alkoholtypische Fahrfehler, ungewöhnliche Fahrweise oder auffälliges Verhalten vor oder nach der Fahrt (z. B. Gang- u. Standunsicherheit, Konzentrationsmängel) vorliegen, eine sog. relative Fahrunsicherheit gegeben.
- Ab einer BAK von 0,5‰ (bis 1,09‰) liegt – bei Fehlen weiterer Beweisanzeichen – eine Ordnungswidrigkeit vor (§ 24 a Abs. 1 StVG).
- Ab einer BAK von 1,1‰ gilt ein Kraftfahrer als absolut fahrunsicher, d. h. es bedarf keiner weiteren Indizien, anzunehmen, dass er nicht mehr in der Lage ist, das Fahrzeug sicher zu führen.

Für Alkoholabhängige gelten trotz Toleranzentwicklung grundsätzlich dieselben Maßstäbe wie für sog. Normalkonsumenten.

Die Begriffe ‚relative' und ‚absolute' Fahrunsicherheit bezeichnen verschiedene Arten des Nachweises der Fahrunsicherheit, nicht aber verschiedene Stufen ihres Ausmaßes.

Für ‚andere berauschende Mittel' sind Gefahrengrenzwerte bisher wissenschaftlich nicht begründbar. Eine Verkehrsordnungswidrigkeit (§ 24 a Abs. 2 StVG) liegt vor, wenn beim Fahrer eine der in einer Anlage zu dem Paragraphen genannten Substanzen „im Blut nachgewiesen wird". Die ‚offene Liste' der Anlage führt derzeit folgende ‚berauschende Mittel' an: Cannabis, Heroin, Morphin, Kokain, Amphetamin sowie Designer-Amphetamine (MDE, MDEMA). – Die Feststellung einer Fahrunfähigkeit im strafrechtlichen Sinn bedarf bei den genannten Substanzen immer zusätzlicher Beweisanzeichen.

Nach § 316 StGB wird mit Strafe bedroht, wer im Verkehr ein Fahrzeug führt, „obwohl er in Folge des Genusses alkoholischer Getränke oder anderer berauschender Mittel nicht in der Lage ist, das Fahrzeug sicher zu führen" (abstraktes Gefährdungsdelikt). Werden im Straßenverkehr dadurch „Leib oder Leben eines anderen Menschen oder fremde Sachen von bedeutendem Wert gefährdet" (§ 315 c Abs. 1 Nr. 1 a), fällt die Strafe deutlich höher aus (konkretes Gefährdungsdelikt).

Fahreignung

Anzahl medizinisch-psychologischer Untersuchungen (BfF) 2003:

- Alkoholfragestellungen: 73 814,
- Betäubungsmittel-Fragestellungen: 14 623.

(Quelle: Mitteilungen BASt, Knoche 2004)

Die Eignungsproblematik beim Konsum von Alkohol, Betäubungsmitteln (im Sinne des BtMG) und ‚anderen psychoaktiven Substanzen' wird in der Fahrerlaubnis-Verordnung in gesonderten Regelungen (§§ 13, 14) aufgegriffen. Die Begutachtungsleitlinien zur Kraftfahreignung (*BLL*, Bundesanstalt für Straßenwesen 2000) widmen ihr ein relativ ausführliches Kapitel.

Tabelle 28.5 fasst die wesentlichen Regelungen für die Fahrerlaubnisklassen B, BE, C1, C1E, M, L der sog. Gruppe 1, nach alter Regelung u. a. Klasse 3 (BRD) und B (DDR), zusammen. Strengere Bestimmungen bzw. höhere Anforderungen gelten u. a. für die Fahrgastbeförderung und für Gefahrguttransporte.

Wer als Heroinabhängiger mit Methadon substituiert wird, gilt i. d. R. als nicht geeignet, ein Fahrzeug zu führen. „Nur in seltenen Ausnahmefällen ist eine positive Beurteilung möglich, wenn besondere Umstände diesen Einzelfall rechtfertigen. Hierzu gehören u. a. eine mehr als einjährige Methadonsubstitution, eine psychosoziale stabile Integration, die Freiheit vom Beigebrauch anderer psychoaktiver Substanzen, incl. Alkohol, seit mindestens einem Jahr, nachgewiesen durch geeignete, regelmäßige, zufällige Kontrollen (z. B. Urin, Haar) während der Therapie, der Nachweis für Eigenverantwortung und Therapie-Compliance sowie das Fehlen einer Störung der Gesamtpersönlichkeit." (BLL 2000)

Insgesamt enthalten FeV und BLL relativ differenzierte Vorgaben. Der Gutachter muss für den individuellen Fall keine Risikoanalyse mit Hilfe empirisch-statistisch validierter Prädiktoren durchführen, sondern er hat zu prüfen, welche der angeführten Kriteriumskonstellationen vorliegt. Abweichungen von den Vorgaben der BLL sind möglich, aber begründungspflichtig.

28.4.4 Zivilrechtliche Fragen (Auswahl)

Betreuungsrecht

Am 01. 01. 1992 trat das Gesetz zur Reform des Rechts der Vormundschaft und Pflegschaft für Volljährige (Betreuungsgesetz, *BtG*) in Kraft, das deutli-

Tabelle 28.5. Fehlende und bedingte Eignung zum Führen eines Kfz. (Nach Fahrerlaubnis-Verordnung u. Begutachtungsleitlinien)

Krankheiten, Mängel	Eignung bzw. bedingte Eignung
Alkohol	
▪ Missbrauch (keine sichere Trennung von Führen eines Kfz und die Fahrsicherheit beeinträchtigendem Alkoholkonsum)	nein
▪ Nach Beendigung des Missbrauchs, z. B. nach Reha-Kurs für alkoholauffällige Kraftfahrer	*ja, wenn* entspr. Änderung des Trinkverhaltens gefestigt und für zumindest 6 Mon. belegt ist, keine relevante Leistungsbeeinträchtigung und Persönlichkeitsveränderung aufgrund des früheren Abusus vorliegt
▪ Abhängigkeit	nein
▪ Nach Abhängigkeit (Entwöhnungsbehandlung)	*ja, wenn* keine Abhängigkeit mehr, i. d. R. 1 Jahr Abstinenz durch Tatsachen, u. a. geeignete Laboruntersuchungen, nachgewiesen, keine relevante Leistungsbeeinträchtigung u. Persönlichkeitsveränderung aufgrund des früheren Abusus *möglich:* Auflage einer späteren Überprüfung
Betäubungsmittel, andere psychoaktive Substanzen mit Missbrauchspotential	
▪ Einnahme von Betäubungsmitteln im Sinne des BtMG (exkl. Cannabis)	nein
▪ Regelmäßige Einnahme von Cannabis	i. d. R. nein
▪ Gelegentliche Einnahme von Cannabis	*ja, wenn* zuverlässig Trennung von Konsum und Fahren, kein zusätzlicher Gebrauch von Alkohol oder anderen psychoaktiven Stoffen, keine relevante Störung der Persönlichkeit, kein Kontrollverlust
▪ Missbräuchliche Einnahme von anderen psychoaktiven Stoffen inkl. entspr. Arzneimittel	nein
▪ Abhängigkeit von anderen psychoaktiven Stoffen inkl. entspr. Arzneimittel	nein
▪ Nach Entgiftung und Entwöhnung	*ja, wenn* 1 Jahr Abstinenz durch Tatsachen, u. a. durch geeignete Laboruntersuchungen, nachgewiesen, keine relevante Leistungsbeeinträchtigung u. Persönlichkeitsveränderung aufgrund des früheren Abusus *Auflage:* regelmäßige Kontrollen
Dauerbehandlung mit psychoaktiven Arzneimitteln	
▪ Deutliche Intoxikationssymptome	nein
▪ Beeinträchtigung verkehrsrelevanter Leistungsfunktionen (z. B. visuelle Orientierung, konzentrative Belastbarkeit, Reaktionsschnelligkeit u. -sicherheit) unter das erforderliche Maß (z. B. in entspr. Tests: Prozentrang (Gesamtnorm) <16)	nein

cher als die bis dahin geltenden Regeln das individuelle Betreuungsbedürfnis, die dem Betroffenen gebliebenen Fähigkeiten und alternative Möglichkeiten der Unterstützung berücksichtigt. Was Abhängigkeitserkrankungen betrifft, sind die im alten Vormundschaftsrecht diskriminierend wirkenden Aussagen zur ‚Trunksucht, Rauschgiftsucht und dadurch bedingten Verschwendung' entfallen.

Voraussetzung für die Einrichtung einer Betreuung ist nach § 1896 Abs. 1 BGB, dass eine „psychische Krankheit", eine „körperliche Krankheit" oder eine „körperliche, geistige oder seelische Behinderung" vorliegt (1) und dass der Betroffene aus diesem Grunde (2) „seine Angelegenheiten ganz oder teilweise nicht besorgen" kann (3). (Zur Ausgestaltung des Rechtsinstituts der Betreuung, insbesondere zu der Vielfalt an möglichen Betreuungsaufgaben ▶ Kap. 2.9.)

Zu den psychischen Krankheiten, bei denen, falls die Erfordernisse 2 und 3 erfüllt sind, die Einrichtung einer Betreuung gerechtfertigt sein kann, zählen laut amtlicher Begründung des BtG auch Alkohol- und Drogenabhängigkeit. Eine gravierende Beeinträchtigung der Fähigkeit, die eigenen Angelegenheiten wahrzunehmen, kann z. B. vorliegen bei alkoholbedingter Demenz (F10.73) und Korsakow-Psychose (F10.6), bei Persönlichkeitsstörungen nach chronischem Drogenkonsum (F1x.71) und bei begleitenden Erkrankungen, z. B. einer HIV-Enzephalopathie. Stets ist zu prüfen, inwieweit der Betroffene an der Wahrnehmung seiner Angelegenheiten gehindert ist, welche Zustandsbesserung durch gezielte ärztliche Therapie oder Rehabilitationsmaßnahmen erreicht werden kann und ob keine Unterstützungsalternativen bestehen. Wenn die Einrichtung einer Betreuung sich als erforderlich erweist, sollte eine auf den Einzelfall zugeschnittene Festlegung der Aufgabenbereiche erfolgen; dabei sollte auch innerhalb der meist typisierend genannten Aufgabenkreise wie z.B. Aufenthaltsbestimmung, Vermögenssorge, Gesundheitsangelegenheiten eine Differenzierung vorgenommen werden.

Die schwerwiegende Maßnahme einer Unterbringung mit Freiheitsentzug ist nur in besonderen Situationen zulässig, und zwar

1. dann, wenn die Gefahr besteht, dass der Betreute aufgrund seiner psychischen Krankheit oder Behinderung sich selbst tötet oder erheblichen gesundheitlichen Schaden zufügt, oder
2. wenn eine Untersuchung des Gesundheitszustandes, eine Heilbehandlung oder ein ärztlicher Eingriff zum Wohle des Patienten unerlässlich und anders nicht möglich ist (BGB § 1906), z.B. weil der Betroffene aufgrund seiner Krankheit oder Behinderung die Notwendigkeit einer Unterbringung nicht erkennt.

Sie ist nur mit Genehmigung des Vormundschaftsgerichts zulässig. Bei Abhängigkeitskranken ist eine Unterbringung im Rahmen einer Betreuung u.a. dann möglich, wenn bei weiterem Konsum des Suchtmittels, z.B. von Alkohol, wegen bereits vorliegender (Folge-)Krankheiten, z.B. einer fortgeschrittenen Leberzirrhose, in absehbarer Zeit ein erheblicher Gesundheitsschaden droht.

Geschäftsunfähigkeit und Nichtigkeit einer Willenserklärung

Nach § 104 Abs. 2 BGB gilt ein Volljähriger als geschäftsunfähig, wenn er „sich in einem die freie Willensbestimmung ausschließenden Zustand krankhafter Störung der Geistesfähigkeit befindet, sofern nicht der Zustand seiner Natur nach ein vorübergehender ist". Von einer freien Willensbestimmung kann nach Habermeyer u. Saß (2002) dann nicht mehr gesprochen werden, wenn Symptome einer psychischen Störung die kognitiven Voraussetzungen der Intentionsbildung und -realisierung beeinträchtigen oder wenn sie das Wertgefüge und/oder die affektiv-dynamischen Grundlagen von Entscheidungsprozessen verformen.

Das Vorliegen einer Geschäftsunfähigkeit muss (mit einem hohen Grad von Wahrscheinlichkeit) bewiesen werden.

Nur in seltenen Fällen kann bei Suchtkranken eine Geschäftsunfähigkeit gegeben sein, so z.B. bei einer alkoholbedingten Demenz (F10.73), bei einer suchtmittelbedingten Korsakow-Psychose (F1x.6) oder einer suchtmittelbedingten Persönlichkeits- und Verhaltensstörung (F1x.71) mit emotionaler Labilität, Reizbarkeit, mangelnder Impulskontrolle, thematischer Einengung und/oder reduzierter Fähigkeit, zielgerichtete Aktivitäten über eine längere Zeit aufrecht zu erhalten, – mögliche Folgen einer langjährigen Abhängigkeit.

Nichtig ist (neben der Willenserklärung eines Geschäftsunfähigen) nach § 105 Abs. 2 BGB die Willenserklärung, „die im Zustande der Bewusstlosigkeit oder vorübergehender Störung der Geistestätigkeit abgegeben wird". – Mit dem Begriff ‚Bewusstlosigkeit' sind dabei hochgradige Bewusstseinstrübungen gemeint, bei denen aber noch eine Handlung im juristischen Sinne möglich ist.

Ein Intoxikationszustand mit Wahrnehmungsstörungen (F1x.04), ein delirantes Zustandsbild im Rahmen eines Entzugssyndroms (F1x.4), eine substanzbedingte psychotische Störung (F1x.5) z.B. mit Halluzinationen, Wahnbildung oder Beziehungsideen sind Beispiele für Zustandsbilder, bei denen die Anwendbarkeit des § 105 BGB gegeben sein kann. Entscheidend ist jedoch nicht die Diagnose, sondern der psychopathologische Funktionszustand, – wobei für den Gutachter ein besonderes Problem darin besteht, dass das psychopathologische Zustandsbild häufig retrospektiv zu beurteilen ist.

28.4.5 Sozialrecht (Auswahl)

Die Träger der gesetzlichen Sozialversicherungen, die Bundesagentur für Arbeit, die Integrationsämter u.a. haben sich 2004 – in Weiterentwicklung früherer Ansätze – auf eine ‚Gemeinsame Empfehlung' für die Durchführung von sozialmedizinischen Begutachtungen geeinigt, wie sie z.B. bei krankheitsbedingter vorzeitiger Berentung, Feststellung einer Minderung der Erwerbsfähigkeit, nach Arbeitsunfall, bei Fragen sozialer Entschädigung, bei Prüfung des Grades der Behinderung anfallen können. Zugrunde liegt dabei das sog. bio-psycho-soziale Konzept der funktionalen Gesundheit und Behinderung der ‚International Classification of Functioning, Disability and Health' (*ICF*) der WHO (2001), das das alte defizitorientierte Krankheitsfolgenmodell (ICIDH) abgelöst hat. Einem Grundsatzpapier der Rentenversicherung (Schuntermann 2003) zufolge ist die ICF in besonderer Weise geeignet, das positive und negative Struktur- und Funktionsbild von Organen bzw. Organsystemen, das positive und negative Aktivitätsbild der Person sowie ihr positives und negatives Teilhabebild (im Sinne von Sozialgesetzbuch IX) bzgl. Erwerbsleben, Familie, Bildung, Ausbildung, Selbstversorgung usw. vor ihrem Lebenshintergrund in standardisierter Sprache zu erfassen.

Gesetzliche Krankenversicherung (GKV)

Seit der bahnbrechenden Entscheidung des Bundessozialgerichtes im Jahre 1968 gilt ‚Alkoholismus' als Krankheit im Sinne der GKV, wenn er sich „im Verlust der Selbstkontrolle und in der krankhaften Abhängigkeit vom Suchtmittel, im Nicht-mehr-aufhören-Können" (zit. nach Krasney 1992, S. 46) äußert, d.h. nicht erst dann, wenn er zu Folgekrankheiten, insbesondere zu krankhaften Veränderungen innerer Organe, geführt hat. Analog sind andere stoffgebundene Abhängigkeitserkrankungen zu bewerten. Die Frage eines gesundheitlichen Fehlverhaltens oder eines sonstigen Verschuldens spielt bei der Einordnung der ‚Sucht' als Krankheit im Sinne des Sozialrechts keine Rolle. Damit gelten für Abhängigkeitskranke im Grundsatz dieselben rechtlichen Bestimmungen wie bei anderen Erkrankungen, was ambulante ärztliche Behandlung, Arbeitsunfähigkeit, Krankenhausbehandlung, Krankengeld usw. betrifft.

Gesetzliche Rentenversicherung (GRV)

Rehabilitation

Anzahl stationärer (und ambulanter) Entwöhnungsbehandlungen 2003 bei Konsumenten
- von Alkohol: 28782 (9477),
- von illegalen Drogen, von Medikamenten und von mehreren Substanzen: 11410 (1454).

(Quelle: VDR Statistik Rehabilitation 2003)

Die GRV gewährt für Alkohol-, Drogen-, Medikamenten- und Mehrfachabhängige Leistungen zur Rehabilitation, speziell Entwöhnungsbehandlungen, wenn diese – beim Blick auf die Entwicklung des Suchtverhaltens, die aktuellen Gründe für die Aufrechterhaltung der Suchtmittelproblematik, auf die durch Begleit- und Folgekrankheiten bedingten somatischen und psychopathologischen Befunde, auf die Motivation bzw. die Motivierbarkeit des Patienten und auf seine soziale Situation – als notwendig und aussichtsreich erscheinen, eingetretenen oder drohenden Beeinträchtigungen der Erwerbsfähigkeit entgegenzuwirken.

Rehabilitationsbedürftigkeit, -fähigkeit und -prognose sind zu begründen. Die ICF bietet dafür eine differenzierte Sprache. Die bloße Feststellung einer Indikation zur Rehabilitation ist unzureichend.

Nach der ‚Vereinbarung Abhängigkeitserkrankungen' (Gehrkens et al. 2004), beschlossen 2001 von den Spitzenverbänden der Kranken- und Rentenversicherungsträger, ist i.d.R. für die Kosten einer Entzugs-(Entgiftungs-)behandlung als einer Akutbehandlung die Krankenkasse des Patienten, für eine Entwöhnungsbehandlung der Rentenversicherungsträger, bei Fehlen der versicherungsrechtlichen Voraussetzungen der Sozialhilfeträger zuständig. – Medizinische Leistungen zur Rehabilitation müssen vor Antritt beim zuständigen Reha-Träger beantragt werden.

Nach Anhang 4 der ‚Vereinbarung' lassen sich auch bei drogenabhängigen Patienten unter „übergangsweiser" Substitution Leistungen zur Rehabilitation sozialmedizinisch begründen, wenn somatischer und psychopathologischer Befund, die Entwicklung des Suchtverhaltens und die Persönlichkeitsentwicklung einen positiven Verlauf der Rehabilitation erwarten lassen. Voraussetzung ist u.a., dass der Drogenabhängige – durch medizinischen Nachweis gesichert – in den letzten vier Wochen vor Antragstellung kein Suchtmittel konsumiert hat. Eine positive Reha-Prognose, so die ‚Vereinbarung', sei vor allen Dingen dann gegeben, wenn der Patient langfristig vollständige Abstinenz (d.h. auch von Substitutionsmitteln) anstrebe, über ein tragfähiges soziales Netz verfüge und eine abgeschlossene Schul- und Berufsausbildung habe.

Noch unzulänglich gelöst ist die Kostenregelung bei der ambulanten Methadon-Substitutionsbehandlung, bei der kurative und rehabilitative Aspekte je nach Fall unterschiedliches Gewicht haben. Metaanalytisch ließ sich zeigen, dass die methadongestützte Behandlung dem Vorgehen ohne Substitution an Effektivität überlegen ist; der Befund ließ sich, was die sog. Haltequote und die Reduktion des Heroingebrauchs betrifft, als signifikant sichern, was die Verringerung von Kriminalität und Mortalität betrifft, als Tendenz belegen (Mattik et al. 2003).

Rente wegen Erwerbsminderung (EM)

Anzahl der Rentenzugänge 2003 wg. Erwerbsminderung
- bei Störungen durch Alkohol (F10): 5631,
- bei Störungen durch illegale Drogen, psychotrope Medikamente und bei multiplem Substanzgebrauch (F11–F19, excl. F17): 496.

(Quelle: VDR Statistik Rentenzugang 2003)

Wenn eine Beeinträchtigung der Leistungsfähigkeit im allgemeinen Erwerbsleben aufgrund der Abhängigkeitserkrankung, eingeschlossen Grund-, Begleit- und Folgekrankheiten, sich durch gezielte kurative und rehabilitative Maßnahmen nicht beheben oder verbessern lässt, ist zu prüfen, ob die medizinischen Anspruchsvoraussetzungen für eine Rente wegen teilweiser oder voller Erwerbsminderung gegeben sind. Für die Beschreibung des körperlichen und sozialen Funktionsniveaus des Patienten bietet, wie bei der Indikationsstellung zur Rehabilitation, die ICF einen systematisierten, ordnenden Rahmen. Das Leistungsvermögen des Patienten ist dabei – möglichst beobachtungsnah – nicht nur von den Einschränkungen, sondern ebenso von den verbliebenen Fähigkeiten, Kompensationsmöglichkeiten und Ressourcen her zu beschreiben. Denn maßgeblich für die Beurteilung ist nicht, „wie weit die Erwerbsfähigkeit durch Krankheit oder Behinderung gemindert ist, sondern inwieweit sie noch erhalten ist" (Erlenkämper 2003, S. 522).

Seit der Änderung der rentenrechtlichen Bestimmungen (EM-ReformG, in Kraft seit dem 01.01. 2001) ist zu beurteilen, ob der Versicherte ‚auf nicht absehbare Zeit' arbeitstäglich weniger als 3 Stunden (voll erwerbsgemindert), drei bis <6 Stunden (teilweise erwerbsgemindert) oder 6 und mehr Stunden (nicht erwerbsgemindert) unter den üblichen Bedingungen des allgemeinen Arbeitsmarktes erwerbstätig sein kann. (Zu den einschneidenden Änderungen der rentenrechtlichen Bestimmungen sowie zu den Übergangsregelungen ▶ Kap. 2.4 des vorliegenden Buches.)

Die Leistungsminderung ist bei Alkoholabhängigkeit meist durch organische Folgekrankheiten, z.B. alkoholische Leberzirrhose, chronische Pankreatitis, alkoholtoxische Kardiomyopathie, Polyneuropathie oder ein hirnorganisches Psychosyndrom, bedingt. Bei Drogenabhängigkeit sind es vorbestehende psychische Defizite, suchtbedingte Persönlichkeitsveränderungen, aber natürlich auch Folgekrankheiten wie z.B. Hepatitis B u. C oder Aids, die die Frage nach einer Erwerbsminderung aufwerfen. Daher sind i.d.R. fachspezifische Zusatzgutachten erforderlich. – Die funktionellen Auswirkungen der Grund-, Begleit- und Folgekrankheiten auf die Erwerbsfähigkeit sind zusammenfassend zu beurteilen.

Gesetzliche Unfallversicherung (GUV)

Eine Abhängigkeitserkrankung kann nach allg. Rechtsauffassung nicht direkte, wohl aber – in seltenen Fällen – ‚mittelbare' Folge eines Arbeitsunfalls oder einer Berufskrankheit sein, so z.B. wenn im Rahmen der Behandlung einer Unfallverletzung oder einer Berufskrankheit eine lang andauernde (ärztlich verordnete) Einnahme von schmerzstillenden Medikamenten zur Entwicklung einer Abhängigkeit von Substanzen der entsprechenden Stoffklasse geführt hat. Schwieriger zu beurteilen ist der Bedingungszusammenhang, wenn einem durch Unfallverletzungen stark entstellten Patienten die Verarbeitung der Unfallfolgen nicht gelungen ist und er in einer krisenhaften Entwicklung dem Alkohol verfallen ist. Hätte die Entwicklung der Abhängigkeit jederzeit auch durch ein anderes Ereignis ausgelöst werden können, d.h. ließe sich bei dem Patienten eine entsprechende seelische Disposition nachweisen, so wäre der Unfall nicht als *wesentliche*, sondern als *Gelegenheitsursache* zu werten (Mehrtens u. Brandenburg 1990).

Für die Einschätzung der Minderung der Erwerbsfähigkeit (*MdE*) liegen, anders als bei Funktionseinschränkungen aufgrund körperlicher Schäden, bei psychopathologischen Symptomen in der Literatur keine Listen mit sog. Erfahrungssätzen in Prozenten vor.

In der Berufskrankheiten-Verordnung (Ausgabe 1997, zuletzt geändert durch Artikel 1 der Verordnung vom 05.09.2002) sind Suchtkrankheiten nicht aufgeführt, d.h. die Alkoholabhängigkeit z.B. eines Spirituosenverkäufers gilt auch dann nicht als Berufskrankheit, wenn sie in zeitlichem und situativem Kontext mit seiner beruflichen Tätigkeit entstanden ist.

Bei einem rauschbedingten Leistungs*aus*fall ist in der GUV kein Versicherungsschutz gegeben. Bei einem suchtmittelbedingten Leistungs*ab*fall, z.B. einer entsprechenden alkoholbedingten Beeinträchtigung der Konzentrations- und Reaktionsfähigkeit, entfällt der Versicherungsschutz, wenn die Beeinträchtigung die „allein wesentliche Unfallursache" darstellt (Mehrtens u. Brandenburg 1990).

(Zu den allgemeinen rechtlichen Bestimmungen, nach denen ein schädigendes Ereignis als Arbeitsunfall zu bewerten ist, sowie zu den Anforderungen an die Beurteilung des Zusammenhanges zwischen Unfallereignis und Gesundheitsschaden ▶ Kap. 2.3.)

Soziales Entschädigungs- und Schwerbehindertenrecht

Das soziale Entschädigungsrecht (*sozEntschR*) regelt den Schadensausgleich bei Gesundheitsschäden, für deren Folgen die staatliche Gemeinschaft nach versorgungsrechtlichen Grundsätzen einsteht. Der Grad der MdE bemisst sich an dem für das entsprechende Lebensalter typischen Zustand. (Zum Anwendungsbereich des sozEntschR, speziell zum geschützten Personenkreis ▶ Kap. 2.6.)

Eine Abhängigkeitserkrankung, v.a. eine Medikamentenabhängigkeit, kann nach dem sozEntschR nicht direkte, in seltenen Ausnahmefällen jedoch, wie in der GUV, ‚mittelbare' Folge einer schädigungsbedingten Gesundheitsstörung sein.

„Menschen sind behindert, wenn ihre körperliche Funktion, geistige Fähigkeit oder seelische Gesundheit mit hoher Wahrscheinlichkeit länger als sechs Monate von dem für das Lebensalter typischen Zustand abweichen und daher ihre Teilhabe am Leben in der Gemeinschaft beeinträchtigt ist." (Anhaltspunkte 2004, Ziff. 17) Die Auswirkungen auf die Teilhabe am Leben in der Gemeinschaft werden als Grad der Behinderung (*GdB*) festgestellt.

MdE (sozEntschR) und GdB (SchwbR) sind Maße für die körperlichen, geistigen und sozialen Auswirkungen einer Funktionsbeeinträchtigung aufgrund eines Gesundheitsschadens. „Beide Begriffe haben die Auswirkungen von Funktionsbeeinträchtigungen in allen Lebensbereichen und nicht nur die Einschränkungen im allgemeinen Erwerbsleben zum Inhalt." (Anhaltspunkte 2004, Ziff. 18) (Vom Vorliegen einer MdE kann nicht auf eine Erwerbsminderung im Sinne der GRV geschlossen werden!)

Tabelle 28.6. MdE/GdB bei Alkohol- und Drogenabhängigkeit. (Nach Anhaltspunkte 2004)

Diagnose	Code nach ICD 10	Beurteilungsmerkmal	MdE/GdB
Alkoholabhängigkeit	Abhängigkeit mit Kontrollverlust z. B.: F 10.24 F 10.25 F 10.26	Ausmaß des Organschadens und seiner Folgen *und/oder* Ausmaß der Abhängigkeit und der suchtbedingten Persönlichkeitsveränderung	**≥50**
	Nach Entziehungsbehandlung	Heilungsbewährung (allgemein 2 Jahre), falls gravierende Organschäden	**i. d. R. 30** **>30**
Drogenabhängigkeit	Abhängigkeit z. B. F11, 12, 14, 16, 19, jeweils F1x.24 F1x.25	Ausmaß der psychischen Veränderung und der sozialen Anpassungsschwierigkeiten	**≥50**
	Nach Entziehungsbehandlung	Heilungsbewährung (allgemein 2 Jahre)	**i. d. R. 30**

Die wesentlichen Aussagen der vom Bundesministerium für Gesundheit und Soziale Sicherung 2004 herausgegebenen ‚Anhaltspunkte' für die ärztliche Gutachtertätigkeit im sozEntschR und im SchwbR sind, was Alkohol- und Drogenabhängigkeit betrifft, in Tabelle 28.6 zusammengefasst.

Sozialhilferecht

Aufgabe der Sozialhilfe ist es, Lücken im System der sozialen Sicherung zu schließen. Im Rahmen des Subsidiaritätsprinzips stehen die Leistungen der Sozialhilfe jedem zu, für den kein anderer Kostenträger, auch kein Verwandter ersten Grades, verpflichtet werden kann und der sich unter Einsatz seiner eigenen Kräfte, seines Einkommens und seines Vermögens nicht selbst zu helfen vermag.

Abhängigkeitskranke gehören zu den ‚seelisch wesentlich Behinderten' im Sinne des Bundessozialhilfegesetzes (*BSHG*), d.h. die Bestimmungen des BSHG, was z. B. Krankenhilfe, Eingliederungshilfe, Hilfe zum Lebensunterhalt betrifft, gelten auch für sie.

Im Rahmen der Eingliederungshilfe kann z. B. eine Umschulung unterstützt werden, wenn im ausgeübten Beruf eine besondere Griffnähe zum Alkohol besteht.

Bei der Hilfe zum Lebensunterhalt können sich jedoch Leistungseinschränkungen ergeben: Wer zumutbare Arbeit ablehnt, verliert seinen Anspruch; wer ein sog. unwirtschaftliches Verhalten zeigt, erhält nur „das zum Lebensunterhalt Unerlässliche" (Sozialgesetzbuch XII, § 26). – Einen Drogenabhängigen, der seine finanziellen Mittel weitgehend für den Erwerb von Heroin verbraucht, betreffen diese Einschränkungen jedoch i. d. R. nicht (Krasney 1999), weil bzw. insoweit sein Verhalten krankheitsbedingt ist.

28.4.6 Privatversicherung

Private Krankenversicherung

Nach § 5 Abs. 1b der Musterbedingungen des Verbandes der Privaten Krankenversicherung (MB/KK 1994) besteht keine Leistungspflicht „für auf Vorsatz beruhende Krankheiten und Unfälle einschließlich deren Folgen sowie für Entziehungsmaßnahmen einschließlich Entziehungskuren" (▶ www.pkv.de). Die Behandlung von Begleit- und Folgekrankheiten einer Abhängigkeit, z. B. einer alkoholischen Leberzirrhose oder eines Entzugsdelirs, fällt nicht unter den Begriff der Entziehungsmaßnahme.

Einzelne Versicherungsunternehmen haben im unternehmensindividuellen Teil ihrer Verträge Regelungen für freiwillige Leistungen zu Entziehungsmaßnahmen aufgenommen.

Private Unfallversicherung

Nach den Allgemeinen Unfallversicherungsbedingungen (AUB 2001), unverbindlichen Empfehlungen des Gesamtverbandes der Deutschen Versicherungswirtschaft (▶ www.gdv.de) besteht kein Versicherungsschutz für „Unfälle der versicherten Person durch Geistes- oder Bewusstseinsstörungen, auch soweit diese auf Trunkenheit beruhen, ..." (Ziff. 5.1.1). Von der Leistungspflicht generell ausgeschlossen sind folgende Beeinträchtigungen: „krankhafte Störungen infolge psychischer Reaktionen, auch wenn diese durch einen Unfall verursacht werden" (Ziff. 5.2.6).

Zusammenfassung (Auswahl)

- Dem Suchtsurvey 2003 zufolge haben, bezogen auf einen Zeitraum von jeweils 30 Tagen vor der Erhebung, ca. 12% der Bevölkerung in zumindest riskantem Umfang Alkohol konsumiert, ca. 17% Medikamente mit Abhängigkeitspotential und ca. 4% illegale Drogen zu sich genommen.

- Bei der Beurteilung der Schuldfähigkeit ergibt sich für den psychiatrischen Sachverständigen ein zweistufiges Vorgehen: 1. Rekonstruktion des psychopathologischen Zustands zum Zeitpunkt der Tat, Stellung der psychiatrischen Diagnose, Subsumierung unter eines der sog. Eingangsmerkmale der §§ 20, 21 StGB; 2. Erfassung der Auswirkungen der psychischen Störung auf für die Einsichts- und Steuerungsfähigkeit relevante Funktionen. – Die Einweisung eines Täters mit einer Suchtmittelproblematik gemäß § 64 StGB in eine Entziehungsanstalt erfordert prognostische Aussagen zur suchtmittelbedingten Gefahr weiterer Straftaten sowie zur Wahrscheinlichkeit einer Risikominderung durch die Unterbringungsmaßnahme.
- Die z.Zt. geltenden BAK-Grenzwerte für relative und für absolute Fahrunsicherheit liegen bei 0,3‰ und bei 1,1‰. – Die Kriterien für die Beurteilung der Fahreignung ergeben sich aus der Fahrerlaubnis-Verordnung (FeV) und aus den sog. Begutachtungsleitlinien (BLL).
- Laut amtlicher Begründung des Betreuungsgesetzes gehören Alkohol- und Drogenabhängigkeit zu den psychischen Krankheiten, bei denen die Einrichtung einer Betreuung gerechtfertigt sein kann. Voraussetzung ist, dass der Betroffene „seine Angelegenheiten ganz oder teilweise nicht besorgen“ kann, dass eine Zustandsbesserung durch ärztliche Therapie nicht erreicht werden kann und dass keine alternativen Unterstützungsmöglichkeiten bestehen.
- Eine rentenrechtlich relevante Leistungsminderung ist bei Alkoholabhängigkeit meist durch organische Folgekrankheiten bedingt. Für die Beschreibung des körperlichen und sozialen Funktionsniveaus des Patienten bietet die International Classification of Functioning Disability and Health (ICF) der WHO einen ordnenden Rahmen. Voraussetzung für die Gewährung einer Rente wegen Erwerbsminderung ist, dass sich die Leistungsbeeinträchtigung durch kurative und rehabilitative Maßnahmen nicht beheben oder verbessern lässt.

Literatur

Augustin R, Kraus L (2005) Alkoholkonsum, alkoholbezogene Probleme und Trends. Ergebnisse des Epidemiologischen Suchtsurvey 2003. Sucht 51, Sonderheft 1:529–539

Augustin R, Semmler C, Rösner S, Kraus L (2005) Gebrauch und Missbrauch von Medikamenten. Ergebnisse des Epidemiologischen Suchtsurvey 2003. Sucht 51, Sonderheft 1:549–557

Berger M (Hrsg) (2004) Psychische Erkrankungen. Klinik und Therapie, 2. Aufl. Urban & Fischer, München Jena

BGH Beschluss vom 21.3.1990. NStZ 1990:333

Bundesanstalt für Straßenwesen (Hrsg) (2000) Begutachtungs-Leitlinien zur Kraftfahreignung. Berichte der Bundesanstalt für Straßenwesen, Heft M 115. Wirtschaftsverlag NW, Bremerhaven

Bundeskriminalamt (Hrsg) Polizeiliche Kriminalstatistik, Berichtsjahr 2003. www.bka.de/pks/index.html

Bundesministerium für Gesundheit und Soziale Sicherung (Hrsg) (2004) Anhaltspunkte für die ärztliche Gutachtertätigkeit im sozialen Entschädigungsrecht und nach dem Schwerbehindertenrecht

BVerfG Beschluss vom 16.3.1994. NJW 1995:1077

Dilling H, Mombour W, Schmidt MH (1991) Internationale Klassifikation psychischer Störungen. ICD 10 Kapitel V(F). Klinisch-diagnostische Leitlinien. Huber, Bern Göttingen Toronto

Dittmann V (2000) Was kann die Kriminalprognose heute leisten? In: Bauhofer S, Bolle PH, Dittmann V (Hrsg) „Gemeingefährliche“ Straftäter – Délinquants „dangereux“. Reihe Kriminologie, Bd 18. Rüegger, Chur Zürich, S 67–81

Erlenkämper A (2003) Arzt und Sozialrecht. Steinkopff, Darmstadt

Fischer T (Bearb) (2001) Beck'sche Kurz-Kommentare Bd 10: Strafgesetzbuch und Nebengesetze, 50. Aufl. des Kommentars von Schwarz, Dreher, Tröndle. Beck, München

Foerster K (2004) Störungen durch psychotrope Substanzen. In: Venzlaff U, Foerster K (Hrsg) Psychiatrische Begutachtung, 4. Aufl. Urban & Fischer, Elsevier, München Jena, S 199–221

Gastpar M, Finkbeiner T (2000) Begutachtung Suchtkranker. In: Uchtenhangen A, Zieglgänsberger W (Hrsg) Suchtmedizin. Konzepte, Strategien und therapeutisches Management. Urban & Fischer, München Jena, S 508–518

Gerkens K, Hüllinghorst R, Wimmer D (Bearb) (Stand 2004) Handbuch Sucht, Bd II (ursprünglich von Grigoleit, Hüllinghorst, Wenig), 21. Lieferung. Asgard, Sankt Augustin, 10.0 Anhang 7

Habermeyer E, Saß H (2002) Die überdauernde krankhafte Störung der Geistestätigkeit als Voraussetzung der Geschäftsunfähigkeit. Nervenarzt 73:1094–1099

Hentschel P (2003) Trunkenheit, Fahrerlaubnisentziehung, Fahrverbot im Straf- und Ordnungswidrigkeitenrecht. Werner, Düsseldorf

Knoche A (2004) Begutachtung der Fahreignung 2003 (Mitteilungen BASt). Z Verkehrssicherheit 4: 205–207

Krasney OE (1992) Sozialrechtliche Vorschriften bei der Betreuung Suchtkranker, 7. Aufl. Nicol, Kassel

Krasney OE (1999) Rechtliche Aspekte der Abhängigkeit. In: Gastpar M, Mann K, Rommelspacher H (Hrsg) Lehrbuch der Suchterkrankungen. Thieme, Stuttgart New York, S 128–136

Kraus L, Augustin R, Orth B (2005) Illegale Drogen, Einstiegsalter und Trends. Ergebnisse des Epidemiologischen Suchtsurvey 2003. Sucht 51, Sonderheft 1:519–528

Maatz KR (2003) Drogenbedingte Minderung der Schuldfähigkeit – zum gegenwärtigen Stand der Rechtsprechung des Bundesgerichtshofs. Blutalkohol 40(Suppl):7–13

Mattik RP, Breen C, Kimber J et al. (2003) Methadone maintenance therapy versus no opioid replacement therapy for opioid dependence. The Cochrane Library, Issue 1

Mehrtens G, Brandenburg S (1990) Sucht – Kausalitätsfragen in der gesetzlichen Unfallversicherung aus juristischer Sicht. Med Sach 86:3

Nedopil N (2000) Forensische Psychiatrie, 2. Aufl. Thieme, Stuttgart New York, S 245

Rasch W (1999) Forensische Psychiatrie, 2. Aufl. Kohlhammer, Stuttgart Berlin Köln

Schalast N, Leygraf N (2002) Unterbringung und Behandlung im Maßregelvollzug gemäß § 64 StGB. In: Schneider F, Frister H (Hrsg) Alkohol und Schuldfähigkeit. Springer, Berlin Heidelberg New York, S 181–201

Schalast N, Mushoff S, Demmerling R (2004) Alkoholabhängige Patienten im Maßregelvollzug gemäß § 64 StGB. Projekt-Zwischenbericht, Institut für Forensische Psychiatrie der Universität Duisburg-Essen

Schulte RM (2000) Begutachtung der Haft-, Verhandlungs- und Vernehmungsfähigkeit. In: Venzlaff U, Foerster K (Hrsg) Psychiatrische Begutachtung, 3. Aufl. Urban & Fischer, München Jena, S 303–310

Schuntermann M (2003) Grundsatzpapier der Rentenversicherung zur Internationalen Klassifikation der Funktionsfähigkeit, Behinderung und Gesundheit (ICF) der Weltgesundheitsorganisation (WHO). DRV-Heft 58:52–59

Verband Deutscher Rentenversicherungsträger (Hrsg) (2004) VDR Statistik Rehabilitation des Jahres 2003, VDR Statistik Rentenzugang des Jahres 2003. Frankfurt am Main

World Health Organization (2001) International Classification of Functioning, Disability and Health (ICF). WHO Publication, Genf

29 Verletzungen und Verletzungsfolgen

29.1 Organ- und Gewebeverletzungen

C. Hegelmaier

Gutachterliche Bewertung

Die Beurteilung von Organverletzungen, z. B. *Milz-, Leber-* und *Nierenrupturen*, muss nach funktionellen Gesichtspunkten erfolgen und hat die verbliebene Funktionseinschränkung zu berücksichtigen. Die Begutachtung sollte daher von den Vertretern des jeweiligen Fachgebietes (Internisten, Urologen) durchgeführt werden.

Es ist bekannt, dass es gerade bei Leber- und Milzrupturen nicht selten zu *Narbenhernien* kommt, die hinsichtlich der gutachtlichen Zusammenhangsbeurteilung kaum Schwierigkeiten machen. Selbstverständlich müssen auch Bauchwandbrüche nach Operationen als mittelbare Unfallfolge anerkannt werden, wenn ein ursächlicher Zusammenhang mit dem Eingriff besteht und die Operation als Folge des Unfallgeschehens erforderlich wurde.

Anders ist es mit der Anerkennung von *Leistenhernien* als Unfall- oder Verletzungsfolge. Bei der Begutachtung hat man davon auszugehen, dass es sich beim Leistenbruch um eine Erkrankung handelt, die als Folge einer angeborenen Bindegewebeschwäche entsteht. Dabei kann der Leistenbruch jederzeit, nicht nur bei körperlicher Anstrengung, erstmals auftreten. Auch wenn es bei einem einmaligen Arbeitsvorgang durch Überbeanspruchung der Bauchpresse zum Austreten der Hernie kommt, ist ein Unfallzusammenhang abzulehnen. Eine plötzliche und überstarke Erhöhung des Bauchinnendruckes, die nicht zur Zerreißung der Bauchwand führt, kann zwar letztlich das Austreten des Bruches nach sich ziehen, ist jedoch niemals für die Entstehung des Leistenbruchs allein verantwortlich.

Etwas anderes ist es, wenn es durch die indirekte Gewalt zu Muskelrissen in der Bauchmuskulatur kommt oder wenn eine direkte äußere Gewalteinwirkung zu einer offenen oder gedeckten Zerreißung der Bauchmuskulatur führt. Für die Anerkennung des Leistenbruches als Traumafolge ist der Nachweis von Verletzungszeichen wie Prellmarken oder Hämatombildung im Bruchbereich erforderlich. Falls möglich, sollte die histologische Untersuchung von Muskel- oder Faszienstückchen bei der Operation des Leistenbruches zur Beweissicherung des Zusammenhanges mit einem Trauma herangezogen werden.

29.1.1 Haut

Oberflächliche Verletzungen der Haut wie *Schürfungen* heilen zumeist ohne Folgen ab. Ausgedehnte Schmutzeinsprengungen (Explosionsverletzungen, Kohlenstaub beim Bergmann, Asche und Schmutz bei Sportplatz- und Straßenverletzungen) können je nach Lokalisation kosmetisch störend sein.

Tiefergehende Verletzungen der Haut (Riss-, Schnitt-, Quetsch-, Platz-, Schusswunden) hinterlassen *Narben*. Die Lokalisation der Narben kann bei der gutachtlichen Beurteilung einmal in kosmetischer Hinsicht (Gesichts-, Schulter- und Brustregion, insbesondere bei Frauen), im Wesentlichen jedoch funktionell von Bedeutung sein. So können Narben an Gelenken, Augenlidern, Mundwinkeln und Anus durch Narbenzug zur Funktionsbehinderung, Narben an ständig belasteten Gliedmaßenabschnitten (Ferse, Fußsohle) zu *Narbenschwielen, Aufbrüchen* und *Ulzera* führen. *Narbenkontrakturen* an der Hand müssen von der anlagebedingten Dupuytrenschen Kontraktur abgegrenzt werden. Diese ist nicht traumatisch bedingt. Als Ursache für *Wundheilungsstörungen* kommen Infektionen, Fremdkörper, Mangeldurchblutung (arteriell und venös), Diabetes, Innervationsstörungen und Artefakte in Frage. Der Gutachter wird abzugrenzen haben, welche Bedeutung der unfallunabhängig bestehenden Erkrankung für den gestörten Heilverlauf beizumessen ist. Aus Narbenulzera und -fisteln können Karzinome entstehen. Voraussetzung hierfür ist eine lange Zeit anhaltende gestörte Regeneration. Wesentlich für die Beurteilung ist, dass das Ursprungsleiden unfallbedingt war, da auch nichttraumatisch bedingte chronische Ulzera, z. B. variköse Unterschenkelgeschwüre, maligne entarten können (Probst 1968). Ausgedehnte Brandnarben und Narben nach Einwirkung von Strahlenenergie, vor allem solche mit immer wiederkehrendem Aufplatzen und chronischer Geschwürsbildung, zeigen ebenfalls eine Neigung zur karzinomatösen Entartung und können zum Brandnarbenkarzinom führen.

Unter *Narbenkeloid* versteht man eine bindegewebige Narbengeschwulst, die zumeist erst einige Wochen nach Abheilung einer Verletzung auftritt und besonders häufig an Schulter und Oberarm, im Gesicht sowie an Hals, Brust und Bauch lokalisiert ist. Ausgedehnte Keloide, vor allem nach Verbrennungen, können zu Funktionseinbußen (Hals, Schulter- und Ellenbogengelenk) führen. Bei operativen Eingriffen am Gesicht, an Hals, Schulter oder Oberarm (Struma, kosmetische Operationen, operative Behandlung von Oberarm- und Schlüsselbeinbrüchen, vor allem beim weiblichen Geschlecht) sollte der Hinweis auf mögliche, nicht vorhersehbare Keloidbildung zur präoperativen Aufklärung gehören, um Haftpflichtprozesse zu vermeiden.

29.1.2 Wundinfektionen

Zu unterscheiden sind *unspezifische, spezifische* und *toxische Entzündungen*. Entzündungen werden durch das Eindringen von Erregern wie Staphylokokken, Streptokokken, Kolibakterien usw. hervorgerufen. Wesentlich für den Gutachter bei Klärung der Zusammenhangsfrage sind nach Lob (1968),

- dass Verletzung und Infektion nachgewiesen werden,
- dass Verletzungsstelle und Erregereintrittsstelle identisch sind und
- dass die Infektion in dem Zeitraum manifest geworden ist, die der Art der Infektion entspricht.

Die Inkubationszeit ist im Allgemeinen auf einen Zeitraum von mindestens sechs bis acht Stunden und längstens zwei bis drei Wochen nach der Verletzung zu begrenzen. Nur bei Menschen, die besonders infektionsgefährdete Arbeiten verrichten, wie bei Ärzten, Pflegepersonen, Mitarbeitern in bakteriologischen Laboratorien, Metzgern und Kopfschlächtern können Entzündungszeichen schon früher manifest werden. Eine Ausnahme bilden auch Tier- und Menschenbisse. Das Auftreten einer Entzündung später als drei Wochen nach einer Verletzung ist selten und kann nur durch besonders eingehende Begründung anerkannt werden.

In den letzten Jahren ist vor allem bei medizinischem Personal eine Gefährdung durch multiresistente Keime (MRSA, ORSA) zu diskutieren. Bei der Anerkennung eines Unfallzusammenhanges ist zusätzlich zur Verletzung die mikrobiologische Typisierung des Keimträgers und ein Keimnachweis am Ort der Verletzung erforderlich.

Unspezifische und spezifische Infektionen

▮ Erysipel

Unter einem Erysipel versteht man eine Streptokokken-Erkrankung der Lymphräume in Kutis und Subkutis. Wesentlich ist, dass die Erreger schon durch kleinste Verletzungen der Haut eindringen können, wobei die Verletzung gelegentlich so klein ist, dass sie sich dem Nachweis entzieht. Eine besondere Eigenart des Erysipels ist die Rezidivneigung oft über viele Jahre. Wenn das erste Erysipel traumatischer Genese war, müssen auch alle in der Folgezeit auftretenden Rezidive als Unfallfolge anerkannt werden. Bei der Beurteilung des ursächlichen Zusammenhangs ist jedoch zu beachten, dass auch andere Erkrankungen (z.B. Diabetes mellitus) die Neigung zu Erysipelen erhöhen. An den unteren Extremitäten sind besonders die Varikosis, das postthrombotische Syndrom sowie chronische Pilzinfektionen im Bereich der Fußnägel zu erwähnen.

▮ Pyogene Infektionen

Pyogene Infektionen werden vor allem durch Staphylokokken, Streptokokken und gelegentlich durch Kolibakterien hervorgerufen. Während Staphylokokken und Kolibakterien eher zu Abszessen führen, ruft die Streptokokkeninfektion phlegmonöse Wundveränderungen hervor. Probleme der ärztlichen Begutachtung des Ursachenzusammenhanges ergeben sich bei Wundinfektionen selten. Gelegentlich trifft jedoch die Verletzung auf eine vorbestehende Entzündung, welche anamnestisch und klinisch erfasst werden kann.

Schwierigkeiten können auch bei Spätinfekten auftreten. Neben der Feststellung der örtlichen Übereinstimmung mit der Verletzung ist in diesen Fällen auf vorbestehende Erkrankungen, Abwehrschwächen und nach Brückensymptomen zwischen dem geeigneten Unfallereignis und der Infektion zu fahnden.

▮ Putride Infektionen

Putride Infektionen werden durch Fäulniserreger hervorgerufen und kommen besonders in stark verschmutztem und schlecht durchblutetem Gewebe vor. Hierzu gehört insbesondere der Gasbrand. Gutachtliche Probleme treten bei der Gasbrandinfektion kaum auf, da schon wenige Stunden nach der Verletzung schwere Krankheitserscheinungen auftreten und damit der zeitliche Zusammenhang unmittelbar gegeben ist.

Eine Ausnahme bildet eine Infektion nach Injektionen. Da das Auskochen von Instrumenten und Injektionsnadeln oder ihr Aufbewahren in Alkohol nicht genügt, um Gasbrandsporen abzutöten, können versicherungsrechtliche und Haftpflichtfragen entstehen.

▮ Tetanus

Die Erreger des Wundstarrkrampfes können durch kleine und kleinste Hautverletzungen eindringen (Schürfungen, Holzsplitter- und Dornverletzungen), auch verbranntes oder erfrorenes Gewebe kann zur Eintrittspforte werden. Daher gilt prinzipiell, dass bei fehlendem Impfschutz eine Tetanusschutzimpfung und die Gabe von Tetanus-Immunglobulin in Abhängigkeit von der Schwere der Verletzung, ihrem Verschmutzungsgrad und den Durchblutungsverhältnissen erforderlich ist. Wenn zumindest eine Grundimmunisierung anamnestisch angegeben wird, kann die Impfung auch für bis zu 24 Stunden aufgeschoben werden. Die Auffrischimpfung sollte in der Regel in Kombination mit der gegen Diphtherie (TD) durchgeführt werden (Empfehlung der Ständigen Impfkommission des Robert Koch Instituts 2006).

Für den Gutachter ist weniger die Klärung der Zusammenhangsfrage zwischen Unfall und Infektion schwierig als vielmehr die Beurteilung von Haftpflichtansprüchen bei unterlassener Schutzimpfung von Bedeutung (Rehn u. Harrfeldt 1980). Es sei daher auf die Stellungnahme der Deutschen Gesellschaft für Chirurgie vom 3.10.1977 hingewiesen, in welcher es heißt: „Die Tetanuskommission ruft in Erinnerung, dass es für den ungeimpften Verletzten keine prophylaktische Methode gibt, die mit Sicherheit den Ausbruch eines Tetanus verhüten kann. Dies gilt für jede Form der passiven Immunisierung, einschließlich der Simultanprophylaxe mit Tetanus-Adsorbatimpfstoff und homologem Tetanusimmunglobulin (aktive und passive Immunisierung)." Stützt man sich auf diese klare Aussage der Expertenkommission, so dürfte eine unterlassene Schutzimpfung oder passive Immunisierung für den betreffenden Arzt keine nachteiligen Folgen haben.

Tuberkulose

Der chirurgische Gutachter wird nur in den seltensten Fällen Wunden zu beurteilen haben, bei denen es durch Eindringen von Tuberkelbakterien zum Auftreten einer Impftuberkulose gekommen ist. Die Möglichkeit zur Infektion ist zum Beispiel gegeben bei Verletzungen in Heilanstalten (Spucknäpfe), bei Sektionswunden oder Metzgerverletzungen beim Schlachten tuberkulöser Tiere. Bei Anerkennung des ursächlichen Zusammenhanges einer Impftuberkulose mit einer beruflichen Tätigkeit gelten im Übrigen die gleichen Regeln, wie sie von Lob (1968) für die Wundinfektion aufgestellt wurden.

Wundintoxikationen

Wundintoxikationen können durch Eindringen von biochemischen (Schlangen-, Insekten- usw.) und chemischen Giften entstehen.

Insektenstiche

Während die Entzündung durch das eigentliche Toxin, z.B. nach einem Wespenstich, im Allgemeinen rasch folgenlos abklingt, kann eine nachfolgende Infektion der Stichverletzung durch Eitererreger mit Ausbildung eines Abszesses oder einer Phlegmone zu bleibenden Schäden führen. Bei der Beurteilung der Zusammenhangsfrage muss man davon ausgehen, dass ein Insektenstich als „Unfall des täglichen Lebens" nur dann keinen Arbeitsunfall darstellt, wenn mit Wahrscheinlichkeit bewiesen ist, dass der Unfall auch außerhalb der versicherten Tätigkeit oder des versicherten Weges zu derselben Zeit und in derselben Art eingetreten wäre. Da dieser Nachweis im Allgemeinen nicht zu erbringen ist, ist bei Insektenstichen in der Regel ein Arbeitsunfall anzunehmen. Indes muss das schädigende Ereignis mit der Beschäftigung zusammenhängen und einen erheblichen Beitrag geleistet haben, um den inneren Zusammenhang herzustellen. Dies gilt z.B. bei Bäckereifachverkäuferinnen oder Landwirten, wenn mit der ausgeübten Tätigkeit eine besondere Insektenexposition verbunden ist.

Tintenstiftverletzungen

Die im Tintenstift enthaltenen Anilinfarbstoffe sind toxisch und führen zu Gewebsnekrosen, die recht ausgedehnt sein können, vor allem dann, wenn abgebrochene Tintenstiftstückchen im Gewebe verbleiben. Bei der Begutachtung muss berücksichtigt werden, dass ein Unfallzusammenhang nur dann gegeben ist, wenn die Benutzung des Tintenstiftes in direktem Zusammenhang mit der beruflichen Tätigkeit oder den Dienstobliegenheiten stand.

Andere Wundintoxikationen

Wundintoxikationen durch Blei (Geschosse), Quecksilber (Fieberthermometer), Phosphor (Leuchtspurgeschoß), Leichtmetalle – insbesondere Magnesium sowie Beryllium (Leuchtstoffröhren) – sind bekannt, dürften für eine Begutachtung jedoch wohl nur selten anstehen. Werden toxische Substanzen unter Druck in das Gewebe eingebracht (hydraulisch betriebene Arbeitsgeräte), können auch kleinste Hautläsionen zu ausgedehnten Phlegmonen der betroffenen Extremitäten oder Weichteile führen. Dies ist besonders beim Eintritt des Hydrauliköls in die Sehnenscheiden der Hohlhand und des Unterarms von Bedeutung.

Literatur

Lob A (1968) Die Probleme der Wunde und Wundinfektion in der Unfallbegutachtung. In: Lob A (Hrsg) Handbuch der Unfallbegutachtung, Bd. II. Enke, Stuttgart

Probst J (1968) Begutachtung der Geschwülste. In: Lob A (Hrsg) Handbuch der Unfallbegutachtung, Bd. II. Enke, Stuttgart

Rehn J, Harrfeldt HP (1980) Behandlungsfehler und Haftpflichtschäden in der Unfallchirurgie. Hefte zur Unfallheilkunde 146. Springer, Berlin Heidelberg New York

Robert-Koch-Institut (2006) Empfehlung der Ständigen Impfkommission (STIKO) am Robert-Koch-Institut, Stand Juli 2006. Epidemiol Bull 30

29.2 Verletzungen und Erkrankungen des Bewegungsapparates

C. HEGELMAIER

29.2.1 Skelettmuskulatur

(Bewegungsmessung der Gliedmaßen Abb. 29.1)

Gutachterliche Bewertung

Offene Muskelverletzungen mit Durchtrennung der Haut und gegebenenfalls nachfolgender Gebrauchsbehinderung der verletzten Gliedmaße durch Narbenbildung im Muskel, Schrumpfung und Atrophie der Muskulatur sind im Allgemeinen für die gutachtliche Beurteilung problemlos. Man muss berücksichtigen, dass auch ohne äußere Verletzung der Haut die Muskulatur durch stumpfe Gewalteinwirkung zerquetscht oder bei geschlossenen Frakturen durch spitze Fragmente durchbohrt und zerrissen sein kann. In der Traumatologie wird dieser Tatsache durch die Beurteilung des geschlossenen Weichteilschadens Rechnung getragen, zu dem auch das so genannte Kompartmentsyndrom zählt, bei dem durch Druckerhöhung in den Muskellogen Muskelnekrosen und Nervenschäden entstehen können.

Beim Durchgang des elektrischen Stromes durch den menschlichen Körper kann es im Verlauf der Strombahn zu Schädigungen der Muskulatur mit Nekrosenbildung kommen. Dabei führen ausgedehnte *Muskelnekrosen*, ähnlichwie beim Crush-Syndrom, gelegentlich zur Myoglobinurie mit Nierenschädigung und schweren Allgemeinsymptomen (▶ Kap. 33.6).

Die Beurteilung der Folgezustände wird keine besonderen Probleme entstehen lassen.

Schwieriger sind *Muskelrisse* zu beurteilen, die durch *Selbstzerreißung* entstehen. Man war früher der Ansicht, dass ein gesunder Muskel sich nicht selbst zerreißen könne, heute weiß man, dass es bei ganz bestimmten Unfallabläufen zu einer Selbstzerreißung kommen kann. Dabei geht man nach wie vor davon aus, dass eine ungehindert ablaufende Muskelkontraktion nicht zur Ruptur von Muskelfasern führen kann. Wenn jedoch die Kontraktion z. B. durch Zusammenziehung der gegensinnig wirkenden Muskeln bei plötzlicher Schreck- oder Fluchtreaktion abrupt gebremst wird oder wenn es bei Sportlern ohne „Anwärmen“ zu einer akuten Überdehnung in der Längsrichtung des Muskels kommt (Fußballer beim Spreizschritt), kann die Muskulatur zerreißen. Nach Debrunner (1951) sind hierbei besonders häufig die Musculi gastrocnemius, biceps brachii, quadriceps femoris sowie die Adduktoren betroffen. Dabei kann die Muskulatur entweder am knöchernen Ansatz ausreißen, oder aber es kommt zu einer Zerreißung der Muskelfasern.

Für die Beurteilung des Unfallzusammenhanges ist in diesen Fällen eine besonders exakte Darstellung des Unfallablaufes von entscheidender Bedeutung.

Auch die *Abrissfrakturen* der Querfortsätze der Lendenwirbelsäule sind hier einzuordnen, wogegen es sich bei den *Dornfortsatzbrüchen* der unteren Hals- und oberen Brustwirbelsäule, die auch traumatisch entstehen können, zumeist um Ermüdungs- oder Überlastungsbrüche handelt.

Bei dieser so genannte Schipperkrankheit liegt unter bestimmten Bedingungen eine Berufskrankheit „Ermüdungsbrüche von Wirbelfortsätzen“ (▶ BK 2107) vor (Laarmann 1977). Muskelrisse bei Sportlern sind in manchen Fällen geradezu sporttypisch. So werden bei Gewichthebern Zerreißungen des Musculus trapezius und der geraden Bauchmuskulatur, bei Ruderern und Springern Verletzungen der Rückenstrecker, bei Fußballern und Läufern Einrisse der Oberschenkelbeuger und -strecker und der Adduktoren beobachtet. Abzugrenzen sind solche Muskelrisse von „Spontanrupturen“ der Muskulatur, wie sie bei manchen Allgemeinerkrankungen, so bei Tetanus, Typhus, Tuberkulose, Tabes dorsalis, Leukämie und Malaria beobachtet werden.

Muskelverknöcherungen

Man unterscheidet eine generalisierte Form, die so genannte *Myositis ossificans progressiva*, bei der es sich um eine angeborene Allgemeinerkrankung handelt, die in Schüben zu ausgedehnten Verknöcherungen der quergestreiften Muskulatur führen kann, von der *Myositis ossificans localisata*, bei der es zu umschriebenen Muskelverknöcherungen entweder chronisch-mechanisch traumatisch oder durch Störung der Nerven- und Gefäßversorgung kommt. Seit altersher ist die Verknöcherung im Musculus pectoralis als so genannter Exerzierknochen, die Verkalkung im Bereich der Adduktoren des Oberschenkels als Reiterknochen und im Bizeps des Oberarmes als Turnerknochen bekannt.

Traumatisch bedingte Verknöcherungen der Muskulatur können nach Hämatomen im Gefolge von Quetschungen oder nach Muskelzerreißungen entstehen. Sie werden auch nach operativen Eingriffen, z. B. am Hüft-, Schulter- oder Ellenbogengelenk und nach Luxationen dieser Gelenke beobachtet. Böhler (1963) hat darauf hingewiesen, dass unsachgemäße Behandlung, insbesondere Massagen, die Entstehung derartiger Muskelverknöcherungen geradezu provozieren kann. Bei Verletzungen und Erkrankungen des Rückenmarkes, z. B. bei traumatischen Querschnittslähmungen, kann es ebenfalls zu umschriebenen Muskelverknöcherungen, insbesondere im Bereich der Oberschenkel, kommen.

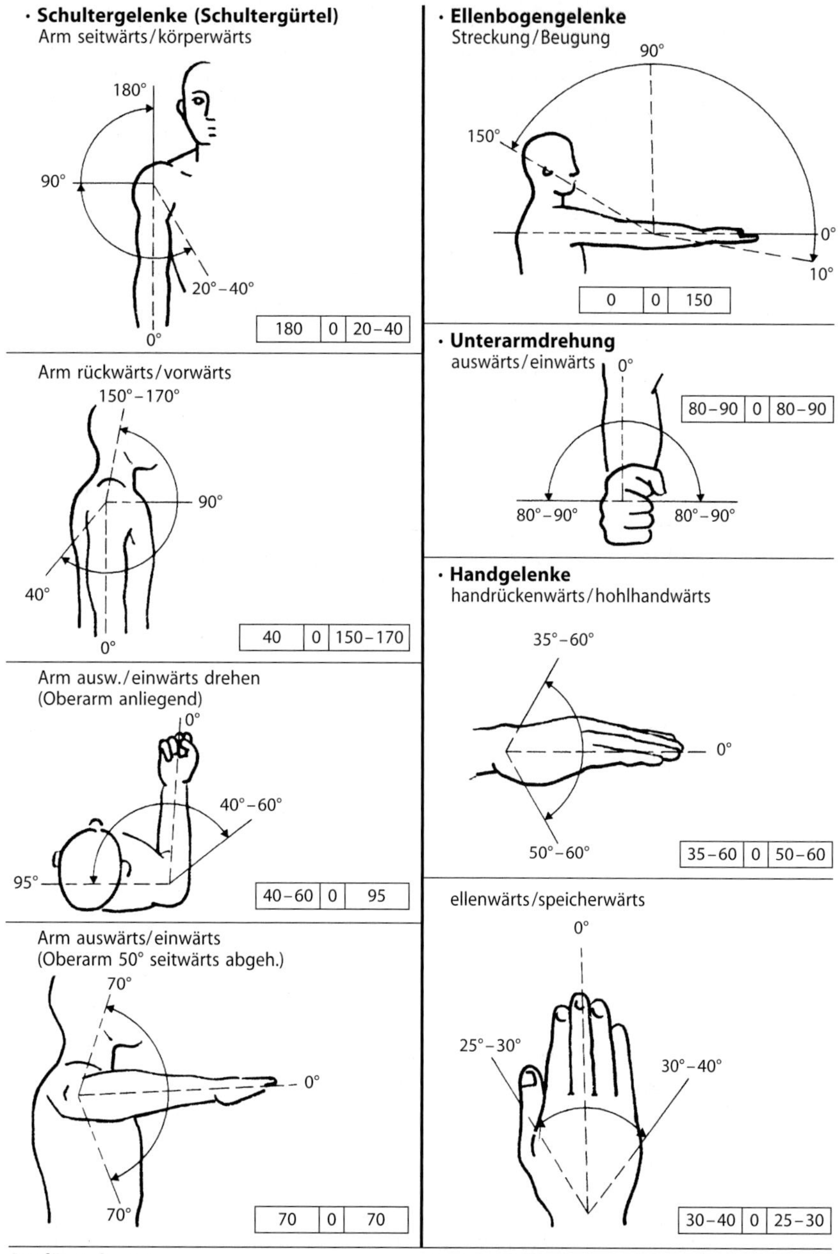

Armlänge in cm:
Schulterhöhe-Speichenende ....

Stumpflängen in cm:
Schulterhöhe-Stumpfende ....

Äuß. Oberarm-knorren-Stumpfende ....

Umfangmaße in cm:
(hängender Arm)
15 cm ob. äußerem Oberarm-Knorren ....
Ellenbogengelenk ....
10 cm unt. äußerem Oberarm-Knorren...........
Handgelenk ....
Mittelhand (ohne Daumen) ....

Abb. 29.1. a Bewegungsmessung der Gliedmaßen (nach der Neutral-0-Methode): obere Gliedmaßen (unter Angabe der Normalwerte)

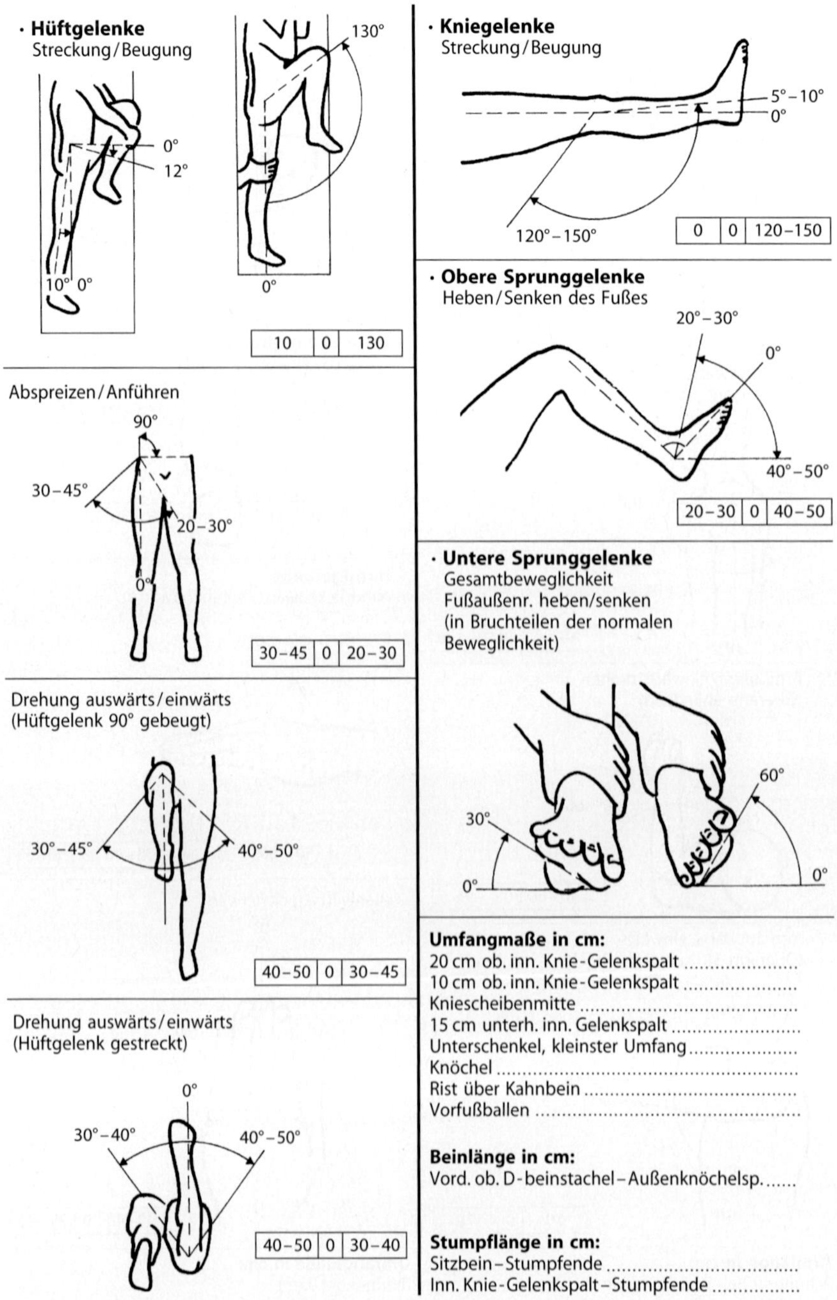

Abb. 29.1. b Bewegungsmessung der Gliedmaßen (nach der Neutral-O-Methode): untere Gliedmaßen (unter Angabe der Normalwerte)

Wenn die Nerven- oder Rückenmarksschädigung Unfallfolge war, sind auch die Muskelverknöcherungen als Unfallfolge anzuerkennen.

Muskelatrophien und Erkrankungen der Faszien

Muskelatrophien können neurogen, arthrogen, tendinogen oder myogen bedingt sein.

∎ Bei neurogenen Atrophien muss daran gedacht werden, dass nicht nur *Verletzungen der Nervenstämme*, sondern auch *Nervenschädigungen* durch posttraumatischen *Druck und Einmauerung* des Nervens in Narbengewebe oder Kallus zur Muskelatrophie führen können (Daumenballenatrophie bei Karpaltunnelsyndrom nach handgelenksnahen Frakturen, Handmuskelatrophie nach Ulnarisparese infolge überschießender Kallusbildung bei Oberarmrollenbrüchen und Pressluftschäden).

∎ *Ischämische Muskellähmungen* und Atrophien können gelegentlich in Haftpflichtprozessen gutachtlich eine Rolle spielen, insbesondere nach Verletzungen im Bereich des Ellenbogengelenkes. Neben direkten Gefäßverletzungen in der Ellenbeuge kann eine Erhöhung des Gelenkinnendruckes durch ausgeprägte Hämatombildung bei erhaltener Ellenbogengelenksfaszie zur Störung der Blutversorgung im Unterarm mit nachfolgender Muskelatrophie führen. Einschnürende Verbände, insbesondere primäre Rundgipse, können derartige ischämische Muskellähmungen provozieren (Volkmann-Kontraktur).

Muskelatrophien werden auch nach schweren Handquetschungen durch ein Hämatom in der Hohlhand bei erhaltener Hohlhandfaszie und am Unterschenkel als so genanntes *Tibialis-anterior-Syndrom* durch Druckerhöhung in der Faszienloge nach Unterschenkelbrüchen, geschlossener Marknagelung und anderen operativen Eingriffen am Unterschenkel gesehen. Grundsätzlich können diese Kompartmentsyndrome in allen Muskellogen nach schweren Prellungen und Quetschungen mit und ohne Knochenverletzung oder nach Gefäßverletzungen oder Gefäßoperationen auftreten. Wenn eine rechtzeitige Entlastung der entsprechenden Muskelloge nicht gelingt, hinterlassen sie entsprechende lokalisationstypische Defektheilungen, die durch Kraftminderung und Kontrakturen etc. gekennzeichnet sind (Szyszkowitz u. Reschauer 1982).

Muskelhernien haben ihre Ursache in Einrissen der umhüllenden Faszie, die zumeist traumatisch bedingt sind. Dabei kann es einmal bei einer offenen Verletzung oder aber durch stumpfe Gewalteinwirkung zu einem Einriss der Faszie kommen. Muskelhernien werden hauptsächlich am Bizeps des Oberarmes, an den Adduktoren der Oberschenkel sowie am Musculus tibialis anterior beobachtet.

Eine wesentliche Erwerbsbeschränkung rufen Muskelhernien nicht hervor.

Kontrakturen im Bereich der Finger und Hand sind abzugrenzen von der *Dupuytrenschen Kontraktur*. Es handelt sich hierbei um eine fibröse Verdickung der Palmaraponeurose, deren Ursache nicht geklärt ist. Mit Sicherheit kann man aber davon ausgehen, dass weder ein Überlastungsschaden noch eine traumatische Genese der Dupuytrenschen Erkrankung anzunehmen ist. Gegen die Annahme eines Überlastungsschadens spricht die Beobachtung, dass mehr als die Hälfte aller Fälle von Dupuytrenscher Erkrankung bei Menschen vorkommt, die nicht manuell arbeiten (Görlich 1981).

Zu den Erkrankungen der Faszien zählen auch die *schnappende Hüfte* und die so genannte *Scapula crepitans*. Bei der schnellenden Hüfte gleitet die Fascia lata in Beugestellung vor den Trochanter. Dadurch kann es zu schmerzhaften Reizzuständen zwischen Tractus iliotibialis und Trochanter major kommen. Bei der Scapula crepitans handelt es sich um einen Reizzustand zwischen den Faszien des Musculus levator scapulae und des Musculus rhomboideus am oberen Schulterblattwinkel.

Nur in den seltensten Fällen wird man beim Vorliegen eines geeigneten Traumas einen Unfallzusammenhang annehmen können, so bei schwerer Prellung und Quetschung, bei Hämatombildung durch Frakturen an entsprechender Stelle.

29.2.2 Sehnen und Sehnenscheiden

Sehnenerkrankungen und Sehnenverletzungen

Sehnenluxationen können einmal traumatisch, zum anderen sekundär durch Änderung der Gelenkachse hervorgerufen werden. Dabei kann die Änderung der Gelenkachse traumatisch durch Fehlstellung nach Frakturen oder durch anlagebedingte Erkrankungen hervorgerufen werden. So können die Strecksehnen der Finger durch traumatische Zerreißung der Streckaponeurose über dem Grundgelenk in die Zwischenfingerfalte oder an rheumatisch veränderten Händen mit Ulnarabweichung der Grundglieder luxieren. Bekannt ist auch die Luxation der langen Bizepssehne, die am Oberarmkopf aus ihrem Sulcus herausgleiten und über das Tuberculum minus nach vorne rutschen kann. Durch direkte Gewalteinwirkung sowie durch Verrenkungen und Verrenkungsbrüche im oberen Sprunggelenk kann es zum Einreißen des Retinaculums der Peroneussehne mit Luxation der Sehne über den Außenknöchel kommen. Am Handgelenk kann die Sehne des Extensor carpi ulnaris streckwärts über den Griffelfortsatz der Elle luxieren (Tennisspieler).

Gutachterliche Bewertung: Bei entsprechendem Unfallmechanismus ist die Zusammenhangsfrage im Allgemeinen problemlos.

Offene Sehnenverletzungen bereiten dem Gutachter hinsichtlich der Zusammenhangsfrage keine Schwierigkeiten.

Geschlossene Sehnenverletzungen können einmal durch direkte stumpfe Gewalteinwirkung, sekundär traumatisch und spontan bei entsprechenden degenerativen Veränderungen entstehen. Während man früher der Ansicht war, dass eine gesunde Sehne nicht einreißen kann, haben entsprechende Belastungsversuche an der Achillessehne inzwischen bewiesen, dass die Reißfestigkeit dieser Sehne auch beim Gesunden durch kinetische Energie (z. B. beim Skilaufen) überschritten werden kann (Wilhelm 1977). Dies stimmt überein mit den Aussagen von Holz und Ascherl (1981), die bei der histologischen Untersuchung von 543 Präparaten nach Achillessehnenrupturen lediglich in 23% der Fälle Sehnendegenerationen belegen konnten.

Gutachterliche Bewertung: Die Zusammenhangsfrage nach Sehnenrupturen wird vom Gutachter häufig nur dann sicher geklärt werden können, wenn eine exakte Unfallanamnese, der Operationsbefund und die histologische Untersuchung der verletzten Sehne ausgewertet werden können. Auch mit der Kernspintomographie ist die Altersbestimmung einer Achillessehnenruptur nur unzuverlässig möglich, obwohl diese Untersuchungsmethode sowohl im Hinblick auf Sehnenverletzungen als auch im Hinblick auf degenerative Sehnenveränderungen eine sehr hohe Sensitivität und Spezifität aufweist (Lahm et al. 2004). Entscheidend ist letztlich die Analyse des Unfallhergangs, zu der neben den ersten Angaben des Patienten nach dem Unfall entsprechende Unfalluntersuchungen durch den Versicherungsträger herangezogen werden sollten.

Liegt eine außergewöhnliche Kraftanstrengung im Sinne einer willkürlichen Maximalbeanspruchung des Muskel-Sehnen-Systems vor, überschreitet die Muskelkraft üblicherweise nicht die Rissfestigkeit der anteiligen Sehne (Ausnahme Hochleistungssportler). Kommt es dennoch zur Ruptur, liegen zumeist degenerative Sehnenveränderungen vor, der Sehnenriss ist „bei Gelegenheit" der Belastung eingetreten und im Allgemeinen keine Unfallfolge (Müller u. Rehn 1984).

Anders liegen die Verhältnisse bei der plötzlichen passiven Maximalbeanspruchung des Muskel-Sehnen-Systems muskulär fixierter Gelenke. In diesem Fall entfallen die physiologischen Regelkreisläufe der Muskulatur. Die volle Last trifft die anteilige Sehne, und es kommt zur Zerreißung. Damit wird man die Sehnenruptur als Unfallfolge anerkennen können, auch wenn gewisse degenerative Veränderungen bei der histologischen Untersuchung gefunden werden (Hegelmaier et al. 1992).

Ähnliches gilt, wenn das Unfallereignis nach Art und Schwere geeignet war, auch eine vollkommen gesunde Sehne zu zerreißen. Auch dann wird man beim Vorliegen degenerativer Veränderungen das Unfallereignis als wesentlich ansehen müssen und den Unfallzusammenhang anerkennen.

Zu den gedeckten traumatischen Sehnenverletzungen gehören die Ausrisse der Strecksehnen am Fingerendglied und an der Basis der Mittelglieder. Bei erhaltenen seitlichen Zügeln der Streckaponeurose kommt es zu einem so genannten Knopflochmechanismus. Risse der langen Daumenstrecksehne sind selten primär traumatisch, sie werden vielmehr als sekundäre Unfallfolge nach typischen Speichenbrüchen beobachtet. Abzugrenzen ist der sekundärtraumatische Riss der langen Daumenstrecksehne vom Riss derselben durch Überlastungsschaden. Risse der langen Bizepssehne können durch direkte Gewalteinwirkung bei angespannter Sehne traumatisch (Rückschlag des Gewehrkolbens) oder durch ruckartige Belastung bei angespannter Sehne entstehen, so z. B. beim unvorhergesehenen Abfangen einer schweren Last, beim Tragen oder Abfangen des eigenen Körpers beim Sturz. Diese seltenen *traumatischen Risse* der langen Bizepssehne sind abzugrenzen von den viel häufigeren *Spontanrissen der degenerierten Sehne* bei Veränderungen des Gleitgewebes im Sulcus intertubercularis. Der periphere Ausriss der Bizepssehne am Radius ist dagegen häufiger traumatischer Genese. Neben der direkten Verletzung der Sehne in der Ellenbeuge kommt die plötzliche passive Maximalbeanspruchung, z. B. beim unerwarteten Abfangen einer schweren Last, als Ursache in Betracht (Hegelmaier 1992).

Schwere Gewalteinwirkungen im Bereich des Schultergelenkes können zu Einrissen der so genannten Rotatorenmanschette führen. Kommt es bei einer traumatischen Schultergelenksverrenkung zu einer Verletzung der Rotatorenmanschette mit Abriss des Tuberculum majus oder minus, ist die Begutachtung unproblematisch.

Anders liegen die Verhältnisse bei der ligamentären Ruptur der Rotatorenmanschette, da bei der Entstehung dieses Schadens zumeist degenerative Faktoren und ein als ursächlich angesehenes äußeres Ereignis ineinandergreifen (Ludolph und Mitarbeiter 1985). Die Häufigkeit degenerativer Veränderungen und spontaner Rupturen in diesem Bereich gerade beim älteren Menschen (Oestern et al. 1989, Pieper et al. 1997) machen eine traumatische Genese der Rotatorenmanschettenruptur eher unwahrscheinlich und führen in den meisten Fällen zur Ablehnung des Unfallzusammenhanges (Weber 2004). Müller u. Rehn (1984) wiesen darauf hin, dass gerade deshalb die Gefahr der gutachtlichen Vereinfachung besonders groß ist. Grundsätzlich kommt jede von außen auf die Schulter einwirkende Kraft als Rupturursache in Frage, die zu einer Zugbelastung der Rotatorenmanschette führt. Bei der Analyse des Unfallhergangs ist die Biomechanik des Schultergelenks zu berücksichtigen, obwohl es bislang noch nicht gelungen ist, einzelne Rupturformen bestimmten Verletzungsmechanismen zuzuordnen. Sowohl für die Diagnostik der Ruptur wie der degenerativen Vorschädigung der Rotatorenmanschette ist die Kernspintomographie heute unverzichtbar. Mit ihr können akute von chronischen Rupturen unterschieden werden, Impingementzeichen und tendopathische Veränderungen lassen Rückschlüsse auf degenerative Vorschäden zu. Verletzungsspezifische Veränderungen gibt es hingegen nicht (Lahm et al. 2004). Damit muss bei Verletzungen der Rotatorenmanschette neben der Berücksichtigung der Vorschäden eine genaue Analyse des Unfallherganges und der klinischen, operativen und ggf. histologischen Befunde erfolgen. Scheidet eine Gelegenheitsursache aus und konkurrieren traumatische und vermutete degenerative Ursachen gleichwertig, wird man vor allem beim jungen Menschen die versicherte Tätigkeit gelegentlich als wesentlich ansehen können und den Unfallzusammenhang anerkennen.

Knöcherne Sehnenausrisse nach Trauma werden auch an der Tuberositas tibiae, an der Patella, am Trochanter minor und major des Oberschenkels sowie am Schambein beobachtet. Die Achillessehne kann einmal in ihrem Verlauf, zum anderen mit einem dreieckigen Knochenteil aus dem Fersenbein reißen. Wegen des Aussehens bezeichnet man diese Verletzung, die besonders häufig beim Frontalsturz des Skifahrers beobachtet wird, auch als Entenschnabelbruch des Fersenbeins. Gerade bei der Achillessehne, deren Riss zu den gravierendsten Sehnenrupturen neben den Rissen der Quadrizepssehne und des Ligamentum patellae überhaupt gehört, sind Unfallhergang und vorher bestehende degenerative Veränderungen gegeneinander abzuwägen. So findet sich eine Häufung von spontanen Achillessehnenrupturen bei Menschen in einem Alter von ungefähr 50 Jahren mit histologisch nachweisbaren schweren und schwersten degenerativen Veränderungen des Sehnengewebes. Man wird dann entscheiden müssen, ob den degenerativen Veränderungen oder dem Unfallereignis die wesentliche Bedeutung zuzumessen ist, manchmal wird eine prozentuale Abgrenzung erforderlich sein. Für die Beurteilung ist es von wesentlicher Bedeutung, dass gleich bei der ersten Untersuchung das angeschuldigte Unfallereignis detailliert schriftlich festgehalten wird. Gleiches gilt für den Riss des Ligamentum patellae und der Quadrizepssehne.

Erkrankungen der Sehnenscheiden und des Sehnengleitgewebes

▮ *Sehnenscheidenhämatome* treten im Allgemeinen als Begleitsymptom anderer Verletzungen auf, z.B. als Folge einer Sehnenruptur oder in den Strecksehnenscheiden am Handgelenk beim typischen Speichenbruch.

Gutachtlich werden sie daher zumeist im Zusammenhang mit der Primärverletzung beurteilt.

▮ Bei der *Tendovaginitis crepitans* handelt es sich um eine Erkrankung, die durch einseitige, langdauernde mechanische Beanspruchung und ungewohnte Arbeiten aller Art bei fehlender oder gestörter Anpassung entsteht. Dabei sind überwiegend die oberen Extremitäten, insbesondere die Unterarme, betroffen. Histologisch findet man eine ödematöse Quellung des peritendinösen Bindegewebes mit Leukozyten- und Plasmazellinfiltraten sowie Kapillarsprossungen. Die Sehne selbst zeigt keine Veränderungen.

▮ Bei der *Tendovaginitis stenosans* führen die krankhaften Wandveränderungen zur Einengung des Sehnenfachs. Davon sind insbesondere die Sehnenscheiden der Daumen betroffen. Die Periostosen der Sehnenansätze (Epicondylitis und Styloiditis) können die gleichen Ursachen haben wie die beiden vorgenannten Erkrankungen. Klinisch findet sich Druckschmerz am Muskelursprung bzw. am Knochenansatz sowie eine Infiltration im Bereich des betroffenen Epicondylus mit Spontanschmerz im erkrankten Gebiet.

Gutachterliche Bewertung: Die ▶ BK 2101 berücksichtigt die Erkrankungen der Sehnenscheiden, des Sehnengleitgewebes sowie der Sehnen- und Muskelansätze, wenn die Erkrankungen zur Aufgabe der beruflichen Beschäftigung oder jeder Erwerbsarbeit geführt haben. Bei der Klärung der Zusammenhangsfrage ist die Arbeitsanamnese sorgfältig zu prüfen, zum anderen müssen rheumatische oder toxische Prozesse, spezifische oder unspezifische Infektionen sowie konstitutionelle und dispositionelle Faktoren und schließlich HWS-Veränderungen ausgeschlossen werden (Günther et al. 1987).

▮ Die *eitrige Sehnenscheidenentzündung* kommt im Gefolge von direkten Stichverletzungen, bei Eiterprozessen in der Nachbarschaft der Sehnenscheide und offenen Verletzungen vor. Bei einer Kommunikation der Sehnenscheiden des Daumens und des Kleinfingers besteht die Möglichkeit, dass es zur Ausbildung einer V-Phlegmone kommt, die sich bis in die Tiefe des Vorderarmes ausbreiten kann.

▮ Bei einwandfrei nachgewiesenem adäquatem Trauma wird die Beurteilung der Spätfolgen keine Schwierigkeiten machen.

▮ Bei den *spezifischen Sehnenscheidenentzündungen* spielt die *Tuberkulose* eine gewisse Rolle. Sie kommt insbesondere im Bereich der Sehnenscheiden am Handrücken und in der Hohlhand vor. Die histologische Untersuchung mit Tuberkelbakteriennachweis durch Kultur bringt den Beweis für die spezifische tuberkulöse Genese.

Da die Infektion auch direkt durch Verletzungen entstehen kann (Fröhlich 1953), wird sie gelegentlich als Unfallfolge zu beurteilen sein.

29.2.3 Erkrankungen der Schleimbeutel

▮ Die *eitrige Schleimbeutelentzündung* entsteht durch Eindringen von Eitererregern bei Verletzungen.

Gutachterliche Bewertung: Wenn die entsprechend lokalisierte Hautverletzung Unfallfolge war, so ist auch die eitrige Schleimbeutelentzündung als Unfallfolge anzuerkennen.

▮ Die *chronisch unspezifische, nichteitrige Schleimbeutelentzündung* kann durch fortgesetzte, lang anhaltende, übermäßige Belastungen entstehen. Dabei kann die mechanische Belastung durch körpereigene Ursachen, wie Exostosen und Geschwülste hervorgerufen werden oder aber durch berufliche Tätigkeit mit häufiger Druckbelastung im Bereich der Knie-, Ellenbogen- und Schultergelenke, wie z.B. bei Bergleuten, Bodenlegern und -abziehern, Fliesenlegern, Straßenbauern, Steinsetzern, Reinigungspersonal, Glas- und Steinschleifern sowie Lastträgern.

Gutachterliche Bewertung: Die chronischen Erkrankungen des Schleimbeutels durch ständigen

Druck werden in der ▶ BK 2105 erfasst. Für die Beurteilung ist die exakte Arbeitsanamnese wesentlich. Komplikationen oder Folgezustände hinterlässt die Erkrankung nur selten.

29.2.4 Knochen und Periost

Gutachterliche Bewertung: Bei der Beurteilung von Knochenerkrankungen und -verletzungen kommt der Röntgenuntersuchung eine wesentliche Bedeutung zu. Dabei dürfen *Skelettanomalien nicht* als Folge von Verletzungen oder krankhaften Veränderungen angesehen werden. So können Epi- und Apophysenkerne, Os acromiale, Os trigonum tali und Os tibiale externum, um nur einige zu nennen, mit knöchernen Absprengungen verwechselt werden. Auch Sesambeine, wie das Os peronaeum oder die Fabella, geben gelegentlich Anlass zu Verwechslungen. Abgelöste Verknöcherungen von Sehnenansätzen, wie Calcanaeus- oder Ellenhakensporn, Verdoppelungen bzw. Spaltungen von Knochen, wie Patella bi- und tripartita, oder das zweigeteilte Os naviculare an Hand und Fuß, sollten nicht als Frakturen fehlgedeutet werden. Gleiches gilt für das Os acetabuli am Hüftpfannendach.

▮ *Formveränderungen der Füße*, wie Knick-, Senk- und Spreizfüße, sind anlagebedingt infolge einer konstitutionellen Schwäche des Stützgewebes.

Der echte traumatische Plattfuß kann nach schweren Knochen- und Bänderverletzungen auftreten. Darüber hinaus kann es nach Unterschenkel- oder Sprunggelenksverletzungen durch eine unfallbedingte Muskelminderung oder Bandschwäche zur Verschlimmerung vorbestehender Formveränderungen an den Füßen kommen, die dann immer im Vergleich zur gesunden Seite beurteilt werden müssen.

▮ *Systemkrankheiten des Skeletts*, wie Marmorknochenkrankheit, Osteopoikilie, Chondromatose, Osteogenesis imperfecta, Ostitis deformans Paget sowie die multiplen kartilaginären Exostosen, die fibröse Dysplasie und die Ostitis fibrosa generalisata sind anlagebedingte Krankheiten und niemals Unfallfolge.

Gutachtlich können diese Krankheiten jedoch eine Rolle spielen, wenn es an den vorgeschädigten Knochen durch geringe äußere Gewalteinwirkung zu Frakturen oder verzögerter und unvollkommener Knochenbruchheilung kommt. Es muss dann abgegrenzt werden, ob dem Unfallereignis oder der anlagebedingten Erkrankung die wesentliche Ursache beizumessen ist. Das Gleiche gilt für die Beurteilung der verzögerten oder ungenügenden Knochenbruchheilung, auch bei altersbedingter Osteoporose oder seniler Atrophie des Knochens sowie primären Knochentumoren und Knochenmetastasten.

Bei *aseptischen Knochennekrosen* handelt es sich um eine zusammengehörige Gruppe von Krankheitsbildern, die meist nach ihren Autoren Erstbeschreibern benannt wurden. Die Erkrankungen sind von entzündlichen oder infektiösen Knochennekrosen abzugrenzen.

▮ *Nekrosen des Os naviculare* am Fuß sowie die *Nekrose der Mittelfußköpfchen* (Köhler I und II) treten im Wesentlichen im jugendlichen Alter auf. Eine Entstehung durch Fraktur oder Kontusion des Fußes ist bisher nicht beobachtet worden.

▮ Gleiches gilt für die *Schlattersche Erkrankung* der Tibiaapophyse und die *Nekrose der Calcaneusapophyse.*

▮ Eine weitere aseptische Knochennekrose ist die *idiopathische Hüftkopfnekrose*, auch *Morbus Perthes* genannt, die im Alter von 3–10 Jahren auftritt.

▮ Im Unterschied hierzu ist die *Epiphyseolysis capitis femoris* eine Erkrankung des Jugendalters (ab 9 Jahre), bei der es zu einem Abrutschen der Hüftkappe in der Epiphysenfuge kommt. Man bekommt diese Kranken im Allgemeinen erst dann zu sehen, wenn die Hüftkappe bereits abgerutscht ist und dadurch Beschwerden verursacht werden. Gelegentlich wird dann ein Bagatelltrauma als Ursache für die anlagebedingte Erkrankung angegeben. Im Laufe von Jahren oder Jahrzehnten kann es zu einer Deformierung des Hüftkopfes unter Ausbildung einer schweren Coxarthrose kommen.

Das Krankheitsbild darf nicht mit der medialen Schenkelhalsfraktur verwechselt werden. Das ist besonders dann von Bedeutung, wenn die Kranken erst mit dem Vollbild einer schweren Coxarthrose zur Begutachtung kommen und angeben, dass sie vor 20 oder 30 Jahren eine Hüftgelenkprellung oder einen Sturz auf die Hüfte erlitten haben. In diesen Fällen wird man nach alten Röntgenaufnahmen und Unterlagen über die Art der Behandlung, Dauer der Arbeitsunfähigkeit usw. forschen müssen, da im Spätstadium eine traumatische aseptische Hüftkopfnekrose und Coxarthrose nicht mehr ohne Weiteres von der anlagebedingten Hüftkopfnekrose abzugrenzen ist. Die traumatische aseptische Hüftkopfnekrose kann nach Hüftgelenksluxationen und Schenkelhalsfrakturen noch Jahre später auftreten. Sie endet ebenfalls in einer schweren sekundären Coxarthrose. Der Grund für die traumatische Hüftkopfnekrose liegt in der ungenügenden Blutversorgung des Hüftkopfes, wenn es bei Luxationen und medialen Schenkelhalsfrakturen zur Zerreißung der Blutgefäße kommt. Ähnliche Nekrosen kommen nach Verrenkungen und Frakturen des Sprungbeins zur Beobachtung.

▮ Eine besondere Bedeutung kommt der *aseptischen Nekrose des Mondbeins (Morbus Kienböck)* am Handgelenk zu, die einmal ohne äußere Ursache, zum anderen aber auch nach einem einmaligen, nachgewiesenen und erheblichen Trauma des Handgelenkes auftreten kann (Feldmeier et al. 1987).

Für die Beurteilung ist eine Röntgenverlaufsserie von wesentlicher Bedeutung. Wenn bereits zum Zeitpunkt des angeschuldigten Unfallereignisses Veränderungen – insbesondere Verdichtungen der Knochenstruktur und Deformierungen – vorliegen, so ist der Unfallzusammenhang abzulehnen. Anders ist es, wenn diese Veränderungen erst im Laufe von Monaten nach dem Trauma auftreten. Besonders schwierig zu beurteilen sind Risse oder Sprünge in einem nekrotischen Mondbein. Ohne eine Röntgenverlaufsserie wird man kaum entscheiden können, ob es sich um Veränderungen im Verlauf der unabhängig bestehenden Knochenerkrankung oder um frische traumatische Brüche in einem nekrotischen Mondbein handelt.

▮ Durch mindestens zweijährige regelmäßig durchgeführte Arbeit mit Pressluftwerkzeugen kann es ebenfalls zu einem so genannten *Mondbeintod* kommen. Ätiologisch werden Schädigungen des Mondbeines durch direkte Stoßwirkung, Nervenschäden und Gefäßabdrosselung während der Pressluftarbeit diskutiert.

Da der Mondbeintod auch ohne Pressluftarbeit vorkommt, und zwar in kaum geringerem Umfang (Laarmann 1977), muss die Verursachung durch die berufliche Tätigkeit in jedem einzelnen Fall nachgewiesen werden. Beim Mondbeintod durch Pressluftarbeit handelt es sich um eine Sonderform der ▶ BK 2103, ebenso wie bei der *Ermüdungsfraktur und Ermüdungszyste des Kahnbeins* mit Pseudarthrosenbildung. Wesentlich für diese Sonderform der BK 2103 ist, dass die Ermüdungsfraktur nicht an eine Mindestarbeitsdauer mit Pressluftwerkzeugen gebunden ist.

▮ Nach der Änderungsverordnung zur 7. Berufskrankheitenverordnung umfasst die ▶ BK 2103 Erkrankungen, die durch „Erschütterung bei der Arbeit mit Druckluftwerkzeugen oder gleichartig wirkenden Werkzeugen oder Maschinen“ entstehen können. Dazu gehören neben dem Ermüdungsbruch des Kahnbeins und dem Mondbeintod in erster Linie *arthrotische Veränderungen* an den Ellenbogengelenken, insbesondere am Speichenköpfchen und Kronenfortsatz der Elle, am Schulter-Schlüsselbein-Gelenk sowie am handgelenksnahen Ellenspeichendrehgelenk. Es handelt sich hierbei um die so genannte Abnutzungsform des Pressluftschadens, für den es röntgenologisch keine spezifischen Zeichen gibt. Die Veränderungen entsprechen vielmehr dem Bild einer Arthrosis deformans bzw. in seltenen Fällen dem Bild einer Osteochondrosis dissecans. Die Gelenke können deformiert sein und freie Gelenkkörper enthalten. Für die Beurteilung ist die Arbeitsanamnese, zum anderen die Abgrenzung von toxischen, infektiösen und neurogenen Gelenkerkrankungen sowie der auf anderen Ursachen beruhenden Arthrosis deformans und Chrondromatose erforderlich. Hinsichtlich der beruflichen Voraussetzungen wird eine Mindestzeit regelmäßiger und schwerer Pressluftarbeit von 2 Jahren gefordert (Ausnahme: Kahnbeinpseudarthrose). Grundsätzlich gilt für die Begutachtung, dass sowohl die medizinischen als auch die beruflichen Voraussetzungen vorliegen müssen und ein Ursachenzusammenhang zwischen medizinischen und beruflichen Voraussetzungen ausreichend wahrscheinlich gemacht werden muss, um die Abnutzungsform oder eine der Sonderformen der BK 2103 als Berufskrankheit anerkennen zu können.

▮ *Überlastungsschäden* des Skeletts sind insbesondere bei Soldaten und Sportlern bekannt geworden. Hierzu gehören die Marschfrakturen an den Mittelfußknochen, am Schienbein, Schenkelhalsbrüche und Brüche des aufsteigenden Schambeinastes.

Da sich diese Frakturen häufig langsam und schleichend entwickeln, werden sie gelegentlich erst spät erkannt. Eine entsprechende Anamnese ist für die Beurteilung und Begutachtung entscheidend.

▮ *Knochenzystchen* in Fuß- und Handwurzelknochen stellen in der Regel Zufallsbefunde dar und besitzen keine krankhafte Bedeutung. Sie sind zu unterscheiden von den Knochenzysten bei der endokrin bedingten Ostitis fibrosa cystica generalisata und den zystischen Knochenaufhellungen bei Riesenzellgeschwülsten und bei der fibrösen Dysplasie, die eine anlagebedingte Knochenerkrankung und nicht unfallbedingt ist.

Wenn es durch äußere Gewalteinwirkung bei derartigen Knochenerkrankungen zu Frakturen kommt, hat die Beurteilung davon auszugehen, ob die Gewalteinwirkung geeignet gewesen wäre, auch gesunde Knochengewebe in gleicher Weise und an gleicher Stelle zu schädigen.

▮ Eine *Atrophie des Knochens* kann durch chronische Drucksteigerung, z.B. im Schädelinneren, durch Druck von Tumoren sowie durch pulsierende Arterien (Aneurysmen, Interkostalarterien) entstehen oder als Altersosteoporose. Die *Inaktivitätsatrophie des Knochens* wird nach Lähmungen, langdauernder Ruhigstellung bei Frakturen oder Gelenkerkrankungen oder einer Schonung der Gliedmaße aus anderen Gründen beobachtet.

Bei entsprechendem Grundleiden ist ihre Beurteilung nicht schwierig. Wenn anlässlich einer Begutachtung, aus welchen Gründen auch immer, die Schonung einer Gliedmaße demonstriert wird und der zu Begutachtende angibt, dass diese Schonhaltung bereits seit Monaten und Jahren eingehalten werden müsse und sich beim Vergleich mit der nicht geschonten gesunden Seite röntgenologisch neben fehlender Weichteilverschmächtigung keine Inaktivitätsatrophie des Knochens finden, so bestehen Zweifel an der Glaubwürdigkeit der Angaben des zu Begutachtenden.

29.2.5 Sudeck-Syndrom

Das Sudeck-Syndrom – heute auch als komplexes regionales Schmerzsyndrom (*CRPS*) bezeichnet – ist definiert als eine an Weichteilen und Knochen ablaufende Durchblutungs- u. Stoffwechselstörung mit Entzündungscharakter und der Tendenz zur Chronizität (Cotta u. Rauterberg 1979). Als Ursache kommen Traumen aller Art und Stärke, Entzündungen, Schädigungen durch Kälte-, Hitze- und Strahleneinwirkung, Erkrankungen des ZNS und eine allgemeine Disposition in Betracht (Böhm 1985, Brunner 1968). Die Erkrankung verläuft im Allgemeinen in drei Phasen:

- In der akuten Phase findet sich eine Überwärmung mit bläulich-zyanotischer Verfärbung der Haut und Ödem mit Spontanschmerz;
- in der zweiten Phase lässt sich verminderte Durchblutung mit Zyanose, verminderter Schweißsekretion, hartem Ödem der Haut und Hypothermie nachweisen;
- das dritte Stadium ist gekennzeichnet durch die Atrophie von Unterhautfettgewebe, Muskulatur, Knochen und mehr oder minder stark ausgeprägter Kontraktur der Gelenke.

Gutachterliche Bewertung: Die Beurteilung des Sudeck-Syndroms ist deswegen für den Begutachter problematisch, da die häufig ausgesprochen schweren Folgezustände im Endstadium in krassem Gegensatz zu der Stärke und Art der primären traumatischen Schädigung stehen können. Es ist daher seit langem bekannt, dass für die Entstehung eines Sudeck-Syndroms eine auslösende Ursache allein nicht genügt. Man geht vielmehr davon aus, dass eine entsprechende individuelle und vegetative Bereitschaft oder Reaktionslage erforderlich ist. Nach Cotta und Rauterberg (1979) ist ein ursächlicher Zusammenhang zwischen einem traumatischen Ereignis und dem Entstehen eines Sudeck-Syndroms dann wahrscheinlich, wenn

- das angeschuldigte Ereignis zeitlich exakt terminiert,
- der Unfallmechanismus nachvollziehbar,
- die nachfolgende Gewebsschädigung dokumentiert und nachgewiesen ist,
- die Region der Gliedmaßenschädigung mit der des Sudeck-Syndroms korrespondiert,
- ein radiologischer Befund im Sinne einer diffusen scharf- und feinporigen Entschattung des Skelettabschnitts dokumentiert ist,
- die jeweiligen Zeitintervalle zwischen dem Auftreten der Einzelsymptome des Sudeck-Syndroms mit dem angeschuldigten Ereignis in Übereinstimmung mit der klinischen Erfahrung stehen,
- die Kontinuität der Sudeck-Symptome durchgehend gewahrt ist und
- keine weiteren Bedingungen, also Gesundheitsschäden mit manifester funktioneller Beeinträchtigung, vorliegen, die bei der Entstehung des Sudeck-Syndroms als Teilursache in ihrer Effektivität derartig überwiegen, dass der unfallunabhängige Gesundheitsschaden als Bedingung völlig in den Hintergrund tritt.
- Gelegentlich wird der Gutachter auch zu prüfen haben, ob unsachgemäße Behandlung, wie falsch angelegte Gipsverbände oder Massagen, als Ursache des Krankheitsbildes in Betracht kommen.

29.2.6 Gelenke

- *Kapselschwellungen* und *Gelenkergüsse* können im Anschluss an Traumen, im Gefolge einer Arthrosis deformans, der Osteochrondrosis dissecans und Chondromatose, bei statischen Störungen, Überbeanspruchung, Gelenkbinnenschäden und Allgemeinerkrankungen wie Rheuma, Gicht oder Hämophilie beobachtet werden.

Gutachterliche Bewertung: Die Schwierigkeiten in der Beurteilung liegen für den Begutachter zumeist darin, abzugrenzen, ob bereits bestehende Gelenkveränderungen oder ein angeschuldigtes Trauma die wesentliche Ursache ist, oder ob das Trauma zu einer richtunggebenden Verschlimmerung geführt hat. Die Untersuchung des Gelenkpunktates (frische Blutbeimengung), äußere Verletzungszeichen in der Nachbarschaft der Gelenke wie Hämatome oder Prellmarken, die Prüfung der Gelenkstabilität und das Ausmaß der Vorschädigung sind dabei für die Beurteilung von wesentlicher Bedeutung.

- *Eitrige Gelenkentzündungen* können durch offene Gelenkverletzungen, aber auch durch eine Entzündung aus der Nachbarschaft entstehen. Dabei kann es sich nicht nur um den Durchbruch eines eitrigen Knochenprozesses in den Gelenkbinnenraum, sondern auch um infizierte Wunden in der Umgebung der Gelenke handeln.

Gutacherliche Bewertung. Wesentlich für die Beurteilung ist eine sichtbare Wunde, wobei es auf deren Größe nicht ankommt. Ein Zusammenhang wird auch dann anzuerkennen sein, wenn die Wunde so liegt, dass die von ihr ausgehenden Lymphbahnen zum erkrankten Gelenk führen und eine Lymphangitis nachweisbar ist. Dabei gelten für die Beurteilung der Zusammenhangsfrage die gleichen Grundsätze wie für Wundinfektionen.

Schwieriger zu beurteilen sind eitrige Gelenkentzündungen, die sich im Anschluss an geschlossene, stumpfe Verletzungen entwickeln. Die Anerkennung eines ursächlichen Zusammenhangs wird dann möglich sein, wenn

- der nachgewiesene Unfall geeignet war, einen Gelenkbinnenschaden hervorzurufen,
- der zeitliche Zusammenhang zwischen Unfall und Auftreten der Gelenkentzündung gewahrt ist und

- andere Erkrankungen oder Ursachen für die Infektion ausgeschlossen werden können.

Ähnlich wie bei einer Osteomyelitis wird die traumatische Genese eines Gelenkempyems nach geschlossenen Verletzungen nur in seltenen Fällen anzunehmen sein.

Freie Gelenkkörper werden als Folge
- echter Gelenktraumen,
- bei Osteochondrosis dissecans,
- Chondromatose und
- Arthrosis deformans beobachtet:

▪ Es besteht kein Zweifel daran, dass es durch *schwere Gelenktraumen* zum Aussprengen von Knorpelknochenstückchen aus den Gelenkflächen kommen kann. Besonders betroffen ist das Kniegelenk, das obere Sprunggelenk sowie das Schulter- und Hüftgelenk. Dabei ist zu berücksichtigen, dass reine Knorpelabsprengungen sich dem Nachweis entziehen.

Gutachterliche Bewertung: Während frische Verletzungen selten Schwierigkeiten der Beurteilung machen, können im Spätstadium erhebliche Probleme auftauchen. Auch der Operationsbefund und die histologische Untersuchung des entfernten freien Gelenkkörpers lassen dann häufig im Stich, da nicht mehr zu entscheiden ist, ob es sich um einen traumatisch oder aus anderer Ursache abgelösten Körper handelt. Die Entscheidung wird dann allein nach der Vorgeschichte (Art und Schwere des Traumas, Dauer der Arbeitsunfähigkeit, Brückensymptome) zu fällen sein.

▪ Bei der *Osteochondrosis dissecans* handelt es sich um eine Gelenkerkrankung, die zu umschriebenen aseptischen Knorpel-Knochen-Nekrosen mit sekundärer Ausbildung von freien Gelenkkörpern führt. Ätiologisch werden Ernährungsstörungen und örtliche Überlastungen von Knorpel-Knochen-Abschnitten sowie endogene, endokrine, traumatische und infektiöse Einwirkungen diskutiert.

Gutachterliche Bewertung: Ein Unfallzusammenhang wird zumeist abzulehnen sein. Eine traumatische Genese erscheint jedoch dann möglich, wenn ein adäquates Unfallereignis genau die später erkrankte Stelle getroffen hat, und man davon ausgehen kann, dass diese Stelle des Gelenkknorpels durch das Unfallereignis so geschädigt wurde, dass es zur subchondralen Knochennekrose mit Gefäßzerreißungen kommen konnte. Wichtig für die Beurteilung ist dabei, dass zum Unfallzeitpunkt Zeichen einer Osteochondrosis fehlten, und dass die ersten Symptome nicht früher als drei Wochen und nicht später als ein Jahr nach dem Unfall aufgetreten sind (Maurer u. Lechner 1963).

▪ Bei der *Gelenkchondromatose* handelt es sich um tumorähnliche Knorpelgewebswucherungen, die wahrscheinlich aus versprengten Knorpelkeimen der synovialen Membran entstehen. Die zunächst an Stielen ins Gelenkinnere hineinragenden Chondrome können sich ablösen und als freie Gelenkkörper imponieren. Wenn es nach der Ablösung dann zu Einklemmungserscheinungen kommt, wird nicht selten ein Bagatelltrauma ursächlich angeschuldigt.

Gutachterliche Bewertung: Ein Unfallzusammenhang ist jedoch auch im Sinne einer richtunggebenden Verschlimmerung abzulehnen.

▪ Auch die *Arthrosis deformans* kann gelegentlich zur Bildung von freien Gelenkkörpern führen. Dabei kann die Ablösung von subchondralen Nekrosen oder Randzacken traumatisch, zum anderen aber auch spontan erfolgen.

Gutachteliche Bewertung: Wenn die Arthrosis deformans durch Gelenkfrakturen, statisch durch in Achsenfehlstellung verheilte Schaftbrüche oder durch unfallbedingte Wackelgelenke hervorgerufen worden ist, werden selbstverständlich auch ohne zusätzliches Trauma im Gefolge der Arthrosis deformans abgelöste freie Gelenkkörper als Unfallfolge anzuerkennen sein. Andernfalls ist die Einklemmung eines freien Gelenkkörpers nicht als Unfallfolge anzuerkennen, da jeder freie Gelenkkörper zu Einklemmungserscheinungen neigt. Es handelt sich dann um das Symptom der bestehenden Erkrankung.

Meniskusschädigungen

Bei Meniskusschädigungen kann man drei große Gruppen unterscheiden:
- die anlagebedingten Meniskusveränderungen (z. B. Scheibenmeniskus),
- die Meniskusverletzungen und
- die Meniskusverschleißerkrankungen.

In der Begutachtungspraxis kommt hierbei nur den beiden letztgenannten Gruppen eine Bedeutung zu.

▪ Die *direkte Verletzung eines Meniskus* bei einem offenen Kniegelenkstrauma ist selten und wirft Probleme in der Begutachtung kaum auf. Häufiger entstehen traumatische Meniskusverletzungen durch mittelbare Gewalteinwirkung auf das Kniegelenk. Dabei handelt es sich zumeist um Kräfte, die zu drehenden und scherenden Bewegungen am Kniegelenk führen und den Meniskus in der Knochenzange zwischen Schienbeinkopf und Oberschenkelrolle zerreißen (Drehsturz des Skiläufers, wenn der Unterschenkel durch den Ski fixiert ist). Auch unkoordinierte Bewegungen, z. B. als Fluchtreflex, können gelegentlich zu einer traumatischen Zerreißung des Meniskus führen.

▪ Als *Begleitverletzung* finden sich Meniskusschädigungen in etwa 30% der Fälle bei Schienbeinkopfbrüchen oder bei Seitenbandrupturen, Kreuzbandrissen und Komplexbandschädigungen des Kniegelenks.

Gutachterliche Bewertung: Bei entsprechender Anamnese und typischen klinischen Zeichen einer frischen Kniegelenksverletzung wird die Anerkennung eines Meniskusrisses als Unfallfolge keine Schwierigkeiten bereiten. Probleme tauchen dann auf, wenn die histologische Untersuchung des entfernten Meniskus degenerative Veränderungen ergibt.

Liegt das Unfallereignis längere Zeit zurück, können diese degenerativen Veränderungen durchaus sekundär im Gefolge eines Teilrisses aufgetreten sein. Im Kern ist dann zu entscheiden, ob das Unfallereignis nach Art und Schwere geeignet war, auch einen gesunden Meniskus zum Zerreißen zu bringen. Allerdings ist dabei zu berücksichtigen, dass ein Meniskus auch dann als gesund im rechtlichen Sinne anzusehen ist, wenn er altersentsprechende degenerative Veränderungen aufweist, die bislang nicht zu funktionellen Ausfällen geführt haben. In diesem Sinne ist der Versicherte grundsätzlich in dem Zustand geschützt, in dem er sich bei Eintritt des schädigenden Ereignisses befindet.

So wiesen Oellig und Rüther (1981) darauf hin, dass unter 200 operativ entfernten Kniegelenksmenisken mit intravitaler Zusammenhangstrennung die 14- bis 30-Jährigen in 25% der Fälle und die 31- bis 45-Jährigen in 40% der Fälle bereits schwergradige degenerative Veränderungen aufwiesen. Wird der Meniskus erst einige Monate nach dem angeschuldigten Ereignis entfernt, kann auch der histologische Befund oft nicht weiterhelfen, zumal die von Könn und Oellig (1980) geforderte Voraussetzung für die pathologische Beurteilung des Meniskus – die Erstellung von zusammenhängenden Ganzschnitten durch den Meniskus – bei der heutigen arthroskopischen Resektionstechnik kaum mehr erfüllt wird (Müller 1988). So weisen Müller und Fisseler (1985) darauf hin, dass zwar eine Beurteilung degenerativer Veränderungen anhand der arthroskopisch gewonnenen Meniskusfragmente möglich, der Aussagewert aber stark eingeschränkt ist, da der Vergleich mit den verbliebenen, vielfach besser erhaltenen oder unversehrten Anteilen entfällt.

Diese Aussagen unterstreichen letztlich die Tatsache, dass die Beurteilung des ursächlichen Zusammenhanges zwischen angeschuldigtem Ereignis und Meniskusschädigung nur möglich ist, wenn der Gutachter das Unfallereignis aufs genaueste analysiert und darüber hinaus die Vorerkrankungen – möglichst anhand der Leistungskartenauszüge der zuständigen Krankenkasse –, das Verhalten nach dem Unfall, den Erstbefund anhand des D-Arztberichtes und den intraoperativen Befund berücksichtigt.

Der histopathologische Befund ist somit zwar ein wesentlicher Mosaikstein der Zusammenhangsbeurteilung, reicht jedoch allein zur Anerkennung oder Ablehnung eines ursächlichen Zusammenhanges nicht aus.

▮ Wesentlich häufiger als traumatische Meniskusschädigungen sind *Verschleißerscheinungen des Meniskusgewebes.* Der Faserknorpel des Meniskus kann bei entsprechender Disposition ohne irgendeine besondere äußere Einwirkung schon relativ frühzeitig fortschreitend degenerieren. Dabei können diese Veränderungen unabhängig von einer besonderen Beanspruchung der Kniegelenke bei Menschen beiderlei Geschlechts, aller Berufsgruppen, zunehmend sogar schon bei Jugendlichen unter 18 Jahren auftreten.

Gutachterliche Bewertung: Dennoch besteht kein Zweifel daran, dass der schicksalsmäßige Ablauf der Meniskopathie durch besondere Umstände eine richtungsgebende Verschlimmerung erfahren kann. Dazu gehört z. B. die Tätigkeit des Bergmanns unter Tage. Als Voraussetzung für die Anerkennung einer ▶ BK 2102 forderte der Gesetzgeber deshalb bislang eine mindestens 3-jährige Untertagetätigkeit unter ungewöhnlicher Beanspruchung der Kniegelenke durch täglich viele Stunden dauernde Arbeit in knieender oder hockender Stellung. Nicht die Untertagetätigkeit, sondern die regelmäßige, viele Stunden dauernde belastete Dauerzwangshaltung (insbesondere Hocken und Knien bei gleichzeitiger Kraftaufwendung) oder häufig wiederkehrende erhebliche Bewegungsbeanspruchungen (insbesondere Laufen oder Springen, auch mit Scherbewegungen auf grob unebener Unterlage) können zur Ernährungsstörung des Meniskusgewebes mit nachfolgender Gefügestörung führen und sind von maßgeblicher Bedeutung für die Anerkennung dieser Berufskrankheit. Dieser neuen Betrachtungsweise hat der Gesetzgeber mit der Änderung der Liste der Berufskrankheiten am 1. April 1988 Rechnung getragen, in der die BK 2102 die Fassung „Meniskusschäden nach mehrjährigen, andauernden oder häufig wiederkehrenden, die Kniegelenke überdurchschnittlich belastenden Tätigkeiten“ erhalten hat (Pressel 1989).

Hinsichtlich der medizinischen Voraussetzungen für die Anerkennung einer BK 2102 muss dem histopathologischen Befund eine entscheidende Rolle zugebilligt werden, so dass zumeistunverändert eine Anerkennung erst nach operativer Entfernung und histologischer Untersuchung des entfernten Meniskus oder Meniskusteiles erfolgen kann. Zunehmende Bedeutung kommt der Kernspintomographie zu, die mit hoher Sensitivität und Spezifität Schädigungen des Meniskusgewebes zu erfassen vermag. So lassen sich degenerative Veränderungen des Meniskusgewebes auf diese Weise visualisieren und können so in die Begutachtung einfließen. Dies ist um so wichtiger, als die Verbreitung der arthroskopischen Gelenkchirurgie dazu geführt hat, dass pathologisch anatomische Untersuchungen an den Meniskusresektaten immer seltener erfolgen (Lahm et al. 2004).

Besondere Probleme können dann auftreten, wenn die Meniskusschädigung erst viele Jahre nach der Beendigung der kniestrapazierenden Tätigkeit manifest wird. Eine Berufskrankheit wird im Allgemeinen nur dann angenommen werden können, wenn die Zeit der kniegelenksbelastenden Tätigkeit und der besonderen Beanspruchung der Kniegelenke relativ lang war, und wenn sich histologisch neben degenerativen Veränderungen mehr oder weniger ausgeprägte bindegewebige Zellverbände oder gar bindegewebige Abrundungen der Lösungsstelle nachweisen lassen.

Anamnestisch ist nach Brückensymptomen zu fahnden, gelegentlich erleichtern dokumentierte Arbeitsunfähigkeitszeiten wegen Kniegelenksbeschwerden in dem Zeitraum zwischen Aufgabe der kniegelenksstrapazierenden Tätigkeit und der Antragstellung die gutachtliche Entscheidung. Auch das niedrige Lebensalter kann unter Umständen für das Vorliegen einer BK 2102 sprechen (Andreesen u. Schramm 1975).

Meniskuszysten

Meniskuszysten, auch Meniskusganglien genannt, können bei der zystischen Degeneration des Meniskusgewebes entstehen. Sie entwickeln sich zumeist im lateralen Meniskus.

Gutachterliche Bewertung: Wenn die Meniskusdegeneration als Folge einer BK 2102 anerkannt wird, kann auch das Ganglion, das sich in diesem geschädigten Meniskus entwickelte, als Folge der Berufskrankheit angesehen werden. Als Unfallfolge ist eine Meniskuszyste im Allgemeinen abzulehnen.

Kniekehlenzysten

Dabei handelt es sich um Ausstülpungen der Gelenkkapsel, die von einigen Autoren als echte Hernien, von anderen als Degenerationszysten der Gelenkkapsel angesehen werden.

Gutachterliche Bewertung: Die unfallbedingte Entstehung einer Kniekehlenzyste, auch *Baker-Zyste* oder *Kniekehlenganglion* genannt, wird nur in ganz seltenen Fällen zu diskutieren sein, z. B. dann, wenn es im Anschluss an eine traumatische Zerreißung der Kapsel mit Kniegelenkserguss zur lokalen Vorstülpung gekommen ist. Ähnlich ist auch für ein Handgelenksganglion im Allgemeinen der Unfallzusammenhang abzulehnen. Ist jedoch eine schwere Kniegelenksarthrose oder ein ausgedehnter Meniskusschaden als Unfallfolge oder Folge einer Berufskrankheit anerkannt, wird man auch die sekundäre Kniekehlenzyste als Folge des Unfalls oder der Berufserkrankung ansehen müssen.

Überlastungsschäden

Gutachterliche Bewertung

▮ Nicht nur Beinamputierte, sondern auch einseitig Gliedmaßenversehrte versuchen nicht selten, eine *Gebrauchsminderung der unverletzten Gliedmaße* durch Überbelastung zu erklären. Dabei wird insbesondere die Arthrose der Gelenke eines nichtverletzten Beines als Überlastungsschaden gedeutet. Dem ist entgegenzuhalten, dass auch der Gesunde beim Gehen jeweils abwechselnd nur ein Bein belastet. Das heißt, jedes Bein ist von Natur darauf eingerichtet, die Last des Körpers allein zu tragen. Es ist nicht einzusehen, dass dies beim Amputierten oder einseitig Gliedmaßenversehrten anders sein soll. Außerdem ist zu bedenken, dass sowohl der Amputierte als auch der einseitig Gliedmaßenversehrte zumeist weniger geht als ein Gesunder und somit die Extremitäten weniger belastet. Wenn ein einseitig Beinversehrter eine allgemeine Arthrose, insbesondere auch im Bereich der oberen Gliedmaßen, erkennen lässt, so wird man davon ausgehen können, dass es sich um einen anlagebedingten verstärkten Gelenkverschleiß handelt. Wenn jedoch lediglich das unverletzte Bein eine auffallend starke Arthrosis deformans aufweist, und wenn sich weiterhin infolge falschen Prothesensitzes oder bei Beugekontrakturen des Hüft- oder Kniegelenkes am verletzten Bein ein erheblich gestörtes Gangbild mit Fehlbelastung des gesunden Beines findet, so wird man die Arthrosis deformans als Unfallfolge anerkennen können. In jedem Falle ist jedoch eine schlüssige Begründung erforderlich. Immerhin konnte Ahrens (1957) bei 500 Beinamputierten nachweisen, dass arthrotische Veränderungen bei Amputierten an den Gelenken des gesunden Beines wesentlich seltener auftreten als arthrotische Veränderungen bei sonst gesunden Menschen, die normale oder Schwerarbeit verrichten.

▮ Anders verhält es sich mit *Wirbelsäulenveränderungen* und *Spondylosen*. Es besteht kein Zweifel daran, dass beim Beinamputierten die Verbiegung der Wirbelsäule durch Schwerpunktverlagerung entsteht, wobei kein Unterschied zwischen Ober- und Unterschenkelamputierten besteht. Der Zusammenhang zwischen Amputation und Wirbelsäulenveränderung ist daher gegeben. Ähnliches gilt dann, wenn es im Gefolge von einseitigen Beinverletzungen, z. B. nicht ausgeglichenen Verkürzungen nach Frakturen, zu entsprechender Fehlbelastung der Wirbelsäule kommt. Bei der Einschätzung der Höhe der MdE muss man jedoch davon ausgehen, dass die Veränderungen im Bereich der Lendenwirbelsäule als typisch für den Beinverlust mit eingeschlossen sind. Nur dann, wenn ungewöhnlich schwere Wirbelsäulenveränderungen bestehen, sollten diese bei der Einschätzung der MdE besonders berücksichtigt werden. Das kann zum Beispiel bei der fixierten Skoliose der Fall sein, wenn andere Ursachen ausgeschlossen werden können. Sehr selten finden sich ausgeprägte degenerative Wirbelsäulenveränderungen auf der der Amputation gegenüberliegenden Seite, die zusammen mit entsprechender Einschränkung der Bewegungsmöglichkeit und der Minderung der Muskulatur eine höhere MdE rechtfertigen. Allerdings muss das in jedem Einzelfall besonders begründet werden und begründbar sein.

▮ *Senk- und Spreizfüße* werden ebenfalls gelegentlich als Amputationsfolgen angeschuldigt. Diese Fußformen haben ihre Ursache jedoch in angeborener Bindegewebsschwäche und finden sich bei einseitig Beinversehrten nicht häufiger als bei der übrigen Bevölkerung.

▮ Auch *Krampfaderbildung* als typisches Zeichen einer anlagebedingten Bindegewebsschwäche kann nicht als Überlastungsschaden anerkannt werden. Sie wird nur dann als Unfallfolge gelten können, wenn es durch das Trauma zu abflussbehindernden Narben zentral von der Krampfaderbildung gekommen ist oder als mittelbare Unfallfolge eine tiefe Beinvenenthrombose anerkannt wurde.

29.2.7 Osteomyelitis

Die Osteomyelitis kann durch Infektion von außen, aus der Nachbarschaft, hämatogen und durch Aufflackern eines ruhenden osteomyelitischen Herdes entstehen:

- Tritt die Knocheneiterung *im Gefolge* einer *offenen Fraktur* oder im Anschluss an eine *operative Knochenbruchbehandlung* auf, so ist der Zusammenhang eindeutig.
- Kommt es im Anschluss an eine traumatisch bedingte Weichteilentzündung, z.B. am Finger, zu einer *Fortleitung der Entzündung auf den Knochen*, so ist zwangsläufig auch das Panaritium ossale als Unfallfolge anzusehen. Gleiches gilt, wenn die Weichteilentzündung an irgendwelchen Skelettabschnitten auf den benachbarten Knochen übergreift.
- Wesentlich schwieriger ist die Beurteilung der *hämatogenen Form* der eitrigen Osteomyelitis. Voraussetzung für ihre Entstehung ist die Anwesenheit von Erregern im Blut. Dabei wird die Eintrittspforte nur selten nachzuweisen sein. Beim Erwachsenen sind die bakterielle Spondylitis und die bakterielle Spondylodiszitis mittlerweile die häufigste Formen der hämatogenen Osteomyelitis (Weber u. Ernst 1988). Als Primärherde kommen alle akuten oder latenten Infektionsherde in Frage. Häufigste Ursachen sind postoperative Infektionen nach Eingriffen am Urogenitalsystem oder anderen Beckenoperationen (Göb u. Müller 1990). Dies kann gutachtlich dann von Bedeutung sein, wenn die Operation im Beckenbereich wegen der Folgen eines Unfalls erforderlich wurde.

Gutachterliche Bewertung: Auch ohne jeden äußeren Anlass kann es zur hämatogenen Osteomyelitis kommen, insbesondere bei Kindern. Nicht selten wird dann irgendein Trauma als Ursache der Knocheneiterung angeschuldigt. Früher glaubte man, dass schon durch ein Bagatelltrauma ein Locus minoris resistentiae geschaffen werden könne, der als Ursache des Manifestwerdens der Osteomyelitis angesehen wurde. Heute ist man zurückhaltender in der Annahme eines Zusammenhangs. Die Erfahrung hat gezeigt, dass selbst bei Knochenbrüchen und gleichzeitigem Vorliegen eines Furunkels oder einer eitrigen Angina die bakteriell-eitrige Metastasierung sehr selten ist. Voraussetzung für die Anerkennung einer hämatogenen eitrigen Osteomyelitis als Unfallfolge sind die von Lininger und Molineus (1967) aufgestellten Richtsätze:

- Ein Unfall muss einwandfrei erwiesen sein,
- es muss sich um einen erheblichen Unfall gehandelt haben, der nachweisbar die später erkrankte Stelle getroffen hat und
- die Erkrankung muss sich innerhalb weniger Tage an den Unfall angeschlossen haben.

Je später eine Osteomyelitis auftritt, um so unwahrscheinlicher ist der Zusammenhang mit dem angeschuldigten Trauma. Dabei versteht man unter einem erheblichen Unfall eine Verletzung, die geeignet war, Blutungen im Knochen hervorzurufen. In jedem Fall müssen äußere Verletzungszeichen in Form von Druckstellen, Hautabschürfungen oder Blutergüssen nachweisbar gewesen sein.

Auch ist bei einer erheblichen Verletzung zu erwarten, dass der Verletzte die Arbeit unterbrochen, den Unfall gemeldet und sofort einen Arzt aufgesucht hat. Weiter muss das Trauma die Stelle getroffen haben, an der sich die eitrige Knochenentzündung manifestierte.

▮ Gelegentlich wird der Gutachter zu beurteilen haben, ob eine *ruhende Osteomyelitis* durch ein neuerliches Unfallereignis verschlimmert oder zum *Aufflackern* gebracht worden ist. Dabei ist zu berücksichtigen, dass es auch nach jahrelangem Ruhen einer Osteomyelitis jederzeit ohne äußeren Anlaß zum Rezidiv mit neuerlicher Knocheneiterung kommen kann. Andererseits ist nicht zu leugnen, dass ein entsprechendes Trauma, wenn es den vorgeschädigten Knochen trifft, zum Wiederaufflackern der Entzündung führen kann.

Gutachteliche Bewertung: Kommt es im osteomyelitisch vorgeschädigten Knochen im Anschluss an ein Trauma zu einer Fraktur, so hat man zu prüfen, ob das angeschuldigte Ereignis nach Art und Stärke geeignet war, auch einen gesunden Knochen an gleicher Stelle zu zerbrechen. Ist dies der Fall, wird man den Knochenbruch und das Wieder-Aufflackern der Entzündung als Unfallfolge ansehen müssen.

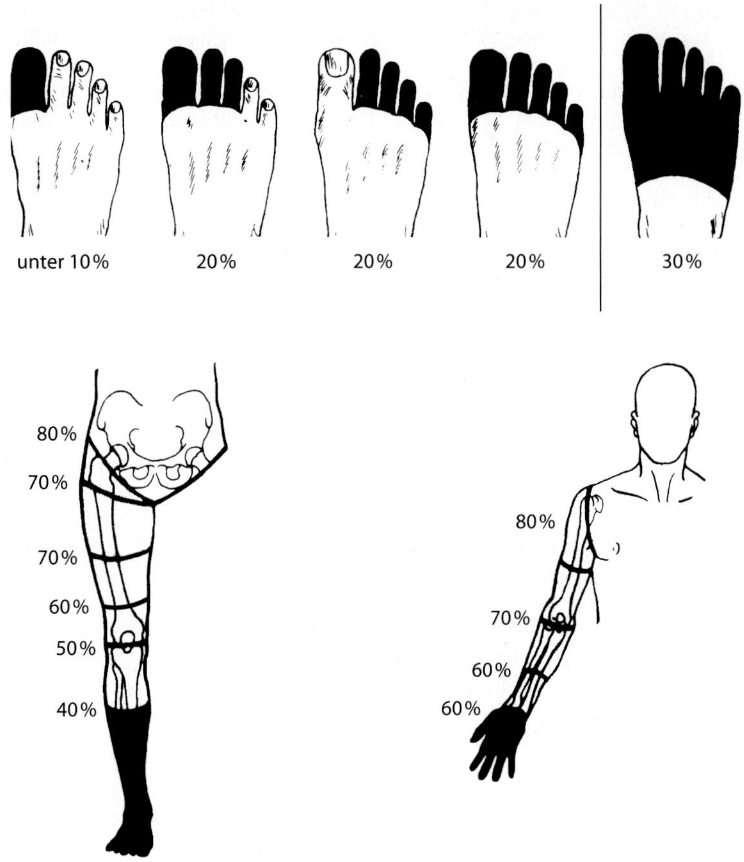

Abb. 29.2. MdE bei Gliedmaßenverlust. (Quelle: Mehrhoff et al. 2005)

29.2.8 Gliedmaßenverlust, Gliedertaxe

(Abb. 29.2; ▶ Abb. 29.1 und Tafeln I–XVII, S. 752–768 Kap. 29.3)

Die für die schematischen Abbildungen von Teil- oder Totalverlusten von Gliedmaßen angenommene MdE bezieht sich auf die Feststellung der ersten Dauerrente im Rahmen der gesetzlichen Unfallversicherung. Naturgemäß können diese MdE-Grade nur Schätzwerte sein. Es wird davon ausgegangen, dass die Amputationsstümpfe reizlos und belastbar sind und dass die Funktionsfähigkeit der anderen Gliedmaßen, insbesondere der anderen Hand, altersentsprechend ist. Eine Unterscheidung zwischen Gebrauchshand und Hilfshand erfolgt nicht mehr, da diese Entscheidung schon in früheren Jahren wenig schlüssig war und zu gerichtlichen Auseinandersetzungen geführt hat, gleichzeitig sich aber auch der Arbeitsmarkt dahingehend verändert hat, dass eine solche Unterscheidung nicht mehr gerechtfertigt erscheint. Insbesondere gilt dies, wenn die Einschätzung auf dem allgemeinen Arbeitsmarkt erfolgt und spezielle Gliedertaxen in der Versicherung nicht vereinbart wurden.

Wegen der Bedeutung des Daumens für die Funktion einer Hand gelten für seinen Teilverlust oder seine teilweise Gebrauchsbeeinträchtigung besondere Beurteilungsgrundlagen, ebenso für die Beurteilung einer Fingerverletzung bei Einbeziehung des Daumens. Die angegebenen MdE-Werte können nur Hinweise sein, so ist die Beurteilung eines Unterschenkelverlustes auch mit einer MdE von 40% bis 50% berechtigt, eine Kniegelenksexartikulation mit 50% bis 60%. Diese so genannte Gliedertaxe kann überhaupt nur unter der Voraussetzung gelten, dass die Stumpfverhältnisse gut sind und orthopädische Hilfsmittel getragen werden können.

Literatur

Ahrens W (1957) Chirurgische Begutachtung von Beinamputationsfolgen. Med Sachverst 2:25

Andreesen R, Schramm W (1975) Meniskusschäden als Berufskrankheit. Münch Med Wschr 117:973–976

Bernbeck R, Dahmen G (1983) Kinderorthopädie, 3. Aufl. Thieme, Stuttgart

Böhler L (1963) Handbuch der gesamten Unfallheilkunde, Bd I. Enke, Stuttgart

Böhm E (1985) Das Sudecksche Syndrom. Hefte zur Unfallheilkunde 174. Springer, Berlin Heidelberg, S 241–250

Brunner B (1968) Die Sudecksche Erkrankung nach so genannten Bagatelltraumen am Hirn. Inaugural-Dissertation, München

Bürkle de la Camp H, Rostock P (1956) Handbuch der gesamten Unfallheilkunde, Bd III. Enke, Stuttgart

Burri C, Rüter A (1976) Knorpelschaden am Knie. Hefte zur Unfallheilkunde 127. Springer, Berlin Heidelberg New York

Burri C, Rüter A (1976) Meniskusläsion und posttraumatische Arthrose am Kniegelenk. Hefte zur Unfallheilkunde 128. Springer, Berlin Heidelberg New York

Cotta H, Rauterberg K (1979) Das Problem der haftungsausfüllenden Kausalität beim Sudeck-Syndrom. Lebensversicherungsmedizin 4:98–103

Debrunner H (1951) Über die geschlossenen Muskelverletzungen, insbesondere die Muskelsehnenrupturen. Zschr. Unfallmed. Zürich 43, 286; 44, 10

Ehalt W (1963) Muskeln, Sehnen, Sehnenscheiden, Fascien, Schleimbeutel, Binde- und Gleitgewebe. In: Bürkle de la Camp et al (Hrsg) Handbuch der gesamten Unfallheilkunde, Bd I. Enke, Stuttgart, S 273–297

Feldmeier C, Poeschl M, Seesko H (1987) Aseptische Mondbeinnekrose - Kienböck-Erkrankung. Hefte zur Unfallheilkunde 184. Springer, Berlin Heidelberg New York

Fröhlich WA (1953) Ein Fall von traumatischer Sehnenscheidentuberkulose, zugleich ein Beitrag zur Frage der Infektion mit resistenten Tuberkelbakterien. Tuberkulosearzt 7:228–230

Göb A, Müller RT (1990) Entzündliche Erkrankungen der Wirbelsäule und des Beckens: Unspezifische Erkrankungen. In: Witt AN, Rettig H, Schlegel KF (Hrsg) Spezielle Orthopädie, Bd V, Teil 1. Thieme, Stuttgart New York

Görlich W (1981) Die Dupuytrensche Kontraktur. Chir Praxis 28:91–98

Greinemann H (1990) Beinachsenfehler und die Berufskrankheit Meniskusschaden. Unfallchirurg 93:105–109

Günther E, Hymmen R, Izbicki W (1987) Unfallbegutachtung, 8. Aufl, de Gruyter, Berlin

Hegelmaier C, Schramm W, Lange WP (1992) Die distale Bizepssehnenruptur - Therapie und versicherungsrechtliche Beurteilung. Unfallchirurg 95:9–16

Hierholzer G, Rehn J (1970) Die posttraumatische Osteomyelitis. Schattauer, Stuttgart New York

Hierholzer G, Ludolph E, Hamacher E (Hrsg) (1986–1991) Gutachtenkolloquium 1–6. Springer, Berlin Heidelberg New York

Holz U, Ascherl I (1981) Die Achillessehnenruptur. Chir Praxis 28:511–526

Izbicki W, Neumann N, Spohr H (1992) Unfallbegutachtung, 9. Aufl. Walter de Gruyter, Berlin

Jantke W (1967) Verletzungen und Erkrankungen des Bewegungsapparates. In: Schöneberg J (Hrsg) Die ärztliche Begutachtung Beschädigter, 4. Aufl, Steinkopff, Darmstadt

Könn G, Oellig WP (1980) Zur Morphologie und Beurteilung der Veränderungen an den Kniegelenksmenisken. Pathologe 1:206–213

Laarmann A (1977) Berufskrankheiten nach mechanischen Einwirkungen, 2. Aufl, Enke, Stuttgart

Lahm A, Uhl M, Weber M (2004) Die Bedeutung der Kernspintomographie für die gutachterliche Beurteilung von Verletzungen des Stütz- und Bewegungsapparates. DGU Mitteilungen (Suppl 26):5–10

Lanz U (1979) Ischämische Muskelnekrosen. Hefte zur Unfallheilkunde 139. Springer, Berlin Heidelberg New York

Lininger HG, Molineus G (1967) Der Rentenmann. Barth, München

Ludolph E, Roesgen M, Winter H (1985) Die Begutachtung der Rotatorenmanschettenruptur. Akt Traumatol 15:175–179

Maurer G, Lechner F (1963) Allgemeines über Knochen und Gelenke sowie Frakturen und Luxationen. In: Bürkle de la Camp et al (Hrsg) Handbuch der gesamten Unfallheilkunde, Bd I. Enke, Stuttgart, S 482–579

Mehrhoff F, Meindl R, Muhr G (2005) Unfallbegutachtung, 11. Aufl. de Gruter, Berlin New York

Müller KM (1988) Pathologisch-anatomischer Befund. In: Hierholzer G et al (Hrsg) Gutachtenkolloquium 3. Springer, Berlin Heidelberg, S 113–124

Mollowitz G (Hrsg) (1998) Der Unfallmann, 12. Aufl. Springer, Berlin Heidelberg New York

Müller KH, Rehn J (1984) Begutachtung nach Sehnenrupturen. Chirurg 55:11–18

Müller KM, Fisseler A (1985) Beurteilung des Meniskusschadens aus der Sicht des Pathologen. Schriftenreihe Unfallmed. Tagungen d Landesverbände d gewerbl BG'n 56:185–194

Oellig WP, Rüther M (1981) Zur Morphologie und Beurteilung der Rißbeschädigungen am Kniegelenksmeniskus. Unfallheilkunde 84:295–301

Oestern H-J, Blankenburg P von (1989) Biomechanische Belastungsuntersuchungen der menschlichen Supraspinatus- und Bizeps brachii-Sehne. Langenbecks Arch Chir (Suppl):245–248

Paul B, Peter M, Ekkernkamp A (2005) Kompendium der medizinischen Begutachtung, Spitta, Bahlingen

Pieper H-G, Radas C, Blank M (1997) Häufigkeit der Rotatorenmanschettenruptur im höheren Lebensalter. Arthroskopie 100:175–179

Pressel G (1989) Meniskusbelastende Tätigkeiten. In: Hierholzer G et al (Hrsg) Gutachtenkolloquium 4. Springer, Berlin Heidelberg, S 117–123

Romp, G, Erlenkämper A (1998) Begutachtung der Haltungs- und Bewegungsorgane, 3. Aufl. Thieme, Stuttgart New York

Szyszkowitz R, Reschauer R (1982) Ätiologie, Pathophysiologie und Lokalisation des Kompartment-Syndroms. Unfallheilkunde 85:126–132

Wagner R, Zerlett G (1968) Die Berufskrankheiten nach der 7. Berufskrankheitenverordnung. Kohlhammer, Stuttgart

Weber M (2004) Empfehlungen zur Begutachtung von Schäden der Rotatorenmanschette. DGU Mitteilungen (Suppl 26):27–33

Weber M, Ernst HU (1988) Die radikulären und pseudoradikulären Syndrome der Spondylitis infektiosa und ihre differentialdiagnostische Bedeutung. Z Orthop 126:563–569

Wilhelm K (1977) Neue Aspekte zur Genese der Achillessehnenruptur. Zbl Chirurgie 102:794–801

29.3 Verletzungen der Hand

H.-E. Schaller, A. Nusche, M. Pfau

Klinische Untersuchung

Die Hand vereinigt auf engstem Raum mit einem dünnen Hautweichteilmantel sowohl mechanische, funktionelle wie auch kognitive Funktionen und dient neben diesen Aufgaben der Hirnentwicklung des Heranwachsenden, der Herstellung des psychosozialen Kontaktes bzw. Äußerung eines Individuums in seinem Umfeld. Der Gutachter sollte unter diesem Aspekt im ganzheitlichen Vorfeld genau die allgemeine und spezielle Krankengeschichte in Bezug auf die Gutachtenfragen studieren.

Die vergleichende Befundung beider gesamten oberen Extremitäten ist deshalb wichtig, weil Veränderungen, Fehlbildungen, Erkrankungen oder Verletzungen, die entweder im Zusammenhang mit dem Unfallgeschehen stehen oder anlagebedingt sind oder auch aus früheren Unfallereignissen herrühren, auf die Funktion der Hand Einfluss nehmen können. Zu bedenken ist, dass es durch funktionelle Beeinträchtigungen der Gelenke proximal des Handgelenkes oder durch nervale und muskuläre Ausfälle der oberen Extremität zu Kompensationsmechanismen, Fehlhaltungen oder schweren Funktionsbeeinträchtigungen der Hand kommen kann, ohne dass eine Verletzung dieses Endorganes ersichtlich ist.

Neben der klinischen Untersuchung sollte zumindest ein Röntgenbild beider Hände im Seitenvergleich angefertigt werden, welches je nach Fragestellung diagnostisch erweitert werden kann.

Inspektion

▮ **Amputationen** werden der entsprechenden Seite, dem Strahl, dem Glied und der Höhe im Glied zugeordnet (z.B.: suprabasale Mittelgliedamputation des rechten Zeigefingers).

▮ **Fehlstellungen** der Knochen und/oder Gelenke werden bezüglich ihres Entstehungsortes beschrieben unter zusätzlicher Angabe der Richtung und des Winkels (z.B.: Radialduktion von 20° im subkapitalen Grundglied des linken Daumens). Dabei ist immer wieder zu beachten, ob weiter proximal oder distal an der oberen Extremität schon Fehlstellungen vorhanden sind, die kompensatorisch durch Funktionsveränderungen oder Stellungsänderungen an der Hand aufgefangen werden.

Diskrete Rotationsfehler der Finger werden häufig erst beim Faustschluss durch ein Überkreuzungsphänomen erkannt, welches bezüglich der Drehrichtung beschrieben wird (z.B.: beim Faustschluss überkreuzt der Mittelfinger den Ringfinger).

▮ **Narben** werden genau bezüglich ihrer Größe, Beschaffenheit, Verschieblichkeit und Lokalisation beschrieben. Sie deuten möglicherweise bereits auf stattgehabte tiefere Verletzungen (z.B. von Sehnen und Nerven) hin, die bei der Palpation und Funktionsuntersuchung später herausgefunden werden können.

▮ **Veränderungen der Haut** ihrer Farbe, Behaarung, Gebrauchsspuren, Falten, Schweißneigung und Beschwielung und des Nagelwachstums lassen Rückschlüsse auf Durchblutungszustand, Schwellung, nervale Versorgung, Gebrauch, Entzündungen und Dystrophiezustände sowie Vergiftungen zu.

▮ **Sichtbare Muskelatrophien** sind nach degenerativer, posttraumatischer, nervaler oder anlagebedingter Genese zu unterscheiden.

Palpation

▮ **Durchblutungsstörungen** werden bei der Betastung beider Hände im Seitenvergleich als Temperaturunterschiede wahrgenommen. Danach werden die Arterien an den typischen Stellen palpiert. Der Allen-Test gibt Aufschluss über die Durchgängigkeit des Hohlhandbogens, die Rekapillarisierungszeit nach Druck auf die Fingernägel Aufschluss über die Durchblutung einzelner Finger. Falls Zweifel über die Art der Durchblutung bestehen, ist im Rahmen der Fragestellung abzuwägen, ob eine weitergehende Untersuchung wie z.B. die Doppler-Flowmetrie oder eine Angiographie erforderlich sind.

▮ **Temperaturmessungen.** Z.B. bei Algodystrophie ist es erforderlich, lokale Temperaturveränderungen zu objektivieren, um Folgeschäden nach einem Trauma im ursächlichen Zusammenhang zu erfassen. Hierbei ist die vergleichende Messung von zwei Extremitäten erforderlich.

▮ **Sensibilitätsstörungen** werden ebenfalls durch vergleichende Messungen verifiziert. Hierzu sind verschiedene Verfahren möglich. Zum einen sind langsam adaptierende Rezeptorsysteme für die statische Druckrezeption vorhanden, zum anderen liegen schnell adaptierende Rezeptorsysteme für die bewegliche Druckperzeption vor. Mit zunehmendem Alter nimmt die Fähigkeit der statischen Zweipunktediskriminierung ab. Bei der Beurteilung der Sensibilitätsrückkehr nach Nervenwiederherstellung ist nach unseren Untersuchungen die Messung der beweglichen Zweipunktediskriminierung aussagekräftiger (Level auf Evidence 2a; Haerle et al. 2002, Mailänder et al. 1989). Im klinischen Alltag hat sich zur Messung sowohl der statischen wie auch der dynamischen Zweipunktediskriminierung der Zweipunktediskriminator bewährt. Er sollte ein bestimmtes Eigengewicht aufweisen, sodass der Andruck der Stiftspitzen immer konstant gehalten werden kann. An den Fingerkuppen ist eine dynamische Zweipunktediskriminierung zwischen 3 bis 6 mm (je nach Tätigkeit des zu Begutachtenden) physiologisch. Die Messung sollte mehrfach in nicht systematischer Reihenfolge und schnellem Ablauf überprüft werden. Untersucht wird jeweils die Ellen- und Speichenseite der Finger. Der zu Begutachtende schließt die Augen und gibt an, ob er einen oder zwei Berührungspunkte wahrnimmt. Sind die Spitzen weiter als 20 mm voneinander entfernt, ohne dass 2 Punkte gefühlt werden, dann besteht Asensibilität (Haerle et al. 2002). Ein weiterer klinisch wichtiger Sensibilitätstest ist der „Büroklammeraufhebetest". Mit geschlossenen Augen hebt der Proband eine Büroklammer zwischen Daumen und einem Langfinger auf.

Sensibilitätsausfälle oder Paresen distal einer Verletzungsstelle oder elektrisierende Missempfindungen beim Beklopfen eines Nerven (positives Hoffmann-Tinel-Zeichen) sprechen für eine Nervenverletzung (Neurom) oder Regeneration des Nerven (z. B. nach Koaptation). Besonders nach Nervenwiederherstellungen oder bei Unsicherheit des Grades der Nervenverletzung sollte ein anatomischer Bezugspunkt für das Hoffmann-Tinel-Zeichen im zeitlichen Verlauf dokumentiert werden.

Kapsel- und Bandstrukturen werden im Seitenvergleich auf ihre Stabilität überprüft. An den Fingern ist bei Stabilitätsprüfungen auf die verschiedenen Positionen der Gelenke im Bereich des Grund-, Mittel und Endgelenkes einer Phalanx zu achten. Bandprüfungen sollten immer im optimalen Spannungszustand des Bandapparates erfolgen. Dieser besteht z. B. am Fingergrundgelenk in mittlerer Beugestellung während er im Langfingermittel- und -endgelenk in Streckstellung vorhanden ist.

Knorpelschäden der Gelenke, Entzündungen oder Reizzustände können bei der passiven Bewegung als Krepitation, Druckschmerzhaftigkeit und Schwellung getastet werden. Zu differenzieren sind dabei degenerative, anlagebedingte oder traumatische Veränderungen.

Funktionsuntersuchung

Bewegungseinschränkungen werden aktiv und passiv nach der Neutral-0-Methode dokumentiert. Dabei werden nicht nur sämtliche Gelenke der betroffenen Hand, sondern alle Gelenke beider oberen Extremitäten im Vergleich angegeben.

Faustschlussbehinderungen sollten zusätzlich von radial nach ulnar für die Langfinger ausgemessen werden: Dabei wird neben der Messung der einzelnen Bewegungsausmaße der Fingergelenke der Abstand zwischen Fingerkuppen und distaler querer Hohlhandbeugefalte (*F*inger*k*uppen-*H*ohlhand*a*bstand = FKHA) angegeben (z. B. FKHA 2/3/2/5).

Streckbehinderungen der Langfinger sollten entsprechend von radial nach ulnar ausgemessen werden: Dabei wird der Abstand zwischen den Fingernägeln und der Tischoberfläche bei plan auf dem Tisch liegenden Handrücken (*F*inger*n*agel-*T*isch-*a*bstand = FNTA) angegeben (z. B. FNTA 0/3/4/0).

Oppositionsstörungen des Daumens äußern sich in einer Verminderung des Winkels zwischen I. und II. Mittelhandknochen rechtwinklig zur Hohlhandebene (palmare Daumenabspreizung, normalerweise ca. 40 Grad). Zusätzlich wird beschrieben, welche Langfingerkuppen mit der Daumenkuppe (bei gestrecktem IP-Gelenk!) erreicht werden können und ob der Daumen am Kleinfinger bis zu dessen Grundgelenk herabgeführt werden kann (Kapandji-Index).

Zusätzlich werden auch die wichtigsten Funktionsgriffe (Spitz-/Schlüssel-/Grobgriff) untersucht.

An- und Abspreizbewegungen der Langfinger werden als Ausmaß dieser Bewegungsrichtungen sämtlicher Finger im Seitenvergleich untersucht und die maximale Handspanne gemessen (größtmöglicher Abstand zwischen Daumen- und Kleinfingerkuppe).

Umfangsmessungen

Vergleichende Umfangsmessungen werden beidseits an genau definierten Höhen wie im Messbogen beschrieben durchgeführt.

Unter Berücksichtigung der Seite von Gebrauchs- und Beihand erlauben die gewonnenen Werte einen Rückschluss auf die Glaubwürdigkeit vorgeführter Kraftminderungen.

Kraftmessungen. Kraftminderungen werden durch verschiedene Faktoren beeinflusst (Schmerzen, Funktionsstörungen, psychische und wirtschaftliche Faktoren). Streng genommen sind Kraftprüfungen keine sicher objektivierbaren Messungen. Um einen annähernden objektiven Vergleich herzustellen, sollten sie mindestens dreimal hintereinander in korrekter Weise und schneller Abfolge auf beiden Seiten vergleichend durchgeführt werden. Der Patient sollte während der Messung keine Einsicht in die Ergebnisse der Kraftmessungen bekommen.

Als Messinstrumente dienen der Vigorimeter nach Martin mit unterschiedlichen Ballongrößen oder der Dynamometer zur Messung der Grobkraft und der Pinch Gauge zur Messung der Kraft zwischen Daumen und Langfinger. Bei letzterem ist darauf zu achten, dass die Kraftaufwendungen zwischen beiden Fingerkuppenspitzen beim Spitzgriff oder Daumenkuppe und seitliche Fingerkuppe beim Schlüsselgriff oder Daumenkuppe und radialer Seite P2 beim Klemmgriff geschieht (Haerle et al. 2002).

Abbildung 29.3 zeigt die Bewegungsmessung der oberen Gliedmaßen nach dem Formblatt der Berufsgenossenschaften, das Messblatt in Abb. 29.4 ist zu wählen, wenn ein Gutachten für private Unfallversicherungen oder für das Gericht erstellt werden soll.

Zusammenfassung

Abschließend werden die festgestellten Unfallfolgen in der Rubrik „Zusammenfassung der Unfallfolgen" fortlaufend nummeriert aufgelistet. Unfallunabhängige krankhafte Veränderungen dürfen hier nicht erwähnt werden.

Gutachterliche Bewertung

Die Einschätzung der Höhe der Funktionseinbuße wird entweder als Minderung der Erwerbsfähigkeit (MdE) in Prozent für den gesetzlichen Versicherungsträger bzw. in einem Hand-/Fingerwert in Bruchteilen für den privaten Unfallversicherungsträger ausgedrückt.

Unfallfolgen an der linken bzw. rechten Hand sind prinzipiell gleichgestellt zu bewerten, es ist kein Seitenunterschied zwischen Haupt- und Hilfshand zu machen.

Die Tafeln I–XVII geben Richtwerte der MdE für die verschiedenen möglichen Funktionsausfälle bei Amputationen an den Händen wieder. Die hierbei den schematischen Gliederverlusten zugeordnete MdE ist als Richtwert zu verstehen und als solche nicht obligatorisch bindend für die gutachterliche Einschätzung. Vielmehr ist in jedem Einzelfall die funktionelle Einschränkung der gesamten Hand und auch manchmal der gesamten Extremität aufgrund der Unfallfolgen und die individuellen Befunde sowie Folgezustände zu berücksichtigen. So kann ein Unfallverletzter z.B. nach einem Daumenverlust im Grundgelenk zusätzlich durch ein Stumpfneurom und konsekutive Entwicklung eines chronischen Schmerzsyndroms in der Funktionalität und Gebrauchsfähigkeit der gesamten betroffenen Extremität eingeschränkt sein, wohingegen ein Unfallverletzter mit der identischen Amputation ohne Entwicklung eines Schmerzsyndroms wesentlich geringer in der Gebrauchsfähigkeit der Hand eingeschränkt ist.

Bei eingetretenen Funktionseinbußen wie Bewegungseinschränkungen von Finger- und Handgelenken nach Verletzungen des Bewegungsapparates sowie Sensibilitätsstörungen nach Nervenverletzungen orientiert sich die gutachterliche Beurteilung an einem abstrakten Gliedverlust (entsprechend der Tafeln). In Relation zu einem abstrakten Gliedverlust bewertet der Gutachter die entstandenen Funktionsausfälle.

Die Aufgliederung der Handfunktion in Feingriff und Grobgriff ist eine Grundlage zur Einschätzung bei Teilschäden. Der vollständige Ausfall des Feingriffes (z.B. Verlust des Daumens und des Zeigefingers) oder des Grobgriffes (Verlust der Finger 3–5) soll jeweils mit der Hälfte der MdE für den gesamten Verlust der betroffenen Hand bewertet werden. Bei teilweisem Ausfall dieser Greifformen soll entsprechend abgestuft werden, und zwar unter Berücksichtigung der Kriterien Beweglichkeit, Sensibilität. Durchblutung, Umfangsmaße und Gebrauchsspuren.

Besondere Bedeutung kommt dem Sensibilitätsverlust eines Fingers zu, da eine gerichtete und feinmotorisch gesteuerte Greiffunktion mit der betroffenen Gliedmaße nur unter Sichtkontrolle durchgeführt werden kann. Formell korrekt vorführbare Greifformen wie Spitz- oder Schlüsselgriff sind bei geminderter oder aufgehobener Sensibilität der betroffenen Finger in der Alltags- und Arbeitsbelastung nur sehr eingeschränkt einsetzbar. Liegt ein völliger Funktionsausfall bei erhaltenem Glied vor, kann dies im Einzelfall dem Gliedverlust gleichgesetzt werden. Es ist in diesem Zusammenhang notwendig, eine Nachbegutachtung von Nervenverletzungen, z.B. im Rahmen eines zweiten Rentengutachtens nach Ablauf des dritten Unfalljahres, durchzuführen, um bei einsetzender Nervenregeneration und Wiederkehr einer sensiblen Funktion eine erneute gutachterliche Einschätzung vorzunehmen.

Bei der Anwendung der Gesamtvergütung ist ebenfalls dem konkreten Einzelfall Rechnung zu tragen. Die Gesamtvergütung bei Fingerteilverlust eignet sich für Fälle, bei denen eine Gewöhnungsphase an eine Funktionseinschränkung berücksichtigt werden soll. Eine längere Dauer der Arbeitsunfähigkeit, die ggf. auch die Zeit für eine Belastungserprobung am Arbeitsplatz einschließt, steht erfahrungsgemäß der Anwendung der Gesamtvergütung entgegen.

Bei der Begutachtung von Handverletzungen sind klare Richtlinien und Genauigkeit anzustreben, diese schließen aber das Ermessen und die Pflicht ein, im begründeten Einzelfalle vom Schema abweichend einzuschätzen.

Name: Aktenzeichen:

Untersuchungstag:

☐ Rechtshänder ☐ Linkshänder

Messblatt für obere Gliedmaßen (nach der Neutral-0-Methode)

Schultergelenke:	Rechts			Links		
Arm seitw./körperw. (Abb. 1)						
Arm rückw./vorw. (Abb. 2)						
Arm ausw./einw. drehen (Oberarm anliegend) (Abb. 3)						
Arm ausw./einw. (Oberarm 90° seitw. abgen.) (Abb. 4)						
Ellenbogengelenke:						
Streckung/Beugung (Abb. 5)						
Unterarmdrehung:						
ausw./einw. (Abb. 6)						
Handgelenke:						
handrückenw./hohlhandw. (Abb. 7)						
speichenw./ellenw. (Abb. 8)						

Fingergelenke: Abstände in cm:	II	III	IV	V	II	III	IV	V
Nagelrand /quere Hohlhandfalte (Abb. 9)								
Nagelrand /verl. Handrückenebene (Abb. 10)								

Daumengelenke: Streckung/Beugung						
Grundgelenk						
Endgelenk						
Abspreizung (Winkel zwischen 1. und 2. Mittelhandknochen)						
In der Handebene (Abb. 11)	0			0		
Rechtwinklig zur Handebene (Abb. 12)	0			0		

	II	III	IV	V	II	III	IV	V
Ankreuzen, welche Langfingerkuppen mit der Daumenspitze erreicht werden können								

Handspanne: Größter Abstand in cm zwischen Daumen- und Kleinfingerkuppe		
Umfangmaße in cm: (Hängender Arm)		
15 cm ob. äußerem Oberarmknorren		
Ellenbogengelenk		
10 cm unt. äußerem Oberarmknorren		
Handgelenk		
Mittelhand (ohne Daumen)		
Armlänge in cm:		
Schulterhöhe/Speichenende		
Stumpflängen in cm:		
Schulterhöhe/Stumpfende		
Äuß. Oberarmknorren/Stumpfende		

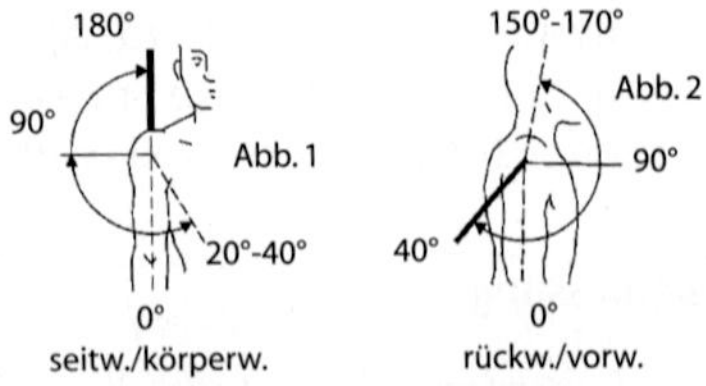

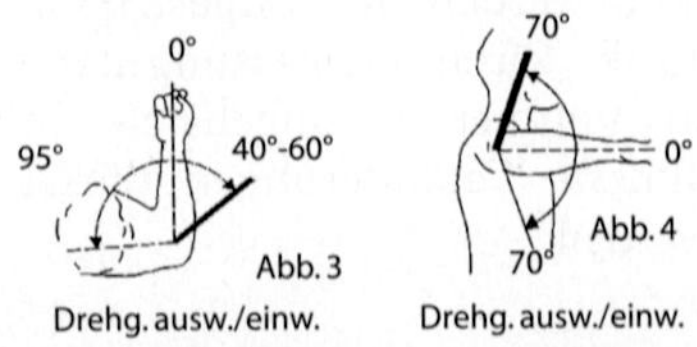

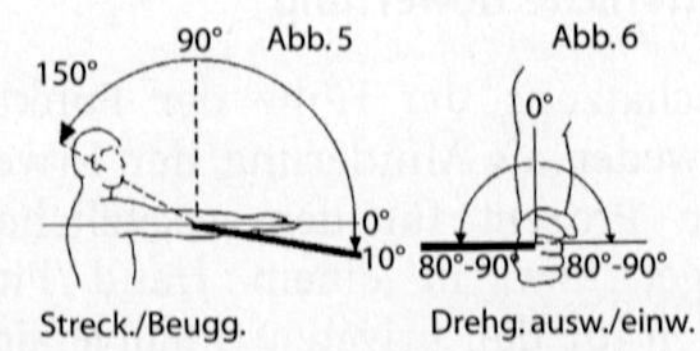

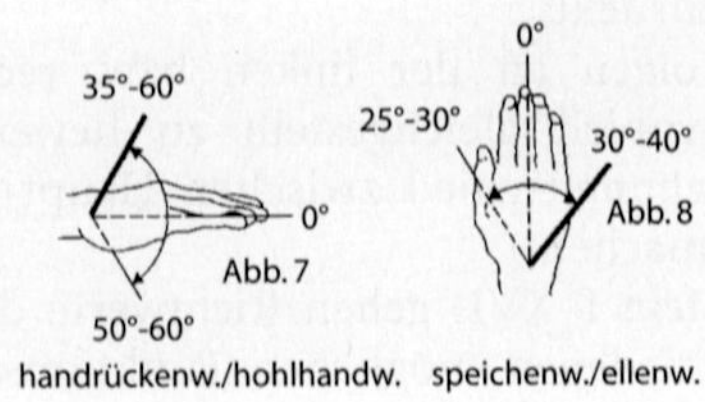

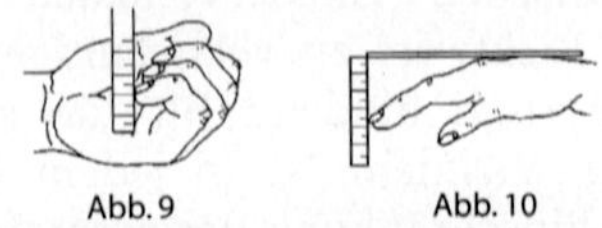

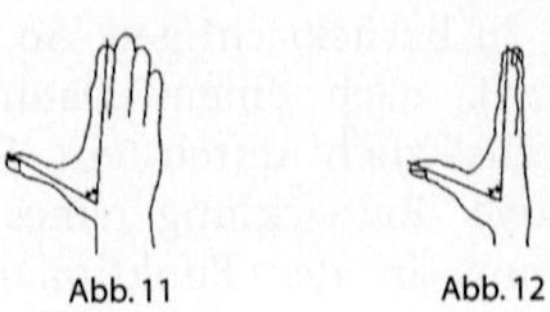

Abb. 29.3. Teil 1: Bewegungsmessung der oberen Gliedmaßen bei berufsgenossenschaftlichen Gutachten (Formtext F 4222). (Hauptverband der gewerblichen Berufsgenossenschaften 2006)

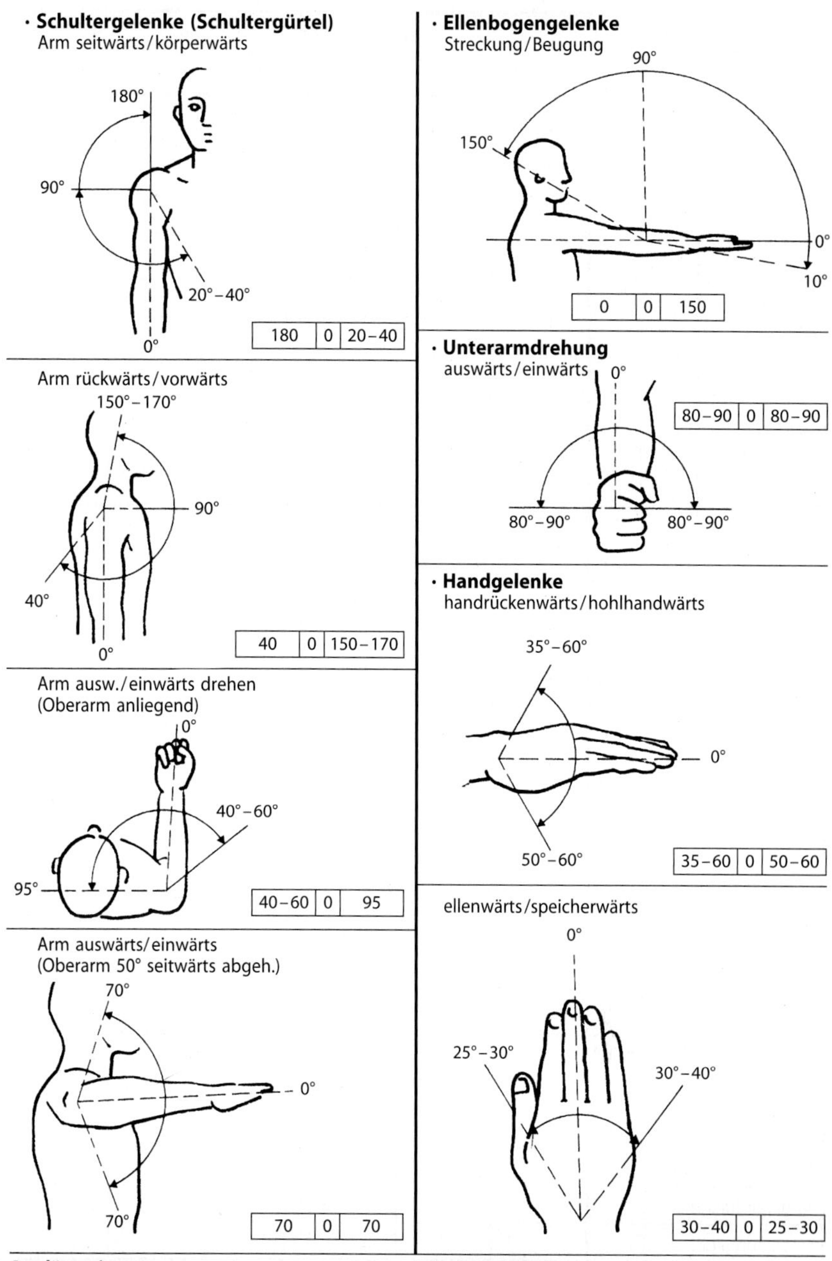

Armlänge in cm:
Schulterhöhe-Speichenende ....

Stumpflängen in cm:
Schulterhöhe-Stumpfende ....

Äuß. Oberarm-knorren-Stumpfende ....

Umfangmaße in cm:
(hängender Arm)
15 cm ob. äußerem Oberarm-Knorren ....
Ellenbogengelenk ....
10 cm unt. äußerem Oberarm-Knorren...........
Handgelenk ....
Mittelhand (ohne Daumen) ....

Abb. 29.3. Teil 2: Bewegungsmessung der Gliedmaßen (nach der Neutral-O-Methode): obere Gliedmaßen (unter Angabe der Normalwerte)

Name: Aktenzeichen: Geb-Dat.:		**Kostenträger:** Beruf: Handdominanz:								
Messbefund	Datum:									
Nach Neutral-0-Methode		**re**	**li**	betr. Extr.	betr. Extr.	betr. Extr.	betr. Extr.	betr. Extr.	betr. Extr.	betr. Extr.
Schulter:	Abd/Add									
	Ext/Flex									
	AR/IR									
Ellbogen:	Ext/Flex									
R.-U.:	Pro/Sup									
Handgelenk:	Ext/Flex									
	Rad/Uln									
Sattelgelenk:	Abd HHE									
	90° HHE									
D I	MP									
Ext/Flex	IP									
D II	MP									
	PIP									
	DIP									
D III	MP									
	PIP									
	DIP									
D IV	MP									
	PIP									
	DIP									
D V	MP									
	PIP									
	DIP									
Spitzgriff (D1/Langf.) Re		D 2	D 3	D 4	D 5	Li	D 2	D 3	D 4	D 5
Daumenopposition										
Finger-Hand-Abstand										
Finger-Tisch-Abstand										
Fingerabduktion										
Fingeradduktion										
Umfang in cm:										
15 cm prox.	Ellbogen									
	Ellbogen									
15 cm dist.	Ellbogen									
	HG									
	Mittelhand									
	Handspanne									
Sonstiges:										

Abb. 29.4. Bewegungsmessung der oberen Gliedmaßen bei Gutachten für private Unfallversicherungen und Gerichtsgutachten. (Nach Haerle et al. 2002; die Zeichnungen 1–9 sind übernommen aus Kapandij 1984)

Datum:									
Kraft in kp:	re	li	betr. Extr.	betr. Extr.	betr. Extr.	betr. Extr.	betr. Extr.	betr. Extr.	betr. Extr.
Faustschluss: Vigorimeter in kPa									
Grobkraft: Dynamometer in kg									
Pinch Gauge 30 lb in kg 2-Finger-Kraft 60 lb in kg									
Temperatur: Thermometer in °C									
Volumen: Volumeter									

Sensibilität:

Hand

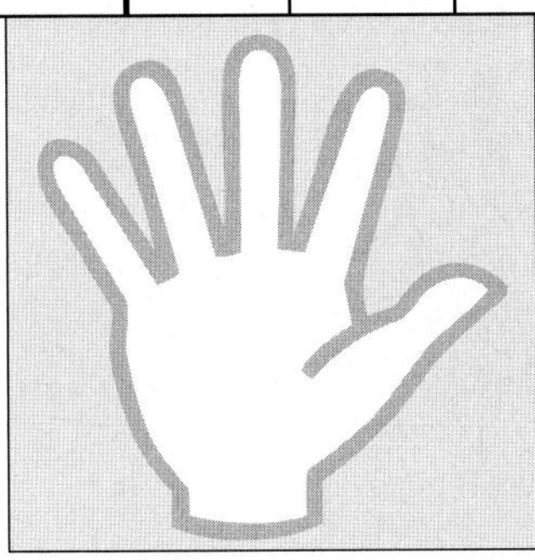

palmar

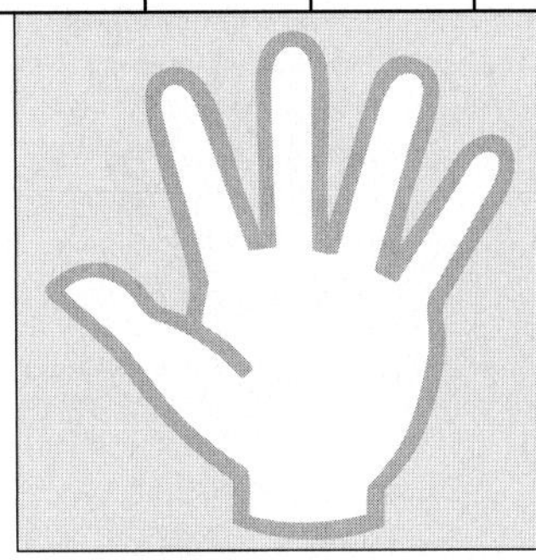

dorsal

2 Punkte Diskriminierung:		Dellon-Stern in mm								
N 1										
N 2										
N 3										
N 4										
N 5										
N 6										
N 7										
N 8										
N 9										
N 10										

Hoffmann-Tinel-Zeichen:

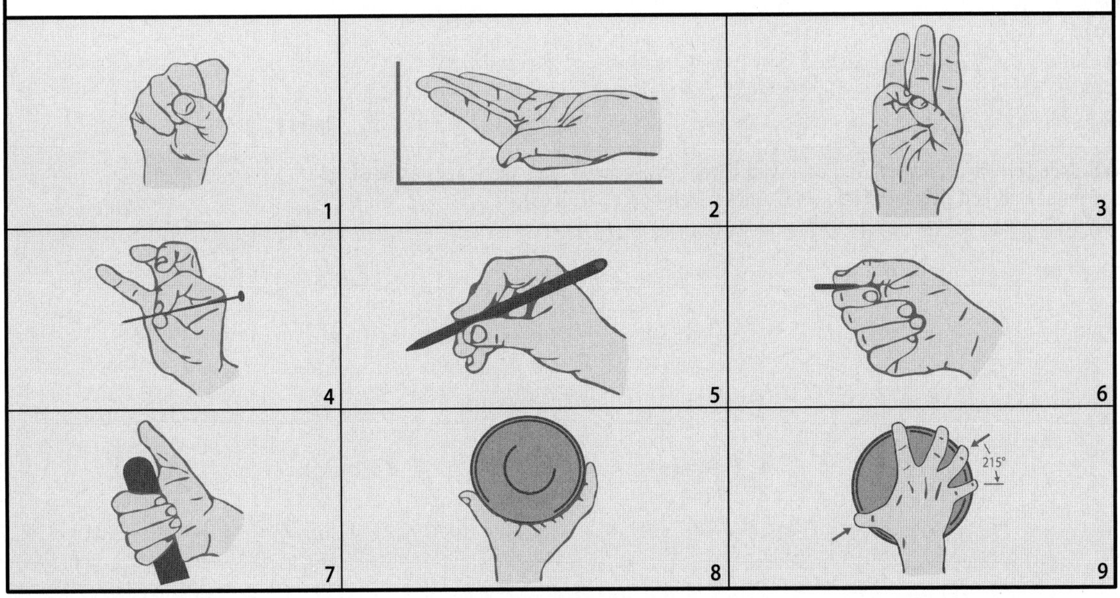

Abb. 29.4 (Fortsetzung)

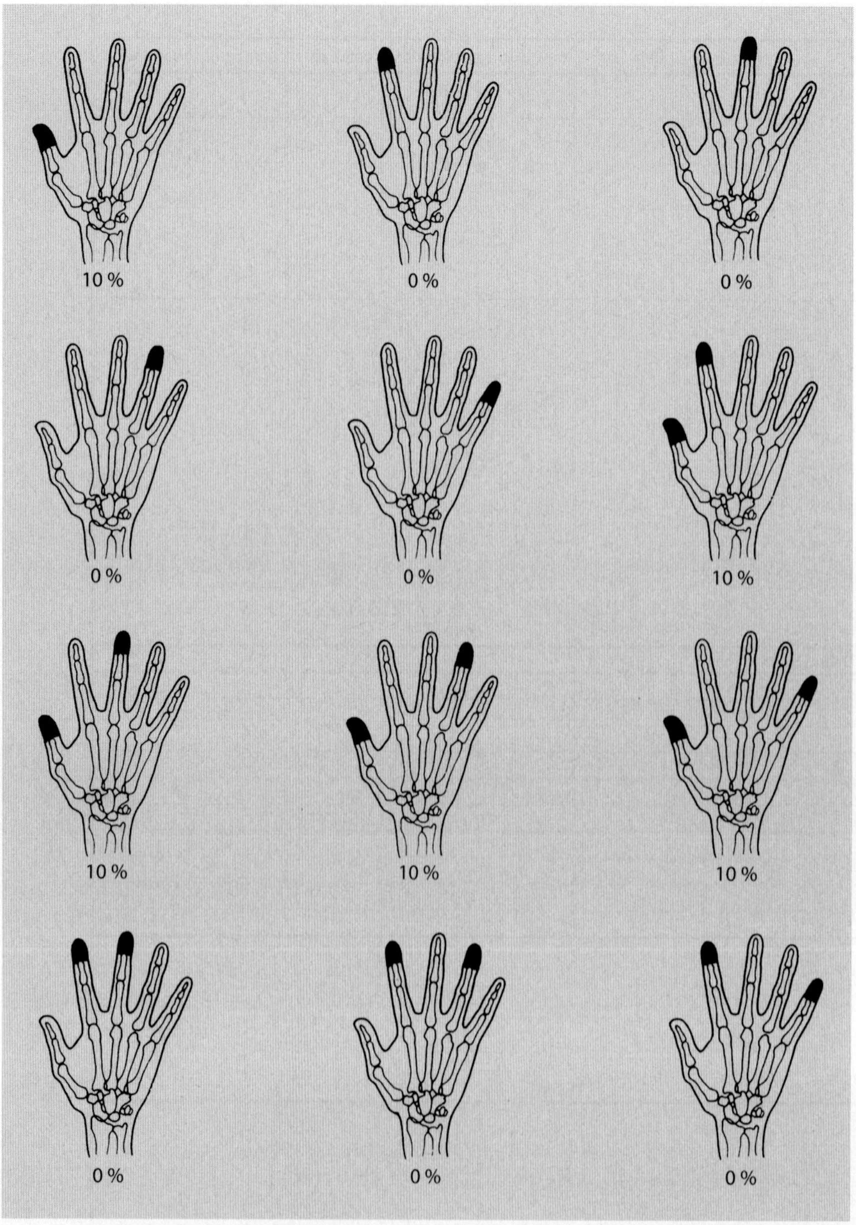

Tafel I

Tafeln I–XVII. MdE bei Gliedmaßenverlust. Dabei wird davon ausgegangen, dass die jeweils anderen Gliedmaße völlig gesund und gebrauchsfähig sind. (Quelle: Mehrhoff et al. 2005)

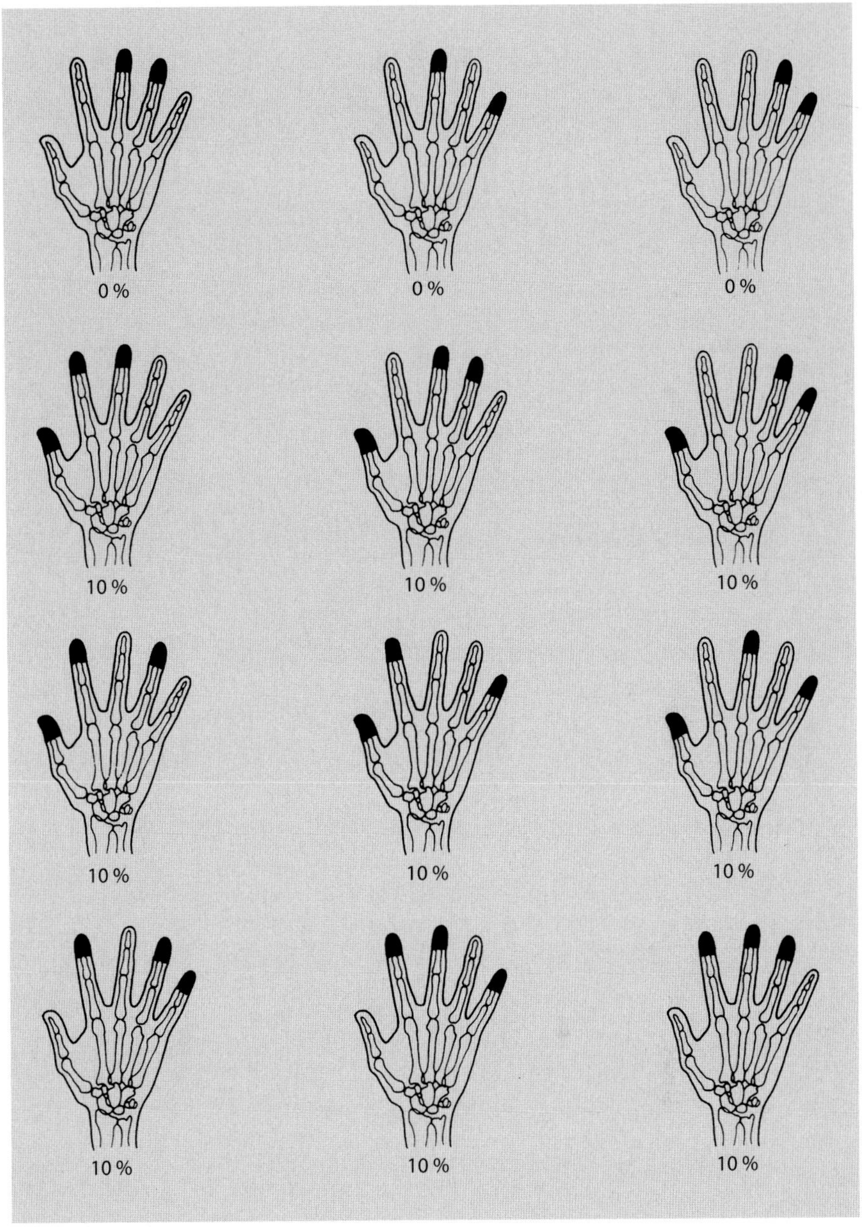

Tafel II

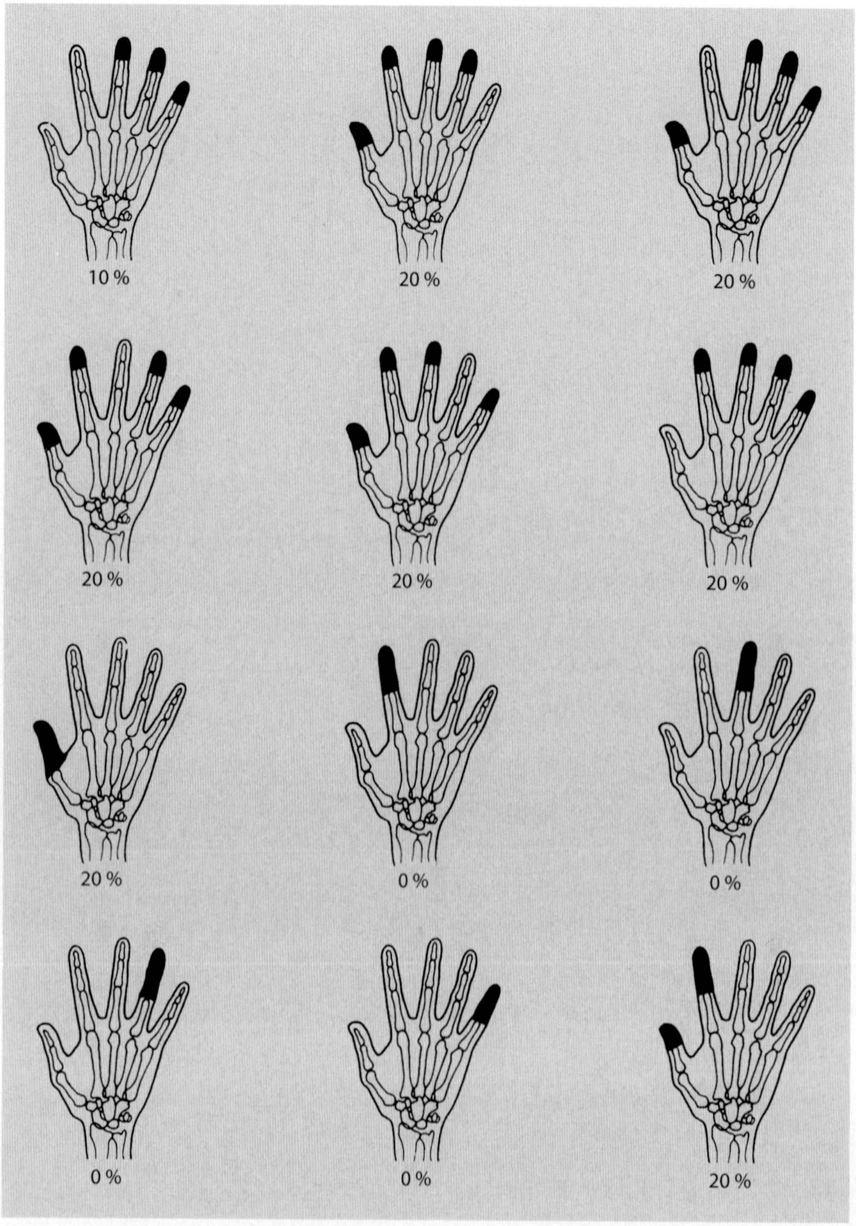

Tafel III

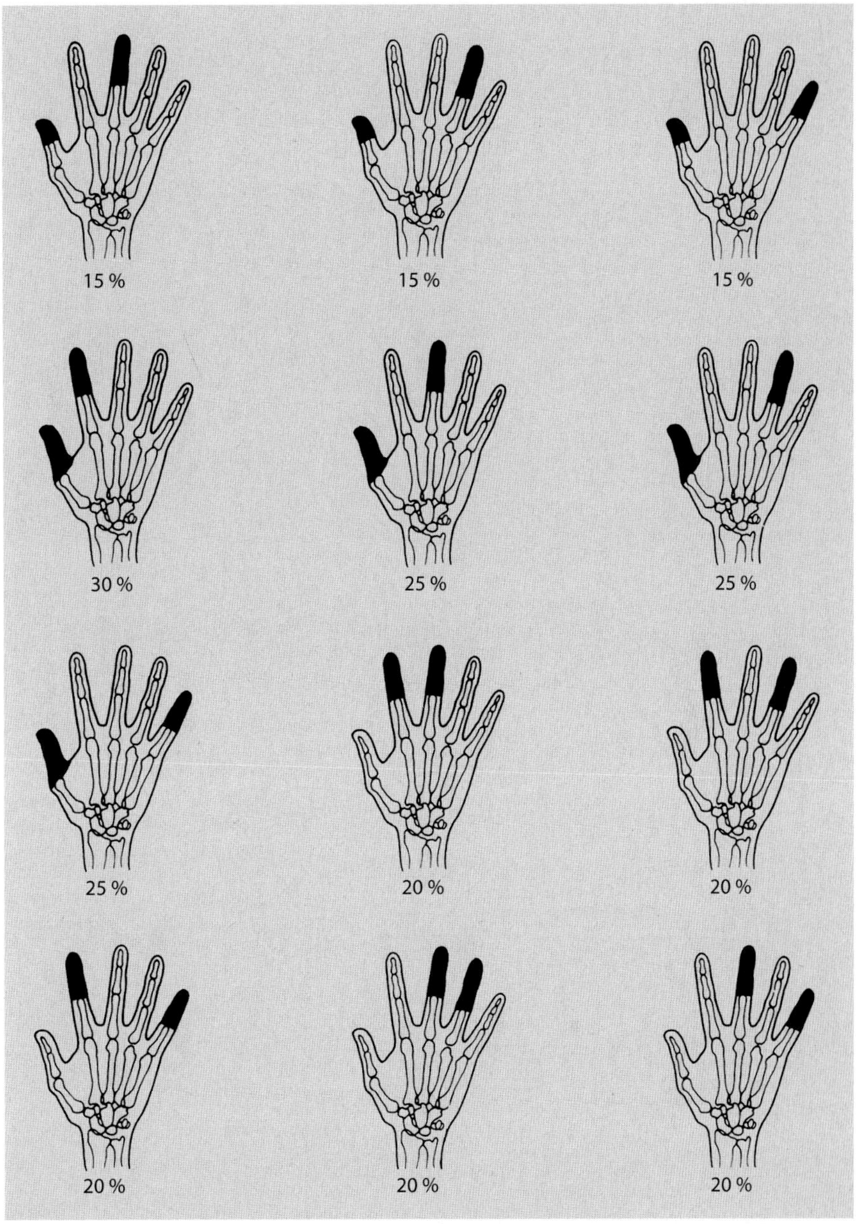

Tafel IV

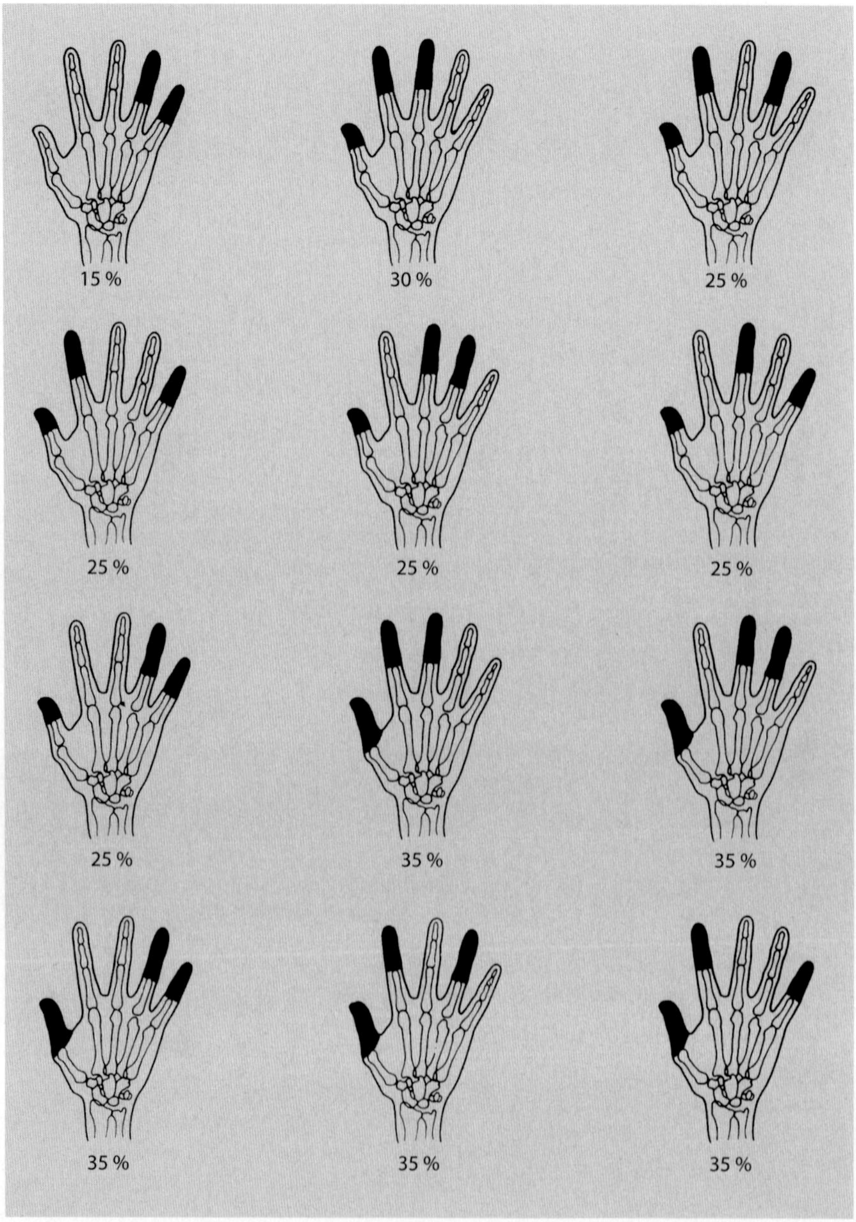

Tafel V

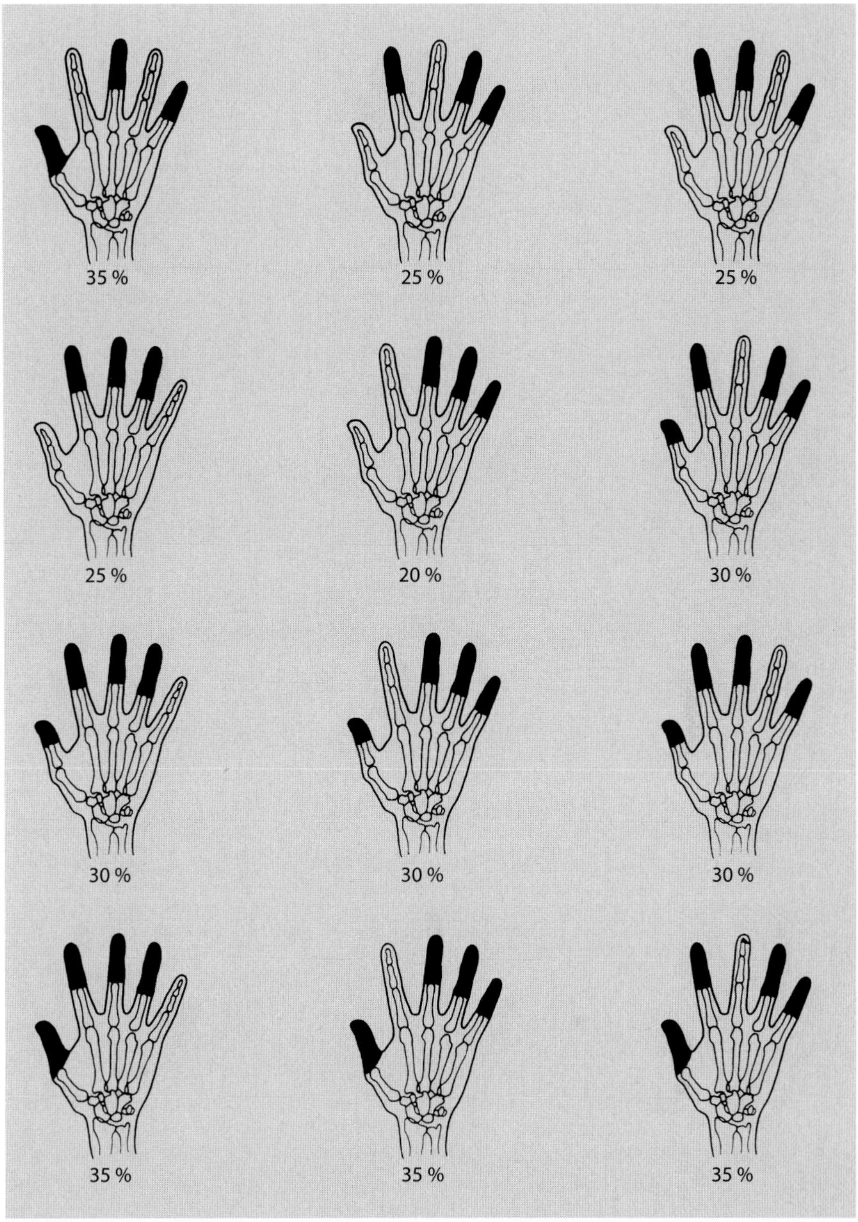

Tafel VI

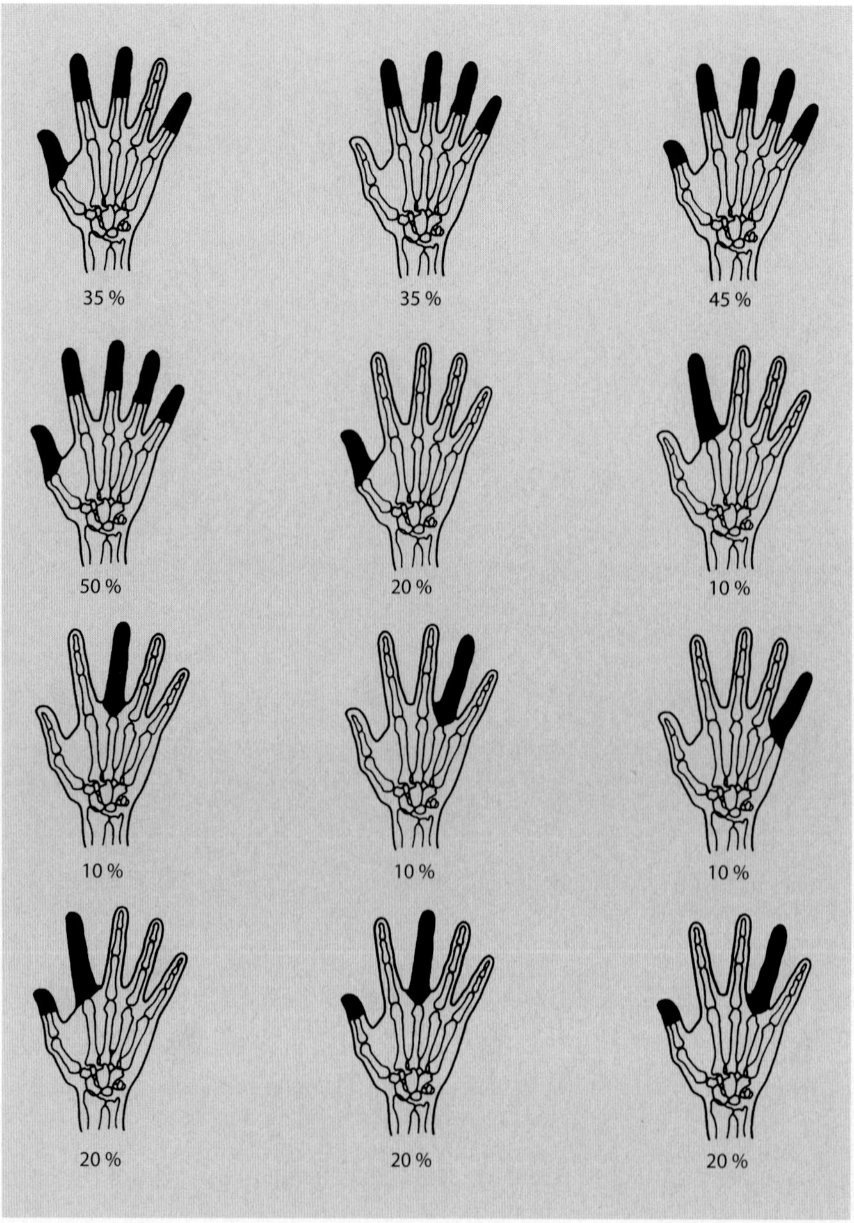

Tafel VII

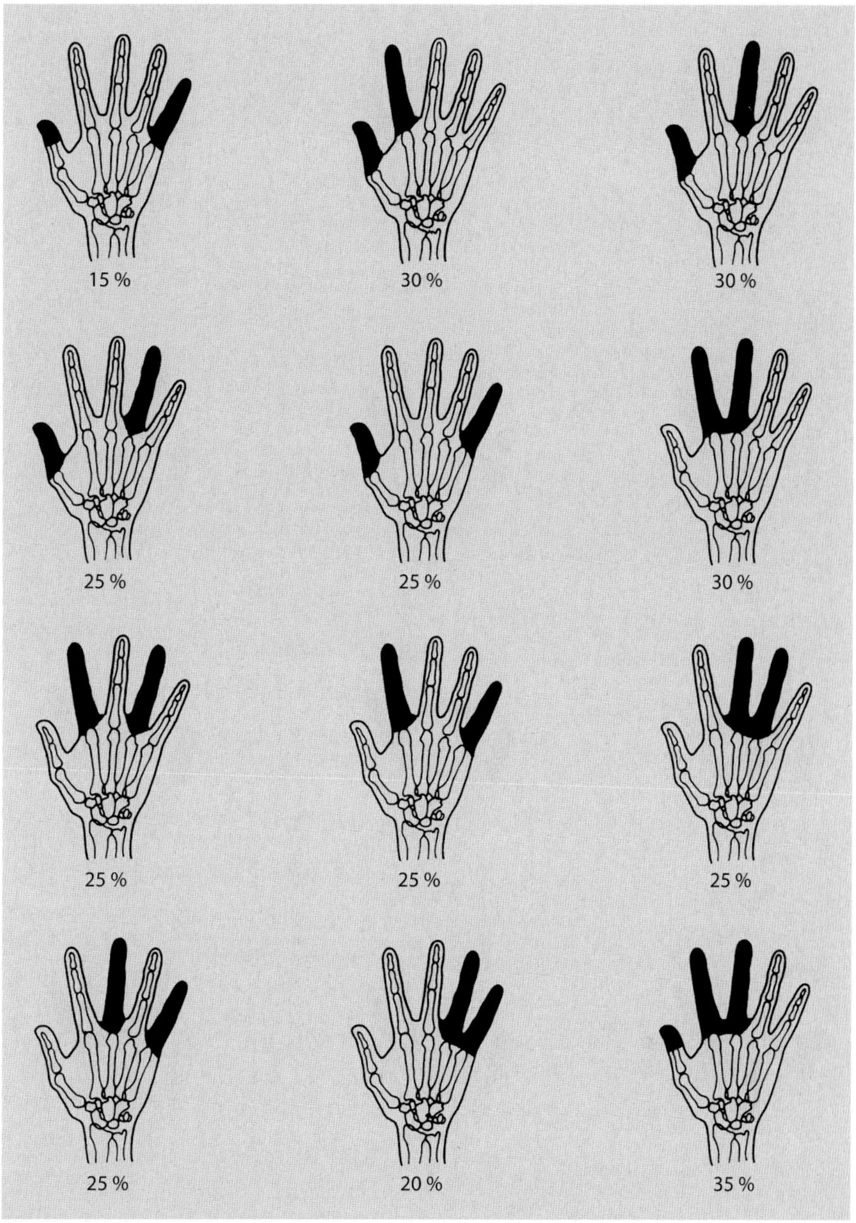

Tafel VIII

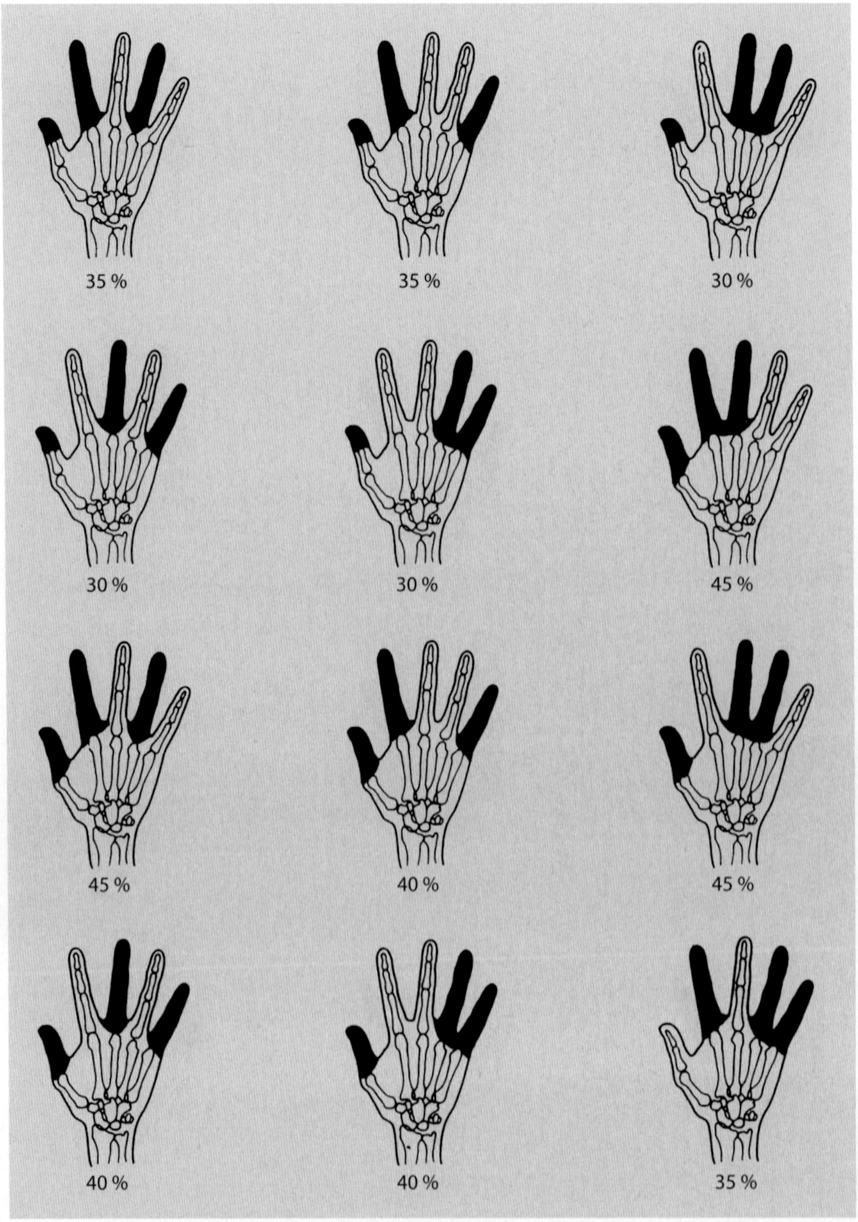

Tafel IX

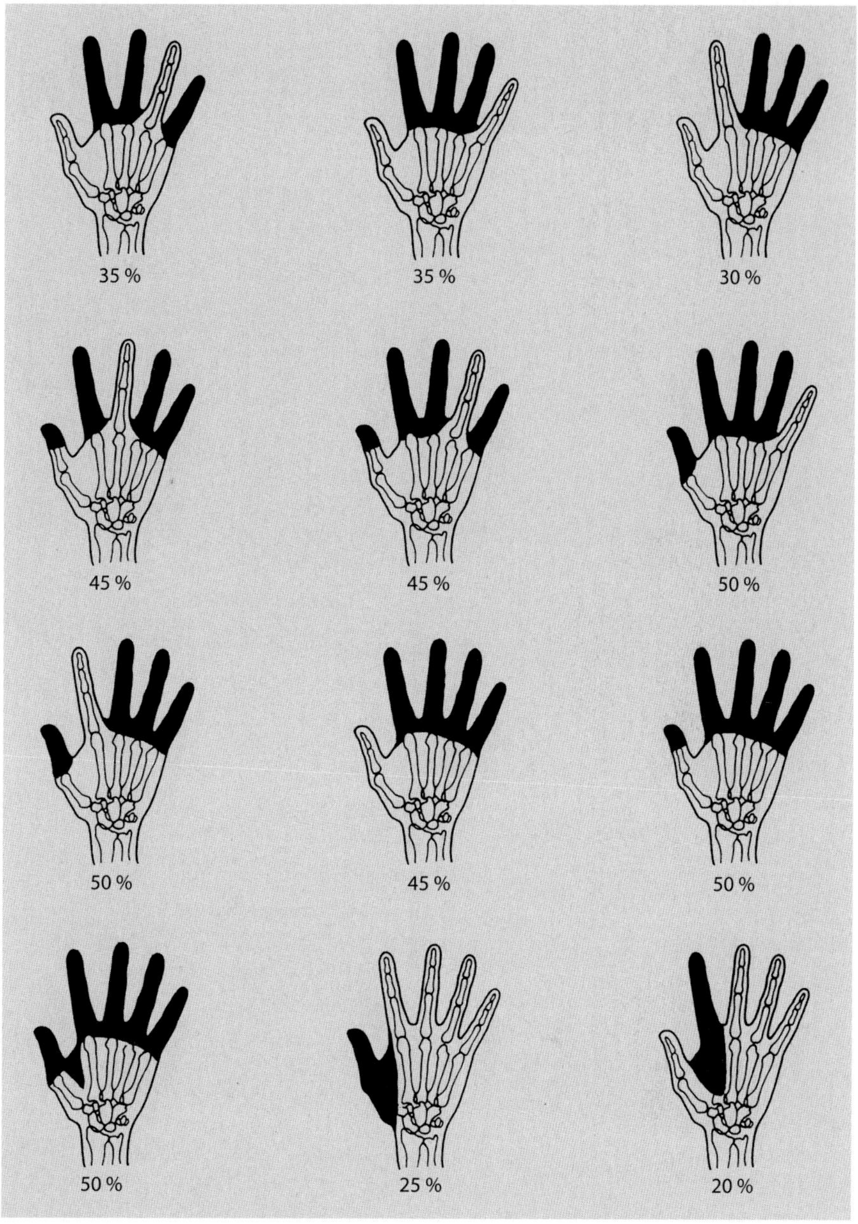

Tafel X

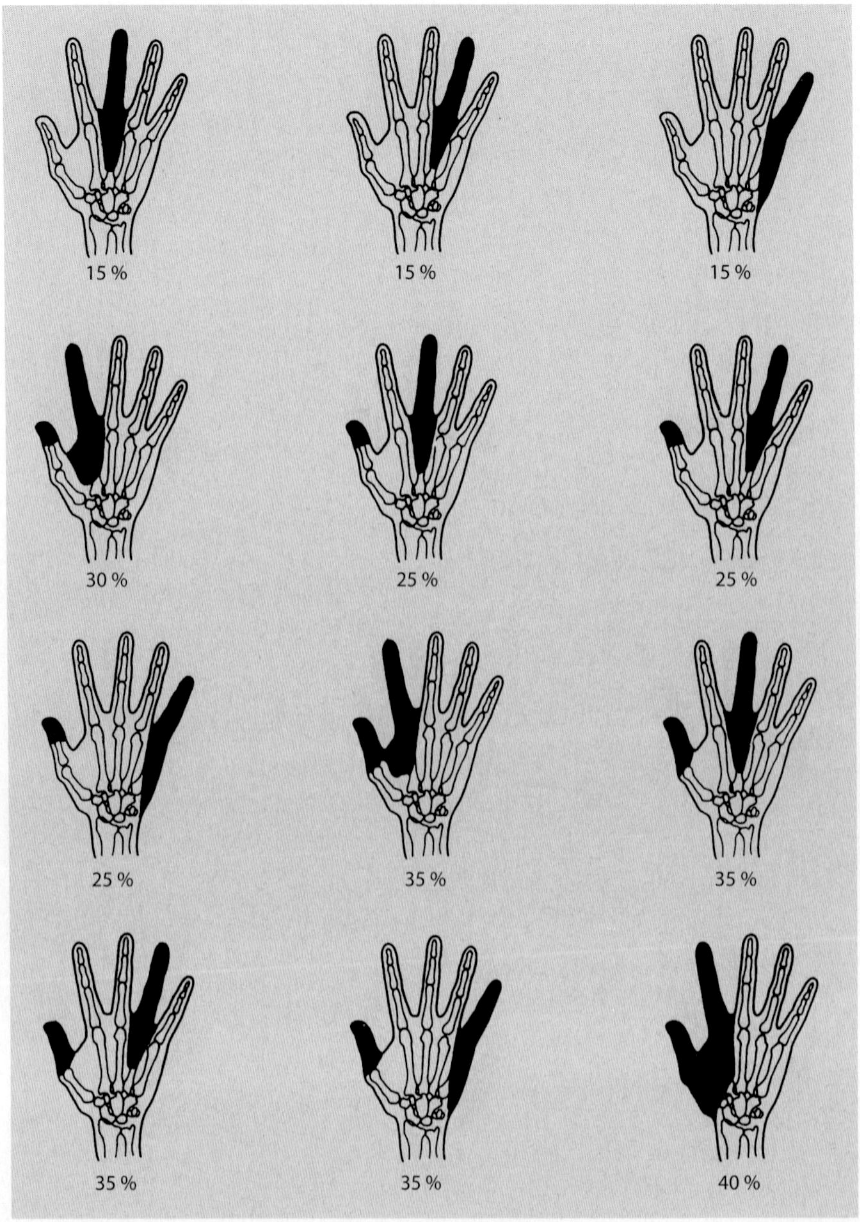

Tafel XI

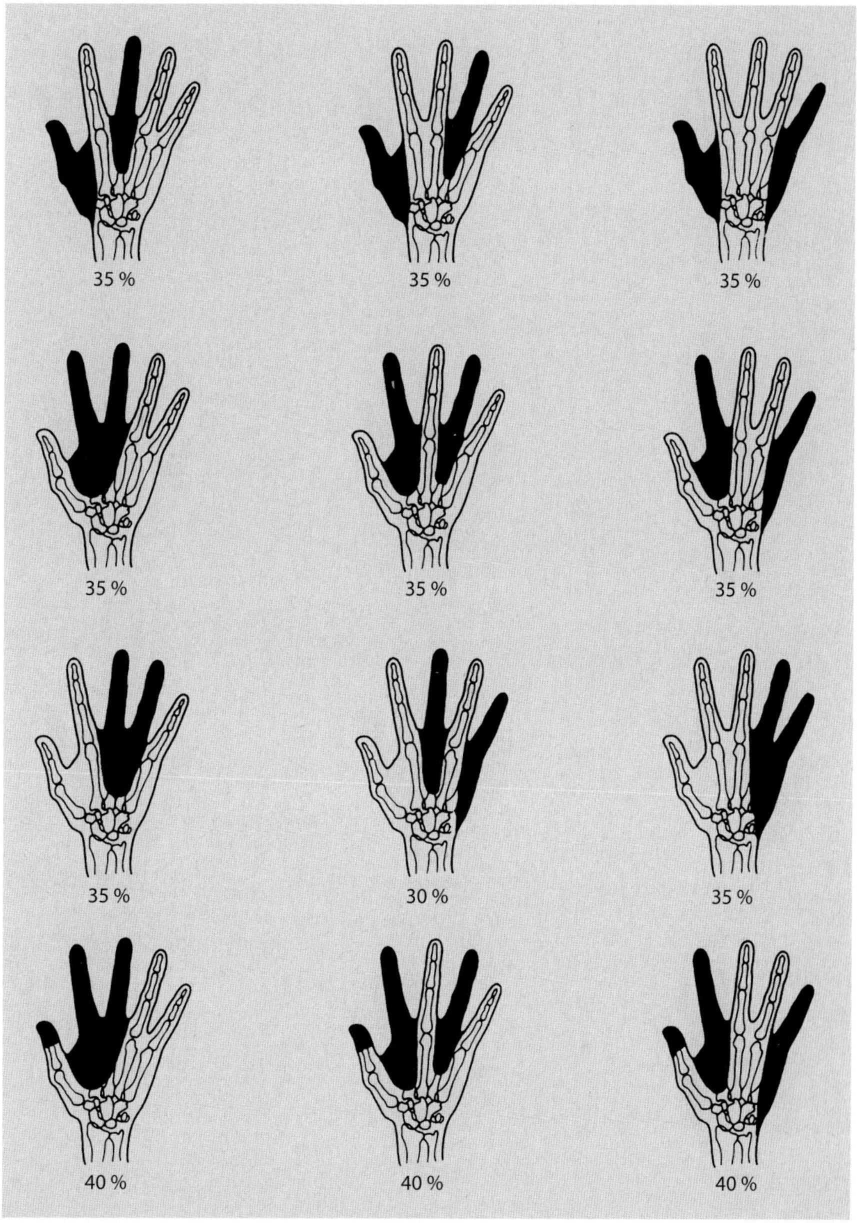

Tafel XII

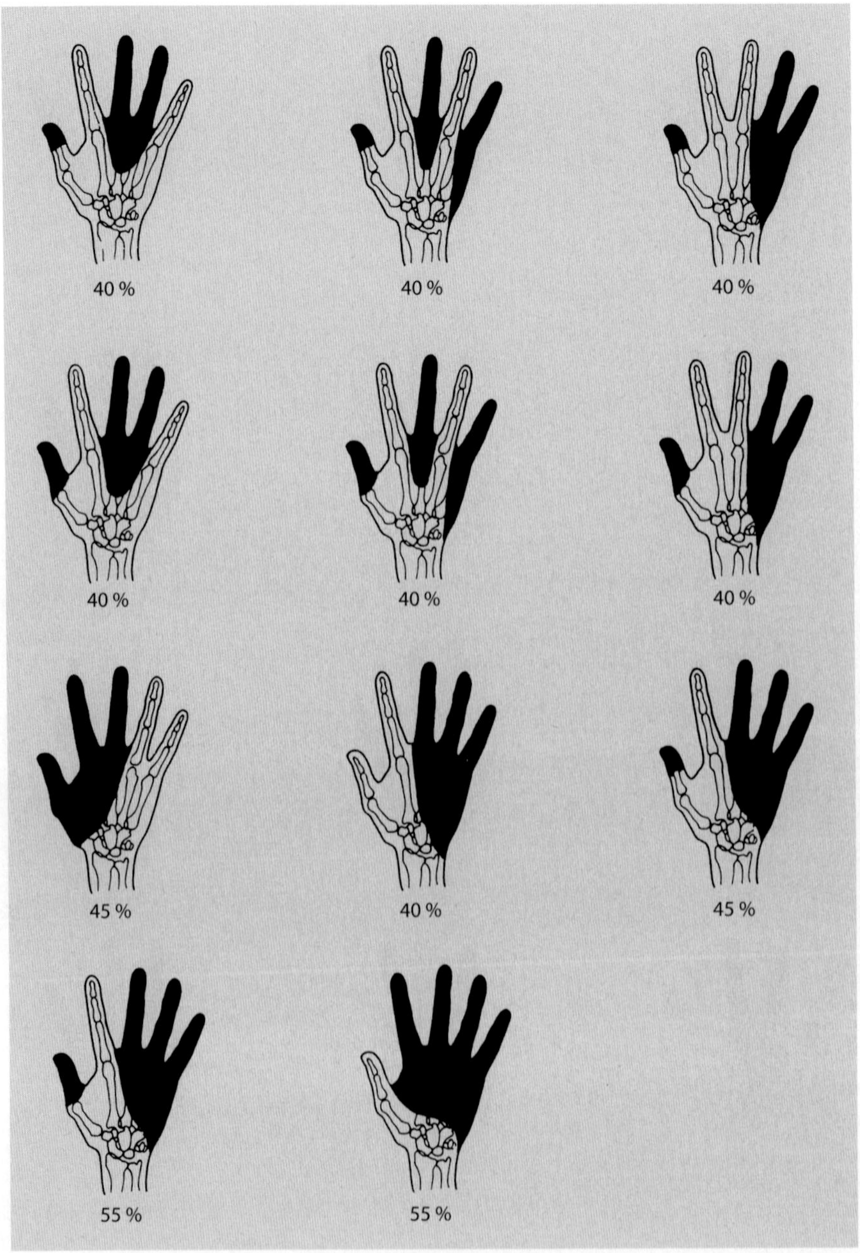

Tafel XIII

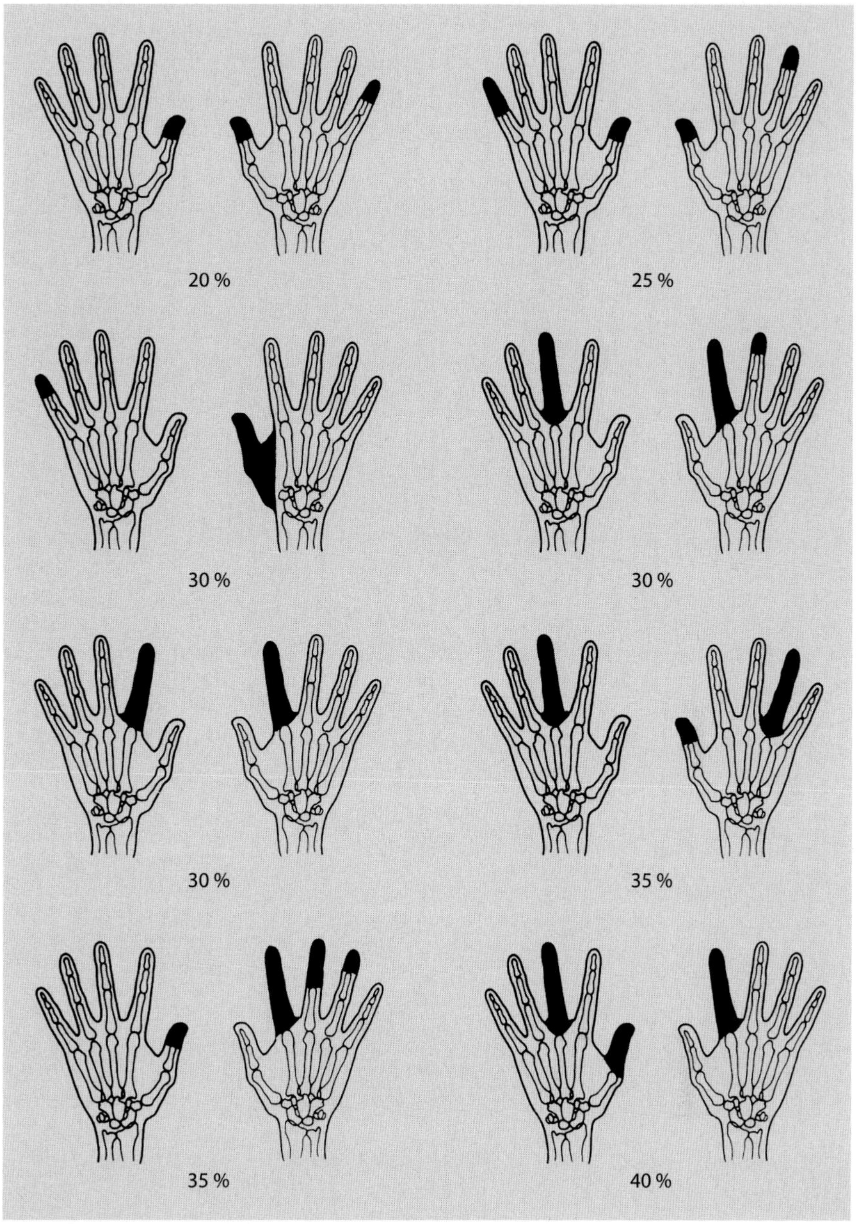

Tafel XIV

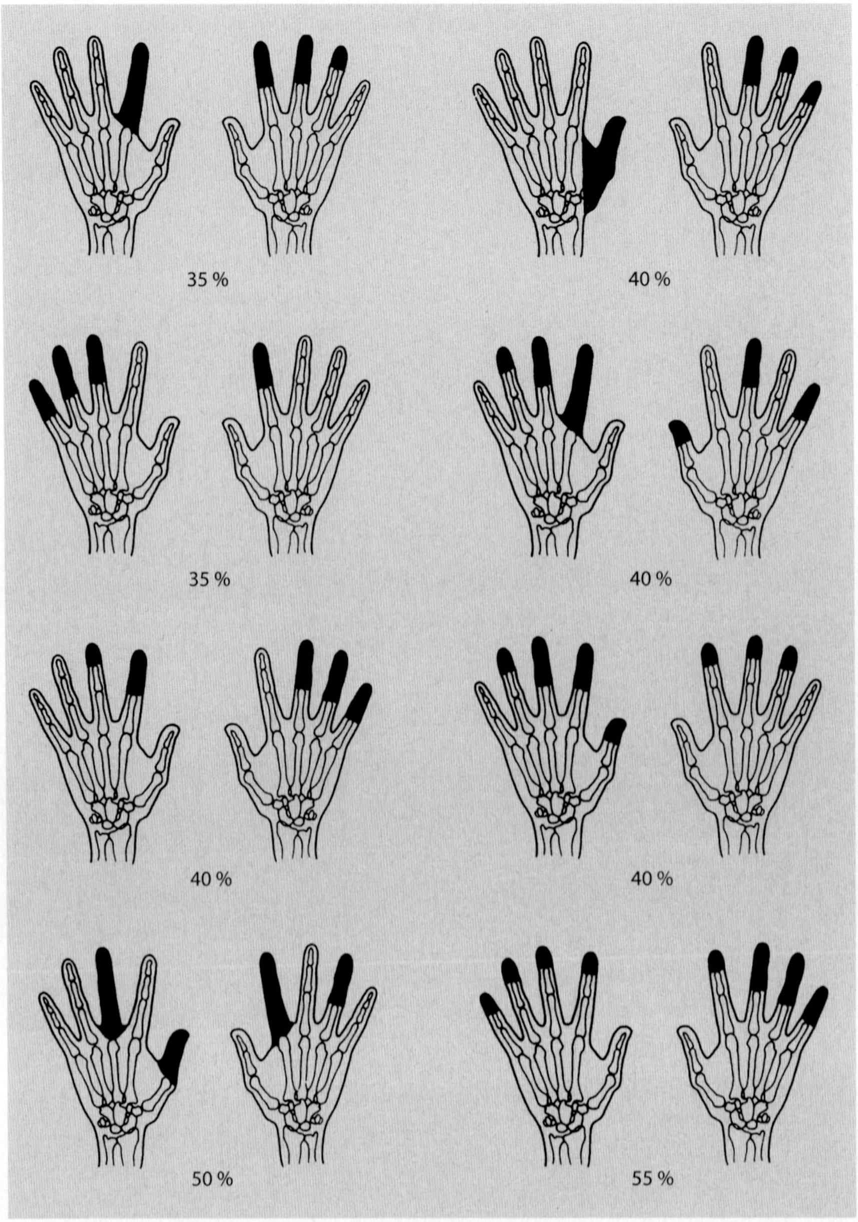

Tafel XV

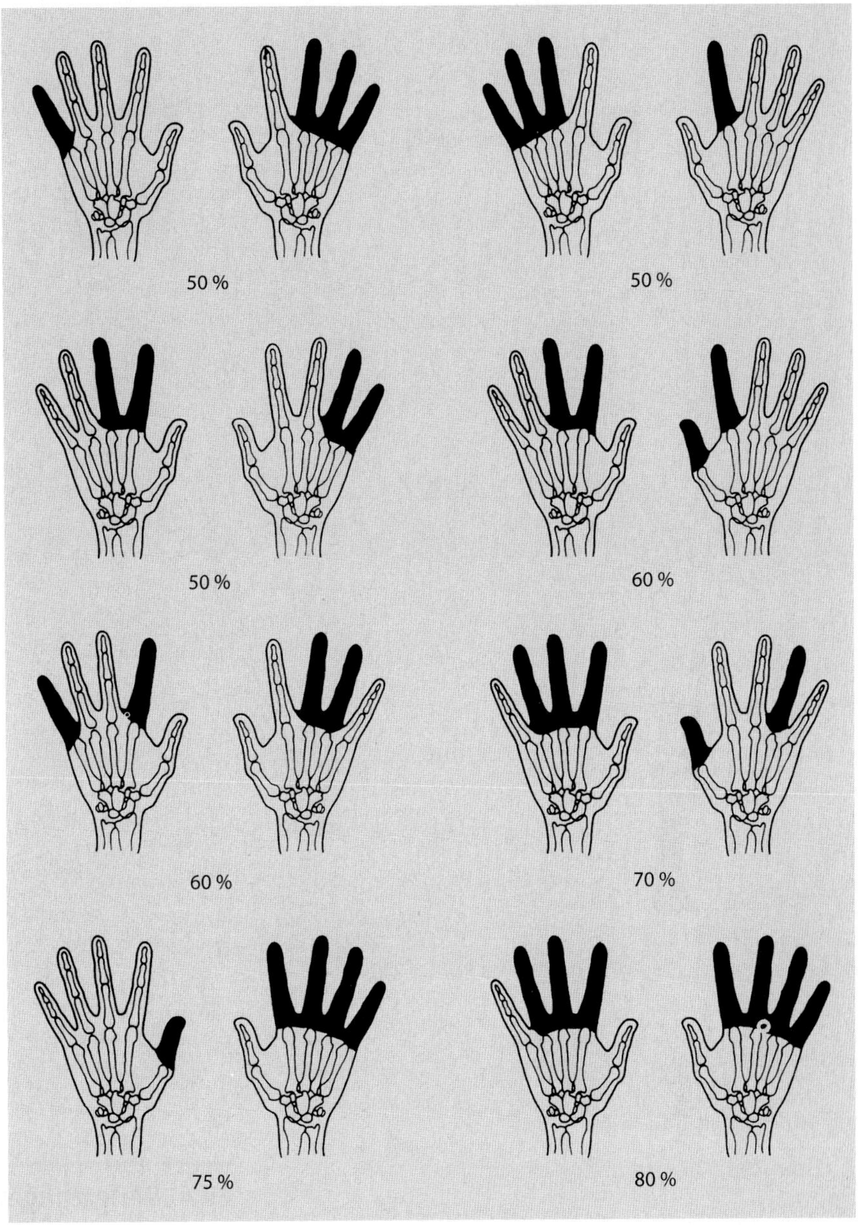

Tafel XVI

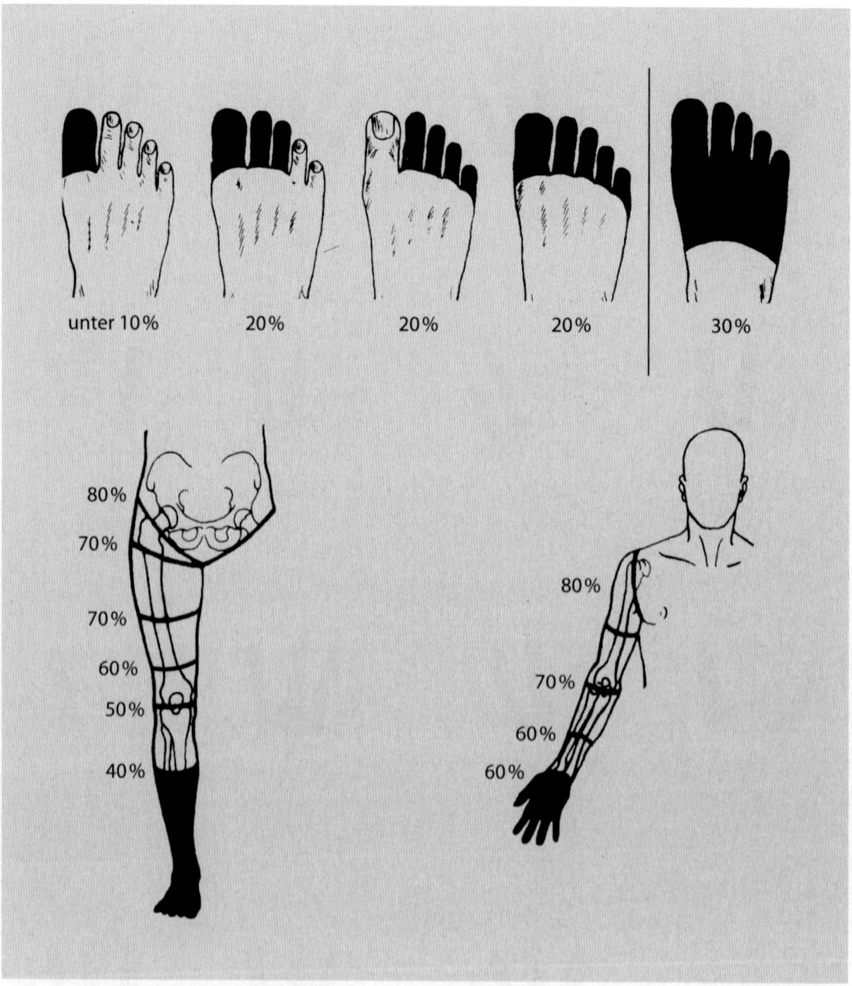

Tafel XVII

Literatur

Haerle M, Schmidt G, Schaller HE (2002) Messung von Bewegungsumfängen, Sensibilität, Volumen, Kraft und Funktion der Hand. Akt Traumatol 32:129–136

Deutsche Gesetzliche Unfallversicherung (2006) (Hrsg) Formblatt F 4222 „Messblatt obere Gliedmaßen". Sankt Augustin, www.dguv.de

Kapandji IA (1984) Funktionelle Anatomie der Gelenke. In: Otte P, Schlegel KF (Hrsg) Bücherei des Orthopäden, Bd 40. Enke, Stuttgart

Mackinnon SE, Dellon AL (1988) Surgery of the peripheral nerve. Thieme, Stuttgart New York, pp 59, 70–73

Mehrhoff F, Meindl RC, Muhr G (2005) Unfallbegutachtung, 11. Aufl. de Gruyter, Berlin, S 316–332

Mailänder P, Schaller E, Berger A, Ruhe K (1989) Rückkehr der statischen und beweglichen Zweipunktediskriminierung nach Nervenwiederherstellung. Handchirurgie, Mikrochirurgie, Plastische Chirurgie, S 299–301

29.4 Verletzungen im Bauchraum

A. Encke und H. J. C. Wenisch

Verletzungen des Abdomens und seiner Organe entstehen akzidentell durch äußere, stumpfe oder penetrierende (Schuss, Stich) Gewalteinwirkung, inzidentell im Rahmen elektiver oder notfallmäßiger bauchchirurgischer Eingriffe und durch spontane Perforation primär erkrankter Organe.

Die Beurteilung des ursächlichen Zusammenhangs von direkten und indirekten Verletzungsfolgen ist bei äußeren Traumen in der Regel unstrittig. Fragen zum adäquaten Traumamanagement mit Folgen für Mortalität und Morbidität des Verletzten sowie die schicksalhafte oder iatrogene Entstehung von begleitenden Organverletzungen im Rahmen komplizierter und/oder notfallmäßiger Eingriffe im Bauch- und Beckenbereich können aber gutachtliche Fragen aufwerfen.

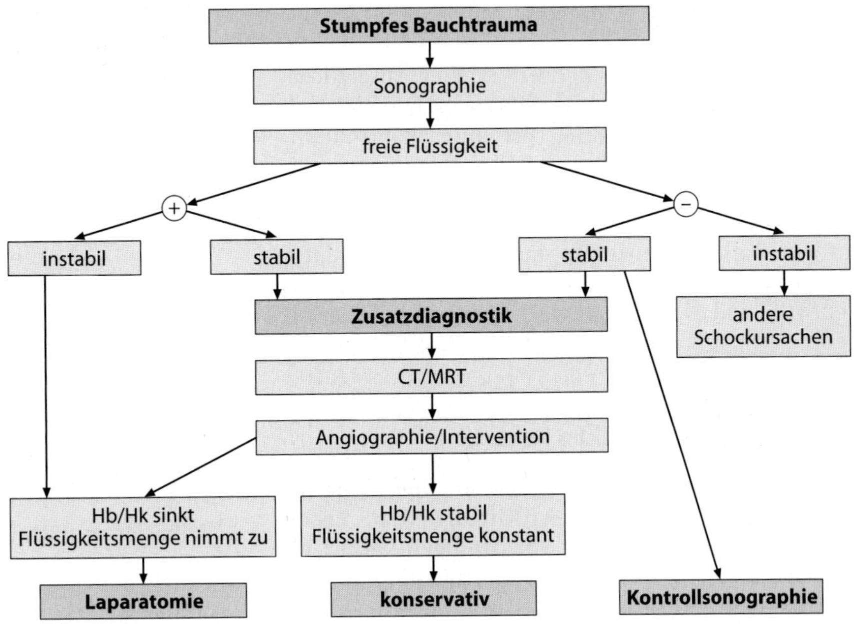

Abb. 29.5. Algorithmus zur konservativen und operativen Behandlung von Patienten mit stumpfem Bauchtrauma

Hauptgegenstand der Unfallbegutachtung ist die Einschätzung von Funktionseinschränkungen nach Schädigung oder vollständigem Verlust eines Organs.

Dank der Entwicklung der bildgebenden Diagnostik (Sonographie, CT, MRT) und der Intensivüberwachung (Monitoring) richtet sich das moderne Traumamanagement bei den häufigeren stumpfen Bauchtraumen nach dem individuellen Verletzungsbefund mit Betonung einer primär konservativen Therapie (Abb. 29.5).

Epidemiologie, Pathogenese und Prognose

Das Abdominaltrauma findet sich zu 20–40% bei polytraumatisierten Patienten. Organverletzungen der Milz finden sich dabei in 32%, der Leber in 20%, des Magen-Darm-Traktes in 12%, des Pankreas in 6%, des Mesenteriums in 4% und des Zwerchfells in 3% der Fälle. Bei Kindern, die durch ein stumpfes Bauchtrauma stärker gefährdet sind, finden sich zu mehr als 25% der Mehrfachverletzten schwerwiegende Abdominaltraumen.

Eine Dezeleration des Körpers oder ein plötzlicher Druckanstieg in der Bauchhöhle verursachen Ausrisse von Bandaufhängungen der Organe, auftretende Scherkräfte Verletzungen der Darmwand und des Mesenteriums, die Kompression oder Quetschung gefüllter Hohlorgane gegen die Wirbelsäule Berstungsverletzungen und die Kontusion parenchymatöser Organe wie Leber und Milz innere Hämatome und Rupturblutungen. Eine initial durch Kompression geschädigte Darmwand kann Nekrosen entwickeln und durch sekundäre Perforation zu einer folgenschweren Peritonitis führen.

Stichverletzungen mit Durchdringung der Bauchwand müssen nicht in jedem Fall zu einer Organverletzung führen, da die Organe durch ihre Verschieblichkeit in der Bauchhöhle ausweichen können. Eine Organverletzung muss aber immer durch notfallmäßige Revision der Bauchhöhle (Laparoskopie, Laparotomie) zuverlässig ausgeschlossen werden.

Die Folgen von Schussverletzungen sind abhängig von Art des Projektils, Mündungsgeschwindigkeit und Schussdistanz. Dies bedingt glatte Durch- und Steckschüsse bis hin zu organüberschreitenden Gewebezertrümmerungen.

Die Bauchverletzung hat wegen ihrer aktuellen prognostischen Bedeutung (Blutung, Schock, Peritonitis) in der Initialphase diagnostische und therapeutische Priorität. Das Spätschicksal der Patienten wird allerdings eher durch die übrigen Verletzungen (Schädel, Thorax, Extremitäten) bestimmt. Werden isolierte Abdominaltraumen überlebt, sind die Folgen vergleichsweise gering.

Diagnostik und initiale Therapie

Die *Basisdiagnostik* besteht neben Anamnese, Überwachung der Vitalzeichen (Atmung, Kreislauf, Bewusstseinslage) und der wiederholten klinischen Untersuchung des Bauches in der ebenfalls wiederholten *Bed-Side-Sonographie*, die die frühere Peritoneallavage (diagnostische Bauchspülung) abgelöst hat. Sensitivität und Spezifität der Sonographie für den Nachweis freier Flüssigkeit liegen in klinischen Studien über 95%. Allerdings gibt es bisher keine evidenzbasierten Belege für eine Verbesserung der Frühdiagnostik und Prognose bei stumpfen Bauchverletzungen durch Ultraschall (Cochrane Review 2005).

Für die *erweiterte Diagnostik* stehen zusätzliche, aufwändige bildgebende Verfahren (CT, MRT, Angiographie) zur Verfügung, die unter kontinuierlicher Kreislaufüberwachung und -therapie durchgeführt werden müssen.

Wichtigste *Sofortmaßnahme* sind die großzügige intravenöse Volumenzufuhr und bei Schocksymptomatik die frühzeitige Intubation und Beatmung. Diagnostik und Notfalltherapie müssen parallel erfolgen.

Verletzungsfolgen und deren gutachterliche Bewertung

Die Verletzungsfolgen bestehen in Funktionseinschränkungen durch die Schädigung (z.B. Leber, Pankreas, Darm) oder dem vollständigen Verlust eines Organs (z.B. Milz, Niere). Sie müssen von vorbestehenden und posttraumatisch aufgetretenen Begleiterkrankungen abgegrenzt werden. Zur notwendigen Funktionsdiagnostik ▶ Kap. 4.7–4.10.

Für die Einschätzung von Unfallfolgen (MdE, GdB) haben sich im Laufe der Zeit Erfahrungswerte herausgebildet, die in *Rententabellen* zusammengefasst werden (Tabelle 29.1). Sie stellen im Bereich der Bauchverletzungen nur eine Entscheidungshilfe für den Gutachter dar, weil die individuelle Auswirkung der Verletzungsfolgen für den einzelnen Patienten sehr unterschiedlich ist.

29.4.1 Allgemeine Folgeschäden

Hernien

- Relativ häufig kommt es nach Bauchverletzungen, die eine Laparotomie nach sich ziehen, zu *Narbenbrüchen.*
  Gutachterliche Bewertung: Diese sind sowohl hinsichtlich ihrer subjektiven Relevanz für den Unfallverletzten als auch hinsichtlich ihrer objektiven Folgen in die Beurteilung einzubeziehen. Eine reizlose feste Narbe nach Laparotomie bedingt keine MdE. Entstellende Narbenkeloide sollten berücksichtigt werden.
- Liegt ein Bauchwandbruch im Sinne einer *Narbenhernie* vor, ist der Verletzte auf die Möglichkeit der operativen Korrektur hinzuweisen. Sind Bauchorgane in den Bruch einbezogen, sollte die Operation zügig erfolgen.
  Gutachterliche Bewertung: Eine Narbenhernie nach Laparotomie, die Beschwerden verursacht, muss bei der Ermittlung der MdE berücksichtigt werden. Sie rechtfertigt eine MdE von 10–30%.
- Treten *Leisten- oder Schenkelhernien* nach Bauchtraumen auf, ist ursächlich von einem schicksalhaften Geschehen auszugehen.
  Gutachterliche Bewertung: Die vorbestehende Bindegewebsschwäche hätte auch ohne Bauchtrauma zu einer Hernienbildung geführt. Nur bei eindeutigem Nachweis eines adäquaten Traumas in der Leiste mit Gewebszerreißung (Narben, Histologie) ist ein Unfallzusammenhang zu diskutieren.
- Differenzierter sind *Zwerchfellbrüche* nach Bauchtraumen zu sehen.
  Gutachterliche Bewertung: Asymptomatische Hiatushernien können sich nach Abdominaltraumen verschlimmern, eine subjektive Erstmanifestation nach dem Trauma wird in der gutachtlichen Praxis akzeptiert (▶ Kap. 4.8). Einschränkungen im Berufsalltag rechtfertigen eine MdE von 10–15%, in Ausnahmefällen wurden 20–50% zugemessen.

Adhäsionen nach Bauchtraumen und Laparotomie

Verwachsungen der Leibeshöhle sind nach Bauchtraumen und jeder Laparotomie zu erwarten. Sie verursachen bei der Mehrzahl aller Patienten keine Beschwerden. Inwieweit ihr Ausmaß im Einzelfall für subjektive oder objektive Beschwerden, vor allem Schmerzen, verantwortlich ist, ist häufig schwer zu beurteilen.

Gutachterliche Bewertung: Legt die Anamnese eines Unfallverletzten die Vermutung von klinisch relevanten Verwachsungen nahe, werden Passageuntersuchungen des Dünn- oder Dickdarmes erforderlich. Neben einer Magen-Darm-Passage durch Röntgenkontrastmittel sind Dünndarmuntersuchungen nach Sellink ebenso sinnvoll wie ein Kolonkontrasteinlauf. Durch diese Untersuchungen können Stenosen der Hohlorgane objektiviert und in die Begutachtung einbezogen werden.

Werden Stenosen nachgewiesen, sollte der Unfallverletzte auf die Möglichkeit der operativen Adhäsiolyse durch Laparoskopie oder Laparotomie hingewiesen werden. Beide Eingriffe können jedoch erneut zu relevanten Verwachsungen, auch zu einer Verschlechterung des Zustandes führen. Dies ist bei der Beratung und Aufklärung zu berücksichtigen. Relevante Verwachsungen, die eine Störung der Darmtätigkeit verursachen, bedingen eine MdE oder einen GdB von bis zu 30%.

Es ist jedoch festzuhalten, dass die Objektivierung von Verwachsungen, die zu klinisch relevanten Symptomen führen, überaus schwierig sein kann. Individuell ist deshalb eine diagnostische Laparoskopie empfehlenswert.

29.4.2 Leberverletzungen

Bei entsprechender Diagnostik (Sonographie, CT, MRT) und intensivmedizinischer Überwachung (▶ Abb. 29.5) können heute 50–80% aller stumpfen

Tabelle 29.1. „Rententabelle“: Erfahrungswerte für die Schädigungsfolgen nach Bauchdecken- und Bauchorganverletzungen. (Nach Mehrhoff et al. 2005)

	einseitig	**beidseitig**
▮ Leisten- oder Schenkelbruch	**2**	**8**
▮ Nabelbruch oder Bruch in der Linea alba	**bis 20**	
▮ Verwachsungen (Adhäsionen) mit Störungen der Darmtätigkeit	**bis 30**	
▮ Zwerchfellbruch	**20–50**	
▮ Verlust der Milz		**10**
▮ Magenresektion		**0–20**
▮ Künstliche Magen-Darm-Verbindung (Gastroenteroanastomose)		
– mit guter Funktion		**10–20**
– mit Störungen und Komplikationen		**30–50**
▮ Chronische Erkrankungen des Darmes mit erheblicher Beeinträchtigung des Ernährungs- und Kräftezustandes		**30–50**
▮ Mastdarmvorfall		**30**
▮ Verlust oder völliger Funktionsausfall des Afterschließmuskels		**30**
▮ Funktionsverlust des Afterschließmuskels mit erheblichem Darmvorfall		**40–70**
▮ Kunstafter		
– Dünndarm		**30–60**
– Dickdarm		**20–50**
▮ Fistel in der Umgebung des Afters, je nach Absonderung		**20–30**
▮ Äußere Darmfistel		**20–40**
▮ Verlust von Dünndarmanteilen		**0–50**
▮ Verlust von Kolonanteilen bei normalem After		**10–30**
▮ Erkrankungen und Verletzungen der Leber- und Gallenwege mit Beeinträchtigung der allgem. Leistungsfähigkeit		**20–40**
– mit starker Beeinträchtigung der Leistungsfähigkeit		**40–60**
– mit starker und dauernder Beeinträchtigung der Leistungsfähigkeit		**60–100**
▮ Äußere chronische Gallenfistel		**20–30**
▮ Syndrom nach Hepatitis		**20–30**
▮ Chronisch persistierende Hepatitis		**30–40**
▮ Chronisch-aggressive Hepatitis		
– mäßig aktiv		**40**
– aktiv		**40–60**
– hochaktiv		**60–80**
▮ Hepatitische Zirrhose		
– mäßig aktive Zirrhose		**40–50**
– aktive Zirrhose		**50–80**
▮ Alle Stadien einer Zirrhose mit deutlichem Pfortaderhochdruck		**100**
▮ Diabetes mellitus		
– bei gutem Ausgleich durch leichte Kosteinschränkung		**10–20**
– bei komplikationsfreiem Ausgleich mit Kosteinschränkung oder ständiger Medikamentbedürftigkeit (oral Insulin bis 40 E/Tag)		**30**
– bei schwerer Form (höhere Insulinmenge, schlecht einstellbarer Diabetes, anderweitige Komplikationen)		**30–70**
▮ Verlust einer Niere bei Gesundheit der anderen Niere		**20**
▮ Verlust einer Niere bei Schädigung oder Funktionsstörung der anderen Niere		**30–100**
▮ Verlust beider Nieren		**100**
▮ Äußere Nierenfistel		**30**

Leberverletzungen zu fast 95% erfolgreich konservativ geheilt werden. Voraussetzung ist eine stabile Kreislaufsituation. Die Einschätzung des Schweregrades des Lebertraumas erfolgt nach Moore (Tabelle 29.2). Deren Kenntnis kann auch bei der späteren Begutachtung hilfreich sein.

Bei schweren Leberverletzungen ist in der Akutsituation mit notwendiger operativer Revision wegen intraabdomineller Blutung die allseitige Bauchtuchtamponade des Organs (*Packing*) die beste Maßnahme. Sie erlaubt nicht nur die endgültige, aufgeschobene Versorgung nach Stabilisierung des

Tabelle 29.2. Klassifikation der Leberverletzungen nach Moore (Revision 1994). Erfasst werden Ausdehnung des Hämatoms, Schweregrad der Parenchymverletzung und Gefäßbeteiligung

Grad	Art der Verletzung	
I	Hämatom	subkapsulär, < 10% der Oberfläche
	Parenchym	Kapseleinriss, < 1 cm Eindringtiefe
II	Hämatom	subkapsulär, 10–50% der Oberfläche intraparenchymatös, < 10 cm Durchmesser
	Parenchym	1–3 cm Eindringtiefe, < 10 cm lang
III	Hämatom	subkapsulär, > 50% der Oberfläche oder zunehmend, rupturiertes subkapsuläres oder parenchymatöses Hämatom intraparenchymatöses Hämatom, > 10 cm oder zunehmend
	Parenchym	> 3 cm Eindringtiefe
IV	Parenchym	Zerreißung von 25–75% eines Leberlappens oder von 1–3 Segmenten eines Lappens
V	Parenchym	Zerreißung von > 75% eines Leberlappens oder von 1–3 Segmenten eines Lappens
	Gefäße	Verletzung großer Lebervenenäste oder der V. cava inferior
VI	Gefäße	kompletter Gefäßabriss

Kreislaufs und der Blutgerinnung, sondern vor allem auch die Verlegung in ein erfahrenes leberchirurgisches Zentrum.

Gutachterliche Bewertung: Für die gutachterliche Beurteilung der Funktionseinschränkung der Leber sind deren Syntheseleistung, Ausscheidungsfunktion und Folgen einer Abflussstörung (Cholestase) wichtig. Die entsprechenden Funktionsuntersuchungen werden im Kapitel 4.7 beschrieben. Die Morphologie der Leber ist durch eine qualitativ adäquate Sonographie zu dokumentieren.

Bei Verdacht auf eine Gallengangsverletzung im Rahmen eines Lebertraumas sind, insbesondere bei erhöhten Cholestaseparametern, die nichtinvasive Magnet-Resonanz-Cholangiographie (*MRC*) oder eine invasive endoskopisch-retrograde Cholangio-Pankreatographie (*ERCP*) notwendig.

Eine Leberpunktion zur histologischen Untersuchung ist erforderlich, wenn nach operativer Versorgung eines Lebertraumas und Bluttransfusionen eine Hepatitis, in der Regel eine Hepatitis C, diskutiert wird (Hepatitisserologie!). Das gleiche gilt bei Verdacht auf eine sekundäre biliäre Leberzirrhose durch eine verletzungsbedingte Gallengangsstenose (Cholestaseparameter!).

Verletzungen der Leber und der extrahepatischen Gallenwege können zu chronischen Schäden führen, die für die Begutachtung objektiviert werden müssen. Dabei handelt es sich um Gallenwegsstrikturen mit chronischer Cholangitis, ggf. sekundär-biliärer Zirrhose, Hepatitis B oder C, rezidivierende Leberabszesse, eine Hämobilie (durch interne Fistel zwischen intrahepatischem Gefäß- und Gallenwegsystem) und selten sekundäre Lebervenen- und Pfortaderthrombosen. Im Rahmen einer posttraumatischen, unter intensivmedizinischer Therapie auftretenden Stress-Cholezystitis kann es zum Verlust der Gallenblase (*Cholezystektomie*) kommen. Diese führt allerdings nicht zwangsläufig zu einer nennenswerten Beeinträchtigung.

Äußere Gallefisteln bilden sich aus, wenn ein Abflusshindernis im Bereich der intra- oder extrahepatischen Gallenwege besteht. Dies ist eine schwerwiegende Komplikation, die in der Regel eine operative oder interventionelle Behebung der Galleabflussstörung erfordert.

Die gesunde Leber besitzt im Gegensatz zu allen anderen Organen eine hohe Regenerationskraft und kann auch ausgedehnte Parenchymverluste nach Leberverletzungen in 1 bis 2 Jahren form- und funktionsgerecht vollständig ausgleichen.

Schwierig ist die Abgrenzung gegen vorbestehende oder später hinzukommende Begleiterkrankungen der Leber (z. B. Hepatitis, Leberzirrhose, Pfortaderhochdruck, Cholangiolithiasis und Cholangitis). Hier kann die Zusammenhangsfrage erhebliche Probleme bereiten, ist aber für die Festlegung von verletzungsbedingter MdE oder GdB wichtig. In jedem Fall sind eine gezielte Anamnese und die Beiziehung sämtlicher Krankenunterlagen aus der Vorgeschichte des Patienten für den Gutachter erforderlich.

Für die Bewertung der MdE oder des GdB sind objektive Funktionseinschränkungen nachzuweisen. Bei beginnender oder leichter Funktionseinschränkung können allerdings die subjektiven Beschwerden zunächst uncharakteristisch sein (Müdigkeit, Abgeschlagenheit). Daher sollte ihnen nachgegangen werden.

Tabelle 29.3. Klassifikation der Milzverletzungen nach Moore (Revision 1994). Erfasst werden Ausdehnung des Hämatoms, Schweregrad der Parenchymverletzung und Gefäßbeteiligung

Grad	Art der Verletzung	
I	Hämatom	subkapsulär, < 10% der Oberfläche
	Parenchym	Kapseleinriss, < 1 cm Eindringtiefe
II	Hämatom	subkapsulär, 10–50% der Oberfläche intraparenchymatös, < 5 cm Durchmesser
	Parenchym	1–3 cm Eindringtiefe ohne Beteiligung eines Trabekelgefäßes
III	Hämatom	subkapsulär, > 50% Oberfläche oder zunehmend rupturiertes subkapsuläres oder parenchymatöses Hämatom
	Parenchym	3 cm Eindringtiefe oder Beteiligung von Trabekelgefäßen
IV	Parenchym	Beteiligung von Segment- oder Hilusgefäßen mit größerer Devaskularisation (> 25% der Milz)
V	Parenchym	vollständig zerissene Milz
	Gefäße	Verletzung der Hilusgefäße mit Devaskularisation der Milz

29.4.3 Milztrauma

Milzverletzungen sind die häufigsten Organverletzungen nach stumpfem Bauchtrauma. Die Schweregradeinteilung erfolgt analog wie bei Leberverletzungen nach Moore (Tabelle 29.3). Auch hier ist bei adäquater Überwachung und Kreislaufstabilität in bis zu 90% der Fälle eine abwartende Haltung gerechtfertigt.

Bei *anhaltender Blutung*, vor allem bei Verletzungen im Hilusbereich (Milzgefäßstiel) ist eine zügige, operative Blutstillung erforderlich. Sie strebt primär die Organerhaltung an. Bei schweren Begleitverletzungen sollte aber im Zweifelsfall immer die schnelle Entfernung der ganzen Milz (*Splenektomie*) durchgeführt werden. Das Risiko der aufwändigeren Milzerhaltung darf nicht das Risiko des Milzverlustes übersteigen.

Für milzerhaltende Maßnahmen stehen eine Reihe von Verfahren zur Verfügung (z. B. Argon-Beam, Infrarotkoagulation, Polresektion, chirurgische Naht, Vicrylnetzraffung). Die Retransplantation eigenen fragmentierten Milzgewebes wird nicht mehr durchgeführt, da mit den genannten Maßnahmen technisch einfachere und komplikationsärmere Verfahren zur Verfügung stehen.

Die operative Milzerhaltung und die Splenektomie erfordern die intraoperative Mobilisierung des Organs und führen deshalb leicht zu Verletzungen des Pankreasschwanzes.

Gefürchtet ist das Auftreten einer *zweizeitigen Milzruptur* bei intraparenchymatösem Hämatom bis zu 10–14 Tagen nach dem primären Trauma. Der *gutachtliche Zusammenhang* ist immer gegeben.

Inzidentelle Milzverletzungen, meist als flächenhafter Kapseleinriss, ereignen sich vor allem in der Magenchirurgie und bei Dickdarmeingriffen unter Beteiligung der linken Kolonflexur. Sie können in der Regel milzerhaltend versorgt werden

Die Milz hat eine besondere Bedeutung für die immunologische Abwehr des Körpers, die allerdings noch kontrovers diskutiert und weiter erforscht wird.

Kommt es zum *Milzverlust*, droht als schwerwiegende Komplikation das OPSI-Syndrom („*overwhelming post splenectomy infection syndrome*") mit einer Letalität zwischen 50 und 80%. Die Angaben zur Häufigkeit des OPSI-Syndroms nach Splenektomie schwanken in der Literatur (nach Siewer zwischen 2,4 und 11,2%). In drei Metaanalysen (Singer et al., Ellison et al., Holdsworth et al.), die über 17 000 Patienten nach Splenektomie erfassten, erkrankten 2,9 bis 4,2% der Splenektomierten an einer Postsplenektomiesepsis. 1,1 bis 2,5% der Patienten verstarben. Das Risiko, nach einer Splenektomie wegen traumatischer Milzruptur an einer Sepsis zu erkranken, wird gegenüber der Normalbevölkerung 8,6fach höher eingeschätzt.

Als Ursachen für das OPSI-Syndrom werden eine verminderte Bakterienclearence durch Verlust des retikulohistiozytären Systems der Milz, eine verminderte Antikörperbildung durch quantitativ verminderte B-Lymphozyten, eine Reduktion der Opsonierung vor allen über den alternativen Komplementweg und eine Störung der T/B-Zellkooperation diskutiert.

Eine besondere Form des OPSI-Syndroms ist die septisch verlaufende Pneumokokkeninfektion, gegen die bei elektiver Splenektomie eine Impfung erfolgen kann und seit 1991 auch als verbindlich angesehen werden muss (Shapiro et al. 1991).

Eine mangelnde Immunkompetenz kann auch noch Jahre nach dem Milzverlust sowohl zu einer vermehrten Infektanfälligkeit als auch zu einer verminderten Abwehrfähigkeit bei Alltagsinfektionen führen. Alle Argumente gelten im besonderen für Kinder, bei denen deshalb der Milzerhalt und die Impfung vor elektiver Splenektomie hohe Priorität haben.

Gutachterliche Bewertung: Der Verlust der normalen Milz bedingt eine MdE von 10%.

29.4.4 Pankreastrauma

Klassische Traumafolgen sind *Pankreaskontusion* und *Pankreasruptur*.

Verletzungen der Bauchspeicheldrüse sind selten, aber auch leicht zu übersehen. Zur Exploration gehört deshalb bei Verdacht die vollständige Freilegung des Organs. Schwere Verletzungen treten meist in Kombination mit Wirbelfrakturen auf. Sollbruchstelle ist der Pankreaskörper in Höhe der Pfortader. Primär übersehene Pankreasverletzungen sind außerordentlich komplikationsträchtig und haben eine hohe Letalität.

Isolierte Schädigungen des Pankreas durch stumpfe oder penetrierende Traumen sind selten, häufiger kommt es zu einer gemeinsamen Schädigung des biliopankreatischen Kompartments. Das Pankreas reagiert dabei auf die Verletzung häufig mit einer akuten (Begleit-)*Pankreatitis*. Diese kann bei nekrotisierender Entzündung eine aufwändige intensivmedizinische Betreuung mit hoher Letalität bedingen.

Gutachterliche Bewertung: Eine Heilung mit Ausbildung einer chronischen Pankreatitis und/oder Entwicklung eines Diabetes mellitus ist dann als unfallbedingt anzusehen.

Pankreasverletzungen können eine *Maldigestion*, verursacht durch eine exokrine Pankreasinsuffizienz, zur Folge haben. Demgegenüber ist eine endokrine Mangelleistung (Diabetes) höchst selten. Bei der Begutachtung sind verletzungsbedingte Funktionseinschränkungen des Pankreas gegen eine vorbestehende Schädigung (Diabetes, chronische Pankreatitis) abzugrenzen. Die erforderlichen Funktionsuntersuchungen sind im Kapitel 4.8 und 4.10 beschrieben.

Ausdruck einer Defektheilung sind posttraumatische *Pseudozysten* und *Pankreasfisteln*. Letztere entwickeln sich bei 12% (29/243 in 4 Studien). Pseudozysten können sich im ersten halben Jahr nach ihrer Entstehung spontan zurückbilden. Ihre operative Entlastung sollte dem Kranken deshalb erst nach diesem Zeitraum und bei fortbestehender klinischer Symptomatik angeraten werden. Nur ein Verschlussikterus oder eine Magenausgangsstenose, bedingt durch eine Verdrängung durch die Zyste, erfordern eine direkte Intervention.

Gutachterliche Bewertung: Äußere Pankreasfisteln sind, abhängig von ihrer Sekretproduktion, für den Träger sehr beeinträchtigend, da ihre Pflege erheblich aufwändiger als die Pflege von Darmfisteln sein kann. MdE oder GdB können bei 50–75% liegen.

Von besonderer Bedeutung ist nach Pankreastraumen die Erhebung der Anamnese vor und nach der erlittenen Verletzung zur Klärung etwaiger Zusammenhangsfragen. Ständige Rückenschmerzen können Hinweise auf eine chronische Pankreatitis sein, ein Verschlussikterus oder eine Magenausgangsstenose können im weiteren Verlauf verletzungsbedingt oder schicksalhaft komplizierend hinzutreten. Das Verhalten des Körpergewichtes, veränderte Ernährungsgewohnheiten nach dem Trauma, Defäkationsfrequenz, Stuhlmenge und -konsistenz sind zu eruieren und ein pankreopriver Diabetes zu objektivieren. Bei der Vorgeschichte ist darauf zu achten, ob bereits vor dem Trauma Hinweise auf einen Diabetes mellitus oder eine chronische Pankreasschädigung vorlagen (Noxen?). Erst wenn 70–80% des Drüsenparenchyms funktionslos geworden sind, leidet der Verletzte unter einer exokrinen Pankreasinsuffizienz. Zur physiologischen Insulinproduktion reicht ein kleiner Teil des intakten Inselorgans aus.

Klinische Befunde, subjektive Beschwerden und das Ausmaß der Funktionsstörungen bestimmen die MdE oder den GdB. Ständige, heftige Schmerzen des an chronischer Pankreatitis Erkrankten sind ebenso wie rezidivierend sezernierende Pankreasfisteln und das Ausmaß der erforderlichen Substitutionsbehandlung bei der Festlegung der MdE zu berücksichtigen. Diese kann bei schweren Funktionseinschränkungen des Pankreas bis zu 50–75% betragen. Ständige Schmerzen können Erwerbsunfähigkeit bedingen und eine MdE von 100% nach sich ziehen.

Ein heute angenommener Zusammenhang zwischen chronischer Pankreatitis und Pankreaskarzinom dürfte versicherungsrechtlich nur in Ausnahmefällen relevant sein.

29.4.5 Magen-Darm-Trakt

Die Prognose von Verletzungen des Magen-Darm-Traktes hängt im Wesentlichen vom Zeitpunkt der Diagnosestellung und vom allfällig perforierten Organ ab. Während z.B. normaler Magensaft weitgehend steril ist, führt Dickdarmstuhl sofort zu einer hochgradigen Kontamination der Bauchhöhle mit nachfolgender kotiger Peritonitis.

Intraabdominelle Speiseröhrenverletzungen sind selten. Die ebenfalls seltenen Magenverletzungen sind meist komplex und führen dann zu Zerreißungen der Magenwand.

Verletzungen des Zwölffingerdarms sind ebenfalls eher selten. Die häufigeren Dünndarmverletzungen sind in der Regel unproblematisch durch direkte Naht oder Resektion zu versorgen.

Die gefährlichen, mitunter schwer erkennbaren Dickdarm- und Mastdarmverletzungen erfordern immer ein der jeweiligen Verletzung angepasstes individuelles operatives Vorgehen. Dies gilt insbesondere für Verletzungen des Schließmuskels des Afters und für Pfählungsverletzungen.

Funktionsuntersuchungen geben Auskunft über den messbaren verletzungsbedingten Schaden (▶ Kap. 4.8).

Gutachterliche Bewertung: Mussten bei der Versorgung eines Bauchtraumas gastrointestinale *Hohlorgananteile reseziert* werden, gibt die gezielte Anamnese erste Hinweise auf mögliche Folgeschäden.

Gastrokolische oder *enteroenterale Fisteln* führen zu einer Beschleunigung der Magen-Darm-Passage, unverdaute Speisen werden häufig im Stuhl ausgeschieden. Die operative Korrektur ist indiziert.

Wichtig ist die Kenntnis der resezierten Darmanteile und das Ausmaß der Resektion. Wurde terminales Ileum reseziert, ist mit einem *Vitamin-B_{12}-Mangel* zu rechnen. Sehr ausgedehnte Dünndarmresektionen können zu einem *Kurzdarmsyndrom* führen, das gegebenenfalls eine dauerhafte künstliche Ernährung oder eine Dünndarmtransplantation erfordert. Die Beeinträchtigung rechtfertigt eine MdE oder einen GdB bis zu 100%. Wurde nach einer Darmresektion eine Anastomose terminolateral oder laterolateral angelegt, können *Blindsäcke* mit einer entsprechenden Symptomatik entstehen, verursacht durch eine bakterielle Fehlbesiedelung. Umwandlungsoperationen können in diesem Fall sinnvoll sein.

Dickdarmresektionen werden nach einigen Monaten ohne Mangelerscheinungen kompensiert. Ist ein *Anus praeter* angelegt worden, müssen bei der Begutachtung die Arbeitsplatzsituation ebenso wie die Fähigkeit des Kranken berücksichtigt werden, mit dieser Situation umzugehen. Ein *Ileostoma* rechtfertigt wegen seiner schwierigeren Pflege eine MdE von 30–60%, eine *Kolostomie* eine MdE von 20–50%. Immer muss geprüft werden, ob eine Operation zur Wiederherstellung der natürlichen Kontinenz sinnvoll und möglich ist.

Enterokutane Fisteln nach Hohlorganverletzungen sind Ausdruck einer Defektheilung und häufig ein Hinweis auf eine distale Darmstenose. Während kolokutane Fisteln zumeist spontan versiegen, persistieren Fisteln des proximalen Dünndarmes häufig. Entsprechend sollen Unfallverletzte bezüglich einer operativen Revision beraten werden. Die MdE richtet sich an der MdE für einen Kunstafter aus, die Gesellschaftsfähigkeit des Kranken muss berücksichtigt werden. Eine Verletzung des anorektalen Kontinenzorganes mit Stuhlinkontinenz bedingt eine MdE oder GdB von 100%. Man wird dem Verletzten zu einem Rekonstruktionsversuch durch einen erfahrenen Koloproktologen oder einem dauerhaften Kunstafter raten müssen.

Größere Magenresektionen oder Gastrektomien kommen nach Bauchverletzungen extrem selten vor. Werden sie im Einzelfall erforderlich, sind auch alle Folgeerkrankungen als unfallbedingt anzuerkennen.

29.4.6 Nieren und Retroperitoneum

In dem zwischen hinterem Bauchfell und Wirbelsäule gelegenen Raum sind die Nieren, sehr selten die Nebennieren, aber besonders die hier verlaufenden Blutgefäße verletzungsgefährdet. Blutungen aus den großen Gefäßen oder den Venenplexus, vorwiegend bei Frakturen des knöchernen Beckens, führen zu technisch nur äußerst schwierig zu versorgenden Hämatomen und einem massiven Blutverlust.

90% der Nierenverletzungen sind kombiniert mit einem Bauchtrauma. Die stumpfen Verletzungen sind meist von geringer Schwere und können zu 95% konservativ behandelt werden. Ausgedehntere Nierenverletzungen werden häufig auch zunächst konservativ behandelt oder organerhaltend operiert.

Einzelheiten und Begutachtung ▶ Kapitel 20.

29.4.7 Zwerchfell und Bauchdecken

Zwerchfellrupturen treten bei schwerer flächenhafter Gewalteinwirkung auf Brust- und Bauchhöhle auf. Sie sind beim intubierten und beatmeten Patienten schwer zu diagnostizieren. Meist ist die linke Seite betroffen. Nicht primär durch Naht versorgte Zwerchfellrupturen begünstigen Beatmungsprobleme und spätere pulmonale Komplikationen.

Defektverletzungen der Bauchwand erfordern eine schnelle operative Revision, um eine Infektion der Bauchhöhle zu vermeiden und die Atmung zu stabilisieren. Der Verschluss kann durch direkte Naht oder Tamponade und Hautnaht bei offener Faszie erfolgen.

Gutachterliche Bewertung: Für die Begutachtung sind Bauchnarbenbrüche im Gefolge der operativen Versorgung von Bauchdeckenverletzungen von besonderer Bedeutung. Primär übersehene Zwerchfellrupturen können zum Enterothorax mit Gefährdung der verlagerten Organe und späteren erheblichen pulmonalen Beeinträchtigungen führen. Bei entsprechendem primären Trauma ist ein Unfallzusammenhang gegeben.

Literatur

Alexakis N, Sutton R, Neoptolemos JP (2004) Surgical treatment of pancreatic fistula. Dig Surg 21:262–274

Bardenheuer M, Obertacke U, Schmidt-Neuerburg K (1997) Das DGU-Traumaregister zur Standortbestimmung des schweren Traumas in Deutschland. Unfallchirurg 268:269–273

Ellison EC, Fabri PJ (1983) Complications of splenectomy. Etiology, prevention, and management. Surg Clin North Am 63:1313–1330

Holdsworth RJ, Irving AD, Cuschieri A (1991) Postsplenectomy sepsis and its mortality rate: actual versus perceived risks. Br J Surg 78:1031–1038

Mehrhoff F, Meindl RC, Muhr G (2005) Unfallbegutachtung. De Gruyter, Berlin New York, S 160–161

Moore EE, Cogbill TH, Jurkovich GJ et al (1995) Organ injury scaling: spleen and liver (1994 revision). J Trauma 38:323

Shapiro ED, Berg AT, Austrian R, Schroeder D, Parcells V, Margolis A, Adair RK, Clemens JD (1991) The protective efficacy of polyvalent pneumococcal polysaccharide vaccine. N Engl J Med 325:1453–1460

Sieber G (1992) Klinik, Pathophysiogie, Therapie und Begutachtung des Milzverlustes. Versicherungsmedizin 44:56–60

Singer DB (1973) Postsplenectomy sepsis. Perspect Pediatr Pathol 1:285–311

Staib I, Aschoff AJ, Henne-Bruns (2004) Abdominaltrauma. Verletzungsorientiertes Management. Chirurg 75:447–467

Stengel D, Bauwens K, Sehouli J, Rademacher G, Mutze S, Ekkernkamp A, Porzsolt F (2005) Emergency ultrasound-based algorithms for diagnosing blunt abdominal trauma. Cochrane Rev 2005:2

Trentz O, Platz A (2004) Abdomen. In: Rüter A, Trentz O, Wagner M (Hrsg) Unfallchirurgie, 2. Aufl. Urban & Fischer, München, S 623–661

Ulsenheimer K (2006) Chirurgie und Recht: Aufklärung, Haftung, Begutachtung. In: Becker H, Encke A, Röher HD (Hrsg) Viszeralchirurgie. Urban & Fischer, München, S 223–249

Wenisch HJC, Encke A (2006) Abdominelles Trauma. In: Becker H, Encke A, Röher HD (Hrsg) Viszeralchirurgie, 2. Aufl. Urban & Fischer, München S 945–956

29.5 Folgekrankheiten nach Verletzungen (Infektion, Malignom)

G. Muhr und O.J. Russe

29.5.1 Trauma und Infektion

Wundinfektion

Jede Verletzung der Haut durch Unfall oder Operation geht mit einer Kontamination (Verunreinigung) der Wunde durch Mikroorganismen einher. Je nach Lokalisation der Wunde und Abwehrsituation des Patienten sowie in Abhängigkeit von den lokalen Durchblutungsverhältnissen kann sich aus der Kontamination zwischen 1 und 10%, aber auch häufiger, eine Infektion entwickeln (Lob u. Burri 1982).

Gutachterliche Bewertung: Die Wundinfektion kann regional beschränkt bleiben oder über Lymph- und Blutbahnen sich auf den restlichen Körper ausdehnen. Bei derartigen ausgedehnten Infektionen muss allerdings unterschieden werden, ob diese von der durch den Unfall herrührenden Wunde ausgehen oder ob unfallfremde Infektionsherde (Tonsillen, Zahnwurzeln, Prostata oder gastrointestinale Entzündungsherde) ursächlich für die Entstehung und Ausbreitung verantwortlich sind, da generalisierte Infektionen bezüglich der Funktionseinschränkungen einen erhöhten Schaden bewirken.

Andererseits können im Privatbereich zugezogene Wunden sich durch einen sekundären Arbeitsunfall kontaminieren, und es so zu einer Wundinfektion kommen. Dann muss diese Wundinfektion als Unfallfolge anerkannt werden, wenn ohne die sekundäre Keimbesiedelung die Wundheilung mit ausreichender Wahrscheinlichkeit eingetreten wäre.

Bei primär nicht infizierten Wunden, die sich erst durch die Ausbildung einer unfallbedingten Haut- oder Wundrandnekrose sekundär infizieren, muss auch hier die dann eintretende Infektion als Unfallfolge anerkannt werden.

Pyogene Wundinfektionen

Pyogene Infektionen sind durch ihre lokalisierte Gewebeeinschmelzung mit Eiterbildung charakterisiert, wobei hier eine Abgrenzung des Infektionsherdes durch Granulationsgewebe oder eine Abszessmembran besteht. Sie werden überwiegend durch Staphylokokken und Streptokokken, seltener durch Kolibakterien, Pneumokokken sowie – zunehmend – durch Bakterioides hervorgerufen. Während die Abszessbildung bei Staphylokokken und Koliinfektionen klinisch ausgeprägter ist, rufen Streptokokkeninfekte diffuse phlegmonöse Zustände hervor.

Eine pyogenen Wundinfektion tritt nach Friedrich (1898) 7 bis 8 Stunden nach der Verletzung auf, die klinische Erscheinung der Infektion meist zwischen dem 2. und 4. Tag. Kürzere Inkubationszeiten bei Wunden sind nur bei virulenten Erregern möglich, die z.B. durch menschliche oder tierische Bisswunden oder im Kontakt mit kontaminiertem Fleisch in den Körper eingebracht werden.

Gutachterliche Bewertung: Eine Inkubationszeit von 2 bis 3 Wochen ist nur in seltenen Fällen gutachterlich anzuerkennen, wenn entsprechende Brückensymptome vorliegen. Bei einer latenten Infektion, bei der die Wundheilung bereits abgeschlossen war, kann aufgrund eines neuen Unfallereignisses die Entzündung zu einem späteren Zeitpunkt reaktiviert werden. Allerdings erfordert hier die Anerkennung des Auftretens einer derartigen Infektion die exakte örtliche Übereinstimmung des abgeheilten Infektionsprozesses mit der neu entstandenen Wunde. Bei Inkubationszeiten über drei Wochen kommt neben dem eindeutigen Unfallereignis den Brückensymptomen zwischen Trauma und späterer Wundinfektion erhöhte Bedeutsamkeit zu.

Putride Wundinfektionen

Putride Wundinfektionen sind durch sich flächenhaft ausbreitenden nekrotischen Gewebszerfall sowie faulig stinkendes Wundsekret gekennzeichnet, evtl. mit Gasbildung in Körperhöhlen. Zusätzlich fehlt die Abgrenzung zwischen betroffenem und gesunden Gewebe. Diese Infektionsart wird durch Fäulniserreger (Koli-, Pyocyaneus- und Proteusbakterien) bedingt. Schlecht durchblutetes Gewebe begünstigt das Fortschreiten.

Gutachterliche Bewertung: Der Zusammenhang zwischen dem Unfallereignis, der Wunde und dem Infektionsgeschehen stellt sich in der Regel schlüssig da.

Anaerobe Wundinfektionen

Clostridien aus der Umwelt (allerdings auch als Saprophyten von der Haut) können bei Vorliegen von leblosem Gewebe und lokaler Ischämie innerhalb von 1 bis 3 Tagen zu einer Gasödeminfektion führen (Pinter et al. 1979). Bei rasch fortschreitender Infektionsentwicklung verläuft diese Infektion unbehandelt tödlich.

Jede solche Verletzung, auch Erfrierungen oder Verbrennungen, kann ebenso wie jede offene Verletzungen zu einer Wundstarrkrampfinfektion führen. Das Bakterientoxin breitet sich über Nervenbahnen aus und ruft beim Erreichen des Rückenmarkes Krämpfe und starke Schmerzen hervor, die zu Knochenbrüchen und Erstickung führen können. Die Inkubationszeit beträgt 5 bis 10 Tage, bei beobachteten Zeiträumen von 2 bis zu 60 Tagen.

Gutachterliche Bewertung: Da sich diese Erreger an Fremdkörpern bzw. im Narbengewebe lebensfähig halten können, sind Abstände zwischen der initialen Verletzung und dem Auftreten der Krankheit bis zu 5 Jahren anerkennungsfähig.

Spezifische Wundinfektionen

Spezifische Wundinfektionen mit Tuberkelbakterien sind selten, wobei bei einer primären Infektion eine direkte Inokulation stattfindet.

Gutachterliche Bewertung: Hier ist ein nachweisbares Unfallereignis mit Wundbildung, ein unmittelbarer oder mittelbarer Kontakt mit einer Infektionsquelle und einem Auftreten in der betroffenen Körperregion innerhalb eines Zeitraumes von vier Wochen bis sechs Monaten festzustellen (HV-Info 1990).

Von einer sekundären Infektion wird gesprochen, wenn sich aufgrund eines Unfallereignisses ein klinisch latenter tuberkulöser Herd manifestiert. Bei diesem Zusammentreffen von lokal einwirkendem Unfallereignis und vorbestehendem tuberkulösen Herd wird von einer Kontusionstuberkulose gesprochen.

Osteitis

Posttraumatisch wird die Osteitis entsprechend der Pathogenese in eine exogene, eine endogene und eine Verschlimmerung einer vorbestehenden Osteitis unterteilt.

Exogene Osteitis und gutachterliche Bewertung

Osteitis nach Operation oder offener Fraktur

Die exogene Osteitis entsteht durch Eindringen von Keimen in den Frakturbereich. Ob dies nach offener Fraktur oder als Komplikation nach einer Osteosynthese eintritt, ist für die Anerkennung des ursächlichen Zusammenhanges nicht erheblich. Tritt eine Fraktur im Bereich infizierter Weichteile auf, so ist der ursächliche Zusammenhang zwischen dem versicherten Ereignis und dem Auftreten der Infektion der Fraktur gegeben.

Osteitis nach konservativer Behandlung geschlossener Frakturen

Eine posttraumatische Osteitis nach konservativer Behandlung geschlossener Frakturen kann in seltenen Fällen durch eine sekundäre (hämatogene) Keimbesiedlung auftreten und wird als Unfallfolge anerkannt. Neben dem Auftreten bei Wirbelbrüchen, meist mit begleitendem Thoraxtrauma, wird diese bei juvenilen Frakturen im metaphysären Bereich langer Röhrenknochen beobachtet. Der Zeitraum zwischen Unfall und klinischer Manifestation kann sich über den gesamten Zeitraum der kallösen Frakturheilung ausdehnen (Hardy u. Nico 1985).

Osteitis nach Weichteiltrauma

Eine posttraumatische Osteitis im ursächlichen Zusammenhang mit einem Weichteiltrauma ist dann unfallbedingt, wenn ein örtlicher sowie zeitlicher Zusammenhang zwischen dem Weichteiltrauma, der Wundinfektion und der eingetretenen Osteitis gegeben ist. Bei Vorliegen geringer Weichteiltraumen muss an die Möglichkeit der sekundären Keimabsiedelung mit Fortleitung der Entzündung direkt oder über Lymphbahnen auf den Knochen als grundsätzlich „wahrscheinlich“ angesehen werden können. Sekundäre Infektionen werden durch lokale Weichteilhämatome begünstigt und können auch auftreten, wenn nur oberflächliche Epitheldefekte vorliegen.

Bei der Annahme eines ursächlichen Zusammenhangs, der zurückhaltend erfolgen soll (Staemmler u. Eylan 1953), müssen die Bedingungen zur Anerkennung zwischen dem Weichteiltrauma und der Osteitis folgende Kriterien erfüllen (Bürkle de la Camp u. Schwaiger 1963):

- Das Unfallereignis muss nachgewiesen sein;
- es muss ein Trauma stattgefunden haben, das zu einer lokalen Hautschädigung ggf. mit einer Weichteilquetschung oder Hämatombildung geführt hat;
- es muss nachgewiesen werden, dass die örtliche Gewalteinwirkung im Bereich der nachfolgenden Osteitis stattgefunden hat;

- der zeitliche Verlauf der klinischen Manifestation einer posttraumatischen Osteitis muss in einem nachvollziehbaren Zusammenhang mit dem Zeitpunkt des Unfallereignisses stehen.

Klinische Symptome einer Entzündung können frühestens am 2. posttraumatischen Tag zu erkennen sein, die radiologischen Veränderungen mit periostaler Reizung und fleckiger Entkalkung sind frühestens nach zwei Wochen sichtbar. Ein früheres Auftreten radiologischer Veränderungen spricht gegen einen Unfallzusammenhang und führt so zur Ablehnung.

Klinische Symptome einer posttraumatischen Osteitis, die einen Monat oder länger nach dem schädigenden Ereignis auftreten, führen zur Ablehnung der Ursächlichkeit zwischen Unfall und Osteitis.

Endogene (hämatogene) Osteitis und gutachterliche Bewertung

Das Auftreten einer akuten hämatogenen Osteitis beim Vorliegen einer unfallbedingten Wundinfektion unterliegt bezüglich der Anerkennung strengen Kriterien:

- Ein Unfall muss sicher nachgewiesen werden;
- das erhebliche Weichteiltrauma oder eine Hämatombildung, das durch eine Schürfverletzung infiziert worden ist, muss mit dem durch die nachfolgende Osteitis betroffenen Körperabschnitt regional übereinstimmen;
- ein enger zeitlicher Zusammenhang zwischen dem Unfall, der Infektion und der akuten hämatogenen Osteitis ist erforderlich; dies ist in der Regel ein Zeitraum von 24 bis 72 Stunden, maximal von einigen Tagen (Lininger u. Molineus 1967).

Traumatische Reaktivierung einer inaktiven Osteitis und ihre gutachterliche Bewertung

Chronische Osteitiden sind klinisch dadurch gekennzeichnet, dass sie über lange Zeiträume spontane Rezidive entwickeln. Daher sind die Kriterien zur Anerkennung einer traumatischen Reaktivierung eng zu fassen:

- lokale Übereinstimmung zwischen dem Unfallschaden und dem Ort des Rezidiv der Osteitis;
- Erheblichkeit des Traumas, die eine Einblutung in dem Knochen bewirkt, um so die Reaktivierung abgekapselter Keime zu ermöglichen;
- Begrenzung des Intervalls zwischen Unfallschaden und Erstmanifestation der Reaktivierung der Osteitis von 24 Stunden bis zu einigen Tagen.

Bei späterer Inaktivierung der Osteitis ist von einer vorübergehenden Verschlimmerung auszugehen.

Eine dauerhafte Verschlimmerung liegt nur dann vor, wenn die Belastungsfähigkeit des Knochens aufgrund der Reaktivierung verringert worden ist oder sich die Leistungsfähigkeit der betroffenen Gliedmaßen in funktionell bedeutsamen Maße verschlechtert hat.

Traumatische Knochentuberkulose und gutachterliche Bewertung

Die traumatische Knochentuberkulose ist außerordentlich selten. Bei einer Nachuntersuchung von 85623 Unfällen stellte sich die Frage des Zusammenhangs 149-mal, 2 Fälle konnten entsprechend der angeführten Kriterien anerkannt werden [12].

Der einzige gesicherte Zusammenhang zwischen einem Trauma und einer eingetretenen Knochentuberkulose entspricht einer Impftuberkulose. Dabei sind folgende Bedingungen zu erfüllen (Bürkle de la Camp u. Schwaiger 1963):

- klinischer, radiologischer, bakteriologischer und histologischer Nachweis;
- Ausschluss einer vorbestehenden Tuberkulose;
- Nachweis eines erheblichen Traumas;
- örtliche Übereinstimmung zwischen Verletzung und tuberkulöser Erkrankung;
- Manifestation der Tuberkulose (entsprechend der klinischen Erfahrung) zwischen einem Monat und einem Jahr.

Bei längeren Zeiträumen müssen Brückensymtome vorliegen. Die erneute Aktivierung einer latenten Tuberkulose aufgrund schwerer unfallbedingter Allgemeinveränderungen mit Schwächung der körpereigenen Abwehrkräfte kann als Verschlimmerung eines vorbestehenden Leidens anerkannt werden.

29.5.2 Trauma und Geschwulstleiden

Die ursächliche Bedeutung des Traumas in der Pathogenese der Geschwulstentstehung ist grundsätzlich nicht abzulehnen, jedoch muss im Einzelnen der gutachterliche Nachweis schlüssig dargestellt werden.

Geschwulstentstehung

Nach einem Trauma werden die Mechanismen der Geschwulstentstehung in drei Phasen eingeteilt (Bauer 1963):

Karzinopotenz

In dieser noch reversiblen Phase bewirkten die Traumafolgen die erhebliche Beeinträchtigung der normalen Schutzfunktion des betroffenen Gewebes.

Präkanzerose

Aus dem Stadium der Karzinopotenz wird entsprechend der Regenerationstheorie von Fischer-Wasels (Lob u. Burri 1982) durch fortlaufende Einwirkung synkarzinogenetischer Faktoren eine gesteigerte und überstürzte Regeneration des bereits vorgeschädigten Gewebes bewirkt.

Übergang zum malignen Tumorwachstum

Aufgrund dieser Vorstadien einer Geschwulstentstehung sind folgende Möglichkeiten anzunehmen, dem Trauma eine wesentliche Teilursache bei posttraumatischen Geschwulstentstehungen beizumessen (Bauer 1963):

- nach kontinuierlicher Irritation der betroffenen Gewebe erfolgt eine überstürzte Regeneration mit metaplastischen Zellveränderungen;
- die traumatische Einwirkung auf präkanzerös verändertes Gewebe führt über eine Störung der Regeneration zur neoplastischen Geschwulstentwicklung;
- durch das Trauma kam karzinogenes Material in gesundes Gewebe.

Gutachterliche Bewertung: Die Entstehung gutartiger Geschwülste nach Traumen ist in Einzelfällen durch Verlagerung von Zellmaterial in andere Organgebiete möglich (z.B. Dermoidzysten nach Nadelstichverletzungen, oder Injektionsbehandlungen).

Zur Anerkennung eines ursächlichen Zusammenhanges zwischen einer malignen Geschwulst und einem Trauma müssen folgende Voraussetzungen beachtet werden (Lob 1968):

- Der Unfall muss nachgewiesen sein und zu erheblichen Verletzungen oder Funktionsstörungen geführt haben;
- die Diagnose der malignen Entartung muss pathologisch-histologisch zweifelsfrei gesichert sein;
- es muss eine örtliche Übereinstimmung zwischen den unfallbedingten Verletzungsfolgen und der Geschwulstentstehung vorliegen;
- das Trauma muss aus der Tumorentstehung schwer wegdenkbar sein;
- die Forderung eines zeitlichen Zusammenhangs zwischen Trauma und Geschwulstmanifestation ist aufgrund der variablen Latenzzeit schwer zu erfüllen. Kurze Latenzzeiten sind nur bei traumatischer Schädigung eines präkanzerösen Gewebes oder bei Verlagerung von karzinogenem Material in die Wunde möglich. Bei längeren Latenzzeiten ist eine entsprechende Brückensymptomatik zu fordern.

  Die Brückensymptomatik kann einerseits durch klinische Kriterien wie Narbenbildung und chronische Fistelungen und andererseits durch die pathologisch-histologische Beurteilung gesichert werden (HV-Info 29/1990).

In Verbrennungsnarben treten als Malignome Plattenepithelkarzinome, maligne Melanome und fibröse Histiozytome auf, wobei diese Veränderungen auch nebeneinander auftreten können (Alconchel et al. 1997).

Maligne Tumoren nach chronischer posttraumatischer Osteitis

Gutachterliche Bewertung: Fibrosarkome und Sarkome nach chronischen Osteitiden sind, sofern die oben angeführten Kriterien erfüllt sind, als Unfallfolge anzuerkennen. Das Fistelkarzinom entsteht nach langjähriger Fisteleiterung auf dem Boden eines chronisch veränderten Narbengewebes mit gesteigerter und überstürzter Regeration. Der ursächliche Zusammenhang zwischen der chronischen Fistelung nach einem Trauma und der Entstehung dieser Karzinome ist erwiesen.

■ Literatur

Alconchel MD, Olivares C, Alvares R (1997) Br J Dermat 137:793

Bauer KH (1963) Geschwulst und Trauma. In: Bürkle de la Camp, Schwaiger M (Hrsg) Handbuch der gesamten Unfallheilkunde. Enke, Stuttgart

Bürkle de la Camp, Schwaiger M (1963) Handbuch der gesamten Unfallheilkunde. Enke, Stuttgart

Friedrich PL (1898) Die aseptische Versorgung frischer Wunden, unter Mitteilung von Tierversuchen über die Auskeimungszeit von Infektionserregern in frischen Wunden. Arch klin Chir 57:288–310

Hardy AE, Nicol RO (1985) Clin Orthop Relat Res 201: 190–195

HV-Info29/1990, 135. LSG Berlin, 31.8.1989

Lininger H, Molineus G (1967) Der Rentenmann. Barth, München

Lob A (1968) Handbuch der Unfallbegutachtung. Enke, Stuttgart

Lob A, Burri C (1982) BG-Unfallmed Bd 49:207

Pinter H, Rader W, Reschauer R (1979) Erfahrungen mit der kombiniert chirurgisch-hyperbaren Therapie bei Gasbrandinfekt nach offener Verletzung. Hefte Unfallheilkunde 138:200

Staemmler M, Eylau O (1953) Trauma und Osteomyelitis. Hefte Unfallheilkunde 44:65–79

Zolllinger F (1926) Tuberkulose und Trauma. Dtsch Z Chir 199:11–30

30 Anästhesie und Schmerztherapie

M. Zenz und R. Dertwinkel

Der für die Anästhesie verantwortliche Arzt haftet für Anästhesieschäden zivil- und strafrechtlich, wenn er seine ärztlichen Sorgfaltspflichten verletzt oder der Patient nicht rechtswirksam in die Anästhesie eingewilligt hat.

30.1 Anästhesie

30.1.1 Prämedikationsvisite

Eine sorgfältige präoperative Befunderhebung und Vorbereitung mindert die Letalität um bis zu 80% und die Komplikationsrate um 50% (Lutz et al. 1983, Vacanti et al. 1970). Die sorgfältige Durchführung und Dokumentation von Anamnese und körperlicher Untersuchung gehört daher zu den Sorgfaltspflichten des Anästhesisten. Sind zusätzliche diagnostische Maßnahmen ratsam, so werden diese vom Anästhesisten angefordert. In jedem Fall hat sich der Anästhesist präoperativ über das Ergebnis angeforderter Untersuchungen zu informieren und die Planung der Anästhesie danach auszurichten (Opderbecke u. Weißauer 1987).

Aufklärung und Einwilligung

Jeder Eingriff in die Körperintegrität erfüllt den Tatbestand der Körperverletzung. Diese ist nur dann gerechtfertigt, wenn eine rechtswirksame Aufklärung und Einwilligung des Patienten vorliegen. Der Patient muss zum Zeitpunkt der Aufklärung und Einwilligung einwilligungsfähig sein, darf also nicht z.B. durch eine Prämedikation beeinträchtigt sein.

Das Aufklärungsgespräch umfasst die Auswahl des Anästhesieverfahrens mit typischen Risiken des jeweiligen Verfahrens bis zu einer Frequenz von 1:1000 bis 1:2000. In der jüngeren Rechtsprechung ist jedoch eine Verschärfung der Hinweispflicht auch bei fern liegenden Risiken zu beobachten. So hat der BGH entschieden, dass über das Infektionsrisiko bei einer Kniegelenkspunktion auch bei einer Wahrscheinlichkeit von 1:35000 aufgeklärt werden muss (BGH 1994).

Wenn aber z.B. ein kardial erheblich vorerkrankter Patient ein vom Anästhesisten vorgeschlagenes risikoarmes Verfahren (z.B. Plexusanästhesie) ablehnt und auf einer Allgemeinanästhesie besteht, muss er über alle potentiellen Risiken aufgeklärt werden. Bei elektiven Eingriffen kann der Anästhesist in solchen Fällen die Anästhesie ablehnen. Vor dringlichen Eingriffen oder Notoperationen kann die Aufklärung auf ein Minimum reduziert werden oder sogar ganz entfallen, da der Patient keine echte Alternative zur Durchführung der notwendigen Anästhesie hat.

Die Einwilligung sollte in schriftlicher Form auf einem Formblatt erfolgen, auf dem auch der Umfang der anästhesiologischen Aufklärung dokumentiert ist. Ein solches Formular ist z.B. der vom Berufsverband Deutscher Anästhesisten empfohlene Bogen. Wenn der Patient nicht schriftlich einwilligen kann, ist auch eine mündliche Einwilligung möglich. Diese sollte zumindest vor größeren operativen Eingriffen durch eine Zeugenunterschrift bestätigt werden. Bei fehlenden oder mangelnden Sprachkenntnissen muss eine sprachkundige Person hinzugezogen werden, die in der Lage ist, dem Patienten die notwendigen Informationen in seiner Sprache zu vermitteln (Erlinger 2003).

Vor Elektiveingriffen ist bei Kindern unter 14 Jahren die Einwilligung beider Elternteile nötig, bei dringlichen Eingriffen ist die Einwilligung eines Elternteils ausreichend. Bei unmündigen Patienten ist das Einverständnis des gesetzlichen Vertreters einzuholen. Wenn vor dringlichen Eingriffen kein gesetzlicher Vertreter erreichbar ist, wird nach dem mutmaßlichen Willen des Patienten entschieden.

Der Zeitpunkt des Aufklärungsgesprächs richtet sich nach Art und Umfang der geplanten Anästhesie. Dem Patienten muss in Abhängigkeit vom potentiellen Anästhesierisiko ein angemessener Bedenkzeitraum eingeräumt werden. So ist es zulässig, einen Patienten vor einer Plexusanästhesie erst unmittelbar vor der Durchführung aufzuklären, während die Aufklärung zu einer Allgemeinanästhesie für einen elektiven Eingriff am Vortag zu erfolgen hat. Bei einem hohen Anästhesierisiko muss einem Patienten ggf. ein noch längerer Zeitraum zur Abwägung eingeräumt werden.

Dokumentation

In Arzthaftungsverfahren wird von den Gerichten in zunehmendem Maß die Beweislast umgekehrt, d.h.

nicht der Kläger muss dem behandelnden Arzt ein Verschulden nachweisen, sondern der Arzt muss nachweisen, dass er „nach den Regeln der ärztlichen Kunst" gehandelt hat (Tübinger Gutachten 1983 b). Jedenfalls führt eine fehlende Dokumentation zur Beweislastumkehr.

Daher ist eine lückenlose und zeitgerechte Dokumentation des Zustands des Patienten von der Übernahme bis zur Verlegung auf eine periphere Station oder Intensivstation nötig. Nur in kritischen oder lebensbedrohlichen Situationen des Patienten darf diese nach Klärung der Situation nachgeholt werden. Nach schwerwiegenden Komplikationen sollte vom Anästhesisten zusätzlich zum üblichen Protokoll umgehend ein Gedächtnisprotokoll angefertigt werden, in dem der chronologische Ablauf geschildert und die getroffenen Maßnahmen begründet werden. Treten nennenswerte Verletzungen auf, muss eine Schadensmeldung an den Krankenhausträger erfolgen. Zahnverletzungen durch die Intubation ziehen besonders häufig Regressansprüche nach sich. In solchen Fällen empfiehlt sich zusätzlich eine möglichst umgehende konsiliarische Untersuchung durch einen Zahnarzt, damit der Schaden objektiviert wird und vorhandene Vorschädigungen wie Parodontose bei der späteren Beurteilung berücksichtigt werden können.

Wohl in keinem anderen Bereich der Medizin kommt es häufiger als in der Anästhesie zu Überlappungen mit anderen Fachgebieten. Im Gutachterwesen können aus diesen Überlappungen jedoch dann Schwierigkeiten erwachsen, wenn nach einem Schadensereignis die Ursache nicht eindeutig zuzuordnen ist. In solchen Fällen ist es zweckmäßig, zusätzliche Gutachten anderer Fachrichtungen einzuholen.

30.1.2 Lagerung des Patienten und Anästhesievorbereitung

Die *Lagerung des Patienten* wird primär nach den Erfordernissen des operativen Eingriffs durchgeführt. Daher obliegt dem Operateur die Durchführung und Kontrolle der Lagerung. Wenn die vom Operateur gewählte Lagerung jedoch die Überwachung und Aufrechterhaltung der Vitalfunktionen erschwert oder das Risiko von Lagerungsschäden offensichtlich erhöht, muss der Anästhesist den Operateur darauf hinweisen. Dieser Hinweis ist zu dokumentieren. Andernfalls ist der Anästhesist nicht aus einer Haftung ausgenommen, die ansonsten nur den Operateur beträfe. Dem Anästhesisten obliegt die intraoperative Kontrolle hinsichtlich der Extremitäten, die er für die Überwachung und die Infusion benötigt (Berufsverband Dt. Anästhesisten u. Berufsverband Dt. Chirurgen 1987, Weißauer 1985).

Die *Anästhesievorbereitung* zählt zu den Aufgaben der Anästhesiepflegekraft. Zur Anästhesievorbereitung gehören:

- Vorbereitung und Prüfung des Narkosegerätes,
- Aufziehen und Kennzeichnen der Medikamente,
- Vorbereitung und Überprüfung des Intubationszubehörs,
- Vorbereitung des Patienten.

30.1.3 Einleitung der Anästhesie

Die Einleitung einer Anästhesie ist eine spezifisch ärztliche Aufgabe. Wenn der Anästhesist den Patienten nicht persönlich kennt, muss er sich vor der Einleitung persönlich von der Identität des Patienten, dem Vorliegen der Einwilligung für die Anästhesie und der Vollständigkeit der angeforderten Voruntersuchungen überzeugen.

Allgemeinanästhesie

Gefürchtete Komplikationen bei der Einleitung einer Allgemeinanästhesie sind die Aspiration von Mageninhalt und die schwierige Intubation. Einen sicheren Schutz vor diesen Komplikationen gibt es nicht. Es obliegt aber der Sorgfaltspflicht des Anästhesisten, bei der Prämedikation nach diesen Komplikationsmöglichkeiten zu fahnden und ggf. entsprechende Vorsichtsmaßnahmen zu treffen.

Die schwierige Intubation

Eine schwierige Intubation ist in vielen Fällen vorhersehbar. Die dann zu treffenden Vorbereitungen umfassen:

- geeignete Auswahl verschiedener Tuben, Führungsstäbe und Larynxmasken,
- flexibles Bronchoskop,
- Notfallmedikamente.

Diese Vorbereitungen zählen nicht zum Routineablauf einer Anästhesievorbereitung und müssen vom Anästhesisten überprüft werden. Bei einer schwierigen Intubation ist die Anwesenheit eines Facharztes notwendig. Auch wenn dieser die Intubation selbst durchführt, sollte ein zweiter Arzt zur Assistenz anwesend sein.

Wenn der Patient primär laryngoskopisch intubiert werden soll, muss nach ausreichender Präoxygenierung und Gabe eines kurzwirkenden Hypnotikums geprüft werden, ob er suffizient über eine Maske beatmet werden kann. Erst dann darf ein Muskelrelaxans gegeben werden (Cobley u. Vaughan 1992).

Trotz aller Sorgfalt können bei jeder Intubation Schädigungen des Patienten eintreten. Bei zu erwartender schwieriger Intubation kann dem Anästhesisten nur dann eine Verletzung seiner Sorgfaltspflicht vorgeworfen werden, wenn er die entsprechenden Vorsichtsmaßnahmen nicht getroffen hat. Treten Schäden bei einem Patienten ohne vorher erkennbare Schwierigkeiten ein, so verletzt der Anästhesist seine Sorgfaltspflicht nur, wenn er die Intubation nach Erkennen der Schwierigkeiten trotzdem mit ungeeigneten Methoden fortsetzt (OLG Hamm 1979). Bei Schäden im Rahmen einer vital indizierten Intubation sind Verletzungen jedoch manchmal unvermeidbar und begründen keinerlei Vorwurf gegen den Anästhesisten.

Die Fehlintubation

Direkt nach der endotrachealen Intubation muss die korrekte Lage des Tubus überprüft werden. Eine Fehlintubation in den Ösophagus oder eine Dislokation des Tubus nach initial korrekter Platzierung muss vom Anästhesisten rechtzeitig erkannt und behoben werden (LG Hannover 1979, Tübinger Gutachten 1983a).

Der nicht nüchterne Patient

Bei allen Patienten mit vollem Magen, einer Ösophagussphinkterinsuffizienz oder einem mechanischen Entleerungshindernis des Magen-Darm-Traktes besteht ein erhöhtes Aspirationsrisiko. Auch in der Spätschwangerschaft und direkt postpartal ist das Aspirationsrisiko erhöht. Bei Patienten, die nicht die vorgeschriebene Nahrungskarenz von 6 Stunden eingehalten haben, ist eine Anästhesie für einen elektiven Eingriff abzulehnen (OLG Düsseldorf 1971). Wahrscheinlich muss diese absolute Grenze in Zukunft überdacht werden, da es genügend Hinweise auf eine ausreichende Sicherheit auch bei kürzerer Nahrungskarenz gibt. Eine Nüchternheitsgrenze gilt auch für Regionalanästhesien, da Komplikationen wie eine unvollständige Anästhesie, eine hohe Spinalanästhesie bei rückenmarksnahen Verfahren oder das Auftreten toxischer Symptome eine Allgemeinanästhesie erforderlich machen können.

Für dringliche Eingriffe bei nicht nüchternen Patienten ist die Lokal- bzw. Regionalanästhesie die Methode der Wahl. Ein Anästhesist, der einen solchen Patienten mit einer Handverletzung dem deutlich erhöhten Aspirationsrisiko bei der Einleitung einer Allgemeinanästhesie aussetzt, ohne ihn über eine Plexusanästhesie aufgeklärt zu haben, hat das verfahrensbedingte Risiko nicht beachtet.

Ist keine Regionalanästhesie möglich, müssen Patienten mit Aspirationsrisiko primär intubiert werden, Maskennarkosen sind kontraindiziert. Zur Prophylaxe der Aspiration werden in der Literatur verschiedene, zum Teil umstrittene Maßnahmen vorgeschlagen. Dazu zählen das Auslösen von Erbrechen (nur beim wachen Patienten mit intakten Schutzreflexen), präoperatives Legen einer Magensonde, Gabe von Antiemetika und/oder Antazida. Keine dieser Maßnahmen kann aber eine Aspiration sicher verhindern.

Regionalanästhesie

Eine Regionalanästhesie muss in jedem Fall unter aseptischen Bedingungen erfolgen. Es müssen dieselben Vorbereitungen und Überwachungsmaßnahmen wie für eine Allgemeinanästhesie getroffen werden (Astra Chemicals 1989). Komplikationsmöglichkeiten der Regionalanästhesie sind in erster Linie:

Überdosierung des Lokalanästhetikums. Der Anästhesist muss die Maximaldosen der eingesetzten Lokalanästhetika (*LA*) kennen und beachten.

Akzidentelle intravasale Injektion des Lokalanästhetikums bei Epidural- und Plexusanästhesie. Um Fehllagen der Kanüle auszuschließen, muss vor der Injektion des LA sorgfältig aspiriert werden. Die Gesamtdosis wird nach Gabe einer Testdosis fraktioniert injiziert, um zentralnervöse Reaktionen frühzeitig zu erkennen.

Nervenverletzungen. Wenn der Patient bei der Punktion oder während des Vorschiebens des Katheters Parästhesien angibt, muss die Nadel-/Katheterposition korrigiert werden, um intraneurale Injektionen mit potentiellen Nervenläsionen zu vermeiden. Treten trotz sachgerechter Durchführung der Regionalanästhesie Nervenverletzungen auf, so kann dies dem Anästhesisten nicht haftungsrechtlich angelastet werden (OLG Frankfurt 1997).

Komplikationen bei Spinalanästhesie

Blutdruckabfälle und Bradykardie können durch die schnell einsetzende Sympathikolyse nach der Injektion des Lokalanästhetikums auftreten. Prophylaktische Maßnahmen sind die Infusion kristalloider oder kolloidaler Lösungen vor der Punktion oder die Injektion eines Vasopressors.

Die Inzidenz postspinaler Kopfschmerzen korreliert mit der Dicke der verwendeten Punktionskanüle und mit dem Schliff der Kanülenspitze. Da bei jüngeren Patienten postspinale Kopfschmerzen häufiger sind, ist hier eine Epiduralanästhesie zu bevorzugen.

Komplikationen bei Epiduralanästhesie

Eine intrathekale Injektion größerer LA-Volumina nach akzidenteller Punktion des Subarachnoidalraums führt zu einer hohen oder totalen Spinalanästhesie.

Kontraindikationen einer rückenmarksnahen Anästhesie

Kontraindikationen für die Durchführung einer rückenmarksnahen Anästhesie sind:

Volumenmangel. Die Sympathikolyse nach rückenmarksnaher Regionalanästhesie, besonders nach Spinalanästhesie, kann bei Volumenmangel zu einem hypovolämischen Schock führen. Daher ist gerade bei akut zu versorgenden Patienten mit Verdacht auf größere Blutverluste oder Zeichen des Schocks eine rückenmarksnahe Anästhesie kontraindiziert.

Gerinnungsstörungen. Eine epidurale Blutung mit Querschnittssymptomatik nach rückenmarksnaher Anästhesie ist eine der schwerwiegendsten Komplikationen einer Regionalanästhesie. Eine solche Blutung ist keine spezifische Komplikation der rückenmarksnahen Anästhesie, da in der Literatur zahlreiche Fälle spontaner epiduraler Blutungen beschrieben sind. Ein Zusammenhang mit der Anästhesie ist aber zumindest wahrscheinlich, wenn die Blutung in engem zeitlichen Zusammenhang nach einer rückenmarksnahen Anästhesie in Höhe der Punktionsstelle auftritt. Epidurale Blutungen können zwar auch bei völlig intakter Gerinnung auftreten, sind jedoch in der Regel Folge einer angeborenen oder erworbenen Gerinnungsstörung. Daher muss vor jeder Regionalanästhesie eine sorgfältige Anamnese hinsichtlich möglicher Gerinnungsstörungen oder Einnahme gerinnungshemmender Medikamente durchgeführt werden. Eine Labordiagnostik ist nur erforderlich, wenn die Anamnese Hinweise auf eine Gerinnungsstörung bietet. Gerinnungshemmende Medikamente müssen in einem ausreichenden zeitlichen Abstand vor der Anästhesie abgesetzt werden (Schmidt 1993):

- ASS: 3 Tage
- Clopidogrel: 7 Tage
- Ticlopidin: 10 Tage
- Niedermol. Heparin (LMWH) 1×/Tag: 12 Stunden
- Niedermol. Heparin (LMWH) 2×/Tag: 24 Stunden
- Unfraktioniertes Heparin: 4 Stunden

Die Folgen einer epiduralen Blutung können dem Anästhesisten nur dann angelastet werden, wenn er seiner Sorgfaltspflicht bei der Anamnese und ggf. Diagnostik von Gerinnungsstörungen nicht nachgekommen ist.

Sepsis. Wegen der Gefahr der bakteriellen Infektion mit nachfolgender epiduraler Abszedierung bzw. Meningitis stellt eine Sepsis eine Kontraindikation für rückenmarksnahe Regionalanästhesien dar.

Neuromuskuläre Erkrankungen eines Patienten sind prinzipiell keine Kontraindikation für Regionalanästhesien. Bei einer Reihe dieser Erkrankungen ist eine Regionalanästhesie sogar die Methode der Wahl.

Periphere Leitungsanästhesien

Periphere Leitungsanästhesien beinhalten bei sachgerechter Durchführung für den Patienten die geringsten Risiken. Daher sollte der Patient bei einem geeigneten Eingriff primär für ein solches Verfahren aufgeklärt werden.

Kontraindikationen für die Durchführung peripherer Leitungsanästhesien sind:

- Gerinnungsstörungen bei Leitungsanästhesien, die eine Penetration größerer Muskeln erfordern (z. B. Ischiadikusblockade) sowie bei Leitungsanästhesien im Kopf- und Halsbereich,
- kontralaterale Phrenikus- oder Rekurrensparese sowie kontralateraler Pneumothorax bei infra- oder supraklavikulären Leitungsanästhesien.

Tritt nach einer supraklavikulären Leitungsanästhesie ein ipsilateraler Pneumothorax auf, so handelt es sich um eine methodenbedingte Komplikation, und den Anästhesisten trifft kein vorwerfbarer Behandlungsfehler (GA-Kommission Düsseldorf 1985).

30.1.4 Intraoperative Überwachung

Die Überwachung der Anästhesie ist ärztliche Aufgabe (BGH 1974). In unkomplizierten Fällen ist die vorübergehende Delegation der Überwachung auf nichtärztliches Anästhesiepersonal vertretbar (siehe Parallelnarkose) (Weißauer u. Opderbecke 1983).

Die meisten hypoxischen Hirnschäden als Folge einer Anästhesie sind auf Gerätefehler, Diskonnektionen im Beatmungssystem oder Tubusobstruktionen zurückzuführen. Die Beatmungsüberwachung des Patienten muss durch Augenschein sowie akustische und/oder optische Alarme ein sofortiges Erkennen dieser Probleme sicherstellen. Eine Vernachlässigung der entsprechenden Überwachung ist fahrlässig (Kammergericht Berlin 1978, LG Bochum 1976).

Es besteht keine gegenseitige Überwachungspflicht zwischen Operateur und Anästhesist. Dennoch obliegt es der Sorgfaltspflicht des Anästhesisten, den Fortgang der Operation zu verfolgen und die Anästhesie den Erfordernissen des Eingriffs anzupassen. Dies betrifft insbesondere das frühzeitige Erkennen und den Ausgleich von Blutverlusten. In älteren Untersuchungen wird die Hypovolämie als eine der wichtigsten Ursachen anästhesiebedingter Todesfälle bestätigt (Dinnick 1964, Harrison 1990).

Parallelnarkose

In seinem Parallelnarkose-Urteil vom 30.11.1982 (Weißauer u. Opderbecke 1983) hat der BGH bei der Definition des Begriffs die Tätigkeit „dienstjüngerer" Anästhesisten mit der „Schwesternnarkose" gleichgestellt. Er hat gleichzeitig eine Verantwortungsübernahme für zwei parallele Narkosen als bedenklich bezeichnet.

Es wird aber die Auffassung vertreten, dass eine Parallelnarkose zur Realisierung einer systematischen ärztlichen Weiterbildung unvermeidbar und unter bestimmten Voraussetzungen daher zulässig ist. In Übereinstimmung mit dem BGH ist jedoch festzustellen, dass eine Risikoerhöhung für den Patienten nicht stattfinden darf. Die Minimalanforderungen an die „ärztliche" Parallelnarkose sind:

- eine unkomplizierte Anästhesie, d.h. erkennbare Risiken liegen nicht vor;
- die Entscheidungskompetenz über Veränderungen der Anästhesie liegt beim qualifizierten Anästhesisten;
- der Anästhesist muss sich in unmittelbarer Nähe aufhalten und im Regelfall bei der Ein- und Ausleitung der Anästhesie unmittelbar zugegen sein (Opderbecke u. Weißauer 1980).

Ein Berufsanfänger kann innerhalb einer bestimmten Zeit die erforderlichen Kenntnisse und Erfahrungen in einem Umfang erwerben, dass von diesem Zeitpunkt an bei seinem Einsatz keine „Parallelnarkose" mehr vorliegt (Ulsenheimer 2004).

Facharztnarkose

Das Urteil des BGH vom 10.3.1992 stellt neue Anforderungen an die operative Patientenversorgung. In diesem Urteil wurde einem Chirurgen im fünften Weiterbildungsjahr, der einen jüngeren Kollegen bei einer Appendektomie beaufsichtigt hatte, die Qualifikation für diese Aufgabe abgesprochen, obwohl er bereits 150 Appendektomien selbständig durchgeführt hatte.

In seinem Urteil vom 15.6.1993 stellte der BGH fest, dass im Gegensatz zum chirurgischen Eingriff eine Anästhesie durch einen Arzt in der Weiterbildung nicht stets die unmittelbare Aufsicht durch einen Facharzt erfordert. Diese ist jedoch in Phasen besonderer Risiken (Narkoseein-/-ausleitung, Umlagerung des Patienten) unabdingbar. Ein Rufkontakt ist in solchen Phasen nicht ausreichend, da ein in der Weiterbildung befindlicher Arzt auftretende Komplikationen möglicherweise gar nicht bemerkt und daher von der Möglichkeit des Rufkontaktes nicht oder erst zu spät Gebrauch macht.

Risikonarkose

Unbestritten ist, dass eine Risikonarkose die Anwesenheit eines Facharztes erfordert. Der Umfang der Überwachungsmaßnahmen bei einer Risikonarkose muss so gewählt werden, dass der Sicherheitsgewinn durch ein erweitertes Monitoring die potentiellen Komplikationen der invasiven Techniken überwiegt.

30.1.5 Postoperative Überwachung

Komplikationen in der postoperativen Phase treten vor allem als Folge mangelhafter Überwachung durch unerfahrenes Personal auf. Die postoperative Überwachung sollte demzufolge in einem anästhesiologisch geleiteten, apparativ entsprechend ausgerüsteten Aufwachraum durch qualifiziertes Anästhesiepersonal erfolgen (Weißauer u. Opderbecke 1984).

Besondere Anordnungen müssen schriftlich vermerkt werden. Die Verlegung aus dem Aufwachraum ist eine ärztliche Aufgabe; der zuständige Anästhesist muss sich vom Zustand des Patienten durch Augenschein überzeugen. Wenn in der Aufwachraumphase Komplikationen als Folge des operativen Eingriffs (starke Nachblutungen – schmerzhafte Verbände) auftreten, so muss der Operateur davon in Kenntnis gesetzt werden (Opderbecke 1982).

Postoperative Visite

Bis heute existiert keine Verpflichtung zur Durchführung einer postoperativen Visite. Dennoch sollte auf eine solche Visite am ersten oder zweiten postoperativen Tag nicht verzichtet werden, da anästhesiologisch bedingte Spätkomplikationen am sichersten durch den Anästhesisten erkannt werden.

30.1.6 Bluttransfusion

Viele ausgedehnte operative Eingriffe sind ohne Fremdblut, Eigenblutkonserven oder aufbereitetes Eigenblut nicht durchführbar. Auch Bagatelleingriffe erfordern gelegentlich unvorhergesehen die Transfusion von Fremdblutkonserven. Die Verunsicherung der Patienten hinsichtlich der Gefahr von Infektionen durch Fremdblut macht es notwendig, auf die forensischen Probleme der Transfusionsmedizin einzugehen.

Patientenaufklärung

Bluttransfusionen beinhalten spezifische Risiken, die Einfluss auf die Entscheidung des Patienten für oder gegen einen operativen Eingriff haben können. Daher kann nicht stillschweigend davon ausgegangen werden, dass die Einwilligung des Patienten in die

Anästhesie auch notwendige Bluttransfusionen umfasst.

In einem Grundsatzurteil vom 17.12.1991 stellte der Bundesgerichtshof fest: Der Arzt müsse, wenn eine Bluttransfusion ernsthaft in Betracht komme, den Patienten rechtzeitig vor der Operation über das Risiko einer Infektion mit Hepatitis und AIDS bei einer Fremdbluttransfusion aufklären; wenn anstelle der homologen Transfusion die Möglichkeit der Eigenblutspende bestehe, müsse er den Patienten auch darüber aufklären und ihn über Vorzüge und Nachteile der autologen und homologen Transfusion informieren.

Das Problem dieses Urteils liegt in der Formulierung „ernsthaft in Betracht kommt". Eine Reihe operativer Eingriffe erfordert häufig oder regelmäßig die Transfusion von Blut. Darüber hinaus können bei einer Vielzahl kleinerer Eingriffe gelegentlich oder selten Transfusionen nötig werden. Weißauer (1992) empfiehlt, für Eingriffe, bei denen unvorhergesehene Transfusionen erforderlich wurden, eine hausinterne Statistik aufzustellen. Diese bildet die Messlatte, anhand derer über die Notwendigkeit einer Aufklärung entschieden werden kann. Falls in 5% der Fälle bei dem beabsichtigten Eingriff Blut benötigt wird, ist eine Aufklärung über Fremdbluttransfusion und - bei Eignung des Patienten - über fremdblutsparende Verfahren nötig.

Fremdblutsparende Maßnahmen

Der BGH stellt in seinem Urteil vom 17.12.1991 fest, dass über Fremdblutsparende Maßnahmen auch dann aufgeklärt werden muss, wenn im betreffenden Haus die Möglichkeiten dazu nicht bestehen. Der Patient muss die Möglichkeit erhalten, den Eingriff ggf. in einem geeigneten Haus durchführen zu lassen. Die Einwilligung des Patienten sollte zu Beweiszwecken sorgfältig dokumentiert werden.

Eigenblutspende

Eigenblutkonserven sind Arzneimittel nach § 2 Abs. 1 Arzneimittelgesetz (*AMG*). Wer aber Arzneimittel herstellt zur Abgabe an andere, bedarf der Erlaubnis der zuständigen Stelle. Eine Abgabe an andere liegt im konkreten Fall dann vor, wenn der Arzt, der die Eigenblutkonserve abnimmt, ein anderer ist als der, der die Konserve transfundiert. Wenn derselbe Arzt, der das Eigenblut abgenommen hat, es auch retransfundiert, hat keine Abgabe stattgefunden. Demnach bedarf es keiner Herstellungserlaubnis, die Herstellung und Verwendung muss in diesem Fall lediglich den zuständigen Behörden gemeldet werden.

Zumindest in größeren Kliniken lässt sich eine solche Personalunion nur selten realisieren. In der Praxis hat sich jedoch die Auffassung durchgesetzt, dass die Personalunion auch dann gewährleistet ist, wenn der das Eigenblut abnehmende Arzt derselben Fachabteilung einer Klinik angehört wie der transfundierende Arzt. Dies bedeutet, dass von einem Anästhesisten abgenommenes Eigenblut intraoperativ von einem Anästhesisten, postoperativ aber nicht von einem Chirurgen transfundiert werden darf.

Bluttransfusion bei Zeugen Jehovas

Homologe Transfusionen werden von Zeugen Jehovas abgelehnt. Über diese Ablehnung darf sich der Anästhesist nicht hinwegsetzen, wenn er sich nicht dem Vorwurf einer strafbaren Körperverletzung aussetzen will (Hönig et al. 1992).

Elektive Eingriffe, bei denen eine Bluttransfusion wahrscheinlich oder sogar sicher notwendig wird, sind bei Zeugen Jehovas daher problematisch. Der Anästhesist kann seine Mitwirkung daran verweigern. Dringliche Eingriffe dagegen müssen durchgeführt werden, wenn der potentielle Nutzen des Eingriffs größer ist als die Möglichkeit einer Bluttransfusion. Bei vital indizierten Eingriffen muss der Eingriff auch dann durchgeführt werden, wenn eine Transfusion sehr wahrscheinlich erforderlich wird.

Die Ablehnung von Bluttransfusionen für die eigene Person berechtigt Zeugen Jehovas nicht, diese Ablehnung auf ihre unmündigen Kinder auszuweiten, da dies einen Missbrauch ihres Sorgerechts bedeutet. Der Anästhesist muss ggf. beim Vormundschaftsgericht anregen, das Sorgerecht vorübergehend einem Betreuer zu übertragen. Kann bei einem dringlichen Eingriff eine Entscheidung nicht rechtzeitig herbeigeführt werden, muss der Anästhesist sich über die Entscheidung der Eltern hinwegsetzen und die Transfusion durchführen.

Literatur

Astra Chemicals (Hrsg) (1989) Regionalanästhesie, 3. Aufl. Fischer, Stuttgart New York

BGH (1974) Urteil vom 19.3.74 - III ZR 48/73

BGH (1991) Urteil vom 17.12.1991, VersR. (1992), Zit. n. NJW (1992), S 743

BGH (1992) Urteil vom 10.3.92 - VI ZR 64/91

BGH (1993) Urteil vom 15.6.1993 - VI ZR 175/92

BGH (1994) NJW 1994, S 2414f

Berufsverband Deutscher Anästhesisten und Berufsverband Deutscher Chirurgen (1987) Verantwortung für die prä-, intra- und postoperative Lagerung des Patienten. Anästh Intensivmed 28:65

Cobley M, Vaughan RS (1992) Recognition and management of difficult airway problems. Br J Anaesth 68: 90–97

Dinnick OP (1964) Deaths associated with anaesthesia; observations on 600 cases. Anaesthesia 19:536–565

Erlinger R (2003) Die Aufklärung nicht Deutsch sprechender Patienten. Anästhesist 52:625–629

GA-Kommission Düsseldorf (1985) 17.7.1985 267/84

Harrison GG (1990) Death due to anaesthesia at Groote Schuur Hospital, Cape Town 1956–1987. Part II.

Causes and changes in aetiological pattern of anaesthetic-contributory death. S Afr Med J 77:416–421
Hönig JF, Lilie H, Merten H-A, Braun U (1992) Die Weigerung in die Einwilligung zur Bluttransfusion. Rechtliche und medizinische Aspekte am Beispiel der Zeugen Jehovas. Anästhesist 41:396–398
Kammergericht Berlin (1978) Urteil vom 14.4.1978 – 9 U 2191/77
LG Bochum: Urteil vom 23.9.1976 – 3 O 429/74
LG Hannover: Urteil vom 8.1.1979 – 19 O 307/78
Lutz H, Osswald PM, Bender HJ (1983) Is the demand for a preoperative routine examination program justified? Anästh Intensivther Notfallmed 18:153–155
OLG Düsseldorf (1971) Urteil vom 11.11.1971 – 8 U 13/71
OLG Hamm (1979) Urteil vom 5.12.1979 – 3 U 192/79
OLG Frankfurt (1997) Urteil vom 4.7.1997 – 7 U 169/78
Opderbecke HW, Weißauer W (1980) Die Delegation anästhesiologischer Aufgaben auf ärztliche Mitarbeiter. Anästh Intensivmed 21:4
Opderbecke HW (1982) Probleme der ärztlichen Verantwortlichkeit in der frühen postoperativen Phase. In: Ahnefeld FW, Bergmann H, Burri C, Dick W, Halmagyi M, Hossli G, Rügheimer E (Hrsg) Aufwachraum, Aufwachphase – Eine anästhesiologische Aufgabe. Klin Anästhesiol u Intensivther, Bd 24. Springer, Berlin Heidelberg New York
Opderbecke HW, Weißauer W (1987) Die Pflicht des Anästhesisten zur Voruntersuchung und die Fachgebietsgrenzen. Anästh Intensivmed 28:382–386
Schmidt A (1993) Regionale Anästhesietechniken und Störungen der Hämostase. Anästhesist 42:483–495
Tübinger Gutachten (1983a) Gutachten vom 16.2.1983
Tübinger Gutachten (1983b) Gutachten vom 12.4.1983, OLG Hamm 3 U 128/83
Ulsenheimer K (2004) Ökonomische Zwänge und anästhesiologische Standards. Anästhesist 53:607–611
Vacanti CJ, Van Houten RJ, Hill RC (1970) A statistical analysis of the relationship of physical status to postoperative mortality in 68388 cases. Anesth Analg 49:564–566
Weißauer W (1985) Haftung für Lagerungsschäden – Urteil des Bundesgerichtshofs vom 24. Januar 1984 – VI ZR 203/82 – Anästh Intensivmed 26:65–69
Weißauer W (1992) Konsequenzen aus dem Urteil VI ZR 40/91 vom 17.12.91. In: Martin E et al (Hrsg) Autologe Bluttransfusion – juristische und medizinische Aspekte. Springer, Berlin Heidelberg New York, S 20–35
Weißauer W, Opderbecke HW (1983) Zulässigkeit und Grenzen der „Parallelnarkose“. Urteil des BGH v. 30.11.82 – VI ZR 77/81. Anästh Intensivmed 24: 214–218
Weißauer W, Opderbecke HW (1984) Die Überwachung des Patienten nach der Narkose. Anästh Intensivmed 25:60–63

30.2 Schmerztherapie

Die Einführung der Zusatzbezeichnung „Spezielle Schmerztherapie“ durch den Deutschen Ärztetag 1996 hat der zunehmenden Bedeutung der Schmerztherapie Rechnung getragen.

Parallel zur Etablierung der speziellen Schmerztherapie hat auch die Nachfrage nach qualifizierter schmerztherapeutischer Begutachtung von Schmerzsyndromen sprunghaft zugenommen. Diese Dienstleistung ist zur Zeit noch auf die schmerztherapeutischen Zentren beschränkt, wird sich aber, wie auch die Patientenversorgung, zunehmend in den Bereich der Basisversorgung verlagern. Dabei führt die gutachterliche Beurteilung von Schmerzsyndromen häufig zu sehr unterschiedlichen Bewertungen und stellt von daher einen der kontroversesten Bereiche der Begutachtung dar.

Ein Schmerzsyndrom, das einer speziellen gutachterlichen Bewertung bedarf, die über das normale Maß der Beurteilung einer Organerkrankung hinausgeht, ist in erster Linie dann anzunehmen, wenn der Schmerz das führende Symptom einer Gesundheitsstörung darstellt. Auch wenn der Schmerz bereits über einen Zeitraum von mehreren Monaten besteht und organische Befunde häufig allein nicht geeignet sind, das Ausmaß der schmerzhaften Beschwerdesymptomatik zu erklären, sollte ein spezielles Schmerzgutachten erfolgen.

Gutachterliche Bewertung

Schmerzen, die als typisches Begleitsymptom einer körperlichen Erkrankung eingeordnet werden können, sind als „übliche Schmerzen“ bereits in der Bewertung der Grunderkrankung und damit in den üblichen MdE-/GdB-Tabellen enthalten.

Demgegenüber bedürfen „außergewöhnliche Schmerzen“ in der Regel einer eigenständigen gutachterlichen Bewertung; dazu gehören:

- Thalamusschmerzsyndrom
- Deafferenzierungsschmerz
- Stumpfschmerz
- Phantomschmerz
- Neuralgie
- Kausalgie
- komplexes regionales Schmerzsyndrom Typ I u. II.

Ein schwieriger Grenzbereich sind Schmerzen, die organisch nicht begründbar sind und wo eine primär psychiatrische Ursache, z.B. im Sinne einer anhaltenden somatoformen Schmerzstörung (F 45.4 nach ICD 10), zu diagnostizieren ist.

Basis jeder Begutachtung von Schmerzen ist eine differenzierte klinische Untersuchung. Insofern ist die Begutachtung von Schmerzen primär eine ärztliche Aufgabe. Neben einer primären organbezogenen Begutachtung ergibt sich häufig die Notwendigkeit, psychische Begleitfaktoren zu würdigen. Insofern ist gerade die Begutachtung von Schmerzen in vielen Fällen eine interdisziplinäre Aufgabe, wo insbesondere auch Gutachten auf psychotherapeutischem oder psychiatrischem Fachgebiet bedeutsam sind. Psychologische Gutachten können zusätzliche Informationen zur diagnostischen Einordnung und zur Leistungseinschätzung liefern. Alle Gutachter, die sich mit der Begutachtung von Schmerzen beschäftigen, sollten über eingehende Kenntnisse chronischer Schmerzen verfügen. Es gibt berechtigte Forderungen, dass Schmerzgutachten nur von Ärzten und Psychologen erstellt werden sollten, die über eine entsprechende Zusatzbezeichnung verfügen.

Schmerzen sind nicht objektiv messbar. Auch neue bildgebende Verfahren wie MRT, PET oder SPECT oder neurophysiologische Messverfahren sind nicht in der Lage, Schmerzen zu quantifizieren. Apparative Befunde sind insofern hinsichtlich ihrer Bedeutung kritisch zu bewerten. Die Verwendung etablierter Schmerzskalen bzw. von Selbstbeurteilungsbögen kann die klinische Beurteilung ergänzen. Da aber auch Schmerzskalen eindeutig subjektive Aussagen beschreiben, dürfen die Ergebnisse von Schmerzskalen nicht unkritisch in ein Gutachten übernommen werden (Widder et al. 2002). Eine Quantifizierung der Schmerzempfindung mit einem einzigen Messinstrument ist nicht möglich, denn Schmerz ist ein mehrdimensionales Erleben mit sensorisch-diskriminativen, kognitiven, sozialen und emotional-affektiven Komponenten. Insofern ist der Einsatz mehrdimensionaler Fragebögen sinnvoll. Hilfreich für die Erfassung einer Schmerzsymptomatik und ggf. für eine Verlaufsbeurteilung kann die Schmerzzeichnung in ein Körperschema sein (Abb. 30.1).

Neben dem klinisch-organischen und psychopathologischen Untersuchungsbefund kommt der Verhaltensbeobachtung und deren Vergleich zu geschilderten Beeinträchtigungen eine wesentliche Bedeutung zu. Da allgemein gilt: „wer Schmerzen bei der Arbeit hat, hat diese auch in der Freizeit" (Widder 2003), ist es empfehlenswert, Beeinträchtigungen sowohl im Bereich der Arbeitswelt als auch im Bereich der Freizeit zu beurteilen. Neben entsprechenden Aktivitäten des täglichen Lebens sollten auch Teilnahme bzw. Rückzug aus sozialen Kontakten abgefragt werden. Erschwerend wirkt sich hierbei in letzter Zeit aus, dass verschiedene selbsternannte „Berater" oder z. T. auch Selbsthilfegruppen insbesondere über das Internet dezidierte Verhaltensvorschläge machen, um gerade Verhaltensbeobachtungen bzw. -beurteilungen durch artifizielle Schilderungen und artifizielles Verhalten bei der gutachterlichen Untersuchung quasi auszuhebeln. Wichtig ist weiterhin die Erfassung der Behandlungsanamnese. Für bestimmte ausländische Probanden hat „Schmerz" als Ausdrucksform eine häufig andersartige und weitreichendere Bedeutung. Hier ist im Einzelfall zu versuchen, die zusätzliche Beurteilung eines Arztes aus dem entsprechenden Kulturkreis beizuziehen.

Speziell abgegrenzt werden müssen in jedem Fall Verdeutlichungstendenzen, die gerade bei der Begutachtung von Schmerzen häufig zu beobachten sind. Dies gilt besonders für die Aggravation und/oder Simulation von Symptomen als bewusste Vortäuschung einer krankhaften Störung bzw. eines Schmerzsyndroms. Aggravation bzw. Simulation

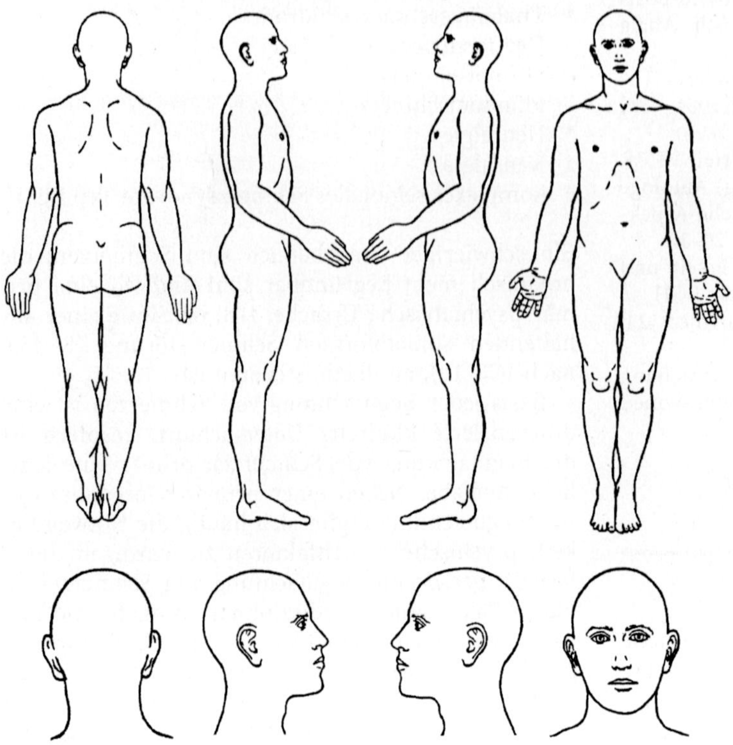

Abb. 30.1. Körperschema

sollten im Gutachten eindeutig dokumentiert und benannt werden.

Der Verlauf von Schmerzerkrankungen kann sehr variabel sein. Chronische Schmerzen können über viele Jahre hinweg einen plateauartigen Verlauf haben, sich progredient verschlechtern oder infolge einer adäquaten Therapie, aber auch spontan, eine deutliche Besserung zeigen. Daher sollte bei Patienten, denen aufgrund einer Schmerzerkrankung eine MdE/GdB zugestanden wurde, in definierten Abständen eine Nachbegutachtung erfolgen.

30.2.1 Spezielle ausgewählte Schmerzsyndrome

Kopfschmerzen

Anhaltspunkte für eine MdE/GdB-Einstufung gibt Tabelle 30.1.

Eine verlässliche Einordnung des Kopfschmerzes kann durch den erfahrenen Gutachter nahezu immer gestellt werden. Bei richtiger und konsequenter Therapie kann in Abhängigkeit vom Kopfschmerztyp in 40–70% der Fälle mit einer Senkung der Anfallshäufigkeit und/oder Schmerzintensität bis hin zu völliger Beschwerdefreiheit gerechnet werden.

Eine Heilung der *Migräne* ist nicht möglich, doch lassen sich unter einer konsequenten Therapie bei etwa 60% der Patienten die Anfallshäufigkeit und die Schmerzintensität senken. Therapieresistenz ist erst dann anzunehmen, wenn wenigstens 5 verschiedene Akutmedikamente aus 2 Substanzgruppen und 5 prophylaktische Medikamente aus 3 Substanzklassen nicht wenigstens zu einer 50%-igen Reduzierung der Schmerzintensität geführt haben (Pfaffenrath 2001). Da Wechsel des Schlaf-Wach-Rhythmus und Lärm potentielle Auslöser von Migräneanfällen sein können, sind in diesen Fällen Wechselschichten bzw. lärmexponierte Arbeitsplätze zu meiden. Eine posttraumatische Erstmanifestation oder Verstärkung einer Migräne nach SHT oder HWS-Trauma ist möglich. In diesen Fällen ist das Trauma jedoch lediglich als Auslöser und nicht als Ursache anzusehen.

Es wird unterschieden zwischen episodischem und chronischem *Spannungskopfschmerz*. Der episodische Spannungskopfschmerz tritt an weniger als 15 Tagen im Monat auf und bedingt i.d.R keine MdE oder GdB. Bei höherer Frequenz wird der Schmerz als chronisch bezeichnet. Bei konsequenter Therapie kann bei 30–40% der Patienten mit deutlicher Besserung bis hin zum Sistieren der Schmerzen gerechnet werden. Therapieresistenz ist anzunehmen, wenn 3 prophylaktische Medikamente nicht wenigstens zu einer 50%-igen Reduzierung der Schmerzintensität geführt haben (Pfaffenrath 2001).

Bei episodischem *Clusterkopfschmerz* kann bei bis zu 40% der Patienten unter konsequenter Therapie mit Remissionen gerechnet werden, bei der chronischen Form beträgt diese Zahl etwa 15%. Übergänge von der episodischen zur chronischen Verlaufsform und umgekehrt treten in jeweils etwa 30% der Fälle auf. Ein chronischer therapieresistenter Verlauf ist anzunehmen, wenn mehrere Attacken pro Tag auftreten, die nicht akut zu lindern sind, oder wenn Kontraindikationen gegen Akutmedikamente vorliegen und 3 verschiedene Medikamente keinen ausreichenden prophylaktischen Effekt gezeigt haben. Wie bei der Migräne ist eine posttraumatische Erstmanifestation oder Verstärkung des Kopfschmerzes im Sinne einer Auslösung möglich. Gleiches gilt grundsätzlich auch für die *paroxysmale Hemikranie* und das *SUNCT-Syndrom* (Pfaffenrath 2001).

Ein *medikamenteninduzierter Kopfschmerz* kann im Verlauf von Kopfschmerzen nach einem Schädel-Hirn-Trauma oder Schleudertraumen der Halswirbelsäule auftreten. Potentiell können alle Analgetika, Ergotamin und sonstige in Migräne- und Kopfschmerzmitteln enthaltenen Substanzen einen medikamenteninduzierten Kopfschmerz hervorrufen (Pfaffenrath 2001). Problematisch sind vor allem analgetische Mischsubstanzen, Mutterkornalkaloide und Migränemittel, die Codein, Barbiturate oder Tranquilizer enthalten. Analgetische Monosubstanzen wie Acetylsalicylsäure, Paracetamol und Ibuprofen führen dagegen selten zu Dauerkopfschmerzen. Eine Beurteilung des zugrunde liegenden Kopfschmerzes kann in jedem Fall erst nach erfolgtem Medikamentenentzug erfolgen. Ein eigenständiger

Tabelle 30.1. Anhaltswerte für die MdE- und GdB-Bewertung bei ausgewählten Kopf- und Gesichtsschmerzen. Erläuterungen siehe Text. (Nach Anhaltspunkte für die ärztliche Gutachtertätigkeit 2004 u. Rauschelbach et al. 2000)

	MdE	GdB
Migräne		
leicht	0–10	0–10
mittel	20–30	20–40
schwer (therapieresistent)	40–60	50–60
Spannungskopfschmerz		
Episodisch:		
leicht	0–10	0–10
schwer	20–30	20–30
Chronisch:		
leicht	10–20	20–30
schwer	30–60	40–60
Chronischer Clusterkopfschmerz		
leicht	0–20	0–20
mittel	30–40	30–40
schwer	50–100	50–80
Trigeminusneuralgie		
leicht	0–10	0–10
mittel	20–30	20–40
schwer	40–80	50–80

dauerhafte MdE/GdB-Grad ergibt sich i.d.R nicht. Bei Therapieresistenz bzw. fehlendem Gebrauchsverzicht muss ggf. eine psychiatrische Mitbeurteilung zur Klärung z.B. eines Medikamentenabusus erfolgen.

Gesichtsschmerzen

Bei leichten Verläufen einer *Trigeminusneuralgie* mit seltenen Anfällen muss nicht zwangsläufig eine MdE vorliegen. Wichtig für eine gutachterliche Bewertung ist neben der Attackenfrequenz die Triggerbarkeit. Da die Trigeminusneuralgie zu Beginn der Erkrankung zu Spontanremissionen neigt, müssen vor der endgültigen Festsetzung einer MdE/GdB regelmäßige Nachbegutachtungen durchgeführt werden. Therapieresistenz liegt dann vor, wenn mehrere Versuche einer Einzel- und Kombinationstherapie keinen Erfolg gezeigt haben.

Patienten mit *atypischem Gesichtsschmerz* haben oft mehrere explorative operative Eingriffe hinter sich. Die Folge sind dann neuropathische Schmerzen im Sinne von Dysästhesien, Allodynie oder spontan einschießenden neuralgieformen Attacken. Von allen Gesichtsschmerzen ist der atypische Gesichtsschmerz am wenigsten therapeutisch beeinflussbar und neigt zudem durch iatrogene Therapieschäden zu Progredienz. Bei diesem Schmerzsyndrom ist eine interdisziplinäre Beurteilung zusammen mit Psychosomatik und z.B. Kieferchirurgie zu empfehlen.

Sympathische Reflexdystrophie (SRD), komplexes regionales Schmerzsyndrom (CRPS)

Synonyme für das CRPS sind Algodystrophie, posttraumatische Dystrophie, Sudecksche Dystrophie oder sympathische Reflexdystrophie.

Das CRPS ist sicher die Schmerzerkrankung, die am häufigsten nicht oder zu spät diagnostiziert wird. Insofern ist eine eindeutige Sicherung der Diagnose der wesentliche erste Schritt bei der Begutachtung des CRPS. Neben den gravierenden Folgen für den betroffenen Patienten belegen zahlreiche Urteile, dass die Verkennung eines CRPS auch erhebliche zivilrechtliche Relevanz hat. Bei diesbezüglichen Begutachtungen ist stets zu prüfen, ob die Symptome des CRPS sofort erkannt wurden und eine rechtzeitige und adäquate Therapie eingeleitet wurde.

Mehr als 90% der Fälle mit CRPS werden durch Traumen im Bereich der betroffenen Extremität ausgelöst. Auch Arthroskopien oder Bagatellverletzungen können zu einem CRPS führen. Die Schwere des Krankheitsbildes steht oft in krassem Missverhältnis zum auslösenden Trauma.

Diese Variabilität der Auslöser und zeitlichen Abfolge kann die Anerkennung eines CRPS im Unfallversicherungsrecht problematisch machen, da das Vorliegen eines ursächlichen Zusammenhangs nicht immer zweifelsfrei zu beurteilen ist. Ein Herstellen der haftungsbegründeten Kausalität ist unproblematisch nach Traumen, die in ursächlichem Zusammenhang mit der versicherten Tätigkeit stehen. Gerade bei einem CRPS nach einem Bagatelltrauma muss aber im Einzelfall geprüft werden, ob ein ursächlicher Zusammenhang besteht. Eine haftungsausfüllende Kausalität kann als sicher gelten, wenn ein enger zeitlicher Zusammenhang zwischen Trauma und Beginn der Symptomatik besteht. Bei verzögertem Auftreten der Symptome ist die Wahrscheinlichkeit des ursächlichen Zusammenhangs im Einzelfall zu prüfen.

Die Bewertung eines CRPS muss neben der Funktionseinschränkung der betroffenen Extremität die hier zumeist „außergewöhnliche Schmerzsymptomatik" speziell berücksichtigen. Da die betroffenen Patienten häufig auch unter sehr unterschiedlichen psychischen Störungen leiden, ist neben einer chirurgischen Beurteilung meistens auch eine psychiatrische/psychosomatische oder schmerzpsychologische Mitbegutachtung sinnvoll.

Die konkrete MdE/GdB-Einschätzung ist individuell festzulegen und kann im Einzelfall auch z.B. den MdE/GdB-Grad eines kompletten Armverlustes erreichen.

Stumpf- und Phantomschmerzen

Die Inzidenz von Stumpf- und Phantomschmerzen nach Extremitätenoperationen beträgt ca. 60–70%. Phantomschmerzen treten meist innerhalb weniger Tage bis Wochen nach der Amputation auf. Erneute chirurgische Eingriffe am Stumpf können jedoch auch noch nach Jahren Phantomschmerzen auslösen. Auch in diesen Fällen ist dann der Phantomschmerz als Schädigungsfolge anzuerkennen.

Die Häufigkeit von Schmerzattacken ist sehr variabel. Auslöser für Stumpf- und Phantomschmerzen sind oft Stress oder Wetteränderungen. Auch Manipulationen an Triggerpunkten, welche nicht unbedingt im Stumpfbereich lokalisiert sein müssen, können eine Attacke auslösen.

Bei der schmerztherapeutischen Begutachtung sind neben der Schmerzintensität die Attackenhäufigkeit und die möglichen Auslöser relevant. Bei einem Patienten mit seltenen Schmerzattacken ist eine Erhöhung des MdE/GdB-Wertes aus schmerztherapeutischer Sicht nicht immer gerechtfertigt, da „übliche Schmerzen" bereits in der Bewertung der (chirurgischen) Amputationsfolgen enthalten sind. Bei Patienten mit kontinuierlichen starken Stumpf- oder Phantomschmerzen kann der Gesamt-MdE/GdB-Grad jedoch im Einzelfall auch bei 100% liegen.

Zentraler Schmerz

Schädigungen des zentralen Nervensystems können zu chronischen Schmerzen führen, die von den Patienten meist als äußerst quälend empfunden werden. Die Diagnose „zentraler Schmerz" setzt den Nachweis einer ZNS-Läsion voraus. Besonders bei einer multiplen Sklerose oder einer Syringomyelie kann der Schmerz das erste Symptom der Erkrankung sein. Bei einem Thalamusschmerz können weitere neurologische Symptome nur diskret ausgeprägt sein. Zentrale Schmerzen können bei entsprechender Ausprägung im Einzelfall eine schmerzbedingte Erhöhung des MdE/GdB-Grades von bis zu 40% rechtfertigen.

- Der *Thalamusschmerz* tritt nach dem auslösenden Ereignis meist mit einer Latenz von einigen Wochen bis zu 6 Monaten auf.
- *Deafferenzierungsschmerzen nach Rückenmarksverletzungen* sind mit einer Inzidenz von 30% die am häufigsten, oft im Sinne einer Anaesthesia dolorosa auftretenden zentralen Schmerzen. Deafferenzierungsschmerzen können auch im Rahmen inkompletter Rückenmarksverletzungen auftreten und eine schmerzbedingte Erhöhung des MdE/GdB-Grades um bis zu 40% rechtfertigen.
- *Deafferenzierungsschmerzen nach peripheren Nervenverletzungen:* Nach jeder Verletzung peripherer Nerven können Deafferenzierungsschmerzen im Versorgungsbereich des verletzten Nerven distal der Läsion auftreten. Der Deafferenzierungsschmerz muss bei nachweislicher Läsion des Nerven im entsprechenden anatomisch vorgegebenen Versorgungsgebiet lokalisiert sein und rechtfertigt in Abhängigkeit von der Schmerzausprägung eine schmerzbedingte Erhöhung des MdE/GdB-Grades um 10–30%.

Myofaszialer Schmerz

Myofasziale Schmerzen stellen keine definierte Krankheit dar, sondern sind häufig nur eine Komponente in der Störung des Bewegungsapparates. Übergänge und Abgrenzungen sind schwierig zu definieren.

Bei ausgeprägten myofaszialen Schmerzen kann aber ein relevanter MdE/GdB-Wert vorliegen, dessen Grad im Einzelfall zu bemessen ist. Häufig ist hier eine psychosomatische oder schmerzpsychologische Mitbegutachtung angezeigt. Wenn Über- oder Fehlbelastungen anamnestisch als Auslöser zu ermitteln sind, können ein Arbeitsplatzwechsel oder Umschulungsmaßnahmen indiziert sein.

Anhaltende somatoforme Schmerzstörung (F 45.4 nach ICD 10)

Die somatoforme Schmerzstörung gewinnt in den letzten Jahren sowohl als primäre Ursache eines Schmerzsyndroms als auch – häufiger – als Begleitdiagnose neben einem organisch begründbaren chronischen Schmerzsyndrom an Bedeutung. Die Begutachtung einer somatoformen Schmerzstörung setzt psychiatrische bzw. psychosomatische Kompetenz voraus. Insofern wird hier i.d.R. eine interdisziplinäre Begutachtung erforderlich sein. Wichtig für die MdE/GdB-Bewertung sind die resultierenden körperlich-funktionellen und die psychisch-emotionalen Beeinträchtigungen. Die konkrete Festsetzung von MdE/GdB sollte individuell erfolgen und wird in Abhängigkeit vom Schweregrad der Störung in der Regel zwischen 10 und 40% anzusetzen sein.

30.2.2 Medikamentöse Schmerztherapie

Nebenwirkungen der verwendeten Pharmaka in der Schmerztherapie können als mittelbare Folge anerkennungspflichtig werden (z.B. akute erosive Gastritis nach der Einnahme von NSAID).

Grundsätzlich ist jede Substanz, die eine psychotrope oder psychoaktive Wirkung ausübt, dazu geeignet, eine Abhängigkeit zu induzieren. Heute wird davon ausgegangen, dass verschiedene, individuell interagierende Faktoren die Entwicklung eines Medikamentenabusus begünstigen (Umweltbedingungen, Persönlichkeitsbedingungen).

Am häufigsten wird bei chronisch schmerzkranken Patienten ein Abusus bzw. eine Abhängigkeit von analgetisch-psychotropen Kombinationspräparaten, Ergotamin und Tranquilizern beobachtet. Eine Opioidabhängigkeit spielt bei dieser Patientengruppe eine untergeordnete Rolle, sofern das Opioid nach einem exakt einzuhaltenden Zeitschema und nicht nach Bedarf genommen wird.

Ein schmerzbedingter Medikamentenmissbrauch kann als mittelbare Unfall- oder Schädigungsfolge auftreten.

Patientenaufklärung

Umfang und Zeitpunkt der Patientenaufklärung vor einer geplanten Schmerztherapie orientieren sich an den Standards für elektive therapeutische Interventionen, wie sie im Abschnitt Anästhesie ausgeführt wurden.

Bei invasiven schmerztherapeutischen Verfahren müssen die Patienten über alternative, nichtinvasive Behandlungsmethoden aufgeklärt werden. Techniken mit irreversiblen Folgen (neurodestruktive Maßnahmen) erfordern darüber hinaus eine Aufklärung der Patienten über alle potentiellen Komplikationen. Vor neurolytischen Blockaden muss durch diagnostische Blockaden mit Lokalanästhetika ein sicherer Effekt nachgewiesen und dokumentiert werden.

Auch eine medikamentöse Schmerztherapie erfordert eine Aufklärung über potentielle Nebenwirkungen der Medikamente. Ein Verweis auf den Beipackzettel ersetzt diese Aufklärungspflicht nicht.

Die Patienten müssen darauf hingewiesen werden, dass sie nach invasiven schmerztherapeutischen Interventionen und während der Einstellungsphase auf Medikamente mit potentiellen zentralnervösen Nebenwirkungen kein Fahrzeug führen dürfen. Nach Erreichen einer stabilen Einstellung muss ggf. die Fahrtüchtigkeit erneut beurteilt werden.

30.2.3 Strafrechtliche Problematik

Die strafrechtliche Problematik akuter und chronischer Schmerzen wurde erst in den letzten Jahren entdeckt, gewinnt aber mit der Etablierung schmerztherapeutischer Standards an Bedeutung. So steht die Rechtsprechung heute auf dem Standpunkt, dass jeder Patient einen Rechtsanspruch auf eine Schmerztherapie nach dem aktuellen Stand des Wissens hat. Dieser Anspruch entspricht zugleich einer Rechtspflicht des Arztes zur Durchführung einer solchen Schmerztherapie. Eine schuldhafte Verletzung der ärztlichen Pflicht zur Schmerztherapie und Leidensminderung begründet Schmerzensgeldansprüche des Patienten (§ 847 Abs. 1, S. 1 BGB). Wenn einem Patienten mit starken Schmerzen, z. B. einem Tumorpatienten, eine dem Standard entsprechende Schmerztherapie vorenthalten wird, so kann der behandelnde Arzt nach § 223 StGB auch wegen unterlassener Hilfeleistung strafrechtlich zur Verantwortung gezogen werden (§ 323c StGB). Hat sich eine Unterlassung der Schmerzbekämpfung lebensverkürzend ausgewirkt, ist sogar eine Bestrafung wegen eines Tötungsdeliktes nicht ausgeschlossen.

Literatur

Bundesministerium für Gesundheit und Soziale Sicherung (Hrsg) (2004) Anhaltspunkte für die ärztliche Gutachtertätigkeit im sozialen Entschädigungsrecht und nach dem Schwerbehindertenrecht

Egle UT, Hoffmann SO, Lehmann KA, Nix WA (Hrsg) (2003) Handbuch Chronischer Schmerz. Schattauer, Stuttgart

Pfaffenrath V (2001) Kopfschmerzen. In: Zenz M, Jurna I (Hrsg) Lehrbuch der Schmerztherapie, 2. Aufl. Wissenschaftliche Verlagsgesellschaft, Stuttgart

Rauschelbach HH, Jochheim KA, Widder B (Hrsg) (2000) Das neurologische Gutachten. Thieme, Stuttgart, New York

Widder B (2003) Begutachtung von Schmerzsyndromen. In: VDR (Hrsg) Sozialmedizinische Begutachtung in der gesetzlichen Rentenversicherung. Fischer, Stuttgart

Widder B, Hausotter W, Marx P, Puhlmann HU, Wallesch CW (2002) Empfehlungen zur Schmerzbegutachtung. Med Sach 98:27–29

31 Arzneimittel- und Medizinprodukteschäden

J. Fritze

Produzentenhaftung

Belastbare epidemiologische Daten zur Häufigkeit von Schäden durch Arzneimittel oder Medizinprodukte, die zur Haftung des Produzenten geführt haben, sind nicht zugänglich. Zwischenfälle mit einzelnen Produkten haben immerhin öffentliches Aufsehen erregt. Z.B. wurde der Einsatz des Operationsroboters Robodoc bei der Implantation von Hüftendoprothesen wegen schwerwiegender Komplikationen außerhalb von Studien ausgesetzt. Die ca. 10 000 Opfer von Phokomelien infolge des Schlafmittels Contergan induzierten das Arzneimittelgesetz (*AMG*) 1976. Tödlich endende Interaktionen haben zur Marktrücknahme bestimmter Antihistaminika (Astemizol), Antihypertonika (Mibefradil) und Cholesterinsynthesehemmer (Cerivastatin) geführt. Seit Beginn der 80er Jahre sind bis 1993 in der Bundesrepublik 1358 Hämophiliekranke (43,3% der Behandelten) durch Blutprodukte (Gerinnungsfaktoren) mit dem HI-Virus infiziert worden; 423 Patienten sind bis 1994 verstorben. Mit dem Gesetz über die humanitäre Hilfe für durch Blutprodukte HIV-infizierte Personen (1995) erhalten diese monatliche, steuerfreie, unpfändbare Leistungen in Höhe von 1500,– bis 3000,– DM (bzw. entsprechend in Euro); hinterbliebene Kinder erhalten Leistungen in Höhe von 1000,– DM, Ehepartner erhalten diesen Betrag nur dann, wenn die HIV-infizierte Person zum Zeitpunkt des Inkrafttretens dieses Gesetzes schon verstorben war. Zu den HIV-Infizierten im Sinne dieses Gesetzes gehören auch infizierte Ehepartner, Verlobte, Lebenspartner und Kinder der HIV-infizierten Personen. Die Auszahlungen erfolgen durch die Stiftung „Humanitäre Hilfe für durch Blutprodukte HIV-infizierte Personen"; das Stiftungsvermögen wurde von Bund, Bundesländern, pharmazeutischen Unternehmen und Deutschem Roten Kreuz bereitgestellt.

Arzneimittel- und Medizinproduktehersteller haften aus Verschulden oder unerlaubter Handlung (Verletzung einer Verkehrssicherungspflicht), darüber hinaus aber auch verschuldensunabhängig für typische Risiken: Gefährdungshaftung, also Haftung für das erlaubte Schaffen einer Gefahr. Die Haftung ergibt sich für Medizinprodukte und nicht zugelassene Arzneimittel (also in klinischen Prüfungen) aus dem Produkthaftungsgesetz (*ProdHG*), von dem zugelassene Arzneimittel ausdrücklich ausgenommen (§ 15 ProdHG) und stattdessen spezialgesetzlich in § 84 Arzneimittelgesetz (*AMG*) geregelt sind.

Das Produkthaftungsgesetz ist die nationalstaatliche Umsetzung einer europäischen Kommissionsrichtlinie aus 1985 in Deutsches Recht. Es verlangt mit der Konstruktions- und Entwicklungspflicht vom Hersteller (gemeint ist derjenige, der das Produkt in den Verkehr bringt), dass die Entwicklung des Produktes den Regeln gemäß des aktuellen Standes der Technik und Wissenschaft folgt. Gemäß § 1(2) Nr. 5 ProdHG ist Haftung i.w. nur ausgeschlossen, „wenn der Fehler nach dem Stand der Wissenschaft und Technik in dem Zeitpunkt, in dem der Hersteller das Produkt in den Verkehr brachte, nicht erkannt werden konnte". Entsprechend muss der Produktionsprozess dem Stand der Technik („Good Manufacturing Practice", *GMP*) genügen. Die Instruktionspflicht gebietet, den Anwender des Produktes mit sämtlichen Informationen zu versehen, die zur sicheren Anwendung notwendig sind. Wie bei Arzneimitteln besteht eine Beobachtungspflicht, um bei neu erkannten Risiken Anwender unverzüglich warnen zu können. Alle Prozesse müssen fehlerminimierend organisiert sein (Organisationspflicht). Grundsätzlich gilt zwar, dass der vermeintlich Geschädigte den Schaden, den Produktfehler (wozu auch fehlerhafte Instruktionen gehören) und deren ursächlichen Zusammenhang zu beweisen hat. Es besteht aber insoweit eine Beweislastumkehr, als der Hersteller zu beweisen hat, dass er die genannten Pflichten nicht verletzt hat.

Für nicht zugelassene Arzneimittel in klinischen Prüfungen schreibt § 40 Abs. 1 Ziffer 8 AMG außerdem vor, dass vor der Durchführung eines klinischen Versuches eine Probandenversicherung abzuschließen ist. Die Probandenversicherung schützt sowohl die Teilnehmer der Test- als auch der Kontrollgruppe. Die Höhe der Probandenversicherung muss in einem angemessenen Verhältnis zu den Risiken der konkreten Studie stehen. Als Mindestdeckungssumme schreibt § 40(3) AMG je Schadensfall 500 000 Euro vor. Je nach den Risiken der konkreten Studie kann eine höhere Deckungssumme geboten sein. Die Beweislast liegt beim Probanden. Ein Schmerzensgeld ist vom Versicherungsschutz nicht erfasst; hier ist der Proband ggf. auf die Verschuldenshaftung der § 823 und § 847 BGB verwiesen oder mit dem Zweiten Schadensrechtsänderungsgesetz (2002) auf

§ 253(2) BGB, wonach Schmerzensgeld nun auch bei Gefährdungshaftungstatbeständen und bei der Vertragshaftung in Betracht kommt.

Arzneimittel sind unvermeidlich mehr oder weniger unsicher. Der Geschädigte trägt die Beweislast, dass ein dem Arzneimittel ursächlich zuzuschreibender Schaden eingetreten ist. Kausalität wird dann – beweiserleichternd – angenommen, wenn das Arzneimittel geeignet ist, den Schaden zu verursachen (§ 84 Abs. 2 und 3 AMG). Die Eignung muss anhand der konkreten Umstände des Einzelfalles festgestellt werden. Beweiserleichternd wirkt auch das Auskunftsrecht des Geschädigten gemäß § 84a AMG. Diese Kausalitätsvermutung hat der pharmazeutische Unternehmer ggf. zu widerlegen. Dies ist für ihn schwierig, indem es um Umstände im Gefahrenbereich des Geschädigten geht, über die der Unternehmer keine Detailkenntnisse haben kann. Damit weicht das AMG vom ansonsten üblichen Grundsatz ab, dass derjenige die Umstände darzulegen hat, der die nähere Kenntnis der relevanten hat. Diese Benachteiligung des pharmazeutischen Unternehmers im Vergleich zu anderen Produzenten hat der Gesetzgeber bewusst in Kauf genommen. Gemäß § 87 AMG bestehen allein aus der Gefährdungshaftung auch Ansprüche auf Schmerzensgeld und nicht nur Schadenersatz.

Der pharmazeutische Unternehmer, das ist derjenige, der das Arzneimittel unter seinem Namen in den Verkehr bringt, trägt die Beweislast, dass die Fehler nicht im Bereich der Entwicklung oder Herstellung lagen (§ 84 Abs. 1 Satz 2 Nr. 1 AMG). Von der Gefährdungshaftung erfasst werden nur nicht unerhebliche Verletzungen an Körper oder Gesundheit oder der Tod. Subjektive Befindlichkeitsstörungen fallen also nicht darunter, auch nicht all jene Verletzungen, die im Lebensalltag hingenommen zu werden pflegen. Eine Haftung § 84 Satz 2 Nr. 1 AMG kann nur für Schäden gelten, die nach dem Stand der Erkenntnisse der medizinischen Wissenschaft zum Zeitpunkt des in den Verkehr Bringens ein vertretbares Maß überschreiten (z. B. gilt Haarausfall unter Zytostatika derzeit als vertretbar). Im Gegensatz zur Produkthaftung umfasst die Gefährdungshaftung nach § 84(1) Satz 2 Nr. 1 AMG gerade auch Risiken aus Entwicklungsfehlern, die „in dem Zeitpunkt, in dem der Hersteller das Produkt in den Verkehr brachte, nicht erkannt werden konnten". Entscheidend ist also die Unvorhersehbarkeit und Unvermeidbarkeit des Fehlers. Die in der Fach- und Gebrauchsinformation als Bestandteil des Fertigarzneimittels genannten Risiken und Nebenwirkungen sind dadurch gerade bei der gegebenen Indikation als vertretbar klassifiziert. Wären sie nicht vertretbar, so wäre das Arzneimittel nach § 5 AMG als bedenklich nicht zugelassen worden. Das kann im Einzelfall wegen besonderer Bedingungen auf Seiten des Kranken nicht gegeben sein; deshalb ist es in jedem Einzelfall Sache des Arztes, die Vertretbarkeit der Risiken und Nebenwirkungen, soweit sie ihm bekannt sein können, zu würdigen.

Die Gefährdungshaftung gilt grundsätzlich nur bei bestimmungsgemäßem (zugelassene indizierende Diagnose, Altersgruppe, Dosis, Applikationsweg, Dauer) Gebrauch. Zur Gefährdungshaftung kann auch eine fehlerhafte oder unvollständige Gebrauchsinformation (Packungsbeilage) oder Fachinformation oder Kennzeichnung des Arzneimittels führen. Hier gilt gemäß § 84 Satz 2 Nr. 2 AMG für die Anwendungsbestimmungen der Stand der Erkenntnisse der medizinischen Wissenschaft zum Zeitpunkt des Schadenseintritts, indem der Schaden bei sachgerechter Instruktion und damit Anwendung hätte verhindert werden können. Bei nichtbestimmungsgemäßem Gebrauch (Off-Label-Use) oder unzureichender Aufklärung haftet grundsätzlich der Arzt. Bestimmungsgemäß ist der Gebrauch aber auch dann, wenn er den zugelassenen Angaben des Unternehmers nicht entspricht, aber in der medizinischen Wissenschaft allgemein anerkannt ist oder in der Praxis allgemein angewandt wird und der Unternehmer dies nicht beanstandet hat, obwohl er diese Anwendungen kannte oder hätte kennen können, die der Unternehmer also geduldet hat. Jedenfalls wäre nicht nachvollziehbar, die Haftung bei bestimmungswidrigem Gebrauch entfallen zu lassen, wenn der Schaden auch bei bestimmungsgemäßem Gebrauch eingetreten wäre.

Der Arzneimittelhersteller ist verpflichtet, seine in Verkehr gebrachten Arzneimittel hinsichtlich vorher noch nicht bekannter Wirkungen, Kontraindikationen, Risiken und Nebenwirkungen zu beobachten. Versäumt er, unverzüglich vor einem neu erkannten Risiko zu warnen („Rote-Hand-Brief" bis hin zum Rückruf des Arzneimittels), so zieht dies Verschuldenshaftung (und nicht Gefährdungshaftung) nach sich. Ein neu erkanntes Risiko kann in Verbindung mit dem medizinischen Fortschritt nicht vertretbar sein; mit dem medizinischen Fortschritt – dank Verfügbarkeit eines besseren Arzneimittels – kann ein bekanntes Risiko nicht weiter vertretbar werden. In beiden Fällen hat das Arzneimittel keine vertretbare Nutzen-Risiko-Bilanz mehr, weshalb ihm die Zulassung entzogen werden muss, so dass sich die Frage der Gefährdungshaftung nicht mehr stellt. Er haftet für gemäß des Standes der Wissenschaft unvertretbare, unvorhersehbare Risiken und Nebenwirkungen zu dem Zeitpunkt, an dem das Arzneimittel verkehrsfähig und der Schaden eingetreten ist.

Arzneimittel für die Tiermedizin, homöopathische Arzneimittel und sog. Apothekenhausspezialitäten werden von der Gefährdungshaftung des § 84 AMG nicht erfasst; hierdurch verursachte Schäden unterliegen der Deliktshaftung des § 823 BGB und der Produkthaftung gemäß ProdHG. Haftungsgrundlage kann aber auch für alle unter § 84 AMG fallenden Arzneimittel die Verschuldenshaftung gemäß § 823 BGB sein. Hier aber ist der Geschädigte mit dem Nachteil konfrontiert, den immer schwierigen Nachweis eines Verschuldens des Unternehmers führen zu müssen.

Umstritten ist, ob die ausbleibende Wirkung eines wirkungslosen (letztlich also fälschlich zugelassenen) Arzneimittels, also der Schaden der ausbleibenden Wirkung, eine Gefährdungshaftung oder eine Verschuldenshaftung begründet, wenn ein wirksames Arzneimittel zur Verfügung stand.

Haftung in anderen Versicherungssparten

Hier geht es um Nebenwirkungen und Risiken, die mit der Arzneimittelzulassung grundsätzlich als vertretbar im Sinne der Nutzen-Risiko-Bilanz angesehen werden. Nebenwirkung (Synonym: unerwünschte Arzneimittelwirkung; „adverse drug reaction") wird im Arzneimittelgesetz definiert als eine schädliche, unbeabsichtigte Reaktion, die beim bestimmungsgemäßen Gebrauch eines Arzneimittels auftritt. Unerwünschte Ereignisse sind alle unerwarteten Komplikationen, auch wenn der Zusammenhang mit der Anwendung eines Blutproduktes zunächst nicht unmittelbar erkennbar ist. Nach dem Transfusionsgesetz umfassen unerwünschte Ereignisse auch solche, die bei nicht bestimmungsgemäßem Gebrauch auftreten. Solche unerwünschten Begleitwirkungen und Ereignisse sind zu differenzieren in:

- pharmakodynamisch bedingte, toxische, dosisabhängige Effekte,
- Entzugsphänomene aufgrund pharmakodynamischer Adaptationen („Toleranz"),
- pharmakodynamische Interaktionen,
- pharmakokinetische Interaktionen,
- idiosynkratische, pseudoallergische, dosisunabhängige Reaktionen,
- allergische, dosisunabhängige Reaktionen,
- mutagene Effekte,
- teratogene Effekte,
- neoplastische Effekte.

Unerwünschte Ereignisse werden gemäß amtlicher Definition in drei Schweregrade eingeteilt:

Unerwünschte Ereignisse gelten dann als schwerwiegend, wenn sie tödlich oder lebensbedrohend sind, eine stationäre Behandlung oder Verlängerung einer stationären Behandlung erforderlich machen, zu bleibender oder schwerwiegender Behinderung oder Invalidität führen oder eine kongenitale Anomalie bzw. einen Geburtsfehler darstellen. Der Gemeinsame Bundesausschuss sieht darüber hinaus eine Nebenwirkung auch dann als schwerwiegend an, wenn sie zu Arbeitsunfähigkeit führt.

Verdachtsfall einer Nebenwirkung ist eine schädliche, unbeabsichtigte Reaktion, bei der ein kausaler Zusammenhang zwischen der Reaktion und einem oder mehreren angewendeten Arzneimitteln von einem Angehörigen eines Gesundheitsberufes vermutet wird bzw. Anhaltspunkte, Hinweise oder Argumente vorliegen, die eine Beteiligung des/der Arzneimittel für das Auftreten der Nebenwirkung plausibel erscheinen lassen oder zumindest eine Beteiligung der/des angewendeten Arzneimittel/s daran angenommen wird. Schädliche und unbeabsichtigte Reaktionen, die evident andere – innere oder äußere – Ursachen als die Gabe eines bestimmten Medikamentes haben, erfüllen nicht die Definition einer Nebenwirkung dieses Arzneimittels. Dazu gehören z. B. Symptome, die eindeutig Ausdruck der Grund- oder Begleiterkrankung des Patienten einschließlich deren Fortschreitens sind. Diese Reaktionen unterliegen nicht der Meldepflicht. Eine Meldepflicht besteht aber immer, sobald von einem Angehörigen eines Gesundheitsberufes der Verdacht einer Nebenwirkung geäußert wird.

Unerwünschte Begleitwirkungen werden gemäß neuer amtlicher Regelung entsprechend den europäischen Empfehlungen nach ihrer Inzidenz klassifiziert in „sehr häufige" (früher „häufig": > 10%), „häufige" (früher „gelegentlich": 1–10%), „gelegentliche" (früher „selten": 0,1–1%), „seltene" (0,01–0,1%), „sehr seltene" (< 0,01%). Der früher gebräuchliche Terminus „Einzelfälle" umfasst nach heutiger Nomenklatur seltene und sehr seltene Ereignisse.

Die Empfindlichkeit für Nebenwirkungen hängt von Faktoren wie Diagnose, Alter, Geschlecht, Ernährungszustand, Begleiterkrankungen, Begleitmedikationen (Interaktionen), genetischen Faktoren der metabolisierenden Enzyme (Pharmakokinetik), Sensitivität der Rezeptoren (Pharmakodynamik) ab. Pharmakokinetische Interaktionen und daraus resultierende Nebenwirkungen ergeben sich aus Konkurrenz an metabolisierenden mikrosomalen Cytochrom-P450-abhängigen Enzymen sowie Hemmung oder Induktion dieser Enzyme; im Interesse einer sicheren Pharmakotherapie bedarf es der Kenntnis der beteiligten Isoenzyme.

Die Wahrscheinlichkeit, mit der im individuellen Behandlungsfall subjektiv wahrnehmbare Nebenwirkungen zu erwarten sind, lässt sich nur aus der Häufigkeit ableiten, mit der sie in kontrollierten Studien beobachtet wurden. Subjektiv wahrnehmbare, unangenehme Begleitwirkungen sind in der ambulanten Therapie weniger akzeptabel und häufiger Absetzgrund als in der stationären Behandlung. Unerwünschte Ereignisse unterscheiden sich also zwischen ambulanter und stationärer Therapie in ihrer Häufigkeit, aber auch in ihrer Art. Die Inzidenzen lassen sich wegen der Heterogenität der Untersuchungsbedingungen, Gruppen, Dosierungen, Bioverfügbarkeit (Plasmakonzentration, meist nicht gemessen) und Erfassungsmethode nicht zwanglos verallgemeinern.

Pharmakodynamisch bedingte Begleitwirkungen erklären sich im Wesentlichen aus den Rezeptor-Bindungs-Profilen, wenn sie auch im Einzelfall sehr

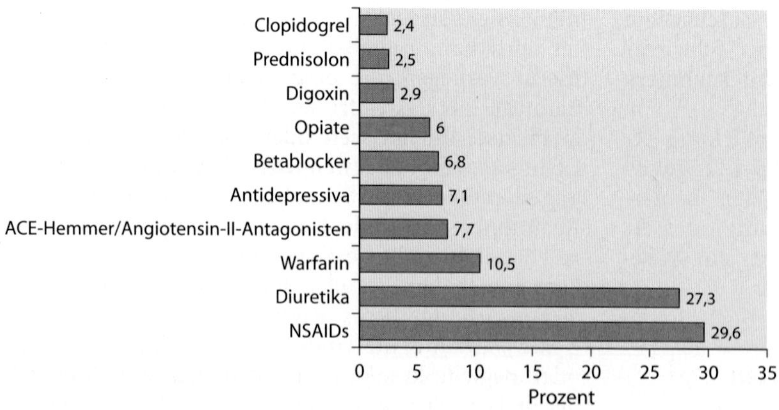

Abb. 31.1. Unerwünschte Arzneimittelwirkungen als Ursache der Krankenhausaufnahme. (Nach Pirmohamed et al. 2004)

variabel ausgeprägt sind. Dasselbe gilt für pharmakodynamische Interaktionen. Die meisten pharmakodynamisch erklärbaren Nebenwirkungen treten akut, d.h. abhängig vom Applikationsweg (intravenös oder oral) in Minuten bis wenigen Stunden auf. Sie lassen sich also am leichtesten verstehen, wenn man das jeweilige Rezeptor-Bindungs-Profil und die den Rezeptoren zuzuordnenen Begleitwirkungen kennt.

Pharmakodynamisch bedingte, toxische, dosisabhängige Effekte sind eher häufig und typisch nicht nur für einzelne Arzneimittel, sondern für Arzneimittel mit vergleichbaren Wirkmechanismen, also Wirkungen an denselben Rezeptoren oder anderen Zielstrukturen. Wenn die gewünschte Wirkung über dieselben Rezeptoren wie Nebenwirkungen vermittelt wird, bedingt ihre Dosisabhängigkeit, dass bei unzureichender Wirkung die Versuchung zur Dosissteigerung und damit auch nicht bestimmungsgemäßem Gebrauch besteht.

In Großbritannien besteht seit Jahren eine Meldepflicht. Bei der Medicines and Healthcare products Regulatory Agency (MHRA; http://www.mhra.gov.uk) der britischen Regierung erlaubt das „Yellow Card System" grundsätzlich eine Quantifizierung unerwünschter Arzneimittel bezogen auf die Verordnungsvolumina; dazu bedarf es aber spezifischer Sonderanalysen. Dort finden sich auch aktuelle Warnhinweise und Assessment Reports zu Arzneimitteln und Medizinprodukten. Zu jedem Wirkstoff stellt die MHRA tabellarisch die Zahl gemeldeter Fälle nach Art der Nebenwirkung im Internet zur Verfügung.

Nebenwirkungen haben hohe epidemiologische Relevanz. Für die USA wird mit jährlich 770 000 Todesfällen infolge unerwünschter Ereignisse unter Arzneimitteltherapie gerechnet (Classen et al. 1997, Cullen et al. 1997). Ungefähr 5% aller Krankenhausaufnahmen sollen solchen Ereignissen zuzuschreiben sein. Vermeidbar sind unerwünschte Ereignisse insbesondere dann, wenn ihnen ein Verordnungs- oder Einnahmefehler zugrunde liegt. In einer Studie (Bates et al. 1995) waren 56% der unerwünschten Ereignisse bei stationären Patienten Fehlern bei der Medikamentenausgabe zuzuschreiben, 34% bei der Einnahme. In einer prospektiven Analyse von 18820 Krankenhausaufnahmen (Pirmohamed et al. 2004) Erwachsener (>16 Jahre) lag bei 6,5% eine Arzneimittelnebenwirkung ursächlich zu Grunde (Abb. 31.1), wobei in 80% der Fälle die Nebenwirkung die alleinige Ursache war. 4% der Belegungstage (entsprechend 466 Mio. £) waren diesen Nebenwirkungen anzulasten. 0,15% endeten tödlich.

Bei Kindern und Jugendlichen wurden Nebenwirkungen signifikant gehäuft bei systemischer Pharmakotherapie, neu zugelassenen Arzneimitteln, Antibiotika und Neuropsychopharmaka beobachtet. Bei einem Pflegeheimkollektiv bedurften 15,7% in einem Zeitraum von 4 Jahren der Hospitalisierung wegen Nebenwirkungen (Cooper 1999), wobei nicht-steroidale Antiphlogistika als Auslöser führten. Eine Metaanalyse auf der Basis einer systematischen Literaturrecherche identifizierte 108 Publikationen über 412 000 Patienten (Wiffen et al. 2002). Danach lagen 7% der Krankenhausaufnahmen Arzneimittelnebenwirkungen zugrunde, die 4% der Belegungstage begründeten. Mit den zur Hospitalisierung führenden Arzneimittelnebenwirkungen war höheres Alter (insbesondere über 70 Jahre) und Polypharmakotherapie assoziiert, außerdem bestimmte Medikamentengruppen: Antibiotika, Antikoagulanzien, Digoxin, Diuretika, Antidiabetika, und nicht-steroidale Antiphlogistika, die insgesamt für 60–70% aller hospitalisationsbedürftiger Arzneimittelnebenwirkungen verantwortlich waren. Eine Metaanalyse zur Inzidenz schwerwiegender oder tödlicher Arzneimittelnebenwirkungen (Lazarou et al. 1998) fand eine Rate von 6,7% für schwerwiegende und 0,3% für tödliche Nebenwirkungen. Daraus wurde geschätzt, dass Arzneimittelnebenwirkungen die viert- bis sechsthäufigste Todesursache darstellen.

Entschädigungsrechtliche Bedeutung

Arzneimittel-bedingte Schäden sind dann als mittelbare Schädigungsfolgen anzuerkennen, wenn das verantwortliche Arzneimittel der Behandlung einer

Schädigungsfolge diente, die Voraussetzungen von § 84 AMG nicht erfüllt sind und die Pharmakotherapie sachgerecht (dazu gehört auch die Aufklärung mit wirksamer Einwilligung) erfolgte. Erfolgte die Pharmakotherapie nicht sachgerecht (gemäß des allgemein anerkannten Standards), so ist der Arzneimittelschaden arzthaftungsrechtlich zu bewerten. Lag die Therapie mit einem fehlerhaften Arzneimittel zugrunde, so ist die Haftung des pharmazeutischen Unternehmers zu prüfen.

Einige Beispiele mögen dies illustrieren. Wird zum Beispiel eine posttraumatische Belastungsstörung entschädigungsrechtlich anerkannt, so sind ggf. auch die Nebenwirkungen der Pharmakotherapie – soweit sie unvermeidlich sind – als Schädigungsfolge anzuerkennen. Hätten die Nebenwirkungen vermieden werden können, so stellt sich die arzthaftungsrechtliche Frage.

Entschädigungsrechtlich relevante organische Schäden des Gehirns können die Behandlung mit Neuropsychopharmaka notwendig machen. Dies gilt z. B. für eine mit Antikonvulsiva zu behandelnde postkontusionelle Epilepsie, aber auch für eine mit Neuroleptika zu behandelnde Kontusionspsychose oder eine organisch bedingte, mit Antidepressiva zu behandelnde Depression. Wird also z. B. eine Epilepsie, eine Psychose, eine Demenz oder eine Depression entschädigungsrechtlich anerkannt, so sind ggf. auch hier die Nebenwirkungen der Pharmakotherapie als Schädigungsfolge anzuerkennen. Führt die bei Kontusionspsychose ggf. notwendige pharmakologische Sedierung oder ein Neuroleptika-induziertes Parkinsonoid mittelbar durch die Immobilisierung zu thrombembolischen Komplikationen, so gehört diese Komplikation zum zu entschädigenden Schaden – sofern die ursächliche Pharmakotherapie sachgerecht war und die gebotenen Maßnahmen zur Thromboseprophylaxe ergriffen wurden.

Andererseits ist bei exogenen Schäden zu prüfen, ob nicht eine vorbestehende Krankheit und deren Therapie, hier also z. B. die Pharmakotherapie einer neuropsychiatrischen Krankheit, wesentlich oder entscheidend zum Eintritt des Schadens beigetragen hat. Im hier gegebenen Zusammenhang kann es nicht um den möglichen Beitrag der z. B. psychischen Krankheit (z. B. Unfall wegen Unaufmerkamkeit bei Manie oder schizophrener Psychose oder z. B. Suizidversuch als Verkehrsunfall anlässlich einer berufsbedingten Autofahrt) gehen, sondern nur um den Beitrag der Pharmakotherapie vorbestehender Störungen. Hier kommt bei allen Neuropsychopharmaka in allerdings substanzabhängig und interindividuell variablem Ausmaß die Möglichkeit verminderter Reaktionsfähigkeit in Frage. Dasselbe gilt für Antikonvulsiva, Antihypertensiva, β-Blocker und bedingt auch Calcium-Antagonisten (neben der Möglichkeit von Schwindel bei Blutdrucksenkung). Besonders trizyklische Antidepressiva und Neuroleptika (und hier speziell Clozapin) können Unfälle durch orthostatische Hypotonie, epileptische Anfälle und Aufmerksamkeitsstörungen (bis hin zu Verwirrtheit und Delir) provozieren, dies vor allem zu Beginn der Behandlung. Unter Benzodiazepinen können in unmittelbarem Zusammenhang mit der Einnahme neben der Sedierung Verwirrtheiten (mit Amnesie) auftreten. Außerdem können Benzodiazepine durch Koordinationsstörungen (bis hin zur klinisch manifesten Ataxie) Gefahren heraufbeschwören. Die Muskelrelaxation kann zu schweren Stürzen mit Schenkelhalsfraktur führen. Andererseits können Pharmaka, die Schlaflosigkeit verursachen, durch das Schlafdefizit die Leistungsfähigkeit am Tage beeinträchtigen.

Bei sehr seltenen Nebenwirkungen ist die Beurteilung eines ursächlichen Zusammenhangs sehr viel schwieriger. Viele Arzneimittel, zum Beispiel Antibiotika, im Zusammenhang mit unfallbedingten Verletzungen appliziert, können zu schweren Störungen des hämatopoetischen Gewebes mit Agranulozytose, aplastischer Anämie, Thrombozytopenie

Tabelle 31.1. Arzneimittel, deren Anwendung statistisch signifikant mit Agranulozytose assoziiert ist. Alle Patienten nahmen das jeweilige Medikament ein; angegeben ist die Zahl der Agranulozytosefälle und der nicht an Agranuloztose Erkrankten (Kontrolle). (Nach Ibáñez et al. 2005)

Arzneimittel	Anzahl Patienten Fälle 177/Kontrollen 586	Odds Ratio (95%-CI)	Zuzuordnende Inzidenz (pro Mio u. Jahr)
▮ Ticlopidinhydrochlorid	20/1	103 (13–840)	0,39
▮ Kalziumdobesilat	9/1	78 (4,5–1300)	0,17
▮ Antithyroide Medikamente	13/1	53 (5,8–480)	0,25
▮ Dipyron	30/9	26 (8,4–79)	0,56
▮ Spironolakton	6/4	20 (2,3–180)	0,11
▮ Carbamazepin	5/1	11 (1,2–100)	0,09
▮ Sulfonamide	11/5	8,0 (2,1–31)	0,19
▮ Betalaktamantibiotika	23/17	4,7 (1,7–13)	0,42
▮ Diclofenac-Natrium	10/11	3,9 (1,0–15)	0,14

oder Panmyelophthise führen und damit zur mittelbaren Todesursache werden. Solche Komplikationen sind im Unfallversicherungsrecht als mittelbare Unfallfolge anzuerkennen.

Derartige Nebenwirkungen sind außerordentlich selten, weil sie – wenn auch in den Fachinformationen genannt – als unvertretbar anzusehen sind. Diese Blutdyskrasien treten auch spontan auf. Die Inzidenz der spontanen Agranulozytose liegt bei 0,5–3,4 pro 1 000 000 Personen und Jahr, die der aplastischen Anämie bei 2–3 pro 1 000 000 Personen und Jahr (Hamerschlak et al. 2005). Indem die Blutdyskrasien auch spontan und unter Arzneimitteln gleichzeitig sehr selten auftreten, muss die Zusammenhangsfrage anhand der statistischen Wahrscheinlichkeiten zu klären versucht werden. Aus Populationsstudien ergibt sich, dass ggf. von den Aussagen der Fachinformation nicht zwangsläufig auf ein erhöhtes Risiko geschlossen werden kann. Tabelle 31.1 zeigt die Arzneimittel, für die eine statistisch signifikante Assoziation mit Agranulozytose gefunden wurde (Ibáñez et al. 2005). Dabei ist selbstverständlich zu bedenken, dass von der Verordnungsfrequenz (Expositionsjahre) abhängt, ob überhaupt eine Assoziation oberhalb der Spontanhäufigkeit erkennbar werden kann. Die Datenbasis ist also gering.

Literatur

Bates DW, Cullen DJ, Laird N, Petersen LA, Small SD, Servi D et al (1995) Incidence of adverse drug events and potential adverse drug events: Implications for prevention. JAMA 274:29–34

Classen DC, Pestotnik SL, Evans RS, Lloyd JF, Burke JP (1997) Adverse drug events in hospitalized patients. Excess length of stay, extra costs, and attributable mortality. JAMA 277:301–306

Cooper JW (1999) Adverse drug reaction-related hospitalizations of nursing facility patients: A 4 year study. Southern Medical Journal 92:485-490

Cullen DJ, Sweitzer BJ, Bates DW, Burdick E, Edmondson A, Leape LL (1997) Preventable adverse drug events in hospitalized patients: a comparative study of intensive care and general care units. Crit Care Med 25:1289–1297

Hamerschlak N, Maluf E, Pasquini R, Eluf-Neto J, Moreira FR, Cavalcanti AB, Okano IR, Falcão RP, Pita MT, Loggetto SR, Rosenfeld LG, Lorand-Metze IGH (2005) Incidence of aplastic anemia and agranulocytosis in Latin America – The LATIN study. Sao Paulo Med J 123:101–104

Ibáñez L, Vidal X, Ballarín E, La Porte J-R (2005) Population-Based Drug-Induced Agranulocytosis. Arch Intern Med 165:869–874

Lazarou J, Pomeranz BH, Corey PN (1998) Incidence of Adverse Drug Reactions in Hospitalized Patients: A Meta-analysis of Prospective Studies. JAMA 279:1200–1205

Pirmohamed M, James S, Meakin S, Green C, Scott AK, Walley TJ, Farrar K, Park BK, Breckenridge AM (2004) Adverse drug reactions as cause of admission to hospital: prospective analysis of 18820 patients. BMJ 329:15–19

Schirm E, Tobi H, van Puijenbroek EP, Monster-Simons MH, de Jong-van den Berg LTW (2004) Reported adverse drug reactions and their determinants in Dutch children outside the hospital. Pharmacoepidemiology and drug safety 13:159–165

Wiffen P, Gill M, Edwards J, Moore A (2002) Adverse drug reactions in hospital patients – A systematic review of the prospective and retrospective studies. Bandolier Evidence-based health care June 2002, www.ebandolier.com

32 Ionisierende Strahlung*

I. A. Adamietz und V. Nicolas

32.1 Biologische Wirkung, Expositionsformen, Dosiseinheiten und Dosishöhen

Begutachtung von Strahleneffekten setzt Kenntnisse der Physik, der biologischen Wirkung, der Dosiseinheiten sowie Erfahrung mit der praktischen Anwendung ionisierender Strahlung voraus. Ionisierende Strahlen sind energiereiche Wellen- oder Korpuskularstrahlen, die bei Durchdringung von Materie Atome ionisieren. Medizinisch-gutachtliche Bedeutung haben Röntgen- und Gammastrahlen (Wellenstrahlung) sowie Alpha-, Beta-(Elektronen-) und Neutronenstrahlen (Korpuskularstrahlung).

Die verschiedenen Strahlungsarten haben ein unterschiedliches *Durchdringungsvermögen* für Gewebe, wie in Tabelle 32.1 zusammengestellt. Die Durchdringungsfähigkeit hängt weiterhin von der jeweiligen Energie der einzelnen Strahlenqualitäten ab. Die Intensität der Strahlung vermindert sich mit dem Quadrat der Entfernung von der Strahlungsquelle (*Abstandsquadratgesetz*).

Qualitativ haben alle Arten ionisierender Strahlung letztlich dieselbe biologische Wirkung. Alpha- und Betastrahlen bewirken im Gewebe durch direkte Ionisierung und Anregung von Atomen und Biomolekülen Veränderungen und Zerstörungen wichtiger biochemischer Bestandteile. Verzögert resultieren daraus biologische Effekte. Röntgen-, Gamma- und Neutronenstrahlen ionisieren dagegen indirekt, indem sie ihre Energie zunächst auf Elektronen im Gewebe übertragen. Devitalisierung von Zellen und fehlerhafte Reparaturen alterierter Desoxyribonukleinsäuren sind wichtige strahlenbiologische Effekte. Reparaturprozesse sind auch die Ursache des *Fraktionierungseffektes* der schwach ionisierenden Beta-, Gamma- und Röntgenstrahlung: Eine in zeitlich getrennten Portionen (Fraktionen) verabreichte Strahlendosis wirkt geringer als die einzeitig applizierte Gesamtdosis. Andererseits können aber mehrere, selbst durch Jahre getrennte Bestrahlungen infolge „Vorbelastung“ des Gewebes kumulativ wirken.

Die Reaktion verschiedener Gewebsarten auf Bestrahlung ist unterschiedlich ausgeprägt. Während der Prämitose und Mitose sind die Zellen am strahlenempfindlichsten; wachsende und Mausergewebe sind daher strahlensensibler als Gewebe mit geringerer Zellteilungsrate. Quantitativ werden die biologischen Strahlenwirkungen durch Dosis-Wirkungs-Kurven beschrieben. Bei deren experimenteller Erstellung ist zunächst eine Minimaldosis zu überschreiten (die erforderlichen Strahlendosen liegen meist wesentlich höher als die natürliche Strahlenexposition). Als *nichtstochastische Strahlenwirkungen* bezeichnet man devitalisierende multizelluläre Effekte, die erst nach Überschreitung einer deutlich über 10 mSv gelegenen Schwellendosis, dann aber in jedem Fall eintreten. Die Intensität der nichtstochastischen Strahlenwirkungen nimmt mit der steigenden Dosis zu. Dagegen ist bei den schon unizellulär denkbaren *stochastischen Strahlenwirkungen* eine Schwellendosis nicht nachgewiesen. Dosisproportional ist hier das Risiko, d. h. die Wahrscheinlichkeit des Auftretens stochastischer Strahleneffekte, nicht aber die Intensität dieser Effekte. Stochastische Strahlenwirkungen manifestieren sich nach Latenzzeiten von Jahren bis Jahrzehnten.

Quantitativ wirken ionisierende Strahlen biologisch um so ausgeprägter, je kürzer die Strecke ist, entlang derer sie ihre Energie im Gewebe abgeben. Insofern unterscheidet man zwischen locker- und dichtionisierender Strahlung. Diese quantitativen Wirkungsunterschiede werden als *relative biologische Wirksamkeit (RBW)* durch den dimensionslosen Qualitätsfaktor Q ausgedrückt. Als Bezugswert ist Q bei Beta-, Gamma- und Röntgenstrahlung mit 1 festgelegt, bei Neutronenstrahlung wird sein Wert mit 10 und bei Alphastrahlung mit 20 angenommen.

Vom Gesamtorganismus werden um so höhere Dosen ionisierender Strahlung toleriert, je kleiner das bestrahlte Körperteilvolumen ist. Umgekehrt ist eine Ganzkörperexposition mit kleinerer Dosis wirksamer als eine Körperteilbestrahlung. Schließlich wird die Strahlensensibilität im Einzelnen von individuellen Faktoren wie Lebensalter, Geschlecht, Allgemeinzustand u. a. beeinflusst.

Radioaktive Elemente (Radionuklide, radioaktive Isotope) sind feste, flüssige oder gasförmige Stoffe, die spontan zerfallen und sich dadurch in andere radioaktive Isotope oder stabile Elemente umwandeln. Dabei senden die radioaktiven Stoffe ionisierende Strahlung wie Alpha-, Beta- oder Gammastrahlen aus. Der Zerfall erfolgt meistens in Stufen

---

* Dieser Beitrag entspricht weitgehend dem unverändert aktuellen Kapitel von V. Wiebe in der 6. Auflage

Tabelle 32.1. Medizinisch wichtige Arten ionisierender Strahlung

Strahlenarten	Quelle	Durchdringungsfähigkeit im Gewebe
▪ Röntgenstrahlung	Röntgenapparate	Zenti- bis Dezimeter
▪ Gammastrahlung	Radioaktive Substanzen	Zenti- bis Dezimeter
▪ Neutronenstrahlung	Zyklotron	Zenti- bis Dezimeter
▪ Betastrahlung	Radioaktive Substanzen-Beschleuniger	Milli- bis Zentimeter
▪ Alphastrahlung	Radioaktive Substanzen	< 1/10 Millimeter

nach einem nuklidspezifischen Zerfallsschema und unter Aussendung eines Spektrums ionisierender Strahlung. Ein Maß für die Schnelligkeit des Zerfalls einer radioaktiven Substanz ist ihre physikalische *Halbwertszeit (HWZ)*. Das ist die Zeit, innerhalb welcher sich die ursprünglich vorhandene Zahl radioaktiver Atome durch den Zerfall auf die Hälfte vermindert hat. Umgekehrt hängt die *Aktivität eines radioaktiven Quantums* von der Zahl der Zerfälle ab, die pro Zeiteinheit in ihm stattfinden. Neben natürlichen radioaktiven Elementen wie Uran kann – etwa im Kernreaktor – eine Vielzahl künstlicher radioaktiver Isotope hergestellt werden. Wenn radioaktive Substanzen dauernd in feste inaktive Stoffe inkorporiert sind, oder wenn sie von einer bleibenden festen inaktiven Hülle umgeben sind, so dass sie nicht austreten können, werden sie als *umschlossene* radioaktive Strahler bezeichnet. Bei Aufbewahrung ohne solche Inkorporierung oder Umhüllung bezeichnet man sie als *offene* Strahler. Die Strahlenexposition in der Umgebung eines radioaktiven Isotops außerhalb der Berührungszone wird durch emittierte Gammastrahlung verursacht, deren Intensität von der spezifischen *Gammakonstanten* der Substanz abhängt.

Externe Strahlenexposition wird durch Strahlung hervorgerufen, welche von einer meist umschriebenen äußeren Quelle auf den Körper einwirkt. Äußere Strahleneinwirkungen verursachen neben umschlossenen radioaktiven Quellen vor allem Röntgenapparate und Beschleuniger. Charakteristisch für externe Strahlenexposition ist die auf Form des Strahlenaustrittfensters, Aufbau und Position der Quelle zurückzuführende in etwa geometrische Begrenzung der bestrahlten Region. Eine Form externer Strahlenexposition stellt die perkutane Strahlentherapie dar. Durch die Haut, die Atemwege, den Gastrointestinaltrakt oder in den Kreislauf inkorporierte offene radioaktive Isotope verhalten sich wie die entsprechenden inaktiven Elemente oder wie verwandte Substanzen und unterliegen daher den Verteilungs- und Stoffwechselprozessen des Organismus.

Sie führen zu einer *internen Strahlenexposition*. Interne Strahlenexposition stellt beispielsweise die Radioiodtherapie von Schilddrüsenkrankheiten dar. Wesentliche Bedeutung für die Intensität der internen Strahlenexposition hat die *effektive Halbwertszeit* (Zeit, innerhalb derer das Isotop zur Hälfte aus dem Körper verschwunden ist). Die effektive Halbwertszeit kann nicht länger als die physikalische Halbwertszeit sein, häufig ist sie deutlich kürzer. Als *Kontamination* bezeichnet man eine Beimischung oder Verunreinigung an offenen radioaktiven Stoffen, wie sie in Extremfällen an der Haut nuklearer Katastrophenopfer zu großflächigen Strahlendermatitiden führen kann. Eine intermediäre Stellung zwischen externer und interner Exposition nimmt die intraluminale, intrakavitäre und interstitielle Anwendung umschlossener radioaktiver Stoffe ein.

Die pro Masseneinheit Gewebe aus ionisierender Strahlung absorbierte Energiemenge heißt *Energiedosis* (absorbierte Dosis). Die Energiedosis wird in Gray (Gy) gemessen. Ein Gray entspricht einem Joule pro Kilogramm (J/kg). Demgegenüber ist das *Röntgen* (R) die früher auch als medizinische Basiseinheit benutzte Ionendosis in Luft. Heute wird die Ionendosis in Coulomb pro Kilogramm (C/kg) angegeben. Zur Berücksichtigung der eigentlich relevanten biologischen Strahlenwirkungen verwendet man die durch Multiplikation der Energiedosis mit einem Bewertungsfaktor zu erhaltende *Äquivalentdosis*. Die Äquivalentdosis wird in Sievert (Sv) angegeben. Auch dem Sievert entspricht ein Joule pro Kilogramm (J/kg). Der Bewertungsfaktor ist das Produkt des Qualitätsfaktors Q und des Faktors N, der alle anderen modifizierenden Einflüsse berücksichtigt; derzeit wird N mit 1 angenommen. Die Einheit der *Aktivität* eines radioaktiven Quantums ist das Becquerel (Bq). Ein Becquerel entspricht einem Kernzerfall pro Sekunde. Die Einheit Becquerel ist keine Dosisbezeichnung. Eine Umrechnung von Aktivität in Bq auf absorbierte Dosis in Gy hat die Art, den Expositionsmodus und die Kinetik des Nuklids zu berücksichtigen (Aktivität×Dosisfaktor). Die genannten radiologischen Dosis- und Aktivitätseinheiten sind zusammen mit den älteren Einheiten Rad, Rem und Curie und den Umrechnungsfaktoren in Tabelle 32.2 zusammengestellt.

Leben im strahlungsfreien Milieu gibt es nicht. Die *natürliche* Strahlenexposition des Menschen ist als wichtiger Bezugswert normaler Verhältnisse anzusehen. Sie beträgt, ausgedrückt als effektive Äquivalentdosis, in der Bundesrepublik Deutschland 1,5–4,0 mSv pro Jahr (die effektive Äquivalentdosis ist die

Tabelle 32.2. Radiologische Dosis- und Aktivitätseinheiten

	SI-Einheit	ältere Einheit	Beziehung
Energiedosis	Gray (Gy)	rad (rd)	1 Gy=100 rd
Äquivalentdosis	Sievert (Sv)	Rem (rem)	1 Sv=100 rem
Aktivität	Becquerel (Bq)	Curie (Ci)	1 Tera-Bq=27 Ci

Summe aller jeweils mit einem Gewichtungsfaktor multiplizierten Organ-Äquivalentdosen). Die effektive Äquivalentdosis aus natürlichen und *zivilisatorischen* Quellen beträgt in der Bundesrepublik Deutschland zirka 3,2 mSv pro Jahr. Sie setzt sich überwiegend aus natürlicher, behausungsbedingter und medizinischer Exposition zusammen.

Zur *kurmäßigen Behandlung* chronischer Lungenkrankheiten durch radonhaltige Stollenluft werden Patienten mit 4,0 mGy Lungendosis exponiert. Bei der *Strahlentherapie von benignen Erkrankungen* (Entzündungen, Arthrosen, posttraumatische Weichteilverknöcherungen) werden örtlich Dosen um 5 Gy appliziert. Zur strahlentherapeutischen *Tumorvernichtung* sind Teilkörperdosen von rund 50–70 Gy fraktioniert in 5–7 Wochen erforderlich. Etwa 4,0–6,0 Sv gelten beim Menschen als *mediane letale Gesamtkörperdosis* (LD 50), nach der 50% des bestrahlten Kollektivs unbehandelt versterben.

32.2 Anlass und Häufigkeit gutachtlicher Fragen aus der Radiologie

Begutachtung im Rahmen der Radiologie bedeutet die Klärung vermeintlicher oder tatsächlicher Strahlenschäden. Anlässe zur Begutachtung ergeben sich bei:

- *beruflich* gegen ionisierende Strahlung Exponierten (Wissenschaftler, Ärzte und deren Mitarbeiter, Beschäftigte der Röntgen-, Nuklear-, Atom- und allgemeinen Industrie sowie entsprechender Gewerbe, Beschäftigte im Uranbergbau, durch Umgang mit nuklearen Waffen Exponierte, Personen im Katastrophenschutz). Erkrankungen durch ionisierende Strahlen sind Berufskrankheiten nach ▶ BK 2402 des derzeit gültigen Verzeichnisses;
- Strahlenexposition durch *Fremdverschulden* (alle o.g. Berufsgruppen bei Vernachlässigung von Strahlenschutzvorschriften – auf die Überwachungsvorschriften bei beruflich strahlenexponierten Personen wird im Kapitel über sozialversicherungsrechtliche Grundlagen hingewiesen; Patienten nach fehlerhafter diagnostischer und therapeutischer medizinischer Strahlenanwendung, Ärzte nach vermeintlichem oder tatsächlichem Fehlverhalten im Umgang mit ionisierenden Strahlen, Anrainer von Quellen ionisierender Strahlung, durch strahlende industrielle und gewerbliche Produkte Exponierte, durch Atomwaffentests Exponierte, zufällig exponierte sonstige Personen);
- Strahlenexposition durch *kriegerische* Anwendung von Atomwaffen;
- Strahlenexposition durch *kriminelle* Handlungen.

Trotz zunehmender Zahl möglicher Anlässe sind Gutachten aus der Radiologie unter gewöhnlichen Bedingungen selten. Verlässliche Angaben der tatsächlichen Häufigkeit und der Problemstellungen, z.B. bei Patienten nach Strahlendiagnostik und -therapie, sind allerdings kaum zu erhalten, weil es an zentraler Erfassung und Zusammenstellung mangelt. Als Hilfe dienen Berichte über die Häufigkeit von insgesamt aufgetretenen Strahlenschäden, eine vermutlich nicht ganz kleine Dunkelziffer sollte dabei berücksichtigt werden. Andererseits ist die Definition des Begriffs *Unfall* im Strahlenschutz weiter gefasst als im generellen medizinischen Sprachgebrauch: Nach der Strahlenschutzverordnung ist ein Unfall bereits ein Ereignis, das eine erhöhte Strahlenexposition oder eine Inkorporation zur Folge haben *kann.*

In Tabelle 32.3 sind Berichte über Strahlenschäden, die an exponierten Kollektiven aufgetreten sind, chronologisch aufgelistet. Etwa bis zur Mitte des zwanzigsten Jahrhunderts stehen durch Röntgenapparate verursachte Läsionen an Händen und Armen im Vordergrund, über das radiogene Leukämierisiko wird berichtet. Von der fünften Dekade an erlangen offene und umschlossene künstliche radioaktive Isotope Bedeutung, es werden hohe Ganzkörperbelastungen publiziert. Anhand der stochastischen Schäden der 1945 exponierten Opfer von Hiroshima und Nagasaki werden durch Extrapolation Abschätzungen der theoretischen Wirkung kleiner Strahlendosen erarbeitet. Die Gefährdung von Einzelorganen durch spezielle Affinität für offene radioaktive Isotope wird deutlich. Der spektakuläre Unfall eines Kernkraftwerkes beleuchtet das nichtstochastische und stochastische Schadenspotential der industriellen Kernkraftnutzung. Anfang der neunziger Jahre wird nach jahrzehntelang geheimgehaltenem Raubbau in der ehemaligen DDR die zahlen-

Tabelle 32.3. Strahlenfolgen bei exponierten Kollektiven

Zeitraum	Kollektiv	Expositionsquellen Strahlenexposition	Morbidität	Akute Strahlensyndrome	Mortalität	
					Leukämie	**Karzinome**
▌ vor 1921	Britische Radiologen				4–6fach erhöht	Haut: 7,6%
▌ nach 1921	Britische Radiologen		normal		normal	normal
▌ 1920–1940	29 berufl. Expon. deutschen Krankenh.	Röntgenapparate (25) Radiumträger (4)	„Strahlenschäden"			
▌ vor 1932	55 japan. Rad.-Ass., an Karzi. verstorben	~0,55 Sv (durchschn. akkum. Dosis)			kein erhöhtes Risiko (!)	„Trend zun. Risikos mit steigender Dosis"
▌ 1945–1978	82 000 Überlebende Hiroshima und Nagasaki	Atombombenabwürfe	erhöhtes Risiko Leukämie, gering erh. Ris. Schilddrüsen-, Bronchial-, Mammakarzinom		an allen Malignomen: 1% (200 zusätzliche Todesfälle)	
▌ 1946–1984	~500 000 berufl. Exponierte	^{222}Radon, ^{220}Radon (Uranminen Wismut AG Aue, DDR: extreme Dosen, schrittweise auf 4 WLM gesenkt)	5 300 als BK anerkannte Bronchialkarzinome			
▌ 1954	86 Einwohner der Marschallinseln	Atombombentest: SD-Dosis d. radioaktives I 5–14 Gy und niedriger	SD-Knoten (36%), verring. SD-Funktion (15%), SD-Karzinom (5%)			
▌ bis 1959	343 berufl. Expon.	Röntgenapparate (90%) Laboratorien (5%) Radiumträger (5%)			19,8% (einschl. aplast. Anämie)	Haut (Hände): 68,2% andere: 9,8%
▌ 1972–1978	29 gemeldete Strahlenunfälle bei 58 Personen	Ganzkörperexpos. 12% Teilkörperexpos. 38% Kontamination 28% Inkorporation 22% ⟨0,05 Sv–⟩ 10,00 Sv (71%) (3%)	bei 19% mit klin. nachweisbaren Expositionsfolgen zu rechnen			
▌ bis 1979	98 Strahlenunfälle	umschl. radioakt. Quellen (42%) offene radioakt. Isotope (23%) Röntgengeräte (15%) überschritt. krit. Verhältnisse bei Kernreaktionen (14%)		Ganzkörperbelastung (überwiegend hoch)		
	66 Strahlenunfälle		Teilkörperschäden (schwer, Hände u. Arme)			
▌ 1970, 1980, 1990	2–3 pro Jahr		BK durch ion. Strahlen (▶ BK 2402) erstmals entschädigt			
▌ 1986	~ 49 000 Kraftwerksarbeiter, 600 000 Katastrophenhelfer, ~350 000 Anrainer	Reaktorunfall („GAU") GKD minimal 2–4 Gy		203 akute Strahlensyndrome (31 Todesfälle)		

mäßige Bedeutung des radoninduzierten berufsbedingten Bronchialkarzinoms evident, das das erste als berufsbedingt identifizierte Malignom darstellt (▶ Kap. 10.1.1).

32.3 Systematik der Strahlenwirkungen

32.3.1 Akute und chronische nichtstochastische Strahlenwirkungen auf Gewebe und Organe

Umschriebene Körperareale reagieren auf Bestrahlung nach einer kurzen Latenzzeit akut mit entzündungsartigen Erscheinungen bis hin zur Ulzeration, chronisch mit Fibrosierung und Degeneration. Diese Veränderungen finden ihren Ursprung im *Gefäß- und Bindegewebe*. Nach Bestrahlung treten im Bindegewebe zunächst mehrtägig und evtl. rezidivierend Ödeme und leukozytäre Infiltrationen infolge kapillärer Hyperämie und Permeabilitätserhöhung auf. Nach Einstrahlung fraktionierter Dosen von insgesamt über 40 Sv ist nach mehreren Monaten als Spätreaktion eine grobfaserige *hyaline Strahlenfibrose* zu beobachten. An den Kapillaren ruft Bestrahlung Endothelablösung, Brüchigkeit, Ektasie und Gerinnselbildung hervor, später Gefäßuntergang und verminderte Sprossung. Arteriolen, Arterien und Aorta reagieren mit Wandfibrose und Intimaverdickung. In Venen können sich radiogen bedingte Thromben bilden. Lymphgefäße – strahlenresistenter als Kapillaren – reagieren ebenfalls mit Permeabilitätszunahme, Ektasie und Verödung.

Veränderungen der *Haut* durch Röntgenstrahlung wurden als erster Strahlenschaden identifiziert – in den ersten Jahren der Radiologie hatte man vielfach die eigenen Hände als biologische Dosimeter benutzt. Frühester sichtbarer Ausdruck der Strahlenwirkung auf die Haut ist das *Strahlenerythem*, welches die oben beschriebene Gefäßreaktion widerspiegelt. Es tritt nach einzeitiger Bestrahlung mit 5–10 Sv auf und persistiert undulierend mehrere Wochen. Am Stratum basale der Epidermis werden die Stammzellen proliferativ gestört. Infolge des intraepidermalen Ödems entstehen Polymorphie und Zellnekrosen. Nach Einzeldosis über 10 Sv entsteht innerhalb von 1–3 Wochen die *Radiodermatitis acuta bullosa erosiva* („exsudative Hautreaktion") und *gangraenosa* („akutes Röntgenulkus"). Radiogene Hautgeschwüre sind sehr schmerzhaft. Kleinere Dosen führen zur Atrophie der Epidermis, der Talg- und Schweißdrüsen ohne Epidermiolyse (*Radiodermatitis sicca*). Das Spätstadium ist die *chronische Radiodermatitis* mit Hautatrophie, Hyperkeratose, Pigmentverschiebung und Sklerosierung, mit Gefäßverschlüssen und Teleangiektasien. Auch langdauernde fraktionierte Exposition der Haut mit kleinen Einzeldosen führt zur chronischen Radiodermatitis. Als Spätfolge der chronischen Radiodermatitis und Geschwürbildung kann nach Jahren ein *radiogenes Hautkarzinom* entstehen. Wegen der sichtbaren chronischen nichtstochastischen Vorschäden nimmt es eine Sonderstellung unter den radiogenen Neoplasien ein. Aufgrund von bewusstem Einsatz der Strahlenschutzmaßnahmen ist dieses Malignom heute sehr selten.

Der temporäre *Haarverlust* wird durch eine einzeitige Dosis von 3,5–4,0 Sv verursacht. Nach etwa 12 Sv ist der Verlust permanent.

An *Mundhöhle, Rachen* und *Speiseröhre* ruft fraktionierte Applikation von etwa 50 Sv analog zur akuten Radiodermatitis eine *exsudative Schleimhautreaktion* mit Epithelablösung und fibrinöser Entzündung hervor. Reepithelialisierung erfolgt rasch. Höhere Dosen lassen – wiederum den Vorgängen an der Haut entsprechend – Atrophie, Fibrose und Teleangiektasie zurück. Am Gastrointestinaltrakt gleichen die Strahlenveränderungen des weniger radiosensiblen *Magens* qualitativ denen des Dünndarms. Nach fraktionierter Verabreichung von etwa 40 Sv entstehen radiogene Ulcera ventriculi, Bestrahlung mit Tumordosen kann Anazidität bewirken.

Das Schleimhautepithel des *Dünndarms* stellt den strahlenempfindlichsten Abschnitt des Gastrointestinaltraktes dar. Einzeldosen unter 30 Sv unterdrücken die Zellteilung der Epithelien in den Lieberkühnschen Krypten, so dass die Dünndarmzotten in wenigen Tagen denudiert sind. Noch höhere Dosen verursachen Dünndarmulzera. Spätfolgen sind Schleimhautatrophie, Stenosen und Adhäsionen. Weil die moderne Radiotherapie mit penetrierenden Strahlenqualitäten durchgeführt wird, haben Strahlenreaktionen des Dünndarms heute größere Bedeutung als früher. Die Strahlenempfindlichkeit des *Kolons* ist geringer als die des Dünndarms. Lokale Applikationen von tumorvernichtenden Dosen verursachen Ulzerationen und konsekutiv Narbenstenosen; Prädilektionsort ist das Sigmoid.

An der *Leber* bewirken Dosen über 30 Sv eine *Strahlenhepatitis*, die in eine Zirrhose übergehen kann. Zur radiogenen Leberinsuffizienz führen erst höhere Dosen und großflächige Applikation.

Der *Larynx* ist aus strahlensensiblem Plattenepithel und Gefäßbindegewebe aufgebaut und dauernder mechanischer Beanspruchung ausgesetzt. Nach weniger als 10 Sv kann eine *radiogene Laryngitis* auftreten; hochdosierte Kehlkopfbestrahlung vermag ein lebensbedrohliches *Larynxödem* zu verursachen. Ursache der Atemwegsverengung kann auch eine radiogene *Perichondritis laryngica* sein, der eine Knorpelnekrose zugrunde liegt.

Pulmonale Applikation von einzeitig 10 Sv oder von 30 Sv fraktioniert in drei Wochen verursacht initial nach Stunden bis Tagen Anschwellung der

Alveolarwandzellen und Endothelien, Hyperämie, Ödem und vermehrte Schleimabsonderung aus den Bronchien. Nach einer Latenzperiode von mehreren Wochen entsteht eine *Strahlenpneumonitis* mit Abschilferung von Alveolarwandzellen, Austritt von Plasmaprotein in die Alveolen und Degeneration des Gefäßbindegewebes. Das Röntgenbild ähnelt dem einer Virus- oder Bronchopneumonie, wobei die Veränderungen auf das geometrische Bestrahlungsvolumen beschränkt bleiben. Als Endstadium resultiert eine umschriebene *Strahlenfibrose* der Lungen, oft mit groben Adhäsionen und Distraktionen der Nachbarstrukturen. Die Veränderungen prägen sich besonders dann stark aus, wenn eine Bronchialstenose (z. B. durch Tumor oder Bronchialsekret) besteht. Dann bilden sich herdförmige Atelektasen, Pneumonien, kleine Abszesse und Narben aus, die die Strahlenpneumonitis und -fibrose verschlimmern. Radiogene Thrombosen der Lungenarterien und -venen können die Rechtsherzbelastung der pulmonalen Strahlenfibrose verstärken. Als typische nichtstochastische Folge der chronischen Radongas-Inhalation wird eine *generalisierte Lungenfibrose* beschrieben.

- Einzeldosen von 10 Sv oder fraktionierte Dosen über 20 Sv rufen eine *radiogene Nephropathie* hervor, welche sich klinisch wie eine *subakute* bis *chronische Nephritis mit Hypertonie* manifestiert. Zugrunde liegen Gefäß- und Bindegewebsveränderungen, die unter Verödung der Glomerula und unter Degeneration der Tubuli zur Schrumpfung führen. Das Deckgewebe der ableitenden Harnwege ist strahlenresistenter als die Schleimhaut des oberen Gastrointestinaltraktes. Bestrahlung der Harnblase mit Tumordosen wird von einer *Strahlenzystitis* begleitet.

- Beim *Blut* und *blutbildenden System* ist das lymphatische Gewebe am strahlenempfindlichsten: An Kernen reifer Lymphozyten sind mikroskopische Veränderungen schon nach 0,25–0,5 Sv fassbar. Nach etwa 3,5–4,0 Sv ist der größte Teil von Lymphfollikeln völlig zerstört. Die Stammzellen der Erythro-, Leuko- und Thrombozyten sind ebenfalls sehr strahlenempfindlich. Durch etwa 1,0 Sv wird bereits über ein Drittel von ihnen devitalisiert, das Knochenmark verarmt an Zellen.

- An den *Hoden* und *Ovarien* ist durch ionisierende Strahlung eine dosisabhängig vorübergehende oder dauernde Sterilität zu erzeugen. Dosen über 1,0 Sv verursachen Oligospermie. Am strahlenempfindlichsten sind im Hoden die Spermatogonien, im Ovar die Oozyten. Diese Zellformen werden durch 2,5–3,0 Sv vernichtet, während die anderen zellulären Vorstufen weiter heranreifen. Es resultiert deswegen eine passagere Sterilität nach einem zeitlichen Intervall. Dosen über 5,0 Sv verursachen Atrophie der Hoden und Ovarien mit permanenter Sterilität. Strahlendosen, die nicht zur Zellzerstörung an den Keimdrüsen führen, haben einen stochastischen genetischen Effekt. *Eileiter* und *Gebärmutter* sind relativ strahlenresistent. Hohe Lokaldosen bewirken eine Zerstörung des Endometriums und inneren Myometriums. Das Plattenepithel der *Vagina* ist strahlenresistenter als die Epidermis. Hochdosierte lokale Bestrahlung erzeugt eine erosive und nekrotisierende Kolpitis mit nachfolgender Vernarbung.

- Wie alle endokrinen Organe ist die *Schilddrüse* relativ strahlenresistent. Durch ihre starke Iodavidität kann sie jedoch selektiv radioaktives ^{131}Iod speichern. Es resultiert dann eine weitgehend isolierte hochdosierte Bestrahlung des Schilddrüsenparenchyms, die bereits nach 12 Stunden zu Parenchymuntergang und später zu Fibrosierung und konsekutiver Funktionseinbuße führt.

- Großflächige Strahlenexposition von mehr als 30 Sv ruft generelle Veränderungen am *Gehirn* und an den *Hirnhäuten* hervor. Dabei überlagert die Reaktion des Gefäßbindegewebes diejenige der nicht teilungsfähigen Ganglienzellen. Die Veränderungen sind histologisch als Zellinfiltration, Vaskulitis, Hirnödem und Hirnnekrose fassbar. Als lokale Hirnläsionen kommen radiogene Hirnspätnekrosen Monate bis Jahre nach tumorvernichtenden Dosen vor. Am *Rückenmark* ist nach fraktionierter Exposition gegenüber mehr als 35–40 Sv mit neurologischen Ausfällen zu rechnen. Passagere Sensibilitätsausfälle, inkomplette und komplette Querschnittslähmungen werden beobachtet. Auch an *peripheren Nerven* kommen dosisabhängige Veränderungen bis hin zur Lähmung vor.

- Die nichtstochastisch strahlenempfindlichste Struktur des *Auges* ist die Linse. Nach Röntgen- oder Gammastrahlendosen von mehr als 2,0 Sv entwickeln sich sichtbare Linsentrübungen. Schnelle Neutronen sind bereits mit geringeren Dosen wirksam. Mikroskopisch liegt dem *Strahlenstar* eine Anhäufung geschädigter Zellen zugrunde, die unter der Kapsel zum hinteren Linsenpol wandern und hier eine Kapselverdickung verursachen. Die Entwicklungszeit des Strahlenstars liegt zwischen 6 Monaten und vielen Jahren. Strahlendosen von 10–20 Sv rufen eine *radiogene Keratokonjunktivitis* mit Hornhauttrübung hervor. Dosen von 60 Sv verursachen Zelluntergang in der Retina. Der Nervus opticus gleicht in seiner Strahlenempfindlichkeit dem übrigen Nervengewebe.

- Strahlendosen über 40 Sv verursachen am *Herzen* Perikardergüsse und Myokardveränderungen. Radiogene Arteriosklerose der Kranzgefäße nach einer längeren Latenzzeit wurde beschrieben.

- Das *Knochengewebe* des Erwachsenen ist relativ radioresistent. Bei fraktionierter Applikation erzeugen Dosen über 50–60 Sv Spätnekrosen und schlecht heilende Frakturen.

Tabelle 32.4 bietet einen Überblick der Strahlenempfindlichkeit von Organen und Organsystemen.

Eine Reihe von Geweben und Organen sind selten von Strahlenveränderungen betroffen. Als *strahlenresistent* (Toleranzdosis der Organe liegt höher

Tabelle 32.4. Nichtstochastische Teilkörperveränderungen durch Einzeldosen ionisierender Strahlung

▮ Lymphozytäres/ blutbildendes System	0,25–0,50 Sv	mikroskopische Lymphozytenveränderungen
	1,00 Sv	ein Drittel Knochenmarksstammzellen zerstört
	3,50–4,00 Sv	Lymphfollikel zerstört
▮ Auge	>2,00 Sv	Strahlenstar
▮ Genitalsystem	2,50–3,00 Sv	passagere Sterilität
	5,00 Sv	permanente Sterilität
▮ Haut/Haare	3,50–4,00 Sv	Epilation
	10,00 Sv	Radiodermatitis acuta bullosa erosiva
▮ Respirationstrakt	10,00 Sv	Strahlenpneumonitis und -fibrose
▮ Niere	10,00 Sv	radiogene Nephropathie
▮ Magendarmtrakt/Leber	30,00 Sv	Dünndarmzotten denudiert/Strahlenhepatitis
▮ Nervensystem	>30,00 Sv	Hirnnekrose
	35,00–40,00 Sv	Myelonschäden (fraktioniert)
▮ Herz	>40,00 Sv	Perikarderguss, Myokardschäden
▮ Skelettsystem	>40,00–50,00 Sv	Knochennekrosen
▮ Endokrine Organe	200,00 Sv	Nekrose von Thyreozyten

als die therapeutisch angewandte Dosis von ca. 60–70 Sv) gelten:

- Labyrinth des Innenohres,
- Nase,
- Nebenhöhlen,
- Trachea und Bronchien,
- Speicheldrüsen,
- Gallenwege und Gallenblase,
- exokrines Pankreas,
- seröse Häute,
- Nebenhoden,
- Samenleiter,
- Samenblasen,
- Prostata und Penis,
- peripheres autonomes Nervensystem,
- endokrine Organe (Hypothalamus-Hypophysensystem, Epiphyse, Nebennierenrinde und -mark, Epithelkörperchen, Inselapparat des Pankreas, Zwischenzellen des Hodens),
- Skelett- und glatte Muskulatur,
- Gelenke,
- Bursen und Sehnenscheiden,
- retikulohistozytäres und Fettgewebe.

32.3.2 Strahlenwirkungen ^{232}Thorium-haltiger Kontrastmittel

Alphastrahlen aussendendes radioaktives ^{232}Thorium wurde etwa von 1930 bis 1950 – insbesondere in Form der Thoriumdioxidsuspension Thorotrast – als wasserlösliches, auch arteriengängiges Röntgenkontrastmittel viel benutzt. Intravaskulär verabreicht wird es zu 97% im retikuloendothelialen System von Leber, Milz und Knochenmark gespeichert, paravasal injiziert bleibt es als Depot im Gewebe liegen. Zusammen mit seinen Zerfallsprodukten exponiert es seine unmittelbare Umgebung mit 0,4–400 Sv pro Jahr. Infolge ihrer Röntgendichte sind Thorotrastansammlungen auf Röntgennativaufnahmen unmittelbar zu erkennen. Durch Thorotrastinjektion kommen nach 14–24 Jahren gehäuft Strahleneffekte vor, die sonst nicht zu beobachten sind. Beschrieben wurden: massive zirkumskripte oder generalisierte Fibrosen von Milz, Lymphknoten, Nieren und Leber, Panmyelopathien, ausgeprägte Intimahyalinosen an Arterien, periphere Nervenläsionen durch Thorotrastextravasate, maligne Neoplasmen, insbesondere Hämangioendotheliome, aber auch Karzinome und Sarkome (Leber, Nieren, ableitende Harnwege, Samenblasen, Lungen und Knochen) sowie myeloische Leukämien, aber keine chronischen Lymphadenosen.

32.3.3 Die akute Strahlenkrankheit

Als akute Strahlenkrankheit fasst man die Syndrome (zentralnervöses, gastrointestinales, hämatopoetisches) zusammen, die durch *hohe Dosen* penetrierender ionisierender Strahlung hervorgerufen werden, welche den *gesamten Körper* oder große Anteile desselben in *kurzer Zeitspanne* betreffen. Es treten dann in Abhängigkeit von der Dosishöhe Allgemeinsymptome wie Kopfschmerzen, Schwindel, Übelkeit, Erbrechen, Durchfall, Störungen des Salz-Wasser-Haushaltes und Blutbildveränderungen auf

(Kurzzeitigkeit liegt vor, wenn die Exposition als Einzeldosis, innerhalb von Tagen oder höchstens innerhalb weniger Wochen erfolgt ist). Als hoch sind in diesem Zusammenhang Dosen von *über* 1,00 Sv zu betrachten. Denn bei Ganzkörperexpositionen zwischen 0,10–1,00 Sv ist nur in 1% der Fälle mit geringen Symptomen zu rechnen, so dass klinische Behandlungsbedürftigkeit nicht besteht.

▮ Nach Ganzkörperdosen von 1,00–2,00 Sv (*Stadium I* der akuten Strahlenkrankheit) treten Allgemeinsymptome bald und über mehrere Tage auf, klinische Behandlung wird erforderlich. Es finden sich Blutbildveränderungen mit früher Verminderung der Lymphozyten, später auch der Erythrozyten, der Gesamtleukozyten und der Thrombozyten. Etwa nach 5 Wochen wird die Norm wieder erreicht. Mit schwerem Verlauf ist nur bei Komplikationen (Infektionen, Blutungen, zusätzlich bestehenden Hautverwundungen) zu rechnen. Nach Ganzkörperdosen über 2 Sv treten die genannten Allgemeinsymptome früher und in schwerer Form auf. Infolge der Blutbildveränderungen ist nach 4–5 Wochen mit Infektionen und Blutungen zu rechnen.

▮ Bei Ganzkörperbelastungen von 2,00–4,00 Sv (*Stadium II* der akuten Strahlenkrankheit) wird die Letalität mit 10–25% angegeben.

▮ Bei Belastungen von 4,00–6,00 Sv (*Stadium III* des akuten Strahlensyndroms) beträgt sie 50%.

▮ Nach über 6,00 Sv Ganzkörperbelastung (*Stadium IV* des akuten Strahlensyndroms) ist mit nahezu 100%iger Letalität zu rechnen. Unter Einsatz aller derzeitigen medizinischen Mittel erscheint allerdings Rettung bis 12,00 Sv möglich. In den wenigen Fällen, in denen Menschen mit extremen Ganzkörperdosen über 30 Sv belastet wurden, trat in wenigen Tagen der Tod mit zentral-nervöser Schädigung und versagendem Herz-Kreislauf-System ein.

32.3.4 Entwicklungsstörungen durch Bestrahlung im Kindesalter und pränatale Strahleneffekte

Im *Wachstumsalter* ist das Zahn-, Knorpel- und Mammagewebe besonders strahlenempfindlich; schon nach Strahlenbehandlung gutartiger Veränderungen (z. B. Angiom) mit Dosen von etwa 2,0 Sv wurden Hypodontie, Wachstumsstörungen des Skeletts insbesondere durch Beeinträchtigung der Epiphysenfugen und Mamma-Hypoplasie beobachtet. Weil die Heilungsquote von *Wilms-Tumoren* des Kleinkindes durch kombinierte Operation, Strahlenbehandlung und Chemotherapie sprunghaft angestiegen ist, stellen heute lumbale Strahlenskoliosen eine typische komplikative Entwicklungsstörung dar. Sie ist überwiegend beim Wachstumsschub in der Pubertät progredient.

Ausmaß und Art radiogener Veränderungen der ungeborenen *menschlichen Frucht* hängen von dem Entwicklungsstadium ab, in welchem die Exposition stattgefunden hat. An möglichen nichtstochastischen Strahlenfolgen werden beim Menschen angenommen:

- Tod des Embryos während der Präimplantationsphase bis zum 10. Schwangerschaftstag mit einem Risiko von 0,1%/mSv am Uterus,
- Missbildungen während der Organogenese von der 2.–8. Schwangerschaftswoche mit einem Risiko von 0,05%/mSv,
- schwere geistige Retardierung während der starken Zellvermehrung der Neuroblasten für das Vorderhirn, und zwar von der 8.–15. Schwangerschaftswoche mit einem Risiko von 0,04%/mSv und von der 16.–25. Schwangerschaftswoche mit einem Risiko von 0,01%/mSv.

Für die genannten Folgen ist ein Schwellenwert von < 50 mSv anzusetzen.

32.3.5 Stochastische Strahlenwirkungen: Induktion von Malignomen und genetisch vererbbaren Defekten

Durch ionisierende Strahlen können fast an allen Geweben maligne Neoplasmen induziert werden, an denen auch Spontanmalignome entstehen, wenn hohe Strahlendosen appliziert werden. Außer durch ihre Genese unterscheiden sich radiogene Neoplasmen jedoch in der Regel nicht von spontan entstandenen Tumoren. Durch Knochenmarksexposition erzeugte Leukämien, chronische lymphatische Leukosen ausgenommen, haben als Indikatormalignome der Strahlenwirkung besondere Bedeutung. Sie treten nach einer Latenzzeit von 5 bis 10 Jahren auf. Zur Tumorbildung durch Strahlenexposition neigen weiterhin besonders Bronchialsystem, Kolon, Magen, Mamma und Schilddrüse. Die Latenzzeit dieser soliden radiogenen Tumoren beträgt Jahrzehnte. Nach Ganzkörperdosen im Bereich von 0,2–0,5 Sv und darüber sind erhöhte Malignomraten nachzuweisen, die der Strahlenexposition anzulasten sind. Bei Kindern kann derselbe Effekt schon nach 0,05–0,10 Sv auftreten.

Als stochastischer Effekt sind radiogene Neoplasmen grundsätzlich nicht am Einzelfall zu identifizieren, sondern nur als gegenüber der spontanen Tumorhäufigkeit erhöhtes Risiko einer ganzen exponierten Population. Die Höhe dieses Risikos nimmt mit steigender Dosis zu und ändert sich auch mit dem Lebensalter. In Bezug auf die Zeit nach Exposition und damit auf das Lebensalter wird für radiogene Leukämien und auch für Knochentumoren ein absolutes Risikomodell angenommen, für die anderen soliden radiogenen Tumoren ein relatives Risikomodell. Für die Mortalität durch radiogene Malignome insgesamt hat UNSCEAR 1977 einen Risikofaktor von $250 \times 10^{-6} \times 0{,}01\ Sv^{-1}$ angegeben. Demnach würden 250 zusätzliche tödliche Malignome in einer Population von einer Million Menschen entstehen, wenn jeder einzelne einer Ganzkörperexposition von 0,01 Sv ionisierender Strahlung ausgesetzt wäre. Dieselbe Institution hat aufgrund neuerer Berechnungen 1988 ein etwa dreifach höheres Risiko genannt. Dennoch ist das theoretische Risiko der radiogenen Karzinogenese durch kleine Strahlendosen in jedem Fall sehr klein.

Tatsächlich ist überhaupt nicht belegt, dass Expositionen unter 0,20 Sv an Erwachsenen bzw. unter 0,05 Sv an Kindern karzinogen wirken. Fragliche stochastische Effekte kleiner Strahlendosen können lediglich abgeschätzt werden, wie vor allem im Strahlenschutz aus Sicherheitsbedürfnis üblich. Im Strahlenschutz wird von den erfassbaren Zahlen auf die darunter liegenden Dosisbereiche extrapoliert, wobei man eine durchgehend geltende lineare Dosis-Wirkungs-Beziehung impliziert.

Als weitere stochastische Wirkung induziert ionisierende Strahlung durch Veränderung der Chromosomenzahl oder durch strukturelle Chromosomenveränderungen genetisch vererbbare Defekte. Dieser Strahleneffekt ist beim Menschen überhaupt nicht belegt. Es werden experimentelle Erfahrungen an Labortieren auf den Menschen übertragen. Man vermutet, dass je nach Applikationsmodus 0,5–1,0 Sv beim Menschen die spontane Mutationsrate, die mit 10% angegeben wird, verdoppeln könnten. Bei Extrapolation auf niedrige Dosisbereiche wäre wiederum das Risiko eines genetisch vererbbaren radiogenen Defektes sehr klein.

Grundsätzlich wird heute der radiogenen Karzinogenese größere Bedeutung zugemessen als der Induktion vererbbarer Schäden.

32.4 Besonderheiten der ärztlichen Begutachtung in der Radiologie

Wie für alle medizinischen Gutachten gilt auch in der Radiologie, dass vom Gutachter die Beantwortung von Fragestellungen anhand persönlicher Schulung, Erfahrung und Überzeugung erwartet wird, und nicht eine wissenschaftliche Expertise nach verschiedenen Hypothesen und Alternativen. Behauptete Strahlenexpositionen müssen nachgewiesen werden. Zwischen Strahlenexposition und vorliegendem Effekt muss ein klarer kausaler Zusammenhang bestehen, d.h., es muss sich tatsächlich um eine Strahlenwirkung handeln. Für die Begutachtung von Berufserkrankungen gilt, dass die Radiogenität eines Schadens wahrscheinlich in dem Sinn sein muss, dass ernsthafte Zweifel an der Ursache nicht bestehen, bevor dann Folgerungen bezüglich einer Entschädigung zu ziehen sind.

Ausreichende Kenntnisse der physikalischen Eigenschaften ionisierender Strahlung, Vorstellungen von Dosiseinheiten und Dosishöhen und Vertrautheit mit den praktischen Gegebenheiten der Sparten klinischer Radiologie sind Voraussetzung für die Erstattung von Gutachten. Tatsächlich ist das nicht selbstverständlich. Bis heute werden ganze Serien von Gutachten über radiologische Fragen ohne Einschaltung fachradiologischer Gutachter erstattet, in denen dann so grundsätzliche und hinsichtlich der Expositionshöhe verschiedene Begriffe wie Röntgenaufnahme, Röntgendurchleuchtung und Röntgentherapie vermischt werden. Das liegt nicht zuletzt an den unzeitgemäßen Vorstellungen von Gutachtenträgern, welche den Radiologen weitgehend – und angeblich wertfrei – als Hilfskraft anderer medizinischer Fachgebiete betrachten. Obwohl unter besonderen Umständen ganze Kollektive radiologisch zu Begutachtender vorstellbar sind, ist gewöhnlich die anfallende Zahl klein. Es gibt daher wenig Gelegenheit, Erfahrung mit Gutachten aus der Radiologie zu sammeln.

Ein grundsätzliches Problem radiologischer Gutachten verursacht die Tatsache, dass die Exposition gegen ionisierende Strahlung nicht unmittelbar empfunden wird, und dass ihre Wirkungen erst nach unterschiedlich langer Latenzzeit eintreten. Dies kann erstens zur Folge haben, dass – etwa aus Angst vor dem Nichtspürbaren – Expositionen behauptet werden, die nicht stattgefunden haben. Zweitens können Strahlenschäden tatsächlich eingetreten sein, die zunächst nicht bemerkt und erkannt werden. Drittens kann die Nicht-Spürbarkeit gelegentlich auch zu sorglosem, unvorsichtigem und unfallträchtigem Umgang mit ionisierenden Strahlen verleiten. Als schwerwiegendes Beispiel kommt vereinzelt Fehlverabreichung verwechselter oder zu hoher Nuklidportionen an Patienten bei der nuklearmedizinischen Diagnostik vor.

Nach Einwirkung hochenergetischer Strahlung, wie heute nach perkutaner Strahlentherapie, können intrakorporale Strahleneffekte ohne sichtbare Hautveränderungen vorliegen. Subkutane Strahlenfibrosen sind bei der Behandlung mit modernen Therapiegeräten (Linearbeschleuniger) nur in etwa 5% der Fälle zu erwarten. Hautveränderungen fehlen vielfach auch bei Inkorporation radioaktiver Stoffe. Selbst akute Strahlensyndrome nach hochdosierter Ganzkörperbestrahlung, die allerdings meist Folge spektakulärer Unfälle sind, entwickeln sich unter Umständen ohne sichtbare Körperschäden. Uncharakteristische klinische Symptome und hämatologische Befunde weisen dann erst im Verlauf auf die Wirksamkeit ionisierender Strahlung hin. Keinesfalls darf im konkreten Fall die Registrierung klinischer Symptome infolge Beschäftigung mit den potenziellen radiologischen und physikalischen Gegebenheiten vernachlässigt werden.

Im Regelfall sind aber typische akute oder chronische Hautalterationen, wie oben beschrieben, Indikatoren der Strahlenexposition und der möglichen darunter gelegenen Veränderungen. Isolierte ausgedehnte Radiodermatitiden können allerdings nach alleiniger Hautkontamination durch freie, betastrahlende Nuklide entstehen. Es ist eben schon bei nichtstochastischen Wirkungen nicht immer offensichtlich, dass Effekte durch ionisierende Strahlen überhaupt vorliegen, oder dass diagnostizierte Schäden durch ionisierende Strahlen induziert wurden. Wenn anamnestische Angaben oder sichtbare Zeichen der Bestrahlung fehlen, hilft die Kenntnis typischer Effekte weiter. Dazu gehören die nichtheilende Klavikulapseudarthrose nach Bestrahlung wegen Mammakarzinoms und die beidseitige spontane Schenkelhalsfraktur infolge konventioneller Strahlenbehandlung von Uteruskarzinomen.

Nicht selten sind weiterhin Bestrahlungsfeld, Höhe und zeitliche Verteilung der Dosis, durch die ein Strahleneffekt verursacht worden sein soll, nicht bekannt. Es muss dann auf Abschätzungen anhand der klinischen Veränderungen, auf evtl. getragene Dosimeter, auf die Formulare der technischen und ärztlichen Überwachung, auf die Körperdosisermittlung durch Chromosomenanalyse oder aufwendigerweise auf Simulation eines etwaigen Unfalles zurückgegriffen werden. Der Röntgenpass in seiner heute vorgeschriebenen Form stellt ein Dokument von nur beschränktem Wert für die gutachtliche Abschätzung der Strahlenexposition dar.

Der angenommene Strahlenschaden einerseits und Qualität, Energie, Fraktionierung und Zielvolumen der Exposition müssen übereinstimmen. Der vermutete Strahlenschaden muss der Strahlensensibilität und der spezifischen Reaktionsform des betroffenen Organs oder Körperteils einschließlich der Nachbarstrukturen entsprechen. Nach perkutaner Exposition sind betroffene Bezirke gemäß der Ausbreitungsgeometrie von Strahlen oft geometrisch begrenzt – Strahlenpneumonitiden sind oft rechteckig begrenzt, Strahlenhepatitiden können mit viereckigen Speicherausfällen einhergehen. Bei perkutaner Bestrahlung sind dicht unter der Haut gelegene Strukturen häufig mitbetroffen, wie die Rippen oder der nervale Armplexus nach postoperativer Strahlentherapie des Mammakarzinoms. Angenommene Kontaminationen und Inkorporationen radioaktiver Nuklide bedürfen der Verifizierung durch Abstriche, Blut- und Ausscheidungsproben sowie durch den Ganzkörperzähler. Die vermutete Strahlenwirkung muss der Menge, der effektiven Halbwertszeit, dem Speicherungsverhalten und dem Eliminationsweg des Nuklides entsprechen. Zur Bewertung angenommener pränataler Strahlenschäden müssen neben der Dosis am Embryo bzw. Fötus und der zeitlichen Expositionsverteilung vor allem das Gestationsalter, weiterhin aber auch die Familienanamnese und die Möglichkeit sonstiger teratogener Einwirkungen berücksichtigt werden.

Insgesamt ist es aber infolge der bestehenden Dosisschwelle, der erforderlichen Dosishöhe und der quantitativen Dosis-Wirkungs-Beziehung bei nichtstochastischen Strahleneffekten nicht regelhaft problematisch, eine ursächliche Beziehung zwischen Strahlenwirkung und Bestrahlung herzustellen oder abzulehnen. Als Anhalt für die Beurteilung der Auswirkungen von Strahlenfolgen können die „Anhaltspunkte für die ärztliche Gutachtertätigkeit 2004" herangezogen werden.

Bei radiogenen Folgen sollte zunächst die Dosisverteilung im Körper abgeschätzt werden. Hier stellt sich die Frage, wie hoch die biologisch wirksame Dosis am betroffenen Organ war. Zu diesem Zweck werden Modelle zur Umrechnung („Normalisierung") der Gesamtstrahlendosis entwickelt.

Es gilt: Je niedriger die Dosis, desto unwahrscheinlicher ist der ursächliche Zusammenhang zwischen Bestrahlung und Folge. Alle Strahleneffekte sind abhängig von der applizierten Gesamtdosis und Fraktionierung. Bei Bewertung und Vergleich von frühen und späten Strahlenwirkungen sollte eine Normalisierung der Dosis (Umrechnung der biologischen Effekte auf übliche Fraktionierung von 5×2 Gy/Woche) vorgenommen werden. Damit lassen sich die biologischen Effekte mit den zahlreich verfügbaren strahlenbiologischen Daten vergleichen und gutachtlich evaluieren. Die Wahrscheinlichkeit der Strahlenfolge wird anhand von Toleranzdosen bestimmt. TD 50/5 bedeutet, dass nach Applikation einer fraktionierten Dosis in 50% der Fälle innerhalb von 5 Jahren ein Effekt auftreten wird (Tabelle 32.5). Bei Bewertung der Strahlenbelastung dürfen die Risikofaktoren für die Entstehung von Strahlenfolgen wie Diabetes, arterielle Hypertonie nicht vergessen werden. Begleitende Chemotherapie erhöht die Wahrscheinlichkeit einer Strahlenfolge. Die Häufigkeit und Ausprägung der Schäden sind höher im operierten Gewebe.

Wenn ein malignes Neoplasma mit ionisierender Strahlung behandelt worden ist, kann es außerordentlich schwierig zu entscheiden sein, ob Nebenerscheinungen unvermeidbare, hinzunehmende Nebenwirkungen darstellen oder vermeidbare echte Strahlenschäden. Die Bedeutung dieser Frage wird dadurch illustriert, dass beispielsweise im Jahre 1962 die durchschnittliche Häufigkeit von ernsteren Behandlungsfolgen nach Röntgenbestrahlung von Karzinomen acht verschiedener Organe mit 1–20% – durchschnittlich mit 8% – angegeben wurde. Komplizierend kommt hinzu, dass Expositionsfolgen gelegentlich als exogen bedingte Kombinationsschäden oder als endogen bedingte Kumulationsschäden auftreten. Wie in anderen medizinischen Fächern kommen radiologische Komplikationen auch dann vor, wenn man mit exakt funktionierendem technischem Gerät arbeitet und nach den anerkannten Regeln der Strahlentherapie vorgeht. Denn die schematischen Unterschiede der Strahlensensibi-

Tabelle 32.5. Toleranzdosen menschlicher Organe bei Anwendung fraktionierter Bestrahlung. Alle Dosisangaben in Gy bezogen auf eine konventionelle Fraktionierung (5×2 Gy/Woche; gewöhnlich 1 Gy=1 Sv); $TD_{5/5}$=Dosis, bei der nach fünf Jahren bei 5% der behandelten Patienten mit der jeweils angegebenen Nebenwirkung zu rechnen ist. $TD_{50/5}$=Dosis, bei der nach fünf Jahren bei 50% der behandelten Patienten mit der jeweils angegebenen Nebenwirkung zu rechnen ist. (Nach Emami et al. 1991)

Organ Volumenanteil	$TD_{5/5}$ 1/3	$TD_{5/5}$ 2/3	$TD_{5/5}$ 3/3	$TD_{50/5}$ 1/3	$TD_{50/5}$ 2/3	$TD_{50/5}$ 3/3	Strahlenfolge
▮ Armnervenplexus	62	61	60	77	76	75	manifeste Plexopathie
▮ Augenlinse	–	–	10	–	–	18	Katarakt
▮ Blase	–	80	65	–	85	80	symptomatische Schrumpfblase
▮ Cauda equina	kein Volumeneffekt		60	kein Volumeneffekt		75	manifeste Neuropathie
▮ Chiasma opticum	kein Volumeneffekt		50	kein Volumeneffekt		65	Erblindung
▮ Dünndarm	50	–	40[a]	60	–	55	Stenose, Perforation, Fistel
▮ Femurkopf (I+II)	–	–	52	–	–	65	Knochennekrose
▮ Haut	10 cm^2: 50	30 cm^2: 60	100 cm^2: 55	10 cm^2: –	30 cm^2: –	100 cm^2: 70	Nekrose, Ulzeration
▮ Herz	60	45	40	70	55	50	Perikarditis
▮ Hirn	60	50	45	75	65	60	Nekrose, Infarkt
▮ Hirnstamm	60	53	50	–	–	65	Nekrose, Infarkt
▮ Kiefergelenk	65	60	60	77	72	72	Trismus
▮ Kolon	55	–	45	60	–	55	Stenose, Perforation, Ulkus, Fistel
▮ Larynx	79[a]	70[a]	70[a]	90[a]	80[a]	80[a]	Knorpelnekrose
▮ Leber	50	35	30	55	45	40	Leberausfall
▮ Lungenflügel	45	30	17,5	65	40	24,5	Pneumonitis
▮ Magen	60	55	50	70	67	65	Ileus, Perforation
▮ Mittelohr/äußeres Ohr	30	30	30[a]	40	40	40[a]	akute seröse Otitis
▮ Mittelohr/äußeres Ohr	55	55	55[a]	65	65	65[a]	chronische seröse Otitis
▮ Niere (eine)	50	30	23	–	40[a]	28	klinisch manifeste Nephritis
▮ Ösophagus	60	58	55	72	70	68	Striktur, Perforation
▮ Parotiden	–	32[a]	32[a]	–	46[a]	46[a]	Xerostomie
▮ Rektum	Volumen: 100 cm^3		60	Volumen: 100 cm^3		80	Proktitis, Stenose, Nekrose, Fistel
▮ Retina (I+II)	kein Volumeneffekt		45	kein Volumeneffekt		65	Erblindung
▮ Rippen	50	–	–	65	–	–	pathologische Fraktur
▮ Rückenmark	5 cm: 50	10 cm: 50	20 cm: 47	5 cm: 70	10 cm: 70	20 cm: –	Myelopathie, Nekrose
▮ Sehnerven, Retinae (I+II)	kein Volumeneffekt		50	kein Volumeneffekt		65	Erblindung

[a] 50% Volumen verursacht keine signifikante Änderung

– =keine Angaben

lität verschiedener Körpergewebe und -organe stellen eine grobe Vereinfachung individueller Verhältnisse dar.

Nachdrücklich ist auf Folgendes hinzuweisen: Generell und insbesondere gutachtlich darf von *Strahlenschaden* nur gesprochen werden, falls entweder vorsätzlich oder fahrlässig vermeidbare nachteilige Strahlenwirkungen herbeigeführt wurden. Auch der Terminus *Strahlenbelastung* impliziert negative Auswirkungen. Wertfrei sind nur Begriffe wie Strahlenexposition, Strahlenfolge, Strahlenwirkung, Strahleneffekte oder Strahlenreaktion. Im Einzelfall sind zur Festlegung der verschwimmenden Grenzen zwischen Strahlenfolge und Strahlenschaden die speziellen gutachtlichen Kenntnisse und Erfahrungen des praktisch tätigen Strahlentherapeuten unersetzlich.

Die Fragestellungen bei Gutachten nach Strahlentherapie betreffen sehr häufig die Korrektheit der

Indikation oder beschäftigen sich mit der Vermeidbarkeit von Strahlenfolgen/-schäden. Bei der Indikationsstellung sollte stets auf histologische Sicherung der Diagnose geachtet werden. Es sollte immer darauf geachtet werden, inwieweit der Patient über die Therapie und alternative Verfahren aufgeklärt wurde. In der neuen Röntgen- und Strahlenschutzverordnung ist in diesem Zusammenhang der Begriff der „rechtfertigenden Indikation" für die bevorstehende Diagnostik oder Behandlung eingeführt worden. Grundsätzlich ist die Indikation zur Radiotherapie einer malignen Erkrankung nur dann unangreifbar gesichert, wenn der zu bestrahlende Prozess histologisch verifiziert wurde, obwohl vom Strahlentherapeuten nicht selten Ausnahmen von diesem Prinzip gefordert werden. Zum einen wegen der oft unsicheren Prognose, zum anderen wegen der oft schwerwiegenden psychischen Auswirkung erzwungener Untätigkeit ist bei bestrahlten Tumorpatienten auch die Entscheidung über die Berufs- oder Erwerbsfähigkeit schwierig und nur nach den jeweiligen speziellen Umständen zu beurteilen.

Vielfach wird außerdem bei fortgeschrittenen Tumorkranken Strahlentherapie nur deshalb gefordert und durchgeführt, „damit etwas geschieht". Demgegenüber strebt der verantwortungsbewusste Strahlentherapeut bei jedem Patienten effektive Bestrahlungsdosen und -volumina an, um ihm die größtmögliche kurative oder palliative Chance zu geben. Unter diesen Umständen kann es leicht der Strahlentherapie angelastet werden, wenn der erwünschte Erfolg nicht eintritt, oder wenn sich schwerwiegende, aber unvermeidbare Nebenwirkungen einstellen. Der nachfühlbaren Tendenz sowohl des Patienten wie auch der beteiligten nichtradiologischen Ärzte, dann den Strahlentherapeuten und nicht das maligne Grundleiden verantwortlich zu machen, kann nur mit Sachkompetenz Rechnung getragen werden.

Beispielhaft ist daran zu erinnern, dass Fisteln zwischen Beckenstrukturen eher Folge von Tumorzerfall an Blase, Uterus, Vagina oder Rektum sind als unmittelbare Auswirkung der Strahlentherapie. Strahlentherapeutisch besonders schwierig zu beherrschende Verhältnisse sind gegeben, wenn verschiedene Bestrahlungsmodalitäten angewendet werden mussten wie bei der kombinierten Behandlung eines fortgeschrittenen Uteruskarzinoms mit intrakavitärer Radiumapplikation und perkutaner Radiatio. Hohe Dosen am distalen Ureter können dann leicht auftreten. Wie ist in einem solchen Fall eine konsekutive Ureterstenose mit Hydronephrose zu bewerten? Erinnert sei auch an die zunächst unerwarteten Folgen neu angewandter Strahlenqualitäten, wie etwa die Armplexuslähmungen nach Bestrahlung mit schnellen Elektronen. Für diesen Problemkomplex gibt es sicherlich keine allgemein gültigen Regeln, so dass kompetente gutachtliche Entscheidung im Einzelfall erforderlich ist.

Als Strahlenbehandlung einer nichtmalignen Erkrankung wird die Radioiodtherapie der Schilddrüsenüberfunktion häufig durchgeführt. Mögliche und nicht sicher vermeidbare Nebenwirkung ist die posttherapeutische Hypothyreose durch eine weitgehende Verödung des Schilddrüsenparenchyms. Im Angesicht der oft schwerwiegenden Konsequenzen persistierender Hyperthyreose und im Angesicht der problemlosen Tablettenbehandlung der Schilddrüsenunterfunktion ist diese Komplikation als eine akzeptable Bestrahlungsfolge zu betrachten, sofern der Patient hierüber hinreichend aufgeklärt ist und zustimmt.

Durch sehr hohe Strahlendosen sind auch strahlenresistente Strukturen vulnerabel: Unter hochdosierter Radioiodtherapie von Schilddrüsenkarzinomen kommen Strahlenparotitiden vor, nach hochdosierter Bestrahlung des Felsenbeines Labyrinthnekrosen. Strahlenfolgen an diesen anatomischen Strukturen können zur Abschätzung der tatsächlich applizierten Dosis dienen (siehe Toleranzdosen).

Der Begutachtende sollte sich bei jedem gutachtlichen Vorgang in der Radiologie fünf Fragenkomplexe abarbeiten, bevor eine qualifizierte Beurteilung formuliert wird:

- War das therapeutische Konzept gerechtfertigt? War der Patient über die alternativen Therapieverfahren und Therapiefolgen aufgeklärt?
- War bei der Diagnostik die Wahl des Verfahrens und bei der Strahlentherapie Dosis, Fraktionierung und Bestrahlungstechnik adäquat?
- Liegt das/die „geschädigte" Organ/Körperregion im bestrahlten Volumen? Bestehen relevante Risikofaktoren (wie Begleiterkrankungen, Chemotherapie/Hormontherapie, vorangegangene Operationen), die diese Region betreffen?
- Ist die Abschätzung der Dosis in der bewerteten Region möglich? Wie hoch war die Belastung (Normalisierung der Dosis)?
- Bestehen mögliche Zusammenhänge zwischen Dosis und Effekt, und wie wahrscheinlich sind sie?

Grundsätzlich problematisch ist die gutachtliche Beurteilung eines fraglich radiogenen Karzinoms. Die langen Latenzzeiten erschweren die Zuordnung. Klinisch feststellbare Unterschiede zwischen radiogenen und nicht radiogenen Malignomen gibt es nicht; die Radiogenität ist nicht an der Einzelperson feststellbar; sie ist nur als geringeres oder höheres Risiko in Abhängigkeit von geringerer oder höherer Strahlenexposition abschätzbar. Hilfreich bei dieser Problematik sind die 1987 vom Council on Scientific Affairs herausgegebenen radioepidemiologischen Tabellen über die Wahrscheinlichkeit der Strahleninduktion von Karzinomen. Allerdings ist die Übertragbarkeit auf deutsche Verhältnisse sicherlich nicht in jeder Hinsicht gegeben. Unter Zugrundelegung der üblichen Rechtsprechung bei Berufserkrankungen in Deutschland können geringe Risiken bei kleinen Strahlendosen eine Tumorentstehung durch ionisierende Strahlen nicht wahrscheinlich machen. In Anlehnung an andere Karzinogene muss die Verursachungswahrscheinlichkeit über 50% liegen. Für Strahleninduktion eines Malignoms sprechen generell:

- hohe Strahlenexposition (sehr hohe Strahlendosen scheinen allerdings nicht besonders karzinogen zu wirken – so sind durch die Radioiodbehandlung benigner Schilddrüsenkrankheiten erzeugte Schilddrüsenkarzinome bisher nicht beschrieben worden);
- Latenzzeiten von 20–30 Jahren;
- Entstehung am Einwirkungsort der angeschuldigten Exposition;
- Vorliegen eines typisch radiogenen Neoplasmas, das andererseits spontan selten entsteht (bei spontan häufigen Tumoren ist die Beurteilung der Radiogenität besonders schwierig);
- Auftreten von Neoplasmen in Lebensaltern, in denen diese spontan selten entstehen;
- Vorliegen weiterer Strahlenschäden im Bereich des Neoplasmas (wie insbesondere chronische Radiodermatitis bei Hautkarzinom);
- Fehlen anderer karzinogener Faktoren;
- Fehlen einer genetischen bzw. familiären Disposition.

Auf die kürzere Latenzzeit und auf den Signalcharakter von radiogenen Leukämien insbesondere im jüngeren Lebensalter wurde bereits oben hingewiesen.

Wegen der problematischen Zuordnung stochastischer Strahlenschäden und wegen der fraglichen Wirkung kleiner Strahlendosen dürfte es selten sein, dass ein Zusammenhang zwischen einer Strahlenexposition und einem genetisch vererbbaren Defekt als bewiesen angesehen werden kann.

32.5 Diagnostische Strahlenexposition, Zumutbarkeit radiologischer und nuklearmedizinischer Untersuchungen, Kontrastmittelreaktionen

Radiologische Untersuchungsmethoden haben wegen ihrer Aussagekraft in der Diagnostik einen festen Platz. Man kann darauf meistens nicht verzichten, ohne an diagnostischer Genauigkeit einzubüßen und damit den Kranken zu benachteiligen. Die radiologischen Verfahren sind überwiegend nichtinvasiv und daher im Gutachtenverfahren duldungspflichtig. Ein möglicher Nachteil für den Patienten durch die Untersuchung ergibt sich daher im Wesentlichen daraus, dass er überhaupt der ionisierenden Strahlung ausgesetzt wird. Um das Risiko einer Exposition so klein wie möglich zu halten, muss die applizierte Strahlendosis auf das erforderliche Minimum beschränkt werden. Voraussetzung für die Anwendung radiologischer Maßnahmen ist daher, dass sie von qualifizierten Ärzten ausgeübt und überwacht werden. Diese müssen genaue Kenntnisse der durch ionisierende Strahlen verursachbaren Wirkungen haben und im fachgerechten radiologischen Arbeiten ausgebildet sein. Beschränkung der Strahlenexposition wird im röntgenologisch-technischen Bereich durch Wahl des adäquaten Aufnahmefeldes und der optimalen Strahlenqualität, durch Benutzung geeigneter Film-Folien-Kombinationen, durch Abdeckung von Gonaden und Augenlinsen sowie durch Beschränkung von Durchleuchtungszeiten erreicht. Die Computertomographie ist als weiterführende radiologische Methode gezielt einzusetzen. In der Nuklearmedizin haben Wahl der optimalen Nukliddosis und des günstigen Untersuchungszeitpunktes sowie genaue Beachtung der Messgeometrie den gleichen Effekt. Exakte Indikationsstellung, Anpassung des Untersuchungsganges und der Untersuchungsmittel an die Fragestellung und Beurteilung des erhobenen Befundes vor dem Hintergrund der gesamten diagnostischen und insbesondere bildgebenden Information sind strahlensparende ärztliche Maßnahmen. Mit der Magnetresonanztomographie steht der Radiologie eine weitere aussagekräftige bildgebende Methode ohne Verwendung ionisierender Strahlen zur Verfügung.

Röntgenuntersuchungen lassen sich einordnen in

- eine Gruppe mit *geringergradiger Hautexposition* von 1,5–5,0 mSv (Thorax, obere Extremität mit Schultergürtel, unterer Oberschenkel, Unterschenkel und Fuß),
- eine Gruppe *mittelgradiger Hautexposition* von 10–36 mSv (Schädel, Hals- und Brustwirbelsäule, Beckenregion, Abdomen, Cholezystographie, Untersuchungen des Urogenitaltraktes, zerebrale und abdominelle Angiographie, Tomographie im Thoraxbereich) sowie
- eine Gruppe mit *hoher Hautexposition* von 45–200 mSv (Lendenwirbelsäule, Mammographie, Pelvimetrie, Thoraxdurchleuchtungen, Untersuchungen des oberen und unteren Gastrointestinaltraktes).

Entsprechend liegen die Knochenmarksdosen pro Röntgenuntersuchung im Bereich von 1 mSv, nur bei Untersuchungen des Gastrointestinaltraktes und des Harntraktes werden 5 mSv erreicht. Niedrige Keimdrüsendosen unter 0,1 mSv bewirken Untersuchungen von Schädel, Halswirbelsäule, Thorax, Schultergürtel und oberer Extremität. Mittlere Keimdrüsendosen zwischen 0,3 und 4 mSv bewirken

Untersuchungen des oberen Gastrointestinaltraktes, der Gallenwege und des unteren Oberschenkels. „Hohe" Keimdrüsendosen bis zu 10 mSv bewirken Untersuchungen von Lendenwirbelsäule, Beckenbereich, Abdomen, Urogenital- und Gastrointestinaltrakt. Die Computertomographie bewirkt ähnliche Strahlenexpositionen wie die konventionelle Tomographie.

Die Strahlenexposition bei nuklearmedizinischen Untersuchungen liegt – gemessen an der Röntgendiagnostik – durchweg im mittleren und unteren Bereich. So exponiert der *Schilling-Test* unter Verwendung von 18,5 KBq (0,5 mCi) ^{57}Co die Leber mit 0,8 mSv, die Gonaden mit 0,01 mSv. Die *Szintigraphie* unter Verwendung 185 MBq (5 mCi) ^{99}Tc-Pertechnetat exponiert die Schilddrüse mit 5–25 mSv, das Gehirn mit 0,3 mSv. Strahlendiagnostische Untersuchungen können demnach bei fachgerechter Durchführung nichtstochastische Veränderungen nicht hervorrufen. Aber auch das Risiko der möglichen stochastischen Wirkung ist außerordentlich klein.

Bei nicht bekannter Schwangerschaft besteht das Risiko der diagnostischen radiogenen Fruchtexposition. Deshalb sollten nicht dringliche radiologische Untersuchungen bei konzeptionsfähigen Frauen nur in den ersten zehn Tagen nach Eintritt der Menstruation vorgenommen werden. In den ersten 3 Monaten einer bekannten Gravidität sollten möglichst keine radiologischen Untersuchungen durchgeführt werden und in der nachfolgenden Zeit nur bei dringlicher Indikation.

Bei Verwendung von iodhaltigen Kontrastmitteln stellt die Möglichkeit einer Kontrastmittelreaktion ein Risiko dar. Diese Reaktionen haben eine Häufigkeit von insgesamt 5%, sind jedoch nur in 1% der Untersuchungen wegen akuter Symptome behandlungsbedürftig. Nach großen Statistiken kommen kontrastmittelbedingte Todesfälle etwa einmal auf mehrere hunderttausend Untersuchungen vor. Zu Allergien neigende Personen haben 3–5-mal häufiger Kontrastmittelreaktionen. In 0,7% entstehen Phlebitiden nach Phlebographie.

Als invasive radiologische Methode birgt die Arteriographie auch technisch bedingte Komplikationsmöglichkeiten. Die Komplikationshäufigkeit beträgt 1–2%, wobei diese Zahl zum großen Teil ungefährliche Ereignisse wie Nachblutungen und Kontrastmittelextravasate enthält. Todesfälle kommen zu etwa 0,05% vor, am häufigsten infolge Dissektion eines Aortenaneurysmas. Die digitale Subtraktionsangiographie hat die Komplikationen weiter verringert.

Zusammenfassend kann man daher davon ausgehen, dass im Allgemeinen – auch unter Berücksichtigung gesetzlicher Grenzen der Mitwirkungspflicht von zu Begutachtenden – radiologische Untersuchungen im diagnostisch erforderlichen Ausmaß zumutbar sind.

Literatur

Baer U, Bauknecht K-J, Souchon R, Viebahn C (1981) Strahlenspätschäden am Darm. Münch med Wschr 123:503–507

Bamberg M, Molls M, Sack H (Hrsg) (2003) Radioonkologie – Grundlagen. Zuckschwerdt, München Wien New York

Boecker WR, Feinendegen LE (1987) Die Bedeutung der späten Strahleneffekte in der Begutachtung. In: Nicklas K et al (Hrsg). Strahlenschutz in Forschung und Praxis 29:157

Breckow J (1991) Zur Bewertung des Krebsrisikos durch ionisierende Strahlung nach der Dosimetrierevision von Hiroshima und Nagasaki. Med Klinik 86:92–98

Budach V, Sack H (1991) Grundlagen und Indikationen der Neutronentherapie. Dt Ärztebl 88:1574–1579

Bundesministerium für Gesundheit und Soziale Sicherung (Hrsg) (2004) Anhaltspunkte für die ärztliche Gutachtertätigkeit im sozialen Entschädigungsrecht und nach dem Schwerbehindertenrecht

Council on Scientific Affairs (1987) Radioepidemiological tables. JAMA 287:806–809

Emami B, Lyman J, Brown A, Coia L, Goitein M, Munzenrider JE et al (1991) Tolerance of normal tissue to therapeutic irradiation. Int J Radiat Oncol Biol Phys 21:109–122

Ernst H (1980) Strahlenreaktionen – Bestrahlungsfolgen – Strahlenschäden. Diagnostik 13:291–294

Feinendegen LE (1987) Begutachtung von Fällen, bei denen ein Strahlenschaden in Erwägung gezogen werden muss. Strahlenschutz in Forschung und Praxis 15:140–146

Fliedner TM, Szepesi T, Steinbach K-H (1987) Medizinische Versorgung der vom Reaktorunfall Tschernobyl unmittelbar betroffenen Personen. Strahlenschutz in Forschung und Praxis 29:85–103

Graul EH (1986) Ungelöste Probleme bei der Inkorporierung von radioaktiven Substanzen. Dt Ärztebl 83:2013–2023

Gumprecht D, Kindt A (Red) (1988) Aktuelle Fragen zur Bewertung des Strahlenkrebsrisikos. Bundesminister für Umwelt, Naturschutz und Reaktorsicherheit. Fischer, Stuttgart New York

Hauptverband der gewerblichen Berufsgenossenschaften (1997) Arbeitsunfallstatistik für die Praxis 1991. Sankt Augustin

Heß F (1986) Die Strahlentherapie gutartiger Erkrankungen. Dt Ärztebl 83:3374–3376

Holdorff B (1980) Strahlenschäden des Armplexus aus neurologischer Sicht. Diagnostik 13:301–303

Hübner KF, Fry ShA (1980) The medical basis for radiation accident preparedness. Elsevier, North-Holland New York Amsterdam Oxford

Kaul A (1989) Strahlendosis und Strahlenrisiko: Begrenzung auf das Annehmbare. Dt Ärztebl 86:3709–3715

Kaul A, Muth H (1978) Thorotrast Kinetics and Radiation Dose. Results from Studies in Thorotrast Patients and from Animal Experiments. Rad and Environm Biophys 15:241–259

Kellerer AM (1991) Risikoschätzung und Risikobewertung: Zur Wirkung kleiner Strahlendosen. Med Klinik 86:109–111

Kiefer H, Koelzer W (1987) Strahlen und Strahlenschutz. Springer, Berlin Heidelberg New York London Paris Tokyo

Leetz K-H (1990) Pränatale Strahlenexposition aus medizinischer Indikation. Dosisermittlung, Folgerungen für Arzt und Schwangere. Deutsche Gesellschaft für Medizinische Physik e.V., DGMP-Bericht Nr. 7

Leppin W (1980) Richtlinien für das ärztliche Verhalten nach Exposition der menschlichen Frucht mit ionisierenden Strahlen oder nach Inkorporation radioaktiver Stoffe aus medizinischer Indikation. Strahlentherapie 156:509

Messerschmidt O (1980) Strahlenschäden und ihre Behandlung. Arzt und Krankenhaus 5:12–14

NCRP Report 65 (1980) Management of Persons Accidentally Contaminated with Radionuclides. National Council on Radiation Protection and Measurements, Washington DC

Nussbaum RH, Köhnlein W, Belsey RR (1991) Die neueste Krebsstatistik der Hiroshima-Nagasaki-Überlebenden. Med Klinik 86:99–108

Pfeil J et al (1986) Strahlenschäden der Wirbelsäule nach Radiatio wegen eines Wilms-Tumors im Kleinkindesalter. Verlaufsuntersuchung bei 82 Kindern. Orthop. Praxis 22:863–870

Reiners Chr (1986) Zum Risiko von Unfällen durch Inkorporation von radioaktiven Stoffen in der Medizin und in Forschungslabors: Erfahrungsberichte, Hypothetische Situationen, Notfallmaßnahmen und Prophylaxe. NUC-Compact 17:140–143

Renz K, Seitz G (1987) Entschädigungspraxis der Berufsgenossenschaften bei Erkrankungen durch ionisierende Strahlen. In: Niklas K et al (Hrsg). Strahlenschutz in Forschung und Praxis 29:187–191

Scheid W, Traut H (1987) Biologische Dosimetrie und Strahlenqualität. In: Niklas K et al (Hrsg). Strahlenschutz in Forschung und Praxis 29:149–155

Scherer E, Streffer C, Trott K-R (Hrsg) (1990) Radiation Exposure and Occupational Risks. Springer, Berlin Heidelberg New York

Spann W (1987) Ärztliche Begutachtungspraxis. Strahlenschutz in Forschung und Praxis 29:121–133

Stephan G (1987) Körperdosisermittlung durch Chromosomenanalyse. Strahlenschutz in Forschung und Praxis 29:135–148

Stieve FE (1980) Erfahrungen mit bisherigen Strahlenunfällen – Ursachen, Abläufe, Gegenmaßnahmen. Strahlenschutz in Forschung und Praxis 21:80–108

Stieve FE (1987) Begutachtung von Strahlenschäden. Beispiele aus der Begutachtungspraxis. Strahlenschutz in Forschung und Praxis 29:167–186

Streffer C (1991) Strahlenrisiko im niedrigen Dosisbereich – Wie ist der Wissensstand? Dt Ärztebl 88:1512–1518

The International Commission on Radiological Protection (1989) Summary of the Current ICRP Principles for Protection of the Patient in Diagnostic Radiology. Pergamon Press, Oxford New York Beijing Frankfurt Sao Paulo Sydney Tokyo Toronto

Thurn P, Bücheler E (1977) Einführung in die Röntgendiagnostik. Thieme, Stuttgart

Tross H, Morr H, von Lieven H (1990) Die Strahlenpneumonitis: Ernste Komplikation der Strahlentherapie des Bronchialkarzinoms. Pneumologie 44:995

US National Institute of Health (1985) Report of the National Institutes of Health. Ad hoc Working Group to Develop Radioepidemiological Tables. NJH Publication No. 65-2748. Department of Health and Human Services, US Government Printing Office, Washington

Veröffentlichungen der Internationalen Strahlenschutzkommission ICRP, Heft 8 (1997) Abschätzung der Strahlenrisiken. Fischer, Stuttgart New York

Vogl Th, Lissner J (1985) Wirkung ionisierender Strahlung auf den menschlichen Organismus – klinische Befunde. Dt Ärztebl 82:1169–1182

Wagner H (1981) Strahlenfolgen am Bewegungsapparat. Langenbecks Arch Chir 355:181–185

Wiebe V (1985) Ionisierende Strahlung. In: Reichel G et al (Hrsg) Grundlagen der Arbeitsmedizin. Kohlhammer, Stuttgart Berlin Köln Mainz

Wiskemann A (1978) Akute Strahlenschäden – Notfälle aus dermatologischer Sicht. Notfallmedizin 4, 606–608

Zum Winkel K (1990) Nuklearmedizin. Springer, Berlin Heidelberg New York

33 Schädigungen durch andere physikalische Einflüsse

33.1 Allgemeine Überwärmung

E. Fritze und J. Fritze

Die Körpertemperatur wird durch Regulationen mit Hilfe des autonomen thermoregulatorischen Systems, aber auch durch äußere Maßnahmen des Menschen durch die Gewährleistung günstiger Milieutemperaturen in Wohn- oder Arbeitsräumen und durch die Bekleidung konstant gehalten. Bedeutsame Abweichungen der Kerntemperatur von 37 °C kommen nur unter Extrembedingungen vor, wenn Lufttemperatur, Luftbewegung, Luftfeuchtigkeit, Strahlungstemperatur, eine durch ungeeignete Bekleidung behinderte Wärmeabgabe und die Wärmeproduktion durch Körperarbeit die Thermoregulation überfordern. Dies kann auch unter unseren klimatischen Bedingungen bei körperlich anstrengenden Arbeiten, so bei Bauarbeitern, in der Landwirtschaft, im Bergbau, in der Stahlindustrie, bei Hochofenarbeitern und dergleichen vorkommen. Alter, Geschlecht, Konstitution und Akklimatisationsgrad bestimmen die individuelle Verträglichkeit von Wärme (und Kälte). Nach Beobachtungen in südafrikanischen Goldminen soll es mit einer Häufigkeit von etwa 2% Menschen geben, die sich an Hitzebedingungen nicht akklimatisieren können (Wyndham 1974).

Bei akuter Überwärmung können im Zusammenhang mit der massiven Schweißbildung und daraus resultierendem Natriumverlust Muskelkrämpfe, sogenannte *Hitzekrämpfe*, auftreten. Dabei braucht die Funktion und Regulation des Herz-Kreislauf-Systems nicht wesentlich beeinträchtigt zu sein. Beim so genannten *Hitzekollaps* und besonders beim *Hitzschlag* mit Hyperthermie stehen dagegen die Symptome der schweren Kreislaufregulationsstörung im Vordergrund. Hitzekollaps und Hitzschlag sind nicht streng zu trennen. Der so genannte *Sonnenstich* ist klinisch und anatomisch nicht vom Hitzschlag zu trennen. Vor allem eine plötzliche Hyperthermie, die den Hitzschlag kennzeichnet, verursacht Schäden des Zentralnervensystems mit Hirnödem, mit Blutungen in die subarachnoidalen Räume und in die Hirnsubstanz sowie mit gelegentlichen zerebralen Erweichungsherden und entsprechenden nervösen Ausfällen. Gefährdet sind insbesondere Berufe, bei denen sich ungünstige Bedingungen für die Wärmeabgabe mit gesteigerter Wärmeproduktion durch körperliche Schwerarbeit verbinden. Dazu gehören zum Beispiel Arbeiter in Bergwerken, Eisengießereien und Heizungsanlagen, Schiffsheizer oder Tunnelarbeiter. Der schwere Hitzschlag kann durch Verminderung des Herz-Zeit-Volumens und Herzinsuffizienz zu schwerer allgemeiner Hypoxie und zum Tode führen.

Chronische Hitzeeinwirkungen sollen zu Dauerschäden insbesondere der Haut und der Schweißdrüsen und damit zu Störungen der Wärmeregulation, aber auch zu Kreislaufschäden führen können. Man hat sogar psychische Veränderungen als Folge chronisch gestörten Wasser- und Mineralhaushaltes und endokrine Störungen, entstanden auf dem Boden chronischer Hitzeeinwirkung, diskutiert.

Es ist aber nicht wahrscheinlich, dass bei gesunden Menschen, bei normaler Ernährung und Flüssigkeitszufuhr selbst jahrelange Hitzearbeit zu Dauerschäden führen kann. Die ärztliche Beobachtung solcher Berufsgruppen bietet jedenfalls keine solchen Vorstellungen entsprechenden Hinweise. Die Annahme einer Schädigung gesunder Menschen durch langdauernde Hitzeeinwirkung ist weitgehend hypothetischer Natur.

Das schließt naturgemäß nicht aus, dass unter Hitzearbeit die Regulationsmechanismen des Herz-Kreislauf-Systems mehr beansprucht werden als bei niedriger Umgebungstemperatur. Mit der Weitstellung der Gefäßperipherie kommt es zur Erhöhung der Schlagfrequenz und zur Verminderung des Herz-Schlag-Volumens. Weder das Herz-Minuten-Volumen noch die arteriovenöse Sauerstoffdifferenz sind aber unter Hitzearbeit signifikant verändert. Bei submaximaler Arbeitsleistung kommt es allerdings infolge der besonderen Kreislaufregulationsvorgänge in der Muskulatur zu relativ starker Milchsäureanreicherung.

Literatur

Wyndham CH (1974) 1973 Yant Memorial Lecture: research in the human sciences in the gold mining industry. Am Ind Hyg Assoc J 35:113–136

33.2 Verbrennungen

33.2.1 Somatische Folgen

J.C. Bruck und A. Grabosch

Die Auswirkung der Verbrennung auf die Haut

Die Verbrennung ist ein schweres, den ganzen Organismus in Abhängigkeit von der Ausdehnung des verbrannten Gewebes beeinträchtigendes Ereignis und mit einem Polytrauma nicht zu vergleichen.

Als Folgen der Verbrennung verbleiben ausgedehnte Vernarbungen der Haut und des Unterhautfettgewebes nicht nur im Bereich der verbrannten Areale, sondern auch im Bereich der Entnahmestelle von Spalthauttransplantaten, die zur Deckung benutzt wurden.

Die physiologische Narbenschrumpfung führt im weiteren Verlauf einerseits zu mehr oder minder ausgeprägten Narbenkontrakturen, andererseits im Bereich der Epithelisation von Granulationsgewebe zu Narbenhypertrophien. Beide können in der Abhängigkeit von ihrer Lokalisation und ihrer Ausdehnung erhebliche funktionelle Auswirkungen haben, die nach der Neutral-0-Methode erfassbar sind.

Unter Berücksichtigung von funktionellen und ästhetischen Gesichtspunkten stellt jedes transplantierte Areal eine Minderung der Lebensqualität dar:

- die normale Temperaturregulation von Haut und Subkutis ist beeinträchtigt;
- die Sensibilität ist gestört;
- die Elastizität und Gleitfähigkeit auf Muskel- und Sehnengewebe ist reduziert;
- Hautanhangsgebilde wie Schweiß- und Talgdrüsen fehlen.

Diese Aspekte verdienen in ihrer Auswirkung auf die Arbeitsfähigkeit und die Lebensqualität ebenso wie funktionelle Beeinträchtigungen Berücksichtigung im Rahmen der Begutachtung.

Die Folgen thermischer Schäden auf der Haut sind in erster Linie direkt abhängig von der Höhe und der Dauer der Temperatureinwirkung (z.B. Verbrühung bekleideter Areale). Die Entwicklung der Narben steht jedoch in einem engen Zusammenhang mit der Gesamtausdehnung der Verbrennung und der zur Transplantation zur Verfügung stehenden Spenderareale, der Lokalisation (Gesicht, Hände, Füße, Perineum), der möglichen Therapie in Abhängigkeit von Zeitpunkt und Art des Debridements und nicht zuletzt der Qualität der Pflege der Entnahmestellen.

Ziel des modernen Hautersatzes

ist ein möglichst frühzeitiges Debridement, in Abhängigkeit von der Dauer der Schockphase und Gesamtausdehnung tangential oder epifaszial und möglichst innerhalb der ersten 72 Stunden nach dem Trauma. Dies gilt heute auch für tief zweitgradig verbrannte Areale mit dem Ziel, die Entstehung von Granulationsgewebe und Infektionen zu verhindern und rasch einen definitiven Haut- und Epithelersatz herzustellen.

Zeitpunkt und Auswahl der rekonstruktiven Maßnahmen sind neben der Qualität und Konsequenz (Wochenende!) krankengymnastischer und ergotherapeutischer Übungsbehandlung maßgeblich am Langzeitergebnis der Behandlung Brandverletzter beteiligt.

Die Epithelisation von Granulationsgewebe führt zwingend zur Ausbildung hypertropher Narben, die funktionell behindern, stark jucken und über Gelenken meist instabil und im Langzeitaspekt karzinogen sind.

Dies zu vermeiden rechtfertigt das Bestreben, auch bei Verbrennungen II. Grades die Reepithelisation frühzeitig chirurgisch herbeizuführen und die Züchtung von Granulationsgewebe unter allen Umständen zu vermeiden.

Therapie

Auch oberflächliche Verbrennungen II. Grades, deren Blasen abgetragen oder geplatzt sind, stellen eine Indikation zum chirurgischen Vorgehen dar. Der temporäre Epithelersatz erfolgt durch Fremdhaut, Amnion oder semipermeable Kunststoffmembranen.

Tiefe Verbrennungen II. Grades können in Abhängigkeit von der Lokalisation und der mechanischen Belastung (Füße, Hände) bereits die Indikation zur autologen Spalthauttransplantation darstellen. Bei frühzeitigem Debridement können noch Hautanhangsgebilde erhalten und die Geschmeidigkeit der Haut auf Dauer gewährleistet werden (Tabelle 33.1).

Die Therapie von Verbrennungen III. Grades besteht heute ausschließlich im Debridement der Nekrosen, tangential um Gleitgewebe zu erhalten oder epifaszial bei ausgedehnten Verletzungen im Bereich großer Flächen und hoher Infektionsgefahr (Thorax, Perineum) sowie im Hautersatz durch Spalt- und Spalthautmesh-Transplantate. Ab etwa 40% verbrannter Körperoberfläche werden Mischhauttransplantate oder Keratinozytenkulturen verwendet. Sie führen zu unterschiedlichen funktionellen und ästhetischen Ergebnissen, sind schwierig zu handhaben und sollten, auch wegen ihrer hohen Kosten, der Anwendung in Zentren zur Behandlung Brandverletzter vorbehalten sein.

Vollhauttransplantate werden lediglich im Bereich der Augenlider und der Handinnenflächen primär verwandt. Bei sekundären Rekonstruktionen sind sie im Gesicht, an Händen, Füßen und über Gelenken indiziert.

Bei tiefen Verbrennungen III. Grades und in der Therapie von Stromunfällen finden alle plastisch-

Tabelle 33.1. Bestimmung der Verbrennungstiefe nach dem klinischen Aspekt

Grad	Tiefe	Symptomatik	Heilung
I	Verletzung der Epidermis	Rötung, Schwellung, Schmerz	Regeneration ohne Narben
II a	Verletzung von Epidermis und obersten Koriumschichten	Schwellung, Blasenbildung, Schmerz	ohne Infektion, Regeneration ohne Narben, Pigment- und Strukturveränderungen möglich
II b	Zerstörung von Epidermis und tieferen Koriumschichten	geplatze Blasen, Schmerz, grau-weißlich-fleckig	Bildung von Gran.-Gewebe, Narbenbildung, Neigung zu Narbenhypertrophie, Reepithelisierung aus den Anhangsgebieten möglich
III	Zerstörung der gesamten Haut und ihrer Anhangsgebilde	grau-gelbliche lederartige Konsistenz der Haut, keine Haare, Schrumpfung des Gewebes (!), kein Schmerz	nur durch Hautersatz

chirurgischen Maßnahmen wie Nah- und Fernlappen und mikrochirurgische Gewebetransfers ihre Anwendung, um freiliegende Knochen, Sehnen und Nerven zu decken oder Gefäß- und Nervendefekte zu überbrücken.

Psychosoziale und vegetative Folgen (zu den psychischen Folgen von Brandverletzungen ▶ Kap. 33.2.2)

Wie schwerwiegend ein Verbrennungsunfall in das Leben des Kranken und seiner Umgebung eingreift, konnte in einigen wenigen retrospektiven Studien nachgewiesen werden. 51% befragter Patienten einer eigenen Untersuchung gaben 6 oder mehr Beschwerden und Behinderungen aus einem Fragenkomplex von 33 Möglichkeiten an. Dies zu berücksichtigen soll helfen, der posttraumatischen Allgemeinsituation brandverletzter Patienten gerechter zu werden. Die angegebenen Behinderungen stehen interessanterweise weniger mit der Lokalisation der Verbrennung (z.B. Gesicht, Hände) als vielmehr mit der Gesamtausdehnung, der Zahl der Operationen und der Dauer des Krankenhausaufenthaltes in Beziehung. Ein geschlechtsbezogener Unterschied konnte nicht gefunden werden, lediglich eine Suizidtendenz wurde nur bei Männern nachgewiesen. Die sozioökonomischen Folgen der Brandverletzung zeigten sich daran, dass 39,2% der vor dem Unfall berufstätigen Kranken eine Beeinträchtigung ihrer Arbeitsfähigkeit im Sinne eines Arbeitsplatz- oder Berufswechsels oder einer Berentung mit durchschnittlich, d.h. statistisch 51% MdE hinnehmen mussten; dies, obwohl die durchschnittliche Ausdehnung der Verbrennung in diesem Kollektiv mit 25% verbrannter Körperoberfläche noch nicht unter den Begriff „schwerstbrandverletzt" fällt.

Ein enger Zusammenhang besteht allerdings zwischen Anzahl der operativen Eingriffe und Zeit bis zur Wiederherstellung der Arbeitsfähigkeit einerseits und dem Ausmaß und der Mitarbeit an krankengymnastischen Therapiemaßnahmen andererseits.

Systemische Reaktionen

Die unmittelbare thermische Schädigung der Haut bildet die Grundlage für weitreichende pathophysiologische Reaktionen des Gesamtorganismus, die man unter dem Begriff der „Verbrennungskrankheit" zusammenfasst.

Zunächst werden aus den verbrannten Hautarealen Mediatoren, z.B. Histamin, Serotonin, Substanzen des Kinin-Systems, und toxische Produkte, die noch nicht gänzlich exakt definiert sind, freigesetzt. Diese führen zu einer systemischen Erhöhung der Kapillarpermeabilität. Innerhalb weniger Stunden verliert der Kranke große Anteile des intravasalen Volumens in den extravasalen Raum. Diese Verschiebung betrifft alle nichtzellulären Bestandteile des Blutes. Es entwickelt sich das bekannte Verbrennungsödem mit der Gefahr der Ausbildung einer Hypovolämie bis hin zum Schock. Bei protrahiertem Geschehen kann es wie bei jedem hypovolämischen Schock zum Nierenversagen kommen.

Die Phase der Kapillardurchlässigkeit ist nach 12–24 Stunden beendet. Die Kapillarwand wird wieder semipermeabel. Das Ödem wird rückresorbiert, wobei alle Proteine im Extravasalraum verbleiben.

Ödematöse Veränderungen betreffen alle Organe. Pathophysiologische Bedeutung erlangt insbesondere die Veränderung an der Darmwand. Durch Ödembildung, Minderperfusion und Hypoxigenierung entstehen morphologische Veränderungen – so nimmt die Zottenhöhe ab – und funktionelle Konsequenzen. Die Darmwand wird durchlässig für Bakterien, die im Darmlumen in großer Zahl vorhanden sind. Es kommt zur so genannten Translokation, die durch Streuung endogener Erreger zur systemischen Infektion führen kann.

Neben dieser Infektgefährdung durch endogene Keime ist die Möglichkeit der Infektion über die unter Umständen großflächige Zerstörung der Haut gegeben, die als Infektbarriere nun nicht mehr existiert. Sie repräsentiert heute die hauptsächliche Todesursache schwer Brandverletzter. Keime wie Staphylococcus aureus und Koagulase-negative Staphylokokken sowie Streptokokken sind häufig zu finden. Pseudomonas-aeruginosa- und Candida-albicans-Infektionen stellen eine ernste Bedrohung dar.

Wesentlich für das Infektgeschehen und den weiteren Verlauf ist die Tatsache, dass der Kranke sich nicht nur mit einer großen Anzahl von Keimen auseinanderzusetzen hat. Er ist vielmehr durch die Verbrennung an sich in seiner kompetenten Immunantwort gestört. Wiederum unter dem Einfluss von Mediatoren und durch die Toxinwirkung ist sowohl die humorale als auch die zellvermittelte Infektantwort gestört. Veränderte hormonelle Reaktionen beeinflussen das Bild weiterhin. Die komplexen immunologischen Veränderungen, die durch das thermische Trauma selbst, aber auch durch Therapiemaßnahmen ausgelöst werden, sind in vielen Einzelaspekten untersucht. Von einem Verständnis der Gesamtzusammenhänge sind jedoch noch keine therapeutischen Konsequenzen abzuleiten.

Ödembildung und Minderperfusion in der Frühphase nach dem Trauma sowie Infektgefährdung nach zwei bis drei Wochen repräsentieren die wesentlichen systemischen Reaktionen auf ein schweres thermisches Trauma.

Neben diesen traumaspezifischen Reaktionen ist der schwer Brandverletzte durch alle Erkrankungen, die im Rahmen der Intensivtherapie auch bei Polytraumatisierten auftreten können, gefährdet. Es können sich Thromboembolien entwickeln. Der Brandverletzte ist für die Ausbildung von gastroduodenalen Ulzerationen anfällig. Immobilisierungsschäden führen möglicherweise zu Bewegungseinschränkungen. Im Rahmen von Blutübertragungen, die aufgrund der notwendigen blutverlustreichen Operationen notwendig sind, können Infektionen übertragen werden.

Erst wenn die verbrannte Körperoberfläche durch Hauttransplantationen gedeckt und die Reepithelisation abgeschlossen ist, kann die akute vitale Gefährdung als überwunden angesehen werden.

Gutachterliche Bewertung

Die Zerstörung der Haut stellt die äußere unmittelbare Folge nach thermischer Schädigung, Verbrennung oder Verbrühung dar. Demzufolge ist der Brandverletzte häufig sichtbar stigmatisiert. Bedingt durch Spontanheilung mit Ausbildung von hypertrophen Narben durch die Epithelisation von Granulationsgewebe oder nach Defektdeckung durch Spalthauttransplantationen entstehen bleibende Veränderungen des Integumentes. Ab tief zweitgradigen Läsionen ist eine Restitutio ad integrum ausgeschlossen. Narbenzüge oder Immobilisierung können zu Bewegungseinschränkungen führen, die wie nach Traumatisierungen des Bewegungsapparates zu begutachten sind. Bei schweren Verbrennungen kommt es gelegentlich zu fast kompletten Einsteifungen insbesondere der Ellenbogen- und Schultergelenke, die durch gelenknahe Knochenappositionen (ektope Ossifikationen) bedingt sind. Röntgenaufnahmen sind zur ursächlichen Klärung notwendig.

Aber auch ohne Bewegungseinschränkung der Gelenke, die nach der Gliedertaxe erfasst werden, können Narbenbildungen zu erheblichen Beschwerden führen. In ihrer Beurteilung liegt die Hauptaufgabe des Gutachters von Verbrennungsfolgen.

Die Narbenfläche oder der Narbenstrang muss in Ausdehnung, Qualität und Lokalisation bewertet werden. Narbenbildungen im Gesicht oder an den Händen können auch ohne funktionelle Beeinträchtigung zur Berufsunfähigkeit führen. Psychovegetative Komponenten sollen berücksichtigt werden.

Die Ausdehnung der Narbe wird auf die Körperoberfläche bezogen. Hier kann die 9er-Regel nach Wallace – ein Arm macht 9% der Körperoberfläche, ein Bein $2\times9=18\%$, der Rumpf vorne $2\times9=18\%$, der Kopf 9% aus – angewandt werden. Eine weitere Hilfe zur Abschätzung der Ausdehnung bildet die Kenntnis, dass eine Handfläche des zu Begutachtenden 1% seiner Körperoberfläche entspricht.

Begutachtet man die Qualität einer Narbe, so achtet man auf Pigment- oder Texturveränderungen, wie sie nach so genannten Gittertransplantaten nicht zuletzt in Abhängigkeit von der Expansionsrate auftreten. Narbenstränge werden berücksichtigt. Ferner ist auf Instabilitäten, Atrophien im Narbenbereich und auf überschießendes Narbenwachstum zu achten.

Zur Vereinheitlichung der Bewertung des Lokalbefundes schlagen wir das in Tabelle 33.2 wiedergegebene Schema vor, das nach Absprache mit Fachgesellschaften Anhaltspunkte zur Begutachtung bieten soll.

Es wird also zunächst die MdE aus der Funktionseinschränkung ermittelt [A]. Zur Bewertung des Lokalbefundes wird ein Faktor Q mit der Ausdehnung der Narbenfläche je nach Narbenqualität multipliziert [B].

Faktor Q berücksichtigt die Lokalisation: Bei Narben im Gesicht und an den Händen beträgt er 5, im Einzelfall bis zu 10. Finden sich die Narben an der Brust und an den Armen, erfolgt die Multiplikation mit 2.

Darüber hinaus sind die unter [C] angegebenen psychovegetativen Beschwerden zu berücksichtigen. Diese Punkte sollten nicht einzeln abgefragt werden. Man achte nach der allgemeinen Frage nach Beschwerden auf diese Nennungen. Um auch hier eine gewisse Quantifizierung zu erreichen, belegen wir die Nennungen mit einer Punktzahl. Bei 1 und 2 Nennungen geben wir 5 Punkte, bei 3 bis 5 Nennungen 10 Punkte und bei mehr als 5 Nennungen 20 Punkte. Durch diese Gewichtung wird die Nennung vieler Punkte aus dem psychovegetativen Formenkreis relativiert, ohne dass sie unberücksichtigt bleiben.

Tabelle 33.2. Bestimmung der MdE für Brandverletzte. ([C] mod. n. G. H. v. Donnersmarck, F. Hörbrand (1995) Jahrbuch der Versicherungsmedizin 1995)

[A] MdE aus Funktionseinschränkung (Neutral-0)

[B] Bewertung des Lokalbefundes
Narbenareale

▮ ohne Pigment- und wesentliche Texturveränderung	% KOF×1 ×Q =
▮ ohne Pigment-, mit Texturveränderung (z. B. Meshgraft)	% KOF×1,5×Q =
▮ ohne Pigmentveränderung, mit Narbensträngen	% KOF×2 ×Q =
▮ mit Pigmentveränderung, Instabilität oder Hypertrophie	% KOF×3 ×Q =
	Summe = [B]

Der Faktor Q gewichtet die Qualität der Narbenareale.
Bei Narbenarealen im *Gesicht* und an *Händen* wird die Summe mit dem *Faktor 5–10*, bei Narbenarealen an *Brust* und *Armen mit dem Faktor 2* multipliziert

Punkte aus [B]: ________

[C] Fragen nach somatischen und vegetativen Beschwerden

▮ Trockenheit der Haut	▮ Wärmeempfindlichkeit
▮ Kälteempfindlichkeit	▮ Juckreiz
▮ Verletzlichkeit der Haut	▮ Spannungsgefühl
▮ Taubheitsgefühl	▮ Schweißneigung
▮ Gelenk- und Gliederschmerzen	

Zahl der Nennungen: 1–2 = 5 Punkte
3–5 = 10 Punkte
>5 = 20 Punkte

Punkte aus [C]: ________

Summe der Punkte aus [B] und [C]:

Punkte	<20	20–40	>40–70	>70–100	>100
MdE [B]+[C]	0%	10%	20%	30%	40%

MdE aus [A]+MdE [B]+[C] = Gesamt-MdE: ________

KOF Körperoberfläche

Wir addieren die Punktzahl aus den Nennungen psychovegetativer Beschwerden [C] zur ermittelten Punktzahl aus dem Teil [B] (Ausdehnung und Narbenqualität) multipliziert mit dem Faktor Q, der die Lokalisation berücksichtigt. Die Ermittlung der MdE [B]+[C] ergibt sich nach der dargestellten Tabelle aus der Summe der Punkte aus [B] und [C].

Die so ermittelte Teil-MdE wird dann der MdE aus [A] zugerechnet, die sich aus Bewegungseinschränkungen, Amputationen und sonstigen Unfallfolgen ergibt.

Da dieses Schema zunächst sehr unübersichtlich erscheint, soll es an einem Beispiel erläutert werden:

Der zu Begutachtende zeigt eine flächenhafte Narbe auf der Wange von 0,5% Ausdehnung mit Pigmentveränderungen ohne Texturveränderungen, Narbenstränge oder Instabilität: 0,5% × 3 = 1,5
Q = 5: 1,5 × 5 = 7,5

Den gesamten Handrücken und die Streckseite der Langfinger (1% Körperoberfläche (KOF)) bedeckt eine Narbenfläche mit einzelnen Narbensträngen: 1% × 2 = 2
Q = 5: 2 × 5 = 10

Dazu kommt eine Narbenfläche von 5% am Thorax mit instabilen Arealen: 5% × 3 = 15
Q = 2: 15 × 2 = 30
47,5

Nennt der Patient dann noch Juckreiz, Kälteempfindlichkeit und Wärmeüberempfindlichkeit (3 Nennungen = 10 Punkte), so erreicht er eine Gesamtpunktzahl von 57,5. Aus der Tabelle resultiert, auch ohne funktionelle Einschränkungen, eine MdE von 20%.

Bei sorgsamer Betrachtung dieses Punktesystems lässt sich erkennen, dass so Überbetonungen im Aspekt vermieden werden und realistische Begutachtungen resultieren. Das Schema sollte helfen, im Rahmen der sonst sehr subjektiven Beurteilung von Narben zu einer einheitlichen Begutachtung zu gelangen.

Neben diesen lokalen Unfallfolgen sind alle mittelbaren Unfallfolgen, die sich aus dem Krankheitsbild der Verbrennungskrankheit ableiten lassen, sowie die aus einem Inhalationstrauma und den Folgen der Intensivbehandlung möglicherweise resultierenden Komplikationen als mittelbare Unfallfolge im Rahmen der Begutachtung angemessen zu berücksichtigen.

33.2.2 Psychische Folgen

A. Stevens

Epidemiologie und Prognose

Die Prävalenz psychischer Störungen liegt bei Brandverletzten bei ca. 25%, verglichen mit 12% bei nicht verletzten Kontrollen (Altier et al. 2002). Die häufigsten psychischen Beschwerden bei Brandverletzten sind Angst- und depressive Symptome (Andreasen u. Norris 1972, Patterson et al. 1993, Tucker 1987). Eine prospektive Untersuchung fand einen Monat nach dem Ereignis bei 54% der Brandverletzten depressive Symptome, nach 2 Jahren noch bei 43% (Wiechmann et al. 2001). Die Übersichtsarbeit von van Loey u. van Son (2003) berichtet eine deutlich niedrigere Prävalenz depressiver Symptome (13–23%) und eine Prävalenzrate für Teilsymptome der posttraumatischen Belastungsstörung (*PTSD*) von 13–45%. Die Prävalenz der PTSD bei Brandverletzten wird mit 5–25% angegeben (Lawrence u. Fauerbach 2003).

Die Prognose psychischer Störungen nach Brandverletzungen ist gut. Eine retrospektive Untersuchung an Erwachsenen, die als Kinder Verbrennungen erlitten hatten, fand vergleichbare Beschäftigungs- und Partnerschaftssituationen wie bei Nichtverletzten. Körperliche Beschwerden waren bei den brandverletzten Männern häufig, die Frauen beklagten Vermeidungsverhalten, Aggressivität und körperliche Beschwerden (Meyer et al. 2004). Auch bei erwachsenen Brandverletzten ist die Prognose gut (van Loey u. van Son 2003). Ungünstige Prädiktoren waren prämorbid schlechte soziale Integration, Neurotizismus, Introversion, Coping-Stil mit hoher Emotionalität und Vermeidung. Bedeutendster Prädiktor waren psychische Vorerkrankungen, nicht aber Ausmaß oder Lokalisation der Verletzung (Quested et al. 1988).

Häufig sind die psychischen Störungen nicht Folge, sondern Ursache der Brandverletzungen. Dies betrifft insbesondere Störungen, die zu autoaggressiven Handlungen, extremem Risikoverhalten oder zu Intoxikationen (mit akzidentieller Selbstbeschädigung) führen (Pham et al. 2003), zu Persönlichkeitsstörungen und Pyromanie: Nach retrospektiven Untersuchungen haben 59% der männlichen und 39% der weiblichen Verbrennungsopfer prämorbide psychische Störungen, meist Drogen- oder Alkoholmissbrauch, senile Demenz (21%) oder schizophrene und affektive Psychosen (20%) (Haum et al. 1995, Ilechkwu 2002, McArthur u. Moore 1975).

Alpträume sind, wie andere Träume von emotional signifikanten Erlebnissen, in den ersten Wochen häufig (40–80% der Unfallopfer) und weder krankhaft noch Vorboten künftiger psychischer Störungen. Lediglich chronische Alpträume gelten als krankhaft (Alptraumstörung). Diese Störung beginnt meist in der Kindheit, die Prävalenz liegt bei 50% (gelegentliche Alpträume), die Prävalenz für allnächtliche Alpträume liegt bei 3% (APA 2000). Frauen sind 2- bis 4-mal häufiger betroffen. 43% der Brandverletzten berichten noch Jahre nach dem Trauma über Alpträume. Häufiger betroffen scheinen Frauen, Personen mit ausgedehnten Verbrennungen, anlagebedingter Angstbereitschaft und vermeidenden Coping-Strategien (Low et al. 2003).

Bei Brandverletzten können ferner hirnorganische Psychosyndrome nach Inhalation toxischer Dämpfe oder Kohlenmonoxidvergiftungen auftreten. Prävalenzraten liegen hierfür nicht vor.

Kernsymptome und Diagnostik

Die Diagnose psychischer Störungen muss anhand der Kriterien der diagnostischen Manuale gestellt werden, wegen der klaren Operationalisierung und der besseren Reliabilität, vorzugsweise nach dem DSM IV TR (APA 2000). Das ICD-10 ist zwar das von den deutschen Krankenversicherungen vorgeschriebene Codierungssystem, jedoch für gutachtliche Zwecke wenig tauglich. Die Diagnosen sind schlecht operationalisiert und kaum durch Feldstudien validiert, das ICD-10 ist überaltert, und 80% der Studien beziehen sich auf das DSM IV. Dieser Mangel hat zur Entwicklung der ICD-Parallelversion der „Diagnostic Criteria for Research" geführt. Im außerdeutschen Raum sind DSM-Diagnosen für forensische Zwecke ohnehin verpflichtend. Das Bundessozialgericht hat in mehreren Entscheidungen ebenfalls auf die überlegene klassifikatorische Wertigkeit des DSM abgestellt.

Die Diagnosemanuale sind aber keine „Krankheitsverzeichnisse", weshalb darin mit Bedacht der Begriff „Störung" statt „Krankheit" verwendet wird. Ihr Selbstverständnis (vgl. die Präambeln des DSM IV TR und des ICD-10) liegt in einer enzyklopädischen Auflistung und Definition charakteristischer Typen normabweichenden Verhaltens und Erlebens. Es finden sich nebeneinander Krankheiten im organpathologischen Sinn (z. B. Demenz, Schizophrenie) und normabweichende Erlebensweisen (z. B. somatoforme Störung). Dass eine Krankheit im sozialmedizinischen Sinn besteht, muss anhand objektivierbarer Funktionsstörungen dargelegt werden (McHugh u. Slavney 1998). Folgende psychische Störungen können nach Brandverletzungen vorliegen:

Akute Belastungsstörung (Acute Stress Disorder, DSM IV 308.03)

Die Person hat ein katastrophales, außerhalb üblicher menschlicher Erfahrung liegendes Ereignis erlebt mit dem Tod, schwerer Verletzung oder der unmittelbaren Gefahr von Tod oder Verletzung der eigenen Person oder eines anderen. Es ist unmittelbar zu einer heftigen psychischen Reaktionsbildung, Bewusstseinseinengung, Dissoziation (Verlust der kontextuellen Zusammenhänge) und affektiver Starre gekommen. Die Störung dauert höchstens 4 Wochen.

Anpassungsstörung (Adjustment Disorder, DSM IV 309.xx)

Dies sind Störungen des Verhaltens oder der Emotionen, die in engem zeitlichen Zusammenhang mit dem Ereignis (innerhalb von 3 Monaten) auftreten und außergewöhnlich sind, gemessen an der üblichen Reaktion auf ein derartiges Ereignis bezogen auf die Herkunftskultur. Anpassungsstörungen halten in der Regel nicht länger als 5 Monate an. Erfahrungsgemäß wird die Diagnose häufig (und falsch) bereits dann gestellt, wenn ein Verletzter eine emotionale Reaktion nach einem Trauma zeigt. Im Unterschied zur akuten Belastungsstörung muss das Trauma nicht außergewöhnlich sein. Die Störung kann mit Entzugserscheinungen bei Substanzabhängigen verwechselt werden sowie mit einem akuten hirnorganischen Psychosyndrom („burn delirium"), welches typischerweise 1–2 Tage nach der Verbrennung einsetzt.

Depressive Episode (Major Depressive Episode, DSM IV 296.2x)

Die Diagnose erfordert das Vorliegen von 5 der folgenden Merkmale über wenigstens zwei Wochen: gedrückte Stimmung an fast allen Tagen, Interessenverlust, Verlust der Lebensfreude, Gewichtsänderung (>5% innerhalb eines Monats), Schlafstörungen, Antriebsminderung oder -steigerung, Abgeschlagenheit, Klagen über Konzentrationsstörungen, Gefühl der Wertlosigkeit und Todesgedanken. Depressive Symptome (depressive Verstimmungen, depressives Syndrom) sind andererseits häufig und nicht gleichbedeutend mit einer klinisch bedeutsamen affektiven Störung, der Depression (Major Depressive Episode). Von einer „Depression" sollte in Gutachten nur gesprochen werden, wenn eine diagnostizierbare affektive Störung vorliegt, die in Schweregrad und Symptomvielfalt auch den diagnostischen Kriterien entspricht. Der Begriff der „reaktiven Depression" ist obsolet, es sollte die „Anpassungsstörung vom depressiven Typ (Adjustment Disorder)" verwendet werden.

Spezifische Angststörung (Phobie, DSM IV 300.29)

Die Diagnose erfordert weit mehr als die Angabe von „Angst" im Beschwerdevortrag. Es müssen die typischen psychischen und vegetativen Zeichen der Angst bestehen, ein klinisch relevantes Vermeidungsverhalten und die subjektive Einsicht, dass das Vermeidungsverhalten unangemessen ist.

Alptraumstörung (Nightmare Disorder, DSM IV 307.47)

Die Diagnose bezeichnet wiederholtes Erwachen mit lebhaften Erinnerungen an Träume mit dem Inhalt lebensbedrohlicher Szenen, rascher Reorientierung nach dem Erwachen und signifikanter Beeinträchtigung von Alltagsfunktionen durch die Schlafunterbrechung. Wichtigste Differentialdiagnose ist das Schlafapnoesyndrom mit Übergewicht, Bluthochdruck, Gedächtnis- und Vigilanzstörungen.

Posttraumatische Belastungsstörung (Posttraumatic Stress Disorder, *PTSD*, DSM IV 309.81)

Die Diagnose erfordert (wie die akute Belastungsstörung) das Erleben eines katastrophalen Ereignisses, das Vorliegen einer psychischen Initialreaktion (Fabra 2002), später (normalerweise innerhalb von 3 Monaten nach dem Ereignis) das andauernde lebhafte Erinnern des Ereignisses in Tagträumen und spezifischen Alpträumen sowie ein angstgeprägtes Vermeidungsverhalten gegenüber Hinweisreizen. Ferner können unspezifische psychische Beschwerden wie verminderte affektive Reagibilität, vegetative Übererregung und Dissoziationen (Dissoziation bezeichnet den Verlust der normalen, geordneten Zusammenhänge des Erlebens und Handelns) beklagt werden. Auffällige objektive Befunde sind meist nicht zu erheben, so dass kritisches Augenmerk auf die Plausibilität und die Konsistenz der Beschwerdeschilderung zu richten ist. Die Diagnose einer PTSD kann z.B. nicht gestellt werden, wenn keine Erinnerung an den Unfall besteht oder der Verletzte eingehend, aber ohne psychische Reaktion über den Hergang des Unfalls berichtet. Diagnostische Interviews oder Selbstbeschreibungsskalen versagen häufig, da bei Antragstellern Antworttendenzen bestehen (Rogers 1997). Selbstbeschreibungsskalen sind zur Diagnosestellung nicht geeignet. Bei Zweifeln an der Validität der Angaben sind spezielle Skalen zur Erfassung von Verdeutlichungstendenzen erforderlich (Stevens und Merten 2007). Die PTSD ist eine seltene Diagnose (Breslau et al. 1998).

Hirnorganisches Psychosyndrom (Dementia, DSM IV 294.1)

Es bestehen multiple erworbene kognitive und mnestische Defizite mit Aphasie, Apraxie, Agnosie oder Störungen der Exekutivfunktionen (vom Frontalhirn vermittelte, grundlegende mentale Prozesse höherer Ordnung wie Vigilanz, Aufmerksamkeit, Planung und Koordination von Handlungen). Die Erkrankung ist nach Brandverletzungen nicht progredient (Differentialdiagnose: senile und substanzinduzierte Demenz).

Pathogenese

Psychische Störungen können bei Brandverletzungen auf mehreren Wegen entstehen bzw. zur Beobachtung gelangen. Ein Ursachenzusammenhang ist im naturwissenschaftlichen Sinn durch die statistische Assoziation zweier Ereignisse (Trauma – Schädigungsfolge) gegeben (Stevens u. Foerster 2003), wobei in den verschiedenen Rechtsbereichen unterschiedliche Anforderungen an die Qualität der Assoziation gestellt werden. Grundsätzlich kann ein Ursachenzusammenhang nicht aus einer Einzelfallbeobachtung hergeleitet werden.

Brandverletzungen sind stets Folgen eines akuten Traumas, z. B. eines Unfalles (Verkehrsunfall, Explosion, Verbrühung am Arbeitsplatz). Es sind daher charakteristische, Trauma-assoziierte psychische Störungen zu beachten, wie die akute Belastungsreaktion und die Anpassungsstörung. Beides sind zeitlich eng begrenzte psychische Störungen, die in der Regel noch während der Erstbehandlung ausheilen. Insbesondere bei Personen mit vorbestehender depressiver Störung sind widrige Lebensereignisse mit depressiven Symptomen assoziiert, die mitunter den Schweregrad einer depressiven Störung erreichen. So berichtet Tennant (2002) eine Inzidenz depressiver Störungen von 0,5% pro Monat bei Kontrollen mit niedrigem genetischen Risiko für Depression gegenüber 6,2% bei Personen, die widrigen Lebensereignissen ausgesetzt waren. Bei Individuen mit hoher genetischer Belastung liegen die Inzidenzraten bei 1,1% und 14,6%. Chronische oder rezidivierende depressive Störungen treten nach Traumata nicht häufiger auf.

Bei der Beurteilung von Phobien wird meist das „Vulnerabilitätsstressmodell" bemüht, welches besagt, dass Personen mit anlagebedingter Vulnerabilität auch auf weniger erschreckende Ereignisse hin eine Phobie entwickeln können, während bei Personen mit niedrigem genetischen Risiko dramatischere Ereignisse erforderlich sind. Dieses hypothetische additive Kausalitätsmodell ließ sich jedoch empirisch nicht bestätigen. Vielmehr scheint das Risiko, eine Phobie zu entwickeln, wesentlich durch anlagebedingte Faktoren bestimmt, Traumata geben der Phobie lediglich das Thema (Hettama et al. 2003, Kendler et al. 2002).

Untersuchungen über die Assoziation von Alptraumstörungen mit Brandverletzungen liegen nicht vor. In der Regel bestehen Alpträume bereits seit der Kindheit, nach einem Trauma nehmen die Alpträume vorübergehend dessen thematische Prägung an.

Wesentliche Risikofaktoren für eine PTSD sind familiäre Belastung mit Angststörungen (OR=2.9), antisoziale Persönlichkeitsstörung (OR=2.1) und eine eigene vorbestehende Angststörung (OR=2.5). Bei 90% der von einer PTSD Betroffenen finden sich vorbestehende psychische Störungen (Depression, Substanzabhängigkeit, Angststörung, Neurotizismus) (Breslau et al. 1998, Cox et al. 2004). Hohe Neurotizismusscores erklären 40% der Varianz für das Auftreten der PTSD (Lawrence u. Fauerbach 2003).

Allgemeine Risikofaktoren für das Auftreten dieser Störungen sind weibliches Geschlecht, vorbestehende psychische Auffälligkeiten (Leistungsverzeichnis der Krankenkasse!), Angst und Schmerzen unmittelbar nach dem Ereignis, Neurotizismus und Aggressivität, aber auch Entschädigungsbegehren, weshalb das DSM ausdrücklich den Ausschluss von Beschwerdeausgestaltung fordert (Kriterium F) (van Loey u. van Son 2003, Willebrand et al. 2004).

Nach akuten hirnorganischen Psychosyndromen bei Kohlenmonoxidvergiftung, Sauerstoffmangel oder Inhalation anderer toxischer Substanzen können auch anhaltende dementielle Zustände auftreten (Mayer u. Stevens 1998). Die Ursachenfeststellung erfordert neben dem Vorliegen eines initialen Psychosyndroms eingehende radiologische und elektrophysiologische Differentialdiagnostik und fehlende Progredienz.

Spätfolgen der Verbrennung, wie Verlust von Gliedmaßen, Narben mit kosmetischer Beeinträchtigung oder mechanischer Beweglichkeitseinschränkung (Narbenzug), Ulzerationen, Verlust der Talg- und Schweißsekretion und Sensibilitätsstörungen können zu erheblichen Einschränkungen beruflicher wie Freizeitaktivitäten und damit des Befindens führen. Dieser Verlust an beruflichen und privaten Freiräumen ist aber bereits in der chirurgischen Bewertung der Unfallfolgen enthalten. Eine gesonderte Bewertung psychischer Schädigungsfolgen wird erst nötig, wenn eigenständige psychische Störungen hinzutreten. Die Auffassung, dass anhaltende körperliche Beeinträchtigung oder kosmetische Mängel zu einer Minderung der Lebenszufriedenheit und zu anhaltenden psychischen Störungen führen müssten, ist empirisch nicht belegt. Myers (1992) hat auf das Unangemessene solcher Ad-hoc-Identifikationen mit Verletzten hingewiesen und gezeigt, dass die langfristige Lebenszufriedenheit nicht bzw. nur sehr gering mit dem körperlichen Zustand oder der objektiven Lebenssituation korreliert. Personen mit erheblichen Brandverletzungen zeigen ähnliche subjektive Lebenszufriedenheit wie Nichtverletzte (Altier et al. 2002, Sheridan et al. 2000). Eine spezielle Form subjektiver Beeinträchtigung z. B. durch Narben ist die Körperbildstörung (Body Dysmorphic Disorder, DSM IV 300.7). Dabei wird eine kosmetische Entstellung geltend gemacht, die für andere nicht nachvollziehbar ist. Die allgemeine Prävalenz liegt bei 4% (Bohne et al. 2002). Es handelt sich nicht um eine Verletzungsfolge, denn die Störung tritt häufig im Rahmen von Zwangserkrankungen, Hypochondrie, Depression, Angsterkrankungen auf (Otto et al. 2001), und 60% der Betroffenen haben eine vermeidende Persönlichkeitsstörung (Philipps u. McElroy 2000). Lokalisation und Ausmaß der

Tabelle 33.3. Bewertung der psychischen Störungen von Brandverletzten

	Gesetzliche Krankenversicherung	Sozialhilfe-Gesetz	Pflege-versiche-rung	Gesetzliche Unfallversicherung	Private Unfallver-sicherung	Soziales Entschädigungs-recht
Akute Belastungs-reaktion	bis 1 Monat[c]: behandlungsbedürftig Arbeitsunfähigkeit	keine Leistung	keine Leistung	bis 1 Monat[c]: Arbeitsunfähigkeit	keine Leistung	keine Leistung (keine anhaltenden Folgen)
Anpassungs-störung („adjustment disorder")	bis 6 Monate[c]: behandlungsbedürftig	keine Leistung	keine Leistung	bis 6 Monate[c]: Arbeitsunfähigkeit MdE 10–20%	keine Leistung	keine Leistung (keine anhaltenden Folgen)
Depression	behandlungsbedürftig	evtl. Krankenhilfe	keine Leistung	MdE 10–80%[a]	keine Leistung	MdE 10–80%[a]
Angststörung	behandlungsbedürftig	evtl. Krankenhilfe	keine Leistung	keine Leistung (kein Kausalzusam-menhang!)	keine Leistung	keine Leistung
Alptraumstörung	behandlungsbedürftig	keine Leistung	keine Leistung	keine Leistung	keine Leistung	keine Leistung
Posttraumatische Belastungsstörung (PTSD)	behandlungsbedürftig	evtl. Krankenhilfe	keine Leistung	MdE 10–30%, zeitlich gestaffelt, bis 4 Jahre[c]	keine Leistung	MdE 10–40%
Hirnorganisches Psychosyndrom	behandlungsbedürftig Arbeitsunfähigkeit	evtl. Mehrbedarf, Eingliederungshilfe, Pflegehilfe	Kategorie A, B, C, E	MdE 20–100%	20–100%[b]	MdE 20–100%

	Schwerbe-hindertenrecht	Gesetzliche Rentenversicherung	Haftpflicht-versicherung	Lebensversicherung (BUZ, Pflegebedürftigkeit)
Akute Belastungsreaktion	keine Leistung	keine Leistung	bis 1 Monat[c]: MdE 10–30%	keine Leistung
Anpassungsstörung („adjustment disorder")	keine Leistung	keine Leistung	bis 6 Monate[c]: MdE 10–30%	keine Leistung
Depression	keine Leistung (keine Dauerfolgen)	keine Leistung (keine Dauerfolgen)	MdE 10–80%[a]	gel. Leistungspflicht (Dauer über 6 Monate)
Angststörung	keine Leistung	keine Einschränkung	keine Leistung	Einschränkung <50%
Alptraumstörung	GdB 10%	keine Einschränkung	keine Leistung	Einschränkung <50%
Posttraumatische Belastungsstörung (PTSD)	GdB 10–40%	Reha-Leistungen	MdE 10–40%	Einschränkung <50%
Hirnorganisches Psychosyndrom	GdB 20–100%	Reha-Leistungen, selten: Erwerbsunfähigkeit	MdE 20–100%	gel. Leistungspflicht

[a] für die zeitlich mit dem Unfall assoziierte Episode, danach 0 von Hundert, auch für weitere Episoden
[b] außerhalb der Gliedertaxe
[c] danach unter dieser Diagnose nicht plausibel

Verbrennung erklären nach systematischen Untersuchungen lediglich 20% der Varianz der Körperwahrnehmung, prämorbide soziale Integration und Depressivität dagegen den größten Anteil. Speziell korrelieren sichtbare Narben (entgegen einem verbreiteten Klischee) nicht mit der Selbstwahrnehmung und nur mäßig mit der antizipierten Wahrnehmung der eigenen Person durch andere, insbesondere ergibt sich keine Korrelation mit depressiven Symptomen (Lawrence et al. 2004). Wie bei den Angststörungen gibt der Unfall aber das Thema im Sinn einer Fehlattribution.

Therapieoptionen

Kontrollierte psychiatrische Therapiestudien an Brandverletzten liegen nicht vor. Ausgehend von der Literatur über allgemeine Verletzungsfolgen kann empfohlen werden (APA 2002, BMJ Publishing Group London Editorial Board 2003):

- akute Belastungsreaktion → Beratung, Anxiolytika
- Anpassungsstörung → Beratung, Verhaltenstherapie (*VT*), Anxiolytika
- Depressive Episode → VT, Antidepressiva
- Angststörung → VT, begleitend Pharmakotherapie
- Alptraumstörung → Antidepressiva
- posttraumatische Belastungsstörung (*PTSD*) → VT, Antidepressiva, Anxiolytika
- hirnorganisches Psychosyndrom → Neuroleptika, Benzodiazepine.

„Debriefing", also prophylaktische psychotherapeutische Frühinterventionen unmittelbar nach dem Trauma, sind nach kontrollierten Untersuchungen nicht zu empfehlen bzw. kontraindiziert, da sie zu einer höheren Inzidenz psychischer Störungen, möglicherweise zu Lerneffekten und vermehrter Selbstbeobachtung führen (Wessely et al. 2000). Die Effektivität von Verhaltenstherapie ist der „Eye Movement Desensitization and Reprocessing" (*EMDR*) nach Metaanalysen überlegen. Insgesamt ist die Effektstärke der Psychotherapien gegenüber den unbehandelten Kontrollen mäßig (d = 0,5). Das Kernstück bei der Behandlung von Angststörungen oder Vermeidungsverhalten ist die Exposition gegenüber dem angstbesetzten Reiz. Kontrollierte Studien haben gezeigt, dass die eigenständig durchgeführte Exposition (ohne Therapeutenbegleitung) genauso effizient ist wie die begleitete (Deacon u. Abramowitz 2004, Park et al. 2001).

Gutachterliche Bewertung

Die Diagnose (= Bezeichnung der Gesundheitsstörung) erlaubt es, den Ursachenzusammenhang zu prüfen. Für die Bewertung der Beeinträchtigung ist über die Diagnose hinaus darzulegen, welche objektivierbaren Beeinträchtigungen des Leistungsvermögens für berufliche oder private Aktivitäten vorliegen. International existieren recht verschiedene Bewertungssysteme für Brandverletzungsfolgen. Die American Medical Association (*AMA*) hat 1977 ein umfassendes Klassifikationsschema für Körperschäden vorgestellt. Daraus wurde wiederum ein System zur Eingruppierung von Hautschäden entwickelt (Costa et al. 2003). Die Zuordnung erfolgt nach dem Ausmaß der Hautveränderungen, dem Verlust an Aktivitäten und der Erfordernis laufender ärztlicher Behandlung. Es existieren spezielle Selbstbeschreibungsbögen für Brandverletzte (z. B. die „Brief Burn Specific Health Scale"), die die Bereiche Wärmetoleranz, Affektivität, Handfunktion, laufende Behandlungsbedürftigkeit, Sexualität, Beschäftigung, Beziehungsleben, Körperwahrnehmung und Alltagsfähigkeiten erfasst (Kildal et al. 2001). Die italienische gesetzliche Unfallversicherung (INAIL) berechnet die Entschädigung aus einem generellen, tabellarisch fixierten Entschädigungssatz für die Gesundheitsstörung (Diagnose), einem „biologischen Schadenssatz", der die Schwere der Gesundheitsstörung, das Alter und Geschlecht berücksichtigt, einer Kompensation für die unfallbedingten finanziellen Einbußen und einer Gewichtung von Beeinträchtigungen in sozialen Funktionen, Sport und Sexualität.

Selbstbeurteilungsskalen zur Quantifizierung von psychischen Symptomen liefern keine Befunde, sondern systematisch erfasste Beschwerden. Problematisch ist, dass sie über ein hohes Suggestivpotential verfügen, weshalb Kontrollverfahren unverzichtbar sind (Foerster u. Winckler 2004, Merten 2002, Rogers 1997). Bewertungsvorschläge für die mit Brandverletzungen assoziierten psychischen Störungen finden sich in Tabelle 33.3.

Literatur

Altier N, Malenfant A, Forget R, Choinière M (2002) Long-term adjustment in burn victims: a matched-control study. Psychol Med 32:677–685

Andreasen NJC, Norris AS (1972) Long-term adjustment and adaptation mechanisms in severely burned adults. J Nerv Ment Dis 154:352–362

APA (2000) American Psychiatric Association: Diagnostic and Statistical Manual of Mental Disorders, 4th ed. Washington, DC

APA (2002) American Psychiatric Association: Practice Guidelines for the treatment of psychiatric disorders. Washington DC

BMJ Publishing Group London Editorial Board (2003) Clinical evidence Mental Health

Bohne A, Keuthen NJ, Wilhelm S, Deckersbach T, Jenike MA (2002) Prevalence of symptoms of body dysmorphic disorder and its correlates: a cross-cultural comparison. Psychosomatics 43:486–490

Breslau N, Kessler RC, Chilcoat HD, Schultz LR, Davis GC, Andreski P (1998) Trauma and posttraumatic stress disorder in the community. Arch Gen Psychiatry 55:626–632

Costa BA, Engrav LH, Holavannahalli R, Lezotte DC, Patterson DR, Kowalske KJ, Esselman PC (2003) Impairment after burns: a two-center, prospective report. Burns 29:671–675

Cox BJ, MacPherson PS, Enns MW, McWilliams LA (2004) Neuroticism and self-criticism associated with posttraumatic stress disorder in a nationally representative sample. Behav Res Ther 42:105–114

Deacon BJ, Abramowitz JS (2004) Cognitive and behavioral treatments for anxiety disorders: a review of meta-analytic findings. J Clin Psychol 60:429–441

Fabra M (2002) So-called trauma criterium (a criterium of DSM-IV) in posttraumatic stress disorder and its significance for social and legal insurance (I). Versicherungsmedizin 54:179–181

Foerster K, Winckler P (2004) Forensische-psychiatrische Untersuchung. In: Foerster K, Venzlaff U (Hrsg) Psychiatrische Begutachtung, 4. Aufl. Urban & Fischer

Haum A, Perbix W, Hack HJ et al (1995) Alcohol and drugs abuse in burn injuries. Burns 21:194–199

Hettema JM, Annas P, Neale MC, Kendler KS, Fredrikson M (2003) A twin study of the genetics of fear conditioning. Arch Gen Psychiatry 60:702–708
Ilechukwu ST (2002) Psychiatry of the medically ill in the burn unit. Psychiatr Clin North Am 25:129–147
Kendler KS, Myers J, Prescott CA (2002) The etiology of phobias. Arch Gen Psychiatry 59:242–248
Kildal M, Lannerstam K, Fugl-Meyer A, Andersson G, Gerdin B (2001) Development of a brief version of the Burn Specific Health Scale (BSHS-B). J Trauma 51:740–746
Lawrence JW, Fauerbach JA (2003) Personality, coping, chronic stress, social support and PTSD symptoms among adult burn survivors: a path analysis. J Burn Care Rehabil 24:63–72
Lawrence JW, Fauerbach JA, Heinberg L, Doctor M (2004) Visible vs. hidden scars and their relation to body esteem. J Burn Care Rehabil 1:25–32
Low JF, Dyster-Aas J, Willebrand M, Kildal M, Gerdin B, Ekselius L (2003) Chronic nightmares after severe burns: risk factors and implications for treatment. J Burn Care Rehabil 24:260–267
Mayer K, Stevens A (1998) Zentrales Nervensystem und Neurotoxizität. In: Triebig G, Lehnert G (Hrsg) Neurotoxikologie in der Arbeits- und Umweltmedizin. Gentner, Stuttgart, S 127–148
McArthur JD, Moore FD (1975) Epidemiology of burns: The burn prone patient. JAMA 231:259–263
McHugh PR, Slavney PR (1998) The Perspectives of Psychiatry. The Johns Hopkins University Press, Baltimore
Merten T (2002) Fragen der Neuropsychologischen Diagnostik bei Simulationsverdacht. Fortschr Neurol Psychiatr 70:126–138
Meyer WJ 3rd, Blakeney P, Russel W, Thomas C, Robert R, Berninger F, Holzer C 3rd (2004) Psychological problems reported by young adults who were burned as children. J Burn Care Rehabil 25:98–106
Myers DG (1992) Social Psychology, 3rd ed. Worth Publishers, New York
Otto MW, Wilhelm S, Cohen LS, Harlow BL (2001) Prevalence of body dysmorphic disorder in a community sample of women. Am J Psychiatry 158:2061–2063
Park JM, Mataix-Cols D, Marks IM, Ngamthipwatthana T, Marks M, Araya R, Al-Kubaisy T (2001) Two-year follow-up after a randomised controlled trial of self- and clinical-accompanied exposure for phobia/panic disorders. Brit J Psych 178:543–548
Patterson DR, Everett JJ, Bombardier CH, Questad KA, Lee VK, Marvin JA (1993) Psychological effects of severe burns injuries. Psychol Bull 113:362–378
Pham TN, King JR, Palmieri TL, Greenhalgh DG (2003) Predisposing factors for self-inflicted burns. J Burn Care Rehabil 24:223–227
Philipps KA, McElroy SL (2000) Personality disorders and traits i patients with body dysmorphic disorder. Compr Psychiatry 41:229–236
Quested KA, Patterson DR, Boltwood MD et al (1988) Relating mental health and physical function at discharge to rehabilitation at three months post-burn. J Burn Care Rehabil 9:87–89
Rogers R (1997) Clinical Assessment of Malingering and Deception. The Guilford Press, New York London
Sheridan RL, Hinson MI, Liang MH, Nackel AF, Schoenfeld DA, Ryan CM, Mulligan JL, Tompkins RG (2000) Long-term outcome of children surviving massive burns. JAMA 283:69–73
Stevens A, Foerster K (2003) Über den Ursachenzusammenhang in der medizinischen Begutachtung. Med Sach 99:104–109
Stevens A, Merten T (2007) Begutachtung der posttraumatischen Belastungsstörung: konzeptionelle Probleme, Diagnosestellung und negative Antwortverzerrungen. Praxis der Rechtspsychologie 17:83–107
Tennant C (2002) Life events, stress and depression: a review of recent findings. Aus NZ J Psychiatry 36: 173–182
Tucker P (1987) Psychosocial problems among adult burn victims. Burn 13:7–14
van Loey NE, van Son MJ (2003) Psychopathology and psychological problems in patients with burn scars: epidemiology and management. Am J Clin Dermatol 4:245–272
Wesseley S, Rose S, Bisson J (2000) Brief psychological interventions ("debriefing") for trauma-related symptoms and the prevention of posttraumatic stress disorder. Cochrane Database Syst Rev CD000560
Wiechman SA, Ptacek JT, Patterson DR, Gibran NS, Engrav LE, Heimbach DM (2001) Rates, trends, and severity of depression after burn injuries. J Burn Care Rehabil 22:417–424
Willebrand M, Wikehult B, Ekselius L (2004) Acceptance of a trauma-focused survey: do personality and health matter? Gen Hosp Psych 26:70–77

33.3 Kälte- und Erfrierungsschäden

E. Fritze und J. Fritze

In kalter Umgebung kann die körperliche und kognitive Leistungsfähigkeit abnehmen (Marao et al. 2005). Hieraus ergibt sich ein erhöhtes Unfallrisiko (Hassi et al. 2000). Eigentliche Kälteschäden ergeben sich z. B. durch Lawinenunfälle, Ski- und Gletscherunfälle, Schiffskatastrophen, Erdbeben unter winterlichen Witterungsbedingungen. Bewusstlosigkeit (auch infolge eines Alkoholrausches) erhöht das Risiko infolge fehlender Bewegung und Ausweichreaktionen. Erfrierungen der Zehen und Füße werden durch zu enges oder feuchtes Schuhwerk gefördert. Erfrierungen z. B. an Fingern und Händen entstehen auch beim Umgang mit unterkühltem Metall. Epidemiologisch könnten einerseits der Modetrend zu Extremsportarten und andererseits zunehmende Obdachlosigkeit die Inzidenz von Kälteschäden erhöhen. In Finnland liegt die Inzidenz von Erfrierung bei 2,5 pro 100 000 Einwohner bei Temperaturen unter −15 °C, häufiger bei Männern als bei Frauen und mit einem linearen Anstieg mit dem Alter (Juopperi et al. 2002).

Die Kerntemperatur des Körpers wird mit einer gewissen Alters- und Geschlechtsabhängigkeit und typischen Tagesschwankungen um 37 °C konstant gehalten, auch wenn die Umgebungstemperatur oder infolge körperlicher Aktivität die Wärmeproduktion sich ändert. Dies erfolgt durch Regulation der Hautdurchblutung (Wärmestrahlung) und Schweißsekretion (Wasserverdunstung) und über die Atmung.

Bei niedriger Außentemperatur kann die Vasokonstriktion zu ungenügender Sauerstoffversorgung, zur Aggregation der Erythrozyten und zu Störungen der Gefäßpermeabilität, also zu lokalen Erfrierungen führen. Wegen der relativ zum Volumen großen Oberfläche der Finger, Zehen, Nase und Ohren sind diese für Erfrierungen besonders anfällig. Zum Ausgleich von Wärmeverlusten bei niedriger Außentemperatur wird die Wärmeproduktion durch den Energieumsatz ggf. auf ein Mehrfaches des Grundumsatzes gesteigert. Zur Wärmeproduktion dient u.a. eine Erhöhung des Muskeltonus (Abwehrstadium, erkennbar am Kältezittern). Die Sympathikusaktivierung ist an Tachykardie erkennbar.

Selbst bei schweren Erfrierungen einzelner Gliedmaßenabschnitte bleibt die Kerntemperatur weitgehend stabil. Dazu dient auch die periphere Vasokonstriktion (Kreislaufzentralisierung); die Peripherie wird also den Organen geopfert. Zur allgemeinen Unterkühlung mit Absinken der Kerntemperatur kommt es nur, wenn der Wärmeentzug große Körperabschnitte betrifft. Solche Bedingungen sind zum Beispiel dann gegeben, wenn erschöpfte Menschen bei Temperaturen unter dem Gefrierpunkt einschlafen. Die plötzliche Exposition des gesamten Körpers gegen Kälte (z.B. eiskaltes Wasser) kann in Form eines Kälteschocks mit reflexhaftem Atemstillstand, akuter peripherer Vasokonstriktion, Tachykardie oder Vagusreflex mit Bradykardie bis zum Herzstillstand unmittelbar zu Tode führen. Bei milder Unterkühlung (32–35 °C) dominieren Zeichen der Sympathikusaktivierung. Bei Kerntemperaturen unter 32 °C kommt es zum Erschöpfungssyndrom mit Bewusstseinstrübung, Bradykardie und Hypotonie. Sinkt die Kerntemperatur unter 28 °C, so versagt im Lähmungsstadium schließlich die Erregungsleitung im Herzen (Herzstillstand infolge Kammerflimmerns oder pulsloser ventrikulärer Tachykardie). Unterkühlungen mit Kerntemperatur unter 35 °C stellen einen intensivmedizinischen Notfall dar (Biem et al. 2003).

Wegen der stärkeren Wärmeleitung durch Wasser als durch Luft verliert der Körper im Wasser schneller Wärme, so dass es schon innerhalb weniger Stunden bei Wassertemperaturen um 10 bis 15 oder sogar 20 °C zum Absinken der Kerntemperatur mit tödlichem Ausgang kommen kann. Ähnlich verstärkt auch kalter Wind den Wärmeverlust, so dass das Risiko von Erfrierungen bei Temperaturen unter -10 °C steigt. Das US Army Research Institute of Environmental Medicine hat ein Nomogramm entwickelt für die biologisch äquivalenten Temperaturen abhängig von der Windgeschwindigkeit („wind-chill equivalent temperatures"). Danach halbiert eine Windgeschwindigkeit von 20 mph unterhalb von -10 °C die gefühlte gegenüber der gemessenen Temperatur.

Wird die allgemeine Kälteschädigung des Organismus überlebt, bilden sich in der Regel alle Auswirkungen des akuten Kälteschadens vollständig zurück (Walpoth et al. 1997), sofern keine protrahierte Reanimation erfolgen musste. Mit Dauerfolgen ist also über örtliche Erfrierungen hinaus nicht zu rechnen.

Lokale Erfrierungen werden wie Verbrennungen nach ihrer Tiefe oder Intensität unterteilt:

- Bei Grad I kommt es zur örtlichen Entzündung ohne Blasenbildung,
- bei Grad II mit Blasenbildung,
- bei Grad III entwickelt sich ein Gangrän der Haut und des Unterhautgewebes.

Oberflächliche Erfrierungen betreffen Haut und Subkutis, tiefe Erfrierungen auch Sehnen, Knochen und Gelenke. Oberflächliche Erfrierungen hinterlassen seröse Blasen, tiefe aber hämorrhagische Blasen. Durch Aufwärmen in 40 °C warmem Wasser lassen sich Gewebeschäden mindern (Biem et al. 2003).

Vorbestehende allgemeine Gefäßleiden mit entsprechenden Durchblutungsstörungen erhöhen das Risiko lokaler Erfrierungsschäden (Ervasti et al. 2004). Wenn nach einer Erfrierung später Folgen einer arteriellen Verschlusskrankheit auftreten, dann war die Verschlusskrankheit Risikofaktor für die Erfrierung, aber nicht umgekehrt.

Literatur

Biem J, Koehncke N, Classen D, Dosman J (2003) Out of the cold: management of hypothermia and frostbite. CMAJ 168:305–311

Ervasti O, Juopperi K, Kettunen P, Remes J, Rintamaki H, Latvala J, Pihlajaniemi R, Linna T, Hassi J (2004) The occurrence of frostbite and its risk factors in young men. Int J Circumpolar Health 63:71–80

Hassi J, Gardner L, Hendricks S, Bell J (2000) Occupational injuries in the mining industry and their association with statewide cold ambient temperatures in the USA. Am J Industr Med 38:49–58

Juopperi K, Hassi J, Errasti O, Drebs A, Näyhä S (2002) Incidence of frostbite and ambient temperature in Finland, 1986–1995. A national study based on hospital admissions. Int J Circumpol Health 6:352–362

Marrao C, Tikuisis P, Keefe AA, Gil V, Giesbrecht GG (2005) Physical and cognitive performance during long-term cold weather operations. Aviat Space Environ Med 76:744–752

Walpoth BH, Walpoth-Aslan BN, Mattle HP, Radanov BP, Schroth G, Schaeffler L, Fischer AP, von Segesser L, Althaus U (1997) Outcome of survivors of accidental deep hypothermia and circulatory arrest treated with extracorporeal blood warming. N Engl J Med 337: 1500–1505

33.4 Nichtionisierende Strahlung, elektromagnetische Felder und statische Magnetfelder

E. Fritze und J. Fritze

Zwischen einem spannungführenden elektrischen Leiter und der Erde bildet sich ein *elektrisches Feld*. Wird dieser Leiter von einem elektrischen Strom durchflossen, so umgibt ihn zusätzlich ein *Magnetfeld*. Bestehen beide Felder, so spricht man von einem *elektromagnetischen Feld*. Die elektrische Feldstärke H wird in V/m bzw. in KV/m gemessen, das Magnetfeld wird durch die Flussdichte B in Tesla (T) bestimmt. Die Größe der Felder ist von der Größe der Spannung bzw. des Stromes abhängig.

Die Stärke eines elektrischen Feldes ist proportional zur Stärke der Ladung Q und umgekehrt proportional zum Quadrat des Abstands von Q, z. B. von Hochspannungsanlagen. Bei einem geraden Leiter ist die magnetische Feldstärke entlang einer kreisförmigen Feldlinie konstant proportional der Stromstärke I und umgekehrt proportional dem Abstand. Ob es zu biologischen Wirkungen kommen kann, hängt also immer auch vom Abstand ab.

Herzschrittmacher und Defibrillatoren können durch elektromagnetische Felder unterschiedlicher Herkunft in ihrer Funktion gestört werden, auch wenn sie durch Entstörschaltungen gesichert sind. Von der Art der Störung hängt es ab, ob zum Beispiel durch Hemmung ihrer Frequenzregelung eine Gefährdung entsteht. Schon ein Stromfluss durch den Körper mit einer Stärke von 40 mA bei einem Stromweg von Hand zu Hand oder von Hand zu Fuß kann am Schrittmacher zu einer kritischen Spannungsdifferenz führen. Dies soll z. B. über die Sensortaste mancher Fernsehgeräte, aber auch bei durch Wechselspannung (50 Hz) induzierten magnetischen Feldern oder durch Elektrostahlöfen bzw. durch Magnetfelder, wie sie beim Elektroschweißen entstehen, möglich sein. Auch durch Gleichstrom betriebene Handbohrmaschinen können einen Schrittmacher stören, Zwischenfälle bei Autoelektrikern zeigen die Störung der Herzschrittmacherfunktion in unmittelbarer Nähe von Motorzündungen. Zahlreiche elektromedizinische Geräte können Störquellen für Schrittmacher sein. Dagegen sind die meisten Wechselstrom- oder Drehstrommotoren harmlos, weil das erzeugte magnetische Feld in der Regel unterhalb der kritischen Wirksamkeit liegt.

Voraussetzung für die Zulassung von Schrittmachern und ähnlichen Geräten zumindest in den USA ist der positive Nachweis gegenüber der FDA (Food and Drug Administration), dass sie nicht durch Radiofrequenzen beeinflusst werden. Dennoch wird empfohlen, Mobiltelephone nicht näher als 15 cm an solche implantierten Geräte heranzubringen (Boyle 2006). Es ist fast ausgeschlossen, dass Träger von Herzschrittmachern durch niederfrequente elektromagnetische Felder im Alltag gefährdet werden können. Nur längeres Verweilen in Sicherheitskontrollen (z. B. an Flughäfen) kann Defibillatoren aktivieren (Groh et al. 1999). In der Elektromedizin und in der Industrie können starke magnetische Felder vorkommen und zu Störungen der Herzschrittmacherfunktion führen. Es gilt aus theoretischen Erwägungen als grundsätzlich kontraindiziert, Schrittmacherträger mit der Magnetresonanztomographie (MRT) zu untersuchen. Immerhin ereigneten sich in einer Fallserie ($n=54$) keine bedeutsamen Funktionsstörungen (Martin et al. 2004). Die Aussagen für Herzschrittmacher dürfen auf Neurostimulatoren generalisiert werden.

Bezüglich biologischer Wirkungen ist zwischen niederfrequenten und hochfrequenten elektromagnetischen Wechselfeldern zu unterscheiden. Eisenbahnoberleitungen erzeugen niederfrequente Wechselfelder mit Flussdichten von ca. 100 μT und einer Frequenz von 16 2/3 Hz. Hochspannungsleitungen erzeugen ein elektrisches Feld von 1000 V/m und ein magnetisches von 20 μT (Abb. 33.1). Diese Feld-

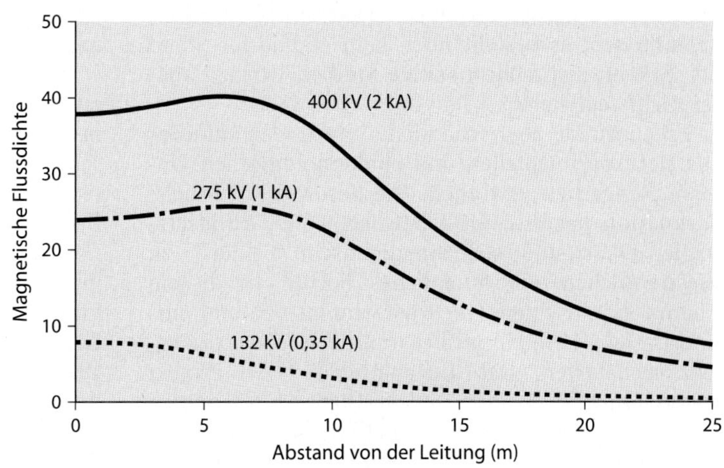

Abb. 33.1. Magnetische Flussdichte in der Nähe von Hochspannungsleitungen. (Nach Doll et al. 2001)

stärken liegen in der Größenordnung derer, die Haushaltsgeräte (200 V/m, 50 Hz) induzieren. Hochfrequente elektromagnetische Felder entstehen durch Funkanlagen. Sie werden stärker als niederfrequente absorbiert.

Folglich stellt sich die Frage, ob elektrische oder elektromagnetische Felder nachteilige Auswirkungen auf den Organismus haben können. Diese Frage drängt sich auch angesichts der zunehmenden Exposition gegen solche Felder („Elektrosmog") auf: Hochspannungsleitungen, Maschinen, elektrische Haushaltsgeräte wie Rundfunk-, Fernseh- und Mikrowellengeräte, Funkmasten, Computerbildschirme, Mobilfunk. Die Frequenzen liegen mit 10 Hz bis 10 GHz weit unterhalb der Ionisierungsenergie von Biomolekülen (mind. 800 THz), so dass ionisierende und damit mutagene, teratogene oder karzinogene Wirkungen auszuschließen sind. Die Absorption führt grundsätzlich zur Erwärmung des Gewebes, weshalb für Frequenzen >100 KHz Grenzwerte empfohlen werden (Mckinlay et al. 2004).

Die Wahrnehmungsschwelle für statische elektrische Felder liegt bei 20 kV/m. Oberhalb von 25 kV/m kann es zu unangenehmen Empfindungen kommen. Statische Magnetfelder über 2 T können Schwindel, Übelkeit, metallische Geschmacksempfindungen und Magnetophosphene (optische Halluzinationen) induzieren. Elektrische und magnetische Wechselfelder >10–100 mV/m können im Gewebe elektrische Ströme induzieren und dadurch grundsätzlich reizleitende Systeme (z. B. zentrales, peripheres und autonomes Nervensystem) beeinflussen, weshalb für Frequenzen <100 KHz 100 mV/m als Grenzwert für die berufliche Exposition bzw. 20 mV/m für die Allgemeinbevölkerung angesehen wird (Mckinlay et al. 2004). Dieses Phänomen wird neurologisch-diagnostisch bei der transkraniellen Magnetstimulation (*TMS*) genutzt. Möglicherweise ergeben sich für die repetitive transkranielle Magnetstimulation (*rTMS*) auch therapeutische Anwendungen, z. B. in der Behandlung der Depression (Martin et al. 2003). Magnetische Wechselfelder können möglicherweise die Sekretion von Hormonen (z. B. Unterdrückung der Melatonin-Sekretion) beeinflussen; es besteht noch kein etablierter Stand der Erkenntnis, frühe positive Studien wurden später nicht repliziert.

Erkenntnisse über schädliche Wirkungen sind nur aus tierexperimentellen und epidemiologischen Untersuchungen zu gewinnen. Die besorgte öffentliche Diskussion hat die WHO bewogen, ein Grundsatzpapier „Was sind elektromagnetische Felder?" zu veröffentlichen, ein öffentliches Forum zu diesem Thema einzurichten (▶ www.who.int/peh-emf/en/) und im Jahr 1996 ein großes, multidisziplinäres Projekt zu starten. Das Internationale EMF-Projekt bringt aktuelles Wissen und verfügbare Ressourcen wichtiger internationaler und nationaler Organisationen und wissenschaftlicher Institutionen zusammen.

Laut WHO sind „während der vergangenen 30 Jahre circa 25 000 Artikel veröffentlicht worden. Auch wenn manche Leute das Gefühl haben, es müsste mehr Forschung betrieben werden, sind die wissenschaftlichen Kenntnisse auf diesem Gebiet heute umfangreicher als die über die meisten Chemikalien. Nach einer kürzlichen, gründlichen Recherche in der Fachliteratur ist die WHO zu dem Schluss gekommen, dass „die derzeitige Kenntnislage die Existenz irgendwelcher gesundheitlichen Folgen einer Exposition durch schwache elektromagnetische Felder nicht bestätigt. Allerdings gibt es noch einige Wissenslücken bei biologischen Effekten, was weitere Forschungen nötig macht". Bei ihrem Urteil berücksichtigt die WHO auch spezifische medizinische Bedingungen wie Schwangerschaft, Depression, grauen Star (Katarakt), Karzinogenese. Hier stellt die WHO insbesondere fest: „Allerdings ist sicher, dass – falls elektromagnetische Felder tatsächlich eine krebserregende Wirkung haben sollten – das zusätzliche Risiko jedenfalls extrem klein sein muss".

Die American Cancer Society kam 2006 in einem Positionspapier (▶ www.cancer.org/docroot/PED/content/PED 1 3X Cellular Phones.asp?sitearea=PED) auf der Basis von drei Fall-Kontroll-Studien sowie der „Swedish Interphone study" und der dänischen Kohortenstudie zu dem Ergebnis, es sei kein Zusammenhang zwischen Hirntumoren und Verwendung von Mobiltelefonen erkennbar. Allerdings seien die Studien aus methodischen Gründen nur bedingt geeignet, Zusammenhänge mit spezifischen Hirntumoren aufzudecken. Die European Cancer Prevention Organization hat sich in ihrer Stellungnahme „ECP CONSENSUS EMF 2005" ähnlich geäußert: „Ausführliche Laboruntersuchungen, hauptsächlich bei Ratten, haben keine Hinweise auf vorzeitigen Tod, erhöhtes Krebsrisiko oder Allgemeinerkrankungen offenbart. Epidemiologische Studien lassen ein erhöhtes Risiko hochmaligner Hirntumoren und Akustikusneurinome nach langjährigem Gebrauch (>5 J.) vermuten, was aber durch künftige Studien bestätigt werden muss. ..." Für Kinder wird Zurückhaltung im Umgang mit Handys und die Verwendung externer Antennen empfohlen.

Arbeitsplätze der Elektrizitätswirtschaft und in elektrisch betriebenen Transportmitteln sind mit einer besonderen Exposition gegen elektromagnetische Felder verbunden. Die britische Health Protection Agency (HPA; Doll et al. 2001) hat in ihrem Bericht (2001) „ELF (Extremely Low Frequency) Electromagnetic Fields and Risk of Cancer" und in ihrem Bericht „Review of the Scientific Evidence for Limiting Exposure to Electromagnetic Fields (0–300 GHz)" (Mckinlay et al. 2004) einen umfassenden Überblick über die Risiken elektromagnetischer Felder sowohl für die Allgemeinbevölkerung wie auch am Arbeitsplatz gegeben. Es gebe keine Evidenz, dass elektromagnetische Felder die Transformation von Zellen in Zellkultur fördere. Allerdings sei nicht auszuschließen, dass der zelluläre Kalziumstoffwechsel beeinflusst werde. Studien, in denen sich zelluläre Effekte zeigten, hätten magnetische Flussdichten über 0,1 mT verwendet, denen der Mensch im Alltag nicht exponiert werde. Auch mutagene Wirkungen seien nicht belegt.

Tierexperimentelle Studien zur Kanzerogenese hätten für solide Tumoren wie auch Leukämien und Lymphome keine Risikoerhöhung gezeigt. Die Befunde zur Inzidenz chemisch induzierter maligner Tumoren seien aber widersprüchlich, was methodische Gründe haben könnte.

Epidemiologische Studien auch in Deutschland (Michaelis et al. 1997) belegen ein erhöhtes Risiko von Leukämien im Kindesalter unter hoher (>0,2 μT) Exposition gegen Magnetfelder (Tabelle 33.4). Für Erwachsene fehlt eine ausreichende Zahl Studien, so dass eine abschließende Aussage unmöglich ist. Zur beruflichen Exposition liegen mindestens 19 zum Teil sehr große Studien vor, in denen die – hier erheblich höhere – Exposition quantitativ abgeschätzt wurde. Die Befunde bezüglich Hirntumoren sind widersprüchlich. Für myeloische Leukämien scheint eine engere Assoziation mit der Exposition zu bestehen als für lymphatische. Die Datenlage reicht nicht aus, um von einem ursächlichen Zusammenhang ausgehen zu können. Selbst wenn elektromagnetische Felder einen Risikofaktor darstellen sollten, so bleibt gutachtlich zu bedenken, dass der durch diesen Risikofaktor erklärte Varianzanteil ausgesprochen klein wäre.

Flugpersonal und erst recht Astronauten sind in erhöhtem Maße den unterschiedlichsten kosmischen Strahlungen ausgesetzt, hauptsächlich Gamma- und Neutronenstrahlen. In einer Erhebung bei 10032 männlichen Piloten (Pukkala et al. 2002) fand sich bei einer Nachbeobachtungszeit von 17 Jahren bei n=466 Fällen ein Karzinom, wobei 456 erwartet worden wären. Das erhöhte Risiko erreichte nur bei Hautkrebs Signifikanz, insbesondere für das maligne Melanom. Die Inzidenz des Prostatakarzinoms korrelierte positiv mit den Flugstunden. In einer schwedischen Studie an weiblichem und männlichem Flugpersonal fanden sich nur für Hautkrebs erhöhte Risiken, ohne dass dies zwingend der während der Flüge einwirkenden kosmischen Strahlung angelastet werden konnte (Linnersjo et al. 2003). In einer isländischen Fall-Kontroll-Studie (Rafnsson et al. 2003) wurde bei weiblichem Kabinenpersonal ein erhöhtes Brustkrebsrisiko gefunden. In der europäischen Kohortenstudie (ESCAPE) fanden sich bei 19184 männlichen Piloten keine erhöhten Inzidenzen von Malignomen (Langner et al. 2004), was allerdings methodischen Problemen zuzuschreiben sein könnte, z. B. einem dem Beruf assoziierten Lebensstil mit vermehrtem Sonnenbaden. Eine Übersicht von 5 Kohortenstudien (Lynge 2001) ergab für männliche Piloten ein ungefähr zweifach erhöhtes Risiko für malignes Melanom. Zwei Metaanalysen (Tokumaru et al. 2006, Buja et al. 2006) fanden für weibliches Kabinenpersonal signifikant erhöhte Risiken für Brustkrebs und für maligne Melanome. Angesichts dieser – zwar bis heute zum Teil also uneindeutiger – Befundlage hat die International Commission on Radiological Protection bereits 1990 empfohlen, Kabinenpersonal als beruflich strahlenexponiert anzusehen.

Auch Bildschirmarbeitsplätze könnten mit Risiken erhöhter Strahlenexposition verbunden sein. Bildschirme sind Quelle vielfältiger, aber niedriger Strahlungen: niederfrequente elektromagnetische Felder, elektrostatische Felder, geringe Intensitäten an weicher Röntgenstrahlung, ultraviolette und infrarote Strahlung. Besonders exponiert wären insbesondere Gesicht und Augen. Strahlungsunabhän-

Tabelle 33.4. Studien zur Inzidenz von Leukämien im Kindesalter bei Exposition gegen Magnetfelder. (Nach Doll et al. 2001)

Autoren	Gesamtzahl der Fälle/Kontrollen	Hohe Exposition		
		Definition (μT)	Fälle/Kontrollen	Relatives Risiko (95%-CI)
Tomenius (1986)	243/212	≥0,3	4/10	0,3 (0,1–1,2)
Savitz et al. (1988)	31/191	≥0,2	5/16	1,9 (0,7–5,6)
London et al. (1991)	164/144	≥0,27	20/11	1,5 (0,7–3,3)
Feychting u. Ahlbom (1993)	24/344	≥0,2	4/70	0,6 (0,2–1,8)
Michaelis et al. (1997)	129/328	≥0,2	4/6	1,5 (0,4–5,5)
Linet et al. (1997)				
Analyse ohne Matching	624/615	≥0,2	83/70	1,2 (0,9–1,8)
Analyse mit Matching	463/463	≥0,2	58/44	1,5 (0,9–2,6)
McBride et al. (1999)	297/329	≥0,2	49/42	1,4 (0,8–2,3)
Dockerty et al. (1999 b)	40/40	≥0,2	5/2	2,5 (0,5–12,8)
UKCCS (1999)	995/977	≥0,2	21/23	0,9 (0,5–1,7)

gig ist Bildschirmarbeit infolge der Einseitigkeit der Belastung mit körperlichen und psychischen Beschwerden assoziiert. Hinweise auf Strahlenschäden wurden bisher nicht objektiviert (International Non-Ionizing Radiation Committee of the International Radiation Protection Association 1994).

Trotz dieser ätiologischen und pathogenetischen Unklarheiten wurden in Deutschland auf der Grundlage des Bundes-Immissions-Schutzgesetzes schon Ende 1996 verbindliche Grenzwerte für elektromagnetische Felder von Hoch- und Niederfrequenzanlagen festgelegt, die Anfang 2000 in Kraft traten. Diese Grenzwerte lassen nur Feldstärken zu, die im menschlichen Körper Stromdichten weit unter dem Ruhestrompotential des menschlichen Gehirns – 0,1 lA/cm^2 – auslösen.

Literatur

Boyle J (2006) Technical Review – Wireless Technologies and Patient Safety in Hospitals. Telemed e-health 12:373–382

Buja A, Mastrangelo G, Perissinotto E, Grigoletto F, Frigo AC, Rausa G, Marin V, Canova C, Dominaci F (2006) Cancer Incidence among Female Flight Attendants: A Meta-Analysis of Published Data. J Women's Health 15:98–105

Doll R, the National Radiation Protection Board – UK Advisory Group on Non-ionising Radiation (AGNIR) (2001) ELF electromagnetic fields and the risk of cancer. www.hpa.org.uk/radiation/publications/documents_of_nrpb/abstracts/absd12-1.htm, pp 24, 131

Groh WJ, Boschee SA, Engelstein ED, Miles WM, Burton ME, Foster PR, Crevey BJ, Zipes DP (1999) Interactions Between Electronic Article Surveillance Systems and Implantable Cardioverter-Defibrillators. Circulation 100:387–392

International Non-Ionizing Radiation Committee of the International Radiation Protection Association in collaboration with the International Labour Organization (1994) Visual display units: Radiation protection guidance. Occupational Safety and Health Series 70, Geneva, International Labour Office

Langner I, Blettner M, Gundestrup M, Storm H, Aspholm R, Auvinen A, Pukkala E, Hammer GP, Zeeb H, Hrafnkelsson J, Rafnsson V, Tulinius H, De Angelis G, Verdecchia A, Haldorsen T, Tveten U, Eliasch H, Hammar N, Linnersjo A (2004) Cosmic radiation and cancer mortality among airline pilots: results from a European cohort study (ESCAPE). Radiat Environ Biophys 42:247–256

Linnersjo A, Hammar N, Dammstrom BG, Johansson M, Eliasch H (2003) Cancer incidence in airline cabin crew: experience from Sweden. Occup Environ Med 60:810–814

Lynge E (2001) Commentary: cancer in the air. Int J Epidemiol 30:830–832

Martin JLR, Barbanoj MJ, Schlaepfer TE, Thompson E (2003) Repetitive transcranial magnetic stimulation for the treatment of depression – Systematic review and meta-analysis. Brit J Psych 182:480–491

Martin ET, Coman JA, Shellock FG, Pulling CC, Fair R, Jenkins K (2004) Magnetic Resonance Imaging and Cardiac Pacemaker Safety at 1.5-Tesla. J Am Coll Cardiol 43:1315–1324

Mckinlay AF, Allen SG, Cox R, Dimblylow PJ, Mann SM, Muirhead CR, Saunders RD, Sienkiewicz ZJ, Stather JW, Wainright PR (2004) Review of the Scientific Evidence for Limiting Exposure to Electromagnetic Fields (0–300 GHz). www.hpa.org.uk/radiation/publications/documents_of_nrpb/abstracts/absd15-3.htm

Michaelis J, Schüz J, Meinert R, Menger M, Grigat J-P, Kaatsch P, Kaletsch U, Miesner A, Stamm A, Brinkmann K, Kärner H (1997) Childhood leukemia and electromagnetic fields: results of a population-based case-control study in Germany. Canc Caus Contr 8:167–174

Pukkala E, Aspholm R, Auvinen A, Eliasch H, Gundestrup M, Haldorsen T, Hammar N, Hrafnkelsson J, Kyyrönen P, Linnersjö A, Rafnsson V, Storm H, Tveten U (2002) Incidence of cancer among Nordic airline pilots over five decades: occupational cohort study. BMJ 325:567–571

Rafnsson V, Sulem P, Tulinius H, Hrafnkelsson J (2003) Breast cancer risk in airline cabin attendants: a nested case-control study in Iceland. Occup Environ Med 60:807–809

Tokumaru O, Haruki K, Bacal K, Katagiri T, Yamamoto T, Sakurai Y (2006) Incidence of cancer among female flight attendants: a meta-analysis. J Travel Med 13: 127–132

33.5 Atmosphärischer Unter- oder Überdruck

E. Fritze und J. Fritze

Unterdruck spielt eine bedeutsame Rolle beim Aufenthalt in großen Höhen, hier insbesondere in der Flugmedizin (Aerospace Medical Association Medical Guidelines Task Force 2003), Überdruck demgegenüber beim Tauchen, sei es beruflich oder sportlich motiviert, wenn es zu plötzlicher Dekompression kommt.

Verminderter Sauerstoffdruck der Atemluft führt zu vermindertem Sauerstoffpartialdruck des arteriellen Blutes und zum Sauerstoffmangel der Gewebe. Dabei sind das Gehirn und das Herz insbesondere bei bestehenden arteriosklerotischen Gefäßprozessen besonders gefährdet. Die pathogenetische und die prognostische Bedeutung einer Hypoxie sind bei akutem Auftreten, so etwa beim plötzlichen Ausfall eines Sauerstoffgerätes in großer Höhe oder bei plötzlichem Druckabfall des Kabinendrucks von Verkehrsflugzeugen in großen Höhen einerseits, bei chronischer Hypoxie bei länger dauerndem Höhenaufenthalt andererseits verschieden. Bei akuter Hypoxie und Hypoxämie ist die Gefahr der Mangelversorgung des Gehirns und des Herzens mit Sauerstoff besonders groß. Kranke mit koronarer Herzkrankheit, Herzinsuffizienz oder zerebralen Durchblutungsstörungen sind erheblich gefährdet, zumal die Hypoxämie eine Steigerung der Koronardurchblutung erfordert. Die dazu notwendige Steigerung des Herz-Zeit-Volumens kann vom leistungsgeminderten Herzen oft nicht aufgebracht werden. Kranke mit auch nur geringer Herzinsuffizienz gehören also nicht in Höhen etwa über 2000 m, sie können aber auch schon in Höhen um 800 m gefährdet sein. Auch die Neigung zu extrasystolischen und anderen Rhythmusstörungen des Herzens und zu Reizleitungsstörungen nimmt in Höhen von etwa 2000 bis 3000 m, also in den dem Kabinendruck von Verkehrsflugzeugen üblicherweise entsprechenden Höhen, erheblich zu. Zusätzliche körperliche Belastungen verstärken die Hypoxämie und erhöhen die Gefährdung des Herzens, wie das Auftreten von Herzinfarkten bei nicht genügend lange akklimatisierten Bergsteigern und Skiläufern zeigt. Auswirkungen des Sauerstoffmangels auf vegetative Zentren können schon bei kreislauflabilen Menschen zu bedrohlichen Regulationsstörungen des Kreislaufs führen.

Chronische Hypoxie oder allmähliche Minderung des atmosphärischen Sauerstoffpartialdruckes bei länger dauerndem Höhenaufenthalt lösen regulative Anpassungsmechanismen des Herz-Kreislauf-Systems, des Blutes und des Gewebestoffwechsels aus, die allerdings bei ausgeprägter koronarer Herzkrankheit unzureichend sind, bei Gesunden und bei Leistungssportlern aber sogar als Trainingsfaktor genutzt werden.

Der Kabinendruck von Verkehrsflugzeugen entspricht etwa dem in Höhen von 2500 m, der von Militärflugzeugen liegt entsprechend Höhen von 7000 bis 8000 m wesentlich niedriger, so dass auch gesunde Piloten an die Benutzung eines Sauerstoffgerätes gebunden sind. Bei genügend langer Adaptationszeit, die mit etwa 8 bis 10 Tagen für jeweils weitere 2000 m Höhenzunahme anzusetzen ist, können gut trainierte Bergsteiger in Ausnahmefällen sogar Höhen über 8000 m selbst bei körperlicher Anstrengung vorübergehend ertragen. Andererseits kann für einen nicht akklimatisierten Menschen im mittleren oder höheren Lebensalter schon der schnelle Wechsel auf Höhen um 2000 bis 3000 m, etwa mit einer Bergbahn, zur Gefährdung werden.

Moderne Verkehrsflugzeuge bewegen sich in Höhen, in denen der Mensch ohne technische Unterstützung nicht überleben kann: extrem niedrige Temperatur, reduzierter Luftdruck, oftmals hohe Ozonkonzentration und niedrige Luftfeuchtigkeit. Deshalb sind moderne Flugzeuge auf ein Druck- und Klimatisierungssystem angewiesen. Trotzdem klagen Passagiere nicht selten über Befindlichkeitsstörungen, und es wird diskutiert, ob Infektionen von Passagier zu Passagier übertragen werden können. Verkehrsflugzeuge haben deshalb eine Druckkabine, die mit Luft aus den Verdichterstufen der Triebwerke nach ihrer Abkühlung belüftet wird. Diese Luft wird zusätzlich gefiltert und nach Rückführung zu der zentralen Klimaaufbereitungsanlage erneut verwendet. Der Luftdruck in der Kabine wird bei einem Druck gehalten, der etwa der Höhe von 2500 m entspricht. Dadurch kommt es zwangsläufig zu einer Erniedrigung des Sauerstoffpartialdrucks, der zu einer Reduzierung der Sauerstoffsättigung des arteriellen Blutes führt. Das bedeutet, dass gesunde Personen durch die auf etwa 92 bis 97% reduzierte Sauerstoffsättigung nicht beeinträchtigt werden. Flugreisende, die wegen kardialer oder pulmonaler Krankheiten bereits im Grenzbereich der Sauerstoffversorgung sind, können aber durch den erniedrigten Sauerstoffpartialdruck an die Grenze ihrer Kompensationsmöglichkeiten geraten, also gefährdet sein.

Schäden durch atmosphärischen Überdruck betreffen hauptsächlich Taucher und Senkkastenarbeiter, wenn es in zu schnell erreichten oder zu großen Tiefen zu einem Druckgradienten zwischen der wässrigen Phase der Gewebe und den luftgefüllten Hohlräumen, zum Barotrauma der Nasennebenhöhlen, des Mittelohres und der Lungen mit Schleimhautläsionen, Blutungen und sogar Lungenödem kommt (Allan u. Kenny 2003). Diese Situation kann beim Sporttauchen ohne Atemgerät bzw. mit zu langem Schnorchel eintreten, wenn unter dem Druckanstieg mit größerer Wassertiefe das in der Lunge befindliche Luftvolumen einen immer kleineren Raum einnimmt.

Vor allem bei der Rückkehr zu normalem Druck, also beim Aufstieg aus großen Wassertiefen, kann es zur so genannten *Druckabfall-*, *Dekompressions-* oder *Caisson-Krankheit* kommen, wenn durch schnelle Abnahme des Überdrucks intravaskuläre und extravaskuläre Gasbläschen die Strombahn einengen oder die Blutströmung durch Druck auf die Gefäße erschweren. Diese Gasbläschen entstehen durch die Schwierigkeit, die durch die Druckabnahme vor allem aus gelöstem Stickstoff frei werdenden Gasvolumina aus den Geweben und dem Blut rasch genug nach außen abgeben zu können. Mit dem Blutstrom sich fortbewegende Gasblasen gelangen ins rechte Herz und in die Lungenstrombahn und können zu Gasembolien mit dem klinischen und elektrokardiographischen Bild der akuten Rechtsherzüberlastung führen. Dies kann eine Lungeninfarzierung und bei größerer Ausdehnung eine Rechtsherzinsuffizienz mit schwerem Kreislaufkollaps zur Folge haben.

Beim Abstieg unter Meeresniveau kommt es zu einem Druckanstieg von etwa 1 bar pro 10 m Wassertiefe. Mit zunehmendem atmosphärischem Druck steigen die Partialdrücke der in der Atemluft enthaltenen Gase Stickstoff, Sauerstoff und Kohlensäure. Gase lösen sich in Flüssigkeiten gemäß ihrem Partialdruck und ihrer spezifischen Löslichkeit. Stickstoff löst sich in Fett um das 5- bis 6fache mehr als in Wasser. Der Gasaustausch zwischen den Alveolen und dem die Lunge durchströmenden Blut erfolgt entsprechend der Druckgradienten der einzelnen Gase. Wird der Außendruck beim Auftauchen aus größeren Wassertiefen zu rasch reduziert, kommt es zur schnellen Freisetzung der vorher gelösten Gase – vor allem von Stickstoff – in Bläschenform.

Die Dekompressionskrankheit kann durch Gasembolien mit heftigen Arthralgien insbesondere der großen Gelenke einhergehen, es können zentralnervöse Ausfälle auftreten, je nach dem Sitz solcher Gasembolien zum Beispiel mit Halbseitenlähmung, Sprachstörung, Paresen oder Sensibilitätsstörungen, Störungen der Blasen- und Mastdarmfunktion, Sehstörungen und Innenohrschwerhörigkeit. Bei der myalgischen Form der Dekompressionskrankheit durch Gasblasen in der Muskulatur bestehen heftige Schmerzen und oft erhebliche Funktionsstörungen, an den inneren Organen kann es zu meist vorübergehenden Schäden kommen. Wenn beim Aufstieg aus der Tiefe eine ausreichende Abatmung der sich in der Lunge ausdehnenden Luft nicht möglich ist, kann eine Überdehnung der Lunge mit Einrissen von Gefäßen oder der Pleura, auch eine arterielle Luftembolie oder ein Pneumothorax entstehen.

Als *chronische Druckluftkrankheit* werden Gesundheitsschäden angesehen, die als Folge des Aufenthaltes in der Druckluft vor allem zu Veränderungen im Skelett führen. Dabei handelt es sich um aseptische Knochennekrosen infolge Gasembolien meist im Bereich der Oberarm- und Schenkelköpfe (Gregg u. Walder 1986). Nicht gesichert ist das spätere Auftreten einer Enzephalomyelopathie, die noch Wochen und gar Jahre nach dem Unfall zu einer progredienten neurologischen Symptomatik führen soll.

Symptome der Druckfallkrankheit können auch bei Fliegern auftreten. Allerdings ist die Symptomatik weniger ausgeprägt als bei der Dekompressionskrankheit der Taucher, weil die auftretenden Druckunterschiede geringer sind.

Die in früheren Jahren bei Caisson-Arbeitern beschriebenen angeblichen krankhaften Veränderungen des Elektrokardiogramms haben sich bei Nachprüfungen und tierexperimentellen Untersuchungen nicht bestätigt. Es kommt offenbar lediglich zu Lageänderungen des Herzens, die sich elektrokardiographisch auswirken. So beobachtete man bei Caisson-Arbeitern eine vermehrte Rechtsdrehung des Herzens und die Ausbildung eines P-pulmonale. Pathologische elektrokardiographische Veränderungen sind nur bei älteren Menschen und solchen mit koronarer Herzkrankheit beobachtet worden, sie sind auf die Überlastung des kleinen Kreislaufs während des Druckabfalls zurückzuführen. Es sind aber auch Schenkelblockbilder, Rhythmusstörungen und infarktartige elektrokardiographische Veränderungen beschrieben worden. Die gelegentlich angenommene Möglichkeit einer Gasembolie in die Herzkranzgefäße ist niemals sicher belegt worden, sie ist also mehr als hypothetische Möglichkeit zu betrachten. Die wesentlichen kardialen Auswirkungen und elektrokardiographischen Abweichungen dürften durch die Belastung des rechten Herzens bei der gasembolischen Dekompressionskrankheit zustande kommen und meistens vollständig rückbildungsfähig sein, wenn sie nicht akut zum Herztod führen.

Literatur

Aerospace Medical Association Medical Guidelines Task Force (2003) Medical Guidelines for Airline Travel, 2nd ed. Aviation Space Environment Med 74:A1–A19

Allan GM, Kenny D (2003) High-altitude decompression illness: case report and discussion. CMAJ 169:803–807

Gregg PJ, Walder DN (1986) Caisson disease of bone. Clin Orthop Relat Res 210:43–54

33.6 Elektrounfall

E. Fritze

Die vielfältige und zunehmende Verwendung elektrischer Energie und elektrischer Geräte im täglichen Leben, in der Industrie, im Verkehrswesen und in der Landwirtschaft bringt trotz bestehender Sicherheitsbestimmungen des VDE (Verband Deutscher Elektrotechniker) und auch auf internationaler Ebene eine große und zunehmende Zahl von Unfällen mit sich. Nach einem schweren Elektrounfall entscheiden die ersten Minuten über Leben und Tod. Retter mit dem notwendigen Wissen und entsprechenden Hilfsmitteln zur Wiederbelebung sind oft nicht rechtzeitig am Unfallort.

Zur Verringerung dieser Gefahren im Arbeitsleben haben die Berufsgenossenschaften entsprechende Unfallverhütungsvorschriften erlassen. Bei der Berufsgenossenschaft der Feinmechanik und Elektrotechnik in Köln-Bayenthal besteht ein Institut zur Erforschung elektrischer Unfälle, dessen Arbeiten wichtige Erkenntnisse gebracht und dazu beigetragen haben, dass die Häufigkeit von Stromunfällen im Arbeitsleben und ihr Anteil an den Arbeitsunfällen insgesamt rückläufig ist. In der Bundesrepublik Deutschland sterben jährlich rund 400 Menschen an einem elektrischen Schlag, 300 am Arbeitsplatz oder im Freien, 100 im Haushalt. Die Gefährdung ist in Baderäumen, Gärten und Küchen von Privathaushalten besonders groß. 7% aller Elektrounfälle enden tödlich, mehr als bei jeder anderen Unfallart. Menschliches, nicht technisches Versagen ist die häufigste Unfallursache, meist mit Niederspannungen unter 1000 Volt. Der Kontakt mit Hochspannungen, die mit 5000 Volt schon an der Bildröhre des Fernsehgerätes gegeben sein können, führt bei 20% der Unfälle zum Tode. Die Unfallanalyse der letzten Jahre zeigt einen Rückgang der tödlichen Arbeitsunfälle durch elektrischen Strom, dagegen sind die tödlichen Haushaltsunfälle kaum seltener geworden.

Elektrounfälle können durch Gleichstrom, Wechselstrom oder Drehstrom hervorgerufen werden. Da auch bei Unfällen durch Drehstromanlagen nur Wechselstrom auf den menschlichen Körper einwirkt, genügt es, die Auswirkungen des Gleichstroms und des Wechselstroms auf den Organismus zu besprechen.

Voraussetzung für einen Elektrounfall ist eine bestimmte Mindeststromspannung. Die gebräuchlichste Stromart ist Wechselstrom mit einer Spannung von 220 Volt und einer Frequenz von 50 Hertz. Straßenbahnen und Oberleitungsbusse werden meist mit Gleichstrom von 500 bis 1200 Volt Fahrdrahtspannung betrieben. Die Bundesbahn verwendet Wechselstrom von 15000 Volt mit einer Frequenz von 163 Hertz. Überlandleitungen haben hierzulande Spannungen bis 380000 Volt, Blitze erzeugen Spannungen von 25 bis 50 Millionen Volt.

Die Folgen der Einwirkung des elektrischen Stromes werden nur von der auf den Körper bzw. auf seine Gewebe einwirkenden Stromstärke, von der Dauer dieser Einwirkung, von dem Stromweg im Körper und für den Fall des Wechselstromes von der Stromfrequenz bestimmt. Die bei gegebener Stromspannung beim Stromdurchgang durch den menschlichen Körper wirksam werdende Stromstärke hängt von den Widerständen an den Stromeintritts- und Stromaustrittsstellen der Haut und von dem so genannten inneren Körperwiderstand der Gewebe ab. Abhängig von der Fläche des Stromeintritts bzw. -austritts ist der Hautwiderstand im Vergleich zum inneren Körperwiderstand relativ hoch. Außerdem spielt der Zustand und insbesondere die Feuchtigkeit der Haut, die Dicke der Haut, aber auch die Bedeckung der Haut mit Kleidung oder Schuhwerk eine Rolle. Weil der innere Körperwiderstand – bei einem Stromweg von einer Hand durch den Oberkörper zur anderen Hand mit etwa 1200 Ohm etwa doppelt so groß wie bei einem Stromweg über beide Hände durch den Rumpf und beide Beine – relativ gering, oder umgekehrt ausgedrückt die Leitfähigkeit der Gewebe hoch ist, spielt die Wärmeentwicklung beim Stromdurchgang keine wesentliche Rolle. Dagegen führt der große Hautwiderstand beim Stromfluss, abhängig von der Berührungsfläche und dem Berührungsdruck, aber nicht zuletzt auch von dem betroffenen Material von Kleidung, Schuhsohlen und Fußboden, zu erheblicher Wärmeentwicklung und damit zu mehr oder weniger schweren Verbrennungen an den Stromeintritts- und besonders an den Stromaustrittsstellen der Haut. Schuhe mit dicken Gummisohlen haben einen elektrischen Widerstand von 70000 Ohm, solche mit feuchten, dünnen Ledersohlen nur von 70 Ohm. Die wirksam werdende Spannung und die Summe aller Durchflusswiderstände entscheiden, mit welcher Stromstärke der Strom durch den Körper fließt. Köppen (1966) hat zur Beurteilung des Elektrounfalles bzw. seiner Folgen die in Tabelle 33.5 wiedergegebene Einteilung in Stromstärkebereiche vorgenommen, andere Autoren davon nur wenig abweichende Werte.

In den Stromstärkebereichen I bis III ist mit Auswirkungen an den inneren Organen – mit Ausnahme des Herzens – und am Zentralnervensystem nicht zu rechnen. Bei tödlichen Unfällen der Stromstärkebereiche II und III wurden lediglich eine Hyperämie der inneren Organe, venöse Blutstauung und vereinzelt auch perivaskuläre Blutaustritte beobachtet, aber keine ernsthafte Schädigung zum Beispiel an den Ganglienzellen des Gehirns oder des Rückenmarks nachgewiesen. Die vorübergehend während der Stromeinwirkung auftretende Verkrampfung der Atmungsmuskulatur und auch die Blutdrucksteigerung klingen innerhalb weniger Sekunden nach Beendigung der Stromeinwirkung wieder ab. Die Auswirkungen des Stromes am Herzen sind im Kapitel 11 gesondert dargestellt.

Bei Hochspannungsunfällen, also bei Unfällen im Stromstärkebereich IV, kommt es zu Verbrennungen, die abhängig von der Einwirkungsdauer zu oberflächlichen oder auch zu tiefen Gewebszerstörungen unter anderem auch des Gehirns führen können. Es kann aber auch im Niederspannungsbereich zu allerdings reversiblen neurologischen Ausfällen mit vorübergehenden Lähmungen, Paresen oder Sensibilitätsstörungen kommen. Diese neurologischen Auswirkungen sind im Kapitel 6.2 besprochen. Periphere Nervenschäden sind ausgesprochen selten und kommen nur nach schweren Verbrennungen zur Beobachtung. Solche Verbrennungen reichen von den meist oberflächlichen Strommarken über ausgedehnte Gewebsverbrennungen bis zu den schweren Verbrennungen durch Flammbogenwirkung und bis zur schweren allgemeinen Verbrennungskrankheit mit ihren komplizierenden sekundären Organschädigungen zum Beispiel mit Stressulzera am Magen und Zwölffingerdarm, mit Folgen der Schockniere und anderer Organschädigungen. Es handelt sich dabei also nicht um eigentliche Folgen der Einwirkung des elektrischen Stromes als vielmehr um die Auswirkungen der dadurch bewirkten Verbrennungskrankheit.

Mit diesem wärmeenergetischen Effekt des elektrischen Stromes ist bei Stromstärken über 1 A und bei sekundenlangem Stromdurchfluss zu rechnen. Dieser Stromstärkebereich entspricht dem Hochspannungsbereich über 1000 Volt. Die thermische Wirkung des Stromes führt dabei zur schnellen Verkohlung der Haut, ihr Widerstand sinkt dadurch ab, und die Muskulatur wird im Bereich des Stromweges bis über 70 °C erhitzt und geht zugrunde. Die unmittelbaren Folgen der Hochspannungsverbrennung und auch die Spätfolgen sind also im Wesentlichen durch das zugrunde gegangene Muskelgewebe verursacht. Dadurch kommt es auch zur Nieren-

Tabelle 33.5. Stromstärkebereiche

Stromstärkebereich I:

a) *Gleichstrom: Stromstärke unterhalb etwa 80 mA*
b) *Wechselstrom: Stromstärke unterhalb etwa 25 mA*

Einwirkungsdauer unbegrenzt. Ein hoher Übergangswiderstand liegt vor. Es treten geringgradige Blutdrucksteigerungen in Abhängigkeit von der Stromstärke auf, ferner eine geringe Verkrampfung der Atemmuskulatur, keine nachfolgende Schädigungen des Leitungssystems des Herzens. Der Stromstärkebereich I spielt in der Unfallpathologie eine sehr wesentliche Rolle. Zahlreiche Unfälle des täglichen Lebens gehören infolge der günstigen Widerstandsverhältnisse (hoher Übergangswiderstand: trockener Fußbodenbelag, Schuhe, Kleidung, trockene schwielige Hände) in diesen Bereich; er ist absolut ungefährlich und hinterlässt keinerlei pathologische Wirkungen auf Herz, Nerven und Kreislauf. Irgendwelche nachfolgenden Erkrankungen sind nach diesen physiologischen Erkenntnissen selbst bei längerer Einwirkungsdauer unwahrscheinlich. Die Grenzen zum Stromstärkebereich II sind fließend. 18 bis 20 bis 25 mA ist etwa die unterste Grenze. Auch Hochspannungsunfälle können in den Stromstärkebereich I eingeordnet werden, falls entsprechend hohe Übergangswiderstände vorliegen.

Stromstärkebereich II:

a) *Gleichstrom: Stromstärke zwischen 80 und 300 mA*
b) *Wechselstrom: Stromstärke zwischen 25 und 80 mA*

Niedrigerer Übergangswiderstand als beim Stromstärkebereich I; Herzstillstand mit nachfolgender unregelmäßiger Herzschlagfolge (arrhythmisch wie im Stromstärkebereich IV), Blutdrucksteigerung, Atmungsverkrampfung; bei einer Einwirkungsdauer von etwa 25–30 s geht der Herzstillstand bei Wechselstromeinwirkung in Herzkammerflimmern über. Im Stromstärkebereich II sind in experimentellen Untersuchungen von Koeppen, Schäfer und ihren Mitarbeitern Schlomka und Schrader beobachtet worden: a) Herzstillstand, eventuell Herzkammerflimmern bei langer Einwirkungsdauer, b) Rhythmusstörungen und klinisch jene Herzerkrankungen, bei denen elektrokardiographische Veränderungen nachgewiesen werden.

Stromstärkebereich III:

a) *Gleichstrom: Stromstärke zwischen 300 mA und 3–8 A*
b) *Wechselstrom: Stromstärke zwischen 80 und 100 mA und 3–8 A*

Sehr niedriger Übergangswiderstand; Herzkammerflimmern (irreversibel) mit Ausnahme kurzer Zeiten: etwas kleiner als 0,2–0,3 s (physiologische Reaktionen wie im Stromstärkebereich II). Bei Gleichstrom: Herzkammerflimmern nur bei einem Stromweg Hände-Rumpf-Füße-Erde (Längsdurchströmung nach Killinger), während bei einer Durchströmung Hand-Hand kein Herzkammerflimmern zu beobachten ist. Bei Wechselstrom: In diesem Stromstärkebereich tritt unabhängig vom Stromweg (wenn das Herz im Stromkreis liegt) in der Regel irreversibles Herzkammerflimmern auf. Ausnahme: sehr kurze Einwirkungsdauer von 0,1 bis max. 0,3 s. Bei letzterer Einwirkung Reaktion ähnlich wie im Stromstärkebereich II.

Stromstärkebereich IV:

Stromstärken oberhalb 3 A

Kreislauf- und Herzstillstand mit nachfolgender, sehr lang anhaltender Herzunregelmäßigkeit (arrhythmisch wie im Stromstärkebereich!) Blutdrucksteigerung während der Durchströmung und Verkrampfung der Atmung. Einwirkungsdauer bis zu einigen Sekunden, dann Tod infolge schwerster Verbrennungen, nicht durch Herzkammerflimmern

schädigung und unter dem Bild der Schockniere zum Nierenversagen.

Die Verbrennungen durch einen elektrischen Lichtbogen, häufig ohne Stromdurchgang durch den Körper, sind im Allgemeinen weniger schwerwiegend und durch Hautverbrennungen, aber auch durch Verbrennungsauswirkungen an den Augen und anderen Organen gekennzeichnet.

Abbildung 33.2 stellt die verschiedenen Schädigungsmöglichkeiten für Wechselstrom der Frequenz von 50 bis 60 Hz bei verschiedenem Stromweg durch den Körper dar.

Gutachterliche Bewertung

Die psychischen Auswirkungen eines Elektrounfalles spielen in der Diskussion um die versicherungsrechtlichen Folgen eine gewisse und gegenüber anderen Unfallfolgen besondere Rolle. Das rührt daher, dass das Phänomen der Todesangst nicht selten bei erhaltenem Bewusstsein erlebt wird. Der Elektrounfall als Erlebnisreaktion ist von dem Unfallablauf mit Verkrampfung der Muskulatur im Bereich des Stromweges, durch die Unmöglichkeit, sich aus dem Stromkontakt zu befreien, entscheidend bestimmt. Es besteht ein Schreckerlebnis mit extremer Atemnot, oft heftigem Kopfschmerz und Vernichtungsangst. Reizbarkeit, Konzentrationsmangel, Angst, u.a. auch vor erneutem Umgang mit elektrischen Anlagen, aber auch organbezogene psychische Fixierung wie zum Beispiel die Faustschlusshaltung einer Hand können geraume Zeit nach dem Unfall noch vorhanden sein. Daraus wird zwar kaum einmal eine unfallversicherungsrechtlich wesentliche Folgestörung entstehen. Der Gutachter sollte aber diese psychologischen Auswirkungen kennen und für sie Verständnis zeigen. Nur zu leicht kann eine verständnislose Haltung des ärztlichen Gutachters gegenüber dem von einem Elektrounfall Betroffenen die Fixierung der aus dem Schreckerlebnis resultierenden psychischen und neurovegetativen Störungen noch begünstigen.

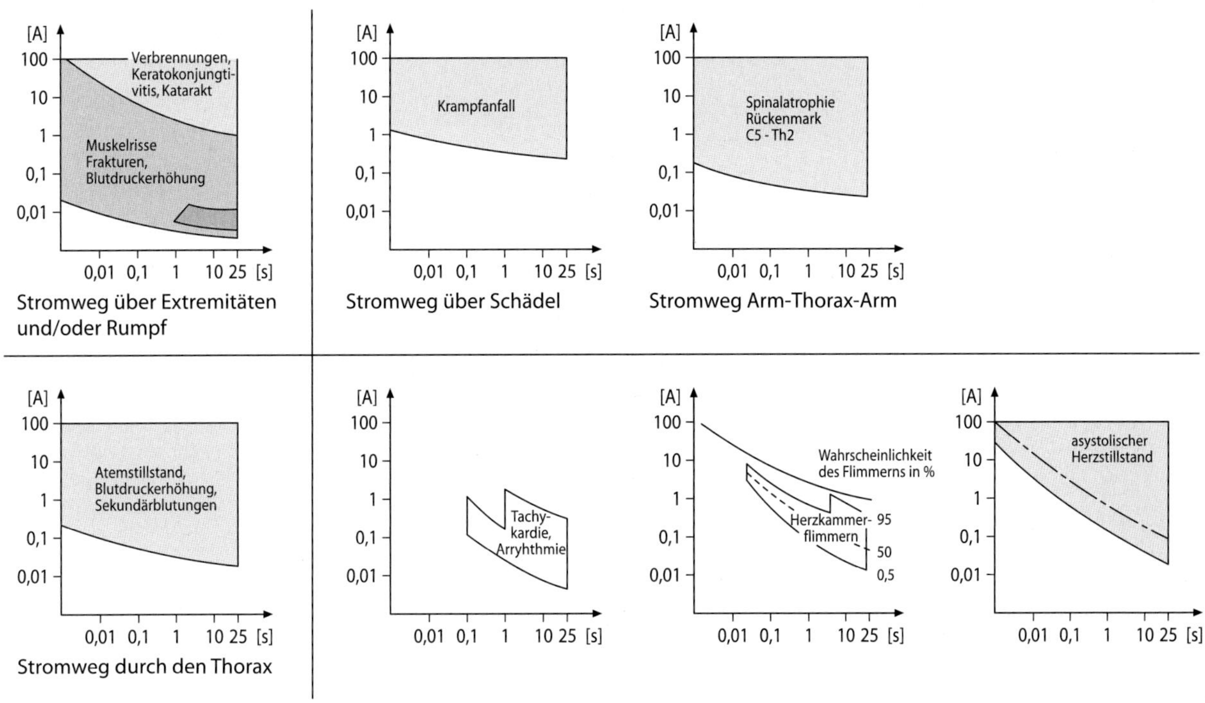

Abb. 33.2. Schädigungsmöglichkeiten bei verschiedenem Stromweg durch den Körper. Auf der Ordinate ist die Stromstärke, auf der Abszisse die Stromflussdauer im logarithmischen Maßstab eingezeichnet. Die jeweilige Grenzlinie zwischen physiologischem und schraffiertem pathologischen Wirkungsbereich zeigt eine exponentielle Relation dieser Größen. Der gekreuzt schraffierte Bereich im 1. Diagramm „Stromweg über Extremitäten und/oder Rumpf" stellt die Streubreite des Loslassstromes dar, wobei die niedrigeren Werte für Frauen, die höheren für Männer die Grenze anzeigen, von welcher bei Umklammerung spannungsführender Teile eine willkürliche Befreiung nur selten, bei Kenntnis spezieller „Tricks" noch möglich ist. Bei dem Stromweg durch den Thorax treten je nach Stromintensität Dauerkontraktion der Interkostalmuskulatur, Atemstillstand, Blutdruckerhöhung bzw. Störungen der Herzaktion auf. In den 2 Diagrammen unten Mitte wird deutlich, dass erst bei einer Stromflussdauer von 0,03 bzw. 0,1 s Rhythmusstörungen bis zum Herzkammerflimmern ausgelöst werden. Überträgt man den Bereich des Herzkammerflimmerns der beiden Diagramme, so wird der Übergang der Rhythmusstörungen bei höherer Stromstärke in das Kammerflimmern deutlich. Die Wahrscheinlichkeit des Auftretens von Herzkammerflimmern (Mitte rechts) hängt von der Dichte und Richtung des elektrischen Feldes am Herzen sowie von der individuellen Situation des Myokards ab. Oberhalb der 95%-Wahrscheinlichkeit der Auslösung von Herzkammerflimmern folgt im Millisekundenbereich der „therapeutische" Bereich der Defibrillation. (Nach Zorn 1980)

Mit Spätschäden ist auch nach schweren Niederspannungsunfällen praktisch nie zu rechnen. Selbst bei schweren Herzrhythmusstörungen werden - wenn der Betreffende überlebte - in der Regel keine Dauerfolgen zurückbehalten. Auch Hochspannungsunfälle mit äußerlichen Verbrennungen hinterlassen meist - wurden die Frühschäden am Herzen oder am Zentralnervensystem überstanden - keine Dauerfolgen. In einigen Fällen bleibt eine Funktionseinschränkung einer Extremität zurück. Ein vorgeschädigtes Herz mag auf einen Elektrounfall empfindlicher reagieren als ein gesundes. Niemals ist aber ein späterer Myokardinfarkt einem früheren Elektrounfall anzulasten; ein solches Ereignis im unmittelbaren Zusammenhang mit einem Elektrounfall, bei dem das Herz im Stromkreis zu liegen kam, ist besonders bei bestehender Koronararteriosklerose aber durchaus möglich. Das Risiko des Elektrounfalles liegt in den tödlichen Sofortauswirkungen insbesondere auf das Herz. Spätfolgen sind dagegen ungewöhnlich.

Literatur

Köppen S (1961) Gesundheitsschäden durch elektrischen Strom. Handbuch der gesamten Arbeitsmedizin. Urban & Schwarzenberg

Köppen S (1996) Elektrischer Unfall. Handbuch der gesamten Unfallheilkunde. Enke, Stuttgart

Zorn H (1980) Die Prognose des elektrischen Unfalles. Lebensversicherungsmedizin 32:152

34 Iatrogene Schäden

J. Friemann und K.-M. Müller

Häufigkeit

In industrialisierten Ländern treten bei 3,7% der Krankenhauspatienten iatrogene Schäden auf, die in 70,5% der Fälle im Verlauf von 6 Monaten reversibel sein sollen (Brennan et al. 1991, Leape et al. 1991). Die nach konservativer und operativer Behandlung in ca. 50% der Fälle auftretenden unerwünschten Ereignisse sind in mehr als 60% der Fälle vermeidbar (Leape 1994). In größeren Obduktionsstatistiken gelten 0,41–14,2% der allein oder in Kombination mit anderen Erkrankungen zum Tode führenden Hauptleiden als „durch Handlungen des Arztes hervorgerufen", d.h. iatrogen bedingt (Nekachalov 1990, Glumov et al. 1990). In fast zwei Drittel der Fälle betreffen die iatrogen induzierten Läsionen ein operatives Fachgebiet (Allgemein- und Viszeralchirurgie, Unfallchirurgie, Orthopädie, Frauenheilkunde und Geburtshilfe) (Neu et al. 2001). Allein auf die Allgemein- und Viszeralchirurgie entfallen mehr als 30% der Behandlungsfehler, die von den Gutachterkommissionen der Ärztekammern in den vergangenen Jahren festgestellt wurden (Weltrich u. Fitting 1992, Bericht des Vorstandes der Ärztekammer Westfalen-Lippe 2002). Zunehmend spielen dabei auch Fehlervorwürfe nach endoskopischen Behandlungen (z.B. Appendektomie, Cholezystektomie) eine Rolle (Pichelmaier et al. 1995). Bei 20–30% der jährlich eingereichten Überprüfungsanträge kann von den Gutachterkommissionen ein ärztlicher Behandlungsfehler bestätigt werden (Weltrich u. Fitting 1993, Neu 2001).

Biopsie- und Resektionsmaterial sowie zytologische Präparate

Pathologen selbst können zu iatrogenen Schädigungen beitragen, indem sie z.B. folgenschwere Karzinomdiagnosen ohne ausreichende zytologische oder gewebliche Grundlage stellen (Überdiagnostik) oder in Probebiopsien bzw. Punktionsmaterial Tumorzellen übersehen werden und damit eine frühzeitige Behandlung verzögert und evtl. vorhandene Heilungsaussichten vereitelt werden (Unterdiagnostik). Um Diagnosefehler zu vermeiden, muss darauf geachtet werden, dass verbindliche differentialdiagnostische Entscheidungen nur an ausreichend morphologisch auswertbarem Untersuchungsmaterial getroffen werden. So ist beispielsweise die Differentialdiagnose neoplastischer und reaktiver Lymphknotenveränderungen am Schnellschnittmaterial nach Gefriereinbettung und in Lymphknoten-Stanzbiopsien mit einem großen Fehlerrisiko behaftet und wird von Spezialisten der Lymphknotenpathologie im Allgemeinen sogar abgelehnt.

Die Biopsiemaßnahmen selbst gehen nur mit einer geringen Komplikationsrate einher. So führen z.B. sonographisch gezielte Feinnadelbiopsien pathologischer Prozesse im Bauchraum nur sehr selten (in 0,008–0,031% der Fälle) zu letalen Komplikationen wie z.B. Leberblutung oder akuter Pankreatitis. Das Risiko einer iatrogenen Tumorzellverschleppung (0,003–0,009% der Fälle) ist ebenfalls sehr gering (Smith 1991).

Autopsie und gutachterliche Bewertung

Im Auftrag von Trägern der Sozialversicherungen (z.B. Berufsgenossenschaften), Sozialgerichten und privaten Versicherungen (Unfall- und Lebensversicherungen) sind Obduktionen Grundlage von Zusammenhangsbegutachtungen, die den Tod eines Versicherten als Folge einer äußeren Einwirkung wahrscheinlich machen oder ausschließen sollen. Dem Obduzenten sind in diesem Fall in der Regel exakte Fragestellungen bekannt, so dass er gezielte, bei bestimmten Organen besonders sorgfältige und aufwändige Präparationen und Befunddokumentationen vornehmen kann.

Neben einer präzisen Deskription der makroskopischen und mikroskopischen Befunde als wesentliche Voraussetzung zur Begutachtung iatrogener Schäden bedarf es, besonders unter haftungsrechtlichen Gesichtspunkten, grundsätzlich der Beantwortung folgender Fragen:

- Ist das durch die ärztliche Handlung ausgelöste Schädigungsmuster morphologisch charakteristisch, oder sind auch vom ärztlichen Eingriff unabhängige Vorkommnisse geeignet, vergleichbare morphologische Veränderungen herbeizuführen?
- Handelt es sich bei den durch die ärztliche Maßnahme hervorgerufenen geweblichen Läsionen um ein physiologisches, dem Trauma adäquates oder ein pathologisches, inadäquates morphologisches Reaktionsmuster, welches eine spezifische individuelle Disposition (beispielsweise eine Allergie bzw. eine vorbestehende gewebliche Schädigung) voraussetzt?

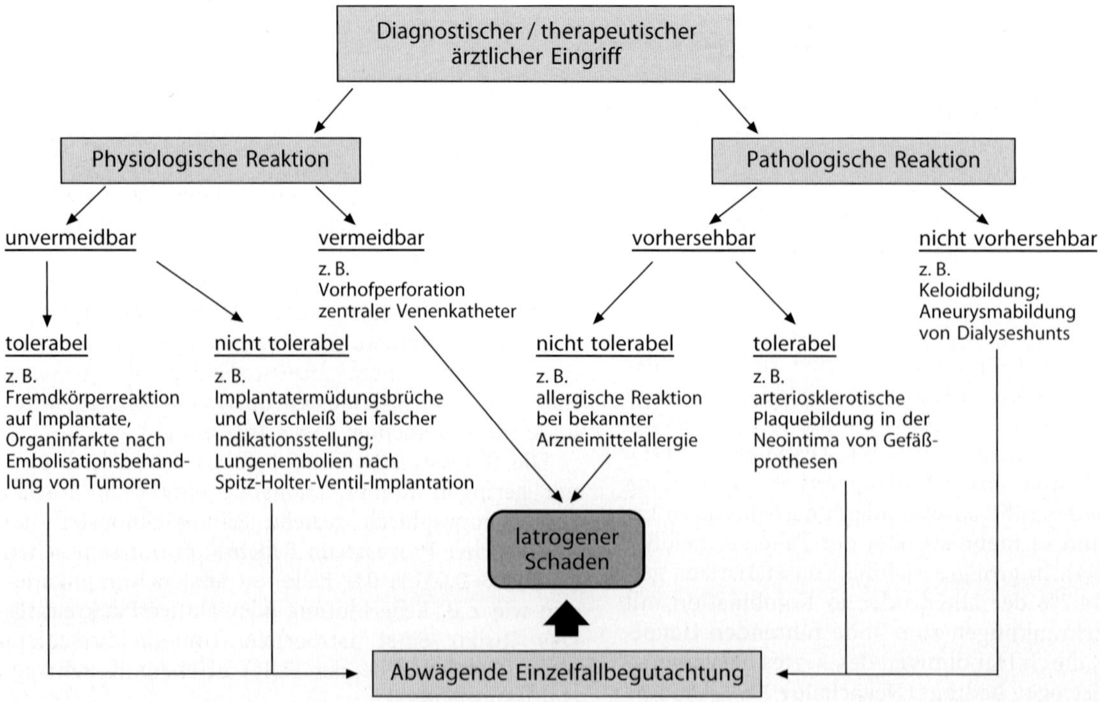

Abb. 34.1. Begutachtungsschema iatrogener Schäden

Hierdurch kann die haftungsrechtliche Einordnung des Einzelfalles erheblich modifiziert werden (Abb. 34.1). Von Bedeutung hierfür ist ferner, ob es sich um einen obligaten oder einen fakultativen – d.h. unter bestimmten Bedingungen auch in Kauf zu nehmenden – Folgeschaden einer ärztlichen Maßnahme handelt. Ganz entscheidend für die gutachterliche Bewertung eines iatrogenen Schadens ist auch die Frage nach der Indikation einer ärztlichen Maßnahme. Beispielsweise wird eine Magenperforation nach Implantation eines Ballonkatheters zur Gewichtsreduktion haftungsrechtlich anders zu beurteilen sein als ein iatrogener Hydropneumothorax nach Infusionsbehandlung eines Notfallpatienten (Rabl et al. 1991, Steiger u. Morgan 1990).

Herz-Kreislauf-System

Von 2620 Behandlungsfehlervorwürfen, die die Schlichtungsstelle der Norddeutschen Ärztekammer 2001 bearbeitete, entfielen 233 auf die Behandlung von kardiovaskulären Erkrankungen. In 20% der Fälle war ärztliche Nachlässigkeit Ursache von Schadensereignissen, die bei 18 von 46 Fällen als ernst eingestuft werden mussten und bei 6 von 46 Patienten todesursächlich von Bedeutung waren (Scheppokat u. Held 2003).

- Mögliche Komplikationen implantierter Dakron- oder Teflonprothesen sind thrombotische Verschlüsse und bakterielle Infektionen des Prothesenbettes. Mögliche Ursachen von Reverschlüssen sind ein Fortschreiten der arteriosklerotischen Grunderkrankung nach bindegewebigem Durchbau der Prothesenwand in Form einer sog. Prothetosklerose mit komplizierenden Thromben (Müller u. Dasbach 1994).
- In alloplastischen Dialyseshunts können sich sekundär durch Destabilisierung des Prothesenwandmaterials in Folge von Kanüleneinstichen echte Aneurysmen entwickeln.
- Nach Embolisationsbehandlung von Tumorerkrankungen sind Infarkte gesunder Organabschnitte nicht selten unvermeidlich.
- In medizinischen Kliniken machen die durch intravenöse Katheter induzierten Phlebitiden weit über 70% aller iatrogenen Krankheitsfälle aus (De la Sierra et al. 1989). Seit Einführung entschärfter Katheterspitzen treten Endothelläsionen und parietale Thrombosen als Folge einer Behandlung mit zentralen Venenkathetern deutlich seltener auf (Müller et al. 1981, 1982). Als Folge einer Fehllage von Venenkathetern muss aber nach wie vor mit letalen Herzrhythmusstörungen und Herzwandperforationen mit konsekutiver Herzbeuteltamponade ebenso wie mit rezidivierenden Lungenthrombembolien gerechnet werden (Müller u. Hartmann 1978, Müller 1981, Chabanier et al. 1988). Abgerissene und längerfristig in situ verbliebene Venenkatheter wurden als Ursache einer letalen Candida-Endokarditis und septischer Lungenembolien beschrieben (Hohmann u. Link 1991).

- Selten führen in die rechte Herzkammer eingeschraubte Elektroden permanenter Herzschrittmacher zur Herzruptur.
- Arterienpunktionen beispielsweise im Zusammenhang mit interventionellen oder diagnostischen Linksherzkatheteruntersuchungen können zu lebensbedrohlichen Nachblutungen in die Oberschenkelmuskulatur oder das Retroperitoneum führen. Sie werden durch präexistente, fortgeschrittene arteriosklerotische Wandveränderungen und anlagebedingte Texturstörungen der Arterienwand vom Typ einer Medionekrosis Erdheim Gsell begünstigt.
- Übliche Folgen perkutaner transluminaler Katheterdilatationen von Arterien wie Atheromrupturen, Cholesterinembolien und Gefäßwanddissektionen mit nachfolgender Gefäßwandruptur und thrombotischem Verschluss müssen dem Pathologen geläufig sein, um sie gegenüber unerwarteten Folgen nach fehlerhaft durchgeführten Eingriffen abgrenzen zu können (Schmutzler u. Rutsch 1983, Heintzen et al. 1994).
- Lebensbedrohende koronararterielle Blutungen können entstehen, wenn sich Ligaturen von Seitenästen der für aortokoronare Bypassoperationen verwendeten Unterschenkelvenen lösen.
- Das Risiko zerebraler Ischämien ist nach einer Endarteriektomie der Karotis wesentlich geringer (10%) als nach einer Angioplastie mit Stenteinlage (Garcia-Sanchez et al. 2004).
- Als Folge einer Materialermüdung können Brüche von Metallbügeln implantierter Kipprothesen der Mitral- oder Aortenklappe auftreten (Lemke et al. 1991).
- Operationen am offenen Herzen und die Radiotherapie von Tumoren der Thoraxorgane werden als Auslöser für die Entstehung kardialer papillärer Fibroelastome diskutiert (Kurup et al. 2002).

Durch Änderung der Hormonzusammensetzung in Kombinationspräparaten für die Kontrazeption zeigt das Thrombose- und Lungenembolierisiko bei Raucherinnen eine deutlich rückläufige Tendenz (Fruzetti et al. 1994, Norris u. Bonnar 1994).

- Nach intravenöser Kontrastmittelverabreichung kann es in 5–50% der Fälle zu einer Kontrastmittelnephropathie kommen (Erley u. Duda 1995). Morphologisch fassbare Folgen sind eine „osmotische Vakuolisierung" der Tubulusepithelzellen der Niere und unter Umständen ein Ausfall von Kalziumoxalatkristallen in den Tubuluslichtungen (Randerath u. Bohle 1959, Mostert et al. 1971).

Gastrointestinaltrakt

Etwa ein Viertel aller Fehlervorwürfe, die gegenüber Chirurgen im Zusammenhang mit diagnostischen Maßnahmen erhoben werden, betreffen invasive Untersuchungsmethoden. Dabei stehen Endoskopien des Magen-Darm-Traktes mit Perforationen bei Gastroskopien und Rektoskopien ganz im Vordergrund (Reichenbach 1990).

- Als prädisponierende Faktoren für iatrogene Perforationen des Magen-Darm-Kanals gelten angeborene oder erworbene Divertikel, Tumoren oder entzündliche Grunderkrankungen. Bis zu 21% der Fälle iatrogener Ösophagusperforationen sollen tödlich verlaufen (Flynn et al. 1989, Sapozhnikova u. Pogodina 1989, Wachira et al. 1990). Als besonders risikoreiche Maßnahme gilt die pneumatische Dilatationsbehandlung von Achalasien (Schwartz et al. 1993). Notfalleingriffe erhöhen das Risiko einer iatrogenen Ösophagusperforation um mehr als das 6fache (van Thiel et al. 1993). In den allermeisten Fällen sind die Grunderkrankungen (z. B. ösophagotracheale Fisteln nach Langzeitintubation, strahlen- und laserbehandelte fortgeschrittene Bronchialkarzinome sowie stenosierte oder insuffiziente Bronchusanastomosen) nach Stenteinlagen als Todesursache bedeutsamer als eine im Anschluss an die Ösophagusperforation aufgetretene Mediastinitis oder Aspirationspneumonie (Dorow et al. 1994).
- Kompliziert sind Rektumperforationen in zeitlichem Zusammenhang mit einem Kolonkontrasteinlauf zu begutachten, zumal bei länger andauernder Koprostase auch spontane Rektumperforationen beobachtet werden können.
- Als tödliche Komplikation eines Kolonkontrasteinlaufes ist die Fehllage eines Einlaufschlauches in der Scheide mit konsekutivem Vaginalwandriss beschrieben worden (Haffner u. Graw 1993).
- Die pathologisch-anatomische Begutachtung von Bauchwandabszessen oder einer chronischen Peritonitis als Folge in situ belassener Bauchtücher ist im Zusammenhang mit entsprechenden anamnestischen Angaben unproblematisch (Hajji et al. 1988). Die Häufigkeit dieser Komplikation wird mit einem Fall pro 1300 bzw. pro 1500 Laparotomien angegeben, wobei das Risiko bei Notfalloperationen nach Trauma besonders hoch ist. Die Mortalitätsrate liegt bei bis zu 14,2% (Fernandez et al. 1998).
- Die pathologisch-anatomische Dokumentation verschiedener Organisationsphasen subkapsulärer Milzhämatome nach einem Bauchtrauma kann für die zeitliche Einordnung eines Rupturgeschehens hilfreich sein (Stelzner 1962, 1990). Dagegen sind iatrogene Verletzungen der Milzkapsel im Verlauf bauchchirurgischer Eingriffe sind dagegen nicht immer zuverlässig gegenüber einer mechanischen Milzkapselverletzung nach der Organentfernung aus anderen Gründen möglich.
- Die pathologisch-anatomische Untersuchung des Ductus cysticus oder einer resezierten Choledochusstenose erlaubt nicht selten Aufschlüsse über das Ursachen-Wirkungs-Geschehen nach unbeabsichtigter Abklemmung dieser Gangstrukturen nach laparoskopischer Cholezystektomie (Weltrich u. Fit-

ting 1993, Baden et al. 1990). Bei distalen Gallengangsstenosen ist auch eine konservative erfolgreiche Behandlung durch serielle Stenteinlagen möglich (Bourke et al. 2000).

Nach Knochenmarkstransplantationen kann es als Folge einer chronischen Abstoßungsreaktion („graft-versus-host disease") zu sekundären malignen lympho- und myeloproliferativen Erkrankungen und besonders im oberen Gastrointestinaltrakt auch zur Entwicklung von Präkanzerosen und Plattenepithelkarzinomen kommen (Abdelsayed et al. 2002, Atree et al. 1995, Otsubo et al. 1997).

Während eine systemische Steroidbehandlung nach wie vor mit einer Erhöhung der postoperativen Infektionsraten auf 20–75% assoziiert ist, werden in diesem Zusammenhang Perforationen im Gastrointestinaltrakt in Folge der protektiven Wirkung neuer Medikamente seltener beobachtet (Wechsler et al. 1985).

Bewegungsapparat und Weichteilgewebe

Die lokale Injektion von Glukokortikoidpräparaten insbesondere im Bereich von Gelenken und Sehnenansätzen ist eine weit verbreitete Methode zur Behandlung entzündlicher Veränderungen und schmerzhafter Reizzustände des Bewegungsapparates. In diesem Zusammenhang liegen zahlreiche Berichte über eine mögliche sehnenschädigende Wirkung lokaler Kortikosteroidinjektionen vor. Als Reaktion auf die Trägersubstanzen der injizierten Kortikosteroidkristalle kann es zu granulomatösen, zum Teil kalzifizierenden Entzündungsreaktionen der Gelenkinnenhaut und des peritendinösen Weichteilgewebes kommen, die differentialdiagnostisch gegenüber behandlungsunabhängig entstandenen degenerativen Weichteilerkrankungen abgegrenzt werden müssen (Friemann et al. 1997a).

Das morphologische Substrat bakterieller Gelenkerkrankungen nach Kniegelenkspunktionen oder Resektions- und Implantationsverfahren stellt eine eitrige Synovialitis dar. Sie muss differentialdiagnostisch gegenüber akuten Phasen einer chronischen Polyarthritis abgegrenzt werden. Der pathologisch-anatomische Befund ist bezüglich der Ätiologie dieser Erkrankung uncharakteristisch.

Dagegen führt Abriebmaterial einer vor längerer Zeit implantierten Endoprothese zum charakteristischen Befund einer riesenzellreichen Synovialitis endoprothetica (Thurner 1984, Müller u. Fisseler-Eckhoff 1989).

Heterotope Ossifikationen in Weichgewebsstrukturen sind eine weitere gefürchtete Komplikation des endoprothetischen Gelenkersatzes. Sie werden wie Narbenknochenbildungen in der Haut als mesenchymale Metaplasien mit komplexem Ursachen-Wirkungs-Gefüge aufgefasst und können in der Abgrenzung zu bösartigen Neubildungen erhebliche differentialdiagnostische Schwierigkeiten bereiten (Bosse et al. 1994).

Die früher überwiegend als autonome hereditäre Erkrankung eingestufte Chondrokalzinose des Meniskus soll in 44,7% der Fälle auch sekundär im Gefolge rezidivierender Kniegelenksoperationen entstehen können und muss insofern zumindest teilweise als iatrogener Schaden aufgefasst werden (Fisseler-Eckhoff et al. 1989).

Silikonome (d.h. riesenzellige Fremdkörpergranulome in der Umgebung von interstitiellen Silikonablagerungen) in der bindegewebigen Pseudokapsel von Silikonprothesen der Mamma sind meist Folge einer intraoperativen oder unfallbedingten Läsion (Gurtverletzung!) der äußeren Implantathülle und daher nicht selten forensisch relevant.

Ein kausaler Zusammenhang zwischen Erkrankungen des rheumatischen Formenkreises und dem Austreten von Silikon durch eine intakte äußere Prothesenhülle (dem sog. „Prothesen-Bleeding") hat sich nicht bestätigt (Varga et al. 1989, Gabriel et al. 1994). Andererseits führen Polyurethanummantelungen von Mammaprothesen in deren fibröse Pseudokapseln regelmäßig zu einer lokalen granulomatösen Fremdkörperreaktion und werden im Verlauf von Monaten bis Jahren vollständig bindegewebig durchbaut (Friemann et al. 1997b).

Lunge

Bei der Interpretation morphologischer Befunde transbronchialer Lungenbiopsien und Lungenkeilbiopsien müssen differentialdiagnostische Aspekte der iatrogenen Pathologie ebenfalls berücksichtigt werden. Auch hier spielt die Kenntnis der Krankenvorgeschichte eine wesentliche Rolle.

Beispielsweise konnten rezidivierende hämorrhagische Lungeninfarkte bei einer jungen Patientin nur dadurch geklärt werden, dass Angaben über ein vor mehreren Wochen implantiertes Spitz-Holter-Ventil als Emboliequelle vorlagen.

In anderen Fällen können bereits die charakteristischen morphologischen Befunde allein auf eine möglicherweise iatrogene Mitverursachung hinweisen. So wird man bei Aspirationspneumonien mit intraalveolären Blutungen und Nekrosen der Pneumozyten immer an das Vorliegen eines Mendelson-Syndroms oder beim Nachweis von intrapulmonalen Fettembolien an ein vorangegangenes Unfallereignis mit und ohne osteosynthetische Versorgung denken (Mendelson 1946, Hauss et al. 1978, Müller u. Junker 1990).

Bei Obduktionen ist der Befund eines protrahierten Lungenversagens (Schocklunge, *ARDS* – *a*cute *r*espiratory *d*istress *s*yndrome) nach langfristiger maschineller Beatmung charakteristisch. Die hier im Vordergrund stehende Befundkombination von verschiedenen Organisationsphasen hyaliner Membranen, interstitieller Lungenfibrose und einer Pneumozytenhyperplasie kommt bei spontanen Krankheitsverläufen praktisch nicht vor und ist auf die Aufrechterhaltung der vitalen Kreislauffunktionen durch intensivmedizinische Maßnahmen einschließlich Überdruckbeatmung mit hohen O_2-Konzentrationen zurückzuführen (Müller 1979, Müller u. Grundmann 1980).

Eine andere gefürchtete Komplikation von Langzeitbeatmungen sind Intubationsschäden an Kehlkopf und Trachea.

An den Stimmbändern stehen das Ödem, Granulationspolypen und Schleimhautulzerationen im Vordergrund, während im Bereich der mittleren Trachea cuffbedingte Chondromalazien in Höhe der Schleimhautulzerationen komplizierend hinzukommen und die Entwicklung funktioneller (Trachealkollaps) und auch postentzündlicher Trachealstenosen begünstigen (Übersicht siehe Rügheimer 1983, Holzki 1993).

Bronchopulmonale Infektionen sind nach längerdauernder Beatmungstherapie fast regelmäßig nachweisbar und müssen gegenüber möglichen vorbestehenden chronischen, unspezifischen entzündlichen Veränderungen abgegrenzt werden. Dabei verbergen sich hinter röntgenologisch einheitlichen Herdbefunden oft kausal-pathogenetisch ganz unterschiedliche Krankheitsbilder wie deszendierende Bronchopneumonien, septisch-metastatische Herdpneumonien oder Infarktpneumonien (Müller et al. 1983).

Das morphologisch fassbare Reaktionsmuster der Lunge auf Therapienebenwirkungen von Zytostatika, Chemotherapeutika (u. a. Salazosulfapyridin, Nitrofurantoin) und ionisierenden Strahlen ist relativ gleichförmig. In der Frühphase stehen ein komplexer Alveolarwandschaden mit Endothelläsionen, interstitiellem Ödem und Pneumozyten-Typ-I-Nekrosen sowie eine reaktive Proliferation der Typ-II-Pneumozyten und Metaplasien und Dysplasien des Alveolarepithels im Vordergrund (Burkhardt u. Gebbers 1977). Über eine zellulär-exsudative Phase mit intramural wechselnd stark ausgeprägten, teils granulomatösen, immunologischen Infiltraten mit und ohne Eosinophilie kann es in Abhängigkeit von der auslösenden toxischen Substanz (wie bei der fibrosierenden Alveolitis anderer Genese) zu einer weitgehend irreparablen interstitiellen Lungenfibrose kommen (Müller u. Junker 1990). Kausal-pathogenetische Rückschlüsse bezüglich der in Frage kommenden iatrogenen Ursache sind in der Regel nur in enger Korrelation mit der Klinik und bei Kenntnis der zur Diskussion stehenden toxischen Substanzen möglich.

Pathologisch-anatomische Befunde nach Radiotherapie

In der Biopsiediagnostik spielen neben den Lungenveränderungen bei diesem Themenkomplex vor allem ulzerös-nekrotisierende Urozystitiden und die Strahlenenterokolitis mit und ohne vesikovaginale und rektovaginale Fistelbildungen eine Rolle (Thompson u. Marx 1990). Als Spätschäden der Strahlenbehandlung abdomineller Karzinome sind am häufigsten das Rektum und das Sigma (52–62%) und am zweithäufigsten das Ileum (20–37%) betroffen (Schmitz et al. 1974, Lenner et al. 1977). Bisher ist unklar, ob eine simultane Chemotherapie eine Verstärkung chronischer Nebenwirkungen einer prä- oder postoperativen Strahlentherapie gastrointestinaler Tumoren bewirkt (Trott 1994).

Die noch viele Jahre nach Beendigung der Strahlenbehandlung nachweisbare obliterierende Endarteriitis in der Submukosa der Harnblasen- und Darmschleimhaut ist fast pathognomonisch. Sie führt im Bereich des Darmes zu intermittierenden Ileus- und Subileuszuständen und gelegentlich zu totalen Rektumwandnekrosen. Auch präkanzeröse Umbauvorgänge der Rektumschleimhaut mit Übergang in invasive Karzinome wurden beschrieben (Sandler u. Sandler 1983, Shamsuddin u. Elias 1981).

Die Strahlenurozystitis kann zu einer narbigen Schrumpfharnblase oder Strikturbildung des Ureters führen.

Nach der Strahlenbehandlung von Prostatakarzinomen stellen Urethrastenosen und Rektumläsionen (Schleimhautulzerationen, Blutungen und Stenosierungen bzw. Fistelbildungen) in 1–5% der Fälle relativ seltene Komplikationen dar (Green et al. 1984). Eine solche Befundkonstellation muss man bei der morphologischen Interpretation transurethral oder transrektal entnommener Stanzzylinder im Auge behalten, die zum Ausschluss eines Tumorrezidivs durchgeführt werden und ausgedehnte strahleninduzierte narbige Veränderungen aufweisen. Transurethral durchgeführte minimalinvasive Eingriffe wie z. B. Rinnenresektionen und Urethrotomien können in derart vorgeschädigten Geweben die Entstehung von rektourethralen Fisteln begünstigen. Sie können mit morphologischen Methoden nur in Ausnahmefällen gegenüber „spontan“ entstandenen radiogenen Fistelbildungen abgegrenzt werden.

Gefäßveränderungen mit Wandverdickung und Hyalinisierung sowie Kapillarektasien spielen neben einer myxomatösen Verquellung und Sklerosierung des angrenzenden Bindegewebes auch bei der Radiodermatitis eine Rolle, die gelegentlich auch noch 35 Jahre z. B. nach Bestrahlung eines Hämangioms wegen rezidivierender Hautulzera zur operativen Revision ansteht. Daneben sind nach einer Strahlenbehandlung der Haut auch pseudokarzinomatöse Hyperplasien der Epidermis mit Übergang in echte Stachelzellkarzinome beschrieben worden.

An Strahlenschädigungen des Zentralnervensystems muss man vor allem beim Auftreten neurogener Muskelatrophien, Parästhesien und Paraparesen im Zusammenhang mit bestrahlten Tumoren in Mundhöhlen, Pharynx-, Larynx- und Halsbereich sowie im oberen Mediastinum denken. Während die akute Strahlenwirkung bevorzugt die Oligodendroglia betrifft und zur reversiblen Entmarkung führt, werden die irreversiblen chronischen Spätmyelopathien als Folge von Gefäßwandschäden aufgefasst. Bei gezielter Suche findet man bei dem anlässlich einer Autopsie in toto entnommenen Rückenmark im bestrahlten Segment eine Vermehrung mittlerer und kleiner Gefäße mit Nekrosen und einer Wandverbreiterung z.T. infolge plasmatischer Gewebsinsudationen (Girgenson u. Witzel 1965).

Bei den potentiellen Folgen strahlentherapeutischer Behandlungsverfahren dürfen typische Sekundärmalignome nicht unerwähnt bleiben. In erster Linie sind hier Hirntumoren nach schädelbestrahlten Leukämien und Osteosarkome im ehemaligen Strahlenfeld von Retinoblastomen zu nennen (Übersicht Gutjahr 1993). Die kumulative Häufigkeit von Sekundärmalignomen bei Patienten mit Morbus Hodgkin in Vollremission beträgt nach 10 Jahren 13,5% und nach 15 Jahren 21%. Am häufigsten wurden Non-Hodgkin-Lymphome, Bronchialkarzinome und akute myeloische Leukämien beobachtet (Munker et al. 1995). Obwohl für die Therapiemodalitäten kein eindeutiger Einfluss nachgewiesen werden konnte, soll allein die Strahlenbehandlung des Morbus Hodgkin bereits mit einem 15,6fach erhöhten Schilddrüsenkarzinomrisiko einhergehen (Hancock et al. 1991). Möglicherweise können zukünftig in solchen Sekundärmalignomen mit molekularpathologischen Untersuchungen gehäuft strahlentypische Genmutationen nachgewiesen werden (Vähäkangas et al. 1992, Hollstein et al. 1997).

Schlussfolgerungen

Das morphologische Spektrum iatrogener Schäden ist sehr komplex und vergrößert sich durch Einführung neuer ärztlicher Diagnostik- und Behandlungsverfahren (gewissermaßen als iatrogene Umweltfaktoren) ständig. Es kann nicht die Aufgabe des Pathologen sein, nach derartigen durch ärztliche Handlungen hervorgerufenen Schäden zu suchen. Doch nur die durch Kenntnis charakteristischer Schädigungsmuster erhöhte Aufmerksamkeit ermöglicht eine sachgerechte Befunddokumentation und erleichtert dadurch die Aufdeckung von andernfalls nicht selten fehlinterpretierten Zusammenhängen. Hierdurch wird eine gerechte Begutachtung iatrogener Schäden erleichtert, und ihrem Entstehen kann im Einzelfall vorgebeugt werden.

Literatur

Baden H, Jensen HE, Stadil F (1990) Iatrogenic biliary tract injuries. Ugeskr-Laeger 152:2639–2641

Bericht des Vorstandes der Ärztekammer Westfalen-Lippe (2002) Gutachterkommission für ärztliche Haftpflichtfragen. S 54–55

Bosse A, Wuisman P, Ekkernkamp A, Müller K-M (1994) Das differentialdiagnostische Spektrum der pseudomalignen heterotopen Ossifikation. Orthop Praxis 4:247–252

Bourke MJ, Elfant AB, Alhalel R, Scheider D, Kortan P, Haber GB (2000) Sphincterotomy-associated biliary strictures: features and endoscopic management. Gastrointest Endosc 52:494–499

Brennan TA, Leape LL, Laird NM, Herbert L, Localio AR, Lawthers AG, Newhouse JP, Weiler PC, Hiatt HH (1991) Incidence of adverse events and negligence in hospitalized patients. Results of the Harvard Medical Practice Study I. N Engl J Med 324:370–376

Burger A, Löffler H, Bamberg M, Rodemann HP (1998) Molecular and cellular basis of radiation fibrosis. Int J Radiat Biol 73:401–408

Burkhardt A, Gebbers JO, Höltje WJ (1977) Die Bleomyzin-Lunge. Systematische pathologisch-anatomische Untersuchungen an 15 Fällen. Dtsch Med Wochenschr 102:281–289

Chabanier A, Dany F, Brutus P, Vergnoux H (1988) Iatrogenic cardiac tamponade after central venous catheter. Clin Cardiol 11:91–99

Coon WW (1990) Iatrogenic splenic injury. Am J Surg 159:585–588

De la Sierra A, Cardellach F, Cabo E, Bove A, Roige M, Santos MJ, Ingelmo M, Urbano-Marquez A (1989) Iatrogenic illness in a department of general internal medicine: a prospective study. Mt Sinai J Med 56: 267–271

Dorow P, Thalhofer S, Schüler S, Hetzer R (1994) Endobronchiale Stent-Implantation in der Therapie von Anastomoseninsuffizienzen bei Patienten mit Lungen- und Herz-Lungen-Transplantationen. Pneumonologie 48(S 2):598–599

Erley CM, Duda SH (1995) Nephropathie durch Kontrastmittel. Dtsch med Wschr 120:806–810

Fernandez LR, Marin LFJ, Fradejas LJM, Diaz GLM, Camarero ME, Moreno AM (1998) Postoperative textilomas: review of 14 cases. Int Surg 83:63–66

Fisseler-Eckhoff A, Königs PM, Müller K-M (1989) Pathogenetische Aspekte der Chondrocalzinose des Kniegelenkmeniskus. Der Pathologe 10:340–348

Flynn AE, Verrier RD, Way LW, Thomas AN, Pellegrini CA (1989) Oesophageal perforation. Arch Surg 124:1211–1214

Friemann J, Mogilevski G, Höhr D, Rosorius H (1997a) Kalzifizierende granulomatöse Peritendinitis nach lokaler Dexamethasonbehandlung. Pathologe 18:459–462

Friemann J, Bauer M, Golz B, Rombeck N, Höhr D, Erbs G, Steinau H-U, Olbrisch RR (1997b) Physiologische und pathologische Reaktionsmuster auf Silikonprothesen der Mamma. Zentralbl Chir 122:551–564

Fruzetti F, Ricci C, Fioretti P (1994) Haemostasis profile in smoking and nonsmoking women taking low-dose oral contraceptives. Contraception 49:579–592

Gabriel SE, O'Fallon WM, Kurland LT et al (1994) Risk of connective tissue diseases or other disorders after breast implantation. N Engl J Med 330:1697–1702

Garcia-Sanchez S, Millan-Torne M, Capellades-Font J, Muchart J, Callejas-P JM, Vila-Moriente N (2004) Ischemic brain lesions following carotid revascularisation procedures: a comparative study using diffusion-weighted magnetic resonance imaging. Rev Neurol 11:1013–1017

Girgenson H, Witzel D (1965) Rückenmarksschädigung durch Röntgenstrahlen von zervikalen und thorakalen Tumoren. Allg Pathol Path Anat 108:121

Glumov VI, Gabushev PI, Shumikhin KV (1990) Iatrogenic pathology, its role in the structure of patient morbidity and thanatogenesis. Arkh Pathol 52:72–74

Green N, Goldberg H, Goldman H, Lombardo L, Skaist L (1984) Severe rectal injury following radiation for prostatic cancer. J Urol 131:701–703

Gutachterkommission für ärztliche Haftpflichtfragen (2002) Bericht des Vorstandes der Ärztekammer Westfalen-Lippe

Gutjahr P (1993) Sekundärmalignome nach Krebserkrankungen bei Kindern. Dtsch Ärztebl 90:A1-1593–1604

Haffner HT, Graw M (1993) Letale Komplikation eines Kolon-Kontrasteinlaufs durch Fehllage des Einlaufschlauchs in der Vagina. Dtsch med Wschr 118:181–184

Hajji A, Abbar M, Bouchama R, Moulay A (1988) Intraperitoneal textiloma, Apropos of 5 cases. J Chir Paris 125:353–357

Hancock SL, Cox RS, McDougall R (1991) Thyroid Diseases after Treatment of Hodgkin's Disease. N Engl J Med 325:599–605

Hartmann G, Steib A, Ludes B, Ravanello J (1988) Perforation of the pulmonary artery following Swan-Ganz catheterization. Ann Fr Anesth Reanim 7:486–493

Hauss J, Stellpflug H, Müller KM, Frank W, Brug E (1978) Beitrag zur Pathogenese und Unfallheilkunde 81:558–564

Heintzen MP, Motz W, Leschke M, Körholz NP, Schultheiß HP, Horstkotte D, Schmitt HH, Vester EG, Preuße CJ, Schulte HD, Strauer BE (1994) Akuter Koronargefäßverschluß nach elektiver perkutaner transluminaler Koronarangioplastie. Inzidenz und Therapie bei 5000 konsekutiven Patienten. Dtsch med Wschr 119: 1023–1028

Hollstein M, Bartsch H, Wesch H, Kure EH, Mustonen R, Mühlhauer K-R, Spiethoff A, Wegener K, Wiethege T, Müller K-M (1997) p53 gene mutation analysis in tumors of patients exposed to alpha-particles. Carcinogenesis 18:511–516

Hohmann KH, Link KH (1991) Tödliche Komplikation durch einen „vergessenen" Katheter. Herz+Gefäße 11: 7–12

Holzki J (1993) Die Gefährdung des Kehlkopfes durch Intubation im frühen Kindesalter. Dtsch Ärztebl 90:A1-1586–1592

Jansen C (1992) Rechtliche Voraussetzungen der klinischen Sektion. Arzt und Krankenhaus 12:446–447

Kurup AN, Tazelaar HD, Edwards WD, Burke AP, Virmani R, Klarich KW, Orszulak TA (2002) Iatrogene cardiac papillary fibroelastoma: a study of 12 cases (1990–2000). Hum Pathol 12:1165–1169

Leape LL, Brennan TA, Laird N, Lawthers AG, Localio AR, Barnes BA, Herbert L, Newhouse JP, Weiler PC, Hiatt H (1991) The nature of adverse events in hospitalized patients. Results of the Harvard Medical Practice Study II. N Engl J Med 324:377–384

Lemke B, Rathmann J, Wiebe V, Witzel U (1991) Bügelbruch einer konvex-konkaven Mitralklappenprothese Björk-Shiley 60° 5 Jahre nach Implantation – Metallurgische Analyse des Prothesenbügels. Z Kardiol 80:537–540

Lenner V, Hofmann G, Daniels V (1977) Der Strahlenschaden des Dünn- und Dickdarms. Pathogenese, Klinik und Therapie. Leber Magen Darm 7:92–96

Mendelson CL (1946) The aspiration of stomach contents into the lungs during obstetric anesthesia. Am J Obstet Gynecol 52:191–205

Moreau JF, Droz D, Sabto J, Jungers P, Kleinknecht D, Hinglais N, Michel JR (1975) Osmotic nephrosis induced by water soluble triiodinated contrast media in man. Radiology 115:329–336

Morris GM, Coderre JA, Whitehouse EM et al (1994) Boron neutron capture therapy: A guide to the understanding of the pathogenesis of late radiation damage to the rat spinal cord. Int J Radiat Oncol Biol Phys 28:1107–1112

Mostert JW, Kim U, Woodruff MW (1971) Hepatorenal failure with renal oxalosis after methoxyflurane anesthesia. M Y St J Med 71:2676–2678

Müller K-M (1979) Zur Frage der Sauerstofftoxizität bei der Beatmung. Praktische Anästhesie 6:487–496

Müller K-M (1981) Komplikationen durch Kava-Katheter und ihr pathologisch-anatomisches Substrat. In: Lawin P, Hartenauer U (Hrsg) Der intravasale Katheter (Indikation – Technik – Komplikationen). Thieme, Stuttgart New York, S 73–81

Müller K-M, Hartmann N (1978) Herzverletzungen durch zentrale Venenkatheter. Dtsch med Wschr 103:349–351

Müller K-M, Grundmann E (1980) Pathologisch-anatomische Veränderungen nach „akutem Lungenversagen". In: Lawin P, Wendt M (Hrsg) Beatmung und Hämodynamik. Aktuelle Probleme der Intensivbehandlungen II. Thieme, Stuttgart New York, S 86–94

Müller K-M, Fisseler-Eckhoff A (1989) Morphologie arthroskopisch gewonnener Synovialbiopsien. Arthroskopie 2:94–103

Müller K-M, Junker K (1990) Therapienebenwirkungen auf die Struktur der Lunge. Pneumologie 44:162–166

Müller K-M, Dasbach G (1994) The pathology of vascular grafts. In: Berry C (ed) Current Topics in Pathology, vol 86. Springer, Berlin Heidelberg, pp 273–306

Müller K-M, Friemann J, Hartenauer U, Blaschke R (1981) Frühstadien der Oberflächenablagerungen auf zentralen Venenkathetern nach 24-stündigem intravasalen Blutkontakt. Med Welt 37:2–4

Müller K-M, Friemann J, Blaschke R (1982) Entschärfte Spitze zentraler Venenkatheter. Med Welt 35:1878–1879

Müller K-M, Friemann J, Galanski M (1983) Die bronchopulmonale Infektion – pathologische Anatomie und röntgenologisches Äquivalent. In: Rügheimer E (Hrsg) Intubation, Tracheotomie und bronchopulmonale Infektion. Springer, Berlin Heidelberg New York Tokyo, S 336–350

Munker R, Schmidt M, Christel K, Hölzel D, Hiller E (1995) Sekundäre Malignome bei Patienten mit Morbus Hodgkin in Vollremission. Dtsch med Wschr 120: 51–54

Nekachalov VV (1990) Iatrogenic Pathology (on the basis of necropsy materials in Leningrad in 1988). Arkh Patol 52:14–17

Neu J (2001) Ärztliche Behandlungsfehler: Jahresbilanz '98 der Schlichtungsstelle für Arzt-Haftpflicht-Fragen der Norddeutschen Ärztekammern (Gemeinschaftseinrichtung der Landesärztekammern Berlin, Brandenburg, Bremen, Hamburg, Mecklenburg-Vorpommern, Niedersachsen, Sachsen-Anhalt, Schleswig-Holstein und Thüringen). Arzt und Krankenhaus 9:275

Norris LA, Bonnar J (1994) The in vitro effect of aspirin on increased whole blood platelet aggregation in oral contraceptive users. Thrombosis Res 74:309–315

Otsubo H, Yokoe H, Miya T, Atsuta F, Miura N, Tanzawa H, Sato K (1997) Gingival squamous cell carcinoma in a patient with chronic graft-versus-host-disease. Oral Surg Oral Med Oral Pathol Oral Radiol Endod 84(2):171–174

Pichelmaier H, Wagner H-J, Said S (1995) Endoskopische Operationen. Dtsch Ärztebl 92:270–276

Rabl W, Tributsch W, Ambach E (1991) Iatrogenic ruptures of the stomach after balloon tampone – two case reports (letter) ad. Gastroenterology 122:79–81

Randerath E, Bohle A (1959) Die Pathomorphologie der Oxalsäureausscheidung. In: Büchner F, Letterer E, Roulet F (Hrsg) Handbuch der allgemeinen Pathologie, Bd V/2. Springer, Berlin Göttingen Heidelberg, S 228–235

Reichenbach M (1990) Fehler, die Chirurgen vorgeworfen werden. In: Hierholzer G, Ludolph E, Hamacher E (Hrsg) Gutachten Kolloquium 5. Die chirurgische Behandlung – Beurteilung, Transparenz, Haftung – Teil I: Rechtsgrundlagen der chirurgischen Therapie (Bd 6 der Schriftenreihe der Nordrheinischen Akademie für ärztl. Fort- und Weiterbildung). Springer, Berlin Heidelberg New York Tokyo, S 47–51

Rodemann HP, Bamberg M (1995) Cellular basis of radiation-induced fibrosis. Radiother Oncol 35:83–90

Rügheimer E (Hrsg) (1983) Intubation, Tracheotomie und bronchopulmonale Infektion. Springer, Berlin Heidelberg New York Tokyo, S 336–350

Samsioe G (1994) Coagulation and anticoagulation effects of contraceptive steroids. Am J Obstet Gynecol 170:1523–1527

Sandler RS, Sandler DP (1983) Radiation-induced cancers of the colon and rectum: assessing the risk. Gastroenterology 84:51–57

Sapozhnikova MA, Pogodina AN (1989) Iatrogenic instrumental injuries to the gastrointestinal tract. Arkh Patol 50:24–30

Scheppokat KD, Held K (2003) Cardiovascular diseases and the subspecialities cardiology and angiology in "Schlichtungs"-Proceedings. Z Kardiol 92:837–846

Schonfelder K, Thieme V, Olthoff D (2004) Iatrogenic injuries of the trachea. Anaesthesiol Reanim 29:8–11

Schmutzler H, Rutsch W (1983) Die transluminale Koronar-Dilatation. Internist 24:402–407

Schmitz BL, Chao JH, Batolome JS Jr (1974) Intestinal injuries incidental to irradiation of carcinoma of the cervix of the uterus. Surg Gynecol Obstet 138:29–32

Schwartz HM, Cahow CE, Traube M (1993) Outcome after perforation sustained during pneumatic dilatation for achalasia. Digest Dis Sciences 38:1409–1413

Shamsuddin AKM, Elias EH (1981) Rectal mucosa. Malignant and premalignant changes after radiation therapy. Arch Pathol Lab Med 105:150–151

Steiger MJ, Morgan AG (1990) Diagnostic aspiration of an iatrogenic hydrothorax following subclavian catheterization. Postgrad. Med J 66:672–673

Stelzner F, Staubesand J, Machleidt H (1962) Das Corpus cavernosum recti – die Grundlage der inneren Hämorrhoiden. Langenbecks Arch Chir 299:302–312

Stelzner F (1990) Das Corpus cavernosum recti und seine Hyperplasie – die Hämorrhoiden. Dtsch Ärztebl 87:1853–1856

Thompson MIM, Marx CACM (1990) Conservative therapy of recto urethral fistula: 5-year follow-up. Urology 35:533–536

Thurner J (1970) Iatrogene Pathologie. Urban u. Schwarzenberg, München Berlin Wien

Thurner J (1984) Gelenkendoprothesen. In: Aufdermauer et al (Hrsg) Spez path Anatomie, Bd 18/I: Pathologie der Gelenke und Weichteiltumoren I. Springer, Berlin Heidelberg New York Tokyo, S 623–646

Trott KR (1994) Chronische Strahlenfolgen nach Radio-Chemotherapie gastrointestinaler Tumoren. GBK Fortbildung aktuell 64:50–51

Vähäkangas KH, Samet JM, Metcalf RA, Welsh JA, Bennett WP, Lane DP, Harris CC (1992) Mutations of p53 and ras genes in radon-associated lung cancer from uranium miners. Lancet 339:576–580

Van Thiel DH, Dindzans VJ, Schade RR, Rabinovitz M, Gavaler JS (1993) Prophylactic versus emergency sclerotherapy of large esophageal varices prior to liver transplantation. Digest Dis Sciences 38:1505–1510

Varga J, Schumacher R, Jiminez SA (1989) Systemic sclerosis after augmentation mammoplasty with silicone implants. Ann Int Med 111:377–383

Wachira JN, Mwaniki DL, Odhiambo PA (1990) Incidence and pattern of oesophageal perforations in Kenyatta National Hospital. East Afr Med J 67:712–716

Wechsler B, Le Thi Houng D, Langlois P, Baumer R, Ghesquiere F, Herson S, Piette JC, Godeau P (1985) Corticotherapy and surgery. Apropos of 73 cases. Ann Med Interne 136:290–300

Weltrich H (1990) Arbeitsweise der Gutachterkommissionen und Schlichtungsstellen – aus der Sicht der Gutachterkommission. In: Hierholzer G, Ludolph E, Hamacher E (Hrsg) Gutachten Kolloquium 5. Die chirurgische Behandlung – Beurteilung, Transparenz, Haftung – Teil II: Rechtsgrundlagen der chirurgischen Begutachtung (Bd 6 der Schriftenreihe der Nordrheinischen Akademie für ärztl. Fort- und Weiterbildung). Springer, Berlin Heidelberg New York Tokyo, S 83–91

Weltrich H, Fitting W (1992) Stagnation der Behandlungsfehlervorwürfe auf hohem Niveau. Tätigkeitsbericht der Gutachterkommission. Rhein Ärztebl 23: 927–932

Weltrich H, Fitting W (1993) Aufschlußreiche Umfrage zur weiteren Entwicklung abgeschlossener Begutachtungsverfahren. Tätigkeitsbericht 1992/93 der Gutachterkommission für ärztliche Behandlungsfehler. Rhein Ärztebl 22:3–8

Wegener K, Wesch H, Kampmann H (1976) Investigations into human thorotrastosis. Tissue concentrations of 232Th and Lead effects in 13 autopsy cases. Virchows Arch A 371:131–143

Wenz F (2001) Radiogene Normalgewebsreaktionen am Zentralnervensystem (ZNS). Forum (Fokus) DGK 01: 39–41

Werner GT, Eisenmenger W, Gadomski M, Goede G, von Donnersmarck GH, Schmidt A (1991) Der Dekubitus. Ursachen, Therapie und Prophylaxe – Forensische Aspekte. Dtsch Ärztebl 88:1878–1881

35 Komplementäre und alternative Medizin

G.-M. Ostendorf

Eine allgemein gültige bzw. akzeptierte Definition der Begriffe Naturheilkunde bzw. Naturheilverfahren gibt es nicht. Allerdings herrscht weitgehend Einigkeit über die für Naturheilverfahren charakteristischen Behandlungsmittel und über die (postulierten) Wirkmechanismen: So gebrauchen die Naturheilverfahren so genannte natürliche Lebensreize oder genuine Naturfaktoren wie Temperatur, Licht, Luft, Sonneneinstrahlung, Wasser, Erde, Bewegung und Ruhe, Ernährung, pflanzliche Heilmittel sowie auch seelisch-psychische Einflüsse. Bei den typischen naturheilkundlichen Behandlungen werden Reize gesetzt, die aktive Gegenregulationen des Organismus auslösen sollen, welche im Sinne der körpereigenen Heil- und Ordnungskräfte wirken. Einen Überblick über die wichtigsten Naturheilverfahren gibt die Tabelle 35.1.

Diese echten naturheilkundlichen Verfahren werden nach dem Konzept der Reiz-Reaktions-Therapie in der Regel in Serien angewandt, wobei auf eine solche Behandlungsserie eine mehrwöchige Pause folgen soll. Häufig werden verschiedene naturheilkundliche Therapien kombiniert, so etwa typischerweise im Rahmen von Kuren oder Rehabilitationsbehandlungen. Falls ein oder zwei solcher Behandlungsserien nicht zum gewünschten Erfolg führen, muss vom Behandler das ganze Therapiekonzept kritisch überprüft werden.

Im Gegensatz zu diesen „klassischen“ Naturheilverfahren, deren Wirksamkeit – trotz oft erheblicher methodischer Probleme – inzwischen weitgehend durch klinische Studien belegt ist, stehen die so genannten alternativen oder unkonventionellen Untersuchungs- und Behandlungsmethoden, die oft fälschlicherweise als Naturheilverfahren propagiert werden. Typischerweise werden dabei jedoch keine in der Natur vorkommenden Mittel verwendet. Zudem beruhen diese Methoden meist auf spekulativen Denkmodellen oder unbewiesenen Theorien, ohne dass bisher den heutigen methodischen Anforderungen entsprechende Therapiestudien vorgelegt wurden, welche die postulierte diagnostische Aussagekraft bzw. die therapeutische Wirksamkeit dokumentieren.

Tabelle 35.1. Wichtige Naturheilverfahren

Ernährungstherapie	Klimatherapie
Thermotherapie	Atemtherapie
Hydrotherapie	Massagen
Balneotherapie	Phytotherapie
Heliotherapie	Ordnungstherapie

Diese Definition erweist sich jedoch gerade unter gutachtlichen Gesichtspunkten als problematisch, zumal sie das Ergebnis der Begutachtung – nämlich die Bewertung der diagnostischen Aussagekraft bzw. der therapeutischen Wirksamkeit – vorweg nimmt. Eher praktikabel erscheint unter diesem Aspekt die von Ernst gegebene Definition der Begriffe „komplementäre und alternative Medizin“ als „Diagnose, Behandlung und/oder vorbeugende Maßnahmen, die die etablierte Medizin ergänzen und im Verein mit der sog. Schulmedizin ein Ganzes bilden, indem sie einen Bedarf befriedigen, der von der etablierten Medizin nicht abgedeckt wird bzw. indem sie das konzeptionelle Rahmenwerk der Medizin erweitern.“ Die entsprechenden Methoden – deren Zusammenstellung je nach nationaler Gegebenheit und individueller Auffassung variieren kann – können durchaus in randomisierten klinischen Studien überprüft und nach den Kriterien der evidenzbasierten Medizin beurteilt werden.

Eine abschließende tabellarische Aufzählung so genannter alternativmedizinischer Methoden ist aus mehreren Gründen nicht möglich: Zum einen sind diese Methoden nicht einheitlich definiert. Weiter ist die Anzahl dieser Verfahren so groß, dass wohl niemand eine genaue Übersicht behalten kann, zumal immer wieder neue Verfahren erscheinen oder bereits bekannte Methoden – teilweise abgewandelt – mit neuen, oft phantasievollen Namen belegt werden. Zudem kann es durchaus vorkommen, dass für einzelne solcher Methoden doch ein wissenschaftlich belegbarer Nachweis erbracht wird. Diese Verfahren können dann in die wissenschaftliche, eben evidenzbasierte Medizin aufgenommen werden, auch wenn die ursprünglich einmal zugrunde liegenden Vorstellungen und theoretischen Konzepte sich als unhaltbar erwiesen haben. (Sehr viel häufiger ist allerdings der umgekehrte Fall, dass nämlich Methoden, die bis jetzt zur allgemein anerkannten „Schulmedizin“ gezählt wurden, sich aufgrund der technischen Weiterentwicklung oder neuer Erkenntnisse als obsolet erweisen.)

Bei der gesetzlichen Krankenversicherung (*GKV*) erfolgt die Beurteilung solcher umstrittener Methoden durch den Bundesausschuss der Ärzte und Krankenkassen über die Bewertung ärztlicher Untersuchungs- und Behandlungsmethoden (BUB-Richtlinien) gemäß § 135 Abs. 1 SGB V. Die am 23. März 2004 im Bundesanzeiger veröffentlichte „Richtlinie zur Bewertung medizinischer Untersuchungs- und Behandlungsmethoden (BUB-Richtlinie)", inzwischen übergegangen in die „Richtlinie des Gemeinsamen Bundesausschusses zu Untersuchungs- und Behandlungsmethoden der vertragsärztlichen Versorgung (Richtlinie Methoden vertragsärztliche Versorgung)", in der Fassung vom 17. Januar 2006, veröffentlicht im Bundesanzeiger 2006, Nr. 48 (S. 1523), in Kraft getreten am 01. April 2006 (▶ www.g-ba.de/cms/upload/pdf/richtlinien/RL-MvV-2006-01-17.pdf), sichert – so die Präambel – ein einheitliches Verfahren bei der Bewertung medizinischer Methoden und Leistungen durch den Bundesausschuss der Ärzte und Krankenkassen auf Grundlage der evidenzbasierten Medizin. Sie gewährleistet damit ein objektives, transparentes und nachprüfbares Verfahren der Bestimmung des allgemein anerkannten Standes der medizinischen Erkenntnisse zur Beurteilung von Wirksamkeit, Qualität und Wirtschaftlichkeit der überprüften Methode.

Diese Richtlinien setzen die früheren „Richtlinien über die Einführung neuer Untersuchungs- und Behandlungsmethoden (NUB-Richtlinien)" fort, die der Bundesausschuss der Ärzte und Krankenkassen am 4.12.1990 beschlossen hatte. Nach 5 Urteilen des Bundessozialgerichts (BSG) aus dem Jahre 1997 sind diese Richtlinien nicht nur für die Ärzte, sondern auch für die gesetzlich Versicherten verbindlich. Auch eine (angeblich) im Einzelfall wirksame Methode kann nicht zu Lasten der GKV abgerechnet werden, wenn sie in den Richtlinien negativ beurteilt ist.

Nach einer Entscheidung des Bundesverfassungsgerichts vom 6.12.2005 sind die gesetzlichen Krankenkassen allerdings unter bestimmten Voraussetzungen verpflichtet, Schwerstkranken die Kosten für alternativmedizinische Behandlungen zu erstatten. Voraussetzung ist, dass es sich um eine lebensbedrohliche oder tödlich verlaufende Krankheit handelt, für die es keine allgemein anerkannte schulmedizinische Behandlung gibt. Außerdem müsse die vom Arzt angewandte Methode im Einzelfall eine nicht ganz entfernte Aussicht auf Heilung bieten oder zumindest den Krankheitsverlauf spürbar positiv beeinflussen.

Knapp drei Monate nach diesem Beschluss teilte das Bundessozialgericht mit, seine bisherige Rechtsprechung teilweise aufzugeben, und kündigte weitere Prüfschritte an. Zwar bestehe eine verfassungsrechtliche Schutzpflicht, den Patienten wie auch den Beitragszahler vor „zweifelhaften Therapiemethoden" zu schützen. Grundsätzlich neige der Senat aber dazu, Abstufungen nach dem Grundsatz vorzunehmen: Je schwerwiegender die Erkrankung, desto geringer seien die Anforderungen an den Wirksamkeitsnachweis. Inzwischen wurden vom Bundessozialgericht entsprechende Urteile gefällt.

Anders erfolgt dagegen die Beurteilung alternativmedizinischer Methoden im Beihilferecht: So kann nach den Beihilfevorschriften des Bundes (▶ www.derprivatpatient.de), an den sich auch die Länderbeihilfen orientieren, der Bundesinnenminister die Beihilfefähigkeit von Aufwendungen für Behandlungen nach einer wissenschaftlich nicht anerkannten Methode begrenzen oder ausschließen, wobei diese Verfahren in einer Liste aufgezählt sind. Bestehen Zweifel, ob eine neue Behandlungsmethode wissenschaftlich allgemein anerkannt ist, und werden diese durch ein amts- oder vertrauensärztliches Gutachten bestätigt, ist der oberen Dienstbehörde zu berichten.

In der privaten Krankenversicherung (*PKV*) leistet der Versicherer gemäß § 4 Abs. 6 der Musterbedingungen grundsätzlich für „Untersuchungs- oder Behandlungsmethoden und Arzneimittel, die von der Schulmedizin überwiegend anerkannt sind. Er leistet darüber hinaus für Methoden und Arzneimittel, die sich in der Praxis als ebenso erfolgversprechend bewährt haben oder die angewandt werden, weil keine schulmedizinischen Methoden oder Arzneimittel zur Verfügung stehen; der Versicherer kann jedoch seine Leistungen auf den Betrag herabsetzen, der bei der Anwendung vorhandener schulmedizinischer Methoden oder Arzneimittel angefallen wäre". Ein Urteil des Bundesgerichtshofs (*BGH*) aus dem Jahre 1993 hat die frühere so genannte „Wissenschaftlichkeitsklausel" der Allgemeinen Vertragsbedingungen, nach welcher wissenschaftlich nicht allgemein anerkannte Untersuchungs- oder Behandlungsmethoden und Arzneimittel nicht unter die Leistungspflicht der PKV fielen, als unwirksam und nicht rechtens erklärt. Nach Auslegung der Richter werden auch von Ärzten, die eine schulmedizinische Ausbildung erhalten haben, Behandlungsmethoden der alternativen Medizin als erprobt und auf der Grundlage von Erfahrungen als Erfolg versprechend angewandt, auch wenn diese Methoden von den medizinischen Hochschulen (noch) nicht anerkannt seinen. Entscheide sich ein Versicherter für eine solche Behandlungsmethode, sei kein berechtigtes Interesse des Versicherers erkennbar, daraus entstehende Kosten nicht zu übernehmen und damit dem Vertragszweck nicht zu entsprechen, wenn diese nicht wissenschaftlich allgemein anerkannten Methoden in ihrer Wirksamkeit den von der Schulmedizin gebilligten Verfahren gleichzustellen seien und keine höheren Kosten verursachen.

In einem weiteren Urteil aus dem Jahre 1996 führte der BGH aus, dass jedenfalls bei schweren, lebensbedrohenden oder lebenszerstörenden Erkrankungen nicht zu fordern sei, dass der Behandlungserfolg näher liege als sein Ausbleiben. Es reiche vielmehr aus, wenn die Behandlung mit nicht nur ganz geringer Erfolgsaussicht die Erreichung des Behandlungsziels als möglich erscheinen lasse.

Bei der Beurteilung einer Behandlungsmethode könne es nicht darauf ankommen, ob die gewählte Therapie und die sie tragenden medizinischen Erkenntnisse von schulmedizinischen Erkenntnissen bestimmt werden oder ob sie auf Erkenntnissen aufbaue, die in der so genannten alternativen Medizin ermittelt worden seien.

Aus medizinisch-wissenschaftlicher Sicht sind diese beiden BGH-Urteile problematisch. So bleibt vor allem ungeklärt, nach welchen Kriterien die angebliche Wirksamkeit alternativer Methoden beurteilt werden soll.

Grundsätzlich als Versicherungsfall nach § 1 Abs. 2 der Musterbedingungen (MB/KK94) ist die medizinische notwendige Heilbehandlung wegen Krankheit oder Unfallfolgen definiert. Eine Behandlung, für welche keine medizinische Notwendigkeit besteht, fällt somit generell nicht unter die Leistungspflicht des privaten Krankenversicherers.

Bei der Beurteilung, ob eine bestimmte alternative Untersuchungs- oder Behandlungsmethode im Einzelfall als medizinisch sinnvoll bzw. notwendig anzusehen ist, sind vom Gutachter vor allem folgende Fragen zu klären:

- Ist das Verfahren so dargestellt, dass die Methode nachvollziehbar ist?
  Nicht selten werden nämlich von Anwendern alternativer Methoden nur unzureichende bzw. ausweichende Auskünfte gegeben, welche nicht einmal eine Aussage darüber erlauben, was überhaupt gemacht wurde.
- Sind die dem Verfahren zugrunde liegenden Vorstellungen zumindest wissenschaftlich nachvollziehbar oder widersprechen sie etwa grundlegenden Erkenntnissen der Naturwissenschaften?
- Welche wissenschaftliche Evidenz liegt vor, die eine Wirksamkeit der Methode (beim vorliegenden Krankheitsbild) belegen oder zumindest wahrscheinlich machen kann? Gerade bei der Überprüfung von Therapieverfahren sind randomisierte klinische Prüfungen der einzige Weg, der verlässlich Auskunft über die Wertigkeit eines Verfahrens geben kann. Einzelfallberichte oder unkontrollierte Studien sind grundsätzlich nicht geeignet, die Wirksamkeit eines Verfahrens zu beweisen. Auch zur Bewertung unkonventioneller Methoden, die häufig einen angeblich individualistischen Ansatz reklamieren, stehen inzwischen besondere Studiendesigns und biomathematische Modelle zur Verfügung, die eine statistische Überprüfung erlauben. Eine rein individuelle und mit anderen Patientenbehandlungen grundsätzlich nicht vergleichbare Therapie wäre weder lehr- noch lernbar und müsste sich in jedem Einzelfall auf einen Therapieversuch am individuellen Patienten beschränken.
- Ist ein Behandlungserfolg im zu beurteilenden Einzelfall tatsächlich nachgewiesen?
  Bei der Beurteilung des Therapieerfolges im Einzelfall wird häufig vergessen, dass sowohl der Placeboeffekt als auch der natürliche Verlauf der Erkrankung zu einer Besserung des Krankheitsbildes führen können, ohne dass die Methode selbst diese Veränderung bewirkt hätte. Sollte gar die Kostenerstattung von der Beurteilung durch den Gutachter abhängen, ist der Patient verständlicherweise schon aus eigenen finanziellen Interessen geneigt, einen solchen Erfolg zu behaupten.

Von Vertretern alternativer Behandlungsrichtungen und sogar vom Gesetzgeber (§ 34 Abs. 2 SGB V: „Bei der Beurteilung von Arzneimitteln der besonderen Therapierichtungen wie homöopathischen, phytotherapeutischen und anthroposophischen Arzneimitteln ist der besonderen Wirkungsweise dieser Arzneimittel Rechnung zu tragen") wird sinngemäß der Begriff des „Binnenkonsens" oder der „Binnentheorie" angeführt. Solche Ansätze wurden aber in den letzten Jahren von der Rechtsprechung zurückgewiesen. Auch wurden die Kriterien für die medizinische Notwendigkeit einer Behandlungsmethode (deren Kosten dann vom privaten Krankenversicherer zu erstatten sind) näher definiert.

So führte das Kammergericht Berlin 1998 aus, dass die medizinische Notwendigkeit der gewählten Behandlungsmethode voraussetze, dass diese auf einem nach medizinischen Erkenntnissen nachvollziehbaren Ansatz beruhe, der die prognostizierte Wirkweise der Behandlung erklären könne und wahrscheinlich mache. Ähnlich heißt es in einem Urteil des Oberlandesgerichts Karlsruhe aus dem Jahre 2000, dass auch im Bereich der alternativen Medizin die Frage der medizinischen Notwendigkeit einer Maßnahme durch einen dieser Fachrichtung unvoreingenommen gegenüberstehenden Sachverständigen zu beurteilen sei, während die so genannte „Binnentheorie" abzulehnen sei. Entsprechend führte ein Jahr später das Oberlandesgericht Frankfurt aus, dass ein zur Bewertung der medizinischen Notwendigkeit herangezogener Sachverständiger nicht selbst Anwender der streitigen Methode sein müsse. Bei Anwendung einer Behandlungsmethode, deren Effektivität nicht durch kontrolliert durchgeführte Studien bewiesen worden sei, bestehe keine Leistungspflicht des Krankenversicherers.

Besondere Probleme können sich bei der ärztlich-gutachterlichen Beurteilung der Maßnahmen von Heilpraktikern ergeben, zumal es für diese weder einen geregelten Ausbildungsweg noch eine entsprechende Prüfung gibt. Grund dafür ist, dass durch das Heilpraktikergesetz aus dem Jahr 1939 die Kurierfreiheit aufgehoben werden sollte, indem Neuzulassungen von Heilpraktikern nicht mehr vorgesehen waren. Das Bundesverwaltungsgericht hat jedoch in einem Urteil aus dem Jahre 1957 aus rein formalen Gründen diese Absicht in das Gegenteil verkehrt, so dass aus dem ursprünglich vorgesehenen Eliminationsgesetz ein Zulassungsgesetz geworden ist.

Danach wird die Erlaubnis zur Ausübung der Heilkunde als Heilpraktiker nur dann nicht erteilt, wenn sich aus einer Überprüfung des Antragstellers durch das Gesundheitsamt gemäß § 1 der Durchführungsverordnung zum Gesetz über die berufsmäßige Ausübung der Heilkunde ohne Bestallung (Heilpraktikergesetz) ergibt, dass die Ausübung der Heilkunde durch den Betreffenden eine Gefahr für die Volksgesundheit bedeuten würde. Der Antragsteller muss zudem über 25 Jahre alt sein und eine abgeschlossene Volksschulbildung nachweisen. Es bestehen keine Rechtsvorschriften über Verfahren, Art und Umfang der Überprüfung durch das Gesundheitsamt, so dass die Ausgestaltung des Überprüfungsverfahrens und die Bestimmung der inhaltlichen Anforderungen der Überprüfung in das pflichtgemäße Ermessen des Gesundheitsamtes gestellt sind. Das behördliche Ermessen wird begrenzt durch das Ziel der Überprüfung (Abwenden einer Gefahr für die Volksgesundheit). Dabei ist aber im Hinblick auf Art. 12 Abs. 1 GG (Berufsfreiheit) der Verhältnismäßigkeitsgrundsatz zu beachten. Auf Basis der „Leitlinien für die Überprüfung von Heilpraktiker-Anwärtern" des Bundesgesundheitsministeriums und der obersten Landesgesundheitsbehörden (09/1992), die ein schriftliches und mündliches Verfahren vorsehen, haben die Länderministerien entsprechende Vollzugsvorschriften erlassen. Die Überprüfung stellt eine reine Eignungsprüfung und keine Fachprüfung dar. Der Antragsteller muss aber so viele heilkundliche Kenntnisse und Fähigkeiten besitzen, dass er nicht gesundheitsgefährdend handelt. Neben der Überprüfung der allgemeinen heilkundlichen Kenntnisse und Fähigkeiten wird besonderer Wert auf die Kenntnis der Vorschriften über die Verhütung und Bekämpfung übertragbarer Krankheiten, der Erscheinungsformen dieser Krankheiten und der gesetzlichen Grenzen für eine Tätigkeit als Heilpraktiker gelegt. Heilpraktiker unterliegen also sehr wenigen Behandlungs- und Durchführungsverboten.

Heilpraktiker wenden auch invasive Behandlungsverfahren an, wie z. B. die Neuraltherapie oder Ozon-Sauerstoff-Injektionen bzw. -Infusionen. Nach einem Grundsatzurteil des Bundesgerichtshofs aus dem Jahre 1991 ist der Heilpraktiker verpflichtet, sich eine ausreichende Sachkunde über die von ihm benutzten Behandlungsmethoden einschließlich ihrer Risiken und vor allem die richtigen Techniken für deren gefahrlose Anwendung anzueignen. So darf der Heilpraktiker Methoden, deren Indikationsstellung oder Risiken die medizinisch-wissenschaftliche Ausbildung und Erfahrung eines approbierten Arztes verlangen, nicht anwenden, solange er sich nicht ein entsprechendes Fachwissen und -können erworben hat. Der Heilpraktiker ist verpflichtet, sich über die Fortschritte der Heilkunde und auch über anderweitig gewonnene Erkenntnisse von Nutzen und Risiken der von ihm angewendeten Heilverfahren zu unterrichten. Gefordert wird etwa das regelmäßige Lesen einschlägiger Fachzeitschriften auf dem entsprechenden Gebiet. An den Heilpraktiker müssen nach diesem Urteil bezüglich seines Wissens und seiner Fortbildung die Sorgfaltsanforderungen wie an einen Allgemeinmediziner gestellt werden, der solche Methoden ebenfalls anwendet.

Gelegentlich werden ärztliche Gutachter danach gefragt, ob eine bestimmte Heilpraktikerbehandlung medizinisch notwendig war; so werden Heilpraktikerbehandlungen sowohl durch die Beihilfestellen als auch durch die Unternehmen der privaten Krankenversicherung erstattet. In der Rechtsprechung ist allerdings streitig, ob an die Frage der medizinischen Notwendigkeit derselbe Maßstab anzulegen ist wie bei der Behandlung durch einen Arzt.

In einem Urteil des Oberlandesgerichts Düsseldorf aus dem Jahre 1994 sind die Anforderungen an eine brauchbare (und auch seitens des Gutachters akzeptable) Begutachtung beschrieben worden. Demnach sind die Kosten der Behandlung durch einen Heilpraktiker nur dann vom Krankenversicherer zu erstatten, wenn diese „medizinisch notwendig" war. Die medizinische Notwendigkeit einer Heilbehandlung sei vom Standpunkt der „Schulmedizin" aus zu überprüfen, wobei zu berücksichtigen sei, dass auch neuere und in der „Schulmedizin" noch nicht gesicherte Erkenntnisse und Behandlungsmöglichkeiten zulässig und möglich seien. Eine medizinisch notwendige Behandlung sei jedenfalls dann nicht zu erkennen, wenn es an einer medizinischen Diagnose fehle, denn nur dann, wenn eingegrenzt und definiert werde, an welchem Krankheitsbild der Patient leide, lasse sich die dafür gebotene Therapie feststellen.

Literatur

Ernst E (Hrsg) (2005) Praxis Naturheilverfahren. Springer, Berlin Heidelberg

36 Fahreignung

H. D. Utzelmann

Seit 1999 gibt es in Deutschland die Fahrerlaubnis-Verordnung (*FeV*). Sie regelt in sehr eingehender Form,

- welche Personen präventiv oder nach aktenkundiger Auffälligkeit medizinisch und/oder psychologisch oder (insbesondere bei orthopädischen Fragestellungen) auch durch Kraftfahrzeugtechniker zu begutachten sind,
- welche Gutachter für die einzelnen Fallgruppen zuständig sind und welche Qualifikationen sie zu erfüllen haben,
- welchen Umfang die Untersuchungen (z. B. die präventiven, aber auch die des Sehvermögens) haben sollen,
- welche Grundsätze bei den Untersuchungen und bei der Erstellung der Gutachten zu beachten sind,
- welche Grenzwerte, Beurteilungskriterien und Leitlinien bei der Entscheidung über die Eignung zum Führen von Kraftfahrzeugen zu beachten sind,
- welche Abläufe des gesamten Verwaltungsablaufs bei der Bearbeitung eines Antrags auf Erteilung einer Fahrerlaubnis unter Einbeziehung von Gutachtern vorgeschrieben sind.

An Hand der relevanten Auszüge aus der FeV und entsprechender begleitender Kommentare werden im vorliegenden Kapitel diese Fragen beantwortet. Angegeben werden auch die Fundstellen, unter den man die FeV und andere Vorgaben im Internet finden kann. Wesentliche Literaturstellen, insbesondere die „Begutachtungsleitlinien Kraftfahrereignung" (Bundesanstalt für Straßenwesen 2000) und der hierzu vertiefende Kommentar mit zu einzelnen Fragen weiterführenden Literaturangaben (Schubert et al. 2005) werden zur Erläuterung herangezogen.

36.1 Zum Begriff der Eignung zum Führen von Kraftfahrzeugen

Eignung zum Führen von Kraftfahrzeugen ist ein Begriff, der insbesondere im deutschen Straf- und Verwaltungsrecht im Zusammenhang mit dem Straßenverkehr eine wichtige Rolle spielt. Im Strafrecht lautet der Grundsatz, dass z. B. ein Kraftfahrer, der unter dem Einfluss von Alkohol oder anderen berauschenden Mitteln ein Kraftfahrzeug führt, sich durch diese Tat (ebenso durch andere Taten der Verkehrsgefährdung wie grob rücksichtslose Verkehrswidrigkeiten und bei Unfallflucht) als ungeeignet zum Führen von Kraftfahrzeugen erweist und ihm deshalb durch den Strafrichter die Fahrerlaubnis zu entziehen ist (§ 69 StGB). Entscheidend in Fällen ohne Unfall ist in der Regel nur die Höhe der Blutalkoholkonzentration (*BAK*), die nach der Blutentnahme durch Rechtsmediziner bestimmt wird.

Aus der Höhe der BAK wird per Gesetz bzw. obergerichtlicher Festsetzung des Bundesgerichtshofs (*BGH*) zunächst auf die mangelnde akute Eignung zum Führen eines Kraftfahrzeugs bei der Tat geschlossen; in aller Regel wird hierzu keine weitere individuelle Überprüfung oder Begutachtung vorgenommen (Bode u. Winkler 2003, S. 476 ff.). Auch der weitere Schluss auf die über den Tatzeitpunkt hinaus mangelnde Eignung zum Führen von Kraftfahrzeugen geschieht ab 1,1‰ BAK grundsätzlich ohne weitere ärztliche oder psychologische Untersuchung und Bewertung des Einzelfalles.

Dieser Schluss von der mangelnden Fahreignung bei der Tat bzw. Fahrt auf die zeitlich längerdauernde mangelnde Eignung hat dann Folgen für den Täter. Gleichzeitig mit der Entziehung der Fahrerlaubnis setzt der Strafrichter in derartigen Fällen nämlich als Maßnahme der „Sicherung" (der Allgemeinheit) und der „Besserung" (des Täters) neben der Strafe, die insbesondere bei Ersttätern und geringen Unfallfolgen meist eine Geldstrafe bleibt, eine Sperrfrist fest, innerhalb derer die Fahrerlaubnisbehörde keine neue Fahrerlaubnis erteilen darf (vgl. zur Bindung der Verwaltung an strafrichterliche Urteile die grundlegenden Ausführungen bei Bode u. Winkler (2005) auf S. 485 ff.). Nach Ablauf der Sperrfrist muss dann die Fahrerlaubnisbehörde, wenn der Betreffende eine neue Fahrerlaubnis beantragt, nach den Vorschriften der auf dem Straßenverkehrsgesetz (*StVG*) aufbauenden Fahrerlaubnis-Verordnung (*FeV*) in eine Prüfung der Eignung zum Führen von Kraftfahrzeugen nach den Grundsätzen des Verwaltungsrechts einsteigen. Die Bindung an das Verwaltungsrecht bei der Neuerteilung der Fahrerlaubnis bedeutet insbesondere, dass im Gegensatz zum Strafrecht, in dem dem Beklagten die Schuld durch das Gericht nachgewiesen werden muss, im Verwaltungsrecht bei Zweifeln an der Eignung der Antragsteller selbst die Beweislast dafür trägt, dass die Zweifel an der Eignung nicht oder nicht mehr gerechtfertigt sind (Bode 1987, Bode u. Winkler 2005). Deshalb darf die Behörde auch auf seine Nichteignung schließen, wenn mangelnde Mitwirkung des Fahrerlaubnisbewerbers bei der Untersuchung der Eignungszweifel vorliegt (s. u.).

Neben dem Begriff der Eignung wird in der Literatur auch von Verkehrstüchtigkeit oder Verkehrstauglichkeit gesprochen. Beide Begriffe sind im Rahmen des deutschen Verkehrsrechts nicht (mehr) geläufig und werden im vorliegenden Kapitel nicht verwendet.

Nach dem Straf- und Ordnungswidrigkeitenrecht gelten für die aktuelle Verfassung eines Kraftfahrers, also z. B. die Frage, ob er nach dem Konsum von alkoholischen Getränken oder nach der Einnahme von bestimmten Medikamenten noch ein Kraftfahrzeug sicher führen kann, als beweissichere Anknüpfungstatsachen insbesondere nach Alkoholkonsum bestimmte Grenzwerte von Blut- und Atemalkoholwerten. Dies sind einerseits der Promillegrenzwert im Ordnungswidrigkeitengesetz § 24 a (0,5‰ BAK) und andererseits der Wert von 1,1‰, ab dem eine Alkoholfahrt immer als Straftat (§ 315, 316 StGB) mit der Folge der Entziehung der Fahrerlaubnis und Festlegung einer Sperrfrist für die Wiedererteilung geahndet wird. Diese Werte werden von Rechtsmedizinern bestimmt; darauf soll hier aber ebensowenig eingegangen werden wie überhaupt auf Fragen der akuten Beeinflussung der für das Kraftfahren relevanten Fähigkeiten, wie sie sich z. B. bei akuten, vorübergehenden Krankheiten oder unter dem Einfluss insbesondere zentralnervös wirkender Medikamente stellen. Es sei hier nur darauf hingewiesen, dass Gerichte wie der BGH immer wieder in ihren Urteilen den Grundsatz bestätigt haben, dass alle Kraftfahrer sich vor jeder Fahrt Rechenschaft darüber ablegen müssen, ob sie für die Fahrt hinreichend fahrtüchtig sind. Diese Entscheidung hat dann weitreichende rechtliche Folgen, u.a. auch versicherungsrechtlicher Art. Darauf sollte der Arzt seine Patienten ggf. mit dem gebotenen Nachdruck hinweisen.

Im Mittelpunkt des vorliegenden Kapitels steht die zeitlich (relativ) überdauernde Eignung zum Führen von Kraftfahrzeugen, wie sie sich aus dem körperlichen Zustand sowie aus der Person des Kraftfahrers und seinem Verhalten im Straßenverkehr ergibt. Ungeeignetheit ergibt sich im Rahmen des Strafrechts aus bestimmten Taten (häufigster Fall z. B. Alkohol am Steuer ab 1,1‰), im Rahmen des Verwaltungsrechts beim Vorhandensein von bestimmten Krankheiten (s. u., Anlage 4 FeV) oder bei 18 Punkten (§ 4 Abs. 3 StVG) im Flensburger Verkehrszentralregister des Kraftfahrt-Bundesamtes (*KBA*, Einzelheiten zum Punktsystem: ▶ www.kba.de). Bode u. Winkler (2005) nennen fünf Elemente der Eignung:

- körperliche Eignungsqualitäten,
- psychophysische Eignungsqualitäten (u. a. Reaktions- und Konzentrationsfähigkeit, vgl. Anl. 5 FeV, s. u.),
- intellektuelle Eignungsqualitäten,
- Persönlichkeitsfaktoren wie die Fähigkeit zur kritischen Selbstbeobachtung und -kontrolle, Beherrschung des Affektlebens auch unter belastenden Erlebnissen, Toleranz gegenüber Fehlern Dritter, Bereitschaft zu sozialer Anpassung und bewusste Begrenzung von Risiken und
- Befähigung, also das Wissen um die Vorschriften, Regeln und Gefahren im Straßenverkehr sowie das praktische Können.

Dabei sollten die einzelnen Elemente für sich nicht überschätzt werden, sondern immer im Zusammenhang miteinander betrachtet werden. So beschreibt Undeutsch (1981), dass sich bei einer Langzeitbewährungsstudie Personen mit besonders gut ausgebildeten psychophysischen Fähigkeiten als besonders deliktgeneigt erwiesen haben.

Kriterien dafür, eine Krankheit oder einen anderen Mangel als relevant für die Beeinträchtigung der Fahrereignung zu beurteilen, geben auch die Begutachtungsleitlinien (Bundesanstalt für Straßenwesen 2000, s. u.).

36.2 Allgemeine Verfahrensregeln der Fahrerlaubnis-Verordnung (FeV) und zuständige Gutachter

Im Folgenden sollen die relevanten Vorschriften der FeV auszugsweise zitiert werden. Sie können unter ▶ http://bundesrecht.juris.de/fev im vollständigen Wortlaut aufgerufen werden.

§ 11 regelt unter der Überschrift „Eignung" folgende allgemein gültige Grundsätze für die Überprüfung der Eignung, das zuständige Fachpersonal, die Regeln der Zuweisung zu bestimmten Arten der Überprüfung der Eignung sowie die bei der Abwicklung von Begutachtungen zu beachtenden Grundsätze. Hier wie auch im Verlauf des weiteren Textes sind die Paragraphen der FeV stets im Kleinsatz wiedergegeben:

§ 11 FeV (Eignung)

(1) Bewerber um eine Fahrerlaubnis müssen die hierfür notwendigen körperlichen und geistigen Anforderungen erfüllen. Die Anforderungen sind insbesondere nicht erfüllt, wenn eine Erkrankung oder ein Mangel nach Anlage 4 oder 5 (▶ Kap. 36.8) vorliegt, wodurch die Eignung oder die bedingte Eignung zum Führen von Kraftfahrzeugen ausgeschlossen wird. Außerdem dürfen die Bewerber nicht erheblich oder nicht wiederholt gegen verkehrsrechtliche Vorschriften oder Strafgesetze verstoßen haben, so dass dadurch die Eignung

ausgeschlossen wird. Bewerber um die Fahrerlaubnis der Klasse D oder D1 müssen auch die Gewähr dafür bieten, dass sie der besonderen Verantwortung bei der Beförderung von Fahrgästen gerecht werden.

(2) Werden Tatsachen bekannt, die Bedenken gegen die körperliche oder geistige Eignung des Fahrerlaubnisbewerbers begründen, kann die Fahrerlaubnisbehörde zur Vorbereitung von Entscheidungen über die Erteilung oder Verlängerung der Fahrerlaubnis oder über die Anordnung von Beschränkungen oder Auflagen die Beibringung eines ärztlichen Gutachtens durch den Bewerber anordnen. Bedenken gegen die körperliche oder geistige Eignung bestehen insbesondere, wenn Tatsachen bekannt werden, die auf eine Erkrankung oder einen Mangel nach Anlage 4 oder 5 hinweisen. Die Behörde bestimmt in der Anordnung auch, ob das Gutachten von einem

1. für die Fragestellung (Absatz 6 Satz 1) zuständigen Facharzt mit verkehrsmedizinischer Qualifikation (▶ Kap. 36.8),
2. Arzt des Gesundheitsamtes oder einem anderen Arzt der öffentlichen Verwaltung,
3. Arzt mit der Gebietsbezeichnung „Arbeitsmedizin" oder der Zusatzbezeichnung „Betriebsmedizin",
4. Arzt mit der Gebietsbezeichnung „Facharzt für Rechtsmedizin" oder
5. Arzt in einer Begutachtungsstelle für Fahreignung, der die Anforderungen nach Anlage 14 erfüllt, erstellt werden soll. Die Behörde kann auch mehrere solcher Anordnungen treffen. Der Facharzt nach Satz 3 Nr. 1 soll nicht zugleich der den Betroffenen behandelnde Arzt sein.

(3) Die Beibringung eines Gutachtens einer amtlich anerkannten Begutachtungsstelle für Fahreignung (medizinisch-psychologisches Gutachten) kann zur Klärung von Eignungszweifeln für die Zwecke nach Absatz 2 angeordnet werden,

1. wenn nach Würdigung der Gutachten gemäß Absatz 2 oder Absatz 4 ein medizinisch-psychologisches Gutachten zusätzlich erforderlich ist,
2. zur Vorbereitung einer Entscheidung über die Befreiung von den Vorschriften über das Mindestalter,
3. bei erheblichen Auffälligkeiten, die im Rahmen einer Fahrerlaubnisprüfung nach § 18 Abs. 3 mitgeteilt worden sind,
4. bei Straftaten, die im Zusammenhang mit dem Straßenverkehr oder im Zusammenhang mit der Kraftfahreignung stehen oder bei denen Anhaltspunkte für ein hohes Aggressionspotential bestehen oder
5. bei der Neuerteilung der Fahrerlaubnis, wenn
   a) die Fahrerlaubnis wiederholt entzogen war oder
   b) der Entzug der Fahrerlaubnis auf einem Grund nach Nummer 4 beruhte. ...

(4) Die Beibringung eines Gutachtens eines amtlich anerkannten Sachverständigen oder Prüfers für den Kraftfahrzeugverkehr kann zur Klärung von Eignungszweifeln für die Zwecke nach Absatz 2 angeordnet werden,

1. wenn nach Würdigung der Gutachten gemäß Absatz 2 oder Absatz 3 ein Gutachten eines amtlich anerkannten Sachverständigen oder Prüfers zusätzlich erforderlich ist oder
2. bei Behinderungen des Bewegungsapparates, um festzustellen, ob der Behinderte das Fahrzeug mit den erforderlichen besonderen technischen Hilfsmitteln sicher führen kann.

(5) Für die Durchführung der ärztlichen und der medizinisch-psychologischen Untersuchung sowie für die Erstellung der entsprechenden Gutachten gelten die in der Anlage 15 genannten Grundsätze.

(6) Die Fahrerlaubnisbehörde legt unter Berücksichtigung der Besonderheiten des Einzelfalls und unter Beachtung der Anlagen 4 und 5 in der Anordnung zur Beibringung des Gutachtens fest, welche Fragen im Hinblick auf die Eignung des Betroffenen zum Führen von Kraftfahrzeugen zu klären sind. Die Behörde teilt dem Betroffenen unter Darlegung der Gründe für die Zweifel an seiner Eignung und unter Angabe der für die Untersuchung in Betracht kommenden Stelle oder Stellen mit, dass er sich innerhalb einer von ihr festgelegten Frist auf seine Kosten der Untersuchung zu unterziehen und das Gutachten beizubringen hat; sie teilt ihm außerdem mit, dass er die zu übersendenden Unterlagen einsehen kann. Der Betroffene hat die Fahrerlaubnisbehörde darüber zu unterrichten, welche Stelle er mit der Untersuchung beauftragt hat. Die Fahrerlaubnisbehörde teilt der untersuchenden Stelle mit, welche Fragen im Hinblick auf die Eignung des Betroffenen zum Führen von Kraftfahrzeugen zu klären sind und übersendet ihr die vollständigen Unterlagen, soweit sie unter Beachtung der gesetzlichen Verwertungsverbote verwendet werden dürfen. Die Untersuchung erfolgt auf Grund eines Auftrages durch den Betroffenen.

(7) Steht die Nichteignung des Betroffenen zur Überzeugung der Fahrerlaubnisbehörde fest, unterbleibt die Anordnung zur Beibringung des Gutachtens.

(8) Weigert sich der Betroffene, sich untersuchen zu lassen, oder bringt er der Fahrerlaubnisbehörde das von ihr geforderte Gutachten nicht fristgerecht bei, darf sie bei ihrer Entscheidung auf die Nichteignung des Betroffenen schließen. Der Betroffene ist hierauf bei der Anordnung nach Absatz 6 hinzuweisen.

(9) Unbeschadet der Absätze 1 bis 8 haben die Bewerber um die Erteilung oder Verlängerung einer Fahrerlaubnis der Klassen C, C1, CE, C1E, D, D1, DE oder D1E zur Feststellung ihrer Eignung der Fahrerlaubnisbehörde einen Nachweis nach Maßgabe der Anlage 5 vorzulegen.

36.3 Regeln zur Untersuchung des Sehvermögens

Nach der FeV müssen alle Antragsteller für eine Fahrerlaubnis die Bescheinigung einer Sehteststelle beibringen. § 67 regelt die Anerkennungsvoraussetzungen für Sehteststellen; darauf soll hier nicht weiter eingegangen werden. Werden bestimmte Grenzwerte des Sehvermögens unterschritten (s. u., Anlage 6 FeV, ▶ Kap. 36.7), müssen die betroffenen Kraftfahrer das Gutachten eines Augenarztes beibringen. § 12 der FeV regelt die Verfahrensweise zur Untersuchung des Sehvermögens folgendermaßen:

§ 12 FeV (Sehvermögen)

(1) Zum Führen von Kraftfahrzeugen sind die in der Anlage 6 (s. u., ▶ Kap. 36.7) genannten Anforderungen an das Sehvermögen zu erfüllen.

(2) Bewerber um eine Fahrerlaubnis der Klassen A, A1, B, BE, M, L oder T haben sich einem Sehtest zu unterziehen. Der Sehtest wird von einer amtlich anerkannten Sehteststelle unter Einhaltung der DIN 58220 Teil 6, Ausgabe Januar 1997, durchgeführt. Die Sehteststelle hat sich vor der Durchführung des Sehtests von der Identität des Antragstellers durch Einsicht in den Personalausweis oder Reisepass zu überzeugen. Der Sehtest ist bestanden, wenn die zentrale Tagessehschärfe mit oder ohne Sehhilfe mindestens den in Anlage 6 Nr. 1.1 genannten Wert erreicht. Ergibt der Sehtest eine geringere Sehleistung, darf der Antragsteller den Sehtest mit Sehhilfen oder mit verbesserten Sehhilfen wiederholen.

(3) Die Sehteststelle stellt dem Antragsteller eine Sehtestbescheinigung aus. In ihr ist anzugeben, ob der Sehtest bestanden und ob er mit Sehhilfen durchgeführt worden ist. Sind bei der Durchführung des Sehtests sonst Zweifel an ausreichendem Sehvermögen für das Führen von Kraftfahrzeugen aufgetreten, hat die Sehteststelle sie auf der Sehtestbescheinigung zu vermerken.

(4) Ein Sehtest ist nicht erforderlich, wenn ein Zeugnis oder ein Gutachten eines Augenarztes vorgelegt wird und sich daraus ergibt, dass der Antragsteller die Anforderungen nach Anlage 6 Nr. 1.1 erfüllt.

(5) Besteht der Bewerber den Sehtest nicht, hat er sich einer augenärztlichen Untersuchung des Sehvermögens nach Anlage 6 Nr. 1.2 zu unterziehen und hierüber der Fahrerlaubnisbehörde ein Zeugnis des Augenarztes einzureichen.

(6) Bewerber um die Erteilung oder Verlängerung einer Fahrerlaubnis der Klassen C, C1, CE, C1E, D, D1, DE oder D1E haben sich einer Untersuchung des Sehvermögens nach Anlage 6 Nr. 2 zu unterziehen und hierüber der Fahrerlaubnisbehörde eine Bescheinigung des Arztes nach Anlage 6 Nr. 2.1 oder ein Zeugnis des Augenarztes nach Anlage 6 Nr. 2.2 einzureichen.

(7) Sehtestbescheinigung, Zeugnis oder Gutachten dürfen bei Antragstellung nicht älter als zwei Jahre sein.

(8) Werden Tatsachen bekannt, die Bedenken begründen, dass der Fahrerlaubnisbewerber die Anforderungen an das Sehvermögen nach Anlage 6 nicht erfüllt oder dass andere Beeinträchtigungen des Sehvermögens bestehen, die die Eignung zum Führen von Kraftfahrzeugen beeinträchtigen, kann die Fahrerlaubnisbehörde zur Vorbereitung der Entscheidung über die Erteilung oder Verlängerung der Fahrerlaubnis oder über die Anordnung von Beschränkungen oder Auflagen die Beibringung eines augenärztlichen Gutachtens anordnen. § 11 Abs. 5 bis 8 gilt entsprechend, Abs. 6 Satz 4 jedoch mit der Maßgabe, dass nur solche Unterlagen übersandt werden dürfen, die für die Beurteilung, ob Beeinträchtigungen des Sehvermögens bestehen, die die Eignung zum Führen von Kraftfahrzeugen beeinträchtigen, erforderlich sind.

36.4 Regeln zur Untersuchung von Eignungszweifeln nach Alkoholauffälligkeiten

§ 13 FeV (Klärung von Eignungszweifeln bei Alkoholproblematik) regelt die Abgrenzung der Zuständigkeiten von entsprechenden Fachärzten (im Wesentlichen Fälle von Alkohol*abhängigkeit*) einerseits und Begutachtungsstellen für Fahreignung (im Wesentlichen Fälle von Alkohol*missbrauch*) andererseits, in denen die interdisziplinäre Kooperation von Ärzten und Psychologen mit breiter Erfahrung in verkehrsmedizinischen und verkehrspsychologischen Fragen gepflegt wird.

§ 13 FeV (Klärung von Eignungszweifeln bei Alkoholproblematik)

Zur Vorbereitung von Entscheidungen über die Erteilung oder Verlängerung der Fahrerlaubnis oder über die Anordnung von Beschränkungen oder Auflagen ordnet die Fahrerlaubnisbehörde an, dass

1. ein ärztliches Gutachten (§ 11 Abs. 2 Satz 3) beizubringen ist, wenn Tatsachen die Annahme von Alkoholabhängigkeit begründen oder die Fahrerlaubnis wegen Alkoholabhängigkeit entzogen war oder sonst zu klären ist, ob Abhängigkeit nicht mehr besteht, oder
2. ein medizinisch-psychologisches Gutachten beizubringen ist, wenn
   a) nach dem ärztlichen Gutachten zwar keine Alkoholabhängigkeit, jedoch Anzeichen für Alkoholmissbrauch vorliegen oder sonst Tatsachen die Annahme von Alkoholmissbrauch begründen,
   b) wiederholt Zuwiderhandlungen im Straßenverkehr unter Alkoholeinfluss begangen wurden,
   c) ein Fahrzeug im Straßenverkehr bei einer Blutalkoholkonzentration von 1,6‰ oder mehr oder einer Atemalkoholkonzentration von 0,8 mg/l oder mehr geführt wurde,
   d) die Fahrerlaubnis aus einem der a) bis c) genannten Gründe entzogen war oder
   e) sonst zu klären ist, ob Alkoholmissbrauch nicht mehr besteht.

36.5 Regeln zu Betäubungs- und Arzneimitteln

Hierzu führt § 14 FeV aus:

§ 14 FeV (Klärung von Eignungszweifeln im Hinblick auf Betäubungsmittel und Arzneimittel)

(1) Zur Vorbereitung von Entscheidungen über die Erteilung oder die Verlängerung der Fahrerlaubnis oder über die Anordnung von Beschränkungen oder Auflagen ordnet die Fahrerlaubnisbehörde an, dass ein ärztliches Gutachten (§ 11 Abs. 2 Satz 3) beizubringen ist, wenn Tatsachen die Annahme begründen, dass

1. Abhängigkeit von Betäubungsmitteln im Sinne des Betäubungsmittelgesetzes in der Fassung der Bekanntmachung vom 1. März 1994 (BGBl. I S. 358), zuletzt geändert durch Artikel 4 des Gesetzes vom 26. Januar 1998 (BGBl. I S. 160), in der jeweils geltenden Fassung, oder von anderen psychoaktiv wirkenden Stoffen,
2. Einnahme von Betäubungsmitteln im Sinne des Betäubungsmittelgesetzes oder
3. missbräuchliche Einnahme von psychoaktiv wirkenden Arzneimitteln oder anderen psychoaktiv wirkenden Stoffen vorliegt. Die Beibringung eines ärztlichen Gutachtens kann angeordnet werden, wenn der Betroffene Betäubungsmittel im Sinne des Betäubungsmittelgesetzes widerrechtlich besitzt oder besessen hat. Das ärztliche Gutachten nach Satz 1 Nr. 2 oder 3 kann auch von einem Arzt, der die Anforderungen an den Arzt nach Anlage 14 erfüllt, erstellt werden. Die Beibringung eines medizinisch-psychologischen Gutachtens kann angeordnet werden, wenn gelegentliche Einnahme von Cannabis vorliegt und weitere Tatsachen Zweifel an der Eignung begründen.

(2) Die Beibringung eines medizinisch-psychologischen Gutachtens ist für die Zwecke nach Absatz 1 anzuordnen, wenn

1. die Fahrerlaubnis aus einem der in Absatz 1 genannten Gründe entzogen war oder
2. zu klären ist, ob der Betroffene noch abhängig ist oder – ohne abhängig zu sein – weiterhin die in Absatz 1 genannten Mittel oder Stoffe einnimmt.

Dieser komplexe und in der praktischen Auslegung schwierige Paragraph ist in den einzelnen Ländern der Bundesrepublik Deutschland durch unterschiedliche Erlasse interpretiert worden, die bei den Verkehrsministerien oder auch bei den örtlichen Fahrerlaubnisbehörden eingesehen werden können.

36.6 Untersuchungen von Lkw-, Bus- und Taxifahrern bei der Erteilung der Fahrerlaubnis

Das Vorgehen und die Zuständigkeiten regelt hier Anlage 5 der FeV: Außerdem ergibt sich aus dem Abdruck der Bescheinigungsmuster, die Teil der FeV sind, auch der vorgeschriebene Untersuchungsumfang. Die ärztliche Untersuchung kann von jedem approbierten Arzt, insbesondere von den Hausärzten durchgeführt werden. Anlage 5 bezieht sich auf § 11 Abs.9 sowie § 48 Abs. 4 und 5, in denen die Erteilung und Verlängerung von Fahrerlaubnissen für Lkw-, Bus- und Taxifahrer geregelt sind.

Anlage 5 FeV (Untersuchungen der Eignung von Lkw-, Bus- und Taxifahrern)

1. Bewerber um die Erteilung oder Verlängerung einer Fahrerlaubnis der Klassen C, C1, CE, C1E, D, D1, DE, D1E sowie der Fahrerlaubnis zur Fahrgastbeförderung müssen sich untersuchen lassen, ob Erkrankungen vorliegen, die die Eignung oder die bedingte Eignung ausschließen. Sie haben hierüber einen Nachweis gemäß dem Muster dieser Anlage vorzulegen.

2. Bewerber um die Erteilung oder Verlängerung einer Fahrerlaubnis der Klassen D, D1, DE, D1E sowie einer Fahrerlaubnis zur Fahrgastbeförderung müssen außerdem besondere Anforderungen hinsichtlich
   a) Belastbarkeit,
   b) Orientierungsleistung,
   c) Konzentrationsleistung,
   d) Aufmerksamkeitsleistung,
   e) Reaktionsfähigkeit

   erfüllen. Die zur Untersuchung dieser Merkmale eingesetzten Verfahren müssen nach dem Stand der Wissenschaft standardisiert und unter Aspekten der Verkehrssicherheit validiert sein. Der Nachweis über die Erfüllung dieser Anforderungen ist unter Beachtung der Grundsätze nach Anlage 15 (s.u.) durch Beibringung eines betriebs- oder arbeitsmedizinischen Gutachtens nach § 11 Abs. 2 Satz 3 Nr. 3 oder eines Gutachtens einer amtlich anerkannten Begutachtungsstelle für Fahreignung zu führen
   - von Bewerbern um die Erteilung einer Fahrerlaubnis der Klassen D, D1, DE, D1E und der Fahrerlaubnis zur Fahrgastbeförderung,
   - von Bewerbern um die Verlängerung einer Fahrerlaubnis der Klassen D, D1, DE und D1E ab Vollendung des 50. Lebensjahres,
   - von Bewerbern um die Verlängerung einer Fahrerlaubnis zur Fahrgastbeförderung ab Vollendung des 60. Lebensjahres.

3. Die Nachweise nach Nummer 1 und 2 dürfen bei Antragstellung nicht älter als ein Jahr sein.

▌ Muster

Bescheinigung über die ärztliche Untersuchung

von Bewerbern um die Erteilung oder Verlängerung einer Fahrerlaubnis der Klassen C, C1, CE, C1E, D, D1, DE, D1E oder der Fahrerlaubnis zur Fahrgastbeförderung für Taxen, Mietwagen, Krankenkraftwagen oder Personenkraftwagen im Linienverkehr oder bei gewerbsmäßigen Ausflugsfahrten oder Ferienzielreisen nach § 11 Abs. 9 und § 48 Abs. 4 und 5 der Fahrerlaubnis-Verordnung

Teil I (verbleibt beim Arzt)

1. Personalien des Bewerbers
Familienname, Vorname . . . .
Tag der Geburt . . . .
Ort der Geburt . . . .
Wohnort . . . .
Straße/Hausnummer . . . .

2. Hinweis für den untersuchenden Arzt
Die Bescheinigung nach Teil II soll der Fahrerlaubnisbehörde vor Erteilung der Fahrerlaubnis Kenntnisse darüber verschaffen, ob bei dem Bewerber Beeinträchtigungen des körperlichen oder geistigen Leistungsvermögens vorliegen, die Bedenken gegen seine Eignung zum Führen von Kraftfahrzeugen begründen und ggf. Anlaß für eine weitergehende Untersuchung vor Erteilung der Fahrerlaubnis geben.

Hierfür reicht in der Regel eine orientierende Untersuchung (sog. „screening") der im Folgenden genannten Bereiche aus; in Zweifelsfällen ist die Konsultation anderer Ärzte nicht ausgeschlossen.

3. Vorgeschichte
▌ keine die Fahrfähigkeit einschränkende Krankheiten oder Unfälle durchgemacht
▌ falls ja, welche: . . . .

4. Daten
Größe . . . . . (cm) / Gewicht . . . . . (kg)
RR . . . . ./. . . . . mmHg
Puls . . . . . Schläge in der Minute
Urin E . . . . . Z . . . . . Sed
Flüstersprache R . . . . . m L . . . . . m

5. Allgemeiner Gesundheitszustand
▌ gut
▌ falls nicht ausreichend, nähere Erläuterung: . . . . . .
. . . .

6. Körperbehinderungen
▌ keine die Fahrfähigkeit einschränkende Behinderung
▌ falls ja, welche: . . . .

7. Herz/Kreislauf
▌ kein Anzeichen für Herz-/Kreislaufstörungen
▌ falls ja, welche: . . . .

8. Blut
▌ keine Anzeichen einer schweren Bluterkrankung
▌ falls ja, welche: . . . .

9. Erkrankungen der Niere
▌ keine Anzeichen einer schweren Insuffizienz
falls ja, welche: . . . .

10. Endokrine Störungen
▌ keine Anzeichen einer Zuckerkrankheit
▌ Zuckerkrankheit – falls bekannt: mit/ohne Insulinbehandlung
▌ keine Anzeichen für sonstige endokrine Störungen
▌ falls ja, welche: . . . .

11. Nervensystem
▌ keine Anzeichen für Störungen
▌ falls ja, welche: . . . .

12. Psychische Erkrankungen/Sucht (Alkohol, Drogen, Arzneimittel)
▌ keine Anzeichen einer Geistes- oder Suchterkrankung
▌ falls ja, welche: . . . .

13. Gehör
▌ keine Anzeichen für eine schwere Störung des Hörvermögens
▌ falls ja, welche: . . . .

▌ Muster

Bescheinigung über die ärztliche Untersuchung

von Bewerbern um die Erteilung oder Verlängerung einer Fahrerlaubnis der Klassen C, C1, CE, C1E, D, D1, DE, D1E oder der Fahrerlaubnis zur Fahrgastbeförderung für Taxen, Mietwagen, Krankenkraftwagen oder Personenkraftwagen im Linienverkehr oder bei gewerbsmäßigen Ausflugsfahrten oder Ferienzielreisen nach § 11 Abs. 9 und § 48 Abs. 4 und 5 der Fahrerlaubnis-Verordnung

Teil II (dem Bewerber auszuhändigen)

Aufgrund der Angaben des Untersuchten

Familienname, Vorname . . . .
Tag der Geburt . . . .
Ort der Geburt . . . .
Wohnort . . . .
Straße/Hausnummer . . . .

und der von mir in dem nach Teil I vorgesehenen Umfang erhobenen Befunde empfehle ich vor Erteilung der Fahrerlaubnis

▌ keine weitergehende Untersuchung, da keine Beeinträchtigungen des körperlichen oder geistigen Leistungsvermögens festgestellt werden konnten,
▌ eine weitergehende Untersuchung wegen (Angabe der entsprechenden Befunde): . . . .
. . . .
. . . .

Name und Anschrift des Arztes . . . .

Datum und Unterschrift . . . .

Einen Überblick über diese Vorschriften bietet das Bundesverkehrsministerium (Bundesministerium für Verkehr, Bau und Stadtentwicklung) unter der Überschrift „Der neue EU-Führerschein und das neue Fahrerlaubnisrecht" (▶ www.bmvbs.de).

36.7 Grenzwerte und Beurteilungskriterien zu Sehmängeln sowie anderen Krankheiten und Eignungsmängeln gemäß FeV

Der Eignungsbegriff ist in der seit 1999 gültigen FeV in einer sehr weitgehenden Form rechtlich festgelegt worden. Dies gilt zunächst für die Beurteilung des Sehvermögens in Anlage 6 der FeV. Im vorliegenden Text sind die vorgegebenen, sehr ausführlichen Formularmuster nicht wiedergegeben, weil diese Untersuchungen auf Ärzte mit sehr spezifischen Qualifikationen bzw. an bestimmten Stellen beschränkt sind, wie sich aus dem Text von Anl. 6 ergibt. Es wird unterstellt, dass die Formulare dort vorliegen. Bei Interesse wird auf die Internetseite ▶ http://bundesrecht.juris.de/fev verwiesen.

Anlage 6 bezieht sich auf § 12 (Sehvermögen), § 23 und 24 (Verlängerung von Fahrerlaubnissen für Lkw- und Busfahrer) und § 48, Abs. 4 und 5 FeV (Erteilung und Verlängerung der Fahrerlaubnis zur Fahrgastbeförderung).

Man beachte, dass die Grenzwerte für das Sehvermögen einerseits mit den Fahrerlaubnisklassen variieren und andererseits mit den Untersuchungsformen bzw. der Qualifikation des untersuchenden Personals. Letztlich haben grundsätzlich die Augenärzte den größten Spielraum und das letzte Wort; sie können und sollen in Zweifelsfällen insbesondere die Psychologen der Begutachtungsstellen für Fahreignung in die Beurteilung mit einbeziehen (vgl. unten, Vorwort zu Anlage 4 FeV, Satz 3).

Zu den Grenzwerten in Anlage 6 ist einzuräumen, dass sie alle nicht empirisch begründet sind. Entsprechende empirische Untersuchungen sind bislang stets an methodischen Problemen gescheitert, da man es nicht verantworten kann, Menschen mit erheblichen Sehmängeln zu Forschungszwecken im realen Verkehr fahren zu lassen. Welcher Grad an Einschränkungen des Sehvermögens zu signifikanten Erhöhungen des Unfallrisikos führt, ist somit in Feldversuchen nicht empirisch ermittelbar. Die Grenzwerte und die Untersuchungsverfahren sind aber das Resultat lange währender Beratungen, an denen alle fachlich kompetenten Stellen (insbesondere die Deutsche Ophthalmologische Gesellschaft) beteiligt waren. Die Grenzziehungen und Grundsätze beruhen also auf der Summe der klinischen Erfahrung und werden gestützt von der gesamten relevanten „scientific community" und den Praktikern des Verkehrsrechts in Bund und Ländern.

Anlage 6 FeV (Untersuchungsformen und Anforderungen an das Sehvermögen)

1. Klassen A, A1, B, BE, M, L und T

1.1 Sehtest (§ 12 Abs. 2)
Der Sehtest (§ 12 Abs. 2) ist bestanden, wenn die zentrale Tagessehschärfe mit oder ohne Sehhilfen mindestens beträgt: 0,7/0,7. Über den Sehtest ist eine Sehtestbescheinigung nach § 12 Abs. 3 zu erstellen.

1.2 Augenärztliche Untersuchung (§ 12 Abs. 5)
Besteht der Bewerber den Sehtest nicht, ist eine augenärztliche Untersuchung erforderlich. Es müssen folgende Mindestanforderungen erfüllt sein:

1.2.1 Zentrale Tagessehschärfe
Fehlsichtigkeiten müssen – soweit möglich und verträglich – korrigiert werden. Dabei dürfen folgende Sehschärfenwerte nicht unterschritten werden:

- *Bei Beidäugigkeit:*
  - Sehschärfe des besseren Auges oder beidäugige Gesamtsehschärfe: 0,5,
  - Sehschärfe des schlechteren Auges: 0,2.
- Bei Einäugigkeit (d.h. Sehschärfe des schlechteren Auges unter 0,2): 0,6.

1.2.2 Übrige Sehfunktionen

- *Gesichtsfeld:* Normales Gesichtsfeld eines Auges oder ein gleichwertiges beidäugiges Gesichtsfeld mit einem horizontalen Durchmesser von mindestens 120 Grad, insbesondere muss das zentrale Gesichtsfeld bis 30 Grad normal sein. Insgesamt sollte das Gesichtsfeld jedes Auges an mindestens 100 Orten geprüft werden. Ergeben sich unklare Defekte oder steht nicht zweifelsfrei fest, dass die Mindestanforderungen erfüllt werden, so hat eine Nachprüfung an einem manuellen Perimeter nach Goldmann mit der Marke III/4 zu erfolgen.
- *Beweglichkeit:* Bei Beidäugigkeit sind Augenzittern sowie Schielen ohne Doppeltsehen in zentralem Blickfeld bei normaler Kopfhaltung zulässig. Doppeltsehen außerhalb eines zentralen Blickfeldbereichs von 20 Grad im Durchmesser ist zulässig. Bei Einäugigkeit normale Beweglichkeit des funktionstüchtigen Auges.

2. Klassen C, C1, CE, C1E, D, D1, DE und D1E

und der Fahrerlaubnis zur Fahrgastbeförderung (§ 12 Abs. 6, § 48 Abs. 4 Nr. 4 und Abs. 5 Nr. 2)
Bewerber um die Erteilung oder Verlängerung der Fahrerlaubnis müssen die nachfolgenden Mindestanforderungen an das Sehvermögen erfüllen:

2.1 Untersuchung durch einen Augenarzt, einen Arzt mit der Gebietsbezeichnung „Arbeitsmedizin", einen Arzt mit der Zusatzbezeichnung „Betriebsmedizin", einen Arzt bei einer Begutachtungsstelle für Fahreignung, einen Arzt des Gesundheitsamtes oder einen anderen Arzt der öffentlichen Verwaltung.
Über die Untersuchung ist eine Bescheinigung gemäß dem Muster dieser Anlage zu erstellen.

2.1.1 Zentrale Tagessehschärfe
Feststellung unter Einhaltung der DIN 58220, Ausgabe Januar 1997.

Fehlsichtigkeiten müssen – soweit möglich und verträglich – korrigiert werden. Dabei dürfen folgende Sehschärfenwerte nicht unterschritten werden: Sehschärfe des besseren Auges oder beidäugige Gesamtsehschärfe: 1,0, Sehschärfe des schlechteren Auges: 0,8.
Die Korrektur mit Gläsern von mehr als plus 8,0 Dioptrien (sphärisches Äquivalent) ist nicht zulässig; dies gilt nicht für intraokulare Linsen oder Kontaktlinsen.

2.1.2 Übrige Sehfunktionen
Normales Farbensehen (geprüft mit zwei unterschiedlichen Prüftafeln, beispielsweise Tafeln nach Ishihara oder Velhagen).
Normales Gesichtsfeld, geprüft mit einem automatischen Halbkugelperimeter, das mit einer überschwelligen Prüfmethodik das Gesichtsfeld bis 70 Grad nach beiden Seiten und bis 30 Grad nach oben und unten untersucht. Insgesamt sollte das Gesichtsfeld jedes Auges an mindestens 100 Orten geprüft werden. Alternativ kann eine Prüfung mit einem manuellen Perimeter nach Goldmann mit mindestens vier Prüfmarken (z.B. III/4, I/4, I/2 und I/1) an jeweils mindestens 12 Orten pro Prüfmarke erfolgen.
Normales Stereosehen, geprüft mit einem geeigneten Test (z.B. Random-Dot-Teste).

2.2 Augenärztliche Untersuchung
Können die Voraussetzungen bei der Untersuchung nach Nr. 2.1 nicht zweifelsfrei festgestellt werden, ist zusätzlich eine augenärztliche Untersuchung erforderlich. Über die Untersuchung ist ein Zeugnis gemäß dem Muster dieser Anlage zu erstellen. Es müssen folgende Mindestanforderungen erfüllt sein:

2.2.1 Zentrale Tagessehschärfe
Fehlsichtigkeiten müssen – soweit möglich und verträglich – korrigiert werden. Dabei dürfen folgende Sehschärfenwerte nicht unterschritten werden: Sehschärfe des besseren Auges oder beidäugige Gesamtsehschärfe: 0,8, Sehschärfe des schlechteren Auges: 0,5. Werden diese Werte nur mit Korrektur erreicht, soll die Sehschärfe ohne Korrektur auf keinem Auge weniger als 0,05 betragen. Die Korrektur mit Gläsern von mehr als plus 8,0 Dioptrien (sphärisches Äquivalent) ist nicht zulässig; dies gilt nicht für intraokulare Linsen oder Kontaktlinsen.

2.2.2 Übrige Sehfunktionen
▮ *Gesichtsfeld:* Normales Gesichtsfeld beider Augen, wenigstens normales binokulares Gesichtsfeld mit einem horizontalen Durchmesser von mindestens 140 Grad, insbesondere muss das zentrale Gesichtsfeld bis 30 Grad normal sein. Insgesamt sollte das Gesichtsfeld jedes Auges an mindestens 100 Orten geprüft werden. Ergeben sich unklare Defekte oder steht nicht zweifelsfrei fest, dass die Mindestanforderungen erfüllt werden, so hat eine Nachprüfung an einem manuellen Perimeter nach Goldmann mit der Marke III/4 zu erfolgen.
▮ *Beweglichkeit:* Ausschluss bei Doppeltsehen im Gebrauchsblickfeld (d.h. 25 Grad Aufblick, 30 Grad Rechts- und Linksblick, 40 Grad Abblick). Ausschluss bei Schielen ohne konstantes binokulares Einfachsehen.
▮ *Farbensehen:* Rotblindheit oder Rotschwäche mit einem Anomalquotienten unter 0,5 unzulässig bei den Klassen D, D1, DE, D1E und der Fahrerlaubnis zur Fahrgastbeförderung. Bei den Klassen C, C1, CE und C1E genügt Aufklärung des Betroffenen über die mögliche Gefährdung.

2.2.3 Für Inhaber einer bis zum 31.12.1998 erteilten Fahrerlaubnis reichen abweichend von Nr. 2.2.1 und 2.20.2 folgende Mindestanforderungen an das Sehvermögen aus:

2.2.3.1 Zentrale Tagessehschärfe
Klassen C, C1, CE und C1E und Fahrerlaubnis zur Fahrgastbeförderung
▮ *Beidäugigkeit:*
- Sehschärfe des besseren Auges oder beidäugige Gesamtsehschärfe: 0,7,
- Sehschärfe des schlechteren Auges: 0,2. Bei Einäugigkeit (d.h. Sehschärfe des schlechteren Auges unter 0,2): 0,7.

▮ *Klassen D, D1, DE, D1E:*
- Sehschärfe des besseren Auges oder beidäugige Gesamtsehschärfe: 0,7,
- Sehschärfe des schlechteren Auges: 0,5.

2.2.3.2 Übrige Sehfunktionen
▮ *Gesichtsfeld:* Normales Gesichtsfeld beider Augen, wenigstens normales binokulares Gesichtsfeld mit einem horizontalen Durchmesser von mindestens 140 Grad, insbesondere muss das zentrale Gesichtsfeld bis 30 Grad normal sein. Ergeben sich unklare Defekte oder steht nicht zweifelsfrei fest, dass die Mindestanforderungen erfüllt werden, so hat eine Nachprüfung an einem manuellen Perimeter nach Goldmann mit der Marke III/4 zu erfolgen.
Bei zulässiger Einäugigkeit (Klassen C, C1, CE, C1E und Fahrerlaubnis zur Fahrgastbeförderung): normales Gesichtsfeld eines Auges.
▮ *Beweglichkeit:* Ausschluss bei Doppeltsehen im Gebrauchsblickfeld (d.h. 25 Grad Aufblick, 30 Grad Rechts- und Linksblick, 40 Grad Abblick). Ausschluss bei Schielen ohne konstantes binokulares Einfachsehen.
Bei zulässiger Einäugigkeit (Klassen C, C1, CE, C1E und Fahrerlaubnis zur Fahrgastbeförderung): normale Augenbeweglichkeit, kein Augenzittern.
▮ *Stereosehen:* Normales Stereosehen.
Bei zulässiger Einäugigkeit (Klassen C, C1, CE, C1E und Fahrerlaubnis zur Fahrgastbeförderung): keine Anforderungen.
▮ *Farbensehen:* Rotblindheit oder Rotschwäche mit einem Anomalquotienten unter 0,5 ist unzulässig bei den Klassen D, D1, DE, D1E und der Fahrerlaubnis zur Fahrgastbeförderung. Bei den Klassen C, C1, CE und C1E genügt Aufklärung des Betroffenen durch den Augenarzt über die mögliche Gefährdung.

In einer sehr knappen, wenn auch übersichtlichen Form sind daneben in Anlage 4 zur FeV die wichtigsten und häufigsten anderen Mängel, insbesondere Krankheiten aufgeführt, die die Eignung zum Führen von Kraftfahrzeugen in Frage stellen können. Die Liste der Mängel und die Angaben zu „Eignung“ oder „bedingter Eignung“ fassen die „Begutachtungsleitlinien Kraftfahrereignung“ (2000) in ihren Beurteilungsgrundsätzen tabellarisch zusammen; Anlage 4 zur FeV hat aber eine weit stärkere Bindungswirkung für alle Beteiligten, also die untersuchten Kraftfahrer, die Fahrerlaubnisbehörden und alle Gutachter.

Die Begutachtungsleitlinien waren in früheren Jahren weitgehend beschränkt auf körperliche Eignungsprobleme und als „Gutachten Krankheit und Kraftverkehr“ bekannt. Seit der letzten Überarbeitung im Jahr 2000 sind auch die psychologischen Aspekte der Kraftfahrereignung in das Werk integriert. Ergänzend ist inzwischen auch ein Kommentar zu den Begutachtungsleitlinien von Schubert et al. im Jahre 2002 (2. Aufl. 2005) herausgegeben worden, der sich mittlerweile bei allen an der Entscheidung von Eignungsfragen beteiligten Stellen und Gruppen, insbesondere bei den Verwaltungsjuristen, einen guten Ruf und einen hohen Grad von fachlicher Autorität erworben hat. Dennoch sollte nicht übersehen werden, dass die FeV mit ihrer Anlage 4 letztlich die rechtlich entscheidende Verbindlichkeit hat. Deshalb soll Anlage 4 hier in voller Länge wiedergegeben werden:

Anl. 4 FeV (Eignung und bedingte Eignung)

Vorbemerkung:

1. Die nachstehende Aufstellung enthält häufiger vorkommende Erkrankungen und Mängel, die die Eignung zum Führen von Kraftfahrzeugen längere Zeit beeinträchtigen oder aufheben können. Nicht aufgenommen sind Erkrankungen, die seltener vorkommen oder nur kurzzeitig andauern (z.B. grippale Infekte, akute infektiöse Magen-/Darmstörungen, Migräne, Heuschnupfen, Asthma).
2. Grundlage der im Rahmen der §§ 11, 13 oder 14 vorzunehmenden Beurteilung, ob im Einzelfall Eignung oder bedingte Eignung vorliegt, ist in der Regel ein ärztliches Gutachten (§ 11 Abs. 2 Satz 3), in besonderen Fällen ein medizinisch-psychologisches Gutachten (§ 11 Abs. 3) oder ein Gutachten eines amtlich anerkannten Sachverständigen oder Prüfers für den Kraftfahrzeugverkehr (§ 11 Abs. 4).
3. Die nachstehend vorgenommenen Bewertungen gelten für den Regelfall. Kompensationen durch besondere menschliche Veranlagung, durch Gewöhnung, durch besondere Einstellung oder durch besondere Verhaltenssteuerungen und -umstellungen sind möglich. Ergeben sich im Einzelfall in dieser Hinsicht Zweifel, kann eine medizinisch-psychologische Begutachtung angezeigt sein.

Krankheiten, Mängel	Eignung oder bedingte Eignung		Beschränkungen/Auflagen bei bedingter Eignung	
	Klassen A, A1, B, BE, M, L, T	Klassen C, C1, CE, C1E, D, D1, DE, D1E, FzF	Klassen A, A1, B, BE, M, L, T	Klassen C, C1, CE, C1E, D, D1, DE, D1E, FzF
1. Mangelndes Sehvermögen siehe Anlage 6				
2. Schwerhörigkeit und Gehörlosigkeit				
2.1 Hochgradige und Schwerhörigkeit (Hörverlust von 60% und mehr), beidseitig sowie Gehörlosigkeit, beidseitig	ja wenn nicht gleichzeitig andere schwerwiegende Mängel (z.B. Sehstörungen, Gleichgewichtsstörungen)	ja (bei C, C1, CE, C1E) sonst nein	–	vorherige Bewährung von 3 Jahren Fahrpraxis auf Kfz der Klasse B
2.2 Gehörlosigkeit einseitig oder beidseitig oder hochgradige Schwerhörigkeit einseitig oder beidseitig	ja wenn nicht gleichzeitig andere schwerwiegende Mängel (z.B. Sehstörungen, Gleichgewichtsstörungen)	ja (bei C, C1, CE, C1E) sonst nein	–	wie 2.1
2.3 Störungen des Gleichgewichts (ständig oder anfallsweise auftretend)	nein	nein	–	–
3. Bewegungsbehinderungen	ja	ja	ggf. Beschränkung auf bestimmte Fahrzeugarten oder Fahrzeuge, ggf. mit besonderen technischen Vorrichtungen gemäß ärztlichem Gutachten, evtl. zusätzlich medizinisch-psychologisches Gutachten und/oder Gutachten eines amtlich anerkannten Sachverständigen oder Prüfers. Auflage: regelmäßige ärztliche Kontrolluntersuchungen; können entfallen, wenn Behinderung sich stabilisiert hat	

Krankheiten, Mängel	Eignung oder bedingte Eignung		Beschränkungen/Auflagen bei bedingter Eignung	
	Klassen A, A1, B, BE, M, L, T	Klassen C, C1, CE, C1E, D, D1, DE, D1E, FzF	Klassen A, A1, B, BE, M, L, T	Klassen C, C1, CE, C1E, D, D1, DE, D1E, FzF
4. Herz- und Gefäßkrankheiten				
4.1 Herzrhythmusstörungen mit anfallsweiser Bewusstseinstrübung oder Bewusstlosigkeit	nein	nein	–	–
– nach erfolgreicher Behandlung durch Arzneimittel oder Herzschrittmacher	ja	ausnahmsweise ja	regelmäßige Kontrollen	regelmäßige Kontrollen
4.2 Hypertonie (zu hoher Blutdruck)				
4.2.1 Bei ständigem diastolischen Wert von über 130 mmHg	nein	nein	–	–
4.2.2 Bei ständigem diastolischen Wert von über 100 bis 130 mmHg	ja	ja wenn keine anderen prognostisch ernsten Symptome vorliegen	Nachuntersuchungen	Nachuntersuchungen
4.3 Hypotonie (zu niedriger Blutdruck)				
4.3.1 In der Regel kein Krankheitswert	ja	ja	–	–
4.3.2 Selteneres Auftreten von hypotoniebedingten, anfallsartigen Bewusstseinsstörungen	ja wenn durch Behandlung die Blutdruckwerte stabilisiert sind	ja wenn durch Behandlung die Blutdruckwerte stabilisiert sind	–	–
4.4 Koronare Herzkrankheit (Herzinfarkt)				
4.4.1 Nach erstem Herzinfarkt	ja bei komplikationslosem Verlauf	ausnahmsweise ja	–	Nachuntersuchung
4.4.2 Nach zweitem Herzinfarkt	ja wenn keine Herzinsuffizienz oder gefährliche Rhythmusstörungen vorliegen	nein	Nachuntersuchung	–
4.5 Herzleistungsschwäche durch angeborene oder erworbene Herzfehler oder sonstige Ursachen				
4.5.1 In Ruhe auftretend	nein	nein	–	–
4.5.2 Bei gewöhnlichen Alltagsbelastungen und bei besonderen Belastungen	ja	nein	regelmäßige ärztliche Kontrolle, Nachuntersuchung in bestimmten Fristen, Beschränkung auf einen Fahrzeugtyp, Umkreis- und Tageszeitbeschränkungen	–

Krankheiten, Mängel	Eignung oder bedingte Eignung		Beschränkungen/Auflagen bei bedingter Eignung	
	Klassen A, A1, B, BE, M, L, T	**Klassen C, C1, CE, C1E, D, D1, DE, D1E, FzF**	**Klassen A, A1, B, BE, M, L, T**	**Klassen C, C1, CE, C1E, D, D1, DE, D1E, FzF**
4.6 Periphere Gefäßerkrankungen	ja	ja	–	–
5. Zuckerkrankheit				
5.1 Neigung zu schweren Stoffwechselentgleisungen	nein	nein	–	–
5.2 Bei erstmaliger Stoffwechselentgleisung oder neuer Einstellung	ja nach Einstellung	ja nach Einstelllung	–	–
5.3 Bei ausgeglichener Stoffwechsellage unter Therapie mit Diät oder oralen Antidiabetika	ja	ja ausnahmsweise, bei guter Stoffwechselführung ohne Unterzuckerung über etwa 3 Monate	–	Nachuntersuchung
5.4 Mit Insulin behandelte Diabetiker	ja	wie 5.3	–	regelmäßige Kontrollen
5.5 Bei Komplikationen siehe auch Nummer 1, 4, 6 und 10				
6. Krankheiten des Nervensystems				
6.1 Erkrankungen und Folgen von Verletzungen des Rückenmarks	ja abhängig von der Symptomatik	nein	bei fortschreitendem Verlauf Nachuntersuchungen	–
6.2 Erkrankungen der neuromuskulären Peripherie	ja abhängig von der Symptomatik	nein	bei fortschreitendem Verlauf Nachuntersuchungen	–
6.3 Parkinsonsche Krankheit	ja bei leichten Fällen und erfolgreicher Therapie	nein	Nachuntersuchungen in Abständen von 1, 2 und 4 Jahren	–
6.4 Kreislaufabhängige Störungen der Hirntätigkeit	ja nach erfolgreicher Therapie und Abklingen des akuten Ereignisses ohne Rückfallgefahr	nein	Nachuntersuchungen in Abständen von 1, 2 und 4 Jahren	–
6.5 Zustände nach Hirnverletzungen und Hirnoperationen, angeborene und frühkindlich erworbene Hirnschäden				
6.5.1 Schädelhirnverletzungen oder Hirnoperationen ohne Substanzschäden	ja in der Regel nach 3 Monaten	ja in der Regel nach 3 Monaten	bei Rezidivgefahr nach Operationen von Hirnkrankheiten Nachuntersuchung	bei Rezidivgefahr nach Operationen von Hirnkrankheiten Nachuntersuchung

Krankheiten, Mängel	Eignung oder bedingte Eignung		Beschränkungen/Auflagen bei bedingter Eignung	
	Klassen A, A1, B, BE, M, L, T	Klassen C, C1, CE, C1E, D, D1, DE, D1E, FzF	Klassen A, A1, B, BE, M, L, T	Klassen C, C1, CE, C1E, D, D1, DE, D1E, FzF
6.5.2 Substanzschäden durch Verletzungen oder Operationen	ja unter Berücksichtigung von Störungen der Motorik, chron.-hirnorganischer Psychosyndrome und hirnorganischer Wesensänderungen	ja unter Berücksichtigung von Störugen der Motorik, chron.-hirnorganischer Psychosyndrome und hirnorganischer Wesensänderungen	bei Rezidivgefahr nach Operationen von Hirnkrankheiten Nachuntersuchung	bei Rezidivgefahr nach Operationen von Hirnkrankheiten Nachuntersuchung
6.5.3 Angeborene oder frühkindliche Hirnschäden Siehe 6.5.2				
6.6 Anfallsleiden	ausnahmsweise ja, wenn kein wesentliches Risiko von Anfallsrezidiven mehr besteht, z. B. 2 Jahre anfallsfrei	ausnahmsweise ja, wenn kein wesentliches Risiko von Anfallsrezidiven mehr besteht, z. B. 5 Jahre anfallsfrei ohne Therapie	Nachuntersuchungen in Abständen von 1, 2 und 4 Jahren	Nachuntersuchungen in Abständen von 1, 2 und 4 Jahren
7. Psychische (geistige) Störungen				
7.1 Organische Psychosen				
7.1.1 akut	nein	nein	–	–
7.1.2 nach Abklingen	ja abhängig von der Art und Prognose des Grundleidens, wenn bei positiver Beurteilung des Grundleidens keine Restsymptome und kein 7.2	ja abhängig von der Art und Prognose des Grundleidens, wenn bei positiver Beurteilung des Grundleidens keine Restsymptome und kein 7.2	in der Regel Nachuntersuchung	in der Regel Nachuntersuchung
7.2 Chronische hirnorganische Psychosyndrome				
7.2.1 leicht	ja abhängig von Art und Schwere	ausnahmsweise ja	Nachuntersuchung	Nachuntersuchung
7.2.2 schwer	nein	nein	–	–
7.3 Schwere Altersdemenz und schwere Persönlichkeitsveränderungen durch pathologische Alterungsprozesse	nein	nein	–	–
7.4 Schwere Intelligenzstörungen/geistige Behinderung				
7.4.1 leicht	ja wenn keine Persönlichkeitsstörung	ja wenn keine Persönlichkeitsstörung	–	–

Krankheiten, Mängel	Eignung oder bedingte Eignung		Beschränkungen/Auflagen bei bedingter Eignung	
	Klassen A, A1, B, BE, M, L, T	Klassen C, C1, CE, C1E, D, D1, DE, D1E, FzF	Klassen A, A1, B, BE, M, L, T	Klassen C, C1, CE, C1E, D, D1, DE, D1E, FzF
7.4.2 schwer	ausnahmsweise ja, wenn keine Persönlichkeitsstörung (Untersuchung der Persönlichkeitsstruktur und des individuellen Leistungsvermögens)	ausnahmsweise ja, wenn keine Persönlichkeitsstörung (Untersuchung der Persönlichkeitsstruktur und des individuellen Leistungsvermögens)	–	–
7.5 Affektive Psychosen				
7.5.1 bei allen Manien und sehr Depressionen	nein	nein	–	–
7.5.2 nach Abklingen der manischen Phase und der relevanten Symptome einer sehr schweren Depression	ja wenn nicht mit einem Wiederauftreten gerechnet werden muss, ggf. unter medikamentöser Behandlung	ja bei Symptomfreiheit	regelmäßige Kontrollen	regelmäßige Kontrollen
7.5.3 bei mehreren manischen oder sehr schweren depressiven Phasen mit kurzen Intervallen	nein	nein	–	–
7.5.4 nach Abklingen der Phasen	ja wenn Krankheitsaktivität geringer und mit einer Verlaufsform in der vorangegangenen Schwere nicht mehr gerechnet werden muss	nein	regelmäßige Kontrollen	–
7.6 Schizophrene Psychosen				
7.6.1 akut	nein	nein	–	–
7.6.2 nach Ablauf	ja wenn keine Störungen nachweisbar sind, die das Realitätsurteil erheblich beeinträchtigen	ausnahmsweise ja nur unter besonders günstigen Umständen	–	–
7.6.3 bei mehreren psychotischen Episoden	ja	ausnahmsweise ja nur unter besonders günstigen Umständen	regelmäßige Kontrollen	regelmäßige Kontrollen
8. Alkohol				
8.1 Missbrauch (das Führen von Kraftfahrzeugen und ein die Fahrsicherheit beeinträchtigender Alkoholkonsum kann nicht hinreichend sicher getrennt werden)	nein	nein	–	–
8.2 nach Beendigung des Missbrauchs	ja wenn die Änderung des Trinkverhaltens gefestigt ist	ja wenn die Änderung des Trinkverhaltens gefestigt ist	–	–
8.3 Abhängigkeit	nein	nein	–	–

Krankheiten, Mängel	Eignung oder bedingte Eignung		Beschränkungen/Auflagen bei bedingter Eignung	
	Klassen A, A1, B, BE, M, L, T	Klassen C, C1, CE, C1E, D, D1, DE, D1E, FzF	Klassen A, A1, B, BE, M, L, T	Klassen C, C1, CE, C1E, D, D1, DE, D1E, FzF
8.4 nach Abhängigkeit (Entwöhnungsbehandlung)	ja wenn Abhängigkeit nicht mehr besteht und in der Regel ein Jahr Abstinenz nachgewiesen ist	ja wenn Abhängigkeit nicht mehr besteht und in der Regel ein Jahr Abstinenz nachgewiesen ist	–	–
9. Betäubungsmittel, andere psychoaktiv wirkende Stoffe und Arzneimittel				
9.1 Einnahme von Betäubungsmitteln im Sinne des Betäubungsmittelgesetzes (ausgenommen Cannabis)	nein	nein	–	–
9.2 Einnahme von Cannabis				
9.2.1 Regelmäßige Einnahme von Cannabis	nein	nein	–	–
9.2.2 gelegentliche Einnahme von Cannabis	ja wenn Trennung von Konsum und Fahren und kein zusätzlicher Gebrauch von Alkohol oder anderen psychoaktiv wirkenden Stoffen, keine Störung der Persönlichkeit, kein Kontrollverlust	ja wenn Trennung von Konsum und Fahren und kein zusätzlicher Gebrauch von Alkohol oder anderen psychoaktiv wirkenden Stoffen, keine Störung der Persönlichkeit, kein Kontrollverlust	–	–
9.3 Abhängigkeit von Betäubungsmitteln im Sinne des Betäubungsmittelgesetzes oder von anderen psychoaktiv wirkenden Stoffen	nein	nein	–	–
9.4 Missbräuchliche Einnahme (regelmäßig übermäßiger Gebrauch) von psychoaktiv wirkenden Arzneimitteln und anderen psychoaktiv wirkenden Stoffen	nein	nein	–	–
9.5 nach Entgiftung und Entwöhnung	ja nach einjähriger Abstinenz	ja nach einjähriger Abstinenz	regelmäßige Kontrollen	regelmäßige Kontrollen
9.6 Dauerbehandlung mit Arzneimitteln				
9.6.1 Vergiftung	nein	nein	–	–
9.6.2 Beeinträchtigung der Leistungsfähigkeit zum Führen von Kraftfahrzeugen unter das erforderliche Maß	nein	nein	.–	–

Krankheiten, Mängel		Eignung oder bedingte Eignung		Beschränkungen/Auflagen bei bedingter Eignung	
		Klassen A, A1, B, BE, M, L, T	Klassen C, C1, CE, C1E, D, D1, DE, D1E, FzF	Klassen A, A1, B, BE, M, L, T	Klassen C, C1, CE, C1E, D, D1, DE, D1E, FzF
10.	**Nieren-erkrankungen**				
10.1	schwere Niereninsuffizienz mit erheblicher Beeinträchtigung	nein	nein	–	–
10.2	Niereninsuffizienz in Dialysebehandlung	ja wenn keine Komplikationen oder Begleiterkrankungen	ausnahmsweise ja	ständige ärztliche Betreuung und Kontrolle, Nachuntersuchung	ständige ärztliche Betreuung und Kontrolle, Nachuntersuchung
10.3	erfolgreiche Nierentransplantation mit normaler Nierenfunktion	ja	ja	ärztliche Betreuung und Kontrolle, jährliche Nachuntersuchung	ärztliche Betreuung und Kontrolle, jährliche Nachuntersuchung
10.4	bei Komplikationen oder Begleiterkrankungen siehe auch Nummer 1, 4 und 5				
11.	**Veschiedenes**				
11.1	Organtransplantation Die Beurteilung richtet sich nach den Beurteilungsgrundsätzen zu den betroffenen Organen				
11.2	Lungen- und Bronchialerkrankungen				
11.2.1	unbehandelte Schlafapnoe mit ausgeprägter Vigilanzbeeinträchtigung	nein	nein	–	–
11.2.2	behandelte Schlafapnoe	ja	ja	regelmäßige Kontrolle	regelmäßige Kontrolle
11.2.3	Sonstige schwere Erkrankungen mit schweren Rückwirkungen auf die Herz-Kreislauf-Dynamik	nein	nein	–	–

Nähere Erläuterungen und Begründungen können den Begutachtungsleitlinien und dem Kommentar zu den Begutachtungsleitlinien (▶ Literaturverzeichnis) entnommen werden.

Zum Begriff der „bedingten Eignung“ ist zunächst anzumerken, dass seine Verwendung in der Anwendung und in der Rechtsprechung vor allem dann umstritten ist, wenn es sich um Fragen der charakterlichen Eignung handelt. Hier halten die Behörden und Verwaltungsgerichte eine Anwendung der bedingten Eignung grundsätzlich für nicht angebracht. Auf jeden Fall ist aber davon auszugehen, dass bedingte Eignung meint, dass die Eignung zum Zeitpunkt der Untersuchung gegeben ist. Fraglich ist nur, ob sie auf Dauer gegeben ist. Diese Frage gilt z. B. bei progredienten Erkrankungen, bei denen deshalb häufig Nachuntersuchungen als Auflage angeordnet werden können. Unter dieser Bedingung also kann in geeigneten Fällen eine „bedingte“ Eignung attestiert werden.

36.8 Allgemeine Beurteilungshinweise

Neben spezifischen Hinweisen, Begründungen und Erläuterungen zur Beurteilung einzelner Eignungsmängel bzw. Krankheitsbilder enthalten die Beurteilungsleitlinien Kraftfahrereignung auch allgemeine und grundsätzliche Hinweise zur Begutachtung der Kraftfahrereignung, die im Kommentar hierzu (zusammen mit den Leitlinien selbst) mit abgedruckt sind.

Mögliche Verkehrsgefährdung als wesentliches Kriterium mangelnder Eignung

Die Eignungsrichtlinien (Bundesanstalt für Straßenwesen 2000, S. 13) gehen davon aus, dass mangelnde Eignung nur dann vorliegt, „wenn auf Grund des individuellen körperlich-geistigen (psychischen) Zustandes beim Führen eines Kraftfahrzeugs Verkehrsgefährdung zu erwarten ist.“ Dabei wird unterstellt, „dass die nahe, durch Tatsachen begründete Wahrscheinlichkeit des Eintritts eines Schädigungsereignisses gegeben sein muss.“ Für die Konkretisierung des Gefährdungssachverhalts wird davon ausgegangen, dass dieser dann gegeben ist, „wenn

a) von einem Kraftfahrer nach dem Grad der festgestellten Beeinträchtigung der körperlich-geistigen (psychischen) Leistungsfähigkeit zu erwarten ist, dass die Anforderungen beim Führen eines Kraftfahrzeuges, zu denen ein stabiles Leistungsniveau und auch die Beherrschung von Belastungssituationen gehören, nicht mehr bewältigt werden können, oder
b) von einem Kraftfahrer in einem absehbaren Zeitraum die Gefahr des plötzlichen Versagens der körperlich-geistigen (psychischen) Leistungsfähigkeit (z.B. hirnorganische Anfälle, apoplektische Insulte, anfallsartige Schwindelzustände und Schockzustände, Bewusstseinstrübungen oder -verlust u.ä.) zu erwarten ist
c) wenn wegen sicherheitswidriger Einstellungen, mangelnder Einsicht oder Persönlichkeitsmängeln keine Gewähr dafür gegeben ist, dass der Fahrer sich regelkonform und sicherheitsgerecht verhält.“

Nach diesen Grundsätzen sind die Beurteilungsleitlinien und der Katalog der Anlage 4 FeV entstanden; daran sollte man sich auch dann orientieren, wenn einmal im Einzelfall von den Leitlinien zur Begutachtung abgewichen werden soll.

Auflagen und Beschränkungen bei bedingter Eignung

Bedingungen, die sich an die Person des Fahrzeugführers richten, werden als Auflagen bezeichnet. Auflagen können z.B. sein, eine Brille beim Fahren zu tragen, bestimmte Geschwindigkeiten nicht zu überschreiten, ein Fahrzeug nur zu bestimmten Tageszeiten oder nur im Nahbereich des Wohnorts zu führen. Andere Bedingungen werden als Beschränkungen der Fahrerlaubnis bezeichnet, wenn sie sich auf das Fahrzeug beziehen (z.B. wenn die Fahrerlaubnis beschränkt ist auf Fahrzeuge mit automatischer Kraftübertragung oder mit Handgasbetätigung).

Stellung des Gutachters

Die Begutachtungsrichtlinien betonen, dass der Gutachter nur *Berater* der Gerichte und Behörden ist. Er ist dafür zuständig, eine Krankheit oder einen anderen Eignungsmangel zu diagnostizieren und die rechtlichen Folgerungen ableitbar zu machen. Die *Entscheidung* über die „Eignung“ obliegt aber nur dem Gericht oder der Fahrerlaubnisbehörde. Deshalb sollte der Gutachter Rechtsbegriffe wie „geeignet“ oder „ungeeignet“ im Resultat seiner Begutachtung nicht verwenden, sondern nur die stets explizit gestellte Frage der Behörde (§ 11, Abs. 6 FeV, vgl. auch Schubert und Mattern 2005, S. 27f.) unmittelbar beantworten.

Die Begutachtungsleitlinien erinnern auch daran, dass im Verwaltungsverfahren der Begutachtete der Auftraggeber und Kostenschuldner des Gutachtens ist, dass dieser – im Rahmen der Vorgaben der Behörde – den Gutachter bzw. die konkrete Begutachtungsstelle auswählt und dass ihm allein das Gutachten solange auszuhändigen ist, als der Untersuchte keinen anderen ausdrücklichen Auftrag (schriftlich) erteilt hat.

Schließlich weisen die Begutachtungsleitlinien auch darauf hin, dass im Regelfall der Gutachter jeden Anschein der Befangenheit vermeiden sollte. Er sollte nicht – außer in begründeten Ausnahmefällen – im Dienst des Untersuchten insbesondere als Diagnostiker oder Therapeut gestanden haben. Ausnahmen werden nur sehr restriktiv von den Behörden zugelassen.

Überprüfung der psychophysischen Leistungsfähigkeit

Wie sich schon aus der oben aus den Begutachtungsleitlinien zitierten Definition mangelnder Eignung (▶ Kap. 36.7) ergibt, kommt der psychophysischen Leistungsfähigkeit mit den in Anlage 5 FeV genannten Aspekten eine wesentliche Rolle zu. Die meisten Eignungsmängel werden nur dadurch eignungsrelevant im Straßenverkehr, dass sie das psychophysische Leistungsvermögen auf Dauer beeinträchtigen. Dabei sollte darauf geachtet werden, dass zur Testung fachlich qualifizierte und erfahrene Verkehrspsychologen herangezogen werden. In diesem Zusammenhang sei auf das entsprechende Kapitel im Kommentar zu den Begutachtungsleitlinien (Schubert et al. 2005) hingewiesen, das die komplexen Beurteilungsgrundlagen von Tests zur Überprüfung des psychophysischen Leistungsvermögens ausführlich darstellt.

Die Begutachtungsstellen für Fahreignung (Adressen in Kajan et al. 2004) sind übrigens auch bereit, eine Überprüfung des psychophysischen Leistungsvermögens *ohne* Auftrag durch die Behörde durchzuführen. In diesen Fällen einer Beratung des Betroffenen oder seines behandelnden Arztes (z. B. auch bezüglich der Auswirkungen bestimmter Medikamente) können die Untersuchungen auch absolut vertraulich, insbesondere gegenüber der Fahrerlaubnisbehörde behandelt werden.

Kompensation von Eignungsmängeln

Die Begutachtungsleitlinien verstehen unter Kompensation „die Behebung oder den Ausgleich von Leistungsmängeln oder Funktionsausfällen bzw. fahreignungsrelevanten Defiziten durch andere Funktionssysteme" (Bundesanstalt für Straßenwesen 2000, S. 18). Die Kompensation von chronischen Eignungsmängeln kann z. B. erfolgen

- durch technische oder medizinisch-technische Maßnahmen (z. B. Prothesen),
- durch Arzneimittelbehandlung,
- durch psychische Qualitäten, z. B. besondere Umsicht, Aufmerksamkeit oder Gewissenhaftigkeit,
- oder durch deren Zusammenwirken.

Im gegenteiligen Sinne der Kumulierung von Eignungszweifeln ist natürlich auch darauf zu achten, ob mehrere ungünstige Problembereiche, die für sich genommen noch keine kritischen Ausmaße erreichen, zusammenwirken und somit für die Eignungsbeurteilung relevant werden. Dies ist z. B. denkbar, wenn Krankheiten oder Funktionsmängel mit einer ausgeprägten Risikoneigung oder geringer Einsicht in die Auswirkungen einer Krankheit einhergehen.

36.9 Qualifikationsanforderungen an ärztliche Gutachter

Die Qualifikation der Ärzte, die bestehende Eignungszweifel in bestimmten Fällen durch Gutachten ausräumen können, ist in § 11 FeV in Absatz 2 festgelegt. § 11 legt dabei auch am Ende von Abs. 2 fest, dass – bis auf begründete Ausnahmefälle – der Gutachter nicht identisch sein darf mit dem behandelnden Arzt. Die präventiven Untersuchungen nach Anlage 5 bei Bewerbern und Verlängerern um eine Fahrerlaubnis für Lkw oder zur Fahrgastbeförderung (Bus und Taxi) kann dagegen auch der Hausarzt, aber auch der Arzt einer Begutachtungsstelle für Fahreignung durchführen.

In Anlage 6 (▶ Kap. 36.3 und 36.7), die die präventiven Untersuchungen des Sehvermögens, aber auch die Klärung von dabei auftauchenden Zweifeln am ausreichenden Sehvermögen regelt, ist die Rollenverteilung zwischen den verschiedenen Stellen bzw. Fachärzten

- beim Sehtest für Pkw- und Motorradfahrer sowie alle „kleineren" Fahrerlaubnisklassen (die Anerkennungsvoraussetzungen für Sehteststellen sind in § 67 FeV beschrieben),
- bei den Screening-Untersuchungen von Bewerbern und Verlängerern von Fahrerlaubnissen für Lkw und zur Fahrgastbeförderung und
- und bei der Begutachtung zur Ausräumung von Zweifeln am Sehvermögen, wie sie sich insbesondere beim Sehtest oder bei den Screening-Untersuchungen ergeben können,

genau festgelegt. Nicht übersehen werden sollte, dass nicht nur der Betroffene, sondern auch die Fahrerlaubnisbehörde in den Fortgang eines solchen Verfahrens eingeschaltet werden müssen.

In der FeV gibt es zwei Gruppen von Ärzten, die nur im Rahmen des Fahrerlaubnisrechts Relevanz besitzen. Zum einen taucht in § 11 FeV (▶ Kap. 36.2) der Begriff des „für die Fragestellung zuständigen Facharztes mit verkehrsmedizinischer Qualifikation" auf. § 65 FeV führt hierzu aus:

§ 65 FeV (Ärztliche Gutachter)

Der Facharzt hat seine verkehrsmedizinische Qualifikation (§ 11 Abs. 2 Satz 3 Nr. 1), die sich aus den maßgeblichen landesrechtlichen Vorschriften ergibt, auf Verlangen der Fahrerlaubnisbehörde nachzuweisen. Der Nachweis erfolgt durch die Vorlage eines Zeugnisses der zuständigen Ärztekammer. Abweichend von Satz 1 und 2 reicht auch eine mindestens einjährige Zugehörigkeit zu einer Begutachtungsstelle für Fahreignung (Anlage 14) aus.

Hier, wie auch in § 11 FeV und in Anlage 6 der FeV (▶ Kap. 36.2 u. 36.6) taucht dann auch der Begriff des „Arztes in einer Begutachtungsstelle für Fahreignung" auf, der in Anlage 14 in seinen Qualifikationsanforderungen näher beschrieben wird. Anlage 14 der FeV beschäftigt sich im Übrigen mit den Voraussetzungen zur Anerkennung von Begutachtungsstellen für Fahreignung, die gemäß § 66 FeV amtlich anzuerkennen und durch die Bundesanstalt für Straßenwesen zu akkreditieren sind. Die sehr umfangreich angelegten Akkreditierungsanforderungen finden sich unter ▶ www.bast.de. Zu den Anforderungen an die Ärzte führt Anlage 14 aus:

Anlage 14 FeV (Voraussetzungen für die amtliche Anerkennung von Begutachtungsstellen für Fahreignung/Auszug)

1. *Die Anerkennung kann erteilt werden, wenn insbesondere* . . . .

2. *die erforderliche personelle Ausstattung mit einer ausreichenden Anzahl von Ärzten und Psychologen sichergestellt ist* . . . .

Anforderungen an den Arzt:
Arzt mit mindestens zweijähriger klinischer Tätigkeit (insbesondere innere Medizin, Psychiatrie, Neurologie) oder Facharzt, zusätzlich mit mindestens einjähriger Praxis in der Begutachtung der Eignung von Kraftfahrern in einer Begutachtungsstelle für Fahreignung.

Anforderungen an den Psychologen:
Diplom in der Psychologie, mindestens zweijährige praktische Berufstätigkeit (in der Regel in der klinischen Psychologie, Arbeitspsychologie) und mindestens eine einjährige Praxis in der Begutachtung der Eignung von Kraftfahrern in einer Begutachtungsstelle für Fahreignung.

36.10 Grundsätze

In Anlage 15 der FeV sind einige Grundsätze formuliert, die bei der Begutachtung von allen Gutachtern zu beachten sind:

Anlage 15 FeV (Grundsätze für die Durchführung der Untersuchung und die Erstellung des Gutachtens)

1. Die Untersuchung ist unter Beachtung folgender Grundsätze durchzuführen:
   a) Die Untersuchung ist anlassbezogen und unter Verwendung der von der Fahrerlaubnisbehörde zugesandten Unterlagen über den Betroffenen vorzunehmen. Der Gutachter hat sich an die durch die Fahrerlaubnisbehörde vorgegebene Fragestellung zu halten.
   b) Gegenstand der Untersuchung sind nicht die gesamte Persönlichkeit des Betroffenen, sondern nur solche Eigenschaften, Fähigkeiten und Verhaltensweisen, die für die Kraftfahreignung von Bedeutung sind (Relevanz zur Kraftfahreignung).
   c) Die Untersuchung darf nur nach anerkannten wissenschaftlichen Grundsätzen vorgenommen werden.
   d) Vor der Untersuchung hat der Gutachter den Betroffenen über Gegenstand und Zweck der Untersuchung aufzuklären.
   e) Über die Untersuchung sind Aufzeichnungen anzufertigen.
   f) In den Fällen der § § 13 und 14 ist Gegenstand der Untersuchung auch das voraussichtliche künftige Verhalten des Betroffenen, insbesondere ob zu erwarten ist, dass er nicht oder nicht mehr ein Kraftfahrzeug unter Einfluss von Alkohol oder Betäubungsmitteln/Arzneimitteln führen wird. Hat Abhängigkeit von Alkohol oder Betäubungsmitteln/Arzneimitteln vorgelegen, muss sich die Untersuchung darauf erstrecken, dass die Abhängigkeit nicht mehr besteht. Bei Alkoholmissbrauch, ohne dass Abhängigkeit vorhanden war oder ist, muss sich die Untersuchung darauf erstrecken, ob der Betroffene den Konsum von Alkohol einerseits und das Führen von Kraftfahrzeugen im Straßenverkehr andererseits zuverlässig voneinander trennen kann. Dem Betroffenen kann die Fahrerlaubnis nur dann erteilt werden, wenn sich bei ihm ein grundlegender Wandel in seiner Einstellung zum Führen von Kraftfahrzeugen unter Einfluss von Alkohol oder Betäubungsmitteln/Arzneimitteln vollzogen hat. Es müssen zum Zeitpunkt der Erteilung der Fahrerlaubnis Bedingungen vorhanden sein, die zukünftig einen Rückfall als unwahrscheinlich erscheinen lassen. Das Gutachten kann empfehlen, dass durch geeignete und angemessene Auflagen später überprüft wird, ob sich die günstige Prognose bestätigt. Das Gutachten kann auch geeignete Kurse zur Wiederherstellung der Kraftfahreignung empfehlen.
   g) In den Fällen des § 2a Abs. 4 Satz 1 und Abs. 5 Satz 5 oder des § 4 Abs. 10 Satz 3 des Straßenverkehrsgesetzes oder des § 11 Abs. 3 Nr. 4 oder 5 dieser Verordnung ist Gegenstand der Untersuchung auch das voraussichtliche künftige Verhalten des Betroffenen, ob zu erwarten ist, dass er nicht mehr erheblich oder nicht mehr wiederholt gegen verkehrsrechtliche Bestimmungen oder gegen Strafgesetze verstoßen wird. Es sind die Bestimmungen von Buchstabe f Satz 4 bis 7 entsprechend anzuwenden.

2. Das Gutachten ist unter Beachtung folgender Grundsätze zu erstellen:
   a) Das Gutachten muss in allgemeinverständlicher Sprache abgefasst sowie nachvollziehbar und nachprüfbar sein.
   Die Nachvollziehbarkeit betrifft die logische Ordnung (Schlüssigkeit) des Gutachtens. Sie erfordert die Wiedergabe aller wesentlichen Befunde und die Darstellung der zur Beurteilung führenden Schlussfolgerungen.
   Die Nachprüfbarkeit betrifft die Wissenschaftlichkeit der Begutachtung. Sie erfordert, dass die Untersuchungsverfahren, die zu den Befunden geführt haben, angegeben und, soweit die Schlussfolgerungen auf Forschungsergebnisse gestützt sind, die Quellen genannt werden. Das Gutachten braucht aber nicht im Einzelnen die wissenschaftlichen Grundlagen für die Erhebung und Interpretation der Befunde wiederzugeben.
   b) Das Gutachten muss in allen wesentlichen Punkten insbesondere im Hinblick auf die gestellten Fragen (§ 11 Abs. 6) vollständig sein. Der Umfang eines Gutachtens richtet sich nach der Befundlage. Bei eindeutiger Befundlage wird das Gutachten knapper, bei komplizierter Befundlage ausführlicher erstattet.
   c) Im Gutachten muss dargestellt und unterschieden werden zwischen der Vorgeschichte und dem gegenwärtigen Befund.

3. Die medizinisch-psychologische Untersuchung kann unter Hinzuziehung eines beeidigten oder öffentlich bestellten und vereidigten Dolmetschers oder Übersetzers, der von der Begutachtungsstelle für Fahreignung bestellt wird, durchgeführt werden. Die Kosten trägt der Betroffene.

4. Wer eine Person in einem Kurs zur Wiederherstellung der Kraftfahreignung oder in einem Aufbause-

minar betreut, betreut hat oder voraussichtlich betreuen wird, darf diese Person nicht untersuchen oder begutachten.

Die Beachtung dieser Grundsätze ist dringend zu empfehlen, weil die Fahrerlaubnisbehörden gehalten sind, nur solche Gutachten bei ihrer Entscheidung zu berücksichtigen, die diesen Anforderungen genügen. Auch bei fachärztlichen Gutachten wird von den Behörden nicht selten vor allem die mangelnde Nachvollziehbarkeit der Gutachten beklagt. Derartige Beschwerden bezüglich der medizinisch-psychologischen Gutachten von Begutachtungsstellen für Fahreignung sind deutlich zurückgegangen, seit die Akkreditierung der Stellen greift. Einerseits hat dies einen erheblichen Druck auf die interne Qualitätssicherung der Begutachtungsstellen ausgeübt. Andererseits erlaubt es die Akkreditierung auch, durch Testate einer unabhängigen und kompetenten Stelle wie der Bundesanstalt für Straßenwesen die Qualität der Begutachtung gemäß bundeseinheitlichen Maßstäben, zu denen neben der FeV insbesondere die Akkreditierungsanforderungen (▶ www.bast.de) gehören, nachzuweisen.

36.11 Gebühren/Honorare

Die amtliche „Gebührenordnung für Maßnahmen im Straßenverkehr", die das Bundesverkehrsministerium in Abstimmung mit den Ländern festlegt, gilt nur für medizinisch-psychologische Untersuchungen (*MPU*), die in Begutachtungsstellen für Fahreignung (*BfF*) durchgeführt werden. Alle anderen im vorliegenden Kapitel besprochenen Begutachtungen durch Ärzte, Fachärzte und Psychologen sind an diese Gebührenordnung nicht gebunden.

36.12 Wiederherstellung der Eignung und präventive Maßnahmen

Eine verloren gegangene Eignung kann bei Krankheiten z. B. durch eine entsprechende Behandlung wiederhergestellt werden. Wie sich bereits aus Anlage 4 der FeV ergibt, beschäftigen sich FeV und Begutachtungsleitlinien sehr eingehend damit, unter welchen Behandlungsbedingungen und -fortschritten wieder von Eignung zum Führen von Kraftfahrzeugen ausgegangen werden kann. Dabei spielen auch insbesondere bei charakterlichen Mängeln und Verhaltensproblemen psychotherapeutische Maßnahmen eine zunehmend wichtige Rolle. Bei Fällen von Alkohol- und Drogenmissbrauch sowie bei Fällen von z. B. mangelnder Impulskontrolle mit hohem Punktstand im Verkehrszentralregister kennt das Fahrerlaubnisrecht der FeV im § 70 „Kurse zur Wiederherstellung der Kraftfahrereignung", die amtlich anerkannt und deren Träger von der Bundesanstalt für Straßenwesen akkreditiert sein müssen (▶ www.bast.de). Wesentliche Voraussetzung ist hier neben einem hoch entwickelten Qualitäts-Managementsystem vor allem der empirische Nachweis der Wirksamkeit derartiger Kurse (Jacobshagen u. Utzelmann 1997, Winkler et al. 1990). Die Empfehlung zur Teilnahme an derartigen Kursen kann nur in einer medizinisch - psychologischen Untersuchung ausgesprochen werden, die bei einer Begutachtungsstelle für Fahreignung stattgefunden hat (▶ § 11 FeV in Kap. 36.2 sowie Anlage 15, Nr. 1 f in Kap. 36.10). Der Vorteil der Teilnahme an diesen Kursen für die Bewerber um die Wiedererteilung der Fahrerlaubnis liegt vor allem darin, dass diese Kurse nach einem festen Handbuch und fest vorgegebenem Zeitraster (in der Regel zwischen 16 bis 26 Zeitstunden über etwa vier Wochen) stattfinden; vor allem ist für die Teilnehmer wichtig, dass sie (bis auf seltene Ausnahmen) sicher sein können, nach regelmäßiger, aktiver und vertragsgemäßer Teilnahme ohne eine erneute medizinisch-psychologische Untersuchung zur Prüfung des Kurserfolgs die Fahrerlaubnis neu erteilt zu bekommen. Im Vertrag, der mit dem Teilnehmer geschlossen wird, ist insbesondere vorgesehen, dass nach Teilnahme unter Alkoholeinwirkung oder bei aktenkundig werdenden weiteren Verkehrsvergehen vor Ende des Kurses keine Teilnahmebescheinigung erteilt wird.

Neben Maßnahmen zur Wiederherstellung der Fahrereignung kennt die FeV auch noch präventive Maßnahmen wie Aufbauseminare für Fahrer mit zunehmenden Punktständen im Verkehrszentralregister (§ 35, 36, 42 und 43 FeV) und die so genannte „verkehrspsychologische Beratung", die vor Erreichen der Grenze von 18 Punkten angeboten wird (§ 4 StVG und § 38 sowie 45 FeV); bei dieser Grenze ist dann die Entziehung der Fahrerlaubnis als ultima ratio vorgeschrieben (§ 4, Abs. 3 Nr. 3 StVG). Bei den präventiven Maßnahmen wie den Aufbauseminaren (früher unter dem Begriff „Nachschulung" gefasst) und der verkehrspsychologischen Beratung ist oft auch eine „Punktegutschrift" von bis zu 4 Punkten im Verkehrszentralregister möglich (▶ Ausführungen des zuständigen Kraftfahrt-Bundesamtes unter www.kba.de oder des Bundesverkehrsministeriums unter www.bmvbs.de). Für die Kraftfahrer mit vorhandenen oder sich entwickelnden Eignungsproblemen sei zur Information auf die Internet ▶ www.tuv.com (hier: Medizinisch-psychologische Untersuchung/So erwerben, sichern und verlängern Sie Ihre Fahrerlaubnis) oder die Broschüre von Kajan et al. (2004) verwiesen, die präventive und diagnostische Aspekte, aber auch rechtliche und rehabilitative Möglichkeiten darstellt.

Literatur

Bode HJ (1987) Rechtsgrundsätze für die Beurteilung der Eignung zum Führen von Kraftfahrzeugen. Z Verkehrssicherheit 33:50–77

Bode HJ, Winkler W (2005) Fahrerlaubnis. Eignung – Entzug – Wiedererteilung, 5. Aufl. Deutscher Anwalt-Verlag, Bonn

Bundesanstalt für Straßenwesen (Hrsg) (2000) Begutachtungsleitlinien zur Kraftfahrereignung. Mensch und Sicherheit, Heft M115

Jacobshagen W, Utzelmann HD (1997) Prognosesicherheit der MPU. Z Verkehrssicherheit 43:28–36

Kajan G, Schneider W, Utzelmann HD (2004) Führerschein (k)ein Problem, 5. Aufl. Kirschbaum, Bonn

Schubert W, Mattern R (Hrsg) (2005) Beurteilungskriterien – Urteilsbildung in der medizinisch-psychologischen Fahreignungsdiagnostik. Kirschbaum, Bonn

Schubert W, Schneider W, Eisenmenger W, Stephan E (Hrsg) (2005) Kommentar zu den Begutachtungs-Leitlinien Kraftfahrereignung, 2. Aufl. Kirschbaum, Bonn

Undeutsch U (1981) Zur Prognose der von einem Kraftfahrer ausgehenden Gefahren. In: Nickel W-R (Hrsg) Fahrverhalten und Verkehrsumwelt. Verlag TÜV Rheinland, Köln

Winkler W, Jacobshagen W, Nickel W-R (1990) Zur Langzeitwirkung von Kursen für wiederholt alkoholauffällige Fahrer. Untersuchungen nach 60 Monaten Bewährungszeit. Blutalkohol XXVII:154–174

37 Gutachterhonorar

F. Mehrhoff und J. Fritze

Grundsätze

Ärzte, die Gutachten erstellen, erhalten von ihren Auftraggebern *keine einheitliche Vergütung* in Deutschland. Das liegt an der Vielfalt der Auftraggeber, also zumeist Versicherungen sowie Gerichte, und an unterschiedlichen Schwierigkeitsgraden. Eine Abstimmung der Auftraggeber über die Höhe der Vergütung existiert nicht. Von der Vergütung einer Dienstleistung wird erwartet, dass sie angemessen ist und einen Anreiz bietet, ein Gutachten schnell und gut zu erstellen. Ein nicht überzeugendes Gutachten, das weitere Gutachten notwendig macht, kostet die Auftraggeber zusätzliches Geld und führt zu einem Verlust von Vertrauen unter den Beteiligten.

Die *Höhe der Vergütung* für die Begutachtung richtet sich danach, ob nur Formulare ausgefüllt oder freie Gutachten erstellt werden. Mit Formtexten werden kurze schriftliche Meinungen von Ärzten gewünscht, wie etwa Berichte, Befunde, Arztbriefe etc. Ausführliche Gutachten bringen zumeist einen höheren Zeitaufwand und eine rechtliche Komplexität mit sich. Ärztliche Gutachten, die im Auftrag von der Gerichtsbarkeit erstellt werden, werden nach dem Justizvergütungs- und -entschädigungsgesetz (*JVEG*) vom 1. Juli 2004 vergütet. Daran orientieren sich auch andere Auftraggeber. Viele Versicherer wenden indes die Gebührenordnung für Ärzte (*GOÄ 96*) an, weil sie Grundregeln für die Vergütung von medizinischen Gutachten enthält. Danach wird (GOÄ-Nr. 85) ein Stundensatz gewährt, je nach Schwierigkeitsgrad des Gutachtens, von 29,14 € (1fach), von 67,02 € (2,3fach) und von 101,99 € (3,5fach). Einzelne Vergütungssysteme orientieren sich zum Teil an Einzelleistungen, die ebenfalls nach Stunden abgerechnet werden. Hinzu kommen Erstattungen von ärztlichen Sachleistungen zur Diagnose (Röntgen, Labor, etc.) sowie Portokosten und Schreibgebühren. Daneben gibt es indes auch Pauschalvergütungen „all inclusive".

Kritik an der Vergütungshöhe wird besonders von ärztlichen Gutachtern geäußert, die ausschließlich Gutachten erstellen, also nicht mehr kurativ tätig sind[1]. Sie müssen mit diesem professionellen Geschäft ganz ihren Lebensunterhalt und die Praxiskosten erwirtschaften[2]. Keine Vergütung für Gutachten erhalten die Mitarbeiter der Medizinischen Dienste von Versicherungen, zu deren Hauptaufgabe die Erstellung von Gutachten gehört. Sie schalten aber zunehmend, etwa weil sie selbst überlastet oder nicht spezialisiert genug sind, Gutachter in freier Praxis oder in Kliniken ein.

Viele Auftraggeber von Gutachten haben jeweils ihre eigene Vergütungswelt aufgebaut und kennen sich dort gut aus. Meist gibt es nur eine Handvoll Vergütungsspezialisten. Die Ärzte als Gutachter hingegen erhalten Aufträge von verschiedenen Versicherungen, Verwaltungen und Gerichten, aus denen sie die unterschiedliche Vergütung für durchaus vergleichbare Leistungen erkennen. Besonderheiten der Vergütungen von speziellen Gutachten zu psychischen Erkrankungen, zur Vergütung von Leistungen in der Radiologie, im Labor und auch die Sondervergütung von Gutachten mit stationären Aufenthalten sind in den Beiträgen in diesem Buch jeweils aufgenommen.

Die folgende Darstellung der Honorierung ärztlicher Gutachten kann nicht vollständig oder völlig aktuell sein, weil immer wieder Änderungen verabredet werden und eintreten können. Aber die Grundsätze der jeweiligen Entschädigungsregelungen werden erklärt. Es liegt im Interesse der Gutachter, mit den Rechtsnormen für die Entschädigung ärztlicher Gutachten vertraut zu sein, damit sie einerseits keine ungerechtfertigten Honorarforderungen stellen, ihnen andererseits aber aus mangelnder Kenntnis auch keine Nachteile entstehen.

---

[1] Dazu den Beitrag von Schröter, R., Gaitzik, P.W., Bach, W.: Vergütung der ärztlichen Sachverständigentätigkeit, in: MedSach 97 (2001):125–130

[2] Zudem ist die Umsatzsteuerbefreiung nach § 4 Nr. 14 Satz 1 UStG seit dem Schreiben des Bundesfinanzministeriums vom 08.11.2001 weiter beschränkt worden. Danach sind nur noch Gutachten umsatzsteuerfrei, bei denen ein therapeutisches Ziel im Vordergrund steht, nicht aber z.B. Rentengutachten, z.B. für die gesetzliche Rentenversicherung; siehe dazu den Beitrag von Birk, D., Stalbold, R.: Deutsche Rentenversicherung 2002, 377–400

37.1 Justizvergütungs- und -entschädigungsgesetz (JVEG)

Geltungsbereich des JVEG

Das Justizvergütungs- und -entschädigungsgesetz vom 12.05.2004 (BGBl, S. 776) gilt u.a. für Sachverständige, die von den Gerichten oder von der Staatsanwaltschaft zu Beweiszwecken hinzugezogen worden sind. Zu beachten ist, dass das JVEG für alle Gutachten gilt, also nicht nur für die der Ärzte. Dem Sachverständigen erwachsen Ansprüche aus dem JVEG, sobald er von einem Gericht oder der Staatsanwaltschaft zu Beweiszwecken herangezogen wurde. Eine Beauftragung liegt auch dann vor, wenn der Sachverständige vom Gericht oder der Staatsanwaltschaft geladen worden ist und aufgrund dieser Ladung zu einem Termin erscheint oder in anderer Weise tätig wird. Es ist grundsätzlich nicht erforderlich, dass es zur Erstattung des schriftlichen Gutachtens kommt. Es erwachsen dem Sachverständigen auch Ansprüche aus dem JVEG, wenn das Gutachten aus Gründen, die der Sachverständige nicht zu vertreten hat, nicht erstellt wird. Ansprüche können auch geltend gemacht werden, wenn der Sachverständige zum Termin zur mündlichen Verhandlung erscheinen muss, um ein ihm zustehendes Verweigerungsrecht geltend zu machen, oder wenn der Sachverständige abgelehnt wird, aber zunächst zum Termin erschienen ist und bereits für das Gutachten solche Vorarbeiten geleistet hat, die er für angemessen halten durfte.

Wird der Sachverständige in einem Strafprozess unmittelbar vom Angeklagten geladen, so trifft für ihn die besondere Regelung des § 220 StPO zu. Ein Anspruch gegen die Staatskasse wird nicht automatisch an die Anhörung des Sachverständigen geknüpft. Es bedarf vielmehr hierzu eines ausdrücklichen Gerichtsbeschlusses, der nur auf Antrag ergeht. Es entsteht dann ein Entschädigungsanspruch nach Maßgabe des JVEG nur, wenn sich in der Hauptverhandlung ergibt, dass die Vernehmung des Sachverständigen zur Aufklärung der Sache dienlich war (§ 220 Absatz 3 StPO). Um den Sachverständigen nicht Gefahr laufen zu lassen, ein Gutachten zu erstatten, ohne dafür entschädigt zu werden, muss dieser der Ladung durch den Angeklagten aus § 200 Absatz 2 StPO nur Folge leisten, wenn ihm die gesetzliche Entschädigung für Zeitversäumnis und Reisekosten angeboten wird oder nachgewiesenermaßen bei der Geschäftsstelle des Gerichts zu seinen Gunsten hinterlegt wurde. Sobald er dann der Ladung Folge leistet, hat der Sachverständige einen Anspruch auf Auszahlung dieses Betrages. Die gleiche Regelung gilt, wenn der Privatkläger gemäß § 386 StPO einen Sachverständigen unmittelbar laden lässt.

Für *Privatgutachten* gilt das JVEG nicht, selbst wenn sie zur Vorlage bei Gerichten bestimmt sind. Hier ist der Sachverständige nicht vom Gericht kraft öffentlichen Rechts „herangezogen" worden. Er wird vielmehr aufgrund eines privatrechtlichen Vertrages tätig. Gemäß § 632 BGB ist der Gutachter dann auf die Anwendung einer Taxe verwiesen, wenn eine solche Taxe existiert. Die GOÄ ist die Taxe, aus der der Arzt gemäß § 1 GOÄ seine Vergütungsansprüche für Privatgutachten abzuleiten hat. Eine Prozesspartei kann unter Umständen die Kosten eines von ihr eingeholten Privatgutachtens im Kostenfestsetzungs- oder Klageverfahren als Auslagen geltend machen, die von der unterlegenen Partei zu erstatten sind. Im Zivilprozess hat ein von einer Partei bestellter Sachverständiger einen Entschädigungsanspruch gegen die Staatskasse nur dann, wenn das Gericht das Gutachten als zweckdienlich anerkennt. Wird jedoch der Sachverständige durch das Gericht zur Erläuterung eines Gutachtens geladen, dann ist er auch hierfür nach Maßgabe des JVEG zu entschädigen.

Bemessungsgrundsätze

Grundsätzlich erhält der gerichtliche Sachverständige auf Antrag eine Entschädigung für die von ihm erbrachte Leistung. Die Bezahlung wird vom Gesetz in Form einer „Entschädigung" für die aufgewendete Zeit und nicht etwa in Form einer „Vergütung" des wirtschaftlichen Wertes der Sachverständigenleistung vorgenommen. Diese Entschädigung ist durch Höchstsätze begrenzt, weil die Kosten eines Rechtsstreits in angemessenen und überschaubaren Grenzen bleiben sollen, auch wenn die Heranziehung von Sachverständigen erforderlich wird. Dieses liegt sowohl im Interesse der öffentlichen Haushalte als auch der Verfahrensbeteiligten, die ja häufig die Kosten des Verfahrens zu tragen haben. Neben der Arbeitszeit werden die finanziellen Aufwendungen ersetzt, wie etwa Fahrtkosten, besondere Verrichtungen (z.B. chemische, physikalische, biologische, röntgenologische oder ähnliche Untersuchungen) sowie Nebenkosten, die bei der Vorbereitung, durch die notwendige Hinzuziehung von Hilfskräften oder bei einer Untersuchung (verbrauchte Stoffe und Instrumente) entstehen, oder Tagegelder oder sonstige Aufwendungen. Beide Entschädigungsgruppen – für den Arbeitsaufwand wie für den Ersatz der zur Erstattung des Gutachtens notwendigen Auslagen – werden ausschließlich nach Maßgabe des JVEG ohne Rücksicht auf den Streitwert des Prozesses entschädigt. Der Sachverständige, der feststellt, dass die Kosten des Gutachtens in keinem Verhältnis zur Höhe des Streitwertes stehen, kann das Gericht indes darauf aufmerksam machen.

Der Anspruch auf Vergütung muss binnen drei Monaten beim Auftraggeber geltend gemacht werden. Die Frist beginnt mit dem Eingang des Gutachtens. Der Anspruch verjährt in drei Jahren (§ 2 Abs. 1 und 3).

Entschädigung der Arbeitszeit

Der Sachverständige erhält eine Entschädigung für die zur Vorbereitung und Erstattung aufgewendete Zeit, soweit sie zur Erfüllung des Gutachtenauftrages erforderlich war. Dies bedeutet, dass der Sachverständige nur seinen tatsächlichen Zeitaufwand in Rechnung stellen kann. Dieser Zeitaufwand wird nur insoweit entschädigt, als er objektiv erforderlich ist. Maßgebend dafür ist die sachgemäße Erstattung des Gutachtens durch einen Sachverständigen mit durchschnittlicher Befähigung und Erfahrung bei durchschnittlicher Arbeitsintensität. Darüber hinaus muss aber der Zeitaufwand auch erforderlich sein, um die vom Gericht bestimmte Aufgabe zu erfüllen. Wenn sich z. B. der Sachverständige in seinem schriftlichen Gutachten überhaupt nicht an das Beweisthema hält oder es überschreitet, dem Gutachten völlig überflüssige Aktenauszüge vorausschickt, dann wird ihm die Entschädigung ganz oder teilweise zu versagen sein. Ist in schwierigen Fällen oder bei bestimmten Fachgebieten der Medizin die Anfertigung von Aktenauszügen gerechtfertigt, so wird auch die hierfür benötigte Zeit dann berücksichtigt, wenn die Auszüge nicht in das schriftliche Gutachten aufgenommen werden. Die „erforderliche Zeit" ist also nach objektiven Maßstäben zu ermitteln. Hierbei ist zunächst einmal die Zeit geltend zu machen, die Sachverständige aufwandten, um das Gutachten überhaupt abgeben zu können. Das Literaturstudium ist nur dann zu entschädigen, wenn ein durchschnittlich befähigter, erfahrener Sachverständiger zur sachgemäßen und gewissenhaften Beantwortung der an ihn gestellten Gutachtenfragen sich mit der Fachliteratur befassen muss. Das bedeutet, dass der Sachverständige das betreffende Schrifttum nur durcharbeitet, um das konkrete Gutachten erstatten zu können.

Im Allgemeinen wird vom Sachverständigen erwartet, dass er seine Tätigkeit so einrichtet, dass er mit einer der Bedeutung der Sache entsprechenden Vergütung auskommt. Bei allen Fällen von Diskrepanzen zwischen der Bedeutung der Sache einerseits und der notwendigen Entschädigung des Sachverständigen andererseits, z. B. bei Musterprozessen, empfiehlt sich eine Anfrage über die Erforderlichkeit des Zeitaufwandes bei Gericht. Im Allgemeinen sind bei der Bemessung der „erforderlichen Zeit" folgende Aspekte zu berücksichtigen:

- die Zeit zur Vorbereitung eines mündlichen oder schriftlichen Gutachtens, die das Studium der Gerichtsakten nebst Beiakten sowie zusätzlicher, vom Sachverständigen selbst herbeigezogener Unterlagen und Untersuchungen, einschließlich der hierfür erforderlichen Wege und Reisen und ausnahmsweise auch des Literaturstudiums notwendig macht;
- die schriftliche Abfassung des Gutachtens;
- die Wahrnehmung des Gerichtstermins, in schwierigen Fällen auch die Durcharbeitung des bereits schriftlich erstatteten Gutachtens zur Vorbereitung auf die mündliche Verhandlung, was insbesondere bei längerem zeitlichen Abstand zwischen dem schriftlichen Gutachten und der mündlichen Erläuterung Bedeutung gewinnt;
- zusätzlich sind noch Reise- und Wartezeiten in Rechnung zu stellen. Die letzte bereits begonnene Stunde der für die Erledigung eines Gutachtenauftrags erforderlichen Gesamtzeit wird voll angerechnet.

Höhe der Vergütung

Die Höhe der Vergütung für jede Stunde der erforderlichen Zeit richtet sich seit dem 01. 07. 2004 nach § 9 Absatz 1 JVEG. Für die Bemessung des Stundensatzes zwischen 50,00 und 85,00 € sind der *Grad der* erforderlichen *Fachkenntnisse*, die *Schwierigkeit der Leistung*, ein nicht anderweitig abzugeltender *Aufwand für die notwendige Benutzung technischer Vorrichtungen* und *besondere Umstände* maßgebend, unter denen das Gutachten zu erarbeiten war. Der Stundensatz ist einheitlich für die gesamte Zeit zu bemessen und hängt von drei Honorargruppen ab, die in der Anlage 1 zum JVEG genau beschrieben sind:

- *einfache Gutachten* 50,00 €: Dies sind medizinische Gutachten, zu deren Erstattung wissenschaftliche Fachkenntnisse erforderlich sind, die Diagnose zu beurteilender Gesundheitsstörungen verhältnismäßig leicht zu stellen ist und die Beweisfragen ohne sonderliche Mühe zu beantworten sind. Hierunter fallen etwa Gutachten über die Minderung der Erwerbsfähigkeit nach einer Monoverletzung;
- *mittelschwere Gutachten* etwa 60,00 €: Mittelschwierige Gutachten sind solche, bei denen nach standardisiertem Schema die diagnostischen oder die ätiologischen Fragen oder die Beurteilung des Leistungsvermögens schon etwas eingehendere Überlegungen erfordern. Hierbei handelt es sich vor allem um sog. „Zustandsgutachten", in denen das Leistungsvermögen des Untersuchten im Rahmen der gesetzlichen Rentenversicherung gemäß SGB IX sowie die Besserung oder Verschlimmerung bei Neufeststellungen in der gesetzlichen Unfallversicherung oder Kriegsopferversorgung unter Berücksichtigung von Vorgutachten und Vorbefunden zu erörtern sind. In begründeten Einzelfällen zählen auch Gutachten aus dem Bereich des Schwerbehindertenrechts über die Beurteilung von Gesundheitsstörungen und den Grad der Behinderung zu den mittelschweren Gutachten. In die Kategorie der mittelschweren Gutachten gehören zudem Gutachten, die weniger schwierige Zusammenhangsfragen betreffen;
- *schwierige Gutachten* 85,00 €: Schwierige Gutachten liegen vor, wenn der Sachverständige umfassende und vielseitige bzw. vielschichtige Überlegungen anstellen muss. Die Schwierigkeiten können mit

den diagnostischen oder ätiologischen Fragen zusammenhängen, aber auch andere Gründe haben, z. B. durch eine verwirrende Vielzahl unklarer oder widerspruchsvoller Befunde oder anamnestischer Angaben bedingt sein. In erster Linie sind hier schwierige Zusammenhangsgutachten einzuordnen, die eine eingehende Auseinandersetzung mit Vorgutachten und Vorbefunden erfordern und, soweit *notwendig*, die im Schrifttum vertretenen wissenschaftlichen Meinungen im Gutachten berücksichtigen. „Zustandsgutachten" werden nur bei komplizierten, widersprüchlichen Befunden und entsprechenden Schwierigkeiten bei deren diagnostischer Einordnung unter „schwierige Gutachten" einzuordnen sein;

- *feste Honorare* erhalten Gutachter für Leichenschau, Obduktion, Befunde, Untersuchungen, Blutentnahmen und für erbbiologische Gutachten gemäß der Anlage 2 des JVEG.

Besondere Aufwendungen

Alle Aufwendungen sind erstattungsfähig, die die Sachverständigen für die ordnungsgemäße Abwicklung des Gutachtenauftrags für erforderlich halten. Im Wesentlichen sind das:

Vorbereitung und Erstattung des Gutachtens

Nach § 12 Abs. 1 Nr. 1 JVEG sind den Sachverständigen die Kosten zu ersetzen, die sie für die Vorbereitung und Erstattung des Gutachtens tatsächlich aufgewendet haben und die notwendig waren. Zur Vorbereitung des Gutachtens ist zunächst die Beschaffung von Informationen erstattungsfähig. Hierbei kann es sich sowohl um Informationen in fachlicher Hinsicht als auch um Beschaffung des Tatsachenstoffes für das Gutachten handeln. Kosten für die Beschaffung von Literatur für die Information in fachlicher Hinsicht können nur ganz ausnahmsweise ersetzt werden und nur dann, wenn dies speziell für das erstattete Gutachten erforderlich war. Das bedeutet insbesondere, dass es sich wohl niemals um die Anschaffung der Literatur, sondern lediglich um ihre Beschaffung zur vorübergehenden Benutzung, handelt, z. B. durch wissenschaftliche Bibliotheken. Hier sind dann etwa die Kosten für die Entleihung oder auch Fotokopien von Büchern und Aufsätzen erstattungsfähig. Das Gleiche gilt für die Inanspruchnahme fremder Einrichtungen, die grundsätzlich als notwendige Aufwendungen erstattungsfähig sind. Bei einem Sachverständigen, der an einer Krankenanstalt oder einem Institut angestellt ist, ist es üblich, dass er kein eigenes Instrumentarium zur Erstattung des Gutachtens hat, sondern sich der Einrichtung des Arbeitgebers bedient. Soweit er für diese Inanspruchnahme eine Entschädigung zahlen muss, ist dieser Betrag erstattungsfähig. Insgesamt muss der Sachverständige den Umfang der Nebenkosten kraft seiner Sachkunde nach bestem Wissen und Gewissen bestimmen und den Grundsatz der Verhältnismäßigkeit der Mittel berücksichtigen, d. h. es dürfen nur solche Kosten verursacht werden, die der Bedeutung des Gutachtens entsprechen.

Aufwendungen für Hilfskräfte

In § 12 Abs. 1 Nr. 1 JVEG besonders erwähnt sind Aufwendungen für Hilfskräfte. Hilfskräfte im Sinne dieser Bestimmung können ständige Mitarbeiter und Gehilfen der Sachverständigen oder auch aushilfsweise hinzugezogene Kräfte sein. Sie sind nicht selbst gerichtliche Sachverständige, auch wenn sie im zulässigen Rahmen als Hilfssachverständige oder Zusatzgutachter im Auftrag des gerichtlich bestellten Sachverständigen eine gutachterliche Tätigkeit zu bestimmten Fragen ausüben. Ihre Entschädigung richtet sich nicht nach dem JVEG, sondern nach ihren Vertragsbeziehungen zu dem gerichtlichen Sachverständigen oder der für sie geltenden Gebühren- oder Tarifordnung. Sie ist infolgedessen auch nicht an die Höchstsätze des JVEG gebunden.

Die Heranziehung der Hilfskräfte muss für die ordnungsgemäße Durchführung des Gutachtenauftrags erforderlich sein. Dies ist aber nicht nur dann zu bejahen, wenn für die Abwicklung des Gutachtens dem Sachverständigen selbst die fachlichen oder technischen Voraussetzungen fehlen. Erforderlich ist die Hinzuziehung von Hilfskräften auch dann, wenn die entsprechende Tätigkeit dem Sachverständigen selbst nicht mehr zumutbar ist, z. B. Tätigkeiten, die auch bei der sonstigen Ausübung seines Berufes routinemäßig von Hilfskräften vorgenommen werden, z. B. Tätigkeiten einer Sprechstundenhilfe, Tätigkeiten einer MTA und dergleichen.

Schreibgebühren und Fahrtkosten

Für die Erstellung von schriftlichen Gutachten werden 0,75 € je angefangene 1000 Anschläge vergütet. Hinsichtlich der Fahrtkosten werden die tatsächlich entstandenen Auslagen für öffentliche Verkehrsmittel (1. Klasse) ersetzt. Bei Benutzung eines eigenen Kraftfahrzeuges werden dem Sachverständigen 0,30 € für jeden gefahrenen Kilometer erstattet.

Vertreterkosten

Die Kosten, die dem Sachverständigen durch einen Vertreter, beispielsweise in seiner Praxis während seiner Terminwahrnehmung, entstanden sind, gehören zu den Aufwandsentschädigungen. Sie werden nur dann ersetzt, wenn die Hinzuziehung des Vertreters notwendig gewesen ist. Man nimmt diese Notwendigkeit an, wenn ohne diesen Vertreter dem Sachverständigen erhebliche Nachteile in seinem Geschäftsbetrieb, also konkret in seiner Praxis, erwachsen. Grundsätzlich werden nur die tatsächlich erlittenen Vermögenseinbußen ersetzt, die dem Sachverständigen durch die Inanspruchnahme des Vertreters entstanden sind. Dies besagt, dass der Sachverständige von den für die Vertretung aufgewendeten Kosten die Einnahmen abziehen muss, die ihm durch die Vertretungstätigkeit zufließen, weil der Sachverständige für seine eigene Sachverständigentätigkeit ja eine Vergütung erhält. Die Angemessenheit der Kosten für die Inanspruchnahme eines Vertreters richtet sich in erster Linie nach den üblichen Vergütungssätzen für die betreffende Vertretungstätigkeit.

37.2 Gebührenordnung für Ärzte (GOÄ)

Anwendungsbereich der GOÄ

Die GOÄ ist anzuwenden für die Vergütung von Gutachten für Selbstzahler, Bundesbehörden (z.B. Bundesbahn, Bundesgrenzschutz, Bundeswehr etc.) und zahlreiche Versicherer der Privatwirtschaft. Aber auch Sozialversicherer orientieren sich an der GOÄ. Ärztliche Gutachten werden nach den Ziffern der GOÄ 70–96 honoriert.

Gutachten ohne nähere Begründung

Das Gutachten ohne nähere Begründung gemäß Ziffer 70–78 umfasst zwar die ärztlich-fachlichen Schlussfolgerungen, wie sie etwa im Befundbericht mit kritischer Stellungnahme abgegolten werden. Jedoch enthält es im Hinblick auf die gestellte gutachterliche Fragestellung keine fachlich-ärztliche Begründung.

Begründetes schriftliches Gutachten

Hier werden die vorher festgelegten und schriftlich fixierten Tatsachen der Anamnese, der derzeitigen Beschwerden, der Diagnose und Differentialdiagnose sowie der Epikrise auf die gutachterliche Fragestellung subsummiert. Das Gutachten bezieht sich auf eine Stellungnahme über Zusammenhänge und deren Bewertung. Der Arzt gibt dabei das Tatsächliche in seiner Befunderhebung an und schließt auf Wahrscheinliches, Mögliches oder Unmögliches. Jede dieser Schlussarten muss begründet und gegeneinander abgewogen werden. Die die Schlussfolgerung stützenden oder ihr entgegenstehenden Tatsachen müssen benannt und kritisch bewertet werden. Der Auftraggeber des Gutachtens muss in die Lage gesetzt werden, die dem Zweck des Gutachtens dienenden Fragestellungen so beantwortet zu finden, dass er hieraus die notwendigen – meist rechtlichen – Schlüsse zur Entscheidungsfindung ziehen kann.

Die zur Erstellung eines Gutachtens erforderlichen Untersuchungen, gleich welcher Art, sind neben den Gutachten berechnungsfähig. Wenn es sich nicht um ein Gutachten aufgrund der Aktenlage handelt, ist eine eingehende Untersuchung unumgänglich für die Erstattung des Gutachtens.

Ausführliches, wissenschaftlich begründetes Gutachten

Jedes ärztliche Gutachten (GOÄ-Nr. 80 und 85) erfordert fachliche Kenntnisse, die sich aus dem Arztberuf selbst ergeben. Da die Tätigkeit des Arztes auch in der Begutachtung die Anwendung einer Berufswissenschaft ist, ist jede ärztlich-gutachtliche Äußerung eine wissenschaftliche. Die „ausführliche, wissenschaftlich begründete“ Begutachtung geht aber über die sich aus dem Arztberuf allein ergebende Wissenschaftlichkeit hinaus. Es sind Ausführungen über ein Spezialgebiet innerhalb der ärztlichen Wissenschaft oder innerhalb der ärztlichen Tätigkeit, die besondere fachliche Kenntnisse voraussetzen und in eine Diskussion dieser besonderen fachlichen Kenntnisse eintreten. Es handelt sich also bei den in Nr. 85 genannten Gutachten um ganz besondere Gutachten, die über den Rahmen der normalen Fachgutachten hinausgehen. Die Wissenschaftlichkeit eines Gutachtens in diesem Sinne ist nur dann gegeben, wenn das Für und Wider wissenschaftlicher Meinungen zum betreffenden Fall eingehend unter Zitierung der Literatur und/oder im Lichte der besonderen Erfahrung des Gutachters erörtert wird. Ebenfalls sind die fachlich-ärztlichen Schlussfolgerungen zu belegen. Bei diesen muss eine Auseinandersetzung mit den die Schlussfolgerungen stützenden und den ihnen zuwiderlaufenden Ansichten erfolgen und belegt werden.

Vergütungsumfang

Bei den Nummern 70 bis 85 ist eine bestimmte Zeit zur Erstellung des Gutachtens erforderlich. Diese bestimmte Zeit wird mit den in Frage kommenden Nummern abgegolten. Nicht abgegolten dagegen ist die Zeit für das Aktenstudium oder für die Vorbereitung des Gutachtens, für die gesondert zu berechnenden Untersuchungen, die Schreibgebühren oder sonstige Auslagen wie das Porto. Die Zeiten zur Vorbereitung des Gutachtens, z.B. für das Aktenstudium, müssen dem Arzt bezahlt werden. Mangels besonderer Vereinbarung ist nach billigem Ermessen das JVEG heranzuziehen, das die übliche Vergütung im Sinne des § 612 Abs. 2 BGB enthält. Entstehen durch das Gutachten Sachkosten, so hat der Arzt, der z.B. im Krankenhaus angestellt ist, diese dem Arbeitgeber, z.B. dem Krankenhaus, zu erstatten, falls nicht der Auftraggeber des Gutachtens seinerseits die Sachkosten dem Arbeitgeber überweist und das reine Gutachtenhonorar dem

Arzt vergütet. Die Schreibgebühren richten sich nach Ziffer 95 und 96 der GOÄ. Für ärztliche Sonderleistungen der in Abschnitt O „Strahlendiagnostik, Nuklearmedizin, Magnetresonanztomographie und Strahlentherapie" der GOÄ bezeichneten Art erhält der Sachverständige eine Entschädigung nach dem *1,8fachen Gebührensatz; ein Überschreiten des 1,8fachen des Gebührensatzes bis zum 2,5fachen Satz ist gemäß § 5 GOÄ nur zulässig, wenn Besonderheiten der Bemessungskriterien dies rechtfertigen.* Mit diesem Gebührensatz sind auch alle Aufwendungen, insbesondere die durch die Anwendung von Instrumenten und Apparaten entstehenden Kosten abgegolten, sofern in der GOÄ nicht ausdrücklich etwas anderes bestimmt ist. Das gilt auch dann, wenn der Sachverständige im Rahmen seiner Gutachtertätigkeit die Geräte eines Dritten in Anspruch nahm und hierfür dem selbst nicht liquidationsberechtigten Dritten ein *Nutzungsentgelt* zu zahlen hat.

37.3 Besondere Honorarverträge mit Versicherern

Die meisten Gutachten erstatten die Ärzte für Versicherer, die zwar eigene Vergütungsregeln zugrunde legen, sich aber an der GOÄ orientieren. Ein Überblick über die jeweiligen Besonderheiten geben die folgenden Ausführungen.

Gesetzliche Kranken- und Pflegeversicherung

Die Medizinischen Dienste der Krankenkassen beauftragen externe Gutachter und vergüten deren Leistungen in den einzelnen Bundesländern unterschiedlich. Sie verfügen über einen weiten Gestaltungsspielraum, der für Interessenten, die sich über Vergütungen von medizinischen Gutachten informieren wollen, wenig transparent ist. Insgesamt holen die Medizinischen Dienste pro Jahr etwa 160000 externe Gutachten ein – Tendenz steigend. Gemäß § 282 Satz 4 SGB V hat der Medizinische Dienst der Spitzenverbände (*MDS*) der gesetzlichen Krankenversicherung Empfehlungen zur Beauftragung von Gutachtern verabschiedet (Stand: 26. Juni 1990), in denen nicht die Vergütung selbst, sondern Kriterien für die Vergabe von Gutachten und zur Qualitätssicherung, also auch zum Anforderungsprofil der Gutachter, enthalten sind[3]. Unterschiedliche Vergütungen gibt es in den einzelnen Bundesländern auch für externe Gutachter zur Feststellung des Pflegebedarfs. So werden diese Gutachten in Hamburg mit 71,60 € pauschal vergütet. Für die Erstellung von fachärztlichen Gutachten durch das Versorgungsamt bei der Prüfung der Versorgung mit Körperersatzstücken und anderen orthopädischen Hilfsmitteln vergüten die Krankenkassen etwa in Westfalen-Lippe durchschnittlich 66,50 €. Die Vergütung von Gutachten im Bereich der Ersatzkassen richtet sich nach dem Abschnitt V der Ersatzkassen-Gebührenordnung (*E-GO*) bzw. nach dem Bundesmantelvertrag Ärzte (*BMÄ*). Zusätzlich können die Vertragsärzte der Krankenkassen die anfallenden Portokosten abrechnen.

Gesetzliche Rentenversicherung

Die Deutsche Rentenversicherung Bund hat eine Empfehlung für die Mitglieder zur „Vergütung ärztlicher Leistungen (Gutachten und Befundberichte) für die gesetzliche Rentenversicherung" verabschiedet, die ab dem 1. Januar 2002 gilt[4]. Dort wird zwischen Anträgen auf Leistungen zur medizinischen Rehabilitation und Leistungen zur Teilhabe am Arbeitsleben sowie im Rentenverfahren unterschieden. Ärztliche Befundberichte werden mit 25,20 € pauschal, Formulargutachten mit 40 bis 75 € vergütet, formfreie ärztliche Gutachten mit 58 bis 168 € , je nach Facharztgebieten und Schwierigkeitsgraden. Daneben werden Beurteilungen von radiologischen Leistungen und Laborleistungen vergütet ebenso wie die Portokosten und Schreibgebühren. Die Honorierung der Gutachten in den neuen Bundesländern einschließlich Berlin-Ost beträgt z.Z. 90%. Einzelheiten sind der o.g. Vergütungsempfehlung zu entnehmen, die vom 105. Deutschen Ärztetag im Jahre 2002 deswegen kritisiert wurden, weil sie einseitig, also ohne Verhandlung mit der Ärzteschaft und in der Vergütungshöhe inakzeptabel abgefasst sei. Nach 5-jährigem Honorarstillstand werde, so die Auffassung der Ärzteschaft, die 7,5%ige Vergütungsanhebung von der Absenkung für Sonderleistungen überlagert, so dass daraus tatsächlich eine finanzielle Einbuße der Gutachterärzte folge.

Bundesagentur für Arbeit

Die Vergütung von Gutachten, die von der Bundesagentur für Arbeit in Auftrag gegeben werden, richtet sich grundsätzlich nach § 11 GOÄ mit Modifikationen. Ab dem 01. Januar 2002 erhalten die Ärzte für ein erstelltes arbeitsamtsärztliches Gutachten mit Untersuchung ein Pauschalhonorar in Höhe von 70,05 €, wenn in den Diensträumen der Bundesagentur untersucht wird. Sofern die Untersuchung außerhalb der

[3] Weitere Informationen über den Medizinischen Dienst der Spitzenverbände der Krankenkassen e.V. (MDS), Lützowstraße 53, 45141 Essen (Fax: 0201/83273100, E-mail: office@mds-ev.de oder www.mds-ev.org).

[4] Zu erhalten über Deutsche Rentenversicherung Bund (DRVB), Hallesche Straße 1, 10963 Berlin oder (www.deutsche-rentenversicherung.de bzw. www.drvb.de).

Bundesagentur durchgeführt und keine Schreibleistung des nichtärztlichen Personals der Bundesagentur in Anspruch genommen wird, beträgt das Honorar je Gutachten mit Untersuchung 76,69 €. Zusätzliche Sonderleistungen können nach der GOÄ abgerechnet werden. Sofern diese Leistungen in Dienststellen der Bundesagentur erbracht werden, wird ein Nutzungsentgelt in Höhe von 30% der Gebührensätze abgezogen. Die Pauschale erfasst alle im Befundbogen aufgeführten Untersuchungsvorgänge im Rahmen der körperlichen Allgemeinuntersuchung. Dabei sind Leistungen nach dem Gebührenverzeichnis zur GOÄ bereits mit abgegolten, wie etwa eine Harnuntersuchung (Nr. 85, 8, 95) sowie die Aufklärung der Untersuchten und die statistischen Angaben. Ebenso wie in der Rentenversicherung gelten die Vergütungssätze in den ostdeutschen Bundesländern bis zu einer Höhe von z. Z. 90%.

■ Soziale Entschädigung

Für die Vergütung von Sachverständigen, die Gutachten für die Träger der sozialen Entschädigung, der Sozial- und Jugendhilfe sowie zum Schwerbehindertenrecht (SGB IX) erstatten, wird meist das JVEG zu Grunde gelegt. Auf der Basis dieses Gesetzes – und der ergänzenden Regelung der GOÄ – sind von den Bundesländern unterschiedliche pauschale Entschädigungssätze für ärztliche Gutachten festgelegt worden. Dabei sind die jeweils gewonnenen Erfahrungswerte über Dauer und Schwierigkeit ärztlicher Gutachten sowie die im Bereich speziell der Sozialgerichtsbarkeit geltenden Entschädigungskriterien berücksichtigt (s. o.). Die Entschädigungssätze weichen – insbesondere auf Grund der unterschiedlichen Leistungsinhalte – erheblich voneinander ab. Dies beruht schon auf dem flexiblen Stundensatz des JVEG von 25 bis 52 €. Im Regelfall (so in Hessen) erhalten die Gutachter einen Stundensatz von rund 40 €, wobei die Fertigung eines Gutachtens mit durchschnittlichem Aufwand und Schwierigkeitsgrad ca. 10 Stunden dauert. Daneben können die nach GOÄ erbrachten Sachleistungen abgerechnet werden.

■ Gesetzliche Unfallversicherung

Die Vergütung von medizinischen Gutachten, die von einem Träger der gesetzlichen Unfallversicherung in Auftrag gegeben werden, richtet sich nach dem Vertrag zwischen der Deutschen Gesetzlichen Unfallversicherung und der Kassenärztlichen Bundesvereinigung über die Durchführung der Heilbehandlung, die Vergütung der Ärzte sowie die Art und Weise der Abrechnung der ärztlichen Leistungen (sog. Ärztevertrag)[5]. Dabei handelt es sich also nicht um eine einseitige Empfehlung von Versicherern, sondern um eine Vereinbarung unter Vertragspartnern. Die Vergütung der Gutachten ist in den Gebührennummern 146 bis 191 geregelt und mit Wirkung zum 1. Mai 2001, im Vergleich zu den bis dahin geltenden Regeln im sog. Ärzteabkommen, um 30% angehoben worden. Grundsätzlich wird unterschieden zwischen Formulargutachten und freien Gutachten.

■ Die Gutachten zur Rentenfeststellung werden über *Formulargutachten* abgewickelt. Die Vergütung hierfür liegt zwischen 40 und 67 €. Hierbei handelt es sich um die reine Gutachtengebühr. Hinzu kommen die Gebühren für die ärztliche Untersuchung anlässlich der Begutachtung sowie Schreibgebühren und Portokosten. Eine Ausnahme bildet das Gutachten zur Feststellung der Berufskrankheit „Lärmschwerhörigkeit". Hierfür gibt es eine Pauschalvergütung von 153,28 €, in der die standardmäßig anfallenden Untersuchungsleistungen bereits enthalten sind.

■ Bei den *freien* Gutachten ist ebenfalls ein Gebührenrahmen vorgesehen. Für das Gutachten ohne Fragestellung zum ursächlichen Zusammenhang gilt ein Gebührenrahmen von 67 bis 156 €. Enthält der Gutachtenauftrag auch die Fragestellung zum ursächlichen Zusammenhang, was einen höheren zeitlichen und fachlichen Aufwand bedeutet, beträgt der Gebührenrahmen 84 bis 236 €. Wird ein eingehend begründetes wissenschaftliches Gutachten verlangt, so können hierfür 100 bis 317 € verlangt werden. Maßgeblich für die Höhe innerhalb des Gebührenrahmens ist jeweils der Schwierigkeitsgrad und der Umfang des Gutachtens. Auch bei den freien Gutachten werden die Untersuchungsleistungen, die Schreibgebühren sowie das Porto zusätzlich vergütet. Die Schreibgebühr beträgt pro Seite 3,50 €.

■ Private Versicherungen

In der privaten Versicherungswirtschaft wird eine Vergütung im Einzelfall angeboten bzw. verhandelt. Der Gesamtverband hat keine Empfehlungen herausgegeben. Die Vergütung orientiert sich an der GOÄ und hängt von der Komplexität des Gutachtenauftrags ab. So geben die privaten Krankenversicherer meistens leichtere Gutachten in Auftrag als diejenigen Versicherer, die das Risiko eines privaten Unfalls oder einer Berufsunfähigkeit absichern und insoweit über komplexe Fragen zur Kausalität und zur verbleibenden Arbeitsfähigkeit entscheiden müssen. Dabei kommen die Ziffern 75, 80 und 85 der GOÄ zur Anwendung, die jeweils ein Stundenhonorar vorsehen. Zum anderen unterscheiden die privaten Versicherer genau zwischen freien Gutachten, die ärztliche Leistungen einschließlich Untersuchungen mit sich bringen und deswegen als Dienstvertrag gemäß §§ 611/612 BGB bewertet werden, und Formulargutachten/Berichten, die sich, wie eine handwerkliche Leistung, mehr am einzelnen Erfolg orientieren und

[5] Dieser Ärztevertrag ist zu beziehen über die Landesverbände der gewerblichen Berufsgenossenschaften (www.lvbg.de).

rechtlich als Werkvertrag gemäß §§ 631/632 BGB zu qualifizieren sind. Private Versicherer beklagen teure Zusatzgutachten, die von den beauftragten Hauptgutachtern in Auftrag gegeben werden, weil diese selbst nicht über die medizinische Fachkunde verfügen.

Literatur

Butz A, Leuftink D (2000) „Gebührenordnung für Ärzte mit Krankenhausnebenkostentarif für Unfallversicherungsträger und Abkommen Ärzte-Unfallversicherungsträger – BG-GOÄ –". Kepnerdruck, Eppingen

Gebührenordnung für Ärzte, Stand 1.1.1996. Deutscher Ärzteverlag, Köln

Mehrhoff F (2003) Die Vergütung des medizinischen Sachverständigen im Spannungsfeld zwischen rechtlicher Verpflichtung und wirtschaftlichen Zwängen – Vergütungssysteme der einzelnen Leistungsträger. Med Sach 99:77–80

Meyer P, Höver A, Bach W (1995) Gesetz über die Entschädigung von Zeugen und Sachverständigen, Kommentar, 19. Aufl. Carl-Heymanns, Köln Berlin Bonn München

Sachverzeichnis

A
Aachener Aphasie-Test 704
Abartigkeit 697
Abbeizen 211
Abbeizmittel 542
Abciximab 323
Abdomen 409, 515, 768
Abfindung 45
Abhängigkeit 717
Abhängigkeitserkrankungen 685
Abhängigkeitssyndrom 713
Ablatio retinae 244
Ablation 361
Ablenkbarkeit 688
Absencen 233
Abstraktionsvermögen 685
Abstriche 529
Abszessmembran 776
Abwassergruben 205
ACE-Hemmer 334, 345
ACE-Hemmertherapie 337
Acetylcholin 208
Acetylsalicylsäure 326, 386, 586, 789
Achalasie 402, 839
Achillessehne 733
Achillessehnenreflex 157
Achsenverhältnisse 437
Acidose 204
ACTH 189
Activin-like-kinase (ALK) 355
Adäquanztheorie 86
Adduktoren 730
Adenokarzinom 258, 291, 618
Adenome 493
Aderlässe 571
Adhäsionen 770
ADH-Mangel 189
Adipositas 305, 479, 490
Adiuretin 495
Adnexentfernung 526
Adnexitis 534
Adrenalin 189
Affektarmut 681
Affekte 681
Aggravation 122, 217, 710
Aggression 688
Aggressivität 822
Agnosie 119, 681, 705
Agoraphobie 682, 689
Agranulozytose 196, 207, 798
AIDS 625
AIDS-Kranke 461
Akinese 681
Akkommodationslähmung 122
Akromegalie 188, 192, 494
Akrophobie 682
Aktenauszüge 871
Aktengutachten 9
Aktinolit 278
Aktivität
- des täglichen Lebens (ATL) 62
- hypersynchrone 114
Alaninaminotransferasen (ALT=GPT) 167
Albumin 167
Albuminausscheidung 186
Alkaliresistenztest 179
- modifizierter (SMART) 180–181
Alkohol 406
Alkoholabhängigkeit 852
Alkoholabusus 347
Alkoholentzugssyndrom 715
Alkoholismus 721
Alkoholkonsum 281
Alkylanzien 602
Allen-Test 158, 745
Allergene 136, 137, 583
Allergie 307
Allergiediagnostik 135, 140
Allergietest 169
Allgemeinanästhesie 782
Allgemeine Unfallversicherungsbedingungen (AUB) 81, 82, 242, 243
Allodynie 790
Alltagskompetenz 62
Alphamethyldopa 581
Alphastrahlung 799
Alpträume 690, 820
Alter 111, 287, 417, 428
Altersrente 51–53
Alterungszuschlag 78
Aluminium 191, 509
Alveolitis 135, 143, 289, 298
- allergischer 139
- exogene allergische 290
Alzheimer-Demenz 228
Amalgam 202
α-Amanitin 418
Ameisensäure 208
Amenorrhoe 491, 492, 538
American Thoracic Society (ATS) 129, 131
Amide 208
Amine, aromatische 205
Aminoglykosidantibiotika 254
Aminopyrin 169
Aminosalizylate 404
Aminotransferase 167, 418
Ammoniak 289
Amnesie 238, 681
Amnioskopie 561
Amniozentesen 558
Amöben 648
Amöbenzysten 653
Amöbiasis 652
Amosit 278
Amoxycillin 667
Amphetamine 535, 719
Amphibolasbest 278
Amputation 387, 437, 439, 745, 790
Amputationsneurone 614
Amputationsstümpfe 743
Amtsarzt 94
Amyloidose 193
Anagrelide 580
Analgetika 215, 443, 517, 789
Anämie 191, 196, 207, 208, 318, 509, 566
- aplastische 569
- renale 501
Anamnese 462
Anästhesie 781
Anästhesist 563, 781
Anästhetika 536
Anastomose 409
Androgene 547
Anerkenntnisverbot 101
Aneurysma 387, 391, 737
Anfälle
- epileptische 705
- fokale 233
Anfallsfreiheit 235
Anfallsleiden 114
- zerebrale 696
Angehörige 50, 106, 388
Angina 585
Angina pectoris 315, 316
- ischämische Ursache 315
- stabile 311
Angiologie 157
Angiosklerose 364
Angst 381
Angststörung 684, 822
- spezifische 821
Angstzustände 682
Anilinfarbstoffe 729
Ankylose 265
Ankylostomiasis 657
Anorchie 190
Anordnung, richterliche 699
Anorexia nervosa 187, 492

Anosmie 214, 259
Anpassungsstörung 821
Anschlussheilbehandlung (AHB) 606
Ansteckungsgefahr 94
Anthrakosilikose 272
Anthrazykline 602
Antibiotika 535, 546
Antidiabetika 184
Antidottherapie 208
Antiepileptika 189
Antigen 291, 583
- prostataspezifisches 517
Anti-glomeruläre-Basalmembran-Antikörper 193
Antikoagulanzien 391, 584, 587
Antikoagulanzienbehandlung 341
Antikonvulsiva 535, 580
Antikonvulsivatherapie 234
Antikörper 412
- gegen zytoplasmatische Antigene (ANCA) 192
Antikörpernachweise 110
Antirheumatika 443, 445
a_1-Antitrypsin 163
Antophyllit 278
Antriebsarmut 680
Antriebsstörung 217
Anulus fibrosus 421, 432
Anus praeter 402, 405, 525, 775
Anwartschaften 48
Anzeigepflicht 34, 272
- vorvertragliche 78
Aorta 363
Aortenaneurysma 812
Aorteninsuffizienz 147, 333, 334, 341
Aortenisthmusstenose 147
Aortenklappe 331
Aortenklappenersatz 341
Aortenklappenstenose 146
Aortenruptur 363
Aortenstenose 146, 331, 341
Aphasie 217, 702
Apophysenkerne 736
Apotheker 24, 91
Appendektomie 785
Appendix 541, 657
Appetitverlust 691
Appetitzentrum 480, 491
Applikationsweg 796
Approbation 687
Apraxien 119, 705
Äquivalenzprinzip 1, 13, 14
Arachnopathie, spinale 220
Arbeits- und Gesundheitsschutz 29
Arbeitsanamnese 85, 618
Arbeitsförderung 73
Arbeitsgemeinschaft Berufs- und Umweltdermatologie e.V. 466
Arbeitslosengeld 53, 73
Arbeitslosenhilfe 48
Arbeitsmarkt, allgemeiner 51, 467
Arbeitsmedizin 620
Arbeitsmedizinische Versorgung 34
Arbeitsplatzbezug 140
Arbeitssicherheitsgesetz 33, 94
Arbeitsstoffe 113
Arbeitsstofftoleranzwerte, biologische (BAT-Werte) 113
Arbeitstherapie 20
Arbeitsunfähigkeit 2, 20, 80
- völlige 80
Arbeitsunfall 26, 29
Arbeitsverdienst 51
Arbeitsvorgeschichte 604
Arboviren 633
Arm 427
Armlymphödem 524
Armplexus 808
Armplexuslähmung 810
Armverlust 790
Arousal-Index 135
Arrhythmien 362
Arrosionen 127
Arsen 203, 251, 258, 285
Artefakte 182
Arterie 391, 745
Arterienpunktionen 839
Arteriitis temporalis Horton 388
Arteriographie 160
Arteriosklerose 208
Arthritis 444
- juvenile chronische (JCA) 444
- rheumatoide 276, 441
Arthrose 427, 448, 741
Arznei- und Verbandmittel 19
Arzneimittel 19, 205, 793
Arzneimittelgesetz (AMG) 786, 793
Arzneimittelversuche 89
Arzt 91, 615
- behandelnder 5
- ermächtigter 24
Arztbesuch 689
Ärzteabkommen 26, 875
Arzthaftpflichtversicherung 86, 97
Arzthelferin 92, 95
Ärztliche Anzeige 470
Ärztlicher Direktor 102
Arztwahl, freie 28
Asbest 278, 284, 536
Asbestfaser 617, 619
Asbestfaserstaub 278
Asbestfaserstaubexposition 260
Asbestfeinstaub 620
Asbestose 619
Asbeststaub, Exposition 279
Aschenfehlstellung 739
Askaridiasis 657
Askariseier 657
Aspartataminotransferasen (AST = GOT) 167
Asperger-Syndrom 706
Aspergillose, allergische bronchopulmonale (ABPA) 289
Aspiration 402
Aspirationspneumonien 304, 840
Assoziation 622
Asthma 130, 289, 292, 307
Asthma bronchiale 139
Astronauten 829
Aszites 167
Atemapparat 302
Atemgymnastik 606
Atemluft 620
Atemwiderstand 130
^{13}C-/^{14}C-Atemtest 164
Atemwegserkrankung
- obstruktive 292, 294
- Verschlimmerung 272
Atemwegswiderstand 129, 133
Atherosklerose 311
Ätiopathogenese 394
Atmung 302
Atmungsmuskulatur 833
Atmungsorgane 127, 271
Atopie 179
Atopiker 182, 463
Atrophie 475, 737
Atropin 208
Attacke, transitorisch ischämische (TIA) 231
Attest 7
Auffahrunfall 232, 422, 692
Auffälligkeitsprüfung 25
Aufklärung 89, 99
Aufklärungsgespräch 781
Aufklärungspflicht 98
Aufsichtsdienst, technischer 34, 604
Aufwachraum 785
Augapfel 244
Augen 119, 239
Augenbrennen 292
Augenentzündung 656
Augenhintergrund 147
Augenklappe 122
Augenlider 251
Augenmotilitätsstörungen 244
Auskunftspflicht 14, 34
Ausschabung 526
Ausscheidungskrebse 615
Ausschlag 632
Außenknöchel 733
Auswahlrecht 26
Auswurffraktion 330, 337
Auszubildende 46
Autismus 686, 706
Autoantikörper 168
Autoelektriker 827
Autoimmunerkrankung 224, 414, 579
Autoimmunhepatitis 168
Autoimmunhyperthyreose 489
Autoimmun-Polyendokrinopathie 189
Autoimmunthyreoiditis Hashimoto 488
Autoimmunthyreopathien 187
Autonomien 188
Autopsie 105, 106, 837
Autotransplantation 539
AV-Knoten 359, 360
Azathioprin 224, 404, 443
Azinuszellen 166

B
Bäcker 259, 291, 453
Bäckerasthma 143, 292
Bäckereifachverkäuferin 729
Bäder 390
Bagatelltrauma 30, 395
Baker-Zyste 741
Bakterien 163, 572, 662
Balantidiose 653
Ballondilatation (PTCA) 315, 327
Ballonvalvuloplastie, perkutane 341
Balneotherapie 526
Bamberger Merkblatt 466
Bänderverletzung 736
Bandscheibe 421, 426
Bandscheibengewebe 421
Bandscheibenvorfall 82, 422, 424
Bandwürmer 659, 660
Barbiturate 535, 789
Barotraumen 254, 831
Barret-Ösophagus 261
Basalganglien 208
Basalmembran 504
Basalzellkarzinome 476
Basistarif 79
Basophilendegranulationstest 142
Basophilie 573
Batterien 508
Bauarbeiter 476
Bauberufe 615
Bauchdecke 261
Bauchfell 510, 614, 775
Bauchhöhle 409, 526
Bauchinnendruck 727
Bauchmuskulatur 308, 727
Bauchraum 768
Bauchschmerzen 505, 653
Bauchspeicheldrüse 166, 185, 401, 774
Bauchtraumen 303, 401, 588
Bauchtuchtamponade 770
Bauchwand 727, 775
Bauchwandabszesse 839
Bauchwandbrüche 727
Bauchwandhernie 402
Baumwolle 289
Baumwollspinnereien 289
Beamte 60
Beamtenverhältnis 186, 235, 484, 487
Beatmung 770
Beatmungsüberwachung 784
Beaufsichtigungsbedarf 58
Becken 384
Beckenboden 525
Beckenbodengymnastik 606
Beckenfraktur 515, 520
Beckenlymphknoten 525
Beckenschiefstand 431
Beckenstand 436
Bedarfsgemeinschaft 75
Bed-Side-Sonographie 769
Befangenheit 2, 4
Befeuchterlunge 290
Befindlichkeitsstörung 794
Befundbericht 221, 874
Befunddokumentation 6
Befunde 1
Begabungs-Test-System (BPS) 703
Begutachtungsrichtlinien 60
Begutachtungsstelle für Fahreignung (BfF) 867
Behandlungsbedürftigkeit 42, 464
Behandlungsfehler 95–97, 99, 837
Behandlungsvertrag 97
Behindertenheim 653
Behinderung 63, 69
- seelische 71, 708
Beihilfeberechtigte 78
Beihilferecht 846
Bein 160, 384
Beinamputierte 741
Beinvenen 394
- tiefe 160
Beinvenenthrombose 394, 742
Beitragsbemessungsgrenze 15, 78
Belastbarkeit 146
- ergometrische 329
Belastung, isometrische 358
Belastungsdyspnoe 443
Belastungs-EKG 147
Belastungserprobung 20
Belastungsreaktionen 689
Belastungsstörung
- akute 820
- posttraumatische 30, 684, 821
Bence-Jones-Protein 609
Benzin 199
Benzochinon 210, 250
Benzol 207, 578
Beratungsarzt 471
Bergarbeiter 430
Bergbau 603
Bergleute 51, 285, 615, 735
Bergsteiger 831
Berufsallergene 136, 293
Berufsasthma 137, 142, 292
Berufsaufgabe 297
Berufsausbildung 54
Berufsdermatologen 471
Berufsdermatose 169, 453
Berufseingangstest 182
Berufsgenossenschaftliche Grundsätze 34
Berufshelfer 27, 28
Berufskraftfahrer 212, 298
Berufskrankheiten 26, 81, 104, 199, 271, 415, 426
Berufskrankheiten-Anzeigen 34, 40, 470
Berufskrankheiten-Liste 30
Berufskrankheiten-Verordnung (BKV) 26, 30–32, 40, 271, 431, 468, 615
Berufsmusiker 83
Berufsordnung 91
Berufsschutz 52
Berufstaucher 246
Berufsunfähigkeit (BU) 80, 84, 85, 466
Berylliose 282, 284
Beryllium 204, 250, 285
Beschäftigung
- geringfügige 47
Beschleuniger 800
Beschleunigungstrauma 692
Beschleunigungsverletzungen 220, 423
Bestattungsgesetz 106
Betablocker 319, 345, 381, 479
Betainterferon 224
Betarezeptorenblocker 319
Betastrahlen 799
Betäubungsmittel 853
Betazellen 479
Betreuer 90
Betreuung, psychosoziale 58
Betreuungsbedürftigkeit 72
Betreuungsleistungen 62
Betreuungsrecht 71, 698, 719
Betriebs- und Werksärzte 26
Betriebsarzt 33, 94
Betroffenheit, berufliche 467
Bettlägerigkeit 61
Beugeekzeme 457
Bewegungsfunktionen 443
Bewegungstherapie 386
Beweis 620
- des Gegenteils 68
Beweiserleichterung 41, 42, 101, 561
Beweislast 68, 88, 97, 99, 781
Beweislastumkehr 561
Beweissicherung 529
Bewusstsein 680
Bewusstseinsstörungen 213, 696
Bewusstseinsverlust 215
Bezugspersonen 443
Bildschirmarbeitsplatz 829
Bildschirmtätigkeit 251
Bilharziose 658
Bilirubin 167, 568
Bilitec-Messung 403
Bindegewebe 803
Bindegewebsschwäche 525, 727, 770
Binet-Tests 703
Binokularsehen 122
Biomarker, kardialer 317
Biomonitoring 208
Biomorphometrie 122
Bioprothese 334
Biopsie 166
Biorhythmen 111
Biotope 537
Biphenyle, polychlorierte (PCB) 207, 536
Bisoprolol 345
Biss 267
Bissverletzung 630
Bitumen 260, 475
Bizeps 733
Bizepssehne 438
Blase 194, 826
Blasenfunktionsstörungen 520
Blasenhals 525
Blasenkarzinom 659

Blasensteinbildung 519
Blasentumor 194
Blasenwand 658
Blasten 577
Blauasbest 278
Blausäure 205
Blei 199, 250, 254, 507
Bleischrumpfniere 199, 507
Bleistaub 199
Bleivergiftung 568
Blendungsempfindlichkeit 122, 241
Blicklähmung 122
Blindengeld 250
Blindenhilfe 76
Blindsäcke 775
Blitze 833
Blitzschlagunfälle 219
Blockwirbel 431
Blut 195, 565
Blut-Alkohol-Konzentration (BAK) 716, 849
- Grenzwert 719
Blutbild 163, 191, 195, 565
Blutbleispiegel 201
Blutdruck 320, 378
Blutdruckabfall 380
Blutdruckmanschette 198
Blutdruckmessung 375, 376
Blutdyskrasien 798
Blutfettanalyse 209
Blutfette 186, 509
Blutfluss 118, 161, 335
Blutgasanalyse 127, 131, 560
Blutgase 131, 132, 231
Blutgefäße 409, 421
Blutgerinnung 197, 583, 772
Blutglukosekonzentration 166
Blutgruppenserologie 112
Blutkörperchen 567
Blutlactatspiegel 151
Blutsenkung 672
Blutspenden 29, 627
Blutstillung 198, 582
Bluttransfusion 596, 772, 785
Blutung 82
- intrakranielle extrazerebrale 216
Blutungsgefahr 395
Blutungszeit 198
Blutverlust 567, 571, 784
Blutviskosität 569
Blutvolumen 569
Blutzucker 231, 479
Blutzuckermessung 184
Bodenleger 735
Body-Mass-Index 417
Bodyplethysmographie 129, 287
Bone-Morphogenetic-Protein-Rezeptor (BMPR) 355
Borrelia burgdorferi 226
Borreliose 546
Bosentan 357
Bowman-Kapsel 504
Bradykardie 363, 783
Brandverletzte 820
Brauen 461
Braunasbest 278
Briefträger 437
Brille 122, 243
Brill-Zinsser-Krankheit 669
Bromsulphthalein 169
Bronchialkarzinom 276, 279, 284
Bronchialsekret 296
Bronchiektasen 308
Bronchitis 306
- chronische 306
- - obstruktive 285
- obstruktive, mit einem Lungenemphysem (COPD) 286, 288, 289
Bronchopneumonie 302
Bronchoskop 782
Bronchoskopie 143
Brucellose 574, 665
Bruchspaltinfektion 264
Brückenbefunde 104, 614
Brückensymptom 66, 202
Brückensymptomatik 287
Brückensyndrom 620
Brustamputationen 527
Brustdrüse 523
Brustkorb 302
Brustkrebs 569, 603
Brustmuskulatur 524
Brustwirbelsäule 421
Budget, persönliches 76
Buflomedil 386
Bulbusruptur 244
Bundesagentur für Arbeit 874
Bundesarbeitsgemeinschaft für Rehabilitation (BAR) 14
Bundesärztekammer 95, 100
Bundesaufsichtsamt für Finanzdienstleistungen 1
Bundesausschuss 12, 100, 102
- gemeinsamer 15
Bundesmantelvertrag 25
Bundesseuchengesetz (BSeuchG) 64, 676, 701
Bundessozialhilfegesetz (BSHG) 58, 73, 708
Bundesversicherungsamt 1, 27
Bundesversorgungsgesetz (BVG) 64, 69
Bundeswehrsoldaten 690
Bundeszuschuss 49
Bunyaveridae 637
Bürgerliches Gesetzbuch 87
Burning Feet Syndrome 203
Büroklammeraufhebetest 746
Busfahrer 854
Bußgelder 40
Busulfan 537
Bypassoperation 321, 326
Bypasstransplantate 154
Byssinose 288, 289

C

Cadmium 202, 285
Caisson-Krankheit 250, 254, 831
Calcaneusapophyse 736
Candida-Hypersensitivitätssyndrom 648
Cannabis 719
Caplan-Syndrom 276, 443
Carotis-sinus-cavernosus-Fistel 214
Carpaltunnel-Syndrom 449
Carvedilol 345
CAST 142
Cataracta complicata 244
Cataracta traumatica 245
CFTR-Mutationen 406
Chagas-Krankheiten 651
Chalcosis bulbi 244
Chefarztbehandlung 77
Chelat-Provokation 201
Chemiearbeiter 202, 206
Chemieberufe 615
Chemotherapie 224, 523, 537
Child-Pugh-Score 169
Chinin 581
Chinintherapie 650
Chirurgen 628
Chlamydien 534
Chlonorchiasis 659
Chlorakne 209
Chloramphenicol 568, 569
Chlorkohlenwasserstoff 206
Cholangiopankreatikographie (ERCP) 168
Cholangio-Pankreatographie, endoskopisch-retrograde (ERCP) 772
Cholangitiden 409
Cholangitis 168, 404, 409, 659, 772
Cholera 664
Cholestasen 167, 409, 772
Cholesteatomeiterung 254
Cholesterin 186
- LDL-Cholesterin 321
Cholezystektomie 409, 772
Cholinesterase 167
Chondrokalzinose 840
Chondromatose 736
Chorda tympani 259
Chorea Huntington 229
Chrom 202, 250, 258, 284, 285
Chromatlungenkrebs 284
Chromosomenanalyse 808
Chronic-Fatigue-Syndrom (CFS) 226, 236, 450, 693
Chrysotil 278
Churg-Strauss-Syndrom 192, 389
Chymotrypsin 166
Ciliate 648
Cilostazol 386
Cimetidin 191
Cisplatin 254
Claudicatio intermittens 386
Clonidin-Test 189
Clopidogrel 319, 326
Clostridien 777
Clostridium difficile 163
Clusterkopfschmerz 789
Cobalt 283, 284
Cobb-Winkel 431, 436
Cobb-Winkelmessung 436

Codein 789
CO-Diffusionskapazität 133
Colchicin 352
Colitis ulcerosa 404, 446, 573
Columbia Mental Maturity Scale (CMN) 703
Commotio cerebri 215
Commotio cordis 362
Commotio spinalis 219
Compliance 133, 275
Computertomographie (CT) 125, 154, 191
- kraniale 215
- Koronarangiographie 154
Contergan 793
Continuous positive airway pressure (CPAP) 299
Contrecoup 214
Contusio cerebri 215
Contusio cordis 363
Contusio spinalis 219
Conus-cauda-Syndrom 219
Coombs-Test 568
Cor pulmonale 287, 294, 304, 308, 353
corticotropin releasing hormone (CRH) 188
CO-Transferfaktor 132, 133, 275, 287
Coxarthrose 736
Creutzfeldt-Jakob-Krankheit (vCJK) 625
Critical-illness-Myopathie 230
Critical-illness-Polyneuropathie 230
Crush-Syndrom 730
Culture-Fair-Test (CFT) 703
Cushing-Syndrom 189, 496
Cyclophosphamid 443, 537, 538
Cycloserin 568

D
Dachdecker 85, 485, 615
Daktylitis 447
Dämmerungssehen 122
Darmbakterien 207, 526
Darmblutungen 658
Darmfistel 774
Darmkoliken 568
Darmkrankheiten, entzündliche 404
Darmmilzbrand 665
Darmperistaltik 165, 589
Darmschlingen 541
Darmsektion 525
Darmstenosen 589, 775
Darmwand 769
D-Arzt 28
Datenschutz 470
Datensichtgeräte 428
Dauerrente 44, 603
Dauertrachealkanüle 259
Daumen 743
Daumenstrecksehne 734
Daumenverlust 747
DDT 207
Deafferenzierungsschmerz 787, 791
Debriefing 824
Defektsyndrom 231
- psychisches 216
Defibrillator 330, 346, 827
Defizit, prolongiertes reversibles ischämisches neurologisches (PRIND) 231
Degeneration, kortikobasale 229
Dekompression 830
Dekompressionskrankheit 832
Dekubitalulzera 614
Delikthaftung 97, 794
Demenz 211, 682, 820
Dengue-Fieber 634
Denkstörungen 681
Depersonalisation 680
Depression 68, 447, 688
Depressivität 443
Derealisation 680
Dermatitis 659
- atopische 460
Dermis 455
Desinfektionsmittel 456
Desmopressin 189
Desoxyribonukleinsäure 799
Detergen 182
Deutsche Dermatologische Gesellschaft (DDG) 466
Deutsche Diabetes Gesellschaft (DDG) 481
Deutsches Diabeteskomitee 480
Deutsche Gesetzliche Unfallversicherung 875
Deutsche Kontaktallergie Gruppe (DKG) 170, 179
Deutsche Rentenversicherung 57
Deutsche Rentenversicherung Bund 874
Dexamethason-Hemmtest 189
Dexamethason-Kurztest 187
Diabetes insipidus 188, 495
Diabetes mellitus 184, 185, 321, 407, 479
- Umsetzung 486
Diabetes, pankreoprive 479
Diabetiker 317
Diabetologe 485
Diagnoseschlüssel 683
Diagnostik 5
Dialyse 509
Dialysetherapie 501
Dickdarm 165, 653, 770
Dickdarmresektion 775
Dickdarmstuhl 774
Dienstunfähigkeit 677
Dienstvertrag 97
Digitalis 356
Digitoxin 581
1,25-Dihydroxy-Cholecalciferol 192
Dilatation 338
Dimethylarginin 191
Dimethylformamid 210
Dioxine 208, 536
Diphtherie (TD) 663, 674, 729
Diplopie 121, 122, 244
Direktor, ärztlicher 102
Disability Manager 42
Disease-Management 20
Disease-Management-Programme 22, 24
Diskose 421
Disopyramid 381
Disposition, atopische 461
Dissektion 232, 363
Dissimulation 122, 258
Diuretika 517
DNA-Analyse 529
DNA-Mikroarray-Technik 613
Dobutamin 150
Dobutaminstress 151
Dokumentation 561, 782
Dokumentationspflicht 97, 99, 101
Dolmetscher 98, 217
Dopaminmangel im Striatum 228
Doppelbilder 121
- postoperative 244
Doppeluntersuchung 3
Dopplerdruckmessung 157
Doppler-Flowmetrie 745
Dopplersonographie 118, 158
Dornfortsatz 433
Dornfortsatzbrüche 730
Dosisgrenzwert 430
Dosis-Wirkungs-Beziehung 808
Douglas-Abszess 539
Down-Syndrom 559, 696
Doxycyclin 668
Drainage 540
Drehstuhlprüfung 119, 125
Drei-Gläser-Probe 194
Drescherlunge 143
Drittgeheimnisse 92
Drogen 414, 714
Drogenabhängige 626
Drogenabusus 167
Druck 462
Druckatrophie 494
Drucker 450
Druckgeschwüre 219
Druckluftkrankheit, chronische 832
Druckrezeption 745
Druckschädigung 221
Drüsen 493
Drüsenparenchym 774
Duldungspflicht 245
Dumping 403
Dumping-Syndrom 401
Dünndarm 163, 401
Dünndarmresektion 164, 405
Dünndarmtransplantation 775
Dünndarmzotten 803
Duodenalsaft 655, 659
Duodenum 165, 401
Duplexsonographie 118, 159
Dupuytrensche Kontraktur 733
Dura 214, 429
Durafistel 222
Durchblutung 745
Durchblutungsstörungen 157
Durchfälle 203

Durchgangsarzt 34
Durchgangsarztbericht 34, 704
Durchgangsarztverfahren 42
Durst 184
Durstversuch 188
Dynamometer 746
Dysästhesien 790
Dysautonomie, familiäre 382
Dysfunktion
- erektile 515, 520
- kraniomandibuläre 265
Dysgnathie 264, 267
Dyshidrose 460
Dysphagie 402
Dysplasie 736
- fibröse 737
Dyspnoe 130, 333, 337
Dyssomnien 235
Dysthymia 688

E

Ebola-Viren 633
Eburnisation 209
Echinokokkose 654
Echokardiographie 151, 330, 332, 335, 338
Echopraxie 681
Efferent-loop-Syndrom 403
Effloreszenzlehre 462
Effort-Syndrom 395
Ehepaare 54
Ehepartner 793
Ehrlichiosen 668, 669
Eier 658
- faule 204
Eifersuchtswahn 698
Eigenblut 785
Eigenblutkonserven 785
Eigenblutspende 980
Eignungsbegutachtung 120
Eileiter 534, 804
Eingliederungshilfe 74, 76
Einkommen, beitragspflichtiges 48
Einmauerung 732
Einrichtungen, vollstationäre 50
Einschlafattacken 236
Einschwemmkatheteruntersuchung 364
Einsekundenkapazität 131
Einsekundenvolumen, forciertes (FEV) 127, 128, 140
Einsichtnahme 101
Einsichtsunfähigkeit 697
Einverständnis 2
Einwilligung 89, 98, 99
- mutmaßliche 90
Einwilligungsvorbehalt 71
Einwirkung, chemische 199
Eisen 507
Eisenmangelanämie 186, 567
Eiterbildung 776
Eiweiß 151, 193
Eiweißausscheidung 193, 503
Eiweißkatabolismus 492
Eiweißstoffwechsel 494
Eizellen 539
Ejakulatanalyse 542
Ekzem 181, 182
- seborrhoisches 461
Elastase 166
Elektriker 615
Elektroenzephalographie (EEG) 114, 215, 237
Elektrokardiogramm (EKG) 147, 317
- Belastungs-EKG 147
- Langzeit-EKG 151, 362
- Ruhe-EKG 147, 325
Elektrolythaushalt 501
Elektrolytlösung 540
Elektromyographie (EMG) 116, 221
- Untersuchung 230
Elektronenmikroskop 633
Elektroneurographie (ENG) 116, 221, 230
Elektronystagmographie 119, 125
Elektrookulogramm 122
Elektroretinogramm 122
Elektroschock 584
Elektroschweißen 827
Elektrosmog 537
Elektrotraumen 225
Elektrounfall 832
Eliminationsdiät 462
Elle 737
Ellenbeuge 733, 734
Ellenbogen 444
Ellenbogengelenk 730
Ellenhakensporn 736
Ellenspeichendrehgelenk 737
Eltern 44
Embolie 232, 339, 385
Embryo 533
Emissionen, otoakustische 124
Emotionen 681
Empfängnisverhütung 21
Emphysem 273, 308
Emphysembronchitis 273
Encephalopathia saturnina 199
Endangiitis obliterans 388
Endarteriitis 841
Enddarm 544
Endokardfibrose 345
Endokarditis 151, 336, 338
Endokarditisprophylaxe 333
Endometriose 526
Endoskopie 165
Endothel 583
Endothelin-Rezeptorantagonisten 356
Endwirt 661
Engpass-Syndrome 117, 443
Entbindung 525
Entbindungsgeld 21
Entenschnabelbruch 735
Enteritis 202
Enterobiasis 654
Enteroklysma 165
Enteropathie, exsudative 163
Entfettung 508
Entgeltersatzleistung 50
Entgelt-Fortzahlungsgesetz 711
Enthemmung 697
Enthesitis 446
Entkalkung 778
Entschädigungsrecht, Kausalität 65, 66
Entwicklungsdiagnostik 703
Entwicklungspsychologie 707
Entwöhnungsbehandlung 722
Entziehungsanstalt 717
Entziehungskuren 724
Entzugserscheinungen 716
Entzündungen 441, 516
- akute (Meningitis, Enzephalitis), Kausalität 233
Enzephalitis 222, 633
Enzephalomyelopathie 832
Enzephalopathie 206–208, 211
- bovine spongyforme (BSE) 643
Enzyme 407, 795
Eosinophilie 573
Epicondylus 735
Epidemien 633
Epidemiologie 620
Epidermis 455
Epiduralanästhesie 783
Epikutantest 138, 169, 170, 460, 467
Epilepsie 199, 204, 218, 233, 238
- posttraumatische (PTE) 218, 234
Epilepsiediagnostik 114
Epiphysenfuge 736
Episode
- depressive 688, 821
- manische 687
Epitheldefekte 777
Epithelkörperchen 493
Epithese 253
Epoprostenol 357
Epoxide 209
Epstein-Barr-Virus 598
Eptifibatide 323
Epworth Sleepiness Scale (ESS) 134
Erbfaktoren 111
Erbfall 94
Erblindung 244, 656
Erbrechen 215, 507
Erbrecht 104
ERCP 165, 168
Erethismus 201
Erfrierung 777
Erfrierungsschäden 825
Erfüllungsgehilfe 102
Ergebnisqualität 99
Ergometer 109, 329
Ergometrie 149
Ergotamin 789
Erhaltung des Arbeitsplatzes 42
Erhebungsbogen 4
Erinnerungslücken 215
Erkenntnisse, wissenschaftliche 33, 100
Erkrankungen
- entzündliche 222
- manisch-depressive 683

- neuromuskuläre 229
- rheumatische 337, 441
Erlebnisreaktion 691
Ermächtigung 24
Ermessen 69
Ermüdungsfraktur 737
Ernährung 381
Ernährungsumstellung 318
Erregung 687
Erregungskontrolle 697
Ersatzkassen 22
Ersatzzeiten 54
Erste Hilfe 28
Erstickungsgase 229
Erwerbsfähigkeit 65, 67
Erwerbsfähigkeit, Minderung 43–45, 51
Erwerbsunfähigkeit (EU) 80, 85, 466
- völlige 45
Erysipel 398, 664, 728
Erythema chronicum migrans 226
Erythromycin 667
Erythropoietin 191, 509, 682
Erythrozyten 199, 566, 588
Erziehungsrente 54
Ester 208
Ethanol 568
Ethik 5
Eunuchen 497
Exanthem 641, 668
Exerzierknochen 730
Exhumierung 105, 107
Exophthalmus pulsans 214
Explosionstraumen 255
Exposition 41
Expositionsäquivalente 113
Expositionsdauer 603
Extrasystole 361
Facettensyndrom 426

F

Fachanwalt für Medizinrecht 95
Facharztstandard 101, 560
Fadenpilze 647
Fähigkeitsstörung 61
Fahreignung 213, 258, 719, 849
Fahrerlaubnisverordnung 246, 247, 299, 300, 725, 849
Fahrgastbeförderung 235, 484, 853
Fahrgemeinschaften 30
Fahrkosten 22
Fahrlässigkeit, grobe 711
Fahrradergometrie 150
Fahrtauglichkeit 232, 237, 361, 362, 379
Fahrtüchtigkeit 186
Faktoren
- antinukleäre (ANA) 192
- endogene 225
Fallobst 659
Fallot-Tetralogie 338
Falten 745
Familienheimfahrten 51
Familienversicherung 16
Farbduplexsonographie 157
Farbensinnstörung 121
Farbentüchtigkeit 121
Farbstoffe 205, 566
Farmerlunge 139, 143, 288, 290
Faserjahre 260, 278, 619
Faserknorpel 740
Fasten 163
Faszie 406
Faszikulationspotentiale 116
Faszioliasis 659
Fasziolopsiasis 660
Fäulniserreger 728, 777
Faustschluss 158, 745
Fazialisparese 124, 667
Federn 669
Fehlbildungen 541
Fehlgeburt 559
Fehlhaltung 439
Feingriff 747
Feinmotorik 233
Feinnadelpunktion 187
Feinstaub 286
Fekundabilität 535
Feld, elektromagnetisches 827
Feldnephritis 504
Feldstärke 830
Fellhändler 663
Felsenbein 810
Felsenbeinfrakturen 125, 258
Felseneinbrüche 254
Felty-Syndrom 443, 445
Ferritin 567
Fertilisation 533
Fertilität
- männliche 542
- weibliche 533
Festbetrag 19
Feststellungsverfahren, Beweise 620
α_1-Fetoprotein (AFP) 168
Fetoskopie 559
Fettembolie 232, 244
Fettleber 168, 210
Fettsäuren 163
Fettstoffwechsel 479, 494
Fettstreifen 312
Fettstühle 162, 401
Fettsucht 490
Fetus 537
Feuchtarbeit 179, 456, 466
Feuerlöschmittel 205, 206
Fieberthermometer 729
Fibrinbildung 582
Fibrinogen 198
Fibrinolytika 584, 585
Fibroelastome 839
Fibromyalgie 226, 447, 693
Fibrose 501
- interstitielle 344
Fieber 443, 504
- rheumatisches 333, 663
Q-Fieber 668
Filariasis 656
Filarien 656
Filtrationsrate, glomeruläre 191
Finger 388
Fingerendglied 734
Fingerkuppen 746
Fingerkuppennekrose 390
Fingernägel 203, 745
Fingerseitenkanten 460
Fischbandwurm 661
Fistelkarzinom 614, 779
Fisteln 396
Fixateur interne 426
Flachs 289
Flackerlicht 233
Flagellate 648
Fleckfieber 668
Fleischbeschau 661
Fleischer 652
Fleischträger 433
Fliesenleger 453, 735
Fließbandarbeit 510
Flöhe 665
Floristen 453
Flugpersonal 829
Flugzeugpersonal 254
Fluor 209
Fluorwasserstoff 209
Fluoxetin 381
Fluorchlorkohlenwasserstoffe 207
Fluss, maximaler exspiratorischer (MEF) 128
Flusssäure 208
Fluss-Volumen-Kurve 128
Follikel 539
Follikelpunktion 540
Folsäure 568
Folter 68, 690
Forensische Psychiatrie 711
Formaldehyd 208
Formulargutachten 5, 7, 8
Förster 226, 476
Fortbildungspflicht 102
Fortpflanzungsfähigkeit 543
Fortschritt, medizinischer 3, 794
Fötus 808
Fowler-Test 124
Fraktionierungseffekte 799
Frauenarzt 529
Frauenheilkunde 527
Freiheitsberaubung 699
Freiheitsentzug 721
Fremdblut 785
French-Bilder-Intelligenz-Test (FBIT) 703
Frenzelbrille 125
Freude 681
Friedreich-Ataxie 229
Friseurberuf 453
Fruchtblase 561
Früherkennung 18
Frühgeburtlichkeit 541
Frühläsion 312
Frustration 682
FRV_1 307
fT3 184
fT4 184
Führerscheinklasse 484

Fundoskopie 186
Funktionseinschränkung 61, 727
Funktionsprüfungen 109
Furunkel 742
Fußbodenleger 450
Fußknöchelregion 475
Fußnägel 728
Fußpuls 147, 385
Fußrücken 161
Fußsohlen 632

G
Gabelstaplerfahrer 433
Gadolinium 152, 224
Galaktoseeliminationskapazität 169
Galle 167
Gallenabflussstörungen 772
Gallenblase 168, 409
Gallenfarbstoffe 568
Gallengangsstenose 772, 840
Gallensäure 167, 409
Gallensteine 568
Gallenwege 167, 409
Galvaniseure 453
Gammakamera 164
Gammakonstanten 800
Gammastrahlen 799
Gammopathie 193
Gangbild 61
Ganglienzellen 833
Ganser-Syndrom 686
Ganzkörperbestrahlung 807
Ganzkörperplethysmographie 129
Ganzkörperschwingungen 432
Ganzkörperzähler 808
Gärtner 175, 476
Gas 203
Gasaustausch 127
Gasblasen 831
Gasbrand 728
Gasembolien 832
Gasödeminfektion 777
Gastrektomie 568
Gastritis 202, 586
- akute 403
- chronische 403
Gaumen 266
Gaumensegelspalte 267
Gaumenspalten 263
Gebärmutter 523, 804
Gebrauchsfähigkeit 61
Gebrauchsinformation 794
Gebührenordnung für Ärzte (GOÄ) 79, 80, 869
Geburt 560
Geburtshelfer 553, 563, 795
Geburtshilfe 494, 553, 560, 562
Geburtsschäden 702
Geburtstraumata 706
Gedächtnis 681
Gedächtnisprotokoll 782
Gedächtnisstörungen 216
Gedächtnis-Test 703
Geeignetheit, generelle 30
Gefährdungsdelikte 719
Gefährdungshaftung 97, 793
Gefahrguttransporte 719
Gefahrstoffe 35–39
Gefahrstoffverordnung 33, 278
Gefäßanomalien 231
Gefäßeinengung 384
Gefäßnaht 391
Gefäßschlauch 391
Gefäßstenosen 384
Gefäßtrauma 390
Gefühllosigkeit 681
Gefühlsabstumpfung 697
Gefühlsäußerungen 681
Gehen 428
Gehleistungen 387
Gehörgang 253
Gehörschutz 255
Gehstrecke 387
Gehstützen 437
Gehtest 157
Gelbfieber 634
Gelbsucht 659
Geldleistung 13
Gelegenheitsanfälle 234
Gelegenheitsursache 41, 297
Gelenkachse 733
Gelenkbeschwerden 504
Gelenkbeugen 460
Gelenkchondromatose 739
Gelenke 442
Gelenkempyem 739
Gelenkentzündung 738
Gelenkergüsse 738
Gelenkerkrankungen 441
Gelenkfortsatzfrakturen 264
Gelenkinnendruck 733
Gelenkknorpel 437
Gelenkkontrakturen 229
Gelenkkörper, freier 737, 739
Gelenkstreifen 436
Gemeinsamer Bundesausschuss 15
Gemeinwohl 29
Generationengerechtigkeit 78
Generationsvertrag 48
Genitalapparat 543
Genitale 515
Genitalinfektion 534
Genomkopien 111
Gentamicin 666
Gerberei 205
Gerinnungsstörung 231, 232, 650, 784
Gerinnungssystem 197, 582
Germinalgewebe 544
Gerstmann-Sträussler-Scheinker-Syndrom (GSS) 643
Geruchsempfindung 259
Gerüstbauer 485
Gesamt-Immunglobulin E 141
Gesamtvergütung 25
Geschäftsfähigkeit 89, 698
Geschäftsführung ohne Auftrag 98, 99
Geschäftsunfähigkeit 679
Geschlecht 45, 111, 417
Geschlechtsverhalten 167
Geschlechtsverkehr 529, 628
Geschmacksempfindung 259
Geschmacksprüfung 126
Geschmackssinn 253
Geschwulstentstehung 778
Gesicht 253, 263
Gesichtsepithetik 269
Gesichtsfeld 119, 120, 239, 241, 243, 244
Gesichtsfeldbestimmung 188
Gesichtsfelddefekt 250
Gesichtsfeldeinschränkung 241
Gesichtsfelduntersuchung 239
Gesichtsnervschädigung 254
Gesichtsrötung 208
Gesichtsschädel 263
Gesichtsschädelfrakturen 214
Gesichtsschmerz 790
Gesichtsverletzungen 258
Gesichtsweichteile 263
Gestationsalter 808
Gestationsdiabetes 185
Gesundheitsamt 60
Gesundheitsberufe 137, 795
Gesundheitsdienst 403
Gesundheitsfond 23
Gesundheitsprüfung 13
Gesundheitsreform 22
Gesundheitsreformgesetz 103
Gesundheitsschutz am Arbeitsplatz 33
Gesundheitsuntersuchung 18
Getreidearbeiter 289, 291
Getreidestaub 289
Gewalttat 708
Gewalttätigkeit 688
Gewebe 397, 799
Gewebeprobe 166
Gewebsschäden 614
Gewerbearzt, staatlicher 26, 272
Gewichtsreduktion 318
Gewichtsverlust 184, 443, 598
Gewissheit 68
Giardiasis 653
Gicht 187, 199, 448, 492, 738
Gichtanfall 187, 447
Gichtarthritis 441, 447
Gießereiarbeiten 212
Gigantismus 494
GKV-Wettbewerbsstärkungsgesetz 79
Glasfaserstaub 260
Glaskörpereinblutung 244
Glatirameracetat 224
Glaubhaftmachung 66
Glaukomerkrankung 244
Gleichgewicht 123
Gleichgewichtsstörung 123, 233, 253
Gleichstrom 833
Gliederschmerzen 665
Gliedertaxe 44, 82, 83
Gliedmaßen 436

Global Initiative for Chronic Obstructive Lung Disease (GOLD) 127
Globozoospermie 546
Glomerulonephritis 193, 276, 503, 506
Glukagon 185
Glukose-H_2-Atemtest 164
Glukoseintoleranztest, intravenöser (ivGTT) 185
Glukosetoleranz, orale (oGTT) 166
Glukosetoleranztest 188
- oraler (oGTT) 184
γ-Glutamyltransferase (GGT) 167
Glykoproteine 625
Glykosilierung 186
Gold 443, 569
GOLD-Kriterien 127
Goldminen 815
Gonaden 542
Gonadentoxizität 537
gonadotropin releasing hormone (GnRH) 188
Gonarthrose 437
Gonokokken 534
Gonorrhoe 529
Goodpasture-Syndrom 504
Grad der Behinderung (GdB) 69, 596
Granulom 204, 284, 619
Granulomatose 192
Granulozyten 572
Gravidität 533
Greifunsicherheit 702
Grenzwerte 113
Grobgriff 747
Großzehengrundgelenk 447
growth hormone releasing hormone (GRH) 188
Grundpflege 60
Grundsatz
- arbeitsmedizinischer 676
- berufsgenossenschaftlicher 34
Guanidin 191
Guillain-Barré-Syndrom 631
Gummistiefel 470
Gurtverletzung 840
Gutacher, Auswahl, Qualitätsmaßstäbe 27
Gutachten
- ärztliches, Qualität 3, 10
- Aufbau 8
Gutachtenauftrag 4, 93
Gutachter
- Auswahl 4
- Haftung 5
Gutachterkommission 95, 102
Güterabwägung 94
Gynäkologie 560

H
H_2-Atemtest 163
Haarausfall 794
Haarwurzeln 544
Haemophilus 589
Haftfähigkeit 718
Häftlingshilfegesetz (HHG) 64
Haftpflichtversicherung 86
Haftung 95
Hakenwürmer 658
Hakenwurmlarven 657
Halbwertszeit (HWZ) 201, 583, 800
Halluzinationen 236, 681, 686, 721
Halluzinogenintoxikation 715
Halogenkohlenwasserstoff 206, 508
Halothannarkose 583
Hals 122, 253
Halsgefäße 214
Halsschmerz 693
Halsvenenstauung 147
Halswirbelsäule 421, 433
Halswirbelsäule-Distorsion 220
Haltung, gebückte 424
Hämangiosarkome 618
Hämatokritwert 566
Hämatologie 565, 607
Hämatom 363, 392, 580
- chronisch-subdurales 218
Hämaturie 194
Hammergriff 123
Hämobilie 772
Hämodynamik 347
Hämoglobin 56, 186
Hämoglobinkonzentration 566
Hämoglobinopathien 196
Hämolyse 568
Hämophilie 738
Hämophiliekranke 793
Hämorrhagien 214
Hämosiderinablagerungen 216
Hämostase 198, 582
Hand 745
Handbohrmaschine 827
Handekzem 179, 457
Handeln, schlüssiges 92
Handgelenk 444, 475, 735, 736
Handinnenflächen 460, 632
Handlung, unerlaubte 97
Handquetschung 733
Handrücken 181, 460, 735, 746
Handschuhe 180, 456
Handspanne 746
Handwerker 47, 390
Handwurzelknochen 737
Hanfstaub 289
Harn 655
Harnblase 516
Harnblasenkarzinom 206, 517
Harnblasenkatheterisierung 506
Harnblasenverletzung 519
Harnfistel 519
Harnflussmessung 515
Harninkontinenz 517, 525
Harnleiterschiene 519
Harnröhrenschleimhaut 519
Harnröhrenverletzung 516, 519, 520
Harnsäurespiegel 187, 448
Harnstauung 516
Harnsteine 516
Harnstoff 191, 192
Harntrakt 515
Harnvolumen 188
Harnwege 804
Harnwegsentzündung 219, 517
Harnwegskarzinom 206
Harnwegsobstruktion 511
Harnzuckerausscheidung 185
Härtefall 58
Hartholzstäube 258
Hartmetallfibrose 282–284
Hausarztbericht 84
Haushaltshilfe 19, 51
Hausstaubmilben 136, 292
Haut 169
Hautarzt 469
Hautarztberichte 469
Hautarztverfahren 453, 457, 468
Hauterkrankung 40, 453
- Anamnese 462
Hautexposition 811
Hautfunktionstest 179
Hautkarzinom, radiogenes 803
Hautkrebs 453, 474
Hautlichttypen 475
Hautmilzbrand 665
Hautpflegepräparate 463
Hautreinigungsmittel 456
Hautrötung 158
Hautschäden 824
Hautschutz 461
Hauttest 140
Hauttumore 474
Hautverfärbung 207
HbA1c 184, 186
HCG-Test 190
Hebamme 553, 563
Heben 424, 428
Hefepilz 461
Heidelberger Sprachentwicklungstest (HSET) 703
Heilbehandlung 28
Heilmittel 19
Heilpraktiker 847
Heilungsbewährung 67, 70, 511, 595
Heinzsche Körperchen 208
Heiserkeit 259
T-Helferzellen 625, 627
Helicobacter pylori 403, 462
Helminthen 654
Helsinki-Kriterien 279
Hemianopsie 243
- homonyme 244
Hemikranie, paroxysmale 789
Hemiplegie 232
Hemmungen 688
Henoch-Schönlein-Purpura 389
Heparine 581, 584
Hepatitis A 410
Hepatitis B 411
Hepatitis C 413
Hepatitis D 416
Hepatitis E 411
Hepatosplenomegalie 665
Hernien 770

Heroin 535, 719
Herpesviren 633
Herstellungsanspruch, sozialrechtlicher 40
Herzauskultation 351
Herzbeutel 618
Herzfehler, angeborener 339
Herzfrequenz 319, 329, 380
Herzfrequenzvariabilität 119
Herzfrequenzvariation 186
Herzgröße 359
Herzhöhlen 150
Herzinfarkt 276
Herzinsuffizienz 347
Herzkammer 307
Herzklappen 568
Herzklappenfehler 146
Herzklappenprothese 151
Herzkrankheit, koronare 311
Herzmuskel 314, 327, 361
Herzmuskelinfarkt 209
Herzmuskulatur 204
Herzoperation 341
Herzrasen 689
Herzrhythmusstörungen 335, 361
Herzschrittmacher 118, 361, 827
Herzspitze 147, 336
Herzstillstand 346
Herztod, plötzlicher 316, 332, 456
Herzton 147
Herztransplantation 349
Herztrauma 364
Herzzeitvolumen 336, 360, 381
Hexa-γ-Hexachlorcyclohexan 207
Hiatushernien 770
Hilfebedarf 58
Hilflosigkeit 66, 70, 705
Hilfshand 743
Hilfsmittel 19
- orthopädische 438
Hinterbliebenenrente 44
Hinterhauptlappen 117
Hinterkopf 423
Hinton-Test 165
Hinwerkzeugstörung 217
Hirnabszess 218
Hirndruck 214
Hirnembolie 151
Hirnentzündung 222
Hirnerkrankungen, degenerative 116
Hirnfunktionsstörungen 114
Hirngefäßerkrankungen 231
Hirngewebsläsionen 215
Hirnhäute 220, 804
Hirninfarkt 232
Hirnkontusion 231, 232
Hirnläsionen 114
Hirnleistungsschwäche 705
Hirnleistungstraining 704
Hirnnerven 259
Hirnödem 216
Hirnrinde 117
Hirnschaden 554
- organischer 119
Hirnschädigung 705
- diffuse axonale 214
Hirnstammaudiometrie 117
Hirnstammkontusionen 229
Hirnstammläsionen 214, 218, 220
Hirnstammpotentiale 126, 255
Hirnstammschädigung 117
Hirnströme 124
Hirnsubstanz 216
Hirntod 104
Hirntrauma 702
Hirudine 584
His-Bündel 360
Hitzewallungen 518
Hitzschlag 815
HIV-Infektion 350, 529, 625
HLA-B27 441
Hochdosissteroidtherapie 224
Hochofen 204
Hochofenarbeiter 544
Hochspannung 832
Hochspannungsanlage 827
Hocken 430
Hoden 190, 497, 804
Hodenhochstand 546
Hodenkarzinom 518, 594
Hodenvergrößerung 518
Hodgkin-Zellen 597
Hohlhand 733, 735
Hohlhandbogen 745
Holzarbeiterlunge 290
Holzbearbeitung 615
Holzschutzmittel 208, 536
Holzstaub 291
Holzstaubbelastung 618
Homans-Zeichen 394
Homocystein 191
Homosexualität 625
Hörgerät 253
Hörgeräteakustiker 257
Hörgeräteversorgung 26, 254, 257
Hormon 110, 187, 609
- schilddrüsenstimulierendes (TSH) 184, 187, 188
Hormontherapie 611
Horner-Syndrom 232
Horner-Trias 363
Hörnerv 254
Hornhaut 298
Hornhautnarbe 244
Hornschicht 175
Hörstörungen 253
- periphere 117
Hörsturz 255
Hörtest 123
Hörverlust 256
Hüfte, schnappende 733
Hüftendoprothesen 793
Hüftgelenk 448, 739
Hüftgelenkprellung 736
Hüftkappe 736
Hüftkopfnekrose 496, 736
Hüftpfannendach 736
Hühnereiembryo 639
Hühnerembryone 633
Humeruskopf 438
Hundebandwurm 661
Husten 281
Hydralazin 334
Hydrauliköl 729
Hygiene 199, 542, 685
Hygienerichtlinien 100
Hypästhesie, im Trigeminusbereich 258
Hyperaktivitätsstörungen 708
Hyperlipidproteinämie 186
Hyperlordose 435
Hyperostose 448
Hyperparathyreoidismus 188, 191, 192, 493
Hyperphosphatämie 192
Hyperreaktivität, bronchiale 130, 131
Hypersomnie 135, 236, 237
Hyperstimulationssyndrom 539
Hypersynchrone Aktivität 114
Hyperthyreose 187, 488
Hypertonie, arterielle 375
Hypertonie
- pulmonale 335, 353, 354
- pulmonal-arterielle (PAH) 35
Hypertrophie 150
Hyperurikämie 187, 447, 492
Hyperventilation 381
Hypnotikum 782
Hypochlorämie 187
Hypochondrie 689
Hypoglykämie 483
Hypogonadismus 190, 497
Hypokalzämie 493
Hypokinese 681
Hypoparathyreoidismus 493
Hypophyse 542
Hypophysentumore 188
Hypophysenvorderlappen 188
Hypophysenvorderlappen-Insuffizienz 494
Hyposensibilisierung 142
Hyposmie 259
Hypothalamus 492, 542
Hypothenar-Hammer-Syndrom 392
Hypothyreose 350, 489
Hypotonie 380
Hypovolämie 784
Hypoxämie 571
Hypoxie 131, 830
- arterielle 276
Hysterie 689

I

Ibuprofen 789
Ich-Störung 680
Idemskoliose 437
IgE-Antikörper 141, 178, 298
Ikterus 167, 568
Ileokoloskopie 165
Ileostoma 775
Ileum 841
Ileus 539
Iliosakralgelenke 446

Illusionen 681
Iloprost 357, 386
Imatinib 579
Immotile-Zilien-Syndrom 546
Immunabwehr 222
Immunelektrophorese 193
Immunfluoreszenz-Mikroskopie 192
Immunglobulin 609
Immunprophylaxe 625
Immunsuppression 511, 581, 625
Immuntherapie 517
Impedanzprüfung 124
Impfpflicht 674
Impfschäden 227, 675, 701
Impfung 227, 633, 636
Impotenz 518
Indocyaningrün (ICG) 169
Indol-1-acetat 191
Infarkte 231
Infektionen 411, 625, 831
- putride 728
- pyogene 728
Infektionsgefahr 116
Infektionskrankheiten 625
Infektionsschutzgesetz (IfSG) 64, 92, 629
Infertilität 516, 520, 533
Influenza 674
Informationspflichten 40
Inhalationstest 297
Initialwert 611
Inkarzerationen 539
Inkohärenz 681
Inkontinenz 520
Inkubationszeit 227
Innenohr 123
Innenohr-Gleichgewichtsorgan 257
Innenohrschwerhörigkeit 254
Insektenstiche 729
Insektizide 207, 208
Inseminationen 534
Insomnie 237
- fatale familiäre (FFI) 643
Instabilität, posturale 228
Installateure 615
Institutsambulanzen 24
Insuffizienz, chronisch-venöse 397
Insulin 185, 480
Insulin-Hypoglykämietest 188
Intelligenz 682
Intelligenzmangel 706
Intelligenzquotient 697
Intelligenz-Struktur-Test (IST) 703
Intensivmedizin 104
Interferon 413, 414, 571
Interkostalarterien 737
International Classification of Functioning, Disability and Health (ICF) 721
Interphalangealgelenke 447
Intervall 414
Intervertebralgelenke 446
Intestinoskopie, proximale 165
Intimaverdickung 803
Intoxikation 116, 714
Intrakutantest 140, 169, 175
Intrinsicfactor 403
Intubation 770, 782
Intubationsschäden 841
Invalidisierung 594
Invalidität 82
Iodmangel 489
Iodzufuhr 488
Irritationstest, differentieller (DIT) 181
Ischämie 231, 386, 539, 777
Ischämiediagnostik 148
Ischämiezeichen 330
Ischialgie 421
Isocyanate 297
Isoelektrofokussierung 142
Isoenzyme 795
Isolierer 615
Isoptere 120
Isotope, radioaktive 799
Itai-Itai-Krankheit 202

J
Jäger 226, 663
Jahresarbeitsentgelt 77
Jahresarbeitsverdienst 43
Jak2-Mutation 571
James-Bündel 360
Jochbein 264
Jolly-Körperchen 588
Juckreiz 457, 460, 510
Jugendpsychiatrie 701
Justizvergütungs- und Entschädigungsgesetz (JVEG) 5, 869

K
Kadmium 250, 508
Kahnbein 737
Kallikrein 198
Kallmann-Syndrom 497, 546
Kallus 732
Kälte 390
Kälteempfindlichkeit 387
Kälteschaden 826
Kaltschneideöle 260
Kalzitonin 609
Kalzium 192, 493
Kalziumantagonisten 319, 320
Kammerflimmern 360
Kanalarbeiter 403, 653
Kanner-Syndrom 706
Kannversorgung 66, 225
Kanüle 783
Kanzerogenität 621
Kapillarschlingen 504
Kapitalabfindung 67
Kapitaldeckungsverfahren 1
Kapselrisse 423, 773
Kapselschwellung 738
Kardiomyopathie 342, 343
- dilatative (DCM) 344, 345
- hypertrophische 344
- restriktive 345
Kardiotokogramm (CTG) 560
Kardioverter 360
Karenzzeiten 78
Karies 264
Karnofsky-Status 598
Karotiden 214
Karotin 187
Karpaltunnelsyndrom 390
Karzinopotenz 778
Kaserne 663
Kassenarzt 93
Kassenärztliche Bundesvereinigung 24, 25, 469, 875
Kassenärztliche Vereinigung 20, 24
Kastration 89, 497
Kastrationsgesetz 89
Katalepsie 681
Kataplexie 236
Katastrophenschutz 801
Katecholamine 189
Katheter 62, 544
Katheterablation 361, 839
Katheterisierung 516
Kaufläche 264
Kaufmann-ABC-Testbatterie 703
Kaufunktion 263
Kaumuskulatur 265, 660
Kausalgie 787
Kausalität
- akute Entzündungen (Meningitis, Encephalitis) 223
- berufsbedingte Schäden 259
- Beschleunigungsverletzungen der Halswirbelsäule 423
- Entschädigungsrecht 65, 66
- haftungsausfüllende 41, 105
- Hirninfarkt 232
- Krebskrankheiten 622
- Spondylolisthese 433, 434
- Spondylolyse 433, 434
- überholende 88
- Verletzung und Erkrankung des Sehorgans 244
Kausalitätsvermutung 794
Kausalkette 105
Kausalzusammenhang 86, 100
Kawasaki-Disease 389
Kehlkopf 126, 202, 259
Kehlkopfkarzinom 260, 279
Kehlkopfkrebs 281
Keimbesiedlung 776
Keime, multiresistente 728
Keimepithel 535
Keimzellaplasie 548
Kellner 204
Keramiker 615
Keramikinlays 264
Keratokonjunktivitis, radiogene 804
Keratosen 475
Kernreaktor 800
Kernspintomographie 127, 191
Kerntemperatur 825
Kerze 205
Ketonkörpernachweis 185
Ketonurie 185
Kettensäge 390

Keuchhusten 573
Kfz-Hilfe 43
Kfz-Instandsetzer 615
Kfz-Mechaniker 390
Kieferbruchschiene 265
Kieferchirurgie 790
Kieferfraktur 264
Kiefergelenk 265
Kieferwachstum 266
Kiel-Klassifikation 599
Kinder 701
Kinder- und Jugendhilfegesetz 708
Kinderarzt 563
Kinderbetreuungskosten 51
Kindererziehung 49
Kindergärtnerinnen 261
Kinderlähmung 642
Kinderlosigkeit 533
Kinderonkologie 592
Kindertagesstätten 653
Kinin 198
Kinnbereich 265
Kinogen 198
Kipptischbelastung 380
Kipptischuntersuchung 119
Kittniere 516
Klappenersatz 333, 336
Klappeninsuffizienz 161, 394
Klappenprothese 341
Klaustrophobie 682
Klavikulapseudarthrose 808
Kleiderläuse 668
Kleinfinger 735
Kleinwuchs 402
Klemmgriff 747
Klinefelter-Syndrom 696
Knalltraumen 255
Kniebeugen 159
Knieen 430
Kniegelenk 391, 667, 739
Kniegelenksarthrose 448
Kniegelenkserguss 741
Kniegelenksexartikulation 743
Kniegelenkspunktion 781
Kniegelenkstrauma 739
Kniekehle 396
Kniekehlenzyste 741
Knochen 199, 265
Knocheneiterung 742
Knochenerkrankungen 736
Knochenfluorose 209
Knochengewebe 804
Knochenmark 191, 509
Knochenmarkschädigungen 207
Knochenmarktransplantation 538
Knochenmetastasen 736
Knochennekrose 511, 736
Knochenschmerzen 509
Knochenstoffwechsel 188
Knochentuberkulose 778
Knochentumore 605, 614
Knochenzysten 737
Knollenblätterpilz 418, 583
Knorpel 265, 448
Koch 175, 259
Kochlea 254
Kochlea-Implantation 257
Koffein 535
Kohärenz der Evidenz 622
Kohlendioxid (CO_2) 205
Kohlendisulfid 208
Kohlenhydratepitope 609
Kohlenhydratstoffwechsel 494
Kohlenmonoxid 204, 250, 254
Kohlenwasserstoff 260, 285
- polyzyklischer aromatischer (PAK) 258, 285, 536
Koitusunfähigkeit 520
Kokain 719
Kokerei 260
Kokereirohgase 285, 617
Kolitis 202, 653, 659
- pseudomembranöse 666
Kollagenosen 441
Kollaterale 158
Kollateralenklappen 160
Kolon 163, 402, 803
Kolonflexur 773
Kolonkontrasteinlauf 770
Kolostomie 775
Kompartmentsyndrom 730
Kompetenz, soziale 697
Kompression 160
Kompressionsfrakturen 426
Kompressionsstrümpfe 395
Konditor 210, 453
Konflikte, soziale 684
Konglomerattumore 165
Königsteiner Merkblatt 255, 257
Konservierungsstoffe 182
Konsistenz 622
Kontaktantigen 457
Kontaktdermatitis 202
Kontaktekzem 169, 453
- irritatives 456
Kontaktkrebs 615
Kontamination 776, 800
Kontrahierungszwang 79
Kontrastmittel 162
Kontrastmittelextravasate 812
Kontrastmittelnephropathie 839
Kontrastmittelreaktion 812
Kontusionspsychose 797
Kontusionstuberkulose 777
Konversionsstörungen 689, 711
Konzentration 681
Konzentrationsfähigkeit 495, 703
Konzentrationslagerhaft 67
Konzertpianisten 87
Koordinationsstörungen 797
Kopf 422
Kopfschmerzen 215, 217, 299, 789
Kopfzwangshaltung 122
Koronarangiographie 325
- perkutane transluminale (PTCA) 321
Koronararterien 149, 328, 363
Koronaratherosklerose 312
Koronargefäß 315
Koronarinsuffizienz 330
Koronarintervention, perkutane (PCI) 322
Koronarkalknachweis 153
Koronarsyndrom 313
- akutes 316
Körperbildstörung 822
Körperhaare 203, 529
Körperhaltung 429
Körperpflege 61
Körpertemperatur 815
Körperverletzung 89
Korsakow-Psychose 721
Kortex 117
Kortikosteroide 471
Kortikosteroidinjektion 840
Kortisol 188, 189
Kortison 257
Kortisonfolgeschaden 467
Kosmetika 297
Kostenerstattungsprinzip 17
Kostenvorschuss 6
Kostovertebralgelenke 446
Kraftanstrengung, erhöhte 81
Kraftfahr-Bundesamt 867
Kraftfahrereignung 232, 235
Kraftmessung 746
Krampfaderbildung 742
Krampfanfall 85, 234, 650, 690, 705
Krämpfe 205
Kranführer 428
Krankengeld 20, 50, 594
Krankengymnastik 50, 606
Krankenhaus 60
Krankenhaus, psychiatrisches 699
Krankenhausbehandlung 19, 80
Krankenhilfe, häusliche 19
Krankentagegeldversicherung (MB/KT) 80
Krankenunterlagen 772
Krankenversicherung
- gesetzliche 15
- medizinischer Dienst (MDK) 25
- private (PKV) 14
Krankheiten
- bronchopulmonale 271
- psychische 71, 677
Krankheitsbegriff 697
Krankheitsschübe 224, 442, 464
Krankheitsverhütung 17
Kreatinin 191
Kreatininclearance 191
Kreatininkonzentration 501
Krebs 591, 661
Krebsbehandlung 596
Krebskrankheiten 622
Krebsrisiken 608
Krebsvorsorge 526
Kreislaufschock 380
Kreislaufsystem 375
Krepitation 746
Kreuzallergien 467
Kreuzbandriss 739
Kreuzschmerz 431
Kriegsgefangener 690
Kriegsopferversorgung 65

Kriegsopferversorgungsrecht 333
Kriegsverletzung 615
Krimfieber 634
Kristobalit 618
Kriterien, hämodynamische 343
Kritikfähigkeit 685
Krokydolith 278
Kronen 264
Kronenfortsatz 737
Krückengangschulter 437, 438
Kryoglobulinämie 505
Kryoglobuline 193
Kryokonservierung 539
Kryptorchismus 190
Küchenpersonal 663
Kühlschmierstoffe 170, 470
Kuhmilch 671
Kulturkreis 788
Kunstafter 775
Kunstfaserherstellung 205
Kunstfehler 96, 107
Kunstlederproduktion 210
Künstlersozialabgabe 48
Künstlersozialkasse 57
Kunststoffe 205
Kunststoffverarbeiter 203, 615
Kuren 18
Kurzatmigkeit 443
Kurzdarmsyndrom 402, 405, 775
Kurzzeitgedächtnis 681
Kurzzeitpflege 58
Kyphose 426, 435

L

Laboranten 292
Laboratoriumsmedizin 110
Labordiagnostik 109
Laborpersonal 450
Labortätigkeiten 651
Laborwerte 112
Labyrinth 254
Labyrinthnekrose 810
Lackierer 202, 615
Lagerung 782
Lagerungsprobleme 158
Lagerungsprüfung 125
Lagerungsschäden 221, 782
Lähmungen 436, 642, 690
- psychogene 117
Laktose-H_2-Atemtest 164
Laktulose-H_2-Atemtest 163
Landwirte 137, 226, 289, 476
Langfinger 746
Langzeit-EKG 151, 362
Langzeitgedächtnis 681
Laparoskopie 526, 538, 769
Laparotomie 409, 526, 769
Lärm 789
Lärmbelästigung 378
Lärmexposition 123, 255
Larven 657
Laryngektomie 259
Laryngitis, radiogene 803
Laryngoskop 126
Larynxkarzinom 288, 260
Larynxmasken 782
Larynxödem 803
Läsion 117, 312
Lassafieber 634
Lastträger 735
Lastwagenfahrer 428
Late-Enhancement 152
Latenzzeit 206, 220, 287, 475, 603, 614
Lateralsklerose, amyotrophe (ALS) 228
Latex 461
Laufbandergometrie 147
Laugen 583
Läuse-Rückfallfieber 667
Lavage 143
- bronchoalveoläre (BAL) 143, 291
Laxantien 517
LDL-Cholesterin 321
Lebendorganspende 511
Lebenserwartung 3, 67, 84, 594
Lebenspartner 793
Lebenspartnerschaft 54
Lebensstil 318
Lebensunterhalt 74, 75
Lebensverkürzung 44
Lebensversicherung 83, 608
Leberabszess 652, 772
Leberbiopsie 413
Leberentzündung 410
Leberenzyme 535
Lebererkrankung 167
Leberfibrose 410
Leberhistologie 416
Leberkrebs 605
Leberparenchym 410
Leberpforte 168
Leberschaden 535
- toxischer 417
Lebertransplantation 169, 409
Lebertrauma 409
Lebervenen 168
Lebervergrößerung 660
Leberverletzung 770
Leberversagen 412
Leberzellschädigung 167
Leberzirrhose 167, 191, 354, 409, 412, 723
Leflunomid 443
Legasthenie 706
Lehrer 261
Leibeshöhe 770
Leibschmerzen 658
Leichenausgrabung 105
Leichenöffnung 7
Leichenschau 7, 105
Leishmaniosen 652
Leistenbruch 727
Leistenkanal 546
Leistungsfähigkeit 87, 214, 595
Leistungs-Prüf-System (LPS) 703
Leistungsvermögen 51
Leitlinien 100, 562
Lendenlordose 434
Lendenwirbelsäule 421, 730
Leptin 191
Leptospiren 667
Leptospirosen 667
Leuchtdichte 120
Leuchtstoffröhren 284, 729
Leucin-Aminopeptidase (LAP) 167
Leukämie 207, 537, 572, 596
- akute lymphatische (ALL) 577
- akute myeloische (AML) 575
- chronisch-myeloische (CML) 578
Leukoerythroblastose 579
Leukozyten 572
Leukozytopenie 574
Leukozytose 588
Libidoabnahme 535
Libidoverlust 688
Licht 476
Lichtbogenhandschweißer 283
Lichtmikroskop 194
Lichtreflexrheographie 161
Lidocain 169
Lidödem 651
Lieberkühnsche Krypten 803
Lincoln-Oseretzky-Skala 703
Lindan 207
Linearbeschleuniger 807
Linkshänder 61
Linksherzinsuffizienz 147, 294
Links-Rechts-Shunt 340
Linse 804
Linsenentfernung 245
Lipidkern 314
Lipidsenkung 153
Lipoproteine 312
Lippen 207, 259
Lippen-Kiefer-Gaumen-Spalte 266, 267
Lippenschluss 263
Liquor 226, 593
Liquorrhoe 222
Listeriose 663
Lithotripsie 517
Logopädie 119, 266, 607
Lokalanästhesie (LA) 783
Lokführer 690
Lordose 433
Lösungsmittel 206, 211, 254, 260, 297, 544
- organische 685
Lowenberg-Test 394
LSD 535
Lues 529
Luft- und Raumfahrt 284
Luftembolie 244
Luftfahrtpersonal 246
Lügen 712
Lumbalsyndrom 421
Lumen 168
Lumeneinengung 314
Lungenbiopsie 143, 840
Lungendehnbarkeit 133
Lungenegel 660
Lungenembolie 305, 359
Lungenemphysem 286, 308

Lungenerkrankung, chronisch-obstruktive (COPD) 302, 307, 354
Lungenfibrose 133, 275, 280
Lungenfunktion 358
Lungenfunktionsprüfung 275
Lungengewebe 278, 620
Lungeninfarkte 840
Lungenmilzbrand 665
Lungenödem 298, 831
Lungenparenchym 135, 139
Lungensiderosen 283
Lungenstaubanalyse 619
Lungentuberkulose 277
Lungentumore 603
Lungenüberblähung 296
Lungenvolumen 128
Lupus erythematodes 192, 193, 276
- systemischer 505
Lupus nephritis 538
Luxation 423, 730
Lyme-Borreliose 667
Lymphabflussstörungen 162
Lymphadenopathie 598, 665
Lymphbahnen 162, 777
Lymphgefäße 398, 803
Lymphknoten 126, 525, 593, 597, 619
Lymphknoten-Stanzbiopsien 837
Lymphödem 398
Lymphödemtherapie 607
Lymphogranulomatose 594
Lymphographie 162
Lymphome 207, 593
Lymphopenie 574
Lymphozyten 572, 588
B-Lymphozyten 773
Lymphozytentransformationstest (LTT) 284
Lymphozytose 143, 573
Lymphstauungen 656
Lymphzysten 525
Lymphographie 160

M
Magen 401, 403
Magenausgangsstenose 403, 774
Magen-Darm-Passagen 770
Magen-Darm-Trakt 401, 567, 774
Magenentfernung 571
Magenentleerungsszintigraphie 164
Mageninhalt 261
Magenkarzinom 404
Magenperforation 507
Magenresektion 185, 403
Magenruptur 401
Magensaft 774
Magenschleimhaut 403
Magensonde 783
Magentumore 605
Magenverlust 401
Magenwand 656
Magenwandnekrose 401
Magersucht 492
Magna-Klappen 160
Magnetfeld 827
Magnetresonanzkoronarangiographie 152
Magnetresonanztomographie (MRT) 152, 215, 338
Magnetresonanztomographie-Cholangiopankreatikographie (MRCP) 168
Magnetstimulation, transkranielle (TMS) 118
Mahaim-Bündel 360
Mainz-Dortmunder Dosismodell (MDD) 430
Makroangiopathie 186
Makrohämaturie 506
Malabsorption 162, 163
Malabsorptionssyndrom 658
Malaria 534, 649
Malassimilation 162, 187
Maldigestion 162, 163, 774
Maler 202, 450, 615
Maltafieber 665
Mammakarzinom 523, 524
Mandeln 573
Mangan 202, 250
Mangelernährung 673
Manie, psychotische 688
Manometrie 165
Manschettendruck 160
Marburg-Krankheit 634
Marihuana 535, 546
Marker 414
Marklagerveränderung 216
Marknagelung 733
Marschfraktur 737
Marsch-Hämoglobinurie 194
Maschinen- und Behälterreiniger 615
Masern 546, 574, 641
Masernschutzimpfung 227
Maßregelvollzug 695
Masturbation 543
Maul- und Klauenseuche (MKS) 640
Mechaniker 202
Medicproof 60
Medizin, alternative 845
Medizinalperson 646
Medizinischer Dienst der Krankenversicherung (MDK) 25, 60, 95
Medizinprodukte 796
Medizinproduktschäden 793
Mees-Bänder 203
Megakolon 653
Megaloblasten 568
MEGX-Test 169
Mehraufwand, krankheitsbedingter 63
Melanom 593
Meldepflicht 632, 676
Mendelson-Syndrom 840
Menghini-Nadel 168
Meningitis 222, 258, 350, 636
Meningoenzephalitiden 116, 218, 636, 653
Meningokokken 589
Meniskusriss 740
Meniskusverletzung 739
Meniskuszyste 741
Menopause 534
Menstruation 194
Mercaptopurin 404
Merkfähigkeit 681
Merkfähigkeitsstörungen 685
Mesenterium 769
Mesotheliom 279, 281, 620
Mesotheliomregister 620
Metabolite 163
Metallarbeiter 461
Metalle 199
Metallerzeuger 615
Metallindustrie 182
Metalloide 199
Metanephrine 189
Metaplasien 840
Metastasierung 595
Methacholin 131, 132
Methadon-Suchtsubstitutionsbehandlung 722
Methämoglobinbildner 207
Methan 163
Methanol 208, 250
Methoden, empirische 697
Methotrexat 443, 445, 568
Metoprololsuccinat 345
Metronidazol 653
Metzger 660, 728
Meyer-Druckpunkte 394
MIBG-SPECT 382
Midodrin 381
Migräne 789
Migranten 98
Mikroalbuminurie 184, 186, 193
Mikroangiopathie 158
- diabetische 385
Mikroblutung 216
Mikrohämaturie 194
Mikroimmunfluoreszenztest (MIF) 670
Mikrozirkulation 314
Milben 136
Militär 67
Milroy-Disease 398
Milz 204, 565, 588
Milzatrophie 589
Milzbrand 665
Milzbrei 589
Milzgefäßstiel 773
Milzhämatome 839
Milzkapsel 839
Milzmakrophagen 589
Milzparenchym 589
Milzruptur 773
Milzverlust 401, 588, 773
Minamata-Krankheit 201
Minderbegabung 697
Minderjährige 98, 698
Minderung, Erwerbsfähigkeit 43
Minderverdienst 468
Mineralfaser 288
Mineralkortikoide 495, 535

Mineralstoffwechsel 209
Mineralwolle 288
Minimalasbestose 619
Minirin 189
Missbrauch, sexueller 707
Mitochondrien 567
Mitose 799
Mitoxantron 224
Mitralinsuffizienz 147, 150, 336, 337, 341
Mitralstenose 147, 335, 336, 341
Mittel, geeignete 468
Mittelfußknochen 737
Mittelfußköpfchen 736
Mittelgesichtsfrakturen 264
Mittelhandknochen 746
Mittelohr 123, 253
Mitverschulden 88
Mitwirkung, unfallfremde 82
Mitwirkungspflicht 14
Mobbing 690
Möbelschreiner 258
Mobiltelephon 827
Mondbein, am Handgelenk 736
Mondbeintod 737
Mongolismus 696
Monitoring 135
- kardiorespiratorisches 135
Monoethylglyzinxylidtest 169
Mononukleose 573
Monozyten 572, 573
Montagskrankheit 208
Morbus Addison 189, 492
Morbus Baastrup 434
Morbus Bang 665
Morbus Basedow 188, 488
Morbus Bechterew 431, 441, 446
Morbus Crohn 404, 446, 546
Morbus Forestier 431, 449
Morbus Gottrom 615
Morbus Hodgkin 207, 597
Morbus Kienböck 736
Morbus Menière 258
Morbus Moschcowitz 581
Morbus Osler 198
Morbus Scheuermann 426, 435
Morbus Still 445
Morbus Waldenström 193
Morbus Weil 668
Morbus Wilson 29
Morgentief 688
Morphin 719
Morphologie 149, 620
Motorabgase 204
Mücken 633
Müdigkeit 337, 397, 410
Multiple Sklerose 123, 223
Multiple-Chemical-Sensitivity (MCS) 450
Multiple-Sleep-Latency-Test (MSLT) 298
Multisystematrophie 229
Mumps 543
Münchhausen-Syndrom 194, 711
Mundhöhle 126, 259
Mundhygiene 264
Mundöffnung 265
Mundschluss 259
Mundspalte 263
Mundtrockenheit 126
Muskelanspannung 424
Muskelatrophie 443, 732, 745
Muskelaufbau 547
Muskelbiopsien 230
Muskeldehnungsreflexe 228
Muskelfaser 730
Muskelgewebe 582
Muskelhernie 733
Muskelinsuffizienz 437
Muskelkraft 388, 510, 734
Muskelkrämpfe 815
Muskelmasse 111
Muskelrelaxans 782, 797
Muskelrisse 727, 730
Muskelschmerzen 388, 693
Muskelschwäche 229
Muskelschwund 439, 642
Muskelsteifigkeit 229
Muskeltonus 238
Muskelverhärtung 157
Muskelverknöcherung 730
Muskelwachstum 547
Muskulatur 426
Musterbedingung 1, 78, 180
Musterberufsordnung (MBO) 101
Musterweiterbildungsordnung 4
Mutation 612
Mutiple Chemical Sensitivity (MCS) 692
Muttermilch 634
Muttermund 560
Mutterpass 561
Mutterschaftsgeld 21
Mutterschaftsrichtlinien 554
Myalgien 229
Myasthenie 230
Mydriasis 122
Myelofibrose 197
Myelom 609
Myelopathie 220
Myelose, funikuläre 572
Mykosen 647
Myoglobinurie 730
Myokardfunktion 361
Myokardinfarkt 150
- akuter 316
Myokardischämie 144, 145, 150, 313, 329, 330
Myokarditis 413
Myokardkontusion 362
Myokardperfusion 153
Myokardszintigraphie 149
Myopathie 230, 501
Myositiden 230

N

N. facialis 266
Nabelschnurpunktion 559
Nachhaltigkeit 67
Nachlast 321
Nachnarbenbrüche 775
Nachschaden 45
Nachsorge 594
Nachtblindheit 162
Nachteilsausgleich 70
Nachtpflege 58
Nachtschweiß 598
Nacken 460
Nackenhautbiopsien 631
Nackenmuskulatur 433
Nadelelektroden 117
Nadelstichverletzung 412, 414
Naftidrofuryl 386
Nagelläsionen 447
Nagelwachstum 745
Nahrungsaufnahme 264
Nahrungskarenz 783
Nahrungsmittelallergie 136
Narbe 363, 476, 727, 818
Narbenbrüche 391, 727, 770
Narbengewebe 732
Narbenhypertrophien 816
Narbenkarzinom 618
Narbenkeloid 727, 770
Narbenschwielen 727
Narbenzug 822
Narkolepsie 115, 236, 237
Narkosegeräte 205
Nase 122, 253
Nasenatmung 258
Nasenbeinfraktur 126
Nasenbluten 638
Naseneingang 266
Nasenmuscheln 125, 258
Nasennebenhöhlen 126, 258
Nasenpolypen 258
Nasenscheidewand 125, 258
Nasensekret 627
Nasenseptumperforation 202
Nasenspray 495
Nasenwurzel 461
Nasopharynxkarzinom 593
Nässe 390, 456
Natriumlaurylsulfat (NLS) 179
Natriumlaurylsulfattest 182
Naturalrestitution 87
Naturheilverfahren 845
Nebenhoden 543
Nebennieren 775
Nebenniereninsuffizienz 187
Nebennierenrinde (NNR) 188
Nebennierenrinden(NNR)-Insuffizienz 189, 495
Nebennierenrindenmark 497
Nebenschilddrüse 188, 493
Nebenwirkungen 98, 794
Nebivolol 345
Negativliste 19
Negrikörperchen 631
Nekrosen 201, 386, 769
Nekrotisierung 540
Nelson-Tumor 496
Neologismen 682
Neoplasien 598
Neoplasmen, radiogene 806

Nephrektomie 517
Nephritis 202, 506
Nephrologie 510
Nephropathie 186, 193, 503
- diabetische 503
- radiogene 804
Nerven 116, 443
Nervenläsion 213, 221, 392, 783
Nervenleitgeschwindigkeit 116
Nervenstämme 732
Nervensystem 114, 213
Nervenverletzung 117
- periphere 220, 791
Nervenwurzel 429
Nervosität 690
Nervus trigeminus 264, 266
Netzhautgefäße 244
Neuralgien 258, 787
Neurasthenie 693
Neuroborreliose 225, 226
Neurographie 117
Neurone 228
Neuropädiater 704
Neuropathien 385, 501
Neuropsychologen 119, 217
Neuropsychopharmaka 797
Neurosen 688
Neurotizismus 822
Neurotraumatologie 213
Neutral-0-Methode 746
Neutralität 1
Neutronenstrahlen 799
Neutropenie 574
Nickel 258, 285
Nidogen/Entakin 193
Niere 191, 199
Nierenabszesse 507
Nierenarterien 159
Nierenbecken 525
Nierenbiopsie 194, 507
Nierenfunktionsstörungen 191
Nierenhypoplasie 518
Niereninsuffizienz 192, 322
Nierenkolik 515
Nierenkrankheit 501
Nierenlager 515
Nierenperfusion 540
Nierenrinde 508
Nierenrupturen 727
Nierenschäden 202
Nierenschwelle 185
Nierensteine 492
Nierenstiel 518
Nierentransplantation 501, 509
Nierentumore 517
Nierenvene 194
Nierenverletzung 518, 775
Nierenverlust 379
Nierenversagen 508
Nierenzellkarzinom 206
Niesreiz 125
Nikotinabstinenz 318
Nikotinabusus 535
Ninhydrin-Test 119
Nitrate 319, 320
Nitroglykol 209
Nitroglyzerin 169, 209
Nitroverbindungen, aromatische 207
NLG-Untersuchung 230
Non-Hodgkin-Lymphome 207, 598
Normalbereich 110, 111, 112
Nosologie 682
Nothelfer 29
Notstand, rechtfertigender 93
Noxe 116, 296, 418
Nuklearmedizin 811
Nukleinsäure-Amplifikationstechniken (NAT) 111
Nuklidportion 807
Nulllinien-EEG 114
Nystagmus 120, 125

O

Obdachlosigkeit 76
Obduktion 7, 104, 105, 837
Oberarm 317
Oberarmkopf 733
Oberarmrollbrüche 732
Oberbauchsonographie 517
Oberflächenelektroden 116
Oberkiefer 264
Oberschenkel 395, 730
Oberschenkelamputationen 436
Oberschenkelrolle 739
Objektivität 1
Obstipation 568
Ödeme 358, 393
Ofenarbeiter 284
Offenbarungspflichten 92
Offenkundigkeit 44
Öffnungsklausel 30
Ohren 122, 253
Ohrendruck 258
Ohrensausen 123, 258
Ohrfeige 254
Ohrgeräusch 255
Ohrläppchen 132
Ohrmuschel 253
Ohrmuschelränder 475
Okkluder 339
Okklusion 264
Okulomotorik 121
Oligodendroglia 842
Oligophrenie 682
Oligospermie 804
Oligozoospermien 546
Omarthrose 438
Onkologie 607, 612
Oozyten 537
Operateur 782
Operation 101, 594
- plastische 527
Operations-Bericht 221
Opferentschädigungsgesetz (OEG) 65, 707
Ophthalmie, sympathische 244
Ophthalmologie 245, 263
Ophthalmopathie 488
OPSI-Syndrom 773
Opsonierung 773
Optikusatrophie 208
Optikusläsion 223
Orbita 258
Orbitabodenfrakturen 264
Orbitalphlegmone 244
Organentnahme 104
Organic Dust Toxic Syndrome (ODTS) 289
Organisationsverschulden 102, 560
Organotropie 618
Ornithose 669
Oropharynx 136
Oropharynxkarzinom 260
Orthesen 436
Orthopoxviren 632
Ortskrankenkassen 23
Oseltamivir 644
Ösophagogastroduodenoskopie 165
Ösophagus 165, 259, 401, 402, 658, 783
Ösophagus-Druckmethode 133
Ösophaguskarzinom 403
Ösophagusperforation 839
Ossifikation 840
Osteitis 777
Osteochondrose 421
Osteochondrosis dissecans 737
Osteomyelitis 615, 739, 742
Osteomyelofibrose 579
Osteopathie 501
Osteopoikilie 736
Osteoporose 202, 209, 254, 265, 389, 426, 495, 736
Ostitis deformans 736
Östrogenspiegel 187
Oszillogramm 390
Oszillographie 157, 159
Otomikroskopie 125
Otosklerose 124
Ovar 541
Ovarialfunktion 534
Ovarialgewebe 539
Ovarialkarzinom 523, 608
Ovarien 538, 804
Ovulation 534
Ovulationshemmer 187
Ozon 207

P

Packungsbeilage 794
Paclitaxel 324
Pädiater 563
Paget-von-Schroetter-Syndrom 395
Pallisadenzellen 445
Palmaraponeurose 733
Palmoplantarekzem 460
Palpation 126, 745
Panarteriitis nodosa 193
Pandemie 625
Pandysautonomie, akute 382
Pankreas 401
Pankreasfisteln 774
Pankreasinsuffizienz 166
Pankreaskarzinom 774

Pankreaskontusion 774
Pankreasresektion 479
Pankreasruptur 774
Pankreasschwanz 773
Pankreastraumata 480
Pankreatitis 406, 774
Pankreolauryltest 166
Panmyelophthise 207
Panophthalmie 244
Panzytopenie 569
Papeln 456, 632
Papillarmuskeldysfunktion 150
Papillarmuskelruptur 336
Papillomatose 615
Papillome 475
Papillomviren 593
Paracetamol 789
Paragonimiasis 660
Paragranulom 597
Parallelnarkose 785
Paralyse, progressive supranukleäre 229
Paramnesien 681
Paramyxoviren 641
Paraplegiker 438
Paraproteine 193
Parasiten 162, 652
Parasomnien 238
Parästhesien 783
Para-tertiär-Butylphenol 210
Parathormon (PTH) 188, 493
Parathymie 681
Paratyphus 662
Parenchymschädigung 167
Paresen 116, 223
Parkettleger 258
Parkinson-Syndrom 202, 205, 208, 211, 228
Parodontitis 264
Parodontose 782
Parosmie 259
Partialkausalität 82
Partogramm 561
Passivrauchen 285
Patella 734
Pathologe 105, 619
Patientenaufklärung 785
Patientenverfügung 90, 99
Pavor nocturnus 238
Payr-Zeichen 394
Pech 260
Pechhautkrankheit 474
Pellet 165
D-Penicillamin 443
Penicillin 667
Pentoxyphyllin 386
C-Peptid 185
Periarthropathia 438
Pericarditis constrictiva 351
Perikard 614
Perikardektomie 352, 353
Perikarderkrankung 350
Perikardiozentese 351
Perikarditis 348, 349, 351
Perinatalzeitraum 412
Periostosen 735
Peritoneallavage 769
Peritoneum 614
Peritonitis 401, 653, 769, 774
Perniziosa 568
Peroneussehne 733
Personal, medizinisches 627
Personen
- freiwillig versicherte 47
- nachversicherte 47
Personentransport 383
Persönlichkeitsrecht 89, 94
Persönlichkeitsveränderung 216
Pest 665
Pestizide 205, 254, 536, 545
Pfeiffersches Drüsenfieber 573
Pflanzenschutzmittel 536, 545
Pflege 28
- häusliche 58
- vollstationäre 58
Pflegebedürftigkeit 42, 57
Pflegebedürftigkeitsrichtlinien 60
Pflegedienst, ambulanter 59
Pflegedienste 182
Pflegedokumentation 213
Pflegefachkräfte 60
Pflegegeld 50, 705
Pflegeheim 58
Pflegehilfsmittel 50
Pflegekasse 48, 50
Pflegemaßnahme 63
Pflegequalitätssicherungsgesetz 103
Pflegerisiko 57
Pflegestufen 58, 709
Pflegeversicherung 57, 705, 709
Pflegezeitbemessung 60
Pflegezulage 67
Pflichtbeitragszeiten 55
Pflichtbeiträge 51
Pflichtenkollision 94
Pfortaderthrombosen 772
Phadiatop 141
Phagozytose 589
Phantomschmerz 787, 790
Phantosmie 259
Phäochromozytom 189, 497
Pharmaka 417
Pharmakodynamik 795
Pharmakokinetik 795
Pharyngitis 663
Phasenkontrastmikroskop 194
Phenole 209
Phenprocoumon 587
Phenylacetat 191
Philadelphia-Chromosomen 596
Phlebitiden 812
Phlebodynamometrie 160, 161
Phlebographie 160, 394, 812
Phlebothrombose 394, 395
Phlegmasia coerulea dolens 394
Phlegmone 729
Phobien 682, 689, 822
Phokomelie 793
Phosgen 204
Phosphat 192, 509
Phosphatase, alkalische (aP) 167, 188
Phosphatspiegel 493
Phosphor 203, 250
Phosphorkiefernekrose 203
Phosphorverbindungen 208
Photodokumentation 462
Phrenikusläsion 304
Phthisis bulbi 244
pH-Wert 560
Picornaviridae 640
Piercing 414
Piktogramme 462
Pilot 239, 379, 829
Pilze 572, 647
Pilzzüchterlunge 290
Plakophilin-2 346
Plaque 280, 312
- atherosklerotisches 313
Plaqueerosion 314
Plaqueruptur 153, 313, 314
Plasma 11
Plasmaexpander 540
Plasmarenin 189
Plasmaseparation 383
Plasmazellen 226
Plasmodien 649
Plättchenthromben 582
Plattenepithelkarzinom 281, 260, 779
Plattfuß 736
Plausibilität 622
Pleura 104, 260, 279, 614
Pleuraergüsse 539
Pleuramesotheliome 618
Pleuraplaque 279, 280
Pleuraschwarte 302
Pleuritis 672
Plexusanästhesie 781, 783
Pneumektomie 304
Pneumokokken 589
Pneumokoniosen 282
Pneumonie 304
Pneumothorax 302, 305
Pocken 632
Poliomyelitis 625, 642
Poliomyelitisschluckimpfung 227
Poliovakzine, orale (OPV) 642
Polizei 204, 485, 646
Pollen 136
Polyacrylamid-Gelelektrophorese 142
Polyangiitis 193, 505
Polyarthritis 441, 546
Polyarthropathie 493
Polychromasie 567
Polycythaemia vera 569
Polydipsie 188, 495
Polyglobulie 571, 588
Polygraphie 134
- ambulante 135
Polymerasekettenreaktion (PCR) 111, 596, 602, 613
Polymorphie 803
Polymyalgia rheumatica 449

Polyneuropathie 61, 199, 203, 208, 211, 607
Polypen 526
Polysomnographie 134, 135, 237, 238, 298
Polytrauma 215
Polyurethan 298
Polyurie 184, 495
Postdiskotomiesyndrom 429, 432
Postgastrektomiesyndrom 403
Postsplenektomiesepsis 773
Potentiale
- ereigniskorrelierte (EKP) 118
- evozierte (EP) 117
- visuell evozierte (VEP) 117
Potenzstörung 201, 299
Pouchitis 404
Präanalytik 111
Prader-Labhart-Willi-Syndrom 546
Präimplantationsdiagnostik (PID) 541
Präkallikrein 198
Präkanzerose 779
Prälungenödem 142
Prämitose 799
Pränataldiagnostik 554
Prävention 28, 34, 272
Präventionskuren 18
Präventionsleistungen 29
Praxisgebühr 18
Praziquantel 659
Prellungspneumonie 304
Presslufthammer 390
Pressluftschäden 732
Pressluftwerkzeuge 737
Pricktest 138, 140, 174, 471
Privatgutachten 870
Privatrecht 77
Privatversicherung 13
Probandenversicherung 793
PROCAM-Risiko-Score 377
Produzentenhaftung 793
Proinsulinmolekül 185
Prokollagen 167
Proktokolektomie 404
Prokto-Rekto-Sigmoideoskopie 165
Prolaktin 188
Prolaps 421
Prostata 194, 515
Prostituierte 626
Protein 461, 609
Protein C 317, 582
Protein-Kreatinin-Index 194
Proteinurie 193, 194, 201
Prothesen 436
Prothesenbein 437
Prothrombinzeit 167, 197
Protozoen 648
Protrusion 421
Provokationstest 130, 139, 140, 143
Provotest 131
Prozessfähigkeit 698
Prozessqualität 100, 101
Psellismus 201
Pseudarthrose 264, 265
Pseudologia fantastica 712
Pseudologie 710
Pseudopodien 648
Pseudopsychopathien 684
Pseudozysten 774
Pseudozystenbildung 407
Psittakose 670
Psoriasi vulgaris 444, 446
Psyche 62
Psychiatrie 90, 213, 677
Psychiatrie, forensische 695, 711
Psychologe 855
Psychologie 682
Psychomotorik 681
Psychopathologie 217, 679
Psychopharmaka 535
Psychosen 85, 683
- affektive 706
- schizophrene 706
Psychosomatik 213
Psychosyndrom 115, 223
- hirnorganisches 821
Psychotherapeuten 24
Psychotherapie 707
Ptosis 122
Pubertas tarda 497
Pubertät 187, 546
Pulmonalarteriendruck 336
Pulmonalinsuffizienz 338
Pulmonalisendarterektomie 358
Pulmonalstenose 337, 338, 341
Pulsdefizit 330
Punktion 540
Punktmutation 644
Pupillen 382
Purinstoffwechsel 492
Purkinje-Faser 359
Purpura Schoenlein-Henoch 505
Push-Enteroskopie 165
Pusteln 456
Putamen 208
Pyelonephritis 506
Pyovar 541
Pyramidenzellen 228
Pyrazinamid 568
Pyrimethamin 568

Q
QT-Dispersion 147
QT-Zeit 147
Quaddeln 174, 461
Quadrizepssehne 735
Qualität 3, 10, 104, 110
Quantum, radioaktives 800
Quarantäne 640
Quarz 285, 618
Quarzgehalt 273
Quarzstaublungenerkrankung 272
Quecksilber 201, 250, 254, 505, 507
Querschnittlähmung 219, 426, 520
Quetschungen 730, 769
Quick 197, 584

R
Rachen 259
Rachenraum 663
Radalisparese 199
Radioaktivität 537
Radiobehandlung 548
Radiodermatitis, chronische 803
Radioiodtherapie 800
Radiologen 807
Radionuklide 799
Radon 605
Rapid-Prototyping 265
Raptus 681
Rasse 111
Rasselgeräusche 147
RAST 140, 141, 142, 298
Raubwarzen 651
Rauchen 287, 388, 132, 202
Raucher 281
Raucher-Leukozyten 573
Rausch 716
Raynaud-Syndrom 389
Reaktion
- leukämoide 572
- psychische 83
Reaktionsaudiometrie, elektrische 124
Reaktionsfähigkeit 236
Reaktionsgeschwindigkeit 703
Rechtsherzbelastung 127
Rechtsherzdekompensation 339, 358
Rechtsherzhypertrophie 338
Rechtsherzinsuffizienz 147
Rechtsherzkatheter 294, 338
Rechtsherzkatheter-Untersuchung 358
Rechtsherzüberlastung 831
Rechtsmedizin 677
Rechtsvermutung 66
Rededrang 687
Reentrytachykardie 360, 361
Reexpositionstest 139
Referenzstörungen 684
Reflexblase 519
Reflexdystrophie, sympathische (SRD) 790
Reflexprüfungen 116
Reflux 147, 403
Refluxkrankheit 402
Refluxösophagitis 402
Regelaltersrente 54
Regelleistungen 17
Regelokklusion 264
Regionalanästhesie 783
Regressanspruch 104
Rehabilitation 20, 28, 64, 591
Rehabilitation, onkologische 606
Rehabilitationsrecht 14
Rehabilitationssport 43
Rehabilitationsträger 73
Rehabilitierungsgesetz (StRehaG) 65, 68
Reha-Einrichtungen 60
Reha-Manager 27
Reichenhaller Merkblatt 294

Reinigungsagentien 536
Reinigungsmittel 206
Reinigungspersonal 735
Reinnervationszeit 266
Reisediarrhö 666
Reiterknochen 730
Reiter-Syndrom 446
Reizgas 294
Reizleitungsstörungen 359
Reizmagen 403
Reizstoffe 295
Rekanalisation 386
Rektum 841
Rektumperforation 839
Rekurrensparese 363, 784
REM-Schlaf-Verhaltensstörungen 238
Rente, unbefristete 52
Rentenansprüche 48
Rentenantrag 49, 594
Rentenausschüsse 26
Rentenbeginn 51
Rentenneurotiker 691
Rentensplitting 48
Rentenversicherung
- deutsche 57
- gesetzliche (GRV) 45
Rentenversicherungsträger (RV-Träger) 55
- Anschriften 55
Resektionstechnik 740
Residualtumor 611
Restkreditversicherung 83
Restless-legs-Syndrom 237
Retikulozyten 566
Retina 651
Retinaculum 733
Retinopathie 186
Retraining-Therapie 257
Rettich, fauler 208
Rettungsdienst 251, 646
Reue 681
Revaskularisation 323, 329
Rezeptoren 796
Rezidive 67, 595
Rezidivstenose 331
Rhabdomyolysen 351
Rheuma 738
Rheumafaktor 441
Rheumaknoten 445
Rheumatiker 276
Rhinitis, allergische 259
Rhinomanometrie 125
Rhinopathie 135, 139, 292, 294
Rhinoskopie 125
Rhythmusstörungen 330
Ribavirin 414, 637
Richter 6
Richtlinien 100
Rickettsiosen 668
Riechfäden 259
Riechprüfungen 126
Riechspalte 259
Riechstörung 228, 259
Riesenzellarteriitis 388
Rift-Valley-Fieber 637
Riley-Day-Syndrom 382
Rinderwahnsinn 643
Ringsideroblasten 567
Rippen 448, 808
Rippenfell 288
Rippenfraktur 302
Risikoäquivalenz 78
Risikobeurteilung 377
Risikofaktorenmanagement 317, 318
Risikokalkulation 77
Risikoprüfer 84
Risikoprüfung 79
Risikostratifikation 155
Risikostratifizierung 153
Risikostrukturausgleich 23
Risikoverdopplung 476
Risikozuschlag 78
Robodoc 793
Rohbaumwolle 289
Röhrenknochen 445, 777
Rollstühle 437
Romberg-Versuch 125
Röntgenapparate 800
Röntgenaufnahmen 807
Röntgenbefund 274
Röntgenkontrastmittel 805
Röntgenpass 808
Röntgenrichtlinien 25
Röntgenstrahlung 537, 799
Röntgentherapie 807
Rotationsfehler 745
Rotatorenmanschette 473, 734
Rotatorenmanschettendefekt 437
Röteln 574
Rückenmark 426
Rückenmarkschäden 219
Rückenprofil 434
Rückenschmerzen 425, 692
Rückenstrecker 730
Rückfallfieber 667
Rückfälligkeit 464
Rückfallprognose 695
Rückgriff 29
Rücklagen 23
Rücktrittsrecht 84
Rückwirkungsklausel 286
Rufbereitschaft 560
Ruhe- EKG 147, 325
Ruheschmerzen 157
Ruktussprache 259
Rumpel-Leede-Test 198
Rumpfbeugehaltung 429
Rundgipse 733
Rundrücken 438
Rutherford-Klassifikation 384

S
Sachleistungen 14, 17
Sachleistungsprinzip 59
Sachverständigenbeirat 30
Sakroiliitis 446
Salate 657
Salmonellen 666
Salpetersäureester 209, 250
Samenbläschen 543
Samenerguss 529
Samentransport 520
Sandmücken 652
Sänger 261
Sanitäter 690
Sarkome 602, 608
Sauerstoffgerät 830
Sauerstoffpartialdruck 132, 831
Sauerstofftherapie 355
Säure-Base-Haushalt 151
Schädel 214
Schädelbasis 214, 258
Schädelbasisfraktur 214, 254
Schädelfraktur 222
Schädel-Hirn-Trauma 115, 214, 379
Schäden
- berufsbedingte, Kausalität 259
- iatrogene 837
- immaterielle 87, 706
Schadensbemessung, abstrakte 44
Schadensersatz 28, 87
Schadensersatzfälle 95
Schadensrechtsänderungsgesetz 97
Schaftbrüche 739
Schallaudiogramm 256
Schallgeber 260
Schallleitungsschwerhörigkeit 123, 253
Schalltrauma 255
Schambein 734
Schambeinast 737
Schamhaare 529
Schauspieler 261
Scheibenmeniskus 739
Scheidenwand 525
Schellong-Test 119
Schenkelhalsfraktur 736, 797
Schenkelhernien 770
Schenk-Syndrom 238
Scheuermann-Krankheit 435
Schichtarbeit 300, 510
Schiebegang 438
Schiedsämter 25
Schienbein 737
Schienbeinkopf 739
Schifffahrt 246
Schiffsbau 279
Schiffsheizer 815
Schilddrüsenerkrankungen 187, 488
Schilddrüsenkarzinom 537, 609
Schilddrüsenmalignom 490
Schilddrüsenoperation 259, 493
Schilddrüsenparenchym 810
Schilddrüsentumore 260
Schilddrüsenvergrößerung 210
Schimmelpilz 175, 647
Schimmelpilzsporen 136
Schipperkrankheit 426, 730
Schistosomiasis 658
Schistozyten 568
Schizophrenie 683, 686
Schlachter 660
Schlafanalyse 135
Schlafanfälle 115

Schlafapnoe 134, 298, 376
Schlafbedürfnis 688
Schlafentzug 233
Schlafhygiene 236
Schlafkrankheit 650
Schlaflähmung 236
Schlaflosigkeit 797
Schlafmittel 535
Schlafstörungen 218, 447
Schlaf-Wach-Rhythmus 491
Schlafwandeln 238
Schlafzentren 236
Schlaganfall 85, 231, 327
Schlattersche Erkrankung 736
Schleifmittel 282
Schleimbeutel 492, 735
Schleimbeutelentzündung 735
Schleimhäute 203, 461
Schleimhautreizungen 207
Schleimhautschäden 258
Schleimhautstauung 296
Schleudertrauma 220, 244, 422
Schlichtungsstelle 95, 102
Schließmuskel 774
Schlosser 202, 615
Schluckakt 268
Schluckbeschwerden 259, 423
Schlüsselbeinbrüche 728
Schlüsselgriff 747
Schmerz 381
- myofaszialer 791
- seelischer 706
Schmerzbehandlung 352
Schmerzempfindung 788
Schmerzensgeld 87, 97, 250, 548, 706, 793
Schmerzgrenze 157
Schmerzreiz 692
Schmerzskalen 788
Schmerzstörung, somatoforme 787, 791
Schmerzsyndrom 691, 787
- komplexes regionales (CRPS) 787, 790
Schmerztherapie 449, 607, 787
Schmerzzeichnung 788
Schmorlsche Impressionen 435
Schnarchen 134, 299
Schneideöle 536
Schnittbildverfahren 168
Schnittverletzungen 582
Schnüffler 211
Schober-Test 446
Schock 394, 409, 769
- hypovolämischer 784
Schockgallenblase 409
Schocklunge 840
Schockniere 833
Schornsteinfeger 474, 615
Schreckhaftigkeit 690
Schreibgebühren 873
Schreiner 175
Schrittmacherimplantation 360
Schrittmacherzellen 359
Schrumpfharnblase 841
Schubrisiko 224
Schuldfähigkeit 236, 695, 696
- verminderte 698
Schuldgefühle 688, 690
Schülerunfallversicherung 28
Schulmedizin 845
Schulter 317
Schulterblätter 315
Schulterblattwinkel 733
Schulterdach 437
Schultergürtel 433, 523
Schulter-Schlüsselbeingelenk 737
Schuppung 456
Schürfungen 727
Schussverletzung 220, 673, 769, 778
Schüttelfrost 143, 585, 638
Schutzimpfungen 17, 227, 410, 413, 415, 674
Schwachsinn 697
Schwangerschaft 20, 21, 430, 479, 544
- Dokumentation 561
Schwangerschaftsabbruch 22, 532, 540
Schwangerschaftstest 190
Schwangerschaftsvorsorge 559
Schwefelkohlenstoff (CS_2) 208
Schwefelwasserstoff 204, 250
Schweigepflicht 84, 362
- ärztliche 2, 91
Schweinerotlauf 664
Schweinezüchter 289
Schweißdrüsen 803
Schweißer 202, 283, 615
Schweißerlunge 283
Schweißperlenverletzungen 254
Schweißsekretion 119, 822
Schweißtest 119
Schwelbrände 204
Schwelle, anaerobe 151
Schwellenwerte 113
Schwellungen 444
Schwenklappenplastik 525
Schwerbehindertenausweis 70
Schwerbehindertenrecht 68, 69
Schwerbeschädigtenzulage 67
Schwerhörigkeit 26, 123, 857
Schwermetalle 508, 536
Schwermetallintoxikation 505
Schwerpflegebedürftigkeit 26
Schwielen 275, 619
Schwindel 119, 213, 244, 702
Schwindelattacken 383
Schwindelbeschwerden 217
Schwindelstörungen, Aggravation 258
Schwingungsbelastung 433
Scratchtest 169, 175
Seediensttauglichkeit 246
Seeleute 476
SeHCAT-Test 164
Sehen, räumliches 241
Sehfähigkeit 232
Sehhilfen 242
Sehnen 443, 733
Sehnenansätze 735
Sehnengleitgewebe 735
Sehnenruptur 82, 733
Sehnenscheiden 492, 729, 733
Sehnenscheidenentzündung 735
Sehnenverletzung 733
Sehnerven 208
Sehorgan 239
Sehrinde 251
Sehschärfe 119, 120, 239, 240, 246
Sehstörungen 388
Sehstörungen, kortikale 117
Sehtest 246, 855
Sehvermögen 851
Seifenlösung 631
Seitneigung 439
Sekretin-Pankreozymintest 166
Sektion 106
Sekundärglaukom 244
Sekundärprävention 469
Selbstbestimmung 89
Selbstbestimmungsrecht 98
Selbsthilfe 17
Selbsthilfegruppen 788
Selbsthilfekräfte 74
Selbstschädigung 710
Selbstständige 47
Selbstverstümmelung 81
Selbstverwaltung 23
Selbstwertgefühl 688
Seminalplasma 542
Seminomen 608
Sensibilisierung 169, 457
Sensibilitätsverlust 747
Sensitivität 110
- Anti-glomeruläre-Basalmembran-Antikörper 193
- Belastungs-EKG 149
- Echokardiographie 150
- Koronarkalknachweis 154
- Labordiagnostik 110
Sepsis 581, 773
Septumhypertrophie 344, 346
Sequester 422
Sequesterbildungen 421
Serologie 225
Serpentinasbest 278
Sertoli-cell-only-Syndrom 546
Serum 111
Serumalbumin 542
Serumkalzium 188, 192
Serumkreatinin 510
Serumkreatininspiegel 501
Serumphosphat 188
Serumtriglyzeride 186
Sesambeine 736
Sexualdelikt 529, 695
Sexualhormon 497, 546
Sexualkontakte 415
Shuntberechnung 340
Shuntvitien 147, 151
Shy-Drager-Syndrom 382
Sichelzellenanämie 195
Sicherstellungsauftrag 20
Sicherstellungsvertrag 79
Sicherungsverwahrung 695

Sick-Building-Syndrom (SBS) 450, 692
Sideroblast 568
Siderose 283
Siderosis bulbi 244
Siegle-Trichter 123
Sigma 841
Sigmoid 803
Silbenstolpern 201
Sildenafil 357
Silibinin 418
Silikone 840
Silikose 272
Silikotuberkulose 276, 277, 674
Siliziumdioxid 618
Simulation 122, 217, 691, 710
Single-breath-Verfahren 132
Sinnesorgane 62
Sinusknoten 339, 359
Sinusthrombosen 231
Sinusvenenthrombosen 231
Sirolimus 324
Sitzen 428
Sitzheizung 544
Sjögren-Syndrom 192, 445
Skelett 737
Skelettanomalie 736
Skelettstatik 436, 439
Skelettstoffwechsel 494
Skifahrer 735
Sklerodermie 192, 276, 354, 388
Sklerose, arterioläre 503
Skoliose 229, 426, 431, 435, 741
Skotome, hemianopische 244
Skrotalhaut 544
Skrotum 546
Sofortreaktionen 141
Soforttyp 169
Soldaten 663, 674, 737
Soldatenversorgungsgesetz (SVG) 64
Somatisierungsstörungen 684, 692
Somatomedin C 188
Somnambulismus 238, 696
Sonnenbestrahlung 524
Sonnenstich 583, 815
Sonographie 165, 168, 191, 515
Sorgerecht 786
Sorgfaltspflicht 99, 783
Sorgfaltspflichtverletzung 99
Sowieso-Schaden 88
Soziales Entschädigungsgesetz (SER) 64
Sozialgerichtsbarkeit 24
Sozialgesetzbuch (SGB) 14, 45, 523
Sozialhilfe 13, 73, 74
Sozialisation 697
Sozialpartner 23
Sozialversicherung 13
Spannungskopfschmerz 789
Sparganum 661
Spastik 223
Spätreaktion 141, 169
Speichel 627
Speichelbrüche 734
Speicheldrüsen 633
Speicheldrüsenbiopsie 446
Speichelfluss 382
Speichenköpfchen 737
Speiseröhre 402
Speiseröhrenerkrankung 260
Speisewege 259
Sperma 515
Spermatogenese 543, 546
Spermatozyten 547
Spermien 534
Spermieninjektion 541
Spermiogenese 543
Spermiogramm 190
Sperrfrist 849
Spezifität
- Anti-glomeruläre-Basalmembran-Antikörper 193
- Belastungs-EKG 149
- Echokardiographie 150
- Koronarkalknachweis 154
- Krebskrankheiten 622
- Labordiagnostik 110
Sphärozytose 196
Sphincter ani 165
Spinalanästhesie 783
Spinalkanalstenose 429
Spinalzellkarzinome 476
SPINK-1-Genmutationen 406
Spinnerkeratitis 205
Spirochätosen 667
Spiroergometrie 132, 151
Spirometrie 127, 128, 133, 287, 307
Spitzgriff 746
Splenektomie 574, 589
Splenomegalie 568
Splenosis 589
Spondylitis ancylosans 446
Spondyloarthropathie 446
Spondylodiszitis 742
Spondylolisthese 426, 430, 433, 434
Spondylolyse 421, 433, 434, 741
Spontanfrakturen 219
Spontanremission 790
Spontanschmerz 738
Sportarten, gefährliche 83, 710
Sportler 433, 730, 737
Sprachaudiogramm 257
Sprachaudiometrie 124, 255
Sprache 126, 264
Sprachschallpegel 257
Sprachstörungen 217, 702
Spreizfuß 736, 742
Sprengstoffherstellung 207
Sprosspilze 647
Sprungbein 736
Sprunggelenk 444, 739
Spucknäpfe 729
Spurenelemente 111
Spurensicherung 529
Sputum 660
Stachelzellkarzinome 841
Stadium, hämodynamisches 335
Stahlbetonarbeiter 430
Stammzellen 543
Stammzellerkrankungen 577
Stammzelltransplantation 596
Standard 101
Standardtarif 79
Stanzzylinder 841
Stapediusreflexmessung 124, 255
Statin 321
Staubbelastung 308
Stäube
- anorganische 271
- organische 271, 288
Stauungsdermatosen 397
Stealphänomen 159
Steatorrhoe 163, 407
Stechmücken 637
Steckbretter 703
Stehen 381, 428
Steigbügel 254
Steinschleifer 735
Stenose 314, 402, 404, 770
Stent 322
Stereosehen 122, 246
Sterilisation 20, 22
Sterilität 526, 533, 804
Steroidbehandlung 840
Steroide 547
Steuerungsfähigkeit 697, 716
Stichverletzung 735, 769
Stimmbänder 841
Stimmbildung 259
Stimme 126
Stimmgabel 123
Stimmstörungen 261
Stoffwechselstörungen 114
Stolz 681
Stomaberatung 607
Stomatitis mercurialis 201
Störungen
- affektive 687
- dissoziale 717
- hirnorganische 685
- krankhafte 691
- organisch-psychische 705
- psychosomatische 688
- seelische 696
- somatoforme 689
- vegetative 215, 690
- zentral-vegetative 705
Strafe 698
Strafgefangene 29
Strafrecht 91, 679
Strahlen
- ionische 544
- ionisierende 260, 603
Strahlenbelastung 809
Strahlendermatitiden 800
Strahlendosis 538, 801
Strahlenenterokolitis 841
Strahlenerythem 803
Strahlenexposition 604, 807
Strahlenfibrose 804
- hyaline 803
Strahlenhepatitis 803
Strahlenkarzinom 276
Strahlenkrankheit, akute 805

Strahlenparotitiden 810
Strahlenpneumonitis 804
Strahlenschäden 801, 809
Strahlenschutz 801
Strahlenskoliosen, lumbale 806
Strahlenstar 804
Strahlentherapie 523, 538, 800
Strahlenwirkungen, stochastische 799
Strahlenzystitis 804
Strahlung
- ionisierende 799
- ultraviolette 476
Strain-Rate 151
Straßenbau 260, 475
Straßenbauarbeiter 204, 735
Straßenverkehr 849
Straßenverkehrsgesetz (StVG) 718
Streckaponeurose 733, 734
Strecksehnen 733
Streptokinase 585
Streptokokken 504, 589
- hämolysierende 449
Streptomycin 666
Stress 389, 448
- psychischer 225
Stressechokardiographie 149, 150
Stress-Magnetresonanztomographie 152
Stressoren 687
Striatum, Dopaminmangel 228
Stridor 260
Stroboskopie 126
Stroke-Units 231
Stromstärkebereiche 833
Stromunfälle 816
Stromverletzungen 614
Strukturqualität 10
Struma 127
- endemisches 490
ST-Streckenerhebung (NSTEMI) 316
ST-Streckenerhebung (STEMI) 316, 317, 325
Studenten 47
Stuhl 407, 642
Stuhlfettbestimmung 163
Stuhlgewicht 162
Stuhlinkontinenz 775
Stuhlkultur 163
Stumpfkrankheiten 436
Stumpfschmerz 787
stunned myocardium 315
Stupor 690
Sturz 232
Stütz- und Bewegungsapparat 61
Styrol 207
Subarachnoidalblutung 216, 231
Subsidiaritätsprinzip 13
Subtraktionsangiographie, digitale 160
Sucht 712
Suchterkrankung 677
Suchtkranke 721
Suchtmittel 722
Sudeck-Dystrophie 390
Sudeck-Syndrom 738
Suizid 85, 682, 695
Suizidgedanken 688
Sulfasalazin 443, 546
Sulfonamide 580, 581
Sulfonylharnstoffe 483
SUNCT-Syndrom 789
Superinfektion 672
Suppressionsszintigramm 188
Surrogatmarker 628
Süßwarenindustrie 210
Sympathikolyse 783
Syndrom
- apallisches 704
- extrapyramidales 228
- myelodysplastisches (MDS) 568, 577, 596
- myeloproliferatives (MPS) 578
- nephritisches 504
- nephrotisches 505
- neurasthenisches 690
- postthrombotisches (PTS) 396
- psychovegetatives 690
Syndromgenese 680
Synkanzerogenese 604
Synkanzerose 212
Synkopen 362, 380
Synovialitis 840
Synthetikfaserproduktion 208
Syphilis 667
Syringomyelie 791
- posttraumatische 220
Systematrophie, multiple 382
Szintigraphie 188

T
Tabakabusus 297
Tabakrauch 260
Tachykardiesyndrom, posturales 381
Tagesmüdigkeit 134, 236
Takayasu's Arteriitis 389
Talgproduktion 461
Tätige, selbständig 47
Tätigkeiten, sitzende 387
Tätigkeitsaufgabe 469
Tätowieren 414
Taubenzüchter 670
Taubheit 117
Taubheitsgefühl 443
Tauchen 830
Taucher 239, 831
Tauchgeräte 205
Tawara-Schenkel 359
Taxifahrer 433, 853
Technischer Aufsichtsdienst (TAD) 430
Teer 260, 453, 474
Teerstuhl 162
Teilarbeitsfähigkeit 50
Teilförderung 43
Teilhabe 26, 42, 45, 49, 50, 594
Teilleistungsstörungen 708
Teilrente 43
Teilursache 41
Teleangiektasien 475
Temorallappen-Epilepsien 684
Tenderpoints 447
Test, genetischer 608
Testdiagnostik, neuropsychologische 119
Testierfähigkeit 698
Testosteron 188, 190, 497, 542
Testpsychologie 686
Tests, repetitive 182
Teststreifen 185, 193
Tetanus 674, 728
Tetrachlorethen 206
Tetrazyklin 666, 667
Textilberufe 615
Textilfarbstoffe 536
Thalamusschmerz 791
Thalamusschmerzsyndrom 787
Thalassämie 195, 196, 572
Thallium 203, 250
Therapie
- physikalische 607
- revaskularisierende 321
- thrombolytische 327
Therapiefreiheit 98
Thiaziddiuretika 580
Thorax 422
Thoraxschmerz 315
Thrombelastogramm 198
Thrombendarteriektomie 386
Thrombinzeit 197
Thromboembolie 539
Thrombopathie 197
Thrombopenie 197
Thrombophilie 395, 587
Thrombophlebitiden 394
Thromboplastinzeit 197
Thrombose 313, 359, 390
Thromboseneigung 587
Thrombozyten 198, 579, 582
Thrombozyten-Aggregationshemmer 319, 386
Thrombozythämie, essentielle 580
Thrombozytopenie 327
Thrombozytose 197, 579
Thyreostatika 569
Thyreoglobulin 187
Thyreoidea 493
Thyroxin (FT4) 187
Tibialis-anterior-Syndrom 733
Tiefgefrierung 539
Tierarzt 91, 651
Tierfellverarbeiter 668
Tierhaltung 640, 651
Tierpfleger 175, 641, 663
Tierversuche 206, 621
Tiffenau-Index 127, 128, 307
Tilt-Training 381
Tinnitus 124, 255, 257
Tintenstiftverletzungen 729
Tirofiban 323
Tischler 615
TNF-α-Blocker 443

Todesbescheinigung 7, 105
Todesfallbericht 84
Todesursache 105
Token-Test 703
Tollwut 625, 630
Toluol 207
Tonaudiogramm 257
Tonschwellenaudiometrie 123
Tonsillitis 663
Torsion 432, 435
Toxine 648
Toxokariasis 654
Toxoplasmose 651
Trachea 126
Trachealstenosen 260
Tracheomalazie 260, 490
Tracheostoma 259
Tragen 424, 428
Traktionsablatio 244
Traktiosdivertikel 402
Tränendrüsen 445
Tränenfluss 208
Tränenflüssigkeit 627
Tränenproduktion 446
Tranquilizer 789
Transaminasen 416
Transfusionsmedizin 785
Transitzeit 165
Transplantationen 265
Transplantationsgesetz (TPG) 104, 106, 511
Transplantationsmedizin 104
Transportarbeiter 615
Trauma 690
- psychisches 688
- spinales 219
Traumanarbe 234
Treibgase 206
Tremolit 278
Tremor 201
- essentieller 229
Trendelenburg-Versuch 160
Treponemen 667
TRH 188
TRH-Test 184
Trichinose 661
Trichlorethen 206
Trichuriasis 657
Trigeminusneuralgie 789
Trigeminusreizstoff 126
Triggerbarkeit 790
Triglyzeride 490, 492
Trimethoprim 191, 568
Trinitrotoluol 207
Trinkmenge 188
Trinkwasser 658
Trisomie 21, 577
Trochanter 733
Trommelfell 123, 253, 254
Tropentauglichkeitsuntersuchung 676
Tröpfcheninfektion 632
Troponin 316
Troponin-T 325
Trypsinogen-Genmutationen 406
Tse-Tse-Fliege 650
Tubenverschluss 534
Tuberculum 733
Tuberkel 277
Tuberkulintestung 673
Tuberkulose 496, 670, 729
Tuberkulostatika 673
Tubus 783
Tularämie 663
Tumor 594
- Anhaltspunkte 595
- Invalidisierung 594
- Krankengeld 594
- Lebenserwartung 594
- Leistungsfähigkeit 595
- Nachsorge 594
- Operation 594
- Rentenantrag 594
- Teilhabe 594
- Versicherungsschutz 594
- Zeitrente 595
Tumorgenese 614
Tumorgröße 619
Tumormarker 110, 168, 490, 607, 609
Tumorresektion 611
Tumorvernarbung 619
Tumorzelle 602
Tunnelbauer 274, 657, 815
Tunnelblick 381
Turnerknochen 730
Tympanonplastik 254
Typhus 574, 662

U
Übelkeit 410
Überdruck 830
Überdruckbeatmung 298, 299
Übergangsgeld 43, 51
Übergewicht 133, 395, 491
Überkopfarbeiten 433
Übernahmeverschulden 560
Übersterblichkeit 84
Überversorgung 63
Überwachung, postoperative 785
Uhrglasnägel 162
Ulcera 403
Ulcera cruris 397
Ulkus 398
Ulkuskrankheit 403
Ulnarisparese 732
Ultraschall 559, 770
Ultraschalldiagnostik 126
Ultraschall-Dopplersonographie 118
Ulzera 586, 727
Umfallmechanismus 213
Umlageverfahren 1, 15, 48, 78
Umschulung 50, 468
Umsetzung 486
Unabhängigkeit 6
Unfallanamnese 216
Unfallereignis 81
- wesentliche Ursache 30
Unfallfolgen 5
- mittelbare 436
Unfallhergang 702
Unfallmeldung, ärztliche 34
Unfallverhütungsvorschriften 33, 35, 36, 38
Unfallversicherung
- gesetzliche 26
- private (PVU) 81
Unfallversicherungsbedingungen, allgemeine (AUB) 1, 81
Unrecht 697
Unrechtseinsicht 716
Unterarm 175, 455, 735
Unterarmbeugeseite 181
Unterberger-Tretversuch 125
Unterbringungsgesetz 71, 699
Unterdruck 830
Untergewicht 390, 492
Unterkiefer 264, 317
Unterschenkelamputation 87
Untersuchung
- medizinisch-psychologische (MPU) 867
- urodynamische 520
- zumutbare 5
Untertätigkeit 740
Unterversorgung 63
Uranerzbergbau 603, 801
Uratknoten 447
Uratkristalle 447
Urheberrecht 3
Urin 111, 191, 410
Urinkultur 186
Urinosmolalität 189
Urogenitaltuberkulose 516
Urolithiasis 516
Urozystitiden 841
Ursache
- alleinige 66
- ischämische 315
- wesentliche 30
Ursodeoxycholsäure 409
Urteilsvermögen 698
Urtikaria 461
Uteruskarzinom 808, 810
UV-Lichtexposition 474
UV-Lichttherapie 472

V
Vagina 804
Vaginalwandriss 839
Valsalva-Manöver 119
Valsalva-Pressmanöver 161
Vanadium 203
Varikosis 394, 397
- primäre 393
Varikozele 544
Varizen 160
Vaskulitiden 441
Vaskulitis 586
Vegetarismus 568
Vene 391, 394
Venedig-Konferenz 354
Veneninfusionskatheter 395
Venenklappen 394
Venenkrankheiten 393

Venenverschlussplethysmographie 160, 161
Venenwand 396
Ventrikel 337
Ventrikelseptumdefekt 147, 340, 342
Verätzung 260, 402, 507
Verbitterungsstörungen, posttraumatische 690
Verbrauchskoagulopathie 581
Verbrennungen 614, 777, 816
Verdachtsdiagnose 81
Vereinigung, kassenärztliche 20, 24
Vergewaltigung 690, 707
Vergewaltigungs -Trauma-Syndrom 707
Vergiftung 205, 542
Vergütung 4
Verhaltensstörungen 706
Verhandlungsfähigkeit 718
Verheben 424
Verhinderungspflege 58
Verjährung 97, 103
Verkalkung 406, 493
Verkehrsgefährdung 864
Verkehrsicherungspflicht 793
Verkehrsmedizin 484
Verkehrsordnungswidrigkeit 719
Verkehrsunfall 214
Verkehrszentralregister 850
Verletztengeld 43
Verletzungen 727
Verletzungsartenverfahren 42
Verlobte 793
Verlustängste 690
Vermutung 44, 68
Verrenkungen 424
Verschlimmerung 30, 41, 42, 68, 272
Verschlimmerungsanteil 45
Verschlussikterus 774
Verschlusskrankheit
- arterielle 157
- periphere 157, 388
- periphere arterielle (pAVK) 384
Verschulden 86, 711
Versicherungspflicht 15, 46
Versicherungsschutz 30, 594
Versicherungsvertrag 15, 77
Versicherungsvertragsgesetz (VVG) 1, 84, 101
Versorgung 13, 64
- arbeitsmedizinische 34
- hausärztliche 24
- integrierte 22, 24
Versorgungsamt 65
Versorgungsausgleich 48
Verstandesreife 698
Versteifung 438
Verstimmung 687
- manische 680, 688
Vertragsarzt 15
Vertreter, gesetzlicher 781
Verursachung, berufliche 40
Verwachsungen 589
Verwandtschaftsgrad 707
Verwirrtheit 797
Vestibularisprüfung 125
Vibrationssensibilität 186
Vibrationstrauma 390
Vigilanzstörungen 215, 299
Vigorimeter 746
Vinylchlorid 206
Vinylchloridbelastung 618
Virchowsche Trias 395
Viren 625
Virilisierung 547
Virustatika 633
Vitalkapazität (VK) 127, 128, 410
- inspiratorische (IVC) 128
Vitamin B_{12} 568
Vitamin D 493
Vitamin D_3 493, 509
Vitamin, 25-OH-Vitamin D_3 187, 188
Vitamin-D-Mangelsituation 493
Vitaminmangel 162, 566
Vitien 340, 341
Vitiligo 210
Vögel 669
Vogelgesicht 265
Vogelgrippe 644
Vogelhalterlunge 290
Volkmann-Kontraktur 733
Vollbeweis 88
Vollrausch 717
Vollzugstauglichkeit 718
von Willebrand-Faktor 198
Vorderhorn 228
Vorderwandinfarkt 317
Vorerkrankung 78, 87
- koronare 364
Vorfüße 443
Vorgeschichte 10
Vorhof 337
Vorhofflimmern 151, 330, 335, 336, 344, 360, 361
Vorhofseptumdefekt 147, 339, 341
Vorinvalidität 82
Vormundschaft 72
Vormundschaftsgericht 71, 90, 99, 699, 786
Vorschaden 45, 301
- degenerativer 425
Vorschulkinder 702
Vorsorgeuntersuchung 33, 35, 36, 38
Vorsorgevollmacht 72, 99

W

Wachstumshormon (STH) 188, 494
Wackelgelenke 739
Wadenschmerzen 388
Wadenvenen 394
Wahn 682
Wahnkrankheit 681
Wahrnehmung 681
Wahrscheinlichkeit 2, 41, 66, 88, 97
Waisen 44
Waisenrente 54
Waldarbeiter 226, 669
Wange 259
Warfarin 587
Wärmestrahlung 456
Wartezeit 50, 51, 53, 54, 55
Wassersackniere 516
Wasserschnecken 658
Wasserstoff (H_2)-Atemtest 163
Wasserverlust, transepidermaler (TEWL) 179
Waterhouse-Friederichson Syndrom 583
Watteträger 529
Wattstufe 329
Wechselfieber 650
Wechselschicht 387, 789
Wechselstrom 833
Wegener-Granulomatose 504
Wegeunfall 30
Wehenstärke 560
Wehrdienst 48, 441, 674
Wehrdiensttauglichkeit 235, 490
Weichteilquetschung 777
Weichteilrheumatismus 694
Weichteiltrauma 777
Weinbau 203
Weißflecken-Krankheit 210
Wellen, positiv scharfe 116
Werkvertrag 97
Werlhof-Syndrom 580
Wert, prädikativer 113
Wesensveränderung 685, 705
Wespenstiche 729
West-Nil-Fieber 634
Wettbewerbsstärkungsgesetz GKV 79
White-Clot-Syndrom 581
WHO-Klassifikation 596
Wiedereingliederung 28, 50
- stufenweise 21
Wilms-Tumor 806
Windeln 62
Windpocken 534, 632
Winiwarter-Buerger 388
Wirbel, asymmetrischer 431
Wirbelbogen 434
Wirbelbruch 425, 426
Wirbeldislokation 219
Wirbelgelenke 423
Wirbelgleiten 433
Wirbelkanal 429
Wirbelkörper 421
Wirbelsäule 421, 425
Wirbelsäulendegeneration 421
Wirksamkeitsnachweis 846
Wiskott-Aldrich-Syndrom 598
Wismut 603
Wissenschaftlichkeitsklausel 79
Witterungseinflüsse 225
Witwenrente 53
Witwerrente 44
Working Level Month (WLM) 604
Wunden 387
Wundheilungsstörungen 712, 727
Wundinfektion 88, 728, 776
Wundrandnekrose 776

Wundstarrkrampf 728
Würgereiz 126
Wurmerkrankungen 654
Wurzelsyndrom, thorakales 421

X
d-Xylosetest 187

Z
Zahnarzt 91, 782
Zahnarzthelferinnen 536
Zahnerkrankung 210
Zahnersatz 18
Zahnfleisch 201
Zahnmedizin 263
Zahnplomben 118
Zahntechnikerlunge 284
Zahnverletzung 782
Zahnverluste 264
Zahnwurzel 776
Zecken 225, 633
Zeckenbissfieber 669
Zecken-Rückfallfieber 667
Zeckenstich 225
Zehenstände 159
Zeitrente 51, 52, 595
Zelladhäsionsmoleküle 312
Zelldichte 569
Zellnekrosen 803
Zement 470
Zementstaub 258
Zentralnervensystem (ZNS) 222
Zerebralsklerose 387
Zerfahrenheit 688
Zerreißungen 424
Zerrungen 424
Zertifikat 10
Zervikalsyndrom 422, 423
Zervikobrachialgie 421
Zervix 526
Zervixkarzinome 593
Zeuge 77
Zeugen Jehovas 786
Zeugenaussagen 7
Zeugnisverweigerungsrecht 93
Zeugungs- oder Empfängnisfähigkeit 21
Zeugungsfähigkeit 92, 533
Ziegeleiarbeiter 657
Zielleistungsprinzip 80
Zigarettenkonsum 617
Zigarettenrauchen 388
Zinkraffinerien 508
Zirrhose 409, 569, 659
Zittern 381, 689
Zivildienstgesetz (ZDG) 64
Zivilprozessordnung (ZPO) 6
Zoonosen 665, 667
Zoophobie 682
Zorn 697
Zornesausbrüche 685
Zuckerbäckerkaries 210
Zuckerfabrik 205
Zuckungen 208
Zufälligkeitsprüfung 25
Zugführer 379
Zugvögel 634
Zulassungsausschuss 20, 24
Zunge 125, 259
Zungenbelag 203
Zungenbrennen 126
Zungenepithel 568
Zusammenhang 3
Zusatzversicherung 78
Zustimmung, vormundschaftsrichterliche 90
Zuzahlung 19, 42
Zwang 682
Zwangshaltung 395
Zwangsstörungen 689
Zweipunktediskriminierung 745
Zweitneoplasien 598
Zwerchfell 302, 769
Zwerchfellbrüche 770
Zwerchfellhochstand 303
Zwerchfelllähmung 303
Zwerchfellruptur 775
Zwergbandwurm 661
Zwischenfingerfalte 733
Zwischenwirt 661
Zyklothymie 688
Zyklusstörungen 526
Zylindrurie 194
Zysten 651
Zystenbildung, intraspinale 220
Zytokine 312
Zytostatika 546, 602, 607, 794